蔡志揚主編　五南法學研究中心編輯

營建法規

五南圖書出版公司 印行

營建法規 凡　例

一、本書輯錄現行重要法規191種，名爲營建法規。

二、全書分爲土地開發管理、建築管理、公共工程管理、公物及公共設施、民法及附錄等六大類，於各頁標示所屬項別及收錄各法起訖條號，方便檢索。

三、本書依循下列方式編印

(一)法規條文內容，悉以政府公報爲準。

(二)法規名稱下詳列歷年修正沿革。

(三)「條文要旨」，附於各法規條號之後，以（　）表示。爲配合國會圖書館移除法規條文要旨作業，自民國109年起，凡增修之條文不再列附條文要旨。

(四)法規內容於民國90年後異動者，於「條文要旨」後以「數字」標示最後異動之年度。

(五)法條分項、款、目，爲求清晰明瞭，項冠以浮水印①②③數字，以資區別；各款冠以一、二、三數字標示，各目冠以(一)、(二)、(三)數字標示。

四、書後附錄司法院大法官解釋文彙編。

五、本書輕巧耐用，攜帶便利；輯入法規，內容詳實；條文要旨，言簡意賅；字體版面，舒適易讀；項次分明，查閱迅速；法令異動，逐版更新。

營建法規　目　錄

壹、土地開發管理篇

一、國土空間發展

國土計畫法（109・4・21） …… 1-3
第一章　總　則 …… 1-3
第二章　國土計畫之種類及內容 …… 1-5
第三章　國土計畫之擬訂、公告、變更及實施 …… 1-6
第四章　國土功能分區之劃設及土地使用管制 …… 1-8
第五章　國土復育 …… 1-14
第六章　罰　則 …… 1-15
第七章　附　則 …… 1-16
國土計畫法施行細則（108・2・21） …… 1-18

二、都市土地

都市計畫法（110・5・26） …… 1-22
第一章　總　則 …… 1-22
第二章　都市計畫之擬定、變更、發布及實施 …… 1-23
第三章　土地使用分區管制 …… 1-28
第四章　公共設施用地 …… 1-29
第五章　新市區之建設 …… 1-31
第六章　舊市區之更新 …… 1-32
第七章　組織及經費 …… 1-33
第八章　罰　則 …… 1-34
第九章　附　則 …… 1-34
都市計畫法臺灣省施行細則（113・1・17） …… 1-37
第一章　總　則 …… 1-37
第二章　都市計畫之擬定、變更、發布及實施 …… 1-38
第三章　土地使用分區管制 …… 1-40
第四章　公共設施用地 …… 1-58
第五章　附　則 …… 1-59
臺北市都市計畫施行自治條例（100・7・22） …… 1-61
都市計畫法高雄市施行細則（113・6・20） …… 1-67
第一章　總　則 …… 1-67
第二章　都市計畫之擬定、變更、發布及實施 …… 1-68
第三章　土地使用分區管制 …… 1-69

第四章　附　則 …… 1-75
臺北市土地使用分區管制自治條例（112．8．4）…… 1-76
第一章　總　則 …… 1-76
第二章　住宅區 …… 1-81
第三章　商業區 …… 1-87
第四章　工業區 …… 1-92
第五章　行政區 …… 1-100
第六章　文教區 …… 1-101
第七章　倉庫區 …… 1-103
第八章　風景區 …… 1-103
第九章　農業區 …… 1-104
第十章　保護區 …… 1-106
第十章之一　行水區、保存區 …… 1-108
第十一章　綜合設計放寬與容積獎勵規定 …… 1-108
第十二章　公共設施用地 …… 1-111
第十二章之一　停車空間、裝卸位 …… 1-113
第十三章　騎樓及無遮簷人行道 …… 1-118
第十四章　原有不合規定之土地及建築物使用 …… 1-118
第十五章　附　則 …… 1-119
臺北市都市設計及土地使用開發許可審議委員會設置辦法（106．10．24）…… 1-123
都市計畫細部計畫審議原則（91．6．13）…… 1-126
都市計畫定期通盤檢討實施辦法（106．4．18）…… 1-129
第一章　總　則 …… 1-129
第二章　條件及期限 …… 1-131
第三章　公共設施用地之檢討基準 …… 1-132
第四章　土地使用分區之檢討基準 …… 1-134
第五章　辦理機關 …… 1-136
第六章　作業方法 …… 1-136
第七章　附　則 …… 1-137
都市計畫公共設施用地多目標使用辦法（109．12．23）…… 1-138
都市計畫私有公共設施保留地與公有非公用土地交換辦法（96．2．9）…… 1-141
都市計畫容積移轉實施辦法（103．8．4）…… 1-145
都市計畫土地使用分區及公共設施用地檢討變更處理原則（93．2．19）…… 1-150
都市計畫各種土地使用分區及公共設施用地退縮建築及停車空間設置基準（89．11．18）…… 1-151
大眾捷運法（112．6．28）…… 1-153
第一章　總　則 …… 1-153
第二章　規　劃 …… 1-155

第三章　建　設 …………………………………… 1-156
第四章　營　運 …………………………………… 1-159
第五章　監　督 …………………………………… 1-160
第六章　安　全 …………………………………… 1-161
第七章　罰　則 …………………………………… 1-163
第八章　附　則 …………………………………… 1-166
大眾捷運系統土地開發辦法（99．1．15） ………… 1-167
第一章　總　則 …………………………………… 1-167
第二章　土地開發之規劃及容許使用項目 ………… 1-167
第三章　土地取得程序、開發方式及投資人甄選程序 …………………………………… 1-168
第四章　申請投資表件及審查程序 ………………… 1-169
第五章　監督、管理及處分 ………………………… 1-170
第六章　獎　勵 …………………………………… 1-171
第七章　附　則 …………………………………… 1-172
臺北市臺北都會區大眾捷運系統土地開發實施要點（100．9．30） …………………………………… 1-173
臺北市臺北都會區大眾捷運系統開發所需土地協議價購優惠辦法（108．12．9） …………………… 1-178

三、非都市土地

區域計畫法（89．1．26） ………………………………… 1-181
第一章　總　則 …………………………………… 1-181
第二章　區域計畫之擬定、變更、核定與公告 …… 1-181
第三章　區域土地使用管制 ………………………… 1-183
第四章　區域開發建設之推動 ……………………… 1-185
第五章　罰　則 …………………………………… 1-185
第六章　附　則 …………………………………… 1-185
區域計畫法施行細則（102．10．23） ……………… 1-187
第一章　總　則 …………………………………… 1-187
第二章　區域計畫之擬定、變更、核定與公告 …… 1-187
第三章　區域土地使用管制 ………………………… 1-188
第四章　區域開發建設之推動 ……………………… 1-192
第五章　附　則 …………………………………… 1-192
非都市土地使用管制規則（113．3．29） …………… 1-193
第一章　總　則 …………………………………… 1-194
第二章　容許使用、建蔽率及容積率 ……………… 1-195
第三章　土地使用分區變更 ………………………… 1-198
第四章　使用地變更編定 …………………………… 1-205
第五章　附　則 …………………………………… 1-216
非都市土地開發審議作業規範（111．5．20） ……… 1-218
壹、總　編 ………………………………………… 1-219

貳、專　編 ………………………………………… 1-231
非都市土地申請新訂或擴大都市計畫作業要點
（110・2・8） ………………………………………… 1-261

四、特殊土地

地質法（99・12・8） ………………………………… 1-265
第一章　總　則 ………………………………………… 1-265
第二章　地質調查制度 ………………………………… 1-266
第三章　地質資料管理及地質研究 …………………… 1-267
第四章　罰　則 ………………………………………… 1-268
第五章　附　則 ………………………………………… 1-268
水土保持法（105・11・30） ……………………………… 1-269
第一章　總　則 ………………………………………… 1-269
第二章　一般水土保持之處理與維護 ………………… 1-270
第三章　特定水土保持之處理與維護 ………………… 1-272
第四章　監督與管理 …………………………………… 1-273
第五章　經費及資金 …………………………………… 1-274
第六章　獎　勵 ………………………………………… 1-275
第七章　罰　則 ………………………………………… 1-275
第八章　附　則 ………………………………………… 1-276
水土保持法施行細則（109・12・2） …………………… 1-278
第一章　總　則 ………………………………………… 1-278
第二章　一般水土保持之處理與維護 ………………… 1-279
第三章　特定水土保持之處理與維護 ………………… 1-279
第四章　監督及管理 …………………………………… 1-280
第五章　附　則 ………………………………………… 1-283
水土保持計畫審核監督辦法（111・2・10） …………… 1-284
第一章　總　則 ………………………………………… 1-284
第二章　水土保持計畫之審核 ………………………… 1-287
第三章　變更水土保持計畫 …………………………… 1-288
第四章　申報開工 ……………………………………… 1-289
第五章　施工監督 ……………………………………… 1-290
第六章　附　則 ………………………………………… 1-293
山坡地保育利用條例（108・1・9） …………………… 1-294
第一章　總　則 ………………………………………… 1-294
第二章　農業使用 ……………………………………… 1-296
第三章　非農業使用 …………………………………… 1-298
第四章　獎　懲 ………………………………………… 1-299
第五章　附　則 ………………………………………… 1-300
山坡地保育利用條例施行細則（109・5・13） ………… 1-301
山坡地開發建築面積十公頃以下核發開發許可應行注
意事項（79・6・13） …………………………………… 1-304

環境影響評估法（112・5・3） …… 1-305
第一章　總　則 …… 1-305
第二章　評估、審查及監督 …… 1-306
第三章　罰　則 …… 1-309
第四章　附　則 …… 1-311
環境影響評估法施行細則（112・3・22） …… 1-312
第一章　總　則 …… 1-312
第二章　評估、審查及監督 …… 1-314
第三章　附　則 …… 1-321
開發行爲應實施環境影響評估細目及範圍認定標準（112・3・22） …… 1-323
開發行爲環境影響評估作業準則（110・2・2） …… 1-362
第一章　總　則 …… 1-362
第二章　環境影響之預防對策 …… 1-366
第三章　不同開發行爲之評估事項 …… 1-370
第四章　附　則 …… 1-375
海岸管理法（104・2・4） …… 1-376
第一章　總　則 …… 1-376
第二章　海岸地區之規劃 …… 1-377
第三章　海岸地區之利用管理 …… 1-383
第四章　罰　則 …… 1-385
第五章　附　則 …… 1-386
濕地保育法（102・7・3） …… 1-387
第一章　總　則 …… 1-387
第二章　重要濕地評定、變更及廢止 …… 1-389
第三章　重要濕地保育利用計畫 …… 1-390
第四章　重要濕地明智利用 …… 1-392
第五章　開發迴避、衝擊減輕及生態補償 …… 1-393
第六章　濕地標章及濕地基金 …… 1-395
第七章　罰　則 …… 1-396
第八章　附　則 …… 1-396
濕地保育法施行細則（107・5・28） …… 1-398
國家公園法（99・12・8） …… 1-401
國家公園法施行細則（72・6・2） …… 1-406
農業發展條例（105・11・30） …… 1-408
第一章　總　則 …… 1-408
第二章　農地利用與管理 …… 1-410
第三章　農業生產 …… 1-414
第四章　農產運銷、價格及貿易 …… 1-417
第五章　農民福利及農村建設 …… 1-419
第六章　農業研究及推廣 …… 1-420
第七章　罰　則 …… 1-421

第八章　附　則 …………………………………………… 1-422
農業發展條例施行細則（110·11·23）……………… 1-423
農業用地興建農舍辦法（111·11·1）……………… 1-427
集村興建農舍獎勵及協助辦法（99·11·17）……… 1-433
休閒農業輔導管理辦法（113·7·3）………………… 1-434
第一章　總　則 …………………………………………… 1-435
第二章　休閒農業區之劃定及輔導 ……………………… 1-435
第三章　休閒農場之申請設置及輔導管理 ……………… 1-438
第四章　附　則 …………………………………………… 1-448
國軍老舊眷村改建條例（109·5·13）……………… 1-450
國軍老舊眷村改建條例施行細則（106·5·18）…… 1-457
文化資產保存法（112·11·29）……………………… 1-462
第一章　總　則 …………………………………………… 1-462
第二章　古蹟、歷史建築、紀念建築及聚落建築群
……………………………………………………………… 1-464
第三章　考古遺址 ………………………………………… 1-471
第四章　史蹟、文化景觀 ………………………………… 1-473
第五章　古　物 …………………………………………… 1-474
第六章　自然地景、自然紀念物 ………………………… 1-476
第七章　無形文化資產 …………………………………… 1-478
第八章　文化資產保存技術及保存者 …………………… 1-479
第九章　獎　勵 …………………………………………… 1-479
第十章　罰　則 …………………………………………… 1-480
第十一章　附　則 ………………………………………… 1-482
文化資產保存法施行細則（111·1·28）…………… 1-483
古蹟修復及再利用辦法（108·9·12）……………… 1-493
古蹟歷史建築紀念建築及聚落建築群修復或再利用採
購辦法（111·5·24）………………………………… 1-499
古蹟歷史建築紀念建築及聚落建築群建築管理土地使
用消防安全處理辦法（106·7·27）………………… 1-502
古蹟土地容積移轉辦法（112·1·30）……………… 1-504
祭祀公業條例（96·12·12）………………………… 1-508
第一章　總　則 …………………………………………… 1-508
第二章　祭祀公業之申報 ………………………………… 1-509
第三章　祭祀公業法人之登記 …………………………… 1-512
第四章　祭祀公業法人之監督 …………………………… 1-513
第五章　祭祀公業土地之處理 …………………………… 1-516
第六章　附　則 …………………………………………… 1-518
原住民保留地開發管理辦法（108·7·3）………… 1-519
第一章　總　則 …………………………………………… 1-519
第二章　土地管理 ………………………………………… 1-520
第三章　土地開發、利用及保育 ………………………… 1-523

第四章　林產物管理 …… 1-525
第五章　附　則 …… 1-256
發展觀光條例（111．5．18） …… 1-527
第一章　總　則 …… 1-527
第二章　規劃建設 …… 1-529
第三章　經營管理 …… 1-531
第四章　獎勵及處罰 …… 1-536
第五章　附　則 …… 1-540
風景特定區管理規則（113．5．2） …… 1-543
第一章　總　則 …… 1-543
第二章　規劃建設 …… 1-544
第三章　經營管理 …… 1-544
第四章　經　費 …… 1-545
第五章　獎勵及處分 …… 1-546
第六章　附　則 …… 1-546
觀光地區及風景特定區建築物及廣告物攤位設置規劃限制辦法（93．4．7） …… 1-548
民宿管理辦法（108．10．9） …… 1-550
第一章　總　則 …… 1-550
第二章　民宿之申請准駁及設施設備基準 …… 1-550
第三章　民宿經營之管理及輔導 …… 1-556
第四章　附　則 …… 1-558
溫泉法（99．5．12） …… 1-560
第一章　總　則 …… 1-560
第二章　溫泉保育 …… 1-561
第三章　溫泉區 …… 1-562
第四章　溫泉使用 …… 1-563
第五章　罰　則 …… 1-564
第六章　附　則 …… 1-565
溫泉法施行細則（99．9．21） …… 1-566
溫泉開發許可辦法（110．6．18） …… 1-567
溫泉區土地及建築物使用管理辦法（94．9．26） …… 1-571

五、舊市區更新與新市鎮開發

都市更新條例（110．5．28） …… 1-573
第一章　總　則 …… 1-573
第二章　更新地區之劃定 …… 1-574
第三章　政府主導都市更新 …… 1-576
第四章　都市更新事業之實施 …… 1-578
第五章　權利變換 …… 1-586
第六章　獎　助 …… 1-592
第七章　監督及管理 …… 1-595

第八章　罰　則 ……………………………… 1-596
第九章　附　則 ……………………………… 1-596
都市更新條例施行細則（108・5・15） ……………… 1-599
都市更新建築容積獎勵辦法（108・5・15） …………… 1-608
都市更新會設立管理及解散辦法（108・5・16） ……… 1-614
第一章　總　則 ……………………………… 1-614
第二章　設　立 ……………………………… 1-614
第三章　會員大會 …………………………… 1-615
第四章　理事及監事 ………………………… 1-616
第五章　監督及管理 ………………………… 1-618
第六章　解　散 ……………………………… 1-618
第七章　附　則 ……………………………… 1-619
都市更新權利變換實施辦法（108・6・17） …………… 1-620
都市更新耐震能力不足建築物而有明顯危害公共安全認定辦法（110・11・17） ……………… 1-628
都市危險及老舊建築物加速重建條例（112・12・6）・ 1-629
都市危險及老舊建築物加速重建條例施行細則（106・8・1） ……………………………… 1-633
都市危險及老舊建築物建築容積獎勵辦法（109・11・10） ……………………………… 1-636
都市危險及老舊建築物結構安全性能評估辦法（107・10・11） ……………………………… 1-639
新市鎮開發條例（109・1・15） ……………………… 1-642
第一章　總　則 ……………………………… 1-642
第二章　新市鎮區位之選定及計畫之擬定 ………… 1-642
第三章　土地取得與處理 …………………… 1-643
第四章　建設與管制 ………………………… 1-644
第五章　人口與產業之引進 ………………… 1-646
第六章　組織與經費 ………………………… 1-647
第七章　附　則 ……………………………… 1-648
新市鎮開發條例施行細則（88・10・16） …………… 1-649
第一章　總　則 ……………………………… 1-649
第二章　新市鎮區位之選定及計畫之擬定 ………… 1-649
第三章　土地取得與處理 …………………… 1-650
第四章　建設與管制 ………………………… 1-652
第五章　人口與產業之引進 ………………… 1-653
第六章　附　則 ……………………………… 1-654
新市鎮住宅優先出售出租辦法（110・7・1） ………… 1-655

六、國民住宅

住宅法（112・12・6） ……………………………… 1-658
第一章　總　則 ……………………………… 1-658

第二章　住宅補貼 …………………………… 1-660
第三章　社會住宅 …………………………… 1-663
第四章　居住品質 …………………………… 1-667
第五章　住宅市場 …………………………… 1-669
第六章　居住權利平等 ……………………… 1-669
第七章　罰　則 ……………………………… 1-670
第八章　附　則 ……………………………… 1-670
住宅法施行細則（110・12・30）…………… 1-673

貳、建築管理篇

一、建築行爲法

㈠執照審查

建築法（111・5・11）………………………… 2-3
第一章　總　則 ……………………………… 2-3
第二章　建築許可 …………………………… 2-6
第三章　建築基地 …………………………… 2-8
第四章　建築界限 …………………………… 2-9
第五章　施工管理 …………………………… 2-10
第六章　使用管理 …………………………… 2-12
第七章　拆除管理 …………………………… 2-17
第八章　罰　則 ……………………………… 2-18
第九章　附　則 ……………………………… 2-22
建築技術規則總則編（109・10・19）……… 2-25
建築技術規則建築設計施工編（110・10・7）…… 2-29
第一章　用語定義 …………………………… 2-30
第二章　一般設計通則 ……………………… 2-34
第三章　建築物之防火 ……………………… 2-54
第四章　防火避難設施及消防設備 ………… 2-64
第四章之一　建築物安全維護設計 ………… 2-77
第五章　特定建築物及其限制 ……………… 2-78
第六章　防空避難設備 ……………………… 2-86
第七章　雜項工作物 ………………………… 2-87
第八章　施工安全措施 ……………………… 2-89
第九章　容積設計 …………………………… 2-91
第十章　無障礙建築物 ……………………… 2-94
第十一章　地下建築物 ……………………… 2-98
第十二章　高層建築物 ……………………… 2-108
第十三章　山坡地建築 ……………………… 2-113
第十四章　工廠類建築物 …………………… 2-119
第十五章　實施都市計畫區建築基地綜合設計 …… 2-121

第十六章　老人住宅 …… 2-124
第十七章　綠建築 …… 2-126
建築技術規則建築構造編（112・5・10）…… 2-134
第一章　基本規則 …… 2-134
第二章　基礎構造 …… 2-151
第三章　磚構造 …… 2-157
第四章　木構造 …… 2-161
第五章　鋼構造 …… 2-163
第六章　混凝土構造 …… 2-167
第七章　鋼骨鋼筋混凝土構造 …… 2-173
第八章　冷軋型鋼構造 …… 2-176
建築技術規則建築設備編（111・12・29）…… 2-180
第一章　電氣設備 …… 2-180
第二章　給水排水系統及衛生設備 …… 2-184
第三章　消防栓設備 …… 2-188
第四章　燃燒設備 …… 2-196
第五章　空氣調節及通風設備 …… 2-200
第六章　昇降設備 …… 2-205
第七章　受信箱設備 …… 2-208
第八章　電信設備 …… 2-209
臺北市建築管理自治條例（108・2・22）…… 2-211
第一章　總　則 …… 2-211
第二章　建築基地及界限 …… 2-211
第三章　建築許可 …… 2-213
第四章　建築施工管理 …… 2-214
第五章　建築物使用管理、維護管理 …… 2-218
第六章　舊有合法建築物處理 …… 2-220
第七章　附　則 …… 2-221
高雄市建築管理自治條例（110・2・1）…… 2-223
新北市建築管理規則（107・8・8）…… 2-236
第一章　總　則 …… 2-236
第二章　建築許可 …… 2-236
第三章　建築基地及界限 …… 2-238
第四章　施工管理 …… 2-240
第五章　使用管理 …… 2-243
第六章　拆除管理 …… 2-244
第七章　建築物及環境管理維護 …… 2-245
第八章　附　則 …… 2-245
供公眾使用建築物之範圍（99・3・3）…… 2-247
建造執照及雜項執照簽證項目抽查作業要點
（111・5・27）…… 2-249
建造執照預審辦法（74・6・26）…… 2-251

山坡地建築管理辦法（92·3·26） …… 2-252
加強山坡地雜項執照審查及施工查驗執行要點（99·11·22） …… 2-254
實施區域計畫地區建築管理辦法（88·12·24） …… 2-256
實施都市計畫以外地區建築物管理辦法（88·6·29） …… 2-259
違章建築處理辦法（101·4·2） …… 2-262
建築基地法定空地分割辦法（99·1·29） …… 2-265
新訂擴大變更都市計畫禁建期間特許興建或繼續施工辦法（92·12·2） …… 2-267
都市計畫公共設施保留地臨時建築使用辦法（100·11·16） …… 2-269
公路兩側公私有建築物與廣告物禁建限建辦法（102·12·26） …… 2-271
大眾捷運系統兩側禁建限建辦法（108·5·16） …… 2-273
第一章　總　則 …… 2-273
第二章　禁建限建範圍之公告、劃定、變更及廢止 …… 2-274
第三章　禁建限建範圍及其管制 …… 2-274
第四章　限建範圍內建築物、廣告物及工程行爲之審核及管理 …… 2-275
第五章　禁建範圍內原有或施工中建築物、廣告物或障礙物之處理 …… 2-278
第六章　附　則 …… 2-278
航空站飛行場助航設備四周禁止限制建築物及其他障礙物高度管理辦法（107·7·11） …… 2-287
民間參與重大公共建設毗鄰地區禁建限建辦法（89·8·30） …… 2-293
機械遊樂設施設置及檢查管理辦法（93·11·5） …… 2-295
建築物交通影響評估準則（109·6·16） …… 2-299
金門馬祖建築法適用地區外建築物管理辦法（81·11·5） …… 2-303

㈡施工管理

職業安全衛生法（108·5·15） …… 2-306
第一章　總　則 …… 2-306
第二章　安全衛生措施 …… 2-307
第三章　安全衛生管理 …… 2-311
第四章　監督與檢查 …… 2-314
第五章　罰　則 …… 2-315
第六章　附　則 …… 2-317
職業安全衛生法施行細則（109·2·27） …… 2-319

第一章　總　則 …………………………………… 2-319
第二章　安全衛生設施 ……………………………… 2-320
營造安全衛生設施標準（110・1・6）………………… 2-330
第一章　總　則 …………………………………… 2-330
第二章　工作場所 ………………………………… 2-331
第三章　物料之儲存 ……………………………… 2-339
第四章　施工架、施工構臺、吊料平臺及工作臺　2-340
第五章　露天開挖 ………………………………… 2-347
第六章　隧道、坑道開挖 ………………………… 2-351
第七章　沉箱、沉筒、井筒、圍堰及壓氣施工 …… 2-355
第八章　基樁等施工設備 ………………………… 2-356
第九章　鋼筋混凝土作業 ………………………… 2-358
第十章　鋼構組配作業 …………………………… 2-364
第十一章　構造物之拆除 ………………………… 2-366
第十二章　油漆、瀝青工程作業 ………………… 2-368
第十三章　衛　生 ………………………………… 2-369
第十四章　附　則 ………………………………… 2-369
營建剩餘土石方處理方案（113・5・15）…………… 2-370
壹、訂定目的及實施年期 ………………………… 2-370
貳、適用範圍 ……………………………………… 2-370
參、剩餘土石方處理方針 ………………………… 2-370
肆、收容處理場所設置與管理方針 ……………… 2-374
伍、經費籌措 ……………………………………… 2-377
陸、機關權責分工原則 …………………………… 2-377
柒、配合措施 ……………………………………… 2-378
捌、分工表 ………………………………………… 2-379
玖、本方案規定工程 ……………………………… 2-380
土石採取法（112・12・27）………………………… 2-381
第一章　總　則 …………………………………… 2-381
第二章　土石採取之許可 ………………………… 2-382
第三章　土石採取場安全 ………………………… 2-386
第四章　監　督 …………………………………… 2-387
第五章　罰　則 …………………………………… 2-387
第六章　附　則 …………………………………… 2-389
土石採取法施行細則（97・4・25）………………… 2-391
營建工程空氣污染防制設施管理辦法（110・10・18）2-395
營建事業廢棄物再利用管理辦法（91・7・29）……… 2-400
營建事業廢棄物再利用種類及管理方式
（102・6・17）……………………………………… 2-403
營建事業再生利用之再生資源項目及規範
（111・12・5）……………………………………… 2-407
營建事業再生資源再生利用管理辦法（94・10・31）2-410

㈢使用管理

建築物部分使用執照核發辦法（91・3・14）………… 2-412
建築物昇降設備設置及檢查管理辦法（112・12・11）2-413
建築物機械停車設備設置及檢查管理辦法
（112・12・11）…………………………………… 2-420
建築物室內裝修管理辦法（112・12・11）………… 2-424
建築物公共安全檢查簽證及申報辦法（111・12・28）2-432
加強建築物公共安全檢查及取締執行要點
（100・10・7）…………………………………… 2-436
建築物使用類組及變更使用辦法（111・3・2）……… 2-439
招牌廣告及樹立廣告管理辦法（112・4・19）……… 2-446
公寓大廈管理條例（111・5・11）…………………… 2-449
第一章　總　則 ……………………………………… 2-449
第二章　住戶之權利義務 …………………………… 2-450
第三章　管理組織 …………………………………… 2-455
第四章　管理服務人 ………………………………… 2-459
第五章　罰　則 ……………………………………… 2-460
第六章　附　則 ……………………………………… 2-462
公寓大廈管理條例施行細則（94・11・16）………… 2-465
公寓大廈管理服務人管理辦法（112・12・11）……… 2-468
既有公共建築物無障礙設施替代改善計畫作業程序及
認定原則（110・12・30）……………………………… 2-474

㈣消防

消防法（112・6・21）………………………………… 2-483
第一章　總　則 ……………………………………… 2-483
第二章　火災預防 …………………………………… 2-483
第三章　災害搶救 …………………………………… 2-491
第四章　災害調查與鑑定 …………………………… 2-493
第五章　民力運用 …………………………………… 2-493
第六章　罰　則 ……………………………………… 2-495
第七章　附　則 ……………………………………… 2-500
消防法施行細則（113・1・22）……………………… 2-501
原有合法建築物公共安全改善辦法（111・12・28）… 2-505
消防設備師及消防設備士管理辦法（104・10・6）…… 2-514
第一章　總　則 ……………………………………… 2-514
第二章　業務及責任 ………………………………… 2-514
第三章　講　習 ……………………………………… 2-515
第四章　獎　懲 ……………………………………… 2-517
第五章　附　則 ……………………………………… 2-517
消防安全設備檢修專業機構管理辦法（111・10・26）2-518

二、建築行爲人法

建築師法（112・12・6）……… 2-523
第一章　總　則 ……… 2-523
第二章　開　業 ……… 2-524
第三章　開業建築師之業務及責任 ……… 2-526
第四章　公　會 ……… 2-527
第五章　獎　懲 ……… 2-529
第六章　附　則 ……… 2-531
建築師法施行細則（100・4・25）……… 2-533
省（市）建築師公會建築師業務章則（82・7・20）… 2-536
建築師開業證書申請換發及研習證明文件認可辦法（96・6・21）……… 2-541
技師法（100・6・22）……… 2-543
第一章　總　則 ……… 2-543
第二章　執　業 ……… 2-544
第三章　業務及責任 ……… 2-545
第四章　公　會 ……… 2-547
第五章　懲　處 ……… 2-549
第六章　罰　則 ……… 2-551
第七章　附　則 ……… 2-551
技師法施行細則（101・11・14）……… 2-553
各科技師執業範圍（107・6・29）……… 2-557
技師執業執照換發辦法（109・11・16）……… 2-560
建築物結構與設備專業工程技師簽證規則（112・8・11）……… 2-564
營造業法（108・6・19）……… 2-566
第一章　總　則 ……… 2-566
第二章　分類及許可 ……… 2-567
第三章　承攬契約 ……… 2-571
第四章　人員之設置 ……… 2-572
第五章　監督及管理 ……… 2-574
第六章　公　會 ……… 2-575
第七章　輔導及獎勵 ……… 2-576
第八章　罰　則 ……… 2-576
第九章　附　則 ……… 2-578
營造業法施行細則（107・8・22）……… 2-581
營造業承攬工程造價限額工程規模範圍申報淨值及一定期間承攬總額認定辦法（109・7・7）……… 2-586
營繕工程承攬契約應記載事項實施辦法（96・4・25）……… 2-589
建築師或技師受丙等綜合營造業委託執行綜理施工管

理簽章報備登錄及收費辦法（98．10．28）…… 2-591
營造業專業工程特定施工項目應置之技術士種類比率或人數標準表（99．5．25）…… 2-592
營造業工地主任評定回訓及管理辦法（96．5．18）… 2-596
專業營造業之資本額及其專任工程人員資歷人數標準表（93．8．23）…… 2-599
營造業評鑑辦法（98．7．29）…… 2-601
離島地區營造業人員設置及管理辦法（93．6．14）… 2-603
工程技術顧問公司管理條例（92．7．2）…… 2-604
第一章　總　則 …… 2-604
第二章　許可及登記 …… 2-605
第三章　管　理 …… 2-606
第四章　輔導及獎懲 …… 2-608
第五章　附　則 …… 2-610
工程技術顧問公司管理條例施行細則（110．1．21）． 2-612

參、公共工程管理篇

政府採購法（108．5．22）…… 3-3
第一章　總　則 …… 3-3
第二章　招　標 …… 3-6
第三章　決　標 …… 3-12
第四章　履約管理 …… 3-15
第五章　驗　收 …… 3-17
第六章　爭議處理 …… 3-18
第七章　罰　則 …… 3-21
第八章　附　則 …… 3-22
政府採購法施行細則（110．7．14）…… 3-27
第一章　總　則 …… 3-27
第二章　招　標 …… 3-30
第三章　決　標 …… 3-35
第四章　履約管理 …… 3-43
第五章　驗　收 …… 3-43
第六章　爭議處理 …… 3-45
第七章　附　則 …… 3-46
採購契約要項（108．8．6）…… 3-49
壹、總　則 …… 3-49
貳、履約管理 …… 3-51
參、契約變更 …… 3-52
肆、查驗及驗收 …… 3-53
伍、契約價金 …… 3-54
陸、履約期限 …… 3-56

柒、遲　延 …………………………………………… 3-57
捌、履約標的 ………………………………………… 3-58
玖、權利及責任 ……………………………………… 3-59
拾、保　險 …………………………………………… 3-59
拾壹、契約終止解除或暫停執行 …………………… 3-60
拾貳、爭議處理 ……………………………………… 3-60
拾參、附　則 ………………………………………… 3-61
機關委託技術服務廠商評選及計費辦法
（109・9・9）……………………………………… 3-63
第一章　總　則 ……………………………………… 3-63
第二章　評選及議價 ………………………………… 3-69
第三章　計費方法 …………………………………… 3-74
第四章　附　則 ……………………………………… 3-77
公共工程專業技師簽證規則（112・10・4）……… 3-78
工程施工查核小組作業辦法（112・8・9）……… 3-82
公共工程施工品質管理作業要點（112・5・11）…… 3-86
公共工程及公有建築工程營建剩餘土石方交換利用作業要點（105・12・7）…………………………… 3-92
採購申訴審議規則（108・10・29）……………… 3-95
採購申訴審議收費辦法（96・3・13）…………… 3-99
採購履約爭議調解規則（97・4・22）…………… 3-100
第一章　總　則 ……………………………………… 3-100
第二章　調解程序 …………………………………… 3-100
第三章　附　則 ……………………………………… 3-103
採購履約爭議調解收費辦法（101・8・3）……… 3-104
仲裁法（104・12・2）……………………………… 3-107
第一章　仲裁協議 …………………………………… 3-107
第二章　仲裁庭之組織 ……………………………… 3-107
第三章　仲裁程序 …………………………………… 3-110
第四章　仲裁判斷之執行 …………………………… 3-112
第五章　撤銷仲裁判斷之訴 ………………………… 3-113
第六章　和解與調解 ………………………………… 3-114
第七章　外國仲裁判斷 ……………………………… 3-115
第八章　附　則 ……………………………………… 3-116
工程採購契約範本（112・11・15）……………… 3-117
公共工程技術服務契約範本（112・11・23）……… 3-175

肆、公物及公共設施篇

市區道路條例（93・1・7）………………………… 4-3
自來水法（112・6・28）…………………………… 4-8
第一章　總　則 ……………………………………… 4-8

第二章　自來水事業專營權 …… 4-13
第三章　工程及設備 …… 4-16
第四章　營　業 …… 4-18
第五章　自用自來水設備 …… 4-21
第六章　監督與輔導 …… 4-21
第六章之一　節約用水 …… 4-24
第七章　罰　則 …… 4-24
第八章　附　則 …… 4-27
下水道法（107・5・23） …… 4-29
第一章　總　則 …… 4-29
第二章　工程及建設 …… 4-30
第三章　使用、管理 …… 4-31
第四章　使用費 …… 4-32
第五章　監督與輔導 …… 4-32
第六章　罰　則 …… 4-33
第七章　附　則 …… 4-33
下水道法施行細則（96・6・5） …… 4-34
共同管道法（89・6・14） …… 4-37
第一章　總　則 …… 4-37
第二章　規劃與建設 …… 4-38
第三章　管理與使用 …… 4-39
第四章　經費與負擔 …… 4-40
第五章　罰　則 …… 4-40
第六章　附　則 …… 4-41
共同管道法施行細則（90・12・28） …… 4-42
建築物電信設備及空間設置使用管理規則
（110・2・22） …… 4-45
工程受益費徵收條例（89・11・8） …… 4-53
工程受益費徵收條例施行細則（106・4・19） …… 4-57
第一章　總　則 …… 4-57
第二章　市區道路工程 …… 4-58
第三章　公路及橋樑工程 …… 4-60
第四章　溝渠工程 …… 4-61
第五章　漁港工程 …… 4-61
第六章　水庫工程 …… 4-62
第七章　堤防工程 …… 4-62
第八章　疏濬水道工程 …… 4-63
第九章　徵收程序 …… 4-64
第十章　徵收權責及其監督與考核 …… 4-68
第十一章　免徵及緩徵範圍 …… 4-69
停車場法（111・11・30） …… 4-72
第一章　總　則 …… 4-72

第二章　路邊停車場 …… 4-74
第三章　路外停車場 …… 4-75
第四章　經營與管理 …… 4-76
第五章　獎助與處罰 …… 4-78
第六章　附　則 …… 4-79
利用空地申請設置臨時路外停車場辦法（111・8・11） …… 4-80
促進民間參與公共建設法（111・12・21） …… 4-84
第一章　總　則 …… 4-84
第二章　用地取得及開發 …… 4-87
第三章　融資及租稅優惠 …… 4-91
第四章　申請及審核 …… 4-93
第五章　監督及管理 …… 4-96
第六章　附　則 …… 4-98
促進民間參與公共建設法施行細則（112・12・28）… 4-99
促進民間參與公共建設法之重大公共建設範圍（112・8・28） …… 4-119
水利法（112・11・29） …… 4-123
第一章　總　則 …… 4-123
第二章　水利區與水利機構 …… 4-124
第三章　水　權 …… 4-124
第四章　水權之登記 …… 4-126
第五章　水利事業之興辦 …… 4-129
第六章　水之蓄洩 …… 4-134
第七章　水道防護 …… 4-135
第七章之一　逕流分擔與出流管制 …… 4-138
第八章　水利經費 …… 4-141
第九章　罰　則 …… 4-143
第十章　附　則 …… 4-150
水利法施行細則（113・2・7） …… 4-152
第一章　總　則 …… 4-152
第二章　水利區及水利機構 …… 4-153
第三章　水　權 …… 4-154
第四章　水權之登記 …… 4-155
第五章　水利事業之興辦 …… 4-158
第六章　水之蓄洩 …… 4-159
第七章　水道防護 …… 4-160
第八章　水利經費 …… 4-161
第九章　附　則 …… 4-162

伍、民法篇

民　法　第一編　總　則（110・1・13） …………………… 5-3
第一章　法　例 …………………………………………… 5-3
第二章　人 ………………………………………………… 5-4
第三章　物 ………………………………………………… 5-10
第四章　法律行爲 ………………………………………… 5-11
第五章　期日及期間 ……………………………………… 5-15
第六章　消滅時效 ………………………………………… 5-16
第七章　權利之行使 ……………………………………… 5-18
民法總則施行法（110・1・13） ……………………………… 5-20
民　法　第二編　債　編（110・1・20） …………………… 5-23
第一章　通　則 …………………………………………… 5-23
第二章　各種之債 ………………………………………… 5-45
民法債編施行法（110・1・20） ……………………………… 5-93
民　法　第三編　物　權（101・6・13） …………………… 5-97
第一章　通　則 …………………………………………… 5-97
第二章　所有權 …………………………………………… 5-98
第三章　地上權 …………………………………………… 5-108
第四章　（刪除） ………………………………………… 5-111
第四章之一　農育權 ……………………………………… 5-111
第五章　不動產役權 ……………………………………… 5-112
第六章　抵押權 …………………………………………… 5-114
第七章　質　權 …………………………………………… 5-121
第八章　典　權 …………………………………………… 5-125
第九章　留置權 …………………………………………… 5-127
第十章　占　有 …………………………………………… 5-128
民法物權編施行法（99・2・3） ……………………………… 5-132

陸、附　　錄

司法院大法官解釋文彙編 ………………………… 6-3

壹、土地開發管理篇

一、國土空間發展

國土計畫法

①民國105年1月6日總統令制定公布全文47條。
民國105年4月18日行政院令發布定自105年5月1日施行。
民國107年4月27日行政院公告第41條第2項所列屬「海岸巡防機關」之權責事項原由「行政院海岸巡防署及所屬機關」管轄，自107年4月28日起改由「海洋委員會海巡署及所屬機關（構）」管轄。
②民國109年4月21日總統令修正公布第22、35、39、45、47條條文；並自公布日施行。

第一章　總　則

第一條　（立法目的）
為因應氣候變遷，確保國土安全，保育自然環境與人文資產，促進資源與產業合理配置，強化國土整合管理機制，並復育環境敏感與國土破壞地區，追求國家永續發展，特制定本法。

第二條　（主管機關）
本法所稱主管機關：在中央為內政部；在直轄市為直轄市政府；在縣（市）為縣（市）政府。

第三條　（名詞定義）
本法用詞，定義如下：
一　國土計畫：指針對我國管轄之陸域及海域，為達成國土永續發展，所訂定引導國土資源保育及利用之空間發展計畫。
二　全國國土計畫：指以全國國土為範圍，所訂定目標性、政策性及整體性之國土計畫。
三　直轄市、縣（市）國土計畫：指以直轄市、縣（市）行政轄區及其海域管轄範圍，所訂定實質發展及管制之國土計畫。
四　都會區域：指由一個以上之中心都市為核心，及與中心都市在社會、經濟上具有高度關聯之直轄市、縣（市）或鄉（鎮、市、區）所共同組成之範圍。
五　特定區域：指具有特殊自然、經濟、文化或其他性質，經中央主管機關指定之範圍。
六　部門空間發展策略：指主管機關會商各目的事業主管機關，就其部門發展所需涉及空間政策或區位適宜性，綜合評估後，所訂定之發展策略。
七　國土功能分區：指基於保育利用及管理之需要，依土地資源特性，所劃分之國土保育地區、海洋資源地區、農業發展地區及城鄉發展地區。

八　成長管理：指為確保國家永續發展、提升環境品質、促進經濟發展及維護社會公義之目標，考量自然環境容受力，公共設施服務水準與財務成本、使用權利義務及損益公平性之均衡，規範城鄉發展之總量及型態，並訂定未來發展地區之適當區位及時程，以促進國土有效利用之使用管理政策及作法。

第四條　（中央主管機關應辦理事項）

①中央主管機關應辦理下列事項：

一　全國國土計畫之擬訂、公告、變更及實施。

二　對直轄市、縣（市）政府推動國土計畫之核定及監督。

三　國土功能分區劃設順序、劃設原則之規劃。

四　使用許可制度及全國性土地使用管制之擬定。

五　國土保育地區或海洋資源地區之使用許可、許可變更及廢止之核定。

六　其他全國性國土計畫之策劃及督導。

②直轄市、縣（市）主管機關應辦理下列事項：

一　直轄市、縣（市）國土計畫之擬訂、公告、變更及執行。

二　國土功能分區之劃設。

三　全國性土地使用管制之執行及直轄市、縣（市）特殊性土地使用管制之擬定、執行。

四　農業發展地區及城鄉發展地區之使用許可、許可變更及廢止之核定。

五　其他直轄市、縣（市）國土計畫之執行。

第五條　（定期公布國土白皮書）

中央主管機關應定期公布國土白皮書，並透過網際網路或其他適當方式公開。

第六條　（國土計畫規劃之基本原則）

國土計畫之規劃基本原則如下：

一　國土規劃應配合國際公約及相關國際性規範，共同促進國土之永續發展。

二　國土規劃應考量自然條件及水資源供應能力，並因應氣候變遷，確保國土防災及應變能力。

三　國土保育地區應以保育及保安為原則，並得禁止或限制使用。

四　海洋資源地區應以資源永續利用為原則，整合多元需求，建立使用秩序。

五　農業發展地區應以確保糧食安全為原則，積極保護重要農業生產環境及基礎設施，並應避免零星發展。

六　城鄉發展地區應以集約發展、成長管理為原則，創造寧適和諧之生活環境及有效率之生產環境確保完整之配套公共設施。

七　都會區域應配合區域特色與整體發展需要，加強跨域整合，達成資源互補、強化區域機能提升競爭力。
八　特定區域應考量重要自然地形、地貌、地物、文化特色及其他法令所定之條件，實施整體規劃。
九　國土規劃涉及原住民族之土地，應尊重及保存其傳統文化、領域及智慧，並建立互利共榮機制。
十　國土規劃應力求民眾參與多元化及資訊公開化。
十一　土地使用應兼顧環境保育原則，建立公平及有效率之管制機制。

第七條　（國土計畫審議會之召開）

①行政院應遴聘（派）學者、專家、民間團體及有關機關代表，召開國土計畫審議會，以合議方式辦理下列事項：
一　全國國土計畫核定之審議。
二　部門計畫與國土計畫競合之協調、決定。

②中央主管機關應遴聘（派）學者、專家、民間團體及有關機關代表，召開國土計畫審議會，以合議方式辦理下列事項：
一　全國國土計畫擬訂或變更之審議。
二　直轄市、縣（市）國土計畫核定之審議。
三　直轄市、縣（市）國土計畫之復議。
四　國土保育地區及海洋資源地區之使用許可、許可變更及廢止之審議。

③直轄市、縣（市）主管機關應遴聘（派）學者、專家、民間團體及有關機關代表，召開國土計畫審議會，以合議方式辦理下列事項：
一　直轄市、縣（市）國土計畫擬訂或變更之審議。
二　農業發展地區及城鄉發展地區之使用許可、許可變更及廢止之審議。

第二章　國土計畫之種類及內容

第八條　（國土計畫之種類）

①國土計畫之種類如下：
一　全國國土計畫。
二　直轄市、縣（市）國土計畫。

②中央主管機關擬訂全國國土計畫時，得會商有關機關就都會區域或特定區域範圍研擬相關計畫內容；直轄市、縣（市）政府亦得就都會區域或特定區域範圍，共同研擬相關計畫內容，報中央主管機關審議後，納入全國國土計畫。

③直轄市、縣（市）國土計畫，應遵循全國國土計畫。

④國家公園計畫、都市計畫及各目的事業主管機關擬訂之部門計畫，應遵循國土計畫。

第九條　（全國國土計畫內容應載明事項）

①全國國土計畫之內容，應載明下列事項：

一　計畫範圍及計畫年期。
二　國土永續發展目標。
三　基本調查及發展預測。
四　國土空間發展及成長管理策略。
五　國土功能分區及其分類之劃設條件、劃設順序、土地使用指導事項。
六　部門空間發展策略。
七　國土防災策略及氣候變遷調適策略。
八　國土復育促進地區之劃定原則。
九　應辦事項及實施機關。
十　其他相關事項。

②全國國土計畫中涉有依前條第二項擬訂之都會區域或特定區域範圍相關計畫內容，得另以附冊方式定之。

第一〇條　（直轄市、縣（市）國土計畫內容應載明事項）

直轄市、縣（市）國土計畫之內容，應載明下列事項：
一　計畫範圍及計畫年期。
二　全國國土計畫之指示事項。
三　直轄市、縣（市）之發展目標。
四　基本調查及發展預測。
五　直轄市、縣（市）空間發展及成長管理計畫。
六　國土功能分區及其分類之劃設、調整、土地使用管制原則。
七　部門空間發展計畫。
八　氣候變遷調適計畫。
九　國土復育促進地區之建議事項。
十　應辦事項及實施機關。
十一　其他相關事項。

第三章　國土計畫之擬訂、公告、變更及實施

第一一條　（擬訂、審議及核定機關）

①國土計畫之擬訂、審議及核定機關如下：
一　全國國土計畫：由中央主管機關擬訂、審議，報請行政院核定。
二　直轄市、縣（市）國土計畫：由直轄市、縣（市）主管機關擬訂、審議，報請中央主管機關核定。

②前項全國國土計畫中特定區域之內容，如涉及原住民族土地及海域者，應依原住民族基本法第二十一條規定辦理，並由中央主管機關會同中央原住民族主管機關擬訂。

第一二條　（國土計畫擬訂及審議）

①國土計畫之擬訂，應邀集學者、專家、民間團體等舉辦座談會或以其他適當方法廣詢意見，作成紀錄，以為擬訂計畫之參考。

②國土計畫擬訂後送審議前，應公開展覽三十日及舉行公聽會；公開展覽及公聽會之日期及地點應登載於政府公報、新聞紙，

並以網際網路或其他適當方法廣泛周知。人民或團體得於公開展覽期間內，以書面載明姓名或名稱及地址，向該管主管機關提出意見，由該管機關參考審議，併同審議結果及計畫，分別報請行政院或中央主管機關核定。

③前項審議之進度、結果、陳情意見參採情形及其他有關資訊，應以網際網路或登載於政府公報等其他適當方法廣泛周知。

第一三條 （公告實施）

①國土計畫經核定後，擬訂機關應於接到核定公文之日起三十日內公告實施，並將計畫函送各有關直轄市、縣（市）政府及鄉（鎮、市、區）公所分別公開展覽；其展覽期間，不得少於九十日；計畫內容重點應登載於政府公報、新聞紙，並以網際網路或其他適當方法廣泛周知。

②直轄市、縣（市）國土計畫未依規定公告者，中央主管機關得逕為公告及公開展覽。

第一四條 （復議之申請程序）

直轄市、縣（市）國土計畫擬訂機關對於核定之國土計畫申請復議時，應於前條第一項規定公告實施前提出，並以一次為限。經復議決定維持原核定計畫時，應即依規定公告實施。

第一五條 （全國國土計畫公告實施後，應依規定期限辦理事宜）

①全國國土計畫公告實施後，直轄市、縣（市）主管機關應依中央主管機關規定期限，辦理直轄市、縣（市）國土計畫之擬訂或變更。但其全部行政轄區均已發布實施都市計畫或國家公園計畫者，得免擬訂直轄市、縣（市）國土計畫。

②直轄市、縣（市）主管機關未依前項規定期限辦理直轄市、縣（市）國土計畫之擬訂或變更者，中央主管機關得逕為擬訂或變更，並準用第十一條至第十三條規定程序辦理。

③國土計畫公告實施後，擬訂計畫之機關應視實際發展情況，全國國土計畫每十年通盤檢討一次，直轄市、縣（市）國土計畫每五年通盤檢討一次，並作必要之變更。但有下列情事之一者，得適時檢討變更之：

一 因戰爭、地震、水災、風災、火災或其他重大事變遭受損壞。

二 為加強資源保育或避免重大災害之發生。

三 政府興辦國防、重大之公共設施或公用事業計畫。

四 其屬全國國土計畫者，為擬訂、變更都會區域或特定區域之計畫內容。

五 其屬直轄市、縣（市）國土計畫者，為配合全國國土計畫之指示事項。

④前項第一款、第二款及第三款適時檢討變更之計畫內容及辦理程序得予以簡化；其簡化之辦法，由中央主管機關定之。

第一六條 （直轄市、縣（市）國土計畫公告實施後，應依規定辦理事宜）

①直轄市、縣（市）國土計畫公告實施後，應由直轄市、縣（市）

主管機關通知當地都市計畫主管機關按國土計畫之指導，辦理都市計畫之擬訂或變更。

②前項都市計畫之擬訂或變更，中央主管機關或直轄市、縣（市）主管機關得指定各該擬定機關限期爲之，必要時並得逕爲擬定或變更。

第一七條　（興辦重要性質計畫時，應遵循國土計畫之指導，並徵詢意見）

①各目的事業主管機關興辦性質重要且在一定規模以上部門計畫時，除應遵循國土計畫之指導外，並應於先期規劃階段，徵詢同級主管機關之意見。

②中央目的事業主管機關興辦部門計畫與各級國土計畫所定部門空間發展策略或計畫產生競合時，應報由中央主管機關協調；協調不成時，得報請行政院決定之。

③第一項性質重要且在一定規模以上部門計畫之認定標準，由中央主管機關定之。

第一八條　（不得拒絕主管機關派員之調查或勘測，應出示相關證明文件）

①各級主管機關因擬訂或變更國土計畫須派員進入公、私有土地或建築物調查或勘測時，其所有人、占有人、管理人或使用人不得拒絕。但進入國防設施用地，應經該國防設施用地主管機關同意。

②前項調查或勘測人員進入公、私有土地或建築物調查或勘測時，應出示執行職務有關之證明文件或顯示足資辨別之標誌；於進入建築物或設有圍障之土地調查或勘測前，應於七日前通知其所有人、占有人、管理人或使用人。

③爲實施前項調查或勘測，須遷移或拆除地上障礙物，致所有人或使用人遭受之損失，應先予適當之補償，其補償價額以協議爲之。

第一九條　（定期從事國土利用現況調查及土地利用監測）

①爲擬訂國土計畫，主管機關應蒐集、協調及整合國土規劃基礎資訊與環境敏感地區等相關資料，各有關機關應配合提供；中央主管機關並應定期從事國土利用現況調查及土地利用監測。

②前項國土利用現況調查及土地利用監測之辦法，由中央主管機關定之。

③第一項資訊之公開，依政府資訊公開法之規定辦理。

第四章　國土功能分區之劃設及土地使用管制

第二○條　（國土功能分區及其分類之劃設原則）

①各國土功能分區及其分類之劃設原則如下：

一　國土保育地區：依據天然資源、自然生態或景觀、災害及其防治設施分布情形加以劃設，並按環境敏感程度，予以分類：

㈠第一類：具豐富資源、重要生態、珍貴景觀或易致災條件，其環境敏感程度較高之地區。
㈡第二類：具豐富資源、重要生態、珍貴景觀或易致災條件，其環境敏感程度較低之地區。
㈢其他必要之分類。

二　海洋資源地區：依據內水與領海之現況及未來發展需要，就海洋資源保育利用、原住民族傳統使用、特殊用途及其他使用等加以劃設，並按用海需求，予以分類：
㈠第一類：使用性質具排他性之地區。
㈡第二類：使用性質具相容性之地區。
㈢其他必要之分類。

三　農業發展地區：依據農業生產環境、維持糧食安全功能及曾經投資建設重大農業改良設施之情形加以劃設，並按農地生產資源條件，予以分類：
㈠第一類：具優良農業生產環境、維持糧食安全功能或曾經投資建設重大農業改良設施之地區。
㈡第二類：具良好農業生產環境、糧食生產功能，為促進農業發展多元化之地區。
㈢其他必要之分類。

四　城鄉發展地區：依據都市化程度及發展需求加以劃設，並按發展程度，予以分類：
㈠第一類：都市化程度較高，其住宅或產業活動高度集中之地區。
㈡第二類：都市化程度較低，其住宅或產業活動具有一定規模以上之地區。
㈢其他必要之分類。

②新訂或擴大都市計畫案件，應以位屬城鄉發展地區者為限。

第二一條（國土功能分區及其分類之土地使用原則）

國土功能分區及其分類之土地使用原則如下：

一　國土保育地區：
㈠第一類：維護自然環境狀態，並禁止或限制其他使用。
㈡第二類：儘量維護自然環境狀態，允許有條件使用。
㈢其他必要之分類：按環境資源特性給予不同程度之使用管制。

二　海洋資源地區：
㈠第一類：供維護海域公共安全及公共福址，或符合海域管理之有條件排他性使用，並禁止或限制其他使用。
㈡第二類：供海域公共通行或公共水域使用之相容使用。
㈢其他必要之分類：其他尚未規劃或使用者，按海洋資源條件，給予不同程度之使用管制。

三　農業發展地區：
㈠第一類：供農業生產及其必要之產銷設施使用，並禁止或限制其他使用。

㈡第二類：供農業生產及其產業價值鏈發展所需設施使用，並依其產業特性給予不同程度之使用管制、禁止或限制其他使用。

㈢其他必要之分類：按農業資源條件給予不同程度之使用管制。

四　城鄉發展地區：

㈠第一類：供較高強度之居住、產業或其他城鄉發展活動使用。

㈡第二類：供較低強度之居住、產業或其他城鄉發展活動使用。

㈢其他必要之分類：按城鄉發展情形給予不同程度之使用管制。

第二二條　109

①直轄市、縣（市）國土計畫公告實施後，應由各該主管機關依各級國土計畫國土功能分區之劃設內容，製作國土功能分區圖及編定適當使用地，並實施管制。

②前項國土功能分區圖，除爲加強國土保育者，得隨時辦理外，應於國土計畫所定之一定期限內完成，並應報經中央主管機關核定後公告。

③前二項國土功能分區圖與使用地繪製之辦理機關、製定方法、比例尺、辦理、檢討變更程序及公告等之作業辦法，由中央主管機關定之。

第二三條　（國土功能分區之禁止或限制使用）

①國土保育地區以外之其他國土功能分區，如有符合國土保育地區之劃設原則者，除應依據各該國土功能分區之使用原則進行管制外，並應按其資源、生態、景觀或災害特性及程度，予以禁止或限制使用。

②國土功能分區及其分類之使用地類別編定、變更、規模、可建築用地及其強度、應經申請同意使用項目、條件、程序、免經申請同意使用項目、禁止或限制使用及其他應遵行之土地使用管制事項之規則，由中央主管機關定之。但屬實施都市計畫或國家公園計畫者，仍依都市計畫法、國家公園法及其相關法規實施管制。

③前項規則中涉及原住民族土地及海域之使用管制者，應依原住民族基本法第二十一條規定辦理，並由中央主管機關會同中央原住民族主管機關訂定。

④直轄市、縣（市）主管機關得視地方實際需要，依全國國土計畫土地使用指導事項，由該管主管機關另訂管制規則，並報請中央主管機關核定。

⑤國防、重大之公共設施或公用事業計畫，得於各國土功能分區申請使用。

第二四條　（符合第二十一條規定，一定規模以上或性質特殊土地使用之申請程序）

①於符合第二十一條國土功能分區及其分類之使用原則下，從事一定規模以上或性質特殊之土地使用，應由申請人檢具第二十六條規定之書圖文件申請使用許可；其一定規模以上或性質特殊之土地使用，其認定標準，由中央主管機關定之。
②前項使用許可不得變更國土功能分區、分類，且填海造地案件限於城鄉發展地區申請，並符合海岸及海域之規劃。
③第一項使用許可之申請，由直轄市、縣（市）主管機關受理。申請使用許可範圍屬國土保育地區或海洋資源地區者，由直轄市、縣（市）主管機關核轉中央主管機關審議外，其餘申請使用許可範圍由直轄市、縣（市）主管機關審議。但申請使用範圍跨二個直轄市、縣（市）行政區以上、興辦前條第五項國防、重大之公共設施或公用事業計畫跨二個國土功能分區以上致審議之主管機關不同或填海造地案件者，由中央主管機關審議。
④變更經主管機關許可之使用計畫，應依第一項及第三項規定程序辦理。但變更內容性質單純者，其程序得予以簡化。
⑤各級主管機關應依第七條規定辦理審議，並應收取審查費；其收費辦法，由中央主管機關定之。
⑥申請人取得主管機關之許可後，除申請填海造地使用許可案件依第三十條規定辦理外，應於規定期限內進行使用；逾規定期限者，其許可失其效力。未依經許可之使用計畫使用或違反其他相關法規規定，經限期改善而未改善或經目的事業、水土保持、環境保護等主管機關廢止有關計畫者，廢止其使用許可。
⑦第一項及第三項至第六項有關使用許可之辦理程序、受理要件、審議方式與期限、已許可使用計畫應辦理變更之情形與辦理程序、許可之失效、廢止及其他相關事項之辦法，由中央主管機關定之。

第二五條　（申請使用許可符合受理要件者之公開展覽與舉行公聽會）

①直轄市、縣（市）主管機關受理使用許可之申請後，經審查符合受理要件者，應於審議前將其書圖文件於申請使用案件所在地鄉（鎮、市、區）公所公開展覽三十日及舉行公聽會。但依前條第三項規定由中央主管機關審議者，於直轄市、縣（市）主管機關受理審查符合受理要件核轉後，於審議前公開展覽三十日及舉行公聽會。
②前項舉行公聽會之時間、地點、辦理方式等事項，除應以網際網路方式公開外，並得登載於政府公報、新聞紙或其他適當方法廣泛周知，另應以書面送達申請使用範圍內之土地所有權人。但已依其他法規舉行公聽會，且踐行以網際網路周知及書面送達土地所有權人者，不在此限。
③公開展覽期間內，人民或團體得以書面載明姓名或名稱及地址，向主管機關提出意見。主管機關應於公開展覽期滿之日起三十日內彙整人民或團體意見，併同申請使用許可書圖文件報請審議。

④前三項有關使用許可之公開展覽與公聽會之辦理方式及人民陳述意見處理之辦法，由中央主管機關定之。

第二六條　（申請使用許可應檢具書圖文件）

①依第二十四條規定申請使用許可之案件，應檢具下列書圖文件：

一　申請書及使用計畫。

二　使用計畫範圍內土地與建築物所有權人同意證明文件。但申請使用許可之事業依法得為徵收或依農村社區土地重劃條例得申請重劃者，免附。

三　依其他相關法令規定應先經各該主管機關同意之文件。

四　興辦事業計畫已依各目的事業主管法令同意之文件。

五　其他必要之文件。

②主管機關審議申請使用許可案件，應考量土地使用適宜性、交通與公共設施服務水準、自然環境及人為設施容受力。依各國土功能分區之特性，經審議符合下列條件者，得許可使用：

一　國土保育地區及海洋資源地區：就環境保護、自然保育及災害防止，為妥適之規劃，並針對該使用所造成生態環境損失，採取彌補或復育之有效措施。

二　農業發展地區：維護農業生產環境及水資源供應之完整性，避免零星使用或影響其他農業生產環境之使用；其有興建必要之農業相關設施，應以與當地農業生產經營有關者為限。

三　城鄉發展地區：都市成長管理、發展趨勢之關聯影響、公共建設計畫時程、水資源供應及電力、瓦斯、電信等維生系統完備性。

③前二項使用許可審議應檢附之書圖文件內容、格式、許可條件具體規定等相關事項之審議規則，由中央主管機關定之。

第二七條　（使用許可之核發）

①申請使用許可案件經依前條規定審議通過後，由主管機關核發使用許可，並將經許可之使用計畫書圖、文件，於各有關直轄市、縣（市）政府及鄉（鎮、市、區）公所分別公開展覽；其展覽期間，不得少於三十日，並得視實際需要，將計畫內容重點登載於政府公報、新聞紙、網際網路或其他適當方法廣泛周知。

②前項許可使用計畫之使用地類別、使用配置、項目、強度，應作為範圍內土地使用管制之依據。

第二八條　（國土保育費及影響費之收取）

①經主管機關核發使用許可案件，中央主管機關應向申請人收取國土保育費作為辦理國土保育有關事項之用；直轄市、縣（市）主管機關應向申請人收取影響費，作為改善或增建相關公共設施之用，影響費得以使用許可範圍內可建築土地抵充之。

②直轄市、縣（市）主管機關收取前項影響費後，應於一定期限內按前項用途使用；未依期限或用途使用者，申請人得要求直轄市、縣（市）主管機關返還已繳納之影響費。

③第一項影響費如係配合整體國土計畫之推動、指導等性質，或其他法律定有同性質費用之收取者，得予減免。

④前三項國土保育費及影響費之收費方式、費額（率）、應使用之一定期限、用途、影響費之減免與返還、可建築土地抵充之範圍及其他相關事項之辦法，由中央主管機關定之。

⑤第一項影響費得成立基金，其保管及運用之規定，由直轄市、縣（市）主管機關定之。

第二九條（公共設施用地及設施）

①申請人於主管機關核發使用許可後，應先完成下列事項，始得依經許可之使用計畫進行後續使用：

一　將使用計畫範圍內應登記為直轄市、縣（市）或鄉（鎮、市）管有之公共設施用地完成分割、移轉登記為各該直轄市、縣（市）或鄉（鎮、市）有。

二　分別向中央主管機關繳交國土保育費及直轄市、縣（市）主管機關繳交影響費。

三　使用地依使用計畫內容申請變更。

②前項公共設施用地上需興建之設施，應由申請人依使用計畫分期興建完竣勘驗合格，領得使用執照並將所有權移轉登記為直轄市、縣（市）或鄉（鎮、市）有後，其餘非公共設施用地上建築物始得核發使用執照。但經申請人提出各分期應興建完竣設施完成前之服務功能替代方案，並經直轄市、縣（市）或特設主管建築機關同意者，不在此限。

③申請人於前項公共設施用地上興建公共設施時，不適用土地法第二十五條規定。

④第一項及第二項許可使用後之程序、作業方式、負擔、公共設施項目及其他相關事項之辦法，由中央主管機關定之。

⑤第一項及第二項之公共設施用地及設施，其所有權移轉登記承受人依其他法律另有規定者，從其規定；申請移轉登記為直轄市、縣（市）或鄉（鎮、市）有時，得由申請人憑第二十七條第一項規定許可文件單獨申請登記；登記機關辦理該移轉登記時，免繕發權利書狀，登記完畢後，應通知該直轄市、縣（市）政府或鄉（鎮、市）公所。

第三〇條（填海造地施工計畫及程序）

①申請填海造地案件依第二十四條規定取得使用許可後，申請人應於規定期限內提出造地施工計畫，繳交開發保證金；經直轄市、縣（市）主管機關許可並依計畫填築完成後，始得依前條第一項規定辦理相關事宜。

②前項造地施工計畫，涉及國防或經中央主管機關認定其公共安全影響範圍跨直轄市、縣（市），由中央主管機關許可。

③第一項造地施工計畫屆期未申請許可者，其依第二十四條規定取得之許可失其效力；造地施工計畫經審議駁回或不予許可者，審議機關應送請中央主管機關廢止其依第二十四條規定取得之許可。

④第一項造地施工計畫內容及書圖格式、申請期限、展延、保證金計算、減免、繳交、動支、退還、造地施工管理及其他相關事項之辦法，由中央主管機關定之。

⑤第一項造地施工計畫之許可，其他法規另有規定者，從其規定。但其他法規未規定申請期限，仍應依第一項申請期限辦理之。

第三一條　（內容涉及國家機密或限制、禁止公開之除外規定）

使用許可內容涉及依法核定為國家機密或其他法律、法規命令規定應秘密之事項或限制、禁止公開者，不適用第二十五條及第二十七條有關公開展覽、公聽會及計畫內容公告周知之規定。

第三二條　（變更使用或遷移之損害補償）

①直轄市、縣（市）主管機關公告國土功能分區圖後，應按本法規定進行管制。區域計畫實施前或原合法之建築物、設施與第二十三條第二項或第四項所定土地使用管制內容不符者，除准修繕外，不得增建或改建。當地直轄市、縣（市）主管機關認有必要時，得斟酌地方情形限期令其變更使用或遷移，其因遷移所受之損害，應予適當之補償；在直轄市、縣（市）主管機關令其變更使用、遷移前，得為區域計畫實施前之使用、原來之合法使用或改為妨礙目的較輕之使用。

②直轄市、縣（市）主管機關對於既有合法可建築用地經依直轄市、縣（市）國土計畫變更為非可建築用地時，其所受之損失，應予適當補償。

③前二項補償方式及其他相關事項之辦法，由中央主管機關定之。

第三三條　（為國土保安及生態保育急需取得土地建物之依法價購、徵收或辦理撥用）

政府為國土保安及生態保育之緊急需要，有取得土地、建築物或設施之必要者，應由各目的事業主管機關依法價購、徵收或辦理撥用。

第三四條　（行政救濟）

①申請人申請使用許可違反本法或依本法授權訂定之相關命令而主管機關疏於執行時，受害人民或公益團體得敘明疏於執行之具體內容，以書面告知主管機關。主管機關於書面告知送達之日起六十日內仍未依法執行者，人民或公益團體得以該主管機關為被告，對其怠於執行職務之行為，直接向行政法院提起訴訟，請求判令其執行。

②行政法院為前項判決時，得依職權判令被告機關支付適當律師費用、偵測鑑定費用或其他訴訟費用予原告。

③第一項之書面告知格式，由中央主管機關定之。

第五章　國土復育

第三五條 109

①下列地區得由目的事業主管機關劃定為國土復育促進地區，進行復育工作：

一　土石流高潛勢地區。
二　嚴重山崩、地滑地區。
三　嚴重地層下陷地區。
四　流域有生態環境劣化或安全之虞地區。
五　生態環境已嚴重破壞退化地區。
六　其他地質敏感或對國土保育有嚴重影響之地區。

②前項國土復育促進地區之劃定、公告及廢止之辦法，由中央主管機關會商相關目的事業主管機關定之。

③國土復育促進地區之劃定機關，由中央主管機關協調有關機關決定，協調不成，報行政院決定之。

第三六條　（復育計畫之擬訂及定期檢討）

①國土復育促進地區經劃定者，應以保育和禁止開發行爲及設施之設置爲原則，並由劃定機關擬訂復育計畫，報請中央目的事業主管機關核定後實施。如涉及原住民族土地，劃定機關應邀請原住民族部落參與計畫之擬定、執行與管理。

②前項復育計畫，每五年應通盤檢討一次，並得視需要，隨時報請行政院核准變更；復育計畫之標的、內容、合於變更要件，及禁止、相容與限制事項，由中央主管機關定之。

③各目的事業主管機關爲執行第一項復育計畫，必要時，得依法價購、徵收區內私有土地及合法土地改良物。

第三七條　（國土復育促進地區內有安全堪虞地區應研擬完善安置及配套計畫）

①國土復育促進地區內已有之聚落或建築設施，經中央目的事業主管機關或直轄市、縣（市）政府評估安全堪虞者，除有立即明顯之危害，不得限制居住或強制遷居。

②前項經評估有安全堪虞之地區，中央目的事業主管機關或直轄市、縣（市）政府應研擬完善安置及配套計畫，並徵得居民同意後，於安全、適宜之土地，整體規劃合乎永續生態原則之聚落，予以安置，並協助居住、就業、就學、就養及保存其傳統文化；必要時，由行政院協調整合辦理。

第六章　罰　則

第三八條　（罰則）

①從事未符合國土功能分區及其分類使用原則之一定規模以上或性質特殊之土地使用者，由該管直轄市、縣（市）主管機關處行爲人新臺幣一百萬元以上五百萬元以下罰鍰。

②有下列情形之一者，由該管直轄市、縣（市）主管機關處行爲人新臺幣三十萬元以上一百五十萬元以下罰鍰：
一　未經使用許可而從事符合國土功能分區及其分類使用原則之一定規模以上或性質特殊之土地使用。
二　未依許可使用計畫之使用地類別、使用配置、項目、強度進行使用。

③違反第二十三條第二項或第四項之管制使用土地者，由該管直轄市、縣（市）主管機關處行為人新臺幣六萬元以上三十萬元以下罰鍰。

④依前三項規定處罰者，該管直轄市、縣（市）主管機關得限期令其變更使用、停止使用或拆除其地上物恢復原狀；於管制使用土地上經營業務者，必要時得勒令歇業，並通知該管主管機關廢止其全部或一部登記。

⑤前項情形經限期變更使用、停止使用、拆除地上物恢復原狀或勒令歇業而不遵從者，得按次依第一項至第三項規定處罰，並得依行政執行法規定停止供水、供電、封閉、強制拆除或採取其他恢復原狀之措施，其費用由行為人負擔。

⑥有第一項、第二項第一款或第三項情形無法發現行為人時，直轄市、縣（市）主管機關應依序命土地或地上物使用人、管理人或所有人限期停止使用或恢復原狀；屆期不履行，直轄市、縣（市）主管機關得依行政執行法規定辦理。

⑦前項土地或地上物屬公有者，管理人於收受限期恢復原狀之通知後，得於期限屆滿前擬定改善計畫送主管機關核備，不受前項限期恢復原狀規定之限制。但有立即影響公共安全之情事時，應迅即恢復原狀或予以改善。

第三九條 109

①有前條第一項、第二項或第三項情形致釀成災害者，處七年以下有期徒刑，得併科新臺幣五百萬元以下罰金；因而致人於死者，處五年以上十二年以下有期徒刑，得併科新臺幣一千萬元以下罰金；致重傷者，處三年以上十年以下有期徒刑，得併科新臺幣七百萬元以下罰金。

②犯前項之罪者，其墾殖物、工作物、施工材料及所使用之機具，不問屬於犯罪行為人與否，沒收之。

第四〇條 （罰則）

①直轄市、縣（市）主管機關對土地違規使用應加強稽查，並由依第三十八條規定所處罰鍰中提撥一定比率，供民眾檢舉獎勵使用。

②前項檢舉土地違規使用獎勵之對象、基準、範圍及其他相關事項之辦法，由中央主管機關定之。

第七章　附　則

第四一條 （海域管轄範圍之劃定）

①直轄市、縣（市）主管機關之海域管轄範圍，得由中央主管機關會商有關機關劃定。

②各級主管機關為執行海域內違反本法之取締、蒐證、移送等事項，由海岸巡防機關協助提供載具及安全戒護。

第四二條 （重大公共設施或公用事業計畫認定標準之訂定）

第十五條第三項第三款及第二十三條第五項所定重大之公共設

施或公用事業計畫，其認定標準，由中央主管機關定之。

第四三條 （國土資源相關研究機構之整合）

政府應整合現有國土資源相關研究機構，推動國土規劃研究；必要時，得經整合後指定國家級國土規劃研究專責之法人或機構。

第四四條 （設置國土永續發展基金之來源及用途）

①中央主管機關應設置國土永續發展基金；其基金來源如下：

一 使用許可案件所收取之國土保育費。
二 政府循預算程序之撥款。
三 自來水事業機構附徵之一定比率費用。
四 電力事業機構附徵之一定比率費用。
五 違反本法罰鍰之一定比率提撥。
六 民間捐贈。
七 本基金孳息收入。
八 其他收入。

②前項第二款政府之撥款，自本法施行之日起，中央主管機關應視國土計畫檢討變更情形逐年編列預算移撥，於本法施行後十年，移撥總額不得低於新臺幣五百億元。第三款及第四款來源，自本法施行後第十一年起適用。

③第一項第三款至第五款，其附徵項目、一定比率之計算方式、繳交時間、期限與程序及其他相關事項之辦法，由中央主管機關定之。

④國土永續發展基金之用途如下：

一 依本法規定辦理之補償所需支出。
二 國土之規劃研究、調查及土地利用之監測。
三 依第一項第五款來源補助直轄市、縣（市）主管機關辦理違規查處及支應民眾檢舉獎勵。
四 其他國土保育事項。

第四五條 109

①中央主管機關應於本法施行後二年內，公告實施全國國土計畫。

②直轄市、縣（市）主管機關應於全國國土計畫公告實施後三年內，依中央主管機關指定之日期，一併公告實施直轄市、縣（市）國土計畫；並於直轄市、縣（市）國土計畫公告實施後四年內，依中央主管機關指定之日期，一併公告國土功能分區圖。

③直轄市、縣（市）主管機關依前項公告國土功能分區圖之日起，區域計畫法不再適用。

第四六條 （施行細則）

本法施行細則，由中央主管機關定之。

第四七條 109

①本法施行日期，由行政院於本法公布後一年內定之。

②本法修正條文自公布日施行。

國土計畫法施行細則

①民國105年6月17日內政部令訂定發布全文15條；並自105年5月1日施行。
②民國108年2月21日內政部令修正發布第4、6、15條條文；並自發布日施行。

第一條
本細則依國土計畫法（以下簡稱本法）第四十六條規定訂定之。
第二條
①中央主管機關得將本法第四條第一項第一款規定全國國土計畫擬訂、變更之規劃事項，委託其他機關或團體辦理之。
②直轄市、縣（市）主管機關得將本法第四條第二項第一款規定直轄市、縣（市）國土計畫擬訂、變更之規劃事項，委託其他機關或團體辦理之。
第三條
本法第五條所定之國土白皮書，中央主管機關應每二年公布一次；其內容應包括國土利用相關現況與趨勢、國土管理利用之基本施政措施及其他相關事項。
第四條 108
本法第九條第一項所定全國國土計畫之計畫年期、基本調查、國土空間發展及成長管理策略、部門空間發展策略，其內容如下：
一 計畫年期：以不超過二十年爲原則。
二 基本調查：以全國空間範圍爲尺度，蒐集人口、住宅、經濟、土地使用、運輸、公共設施、自然資源及其他相關項目現況資料，並調查國土利用現況。
三 國土空間發展及成長管理策略應載明下列事項：
㈠國土空間發展策略
1.天然災害、自然生態、自然與人文景觀及自然資源保育策略。
2.海域保育或發展策略。
3.農地資源保護策略及全國農地總量。
4.城鄉空間發展策略。
㈡成長管理策略
1.城鄉發展總量及型態。
2.未來發展地區。
3.發展優先順序。
㈢其他相關事項。

四　部門空間發展策略，應包括住宅、產業、運輸、重要公共設施及其他相關部門，並載明下列事項：
㈠發展對策。
㈡發展區位。

第五條

本法第九條第二項規定都會區域或特定區域範圍相關計畫內容，應載明下列事項：

一　都會區域計畫：
㈠計畫性質、議題及範疇。
㈡規劃背景及現況分析。
㈢計畫目標及策略。
㈣執行計畫。
㈤檢討及控管機制。
㈥其他相關事項。

二　特定區域計畫：
㈠特定區域範圍。
㈡現況分析及課題。
㈢發展目標及規劃構想。
㈣治理及經營管理規劃。
㈤土地利用管理原則。
㈥執行計畫。
㈦其他相關事項。

第六條 108

本法第十條所定直轄市、縣（市）國土計畫之計畫年期、基本調查、直轄市、縣（市）空間發展及成長管理計畫、部門空間發展計畫，其內容如下：

一　計畫年期：以不超過二十年爲原則。

二　基本調查：以直轄市、縣（市）空間範圍爲尺度，蒐集人口、住宅、經濟、土地使用、運輸、公共設施、自然資源及其他相關項目現況資料；必要時，並補充調查國土利用現況。

三　直轄市、縣（市）空間發展計畫應載明下列事項：
㈠直轄市、縣（市）國土空間整體發展構想。
㈡直轄市、縣（市）天然災害、自然生態、自然與人文景觀及自然資源分布空間之保育構想。
㈢直轄市、縣（市）管轄海域保育或發展構想；無海域管轄範圍之直轄市、縣（市）免訂定之。
㈣直轄市、縣（市）農地資源保護構想、宜維護農地面積及區位。
㈤直轄市、縣（市）城鄉空間發展構想及鄉村地區整體規劃。
㈥其他相關事項。

四　直轄市、縣（市）成長管理計畫內容，應視其需要包含下列事項：

㈠直轄市、縣（市）城鄉發展總量及型態。
㈡未來發展地區。
㈢發展優先順序。
㈣其他相關事項。
五　部門空間發展計畫，應包括住宅、產業、運輸、重要公共設施及其他相關部門，並載明下列事項：
㈠發展對策。
㈡發展區位。

第七條
①直轄市、縣（市）國土計畫擬訂機關依本法第十四條規定就核定之國土計畫向中央主管機關申請復議時，應附具理由及相關文件。
②中央主管機關對於前項復議之申請案，應提經國土計畫審議會審議之。

第八條
①各級主管機關因擬訂或變更國土計畫，依本法第十八條規定派員進入公、私有土地或建築物實施調查或勘測時，應依下列規定辦理：
一　於七日前以書面通知所有人、占有人、管理人或使用人。
二　前款通知無法送達時，得寄存於當地村（里）辦公處，並於主管機關及村（里）辦公處公告之。
②前項規定於主管機關依第二條規定將國土計畫擬訂、變更之規劃事項委託其他機關或團體辦理時，準用之。

第九條
本法第二十條第一項第一款第三目、第二款第三目、第三款第三目、第四款第三目規定各國土功能分區之其他必要分類，應符合該條所定國土功能分區劃設原則，並考量環境資源條件、土地利用現況、地方特性及發展需求等因素，於全國國土計畫或直轄市、縣（市）國土計畫中定之。

第一〇條
①本法第二十二條第一項所定編定適當使用地，應按各級國土計畫，就土地能供使用性質，編定各種使用地。
②本法第二十三條第二項所定為加強國土保育，得隨時辦理國土功能分區圖檢討變更之情形，為依各級國土計畫國土功能分區之劃設內容，將國土功能分區或分類變更為使用管制規定更為嚴格之其他分區或分類。

第一一條
本法第三十二條第一項所定區域計畫實施前之建築物、設施，於非都市土地範圍內之原住民族土地，為土地使用編定前已建造完成者。

第一二條
依本法第三十六條擬訂之復育計畫，如涉及原住民族土地，劃定機關邀請原住民族部落參與計畫之擬定、執行與管理，應於相關會議十四日前以書面通知之。

第一三條

中央目的事業主管機關或直轄市、縣（市）政府依本法第三十七條第二項研擬之完善安置及配套計畫，其內容應包括安置對象、安置方式、安置地點、財務計畫、社會輔導及其他相關事項。

第一四條

①本法第三十八條第一項所定從事未符合國土功能分區及其分類使用原則之土地使用，爲違反本法第二十三條第二項或第四項授權訂定之規則所定使用項目；所定一定規模以上或性質特殊之土地使用，爲該土地使用屬本法第二十四條第一項授權訂定之標準所定情形。

②本法第三十八條第二項第一款所定未經使用許可而從事符合國土功能分區及其分類使用原則之一定規模以上或性質特殊之土地使用，爲應依本法第二十四條第一項規定申請使用許可而未經許可者。

第一五條 108

①本細則自本法施行之日施行。

②本細則修正條文自發布日施行。

二、都市土地

都市計畫法

①民國28年6月8日國民政府制定公布全文32條。
②民國53年9月1日總統令修正公布全文69條。
③民國62年9月6日總統令修正公布全文87條。
④民國77年7月15日總統令修正公布第49至51條條文；並增訂第50-1條條文。
⑤民國89年1月26日總統令修正公布第79、80條條文。
⑥民國91年5月15日總統令修正公布第19、23、26條條文；並增訂第27-2條條文。
⑦民國91年12月11日總統令修正公布第4、10、11、13、14、18、20、21、25、27、29、30、39、41、64、67、71、77至79、81、82、85、86 條條文；並增訂第27-1、50-2、83-1條條文。
民國93年2月27日行政院令發布第 50-2條定自93年3月1日施行。
⑧民國98年1月7日總統令修正公布第83-1條條文。
⑨民國99年5月19日總統令修正公布第84條條文。
⑩民國104年12月30日總統令修正公布第42、46條條文。
⑪民國109年1月15日總統令修正公布第19、21條條文。
⑫民國110年5月26日總統令修正公布第4、6、10、11、13、14、18至21、24、25、27、27-1、29、30、41、52至55、57至64、67、71、73、78、79、82、86條條文。

第一章　總　則

第一條　（制定目的）

為改善居民生活環境，並促進市、鎮、鄉街有計畫之均衡發展，特制定本法。

第二條　（適用範圍）

都市計畫依本法之規定；本法未規定者，適用其他法律之規定。

第三條　（都市計畫之意義）

本法所稱之都市計畫，係指在一定地區內有關都市生活之經濟、交通、衛生、保安、國防、文教、康樂等重要設施，作有計畫之發展，並對土地使用作合理之規劃而言。

第四條 110

本法之主管機關：在中央為內政部；在直轄市為直轄市政府；在縣（市）為縣（市）政府。

第五條　（都市計畫之依據）

都市計畫應依據現在及既往情況，並預計二十五年內之發展情形訂定之。

第六條 110

直轄市及縣（市）政府對於都市計畫範圍內之土地，得限制其使用人為妨礙都市計畫之使用。

第七條 （用語定義）

本法用語定義如左：

一 主要計畫：係指依第十五條所定之主要計畫書及主要計畫圖，作為擬定細部計畫之準則。

二 細部計畫：係指依第二十二條之規定所為之細部計畫書及細部計畫圖，作為實施都市計畫之依據。

三 都市計畫事業：係指依本法規定所舉辦之公共設施、新市區建設、舊市區更新等實質建設之事業。

四 優先發展區：係指預計在十年內必須優先規劃建設發展之都市計畫地區。

五 新市區建設：係指建築物稀少，尚未依照都市計畫實施建設發展之地區。

六 舊市區更新：係指舊有建築物密集，畸零破舊，有礙觀瞻，影響公共安全，必須拆除重建，就地整建或特別加以維護之地區。

第八條 （都市計畫之擬定及變更）

都市計畫之擬定、變更，依本法所定之程序為之。

第二章 都市計畫之擬定、變更、發布及實施

第九條 （分類）

都市計畫分為左列三種：

一 市（鎮）計畫。

二 鄉街計畫。

三 特定區計畫。

第一〇條 110

下列各地方應擬定市（鎮）計畫：

一 首都、直轄市。

二 省會、市。

三 縣政府所在地及縣轄市。

四 鎮。

五 其他經內政部或縣（市）政府指定應依本法擬定市（鎮）計畫之地區。

第一一條 110

下列各地方應擬定鄉街計畫：

一 鄉公所所在地。

二 人口集居五年前已達三千，而在最近五年內已增加三分之一以上之地區。

三 人口集居達三千，而其中工商業人口占就業總人口百分之五十以上之地區。

四　其他經縣政府指定應依本法擬定鄉街計畫之地區。

第一二條　（特定區計畫）

為發展工業或為保持優美風景或因其他目的而劃定之特定地區，應擬定特定區計畫。

第一三條 110

都市計畫由各級地方政府或鄉、鎮、縣轄市公所依下列之規定擬定之：

一　市計畫由直轄市、市政府擬定，鎮、縣轄市計畫及鄉街計畫分別由鎮、縣轄市、鄉公所擬定，必要時，得由縣政府擬定之。

二　特定區計畫由直轄市、縣（市）政府擬定之。

三　相鄰接之行政地區，得由有關行政單位之同意，會同擬定聯合都市計畫。但其範圍未逾越省境或縣境者，得由縣政府擬定之。

第一四條 110

①特定區計畫，必要時，得由內政部訂定之。

②經內政部或縣（市）政府指定應擬定之市（鎮）計畫或鄉街計畫，必要時，得由縣（市）政府擬定之。

第一五條　（主要計畫書）

①市鎮計畫應先擬定主要計畫書，並視其實際情形，就左列事項分別表明之：

一　當地自然、社會及經濟狀況之調查與分析。

二　行政區域及計畫地區範圍。

三　人口之成長、分布、組成、計畫年期內人口與經濟發展之推計。

四　住宅、商業、工業及其他土地使用之配置。

五　名勝、古蹟及具有紀念性或藝術價值應予保存之建築。

六　主要道路及其他公眾運輸系統。

七　主要上下水道系統。

八　學校用地、大型公園、批發市場及供作全部計畫地區範圍使用之公共設施用地。

九　實施進度及經費。

十　其他應加表明之事項。

②前項主要計畫書，除用文字、圖表說明外，應附主要計畫圖，其比例尺不得小於一萬分之一；其實施進度以五年為一期，最長不得超過二十五年。

第一六條　（簡化規定）

鄉街計畫及特定區計畫之主要計畫所應表明事項，得視實際需要，參照前條第一項規定事項全部或一部予以簡化，並得與細部計畫合併擬定之。

第一七條　（分區發展次序之訂定）

①第十五條第一項第九款所定之實施進度，應就其計畫地區範圍預計之發展趨勢及地方財力，訂定分區發展優先次序。第一期

發展地區應於主要計畫發布實施後，最多二年完成細部計畫；並於細部計畫發布後，最多五年完成公共設施。其他地區應於第一期發展地區開始進行後，次第訂定細部計畫建設之。

②未發布細部計畫地區，應限制其建築使用及變更地形。但主要計畫發布已逾二年以上，而能確定建築線或主要公共設施已照主要計畫興建完成者，得依有關建築法令之規定，由主管建築機關指定建築線，核發建築執照。

第一八條 110

主要計畫擬定後，應先送由該管政府或鄉、鎮、縣轄市都市計畫委員會審議。其依第十三條、第十四條規定由內政部或縣（市）政府訂定或擬定之計畫，應先分別徵求有關縣（市）政府及鄉、鎮、縣轄市公所之意見，以供參考。

第一九條 110

①主要計畫擬定後，送該管政府都市計畫委員會審議前，應於各該直轄市、縣（市）政府及鄉、鎮、縣轄市公所公開展覽三十天及舉行說明會，並應將公開展覽及說明會之日期及地點刊登新聞紙或新聞電子報周知；任何公民或團體得於公開展覽期間內，以書面載明姓名或名稱及地址，向該管政府提出意見，由該管政府都市計畫委員會予以參考審議，連同審議結果及主要計畫一併報請內政部核定之。

②前項之審議，各級都市計畫委員會應於六十天內完成。但情形特殊者，其審議期限得予延長，延長以六十天為限。

③該管政府都市計畫委員會審議修正，或經內政部指示修正者，免再公開展覽及舉行說明會。

第二〇條 110

①主要計畫應依下列規定分別層報核定之：

一　首都之主要計畫由內政部核定，轉報行政院備案。

二　直轄市、省會、市之主要計畫由內政部核定。

三　縣政府所在地及縣轄市之主要計畫由內政部核定。

四　鎮及鄉街之主要計畫由內政部核定。

五　特定區計畫由縣（市）政府擬定者，由內政部核定；直轄市政府擬定者，由內政部核定，轉報行政院備案；內政部訂定者，報行政院備案。

②主要計畫在區域計畫地區範圍內者，內政部在訂定或核定前，應先徵詢各該區域計畫機構之意見。

③第一項所定應報請備案之主要計畫，非經准予備案，不得發布實施。但備案機關於文到後三十日內不為准否之指示者，視為准予備案。

第二一條 110

①主要計畫經核定或備案後，當地直轄市、縣（市）政府應於接到核定或備案公文之日起三十日內，將主要計畫書及主要計畫圖發布實施，並應將發布地點及日期刊登新聞紙或新聞電子報周知。

②內政部訂定之特定區計畫，層交當地直轄市、縣（市）政府依前項之規定發布實施。
③當地直轄市、縣（市）政府未依第一項規定之期限發布者，內政部得代為發布之。

第二二條 （細部計畫）
①細部計畫應以細部計畫書及細部計畫圖就左列事項表明之：
一 計畫地區範圍。
二 居住密度及容納人口。
三 土地使用分區管制。
四 事業及財務計畫。
五 道路系統。
六 地區性之公共設施用地。
七 其他。
②前項細部計畫圖比例尺不得小於一千二百分之一。

第二三條 （細部計畫之核定實施）91
①細部計畫擬定後，除依第十四條規定由內政部訂定，及依第十六條規定與主要計畫合併擬定者，由內政部核定實施外，其餘均由該管直轄市、縣（市）政府核定實施。
②前項細部計畫核定之審議原則，由內政部定之。
③細部計畫核定發布實施後，應於一年內豎立都市計畫樁、計算坐標及辦理地籍分割測量，並將道路及其他公共設施用地、土地使用分區之界線測繪於地籍圖上，以供公衆閱覽或申請謄本之用。
④前項都市計畫樁之測定、管理及維護等事項之辦法，由內政部定之。
⑤細部計畫之擬定、審議、公開展覽及發布實施，應分別依第十七條第一項、第十八條、第十九條及第二十一條規定辦理。

第二四條 110
土地權利關係人為促進其土地利用，得配合當地分區發展計畫，自行擬定或變更細部計畫，並應附具事業及財務計畫，申請當地直轄市、縣（市）政府或鄉、鎮、縣轄市公所依前條規定辦理。

第二五條 110
土地權利關係人自行擬定或申請變更細部計畫，遭受直轄市、縣（市）政府或鄉、鎮、縣轄市公所拒絕時，得分別向內政部或縣（市）政府請求處理；經內政部或縣（市）政府依法處理後，土地權利關係人不得再提異議。

第二六條 （通盤檢討）91
①都市計畫經發布實施後，不得隨時任意變更。但擬定計畫之機關每三年內或五年內至少應通盤檢討一次，依據發展情況，並參考人民建議作必要之變更。對於非必要之公共設施用地，應變更其使用。
②前項都市計畫定期通盤檢討之辦理機關、作業方法及檢討基準等事項之實施辦法，由內政部定之。

或直轄市政府定之；收費基準由直轄市、縣（市）政府定之。

②公共設施用地得作多目標使用，其用地類別、使用項目、准許條件、作業方法及辦理程序等事項之辦法，由內政部定之。

第三一條（投資人之勘查與補償）

獲准投資辦理都市計畫事業之私人或團體在事業上有必要時，得適用第二十九條之規定。

第三章 土地使用分區管制

第三二條（使用區之劃分）

①都市計畫得劃定住宅、商業、工業等使用區，並得視實際情況，劃定其他使用區或特定專用區。

②前項各使用區，得視實際需要，再予劃分，分別予以不同程度之使用管制。

第三三條（農業區、保護區）

都市計畫地區，得視地理形勢，使用現況或軍事安全上之需要，保留農業地區或設置保護區，並限制其建築使用。

第三四條（住宅區）

住宅區爲保護居住環境而劃定，其土地及建築物之使用，不得有礙居住之寧靜、安全及衛生。

第三五條（商業區）

商業區爲促進商業發展而劃定，其土地及建築物之使用，不得有礙商業之便利。

第三六條（工業區）

工業區爲促進工業發展而劃定，其土地及建築物，以供工業使用爲主；具有危險性及公害之工廠，應特別指定工業區建築之。

第三七條（行政文教風景區）

其他行政、文教、風景等使用區內土地及建築物，以供其規定目的之使用爲主。

第三八條（特定專用區）

特定專用區內土地及建築物，不得違反其特定用途之使用。

第三九條（土地及建築物之管制規定）91

對於都市計畫各使用區及特定專用區內土地及建築物之使用、基地面積或基地內應保留空地之比率、容積率、基地內前後側院之深度及寬度、停車場及建築物之高度，以及有關交通、景觀或防火等事項，內政部或直轄市政府得依據地方實際情況，於本法施行細則中作必要之規定。

第四〇條（建築管理）

都市計畫經發布實施後，應依建築法之規定，實施建築管理。

第四一條 110

都市計畫發布實施後，其土地上原有建築物不合土地使用分區規定者，除准修繕外，不得增建或改建。當地直轄市、縣（市）政府或鄉、鎮、縣轄市公所認有必要時，得斟酌地方情形限期

第二七條 110

①都市計畫經發布實施後，遇有下列情事之一時，當地直轄市、縣（市）政府或鄉、鎮、縣轄市公所，應視實際情況迅行變更：

一 因戰爭、地震、水災、風災、火災或其他重大事變遭受損壞時。

二 為避免重大災害之發生時。

三 為適應國防或經濟發展之需要時。

四 為配合中央、直轄市或縣（市）興建之重大設施時。

②前項都市計畫之變更，內政部或縣（市）政府得指定各該原擬定之機關限期為之，必要時，並得逕為變更。

第二七條之一 110

①土地權利關係人依第二十四條規定自行擬定或變更細部計畫，或擬定計畫機關依第二十六條或第二十七條規定辦理都市計畫變更時，主管機關得要求土地權利關係人提供或捐贈都市計畫變更範圍內之公共設施用地、可建築土地、樓地板面積或一定金額予當地直轄市、縣（市）政府或鄉、鎮、縣轄市公所。

②前項土地權利關係人提供或捐贈之項目、比例、計算方式、作業方法、辦理程序及應備書件等事項，由內政部於審議規範或處理原則中定之。

第二七條之二 （重大投資開發案件）91

①重大投資開發案件，涉及都市計畫之擬定、變更，依法應辦理環境影響評估、實施水土保持之處理與維護者，得採平行作業方式辦理。必要時，並得聯合作業，由都市計畫主管機關召集聯席會議審決之。

②前項重大投資開發案件之認定、聯席審議會議之組成及作業程序之辦法，由內政部會商中央環境保護及水土保持主管機關定之。

第二八條 （變更程序）

主要計畫及細部計畫之變更，其有關審議、公開展覽、層報核定及發布實施等事項，應分別依照第十九條至第二十一條及第二十三條之規定辦理。

第二九條 110

①內政部、各級地方政府或鄉、鎮、縣轄市公所為訂定、擬定或變更都市計畫，得派查勘人員進入公私土地內實施勘查或測量。但設有圍障之土地，應事先通知其所有權人或使用人。

②為前項之勘查或測量，如必須遷移或除去該土地上之障礙物時，應事先通知其所有權人或使用人；其所有權人或使用人因而遭受之損失，應予適當之補償；補償金額由雙方協議之，協議不成，由當地直轄市、縣（市）政府函請內政部予以核定。

第三〇條 110

①都市計畫地區範圍內，公用事業及其他公共設施，當地直轄市、縣（市）政府或鄉、鎮、縣轄市公所認為有必要時，得獎勵私人或團體投資辦理，並准收取一定費用；其獎勵辦法由內政部

令其變更使用或遷移；其因變更使用或遷移所受之損害，應予適當之補償，補償金額由雙方協議之；協議不成，由當地直轄市、縣（市）政府函請內政部予以核定。

第四章　公共設施用地

第四二條　（公共設施用地）104

①都市計畫地區範圍內，應視實際情況，分別設置左列公共設施用地：

一　道路、公園、綠地、廣場、兒童遊樂場、民用航空站、停車場所、河道及港埠用地。

二　學校、社教機構、社會福利設施、體育場所、市場、醫療衛生機構及機關用地。

三　上下水道、郵政、電信、變電所及其他公用事業用地。

四　本章規定之其他公共設施用地。

②前項各款公共設施用地應儘先利用適當之公有土地。

第四三條　（設置依據）

公共設施用地，應就人口、土地使用、交通等現狀及未來發展趨勢，決定其項目、位置與面積，以增進市民活動之便利，及確保良好之都市生活環境。

第四四條　（交通設施等之配置）

道路系統、停車場所及加油站，應按土地使用分區及交通情形與預期之發展配置之。鐵路、公路通過實施都市計畫之區域者，應避免穿越市區中心。

第四五條　（遊樂場所等之布置）

公園、體育場所、綠地、廣場及兒童遊樂場，應依計畫人口密度及自然環境，作有系統之布置，除具有特殊情形外，其占用土地總面積不得少於全部計畫面積百分之十。

第四六條　（公共設施等之配置）104

中小學校、社教場所、社會福利設施、市場、郵政、電信、變電所、衛生、警所、消防、防空等公共設施，應按閭鄰單位或居民分布情形適當配置之。

第四七條　（鄰避設施之設置）

屠宰場、垃圾處理場、殯儀館、火葬場、公墓、污水處理廠、煤氣廠等應在不妨礙都市發展及鄰近居民之安全、安寧與衛生之原則下，於邊緣適當地點設置之。

第四八條　（公共設施保留地之取得）

依本法指定之公共設施保留地供公用事業設施之用者，由各該事業機構依法予以徵收或購買；其餘由該管政府或鄉、鎮、縣轄市公所依左列方式取得之：

一　徵收。

二　區段徵收。

三　市地重劃。

第四九條 （地價補償之計算標準）

①依本法徵收或區段徵收之公共設施保留地，其地價補償以徵收當期毗鄰非公共設施保留地之平均公告土地現值為準，必要時得加成補償之。但加成最高以不超過百分之四十為限；其地上建築改良物之補償以重建價格為準。

②前項公共設施保留地之加成補償標準，由當地直轄市、縣（市）地價評議委員會評議當年期公告土地現值時評議之。

第五〇條 （公共設施保留地之臨時建築及其自行拆除）

①公共設施保留地在未取得前，得申請為臨時建築使用。

②前項臨時建築之權利人，經地方政府通知開闢公共設施並限期拆除回復原狀時，應自行無條件拆除；其不自行拆除者，予以強制拆除。

③都市計畫公共設施保留地臨時建築使用辦法，由內政部定之。

第五〇條之一 （所得稅遺產稅或贈與稅之免徵）

公共設施保留地因依本法第四十九條第一項徵收取得之加成補償，免徵所得稅；因繼承或因配偶、直系血親間之贈與而移轉者，免徵遺產稅或贈與稅。

第五〇條之二 （土地交換辦法之訂定）91

①私有公共設施保留地得申請與公有非公用土地辦理交換，不受土地法、國有財產法及各級政府財產管理法令相關規定之限制；劃設逾二十五年未經政府取得者，得優先辦理交換。

②前項土地交換之範圍、優先順序、換算方式、作業方法、辦理程序及應備書件等事項之辦法，由內政部會商財政部定之。

③本條之施行日期，由行政院定之。

第五一條 （公共設施保留地之使用限制）

依本法指定之公共設施保留地，不得為妨礙其指定目的之使用。但得繼續為原來之使用或改為妨礙目的較輕之使用。

第五二條 110

都市計畫範圍內，各級政府徵收私有土地或撥用公有土地，不得妨礙當地都市計畫。公有土地必須配合當地都市計畫予以處理，其為公共設施用地者，由當地直轄市、縣（市）政府或鄉、鎮、縣轄市公所於興修公共設施時，依法辦理撥用；該項用地如有改良物時，應參照原有房屋重建價格補償之。

第五三條 110

獲准投資辦理都市計畫事業之私人或團體，其所需用之公共設施用地，屬於公有者，得申請該公地之管理機關租用；屬於私有而無法協議收購者，應備妥價款，申請該管直轄市、縣（市）政府代為收買之。

第五四條 110

依前條租用之公有土地，不得轉租。如該私人或團體無力經營或違背原核准之使用計畫，或不遵守有關法令之規定者，直轄市、縣（市）政府得通知其公有土地管理機關即予終止租用，另行出租他人經營，必要時並得接管經營。但對其已有設施，應照資產重估價額予以補償之。

第五五條 110

直轄市、縣（市）政府代為收買之土地，如有移轉或違背原核准之使用計畫者，直轄市、縣（市）政府有按原價額優先收買之權。私人或團體未經呈報直轄市、縣（市）政府核准而擅自移轉者，其移轉行為不得對抗直轄市、縣（市）政府之優先收買權。

第五六條 （私人捐獻之公共設施）

私人或團體興修完成之公共設施，自願將該項公共設施及土地捐獻政府者，應登記為該市、鄉、鎮、縣轄市所有，並由各該市、鄉、鎮、縣轄市負責維護修理，並予獎勵。

第五章　新市區之建設

第五七條 110

①主要計畫經公布實施後，當地直轄市、縣（市）政府或鄉、鎮、縣轄市公所應依第十七條規定，就優先發展地區，擬具事業計畫，實施新市區之建設。

②前項事業計畫，應包括下列各項：

一　劃定範圍之土地面積。
二　土地之取得及處理方法。
三　土地之整理及細分。
四　公共設施之興修。
五　財務計畫。
六　實施進度。
七　其他必要事項。

第五八條 110

①縣（市）政府為實施新市區之建設，對於劃定範圍內之土地及地上物得實施區段徵收或土地重劃。

②依前項規定辦理土地重劃時，該管地政機關應擬具土地重劃計畫書，呈經上級主管機關核定公告滿三十日後實施之。

③在前項公告期間內，重劃地區內土地所有權人半數以上，而其所有土地面積超過重劃地區土地總面積半數者表示反對時，該管地政機關應參酌反對理由，修訂土地重劃計畫書，重行報請核定，並依核定結果辦理，免再公告。

④土地重劃之範圍選定後，直轄市、縣（市）政府得公告禁止該地區之土地移轉、分割、設定負擔、新建、增建、改建及採取土石或變更地形。但禁止期間，不得超過一年六個月。

⑤土地重劃地區之最低面積標準、計畫書格式及應訂事項，由內政部訂定之。

第五九條 110

新市區建設範圍內，於辦理區段徵收時各級政府所管之公有土地，應交由當地直轄市、縣（市）政府依照新市區建設計畫，予以併同處理。

第六〇條 110

公有土地已有指定用途，且不牴觸新市區之建設計畫者，得事先以書面通知當地直轄市、縣（市）政府調整其位置或地界後，免予出售。但仍應負擔其整理費用。

第六一條 110

①私人或團體申請當地直轄市、縣（市）政府核准後，得舉辦新市區之建設事業。但其申請建設範圍之土地面積至少應在十公頃以上，並應附具下列計畫書件：

一　土地面積及其權利證明文件。

二　細部計畫及其圖說。

三　公共設施計畫。

四　建築物配置圖。

五　工程進度及竣工期限。

六　財務計畫。

七　建設完成後土地及建築物之處理計畫。

②前項私人或團體舉辦之新市區建設範圍內之道路、兒童遊樂場、公園以及其他必要之公共設施等，應由舉辦事業人自行負擔經費。

第六二條 110

私人或團體舉辦新市區建設事業，其計畫書件函經核准後，得請求直轄市、縣（市）政府或鄉、鎮、縣轄市公所，配合興修前條計畫範圍外之關連性公共設施及技術協助。

第六章　舊市區之更新

第六三條 110

直轄市、縣（市）政府或鄉、鎮、縣轄市公所對於窳陋或髒亂地區認為有必要時，得視細部計畫劃定地區範圍，訂定更新計畫實施之。

第六四條 110

①都市更新處理方式，分為下列三種：

一　重建：係為全地區之徵收、拆除原有建築、重新建築、住戶安置，並得變更其土地使用性質或使用密度。

二　整建：強制區內建築物為改建、修建、維護或設備之充實，必要時，對部分指定之土地及建築物徵收、拆除及重建，改進區內公共設施。

三　維護：加強區內土地使用及建築管理，改進區內公共設施，以保持其良好狀況。

②前項更新地區之劃定，由直轄市、縣（市）政府依各該地方情況，及按各類使用地區訂定標準，送內政部核定。

第六五條 （更新計畫圖說）

更新計畫應以圖說表明左列事項：

一　劃定地區內重建、整建及維護地段之詳細設計圖說。
二　土地使用計畫。
三　區內公共設施興修或改善之設計圖說。
四　事業計畫。
五　財務計畫。
六　實施進度。

第六六條（更新程序）
更新地區範圍之劃定及更新計劃之擬定、變更、報核與發布，應分別依照有關細部計畫之規定程序辦理。

第六七條 110
更新計畫由當地直轄市、縣（市）政府或鄉、鎮、縣轄市公所辦理。

第六八條（土地及地上物之徵收）
辦理更新計畫，對於更新地區範圍內之土地及地上物得依法實施徵收或區段徵收。

第六九條（禁建）
更新地區範圍劃定後，其需拆除重建地區，應禁止地形變更、建築物新建、增建或改建。

第七〇條（重建整建程序）
辦理更新計畫之機關或機構得將重建或整建地區內拆除整理後之基地讓售或標售。其承受人應依照更新計畫期限實施重建；其不依規定期限實施重建者，應按原售價收回其土地自行辦理，或另行出售。

第七一條 110
直轄市、縣（市）政府或鄉、鎮、縣轄市公所爲維護地區內土地使用及建築物之加強管理，得視實際需要，於當地分區使用規定之外，另行補充規定，報經內政部核定後實施。

第七二條（整建區之改建等之輔導）
執行更新計畫之機關或機構對於整建地區之建築物，得規定期限，令其改建、修建、維護或充實設備，並應給予技術上之輔導。

第七三條 110
國民住宅興建計畫與當地直轄市、縣（市）政府或鄉、鎮、縣轄市公所實施之舊市區更新計畫力求配合；國民住宅年度興建計畫中，對於廉價住宅之興建，應規定適當之比率，並優先租售與舊市區更新地區範圍內應予徙置之居民。

第七章　組織及經費

第七四條（都市計畫委員會之設置與組織）
①內政部、各級地方政府及鄉、鎮、縣轄市公所爲審議及研究都市計畫，應分別設置都市計畫委員會辦理之。
②都市計畫委員會之組織，由行政院定之。

第七五條　（經辦人員）

內政部、各級地方政府及鄉、鎮、縣轄市公所應設置經辦都市計畫之專業人員。

第七六條　（公地使用與處分）

因實施都市計畫廢置之道路、公園、綠地、廣場、河道、港灣原所使用之公有土地及接連都市計畫地區之新生土地，由實施都市計畫之當地地方政府或鄉、鎮、縣轄市公所管理使用，依法處分時所得價款得以補助方式撥供當地實施都市計畫建設經費之用。

第七七條　（經費籌措）91

①地方政府及鄉、鎮、縣轄市公所爲實施都市計畫所需經費，應以左列各款籌措之：

一　編列年度預算。

二　工程受益費之收入。

三　土地增值稅部分收入之提撥。

四　私人團體之捐獻。

五　中央或縣政府之補助。

六　其他辦理都市計畫事業之盈餘。

七　都市建設捐之收入。

②都市建設捐之徵收，另以法律定之。

第七八條 110

①中央、直轄市或縣（市）政府爲實施都市計畫或土地徵收，得發行公債。

②前項公債之發行，另以法律定之。

第八章　罰　則

第七九條 110

①都市計畫範圍內土地或建築物之使用，或從事建造、採取土石、變更地形，違反本法或內政部、直轄市、縣（市）政府依本法所發布之命令者，當地地方政府或鄉、鎮、縣轄市公所得處其土地或建築物所有權人、使用人或管理人新臺幣六萬元以上三十萬元以下罰鍰，並勒令拆除、改建、停止使用或恢復原狀。不拆除、改建、停止使用或恢復原狀者，得按次處罰，並停止供水、供電、封閉、強制拆除或採取其他恢復原狀之措施，其費用由土地或建築物所有權人、使用人或管理人負擔。

②前項罰鍰，經限期繳納，屆期不繳納者，依法移送強制執行。

③依第八十一條劃定地區範圍實施禁建地區，適用前二項之規定。

第八〇條　（罰則）

不遵前條規定拆除、改建、停止使用或恢復原狀者，除應依法予以行政強制執行外，並得處六個月以下有期徒刑或拘役。

第九章　附　則

第八一條　（禁建辦法之制定與禁建期間）91
①依本法新訂、擴大或變更都市計畫時，得先行劃定計畫地區範圍，經由該管都市計畫委員會通過後，得禁止該地區內一切建築物之新建、增建、改建，並禁止變更地形或大規模採取土石。但為軍事、緊急災害或公益等之需要，或施工中之建築物，得特許興建或繼續施工。
②前項特許興建或繼續施工之准許條件、辦理程序、應備書件及違反准許條件之廢止等事項之辦法，由內政部定之。
③第一項禁止期限，視計畫地區範圍之大小及舉辦事業之性質定之。但最長不得超過二年。
④前項禁建範圍及期限，應報請行政院核定。
⑤第一項特許興建或繼續施工之建築物，如牴觸都市計畫必須拆除時，不得請求補償。

第八二條 110
直轄市及縣（市）政府對於內政部核定之主要計畫、細部計畫，如有申請復議之必要時，應於接到核定公文之日起一個月內提出，並以一次為限；經內政部復議仍維持原核定計畫時，應依第二十一條之規定即予發布實施。

第八三條　（徵收土地之使用）
①依本法規定徵收之土地，其使用期限，應依照其呈經核准之計畫期限辦理，不受土地法第二百十九條之限制。
②不依照核准計畫期限使用者，原土地所有權人得照原徵收價額收回其土地。

第八三條之一　（容積移轉辦法之訂定）98
①公共設施保留地之取得、具有紀念性或藝術價值之建築與歷史建築之保存維護及公共開放空間之提供，得以容積移轉方式辦理。
②前項容積移轉之送出基地種類、可移出容積訂定方式、可移入容積地區範圍、接受基地可移入容積上限、換算公式、移轉方式、折繳代金、作業方法、辦理程序及應備書件等事項之辦法，由內政部定之。

第八四條　（徵收土地之出售）99
依本法規定所為區段徵收之土地，於開發整理後，依其核准之計畫再行出售時，得不受土地法第二十五條規定之限制。但原土地所有權人得依實施都市平均地權條例之規定，於標售前買回其規定比率之土地。

第八五條　（施行細則）91
本法施行細則，在直轄市由直轄市政府訂定，送內政部核轉行政院備案；在省由內政部訂定，送請行政院備案。

第八六條 110
都市計畫經發布實施後，其實施狀況，當地直轄市、縣（市）政府或鄉、鎮、縣轄市公所應於每年終了一個月內編列報告，分別層報內政部或縣（市）政府備查。

第八七條 （施行日）

本法自公布日施行。

都市計畫法臺灣省施行細則

①民國89年12月29日內政部令訂定發布全文42條；並自發布日起施行。
②民國90年10月30日內政部令修正發布第5、18至21、30條條文。
③民國91年1月23日內政部令修正發布第33條條文。
④民國91年2月6日內政部令修正發布第18條條文。
⑤民國91年6月14日內政部令修正發布第18至21條條文。
⑥民國91年11月27日內政部令修正發布第29、32條條文。
⑦民國92年2月26日內政部令修正發布第27、29條條文。
⑧民國92年7月22日內政部令修正發布第39、40條條文；並增訂第39-1條條文。
⑨民國92年12月10日內政部令修正發布第29條條文。
⑩民國93年3月22日內政部令修正發布第15、18、29、39-1條條文；並增訂第29-1、30-1條條文。
⑪民國95年7月21日內政部令修正發布第3、5、11、15、17、18、20、25、27、29、29-1、34、37、39-1條條文；並增訂第29-2、39-2條條文。
⑫民國99年2月1日內政部令修正發布第14、15、17、18、20、25、27、29、29-1、30-1、31、32、34至37條條文；增訂第24-1、32-1條條文；並刪除第38、41條條文。
⑬民國101年11月12日內政部令修正發布第15至18、27、29、29-1、30-1、35、40條條文；並增訂第34-1、34-2條條文。
⑭民國103年1月3日內政部令修正發布第42條條文；並增訂第34-3條條文；除第34-3條第1項自104年7月1日施行外，自發布日施行。
⑮民國105年4月25日內政部令修正發布第6、10、15、18、20、22、25、27、29、29-1、30-1、32條條文。
⑯民國107年6月26日內政部令修正發布第15、25至27、29-1、31、34-3條條文；並增訂第32-2、34-4、34-5條條文。
⑰民國108年6月14日內政部令修正發布第34-5條條文。
⑱民國109年3月31日內政部令修正發布第32-2、34-5條條文。
民國111年7月27日行政院公告第34-5條第6項所列屬「科技部」之權責事項，自111年7月27日起改由「國家科學及技術委員會」管轄。
⑲民國113年1月17日內政部令修正發布第15條條文。

第一章　總　則

第一條

本細則依都市計畫法（以下簡稱本法）第八十五條規定訂定之。

第二條

本法第十七條第二項但書所稱能確定建築線，係指該計畫區已依有關法令規定豎立樁誌，而能確定建築線者而言；所稱主要公共設施已照主要計畫興建完成，係指符合下列各款規定者：
一　面前道路已照主要計畫之長度及寬度興建完成。但其興建長度已達六百公尺或已達一完整街廓者，不在此限。
二　該都市計畫鄉里單元規劃之國民小學已開闢完成。但基地周邊八百公尺範圍內已有國小興闢完成者，不在此限。

第二章　都市計畫之擬定、變更、發布及實施

第三條 95

本法第十三條第三款規定之聯合都市計畫，由有關鄉（鎮、市）公所會同擬定者，應由各該鄉（鎮、市）公所聯合審議，並以占全面積較大之鄉（鎮、市）公所召集之；由縣政府擬定者，應先徵求鄉（鎮、市）公所之意見。

第四條

聯合都市計畫主要計畫之變更，依前條之規定辦理；細部計畫之擬定及變更，其範圍未逾越其他鄉（鎮、市）行政區域者，得不舉行聯合審議。

第五條 95

縣（市）政府應於本法第十九條規定之公開展覽期間內舉辦說明會，於公開展覽期滿三十日內審議，並於審議完竣後四十五日內將審議結果、計畫書圖及有關文件一併報內政部核定。鄉（鎮、市）公所擬定之都市計畫案件報核期限，亦同。

第六條 105

本法第十九條規定之公開展覽，應在各該縣（市）政府及鄉（鎮、市）公所所在地爲之，縣（市）政府應將公開展覽日期、地點連同舉辦說明會之日期、地點刊登當地新聞紙三日、政府公報及網際網路，並在有關村（里）辦公處張貼公告。

第七條

①主要計畫應依本法第十五條第一項第九款及第十七條規定，以五年爲一期訂定都市計畫實施進度，擬定分期分區發展計畫，並依有關公共設施完竣地區法令規定，就主要計畫街廓核計街廓內除公有土地、公營事業土地、公用設施用地及祭祀公業土地以外之建築用地使用率已達百分之八十以上之地區，劃定爲已發展區。

②前項已發展區，應於主要計畫發布實施後一年內完成細部計畫。

第八條

①依本法第二十四條或第六十一條規定，土地權利關係人自行擬定或變更細部計畫時，應檢送申請書、圖及文件正、副本各一份。

②前項申請書，應載明下列事項：
一　申請人姓名、出生年、月、日、住址。
二　本法第二十二條規定事項。
三　全部土地權利關係人姓名、住址、權利證明文件及其同意

書。但以市地重劃開發，且經私有土地所有權人五分之三以上，及其所有土地總面積超過範圍內私有土地總面積三分之二之同意者，僅需檢具同意之土地所有權人姓名、住址、權利證明文件及其同意書。

四 套繪細部計畫之地籍圖或套繪變更細部計畫之地籍圖。

五 其他必要事項。

③依本法第二十四條規定申請變更細部計畫者，除依前二項規定辦理外，並應檢附變更前之計畫圖及變更部分四鄰現況圖。

第九條

①土地權利關係人申請擬定細部計畫，其範圍不得小於一個街廓。但有明顯之天然界線或主要計畫書另有規定範圍者，不在此限。

②前項街廓，係指都市計畫範圍內四週被都市計畫道路圍成之土地。

第一〇條 105

①內政部、縣（市）政府、鄉（鎮、市）公所擬定或變更主要計畫或細部計畫，或土地權利關係人依前二條規定自行擬定或變更細部計畫時，其計畫書附帶以市地重劃、區段徵收或都市更新方式辦理者，應檢附當地縣（市）主管機關認可之可行性評估相關證明文件。

②前項計畫書規劃之公共設施用地兼具其他使用項目者，應於計畫書內載明其主要用途。

第一一條 95

①土地權利關係人依本法第二十五條規定請求處理時，應繕具副本連同附件送達拒絕機關，拒絕機關應於收到副本之日起十五日內，提出拒絕理由及必要之關係文件，送請內政部或該管縣政府審議。內政部或該管縣政府應於受理請求之日起三個月內審議決定之。

②前項審議之決議及理由，應由內政部或該管縣政府於決議確定日起十二日內通知拒絕機關及請求之土地權利關係人，如認為土地權利關係人有理由時，拒絕機關應依本法第二十三條規定辦理。

第一二條

內政部、縣（市）政府或鄉（鎮、市）公所為擬定或變更都市計畫，得依下列規定派員進入公私土地內為勘查及測量工作，必要時，並得遷移或除去其障礙物：

一 將工作地點及日期預先通知土地所有權人或使用人。

二 攜帶證明身分文件。

三 在日出前或日沒後不得進入他人之房屋。但經現住人同意者，不在此限。

四 須遷移或除去其障礙物時，應於十五日前將應行遷移或除去物之種類、地點及日期通知所有人或使用人。

第一三條

本法第二十九條及第四十一條所定之補償金遇有下列情形之一

者，得依法提存：
一　應受補償人拒絕受領或不能受領者。
二　應受補償人所在地不明者。

第三章　土地使用分區管制

第一四條 99
①都市計畫範圍內土地得視實際發展情形，劃定下列各種使用區，分別限制其使用：
一　住宅區。
二　商業區。
三　工業區：
㈠特種工業區。
㈡甲種工業區。
㈢乙種工業區。
㈣零星工業區。
四　行政區。
五　文教區。
六　體育運動區。
七　風景區。
八　保存區。
九　保護區。
十　農業區。
十一　其他使用區。
②除前項使用區外，必要時得劃定特定專用區。
③都市計畫地區得依都市階層及規模，考量地方特性及實際發展需要，於細部計畫書內對住宅區、商業區再予細分，予以不同程度管制。

第一五條 113
①住宅區為保護居住環境而劃定，不得為下列建築物及土地之使用：
一　第十七條規定限制之建築及使用。
二　使用電力及氣體燃料（使用動力不包括空氣調節、抽水機及其附屬設備）超過三匹馬力，電熱超過三十瓩（附屬設備與電熱不得流用於作業動力）、作業廠房樓地板面積合計超過一百平方公尺或其地下層無自然通風口（開窗面積未達廠房面積七分之一）者。
三　經營下列事業：
㈠使用乙炔從事焊切等金屬之工作者。
㈡噴漆作業者。
㈢使用動力以從事金屬之乾磨者。
㈣使用動力以從事軟木、硬橡皮或合成樹脂之碾碎或乾磨者。

㈤從事搓繩、製袋、碾米、製針、印刷等使用動力超過零點七五瓩者。
㈥彈棉作業者。
㈦醬、醬油或其他調味品之製造者。
㈧沖壓金屬板加工或金屬網之製造者。
㈨鍛冶或翻砂者。
㈩汽車或機車修理業者。但從事汽車之清潔、潤滑、檢查、調整、維護、總成更換、車輪定位、汽車電機業務或機車修理業其設置地點面臨十二公尺以上道路者，不在此限。
⑾液化石油氣之分裝、儲存、販賣及礦油之儲存、販賣者。但申請僅供辦公室、聯絡處所使用，不作為經營實際商品之交易、儲存或展示貨品者，不在此限。
⑿塑膠類之製造者。
⒀成人用品零售業。

四　汽車拖吊場、客、貨運行業、裝卸貨物場所、棧房及調度站。但申請僅供辦公室、聯絡處所使用者，或計程車客運業、小客車租賃業之停車庫、運輸業停車場、客運停車站及貨運寄貨站設置地點面臨十二公尺以上道路者，不在此限。

五　加油（氣）站或客貨運業停車場附設自用加儲油加儲氣設施。

六　探礦、採礦。

七　各種廢料或建築材料之堆棧或堆置場、廢棄物資源回收貯存及處理場所。但申請僅供辦公室、聯絡處所使用者或資源回收站者，不在此限。

八　殯葬服務業（殯葬設施經營業、殯葬禮儀服務業）、壽具店。但申請僅供辦公室、聯絡處所使用，不作為經營實際商品之交易、儲存或展示貨品者，不在此限。

九　毒性化學物質或爆竹煙火之販賣者。但農業資材、農藥或環境用藥販售業經縣（市）政府實地勘查認為符合安全隔離者，不在此限。

十　戲院、電影片映演業、視聽歌唱場、錄影節目帶播映場、電子遊戲場、動物園、室內釣蝦（魚）場、機械式遊樂場、歌廳、保齡球館、汽車駕駛訓練場、攤販集中場、零售市場及旅館或其他經縣（市）政府認定類似之營業場所。但汽車駕駛訓練場及旅館經目的事業主管機關審查核准與室內釣蝦（魚）場其設置地點面臨十二公尺以上道路，且不妨礙居住安寧、公共安全與衛生者，不在此限。

十一　舞廳（場）、酒家、酒吧（廊）、特種咖啡茶室、三溫暖、一般浴室、性交易服務場所或其他類似之營業場所。

十二　飲酒店、夜店。

十三　樓地板面積超過五百平方公尺之大型商場（店）或樓地

板面積超過三百平方公尺之飲食店。
十四　樓地板面積超過五百平方公尺之證券及期貨業。
十五　樓地板面積超過七百平方公尺之金融業分支機構、票券業及信用卡公司。
十六　人造或合成纖維或其中間物之製造者。
十七　合成染料或其中間物、顏料或塗料之製造者。
十八　從事以醱酵作業產製味精、氨基酸、檸檬酸或水產品加工製造者。
十九　肥料製造者。
二十　紡織染整工業。
二一　拉線、拉管或用滾筒壓延金屬者。
二二　金屬表面處理業。
二三　其他經縣（市）政府認定足以發生噪音、振動、特殊氣味、污染或有礙居住安寧、公共安全或衛生，並依法律或自治條例限制之建築物或土地之使用。

②未超過前項第二款、第三款第五目或第十三款至第十五款之限制規定，或符合前項第三款第十目但書、第四款但書、第九款但書及第十款但書規定者，得依下列各款規定爲建築物及土地之使用：
一　作爲室內釣蝦（魚）場者，限於使用建築物之第一層。
二　作爲工廠（銀樓金飾加工業除外）、商場（店）、汽車保養所、機車修理業、計程車客運業、小客車租賃業之停車庫、運輸業停車場、客運停車站、貨運寄貨站、農業資材、農藥或環境用藥販售業者，限於使用建築物之第一層及地下一層。
三　作爲銀樓金飾加工業之工廠、飲食店及美容美髮服務業者，限於使用建築物之第一層、第二層及地下一層。
四　作爲證券業、期貨業、樓地板面積五百平方公尺以上七百平方公尺以下之金融業分支機構者，應面臨十二公尺以上道路；作爲樓地板面積未達五百平方公尺之金融業分支機構者，應面臨十公尺以上道路；申請設置之樓層均限於地面上第一層至第三層及地下一層，並應有獨立之出入口。

第一六條 101

大型商場（店）及飲食店符合下列條件，並經縣（市）政府審查無礙居住安寧、公共安全與衛生者，不受前條第一項第十三款使用面積及第二項使用樓層之限制：
一　主要出入口面臨十五公尺以上之道路。
二　申請設置之地點位於建築物地下第一層或地面上第一層、第二層。
三　依建築技術規則規定加倍附設停車空間。
四　大型商場（店）或樓地板面積超過六百平方公尺之飲食店，其建築物與鄰地間保留四公尺以上之空地（不包括地下室）。

第一七條 101

商業區為促進商業發展而劃定，不得為下列建築物及土地之使用：

一 第十八條規定限制之建築及使用。

二 使用電力及氣體燃料（使用動力不包括空氣調節、抽水機及附屬設備）超過十五匹馬力、電熱超過六十瓩（附屬設備與電熱不得流用於作業動力）或作業廠房之樓地板面積合計超過三百平方公尺者。但報業印刷及冷藏業，不在此限。

三 經營下列事業：

㈠製造爆竹或煙火類物品者。

㈡使用乙炔，其熔接裝置容量三十公升以上及壓縮氣或電力從事焊切金屬工作者。

㈢賽璐珞或其易燃性塑膠類之加熱、加工或使用鋸機加工者。

㈣印刷油墨或繪圖用顏料製造者。

㈤使用動力超過零點七五瓩之噴漆作業者。

㈥使用氣體亞硫酸漂白物者。

㈦骨炭或其他動物質炭之製造者。

㈧毛羽類之洗滌洗染或漂白者。

㈨碎布、紙屑、棉屑、絲屑、毛屑及其他同類物品之消毒、揀選、洗滌或漂白者。

㈩使用動力合計超過零點七五瓩、從事彈棉、翻棉、起毛或製氈者。

⑾削切木作使用動力總數超過三點七五瓩者。

⑿使用動力鋸割或乾磨骨、角、牙或蹄者。

⒀使用動力研磨機三臺以上乾磨金屬，其動力超過二點二五瓩者。

⒁使用動力碾碎礦物、岩石、土砂、硫磺、金屬玻璃、磚瓦、陶瓷器、骨類或貝殼類，其動力超過三點七五瓩者。

⒂煤餅、機製煤餅或木炭之製造者。

⒃使用熔爐鎔鑄之金屬加工者。但印刷所之鉛字鑄造，不在此限。

⒄磚瓦、陶瓷器、人造磨石、坩鍋、搪瓷器之製造或使用動力之水泥加工，動力超過三點七五瓩者。

⒅玻璃或機製毛玻璃製造者。

⒆使用機器錘之鍛冶者。

四 公墓、火化場及骨灰（骸）存放設施、動物屍體焚化場。

五 廢棄物貯存、處理、轉運場；屠宰場。但廢棄物貯存場經目的事業主管機關審查核准者，不在此限。

六 公共危險物品、高壓氣體及毒性化學物質分裝、儲存。但加油（氣）站附設之地下油（氣）槽，不在此限。

七　馬廄、牛、羊、豬及家禽等畜禽舍。
八　乳品工廠、堆肥舍。
九　土石方資源堆置處理場。
十　賽車場。
十一　環境用藥微生物製劑或釀（製）酒製造者。
十二　其他經縣（市）政府認定有礙商業之發展或妨礙公共安全及衛生，並依法律或自治條例限制之建築物或土地之使用。

第一八條 105

①乙種工業區以供公害輕微之工廠與其必要附屬設施及工業發展有關設施使用為主，不得為下列建築物及土地之使用。但公共服務設施及公用事業設施，不在此限：

一　第十九條規定限制之建築及使用。
二　經營下列事業之工業：
㈠火藥類、雷管類、氯酸鹽類、過氯酸鹽類、亞氯酸鹽類、次氯酸鹽類、硝酸鹽類、黃磷、赤磷、硫化磷、金屬鉀、金屬鈉、金屬鎂、過氧化氫、過氧化鉀、過氧化鈉、過氧化鋇、過氧化丁酮、過氧化二苯甲醯、二硫化碳、甲醇、乙醇、乙醚、苦味酸、苦味酸鹽類、醋酸鹽類、過醋酸鹽類、硝化纖維、苯、甲苯、二甲苯、硝基苯、三硝基苯、三硝基甲苯、松節油之製造者。
㈡火柴、賽璐珞及其他硝化纖維製品之製造者。
㈢使用溶劑製造橡膠物品或芳香油者。
㈣使用溶劑或乾燥油製造充皮紙布或防水紙布者。
㈤煤氣或炭製造者。
㈥壓縮瓦斯或液化石油氣之製造者。
㈦高壓氣體之製造、儲存者。但氧、氮、氬、氦、二氧化碳之製造及高壓氣體之混合、分裝及倉儲行為，經目的事業主管機關審查核准者，不在此限。
㈧氯、溴、碘、硫磺、氯化硫、氟氫酸、鹽酸、硝酸、硫酸、磷酸、氫氧化鈉、氫氧化鉀、氨水、碳酸鉀、碳酸鈉、純碱、漂白粉、亞硝酸鈊、亞硫酸鹽類、硫化硫酸鹽類、鉀化合物、汞化合物、鉛化合物、銅化合物、鋇化合物、氰化合物、三氯甲甲烷、四氯化碳、甲醛、丙酮、縮水乙碸、魚骸脂磺、酸銨、石碳酸、安息香酸、鞣酸、乙醯苯銨（胺）、合成防腐劑、農藥之調配加工分裝、農藥工業級原體之合成殺菌劑、滅鼠劑、環境衛生用藥、醋硫酸鉀、磷甲基酚、炭精棒及其他毒性化學物質之製造者。但生物農藥、生物製劑及微生物製劑等以生物為主體之發酵產物之製造者，不在此限。
㈨油、脂或油脂之製造者。但食用油或脂之製造者及其他油、脂或油脂以摻配、攪拌、混合等製程之製造者，不在此限。

(十)屠宰場。
(十一)硫化油膠或可塑劑之製造者。
(十二)製紙漿及造紙者。
(十三)製革、製膠、毛皮或骨之精製者。
(十四)瀝青之精煉者。
(十五)以液化瀝青、煤柏油、木焦油、石油蒸餾產物之殘渣爲原料之物品製造者。
(十六)電氣用炭素之製造者。
(十七)水泥、石膏、消石灰或電石之製造者。
(十八)石棉工業（僅石棉採礦或以石棉爲主要原料之加工業）。
(十九)鎳、鎘、鉛汞電池製造工業。但鎳氫、鋰氫電池之製造工業，不在此限。
(二十)銅、鐵類之煉製者。
(二十一)放射性工業（放射性元素分裝、製造、處理）、原子能工業。
(二十二)以原油爲原料之煉製工業。
(二十三)石油化學基本原料之製造工業，包括乙烯、丙烯、丁烯、丁二烯、芳香烴等基本原料之製造工業。
(二十四)以石油化學基本原料，產製中間原料或產品之工業。
(二十五)以煤爲原料煉製焦炭之工業。
(二十六)經由聚合反應製造樹脂、塑膠、橡膠產品之工業。但無聚合反應者，不在此限。

三　供前款第一目、第二目、第六目及第七目規定之物品、可燃性瓦斯或電石處理者。
四　其他經縣（市）政府依法律或自治條例限制之建築物或土地之使用。

②前項所稱工廠必要附屬設施、工業發展有關設施、公共服務設施及公用事業設施，指下列設施：
一　工廠必要附屬設施：
(一)研發、推廣、教育解說、實作體驗及服務辦公室（所）。
(二)倉庫、生產實驗室、訓練房舍及環境保護設施。
(三)員工單身宿舍及員工餐廳。
(四)其他經縣（市）政府審查核准與從事製造、加工或修理業務工廠有關產品或原料之買賣、進出口業務，或其他必要之附屬設施。
二　工業發展有關設施：
(一)通訊傳播事業。
(二)環境檢驗測定業。
(三)消毒服務業。
(四)樓地板總面積超過三百平方公尺之大型洗衣業。
(五)廢棄物回收、貯存、分類、轉運場及其附屬設施。
(六)營造業之施工機具及材料儲放設施。

(七)倉儲業相關設施。（賣場除外）
(八)冷凍空調工程業。
(九)機械設備租賃業。
(十)工業產品展示服務業。
(土)剪接錄音工作室。
(生)電影、電視設置及發行業。
(圭)公共危險物品、液化石油氣及其他可燃性高壓氣體之容器儲存設施。
(击)汽車運輸業停車場及其附屬設施。
(去)機車、汽車及機械修理業。
(夫)提供產業創意、研究發展、設計、檢驗、測試、品質管理、流程改善、製程改善、自動化、電子化、資源再利用、污染防治、環境保護、清潔生產、能源管理、創業管理等專門技術服務之技術服務業。
(屯)經核定之企業營運總部及其相關設施。
(大)大型展示中心或商務中心：使用土地面積超過一公頃以上，且其區位、面積、設置內容及公共設施，經縣（市）政府審查通過者。
(丸)經縣（市）政府審查核准之職業訓練、創業輔導、景觀維護及其他工業發展有關設施。

三　公共服務設施及公用事業設施：
(一)警察及消防機構。
(二)變電所、輸電線路鐵塔（連接站）及其管路。
(三)自來水或下水道抽水站。
(四)自來水處理場（廠）或配水設施。
(五)煤氣、天然氣加（整）壓站。
(六)加油站、液化石油氣汽車加氣站。
(七)電信設施。
(八)廢棄物及廢（污）水處理設施或焚化爐。
(九)土石方資源堆置處理場。
(十)醫療保健設施：指下列醫療保健設施，且其使用土地總面積不得超過該工業區總面積百分之五者：
1.醫療機構。
2.護理機構。
(土)社會福利設施：
1.兒童及少年福利機構（托嬰中心、早期療育機構）。
2.老人長期照顧機構（長期照護型、養護型及失智照顧型）。
3.身心障礙福利機構。
(生)幼兒園或兒童課後照顧服務中心。
(圭)郵局、銀行、信用合作社、農、漁會信用部及保險公司等分支機構：其使用土地總面積不得超過該工業區總面積百分之五。

㈣汽車駕駛訓練場。
㈤客貨運站及其附屬設施。
㈥宗教設施：其建築物總樓地板面積不得超過五百平方公尺。
㈦電業相關之維修及其服務處所。
㈧再生能源發電設備及其輸變電相關設施（不含沼氣發電）。
㈨倉儲批發業：使用土地面積在一公頃以上五公頃以下、並面臨十二公尺以上道路，且其申請開發事業計畫、財務計畫、經營管理計畫，經縣（市）政府審查通過者。
㈩運動設施：其使用土地總面積不得超過該工業區總面積百分之五。
㈡旅館：經目的事業主管機關審查核准，並應面臨十二公尺以上道路，其使用土地總面積不得超過該工業區總面積百分之五，並以使用整棟建築物為限。
㈢其他經縣（市）政府審查核准之必要公共服務設施及公用事業。

③前項第一款至第三款之設施，應經縣（市）政府審查核准後，始得建築；增建及變更使用時，亦同。第二款及第三款設施之申請，縣（市）政府於辦理審查時，應依據地方實際情況，對於各目之使用細目、使用面積、使用條件及有關管理維護事項及開發義務作必要之規定。

④第二項第三款設施之使用土地總面積，不得超過該工業區總面積百分之二十。

第一九條 91

①甲種工業區以供輕工業及無公共危險之重工業為主，不得為下列建築物及土地之使用。但前條第二項各款設施，不在此限：

一 煉油工業：以原油為原料之製造工業。
二 放射性工業：包含放射性元素分裝、製造及處理工業。
三 易爆物製造儲存業：包括炸藥、爆竹、硝化棉、硝化甘油及相關之爆炸性工業。
四 液化石油氣製造分裝業。

②甲種工業區中建有前條第二項各款設施者，其使用應符合前條第三項之規定。

第二〇條 105

①特種工業區除得供與特種工業有關之辦公室、倉庫、展售設施、生產實驗室、訓練房舍、環境保護設施、單身員工宿舍、員工餐廳及其他經縣（市）政府審查核准之必要附屬設施外，應以下列特種工業、公共服務設施及公用事業設施之使用為限：

一 甲種工業區限制設置並經縣（市）政府審查核准設置之工業。
二 其他經縣（市）政府指定之特種原料及其製品之儲藏或處理之使用。

三　公共服務設施及公用事業設施：

㈠變電所、輸電線路鐵塔（連接站）及其管路。

㈡電業相關之維修及其服務處所。

㈢電信設施。

㈣自來水設施。

㈤煤氣、天然氣加（整）壓站。

㈥再生能源發電設備及其輸變電相關設施（不含沼氣發電）。

㈦其他經縣（市）政府審查核准之必要公共服務設施及公用事業。

②前項與特種工業有關之各項設施，應經縣（市）政府審查核准後，始得建築；增建時，亦同。

第二一條 91

①零星工業區係為配合原登記有案，無污染性，具有相當規模且遷廠不易之合法性工廠而劃定，僅得為無污染性之工業及與該工業有關之辦公室、展售設施、倉庫、生產實驗室、訓練房舍、環境保護設施、單身員工宿舍、員工餐廳、其他經縣（市）政府審查核准之必要附屬設施使用，或為汽車運輸業停車場、客貨運站、機車、汽車及機械修理業與儲配運輸物流業及其附屬設施等之使用。

②前項無污染性之工廠，係指工廠排放之廢水、廢氣、噪音及其他公害均符合有關管制標準規定，且其使用不包括下列危險性之工業：

一　煤氣及易燃性液體製造業。

二　劇毒性工業：包括農藥、殺蟲劑、滅鼠劑製造業。

三　放射性工業：包括放射性元素分裝、製造、處理工業，及原子能工業。

四　易爆物製造儲存業：包括炸藥、爆竹、硝化棉、硝化甘油及其他爆炸性類工業。

五　重化學品製造、調和、包裝業。

第二二條 105

依產業創新條例、原獎勵投資條例或促進產業升級條例規定編定開發之工業區內建築物及土地之使用，得依其有關法令規定辦理，不受第十八條至第二十條之限制。

第二三條

行政區以供政府機關、自治團體、人民團體及其他公益上需要之建築物使用為主，不得建築住宅、商店、旅社、工廠及其他娛樂用建築物。但紀念性之建築物與附屬於建築物之車庫及非營業性之招待所，不在此限。

第二四條

文教區以供下列使用為主：

一　藝術館、博物館、社教館、圖書館、科學館及紀念性建築物。

二　學校。
三　體育場所、集會所。
四　其他與文教有關，並經縣（市）政府審查核准之設施。

第二四條之一 99
體育運動區以供下列使用為主：
一　傑出運動名人館、運動博物館及紀念性建築物。
二　運動訓練設施。
三　運動設施。
四　國民運動中心。
五　其他與體育運動相關，經縣（市）政府審查核准者。

第二五條 107
①風景區為保育及開發自然風景而劃定，以供下列之使用為限：
一　住宅。
二　宗祠及宗教建築。
三　招待所。
四　旅館。
五　俱樂部。
六　遊樂設施。
七　農業及農業建築。
八　紀念性建築物。
九　戶外球類運動場、運動訓練設施。但土地面積不得超過零點三公頃。
十　飲食店。
十一　溫泉井及溫泉儲槽。但土地使用面積合計不得超過三十平方公尺。
十二　其他必要公共與公用設施及公用事業。
②前項使用之建築物，其構造造型、色彩、位置應無礙於景觀；縣（市）政府核准其使用前，應會同有關單位審查。
③第一項第十二款其他必要公共與公用設施及公用事業之設置，應以經縣（市）政府認定有必要於風景區設置者為限。

第二六條 107
保存區為維護名勝、古蹟、歷史建築、紀念建築、聚落建築群、考古遺址、史蹟、文化景觀、古物、自然地景、自然紀念物及具有紀念性或藝術價值應保存之建築，保全其環境景觀而劃定，以供其使用為限。

第二七條 107
①保護區為國土保安、水土保持、維護天然資源與保護環境及生態功能而劃定，在不妨礙保護區之劃定目的下，經縣（市）政府審查核准，得為下列之使用：
一　國防所需之各種設施。
二　警衛、保安、保防、消防設施。
三　臨時性遊憩及露營所需之設施。
四　公用事業、社會福利事業所必需之設施。

五　採礦之必要附屬設施：電力設備、輸送設備及交通運輸設施。
六　土石方資源堆置處理。
七　廢棄物資源回收、貯存場及其附屬設施。
八　水質淨化處理設施及其附屬設施。
九　造林及水土保持設施。
十　爲保護區內地形、地物所爲之工程。
十一　汽車運輸業所需之停車場、客、貨運站及其必需之附屬設施。
十二　危險物品及高壓氣體儲藏、分裝等。
十三　溫泉法施行前，已開發溫泉使用之溫泉井及溫泉儲槽。但土地使用面積合計不得超過十平方公尺。
十四　休閒農業設施。
十五　農村再生相關公共設施。
十六　自然保育設施。
十七　綠能設施。
十八　原有合法建築物拆除後之新建、改建、增建。除寺廟、教堂、宗祠外，其高度不得超過三層或十點五公尺，建蔽率最高以百分之六十爲限，建築物最大基層面積不得超過一百六十五平方公尺，建築總樓地板面積不得超過四百九十五平方公尺。土地及建築物除供居住使用及建築物之第一層得作小型商店及飲食店外，不得違反保護區有關土地使用分區之規定。
十九　都市計畫發布實施前，原有依法實際供農作、養殖、畜牧生產且未停止其使用者，得比照農業區之有關規定及條件，申請建築農舍及農業產銷必要設施。但依規定辦理休耕、休養、停養或有不可抗力等事由，而未實際供農作、養殖、畜牧等使用者，視爲未停止其使用。

②前項第一款至第十六款設施之申請，縣（市）政府於辦理審查時，應依據地方實際情況，對於其使用面積、使用條件及有關管理維護事項作必要之規定。

第二八條

保護區內之土地，禁止下列行爲。但第一款至第五款及第七款之行爲，爲前條第一項各款設施所必需，且經縣（市）政府審查核准者，不在此限：
一　砍伐竹木。但間伐經中央目的事業主管機關審查核准者，不在此限。
二　破壞地形或改變地貌。
三　破壞或污染水源、堵塞泉源或改變水路及填埋池塘、沼澤。
四　採取土石。
五　焚毀竹、木、花、草。
六　名勝、古蹟及史蹟之破壞或毀滅。
七　其他經內政部認爲應行禁止之事項。

第二九條 105

①農業區爲保持農業生產而劃定，除保持農業生產外，僅得申請興建農舍、農業產銷必要設施、休閒農業設施、自然保育設施、綠能設施及農村再生相關公共設施。但第二十九條之一、第二十九條之二及第三十條所規定者，不在此限。

②申請興建農舍須符合下列規定：

一　興建農舍之申請人必須具備農民身分，並應在該農業區內有農業用地或農場。

二　農舍之高度不得超過四層或十四公尺，建築面積不得超過申請興建農舍之該宗農業用地面積百分之十，建築總樓地板面積不得超過六百六十平方公尺，與都市計畫道路境界之距離，除合法農舍申請立體增建外，不得小於八公尺。

三　都市計畫農業區內之農業用地，其已申請建築者（包括百分之十農舍面積及百分之九十之農業用地），主管建築機關應於都市計畫及地籍套繪圖上著色標示之，嗣後不論該百分之九十農業用地是否分割，均不得再行申請興建農舍。

四　農舍不得擅自變更使用。

③第一項所定農業產銷必要設施、休閒農業設施、自然保育設施、綠能設施及農村再生相關公共設施之項目由農業主管機關認定，並依目的事業主管機關所定相關法令規定辦理，且不得擅自變更使用；農業產銷必要設施之建蔽率不得超過百分之六十，休閒農業設施之建蔽率不得超過百分之二十、自然保育設施之建蔽率不得超過百分之四十。

④前項農業產銷必要設施，不得供爲居室、工廠及其他非農業產銷必要設施使用。但經核准工廠登記之農業產銷必要設施，不在此限。

⑤第一項農業用地內之農舍、農業產銷必要設施、休閒農業設施及自然保育設施，其建蔽率應一併計算，合計不得超過百分之六十。

第二九條之一 107

①農業區經縣（市）政府審查核准，得設置公用事業設施、土石方資源堆置處理、廢棄物資源回收、貯存場、汽車運輸業停車場（站）、客（貨）運站與其附屬設施、汽車駕駛訓練場、社會福利事業設施、幼兒園、兒童課後照顧服務中心、加油（氣）站（含汽車定期檢驗設施）、面積零點三公頃以下之戶外球類運動場及運動訓練設施、溫泉井及溫泉儲槽、政府重大建設計畫所需之臨時性設施。核准設置之各項設施，不得擅自變更使用，並應依農業發展條例第十二條繳交回饋金之規定辦理。

②前項所定經縣（市）政府審查核准之社會福利事業設施、幼兒園、兒童課後照顧服務中心、加油（氣）站及運動訓練設施，其建蔽率不得超過百分之四十。

③第一項溫泉井及溫泉儲槽，以溫泉法施行前已開發溫泉使用者爲限，其土地使用面積合計不得超過十平方公尺。

④縣（市）政府得視農業區之發展需求，於都市計畫書中調整第一項所定之各項設施，並得依地方實際需求，於都市計畫書中增列經審查核准設置之其他必要設施。
⑤縣（市）政府於辦理第一項及前項設施之申請審查時，應依據地方實際情況，對於其使用面積、使用條件及有關管理維護事項，作必要之規定。

第二九條之二 95

①毗鄰農業區之建築基地，為建築需要依其建築使用條件無法以其他相鄰土地作為私設通路連接建築線者，得經縣（市）政府審查核准後，以農業區土地興闢作為連接建築線之私設通路使用。
②前項私設通路長度、寬度及使用條件等相關事項，由縣（市）政府定之。

第三〇條

農業區土地在都市計畫發布前已為建地目、編定為可供興建住宅使用之建築用地，或已建築供居住使用之合法建築物基地者，其建築物及使用，應依下列規定辦理：
一　建築物簷高不得超過十四公尺，並以四層為限，建蔽率不得大於百分之六十，容積率不得大於百分之一百八十。
二　土地及建築物除作居住使用及建築物之第一層得作小型商店及飲食店外，不得違反農業區有關土地使用分區之規定。
三　原有建築物之建蔽率已超過第一款規定者，得就地修建。但改建、增建或拆除後新建，不得違反第一款之規定。

第三〇條之一 105

①電信專用區為促進電信事業之發展而劃定，得為下列之使用：
一　經營電信事業所需設施：包括機房、營業廳、辦公室、料場、倉庫、天線場、展示中心、線路中心、動力室（電力室）、衛星電臺、自立式天線基地、海纜登陸區、基地臺、電信轉播站、移動式拖車機房及其他必要設施。
二　電信必要附屬設施：
　㈠研發、實驗、推廣、檢驗及營運辦公室。
　㈡教學、訓練、實習房舍（場所）及學員宿舍。
　㈢員工托育中心、員工幼兒園、員工課輔班、員工餐廳、員工福利社、員工招待所及員工醫務所（室）。
　㈣其他經縣（市）政府審查核准之必要設施。
三　與電信運用發展有關設施：
　㈠網路加值服務業。
　㈡有線、無線及電腦資訊業。
　㈢資料處理服務業。
四　與電信業務經營有關設施：
　㈠電子資訊供應服務業。
　㈡電信器材零售業。
　㈢電信工程業。

⑷金融業派駐機構。

五　金融保險業、一般批發業、一般零售業、運動服務業、餐飲業、一般商業辦公大樓。

②作前項第五款使用時，以都市計畫書載明得為該等使用者為限，其使用之樓地板面積，不得超過該電信專用區總樓地板面積之二分之一。

第三一條 107

都市計畫發布實施後，不合分區使用規定之建築物，除經縣（市）政府或鄉（鎮、市）公所命其變更使用或遷移者外，得繼續為原有之使用，並依下列規定處理之：

一　原有合法建築物不得增建、改建、增加設備或變更為其他不合規定之使用。

二　建築物有危險之虞，確有修建之必要，得在維持原有使用範圍內核准修建。但以縣（市）政府或鄉（鎮、市）公所尚無限期要求變更使用或遷移計畫者為限。

三　因災害毀損之建築物，不得以原用途申請重建。

第三二條 105

①各使用分區之建蔽率不得超過下列規定。但本細則另有規定者外，不在此限：

一　住宅區：百分之六十。

二　商業區：百分之八十。

三　工業區：百分之七十。

四　行政區：百分之六十。

五　文教區：百分之六十。

六　體育運動區：百分之六十。

七　風景區：百分之二十。

八　保護區：百分之十。

九　農業區：百分之十。

十　保存區：百分之六十。但古蹟保存區內原有建築物已超過者，不在此限。

十一　車站專用區：百分之七十。

十二　加油（氣）站專用區：百分之四十。

十三　郵政、電信、變電所專用區：百分之六十。

十四　港埠專用區：百分之七十。

十五　醫療專用區：百分之六十。

十六　露營區：百分之五。

十七　青年活動中心區：百分之二十。

十八　出租別墅區：百分之五十。

十九　旅館區：百分之六十。

二十　鹽田、漁塭區：百分之五。

二一　倉庫區：百分之七十。

二二　漁業專用區、農會專用區：百分之六十。

二三　再生能源相關設施專用區：百分之七十。

二四　其他使用分區：依都市計畫書規定。

②前項各使用分區之建蔽率，當地都市計畫書或土地使用分區管制規則另有較嚴格之規定者，從其規定。

第三二條之一　99

都市計畫地區內，依本細則規定允許設置再生能源發電設備及其輸變電相關設施者，其建蔽率不得超過百分之七十，不受該分區建蔽率規定之限制。

第三二條之二　109

①公有土地供作老人活動設施、長期照顧服務機構、公立幼兒園及非營利幼兒園、公共托育設施及社會住宅使用者，其容積得酌予提高至法定容積之一點五倍，經都市計畫變更程序者得再酌予提高。但不得超過法定容積之二倍。

②公有土地依其他法規申請容積獎勵或容積移轉，與前項提高法定容積不得重複申請。

③行政法人興辦第一項設施使用之非公有土地，準用前二項規定辦理。

第三三條　91

①都市計畫地區內，為使土地合理使用，應依下列規定，於都市計畫書內訂定容積管制規定：

一　住宅區及商業區，應依計畫容納人口、居住密度、每人平均居住樓地板面積及公共設施服務水準，訂定平均容積率，並依其計畫特性、區位、面臨道路寬度、鄰近公共設施之配置情形、地形地質、發展現況及限制，分別訂定不同之容積率管制。

二　其他使用分區，應視實際發展情形需要及公共設施服務水準訂定。

三　實施容積率管制前，符合分區使用之合法建築物，改建時其容積規定與建築物管理事宜，應視實際發展情形需要及公共設施服務水準而訂定。

②舊市區小建築基地合併整體開發建築，或舊市區小建築基地合法建築物經縣（市）政府認定無法以都市更新或合併整理開發建築方式辦理重建者，得於法定容積百分之三十之限度內放寬其建築容積額度或依該合法建築物原建築容積建築。

第三四條　99

①都市計畫地區各土地使用分區之容積率，依都市計畫書中所載規定；未載明者，其容積率不得超過下列規定：

一　住宅區及商業區：

居住密度（人／公頃）	分區別	鄰里性公共設施用地比值未逾百分之十五	鄰里性公共設施用地比值超過百分之十五
未達二百	住宅區	百分之一百二十	百分之一百五十
	商業區	百分之一百八十	百分之二百十

居住密度（人／公頃）	分區別	鄰里性公共設施用地比值未逾百分之十五	鄰里性公共設施用地比值超過百分之十五
二百以上未達三百	住宅區	百分之一百五十	百分之一百八十
	商業區	百分之二百十	百分之二百四十
三百以上未達四百	住宅區	百分之一百八十	百分之二百
	商業區	百分之二百四十	百分之二百八十
四百以上	住宅區	百分之二百	百分之二百四十
	商業區	百分之二百八十	百分之三百二十

二　旅館區：

㈠山坡地：百分之一百二十。

㈡平地：百分之一百六十。

三　工業區：百分之二百十。

四　行政區：百分之二百五十。

五　文教區：百分之二百五十。

六　體育運動區：百分之二百五十。

七　風景區：百分之六十。

八　保存區：百分之一百六十。但古蹟保存區內原有建築物已超過者，不在此限。

九　加油（氣）站專用區：百分之一百二十。

十　郵政、電信、變電所專用區：百分之四百。

十一　醫療專用區：百分之二百。

十二　漁業專用區：百分之一百二十。

十三　農會專用區：百分之二百五十。

十四　倉庫區：百分之三百。

十五　寺廟保存區：百分之一百六十。

十六　其他使用分區由各縣（市）政府依實際需要，循都市計畫程序，於都市計畫書中訂定。

②前項第一款所稱居住密度，於都市計畫書中已有規定者，以都市計畫書為準；都市計畫書未規定者，以計畫人口與可建築用地（住宅區及商業區面積和）之比值為準。所稱鄰里性公共設施用地比值，係指鄰里性公共設施面積（包括鄰里性公園、中小學用地、兒童遊樂場、體育場所、停車場、綠地、廣場及市場等用地）與都市建築用地面積之比值。

③前項都市建築用地面積，係指都市計畫總面積扣除非都市發展用地（包括農業區、保護區、河川區、行水區、風景區等非屬開發建築用地，以都市計畫書為準）及公共設施用地之面積。

第三四條之一 101

內政部、縣（市）政府或鄉（鎮、市）公所擬定或變更都市計畫，如有增設供公眾使用停車空間及開放空間之必要，得於都市計畫書訂定增加容積獎勵之規定。

第三四條之二 101

①都市計畫範圍內屋齡三十年以上五層樓以下之公寓大廈合法建築物，經所有權人同意辦理原有建築物之重建，且無法劃定都

市更新單元辦理重建者，得依該合法建築物原建築容積建築；或符合下列條件者，得於法定容積百分之二十限度內放寬其建築容積：

一　採綠建築規劃設計：建築基地及建築物採綠建築設計，取得候選綠建築證書及通過綠建築分級評估銀級以上。
二　提高結構物耐震性能：耐震能力達現行規定之一點二五倍。
三　應用智慧建築技術：建築基地及建築物採智慧建築設計，取得候選智慧建築證書，且通過智慧建築等級評估銀級以上。
四　納入綠色能源：使用再生能源發電設備。
五　其他對於都市環境品質有高於法規規定之具體貢獻。

②縣（市）政府辦理審查前項條件時，應就分級、細目、條件、容積額度及協議等事項作必要之規定。

③依第三十三條第二項規定辦理重建者，不得再依第一項規定申請放寬建築容積。

第三四條之三　107

①各土地使用分區除增額容積及依本法第八十三條之一規定可移入容積外，於法定容積增加建築容積後，不得超過下列規定：

一　依都市更新法規實施都市更新事業之地區：建築基地一點五倍之法定容積或各該建築基地零點三倍之法定容積再加其原建築容積。
二　前款以外之地區：建築基地一點二倍之法定容積。

②前項所稱增額容積，指都市計畫擬定機關配合公共建設計畫之財務需要，於變更都市計畫之指定範圍內增加之容積。

③舊市區小建築基地合併整體開發建築、高氯離子鋼筋混凝土建築物及放射性污染建築物拆除重建時增加之建築容積，得依第三十三條、第四十條及放射性污染建築物事件防範及處理辦法規定辦理。

第三四條之四　107

①私人於都市更新地區外捐贈集中留設六百平方公尺以上樓地板面積及其土地所有權予縣（市）政府作社會住宅使用，並經縣（市）政府審查核准者，該捐贈部分得免計容積。

②前項私人捐贈容積樓地板面積，縣（市）政府得提縣（市）都市計畫委員會給予容積獎勵，並以一倍為上限，不受第三十四條之三第一項各款規定之限制。但不得超過法定容積之一點五倍。

第三四條之五　109

①依原獎勵投資條例、原促進產業升級條例或產業創新條例編定，由經濟部或縣（市）政府管轄之工業區、產業園區，或依科學園區設置管理條例中華民國一百零七年六月六日修正施行前之規定或科學園區設置管理條例設置之科學園區，法定容積率為百分之二百四十以下，及從事產業創新條例相關規定所指之產業用地㈠之各行業、科學園區設置管理條例中華民國一百零七

年六月六日修正施行前之規定所稱之科學工業或科學園區設置管理條例所稱之科學事業者，其擴大投資或產業升級轉型之興辦事業計畫經工業主管機關或科技主管機關同意，平均每公頃新增投資金額（不含土地價款）超過新臺幣四億五千萬元者，平均每公頃再增加投資新臺幣一千萬元，得獎勵法定容積百分之一，上限為法定容積百分之十五。

②前項經工業主管機關或科技主管機關同意之擴大投資或產業升級轉型之興辦事業計畫為提升能源使用效率及設置再生能源發電設備，於取得前項獎勵容積後，並符合下列各款規定之一者，得再增加獎勵容積：

一　設置能源管理系統：法定容積百分之二。

二　設置太陽光電發電設備於廠房屋頂，且水平投影面積占屋頂可設置區域範圍百分之五十以上：法定容積百分之三。

③第一項擴大投資或產業升級轉型之興辦事業計畫，得依下列規定獎勵容積，上限為法定容積百分之三十：

一　捐贈建築物部分樓地板面積，集中留設作產業空間使用（含相對應容積樓地板土地持分），並經工業主管機關、科技主管機關或目的事業主管機關核准及同意接管者，得免計入容積，依其捐贈容積樓地板面積給予容積獎勵，並以一倍為上限，且應面臨基地周邊最寬之道路，並應有獨立之出入口。

二　依目的事業主管機關法規規定繳納回饋金。

④依前三項增加之獎勵容積，加計本法第八十三條之一規定可移入容積，不得超過法定容積之一點五倍，並不受第三十四條之三第一項限制。

⑤申請第二項第二款所定獎勵容積，其太陽光電發電設備應於取得使用執照前完成設置。申請第三項所定獎勵容積，應於取得第一項獎勵容積後始得為之。

⑥第一項至第三項獎勵容積之審核，在中央由經濟部或科技部為之；在縣（市）由縣（市）政府為之。

⑦第一項以外之都市計畫工業區或使用性質相近似之產業專用區，法定容積率為百分之二百四十以下，並經縣（市）政府公告認定符合已開闢基本公共設施及具計畫管理者，以其興辦事業計畫供工業或產業及其必要附屬設施使用為限，縣（市）政府得獎勵容積，其獎勵項目、要件、額度及上限，準用第一項、第二項、第三項第一款、第四項及第五項規定；縣（市）政府應指定專責單位，辦理獎勵容積審核相關作業。

第三五條 101

①擬定細部計畫時，應於都市計畫書中訂定土地使用分區管制要點；並得就該地區環境之需要，訂定都市設計有關事項。

②各縣（市）政府為審核前項相關規定，得邀請專家學者採合議方式協助審查。

③第一項土地使用分區管制要點，應規定區內土地及建築物之使

用、最小建築基地面積、基地內應保持空地之比率、容積率、綠覆率、透水率、排水逕流平衡、基地內前後側院深度及寬度、建築物附設停車空間、建築物高度與有關交通、景觀、防災及其他管制事項。

④前項土地使用分區管制要點規定之土地及建築物使用，都市計畫擬定機關得視各都市計畫區實際發展需要，訂定較本細則嚴格之規定。

第四章　公共設施用地

第三六條 99

公共設施用地建蔽率不得超過下列規定：

一　公園、兒童遊樂場：有頂蓋之建築物，用地面積在五公頃以下者，建蔽率不得超過百分十五；用地面積超過五公頃者，其超過部分之建蔽率不得超過百分之十二。

二　社教機構、體育場所、機關及醫療（事）衛生機構用地：百分之六十。

三　停車場：

㈠平面使用：百分之十。

㈡立體使用：百分之八十。

四　郵政、電信、變電所用地：百分之六十。

五　港埠用地：百分之七十。

六　學校用地：百分之五十。

七　市場：百分之八十。

八　加油站：百分之四十。

九　火化場及殯儀館用地：百分之六十。

十　鐵路用地：百分之七十。

十一　屠宰場：百分之六十。

十二　墳墓用地：百分之二十。

十三　其他公共設施用地：依都市計畫書規定。

第三七條 99

都市計畫地區公共設施用地容積率，依都市計畫書中所載規定；未載明者，其容積率不得超過下列規定：

一　公園：

㈠面積在五公頃以下者：百分之四十五。

㈡面積超過五公頃者：百分之三十五。

二　兒童遊樂場：百分之三十。

三　社教機構、體育場所、機關及醫療（事）衛生機構用地：百分之二百五十。

四　停車場：

㈠平面使用：其附屬設施百分之二十。

㈡立體使用：百分之九百六十。

五　郵政、電信、變電所用地：百分之四百。

六　學校用地：

㈠國中以下用地：百分之一百五十。

㈡高中職用地：百分之二百。

㈢大專以上用地：百分之二百五十。

七　零售市場：百分之二百四十。

八　批發市場：百分之一百二十。

九　加油站：百分之一百二十。

十　火化場及殯儀館用地：百分之一百二十。

十一　屠宰場：百分之三百。

十二　墳墓用地：百分之二百。

十三　其他公共設施用地：由各縣（市）政府依實際需要，循都市計畫程序，於都市計畫書中訂定。

第三八條　（刪除）99

第五章　附　則

第三九條 92

①合法建築物因地震、風災、水災、爆炸或其他不可抗力事變而遭受損害，經縣（市）政府認定為危險或有安全之虞者，土地權利關係人得於一定期限內提出申請，依原建蔽率、原規定容積率或原總樓地板面積重建。

②前項認定基準及申請期限，由縣（市）政府定之。

第三九條之一 95

①都市計畫住宅區、風景區、保護區或農業區內之合法建築物，經依行政院專案核定之相關公共工程拆遷處理規定獲准遷建，或因地震毀損並經全部拆除而無法於原地重建者，得按其原都市計畫及相關法規規定之建蔽率、容積率、建築物高度或總樓地板面積，於同一縣（市）都市計畫住宅區、風景區、保護區或農業區之自有土地，辦理重建。原拆遷戶於重建後自有土地上之增建、改建或拆除後新建，亦同。

②位於九二一震災地區車籠埔斷層線二側各十五公尺建築管制範圍內之建築用地，於震災前已有合法建築物全倒或已自動拆除者，經縣（市）政府審查核准，得依前項規定辦理重建。

第三九條之二 95

合法建築物因政府興辦公共設施拆除後賸餘部分就地整建，其建蔽率、容積率、前後院之退縮規定及停車空間之留設，得不受本細則或都市計畫書土地使用分區管制之限制。

第四〇條 101

高氯離子鋼筋混凝土建築物經報縣（市）政府專案核准拆除重建者，得就原規定容積率或原總樓地板面積重建。原規定未訂定容積率者，得依重建時容積率重建，並酌予提高。但最高以不超過其原規定容積率、重建時容積率或總樓地板面積之百分之三十為限。

第四一條 （刪除）99

第四二條 103

本細則除中華民國一百零三年一月三日修正之第三十四條之三第一項，自一百零四年七月一日施行外，自發布日施行。

臺北市都市計畫施行自治條例

①民國65年1月4日臺北市政府令訂定發布全文41條。
②民國72年1月5日臺北市政府令修正發布。
③民國77年7月18日臺北市政府令修正發布第11條。
④民國82年11月2日臺北市政府令修正發布全文41條。
⑤民國100年7月22日臺北市政府令修正公布名稱及全文41條；並自公布日施行（原名稱：都市計畫法臺北市施行細則）。

第一條

臺北市（以下簡稱本市）爲提升都市生活環境品質，並落實都市計畫法之實施，依都市計畫法（以下簡稱本法）第八十五條規定制定本自治條例。

第一條之一

本自治條例之主管機關爲臺北市政府（以下簡稱市政府），並得委任市政府都市發展局（以下簡稱發展局）執行。

第二條

本自治條例用詞定義如下：

一　道路境界線：道路與其他土地之分界線。

二　道路：合於下列規定之一者。

㈠經主要計畫或細部計畫規定發布之計畫道路。

㈡依法指定或認定建築線之巷道。

第三條

凡依本法第十九條規定，在公開展覽期間內提出書面意見者，以意見書送達或郵戳日期爲準，並應在臺北市都市計畫委員會（以下簡稱都委會）未審議完成前送達。

第四條

①都市計畫擬定、變更之審議，都委會應於公開展覽期滿之日起三十日內爲之，並於審議完成後十五日內作成紀錄，送發展局辦理。

②發展局於接到錄案之日起三十日內，以市政府名義送請內政部核定。

第五條

依本法第二十四條規定，土地權利關係人自行擬定細部計畫時，應配合本法第十七條規定之分區發展優先次序辦理之。但有下列情形之一者，不在此限。

一　自行擬定細部計畫地區範圍之土地面積在十公頃以上，而合於本法第六十一條之規定者。

二　興辦國民住宅或社區開發者。

三　經都市計畫指定應自行擬定細部計畫地區者。

第六條

①依本法第二十四條或第六十一條規定土地權利關係人自行擬定細部計畫時，應檢送載明下列事項之申請書及圖件正副本各一份，送市政府核辦。

一　申請人姓名、年齡、住址。

二　本法第二十二條及第二十四條規定事項。

三　全部土地權利關係人姓名、住址、權利證明文件及其同意書。

四　套繪細部計畫之地籍圖。

五　其他必要事項。

②前項自行擬定細部計畫如以市地重劃進行整體開發者，所檢送之同意書，僅須有土地權利關係人半數以上且其所有土地面積超過範圍內私有土地面積半數之同意。

③依本法第二十四條規定申請變更細部計畫者，除依第一項之規定辦理外，並應檢附變更前之計畫圖與變更部分四鄰現況圖。

第七條

依前二條規定申請之計畫，市政府認為其計畫不當或有礙公共利益時，得請其修改。其應具備之書圖及附件與本法或本自治條例之規定不合者，得令其補足或不予受理。

第八條

土地權利關係人依本法第二十五條規定向內政部請求處理時，應同時繕具副本連同附件送達市政府，市政府應自收到副本之日起十五日內提出意見，函送內政部核辦，經內政部受理之案件，市政府應自收到內政部通知之日起三十日內召開都委會予以審議，並將審議結果函送內政部及通知土地權利關係人。申請案件經審議通過時，應即依本法第十九條至二十一條、第二十三條及第二十八條之規定辦理。

第八條之一

依本法第二十六條規定辦理通盤檢討時，市政府得視實際情形就本法第十五條或第二十二條規定之全部或部分事項辦理，並得視地區發展需要於細部計畫通盤檢討時加列都市設計有關規定。

第九條

細部計畫經核定發布後，應依本法第二十三條及都市計畫樁測定及管理辦法之規定，辦理樁位測定及地籍分割，以供公衆閱覽或申請謄本之用。

第一〇條

①本市都市計畫地區範圍內劃定下列使用分區，分別限制其使用。

一　住宅區。

二　商業區。

三　工業區。

四　行政區。

五　文教區。
六　倉庫區。
七　風景區。
八　保護區。
九　農業區。

②除前項使用分區外，必要時得劃定其他使用分區或特定專用區。

第一〇條之一

前條各使用分區使用限制如下：

一　住宅區：以建築住宅為主，不得為大規模之商業、工業及其他經市政府認定足以發生噪音、震動、特殊氣味、污染或有礙居住安寧、公共安全、衛生之使用。

二　商業區：以建築商場（店）及供商業使用之建築物為主，不得為有礙商業之便利、發展或妨礙公共安全、衛生之使用。

三　工業區：以供工業使用為主，並以供工廠所需之辦公室、員工單身宿舍、餐廳、福利、育樂及醫療等設備使用為輔。供工業使用及工廠所需之設備，於建廠時，應連同建廠計畫提出申請，並應經目的事業主管機關之許可，增建時亦同。

四　行政區：以供公務機關之使用為主。

五　文教區：以供文教機關之使用為主。

六　倉庫區：以供運輸、倉儲及其有關設施之使用為主。

七　風景區：以供維護或促進自然風景之使用為主。

八　保護區：以供國土保安、水土保持及維護天然資源之使用為主。

九　農業區：以供保持農業生產之使用為主。

第一一條至第一九條　（刪除）

第二〇條

下列建築物基地之位置，除應依都市土地使用分區規定外，在建築前並應申請市政府核准。

一　學校。

二　停車場、監獄、傳染病醫院。

三　火藥類之製造及貯藏場所。

四　硝化纖維、賽璐珞、氯酸鹽類、苦味酸、若味酸鹽類、黃磷、過氧化鈉、過氧化鉀、二硫化碳、乙醚、丙酮、安息油、二甲苯、甲苯或松節油類之製造場所。

五　石油類、氧化硫、硫酸、硝酸、氖氰酸、漂白粉、氰水化合物、鉀鹽、汞鹽、亞硫酸鹽類、動物質肥料之製造及動物質原料之提煉場所。

六　有關放射性物質之工廠。

七　其他經市政府指定之特種原料及其製品之儲藏或處理場所。

第二一條

都市計畫發布實施後，不合分區使用規定之土地及建築物，除得繼續為原有之使用或改為妨礙目的較輕之使用外，並依下列規定處理之：

一　原有合法建築物不得增建、改建、增加設備或變更為其他不合規定之使用。
二　建築物有危險之虞，確有修建之必要，得在維持原有使用範圍內核准修建。但以市政府尚無限期令其變更使用或遷移計畫者為限。
三　因災害毀損之建築物，不得以原用途申請使用。
四　經停止使用滿二年者，不得再繼續為原來之使用。

第二二條

都市計畫分區使用核定發布前，已領有建築執照尚未動工或已動工但未完成一樓頂板之建築物，有違反分區使用之用途規定者，得由市政府通知限期重新申請變更用途。

第二三條　（刪除）

第二四條

實施容積管制地區，依照容積管制之規定辦理。

第二五條

都市計畫地區內，市政府認為土地有合理使用之必要時，得擬定細部計畫規定地區內土地及建築物之使用，基地面積或基地內應保留空地之比率、容積率、基地內前後側院之深度及寬度、停車場及建築物之高度，及有關交通、景觀、防火等事項，並依本法第二十三條規定程序辦理。

第二六條

市政府得依本法第三十二條第二項規定將使用分區用建築物及土地之使用再予劃分不同程序之使用管制，並另訂土地使用分區管制自治條例管理。

第二七條　（刪除）

第二八條　（刪除）

第二九條

依本法第五十八條規定實施區段徵收之土地，應即依照細部計畫興修公共設施、平整基地、整理分割後出租或出售予需地者建築使用或由政府保留作為興建國民住宅或其他使用。

第三〇條

依前條承租或承購人取得土地後，應於規定期間內興工建築，逾期不建築或未報准延期建築者，市政府得終止租約或照原售價收回，另行出租或出售予其他需地者建築使用。

第三一條

市政府為促進新市區之建設，得准許私人或團體於未經發布細部計畫地區申請舉辦新市區建設事業。

第三二條

私人或團體舉辦市區建設事業，其計畫書件送經核准後，得請求市政府配合興修計畫範圍外公共設施及辦理公共服務，或協助向金融機構辦理土地抵押貸款及技術指導。

第三三條 （刪除）

第三四條

依本法第六十三條實施之更新地區得就下列各款情形，或其中之一而情形較爲嚴重者，儘先劃定之。

一 地區內大部分之建築物爲窳陋之非防火構造，且建築物與建築物間，無適當之防火間隔距離足以防礙公共安全者。

二 地區內建築物因年代久遠有傾頹或朽壞之虞，或違章建築特多，建築物排列不良，或道路彎曲狹小，足以妨礙公共交通或公共安全者。

三 地區內建築物之建蔽率高，容積率低，且人口密度過高者。

四 土地低密度使用與不當使用。

五 其他居住環境惡劣，足以妨害公共衛生及社會治安者。

第三五條

更新計畫屬於重建者，應包括下列事項：

一 重建地區範圍及總面積。

二 原有各宗土地面積及建築物樓地板面積，暨其所有權人姓名。有他項權利者，並應載明他項權利人姓名及其權利內容。

三 各宗土地及其建築物之價值。

四 重建計畫及實施進度之圖表及說明。

五 土地及建築物徵收計畫。

六 公共設施配合計畫。

七 住宅計畫之配合。

八 安置拆遷戶計畫。

九 財務計畫。

十 重建前後土地與建築物之處理計畫。

十一 重建完竣期限。

第三六條

更新計畫屬於整建者，應包括下列事項：

一 整建地區範圍及其總面積。

二 原有各宗土地面積及建築物構造情況，樓地板面積、所有權人姓名。有他項權利者，並應載明他項權利人姓名及其權利內容。

三 整建計畫及實施進度之圖表及說明。

四 土地及建築物之部分徵收計畫。

五 公共設施配合計畫。

六 安置拆遷戶計畫。

七 整建費用之估計及貸款之基準。

八 重建前後土地與建築物之部分處理計畫。

九 整建完竣期限。

第三七條

更新計畫屬於維護者，應包括下列事項：

一　維護地區範圍及其總面積。
二　維護要旨及詳細內容。
三　計畫圖表及說明。
四　維護經費之估價與負擔。
五　維護事業實施年期及進度。
六　實施土地使用分區管制規定地區，配合土地使用分區管制自治條例實施內容。
七　預防效果及實施方法。
八　其他有關事項。

第三八條

舊市區之更新，應依核定期限完成，情形特殊者得延長之。但延長期間，不得超過原核定完成期限。

第三九條

更新地區範圍之劃定及更新計畫之擬定、核定及發布，應依本法第六十六條規定辦理。

第三九條之一

爲期有效推動都市更新，得設置都市更新基金，循環運用，其辦法由市政府依規定程序定之。

第四〇條

申請在公共設施保留地內建築臨時性之展覽會場、裝飾門、裝飾塔、牌樓、施工架或其他類似之建築物於核准時應規定其存續期間。

第四一條

本自治條例自公布日施行。

都市計畫法高雄市施行細則

①民國102年1月14日高雄市政府令訂定發布全文30條；除第24條自102年7月1日施行外，自發布日施行。
②民國103年10月23日高雄市政府令修正發布第6、7、10、14、16、18、22至 24、26、27、30條條文及附表二；增訂第24-1條條文；並刪除第5條條文。
③民國106年6月19日高雄市政府令修正發布第23至24-1、30條條文及第18條附表一；其中第24-1條第2項第3款規定之施行期限至118年12月31日止。
④民國107年11月1日高雄市政府令修正發布第18條附表一；並增訂第24-2條條文。
⑤民國109年6月1日高雄市政府令修正發布第18條附表一；並增訂第24-3條條文。
⑥民國110年1月18日高雄市政府令修正發布第24-2、24-3條條文；並增訂第22-1、24-4條條文。
⑦民國110年5月13日高雄市政府令修正發布第18條附表一。
⑧民國111年12月26日高雄市政府令修正發布第11條條文及第18條附表一；並增訂第24-5、25-1條條文。
⑨民國113年6月20日高雄市政府令修正發布第10條條文及第18條條文之附表一；並增訂第24-6條條文。

第一章　總　則

第一條

爲促進本市土地合理使用及均衡區域發展，並依都市計畫法（以下簡稱本法）第八十五條規定訂定本細則。

第二條

本細則所稱道路，指經發布實施之都市計畫所劃設之計畫道路，或經建築主管機關依高雄市建築管理自治條例規定認定之現有巷道；所稱街廓，指都市計畫範圍內四周由計畫道路圍繞之區域。

第三條

本府爲美化或維護市容景觀，或促進土地之開發利用，得於都市計畫書劃定應實施都市設計或土地使用開發許可之地區，並訂定相關設計基準或審查規範。

第四條

本府爲辦理都市設計與土地使用開發許可案件及前條設計基準或審查規範之審議，得設高雄市都市設計及土地使用開發許可審議會（以下簡稱都設會）；其組織、運作及其他有關事項，由本府另定之。

第二章　都市計畫之擬定、變更、發布及實施

第五條　（刪除）103

第六條 103

本府依本法第十九條第一項、第二十一條第一項、第二十三條第五項、第八十一條第一項及第三項規定，辦理都市計畫之公開展覽、發布實施、禁止建築物之新建、增建、改建、禁止變更地形或禁止大規模採取土石，應於公告內載明期日或其起迄期間。

第七條 103

①本府依本法第十九條第一項規定辦理公開展覽，應於本府及各區公所辦公處所為之，並將公開展覽與舉行說明會之日期、地點刊登本府公報、網站及本市新聞紙三日，及於有關里辦公處張貼公告。

②前項說明會應於公開展覽期間內舉行。

第八條

公民或團體依本法第十九條第一項規定提出書面意見者，應於高雄市都市計畫委員會（以下簡稱都委會）審議完成前送達。

第九條

本府應於都委會依本法第十九條第二項規定審議完成後四十五日內，將審議結果、計畫書圖及有關文件報內政部核定。

第一〇條 113

土地權利關係人依本法第二十四條規定自行擬定或變更細部計畫時，應配合本法第十七條第一項規定之分區發展優先次序辦理之。但有下列情形之一者，不在此限：

一　依本法第六十一條規定辦理。

二　經都市計畫指定應自行擬定細部計畫地區。

三　為促進生活環境品質，增進社會公益，其面積在二公頃以上，且範圍不小於一個街廓。

第一一條 111

①土地權利關係人依本法第二十四條或第六十一條規定自行擬定或變更細部計畫者，除應檢附本法所定文件外，並應檢附下列文件正副本各一份，向本府提出申請：

一　申請書：應載明申請人姓名、年齡、住址。

二　所有土地權利關係人姓名、住址、權利證明文件及同意書。但符合下列規定之一者，得僅檢附同意之土地所有權人姓名、住址、權利證明文件及同意書：

㈠以市地重劃開發，且經私有土地所有權人五分之三以上及其所有土地總面積超過開發範圍內私有土地總面積三分之二之同意。

㈡依都市更新條例第三十五條辦理，並符合該條例第三十七條及第三十八條規定。

三　本法第二十二條規定之細部計畫書圖。申請細部計畫變更者，應同時檢附變更前之計畫圖與變更部分四鄰現況圖。

四　套繪擬定或變更細部計畫之地籍圖。

五　其他本府規定之文件。

②前項應備文件有欠缺或不符規定者，本府應命申請人限期補正；屆期不補正或補正不完全者，駁回其申請。

第一二條

前條申請有違法、不當或妨礙公共利益時，應駁回之。但計畫內容得以修正者，得命申請人限期修正；屆期未修正者，駁回其申請。

第一三條

①土地權利關係人依本法第二十五條規定向內政部請求處理時，應繕具副本連同相關文件送交本府；本府應於收受副本之日起十五日內，擬具拒絕理由並檢附相關文件，送請內政部處理。

②前項情形，經內政部認定土地權利關係人之請求有理由時，本府應依本法第二十三條規定辦理。

第一四條 103

①本府擬定或變更主要計畫或細部計畫，或土地權利關係人依本法第二十四條或第六十一條規定申請自行擬定或變更細部計畫，其計畫書載明以區段徵收或市地重劃方式辦理者，應檢附地政機關認可之可行性分析報告。

②前項計畫書劃定之公共設施用地兼具其他使用項目者，應載明其主要用途。

第一五條

行政機關或公營事業機構依本法申請變更公共設施用地為其他使用時，應提出可行性分析報告，並徵詢變更前後目的事業主管機關意見後，提送都委會審議。

第一六條 103

依本法第二十九條第一項規定實施勘查或測量時，應依下列規定辦理：

一　應於實施勘查或測量十五日前，將勘查或測量地點及日期通知土地所有權人或使用人；其必須遷移或除去土地上之障礙物者，應一併通知。

二　實施勘查或測量人員應隨身攜帶身分證明文件。

三　不得於夜間實施勘查或測量。但經土地所有權人或使用人同意者，不在此限。

第一七條

本府依本法第二十九條第二項或第四十一條規定辦理補償時，應受補償人受領遲延、拒絕受領或不能受領，或應受補償人所在不明者，本府得提存其補償費。

第三章　土地使用分區管制

第一八條 103

本市都市計畫範圍內劃定下列使用分區，分別管制其使用；其使用管制項目及內容如附表一。但其他法律、法規命令、自治條例或都市計畫書另有規定者，從其規定：

一 住宅區。
二 商業區。
三 工業區。
四 行政區。
五 文教區。
六 漁業區。
七 風景區。
八 保護區。
九 保存區。
十 水岸發展區。
十一 農業區。
十二 葬儀業區。
十三 特定倉儲轉運專用區。
十四 體育運動區。
十五 電信專用區。
十六 宗教專用區
十七 其他使用分區或特定專用區。

第一九條

都市計畫發布實施或本細則施行後，其土地上原有建築物不合土地使用分區規定者，除經本府依本法第四十一條規定命其變更使用或遷移者外，得繼續為原來之使用或改為妨礙目的較輕之使用，並應符合下列規定：

一 原有合法建築物不得增建、改建、增加設備或變更為其他不合規定之使用。但增加安全設備或為防治污染行為，經目的事業主管機關核准者，不在此限。
二 建築物有危險之虞，確有修建之必要者，得在維持原有使用範圍內經建築主管機關核准後為之。但以本府未命其變更使用或遷移者為限。
三 因災害毀損之建築物，不得以原用途申請重建。

第二〇條

本市各使用分區及公共設施用地之建蔽率及容積率如附表二。但其他法律、法規命令、自治條例或都市計畫書另有規定者，從其規定。

第二一條

依本細則規定允許設置之再生能源發電設備及其輸變電相關設施，其建蔽率不受附表二規定之限制。但最高以百分之八十為限。

第二二條 103

依高雄市建築物設置太陽光電設施辦法及高雄厝相關設計規定

設置之太陽光電設施、景觀陽臺、通用化設計空間、綠能設施、導風板等相關設施設備，得免計入建築物之高度、建築面積及容積。

第二二條之一 110

①依高雄市歷史老屋保存再發展自治條例認定具歷史文化並有保存再生價值之歷史老屋構造或部位，得於從事修建、改建、重建、增建等建築行爲時，免計入建蔽率。

②前項情形，經都市計畫變更程序者，得再酌予放寬建蔽率。

③前二項免計建蔽率及放寬建蔽率，依其實際審議通過面積核算，且其加計法定建蔽率後，合計最高不得超過百分之八十五。

第二三條 106

①住宅區、商業區及其他得供住宅使用之使用分區之一宗基地內，樓層在五層樓以下，建築面積在七十平方公尺以下非供公衆使用之建築物設有昇降機者，建築物各層樓地板面積十平方公尺，得不計入建築面積及容積。

②前項建築面積，指建築物與附設之昇降機合計面積。

第二四條 106

①建築基地法定容積及依法獎勵之容積，累計不得超過下列規定。但增額容積及依本法第八十三條之一規定可移入容積，不在此限：

一 實施都市更新事業之地區：建築基地一點五倍之法定容積，或建築基地零點三倍之法定容積再加其原建築容積。

二 前款以外之地區：建築基地一點二倍之法定容積。

②都市計畫書規定之容積獎勵超過前項規定者，應依前項規定辦理。

第二四條之一 106

①住宅區及商業區之合法建築物，符合下列規定，並經全體所有權人同意申請重建，且經都設會審議通過後，得給予容積獎勵。但依其他法規准予容積獎勵者，不適用之：

一 屋齡三十年以上，或於中華民國八十八年十二月三十一日以前申請建造執照並經專業機構及建築主管機關評估其結構有安全疑慮須拆除重建者。

二 坐落基地面積占申請重建基地面積百分之五十以上。

三 建築基地面積達五百平方公尺以上，且面臨七公尺以上都市計畫道路，或臨綠地（帶）並與七公尺以上都市計畫道路相面臨。

②前項情形，得增加之建築容積如下：

一 屋齡三十年以上，樓層超過五層樓，建築基地面積未達一千平方公尺者，以法定容積百分之十五爲限；其建築基地面積達一千平方公尺以上者，以法定容積百分之二十爲限。

二 屋齡三十年以上，樓層五層樓以下者，以法定容積百分之二十或原建築容積爲限，不受第二十四條規定之限制。

三 中華民國八十八年十二月三十一日以前申請建造執照並經

專業機構及建築主管機關評估其結構有安全疑慮須拆除重建者，以法定容積百分之二十或原建築容積為限，不受第二十四條規定之限制。

③第一項情形，其重建之建築基地應辦理退縮建築設計如下：

一　建築基地於臨道路之境界線，建築物應至少擇一側退縮四公尺以上建築，退縮建築之空地不得設置圍牆，並須留設二點五公尺以上人行步道。

二　建築基地於非臨道路之境界線，建築物應準用高雄市審查容積移轉申請案件許可要點第十三點規定退縮建築。但建築基地未達一千平方公尺且建築物在十二層以下者，得免依本款規定辦理退縮建築。

④第一項情形，建築基地達一千平方公尺以上者，其建築基地及建築物應取得候選綠建築證書及通過綠建築分級評估銀級以上，申請者並應繳交保證金具結保證；其保證金繳交及退還等事宜，準用都市更新建築容積獎勵辦法第八及高雄市政府都市更新建築容積獎勵核算基準規定辦理。

第二四條之二　110

①於依原獎勵投資條例、原促進產業升級條例、產業創新條例或科學園區設置管理條例所編定、開發或設置，由經濟部、科技部或本府所管轄法定容積率為百分之二百四十以下工業區、產業園區或科學園區內，從事產業創新條例相關規定所指產業用地㈠之各行業或科學園區設置管理條例所稱之科學事業，經工業主管機關或科技主管機關同意擴大投資或產業升級轉型之興辦事業計畫投資金額（不含土地價款）平均每公頃超過新臺幣四億五千萬元者，得於其平均每公頃再增加投資新臺幣一千萬元後，申請獎勵法定容積百分之一，其獎勵額度以法定容積百分之十五為上限。

②前項興辦事業計畫，於取得前項容積獎勵後，又設置能源管理系統者，得再增加法定容積百分之二之容積獎勵。

③第一項擴大投資或產業升級轉型之興辦事業計畫，有下列情形之一者，得再申請容積獎勵，其獎勵額度以法定容積之百分之三十為上限：

一　捐贈建築物部分樓地板面積（含相對應容積樓地板土地持分）作產業、社會福利或公益設施空間使用，且該設施空間面臨基地周邊最寬之計畫道路，並具有獨立之出入口，經工業主管機關、科技主管機關或目的事業主管機關核准及同意接管者，得免計入容積，並依其捐贈容積樓地板面積給予容積獎勵，並以一倍為上限。

二　依目的事業主管機關法令規定繳納回饋金。

④依前三項規定所增加之容積獎勵，其獎勵額度以法定容積百分之四十七為上限。其獎勵後之建築容積，不受第二十四條容積獎勵累計上限之限制。

⑤依第二項申請容積獎勵者，該能源管理系統應於取得使用執照

前完成設置；依第三項申請容積獎勵者，應於取得第一項容積獎勵後，始得爲之。

⑥本條容積獎勵之計算、審核及執行管理相關作業，在中央由經濟部或科技部爲之；在本市由本府經濟發展局爲之。

第二四條之三 110

①申請基地位於法定容積率百分之二百四十以下之前條以外都市計畫工業區或使用性質相近似之產業專用區，且供工業或產業及其必要附屬設施使用，並經本府公告符合已開闢基本公共設施及具計畫管理機制者，得申請容積獎勵；其獎勵項目、要件、額度及上限，準用前條第一項至第三項第一款及第五項規定。

②爲獎勵產業升級轉型及綠色生產，取得前項容積獎勵之申請基地，得依下列各款規定，再增加容積獎勵：

一　取得銀級綠建築標章：法定容積百分之一。

二　取得黃金級綠建築標章：法定容積百分之二。

三　取得鑽石級綠建築標章：法定容積百分之三。

四　取得清潔生產評估系統合格證書：法定容積百分之一。

五　工廠設置屋頂太陽光電發電設施：面積達新建或增建建築面積百分之七十以上者，法定容積百分之一；達百分之八十以上者，法定容積百分之二。

六　取得經濟部核發之營運總部認定函：法定容積百分之五。

③依第一項規定準用前條第一項、第二項及本條第二項規定增加之容積獎勵，其獎勵額度加總，以法定容積百分之二十爲上限；準用前條第一項至第三項第一款及本條第二項規定增加之容積獎勵，其獎勵額度加總，以法定容積百分之五十爲上限。其獎勵後之建築容積，不受第二十四條獎勵容積累計上限之限制。

④本條容積獎勵之計算、審核及執行管理相關作業，由本府經濟發展局爲之。

第二四條之四 111

①公有土地供作社會住宅使用者，其容積得酌予提高至法定容積之一點五倍。

②公有土地依其他法規申請容積獎勵、增額容積或容積移轉，與前項提高容積不得重複申請。

③住宅法主管機關及行政法人興辦社會住宅使用之非公有土地，準用前二項規定。

第二四條之五 111

①以大衆捷運場站、鐵路地下化車站爲中心，半徑五百公尺範圍內地區，經循都市計畫程序劃定者，得申請增額容積，申請上限不得超過原法定容積之百分之三十，並應提送都設會審議。但本細則中華民國一百十一年十二月二十六日修正施行前已發布實施之都市計畫，從其規定。

②前項申請增額容積，其與法定容積、容積獎勵、容積移轉或依其他法規增加之容積等，累計後不得超過法定容積二倍。

第二四條之六 113

①民間以實施都市更新事業以外之方式無償捐贈集中留設六百平方公尺以上樓地板面積之建築物（含相對應容積樓地板土地持分）予本府作社會住宅使用，經本府社會住宅主管機關核准及同意接管者，該捐贈部分得免計入容積，並依其捐贈容積樓地板面積給予容積獎勵，且以一倍為上限。

②前項容積獎勵，不受第二十四條獎勵容積累計上限之限制。但其與依其他法規申請之容積獎勵上限併計後，不得超過法定容積之一點五倍。

③第一項捐贈之社會住宅應含附設之停車空間，其停車空間之設置經都委會同意者，得依建築技術規則建築設計施工編第五十九條規定計算，不受都市計畫書土地使用分區管制規定限制。

第二五條

高氯離子鋼筋混凝土建築物經本府核准拆除重建者，得依原規定容積率或原總樓地板面積重建；原無規定容積率者，得依重建時容積率重建，並得酌予提高。但最高不得超過其原規定容積率、重建時容積率或原總樓地板面積之百分之三十。

第二五條之一 111

①依都市更新條例、都市危險及老舊建築物加速重建條例、大眾捷運系統土地開發辦法及移入容積為法定容積百分之十五以上之增額容積或容積移轉申請案件，其建築物高度得依下列規定擇一檢討：

一 依建築技術規則建築設計施工編第一百六十四條規定計算。

二 建築物各部分高度不得超過自該部分垂直於地面至面前道路中心線水平距離之五倍。

②前項第二款規定，於面臨寬度八公尺以上道路之建築基地，始適用之；其面前道路寬度、建築物高度及相關認定方式，依建築技術規則建築設計施工編規定辦理。

第二六條 103

①合法建築物因地震、風災、水災等不可抗力災害或爆炸等不可歸責事變致受損害，經建築主管機關認定有危險或危害公共安全之虞者，土地權利關係人得於三年內提出申請，依原建蔽率、原規定容積率或原總樓地板面積重建。

②前項認定基準由建築主管機關定之。

第二七條 103

住宅區、風景區、保護區或農業區內之合法建築物，經依行政院專案核定之相關公共工程拆遷處理規定獲准遷建，或因地震毀損經全部拆除而無法於原地重建者，得經本府審核同意後，按其原都市計畫及相關法規之建蔽率、容積率、建築物高度或總樓地板面積，於住宅區、風景區、保護區或農業區之自有土地，辦理重建。原拆遷戶重建後於自有土地上之增建、改建或拆除後新建，亦同。

第二八條

合法建築物因政府興辦公共設施予以拆除後，就賸餘部分爲就地整建者，其建蔽率、容積率、前後院之退縮規定及停車空間之留設，不受本細則或都市計畫書規定之限制。

第四章　附　則

第二九條

本府適用土地使用分區管制、建蔽率或容積率規定有疑義時，得提送都委會審定。

第三〇條 106

①本細則除中華民國一百零二年一月十四日訂定發布之第二十四條自一百零二年七月一日施行外，自發布日施行。

②中華民國一百零六年六月十九日修正發布之第二十四條之一第二項第三款規定之施行期限至一百十八年十二月三十一日止。

臺北市土地使用分區管制自治條例

①民國72年4月25日臺北市政府令訂定發布。
②民國77年7月18日臺北市政府令修正發布第8、9、21、22條條文。
③民國82年11月2日臺北市政府令修正發布全文98條。
④民國83年6月28日臺北市政府令修正發布第8、8-1、9-2條條文。
⑤民國85年1月8日臺北市政府令修正發布第8條條文。
⑥民國85年7月12日臺北市政府令修正發布第9、9-2條條文。
⑦民國88年4月30日臺北市政府令修正發布全文98條。
⑧民國89年1月26日臺北市政府令增訂發布第95-2條條文。
⑨民國91年8月27日臺北市政府令修正發布第4、6至9、35、36、95條條文。
⑩民國94年12月7日臺北市政府令修正發布第8至9-1、13、21至25、35、36、71、72、75、76、87、90條條文。
⑪民國95年9月18日臺北市政府令修正發布第13、25條條文。
⑫民國97年1月24日臺北市政府令修正發布第97-7條文。
⑬民國99年6月23日臺北市政府令修正發布第21至24、35、36、86-1條條文；並增訂第80-5條條文。
⑭民國100年5月24日臺北市政府令修正發布第11-1、80-3條條文；並增訂第75-3條條文。
⑮民國100年7月22日臺北市政府令修正公布名稱及第1、2、3至6、10、14、15、17、19、24-1、27、29、33-1、33-2、37、40、42、44、45、47、51、52、54、58、59、65至67、71-2、75-1、78、79、80、81、83、85、86-1、93至95-1、97、97-5、98條條文；增訂第1-1、86-2條條文；並自公布日施行（原名稱：臺北市土地使用分區管制規則）。
⑯民國107年11月21日臺北市政府令增訂公布第95-3條條文。
⑰民國108年2月23日臺北市政府令修正公布第2至9-1、12、15-1、21至24、35、36、44、51、65、71、71-2、72、75、76、78-1、86、88至89、91、93、97-5條條文；增訂第83-1條條文；並刪除第58至62、97-4條條文。
⑱民國110年2月5日臺北市政府令修正公布第8、83條條文。
⑲民國110年8月20日臺北市政府令修正公布第85條條文。
⑳民國110年12月30日臺北市政府令修正公布第2、6、7、15、44、51、65、71、72、75、76、78、93、95條條文。
㉑民國111年10月20日臺北市政府令發布本次修正依行政院及內政部要求，僅體例修正未涉實質內容。
㉒民國112年8月4日臺北市政府令修正公布第95-3條條文。

第一章　總　則

第一條

臺北市（以下簡稱本市）爲落實都市計畫土地使用分區管制，

依臺北市都市計畫施行自治條例第二十六條規定制定本自治條例。

第一條之一

本自治條例之主管機關為臺北市政府(以下簡稱市政府),並得委任市政府都市發展局執行。

第二條

本自治條例用詞定義如下:

一 住宅:含一個以上相連之居室及非居室建築物,有臥室、廁所等實際供居住使用之空間,並有單獨出入口,可供進出者。

二 基地線:建築基地範圍之界線。

三 前面基地線:基地臨接較寬道路之境界線。但屬於角地,其基地深度不合規定且鄰接土地業已建築完成者,不限臨接較寬道路之境界線。

另基地長、寬比超過二比一者,亦可轉向認定前面基地線。

四 後面基地線:基地線與前面基地線不相交且其延長線與前面基地線(或其延長線)形成之內角未滿四十五度者,內角在四十五度以上時,以四十五度線為準。

五 側面基地線:基地線之不屬前面基地線或後面基地線者。

六 角地:位於二條以上交叉道路口之基地。

七 基地深度:

(一)平均深度:基地前面基地線與後面基地線間之平均水平距離。

(二)最小深度:基地前面基地線與後面基地線間之最小水平距離。

八 基地寬度:

(一)平均寬度:同一基地內兩側面基地線間之平均水平距離。

(二)最小寬度:同一基地內兩側面基地線間之最小水平距離。

九 庭院:一宗建築基地上,非屬建築面積之空地。

十 前院:沿前面基地線留設之庭院。

十一 後院:沿後面基地線留設之庭院。

十二 側院:沿側面基地線留設而不屬前院或後院之庭院。

十三 前院深度:建築物前牆或前柱中心線與前面基地線間之前院平均水平距離。

十四 後院深度:建築物後牆或後柱中心線與後面基地線間之後院平均水平距離。

十五 側院寬度:建築物側牆或側柱中心線與該側面基地線間之側院平均水平距離。

十六 建築物高度比:建築物各部分高度與自各該部分起量至面前道路對側道路境界線之最小水平距離之比。建築物不計入建築物高度者及不計入建築面積之陽台、屋簷、雨遮等,得不受建築物高度比之限制。

十七 後院深度比:建築物各部分至後面基地線之最小水平距

離，與各該部分高度之比。建築物不計入建築物高度者與不計入建築面積之陽台、屋簷、雨遮等及後面基地線為道路境界線者，得不受後院深度比之限制。

十八　停車空間：道路外供停放汽車或其他車輛之空間。

十九　裝卸位：道路外供貨車裝卸貨物之場所。

二十　道路中心線：連接道路橫斷面中心點所成之線。

二一　鄰幢間隔：一宗基地內，相鄰二幢建築物，其外牆或外柱中心線間（不含突出樓梯間部分）之最小水平距離。但陽台、屋簷、雨遮等自外緣起算一點五公尺範圍內及屋頂突出物、樓梯間得計入鄰幢間隔之寬度計算。相鄰二幢建築物間，相對部分之外牆面，設置有主要出入口或共同出入口者，其間隔應符合前後鄰幢間隔之規定，餘應符合二端鄰幢間隔之規定。但其相鄰部分之外牆面均無門牆或其他類似開口者，法令如無特別規定，得不受二端鄰幢間隔之限制。

二二　使用組：為土地及建築物各種相容或相同之使用彙成之組別。

二三　不合規定之使用：自本自治條例公布施行或修正公布之日起，形成不合本自治條例規定之使用者。

二四　不合規定之基地：自本自治條例公布施行或修正公布之日起，形成不合本自治條例規定最小面積或最小深度、寬度之基地。

二五　不合規定之建築物：自本自治條例公布施行或修正公布之日起，形成不合本自治條例規定建蔽率、容積率、庭院等之建築物。

二六　附條件允許使用：土地及建築物之使用，須符合市政府訂定之標準始得使用者。

二七　工業大樓：專供特定工業組別使用，符合規定條件，並且具有共同設備之四層以上建築物。

二八　策略性產業，指符合下列規定之一者：

㈠資訊服務業。

㈡產品設計業。

㈢機械設備租賃業。

㈣產品展示、會議及展覽服務業。

㈤文化藝術工作室（三百六十平方公尺以上者）。

㈥劇場、舞蹈表演場。

㈦剪接錄音工作室。

㈧電影電視攝製及發行業。

二九　最小淨寬（深）度：依建築技術規則有關防火間隔之定義辦理。

第二條之一

面積一千平方公尺以下不規則基地之建築物已自前、後面基地線各退縮達四公尺以上者，免再受建築物高度比及後院深度比之限制。

第三條

①本市都市計畫範圍內劃定下列使用分區：

一　住宅區：

㈠第一種住宅區。

㈡第二種住宅區。

㈢第二之一種住宅區。

㈣第二之二種住宅區。

㈤第三種住宅區。

㈥第三之一種住宅區。

㈦第三之二種住宅區。

㈧第四種住宅區。

㈨第四之一種住宅區。

二　商業區：

㈠第一種商業區。

㈡第二種商業區。

㈢第三種商業區。

㈣第四種商業區。

三　工業區：

㈠第二種工業區。

㈡第三種工業區。

四　行政區。

五　文教區。

六　風景區。

七　農業區。

八　保護區。

九　河川區。

十　保存區。

十一　特定專用區。

②前項各使用分區得視需要，依都市計畫程序增減之。

第四條

前條各使用分區劃定之目的如下：

一　第一種住宅區：爲維護最高之實質居住環境水準，專供建築獨立或雙併住宅爲主，維持最低之人口密度與建築密度，並防止非住宅使用而劃定之住宅區。

二　第二種住宅區：爲維護較高之實質居住環境水準，供設置各式住宅及日常用品零售業或服務業等使用，維持中等之人口密度與建築密度，並防止工業與稍具規模之商業等使用而劃定之住宅區。

三　第二之一種住宅區、第二之二種住宅區：第二種住宅區內面臨較寬之道路，臨接或面前道路對側有公園、廣場、綠地、河川等，而經由都市計畫程序之劃定，其容積率得酌予提高，並維持原使用管制之地區。

四　第三種住宅區：爲維護中等之實質居住環境水準，供設置各式住宅及一般零售業等使用，維持稍高之人口密度與建築密度，並防止工業與較具規模之商業等使用而劃定之住宅區。

五　第三之一種住宅區、第三之二種住宅區：第三種住宅區內面臨較寬之道路，臨接或面前道路對側有公園、廣場、綠地、河川等，而經由都市計畫程序之劃定，其容積率得酌予提高，使用管制部分有別於第三種住宅區之地區。

六　第四種住宅區：爲維護基本之實質居住環境水準，供設置各式住宅及公害最輕微之輕工業與一般零售業等使用，並防止一般大規模之工業與商業等使用而劃定之住宅區。

七　第四之一種住宅區：第四種住宅區內面臨較寬之道路，臨接或面前道路對側有公園、廣場、綠地、河川等，而經由都市計畫程序之劃定，其容積率得酌予提高，使用管制部分有別於第四種住宅區之地區。

八　第一種商業區：爲供住宅區日常生活所需之零售業、服務業及其有關商業活動之使用而劃定之商業區。

九　第二種商業區：爲供住宅區與地區性之零售業、服務業及其有關商業活動之使用而劃定之商業區。

十　第三種商業區：爲供地區性之零售業、服務業、娛樂業、批發業及其有關商業活動之使用而劃定之商業區。

十一　第四種商業區：爲供全市、區域及臺灣地區之主要商業、專門性服務業、大規模零售業、專門性零售業、娛樂業及其有關商業活動之使用而劃定之商業區。

十二　第二種工業區：以供外部環境影響程度中等工業之使用爲主，維持適度之實質工作環境水準，使此類工業對周圍環境之不良影響減至最小，並容納支援工業之相關使用項目而劃定之分區。

十三　第三種工業區：以供外部環境影響程度輕微工業之使用爲主，維持稍高之實質工作環境水準，使此類工業對周圍環境之不良影響減至最小，減少居住與工作場所間之距離，並容納支援工業之相關使用項目而劃定之分區。

十四　行政區：爲發揮行政機關、公共建築等之功能，便利各機關間之連繫，並增進其莊嚴寧靜氣氛而劃定之分區。

十五　文教區：爲促進非里鄰性文化教育之發展，並維護其寧靜環境而劃定之分區。

十六　風景區：爲保育及開發自然風景而劃定之分區。

十七　農業區：爲保持農業生產而劃定之分區。

十八　保護區：爲國土保安、水土保持、維護天然資源及保護生態功能而劃定之分區。

十九　河川區：爲保護水道防止洪泛損害而劃定之分區。

二十　保存區：爲維護古蹟及具有紀念性或藝術價值應予保存之建築物並保全其環境景觀而劃定之分區。

二一　特定專用區：爲特定目的而劃定之分區。

第五條

本市都市計畫範圍內土地及建築物之使用，依其性質、用途、規模，訂定之組別及使用項目如附表。

第二章　住宅區

第六條

在第一種住宅區內得爲下列規定之使用：

一　允許使用

㈠第一組：獨立、雙併住宅。

㈡第六組：社區遊憩設施。

㈢第九組：社區通訊設施。

㈣第十組：社區安全設施。

㈤第十五組：社教設施。

㈥第四十九組：農藝及園藝業。

二　附條件允許使用

㈠第二組：多戶住宅。

㈡第四組：托兒教保服務設施。

㈢第五組：教育設施之㈠小學。

㈣第八組：社會福利設施。

㈤第十二組：公用事業設施。但不包括㈩加油站、液化石油氣汽車加氣站。

㈥第十三組：公務機關。

㈦第十六組：文康設施。

㈧第十七組：日常用s品零售業。

㈨第三十七組：旅遊及運輸服務業之㈥營業性停車空間。

第七條

在第二種住宅區、第二之一種住宅區、第二之二種住宅區內得爲下列規定之使用：

一　允許使用

㈠第一組：獨立、雙併住宅。

㈡第二組：多戶住宅。

㈢第四組：托兒教保服務設施。

㈣第五組：教育設施。

㈤第六組：社區遊憩設施。

㈥第九組：社區通訊設施。

㈦第十組：社區安全設施。

㈧第十五組：社教設施。

㈨第四十九組：農藝及園藝業。

二　附條件允許使用

㈠第七組：醫療保健服務業。

㈡第八組：社會福利設施。

㈢第十二組：公用事業設施。但不包括⑽加油站、液化石油氣汽車加氣站。
㈣第十三組：公務機關。
㈤第十六組：文康設施。
㈥第十七組：日常用品零售業。
㈦第十八組：零售市場。
㈧第二十一組：飲食業。
㈨第二十六組：日常服務業。
㈩第二十九組：自由職業事務所。
⑪第三十組：金融保險業之㈠銀行、合作金庫、㈡信用合作社、㈢農會信用部。
⑫第三十七組：旅遊及運輸服務業之㈥營業性停車空間。
⑬第四十四組：宗祠及宗教建築。

第八條

在第三種住宅區內得為下列規定之使用：

一　允許使用
㈠第一組：獨立、雙併住宅。
㈡第二組：多戶住宅。
㈢第三組：寄宿住宅。
㈣第四組：托兒教保服務設施。
㈤第五組：教育設施。
㈥第六組：社區遊憩設施。
㈦第七組：醫療保健服務業。
㈧第八組：社會福利設施。
㈨第九組：社區通訊設施。
㈩第十組：社區安全設施。
⑪第十五組：社教設施。
⑫第四十九組：農藝及園藝業。

二　附條件允許使用
㈠第十二組：公用事業設施。但不包括⑽加油站、液化石油氣汽車加氣站。
㈡第十三組：公務機關。
㈢第十四組：人民團體。
㈣第十六組：文康設施。
㈤第十七組：日常用品零售業。
㈥第十八組：零售市場。
㈦第十九組：一般零售業甲組。
㈧第二十組：一般零售業乙組之⑸科學儀器、⑹打字機及其他事業用機器、⑺度量衡器。但不包括汽車里程計費表、⑻瓦斯爐、熱水器及其廚具、⑼家具、寢具、木器、藤器、⑽玻璃及鏡框、⑾手工藝品、祭祀用品及佛具香燭用品、⑿電視遊樂器及其軟體、⒀資訊器材及週邊設備。

㈨第二十一組：飲食業。
㈩第二十六組：日常服務業。
⑪第二十七組：一般服務業之㈡獸醫診療機構、㈣運動訓練班（營業樓地板面積三百平方公尺以下者）、⑬機車修理及機車排氣檢定、⑰視障按摩業、⑲寵物美容、⑳寵物寄養。
⑫第二十八組：一般事務所。
⑬第二十九組：自由職業事務所。
⑭第三十組：金融保險業之㈠銀行、合作金庫、㈡信用合作社、㈢農會信用部、㈤信託投資業、㈥保險業。
⑮第三十三組：健身服務業之㈡國術館、柔道館、跆拳道館、空手道館、劍道館及拳擊、舉重等教練場所、健身房、韻律房。
⑯第三十七組：旅遊及運輸服務業之㈢旅遊業辦事處、㈥營業性停車空間。
⑰第四十一組：一般旅館業。
⑱第四十二組：觀光旅館業。
⑲第四十四組：宗祠及宗教建築。
⑳第五十一組：公害最輕微之工業。

第八條之一

在第三之一種住宅區、第三之二種住宅區內得為第三種住宅區規定及下列規定之使用：

一　允許使用

㈠第十四組：人民團體。
㈡第十六組：文康設施。

二　附條件允許使用

㈠第二十組：一般零售業乙組。
㈡第二十二組：餐飲業。
㈢第二十七組：一般服務業。但不包括㈩自助儲物空間。
㈣第三十組：金融保險業。
㈤第三十二組：娛樂服務業之⑪資訊休閒業。
㈥第三十三組：健身服務業。
㈦第三十七組：旅遊及運輸服務業。

第九條

在第四種住宅區內得為下列規定之使用：

一　允許使用

㈠第一組：獨立、雙併住宅。
㈡第二組：多戶住宅。
㈢第三組：寄宿住宅。
㈣第四組：托兒教保服務設施。
㈤第五組：教育設施。
㈥第六組：社區遊憩設施。
㈦第七組：醫療保健服務業。

㈧第八組：社會福利設施。
㈨第九組：社區通訊設施。
㈩第十組：社區安全設施。
⑪第十三組：公務機關。
⑫第十四組：人民團體。
⑬第十五組：社教設施。
⑭第十六組：文康設施。

二　附條件允許使用

㈠第十二組：公用事業設施。但不包括㈩加油站、液化石油氣汽車加氣站。
㈡第十七組：日常用品零售業。
㈢第十八組：零售市場。
㈣第十九組：一般零售業甲組。
㈤第二十組：一般零售業乙組。
㈥第二十一組：飲食業。
㈦第二十六組：日常服務業。
㈧第二十七組：一般服務業。但不包括⑭汽車保養所及洗車、⑲自助儲物空間。
㈨第二十八組：一般事務所。
㈩第二十九組：自由職業事務所。
⑪第三十組：金融保險業之㈠銀行、合作金庫、㈡信用合作社、㈢農會信用部、㈤信託投資業、㈥保險業。
⑫第三十三組：健身服務業。
⑬第三十七組：旅遊及運輸服務業之㈢旅遊業辦事處、㈥營業性停車空間。
⑭第四十一組：一般旅館業。
⑮第四十二組：觀光旅館業。
⑯第四十四組：宗祠及宗教建築。
⑰第五十一組：公害最輕微之工業。
⑱第五十二組：公害較輕微之工業。

第九條之一

在第四之一種住宅區內得為第四種住宅區規定及下列附條件允許使用：

一　第二十二組：餐飲業。
二　第二十七組：一般服務業。但不包括⑲自助儲物空間。
三　第三十組：金融保險業。
四　第三十二組：娛樂服務業之⑪資訊休閒業。
五　第三十三組：健身服務業。
六　第三十七組：旅遊及運輸服務業。

第九條之二　（刪除）

第一〇條

①住宅區內建築物之建蔽率及容積率不得超過下表規定：

住宅區種別	建蔽率	容積率
第一種	百分之三十	百分之六十
第二種	百分之三十五	百分之一百二十
第三種	百分之四十五	百分之二百二十五
第四種	百分之五十	百分之三百

②前項建築物面臨三十公尺以上之道路，臨接或面前道路對側有河川，於不妨礙公共交通、衛生、安全，且創造優美景觀循都市計畫程序劃定者，容積率得酌予提高。但不得超過下表規定：

住宅區種	容積率
第二之一種	百分之一百六十
第二之二種	百分之二百二十五
第三之一種	百分之三百
第三之二種	百分之四百
第四之一種	百分之四百

③依第二項規定且於都市計畫圖上已標示為第二之一種住宅區、第二之二種住宅區、第三之一種住宅區、第三之二種住宅區、第四之一種住宅區之地區，建築基地臨接道路面寬在十六公尺以下者，其容積率仍應依第一項規定辦理。

④建築基地依第一項建蔽率而無法依法定容積率之建築樓地板面積建築者，其建蔽率放寬如下：

一　第二種住宅區，建蔽率百分之四十。

二　第三種住宅區，建蔽率百分之五十。

三　第四種住宅區，建蔽率百分之六十。

第一一條

住宅區內建築物之高度比不得超過一點五。

第一一條之一

第一種住宅區建築物高度不得超過三層樓及十點五公尺，第二種住宅區建築物高度不得超過五層樓及十七點五公尺。但屋齡超過三十年之建築物，非屬山坡地且無地質災害之虞，依法辦理都市更新者，得循都市計畫程序辦理。

第一二條

住宅區建築基地臨接或面前道路對側有公園、綠地、廣場、河川、體育場、兒童遊樂場、綠帶、計畫水溝、平面式停車場、河川區、湖泊、水堰或其他類似空地者。其建築物高度比之計算，得將該等寬度計入。

第一三條 95

住宅區內建築基地臨接二條以上道路，其高度比之計算如下：

一　基地臨接最寬道路境界線深進其路寬二倍且未逾三十公尺範圍內之部分，以最寬道路視為面前道路計算。

二　前款範圍外之基地，建築基地面積在五百平方公尺以下者，以其他道路中心線各深進十一公尺範圍內；建築基地面積超過五百平方公尺者，以其他道路中心線各深進十二公尺範圍內，自次寬道路境界線深進其路寬二倍且未逾三十公尺，以次寬道路視爲面前道路計算，並依此類推。

三　前二款範圍外之基地，以最寬道路視爲面前道路計算。

四　基地臨接計畫圓環，以交會於圓環之最寬道路視爲面前道路計算。

第一四條

住宅區內建築物須設置前院，其深度不得小於下表規定，且最小淨深度不得小於一點五公尺。

住宅區種別	深度（公尺）
第一種	六
第二種	五
第二之一種	五
第二之二種	五
第三種	三
第三之一種	三
第三之二種	三
第四種	三
第四之一種	三

第一五條

住宅區內建築物須設置後院，其深度及深度比不得小於下表規定，且其最小淨深度不得小於一點五公尺。但自建築基地後面基地線超過深度五公尺範圍部分，不受後院深度比之限制：

住宅區種別	深度（公尺）	深度比
第一種	三	零點六
第二種	三	零點四
第二之一種	三	零點三
第二之二種	三	零點三
第三種	二點五	零點二五
第三之一種	二點五	零點二五
第三之二種	二點五	零點二五
第四種	二點五	零點二五
第四之一種	二點五	零點二五

第一五條之一

住宅區內建築基地後面基地線臨接公園、綠地、廣場、河川、體育場、兒童遊樂場、綠帶、計畫水溝、平面式停車場、河川區、湖泊、水壢或其他類似空地者，其後院深度比之計算，得將該等寬度計入。

第一六條

①第一種住宅區內之建築物須留設側院。其他住宅區內建築物之側面牆壁設有門窗者，亦同。但側面基地線臨接道路者，不在此限。

②前項留設之側院，其寬度不得小於二公尺，且最小淨寬度不得小於一點五公尺。

第一七條

住宅區內建築基地之寬度及深度不得小於下表規定：

住宅區種別	寬度（公尺）		深度（公尺）	
	平均	最小	平均	最小
第一種	十二	七點二	二十	十二
第二種	十	六	二十	十二
第二之一種	十	六	二十	十二
第二之二種	十	六	二十	十二
第三種	八	四點八	十六	九點六
第三之一種	八	四點八	十六	九點六
第三之二種	八	四點八	十六	九點六
第四種	四點八	三	十四	八點四
第四之一種	四點八	三	十四	八點四

第一八條　（刪除）

第一九條

住宅區鄰幢間隔計算不得小於下表規定。但同幢建築物相對部份（如天井部分）之距離，不得小於該建築物平均高度之零點二五倍，並不得小於三公尺。

住宅區種別	前後建築物平均高度之倍數	建築物前後之鄰幢間隔（公尺）	建築物二端之鄰幢間隔（公尺）
第一種	零點八	四	三
第二種	零點六	四	三
第二之一種	零點六	四	三
第二之二種	零點六	四	三
第三種	零點四	三	二
第三之一種	零點四	三	二
第三之二種	零點四	三	二
第四種	零點三	三	二
第四之一種	零點三	三	二

第二〇條　（刪除）

第三章　商業區

第二一條

在第一種商業區之使用，應符合下列規定：

一　不允許使用

㈠第三十二組：娛樂服務業之㈡歌廳、㈢夜總會、俱樂部、㈤電子遊戲場、㈧舞場、㈩夜店業。

㈡第三十四組：特種服務業。

㈢第三十五組：駕駛訓練場。

㈣第三十六組：殯葬服務業。

㈤第三十八組：倉儲業。

㈥第三十九組：一般批發業。

㈦第四十組：農產品批發業。

㈧第四十六組：施工機料及廢料堆置或處理。

㈨第四十七組：容易妨礙衛生之設施甲組。

㈩第四十八組：容易妨礙衛生之設施乙組。

⑾第五十組：農業及農業設施。

⑿第五十三組：公害輕微之工業。

⒀第五十四組：公害較重之工業。

⒁第五十五組：公害嚴重之工業。

⒂第五十六組：危險性工業。

二　不允許使用，但得附條件允許使用

㈠第十二組：公用事業設施。

㈡第二十五組：特種零售業乙組。

㈢第二十七組：一般服務業之⒆自助儲物空間。

㈣第三十組：金融保險業。

㈤第三十一組：修理服務業。

㈥第三十二組：娛樂服務業之㈠戲院、劇院、劇場、電影院、㈣遊樂園、㈥樂隊業、㈦錄影節目帶播映業、視聽歌唱業、㈧舞蹈表演場、㈨釣蝦、釣魚場、㈩視聽理容業、觀光理髮業、⑾飲酒店（營業樓地板面積超過一百五十平方公尺者）、⑿資訊休閒業、⒀音樂展演空間業。

㈦第三十七組：旅遊及運輸服務業。

㈧第四十一組：一般旅館業。

㈨第四十二組：觀光旅館業。

㈩第四十四組：宗祠及宗教建築。

⑾第五十二組：公害較輕微之工業。

三　其他經市政府認定有礙商業之發展或妨礙公共安全及衛生，並經公告限制之土地及建築物使用。

第二二條

在第二種商業區之使用，應符合下列規定：

一　不允許使用

㈠第三十五組：駕駛訓練場。

㈡第三十八組：倉儲業。

㈢第四十組：農產品批發業。
㈣第四十六組：施工機料及廢料堆置或處理。
㈤第四十七組：容易妨礙衛生之設施甲組。
㈥第四十八組：容易妨礙衛生之設施乙組。
㈦第五十組：農業及農業設施。
㈧第五十三組：公害輕微之工業。
㈨第五十四組：公害較重之工業。
㈩第五十五組：公害嚴重之工業。
(土)第五十六組：危險性工業。

二　不允許使用，但得附條件允許使用
㈠第十二組：公用事業設施。
㈡第二十五組：特種零售業乙組。
㈢第二十七組：一般服務業之㈤自助儲物空間。
㈣第三十二組：娛樂服務業。
㈤第三十四組：特種服務業。
㈥第三十六組：殯葬服務業。
㈦第三十九組：一般批發業。
㈧第四十四組：宗祠及宗教建築。
㈨第五十二組：公害較輕微之工業。

三　其他經市政府認定有礙商業之發展或妨礙公共安全及衛生，並經公告限制之土地及建築物使用。

第二三條

在第三種商業區之使用，應符合下列規定：

一　不允許使用
㈠第三十五組：駕駛訓練場。
㈡第三十八組：倉儲業。
㈢第四十組：農產品批發業。
㈣第四十六組：施工機料及廢料堆置或處理。
㈤第四十七組：容易妨礙衛生之設施甲組。
㈥第四十八組：容易妨礙衛生之設施乙組。
㈦第五十組：農業及農業設施。
㈧第五十三組：公害輕微之工業。
㈨第五十四組：公害較重之工業。
㈩五十五組：公害嚴重之工業。
(土)第五十六組：危險性工業。

二　不允許使用，但得附條件允許使用
㈠第十二組：公用事業設施。
㈡第二十七組：一般服務業之㈤自助儲物空間。
㈢第三十二組：娛樂服務業。
㈣第三十四組：特種服務業。
㈤第三十六組：殯葬服務業。
㈥第四十四組：宗祠及宗教建築。
㈦第五十二組：公害較輕微之工業。

三　其他經市政府認定有礙商業之發展或妨礙公共安全及衛生，並經公告限制之土地及建築物使用。

第二四條

在第四種商業區之使用，應符合下列規定：

一　不允許使用

㈠第三十五組：駕駛訓練場。
㈡第三十八組：倉儲業。
㈢第四十組：農產品批發業。
㈣第四十六組：施工機料及廢料堆置或處理。
㈤第四十七組：容易妨礙衛生之設施甲組。
㈥第四十八組：容易妨礙衛生之設施乙組。
㈦第五十組：農業及農業設施。
㈧第五十三組：公害輕微之工業。
㈨第五十四組：公害較重之工業。
㈩第五十五組：公害嚴重之工業。
⑾第五十六組：危險性工業。

二　不允許使用，但得附條件允許使用

㈠第十二組：公用事業設施。
㈡第二十七組：一般服務業之㈥自助儲物空間。
㈢第三十四組：特種服務業。
㈣第三十六組：殯葬服務業。
㈤第四十四組：宗祠及宗教建築。
㈥第五十二組：公害較輕微之工業。

三　其他經市政府認定有礙商業之發展或妨礙公共安全及衛生，並經公告限制之土地及建築物使用。

第二四條之一

在第二種商業區、第三種商業區內得興建工業大樓。但應合於下列規定：

一　建築基地面積在一千平方公尺以上。
二　限於第五十一組、五十二組、五十三組之工業。
三　應設置隔音及空氣調節設備，並防止噪音及特殊氣味外洩。
四　應設置載重力一千公斤以上之電梯。

第二五條

①商業區內建築物之建蔽率及容積率不得超過下表規定，且容積率不得超過其面臨最寬道路寬度（以公尺計）乘以百分之五十之積數，未達百分之三百者，以百分之三百計。

住宅區種別	建蔽率	容積率
第一種	百分之五十五	百分之三百六十
第二種	百分之六十五	百分之六百三十
第三種	百分之六十五	百分之五百六十
第四種	百分之七十五	百分之八百

②前項建築基地如臨接最寬道路之面寬達五公尺以上，其基地範圍內以十五倍面寬為周長所圍成之最大面積，得以最寬道路計

算容積率，其餘部分或面臨最寬道路未達五公尺者，以次寬道路比照前述劃分方式計算容積率，並依此類推；但無法包含於本項劃分方式之範圍內或臨接道路面寬均未達五公尺者，其容積率以百分之三百計。

③建築基地因受限於第一項建蔽率規定，致無法依法定容積率之建築樓地板面積建築者，其建蔽率放寬如下：

一　第一種商業區，建蔽率百分之六十。

二　第二種商業區，建蔽率百分之七十。

三　第三種商業區，建蔽率百分之七十。

四　第四種商業區，建蔽率百分之八十。

第二六條

商業區內建築物之高度比不得超過二，並比照第十二條、第十三條規定辦理。

第二七條

商業區內建築物須設置後院，其深度不得小於下表規定，且最小淨深度不得小於一點五公尺。

商業區種別	深度（公尺）
第一種	三
第二種	三
第三種	三
第四種	二點五

第二八條

商業區內建築物之鄰幢間隔或同一幢建築物相對部分（如天井部分）之距離，不得小於該建築物平均高度之零點二倍，並不得小於三公尺。但其鄰幢間隔或距離已達五公尺者，得免再增加。

第二九條

①商業區內建築基地之寬度（不含法定騎樓寬度）及深度不得小於下表規定：

商業區種別	寬度（公尺）		深度（公尺）	
	平均	最小	平均	最小
第一種	五	三	十五	九
第二種	五	三	十八	十點八
第三種	五	三	十八	十點八
第四種	五	三	十八	十點八

②建築基地面積二分之一以上已符合平均寬深度者，得不受最小寬深度之限制。

第三〇條至第三三條　（刪除）

第三三條之一

①商業區內建築物供戲院、劇院、電影院、歌廳或夜總會使用者，

應依下表規定設置等候空間供觀眾排隊購票及等候進場等之用：

觀眾席樓地板面積（平方公尺）	應設置等候空間面積
二百以下部分	三十平方公尺
超過二百未滿一千之部分	每滿一百平方公尺增設五平方公尺
一千以上部分	每滿一百平方公尺增設三平方公尺

②前項等候空間不得占用法定空地面積。其與依法留設之出入口空地及門廳合併設置者，應分別計算之。

第三三條之二

前條第一項各類使用之等候空間合併設置者，得依下列規定放寬設置基準：

一　二類或二家使用合併設置者，按其應設置之面積總和乘以零點八計算。

二　三類或三家以上使用合併設置者，按其應設置之面積總和乘以零點七計算。

第四章　工業區

第三四條　（刪除）

第三五條

在第二種工業區之使用，應符合下列規定。但職業訓練、創業輔導、試驗研究等與工業發展有關之設施使用，及從事業務產品之研發、設計、修理、國際貿易及與經濟部頒公司行號營業項目同一中類產業之批發業務，經市政府目的事業主管機關核准者；及經主管機關認定屬企業營運總部及其關係企業者，不在此限：

一　不允許使用

㈠第一組：獨立、雙併住宅。

㈡第二組：多戶住宅。

㈢第五組：教育設施。

㈣第七組：醫療保健服務業之㈣護理機構。

㈤第八組：社會福利設施。但不包括附設之老人福利機構、身心障礙福利機構、長期照顧服務機構。

㈥第十一組：大型遊憩設施。

㈦第十四組：人民團體。

㈧第十七組：日常用品零售業（營業樓地板面積超過三百平方公尺者）。

㈨第十八組：零售市場之㈠傳統零售市場、㈡超級市場（營業樓地板面積三百平方公尺以上者）。

㈩第十九組：一般零售業甲組。但不包括㈣機車及其零件等之出售或展示（僅得附屬於第二十七組：一般服務業㈢機車修理及機車排氣檢定）。

(廿)第二十組：一般零售業乙組。
(廿一)第二十二組：餐飲業之(一)營業樓地板面積三百平方公尺以上之飲食業、(二)飲酒店（營業樓地板面積一百五十平方公尺以下者）。
(廿二)第二十四組：特種零售業甲組。
(廿三)第二十五組：特種零售業乙組。
(廿四)第二十六組：日常服務業之營業樓地板面積三百平方公尺以上之(一)洗衣、(二)美容美髮、(三)織補、(四)傘、皮鞋修補及擦鞋、(五)修配鎖、刻印、(七)圖書出租、(八)唱片、錄音帶、錄影節目帶、光碟片等影音媒體出租、(九)溫泉浴室、(十)代客磨刀。
(廿五)第二十七組：一般服務業之(三)補習班（營業樓地板面積超過二百平方公尺者）及營業樓地板面積三百平方公尺以上之(一)當鋪、(二)獸醫診療機構、(五)禮服及其他物品出租、(六)搬場業。但不包括停車空間、(七)裱褙（藝品裝裱）、(八)水電工程、油漆粉刷及土木修繕業、(九)病媒防治業、建築物清潔及環境衛生服務業、(十)橋棋社、桌遊社及其他休閒活動場館業、(十一)照相及軟片沖印業、(十二)招牌廣告物及模型製作業、(十三)機車修理及機車排氣檢定、(十五)唱片、錄音帶、錄影節目帶、光碟片等影音媒體轉錄服務業。但不包括自行製作、(十六)汽車里程計費表安裝（修理）業、(十七)視障按摩業、(十八)寵物美容、(十九)寵物寄養、(二十)室內裝潢、景觀、庭院設計承攬、(廿一)派報中心、(廿二)提供場地供人閱讀。
(廿六)第二十八組：一般事務所之(二)建築公司及營造業。但不包括營造機具及建材儲放場所、(五)經銷代理業、(八)徵信業及保全業、(十一)圖文打印、輸出、(十二)翻譯業、(十三)公證業、(十四)星象堪輿業、命理館、(十五)計程車客運、小客車租賃、小貨車租賃、民間救護車經營業之辦事處、計程車客運服務業、(十六)補習班（營業樓地板面積二百平方公尺以下者）、(十七)專營複委託期貨經紀業、(十八)證券金融業、(十九)證券經紀業（不含營業廳）、(二十)土木包工業、(廿一)婚姻媒合業、(廿二)其他僅供辦公之場所（現場限作辦公室使用，不得專爲貯藏、展示或作爲製造、加工、批發、零售、物流場所使用，且現場不得貯存機具）。
(廿七)第二十九組：自由職業事務所之(二)建築師、(四)技師、(五)地政士、(六)不動產估價師。
(廿八)第三十組：金融保險業之(一)銀行、合作金庫、(二)信用合作社、(三)農會信用部、(五)信託投資業、(六)保險業之總行及(四)證券經紀業（含營業廳）、(七)證券交易所、(八)一般期貨經紀業、(九)票券金融業。
(廿九)第三十二組：娛樂服務業。但不包括(一)劇場、(八)舞蹈表演場。

㈢第三十三組：健身服務業之㈥營業性浴室（含三溫暖）、㈦傳統整復推拿、按摩、腳底按摩及瘦身美容業（營業樓地板面積超過一百五十平方公尺者）、㈧刺青。
㈢第三十四組：特種服務業。
㈢第三十六組：殯葬服務業。
㈣第四十組：農產品批發業。
㈤第四十一組：一般旅館業。
㈥第四十二組：觀光旅館業。
㈦第四十四組：宗祠及宗教建築。
㈧第四十七組：容易妨害衛生之設施甲組之㈠家畜、家禽屠宰場、㈡焚化爐、㈢污水或水肥處理場或貯存場。
㈨第四十八組：容易妨害衛生之設施乙組。
㈩第四十九組：農藝及園藝業。
㈢第五十組：農業及農業設施。
㈢第五十五組：公害嚴重之工業。但不包括製程精進且經市政府認定無影響公共安全衛生，不違反工業區劃設目的者。
㈢第五十六組：危險性工業。

二　不允許使用，但得附條件允許使用

㈠第三組：寄宿住宅。
㈡第四組：托兒教保服務設施。
㈢第六組：社區遊憩設施。
㈣第七組：醫療保健服務業之㈠醫院、療養院、診所、藥局、助產所、精神醫療機構、㈡健康服務中心、㈢醫事技術業。
㈤第八組：社會福利設施之附設老人福利機構、身心障礙福利機構、長期照顧服務機構。
㈥第十二組：公用事業設施。
㈦第十五組：社教設施。
㈧第十六組：文康設施。
㈨第十七組：日常用品零售業（營業樓地板面積三百平方公尺以下者）。
㈩第十八組：零售市場之㈡超級市場（營業樓地板面積未達三百平方公尺者）。
㈩㈠第十九組：一般零售業甲組之㈩機車及其零件等之出售或展示（僅得附屬於第二十七組：一般服務業㈩㈢機車修理及機車排氣檢定）。
㈩㈡第二十一組：飲食業。
㈩㈢第二十二組：餐飲業之㈠營業樓地板面積超過一百五十平方公尺未達三百平方公尺之飲食業。
㈩㈣第二十六組：日常服務業之營業樓地板面積未達三百平方公尺之㈠洗衣、㈡美容美髮、㈢織補、㈣傘、皮鞋修補及擦鞋、㈤修配鎖、刻印、㈦圖書出租、㈧唱片、錄音帶、錄影節目帶、光碟片等影音媒體出租、㈨溫泉浴室、㈩代客磨刀。

⒂第二十七組：一般服務業之㈣運動訓練班（營業樓地板面積三百平方公尺以下者）、㈥傳統整復推拿、按摩、腳底按摩及瘦身美容業（營業樓地板面積一百五十平方公尺以下者）及營業樓地板面積未達三百平方公尺之㈠當鋪、㈡獸醫診療機構、㈤禮服及其他物品出租、㈥搬場業。但不包括停車空間、㈦裱褙（藝品裝裱）、㈧水電工程、油漆粉刷及土木修繕業、㈨病媒防治業、建築物清潔及環境衛生服務業、㈩橋棋社、桌遊社及其他休閒活動場館業、⑾照相及軟片沖印業、⑿招牌廣告物及模型製作業、⒀機車修理及機車排氣檢定、⒂唱片、錄音帶、錄影節目帶、光碟片等影音媒體轉錄服務業。但不包括自行製作、⒃汽車里程計費表安裝（修理）業、⒄視障按摩業、⒆寵物美容、⒇寵物寄養、㉑室內裝潢、景觀、庭院設計承攬、㉒派報中心、㉓提供場地供人閱讀。

⒃第二十八組：一般事務所之㈠不動產之買賣、租賃、經紀業、㈢開發、投資公司、㈣貿易業、㈥報社、通訊社、雜誌社、圖書出版業、有聲出版業。但不包括印刷、錄音作業場所、㈦廣告及傳播業。但不包括錄製場所、㈩顧問服務業、⒇電信加值網路、㉒電腦傳呼業、㉓外國保險業聯絡處、㉕文化藝術工作室（使用樓地板面積超過二百平方公尺未達三百六十平方公尺者）、㉖人力仲介業。

⒄第二十九組：自由職業事務所之㈠律師、㈢會計師、記帳士、㈦文化藝術工作室（使用樓地板面積二百平方公尺以下者）。

⒅第三十組：金融保險業之㈠銀行、合作金庫、㈡信用合作社、㈢農會信用部、㈤信託投資業、㈥保險業之分支機構。

⒆第三十三組：健身服務業之㈠籃球、網球、桌球、羽毛球、棒球、高爾夫球及其他球類運動場地、㈡國術館、柔道館、跆拳道館、空手道館、劍道館及拳擊、舉重等教練場所、健身房、韻律房、㈢室內射擊練習場（非屬槍砲彈藥刀械管制條例規定之械彈且不具殺傷力者）、㈣保齡球館、撞球房、㈤溜冰場、游泳池。

⒇第三十七組：旅遊及運輸服務業。

㉑第三十九組：一般批發業。

㉒第四十三組：攝影棚。

㉓第四十六組：施工機料及廢料堆置或處理。

㉔第四十七組：容易妨害衛生之設施甲組之㈡廢棄物處理

場（廠）。

㈤第五十五組：公害嚴重之工業之製程精進，經市政府認定無影響公共安全衛生，不違反工業區劃設目的者。但屠宰業、水泥製造業、公共危險物品儲藏、分裝業、高壓氣體儲藏、分裝業仍不允許使用。

三　其他經市政府認定有妨礙公共安全及衛生，並經公告限制或禁止使用之規定。

第三六條

在第三種工業區之使用，應符合下列規定。但職業訓練、創業輔導、試驗研究等與工業發展有關之設施使用，及從事業務產品之研發、設計、修理、國際貿易及與經濟部頒公司行號營業項目同一中類產業之批發業務，經市政府目的事業主管機關核准者；及經主管機關認定屬企業營運總部及其關係企業者，不在此限：

一　不允許使用

㈠第一組：獨立、雙併住宅。

㈡第二組：多戶住宅。

㈢第五組：教育設施。

㈣第七組：醫療保健服務業之㈣護理機構。

㈤第八組：社會福利設施。但不包括附設之老人福利機構、身心障礙福利機構、長期照顧服務機構。

㈥第十一組：大型遊憩設施。

㈦第十四組：人民團體。

㈧第十七組：日常用品零售業（營業樓地板面積超過三百平方公尺者）。

㈨第十八組：零售市場之㈠傳統零售市場、㈡超級市場（營業樓地板面積三百平方公尺以上者）。

㈩第十九組：一般零售業甲組。但不包括㈩機車及其零件等之出售或展示（僅得附屬於第二十七組：一般服務業㈢機車修理及機車排氣檢定）。

⑪第二十組：一般零售業乙組。

⑫第二十二組：餐飲業之㈠營業樓地板面積三百平方公尺以上之飲食業、㈡飲酒店（營業樓地板面積一百五十平方公尺以下者）。

⑬第二十四組：特種零售業甲組。

⑭第二十五組：特種零售業乙組。

⑮第二十六組：日常服務業之營業樓地板面積三百平方公尺以上之㈠洗衣、㈡美容美髮、㈢織補、㈣傘、皮鞋修補及擦鞋、㈤修配鎖、刻印、㈦圖書出租、㈧唱片、錄音帶、錄影節目帶、光碟片等影音媒體出租、㈨溫泉浴室、㈩代客磨刀。

⑯第二十七組：一般服務業之㈢補習班（營業樓地板面積超過二百平方公尺者）及營業樓地板面積三百平方公尺

以上之㈠當鋪、㈡獸醫診療機構、㈤禮服及其他物品出租、㈥搬場業。但不包括停車空間、㈦裱褙（藝品裝裱）、㈧水電工程、油漆粉刷及土木修繕業、㈨病媒防治業、建築物清潔及環境衛生服務業、㈩橋棋社、桌遊社及其他休閒活動場館業、⼗⼀照相及軟片沖印業、⼗⼆招牌廣告物及模型製作業、⼗三機車修理及機車排氣檢定、⼗五唱片、錄音帶、錄影節目帶、光碟片等影音媒體轉錄服務業。但不包括自行製作、⼗六汽車里程計費表安裝（修理）業、⼗七視障按摩業、⼗九寵物美容、⼆⼗寵物寄養、⼆⼀室內裝潢、景觀、庭院設計承攬、⼆⼆派報中心、⼆三提供場地供人閱讀。

⼗七第二十八組：一般事務所之㈡建築公司及營造業。但不包括營造機具及建材儲放場所、㈤經銷代理業、㈧徵信業及保全業、⼗⼀圖文打印、輸出、⼗⼆翻譯業、⼗三公證業、⼗四星象堪輿業、命理館、⼗五計程車客運、小客車租賃、小貨車租賃、民間救護車經營業之辦事處、計程車客運服務業、⼗六補習班（營業樓地板面積二百平方公尺以下者）、⼗七專營複委託期貨經紀業、⼗八證券金融業、⼗九證券經紀業（不含營業廳）、⼆⼀土木包工業、⼆六婚姻媒合業、⼆七其他僅供辦公之場所（現場限作辦公室使用，不得專爲貯藏、展示或作爲製造、加工、批發、零售、物流場所使用，且現場不得貯存機具）。

⼗八第二十九組：自由職業事務所之㈡建築師、㈣技師、㈤地政士、㈥不動產估價師。

⼗九第三十組：金融保險業之㈠銀行、合作金庫、㈡信用合作社、㈢農會信用部、㈤信託投資業、㈥保險業之總行及㈣證券經紀業（含營業廳）、㈦證券交易所、㈧一般期貨經紀業、㈨票券金融業。

⼆⼗第三十二組：娛樂服務業。但不包括㈠劇場、㈧舞蹈表演場。

⼆⼀第三十三組：健身服務業之㈥營業性浴室（含三溫暖）、㈦傳統整復推拿、按摩、腳底按摩及瘦身美容業（營業樓地板面積超過一百五十平方公尺者）、㈧刺青。

⼆⼆第三十四組：特種服務業。

⼆三第三十六組：殯葬服務業。

⼆四第四十組：農產品批發業。

⼆五第四十一組：一般旅館業。

⼆六第四十二組：觀光旅館業。

⼆七第四十四組：宗祠及宗教建築。

⼆八第四十七組：容易妨害衛生之設施甲組之㈠家畜、家禽屠宰場、㈡焚化爐、㈢污水或水肥處理場或貯存場。

⼆九第四十八組：容易妨害衛生之設施乙組。

㈶第四十九組：農藝及園藝業。
㈷第五十組：農業及農業設施。
㈸第五十五組：公害嚴重之工業。但不包括製程精進且經市政府認定無影響公共安全衛生，不違反工業區劃設目的者。
㈹第五十六組：危險性工業。

二 不允許使用，但得附條件允許使用：
㈠第三組：寄宿住宅。
㈡第四組：托兒教保服務設施。
㈢第六組：社區遊憩設施。
㈣第七組：醫療保健服務業之㈠醫院、療養院、診所、藥局、助產所、精神醫療機構、㈡健康服務中心、㈢醫事技術業。
㈤第八組：社會福利設施之附設老人福利機構、身心障礙福利機構、長期照顧服務機構。
㈥第十二組：公用事業設施。
㈦第十五組：社教設施。
㈧第十六組：文康設施。
㈨第十七組：日常用品零售業（營業樓地板面積三百平方公尺以下者）。
㈩第十八組：零售市場之㈡超級市場（營業樓地板面積未達三百平方公尺者）。
⑪第十九組：一般零售業甲組之㈶機車及其零件等之出售或展示（僅得附屬於第二十七組：一般服務業⑬機車修理及機車排氣檢定）。
⑫第二十一組：飲食業。
⑬第二十二組：餐飲業之㈠營業樓地板面積超過一百五十平方公尺未達三百平方公尺之飲食業。
⑭第二十六組：日常服務業之營業樓地板面積未達三百平方公尺之㈠洗衣、㈡美容美髮、㈢織補、㈣傘、皮鞋修補及擦鞋、㈤修配鎖、刻印、㈦圖書出租、㈧唱片、錄音帶、錄影節目帶、光碟片等影音媒體出租、㈨溫泉浴室、㈩代客磨刀。
⑮第二十七組：一般服務業之㈣運動訓練班（營業樓地板面積三百平方公尺以下者）、㈥傳統整復推拿、按摩、腳底按摩及瘦身美容業（營業樓地板面積一百五十平方公尺以下者）及營業樓地板面積未達三百平方公尺之㈠當鋪、㈡獸醫診療機構、㈤禮服及其他物品出租、㈥搬場業。但不包括停車空間、㈦裱褙（藝品裝裱）、㈧水電工程、油漆粉刷及土木修繕業、㈨病媒防治業、建築物清潔及環境衛生服務業、㈩橋棋社、桌遊社及其他休閒活動場館業、⑪照相及軟片沖印業、⑫招牌廣告物及模型製作業、⑬機車修理及機車排氣檢定、⑮唱片、錄

音帶、錄影節目帶、光碟片等影音媒體轉錄服務業。但不包括自行製作、㈥汽車里程計費表安裝（修理）業、㈦視障按摩業、㈨寵物美容、㈩寵物寄養、㈢室內裝潢、景觀、庭院設計承攬、㈢派報中心、㈢提供場地供人閱讀。

㈥第二十八組：一般事務所之㈠不動產之買賣、租賃、經紀業、㈢開發、投資公司、㈣貿易業、㈥報社、通訊社、雜誌社、圖書出版業、有聲出版業。但不包括印刷、錄音作業場所、㈦廣告及傳播業。但不包括錄製場所、㈩顧問服務業、㈩電信加值網路、㈢電腦傳呼業、㈢外國保險業聯絡處、㈤文化藝術工作室（使用樓地板面積超過二百平方公尺未達三百六十平方公尺者）、㈥人力仲介業。

㈦第二十九組：自由職業事務所之㈠律師、㈢會計師、記帳士、㈦文化藝術工作室（使用樓地板面積二百平方公尺以下者）。

㈧第三十組：金融保險業之㈠銀行、合作金庫、㈡信用合作社、㈢農會信用部、㈤信託投資業、㈥保險業之分支機構。

㈨第三十三組：健身服務業之㈠籃球、網球、桌球、羽毛球、棒球、高爾夫球及其他球類運動場地、㈡國術館、柔道館、跆拳道館、空手道館、劍道館及拳擊、舉重等教練場所、健身房、韻律房、㈢室內射擊練習場（非屬槍砲彈藥刀械管制條例規定之械彈且不具殺傷力者）、㈣保齡球館、撞球房、㈤溜冰場、游泳池。

㈩第三十七組：旅遊及運輸服務業。

㈡第三十九組：一般批發業。

㈢第四十三組：攝影棚。

㈢第四十六組：施工機料及廢料堆置或處理。

㈣第四十七組：容易妨害衛生之設施甲組之㈡廢棄物處理場（廠）。

㈤第五十五組：公害嚴重之工業之製程精進，經市政府認定無影響公共安全衛生，不違反工業區劃設目的者。但屠宰業、水泥製造業、公共危險物品儲藏、分裝業、高壓氣體儲藏、分裝業仍不允許使用。

三　其他經市政府認定有妨礙公共安全及衛生，並經公告限制或禁止使用之規定。

第三七條

①工業區內建築物之建蔽率及容積率不得超過下表規定：

工業區種別	建蔽率	容積率
第二種	百分之四十五	百分之二百
第三種	百分之五十五	百分之三百

②建築基地依第一項建蔽率而無法依法定容積率之建築樓地板面積建築者，其建蔽率放寬如下：
一　第二種工業區，建蔽率百分之五十。
二　第三種工業區，建蔽率百分之六十。

第三八條

工業區內建築物之高度比不得超過一點八，並比照第十二條、第十三條規定辦理。

第三九條

工業區內建築物須設置前院，其深度不得小於三公尺，且最小淨深度不得小於一點五公尺。

第四〇條

工業區內建築物須設置後院，其深度及深度比不得小於下表規定，且最小淨深度不得小於一點五公尺，深度並比照第十五條之一辦理。

工業區種別	深度（公尺）	深度比
第二種	三	零點三
第三種	三	零點三

第四一條

工業區內建築物之側面牆壁設有門窗者，須設置側院，其寬度不得小於三公尺，且最小淨寬度不得小於一點五公尺。

第四二條 100

①各種工業區內建築基地之寬度及深度不得小於下表規定：

工業區種別	寬度（公尺）		深度（公尺）	
	平均	最小	平均	最小
第二種	八	四點八	二十	十二
第三種	五	三	十五	九

②建築基地面積二分之一以上已符合平均寬深度者，得不受最小寬深度之限制。

第四三條　（刪除）

第四三條之一

工業區內得附條件允許策略性產業之使用。

第五章　行政區

第四四條

在行政區內得為下列規定之使用：
一　允許使用
㈠第四組：托兒教保服務設施。
㈡第七組：醫療保健服務業。
㈢第八組：社會福利設施。
㈣第九組：社區通訊設施。

㈤第十組：社區安全設施。
㈥第十三組：公務機關。
㈦第十四組：人民團體。
㈧第十五組：社教設施。

二　附條件允許使用

㈠第一組：獨立、雙併住宅（限於原有住宅）。
㈡第三組：寄宿住宅。
㈢第十二組：公用事業設施。
㈣第十六組：文康設施。
㈤第三十組：金融保險業。
㈥第三十七組：旅遊及運輸服務業之㈥營業性停車空間。

第四五條

①行政區內建築物之建蔽率及容積率不得超過下表規定：

建蔽率	百分之三十五
容積率	百分之四百

②建築基地依第一項建蔽率而無法依法定容積率之建築樓地板面積建築者，其建蔽率放寬為百分之四十。

第四六條

行政區內建築物高度比不得超過一點八，並比照第十二條、第十三條規定辦理。

第四七條

行政區內建築物須分別設置前院、側院及後院，其深度、寬度及深度比不得小於下表規定，且最小淨深度及淨寬度不得小於一點五公尺，深度比並比照第十五條之一辦理。

前院深度（公尺）	六
側院寬度（公尺）	三
後院深度（公尺）	三
後院深度比	零點三

第四八條

行政區內建築物之鄰幢間隔或同一幢建築物相對部分（如天井部分）之距離，不得小於該建築物平均高度之零點六倍，並不得小於六公尺。

第四九條

行政區內原有住宅之建造，應依第一種住宅區之規定。

第五〇條　（刪除）

第六章　文教區

第五一條

在文教區內得為下列規定之使用：

一　允許使用

㈠第四組：托兒教保服務設施。
㈡第五組：教育設施。
㈢第六組：社區遊憩設施。
㈣第七組：醫療保健服務業。
㈤第八組：社會福利設施。
㈥第九組：社區通訊設施。
㈦第十組：社區安全設施。
㈧第十三組：公務機關。
㈨第十五組：社教設施。
㈩第十六組：文康設施。

二　附條件允許使用
㈠第一組：獨立、雙併住宅。
㈡第三組：寄宿住宅。
㈢第十一組：大型遊憩設施。
㈣第十二組：公用事業設施。
㈤第十七組：日常用品零售業。
㈥第三十七組：旅遊及運輸服務業之㈥營業性停車空間。
㈦第四十三組：攝影棚。
㈧第四十四組：宗祠及宗教建築。

三　經中央或市政府目的事業主管機關核准之學校與業界合辦供學生實習之相關產業。

第五二條

①文教區內建築物之建蔽率及容積率不得超過下表規定：

建蔽率	百分之三十五
容積率	百分之二百四十

②建築基地依第一項建蔽率而無法依法定容積率之建築樓地板面積建築者，其建蔽率放寬為百分之四十。

第五三條

文教區內建築物高度比不得超過一點八，並比照第十二條、第十三條規定辦理。

第五四條

文教區內建築物須分別設置前院、側院及後院，其深度、寬度及深度比不得小於下表規定，且最小淨深度及淨寬度不得小於一點五公尺，深度比並比照第十五條之一辦理。

前院深度（公尺）	六
側院寬度（公尺）	三
後院深度（公尺）	三
後院深度比	零點三

第五五條

文教區內建築物之鄰幢間隔，不得小於該建築物平均高度之一倍，並不得小於六公尺。

第五六條 （刪除）

第五七條

文教區內原有住宅之建造，應依第一種住宅區之規定。

第七章　倉庫區

第五八條至第六四條 （刪除）

第八章　風景區

第六五條

在風景區內得為下列附條件允許使用：

一　第一組：獨立、雙併住宅。
二　第六組：社區遊憩設施。
三　第九組：社區通訊設施。
四　第十組：社區安全設施。
五　第十一組：大型遊憩設施。
六　第十二組：公用事業設施。
七　第十三組：公務機關。
八　第十五組：社教設施。
九　第十六組：文康設施。
十　第十七組：日常用品零售業。
十一　第三十七組：旅遊及運輸服務業之㈥營業性停車空間。
十二　第四十二組：觀光旅館業。
十三　第四十三組：攝影棚。
十四　第四十四組：宗祠及宗教建築。
十五　第四十八組：容易妨害衛生之設施乙組之㈠骨灰（骸）存放設施。
十六　第四十九組：農藝及園藝業。

第六六條

①風景區內建築物之建蔽率及容積率不得超過下表規定：

建蔽率	百分之十五
容積率	百分之六十

②建築基地依第一項建蔽率而無法依法定容積率之建築樓地板面積建築者，其建蔽率放寬為百分之二十。

第六七條

風景區內建築物須分別設置前院、側院及後院，其深度、寬度及深度比不得小於下表規定，且最小淨深度及淨寬度不得小於一點五公尺，深度比並比照第十五條之一辦理。

前院深度（公尺）	十
側院寬度（公尺）	三
後院深度（公尺）	三

後院深度比	零點六

第六八條

風景區內建築物之高度比不得超過一。

第六九條 （刪除）

第七〇條

風景區內非經市政府核准，不得任意變更地形及砍伐樹木。

第九章 農業區

第七一條

在農業區內得為下列規定之使用：

一 允許使用

第四十九組：農藝及園藝業。

二 附條件允許使用

㈠第四組：托兒教保服務設施。

㈡第八組：社會福利設施之附設老人福利機構、身心障礙福利機構、長期照顧服務機構。

㈢第十組：社區安全設施。

㈣第十二組：公用事業設施。

㈤第十三組：公務機關。

㈥第十七組：日常用品零售業之㈢糧食、㈣蔬果、㈤肉品、水產。

㈦第十九組：一般零售業甲組之㈩種子、園藝及其用品。

㈧第三十七組：旅遊及運輸服務業之㈥營業性停車空間。

㈨第四十六組：施工機料及廢料堆置或處理之㈣土石方資源、營建混合物、營建廢棄物、㈥廢紙、廢布、㈦廢橡膠品、㈧廢塑膠品、㈨舊貨整理、㈩資源回收、⑾垃圾以外之其他廢料。

㈩第五十組：農業及農業設施。

第七一條之一

①農業區內原有合法建築物（包括農舍及農業倉庫）拆除後之新建、增建、改建或修建，限於原地建造並以一戶一幢為原則。但得為獨立或雙拼住宅。雙拼住宅應以編有門牌之二幢或二戶以上合法建築物共同提出申請。

②前項原有合法建築物原使用為第十七組日常用品零售業、第十九組一般零售業甲組之中西藥品、種子、園藝及園藝用品者，其拆除後之新建、增建、改建或修建之建築物，得為原來之使用。

第七一條之二

①農業區內申請建築與農業有關之臨時性寮舍，其申請人應具備農民身分並在該農業區內有農地或農場。

②前項建築物係以竹、木、稻草、塑膠材料無固著基礎（離地面

二公尺以內），角鋼（不固定焊接）、鐵絲網搭蓋之下列臨時性寮舍，且經農業主管機關認定係農業生產必要設施，得免申請建築執照。但其用地不得分割或變更使用，如有擅自變更使用情事者，依違章建築處理辦法等有關規定處理之：

一　一、農作物栽培或育苗簡易蔭棚：其構造材料為木、竹、水泥桿、塑膠布或塑膠板等，每幢面積不得超過一百四十五平方公尺。

二　農作物栽培或育苗網室：其構造材料為水泥桿、塑膠布、塑膠網、鐵絲等，每幢面積不得超過三百三十平方公尺。

三　農作物害蟲防治網籠：其構造材料為角鋼、水泥桿、塑膠網等，每幢面積不得超過十三點二平方公尺。

四　簡易家禽寮：其構造材料為竹、木、稻草、塑膠板等，每幢面積不得超過一百四十五平方公尺。

五　簡易工作寮：其構造材料為竹、木、塑膠板等，每幢面積不得超過十三點二平方公尺。

第七二條

①農業區內建築物之建蔽率及高度不得超過下表規定：

建築物種類	建蔽率	高度
第一種：第十七組、第十九組、第三十七組、第四十六組、第五十組之農舍及休閒農業之住宿設施、餐飲設施、自產農產品加工（釀造）廠、農產品與農村文物展示（售）及教育解說中心之建築物	百分之十	十點五公尺以下之三層樓
第二種：第一種以外之其他第五十組之農業設施	有頂蓋之農業設施其建築投影面積不得超過申請設施使用土地面積之百分之三十，建築面積及規模得依申請農業用地作農業設施容許使用審查辦法規定辦理，但高度不得超過十點五公尺。	
第三種：其他各組	百分之四十	七公尺以下之二層樓，但經市政府劃為防範水災須挑高建築之地區或供消防隊使用之公務機關；其建築物之高度得提高為十點五公尺以下之三層樓。
第四種：原有合法建築物拆除後之新建、增建、改建或修建	百分之四十	十點五公尺以下之三層樓

②前項第一種及第二種建築物建蔽率合計不得超過百分之三十五，且第一種建築面積不得超過一百六十五平方公尺。

③第一項第四種原有合法建築物拆除後之新建、增建、改建或修建，其建築面積（包括原有未拆除建築面積）合計不得超過一百六十五平方公尺。

④第一項第一種、第二種及第四種建築物應設置斜屋頂，其相關

規範由市政府定之。

第七二條之一

農業區內申請建築者，建築主管機關應於都市計畫及地籍套繪圖上將建築物及空地分別著色標示之，其建蔽率已達最高限制者，嗣後不論該地是否分割，均不得再申請建築。

第七三條 （刪除）

第七四條

農業區內非經市政府核准，不得砍伐樹木。但為管理、撫育所必要者，不在此限。

第十章 保護區

第七五條

在保護區內得為下列規定之使用：

一 允許使用

第四十九組：農藝及園藝業。

二 附條件允許使用

(一)第四組：托兒教保服務設施。

(二)第六組：社區遊憩設施。

(三)第八組：社會福利設施。

(四)第十組：社區安全設施。

(五)第十二組：公用事業設施。

(六)第十三組：公務機關。

(七)第十六組：文康設施之(四)區民、里民及社區活動中心（場所）。

(八)第三十六組：殯葬服務業。

(九)第三十七組：旅遊及運輸服務業之(六)營業性停車空間、(七)計程車客運、小客車租賃、小貨車租賃、民間救護車經營業之車輛調度停放場。

(十)第三十八組：倉儲業之(三)遊覽車客運業之車輛調度停放場。

(十一)第四十三組：攝影棚。

(十二)第四十四組：宗祠及宗教建築。

(十三)第四十六組：施工機料及廢料堆置或處理之(四)土石方資源、營建混合物、營建廢棄物、(六)廢紙、廢布、(七)廢橡膠品、(八)廢塑膠品、(九)舊貨整理、(十)資源回收、(十一)垃圾以外之其他廢料。

(十四)第四十七組：容易妨礙衛生之設施甲組。

(十五)第四十八組：容易妨礙衛生之設施乙組。

(十六)第五十組：農業及農業設施。

(十七)第五十一組：公害最輕微之工業之(四)製茶業。

(十八)第五十五組：公害嚴重之工業之公共危險物品儲藏、分裝業及高壓氣體儲藏、分裝業。

第七五條之一

在保護區內得為前條規定及下列附條件允許使用：

一　國防所需之各種設施。

二　警衛、保安或保防設施。

三　室外露天遊憩設施及其附屬之臨時性建築物。

四　造林或水土保持設施。

五　為保護區內地形、地物所為之工程設施。

第七五條之二

①保護區內原有合法建築物（包括農舍及農業倉庫）拆除後之新建、增建、改建或修建，限於原地建造並以一戶一幢為原則，但得為獨立或雙拼住宅。雙拼住宅應以編有門牌之二幢或二戶以上合法建築物共同提出申請。

②前項原有合法建築物原使用為第十七組日常用品零售業、第十九組一般零售業甲組之中西藥品、種子、園藝及園藝用品、第二十一組飲食業及第二十六組日常服務業者，其拆除後之新建、增建、改建或修建之建築物，得為原來之使用。

第七五條之三

保護區內之合法建築物，經依行政院或市政府專案核定之相關公共工程拆遷處理規定獲准遷建，並經全部拆除後異地重建之建築物，視為原有合法建築物。

第七六條

①保護區內建築物之建蔽率及高度不得超過下表規定：

建築物種類	建蔽率	高度
第一種：原有合法建築物拆除後之新建、增建、改建或修建	百分之四十	十點五公尺以下之三層樓
第二種：第十組、第十二組、第十三組	百分之三十	七公尺以下之二層樓
第三種：第三十七組、第三十八組、第四十六組、第五十組之農舍及休閒農業之住宿設施、餐飲設施、自產農產品加工（釀造）廠、農產品與農村文物展示（售）及教育解說中心之建築物、第五十一組	百分之十	十點五公尺以下之三層樓
第四種：第三種以外之其他第五十組之農業設施有頂蓋之農業設施	其建築投影面積不得超過申請設施使用土地面積之百分之十，且不得位於平均坡度百分之三十以上之地區，建築面積及規模得依申請農業用地作農業設施容許使用審查辦法規定辦理，但高度不得超過七公尺。	
第五種：第四十四組	百分之十五	十五公尺以下之二層樓
第六種：其他各組	百分之十五	七公尺以下之二層樓

②前項第一種原有合法建築物拆除後之新建、增建、改建或修建，其建築面積（包括原有未拆除建築面積）合計不得超過一百六十五平方公尺。
③第一項第二種建築物之第十三組：公務機關（限供消防隊使用），其建築物之高度得提高為十點五公尺以下之三層樓。
④第一項第三種及第四種建築物之建蔽率合計不得超過百分之十五，且第三種建築面積不得超過一百六十五平方公尺。
⑤第一項第一種、第三種與第四種建築物應設置斜屋頂，其相關規範由市政府定之。

第七七條　（刪除）

第七八條

保護區內之土地，禁止下列行為。但第七十五條、第七十五條之一、第七十五條之二及第七十五條之三所列各款所必須，並經市政府核准者，不在此限：

一　砍伐或焚燬竹木。但間伐經市政府核准者，不在此限。
二　破壞地形或改變地貌。
三　破壞或污染水源、堵塞泉源、改變水路或填埋池塘、沼澤。
四　採取土石。
五　其他經市政府認為應行禁止之事項。

第十章之一　行水區、保存區

第七八條之一

河川區內土地及建築物使用應依水利法及相關法令規定辦理。

第七八條之二

保存區內土地及建築物使用應依文化資產保存法及相關規定辦理。

第十一章　綜合設計放寬與容積獎勵規定

第七九條

①建築基地符合下列各款規定提供公共開放空間者，其容積率及高度得予放寬。

一　建築基地為完整之計畫街廓，或符合下表規定者。但跨越二種使用分區之建築基地，各分區所占面積與下表之最小面積之比率合計值應大於一。

使用分區種別	基地面積（平方公尺）
第一種商業區、第二種商業區、市場用地	一千五百以上
第三種商業區、第四種商業區	一千以上

二　建築基地臨接面前道路符合下表規定者：

使用分區種別	臨接道路最小寬度（公尺）	基地臨接道路占基地周長最小倍數

各種商業區、市場用地	十	五分之一

三　建築基地內留設之空地比率符合下表規定者：

使用分區種別	空地比（%）
第一種商業區、市場用地	百分之六十五以上
第二種商業區、第三種商業區	百分之四十五以上
第四種商業區	百分之三十五以上

四　建築基地內留設之公共開放空間，其面積、大小及形狀符合下列規定者：

公共開放空間種類	公共開放空間條件		
	最小寬度（公尺）	最小面積（平方公尺）	與臨接道路之高度差（公尺）
帶狀式	四	五十	四點五以下
廣場式	八	各種商業區：一百	四點五以下
人工地盤	八	各種商業區：一百	四點五以下
建築物地面層挑空	地面層僅有柱、樓梯、電梯間及設備之附屬設施等構造物		

五　建築基地內留設之公共開放空間面積，占基地面積之比率，不低於下表規定者：

使用分區種別	公共開放空間占基地面積之比率
第一種商業區、第二種商業區、第三種商業區、市場用地	百分之四十以上
第四種商業區	百分之三十以上

②前項第四款及第五款之公共開放空間，其有效面積之計算，依下列規定辦理：

一　公共開放空間地盤面（包括人工地盤）自室外設有寬度一點五公尺以上之樓梯或坡道，並能提供公衆休憩使用，且其高度高於臨接道路未滿一點二公尺，或低於臨接道路未滿三公尺者，以其全部面積視爲有效面積。其高度高於臨接道路一點二公尺以上，四點五公尺以下，或低於臨接道路三公尺者，以其面積之零點六倍視爲有效面積。

二　附設透明且可通風之頂蓋或遮簷之公共開放空間，並有專用通道，能提供公衆休憩使用，其簷高在五公尺以上未滿十公尺者，以其面積之零點六倍視爲有效面積。其簷高十公尺以上者，以其面積之零點八倍視爲有效面積。

三　以人行步道連接之廣場式公共開放空間，留設於建築物之背側，致影響其可見性者，以其面積之零點六倍視爲有效面積。

四　建築物地面層挑空，其過樑下方至地面層地板面淨高應在四公尺以上爲原則，其淨高未滿七公尺者，以其面積之零點六倍視爲有效面積，在七公尺以上者，以其面積之零點八倍視爲有效面積。

第八〇條

符合前條規定之建築基地，其建築物容積率與高度得依下列規定放寬：

一　容積率之放寬：建築物允許增加之總樓地板面積，第一種商業區或市場用地以其所留設之公共開放空間有效面積乘以容積率再乘以五分之二計算之，在第二種商業區、第三種商業區、或第四種商業區以其所留設之公共開放空間有效面積乘以容積率再乘以三分之一計算之。

二　高度之放寬：建築物各部分高度不得超過自該部分起量至面前道路中心線水平距離之五倍。

第八〇條之一

建築基地提供地下建築物之進、排風口、樓梯間出入口、公共人行陸橋或人行地下穿越道使用，室內型公共設施空間供文教、藝術展覽、表演使用、觀景平台及產業性公衆使用之服務性或公益性設施並經都市計畫主管機關核准者，得不計入樓地板面積並得酌予增加樓地板之獎勵，其增加部分之獎勵規定由市政府定之，但最高不得超過原基準容積百分之五。

第八〇條之二

①建築基地面積達二千平方公尺以上者，其容積率及建築物高度得視地區都市計畫情形酌予放寬。但不得超過原基準容積百分之三十。

②因前項優惠容積率所增之收益，於扣除營建及管銷成本之淨利益應提供市政府百分之七十爲回饋。

③前項回饋得以樓地板面積或代金爲之，限用於公有出租住宅、公共服務空間、社會福利文化設施及都市建設等。

④有關前項之核算及回饋方式與管理之實施要點由市政府定之，並送臺北市議會備查。

第八〇條之三

①爲提昇整體都市生活環境品質，本市公共設施完竣地區之建築空地，土地所有權人應善盡管理維護之責任。建築前提供作爲綠地或其他公益性設施供公衆使用並經市政府核准者，其容積得酌予獎勵，但獎勵之容積不得超過原基準容積百分之十。如未能善盡管理維護責任，致有礙公共安全、公共衛生或都市景觀者，市政府得限期令其改善，逾期仍不改善者，其容積得酌予減低，但減低之容積不得超過原基準容積百分之五。

②前項空地維護管理辦法，由市政府定之。

第八〇條之四

①大衆運輸系統之車站半徑五百公尺範圍內地區，經循都市計畫程序劃定者，其容積率得酌予提高，但不得超過原基準容積百分之三十。

②都市更新地區依都市更新實施辦法相關規定辦理，不受前項但書之限制。

第八〇條之五

①為保護具有保存價值之樹木及其生長環境，經市政府認定應予保護之樹木所在建築基地，其樹木原地保留者，得視樹木保護及影響建築情形，酌予增加容積。其樹木遭受不當毀損者，其容積得予酌減。

②前項容積之增減，最高不得超過原基準容積百分之五。

③第一項容積增減實施辦法，由市政府定之。

第八一條

公共開放空間之設置應依下列規定辦理：

一　公共開放空間應儘量面臨道路留設。

二　建築基地面臨之道路未設人行道者，應留設人行步道，其寬度最小應為四公尺。

三　在缺少公園、綠地之各種住宅區內，公共開放空間應集中留設闢建公園。

四　公共開放空間之留設應充分考慮能與現有公園、廣場或步道等連接。

五　公共開放空間之留設應與鄰地留設之空地充分配合。

第八二條

公共開放空間之留設，除應予綠化，設置遊憩設施及明顯永久性標誌外，於領得建築物使用執照後應全天開放供民眾使用，非經領得變更使用執照，不得任意變更開放空間內之各項設施、搭建構造物或作其他使用。

第八二條之一

前條公共開放空間之設置及管理維護要點由市政府定之。

第十二章　公共設施用地

第八三條

①公共設施用地內建築物之建蔽率及容積率不得超過下表規定。但都市計畫書圖中另有規定者，不在此限。

<table>
<tr><th colspan="2">種類</th><th>建蔽率</th><th>容積率</th><th>備註</th></tr>
<tr><td colspan="2">高架橋下層</td><td>不予規定</td><td>不予規定</td><td></td></tr>
<tr><td rowspan="3">公園及兒童遊樂場</td><td rowspan="2">地面層</td><td>百分之十五</td><td>百分之六十</td><td>五公頃以下之公園</td></tr>
<tr><td>百分之十二</td><td>百分之六十</td><td>超過五公頃之公園</td></tr>
<tr><td>地下層</td><td>不予規定</td><td>不予規定</td><td></td></tr>
<tr><td colspan="2">廣場地下層</td><td>不予規定</td><td>不予規定</td><td></td></tr>
<tr><td colspan="2">郵政、電信、機關用地</td><td>百分之四十</td><td>百分之四百</td><td></td></tr>
</table>

種類		建蔽率	容積率	備註
加油站		百分之四十	百分之二百	兼作停車場經市政府核准其建蔽率容積率得酌予提高
學校	幼稚園	百分之四十	不予規定	限三層樓以下
	小學	百分之四十	不予規定	限六層樓以下
	國中	百分之四十	不予規定	不予限制
	高中	百分之四十	不予規定	
	大專	百分之四十	不予規定	
市場用地	各種住宅區及其他使用分區	與毗鄰使用分區之建蔽率一致	與毗鄰使用分區之允許建築容積強度一致	本自治條例八十八年四月三十日修正公布前，業經私人設立或依臺北市獎勵投資興建公共設施自治條例核准投資之民有市場，其建蔽率依百分之六十，容積率依百分之三百六十辦理。
	第一種商業區	百分之五十	百分之三百六十	
	第二、三、四種商業區	百分之六十	百分之五百六十	
交通用地		不予規定	不予規定	但採聯合開發者，適用原使用分區之建蔽率、容積率。
變電所用地		百分之四十	百分之四百	
鐵路用地		不予規定	不予規定	
車站（轉運站）用		百分之四十	不予規定	
批發市場		百分之六十	百分之三百	
屠宰場		百分之四十	百分之一百	
公車調度站		百分之四十	百分之二百	
瓦斯整壓站		不予規定	不予規定	
煤氣事業用地		百分之四十	百分之三百	
殯儀館用地		百分之四十	百分之一百二十	
機關用地（消防隊使用）		百分之八十	百分之四百	
醫療及衛生用地		百分之四十	百分之四百	
垃圾處理場用地		不予規定	不予規定	
自來水事業加壓站及配水池用地		百分之四十	不予規定	
停車場用地		百分之八十	不予規定	
抽水站用地		不予規定	不予規定	
瀝青混凝土拌合場		百分之四十	不予規定	
污水處理場用地		不予規定	不予規定	

種類	建蔽率	容積率	備註
公墓用地	百分之十五	百分之一百五十	建築物高度比一且應自基地境界線退縮十公尺以上，始得建築。建築前應先經臺北市都市設計及土地使用開發許可審議委員會審議通過。

②前項各公共設施之管制不予規定者，各該主管機關應會同都市計畫主管機關考量公共安全、都市景觀及公害防治等與公益有關之事項後，再行規定。

③私立學校已於都市計畫圖上標明爲「私立×××學校用地」者，比照第一項學校用地辦理。

第八三條之一

①公共設施用地應符合目的事業法令及都市計畫書圖指定目的之使用。

②爲指定目的以外之使用，應依都市計畫公共設施用地多目標使用辦法規定辦理。

第八四條

公共設施用地內建築物之高度比不得超過一點八，並比照第十二條、第十三條規定辦理。

第八五條

公園及兒童遊樂場內建築物（不包括停車空間、花架及涼亭）須分別設置前院、側院及後院，其深度、寬度及深度比不得小於下表規定，且最小淨深度、最小淨寬度不小於一點五公尺，深度比並比照第十五條之一辦理。

前院深度（公尺）	十
側院寬度（公尺）	十
後院深度（公尺）	二十
後院深度比	一

第八六條

已開闢之公共設施用地非經市政府核准，不得設置廣告物。

第十二章之一　停車空間、裝卸位

第八六條之一

建築物新建、改建、變更用途或增建部分應依都市計畫規定設置停車空間，都市計畫未規定者，依下表規定。但基地面積達一千平方公尺以上之公有建築物之停車空間應依下表規定加倍留設。

<table>
<tr><th colspan="2">建築物用途</th><th>建築物
總樓地板面積
（平方公尺）</th><th>應附設
小汽車位數</th><th>應附設
機車位數</th></tr>
<tr><td>第一類</td><td>第一組：
獨立、雙併住宅</td><td></td><td>每滿一百平方公尺設置一輛</td><td>每滿二百平方公尺設置一輛</td></tr>
<tr><td>第二類</td><td>第二組：
多戶住宅</td><td></td><td>每滿一百二十平方公尺設置一輛</td><td>每滿一百平方公尺設置一輛</td></tr>
<tr><td rowspan="4">第三類</td><td rowspan="4">第七組：
醫療保健服務業
第十七組：
日常用品零售業
第十九組：
一般零售業甲組
第二十組：
一般零售業乙組（日用百貨除外）
第二十一組：
飲食業
第二十四組：
特種零售業甲組
第二十五組：
特種零售業乙組</td><td>㈠二千以下部分</td><td>每滿一百平方公尺設置一輛</td><td rowspan="4">每滿二百平方公尺設置一輛</td></tr>
<tr><td>㈡超過二千未滿四千之部分</td><td>每滿一百五十平方公尺設置一輛</td></tr>
<tr><td>㈢四千以上未滿一萬之部分</td><td>每滿二百平方公尺設置一輛</td></tr>
<tr><td>㈣一萬以上之部分</td><td>每滿二百五十平方公尺設置一輛</td></tr>
<tr><td rowspan="3">第四類</td><td rowspan="3">第十六組：
文康設施
第十八組：
零售市場
第二十組：
一般零售業乙組之日用百貨
第二十二組：
餐飲業
第二十六組：
日常服務業
第二十七組：
一般服務業
第三十二組：
娛樂服務業
第三十三組：
健身服務業
第三十四組：
特種服務業</td><td>㈠四千以下部分</td><td>每滿一百平方公尺設置一輛</td><td rowspan="3">每滿七十平方公尺設置一輛</td></tr>
<tr><td>㈡超過四千未滿一萬之部分</td><td>每滿一百二十平方公尺設置一輛</td></tr>
<tr><td>㈢一萬以上之部分</td><td>每滿一百五十平方公尺設置一輛</td></tr>
</table>

建築物用途		建築物 總樓地板面積 （平方公尺）	應附設 小汽車位數	應附設 機車位數
第五類	第十三組： 公務機關 第十四組： 人民團體 第二十八組： 一般事務所 第二十九組： 自由職業事務所 第三十組： 金融保險業 第三十七組： 旅遊及運輸服務業	㈠二千以下部分	每滿一百平方公尺設置一輛	每滿一百四十平方公尺設置一輛
		㈡超過二千未滿四千之部分	每滿一百五十平方公尺設置一輛	
		㈢四千以上未滿一萬之部分	每滿二百平方公尺設置一輛	
		㈣一萬以上之部分	每滿二百五十平方公尺設置一輛	
第六類	第四十一組： 一般旅館業 第四十二組： 國際觀光旅館業	㈠二千以下之部分	每滿一百平方公尺設置一輛	每滿二百平方公尺設置一輛
		㈡超過二千未滿四千之部分	每滿一百二十平方公尺設置一輛	
		㈢四千以上未滿一萬之部分	每滿一百五十平方公尺設置一輛	
		㈣一萬以上之部分	每滿二百平方公尺設置一輛	
第七類	其他各組	㈠二千以下之部分	每滿一百五十平方公尺設置一輛	每滿一百平方公尺設置一輛（國小、國中減半設置。專科以上學校加倍設置）。
		㈡超過二千未滿四千之部分	每滿二百平方公尺設置一輛	
		㈢四千以上未滿一萬之部分	每滿二百五十平方公尺設置一輛	
		㈣一萬以上之部分	每滿三百平方公尺設置一輛	
說明	一、總樓地板面積之計算，不包括室內停車空間面積、法定防空避難設備面積、騎樓或門廊、外廊等無牆壁之面積及機械房、變電室、蓄水池、屋頂突出物、保齡球館之球道等類似用途部分。 二、同一幢建築物內供二類以上用途使用時，其設置基準分別依右表規定計算予以累加後合併計算。 三、停車空間之汽車出入口車道，如情況許可應位於側街，並應距最近之交叉口至少在三十公尺以上。 四、國際觀光旅館應於基地地面層或法定空地上按其客房數每滿四十間設置一輛大型客車停車位。每設一輛大型客車停車位，減設右表三輛停車位。 五、機車停車位需長二點二公尺以上，寬零點九公尺以上。 六、已設置之法定機車停車位無實際使用需求時，得申請將該部分改置為汽車停車位。 七、其餘未規定者，依建築技術規則有關規定辦理。			

第八六條之二

建築物新建、改建、變更用途或增建部分，依下表規定設置裝卸位：

土地及建築物使用組別	總樓地板面積（平方公尺）	應附設裝卸位數	備註
第七組：醫療保健服務業 第八組：社會福利設施 第九組：社區通訊設施 第十組：社區安全設施 第十二組：公用事業設施 第十三組：公務機關 第十五組：社教設施 第十六組：文康設施 第二十八組：一般事務所 第二十九組：自由職業事務所 第三十組：金融保險業 第三十七組：旅遊及運輸服務業 第四十一組：一般旅館業 第四十二組：國際觀光旅館業 第四十四組：宗祠及宗教建築	二千以下	免設	一、每滿十個裝卸位應於其中設置一個大貨車裝卸位。 二、最小裝卸位尺度：小貨車裝卸位長六公尺，寬二點五公尺，淨高二點七公尺。大貨車裝卸位長十三公尺，寬四公尺，淨高四點二公尺。 三、同一基地內供「土地及建築物使用組別欄」二欄以上使用者，其設置基準應分別就各該欄表列規定計算後（零數均應計入）予以累加後合併計算。 四、如經檢討單欄之樓地板面積雖屬免設，但鑑於裝卸位仍有實際之需求，故應以各欄樓地板面積之和，依較高標準計算。
	超過二千未滿五千	一	
	五千以上未滿一萬	二	
	一萬以上未滿二萬	三	
	二萬以上	每增加二萬平方公尺增設一個。	
第十七組：日常用品零售業 第十九組：一般零售業甲組 第二十組：一般零售業乙組 第二十一組：飲食業 第二十二組：餐飲業 第二十四組：特種零售業甲組 第二十五組：特種零售業乙組 第二十六組：日常服務業 第二十七組：一般服務業 第三十四組：特種服務業	一千以下	免設	
	超過一千未滿二千	一	
	二千以上未滿四千	二	
	千以上未滿六千	三	
	六千以上	每增加六千平方公尺增設一個	

土地及建築物使用組別	總樓地板面積（平方公尺）	應附設裝卸位數	備註
第十八組：零售市場	五百以下	一	
	超過五百未滿一千	二	
	一千以上未滿二千	三	
	二千以上	每增加二千平方公尺增設一個	
第三十一組：修理服務業 第三十五組：駕駛訓練場 第三十八組：倉儲業 第三十九組：一般批發業 第四十組：農產品批發業 第四十六組：施工機料及廢料堆置或處理 第四十七組：容易妨害衛生之設施甲組 第四十八組：容易妨害衛生之設施乙組 第五十一組：公害最輕微之工業 第五十二組：公害較輕微之工業 第五十三組：公害輕微之工業 第五十四組：公害較重之工業 第五十五組：公害嚴重之工業 第五十六組：危險性工業	五百以下	一	
	超過五百未滿二千	二	
	二千以上未滿四千	三	
	四千以上	每增加四千平方公尺增設一個	
第三十六組：殯葬服務業	五百以下	一	
	超過五百未滿一千	二	
	一千以上	每增加一千平方公尺增設一個	

土地及建築物使用組別	總樓地板面積（平方公尺）	應附設裝卸位數	備註
第三十二組：娛樂服務業 第三十三組：健身服務業	一千以下	免設	
	超過一千未滿四千	一	
	四千以上未滿一萬	二	
	一萬以上	每增加一萬平方公尺增設一個	

第十三章　騎樓及無遮簷人行道

第八七條

商業區內臨接寬度達八公尺以上道路之建築基地，其建築物應設置騎樓，如自願退縮騎樓地，設置無遮簷人行道而不妨礙市容觀瞻者，其退縮部分得計入法定空地及院落之寬深度。

第八八條

行政區及文教區內建築基地臨道路側應退縮留設三點六四公尺無遮簷人行道或騎樓，其退縮部分得計入法定空地及院落之寬深度。

第八八條之一

農業區及保護區內建築基地臨道路側應退縮三點六四公尺建築，其退縮部分得計入法定空地。但第一種（第五十組）建築物與都市計畫道路境界線之距離不得小於十公尺。

第八九條

公共設施用地臨道路側，應退縮留設三點六四公尺無遮簷人行道或騎樓，其退縮部分得計入法定空地及院落之寬深度。但因基地條件無法退縮建築，經臺北市都市設計及土地使用開發許可審議委員會審議通過者，不在此限。

第九〇條

工業區內建築基地應退縮留設三點六四公尺無遮簷人行道，其退縮部分得計入法定空地及院落之寬深度。

第九一條

建築基地臨接市政府公告指定應留設騎樓或退縮建築之道路者，該臨道路側應留設騎樓或退縮留設三點六四公尺無遮簷人行道，其退縮部分得計入法定空地及院落之寬深度。但都市計畫書圖中另有規定者，不在此限。

第九二條

依第八十七條至第九十一條規定應退縮建築或留設無遮簷人行道部分，不得設置屋簷、雨遮、圍牆或其他障礙物。

第十四章　原有不合規定之土地及建築物使用

第九三條

適用本自治條例後，不符本自治條例規定之原有土地及建築物，區分爲下列三類：

一　第一類：嚴重破壞環境品質者：

㈠設於住宅區、行政區、文教區內之第三十四組、第四十七組、第四十八組、第五十三組、第五十四組、第五十五組及第五十六組使用。

㈡設於商業區、風景區、農業區內之第五十四組、第五十五組及第五十六組；設於商業區、工業區、風景區內之第四十七組、第四十八組；設於風景區內之第五十三組；設於保護區內之第五十四組及第五十五組使用。但危險物品及高壓氣體儲藏、分裝業，不在此限。

二　第二類：與主要使用不相容者：

㈠設於第一種住宅區、第二種住宅區內之第二十四組（僅油漆、塗料、顏料、染料）、第二十五組（僅化工原料）、第四十六組、第五十一組及第五十二組使用。

㈡設於商業區內之第五十三組；設於行政區、文教區內之第四十六組、第五十一組及第五十二組，設於農業區、保護區內之第五十三組；設於風景區內之第四十六組及第五十二組使用。

三　第三類：設於各種分區內不符各分區之土地及建築物使用規定，而不屬於前二類者。

第九四條

前條規定之土地及建築物，其使用之繼續、中斷、停止、擴充或變更，依下列規定辦理：

一　第一類、第二類者，市政府得視情況依規定限期令其變更使用或遷移。

二　第三類者，自適用本自治條例之日起，得繼續使用至新建止。

三　第一類與第二類於停止使用滿一年及第三類於停止使用滿二年者，不得再繼續爲原來之使用。

四　原有不合規定使用之建築物得改爲妨害較輕之使用。

五　原有不合規定使用之建築物，因災害損壞時，除位於公共設施保留地外，准予修繕但不得新建、增建、改建。

第十五章　附　則

第九五條

①市政府得視需要設臺北市都市設計及土地使用開發許可審議委員會，審議下列事項：

一　本市都市計畫說明書中載明需經審查地區、大規模建築物、特種建築物及本市重大公共工程、公共建築。

二　依都市計畫規定指定爲土地開發許可地區之開發許可。

三　經市政府目的事業主管機關核准之新興產業或生產型態改

變之產業，得申請調整其使用組別及允許使用條件。

②市政府得針對前項第一款規定之各種建築物種類，分別訂定建築開發都市設計管制準則。

③第一項委員會之組織、開發許可條件、審議項目標準、作業程序及第一款規定之建築物種類及審議收費辦法，由市政府定之，並送臺北市議會備查。

第九五條之一

本自治條例各使用分區之土地及建築物使用，市政府認為有發生違反環境保護法令或有礙公共安全、衛生、安寧或公共利益之虞者，得禁止之。

第九五條之二

①合法建築物因地震、風災、水災、爆炸或其他不可抗力而遭受損害，經認定為危險或有安全之虞者，土地權利關係人得於一定期限內提出申請，經市政府核定後，依原建蔽率、原容積率（或原總樓地板面積）重建。

②前項認定標準及申請期限由市政府定之。

③依第一項規定辦理建築物重建者，不適用其他有關建築容積獎勵規定。

第九五條之三 112

①依都市危險及老舊建築物加速重建條例規定實施重建者，建築基地之建築物高度、高度比及後院深度比依下列規定檢討，不受第十一條、第十一條之一、第十五條、第二十六條、第三十八條、第四十條、第四十六條、第四十七條、第五十三條、第五十四條、第六十七條、第六十八條及第八十四條規定限制：

一　第一種住宅區建築物高度不得超過十點五公尺，第二種住宅區建築物高度不得超過二十一公尺。但原建築物高度超過前述規定者，重建後之建築物高度得以原建築物高度為限。

二　建築物各部分高度不得超過自該部分起量至面前道路中心線水平距離之五倍。

三　後院深度比自建築基地後面基地線之深度三公尺範圍內，不得小於該區各種別後院深度比規定；超過範圍部分，不受後院深度比之限制。

②住宅區內之前項建築基地，其原建蔽率高於第十條第一項規定建蔽率者，其建蔽率放寬如下：

一　第二種住宅區、第二之一種住宅區及第二之二種住宅區，得依原建蔽率重建。但建築基地面積在一千平方公尺以下者，建蔽率不得超過百分之五十；建築基地面積超過一千平方公尺者，建蔽率不得超過百分之四十。

二　第三種住宅區、第三之一種住宅區、第三之二種住宅區、第四種住宅區及第四之一種住宅區，得依原建蔽率重建。但建築基地面積在一千平方公尺以下者，建蔽率不得超過百分之六十；建築基地面積超過一千平方公尺者，建蔽率不得超過百分之五十。
三　都市計畫書內載明建蔽率比照第三條第一項第一款住宅區之其他住宅區，其建蔽率之放寬準用前二款所比照之該住宅區放寬標準。
③住宅區內之第一項建築基地，符合下列各款之一，於前院及後院各留設平均深度一點五公尺以上者，得不受第十四條、第十五條及第一項第三款規定之限制：
一　第一種住宅區、第二種住宅區、第二之一種住宅區、第二之二種住宅區、第三種住宅區、第三之一種住宅區、第三之二種住宅區建築基地平均深度小於十六公尺。
二　第四種住宅區、第四之一種住宅區建築基地平均深度小於十四公尺。

第九六條　（刪除）

第九七條
不合本自治條例有關最小建築基地之寬度及深度之規定者，得依照畸零地相關規定辦理。

第九七條之一
電信、電力、郵政、瓦斯、自來水等公用事業突出地面之設施，與公共汽車候車亭、花台、座椅、消防栓、垃圾筒及其他類似街道設施之設計及設置地點，應經市政府主管機關核准。

第九七條之二
建築基地之法定空地除停車空間、通道及其他必要設施外，應予綠化，其實施要點由市政府定之。

第九七條之三
建築物地下層之間，於不妨礙地下管線之埋設及無安全之虞且經市政府核准者，得設置通道相連之。

第九七條之四　（刪除）

第九七條之五
本自治條例所稱附條件允許使用者，其附條件允許使用標準由市政府定之，並送臺北市議會備查。

第九七條之六
①基地面積達一千平方公尺以上之公有建築物應留設無頂蓋之公共開放空間供公眾使用。
②前項公共開放空間面積不得小於法定空地面積百分之五十，並應集中留設於前院，深度不得小於六公尺且應予綠化。

第九七條之七
①本市為加速都市計畫公共設施保留地之取得，保存歷史街區及歷史建築物，並維護都市景觀及開發之公平合理性，建築基地之建築樓地板面積得以移轉至其他建築基地。
②前項容積移轉審查許可條件，另以自治條例定之。

第九七條之八
市政府為執行都市計畫變更所得之捐獻或回饋得成立特種基金管理之，其收支保管及運用辦法由市政府另定之。

第九八條

本自治條例自公布日施行。

臺北市都市設計及土地使用開發許可審議委員會設置辦法

①民國92年7月21日臺北市政府令訂定發布全文14條；並自發布日施行。
②民國97年1月30日臺北市政府令修正發布第4、9條條文。
③民國98年12月28日臺北市政府令修正發布第3、4、11條條文。
④民國101年8月14日臺北市政府令修正發布第4條條文。
⑤民國103年4月9日臺北市政府令修正發布全文11條；並自發布日施行。
⑥民國103年10月9日臺北市政府令修正發布第2、4條條文；並增訂第3-1、7-1條條文。
⑦民國104年9月2日臺北市政府令修正發布第2、3、5條條文；並增訂第4-1條條文。
⑧民國106年10月24日臺北市政府令修正發布第2條條文。

第一條
本辦法依臺北市土地使用分區管制自治條例第九十五條第三項規定訂定之。

第二條 106
①臺北市都市設計及土地使用開發許可審議委員會（以下簡稱本會）置委員二十三人，主任委員由臺北市政府都市發展局（以下簡稱都發局）局長兼任；副主任委員二人，由都發局副局長兼任，其餘委員由臺北市政府（以下簡稱本府）就下列有關人員聘（派）兼之：
一　工務局副局長。
二　交通局副局長。
三　環境保護局副局長。
四　消防局副局長。
五　工務局大地工程處副處長。
六　臺北市建築管理工程處副處長。
七　建築師公會代表一人。
八　建築開發公會代表一人。
九　都市計畫專家學者一人。
十　都市設計專家學者四人。
十一　建築設計專家學者二人。
十二　造園及景觀設計專家學者一人。
十三　地質大地工程專家學者一人。
十四　交通規劃專家學者一人。
十五　文化藝術專家學者一人。

十六　相關公益團體代表一人。

②前項委員任期為一年，本府委員任期屆滿得續派之；本府以外委員任期屆滿得循程序續聘之，續聘任期以二任為限。連續聘任達三年者，應間隔三年始得再予遴聘。任期內出缺時，得補行遴聘（派）至原任期屆滿之日止。

③本會委員任一性別以不低於委員總數三分之一為原則。外聘委員任一性別以不低於外聘委員全數四分之一為原則。

④本府得視案件需要，遴聘下列人員擔任諮詢委員提供專業意見，協助審議，聘期一年，期滿得續聘之：

一　土地開發及財務分析專家學者。

二　法律專家學者。

三　文化資產專家學者。

四　其他相關專業專家學者。

第三條 104

本會任務如下：

一　臺北市（以下簡稱本市）都市計畫說明書中載明需經審議地區、大規模建築物、特種建築物及本市重大公共工程、公共建築之審議。

二　依都市計畫規定指定為土地開發許可地區之開發許可審議。

三　經本府目的事業主管機關核准之新興產業或生產型態改變之產業，申請調整其使用組別及核准條件之審議。

四　其他依法令規定須經都市設計及土地使用開發許可審議之案件。

第三條之一 103

本會之審議以都市計畫定期通盤檢討實施辦法第九條第二項規定所列項目為依據。

第四條 103

①本會視實際需要召開會議，會議由主任委員擔任主席，主任委員因故不能主持時，由副主任委員代理之；主任委員及副主任委員均因故不能主持時，由出席委員互推一人代理之。

②本會會議應有過半數以上委員出席始得開會；經出席委員過半數同意，始得作成決議；可否同數時，由主席裁決。

③本會委員應親自出席會議。但本府機關代表兼任之委員未能親自出席者，得指派代表出席，並列入出席人數，參與會議發言及表決。

④主席得視個案審議狀況，以無記名投票方式進行表決。

第四條之一 104

①本會得視案件條件與規模召開專案委員會或簡化委員會審議之。

②專案委員會由主任委員指派五位以上委員組成，由副主任委員擔任主席。

③簡化委員會由主任委員指派三位委員組成，並互推一人擔任主

席。

第五條 104

①本會置執行秘書二人，由主任委員指派都發局人員兼任，承主任委員之命處理日常會務。

②本會爲提升審議效率，得設幹事會協助審查。

③幹事會置幹事十一人至十四人，由交通局、環境保護局、都發局、文化局、消防局、工務局新建工程處、工務局公園路燈工程管理處、工務局大地工程處、臺北市建築管理工程處、臺北市都市更新處等有關機關指派九職等以上人員兼任。

④幹事會開會時，由執行秘書擔任主席。

第六條

幹事會逕爲審議或協助審查之項目如下：

一　案件必備之圖件。

二　案件應適用之作業程序。

三　前條第二項有關機關就其各主管法令規定之事項。

四　案件之規劃設計內容。

第七條

本會委員之迴避，依行政程序法第三十二條及第三十三條規定辦理。

第七條之一 103

本會委員不得藉由職務之便謀取私人利益。

第八條

本會之行政作業，由都發局指派現職人員兼任。

第九條

本會委員及兼職人員均爲無給職。

第一〇條

本會所需經費，由都發局年度相關預算支應。

第一一條

本辦法自發布日施行。

都市計畫細部計畫審議原則

民國91年6月13日內政部令訂定發布全文16點。

一　本原則依都市計畫法（以下簡稱本法）第二十三條第二項規定訂定之。

二　擬定、變更細部計畫之審議，除都市計畫相關法規及主要計畫另有規定外，應依本原則規定辦理。

三　各級都市計畫委員會審議細部計畫所作決議，不得逾越本法第二十二條所定都市計畫書圖所應表明事項。

四　擬定細部計畫並配合變更主要計畫，應以非變更原主要計畫無以配合實際地形或現況，且爲局部性修正，並不影響原規劃意旨者爲限。

五　擬定細部計畫並配合變更主要計畫，或個案變更主要計畫時，其細部計畫得與主要計畫同時辦理擬定及審議，並於主要計畫完成法定程序後，核定發布實施。

六　細部計畫審議前，應先檢視其計畫範圍、公共設施用地面積、位置等是否符合主要計畫相關規定，以及細部計畫書圖之製作是否符合都市計畫書圖製作規則相關規定。

七　細部計畫內各種住宅區及商業區之容積率，應依據主要計畫分派之人口數或細部計畫推計之計畫人口數、直轄市、縣（市）政府所訂每人平均居住樓地板面積，並參酌實際發展現況需要與公共設施用地面積服務水準檢討訂定之。其他各使用分區及公共設施用地應依其計畫特性、區位、面臨道路功能、寬度、鄰近公共設施之配置情形、地形、地質、水文及發展現況，分別訂定不同之容積率。

八　依第七點訂定之容積率，不得逾越都市計畫法省（市）施行細則或土地使用分區管制規則之規定，且不得違反主要計畫有關使用強度之指導規定。

九　位於山坡地之細部計畫，應依下列規定辦理：

㈠開發建築使用應符合建築技術規則、山坡地開發建築管理辦法及水土保持法相關規定。

㈡坵塊圖上之平均坡度在百分之四十以上之地區，不得建築使用，其面積之百分之八十土地應維持原始地形地貌，不得開發利用，其餘百分之二十土地得規劃作道路、公園及綠地等設施使用。

㈢坵塊圖上之平均坡度在百分之三十以上未達百分之四十之地區，以作爲道路、公園及綠地或無建築行爲之開放性公共設施使用爲限。

㈣坵塊圖上之平均坡度在百分之三十以下之地區，始得作為建築基地使用。前項第二款至第四款規定，直轄市、縣（市）政府已訂定相關規定者，從其規定。

一〇　細部計畫之土地使用分區管制，應依據地區特性，按各種土地使用分區類別，分別訂定其土地使用容許項目以及使用強度，並就其合理性與可行性予以審議之。

一一　細部計畫內公共設施用地之劃設與配置，應依下列原則審議：

㈠各項公共設施用地應依都市計畫定期通盤檢討實施辦法所定之檢討標準劃設，並應就人口、土地使用、交通等現況及未來發展趨勢，決定其項目、位置與面積。

㈡鄰里性公共設施用地之區位，應考慮其服務範圍、可及性、迫切性，以及與主要計畫劃設之公共設施用地之相容性。

㈢現有公共設施用地因不適於原來之使用而變更者，應優先變更為該地區其他不足之公共設施用地。

㈣主要計畫變更土地使用分區規模達一公頃以上地區，應劃設不低於該等地區總面積百分之十之公園、綠地、廣場、體育場所、兒童遊樂場用地。

㈤道路系統應按土地使用分區及交通情形與預期之發展配置之。

㈥公共設施用地應儘量優先利用公有土地劃設之。

一二　細部計畫內停車場用地之劃設及停車空間之留設，依下列規定辦理：

㈠依照都市計畫定期通盤檢討實施辦法第二十一條規定檢討劃設足夠之停車場用地。

㈡已實施區段徵收或市地重劃尚未配地之地區，及一〇〇〇平方公尺以上基地由低使用強度變更為高使用強度之整體開發地區，其住宅區、商業區內之建築基地於申請建築時，依下列規定留設停車空間。但基地情形特殊經直轄市、縣（市）都市設計審議委員會（或小組）審議同意，或直轄市、縣（市）政府已訂定相關規定者，從其規定。

1.建築樓地板面積在二五〇平方公尺以下者，應留設一部停車空間。

2.建築樓地板面積超過二五〇平方公尺者，其超過部分，每增加一五〇平方公尺及其零數應增設一部停車空間。

一三　細部計畫之事業及財務計畫，應就開發主體、開發條件、開發方式、開發時程及開發經費來源等事項分別表明之，並就其合理性與可行性予以審議。

一四　主要計畫指定應辦理都市設計之地區，應依據地區環境特性分別訂定各該地區之都市設計基準，並納入細部計畫。

一五　第十四點都市設計基準之內容，得視實際需要，表明下列事項：

㈠公共開放空間系統配置事項。

㈡人行空間或步道系統動線配置事項。

㈢交通運輸系統配置事項。

㈣建築基地細分規模限制事項。

㈤建築量體配置、高度、造型、色彩及風格事項。

㈥景觀計畫。

㈦管理維護計畫。

一六　細部計畫內各使用分區及用地之退縮建築，依下列規定辦理：

㈠已實施區段徵收或市地重劃尚未配地之地區，及一〇〇〇平方公尺以上基地由低使用強度變更為高使用強度之整體開發地區，依下列規定退縮建築。但直轄市、縣（市）政府已訂定相關規定者，從其規定。

1. 住宅區及商業區：應自道路境界線至少退縮五公尺建築，且不得設置圍籬。
2. 工業區：自道路境界線至少退縮六公尺建築，如有設置圍牆之必要者，圍牆應自道路境界線至少退縮二公尺。
3. 公共設施用地及公用事業設施用地：自道路境界線至少退縮五公尺建築，如有設置圍牆之必要者，圍牆應自道路境界線至少退縮二公尺。但情形特殊並經各級都市計畫委員會審議通過者，不在此限。

㈡前款以外之地區，由各都市計畫擬定機關依據地方實際發展需要，自行訂定適當之退縮建築規定，並納入細部計畫規定。依前項規定退縮建築所留設之空地，應予植栽綠化，並得計入法定空地。

都市計畫定期通盤檢討實施辦法

①民國64年5月29日內政部令訂定發布全文31條。
②民國69年8月22日內政部令修正發布全文25條。
③民國75年12月31日內政部令修正發布第6條條文。
④民國79年9月7日內政部令修正發布全文28條。
⑤民國80年8月30日內政部令修正發布第16條條文。
⑥民國81年4月27日內政部令修正發布第16條條文。
⑦民國85年5月1日內政部令修正發布第15條條文。
⑧民國86年3月28日內政部令修正發布全文44條。
⑨民國88年6月29日內政部令修正發布第35至37條條文。
⑩民國91年11月14日內政部令修正發布第1條條文。
⑪民國98年10月23日內政部令修正發布第18條條文。
⑫民國100年1月6日內政部令修正發布全文49條；並自發布日施行。
⑬民國106年4月18日內政部令修正發布第22條條文。

第一章　總　則

第一條

本辦法依都市計畫法（以下簡稱本法）第二十六條第二項規定訂定之。

第二條

都市計畫通盤檢討時，應視實際情形分期分區就本法第十五條或第二十二條規定之事項全部或部分辦理。但都市計畫發布實施已屆滿計畫年限或二十五年者，應予全面通盤檢討。

第三條

都市計畫通盤檢討時，相鄰接之都市計畫，得合併辦理之。

第四條

①辦理主要計畫或細部計畫全面通盤檢討時，應分別依據本法第十五條或第二十二條規定之全部事項及考慮未來發展需要，並參考機關、團體或人民建議作必要之修正。

②依前項規定辦理細部計畫通盤檢討時，其涉及主要計畫部分，得一併檢討之。

第五條

①都市計畫通盤檢討前應先進行計畫地區之基本調查及分析推計，作爲通盤檢討之基礎，其內容至少應包括下列各款：

一　自然生態環境、自然及人文景觀資源、可供再生利用資源。

二　災害發生歷史及特性、災害潛勢情形。

三　人口規模、成長及組成、人口密度分布。

四　建築密度分布、產業結構及發展、土地利用、住宅供需。
五　公共設施容受力。
六　交通運輸。

②都市計畫通盤檢討時，應依據前項基本調查及分析推計，研擬發展課題、對策及願景，作爲檢討之依據。

第六條

都市計畫通盤檢討時，應依據都市災害發生歷史、特性及災害潛勢情形，就都市防災避難場所及設施、流域型蓄洪及滯洪設施、救災路線、火災延燒防止地帶等事項進行規劃及檢討，並調整土地使用分區或使用管制。

第七條

辦理主要計畫通盤檢討時，應視實際需要擬定下列各款生態都市發展策略：

一　自然及景觀資源之管理維護策略或計畫。
二　公共施設用地及其他開放空間之水與綠網絡發展策略或計畫。
三　都市發展歷史之空間紋理、名勝、古蹟及具有紀念性或藝術價值應予保存建築之風貌發展策略或計畫。
四　大眾運輸導向、人本交通環境及綠色運輸之都市發展模式土地使用配置策略或計畫。
五　都市水資源及其他各種資源之再利用土地使用發展策略或計畫。

第八條

辦理細部計畫通盤檢討時，應視實際需要擬定下列各款生態都市規劃原則：

一　水與綠網絡系統串聯規劃設計原則。
二　雨水下滲、貯留之規劃設計原則。
三　計畫區內既有重要水資源及綠色資源管理維護原則。
四　地區風貌發展及管制原則。
五　地區人行步道及自行車道之建置原則。

第九條

①都市計畫通盤檢討時，下列地區應辦理都市設計，納入細部計畫：

一　新市鎮。
二　新市區建設地區：都市中心、副都市中心、實施大規模整體開發之新市區。
三　舊市區更新地區。
四　名勝、古蹟及具有紀念性或藝術價值應予保存建築物之周圍地區。
五　位於高速鐵路、高速公路及區域計畫指定景觀道路二側一公里範圍內之地區。
六　其他經主要計畫指定應辦理都市設計之地區。

②都市設計之內容視實際需要，表明下列事項：

一　公共開放空間系統配置及其綠化、保水事項。
二　人行空間、步道或自行車道系統動線配置事項。
三　交通運輸系統、汽車、機車與自行車之停車空間及出入動線配置事項。
四　建築基地細分規模及地下室開挖之限制事項。
五　建築量體配置、高度、造型、色彩、風格、綠建材及水資源回收再利用之事項。
六　環境保護設施及資源再利用設施配置事項。
七　景觀計畫。
八　防災、救災空間及設施配置事項。
九　管理維護計畫。

第一〇條

①非都市發展用地檢討變更為都市發展用地時，變更範圍內應劃設之公共設施用地面積比例，不得低於原都市計畫公共設施用地面積占都市發展用地面積之比。

②前項變更範圍內應劃設之公共設施，除變更範圍內必要者外，應視整體都市發展需要，適當劃設供作全部或局部計畫地區範圍內使用之公共設施，並以原都市計畫劃設不足者或汽車、機車及自行車停車場、社區公園、綠地等項目為優先。

第一一條

都市街坊、街道傢俱設施、人行空間、自行車道系統、無障礙空間及各項公共設施，應配合地方文化特色及居民之社區活動需要，妥為規劃設計。

第一二條

都市計畫通盤檢討時，應針對舊有建築物密集、畸零破舊，有礙觀瞻、影響公共安全，必須拆除重建，就地整建或特別加以維護之地區，進行全面調查分析，劃定都市更新地區範圍，研訂更新基本方針，納入計畫書規定。

第一三條

都市計畫經通盤檢討必須變更者，應即依照本法所定程序辦理變更；無須變更者，應將檢討結果連同民眾陳情意見於提經該管都市計畫委員會審議通過並層報核定機關備查後，公告週知。

第二章　條件及期限

第一四條

都市計畫發布實施後有下列情形之一者，應即辦理通盤檢討：
一　都市計畫依本法第二十七條之規定辦理變更致原計畫無法配合者。
二　區域計畫公告實施後，原已發布實施之都市計畫不能配合者。
三　都市計畫實施地區之行政界線重新調整，而原計畫無法配合者。

四　經內政部指示為配合都市計畫地區實際發展需要應即辦理通盤檢討者。
五　依第三條規定，合併辦理通盤檢討者。
六　依第四條規定，辦理細部計畫通盤檢討時，涉及主要計畫部分需一併檢討者。

第一五條

都市計畫發布實施未滿二年，除有前條規定之情事外，不得藉故通盤檢討，辦理變更。

第一六條

都市計畫發布實施後，人民申請變更都市計畫或建議，除有本法第二十四條規定之情事外，應彙集作為通盤檢討之參考，不得個案辦理，零星變更。

第三章　公共設施用地之檢討基準

第一七條

①遊憩設施用地之檢討，依下列規定辦理：
一　兒童遊樂場：按閭鄰單位設置，每處最小面積不得小於零點一公頃為原則。
二　公園：包括閭鄰公園及社區公園。閭鄰公園按閭鄰單位設置，每一計畫處所最小面積不得小於零點五公頃為原則；社區公園每一計畫處所最少設置一處，人口在十萬人口以上之計畫處所最小面積不得小於四公頃為原則，在一萬人以下，且其外圍為空曠之山林或農地得免設置。
三　體育場所：應考量實際需要設置，其面積之二分之一，可併入公園面積計算。

②通盤檢討後之公園、綠地、廣場、體育場所、兒童遊樂場用地計畫面積，不得低於通盤檢討前計畫劃設之面積。但情形特殊經都市計畫委員會審議通過者，不在此限。

第一八條

都市計畫通盤檢討變更土地使用分區規模達一公頃以上之地區、新市區建設地區或舊市區更新地區，應劃設不低於該等地區總面積百分之十之公園、綠地、廣場、體育場所、兒童遊樂場用地，並以整體開發方式興闢之。

第一九條

學校用地之檢討依下列規定辦理：
一　國民中小學：
㈠應會同主管教育行政機關依據學齡人口數占總人口數之比例或出生率之人口發展趨勢，推計計畫目標年學童人數，參照國民教育法第八條之一授權訂定之規定檢討學校用地之需求。
㈡檢討原則：
1.有增設學校用地之必要時，應優先利用適當之公有土地，並訂定建設進度與經費來源。

2.已設立之學校足敷需求者，應將其餘尚無設立需求之學校用地檢討變更，並儘量彌補其他公共設施用地之不足。

3.已設立之學校用地有剩餘或閒置空間者，應考量多目標使用。

㈢國民中小學校用地得合併規劃為中小學用地。

二　高級中學及高級職校：由教育主管機關研訂整體配置計畫及需求面積。

第二〇條

機關、公用事業機構及學校應於主要出入口處，規劃設置深度三公尺以上、適當長度之緩衝車道。

第二一條

零售市場用地應依據該地區之發展情形，予以檢討。已設立之市場足敷需求者，應將其餘尚未設立之市場用地檢討變更。

第二二條 106

①停車場用地面積應依各都市計畫地區之社會經濟發展、交通運輸狀況、車輛持有率預測、該地區建物停車空間供需情況及土地使用種類檢討規劃之，並不得低於計畫區內車輛預估數百分之二十之停車需求。但考量城鄉發展特性、大眾運輸建設、多元方式提供停車空間或其他特殊情形，經都市計畫委員會審議通過者，不在此限。

②市場用地、機關用地、醫療用地、體育場所用地、遊憩設施用地，及商業區、特定專用區等停車需求較高之用地或使用分區，應依實際需要檢討留設停車空間。

③前二項留設之停車場及停車空間，應配合汽車、機車及自行車之預估數，規劃留設所需之停車空間。

第二三條

①公共汽車及長途客運場站除依第三十八條規定劃設專用區外，應按其實際需求並考量轉運需要檢討規劃之。

②遊覽車之停車用地應考量各地區之實際需求檢討劃設之，或選擇適當公共設施用地規劃供其停放。

第二四條

①道路用地按交通量、道路設計標準檢討之，並應考量人行及自行車動線之需要，留設人行步道及自行車道。

②綠地按自然地形或其設置目的、其他公共設施用地按實際需要檢討之。

第二五條

已劃設而未取得之公共設施用地，應全面清查檢討實際需要，有保留必要者，應策訂其取得策略，擬具可行之事業及財務計畫，納入計畫書規定，並考量與新市區建設地區併同辦理市地重劃或區段徵收，或舊市區地區併同辦理整體開發，以加速公共設施用地之取得開闢。

第二六條

公共設施用地經通盤檢討應增加而確無適當土地可供劃設者，應考量在該地區其他公共設施用地多目標規劃設置。

第二七條

污水處理廠用地或垃圾處理場（廠）用地應配合污水下水道系統、垃圾焚化廠或衛生掩埋場之興建計畫及期程，於適當地點檢討劃設之。

第二八條

①整體開發地區之計畫道路應配合街廓規劃，予以檢討。

②計畫道路以外之既成道路應衡酌計畫道路之規劃情形及實際需求，檢討其存廢。

第二九條

已民營化之公用事業機構，其設施用地應配合實際需求，予以檢討變更。

第四章　土地使用分區之檢討基準

第三〇條

①住宅區之檢討，應依據都市發展之特性、地理環境及計畫目標等，區分成不同發展性質及使用強度之住宅區，其面積標準應依據未來二十五年內計畫人口居住需求預估數計算。

②原計畫住宅區實際上已較適宜作為其他使用分區，且變更用途後對於鄰近土地使用分區無妨礙者，得將該土地變更為其他使用分區。但變更為商業區者，不得違反第三十一條之規定。

第三一條

①商業區之檢討，應依據都市階層、計畫性質及地方特性區分成不同發展性質及使用強度之商業區，其面積標準應符合下列規定：

一　商業區總面積應依下列計畫人口規模檢討之：

㈠三萬人口以下者，商業區面積以每千人不得超出零點四五公頃為準。

㈡逾三萬至十萬人口者，超出三萬人口部分，商業區面積以每千人不得超出零點五零公頃為準。

㈢逾十萬至二十萬人口者，超出十萬人口部分，商業區面積以每千人不得超出零點五五公頃為準。

㈣逾二十萬至五十萬人口者，超出二十萬人口部分，商業區面積以每千人不得超出零點六零公頃為準。

㈤逾五十萬至一百五十萬人口者，超出五十萬人口部分，商業區面積以每千人不得超出零點六五公頃為準。

㈥逾一百五十萬人口者，超出一百五十萬人口部分，商業區面積以每千人不得超出零點七零公頃為準。

二　商業區總面積占都市發展用地總面積之比例，依下列規定：

㈠區域中心除直轄市不得超過百分之十五外，其餘地區不得超過百分之十二。

㈡次區域中心、地方中心、都會區衛星市鎮及一般市鎮不得超過百分之十。

㈢都會區衛星集居地及農村集居中心，不得超過百分之八。

②前項第二款之都市發展用地，指都市計畫總面積扣除農業區、保護區、風景區、遊樂區及行水區等非都市發展用地之面積。

③原計畫商業區實際上已較適宜作其他使用分區，且變更用途後對於鄰近土地使用分區無妨礙者，得將該土地變更為其他使用分區。

第三二條

工業區之檢討，應依據發展現況、鄰近土地使用及地方特性區分成不同發展性質及使用強度之工業區，並應依下列規定檢討之：

一　工業區面積之增減，應參考區域計畫之指導，依工業種類及工業密度為準。

二　工業區之位置，因都市發展結構之改變對社區生活環境發生不良影響時，得予變更為其他使用分區。

三　計畫工業區實際上已較適宜作為其他使用分區，且變更用途後，對於鄰近土地使用無妨害者，得將該部分土地變更為其他使用分區。但變更為商業區者，不得違反前條之規定。

第三三條

大眾捷運及鐵路之場站、國道客運及公共汽車之轉運站周邊地區，應依大眾運輸導向之都市發展模式檢討土地使用強度，並研擬相關回饋措施，納入計畫書規定。

第三四條

都市計畫經通盤檢討後仍無法依第二十二條規定留設足夠停車場空間者，應於計畫書訂定各種土地使用分區留設停車空間基準規定；必要時，並訂定增設供公眾停車空間之獎勵規定。

第三五條

都市計畫通盤檢討時，應檢討都市計畫容積總量；都市計畫容積獎勵規定與其他法令容積獎勵規定應併同檢討。

第三六條

①農業區之檢討，應依據農業發展、生態服務功能及未來都市發展之需要檢討之。

②前項農業區內舊有聚落，非屬違法建築基地面積達一公頃以上、人口達二百人以上，且能適當規劃必要之公共設施者，得變更為住宅區。

第三七條

其他土地使用分區得視實際需要情形檢討之。

第三八條

都市計畫通盤檢討時，應就施工機械車輛放置場、汽車修理服務業、廢棄物回收清除處理業、高壓氣體儲存分裝業務、物流中心業、倉儲批發業、軟體工業、汽車客貨運業、殯葬服務業及其他特殊行業之實際需求進行調查，如業者可提出具體可行之事業財務計畫及實質開發計畫者，則應納入通盤檢討內，妥予規劃各種專用區。

第三九條

各土地使用分區之檢討，應以自然地形或人為地形為界線予以調整。

第四〇條

①都市計畫通盤檢討時，應就都市計畫書附帶條件規定應辦理整體開發之地區中，尚未開發之案件，檢討評估其開發之可行性，作必要之檢討變更。

②前項整體開發地區經檢討後，維持原計畫尚未辦理開發之面積逾該整體開發地區面積百分之五十者，不得再新增整體開發地區。但情形特殊經都市計畫委員會審議通過者，不在此限。

第五章　辦理機關

第四一條

①都市計畫之通盤檢討由原計畫擬定機關辦理。

②主要計畫與細部計畫一併辦理通盤檢討者，其辦理機關由主要計畫及細部計畫擬定機關為之。聯合都市計畫之通盤檢討，由原會同擬定或訂定機關辦理。相鄰接之都市計畫，得由有關行政單位之同意，會同辦理都市計畫合併通盤檢討。但其範圍未逾縣境者，得由縣政府辦理之。

第四二條

都市計畫通盤檢討應由內政部辦理者，得委辦直轄市、縣（市）政府辦理之。應由鄉（鎮、市）公所辦理者，得由縣政府辦理之。

第四三條

聯合都市計畫或經合併通盤檢討之相鄰都市計畫，非經原核定機關核准，不得個別辦理主要計畫通盤檢討。

第六章　作業方法

第四四條

都市計畫通盤檢討前，辦理機關應將通盤檢討範圍及有關書件公告於各該直轄市、縣（市）政府及鄉（鎮、市）公所公告三十天，並將公告之日期及地點登報週知，公民或團體得於公告期間，以書面載明姓名、地址，向辦理機關提出意見，供作通盤檢討之參考。

第四五條

公共設施用地之檢討時，應由辦理檢討機關分別協調各使用機關或管理機關。

第四六條

都市計畫線之展繪，應依據原都市計畫圖、都市計畫樁位圖、樁位成果資料及現地樁位，參酌地籍圖，配合實地情形爲之；其有下列情形之一者，都市計畫辦理機關應先修測或重新測量，符合法定都市計畫圖比例尺之地形圖：

一　都市計畫經發布實施屆滿二十五年。
二　原計畫圖不合法定比例尺或已無法適用者。
三　辦理合併通盤檢討，原計畫圖比例互不相同者。

第四七條

都市計畫圖已無法適用且無正確樁位資料可據以展繪都市計畫線者，得以新測地形圖，參酌原計畫規劃意旨、地籍圖及實地情形，並依都市計畫擬定或變更程序，重新製作計畫圖。原計畫圖於新計畫圖依法發布實施之同時，公告廢止。

第四八條

都市計畫分區發展優先次序，應視計畫地區範圍之發展現況及趨勢，並依據地方政府財力，予以檢討之。

第七章　附　則

第四九條

本辦法自發布日施行。

都市計畫公共設施用地多目標使用辦法

①民國92年6月27日內政部令訂定發布全文13條；並自發布日施行。
②民國92年9月23日內政部令修正發布第3、9條條文。
③民國94年4月1日內政部令修正發布第3、5、8、9、10條條文。
④民國95年4月7日內政部令修正發布第3條附表。
⑤民國98年11月23日內政部令修正發布全文14條；並自發布日施行。
⑥民國100年4月15日內政部令修正發布第3條附表。
⑦民國101年1月10日內政部令修正發布第3、4條條文；並增訂第2-1條條文。
⑧民國101年9月27日內政部令修正發布第3條附表。
⑨民國106年9月20日內政部令修正發布第3條條文。
⑩民國109年12月23日內政部令修正發布第3條條文。

第一條

本辦法依都市計畫法（以下簡稱本法）第三十條第二項規定訂定之。

第二條

公共設施用地作多目標使用時，不得影響原規劃設置公共設施之機能，並注意維護景觀、環境安寧、公共安全、衛生及交通順暢。

第二條之一 101

公共設施用地申請作多目標使用，如為新建案件者，其興建後之排水逕流量不得超出興建前之排水逕流量。

第三條 109

公共設施用地多目標使用之用地類別、使用項目及准許條件，依附表之規定。但作下列各款使用者，不受附表之限制：

一　依促進民間參與公共建設法相關規定供民間參與公共建設之附屬事業用地，其容許使用項目依都市計畫擬定、變更程序調整。

二　捷運系統及其轉乘設施、公共自行車租賃系統、公共運輸工具停靠站、節水系統、環境品質監測站、氣象觀測站、地震監測站及都市防災救災設施使用。

三　地下作自來水、再生水、下水道系統相關設施或滯洪設施使用。

四　面積在零點零五公頃以上，兼作機車、自行車停車場使用。

五　閒置或低度利用之公共設施，經直轄市、縣（市）都市計畫委員會審議通過者，得作臨時使用。

六　依公有財產法令規定辦理合作開發之公共設施用地，其容許使用項目依都市計畫擬定、變更程序調整。

七　建築物設置太陽能、小型風力之發電相關設施使用及電信天線使用。

八　經中央或直轄市、縣（市）原住民族主管機關同意設置之部落聚會場所使用。

第四條 101

申請公共設施用地作多目標使用者，應備具下列文件，向該管直轄市、縣（市）政府申請核准：

一　申請書：應載明下列事項：

㈠申請人姓名、住址；其為法人者，其法人名稱、代表人姓名及主事務所。

㈡公共設施名稱。

㈢公共設施用地坐落及面積。

㈣私人或團體申請者，應檢附獲准獎勵投資辦理之文件。

㈤其他經直轄市、縣（市）政府規定之事項。

二　公共設施用地多目標使用計畫：應表明下列事項：

㈠公共設施用地類別。

㈡申請多目標使用項目、面積及其平面或立體配置圖說。

㈢新建案件興建前之土地利用情形、興建後排水逕流處理情形。

㈣開闢使用情況及土地、建築物權屬。

㈤多目標使用項目之整體規劃及特色說明。

㈥對原規劃設置公共設施機能之影響分析。

㈦對該地區都市景觀、環境安寧與公共安全、衛生及交通之影響分析。

㈧依本辦法規定應徵得相關機關同意之證明文件。

㈨其他經直轄市、縣（市）政府規定之事項。

第五條

①申請變更公共設施用地多目標使用者，應備具下列文件，向該管直轄市、縣（市）政府申請核准：

一　申請書：應載明下列事項：

㈠申請人姓名、住址；其為法人者，其法人名稱、代表人姓名及主事務所。

㈡公共設施名稱。

㈢其他經直轄市、縣（市）政府規定之事項。

二　變更公共設施用地多目標之使用項目：應表明下列事項：

㈠公共設施用地類別。

㈡變更使用項目之面積及其平面或立體配置圖說；私人或團體申請變更，如涉及公共設施之指定目的使用部分，應檢附原獲准獎勵投資辦理之相關文件。

㈢變更使用範圍之土地及建築物權屬。

㈣多目標使用項目之整體規劃及特色說明。

㈤對原規劃設置公共設施機能之影響分析。

㈥對該地區都市景觀、環境安寧與公共安全、衛生及交通之影響分析。

㈦依本辦法規定應徵得相關機關同意之證明文件。

㈧其他經直轄市、縣（市）政府規定之事項。

②私人或團體依前項規定申請變更多目標使用，其非為原多目標使用之申請人者，免依前項第二款第四目規定辦理。

第六條

直轄市、縣（市）政府受理申請後，經審查合於規定者，發給多目標使用許可；不合規定者，駁回其申請；其須補正者，應通知其於三十日內補正，屆期未補正或補正不完全者，駁回其申請。

第七條

私人或團體投資興辦公共設施用地作多目標使用，其所需用地得依本法第五十三條及土地徵收條例第五十六條之規定辦理。

第八條

經直轄市、縣（市）政府核准公共設施用地作多目標使用者，該公共設施用地之指定使用項目與核准之多目標使用項目，應同時整體闢建完成。必要時，得整體規劃分期分區闢建。

第九條

相鄰公共設施用地以多目標方式開發者，得合併規劃興建。

第一〇條

公共設施用地多目標作商場、百貨商場或商店街使用者，其樓地板面積不得超過一千平方公尺。但作車站、體育場、市場使用或政府整體規劃開闢者，或依促進民間參與公共建設法相關規定核准由民間參與公共建設案件，不在此限。

第一一條

都市計畫書載明公共設施用地得兼作其他公共設施使用者，其申請作多目標使用，應以該公共設施用地類別准許之多目標使用項目為限。但都市計畫書同時載明兼作其他公共設施使用之面積、比例或標有界線者，得以該公共設施用地類別及兼作類別，分別准許作多目標使用。

第一二條

公共設施用地得同時作立體及平面多目標使用。

第一三條

本辦法所定書、圖格式，由直轄市、縣（市）政府定之。

第一四條

本辦法自發布日施行。

都市計畫私有公共設施保留地與公有非公用土地交換辦法

民國96年2月9日內政部令修正發布全文17條；並自發布日施行。

第一條
本辦法依都市計畫法第五十條之二第二項規定訂定之。
第二條
本辦法所稱執行機關，爲直轄市、縣（市）政府。
第三條
都市計畫私有公共設施保留地與公有非公用土地交換，以屬同一直轄市、縣（市）行政區域內者爲限。
第四條
私有公共設施保留地有下列情形之一者，不得與公有非公用土地辦理交換：
一　都市計畫書規定應以市地重劃、區段徵收或開發許可等整體開發方式取得。
二　已設定他項權利。但經他項權利人同意於辦理交換土地所有權移轉登記時，同時塗銷原設定他項權利者，不在此限。
三　出租、出借、被占用、限制登記或有產權糾紛情形。
四　已興建臨時建築使用。但經臨時建築物權利人同意於勘查前自行拆除騰空，或願意贈與公有並經公有土地管理機關同意者，不在此限。
五　持有年限未滿十年。因繼承或配偶、直系血親間之贈與而移轉者，其持有年限得予併計。
第五條
①應由中央政府取得之私有公共設施保留地，以國有非公用土地辦理交換；無可供交換之國有非公用土地者，以直轄市、縣（市）或鄉（鎮、市）有非公用土地辦理交換。
②應由直轄市、縣（市）政府或鄉（鎮、市）公所取得之私有公共設施保留地，以直轄市、縣（市）或鄉（鎮、市）有非公用土地交換；無可供交換之直轄市、縣（市）或鄉（鎮、市）有非公用土地者，以國有非公用土地辦理交換。
第六條
①公有土地管理機關應定期清查可供交換之公有非公用土地，並將其標示、面積、公告現值、權利狀態及使用現況等資料製作成冊，於每年三月底前送執行機關。
②公有非公用土地有下列情形之一者，不予列入交換：

一 公共設施保留地。
二 依法不得為私有之土地。
三 已有處分、利用等計畫或限制用途。
四 抵稅土地。但經稅捐稽徵主管機關同意者，不在此限。
五 已設定他項權利。但經他項權利人同意者，不在此限。
六 已出租。但經承租人同意者，不在此限。
七 依建築法指定建築線有案且已建築完成之現有巷道或具公用地役關係之既成道路。

第七條

①執行機關接獲可供交換之公有非公用土地清冊後，得視實際需要會勘確認，並應於每年六月底前整理成適當之交換標的，於各該機關網站、公布欄及各該鄉（鎮、市、區）公所公布欄公告受理私有公共設施保留地交換資格審查（以下簡稱交換資格審查），並將公告日期、地點登報周知。
②前項公告至少三十日，公告期間得於交換標的現場豎立公告牌張貼公告。
③第一項公告應載明下列事項：
一 交換標的之標示、面積及公告現值。
二 交換標的之權利狀態及使用現況。
三 受理申請交換資格審查及個人或團體提出交換標的異議之機關及期間。
四 申請交換資格審查應備之文件：
㈠申請書。
㈡交換資格審查收件截止日前二個月內之都市計畫土地使用分區證明書、土地登記（簿）謄本、地籍圖謄本。
㈢符合第四條第五款之證明文件。
㈣其他執行機關規定申請交換資格審查應備之文件。
五 其他必要事項。
④私有公共設施保留地土地所有權人為辦理交換公有非公用土地，得申請鑑界，其費用應自行負擔。
⑤第一項可供交換之公有非公用土地有變更土地使用分區之必要時，得依都市計畫法第二十七條第一項第四款規定變更後，再辦理交換。

第八條

①執行機關審查私有公共設施保留地符合第三條及第四條規定後，核發私有公共設施保留地交換資格證明書（以下簡稱交換資格證明書），並應載明下列事項：
一 屬中央應取得或地方應取得。
二 劃設年限。
三 私有公共設施保留地土地標示、面積、公告現值、所有權人姓名與國民身分證統一編號。
四 其他經執行機關認為必要事項。
②前項交換資格證明書有效期限以當次交換使用為限。

第九條
①執行機關受理交換資格審查申請後，經審查其文件不合規定者，應通知申請人於十五日內補正。
②前項申請有下列情形之一者，應駁回之：
一　私有公共設施保留地不符合第三條或第四條規定。
二　未依前項規定補正。

第一〇條
執行機關依第七條規定公告交換標的後，查明交換標的有第六條第二項各款情形，或於投標前認為個人或團體所提異議確有理由或其他情形特殊者，得公告撤銷或廢止該交換標的。

第一一條
執行機關於交換資格審查完竣，應即依第七條第一項規定程序，公告交換標的投標及開標日期。

第一二條
①取得交換資格證明書之私有公共設施保留地之土地所有權人得單獨或聯合其他土地所有權人於交換標的投標期間，備妥下列文件放入封存袋，並將袋口密封後，向執行機關投標：
一　投標書，應載明下列事項：
㈠土地所有權人姓名、住址；其為法人者，其法人名稱、代表人姓名及主事務所。
㈡投標之私有公共設施保留地標示、面積、權利狀態、當期土地公告現值及土地總價值。
㈢交換標的。
㈣其他經執行機關規定之事項。
二　交換資格證明書。
三　土地所有權人之身分證明文件；其為法人者，其法人登記證明文件。
四　開標日三個月內之土地登記（簿）及地籍圖謄本。
五　其他經執行機關規定之證明文件。
②前項第一款第三目之交換標的，以一件為限。

第一三條
①私有公共設施保留地辦理交換之優先順位，以下列方式定之：
一　劃設皆逾二十五年未經政府取得者為優先。
二　部分劃設逾二十五年未經政府取得者其次。
②前項各款有二件以上投標，以土地總價較高者得標，土地總價相同時，以抽籤方式定之。
③第一項土地總價之計算，以投標當期土地公告現值為準。

第一四條
投標之私有公共設施保留地總價不得低於交換標的。

第一五條
①執行機關應於開標日審查投標案件決定得標人後，將交換優先順位結果公告七日。
②執行機關應於前項公告後三十日內會同得標人及公有土地管理

機關勘查交換之土地；公有土地管理機關應與得標人於勘查完竣後三十日內簽約，並辦理交換土地所有權移轉登記及點交事宜。

③得標人未依前項規定辦理，或擬交換之私有公共設施保留地實際情形與其交換資格證明書所載資料明顯不符時，公有土地管理機關得與得標人解約，並免依交換優先順位結果遞補。

第一六條

交換標的投標案有下列情形之一者，不決標予該投標人：

一　私有公共設施保留地不符合第三條或第四條規定。

二　未依第五條規定投標。

三　交換標的有第十條規定情形。

四　不符合第十四條規定。

五　土地所有權人與交換資格證明書所載土地所有權人不同。

六　應備文件缺漏、影本與正本不符，或投標書填寫內容不全、字跡不清無法辨識。

第一七條

本辦法自發布日施行。

都市計畫容積移轉實施辦法

①民國88年4月6日內政部令訂定發布全文22條。
民國90年6月8日內政部令發布第6條第1項第2、3款自90年7月1日施行。
②民國91年12月31日內政部令修正發布第1條條文。
③民國93年6月30日內政部令修正發布全文21條；並自發布日施行。
④民國98年2月25日內政部令修正發布第9、17條條文。
⑤民國98年10月22日內政部令修正發布第4、5、9、16、17條條文；並增訂第9-1條條文。
⑥民國99年11月5日內政部令修正發布第6、16、17條條文。
⑦民國103年8月4日內政部令修正發布第9-1、16、17條條文。

第一條
本辦法依都市計畫法第八十三條之一第二項規定訂定之。

第二條
本辦法所稱主管機關：在中央為內政部；在直轄市為直轄市政府；在縣（市）為縣（市）政府。

第三條
本辦法之適用地區，以實施容積率管制之都市計畫地區為限。

第四條 98
①直轄市、縣（市）主管機關為辦理容積移轉，得考量都市發展密度、發展總量、公共設施劃設水準及發展優先次序，訂定審查許可條件，提經該管都市計畫委員會或都市設計審議委員會審議通過後實施之。
②前項審查許可條件於本辦法中華民國九十三年六月三十日修正施行後一年內未訂定實施者，直轄市、縣（市）主管機關對於容積移轉申請案件，應逐案就前項考量之因素，詳實擬具審查意見，專案提經該管都市計畫委員會或都市設計審議委員會審議通過後，依本辦法核辦。

第五條 98
本辦法用詞，定義如下：
一　容積：指土地可建築之總樓地板面積。
二　容積移轉：指一宗土地容積移轉至其他可建築土地供建築使用。
三　送出基地：指得將全部或部分容積移轉至其他可建築土地建築使用之土地。
四　接受基地：指接受容積移入之土地。
五　基準容積：指以都市計畫及其相關法規規定之容積率上限

乘土地面積所得之積數。

第六條 99

①送出基地以下列各款土地為限：

一 都市計畫表明應予保存或經直轄市、縣（市）主管機關認定有保存價值之建築所定著之土地。

二 為改善都市環境或景觀，提供作為公共開放空間使用之可建築土地。

三 私有都市計畫公共設施保留地。但不包括都市計畫書規定應以區段徵收、市地重劃或其他方式整體開發取得者。

②前項第一款之認定基準及程序，由當地直轄市、縣（市）主管機關定之。

③第一項第二款之土地，其坵形應完整，面積不得小於五百平方公尺。但因法令變更致不能建築使用者，或經直轄市、縣（市）政府勘定無法合併建築之小建築基地，不在此限。

第七條

①送出基地申請移轉容積時，以移轉至同一主要計畫地區範圍內之其他可建築用地建築使用為限；都市計畫原擬定機關得考量都市整體發展情況，指定移入地區範圍，必要時，並得送請上級都市計畫委員會審定之。

②前條第一項第一款送出基地申請移轉容積，其情形特殊者，提經內政部都市計畫委員會審議通過後，得移轉至同一直轄市、縣（市）之其他主要計畫地區。

第八條

①接受基地之可移入容積，以不超過該接受基地基準容積之百分之三十為原則。

②位於整體開發地區、實施都市更新地區、面臨永久性空地或其他都市計畫指定地區範圍內之接受基地，其可移入容積得酌予增加。但不得超過該接受基地基準容積之百分之四十。

第九條 98

①接受基地移入送出基地之容積，應按申請容積移轉當期各該送出基地及接受基地公告土地現值之比值計算，其計算公式如下：

接受基地移入之容積＝送出基地之土地面積 ×（申請容積移轉當期送出基地之公告土地現值／申請容積移轉當期接受基地之公告土地現值）× 接受基地之容積率

②前項送出基地屬第六條第一項第一款之土地者，其接受基地移入之容積，應扣除送出基地現已建築容積及基準容積之比率。其計算公式如下：

第六條第一項第一款土地之接受基地移入容積＝接受基地移入之容積 ×［1 －（送出基地現已建築之容積／送出基地之基準容積）］

③第一項送出基地屬第六條第一項第三款且因國家公益需要設定地上權、徵收地上權或註記供捷運系統穿越使用者，其接受基地移入容積計算公式如下：

送出基地屬第六條第一項第三款且因國家公益需要設定地上權、徵收地上權或註記供捷運系統穿越使用者之接受基地移入容積＝接受基地移入之容積 ×［1 －（送出基地因國家公益需要設定地上權、徵收地上權或註記供捷運系統穿越使用時之補償費用／送出基地因國家公益需要設定地上權、徵收地上權或註記供捷運系統穿越使用時之公告土地現值）］

第九條之一 103

①接受基地得以折繳代金方式移入容積，其折繳代金之金額，由直轄市、縣（市）主管機關委託三家以上專業估價者查估後評定之；必要時，查估工作得由直轄市、縣（市）主管機關辦理。其所需費用，由接受基地所有權人或公有土地地上權人負擔。

②前項代金之用途，應專款專用於取得與接受基地同一主要計畫區之第六條第一項第三款土地為限。

③接受基地同一主要計畫區內無第六條第一項第三款土地可供取得者，不得依本條規定申請移入容積。

第一〇條

①送出基地除第六條第一項第二款之土地外，得分次移轉容積。

②接受基地在不超過第八條規定之可移入容積內，得分次移入不同送出基地之容積。

第一一條

接受基地於申請建築時，因基地條件之限制，而未能完全使用其獲准移入之容積者，得依本辦法規定，移轉至同一主要計畫地區範圍內之其他可建築土地建築使用，並以一次為限。

第一二條

接受基地於依法申請建築時，除容積率管制事項外，仍應符合其他都市計畫土地使用分區管制及建築法規之規定。

第一三條

①送出基地於許可其全部或部分容積移轉前，除第六條第一項第一款土地外，應視其類別及性質，將所有權之全部或部分贈與登記為國有、直轄市有、縣（市）有或鄉（鎮、市）有。

②前項贈與登記為公有之土地中，屬第六條第一項第二款之土地，限作無建築行為之公園、綠地、廣場、體育場所及兒童遊樂場等公共空間使用。

第一四條

①直轄市、縣（市）主管機關應就第六條第一項第三款之送出基地進行全面清查，並得會同有關機關（構）依都市計畫分區發展優先次序、未來地方建設時序及公共設施保留地劃設先後，訂定優先移轉次序後，繕造送出基地圖冊，於各該直轄市、縣（市）主管機關及鄉（鎮、市、區）公所公告周知及將公告之日期、地點登載當地報紙，並登載於直轄市、縣（市）政府網站。

②前項送出基地圖冊，應表明下列事項：

一　公共設施保留地類別、性質及面積。

二　送出基地之坐落，包括地段、地號、都市計畫圖上之區位。

三　其他應表明事項。

第一五條

①送出基地圖冊公告後，應置於各該直轄市、縣（市）主管機關、鄉（鎮、市、區）公所及各地政事務所，供公衆查閱。

②送出基地及接受基地所有權人均得向直轄市、縣（市）主管機關或鄉（鎮、市、區）公所表達移出或移入容積之意願及條件，由各該直轄市、縣（市）主管機關及鄉（鎮、市、區）公所提供各項必要之協調聯繫及諮詢服務。

第一六條 103

①容積之移轉，應由接受基地所有權人或公有土地地上權人檢具下列文件，向該管直轄市、縣（市）主管機關申請許可：

一　申請書。

二　申請人之身分證明文件影本；其爲法人者，其法人登記證明文件影本。

三　送出基地所有權人及權利關係人同意書或公有土地管理機關出具之同意文件。

四　送出基地及接受基地之土地登記簿謄本或其電子謄本。

五　送出基地及接受基地之土地所有權狀影本或公有土地管理機關出具之同意文件。

六　公有土地設定地上權契約，並載明移入容積應無條件贈與爲公有，地上權人不得請求任何補償之規定。

七　其他經直轄市、縣（市）主管機關認爲必要之文件。

②接受基地所有權人或公有土地地上權人依第九條之一規定繳納代金者，免附前項第三款至第五款規定之相關送出基地文件。

③接受基地以都市更新權利變換實施重建者，得由實施者提出申請，並得免附第一項第五款規定之接受基地土地所有權狀影本。

第一七條 103

①直轄市、縣（市）主管機關受理容積移轉申請案件後，應即審查，經審查不合規定者，駁回其申請；其須補正者，應通知其於十五日內補正，屆期未補正或補正不完全者，駁回其申請；符合規定者，除第六條第一項第一款之土地及接受基地所有權人或公有土地地上權人依第九條之一規定繳納代金完成後逕予核定外，應於接受基地所有權人、公有土地地上權人或前條第三項實施者辦畢下列事項後，許可送出基地之容積移轉：

一　取得送出基地所有權。

二　清理送出基地上土地改良物、租賃契約、他項權利及限制登記等法律關係。但送出基地屬第六條第一項第三款者，其因國家公益需要設定之地上權、徵收之地上權或註記供捷運系統穿越使用，不在此限。

三　將送出基地依第十三條規定贈與登記爲公有。

②前項審查期限扣除限期補正之期日外，不得超過三十日。

第一八條

第六條第一項第一款之土地，經直轄市、縣（市）主管機關許可容積移轉後，送出基地上之建築物應永久保存，基地上之建築價值喪失或減損，土地所有權人應按原貌修復。

第一九條

直轄市、縣（市）主管機關於許可容積移轉後，應即更新送出基地圖冊，將相關資料列冊送由主管建築機關實施建築管理及送該管土地登記機關建檔，並開放供民眾查詢。

第二〇條

本辦法中華民國九十三年六月三十日修正施行前，已循都市計畫擬定、變更程序，訂定容積移轉相關規定者，得依其都市計畫規定辦理容積移轉。其計畫規定之執行如有困難者，得依都市計畫擬定、變更程序變更之。

第二一條

本辦法自發布日施行。

都市計畫土地使用分區及公共設施用地檢討變更處理原則

民國93年2月19日內政部函訂定發布全文3點。

一　依都市計畫法第二十七條之一第二項訂定之。

二　都市計畫土地使用分區檢討變更，除已訂有使用變更審議規範或處理原則者，或直轄市、縣（市）政府於自治條例或各該原主要計畫通盤檢討書另有規定者，從其規定外，其變更後應提供捐贈或其他附帶事項，應由內政部都市計畫委員會就實際情形審決之。

三　都市計畫公共設施用地檢討變更爲非公共設施用地，應符合都市計畫法第四十二條至第四十七條及都市計畫定期通盤檢討實施辦法有關公共設施用地之檢討標準，除直轄市、縣（市）政府於自治條例或各該原主要計畫通盤檢討書另有規定者，從其規定外，其變更後應提供捐贈或其他附帶事項，應由核定機關之都市計畫委員會就實際情形審決之。

都市計畫各種土地使用分區及公共設施用地退縮建築及停車空間設置基準

民國89年11月18日內政部函訂定發布全文2點。

壹　已發布實施之都市計畫書內有關各種土地使用分區及公共設施用地之退縮建築及停車空間標準規定，都市計畫擬定機關如認有窒礙難行者，內政部同意依都市計畫法第二十六條及都市計畫定期通盤檢討實施辦法第十三條第四款規定，准予立即辦理專案通盤檢討，不受都市計畫發布實施未滿二年不得辦理通盤檢討之限制。本部都委會已審議完竣但尚未核定之都市計畫案，如有上揭情事者，由都市計畫原擬定機關檢具計畫書內規定內容報部重新審議。

貳　為考量新舊市區不同性質因地制宜發展需要，訂定退縮建築及停車空間設置標準如次，以作為爾後都市計畫擬定、變更及審議之規範。

一　退縮建築：

㈠實施區段徵收或市地重劃但尚未配地之地區及一〇〇〇平方公尺以上基地由低使用強度變更為高使用強度之整體開發地區，其退縮建築應依左表規定辦理。但各地方政府已訂定相關規定者，從其規定。

分區及用地別	退縮建築規定	備註
住宅區	自道路境界線至少退縮五公尺建築（如屬角地且兩面道路寬度不一時，應以較寬道路為退縮面，兩面道路寬度相同者，擇一退縮）。	退縮建築之空地應植栽綠化，不得設置圍籬，但得計入法定空地。
商業區		
工業區	自道路境界線至少退縮六公尺建築，如有設置圍牆之必要者，圍牆應自道路境界線至少退縮二公尺。	退縮建築之空地應植栽綠化，但得計入法定空地。
公共設施用地及公用事業設施	自道路境界線至少退縮五公尺建築，如有設置圍牆之必要者，圍牆應自道路境界線至少退縮三公尺。	一、退縮建築之空地應植栽綠化，但得計入法定空地。 二、如有特殊情形者，得由本部都市計畫委員會審決確定。

㈡前項以外之地區得因地制宜，由各都市計畫擬定機關

研訂適當之退縮建築規定，於辦理都市計畫通盤檢討或變更時，納入都市計畫書土地使用分區管制要點規定，以切合各地方發展特性。

二　停車空間：

各都市計畫擬定或變更時，應確實依照都市計畫定期通盤檢討實施辦法第二十一條規定檢討規劃停車場用地需求標準，經檢討後不合上開辦法規定劃設停車場用地需求標準者，於實施區段徵收或市地重劃但尚未配地之地區及一〇〇〇平方公尺以上基地由低使用強度變更為高使用強度之整體開發地區，應依本部都委會八十九年六月十三日第四八七次會議決議之意旨，於都市計畫書規定「住宅區、商業區之建築基地於申請建築時，其建築樓地板面積在二五〇平方公尺（含）以下者，應留設一部停車空間，超過部分每一五〇平方公尺及其零數應增設一部停車空間（如下表）。但基地情形特殊經提直轄市、縣（市）都市設計審議委員會（或小組）審議同意者，或地方政府已訂定相關規定者，從其規定。」。

總樓地板面積	停車設置標準
1～250 平方公尺	設置一部
251～400 平方公尺	設置二部
401～550 平方公尺	設置三部
以下類推	

大眾捷運法

①民國77年7月1日總統令制定公布全文54條。
②民國86年5月28日總統令修正公布第4、5、7、10、12至15、17、19、21、22、24、25、28、32、38、50、51、52條條文；並增訂第24-1、24-2、32-1、38-1、50-1、51-1條條文。
③民國90年5月30日總統令修正公布第4、7、14、15、19、31、38、38-1、45、51、51-1、53條條文；並增訂第7-1條條文。
④民國92年5月21日總統令修正公布第3、42、44條條文。
⑤民國93年5月12日總統令修正公布第5、7、7-1、13至15、19、25、45、50、50-1、52、53條條文；並增訂第13-1、45-1至45-3條條文。
民國101年6月25日行政院公告第47條第2項所列屬「財政部」之權責事項，經行政院公告自93年7月1日起變更為「行政院金融監督管理委員會」管轄，自101年7月1日起改由「金融監督管理委員會」管轄。
⑥民國102年6月5日總統令修正公布第3、11至13、15、19、24、24-1、25、31、38、40、44、47、49至50-1、51-1、52條條文；增訂第32-2條條文；並刪除第32-1、38-1條條文。
⑦民國103年6月4日總統令修正公布第24-2、28條條文。
⑧民國112年6月28日總統令修正公布第48、50-1條條文；並增訂第48-1、48-2條條文。

第一章　總　則

第一條　（立法目的）
為加強都市運輸效能，改善生活環境，促進大眾捷運系統健全發展，以增進公共福利，特制定本法。

第二條　（法律之適用）
大眾捷運系統之規劃、建設、營運、監督及安全，依本法之規定；本法未規定者，適用其他法律之規定。

第三條　（大眾捷運系統之意義）102
①本法所稱大眾捷運系統，指利用地面、地下或高架設施，使用專用動力車輛，行駛於導引之路線，並以密集班次、大量快速輸送都市及鄰近地區旅客之公共運輸系統。
②前項大眾捷運系統，依使用路權型態，分為下列二類：
一　完全獨立專用路權：全部路線為獨立專用，不受其他地面交通干擾。
二　非完全獨立專用路權：部分地面路線以實體設施與其他地面運具區隔，僅在路口、道路空間不足或其他特殊情形時，不設區隔設施，而與其他地面運具共用車道。

③大眾捷運系統為非完全獨立專用路權者，其共用車道路線長度，以不超過全部路線長度四分之一為限。但有特殊情形，經中央主管機關報請行政院核准者，不在此限。

④第二項第二款之大眾捷運系統，應考量路口行車安全、行人與車行交通狀況、路口號誌等因素，設置優先通行或聲光號誌。

第四條 （主管機關）

①大眾捷運系統主管機關：在中央為交通部；在直轄市為直轄市政府；在縣（市）為縣（市）政府。

②路網跨越不相隸屬之行政區域者，由各有關直轄市、縣（市）政府協議決定地方主管機關，協議不成者，由交通部指定之。

第五條 （經費之籌措）93

①建設大眾捷運系統所需經費及各級政府分擔比例，應依第十二條第一項規定納入規劃報告書財務計畫中，由中央主管機關報請或核轉行政院核定。

②前項建設由民間辦理者，除其他法令另有規定外，所需資金應自行籌措。

第六條 （土地之徵收與撥用）

大眾捷運系統需用之土地，得依法徵收或撥用之。

第七條 （自行開發與聯合開發）93

①為有效利用土地資源，促進地區發展，主管機關得辦理大眾捷運系統路線、場、站土地及其毗鄰地區土地之開發。

②有下列情形之一者，為前項所稱之毗鄰地區土地：

一　與捷運設施用地相連接。

二　與捷運設施用地在同一街廓內，且能與捷運設施用地連成同一建築基地。

三　與捷運設施用地相鄰之街廓，而以地下道或陸橋相連通。

③第一項開發用地，主管機關得協調內政部或直轄市政府調整當地之土地使用分區管制或區域土地使用管制。

④大眾捷運系統路線、場、站及其毗鄰地區辦理開發所需之土地，得依有償撥用、協議價購、市地重劃或區段徵收方式取得之；其依協議價購方式辦理者，主管機關應訂定優惠辦法，經協議不成者，得由主管機關依法報請徵收。

⑤主管機關得會商都市計畫、地政等有關機關，於路線、場、站及其毗鄰地區劃定開發用地範圍，經區段徵收中央主管機關核定後，先行依法辦理區段徵收，並於區段徵收公告期滿後一年內，發布實施都市計畫進行開發，不受都市計畫法第五十二條規定之限制。

⑥以區段徵收方式取得開發用地者，應將大眾捷運系統路線、場、站及相關附屬設施用地，於區段徵收計畫書載明無償登記為主管機關所有。

⑦第一項開發之規劃、申請、審查、土地取得程序、開發方式、容許使用項目、申請保證金、履約保證金、獎勵及管理監督之辦法，由交通部會同內政部定之。

⑧主管機關辦理開發之公有土地及因開發所取得之不動產，其處分、設定負擔、租賃或收益，不受土地法第二十五條、國有財產法第二十八條及地方政府公產管理法令之限制。

第七條之一　（土地開發基金來源）93

①主管機關為辦理前條第一項之土地開發，得設置土地開發基金；其基金來源如下：

一　出售（租）因土地開發所取得之不動產及經營管理之部分收入。

二　辦理土地開發業務所取得之收益或權利金。

三　主管機關循預算程序之撥款。

四　本基金利息收入。

五　其他收入。

②前項基金之收支、保管及運用辦法，其基金屬中央設置者，由中央主管機關擬訂，報請行政院核定發布；其基金屬地方設置者，由地方主管機關定之。

第八條　（大眾捷運系統專用電信之設置）

為謀大眾捷運系統通信便利，大眾捷運系統工程建設或營運機構，經交通部核准，得設置大眾捷運系統專用電信。

第九條　（協調會之設置及工作）

各級主管機關為促進大眾捷運系統之發展，得設協調委員會，負責規劃、建設及營運之協調事項。

第二章　規　劃

第一〇條　（大眾捷運系統規劃之辦理）

①大眾捷運系統之規劃，由主管機關或民間辦理。

②辦理大眾捷運系統規劃時，主管機關或民間應召開公聽會，公開徵求意見。

第一一條　（大眾捷運系統規劃應考慮之因素）102

大眾捷運系統之規劃，應考慮下列因素：

一　地理條件。

二　人口分布。

三　生態環境。

四　土地之利用計畫及其發展。

五　社會及經濟活動。

六　都市運輸發展趨勢。

七　運輸系統之整合發展。

八　採用非完全獨立專用路權路段所經鄰近道路之交通衝擊。

九　其他有關事項。

第一二條　（大眾捷運系統規劃報告書之核定及內容）102

①大眾捷運系統規劃報告書，應由中央主管機關報請或核轉行政院核定；其內容應包含下列事項：

一　規劃目的及規劃目標年。

二　運量分析及預測。
三　工程標準及技術可行性。
四　經濟效益及財務評估。
五　路網及場、站規劃。
六　興建優先次序。
七　財務計畫。
八　環境影響說明書或環境影響評估報告書。
九　土地取得方式及可行性評估。
十　依第十條第二項規定召開公聽會之經過及徵求意見之處理結果。
十一　其他有關事項。

②大眾捷運系統規劃爲採用非完全獨立專用路權型態時，前項規劃報告書並應記載非完全獨立專用路權所經鄰近道路之交通衝擊分析及道路交通管制配套計畫。

③民間自行規劃大眾捷運系統者，第一項規劃報告書應向地方主管機關提出，經層報中央主管機關核轉行政院核定。

第三章　建　設

第一三條　（工程建設機構之設立）102

①大眾捷運系統之建設，由中央主管機關辦理。但經中央主管機關報請行政院同意後，得由地方主管機關辦理。

②中央或地方主管機關爲建設大眾捷運系統，得設立工程建設機構，依前條核定之大眾捷運系統路網計畫，負責設計、施工。

③前項大眾捷運系統之建設，中央或地方主管機關得委任、委託其他機關辦理或甄選民間機構投資建設，並擔任工程建設機構。

④大眾捷運系統由民間投資建設者，申請人申請投資捷運建設計畫時，其公司最低實收資本額不得低於新臺幣十億元，並應爲總工程經費百分之十以上。取得最優申請人資格者，應於六個月內完成最低實收資本額爲總工程經費百分之二十五以上之股份有限公司設立登記。

⑤民間機構在籌辦、興建及營運時期，其自有資金之最低比率，均應維持在百分之二十五以上。

⑥中央主管機關爲整合各捷運系統建設之經驗，應蒐集各該路網之建設合約、土地取得、拆遷補償、管線遷移及涉外民事仲裁事件等有關資料，主動提供各該工程建設機構參考使用。

第一三條之一　（相關專業技師簽證）93

①大眾捷運系統及其附屬設施之公共工程，其設計、監造業務，應由依法登記執業之相關專業技師簽證。但主管機關自行辦理者，得由機關內依法取得相關專業技師證書者辦理。

②前項相關專業技師之科別，由中央主管機關會商中央技師主管機關定之。

第一四條　（地方及中央主管機關建設大眾捷運系統之程序）93

①地方主管機關建設之大眾捷運系統，應由地方主管機關備具下列文書，報請中央主管機關核定後辦理：
一　經核定之規劃報告書。
二　初步工程設計圖說。
三　財源籌措計畫書。
四　工程實施計畫書。
五　大眾捷運系統營運機構之設立計畫及營運計畫書。
六　營運損益估計表。
②中央主管機關建設之大眾捷運系統，應備具前項各款文書，報請行政院核定後辦理。

第一五條　（開工竣工期限核准展期與完工履勘）102
①大眾捷運系統建設，其開工及竣工期限，應由中央工程建設機構或地方主管機關擬訂，報請中央主管機關核定；其不能依限開工或竣工時，應敘明理由，報請中央主管機關核准展期。
②路網全部或一部工程完竣，應報請中央主管機關履勘；非經核准，不得營運。

第一六條　（穿越河川應注意事項）
大眾捷運系統路線穿越河川，其築墩架橋或開闢隧道，應與水利設施配合；河岸如有堤壩等建築物，應予適度加強，並均應商得水利主管機關同意，以防止危險發生。

第一七條　（施工應與有關主管機關配合）
大眾捷運系統建設工程之施工，主管機關應協同管、線、下水道及其他公共設施之有關主管機關，同時配合進行。

第一八條　（因施工需要使用河川溝渠等）
大眾捷運系統工程建設機構因施工需要，得使用河川、溝渠、涵洞、堤防、道路、公園及其他公共使用之土地。但應事先通知各有關主管機關。

第一九條　（他人土地之利用與補償）102
①大眾捷運系統因工程上之必要，得穿越公、私有土地及其土地改良物之上空或地下，或得將管、線附掛於沿線之建物上。但應擇其對土地及其土地改良物之所有人、占有人或使用人損害最少之處所及方法為之，並應支付相當之補償。
②前項須穿越私有土地及其土地改良物之上空或地下之情形，主管機關得就其需用之空間範圍，在施工前，於土地登記簿註記，或與土地所有權人協議設定地上權，協議不成時，準用土地徵收條例規定徵收取得地上權。
③前二項私有土地及其土地改良物因大眾捷運系統之穿越，致不能為相當之使用時，土地及其土地改良物所有人得自施工之日起至完工後一年內，請求徵收土地及其土地改良物，主管機關不得拒絕。私有土地及其土地改良物所有人原依前二項規定取得之對價，應在徵收土地及其土地改良物補償金額內扣除之。
④第一項穿越之土地為建築基地之全部或一部時，該建築基地得以增加新建樓地板面積方式補償之。

⑤前四項土地及其土地改良物上空或地下使用之程序、使用範圍、地籍逕為分割及設定地上權、徵收、註記、補償、登記、增加新建樓地板面積等事項之辦法，由中央主管機關會同內政部定之。

⑥主管機關依第三項規定徵收取得之土地及其土地改良物，其處分、設定負擔、租賃或收益，不受土地法第二十五條、國有財產法第二十八條及地方政府公產管理法令有關規定之限制。

第二〇條　（附建防空避難設備或法定停車場義務之免除）

①因舖設大眾捷運系統地下軌道或其他地下設備，致土地所有人無法附建防空避難設備或法定停車空間時，經當地主管建築機關勘查屬實者，得就該地下軌道或其他地下設備直接影響部分，免予附建防空避難設備或法定停車空間。

②土地所有人因無法附建防空避難設備或法定停車空間所受之損害，大眾捷運系統工程建設機構應依前條規定予以補償或於適當地點興建或購置停車場所以資替代。

第二一條　（進入或使用公私土地或建築物）

①大眾捷運系統工程建設機構為勘測、施工或維護大眾捷運系統路線及其設施，應於七天前通知所有人、占有人或使用人後始得進入或使用公、私土地或建築物。但情況緊急，遲延即有發生重大公共危險之虞者，得先行進入或使用。

②前項情形工程建設機構應對所有人、占有人或使用人予以相當之補償，如對補償有異議時，應報請當地主管機關核定後為之。

③依第一項但書規定進入或使用私有土地或建築物時，應會同當地村、里長或警察到場見證。

第二二條　（建築物或其他工作物之拆除）

①大眾捷運系統工程建設機構依前條使用公、私土地或建築物，有拆除建築物或其他工作物全部或一部之必要時，應先報請當地主管機關限期令所有人、占有人或使用人拆除之；如緊急需要或逾期不拆除者，其主管機關得逕行或委託當地主管建築機關強制拆除之。

②前項拆除應給予相當補償；對補償有異議時，應報請當地主管機關核定後為之。

第二三條　（電能之供應）

大眾捷運系統所需電能，由電業機構優先供應；經電業主管機關之核准，得自行設置供自用之發電、變電及輸電系統之一部或全部。

第二四條　（管線溝渠之附掛埋設與養護）102

①大眾捷運系統設施附掛管、線，應協調該工程建設機構同意後，始得施工。

②於大眾捷運系統用地內埋設管、線、溝渠者，應具備工程設計圖說，徵得該工程建設機構同意，由其代為施工或派員協助監督施工。工程興建及管、線、溝渠養護費用，由該設施之所有人或使用人負擔。

③依前二項規定附掛或埋設之管、線、溝渠，因大眾捷運系統業務需要而應予拆遷時，該設施之所有人或使用人不得拒絕；其所需費用，依原設施標準，按新設經費減去拆除材料折舊價值後，應由該設施之所有人或使用人與大眾捷運系統工程建設或營運機構各負擔二分之一。
④前三項管、線、溝渠處理分類、經費負擔、結算給付、申請手續、施工期程及其他相關事項之辦法，由中央主管機關定之。

第二四條之一 （大眾捷運系統建設）102
①大眾捷運系統在市區道路或公路建設，應先徵得該市區道路或公路主管機關同意。
②前項大眾捷運系統之建設，須拆遷已附掛或埋設之管、線、溝渠時，該設施之所有人或使用人不得拒絕；其所需費用分擔，依前條第三項規定及第四項所定辦法辦理。
③依第三條第二項第二款所定大眾捷運系統，其地面路線之設置標準、規劃、管理養護及費用分擔原則等相關事項之辦法，由中央主管機關會同內政部定之。
④共用車道路線維護應劃歸大眾捷運系統。

第二四條之二 （技術規範）103
①大眾捷運系統建設及車輛製造之技術規範，由中央主管機關定之。
②前項技術規範，應包含無障礙設備及設施之設置與維護方式。

第四章 營 運

第二五條 （營運機構之設置及其工作）102
①中央主管機關建設之大眾捷運系統，由中央主管機關指定地方主管機關設立營運機構或經甄選後許可民間投資籌設營運機構營運。
②地方主管機關建設之大眾捷運系統，由地方主管機關設立營運機構或經甄選後許可民間投資籌設營運機構營運。
③政府建設之大眾捷運系統財產，依各級政府出資之比率持有。由中央政府補助辦理者，由路線行經之各該地方政府，按自償及非自償經費出資比率共有之，營運機構不共有大眾捷運系統財產；該財產以出租方式提供營運機構使用、收益者，營運機構應負責管理維護。
④前項大眾捷運系統財產之租賃期間及程序，不受民法第四百四十九條第一項、土地法第二十五條及地方政府公產管理法令之限制。
⑤第三項財產之定義、範圍、管理機關、產權登記、交付、增置、減損、異動、處分、收益、設定負擔、用途、租賃及管理等事項之辦法，由中央主管機關定之。

第二六條 （組織結構）
前條大眾捷運系統營運機構，以依公司法設立之股份有限公司爲限。

第二七條 （經營方式）

大眾捷運系統之營運，應以企業方式經營，旅客運價一律全票收費。如法令另有規定予以優待者，應由其主管機關編列預算補貼之。

第二八條 （服務指標之擬訂）103

大眾捷運系統營運機構應擬訂服務指標，提供安全、快速、舒適之服務，以及便於身心障礙者行動與使用之無障礙運輸服務，報請地方主管機關核定，並核轉中央主管機關備查。

第二九條 （運價率計算公式之核定與變更）

①大眾捷運系統運價率之計算公式，由中央主管機關擬訂，報請行政院核定；變更時亦同。

②大眾捷運系統之運價，由其營運機構依前項運價率計算公式擬訂，報請地方主管機關核定後公告實施；變更時亦同。

第三〇條 （操作與修護）

大眾捷運系統設施之操作及修護，應由依法經技能檢定合格之技術人員擔任之。

第三一條 （汽車路線之配合、調整）102

爲發揮大眾捷運系統與公路運輸系統之整合功能，於大眾捷運系統營運前及營運期間，在其路線運輸有效距離內，地方主管機關應會商當地公路主管機關重新調整公路汽車客運業或市區汽車客運業營運路線。

第三二條 （聯運業務之辦理）

爲公益上之必要，大眾捷運系統地方主管機關，得核准或責令大眾捷運系統營運機構與市區汽車客運業或其他大眾運輸業者，共同辦理聯運或其他路線、票證、票價等整合業務。

第三二條之一 （刪除）102

第三二條之二 （免費充電設施之提供）102

大眾捷運系統營運機構得於站區內提供免費充電設施服務，以供旅客緊急需要使用。

第三三條 （因維修需要而使用進入他人土地等）

大眾捷運系統營運機構爲維修路線場、站或搶救災害，得適用第十八條、第二十一條、第二十二條之規定。

第五章　監　督

第三四條 （監督與監督辦法）

大眾捷運系統之經營、維護與安全應受主管機關監督；監督實施辦法，由中央主管機關定之。

第三五條 （營運情況之報備）

①大眾捷運系統營運機構，應依左列規定，報請地方主管機關核轉中央主管機關備查：

一　營運時期之營運狀況，每三個月報備一次。

二　每年應將大衆捷運系統狀況、營業盈虧、運輸情形及改進計畫，於年度終了後六個月內報備一次。

②中央主管機關得派員不定期視察大衆捷運系統營運狀況，必要時得檢閱文件帳冊；辦理有缺失者，應即督導改正。

第三六條　（必要設備之檢查）

大衆捷運系統運輸上必要之設備，主管機關得派員檢查；設備不適當時，應通知其限期改正。

第三七條　（其他附屬事業之兼營）

大衆捷運系統營運機構，得經地方主管機關核准兼營其他附屬事業。

第三八條　（重要事項之先行報請核准核備）102

①大衆捷運系統營運機構增減資本、租借營業、抵押財產或移轉管理，應先經地方主管機關核准，並報請中央主管機關備查。

②大衆捷運系統營運機構全部或部分宣告停業或終止營業者，應報經地方主管機關核轉中央主管機關核准。

③大衆捷運系統營運機構，如有經營不善或其他有損公共利益之重大情事者，主管機關應命其限期改善，屆期仍未改善或改善無效者，停止其營運之一部或全部。但情況緊急，遲延即有害交通安全或公共利益時，得立即命其停止營運之一部或全部。

④受前項停止營運處分六個月以上仍未改善者，由中央主管機關廢止其營運許可。

⑤依前二項規定，停止其營運之一部或全部或廢止其營運許可時，地方主管機關應採取適當措施，繼續維持運輸服務，不使中斷。必要時，並得予以強制接管，其接管辦法，由中央主管機關定之。

第三八條之一　（刪除）102

第三九條　（重要事故之通知報請查核與一般事故之彙報）

大衆捷運系統營運機構，遇有行車上之重大事故，應立即通知地方及中央主管機關，並隨時將經過及處理情形報請查核；其一般行車事故，亦應按月彙報。

第六章　安　全

第四〇條　（專業交通警察之設置及其工作）102

①大衆捷運系統地方主管機關，爲防護大衆捷運系統路線、維持場、站及行車秩序、保障旅客安全，應由其警察機關置專業交通警察，執行職務時並受該地方主管機關之指揮、監督。

②大衆捷運系統採用非完全獨立專用路權，涉共用現有道路之車道部分，其道路交通之管理，依道路交通管理處罰條例及其相關法規辦理。

第四一條　（管理維護安全與安全措施）

①大衆捷運系統營運機構，對行車及路線、場、站設施，應妥善管理維護，並應有緊急逃生之設施，以確保旅客安全。其車輛

機具之檢查、養護並應嚴格遵守法令之規定。

②大眾捷運系統設施及其運作有採取特別安全防護措施之必要者，應由大眾捷運系統營運機構，報請地方主管機關核定之。

第四二條　（行車人員之訓練及體檢等）92

大眾捷運系統營運機構，對行車人員，應予有效之訓練與管理，使其確切瞭解並嚴格執行法令之規定；對其技能、體格及精神狀況，應施行定期檢查及臨時檢查，經檢查不合標準者，應暫停或調整其職務。

第四三條　（行車事故之研究與預防）

大眾捷運系統營運機構，對行車事故，應蒐集資料調查研究，分析原因，並採取預防措施。

第四四條　（安全規定之標示等）102

①大眾捷運系統營運機構，應於適當處所標示安全規定，旅客乘車時應遵守站車人員之指導。

②非大眾捷運系統之車輛或人員不得進入大眾捷運系統之路線、橋樑、隧道、涵管內及站區內非供公眾通行之處所。但屬非完全獨立專用路權之大眾捷運系統，其與其他運具共用車道部分，依第四十條第二項規定辦理。

③採完全獨立專用路權之大眾捷運系統路線，除天橋及地下道外，不得跨越。

第四五條　（公告禁建或限建範圍）93

①為興建或維護大眾捷運系統設施及行車安全，主管機關於規劃路線經行政院核定後，應會同當地直轄市或縣（市）主管機關，於大眾捷運系統兩側勘定範圍，公告禁建或限建範圍，不受相關土地使用管制法令規定之限制。

②已公告實施之禁建、限建範圍，因禁建、限建之內容變更或原因消滅時，主管機關應依規定程序辦理變更或公告廢止。

第四五條之一　（禁建範圍內之禁止行為）93

①禁建範圍內除建造其他捷運設施或連通設施或開發建築物外，不得為下列行為：

一　建築物之建造。

二　工程設施之構築。

三　廣告物之設置。

四　障礙物之堆置。

五　土地開挖行為。

六　其他足以妨礙大眾捷運系統設施或行車安全之工程行為。

②禁建範圍公告後，於禁建範圍內原有或施工中之建築物、工程設施、廣告物及障礙物，有礙大眾捷運系統設施或行車安全者，主管機關得商請該管機關令其限期修改或拆除，屆期不辦理者，強制拆除之。其為合法之建築物、工程設施或廣告物，應依當地直轄市或縣（市）主管機關辦理公共工程用地拆遷補償規定辦理。

第四五條之二　（限建範圍之管制行為）93

①限建範圍公告後，於限建範圍內為建築物之建造、工程設施之構築、廣告物之設置、障礙物之堆置、土地開挖行為或其他有妨礙大眾捷運系統設施或行車安全之虞之工程行為，申請建築執照或許可時，應檢附該管主管機關及主管機關規定之文件，由該管主管機關會同主管機關審核；該管主管機關於核准或許可時並得為附款。
②經主管機關審核認前項行為有妨礙大眾捷運系統設施或行車安全之虞者，得通知該管主管機關要求申請人變更工程設計、施工方式或為其他適當之處理。
③第一項之行為，於施工中有致大眾捷運系統之設施或行車產生危險之虞者，主管機關得通知承造人、起造人或監造人停工。必要時，得商請轄區內之警察或建管單位協助，並通知該管主管機關令其限期改善、修改或拆除。
④前項行為損害大眾捷運系統之設施或行車安全者，承造人、起造人及監造人應負連帶回復原狀或損害賠償責任。

第四五條之三 （管理辦法之訂定）93
前三條所定禁建、限建範圍之劃定、公告、變更、禁建範圍之禁止行為、拆除補償程序、限建範圍之管制行為、管制規範、限建範圍內建築物建造、工程設施構築、廣告物設置或工程行為施作之申請、審核、施工管理、通知停工及捷運設施損害回復原狀或賠償等事項之辦法，由交通部會同內政部定之。

第四六條 （損害賠償與卹金醫療補助費之酌給）
①大眾捷運系統營運機構，因行車及其他事故致旅客死亡或傷害，或財物毀損喪失時，應負損害賠償責任。
②前項事故之發生，非因大眾捷運系統營運機構之過失者，對於非旅客之被害人死亡或傷害，仍應酌給卹金或醫療補助費。但事故之發生係出於被害人之故意行為者，不予給付。
③前項卹金及醫療補助費發給辦法，由中央主管機關定之。

第四七條 （責任保險）102
①大眾捷運系統旅客之運送，應依中央主管機關指定金額投保責任保險，其投保金額，得另以提存保證金支付之。
②前項投保金額、保證金之提存及其他相關事項之辦法，由中央主管機關定之。

第七章 罰 則

第四八條 112
擅自占用或破壞大眾捷運系統用地、車輛或其他設施者，除涉及刑責應依法移送偵辦外，該大眾捷運系統工程建設或營運機構，應通知行為人或其雇用人負責回復原狀，或償還修復費用，或依法賠償。

第四八條之一 112
①以竊取、毀壞或其他非法方法危害重要大眾捷運系統營運機構

站、場、設施或設備之功能正常運作者，處一年以上七年以下有期徒刑，得併科新臺幣一千萬元以下罰金。

②意圖危害國家安全或社會安定，而犯前項之罪者，處三年以上十年以下有期徒刑，得併科新臺幣五千萬元以下罰金。

③前二項情形致釀成災害者，加重其刑至二分之一；因而致人於死者，處無期徒刑或七年以上有期徒刑，得併科新臺幣一億元以下罰金；致重傷者，處五年以上十二年以下有期徒刑，得併科新臺幣八千萬元以下罰金。

④第一項及第二項之未遂犯罰之。

第四八條之二 112

①對於重要大眾捷運系統營運機構站、場、設施或設備之核心資通系統，以下列方法之一，危害其功能正常運作者，處一年以上七年以下有期徒刑，得併科新臺幣一千萬元以下罰金：

一　無故輸入其帳號密碼、破解使用電腦之保護措施或利用電腦系統之漏洞，而入侵其電腦或相關設備。

二　無故以電腦程式或其他電磁方式干擾其電腦或相關設備。

三　無故取得、刪除或變更其電腦或相關設備之電磁紀錄。

②製作專供犯前項之罪之電腦程式，而供自己或他人犯前項之罪者，亦同。

③意圖危害國家安全或社會安定，而犯前二項之罪者，處三年以上十年以下有期徒刑，得併科新臺幣五千萬元以下罰金。

④前三項情形致釀成災害者，加重其刑至二分之一；因而致人於死者，處無期徒刑或七年以上有期徒刑，得併科新臺幣一億元以下罰金；致重傷者，處五年以上十二年以下有期徒刑，得併科新臺幣八千萬元以下罰金。

⑤第一項至第三項之未遂犯罰之。

⑥第一項及前條第一項重要大眾捷運系統營運機構站、場、設施及設備之範圍，由中央主管機關公告之。

第四九條　（違約金之計算）102

①旅客無票、持用失效車票或冒用不符身分之車票乘車者，除補繳票價外，並支付票價五十倍之違約金。

②前項應補繳票價及支付之違約金，如旅客不能證明其起站地點者，以營運機構公告之單程票最高票價計算。

第五〇條　（罰鍰）102

①有下列情形之一者，處行為人或駕駛人新臺幣一千五百元以上七千五百元以下罰鍰：

一　車輛行駛中，攀登、跳車或攀附隨行。

二　妨礙車門、月台門關閉或擅自開啓。

三　非大眾捷運系統之車輛或人員，違反第四十四條第二項前段規定，進入大眾捷運系統之路線、橋樑、隧道、涵管內及站區內非供公眾通行之處所。

四　未經驗票程序、不按規定處所或方式出入車站或上下車。

五　拒絕大眾捷運系統站、車人員查票或妨害其執行職務。

六　滯留於不提供載客服務之車廂，不聽勸止。
七　未經許可在車上或站區內募捐、散發或張貼宣傳品、銷售物品或爲其他商業行爲。
八　未經許可攜帶動物進入站區或車輛內。
九　於大眾捷運系統禁止飲食區內飲食，嚼食口香糖或檳榔，或隨地吐痰、檳榔汁、檳榔渣，拋棄紙屑、菸蒂、口香糖、瓜果或其皮、核、汁、渣或其他一般廢棄物。
十　滯留於車站出入口、驗票閘門、售票機、電扶梯或其他通道，致妨礙旅客通行或使用，不聽勸離。
十一　非爲乘車而在車站之旅客大廳、穿堂層或月台層區域內遊蕩，致妨礙旅客通行或使用，不聽勸離。
十二　躺臥於車廂內或月台上之座椅，不聽勸阻。
十三　未經許可在捷運系統路權範圍內設攤、搭棚架或擺設筵席。
十四　於月台上嬉戲、跨越黃色警戒線，或於電扶梯上不按遵行方向行走或奔跑，或爲其他影響作業秩序及行車安全之行爲，不聽勸止。

②有前項各款情事之一者，大眾捷運系統站、車人員得視情節會同警察人員強制其離開站、車或大眾捷運系統區域，其未乘車區間之票款，不予退還。

第五〇條之一 112

①有下列情形之一者，處新臺幣一萬元以上一百萬元以下罰鍰：
一　未經許可攜帶經公告之危險或易燃物進入大眾捷運系統路線、場、站或車輛內。
二　任意操控站、車設備或妨礙行車、電力或安全系統設備正常運作。
三　違反第四十四條第三項規定，未經天橋或地下道，跨越完全獨立專用路權之大眾捷運系統路線。

②有前項情形之一者，適用前條第二項規定。

③未滿十四歲之人，因其法定代理人或監護人監督不周，致違反第一項規定時，處罰其法定代理人或監護人。

第五一條　（罰鍰與停止營業撤銷許可）

①大眾捷運系統營運機構有下列情形之一者，處新臺幣十萬元以上五十萬元以下罰鍰：
一　違反第三十條規定，僱用未經技能檢定合格之技術人員擔任設施之操作及修護者。
二　違反依第三十四條所定監督實施辦法，經地方主管機關通知改善而未改善者。
三　違反第三十五條第一項或第三十九條規定者。
四　違反第三十五條第二項或第三十六條規定，經主管機關通知改正而未改正者。
五　規避、妨礙或拒絕中央主管機關依第三十五條第二項之檢閱文件帳冊者。

六　違反第三十七條規定，未經核准兼營其他附屬事業者。
七　違反第四十一條規定或未依第四十二條規定對行車人員施予訓練與管理致發生行車事故者。
八　違反第四十四條第一項規定，未於適當處所標示安全規定者。
九　未依第四十七條規定投保責任保險或提存保證金者。

②有前項第一款、第二款、第六款至第九款情形之一，並通知其限期改正或改善，屆期未改正或改善者，按日連續處罰；情節重大者，並得停止其營運之一部或全部或廢止其營運許可。

第五一條之一　（罰鍰）102

①大眾捷運系統營運機構有下列情形之一者，處新臺幣五十萬元以上二百五十萬元以下罰鍰：
一　違反第十五條第二項規定，未經履勘核准而營運。
二　違反第二十九條第二項規定，未經核定或未依公告實施運價。
三　非因不可抗力而停止營運。

②前項第一款情形，並命其立即停止營運；其未遵行者，按日連續處罰。前項第二款情形，並命其立即改正；其未改正者，按日連續處罰，並得停止其營運之一部或全部或廢止其營運許可。

③第一項第三款情形，應命其立即恢復營運；其未遵行者，按日連續處罰，並得廢止其營運許可。

④大眾捷運系統營運機構受停止營運、廢止營運許可處分或擅自停止營運時，地方主管機關應採取適當措施，繼續維持旅客運輸服務。

第五二條　（處罰機關與強制執行）102

①本法所定之罰鍰，由地方主管機關處罰。

②第五十條第一項或第五十條之一規定之處罰，地方主管機關得委託大眾捷運系統營運機構為之。

第八章　附　則

第五三條　（經營辦法之擬訂與核定）93

大眾捷運系統旅客運送、行車安全、修建養護、車輛機具檢修、行車人員技能體格檢查規則及附屬事業經營管理辦法，由營運之地方主管機關擬訂，報請中央主管機關核定。

第五四條　（施行日）

本法自公布日施行。

大眾捷運系統土地開發辦法

①民國89年10月2日交通部、內政部令會銜修正發布名稱及全文32條；並自發布日起施行（原名稱：大衆捷運系統土地聯合開發辦法）。
②民國94年5月16日交通部、內政部令會銜修正發布第4條條文。
③民國95年5月17日交通部、內政部令會銜修正發布第2、11、15條條文；並刪除第5條條文。
④民國99年1月15日交通部、內政部令會銜修正發布第3、4、6、7、14至16、18、20、21條條文。

第一章　總　則

第一條
本辦法依大衆捷運法（以下簡稱本法）第七條第七項規定訂定之。

第二條 95
大衆捷運系統路線、場、站土地及其毗鄰地區土地之開發依本辦法之規定。

第三條 99
本辦法用詞，定義如下：
一　開發用地：係指大衆捷運系統路線、場、站土地及其毗鄰地區之土地，經主管機關核定爲土地開發之土地。
二　土地開發：係指主管機關自行開發或與投資人合作開發開發用地，以有效利用土地資源之不動產興闢事業。

第四條 99
①大衆捷運系統土地開發之主管機關，爲各該大衆捷運系統主管機關或交通部指定之地方主管機關；其執行機構爲各該大衆捷運系統主管機關所屬或許可之工程建設機構、營運機構或其他土地開發機構。
②前項主管機關辦理本法所規定之土地開發事宜，得委任或委託執行機構爲之。
③前項情形，應將委任或委託事項及法規依據公告，並刊登政府公報。

第五條　（刪除）95

第二章　土地開發之規劃及容許使用項目

第六條 99
辦理土地之開發時，執行機構應擬定開發範圍，報請主管機關核定實施。

第七條 99

主管機關為辦理各開發用地之興建前，應將用地範圍、土地使用分區管制規定或構想、建物設計指導原則（含捷運設施需求及設計）、開發時程及其他有關土地開發事項公告並刊登政府公報。

第八條

開發用地內之捷運設施屬出入口、通風口或其他相關附屬設施等，經主管機關核准得交由投資人興建，其建造成本由主管機關支付。

第九條

①主管機關得依區域計畫法或都市計畫法之規定，就大眾捷運系統路線、場、站土地及其毗鄰地區，申請劃定或變更為特定專用區。

②開發用地及前項特定專用區之建築物及土地使用，應符合非都市土地使用管制或都市計畫土地使用分區管制之規定。

第三章　土地取得程序、開發方式及投資人甄選程序

第一〇條

大眾捷運系統開發用地屬公有者，主管機關得依本法第七條第四項規定辦理有償撥用。

第一一條 95

大眾捷運系統開發所需用地屬私有而由主管機關依本法第七條第四項規定以協議價購方式辦理者，經執行機構召開會議依優惠辦法協議不成時，得由主管機關依法報請徵收。

第一二條

以市地重劃方式取得開發用地時，由主管機關擬定市地重劃計畫書，送請該管市地重劃主管機關依平均地權條例有關規定辦理。

第一三條

以區段徵收方式取得土地開發用地時，由主管機關擬定區段徵收計畫及徵收土地計畫書，送請該管區段徵收主管機關依本法第七條第五項、第六項規定辦理。

第一四條 99

①開發用地由主管機關自行開發或公告徵求投資人合作開發之。

②主管機關與投資人合作開發者，其徵求投資人所需之甄選文件由執行機構報請主管機關核定後辦理。

第一五條 99

①主管機關依前條規定辦理徵求投資人時，申請人應於公告期滿後一個月內，依甄選文件備具下列書件各二份及申請保證金，向主管機關提出申請：

一　申請書：載明申請人姓名、出生年月日、職業、住所或居所、身分證統一編號或法人名稱、主事務所、代表人姓名，申請土地開發之地點及範圍。
二　申請人身分證影本、法人登記證明文件。
三　財力證明文件或開發資金來源證明文件及類似開發業績證明文件。

②前項財力及開發資金基準，由主管機關定之。

第四章　申請投資表件及審查程序

第一六條 99

①依前條申請土地開發者應自公告期滿後四個月內提出開發建議書二份，逾期視為撤回申請；其開發建議書應包括下列事項：
一　基地位置、範圍與土地權屬。
二　土地權利取得方法與使用計畫、開發成果處分方式。
三　開發項目、內容與用途。
四　建築計畫：包括建築設計、結構系統、設備系統、營建工法、建材規格及工程預算書等。
五　依建築相關法令應檢附之防災計畫。
六　依水土保持、環境保護相關法令提送水土保持計畫、環境影響評估計畫等。
七　與捷運系統相關設施銜接計畫。
八　財務計畫：包括財務基本假設與參數設定、預估投資總金額、預估營運收支總金額、資金籌措與償還計畫、分年現金流量及投資效益分析。
九　開發時程計畫。
十　營運管理計畫。
十一　申請人與主管機關、土地所有人合作條件、分收比例及其他相關權利義務文件。
十二　其他有關事項文件。

②主管機關得考量基地條件、捷運設施、以設定地上權方式或合併不同基地作開發辦理等特殊情形，酌予調整前條、本條所定期限及甄選文件並公告。

③有二以上申請人申請投資時，除斟酌各申請人之開發能力及開發建議書外，以其開發內容對於都市發展之貢獻程度及其提供主管機關獲益較高者為優先考慮因素。

第一七條

①執行機構受理申請投資土地開發案件時，應就申請投資書件先行審查，所備書件不合規定且屬非契約必要之點者，執行機構應詳為列舉通知申請人限期補正，逾期不補正或補正不全者，視為放棄投資申請。

②執行機構受理前項完成補正之申請案件，應於三個月內會同有關機關就申請資料完成審查或評選，並報主管機關核定土地開

發計畫。但申請案件須變更都市計畫、區域計畫或案情繁複者，得延長之。
③前項審查或評選得通知申請人或有關機關。

第一八條 99

依前條規定核定取得投資權之申請案件，由執行機構通知申請人依審定條件於書面通知到達日起三十日內簽訂投資契約書，並繳交預估投資總金額百分之三之履約保證金。不同意主管機關審定條件或未於限期內簽訂投資契約書，並繳交履約保證金者，視同放棄投資權，執行機構得由其他申請投資案件依序擇優遞補或重新公開徵求投資人。

第一九條

①前條履約保證金，申請人應以現金逕向執行機構指定之金融機構繳納，或以下列方式辦理：
　一　銀行本行本票或支票、保付支票。
　二　無記名政府公債。
　三　設定質權予執行機構之銀行定期存款單。
　四　銀行開發或保兌之不可撤銷擔保信用狀繳納。
　五　取具銀行之書面連帶保證。
　六　保險公司之連帶保證保險單。
②前項保證金於計畫範圍內之工程完成百分之五十後，無息退還二分之一，開發計畫建築物全部領得使用執照後，無息退還原保證金之四分之一，餘款於不動產登記完畢，並交付所有人後十日內，無息退還。

第二〇條 99

①投資人應自簽訂投資契約書之日起六個月內，依建築法令規定申請建造執照。
②前項建造執照之申請，若因其他相關法令規定須先行辦理相關書圖文件送審，或有不可歸責於投資人之原因並經主管機關同意者，其作業之時間得不予計入。
③第一項建造執照內容變更時，應先經執行機構同意後，再依建築法令規定辦理。

第五章　監督、管理及處分

第二一條 99

①建物全部或部分出租、設定地上權或以其他方式交由投資人統一經營者，投資人應於申請投資案核定後，檢具其所訂營運管理章程報經執行機構核轉主管機關核定，建物產權登記前併同營運人與執行機構簽訂營運契約書，依本辦法規定受執行機構之監督與管理。
②建物非屬統一經營者，投資人得參照公寓大廈規約範本研訂管理規約，並納入與捷運有關之特別約定事項，報經執行機構核轉主管機關核定後請照、興建。

③區分所有權人不得以會議決議排除第一項營運管理章程及營運契約之規定，及第二項管理規約之特別約定事項，專有部分有讓售等處分行為時，應於移轉契約中明定，須繼受原區分所有權人依公寓大廈管理條例及本條文之規範。

第二二條

①依土地開發計畫要求設置之公共設施建築及維護費用，由投資人負擔或視合作條件依協議比例分擔，並由執行機構或該公共設施主管機關代為施工或派員協助監督施工。

②前項屬道路、人行陸橋及地下穿越道之公共設施；應於興建完成後將該部分之產權捐贈各該公共設施所在地之地方政府，並交由公共設施主管機關管理維護。

第二三條

執行機構於必要時，得經主管機關核准，出租或出售開發之公有不動產，其租售作業要點由主管機關另定之。

第二四條

投資人有下列情形之一者，執行機構得報請主管機關核准後解除投資契約：

一　違反第二十條之規定者。

二　建造執照被作廢或註銷者。

三　違反第二十一條第一項之規定者。

第二五條

①投資人營運時有下列情形之一者，執行機構應通知限期改善，逾期不改善者，該執行機構得報經主管機關核准後終止契約：

一　地下商場，人行陸橋或地下道等工程附屬設施擅自增、修、改建者。

二　依土地開發計畫興建之開發設施未盡管理及養護責任，且不服從執行機構之監督與管理者。

三　不依主管機關核備之營運管理章程使用開發設施者。

②投資人有前項各款情形之一者，執行機構於必要時得報經主管機關核准後逕為封閉或拆除之，所需費用由營運保證金扣抵。

第六章　獎　勵

第二六條

依本辦法申請投資土地開發案件，其符合獎勵投資法令有關規定者，得依法申請減免稅捐。

第二七條

土地開發計畫經核准後，執行機構得協調政府相關單位配合興修計畫地區外關聯性公共設施及提供技術協助。

第二八條

主管機關得協助投資人洽請金融機構辦理優惠或長期貸款。

第二九條

依本辦法申請投資土地開發且無償提供捷運設施所需空間及其

應持分土地所有權者，其建築物樓地板面積與高度得依下列規定放寬：

一　除捷運設施使用部分樓層不計入總樓地板面積外，得視個案情形酌予增加，但增加之樓地板面積，以不超過提供捷運系統場、站及相關設施使用之土地面積，乘以地面各層可建樓地板面積之和與基地面積之比，乘以二分之一為限。

二　除捷運設施使用部分樓層之高度得不計入高度限制外，並得視個案情形酌予增加，但增加部分以不超過該基地面前道路寬度之一倍，並以三十公尺為限。

第三〇條

若捷運系統工程建設因時程緊迫，執行機構於開發用地內，先行構築捷運設施，投資人於未來開發時，須償還因配合開發所增加之基本設計費及共構部分之細部設計費及施工費，但免計利息。

第七章　附　則

第三一條

執行機構應將下列條文載明於所訂契約中，作為契約內容之一部分：

一　投資契約書：第二十條至第二十二條、第二十四條及第二十五條。

二　營運契約書：第二十三條及第二十五條。

第三二條

本辦法自發布日施行。

臺北市臺北都會區大眾捷運系統土地開發實施要點

①民國82年8月14日臺北市政府函訂定發布全文89點。
②民國82年9月9日臺北市政府函修正發布第8、18、19、26、31點。
③民國83年9月9日臺北市政府函修正發布第19、20、50點。
④民國84年9月23日臺北市政府捷運工程局函修正發布第43點。
⑤民國84年11月25日臺北市政府捷運工程局函修正發布第40點。
⑥民國86年5月9日臺北市政府捷運工程局函修正發布第55點。
⑦民國87年5月25日臺北市政府函修正發布第2點。
⑧民國91年10月14日臺北市政府函修正發布名稱及全文24點（原名稱：臺北都會區大眾捷運系統土地聯合開發實施要點）。
⑨民國95年10月13日臺北市政府公告修正發布全文23點。
⑩民國100年9月30日臺北市政府令修正發布名稱及第2至4、6至17、19、20點；並自發布日起實施（原名稱：臺北都會區大眾捷運系統土地開發實施要點）。

一　臺北市政府（以下簡稱本府）爲推展臺北都會區大眾捷運系統土地開發，除依大眾捷運法、大眾捷運系統土地開發辦法（以下簡稱土地開發辦法）及臺北市臺北都會區大眾捷運系統開發所需土地協議價購優惠辦法（以下簡稱優惠辦法）辦理外，並依本要點規定辦理。

二　本要點主管機關爲本府，並委任本府捷運工程局（以下簡稱捷運局）執行，辦理有關土地開發規劃、徵求投資人、監督土地開發細部設計、施工及營運管理事宜。

三　本要點用詞定義如下：

㈠捷運設施用地：指依都市計畫或區域計畫規定爲捷運設施使用之土地（包含交通用地、捷運系統用地及聯合開發區（捷）等）。

㈡毗鄰地區土地：土地有下列情形之一者：

1. 與捷運設施用地相連接。
2. 與捷運設施用地在同一街廓內，且能與捷運設施用地連成同一建築基地。
3. 與捷運設施用地相鄰之街廓，而以地下道或陸橋相連通。

㈢開發用地：指大眾捷運系統路線、場、站土地及其毗鄰地區之土地，經本府核定爲土地開發之土地。

㈣自行開發：指本府自行開發開發用地，以有效利用土地資源之不動產興闢事業。

㈤土地所有人：指開發用地範圍內之私有土地所有人及公有土地所有人。
㈥原建物所有人：指位於捷運設施用地內之私有土地上僅有合法建築物而無土地所有權之建築物所有人。
㈦價購協議書：指本府與開發用地之私有土地所有人簽訂之臺北都會區大眾捷運系統開發所需土地協議價購文件。
㈧土地開發投資契約書：指本府與核定投資申請人簽訂之土地開發投資文件。
㈨補償基準日：指開發用地地上物拆遷及土地徵收之補償條件，以該開發用地同一徵收路線之捷運設施用地辦理地上物拆遷或土地徵收公告期滿之第十五日爲準。
㈩連通：指土地開發建築物以通道或其他設施與大眾捷運系統或地下街連通者。

四　於開發用地轄區地方政府或各行政區舉辦捷運設施用地都市計畫說明會時，捷運局應配合在說明會公開說明已劃定之開發用地及土地開發相關權益事項。

五　開發用地範圍內屬捷運設施用地者，其地上物拆遷處理，依當地舉辦公共工程拆遷補償之相關法令規定辦理。

六　土地開發之主要作業程序如下：
㈠開發用地之擬定及核定。
㈡與土地所有人協議價購。
㈢簽訂價購協議書。
㈣本府核定土地開發相關事項。
㈤甄選土地開發投資人。
㈥簽訂土地開發投資契約書。
㈦管理土地開發合約。
㈧監督土地開發建物之營運管理。
㈨連通申請案件之處理。
前項價購協議書及土地開發投資契約書，由捷運局擬定，報請本府核定後據以辦理，修正時亦同。
自行開發之作業程序，由捷運局依個案招標文件，簽報本府核定後據以辦理。

七　捷運局於規劃捷運系統時，應考量下列因素擬定開發用地，並經本府核准後執行：
㈠須與捷運工程完工通車營運時程配合。
㈡面積規模是否達開發效益。
㈢對鄰近土地利用之影響。
㈣當地都市計畫及發展情形。
㈤其他相關因素。
未經本府擬定爲開發用地者，土地所有人得擬定開發範圍送請捷運局審查後，報本府核定爲開發用地。
捷運局受理審查前項申請案件，應擬定相關作業須知，報本府核定後據以辦理。

八　開發用地範圍內之私有土地，由捷運局依優惠辦法與土地所有人辦理協議價購，對於協議不成之土地所有人，捷運局得依法報請徵收。

開發用地範圍內之非市有公有土地，以有償撥用辦理。

九　本府應訂定期限請開發用地範圍內之土地所有人提供相關文件，並簽訂價購協議書。

開發用地範圍內之土地有下列情事之一者不得簽約，應依法徵收或撥用取得該土地：

(一)有預告登記、查封、假扣押、假處分、破產登記或其他依法律禁止處分之登記尚未塗銷。

(二)有典權、地上權、地役權、耕作權或永佃權登記尚未塗銷。

(三)有抵押權登記尚未塗銷。但地主選擇依優惠辦法規定不領取協議價購款，且各順位抵押權之擔保債權總金額未超過土地徵收補償費八成，經專案簽報主管機關核定，不在此限。

(四)各順位抵押權之擔保債權總金額未超過土地徵收補償費八成，但未提出權利人所出具之申請拆除執照、建造執照、土地分割、合併及移轉等各種同意書。

(五)土地所有人與原建物所有人未達成拆遷安置協議。

一〇　爲辦理各開發用地之興建，有關開發用地範圍、土地使用分區管制規定或構想、建物設計指導原則（含捷運設施需求及設計）、開發時程及其他有關土地開發事項，應由本府公告實施。

一一　土地開發投資人甄選須知由捷運局依土地開發辦法及相關規定擬定後報本府核定。

一二　甄選土地開發投資人之作業程序如下：

(一)符合優惠辦法第十條規定之原單一土地所有人，應於本府通知期限內向本府書面表達投資意願。逾期視爲放棄優先投資申請。申請人應提送文件之相關證明或程式有欠缺者，依本府書面通知期限內補正。

(二)前述土地所有人提出投資申請書並經審查通過後，依本府書面通知函內期限購買甄選文件。應提送文件依甄選須知規定得予補正者，依本府書面通知期限內補正。

(三)無優惠辦法第十條規定之適用者，即公告徵求投資人。

(四)甄選投資人作業依「臺北市政府甄選臺北都會區大衆捷運系統土地開發投資人須知」及相關規定辦理。

(五)甄選結果由捷運局簽報本府核定。

(六)簽訂公有地徵求投資人合作之土地開發投資契約書。

一三　土地開發之權益分配應以領得建造執照爲基準點辦理鑑價，由投資人提出包含建築圖說、結構圖說、水電環控設備圖說、粉刷表及建材、設備說明書、工程預算書及圖檔（圖說爲 AUTOCAD 檔，工程預算書爲 EXCEL 檔）等相關建築資料，與本府及市有地公地主協議分配比值及各樓層區位之價值。

一四　土地開發以區分所有方式進行分配時，由本府及投資人各依第十三點協議結果，進行選定土地開發建築物之樓層及區位，土地持分則依實際分得各區分所有權建築物樓地板面積占全部建築物總樓地板面積（含捷運設施面積）之比例共有持分該開發用地。

一五　土地開發以持股方式或共同持有建築物及土地時，由本府及投資人依第十三點協議結果，按比例持有之。

一六　投資人應依本府核定之土地開發計畫內容完成建築設計圖說，經本府同意後，始得申請建造執照，並出資興建土地開發建築物，完成交屋予本府。

前項設計不可妨礙捷運系統之施工及營運，投資人並應提出施工計畫送本府審查同意。

一七　投資人委託地政士辦理土地複丈、鑑界、土地合併登記、土地所有權移轉、建物所有權第一次測量與登記及房屋稅籍設立等前應檢具地政士資格文件送請本府同意。

上述地政作業如投資人與本府有約定者從其約定；無約定者，依下列規定辦理：

㈠土地合併登記時間，於土地開發建築物興建至一樓樓地板完成時辦理。

㈡土地所有權移轉、建物所有權第一次測量、登記及房屋稅籍設立作業，於取得土地開發建築物使用執照後辦理。

本府應配合地政士辦理產權登記時機，通知依優惠辦法規定得分回或優先承購開發後之公有不動產者，依期限提出應備證件。

一八　土地開發建築物中之捷運設施及公共設施使用部分，分別由捷運局及各該公共設施管理機關各自負責管理維護，其他部分之建物，依本府核准之土地開發計畫或管理章程規定辦理。

一九　土地開發建築物之營運管理，屬統一經營者，投資人應於建物申請使用執照前將營運人之營運資格證明文件提送本府審核通過後，併同營運人與本府簽訂營運契約書，並應自該契約送達投資人之日起四十五日內繳交營運保證金。

二〇　土地開發建築物與捷運系統或地下街於規劃者，依土地開發計畫辦理，未預留連通者，如欲與捷運設施或地下街連通，應依相關規定向本府提出申請，並經本府核定後辦理。

二一　連通申請如經過他人土地或建築物接通時，申請人應取得所經過之土地及建築物所有權人之同意，並提供公共通行所需通道空間。

二二　連通之通道穿越公共設施用地並供公共通行使用者，應於興建完成後將該部分之產權捐贈當地地方政府，並由捷運局或委由申請人自行管理維護，其維護費由連通申請人負擔。

二三　連通通道非經本府核准不得任意拆除或封閉。

臺北市臺北都會區大眾捷運系統開發所需土地協議價購優惠辦法

①民國90年12月13日臺北市政府令訂定發布全文9條；並自發布日施行。
②民國94年1月18日臺北市政府令修正發布名稱及全文10條；並自發布日施行（原名稱：臺北市臺北都會區大衆捷運系統開發所需土地協議購買優惠辦法）。
③民國94年12月23日臺北市政府令修正發布第10、11條條文。
④民國95年7月6日臺北市政府令修正發布第5條條文。
⑤民國104年9月14日臺北市政府令修正發布全文11條；並自發布日施行。
⑥民國108年12月9日臺北市政府令修正發布第3、5條條文。

第一條
本辦法依大衆捷運法第七條第四項規定訂定之。

第二條
本辦法之主管機關爲臺北市政府（以下簡稱本府），並得委任本府捷運工程局（以下簡稱捷運局）辦理。

第三條 108
①依本辦法協議價購之土地，其土地改良物應一併價購。
②前項協議價購之土地，依市價協議之；土地改良物，依協議當期當地舉辦公共工程拆遷補償規定辦理。
③應發給之協議價購土地款及土地改良物各項拆遷補償費、拆遷處理費、獎勵金及遷移費等，於點交後一次付清。
④同意協議價購之原土地所有權人，符合下列條件之一者，得申請以該基地開發完成本府取得之公有不動產抵付協議價購土地款；或領取協議價購土地款，申請優先承購、承租該基地開發完成本府取得之公有不動產：
一　土地上無建築改良物（含違章建築）。
二　土地上有建築改良物（含違章建築），於捷運局通知期限拆遷，且該建築改良物所有權人自願放棄安置或其他代替安置之補償措施。
⑤前項基地開發完成本府取得之公有不動產，經本府核定採統一經營管理之方式者，原土地所有權人應配合辦理。
⑥第二項所稱市價，指協議時市場正常交易價格。

第四條
依本辦法協議價購之土地，原土地所有權人依前條第四項規定提出申請者，應於捷運局書面徵求意願之日起二個月內以書面爲之，逾期視爲放棄權利。

第五條 108

①原土地所有權人依第三條第四項規定提出申請者，依下列規定辦理：

一 申請抵付協議價購土地款者，按其原有土地協議價購之金額，占開發基地依市價計算總金額之比例，乘以該基地開發完成本府取得之公有不動產價值，作爲其應抵付權值。土地上有建築物者，則將其建築物所坐落土地之抵付權值加總後，再將各樓層分配權值予以加計後重新分算比例，乘以建築物所坐落土地之抵付權值總額，各樓層分配權值之加計原則如下：

㈠商業區建築物之一樓依法營業使用者，加計其權值一倍。

㈡商業區建築物之一樓作住宅使用或住宅區建築物之一樓依法營業使用者，加計其權值〇・五倍。

㈢住宅區建築物之一樓作住宅使用者，加計其權值〇・二倍。

二 領取協議價購土地款者，得優先承購、承租之不動產，不得超過依前款計算所取得應抵付權值之百分之五十。

②數人同時分別共有建築物中一樓及一樓以外樓層，於前項第一款各目規定一樓之加計權值範圍內，得申請按共有人中申請抵付協議價購土地款者間之協議結果，調整其間權值比例。

③依第一項第一款規定申請抵付協議價購土地款之原土地所有權人，應將應抵付權值，全數抵付選擇本府所議定之各樓層區位，其應抵付權值或抵付後剩餘權值未達一戶之價格者，得依下列規定之一辦理：

一 領取與應抵付權值或抵付後剩餘權值等值之現金。

二 應抵付權值或抵付後剩餘權值已達一戶三分之二以上價格者，得申請增加承購至一戶；未達一戶三分之二價格，與公有土地以外申請抵付協議價購土地款之原土地所有權人合併計算之權值已達一戶三分之二以上價格者，得申請以共同承購方式增加承購至一戶。

④依第一項第二款規定領取協議價購土地款之原土地所有權人，依該款規定之上限計算之優先承購、承租權值，或優先承購、承租後剩餘權值，未達一戶且已達一戶三分之二以上價格者，得申請增加承購、承租至一戶；未達一戶三分之二價格，與公有土地以外領取協議價購土地款之原土地所有權人合併計算優先承購、承租權值後，已達一戶三分之二以上價格者，得申請以共同承購、承租方式增加承購、承租至一戶。

⑤原土地所有權人未依第三項規定，將應抵付權值全數抵付選擇本府所議定之各樓層區位者，就未抵付權值僅得領取協議價購土地款，且不得另向本府申請優先承購、承租不動產。

⑥第一項第一款所稱之基地開發完成本府取得之公有不動產價

值，除其他法令另有規定外，應扣除本府以主管機關身分所取得獎勵樓地板面積之房地價值。

第六條

依前條第一項第一款規定申請抵付協議價購土地款所取得之不動產，於取得後第一次移轉時，應依土地稅法相關規定辦理。

第七條

①申請抵付協議價購土地款並增加承購者，其增加承購之價格，以臺北市臺北都會區大眾捷運系統土地開發權益分配審議委員會審定，並與投資人協商後經本府核定之議定價格計算。

②領取協議價購土地款，並申請優先承購者，其優先及增加承購之價格，以本府市有財產審議委員會審議通過之價格計算。

第八條

優先承租之年租金底價，依臺北市大眾捷運系統土地開發公有不動產租售自治條例規定辦理。

第九條

①基地開發完成本府取得之公有不動產，應先行抵付協議價購土地款後，始得辦理申請優先承購、承租。

②依本辦法或其他法規規定申請抵付協議價購土地款、優先承購或承租者，對於樓層、區位選擇相同時，以抽籤方式決定之。

③依前項規定抽籤未抽中者，得選擇尚未被選配及申請之樓層、區位。

第一〇條

①開發用地屬單一土地所有權人，且依第五條第一項第一款規定辦理者，本府得准許其優先申請投資開發。

②前項申請案之核准條件、徵審文件內容及程序，由捷運局報本府核定之。

第一一條

本辦法自發布日施行。

三、非都市土地

區域計畫法

①民國63年1月31日總統令制定公布全文24條。
②民國89年1月26日總統令修正公布第4至7、9、16至18、21、22條條文；並增訂第15-1至15-5、22-1條條文。

第一章　總　則

第一條　（立法目的）
為促進土地及天然資源之保育利用，人口及產業活動之合理分布，以加速並健全經濟發展，改善生活環境，增進公共福利，特制定本法。

第二條　（法律適用）
區域計畫依本法之規定；本法未規定者，適用其他法律。

第三條　（區域計畫定義）
本法所稱區域計畫，係指基於地理、人口、資源、經濟活動等相互依賴及共同利益關係，而制定之區域發展計畫。

第四條　（主管機關）
①區域計畫之主管機關：中央為內政部；直轄市為直轄市政府；縣（市）為縣（市）政府。
②各級主管機關為審議區域計畫，應設立區域計畫委員會；其組織由行政院定之。

第二章　區域計畫之擬定、變更、核定與公告

第五條　（區域計畫之擬定地區）
左列地區應擬定區域計畫：
一　依全國性綜合開發計畫或地區性綜合開發計畫所指定之地區。
二　以首都、直轄市、省會或省（縣）轄市為中心，為促進都市實質發展而劃定之地區。
三　其他經內政部指定之地區。

第六條　（區域計畫之擬定機關）
①區域計畫之擬定機關如左：
一　跨越兩個省（市）行政區以上之區域計畫，由中央主管機關擬定。
二　跨越兩個縣（市）行政區以上之區域計畫，由中央主管機

關擬定。

三　跨越兩個鄉、鎮（市）行政區以上之區域計畫，由縣主管機關擬定。

②依前項第三款之規定，應擬定而未能擬定時，上級主管機關得視實際情形，指定擬定機關或代為擬定。

第七條　（區域計畫內容）

區域計畫應以文字及圖表，表明左列事項：

一　區域範圍。
二　自然環境。
三　發展歷史。
四　區域機能。
五　人口及經濟成長、土地使用、運輸需要、資源開發等預測。
六　計畫目標。
七　城鄉發展模式。
八　自然資源之開發及保育。
九　土地分區使用計畫及土地分區管制。
十　區域性產業發展計畫。
十一　區域性運輸系統計畫。
十二　區域性公共設施計畫。
十三　區域性觀光遊憩設施計畫。
十四　區域性環境保護設施計畫。
十五　實質設施發展順序。
十六　實施機構。
十七　其他。

第八條　（資料之配合提供）

區域計畫之擬定機關為擬定計畫，得要求有關政府機關或民間團體提供必要之資料，各該機關團體應配合提供。

第九條　（區域計畫之核定）

區域計畫依左列規定程序核定之：

一　中央主管機關擬定之區域計畫，應經中央區域計畫委員會審議通過，報請行政院備案。
二　直轄市主管機關擬定之區域計畫，應經直轄市區域計畫委員會審議通過，報請中央主管機關核定。
三　縣（市）主管機關擬定之區域計畫，應經縣（市）區域計畫委員會審議通過，報請中央主管機關核定。
四　依第六條第二項規定由上級主管機關擬定之區域計畫，比照本條第一款程序辦理。

第一〇條　（公告實施）

區域計畫核定後，擬定計畫之機關應於接到核定公文之日起四十天內公告實施，並將計畫圖說發交各有關地方政府及鄉、鎮（市）公所分別公開展示；其展示期間，不得少於三十日。並經常保持清晰完整，以供人民閱覽。

第一一條　（區域計畫實施之效力）

區域計畫公告實施後，凡依區域計畫應擬定市鎮計畫、鄉街計畫、特定區計畫或已有計畫而須變更者，當地都市計畫主管機關應按規定期限辦理擬定或變更手續。未依限期辦理者，其上級主管機關得代為擬定或變更之。

第一二條 （區域計畫實施之效力）

區域計畫公告實施後，區域內有關之開發或建設事業計畫，均應與區域計畫密切配合；必要時應修正其事業計畫，或建議主管機關變更區域計畫。

第一三條 （區域計畫通盤檢討與變更）

①區域計畫公告實施後，擬定計畫之機關應視實際發展情況，每五年通盤檢討一次，並作必要之變更。但有左列情事之一者，得隨時檢討變更之：

一 發生或避免重大災害。

二 興辦重大開發或建設事業。

三 區域建設推行委員會之建議。

②區域計畫之變更，依第九條及第十條程序辦理；必要時上級主管機關得比照第六條第二項規定變更之。

第一四條 （調查勘測）

①主管機關因擬定或變更區域計畫，得派員進入公私土地實施調查或勘測。但設有圍障之土地，應事先通知土地所有權人或其使用人；通知無法送達時，得以公告方式為之。

②為實施前項調查或勘測，必須遷移或拆除地上障礙物，以致所有權人或使用人遭受損失者，應予適當之補償。補償金額依協議為之，協議不成，報請上級政府核定之。

第三章 區域土地使用管制

第一五條 （使用分區圖製定及使用地編定）

①區域計畫公告實施後，不屬第十一條之非都市土地，應由有關直轄市或縣（市）政府，按照非都市土地分區使用計畫，製定非都市土地使用分區圖，並編定各種使用地，報經上級主管機關核備後，實施管制。變更之程序亦同。其管制規則，由中央主管機關定之。

②前項非都市土地分區圖，應按鄉、鎮（市）分別繪製，並利用重要建築或地形上顯著標誌及地籍所載區段以標明土地位置。

第一五條之一 （分區變更之程序）

①區域計畫完成通盤檢討公告實施後，不屬第十一條之非都市土地，符合非都市土地分區使用計畫者，得依左列規定，辦理分區變更：

一 政府為加強資源保育須檢討變更使用分區者，得由直轄市、縣（市）政府報經上級主管機關核定時，逕為辦理分區變更。

二 為開發利用，依各該區域計畫之規定，由申請人擬具開發計畫，檢同有關文件，向直轄市、縣（市）政府申請，報經各該區域計畫擬定機關許可後，辦理分區變更。

②區域計畫擬定機關爲前項第二款計畫之許可前，應先將申請開發案提報各該區域計畫委員會審議之。

第一五條之二　（開發許可之審議）

①依前條第一項第二款規定申請開發之案件，經審議符合左列各款條件，得許可開發：

一　於國土利用係屬適當而合理者。

二　不違反中央、直轄市或縣（市）政府基於中央法規或地方自治法規所爲之土地利用或環境保護計畫者。

三　對環境保護、自然保育及災害防止爲妥適規劃者。

四　與水源供應、鄰近之交通設施、排水系統、電力、電信及垃圾處理等公共設施及公用設備服務能相互配合者。

五　取得開發地區土地及建築物權利證明文件者。

②前項審議之作業規範，由中央主管機關會商有關機關定之。

第一五條之三　（開發影響費）

①申請開發者依第十五條之一第一項第二款規定取得區域計畫擬定機關許可後，辦理分區或用地變更前，應將開發區內之公共設施用地完成分割移轉登記爲各該直轄市、縣（市）有或鄉、鎮（市）有，並向直轄市、縣（市）政府繳交開發影響費，作爲改善或增建相關公共設施之用；該開發影響費得以開發區內可建築土地抵充之。

②前項開發影響費之收費範圍、標準及其他相關事項，由中央主管機關定之。

③第一項開發影響費得成立基金；其收支保管及運用辦法，由直轄市、縣（市）主管機關定之。

④第一項開發影響費之徵收，於都市土地準用之。

第一五條之四　（許可審議之期限及延長）

依第十五條之一第一項第二款規定申請開發之案件，直轄市、縣（市）政府應於受理後六十日內，報請各該區域計畫擬定機關辦理許可審議，區域計畫擬定機關並應於九十日內將審議結果通知申請人。但有特殊情形者，得延長一次，其延長期間並不得超過原規定之期限。

第一五條之五　（上級主管機關辦理許可審議）

直轄市、縣（市）政府不依前條規定期限，將案件報請區域計畫擬定機關審議者，其上級主管機關得令其一定期限內爲之；逾期仍不爲者，上級主管機關得依申請，逕爲辦理許可審議。

第一六條　（非都市土地分區圖公告）

①直轄市或縣（市）政府依第十五條規定實施非都市土地分區使用管制時，應將非都市土地分區圖及編定結果予以公告；其編定結果，應通知土地所有權人。

②前項分區圖複印本，發交有關鄉（鎮、市）公所保管，隨時備供人民免費閱覽。

第一七條　（因區域計畫受害土地改良物之補償）

區域計畫實施時，其地上原有之土地改良物，不合土地分區使用計畫者，經政府令其變更使用或拆除時所受之損害，應予適當補償。補償金額，由雙方協議之。協議不成，由當地直轄市、縣（市）政府報請上級政府予以核定。

第四章　區域開發建設之推動

第一八條　（區域建設推行委員會之組成）

中央、直轄市、縣（市）主管機關爲推動區域計畫之實施及區域公共設施之興修，得邀同有關政府機關、民意機關、學術機構、人民團體、公私企業等組成區域建設推行委員會。

第一九條　（區域建設推行委員會任務）

區域建設推行委員會之任務如左：

一　有關區域計畫之建議事項。

二　有關區域開發建設事業計畫之建議事項。

三　有關個別開發建設事業之協調事項。

四　有關籌措區域公共設施建設經費之協助事項。

五　有關實施區域開發建設計畫之促進事項。

六　其他有關區域建設推行事項。

第二〇條　（開發建設進度）

區域計畫公告實施後，區域內個別事業主管機關，應配合區域計畫及區域建設推行委員會之建議，分別訂定開發或建設進度及編列年度預算，依期辦理之。

第五章　罰　則

第二一條　（罰則）

①違反第十五條第一項之管制使用土地者，由該管直轄市、縣（市）政府處新臺幣六萬元以上三十萬元以下罰鍰，並得限期令其變更使用、停止使用或拆除其地上物恢復原狀。

②前項情形經限期變更使用、停止使用或拆除地上物恢復原狀而不遵從者，得按次處罰，並停止供水、供電、封閉、強制拆除或採取其他恢復原狀之措施，其費用由土地或地上物所有人、使用人或管理人負擔。

③前二項罰鍰，經限期繳納逾期不繳納者，移送法院強制執行。

第二二條　（罰則）

違反前條規定不依限變更土地使用或拆除建築物恢復土地原狀者，除依行政執行法辦理外，並得處六個月以下有期徒刑或拘役。

第六章　附　則

第二二條之一　（審查費之收取）

區域計畫擬定機關或上級主管機關依本法為土地開發案件之許可審議，應收取審查費；其收費標準，由中央主管機關定之。

第二三條 （施行細則）

本法施行細則，由內政部擬訂，報請行政院核定之。

第二四條 （施行日）

本法自公布日施行。

區域計畫法施行細則

①民國67年1月23日內政部令訂定發布全文24條。
②民國77年6月27日內政部令修正發布全文23條。
③民國86年7月7日內政部令修正發布第2、3、6、13、15、16條條文。
④民國88年10月16日內政部令修正發布第2、15條條文。
⑤民國90年5月4日內政部令修正發布第2、10至15條條文；並增訂第16-1至16-4條條文。
⑥民國102年10月23日內政部令修正發布全文25條；並自發布日施行。

第一章　總　則

第一條
本細則依區域計畫法（以下簡稱本法）第二十三條規定訂定之。

第二章　區域計畫之擬定、變更、核定與公告

第二條
依本法規定辦理區域計畫之擬定或變更，主管機關於必要時得委託有關機關、學術團體或其他專業機構研究規劃之。

第三條
各級主管機關依本法擬定區域計畫時，得要求有關政府機關或民間團體提供資料，必要時得徵詢事業單位之意見，其計畫年期以不超過二十五年為原則。

第四條
①區域計畫之區域範圍，應就行政區劃、自然環境、自然資源、人口分布、都市體系、產業結構與分布及其他必要條件劃定之。
②直轄市、縣（市）主管機關之海域管轄範圍，由中央主管機關會商有關機關劃定。

第五條
①本法第七條第九款所定之土地分區使用計畫，包括土地使用基本方針、環境敏感地區、土地使用計畫、土地使用分區劃定及檢討等相關事項。
②前項所定環境敏感地區，包括天然災害、生態、文化景觀、資源生產及其他環境敏感等地區。

第六條
各級區域計畫委員會審議區域計畫時，得徵詢有關政府機關、事業單位、民間團體或該區域建設推行委員會之意見。

第七條

①直轄市、縣（市）主管機關擬定之區域計畫，應遵循中央主管機關擬定之區域計畫。

②區域計畫公告實施後，區域內之都市計畫及有關開發或建設事業計畫之內容與建設時序，應與區域計畫密切配合。原已發布實施之都市計畫不能配合者，該都市計畫應即通盤檢討變更。

③區域內各開發或建設事業計畫，在區域計畫公告實施前已執行而與區域計畫不符者，主管機關應通知執行機關就尚未完成部分限期修正。

第八條

①主管機關因擬定或變更區域計畫，依本法第十四條規定派員進入公私有土地實施調查或勘測時，應依下列規定辦理：

一　進入設有圍障之土地，應於十日前通知該土地所有權人或使用人。

二　必須遷移或拆除地上障礙物者，應於十日前將其名稱、地點及拆除或變更日期，通知所有權人或使用人，並定期協議補償金額。

②前項通知無法送達時，得寄存於當地村里長處，並於本機關公告處公告之。

第九條

依本法第十四條第二項及第十七條應發給所有權人或使用人之補償金，有下列情形之一時，應依法提存：

一　應受補償人拒絕受領或不能受領者。

二　應受補償人所在不明者。

第三章　區域土地使用管制

第一〇條

①區域土地應符合土地分區使用計畫，並依下列規定管制：

一　都市土地：包括已發布都市計畫及依都市計畫法第八十一條規定為新訂都市計畫或擴大都市計畫而先行劃定計畫地區範圍，實施禁建之土地；其使用依都市計畫法管制之。

二　非都市土地：指都市土地以外之土地；其使用依本法第十五條規定訂定非都市土地使用管制規則管制之。

②前項範圍內依國家公園法劃定之國家公園土地，依國家公園計畫管制之。

第一一條

非都市土地得劃定為下列各種使用區：

一　特定農業區：優良農地或曾經投資建設重大農業改良設施，經會同農業主管機關認為必須加以特別保護而劃定者。

二　一般農業區：特定農業區以外供農業使用之土地。

三　工業區：為促進工業整體發展，會同有關機關劃定者。

四　鄉村區：為調和、改善農村居住與生產環境及配合政府興建住宅社區政策之需要，會同有關機關劃定者。

五　森林區：為保育利用森林資源，並維護生態平衡及涵養水源，依森林法等有關法規，會同有關機關劃定者。

六　山坡地保育區：為保護自然生態資源、景觀、環境，與防治沖蝕、崩塌、地滑、土石流失等地質災害，及涵養水源等水土保育，依有關法規，會同有關機關劃定者。

七　風景區：為維護自然景觀，改善國民康樂遊憩環境，依有關法規，會同有關機關劃定者。

八　國家公園區：為保護國家特有之自然風景、史蹟、野生物及其棲息地，並供國民育樂及研究，依國家公園法劃定者。

九　河川區：為保護水道、確保河防安全及水流宣洩，依水利法等有關法規，會同有關機關劃定者。

十　海域區：為促進海域資源與土地之保育及永續合理利用，防治海域災害及環境破壞，依有關法規及實際用海需要劃定者。

十一　其他使用區或特定專用區：為利各目的事業推動業務之實際需要，依有關法規，會同有關機關劃定並註明其用途者。

第一二條

①依本法第十五條規定製定非都市土地使用分區圖，應按鄉（鎮、市、區）之行政區域分別繪製，其比例尺不得小於二萬五千分之一，並標明各種使用區之界線；已依法核定之各種公共設施、道路及河川用地，能確定其界線者，應一併標明之。

②前項各種使用區之界線，應根據圖面、地形、地物等顯著標誌與說明書，依下列規定認定之：

一　以計畫地區範圍界線為界線者，以該範圍之界線為分區界線。

二　以水岸線或河川中心線為界線者，以該水岸線或河川中心線為分區界線，其有移動者，隨其移動。

三　以鐵路線為界線者，以該鐵路界線為分區界線。

四　以道路為界線者，以其計畫道路界線為分區界線，無計畫道路者，以該現有道路界線為準。

五　以宗地界線為界線者，以地籍圖上該宗地界線為分區界線。

③海域區應以適當坐標系統定位範圍界線，並製定非都市土地使用分區圖，不受第一項比例尺不得小於二萬五千分之一限制。

第一三條

①直轄市、縣（市）主管機關依本法第十五條規定編定各種使用地時，應按非都市土地使用分區圖所示範圍，就土地能供使用之性質，參酌地方實際需要，依下列規定編定，且除海域用地外，並應繪入地籍圖；其已依法核定之各種公共設施用地，能確定其界線者，並應測定其界線後編定之：

一　甲種建築用地：供山坡地範圍外之農業區內建築使用者。

二　乙種建築用地：供鄉村區內建築使用者。

三　丙種建築用地：供森林區、山坡地保育區、風景區及山坡地範圍之農業區內建築使用者。
四　丁種建築用地：供工廠及有關工業設施建築使用者。
五　農牧用地：供農牧生產及其設施使用者。
六　林業用地：供營林及其設施使用者。
七　養殖用地：供水產養殖及其設施使用者。
八　鹽業用地：供製鹽及其設施使用者。
九　礦業用地：供礦業實際使用者。
十　窯業用地：供磚瓦製造及其設施使用者。
十一　交通用地：供鐵路、公路、捷運系統、港埠、空運、氣象、郵政、電信等及其設施使用者。
十二　水利用地：供水利及其設施使用者。
十三　遊憩用地：供國民遊憩使用者。
十四　古蹟保存用地：供保存古蹟使用者。
十五　生態保護用地：供保護生態使用者。
十六　國土保安用地：供國土保安使用者。
十七　殯葬用地：供殯葬設施使用者。
十八　海域用地：供各類用海及其設施使用者。
十九　特定目的事業用地：供各種特定目的之事業使用者。

②前項各種使用地編定完成後，直轄市、縣（市）主管機關應報中央主管機關核定；變更編定時，亦同。

第一四條

①依本法第十五條及第十五條之一第一項第一款製定非都市土地使用分區圖、編定各種使用地與辦理非都市土地使用分區及使用地編定檢討之作業方式及程序，由中央主管機關定之。

②前項使用分區具有下列情形之一者，得委辦直轄市、縣（市）主管機關核定：
一　使用分區之更正。
二　為加強資源保育辦理使用分區之劃定或檢討變更。
三　面積未達一公頃使用分區之劃定。

第一五條

①本法第十五條之一第一項第二款所稱開發計畫，應包括下列內容：
一　開發內容分析。
二　基地環境資料分析。
三　實質發展計畫。
四　公共設施營運管理計畫。
五　平地之整地排水工程。
六　其他應表明事項。

②本法第十五條之一第一項第二款所稱有關文件，係指下列文件：
一　申請人清冊。
二　設計人清冊。
三　土地清冊。

四　相關簽證（名）技師資料。
五　土地及建築物權利證明文件。
六　相關主管機關或事業機構同意文件。
七　其他文件。
③前二項各款之內容，應視開發計畫性質，於審議作業規範中定之。

第一六條
①直轄市、縣（市）主管機關受理申請開發案件後，經查對開發計畫與有關文件須補正者，應通知申請人限期補正；屆期未補正者，直轄市、縣（市）主管機關應敘明處理經過，報請中央主管機關審議。
②主管機關辦理許可審議時，如有須補正事項者，應通知申請人限期補正，屆期未補正者，應為駁回之處分。

第一七條
①本法第十五條之四所定六十日，係指自直轄市、縣（市）主管機關受理申請開發案件之次日起算六十日。
②本法第十五條之四所定九十日，係指自主管機關受理審議開發案件，並經申請人繳交審查費之次日起算九十日。

第一八條
①直轄市、縣（市）區域計畫公告實施後，依本法第十五條之一第一項第二款規定申請開發之案件，由直轄市、縣（市）主管機關辦理審議許可。但一定規模以上、性質特殊、位於環境敏感地區或其他經中央主管機關指定者，應由中央主管機關審議許可。
②直轄市、縣（市）區域計畫公告實施前，依本法第十五條之一第一項第二款規定申請開發之案件，除前項但書規定者外，中央主管機關得委辦直轄市、縣（市）主管機關審議許可。
③第一項所定一定規模、性質特殊、位於環境敏感地區，由中央主管機關定之。

第一九條
為實施區域土地使用管制，直轄市或縣（市）主管機關應會同有關機關定期實施全面性土地使用現狀調查，並將調查結果以圖冊（卡）記載之。

第二〇條
①直轄市、縣（市）主管機關依本法第十五條規定將非都市土地使用分區圖及各種使用地編定結果報經中央主管機關核定後，除應依本法第十六條規定予以公告，並通知土地所有權人外，並應自公告之日起，依照非都市土地使用管制規則實施土地使用管制。
②土地所有權人發現土地使用分區界線或使用地編定有錯誤或遺漏時，應於公告之日起三十日內，以書面申請更正。
③直轄市、縣（市）主管機關對前項之申請經查明屬實者，應彙報中央主管機關核定後更正之，並復知申請人。

④各種使用地編定結果，除海域用地外，應登載於土地登記簿，變更編定時亦同。

第二一條

依本法實施區域土地使用管制後，區域計畫依本法第十三條規定變更者，直轄市或縣（市）主管機關應即檢討相關之非都市土地使用分區圖及土地使用編定，並作必要之變更編定。

第四章　區域開發建設之推動

第二二條

各級主管機關得視需要，依本法第十八條規定，聘請有關人員設置區域建設推行委員會，辦理本法第十九條規定之任務，其設置辦法由各該主管機關定之。未設置區域建設推行委員會者，本法第十九條規定之任務，由各級主管機關指定單位負責辦理。

第二三條

各級區域建設推行委員會或辦理其任務之單位對區域建設推行事項應廣為宣導，並積極誘導區域開發建設事業之發展，必要時並得邀請有關機關公私團體，舉辦區域建設之各種專業性研討會，或委託學術團體從事區域開發建設問題之專案研究。

第二四條

各級區域建設推行委員會或辦理其任務之單位依本法第十九條所為協助或建議，各有關機關及事業機構應盡量配合辦理。其屬於區域公共設施分期建設計畫及經費概算者，各有關機關編製施政計畫及年度預算時應配合辦理。

第五章　附　則

第二五條

本細則自發布日施行。

非都市土地使用管制規則

①民國90年3月26日內政部令修正發布全文59條；並自發布日起實施。
②民國91年5月31日內政部令修正發布第6、19、25、28、35、45、48、49條條文；並增訂第35-1條條文。
③民國92年3月26日內政部令修正發布第6、23、26、28、30、31、33、53條條文；刪除第49、52條條文；並增訂第6-1、38-1、44-1、49-1、52-1條條文。
④民國93年3月5日內政部令修正發布第6、9、22、28、49-1條條文。
⑤民國93年6月15日內政部令修正發布第44、45、52-1條條文。
⑥民國94年12月16日內政部令修正發布第35-1條條文。
⑦民國97年9月5日內政部令修正發布第9條條文及第6條附表一。
⑧民國98年3月18日內政部令修正發布第35、35-1條條文。
⑨民國98年8月20日內政部令修正發布第52-1條條文；並增訂第42-1條條文。
⑩民國99年4月28日內政部令修正發布第1、6、11、13、14、15、16、20至22、23、48、49-1、52-1條條文及第17條附表二、附表二之一；增訂第14-1、22-1條條文；並刪除第24、25條條文。
⑪民國100年5月2日內政部令修正發布第35、35-1條條文及第6條附表一。
民國101年5月15日行政院公告第9條第4項第4款所列屬「行政院文化建設委員會」之權責事項，自101年5月20日起改由「文化部」管轄。
⑫民國102年9月19日內政部令修正發布第9至11、13、14、17、21、22、23、28、31、35、35-1、40、42-1、44、45、46、48、52-1條條文及第6條附表一、第17條附表二、附表二之一、第27條附表三、第28條附表四；增訂第22-2、23-1、30-1至30-3、44-2條條文；並刪除第38至39、44-1條條文。
⑬民國103年12月31日內政部令修正發布第 2、3、9、17、30-1至30-3、43、49-1、52-1、56 條條文及第6條附表一、第 27條附表三；增訂第 30-4、31-1、31-2條條文；並刪除第44-2條條文。
⑭民國104年12月31日內政部令修正發布第6、35條條文及第27條附表三；並增訂第6-2、6-3條條文。
⑮民國105年11月28日內政部令修正發布第6-3、9、11、13、16、21、22至23-1、26、31-1、31-2、35、37、49-1、56條條文及第6條附表一、第6-1條附表五、第17條附表二、二之一、第28條附表四；並增訂第16-1、21-1、23-2條條文。
⑯民國107年3月19日內政部令修正發布第6、26、29至30-1條條文；增訂第30-5條條文；並刪除第56條條文。
⑰民國107年8月14日內政部令修正發布第6條附表一。
⑱民國108年2月14日內政部令修正發布第35、52-1條條文及第6條附表一；並增訂第46-1條條文。
⑲民國108年5月30日內政部令增訂發布第9-1條條文。
⑳民國108年9月19日內政部令增訂發布第23-3、30-6條條文。

㉑民國109年3月30日內政部令修正發布第9-1條條文。
㉒民國110年7月15日內政部令修正發布第9、30、52-1條條文及第6條附表一。
㉓民國110年10月13日內政部令修正發布第9條條文。
㉔民國111年7月20日內政部令修正發布第40條條文及第6條附表一。
民國111年7月27日行政院公告第9-1條第5項所列屬「科技部」之權責事項，自111年7月27日起改由「國家科學及技術委員會」管轄。
民國112年7月27日行政院公告第9條第5項第1款、第9-1條第5項、第17條附表二、附表二之一所列屬「行政院農業委員會」之權責事項，自112年8月1日起改由「農業部」管轄；第9條第5項第2款所列屬「行政院農業委員會漁業署」之權責事項，自112年8月1日起改由「農業部漁業署」管轄。
民國112年9月13日行政院公告第6條第3項附表一所列屬「交通部中央氣象局」之權責事項，自112年9月15日起改由「交通部中央氣象署」管轄。
民國112年9月13日行政院公告第17條附表二及附表二之一所列屬「內政部地政司」之權責事項，自112年9月20日起改由「內政部國土管理署」管轄。
㉕民國113年3月29日內政部令修正發布第6條附表一；並增訂第30-7、30-8條條文。

第一章　總　則

第一條 99
本規則依區域計畫法（以下簡稱本法）第十五條第一項規定訂定之。

第二條 103
非都市土地得劃定為特定農業、一般農業、工業、鄉村、森林、山坡地保育、風景、國家公園、河川、海域、特定專用等使用分區。

第三條 103
非都市土地依其使用分區之性質，編定為甲種建築、乙種建築、丙種建築、丁種建築、農牧、林業、養殖、鹽業、礦業、窯業、交通、水利、遊憩、古蹟保存、生態保護、國土保安、殯葬、海域、特定目的事業等使用地。

第四條
非都市土地之使用，除國家公園區內土地，由國家公園主管機關依法管制外，按其編定使用地之類別，依本規則規定管制之。

第五條
①非都市土地使用分區劃定及使用地編定後，由直轄市或縣（市）政府管制其使用，並由當地鄉（鎮、市、區）公所隨時檢查，其有違反土地使用管制者，應即報請直轄市或縣（市）政府處

理。

②鄉（鎮、市、區）公所辦理前項檢查，應指定人員負責辦理。

③直轄市或縣（市）政府爲處理第一項違反土地使用管制之案件，應成立聯合取締小組定期查處。

④前項直轄市或縣（市）聯合取締小組得請目的事業主管機關定期檢查是否依原核定計畫使用。

第二章　容許使用、建蔽率及容積率

第六條 107

①非都市土地經劃定使用分區並編定使用地類別，應依其容許使用之項目及許可使用細目使用。但中央目的事業主管機關認定爲重大建設計畫所需之臨時性設施，經徵得使用地之中央主管機關及有關機關同意後，得核准爲臨時使用。中央目的事業主管機關於核准時，應函請直轄市或縣（市）政府將臨時使用用途及期限等資料，依相關規定程序登錄於土地參考資訊檔。中央目的事業主管機關及直轄市、縣（市）政府應負責監督確實依核定計畫使用及依限拆除恢復原狀。

②前項容許使用及臨時性設施，其他法律或依本法公告實施之區域計畫有禁止或限制使用之規定者，依其規定。

③海域用地以外之各種使用地容許使用項目、許可使用細目及其附帶條件如附表一；海域用地容許使用項目及區位許可使用細目如附表一之一。

④非都市土地容許使用執行要點，由內政部定之。

⑤目的事業主管機關爲辦理容許使用案件，得視實際需要，訂定審查作業要點。

第六條之一 92

①依前條第三項附表一規定應申請許可使用者，應檢附下列文件，向目的事業主管機關申請核准：

一　非都市土地許可使用申請書如附表五。

二　使用計畫書。

三　土地登記（簿）謄本及地籍圖謄本。

四　申請許可使用同意書。

五　土地使用配置圖及位置示意圖。

六　其他有關文件。

②前項第三款之文件能以電腦處理者，免予檢附。

③申請人爲土地所有權人者，免附第一項第四款規定之文件。

④第一項第一款申請書格式，目的事業主管機關另有規定者，得依其規定辦理。

第六條之二 104

①依第六條第三項附表一之一規定於海域用地申請區位許可者，應檢附申請書如附表一之二，向中央主管機關申請核准。

②依前項於海域用地申請區位許可，經審查符合下列各款條件者，

始得核准：

一　對於海洋之自然條件狀況、自然資源分布、社會發展需求及國家安全考量等，係屬適當而合理。

二　申請區位若位屬附表一之二環境敏感地區者，應經各項環境敏感地區之中央法令規定之目的事業主管機關同意。

三　興辦事業計畫經目的事業主管機關核准或原則同意。

四　申請區位屬下列情形之一者：

㈠非屬已核准區位許可範圍。

㈡屬已核准區位許可範圍，並經該目的事業主管機關同意。

㈢屬已核准區位許可範圍，且該區位逾三年未使用。

③第一項申請案件，中央主管機關應會商有關機關審查。但涉重大政策或認定疑義者，應依下列原則處理：

一　於不影響海域永續利用之前提下，尊重現行之使用。

二　申請區位、資源和環境等爲自然屬性者優先。

三　多功能使用之海域，以公共福祉最大化之使用優先，相容性較高之使用次之。

④本規則中華民國一百零五年一月二日修正生效前，依其他法令已同意使用之用海範圍，且屬第一項需申請區位許可者，各目的事業主管機關應於本規則中華民國一百零五年一月二日修正生效後六個月內，將同意使用之用海範圍及相關資料報送中央主管機關；其使用之用海範圍，視同取得區位許可。

⑤於海域用地申請區位許可審議之流程如附表一之三。

第六條之三　105

中央主管機關依前條核准區位許可者，應按個案情形核定許可期間，並核發區位許可證明文件，將審查結果納入海域相關之基本資料庫，並副知該目的事業主管機關及直轄市、縣（市）政府。

第七條

山坡地範圍內森林區、山坡地保育區及風景區之土地，在未編定使用地之類別前，適用林業用地之管制。

第八條

①土地使用編定後，其原有使用或原有建築物不合土地使用分區規定者，在政府令其變更使用或拆除建築物前，得爲從來之使用。原有建築物除准修繕外，不得增建或改建。

②前項土地或建築物，對公衆安全、衛生及福利有重大妨礙者，該管直轄市或縣（市）政府應限期令其變更或停止使用、遷移、拆除或改建，所受損害應予適當補償。

第九條　110

①下列非都市土地建蔽率及容積率不得超過下列規定。但直轄市或縣（市）政府得視實際需要酌予調降，並報請中央主管機關備查：

一　甲種建築用地：建蔽率百分之六十。容積率百分之二百四十。
二　乙種建築用地：建蔽率百分之六十。容積率百分之二百四十。
三　丙種建築用地：建蔽率百分之四十。容積率百分之一百二十。
四　丁種建築用地：建蔽率百分之七十。容積率百分之三百。
五　窯業用地：建蔽率百分之六十。容積率百分之一百二十。
六　交通用地：建蔽率百分之四十。容積率百分之一百二十。
七　遊憩用地：建蔽率百分之四十。容積率百分之一百二十。
八　殯葬用地：建蔽率百分之四十。容積率百分之一百二十。
九　特定目的事業用地：建蔽率百分之六十。容積率百分之一百八十。

②經區域計畫擬定機關核定之開發計畫，有下列情形之一，區內可建築基地經編定為特定目的事業用地者，其建蔽率及容積率依核定計畫管制，不受前項第九款規定之限制：
一　規劃為工商綜合區使用之特定專用區。
二　規劃為非屬製造業及其附屬設施使用之工業區。

③依工廠管理輔導法第二十八條之十辦理使用地變更編定之特定目的事業用地，其建蔽率不受第一項第九款規定之限制。但不得超過百分之七十。

④經主管機關核定之土地使用計畫，其建蔽率及容積率低於第一項之規定者，依核定計畫管制之。

⑤第一項以外使用地之建蔽率及容積率，由下列使用地之中央主管機關會同建築管理、地政機關訂定：
一　農牧、林業、生態保護、國土保安用地之中央主管機關：行政院農業委員會。
二　養殖用地之中央主管機關：行政院農業委員會漁業署。
三　鹽業、礦業、水利用地之中央主管機關：經濟部。
四　古蹟保存用地之中央主管機關：文化部。

第九條之一　109

①依原獎勵投資條例、原促進產業升級條例或產業創新條例編定開發之工業區，或其他政府機關依該園區設置管理條例設置開發之園區，於符合核定開發計畫，並供生產事業、工業及必要設施使用者，其擴大投資或產業升級轉型之興辦事業計畫，經工業主管機關或各園區主管機關同意，平均每公頃新增投資金額（不含土地價款）超過新臺幣四億五千萬元者，平均每公頃再增加投資新臺幣一千萬元，得增加法定容積百分之一，上限為法定容積百分之十五。

②前項擴大投資或產業升級轉型之興辦事業計畫，為提升能源使用效率及設置再生能源發電設備，於取得前項增加容積後，並符合下列各款規定之一者，得依下列項目增加法定容積：
一　設置能源管理系統：百分之二。
二　設置太陽光電發電設備於廠房屋頂，且水平投影面積占屋頃可設置區域範圍百分之五十以上：百分之三。

③第一項擴大投資或產業升級轉型之興辦事業計畫，依前二項規定申請後，仍有增加容積需求者，得依工業或各園區主管機關法令規定，以捐贈產業空間或繳納回饋金方式申請增加容積。

④第一項規定之工業區或園區，區內可建築基地經編定為丁種建築用地者，其容積率不受第九條第一項第四款規定之限制。但合併計算前三項增加之容積，其容積率不得超過百分之四百。

⑤第一項至第三項增加容積之審核，在中央由經濟部、科技部或行政院農業委員會為之；在直轄市或縣（市）由直轄市或縣（市）政府為之。

⑥前五項規定應依第二十二條規定辦理後，始得為之。

第三章　土地使用分區變更

第一〇條 102

非都市土地經劃定使用分區後，因申請開發，依區域計畫之規定需辦理土地使用分區變更者，應依本規則之規定辦理。

第一一條 105

①非都市土地申請開發達下列規模者，應辦理土地使用分區變更：

一　申請開發社區之計畫達五十戶或土地面積在一公頃以上，應變更為鄉村區。

二　申請開發為工業使用之土地面積達十公頃以上或依產業創新條例申請開發為工業使用之土地面積達五公頃以上，應變更為工業區。

三　申請開發遊憩設施之土地面積達五公頃以上，應變更為特定專用區。

四　申請設立學校之土地面積達十公頃以上，應變更為特定專用區。

五　申請開發高爾夫球場之土地面積達十公頃以上，應變更為特定專用區。

六　申請開發公墓之土地面積達五公頃以上或其他殯葬設施之土地面積達二公頃以上，應變更為特定專用區。

七　前六款以外開發之土地面積達二公頃以上，應變更為特定專用區。

②前項辦理土地使用分區變更案件，申請開發涉及其他法令規定開發所需最小規模者，並應符合各該法令之規定。

③申請開發涉及填海造地者，應按其開發性質辦理變更為適當土地使用分區，不受第一項規定規模之限制。

④中華民國七十七年七月一日本規則修正生效後，同一或不同申請人向目的事業主管機關提出二個以上興辦事業計畫申請之開發案件，其申請開發範圍毗鄰，且經目的事業主管機關審認屬同一興辦事業計畫，應累計其面積，累計開發面積達第一項規模者，應一併辦理土地使用分區變更。

第一二條

為執行區域計畫，各級政府得就各區域計畫所列重要風景及名勝地區研擬風景區計畫，並依本規則規定程序申請變更為風景區，其面積以二十五公頃以上為原則。但離島地區，不在此限。

第一三條 105

①非都市土地開發需辦理土地使用分區變更者，其申請人應依相關審議作業規範之規定製作開發計畫書圖及檢具有關文件，並依下列程序，向直轄市或縣（市）政府申請辦理：

一　申請開發許可。

二　相關公共設施用地完成土地使用分區及使用地之異動登記，並移轉登記為該管直轄市、縣（市）有或鄉（鎮、市）有。但其他法律就移轉對象另有規定者，從其規定。

三　申請公共設施用地以外土地之土地使用分區及使用地之異動登記。

四　山坡地範圍，依水土保持法相關規定應擬具水土保持計畫者，應取得水土保持完工證明書；非山坡地範圍，應取得整地排水完工證明書。但申請開發範圍包括山坡地及非山坡地範圍，非山坡地範圍經水土保持主管機關同意納入水土保持計畫範圍者，得免取得整地排水完工證明書。

②填海造地及非山坡地範圍農村社區土地重劃案件，免依前項第四款規定取得整地排水完工證明書。

③第一項第二款相關公共設施用地按核定開發計畫之公共設施分期計畫異動登記及移轉者，第一項第三款土地之異動登記，應按該分期計畫申請辦理變更為許可之使用分區及使用地。

第一四條 102

①直轄市或縣（市）政府依前條規定受理申請後，應查核開發計畫書圖及基本資料，並視開發計畫之使用性質，徵詢相關單位意見後，提出具體初審意見，併同申請案之相關書圖，送請各該區域計畫擬定機關，提報其區域計畫委員會，依各該區域計畫內容與相關審議作業規範及建築法令之規定審議。

②前項申請案經區域計畫委員會審議同意後，由區域計畫擬定機關核發開發許可予申請人，並通知土地所在地直轄市或縣（市）政府。

③依前條規定申請使用分區變更之土地，其使用管制及開發建築，應依區域計畫擬定機關核發開發許可或開發同意之開發計畫書圖及其許可條件辦理，申請人不得逕依第六條附表一作為開發計畫以外之其他容許使用項目或許可使用細目使用。

第一四條之一 99

非都市土地申請開發許可案件，申請人得於區域計畫擬定機關許可前向該機關申請撤回；區域計畫擬定機關於同意撤回後，應通知申請人及土地所在地直轄市或縣（市）政府。

第一五條 99

①非都市土地開發需辦理土地使用分區變更者，申請人於申請開

發許可時，得依相關審議作業規範規定，檢具開發計畫申請許可，或僅先就開發計畫之土地使用分區變更計畫申請同意，並於區域計畫擬定機關核准期限內，再檢具使用地變更編定計畫申請許可。

②申請開發殯葬、廢棄物衛生掩埋場、廢棄物封閉掩埋場、廢棄物焚化處理廠、營建剩餘土石方資源處理場及土石採取場等設施，應先就開發計畫之土地使用分區變更計畫申請同意，並於區域計畫擬定機關核准期限內，檢具使用地變更編定計畫申請許可。

第一六條 105

①申請人依前條規定僅先就開發計畫之土地使用分區變更計畫申請同意時，應於區域計畫擬定機關核准期限內，檢具開發計畫之使用地變更編定計畫向直轄市或縣（市）政府申請許可，逾期未申請者，其原經區域計畫擬定機關同意之土地使用分區變更計畫失其效力。但在核准期限屆滿前申請，並經區域計畫擬定機關同意延長期限者，不在此限。

②前項使用地變更編定計畫，經直轄市或縣（市）政府查核資料，並報經區域計畫委員會審議同意後，由區域計畫擬定機關核發開發許可予申請人，並通知土地所在地直轄市或縣（市）政府。

第一六條之一 105

申請人依第十五條規定僅先就開發計畫之土地使用分區變更計畫申請同意者，應於使用地變更編定計畫取得區域計畫擬定機關許可後，始得依第十三條第一項第二款至第四款規定辦理。但依第十五條第一項規定辦理之案件，經興辦事業計畫之中央目的事業主管機關認定屬重大建設計畫且有迫切需要，於取得區域計畫擬定機關同意後，得先申請土地使用分區之異動登記。

第一七條 103

①申請土地開發者於目的事業法規另有規定，或依法需辦理環境影響評估、實施水土保持之處理及維護或涉及農業用地變更者，應依各目的事業、環境影響評估、水土保持或農業發展條例有關法規規定辦理。

②前項環境影響評估、水土保持或區域計畫擬定等主管機關之審查作業，得採併行方式辦理，其審議程序如附表二及附表二之一。

第一八條

①非都市土地申請開發屬綜合性土地利用型態者，應由區域計畫擬定機關依其土地使用性質，協調判定其目的事業主管機關。

②前項綜合性土地利用型態，係指多類別使用分區變更案或多種類土地使用（開發）案。

第一九條 91

①申請人依第十三條第一項第一款規定申請開發許可，依區域計畫委員會審議同意之計畫內容或各目的事業相關法規之規定，需與當地直轄市或縣（市）政府簽訂協議書者，應依審議同意

之計畫內容及各目的事業相關法規之規定，與當地直轄市或縣（市）政府簽訂協議書。
②前項協議書應於區域計畫擬定機關核發開發許可前，經法院公證。

第二〇條 99

區域計畫擬定機關核發開發許可、廢止開發許可或開發同意後，直轄市或縣（市）政府應將許可或廢止內容於各該直轄市、縣（市）政府或鄉（鎮、市、區）公所公告三十日。

第二一條 105

①申請人有下列情形之一者，直轄市或縣（市）政府應報經區域計畫擬定機關廢止原開發許可或開發同意：
一　違反核定之土地使用計畫、目的事業或環境影響評估等相關法規，經該管主管機關提出要求處分並經限期改善而未改善。
二　興辦事業計畫經目的事業主管機關廢止或依法失其效力、整地排水計畫之核准經直轄市或縣（市）政府廢止或水土保持計畫之核准經水土保持主管機關廢止或依法失其效力。
三　申請人自行申請廢止。
②屬區域計畫擬定機關委辦直轄市或縣（市）政府審議許可案件，由直轄市或縣（市）政府廢止原開發許可，並副知區域計畫擬定機關。
③屬中華民國九十二年三月二十八日本規則修正生效前免經區域計畫擬定機關審議，並達第十一條規定規模之山坡地開發許可案件，中央主管機關得委辦直轄市、縣（市）政府依前項規定辦理。

第二一條之一 105

①開發許可或開發同意依前條規定廢止，或依第二十三條第一項規定失其效力者，其土地使用分區及使用地已完成變更異動登記者，依下列規定辦理：
一　未依核定開發計畫開始開發、或已開發尚未取得建造執照、或已取得建造執照尚未施工之土地，直轄市或縣（市）政府應依編定前土地使用性質辦理變更或恢復開發許可或開發同意前原土地使用分區及使用地類別。
二　已依核定開發計畫完成使用或已依建造執照施工尚未取得使用執照之土地，申請人應於廢止或失其效力之日起一年內重新申請使用分區或使用地變更。申請人於獲准開發許可前，直轄市或縣（市）政府得維持其土地使用分區與使用地類別，及開發許可或開發同意廢止或失其效力時之土地使用現狀。
②申請人因故未能於前項第二款規定期限內申請土地使用分區或使用地變更，於不影響公共安全者，得於期限屆滿前敘明理由向直轄市、縣（市）政府申請展期；展期期間每次不得超過一年，

並以二次為限。

③第一項第二款應重新申請之土地，逾期未重新申請使用分區或使用地變更，或經申請使用分區或使用地變更未獲准許可，或申請人以書面表示不再重新申請者，直轄市或縣（市）政府應依編定前土地使用性質辦理變更或恢復開發許可或開發同意前之土地使用分區及使用地類別。

④依第十六條之一但書規定，先完成土地使用分區之異動登記者，因原經區域計畫擬定機關同意之土地使用分區變更計畫失其效力，或使用地變更編定計畫經區域計畫擬定機關不予許可，直轄市或縣（市）政府應依編定前土地使用性質辦理變更或恢復土地使用分區變更計畫同意前原土地使用分區類別。

第二二條 105

①區域計畫擬定機關核發開發許可或開發同意後，申請人有下列各款情形之一，經目的事業主管機關認定未變更原核准興辦事業計畫之性質者，應依第十三條至第二十條規定之程序申請變更開發計畫：

一 增、減原經核准之開發計畫土地涵蓋範圍。

二 增加全區土地使用強度或建築高度。

三 變更原開發計畫核准之主要公共設施、公用設備或必要性服務設施。

四 原核准開發計畫土地使用配置變更之面積已達原核准開發面積二分之一或大於二公頃。

五 增加使用項目與原核准開發計畫之主要使用項目顯有差異，影響開發範圍內其他使用之相容性或品質。

六 變更原開發許可或開發同意函之附款。

七 變更開發計畫內容，依相關審議作業規範規定，屬情況特殊或規定之例外情形應由區域計畫委員會審議。

②前項以外之變更事項，申請人應製作變更內容對照表送請直轄市或縣（市）政府，經目的事業主管機關認定未變更原核准興辦事業計畫之性質，由直轄市或縣（市）政府予以備查後通知申請人，並副知目的事業主管機關及區域計畫擬定機關。但經直轄市、縣（市）政府認定有前項各款情形之一或經目的事業主管機關認定變更原核准興辦事業計畫之性質者，直轄市或縣（市）政府應通知申請人依前項或第二十二條之二規定辦理。

③因政府依法徵收、撥用或協議價購土地，致減少原經核准之開發計畫土地涵蓋範圍，而有第一項第三款所列情形，於不影響基地開發之保育、保安、防災並經專業技師簽證及不妨礙原核准開發許可或開發同意之主要公共設施、公用設備或必要性服務設施之正常功能，得準用前項規定辦理。

④依原獎勵投資條例編定之工業區，申請人變更原核准計畫，未涉及原工業區興辦目的性質之變更者，由工業主管機關辦理審查，免徵得區域計畫擬定機關同意。

⑤依第一項及第三項規定應申請變更開發計畫或製作變更內容對

照表備查之認定原則如附表二之二。

第二二條之一 105

申請人依前條規定申請變更開發計畫，符合下列情形之一者，區域計畫擬定機關得委辦直轄市、縣（市）政府審議許可：

一 中華民國九十二年三月二十八日本規則修正生效前免經區域計畫擬定機關審議，並達第十一條規定規模之山坡地開發許可案件。

二 依本法施行細則第十八條第二項規定，區域計畫擬定機關委辦直轄市、縣（市）政府審議核定案件。

三 原經區域計畫擬定機關核發開發許可或開發同意之案件，且變更開發計畫無下列情形：

㈠坐落土地跨越二個以上直轄市或縣（市）行政區域。

㈡屬填海造地案件。

㈢前條第一項第六款或第七款規定情形。

第二二條之二 105

①經區域計畫擬定機關核發開發許可、開發同意或依原獎勵投資條例編定之案件，變更原經目的事業主管機關核准之興辦事業計畫性質且面積達第十一條規模者，申請人應依本章規定程序重新申請使用分區變更。

②前項面積未達第十一條規模者，申請人應依第四章規定申請使用地變更編定。

③前二項除依原獎勵投資條例編定之案件外，其原許可或同意之開發計畫未涉及興辦事業計畫性質變更部分，應依第二十二條規定辦理變更；興辦事業計畫性質變更涉及全部基地範圍，原許可或同意之開發計畫，應依第二十一條規定辦理廢止。

④第一項或第二項之變更及前項變更開發計畫或廢止原許可或同意之程序，得併同辦理，免依第二十一條之一第一項規定辦理。

⑤第一項及第二項之變更，涉及其他法令規定開發所需最小規模者，並應符合各該法令之規定。

⑥經變更後興辦事業之目的事業主管機關認定第一項興辦事業計畫性質之變更，係因公有土地權屬或管理機關變更所致者，依第二十二條第二項規定辦理；涉及原許可或同意之廢止者，依第四項規定辦理。

第二三條 105

①申請人於獲准開發許可後，應依下列規定辦理；逾期未辦理者，區域計畫擬定機關原許可失其效力：

一 於收受開發許可通知之日起一年內，取得第十三條第一項第二款、第三款土地使用分區及使用地之異動登記及公共設施用地移轉之文件，並擬具水土保持計畫或整地排水計畫送請水土保持主管機關或直轄市、縣（市）政府審核。但開發案件因故未能於期限內完成土地使用分區及使用地之異動登記、公共設施用地移轉及申請水土保持計畫或整地排水計畫審核者，得於期限屆滿前敘明理由向直轄市、縣（市）政府申請展期；展期期間每次不得超過一年，並以二次爲限。

二　於收受開發許可通知之日起十年內，取得公共設施用地以外可建築用地使用執照或目的事業主管機關核准營運（業）之文件。但開發案件因故未能於期限內取得者，得於期限屆滿前提出展期計畫向直轄市、縣（市）政府申請核准後，於核准展期期限內取得之；展期計畫之期間不得超過五年，並以一次爲限。

②前項屬非山坡地範圍案件整地排水計畫之審查項目、變更、施工管理及相關申請書圖文件，由內政部定之。

③申請人依第十三條第一項或第三項規定，將相關公共設施用地移轉登記爲該管直轄市、縣（市）有或鄉（鎮、市）有後，應依核定開發計畫所訂之公共設施分期計畫，於申請建築物之使用執照前完成公共設施興建，並經直轄市或縣（市）政府查驗合格，移轉予該管直轄市、縣（市）有或鄉（鎮、市）有。但公共設施之捐贈及完成時間，其他法令另有規定者，從其規定。

④前項應移轉登記爲鄉（鎮、市）有之公共設施，鄉（鎮、市）公所應派員會同查驗。

第二三條之一 105

①中華民國一百零五年十一月三十日本規則修正生效前經區域計畫擬定機關許可或同意之開發案件，未依下列各款規定之一辦理者，應依前條第一項、第三項及第四項規定辦理：

一　依九十年三月二十八日本規則修正生效之前條規定，申請雜項執照或水土保持施工許可。

二　依九十九年四月三十日本規則修正生效之前條規定，申請水土保持施工許可證或整地排水計畫施工許可證。

三　依一百零二年九月二十一日本規則修正生效之前條規定，申請水土保持計畫或整地排水計畫。

②已依前項各款規定之一申請，尚未取得水土保持或整地排水完工證明文件者，應依前條第一項第二款、第三項及第四項規定辦理。

③前二項計算前條第一項之期限，以中華民國一百零五年十一月三十日本規則修正生效日爲起始日。

第二三條之二 105

①申請人應於核定整地排水計畫之日起一年內，申領整地排水施工許可證。

②整地排水計畫需分期施工者，應於計畫中敘明各期施工之內容，並按期申領整地排水施工許可證。

③整地排水施工許可證核發時，應同時核定施工期限或各期施工期限。

④整地排水施工，因故未能於核定期限內完工時，應於期限屆滿前敘明事實及理由向直轄市、縣（市）政府申請展期。展期期間每次不得超過六個月，並以二次爲限。但因天災或其他不應

歸責於申請人之事由，致無法施工者，得扣除實際無法施工期程天數。

⑤未依第一項規定之期限申領整地排水施工許可證或未於第三項所定施工期限或前項展延期限內完工者，直轄市或縣（市）政府應廢止原核定整地排水計畫，如已核發整地排水施工許可證，應同時廢止。

第二三條之三 108

申請人獲准開發許可後，依水利法相關規定需辦理出流管制計畫者，免依第十三條第一項第四款、第二十三條第一項第一款、第二十三條之一第一項及前條整地排水相關規定辦理。

第二四條 （刪除）99

第二五條 （刪除）99

第二六條 107

申請人於非都市土地開發依相關法規規定應繳交開發影響費、捐贈土地、繳交回饋金或提撥一定年限之維護管理保證金時，應先完成捐贈之土地及公共設施用地之分割、移轉登記，並繳交開發影響費、回饋金或提撥一定年限之維護管理保證金後，由直轄市或縣（市）政府函請土地登記機關辦理土地使用分區及使用地變更編定異動登記，並將核定事業計畫使用項目等資料，依相關規定程序登錄於土地參考資訊檔。

第四章　使用地變更編定

第二七條

①土地使用分區內各種使用地，除依第三章規定辦理使用分區及使用地變更者外，應在原使用分區範圍內申請變更編定。

②前項使用分區內各種使用地之變更編定原則，除本規則另有規定外，應依使用分區內各種使用地變更編定原則表如附表三辦理。

③非都市土地變更編定執行要點，由內政部定之。

第二八條 102

①申請使用地變更編定，應檢附下列文件，向土地所在地直轄市或縣（市）政府申請核准，並依規定繳納規費：

一　非都市土地變更編定申請書如附表四。

二　興辦事業計畫核准文件。

三　申請變更編定同意書。

四　土地使用計畫配置圖及位置圖。

五　其他有關文件。

②下列申請案件免附前項第二款及第四款規定文件：

一　符合第三十五條、第三十五條之一第一項第一款、第二款、第四款或第五款規定之零星或狹小土地。

二　依第四十條規定已檢附需地機關核發之拆除通知書。

三　鄉村區土地變更編定為乙種建築用地。

四　變更編定為農牧、林業、國土保安或生態保護用地。
③申請案件符合第三十五條之一第一項第三款者，免附第一項第二款規定文件。
④申請人為土地所有權人者，免附第一項第三款規定之文件。
⑤興辦事業計畫有第三十條第二項及第三項規定情形者，應檢附區域計畫擬定機關核發許可文件。其屬山坡地範圍內土地申請興辦事業計畫面積未達十公頃者，應檢附興辦事業計畫面積免受限制文件。

第二九條 107

申請人依相關法規規定應繳交回饋金或提撥一定年限之維護管理保證金者，直轄市或縣（市）政府應於核准變更編定時，通知申請人繳交；直轄市或縣（市）政府應於申請人繳交後，函請土地登記機關辦理變更編定異動登記。

第三〇條 110

①辦理非都市土地變更編定時，申請人應擬具興辦事業計畫。
②前項興辦事業計畫如有第十一條或第十二條需辦理使用分區變更之情形者，應依第三章規定之程序及審議結果辦理。
③第一項興辦事業計畫於原使用分區內申請使用地變更編定，或因變更原經目的事業主管機關核准之興辦事業計畫性質，達第十一條規定規模，準用第三章有關土地使用分區變更規定程序辦理。
④第一項興辦事業計畫除有前二項規定情形外，應報經直轄市或縣（市）目的事業主管機關之核准。直轄市或縣（市）目的事業主管機關於核准前，應先徵得變更前直轄市或縣（市）目的事業主管機關及有關機關同意。但依規定需向中央目的事業主管機關申請或徵得其同意者，應從其規定辦理。變更後目的事業主管機關為審查興辦事業計畫，得視實際需要，訂定審查作業要點。
⑤申請人以前項經目的事業主管機關核准興辦事業計畫辦理使用地變更編定者，直轄市或縣（市）政府於核准變更編定時，應函請土地登記機關辦理異動登記，並將核定事業計畫使用項目等資料，依相關規定程序登錄於土地參考資訊檔。
⑥依第四項規定申請變更編定之土地，其使用管制及開發建築，應依目的事業主管機關核准之興辦事業計畫辦理，申請人不得逕依第六條附表一作為興辦事業計畫以外之其他容許使用項目或許可使用細目使用。
⑦依第二十八條第二項或第三項規定免檢附興辦事業計畫核准文件之變更編定案件，直轄市或縣（市）政府於核准前，應先徵得變更前直轄市或縣（市）目的事業主管機關及有關機關同意。但依規定需徵得中央目的事業主管機關同意者，應從其規定辦理。

第三〇條之一 107

①依前條規定擬具之興辦事業計畫不得位於區域計畫規定之第一

級環境敏感地區。但有下列情形之一者，不在此限：
一　屬內政部會商中央目的事業主管機關認定由政府興辦之公共設施或公用事業，且經各項第一級環境敏感地區之中央法令規定之目的事業主管機關同意興辦。
二　為整體規劃需要，不可避免夾雜之零星土地符合第三十條之二規定者，得納入範圍，並應維持原地形地貌不得開發使用。
三　依各項第一級環境敏感地區之中央目的事業主管法令明定得許可或同意開發。
四　屬優良農地，供農業生產及其必要之產銷設施使用，經農業主管機關認定符合農業發展所需，且不影響農業生產環境及農地需求總量。
五　位於水庫集水區（供家用或供公共給水）非屬與水資源保育直接相關之環境敏感地區範圍，且該水庫集水區經水庫管理機關（構）擬訂水庫集水區保育實施計畫，開發行為不影響該保育實施計畫之執行。

②前項第五款與水資源保育直接相關之環境敏感地區範圍，為特定水土保持區、飲用水水源水質保護區或飲用水取水口一定距離之地區、水庫蓄水範圍、森林（國有林事業區、保安林、大專院校實驗林地及林業試驗林地等森林地區、區域計畫劃定之森林區）、地質敏感區（山崩與地滑）、山坡地（坡度百分之三十以上）及優良農地之地區。

③興辦事業計畫位於區域計畫規定之第一級環境敏感地區，且有第一項第五款情形者，應採低密度開發利用，目的事業主管機關審核其興辦事業計畫時，應參考下列事項：
一　開發基地之土砂災害、水質污染、保水與逕流削減相關影響分析及因應措施。
二　雨、廢（污）水分流、廢（污）水處理設施及水質監測設施之設置情形。

④依第二十八條第二項或第三項規定免檢附興辦事業計畫核准文件之變更編定案件，除申請變更編定為農牧、林業、生態保護或國土保安用地外，準用第一項規定辦理。

第三〇條之二 103
第三十條擬具之興辦事業計畫範圍內有夾雜第一級環境敏感地區之零星土地者，應符合下列各款情形，始得納入申請範圍：
一　基於整體開發規劃之需要。
二　夾雜地仍維持原使用分區及原使用地類別，或同意變更編定為國土保安用地。
三　面積未超過基地開發面積之百分之十。
四　擬定夾雜地之管理維護措施。

第三〇條之三 103
依第三十條規定擬具之興辦事業計畫位於第二級環境敏感地區者，應說明下列事項，並徵詢各項環境敏感地區之中央法令規定之目的事業主管機關意見：

一　就所屬環境敏感地區特性提出具體防範及補救措施，並不得違反各項環境敏感地區劃設所依據之中央目的事業法令之禁止或限制規定。

二　就所屬環境敏感地區特性規範土地使用種類及強度。

第三〇條之四 103

依第三十條擬具之興辦事業計畫位屬原住民保留地者，在不妨礙國土保安、環境資源保育、原住民生計及原住民行政之原則下，得為觀光遊憩、加油站、農產品集貨場倉儲設施、原住民文化保存、社會福利及其他經中央原住民族主管機關同意興辦之事業，不受第三十條之一規定之限制。

第三〇條之五 107

①依第三十條規定擬具之興辦事業計畫位於優良農地者，於本規則中華民國一百零七年三月二十一日修正生效前，已依法提出申請，並取得農業用地變更使用同意文件，經目的事業主管機關徵詢農業主管機關確認維持同意之意見，得適用修正生效前之規定。

②依第二十八條第二項或第三項規定免檢附興辦事業計畫核准文件之變更編定案件，除申請變更編定為農牧、林業、生態保護或國土保安用地外，準用前項規定辦理。

第三〇條之六 108

申請開發之基地位於原住民族特定區域計畫範圍者，依下列規定辦理：

一　該計畫劃設公告之水源保護區範圍，不適用第三十條之一第一項但書規定。

二　該計畫規定不受全國區域計畫第一級環境敏感地區不得辦理設施型使用地變更編定之限制，從其規定。

第三〇條之七 113

政府主動辦理位於原住民族特定區域計畫內之使用地變更，因建物密集，致法定空地留設困難者，得以毗鄰相關之多筆土地合併為一宗基地計算之，必要時得辦理地籍逕為分割。

第三〇條之八 113

直轄市、縣（市）主管機關得會同原住民族主管機關，就原住民族特定區域計畫範圍內原住民保留地指定適宜區位，並經部落同意，由鄉（鎮、市、區）公所擬定興辦事業計畫、開發計畫或其他相關計畫，依第三章、農村社區土地重劃條例或農村再生條例等規定程序辦理。

第三一條 102

①工業區以外之丁種建築用地或都市計畫工業區土地有下列情形之一而原使用地或都市計畫工業區內土地確已不敷使用，經依產業創新條例第六十五條規定，取得直轄市或縣（市）工業主管機關核定發給之工業用地證明書者，得在其需用面積限度內以其毗連非都市土地申請變更編定為丁種建築用地：

一　設置污染防治設備。
二　直轄市或縣（市）工業主管機關認定之低污染事業有擴展工業需要。

②前項第二款情形，興辦工業人應規劃變更土地總面積百分之十之土地作為綠地，辦理變更編定為國土保安用地，並依產業創新條例、農業發展條例相關規定繳交回饋金後，其餘土地始可變更編定為丁種建築用地。

③依原促進產業升級條例第五十三條規定，已取得工業主管機關核定發給之工業用地證明書者，或依同條例第七十條之二第五項規定，取得經濟部核定發給之證明文件者，得在其需用面積限度內以其毗連非都市土地申請變更編定為丁種建築用地。

④都市計畫工業區土地確已不敷使用，依第一項申請毗連非都市土地變更編定者，其建蔽率及容積率，不得高於該都市計畫工業區土地之建蔽率及容積率。

⑤直轄市或縣（市）工業主管機關應依第五十四條檢查是否依原核定計畫使用；如有違反使用，經直轄市或縣（市）工業主管機關廢止其擴展計畫之核定者，直轄市或縣（市）政府應函請土地登記機關恢復原編定，並通知土地所有權人。

第三一條之一 105

①位於依工廠管理輔導法第三十三條第三項公告未達五公頃之特定地區內已補辦臨時工廠登記之低污染事業興辦產業人，經取得中央工業主管機關核准之整體規劃興辦事業計畫文件者，得於特定農業區以外之土地申請變更編定為丁種建築用地及適當使用地。

②興辦產業人依前項規定擬具之興辦事業計畫，應規劃百分之二十以上之土地作為公共設施，辦理變更編定為適當使用地，並由興辦產業人管理維護；其餘土地於公共設施興建完竣經勘驗合格後，依核定之土地使用計畫變更編定為丁種建築用地。

③興辦產業人依前項規定，於區內規劃配置之公共設施無法與區外隔離者，得敘明理由，以區外之毗連土地，依農業發展條例相關規定，配置適當隔離綠帶，併同納入第一項之興辦事業計畫範圍，申請變更編定為國土保安用地。

④第一項特定地區外已補辦臨時工廠登記或列管之低污染事業興辦產業人，經取得直轄市或縣（市）工業主管機關輔導進駐核准文件，得併同納入第一項興辦事業計畫範圍，申請使用地變更編定。

⑤直轄市或縣（市）政府受理變更編定案件，除位屬山坡地範圍者依第四十九條之一規定辦理外，應組專案小組審查下列事項後予以准駁：

一　符合第三十條之一至第三十條之三規定。
二　依非都市土地變更編定執行要點規定所定查詢項目之查詢結果。
三　依非都市土地變更編定執行要點規定辦理審查後，各單位意見有爭議部分。
四　農業用地經農業主管機關同意變更使用。
五　水污染防治措施經環境保護主管機關許可。
六　符合環境影響評估相關法令規定。
七　不妨礙周邊自然景觀。
⑥依第一項規定申請使用地變更編定者，就第一項特定地區外之土地，不得再依前條規定申請變更編定。

第三一條之二 105

①位於依工廠管理輔導法第三十三條第三項公告未達五公頃之特定地區內已補辦臨時工廠登記之低污染事業興辦產業人，經中央工業主管機關審認無法依前條規定辦理整體規劃，並取得直轄市或縣（市）工業主管機關核准興辦事業計畫文件者，得於特定農業區以外之土地申請變更編定為丁種建築用地及適當使用地。
②興辦產業人依前項規定申請變更編定者，應規劃百分之三十以上之土地作為隔離綠帶或設施，其中百分之十之土地作為綠地，變更編定為國土保安用地，並由興辦產業人管理維護；其餘土地依核定之土地使用計畫變更編定為丁種建築用地。
③興辦產業人無法依前項規定，於區內規劃配置隔離綠帶或設施者，得敘明理由，以區外之毗連土地，依農業發展條例相關規定，配置適當隔離綠帶，併同納入第一項興辦事業計畫範圍，申請變更編定為國土保安用地。
④第一項特定地區外經已補辦臨時工廠登記之低污染事業興辦產業人，經取得直轄市或縣（市）工業主管機關輔導進駐核准文件及直轄市或縣（市）工業主管機關核准之興辦事業計畫文件者，得申請使用地變更編定。
⑤直轄市或縣（市）政府受理變更編定案件，準用前條第五項規定辦理審查。
⑥依第一項規定申請使用地變更編定者，就第一項特定地區外之土地，不得再依第三十一條規定申請變更編定。

第三二條

工業區以外位於依法核准設廠用地範圍內，為丁種建築用地所包圍或夾雜土地，經工業主管機關審查認定得合併供工業使用者，得申請變更編定為丁種建築用地。

第三三條 92

①工業區以外為原編定公告之丁種建築用地所包圍或夾雜土地，其面積未達二公頃，經工業主管機關審查認定適宜作低污染、附加產值高之投資事業者，得申請變更編定為丁種建築用地。
②工業主管機關應依第五十四條檢查是否依原核定計畫使用；如有違反使用，經工業主管機關廢止其事業計畫之核定者，直轄市或縣（市）政府應函請土地登記機關恢復原編定，並通知土地所有權人。

第三四條

一般農業區、山坡地保育區及特定專用區內取土部分以外之窯業用地，經領有工廠登記證者，經工業主管機關審查認定得供工業使用者，得申請變更編定為丁種建築用地。

第三五條 108

①毗鄰甲種、丙種建築用地或已作國民住宅、勞工住宅、政府專案計畫興建住宅特定目的事業用地之零星或狹小土地，合於下列各款規定之一者，得按其毗鄰土地申請變更編定為甲種、丙種建築用地：

一　為各種建築用地、建築使用之特定目的事業用地或都市計畫住宅區、商業區、工業區所包圍，且其面積未超過〇·一二公頃。

二　道路、水溝所包圍或為道路、水溝及各種建築用地、建築使用之特定目的事業用地所包圍，且其面積未超過〇·一二公頃。

三　凹入各種建築用地或建築使用之特定目的事業用地，其面積未超過〇·一二公頃，且缺口寬度未超過二十公尺。

四　對邊為各種建築用地、作建築使用之特定目的事業用地、都市計畫住宅區、商業區、工業區或道路、水溝等，所夾狹長之土地，其平均寬度未超過十公尺，於變更後不致妨礙鄰近農業生產環境。

五　面積未超過〇·〇一二公頃，且鄰接無相同使用地類別。

②前項第一款至第三款、第五款土地面積因地形坵塊完整需要，得為百分之十以內之增加。

③第一項道路或水溝之平均寬度應為四公尺以上，道路、水溝相毗鄰者，得合併計算其寬度。但有下列情形之一，經直轄市或縣（市）政府認定已達隔絕效果者，其寬度不受限制：

一　道路、水溝之一與建築用地或建築使用之特定目的事業用地相毗鄰。

二　道路、水溝相毗鄰後，再毗鄰建築用地或建築使用之特定目的事業用地。

三　道路、水溝之一或道路、水溝相毗鄰後，與再毗鄰土地間因自然地勢有明顯落差，無法合併整體利用，且於變更後不致妨礙鄰近農業生產環境。

④第一項及前項道路、水溝及各種建築用地或建築使用之特定目的事業用地，指於中華民國七十八年四月三日臺灣省非都市零星地變更編定認定基準頒行前，經編定或變更編定為交通用地、水利用地及各該種建築用地、特定目的事業用地，或實際已作道路、水溝之未登記土地者。但政府規劃興建之道路、水溝或建築使用之特定目的事業用地及具公用地役關係之既成道路，不受前段時間之限制。

⑤符合第一項各款規定有數筆土地者，土地所有權人個別申請變更編定時，應檢附周圍相關土地地籍圖簿資料，直轄市或縣（市）政府應就整體加以認定後核准之。

⑥第一項建築使用之特定目的事業用地，限於作非農業使用之特定目的事業用地，經直轄市或縣（市）政府認定可核發建照者。
⑦第一項土地於山坡地範圍外之農業區者，變更編定為甲種建築用地；於山坡地保育區、風景區及山坡地範圍內之農業區者，變更編定為丙種建築用地。

第三五條之一 102

①非都市土地鄉村區邊緣畸零不整且未依法禁、限建，並經直轄市或縣（市）政府認定非作為隔離必要之土地，合於下列各款規定之一者，得在原使用分區內申請變更編定為建築用地：
一　毗鄰鄉村區之土地，外圍有道路、水溝或各種建築用地、作建築使用之特定目的事業用地、都市計畫住宅區、商業區、工業區等隔絕，面積在〇．一二公頃以下。
二　凹入鄉村區之土地，三面連接鄉村區，面積在〇．一二公頃以下。
三　凹入鄉村區之土地，外圍有道路、水溝、機關、學校、軍事等用地隔絕，或其他經直轄市或縣（市）政府認定具明顯隔絕之自然界線，面積在〇．五公頃以下。
四　毗鄰鄉村區之土地，對邊為各種建築用地、作建築使用之特定目的事業用地、都市計畫住宅區、商業區、工業區或道路、水溝等，所夾狹長之土地，其平均寬度未超過十公尺，於變更後不致妨礙鄰近農業生產環境。
五　面積未超過〇．〇一二公頃，且鄰接無相同使用地類別。
②前項第一款、第二款及第五款土地面積因地形坵塊完整需要，得為百分之十以內之增加。
③第一項道路、水溝及其寬度、各種建築用地、作建築使用之特定目的事業用地之認定依前條第三項、第四項及第六項規定辦理。
④符合第一項各款規定有數筆土地者，土地所有權人個別申請變更編定時，依前條第五項規定辦理。
⑤直轄市或縣（市）政府於審查第一項各款規定時，得提報該直轄市或縣（市）非都市土地使用編定審議小組審議後予以准駁。
⑥第一項土地於山坡地範圍外之農業區者，變更編定為甲種建築用地；於山坡地保育區、風景區及山坡地範圍內之農業區者，變更編定為丙種建築用地。

第三六條

特定農業區內土地供道路使用者，得申請變更編定為交通用地。

第三七條 107

①已依目的事業主管機關核定計畫編定或變更編定之各種使用地，於該事業計畫廢止或依法失其效力者，各該目的事業主管機關應通知當地直轄市或縣（市）政府。
②直轄市或縣（市）政府於接到前項通知後，應即依下列規定辦理，並通知土地所有權人：
一　已依核定計畫完成使用者，除依法提出申請變更編定外，

應維持其使用地類別。

二　已依核定計畫開發尚未完成使用者，其已依法建築之土地，除依法提出申請變更編定外，應維持其使用地類別，其他土地依編定前土地使用性質或變更編定前原使用地類別辦理變更編定。

三　尚未依核定計畫開始開發者，依編定前土地使用性質或變更編定前原使用地類別辦理變更編定。

第三八條至第三九條　（刪除）102

第四〇條 111

①政府因興辦公共工程，其工程用地範圍內非都市土地之甲種、乙種或丙種建築用地因徵收、協議價購或撥用被拆除地上合法住宅使用之建築物，致其剩餘建築用地畸零狹小，未達畸零地使用規則規定之最小建築單位面積，除有下列情形之一者外，被徵收、協議價購之土地所有權人或公地管理機關得申請將毗鄰土地變更編定，其面積以依畸零地使用規則規定之最小單位面積扣除剩餘建築用地面積爲限：

一　已依本規則中華民國一百零二年九月二十一日修正生效前第三十八條規定申請自有土地變更編定。

二　需地機關有安遷計畫。

三　毗鄰土地屬交通用地、水利用地、古蹟保存用地、生態保護用地、國土保安用地或工業區、河川區、森林區內土地。

四　建築物與其基地非屬同一所有權人者。但因繼承、三親等內之贈與致建築物與其基地非屬同一所有權人者，或建築物與其基地之所有權人爲直系血親者，不在此限。

②前項土地於山坡地範圍外之農業區者，變更編定爲甲種建築用地；於山坡地保育區、風景區及山坡地範圍內之農業區者，變更編定爲丙種建築用地。

第四一條

農業主管機關專案輔導之農業計畫所需使用地，得申請變更編定爲特定目的事業用地。

第四二條

①政府興建住宅計畫或徵收土地拆遷戶住宅安置計畫經各該目的事業上級主管機關核定者，得依其核定計畫內容之土地使用性質，申請變更編定爲適當使用地；其於農業區供住宅使用者，變更編定爲甲種建築用地。

②前項核定計畫附有條件者，應於條件成就後始得辦理變更編定。

第四二條之一　102

政府或經政府認可之民間單位爲辦理安置災區災民所需之土地，經直轄市或縣（市）政府建築管理、環境影響評估、水土保持、原住民、水利、農業、地政等單位及有關專業人員會勘認定安全無虞，且無其他法律禁止或限制事項者，得依其核定計畫內容之土地使用性質，申請變更編定爲適當使用地。於山坡地範圍外之農業區者，變更編定爲甲種建築用地；於山坡地保育區、風景區及山坡地範圍內之農業區者，變更編定為丙種建築用地。

第四三條 103

特定農業區、森林區內公立公墓之更新計畫經主管機關核准者，得依其核定計畫申請變更編定為殯葬用地。

第四四條 102

依本規則申請變更編定為遊憩用地者，依下列規定辦理：

一　申請人應依其事業計畫設置必要之保育綠地及公共設施；其設置之保育綠地不得少於變更編定面積百分之三十。但風景區內土地，於本規則中華民國九十三年六月十七日修正生效前，已依中央目的事業主管機關報奉行政院核定方案申請辦理輔導合法化，其保育綠地設置另有規定者，不在此限。

二　申請變更編定之使用地，前款保育綠地變更編定為國土保安用地，由申請開發人或土地所有權人管理維護，不得再申請開發或列為其他開發案之基地；其餘土地於公共設施興建完竣經勘驗合格後，依核定之土地使用計畫，變更編定為適當使用地。

第四四條之一 （刪除）102

第四四條之二 （刪除）103

第四五條 102

①申請於離島、原住民保留地地區之農牧用地、養殖或林業用地住宅興建計畫，應以其自有土地，並符合下列條件，經直轄市或縣（市）政府依第三十條核准者，得依其核定計畫內容之土地使用性質，申請變更編定為適當使用地，並以一次為限：

一　離島地區之申請人及其配偶、同一戶內未成年子女均無自用住宅或未曾依特殊地區非都市土地使用管制規定申請變更編定經核准，且申請人戶籍登記滿二年經提出證明文件。

二　原住民保留地地區之申請人，除應符合前款條件外，並應具原住民身分且未依第四十六條取得政府興建住宅。

三　住宅興建計畫建築基地面積不得超過三百三十平方公尺。

②前項土地於山坡地範圍外之農業區者，變更編定為甲種建築用地；於山坡地保育區、風景區及山坡地範圍內之農業區者，變更編定為丙種建築用地。

③符合第一項規定之原住民保留地位屬森林區範圍內者，得申請變更編定為丙種建築用地。

第四六條 102

原住民保留地地區住宅興建計畫，由鄉（鎮、市、區）公所整體規劃，經直轄市或縣（市）政府依第三十條核准者，得依其核定計畫內容之土地使用性質，申請變更編定為適當使用地。於山坡地範圍外之農業區者，變更編定為甲種建築用地；於森林區、山坡地保育區、風景區及山坡地範圍內之農業區者，變更編定為丙種建築用地。

第四六條之一 108

①鄉（鎮、市、區）公所得就原住民保留地毗鄰使用分區更正後為鄉村區，且於本規則中華民國一百零八年二月十六日修正生效前，實際已作住宅使用者，依下列規定擬具興辦事業計畫，報請直轄市或縣（市）政府依第三十條規定核准：

一 計畫範圍界線應符合本法施行細則第十二條第二項規定情形之一且地形坵塊完整。

二 現有巷道具有維持供交通使用功能者，得一併納入計畫範圍。

三 供建築使用之小型公共設施用地，於生活機能上屬於部落生活圈範圍者，得一併納入計畫範圍。

四 其他考量合理實際需要，經中央原住民族主管機關會商區域計畫擬定機關及國土計畫主管機關同意之範圍。

②前項核准之興辦事業計畫，得依其核定計畫內容之土地使用性質，申請變更編定為適當使用地。於山坡地範圍外之農業區者，變更編定為甲種建築用地；於森林區、山坡地保育區、風景區及山坡地範圍內之農業區者，變更編定為丙種建築用地。

第四七條

①非都市土地經核准提供政府設置廢棄物清除處理設施或營建剩餘土石方資源堆置處理場，其興辦事業計畫應包括再利用計畫，並應經各該目的事業主管機關會同有關機關審查核定；於使用完成後，得依其再利用計畫按區域計畫法相關規定申請變更編定為適當使用地。

②再利用計畫經修正，依前項規定之程序辦理。

第四八條 102

①山坡地範圍內各使用分區土地申請變更編定，屬依水土保持法相關規定應擬具水土保持計畫者，應檢附水土保持機關核發之水土保持完工證明書，並依其開發計畫之土地使用性質，申請變更編定為允許之使用地。但有下列情形之一者，不在此限：

一 甲種、乙種、丙種、丁種建築用地依本規則申請變更編定為其他種建築用地。

二 徵收、撥用或依土地徵收條例第三條規定得徵收之事業，以協議價購或其他方式取得，一併辦理變更編定。

三 國營公用事業報經目的事業主管機關許可興辦之事業，以協議價購、專案讓售或其他方式取得。

四 經直轄市或縣（市）政府認定水土保持計畫工程需與建築物一併施工。

五 經水土保持主管機關認定無法於申請變更編定時核發。

②依前項但書規定辦理變更編定者，應於開發建設時，依核定水土保持計畫內容完成必要之水土保持處理及維護。

第四九條 （刪除）92

第四九條之一 105

①直轄市或縣（市）政府受理變更編定案件時，除有下列情形之

一者外，應組專案小組審查：
一　第二十八條第二項免擬具興辦事業計畫情形之一。
二　非屬山坡地變更編定案件。
三　經區域計畫委員會審議通過案件。
四　第四十八條第一項第二款、第三款情形之一。
②專案小組審查山坡地變更編定案件時，其興辦事業計畫範圍內土地，經依建築相關法令認定有下列各款情形之一者，不得規劃作建築使用：
一　坡度陡峭。
二　地質結構不良、地層破碎、活動斷層或順向坡有滑動之虞。
三　現有礦場、廢土堆、坑道，及其周圍有危害安全之虞。
四　河岸侵蝕或向源侵蝕有危及基地安全之虞。
五　有崩塌或洪患之虞。
六　依其他法律規定不得建築。

第五〇條
直轄市或縣（市）政府審查申請變更編定案件認爲有下列情形之一者，應通知申請人修正申請變更編定範圍：
一　變更使用後影響鄰近土地使用者。
二　造成土地之細碎分割者。

第五一條
直轄市或縣（市）政府於核准變更編定案件並通知申請人時，應同時副知變更前、後目的事業主管機關。

第五章　附　則

第五二條　（刪除）92

第五二條之一 110
申請人擬具之興辦事業計畫土地位屬山坡地範圍內者，其面積不得少於十公頃。但有下列情形之一者，不在此限：
一　依第六條規定容許使用。
二　依第三十一條至第三十五條之一、第四十條、第四十二條之一、第四十五條、第四十六條及第四十六條之一規定辦理。
三　興闢公共設施、公用事業、慈善、社會福利、醫療保健、教育文化事業或其他公共建設所必要之設施，經依中央目的事業主管機關訂定之審議規範核准。
四　屬地方需要並經中央農業主管機關專案輔導設置之政策性或公用性農業產銷設施。
五　申請開發遊憩設施之土地面積達五公頃以上。
六　風景區內土地供遊憩設施使用，經中央目的事業主管機關基於觀光產業發展需要，會商有關機關研擬方案報奉行政院核定。
七　辦理農村社區土地重劃。

八　國防設施。

九　取得特定工廠登記。

十　依其他法律規定得為建築使用。

第五三條 92

非都市土地之建築管理，應依實施區域計畫地區建築管理辦法及相關法規之規定為之；其在山坡地範圍內者，並應依山坡地建築管理辦法之規定為之。

第五四條

非都市土地依目的事業主管機關核定事業計畫編定或變更編定、或經目的事業主管機關同意使用者，由目的事業主管機關檢查是否依原核定計畫使用；其有違反使用者，應函請直轄市或縣（市）聯合取締小組依相關規定處理，並通知土地所有權人。

第五五條

違反本規則規定同時違反其他特別法令規定者，由各該法令主管機關會同地政機關處理。

第五六條 （刪除）107

第五七條

①特定農業區或一般農業區內之丁種建築用地或取土部分以外之窯業用地，已依本規則中華民國八十二年十一月七日修正發布生效前第十四條規定，向工業主管機關或窯業主管機關申請同意變更作非工業或非窯業用地使用，或向直轄市或縣（市）政府申請變更編定為甲種建築用地而其處理程序尚未終結之案件，得從其規定繼續辦理。

②前項經工業主管機關或窯業主管機關同意變更作非工業或非窯業用地使用者，應於中華民國八十三年十二月三十一日以前，向直轄市或縣（市）政府提出申請變更編定，逾期不再受理。

③直轄市或縣（市）政府受理前二項申請案件，經審查需補正者，應於本規則中華民國九十年三月二十六日修正發布生效後，通知申請人於收受送達之日起六個月內補正，逾期未補正者，應駁回原申請，並不得再受理。

第五八條

申請人依第三十四條或前條辦理變更編定時，其擬具之興辦事業計畫範圍內，有為變更前之窯業用地或丁種建築用地所包圍或夾雜之土地，面積合計小於一公頃，且不超過興辦事業計畫範圍總面積十分之一者，得併同提出申請。

第五九條

本規則自發布日施行。

非都市土地開發審議作業規範

①民國90年6月6日內政部令修正發布名稱及全文（原名稱：非都市土地開發審議規範）。
②民國95年7月26日內政部令修正發布總編第17、22、44、44-6點及專編第一編第22點、第三編第9點；並自即日生效。
③民國97年8月7日內政部令修正發布總編第16、18-1點；並自即日生效。
④民國100年10月13日內政部令修正發布總編第8、8-1、9、9-1、14、39、44-2、44-6點及專編第六編第1、2、4、6點、第八編第1至3、7點、第九編第3、17點；並自即日生效。
⑤民國101年8月30日內政部令修正發布總編第17、18-1點及第6點附件二、附件三；並自即日生效。
⑥民國102年9月6日內政部令修正發布總編第24、44-3、44-7點、第5點附件一、第6點附件二、附件三、第8點附表二之一及專編第一編第24點、第三編第4點、第八編第7點、第九編第17點、第十編第4點；刪除專編第二編第1點；並自即日生效。
⑦民國103年12月16日內政部令修正發布總編第9至9-2、14、32、40、44-6點、第5點附件一、第6點附件二、附件三、第8點附表二之一、附表二之二及專編第一編第17點、第八編第6、7點、第九編第15點、第十編第3至5點；刪除專編第一編第17-1點；並自即日生效。
⑧民國104年8月17日內政部令修正發布總編第3至3-2、6、8-1點、第5點附件一、第8點附表一及專編第一編第1、1-2、12點、第17點附表四、第八編第3點；並自即日生效
⑨民國104年11月12日內政部令修正發布專編第十一編第1、1-1、3至7、11、13至15、17、21、22、25、27、29、31、32點；增訂專編第十三編第1至12點；刪除專編第一編第23點；並自即日生效。
⑩民國105年5月19日內政部令修正發布總編第9點；並自即日生效。
⑪民國106年3月9日內政部令增訂發布專編第十四編；並自即日生效。
⑫民國107年2月2日內政部令修正發布總編第11、18-1點；並自即日生效。
⑬民國107年3月21日內政部令修正發布總編第9、9-2點、第5點附件一、第6點附件二、三、第8點附表二之二及專編第一編第17點、第九編第17點；增訂總編第9-3、9-4點；刪除總編第44-7點；並自即日生效。
⑭民國108年5月15日內政部令增訂發布專編第九編第20點；並自即日生效。
⑮民國108年10月15日內政部令修正發布總編第3、17、22、40點及第6點附件二、三、專編第八編第7點；增訂總編第9-5點；刪除總編第23點、專編第十四編第4點；並自即日生效。
⑯民國110年10月15日內政部令修正發布第九編第3、9、17、19點；增訂第九編第9-1點；刪除第九編第18點；並自即日生效。

⑰民國111年5月20日內政部令修正發布總編第3點、第八編第3、7點、第九編第11點及總編第6點附件二、三；增訂總編第44-8點；並自即日生效。

壹、總編

一　本規範依區域計畫法（以下簡稱本法）第十五條之二第二項規定訂定之。

二　非都市土地申請開發面積足以影響原使用分區劃定目的者，依非都市土地使用管制規則規定，其土地使用計畫應經區域計畫擬定機關審議者，除其他法令另有規定者外，應以本規範爲審查基準。

三　非都市土地申請開發區應符合各級國土計畫及區域計畫所定下列事項：

㈠全國國土計畫之國土空間發展與成長管理策略、部門空間發展策略、國土功能分區及其分類之劃設條件、土地使用指導事項。

㈡直轄市、縣（市）國土計畫之空間發展與成長管理計畫、部門空間發展計畫、國土功能分區及其分類之劃設、土地使用管制原則。

㈢區域性部門計畫之指導。

㈣保育水土及自然資源、景觀及環境等土地分區使用計畫。

位於直轄市、縣（市）區域計畫按全國區域計畫所定條件劃設之設施型使用分區變更區位者或屬直轄市、縣（市）國土計畫劃定之未登記工廠聚落，免依本編第三點之一、第三點之二辦理。

三之一　申請開發計畫應說明基地無法於下列地區開發之理由，經徵得所在直轄市、縣（市）政府及區域計畫委員會審議同意後始得開發：

㈠都市計畫地區之推動都市更新地區及整體開發地區。

㈡都市計畫通盤檢討得變更使用之都市計畫農業區。

㈢新訂或擴大都市計畫地區。

㈣第三點第二項劃設區位。

申請開發基地規劃內容屬興辦國防、行政院核定之重大建設或緊急救災安置需要者，不受前項規定限制。

三之二　申請開發計畫應調查說明基地所在直轄市、縣（市）範圍內同興辦事業性質開發案件土地之分布、使用及閒置情形，並從供需面分析開發需求與無法優先使用閒置土地之理由，並取得目的事業主管機關意見文件。

前項規定之調查事項，經區域計畫委員會討論認爲申請開發行爲情況特殊者，其調查範圍得以區域計畫委員會指定之範圍辦理。

四　本規範計分總編、專編及開發計畫書圖三部分，專編條文與總編條文有重複規定事項者，以專編條文規定為準。未列入專編之開發計畫，依總編條文之規定。

五　為提供非都市土地擬申請開發者之諮詢服務，申請人得檢具附件一之資料，函請區域計畫原擬定機關或直轄市、縣（市）政府就擬申請開發之基地，是否具有不得開發之限制因素，提供相關意見。

六　申請人申請開發許可，應檢具下列書圖文件：

㈠申請書。

㈡開發計畫書圖。

㈢涉水土保持法令規定應檢附水土保持規劃書者及涉環境影響評估法令規定應檢附書圖者，從其規定辦理。

前項第一款及第二款書圖文件格式如附件二、附件三。

區域計畫擬定機關核發開發許可或開發同意後，申請變更開發計畫之書圖文件格式如附件六。

七　申請開發者依本法有關規定應向直轄市、縣（市）政府繳交開發影響費者，其費用之計算除依規定辦理外，並應載明於開發計畫書中。

八　直轄市、縣（市）政府及區域計畫擬定機關受理申請開發案件時，應查核其開發計畫及有關文件（如附表一、附表二之一、附表二之二）；有須補正者，應通知申請人限期補正。

八之一　申請開發殯葬、廢棄物衛生掩埋場、廢棄物封閉掩埋場、廢棄物焚化處理廠、營建剩餘土石方資源堆置處理場及土石採取場等設施，於土地使用分區變更計畫申請同意階段，應依總編第三點、第三之一點、第三之二點、第八點、第九點、第十點、第十二點至第十六點、第十八點、第二十四點、第二十六點、第二十九點規定，並應考量區位適宜性與說明開發行為對鄰近地區之負面影響及防治措施。

開發基地如經區域計畫委員會依前項規定審查無設置必要性或區位不適宜者，得不予同意。

直轄市、縣（市）政府依第八點規定受理第一項申請開發案件後，直轄市、縣（市）政府應召開聽取陳情民眾或相關團體意見會議，申請人應就民眾或相關團體陳述意見做成紀錄並研擬回應意見，於提報區域計畫委員會審議時一併檢附。但已依土地徵收條例、環境影響評估法或其他目的事業法令規定辦理公聽會，且檢附相關資料佐證其公聽會之說明內涵，包括開發計畫之範圍、計畫內涵及土地取得方式者，不在此限。

九　申請開發之基地不得位於附表二之一所列第一級環境敏感地區。但有下列情形之一者，不在此限：

㈠屬內政部會商中央目的事業主管機關認定由政府興辦之公共設施或公用事業，且經各項第一級環境敏感地區之中央法令規定之目的事業主管機關同意興辦。

㈡為整體規劃需要，不可避免夾雜之零星小面積土地符合第九點之一規定者，得納入範圍，並應維持原地形地貌不得開發使用。

㈢依各項第一級環境敏感地區之中央目的事業主管法令明定得許可或同意。

㈣屬優良農地者，供農業生產及其必要之產銷設施使用，經農業主管機關認定符合農業發展所需，且不影響農業生產環境及農地需求總量。

㈤位於水庫集水區（供家用或供公共給水）非屬與水資源保育直接相關之環境敏感地區範圍，且該水庫集水區經水庫管理機關（構）擬訂水庫集水區保育實施計畫，開發行為不得影響該保育實施計畫之執行。

前項第一級環境敏感地區中水庫集水區（供家用或供公共給水），指現有、興建中、規劃完成且定案（核定中），作為供家用及公共給水者，其範圍依各水庫管理機關（構）劃定報經目的事業主管機關查認確定之範圍為標準，或大壩上流全流域面積。

第一項第五款屬與水資源保育直接相關之環境敏感地區範圍，指位於特定水土保持區、飲用水水源水質保護區或飲用水取水口一定距離之地區、水庫蓄水範圍、森林（國有林事業區、保安林等森林地區）、森林（區域計畫劃定之森林區）、森林（大專院校實驗林地及林業試驗林地等森林地區）、地質敏感區（山崩與地滑）、山坡地（坡度百分之三十以上）及優良農地之地區。

九之一　申請開發基地內如有夾雜之零星屬於第一級環境敏感地區之土地，須符合下列情形，始得納入開發基地：

㈠納入之夾雜地須基於整體開發規劃之需要。

㈡夾雜地仍維持原使用分區及原使用地類別，或同意變更為國土保安用地。

㈢夾雜地不得計入保育區面積計算。

㈣面積不得超過基地開發面積之百分之十或二公頃，且扣除夾雜土地後之基地開發面積仍應大於得辦理土地使用分區變更規模。

㈤應擬定夾雜地之管理維護措施。

九之二　申請開發之基地符合第九點第一項第五款規定者，應採低密度開發利用，並依附表八規定辦理。

九之三　基地位於優良農地者，於本規範中華民國一百零七年三月二十一日修正生效前已依本法受理，並取得農業用地申請變更為非農業使用同意文件，經區域計畫擬定機關徵詢農業主管機關確認維持同意之意見，得適用一百零七年三月二十一日修正生效前規定。

九之四　申請開發之基地位於第二級環境敏感地區者，應就基地內位於環境敏感地區之土地說明下列事項，並徵詢各項環境敏感地區主管機關意見：

㈠就所屬環境敏感地區特性提出具體防範及補救措施，並不得違反各項環境敏感地區劃設所依據之中央目的事業法令之禁止或限制規定。

㈡就所屬環境敏感地區特性規範土地使用種類及強度。

九之五　申請開發之基地位於原住民族特定區域計畫範圍者，依下列規定辦理：

㈠該計畫公告之水源保護區範圍，禁止開發。

㈡該計畫規定不受全國區域計畫第一級環境敏感地區不得辦理設施型使用分區及使用地變更編定之限制者，從其規定。

一〇　申請開發之基地，如位於自來水水質水量保護區之範圍者，其開發應依自來水法之規定管制。其基地污水排放之承受水體未能達到環境保護主管機關公告該水體分類之水質標準或河川水體之容納污染量已超過主管機關依該水體之涵容能力所定之管制總量者或經水利主管機關認為對河防安全堪虞者，不得開發。但經區域計畫委員會同意興辦之各項供公衆使用之設施，不在此限。

開發基地所在之自來水水質水量保護區已依法公告飲用水水源水質保護區或飲用水取水口一定距離內之地區者，其開發應依前項規定及飲用水管理條例相關規定辦理，不受第三項規定之限制。但如開發基地未位於該自來水水質水量保護區已公告之飲用水水源水質保護區或飲用水取水口一定距離內之地區，並經飲用水主管機關說明該自來水水質水量保護區內不再另外劃設其他飲用水水源水質保護區者，其開發僅依第一項規定辦理，不受第三項規定之限制。

第一項基地所在之自來水水質水量保護區，於尚未依法公告飲用水水源水質保護區之範圍或飲用水取水口一定距離前，其開發除應依第一項規定辦理外，並應符合下列規定。但有特殊情形，基於國家社會經濟發展需要者且無污染或貽害水源、水質與水量行為之虞者，經提出廢水三級處理及其他工程技術改善措施，並經飲用水及自來水主管機關審查同意後，送經區域計畫委員會審查通過者，得不受本項第一款及第二款規定之限制。

㈠距離豐水期水體岸邊水平距離一千公尺之範圍，區內禁止水土保持以外之一切開發整地行為。

㈡取水口上游半徑一公里內集水區及下游半徑四百公尺，區內禁止水土保持以外之一切開發整地行為。

㈢距離豐水期水體岸邊水平距離一千公尺以外之水源保護區，其開發管制應依自來水法之規定管制。

㈣各主管機關依本編第六點審查有關書圖文件，且各該主管機關同意者。

一一　申請開發之基地位於原住民保留地者，其申請開發之計畫依原住民族基本法第二十一條規定諮商取得原住民族或部落同意並經區域計畫委員會同意者，得為礦業、土石、觀光遊憩、工業資源、加油站、農產品集貨場倉儲設施、原住民文化保存及社會福利事業之開發，不受本編第九點及第十點之限制。

一二 申請開發之基地位於自來水淨水廠取水口上游半徑一公里集水區內，且基地尚無銜接至淨水廠取水口下游之專用污水下水道系統者，暫停核發開發許可。但提出上述系統之設置計畫，且已解決該系統所經地區之土地問題者，不在此限，其設置計畫應列於第一期施工完成。

前項基地如位於自來水水質水量保護區之範圍者，則依第十點規定辦理，免依本點規定辦理。

一三 基地之原始地形或地物經明顯擅自變更者，除依法懲處外，並依水土保持法相關規定暫停兩年申辦，其不可開發區之面積，仍以原始地形為計算標準。

前項開發案件經本部區域計畫委員會審議且獲致結論不同意者，請各該管直轄市、縣（市）政府確實遵照本法第二十一條及第二十二條相關規定，嚴格究辦執行。

一四 基地土地形狀應完整連接，如位於山坡地該連接部分最小寬度不得少於五十公尺，位於平地不得小於三十公尺，以利整體規劃開發及水土保持計畫。但經區域計畫委員會認定情況特殊且符合整體規劃開發，並無影響安全之虞者，不在此限。

一五 基地內之公有土地或未登記土地，基於整體規劃開發及水土保持計畫需要，應先依規定取得同意合併開發或核准讓售之文件。

一六 基地內之原始地形在坵塊圖上之平均坡度在百分之四十以上之地區，其面積之百分之八十以上土地應維持原始地形地貌，且為不可開發區，其餘土地得規劃作道路、公園、及綠地等設施使用。

坵塊圖上之平均坡度在百分之三十以上未逾四十之地區，以作為開放性之公共設施或必要性服務設施使用為限，不得作為建築基地（含法定空地）。

滯洪設施之設置地點位於平均坡度在百分之三十以上地區，且符合下列各款規定者，經區域計畫委員會審查同意後，得不受前二項規定限制：

㈠設置地點之選定確係基於水土保持及滯洪排水之安全考量。

㈡設置地點位於山坡地集水區之下游端且區位適宜。

㈢該滯洪設施之環境影響評估及水土保持規劃業經各該主管機關審查通過。

㈣申請人另提供位於平均坡度在百分之三十以下地區，與滯洪設施面積相等之土地。但該土地除規劃為保育目的之綠地外，不得進行開發使用。

申請開發基地之面積在十公頃以下者，原始地形在坵塊圖上之平均坡度在百分之三十以下之土地面積應占全區總面積百分之三十或三公頃以上；申請開發基地之面積在十公頃以上者，其可開發面積如經區域計畫委員會審查認為不符經濟效益者，得不予審查或作適度調整。

一七　基地開發應保育與利用並重，並應依下列原則，於基地內劃設必要之保育區，以維持基地自然淨化空氣、涵養水源、平衡生態之功能：

㈠基地應配合自然地形、地貌及地質不穩定地區，設置連貫並儘量集中之保育區，以求在功能上及視覺上均能發揮最大之保育效果。除必要之道路、公共設施或必要性服務設施、公用設備等用地無法避免之狀況外，保育區之完整性與連貫性不得為其它道路、公共設施、公用設備用地切割或阻絕。

㈡保育區面積不得小於扣除不可開發區面積後之剩餘基地面積之百分之三十。保育區面積之百分七十以上應維持原始之地形地貌，不得開發。

㈢劃為保育區內之土地，如屬曾先行違規整地、海埔新生地、河川新生地或土地使用現況為漁塭、裸露地、墾耕地者，應補充如何維持保育功能之內容或復育計畫。

㈣保育區面積之計算不得包括道路、公共設施或必要性服務設施、公用設備，且不得於保育區內劃設建築基地。

㈤滯洪設施如採生態工程方式設置，兼具滯洪、生物棲息與環境景觀等功能，經區域計畫委員會審查同意，其面積得納入保育區面積計算；前開設施面積納入保育區計算者，仍應符合第二款規定。但基地非屬山坡地範圍，基於公共安全及防災需要，所規劃生態滯洪設施符合第二十二點滯洪設施量體規定者，經區域計畫委員會審議同意，其變更原始地形地貌之比例，得酌予調整。

㈥非屬山坡地範圍之基地設置以輔助污水處理設施改善水質為目的之人工濕地，經區域計畫委員會審查同意，得納入保育區面積計算，且其變更原始地形地貌之比例，得酌予調整。

前項第五款及第六款得調整保育區變更原始地形地貌比例，不得大於保育區面積百分之五十。

一八　開發基地內經調查有下列情形之一，且尚未依相關法規劃定保護者，應優先列為保育區：

㈠珍貴稀有之動、植物保護地區。

㈡主要野生動物棲息地。

㈢林相良好之主要林帶。

㈣文化資產之保護地區。

㈤經濟部認定之重要礦區且地下有多條舊坑道通過之地

區。

㈥特殊地質地形資源：指基地內特殊之林木、特殊山頭、主要稜線、溪流、湖泊等自然地標及明顯而特殊之地形地貌。

㈦坡度陡峭地區：指坡度在百分之四十以上之地區。

一八之一　申請開發基地規劃內容如屬廢棄物衛生掩埋場、廢棄物處理廠（場）、土石方資源堆置處理場等掩埋性質、配合國家重大公共工程專土專用政策土石採取或礦石開採之開發行為，符合環境影響評估、水土保持審查通過之要件，並加強考量景觀、生態及公共與國土安全之措施，經區域計畫委員會同意者，得不受第十六點第一項規定之限制。

前項開發基地於開發完成後，除滯洪池為防災需要應予維持外，應按開發前之原始地形，依第十六點第一項及第十七點規定計算不可開發區及保育區面積，供作國土復育使用，並編定為國土保安用地，該部分土地得配合土地開發合理性彈性規劃配置土地位置，其餘土地應依核定計畫整復，並加強環境景觀維護。

前項供作國土復育使用之土地面積，不得小於全區總面積百分之五十。

第一項礦石開採基地與周邊土地使用不相容之範圍邊界，應退縮留設寬度十五公尺以上之緩衝綠帶，其經區域計畫委員會同意者，得不受第十七點第一項第二款及第十八點第七款規定之限制。

前項開發完成後之土地使用及使用地編定，仍應依第二項及第三項規定辦理。

第一項申請礦石開採之土地屬國有林、公有林或保安林者，其使用地編定於開採中或開採完成應維持或編定為林業用地，不受第二項、前項及總編第四十四之三點使用地編定規定之限制。

第一項之礦石開採土地於開發完成後，直轄市、縣（市）政府應依本法第十五條之一第一項第一款規定辦理使用分區變更為原使用分區或適當使用分區。

一九　列為不可開發區及保育區者，應編定為國土保安用地，嗣後不得再申請開發，亦不得列為其它開發申請案件之開發基地。

二〇　整地應依審查結論維持原有之自然地形、地貌，以減少開發對環境之不利影響，並達到最大的保育功能。其挖填方應求最小及平衡，不得產生對區外棄土或取土。但有特別需求者依其規定。

非屬山坡地之整地排水應依以下原則辦理：

㈠挖填方計算應採用方格法，方格每一邊長為二十五公尺，並根據分期分區計畫分別計算挖填土方量。

㈡整地應維持原有水路之集、排水功能，有須變更原有水路者，應以對地形、地貌影響最小之方式做合理之規劃，整治計畫並須徵得各該主管機關同意。

二一　基地開發不得妨礙上、下游地區原有水路之集、排水功能。基地內凡處於洪氾區之任何設施皆應遵照水利法之規定。

二二　基地開發後，應依水利法或水土保持法等相關規定提供滯洪設施及排水路，以阻絕因基地開發增加之逕流量。

前項排水路設計應能滿足聯外排水通洪能力。

前二項滯洪設施量體與逕流量計算及排水路設計，應以水利主管機關核定之出流管制規劃書或水土保持主管機關審定之水土保持規劃書為準。

二三　（刪除）

二四　基地開發應分析環境地質及基地地質，潛在地質災害具有影響相鄰地區及基地安全之可能性者，其災害影響範圍內不得開發。但敘明可排除潛在地質災害者，並經依法登記開業之相關地質專業技師簽證，在能符合本規範其他規定之原則下，不在此限。

潛在地質災害之分析資料如係由政府相關專業機關提供，並由機關內依法取得相當類科技師證書者為之者，不受前項應經依法登記開業之相關地質專業技師簽證之限制。

開發基地位於地質法公告之地質敏感區且依法應進行基地地質調查及地質安全評估者，應納入地質敏感區基地地質調查及地質安全評估結果。

二五　基地開發不得阻絕相鄰地區原有通行之功能，基地中有部分為非申請開發範圍之地區者，應維持該等地區原有通行之功能。

二六　基地聯絡道路，應至少有獨立二條通往聯外道路，其中一條其路寬至少八公尺以上，另一條可為緊急通路且寬度須能容納消防車之通行。但經區域計畫委員會認定情況特殊且足供需求，並無影響安全之虞者，不在此限。

二七　基地開發應依下列原則確保基地通往中心都市之縣級（含）以上道路系統的順暢：

㈠基地開發完成後，其衍生之尖峰小時交通流量不得超過該道路系統D級服務水準之最小剩餘容量，且其對鄰近重要路口延滯不得低於D級服務水準，優先申請者得優先分配剩餘容量。

㈡前款道路系統無剩餘容量時，暫停核發開發許可。但有計畫道路或申請人提出交通改善計畫能配合基地開發時程，且徵得該道路主管機關之同意，並符合前款規定者，不在此限。

二八　基地開發應視需要規劃或提供完善之大眾運輸服務或設施。

二九　基地開發應檢附電力、電信、垃圾及自來水等相關事業主管機構之同意文件。但各該機構不能提供服務而由開發申請人自行處理，並經各該機構同意者不在此限。高壓輸電力線經過之土地，原則上規劃為公園、綠地或停車場使用，並應依電力主管機構有關規定辦理。

三〇　基地內應依下水道法設置專用下水道系統及管理組織，下水道系統應採用雨水與污水分流方式處理。

三一　為確保基地及周遭環境之品質與公共安全，區域計畫擬定機關得依基地本身及周遭之環境條件，降低開發區之建蔽率、容積率；並得就地質、排水、污水、交通、污染防治等項目，委託專業機構或學術團體代為審查，其所需費用由申請人負擔。

三二　開發後基地內之透水面積，山坡地不得小於扣除不可開發區及保育區面積後剩餘基地面積的百分之五十，平地不得小於百分之三十。但經區域計畫委員會認定無影響安全之虞者，不在此限。

基地位於依地質法劃定公告之地下水補注地質敏感區，其開發後基地內之透水面積應依地質敏感區基地地質調查及地質安全評估作業準則規定辦理。

三三　基地整地應配合自然景觀風貌，儘量自然化，其整地之綠化應與自然環境配合。

三四　公共管線應以地下化為原則，管線如暴露於公共主要路線上時，應加以美化處理。

三五　開發區內建築配置應儘量聚集，並將法定空地儘量靠近連貫既有之保育區，使得建築物基地之法定空地能與保育區相連貫，而發揮最大保育功能。

三六　基地內之道路應順沿自然地形地貌，並應依下列原則設置：

㈠避免道路整地造成長期之基地開發傷痕，以維護基地之自然景觀。

㈡路網之設置應表達基地之自然地形結構，避免平行道路產生之階梯狀建築基地平台所形成之山坡地平地化建築現象，並避免產生違背基地自然特性之僵硬人工線條。

三七　申請開發者，應依下列原則提供基地民眾享有接觸良好自然景觀的最大機會：

㈠優先提供良好之觀景點為公共空間，如公園、步道及社區中心等。

㈡以公共步道銜接視野優良之公共開放空間。

㈢建物的配置應提供良好的視覺景觀。

三八　為維護整體景觀風貌及視野景觀品質，申請開發之基地與相鄰基地同時暴露於主要道路之公共視野中者，應配合相鄰基地優良之景觀特色，塑造和諧的整體意象。

三九　申請開發者，其基地內建築物應尊重自然景觀之特色，並應注意下列事項：

㈠建築量體、線條、尺度均應順應自然地形地貌之結構，表達並強化各個地形景觀。

㈡建築物之容許高度應隨坡地高度之降低而調整，以確保大多數坡地建築的視野景觀。

㈢建築尺度、色彩、材質及陰影效果，均應與相鄰地形地貌配合，並應保持以自然景觀為主之特色。

㈣利用地形的高低差或建築物本體，提供停車空間以避免增加整地的面積及大片的停車景觀。

㈤依建築法令綠建築相關規定辦理之開發基地，應說明綠建築設計構想並承諾未來於建築許可階段配合辦理。

四〇　申請開發案件之土地使用與基地外周邊土地使用不相容者，應自基地邊界線退縮設置緩衝綠帶。寬度不得小於十公尺，且每單位平方公尺應至少植喬木一株，前述之單位應以所選擇喬木種類之成樹樹冠直徑平方為計算標準。但天然植被茂密經認定具緩衝綠帶功能者，不在此限。

前項緩衝綠帶與區外公園、綠地鄰接部分可縮減五公尺；基地範圍外鄰接依水利法公告之河川區域或海域區者，其鄰接部分得以退縮建築方式辦理，其退縮寬度不得小於十公尺並應植栽綠化，免依前項規定留設緩衝綠帶。

第一項基地範圍緊鄰鐵路、大眾捷運系統、高速公路或十公尺寬以上之公路、已開闢之計畫道路，第一項緩衝綠帶得以等寬度之隔離設施替代。但緊鄰非高架式公路或道路之對向屬住宅、學校、醫院或其他經區域計畫委員會認定屬寧適性高之土地使用者，不得以隔離設施替代。

前項所稱隔離設施應以具有隔離效果之道路、平面停車場、水道、公園、綠地、滯洪池、蓄水池、廣場、開放球場等開放性設施為限。

四一　申請開發，需於基地季節風上風處設置防風林帶者，其寬度比照緩衝綠帶標準。

前項防風林帶得配合緩衝綠帶設置。

四二　全區綠化計畫應先就現有植栽詳細調查，樹高十公尺以上及樹高五公尺以上且面積達五百平方公尺之樹林，應予原地保存。但在允許改變地貌地區得於區內移植。

前項樹林經中央林業主管機關核可得砍伐林木者，不在此限。

四三　全區綠化計畫應涵括機能植栽（緩衝、遮蔽、隔離、綠蔭、防音、防風、防火及地被等植栽）景觀植栽及人工地面植栽等項目，並以喬木、灌木及地被組合之複層林為主要配置型態。

前項綠化計畫範圍應包含基地私設之聯絡道路。

四四　開發區位於下列高速鐵路、高速公路及區域計畫景觀道路行經範圍內，應做視覺景觀分析：

㈠以高速鐵路、高速公路兩側二公里範圍內或至最近稜線之範圍內，並擇取其中範圍較小者。

㈡以區域計畫景觀道路（如附表七）兩側一公里範圍內或

至最近山稜線之範圍內，並擇取其中範圍較小者。

四四之一　申請開發之基地位於河川新生地範圍者，應符合下列規定：

㈠開發計畫書應敘明土地使用性質及相關防洪計畫之相容性，開發計畫應符合河流流域之整體規劃，以維持原有河系流向、河岸之平衡及生態系之穩定，將環境影響減至最小為原則。開發區土地利用應採低密度之規劃使用，明確說明其土地需求之計量方式，並依計畫目的及區位環境特性，編定適當土地使用分區及用地，且應視開發區之土地利用方式及鄰近地區需要，適當配置相關排水設施及防汛通路，以供防汛搶險之公共安全使用。

㈡開發計畫中應包含築堤造地計畫以敘明土地利用強度及堤防設計關聯性，並檢附於河川新生地開發築堤造地計畫摘要簡表（如附表六）。有關堤防結構型式之規劃設計應先考慮新生地之土地使用分區，以安全、經濟與河岸景觀、生態保育並重為原則，宜採親水性及生態工法之設計。有關堤防之興建及排水工程設計，並應先報請水利主管機關審核同意，施工前須向水利主管機關申請核准。

㈢開發計畫中應研訂環境維護計畫及土地處理計畫，以分期分區方式辦理開發者，並應說明開發各期與分區之資金來源及資金運用估算方式。因開發致可能影響鄰近地區之安全或對既有設施造成之損害，所採取之河岸防護措施，其防護計畫成本應納入開發申請案財務計畫中。

前項所稱河川新生地開發，係指涉及築堤造地及堤後新生地之開發者。

四四之二　為因應氣候變遷影響及不同天然災害（如水災、土石流、颱風及地震等）發生時之緊急避難與防救災措施，開發案件應研擬防災計畫內容。

四四之三　申請開發案件如屬單一興辦事業計畫使用者，於使用地變更規劃時，除隔離綠帶與保育區土地應分割編定為國土保安用地、滯洪池應分割編定為水利用地及穿越性道路應分割編定為交通用地外，其餘區內土地均編定為該興辦目的事業使用地。

申請開發案件如非屬單一興辦事業計畫使用者，區內各種土地使用項目仍應按審定土地使用計畫內容與性質，分割編定為適當使用地類別。

申請開發案件屬第一項情形者，申請人應依第一項用地變更編定原則規劃用地類別，並依非都市土地使用管制規則規定應編定之用地類別，擬具各種用地之土地使用強度對照表，本部區域計畫委員會於審議時，得視個案之開發類型及規模等因素，賦予開發建築之建蔽率、容積率及有關土地使用管制事項。

四四之四　申請開發案經本部區域計畫委員會審查會議審議通過，本部尚未核發開發許可函前，非經申請人發生新事實或發現新證據，並查明屬實者，應維持原決議。

四四之五　申請開發之基地位於山坡地範圍者，其基地整地、排水、景觀等相關設施之規劃與配置，宜以尊重生態之理念進行設計。

四四之六　申請開發基地位於經濟部公告之嚴重地層下陷地區者，開發行為所需水源應不得抽取地下水，並應以低耗水使用為原則。

前項申請開發計畫應依所在區域近五年內地面之年平均下陷量，評估該區域未來可能之下陷總量，並據此提出防洪、排水及禦潮等相關措施，以防止基地之地盤沈陷、海水入侵或洪水溢淹等情形。

基地位於彰化縣、雲林縣轄區之高速鐵路沿線兩側一公里範圍內者，應知會高速鐵路主管機關；基地位於高速鐵路兩側一百五十公尺範圍內者，應進行開發基地荷重對高速鐵路結構及下陷影響評估分析，並取得高速鐵路主管機關認定無影響高速鐵路結構文件。

四四之七　（刪除）

四四之八　依工廠管理輔導法規定，取得該法主管機關核定用地計畫申請開發，其基地面積二公頃以上且未超過五公頃者，依下列規定辦理，不受總編第三點之一、第三點之二、第十七點、第二十六點、第二十八點、第三十二點第一項、第三十三點、第三十五點至第三十九點及第四十四點規定之限制：

㈠基地聯絡道路，應至少有獨立二條通往聯外道路，其中一條為主要聯絡道路，另一條為緊急通路，並符合下列規定：

1.申請人應從產業類別及特性提出聯絡道路之規劃內容，徵詢直轄市、縣（市）工業主管機關取得是否足供營運需求之意見。

2.主要聯絡道路寬度至少八公尺以上。但其寬度不足且經區域計畫委員會認定不影響安全者，得退縮建築至可通行寬度達八公尺以上或予以酌減。

3.緊急通路寬度須能容納消防車通行。

㈡基地內部應配合聯絡道路與基地出入口，規劃營運及避難動線。

㈢開發後基地內之透水面積不得小於基地面積百分之三十，並應加強植栽綠化。

㈣基地應依總編第四十點規定設置緩衝綠帶或隔離設施。但符合下列情形之一者，不在此限：

1.經區域計畫委員會認定情況特殊，並於基地內規劃面積相等且不計建蔽率之綠地者，緩衝綠帶或隔離設施留設寬度得予以酌減，其最小寬度不得低於一點五公尺。

2.依第一款第二目但書規定以退縮建築方式辦理者，其基地內鄰接道路側供通行部分得計入隔離設施，其寬度達一點五公尺以上，免留設緩衝綠帶。

㈤公共設施（含緩衝綠帶、隔離設施、綠地、滯洪設施）或必要性服務設施用地面積不得少於基地面積百分之三十，其中綠地或緩衝綠帶面積不得少於基地面積百分之十，且綠地應儘量與建築基地之法定空地相連貫。

㈥基地規劃應作視覺景觀分析，提出適當景觀改善措施。

㈦防災計畫應加強非天然災害（如火災、爆炸等）之防救災措施。

四五　本規範實施後，尚未經區域計畫原擬定機關受理審查者，應依本規範審議之。

四六　本規範爲審查作業之指導原則，若有未盡事宜，仍以區域計畫委員會之決議爲準。

四七　本規範經內政部區域計畫委員會審議通過後實施之。

貳、專　編

第一編　住宅社區

一　社區開發應遵循各該區域計畫指定之人口及住宅用地之總量管制，或位於總編第三點第二項所劃設區位。但屬鄰近重大產業建設投資地區且符合該地區發展需要所衍生住宅需求者，不在此限。

一之一　申請開發基地位於一般農業區者，面積須爲十公頃以上。

一之二　社區開發區位應符合下列原則。但申請人提出之因應措施經區域計畫委員會討論同意者，不在此限：

㈠位於鐵路、高速鐵路、都會捷運等軌道系統或大衆運輸系統之車站或轉運站道路距離三公里範圍內。

㈡位於中、小學道路距離二公里範圍內。

㈢位於警察及消防設施足以涵蓋之服務範圍內。

㈣位於自來水供應範圍內。

㈤位於污水下水道設施涵蓋範圍內。

基地位於總編第三點第二項所劃設區位者，免受前項規定限制。

二　申請開發之基地位於山坡地者，其保育區面積不得小於扣除不可開發區面積後之剩餘基地面積的百分之四十。保育區面積之百分之七十以上應維持原始之地形面貌，不得開發。

三　基地內之原始地形在坵塊圖上之平均坡度在百分之三十以下之土地面積應佔全區總面積百分之三十以上或三公頃以上。

四　爲減少主要河川流域過度開發，減輕水患災害，如基地位於各該主要河川水源水質水量保護區範圍內者，於整治工程未完成前，得由直轄市、縣（市）政府建議區域計畫擬定機關暫緩核准開發。

五　基地開發之街廓，以獨立住宅或雙併住宅為主者，其長邊應以八十公尺至一百二十公尺為原則，短邊應以二十公尺至五十公尺為原則；以集合住宅為主者，其邊長不得超過二百五十公尺。其街廓內之停車場、綠地、廣場、通路、臨棟間隔等應做整體規劃。

基地位於山坡地者，其街廓得順應地形地勢規劃，經區域計畫委員會認定需要者得不受前項規定之限制。

六　基地開發應確實標明每宗建築基地位置。整地後每宗建築基地最大高差不得超過十二公尺，且必須臨接建築線，其臨接長度不得小於六公尺。

七　基地開發應於集合住宅或建築組群之外圍設置十公尺以上緩衝帶，且得以道路為緩衝帶。

八　居住人口數之核算，依每人三十平方公尺住宅樓地板面積之標準計，又依每四人為一戶核算戶數，並據以計算公共設施或必要性服務設施及公用設備之需求。

九　基地開發應依下列原則確保基地連接縣道（含）以上之聯絡道路系統交通之順暢：

㈠基地開發完成後所產生之平日尖峰小時交通流量，不得超過該道路系統C級服務水準之最小剩餘容量，且其對鄰近重要路口延滯不得低於C級服務水準，優先申請者優先分配剩餘容量。

㈡前款道路系統無剩餘容量時，暫停核發開發許可。但有計畫道路或申請人提出交通改善計畫能配合基地開發時程，且徵得該道路主管機關之同意，並符合前款規定者，不在此限。

一〇　基地內之主要道路應採人車分離規劃之原則劃設人行步道，且步道寬度不得小於一・五公尺。

一一　基地內除每一住戶至少應設置一路外停車位外，並應設置公共停車場，停車場面積並不得小於社區中心用地面積之百分之十二且其停車位數不得低於停車需求預估值。

一二　基地開發應設置國民中學、小學學校用地，學校用地標準應依據教育部訂定之國民中小學設備基準或縣（市）政府另定並報經教育部備查之基準內之都市計畫區外之校地面積標準作為計算標準，校地應切結同意贈與直轄市、縣（市）。

學生數之核算，國民中學學生數以居住人口數之百分之八計，國民小學學生數以居住人口數之百分之十五計。依前項設備基準，國中、小生每生二十五平方公尺計。但縣（市）政府依其實際需要另定基準者，從其規定。

如居住人口數未達設校經濟規模者，得依下列規定辦理：

㈠自願贈與最少每一國中、小生二十五平方公尺之完整建築基地提供給當地直轄市、縣（市），作為取得中、小學用地及建校之代用地。

㈡贈與建地給直轄市、縣（市）時，應簽訂贈與契約，並註明標售所得之費用，應作為該基地學區範圍內購買學校用地及建校、改善學校服務水準或增建學校設施等所需費用。

前項第二款之贈與契約應於區域計畫擬定機關核發許可後，縣（市）政府公告開發許可內容前完成之。

學校用地應編定為特定目的事業用地，規劃為代用地者，應一併整地並應編定為建築用地。

申請人依規定繳交學校開發影響費者，免依第三項及第四項規定辦理。

一三　土地使用計畫中應敘明學校代用地所規劃之建蔽率、容積率及計畫容納人口數、戶數。

一四　公共設施及公用設備設置規模之面積大小，應將學校代用地之容納人口數與開發案之原計畫人口數合併計算其面積。

一五　基地應設置最少每人三平方公尺作為閭鄰公園（含兒童遊樂場、運動場）用地，每處面積不得小於〇．五公頃，短邊寬度不得小於二十五公尺。

前項用地之設置應緊鄰住宅區，且不得設置於本規範訂定之優先保育地區。

一六　閭鄰公園、社區道路應同意贈與鄉（鎮、市），污水處理場應贈與直轄市、縣（市）。

前項贈與應含土地及設施，但操作管理維護仍由社區管理委員會負責。

一七　依規定設置中、小學（含代用地）、閭鄰公園（含兒童遊樂場、運動場）、社區道路、污水處理場之用地應於分割後依其使用性質變更編定為適當用地。

公共設施或必要性服務設施之內容及完成時間，依附表四辦理。

一七之一　（刪除）

一八　基地應依下列規定設置規模適當的社區中心用地，作為社區商業、圖書、集會、交誼、康樂、醫療保健及其他公共設施或必要性服務設施之使用，以利社區意識之形成：

㈠基地應設置每人面積不得超過四．五平方公尺，作為社區中心用地，且不得超過住宅用地面積百分之八。

㈡社區中心應設置於基地內主要道路上且應於距離各住宅單元或鄰里單元八百公尺之步行半徑範圍。

㈢開發計畫應就社區中心可能使用之內容，提供規劃構想。

一九　開發計畫中應明列由開發者提供之各項社區服務設施內

容、規模及工程品質，並於分期分區發展計畫中明確說明該等服務設施之完成時程。

二〇　開發計畫書中應規定協助住戶成立「社區管理委員會」之事項及作法，以保障居民長期的安全及生活之便利。

二一　開發之財務計畫及公共設施或必要性服務設施營運管理計畫，應依公共設施或必要性服務設施營運管理計畫（格式如附件三）辦理。

二二　（刪除）

二三　（刪除）

二四　依原獎勵投資條例規定編定工業區，經工業主管機關解除工業區編定後，九十九年六月十五日以前區內既存聚集之住宅建築土地面積規模達一公頃以上者，應依下列各款及本規範規定申請審議。但本規範總編第十四點、第十七點、第二十八點、第三十點、第三十二點、第三十四點、第三十五點、第三十九點、第四十點、第四十四點及本編第二點、第三點、第五點至第七點、第十二點至第十四點，不在此限：

㈠申請範圍以位於原解除工業區編定範圍為限；其申請面積不得大於區內既存聚集住宅建築土地面積之三倍。

㈡基地申請範圍鄰接丁種建築用地者，應留設二十公尺以上之緩衝綠帶或隔離設施。周邊丁種建築用地屬特殊性工業使用者，其緩衝綠帶或隔離設施寬度不得少於六十公尺。

㈢開發基地內公共設施用地比例不得低於扣除緩衝綠帶及隔離設施剩餘基地土地面積之百分之二十五；其開發或建築案，人口達下水道法施行細則第四條規定之新開發社區規模時，依規定設置專用下水道。

㈣集合住宅或建築組群之外圍應設置適當之緩衝帶，並得以道路、防風林、綠帶、河川、區域灌排水充當。

㈤開發計畫應說明附近商業設施、醫療設施、教育設施（托兒所、幼兒園、國小、國中）、公共設施（自來水系統、下水道系統、電力、垃圾處理、郵政電信服務、警察派出所、消防站）之服務範圍。

第二編　高爾夫球場

一　（刪除）

二　保育區面積，不得小於扣除不可開發區面積後之剩餘基地面積的百分之三十五；且百分之七十的保育區應維持原始之地形面貌，不得變更地形。

三　基地開發應對下列項目作調查分析：

㈠環境地質及基地地質之調查分析。

㈡主要脊谷縱橫剖面及挖、填方高度超過二十公尺且可能影響相鄰地區安全者應做深層滑動分析。

經分析後，凡具有影響相鄰地區及基地安全之可能性者，其災害影響範圍內，不得開發。但經依法登記開業之相關地質專業技師簽證，可以排除潛在災害者，在能符合本規範其它規定之原則下，不在此限。

四　高爾夫球場會館建築基地面積不得大於一公頃。

五　基地經過整地的面積扣除球道及會館建築部分應考量原有生態系統予以綠化，其剩餘面積每單位平方公尺應至少植喬木一株。

前項之單位應以所選擇喬木種類之成樹樹冠直徑平方為計算標準。

六　基地內任一球道，其安全距離形成之範圍（詳附圖一），以不重疊於相鄰之球道區及境界線為原則。但若經區域計畫委員會同意，得視地形變化狀況適當調整之。

七　基地應提供小客車停車位數不得小於下列規定：

㈠球場為九洞者應提供至少一百五十輛之停車位。

㈡球場為十八洞者應提供至少二百輛之停車位。

㈢超過十八洞者，每增加九洞提供至少一百五十輛之停車位。

八　高爾夫球場得設置附屬之住宿設施，並應符合下列規定：

㈠住宿設施樓地板面積以不超過核准會館樓地板面積五分之一為則，且應位於會館建築基地範圍內。

㈡有關住宿設施應參考觀光旅館業管理規則訂定住宿管理辦法，並納入球場管理規章。

㈢新增住宿設施應依高爾夫球場管理規則第八條規定申請變更計畫，並於申請建造執照時註明其用途。

第三編　遊憩設施區

一　遊憩設施區開發應接受該區域計畫區域性觀光遊憩設施計畫之指導。遊憩活動內容須與自然資源條件相配合，如係人為創造者，應符合區域性觀光遊憩系統開發原則。

二　遊憩設施區自然遊憩資源應詳細調查，據以擬定遊憩資源經營管理計畫。針對主要遊憩資源詳擬具體可行的保育計畫，並採取立即有效的保育措施。

三　遊憩設施區應依據區域性旅遊人次空間分派、交通、資源及區內遊憩承載量，訂定合理的使用容量，並據以提供遊憩服務及設施。

四　遊憩設施區應以提供遊憩設施為主，且依計畫設置必要性服務設施，有關遊客餐飲住宿設施建築基地面積，依其遊憩設施區之主要用途之不同規定如下：

㈠遊樂區：不得超過基地可開發面積百分之三十。

㈡旅館：不得超過基地可開發面積之百分之五十五；其餘基地可開發之土地並應設置觀光遊憩管理服務設施，其設施構造應與週邊景觀相調和，依核定計畫管制之。

五　保育區應以生態綠化方式強化及確保保育功能，高度十公尺以上之樹木及高度五公尺以上、面積三百平方公尺以上之樹林應予保存。

六　基地內必要性服務設施之提供應能滿足一般尖峰日旅遊人次需求，並應符合下列規定：

㈠基地內應設置停車場，其停車位數計算標準如下：

1. 大客車停車位數：依實際需求推估。
2. 小客車停車位數：不得低於每日單程小客車旅次之二分之一。
3. 機車停車位數：不得低於每日單程機車旅次之二分之一。但經核准設置區外停車場者，不在此限。

㈡以人爲創造之遊樂區，基地內應設置開放式公園、綠地。必要時並宜設置遊憩性腳踏車道、接駁巡迴巴士。

七　基地之大客車出入口若臨接公共道路，則出入口應以多車道方式規劃，並留設大客車暫停空間，以確保公共交通之順暢。

八　爲維護遊客之安全，應協調地方交通單位，設置必要之交通號誌。

九　開發單位須提供基地聯外道路之瓶頸路段在週休二日日間連續十六小時（八時到二十四時）的交通量調查資料，且至少調查假期開始前一日、假期中、以及假期結束日等三種時間之資料。

第四編　學校

一　學校之土地使用計畫應依不同之性質，如行政區、教學研究區、試驗區、住宿區、校園活動、運動場及其他等單一或複合之土地使用，說明各區建築配置之構想、校園意象之塑造、開放空間及道路動線系統之規劃與必要之服務設施之設置計畫。

二　校區內宜設置人車分道系統，並應有完整之人行步道系統。

三　住宿區應依設計容量預計其住宿人口數，並據以設置必要性服務設施及公用設備。

四　基地開發應考量教職員生需求，規劃校園活動系統，如運動場、綠帶、休憩綠地及草坪、活動廣場及中庭等；其開放空間之景觀塑造，應一併規劃。

五　學校之交通系統計畫，應含設校後人車集結對附近環境及道路系統之衝擊、校內道路之規劃、人車動線之佈設、大眾運輸系統之調查、停車位之需求及交通旅次之預測。

前項交通旅次之預測，應考量下列因素：

㈠住宿者：依宿舍設計容量預計其寄宿人數，並據以推估其往返校區之發生旅次。

㈡寄居者：指寄居於基地附近之教職員及學生，其人數應依當地實際環境作推估。寄居者之旅次得視同住宿者計算。

㈢通勤者：非屬住宿及寄居者。其每日旅次產生依運具選擇不同，得區分爲大眾運輸工具、大、小客車及機車旅次，並應視基地交通條件推估之。

㈣其他蒞校者：如參觀、訪問等其他原因來校之人員，其旅次視狀況推估之。

六　停車位應依下列原則留設：

㈠大客車停車位數：依實際需求推估。

㈡小客車停車位數：不得低於每日單程小客車旅次之三分之二。

㈢機車停車位數：不得低於每日單程機車旅次之三分之二。

前項停車位之設置，得以基地內之路邊或路外之方式為之。

七　校地之利用除建築物、道路、廣場、及必要性服務設施外，應以公園化為原則。除必要之整地及水土保持設施外，應儘量維持原地形並加以綠化，以作為開放空間。基地內經常性之地面溪流，除必要性之公共設施或為水土保持所需利用者外，應儘量維持原狀，並改善水質，其兩岸並應植生美化。基地如位於山坡地，其留設之永久性沉砂池宜規劃為景觀湖泊，供師生休閒使用。

第五編　廢棄物衛生掩埋場

一　基地應於入口處、場區進出道路、管理辦公室、磅秤室、保養廠等附屬設施附近設置各種景觀美化設施，並利用場區內之空地設置庭園綠地等設施以改善場區觀瞻。

二　垃圾處理採衛生掩埋法者，應建立地下水監測系統，以觀測井監測地下水水質，並於基地內設置四口以上合於下列規定之地下水觀測井：

㈠至少有一口井位於場地水力坡線之上游，俾利取得足以代表埋堆下地下水質之水樣。

㈡至少有三口井位於場地水力坡線之下游並應各具不同深度，俾利探查埋堆下之地下水中是否有垃圾滲入水侵入。

㈢前款三口井中至少有一口應靠近掩埋場設置，其餘各井則位於基地境界線內，俾可觀測基地內地下水之水質。

三　垃圾處理採衛生掩埋法者，應於開發計畫中說明取棄土計畫。

四　垃圾處理採衛生掩埋法者，應於開發計畫中說明最終土地利用計畫，並應考慮掩埋地之沉陷及其結構特性與交通系統、周圍環境條件等。

第六編　殯葬設施

一　殯葬設施之設置、擴充、增建或改建，除依殯葬管理條例規定外，應接受區域計畫殯葬設施規劃原則之指導，並於土地使用分區變更計畫申請同意階段，根據其服務範圍進行供需分析，評估實際需求。

二　公墓開發應以公園化為原則。平地之墳墓造型應以平面草皮式為主。山坡地之墳墓造型應順應地形地勢設置，且墳頭後方須保持植栽坡面，不得興建護壁或任何型式之設施物。

三　保育區內除水土保持設施及以自然素材構成之步道、休憩亭台、座椅、垃圾筒、公廁、安全及解說設施外，不得設置其他人工設施。

四　基地內必要性服務設施之提供應依下列規定：
㈠基地內應設置停車場，其計算標準如次：
1.公墓及骨灰（骸）存放設施：應依掃墓季節及平常日之尖峰時段估算實際停車需求，並以該時段之實際停車需求作為停車設置標準，並應研擬掃墓季節之交通運輸管理計畫（包括運輸需求減量、配合或提昇公共運輸服務或轉乘接駁措施等），以紓緩停車空間之不足。
2.殯儀館及火化場：應依尖峰時段估算實際停車需求，並以該時段實際停車需求之百分之八十五作為停車設置標準。
㈡設置公墓者，基地內應依殯葬管理條例第十七條規定設置綠化空地。並得計入前條保育區面積計算。但應符合總編第十七條第一項第二款規定。

五　基地應設置足夠之聯絡道路，其路寬應滿足基地開發完成後，其聯絡道路尖峰小時服務水準於D級以上，且不得低於六公尺，如未達到該服務水準，並應研擬地區交通運輸管理計畫，以減緩基地開發所產生之交通衝擊。其尖峰小時，在公墓及骨灰（骸）存放設施之開發型態係指掃墓季節及平常日之尖峰小時。
如未採前項設置者，其路寬應依下列規定：
㈠計畫使用容量在二千以下者，其聯絡道路路寬不得小於六公尺。
㈡計畫使用容量在二千以上，不滿五千者，其聯絡道路路寬不得小於八公尺。
㈢計畫使用容量在五千以上者，其聯絡道路路寬不得小於十公尺。
第一項及第二項聯絡道路之拓寬，如位於山坡地範圍者，應避免造成對生態環境及地形地貌之破壞。

六　第四點、第五點計畫使用容量包括墓基數及骨灰罐數，其計算標準如下：
㈠屬埋藏性質之墓基數及骨灰罐數計算標準依殯葬管理條例第二十三條之規定。
㈡非屬埋藏性質之骨灰（骸）存放設施者，其骨灰罐數依每骨灰罐占零點一五平方公尺骨灰存放設施樓地板面積之標準計算；骨骸罐數依每骨骸罐占零點三平方公尺骨骸存放設施樓地板面積之標準計算。
前項第一款屬埋藏性質之墓區應留設一定比例土地作綠化空地、水土保持設施及墓區內步道等使用。基地位於山坡地者，其比例不得小於墓區面積百分之五十；位於平地者，其比例不得小於墓區面積百分之三十。

七至一〇　（刪除）

一一　殯葬設施之設置應做視覺景觀分析。

一二　殯葬設施之服務設施區如管理中心、員工宿舍、餐廳等，應集中設置，其面積不得大於基地面積百分之五。

第七編　貨櫃集散站

一　基地聯絡道路路寬不得小於二十公尺。

二　基地若緊鄰公共道路，則靠基地側應設置加減速轉彎車道，其長度不得小於六十公尺。

三　基地出入口大門應以多車道方式規劃並留設貨櫃車暫停空間，以確保公共交通之順暢。

四　基地內貨櫃集散附屬設施，應先取得相關主管機關之同意文件，並應符合相關法規之規定。

第八編　工業區開發計畫

一　非都市土地申請開發工業區面積不得少於十公頃。但依據產業創新條例等有關規定申請開發者面積不得少於五公頃。有關開發之審議，除其他法令另有規定者外，應以本規範為基準。

二　工業區劃編應採開發計畫暨細部計畫二階段辦理。申請開發工業區面積大於一百公頃者，應先擬具開發計畫，經各該區域計畫擬定機關審議同意劃編為工業區後，再依核定開發計畫擬具細部計畫，報請各該區域計畫擬定機關審議。但申請開發工業區面積小於一百公頃或經各該區域計畫擬定機關同意者，其開發計畫得併同細部計畫辦理。

申請工業區開發計畫書圖製作格式如附件二。

三　開發計畫應檢附開發地區所在直轄市、縣（市）工業區及工業用地利用或閒置情形資料，分析所在直轄市、縣（市）工業區土地之供需狀況與開發必要性、計畫引進工業區種類與區位，並說明能否與所在直轄市、縣（市）產業及地方發展策略相互配合。但區域計畫委員會得視工業區開發類型及規模等因素，指定分析範圍。

工業區開發區位應距離高速公路或快速道路交流道、高速鐵路車站、機場、港口或鐵路車站道路距離三十公里範圍內，並符合下列情形之一：

㈠基地周邊道路距離十公里範圍內已有工業區、科學園區、產業園區或既有工廠聚落產業，可提供申請產業發展基礎或形成產業聚落潛能。

㈡基地周邊道路距離十公里範圍內已有相關工業、科技、研發之大專院校或研發機構資源，並可與其配合，提供申請案研發及人力環境。

基地位於總編第三點第二項所劃設區位或屬直轄市、縣（市）國土計畫劃定之未登記工廠聚落，免依前二項規定檢討。申請特殊性工業區開發或於離島、偏遠地區設置者，免依前項規定檢討。

四　申請開發之工業區位於依法劃定之海岸（域）管制區、山地管制區、重要軍事設施管制區或要塞堡壘地帶之範圍者，其開發除應依主管機關公告之事項管制外，並應先向該管主管機關申請許可。

五　工業區內被劃為海岸（域）管制區、山地管制區、重要軍事設施管制區或要塞堡壘地帶之土地，得列為基地內之國土保安、工業區綠地等用地，並依相關法規管制。

六　工業區形狀應完整連接，連接部分最小寬度不得少於五十公尺。但經區域計畫委員會認定情況特殊且符合整體規劃開發，並無影響安全之虞者，不在此限。

基地中有部分為非申請開發範圍之地區者，應維持該等地區出入道路之功能。

七　工業區周邊應劃設二十公尺寬之緩衝綠帶或隔離設施，並應於區內視用地之種類與相容性，在適當位置劃設必要之緩衝綠帶或隔離設施。但在特定農業區設置工業區，其與緊鄰農地之農業生產使用性質不相容者，其緩衝綠帶或隔離設施之寬度不得少於三十公尺；設置特殊性工業區，其緩衝綠帶或隔離設施之寬度以六十公尺為原則。

前項工業區周邊緩衝綠帶寬度不得低於十公尺。基地緊鄰森林區或特定農業區者，其緩衝綠帶寬度不得低於二十公尺。但公園、綠地及滯洪池等設施因規劃考量須設置於基地邊界者，經區域計畫委員會同意且寬度符合上開規定者，不在此限。

第一項基地範圍毗鄰工業用地或工業區，經工業主管機關認定二者引進產業之使用行為相容，且經區域計畫委員會同意者，其毗鄰部分之緩衝綠帶或隔離設施寬度得予縮減，並應於其他範圍邊界依前二項規定留設等面積之緩衝綠帶或隔離設施。

第一項基地範圍緊鄰依水利法公告之河川區域、海域區、鐵路、大眾捷運系統、高速公路或十公尺寬以上之公路、已開闢之計畫道路，第二項緩衝綠帶得以等寬度之隔離設施替代並應加強植栽綠化。但緊鄰非高架式公路或道路之對向屬住宅、學校、醫院或其他經區域計畫委員會認定屬寧適性高之土地使用者，不得以隔離設施替代。

第一項、第三項及前項所稱隔離設施應以具有隔離效果之道路、平面停車場、水道、公園、綠地、滯洪池、蓄水池、廣場、開放球場等開放性設施為限。

申請開發面積在十公頃以下之工業區，經區域計畫委員會認定情況特殊且符合整體規劃開發，並無影響安全之虞者，得以空地作為隔離設施，不受前項規定限制。其以空地為隔離設施者，該部分土地面積不予核給容積。

位屬工廠管理輔導法規定之群聚地區或依該法規定取得特定工廠登記面積達五公頃以上申請開發產業園區者，除設置特殊性工業區外，申請人檢討仍有無法依前六項規定留設緩衝綠帶或隔離設施之情形，經區域計畫委員會認定情況特殊且符合整體規劃開發，得就基地非緊鄰農業用地側之緩衝綠帶或隔離設施寬度予以縮減，其最小寬度不得低於十公尺，並應視縮減程度配合調降基地之部分或全部範圍之開發強度。

工業區之開發得免依總編第十七點規定留設保育區。

八　工業區應依開發面積、工業密度、及出入交通量，設置二條以上獨立之聯絡道路，其主要聯絡道路路寬不得小於十五公尺。

前項聯絡道路其中一條作為緊急通路，其寬度不得小於七公尺。

區域計畫委員會得依據工業區之鄉鎮地區環境限制、區位條件、工業性質等酌減其聯絡道路寬度。

九　工業區開發，需計畫利用附近區域大眾運輸系統或其他相關交通建設計畫配合者，應先徵求該管主管機關之同意。

一〇　工業區內應設置適當之廢污水處理設施，並採雨水、廢污水分流排放方式，接通至經環境保護主管機關認可之排水幹線、河川或公共水域。廢污水並不得排放至農業專屬灌排水渠道系統。

一一　工業區開發應依其規模大小於區內設置郵政、金融、治安、消防、交通轉運站、文康運動醫療保健、餐飲服務、圖書閱覽及休閒運動等必要之服務設施設施。該服務設施規模除須滿足工業區內之需要外，且須與區外附近之服務設施相配合。

第九編　工業區細部計畫

一　工業區細部計畫應符合開發計畫構想，有變更開發計畫之必要者，應同時提出變更申請。

二　申請非都市土地工業區細部計畫許可應檢附下列書圖文件：

㈠申請書。

㈡開發建築計畫。

㈢土地使用分區管制計畫。

㈣公共設施營運管理計畫。

前項書圖文件製作格式如附件三。

三　工業區街廓型態應配合工業區類型、功能及標準廠房予以規劃，區內各種配置，應依土地開發使用性質及核定之細部計畫，依據非都市土地使用管制規則編定為適當使用地。其中生產事業用地、住宅社區用地以編定為丁種建築用地為原則，公共設施、管理及商業服務用地以編定為特定目的事業用地為原則，滯洪池以編定為水利用地為原則，綠地則以編定為國土保安用地為原則。

前項生產事業用地經目的事業主管機關及區域計畫委員會認定供非屬製造業及其附屬設施使用者，該用地以編定為特定目的事業用地為原則。

單一興辦工業人開發工業區，其土地使用編定原則得依總編第四十四之三點規定辦理。

四　工業區規劃應訂定土地使用分區管制計畫，說明容許使用項目及強度。

工業區開發如採大街廓規劃原則或須對外招商者，其土地使用分區管制計畫應說明區內各種用地容許使用項目及強度、建築退縮規定、退縮地之使用管制、建築高度管制、停車空間設置標準、道路設計標準、栽植及景觀綠化、建築附屬設施等。

第二項使用項目如含括員工宿舍者，其管制計畫內容並應說明設置員工住宿所衍生之相關休憩設施、公共設施之需求及規劃設置方式。

第一項容許使用項目及強度不得違反非都市土地使用管制規則相關規定。

五　工業區應依其環境特性及工業型態，於法令限制之範圍規劃其開發強度。但區域計畫主管機關得視基地本身及周遭環境條件，降低建蔽率、容積率等以維持環境品質。

六　非工業主管機關申請開發之基地內夾雜零星或狹小之國有土地或未登錄土地，基於整體規劃開發及水土保持計畫需要，其位於山坡地者應先依規定取得同意合併開發證明文件；位於平地者應先徵得該管國有土地主管機關對該開發案使用國有土地之處理意見。

七　工業區應依開發後之全部實際需求擬定交通系統計畫。其實際交通量、停車場之計算應依其土地使用之不同予以加總計算。

八　工業區內應依就業人口或服務人口使用之車輛預估數之〇．二倍，規劃公共停車場。

九　工業區生產事業用地設置倉儲物流使用，其貨櫃車輛出入口臨接公共道路者，出入口大門應以多車道方式規劃並留設暫停空間，並於基地設置加減速轉彎車道，其車道長度不得小於六十公尺，以確保公共交通之順暢。

九之一　工業區生產事業用地設置倉儲物流使用為主者，申請人應提出其物流處理方式，包括服務半徑、作業模式、預估進出貨量、運輸能量、運輸車輛之型式及排程、裝卸貨平均作業時間、每日每季尖峰作業之需求、進出貨口與倉儲等空間之規劃及最適停車台型式之選擇。

一〇　運輸倉儲場站之設計，應無礙於運貨車輛進出廠區、行進及裝卸之順暢。其作業廠房主要運貨道路之設計應依交通部訂頒公路路線設計規範規定辦理。

前項主要運貨道路任一車道寬度，不得小於三．七五公尺。其最小轉彎半徑，應依未來營運時預估使用之最大大型車輛設計。

一一　工業區內之道路系統，應依下列原則留設。但位屬工廠管理輔導法規定之群聚地區或依該法取得特定工廠登記面積達五公頃以上申請開發產業園區者，主、次要道路寬度得予酌減，其最小寬度不得低於八公尺：

(一)主要道路：指連接各分區之主要進出口，或環繞全區及各分區以構成完整之道路系統。道路寬度不得低於十二公尺，全線並須予以植栽綠化。

(二)次要道路：指主要道路以外構成各街廓之道路系統。道路寬度不得低於十公尺，並應視情況予以植栽綠化。

(三)服務道路：指街廓內或建築基地內留設之服務性道路。道路寬度不得低於八公尺。

前項各款道路之容量應妥為規劃留設，以確保區內行車之順暢。

一二 工業區內寬度超過十公尺之道路，應留設人行道，並應連接其他道路人行道或人行專用步道以構成完整步道系統。

前項人行道得於道路之二側或一側留設，其寬度合計不得小於一・五公尺，並應予以植栽綠化。

一三 工業區內人行步道系統與車道相接，其行車動線對人行安全造成重大之不利影響者，應以立體化交叉方式規劃。

一四 工業區開發應檢附自來水、工業用水、電力、電信、垃圾處理及廢棄土處理等相關主管機關明確同意文件。

一五 工業區開發後透水面積不得小於基地面積之百分之三十。

基地位於依地質法劃定公告之地下水補注地質敏感區，其開發後基地內之透水面積應依地質敏感區基地地質調查及地質安全評估作業準則規定辦理。

一六 工業區之整地應配合自然景觀風貌，並應依下列方式辦理：

(一)整地後之坡面應處理成和緩之曲面，凡暴露於公眾視野之坡面均應模擬自然地形。

(二)基地內除建築物、道路、水域及必要之作業、營運等人工設施外，應予綠化，其綠覆率應達百分之六十以上。

(三)研擬控制土壤沖蝕量之措施，並應防止土石流失成災害。

(四)整地計畫應說明表土之狀況並擬定表土貯存計畫。

(五)明確敘明棄土、取土地點、運送、其水土保持及安全措施。取、棄土計畫並應依法取得相關主管機關同意。

一七 工業區土地應依其土地使用性質劃定下列用地：

(一)生產事業用地：供工業園區內工業生產直接或相關行業及其附屬設施使用。

(二)公共設施或必要性服務設施用地：公共設施或必要性服務設施用地面積應占工業區全區面積百分之二十以上，其中綠地不得少於全區面積百分之十。

綠地包括防風林、綠帶、緩衝綠帶及公園，綠地內可供作無固定休閒設施之用外，不得移作其他使用。但其面積不包括建築基地內綠化面積及滯洪池面積。保育區經區域計畫委員會審議具有防風林、綠帶及緩衝綠帶等功能，其面積得併入綠地面積計算。

興辦工業人開發為自用之工業區，依工廠需求，劃設環保設施或必要設施用地。

㈢管理及商業服務用地：工業區開發，得劃定指定區域作為服務及管理中心用地，其設置面積以不超過總面積之百分之十為原則。

㈣住宅社區用地：工業區得設置住宅社區，設置規模應依居住人口計算。但面積不得超過工業區內扣除公共設施後總面積之十分之一。

住宅社區規劃原則及其公共設施（含土地）維護管理，應依本規範規定辦理。

㈤不可開發區及保育區：基地內依總編第十六點及第十八點留設之不可開發區及保育區等土地，應劃設為國土保安用地。除必要之生態體系保護設施、水源保護及水土保持設施、公用事業設施（限點狀或線狀使用）外，不得開發整地或建築使用，並應採取適當保護措施。

㈥其他經主管機關核准之用地。

一八　（刪除）

一九　工業區住宅社區用地，建蔽率不得超過百分之五十，容積率不得超過百分之二百；其在山坡地範圍，建蔽率不得超過百分之四十，容積率不得超過百分之一百二十。

工業區生產事業用地編定為特定目的事業用地者，容積率不得超過百分之一百八十。但申請人提出增加容積率之需求，經區域計畫委員會審議其生產事業性質、產業發展需要、區位環境條件等認定具合理性者，得酌增容積率，且其容積率不得超過百分之二百四十。

二〇　經工業區主管機關認定符合行政院核定工業區更新立體化發展方案得增加既有工業區丁種建築用地容積率者，其公共設施或必要性服務設施除應依本規範規定檢討外，依該方案採捐贈產業空間或繳納回饋金方式增加容積率者，申請人並應提出增加綠覆率、透水率、公園、綠地或其他具體作法，經區域計畫委員會認定具有提升整體環境品質之效益後，予以增加。

第十編　休閒農場

一　本專編所稱之休閒農場，係指依據休閒農業輔導管理辦法經農業主管機關輔導設置經營休閒農業之場地。

二　休閒農場應在確保農業生產環境之原則下，依據農場周邊交通條件及農場休閒資源之承載量，訂定合理的使用容量，並據以設置休閒農業設施。

三　休閒農場各分區之土地使用規定如下：

㈠休閒農場內應辦理土地使用變更之使用地應依總編第十六點規定留設不可開發區，免留設保育區。其土地使用計畫除本專編另有規定外，適用總編條文之規定；並應依據審查結果編定為適當之用地。

㈡休閒農場內之農業用地，得依休閒農業輔導管理辦法第十九條第八項規定之項目，辦理非都市土地容許使用。其開發計畫書圖格式另定之。

四 休閒農場內應辦理土地使用變更之使用地內休閒農業設施與休閒農場範圍外緊鄰土地使用性質不相容者，應設置適當之緩衝綠帶或隔離設施。

五 基地內必要性服務設施之提供應能滿足一般尖峰日休閒人次需求，並依下列規定：

(一)休閒農場應設置足夠之聯絡道路，其路寬不得小於六公尺。但經農業主管機關依法列入專案輔導之已開發休閒農場申請案，有具體交通改善計畫，且經區域計畫委員會同意者，不在此限。

(二)休閒農場內應設置停車場，其停車位數計算標準如下：

1.大客車停車位數：依實際需求推估。

2.小客車停車位數：不得低於每日單程小客車旅次之二分之一。

3.機車停車位數：不得低於每日單程機車旅次之二分之一。但經核准設置區外停車場者，不在此限。

(三)休閒農場內應辦理土地使用變更之使用地內除建築物、道路、廣場、及公共設施外，宜多留設開放式公園、綠地，其景觀設計並應充分融合當地自然風貌及農業生產環境。

第十一編 填海造地 104

一 填海造地開發係指在海岸地區築堤排水塡土造成陸地之行爲，其申請以行政院專案核准之計畫或經中央目的事業主管機關核准興辦之公共設施或公用事業爲限。

一之一 申請塡海造地應一併檢附開發計畫及造地施工計畫二部分書圖文件，但爲便於申請人作業需要，得先擬具開發計畫送審，並於內政部區域計畫委員會指定期限內檢具造地施工計畫申請許可。其書圖製作格式如附件四。

開發案之中央目的事業主管機關已有規定造地施工之書圖文件者，免製作附件四之造地施工計畫部分，逕由開發案之中央目的事業主管機關依主管法規進行審查。

二 同一區域內如有數件開發案件申請時，應一併審查，並以環境衝擊最小，且公益上及經濟價值最高者許可之。

前項情形無優劣差別者，以沿岸土地所有人之塡築申請，且對其土地利用效益較大者爲優先，次以申請書之受理時間在先者許可之。

在受理申請機關受理同區域內第一件申請案報送區域計畫擬定機關，並經區域計畫委員會專案小組初審通過後始受理之申請案，不適用前二項規定。

三 塡海造地其造地開發工程之規劃設計，應調查蒐集之基本資料如下：

(一)自然環境資料：氣象、海象（波浪、潮汐、潮位、海流、漂沙等）、水深與地形、飛沙、地質、土壤、水源（地表水、地下水、伏流水、水庫供水情形及各標的計畫需水量）、水質、動植物生態等及其他敏感地區。
㈡海岸性質及既有海岸設施現況。
㈢開發區及鄰近地區土地使用現況與社經狀況。
㈣工程材料來源資料。
前項第一款水深與地形圖，應為最近二年之實測圖。
地質鑽探應製作鑽孔柱狀圖及地質剖面（屏狀）圖。鑽孔深度，抽沙區內以預計抽沙完成後深度加抽沙厚度，填築區內以探測至確實具有充分支承力之承載層止為原則。於抽沙區內每二十五公頃至少應有一鑽孔，填築區內每十公頃至少應有一鑽孔。每一開發案，抽沙區至少需有三鑽孔，填築區至少需有五鑽孔。鑽孔原則應均勻分佈於填築及抽沙區內，且填築區外圍鑽孔應位於規劃之堤防線上。
一百公頃以上之填海造地開發計畫，應有累積鄰近測站之實測氣象、海象資料，並以每季之平均分佈資料為準。其觀測規定如下：
㈠氣象資料主要為雨量與風力，風速站必需設置於海邊，不受建築物與林木遮蔽處，觀測作業按中央氣象局規定辦理，累積資料五年以上。
㈡波浪與潮汐觀測與資料統計參照中央氣象局觀測作業規定辦理，累積資料五年以上。
㈢海流觀測每季辦理一次，每次觀測應測得大潮與小潮（約為十五天）資料，累積資料一年以上。
㈣漂沙及飛沙調查在冬季季節風及夏季颱風過後各辦理一次，累積資料一年以上。
海象觀測資料必須能滿足水工模型試驗及數值模擬計算所需驗證資料。
利用鄰近測站海象資料推算設計水位者，須符合二地潮汐性質與地理位置相近之條件。

四　填海造地之開發，應優先保育自然資源，保護歷史古蹟與重要文化資產，維護國防與公共安全、公共通行及鄰近海岸地區之保護。其開發計畫並應配合區域計畫、都市計畫、行水計畫、港灣與航運計畫，以及其他各目的事業主管機關依法公告之計畫。申請填海造地開發，其地點不得位於下列地區內。但經各該目的事業主管機關同意或認定不影響其目的事業計畫之實施及保護標的者，不在此限。
㈠國家公園區域及其外五公里之範圍。
㈡依法劃（指）定公告之保育區、保護區或保留區及其外五公里之範圍。
㈢臺灣沿海地區自然環境保護計畫核定公告之自然保護區及其外五公里之範圍或一般保護區內。
㈣要塞地帶區範圍及依國家安全法公告之海岸管制區、重要軍事設施管制區與依其他法令禁建、限建範圍。

㈤依法設立之海水浴場及其外三公里之範圍。
㈥縣（市）級以上風景特定區之範圍。
㈦古蹟及重要考古遺址及其外三公里之範圍。
㈧重要濕地及其外三公里之範圍。
㈨海洋放流管三公里之範圍或海底通信纜、海底電力纜、海底輸油管、海底隧道及輸水管一公里之範圍。
㈩人工魚礁區及其外三公里之範圍。
⑪中央管及縣（市）管河川河口區範圍。
⑫活動斷層五百公尺之範圍。
⑬已依法令設定之礦區或土石區。
⑭經劃編公告爲保安林者。

五　塡海造地之開發應調查並分析基地及環境之地形與地質，對於海底平均坡度大於百分之十，土壤曾有液化情形或液化潛能及附近有海岸侵蝕或地層下陷之基地，於潛在災害影響範圍內，不得開發。但經依法登記開業之地質、結構、土木、大地工程、水利工程等相關專業技師簽證，得克服潛在災害，並經主管機關委由專業機構或學術團體審查結果相符者，不在此限。

開發區位在低潮線以外海域者，其工程應經前項相關技師之簽證，必要時得由主管機關委由專業機構或學術團體代爲審查。

六　塡海造地開發應以維持原有海岸沙源之平衡與生態系之穩定，並將環境影響減至最小爲原則。開發面積以適用爲原則，面積在二百五十公頃以上者，應視開發區之土地利用方式及內陸排水需要設置隔離水道，其寬度應依水工模型試驗及數值模式推算結果決定。開發基地之形狀，以接近方形或半圓形爲原則。

七　塡海造地有關堤防之興建，應先徵得水利主管機關同意，施工前並須向海堤管理機關申請核准。其佈置應以安全及經濟並重，並應依下列原則辦理：
㈠臨海堤線之走向宜與海底等深線走向儘量一致，以配合當地自然條件，避免過度影響海岸地形。
㈡堤線應力求平直圓順，不宜曲折佈置，以避免波浪集中。
㈢堤址位置應選擇海底地形變化小、坡度平坦與灘面穩定處，以確保安全。
㈣堤址位置應選擇地質良好之處，情況特殊須於地質不佳處興築海堤者，應以挖除或其他方式進行地盤改良。
㈤堤址水深之選擇，應能避免盛行風浪在堤址前破碎。

八　堤防堤身須耐浪壓、土壓、上揚壓力及地震等外力作用，爲確保安全應進行堤身安定性計算及基礎承載力分析。堤防結構型式之選擇，應考慮各種結構型式之特性，宜採用緩坡式或消波式海堤，並依下列事項決定之：
㈠當地自然條件：如海岸地形、水深、海灘底質及堤前波浪狀況等。

㈡堤線佈置。

㈢消波設施。

㈣築堤目的或重要性。

㈤施工條件。

㈥材料條件。

㈦維護難易。

㈧工期。

㈨工程費。

九　堤防結構設計時，應以第三點規定之實測資料及模擬颱風資料為依據，相關暴潮位及波浪之復現週期或迴歸期至少以五十年為標準，或以模擬颱風配合各種可能颱風路徑推算設計波浪。堤防之設計條件依下列各項決定：

㈠波浪：包括季節風浪與颱風波浪。

㈡潮位：包括天文潮與暴潮位。

㈢水流：包括流向與流速。

㈣地形：包括海底與海灘地形。

㈤地質：地盤及堤身土壤之土質條件。

㈥地震震度與係數。

㈦材料。

㈧載重：分自重與外載重。

㈨堤內設施重要性。

㈩工程之環境影響。

一〇　堤頂高度得由設計潮位加波浪溯升高或容許越波量決定之，並應預留可能之地層下陷高度。

堤頂寬度應依波力、材料特性、堤岸構造高度、堤後設施或使用之重要性、堤頂通車要求、地層下陷後之加高方法及施工維護方法等因素考慮。

一一　海埔地開發規模在三十公頃以上，或開發區位於侵蝕海岸者，所興建之堤防應辦理水工模型斷面試驗，並依試驗結果，修正堤防斷面及堤線。

前項水工模型試驗至少應包括：安定試驗、溯升或越波試驗，及堤基沖刷試驗。

海埔地開發規模在一百公頃以上，且開發區為沙質海岸，應辦理漂沙水工模型試驗或採用數值模式，且經由實測資料校驗，以推算開發區及鄰近海岸之地形變化。海埔地開發規模在二百五十公頃以上時，水工模型試驗及數值模式推算均應辦理，以相互驗證。

一二　潮口應依地形、地質、風、波浪、潮差等因素，預先規劃其位置。

潮口長度、封堵方法、預定封堵時間與日期、所需材料及機具數量等，應納入造地施工計畫之申請書圖。

一三　填海造地填築新生地，應做造地土源分配規劃。填海造地開發計畫並應配合環境條件及施工時序，採取分期分區方式開發為原則。

一四　取土區應考慮公共安全因素，避免破壞生態系或造成重大環境影響。使用海沙造地，除潮汐灘地應予保留外，以優先使用淤沙區、浚渫港灣、航道或預定水道之土沙為原則，其浚渫深度不得影響堤防安全及邊坡穩定，且於下列地區範圍內禁止抽取海沙：

㈠平均低潮線及低潮高地之低潮線向海延伸二公里或水深十五公尺以內所涵蓋之範圍。

㈡水產動植物繁殖保育區。

㈢第四點之各項資源保護區內。

㈣現有或計畫堤線向海延伸一點五公里範圍內。

一五　取土區內應進行地質調查及海底等深測量，以確定沙層性質、分布、走向、與厚度之變化情形。海沙抽取之品質與地點，應考慮下列因素：

㈠海象條件。

㈡開發用途。

㈢水深與地質調查結果。

㈣填方材料性質與填方數量。

㈤施工期限。

㈥排泥距離與浚挖船作業能力。

㈦堤防安全。

㈧海岸邊坡與海底地形穩定。

㈨交通阻塞與海難預防。

㈩生態繁殖及其他環境影響。

一六　抽沙應儘可能維持海岸地形與生態系之穩定，抽沙期間並應持續監測挖泥作業對抽沙區與填築區之環境影響。土沙採取、輸送及填埋施工時，其作業場應採減低污染措施，並符合環境保護主管機關之空氣及水質標準。

一七　填海之料源以無害且安定為原則，如屬廢棄物者，並應符合環境保護主管機關之檢出及相關規定。

廢棄物填海工程應有具體處理、管理及填埋完成後再生利用計畫，並採取嚴格排水、阻水及掩埋設施標準。其施工與完工後，必須持續監測環境，該一監測計畫並應納入開發申請案財務計畫中。

一八　造地高程應依填築區之潮位與海象情況、堤防構造、區內土地使用、填土層及原地層之沈陷量與區內外排水需要等因素審慎決定。

前項高程依潮位計算時，除採機器排水或適當補救措施者外，應在大潮平均高潮位二公尺以上，或依暴潮位酌加餘裕高。考慮區內排水因素者，造地高程應為大潮平均高潮位加上最大水頭損失。造地完成至建築使用前再依使用目的及地質條件酌予加高。

一九　堤防應設排水設施。堤後之排水設計應同時考慮堤頂越波量及至少十年之區域降雨頻率，並取其和為計算依據。
設排水抽水站者，其抽水量設計須考慮區內排水水位及潮位高度。

二〇　填築之新生地須有定沙工作或鋪設覆蓋土，以防止細沙飛揚飄失。
前項覆蓋土以粘性土，塑性指數九至二十，厚度十五公分至二十公分為原則。
採用化學製劑定沙，其品質須不造成二次公害。

二一　為降低強風吹襲、減少鹽害、遮阻飛沙、穩定水土保持、維護交通安全及美化環境，填築之新生地除非有其他替代措施，應配合土地使用，設置防風、飛砂防止、潮害防備等保護林帶及種植定沙植物。
前項保護林帶與定沙植物，應選擇數種耐風、耐鹽、耐旱、耐溫度突變，而易於海濱迅速成長之樹種或植物，且以當地原生種植物優先考慮。
第一項保護林帶應配合風向、道路及堤防系統栽植，其最小林帶寬度（縱深）在主要受風面，主林帶以不小於五十公尺，總寬度以不小於一百公尺為原則，新生地供農、林、漁、牧使用者，保護林帶寬度得減為二分之一。在次要受風面，應視情況需要規劃設置防風林。
填海造地之開發位於離島地區者，得視實際情況需要設置防風林，其寬度不受前項限制。

二二　填海造地之開發，應依區域整體發展觀點，區分道路功能，建立區內與區外完整之道路系統。基地應依開發之面積、人口規模、產業密度及出入交通量需求預測，設置足夠之聯絡道路。
主要聯絡道路容量設計，以尖峰時間不低於Ｃ級之道路服務水準為考量，且道路等級不得小於標準雙車道公路。
開發區應開闢通路，以維護民眾之親水及公共通行權益；並於緊急情況時，供維護國防或公共安全使用。

二三　開發區內應依使用性質適用本規範其他專編及相關法規規定，劃設足敷計畫發展所需之公共停車場。

二四　水源供應應說明消防及各類用水需水量預估、給水方式、路徑、加壓站、配水池位置與容量、水質處理方式與標準。
開發地區不能供應自來水，而須自行設法取用地面或地下水源時，須依水利法、飲用水管理條例及相關法令規定向水利及飲用水主管機關申請核准。

二五　填海造地開發之面積，以適用為原則，不宜擴大需求，開發計畫應明確說明其土地需求之計量方式。土地使用目的與造地填築材料性質亦應併同考量，以符合承載力要求。
填海造地之開發，應依核定之計畫目的及區位環境特性，編定適當土地使用分區及使用地。其使用類別與使用強度及結構工程之設計建造，依本法、建築技術規則、本規範其他專編及其他相關法規之規定。
供住宅、工業、商業及遊憩使用之塡海造地開發區內，綠地總面積不得少於全區面積百分之十。綠地、公共設施與必要性服務設施合計者，其合計面積不得小於全區面積百分之三十。供農、林、漁、牧者，不在此限。

二六 開發區內工業區與區內或區外之集合住宅或聚落，應有五十公尺以上寬度之綠帶，作爲緩衝區。
前項緩衝區之寬度，得將道路或隔離水道併入計算。但其中綠帶寬度應至少有二十公尺。
建築線與堤防胸牆外緣線間距離應在五十公尺以上。

二七 開發區內以重力排水爲原則。採離岸式佈置之塡海造地，其隔離水道規劃依下列規定：
(一)不變更陸域現有水系及現有排水功能爲原則，且陸域相關河川及排水之計畫洪峰流量均能納入隔離水道中宣洩。
(二)開發區內之排水，得視需要納入隔離水道中排放。
(三)隔離水道內所容納之實際總排水量，其抬高後之最高水位，應在堤頂高度一公尺以下，且其迴水不能影響現有堤防之安全及陸域洪泛排洩。
基地儘可能於規劃排水時，選擇適宜地點設置淡水調節池，以回收利用水資源。
有關排水工程之興建，應先徵得水利及下水道主管機關同意；施工前並須依水利法及下水道法向水利及下水道主管機關申請核准。

二八 開發區內之公園、綠地與其他開放空間，須兼顧環境保護及災害防止之目的，其規劃應力求景觀品質之維護，並與相鄰基地之景觀特色配合，塑造和諧的整體意象。供住宅、商業、工業、文教及遊憩使用者，應有造園或綠化計畫。
公用設備管線應利用綠地或道路埋設，以地下化爲原則。

二九 塡海造地開發區附近有侵蝕情形或可能侵蝕之區段，開發者應採取海岸防護措施，侵蝕防護計畫並應納入開發申請案財務計畫中。
前項防護措施，包括興築突堤、離岸堤、人工岬頭、及養灘工程等。侵蝕嚴重之海岸，宜併用數種工程方法，以提高海岸防護成效。

三〇 開發計畫對於海岸地區既有設施或有關權利所有人所造成之損害，應分別依法賠償或興建替代設施。

三一 申請人之財務計畫應包括下列內容：
(一)詳列開發計畫各項費用金額，各項費用之估算應依開發工程直接費用、工程間接費用及財務成本費用情形訂定估算標準。
(二)說明開發計畫總經費所需之資金籌措方式並予必要之評

析。

㈢檢具土地分區圖並編製土地處分計畫書，計畫書內應說明或記載土地分區編號、面積單位、處分方式（讓售或租賃）、處分之預定對象、處分之預定時日、以及處分之預定等價金額，處分計畫中若無特定之預定對象，則須記載候選對象之資格條件。

㈣就開發計畫之施工時序及土地處分計畫，編製現金流量分析表，並說明開發各期及分區之資金來源及資金運用估算方式。

㈤就整體財務計畫之損益平衡性給予必要之分析。

三二　申請人之財務計畫書其編製應注意或記載下列各事項：

㈠開發工程直接費用應按各項硬體建設工程之施工成本估列，間接費用除須包括因硬體建設產生之各項間接費用外，亦須包括廢棄物塡海工程在施工期間及完工後之監測設施費用，以及整個開發計畫期間之物價上漲因素。

㈡財務成本費用應依開發計畫之資金籌措方式所載融資條件分列其利息費用。

㈢土地處分計畫書所載之土地分區編號應與所檢具之土地分區圖編號相符，所列處分之特定預定對象，應記載其姓名或名稱、住址及其被選定之理由。

㈣土地處分之預定等價金額應以單位面積估算之，並應附有估算方式或推算基礎之資料。

第十二編　工商綜合區

一　本規範所稱工商綜合區，係指中心都市近郊交通便利之非都市土地，依其區位及當地發展需要，以平面或立體方式規劃設置綜合工業、倉儲物流、工商服務及展覽、修理服務、批發量販或購物中心等一種或數種使用。

二　（刪除）

三　工商綜合區依其使用用途劃分爲一種或數種使用：

㈠綜合工業：指提供試驗研究、公害輕微之零件組合裝配或與商業、服務業關聯性較高之輕工業使用者。

㈡倉諸物流：指提供從事商品之研發、倉儲、理貨、包裝或配送等使用者。

㈢工商服務及展覽：指提供設置金融、工商服務、旅館、會議廳及商品展覽場等設施使用者。

㈣修理服務：指提供汽機車修理服務、電器修理服務及中古貨品買賣等行爲使用者。

㈤批發量販：指提供以棧板貨架方式陳列商品之賣場，並得結合部分小商店之使用者。

㈥購物中心：指提供設置結合購物、休閒、文化、娛樂、飲食、展示、資訊等設施之使用者。

開發計畫應分別明列開發後各使用之各項硬體設施及預定使用事業。其使用事業並需符合前項規定及經濟部核定之興辦事業計畫。

四　工商綜合區如有多類使用內容者，應說明各類使用之相容性。如同時包含工、商業或其他之使用致互相干擾時，應以獨立進出口、專用聯絡道路、綠帶，或其他之規劃方式減低其不利影響。

五　基地聯絡道路，應至少有二條獨立通往外接道路。其中一條路寬至少十五·五公尺以上，另一條可為緊急通路，寬度不得小於七·五公尺。

前項路寬經區域計畫委員會認定情況特殊，有具體交通改善計畫，且經區域計畫委員會同意者，不在此限。

六　基地供購物中心、工商服務及展覽或批發量販使用者，其進出口之一之半徑五百公尺內，如設有大衆捷運系統或鐵路之客運車站時，則區域計畫委員會得視情況折減其聯絡道路之寬度限制。

七　基地附近區域若有大衆捷運系統、鐵路系統或其他交通建設計畫能配合基地開發時程及需求者，應徵得該交通建設計畫主管機關之同意證明文件。

八　應依開發後衍生之交通需求（含交通量及停車需求等）進行交通影響評估。其實際交通量及停車量之計算依其土地使用之不同應予以加總計算。

九　基地內應依事業計畫之性質設置足夠之私設停車空間或公共停車場，使開發後各型車輛停車位之需求供給比低於一。其停車位之設置量，不得低於本專編之規定。

一〇　各使用應依計畫推估下列停車位之留設量：

㈠大客車停車位數：依實際之需求量留設。但區內如設有大衆運輸場站設施，其停車位數應加計預估停放之大衆運輸車輛；設有旅館者，應按其客房數每滿五十間設置一輛大客車停車位。

㈡小客車停車位數：不得低於預估之營業時段小客車停車數除以營業時段停車位平均轉換頻次之商，並受以下之限制：

1.供綜合工業使用者，不得低於每滿一百平方公尺樓地板面積計算一輛停車位之結果。

2.供工商服務及展覽、修理服務使用者，不得低於每滿七十五平方公尺樓地板面積計算一輛停車位之結果，且不得低於三百輛。

3.供批發量販、購物中心使用者，不得低於每滿四十五平方公尺樓地板面積計算一輛停車位之結果，且不得低於五百輛。

前三目所規定應留設之最低停車位數，如有下列情形得酌減或按比例計算之：

4.離島地區單獨規範可酌減之。

5.申請人如提出具體評估數據並經區域計畫委員會討論

同意者，得酌減之。

6.得配合申請案件之開發期程需求，按各期比例計算之。但各期合計留設停車位總數仍應符合最低停車位數之規定。

7.申請案件如有數種使用，可按各種使用比例計算之。

(三)機車停車位數：不得低於預估之營業時段機車停車數除以營業時段停車位平均轉換頻次之商。

(四)貨車、平板車、貨櫃車：依實際需求量留設之。但供倉儲物流使用者應依平日尖峰作業時之最適需求留設之。

一一　生態綠地及供區域性使用之公共設施應提供公眾共享，不得以配置與其他方式降低其可及性及公共利益。

一二　基地內可建築基地面積（指申請開發之土地總面積扣除生態綠地及相關必要性服務設施後之面積）之總建築物容積率，應依附表五規定辦理。

前項可建築基地，得以總建築物容積率作爲計算各宗建築基地容積率之依據，並應依核定之計畫管制之。

一三　基地應依下列原則配合環境特性劃設必要之生態綠地，以維持自然景觀、淨化空氣、涵養水源、及保護生態，得免依總編留設不可開發區及保育區：

(一)生態綠地土地形狀應完整，其最小寬度不得低於二十公尺，且總面積佔申請開發土地總面積之比例應依附表五規定辦理，除天然植被良好或有其他保持原有生態環境及地貌之需要者外，綠地皆應植樹成林。其面積每單位平方公尺應至少植喬木一株，其單位應以所選擇喬木種類之成樹樹冠直徑平方爲計算標準。

(二)基地應配合自然地形、地貌及不穩定地區，設置連貫並儘量集中之生態綠地，以求在功能上及視覺上均能發揮最大之保育效果。除必要之道路、公共設施、公用設備等用地無法避免之狀況外，生態綠地之完整性與連貫性不得爲其它道路、公共設施、公用設備用地切割或阻絕。

(三)生態綠地應完全維持生態保護功能，除可供作無固定休閒設施用途外，不得移作他用。

(四)不具生態保育功能之道路植栽、休憩景觀植栽及人工地盤植栽等或面積畸零狹小不能形成綠蔭之綠地或景點，不得當作生態綠地。

(五)列爲生態綠地者，應編定爲國土保安用地，嗣後不得再申請開發，亦不得列爲其他開發申請案件之開發基地。

一四　基地內之原始地形在坵塊圖之平均坡度超過百分之三十以上之地區，其面積之百分之八十以上土地應維持原始地形地貌，不可開發並作爲生態綠地，其餘部分得就整體規劃需要開發建築。平均坡度超過百分之十五以上之地區，以作生態綠地使用爲原則。

一五　下列地區優先劃設爲生態綠地：

㈠主要野生動物棲息地。

㈡林相良好之主要林帶。

㈢經濟部認定之重要礦區且地下有多條舊坑道通過之地區。

㈣特殊地質地形資源：岩石、特殊之林木、特殊山頭、主要稜線、溪流湖泊濕地、潮間帶等區址內自然地標及明顯而特殊之地形地貌。

基地內被劃定為海岸（域）管制區、山地管制區、重要軍事設施管制區或要塞堡壘地帶之土地，得列入生態綠地計算，並應依相關法規管制。

一六　生態綠地面積之計算，不包括道路（維護步道除外）、公共設施、公用設備，且不得於內劃設建築用地。

一七　基地應依事業需求及環境特性，設置足供區內因開發衍生行為所需之必要性服務設施，其面積佔申請開發土地總面積之比例應依附表五規定辦理。其用地並應於分割後依其使用性質變更編定為適當用地。

前項必要性服務設施，須與區外附近之公共設施相配合。屬通過性之道路者，應捐贈並分割移轉登記為該管地方政府所有。

一八　必要性服務設施用地得作為下列各種使用：

㈠道路。

㈡停車場：限作供公眾使用之停車場。

㈢污水處理排放、廢棄物處理及其他必要之環保設施。

㈣雨水處理排放設施。

㈤水電供給及其他必要之公用事業設施。

㈥景觀維護設施。

㈦服務及管理中心。

㈧休憩公園、廣場。

㈨海堤、護岸及其相關水岸設施：限濱海及臨河川之基地。

㈩其他必要之服務設施。

前項服務設施由開發者或管理委員會負責經營管理。

一九　基地內得劃定一處指定之區域設置服務及管理中心（以下簡稱本中心），其功能以服務區內員工為原則，並得作為下列使用：

㈠公用事業設施。

㈡公用事業營業處所及辦事處。

㈢安全設施。

㈣行政機構。

㈤日用品零售及日常服務業；其總樓地板面積不得大於一千平方公尺。

㈥餐飲業。

㈦金融、保險分支機構。

㈧衛生及福利設施。

㈨集會堂及會議設施。
㈩相關職業訓練教育設施。
⑴轉運設施。
⑵加油站及汽車加氣站。
⑶招待所。
⑷其他經計畫核准之使用。

因本中心之設置所衍生之停車需求，應以設置停車場之方式容納之。

二〇 基地內得依興辦事業實際需求設置單身員工宿舍社區一處，並應悉以員工自住為原則。其用地面積最大不得超過申請開發土地總面積之百分之三；其樓地板總面積最大不得超過依每位計畫住宿員工三十平方公尺標準之合計。

前項員工宿舍社區之用地範圍應完整、連接，以利整體規劃使用，並配置必要之公共設施。

二一 開發後基地內之透水面積不得小於扣除生態綠地面積後剩餘基地面積的百分之三十。但經區域計畫委員會認定無影響安全之虞者，不在此限。

二二 申請開發案件應依附件五「工商綜合區都市設計管制計畫製作要點」之規定，製作都市設計管制計畫，經核定後作為該區開發建築之管制依據。

二三 各種使用之可建築用地面積之建蔽率不得超過下列規定：
㈠綜合工業使用：百分之六十。
㈡倉儲物流使用：百分之八十。
㈢工商服務及展覽使用：百分之六十。
㈣修理服務業使用：百分之七十。
㈤批發量販使用：百分之八十。
㈥購物中心使用：百分之六十。

前項各款使用以垂直混合使用規劃者，其建蔽率以較低者為限。

二四 供倉儲物流使用者應提出其物流處理方式，包括服務半徑、作業模式、預估進出貨量、運輸能量、運輸車輛之型式及排程、裝卸貨平均作業時間、每日每季尖峰作業之需求、進出貨口與倉儲等空間之規劃及最適停車台型式之選擇。

二五 倉儲物流使用之基地緊臨聯絡道路者，其靠基地物流專業使用之側應設置轉彎車道，長度不得小於六十公尺。

二六 倉儲物流使用之基地內如設有貨櫃集散站者，其貨櫃車輛出入口若臨接公共道路，則出入口大門應以多車道方式規劃並留設暫停空間，並於基地設置加減速轉彎車道，以確保公共交通之順暢。

二七 工商服務及展覽使用之商業空間，其任一販售展場面積不得小於三百平方公尺。但會議廳、旅館、國際觀光旅館、文康中心內附設之商店及商場，不在此限。

二八　購物中心及批發量販供百貨商場使用、量販商場、便利商店、超級市場等大型販售性質之空間，其樓層之使用配置宜以不超過七樓爲原則。

二九　供購物中心使用者應對人車集結之現象妥爲處理，並應規劃人車分道系統，行人專用步道除服務性質之車輛外，禁止一切機動車輛進入。但行車道路一側設置有寬二公尺以上之人行道，且經區域計畫委員會認定無影響人車安全之虞，得視爲兼具人行功能者，不在此限。

第十三編　農村再生計畫實施地區之農村社區土地重劃 104

一　本專編適用之農村社區土地重劃案，以位於已核定農村再生計畫範圍內爲限。

二　符合第一點規定之申請案，應依本規範規定申請審議。但本規範總編第十四點、第十五點、第十七點、第二十六點至第二十八點、第三十點、第三十二點、第三十四點、第三十五點、第三十九點、第四十點、第四十三點及第四十四點規定，不在此限。

三　農村社區土地重劃範圍應儘量避免使用特定農業區。

農村社區得因區域整體發展或增加公共設施之需要，適度擴大其範圍，其新增之建築用地總面積，以不超過重劃前既有建築用地總面積一點五倍爲原則。

四　計畫書應就下列事項說明重劃合理性：

㈠公共設施改善計畫：包含居民需求調查、改善項目、內容及其必要性等，以及重劃後公共設施維護管理計畫。

㈡住宅用地需求變更：分析說明人口數及家戶居住用地需求變動之推論。

㈢土地所有權人意願分析：輔以圖表說明同意與不同意參與重劃之土地所有權人意見與分布區位。

㈣財務計畫：包括資金需求總額、貸款及償還計畫。

㈤周邊農業生產環境之維護管理：輔以圖示說明重劃後農村社區對於所屬農村再生計畫範圍內生產區之影響與維護管理措施。

㈥勘選區位合理性：說明勘選聚落因地籍凌亂、畸零不整、公共設施不足，生活環境品質低落須辦理農村社區土地重劃之緣由。

五　計畫書應詳實記載下列有關基地與周邊生產、生活及生態之事項：

㈠基地與所屬農村再生計畫範圍之農業發展與生活環境情形。

㈡基地內古蹟民俗文物、信仰空間之現況及區位。

㈢基地與所屬農村再生計畫範圍水資源或其他自然資源之現況及區位。

計畫書應說明重劃後如何維護前項生產、生活及生態資源。

六　計畫書應說明下列鄰近基地之設施服務範圍：

㈠市場。
㈡醫療設施。
㈢教育設施（幼兒園、國小、國中）。
㈣公共設施（自來水系統、下水道系統、電力、垃圾處理、警察派出所及消防站）。

七　基地聯絡道路，應至少有獨立二條通往聯外道路，其中一條路寬至少六公尺以上，另一條可為緊急通路且寬度須能容納消防車之通行。但經區域計畫委員會認定情況特殊且足供需求，並無影響安全之虞者，不在此限。
基地重劃完成後所產生之平日尖峰小時交通流量，應不得使基地連接縣道（含）以上之聯絡道路系統交通服務水準低於D級服務水準，優先申請者優先分配剩餘容量。
前項道路系統無剩餘容量時，申請人應提出交通改善計畫及改善計畫內容能配合基地重劃時程之證明，並經區域計畫委員會審查同意。

八　農村社區公共設施項目應以改善生活環境必須為原則，設施配置應儘量以維持農村紋理進行規劃。公共設施項目與配置經區域計畫委員會審查認為非屬必要或不合理者，得作適度調整。
基地內既有社區道路應配合農村紋理，順應農村社區發展現況予以設置，於考量安全、災害防救需要需適度拓寬時，應以最小拆遷為原則；既有社區外納入重劃部分之新設道路，應儘量順沿自然地形地貌與既有路徑，避免大規模道路整地行為影響生態環境。
農村社區土地重劃區，其開發或建築案，人口達下水道法施行細則第四條所定新開發社區規模時，應依規定設置專用下水道。

九　基地得依下列規定設置規模適當的社區中心用地，作為社區商業、圖書、集會、交誼、康樂、醫療保健及其他公共設施或必要性服務設施之使用，以利提升社區生活品質：
㈠以不超過住宅用地面積百分之八為原則。
㈡計畫書應就社區中心可能使用之內容，提供規劃構想。
基地內得考量集中留設與當地農業相關具供公眾使用之農業經營相關設施所需用地。

一〇　基地內乙種建築用地使用強度，平地不得超過建蔽率百分之六十、容積率百分之一百五十，山坡地不得超過建蔽率百分之四十、容積率百分之一百。但基地內既存已編定之建築用地或經區域計畫委員會審議同意者，不在此限。

一一　基地建築型式及景觀設計構想應維持農村景觀及農業生產環境之特色，並依下列事項辦理：
㈠建築量體、線條、尺度、色彩、高度均應順應當地農村風貌景觀，並應維持當地農村自然景觀之特色。
㈡新建建築物高度不得超過三層樓且不得超過十點五公

尺。

一二 住宅分區之外圍應設置適當之緩衝帶，且得以道路、防風林、綠帶、河川、區域灌排水路充當。但範圍內既存之建築用地不在此限。

第十四編　太陽光電設施 106

一 基地開發設置太陽光電發電設施，應以太陽光電發電設備、昇壓站、變電所、變流設備等設施爲主。

前項設施以外之相關必要性服務設施、公共設施、管理設施或其他建築設施用地定有建蔽率、容積率者，其面積合計未超過二公頃且未超過基地面積之百分之十，依本專編規定辦理，合計超過二公頃或基地面積百分之十，應依本專編第三點至第七點規定辦理。

二 符合第一點規定之申請案，應依本規範規定申請審議。但本規範總編第十四點、第十七點、第二十八點、第三十五點、第三十九點、第四十二點及第四十三點規定，不在此限。

基地有本規範總編第十八點情形者，仍應劃爲保育區。

基地開發有高壓輸電力線經過之土地，得不受總編第二十九點有關高壓輸電力線經過之土地原則規劃爲公園、綠地或停車場使用之限制。

三 基地開發設置太陽光電發電設施，應做視覺景觀分析，且爲維護整體景觀風貌及視野景觀品質，應依下列原則辦理：

㈠太陽光電設施及其必要發電設施，應配合等高線與既有地形、地景及相鄰基地之景觀特色，塑造和諧之整體意象，並利用景觀改善措施，減低對周邊環境之衝擊。

㈡基地內各項設施及建築物之尺度、色彩、材質及陰影效果，均應與相鄰地形地貌結合，並應保持以自然景觀爲主之特色。

㈢相關電纜管線應以地下化或地面化爲原則，避免以高架方式設置，並應減少不必要之燈光照明。

㈣基地應適當綠化，綠化範圍及緩衝綠帶之植栽得以不妨礙太陽光電發電設施產生能源之樹種及植被密度予以配置，並以具有景觀維護、緩衝或隔離之效果及避免對基地外建築物或道路產生視覺影響爲原則。

四 （刪除）

五 設置太陽光電發電設施之開發計畫應含土地使用分區管制計畫，說明土地使用配置原則或構想、容許使用項目及強度、建築高度管制、植栽及景觀綠化、透水率管制等事項。

六 基地開發應就施工期間交通維持管理方式納入交通運輸計畫敘明。

七 基地內之廢污水應予適當收集處理，如屬水污染防治法列管之事業或污水下水道系統，其排放應符合環境保護相關法規之規定。廢污水並不得排放至農業灌溉功能之系統。

八 基地地形測量及地質剖面（鑽探分析）之書圖得依下列方式

予以簡化製作：

(一)基地地形及範圍圖，得以五千分之一之臺灣地區像片基本圖或臺灣通用電子地圖製作，並應註明實際範圍以地籍圖爲準。

(二)基地地質分析得免予鑽探製作基地地質剖面圖及相關地質圖。但位於地質敏感區者，應依地質法相關規定辦理。

非都市土地申請新訂或擴大都市計畫作業要點

①民國93年4月30日內政部函修正發布名稱及全文7點；並自即日生效（原名稱：新訂或擴大都市計畫執行要點）。
②民國101年6月22日內政部函修正發布全文8點。
③民國102年12月12日內政部函修正發布全文8點。
④民國104年1月20日內政部函修正發布第5至7點及第3點附表一、二。
⑤民國107年7月12日內政部函修正發布第3點附表一、二。
⑥民國110年2月8日內政部函修正發布第7點；並自即日生效。

一　為落實區域計畫之都市發展政策，及有效規範非都市土地申請辦理新訂或擴大都市計畫之作業程序及書圖文件，特訂定本要點。

二　非都市土地申請辦理新訂或擴大都市計畫，應以配合區域或都市發展所必須或依都市計畫法第十條至第十二條規定辦理。

三　非都市土地申請辦理新訂或擴大都市計畫之地區，都市計畫擬定機關應就是否位於環境敏感地區（如附表一、附表二）先行查詢，並將查詢結果併同申請書向內政部（以下簡稱本部）徵詢意見後，依都市計畫法定程序辦理。
本部辦理前項作業時，得提本部區域計畫委員會（以下簡稱本部區委會）徵詢意見，如有補正事項者，應通知都市計畫擬定機關限期補正。
都市計畫擬定機關為鄉（鎮、市）公所者，前二項之申請書及補正資料，應報請縣政府轉送本部。

四　第三點所定申請書內容，應以書圖就下列事項表明之：
㈠辦理理由、目的及法令依據。
㈡擬定機關。
㈢計畫年期、計畫人口、計畫範圍、計畫面積及行政區界。
㈣上位計畫及相關上位部門計畫之指導。
㈤區位分析。
㈥規模分析。
㈦機能分析。
㈧開發方式。
㈨民眾參與。
㈩氣候變遷調適策略。
非都市土地如以發展產業、保持優美風景、管制發展或其他特定目的，申請辦理新訂或擴大都市計畫，得視實際需要，簡化前項全部或一部之內容。

五　非都市土地申請辦理新訂或擴大都市計畫，應依下列規定辦理：

㈠區位分析：

1.都市發展趨勢之關聯影響：

⑴新訂或擴大都市計畫，該申請範圍所在之鄉（鎭、市、區）既有都市計畫區都市發展用地或計畫人口應達百分之八十以上；如屬住商爲主型者，申請範圍周邊行車距離十公里範圍內之既有都市計畫發展率應達百分之八十以上。其中都市發展用地部分，應檢附最新版（一年內）航空照片或衛星影像之分析結果。

⑵爲符合區域計畫所指定城鄉發展優先次序，新訂或擴大都市計畫，應先檢討利用鄰近或原有都市計畫整體發展地區、推動都市更新地區及都市計畫農業區。

2.環境容受力：

⑴土地使用應考量環境限制因素，以保育爲原則，避免開發第一級環境敏感地區之土地。但計畫內容已研提改善計畫，並徵得該管中央目的事業主管機關同意者，不在此限。

⑵不得將區域計畫所劃設之第一級環境敏感地區納入計畫範圍；爲整體規劃需要，對於不可避免夾雜之零星小面積土地之第一級環境敏感地區，如納入新訂或擴大都市計畫，應規劃爲保護區或保育等相關分區爲原則。

3.申請範圍劃爲都市發展用地者，應避免破壞農業生產環境之完整，並避免使用特定農業區農牧用地、曾經辦竣農地重劃及農業專業生產區之地區。但經徵得農業主管機關同意者，不在此限。

4.以比例尺五千分之一像片基本圖或最新版（一年內）航空照片爲底製作示意圖，表明計畫範圍通往該地區生活圈中心都市之高速公路、主要幹道（含道路編號）、軌道運輸系統、申請範圍所在之鄉（鎭、市、區）既有都市計畫、各類環境敏感地區及重大建設或計畫，並說明土地使用現況、土地使用分區及使用地編定等。

㈡規模分析：

1.全直轄市、縣（市）已發布實施或擬訂中之都市計畫（含本部區委會、各級都市計畫委員會審議中或審議通過，但尙未發布實施之新訂或擴大都市計畫，與都市計畫通盤檢討案件）其計畫人口、計畫年期、計畫範圍、計畫面積與區域計畫總量管制及成長管理之配合情形（如附表三、附表四）。

2.應依據各該區域計畫對於目標年人口與用地需求總量管

制及成長管理之指導，核實推估人口成長與分布，及實際用地需求。

3.調查計畫範圍內之現況人口，並說明擬引進計畫人口（含居住人口或產業人口）之策略及優勢條件。各類型都市計畫之計畫人口規模推估方式如下：

(1)住商為主型：應以全國區域計畫之人口分派量為基礎，按其分派模式，考量既有都市計畫實際居住人口數，核實推估各該都市計畫地區之人口數，並應具體說明人口移動情形。

(2)產業為主型：依據產業發展需要，核實推算就業人口，並應經中央工業或產業主管機關核可。

(3)管制為主型：核實推估計畫人口；倘無人口發展需要者，得免訂定計畫人口。

4.各類型都市計畫之計畫面積規模推估方式如下：

(1)住商為主型：應按計畫人口核實推算相關配套公共設施（備）用地後，合理劃設計畫範圍；為因應大眾運輸系統發展需要者，其計畫範圍應按其場站周邊五百公尺（步行約十至十二分鐘以內）為原則。

(2)產業為主型：應依據產業發展需要，及水利主管機關審查同意之用水計畫，核實劃設計畫範圍。

(3)管制為主型：依據管制需要，核實劃設計畫範圍。

(三)機能分析：

1.規劃原則、土地使用（如附表五）、產業活動、交通運輸及公共設施與公用設備等計畫發展構想。

2.申請範圍內之相關重要公共建設計畫興建時程與都市計畫建設時程之配合情形。

3.自來水、電力、電信、瓦斯及雨污水下水道等公共管線系統之配合情形。

4.住商為主型申請案件，如採區段徵收方式開發者，應增列提供一定比率之社會住宅。

(四)開發方式：採區段徵收為原則，並應經地政、財政等單位評估可行性；不採區段徵收者，除符合行政院所核定之特殊情形者外，應於依都市計畫法辦理公開展覽前，專案報請徵得行政院同意。

(五)民眾參與：應邀集學者、專家、民間團體等舉辦座談會、民意調查、公告徵詢意見或其他適當方法廣詢意見，並作成紀錄，作為擬訂或審議之參考。

(六)氣候變遷調適策略：依據行政院核定國家氣候變遷調適政策綱領，考量都市計畫類型因地制宜就災害、維生基礎設施、水資源、土地使用、海岸、能源供給及產業、農業生產與生物多樣性及健康等調適領域，研擬調適策略。

非都市土地以發展產業、保持優美風景、管制發展或其他特定目的，申請辦理新訂或擴大都市計畫者，得不受前項第一款之限制。

六　申請新訂或擴大都市計畫，本部應就下列事項徵詢有關機關提供意見：

㈠農地使用及變更。

㈡以徵收或區段徵收作爲開發方式，其土地徵收之公益性及必要性評估。

㈢水資源供需情形。

七　新訂或擴大都市計畫有下列情形之一者，得逕依都市計畫法定程序辦理，免受本要點規定之限制：

㈠因都市計畫通盤檢討、行政界線調整等需要辦理擴大都市計畫，且其面積在十公頃以下。

㈡經本部區委會、國土計畫審議會審議通過之直轄市、縣（市）區域計畫、國土計畫載明新訂或擴大都市計畫之區位、機能及規模等事項。

㈢屬配合國家重大建設需要。

八　本要點九十三年四月三十日修正生效前，經行政院、本部或臺灣省政府同意之新訂或擴大都市計畫案，未能於一百零三年十二月三十一日前依法辦理公開展覽者，或中華民國九十三年四月三十日至一百零一年六月二十一日間，經本部同意之新訂或擴大都市計畫案，未能於本部同意後五年內依法辦理公開展覽者，原核可之案件廢止。

本要點中華民國一百零二年十二月十二日修正生效後，未能於本部區域計畫主管機關提供意見後三年內依都市計畫法辦理公開展覽者，應重新辦理意見徵詢。

都市計畫擬定機關得於本部區域計畫主管機關提供意見前申請撤回。

四、特殊土地

地質法

民國99年12月8日總統令制定公布全文22條。
民國100年11月17日行政院令發布定自100年12月1日施行。
民國103年1月21日行政院公告第7條第2項所列屬「行政院經濟建設委員會」之權責事項，自103年1月22日起改由「國家發展委員會」管轄。

第一章　總　則

第一條　（立法目的）

為健全地質調查制度，有效管理國土地質資料，建立國土環境變遷及土地資源管理之基本地質資訊，特制定本法。

第二條　（主管機關）

本法所稱主管機關：在中央為經濟部；在直轄市為直轄市政府；在縣（市）為縣（市）政府。

第三條　（用詞定義）

本法用詞，定義如下：

一　地質：指地球之組成物質、地球演化過程所發生之自然作用與自然作用所造成之地形、地貌、現象及環境。

二　地質災害：指自然或人為引發之地震、海嘯、火山、斷層活動、山崩、地滑、土石流、地層下陷、海岸變遷或其他地質作用所造成之災害。

三　基本地質調查：指為建立廣域性地質資料及地質圖而辦理之地質調查。

四　資源地質調查：指與能源、礦產、土石材料、地表水、地下水及其他與資源有關之地質調查。

五　地質災害調查：指為建立地質災害之基本資料、辦理地質災害潛勢評估及地質災害防範所進行之地質調查。

六　基地地質調查：指為特定目的所涉及之區域而進行之地質調查。

七　土地開發行為：指資源開發、土地開發利用、工程建設、廢棄物處置、天然災害整治或法令規定有關土地開發之規劃、設計及施工。

八　地質資料管理：指地質調查所獲之各種型式紀錄、文字、圖件、照片、鑽探岩心及標本資料之蒐集、登錄、彙整、編目、儲存、查詢、出版及流通工作。

第二章　地質調查制度

第四條　（地質調查之內容）

①爲建立全國地質資料，中央主管機關應辦理全國地質調查；其調查內容如下：

一　全國基本地質調查。

二　全國資源地質調查。

三　全國地質災害調查。

四　其他經中央主管機關認定之地質調查。

②前項全國地質調查之調查內容，至少每五年應通盤檢討一次。

第五條　（地質敏感區之劃定與審議制度）

①中央主管機關應將具有特殊地質景觀、地質環境或有發生地質災害之虞之地區，公告爲地質敏感區。

②地質敏感區之劃定、變更及廢止辦法，由中央主管機關定之。

③中央主管機關應設地質敏感區審議會，審查地質敏感區之劃定、變更及廢止。

④前項審議會之組成，專家學者不得少於審議會總人數二分之一；審議會之組織及運作辦法，由中央主管機關定之。

第六條　（地質敏感區之土地開發審查及受禁限建管制之補償）

①各目的事業主管機關應將地質敏感區相關資料，納入土地利用計畫、土地開發審查、災害防治、環境保育及資源開發之參據。

②各目的事業主管機關依其主管法令進行前項作業，致使地質敏感區內現有土地受管制時，其補償規定從其法令規定辦理。

第七條　（重大公共工程建設地質安全評估）

①各公共建設目的事業主管機關對其主管重大公共建設之規劃及選址，應知會主管機關。

②前項重大公共建設之定義，由中央主管機關會同行政院公共工程委員會及經濟建設委員會定之。

第八條　（地質敏感區之地質調查及安全評估）

①土地開發行爲基地有全部或一部位於地質敏感區內者，應於申請土地開發前，進行基地地質調查及地質安全評估。但緊急救災者不在此限。

②前項以外地區土地之開發行爲，應依相關法令規定辦理地質調查。

第九條　（基地地質調查與地質安全評估方法）

①依前條第一項規定進行基地地質調查及地質安全評估者，應視情況就下列方法擇一行之：

一　由現有資料檢核，並評估地質安全。

二　進行現地調查，並評估地質安全。

②前項基地地質調查與地質安全評估方法之認定、項目、內容及作業應遵行事項之準則，由中央主管機關會商相關主管機關定之。

第一〇條　（相關專業技師簽證）

①依第八條第一項規定進行之基地地質調查及地質安全評估，應由依法登記執業之應用地質技師、大地工程技師、土木工程技師、採礦工程技師、水利工程技師、水土保持技師或依技師法規定得執行地質業務之技師辦理並簽證。

②前項基地地質調查及地質安全評估，由目的事業主管機關、公營事業機構及公法人自行興辦者，得由該機關、機構或法人內依法取得相當類科技師證書者為之。

第一一條　（土地開發之書圖文件送審及地質專業之審查）

①依第八條第一項規定應進行基地地質調查及地質安全評估者，應於相關法令規定須送審之書圖文件中，納入調查及評估結果。

②審查機關應邀請地質專家學者或前條第一項規定之執業技師參與審查，或委託專業團體辦理審查。但具有自行審查能力者，不在此限。

第一二條　（地質觀測設施之設置）

主管機關為監測及研究地質災害之發生，得設置地質觀測設施。

第一三條　（地質災害防範之責）

依第八條第一項規定應實施基地地質調查及地質安全評估者，該土地之開發人、經營人、使用人或所有人，於施工或使用階段，應防範地質災害之發生。

第一四條　（地質災害之調查及鑑定）

①主管機關或目的事業主管機關得委託專業技師或相關機關（構）為地質災害之調查及鑑定。

②前項受委託者之資格、條件及實施調查、鑑定之辦法，由中央主管機關定之。

第一五條　（災害調查及監測機制）

①主管機關得派查勘人員進入公、私有土地內，實施必要之地質調查、地質觀測設施設置或地質災害鑑定。

②主管機關因發生地質災害或可能發生地質災害，且有危害公共安全之虞時，得派查勘人員進入公、私有土地進行地質調查或災害鑑定，土地所有人、使用人及管理人不得拒絕、規避或妨礙。但進入國防設施用地，應經該國防設施用地主管機關同意。

③查勘人員為前二項行為時，應出示有關執行職務之證明文件或顯示足資辨別之標誌。

④主管機關為第一項及第二項行為，如必須損害土地或地上物者，應事先以書面通知土地所有人、使用人或管理人；其因而遭受之財物損失，應予適當補償。

第一六條　（地質敏感區內防治計畫及預算之編列）

中央主管機關及各中央目的事業主管機關針對地質敏感區，依相關法令規定之防治措施，得按年編列計畫及預算辦理之。

第三章　地質資料管理及地質研究

第一七條　（地質資料蒐集及管理制度）

①政府機關、公營事業機構或接受政府補助或獎勵之機構、團體、學校或個人進行地質調查，應於作業完成後，將與地質調查有關之地質資料提供中央主管機關，並於一定期限內妥善保存調查過程所產生之原始地質資料；中央主管機關得通知提供原始地質資料。

②目的事業主管機關應於土地開發計畫審查通過或建造執照核發後，將與土地開發行為有關之地質資料，定期彙報中央主管機關；地質資料之所有人並應於一定期限內，妥善保存原始地質資料。中央主管機關得通知資料所有人提供原始地質資料，並予適當補償。

③前二項地質資料，如有特殊原因，並經中央主管機關同意者，得不提供。

④中央主管機關應彙整及管理第一項及第二項地質資料，建立資料庫，並定期主動公開或依人民申請提供之。

⑤前四項有關地質資料之範圍、保存期限、管理、補償及資料庫運用之辦法，由中央主管機關定之。

第一八條　（地質研究之推動）

①中央主管機關應進行地質及其相關之研究。

②直轄市或縣（市）主管機關得進行地質及其相關之研究。

③主管機關得委託機關（構）、團體、學校、個人為前二項之研究。

第一九條　（地質教育之推廣）

主管機關為推廣地質教育、提升全民對地質環境之認識，得獎勵機關（構）、團體、學校及個人為地質推廣教育之活動。

第四章　罰　則

第二〇條　（罰則）

規避、妨礙或拒絕主管機關依第十五條第二項規定所為之地質調查或地質災害鑑定者，處新臺幣十萬元以上五十萬元以下罰鍰。

第二一條　（罰則）

違反第十七條第一項或第二項規定，經中央主管機關通知限期提供地質資料，屆期仍未提供者，處新臺幣一萬元以上五萬元以下罰鍰，並得按次處罰。

第五章　附　則

第二二條　（施行日）

本法施行日期，由行政院定之。

水土保持法

①民國83年5月27日總統令制定公布全文39條。
②民國83年10月21日總統令修正公布第4、7、8、13至16、19、23、33條條文。
③民國89年5月17日總統令修正公布第2、3、5、16至18條條文。
④民國92年12月17日總統令修正公布第6、12條條文；刪除第13條條文；並增訂第6-1、14-1、38-1、38-2條條文。
⑤民國105年11月30日總統令修正公布第32條條文。

第一章　總　則

第一條　（立法目的）

①爲實施水土保持之處理與維護，以保育水土資源，涵養水源，減免災害，促進土地合理利用，增進國民福祉，特制定本法。

②水土保持，依本法之規定；本法未規定者，適用其他法律之規定。

第二條　（主管機關）

本法所稱主管機關：在中央爲行政院農業委員會；在直轄市爲直轄市政府；在縣（市）爲縣（市）政府。

第三條　（名詞定義）

本法專用名詞定義如下：

一　水土保持之處理與維護：係指應用工程、農藝或植生方法，以保育水土資源、維護自然生態景觀及防治沖蝕、崩塌、地滑、土石流等災害之措施。

二　水土保持計畫：係指爲實施水土保持之處理與維護所訂之計畫。

三　山坡地：係指國有林事業區、試驗用林地、保安林地，及經中央或直轄市主管機關參照自然形勢、行政區域或保育、利用之需要，就合於下列情形之一者劃定範圍，報請行政院核定公告之公、私有土地：

㈠標高在一百公尺以上者。

㈡標高未滿一百公尺，而其平均坡度在百分之五以上者。

四　集水區：係指溪流一定地點以上天然排水所匯集地區。

五　特定水土保持區：係指經中央或直轄市主管機關劃定亟需加強實施水土保持之處理與維護之地區。

六　水庫集水區：係指水庫大壩（含離槽水庫引水口）全流域稜線以內所涵蓋之地區。

七　保護帶：係指特定水土保持區內應依法定林木造林或維持

自然林木或植生覆蓋而不宜農耕之土地。

八　保安林：係指森林法所稱之保安林。

第四條　（水土保持義務人）

公、私有土地之經營或使用，依本法應實施水土保持處理與維護者，該土地之經營人、使用人或所有人，爲本法所稱之水土保持義務人。

第五條　（指定監督管理機構管理）

對於興建水庫、開發社區或其他重大工程水土保持之處理與維護，中央或直轄市主管機關於必要時，得指定有關之目的事業主管機關、公營事業機構或公法人監督管理之。

第六條　（規劃、設計及監造之資格）92

水土保持之處理與維護在中央主管機關指定規模以上者，應由依法登記執業之水土保持技師、土木工程技師、水利工程技師、大地工程技師等相關專業技師或聘有上列專業技師之技術顧問機構規劃、設計及監造。但各級政府機關、公營事業機構及公法人自行興辦者，得由該機關、機構或法人內依法取得相當類科技師證書者爲之。

第六條之一　（具特殊專業技術水土保持技師之簽證）92

前條所指水土保持技師、土木工程技師、水利工程技師、大地工程技師或聘有上列專業技師之技術顧問機構，其承辦水土保持之處理與維護之調查、規劃、設計、監造，如涉及農藝或植生方法、措施之工程金額達總計畫之百分之三十以上者，主管機關應要求承辦技師交由具有該特殊專業技術之水土保持技師負責簽證。

第七條　（推廣教育之實施）

中央主管機關應加強水土保持推廣、教育、宣導及試驗研究，並會同有關機關訂定計畫實施之。

第二章　一般水土保持之處理與維護

第八條　（水土保持技術規範）

①下列地區之治理或經營、使用行爲，應經調查規劃，依水土保持技術規範實施水土保持之處理與維護：

一　集水區之治理。

二　農、林、漁、牧地之開發利用。

三　探礦、採礦、鑿井、採取土石或設置有關附屬設施。

四　修建鐵路、公路、其他道路或溝渠等。

五　於山坡地或森林區內開發建築用地，或設置公園、墳墓、遊憩用地、運動場地或軍事訓練場、堆積土石、處理廢棄物或其他開挖整地。

六　防止海岸、湖泊及水庫沿岸或水道兩岸之侵蝕或崩塌。

七　沙漠、沙灘、沙丘地或風衝地帶之防風定砂及災害防護。

八　都市計畫範圍內保護區之治理。

九　其他因土地開發利用，爲維護水土資源及其品質，或防治災害需實施之水土保持處理與維護。

②前項水土保持技術規範，由中央主管機關公告之。

第九條　（河川集水區之治理規劃）

①各河川集水區應由主管機關會同有關機關進行整體之治理規劃，並針對水土資源保育及土地合理利用之需要，擬定中、長期治理計畫，報請中央主管機關核定後，由各有關機關、機構或水土保持義務人分期分區實施。

②前項河川集水區，由中央主管機關會同有關機關劃定之。

第一〇條　（農牧地之水土保持）

宜農、宜牧山坡地作農牧使用時，其水土保持之處理與維護，應配合集水區治理計畫或農牧發展區之開發計畫，由其水土保持義務人實施之。

第一一條　（國、公有林區及私有林區之水土保持）

國、公有林區內水土保持之處理與維護，由森林經營管理機關策劃實施；私有林區內水土保持之處理與維護，由當地森林主管機關輔導其水土保持義務人實施之。

第一二條　（水土保持計畫之實施與維護）92

①水土保持義務人於山坡地或森林區內從事下列行爲，應先擬具水土保持計畫，送請主管機關核定，如屬依法應進行環境影響評估者，並應檢附環境影響評估審查結果一併送核：

一　從事農、林、漁、牧地之開發利用所需之修築農路或整坡作業。

二　探礦、採礦、鑿井、採取土石或設置有關附屬設施。

三　修建鐵路、公路、其他道路或溝渠等。

四　開發建築用地、設置公園、墳墓、遊憩用地、運動場地或軍事訓練場、堆積土石、處理廢棄物或其他開挖整地。

②前項水土保持計畫未經主管機關核定前，各目的事業主管機關不得逕行核發開發或利用之許可。

③第一項各款行爲申請案依區域計畫相關法令規定，應先報請各區域計畫擬定機關審議者，應先擬具水土保持規劃書，申請目的事業主管機關送該區域計畫擬定機關同級之主管機關審核。水土保持規劃書得與環境影響評估平行審查。

④第一項各款行爲，屬中央主管機關指定之種類，且其規模未達中央主管機關所定者，其水土保持計畫得以簡易水土保持申報書代替之；其種類及規模，由中央主管機關定之。

第一三條　（刪除）92

第一四條　（國家公園內水土保持之實施及維護）

國家公園範圍內土地，需實施水土保持處理與維護者，由各該水土保持義務人擬具水土保持計畫，送請主管機關會同國家公園管理機關核定，並由主管機關會同國家公園管理機關監督水土保持義務人實施及維護。

第一四條之一　（收取審查費）92

①主管機關依第十二條規定審核水土保持計畫或水土保持規劃書，應收取審查費；其費額，由中央主管機關定之。
②依第十二條規定擬具之水土保持計畫、水土保持規劃書或簡易水土保持申報書，其內容、申請程序、審核程序、實施監督、水土保持施工許可證之發給與廢止、核定施工之期限、開工之申報、完工之申報、完工證明書之發給及水土保持計畫之變更等事項之辦法，由中央主管機關定之。

第一五條　（水土保持處理與維護費用）

①宜農、宜牧山坡地水土保持義務人非土地所有人時，應依照主管機關規定，就其使用地實施水土保持之處理與維護。經檢查合於水土保持技術規範者，得以書面將處理費用及政府補助與水土保持義務人所付之比率通知所有人；於返還土地時，由所有人就現存價值比率扣除政府補助部分補償之。但水土保持處理與維護費用，法律另有規定或所有人與水土保持義務人間另有約定者，不在此限。
②對於前項處理費用及現存價值有爭議時，由直轄市、縣（市）主管機關調處之。

第三章　特定水土保持之處理與維護

第一六條　（特定水土保持區之劃定）

①下列地區，應劃定爲特定水土保持區：
一　水庫集水區。
二　主要河川上游之集水區須特別保護者。
三　海岸、湖泊沿岸、水道兩岸須特別保護者。
四　沙丘地、沙灘等風蝕嚴重者。
五　山坡地坡度陡峭，具危害公共安全之虞者。
六　其他對水土保育有嚴重影響者。
②前項特定水土保持區，應由中央或直轄市主管機關設置或指定管理機關管理之。

第一七條　（特定水土保持區劃定公告之主管機關）

①特定水土保持區在縣（市）或跨越二直轄市與縣（市）以上行政區域者，由中央主管機關劃定公告之；在直轄市行政區域內者，由直轄市主管機關劃定，報請中央主管機關核定公告之。
②前項特定水土保持區劃定與廢止準則，由中央主管機關定之。

第一八條　（長期水土保持計畫）

①特定水土保持區應由管理機關擬定長期水土保持計畫，報請直轄市主管機關層轉或逕請中央主管機關核定實施之。
②前項長期水土保持計畫，每五年應通盤檢討一次，並得視實際需要變更之；遇有特殊需要，並得隨時報請直轄市主管機關層轉或逕請中央主管機關核准變更之。

第一九條　（特定水土保持區水土保持計畫之擬定）

①經劃定爲特定水土保持區之各類地區，其長期水土保持計畫之

擬定重點如下：

一　水庫集水區：以涵養水源、防治沖蝕、崩塌、地滑、土石流、淨化水質，維護自然生態環境爲重點。

二　主要河川集水區：以保護水土資源，防治沖蝕、崩塌，防止洪水災害，維護自然生態環境爲重點。

三　海岸、湖泊沿岸、水道兩岸：以防止崩塌、侵蝕、維護自然生態環境、保護鄰近土地爲重點。

四　沙丘地、沙灘：以防風、定砂爲重點。

五　其他地區：由主管機關視實際需要情形指定之。

②經劃定爲特定水土保持區之各類地區，區內禁止任何開發行爲，但攸關水資源之重大建設、不涉及一定規模以上之地貌改變及經環境影響評估審查通過之自然遊憩區，經中央主管機關核定者，不在此限。

③前項所稱一定規模以上之地貌改變，由中央主管機關會同有關機關訂定之。

第二〇條　（保護帶之設置）

①經劃定爲特定水土保持區之水庫集水區，其管理機關應於水庫滿水位線起算至水平距離三十公尺或至五十公尺範圍內，設置保護帶。其他特定水土保持區由管理機關視實際需要報請中央主管機關核准設置之。

②前項保護帶內之私有土地得辦理徵收，公有土地得辦理撥用，其已放租之土地應終止租約收回。

③第一項水庫集水區保護帶以上之區域屬森林者，應編爲保安林，依森林法有關規定辦理。

第二一條　（補償金之請求與發放）

①前條保護帶內之土地，未經徵收或收回者，管理機關得限制或禁止其使用收益，或指定其經營及保護之方法。

②前項保護帶屬森林者，應編爲保安林，依森林法有關規定辦理。

③第一項之私有土地所有人或地上物所有人所受之損失得請求補償金。補償金估算，應依公平合理價格爲之。

④第三項補償金之請求與發放辦法，由中央主管機關定之，並送立法院核備。

第四章　監督與管理

第二二條　（實施不合水土保持技術規範者之處理）

①山坡地超限利用者，或從事農、林、漁、牧業，未依第十條規定使用土地或未依水土保持技術規範實施水土保持之處理與維護者，由直轄市或縣（市）主管機關會同有關機關通知水土保持義務人限期改正；屆期不改正或實施不合水土保持技術規範者，得通知有關機關依下列規定處理：

一　放租、放領或登記耕作權之土地屬於公有者，終止或撤銷其承租、承領或耕作權，收回土地，另行處理；其爲放領地者，所已繳之地價予以沒入。
二　借用、撥用之土地屬於公有者，由原所有或管理機關收回。
三　土地爲私有者，停止其開發。
②前項各款之地上物，由經營人、使用人或所有人依限收割或處理；屆期不爲者，主管機關得會同土地管理機關逕行清除。其屬國、公有林地之放租者，並依森林法有關規定辦理。

第二三條　（違反水土保持計畫之處罰）
①未依第十二條至第十四條規定之一所核定之水土保持計畫實施水土保持之處理與維護者，除依第三十三條規定按次分別處罰外，由主管機關會同目的事業主管機關通知水土保持義務人限期改正；屆期不改正或實施仍不合水土保持技術規範者，應令其停工、強制拆除或撤銷其許可，已完工部分並得停止使用。
②未依第十二條至第十四條規定之一擬具水土保持計畫送主管機關核定而擅自開發者，除依第三十三條規定按次分別處罰外，主管機關應令其停工，得沒入其設施所使用之機具，強制拆除及清除其工作物，所需費用，由經營人、使用人或所有人負擔，並自第一次處罰之日起兩年內，暫停該地之開發申請。

第二四條　（水土保持保證金之繳納）
①有第八條第一項第三款至第五款之開發、經營或使用行爲者，應繳納水土保持保證金；其繳納及保管運用辦法，由中央主管機關會同目的事業主管機關定之。
②前項保證金於依規定實施水土保持之處理與維護，經檢查合於水土保持技術規範後發還之。
③有前二條情形之一，經限期改正而屆期不改正或實施不合水土保持技術規範者，應由主管機關會同各該目的事業主管機關代爲履行，並向水土保持義務人徵收費用，或自其繳納之保證金中扣抵。

第二五條　（公、私有土地之使用）
爲辦理水土保持之處理與維護需用公有土地時，主管機關得辦理撥用；土地權屬私有者，主管機關得依法徵收之。遇因緊急處理需徵收土地時，得報經行政院核准先行使用土地。

第二六條　（徵用物料之補償）
①爲保護公共安全，實施緊急水土保持之處理與維護，主管機關得就地徵用搶修所需之物料、人工、土地，並得拆除障礙物。
②前項徵用之物料、人工、土地及拆毀之物，主管機關應於事後酌給相當之補償。對於補償有異議時，得報請上級主管機關核定之。

第二七條　（警察職權之行使）
主管機關於依本法實施水土保持之處理與維護地區，執行緊急處理及取締工作時，得行使警察職權。必要時，並得商請轄區內之軍警協助之。

第五章　經費及資金

第二八條 （經費）

各級主管機關及有關機關應按年編列計畫，寬籌經費辦理水土保持之處理與維護、推廣、教育、宣導及試驗研究之有關工作。

第二九條 （維護經費之編列）

興建水庫或修建鐵路、公路、其他道路或溝渠時，應於施工預算內編列集水區治理或道路水土保持之處理與維護經費。

第三〇條 （編列預算）

爲發展水土保持之處理與維護，政府應按年編列預算，辦理下列工作：

一 辦理水土保持之處理與維護所需資金之融通。

二 實施緊急水土保持之處理與維護之經費。

三 辦理水土保持調查、研究及技術改進所需之補助。

四 促進水土保持國際交流與合作之經費。

五 其他有關水土保持之處理與維護事項。

第六章 獎 勵

第三一條 （補助或救濟之情形）

有下列情形之一者，由主管機關酌予補助或救濟：

一 實施水土保持之處理與維護，增進公共安全而蒙受損失者。

二 實施水土保持之處理與維護交換土地或遷移而蒙受損失者。

三 因實施第二十六條緊急水土保持之處理與維護而傷亡者。

第七章 罰 則

第三二條 （擅自墾殖、占用等之處罰）105

①在公有或私人山坡地或國、公有林區或他人私有林區內未經同意擅自墾殖、占用或從事第八條第一項第二款至第五款之開發、經營或使用，致生水土流失或毀損水土保持之處理與維護設施者，處六月以上五年以下有期徒刑，得併科新臺幣六十萬元以下罰金。但其情節輕微，顯可憫恕者，得減輕或免除其刑。

②前項情形致釀成災害者，加重其刑至二分之一；因而致人於死者，處五年以上十二年以下有期徒刑，得併科新臺幣一百萬元以下罰金；致重傷者，處三年以上十年以下有期徒刑，得併科新臺幣八十萬元以下罰金。

③因過失犯第一項之罪致釀成災害者，處一年以下有期徒刑，得併科新臺幣六十萬元以下罰金。

④第一項未遂犯罰之。

⑤犯本條之罪者，其墾殖物、工作物、施工材料及所使用之機具，不問屬於犯罪行爲人與否，沒收之。

第三三條 （罰鍰）

①有下列情形之一者，處新臺幣六萬元以上三十萬元以下罰鍰：

一　違反第八條第一項規定未依水土保持技術規範實施水土保持之處理與維護，或違反第二十二條第一項，未在規定期限內改正或實施仍不合水土保持技術規範者。

二　違反第十二條至第十四條規定之一，未先擬具水土保持計畫或未依核定計畫實施水土保持之處理與維護者，或違反第二十三條規定，未在規定期限內改正或實施仍不合水土保持技術規範者。

②前項各款情形之一，經繼續限期改正而不改正者或實施仍不合水土保持技術規範者，按次分別處罰，至改正為止，並令其停工，得沒入其設施及所使用之機具，強制拆除及清除其工作物，所需費用，由經營人、使用人或所有人負擔。

③第一項第二款情形，致生水土流失或毀損水土保持之處理與維護設施者，處六月以上五年以下有期徒刑，得併科新臺幣六十萬元以下罰金；因而致人於死者，處三年以上十年以下有期徒刑，得併科新臺幣八十萬元以下罰金；致重傷者，處一年以上七年以下有期徒刑，得併科新臺幣六十萬元以下罰金。

第三四條　（兩罰規定）

因執行業務犯第三十二條或第三十三條第三項之罪者，除依各該條規定處罰其行為人外，對僱用該行為人之法人或自然人亦科以各該條之罰金。

第三五條　（罰鍰之處罰機關）

本法所定之罰鍰，由直轄市或縣（市）主管機關處罰之。

第三六條　（強制執行）

依本法所處之罰鍰，經通知限期繳納，逾期仍未繳納者，移送法院強制執行。

第八章　附　則

第三七條　（施行細則）

本法施行細則，由中央主管機關定之。

第三八條　（輔導方案）

①為落實本法保育水土資源，減免災害之目的，主管機關應擬定輔導方案，並於五年內提出實施水土保持之成效報告。

②前項輔導方案，由中央主管機關定之，並送立法院核備。

第三八條之一　（中華民國八十四年七月二日本法施行細則發布前，已核定之水土保持計畫施工規定）92

中華民國八十四年七月二日本法施行細則生效前，已依山坡地保育利用條例核定尚未完工之水土保持計畫，得依原核定計畫繼續施工。但原核定計畫有變更時，仍應依本法規定辦理。

第三八條之二　（中華民國七十五年一月十二日山坡地保育利用條例修正發布前，已核准實施之水土保持計畫之開發）92

①中華民國七十五年一月十二日山坡地保育利用條例修正生效

前，經目的事業主管機關核准並已實施而尚未完成之開發、經營或使用行為，依本法之規定應實施水土保持之處理與維護者，其水土保持義務人應於中央主管機關公告之期限內依本法規定擬具水土保持計畫，送經主管機關核定後實施；水土保持義務人未於規定期限內辦理或其實施未依本法相關規定者，應依本法及相關法律規定處理。

②前項水土保持計畫在提送及審核期間，於作好水土保持處理與維護及相關安全措施下，得繼續其開發、經營或使用行為。

第三九條　（施行日）

本法自公布日施行。

水土保持法施行細則

①民國84年6月30日行政院農業委員會令訂定發布全文42條。
②民國86年9月17日行政院農業委員會令修正發布第4、5、8條條文。
③民國89年2月29日行政院農業委員會令修正發布第2至4、8、11、21、23至25條條文。
④民國93年8月31日行政院農業委員會令修正發布第4、30條條文；並刪除第5、6、8至19、40、41條條文。
⑤民國95年5月1日行政院農業委員會令修正發布第4、20、21、29、30、35條條文。
⑥民國100年8月29日行政院農業委員會令修正發布第4條條文。
⑦民國107年6月5日行政院農業委員會令修正發布第 28、38 條條文。
⑧民國108年3月7日行政院農業委員會令增訂發布第20-1條條文。
⑨民國109年12月2日行政院農業委員會令修正發布第26條條文。

第一章　總　則

第一條

本細則依水土保持法（以下簡稱本法）第三十七條規定訂定之。

第二條

本法第三條第七款所稱法定林木造林，係指依中央或直轄市林業主管機關所指定之樹種、方法及密度，從事造林及撫育者。

第三條

①中央或直轄市主管機關依本法第五條規定指定有關之目的事業主管機關、公營事業機構或公法人監督管理水土保持之處理與維護時，應將指定監督管理之範圍予以公告，變更時亦同。

②前項由中央主管機關指定者，應副知直轄市或縣（市）主管機關；由直轄市主管機關指定者，應報中央主管機關備查。

第四條 100

①本法第六條所定水土保持之處理與維護在中央主管機關指定規模以上者，其規模如下：

一　本法第八條第一項第一款、第六款至第八款所定之治理或經營、使用行為：其水土保持之處理與維護費用在新臺幣二千萬元以上。

二　本法第八條第一項第二款至第五款所定之治理或經營、使用行為：符合本法第十二條第一項應擬具水土保持計畫之行為，其種類及規模非屬同條第四項得以簡易水土保持申報書代替者。

三　本法第八條第一項第九款所定之治理或經營、使用行為：其開挖整地面積在二千平方公尺以上或挖填土石方之挖方及填方加計總和在五千立方公尺以上。

②直轄市或縣（市）主管機關得視轄區環境特性或需要，擬訂較前項嚴格之條件，報請中央主管機關核定後實施。

第五條　（刪除）93

第六條　（刪除）93

第二章　一般水土保持之處理與維護

第七條　（宜農宜牧山坡地之界定）

本法第十條及第十五條所稱宜農、宜牧山坡地，係指依山坡地保育利用條例訂定之山坡地土地可利用限度分類標準所查定之宜農牧地。

第八條至第一九條　（刪除）93

第三章　特定水土保持之處理與維護

第二〇條 95

依本法第十九條所擬定之特定水土保持區長期水土保持計畫，其內容如下：

一　劃定類別及目的。

二　劃定位置、範圍、面積。

三　土地利用現況圖（比例尺不得小於五千分之一）。

四　環境現況基本資料，包括環境地質、土壤、生態、氣象、水文、土地權屬及其管理機關。

五　水土保持整體規劃配置圖（比例尺不得小於五千分之一）。

六　分期、分區水土保持處理與維護順序圖（比例尺同前款，以分期處理別著色標示）。

七　分期、分區處理計畫內容、執行單位、執行方法、估計經費。

八　管制事項。

九　須以特殊工法或綜合工法處理之地點、範圍、內容及理由。

十　經費及來源。

第二〇條之一 108

本法第十九條第二項，不涉及一定規模以上之地貌改變之核定，中央主管機關得委任所屬機關或委辦直轄市、縣（市）政府辦理。

第二一條 95

特定水土保持區管理機關依本法第二十條第一項規定設置保護帶時，應實施測量、埋設明顯界樁或植界木，並檢具下列資料，報請直轄市主管機關層轉或逕送中央主管機關核准：

一　設置依據。

二　設置目的。
三　保護帶範圍（包括位置圖及範圍圖，其比例尺不得小於五千分之一）及面積。
四　前款各宗土地之地號、面積、所有權人及公有土地合法使用人姓名、住所、土地使用現狀及管制事項。
五　實施之日期。

第二二條
依本法第二十九條興建水庫時，應將水庫保護帶列爲水庫興建計畫之重要項目，同時辦理。

第二三條
①特定水土保持區內經劃定爲保護帶，其屬山坡地者，特定水土保持區管理機關應主動向中央或直轄市主管機關申請變更查定爲宜林地或加強保育地後，造冊轉請地政主管機關依規定變更編定爲林業用地或國土保安用地。
②前項特定水土保持區管理機關得加成獎勵水土保持義務人完成造林。
③第一項變更結果，特定水土保持區管理機關應通知土地經營人、使用人或所有人；土地屬公有者，並應通知土地管理機關。

第二四條
①依本法第二十條第三項規定，特定水土保持區管理機關應將保護帶以上屬森林之區域，造冊送請中央或直轄市主管機關變更查定爲宜林地，並轉請林業主管機關依森林法編爲保安林。
②前項土地屬國有林事業區、試驗用林地或保安林地者，特定水土保持區管理機關應逕送請森林經營管理機關辦理。

第二五條
依本法第二十一條第二項規定保護帶內之土地屬森林之區域者，除前條所定外，特定水土保持區管理機關應造冊，送請直轄市主管機關層轉或逕送中央林業主管機關依森林法編爲保安林。

第四章　監督及管理

第二六條 109
本法第二十二條所稱山坡地超限利用，指依山坡地保育利用條例規定查定爲宜林地或加強保育地內，從事農、漁、牧業之墾殖、經營或使用者。但不包括依區域計畫法編定爲農牧用地，或依都市計畫法、國家公園法及其他依法得爲農、漁、牧業之墾殖、經營或使用。

第二七條
山坡地經依山坡地保育利用條例規定查定爲宜農牧地者，其水土保持處理與維護之實施，得以造林或維持自然林木方式爲之。

第二八條 107
①主管機關依本法第二十二條至第二十四條及本法第三十三條規

定限期改正者，應以書面載明地區、改正事項及完成期限，送達水土保持義務人。

②前項限期改正處理原則如下：

一　應於違規範圍內實施改正；除有安全疑慮，不得超出違規範圍。

二　應採取對地表擾動最少之措施，配合恢復自然植生方式，降低裸露面積，並符合水土保持技術規範規定。

三　必要時得以臨時性設施輔助；除有安全疑慮，避免施作永久性設施。

四　未依核定之水土保持計畫施工者，應依原核定計畫內容辦理，或依水土保持計畫審核監督辦法規定辦理變更設計。

第二九條 95

①有第三十五條第一項各款規定情形之一，直轄市、縣（市）主管機關依本法第二十六規定實施緊急處理與維護時，應通知水土保持義務人限期採取必要之緊急防災措施，並副知目的事業主管機關；其有必要者，應限期命水土保持義務人提送緊急防災計畫，經核可後實施。

②水土保持計畫施工期間有前項情形者，水土保持義務人應暫行停工。原水土保持計畫須配合緊急防災計畫之實施而辦理變更者，應即辦理變更，並經主管機關會商目的事業主管機關檢查緊急防災措施或緊急防災計畫之實施合格後，始得繼續施工；其原施工期限，主管機關得視實際狀況酌予展延。

第三〇條 95

前條之緊急防災計畫，其內容如下：

一　水土保持義務人之姓名、住、居所，如係法人或團體者，其名稱、事務所或營業所及代表人或管理人之姓名、住、居所。

二　使用位置、範圍。

三　發生災害或違規現況說明。

四　防災對策及工程內容、配置圖（比例尺不得小於五千分之一）。

五　完成期限。

第三一條

①主管機關依本法第二十三條或第三十三條第二項強制拆除或清除其工作物時，得指定水土保持義務人自行拆除或清除工作物之內容及完成期限。屆期不拆除或清除其工作物者，由主管機關強制拆除及清除之。

②前項由主管機關執行強制拆除或清除所需費用，應依本法第二十三條第二項及第二十四條第三項，通知水土保持義務人限期繳納或自其繳納之水土保持保證金中扣抵。

第三二條

本法第二十三條第二項所稱第一次處罰之日，係指經直轄市、縣（市）主管機關第一次裁處罰鍰，通知送達水土保持義務人之日。

第三三條

有下列各款情形之一者，應認為有必要依本法第二十四條第三項規定代為履行：

一　有本法第二十二條第一項所定之山坡地超限利用，或從事農、林、漁、牧業，未依本法第十條規定使用土地或未依水土保持技術規範實施水土保持之處理與維護，由主管機關會同有關機關限期改正而屆期不改正或實施不合水土保持技術規範，致有第三十五條第一項各款情形之一者。

二　違反本法第二十三條第一項或第二項規定之一，由主管機關會同目的事業主管機關限期改正，而屆期不改正或實施仍不合水土保持技術規範，或令其停工、強制拆除、清除工作物而不為，經主管機關認為有必要代為履行者。

第三四條

直轄市、縣（市）主管機關依本法第二十四條第三項規定代為履行時，應將代為履行項目及經費，通知水土保持義務人，並於各該主管機關公告處公告之。

第三五條 95

①有下列情形之一者，主管機關得為維護水土保持之需要，依本法第二十五條至第二十七條規定執行緊急處理；執行緊急處理時，主管機關應通知水土保持義務人，並於各該主管機關公告處公告之：

一　土砂或渣物淤塞河床或水道。

二　破壞地表或地下水源涵養。

三　水、土壤或其他環境受污染。

四　土地發生崩塌或土石流失。

五　損害田地、房舍、道路、橋樑安全。

六　有礙防洪、排水、灌溉、其他水資源保護或水利設施。

七　違反特定水土保持區管制事項，有直接影響水土保持功能或目的之虞。

八　其他有妨礙公共安全事項。

②主管機關執行前項之緊急處理時，準用前條之規定。

第三六條

各級主管機關依本法第二十七條規定得行使警察職權或得商請轄區內軍警協助執行緊急處理及取締工作之事項如下：

一　第三十五條第一項各款規定之緊急處理。

二　本法第十九條第二項所定禁止開發行為之取締。

三　本法第二十二條第二項所定地上物之清除。

四　本法第二十三條第一項所定之停工、強制拆除、撤銷其許可或已完工部分之停止使用。

五　本法第二十三條第二項所定之停工、設施、機具之沒入或工作物之強制拆除及清除。

六　本法第二十四條第三項所定之代為履行。

七　本法第二十六條第一項所定物料、人工、土地之徵用及障礙物之拆除。

八　其他第三十八條所定事項之查報、制止或取締。

第三七條

各級主管機關派員依本法第二十七條行使警察職權時，應佩帶識別證件。

第三八條 107

①直轄市、縣（市）主管機關應經常派員巡視檢查水土保持之處理與維護情形，有違反本法規定者，應迅即查報、制止、取締；違規頻率較高地區，應加強執行。

②前項實施水土保持處理與維護之土地屬於國有林事業區、試驗用林地及保安林地內者，其查報、制止及取締，由林業經營管理機關實施之。

③於颱風、豪雨季節，應加強前二項之監督檢查。

第三九條

①實施水土保持之處理與維護，績效優良之水土保持義務人，由主管機關酌予獎勵或依本法第三十一條予以補助。

②執行水土保持之處理與維護或從事查報、制止及取締之機關或其人員，著有績效，或舉發違反本法相關規定及違規使用山坡地，經處罰有案之舉發人，由主管機關給予獎勵或獎金。

③執行水土保持之處理與維護或從事查報、制止與取締之機關或其人員，有顯然怠忽或廢弛職務者，主管機關應予懲處。

第五章　附　則

第四〇條　（刪除）93

第四一條　（刪除）93

第四二條　（施行日）

本細則自發布日施行。

水土保持計畫審核監督辦法

①民國93年8月31日行政院農業委員會令訂定發布全文37條；並自發布日施行。
②民國95年2月24日行政院農業委員會令修正發布第3、10、11條條文；並增訂第8-1條條文。
③民國100年2月21日行政院農業委員會令修正發布第3、5條條文。
④民國100年11月24日行政院農業委員會令修正發布第13、22條條文。
⑤民國101年7月13日行政院農業委員會令修正發布第5、7、33條條文。
⑥民國102年2月8日行政院農業委員會令修正發布第8-1、19、20條條文。
⑦民國103年12月25日行政院農業委員會令修正發布第 1、3、6、8、19、21、22、31、34 條條文；並增訂第 22-1、31-1、35-1 條條文。
⑧民國105年12月15日行政院農業委員會令修正發布第3、5條條文。
⑨民國107年9月21日行政院農業委員會令修正發布第3條條文。
⑩民國109年3月12日行政院農業委員會令修正發布第3條條文；並刪除第35條條文。
⑪民國111年2月10日行政院農業委員會令修正發布第7、22、26、34條條文；刪除第9條條文；並增訂第25-1條條文。

第一章　總　則

第一條 103

本辦法依水土保持法（以下簡稱本法）第十二條第四項及第十四條之一第二項規定訂定之。

第二條

本辦法所稱水土保持申請書件，係指水土保持計畫、簡易水土保持申報書及水土保持規劃書。

第三條 109

於山坡地或森林區內從事本法第十二條第一項各款行為，且挖方及填方加計總和或堆積土石方分別未滿二千立方公尺，其水土保持計畫得以簡易水土保持申報書代替之種類及規模如下：

一　從事農、林、漁、牧地之開發利用所需之修築農路：路基寬度未滿四公尺，且長度未滿五百公尺者。

二　從事農、林、漁、牧地之開發利用所需之整坡作業：未滿二公頃者。

三　修建鐵路、公路、農路以外之其他道路：路基寬度未滿四公尺，且路基總面積未滿二千平方公尺。

四　改善或維護既有道路：拓寬路基或改變路線之路基總面積未滿二千平方公尺。

五　開發建築用地：建築面積及其他開挖整地面積合計未滿五百平方公尺者。

六　農作產銷設施之農業生產設施、林業設施之林業經營設施或畜牧設施之養畜設施、養禽設施、孵化場（室）設施、青貯設施：建築面積及其他開挖整地面積合計未滿一公頃；免申請建築執照者，前開建築面積以其興建設施面積核計。

七　堆積土石。

八　採取土石：土石方未滿三十立方公尺者。

九　設置公園、墳墓、運動場地、原住民在原住民族地區依原住民族基本法第十九條規定採取礦物或其他開挖整地：開挖整地面積未滿一千平方公尺。

第四條

①水土保持義務人有下列情形之一，免擬具水土保持計畫或簡易水土保持申報書送請主管機關審核：

一　實施農業經營所需之開挖植穴、中耕除草等作業。

二　經營農場或其他農業經營需要修築園內道或作業道，路基寬度在二．五公尺以下且長度在一百公尺以下者。

三　其他因農業經營需要，依水土保持技術規範實施水土保持處理與維護者。

②前項第二款及第三款行為，仍應向當地主管機關或中央主管機關所屬水土保持機關申請同意後始得施工，並接受監督與指導。

第五條 105

①水土保持計畫及簡易水土保持申報書審查核定之分工如下：

一　在直轄市或縣（市）行政區域內者，由該直轄市、縣（市）主管機關審查核定。

二　跨越二以上直轄市、縣（市）行政區域者，由水土保持計畫所占面積較大之直轄市、縣（市）主管機關會同其他相關主管機關審查後，再分別核定。

三　中央機關自行興辦者，由中央主管機關審查核定。

②前項第三款水土保持計畫審查核定，中央主管機關得委託中央各目的事業主管機關辦理。

③第一項簡易水土保持申報書審查核定，主管機關必要時得依下列規定辦理：

一　中央主管機關得委任所屬下級機關、委託中央各目的事業主管機關或委辦直轄市、縣（市）政府辦理。

二　直轄市政府得委任所屬下級機關辦理。

三　縣（市）政府得委辦鄉（鎮、市、區）公所辦理。

④前三項規定，於核發水土保持施工許可證及水土保持完工證明書時，準用之。

第六條 103

①水土保持義務人應依中央主管機關規定格式，擬具水土保持計畫或簡易水土保持申報書六份及主管機關要求抄件份數，並檢附下列文件，由目的事業主管機關受理後，送請主管機關審核：
一　目的事業開發或利用之申請文件。
二　環境影響說明書或環境影響評估報告書及審查結論各一份；無需者免附。
三　水土保持規劃書審定本一份；無需者免附。
②水土保持計畫如屬依法應進行環境影響評估者，得暫免檢附前項第二款之文件，由主管機關先行審查，俟水土保持義務人檢附該文件後，再行核定水土保持計畫，其審查期限不受第十四條規定限制。
③依本法第十四條規定擬具之水土保持計畫或簡易水土保持申報書之審查程序，準用前二項規定辦理。

第七條 111

水土保持計畫及簡易水土保持申報書審查程序如下：
一　目的事業主管機關於受理前條第一項申請後，應確認其土地為合法使用，並將水土保持計畫或簡易水土保持申報書送請主管機關審核。
二　主管機關認定水土保持計畫或簡易水土保持申報書無第十條第一項第一款至第四款及第十一條第四款情事，且屬需繳納審查費者，應通知水土保持義務人限期繳納審查費。
三　水土保持計畫或簡易水土保持申報書經主管機關審查核定後，除應檢送水土保持計畫或簡易水土保持申報書核定本一份予水土保持義務人外，並應檢附下列文件送目的事業主管機關：
㈠水土保持計畫或簡易水土保持申報書核定本三份。
㈡水土保持保證金繳納通知單一份；免繳納者免附。
四　目的事業主管機關核准開發或利用許可後，應將水土保持計畫或簡易水土保持申報書核定本二份及其他文件一份送交水土保持義務人，並副知主管機關。

第八條 103

①水土保持義務人應依中央主管機關規定格式，擬具水土保持規劃書六份及主管機關要求之抄件份數，併同目的事業開發或利用之申請文件，由目的事業主管機關受理後，送請主管機關審核。
②水土保持規劃書之審查程序，準用前條規定辦理；主管機關審定後，應檢送水土保持規劃書審定本一份予水土保持義務人及三份予目的事業主管機關。

第八條之一 102

水土保持規劃書經主管機關審定後，如有變更，應由水土保持義務人列出差異比較說明對照表，連同水土保持計畫送目的事業主管機關受理後，轉主管機關審核。

第九條　（刪除）111

第一〇條 95

①水土保持申請書件有下列情形之一，主管機關應不予受理，並通知水土保持義務人及副知目的事業主管機關：

一 未經目的事業主管機關轉送者。

二 應檢附文件不齊全者。

三 未依規定格式製作者。

四 應由技師簽證而未簽證或簽證技師科別不符者。

五 未依規定期限繳交審查費者。

六 申請開發之土地，因有違反本法規定經主管機關裁處暫停開發申請，期限尚未屆滿者。

七 申請開發之土地，因有違反本法規定經主管機關通知限期實施水土保持處理，屆期未實施或實施仍不合水土保持技術規範者。

②有前項第一款至第五款情形之一者，主管機關應先通知水土保持義務人限期補正。

第一一條 95

水土保持申請書件有下列情形之一，主管機關應不予核定或審定，並通知水土保持義務人及副知目的事業主管機關：

一 不符合水土保持技術規範，經主管機關限期修正而不修正或修正後仍不符合水土保持技術規範者。

二 環境影響說明書或環境影響評估報告書及審查結論，涉及水土保持部分，未有適當處理者。

三 環境影響評估審查結論認定不應開發者。

四 屬本法第十九條第二項規定之禁止開發行爲者。

五 其他依法禁止或限制開發者。

第一二條

主管機關有下列情形之一，應副知相關機關：

一 核定水土保持計畫及簡易水土保持申報書。

二 核發水土保持施工許可證及水土保持完工證明書。

三 審定水土保持規劃書。

四 同意依第四條第一項第二款及第三款規定，免擬具水土保持計畫或簡易水土保持申報書。

第一三條 100

依本法第六條及第六條之一所爲之簽證，應檢附技師證書、執業執照等影本；屬各級政府機關、公營事業機構及公法人自行興辦者，應檢附技師證書影本。

第二章 水土保持計畫之審核

第一四條

①水土保持申請書件之核定或審定，應自水土保持義務人繳交審查費之日起三十日內完成，必要時得予延長，並通知水土保持義務人。延長以一次爲限，最長不得逾三十日。

②前項經審查後仍需依審查意見修正計畫者，應自收到修正文件之日起三十日內完成審查。
③第一項之審查，如需與環境影響評估及土地使用聯席審議者，其審查期限不受前二項規定限制。

第一五條
①水土保持申請書件之審查，得邀請目的事業主管機關、水土保持義務人及承辦技師到場說明。
②前項承辦技師未能到場者，應以書面委任符合本法規定之技師代理之。

第一六條
主管機關審查水土保持申請書件，認應修正者，應將修正事項及期限通知水土保持義務人，並副知目的事業主管機關。

第一七條
主管機關受理水土保持申請書件後，發現毗鄰土地有二件以上申請開發、經營或使用行爲者，得合併審查，分別核定或審定。

第一八條
①主管機關受理水土保持申請書件之審查，得委託相關機關、機構或團體（以下簡稱受託單位）爲之。
②依前項規定委託審查水土保持申請書件，應於水土保持義務人繳交審查費後，始得交由受託單位審查。受託單位應將審查意見及結論函送主管機關處理。
③主管機關辦理委託審查，應與受託單位訂定委託契約。

第三章　變更水土保持計畫

第一九條 103
①水土保持義務人應依核定水土保持計畫或簡易水土保持申報書施工；有下列情形之一者，應辦理水土保持計畫或簡易水土保持申報書變更設計，並申請目的事業主管機關轉送主管機關審查：
一　變更開發位置及範圍。
二　增減計畫面積。
三　各單項水土保持設施，其計量單位之數量增減超過百分之二十。
四　地形、地質與原設計不符。
五　變更水土保持設施之位置。
六　增減水土保持設施之項目。
七　變更水土保持設施之材料、設計強度、型式、內部配置、構造物斷面及通水斷面。
②有下列情形之一，經主管機關同意者，免辦理水土保持計畫或簡易水土保持申報書之變更設計；其屬水土保持計畫者，並應經承辦監造技師認定安全無虞：
一　修建鐵路、公路、農路或其他道路，增減計畫面積未超過

原計畫面積百分之十。
二　前項第二款，減少計畫面積，未涉及變更開挖整地位置及水土保持設施。
三　前項第四款或第五款，原水土保持設施仍可發揮其正常功能。
四　前項第六款，視實際需要，依水土保持技術規範增設必要臨時防災措施。
五　前項第七款，構造物斷面及通水斷面之面積增加不超過百分之二十或減少不超過百分之十，且不影響原構造物正常功能。

③水土保持義務人未依水土保持計畫或簡易水土保持申報書施工，而有第一項各款情形之一者，除依本法規定辦理外，主管機關得命水土保持義務人限期辦理變更設計。

第二〇條 102

變更水土保持計畫或簡易水土保持申報書時，該變更部分應即時停工，做好安全措施，並於主管機關依前條規定完成水土保持計畫或簡易水土保持申報書變更設計審查或同意免辦理變更設計後，始得繼續施工。但經目的事業主管機關認定其停工對工程有重大影響，並經主管機關同意者，得不予停工。

第二一條 103

①有下列情形之一者，應報主管機關備查：
一　變更水土保持義務人。
二　變更簽證之技師。

②前項報備，屬第一款者，應檢附目的事業主管機關核准變更文件；屬第二款者，應檢附第十三條規定相關文件。

③主管機關為第一項備查時，應副知該目的事業主管機關及相關機關。

第四章　申報開工

第二二條 111

①水土保持義務人應於水土保持計畫核定後三年內，檢附下列資料，向主管機關申領核發水土保持施工許可證，並申報開工：
一　目的事業主管機關核准開發或利用許可文件。
二　水土保持計畫核定本。
三　繳納水土保持保證金證明文件。以銀行開立之本行支票繳納或取具金融機構之書面保證者，其有效期限應超過預定完工期限；無需者免附。
四　承辦監造之技師證書、執業執照及監造契約影本；無需者免附。

②主管機關核發水土保持施工許可證時，應同時核定施工期限或各期施工期限，並檢還前項第一款及第二款文件。

③水土保持計畫得以簡易水土保持申報書代替者，其水土保持施

工許可證得以簡易水土保持申報書之核可函代替，並應於核定後一年內申報開工。

④水土保持義務人無法於第一項及前項規定期限內申領水土保持施工許可證及申報開工者，應於期限屆滿十日前，向主管機關申請展延，並以二次爲限，每次不得超過六個月。

第二二條之一 103

①工程停工逾三個月，水土保持義務人應敘明停工期限，向主管機關申報停工，並繳回水土保持施工許可證，停工期間最長不得逾二年。復工，應於停工期限屆滿十日前向主管機關申報，並重新申領水土保持施工許可證。

②前項停工期限有展延之必要者，應於停工期限屆滿十日前，向主管機關申請展延，展延期限每次不得超過六個月，並以二次爲限。

③停工或復工，未依第一項規定向主管機關申報，且無法證明其實際停工或復工之日期者，以主管機關檢查或勘查之日爲其停工或復工之日期。

第二三條

①水土保持義務人應於開工前，豎立開發範圍界樁，以紅色界樁標示開挖整地範圍及於工地明顯位置豎立施工標示牌，並向主管機關報備。

②前項施工標示牌應於取得水土保持完工證明書後一個月內自行拆除。

第二四條

水土保持計畫需分期施工者，應於計畫中敘明各期施工之內容，並按期申領水土保持施工許可證。

第五章　施工監督

第二五條

①水土保持施工期間，承辦監造技師應依核定內容監造及檢測施工品質，並依照工程進度，製作監造紀錄及監造月報表，留供備查。

②承辦監造技師於監造時，發現水土保持義務人擅自變更原核定計畫或原核定計畫未盡完善，致有發生危險之虞時，應依技師法第十七條規定據實報告所在地主管機關，並應同時通知該水土保持計畫之核定機關。

第二五條之一 111

①水土保持計畫施工期間，水土保持義務人應於每年五月一日至十一月三十日期間，按週於次週週三起，於中央主管機關指定資訊系統（以下簡稱資訊系統）填報前一週監造紀錄及按月於次月五日前，填報前一個月監造月報表。

②水土保持計畫施工期間，承辦監造技師應於中央氣象局發布海上、海上陸上颱風警報或大豪雨以上之豪雨特報時，檢視各項

水土保持設施，確保其發揮正常功能，並依主管機關指定時間，於資訊系統填報設施自主檢查結果。

第二六條 111

①主管機關於水土保持施工期間，得實施檢查，製作紀錄。

②需由水土保持相關專業技師監造者，主管機關應邀請水土保持義務人及承辦監造技師備妥監造紀錄到場說明。承辦監造技師因故未能到場者，應以書面委任符合本法規定之技師代理之。

③第一項之檢查，主管機關得視需要委任所屬機關或委託相關機關（構）或團體辦理。

第二七條

承辦監造技師有下列情形之一，主管機關得函請技師法主管機關依技師法規定處理：

一 未依第二十五條規定辦理者。

二 主管機關實施檢查時，有三次以上未備妥監造紀錄或無故不到場者。

三 主管機關實施檢查發現紀錄不實者。

第二八條

有下列情形之一，主管機關應令其停工：

一 經主管機關限期改正，屆期不改正或實施仍不合水土保持技術規範者。

二 未依本法第六條、第六條之一規定由水土保持相關專業技師監造或經承辦監造技師函告主管機關終止監造者。

三 變更水土保持計畫或簡易水土保持申報書之部分，應即時停工而未停工者。

四 擅自變更原核定計畫或原核定計畫未盡完善，致有發生危險之虞者。

五 未申領水土保持施工許可證而逕行施工者。

六 分期施工者，未申領該期之水土保持施工許可證而逕行施工者。

第二九條

有下列情形之一，主管機關得令其停工：

一 承辦監造技師未依規定製作監造紀錄者。

二 主管機關實施施工檢查時，承辦監造技師無故不到場或未以書面委任符合本法規定之技師代理者。

三 監造紀錄不實者。

第三〇條

經主管機關依前二條規定令停工者，水土保持義務人應於主管機關規定期限完成改正並經檢查合格後，始得復工。

第三一條 103

①有下列情形之一者，主管機關得廢止原審定或核定水土保持規劃書、水土保持計畫或簡易水土保持申報書：

一 未依核定水土保持計畫或簡易水土保持申報書施工，情節重大。

二　經主管機關依第二十八條、第二十九條規定，令其停工而未停工。
三　水土保持義務人申請廢止。
四　因申請變更設計或違規施工，而不符原核定水土保持書件之種類及規模。
五　經主管機關依第十九條第三項規定，命水土保持義務人辦理變更設計而未辦理。

②前項之廢止，如已核發水土保持施工許可證者，主管機關應同時廢止，並通知水土保持義務人限期繳回，未依規定期限繳回者，公告註銷。

第三一條之一　103

有下列情形之一者，自發生之日，原審定或核定水土保持規劃書、水土保持計畫或簡易水土保持申報書失其效力，其已核發水土保持施工許可證及完工證明書者，一併失其效力：
一　未於第二十二條規定期限內申報開工。
二　未於第二十二條之一規定期限內申報復工。
三　未依第三十四條規定於期限內完工。
四　區域計畫委員會或目的事業主管機關不同意核發開發或利用許可，或其開發或利用許可廢止或已失效力。
五　水土保持規劃書審定後，環境影響評估審查結論認定不應開發。

第三二條

①水土保持完工後，水土保持義務人應填具完工申報書，並檢附竣工書圖及照片，向主管機關申報完工；分期施工者，並應分期申報。

②依本法第六條及第六條之一規定，應由技師簽證監造者，並應檢附承辦監造技師簽證之竣工檢核表。

第三三條　101

①主管機關應於水土保持義務人申報完工之日起三十日內實施檢查。檢查不合格者，應通知限期改正。檢查合格者，由主管機關發給水土保持完工證明書，並退還已繳之水土保持保證金。

②以簡易水土保持申報書替代水土保持計畫者，經主管機關實施完工檢查合格，得免核發水土保持完工證明書。

第三四條　111

①水土保持施工，未能於核定期限內完工者，應於期限屆滿十日前，向主管機關申請展延。

②前項展延以二次為限，每次不得超過六個月，且不得逾目的事業主管機關核准之開發期限。但目的事業主管機關核准之開發期限較長者，從其規定。

③申請展延應檢附繳納水土保持保證金證明文件，其有效期限應超過申請展延預定完工期限；無需繳納水土保持保證金證明文件者，免附。

第六章　附　則

第三五條　（刪除）109

第三五條之一　103

本辦法中華民國一百零三年十二月二十五日修正施行前已審定、核定之水土保持規劃書、水土保持計畫或簡易水土保持申報書，有下列情形之一者，應依第三十一條之一規定辦理：

一　未於本辦法修正生效日起四年內，依第二十二條規定申報開工。

二　未於本辦法修正生效日起三年，依第二十二條之一條規定申報復工。

三　符合第三十一條之一第三款、第四款或第五款情形。

第三六條

本辦法所需書、表、文件之格式，由中央主管機關公告之。

第三七條

本辦法自發布日施行。

山坡地保育利用條例

①民國65年4月29日總統令制定公布全文37條。
②民國75年1月10日總統令修正公布全文39條。
③民國87年1月7日總統令修正公布第6、9、10、12、15、17、25、33至35條條文；增訂第15-1、30-1、35-1條條文；並刪除第7、24、30條條文。
④民國89年5月17日總統令修正公布第2至4、6、11、16、22、28條條文。
⑤民國91年6月12日總統令修正公布第12、16條條文；並增訂第12-1、32-1條條文。
⑥民國95年6月14日總統令修正公布第37條條文。
民國101年6月25日行政院公告第29條所列屬「財政部」之權責事項，自101年7月1日起改由「金融監督管理委員會」管轄。
⑦民國105年11月30日總統令修正公布第34條條文。
⑧民國108年1月9日總統令修正公布第37條條文。

第一章　總　則

第一條　（適用範圍）

山坡地之保育、利用，依本條例規定；本條例未規定者，依其他法律規定。

第二條　（主管機關）

①本條例所稱主管機關：在中央爲行政院農業委員會；在直轄市爲直轄市政府；在縣（市）爲縣（市）政府。

②有關山坡地之地政及營建業務，由內政部會同中央主管機關辦理；有關國有山坡地之委託管理及經營，由財政部會同中央主管機關辦理。

第三條　（山坡地之定義）

本條例所稱山坡地，係指國有林事業區、試驗用林地及保安林地以外，經中央或直轄市主管機關參照自然形勢、行政區域或保育、利用之需要，就合於左列情形之一者劃定範圍，報請行政院核定公告之公、私有土地：

一　標高在一百公尺以上者。

二　標高未滿一百公尺，而其平均坡度在百分之五以上者。

第四條　（公有山坡地）

本條例所稱公有山坡地，係指國有、直轄市有、縣（市）有或鄉（鎮、市）有之山坡地。

第五條　（山坡地保育利用）

本條例所稱山坡地保育、利用，係指依自然特徵、應用工程、農藝或植生方法，以防治沖蝕、崩坍、地滑、土、石流失等災害，保護自然生態景觀，涵養水源等水土保持處理與維護，並為經濟有效之利用。

第六條　（山坡地使用區劃定之原則）

①山坡地應按土地自然形勢、地質條件、植生狀況、生態及資源保育、可利用限度及其他有關因素，依照區域計畫法或都市計畫法有關規定，分別劃定各種使用區或編定各種使用地。

②前項各種使用區或使用地，其水土保持計畫由直轄市或縣（市）主管機關視需要分期擬訂，報請中央主管機關核定後公告實施；其變更時，亦同。

第七條　（刪除）

第八條　（公有山坡地地籍測量等之實施）

公有山坡地未經實施地籍測量或土地總登記者，應定期實施測量，並辦理總登記。

第九條　（應實施水土保持之情形及相關義務人）

在山坡地為下列經營或使用，其土地之經營人、使用人或所有人，於其經營或使用範圍內，應實施水土保持之處理與維護：

一　宜農、牧地之經營或使用。

二　宜林地之經營、使用或採伐。

三　水庫或道路之修建或養護。

四　探礦、採礦、採取土石、堆積土石或設置有關附屬設施。

五　建築用地之開發。

六　公園、森林遊樂區、遊憩用地、運動場地或軍事訓練場之開發或經營。

七　墳墓用地之開發或經營。

八　廢棄物之處理。

九　其他山坡地之開發或利用。

第一〇條　（擅自墾殖占用之禁止）

在公有或他人山坡地內，不得擅自墾殖、占用或從事前條第一款至第九款之開發、經營或使用。

第一一條　（水土保持之實施方式）

山坡地有加強保育、利用之必要者，其水土保持處理與維護，應依直轄市或縣（市）主管機關指定方式實施之。

第一二條　（水土保持之實施方式與稽查）91

①山坡地之經營人、使用人或所有人應依主管機關規定之水土保持技術規範及期限，實施水土保持之處理與維護。

②前項實施水土保持之處理與維護，其期限最長不得超過三年；已完成水土保持處理後，應經常加以維護，保持良好之效果，如有損壞，應即搶修或重建。

③主管機關對前二項水土保持之處理與維護，應隨時稽查。

第一二條之一　（合格證明書之發給）91

①宜農、牧地完成水土保持處理，經直轄市或縣（市）主管機關派員檢查合格者，發給宜農、牧地水土保持合格證明書。

②宜林地完成造林後，經直轄市或縣（市）主管機關派員檢查合格屆滿三年，其成活率達百分之七十者，發給造林水土保持合格證明書。

第一三條 （土地重劃等之辦理）
政府為增進山坡地之利用或擴大經營規模之需要，得劃定地區，辦理土地重劃、局部交換或協助農民購地，並輔導農民合作經營、共同經營或委託經營。

第一四條 （土地之徵收收回）
①政府為實施山坡地保育、利用，興建公共設施之需要，得徵收或收回左列土地：
一　私有地。
二　未繳清地價之放領地。
三　放租地。
②前項土地有特別改良或地上物者，由政府予以補償；其為放領地者，並發還已交繳之地價。

第一五條 （山坡地開發、利用致生危害之處置）
①山坡地之開發、利用，致有發生災害或危害公共設施之虞者，主管機關應予限制，並得緊急處理；所需費用，由經營人、使用人或所有人負擔。
②前項所造成之災害或危害，經營人、使用人或所有人應負損害賠償責任。

第一五條之一 （巡查區之劃定）
直轄市或縣（市）主管機關應參照行政區域或保育利用管理之需要，劃定巡查區，負責查報、制止及取締山坡地違規使用行為。

第二章　農業使用

第一六條 （土地可利用限度）91
①山坡地供農業使用者，應實施土地可利用限度分類，並由中央或直轄市主管機關完成宜農、牧地、宜林地、加強保育地查定。土地經營人或使用人，不得超限利用。
②前項查定結果，應由直轄市、縣（市）主管機關於所在地鄉（鎮、市、區）公所公告之；公告期間不得少於三十日。
③第一項土地可利用限度分類標準，由中央主管機關定之。
④經中央或直轄市主管機關查定之宜林地，其已墾殖者，仍應實施造林及必要之水土保持處理與維護。

第一七條 （主管機關之輔導協助）
①山坡地依第六條第一項劃定使用區後，其適於農業發展者，主管機關應辦理整體發展規劃，並擬訂水土保持細部計畫，輔導農民實施。
②山坡地面積在五十公頃以上，具有農業發展潛力者，主管機關得優先協助土地經營人、使用人或所有人實施水土保持，改善

農業經營條件；其所需費用，得予協助辦理貸款或補助。

③山坡地位於國家公園、風景特定區、水源水質水量保護區者，主管機關辦理前二項工作時，應先徵得各該目的事業主管機關之同意。

第一八條（未開發山坡地之開發依據）

未開發之宜農、牧、林山坡地，其開發依農業發展條例有關規定辦理。

第一九條（志願開發承受公有山坡地）

志願從事農業具有經營計畫之青年，得依農業發展條例之規定，開發或承受公有山坡地。

第二〇條（承租、承領面積）

①公有宜農、牧、林山坡地，放租或放領予農民者，其承租、承領面積，每戶合計不得超過二十公頃。但基於地形限制，得爲百分之十以內之增加。

②本條例施行前，原承租面積超過前項規定者，其超過部分，於租期屆滿時不得續租。

③公有山坡地放租、放領辦法，由內政部會同有關機關擬訂，報請行政院核定之。

第二一條（公有未租領地之免稅）

未放租、放領之公有山坡地，免徵賦稅。

第二二條（不可抗力情事之地價減免）

承領之山坡地，因不可抗力致全部或部分不能使用者，其不能使用部分，經承租人層報中央或直轄市主管機關核准者，自申報日起，減免地價。

第二三條（重大災歉之救濟）

①承領人承領之山坡地，遇有重大災歉，報請直轄市、縣（市）主管機關勘查屬實者，當期地價得暫緩繳付。但應於原定全部地價繳清年限屆滿後，就其緩繳期數依次補繳。

②承租人承租之山坡地有前項災歉者，報經直轄市、縣（市）主管機關勘查屬實後，減免當期租金。

第二四條（刪除）

第二五條（超限使用之處罰）

①山坡地超限利用者，由直轄市或縣（市）主管機關通知土地經營人、使用人或所有人限期改正；屆期不改正者，依第三十五條之規定處罰，並得依下列規定處理：

一　放租、放領或登記耕作權之山坡地屬於公有者，終止或撤銷其承租、承領或耕作權，收回土地，另行處理；其爲放領地者，已繳之地價，不予發還。

二　借用或撥用之山坡地屬於公有者，由原所有或管理機關收回。

三　山坡地爲私有者，停止其使用。

②前項各款土地之地上物，由經營人、使用人或所有人依限收割或處理；屆期不爲者，主管機關得逕行清除，不予補償。

第二六條　（轉租之禁止及租約之終止）

①依本條例承租之公有山坡地，不得轉租；承租人轉租者，其轉租行爲無效，由主管機關撤銷其承租權，收回土地，另行處理；土地之特別改良及地上物均不予補償。

②承租人死亡無人繼承，或無力自任耕作，或因遷徙、轉業，不能繼續承租者，由主管機關終止租約，收回土地，另行處理。地上物得限期由承租人收割、處理，或由主管機關估定價格，由新承租（承領）人補償承受，原承租人所有特別改良併同辦理。

第二七條　（承領地租讓之限制及收回等）

①依本條例承領之公有山坡地，承領人在繳清地價取得土地所有權前，不得轉讓或出租；承領人轉讓或出租者，其轉讓或出租行爲無效，由主管機關撤銷其承領權，收回土地另行處理；所繳地價不予發還，土地之特別改良或地上物均不予補償。

②承領人在繳清地價取得土地所有權前死亡無人繼承，或無力自任耕作，或因遷徙、轉業，不能繼續承領者，由主管機關收回土地另行處理；所繳地價除死亡無人繼承者依民法處理外；一次發還；其特別改良或地上物，比照前條第二項規定辦理。

③承領人繳清地價，取得土地所有權後，其屬宜林地者，承領人應依規定先行完成造林，始得移轉；屬宜農、牧地者，其移轉之承受人以能自耕者爲限。

第二八條　（山坡地開發基金）

①中央或直轄市主管機關，爲推動山坡地開發及保育、利用，得設立山坡地開發基金；其資金來源如左：

一　政府循預算程序之撥款。

二　國、直轄市有森林用地解除後之林木砍伐收入。

三　國、直轄市有森林用地、原野地委託地方政府代爲管理部分之租金、放領之地價，扣除支付管理費及放租應繳田賦後之餘款。

四　其他收入。

②前項基金收支、保管及運用辦法，由行政院定之。

第二九條　（開發基金之利用）

爲配合前條山坡地開發基金之運用，中央主管機關，得會同財政部指定行庫，依各地區發展計畫，按年訂定貸款計畫，辦理貸款。

第三章　非農業使用

第三〇條　（刪除）

第三〇條之一　（山坡地暫停開發申請之情形）

從事第九條第三款至第九款之經營或使用行爲，違反第十二條第一項規定擅自開發者，除依水土保持法有關規定處理外，自第一次處罰之日起兩年內，暫停該地之開發申請。

第三一條　（水庫或道路管理機關等水土保持之實施）

水庫或道路管理機關，應編列經費，實施水土保持處理與維護；其屬私有水庫或道路者，應由各該目的事業主管機關督導實施維護工作。

第三二條 （集水區山坡地之保育利用）

集水區內之山坡地保育、利用，應配合各該所在地集水區經營計畫辦理，並於興建水庫時，優先納入興建計畫內實施。

第三二條之一 （集水區內開發或利用之核准與查勘）91

①於水庫集水區內修建道路、伐木、探礦、採礦、採取或堆積土石、開發建築用地、開發或經營遊憩與墳墓用地、處理廢棄物及為其他開發或利用行為者，應先徵得其治理機關（構）之同意，並報經各該目的事業主管機關核准。

②前項治理機關（構），指水庫管理機關或經中央、直轄市主管機關指定之機關（構）。

③第一項治理機關（構）得隨時派員查勘，遇有危害水庫安全之虞時，得報請目的事業主管機關通知山坡地經營人、使用人或所有人停工；於完成加強保護措施、經檢查合格後，方得繼續施工。

第四章 獎 懲

第三三條 （舉發人之獎勵）

①處理山坡地保育利用管理之查報與取締工作，確有績效者，及違規使用山坡地經處罰有案者之舉發人，由主管機關給與獎金。

②前項獎勵辦法，由中央主管機關定之。

第三四條 （擅自墾殖等之處罰）105

①違反第十條規定者，處六月以上五年以下有期徒刑，得併科新臺幣六十萬元以下罰金。

②前項情形致釀成災害者，加重其刑至二分之一；因而致人於死者，處五年以上十二年以下有期徒刑，得併科新臺幣一百萬元以下罰金；致重傷者，處三年以上十年以下有期徒刑，得併科新臺幣八十萬元以下罰金。

③因過失犯第一項之罪致釀成災害者，處一年以下有期徒刑，得併科新臺幣六十萬元以下罰金。

④第一項未遂犯罰之。

⑤犯本條之罪者，其墾殖物、工作物、施工材料及所使用之機具，不問屬於犯罪行為人與否，沒收之。

第三五條 （兩罰規定）

①有下列情形之一者，處新臺幣六萬元以上三十萬元以下罰鍰：

一 依法應擬具水土保持計畫而未擬具，或水土保持計畫未經核定而擅自實施，或未依核定之水土保持計畫實施者。

二 違反第二十五條第一項規定，未在期限內改正者。

②前項各款情形之一，經限期改正而不改正，或未依改正事項改正者，得按次分別處罰，致改正為止；並得令其停工，沒入其

設施及所使用之機具，強制拆除並清除其工作物；所需費用，由經營人、使用人或所有人負擔。

③第一項各款情形之一，致生水土流失、毀損水土保持處理與維護設施或釀成災害者，處六月以上五年以下有期徒刑，得併科新臺幣六十萬元以下罰金；因而致人於死者，處三年以上十年以下有期徒刑，得併科新臺幣八十萬元以下罰金；致重傷者，處一年以上七年以下有期徒刑，得併科新臺幣六十萬元以下罰金。

第三五條之一　（處罰）

法人之負責人、法人或自然人之代理人、受僱人或其他從業人員，因執行業務犯第三十四條或第三十五條第三項之罪者，除依各該條規定處罰其行為人外，對該法人或自然人亦科以各該條之罰金。

第三六條　（罰鍰之處罰機關）

前條所定罰鍰，由直轄市、縣（市）主管機關處罰；經通知逾期不繳納者，移送法院強制執行。

第五章　附　則

第三七條　（原住民保留地所有權）108

①山坡地範圍內原住民保留地，除依法不得私有外，應輔導原住民取得承租權或無償取得所有權。

②原住民取得原住民保留地所有權，如有移轉，以原住民為限。

③有下列情形之一者，得由政府承受私有原住民保留地：

一　興辦土地徵收條例第三條、第四條第一項規定之各款事業及所有權人依該條例第八條規定申請一併徵收。

二　經中央原住民族主管機關審認符合災害之預防、災害發生時之應變及災後之復原重建用地需求。

三　稅捐稽徵機關受理以原住民保留地抵繳遺產稅或贈與稅。

四　因公法上金錢給付義務之執行事件未能拍定原住民保留地。

④政府依前項第三款及第四款規定承受之原住民保留地，除政府機關依法撥用外，其移轉之受讓人以原住民為限。

⑤國有原住民保留地出租衍生之收益，得作為原住民保留地管理、原住民族地區經濟發展及基礎設施建設、原住民族自治費用，不受國有財產法第七條規定之限制。

⑥原住民保留地之所有權取得資格條件與程序、開發利用與出租、出租衍生收益之管理運用及其他輔導管理相關事項之辦法，由中央原住民族主管機關定之。

第三八條　（施行細則）

本條例施行細則，由中央主管機關定之。

第三九條　（施行日）

本條例自公布日施行。

山坡地保育利用條例施行細則

①民國66年9月30日經濟部令訂定發布全文25條。
②民國76年6月30日行政院農業委員會令修正發布全文22條。
③民國88年5月31日行政院農業委員會令修正發布全文17條。
④民國88年12月31日行政院農業委員會令修正發布第12條附件。
⑤民國92年2月27日行政院農業委員會令增訂發布第8-1、11-1、16-1條條文；並刪除第8、9、16條條文。
⑥民國106年8月8日行政院農業委員會令修正發布第12條條文。
⑦民國109年5月13日行政院農業委員會令修正發布第12條條文。

第一條
本細則依山坡地保育利用條例（以下簡稱本條例）第三十八條規定訂定之。

第二條
本條例第三條規定之公告，由中央、直轄市主管機關為之，於公告後，在縣（市）應將其圖說交有關縣（市）主管機關轉交鄉（鎮、市、區）公所；在直轄市交區公所，分別公開展示，展示期間不得少於三十日。展示後並應保存清晰之圖說一份，以供閱覽。

第三條
本條例第六條第二項規定之水土保持計畫，其內容如下：
一　使用區內各使用地之水土保持處理與維護事項及其義務人。
二　分期分區完成期限。
三　經費及其來源。
四　水土保持處理與維護規劃圖（比例尺不得小於一萬分之一）。

第四條
前條水土保持計畫之公告，由中央、直轄市主管機關為之，於公告後，在縣（市）應將其圖說交有關縣（市）主管機關轉交鄉（鎮、市、區）公所；在直轄市交區公所，分別公開展示，展示期間不得少於三十日。展示後並應保存清晰完整之圖說一份，以供閱覽。

第五條
直轄市或縣（市）主管機關依本條例第十一條指定水土保持處理與維護之方式者，應載明地區、水土保持處理與維護方法、完成期限，送達於山坡地經營人、使用人或所有人。

第六條
山坡地經營人、使用人或所有人依本條例第十二條第一項規定實施水土保持處理，其完成期限如下：

一　宜農、牧地：經營或使用面積在二公頃以下者，自直轄市或縣（市）主管機關通知實施之日起一年內完成，超過二公頃者，三年內完成；其屬於長期勤耕作物者，得自清園後起算。

二　宜林地：經營或使用面積在二公頃以下者，自直轄市或縣（市）主管機關通知造林之日起一年內完成，超過二公頃者，三年內完成。

三　加強保育地：由直轄市或縣（市）主管機關定之。

四　非農業使用之山坡地：依水土保持法施行細則第十四條所核定之施工期限。

第七條

本條例第十二條第一項所稱主管機關規定之水土保持技術規範，指中央主管機關依水土保持法第八條第二項公告之水土保持技術規範。

第八條　（刪除）92

第八條之一　92

①本條例第十二條之一第一項之宜農、牧地完成水土保持處理，屬中央水土保持機關輔導者，直轄市、縣（市）主管機關得委託中央水土保持機關實施檢查合格後，發給宜農、牧地水土保持合格證明書。

②直轄市或縣（市）主管機關依本條例第十二條之一第二項規定實施檢查時，應會同該管林業主管機關辦理。

③宜農、牧地水土保持合格證明書及造林水土保持合格證明書之格式，由中央主管機關定之。

第九條　（刪除）92

第一〇條

水土保持有關道路、排水系統、野溪治理、灌溉、防砂工程之興建及維護，得由地方人士組織委員會推動之，並受直轄市或縣（市）主管機關輔導、監督。

第一一條

本條例第十五條第一項所稱致有發生災害或危害公共設施之虞，指下列各款情形之一而言；主管機關採取緊急處理時，應通知山坡地經營人、使用人或所有人。但無法通知者，不在此限：

一　土砂或渣物淤塞河床或水道。

二　破壞地表或地下水源涵養。

三　水、土壤或其他環境受污染。

四　土地發生崩塌或土石流失。

五　損害田地、房舍、道路、橋樑安全。

六　有礙防洪、排水、灌溉、其他水資源保護或水利設施。

七　其他有妨礙公共安全事項。

第一一條之一　92

直轄市、縣（市）主管機關執行本條例第十五條之一規定之查報、制止山坡地違規使用行爲，得委託相關集水區治理機關（構）或當地鄉（鎮、市、區）公所辦理之。

第一二條 109

①中央、直轄市主管機關應依本條例第十六條第三項所定之山坡地土地可利用限度分類標準，完成宜農、牧地、宜林地、加強保育地查定者，以尚未劃定使用分區或編定使用地類別之土地爲限。

②前項查定，中央、直轄市主管機關得委任所屬機關辦理。

第一三條

①依本條例第十六條實施土地可利用限度分類查定之宜林地，其已墾殖者，仍應實施造林及必要之水土保持處理。

②前項造林及必要之水土保持處理，直轄市或縣（市）主管機關（應包括林業主管單位）應輔導山坡地經營人、使用人或所有人實施之。育林、伐木、集材、運材等作業，應避免引起沖蝕、破壞地表或損及排水系統。

第一四條

本條例第十七條第一項所稱整體發展規劃，指依國土綜合發展計畫、區域計畫或都市計畫指定地區，辦理農業區域發展規劃，就農業發展、自然文化景觀及生態維護、水土資源保育利用、產銷配合發展等所訂區域性農業綜合規劃；所稱水土保持細部計畫，指配合區域性農業發展所實施水土保持處理與公共設施及其維護計畫。

第一五條

本條例第十七條第二項所稱具有農業發展潛力者，指下列各款情形之一而言：

一　能配合區域性農業發展計畫者。
二　區域內自然條件及農業經營形態具有代表性者。
三　區域宜農牧地集中，且具有繼續開發可能者。
四　區域內土地能積極實施適當水土保持處理，推行機械化經營與公共設施興建者。

第一六條　（刪除）92

第一六條之一 92

中央或直轄市主管機關依本條例第三十二條之一第二項規定指定治理機關（構）之分工如下：

一　水庫集水區在直轄市行政區域者，由直轄市主管機關指定之。
二　水庫集水區在縣（市）行政區域或跨越直轄市與縣（市）行政區域者，由中央主管機關指定。

第一七條

本細則自發布日施行。

山坡地開發建築面積十公頃以下核發開發許可應行注意事項

民國79年6月13日內政部函訂定發布全文2點。

一　本注意事項之適用範圍爲山坡地開發建築管理辦法（以下簡稱本辦法）第三條但書規定之地區；其申請開發建築得免報區域計畫原擬定機關審議。

二　本辦法第三條第一款所稱「依規定容許建築者」係指依非都市土地使用管制規則第七條附表一所定之容許使用項目；其附帶條件應徵得目的事業主管機關之同意者，應於申請開發建築前，取得各該目的事業主管機關之認可文件。

依本辦法第三條但書規定申請開發建築，其爲農舍或開發建築面積在一公頃以下之申請開發許可案件，得檢具左列書圖文件連同雜項執照一併申請辦理。

㈠開發建築計畫書圖：表明申請開發區位（1/5000或1/10000像片基本圖）、面積、申請開發目的與使用、開發建築內容、基地及配置（不小於1/600配置圖）等。

㈡水土保持計畫書圖：表明排水系統（不小於1/1200系統圖）、整地計畫（不小於1/1200挖填方圖、不小於1/600整地剖面圖）、水土保持計畫（不小於1/1200計畫圖）等。

㈢土地使用編定圖（1/1200）或都市計畫土地使用分區證明、地籍圖（不小於1/1200）、地形現況圖（不小於1/1200）。

㈣其他主管建築機關認有必要之文件。

環境影響評估法

①民國83年12月30日總統令制定公布全文32條。
②民國88年12月22日總統令修正公布第2、3條條文。
③民國91年6月12日總統令修正公布第14、23條條文；並增訂第13-1、16-1、23-1條條文。
④民國92年1月8日總統令修正公布第12至14、23條條文。
⑤民國112年5月3日總統令增訂公布第16-2條條文。
民國112年8月18日行政院公告第2條、第3條第1、3項、第5條第1項第11款、第2項、第7、9條、第10條第1項、第11條第1項、第12條第1項、第13條、第13-1條第1項、第14條第2、3項、第16條第1項、第16-1條、第18條第1、3項、第19、22條、第23條第2、3項、第4項第2、3款、第5至9項、第11項、第23-1條第1項、第25至29條、第31條所列屬「行政院環境保護署」之權責事項，自112年8月22日起改由「環境部」管轄。

第一章　總　則

第一條　（立法目的、適用範圍）
為預防及減輕開發行為對環境造成不良影響，藉以達成環境保護之目的，特制定本法。本法未規定者，適用其他有關法令之規定。

第二條　（主管機關）
本法所稱主管機關：在中央為行政院環境保護署；在直轄市為直轄市政府；在縣（市）為縣（市）政府。

第三條　（環境影響評估審查委員會）
①各級主管機關為審查環境影響評估報告有關事項，應設環境影響評估審查委員會（以下簡稱委員會）。
②前項委員會任期二年，其中專家學者不得少於委員會總人數三分之二。目的事業主管機關為開發單位時，目的事業主管機關委員應迴避表決。
③中央主管機關所設之委員會，其組織規程，由行政院環境保護署擬訂，報請行政院核定後發布之。
④直轄市主管機關所設之委員會，其組織規程，由直轄市主管機關擬訂，報請權責機關核定後發布之。
⑤縣（市）主管機關所設之委員會，其組織規程，由縣（市）主管機關擬訂，報請權責機關核定後發布之。

第四條　（專用名詞）
本法專用名詞定義如下：
一　開發行為：指依第五條規定之行為。其範圍包括該行為之規劃、進行及完成後之使用。

二　環境影響評估：指開發行為或政府政策對環境包括生活環境、自然環境、社會環境及經濟、文化、生態等可能影響之程度及範圍，事前以科學、客觀、綜合之調查、預測、分析及評定，提出環境管理計畫，並公開說明及審查。環境影響評估工作包括第一階段、第二階段環境影響評估及審查、追蹤考核等程序。

第五條　（應實施環境影響評估之開發行為）

①下列開發行為對環境有不良影響之虞者，應實施環境影響評估：

一　工廠之設立及工業區之開發。

二　道路、鐵路、大眾捷運系統、港灣及機場之開發。

三　土石採取及探礦、採礦。

四　蓄水、供水、防洪排水工程之開發。

五　農、林、漁、牧地之開發利用。

六　遊樂、風景區、高爾夫球場及運動場地之開發。

七　文教、醫療建設之開發。

八　新市區建設及高樓建築或舊市區更新。

九　環境保護工程之興建。

十　核能及其他能源之開發及放射性核廢料儲存或處理場所之興建。

十一　其他經中央主管機關公告者。

②前項開發行為應實施環境影響評估者，其認定標準、細目及環境影響評估作業準則，由中央主管機關會商有關機關於本法公布施行後一年內定之，送立法院備查。

第二章　評估、審查及監督

第六條　（環境影響說明書應記載事項）

①開發行為依前條規定應實施環境影響評估者，開發單位於規劃時，應依環境影響評估作業準則，實施第一階段環境影響評估，並作成環境影響說明書。

②前項環境影響說明書應記載下列事項：

一　開發單位之名稱及其營業所或事務所。

二　負責人之姓名、住、居所及身分證統一編號。

三　環境影響說明書綜合評估者及影響項目撰寫者之簽名。

四　開發行為之名稱及開發場所。

五　開發行為之目的及其內容。

六　開發行為可能影響範圍之各種相關計畫及環境現況。

七　預測開發行為可能引起之環境影響。

八　環境保護對策、替代方案。

九　執行環境保護工作所需經費。

十　預防及減輕開發行為對環境不良影響對策摘要表。

第七條　（審查結論）

①開發單位申請許可開發行為時，應檢具環境影響說明書，向目的事業主管機關提出，並由目的事業主管機關轉送主管機關審查。
②主管機關應於收到前項環境影響說明書後五十日內，作成審查結論公告之，並通知目的事業主管機關及開發單位。但情形特殊者，其審查期限之延長以五十日為限。
③前項審查結論主管機關認不須進行第二階段環境影響評估並經許可者，開發單位應舉行公開之說明會。

第八條　（第二階段評估應辦理事項）
①前條審查結論認為對環境有重大影響之虞，應繼續進行第二階段環境影響評估者，開發單位應辦理下列事項：
一　將環境影響說明書分送有關機關。
二　將環境影響說明書於開發場所附近適當地點陳列或揭示，其期間不得少於三十日。
三　於新聞紙刊載開發單位之名稱、開發場所、審查結論及環境影響說明書陳列或揭示地點。
②開發單位應於前項陳列或揭示期滿後，舉行公開說明會。

第九條　（書面意見提出）
前條有關機關或當地居民對於開發單位之說明有意見者，應於公開說明會後十五日內以書面向開發單位提出，並副知主管機關及目的事業主管機關。

第一〇條　（範疇界定）
①主管機關應於公開說明會後邀集目的事業主管機關、相關機關、團體、學者、專家及居民代表界定評估範疇。
②前項範疇界定之事項如下：
一　確認可行之替代方案。
二　確認應進行環境影響評估之項目；決定調查、預測、分析及評定之方法。
三　其他有關執行環境影響評估作業之事項。

第一一條　（環境影響評估報告書初稿應記載事項）
①開發單位應參酌主管機關、目的事業主管機關、有關機關、學者、專家、團體及當地居民所提意見，編製環境影響評估報告書（以下簡稱評估書）初稿，向目的事業主管機關提出。
②前項評估書初稿應記載下列事項：
一　開發單位之名稱及其營業所或事務所。
二　負責人之姓名、住、居所及身分證統一編號。
三　評估書綜合評估者及影響項目撰寫者之簽名。
四　開發行為之名稱及開發場所。
五　開發行為之目的及其內容。
六　環境現況、開發行為可能影響之主要及次要範圍及各種相關計畫。
七　環境影響預測、分析及評定。
八　減輕或避免不利環境影響之對策。

九　替代方案。
十　綜合環境管理計畫。
十一　對有關機關意見之處理情形。
十二　對當地居民意見之處理情形。
十三　結論及建議。
十四　執行環境保護工作所需經費。
十五　預防及減輕開發行為對環境不良影響對策摘要表。
十六　參考文獻。

第一二條　（現場勘察及舉行公聽會）92

①目的事業主管機關收到評估書初稿後三十日內，應會同主管機關、委員會委員、其他有關機關，並邀集專家、學者、團體及當地居民，進行現場勘察並舉行公聽會，於三十日內作成紀錄，送交主管機關。

②前項期間於必要時得延長之。

第一三條　（審查結論）92

①目的事業主管機關應將前條之勘察現場紀錄、公聽會紀錄及評估書初稿送請主管機關審查。

②主管機關應於六十日內作成審查結論，並將審查結論送達目的事業主管機關及開發單位；開發單位應依審查結論修正評估書初稿，作成評估書，送主管機關依審查結論認可。

③前項評估書經主管機關認可後，應將評估書及審查結論摘要公告，並刊登公報。但情形特殊者，其審查期限之延長以六十日為限。

第一三條之一　（限期補正）91

①環境影響說明書或評估書初稿經主管機關受理後，於審查時認有應補正情形者，主管機關應詳列補正所需資料，通知開發單位限期補正。開發單位未於期限內補正或補正未符主管機關規定者，主管機關應函請目的事業主管機關駁回開發行為許可之申請，並副知開發單位。

②開發單位於前項補正期間屆滿前，得申請展延或撤回審查案件。

第一四條　（開發行為許可之限制）92

①目的事業主管機關於環境影響說明書未經完成審查或評估書未經認可前，不得為開發行為之許可，其經許可者，無效。

②經主管機關審查認定不應開發者，目的事業主管機關不得為開發行為之許可。但開發單位得另行提出替代方案，重新送主管機關審查。

③開發單位依前項提出之替代方案，如就原地點重新規劃時，不得與主管機關原審查認定不應開發之理由牴觸。

第一五條　（開發行為之合併評估）

同一場所，有二個以上之開發行為同時實施者，得合併進行評估。

第一六條　（變更申請內容之程序）

①已通過之環境影響說明書或評估書，非經主管機關及目的事業

主管機關核准，不得變更原申請內容。
②前項之核准，其應重新辦理環境影響評估之認定，於本法施行細則定之。

第一六條之一　（環境現況差異分析及對策檢討報告之提出）91
開發單位於通過環境影響說明書或評估書審查，並取得目的事業主管機關核發之開發許可後，逾三年始實施開發行為時，應提出環境現況差異分析及對策檢討報告，送主管機關審查。主管機關未完成審查前，不得實施開發行為。

第一六條之二　112
①環境影響說明書、評估書或環境現況差異分析及對策檢討報告之審查結論公告後，開發單位遭目的事業主管機關廢止其開發許可文件者，審查結論失其效力。
②本法修正前已公告之環境影響說明書、評估書或環境現況差異分析及對策檢討報告審查結論，適用前項規定。

第一七條　（執行）
開發單位應依環境影響說明書、評估書所載之內容及審查結論，切實執行。

第一八條　（環境影響調查報告書之提出）
①開發行為進行中及完成後使用時，應由目的事業主管機關追蹤，並由主管機關監督環境影響說明書、評估書及審查結論之執行情形；必要時，得命開發單位定期提出環境影響調查報告書。
②開發單位作成前項調查報告書時，應就開發行為進行前及完成後使用時之環境差異調查、分析，並與環境影響說明書、評估書之預測結果相互比對檢討。
③主管機關發現對環境造成不良影響時，應命開發單位限期提出因應對策，於經主管機關核准後，切實執行。

第一九條　（警察權之行使）
目的事業主管機關追蹤或主管機關監督環境影響評估案時，得行使警察職權。必要時，並得商請轄區內之憲警協助之。

第三章　罰　則

第二〇條　（文書不實記載之處罰）
依第七條、第十一條、第十三條或第十八條規定提出之文書，明知為不實之事項而記載者，處三年以下有期徒刑、拘役或科或併科新臺幣三萬元以下罰金。

第二一條　（不遵行停止開發命令之處罰）
開發單位不遵行目的事業主管機關依本法所為停止開發行為之命令者，處負責人三年以下有期徒刑或拘役，得併科新臺幣三十萬元以下罰金。

第二二條　（逕行開發之處罰）
開發單位於未經主管機關依第七條或依第十三條規定作成認可前，即逕行為第五條第一項規定之開發行為者，處新臺幣三十萬元以上一百五十萬元以下罰鍰，並由主管機關轉請目的事業主管機關，命其停止實施開發行為。必要時，主管機關得逕命其停止實施開發行為其不遵行者，處負責人三年以下有期徒刑或拘役，得併科新臺幣三十萬元以下罰金。

第二三條（未切實執行之處罰與公民訴訟）92

①有下列情形之一，處新臺幣三十萬元以上一百五十萬元以下罰鍰，並限期改善；屆期仍未改善者，得按日連續處罰：

一　違反第七條第三項、第十六條之一或第十七條之規定者。

二　違反第十八條第一項，未提出環境影響調查報告書或違反第十八條第三項，未提出因應對策或不依因應對策切實執行者。

三　違反第二十八條未提出因應對策或不依因應對策切實執行者。

②前項情形，情節重大者，得由主管機關轉請目的事業主管機關，命其停止實施開發行為。必要時，主管機關得逕命其停止實施開發行為，其不遵行者，處負責人三年以下有期徒刑或拘役，得併科新臺幣三十萬元以下罰金。

③開發單位因天災或其他不可抗力事由，致不能於第一項之改善期限內完成改善者，應於其原因消滅後繼續進行改善，並於三十日內以書面敘明理由，檢具有關證明文件，向主管機關申請核定賸餘期間之起算日。

④第二項所稱情節重大，指下列情形之一：

一　開發單位造成廣泛之公害或嚴重之自然資源破壞者。

二　開發單位未依主管機關審查結論或環境影響說明書、評估書之承諾執行，致危害人體健康或農林漁牧資源者。

三　經主管機關按日連續處罰三十日仍未完成改善者。

⑤開發單位經主管機關依第二項處分停止實施開發行為者，應於恢復實施開發行為前，檢具改善計畫執行成果，報請主管機關查驗；其經主管機關限期改善而自行申報停止實施開發行為者，亦同。經查驗不合格者，不得恢復實施開發行為。

⑥前項停止實施開發行為期間，為防止環境影響之程度、範圍擴大，主管機關應會同有關機關，依據相關法令要求開發單位進行復整改善及緊急應變措施。不遵行者，主管機關得函請目的事業主管機關廢止其許可。

⑦第一項及第四項所稱按日連續處罰，其起算日、暫停日、停止日、改善完成認定查驗及其他應遵行事項，由中央主管機關定之。

⑧開發單位違反本法或依本法授權訂定之相關命令而主管機關疏於執行時，受害人民或公益團體得敘明疏於執行之具體內容，以書面告知主管機關。

⑨主管機關於書面告知送達之日起六十日內仍未依法執行者，人民或公益團體得以該主管機關為被告，對其怠於執行職務之行為，直接向行政法院提起訴訟，請求判令其執行。

⑩行政法院爲前項判決時，得依職權判令被告機關支付適當律師費用、偵測鑑定費用或其他訴訟費用予對預防及減輕開發行爲對環境造成不良影響有具體貢獻之原告。

⑪第八項之書面告知格式，由中央主管機關定之。

第二三條之一 （報告或證明文件之查驗）91

①開發單位經依本法處罰並通知限期改善，應於期限屆滿前提出改善完成之報告或證明文件，向主管機關報請查驗。

②開發單位未依前項辦理者，視爲未完成改善。

第二四條 （強制執行）

依本法所處罰鍰，經通知限期繳納，屆期不繳納者，移送法院強制執行。

第四章 附 則

第二五條 （涉及軍事秘密及國防工程之作業）

開發行爲涉及軍事秘密及緊急性國防工程者，其環境影響評估之有關作業，由中央主管機關會同國防部另定之。

第二六條 （政府政策環境影響評估作業）

有影響環境之虞之政府政策，其環境影響評估之有關作業，由中央主管機關另定之。

第二七條 （審查費）

①主管機關審查開發單位依第七條、第十一條、第十三條或第十八條規定提出之環境影響說明書、評估書初稿、評估書或環境影響調查報告書，得收取審查費。

②前項收費辦法，由中央主管機關另定之。

第二八條 （環境影響之調查、分析）

本法施行前已實施而尚未完成之開發行爲，主管機關認有必要時，得命開發單位辦理環境影響之調查、分析，並提出因應對策，於經主管機關核准後，切實執行。

第二九條 （未依結論執行之處理）

本法施行前已完成環境影響說明書或環境影響評估報告書，並經審查作成審查結論，而未依審查結論執行者，主管機關及相關主管機關應命開發單位依本法第十八條相關規定辦理，開發單位不得拒絕。

第三〇條 （書面委任）

當地居民依本法所爲之行爲，得以書面委任他人代行之。

第三一條 （施行細則）

本法施行細則，由中央主管機關定之。

第三二條 （施行日）

本法自公布日施行。

環境影響評估法施行細則

①民國84年10月25日行政院環境保護署令訂定發布全文53條。
②民國87年11月11日行政院環境保護署令修正發布第9、12、22、30、37、43條條文；並增訂第10-1條條文。
③民國88年9月8日行政院環境保護署令修正發布第2、4、10-1、13、14、40條條文。
④民國90年8月1日行政院環境保護署令修正發布第2、3、15、22、37條條文。
⑤民國91年10月30日行政院環境保護署令修正發布第37條條文；並刪除第9至10-1、14、31、42、44至47條條文。
⑥民國92年8月13日行政院環境保護署令修正發布第25、26、38條條文；刪除第27條條文；並增訂第24-1條條文。
⑦民國94年6月17日行政院環境保護署令修正發布第3至6、13、15、16、19、20、22、23、24-1、25、37至40、49條條文；並增訂第15-1條條文。
⑧民國104年7月3日行政院環境保護署令修正發布第3至5、12、13、19、20、22、26、32、36、37、40、53條條文；刪除第15-1、35條條文；並增訂第5-1、11-1、12-1、22-1、37-1、38-1、51-1條條文；除第5-1、11-1、12條自發布後六個月施行外，餘自發布日施行。
⑨民國107年4月11日行政院環境保護署令修正發布第36、37、53條條文及第12條附表一、第19條附表二；並刪除第38-1條條文；除第12條附表一之開發行爲類型屬旅館、觀光旅館、文教建設及港區申請設置水泥儲庫，自發布後三個月施行外，餘自發布日施行。
⑩民國112年3月22日行政院環境保護署令修正發布第12條附表一。
民國112年8月18日行政院公告第2條、第3條序文、第4款、第4條第4款、第5條第4款、第5-1條第1項、第6條第5款、第8條、第11-1條第1、2項、第12條第1至3項、第13條第1項、第15條第1項、第2項第3款、第19條第1項第8款、第2項、第20條第1項第5款、第22-1、24、24-1條、第25條序文、第26條第1項、第28條第2項、第29、32條、第36條第2項序文、第7款、第37條序文、第5款、第37-1條第1項第3款、第2項第8款、第3項第6款、第38條第1項第6款、第2項、第39條第1項第2款、第2項、第40條第1項第7款、第2項第2、5款、第41條、第43條序文、第5款、第48、50、51-1、52條所列屬「行政院環境保護署」之權責事項，自112年8月22日起改由「環境部」管轄。

第一章　總　則

第一條
　本細則依環境影響評估法（以下簡稱本法）第三十一條規定訂

定之。

第二條

本法第三條第四項及第五項之權責機關為中央主管機關。

第三條 104

本法所定中央主管機關之權限如下：

一 有關全國性環境影響評估政策、計畫之研訂事項。

二 有關全國性環境影響評估相關法規之訂定、審核及釋示事項。

三 依第十二條第一項分工所列之環境影響說明書、環境影響評估報告書（以下簡稱評估書）、環境影響調查報告書及其他環境影響評估書件之審查事項；政府政策環境影響評估之諮詢。

四 有關中央主管機關審查通過或由直轄市、縣（市）主管機關移轉管轄權至中央主管機關之開發行為環境影響說明書、評估書及審查結論或環境影響調查報告書及其因應對策執行之監督事項。

五 有關全國性環境影響評估資料之蒐集、建立及交流事項。

六 有關全國性環境影響評估之研究發展事項。

七 有關全國性環境影響評估專業人員訓練及管理事項。

八 有關全國性環境影響評估宣導事項。

九 有關直轄市及縣（市）環境影響評估工作之監督、輔導事項。

十 有關環境影響評估之國際合作事項。

十一 其他有關全國性環境影響評估事項。

第四條 104

本法所定直轄市主管機關之權限如下：

一 有關直轄市環境影響評估工作之規劃及執行事項。

二 有關直轄市環境影響評估相關法規之訂定、審核及釋示事項。

三 依第十二條第一項分工所列之環境影響說明書、評估書、環境影響調查報告書及其他環境影響評估書件之審查事項。

四 有關直轄市主管機關審查通過或由中央主管機關移轉管轄權至直轄市主管機關之開發行為環境影響說明書、評估書及審查結論或環境影響調查報告書及其因應對策執行之監督事項。

五 有關直轄市環境影響評估資料之蒐集、建立及交流事項。

六 有關直轄市環境影響評估之研究發展事項。

七 有關直轄市環境影響評估專業人員訓練及管理事項。

八 有關直轄市環境影響評估宣導事項。

九 有關直轄市環境影響評估工作之監督、輔導事項。

十 其他有關直轄市環境影響評估事項。

第五條 104

本法所定縣（市）主管機關之權限如下：
一　有關縣（市）環境影響評估工作之規劃及執行事項。
二　有關縣（市）環境影響評估相關規章之訂定、審核及釋示事項。
三　依第十二條第一項分工所列之環境影響說明書、評估書、環境影響調查報告書及其他環境影響評估書件之審查事項。
四　有關縣（市）主管機關審查通過或由中央主管機關移轉管轄權至縣（市）主管機關之開發行為環境影響說明書、評估書及審查結論或環境影響調查報告書及其因應對策執行之監督事項。
五　有關縣（市）環境影響評估資料之蒐集、建立及交流事項。
六　有關縣（市）環境影響評估之研究發展事項。
七　有關縣（市）環境影響評估宣導事項。
八　其他有關縣（市）環境影響評估事項。

第五條之一 104

①各級主管機關依本法第三條所定之環境影響評估審查委員會（以下簡稱委員會）組織規程，應包含委員利益迴避原則，除本法所定迴避要求外，另應依行政程序法相關規定迴避。

②本法第三條第二項所稱開發單位為直轄市、縣（市）政府或直轄市、縣（市）政府為促進民間參與公共建設法之主辦機關，而由直轄市、縣（市）政府辦理環境影響評估審查時，直轄市、縣（市）政府機關委員應全數迴避出席會議及表決，委員會主席由出席委員互推一人擔任之。

③委員應出席人數之計算方式，應將迴避之委員人數予以扣除，作為委員總數之基準。

第六條 94

本法第五條所稱不良影響，指開發行為有下列情形之一者：
一　引起水污染、空氣污染、土壤污染、噪音、振動、惡臭、廢棄物、毒性物質污染、地盤下陷或輻射污染公害現象者。
二　危害自然資源之合理利用者。
三　破壞自然景觀或生態環境者。
四　破壞社會、文化或經濟環境者。
五　其他經中央主管機關公告者。

第二章　評估、審查及監督

第七條

本法所稱開發單位，指自然人、法人、團體或其他從事開發行為者。

第八條

①本法第六條第一項之規劃，指可行性研究、先期作業、準備申請許可或其他經中央主管機關認定為有關規劃之階段行為。

②前項認定，中央主管機關應會商中央目的事業主管機關為之。

第九條至第一〇條之一 （刪除）91

第一一條

開發單位依本法第七條第一項提出環境影響說明書者，除相關法令另有規定程序者外，於開發審議或開發許可申請階段辦理。

第一一條之一 104

①目的事業主管機關收到開發單位所送之環境影響說明書或評估書初稿後，應釐清非屬主管機關所主管法規之爭點，並針對開發行為之政策提出說明及建議，併同環境影響說明書或第二階段環境影響評估之勘察現場紀錄、公聽會紀錄、評估書初稿轉送主管機關審查。

②目的事業主管機關未依前項規定辦理者，主管機關得敘明理由退回環境影響說明書或評估書初稿。

③本法及本細則所規範之環境影響評估流程詳見附圖。

第一二條 104

①主管機關之分工依附表一定之。必要時，中央主管機關得委辦直轄市、縣（市）主管機關。

②二個以上應實施環境影響評估之開發行為，合併進行評估時，主管機關應合併審查。涉及不同主管機關或開發基地跨越二個直轄市、縣（市）以上之開發行為，由中央主管機關為之。

③不屬附表一之開發行為類型或主管機關分工之認定有爭議時，由中央主管機關會商相關直轄市、縣（市）主管機關認定之。

④前三項規定施行後，受理審查中之環境影響評估案件，管轄權有變更者，原管轄主管機關應將案件移送有管轄權之主管機關。但經開發單位及有管轄權主管機關之同意，亦得由原管轄主管機關繼續辦理至完成環境影響說明書審查或評估書認可後，後續監督及變更再移送有管轄權主管機關辦理。

第一二條之一 104

①本法所稱之目的事業主管機關，依開發行為所依據設立之專業法規或組織法規定之。

②前項目的事業主管機關之認定如有爭議時，依行政程序法規定辦理。

第一三條 104

①主管機關依本法第七條第二項規定就環境影響說明書或依本法第十三條第二項規定就評估書初稿進行審查時，應將環境影響說明書或評估書初稿內容、委員會開會資訊、會議紀錄及審查結論公布於中央主管機關指定網站（以下簡稱指定網站）。

②前項環境影響說明書或評估書初稿內容及開會資訊，應於會議舉行七日前公布；會議紀錄應於會後三十日內公布；審查結論應於公告後七日內公布。

第一四條 （刪除）91

第一五條 94

①本法第七條及第十三條之審查期限，自開發單位備齊書件，並

向主管機關繳交審查費之日起算。
②前項所定審查期限，不含下列期間：
一　開發單位補正日數。
二　涉目的事業主管機關法令釋示或與其他機關（構）協商未逾六十日之日數。
三　其他不可歸責於主管機關之可扣除日數。

第一五條之一　（刪除）104

第一六條　94
本法第七條第二項但書及第十三條第三項但書所稱情形特殊者，指開發行為具有下列情形之一者：
一　開發行為規模龐大，影響層面廣泛，非短時間所能完成審查者。
二　開發行為爭議性高，非短時間所能完成審查者。

第一七條
本法第七條第三項所稱許可，指目的事業主管機關對開發行為之許可。

第一八條
開發單位依本法第七條第三項舉行公開之說明會，應於開發行為經目的事業主管機關許可後動工前辦理。

第一九條　104
①本法第八條所稱對環境有重大影響之虞，指下列情形之一者：
一　依本法第五條規定應實施環境影響評估且屬附表二所列開發行為，並經委員會審查認定。
二　開發行為不屬附表二所列項目或未達附表二所列規模，但經委員會審查環境影響說明書，認定下列對環境有重大影響之虞者：
㈠與周圍之相關計畫，有顯著不利之衝突且不相容。
㈡對環境資源或環境特性，有顯著不利之影響。
㈢對保育類或珍貴稀有動植物之棲息生存，有顯著不利之影響。
㈣有使當地環境顯著逾越環境品質標準或超過當地環境涵容能力。
㈤對當地衆多居民之遷移、權益或少數民族之傳統生活方式，有顯著不利之影響。
㈥對國民健康或安全，有顯著不利之影響。
㈦對其他國家之環境，有顯著不利之影響。
㈧其他經主管機關認定。
②開發單位於委員會作成第一階段環境影響評估審查結論前，得以書面提出自願進行第二階段環境影響評估，由目的事業主管機關轉送主管機關審查。

第二〇條　104
①本法第八條第一項第二款及本細則第二十二條第一項、第二項及第二十六條第二項所稱之適當地點，指開發行為附近之下列

處所：
一　開發行為所在地之鄉（鎮、市、區）公所及村（里）辦公室。
二　毗鄰前款鄉（鎮、市、區）之其他鄉（鎮、市、區）公所。
三　距離開發行為所在地附近之學校、寺廟、教堂或市集。
四　開發行為所在地五百公尺內公共道路路側之處所。
五　其他經主管機關認可之處所。

②開發單位應擇定前項五處以上為環境影響說明書陳列或揭示之處所，並力求各處所平均分布於開發環境區域內。

③開發單位於陳列或揭示環境影響說明書時，應將環境影響說明書公布於指定網站至少三十日。

第二一條

開發單位依本法第八條第一項第三款刊載新聞紙，應連續刊載三日以上。

第二二條 104

①開發單位依本法第七條第三項或第八條第二項舉行公開說明會，應將時間、地點、方式、開發行為之名稱及開發場所，於十日前刊載於新聞紙及公布於指定網站，並於適當地點公告及通知下列機關或人員：
一　有關機關。
二　當地及毗鄰之鄉（鎮、市、區）公所。
三　當地民意機關。
四　當地村（里）長。

②前項公開說明會之地點，應於開發行為所在地之適當地點為之。

③開發單位於第一項公開說明會後四十五日內，應作成紀錄函送第一項機關或人員，並公布於指定網站至少三十日。

第二二條之一 104

①開發單位依本法第十條所提出之範疇界定資料，主管機關應公布於指定網站至少十四日，供民眾、團體及機關以書面表達意見，並轉交開發單位處理。

②主管機關舉辦範疇界定會議七日前，應公布於指定網站，邀集委員會委員、目的事業主管機關、相關機關、團體、學者、專家及居民代表界定評估範疇，並由主管機關指定委員會委員擔任主席。

③主管機關完成界定評估範疇後三十日內，應將本法第十條第二項所確認之事項，公布於指定網站。

第二三條 94

本法第十一條第二項第十一款及第十二款所稱之處理情形，應包括下列事項：
一　就意見之來源與內容作彙整條列，並逐項作說明。
二　意見採納之情形及未採納之原因。
三　意見修正之說明。

第二四條

目的事業主管機關依本法第十二條第一項進行現場勘察時，應發給參與者勘察意見表，並彙整作成勘察紀錄，一併送交主管機關。

第二四條之一 94

本法第十二條第一項、第十三條第一項所稱公聽會，指目的事業主管機關向主管機關、委員會委員、有關機關、專家學者、團體及當地居民，廣泛蒐集意見，以利後續委員會審查之會議。

第二五條 94

主管機關依本法第十條規定界定評估範疇或目的事業主管機關依本法第十二條第一項規定進行現場勘察、舉行公聽會時，應考量下列事項，邀集專家學者參加：

一 個案之特殊性。

二 評估項目。

三 各相關專業領域。

第二六條 104

①目的事業主管機關依本法第十二條第一項舉行公聽會時，應於十日前通知主管機關、委員會委員、有關機關、專家、學者、團體及當地居民，並公布於指定網站至公聽會舉行翌日。

②公聽會應於開發行為所在地之適當地點行之。

③第一項當地居民之通知，得委請當地鄉（鎮、市、區）公所轉知。

④目的事業主管機關應於公聽會議紀錄作成後三十日內，公布於指定網站。

第二七條 （刪除）92

第二八條

①開發單位依本法第七條、第十三條及第十八條提出環境影響說明書、評估書及環境影響調查報告書時，應提供包含預測與可行方案之完整資料。

②主管機關於審查之必要範圍內，認為開發單位所提供之資料不夠完整時，得定相當期間命開發單位提供相關資料或報告，或以書面通知其到場備詢。

③前項資料涉及營業或其他秘密之保護者，依相關法令規定辦理。

第二九條

開發單位未依本法第十三條第二項審查結論修正評估書初稿時，主管機關應敘明理由，還請開發單位限期補正。

第三〇條

本法第七條第二項及第十三條第三項之公告，應於開發行為所在地附近適當地點陳列或揭示至少十五日，或刊載於新聞紙連續五日以上。

第三一條 （刪除）91

第三二條 104

①開發單位依本法第十四條第二項但書重新將替代方案送主管機關審查者，應依本法第六條及第七條所定程序辦理。

②於原地點重新規劃同一開發行為之替代方案者，開發單位應檢具環境影響說明書，向目的事業主管機關提出，並由目的事業

主管機關轉送原審查主管機關審查，不受第十二條第一項及第二項分工之限制。

第三三條

本法第十五條所稱同一場所，指一定區域內，各開發場所環境背景因子類似，且其環境影響可合併評估者。

第三四條

①二個以上開發行為合併進行評估者，關於評估之執行、審查程序之進行、環境影響說明書或評估書之作成及其他相關事項，各開發單位應共同負責。

②前項情形，各開發單位應各派代表或共同推舉代表執行評估、參與審查程序及其他相關事項。

第三五條 （刪除）104

第三六條 107

①本法第十六條第一項所稱之變更原申請內容，指本法第六條第二項第一款、第四款、第五款及第八款或本法第十一條第二項第一款、第四款、第五款、第八款及第十款至第十二款之內容有變更者。

②屬下列情形之一者，非屬前項須經核准變更之事項，應函請目的事業主管機關轉送主管機關備查：

一 開發基地內非環境保護設施局部調整位置。
二 不立即改善有發生災害之虞或屬災害復原重建。
三 其他法規容許誤差範圍內之變更。
四 依據環境保護法規之修正，執行公告之檢驗或監測方法。
五 在原有開發基地範圍內，計畫產能或規模降低。
六 提升環境保護設施之處理等級或效率。
七 其他經主管機關認定未涉及環境保護事項或變更內容對環境品質維護不生負面影響。

第三七條 107

開發單位依本法第十六條第一項申請變更環境影響說明書、評估書內容或審查結論，無須依第三十八條重新進行環境影響評估者，應提出環境影響差異分析報告，由目的事業主管機關核准後，轉送主管機關核准。但符合下列情形之一者，得檢附變更內容對照表，由目的事業主管機關核准後，轉送主管機關核准：

一 開發基地內環境保護設施調整位置或功能。但不涉及改變承受水體或處理等級效率。
二 既有設備改變製程、汰舊換新或更換低能耗、低污染排放量設備，而產能不變或產能提升未達百分之十，且污染總量未增加。
三 環境監測計畫變更。
四 因開發行為規模降低、環境敏感區位劃定變更、環境影響評估或其他相關法令之修正，致原開發行為未符合應實施環境影響評估而須變更原審查結論。

五　其他經主管機關認定對環境影響輕微。

第三七條之一 104

①依第三十六條第二項提出備查之內容如下：

一　開發單位之名稱及其營業所或事務所地址。

二　符合第三十六條第二項之情形、申請備查理由及內容。

三　其他經主管機關指定之事項。

②依前條提出環境影響差異分析報告，應記載下列事項：

一　開發單位之名稱及其營業所或事務所地址。

二　綜合評估者及影響項目撰寫者之簽名。

三　本次及歷次申請變更內容與原通過內容之比較。

四　開發行爲或環境保護對策變更之理由及內容。

五　變更內容無第三十八條第一項各款應重新辦理環境影響評估適用情形之具體說明。

六　開發行爲或環境保護對策變更後，對環境影響之差異分析。

七　環境保護對策之檢討及修正，或綜合環境管理計畫之檢討及修正。

八　其他經主管機關指定之事項。

③依前條提出變更內容對照表，應記載下列事項：

一　開發單位之名稱及其營業所或事務所地址。

二　符合前條之情形、申請變更理由及內容。

三　開發行爲現況。

四　本次及歷次申請變更內容與原通過內容之比較。

五　變更後對環境影響之說明。

六　其他經主管機關指定之事項。

第三八條 94

①開發單位變更原申請內容有下列情形之一者，應就申請變更部分，重新辦理環境影響評估：

一　計畫產能、規模擴增或路線延伸百分之十以上者。

二　土地使用之變更涉及原規劃之保護區、綠帶緩衝區或其他因人爲開發易使環境嚴重變化或破壞之區域者。

三　降低環保設施之處理等級或效率者。

四　計畫變更對影響範圍內之生活、自然、社會環境或保護對象，有加重影響之虞者。

五　對環境品質之維護，有不利影響者。

六　其他經主管機關認定者。

②前項第一款及第二款經主管機關及目的事業主管機關同意者，不在此限。

③開發行爲完成並取得營運許可後，其有規模擴增或擴建情形者，仍應依本法第五條規定實施環境影響評估。

第三八條之一 （刪除）107

第三九條 94

①目的事業主管機關依本法第十八條所爲之追蹤事項如下：

一　核發許可時要求開發單位辦理之事項。

二　開發單位執行環境影響說明書或評估書內容及主管機關審查結論事項。
三　其他相關環境影響事項。
②前項執行情形，應函送主管機關。

第四〇條 104

①本法第十八條第一項之環境影響調查報告書，應記載下列事項：
一　開發單位之名稱及其營業所或事務所地址。
二　環境影響調查報告書綜合評估者及影響項目撰寫者之簽名。
三　開發行爲現況。
四　開發行爲進行前及完成後使用時之環境差異調查、分析，並與環境影響說明書、評估書之預測結果相互比對檢討。
五　結論及建議。
六　參考文獻。
七　其他經主管機關指定之事項。
②本法第十八條第三項之因應對策，應記載下列事項：
一　開發單位之名稱及其營業所或事務所地址。
二　依據前項環境影響調查報告書判定之結論或主管機關逕行認定對環境造成不良影響之內容，提出環境保護對策之檢討、修正及預定改善完成期限。
三　執行修正後之環境保護對策所需經費。
四　參考文獻。
五　其他經主管機關指定之事項。

第四一條

主管機關或目的事業主管機關爲執行本法第十八條所定職權，得派員赴開發單位或開發地點調查或檢驗其相關運作情形。

第四二條　（刪除）91

第四三條

主管機關審查環境影響說明書或評估書作成之審查結論，內容應涵括綜合評述，其分類如下：
一　通過環境影響評估審查。
二　有條件通過環境影響評估審查。
三　應繼續進行第二階段環境影響評估。
四　認定不應開發。
五　其他經中央主管機關認定者。

第四四條至第四七條　（刪除）91

第三章　附　則

第四八條

本法第二十八條所稱主管機關認有必要時，指第十九條所列各款情形之一，經依其他相關法令處理後仍未能解決者。

第四九條 94

依本法第二十八條辦理環境影響調查、分析及提出因應對策之書面報告，應記載下列事項：

一　開發單位之名稱及其營業所或事務所。

二　負責人之姓名、住居所及身分證統一編號。

三　開發行為之名稱及開發場所。

四　開發行為之目的及其內容。

五　開發行為所採之環境保護對策及其成果。

六　環境現況。

七　開發行為已知或預測之環境影響。

八　減輕或避免不利環境影響之對策。

九　替代方案。

十　執行因應對策所須經費。

十一　參考文獻。

第五〇條

①本法第二十九條所稱相關主管機關，指本法施行前辦理環境影響說明書或評估書之原審查機關。

②前項機關應依本法第十八條規定辦理監督工作，主管機關得會同執行。

第五一條

本法施行前已完成環境影響說明書或評估書，經審查作成審查結論者，開發單位申請變更原申請內容者，準用第三十六條至第三十八條規定。

第五一條之一 104

中央目的事業主管機關或直轄市、縣（市）政府就認定標準、細目或環境影響評估作業準則等相關法規提出建議修正時，應邀集有關機關及多元民間團體舉辦公開研商會，將共識意見彙整為草案，函請中央主管機關召開公聽會，並由中央主管機關依法制作業程序辦理。

第五二條

本法及本細則所定處分書、委任書或其他書表之格式，由中央主管機關定之。

第五三條 107

本細則除中華民國一百零四年七月三日修正發布之第五條之一、第十一條之一及第十二條自發布後六個月施行，一百零七年四月十一日修正發布之第十二條附表一之開發行為類型屬旅館、觀光旅館、文教建設及港區申請設置水泥儲庫，自發布後三個月施行外，自發布日施行。

開發行為應實施環境影響評估細目及範圍認定標準

①民國84年10月18日行政院環境保護署令訂定發布全文35條。
②民國86年8月13日行政院環境保護署令修正發布全文35條。
③民國87年7月8日行政院環境保護署令修正發布第3、5、6、9、10、11、14、15、19至22、25、28、29條條文。
④民國89年11月1日行政院環境保護署令修正發布第3至5、8、10、13至15、19、22、25、26、28至31條條文。
⑤民國90年10月3日行政院環境保護署令修正發布第3、10、14、15、28條條文；並增訂第31-1條條文。
⑥民國91年12月31日行政院環境保護署令修正發布第4、5、7、8、10、11、15、28至31-1條條文。
⑦民國93年12月29日行政院環境保護署令修正發布第8、10、27、28條條文。
⑧民國95年2月20日行政院環境保護署令修正發布第14、19、20、28、29、31條條文。
⑨民國96年10月28日行政院環境保護署令修正發布第3、10、16、28、29、31條條文。
⑩民國98年12月2日行政院環境保護署令修正發布全文41條；除第3至31、39條自發布後三個月施行外，自發布日施行。
⑪民國101年1月20日行政院環境保護署令修正發布第3、4、15、28、31、35、41條條文；並自發布日施行。
⑫民國102年9月12日行政院環境保護署令修正發布第3、10、28、36、38、41條條文及第39條附表五；並自發布日施行。
⑬民國107年4月11日行政院環境保護署令修正發布全文53條；除第11條第1項第1款及第2、3項有關已核定礦業用地之礦業權申請展限規定之施行日期由行政院環境保護署定之外，餘自發布日施行。
⑭民國109年8月18日行政院環境保護署令修正發布第10、20、28條條文。
⑮民國112年3月22日行政院環境保護署令修正發布第2、3、8、10、13、15、29、31、32、38、42、49條條文及第3條附表一、二、第46條附表六。
民國112年8月18日行政院公告第3條第1項第2款第10目、第4款第5目之1附表三、之2附表三、第5項附表三、第6項附表三、第7項附表四、第10條第5項附表五、第28條第1項第11款序文、第2、6項、第43、44條、第46條第2款附表六、第47條第2項、第48條、第50條序文、第53條所列屬「行政院環境保護署」之權責事項，自112年8月22日起改由「環境部」管轄。

第一條
本標準依環境影響評估法（以下簡稱本法）第五條第二項規定

訂定之。

第二條 112

本標準用詞，定義如下：

一　興建：指開發單位向目的事業主管機關申請開發行為許可。

二　擴建（含擴大）：指原已取得目的事業主管機關許可之開發行為，開發單位申請擴增其開發基地面積。

三　重要濕地：指依濕地保育法評定公告之重要濕地及再評定前之地方級暫定重要濕地。

四　水庫集水區：水庫指經經濟部公告者，其集水區分為第一級水庫集水區、第二級水庫集水區及攔河堰集水區。

五　山坡地：指山坡地保育利用條例及水土保持法定義者。

六　農業用地：指依區域計畫法劃定為各種使用分區內所編定之農牧用地、林業用地、養殖用地、水利用地、生態保護用地。

七　都市土地：指實施都市計畫之地區。

八　園區：指提供業者進駐從事生產、製造、技術服務等相關業務之工業區、產業園區、科技產業園區、科學園區、環保科技園區、生物科技園區、農業科技園區或其他相關園區。

九　道路：指公路法規定之公路及其他供動力車輛行駛之路。

第三條 112

①工廠之設立，有下列情形之一者，應實施環境影響評估：

一　附表一之工業類別，興建或增加生產線者。

二　附表一之工業類別，擴建或擴增產能符合下列規定之一者：

㈠位於國家公園。

㈡位於野生動物保護區或野生動物重要棲息環境。

㈢位於重要濕地。

㈣位於臺灣沿海地區自然環境保護計畫核定公告之自然保護區。

㈤位於水庫集水區。

㈥位於自來水水質水量保護區。

㈦位於海拔高度一千五百公尺以上。

㈧位於山坡地、國家風景區或臺灣沿海地區自然環境保護計畫核定公告之一般保護區，申請開發或累積開發面積一公頃以上。

㈨位於特定農業區之農業用地，申請開發或累積開發面積一公頃以上。

㈩擴增產能百分之十以上。但空氣污染、水污染排放總量及廢棄物產生量未增加，經檢具相關證明文件，送主管機關及目的事業主管機關審核同意者，不在此限。

⑾位於都市土地，申請開發或累積開發面積五公頃以上。

⑿位於非都市土地，申請開發或累積開發面積十公頃以上。

三　附表二之工業類別，興建或擴建符合下列規定之一者：
㈠位於國家公園。
㈡位於野生動物保護區或野生動物重要棲息環境。
㈢位於重要濕地。
㈣位於臺灣沿海地區自然環境保護計畫核定公告之自然保護區。
㈤位於水庫集水區。
㈥位於自來水水質水量保護區。但設於本法公布施行前已設立之園區內，其廢水以專管排至自來水水質水量保護區外，其擴增產能百分之二十以下，且取得園區污水處理廠之同意納管證明者，不在此限。
㈦位於海拔高度一千五百公尺以上。
㈧位於山坡地、國家風景區或臺灣沿海地區自然環境保護計畫核定公告之一般保護區，申請開發或累積開發面積一公頃以上。
㈨位於特定農業區之農業用地，申請開發或累積開發面積一公頃以上。
㈩位於都市土地，申請開發或累積開發面積五公頃以上。
⑪位於非都市土地，申請開發或累積開發面積十公頃以上。

四　其他工廠，興建或擴建符合下列規定之一者：
㈠位於國家公園。但申請開發或累積開發面積一千平方公尺以下，經國家公園主管機關及目的事業主管機關同意者，不在此限。
㈡位於野生動物保護區或野生動物重要棲息環境。但位於野生動物重要棲息環境，申請開發或累積開發面積一千平方公尺以下，經野生動物重要棲息環境主管機關及目的事業主管機關同意者，不在此限。
㈢位於重要濕地。
㈣位於臺灣沿海地區自然環境保護計畫核定公告之自然保護區。
㈤位於水庫集水區，符合下列規定之一：
1.屬附表三所列行業。但位於第二級水庫集水區，申請開發或累積開發面積一千平方公尺以下，經水庫主管機關及目的事業主管機關同意者，不在此限。
2.非屬附表三所列行業，位於第一級水庫集水區。但申請開發或累積開發面積一千平方公尺以下，經水庫主管機關及目的事業主管機關同意者，不在此限。
㈥位於海拔高度一千五百公尺以上。
㈦位於山坡地或臺灣沿海地區自然環境保護計畫核定公告之一般保護區，申請開發或累積開發面積一公頃以上。
㈧位於特定農業區之農業用地，申請開發或累積開發面積一公頃以上。

②工廠依前項第三款第八目至第十一目、第四款第七目或第八目，申請設立於經環境影響評估審查完成之園區內，其開發或累積開發面積均增為二倍。

③第一項工廠屬汰舊換新工程，其產能及污染量未增加，且單位能耗降低，經目的事業主管機關審核同意者，免實施環境影響評估。

④工廠申請設立於已完成公共設施及整地之園區內，免依第一項第二款第八目、第三款第八目或第四款第七目所定位於山坡地區位之規定實施環境影響評估。

⑤第一項第三款工業類別屬附表二所列醱酵工業之釀酒業，或第一項第四款非屬附表三所列行業之其他工廠，設立於臺灣本島以外地區，如位於園區內，且其廢水經處理後以專管排至水庫集水區外，並經當地主管機關同意，免依第一項第三款第五目或第四款第五目之2規定實施環境影響評估。

⑥第一項第四款規定之其他工廠，指非屬附表一及附表二所列工業類別之工廠；同款第五目之1規定屬附表三所列行業之工廠，如亦屬附表一或附表二所列工業類別之工廠，應依第一項第一款至第三款規定辦理。

⑦第一項第四款第五目所稱第一級水庫集水區，指附表四所列水庫或水庫附屬設施之集水區，第二級水庫集水區指非第一級水庫集水區之水庫集水區。

⑧第一項第四款規定之其他工廠，屬僅從事砂石碎解、洗選之工廠，應依第十條第一項第二款規定辦理。

⑨申請設立工廠，應依下列方式認定應否實施環境影響評估：

一　應於設廠前取得設立許可之工廠，於申請設立時認定。

二　非屬應於設廠前取得設立許可之工廠，依下列方式認定：

㈠申請廠房建造執照時確定工廠業別者，於申請建造執照時認定。

㈡申請廠房建造執照時未確定工廠業別者，或申請工廠登記內容超出申請建造執照時所述之業別或規模者，或申請廠房建造執照與申請工廠登記之開發單位不同者，於申請工廠登記時認定。

第四條

①園區之興建或擴建，有下列情形之一者，應實施環境影響評估：

一　位於國家公園。

二　位於野生動物保護區或野生動物重要棲息環境。

三　位於重要濕地。

四　位於臺灣沿海地區自然環境保護計畫核定公告之自然保護區。

五　位於水庫集水區。

六　位於自來水水質水量保護區。

七　位於原住民保留地。

八　位於海拔高度一千五百公尺以上。

九　位於山坡地、國家風景區或臺灣沿海地區自然環境保護計畫核定公告之一般保護區，申請開發或累積開發面積一公頃以上。
十　位於特定農業區之農業用地，申請開發或累積開發面積一公頃以上。
十一　位於都市土地，申請開發或累積開發面積五公頃以上。
十二　位於非都市土地，申請開發或累積開發面積十公頃以上。
②於中華民國九十九年三月二日前既有之國際航空站及國際港口管制區域範圍內設置自由貿易港區，不受前項規定限制。

第五條

①道路之開發，有下列情形之一者，應實施環境影響評估：
一　高速公路或快速道（公）路之興建。
二　道（公）路興建或延伸工程、高速公路或快速道（公）路之延伸工程或連絡道路、交流道之興建，符合下列規定之一者：
㈠位於國家公園。
㈡位於野生動物保護區或野生動物重要棲息環境。
㈢位於重要濕地。
㈣位於臺灣沿海地區自然環境保護計畫核定公告之自然保護區。
㈤位於水庫集水區。
㈥位於海拔高度一千五百公尺以上。
㈦位於山坡地或臺灣沿海地區自然環境保護計畫核定公告之一般保護區，長度二·五公里以上；其同時位於自來水水質水量保護區，長度一·五公里以上。
㈧位於特定農業區之農業用地，長度二·五公里以上，或其附屬隧道、地下化工程長度合計一公里以上。
㈨位於山坡地、臺灣沿海地區自然環境保護計畫核定公告之一般保護區、都市土地或非都市土地，其附屬隧道或地下化工程長度合計一公里以上。
㈩位於都市土地或非都市土地，其附屬高架路橋、橋梁或立體交叉工程長度合計五公里以上。
⑾位於非都市土地，長度十公里以上。
三　道（公）路、高速公路或快速道（公）路之拓寬，符合下列規定之一者：
㈠位於國家公園，長度二·五公里以上。
㈡位於野生動物保護區或野生動物重要棲息環境，長度一公里以上。
㈢位於重要濕地，長度一公里以上。
㈣位於臺灣沿海地區自然環境保護計畫核定公告之自然保護區，長度一公里以上。
㈤位於水庫集水區，長度一公里以上。
㈥位於海拔高度一千五百公尺以上。

㈦位於山坡地或臺灣沿海地區自然環境保護計畫核定公告之一般保護區，拓寬寬度增加一車道之寬度以上且長度五公里以上。
㈧位於特定農業區之農業用地，拓寬寬度增加一車道之寬度以上且長度五公里以上。
㈨位於非都市土地，拓寬寬度增加一車道之寬度以上且長度十公里以上。

四　既有高架路橋、橋梁或立體交叉工程之重建或拓寬，並銜接既有道路，符合下列規定之一者：
㈠位於國家公園，長度二．五公里以上。
㈡位於野生動物保護區、野生動物重要棲息環境、重要濕地、臺灣沿海地區自然環境保護計畫核定公告之自然保護區或水庫集水區，長度五百公尺以上。
㈢位於海拔高度一千五百公尺以上。
㈣長度五公里以上。

②前項第二款或第三款所定長度，應將高架路橋、橋梁、立體交叉工程、隧道、地下化工程、匝道或引道之長度，合併計算。

③第一項第四款所定高架路橋、橋梁或立體交叉工程，其匝道或引道以高架方式興建者，應將匝道或引道之長度，納入高架路橋、橋梁或立體交叉工程之長度合併計算。

第六條

①鐵路之開發，有下列情形之一者，應實施環境影響評估：
一　高速鐵路興建、拓寬或延伸工程。
二　高速鐵路以外之鐵路興建或延伸工程，符合下列規定之一者：
㈠位於國家公園。
㈡位於野生動物保護區或野生動物重要棲息環境。
㈢位於重要濕地。
㈣位於臺灣沿海地區自然環境保護計畫核定公告之自然保護區。
㈤位於水庫集水區。
㈥位於海拔高度一千五百公尺以上。
㈦位於山坡地、臺灣沿海地區自然環境保護計畫核定公告之一般保護區、都市土地或非都市土地，其附屬隧道或地下化工程長度合計一公里以上。
㈧長度五公里以上。
三　高速鐵路以外之鐵路拓寬，符合下列規定之一者：
㈠位於國家公園，長度二．五公里以上。
㈡位於野生動物保護區或野生動物重要棲息環境，長度一公里以上。
㈢位於重要濕地，長度一公里以上。
㈣位於臺灣沿海地區自然環境保護計畫核定公告之自然保護區，長度一公里以上。

㈤位於水庫集水區，長度一公里以上。
㈥位於海拔高度一千五百公尺以上。
㈦位於山坡地、臺灣沿海地區自然環境保護計畫核定公告之一般保護區、都市土地或非都市土地，其附屬隧道或地下化工程長度合計一公里以上。
㈧長度五公里以上。

四　既有鐵路高架路橋、橋梁或立體交叉工程之重建或拓寬，並銜接既有鐵路，符合下列規定之一者：
㈠位於國家公園，長度二．五公里以上。
㈡位於野生動物保護區、野生動物重要棲息環境、重要濕地、臺灣沿海地區自然環境保護計畫核定公告之自然保護區或水庫集水區，長度五百公尺以上。
㈢位於海拔高度一千五百公尺以上。
㈣長度五公里以上。

五　鐵路機車場、調車場興建或擴建工程，符合下列規定之一者：
㈠位於國家公園。但申請擴建或累積擴建面積一千平方公尺以下，經國家公園主管機關及目的事業主管機關同意者，不在此限。
㈡位於野生動物保護區或野生動物重要棲息環境。但位於野生動物重要棲息環境，申請擴建或累積擴建面積一千平方公尺以下，經野生動物重要棲息環境主管機關及目的事業主管機關同意者，不在此限。
㈢位於重要濕地。
㈣位於臺灣沿海地區自然環境保護計畫核定公告之自然保護區。
㈤位於水庫集水區。但申請擴建或累積擴建面積一千平方公尺以下，經水庫主管機關及目的事業主管機關同意者，不在此限。
㈥位於自來水水質水量保護區。但申請擴建或累積擴建面積一千平方公尺以下，經自來水水質水量保護區主管機關及目的事業主管機關同意者，不在此限。
㈦位於海拔高度一千五百公尺以上。
㈧位於山坡地或臺灣沿海地區自然環境保護計畫核定公告之一般保護區，申請開發或累積開發面積一公頃以上。
㈨位於特定農業區之農業用地，申請開發或累積開發面積一公頃以上。
㈩位於都市土地，申請開發或累積開發面積五公頃以上。
⑾位於非都市土地，申請開發或累積開發面積十公頃以上。

②前項第二款或第三款所定長度，應將高架路橋、橋梁、立體交叉工程、隧道、地下化工程或引道之長度，合併計算。
③第一項第四款所定高架路橋、橋梁或立體交叉工程，其引道以

高架方式興建者，應將引道之長度，納入高架路橋、橋梁或立體交叉工程之長度合併計算。

第七條

大眾捷運系統之開發，有下列情形之一者，應實施環境影響評估：

一　大眾捷運系統興建工程。

二　大眾捷運系統延伸工程，其地面、高架或地下化長度延伸一公里以上。

三　機車場、調車場興建或擴建工程，符合下列規定之一者：

㈠位於國家公園。但申請擴建或累積擴建面積一千平方公尺以下，經國家公園主管機關及目的事業主管機關同意者，不在此限。

㈡位於野生動物保護區或野生動物重要棲息環境。但位於野生動物重要棲息環境，申請擴建或累積擴建面積一千平方公尺以下，經野生動物重要棲息環境主管機關及目的事業主管機關同意者，不在此限。

㈢位於重要濕地。

㈣位於臺灣沿海地區自然環境保護計畫核定公告之自然保護區。

㈤位於水庫集水區。但申請擴建或累積擴建面積一千平方公尺以下，經水庫主管機關及目的事業主管機關同意者，不在此限。

㈥位於自來水水質水量保護區。但申請擴建或累積擴建面積一千平方公尺以下，經自來水水質水量保護區主管機關及目的事業主管機關同意者，不在此限。

㈦位於海拔高度一千五百公尺以上。

㈧位於山坡地或臺灣沿海地區自然環境保護計畫核定公告之一般保護區，申請開發或累積開發面積一公頃以上。

㈨位於特定農業區之農業用地，申請開發或累積開發面積一公頃以上。

㈩位於都市土地，申請開發或累積開發面積五公頃以上。

⑪位於非都市土地，申請開發或累積開發面積十公頃以上。

第八條 112

港灣之開發，有下列情形之一者，應實施環境影響評估：

一　商港、軍港、漁港或工業專用港興建工程。

二　遊艇港興建、擴建工程或擴增碼頭席位，符合下列規定之一者：

㈠位於國家公園。但申請擴建或累積擴建面積一千平方公尺以下，經國家公園主管機關及目的事業主管機關同意者，不在此限。

㈡位於野生動物保護區或野生動物重要棲息環境。但位於野生動物重要棲息環境，申請擴建或累積擴建面積一千平方公尺以下，經野生動物重要棲息環境主管機關及目的事業主管機關同意者，不在此限。

㈢位於重要濕地。

㈣位於臺灣沿海地區自然環境保護計畫核定公告之自然保護區。

㈤位於水庫集水區。但申請擴建或累積擴建面積一千平方公尺以下，經水庫主管機關及目的事業主管機關同意者，不在此限。

㈥位於自來水水質水量保護區。但申請擴建或累積擴建面積一千平方公尺以下，經自來水水質水量保護區主管機關及目的事業主管機關同意者，不在此限。

㈦位於原住民保留地。但申請擴建或累積擴建面積一千平方公尺以下，經原住民保留地主管機關及目的事業主管機關同意者，不在此限。

㈧位於山坡地或臺灣沿海地區自然環境保護計畫核定公告之一般保護區，申請開發或累積開發面積一公頃以上。

㈨位於特定農業區之農業用地，申請開發或累積開發面積一公頃以上。

㈩碼頭席位一百艘以上或同一遊艇港各案開發總席位達二百艘以上。

三　商港、軍港、漁港、工業專用港之擴建工程或其碼頭、防波堤之新設或延伸工程（不含既有港區防波堤範圍內之工程），或港區外之碼頭、防波堤之新設或延伸工程，符合下列規定之一者：

㈠前款第一目至第四目規定之一。

㈡碼頭或防波堤，申請開發或累積開發長度五百公尺以上。

第九條

機場之開發，有下列情形之一者，應實施環境影響評估：

一　機場興建。

二　興建機場跑道、跑道延長五百公尺以上或跑道中心線遷移。

三　機場之客運航廈、貨運站興建或擴建，申請開發或累積開發面積五公頃以上。

四　直昇機飛行場等民營飛行場（不含專供綜合醫院緊急醫療救護使用之直昇機飛行場）之興建或擴建工程，符合下列規定之一者：

㈠位於國家公園。但申請擴建或累積擴建面積一千平方公尺以下，經國家公園主管機關及目的事業主管機關同意者，不在此限。

㈡位於野生動物保護區或野生動物重要棲息環境。但位於野生動物重要棲息環境，申請擴建或累積擴建面積一千平方公尺以下，經野生動物重要棲息環境主管機關及目的事業主管機關同意者，不在此限。

㈢位於重要濕地。
㈣位於臺灣沿海地區自然環境保護計畫核定公告之自然保護區。
㈤位於原住民保留地。但申請擴建或累積擴建面積一千平方公尺以下，經原住民保留地主管機關及目的事業主管機關同意者，不在此限。
㈥位於自來水水質水量保護區。但申請擴建或累積擴建面積一千平方公尺以下，經自來水水質水量保護區主管機關及目的事業主管機關同意者，不在此限。
㈦位於海拔高度一千五百公尺以上。
㈧申請開發或累積開發面積一公頃以上或每日起降二十架次以上。

五　航空器修護棚廠（不含位於已取得許可並營運之機場範圍內）興建或擴建工程，符合下列規定之一者：
㈠位於國家公園。但申請擴建或累積擴建面積一千平方公尺以下，經國家公園主管機關及目的事業主管機關同意者，不在此限。
㈡位於野生動物保護區或野生動物重要棲息環境。但位於野生動物重要棲息環境，申請擴建或累積擴建面積一千平方公尺以下，經野生動物重要棲息環境主管機關及目的事業主管機關同意者，不在此限。
㈢位於重要濕地。
㈣位於臺灣沿海地區自然環境保護計畫核定公告之自然保護區。
㈤位於原住民保留地。但申請擴建或累積擴建面積一千平方公尺以下，經原住民保留地主管機關及目的事業主管機關同意者，不在此限。
㈥位於海拔高度一千五百公尺以上。
㈦位於山坡地或臺灣沿海地區自然環境保護計畫核定公告之一般保護區，申請開發或累積開發面積一公頃以上。
㈧申請開發或累積開發面積五公頃以上。

第一〇條 112

①土石採取，有下列情形之一者，應實施環境影響評估：

一　採取土石（不含磚、瓦窯業業者之窯業用土採取）及其擴大工程或擴增開採長度、採取土石方量，符合下列規定之一者：
㈠位於國家公園。
㈡位於野生動物保護區或野生動物重要棲息環境。
㈢位於重要濕地。
㈣位於臺灣沿海地區自然環境保護計畫核定公告之自然保護區。
㈤位於原住民保留地。
㈥位於水庫集水區。

㈦位於海拔高度一千五百公尺以上。
㈧位於都市計畫農業區或保護區。
㈨位於特定農業區之農業用地或一般農業區之農業用地。
㈩位於海域。但為維持既有港口船隻進出及港埠正常營運之維護浚挖，不在此限。
⑪位於山坡地、國家風景區或臺灣沿海地區自然環境保護計畫核定公告之一般保護區：申請開發或累積開發面積二公頃以上（含所需區外道路設施面積），或在河床採取，沿河身計其申請開採或累積開採長度五百公尺以上，或申請採取土石方四十萬立方公尺以上。
⑫位於山坡地、國家風景區或臺灣沿海地區自然環境保護計畫核定公告之一般保護區，其同時位於自來水水質水量保護區：申請開發或累積開發面積一公頃以上（含所需區外道路設施面積），或在河床採取，沿河身計其申請開採或累積開採長度二百五十公尺以上，或申請採取土石方二十萬立方公尺以上。
⑬申請開發或累積開發面積五公頃以上，或在河床採取，沿河身計其申請開採或累積開採長度一千公尺以上，或申請採取土石方四十萬立方公尺以上。
⑭位於山坡地之土石採取區開發，符合下列規定之一，其申請之開發面積應合併計算，且累積達第十一目或第十二目規定規模：
1.土石採取區位於同一筆地號。
2.土石採取區之地號互相連接。
3.土石採取區邊界相隔水平距離在五百公尺範圍內。
⑮位於非山坡地之土石採取區，其同時位於自來水水質水量保護區，符合下列規定之一，其申請之開發面積應合併計算，且達第十二目或第十三目規定規模：
1.土石採取區位於同一筆地號。
2.土石採取區之地號互相連接。
3.土石採取區邊界相隔水平距離在五百公尺範圍內。

二　土石採取碎解、洗選場興建或擴建工程，符合下列規定之一者：
㈠前款第一目至第五目及第七目規定之一。
㈡位於水庫集水區。但屬攔河堰集水區，僅碎解、洗選來自河川之土石，申請開發或累積開發面積一公頃以下，設有廢（污）水處理設施，且放流口經水庫管理機關（構）確認距離水庫蓄水範圍邊界一公里以上，並經當地主管機關同意，不在此限。
㈢位於山坡地、國家風景區或臺灣沿海地區自然環境保護計畫核定公告之一般保護區，申請開發或累積開發面積一公頃以上。
㈣位於特定農業區之農業用地，申請開發或累積開發面積一公頃以上。

㈤申請開發或累積開發面積十公頃以上。

三　磚、瓦窯業業者申請、擴大採取窯業用土或擴增採取土石方量，符合下列規定之一者：

㈠位於國家公園。

㈡位於野生動物保護區或野生動物重要棲息環境。

㈢位於重要濕地。

㈣位於臺灣沿海地區自然環境保護計畫核定公告之自然保護區。

㈤位於原住民保留地。

㈥位於水庫集水區。

㈦位於海拔高度一千五百公尺以上。

㈧位於都市計畫農業區或保護區。

㈨位於特定農業區之農業用地或一般農業區之農業用地。

㈩位於山坡地、國家風景區或臺灣沿海地區自然環境保護計畫核定公告之一般保護區，申請開發或累積開發面積二公頃以上（含所需區外道路設施面積），或申請採取土石方四十萬立方公尺以上。

⑪位於山坡地、國家風景區或臺灣沿海地區自然環境保護計畫核定公告之一般保護區，其同時位於自來水水質水量保護區，申請開發或累積開發面積一公頃以上（含所需區外道路設施面積），或申請採取土石方二十萬立方公尺以上。

⑫申請開發或累積開發面積五公頃以上。

②前項第一款採取土石，屬政府核定之疏濬計畫，應依第十四條第二款規定辦理。

③二個以上土石採取區申請開發（不含磚、瓦窯業業者之窯業用土採取），因申請在後者之提出申請致有第一項第一款第十四目或第十五目之情形，且申請開發或累積開發面積合併計算符合第一項第一款第十一目至第十三目規定規模之一者，該未取得目的事業主管機關許可之各個後申請土石採取區均應實施環境影響評估。

④符合第一項第一款第十四目或第十五目規定面積合併計算之土石採取區應包括下列各情形：

一　取得開發許可。

二　申請中尚未取得目的事業主管機關核發開發許可。

三　經目的事業主管機關核定同意註銷未達一年。

⑤第一項第二款第二目所稱攔河堰集水區，指附表五所列水庫或水庫附屬設施之集水區。

第一一條

①探礦、採礦，有下列情形之一者，應實施環境影響評估：

一　地面、地下及海域之探礦、採礦及其擴大工程、擴增開採長度或已核定礦業用地之礦業權申請展限，符合下列規定之一者：

㈠位於國家公園。
㈡位於野生動物保護區或野生動物重要棲息環境。
㈢位於重要濕地。
㈣位於臺灣沿海地區自然環境保護計畫核定公告之自然保護區。
㈤位於原住民保留地。
㈥位於水庫集水區。
㈦位於海拔高度一千五百公尺以上。
㈧位於都市計畫農業區或保護區。
㈨位於特定農業區之農業用地或一般農業區之農業用地。
㈩位於海域。但未涉及鑽井或開挖之探礦，或屬天然氣礦或石油礦，未達油氣生產階段之探勘鑽井，不在此限。
⑪位於山坡地、國家風景區或臺灣沿海地區自然環境保護計畫核定公告之一般保護區：申請、已核定或累積核定礦業用地面積（含所需區外道路設施面積）一公頃以上，或在河床探採，沿河身計其申請開採或累積開採長度〇．五公里以上。
⑫位於山坡地、國家風景區或臺灣沿海地區自然環境保護計畫核定公告之一般保護區，其同時位於自來水水質水量保護區：申請、已核定或累積核定礦業用地面積（含所需區外道路設施面積）〇．五公頃以上，或在河床探採，沿河身計其申請開採或累積開採長度二百五十公尺以上。
⑬申請、已核定或累積核定礦業用地面積（含所需區外道路設施面積）五公頃以上。
⑭位於山坡地之申請核定礦業用地，符合下列規定之一，其申請核定或累積核定之面積應合併計算，且達第十一目或第十二目規定規模：
1. 申請、已核定或累積核定礦業用地位於同一筆地號。
2. 申請、已核定或累積核定礦業用地之地號互相連接。
3. 申請、已核定或累積核定礦業用地邊界相隔水平距離在五百公尺範圍內。

二　礦業冶煉洗選廠興建或擴大工程，符合下列規定之一者：

㈠前款第一目至第七目規定之一。
㈡位於山坡地、國家風景區或臺灣沿海地區自然環境保護計畫核定公告之一般保護區，申請開發或累積開發面積一公頃以上。
㈢位於都市計畫農業區或保護區，申請開發或累積開發面積一公頃以上。
㈣位於特定農業區之農業用地或一般農業區之農業用地，申請開發或累積開發面積一公頃以上。
㈤申請開發或累積開發面積五公頃以上。

②石油礦或天然氣礦已核定礦業用地之礦業權申請展限，不適用前項規定。

③第一項已核定礦業用地之礦業權申請展限，礦業權到期日前十年內，原礦業用地經環境影響評估審查通過者，免實施環境影響評估。

④同時有二個以上申請核定礦業用地或擴大礦業用地，有第一項第一款第十四目之情形，且申請面積合併計算符合第一項第一款第十一目或第十二目規定規模者，各個礦業用地均應實施環境影響評估。

⑤第一項第一款申請核定（或擴大）礦業用地，得先就所屬之礦業權區整體實施環境影響評估。

⑥符合第一項第一款第十四目規定面積合併計算之礦業用地應包括下列各情形：

一　取得開發許可。

二　申請中尚未取得目的事業主管機關核發開發許可。

三　經目的事業主管機關核定同意註銷未達一年。

第一二條

蓄水工程之開發，有下列情形之一者，應實施環境影響評估：

一　蓄水工程興建，符合下列規定之一者：

㈠位於國家公園。

㈡位於野生動物保護區或野生動物重要棲息環境。

㈢位於重要濕地。

㈣位於臺灣沿海地區自然環境保護計畫核定公告之自然保護區。

㈤位於原住民保留地。

㈥位於海拔高度一千五百公尺以上。

㈦堰壩高度十五公尺以上或蓄水容量五百萬立方公尺以上；其位於自來水水質水量保護區，堰壩高度七．五公尺以上或蓄水容量二百五十萬立方公尺以上。

㈧申請蓄水範圍面積一百公頃以上者。

二　蓄水工程之堰壩或洩洪道加高工程符合前款第一目至第六目規定之一，或加高高度二公尺以上。

三　越域引水工程。

第一三條 112

①供水、抽水或引水工程之開發，有下列情形之一者，應實施環境影響評估：

一　抽水、引水工程，符合下列規定之一者：

㈠抽、引取地面水、伏流水每秒抽水量二立方公尺以上。但抽取海水供冷卻水或養殖用水使用者，或引水供農業灌溉使用者，不在此限。

㈡抽取地下水每秒抽水量〇．二立方公尺以上。

㈢抽取溫泉（不含自然湧出之溫泉）每秒抽水量〇．〇二立方公尺以上。

㈣抽取地下水位於地下水管制區。但抽取地下水每秒抽水量未達○．二立方公尺、抽取溫泉（不含自然湧出之溫泉）每秒抽水量未達○．○二立方公尺或抽取地下水目的為工程施工，經地下水管制區主管機關同意者，或抽取地下水目的為地下水污染改善或整治、檢測水質或進行水文地質特性調查者，不在此限。

二　海水淡化廠興建或擴增處理量，申請每日設計出水量一千公噸以上。

三　淨水處理廠或工業給水處理廠興建、擴建或擴增處理量，符合下列規定之一者：

㈠位於國家公園。但申請擴建或累積擴建面積一千平方公尺以下，經國家公園主管機關及目的事業主管機關同意者，不在此限。

㈡位於野生動物保護區或野生動物重要棲息環境。但位於野生動物重要棲息環境，申請擴建或累積擴建面積一千平方公尺以下，經野生動物重要棲息環境主管機關及目的事業主管機關同意者，不在此限。

㈢位於重要濕地。

㈣位於臺灣沿海地區自然環境保護計畫核定公告之自然保護區。

㈤位於海拔高度一千五百公尺以上。

㈥位於山坡地或臺灣沿海地區自然環境保護計畫核定公告之一般保護區，申請開發面積一公頃以上。

㈦位於特定農業區之農業用地，申請開發面積一公頃以上。

㈧申請每日設計出水量二十萬噸以上。

②淨水處理廠或工業給水處理廠屬簡易之淨水處理設施，位於前項第三款第一目至第五目區位之一，經目的事業主管機關同意者，免實施環境影響評估。

③第一項第一款抽水、引水工程或第二款海水淡化廠興建或擴增處理量，屬臨時救急之亢旱救旱，經目的事業主管機關同意者，免實施環境影響評估。

④第一項第一款第三目及第四目之抽取溫泉，專供地熱發電用途且回注原地下水層者，應依第二十九條第一項第九款規定辦理。

第一四條

防洪排水工程之開發，有下列情形之一者，應實施環境影響評估：

一　河川水道變更工程。但河川天然改道，不在此限。

二　河川疏濬計畫，沿河身計其長度五公里以上，或同一主、支流河川之疏濬長度累積五公里以上，或同一水系之疏濬長度累積十五公里以上。但已經環境影響評估審查或已完成之疏濬計畫，其長度不納入累積。

三　防洪排水、兼具灌溉工程之防洪排水，其興建或延伸工程

（不含加高加強工程），符合下列規定之一者：
㈠位於國家公園。但申請延伸長度五百公尺以下，經國家公園主管機關及目的事業主管機關同意者，不在此限。
㈡位於野生動物保護區或野生動物重要棲息環境。但位於野生動物重要棲息環境，申請延伸長度五百公尺以下，經野生動物重要棲息環境主管機關及目的事業主管機關同意者，不在此限。
㈢位於重要濕地。但申請延伸長度五百公尺以下，經重要濕地主管機關及目的事業主管機關同意者，不在此限。
㈣位於臺灣沿海地區自然環境保護計畫核定公告之自然保護區。但申請延伸長度五百公尺以下，經臺灣沿海地區自然環境保護計畫核定公告之自然保護區主管機關及目的事業主管機關同意者，不在此限。
㈤同一排水路沿河身計其長度十公里或累積長度二十公里以上。但已完成之排水路，其長度不納入累積。
㈥河堤工程，沿河身計其長度十公里以上，或同一主、支流河川之河堤長度累積二十公里以上，或同一水系之河堤長度累積三十公里以上。但已完成之河堤工程，其長度不納入累積。

四　防洪排水之滯洪池工程，申請開發面積一百公頃以上。但利用廢棄之鹽田、魚塭開發或位於地下水管制區第一級管制區者，不在此限。

第一五條 112

①農、林、漁、牧地之開發利用，其興建或擴建提供住宿、溫泉服務或餐飲設施之休閒農場或農產品加工場所（不含屬農產運銷加工設施之農產品加工室），有下列情形之一者，應實施環境影響評估：

一　位於國家公園。但申請開發或累積開發面積一千平方公尺以下，經國家公園主管機關及目的事業主管機關同意者，不在此限。

二　位於野生動物保護區或野生動物重要棲息環境。但位於野生動物重要棲息環境，申請開發或累積開發面積一千平方公尺以下，經野生動物重要棲息環境主管機關及目的事業主管機關同意者，不在此限。

三　位於重要濕地。

四　位於臺灣沿海地區自然環境保護計畫核定公告之自然保護區。

五　位於海拔高度一千五百公尺以上。

六　位於山坡地或臺灣沿海地區自然環境保護計畫核定公告之一般保護區，申請開發或累積開發面積十公頃以上；其同時位於自來水水質水量保護區，申請開發或累積開發面積五公頃以上。

七　申請開發或累積開發面積三十公頃以上。

②前項農產品加工場所屬應申請工廠設立登記者，應依第三條規定辦理。
③第一項住宿屬應申請觀光旅館業營業執照或旅館業登記證者，應依第二十條規定辦理。

第一六條

①依森林法規定之林地或森林之開發利用，其砍伐林木有下列情形之一者，應實施環境影響評估：

一 位於野生動物保護區或野生動物重要棲息環境。但皆伐面積或同一保護區或重要棲息環境最近五年內累積皆伐面積一千平方公尺以下，經野生動物保護區或野生動物重要棲息環境主管機關及林業主管機關同意者，不在此限。
二 位於重要濕地。但皆伐面積或同一濕地最近五年內累積皆伐面積一千平方公尺以下，經重要濕地主管機關及林業主管機關同意者，不在此限。
三 位於臺灣沿海地區自然環境保護計畫核定公告之自然保護區。但皆伐面積或同一自然保護區最近五年內累積皆伐面積一千平方公尺以下，經臺灣沿海地區自然環境保護計畫核定公告之自然保護區主管機關及林業主管機關同意者，不在此限。
四 位於海拔高度一千五百公尺以上。但皆伐面積五百平方公尺以下，經林業主管機關同意者，不在此限。
五 位於山坡地或臺灣沿海地區自然環境保護計畫核定公告之一般保護區，皆伐面積二公頃以上。
六 皆伐面積四公頃以上。

②前項砍伐林木屬平地之人工造林、受天然災害或生物爲害之森林或基於瀕臨絕種、珍貴稀有及其他應予保育野生動物之保育、棲地營造需求，經林業主管機關同意者，免實施環境影響評估。

第一七條

魚塭或魚池之興建或擴建，有下列情形之一者，應實施環境影響評估：

一 位於野生動物保護區或野生動物重要棲息環境。但經野生動物保護區或野生動物重要棲息環境主管機關及目的事業主管機關同意者，不在此限。
二 位於重要濕地。
三 位於臺灣沿海地區自然環境保護計畫核定公告之自然保護區。
四 位於地下水管制區，申請開發面積五公頃以上。
五 申請開發面積十公頃以上。

第一八條

牧地之開發利用，其興建或擴建畜牧場，有下列情形之一者，應實施環境影響評估：

一 位於國家公園。但申請開發或累積開發面積一千平方公尺以下，經國家公園主管機關及目的事業主管機關同意者，不在此限。

二　位於野生動物保護區或野生動物重要棲息環境。但位於野生動物重要棲息環境，申請開發或累積開發面積一千平方公尺以下，經野生動物重要棲息環境主管機關及目的事業主管機關同意者，不在此限。

三　位於重要濕地。

四　位於臺灣沿海地區自然環境保護計畫核定公告之自然保護區。

五　位於海拔高度一千五百公尺以上。

六　位於山坡地或臺灣沿海地區自然環境保護計畫核定公告之一般保護區，申請開發或累積開發面積一公頃以上。

七　申請開發或累積開發面積十公頃以上。

第一九條

遊樂、風景區之開發，有下列情形之一者，應實施環境影響評估：

一　遊樂區、動物園之興建或擴建，符合下列規定之一者：

㈠位於國家公園。

㈡位於野生動物保護區或野生動物重要棲息環境。但位於野生動物重要棲息環境，申請擴建或累積擴建面積一千平方公尺以下，經野生動物重要棲息環境主管機關及目的事業主管機關同意者，不在此限。

㈢位於重要濕地。

㈣位於臺灣沿海地區自然環境保護計畫核定公告之自然保護區。

㈤位於海拔高度一千五百公尺以上。

㈥位於山坡地、國家風景區或臺灣沿海地區自然環境保護計畫核定公告之一般保護區，申請開發或累積開發面積五公頃以上；其同時位於自來水水質水量保護區，申請開發或累積開發面積二．五公頃以上。

㈦位於特定農業區之農業用地，申請開發或累積開發面積五公頃以上。

㈧申請開發或累積開發面積十公頃以上。

二　森林遊樂區之育樂設施區興建或擴建，符合下列規定之一者：

㈠位於國家公園。

㈡位於野生動物保護區或野生動物重要棲息環境。但位於野生動物重要棲息環境，申請擴建或累積擴建面積一千平方公尺以下，經野生動物重要棲息環境主管機關及目的事業主管機關同意者，不在此限。

㈢位於重要濕地。

㈣位於臺灣沿海地區自然環境保護計畫核定公告之自然保護區。

㈤位於海拔高度一千五百公尺以上。

㈥位於山坡地或臺灣沿海地區自然環境保護計畫核定公告之一般保護區，申請開發或累積開發面積五公頃以上；其同時位於自來水水質水量保護區，申請開發或累積開發面積二·五公頃以上。
㈦位於特定農業區之農業用地，申請開發或累積開發面積五公頃以上。

第二〇條 109

旅館或觀光旅館之興建或擴建，有下列情形之一者，應實施環境影響評估：

一　位於國家公園。但申請開發或累積開發面積一公頃以下，經國家公園主管機關及目的事業主管機關同意者，不在此限。
二　位於野生動物保護區或野生動物重要棲息環境，或開發基地邊界與保護區、重要棲息環境邊界之直線距離五百公尺（臺灣本島以外地區為二百公尺）以下。但申請擴建或累積擴建面積一千平方公尺以下，經野生動物保護區或野生動物重要棲息環境主管機關及目的事業主管機關同意者，或開發基地邊界與保護區、重要棲息環境邊界之直線距離五百公尺（臺灣本島以外地區為二百公尺）以下，屬位於已建置污水下水道系統之都市土地可建築用地者，不在此限。
三　位於重要濕地，或開發基地邊界與濕地邊界之直線距離五百公尺（臺灣本島以外地區為二百公尺）以下。但開發基地邊界與濕地邊界之直線距離五百公尺（臺灣本島以外地區為二百公尺）以下，屬位於已建置污水下水道系統之都市土地可建築用地者，不在此限。
四　位於臺灣沿海地區自然環境保護計畫核定公告之自然保護區。
五　位於自來水水質水量保護區。但申請擴建或累積擴建面積一千平方公尺以下，經自來水水質水量保護區主管機關及目的事業主管機關同意者，不在此限。
六　位於海拔高度一千五百公尺以上。
七　位於山坡地、國家風景區或臺灣沿海地區自然環境保護計畫核定公告之一般保護區，申請開發或累積開發面積一公頃以上。
八　位於特定農業區之農業用地，申請開發或累積開發面積一公頃以上。
九　位於都市土地，申請開發或累積開發面積五公頃以上。
十　位於非都市土地，申請開發或累積開發面積十公頃以上。
十一　位於既設高爾夫球場。

第二一條

高爾夫球場之開發，其興建或擴建有下列情形之一者，應實施環境影響評估：

一　位於國家公園。
二　位於野生動物保護區或野生動物重要棲息環境。
三　位於重要濕地。
四　位於臺灣沿海地區自然環境保護計畫核定公告之自然保護區。
五　位於海拔高度一千五百公尺以上。
六　位於山坡地或臺灣沿海地區自然環境保護計畫核定公告之一般保護區，申請開發或累積開發面積五公頃以上。
七　位於特定農業區之農業用地，申請開發或累積開發面積五公頃以上。
八　申請開發或累積開發面積十公頃以上。

第二二條

①運動場地或運動公園之開發，其興建或擴建有下列情形之一者，應實施環境影響評估：
一　運動場地之興建或擴建符合下列規定之一者：
㈠位於野生動物保護區或野生動物重要棲息環境。但位於野生動物重要棲息環境，申請擴建或累積擴建面積一千平方公尺以下，經野生動物重要棲息環境主管機關及目的事業主管機關同意者，不在此限。
㈡位於重要濕地。
㈢位於臺灣沿海地區自然環境保護計畫核定公告之自然保護區。
㈣位於海拔高度一千五百公尺以上。
㈤位於山坡地或臺灣沿海地區自然環境保護計畫核定公告之一般保護區，申請開發或累積開發室內球場、體育館面積一公頃以上。
㈥位於特定農業區之農業用地，申請開發或累積開發室內球場、體育館面積一公頃以上。
㈦申請開發或累積開發室內球場、體育館面積三公頃以上。
㈧申請開發或累積開發運動場地面積五公頃以上。
二　運動公園之興建或擴建符合前款第一目至第六目規定之一者。
②運動場地位於學校內，且主要供校內師生作為教學使用者，適用文教建設之開發。

第二三條

①文教建設之開發，有下列情形之一者，應實施環境影響評估：
一　各種文化、教育、訓練、研習設施或研究機構之興建或擴建，符合下列規定之一者：
㈠位於國家公園。但申請開發或累積開發面積一公頃以下，經國家公園主管機關及目的事業主管機關同意者，不在此限。
㈡位於野生動物保護區或野生動物重要棲息環境。但申請開發或累積開發面積一千平方公尺以下，經野生動物重要棲息環境主管機關及目的事業主管機關同意者，不在此限。

㈢位於重要濕地。但申請開發或累積開發面積一千平方公尺以下，經重要濕地主管機關及目的事業主管機關同意者，不在此限。

㈣位於臺灣沿海地區自然環境保護計畫核定公告之自然保護區。但申請開發或累積開發面積一千平方公尺以下，經臺灣沿海地區自然環境保護計畫核定公告之自然保護區主管機關及目的事業主管機關同意者，不在此限。

㈤位於海拔高度一千五百公尺以上。

㈥位於山坡地或臺灣沿海地區自然環境保護計畫核定公告之一般保護區，申請開發或累積開發面積五公頃以上；其同時位於自來水水質水量保護區或水庫集水區，申請開發或累積開發面積一公頃以上。

㈦位於特定農業區之農業用地，申請開發或累積開發面積五公頃以上。

㈧申請開發或累積開發面積十公頃以上。

二　教育或研究機構附設畜牧場興建或擴建，符合下列規定之一者：

㈠位於國家公園。但申請擴建或累積擴建面積一千平方公尺以下，經國家公園主管機關及目的事業主管機關同意者，不在此限。

㈡位於野生動物保護區或野生動物重要棲息環境。但位於野生動物重要棲息環境，申請擴建或累積擴建面積一千平方公尺以下，經野生動物重要棲息環境主管機關及目的事業主管機關同意者，不在此限。

㈢位於重要濕地。

㈣位於臺灣沿海地區自然環境保護計畫核定公告之自然保護區。

㈤位於海拔高度一千五百公尺以上。

㈥位於山坡地或臺灣沿海地區自然環境保護計畫核定公告之一般保護區，申請開發或累積開發面積一公頃以上。

㈦位於都市土地，申請開發或累積開發面積五公頃以上。

㈧位於非都市土地，申請開發或累積開發面積十公頃以上。

三　學校或醫院以外之研究機構，設有化學、醫藥、生物、有害性、同步輻射或高能量實（試）驗室，其興建或擴建，符合下列規定之一者：

㈠前款第一目至第六目規定之一。

㈡位於特定農業區之農業用地，申請開發或累積開發面積一公頃以上。

㈢位於都市土地，申請開發或累積開發面積一公頃以上。

㈣位於非都市土地，申請開發或累積開發面積二公頃以上。

四　宗教之寺廟、教堂，其興建或擴建符合第二款第一目至第六目規定之一，或申請開發或累積開發面積五公頃以上。

②前項第三款之研究機構，申請設立於經環境影響評估審查完成之園區內，其開發或累積開發面積均增為二倍。

第二四條

醫療建設、護理機構、社會福利機構之開發，有下列情形之一者，應實施環境影響評估：

一　醫院之興建或擴建，符合下列規定之一者：

㈠位於國家公園。但申請開發或累積開發面積一公頃以下，經國家公園主管機關及目的事業主管機關同意者，不在此限。

㈡位於野生動物保護區或野生動物重要棲息環境。但位於野生動物重要棲息環境，申請擴建或累積擴建面積一千平方公尺以下，經野生動物重要棲息環境主管機關及目的事業主管機關同意者，不在此限。

㈢位於重要濕地。

㈣位於臺灣沿海地區自然環境保護計畫核定公告之自然保護區。

㈤位於自來水水質水量保護區。但申請擴建或累積擴建面積一千平方公尺以下，經自來水水質水量保護區主管機關及目的事業主管機關同意者，不在此限。

㈥位於海拔高度一千五百公尺以上。

㈦位於山坡地或臺灣沿海地區自然環境保護計畫核定公告之一般保護區，申請開發或累積開發面積一公頃以上。

㈧位於特定農業區之農業用地，申請開發或累積開發面積一公頃以上。

㈨申請開發或累積開發面積五公頃以上。

二　機構住宿式之護理機構、老人福利機構或長照服務機構，其興建或擴建工程符合前款第一目至第四目或第六目至第八目規定之一。

第二五條

①新市區建設，有下列情形之一者，應實施環境影響評估：

一　三戶以上之集合住宅或社區興建或擴建，符合下列規定之一者：

㈠位於國家公園。但申請開發或累積開發面積一公頃以下，經國家公園主管機關及目的事業主管機關同意者，不在此限。

㈡位於野生動物保護區或野生動物重要棲息環境。但申請開發或累積開發面積一公頃以下，經野生動物保護區或野生動物重要棲息環境主管機關及目的事業主管機關同意者，不在此限。

㈢位於重要濕地。但申請開發或累積開發面積一公頃以下，經重要濕地主管機關及目的事業主管機關同意者，不在此限。

㈣位於臺灣沿海地區自然環境保護計畫核定公告之自然保護區。但申請開發或累積開發面積一公頃以下，經臺灣沿海地區自然環境保護計畫核定公告之自然保護區主管機關及目的事業主管機關同意者，不在此限。

㈤位於自來水水質水量保護區。但申請開發或累積開發面積一公頃以下，經自來水水質水量保護區主管機關及目的事業主管機關同意者，不在此限。

㈥位於海拔高度一千五百公尺以上。但原住民族社區，經原住民族主管機關同意者，不在此限。

㈦位於山坡地或臺灣沿海地區自然環境保護計畫核定公告之一般保護區，申請開發或累積開發面積一公頃以上。

㈧位於特定農業區之農業用地，申請開發或累積開發面積一公頃以上。

㈨位於非都市土地，申請開發或累積開發面積十公頃以上。

二　新市鎮興建。

三　新市鎮申請擴建，累積面積爲原面積百分之十以上。

②前項第一款之集合住宅或社區，其位於山坡地，申請開發或累積開發面積一公頃以下，但與毗連土地面積合計逾一公頃而有下列情形之一者，應實施環境影響評估：

一　尚未取得雜項執照，申請開發基地毗連尚未興建完成之山坡地住宅（含申請雜項執照、建造執照中、整地、建築施工中或尚未取得使用執照），二案以上建築物規劃連結或規劃使用相同之公共設施系統，合計開發面積一公頃以上者，該新申請案應實施環境影響評估。

二　尚未取得建造執照，毗連之開發基地於新案申請建造執照之日前一年內取得建造執照，二案以上建築物規劃連結或規劃使用相同之公共設施系統，合計開發面積一公頃以上者，該新申請案應實施環境影響評估。

三　原屬不同申請人之二案以上，已取得建造執照，但尚未開發，而申請變更爲同一申請人，合計開發面積一公頃以上者，應實施環境影響評估。

③前項所稱公共設施系統，指開發基地內之排水、污水處理系統或連通之地下停車場。

④依第一項第一款規定實施環境影響評估，以市地重劃或區段徵收取得土地者，應於都市計畫之細部計畫核定前辦理。

⑤已完成市地重劃或區段徵收而未實施環境影響評估者，其興建或擴建社區，依第一項第一款規定辦理。但市地重劃或區段徵收已完成公共設施或整地者，免依本條規定實施環境影響評估。

第二六條

高樓建築，其高度一百二十公尺以上者，應實施環境影響評估。

第二七條

①拆除重建之舊市區更新，有下列情形之一者，應實施環境影響評估：

一　位於國家公園。但申請更新面積一公頃以下，經國家公園主管機關及目的事業主管機關同意者，不在此限。

二　位於野生動物保護區或野生動物重要棲息環境。

三　位於重要濕地。

四　位於臺灣沿海地區自然環境保護計畫核定公告之自然保護區。

五　位於自來水水質水量保護區。但申請更新面積一公頃以下，經自來水水質水量保護區主管機關及目的事業主管機關同意者，不在此限。

六　位於海拔高度一千五百公尺以上。但原住民族社區，經原住民族主管機關同意者，不在此限。

七　申請更新面積二十公頃以上。

②依前項規定實施環境影響評估，以市地重劃或區段徵收取得土地者，應於都市計畫之細部計畫核定前辦理。

③已完成市地重劃或區段徵收而未實施環境影響評估者，其興建或擴建住宅社區，依第一項規定辦理。但市地重劃或區段徵收已完成公共設施或整地者，免依本條規定實施環境影響評估。

第二八條 109

①環境保護工程之興建，有下列情形之一者，應實施環境影響評估：

一　水肥處理廠興建、擴建工程或擴增處理量，符合下列規定之一者：

㈠位於國家公園。但申請擴建或累積擴建面積一千平方公尺以下，經國家公園主管機關及目的事業主管機關同意者，不在此限。

㈡位於野生動物保護區或野生動物重要棲息環境。但位於野生動物重要棲息環境，申請擴建或累積擴建面積一千平方公尺以下，經野生動物重要棲息環境主管機關及目的事業主管機關同意者，不在此限。

㈢位於重要濕地。

㈣位於臺灣沿海地區自然環境保護計畫核定公告之自然保護區。

㈤位於海拔高度一千五百公尺以上。

㈥位於水庫集水區。但申請擴建或累積擴建面積一千平方公尺以下，經水庫主管機關及目的事業主管機關同意者，不在此限。

㈦位於山坡地或臺灣沿海地區自然環境保護計畫核定公告之一般保護區，申請開發或累積開發面積一公頃以上。

㈧位於特定農業區之農業用地，申請開發或累積開發面積一公頃以上。

㈨每月最大處理量二千五百公噸以上。

二 污水下水道系統之污水處理廠興建、擴建工程或擴增處理量，符合下列規定之一者：

㈠第一款第二目至第五目、第七目或第八目規定之一。

㈡每日設計污水處理量六萬立方公尺以上。

三 堆肥場興建、擴建工程或擴增處理量，符合下列規定之一者：

㈠第一款第一目至第六目規定之一。

㈡位於山坡地或臺灣沿海地區自然環境保護計畫核定公告之一般保護區，申請開發或累積開發面積二公頃以上；其同時位於自來水水質水量保護區，申請開發或累積開發面積一公頃以上。

㈢位於特定農業區之農業用地，申請開發或累積開發面積二公頃以上。

㈣申請開發或累積開發面積五公頃以上。

㈤位於園區，每月最大處理廢棄物量二千五百公噸以上。

㈥位於都市土地（不含園區），每月最大處理廢棄物量一千二百五十公噸以上。

㈦位於非都市土地（不含園區），每月最大處理廢棄物量五千公噸以上。

四 廢棄物轉運站興建、擴建工程或擴增轉運量，符合下列規定之一者：

㈠第一款第一目至第八目規定之一。

㈡每月最大轉運廢棄物量二千五百公噸以上。

五 一般廢棄物或一般事業廢棄物掩埋場或焚化廠興建、擴建工程或擴增處理量。但擴建工程非位於第一款第一目至第六目規定區位，且擴建面積五百平方公尺以下，經目的事業主管機關同意者，不在此限。

六 焚化、掩埋、堆肥或再利用以外之一般廢棄物或一般事業廢棄物處理場（不含以物理方式處理混合五金廢料之處理場）興建、擴建工程或擴增處理量。但擴建工程非位於第一款第一目至第六目規定區位，且擴建面積五百平方公尺以下，經目的事業主管機關同意者，不在此限。

七 一般廢棄物之垃圾分選場（不含位於既設掩埋場或焚化廠內），其興建或擴建工程，符合下列規定之一者：

㈠第一款第一目至第六目規定之一。

㈡申請開發或累積開發面積一公頃以上。

八 一般廢棄物或一般事業廢棄物再利用機構（不含有機污泥或污泥混合物再利用機構），其興建、擴建工程或擴增再利用量，符合下列規定之一者：

㈠第一款第一目至第八目規定之一。

㈡位於自來水水質水量保護區。但申請擴建或累積擴建面積一千平方公尺以下，經自來水水質水量保護區主管機關及目的事業主管機關同意者，不在此限。

㈢位於都市土地，申請開發或累積開發面積五公頃以上。

㈣位於非都市土地，申請開發或累積開發面積十公頃以上。

九　除再利用外，以焚化、掩埋或其他方式處理有害事業廢棄物之中間處理或最終處置設施（不含移動性中間處理或最終處置設施、醫院設置之滅菌設施、以物理方式處理混合五金廢料之設施）興建、擴建工程或擴增處理量。但擴建工程非位於第一款第一目至第六目規定區位，且擴建面積五百平方公尺以下，經目的事業主管機關同意者，不在此限。

十　以物理方式處理混合五金廢料之處理場或設施，其興建或擴建工程，符合第一款第一目至第八目規定之一者。

十一　有機污泥、污泥混合物或有害事業廢棄物再利用機構興建、擴建工程或擴增再利用量。但符合下列規定，經檢具空氣污染、水污染排放總量、廢棄物產生量及污染防治措施等資料，送主管機關及目的事業主管機關審核同意者，不在此限：

㈠非位於第一款第一目至第六目規定區位。

㈡非位於自來水水質水量保護區。

㈢位於山坡地、國家風景區或台灣沿海地區自然環境保護計畫核定公告之一般保護區，申請開發或累積開發面積一公頃以下。

㈣位於特定農業區之農業用地，申請開發或累積開發面積一公頃以下。

㈤位於都市土地（不含園區），每月最大廢棄物再利用量一千二百五十公噸以下。

㈥位於園區或非都市土地，每月最大廢棄物再利用量二千五百公噸以下。

十二　棄土場、棄土區等土石方資源堆置處理場、營建混合物資源分類處理場或裝潢修繕廢棄物分類處理場，其興建、擴建工程或擴增堆積土石方量，符合下列規定之一者：

㈠第一款第一目至第五目規定之一。

㈡位於山坡地、國家風景區或臺灣沿海地區自然環境保護計畫核定公告之一般保護區，申請開發或累積開發面積五公頃以上，或堆積土石方十萬立方公尺以上；其同時位於自來水水質水量保護區內，申請開發或累積開發面積二．五公頃以上，或堆積土石方五萬立方公尺以上。

㈢位於特定農業區之農業用地，申請開發或累積開發面積五公頃以上，或堆積土石方十萬立方公尺以上。

㈣申請開發或累積開發面積十公頃以上。

②前項第三款至第六款及第十二款開發行為，屬緊急性處理，經主管機關及目的事業主管機關同意者，免實施環境影響評估。
③第一項第八款或第十一款開發行為，屬利用已經目的事業主管機關許可之既有設施再利用，且未涉及新增土地開發使用者，免實施環境影響評估。
④第一項第八款或第十一款開發行為，屬以堆肥方式再利用者，依第一項第三款規定辦理。
⑤第一項第六款或第八款開發行為，非屬應申請設置、變更及操作許可證之固定污染源，且適用水污染防治法簡易排放許可或經工業區專用污水下水道系統同意納管者，依第一項第十款規定辦理。但第一項第八款開發行為同時屬以堆肥方式再利用者，應依前項規定辦理。
⑥第一項第八款或第十一款開發行為，屬試驗計畫，經主管機關及目的事業主管機關審核同意者，免實施環境影響評估。
⑦第一項開發行為屬汰舊換新工程，其處理量及污染量未增加，且單位能耗降低，經目的事業主管機關審核同意者，免實施環境影響評估。
⑧第一項開發行為於增加處理量、轉運量、堆積量或再利用量後，符合應實施環境影響評估規定者，非經環境影響評估審查通過，其處理量、轉運量、堆積量或再利用量不得逾原許可量。
⑨申請公民營廢棄物處理或清理機構之許可，應依下列方式認定應否實施環境影響評估：
一　設場（廠）前應取得同意設置文件者，或應變更同意設置文件者，於申請同意設置文件時認定。
二　以既有之工廠或廢棄物處理設施申請處理或清理許可證者，或取得處理或清理許可證後，因申請變更原許可內容或重新申請許可而應進行試運轉者，於申請試運轉時認定。
三　申請處理或清理許可證內容超出申請同意設置文件內容者，或申請處理或清理許可證內容超出申請試運轉內容者，或取得處理或清理許可證後，申請變更原許可內容或重新申請許可，但未涉及應變更同意設置文件或應進行試運轉者，於申請處理或清理許可證時認定。
⑩第一項開發行為屬曾經目的事業主管機關依廢棄物清理法規定許可之既有設施，由相同或不同開發單位申請廢棄物清理法規定之相同或不同種類之許可，經目的事業主管機關確認符合下列各款規定者，免實施環境影響評估：
一　原許可未經撤銷或廢止，且申請日期未逾原許可期限三年。
二　曾依原許可內容實際處理廢棄物。
三　申請內容未超出原許可之場（廠）區範圍。
四　申請內容與原許可之設施及處理方式相同，且未超出原許可之廢棄物種類及其數量。本款規定之原許可指既有設施最近一次之處理許可。但原許可如屬事業廢棄物再利用許可，原許可之廢棄物數量以最大許可再利用總數量認定，其許可再利用總數量之計算以各目的事業主管機關許可之個案或通案再利用量合併計之。

五　申請內容除污染防制設施及收集或處理溫室氣體之設施外，未涉及其他工程。

第二九條 112

①能源或輸變電工程之開發，有下列情形之一者，應實施環境影響評估：

一　核能電廠興建、添加機組工程或其核子反應器設施之除役。

二　水力發電廠（不含利用既有之圳路或其他水利設施，且裝置或累積裝置設置未達二萬瓩之水力發電系統）興建或添加機組工程，符合下列規定之一者：

㈠位於國家公園。

㈡位於野生動物保護區或野生動物重要棲息環境。

㈢位於重要濕地。

㈣位於臺灣沿海地區自然環境保護計畫核定公告之自然保護區。

㈤位於海拔高度一千五百公尺以上。

㈥位於水庫集水區。

㈦位於自來水水質水量保護區。

㈧位於山坡地，設置攔水壩（堰）高度五公尺以上。

㈨裝置或累積裝置容量二萬瓩以上。

三　火力發電廠興建或添加機組工程。但添加全黑啓動機組者，或位於臺灣本島以外地區，且非位於前款第一目至第五目規定區位，其燃氣裝置或累積燃氣裝置容量十萬瓩以下者，或燃油、燃煤、其他燃料裝置或累積燃油、燃煤、其他燃料裝置容量五萬瓩以下者，不在此限。

四　火力發電之自用發電設備或汽電共生廠興建或添加機組工程，符合下列規定之一者：

㈠位於國家公園。

㈡位於野生動物保護區或野生動物重要棲息環境。

㈢位於重要濕地。

㈣位於臺灣沿海地區自然環境保護計畫核定公告之自然保護區。

㈤位於海拔高度一千五百公尺以上。

㈥位於都市土地，燃氣裝置或累積燃氣裝置容量十萬瓩以上，或燃油、燃煤、其他燃料裝置或累積燃油、燃煤、其他燃料裝置容量五萬瓩以上。

㈦位於非都市土地，燃氣裝置或累積燃氣裝置容量二十萬瓩以上，或燃油、燃煤、其他燃料裝置或累積燃油、燃煤、其他燃料裝置容量十萬瓩以上。

五　設置風力發電離岸系統。

六　設置風力發電機組，符合下列規定之一者：

㈠第二款第一目至第五目規定之一。

㈡位於臺灣沿海地區自然環境保護計畫核定公告之一般保護區，設置五座機組以上，或同一保護區內，申請設置之機組數目與已取得目的事業主管機關許可之機組數目合計達十座以上。
㈢位於保安林地。
㈣任一風機基座中心與最近建築物（指於風力發電開發計畫向目的事業主管機關申請許可時，領有使用執照或門牌號碼之他人建築物）邊界之直線距離五百公尺以下。但建築物屬抽水站或發電設備之電氣室等設施，不在此限。

七　設置太陽光電發電系統，位於重要濕地。
八　設置潮汐、潮流、海流、波浪或溫差發電機組。但經目的事業主管機關核准之試驗性計畫，不在此限。
九　設置地熱發電機組，裝置或累積裝置容量一萬瓩以上。
十　輸電線路工程，一百六十一千伏以上輸電線路符合下列規定之一者：
㈠線路架空通過第二款第一目至第四目規定區位之一。
㈡線路架空通過原住民保留地。
㈢架空之線路，其線路或鐵塔投影邊界與國民中小學（含編定用地）邊界之直線距離五十公尺以下。
㈣架空之線路，其線路或鐵塔投影邊界與醫院邊界之直線距離五十公尺以下。
㈤架空或地下化線路鋪設長度五十公里以上。

十一　海上變電站或陸域電壓大於一百六十一千伏之變電所興建或擴建工程。

②火力發電之自用發電設備或汽電共生廠位於前項第四款第六目或第七目區位之一，且為不加輔助燃料之複循環機組者，其裝置容量增為一．五倍；加裝先進潔淨化石能源系統，經目的事業主管機關認定者，其裝置容量增為二倍；屬不增加燃料，經目的事業主管機關認定者，免實施環境影響評估，且不納入裝置容量累積計算。

③第一項開發行為屬利用再生能源之發電設備，其裝置容量未達二千瓩者，免實施環境影響評估。

第三〇條

①放射性廢棄物貯存或處理設施，有下列情形之一者，應實施環境影響評估：
一　放射性廢棄物貯存或處理設施興建、擴建工程、擴增貯存設施容量或處理量，符合下列規定之一者：
㈠位於國家公園。
㈡位於野生動物保護區或野生動物重要棲息環境。
㈢位於重要濕地。
㈣位於臺灣沿海地區自然環境保護計畫核定公告之自然保護區。

(五)位於海拔高度一千五百公尺以上。
(六)位於山坡地、國家風景區或臺灣沿海地區自然環境保護計畫核定公告之一般保護區，申請開發或累積開發面積一公頃以上。
(七)位於特定農業區之農業用地，申請開發或累積開發面積一公頃以上。
(八)設置貯存設施容量一千立方公尺以上、液體廢棄物處理設施每日處理量一百公秉或每月處理量二千公秉以上、壓縮設備每日處理量二十公噸以上。

二　放射性廢棄物焚化爐興建或擴增處理量。
三　放射性廢棄物最終處置設施。
四　用過核燃料中期貯存設施。

②經目的事業主管機關及核能主管機關核准之研究用放射性廢棄物處理、貯存設施或計畫，不適用前項規定。
③第一項開發行爲於增加貯存設施容積或處理量後，符合應實施環境影響評估規定者，非經環境影響評估審查通過，其貯存設施容量或處理量不得逾原許可量。

第三一條 112

工商綜合區或大型購物中心之興建或擴建工程有下列情形之一者，應實施環境影響評估：

一　位於國家公園。但申請擴建或累積擴建面積一千平方公尺以下，經國家公園主管機關及目的事業主管機關同意者，不在此限。
二　位於野生動物保護區或野生動物重要棲息環境。但位於野生動物重要棲息環境，申請擴建或累積擴建面積一千平方公尺以下，經野生動物重要棲息環境主管機關及目的事業主管機關同意者，不在此限。
三　位於重要濕地。
四　位於臺灣沿海地區自然環境保護計畫核定公告之自然保護區。
五　位於水庫集水區。
六　位於海拔高度一千五百公尺以上。
七　位於山坡地、國家風景區或臺灣沿海地區自然環境保護計畫核定公告之一般保護區，申請開發或累積開發面積一公頃以上。
八　位於特定農業區之農業用地，申請開發或累積開發面積一公頃以上。
九　申請開發或累積開發面積十公頃以上。

第三二條 112

展覽會（館）、博覽會或會展中心之興建、擴建工程有下列情形之一者，應實施環境影響評估：

一　位於國家公園。但申請擴建或累積擴建面積一千平方公尺以下，經國家公園主管機關及目的事業主管機關同意者，不在此限。
二　位於野生動物保護區或野生動物重要棲息環境。但位於野生動物重要棲息環境，申請擴建或累積擴建面積一千平方公尺以下，經野生動物重要棲息環境主管機關及目的事業主管機關同意者，不在此限。
三　位於重要濕地。
四　位於臺灣沿海地區自然環境保護計畫核定公告之自然保護區。
五　位於水庫集水區。
六　位於海拔高度一千五百公尺以上。
七　位於山坡地、國家風景區或臺灣沿海地區自然環境保護計畫核定公告之一般保護區，申請開發或累積開發面積一公頃以上。
八　位於特定農業區之農業用地，申請開發或累積開發面積一公頃以上。
九　申請開發或累積開發面積十公頃以上。

第三三條

殯葬設施之興建或擴建，有下列情形之一者，應實施環境影響評估：

一　公墓興建或擴建工程，符合下列規定之一者：
㈠位於國家公園。但申請擴建或累積擴建面積一千平方公尺以下，經國家公園主管機關及目的事業主管機關同意者，不在此限。
㈡位於野生動物保護區或野生動物重要棲息環境。但位於野生動物重要棲息環境，申請擴建或累積擴建面積一千平方公尺以下，經野生動物重要棲息環境主管機關及目的事業主管機關同意者，不在此限。
㈢位於重要濕地。
㈣位於臺灣沿海地區自然環境保護計畫核定公告之自然保護區。
㈤位於山坡地、國家風景區或臺灣沿海地區自然環境保護計畫核定公告之一般保護區，其同時位於自來水水質水量保護區，申請開發或累積開發面積二·五公頃以上。
㈥申請開發或累積開發面積五公頃以上。
二　殯儀館、骨灰（骸）存放設施興建或擴建工程，符合下列規定之一者：
㈠第一款第一目至第四目規定之一。
㈡位於海拔高度一千五百公尺以上。
㈢位於山坡地、國家風景區或臺灣沿海地區自然環境保護計畫核定公告之一般保護區，申請開發或累積開發面積一公頃以上。
㈣位於特定農業區之農業用地，申請開發或累積開發面積一公頃以上。

㈤申請開發或累積開發面積二公頃以上。

三　火化場之開發，符合下列規定之一者：

㈠火化場興建工程。

㈡火化場擴建工程，符合下列規定之一者：

1.前款第一目、第二目規定之一。

2.累積擴建面積一公頃以上。

㈢新設火化爐。但於原開發基地以原規模汰舊換新方式設置者，不在此限。

第三四條

屠宰場興建或擴建工程，有下列情形之一者，應實施環境影響評估：

一　位於國家公園。但申請擴建或累積擴建面積一千平方公尺以下，經國家公園主管機關及目的事業主管機關同意者，不在此限。

二　位於野生動物保護區或野生動物重要棲息環境。但位於野生動物重要棲息環境，申請擴建或累積擴建面積一千平方公尺以下，經野生動物重要棲息環境主管機關及目的事業主管機關同意者，不在此限。

三　位於重要濕地。

四　位於臺灣沿海地區自然環境保護計畫核定公告之自然保護區。

五　位於水庫集水區。

六　位於海拔高度一千五百公尺以上。

七　申請開發或累積開發面積一公頃以上。

第三五條

動物收容所興建或擴建工程，有下列情形之一者，應實施環境影響評估：

一　位於國家公園。但申請擴建或累積擴建面積一千平方公尺以下，經國家公園主管機關及目的事業主管機關同意者，不在此限。

二　位於野生動物保護區或野生動物重要棲息環境。但位於野生動物重要棲息環境，申請擴建或累積擴建面積一千平方公尺以下，經野生動物重要棲息環境主管機關及目的事業主管機關同意者，不在此限。

三　位於重要濕地。

四　位於臺灣沿海地區自然環境保護計畫核定公告之自然保護區。

五　位於海拔高度一千五百公尺以上。

六　位於山坡地、國家風景區或臺灣沿海地區自然環境保護計畫核定公告之一般保護區，申請開發或累積開發面積一公頃以上。

七　位於特定農業區之農業用地，申請開發或累積開發面積一公頃以上。

八　位於都市土地，申請開發或累積開發面積五公頃以上。
九　位於非都市土地，申請開發或累積開發面積十公頃以上。

第三六條

①天然氣或油品管線、貯存槽之開發，有下列情形之一者，應實施環境影響評估：
一　設置液化天然氣接收站（港）。
二　輸送天然氣或油品管線工程（僅於園區內舖設者或既設管線汰舊換新者除外），符合下列規定之一者：
㈠位於都市土地，舖設長度五公里以上。
㈡位於非都市土地，舖設長度三十公里以上。
三　石油、石油製品貯存槽或天然氣貯存槽，其興建、擴建或擴增貯存容量，符合下列規定之一者：
㈠位於國家公園一般管制區以外之分區；或位於國家公園一般管制區，其貯存槽總貯存容量或累積貯存容量三百公秉以上。
㈡位於野生動物保護區或野生動物重要棲息環境。
㈢位於重要濕地。
㈣位於臺灣沿海地區自然環境保護計畫核定公告之自然保護區。
㈤位於水庫集水區。
㈥位於海拔高度一千五百公尺以上。
㈦位於自來水水質水量保護區，其貯存槽總貯存容量或累積貯存容量三百公秉以上。
㈧位於山坡地、國家風景區或臺灣沿海地區自然環境保護計畫核定公告之一般保護區，申請開發或累積開發面積一公頃以上。
㈨位於特定農業區之農業用地，申請開發或累積開發面積一公頃以上。
㈩位於港區，其貯存槽總貯存容量或累積貯存容量三萬公秉以上。
⑪位於都市土地（不含港區），申請開發或累積開發面積五公頃以上，或其貯存槽總貯存容量或累積貯存容量一萬公秉以上。
⑫位於非都市土地，申請開發或累積開發面積十公頃以上，或其貯存槽總貯存容量或累積貯存容量三萬公秉以上。

②前項第二款所稱之輸送天然氣管線工程，指每平方公分十公斤以上壓力之輸氣管線工程。

第三七條

軍事營區、海岸（洋）巡防營區、飛彈試射場、靶場或雷達站之興建或擴建工程，有下列情形之一者，應實施環境影響評估：
一　位於國家公園。但申請擴建或累積擴建面積一千平方公尺以下，經國家公園主管機關及目的事業主管機關同意者，不在此限。
二　位於野生動物保護區或野生動物重要棲息環境。但位於野生動物重要棲息環境，申請擴建或累積擴建面積一千平方公尺以下，經野生動物重要棲息環境主管機關及目的事業主管機關同意者，不在此限。
三　位於重要濕地。
四　位於臺灣沿海地區自然環境保護計畫核定公告之自然保護區。
五　位於海拔高度一千五百公尺以上。
六　位於水庫集水區。但申請擴建或累積擴建面積一千平方公尺以下，經水庫主管機關及目的事業主管機關同意者，不在此限。
七　位於山坡地、國家風景區或臺灣沿海地區自然環境保護計畫核定公告之一般保護區，申請開發或累積開發面積十公頃以上。

第三八條 112

空中纜車之興建或延伸，有下列情形之一者，應實施環境影響評估。但位於動物園或其他既設遊樂區（不含森林遊樂區、國家公園）範圍內，經目的事業主管機關同意者，不在此限：
一　位於國家公園。
二　位於野生動物保護區或野生動物重要棲息環境。
三　位於重要濕地。
四　位於臺灣沿海地區自然環境保護計畫核定公告之自然保護區。
五　位於水庫集水區。
六　位於海拔高度一千五百公尺以上。
七　位於山坡地或臺灣沿海地區自然環境保護計畫核定公告之一般保護區，長度二·五公里以上；其同時位於自來水水質水量保護區，長度一·五公里以上。
八　位於特定農業區之農業用地，長度二·五公里以上。
九　位於都市土地，長度五公里以上。
十　位於非都市土地，長度十公里以上。

第三九條

矯正機關、保安處分處所或其他以拘禁、感化為目的之收容機構之興建或擴建工程，有下列情形之一者，應實施環境影響評估：
一　位於國家公園。但申請擴建或累積擴建面積一千平方公尺以下，經國家公園主管機關及目的事業主管機關同意者，不在此限。
二　位於野生動物保護區或野生動物重要棲息環境。但位於野生動物重要棲息環境，申請擴建或累積擴建面積一千平方公尺以下，經野生動物重要棲息環境主管機關及目的事業主管機關同意者，不在此限。

三　位於重要濕地。
四　位於臺灣沿海地區自然環境保護計畫核定公告之自然保護區。
五　位於海拔高度一千五百公尺以上。
六　位於山坡地、國家風景區或臺灣沿海地區自然環境保護計畫核定公告之一般保護區，申請開發或累積開發面積五公頃以上；其同時位於自來水水質水量保護區或水庫集水區，申請開發或累積開發面積一公頃以上。
七　位於特定農業區之農業用地，申請開發或累積開發面積五公頃以上。
八　申請開發或累積開發面積十公頃以上。

第四〇條

深層海水之開發利用，其興建、擴建或擴增抽取水量，有下列情形之一者，應實施環境影響評估：
一　位於國家公園。但申請擴建或累積擴建面積一千平方公尺以下，經國家公園主管機關及目的事業主管機關同意者，不在此限。
二　位於野生動物保護區或野生動物重要棲息環境。但位於野生動物重要棲息環境，申請擴建或累積擴建面積一千平方公尺以下，經野生動物重要棲息環境主管機關及目的事業主管機關同意者，不在此限。
三　位於重要濕地。
四　位於臺灣沿海地區自然環境保護計畫核定公告之自然保護區。
五　位於山坡地、國家風景區或臺灣沿海地區自然環境保護計畫核定公告之一般保護區，申請開發或累積開發面積一公頃以上。
六　位於特定農業區之農業用地，申請開發或累積開發面積一公頃以上。
七　每日最大抽取水量五千公噸以上。
八　申請開發或累積開發面積十公頃以上。

第四一條

①設置氣象設施，有下列情形之一者，應實施環境影響評估：
一　氣象雷達站之興建或擴建工程，符合下列規定之一者：
㈠位於國家公園。但申請擴建或累積擴建面積一千平方公尺以下，經國家公園主管機關及目的事業主管機關同意者，不在此限。
㈡位於野生動物保護區或野生動物重要棲息環境。但位於野生動物重要棲息環境，申請擴建或累積擴建面積一千平方公尺以下，經野生動物重要棲息環境主管機關及目的事業主管機關同意者，不在此限。
㈢位於重要濕地。
㈣位於臺灣沿海地區自然環境保護計畫核定公告之自然保

護區。

(五)位於海拔高度一千五百公尺以上。

(六)位於山坡地、國家風景區或臺灣沿海地區自然環境保護計畫核定公告之一般保護區，申請開發或累積開發面積一公頃以上。

(七)位於特定農業區之農業用地，申請開發或累積開發面積一公頃以上。

二　於海域設置固定之氣象、海象或地震等觀測設施，其開發場址水深未達十公尺，且任一設施中心半徑二公里範圍內之設施投影面積合計五百平方公尺以上。

②前項第二款觀測設施，屬試驗性計畫或使用年限五年以下之臨時設施，經目的事業主管機關同意者，免實施環境影響評估。

第四二條 112

其他開發型行爲，有下列情形之一者，應實施環境影響評估：

一　地下街工程，申請開發或累積開發長度一公里以上，或申請開發建築樓地板面積（以應申請建造執照、雜項執照及使用執照之建築樓地板面積爲計算基準）十五萬平方公尺以上。

二　港區申請設置水泥儲庫之儲存容量一萬八千立方公尺以上。

三　人工島嶼之興建或擴建工程。

四　於海域築堤排水填土造成陸地。但在既有港區防波堤範圍內者，不在此限。

五　位於山坡地之露營區，申請開發或累積開發面積一公頃以上。

六　太空發展法之國家發射場域設置，申請開發或累積開發面積十公頃以上。

第四三條

①除第三條至第四十二條及本法第五條第一項第十一款公告規定外，開發行爲有下列情形之一，屬主管機關認定對環境有不良影響之虞者，應實施環境影響評估：

一　依本法第十四條規定，經主管機關審查認定不應開發，開發單位於原地點重新規劃同一開發行爲之替代方案。

二　經主管機關環境影響評估審查委員會專案小組獲致建議認定不應開發之結論，開發單位於撤回環境影響說明書或評估書後，於原地點重新規劃同一開發行爲。

②開發行爲有前項各款規定情形之一者，開發單位應檢具環境影響說明書，向目的事業主管機關提出，並由目的事業主管機關轉送原審查主管機關審查。

第四四條

第三條至第四十二條之開發行爲，中央主管機關得視需要，另行公告其應實施環境影響評估之細目及範圍。

第四五條

開發行為之開發基地，同時位於本標準所列各種開發區位並符合下列情形之一，應以申請開發之整體規模進行環境影響評估：
一 其中任一區位，不分規模應實施環境影響評估者。
二 其中任一區位，開發規模符合該區位應實施環境影響評估規定者。
三 位於較嚴格區位之規模依序與較寬鬆區位之規模合計，符合該較寬鬆區位規定應實施環境影響評估者。但區位重疊部分之規模不重複計算。
四 非以面積或長度規範開發規模者，其開發規模符合最嚴格區位應實施環境影響評估規定者。

第四六條
第三條至第四十二條所定應實施環境影響評估之累積開發規模，依下列方式計算：
一 開發行為於中華民國九十九年三月二日後申請興建者，其累積開發規模為申請興建與歷次擴增規模之合計總和。
二 開發行為於中華民國九十九年三月二日前取得興建許可或申請興建者，其累積開發規模為歷次擴增規模之合計總和，其累積開發規模之累積起算日期及應實施環境影響評估之認定標準，依附表六規定辦理。

第四七條
①經環境影響評估審查完成之開發行為，事後於開發行為進行中或完成後，有下列情形之一，致原開發行為未符合應實施環境影響評估之規定者，開發單位得依本法第十六條規定辦理變更環境影響說明書或評估書、審查結論內容：
一 開發行為規模降低。
二 環境敏感區位劃定之變更。
三 應實施環境影響評估之規定修正。
四 其他相關法令之修正。
②開發行為於環境影響評估審查完成前，有前項各款情形之一，致原開發行為未符合應實施環境影響評估之規定者，主管機關應將環境影響說明書或評估書退回目的事業主管機關。

第四八條
目的事業主管機關、區位主管機關或其他相關機關依第三條、第六條至第九條、第十三條至第二十條、第二十二條至第二十五條、第二十七條、第二十八條、第三十一條至第三十五條、第三十七條至第四十一條規定同意開發行為免實施環境影響評估，應敘明同意免實施環境影響評估之理由，並副知主管機關，未敘明理由或未副知主管機關者，開發行為仍應實施環境影響評估。

第四九條 112
①於經環境影響評估審查（核）完成之開發行為（計畫）內，其內之各開發行為符合下列各款規定者，免實施環境影響評估：
一 產業類別符合原核定。

二　經開發行爲（計畫）之開發單位確認未超出原核定污染總量。但任一污染物排放量達該項污染物核定總量百分之二十以上或粒狀污染物、氮氧化物、硫氧化物及揮發性有機物任一排放量達每年一百公噸以上者，應經目的事業主管機關及原環境影響評估案件之目的事業主管機關同意。

②前項開發行爲（計畫）之開發單位，應執行污染總量管制，並每年向當地主管機關申報污染總量核配情形。

③第一項之開發行爲，原環境影響評估審查（核）未核定產業類別或污染總量者，開發單位得依本法第十六條規定辦理變更；於納入產業類別或污染總量並經審查（核）完成後，其內之各開發行爲，適用第一項規定。

第五〇條

開發行爲符合下列規定之一者，免實施環境影響評估，於工程進行前應報目的事業主管機關及主管機關備查：

一　經目的事業主管機關認定屬災害復原重建之清淤疏濬或屬災害復原重建、搶通之緊急性工程。但屬第五條至第七條規定開發行爲之災害復原重建，其重建工程並應符合因災害受損及銜接原道路、鐵路或大衆捷運系統之原則。

二　經專業技師公會認定不立即改善，將有發生災害之虞，且經管理機關（構）完成封閉禁止使用。

第五一條

開發行爲因位於重要濕地而應實施環境影響評估者，經重要濕地主管機關認定符合重要濕地保育利用計畫允許之明智利用項目，免實施環境影響評估。但同時因位於其他區位或開發規模而應實施環境影響評估者，仍應實施環境影響評估。

第五二條

①曾經目的事業主管機關許可之開發行爲，因變更開發單位或其他因素重新申請相同開發行爲許可，於重新申請許可時，仍應依本標準規定辦理。但經目的事業主管機關確認符合下列各款規定者，得免實施環境影響評估：

一　原許可未經撤銷或廢止，且申請日期未逾原許可期限三年。

二　原開發行爲已完成並曾實際營運。

三　重新申請許可內容，未超出原許可內容。原許可內容曾經變更或屬多階段許可，以最後之許可內容認定。

四　申請內容除污染防制設施及收集或處理溫室氣體之設施外，未涉及其他工程。

五　開發行爲如爲工廠，重新申請許可之工業類別、生產設施及製程與原工廠相同。

②前項開發行爲如爲廢棄物處理設施，應依第二十八條第十項規定辦理。

第五三條

本標準除第十一條第一項第一款、第二項及第三項有關已核定礦業用地之礦業權申請展限規定之施行日期由中央主管機關定之外，自發布日施行。

開發行為環境影響評估作業準則

①民國86年12月31日行政院環境保護署令訂定發布全文52條。
②民國90年8月1日行政院環境保護署令修正發布第7、11、12、16、19、28、34、42條條文；刪除第29條條文；並增訂第3-1、12-1、24-1條條文。
③民國91年10月30日行政院環境保護署令修正發布第4、5條條文；並增訂第2-1、4-1條條文。
④民國93年12月22日行政院環境保護署令修正發布第6、7條條文；並增訂第10-1、30-1條條文。
⑤民國95年12月20日行政院環境保護署令修正發布第2-1、7、11、19、21條條文；並增訂第19-1條條文。
⑥民國98年3月11日行政院環境保護署令修正發布第6、31、52條條文；增訂第5-1條條文；並自發布後三個月施行。
⑦民國98年10月23日行政院環境保護署令修正發布第12條條文及第5條附件二。
⑧民國99年2月26日行政院環境保護署令修正發布第4條附件一、第5條附件二、第6條附件三及附件四。
⑨民國100年10月7日行政院環境保護署令修正發布第30-1、33、42、44條條文及第6條附件三。
⑩民國102年3月27日行政院環境保護署令修正發布第20、28、35、52條條文及第5條附件二、第6條附件三、四、第30條附件六；並自發布後三個月施行。
⑪民國104年7月3日行政院環境保護署令修正發布第3-1、5-1、6、10-1、11條條文。
⑫民國106年12月8日行政院環境保護署令修正發布全文61條；並自發布日後六個月施行。
⑬民國110年2月2日行政院環境保護署令修正發布第9至11、15、19、24、26、36、37、39、41、44、50條條文及第8條附件二；並刪除第29條條文。
民國112年8月18日行政院公告第3條第1項第3款、第3項、第4條第2項、第5條、第6條、第7條、第9條第1項序文、第10條第2項附表7、第4項附表7、第5項附表7、第11條第1項、第2項、第4項、第37條、第39條第1項、第42條第1項、第56條、第57條、第58條第1項、第59條所列屬「行政院環境保護署」之權責事項，自112年8月22日起改由「環境部」管轄。

第一章　總　則

第一條
本準則依環境影響評估法（以下簡稱本法）第五條第二項規定訂定之。

第二條

依開發行爲應實施環境影響評估細目及範圍認定標準（以下簡稱認定標準）認定應實施環境影響評估之開發行爲（以下簡稱開發行爲），其環境影響說明書（以下簡稱說明書）或環境影響評估報告書（以下簡稱評估書）之製作，依本準則之規定；本準則未規定者，適用其他法令。

第三條

①本法第六條第二項第三款及第十一條第二項第三款所定綜合評估者，應具有下列資格之一：

一　領有本國環境工程技師證書，且有一年以上之環境影響評估工作經歷者。

二　具有撰寫內容相關項目專業之大學以上學歷，且有二年以上之環境影響評估工作經歷，並接受環境影響評估專業訓練達四十小時以上領有合格證明者。

三　曾擔任二案以上經主管機關審查通過之綜合評估者。

四　具有影響項目撰寫者資格之一，且有三年以上之環境影響評估工作經歷者。

②本法第六條第二項第三款及第十一條第二項第三款所定影響項目撰寫者，應具有下列資格之一：

一　領有本國技師證書，且其執業範圍與撰寫內容相關者。

二　具有撰寫內容相關項目專業之大學以上學歷，且有一年以上之環境影響評估相關項目工作經歷或接受環境影響評估專業訓練達十小時以上領有合格證明者。

三　具有撰寫內容相關項目專業之專科以上學歷，且有二年以上之環境影響評估相關項目工作經歷或接受環境影響評估專業訓練達二十小時以上領有合格證明者。

③前二項所定專業訓練，由中央主管機關或其指定之相關機關（構）、團體辦理之。

④第一項綜合評估者及第二項影響項目撰寫者之資格，應檢附證明文件。

第四條

①開發行爲對環境之影響及環境品質之評估，均應符合相關環境保護法令之規定。其因環境之特性，開發單位應採用更嚴格之約定值、最佳可行污染防制（治）技術、總量抵減措施或零排放等方式爲之，以符合環境品質標準或使現已不符環境品質標準者不致繼續惡化。

②前項約定值係指開發單位評估環境負荷後設定之排放值，或於說明書、評估書初稿、評估書所作之承諾值，亦或爲主管機關於審查時之設定值。

第五條

①開發單位得於製作說明書時，檢具本法第六條第二項第四款至第八款資料，向目的事業主管機關提出，並由目的事業主管機關轉送主管機關預審。

②主管機關得就環境影響評估有關事項邀集環境影響評估審查委

員會委員、專家學者及相關機關、團體召開預審會議；其會議結論，開發單位應納爲環境影響評估作業重點。

第六條

主管機關收到說明書或評估書初稿，應進行程序審查，依附件一記載，確定其程序及書件內容符合相關規定；有未符合者，主管機關得不予受理，並副知目的事業主管機關。但經主管機關同意限期補件者，不在此限。

第七條

①經第三條第一項第一款至第三款之綜合評估者簽名或開發單位委託經中央主管機關最近連續二次評鑑合格之技術顧問機構製作之說明書或評估書初稿，依本法第七條或第十三條送主管機關審查時，主管機關得免程序審查。

②前項書件未依本法第六條第二項或第十一條第二項各款所列事項記載或不符本準則者，主管機關得視情形對該綜合評估者或技術顧問機構公告其不符事項，或對日後由其簽名、製作之書件從嚴程序審查。

第八條

①開發單位應先查明開發行爲基地，依附件二環境敏感地區調查表調查所列之地區，並應檢附有關單位證明、圖件或實地調查研判資料等文件；開發行爲基地位於環境敏感地區者，應敘明選擇該地區爲開發行爲基地之原因。

②開發單位申請之開發行爲基地位於環境敏感地區者，除依前項規定敘明外，並應依下列規定辦理：

一　開發行爲基地不得位於相關法律所禁止開發利用之地區。

二　位於相關法令所限制開發利用之地區，應不得違反該法令之限制規定。

三　對環境敏感地區中應予保護之範圍及對象，應詳予評估並納入環境保護對策及減輕或避免不利環境影響之對策（以下合稱環境保護對策）。

第九條 110

①開發單位於開始進行環境影響評估時，應於中央主管機關指定網站（以下簡稱指定網站），刊登下列事項，供民衆、團體及機關於刊登日起二十日內以書面或於指定網站表達意見：

一　開發行爲之名稱。

二　開發單位之名稱。

三　開發行爲之內容、基地及地理位置圖。

四　預定調查或蒐集之項目、地點、時間及頻率。

②開發單位應將前項刊登事項以書面告知該開發行爲之目的事業主管機關及開發行爲基地所在地之下列對象：

一　直轄市或縣（市）政府。

二　直轄市或縣（市）議會。

三　鄉（鎮、市、區）公所。

四　鄉（鎮、市）代表會。

五　鄉（鎮、市、區）之村（里）辦公處。

③開發單位應記載並參酌民眾、團體及機關表達之意見，據以檢討規劃其評估內容。

第一〇條 110

①說明書應依附件三及附表一至附表十四之規定，評估書初稿、評估書應依附件四及附表一至附表六、附表十至附表十二、附表十四之規定，記載應記載事項及審查要件；說明書、評估書初稿、評估書並應備齊附件五規定之圖件。

②開發單位依附表七進行環境品質現況調查時，應優先引用政府機關已公布之最新資料，或其他單位長期調查累積之具代表性資料，如不引用時，應進行現地調查。但應於附表九敘明理由。

③開發單位依前項規定進行現地調查之資料應於指定網站依規定格式傳輸原始數據。

④開發單位因區位環境或開發行為特性得調整附表七所規定之調查項目、方法、地點、時間或頻率。但應於附表九敘明理由。

⑤開發行為符合本法施行細則第十九條附表二或自願進行第二階段環境影響評估者，其說明書附表七環境品質現況調查改依附表八提供資料。

第一一條 110

①說明書、評估書初稿、評估書、環境影響差異分析報告、變更內容對照表、環境現況差異分析及對策檢討報告、環境影響調查報告書、環境影響調查、分析及因應對策或主管機關指定之其他環境影響評估相關書件等之文字以橫式書寫，文字、圖、表頁之字體須清晰且間距分明，編製應精要確實，除圖表外每頁用紙規格為 A4 紙張（長二十九點七公分、寬二十一公分），並採雙面印製。

②說明書之本文不得超過一百五十頁，評估書初稿、評估書之本文不得超過三百頁。相關資料、文件、數據等得以附錄形式編製。但開發行為因規模龐大、環境影響範圍較廣、環境評估項目眾多，且經主管機關同意者，其說明書、評估書初稿、評估書之頁數，不在此限。

③地圖或照片應註明出處。圖、表超過規格時，得摺頁處理，其縮小或影印不得模糊難以閱讀。

④開發單位提出第一項規定書件初稿時，應依主管機關所定電腦建檔作業規範，檢附電腦檔案；依審查結論提送定稿本時，亦同。

第一二條

說明書、評估書初稿、評估書內容之編排與陳述，應符合下列原則：

一　內容應有焦點，著重於與開發行為有關之結構性與關鍵性環境影響項目。

二　立論應有依據，其單項或綜合之環境影響分析，必須有客觀、科學之依據。

三　結論應具體清楚，條理清晰、文字淺顯易懂、內容具體。

第一三條

開發單位評估開發行為對環境之影響，其影響程度、範圍及對象可量化者，應於適當比例尺之圖件上標明其分布、數量或以數據量化敘述。

第一四條

開發單位預測開發行為對環境之影響所引用之各項環境因子預測推估模式，應敘明引用模式之適用條件、設定或假設之重要參數以及應用於開發行為之精確性與適當性。

第一五條

①開發單位作成說明書前，應依下列事項辦理：

一　刊登說明書主要內容：將說明書中有關本法第六條第二項第四款至第八款規定說明書記載之主要內容，刊登於指定網站，供民眾、團體及機關於刊登日起二十日內以書面或於指定網站表達意見。

二　舉行公開會議：舉行公開會議供表達意見，並於會議十日前將會議時間、地點及前款規定說明書之主要內容，刊登於指定網站；且以書面將相關會議訊息告知該開發行為之目的事業主管機關、開發行為基地所在地之直轄市或縣（市）政府、直轄市或縣（市）議會、鄉（鎮、市、區）公所、鄉（鎮、市）代表會及鄉（鎮、市、區）之村（里）長辦公室，以利周知並供表達意見。

②依第九條及前項規定所蒐集之意見，開發單位應將其辦理情形及各方意見處理回應，編製於說明書。

③開發單位之開發行為符合本法施行細則第十九條附表二或因自願進行第二階段環境影響評估者，免依前二項規定辦理。

第二章　環境影響之預防對策

第一六條

①開發單位施工及營運之用水，依水資源相關法規須檢附用水計畫書者，應先向水資源主管機關提出用水計畫書之申請。

②前項開發行為基地位於地下水管制區者，如需抽取地下水時，應依水利法及地下水管制辦法等相關規定辦理。

③抽取地下水者，應調查開發行為基地內地下水水位、水質，並提出有效防止地下水污染及地盤（層）下陷措施。

第一七條

①開發行為對施工及營運期間所產生之點源及非點源污染，應予預防、管理並納入環境保護對策。廢（污）水應妥善處理，始得排放；其經前處理，排放至既有之污水下水道系統者，應附該有關主管機構之同意文件。自行規劃設置廢（污）水處理設施者，應併案進行評估、分析及影響預測。

②開發行為產生之廢（污）水排放至河川、海洋、湖泊、水庫或

灌溉、灌排系統者，應評估對該水體水質、水域生態之影響，並納入環境保護對策。

③前項排放廢（污）水之承受水體，自放流口以下至出海口前之整體流域範圍內有取用地面水之自來水取水口者，應依開發行為類型、廢（污）水特性、承受水體用途及水質、廢（污）水處理設施之處理能力等因素進行分析及評估。

第一八條

開發單位應就廢棄物儲存清除處理設施或儲槽等設施，評估其對土壤及地下水體之影響。

第一九條 110

①開發單位應規劃設置廢棄物貯存、清除及處理系統，處理施工及營運期間所產生之各種廢棄物；並評估其可能之負面影響。如委託執行機關或公民營廢棄物清除處理機構代為清除處理者，開發單位須調查合格機構之家數，並說明其許可清除處理之數量。

②自行設置廢棄物焚化（資源回收）廠、掩埋場或其他處理設施處理廢棄物者，其對環境之影響應併入開發行為同時評估。

③開發單位應評估整地作業及取土與棄土運輸之負面影響，在整地土方之地形圖上標示挖填方位置、深度及推估數量，施工項目符合再生粒料用途者，應評估優先使用再生粒料替代工程材料，並納入環境保護對策。

④前項如屬線形開發者，得以規劃設計圖替代地形圖，並視需要標示深度。

第二〇條

開發單位應事前估計開發行為在施工及營運期間，不同排放源可能產生之空氣污染物排放量，以適當精確方法計算擴散稀釋距離、濃度；或由相關資料推估空氣污染物之稀釋擴散濃度，並研判其影響之程度、範圍、時間以及是否符合空氣品質標準，並納入環境保護對策。

第二一條

開發單位應由相關資料及量測現場背景噪音或振動數據，計算推估施工中及營運時是否符合現行管制法規中各項標準；同時分析噪音或振動強度對周圍環境之影響，納入環境保護對策。

第二二條

開發單位應評估開發行為於施工及營運期間交通運輸所產生空氣污染及噪音振動之影響，並納入環境保護對策。

第二三條

開發單位應推估施工及營運期間對周遭環境美質與景觀之負面影響，納入環境保護對策及訂定綠覆計畫。

第二四條 110

開發行為可能造成噪音、振動、空氣污染、異味、化學災害、電磁波或游離輻射影響者，應依當地氣象條件、污染之質量、污染控制措施之效率、災害風險與人口聚集社區、村落之距離及其他相關因素於周界內規劃足敷需要之緩衝地帶並訂定密集植樹計畫，以減輕影響及維持景觀。

第二五條

開發單位應對開發行爲基地及毗鄰之受影響地區預測評估邊坡穩定、地基沈陷、地質災變、土壤污染及土壤液化等潛在可能性，並納入環境保護對策。

第二六條 110

開發行爲基地應以下列原則進行規劃，並得以圖面量化呈現保留之比例與區域：

一　應避免使用地質敏感或坡度過陡之土地。
二　開發行爲基地林相良好者，應予儘量保存，並有相當比率之森林綠覆面積。
三　開發行爲基地動植物生態豐富者，應予保護。
四　應考量生態工程，並維持視覺景觀之和諧。
五　開發行爲基地與下游影響區之間，應有適當之緩衝帶，或具緩衝效果之遮蔽或阻隔等替代性措施。

第二七條

開發行爲基地位於海岸地區，其規劃應符合下列原則，並得以圖面量化呈現保留之比例與區域：

一　避免影響重要生態棲地或生態系統之正常機能。
二　避免嚴重破壞水產資源。
三　避免海岸侵蝕、淤積、地層下陷、陸域排洪影響等。
四　避免破壞海洋景觀、遊憩資源及水下文化資產。
五　維持親水空間。

第二八條

開發單位應評估設置節約能源措施、雨水截流儲存利用設施、污水處理水回收爲中水道沖洗廁所及澆灌利用或其他中水道系統等之可能性。對於施工及營運期間所產生之大量廢棄物、廢氣、廢熱或廢（污）水，應評估其回收及再使用之可能性。

第二九條 （刪除）110

第三〇條

開發行爲屬地下管線、箱涵、隧道或採地下化方式開發者，開發單位應調查或蒐集地下埋藏之史蹟或考古遺址等文化資產，鄰近建築物以及行經地區之河道、堤防、溝圳、排水系統、地下管路、地下坑道等之分布與過去挖填紀錄及資料，說明現存結構體之安全穩定程度，評估開發行爲對各該現有結構體可能產生之負面影響，並納入環境保護對策。

第三一條

開發單位對於開發行爲因基礎開挖與處理、抽沙、填土、高填方或地下深開挖包含隧道、涵管以及營運期間可能造成之各種地面沈陷或地下水位變化等現象，應予預測研判其可能影響，並納入環境保護對策。

第三二條

開發單位應預測評估開發行為改變地形地貌對下游及鄰近地區排水系統之影響，並納入環境保護對策。

第三三條

開發行為在施工及營運期間產生溫排水、廢熱或熱島效應者，均應事前研究分析其負面影響範圍及程度，並妥善規劃可行之環境保護對策。

第三四條

開發單位應評估開發行為在施工及營運期間發生火災、風災、水災、地震、爆炸、化學災害、油污染等意外災害之風險，以及對周圍環境可能產生之影響與範圍；配合周圍之道路系統、防災系統、排水系統與當地其他條件，訂定緊急應變計畫納入環境保護對策。

第三五條

①開發單位應依開發行為基地特性說明開發行為基地及毗鄰受影響地區植物之種類、群落與分布、動物之種類、相對數量及棲息狀況，分析將來因開發對生物數量及棲息地之影響，包括影響範圍及干擾程度等，並針對上述影響提出可行之保護或復育計畫。

②開發行為在水域中施工者，應說明該水體之水生物、底質與水質現況，並分析可能之影響，提出減輕對策與維護管理或保育措施。

③開發行為位於已開發地區或其開發行為基地經勘查認為植物生態貧乏或無野生物棲息環境者，以圖、相片等資料於書件中說明，得免進行第一項及第二項之調查及預測評估。

第三六條 110

①開發單位應評估開發行為在施工與營運期間，對周遭環境之文化資產（含水下文化資產）、人口分布、當地居民生活型態、土地利用型式與限制、社會結構、相關公共設施包括公共給水、電力、電信、瓦斯與排水或污水下水道設施之負荷、產業經濟結構、教育結構等之影響，並對負面影響納入環境保護對策或另覓替代方案。

②開發行為基地涉及原住民族土地或部落及其周邊一定範圍內之公有土地者，應依原住民族基本法規定辦理。

第三七條 110

①開發行為經審查認定須進行第二階段環境影響評估者，開發單位於範疇界定前，應依說明書審查結論，篩選環境關鍵項目與因子，並填寫範疇界定指引表（附件六），且視需要列出不同可行替代方案之環境影響評估範疇，送主管機關依本法第十條召開會議討論確認評估範疇。

②開發單位應依本法第十一條規定，參酌前項會議之主管機關、目的事業主管機關、有關機關、學者、專家、團體及當地居民所提意見，並於提送之評估書初稿敘明其辦理情形。

第三八條

開發行為可能運作或運作時衍生危害性化學物質者，開發單位應依健康風險評估技術規範進行健康風險評估，並將其納入說明書、評估書初稿、評估書。

第三九條 110

①開發單位應於開發行為施工前三十日內，以書面告知目的事業主管機關及主管機關其預定施工日期。

②說明書或評估書內容採分段（分期）開發者，以提報各段（期）開發之第一次施工行為預定施工日期為原則。

第四〇條

開發單位預測開發行為在規劃、進行及完成後之使用，不發生第十六條至第三十六條中任一可能影響事項者，在說明書、評估書初稿、評估書製作時，對該事項得免進行調查及評估，但應於說明書、評估書初稿、評估書中條列說明理由及根據。

第三章　不同開發行為之評估事項

第四一條 110

①工廠之開發，應評估各種製程產生各項污染物之質與量，繪製質量平衡圖表，預測各項污染物之增量，評估其影響程度及範圍，並納入環境保護對策。

②工廠於試車及營運期間可能產生有害事業廢棄物或有害空氣污染物者，應說明其可能影響範圍及程度，提出可行之防制（治）措施及應變計畫。

③園區之開發，應預測引進產業之種類、規模與各項污染物之質與量，訂定園區污染物總量管制方式，規範各產業引進後，能符合當地環境品質標準或使現已不符環境品質標準者不致繼續惡化。

④園區產生之廢（污）水及事業廢棄物（含污泥）以在園區內處理為原則，處理設施應併案評估。

⑤園區外開發行為基地設立數座工廠合併評估者，準用第三項規定辦理。

⑥園區開發應評估設置汽電共生或汽冷熱共生設備、區域供冷供熱系統等各項節能措施之可行性。

第四二條

①道路、鐵路、大眾捷運系統之開發，如位於現有、興建中、或已定案之重要水庫集水區，應以穿越性、封閉型、且不得設置機廠（場）、站及交流道為限。但情形特殊，經主管機關環境影響評估審查委員會審查同意者，不在此限。

②道路、鐵路或大眾捷運系統之開發，應詳細調查、分析營運時噪音及振動之影響程度、範圍及受體，據以訂定噪音與振動防制措施；且為因應環境音量標準之提昇，應事先規劃環境保護對策。採路塹或路堤方式者，應評估其對積水、洩洪、橫交設施、生態棲地切割或動物通過之影響，並納入環境保護對策。

③車站或場站之停車場及轉乘設施應提出規劃構想；車站或場站採聯合開發者，在說明書、評估書初稿、評估書內應列入評估。

第四三條

①港灣、港埠工程或填海造地之開發，應說明各該結構物對沿岸流、漂砂、鄰近海域生態、水下文化資產以及未來之海岸地形變遷、或對河口之影響，並納入環境保護對策。

②設有隔離水道者，應就相鄰之填海造地與陸域間之各河口、浮游生物與底棲生物、沿岸流、潮汐、海岸地形變遷、沉積物流失、排水、水質交換等問題，說明其整體之負面影響，並納入環境保護對策。

③在海域抽沙或浚挖航道水域者，應詳細調查水域地形及地質探查，評估對海底、水域水質、生物、漁業及水下文化資產之影響範圍與其程度，並納入環境保護對策。

第四四條 110

①機場之開發，應評估機場營運產生噪音之影響，應依規劃之最大運量、飛航機種，預測航空噪音日夜音量，繪製全年等噪音線圖，標示各級航空噪音防制區範圍、敏感受體分布情況並納入環境保護對策。在噪音之影響範圍內，涉及學校、圖書館、醫療安養機構、住宅或其他易受飛航噪音干擾之土地使用，開發單位如採取補償或其他替代方案者，其處理方式及可行性，應先行規劃評估。

②航站大廈、機場聯絡道路、機場跑道或滑行道以及各項建築物（含機棚、修護工廠等）所增加之不透水面積，應評估分析對附近地區排水系統及地下水之影響，並納入環境保護對策。

③興建或整建跑道地區之鳥類或其他野生動物，如干擾飛航安全，應予調查評估，納入環境保護對策。

第四五條

①土石採取（含堆積土石）、探礦、採礦之開發，其廢（污）水處理設施與廢棄物處理設施，應於計畫實施或引進污染源前，完成試運轉。

②開發單位應分析開發土石採取（含堆積土石）、探礦、採礦所產生裸露地面與土石渣、礦渣或堆積物之穩定性，訂定防止地下水脈切斷、地表沖刷、水污染與植生綠化等環境保護對策。

③開發單位應預測開發期限屆滿或開發計畫停止後，可能引起之污染與景觀問題，並訂定具體之解決對策及復整（舊）計畫。

第四六條

①開發單位應分析堰壩或其他攔水設施於施工期間或興建後，對上、下游集水區之居民所產生之社會、經濟、文化之正、負面影響，並針對負面影響納入環境保護對策。另對河川上、下游水道變遷、水量變化（含基流量）、地下水互補、水體涵容能力與水域生態之影響，亦應納入評估。對淹沒區內之陸域或水域、造成保育類野生動物或珍貴稀有植物之不利影響，應納入移植復育計畫等相關環境保護對策。

②水力發電廠、越域引水工程之開發，應分析引水期間對本流上、下游可用流量、基流量及下游地下水補注之變化與所造成之影響，並與該水道之有關機構協商環境保護對策。
③防洪工程、河道整治工程之開發，應配合與該河川之治理基本計畫一併分析檢討。對於河口之治理，應說明其治理後對海岸之影響。
④排水工程之開發，應分析抽水或攔水所造成之水文與生物之影響。

第四七條

農、林、漁、牧地之開發，應分析其土地利用之潛力與適宜性。說明引進外來之物種或生產技術所造成對當地社區或生態、水文環境等之影響，納入環境保護對策。

第四八條

①遊樂區、風景區、高爾夫球場及運動場地之開發，不宜開挖山頭；坡度超過百分之四十之山坡地，其原有樹林地貌儘量保留；原有溪流溝坑之改道或填平，應先徵詢有關目的事業主管機關之意見。
②開發單位應預測未來假日或慶典期間所引入大量遊客及車輛，對交通運輸、停車場、用水量以及環境衛生等所造成之影響，納入環境保護對策。

第四九條

文教建設、醫療建設之開發，凡設有實驗室、解剖室、手術室與感染性事業廢棄物處理設施者，對所產生之廢液、感染性事業廢棄物、污泥及其他廢棄物等，應分別估算產生量，規劃設置分類、貯存、收集運輸及處理系統。不能自行處理者，應檢附合格清除、處理機構之證明文件或調查當地合格清除、處理機構之家數，且註明最終處理（置）地點之容量負荷。

第五〇條 110

①新市區建設、舊市區更新之開發，應預測其對當地及鄰近地區水源供應、排水或防洪系統、廢棄物清理及交通設施等之影響，並應評估設置汽電共生或汽冷熱共生設備、區域供冷供熱系統、雨水貯留利用系統、生活雜排水回收再利用系統爲中水道沖洗廁所及澆灌利用或其他中水道系統等各項節能省水措施之可行性。
②舊市區之更新，舊房舍與公共設施拆除所產生之廢棄物，須先詳細調查、規劃運輸路線及適當之處理場。
③高樓建築之開發，應重視其品質與景觀之整體性，並預測及評估可能造成交通、停車或帷幕牆（含太陽能板）反光、室內停車場廢氣排放等之影響，以及高層結構體對周遭風場、日照、電波、空氣污染物擴散之干擾，並納入環境保護對策；必要時應進行相關之模擬分析或試驗。

第五一條

①環境保護工程之開發，其污水下水道系統工程，應調查、預測、

分析廢（污）水合流或分流排放對於承受水體水質、水量及生態之影響。承受水體爲河川者，調查及評估期間應包括豐水期及枯水期。採海洋放流者，應說明海域生態及環境現況，並評估其影響範圍及程度，納入環境保護對策。水肥處理廠之評估，亦準用辦理。

②廢棄物焚化（資源回收）廠及廢棄物處理場（廠）工程（含轉運站），應評估焚燒處理流程中以及儲存或掩埋或其他方式處理廢棄物產生臭味及滲出水之影響，其處理設施應妥善規劃。訂定廢棄物掩埋未能即日覆土或天候不良條件下之防制應變計畫。對於掩埋場封閉或使用期限屆滿後之復育計畫、土地利用計畫以及二次污染問題，應預爲規劃且納入環境保護對策。

③開發單位應妥善規劃廢棄物清運工具、運輸時段及運輸路線，預防廢棄物運送所引起之臭味、噪音、振動污染及交通影響。

④開發單位規劃廢（污）水處理系統、廢棄物處理系統、轉運站或廢棄物焚化（資源回收）廠時，均應考慮未來其營運管理維護之實務問題，訂定營運管理計畫，其內容應包括左列各項：

一　處理系統產權之歸屬與移轉。

二　管理組織及專責單位或人員之設立方式。

三　營運操作管理之財源籌措。

四　管理組織之權責分工及管理方式。

五　試運轉方式。

第五二條

①火力發電或汽電共生工程如以煤、油、天然氣或烏瀝乳（天然瀝乳）爲燃料，應依當地氣象條件、產生污染物之質與量、污染控制措施之效率、與人口聚集社區、村落之距離及其他相關因素，於周界內規劃設置緩衝地帶。

②前項緩衝地帶，如於廠址所在之園區已整體規劃設置者，得免辦理。

③應評估燃料之運輸、裝卸、儲存，所產生之負面影響。用海水作爲冷卻用水，應就海域環境調查之結果，評估對生態與漁業之影響；其溫水排放亦同。火力發電或汽電共生工程所產生之飛灰、灰燼與溫排水等，其各種負面影響應予分析，並納入環境保護對策。

④火力發電廠應評估使用熱電共生系統，供應附近園區或社區區域冷、熱需求之可行性，並考量採用超超臨界或複循環等高發電效率機組，以利提昇供熱能力。

⑤計畫輸電線路之兩側調查範圍，每側不得少於五十公尺，其景觀與當地環境之和諧性，應爲評估之重點。

⑥超高壓輸電線路工程，所產生之電磁效應及對居民之可能影響，應予預測及評估。

第五三條

①放射性核廢料儲存或處理場所之興建，應依評估之環境影響因子、程度、範圍，訂定營運期間環境保護對策，包括核廢料運

送規劃、營運廢液或廢棄物處理、空氣污染防制、水污染防治、噪音防制、陸域水域生態保育及其他有關對策；並對儲存或處理場所封閉或停止使用後，可能引起之二次污染問題，納入環境保護對策，包括拆除建築物或其他設備產生廢棄物及廢（污）水處理、自然景觀保護、地下水與土壤保護、土地再利用、植被覆蓋及其他有關對策。

②對於可能發生意外事故之評估，應包括型態、嚴重性、發生之可能性及對環境影響之程度與範圍。評估之影響期間，應分短、中、長期及其他潛在影響之期間。意外事故型態，包括輻射外洩、設備故障、操作錯誤、火災、化學爆炸、運輸工具事故及其他事故，其緊急應變措施，應就通知、動員、事故評估與預測、疏散方式、搶救與搶修、防護行動及復原作業等予以評估規劃。儲存或處理場所於營運及封閉階段時，應評估核種外洩之風險、影響程度及範圍，並納入環境保護對策，包括減輕或避免核種外洩之設計考量、公眾輻射防護措施、工作人員輻射防護措施、輻射監測計畫、設置輻射劑量顯示板及其他有關對策。

③以各種方式運送放射性核廢料，應就運送途徑、時段，分析可能之影響並納入環境保護對策。

第五四條

①核能及其他能源之開發，其核能電廠對於核燃料運送、電廠除役方式及除役後可能造成之環境影響、營運及除役拆廠階段核種外洩風險性之影響程度、範圍等，應依前條第一項、第二項規定辦理。

②既有核能電廠廠址興建或增建機組，應將已產生之環境影響與興建、增建機組之環境影響併予加成評估。核能電廠開發及產生放射性核廢料之儲存處理，應合併進行評估。

③評估輻射影響應敘明分析原理、程式基本假設、功能限制、曝露途徑、模式程式結構、計算流程、輸入輸出資料、使用參數及分析結果等。並分別評估預期輻射影響與意外事故輻射影響。

④既有核能電廠內興建放射性核廢料儲存或處理場所者，應將相關環境影響予以加成評估。

⑤核能電廠應設置之緩衝地帶、溫排水及輸電線路之影響評估，應依第五十二條規定辦理。

第五五條

工商綜合區、購物專用區、大型購物中心，或展覽會、博覽會、展示會場，或地下街工程之開發，對於假日或慶典節日所引進之大量人口對周遭地區所造成之交通、停車、廢棄物、噪音、環境衛生等影響，應納入其環境保護對策及緊急應變措施。

第五六條

墳墓、靈（納）骨堂（塔）、屠宰場（含人工屠宰場、電動屠宰場）、動物收容所、殯儀館、煤氣廠或經中央主管機關公告對環境有不良影響之虞之開發行爲，應加強植栽綠化及視覺景觀之設計，並依可能產生污染之程度、範圍，開發行為基地與人口聚集社區、村落之距離，視覺景觀之影響及其他相關因素，於周界內規劃設置適當緩衝綠帶。對野生植物、動物生態有影響之虞者，其植栽綠化應以原生植種及保護野生動物棲地為主，並評估可能受影響之生物通道及棲息地屏障，規劃配置綠帶。

第五七條

其他經中央主管機關公告之開發行為，其環境影響評估作業準用本準則之相關規定。

第四章　附　則

第五八條

①中央主管機關得視需要會商有關機關訂定評估技術規範，並公告之。

②開發單位製作說明書時，依第十條第二項辦理環境調查作業；如涉及開發行為特性應提出相關預測、分析及評估模式者，依前項評估技術規範辦理。

③開發單位製作評估書初稿時，依範疇界定會議決定之評估範疇辦理環境調查作業；如涉及開發特性應提出相關預測、分析及評估模式者，依第一項評估技術規範辦理。

第五九條

開發行為環境影響評估作業，法令未規定者，以主管機關環境影響評估審查委員會之決議為準。

第六〇條

本準則施行前受理審查中之說明書、評估書初稿、評估書之處理，得依開發單位提出申請時所依據各該原適用準則之規定辦理。

第六一條

本準則自發布日後六個月施行。

海岸管理法

民國104年2月4日總統令制定公布全文46條；並自公布日施行。
民國107年4月27日行政院公告第4條所列屬「海岸巡防機關」之權責事項，自107年4月28日起改由「海洋委員會海巡署及所屬機關（構）」管轄。
民國112年7月27日行政院公告第4條第2項、第21條第1項第4款所列屬「中央漁業主管機關」之權責事項原由「行政院農業委員會」管轄，自112年8月1日起改由「農業部」管轄。

第一章　總　則

第一條　（立法目的）
為維繫自然系統、確保自然海岸零損失、因應氣候變遷、防治海岸災害與環境破壞、保護與復育海岸資源、推動海岸整合管理，並促進海岸地區之永續發展，特制定本法。

第二條　（用詞定義）
本法用詞，定義如下：
一　海岸地區：指中央主管機關依環境特性、生態完整性及管理需要，依下列原則，劃定公告之陸地、水體、海床及底土；必要時，得以坐標點連接劃設直線之海域界線。
㈠濱海陸地：以平均高潮線至第一條省道、濱海道路或山脊線之陸域為界。
㈡近岸海域：以平均高潮線往海洋延伸至三十公尺等深線，或平均高潮線向海三浬涵蓋之海域，取其距離較長者為界，並不超過領海範圍之海域與其海床及底土。
㈢離島濱海陸地及近岸海域：於不超過領海範圍內，得視其環境特性及實際管理需要劃定。
二　海岸災害：指在海岸地區因地震、海嘯、暴潮、波浪、海平面上升、地盤變動或其他自然及人為因素所造成之災害。
三　海岸防護設施：指堤防、突堤、離岸堤、護岸、胸牆、滯（蓄）洪池、地下水補注設施、抽水設施、防潮閘門與其他防止海水侵入及海岸侵蝕之設施。

第三條　（主管機關）
本法所稱主管機關：在中央為內政部；在直轄市為直轄市政府；在縣（市）為縣（市）政府。

第四條　（近岸海域違法行為之取締、蒐證、移送等事項之辦理機關）
①依本法所定有關近岸海域違法行為之取締、蒐證、移送等事項，

由海岸巡防機關辦理；主管機關仍應運用必要設施或措施主動辦理。

②主管機關及海岸巡防機關就前項及本法所定事項，得要求軍事、海關、港務、水利、環境保護、生態保育、漁業養護或其他目的事業主管機關協助辦理。

第五條　（海岸地區及各直轄市、縣（市）主管機關管理之近岸海域範圍之劃定及公開展覽程序）

中央主管機關應會商直轄市、縣（市）主管機關及有關機關，於本法施行後六個月內，劃定海岸地區範圍後公告之，並應將劃定結果於當地直轄市或縣（市）政府及鄉（鎮、市、區）公所分別公開展覽；其展覽期間，不得少於三十日，並應登載於政府公報、新聞紙，並得以網際網路或其他適當方法廣泛周知；其變更或廢止時，亦同。

第六條　（海岸地區基本資料庫之建立與定期更新資料及發布海岸管理白皮書）

①中央主管機關應會同有關機關建立海岸地區之基本資料庫，定期更新資料與發布海岸管理白皮書，並透過網路或其他適當方式公開，以供海岸研究、規劃、教育、保護及管理等運用。

②為建立前項基本資料庫，中央主管機關得商請有關機關設必要之測站與相關設施，並整合推動維護事宜。除涉及國家安全者外，各有關機關應配合提供必要之資料。

第二章　海岸地區之規劃

第七條　（海岸地區之規劃管理原則）

海岸地區之規劃管理原則如下：

一　優先保護自然海岸，並維繫海岸之自然動態平衡。

二　保護海岸自然與文化資產，保全海岸景觀與視域，並規劃功能調和之土地使用。

三　保育珊瑚礁、藻礁、海草床、河口、潟湖、沙洲、沙丘、沙灘、泥灘、崖岸、岬頭、紅樹林、海岸林等及其他敏感地區，維護其棲地與環境完整性，並規範人為活動，以兼顧生態保育及維護海岸地形。

四　因應氣候變遷與海岸災害風險，易致災害之海岸地區應採退縮建築或調適其土地使用。

五　海岸地區應避免新建廢棄物掩埋場，原有場址應納入整體海岸管理計畫檢討，必要時應編列預算逐年移除或採行其他改善措施，以維護公共安全與海岸環境品質。

六　海岸地區應維護公共通行與公共使用之權益，避免獨占性之使用，並應兼顧原合法權益之保障。

七　海岸地區之建設應整體考量毗鄰地區之衝擊與發展，以降低其對海岸地區之破壞。

八　保存原住民族傳統智慧，保護濱海陸地傳統聚落紋理、文化遺址及慶典儀式等活動空間，以永續利用資源與保存人文資產。

九　建立海岸規劃決策之民眾參與制度，以提升海岸保護管理績效。

第八條　（海岸管理計畫之內容）

為保護、防護、利用及管理海岸地區土地，中央主管機關應擬訂整體海岸管理計畫；其計畫內容應包括下列事項：

一　計畫範圍。
二　計畫目標。
三　自然與人文資源。
四　社會與經濟條件。
五　氣候變遷調適策略。
六　整體海岸保護、防護及永續利用之議題、原則與對策。
七　保護區、防護區之區位及其計畫擬訂機關、期限之指定。
八　劃設海岸管理須特別關注之特定區位。
九　有關海岸之自然、歷史、文化、社會、研究、教育及景觀等特定重要資源之區位、保護、使用及復育原則。
十　發展遲緩或環境劣化地區之發展、復育及治理原則。
十一　其他與整體海岸管理有關之事項。

第九條　（整體海岸管理計畫之擬訂、審議、核定及公告程序）

①整體海岸管理計畫之擬訂，應邀集學者、專家、相關部會、中央民意機關、民間團體等舉辦座談會或其他適當方法廣詢意見，作成紀錄，並遴聘（派）學者、專家、機關及民間團體代表以合議方式審議，其學者、專家及民間團體之代表人數不得少於二分之一，整體海岸管理計畫報請行政院核定後公告實施；其變更時，亦同。

②整體海岸管理計畫擬訂後於依前項規定送審議前，應公開展覽三十日及舉行公聽會，並將公開展覽及公聽會之日期及地點，登載於政府公報、新聞紙及網際網路，或以其他適當方法廣泛周知；任何人民或團體得於公開展覽期間內，以書面載明姓名或名稱及地址，向中央主管機關提出意見，併同審議。

③前項審議之進度、結果、陳情意見參採情形及其他有關資訊，應以網際網路或登載於政府公報等其他適當方法廣泛周知。

④整體海岸管理計畫核定後，中央主管機關應於接到核定公文之日起四十天內公告實施，並函送當地直轄市、縣（市）政府及鄉（鎮、市、區）公所分別公開展覽；其展覽期間，不得少於三十日，並經常保持清晰完整，以供人民閱覽。

第一〇條　（海岸保護計畫與海岸防護計畫之擬訂機關）

①第八條第七款所定計畫擬訂機關如下：

一　海岸保護計畫：

㈠一級海岸保護計畫：由中央目的事業主管機關擬訂，涉及二以上目的事業者，由主要業務之中央目的事業主管機關會商有關機關擬訂。

㈡二級海岸保護計畫：由直轄市、縣（市）主管機關擬訂。但跨二以上直轄市、縣（市）行政區域或涉及二以上目的事業者，由相關直轄市、縣（市）主管機關協調擬訂。

㈢前二目保護區等級及其計畫擬訂機關之認定有疑義者，得由中央主管機關協調指定或逕行擬訂。

二　海岸防護計畫：

㈠一級海岸防護計畫：由中央目的事業主管機關協調有關機關後擬訂。

㈡二級海岸防護計畫：由直轄市、縣（市）主管機關擬訂。

㈢前二目防護區等級及其計畫擬訂機關之認定有疑義者，得由中央主管機關協調指定。

②整體海岸管理計畫公告實施後，有新劃設海岸保護區或海岸防護區之必要者，得由中央主管機關依前項規定協調指定或逕行擬訂。

③第一項計畫之擬訂及第二項海岸保護區或海岸防護區之劃設，如涉原住民族地區，各級主管機關應會商原住民族委員會擬訂。

第一一條　（經劃定之重要海岸景觀區、發展遲緩或環境惡劣地區之治理）

①依整體海岸管理計畫劃定之重要海岸景觀區，應訂定都市設計準則，以規範其土地使用配置、建築物及設施高度與其他景觀要素。

②依整體海岸管理計畫指定之發展遲緩或環境劣化地區，主管機關得協調相關機關輔導其傳統文化保存、生態保育、資源復育及社區發展整合規劃事項。

第一二條　（一、二級海岸保護區之劃設原則並分別訂定海岸保護計畫）

①海岸地區具有下列情形之一者，應劃設為一級海岸保護區，其餘有保護必要之地區，得劃設為二級海岸保護區，並應依整體海岸管理計畫分別訂定海岸保護計畫加以保護管理：

一　重要水產資源保育地區。

二　珍貴稀有動植物重要棲地及生態廊道。

三　特殊景觀資源及休憩地區。

四　重要濱海陸地或水下文化資產地區。

五　特殊自然地形地貌地區。

六　生物多樣性資源豐富地區。

七　地下水補注區。

八　經依法劃設之國際級及國家級重要濕地及其他重要之海岸生態系統。

九　其他依法律規定應予保護之重要地區。

②一級海岸保護區應禁止改變其資源條件之使用。但有下列情況之一者，不在此限：

一　依海岸保護計畫為相容、維護、管理及學術研究之使用。

二　為國家安全、公共安全需要，經中央主管機關許可。

③一級海岸保護區內原合法使用不合海岸保護計畫者，直轄市、縣（市）主管機關得限期令其變更使用或遷移，其所受之損失，應予適當之補償。在直轄市、縣（市）主管機關令其變更使用、遷移前，得為原來之合法使用或改為妨礙目的較輕之使用。
④第三項不合海岸保護計畫之認定、補償及第二款許可條件、程序、廢止及其他應遵行事項之辦法，由中央主管機關會商有關機關定之。

第一三條　（海岸保護計畫應載明之事項）
①海岸保護計畫應載明下列事項：
一　保護標的及目的。
二　海岸保護區之範圍。
三　禁止及相容之使用。
四　保護、監測與復育措施及方法。
五　事業及財務計畫。
六　其他與海岸保護計畫有關之事項。
②依其他法律規定納入保護之地區，符合整體海岸管理計畫基本管理原則者，其保護之地區名稱、內容、劃設程序、辦理機關及管理事項從其規定，免依第十條及第十二條規定辦理。
③前項依其他法律規定納入保護之地區，為加強保護管理，必要時主管機關得依第一項第三款規定，擬訂禁止及相容使用事項之保護計畫。

第一四條　（一、二級海岸防護區之劃設原則並分別訂定海岸防護計畫）
①為防治海岸災害，預防海水倒灌、國土流失，保護民眾生命財產安全，海岸地區有下列情形之一者，得視其嚴重情形劃設為一級或二級海岸防護區，並分別訂定海岸防護計畫：
一　海岸侵蝕。
二　洪氾溢淹。
三　暴潮溢淹。
四　地層下陷。
五　其他潛在災害。
②前項第一款至第四款之目的事業主管機關，為水利主管機關。
③第一項第一款因興辦事業計畫之實施所造成或其他法令已有分工權責規定者，其防護措施由各該興辦事業計畫之目的事業主管機關辦理。
④第一項第五款之目的事業主管機關，依其他法律規定或由中央主管機關協調指定之。

第一五條　（海岸防護計畫應載明之事項）
①海岸防護計畫應載明下列事項：
一　海岸災害風險分析概要。
二　防護標的及目的。
三　海岸防護區範圍。
四　禁止及相容之使用。

五　防護措施及方法。
六　海岸防護設施之種類、規模及配置。
七　事業及財務計畫。
八　其他與海岸防護計畫有關之事項。
②海岸防護區中涉及第十二條第一項海岸保護區者，海岸防護計畫之訂定，應配合其生態環境保育之特殊需要，避免海岸防護設施破壞或減損海岸保護區之環境、生態、景觀及人文價值，並徵得依第十六條第三項規定核定公告之海岸保護計畫擬訂機關同意；無海岸保護計畫者，應徵得海岸保護區目的事業主管機關同意。

第一六條　（海岸保護區、海岸防護區之劃設及海岸保護計畫、海岸防護計畫核定前民眾參與之程序，核定後公告之程序）

①依整體海岸管理計畫、第十二條及第十四條規定，劃設一、二級海岸保護區、海岸防護區，擬訂機關應將海岸保護計畫、海岸防護計畫公開展覽三十日及舉行公聽會，並將公開展覽及公聽會之日期及地點，登載於政府公報、新聞紙及網際網路，或以其他適當方法廣泛周知；任何人民或團體得於公開展覽期間內，以書面載明姓名或名稱及地址，向擬訂機關提出意見，其參採情形由擬訂機關併同計畫報請中央主管機關審議。該審議之進度、結果、陳情意見參採情形及其他有關資訊，應以網際網路或登載於政府公報等其他適當方法廣泛周知，並應針對民眾所提意見，以書面答覆採納情形，並記載其理由。
②前項海岸保護計畫之擬訂，涉及限制原住民族利用原住民族之土地、自然資源及部落與其毗鄰土地時，審議前擬訂機關應與當地原住民族諮商，並取得其同意。
③海岸保護計畫、海岸防護計畫核定後，擬訂機關應於接到核定公文之日起四十天內公告實施，並函送當地直轄市或縣（市）政府及鄉（鎮、市、區）公所分別公開展覽；其展覽期間，不得少於三十日，且應經常保持清晰完整，以供人民閱覽，並由直轄市、縣（市）主管機關實施管理。
④依第一項及前項規定應辦理而未辦理者，上級主管機關得逕為辦理。

第一七條　（海岸保護計畫、海岸防護計畫之審議及核定程序）

①前條海岸保護計畫、海岸防護計畫之審議及核定，依下列規定辦理：
一　海岸保護計畫：
㈠中央主管機關擬訂者，由中央主管機關會商有關機關審議後，報請行政院核定。
㈡中央目的事業主管機關擬訂者，送請中央主管機關審議核定。
㈢直轄市、縣（市）主管機關擬訂者，送請中央目的事業主管機關核轉中央主管機關審議核定。但涉及二以上目的事業者，主要業務之中央目的事業主管機關會商有關機關後核轉，或逕送中央主管機關會商有關機關後審議核定。

二　海岸防護計畫：

㈠中央目的事業主管機關擬訂者，送請中央主管機關審議後，報請行政院核定。

㈡直轄市、縣（市）主管機關擬訂者，送請中央目的事業主管機關核轉中央主管機關審議核定。

②中央主管機關審議前項海岸保護計畫、海岸防護計畫時，應遴聘（派）學者、專家、機關及民間團體代表以合議方式審議之；其學者專家及民間團體之代表人數不得少於二分之一。

③海岸保護計畫、海岸防護計畫之變更、廢止，適用前條、前二項規定。

第一八條（海岸相關計畫公告實施後，應定期通盤檢討之時間及得隨時檢討變更之情事）

①整體海岸管理計畫、海岸保護計畫、海岸防護計畫經公告實施後，擬訂機關應視海岸情況，每五年通盤檢討一次，並作必要之變更。但有下列情事之一者，得隨時檢討之：

一　為興辦重要或緊急保育措施。

二　為防治重大或緊急災害。

三　政府為促進公共福祉、興辦國防所辦理之必要性公共建設。

②整體海岸管理計畫、海岸保護計畫、海岸防護計畫之變更，應依第九條、第十六條及第十七條程序辦理。

第一九條（海岸相關計畫公告實施後，相關主管機關應按各計畫所定期限辦理變更作業）

整體海岸管理計畫、海岸保護計畫、海岸防護計畫公告實施後，依計畫內容應修正或變更之開發計畫、事業建設計畫、都市計畫、國家公園計畫或區域計畫，相關主管機關應按各計畫所定期限辦理變更作業。

第二〇條（船舶航行有影響海岸保護之處理）

船舶航行有影響海岸保護或肇致海洋污染之虞者，得由中央主管機關會商航政主管機關調整航道，並公告之。

第二一條（為擬訂及實施海岸相關計畫，相關機關得採取之措施）

①為擬訂及實施整體海岸管理計畫、海岸保護計畫或海岸防護計畫，計畫擬訂或實施機關得為下列行為：

一　派員進入公私有土地實地調查、勘測。

二　與土地所有權人、使用人或管理人協議，將無特殊用途之公私有土地作為臨時作業或材料放置場所。

三　拆遷有礙計畫實施之土地改良物。

四　為強化漁業資源保育或海岸保護，協調漁業主管機關依漁業法規定，變更、廢止漁業權之核准、停止漁業權之行使或限制漁業行為。

五　協調礦業或土石採取主管機關，於已設定礦區或已核准之土石區依規定劃定禁採區，禁止採礦或採取土石。

②前項第一款調查或勘測人員進入公、私有土地調查或勘測時，應出示執行職務有關之證明文件或顯示足資辨別之標誌；土地所有人、占有人、管理人或使用人，不得規避、拒絕或妨礙，於進入設有圍障之土地調查或勘測前，應於七日前通知其所有人、占有人、管理人或使用人。

③因第一項行爲致受損失者，計畫擬訂或實施機關應給予適當之補償。

④前項補償金額或方式，由雙方協議之；協議不成者，由計畫擬訂或實施機關報請上級主管機關核定。但其他法律另有規定者，從其規定。

⑤海岸地區範圍內之土地因海岸保護計畫、海岸防護計畫實施之需要，主辦機關得依法徵收或撥用之。

⑥海岸地區範圍內之公有土地，主辦機關得依海岸保護計畫、海岸防護計畫內容委託民間經營管理。

第二二條　（海岸防護工程受益費之徵收）

①因海岸防護計畫有關工程而受直接利益者，計畫擬訂及實施機關得於其受益限度內，徵收防護工程受益費。

②前項防護工程受益費之徵收，依工程受益費徵收條例規定辦理。

第二三條　（海岸防護設施設計手冊之訂定）

中央水利主管機關應會商相關目的事業主管機關考慮海象、氣象、地形、地質、地盤變動、侵蝕狀態、其他海岸狀況與因波力、設施重量、水壓、土壓、風壓、地震及漂流物等因素與衝擊，訂定海岸防護設施之規劃設計手冊。

第二四條　（海岸防護設施工程之維護管理）

海岸防護設施如兼有道路、水門、起卸貨場等其他設施之效用時，由該其他設施主管機關實施該海岸防護設施之工程，並維護管理。

第三章　海岸地區之利用管理

第二五條　（海岸特定區內之重大開發利用，應擬具利用管理說明書申請許可）

①在一級海岸保護區以外之海岸地區特定區位內，從事一定規模以上之開發利用、工程建設、建築或使用性質特殊者，申請人應檢具海岸利用管理說明書，申請中央主管機關許可。

②前項申請，未經中央主管機關許可前，各目的事業主管機關不得爲開發、工程行爲之許可。

③第一項特定區位、一定規模以上或性質特殊適用範圍與海岸利用管理說明書之書圖格式內容、申請程序、期限、廢止及其他應遵行事項之辦法，由中央主管機關定之。

第二六條　（徵得中央主管機關許可海岸特定區開發之要件）

①依前條第一項規定申請許可案件，經中央主管機關審查符合下列條件者，始得許可：
一　符合整體海岸管理計畫利用原則。
二　符合海岸保護計畫、海岸防護計畫管制事項。
三　保障公共通行或具替代措施。
四　對海岸生態環境衝擊採取避免或減輕之有效措施。
五　因開發需使用自然海岸或填海造地時，應以最小需用爲原則，並於開發區內或鄰近海岸之適當區位，採取彌補或復育所造成生態環境損失之有效措施。

②前項許可條件及其他相關事項之規則，由中央主管機關定之。

第二七條　（審議機關於海岸地區範圍之區域計畫等審議通過前，應先徵詢海岸主管機關意見）

區域計畫、都市計畫主要計畫或國家公園計畫在海岸地區範圍者，區域計畫、都市計畫主要計畫或國家公園計畫審議機關於計畫審議通過前，應先徵詢主管機關之意見。

第二八條　（獎勵及表揚具公共利益之海岸保護、復育、防護與管理等事項）

中央主管機關對於具有公共利益之海岸保護、復育、防護、教育、宣導、研發、創作、捐贈、認養與管理事項得予適當獎勵及表揚。

第二九條　（海岸管理基金之來源）

主管機關爲擴大參與及執行海岸保育相關事項，得成立海岸管理基金，其來源如下：
一　政府機關循預算程序之撥款。
二　基金孳息收入。
三　受贈收入。
四　其他收入。

第三〇條　（海岸管理基金之用途）

海岸管理基金用途限定如下：
一　海岸之研究、調查、勘定、規劃、監測相關費用。
二　海岸環境清理與維護。
三　海岸保育及復育補助。
四　海岸保育及復育獎勵。
五　海岸環境教育、解說、創作及推廣。
六　海岸保育國際交流合作。
七　其他經主管機關核准有關海岸保育、防護及管理之費用。

第三一條　（爲保障公共通行及公共水域之使用，近岸海域不得爲獨占性使用、禁止設置人爲設施及其例外規定）

①爲保障公共通行及公共水域之使用，近岸海域及公有自然沙灘不得爲獨占性使用，並禁止設置人爲設施。但符合整體海岸管理計畫，並依其他法律規定允許使用、設置者；或爲國土保安、國家安全、公共運輸、環境保護、學術研究及公共福祉之必要，專案向主管機關申請許可者，不在此限。

②前項法律規定允許使用、設置之範圍、專案申請許可之程序、應具備文件、許可條件、廢止及其他相關事項之辦法，由中央主管機關定之。

第四章 罰 則

第三二條 （罰則）

①在一級海岸保護區內，違反第十二條第二項改變其資源條件使用或違反第十三條第一項第三款海岸保護計畫所定禁止之使用者，處新臺幣六萬元以上三十萬元以下罰鍰。

②因前項行為毀壞保護標的者，處六月以上五年以下有期徒刑，得併科新臺幣四十萬元以下罰金。

③因第一項行為致釀成災害者，處三年以上十年以下有期徒刑，得併科新臺幣六十萬元以下罰金。

第三三條 （罰則）

①在海岸防護區內違反第十五條第一項第四款海岸防護計畫所定禁止之使用者，處新臺幣三萬元以上十五萬元以下罰鍰。

②因前項行為毀壞海岸防護設施者，處五年以下有期徒刑，得併科新臺幣三十萬元以下罰金。

③因第一項行為致釀成災害者，處一年以上七年以下有期徒刑，得併科新臺幣五十萬元以下罰金。

第三四條 （罰則）

①在二級海岸保護區內違反第十三條第一項第三款海岸保護計畫所定禁止之使用者，處新臺幣二萬元以上十萬元以下罰鍰。

②因前項行為毀壞保護標的者，處三年以下有期徒刑、拘役或科或併科新臺幣二十萬元以下罰金。

③因第一項行為致釀成災害者，處六月以上五年以下有期徒刑，得併科新臺幣四十萬元以下罰金。

第三五條 （罰則）

規避、妨礙或拒絕第二十一條第一項第一款之調查、勘測者，處新臺幣一萬元以上五萬元以下之罰鍰，並得按次處罰及強制檢查。

第三六條 （罰則）

違反第二十五條第一項規定，未經主管機關許可或未依許可內容逕行施工者，處新臺幣六萬元以上三十萬元以下罰鍰，並令其限期改善或回復原狀，屆期未遵從者，得按次處罰。

第三七條 （罰則）

違反第三十一條第一項規定，在近岸海域及公有自然沙灘為獨占性使用或設置人為設施者，經主管機關制止並令其限期恢復原狀，屆期未遵從者，處新臺幣一萬元以上五萬元以下罰鍰，並得按次處罰。

第三八條 （罰則）

主管機關對第三十二條第一項、第三十三條第一項或第三十四條第一項規定行爲，除處以罰鍰外，應即令其停止使用或施工；並視情形令其限期回復原狀、拆除設施或增建安全設施，屆期未遵從者，得按次處罰。

第三九條 （對法人或自然人未盡管理責任之處罰）

法人之代表人、法人或自然人之代理人、受雇人或其他從業人員，因執行業務犯本法之罪者，除處罰其行爲人外，對該法人或自然人亦科以各該條之罰金。

第四〇條 （犯第三十二條至第三十四條之罪，作有效回復、補救措施之減刑）

犯第三十二條至第三十四條之罪，於第一審言詞辯論終結前已作有效回復或補救者，得減輕其刑。

第四一條 （財物之沒入）

因第三十二條第一項、第三十三條第一項或第三十四條第一項之行爲所生或所得之物及所用之物，得沒入之。

第四二條 （財物之沒收）

犯本法之罪，其所生或所得之物及所用之物，沒收之。

第五章 附 則

第四三條 （海岸相關計畫相關機關執行有疑義之協調機制）

整體海岸管理計畫及海岸保護計畫、海岸防護計畫涉及相關機關執行有疑義時，得由主管機關協調；協調不成，由主管機關報請上級機關決定之。

第四四條 （整體海岸管理計畫之公告實施期限）

中央主管機關應於本法施行後二年內，公告實施整體海岸管理計畫。

第四五條 （施行細則）

本法施行細則，由中央主管機關定之。

第四六條 （施行日）

本法自公布日施行。

濕地保育法

民國102年7月3日總統令制定公布全文42條。
民國103年6月10日行政院令發布定自104年2月2日施行。

第一章　總　則

第一條　（立法目的）

爲確保濕地天然滯洪等功能，維護生物多樣性，促進濕地生態保育及明智利用，特制定本法。

第二條　（適用範圍）

濕地之規劃、保育、復育、利用、經營管理相關事務，依本法之規定；其他法律有較嚴格之規定者，從其規定。

第三條　（主管機關及應辦事項）

①本法所稱主管機關：在中央爲內政部；在直轄市爲直轄市政府；在縣（市）爲縣（市）政府。

②中央主管機關應辦理下列事項：

一　全國濕地保育利用政策之研究、策劃、督導及協調。
二　全國濕地保育利用法令制度之研擬。
三　重要濕地之評定、變更、廢止及公告。
四　國際級與國家級重要濕地保育利用計畫之擬訂、審議、變更、廢止、公告及實施。
五　地方級重要濕地保育利用計畫之核定、監督及協調。
六　國際級及國家級重要濕地使用之許可。
七　濕地標章之設立及管理。

③直轄市、縣（市）主管機關應辦理下列事項：

一　地方級重要濕地保育利用計畫之擬訂、審議、變更、公告及實施。
二　地方級重要濕地使用之許可。
三　轄區內其他濕地保育利用之策劃、督導及協調。

第四條　（用詞定義）

本法用詞定義如下：

一　濕地：指天然或人爲、永久或暫時、靜止或流動、淡水或鹹水或半鹹水之沼澤、潟湖、泥煤地、潮間帶、水域等區域，包括水深在最低低潮時不超過六公尺之海域。
二　人工濕地：指爲生態、滯洪、景觀、遊憩或污水處理等目的，所模擬自然而建造之濕地。
三　重要濕地：指具有生態多樣性、重要物種保育、水土保持、水資源涵養、水產資源繁育、防洪、滯洪、文化資產、景觀美質、科學研究及環境教育等重要價值，經依第八條、第十條評定及第十一條公告之濕地。

四　明智利用：指在濕地生態承載範圍內，以兼容並蓄方式使用濕地資源，維持質及量於穩定狀態下，對其生物資源、水資源與土地予以適時、適地、適量、適性之永續利用。

五　重要濕地保育利用計畫：指為保育及明智利用重要濕地所擬訂之綜合性及永續性計畫。

六　異地補償：指以異地重建棲息地方式，復育濕地生態所實施之生態補償。

七　生態補償：指因開發及利用行為造成濕地面積或生態功能損失，對生態環境實施之彌補措施。

八　零淨損失：指開發及利用行為經實施衝擊減輕、異地補償或生態補償，使濕地面積及生態功能無損失。

第五條　（濕地保育及利用原則）

為維持生態系統健全與穩定，促進整體環境之永續發展，加強濕地之保育及復育，各級政府機關及國民對濕地自然資源與生態功能應妥善管理、明智利用，確保濕地零淨損失；其保育及明智利用原則如下：

一　自然濕地應優先保護，並維繫其水資源系統。

二　加強保育濕地之動植物資源。

三　具生態網絡意義之濕地及濕地周邊環境和景觀，應妥善整體規劃及維護。

四　配合濕地復育、防洪滯洪、水質淨化、水資源保育及利用、景觀及遊憩，應推動濕地系統之整體規劃；必要時，得於適當地區以適當方式闢建人工濕地。

第六條　（濕地資料庫之建置）

①主管機關應定期會同有關機關進行濕地生態、污染與周邊社會、經濟、土地利用等基礎調查，中央主管機關並應建置資料庫與專屬網頁，供各相關單位使用，並定期更新資料與發布濕地現況公報。除涉及國家安全機密資料者外，各有關機關應配合提供濕地相關資料。

②為執行前項調查，主管機關或受託機關、團體得派員攜帶證明文件，進入公、私有土地進行調查及實施勘查或測量措施。公、私有土地權利人或管理人，除涉及軍事機密者，應會同軍事機關為之外，不得規避、拒絕或妨礙。

③主管機關執行前項調查時，應先以書面通知公、私有土地權利人或管理人；通知無法送達時，得以公告方式為之。

④主管機關就第一項業務得委任所屬機關（構）或委託其他機關（構）、學校或團體辦理。

第七條　（濕地之評估、變更、廢止及重要濕地保育利用計畫之擬訂及審議）

①重要濕地之評定、變更、廢止及國際級、國家級重要濕地保育

利用計畫之擬訂，應由中央主管機關以公開方式辦理。
②中央主管機關爲辦理前項業務及其他相關濕地保育政策之規劃、研究等事項之審議，應設審議小組，由專家學者、社會公正人士及政府機關代表組成，其中專家學者及社會公正人士人數不得少於二分之一。
③直轄市、縣（市）主管機關辦理地方級重要濕地保育利用計畫之審議，準用前二項規定或得與其他相關法律規定之審議機制合併辦理。
④重要濕地之評定、變更、廢止及重要濕地保育利用計畫之擬訂，涉及限制原住民族利用原住民族之土地及自然資源時，核定前應與當地原住民族諮商，並取得其同意。

第二章　重要濕地評定、變更及廢止

第八條　（重要濕地分級之評定事項）

重要濕地分爲國際級、國家級及地方級三級，由中央主管機關考量該濕地之生物多樣性、自然性、代表性、特殊性及規劃合理性和土地所有權人意願等，並根據下列事項評定其等級：

一　爲國際遷移性物種棲息及保育之重要環境。
二　其他珍稀、瀕危及特需保育生物集中分布地區。
三　魚類及其他生物之重要繁殖地、覓食地、遷徙路徑及其他重要棲息地。
四　具生物多樣性、生態功能及科學研究等價值。
五　具重要水土保持、水資源涵養、防洪及滯洪等功能。
六　具自然遺產、歷史文化、民俗傳統、景觀美質、環境教育、觀光遊憩資源，對當地、國家或國際社會有價值或有潛在價值之區域。
七　生態功能豐富之人工濕地。
八　其他經中央主管機關指定者。

第九條（重要濕地之變更或廢止）

重要濕地因自然變遷或重大災害而改變、消失或無法恢復者或因國家重大公共利益之所需者，得辦理檢討；必要時，得予以變更或廢止。

第一〇條　（重要濕地之評定、變更及廢止作業審議規定應公開舉行說明會）

①重要濕地之評定、變更及廢止作業審議前，應公開展覽三十日及在當地舉行說明會，並將公開展覽及說明會之日期及地點登載於政府公報、新聞紙、專屬網頁或其他適當方法廣泛周知；任何人民或團體得於公開展覽期間內，以書面載明姓名或名稱、地址及具體意見，送中央主管機關參考審議；並將意見參採或回應情形併同審議結果，報行政院核定。
②前項審議進度、結果、意見回應或參採情形及其他有關資訊，應登載於政府公報、新聞紙、專屬網頁或其他適當方式廣泛周

知。

③第一項審議，應自公開展覽結束之翌日起算一百八十日內完成。但情形特殊者，得延長九十日，並以一次爲限。

④重要濕地之評選、分級、變更及廢止範圍劃定與變更之原則標準、民衆參與及意見處理等事項之辦法，由中央主管機關定之。

第一一條 （重要濕地評定、變更及廢止之公告）

重要濕地評定、變更及廢止經行政院核定後，中央主管機關應自收受核定公文之日起算三十日內公告，登載於政府公報、新聞紙、專屬網頁或其他適當方法廣泛周知。

第一二條 （暫定重要濕地之定義、公告及作業期限）

①經公開展覽進入重要濕地評定程序者，爲暫定重要濕地。

②濕地遇有緊急情況，中央主管機關得依職權或相關單位或團體之申請，逕予公告爲暫定重要濕地。

③前項經公告爲暫定重要濕地者，應自公告之日起算九十日內，完成重要濕地評定。但情形特殊者，得延長九十日，逾期者，原公告之處分失效。

④第一項及第二項暫定重要濕地，中央主管機關應採取及時有效之維護措施，避免破壞，並得視需要公告必要之限制事項或第二十五條所定禁止之行爲。

⑤前項措施或公告，應書面通知目的事業主管機關及土地所有權人、使用人或管理人。

第三章　重要濕地保育利用計畫

第一三條 （重要濕地保育綱領之訂定）

①中央主管機關應訂定國家濕地保育綱領，總體規劃與推動濕地之保育策略與機制，並報行政院備查。

②前項國家濕地保育綱領應每五年至少檢討一次。

第一四條 （重要濕地保育利用計畫之擬定及核定程序）

重要濕地保育利用計畫之擬訂及核定程序如下；其變更及廢止，亦同。

一　國際級：由中央主管機關擬訂，報行政院核定。

二　國家級：由中央主管機關訂定。必要時，得委由直轄市、縣（市）主管機關擬訂，報中央主管機關定之。

三　地方級：由直轄市、縣（市）主管機關擬訂，報中央主管機關核定。

四　地方級重要濕地範圍跨直轄市、縣（市）轄區者，由各該直轄市、縣（市）主管機關協商擬訂，報中央主管機關核定；必要時，由中央主管機關協調各相關直轄市、縣（市）主管機關共同擬訂或指定由其中一直轄市、縣（市）主管機關擬訂，報中央主管機關核定。

第一五條 （重要濕地保育利用計畫應載明事項）

①重要濕地保育利用計畫，應載明下列事項：

一　計畫範圍及計畫年期。
二　上位及相關綱領、計畫之指導事項。
三　當地社會、經濟之調查及分析。
四　水資源系統、生態資源與環境之基礎調查及分析。
五　土地及建築使用現況。
六　具重要科學研究、文化資產、生態及環境價值之應優先保護區域。
七　濕地系統功能分區及其保育、復育、限制或禁止行為、維護管理之規定或措施。
八　允許明智利用項目及管理規定。
九　水資源保護及利用管理計畫。
十　緊急應變及恢復措施。
十一　財務與實施計畫。
十二　其他相關事項。

②主管機關認為鄰接重要濕地之其他濕地及周邊環境有保育利用需要時，應納入重要濕地保育利用計畫範圍一併整體規劃及管理。

③第一項重要濕地保育利用計畫，除用文字、圖表說明外，應附計畫圖；其比例尺不得小於五千分之一。

④重要濕地保育利用計畫核定發布實施後，主管機關得依都市計畫樁測定及管理辦法規定，辦理樁位測定及地籍分割測量。

⑤中央主管機關應會同水資源目的事業主管機關，訂定重要濕地內之灌溉、排水、蓄水、放淤、給水、投入或其他影響地面水或地下水等行為之標準。

第一六條　（重要濕地功能分區之規劃及限制開發或建築）

①前條第一項第七款之功能分區，得視情況分類規劃如下，並依前條第一項第七款及第八款規定實施分區管制：
一　核心保育區：為保護濕地重要生態，以容許生態保護及研究使用為限。
二　生態復育區：為復育遭受破壞區域，以容許生態復育及研究使用為限。
三　環境教育區：為推動濕地環境教育，供環境展示解說使用及設置必要設施。
四　管理服務區：供濕地管理相關使用及設置必要設施。
五　其他分區：其他供符合明智利用原則之使用。

②國際級、國家級重要濕地，除前項第三款至第五款之情形外，不得開發或建築。

③重要濕地得視實際情形，依其他法律配合變更為適當之土地使用分區或用地。

第一七條　（重要濕地保育利用計畫擬訂之期限、公開展覽及審議程序）

①重要濕地保育利用計畫，應於重要濕地評定公告之日起算一年內擬訂完成，並辦理公開展覽。

②重要濕地保育利用計畫公開展覽及審議程序，準用第十條之規定。

第一八條　（重要濕地保育利用計畫之公告）

重要濕地保育利用計畫經核定後，主管機關應自收受核定公文之日起算三十日內，將計畫書圖公告，並登載於政府公報及新聞紙，並以專屬網頁、網際網路或其他適當方法廣泛周知。

第一九條　（重要濕地保育利用計畫應定期檢討）

重要濕地保育利用計畫公告實施後，主管機關應每五年至少檢討一次。

第四章　重要濕地明智利用

第二〇條　（開發或利用位於重要濕地或重要濕地保育利用計畫內，應先徵詢中央主管機關之事項）

各級政府於重要濕地或第十五條第二項規定納入整體規劃及管理範圍之其他濕地及周邊環境內辦理下列事項時或其計畫有影響重要濕地之虞者，應先徵詢中央主管機關之意見：

一　擬訂、檢討或變更區域計畫、都市計畫或國家公園計畫。
二　實施環境影響評估。
三　審核或興辦水利事業計畫。
四　審核或興辦水土保持計畫。
五　其他各目的事業主管機關審核興辦事業計畫或開發計畫。
六　其他開發或利用行爲經各目的事業主管機關認有必要者。

第二一條　（重要濕地從來之現況使用、輔導及處理）

①重要濕地範圍內之土地得爲農業、漁業、鹽業及建物等從來之現況使用。但其使用違反其他法律規定者，依其規定處理。

②前項從來之現況使用，由主管機關會同目的事業主管機關認定之；其認定基準日，以第十條第一項重要濕地評定之公開展覽日爲準。

③第一項範圍內之私有土地權利人增設簡易設施或使用面積有變更者，應經主管機關之許可。

④第一項從來之現況使用，對重要濕地造成重大影響者，主管機關應命土地開發或經營單位及使用人限期改善，並副知其目的事業主管機關。但因故無法發現土地開發或經營單位、使用人時，得命權利關係人、所有權人或管理人限期改善。必要時，得輔導轉作明智利用項目。

⑤前項使用屆期未改善或未轉作明智利用項目，而違反本法相關規定，致重要濕地無法零淨損失者，除應依本法規定處罰外，並應依第二十七條規定實施衝擊減輕、異地補償及生態補償。

第二二條　（重要濕地之徵收、撥用或租用）

①重要濕地範圍內之土地，主管機關爲實施保育利用計畫之必要，得依法徵收、撥用或租用。

②重要濕地範圍內之公有土地，經主管機關同意，得委託民間經

營管理。
③前項受委託經營管理者之資格條件、經營管理計畫應記載事項、經營管理方式、委託之程序、期限、終止、監督及其他應遵行事項之辦法，由主管機關定之。

第二三條 （重要濕地保育利用計畫之經營管理及費用收取）
①重要濕地應依重要濕地保育利用計畫經營管理，除合於本法或漁業法之使用者外，於重要濕地內以生產、經營或旅遊營利爲業者，應向所屬主管機關申請許可，並得收取費用；相關經營收益，應繳交一定比率之回饋金。
②前項經營管理之許可、收費、運用、回饋金繳交比率、會計稽核及其他應遵行事項之辦法，由主管機關定之。

第二四條 （濕地保育合理補償之範圍）
①主管機關執行第六條第二項進入公私有土地、第十二條第四項所定公告禁止或限制事項，或第二十一條第四項濕地保育輔導轉作明智利用項目規定，致土地所有權人、經營人、使用人或權利關係人受有損失者，應予合理補償。
②前項補償金額、方式及其他相關事項之辦法，由中央主管機關定之。

第二五條 （重要濕地範圍內禁止從事之行爲）
非經主管機關許可，重要濕地範圍內禁止從事下列行爲。但其他法律另有規定者，從其規定：
一 擅自抽取、引取、截斷或排放濕地水資源及改變原有水資源系統。
二 挖掘、取土、埋塡、堆置或變更濕地地形地貌。
三 破壞生物洄游通道及野生動植物繁殖區或棲息環境。
四 於重要濕地或其上游、周邊水域投放化學物品，排放或傾倒污（廢）水、廢棄物或其他足以降低濕地生態功能之污染物。
五 騷擾、毒害、獵捕、虐待、宰殺野生動物。
六 未經目的事業主管機關許可之砍伐、採集、放生、引入、捕撈、獵捕、撿拾生物資源。

第二六條 （濕地保育事項具有成效得予獎勵）
主管機關應依實際濕地保育情形，對於下列具有公共利益之事項得予適當獎勵及表揚：
一 濕地生態之保育及復育。
二 濕地環境教育之推廣。
三 濕地保育與明智利用之科學、技術、研究及藝文創作。
四 濕地友善產品或產業之創新、研發及行銷。
五 濕地之認養、基金與私人土地之捐贈及人工濕地之營造。
六 其他與濕地保育有關之行爲。

第五章 開發迴避、衝擊減輕及生態補償

第二七條　（審查許可開發或利用行為之原則）

①各級政府經依第二十條規定徵詢中央主管機關，認有破壞、降低重要濕地環境或生態功能之虞之開發或利用行為，該申請開發或利用者應擬具濕地影響說明書，申請該管主管機關審查許可。審查許可開發或利用行為之原則如下：

一　優先迴避重要濕地。

二　迴避確有困難，應優先採行衝擊減輕措施或替代方案。

三　衝擊減輕措施或替代方案皆已考量仍有困難，無法減輕衝擊，始准予實施異地補償措施。

四　異地補償仍有困難者，始准予實施其他方式之生態補償。

②前項第三款及第四款異地補償及生態補償措施，應依下列規定方式實施：

一　主管機關應訂定生態補償比率及復育基準。

二　前款補償，應於原土地開始開發或利用前達成生態復育基準。但經主管機關評估，無法於原土地開始開發或利用前達成生態復育基準者，得以提高異地補償面積比率或生態補償功能基準代之。

三　異地補償面積在〇．二公頃以下者，得以申請繳納代金方式，由主管機關納入濕地基金並專款專用統籌集中興建功能完整之濕地。

③第一項開發或利用行為應擬具濕地影響說明書者，其認定基準、細目、資訊公開、民眾參與及其他作業事項之準則，由中央主管機關定之。

第二八條　（異地補償土地之選擇原則）

進行異地補償之土地，應考量生物棲地多樣性、棲地連結性、生態效益、水資源關聯性、鄰近土地使用相容性、土地使用趨勢及其他因素，其區位選擇原則如下：

一　位於或鄰近開發與利用行為之地區。

二　位於或鄰近與開發或利用行為地區同一水系或海域內之濕地生態系統。

三　於其他可能補償整體濕地生態系統之位置。

第二九條　（異地補償或生態補償之土地涉及擬定或變更重要濕地保育利用計畫者之規定）

①異地補償之土地，視同重要濕地並進行復育。

②實施異地補償或生態補償之土地，如涉及擬訂或變更重要濕地保育利用計畫者，主管機關應依第十四條規定辦理。

③原土地開發或利用者，應依前項變更或核定之重要濕地保育利用計畫辦理。

④第一項異地補償之土地應依其他法律檢討變更為生態保育性質之土地使用分區或用地，不得再申請開發或利用。

第三〇條　（開發或利用重要濕地之限制）

①開發或利用者採取衝擊減輕或替代方案並繳交濕地影響費，或依第二十七條第二項第二款辦理異地補償，或依第二十七條第

二項第三款規定繳交代金及前條第二項規定辦理後，主管機關始得核發許可。
②開發或利用行為未經主管機關許可前，各目的事業主管機關不得依其主管法規同意或許可。
③前條之開發迴避、衝擊減輕與替代方案、異地補償機制、生態補償、許可、廢止、異地補償面積比例、生態補償功能基準、開發面積累積規定及其他應遵行事項之辦法，由中央主管機關定之。

第三一條　（進行異地補償或生態補償之規定）
①進行異地補償或生態補償應依濕地影響說明書辦理，其復育成果，開發或利用者應定期報中央主管機關備查。
②前項成果，主管機關應定期檢查，並得隨時派員調查、查驗；必要時，得會同相關機關、專家學者考察與提供意見，促其提出改善方案，並命其限期改善。
③前項情形，中央主管機關得委託專家學者、專業團體或機構協助作技術性之評估、調查研究或諮商，相關費用由開發或利用單位負擔。
④主管機關辦理第二項業務，得準用第六條第二項規定。

第六章　濕地標章及濕地基金

第三二條　（濕地標章之設立）
①為透過市場機制擴大社會參與濕地保育及推廣濕地環境教育，中央主管機關得設立濕地標章。
②自然人、法人、團體或機關（構）得向中央主管機關申請許可使用濕地標章，並應繳交一定比例之回饋金；其申請應具備之條件、程序、應檢附文件、使用方式、許可、廢止、回饋金之繳交與運用、標章之發行與管理、推廣獎勵及其他應遵行事項之辦法，由中央主管機關定之。

第三三條　（濕地基金來源）
主管機關為執行濕地保育相關事項，得成立濕地基金，其來源如下：
一　依第二十三條、第二十七條及前條規定收取之回饋金、濕地影響費及代金。
二　基金孳息收入。
三　政府機關循預算程序之撥款。
四　受贈收入。
五　其他收入。

第三四條　（濕地基金用途）
濕地基金用途限定如下：
一　濕地之研究、調查、勘定、監測、保存、維護與明智利用相關費用。
二　濕地保育及復育補助。

三　濕地環境教育、解說、創作及推廣。
四　濕地保育及復育獎勵。
五　濕地保育國際交流合作。
六　其他經主管機關核准有關濕地保育及復育之費用。

第七章　罰　則

第三五條　（處新臺幣三十萬元以上一百五十萬元以下罰鍰之規定）

有下列情形之一者，處新臺幣三十萬元以上一百五十萬元以下罰鍰，並命其停止使用行為、限期改正或恢復原狀；屆期未停止使用行為、改正或恢復原狀者，按次處罰：
一　違反第十五條第一項第八款重要濕地保育利用計畫所定允許明智利用項目或管理規定。
二　違反第十六條第二項規定。
三　違反第二十五條第一款至第四款規定之一。

第三六條　（違反第六條、第三十一條之處罰）

規避、妨礙或拒絕第六條第二項之調查或第三十一條第二項之調查、查驗或定期檢查者，處新臺幣六萬元以上三十萬元以下罰鍰，按次處罰並強制檢查。

第三七條　（違反第十二條之處罰）

違反第十二條第四項所定公告限制事項或禁止之行為者，處新臺幣六萬元以上三十萬元以下罰鍰，並令其停止使用行為、限期改正或恢復原狀，屆期未停止使用行為、改正或恢復原狀者，按次處罰。

第三八條　（違反第二十五條之處罰）

違反第二十五條第五款或第六款規定者，處新臺幣六萬元以上三十萬元以下罰鍰；因而致野生動物死亡者，處新臺幣十萬元以上五十萬元以下罰鍰。

第三九條　（違反本法相關規定之處罰）

①有下列情形之一者，除依本法規定處罰外，並應接受四至八小時環境教育課程：
一　違反第十二條第四項公告限制事項或禁止之行為。
二　違反第十五條第一項第八款重要濕地保育利用計畫所定允許明智利用項目或管理規定。
三　違反第十六條第二項規定。
四　違反第二十五條各款規定之一。

②前項第二款至第四款之行為，無法恢復原狀者，應依第二十七條第一項第三款及第四款規定辦理。

③第一項環境教育課程由主管機關自行規劃辦理或由主管機關會商環境主管機關併同施行。

第八章　附　則

第四〇條　（本法公布施行前已公告之國家重要濕地之處理方式）

①本法公布施行前經中央主管機關核定公告之國際級及國家級國家重要濕地，於本法施行後，視同國際級與國家級重要濕地。

②本法公布施行前經中央主管機關核定公告之地方級國家重要濕地，於本法施行後，視同第十二條第一項之地方級暫定重要濕地，並予檢討；其再評定期限，由中央主管機關定之，分批公告，不受第十條第三項規定之限制。

第四一條　（施行細則）

本法施行細則，由中央主管機關定之。

第四二條　（施行日）

本法施行日期，由行政院於一年內定之。

濕地保育法施行細則

①民國104年1月30日內政部令訂定發布全文 20 條；並自104年2月2日施行。

②民國107年5月28日內政部令修正發布第19、 20 條條文；並自發布日施行。

第一條

本細則依濕地保育法（以下簡稱本法）第四十一條規定訂定之。

第二條

①相關單位或團體依本法第十二條第二項申請公告暫定重要濕地，應檢具下列書圖文件，向中央主管機關提出申請：

一 申請書。

二 濕地範圍圖，其比例尺不小於二萬五千分之一。

三 濕地符合本法第八條各款之一內容。

四 濕地現況、照片及緊急情況之說明。

五 其他應表明之事項。

②中央主管機關受理申請後，應於十五日內完成初審，經審查須予補正者，應通知申請單位或團體於接獲通知書之日起十五日內補正。屆期未補正或補正仍不符規定者，駁回其申請。

③經前項初審合格者，中央主管機關應邀集專家學者、申請單位或團體及目的事業主管機關現場勘查，經評估該濕地具有本法第八條所定事項者，逕予公告暫定重要濕地，並以書面通知目的事業主管機關、申請單位或團體及土地所有權人、使用人或管理人。

第三條

前條暫定重要濕地之現場勘查、公告及通知程序，中央主管機關應於現場勘查之日起三十日內完成。

第四條

依本法第十二條第二項逕予公告爲暫定重要濕地，經評定爲非重要濕地者，中央主管機關應即公告廢止暫定重要濕地，並以書面通知目的事業主管機關、申請單位或團體及土地所有權人、使用人或管理人。

第五條

本法第十五條第一項第一款所定計畫年期爲二十五年。

第六條

本法第十五條第一項第八款所定允許明智利用項目及管理規定應考量重要濕地條件、議題與管理之必要性等因素訂定下列事項：

一　生物資源允許利用之時間、範圍及方式。
二　水資源允許利用與排放之地點及基準。
三　濕地系統功能分區允許利用行爲與土地容許使用項目、建築及設施等規定。
四　其他經主管機關規定應予適時、適地、適量、適性永續利用之事項。

第七條

主管機關依本法第十九條辦理重要濕地保育利用計畫檢討時，應考量重要濕地內生物資源、水資源、土地及環境變遷等因素，並檢討執行成效作適度調整。

第八條

重要濕地保育利用計畫遇有下列情形之一時，主管機關得隨時檢討變更或廢止：

一　配合本法第九條規定。
二　爲避免重大災害之發生。
三　配合本法第二十九條第二項規定。
四　經調查監測與科學研究證據，有緊急保護特定物種及其棲息環境之必要者。

第九條

本法第二十一條第一項所稱從來之現況使用，指該使用行爲至本法認定基準日時，仍持續進行之狀態或行爲。

第一〇條

本法第二十一條第三項所定簡易設施，爲從來之現況使用所需，包括下列設施：

一　以竹、木、塑膠、角鋼、鐵絲網等材料所搭建固定之便道（橋）、棧道、棚架、網室、溫室、網籠、圍籬、欄杆及工寮等。
二　其他經主管機關會商目的事業主管機關認定對濕地生態衝擊較小者。

第一一條

①私有土地權利人依本法第二十一條第三項申請增設簡易設施，規定如下：

一　設施高度不得超過三點五公尺。
二　新增單一設施投影面積不得超過八十平方公尺。
三　擴建原設施，其申請面積不得超過原設施面積之百分之五十。

②前項規定經主管機關會商目的事業主管機關同意者，不在此限。

第一二條

私有土地權利人依本法第二十一條第三項規定增設簡易設施或使用面積變更者，應檢具申請書及下列書圖文件向主管機關申請許可：

一　國民身分證影本，其屬法人者，應檢具法人登記證明文件及代表人身分證明文件；爲政府機關者，免附。

二　重要濕地增設簡易設施或變更使用面積說明書，包括簡易設施或變更使用面積之名稱、目的、種類、地點、數量、材料或面積等。
三　地籍圖謄本及土地使用分區證明。
四　位置略圖及設施配置圖，其比例尺不得小於五百分之一。
五　土地使用同意書。但土地為申請人單獨所有者，免附。
六　簡易設施週邊環境現況。
七　其他經主管機關規定之文件。

第一三條

①主管機關收受申請重要濕地增設簡易設施或變更使用面積許可後，應於三十日內完成審查；經審查須予補正者，應通知申請人於接獲通知書之日起三個月內補正。
②申請人得於前項補正期限屆滿之日前，申請展延一個月；屆期未補正者，駁回其申請。
③第一項申請有下列情形之一者，不予許可：
一　增設簡易設施或變更使用面積顯不合理或無經營管理之必要。
二　增設簡易設施或變更使用面積有破壞重要濕地環境之虞。
三　違反本法或其他法令規定。

第一四條

主管機關應將許可使用之簡易設施及變更使用坐落土地之資料予以套繪、造冊，並建置資料庫列管。

第一五條

主管機關辦理本法第二十七條第一項之審查，得準用本法第七條第二項及第三項之規定。

第一六條

本法第三十一條第一項復育成果應至少每季報中央主管機關備查。

第一七條

依本法第四十條第一項規定，視同國際級與國家級重要濕地者，其從來之現況使用認定基準日，為本法施行之日。

第一八條

本法所定重要濕地、暫定重要濕地及其限制事項或禁止之行為與重要濕地保育利用計畫之效力，自公告之日起生效。

第一九條 107

主管機關得就重要濕地保育利用計畫之研擬、實施、經營管理、從來之現況使用增設變更及經營管理之許可、開發迴避衝擊減輕及生態補償之審查、處罰、重要濕地及保育利用計畫功能分區之查詢及其他相關事項委任所屬機關（構）、委託其他機關（構）或委辦地方主管機關辦理。

第二〇條 107

①本細則自本法施行之日施行。
②本細則修正條文自發布日施行。

國家公園法

①民國61年6月13日總統令制定公布全文30條；並自公布日施行。
②民國99年12月8日總統令修正公布第6、8條條文；並增訂第27-1條條文。

第一條　（立法目的）
為保護國家特有之自然風景、野生物及史蹟，並供國民之育樂及研究，特制定本法。

第二條　（適用範圍）
國家公園之管理，依本法之規定；本法未規定者，適用其他法令之規定。

第三條　（主管機關）
國家公園主管機關為內政部。

第四條　（國家公園計畫委員會）
內政部為選定、變更或廢止國家公園區域或審議國家公園計畫，設置國家公園計畫委員會，委員為無給職。

第五條　（組織通則之另定）
國家公園設管理處，其組織通則另定之。

第六條　（國家公園選定標準）99
①國家公園之選定基準如下：
一　具有特殊景觀，或重要生態系統、生物多樣性棲地，足以代表國家自然遺產者。
二　具有重要之文化資產及史蹟，其自然及人文環境富有文化教育意義，足以培育國民情操，需由國家長期保存者。
三　具有天然育樂資源，風貌特異，足以陶冶國民情性，供遊憩觀賞者。
②合於前項選定基準而其資源豐度或面積規模較小，得經主管機關選定為國家自然公園。
③依前二項選定之國家公園及國家自然公園，主管機關應分別於其計畫保護利用管制原則各依其保育與遊憩屬性及型態，分類管理之。

第七條　（國家公園存、廢變更之公告）
國家公園之設立、廢止及其區域之劃定、變更，由內政部報請行政院核定公告之。

第八條　（名詞釋義）99
本法用詞，定義如下：
一　國家公園：指為永續保育國家特殊景觀、生態系統，保存生物多樣性及文化多元性並供國民之育樂及研究，經主管機關依本法規定劃設之區域。
二　國家自然公園：指符合國家公園選定基準而其資源豐度或面積規模較小，經主管機關依本法規定劃設之區域。
三　國家公園計畫：指供國家公園整個區域之保護、利用及發展等經營管理上所需之綜合性計畫。
四　國家自然公園計畫：指供國家自然公園整個區域之保護、利用及發展等經營管理上所需之綜合性計畫。
五　國家公園事業：指依據國家公園計畫所決定，而為便利育樂、生態旅遊及保護公園資源而興設之事業。
六　一般管制區：指國家公園區域內不屬於其他任何分區之土地及水域，包括既有小村落，並准許原土地、水域利用型態之地區。
七　遊憩區：指適合各種野外育樂活動，並准許興建適當育樂設施及有限度資源利用行為之地區。
八　史蹟保存區：指為保存重要歷史建築、紀念地、聚落、古蹟、遺址、文化景觀、古物而劃定及原住民族認定為祖墳地、祭祀地、發源地、舊社地、歷史遺跡、
古蹟等祖傳地，並依其生活文化慣俗進行管制之地區。
九　特別景觀區：指無法以人力再造之特殊自然地理景觀，而嚴格限制開發行為之地區。
十　生態保護區：指為保存生物多樣性或供研究生態而應嚴格保護之天然生物社會及其生育環境之地區。

第九條　（公有土地之申請撥用）
①國家公園區域內實施國家公園計畫所需要之公有土地，得依法申請撥用。
②前項區域內私有土地，在不妨礙國家公園計畫原則下，准予保留作原有之使用。但為實施國家公園計畫需要私人土地時，得依法徵收。

第一〇條　（實施勘查或測量）
①為勘定國家公園區域，訂定或變更國家公園計畫，內政部或其委託之機關得派員進入公私土地內實施勘查或測量。但應事先通知土地所有權人或使用人。
②為前項之勘查或測量，如使土地所有權人或使用人之農作物、竹木或其他障礙物遭受損失時，應予以補償；其補償金額，由雙方協議，協議不成時，由其上級機關核定之。

第一一條　（國家公園事業之決定及執行）
①國家公園事業，由內政部依據國家公園計畫決定之。
②前項事業，由國家公園主管機關執行；必要時，得由地方政府或公營事業機構或公私團體經國家公園主管機關核准，在國家公園管理處監督下投資經營。

第一二條　（分區管理）
國家公園得按區域內現有土地利用型態及資源特性，劃分左列各區管理之：

一　一般管制區。
二　遊憩區。
三　史蹟保存區。
四　特別景觀區。
五　生態保護區。

第一三條　（國家公園區域內之禁止行爲）

國家公園區域內禁止左列行爲：
一　焚燬草木或引火整地。
二　狩獵動物或捕捉魚類。
三　污染水質或空氣。
四　採折花木。
五　於樹木、岩石及標示牌加刻文字或圖形。
六　任意抛棄果皮、紙屑或其他汚物。
七　將車輛開進規定以外之地區。
八　其他經國家公園主管機關禁止之行爲。

第一四條　（須經許可之行爲）

①一般管制區或遊憩區內，經國家公園管理處之許可，得爲左列行爲：
一　公私建築物或道路、橋樑之建設或拆除。
二　水面、水道之塡塞、改道或擴展。
三　礦物或土石之勘採。
四　土地之開墾或變更使用。
五　垂釣魚類或放牧牲畜。
六　纜車等機械化運輸設備之興建。
七　溫泉水源之利用。
八　廣告、招牌或其類似物之設置。
九　原有工廠之設備需要擴充或增加或變更使用者。
十　其他須經主管機關許可事項。

②前項各款之許可，其屬範圍廣大或性質特別重要者，國家公園管理處應報請內政部核准，並經內政部會同各該事業主管機關審議辦理之。

第一五條　（史蹟保存區內須經許可之行爲）

史蹟保存區內左列行爲，應先經內政部許可：
一　古物、古蹟之修繕。
二　原有建築物之修繕或重建。
三　原有地形、地物之人爲改變。

第一六條　（特定區域之禁止事項）

第十四條之許可事項，在史蹟保存區、特別景觀區或生態保護區內，除第一項第一款第六款經許可者外，均應予禁止。

第一七條　（因特殊需要應經許可之行爲）

特別景觀區或生態保護區內，爲應特殊需要，經國家公園管理處之許可，得爲左列行爲：
一　引進外來動、植物。

二　採集標本。
三　使用農藥。

第一八條　（生態保護區之利用限制）
生態保護區應優先於公有土地內設置，其區域內禁止採集標本、使用農藥及興建一切人工設施。但為供學術研究或為供公共安全及公園管理上特殊需要，經內政部許可者，不在此限。

第一九條　（進入生態保護區之許可）
進入生態保護區者，應經國家公園管理處之許可。

第二〇條　（水資源及礦物開發之審議及核准）
特別景觀區及生態保護區內之水資源及礦物之開發，應經國家公園計畫委員會審議後，由內政部呈請行政院核准。

第二一條　（園區內從事科學研究之同意）
學術機構得在國家公園區域內從事科學研究。但應先將研究計畫送請國家公園管理處同意。

第二二條　（專業人員之設置）
國家公園管理處為發揮國家公園教育功效，應視實際需要，設置專業人員，解釋天然景物及歷史古蹟等，並提供所必要之服務與設施。

第二三條　（費用負擔）
①國家公園事業所需費用，在政府執行時，由公庫負擔；公營事業機構或公私團體經營時，由該經營人負擔之。
②政府執行國家公園事業所需費用之分擔，經國家公園計畫委員會審議後，由內政部呈請行政院核定。
③內政部得接受私人或團體為國家公園之發展所捐獻之財物及土地。

第二四條　（罰則）
違反第一三條第一款之規定者，處六月以下有期徒刑、拘役或一千元以下罰金。

第二五條　（罰則）
違反第十三條第二款、第三款、第十四條第一項第一款至第四款、第六款、第九款、第十六條、第十七條或第十八條規定之一者，處一千元以下罰鍰；其情節重大，致引起嚴重損害者，處一年以下有期徒刑、拘役或一千元以下罰金。

第二六條　（罰則）
違反第十三條第四款至第八款、第十四條第一項第五款、第七款、第八款、第十款或第十九條規定之一者，處一千元以下罰鍰。

第二七條　（罰則）
①違反本法規定，經依第二十四條至第二十六條規定處罰者，其損害部分應回復原狀；不能回復原狀或回復顯有重大困難者，應賠償其損害。
②前項負有恢復原狀之義務而不為者，得由國家公園管理處或命第三人代執行，並向義務人徵收費用。

第二七條之一　（國家自然公園之變更、管理及違規行為處罰之適用規定）99

國家自然公園之變更、管理及違規行為處罰，適用國家公園之規定。

第二八條　（施行區域）

本法施行區域，由行政院以命令定之。

第二九條　（施行細則）

本法施行細則，內政部擬訂，報請行政院核定之。

第三〇條　（施行日）

本法自公布日施行。

國家公園法施行細則

①民國71年7月8日內政部令訂定發布全文13條。
②民國72年6月2日內政部令修正發布第9條條文。

第一條
本細則依國家公園法（以下簡稱本法）第二十九條規定訂定之。

第二條
①國家公園之選定，應先就勘選區域內自然資源與人文資料進行勘查，製成報告，作爲國家公園計畫之基本資料。
②前項自然資源包括海陸之地形、地質、氣象、水文、動、植物生態、特殊景觀；人文資料應包括當地之社會、經濟及文化背景、交通、公共及公用設備、土地所有權屬及使用現況、史前遺跡及史後古蹟。其勘查工作，必要時得委託學術機構或專家學者爲之。
③前二項規定於國家公園之變更或廢止時，準用之。

第三條
①依本法第七條規定報請設立國家公園，應擬具國家公園計畫及圖，其計畫書應載明左列事項。
一　計書範圍及其現況與特性。
二　計畫目標及基本方針。
三　計畫內容：包括分區、保護、利用、建設、經營、管理、經費概算、效益分析等項。
四　實施日期。
五　其他事項。
②國家公園計畫圖比例尺不得小於五萬分之一。

第四條
國家公園計畫經報請行政院核定後，由內政部公告之，並分別通知有關機關及發交當地地方政府及鄉鎮市公所公開展示。

第五條
①國家公園計畫實施後，在國家公園區域內，已核定之開發計畫或建設計畫、都市計畫及非都市土地使用編定，應協調配合國家公園計畫修訂。
②通達國家公園之道路及各種公共設施，有關機關應配合修築、敷設。

第六條
①國家公園計畫公告實施後，主管機關應每五年通盤檢討一次，並作必要之變更。但有左列情形之一者，得隨時檢討變更之。
一　發生或避免重大災害者。

二　內政部國家公園計畫委員會建議變更者。
三　變更範圍之土地為公地，變更內容不涉及人民權益者。

②依本法第七條變更國家公園計畫，準用第三條及第四條之規定。

第七條

依本法第十條第一項但書規定事先通知該土地所有權人或使用人時，應以書面為之。無法通知者，得為公示送達。實施勘查或測量有損及農作物、竹木或其他障礙物之虞時，應於十日前將其名稱、地點及拆除或變更日期通知所有人或使用人。並定期協議補償金額。

第八條

依本法第十條第二項應交付所有人或使用人之補償金額，遇有左列情形之一時，應依法提存。

一　應受補償人拒絕受領或不能受領者。
二　不能確知應受補償人或其所在地不明者。

第九條　72

依本法第十一條第二項規定，由地方政府或公營事業機構或公私團體投資經營之國家公園事業，其投資經營監督管理辦法及國家公園計畫實施方案，由內政部會同有關機關擬定後報請行政院核定之。

第一〇條

依本法第十四條及第十六條規定申請許可時，應檢附有關興建或使用計畫並詳述理由及預先評估環境影響。其須有關主管機關核准者，由各該主管機關會同國家公園管理處審核辦理。

第一一條

①依本法第十五條第一款規定修繕古物、古蹟，應聘請專家及由有經驗者執行之，並儘量使用原有材料及原來施工方法，維持原貌；依同條第二款及第三款規定原有建築物之修繕或重建，或原有地形、地物之人為變更，應儘量保持原有風格。其為大規模改變者，應提內政部國家公園計畫委員會審議通過後始得執行。

②國家公園內發現地下埋藏古物、史前遺跡或史後古蹟時，應由內政部會同有關機關進行發掘、整理、展示等工作，其具有歷史文化價值合於指定為史蹟保存區之規定時，得依法修正計畫，改列為史蹟保存區。

第一二條

私人或團體為發展國家公園而捐獻土地或財物者，由內政部獎勵之。

第一三條

本細則自發布日施行。

農業發展條例

①民國62年9月3日總統令制定公布全文38條。
②民國69年1月30日總統令修正公布第3、20、21、23、24條條文；並增訂第21-1、26-1條條文。
③民國72年8月1日總統令修正公布全文53條。
④民國75年1月6日總統令修正公布第2條條文。
⑤民國89年1月26日總統令修正公布全文77條；並自公布日施行。
⑥民國91年1月30日總統令修正公布第12、18、25、71條條文。
⑦民國92年2月7日總統令修正公布第3、5、8、16、17、20至22、26、27、30至32、36、37、39、43、52、54、55、63至65、67、69、74、77條條文；刪除第11、14條條文；並增訂第8-1、9-1、22-1、25-1、67-1、67-2條條文。
⑧民國96年1月10日總統令修正公布第31、39條條文。
⑨民國96年1月29日總統令修正公布第27條條文。
⑩民國99年12月8日總統令增訂公布第38-1條條文。
⑪民國105年11月30日總統令增訂公布第47-1條條文。
民國112年7月27日行政院公告第2條、第5條、第6條、第8條第1項、第8-1條第3項、第4項、第9條、第9-1條第2項、第10條第1項、第12條第1項、第3項、第4項、第13條、第15條、第16條第1項第7款、第18條第5項、第6項、第22-1條、第23條第1項、第24條、第25條第1項、第25-1條、第26條、第27條、第28條、第30條第1項、第32條第2項、第34條、第35條、第36條、第37條第3項、第38條、第38-1條第1項、第39條第2項、第40條、第41條、第42條、第43條、第44條、第45條、第47-1條第1項、第2項、第3項、第48條、第49條、第50條、第51條第2項、第52條第1項、第2項、第3項、第53條、第54條第2項、第3項、第55條、第56條第2項、第58條第2項、第60條第2項、第3項、第62條、第63條、第64條、第65條、第66條、第67條、第67-2條、第68條、第71條、第73條、第75條、第76條所列屬「行政院農業委員會」之權責事項，自112年8月1日起改由「農業部」管轄。

第一章　總　則

第一條　（立法目的）

為確保農業永續發展，因應農業國際化及自由化，促進農地合理利用，調整農業產業結構，穩定農業產銷，增進農民所得及福利，提高農民生活水準，特制定本條例；本條例未規定者，適用其他法律之規定。

第二條　（主管機關）

本條例所稱主管機關：在中央為行政院農業委員會；在直轄市為直轄市政府；在縣（市）為縣（市）政府。

第三條（用詞定義）92

本條例用辭定義如下：

一　農業：指利用自然資源、農用資材及科技，從事農作、森林、水產、畜牧等產製銷及休閒之事業。

二　農產品：指農業所生產之物。

三　農民：指直接從事農業生產之自然人。

四　家庭農場：指以共同生活戶為單位，從事農業經營之農場。

五　休閒農業：指利用田園景觀、自然生態及環境資源，結合農林漁牧生產、農業經營活動、農村文化及農家生活，提供國民休閒，增進國民對農業及農村之體驗為目的之農業經營。

六　休閒農場：指經營休閒農業之場地。

七　農民團體：指農民依農會法、漁會法、農業合作社法、農田水利會組織通則所組織之農會、漁會、農業合作社及農田水利會。

八　農業企業機構：指從事農業生產或農業試驗研究之公司。

九　農業試驗研究機構：指從事農業試驗研究之機關、學校及農業財團法人。

十　農業用地：指非都市土地或都市土地農業區、保護區範圍內，依法供下列使用之土地：

㈠供農作、森林、養殖、畜牧及保育使用者。

㈡供與農業經營不可分離之農舍、畜禽舍、倉儲設備、曬場、集貨場、農路、灌溉、排水及其他農用之土地。

㈢農民團體與合作農場所有直接供農業使用之倉庫、冷凍（藏）庫、農機中心、蠶種製造（繁殖）場、集貨場、檢驗場等用地。

十一　耕地：指依區域計畫法劃定為特定農業區、一般農業區、山坡地保育區及森林區之農牧用地。

十二　農業使用：指農業用地依法實際供農作、森林、養殖、畜牧、保育及設置相關之農業設施或農舍等使用者。但依規定辦理休耕、休養、停養或有不可抗力等事由，而未實際供農作、森林、養殖、畜牧等使用者，視為作農業使用。

十三　農產專業區：指按農產別規定經營種類所設立，並建立產、製、儲、銷體系之地區。

十四　農業用地租賃：指土地所有權人將其自有農業用地之部分或全部出租與他人經營農業使用者。

十五　委託代耕：指自行經營之家庭農場，僅將其農場生產過程之部分或全部作業，委託他人代為實施者。

十六　農業產銷班：指土地相毗連或經營相同產業之農民，自願結合共同從事農業經營之組織。

十七　農產運銷：指農產品之集貨、選別、分級、包裝、儲存、冷凍（藏）、加工處理、檢驗、運輸及交易等各項作業。

十八　農業推廣：指利用農業資源，應用傳播、人力資源發展或行政服務等方式，提供農民終身教育機會，協助利用當地資源，發展地方產業之業務。

第四條　（編列年度計畫及預算）

①爲期本條例之有效實施，政府各級有關機關應逐年將有關工作，編列年度施政計畫及預算，積極推動。

②前項預算，應由中央政府配合補助。

第五條　（農業經營管理資訊化）92

①主管機關爲推動農業經營管理資訊化，辦理農業資源及產銷統計、分析，應充實資訊設施及人力，並輔導農民及農民團體建立農業資訊應用環境，強化農業資訊蒐集機制。

②鄉（鎭、市、區）公所應指定專人辦理農業資源及產銷資料之調查、統計，層報該管主管機關分析處理。

第六條　（指定人員執行特定任務）

主管機關爲執行保護農業資源、救災、防治植物病蟲害、家畜或水產動植物疾病等特定任務時，得指定人員爲必要之措施。

第七條　（全國性聯合會之設置）

爲強化農民團體之組織功能，保障農民之權益，各類農民團體得依法共同設立全國性聯合會。

第二章　農地利用與管理

第八條　（農地利用綜合規畫計畫）92

①主管機關得依據農業用地之自然環境、社會經濟因素、技術條件及農民意願，配合區域計畫法或都市計畫法土地使用分區之劃定，擬訂農地利用綜合規劃計畫，建立適地適作模式。

②前項完成農地利用綜合規劃計畫地區，應至少每五年通盤檢討一次，依據當地發展情況作必要之修正。

第八條之一　（農業設施容許使用興建之種類、申請等）92

①農業用地上申請以竹木、稻草、塑膠材料、角鋼、鐵絲網或其他材料搭建無固定基礎之臨時性與農業生產有關之設施，免申請建築執照。直轄市、縣（市）政府得斟酌地方農業經營需要，訂定農業用地上搭建無固定基礎之臨時性與農業生產有關設施之審查規範。

②農業用地上興建有固定基礎之農業設施，應先申請農業設施之容許使用，並依法申請建築執照。但農業設施面積在四十五平方公尺以下，且屬一層樓之建築者，免申請建築執照。本條例中華民國九十二年一月十三日修正施行前，已興建有固定基礎之農業設施，面積在二百五十平方公尺以下而無安全顧慮者，得免申請建築執照。

③前項農業設施容許使用與興建之種類、興建面積與高度、申請程序及其他應遵行事項之辦法，由中央主管機關會商有關機關定之。

④對於農民需求較多且可提高農業經營附加價值之農業設施，主管機關得訂定農業設施標準圖樣。採用該圖樣於農業用地施設者，得免由建築師設計監造或營造廠承建。

第九條 （農業用地需求總量及可變更農地數量之訂定）

中央主管機關為維護農業發展需要，應配合國土計畫之總體發展原則，擬定農業用地需求總量及可變更農地數量，並定期檢討。

第九條之一 （主管機關農業用地開發利用之規劃、協調及實施等）92

①為促進農村建設，並兼顧農業用地資源有效利用與生產環境之維護，縣（市）主管機關得依據當地農業用地資源規劃與整體農村發展需要，徵詢農業用地所有權人意願，會同有關機關，以土地重劃或區段徵收等方式，規劃辦理農業用地開發利用。

②前項農業用地開發利用之規劃、協調與實施方式及其他相關事項，由中央主管機關會商有關機關定之。

第一〇條 （農業用地變更使用）

①農業用地於劃定或變更為非農業使用時，應以不影響農業生產環境之完整，並先徵得主管機關之同意；其變更之條件、程序，另以法律定之。

②在前項法律未制定前，關於農業用地劃定或變更為非農業使用，依現行相關法令之規定辦理。

第一一條 （刪除）92

第一二條 （回饋金之繳交及免繳）91

①第十條第一項用地之變更，應視其事業性質，繳交回饋金，撥交第五十四條中央主管機關所設置之農業發展基金，專供農業發展及農民福利之用。

②各目的事業相關法令已明定土地變更使用應捐贈或繳交相當回饋性質之金錢或代金者，其繳交及使用，依其法令規定辦理。但其土地如係農業用地，除本條例中華民國八十九年一月四日修正施行前已收繳者，得免予撥交外，各相關機關應將收繳之金錢或代金之二分之一依前項規定辦理。

③前二項有關回饋金、金錢或代金之繳交、撥交與分配方式及繳交基準之辦法，由中央主管機關會商相關機關定之。

④第十條第一項用地之變更，有下列情形之一者，得免繳交回饋金：

一 政府興辦之公共建設及公益性設施。

二 政府興辦之農村建設及農民福利設施。

三 興辦之建設、設施位於經濟部公告為嚴重地層下陷地區，或中央主管機關所定偏遠、離島地區。

第一三條 （農地重劃會同策劃）

地政主管機關推行農地重劃，應會同農業及水利等有關機關，統籌策劃，配合實施。

第一四條 （刪除）92

第一五條　（集水區之管理規劃）

主管機關對於集水區之經營管理，應會同相關機關作整體規劃。對於水土保持、治山防災、防風林、農地改良、漁港、農業專用道路、農業用水、灌溉、排水等農業工程及公共設施之興建及維護應協調推動。

第一六條　（耕地之分割及禁止）92

①每宗耕地分割後每人所有面積未達〇．二五公頃者，不得分割。但有下列情形之一者，不在此限：

一　因購置毗鄰耕地而與其耕地合併者，得為分割合併；同一所有權人之二宗以上毗鄰耕地，土地宗數未增加者，得為分割合併。

二　部分依法變更為非耕地使用者，其依法變更部分及共有分管之未變更部分，得為分割。

三　本條例中華民國八十九年一月四日修正施行後所繼承之耕地，得分割為單獨所有。

四　本條例中華民國八十九年一月四日修正施行前之共有耕地，得分割為單獨所有。

五　耕地三七五租約，租佃雙方協議以分割方式終止租約者，得分割為租佃雙方單獨所有。

六　非農地重劃地區，變更為農水路使用者。

七　其他因執行土地政策、農業政策或配合國家重大建設之需要，經中央目的事業主管機關專案核准者，得為分割。

②前項第三款及第四款所定共有耕地，辦理分割為單獨所有者，應先取得共有人之協議或法院確定判決，其分割後之宗數，不得超過共有人人數。

第一七條　（農民團體辦理更名登記所屬產權）92

本條例修正施行前，登記有案之寺廟、教堂、依法成立財團法人之教堂（會）、宗教基金會或農民團體，其以自有資金取得或無償取得而以自然人名義登記之農業用地，得於本條例中華民國九十二年一月十三日修正施行後一年內，更名為該寺廟、教堂或依法成立財團法人之教堂（會）、宗教基金會或農民團體所有。

第一八條　（無自用農舍農民興建農舍之規定）91

①本條例中華民國八十九年一月四日修正施行後取得農業用地之農民，無自用農舍而需興建者，經直轄市或縣（市）主管機關核定，於不影響農業生產環境及農村發展，得申請以集村方式或在自有農業用地興建農舍。

②前項農業用地應確供農業使用；其在自有農業用地興建農舍滿五年始得移轉。但因繼承或法院拍賣而移轉者，不在此限。

③本條例中華民國八十九年一月四日修正施行前取得農業用地，且無自用農舍而需興建者，得依相關土地使用管制及建築法令規定，申請興建農舍。本條例中華民國八十九年一月四日修正施行前共有耕地，而於本條例中華民國八十九年一月四日修正

施行後分割為單獨所有，且無自用農舍而需興建者，亦同。

④第一項及前項農舍起造人應為該農舍坐落土地之所有權人；農舍應與其坐落用地併同移轉或併同設定抵押權；已申請興建農舍之農業用地不得重複申請。

⑤前四項興建農舍之農民資格、最高樓地板面積、農舍建蔽率、容積率、最大基層建築面積與高度、許可條件、申請程序、興建方式、許可之撤銷或廢止及其他應遵行事項之辦法，由內政部會同中央主管機關定之。

⑥主管機關對以集村方式興建農舍者應予獎勵，並提供必要之協助；其獎勵及協助辦法，由中央主管機關定之。

第一九條　（農地做為廢棄物處理場使用）

①為確保農業生產環境，避免地下水及土壤污染，影響國民健康，農業用地做為廢棄物處理場（廠）或污染性工廠等使用，應依環境影響評估法，進行環境影響評估。

②農業用地設立廢棄物處理場（廠）或污染性工廠者，環境主管機關應全面普查建立資料庫，廢棄物處理場（廠）或工廠設立者應於廢棄物處理場（廠）或污染性工廠四周，設立地下水監控系統，定期檢查地下水或土壤是否遭受污染，經監控確有污染者，應依照土壤及地下水污染整治有關限制土地使用、賠償、整治及復育等事項之相關法規辦理。

第二〇條　（耕地租賃契約－適用法規）92

①本條例中華民國八十九年一月四日修正施行後所訂立之農業用地租賃契約，應依本條例之規定，不適用耕地三七五減租條例之規定。本條例未規定者，適用土地法、民法及其他有關法律之規定。

②本條例中華民國八十九年一月四日修正施行前已依耕地三七五減租條例，或已依土地法及其他法律之規定訂定租約者，除出租人及承租人另有約定者外，其權利義務關係、租約之續約、修正及終止，悉依該法律之規定。

③本條例中華民國八十九年一月四日修正施行前所訂立之委託經營書面契約，不適用耕地三七五減租條例之規定；在契約存續期間，其權利義務關係，依其約定；未約定之部分，適用本條例之規定。

第二一條　（耕地租賃契約－訂定期限及終止租約）92

①本條例中華民國八十九年一月四日修正施行後所訂立之農業用地租賃契約之租期、租金及支付方式，由出租人與承租人約定之，不受土地法第一百十條及第一百十二條之限制。租期逾一年未訂立書面契約者，不適用民法第四百二十二條之規定。

②前項農業用地租賃約定有期限者，其租賃關係於期限屆滿時消滅，不適用民法第四百五十一條及土地法第一百零九條、第一百十四條之規定；當事人另有約定於期限屆滿前得終止租約者，租賃關係於終止時消滅，其終止應於六個月前通知他方當事人；約定期限未達六個月者，應於十五日前通知。

③農業用地租賃未定期限者，雙方得隨時終止租約。但應於六個月前通知對方。

第二二條　（耕地租賃－關係終止）92

本條例中華民國八十九年一月四日修正施行後所訂立之農業用地租賃契約，其租賃關係終止，由出租人收回其農業用地時，不適用平均地權條例第十一條、第六十三條、第七十七條、農地重劃條例第二十九條及促進產業升級條例第二十七條有關由出租人給付承租人補償金之規定。

第二二條之一　（輔導獎勵農民團體辦理仲介業務）92

主管機關為促進農地流通及有效利用，得輔導農民團體辦理農業用地買賣、租賃、委託經營之仲介業務，並予以獎勵。

第三章　農業生產

第二三條　（全國產銷方針）

①中央主管機關應訂定全國農業產銷方案、計畫，並督導實施。

②前項方案、計畫之擬訂，應兼顧農業之生產、生活及生態功能，發展農業永續經營體系。

第二四條　（各業發展基金之設置管理）

①中央主管機關必要時得會同有關機關，指定農產品或農產加工品，輔導業者設置各該業發展基金。

②前項基金之管理及運用，中央主管機關得會同有關機關指導及監督。

第二五條　（農產專業區之劃定）91

①主管機關應會同有關機關，就農業資源分布、生產環境及發展需要，規劃農業生產區域，並視市場需要，輔導設立適當規模之農產專業區，實施計畫產、製、儲、銷。

②農產專業區內，政府指定興建之公共設施，得酌予補助或協助貸款。

第二五條之一　（農業科技園區之設置）92

主管機關為發展農業科技，得輔導設置農業科技園區；其設置、管理及輔導，另以法律定之。

第二六條　（農業產銷班之設立）92

①農民自願結合共同從事農業經營，符合一定條件者，得組織農業產銷班經營之；主管機關並得依其營運狀況予以輔導、獎勵、補助。

②農業產銷班之設立條件、申請程序、評鑑方式、輔導、獎勵、補助及其他應遵行事項之辦法，由中央主管機關定之。

第二七條　（農業資材規格標準及農產品認證制度）96

①中央主管機關對於種用動植物、肥料、飼料、農藥及動物用藥等資材，應分別訂定規格及設立廠場標準，實施檢驗。

②為提升農產品及農產加工品品質，維護消費者權益，中央主管機關應推動相關產品之證明標章驗（認）證制度。

第二八條 （機械化發展計畫）

中央主管機關應訂定農業機械化發展計畫，輔導農民或農民團體購買及使用農業機械，並予協助貸款或補助。

第二九條 （水電油優待）

①農業動力用電、動力用油、用水，不得高於一般工業用電、用油、用水之價格。

②農業動力用電費用，不採累進計算，停用期間，免收基本費。

③農業動力用電、動力用油、用水之範圍及標準，由行政院定之。

第三〇條 （擴大農場經營規模之獎勵及經營方式）92

①主管機關應獎勵輔導家庭農場，擴大經營規模；並籌撥資金，協助貸款或補助。

②前項擴大經營規模，得以組織農業產銷班、租賃耕地、委託代耕或其他經營方式爲之。

第三一條 （耕地之使用、違規處罰及所有權移轉登記）96

耕地之使用及違規處罰，應依據區域計畫法相關法令規定；其所有權之移轉登記依據土地法及民法之規定辦理。

第三二條 （農地違規使用之稽查）92

①直轄市或縣（市）政府對農業用地之違規使用，應加強稽查及取締；並得併同依土地相關法規成立之違規聯合取締小組辦理。

②爲加強農業用地違規使用之稽查，中央主管機關得訂定農業用地違規使用檢舉獎勵辦法。

第三三條 （私法人不得承受耕地及例外）

私法人不得承受耕地。但符合第三十四條規定之農民團體、農業企業機構或農業試驗研究機構經取得許可者，不在此限。

第三四條 （農民團體、農業企業機構或農業試驗研究機構承受耕地）

①農民團體、農業企業機構或農業試驗研究機構，其符合技術密集或資本密集之類目及標準者，經申請許可後，得承受耕地；技術密集或資本密集之類目及標準，由中央主管機關指定公告。

②農民團體、農業企業機構或農業試驗研究機構申請承受耕地，應檢具經營利用計畫及其他規定書件，向承受耕地所在地之直轄市或縣（市）主管機關提出，經核轉中央主管機關許可並核發證明文件，憑以申辦土地所有權移轉登記。

③中央主管機關應視當地農業發展情況及所申請之類目、經營利用計畫等因素爲核准之依據，並限制其承受耕地之區位、面積、用途及他項權利設定之最高金額。

④農民團體、農業企業機構或農業試驗研究機構申請承受耕地之移轉許可準則，由中央主管機關定之。

第三五條 （承受耕地不得變更經營或閒置不用）

農民團體、農業企業機構或農業試驗研究機構依前條許可承受耕地後，非經中央主管機關核准，不得擅自變更經營利用計畫或閒置不用。

第三六條 （承受耕地之變更使用）92

農民團體、農業企業機構或農業試驗研究機構依本條例許可承受之耕地，不得變更使用。但經中央主管機關核准之經營利用計畫，應依相關法令規定辦理用地變更者，不在此限。

第三七條　（土地增值稅之不課徵）92

①作農業使用之農業用地移轉與自然人時，得申請不課徵土地增值稅。

②作農業使用之耕地依第三十三條及第三十四條規定移轉與農民團體、農業企業機構及農業試驗研究機構時，其符合產業發展需要、一定規模或其他條件，經直轄市、縣（市）主管機關同意者，得申請不課徵土地增值稅。

③前二項不課徵土地增值稅之土地承受人於其具有土地所有權之期間內，曾經有關機關查獲該土地未作農業使用且未在有關機關所令期限內恢復作農業使用，或雖在有關機關所令期限內已恢復作農業使用而再有未作農業使用情事者，於再移轉時應課徵土地增值稅。

④前項所定土地承受人有未作農業使用之情事，於配偶間相互贈與之情形，應合併計算。

第三八條　（遺產稅田賦及贈與稅之優惠）

①作農業使用之農業用地及其地上農作物，由繼承人或受遺贈人承受者，其土地及地上農作物之價值，免徵遺產稅，並自承受之年起，免徵田賦十年。承受人自承受之日起五年內，未將該土地繼續作農業使用且未在有關機關所令期限內恢復作農業使用，或雖在有關機關所令期限內已恢復作農業使用而再有未作農業使用情事者，應追繳應納稅賦。但如因該承受人死亡、該承受土地被徵收或依法變更爲非農業用地者，不在此限。

②作農業使用之農業用地及其地上農作物，贈與民法第一千一百三十八條所定繼承人者，其土地及地上農作物之價值，免徵贈與稅，並自受贈之年起，免徵田賦十年。受贈人自受贈之日起五年內，未將該土地繼續作農業使用且未在有關機關所令期限內恢復作農業使用，或雖在有關機關所令期限內已恢復作農業使用而再有未作農業使用情事者，應追繳應納稅賦。但如因該受贈人死亡、該受贈土地被徵收或依法變更爲非農業用地者，不在此限。

③第一項繼承人有數人，協議由一人繼承土地而需以現金補償其他繼承人者，由主管機關協助辦理二十年土地貸款。

第三八條之一　（農業用地變更適用年限及賦稅減免）99

①農業用地經依法律變更爲非農業用地，不論其爲何時變更，經都市計畫主管機關認定符合下列各款情形之一，並取得農業主管機關核發該土地作農業使用證明書者，得分別檢具由都市計畫及農業主管機關所出具文件，向主管稽徵機關申請適用第三十七條第一項、第三十八條第一項或第二項規定，不課徵土地增值稅或免徵遺產稅、贈與稅或田賦：

一　依法應完成之細部計畫尚未完成，未能准許依變更後計畫用途使用者。

二 已發布細部計畫地區，都市計畫書規定應實施市地重劃或區段徵收，於公告實施市地重劃或區段徵收計畫前，未依變更後之計畫用途申請建築使用者。

②本條例中華民國七十二年八月三日修正生效前已變更爲非農業用地，經直轄市、縣（市）政府視都市計畫實施進度及地區發展趨勢等情況同意者，得依前項規定申請不課徵土地增值稅。

第三九條 （農業用地作農業使用證明書）96

①依前二條規定申請不課徵土地增值稅或免徵遺產稅、贈與稅、田賦者，應檢具農業用地作農業使用證明書，向該管稅捐稽徵機關辦理。

②農業用地作農業使用之認定標準，前項之農業用地作農業使用證明書之申請、核發程序及其他應遵行事項之辦法，由中央主管機關會商有關機關定之。

第四〇條 （稅賦優惠之定期抽檢）

作農業使用之農業用地，經核准不課徵土地增值稅或免徵遺產稅、贈與稅、田賦者，直轄市或縣（市）主管機關應會同有關機關定期檢查或抽查，並予列管；如有第三十七條或第三十八條未依法作農業使用之情事者，除依本條例有關規定課徵或追繳應納稅賦外，並依第六十九條第一項規定處理。

第四一條 （獎勵擴大農場）

家庭農場爲擴大經營面積或便利農業經營，在同一地段或毗鄰地段購置或交換耕地時，於取得後連同原有耕地之總面積在五公頃以下者，其新增部分，免徵田賦五年；所需購地或需以現金補償之資金，由主管機關協助辦理二十年貸款。

第四二條 （輔導農業青年承墾）

農業學校畢業青年，購買耕地直接從事農業生產所需之資金，由主管機關協助辦理二十年貸款。

第四三條 （協助貸款辦法）92

第三十條第一項、第三十八條第三項、第四十一條及前條之協助貸款，其貸款對象、期限、利率、額度及相關事項之辦法，由中央主管機關會商有關機關定之。

第四章 農產運銷、價格及貿易

第四四條 （保證價格收購）

主管機關爲維持農產品產銷平衡及合理價格，得辦理國內外促銷或指定農產品由供需雙方依契約生產、收購並保證其價格。

第四五條 （平準基金）

爲因應國內外農產品價格波動，穩定農產品產銷，政府應指定重要農產品，由政府或民間設置平準基金；其設置辦法及保管運用準則，由中央主管機關會同有關機關定之。

第四六條 （共同運銷之優待）

農民或農民團體辦理共同供銷、運銷，直接供應工廠或出口外銷者，視同批發市場第一次交易，依有關稅法規定免徵印花稅及營業稅。

第四七條　（農民出售農產品之優待）

農民出售本身所生產之農產品，免徵印花稅及營業稅。

第四七條之一　（初級農產品免稅及施行期間）105

①農民依法向主管機關登記之獨資或合夥組織農場、農業合作社，其銷售自行生產初級農產品之所得，免徵營利事業所得稅。

②前項所稱初級農產品由中央主管機關會同財政部定之。

③第一項有關農場及農業合作社之登記資格、條件、內容、程序、應提示之文件及其他相關事項之辦法，由中央主管機關定之。

④第一項免徵營利事業所得稅之施行期間，自中華民國一百零五年十一月十一日修正之日起五年止。

⑤前項減免年限屆期前半年，行政院得視實際推展情況決定是否延長減免年限。

第四八條　（計畫產銷）

中央主管機關會同有關主管機關，對各種農產品或農產加工品，得實施計畫產銷，並協調農業生產、製造、運銷各業間之利益。

第四九條　（原料供應區之劃分）

①農產品加工業，得由主管機關，或經由農民團體或農產品加工業者之申請，劃分原料供應區，分區以契約採購原料。已劃定之原料供應區，主管機關得視實際供需情形變更之。

②不劃分原料供應區者，主管機關得會同有關機關統籌協調原料分配。

第五〇條　（產、製、儲、銷一貫作業）

主管機關應會同有關機關，協助農民或農民團體實施產、製、儲、銷一貫作業，並鼓勵工廠設置於農村之工業用地或工業區內，便利農民就業及原料供應。

第五一條　（外銷統一供貨及優待）

①外銷之農產品及農產加工品，得簽訂公約，維持良好外銷秩序。

②中央主管機關得指定農產品，由農民團體、公營機構專責外銷或統一供貨。

③外銷農產加工品輸入其所需之原料與包裝材料，及外銷農產品輸入其所需之包裝材料，其應徵關稅、貨物稅，得於成品出口後，依關稅法及貨物稅條例有關規定申請沖退之。

第五二條　（進口農產品損害國內農業之救助）92

①貿易主管機關對於限制進口之農產品於核准進口之前，應徵得中央主管機關之同意。

②財政主管機關應於實施農產品關稅配額前，就配額之種類、數量、分配方式及分配期間，先行會商中央主管機關後公告之。

③農產品或其加工品因進口對國內農業有損害之虞或損害時，中央主管機關應與中央有關機關會商對策，並應設置救助基金新臺幣一千億元，對有損害之虞或損害者，採取調整產業或防範

措施或予以補助、救濟；農產品受進口損害救助辦法及農產品受進口損害救助基金之收支、保管及運用辦法，由行政院定之。
④前項基金之來源，除由政府分三年編列預算補足，不受公共債務法之限制外，並得包括出售政府核准限制進口及關稅配額輸入農產品或其加工品之盈餘或出售其進口權利之所得。

第五三條　（進口農產品之特別措施）
①爲維護進口農產品之產銷秩序及公平貿易，中央主管機關得協調財政及貿易主管機關依有關法令規定，採取關稅配額、特別防衛及其他措施；必要時，得指定單位進口。
②農產品貿易之出口國對特定農產品指定單位辦理輸銷我國時，中央主管機關得協商貿易主管機關指定或成立相對單位辦理該國是項農產品之輸入。

第五章　農民福利及農村建設

第五四條　（農業發展基金之設置）92
①爲因應未來農業之經營，政府應設置新臺幣一千五百億元之農業發展基金，以增進農民福利及農業發展，農業發展基金來源除捐贈款外，不足額應由政府分十二年編列預算補足。
②前項捐贈，經主管機關之證明，依所得稅法之規定，免予計入當年度所得，課徵所得稅，或列爲當年度費用。
③中央主管機關所設置之農業發展基金，應爲農民之福利及農業發展之使用，其收支、保管及運用辦法，由行政院定之。

第五五條　（綠色生態行爲之獎勵）92
爲確保農業生產資源之永續利用，並紓解國內農業受進口農產品之衝擊，主管機關應對農業用地做爲休耕、造林等綠色生態行爲予以獎勵。

第五六條　（農業金融策劃委員會之設置）
①中央政府應設立農業金融策劃委員會，策劃審議農業金融政策及農業金融體系；其設置辦法，由行政院定之。
②中央主管機關應依據前項政策，訂定農貸計畫，籌措分配農貸資金，並建立融資輔導制度。

第五七條　（農業信用保證制度）
爲協助農民取得農業經營所需資金，政府應建立農業信用保證制度，並予獎勵或補助。

第五八條　（農業保險）
①爲安定農民收入，穩定農村社會，促進農業資源之充分利用，政府應舉辦農業保險。
②在農業保險法未制定前，得由中央主管機關訂定辦法，分區、分類、分期試辦農業保險，由區內經營同類業務之全體農民參加，並得委託農民團體辦理。
③農民團體辦理之農業保險，政府應予獎勵與協助。

第五九條　（獎勵老年農民離農退休）

為因應農業國際化自由化之衝擊，提高農業競爭力，加速調整農業結構，應建立獎勵老年農民離農退休，引進年輕專業農民參與農業生產之制度。

第六〇條　（農業天然災害之救助）

①農業生產因天然災害受損，政府得辦理現金救助、補助或低利貸款，並依法減免田賦，以協助農民迅速恢復生產。

②前項現金救助、補助或低利貸款辦法，由中央主管機關定之。

③辦理第一項現金救助、補助或低利貸款所需經費，由中央主管機關設置農業天然災害救助基金支應之；其收支、保管及運用辦法，由行政院定之。

第六一條　（農村社區之更新）

①為改善農村生活環境，政府應籌撥經費，加強農村基層建設，推動農村社區之更新，農村醫療福利及休閒、文化設施，以充實現代化之農村生活環境。

②農村社區之更新得以實施重劃或區段徵收方式為之，增加農村現代化之公共設施，並得擴大其農村社區之範圍。

第六二條　（農村環境維護）

為維護農業生產及農村生活環境，主管機關應採取必要措施，防止農業生產對環境之污染及非農業部門對農業生產、農村環境、水資源、土地、空氣之污染。

第六三條　（休閒農業區之設置）92

①直轄市、縣（市）主管機關應依據各地區農業特色、景觀資源、生態及文化資產，規劃休閒農業區，報請中央主管機關劃定。

②休閒農場之設置，應報經直轄市或縣（市）主管機關核轉中央主管機關許可。

③第一項休閒農業區之劃定條件、程序與其他應遵行事項，及前項休閒農場設置之輔導、最小面積、申請許可條件、程序、許可證之核發、廢止、土地之使用與營建行為之管理及其他應遵行事項之辦法，由中央主管機關定之。

第六章　農業研究及推廣

第六四條　（農業試驗研究）92

①為提高農業科學技術水準，促進農業產業轉型，主管機關應督導所屬農業試驗研究機構，加強農業試驗研究及產業學術合作，並推動農業產業技術研究發展。

②中央主管機關為落實農業科技研發成果於產業發展，應依法加強農業科技智慧財產權之管理及運用，並得輔導設置創新育成中心。

③前項創新育成中心之設置及輔導辦法，由中央主管機關定之。

第六五條　（農業研究與推廣）92

①為確保並提升農業競爭優勢，中央主管機關應會同中央教育及科技主管機關，就農業實驗、研究、教育、訓練及推廣等事項，

訂定農業研究、教育及推廣合作辦法。
②中央主管機關應加強辦理農業專業訓練，並應編列預算，獎助志願從事農業之青年就讀相關校院科、系、所及學程，以提升農業科技水準及農業經營管理能力。
③主管機關辦理農業推廣業務，應編列農業推廣經費。

第六六條 （轉業訓練）
為擴大農場經營規模，鼓勵農民轉業，主管機關應會同職業訓練主管機關，對離農農民，專案施以職業訓練，並輔導就業。

第六七條 （農業推廣機構及評鑑）92
①主管機關應指定專責單位，或置農業推廣人員，辦理農業推廣業務，必要時，得委託校院、農民團體、農業財團法人、農業社團法人、企業組織或有關機關（構）、團體辦理，並予以輔導、監督及評鑑；其經評鑑優良者，並得予以獎勵。
②前項評鑑項目、計分標準、成績評定、獎勵及其他應遵行事項之辦法，由中央主管機關定之。

第六七條之一 （農業推廣服務費用）92
提供農業推廣服務者，得收取費用。

第六七條之二 （農業推廣體系）92
①為強化農業試驗研究成果推廣運用，建立農民終身學習機制，主管機關應建構完整農業推廣體系，並加強培訓農業經營、生活改善、青少年輔導、資訊傳播及鄉村發展等相關領域之專業農業推廣人員。
②中央主管機關應指定專責單位，規劃辦理農業推廣及專業人力之教育、訓練及資訊傳播發展工作。

第六八條 （農業發展有貢獻者之獎勵）
農業實驗、研究、教育及推廣人員對農業發展有貢獻者，主管機關應予獎勵；其獎勵辦法，由中央主管機關定之。

第七章　罰　則

第六九條 （對農地違規使用之罰則）92
①農業用地違反區域計畫法或都市計畫法土地使用管制規定者，應依區域計畫法或都市計畫法規定處理。
②農民團體、農業企業機構或農業試驗研究機構依本條例許可承受之耕地，違反第三十六條規定，擅自變更使用者，除依前項規定辦理外，對該農民團體、農業企業機構或農業試驗研究機構之負責人，並處新臺幣六萬元以上三十萬元以下罰鍰。

第七〇條 （未經許可設置休閒農場之罰則）
未經許可擅自設置休閒農場經營休閒農業者，處新臺幣六萬元以上三十萬元以下罰鍰，並限期改正；屆期不改正者，按次分別處罰。

第七一條 （未經許可變更用途之處罰）91
休閒農場未經主管機關許可，自行變更用途或變更經營計畫者，由直轄市或縣（市）主管機關通知限期改正；屆期不改正者，處新臺幣六萬元以上三十萬元以下罰鍰，並按次分別處罰；情節重大者，並得廢止其許可登記證。

第七二條　（擅自變更經營利用計畫或閒置不用之處罰）

農民團體、農業企業機構或農業試驗研究機構違反第三十五條之規定，未經核准擅自變更經營利用計畫或將耕地閒置不用者，處新臺幣三萬元以上十五萬元以下之罰鍰並限期改正；逾期不改正者，按次分別處罰。

第七三條　（處罰機關）

本條例所定之罰鍰，由主管機關處罰之。

第七四條　（強制執行）92

依本條例所處之罰鍰，經限期繳納，屆期仍未繳納者，依法移送強制執行。

第八章　附　則

第七五條　（費用之收取）

各級主管機關依本條例受理申請登記、核發證明文件，應向申請者收取審查費、登記費或證明文件費；其收費標準，由中央主管機關定之。

第七六條　（施行細則）

本條例施行細則，由中央主管機關定之。

第七七條　（施行日）92

本條例自公布日施行。

農業發展條例施行細則

①民國64年10月1日行政院令訂定發布全文19條。
②民國69年11月13日行政院令修正發布第2、10至12條條文；並增訂第9-1、9-2、12-1、18-1條條文。
③民國73年9月7日行政院令修正發布全文25條。
④民國89年6月7日行政院農業委員會令修正發布全文22條。
⑤民國94年6月10日行政院農業委員會令修正發布第2、11、15、16條條文；刪除第3、6、7、10條條文；並增訂第14-1條條文。
⑥民國110年11月23日行政院農業委員會令增訂發布第2-1條條文。
民國112年7月27日行政院公告第5條、第9條、第12條、第13條第1項、第14條第2項、第20條、第21條所列屬「行政院農業委員會」之權責事項，自112年8月1日起改由「農業部」管轄。

第一條
本細則依農業發展條例（以下簡稱本條例）第七十六條規定訂定之。

第二條 94
本條例第三條第十款所稱依法供該款第一目至第三目使用之農業用地，其法律依據及範圍如下：
一 本條例第三條第十一款所稱之耕地。
二 依區域計畫法劃定為各種使用分區內所編定之林業用地、養殖用地、水利用地、生態保護用地、國土保安用地及供農路使用之土地，或上開分區內暫未依法編定用地別之土地。
三 依區域計畫法劃定為特定農業區、一般農業區、山坡地保育區、森林區以外之分區內所編定之農牧用地。
四 依都市計畫法劃定為農業區、保護區內之土地。
五 依國家公園法劃定為國家公園區內按各分區別及使用性質，經國家公園管理處會同有關機關認定合於前三款規定之土地。

第二條之一 110
①前條農業用地為從事農業使用而有填土需要者，其填土土質應為適合種植農作物之土壤，不得為砂、石、磚、瓦、混凝土塊、營建剩餘土石方、廢棄物或其他不適合種植農作物之物質。
②違反前項規定者，應依本條例第六十九條規定處理。

第三條 （刪除）94

第四條
本條例第七條所稱依法共同設立全國性聯合會，係指依人民團體法，設立一個全國性之聯合團體。

第五條

本條例第十條第二項所稱依現行相關法令之規定，包括主管機關依本條例第十條第一項決定是否同意農業用地變更使用所訂定之相關作業規定。

第六條 （刪除）94

第七條 （刪除）94

第八條

本條例第十二條第三項第一款所稱政府興辦之公益性設施，係指政府興建之文教、慈善、醫療、衛生、社會福利及民眾活動中心等公益性設施。

第九條

本條例第十五條所定集水區經營管理之整體規劃與農業工程及公共設施興建及維護之協調推動，依下列規定辦理：

一 在直轄市、縣（市）行政區域內者，由該直轄市或縣（市）主管機關辦理。但規模龐大，非直轄市、縣（市）主管機關所能辦理者，由中央主管機關辦理。

二 跨越二直轄市、縣（市）以上行政區域者，由中央主管機關辦理。

第一〇條 （刪除）94

第一一條 94

①本條例第十六條第一項第七款所稱執行土地政策或農業政策者，係指下列事項：

一 政府辦理放租或放領。

二 政府分配原住民保留地。

三 地權調整。

四 地籍整理。

五 農地重劃區之農水路改善。

六 依本條例核定之集村興建農舍。

七 其他經中央目的事業主管機關專案核准者。

②中央目的事業主管機關爲執行本條例第十六條第一項第七款規定事項，得委辦直轄市或縣（市）政府辦理。

第一二條

①依本條例第二十四條第一項規定設置之發展基金，應報經中央主管機關許可後設立財團法人；其基金之捐助、管理及運用，應於章程內訂明，並專戶存儲。

②各業發展基金應將年度計畫、預算及年度業務報告、決算，層報中央主管機關核備。

第一三條

①農產專業區計畫由直轄市、縣（市）主管機關依本條例第二十五條第一項規定，並視農民意願，協調有關機構及團體研擬，報中央主管機關核定之；其變更或廢止時，亦同。

②農產專業區計畫書應記載下列事項：

一 農產種類及經營型態。

二　設置地區、位置及其面積。
三　區域內農戶數。
四　經營方法或作業計畫，包括實施計畫產、製、儲、銷。
五　加強農民組織及教育訓練計畫。
六　公共設施之配置及其管理、維護計畫。
七　預算經費，包括補助款、配合款及貸款金額。
八　預期效益。

第一四條
①農產專業區計畫，由所在地直轄市、縣（市）主管機關執行，或協調有關機構及團體辦理之。
②前項農產專業區跨越直轄市、二縣（市）以上者，其執行機關由中央主管機關指定之。

第一四條之一 94
農業用地經依法律變更為非農業用地，經該法律主管機關認定符合下列各款情形之一，並取得農業用地作農業使用證明書者，得適用本條例第三十七條第一項、第三十八條第一項或第二項規定，不課徵土地增值稅或免徵遺產稅、贈與稅或田賦：
一　依法應完成之細部計畫尚未完成，未能准許依變更後計畫用途使用者。
二　已發布細部計畫地區，都市計畫書規定應實施市地重劃或區段徵收，於公告實施市地重劃或區段徵收計畫前，未依變更後之計畫用途申請建築使用者。

第一五條 94
①直轄市、縣（市）主管機關對於依本條例第三十九條規定核發證明文件之案件，應於該證明文件核發後，予以建檔列管，並應依本條例第四十條規定，會同區域計畫法或都市計畫法土地使用分區管制之主管機關或地政事務所、稅捐稽徵處或國稅局等有關機關，定期檢查或抽查。
②稅捐稽徵處、國稅局或地政事務所依法核准農業用地不課徵土地增值稅、免徵遺產稅或贈與稅或耕地所有權移轉登記之案件，應自行列管或於登記資料上註記，並於核准後一個月內，將有關資料送直轄市、縣（市）主管機關於前項之建檔列管案件加以註記。
③直轄市、縣（市）主管機關辦理第一項定期檢查或抽查，於發現有未依法作農業使用情事之案件時，應予列冊專案管理，並依下列方式處理：
一　通知該農業用地之土地所有權人，依本條例第三十七條第三項、第三十八條第一項或第二項之規定，限期令其恢復作農業使用，並追蹤其恢復作農業使用情形，註記所專案列管之資料。
二　通知區域計畫法或都市計畫法土地使用分區管制之主管機關，依本條例第六十九條第一項處理。
三　農業用地之土地所有權人有本條例第三十八條第一項、第二項未恢復作農業使用或再有未作農業使用情事者，通知該管國稅局或稅捐稽徵處追繳遺產稅、贈與稅或田賦；其有本條例第三十七條第三項或第四項未恢復作農業使用或再有未作農業使用情事者，應於第一款之資料內註記，並通知該管稅捐稽徵處註記，該農業用地於再移轉時，直轄市、縣（市）主管機關應於依本條例第三十九條規定核發之證明文件內，註明上開情事。

第一六條 94

直轄市、縣（市）主管機關爲執行本條例第四十條規定之相關事項，得訂定相關規定辦理之。

第一七條

①本條例第四十一條所稱交換，係指與家庭農場間爲有利於農業經營而交換坐落在同一地段或毗鄰地段之耕地；所稱耕地總面積，係指共同生活戶內各成員所有耕地之總和。

②家庭農場依本條例第四十一條規定申請免徵田賦，應向該管稽徵機關報明其購置或交換前後之耕地總面積及標示。

第一八條

本條例第四十二條所稱農業學校畢業，係指公立或經主管教育行政機關立案或認可之國內外中等以上學校農業有關系科畢業。所稱青年，係指十八歲以上四十五歲以下者。

第一九條

依本條例第四十四條規定由政府輔導業者與農民訂定契約收購農產品，其契約內容應包括產品品質、規格、標準、收購數量、保證或收購價格，並由收購者將所訂契約條款及鄉鎮別契約數量表，函送直轄市、縣（市）主管機關備查。

第二〇條

中央主管機關爲依本條例第四十八條規定，對特定農產品或農產加工品實施計畫產銷，得會同有關機關爲下列之措施：

一　訂定生產目標。
二　劃分農產品或原料供應區。
三　訂定產銷配額。
四　訂定農產品或原料收購規格。
五　訂定最低收購價格。
六　輔導產銷業者採行契約生產或契約收購。

第二一條

本條例第四十九條第一項所定原料供應區之劃分或變更，由直轄市、縣（市）主管機關訂定，報請中央主管機關備查。

第二二條

本細則自發布日施行。

農業用地興建農舍辦法

①民國90年4月26日內政部、行政院農業委員會令會銜訂定發布全文12條；並自發布日起施行。
②民國92年1月3日內政部、行政院農業委員會令會銜修正發布第3條條文。
③民國93年6月16日內政部、行政院農業委員會令會銜修正發布第6、8條條文。
④民國102年7月1日內政部、行政院農業委員會令會銜修正發布全文17條；並自發布日施行。
⑤民國104年9月4日內政部、行政院農業委員會令會銜修正發布第2條條文；並增訂第3-1條條文。
⑥民國111年11月1日內政部、行政院農業委員會令會銜修正發布第2條條文。
民國112年7月27日行政院公告第2條第2項、第15條第3項所列屬「行政院農業委員會」之權責事項，自112年8月1日起改由「農業部」管轄。

第一條

本辦法依農業發展條例（以下簡稱本條例）第十八條第五項規定訂定之。

第二條 111

①依本條例第十八條第一項規定申請興建農舍之申請人應爲農民，且其資格應符合下列條件，並經直轄市、縣（市）主管機關核定：

一 已成年。
二 申請人之戶籍所在地及其農業用地，須在同一直轄市、縣（市）內，且其土地取得及戶籍登記均應滿二年者。但參加興建集村農舍建築物坐落之農業用地，不受土地取得應滿二年之限制。
三 申請興建農舍之該筆農業用地面積不得小於零點二五公頃。但參加興建集村農舍及於離島地區興建農舍者，不在此限。
四 申請人無自用農舍者。申請人已領有個別農舍或集村農舍建造執照者，視爲已有自用農舍。但該建造執照屬尚未開工且已撤銷或原申請案件重新申請者，不在此限。
五 申請人爲該農業用地之所有權人，且該農業用地應確供農業使用及屬未經申請興建農舍者；該農舍之興建並不得影響農業生產環境及農村發展。

②前項第五款規定確供農業使用與不影響農業生產環境及農村發展之認定，由申請人檢附依中央主管機關訂定之經營計畫書格

式，載明該筆農業用地農業經營現況、農業用地整體配置及其他事項，送請直轄市、縣（市）主管機關審查。

③直轄市、縣（市）主管機關爲辦理第一項申請興建農舍之核定作業，得由農業單位邀集環境保護、建築管理、地政、都市計畫等單位組成審查小組，審查前二項、第三條、第四條至第六條規定事項。

第三條

依本條例第十八條第三項規定申請興建農舍之申請人應爲農民，且其資格應符合前條第一項第四款及第五款規定，其申請興建農舍，得依都市計畫法第八十五條授權訂定之施行細則與自治法規、實施區域計畫地區建築管理辦法、建築法、國家公園法及其他相關法令規定辦理。

第三條之一 104

農民之認定，由農民於申請興建農舍時，檢附農業生產相關佐證資料，經直轄市、縣（市）主管機關會同專家、學者會勘後認定之。但屬農民健康保險被保險人或全民健康保險第三類被保險人者，不在此限。

第四條

①本條例中華民國八十九年一月二十八日修正施行前取得之農業用地，有下列情形之一者，得準用前條規定申請興建農舍：

一　依法被徵收之農業用地。但經核准全部或部分發給抵價地者，不適用之。

二　依法爲得徵收之土地，經土地所有權人自願以協議價購方式讓售與需地機關。

②前項土地所有權人申請興建農舍，以自完成徵收所有權登記後三十日起或完成讓售移轉登記之日起三年內，於同一直轄市、縣（市）內取得農業用地並提出申請者爲限，其申請面積並不得超過原被徵收或讓售土地之面積。

③本辦法九十二年一月三日修正施行後至一百零二年七月一日修正施行前，屬本條第一項適用案件且已於公告徵收或完成讓售移轉登記之日起一年內，於同一直轄市、縣（市）內重新購置農業用地者，得自一百零二年七月一日修正施行後二年內申請興建農舍。

第五條

①申請興建農舍之農業用地，有下列情形之一者，不得依本辦法申請興建農舍：

一　非都市土地工業區或河川區。

二　前款以外其他使用分區之水利用地、生態保護用地、國土保安用地或林業用地。

三　非都市土地森林區養殖用地。

四　其他違反土地使用管制規定者。

②申請興建農舍之農業用地，有下列情形之一者，不得依本辦法申請興建集村農舍：

一　非都市土地特定農業區。
二　非都市土地森林區農牧用地。
三　都市計畫保護區。

第六條

申請興建農舍之申請人五年內曾取得個別農舍或集村農舍建造執照，且無下列情形之一者，直轄市、縣（市）主管機關或其他主管機關應認不符農業發展條例第十八條第一項、第三項所定需興建要件而不予許可興建農舍：
一　建造執照已撤銷或失效。
二　所興建農舍因天然災害致全倒、或自行拆除、或滅失。

第七條

申請興建集村農舍之農業用地如屬經濟部公告之嚴重地層下陷地區，應先依水利法施行細則第四十六條第一項由水利主管機關審查同意用水計畫書或取得合法水源證明文件。

第八條

①起造人申請興建農舍，除應依建築法規定辦理外，應備具下列書圖文件，向直轄市、縣（市）主管建築機關申請建造執照：
一　申請書：應載明申請人之姓名、年齡、住址、申請地號、申請興建農舍之農業用地面積、農舍用地面積、農舍建築面積、樓層數及建築物高度、總樓地板面積、建築物用途、建築期限、工程概算等。申請興建集村農舍者，並應載明建蔽率及容積率。
二　相關主管機關依第二條與第三條規定核定之文件、第九條第二項第五款放流水相關同意文件及第六款興建小面積農舍同意文件。
三　地籍圖謄本。
四　土地權利證明文件。
五　土地使用分區證明。
六　工程圖樣：包括農舍平面圖、立面圖、剖面圖，其比例尺不小於百分之一。
七　申請興建農舍之農業用地配置圖，包括農舍用地面積檢討、農業經營用地面積檢討、排水方式說明，其比例尺不小於一千二百分之一。

②申請興建農舍變更起造人時，除爲繼承且在施工中者外，應依第二條第一項規定辦理；施工中因法院拍賣者，其變更起造人申請面積依法院拍賣面積者，不受第二條第一項第二款有關取得土地應滿二年與第三款最小面積規定限制。

③本辦法所定農舍建築面積爲第三條、第十條與第十一條第一項第三款相關法規所稱之基層建築面積；農舍用地面積爲法定基層建築面積，且爲農舍與農舍附屬設施之水平投影面積用地總和；農業經營用地面積爲申請興建農舍之農業用地扣除農舍用地之面積。

第九條

①興建農舍起造人應為該農舍坐落土地之所有權人。
②興建農舍應符合下列規定：
一　農舍興建圍牆，以不超過農舍用地面積範圍為限。
二　地下層每層興建面積，不得超過農舍建築面積，其面積應列入總樓地板面積計算。但依都市計畫法令或建築技術規則規定設置之法定停車空間，得免列入總樓地板面積計算。
三　申請興建農舍之農業用地，其農舍用地面積不得超過該農業用地面積百分之十，扣除農舍用地面積後，供農業生產使用部分之農業經營用地應為完整區塊，且其面積不得低於該農業用地面積百分之九十。但於離島地區，以下列原因，於本條例中華民國八十九年一月二十八日修正生效後，取得被繼承人或贈與人於上開日期前所有之農業用地，申請興建農舍者，不在此限：
㈠繼承。
㈡為民法第一千一百三十八條所定遺產繼承人於繼承開始前因被繼承人之贈與。
四　興建之農舍，應依建築技術規則之規定，設置建築物污水處理設施。其為預鑄式建築物污水處理設施者，應於申報開工時檢附該設施依預鑄式建築物污水處理設施管理辦法取得之審定登記文件影本，並於安裝時，作成現場安裝紀錄。
五　農舍之放流水應符合放流水標準，並排入排水溝渠。放流水流經屬灌排系統或私有水體者，並應符合下列規定：
㈠排入灌排系統者，應經該管理機關（構）同意及水利主管機關核准。
㈡排入私有水體者，應經所有人同意。
六　同一筆農業用地僅能申請興建一棟農舍，採分期興建方式辦理者，申請人除原申請人外，均須符合第二條第一項資格，且農舍建築面積應超過四十五平方公尺。但經直轄市、縣（市）農業單位或其他主管機關同意者，不在此限。

第一〇條
個別興建農舍之興建方式、最高樓地板面積、農舍建築面積、樓層數、建築物高度及許可條件，應依都市計畫法第八十五條授權訂定之施行細則與自治法規、實施區域計畫地區建築管理辦法、建築法、國家公園法及其他相關法令規定辦理。

第一一條
①以集村方式興建農舍者，其集村農舍用地面積應小於一公頃，以分幢分棟方式興建十棟以上未滿五十棟，一次集中申請，並符合下列規定：
一　二十位以上之農民為起造人，共同在一筆或數筆相毗連之農業用地整體規劃興建二十棟以上之農舍。但離島地區，得以十位以上之農民提出申請十棟以上之農舍。
二　除離島地區外，各起造人持有之農業用地，應位於同一鄉

（鎮、市、區）或毗鄰之鄉（鎮、市、區），並應位同一種類之使用分區。但各起造人持有之農業用地位於特定農業區者，得以於一般農業區之農業用地興建集村農舍。

三　參加興建集村農舍之各起造人所持有之農業用地，其農舍建築面積計算，應依都市計畫法第八十五條授權訂定之施行細則與自治法規、實施區域計畫地區建築管理辦法、建築法、國家公園法及其他相關法令規定辦理。

四　依前款相關法令規定計算出農舍建築面積之總和爲集村興建之全部農舍用地面積，並應完整連接，不得零散分布。

五　興建集村農舍坐落之農舍用地，其建蔽率不得超過百分之六十，容積率不得超過百分之二百四十。但農舍用地位於山坡地範圍者，其建蔽率不得超過百分之四十，容積率不得超過百分之一百二十。

六　農舍坐落之該筆或數筆相毗連之農業用地，應有道路通達。該道路寬度十棟至未滿三十棟者，爲六公尺；三十棟以上未滿五十棟者，爲八公尺。

七　農舍用地內通路之任一側應增設寬度一點五公尺以上之人行步道通達各棟農舍，並有適當之喬木植栽綠化及夜間照明。其通路之面積，應計入法定空地計算。

八　農舍建築應依下列規定退縮，並應計入農舍用地面積：

㈠農舍用地面臨經都市計畫法或相關法規公告之道路者，建築物應自道路境界線退縮八公尺以上建築。

㈡面臨前目經公告之道路、現有巷道其寬度未達八公尺者，其退縮建築深度至少應爲該道路、現有巷道之寬度。

九　興建集村農舍應配合農業經營整體規劃，符合自用原則，於農舍用地設置公共設施；其應設置之公共設施如附表。

②直轄市、縣（市）主管建築機關爲辦理前項興建集村農舍建築許可作業，應邀集相關單位與專家學者組成審查小組辦理。

第一二條

①直轄市、縣（市）主管建築機關於核發建造執照後，應造冊列管，同時將農舍坐落之地號及提供興建農舍之所有地號之清冊，送地政機關於土地登記簿上註記，並副知該府農業單位建檔列管。

②已申請興建農舍之農業用地，直轄市、縣（市）主管建築機關應於地籍套繪圖上，將已興建及未興建農舍之農業用地分別著色標示，未經解除套繪管制不得辦理分割。

③已申請興建農舍領有使用執照之農業用地經套繪管制，除符合下列情形之一者外，不得解除：

一　農舍坐落之農業用地已變更爲非農業用地。

二　非屬農舍坐落之農業用地已變更爲非農業用地。

三　農舍用地面積與農業用地面積比例符合法令規定，經依變更使用執照程序申請解除套繪管制後，該農業用地面積仍達零點二五公頃以上。

④前項第三款農舍坐落該筆農業用地面積大於零點二五公頃，且二者面積比例符合法令規定，其餘超出規定比例部分之農業用地得免經其他土地所有權人之同意，逕依變更使用執照程序解除套繪管制。

⑤第三項農業用地經解除套繪管制，或原領得之農舍建造執照已逾期失其效力經申請解除套繪管制者，直轄市、縣（市）主管建築機關應將農舍坐落之地號、提供興建農舍之所有地號及解除套繪管制之所有地號清冊，囑託地政機關塗銷第一項之註記登記。

第一三條

①起造人提出申請興建農舍之資料不實者，直轄市、縣（市）主管機關應撤銷其核定，並由主管建築機關撤銷其建築許可。

②經撤銷建築許可案件，其建築物依相關土地使用管制及建築法規定。

第一四條

①直轄市、縣（市）主管建築機關得依本辦法規定，訂定符合城鄉風貌及建築景觀之農舍標準圖樣。

②採用農舍標準圖樣興建農舍者，得免由建築師設計。

第一五條

①依本辦法申請興建農舍之該農業用地應維持作農業使用，直轄市、縣（市）主管機關應將農舍及其農業用地造冊列管。

②直轄市、縣（市）政府或其他主管機關為加強興建農舍之農業用地稽查及取締，應邀集農業、建築管理、地政、都市計畫及相關單位等與農業專家組成稽查小組定期檢查；經檢查農業用地與農舍未依規定使用者，由原核定機關通知主管建築機關及區域計畫、都市計畫或國家公園主管機關依相關規定處理，並通知其限期改正，屆期不改正者，得廢止其許可。

③直轄市、縣（市）政府或其他主管機關應將前二項辦理情形，於次年度二月前函報中央主管機關備查。中央主管機關並得不定期至直轄市、縣（市）政府或其他主管機關稽查辦理情形。

第一六條

中華民國一百零一年十二月十四日前取得直轄市、縣（市）主管機關或其他主管機關依第二條或第三條核定文件之申請興建農舍案件，於向直轄市、縣（市）主管建築機關申請建造執照時，得適用中華民國一百零二年七月一日修正施行前規定辦理。

第一七條

本辦法自發布日施行。

集村興建農舍獎勵及協助辦法

①民國90年9月28日行政院農業委員會令訂定發布全文9條。
②民國99年11月17日行政院農業委員會令修正發布全文 5條；並自發布日施行。

第一條

本辦法依農業發展條例第十八條第六項規定訂定之。

第二條

依農業用地興建農舍辦法集村興建農舍，得申請本辦法之獎勵及協助。

第三條

同一集村興建農舍地區之起造人，其集村興建農舍坐落之農業用地符合下列各款規定之一者，得於取得農舍使用執照一年內，填具申請書並檢附農舍使用執照影本及照片各一份，向直轄市、縣（市）主管機關申請獎勵；經直轄市、縣（市）主管機關實地訪查符合者，發給獎狀：

一　設置寬度達十公尺以上之隔離綠帶。

二　設置生態污水處理設施。

第四條

直轄市、縣（市）主管機關得邀集相關機關（單位）及專家學者組成服務小組，協助農民集村興建農舍。

第五條

本辦法自發布日施行。

休閒農業輔導管理辦法

①民國81年12月30日行政院農業委員會令訂定發布全文19條。
②民國85年12月31日行政院農業委員會令修正發布名稱及全文11條（原名稱：休閒農業區設置管理辦法）。
③民國88年4月30日行政院農業委員會令修正發布全文25條。
④民國89年7月31日行政院農業委員會令修正發布名稱及全文27條；並自發布日起施行（原名稱：休閒農業輔導辦法）。
⑤民國91年1月11日行政院農業委員會令修正發布全文27條；並自發布日施行。
⑥民國93年2月27日行政院農業委員會令修正發布全文28條；並自發布日施行。
⑦民國95年2月20日行政院農業委員會令修正發布全文30條；並自發布日施行。
⑧民國95年4月6日行政院農業委員會令修正發布第21條條文。
⑨民國98年5月21日行政院農業委員會令修正發布第16、28條條文。
⑩民國100年3月24日行政院農業委員會令修正發布第4、5、10、16、17、19、21、22、24、28條條文；增訂第8-1條條文；並刪除第3、9、25條條文。
⑪民國102年7月22日行政院農業委員會令修正發布第8、8-1、10、13、14、16、17、19、22、24、28條條文。
⑫民國104年4月28日行政院農業委員會令修正發布第8、11、16、19、21條條文。
⑬民國107年5月18日行政院令修正發布全文45條；並自發布日施行。
⑭民國109年7月10日行政院農業委員會令修正發布第10、14、19、20、24、25、27、29、30、34、43、44條條文；並增訂第39-1條條文。
⑮民國111年5月12日行政院農業委員會令修正發布第45條條文；並增訂第44-1條條文；除第44-1條自111年1月1日施行外，自發布日施行。
民國112年7月27日行政院公告第2條、第3條第1項序文、第4項、第4條第1項、第3項、第5條第3項、第6條、第7條、第10條第1項第5款、第11條第4項、第12條、第13條、第14條、第19條、第20條第1項第7款、第24條第1項第10款、第26條第2項、第27條第3項序文、第2款、第4項、第5項、第29條第2項、第30條第1項序文、第4款、第2項、第3項、第5項、第6項、第31條第1項第9款、第33條第1項、第3項、第4項、第5項、第6項、第7項、第34條第1項序文、第2項、第35條第1項、第2項序文、第37條第1項、第38條、第39條序文、第39-1條第1項序文、第42條第2項、第43條序文、第44條第1項、第44-1條所列屬「行政院農業委員會」之權責事項，自112年8月1日起改由「農業部」管轄。
⑯民國113年7月3日農業部令修正發布第5、8、10、17、21、22、24、25、27、34、44-1條條文；增訂第26-1條條文；並刪除第42條條文。

第一章 總 則

第一條

本辦法依農業發展條例（以下簡稱本條例）第六十三條第三項規定訂定之。

第二條

本辦法所定事項，涉及目的事業主管機關職掌者，由主管機關會同目的事業主管機關辦理。

第二章 休閒農業區之劃定及輔導

第三條

①具有下列條件，經直轄市、縣（市）主管機關評估具輔導休閒農業產業聚落化發展之地區，得規劃為休閒農業區，向中央主管機關申請劃定：

一 地區農業特色。

二 豐富景觀資源。

三 豐富生態及保存價值之文化資產。

②前項申請劃定之休閒農業區，其面積除第三項及第四項規定外，應符合下列規定之一：

一 土地全部屬非都市土地者，面積應在五十公頃以上，六百公頃以下。

二 土地全部屬都市土地者，面積應在十公頃以上，二百公頃以下。

三 部分屬都市土地，部分屬非都市土地者，面積應在二十五公頃以上，三百公頃以下。

③基於自然形勢或地方產業發展需要，前項各款土地面積上限得酌予放寬。

④本辦法中華民國九十一年一月十一日修正施行前，經中央主管機關劃定之休閒農業區，其面積上限不受第二項限制。

第四條

①休閒農業區由直轄市、縣（市）主管機關擬具規劃書，向中央主管機關申請劃定；跨越直轄市或縣（市）區域者，由休閒農業區所屬直轄市、縣（市）面積較大者擬具規劃書。

②符合前條第一項至第三項規定之地區，當地居民、休閒農場業者、農民團體或鄉（鎮、市、區）公所得擬具規劃建議書，報送直轄市、縣（市）主管機關規劃。

③經中央主管機關劃定公告之休閒農業區，其有變更名稱或範圍之必要或廢止者，應由直轄市、縣（市）主管機關依前二項規定報送中央主管機關核定。

第五條 113

①休閒農業區規劃書或規劃建議書，其內容如下：

一 名稱及規劃目的。

二　範圍說明：
㈠位置圖：五千分之一最新像片基本圖或正射影像圖，並繪出休閒農業區範圍。
㈡範圍圖：五千分之一以下之地籍圖。
㈢地籍清冊。
㈣都市土地檢附土地使用分區統計表；非都市土地檢附土地使用分區及用地編定統計表；所有權屬統計表。
三　限制開發利用事項。
四　區內農業、自然生態、農村人文與既有公共設施等資源，及休閒農業相關產業發展現況。
五　整體發展規劃，應含發展願景及短、中、長程計畫。
六　輔導機關（單位）及推動管理組織。
七　組織營運模式、財務自主及回饋機制。
八　預期效益。
九　其他有關休閒農業區事項。
②前項第六款推動管理組織，應負責區內公共事務之推動。
③休閒農業區規劃書與規劃建議書格式，及休閒農業區劃定審查作業規定，由中央主管機關定之。

第六條
中央主管機關劃定休閒農業區時，應將其名稱及範圍公告，並刊登政府公報；其變更、廢止時，亦同。

第七條
經中央主管機關劃定之休閒農業區內依民宿管理辦法規定核准經營民宿者，得提供農特產品零售及餐飲服務。

第八條 113
①休閒農業區之農業用地，得依規劃設置下列供公共使用之休閒農業設施：
一　安全防護設施。
二　平面停車場。
三　涼亭（棚）設施。
四　眺望設施。
五　標示解說設施。
六　衛生設施。
七　休閒步道。
八　水土保持設施。
九　環境保護設施。
十　景觀設施。
十一　農業體驗設施。
十二　生態體驗設施。
十三　諮詢服務及農特產品零售設施。
十四　其他休閒農業設施。
②設置前項休閒農業設施，應依申請農業用地作農業設施容許使用審查辦法及本辦法規定辦理容許使用。

③設置第一項休閒農業設施，有下列情形之一者，應廢止其容許使用，並通知區域計畫或都市計畫主管機關依相關規定處理：
一　因休閒農業區範圍變更、廢止，致未能位於休閒農業區範圍內。
二　未持續取得土地使用同意文件。
三　未供公共使用。
四　未依原核定之計畫內容使用。

第九條
得申請設置前條第一項休閒農業設施之農業用地，以下列範圍為限：
一　依區域計畫法編定為非都市土地之下列用地：
㈠工業區、河川區以外之其他使用分區內所編定之農牧用地、養殖用地。
㈡工業區、河川區、森林區以外之其他使用分區內所編定之林業用地。
二　依都市計畫法劃定為農業區、保護區內之土地。
三　依國家公園法劃定為國家公園區內按各種分區別及使用性質，經國家公園管理機關會同有關機關認定作為農業用地使用之土地，並依國家公園計畫管制之。

第一〇條 113
①休閒農業區內休閒農業設施之設置，以供公共使用為限，且應符合休閒農業經營目的，無礙自然文化景觀為原則。
②設置第八條第一項休閒農業設施，除應符合申請農業用地作農業設施容許使用審查辦法相關規定外，其申請基準及條件，依休閒農業設施分類別規定（如附表）辦理。
③前項休閒農業設施之高度不得超過十．五公尺。但本辦法或建築法令另有規定依其規定辦理，或下列設施經提出安全無虞之證明，報送中央主管機關核准者，不在此限：
一　眺望設施。
二　符合主管機關規定，配合公共安全或環境保育目的設置之設施。

第一一條
①休閒農業區設置休閒農業設施所需用地之規劃，由休閒農業區推動管理組織及輔導機關（單位）負責協調，並應取得土地所有權人之土地使用同意文件，提具計畫辦理休閒農業設施之合法使用程序。
②前項土地使用同意文件，除公有土地向管理機關取得外，應經法院或民間公證人公證。
③第一項休閒農業設施設置後，由休閒農業區推動管理組織負責維護管理。
④直轄市、縣（市）主管機關對轄內休閒農業區供公共使用之休閒農業設施，應每年定期檢查並督促休閒農業區推動管理組織妥善維護管理，檢查結果應報中央主管機關備查。

⑤第一項休閒農業設施經容許使用後，未能依原核定之計畫內容使用者，應向直轄市、縣（市）政府申請容許使用之變更；未經報准擅自變更使用者，直轄市、縣（市）政府應廢止其容許使用，並通知區域計畫或都市計畫主管機關依相關規定處理。

第一二條

主管機關對休閒農業區之公共建設得予協助及輔導。

第一三條

直轄市、縣（市）主管機關應依轄內休閒農業區發展情形，至少每五年進行通盤檢討一次，並依規劃書內容出具檢討報告書，報中央主管機關備查。

第一四條 109

①中央主管機關爲輔導休閒農業區發展，得辦理休閒農業區評鑑，作爲主管機關輔導依據。

②前項休閒農業區評鑑以一百分爲滿分，主管機關得依評鑑結果協助推廣行銷，並得予表揚。

③休閒農業區評鑑結果未滿六十分者，直轄市或縣（市）主管機關應擬具輔導計畫協助該休閒農業區改善；經再次評鑑結果仍未滿六十分者，中央主管機關公告應廢止該休閒農業區之劃定。

第三章　休閒農場之申請設置及輔導管理

第一五條

①申請設置休閒農場之場域，應具有農林漁牧生產事實，且場域整體規劃之農業經營，應符合本條例第三條第五款規定。

②取得籌設同意文件之休閒農場，應於籌設期限內依核准之經營計畫書內容及相關規定興建完成，且取得各項設施合法文件後，依第三十條規定，申請核發休閒農場許可登記證。

③申請設置休閒農場應依農業主管機關受理申請許可案件及核發證明文件收費標準繳交相關費用。

第一六條

①休閒農場經營者應爲自然人、農民團體、農業試驗研究機構、農業企業機構、國軍退除役官兵輔導委員會所屬農場或直轄市、縣（市）政府。

②前項之農業企業機構應具有最近半年以上之農業經營實績。

③休閒農場內有農舍者，其休閒農場經營者，應爲農舍及其坐落用地之所有權人。

第一七條 113

①設置休閒農場之農業用地占全場總面積不得低於百分之九十，且應符合下列規定：

一　農業用地面積不得小於一公頃。但符合下列情形之一者，不得小於〇・五公頃：

㈠全場均坐落於休閒農業區內。

㈡全場均坐落於離島地區。

㈢場內生產農產品通過有機（含轉型期）農產品驗證，或符合有機農業促進法施行細則第四條規定之友善環境耕作。

二　休閒農場應以整筆土地面積提出申請。

三　全場至少應有一條直接通往鄉級以上道路之聯外道路。

四　土地應毗鄰完整不得分散，不得夾雜袋地。但有下列情形之一者，視為完整之土地：

㈠場內有寬度六公尺以下水路、道路或寬度六公尺以下道路毗鄰二公尺以下水路通過，設有安全設施，無礙休閒活動。

㈡於取得休閒農場籌設同意文件後，因政府公共建設致場區隔離，設有安全設施，無礙休閒活動。

㈢位於休閒農業區範圍內，其申請土地得分散二處，每處之土地面積逾〇．一公頃。

㈣其他經中央主管機關認定不影響休閒農場整體經營情形。

②不同地號土地連接長度超過八公尺者，視為毗鄰之土地。

③符合第一項第四款第一目、第二目及第四目規定之土地，該筆地號不計入第一項申請設置面積之計算。

④已核准籌設或取得許可登記證之休閒農場，其土地不得供其他休閒農場併入面積申請。

⑤露營場場域、集村農舍用地及其配合耕地不得申請休閒農場。

第一八條

休閒農場不得使用與其他休閒農場相同之名稱。

第一九條 109

①申請籌設休閒農場，應填具籌設申請書並檢附經營計畫書，向中央主管機關申請。

②前項申請面積未滿十公頃者，核發休閒農場籌設同意文件事項，中央主管機關得委辦直轄市、縣（市）政府辦理；申請面積在十公頃以上，或直轄市、縣（市）政府申請籌設者，由直轄市、縣（市）主管機關初審，並檢附審查意見轉送中央主管機關審查符合規定後，核發休閒農場籌設同意文件。

③申請籌設休閒農場，應檢附經營計畫書各一式六份。但主管機關得依審查需求，增加經營計畫書份數。

第二〇條 109

①前條第一項經營計畫書應包含下列內容及文件，並製作目錄依序裝訂成冊：

一　籌設申請書影本。

二　經營者基本資料：自然人應檢附身分證明文件；法人應檢附代表人身分證明文件及法人設立登記文件。

三　土地基本資料：

㈠土地使用清冊。

㈡最近三個月內核發之土地登記謄本及地籍圖謄本。但得以電腦完成查詢者，免附。
㈢土地使用同意文件，或公有土地申請開發同意證明文件。但土地為申請人單獨所有者，免附。
㈣都市土地及國家公園土地應檢附土地使用分區證明。
四　現況分析：
㈠地理位置及相關計畫示意圖。
㈡休閒農業發展資源。
㈢基地現況使用及範圍圖。
㈣農業、森林、水產、畜牧等事業使用項目及面積，並應檢附相關經營實績。
㈤場內現有設施現況，併附合法使用證明文件或相關經營證照。但無現有設施者，免附。
五　發展規劃：
㈠全區土地使用規劃構想及配置圖。
㈡農業、森林、水產、畜牧等事業使用項目、計畫及面積。
㈢設施計畫表，及設施設置使用目的及必要性說明。
㈣發展目標、休閒農場經營內容及營運管理方式。休閒農場經營內容需敘明休閒農業體驗服務規劃、預期收益及申請設置前後收益分析。
㈤與在地農業及周邊相關產業之合作規劃。
六　周邊效益：
㈠協助在地農業產業發展。
㈡創造在地就業機會。
㈢其他有關效益之事項。
七　其他主管機關指定事項。
②前項土地使用同意文件，除公有土地向管理機關取得外，應經法院或民間公證人公證。

第二一條　113
休閒農場之農業用地，得視經營需要及規模，設置下列休閒農業設施：
一　住宿設施。
二　餐飲設施。
三　農產品加工（釀造）廠。
四　農產品與農村文物展示（售）及教育解說中心。
五　門票收費設施。
六　警衛設施。
七　涼亭（棚）設施。
八　眺望設施。
九　衛生設施。
十　農業體驗設施。
十一　生態體驗設施。
十二　安全防護設施。
十三　平面停車場。

十四　標示解說設施。
十五　休閒步道。
十六　水土保持設施。
十七　環境保護設施。
十八　農路。
十九　景觀設施。
二十　農特產品調理設施。
二一　農特產品零售設施。
二二　其他休閒農業設施。

第二二條 113

①休閒農場得申請設置前條休閒農業設施之農業用地，以下列範圍爲限：
一　依區域計畫法編定爲非都市土地之下列用地：
㈠工業區、河川區以外之其他使用分區內所編定之農牧用地、養殖用地。
㈡工業區、河川區、森林區以外之其他使用分區內所編定之林業用地。
二　依都市計畫法劃定爲農業區、保護區內之土地。
三　依國家公園法劃定爲國家公園區內按各種分區別及使用性質，經國家公園管理機關會同有關機關認定作爲農業用地使用之土地，並依國家公園計畫管制之。

②前項第一款第二目之林業用地，限於申請設置前條第一款至第四款、第七款至第九款休閒農業設施、第十款農業體驗設施之附屬營位或第十二款至第十七款休閒農業設施。

③已申請興建農舍之農業用地，不得設置前條休閒農業設施。

第二三條

①休閒農場設置第二十一條第一款至第四款之設施者，農業用地面積應符合下列規定：
一　全場均坐落於休閒農業區範圍者：
㈠位於非山坡地土地面積在一公頃以上。
㈡位於山坡地之都市土地在一公頃以上或非都市土地面積達十公頃以上。
二　前款以外範圍者：
㈠位於非山坡地土地面積在二公頃以上。
㈡位於山坡地之都市土地在二公頃以上或非都市土地面積達十公頃以上。

②前項土地範圍包括山坡地與非山坡地時，其設置面積依山坡地基準計算；土地範圍包括都市土地與非都市土地時，其設置面積依非都市土地基準計算。土地範圍部分包括國家公園土地者，依國家公園計畫管制之。

第二四條 113

①休閒農場內各項設施之設置，均應以符合休閒農業經營目的，無礙自然文化景觀爲原則，並符合下列規定：

一　第二十一條第一款至第四款休閒農業設施：
㈠以集中設置爲原則。
㈡住宿設施爲提供不特定人之住宿相關服務使用者，應依規定取得相關用途之建築執照，並於取得休閒農場許可登記證後，依發展觀光條例及相關規定取得觀光旅館業營業執照或旅館業登記證；提供特定人士住宿者，應以該休閒農場員工之單身宿舍爲限，且不得超過住宿設施用地總面積百分之五。
二　第二十一條第五款至第二十二款休閒農業設施：除應符合申請農業用地作農業設施容許使用審查辦法相關規定外，其申請基準及條件，依休閒農業設施分類別規定（同附表）辦理。
三　休閒農業設施之高度不得超過十・五公尺。但本辦法或建築法令另有規定依其規定辦理，或下列設施經提出安全無虞之證明，報送中央主管機關核准者，不在此限：
㈠眺望設施。
㈡符合主管機關規定，配合公共安全或環境保育目的設置之設施。

②休閒農場內非農業用地面積、農舍及農業用地內各項設施之面積合計不得超過休閒農場總面積百分之四十。其餘農業用地須供農業、森林、水產、畜牧等事業使用。但有下列情形之一者，其設施面積不列入計算：
一　依申請農業用地作農業設施容許使用審查辦法第七條第一項第三款規定設置之設施項目。
二　依申請農業用地作農業設施容許使用審查辦法第十三條附表所列之農糧產品加工室，其樓地板面積未逾二百平方公尺。
三　依建築物無障礙設施設計規範設置之休閒步道，其面積未逾休閒農場總面積百分之五。

③於本辦法中華民國一百零七年五月十八日修正施行前，已取得容許使用之休閒農業設施，得依原核定計畫內容繼續使用，其面積異動時，應依第一項規定辦理。但異動後面積減少者，不受該項所定面積上限之限制。

④於本辦法中華民國一百一十三年七月三日修正施行前，經主管機關同意籌設或取得許可登記證之休閒農場，場內核准之露營設施，於申請核發許可登記證或變更經營計畫書時，應變更其設施項目爲農業體驗設施之附屬營位。

第二五條　113

①農業用地設置第二十一條第一款至第四款休閒農業設施，應依下列規定辦理：
一　位於非都市土地者：應以休閒農場土地範圍擬具興辦事業計畫，註明變更範圍，向直轄市、縣（市）主管機關辦理變更編定。興辦事業計畫內辦理變更編定面積達二公頃以

上者，應辦理土地使用分區變更。

二　位於都市土地者：應以休閒農場土地範圍擬具興辦事業計畫，以設施坐落土地之完整地號作為申請變更範圍，向直轄市、縣（市）主管機關辦理核准使用。

②前項應辦理變更使用或核准使用之用地，除供設置休閒農業設施面積外，並應包含依農業主管機關同意農業用地變更使用審查作業要點規定應留設之隔離綠帶或設施，及依其他相關法令規定應配置之設施面積。且應依農業用地變更回饋金撥繳及分配利用辦法辦理。

③前項總面積不得超過休閒農場內農業用地面積百分之十五，並以二公頃為限；休閒農場總面積超過二百公頃者，應以五公頃為限。

④第一項農業用地變更編定範圍內有公有土地者，應洽管理機關同意後，一併辦理編定或變更編定。

⑤農業用地設置第二十一條第五款至第二十二款休閒農業設施，應辦理容許使用。

第二六條

①依前條規定申請休閒農業設施容許使用或提具興辦事業計畫，得於同意籌設後提出申請，或於申請休閒農場籌設時併同提出申請。

②休閒農業設施容許使用之審查事項，及興辦事業計畫之內容、格式及審查作業要點，由中央主管機關定之。

③直轄市、縣（市）主管機關核發容許使用同意書或核准興辦事業計畫時，休閒農場範圍內有公有土地者，應副知公有土地管理機關。

第二六條之一 113

①休閒農場依第三十條規定取得休閒農場許可登記證後，除第二十一條第一款至第四款休閒農業設施，得依法設置再生能源發電設備外，已取得容許使用之第二十一條第五款至第十一款、第二十款或第二十一款休閒農業設施，在不影響休閒農業設施用途及結合休閒農場經營前提下，得依申請農業用地作農業設施容許使用審查辦法第四條規定，向土地所在地之直轄市、縣（市）主管機關提出申請設置屋頂型綠能設施。

②前項申請之經營計畫應敘明農業經營與綠能設施結合情形，並檢附農業經營實績之證明文件，經直轄市、縣（市）主管機關確認符合原核定之計畫內容使用後，始得核發農業用地作農業設施容許使用同意書。

第二七條 113

①休閒農場之籌設，自核發籌設同意文件之日起，至取得休閒農場許可登記證止之籌設期限，最長為四年，且不得逾土地使用同意文件之效期。但土地皆為公有者，其籌設期間為四年。

②前項土地使用同意文件之效期少於四年，且於籌設期間重新取得相關證明文件者，得申請換發籌設同意文件，其原籌設期限

及換發籌設期限，合計不得逾前項所定四年。

③休閒農場涉及研提興辦事業計畫，其籌設期間屆滿仍未取得休閒農場許可登記證而有正當理由者，得於期限屆滿前三個月內，報經當地直轄市、縣（市）主管機關轉請中央主管機關核准展延；每次展延期限為二年，並以二次為限。但因政府公共建設需求，且經目的事業主管機關審核認定屬不可抗力因素，致無法於期限內完成籌設者，得申請第三次展延。

④休閒農場籌設期間遇有重大災害，致嚴重影響籌設進度者，中央主管機關得公告展延休閒農場籌設期限。

第二八條

經營計畫書所列之休閒農業設施，得於籌設期限內依需要規劃分期興建，並敘明各期施工內容及時程。

第二九條 109

①同意籌設之休閒農場有下列情形之一者，應廢止其籌設同意文件：

一　經營者申請廢止籌設。

二　未持續取得土地或設施合法使用權。

三　未依籌設期限完成籌設並取得休閒農場許可登記證。

四　取得許可登記證前擅自以休閒農場名義經營休閒農業，有本條例第七十條情事。

五　未依經營計畫書內容辦理籌設，由直轄市、縣（市）主管機關通知限期改正未改正，經第二次通知限期改正，屆期仍未改正。

六　其他不符本辦法所定休閒農場申請設置要件。

②經廢止其籌設同意文件之休閒農場，主管機關並應廢止其容許使用及興辦事業計畫書，並副知相關單位。另取得分期許可登記證者，應一併廢止之。

第三〇條 109

①休閒農場申請核發許可登記證時，應填具申請書，檢附下列文件，報送直轄市、縣（市）主管機關初審及勘驗，由直轄市、縣（市）主管機關併審查意見及勘驗結果，轉送中央主管機關審查符合規定後，核發休閒農場許可登記證：

一　核發許可登記證申請書影本。

二　土地基本資料：

㈠土地使用清冊。

㈡最近三個月內核發之土地登記謄本及地籍圖謄本。但得以電腦完成查詢者，免附。

㈢土地使用同意文件。但土地為申請人單獨所有者，免附。

㈣都市土地或國家公園土地應檢附土地使用分區證明。

三　各項設施合法使用證明文件。

四　其他經主管機關指定之文件。

②休閒農場範圍內有公有土地者，於核發休閒農場許可登記證後，應持續取得公有土地之合法使用權，未依規定取得者，由公有

土地管理機關報送中央主管機關廢止其許可登記證。

③休閒農場申請人依第二十八條規定核准分期興建者，得於各期設施完成後，依第一項規定，報送直轄市、縣（市）主管機關初審及勘驗，由直轄市、縣（市）主管機關併審查意見及勘驗結果，轉送中央主管機關審查符合規定後，核發或換發休閒農場分期或全場許可登記證。

④前項分期許可登記證效期至籌設期限屆滿為止。

⑤休閒農場申請範圍內有非自有土地者，經營者應於土地使用同意文件效期屆滿前三個月內，重新取得最新之土地使用同意文件，經直轄市、縣（市）主管機關轉送中央主管機關備查。

⑥第一項中央主管機關核發面積未滿十公頃休閒農場之許可登記證事項，得委辦直轄市、縣（市）政府辦理。

第三一條

①休閒農場許可登記證應記載下列事項：

一　名稱。
二　經營者。
三　場址。
四　經營項目。
五　全場總面積及場域範圍地段地號。
六　核准休閒農業設施項目及面積。
七　核准文號。
八　許可登記證編號。
九　其他經中央主管機關指定事項。

②依第二十八條規定核准分期興建者，其分期許可登記證應註明各期核准開放面積及各期已興建設施之名稱及面積，並限定僅供許可項目使用。

第三二條

①休閒農場取得許可登記證後，應依公司法、商業登記法、加值型及非加值型營業稅法、所得稅法、房屋稅條例、土地稅法、發展觀光條例及食品安全衛生管理法等相關法令，辦理登記、營業及納稅。

②休閒農場應就其場域範圍，依其所在地之直轄市、縣（市）主管機關規定，辦理投保公共意外責任保險。

第三三條

①取得許可登記證之休閒農場，應於停業前報經直轄市、縣（市）主管機關轉送中央主管機關核准，繳交許可登記證。

②休閒農場停業期間，最長不得超過一年，其有正當理由者，得於期限屆滿前十五日內提出申請展延一次，並以一年為限。

③休閒農場恢復營業應於復業日三十日前向直轄市、縣（市）主管機關提出申請，由直轄市、縣（市）主管機關初審及勘驗，將審查意見及勘驗結果，併同申請文件轉送中央主管機關同意後，核發休閒農場許可登記證。

④未依前三項規定報准停業或於停業期限屆滿未申請復業者，直

轄市、縣（市）主管機關應報中央主管機關廢止其休閒農場許可登記證。
⑤休閒農場歇業，經營者應於事實發生日起一個月內，報經直轄市、縣（市）主管機關轉送中央主管機關辦理歇業，繳交許可登記證，並由中央主管機關廢止其休閒農場許可登記證。
⑥休閒農場有歇業情形，未依前項規定辦理者，由直轄市、縣（市）主管機關轉報中央主管機關廢止其休閒農場許可登記證。
⑦休閒農場有停業、復業或歇業情形，中央主管機關應依其經營者，副知公司主管機關或商業主管機關。

第三四條 113

①經主管機關同意籌設或取得許可登記證之休閒農場，有下列資料異動情形之一者，應於事前檢附變更前後對照表及相關佐證文件，提出變更經營計畫書申請：
一　名稱。
二　經營者。
三　場址。
四　經營項目。
五　全場總面積、場域範圍地段地號或土地資料。
六　設施項目及面積。
②休閒農場辦理前項變更，由直轄市、縣（市）主管機關初審，併審查意見轉送中央主管機關，由中央主管機關審查符合規定後核准之。涉及休閒農業設施容許使用或提具興辦事業計畫者，得併同提出申請。
③取得許可登記證之休閒農場，經同意變更經營計畫書者，應於核准變更期限內，依變更經營計畫書內容及相關規定興建完成，且取得各項設施合法文件後，依第三十條第一項規定，申請換發休閒農場登記證。
④前項變更期限最長為二年。涉及研提興辦事業計畫，其變更期限屆滿仍未申請換發休閒農場許可登記證而有正當理由者，得於期限屆滿前三個月內，報經當地直轄市、縣（市）主管機關轉請中央主管機關核准展延；展延期限最長為二年，並以一次為限。變更期間遇有重大災害者，中央主管機關得公告展延變更期限。

第三五條

①休閒農場依本辦法辦理相關申請，有應補正之事項，依其情形得補正者，主管機關應以書面通知申請人限期補正；屆期未補正者或補正未完全，不予受理。
②休閒農場申請案件有下列情形之一者，主管機關應敘明理由，以書面駁回之：
一　申請籌設休閒農場，經營計畫書內容顯不合理，或設施與休閒農業經營之必要性顯不相當。
二　場域有妨礙農田灌溉、排水功能，或妨礙道路通行。
三　不符本條例或本辦法相關規定。

四　有涉及違反區域計畫法、都市計畫法或其他有關土地使用管制規定。
五　經其他有關機關、單位審查不符相關法令規定。

第三六條

①直轄市、縣（市）主管機關對同意籌設或核發許可登記證之休閒農場，應會同各目的事業主管機關定期或不定期查核。
②前項查核結果有違反相關規定者，應責令限期改善。屆期不改善者，依其相關法令處置。有危害公共安全之虞者，得依相關法令停止其一部或全部之使用。

第三七條

①取得許可登記證之休閒農場未經主管機關許可，自行變更用途或變更經營計畫者，直轄市、縣（市）主管機關應依本條例第七十一條規定辦理，並通知限期改正。情節重大者，直轄市、縣（市）主管機關應報送中央主管機關廢止其許可登記證。
②前項所定情節重大者，包含下列事項：
一　由直轄市、縣（市）主管機關依前項通知限期改正未改正，經第二次通知限期改正未改正，屆期仍未改正。
二　休閒農場經營範圍與經營計畫書不符。
三　未持續取得土地或設施合法使用權。
四　其他不符本辦法所定休閒農場申請設置要件。
③第一項及第二十九條第一項之農業用地，有涉及違反區域計畫法或都市計畫法土地使用管制規定者，應併依其各該規定辦理。

第三八條

主管機關廢止休閒農場許可登記證時，應一併廢止其籌設同意文件、容許使用、興辦事業計畫書及核准使用文件，並通知建築主管機關、區域計畫或都市計畫主管機關及其他機關依相關規定處理。廢止籌設同意者亦同。

第三九條

主管機關對經同意籌設及取得許可登記證之休閒農場，得予下列輔導：
一　休閒農業規劃、申請設置等法令諮詢。
二　建置休閒農場相關資訊資料庫。
三　休閒農業產業發展資訊交流。
四　經營有機農業或產銷履歷農產品產銷所需資源協助。
五　其他輔導事項。

第三九條之一　109

①經取得主管機關核發籌設同意文件或許可登記證之休閒農場，範圍內國有非公用土地採委託經營方式辦理者，權利金之計收方式如下：
一　屬第二十五條第一項，需擬具興辦事業計畫，辦理變更使用或核准使用之用地，依國有財產法所定計收基準計收。
二　應依第二十五條第五項辦理容許使用範圍者，依國有財產法所定計收基準百分之五十計收。

三　非屬前二款，仍維持農業使用範圍者，依國有財產法所定計收基準百分之二十計收。

②依前項各款計收之權利金金額，不得低於國有非公用土地管理機關依法令應繳付之稅費。

③符合第一項資格之休閒農場經營者，於本辦法中華民國一百零九年七月十日修正施行前，已受託經營國有非公用土地，且契約期限尚未屆滿者，自本辦法修正施行之次月一日起，其權利金依第一項規定計收。

第四〇條

直轄市、縣（市）主管機關得依當地休閒農業發展現況，訂定補充規定或自治法規，實施休閒農場設置總量管制機制。

第四章　附　則

第四一條

休閒農業區或休閒農場，有位於森林區、水庫集水區、水質水量保護區、地質敏感地區、濕地、自然保留區、特定水土保持區、野生動物保護區、野生動物重要棲息環境、沿海自然保護區、國家公園等區域者，其限制開發利用事項，應依各該相關法令規定辦理。開發利用涉及都市計畫法、區域計畫法、水土保持法、山坡地保育利用條例、建築法、環境影響評估法、發展觀光條例、國家公園法及其他相關法令應辦理之事項，應依各該法令之規定辦理。

第四二條　（刪除）113

第四三條 109

休閒農場除有下列情形之一者外，應於本辦法中華民國一百零七年五月十八日修正施行後一年內，繳交原許可登記證，並依第三十條規定向中央主管機關申請換發新式許可登記證：

一　許可登記證已逾效期，且未依本辦法中華民國一百零二年七月二十二日修正施行之規定期限提出換發許可登記證者，廢止其許可登記證。

二　應依本辦法中華民國一百零二年七月二十二日修正施行之規定期限提出換發許可登記證，未提出或提出經審查不合格者，廢止其許可登記證。

第四四條 109

①本辦法中華民國一百零七年五月十八日修正施行前，已取得許可登記證之休閒農場，依核定經營計畫書內容經營休閒農場；已取得籌設同意文件且籌設尚未屆期之休閒農場，應依籌設同意文件及核定經營計畫書，辦理休閒農場之籌設及申請核發許可登記證，籌設期間及展延依第二十七條規定辦理，主管機關應依核發之籌設同意文件及核定經營計畫書管理及監督。

②前項休閒農場全場總面積異動時，應依第十七條第一項第一款規定辦理。但異動後面積增加者，不受該款所定面積不得小於

一公頃之限制。

第四四條之一 113

①未滿十公頃之休閒農場，其第二十七條第三項籌設展延，第二十九條第一項廢止籌設同意文件，第三十條第二項廢止許可登記證，第三十三條停業、復業、歇業、廢止許可登記證，第三十四條第二項經營計畫書變更、第三十四條第四項變更期限展延及第三十七條第一項廢止許可登記證事項，中央主管機關得委辦直轄市、縣（市）政府辦理。

②中央主管機關爲督導直轄市、縣（市）政府辦理休閒農場之輔導及管理事項，得辦理休閒農場輔導管理業務評核，並對辦理績效優良者，予以獎勵。

第四五條 111

本辦法除中華民國一百十一年五月十二日修正發布之第四十四條之一自一百十一年一月一日施行外，自發布日施行。

國軍老舊眷村改建條例

①民國85年2月5日總統令制定公布全文30條。
②民國86年11月26日總統令修正公布第5條條文。
③民國90年5月30日總統令修正公布第5、9、11、16、18、23、27條條文；並增訂第21-1條條文。
④民國90年10月31日總統令修正公布第8、13、14條條文。
⑤民國96年1月3日總統令修正公布第21-1、22條條文。
⑥民國96年1月24日總統令修正公布第23條條文。
⑦民國96年12月12日總統令修正公布第1、4、11、14條條文。
⑧民國98年5月27日總統令修正公布第11、22條條文。
⑨民國100年12月30日總統令修正公布第1、4、10、12、16、20條條文。
民國101年5月15日行政院公告第4條第3項所列屬「行政院文化建設委員會」之權責事項，自101年5月20日起改由「文化部」管轄。
⑩民國105年11月30日總統令增訂公布第22-1條條文。
⑪民國109年5月13日總統令修正公布第21-1條條文。

第一條 （立法目的及適用範圍）100

為加速更新國軍老舊眷村，提高土地使用經濟效益，興建住宅照顧原眷戶、中低收入戶及志願役現役軍（士）官、兵，保存眷村文化，協助地方政府取得公共設施用地，並改善都市景觀，特制定本條例；本條例未規定者，適用其他有關法律之規定。

第二條 （主管機關）

①本條例主管機關為國防部。
②國防部為推動國軍老舊眷村改建，應由國防部長邀集相關部會代表成立國軍老舊眷村改建推行委員會，負責協調推動事宜。

第三條 （國軍老舊眷村及原眷戶之定義）

①本條例所稱國軍老舊眷村，係指於中華民國六十九年十二月三十一日以前興建完成之軍眷住宅，具有下各款情形之一者：
一 政府興建分配者。
二 中華婦女反共聯合會捐款興建者。
三 政府提供土地由眷戶自費興建者。
四 其他經主管機關認定者。
②本條例所稱原眷戶，係指領有主管機關或其所屬權責機關核發之國軍眷舍居住憑證或公文書之國軍老舊眷村住戶。

第四條 （改建範圍）100

①國軍老舊眷村土地及不適用營地之名稱、位置，主管機關應列冊報經行政院核定。
②主管機關為執行國軍老舊眷村改建或做為眷村文化保存之用，

得運用國軍老舊眷村及不適用營地之國有土地，興建住宅社區、處分或為現況保存，不受國有財產法有關規定之限制。

③前項眷村文化保存之用，應由直轄市、縣（市）政府選擇騰空待標售且尚未拆除建物之國軍老舊眷村、擬具保存計畫向國防部申請保存；其選擇及審核辦法，由國防部會同行政院文化建設委員會定之。

④直轄市、縣（市）政府應於前項辦法公布後六個月內提出申請，申請期間不得再依文化資產保存法之規定指定相關文化資產；其經國防部核准申請後，不得撤銷、變更、廢止保存計畫。

第五條　（原眷戶享有承購之權益）90

①原眷戶享有承購依本條例興建之住宅及由政府給與輔助購宅款之權益。原眷戶死亡者，由配偶優先承受其權益；原眷戶與配偶均死亡者，由其子女承受其權益，餘均不得承受其權益。

②前項子女人數在二人以上者，應於原眷戶與配偶均死亡之日起六個月內，以書面協議向主管機關表示由一人承受權益，逾期均喪失承受之權益。但於中華民國八十五年十一月四日行政院核定國軍老舊眷村改建計畫或於本條例修正施行前，原眷戶與配偶均死亡者，其子女應於本條例修正施行之日起六個月內，以書面協議向主管機關表示由一人承受權益。

③本條例修正施行前，已依國軍老舊眷村改建計畫辦理改建之眷村，原眷戶之子女依第二項但書辦理權益承受之相關作業規定，由主管機關定之。

第六條　（分區規劃）

①主管機關辦理國軍老舊眷村改建，應按眷村分布位置，依條件相近者採整體分區規劃，並運用既有眷村土地、不適用營地或價購土地，依規定變更為適當使用分區或用地，集中興建住宅社區。

②興建住宅社區之土地，以非屬商業區且單位地價公告土地現值在一定金額以下者為限。

③前項單位地價公告土地現值之一定金額，由主管機關定之。

第七條　（土地變更）

①都市計畫區內非屬住宅區之眷地及不適用營地，在不影響當地都市發展下，得依都市計畫法第二十七條變更為住宅區後，依本條例辦理改建。

②非屬都市計畫範圍者，依有關法令變更為建築用地。

第八條　（改建基金之設置）90

①政府為辦理國軍老舊眷村改建工作，應設置國軍老舊眷村改建基金（以下簡稱改建基金）；其收支保管及運用辦法，由行政院定之。

②國軍老舊眷村改建資金應以第四條報經行政院核定之老舊眷村土地及不適用營地處分得款運用辦理，不得另行動支其他經費支應。

③前項土地因市場狀況未能及時處分得款時，應由改建基金依實

際需求融資墊付之。

第九條　（撥交基金之程序及計價標準）90

①本條例計畫辦理改建之國有老舊眷村土地處分收支，循特別預算程序辦理；歲入按行政院核定眷村土地當期公告土地現值作價之收入編列；歲出之編列除原眷戶之輔助購宅款外，其餘部分為改建基金。

②前項歲出部分所列原眷戶之輔助購宅款在未支用前，得移作改建基金週轉之用。

③行政院核定之國軍老舊眷村土地權屬為直轄市有、縣（市）有或鄉（鎮、市）有者，應由各級地方政府於本條例施行之日起六個月內擬定計畫，執行國軍老舊眷村改建，逾期未擬定者，除公共設施用地外，各級地方政府應將其土地以繳款當期公告土地現值讓售主管機關移撥改建基金。

④前項土地出售，不受土地法第二十五條及各級政府財產管理規則之限制。

第一〇條　（改建經費來源）100

①改建基金得運用國有不適用營地處理得款，循特別預算程序供作眷村改建資金週轉之用，於適當時機繳還國庫。

②主管機關對前項得款，應編列特別預算，供作國軍營舍改建之用。

③第一項得款未能於適當時機繳還國庫時，得以國軍老舊眷村之等值國有土地，以收支併列之方式，循預算程序，供作國軍營舍改建之用。

第一一條　（主管機關除自辦外，得採多管道方式改建）98

①第四條第二項之土地，除主管機關自行改建外，得按下列方式處理：

一　獎勵民間參與投資興建住宅社區。

二　委託民間機構興建住宅社區。

三　與直轄市、縣（市）政府合作興建國民住宅。

四　以信託方式與公、民營開發公司合作經營、處分及管理。

五　辦理標售或處分。

六　未達全體原眷戶三分之二同意改建，經主管機關核定不辦理改建之眷村，得依都市更新條例之規定辦理都市更新。

②前項第一款、第二款、第四款、第五款實施辦法，由主管機關定之。

③依第四條第三項核定為眷村文化保存之土地，國防部應連同建物無償撥用地方政府。經撥用之土地與建物管理機關為申請保存之直轄市、縣（市）政府。

④前項直轄市、縣（市）政府獲得無償撥用之土地，應依都市計畫法辦理等值容積移轉國防部處分。

第一二條　（土地處分計價標準）100

第四條第二項之土地，除配售與原眷戶、價售與第二十三條之違占建戶、第十六條之中低收入戶及志願役現役軍（士）官、兵者，依房屋建造完成當期公告土地現值計價外，其餘土地應以專案提估方式計價。

第一三條 （改建基金資金來源）90

改建基金資金來源如下：

一 循預算程序或由改建基金融資之款項。
二 基金財產運用所得。
三 本基金孳息收入。
四 基金運用後之收益。
五 處分或經營改建完成之房舍價款收入。
六 眷村土地配合公共工程拆遷有償撥用價款及地上物補償金。
七 有關眷村改建之捐贈收入。
八 貸放原眷戶自備款利息收入。
九 其他有關收入。

第一四條 （改建基金之用途）96

①改建基金之用途如下：

一 興建工程款及購地開發費用之支出。
二 投資參與住宅及土地開發計畫經費。
三 有關基金管理及總務支出。
四 改建基地內原眷戶搬遷費、房租補助費及地上物拆除費、違占建戶拆遷、補償、訴訟、強制執行費用支出。
五 融資貸款利息支出。
六 本條例第二十條第二項輔助購宅款補助支出。
七 輔助原眷戶貸款支出。
八 眷村文化保存支出。
九 其他眷村改建之支出。

②前項第八款眷村文化保存支出，以眷村文化保存開辦之軟、硬體設施為限；其經營、管理及維護支出，由申請保存之直轄市、縣（市）政府負責。

第一五條 （照顧低收入家庭資金辦法）

改建基金所經管之眷村土地，經改建經營處理後所得之盈收部分，應作為照顧低收入家庭居住之資金；其辦法由行政院另定之。

第一六條 （住宅社區配售坪型辦法）100

①興建住宅社區配售原眷戶以一戶為限。每戶配售之坪型以原眷戶現任或退伍時之職缺編階為準；並得價售與第二十三條之違占建戶及中低收入戶；如有零星餘戶由主管機關處理之。

②前項價售中低收入戶之住宅，得由主管機關洽請直轄市、縣（市）國民住宅主管機關價購，並依國民住宅條例規定辦理配售、管理。

③第一項住宅社區配售坪型辦法及零星餘戶處理辦法，由主管機關定之。

第一七條 （住宅社區得設置商業、服務設施及其他建築物）

依本條例興建之住宅社區，得視需要，依都市計畫法規設置商業、服務設施及其他建築物，並得連同土地標售。

第一八條 （拆遷補償之辦理）90

國軍老舊眷村土地為公共設施用地者，直轄市、縣（市）政府應配合眷村改建計畫，優先辦理拆遷補償。

第一九條 （土地交換分合作法）

國軍老舊眷村或不適用營地，因整體規劃必需與鄰地交換分合者，經雙方同意後，報其上級機關核定之，不受土地法第二十五條、第三十四條之一、第一百零四條及第一百零七條規定之限制。

第二〇條 （原眷戶可獲輔助購宅款標準）100

①原眷戶可獲之輔助購宅款，以各直轄市、縣（市）轄區內同期改建之國軍老舊眷村土地，依國有土地可計價公告土地現值總額百分之六十九點三為分配總額，並按其原眷戶數、住宅興建成本及配售坪型計算之。分配總額達房地總價以上者，原眷戶無須負擔自備款，超出部分，撥入改建基金；未達房地總價之不足款，由原眷戶自行負擔。

②前項房地總價決算，不得納計工程之物價調整款，該款項全數由改建基金支出，原眷戶自行負擔部分，最高以房地總價百分之二十為限，其有不足部分，由改建基金補助。

③原眷戶可獲得之輔助購宅款及自備款負擔金額，依各眷村之條件，於規劃階段，由主管機關以書面向原眷戶說明之。

④申請自費增加住宅坪型之原眷戶，仍依原坪型核算輔助購宅款，其與申請價購房地總價之差額由原眷戶自行負擔。

⑤住宅興建至主管機關核定完工決算價期間，因工程違約經主管機關已沒入賠罰款者，應按原負擔比例辦理補償。

⑥本條例中華民國一百年十二月十三日修正施行前，經主管機關核定完工決算之住宅，且決算前已計入工程物價調整款或因工程違約經主管機關沒入賠罰款，承購戶價購住宅及基地，有自行負擔部分者，應按其負擔比例及達一定金額辦理退款，其一定金額由主管機關定之。

第二一條 （原眷戶放棄承購改建之住宅）

原眷戶放棄承購改建之住宅，自願領取前條之輔助購宅款後搬遷者，從其意願。

第二一條之一 109

①依第二十二條規劃改建之眷村，其原眷戶有三分之二以上同意改建，並因身心障礙、貧病之特殊需要者，經依第二十一條自願領取輔助購宅款時，主管機關得發給之。

②前項特殊需要及發給作業規定，由主管機關另定之。

第二二條 （強制執行收回房地）98

①規劃改建之眷村，其原眷戶有三分之二以上同意改建者，對不同意改建之眷戶，主管機關得逕行註銷其眷舍居住憑證及原眷戶權益，收回該房地，並得移送管轄之地方法院裁定後強制執

行。
②原眷戶未逾三分之二同意改建之眷村，應於本條例中華民國九十八年五月十二日修正之條文施行後六個月內，經原眷戶二分之一以上連署，向主管機關申請辦理改建說明會。未於期限內依規定連署提出申請之眷村，不辦理改建。
③主管機關同意前項申請並辦理改建說明會，應以書面通知原眷戶，於三個月內，取得三分之二以上之書面同意及完成認證，始得辦理改建；對於不同意改建之眷戶，依第一項規定辦理。但未於三個月內取得三分之二以上同意或完成認證之眷村，不辦理改建。
④經主管機關核定不辦理改建之眷村，依第十一條第一項第六款規定辦理都市更新時，原眷戶應由實施者納入都市更新事業計畫辦理拆遷補償或安置，不得再依本條例之相關規定請領各項輔（補）助款。

第二二條之一　（騰空點還房地之補償）105
①依前條第一項及第三項規定註銷眷舍居住憑證及原眷戶權益之眷戶，於強制執行完畢前，經主管機關以書面通知之日起六個月內，自行配合騰空點還房地者，按點還時當地地方政府舉辦公共工程拆遷補償標準，由改建基金予以補償，最高不得超過其原改建基地內原階坪型之輔助購宅款金額，並得價購或承租原規劃改建基地內二十八坪型以下之零星餘戶。
②前項於本條例中華民國一百零五年十一月十一日修正施行前，經主管機關書面通知，配合騰空點還房地者，亦同。
③前二項眷戶及其共同生活者，主管機關應協調國軍退除役官兵輔導委員會，依其意願於六個月內視就養機構設備容量，以自費方式，予以安置；其實施辦法，由目的事業主管機關定之。

第二三條　（拆遷補償及提供優惠貸款）96
①改建、處分之眷村及第四條之不適用營地上之違占建戶，主管機關應比照當地地方政府舉辦公共工程拆遷補償標準，由改建基金予以補償後拆遷，提供興建住宅依成本價格價售之，並洽請直轄市、縣（市）政府比照國民住宅條例規定，提供優惠貸款。但屬都市更新事業計畫範圍內，實施者應依都市更新條例之規定，納入都市更新事業計畫辦理拆遷補償或安置，並經都市更新主管機關核定者不適用之。
②前項所稱之違占建戶，以本條例施行前，經主管機關存證有案者為限。
③前項違占建戶應於主管機關通知搬遷之日起，六個月內搬遷騰空，逾期未搬遷者，由主管機關收回土地，並得移送管轄之地方法院裁定後強制執行。

第二四條　（禁止處分）
①由主管機關配售之住宅，除依法繼承者外，承購人自產權登記之日起未滿五年，不得自行將住宅及基地出售、出典、贈與或交換。

②前項禁止處分，於建築完工交屋後，由主管機關列冊囑託當地土地登記機關辦理土地所有權移轉登記及建築改良物所有權第一次登記時，並爲禁止處分之限制登記。

第二五條（減免契稅、房屋稅及地價稅之開徵）

①由主管機關配售之住宅，免徵不動產買賣契稅。

②前項配售住宅建築完工後，在產權未完成移轉登記前，免徵房屋稅及地價稅。

第二六條（軍眷住宅使用人比照原眷戶之規定辦理）

本條例第三條第一項第三款之軍眷住宅，其使用人不具原眷戶身分而領有房屋所有權狀者，比照原眷戶規定辦理之。

第二七條（權屬非國有之公有土地辦理改建之依據）90

①國軍老舊眷村土地權屬爲直轄市有、縣（市）有、鄉（鎮、市）有者，各級地方政府辦理改建時，其土地計價、規劃設計、配售標準、租稅減免等，應依本條例規定辦理。

②前項各級地方政府辦理改建時，依第二十條規定辦理購宅補助。

第二八條（土地計價標準）

①本條例施行之日，已完成改建之眷村及已報行政院核定改建之眷村，依國防部原規定辦理。但已報行政院核定改建之眷村，其土地計價標準如下：

一　有原眷戶原地改建眷村，以房屋建造完成當期公告土地現值計繳地價。

二　空置及分期規劃建宅眷地與已核定遷村尚未騰空之眷地，其土地價款一次繳清者，按繳款當期公告土地現值計價。

②本條例施行前，經行政院核定遷建騰空之眷村土地，依本條例規定辦理。

第二九條（施行細則）

本條例施行細則，由主管機關定之。

第三〇條（施行日）

本條例自公布日施行。

國軍老舊眷村改建條例施行細則

①民國85年7月23日國防部令訂定發布全文25條。
②民國87年9月16日國防部令修正發布第4、9、19、22條條文；並刪除第6條條文。
③民國88年5月14日國防部令修正發布第7、9條條文。
④民國89年3月24日國防部令修正發布第3、16、19、22條條文。
⑤民國89年6月14日國防部令修正發布第9條條文。
⑥民國91年2月27日國防部令修正發布第3、4、20、22條條文。
⑦民國95年5月24日國防部令修正發布第4條條文。
⑧民國95年10月20日國防部令修正發布第3、9、12條條文；並刪除第24條條文。
⑨民國96年5月29日國防部令修正發布第20條條文。
⑩民國97年3月14日國防部令修正發布第3、4條條文。
民國101年2月3日行政院公告第3條第1項所列屬「行政院主計處」之權責事項，自101年2月6日起改由「行政院主計總處」管轄。
⑪民國101年6月27日國防部令修正發布第3條條文；並刪除第5條條文。
民國101年12月25日行政院公告第3條第1項、第4條第1項所列由「總政治作戰局局長」擔任委員事項，自102年1月1日起改由「政治作戰局局長」擔任；所列屬「國防部總政治作戰局」之權責事項，自102年1月1日起改由「國防部政治作戰局」管轄。
民國103年1月21日行政院公告第3條第1項所列屬「行政院經濟建設委員會」之權責事項，自103年1月22日起改由「國家發展委員會」管轄。
⑫民國103年6月6日國防部令修正發布第3、4、19條條文。
⑬民國106年5月18日國防部令增訂發布第20-1至20-3條條文。

第一條

本細則依國軍老舊眷村改建條例（以下簡稱本條例）第二十九條訂定之。

第二條

本條例第一條所定中低收入戶，應符合下列各款條件：

一　女子年滿二十二歲，男子年滿二十五歲，在當地設有戶籍者。

二　本人、配偶及其共同生活之直系親屬，均無自有住宅。

三　符合行政院公告之收入較低家庭標準者。

第三條　103

①本條例第二條第二項所定國軍老舊眷村改建推行委員會（以下簡稱推行委員會），由國防部部長爲召集人，委員十一人，由國防部副部長、政治作戰局局長、常務次長、行政院副秘書長

及內政部、財政部、法務部、行政院主計總處、國家發展委員會、臺北市政府、高雄市政府副首長級人員擔任之，負責協調推動國軍老舊眷村改建事宜。
②推行委員會開會時，由召集人為主席，必要時得邀請專家學者列席，召集人不能出席時，由召集人指定委員一人為主席。

第四條 103
①依本條例第四條第一項列冊報經行政院核定之國軍老舊眷村土地及不適用營地，其土地屬國有者，應由主管機關列冊，囑託當地土地登記機關，將管理機關變更登記為國防部政治作戰局。
②前項國軍老舊眷村土地及不適用營地，其國軍老舊眷村改建總冊土地清冊詳細土地標示，如有漏列或不應列屬使用範圍者，應由主管機關與管理機關或土地所有權人會勘確定後，辦理更正。

第五條 （刪除）101

第六條 （刪除）

第七條
本條例第八條第一項所定國軍老舊眷村改建基金（以下簡稱改建基金），為預算法第四條第一項第二款之特種基金，編製附屬單位預算，以國防部為主管機關。

第八條
①本條例第九條特別預算之歲入，以本條例第四條經行政院核定眷村土地當期公告土地現值為基礎作價編列。
②前項土地作價之方式，屬計畫興建住宅社區者，以公告土地現值預估調幅後之總值作價；其餘土地，以預估處分後可獲價款作價。

第九條
①改建基金對原眷戶承購依本條例興建之住宅或依第十九條第五項購置主管機關選定之政府興建住宅、國民住宅或依本條例第二十八條第一項興建之眷宅而依本條例第二十條第一項、第二項應自行負擔部分，或自願領取輔助購宅款而向主管機關申請核准購置民間興建住宅之差額款，於辦理貸款時，比照中央公教人員輔助購置住宅貸款利率，其貸款總額每戶以新臺幣一百萬元為限，貸款期限三十年，按月平均攤還本息。
②前項原眷戶辦理貸款之住宅及基地，於貸款存續期間內將該住宅、基地出售、出典、贈與或交換時，應即清償貸款本息。

第一〇條
①各級地方政府依本條例第九條第三項擬定之改建計畫，應函送主管機關轉報行政院備查。
②前項改建計畫，應包含改建起迄時間、改建方式以及輔助原眷戶購宅方法、違占建戶處理措施。

第一一條
本條例第十二條所定房屋建造完成，以主管機關核定建築工程完成日期為準。

第一二條 95

本條例第十二條所稱土地應以專案提估方式計價，指逐案查估之土地價格。

第一三條

①為配合眷村改建，原眷戶應於主管機關公告期間內搬遷，未於期限內主動搬遷者，視為不同意改建，由主管機關依本條例第二十二條規定處理。

②前項原眷戶一次搬遷者，發給每戶新臺幣一萬元搬遷補助費；就地改建，或配合地方政府舉辦公共工程拆遷，須先行遷出，再行遷入者，發給每戶新臺幣二萬元搬遷補助費，並自遷出之日起，至交屋之日止，發給每戶每月房租補助費新臺幣六千元。

③前項搬遷補助費，於核定搬遷之日起，由主管機關發給。房租補助費於原眷戶遷出後，由主管機關按期發給，每期發放六個月，至交屋日止，不足一個月者，以一個月計算。

第一四條

①原眷戶於國軍老舊眷村內自行增建之房屋，由主管機關按拆除時當地地方政府舉辦公共工程拆遷補償標準，予以補償，其補償坪數計算方式如下：

一　現有房屋總坪數（含原公配眷舍坪數與自行增建坪數），減去原公配眷舍坪數與輔助購宅坪型，等於補償坪數。

二　由原眷戶籌款配合政府補助重新整建，或屬於本條例第三條第一項第三款自費興建者，以現有房屋總坪數，減去輔助購宅坪型，等於補償坪數。

②前項補償，以房屋為限，餘均不辦理補償。

第一五條

①本條例第十六條所稱坪型，係指配售住宅之室內自用面積，不包括共同使用部分及陽台面積，其區分如下：

一　十二坪型：四十平方公尺。

二　二十六坪型：八十五平方公尺。

三　二十八坪型：九十二平方公尺。

四　三十坪型：九十九平方公尺。

五　三十四坪型：一百十二平方公尺。

②前項各款坪型面積，得彈性增減百分之二。

第一六條

①本條例第十八條所定公共設施用地之拆遷補償，由主管機關會同直轄市、縣（市）政府或需地機關，實施勘查、丈量，地上物補償金由直轄市、縣（市）政府或需地機關撥交主管機關，作為改建基金。

②前項拆遷範圍內之原眷戶，由主管機關依第十三條及第十四條規定辦理拆遷補償；違占建戶，由直轄市、縣（市）政府或需地機關，依規定辦理。

第一七條

本條例第二十條第一項所稱國有土地可計價，係指非屬公共設施之國有土地，按行政院核定改建計畫當期公告土地現值計算之價格。

第一八條

①本條例第二十條所定房地總價及第二十三條所定成本價格，依下列方式計算：

一　房屋部分：依房屋及公用建築之建造費、工程管理費、墊款利息、有關稅捐及其他建築有關必要費用之總額與房屋自用總面積之比例，分戶計算之。

二　土地部分：以房屋建造完成當期公告土地現值計價後，按各戶之應有持分比例計算之。

②前項土地不屬於本條例第四條第二項者，應以土地取得地價爲準，包含墊款利息、開發費用及有關稅捐。

第一九條 103

①原眷戶依本條例第二十一條規定於規劃改建基地房屋建造完成前，自願領取輔助購宅款後搬遷者，應以書面向主管機關提出申請，經核定後發給，其與實際房屋建造完成當期決算之價格發生差異時，不予追加減。

②前項輔助購宅款，其數額應於主管機關規劃改建基地建築工程發包後，依決標價格計算之。

③原眷戶於規劃改建基地房屋建造完成後，自願領取輔助購宅款搬遷者，其可獲輔助購宅款之數額，依決算後之房地總價計算之。

④經主管機關輔導改建眷村內，原眷戶有三分之二以上放棄承購依本條例改建之住宅，自願領取輔助購宅款後搬遷者，其可獲輔助購宅款之數額，依主管機關選定之政府興建住宅、國民住宅或依本條例第二十八條第一項興建之眷宅，完工決算後之房地總價計算之。

⑤前項原眷戶領取輔助購宅款後，得依其意願購置主管機關選定之政府興建住宅、國民住宅或依本條例第二十八條第一項興建之眷宅。

第二〇條 96

①原眷戶依本條例第二十二條規定同意改建者，應於主管機關書面通知之日起三個月內以書面爲之，並經法院或民間公證人認證。

②原眷戶未達三分之二同意改建之眷村，不辦理改建，於本條例廢止後，依國有財產法有關規定辦理。

第二〇條之一 106

主管機關依本條例第二十二條之一辦理補償時，不同意改建之眷戶已死亡，由其繼承人協議一人並經公證之受領人，向主管機關提出申領；願依成本價購或承租興建之住宅者，應於主管機關通知之期限內，由受領人提出申請。

第二〇條之二 106

依本條例第二十二條之一辦理補償項目，以主建物、附屬建物補償費、人口搬遷補助費及自動搬遷獎勵金爲限。

第二〇條之三 106

①前條主建物、附屬建物補償費以實際丈量面積核計。不足七十九平方公尺者，以七十九平方公尺計算。

②前項丈量方式及計算基準，依當地地方政府舉辦公共工程拆遷補償規定辦理。

③無法證明房舍之面積及材質者，以七十九平方公尺之面積及照相存證所示或最低材質推算補償款。

第二一條

①本條例第二十三條所定違占建戶之拆遷補償，按拆除時當地地方政府舉辦公共工程拆遷補償規定辦理。

②前項房屋拆遷補償之面積，以實際丈量面積核計，不足七十九平方公尺者，以七十九平方公尺計算。

第二二條 91

①主管機關依本條例第二十三條辦理違占建戶拆遷補償時，應以公文通知，並公告之。

②前項違占建戶拆遷補償，應以主管機關存證有案之建築物占有人爲對象，價售住宅以一戶爲限。

③主管機關存證有案之建築物占有人在二人以上者，主管機關應以書面通知占有人自收受通知書之日起三個月內，以書面協議，並經法院或民間公證人認證，向主管機關表示由其中一人承受本條例第二十三條第一項所定權益；占有人逾期未表示者，喪失其承受之權益。

④第二項存證資料缺件、遺失、毀損者，主管機關應通知建築物占有人辦理補件作業。

第二三條

本條例第二十八條所稱國防部原規定，係指本條例施行前，由國防部訂頒或報奉行政院核定（備）有關眷村改建、遷建、計價、核配、預算編列與收支及輔助購宅之有關規定。

第二四條 （刪除）95

第二五條

本細則自發布日施行。

文化資產保存法

①民國71年5月26日總統令制定公布全文61條。
②民國86年1月22日總統令增訂公布第31-1、36-1條條文。
③民國86年5月14日總統令修正公布第27、30、35、36條條文。
④民國89年2月9日總統令修正公布第3、5、27、28、30、31-1條條文及第三章章名；並增訂第27-1、29-1、30-1、30-2、31-2條條文。
⑤民國91年6月12日總統令修正公布第16、31、32條條文。
⑥民國94年2月5日總統令修正公布全文104條。
民國94年8月1日行政院令發布第92條定自94年2月5日施行。
民國94年10月31日行政院令發布除第92條外，定自94年11月1日施行。
⑦民國100年11月9日總統令修正公布第35條條文。
民國101年4月20日行政院令發布定自101年5月1日施行。
民國101年5月15日行政院公告第4條第1、3項、第6條第2項、第35條第1項、第90條第2項、第103條所列屬「行政院文化建設委員會」之權責事項，自101年5月20日起改由「文化部」管轄。
⑧民國105年7月27日總統令修正公布全文113條；並自公布日施行。
⑨民國112年7月27日行政院公告第4條、第98條第1、2項、第112條所列屬「行政院農業委員會」之權責事項，自112年8月1日起改由「農業部」管轄。
⑩民國112年11月29日總統令修正公布第41、99條條文。

第一章　總　則

第一條　（立法目的）

爲保存及活用文化資產，保障文化資產保存普遍平等之參與權，充實國民精神生活，發揚多元文化，特制定本法。

第二條　（法律適用）

文化資產之保存、維護、宣揚及權利之轉移，依本法之規定。

第三條　（文化資產之定義）

①本法所稱文化資產，指具有歷史、藝術、科學等文化價值，並經指定或登錄之下列有形及無形文化資產：

一　有形文化資產：

㈠古蹟：指人類爲生活需要所營建之具有歷史、文化、藝術價值之建造物及附屬設施。

㈡歷史建築：指歷史事件所定著或具有歷史性、地方性、特殊性之文化、藝術價值，應予保存之建造物及附屬設施。

㈢紀念建築：指與歷史、文化、藝術等具有重要貢獻之人物相關而應予保存之建造物及附屬設施。

㈣聚落建築群：指建築式樣、風格特殊或與景觀協調，而具有歷史、藝術或科學價值之建造物群或街區。

㈤考古遺址：指蘊藏過去人類生活遺物、遺跡，而具有歷史、美學、民族學或人類學價值之場域。

㈥史蹟：指歷史事件所定著而具有歷史、文化、藝術價值應予保存所定著之空間及附屬設施。

㈦文化景觀：指人類與自然環境經長時間相互影響所形成具有歷史、美學、民族學或人類學價值之場域。

㈧古物：指各時代、各族群經人爲加工具有文化意義之藝術作品、生活及儀禮器物、圖書文獻及影音資料等。

㈨自然地景、自然紀念物：指具保育自然價值之自然區域、特殊地形、地質現象、珍貴稀有植物及礦物。

二　無形文化資產：

㈠傳統表演藝術：指流傳於各族群與地方之傳統表演藝能。

㈡傳統工藝：指流傳於各族群與地方以手工製作爲主之傳統技藝。

㈢口述傳統：指透過口語、吟唱傳承，世代相傳之文化表現形式。

㈣民俗：指與國民生活有關之傳統並有特殊文化意義之風俗、儀式、祭典及節慶。

㈤傳統知識與實踐：指各族群或社群，爲因應自然環境而生存、適應與管理，長年累積、發展出之知識、技術及相關實踐。

第四條　（主管機關）

①本法所稱主管機關：在中央爲文化部；在直轄市爲直轄市政府；在縣（市）爲縣（市）政府。但自然地景及自然紀念物之中央主管機關爲行政院農業委員會（以下簡稱農委會）。

②前條所定各類別文化資產得經審查後以系統性或複合型之型式指定或登錄。如涉及不同主管機關管轄者，其文化資產保存之策劃及共同事項之處理，由文化部或農委會會同有關機關決定之。

第五條（主管機關）

文化資產跨越二以上直轄市、縣（市）轄區，其地方主管機關由所在地直轄市、縣（市）主管機關商定之；必要時得由中央主管機關協調指定。

第六條　（審議會之組成）

①主管機關爲審議各類文化資產之指定、登錄、廢止及其他本法規定之重大事項，應組成相關審議會，進行審議。

②前項審議會之任務、組織、運作、旁聽、委員之遴聘、任期、迴避及其他相關事項之辦法，由中央主管機關定之。

第七條　（主管機關得委任或委託機關辦理事項）

文化資產之調查、保存、定期巡查及管理維護事項，主管機關得委任所屬機關（構），或委託其他機關（構）、文化資產研究相關之民間團體或個人辦理；中央主管機關並得委辦直轄市、縣（市）主管機關辦理。

第八條 （公有文化資產）

①本法所稱公有文化資產，指國家、地方自治團體及其他公法人、公營事業所有之文化資產。

②公有文化資產，由所有人或管理機關（構）編列預算，辦理保存、修復及管理維護。主管機關於必要時，得予以補助。

③前項補助辦法，由中央主管機關定之。

④中央主管機關應寬列預算，專款辦理原住民族文化資產之調查、採集、整理、研究、推廣、保存、維護、傳習及其他本法規定之相關事項。

第九條 （主管機關應尊重文化資產所有人之權益）

①主管機關應尊重文化資產所有人之權益，並提供其專業諮詢。

②前項文化資產所有人對於其財產被主管機關認定為文化資產之行政處分不服時，得依法提起訴願及行政訴訟。

第一〇條 （公有及接受政府補助文化資產相關資料之列冊及管理）

①公有及接受政府補助之文化資產，其調查研究、發掘、維護、修復、再利用、傳習、記錄等工作所繪製之圖說、攝影照片、蒐集之標本或印製之報告等相關資料，均應予以列冊，並送主管機關妥為收藏且定期管理維護。

②前項資料，除涉及國家安全、文化資產之安全或其他法規另有規定外，主管機關應主動以網路或其他方式公開，如有必要應移撥相關機關保存展示，其辦法由中央主管機關定之。

第一一條 （專責機構之設置）

主管機關為從事文化資產之保存、教育、推廣、研究、人才培育及加值運用工作，得設專責機構；其組織另以法律或自治法規定之。

第一二條 （實施文化資產保存教育）

為實施文化資產保存教育，主管機關應協調各級教育主管機關督導各級學校於相關課程中為之。

第一三條 （中央主管機關會同中央原住民族主管機關處理之事項）

原住民族文化資產所涉以下事項，其處理辦法由中央主管機關會同中央原住民族主管機關定之：

一 調查、研究、指定、登錄、廢止、變更、管理、維護、修復、再利用及其他本法規定之事項。

二 具原住民族文化特性及差異性，但無法依第三條規定類別辦理者之保存事項。

第二章 古蹟、歷史建築、紀念建築及聚落建築群

第一四條 （定期普查及接受提報）

①主管機關應定期普查或接受個人、團體提報具古蹟、歷史建築、紀念建築及聚落建築群價值者之內容及範圍，並依法定程序審查後，列冊追蹤。

②依前項由個人、團體提報者，主管機關應於六個月內辦理審議。

③經第一項列冊追蹤者，主管機關得依第十七條至第十九條所定審查程序辦理。

第一五條 （逾五十年之公有建造物及附屬設施群於處分前，應先由主管機關進行文化資產價值評估）

公有建造物及附屬設施群自建造物興建完竣逾五十年者，或公有土地上所定著之建造物及附屬設施群自建造物興建完竣逾五十年者，所有或管理機關（構）於處分前，應先由主管機關進行文化資產價值評估。

第一六條 （主管機關應建立完整個案資料）

主管機關應建立古蹟、歷史建築、紀念建築及聚落建築群之調查、研究、保存、維護、修復及再利用之完整個案資料。

第一七條 （古蹟之審查指定及公告）

①古蹟依其主管機關區分爲國定、直轄市定、縣（市）定三類，由各級主管機關審查指定後，辦理公告。直轄市定、縣（市）定者，並應報中央主管機關備查。

②建造物所有人得向主管機關申請指定古蹟，主管機關應依法定程序審查之。

③中央主管機關得就前二項，或接受各級主管機關、個人、團體提報、建造物所有人申請已指定之直轄市定、縣（市）定古蹟，審查指定爲國定古蹟後，辦理公告。

④古蹟滅失、減損或增加其價值時，主管機關得廢止其指定或變更其類別，並辦理公告。直轄市定、縣（市）定者，應報中央主管機關核定。

⑤古蹟指定基準、廢止條件、申請與審查程序、輔助及其他應遵行事項之辦法，由中央主管機關定之。

第一八條 （歷史建築、紀念建築之審查登錄及公告）

①歷史建築、紀念建築由直轄市、縣（市）主管機關審查登錄後，辦理公告，並報中央主管機關備查。

②建造物所有人得向直轄市、縣（市）主管機關申請登錄歷史建築、紀念建築，主管機關應依法定程序審查之。

③對已登錄之歷史建築、紀念建築，中央主管機關得予以輔助。

④歷史建築、紀念建築滅失、減損或增加其價值時，主管機關得廢止其登錄或變更其類別，並辦理公告。

⑤歷史建築、紀念建築登錄基準、廢止條件、申請與審查程序、輔助及其他應遵行事項之辦法，由中央主管機關定之。

第一九條 （聚落建築群之審查登錄及公告）

①聚落建築群由直轄市、縣（市）主管機關審查登錄後，辦理公告，並報中央主管機關備查。

②所在地居民或團體得向直轄市、縣（市）主管機關申請登錄聚落建築群，主管機關受理該項申請，應依法定程序審查之。
③中央主管機關得就前二項，或接受各級主管機關、個人、團體提報、所在地居民或團體申請已登錄之聚落建築群，審查登錄為重要聚落建築群後，辦理公告。
④前三項登錄基準、審查、廢止條件與程序、輔助及其他應遵行事項之辦法，由中央主管機關定之。

第二〇條　（暫定古蹟）
①進入第十七條至第十九條所稱之審議程序者，為暫定古蹟。
②未進入前項審議程序前，遇有緊急情況時，主管機關得逕列為暫定古蹟，並通知所有人、使用人或管理人。
③暫定古蹟於審議期間內視同古蹟，應予以管理維護；其審議期間以六個月為限；必要時得延長一次。主管機關應於期限內完成審議，期滿失其暫定古蹟之效力。
④建造物經列為暫定古蹟，致權利人之財產受有損失者，主管機關應給與合理補償；其補償金額以協議定之。
⑤第二項暫定古蹟之條件及應踐行程序之辦法，由中央主管機關定之。

第二一條　（古蹟管理維護之權責）
①古蹟、歷史建築、紀念建築及聚落建築群由所有人、使用人或管理人管理維護。所在地直轄市、縣（市）主管機關應提供專業諮詢，於必要時得輔助之。
②公有之古蹟、歷史建築、紀念建築及聚落建築群必要時得委由其所屬機關（構）或其他機關（構）、登記有案之團體或個人管理維護。
③公有之古蹟、歷史建築、紀念建築、聚落建築群及其所定著之土地，除政府機關（構）使用者外，得由主管機關辦理無償撥用。
④公有之古蹟、歷史建築、紀念建築及聚落建築群之管理機關，得優先與擁有該定著空間、建造物相關歷史、事件、人物相關文物之公、私法人相互無償、平等簽約合作，以該公有空間、建造物辦理與其相關歷史、事件、人物之保存、教育、展覽、經營管理等相關紀念事業。

第二二條　（古蹟管理維護衍生收益之使用）
公有之古蹟、歷史建築、紀念建築及聚落建築群管理維護所衍生之收益，其全部或一部得由各管理機關（構）作為其管理維護費用，不受國有財產法第七條、國營事業管理法第十三條及其相關法規之限制。

第二三條　（古蹟管理維護之事項）
①古蹟之管理維護，指下列事項：
一　日常保養及定期維修。
二　使用或再利用經營管理。
三　防盜、防災、保險。

四　緊急應變計畫之擬定。
五　其他管理維護事項。
②古蹟於指定後，所有人、使用人或管理人應擬定管理維護計畫，並報主管機關備查。
③古蹟所有人、使用人或管理人擬定管理維護計畫有困難時，主管機關應主動協助擬定。
④第一項管理維護辦法，由中央主管機關定之。

第二四條　（古蹟之保存原則、修復之程序及再利用）
①古蹟應保存原有形貌及工法，如因故毀損，而主要構造與建材仍存在者，應基於文化資產價值優先保存之原則，依照原有形貌修復，並得依其性質，由所有人、使用人或管理人提出計畫，經主管機關核准後，採取適當之修復或再利用方式。所在地直轄市、縣（市）主管機關於必要時得輔助之。
②前項修復計畫，必要時得採用現代科技與工法，以增加其抗震、防災、防潮、防蛀等機能及存續年限。
③第一項再利用計畫，得視需要在不變更古蹟原有形貌原則下，增加必要設施。
④因重要歷史事件或人物所指定之古蹟，其使用或再利用應維持或彰顯原指定之理由與價值。
⑤古蹟辦理整體性修復及再利用過程中，應分階段舉辦說明會、公聽會，相關資訊應公開，並應通知當地居民參與。
⑥古蹟修復及再利用辦理事項、方式、程序、相關人員資格及其他應遵行事項之辦法，由中央主管機關定之。

第二五條　（聚落建築群之保存原則、修復之程序及再利用）
①聚落建築群應保存原有建築式樣、風格或景觀，如因故毀損，而主要紋理及建築構造仍存在者，應基於文化資產價值優先保存之原則，依照原式樣、風格修復，並得依其性質，由所在地之居民或團體提出計畫，經主管機關核准後，採取適當之修復或再利用方式。所在地直轄市、縣（市）主管機關於必要時得輔助之。
②聚落建築群修復及再利用辦理事項、方式、程序、相關人員資格及其他應遵行事項之辦法，由中央主管機關定之。

第二六條　（為利古蹟等建築之修復及再利用，不受相關法規限制）
為利古蹟、歷史建築、紀念建築及聚落建築群之修復及再利用，有關其建築管理、土地使用及消防安全等事項，不受區域計畫法、都市計畫法、國家公園法、建築法、消防法及其相關法規全部或一部之限制；其審核程序、查驗標準、限制項目、應備條件及其他應遵行事項之辦法，由中央主管機關會同內政部定之。

第二七條　（重大災害之緊急修復）
①因重大災害有辦理古蹟緊急修復之必要者，其所有人、使用人或管理人應於災後三十日內提報搶修計畫，並於災後六個月內

提出修復計畫，均於主管機關核准後爲之。
②私有古蹟之所有人、使用人或管理人，提出前項計畫有困難時，主管機關應主動協助擬定搶修或修復計畫。
③前二項規定，於歷史建築、紀念建築及聚落建築群之所有人、使用人或管理人同意時，準用之。
④古蹟、歷史建築、紀念建築及聚落建築群重大災害應變處理辦法，由中央主管機關定之。

第二八條　（管理不當之處置）

古蹟、歷史建築或紀念建築經主管機關審查認因管理不當致有滅失或減損價值之虞者，主管機關得通知所有人、使用人或管理人限期改善，屆期未改善者，主管機關得逕爲管理維護、修復，並徵收代履行所需費用，或強制徵收古蹟、歷史建築或紀念建築及其所定著土地。

第二九條　（辦理修復之採購程序）

政府機關、公立學校及公營事業辦理古蹟、歷史建築、紀念建築及聚落建築群之修復或再利用，其採購方式、種類、程序、範圍、相關人員資格及其他應遵行事項之辦法，由中央主管機關定之，不受政府採購法限制。但不得違反我國締結之條約及協定。

第三〇條　（私有古蹟等建築管理維護經費之補助）

①私有之古蹟、歷史建築、紀念建築及聚落建築群之管理維護、修復及再利用所需經費，主管機關於必要時得補助之。
②歷史建築、紀念建築之保存、修復、再利用及管理維護等，準用第二十三條及第二十四條規定。

第三一條　（開放參觀）

①公有及接受政府補助之私有古蹟、歷史建築、紀念建築及聚落建築群，應適度開放大眾參觀。
②依前項規定開放參觀之古蹟、歷史建築、紀念建築及聚落建築群，得酌收費用；其費額，由所有人、使用人或管理人擬訂，報經主管機關核定。公有者，並應依規費法相關規定程序辦理。

第三二條　（所有權之移轉）

古蹟、歷史建築或紀念建築及其所定著土地所有權移轉前，應事先通知主管機關；其屬私有者，除繼承者外，主管機關有依同樣條件優先購買之權。

第三三條　（發見具古蹟等建築價值建造物之通知義務）

①發見具古蹟、歷史建築、紀念建築及聚落建築群價值之建造物，應即通知主管機關處理。
②營建工程或其他開發行爲進行中，發見具古蹟、歷史建築、紀念建築及聚落建築群價值之建造物時，應即停止工程或開發行爲之進行，並報主管機關處理。

第三四條　（營建工程或其他開發行爲之義務）

①營建工程或其他開發行爲，不得破壞古蹟、歷史建築、紀念建築及聚落建築群之完整，亦不得遮蓋其外貌或阻塞其觀覽之通

道。

②有前項所列情形之虞者，於工程或開發行爲進行前，應經主管機關召開古蹟、歷史建築、紀念建築及聚落建築群審議會審議通過後，始得爲之。

第三五條　（重大營建工程計畫，不得妨礙古蹟等建築之保存及維護）

①古蹟、歷史建築、紀念建築及聚落建築群所在地都市計畫之訂定或變更，應先徵求主管機關之意見。

②政府機關策定重大營建工程計畫，不得妨礙古蹟、歷史建築、紀念建築及聚落建築群之保存及維護，並應先調查工程地區有無古蹟、歷史建築、紀念建築及聚落建築群或具古蹟、歷史建築、紀念建築及聚落建築群價值之建造物，必要時由主管機關予以協助；如有發見，主管機關應依第十七條至第十九條審查程序辦理。

第三六條　（古蹟禁止遷移或拆除及例外）

古蹟不得遷移或拆除。但因國防安全、重大公共安全或國家重大建設，由中央目的事業主管機關提出保護計畫，經中央主管機關召開審議會審議並核定者，不在此限。

第三七條　（古蹟保存計畫之訂定程序）

①爲維護古蹟並保全其環境景觀，主管機關應會同有關機關訂定古蹟保存計畫，據以公告實施。

②古蹟保存計畫公告實施後，依計畫內容應修正或變更之區域計畫、都市計畫或國家公園計畫，相關主管機關應按各計畫所定期限辦理變更作業。

③主管機關於擬定古蹟保存計畫過程中，應分階段舉辦說明會、公聽會及公開展覽，並應通知當地居民參與。

④第一項古蹟保存計畫之項目、內容、訂定程序、公告、變更、撤銷、廢止及其他應遵行事項之辦法，由中央主管機關會商有關機關定之。

第三八條　（主管機關就公共開放空間系統配置等事項進行審查）

古蹟定著土地之周邊公私營建工程或其他開發行爲之申請，各目的事業主管機關於都市設計之審議時，應會同主管機關就公共開放空間系統配置與其綠化、建築量體配置、高度、造型、色彩及風格等影響古蹟風貌保存之事項進行審查。

第三九條　（古蹟保存用地或保存區）

①主管機關得就第三十七條古蹟保存計畫內容，依區域計畫法、都市計畫法或國家公園法等有關規定，編定、劃定或變更爲古蹟保存用地或保存區、其他使用用地或分區，並依本法相關規定予以保存維護。

②前項古蹟保存用地或保存區、其他使用用地或分區，對於開發行爲、土地使用，基地面積或基地內應保留空地之比率、容積率、基地內前後側院之深度、寬度、建築物之形貌、高度、色彩及有關交通、景觀等事項，得依實際情況爲必要規定及採取

必要之獎勵措施。
③前二項規定於歷史建築、紀念建築準用之。
④中央主管機關於擬定經行政院核定之國定古蹟保存計畫，如影響當地居民權益，主管機關除得依法辦理徵收外，其協議價購不受土地徵收條例第十一條第四項之限制。

第四〇條　（聚落建築群之保存及再發展計畫之訂定及程序）
①為維護聚落建築群並保全其環境景觀，主管機關應訂定聚落建築群之保存及再發展計畫後，並得就其建築形式與都市景觀制定維護方針，依區域計畫法、都市計畫法或國家公園法等有關規定，編定、劃定或變更為特定專用區。
②前項編定、劃定或變更之特定專用區之風貌管理，主管機關得採取必要之獎勵或補助措施。
③第一項保存及再發展計畫之擬定，應召開公聽會，並與當地居民協商溝通後為之。

第四一條 112
①古蹟、歷史建築、紀念建築所定著之土地、保存用地或保存區、其他使用用地或分區內土地，除以政府機關為管理機關者外，因古蹟、歷史建築、紀念建築之指定或登錄、保存用地、保存區、其他使用用地或分區之編定、劃定或變更，致其原依法可建築之基準容積受到限制部分，得等值移轉至其他地方建築使用或享有其他獎勵措施。
②前項所稱其他地方，指同一都市土地主要計畫地區或區域計畫地區之同一直轄市、縣（市）內之地區。但經內政部都市計畫委員會審議通過後，得移轉至同一直轄市、縣（市）之其他主要計畫地區。
③第一項之容積一經移轉，其古蹟、歷史建築及紀念建築之指定、登錄，或保存用地、保存區、其他使用用地或分區之管制，不得任意廢止。
④經土地所有人依第一項提出容積移轉申請時，主管機關應協調相關單位完成其容積移轉之計算，並以書面通知所有權人或管理人。
⑤第一項容積移轉之換算公式、移轉方式、作業方法、辦理程序及其他應遵行事項之辦法，由內政部會商中央主管機關定之；其他獎勵措施之內容、方式及其他相關事項之辦法，由中央主管機關定之。

第四二條　（古蹟、歷史建築或紀念建築保存用地或保存區之申請限制）
①依第三十九條及第四十條規定劃設之古蹟、歷史建築或紀念建築保存用地或保存區、其他使用用地或分區及特定專用區內，關於下列事項之申請，應經目的事業主管機關核准：
一　建築物與其他工作物之新建、增建、改建、修繕、遷移、拆除或其他外形及色彩之變更。
二　宅地之形成、土地之開墾、道路之整修、拓寬及其他土地形狀之變更。
三　竹木採伐及土石之採取。
四　廣告物之設置。
②目的事業主管機關爲審查前項之申請，應會同主管機關爲之。

第三章　考古遺址

第四三條　（具考古遺址價值者內容及範圍之列冊追蹤）
①主管機關應定期普查或接受個人、團體提報具考古遺址價值者之內容及範圍，並依法定程序審查後，列冊追蹤。
②經前項列冊追蹤者，主管機關得依第四十六條所定審查程序辦理。
第四四條　（主管機關應建立考古遺址完整個案資料）
主管機關應建立考古遺址之調查、研究、發掘及修復之完整個案資料。
第四五條　（主管機關得培訓專業人才，並建立監管及通報機制）
主管機關爲維護考古遺址之需要，得培訓相關專業人才，並建立系統性之監管及通報機制。
第四六條　（考古遺址之分類及公告，以及滅失、減損或增加價值之準用規定）
①考古遺址依其主管機關，區分爲國定、直轄市定、縣（市）定三類。
②直轄市定、縣（市）定考古遺址，由直轄市、縣（市）主管機關審查指定後，辦理公告，並報中央主管機關備查。
③中央主管機關得就前項，或接受各級主管機關、個人、團體提報已指定之直轄市定、縣（市）定考古遺址，審查指定爲國定考古遺址後，辦理公告。
④考古遺址滅失、減損或增加其價值時，準用第十七條第四項規定。
⑤考古遺址指定基準、廢止條件、審查程序及其他應遵行事項之辦法，由中央主管機關定之。
第四七條　（列冊考古遺址之監管保護）
①具考古遺址價值者，經依第四十三條規定列冊追蹤後，於審查指定程序終結前，直轄市、縣（市）主管機關應負責監管，避免其遭受破壞。
②前項列冊考古遺址之監管保護，準用第四十八條第一項及第二項規定。
第四八條　（考古遺址監管保護計畫之訂定）
①考古遺址由主管機關訂定考古遺址監管保護計畫，進行監管保護。
②前項監管保護，主管機關得委任所屬機關（構），或委託其他機關（構）、文化資產研究相關之民間團體或個人辦理；中央主管機關並得委辦直轄市、縣（市）主管機關辦理。

③考古遺址之監管保護辦法，由中央主管機關定之。

第四九條　（考古遺址保存用地或保存區之劃定等）

①為維護考古遺址並保全其環境景觀，主管機關得會同有關機關訂定考古遺址保存計畫，並依區域計畫法、都市計畫法或國家公園法等有關規定，編定、劃定或變更為保存用地或保存區、其他使用用地或分區，並依本法相關規定予以保存維護。

②前項保存用地或保存區、其他使用用地或分區範圍、利用方式及景觀維護等事項，得依實際情況為必要之規定及採取獎勵措施。

③劃入考古遺址保存用地或保存區、其他使用用地或分區之土地，主管機關得辦理撥用或徵收之。

第五〇條　（考古遺址之容積移轉）

①考古遺址除以政府機關為管理機關者外，其所定著之土地、考古遺址保存用地、保存區、其他使用用地或分區內土地，因考古遺址之指定、考古遺址保存用地、保存區、其他使用用地或分區之編定、劃定或變更，致其原依法可建築之基準容積受到限制部分，得等值移轉至其他地方建築使用或享有其他獎勵措施；其辦法，由內政部會商文化部定之。

②前項所稱其他地方，係指同一都市土地主要計畫地區或區域計畫地區之同一直轄市、縣（市）內之地區。但經內政部都市計畫委員會審議通過後，得移轉至同一直轄市、縣（市）之其他主要計畫地區。

③第一項之容積一經移轉，其考古遺址之指定或考古遺址保存用地、保存區、其他使用用地或分區之管制，不得任意廢止。

第五一條　（考古遺址發掘之資格限制及審查程序）

①考古遺址之發掘，應由學者專家、學術或專業機構向主管機關提出申請，經審議會審議，並由主管機關核准，始得為之。

②前項考古遺址之發掘者，應製作發掘報告，於主管機關所定期限內，報請主管機關備查，並公開發表。

③發掘完成之考古遺址，主管機關應促進其活用，並適度開放大眾參觀。

④考古遺址發掘之資格限制、條件、審查程序及其他應遵行事項之辦法，由中央主管機關定之。

第五二條　（外國人參與發掘之許可）

外國人不得在我國國土範圍內調查及發掘考古遺址。但與國內學術或專業機構合作，經中央主管機關許可者，不在此限。

第五三條　（考古遺址發掘出土之遺物應列冊保管）

考古遺址發掘出土之遺物，應由其發掘者列冊，送交主管機關指定保管機關（構）保管。

第五四條　（事先通知及損失補償）

①主管機關為保護、調查或發掘考古遺址，認有進入公、私有土地之必要時，應先通知土地所有人、使用人或管理人；土地所有人、使用人或管理人非有正當理由，不得規避、妨礙或拒絕。

②因前項行為，致土地所有人受有損失者，主管機關應給與合理補償；其補償金額，以協議定之，協議不成時，土地所有人得向行政法院提起給付訴訟。

第五五條　（考古遺址定著土地所有權移轉前之事先通知）

考古遺址定著土地所有權移轉前，應事先通知主管機關。其屬私有者，除繼承者外，主管機關有依同樣條件優先購買之權。

第五六條　（辦理考古遺址調查、研究或發掘等採購之規定）

政府機關、公立學校及公營事業辦理考古遺址調查、研究或發掘有關之採購，其採購方式、種類、程序、範圍、相關人員資格及其他應遵行事項之辦法，由中央主管機關定之，不受政府採購法限制。但不得違反我國締結之條約及協定。

第五七條　（發見疑似考古遺址通報之義務）

①發見疑似考古遺址，應即通知所在地直轄市、縣（市）主管機關採取必要維護措施。

②營建工程或其他開發行為進行中，發見疑似考古遺址時，應即停止工程或開發行為之進行，並通知所在地直轄市、縣（市）主管機關。除前項措施外，主管機關應即進行調查，並送審議會審議，以採取相關措施，完成審議程序前，開發單位不得復工。

第五八條　（各項工程計畫不得妨礙考古遺址之保存及維護）

①考古遺址所在地都市計畫之訂定或變更，應先徵求主管機關之意見。

②政府機關策定重大營建工程計畫時，不得妨礙考古遺址之保存及維護，並應先調查工程地區有無考古遺址、列冊考古遺址或疑似考古遺址；如有發見，應即通知主管機關，主管機關應依第四十六條審查程序辦理。

第五九條　（疑似考古遺址及列冊考古遺址及出土遺物保管之準用規定）

疑似考古遺址及列冊考古遺址之保護、調查、研究、發掘、採購及出土遺物之保管等事項，準用第五十一條至第五十四條及第五十六條規定。

第四章　史蹟、文化景觀

第六〇條　（定期普查或接受提報具史蹟、文化景觀價值之內容及範圍）

①直轄市、縣（市）主管機關應定期普查或接受個人、團體提報具史蹟、文化景觀價值之內容及範圍，並依法定程序審查後，列冊追蹤。

②依前項由個人、團體提報者，主管機關應於六個月內辦理審議。

③經第一項列冊追蹤者，主管機關得依第六十一條所定審查程序辦理。

第六一條　（史蹟、文化景觀之審查登錄及備查）

①史蹟、文化景觀由直轄市、縣（市）主管機關審查登錄後，辦理公告，並報中央主管機關備查。
②中央主管機關得就前項，或接受各級主管機關、個人、團體提報已登錄之史蹟、文化景觀，審查登錄為重要史蹟、重要文化景觀後，辦理公告。
③史蹟、文化景觀滅失或其價值減損，主管機關得廢止其登錄或變更其類別，並辦理公告。
④史蹟、文化景觀登錄基準、保存重要性、廢止條件、審查程序及其他應遵行事項之辦法，由中央主管機關定之。
⑤進入史蹟、文化景觀審議程序者，為暫定史蹟、暫定文化景觀，準用第二十條規定。

第六二條（史蹟、文化景觀之保存及管理原則）
①史蹟、文化景觀之保存及管理原則，由主管機關召開審議會依個案性質決定，並得依其特性及實際發展需要，作必要調整。
②主管機關應依前項原則，訂定史蹟、文化景觀之保存維護計畫，進行監管保護，並輔導史蹟、文化景觀所有人、使用人或管理人配合辦理。
③前項公有史蹟、文化景觀管理維護所衍生之收益，準用第二十二條規定辦理。

第六三條（訂定史蹟、文化景觀保存計畫及保存用地或保存區、其他使用用地或分區）
①為維護史蹟、文化景觀並保全其環境，主管機關得會同有關機關訂定史蹟、文化景觀保存計畫，並依區域計畫法、都市計畫法或國家公園法等有關規定，編定、劃定或變更為保存用地或保存區、其他使用用地或分區，並依本法相關規定予以保存維護。
②前項保存用地或保存區、其他使用用地或分區用地範圍、利用方式及景觀維護等事項，得依實際情況為必要規定及採取獎勵措施。

第六四條（史蹟、文化景觀範圍內建造物或設施之保存維護等事項，不受相關法規限制）
為利史蹟、文化景觀範圍內建造物或設施之保存維護，有關其建築管理、土地使用及消防安全等事項，不受區域計畫法、都市計畫法、國家公園法、建築法、消防法及其相關法規全部或一部之限制；其審核程序、查驗標準、限制項目、應備條件及其他應遵行事項之辦法，由中央主管機關會同內政部定之。

第五章　古　物

第六五條（古物之分級及列冊追蹤）
①古物依其珍貴稀有價值，分為國寶、重要古物及一般古物。
②主管機關應定期普查或接受個人、團體提報具古物價值之項目、內容及範圍，依法定程序審查後，列冊追蹤。

③經前項列冊追蹤者，主管機關得依第六十七條、第六十八條所定審查程序辦理。

第六六條（暫行分級及列冊）

中央政府機關及其附屬機關（構）、國立學校、國營事業及國立文物保管機關（構）應就所保存管理之文物暫行分級報中央主管機關備查，並就其中具國寶、重要古物價值者列冊，報中央主管機關審查。

第六七條（古物之指定、公告並備查）

私有及地方政府機關（構）保管之文物，由直轄市、縣（市）主管機關審查指定一般古物後，辦理公告，並報中央主管機關備查。

第六八條（國寶、重要古物之指定、或滅失、減損或增加價值之公告）

①中央主管機關應就前二條所列冊或指定之古物，擇其價值較高者，審查指定為國寶、重要古物，並辦理公告。

②前項國寶、重要古物滅失、減損或增加其價值時，中央主管機關得廢止其指定或變更其類別，並辦理公告。

③古物之分級、指定、指定基準、廢止條件、審查程序及其他應遵行事項之辦法，由中央主管機關定之。

第六九條（保管機關及管理維護辦法之訂定）

①公有古物，由保存管理之政府機關（構）管理維護，其辦法由中央主管機關訂定之。

②前項保管機關（構）應就所保管之古物，建立清冊，並訂定管理維護相關規定，報主管機關備查。

第七〇條（沒收、沒入或收受外國交付、捐贈文物之保管）

有關機關依法沒收、沒入或收受外國交付、捐贈之文物，應列冊送交主管機關指定之公立文物保管機關（構）保管之。

第七一條（公有古物複製及監製）

①公立文物保管機關（構）為研究、宣揚之需要，得就保管之公有古物，具名複製或監製。他人非經原保管機關（構）准許及監製，不得再複製。

②前項公有古物複製及監製管理辦法，由中央主管機關定之。

第七二條（私有國寶、重要古物申請專業維護及公開展覽）

①私有國寶、重要古物之所有人，得向公立文物保存或相關專業機關（構）申請專業維護；所需經費，主管機關得補助之。

②中央主管機關得要求公有或接受前項專業維護之私有國寶、重要古物，定期公開展覽。

第七三條（國寶、重要古物運出國外之申請）

①中華民國境內之國寶、重要古物，不得運出國外。但因戰爭、必要修復、國際文化交流舉辦展覽或其他特殊情況，而有運出國外之必要，經中央主管機關報請行政院核准者，不在此限。

②前項申請與核准程序、辦理保險、移運、保管、運出、運回期限及其他應遵行事項之辦法，由中央主管機關定之。

第七四條　（文物因展覽、研究或修復等原因運入、運出或再運入之申請）

①具歷史、藝術或科學價值之百年以上之文物，因展覽、研究或修復等原因運入，須再運出，或運出須再運入，應事先向主管機關提出申請。

②前項申請程序、辦理保險、移運、保管、運入、運出期限及其他應遵行事項之辦法，由中央主管機關定之。

第七五條　（私有國寶、重要古物所有權之移轉）

私有國寶、重要古物所有權移轉前，應事先通知中央主管機關；除繼承者外，公立文物保管機關（構）有依同樣條件優先購買之權。

第七六條　（發現具古物價值之無主物應即通知主管機關）

發見具古物價值之無主物，應即通知所在地直轄市、縣（市）主管機關，採取維護措施。

第七七條　（營建工程或其他開發，發見具古物價值者，應即停止工程或開發行爲）

營建工程或其他開發行爲進行中，發見具古物價值者，應即停止工程或開發行爲之進行，並報所在地直轄市、縣（市）主管機關依第六十七條審查程序辦理。

第六章　自然地景、自然紀念物

第七八條　（自然地景及自然紀念物之範圍）

自然地景依其性質，區分爲自然保留區、地質公園；自然紀念物包括珍貴稀有植物、礦物、特殊地形及地質現象。

第七九條　（定期普查或接受提報）

①主管機關應定期普查或接受個人、團體提報具自然地景、自然紀念物價值者之內容及範圍，並依法定程序審查後，列冊追蹤。

②經前項列冊追蹤者，主管機關得依第八十一條所定審查程序辦理。

第八〇條　（主管機關應建立完整個案資料）

①主管機關應建立自然地景、自然紀念物之調查、研究、保存、維護之完整個案資料。

②主管機關應對自然紀念物辦理有關教育、保存等紀念計畫。

第八一條　（自然地景、自然紀念物之分類及滅失、減損或增加價值之處理程序）

①自然地景、自然紀念物依其主管機關，區分爲國定、直轄市定、縣（市）定三類，由各級主管機關審查指定後，辦理公告。直轄市定、縣（市）定者，並應報中央主管機關備查。

②具自然地景、自然紀念物價值之所有人得向主管機關申請指定，主管機關應依法定程序審查之。

③自然地景、自然紀念物滅失、減損或增加其價值時，主管機關得廢止其指定或變更其類別，並辦理公告。直轄市定、縣（市）

定者，應報中央主管機關核定。

④前三項指定基準、廢止條件、申請與審查程序、輔助及其他應遵行事項之辦法，由中央主管機關定之。

第八二條　（自然地景、自然紀念物之管理維護）

①自然地景、自然紀念物由所有人、使用人或管理人管理維護；主管機關對私有自然地景、自然紀念物，得提供適當輔導。

②自然地景、自然紀念物得委任、委辦其所屬機關（構）或委託其他機關（構）、登記有案之團體或個人管理維護。

③自然地景、自然紀念物之管理維護者應擬定管理維護計畫，報主管機關備查。

第八三條　（管理不當之處置）

自然地景、自然紀念物管理不當致有滅失或減損價值之虞之處理，準用第二十八條規定。

第八四條　（暫定自然地景、暫定自然紀念物）

①進入自然地景、自然紀念物指定之審議程序者，爲暫定自然地景、暫定自然紀念物。

②具自然地景、自然紀念物價值者遇有緊急情況時，主管機關得指定爲暫定自然地景、暫定自然紀念物，並通知所有人、使用人或管理人。

③暫定自然地景、暫定自然紀念物之效力、審查期限、補償及應踐行程序等事項，準用第二十條規定。

第八五條　（自然紀念物之保護及例外）

自然紀念物禁止採摘、砍伐、挖掘或以其他方式破壞，並應維護其生態環境。但原住民族爲傳統文化、祭儀需要及研究機構爲研究、陳列或國際交換等特殊需要，報經主管機關核准者，不在此限。

第八六條　（自然保留區原有自然狀態之維護）

①自然保留區禁止改變或破壞其原有自然狀態。

②爲維護自然保留區之原有自然狀態，除其他法律另有規定外，非經主管機關許可，不得任意進入其區域範圍；其申請資格、許可條件、作業程序及其他應遵行事項之辦法，由中央主管機關定之。

第八七條　（營建或都市計畫等工程不得妨礙自然地景、自然紀念物之保存及維護）

①自然地景、自然紀念物所在地訂定或變更區域計畫或都市計畫，應先徵求主管機關之意見。

②政府機關策定重大營建工程計畫時，不得妨礙自然地景、自然紀念物之保存及維護，並應先調查工程地區有無具自然地景、自然紀念物價值者；如有發見，應即報主管機關依第八十一條審查程序辦理。

第八八條　（發見具自然地景、自然紀念物價值之通知義務）

①發見具自然地景、自然紀念物價值者，應即報主管機關處理。

②營建工程或其他開發行爲進行中，發見具自然地景、自然紀念

物價值者，應即停止工程或開發行爲之進行，並報主管機關處理。

第七章　無形文化資產

第八九條　（定期普查或接受提報）

①直轄市、縣（市）主管機關應定期普查或接受個人、團體提報具保存價值之無形文化資產項目、內容及範圍，並依法定程序審查後，列冊追蹤。

②經前項列冊追蹤者，主管機關得依第九十一條所定審查程序辦理。

第九〇條　（主管機關應建立完整個案資料）

直轄市、縣（市）主管機關應建立無形文化資產之調查、採集、研究、傳承、推廣及活化之完整個案資料。

第九一條　（無形文化資產之審查登錄保存）

①傳統表演藝術、傳統工藝、口述傳統、民俗及傳統知識與實踐由直轄市、縣（市）主管機關審查登錄，辦理公告，並應報中央主管機關備查。

②中央主管機關得就前項，或接受個人、團體提報已登錄之無形文化資產，審查登錄爲重要傳統表演藝術、重要傳統工藝、重要口述傳統、重要民俗、重要傳統知識與實踐後，辦理公告。

③依前二項規定登錄之無形文化資產項目，主管機關應認定其保存者，賦予其編號、頒授登錄證書，並得視需要協助保存者進行保存維護工作。

④各類無形文化資產滅失或減損其價值時，主管機關得廢止其登錄或變更其類別，並辦理公告。直轄市、縣（市）登錄者，應報中央主管機關核定。

第九二條　（主管機關應訂定無形文化資產保存維護計畫）

主管機關應訂定無形文化資產保存維護計畫，並應就其中瀕臨滅絕者詳細製作紀錄、傳習，或採取爲保存維護所作之適當措施。

第九三條　（保存者無法執行無形文化資產保存維護計畫得廢止認定之程序）

①保存者因死亡、變更、解散或其他特殊理由而無法執行前條之無形文化資產保存維護計畫，主管機關得廢止該保存者之認定。直轄市、縣（市）廢止者，應報中央主管機關備查。

②中央主管機關得就聲譽卓著之無形文化資產保存者頒授證書，並獎助辦理其無形文化資產之記錄、保存、活化、實踐及推廣等工作。

③各類無形文化資產之登錄、保存者之認定基準、變更、廢止條件、審查程序、編號、授予證書、輔助及其他應遵行事項之辦法，由中央主管機關定之。

第九四條　（鼓勵民間辦理無形文化資產等工作）

①主管機關應鼓勵民間辦理無形文化資產之記錄、建檔、傳承、推廣及活化等工作。
②前項工作所需經費，主管機關得補助之。

第八章　文化資產保存技術及保存者

第九五條　（普查及接受提報）
①主管機關應普查或接受個人、團體提報文化資產保存技術及其保存者，依法定程序審查後，列冊追蹤，並建立基礎資料。
②前項所稱文化資產保存技術，指進行文化資產保存及修復工作不可或缺，且必須加以保護需要之傳統技術；其保存者，指保存技術之擁有、精通且能正確體現者。
③主管機關應對文化資產保存技術保存者，賦予編號、授予證書及獎勵補助。

第九六條　（文化資產保存技術之審查登錄及公告）
①直轄市、縣（市）主管機關得就已列冊之文化資產保存技術，擇其必要且需保護者，審查登錄爲文化資產保存技術，辦理公告，並報中央主管機關備查。
②中央主管機關得就前條已列冊或前項已登錄之文化資產保存技術中，擇其急需加以保護者，審查登錄爲重要文化資產保存技術，並辦理公告。
③前二項登錄文化資產保存技術，應認定其保存者。
④文化資產保存技術無需再加以保護時，或其保存者因死亡、喪失行爲能力或變更等情事，主管機關得廢止或變更其登錄或認定，並辦理公告。直轄市、縣（市）廢止或變更者，應報中央主管機關備查。
⑤前四項登錄及認定基準、審查、廢止條件與程序、變更及其他應遵行事項之辦法，由中央主管機關定之。

第九七條　（保存技術之保存及傳習）
①主管機關應對登錄之保存技術及其保存者，進行技術保存及傳習，並活用該項技術於文化資產保存修護工作。
②前項保存技術之保存、傳習、活用與其保存者之技術應用、人才養成及輔助辦法，由中央主管機關定之。

第九章　獎　勵

第九八條　（獎勵或補助之事項）
①有下列情形之一者，主管機關得給予獎勵或補助：
　一　捐獻私有古蹟、歷史建築、紀念建築、考古遺址或其所定著之土地、自然地景、自然紀念物予政府。
　二　捐獻私有國寶、重要古物予政府。
　三　發見第三十三條之建造物、第五十七條之疑似考古遺址、第七十六條之具古物價值之無主物或第八十八條第一項之具自然地景價値之區域或自然紀念物，並即通報主管機關處理。
四　維護或傳習文化資產具有績效。
五　對闡揚文化資產保存有顯著貢獻。
六　主動將私有古物申請指定，並經中央主管機關依第六十八條規定審查指定爲國寶、重要古物。

②前項獎勵或補助辦法，由文化部、農委會分別定之。

第九九條 112

①古蹟、考古遺址、歷史建築、紀念建築及其所定著之土地，免徵房屋稅及地價稅。

②聚落建築群、史蹟、文化景觀及其所定著之土地，得在百分之五十範圍內減徵房屋稅及地價稅；其減免範圍、標準及程序之法規，由直轄市、縣（市）主管機關訂定，報財政部備查。

第一〇〇條　（因繼承移轉免徵遺產稅）

①私有古蹟、歷史建築、紀念建築、考古遺址及其所定著之土地，因繼承而移轉者，免徵遺產稅。

②本法公布生效前發生之古蹟、歷史建築、紀念建築或考古遺址繼承，於本法公布生效後，尙未核課或尙未核課確定者，適用前項規定。

第一〇一條　（贊助經費）

①出資贊助辦理古蹟、歷史建築、紀念建築、古蹟保存區內建築物、考古遺址、聚落建築群、史蹟、文化景觀、古物之修復、再利用或管理維護者，其捐贈或贊助款項，得依所得稅法第十七條第一項第二款第二目及第三十六條第一款規定，列舉扣除或列爲當年度費用，不受金額之限制。

②前項贊助費用，應交付主管機關、國家文化藝術基金會、直轄市或縣（市）文化基金會，會同有關機關辦理前項修復、再利用或管理維護事項。該項贊助經費，經贊助者指定其用途，不得移作他用。

第一〇二條　（減免租金）

自然人、法人、團體或機構承租，並出資修復公有古蹟、歷史建築、紀念建築、古蹟保存區內建築物、考古遺址、聚落建築群、史蹟、文化景觀者，得減免租金；其減免金額，以主管機關依其管理維護情形定期檢討核定，其相關辦法由中央主管機關定之。

第十章　罰　則

第一〇三條　（罰則）

①有下列行爲之一者，處六個月以上五年以下有期徒刑，得併科新臺幣五十萬元以上二千萬元以下罰金：
一　違反第三十六條規定遷移或拆除古蹟。
二　毀損古蹟、暫定古蹟之全部、一部或其附屬設施。

三　毀損考古遺址之全部、一部或其遺物、遺跡。
四　毀損或竊取國寶、重要古物及一般古物。
五　違反第七十三條規定，將國寶、重要古物運出國外，或經核准出國之國寶、重要古物，未依限運回。
六　違反第八十五條規定，採摘、砍伐、挖掘或以其他方式破壞自然紀念物或其生態環境。
七　違反第八十六條第一項規定，改變或破壞自然保留區之自然狀態。

②前項之未遂犯，罰之。

第一〇四條　（損害部分應回復原狀，不能回復原狀應賠償損害）

①有前條第一項各款行為者，其損害部分應回復原狀；不能回復原狀或回復顯有重大困難者，應賠償其損害。

②前項負有回復原狀之義務而不為者，得由主管機關代履行，並向義務人徵收費用。

第一〇五條　（罰則）

法人之代表人、法人或自然人之代理人、受僱人或其他從業人員，因執行職務犯第一百零三條之罪者，除依該條規定處罰其行為人外，對該法人或自然人亦科以同條所定之罰金。

第一〇六條　（罰則）

①有下列情事之一者，處新臺幣三十萬元以上二百萬元以下罰鍰：
一　古蹟之所有人、使用人或管理人，對古蹟之修復或再利用，違反第二十四條規定，未依主管機關核定之計畫為之。
二　古蹟之所有人、使用人或管理人，對古蹟之緊急修復，未依第二十七條規定期限內提出修復計畫或未依主管機關核定之計畫為之。
三　古蹟、自然地景、自然紀念物之所有人、使用人或管理人經主管機關依第二十八條、第八十三條規定通知限期改善，屆期仍未改善。
四　營建工程或其他開發行為，違反第三十四條第一項、第五十七條第二項、第七十七條或第八十八條第二項規定者。
五　發掘考古遺址、列冊考古遺址或疑似考古遺址，違反第五十一條、第五十二條或第五十九條規定。
六　再複製公有古物，違反第七十一條第一項規定，未經原保管機關（構）核准者。
七　毀損歷史建築、紀念建築之全部、一部或其附屬設施。

②有前項第一款、第二款及第四款至第六款情形之一，經主管機關限期通知改正而不改正，或未依改正事項改正者，得按次分別處罰，至改正為止；情況急迫時，主管機關得代為必要處置，並向行為人徵收代履行費用；第四款情形，並得勒令停工，通知自來水、電力事業等配合斷絕自來水、電力或其他能源。

③有第一項各款情形之一，其產權屬公有者，主管機關並應公布該管理機關名稱及將相關人員移請權責機關懲處或懲戒。

④有第一項第七款情形者，準用第一百零四條規定辦理。

第一〇七條 （罰則）

有下列情事之一者，處新臺幣十萬元以上一百萬元以下罰鍰：

一　移轉私有古蹟及其定著之土地、考古遺址定著土地、國寶、重要古物之所有權，未依第三十二條、第五十五條、第七十五條規定，事先通知主管機關。

二　發見第三十三條第一項之建造物、第五十七條第一項之疑似考古遺址、第七十六條之具古物價值之無主物，未通報主管機關處理。

第一〇八條 （罰則）

有下列情事之一者，處新臺幣三萬元以上十五萬元以下罰鍰：

一　違反第八十六條第二項規定，未經主管機關許可，任意進入自然保留區。

二　違反第八十八條第一項規定，未通報主管機關處理。

第一〇九條 （罰則）

公務員假借職務上之權力、機會或方法，犯第一百零三條之罪者，加重其刑至二分之一。

第十一章　附　則

第一一〇條 （中央主管機關之代行處理）

直轄市、縣（市）主管機關依本法應作為而不作為，致危害文化資產保存時，得由行政院、中央主管機關命其於一定期限內為之；屆期仍不作為者，得代行處理。但情況急迫時，得逕予代行處理。

第一一一條 （本法修正前公告之古蹟及原住民族文化資產所涉事項之處置）

本法中華民國一百零五年七月十二日修正之條文施行前公告之古蹟、歷史建築、聚落、遺址、文化景觀、傳統藝術、民俗及有關文物、自然地景，其屬應歸類為紀念建築、聚落建築群、考古遺址、史蹟、傳統表演藝術、傳統工藝、口述傳統、民俗、傳統知識與實踐、自然紀念物者及依本法第十三條規定原住民族文化資產所涉事項，由主管機關自本法修正施行之日起一年內，依本法規定完成重新指定、登錄及公告程序。

第一一二條 （施行細則）

本法施行細則，由文化部會同農委會定之。

第一一三條 （施行日）

本法自公布日施行。

文化資產保存法施行細則

①民國73年2月22日行政院文化建設委員會、內政部、教育部、經濟部、交通部令會銜訂定發布全文77條。
②民國90年12月19日行政院文化建設委員會、農業委員會、內政部、教育部、經濟部、交通部令會銜修正發布第3、23、37、38、39、40、42、45至48、50、55、62、68條條文；刪除第49、56條條文；並增訂第3-1、3-2、4-1、39-1至39-4、40-1、40-2、56-1、76-1條條文。
③民國95年3月14日行政院文化建設委員會、農業委員會令會銜修正發布全文30條；並自發布日施行。
④民國98年11月27日行政院文化建設委員會、農業委員會令會銜修正發布第9條條文。
⑤民國99年6月15日行政院文化建設委員會、農業委員會令會銜修正發布第3條條文。
⑥民國104年8月31日文化部、行政院農業委員會令會銜增訂發布第7-1條條文。
⑦民國104年9月3日文化部、行政院農業委員會令會銜修正發布第16條條文；並增訂第15-1條條文。
⑧民國106年7月27日文化部、行政院農業委員會令會銜修正發布全文36條；並自發布日施行。
⑨民國108年12月12日文化部、行政院農業委員會、海洋委員會令會銜修正發布第4、14、15、17、18、29條條文；並增訂第14-1條條文。
⑩民國111年1月28日文化部、行政院農業委員會、海洋委員會令會銜修正發布第14、17條條文；並增訂第27-1條條文。

第一條

本細則依文化資產保存法（以下簡稱本法）第一百十二條規定訂定之。

第二條

本法第三條第一款第一目、第二目及第三目所定古蹟、歷史建築及紀念建築，包括祠堂、寺廟、教堂、宅第、官邸、商店、城郭、關塞、衙署、機關、辦公廳舍、銀行、集會堂、市場、車站、書院、學校、博物館、戲劇院、醫院、碑碣、牌坊、墓葬、堤閘、燈塔、橋樑、產業及其他設施。

第三條

本法第三條第一款第四目所定聚落建築群，包括歷史脈絡與紋理完整、景觀風貌協調、具有歷史風貌、地域特色或產業特色之建造物及附屬設施群或街區，如原住民族部落、荷西時期街區、漢人街庄、清末洋人居留地、日治時期移民村、眷村、近代宿舍群及產業設施等。

第四條 108

①本法第三條第一款第五目所稱遺物，指下列各款之一：

一　文化遺物：指各類石器、陶器、骨器、貝器、木器或金屬器等過去人類製造、使用之器物。

二　自然及生態遺留：指動物、植物、岩石、土壤或古生物化石等與過去人類所生存生態環境有關之遺物。

三　人類體質遺留：指墓葬或其他系絡關係下之人類遺骸。

②本法第三條第一款第五目所稱遺跡，指過去人類各種活動所構築或產生之非移動性結構或痕跡。

第五條

本法第三條第一款第六目所定史蹟，包括以遺構或史料佐證曾發生歷史上重要事件之場所或場域，如古戰場、拓墾（植）場所、災難場所等。

第六條

本法第三條第一款第七目所定文化景觀，包括人類長時間利用自然資源而在地表上形成可見整體性地景或設施，如神話傳說之場域、歷史文化路徑、宗教景觀、歷史名園、農林漁牧景觀、工業地景、交通地景、水利設施、軍事設施及其他場域。

第七條

①本法第三條第一款第八目所稱藝術作品，指應用各類媒材技法創作具賞析價值之作品，包括書法、繪畫、織繡、影像創作之平面藝術及雕塑、工藝美術、複合媒材創作等。

②本法第三條第一款第八目所稱生活及儀禮器物，指以各類材質製作能反映生活方式、宗教信仰、政經、社會或科學之器物，包括生活、信仰、儀禮、娛樂、教育、交通、產業、軍事及公共事務之用品、器具、工具、機械、儀器或設備等。

③本法第三條第一款第八目所稱圖書文獻及影音資料，指以各類媒材記錄或傳播訊息、事件、知識或思想等之載體，包括圖書、報刊、公文書、契約、票證、手稿、圖繪、經典等；儀軌、傳統知識、技藝、藝能之傳本；古代文字及各族群語言紀錄；碑碣、匾額、旗幟、印信等具史料價值之文物；照片、底片、膠捲、唱片等影音資料。

第八條

本法第三條第二款所稱無形文化資產，指各族群、社群或地方上世代相傳，與歷史、環境與社會生活密切相關之知識、技術與其文化表現形式，以及其實踐上必要之物件、工具與文化空間。

第九條

本法第三條第二款第一目所定傳統表演藝術，包括以人聲、肢體、樂器、戲偶等為主要媒介，具有藝術價值之傳統文化表現形式，如音樂、歌謠、舞蹈、戲曲、說唱、雜技等。

第一〇條

本法第三條第二款第二目所定傳統工藝，包括裝飾、象徵、生活實用或其他以手工製作為主之傳統技藝，如編織、染作、刺繡、製陶、窯藝、琢玉、木作、髹漆、剪粘、雕塑、彩繪、裱褙、造紙、摹搨、作筆製墨及金工等。

第一一條

本法第三條第二款第三目所定口述傳統，包括各族群或地方用以傳遞知識、價值觀、起源遷徙敘事、歷史、規範等，並形成集體記憶之傳統媒介，如史詩、神話、傳說、祭歌、祭詞、俗諺等。

第一二條

本法第三條第二款第四目所定民俗，包括各族群或地方自發而共同參與，有助形塑社會關係與認同之各類社會實踐，如食衣住行育樂等風俗，以及與生命禮俗、歲時、信仰等有關之儀式、祭典及節慶。

第一三條

本法第三條第二款第五目所定傳統知識與實踐，包括各族群或社群與自然環境互動過程中，所發展、共享並傳承，形成文化系統之宇宙觀、生態知識、身體知識等及其技術與實踐，如漁獵、農林牧、航海、曆法及相關祭祀等。

第一四條 111

①主管機關依本法第六條組成文化資產審議會（以下簡稱審議會），應依本法第三條所定文化資產類別，分別審議各類文化資產之指定、登錄、廢止等重大事項。

②主管機關將文化資產指定、登錄或文化資產保存技術及保存者登錄、認定之個案交付審議會審議前，應依據文化資產類別、特性組成專案小組，就文化資產之歷史、藝術、科學、自然等價值進行評估，並依評估結果作成報告，內容應包括專案小組成員、個案基本資料說明、相關會議紀錄、文化資產價值評估內容及評估結果等。

③文化資產屬古蹟、歷史建築、紀念建築、聚落建築群、考古遺址、史蹟、文化景觀、自然地景及自然紀念物類別者，前項評估應包括未來保存管理維護、指定登錄範圍之影響。

第一四條之一 108

為實施文化資產保存教育，各級主管機關依本法第十二條協調各級教育主管機關督導各級學校辦理事項如下：

一　培育各級文化資產教育師資。

二　獎勵及發展文化資產教育課程、教案設計及教材編訂。

三　結合戶外體驗教學及多元學習課程與活動。

四　其他與文化資產保存相關之教育。

第一五條 108

①本法第十四條第一項、第四十三條第一項、第六十條第一項、第六十五條第二項、第七十九條第一項、第八十九條第一項及第九十五條第一項所定主管機關普查或接受個人、團體提報具文化資產價值或具保護需要之文化資產保存技術及其保存者，

主管機關應依法定程序審查，其審查規定如下：

一　邀請文化資產相關專家學者或相關類別之審議會委員，辦理現場勘查或訪查，並彙整意見，作成現場勘查或訪查結果紀錄。

二　依前款現場勘查或訪查結果，召開審查會議，作成是否列冊追蹤之決定。

②個人或團體提報前項具文化資產價值或具保護需要之文化資產保存技術及其保存者，應以書面載明眞實姓名、聯絡方式、提報對象之內容及範圍；其屬本法第六十五條第二項所定具古物價值者，並準用本細則第三十條第二項及第三項規定。

③第一項第一款現場勘查，主管機關應通知提報之個人或團體、所有人、使用人或管理人。現場勘查通知書應於現場勘查前七日寄發。

④第一項第二款決定，主管機關應以書面通知提報之個人或團體及所有人、使用人或管理人。列冊追蹤屬公有建造物及附屬設施群者，應公布於主管機關網站。

⑤經第一項審查決定列冊追蹤者，主管機關應訂定列冊追蹤計畫，定期訪視。

⑥縣主管機關從事第一項普查時，鄉（鎮、市）公所應於其權限範圍內予以協助。

⑦本法第十四條第一項、第四十三條第一項、第六十條第一項、第六十五條第二項、第七十九條第一項、第八十九條第一項及第九十五條第一項所定主管機關定期普查，應每八年至少辦理一次。

第一六條

本法第十四條第二項及第六十條第二項所定主管機關應於六個月內辦理審議，係指主管機關就個人或團體提報決定列冊追蹤者，應於六個月內提送審議會辦理審議，並作成下列決議之一：

一　持續列冊，並得採取其他適當列冊追蹤之措施。

二　進入指定或登錄審查程序。

三　解除列冊。

第一七條 111

①本法第十五條所定興建完竣逾五十年之公有建造物及附屬設施群，或公有土地上所定著之建造物及附屬設施群（以下併稱建造物），處分前應進行文化資產價值評估，其評估程序如下：

一　建造物之所有或管理機關（構），於處分前應通知所在地主管機關，進行評估作業。

二　主管機關於進行文化資產價值評估時，應邀請文化資產相關專家學者或相關類別之審議會委員，辦理現場勘查，並彙整意見，作成現場勘查結果紀錄。

三　主管機關應依前款現場勘查結果，作成文化資產價值評估報告，內容應包括個案基本資料說明、相關會議紀錄、文化資產價值評估內容及評估結果等；並依該報告之建議，決定是否啓動文化資產列冊追蹤、指定登錄審查程序或爲其他適宜之列管措施。

②本法第十五條所稱處分，指法律上權利變動或事實上對建造物加以增建、改建、修建或拆除。

③文化資產價值評估結果，應公布於主管機關網站。

④主管機關於辦理第一項文化資產價值評估程序，得就個案實際情況評估，併同本法第十四條、第六十條所定程序辦理。

第一八條 108

①本法第二十條第一項所定審議程序之起始時間，以主管機關辦理現場勘查通知書發文之日起算；主管機關於發文時應即將通知書及已爲暫定古蹟之事實揭示於勘查現場。

②主管機關應於前項發文日，將本法第二十條第一項暫定古蹟、其定著土地範圍、暫定古蹟期限及其他相關事項，以書面通知所有人、使用人、管理人及相關目的事業主管機關。

③依本法第二十條第三項延長暫定古蹟審議期間者，應於期間屆滿前，準用前項規定辦理。

④本法第二十條第一項所定暫定古蹟於同條第三項所定期間內，經主管機關審議未具古蹟、歷史建築、紀念建築或聚落建築群價值者，主管機關應以書面通知所有人、使用人、管理人及相關目的事業主管機關，並自主管機關書面通知之發文日起，失其暫定古蹟之效力。

第一九條

①公有古蹟、歷史建築、紀念建築及聚落建築群之管理維護，依本法第二十一條第二項規定辦理時，應考量其類別、現況、管理維護之目標及需求。

②前項辦理，應以書面爲之，並訂定管理維護事項之辦理期間，報主管機關備查。

第二〇條

主管機關依本法第三十條第一項規定補助經費時，應斟酌古蹟、歷史建築、紀念建築及聚落建築群之管理維護、修復及再利用情形，將下列事項以書面列爲附款或約款：

一　補助經費之運用應與補助用途相符。

二　所有人、使用人或管理人應配合調查研究、工程進行等事宜。

三　所有人、使用人或管理人於工程完工後應維持修復後原貌，妥善管理維護。

四　古蹟、歷史建築、紀念建築及聚落建築群所有權移轉時，契約應載明受讓人應遵守本條規定。

五　違反前四款規定者，主管機關得要求改善，並視情節輕重，撤銷或廢止其補助，並命其返還已發給之補助金額。

第二一條

本法第三十二條、第五十五條及第七十五條所定私有古蹟、歷史建築、紀念建築及其所定著土地、考古遺址定著土地、國寶及重要古物所有權移轉之通知，應由其所有人為之。

第二二條

①本法第三十四條第一項所定營建工程或其他開發行為之範圍，主管機關得就各古蹟、歷史建築、紀念建築及聚落建築群四周之地籍、街廓、紋理等條件認定之。

②前項範圍至少應包括古蹟、歷史建築、紀念建築及聚落建築群定著土地鄰接、隔道路鄰接之建築基地。

第二三條

①本法第三十八條所定古蹟定著土地之周邊，以古蹟定著土地所在街廓及隔都市計畫道路之相鄰街廓為範圍。

②前項範圍，主管機關得就街廓型態、地籍現況、環境景觀或所在地都市計畫相關規定，進行必要之調整。

③第一項所稱街廓，指以都市計畫道路境界線及永久性空地圍成之土地。

第二四條

①本法第四十條所定保存及再發展計畫，其內容如下：

一　基礎調查及現況地形地貌之測繪。

二　土地使用相關法令研析及管制建議。

三　登錄範圍保存價值研析。

四　保存及再發展原則研擬。

五　制定建築形式及景觀維護方針。

六　依本法第三十四條規定，研擬影響聚落建築群之相關營建工程或開發行為，及其影響範圍。

七　日常管理維護準則。

八　其他涉及保存及再發展事項。

②前項保存及再發展計畫之訂定或變更，如於現況確有窒礙難行或對整體風貌、環境景觀、文化資產保存價值產生不利影響時，主管機關應併同公聽會意見送審議會審議，經審議通過後送該地區建築管理機關協助管理。

③保存及再發展計畫內容，主管機關應視該區域實際發展情形或相關法令管制變革，定期檢討。

第二五條

本法第四十二條第一項第二款所稱宅地之形成，指變更土地現況為建築用地。

第二六條

①本法第四十九條及第六十三條所定保存計畫，其內容如下：

一　基礎調查。

二　法令研究。

三　體制建構。

四　管理維護。

五　地區發展及經營、相關圖面等項目。

②前項保存計畫應依本法第四十八條及第六十二條所定之考古遺址監管保護計畫及史蹟、文化景觀保存維護計畫之內容辦理。

第二七條

①主管機關依本法第五十七條第二項就發見之疑似考古遺址進行調查，應邀請考古學者專家、學術或專業機構進行會勘或專案研究評估。

②經審議會參酌前項調查報告完成審議後，主管機關得採取或決定下列措施：

一　停止工程進行。

二　變更施工方式或工程配置。

三　進行搶救發掘。

四　施工監看。

五　其他必要措施。

③主管機關依前項採取搶救發掘措施時，應提出發掘之必要性評估，併送審議會審議。

第二七條之一 111

①主管機關辦理第十五條第一項第二款及前條第一項之審查會議及會勘，應作成紀錄。

②前項紀錄，應載明審查或會勘之標的、出列席人員、各出列席人員之論述或意見、結論及理由，以及其他相關事項。

第二八條

①本法第六十二條第一項史蹟、文化景觀之保存及管理原則，主管機關應於史蹟、文化景觀登錄公告日起一年內完成，必要時得展延一年。

②本法第六十二條第二項史蹟、文化景觀保存維護計畫，應於史蹟、文化景觀登錄公告日起三年內完成，至少每五年應檢討一次。

③前項訂定之史蹟、文化景觀保存維護計畫，其內容如下：

一　基本資料建檔。

二　日常維護管理。

三　相關圖面繪製。

四　其他相關事項。

第二九條 108

①中央政府機關與附屬機關（構）、國立學校、國營事業及國立文物保管機關（構）（以下併稱保管機關（構））依本法第六十六條規定辦理文物暫行分級時，應依古物分級指定及廢止審查辦法所定基準，先予審定暫行分級為國寶、重要古物、一般古物，報中央主管機關備查。

②前項備查，應檢具暫行分級古物清單，載明名稱、數量、年代、材質、圖片及暫行分級之級別。但年代不明者，得免予載明。

③國立文物保管機關（構），依第一項規定暫行分級為一般古物者，得以該保管機關（構）之藏品登錄資料，作為前項備查清單。

④第一項暫行分級為國寶及重要古物者，保管機關（構）應另檢具下列列冊資料，報中央主管機關依本法第六十八條規定審查：

一　文物之名稱、編號、分類及數量。
二　綜合描述文物之年代、作者、尺寸、材質、技法與其他綜合描述及文物來源或出處、文物圖片。
三　暫行分級為國寶或重要古物之理由、分級基準及其相關研究資料。
四　保存狀況、管理維護規劃及其他相關事項。

⑤第一項暫行分級為一般古物者，中央主管機關得將備查資料，送保管機關（構）所在地直轄市、縣（市）主管機關；各該直轄市、縣（市）主管機關得依本法第六十五條第二項及第三項規定辦理。

⑥保管機關（構）為辦理第一項審定，得自行或委託相關研究機構、專業法人或團體，邀請學者專家組成小組為之。

第三〇條

①本法第六十七條所定私有文物之審查指定，得由其所有人向戶籍所在地之直轄市、縣（市）主管機關申請之。

②前項申請文件，應包括下列事項：
一　文物之名稱、編號、分類、數量。
二　文物之年代、作者、尺寸、材質、技法等綜合描述及圖片。
三　文物之文化資產價值說明、申請指定之理由及指定基準。
四　文物所有權屬、來源說明及相關證明。
五　文物現況、保存環境及其他相關事項。

③前項申請案件，涉有鑑價、產權不清或在司法訴訟中者，主管機關得不予受理。

第三一條

①自然地景、自然紀念物之管理維護者依本法第八十二條第三項擬定之管理維護計畫，其內容如下：
一　基本資料：
㈠指定之目的、依據。
㈡管理維護者（應標明其身分為所有人、使用人或管理人。如有數人者，應協調一人代表擬定管理維護計畫，並應敘明各別管理維護者之分工及管理項目）。
㈢分布範圍圖、面積及位置圖（地質公園如採分區規劃者，應含分區圖）。
㈣土地使用管制。
㈤其他指涉法規及計畫。
二　目標：計畫之目標、期程。
三　地區環境特質及資源現況：
㈠資源現況（含自然紀念物分布數量或族群數量及趨勢分析）。
㈡自然環境。
㈢人文環境。
㈣威脅壓力、定期評量及因應策略。
四　維護及管制：

㈠管制事項。
㈡管理維護事項。
㈢監測及調查研究規劃。
㈣需求經費。
五　委託管理維護之規劃。
六　其他相關事項。

②前項第一款第三目範圍圖之比例尺，其面積在一千公頃以下者，不得小於五千分之一；面積逾一千公頃者，不得小於二萬五千分之一，以能明確展示境界線為主；位置圖以能展示全區坐落之行政轄區及相關地理區位為主。

③第一項之管理維護計畫至少每十年應檢討一次。

第三二條

①自然紀念物，除依本法第八十五條但書核准之研究、陳列或國際交換外，一律禁止出口。

②前項禁止出口項目，包括自然紀念物標本或其他任何取材於自然紀念物之產製品。

第三三條

①原住民族及研究機構依本法第八十五條但書規定向主管機關申請核准者，應檢具下列資料：
一　利用之自然紀念物（中名及學名）、數量、方法、地區、時間及目的。
二　執行人員名冊及身分證明文件正、反面影本。
三　原住民族供為傳統祭典需要或研究機構供為研究、陳列或國際交換需要之承諾書。
四　其他主管機關指定之資料。

②前項申請經核准後，其執行人員應攜帶核准文件及可供識別身分之證件，以備查驗。

③第一項之研究機構應於完成研究、陳列或國際交換目的後一年內，將該自然紀念物之後續處理及利用成果，作成書面資料送主管機關備查。

第三四條

本法第九十二條所定保存維護計畫，應依登錄個案需求為之，其內容如下：
一　基本資料建檔。
二　調查與紀錄製作。
三　傳習或傳承活動。
四　教育與推廣活動。
五　保護與活化措施。
六　定期追蹤紀錄。
七　其他相關事項。

第三五條

本法第九十五條第二項所定必須加以保護需要之傳統技術，為在族群內或地方上自昔傳承迄今用以保存與修復各類文化資產所不可或缺之技能、知識及方法，包括所需工具或用品之修復、修理、製造等及其所需材料之生產或製造。

第三六條

本細則自發布日施行。

古蹟修復及再利用辦法

①民國94年12月30日行政院文化建設委員會令訂定發布全文9條；並自發布日施行。
②民國101年6月18日文化部令修正發布全文19條；並自發布日施行。
③民國106年7月27日文化部令修正發布全文21條；並自發布日施行。
④民國108年9月12日文化部令修正發布第10、11、19條條文。

第一條
本辦法依文化資產保存法（以下簡稱本法）第二十四條第六項規定訂定之。

第二條
古蹟修復及再利用，其辦理事項如下：
一　修復或再利用計畫。
二　規劃設計。
三　施工。
四　監造。
五　工作報告書。
六　其他相關事項。

第三條
①前條第一款修復計畫，應包括下列事項：
一　文獻史料之蒐集及修復沿革考證。
二　現況調查，包括環境、結構、構造與設備、損壞狀況與其他相關事項之調查及破壞鑑定。
三　原有工法調查及施工方法研究。
四　必要之解體調查，其範圍、方法及建議。
五　必要之考古調查及發掘研究。
六　傳統匠師技藝及材料分析調查。
七　文化資產價值之評估。
八　修復原則與方法之研擬及初步修復概算預估。
九　必要之現況測繪及圖說。
十　修復所涉建築、土地、消防與其他相關法令之檢討及建議。
十一　依古蹟歷史建築紀念建築及聚落建築群建築管理土地使用消防安全處理辦法第四條所定因應計畫研擬之建議。
十二　必要之緊急搶修建議。
②前條第一款再利用計畫，應包括下列事項：
一　文化資產價值及再利用適宜性之評估。
二　再利用原則之研擬及經費概算預估。

三　必要之現況測繪及圖說。
四　再利用所涉建築、土地、消防與其他相關法令之檢討及建議。
五　依古蹟歷史建築紀念建築及聚落建築群建築管理土地使用消防安全處理辦法第四條所定因應計畫研擬之建議。
六　再利用必要設施系統及經營管理之建議。

第四條

第二條第二款規劃設計，應依前條修復或再利用計畫為之；其內容應包括下列事項：
一　必要調查之資料整理分析。
二　規劃及設計方案之研擬。
三　現況之測繪及必要差異分析。
四　按比例之平面、立面、剖面、大樣等必要現況測繪及修復或再利用圖說之繪製。
五　必要之結構安全檢測及補強設計。
六　施工說明書之製作。
七　工程預算之編列。
八　依區域計畫法、都市計畫法、國家公園法、建築法、消防法及其他相關法規適用之檢討。
九　依前條第一項第十款、第十一款及第二項第四款、第五款建議研提之因應計畫。

第五條

第二條第三款施工，應包括下列事項：
一　原有構件、文物種類及數量之統計。
二　各項現況之清理、清點、核對及設計書圖與現況不符事項之記載。
三　依修復原則及設計書圖，為各項保存、修復及仿作等工作之執行。
四　有關施工之傳統匠師或專業技術人員、重要分包廠商與設備商資格文件及名冊之備置。
五　修復構件之量測及彙整。
六　原用材料之保存、修復或更新及品質之管理。
七　原有文物保護措施之執行。
八　施工中因重大文物或疑似考古遺址之發現所為對業主之通報。
九　依古蹟歷史建築紀念建築及聚落建築群建築管理土地使用消防安全處理辦法第六條第二項規定，將竣工書圖及因應計畫送土地使用、建築及消防主管機關建檔。

第六條

第二條第四款監造，應包括下列事項：
一　施工廠商辦理之原有構件及文物種類、數量統計之監督。
二　清理、清點、核對各項現況之督導，並查對設計書圖與現況不符事項及其後續之建議。

三　傳統匠師或專業技術人員、重要分包廠商及設備廠商相關資格文件之查對。
四　對施工廠商執行修復構件量測成果之校驗。
五　施工廠商辦理原用材料保存、修復或更新與品質管理工作之督導及查驗。
六　施工廠商執行原有文物保護措施之監督。
七　施工廠商依修復原則及設計書圖，執行各項保存、修復及仿作等工作之監督。
八　施工廠商現況施工中重大文物或疑似考古遺址發現提報之查對及建議處理。
九　施工廠商依前條第九款規定，辦理竣工書圖與因應計畫建檔之協助及督導。

第七條

第二條第五款工作報告書，應包括下列事項：
一　施工前損壞狀況及施工後修復狀況紀錄。
二　參與施工人員與匠師施工過程、技術、流派紀錄及其資格文件。
三　新發現事物及處理過程紀錄。
四　採用科技工法之實驗、施工過程及檢測報告紀錄。
五　施工前後、施工過程、特殊構材、開工動土、上樑、會議或儀式性之特殊活動，及按工程契約書要求檢視與其他事項之照片、影像、光碟與紀錄。
六　施工前、施工後及特殊工法之圖樣或模型。
七　修復工程歷次會議紀錄、重要公文書、工程日誌、工程決算、驗收紀錄及其他相關文件之收列。
八　修復成果綜合分析。
九　其他必要文件。

第八條

①修復或再利用之執行主持人依第三條第一項第四款之建議及第四條第一款之調查分析，認有進行解體調查之必要時，得報請主管機關同意後，進行解體調查；其調查內容，應包括下列事項：
一　解體調查範圍及目的。
二　解體調查方法及保護保全措施。
三　材料與環境之科學檢測、實驗、記錄及分析檢討。
四　原構造之檢討、劣化或損壞原因分析及修復、加固之建議。
五　必要之考古分析及記錄。
六　古蹟修復原則、方法、概算及其他相關事項之檢討。
七　解體調查之監督及記錄。
②前項解體調查，應採對原結構組織損害最少之方法為之。

第九條

古蹟修復或再利用計畫、工作報告書之擬具及解體調查，應置執行主持人一人，並符合下列規定：
一　直轄市定、縣（市）定古蹟：具開業建築師、相關執業技師或經依法審定之相關系、所助理教授以上資格，且實際執行完成古蹟或歷史建築、紀念建築之修復或再利用計畫、工作報告書、解體調查，累積經驗達二件以上者。

二　國定古蹟：具開業建築師、相關執業技師或經依法審定之相關系、所助理教授以上資格，且擔任主持人實際執行完成古蹟修復或再利用計畫、工作報告書、解體調查，累積經驗達二件以上者。

第一〇條　108

①古蹟修復或再利用之規劃設計、監造，應置執行主持人一人，並符合下列規定：

一　直轄市定、縣（市）定古蹟：具開業建築師或相關執業技師資格，且應實際執行完成古蹟或歷史建築、紀念建築之規劃設計或監造，累積經驗達二年以上或公告金額以上一件者。

二　國定古蹟：具開業建築師或相關執業技師資格，且擔任主持人實際執行完成古蹟規劃設計或監造，累積經驗達四年以上者。

②前項各款規定之開業建築師或相關技師，其參與執業之範圍，應依建築法、建築師法及技師法之規定辦理。

③監造執行主持人應確實定期到場執行業務。

第一一條　108

①古蹟修復或再利用之施工階段，應置工地負責人，並依其他法令或契約規定置相關人員。該人員於施工期間，並應確實到場執行業務。

②前項工地負責人，應具備下列資格：

一　具有下列實務工程經驗：

㈠直轄市定、縣（市）定古蹟：累積二年以上古蹟或歷史建築、紀念建築修復或再利用相關工程經驗。

㈡國定古蹟：累積三年以上古蹟修復或再利用工程之古蹟修復工程工地負責人經驗。

二　參加中央主管機關自行或委託其他機關（構）、學校或團體辦理之古蹟修復工程工地負責人訓練，並取得結業證書。

三　古蹟修復工程經費達新臺幣五千萬元以上者，並領有營造業法所定工地主任執業證。

第一二條

本辦法所定傳統匠師應具備下列資格之一：

一　依本法第九十六條第三項規定，經主管機關認定為文化資產保存技術之保存者。

二　屬內政部刊印之臺閩地區傳統工匠名錄所列之匠師者。

三　其他具有相當傳統技術及成果，並經中央主管機關審查通過後公告者。

第一三條

①古蹟修復或再利用，所有人、使用人或管理人應將修復或再利

用計畫報主管機關核准後爲之。
②主管機關收受前項計畫後，應召開文化資產審議會審查。
第一四條
①古蹟修復或再利用工程之進行，應受主管機關之指導監督。
②前項指導監督，主管機關得邀集機關、專家或學者召開工程諮詢或審查會議。
③前項諮詢或審查會議，得爲規劃設計之審查、協助審查廠商書件、指導修復工程進行、審查各項計畫書圖及其他必要之諮詢。
第一五條
①古蹟修復工程進行中，施工廠商應加強對原有文物及構件之保護及防災，並辦理保全、保險。
②前項保全、保險費用，應編列於古蹟修復工程或解體工程預算書項目內。
第一六條
①古蹟修復工程，應基於文化資產價值優先保存而以原有形貌保存修復爲原則，非經該古蹟主管機關審查通過，不得以非原件或新品替換。
②施工廠商於施工中如遇有現況與規劃設計不符時，應由監造人會同規劃設計人報主管機關同意後處理。
第一七條
辦理古蹟修復之工作報告書，除特殊狀況報經主管機關同意者外，應於工程實際進度達百分之五十，提出期中報告，送主管機關審查；並於竣工後，提出期末報告，送主管機關審查。
第一八條
①本法第二十四條第五項所定之應分階段舉辦說明會、公聽會，應至少分別於古蹟整體性修復或再利用計畫擬訂階段、施工前階段，舉辦說明會或公聽會。
②前項辦理說明會或公聽會之日期、地點應至少於七日前黏貼於古蹟所在地之直轄市、縣（市）政府及鄉（鎮、市、區）公所公告處並公告於主管機關網站。
第一九條 108
歷史建築、紀念建築之修復及再利用，依下列規定準用本辦法：
一　第九條至第十一條規定之經驗資格，得不予準用。
二　第十三條第二項及第十八條規定，經主管機關視個案認有必要者，應予準用。
三　本辦法除前二款以外之其他規定，均應予準用。
第二〇條
古蹟修復或再利用有關之勞務委任，於本辦法中華民國一百零一年六月十八日修正施行前，經取得中央主管機關審核通過之古蹟、歷史建築及聚落修復或再利用勞務委任主持人列冊資格者，得自該修正施行之日起八年內，依原列冊所定資格及工作項目範圍辦理，不受第九條及第十條規定之限制。
第二一條

本辦法自發布日施行。

古蹟歷史建築紀念建築及聚落建築群修復或再利用採購辦法

①民國90年3月15日內政部令訂定發布全文25條；並自發布日施行。
②民國91年12月16日內政部令修正發布全文35條；並自發布日施行。
③民國95年1月12日行政院文化建設委員會令修正發布名稱及全文21條；並自發布日施行（原名稱：古蹟修復工程採購辦法）。
④民國101年6月18日文化部令修正發布全文14條；並自發布日施行。
⑤民國106年7月27日文化部令修正發布名稱及全文14條；並自發布日施行（原名稱：古蹟歷史建築及聚落修復或再利用採購辦法）。
⑥民國108年9月9日文化部令修正發布第6條條文。
⑦民國111年5月24日文化部令增訂發布第8-1條條文。

第一條
本辦法依文化資產保存法（以下簡稱本法）第二十九條規定訂定之。

第二條
①本辦法所稱古蹟、歷史建築、紀念建築及聚落建築群修復或再利用之採購，其範圍如下：
一　勞務採購：與古蹟、歷史建築、紀念建築及聚落建築群修復或再利用工程有關之修復或再利用計畫、解體調查、規劃設計、監造、工作報告書、保存及再發展計畫及其他相關勞務事項。
二　工程採購：古蹟、歷史建築、紀念建築及聚落建築群之緊急搶修、修復、再利用工程及其他相關工程事項。
②前項歷史建築、紀念建築修復或再利用辦理事項之內容，準用古蹟修復及再利用辦法第三條至第八條規定。

第三條
古蹟、歷史建築、紀念建築及聚落建築群修復或再利用採購，其為勞務採購者，得採多項併案辦理；其兼含勞務採購及工程採購者，除監造外，得採多項併案辦理。

第四條
古蹟、歷史建築、紀念建築及聚落建築群修復或再利用之修復或再利用計畫、解體調查、規劃設計、監造及工作報告書之勞務採購，各該項勞務採購之得標廠商，符合他項勞務採購資格者，得參與他項勞務採購投標。

第五條
①古蹟、歷史建築、紀念建築及聚落建築群修復或再利用有關之採購，其為工程採購者，得採用選擇性招標；其為古蹟之勞務採購者，並得採用限制性招標。
②古蹟、歷史建築、紀念建築及聚落建築群之工程採購，依古蹟歷史建築紀念建築及聚落建築群重大災害應變處理辦法執行之緊急搶救、加固等應變處理措施或涉及特殊修復之專業技術者，得採用限制性招標，不經公告程序，邀請二家以上廠商比價或僅邀請一家廠商議價。
第六條 108
①古蹟、歷史建築、紀念建築及聚落建築群修復或再利用之勞務採購，其屬主管機關認定特殊技術之單項修復者，應優先遴選傳統匠師或專業技術人員辦理。
②前項傳統匠師，指具備古蹟修復及再利用辦法第十二條規定資格者。
③第一項修復應優先聘請已認定之文化資產保存技術保存者辦理。
第七條
古蹟、歷史建築、紀念建築及聚落建築群修復或再利用採購之廠商及專業人員資格，除依古蹟修復及再利用辦法、聚落建築群修復及再利用辦法、營造業法及其他相關法令規定外，並適用投標廠商資格與特殊或巨額採購認定標準之特定資格規定。
第八條
古蹟、歷史建築、紀念建築及聚落建築群修復或再利用之勞務採購，其工作範圍或內容可明確界定者，得採總包價法計費。
第八條之一 111
①服務費用採修復或再利用工程費用百分比法計費者，其服務費率應按工程內容、服務項目及難易度，參考附表計算。
②前項修復或再利用工程費用，指經機關核定之工程採購底價金額或評審委員會建議金額，不包括規費、規劃費、設計費、監造費、專案管理費、物價指數調整工程款、營業稅、土地及權利費用、法律費用、主辦機關所需工程管理費、承包商辦理工程之各項利息、保險費及招標文件所載其他除外費用。
③工程採購無底價且無評審委員會建議金額者，修復或再利用工程費用以工程預算代之。但應扣除前項不包括之費用及稅捐等。
第九條
①勞務採購應依契約內容辦理分段查驗，其結果並供驗收之用。
②前項分段查驗內容，應於契約中定之。
第一〇條
古蹟、歷史建築、紀念建築及聚落建築群之修復或再利用工程，其施工查核依政府採購法第七十條規定成立工程施工查核小組時，其聘請之查核委員應半數以上具古蹟、歷史建築、紀念建築或聚落建築群修復之專業經驗者。

第一一條

古蹟、歷史建築、紀念建築及聚落建築群修復或再利用有關之採購，本法第十條第一項規定應予以列冊並送主管機關收藏之相關資料，應納入履約完成之必要條件。

第一二條

古蹟、歷史建築、紀念建築及聚落建築群修復或再利用有關之工程採購，其同時涉有水管、電氣、室內裝修與營繕工程者，應合併辦理採購。但因特殊狀況經主管機關同意者，不在此限。

第一三條

古蹟、歷史建築、紀念建築及聚落建築群修復或再利用之採購，本辦法未規定者，適用政府採購法及其相關法令之規定。

第一四條

本辦法自發布日施行。

古蹟歷史建築紀念建築及聚落建築群建築管理土地使用消防安全處理辦法

①民國96年6月25日行政院文化建設委員會、內政部令會銜訂定發布全文7條；並自發布日施行。
②民國99年10月19日行政院文化建設委員會、內政部令會銜修正發布全文 8 條；並自發布日施行。
③民國106年7月27日文化部、內政部令會銜修正發布名稱及全文8條；並自發布日施行（原名稱：古蹟歷史建築及聚落修復或再利用建築管理土地使用消防安全處理辦法）。

第一條
本辦法依文化資產保存法第二十六條規定訂定之。
第二條
爲處理古蹟、歷史建築、紀念建築及聚落建築群修復或再利用事項，就建築管理、土地使用及消防安全等事項，其相關法令之適用，由主管機關會同土地使用、建築及消防主管機關爲之。
第三條
①古蹟、歷史建築、紀念建築及聚落建築群修復或再利用所涉及之土地或建築物，與當地土地使用分區管制規定不符者，主管機關得請求古蹟、歷史建築、紀念建築及聚落建築群所在地之都市計畫、區域計畫或國家公園主管機關依都市計畫法、區域計畫法或國家公園法相關規定辦理土地使用分區或用地變更或土地變更編定。
②前項變更期間，古蹟、歷史建築、紀念建築及聚落建築群修復或再利用計畫得先行實施。
第四條
①古蹟、歷史建築、紀念建築及聚落建築群修復或再利用，於適用建築、消防相關法令有困難時，所有人、使用人或管理人除修復或再利用計畫外，應基於該文化資產保存目標與基地環境致災風險分析，提出因應計畫，送主管機關核准。
②前項因應計畫內容如下：
一　文化資產之特性、再利用適宜性分析。
二　土地使用之因應措施。
三　建築管理、消防安全之因應措施。
四　結構與構造安全及承載量之分析。
五　其他使用管理之限制條件。
第五條
①主管機關爲審查前條因應計畫，應會同古蹟、歷史建築、紀念

建築及聚落建築群所在地之土地使用、建築及消防主管機關為之。

②前項審查結果得排除部分或全部現行法令之適用；其因公共安全之使用有特別條件限制者，應加註之，並由所有權人、使用人或管理人負責執行。

第六條

①古蹟、歷史建築、紀念建築及聚落建築群修復或再利用工程竣工時，由主管機關會同古蹟、歷史建築、紀念建築及聚落建築群所在地之土地使用、建築及消防主管機關，依其核准之因應計畫查驗通過後，許可其使用。

②前項竣工書圖及因應計畫，應送古蹟、歷史建築、紀念建築及聚落建築群所在地之土地使用、建築及消防主管機關建檔。

第七條

主管機關應依竣工書圖及因應計畫，進行古蹟、歷史建築、紀念建築及聚落建築群修復完成後管理維護之查核。必要時，得會同古蹟、歷史建築紀念建築及聚落建築群所在地之土地使用、建築及消防主管機關為之。

第八條

本辦法自發布日施行。

古蹟土地容積移轉辦法

①民國87年9月7日內政部令訂定發布全文13條。
②民國88年10月4日內政部令修正發布第2條條文。
③民國95年4月14日內政部令修正發布全文13條；並自發布日施行。
④民國96年5月11日內政部令修正發布第8條條文。
⑤民國100年12月29日內政部令修正發布第4條條文。
⑥民國101年5月17日內政部令修正發布第5、6條條文。
⑦民國108年1月22日內政部令修正發布第1條條文。
⑧民國112年1月30日內政部令修正發布第6、10條條文；並增訂第8-1條條文。

第一條 108

本辦法依文化資產保存法第四十一條第一項規定訂定之。

第二條

本辦法之主管機關：在中央為內政部；在直轄市為直轄市政府；在縣（市）為縣（市）政府。

第三條

①實施容積率管制地區內，經指定為古蹟，除以政府機關為管理機關者外，其所定著之土地、古蹟保存用地、保存區、其他使用用地或分區內土地，因古蹟之指定、古蹟保存用地、保存區、其他使用用地或分區之劃定、編定或變更，致其原依法可建築之基準容積受到限制部分，土地所有權人得依本辦法申請移轉至其他地區建築使用。

②本辦法所稱基準容積，指以都市計畫、區域計畫或其相關法規規定之容積率上限乘土地面積所得之積數。

第四條 100

①依前條規定申請將原依法可建築之基準容積受到限制部分，移轉至其他地區建築使用之土地（以下簡稱送出基地），其可移出容積依下列規定計算：

一　未經依法劃定、編定或變更為古蹟保存用地、保存區、其他使用用地或分區者，按其基準容積為準。

二　經依法劃定、編定或變更為古蹟保存用地、保存區、其他使用用地或分區者，以其劃定、編定或變更前之基準容積為準。但劃定或變更為古蹟保存用地、保存區、其他使用用地或分區前，尚未實施容積率管制或屬公共設施用地者，以其毗鄰可建築土地容積率上限之平均數，乘其土地面積所得之乘積為準。

②前項第二款之毗鄰土地均非屬可建築土地者，其可移出容積由

直轄市、縣（市）主管機關參考鄰近地區發展及土地公告現值評定情況擬定，送該管都市計畫或區域計畫主管機關審定。

③第一項可移出容積應扣除非屬古蹟之已建築容積。

第五條 101

送出基地可移出之容積，以移轉至同一都市主要計畫地區或區域計畫地區之同一直轄市、縣（市）內之其他任何一宗可建築土地建築使用爲限。但經內政部都市計畫委員會審議通過後，得移轉至同一直轄市、縣（市）之其他主要計畫地區。

第六條 112

接受送出基地可移出容積之土地（以下簡稱接受基地）於申請建築時，因基地條件之限制，而未能完全使用其獲准移入之容積者，得依本辦法規定，申請移轉至下列另一接受基地建築使用，並以移轉一次爲限：

一　與接受基地同一都市主要計畫地區之建築基地。但經內政部都市計畫委員會審議通過後，得移轉至同一直轄市、縣（市）其他主要計畫之建築基地。

二　與接受基地同一區域計畫地區同一直轄市、縣（市）之建築基地。

第七條

①接受基地之可移入容積，以不超過該土地基準容積之百分之四十爲原則。

②位於整體開發地區、實施都市更新地區或面臨永久性空地之接受基地，其可移入容積，得酌予增加。但不得超過該接受基地基準容積之百分之五十。

第八條 96

①送出基地移出之容積，於換算爲接受基地移入之容積時，其計算公式如下：

接受基地移入容積＝送出基地移出之容積×（申請容積移轉當期送出基地之毗鄰可建築土地平均公告土地現值／申請容積移轉當期接受基地之公告土地現值）

②前項送出基地毗鄰土地非屬可建築土地者，以三筆距離最近之可建築土地公告土地現值平均計算之。

③前二項之可建築土地平均公告土地現值較送出基地申請容積移轉當期公告土地現值爲低者，以送出基地申請容積移轉當期公告土地現值計算。

第八條之一 112

①接受基地依第六條規定申請移轉至另一接受基地建築使用之容積，其計算公式如下：

另一接受基地移入容積＝送出基地移出之容積未能完全使用部分×（送出基地申請容積移轉至接受基地當期送出基地之毗鄰可建築土地平均公告土地現值／送出基地申請容積移轉至接受基地當期另一接受基地之公告土地現值）

②另一接受基地於送出基地申請容積移轉至接受基地當時非屬可

建築土地，於前項公式中價值計算基準如下：

一　毗鄰可建築土地者，以其公告土地現值平均計算。

二　毗鄰非屬可建築土地者，以與另一接受基地使用性質相當且距離最近之三筆可建築土地公告土地現值平均計算。

③前項可建築土地，不包含都市計畫書規定應辦理區段徵收、市地重劃或其他方式整體開發完成前之土地。

第九條

①送出基地之可移出容積，得分次移出。

②接受基地在不超過第七條規定之可移入容積內，得分次移入不同送出基地之可移出容積。

第一〇條 112

①辦理容積移轉時，應由送出基地所有權人及接受基地所有權人會同檢具下列文件，向該管直轄市、縣（市）主管機關申請許可：

一　申請書。

二　申請人之身分證明文件影本；其爲法人者，其法人登記證明文件影本。

三　協議書。

四　送出基地及接受基地之土地登記簿謄本。

五　送出基地及接受基地之土地所有權狀影本。

六　古蹟管理維護計畫。但古蹟因故毀損且有修復、再利用之必要者，應檢具古蹟主管機關核准之古蹟修復、再利用計畫。

七　送出基地所有權人及權利關係人同意書或其他相關證明文件。

八　其他經直轄市、縣（市）主管機關認爲必要之文件。

②依第六條規定申請移轉至另一接受基地者，由另一接受基地所有權人提出申請，免會同送出基地所有權人，並應檢具下列文件，向該管直轄市、縣（市）主管機關申請許可：

一　申請書。

二　申請人之身分證明文件影本；其爲法人者，其法人登記證明文件影本。

三　另一接受基地及接受基地之土地登記簿謄本。

四　另一接受基地及接受基地之土地所有權狀影本。

五　接受基地所有權人及權利關係人同意書或其他相關證明文件。

六　其他經直轄市、縣（市）主管機關認爲必要之文件。

第一一條

①直轄市、縣（市）主管機關於許可容積移轉後，應將相關資料送由該管主管建築機關實施建築管理，並送請該管土地登記機關將相關資料建檔及開放供民衆查詢。

②前項資料應永久保存。

第一二條

接受基地於依法申請建築時，除容積率管制事項外，仍應符合土地使用分區管制及建築法規之規定。

第一三條

本辦法自發布日施行。

祭祀公業條例

民國96年12月12日總統令制定公布全文60條。
民國97年5月19日行政院令發布定自97年7月1日施行。

第一章　總　則

第一條　（立法目的）

為祭祀祖先發揚孝道，延續宗族傳統及健全祭祀公業土地地籍管理，促進土地利用，增進公共利益，特制定本條例。

第二條　（主管機關）

①本條例所稱主管機關：在中央為內政部；在直轄市為直轄市政府；在縣（市）為縣（市）政府；在鄉（鎮、市）為鄉（鎮、市）公所。

②主管機關之權責劃分如下：

一　中央主管機關：

㈠祭祀公業制度之規劃與相關法令之研擬及解釋。

㈡對地方主管機關祭祀公業業務之監督及輔導。

二　直轄市、縣（市）主管機關：

㈠祭祀公業法人登記事項之審查。

㈡祭祀公業法人業務之監督及輔導。

三　鄉（鎮、市）主管機關：本條例施行前已存在之祭祀公業，其申報事項之處理、派下全員證明書之核發及變動事項之處理。

③前項第三款之權責於直轄市或市，由直轄市或市主管機關主管。

④本條例規定由鄉（鎮、市）公所辦理之業務，於直轄市或市，由直轄市或市之區公所辦理。

⑤第二項未列舉之權責遇有爭議時，除本條例或其他法律另有規定者外，由中央主管機關會商直轄市、縣（市）主管機關決定之。

第三條　（用詞定義）

本條例用詞定義如下：

一　祭祀公業：由設立人捐助財產，以祭祀祖先或其他享祀人為目的之團體。

二　設立人：捐助財產設立祭祀公業之自然人或團體。

三　享祀人：受祭祀公業所奉祀之人。

四　派下員：祭祀公業之設立人及繼承其派下權之人；其分類如下：

㈠派下全員：祭祀公業或祭祀公業法人自設立起至目前止

之全體派下員。

(二)派下現員：祭祀公業或祭祀公業法人目前仍存在之派下員。

五　派下權：祭祀公業或祭祀公業法人所屬派下員之權利。

六　派下員大會：由祭祀公業或祭祀公業法人派下現員組成，以議決規約、業務計畫、預算、決算、財產處分、設定負擔及選任管理人、監察人。

第四條　（本條例施行前已存在祭祀公業之派下員資格）

①本條例施行前已存在之祭祀公業，其派下員依規約定之。無規約或規約未規定者，派下員爲設立人及其男系子孫（含養子）。

②派下員無男系子孫，其女子未出嫁者，得爲派下員。該女子招贅夫或未招贅生有男子或收養男子冠母姓者，該男子亦得爲派下員。

③派下之女子、養女、贅婿等有下列情形之一者，亦得爲派下員：

一　經派下現員三分之二以上書面同意。

二　經派下員大會派下現員過半數出席，出席人數三分之二以上同意通過。

第五條　（本條例施行後派下員之繼承）

本條例施行後，祭祀公業及祭祀公業法人之派下員發生繼承事實時，其繼承人應以共同承擔祭祀者列爲派下員。

第二章　祭祀公業之申報

第六條　（祭祀公業之申報）

①本條例施行前已存在，而未依祭祀公業土地清理要點或臺灣省祭祀公業土地清理辦法之規定申報並核發派下全員證明書之祭祀公業，其管理人應向該祭祀公業不動產所在地之鄉（鎮、市）公所（以下簡稱公所）辦理申報。

②前項祭祀公業無管理人、管理人行方不明或管理人拒不申報者，得由派下現員過半數推舉派下現員一人辦理申報。

第七條　（清查土地造冊公告）

直轄市、縣（市）地政機關應自本條例施行之日起一年內清查祭祀公業土地並造冊，送公所公告九十日，並通知尚未申報之祭祀公業，應自公告之日起三年內辦理申報。

第八條　（申請書及檢附文件）

①第六條之祭祀公業，其管理人或派下員申報時應填具申請書，並檢附下列文件：

一　推舉書。但管理人申報者，免附。

二　沿革。

三　不動產清冊及其證明文件。

四　派下全員系統表。

五　派下全員戶籍謄本。

六　派下現員名冊。

七　原始規約。但無原始規約者，免附。

②前項第五款派下全員戶籍謄本，指戶籍登記開始實施後，至申報時全體派下員之戶籍謄本。但經戶政機關查明無該派下員戶籍資料者，免附。

第九條　（祭祀公業之申報）

祭祀公業土地分屬不同直轄市、縣（市）、鄉（鎮、市）者，應向面積最大土地所在之公所申報；受理申報之公所應通知祭祀公業其他土地所在之公所會同審查。

第一〇條　（文件之審查及補正）

①公所受理祭祀公業申報後，應就其所附文件予以書面審查；其有不符者，應通知申報人於三十日內補正；屆期不補正或經補正仍不符者，駁回其申報。

②同一祭祀公業有二人以上申報者，公所應通知當事人於三個月內協調以一人申報，屆期協調不成者，由公所通知當事人於一個月內向法院提起確認之訴並陳報公所，公所應依法院確定判決辦理；屆期未起訴者，均予駁回。

第一一條　（公告事項）

公所於受理祭祀公業申報後，應於公所、祭祀公業土地所在地之村（里）辦公處公告、陳列派下現員名冊、派下全員系統表、不動產清冊，期間為三十日，並將公告文副本及派下現員名冊、派下全員系統表、不動產清冊交由申報人於公告之日起刊登當地通行之一種新聞紙連續三日，並於直轄市、縣（市）主管機關及公所電腦網站刊登公告文三十日。

第一二條　（提出異議）

①祭祀公業派下現員或利害關係人對前條公告事項有異議者，應於公告期間內，以書面向公所提出。

②公所應於異議期間屆滿後，將異議書轉知申報人自收受之日起三十日內申復；申報人未於期限內提出申復書者，駁回其申報。

③申報人之申復書繕本，公所應即轉知異議人；異議人仍有異議者，得自收受申復書之次日起三十日內，向法院提起確認派下權、不動產所有權之訴，並將起訴狀副本連同起訴證明送公所備查。

④申報人接受異議者，應於第二項所定三十日內更正申報事項，再報請公所公告三十日徵求異議。

第一三條　（派下全員證明書之核發）

①異議期間屆滿後，無人異議或異議人收受申復書屆期未向公所提出法院受理訴訟之證明者，公所應核發派下全員證明書；其經向法院起訴者，俟各法院均判決後，依確定判決辦理。

②前項派下全員證明書，包括派下現員名冊、派下全員系統表及不動產清冊。

第一四條　（規約之訂定及變更）

①祭祀公業無原始規約者，應自派下全員證明書核發之日起一年內，訂定其規約。

②祭祀公業原始規約內容不完備者，應自派下全員證明書核發之日起一年內，變更其規約。

③規約之訂定及變更應有派下現員三分之二以上之出席，出席人數四分之三以上之同意或經派下現員三分之二以上之書面同意，並報公所備查。

第一五條　（規約記載事項）

祭祀公業規約應記載下列事項：

一　名稱、目的及所在地。

二　派下權之取得及喪失。

三　管理人人數、權限、任期、選任及解任方式。

四　規約之訂定及變更程序。

五　財產管理、處分及設定負擔之方式。

六　解散後財產分配之方式。

第一六條　（管理人、監察人之選任及解任）

①祭祀公業申報時無管理人者，應自派下全員證明書核發之日起一年內選任管理人，並報公所備查。

②祭祀公業設有監察人者，應自派下全員證明書核發之日起一年內選任監察人，並報公所備查。

③祭祀公業管理人、監察人之選任及備查事項，有異議者，應逕向法院提起確認之訴。

④祭祀公業管理人、監察人之選任及解任，除規約另有規定或經派下員大會議決通過者外，應經派下現員過半數之同意。

第一七條　（派下全員證明書之更正）

祭祀公業派下全員證明書核發後，管理人、派下員或利害關係人發現有漏列、誤列派下員者，得檢具派下現員過半數之同意書，並敘明理由，報經公所公告三十日無人異議後，更正派下全員證明書；有異議者，應向法院提起確認派下權之訴，公所應依法院確定判決辦理。

第一八條　（派下員變動之申辦、異議）

祭祀公業派下全員證明書核發後，派下員有變動者，管理人、派下員或利害關係人應檢具下列文件，向公所申請公告三十日，無人異議後准予備查；有異議者，依第十二條、第十三條規定之程序辦理：

一　派下全員證明書。

二　變動部分之戶籍謄本。

三　變動前後之系統表。

四　拋棄書（無人拋棄者，免附）。

五　派下員變動前後之名冊。

六　規約（無規約者，免附）。

第一九條　（管理人變動之申請備查）

祭祀公業管理人之變動，應由新管理人檢具下列證明文件，向公所申請備查，無需公告：

一　派下全員證明書。

二　規約（無規約者，免附）。

三　選任之證明文件。

第二〇條　（申報文件虛偽不實應駁回或撤銷證書）

祭祀公業申報時所檢附之文件，有虛偽不實經法院判決確定者，公所應駁回其申報或撤銷已核發之派下全員證明書。

第三章　祭祀公業法人之登記

第二一條　（祭祀公業法人之登記）

①本條例施行前已存在之祭祀公業，其依本條例申報，並向直轄市、縣（市）主管機關登記後，為祭祀公業法人。

②本條例施行前已核發派下全員證明書之祭祀公業，視為已依本條例申報之祭祀公業，得逕依第二十五條第一項規定申請登記為祭祀公業法人。

③祭祀公業法人有享受權利及負擔義務之能力。

④祭祀公業申請登記為祭祀公業法人後，應於祭祀公業名稱之上冠以法人名義。

第二二條　（管理人之設置）

祭祀公業法人應設管理人，執行祭祀公業法人事務，管理祭祀公業法人財產，並對外代表祭祀公業法人。管理人有數人者，其人數應為單數，並由管理人互選一人為代表人；管理事務之執行，取決於全體管理人過半數之同意。

第二三條　（監察人之設置）

祭祀公業法人得設監察人，由派下現員中選任，監察祭祀公業法人事務之執行。

第二四條　（章程記載事項）

祭祀公業法人章程，應記載下列事項：

一　名稱。

二　目的。

三　主事務所之所在地。

四　財產總額。

五　派下權之取得及喪失。

六　派下員之權利及義務。

七　派下員大會之召集、權限及議決規定。

八　管理人之人數、權限、任期、選任及解任方式。

九　設有監察人者，其人數、權限、任期、選任及解任方式。

十　祭祀事務。

十一　章程之訂定及變更程序。

十二　財產管理、處分及設定負擔之方式。

十三　定有存立期間者，其期間。

十四　解散之規定。

十五　解散後財產分配之方式。

第二五條　（申請書及檢附文件）

①祭祀公業得塡具申請書，並檢附下列文件，報請公所轉報直轄市、縣（市）主管機關申請登記爲祭祀公業法人：
一　派下現員過半數之同意書。
二　沿革。
三　章程。
四　載明主事務所所在地之文件；設有分事務所者，亦同。
五　管理人備查公文影本；申報前已有管理人者，並附管理人名冊。
六　監察人備查公文影本；申報前已有監察人者，並附監察人名冊；無監察人者，免附。
七　派下全員證明書。
八　祭祀公業法人圖記及管理人印鑑。
②前項祭祀公業法人圖記之樣式及規格，由中央主管機關定之。

第二六條　（法人登記證書之發給）
①直轄市、縣（市）主管機關受理祭祀公業法人登記之申請，經審查符合本條例規定者，發給祭祀公業法人登記證書。
②前項法人登記證書應於祭祀公業名稱之上冠以法人名義。
③祭祀公業法人登記證書之格式，由中央主管機關定之。

第二七條　（法人登記簿之備置及記載事項）
①直轄市、縣（市）主管機關辦理祭祀公業法人登記，應備置法人登記簿，並記載下列事項：
一　祭祀公業法人設立之目的、名稱、所在地。
二　財產總額。
三　派下現員名冊。
四　管理人之姓名及住所；定有代表法人之管理人者，其姓名。
五　設有監察人者，其姓名及住所。
六　定有存立期間者，其期間。
七　祭祀公業法人登記證書核發之日期。
八　祭祀公業法人圖記及管理人印鑑。
②祭祀公業法人登記簿之格式，由中央主管機關定之。

第二八條　（不動產所有權申請更名登記辦理期限）
①管理人應自取得祭祀公業法人登記證書之日起九十日內，檢附登記證書及不動產清冊，向土地登記機關申請，將其不動產所有權更名登記爲法人所有；逾期得展延一次。
②未依前項規定期限辦理者，依第五十條第三項規定辦理。

第二九條　（祭祀公業法人登記之效力）
祭祀公業法人登記後，有應登記之事項而不登記，或已登記之事項有變更而不爲變更之登記者，不得以其事項對抗第三人。

第四章　祭祀公業法人之監督

第三〇條　（派下員大會之召開及議決事項）
①祭祀公業法人派下員大會每年至少定期召開一次，議決下列事

項：
一　章程之訂定及變更。
二　選任管理人、監察人。
三　管理人、監察人之工作報告。
四　管理人所擬訂之年度預算書、決算書、業務計畫書及業務執行書。
五　財產處分及設定負擔。
六　其他與派下員權利義務有關之事項。

②祭祀公業法人應將派下員大會會議紀錄於會議後三十日內，報請公所轉報直轄市、縣（市）主管機關備查。

第三一條　（會議召集）

①祭祀公業法人派下員大會，由代表法人之管理人召集，並應有派下現員過半數之出席；派下現員有變動時，應於召開前辦理派下員變更登記。

②管理人認爲必要或經派下現員五分之一以上書面請求，得召集臨時派下員大會。

③依前二項召集之派下員大會，由代表法人之管理人擔任主席。

④管理人未依章程或第一項及第三項規定召集會議，得由第二項請求之派下現員推舉代表召集之，並互推一人擔任主席。

第三二條　（不能成會時之同意書取得）

爲執行祭祀公業事務，依章程或本條例規定應由派下員大會議決事項時，祭祀公業法人派下員大會出席人數因故未達定額者，得由代表法人之管理人取得第三十三條所定比例派下現員簽章之同意書爲之。

第三三條　（祭祀公業法人派下員大會一般決議與特別決議通過之決數）

①祭祀公業法人派下員大會之決議，應有派下現員過半數之出席，出席人數過半數之同意行之；依前條規定取得同意書者，應取得派下現員二分之一以上書面之同意。但下列事項之決議，應有派下現員三分之二以上之出席，出席人數超過四分之三之同意；依前條規定取得同意書者，應取得派下現員三分之二以上書面之同意：
一　章程之訂定及變更。
二　財產之處分及設定負擔。
三　解散。

②祭祀公業法人之章程定有高於前項規定之決數者，從其章程之規定。

第三四條　（訂定及變更章程會議報請主管機關派員列席）

祭祀公業法人爲訂定及變更章程召開派下員大會時，應報請直轄市、縣（市）主管機關派員列席。

第三五條　（管理人、監察人之選任及解任）

祭祀公業法人管理人、監察人之選任及解任，除章程另有規定或經派下員大會議決通過者外，應經派下現員過半數之同意。

第三六條 （管理人職權之限制）
管理人就祭祀公業法人財產之管理，除章程另有規定外，僅得爲保全及以利用或改良爲目的之行爲。
第三七條 （派下員變更登記）
①祭祀公業法人之派下現員變動者，應檢具下列文件，報請公所轉報直轄市、縣（市）主管機關辦理派下員變更登記：
一 派下全員證明書。
二 派下員變動部分之系統表。
三 變動部分派下員之戶籍謄本。
四 派下員變動前名冊及變動後現員名冊。
五 派下權拋棄書；無拋棄派下權者，免附。
六 章程。
②前項祭祀公業法人之派下現員之變動，經直轄市、縣（市）主管機關公告三十日，無人異議者，予以備查；有異議者，依第十二條、第十三條規定之程序辦理。
第三八條 （管理人或監察人變更登記）
①祭祀公業法人管理人或監察人變動者，應檢具選任管理人或監察人證明文件，報請公所轉報直轄市、縣（市）主管機關辦理管理人或監察人變更登記。
②祭祀公業法人之管理人、監察人之選任及變更登記，有異議者，應逕向法院提起民事確認之訴。
第三九條 （不動產變更登記）
祭祀公業法人之不動產變動者，應檢具土地、建物變動證明文件及變動後不動產清冊，報請公所轉報直轄市、縣（市）主管機關辦理變更登記。
第四〇條 （圖記印鑑變更登記）
祭祀公業法人圖記或管理人印鑑變動者，應檢具新圖記、印鑑及有關資料，報請公所轉報直轄市、縣（市）主管機關辦理變更登記。
第四一條 （帳簿之設置）
①祭祀公業法人應設置帳簿，詳細記錄有關會計事項，按期編造收支報告。
②祭祀公業法人應自取得法人登記證書之日起三個月內及每年度開始前三個月，檢具年度預算書及業務計畫書，年度終了後三個月內，檢具年度決算及業務執行書，報請公所轉報直轄市、縣（市）主管機關備查。
第四二條 （監察人得隨時查核業務及財務簿冊文件）
祭祀公業法人設有監察人者，監察人得隨時查核業務執行情形及財務簿冊文件，並對管理人提出之各種表冊、計畫，向派下員大會報告監察意見。
第四三條 （糾正並限期改善）
①祭祀公業法人有下列情形之一者，直轄市、縣（市）主管機關應予糾正，並通知限期改善：

一　違反法令或章程規定。
二　管理運作與設立目的不符。
三　財務收支未取具合法憑證或未有完備之會計紀錄。
四　財產總額已無法達成設立目的。

②祭祀公業法人未於前項期限內改善者，直轄市、縣（市）主管機關得解除其管理人之職務，令其重新選任管理人或廢止其登記。

第四四條　（違反法律或善良風俗者得請求解散）

祭祀公業法人之目的或其行爲，有違反法律、公共秩序或善良風俗者，法院得因主管機關、檢察官或利害關係人之請求，宣告解散。

第四五條　（解散）

①祭祀公業法人發生章程所定解散之事由或經直轄市、縣（市）主管機關廢止其登記時，解散之。

②祭祀公業法人解散時，應由清算人檢具證明文件及財產清算計畫書，報請直轄市、縣（市）主管機關備查。

第四六條　（解散後之財產清算）

祭祀公業法人解散後，其財產之清算由管理人爲之。但章程有特別規定或派下員大會另有決議者，不在此限。

第四七條　（清算人之選任）

不能依前條規定定其清算人時，法院得因直轄市、縣（市）主管機關、檢察官或利害關係人之聲請，或依職權選任清算人。

第四八條　（清算人之職務）

①清算人之職務如下：
一　了結現務。
二　收取債權、清償債務。
三　移交分配賸餘財產。

②祭祀公業法人至清算終結止，在清算之必要範圍內，視爲存續。

第五章　祭祀公業土地之處理

第四九條　（派下全員證明書核發後，不動產清冊漏列誤列之更正公告）

祭祀公業派下全員證明書核發後，管理人、派下現員或利害關係人發現不動產清冊內有漏列、誤列建物或土地者，得檢具派下現員過半數之同意書及土地或建物所有權狀影本或土地登記（簿）謄本，報經公所公告三十日無人異議後，更正不動產清冊。有異議者，應向法院提起確認不動產所有權之訴，由公所依法院確定判決辦理。

第五〇條　（派下全員證明書核發後，土地或建物之處理方式）

①祭祀公業派下全員證明書核發，經選任管理人並報公所備查後，應於三年內依下列方式之一，處理其土地或建物：
一　經派下現員過半數書面同意依本條例規定登記爲祭祀公業

法人，並申辦所有權更名登記為祭祀公業法人所有。

二　經派下現員過半數書面同意依民法規定成立財團法人，並申辦所有權更名登記為財團法人所有。

三　依規約規定申辦所有權變更登記為派下員分別共有或個別所有。

②本條例施行前已核發派下全員證明書之祭祀公業，應自本條例施行之日起三年內，依前項各款規定辦理。

③未依前二項規定辦理者，由直轄市、縣（市）主管機關依派下全員證明書之派下現員名冊，囑託該管土地登記機關均分登記為派下員分別共有。

第五一條　（土地代為標售）

①祭祀公業土地於第七條規定公告之日屆滿三年，有下列情形之一者，除公共設施用地外，由直轄市或縣（市）主管機關代為標售：

一　期滿三年無人申報。

二　經申報被駁回，屆期未提起訴願或訴請法院裁判。

三　經訴願決定或法院裁判駁回確定。

②前項情形，祭祀公業及利害關係人有正當理由者，得申請暫緩代為標售。

③前二項代為標售之程序、暫緩代為標售之要件及期限、底價訂定及其他應遵行事項之辦法，由中央主管機關定之。

第五二條　（土地優先購買權之順序）

①依前條規定代為標售之土地，其優先購買權人及優先順序如下：

一　地上權人、典權人、永佃權人。

二　基地或耕地承租人。

三　共有土地之他共有人。

四　本條例施行前已占有達十年以上，至標售時仍繼續為該土地之占有人。

②前項第一款優先購買權之順序，以登記之先後定之。

第五三條　（代為標售土地前之公告）

①直轄市或縣（市）主管機關代為標售土地前，應公告三個月。

②前項公告，應載明前條之優先購買權意旨，並以公告代替對優先購買權人之通知。優先購買權人未於決標後十日內以書面為承買之意思表示者，視為放棄其優先購買權。

③直轄市或縣（市）主管機關於代為標售公告清理之土地前，應向稅捐、戶政、民政、地政等機關查詢；其能查明祭祀公業土地之派下現員或利害關係人者，應於公告時一併通知。

第五四條　（地籍清理土地權利價金保管款專戶之設立）

①直轄市或縣（市）主管機關應於國庫設立地籍清理土地權利價金保管款專戶，保管代為標售土地之價金。

②直轄市或縣（市）主管機關應將代為標售土地價金，扣除百分之五行政處理費用、千分之五地籍清理獎金及應納稅賦後，以其餘額儲存於前項保管款專戶。

③祭祀公業自專戶儲存之保管款儲存之日起十年內，得檢附證明文件向直轄市或縣（市）主管機關申請發給土地價金；經審查無誤，公告三個月，期滿無人異議時，按代為標售土地之價金扣除應納稅賦後之餘額，並加計儲存於保管款專戶之實收利息發給之。
④前項期間屆滿後，專戶儲存之保管款經結算如有賸餘，歸屬國庫。
⑤地籍清理土地權利價金保管款之儲存、保管、繳庫等事項及地籍清理獎金之分配、核發等事項之辦法，由中央主管機關定之。

第五五條　（土地未完成標售者登記為國有）
①依第五十一條規定代為標售之土地，經二次標售而未完成標售者，由直轄市或縣（市）主管機關囑託登記為國有。
②前項登記為國有之土地，自登記完畢之日起十年內，祭祀公業得檢附證明文件，向直轄市或縣（市）主管機關申請發給土地價金；經審查無誤，公告三個月，期滿無人異議時，依該土地第二次標售底價扣除應納稅賦後之餘額，並加計儲存於保管款專戶之應收利息發給。所需價金，由地籍清理土地權利價金保管款支應；不足者，由國庫支應。

第六章　附　則

第五六條　（祭祀公業以外名義登記不動產申報登記之準用）
①本條例施行前以祭祀公業以外名義登記之不動產，具有祭祀公業之性質及事實，經申報人出具已知過半數派下員願意以祭祀公業案件辦理之同意書或其他證明文件足以認定者，準用本條例申報及登記之規定；財團法人祭祀公業，亦同。
②前項不動產為耕地時，得申請更名為祭祀公業法人或以財團法人社團法人成立之祭祀公業所有，不受農業發展條例之限制。

第五七條　（祭祀公業申報登記、變更備查等事項異議之處理）
管理人、派下員或利害關係人對祭祀公業申報、祭祀公業法人登記、變更及備查之事項或土地登記事項，有異議者，除依本條例規定之程序辦理外，得逕向法院起訴。

第五八條　（獎勵措施）
中央主管機關得訂定獎勵措施，鼓勵祭祀公業運用其財產孳息興辦公益慈善及社會教化事務。

第五九條　（新設立祭祀公業之方式）
①新設立之祭祀公業應依民法規定成立社團法人或財團法人。
②本條例施行前，已成立之財團法人祭祀公業，得依本條例規定，於三年內辦理變更登記為祭祀公業法人，完成登記後，祭祀公業法人主管機關應函請法院廢止財團法人之登記。

第六〇條　（施行日）
本條例施行日期，由行政院定之。

原住民保留地開發管理辦法

①民國79年3月26日行政院令訂定發布全文41條。
②民國84年3月22日行政院令修正發布名稱及全文41條（原名稱：山胞保留地開發管理辦法）。
③民國87年3月18日行政院令修正發布全文43條。
④民國89年2月16日行政院令修正發布第2、5至9、12、17、21、24、26、30、40、43、44條條文；並自發布日起施行。
⑤民國90年12月12日行政院令修正發布第1、8、9、10、18、23、24、28、42條條文。
⑥民國92年4月16日行政院令修正發布第4至9、12、17、21、23、24、30、40、43條條文。
⑦民國96年4月25日行政院令修正發布第2、5至7、9、12、17、21至24、30、40、43條條文。
民國101年12月25日行政院公告第23條第2項所列屬財政部「國有財產局」之權責事項，自102年1月1日起改由財政部「國有財產署」管轄。
民國103年3月24日行政院公告第2條第1項所列屬「行政院原住民族委員會」之權責事項，自103年3月26日起改由「原住民族委員會」管轄。
⑧民國107年6月28日行政院令修正發布第2、6、13、14、18、19、24條條文；並增訂第14-1、43-1條條文。
⑨民國108年7月3日原住民族委員會令修正發布第1、6、7、10、14-1至20、26、43-1條條文；並刪除第8、9、11、12、42、43條條文。
民國112年7月27日行政院公告第2條第2項所列屬「行政院農業委員會」之權責事項，自112年8月1日起改由「農業部」管轄。

第一章　總　則

第一條 108
本辦法依山坡地保育利用條例第三十七條第六項規定訂定之。

第二條 107
①本辦法所稱主管機關：在中央為原住民族委員會；在直轄市為直轄市政府；在縣（市）為縣（市）政府。
②有關農業事項，中央由行政院農業委員會會同中央主管機關辦理。
③本辦法之執行機關為鄉（鎮、市、區）公所。

第三條
本辦法所稱原住民保留地，指為保障原住民生計，推行原住民行政所保留之原有山地保留地及經依規定劃編，增編供原住民使用之保留地。

第四條
①本辦法所稱原住民，指山地原住民及平地原住民。
②前項原住民身分之認定，依原住民身分法之規定。
第五條 96
①原住民保留地之總登記，由直轄市、縣（市）主管機關囑託當地登記機關為之；其所有權人為中華民國，管理機關為中央主管機關，並於土地登記簿標示部其他登記事項欄註明原住民保留地。
②已完成總登記，經劃編、增編為原住民保留地之公有土地，由直轄市、縣（市）主管機關會同原土地管理機關，囑託當地登記機關，辦理管理機關變更登記為中央主管機關，並依前項規定註明原住民保留地。
第六條 108
①原住民保留地所在之鄉（鎮、市、區）公所設置原住民保留地土地權利審查委員會，掌理下列事項：
一　原住民保留地土地權利糾紛之調查及調處事項。
二　原住民保留地無償取得所有權、分配、收回之審查事項。
三　申請租用、無償使用原住民保留地之審查事項。
四　申請撥用公有原住民保留地之審查事項。
五　原住民保留地分配土地補償之協議事項。
②前項原住民保留地土地權利審查委員會之委員，應有五分之四為原住民；其設置要點，由中央主管機關定之。
③第一項第二款至第五款申請案應提經原住民保留地土地權利審查委員會審查者，鄉（鎮、市、區）公所應於受理後一個月內送請該會審查，原住民保留地土地權利審查委員會應於一個月內審查完竣，並提出審查意見。但鄉（鎮、市、區）公所及原住民保留地土地權利審查委員會必要時，審查期間各得延長一個月。屆期未提出者，由鄉（鎮、市、區）公所逕行報請直轄市、縣（市）主管機關核定。
④鄉（鎮、市、區）公所應將第一項第二款至第五款事項之原住民保留地土地權利審查委員會審查紀錄，報請直轄市、縣（市）主管機關備查。

第二章　土地管理

第七條 108
中央主管機關應輔導原住民取得原住民保留地承租權或無償取得原住民保留地所有權。
第八條 （刪除）108
第九條 （刪除）108
第一〇條 108
①原住民申請無償取得原住民保留地所有權，土地面積最高限額如下：

一　依區域計畫法編定爲農牧用地、養殖用地或依都市計畫法劃定爲農業區、保護區，並供農作、養殖或畜牧使用之土地，每人一公頃。
二　依區域計畫法編定爲林業用地或依都市計畫法劃定爲保護區並供作造林使用之土地，每人一點五公頃。
三　依法得爲建築使用之土地，每戶零點一公頃。
四　其他用地，其面積由中央主管機關視實際情形定之。

②原住民申請無償取得前項第一款及第二款土地得合併計算面積，其比率由中央主管機關定之。但基於地形限制，得爲百分之十以內之增加。

第一一條　（刪除）108

第一二條　（刪除）108

第一三條 107

①原住民因經營工商業，得擬具事業計畫向鄉（鎮、市、區）公所申請，經原住民保留地土地權利審查委員會擬具審查意見，報請直轄市或縣（市）主管機關核准後，租用依法得爲建築使用之原住民保留地，每一租期不得超過九年，期滿後得續租。

②前項事業計畫不得妨害環境資源保育、國土保安或產生公害。

第一四條 107

原住民因興辦宗教建築設施，得於主管宗教機關核准後，擬具計畫向鄉（鎮、市、區）公所申請，經原住民保留地土地權利審查委員會擬具審查意見，報請直轄市或縣（市）主管機關核准，無償使用原住民保留地內依法得爲建築使用之土地，使用期間不得超過九年，期滿後得續約使用，其使用面積不得超過零點三公頃。

第一四條之一 108

①直轄市、縣（市）政府爲因應災害之預防、災害發生時之應變及災後之復原重建用地需求，得擬訂需用土地計畫，報請中央主管機關核准後，無償使用國有原住民保留地，使用期間不得超過九年；屆期有繼續使用之必要，應於期滿前二個月，重新擬訂需用土地計畫，報請中央主管機關核准。

②前項需用土地計畫之辦理程序不適用第六條之規定。

③第一項無償提供災區受災民衆使用之原住民保留地，不適用第十七條及第二十條之規定。

第一五條 108

原住民於原住民保留地取得承租權、無償使用權或依法已設定之耕作權、地上權、農育權，除繼承或贈與於得爲繼承之原住民、原受配戶內之原住民或三親等內之原住民外，不得轉讓或出租。

第一六條 108

原住民違反前條規定者，除得由鄉（鎮、市、區）公所收回原住民保留地外，應依下列規定處理之：

一　已爲耕作權、地上權或農育權登記者，訴請法院塗銷登記。

二　租用或無償使用者，終止其契約。

第一七條 108

①原住民符合下列資格條件之一者，得申請無償取得原住民保留地所有權：

一　原住民於本辦法施行前使用迄今之原住民保留地。

二　原住民於原住民保留地內有原有自住房屋，其面積以建築物及其附屬設施實際使用者為準。

三　原住民依法於原住民保留地設定耕作權、地上權或農育權。

②前項申請案由鄉（鎮、市、區）公所提經原住民保留地土地權利審查委員會擬具審查意見，並公告三十日，期滿無人異議，報請直轄市、縣（市）主管機關核定後，向土地所在地登記機關辦理所有權移轉登記。

③原住民申請取得第一項第三款及經劃編、增編為原住民保留地之土地所有權者，得免經前項公告三十日之程序。

④第一項第三款原住民保留地，因實施都市計畫變更使用分區或非都市土地變更編定土地使用類別者，得辦理所有權移轉登記。

⑤第一項第三款之權利存續期間屆滿，仍得辦理所有權移轉登記；原耕作權人、地上權人或農育權人死亡者，其繼承人得申請無償取得所有權。

第一八條 108

①原住民取得原住民保留地所有權後，除政府指定之特定用途外，其移轉之承受人以原住民為限。

②前項政府指定之特定用途，指下列得由政府承受情形之一：

一　興辦土地徵收條例第三條、第四條第一項規定之各款事業及所有權人依該條例第八條規定申請一併徵收。

二　經中央主管機關審認符合災害之預防、災害發生時之應變及災後之復原重建用地需求。

三　稅捐稽徵機關受理以原住民保留地抵繳遺產稅或贈與稅。

四　因公法上金錢給付義務之執行事件未能拍定原住民保留地。

③政府依前項第三款及第四款規定承受之原住民保留地，除政府機關依法撥用外，其移轉之承受人以原住民為限。

第一九條 108

依法於原住民保留地設定耕作權、地上權或農育權之原住民，因死亡無繼承人，得由鄉（鎮、市、區）公所提經原住民保留地土地權利審查委員會擬具審查意見，報請直轄市、縣（市）主管機關核定後，囑託土地所在地登記機關辦理塗銷登記。

第二〇條 108

①鄉（鎮、市、區）公所就轄內依法收回或尚未分配之原住民保留地，得擬具分配計畫提經原住民保留地土地權利審查委員會擬具審查意見，並公告三十日後，受理申請分配，並按下列順序辦理分配與轄區內之原住民：

一　原受配原住民保留地面積未達第十條最高限額，且與該土地具有傳統淵源關係。

二　尚未受配。

三　因土地徵收條例第十一條規定達成協議、徵收或撥用，致原住民保留地面積減少。

②鄉（鎮、市、區）公所受理前項申請分配案後，應依第十七條第二項程序辦理。

③原住民違反第十五條規定時，不得申請受配原住民保留地。

④第一項收回之原住民保留地，其土地改良物，由鄉（鎮、市、區）公所通知土地改良物之所有權人限期收割或拆除；逾期未收割或拆除者，由鄉（鎮、市、區）公所逕行處理。

⑤前項土地改良物為合法栽種或建築者，經鄉（鎮、市、區）公所估定其價值，由新受配人補償原土地改良物所有權人後承受。

第三章　土地開發、利用及保育

第二一條 96

①各級主管機關對轄區內原住民保留地，得根據發展條件及土地利用特性，規劃訂定各項開發、利用及保育計畫。

②前項開發、利用及保育計畫，得採合作、共同或委託經營方式辦理。

第二二條 96

內政部、直轄市、縣（市）政府對原住民保留地得依法實施土地重劃或社區更新。

第二三條 96

①政府因公共造產或指定之特定用途需用公有原住民保留地時，得由需地機關擬訂用地計畫，申請該管鄉（鎮、市、區）公所提經原住民保留地土地權利審查委員會擬具審查意見並報請上級主管機關核定後，辦理撥用。但公共造產用地，以轄有原住民保留地之鄉（鎮、市、區）公所需用者為限；農業試驗實習用地，以農業試驗實習機關或學校需用者為限。

②前項原住民保留地經辦理撥用後，有國有財產法第三十九條各款情事之一者，中央主管機關應即通知財政部國有財產局層報行政院撤銷撥用。原住民保留地撤銷撥用後，應移交中央主管機關接管。

第二四條 107

①為促進原住民保留地礦業、土石、觀光遊憩、加油站、農產品集貨場倉儲設施之興建、工業資源之開發、原住民族文化保存、醫療保健、社會福利、郵電運輸、金融服務及其他經中央主管機關核定事業，在不妨礙原住民生計及推行原住民族行政之原則下，優先輔導原住民或原住民機構、法人或團體開發或興辦。

②原住民或原住民機構、法人或團體為前項開發或興辦，申請租用原住民保留地時，應檢具開發或興辦計畫圖說，申請該管鄉（鎮、市、區）公所提經原住民保留地土地權利審查委員會擬

具審查意見，層報中央主管機關核准，並俟取得目的事業主管機關核准開發或興辦文件後，租用原住民保留地；每一租期不得超過九年，期滿後得依原規定程序申請續租。

③前項開發或興辦計畫圖說，包括下列文件：

一　申請書及開發或興辦事業計畫。

二　申請用地配置圖，並應標示於比例尺不小於五千分之一之地形圖及地籍套繪圖。

三　原住民保留地興辦事業回饋計畫。

四　其他必要文件。

④原住民機構、法人或團體以外企業或未具原住民身分者（以下簡稱非原住民）申請承租開發或興辦，應由鄉（鎮、市、區）公所先公告三十日，公告期滿無原住民或原住民機構、法人或團體申請時，始得依前二項規定辦理。

第二五條

依前條申請續租範圍係屬原核准開發或興辦範圍及開發或興辦方式，且其申請續租應檢附之文件與原申請開發或興辦承租檢附之文件相同，於申請書並敘明參用原申請文件者，得免檢送相關書件，並免依前條第四項規定辦理。

第二六條 108

①依第二十四條規定申請開發或興辦時，原住民已取得土地所有權者，應協議計價層報直轄市、縣（市）主管機關同意後參與投資；投資權利移轉時，其受讓人以原住民為限。

②原住民取得承租權，應協議計價給予補償。

第二七條

第二十三條至第二十五條之原住民保留地承租人有下列情形之一者，應終止租約收回土地，其所投資之各項設施不予補償：

一　未依開發或興辦計畫開發或興辦，且未報經核准變更計畫或展延開發、興辦期限者。

二　違反計畫使用者。

三　轉租或由他人頂替者。

四　其他於租約中明定應終止租約之情事者。

第二八條

①非原住民在本辦法施行前已租用原住民保留地繼續自耕或自用者，得繼續承租。

②因都市計畫新訂、變更或非都市土地變更編定為建築用地之已出租耕作、造林土地於續訂租約時，其續租面積每戶不得超過零點零三公頃。

③非原住民在轄有原住民保留地之鄉（鎮、市、區）內設有戶籍者，得租用該鄉（鎮、市、區）內依法得為建築使用之原住民保留地作為自住房屋基地，其面積每戶不得超過零點零三公頃。

第二九條

①依前條租用之原住民保留地，不得轉租或由他人受讓其權利。

②違反前項規定者，應終止租約收回土地。

第三〇條 96

原住民保留地之租金，由當地直轄市或鄉（鎮、市、區）公庫代收，作爲原住民保留地管理及經濟建設之用；其租金之管理及運用計畫，由中央主管機關定之。

第四章　林產物管理

第三一條

原住民保留地天然林產物之處分，本辦法未規定者，依國有林林產物處分規則之規定。

第三二條

鄉（鎮、市、區）公所爲促進原住民保留地之開發利用或籌措建設事業經費，得編具原住民保留地伐木計畫層報中央林業主管機關核定後，報請直轄市或縣（市）主管機關公開標售。

第三三條

前條伐木計畫應在永續生產及不妨礙國土保安之原則下，配合原住民行政政策及土地利用計畫編定之。

第三四條

原住民保留地內天然林產物有下列情形之一者，得向鄉（鎮、市、區）公所申請，經直轄市或縣（市）主管機關專案核准採取之：

一　政府機關爲搶修緊急災害或修建山地公共設施所需用材。

二　原住民於直轄市、縣（市）主管機關劃定之區域內無償採取副產物或其所需自用材。

三　原住民爲栽培菌類或製造手工藝所需竹木。

四　造林、開墾或作業之障礙木每公頃立木材積平均在三十立方公尺以下者。

第三五條

違反前條規定採伐者，依有關法令之規定處理，並追回所採林產物；原物無法繳回者，應負賠償責任。

第三六條

原住民保留地內之造林竹木，其採伐查驗手續依林產物伐採查驗規則辦理。

第三七條

鄉（鎮、市、區）公所於原住民保留地公共造產之竹木，屬於鄉（鎮、市）所有。

第三八條

爲維護生態資源，確保國土保安，原住民保留地內竹木有下列情形之一者，應由該管主管機關限制採伐：

一　地勢陡峻或土層淺薄復舊造林困難者。

二　伐木後土壤易被沖蝕或影響公益者。

三　經查定爲加強保育地者。

四　位於水庫集水區、溪流水源地帶、河岸沖蝕地帶、海岸衝風地帶或沙丘區域者。

五　可作爲母樹或採種樹者。

六　爲保護生態、景觀或名勝、古蹟或依其他法令應限制採伐者。

第三九條

原住民保留地內國、公有林產物之採伐勞務，除屬於技術性質者外，以僱用原住民爲原則。

第四〇條 96

直轄市、縣（市）主管機關應會同有關機關對於原住民保留地之造林，予以輔導及獎勵；其輔導及獎勵措施，由中央主管機關定之。

第五章　附　則

第四一條

原住民使用之原住民保留地及其所有之地上改良物，因政府興辦公共設施，限制其使用或採伐林木，致其權益受損時，應予補償。

第四二條（刪除）108

第四三條　（刪除）108

第四三條之一　108

第二十四條由中央主管機關核准承租原住民保留地事項，得委辦地方自治團體辦理。

第四四條

本辦法自發布日施行。

發展觀光條例

①民國58年7月30日總統令制定公布全文26條。
②民國69年11月14日總統令修正公布全文49條。
③民國90年11月14日總統令修正公布全文71條。
民國92年5月14日行政院、考試院令會銜發布第32條第1項定自92年7月1日施行。
④民國92年6月11日總統令增訂公布第50-1條條文。
⑤民國96年3月21日總統令增訂公布第70-1條條文。
⑥民國98年11月18日總統令修正公布第70-1條條文。
⑦民國100年4月13日總統令修正公布第27條條文。
⑧民國104年2月4日總統令修正公布第 1、2、5、6、24、36、38、55、60、64 條條文；並增訂第 70-2條條文。
⑨民國105年11月9日總統令修正公布第55條條文。
⑩民國106年1月11日總統令修正公布第2、19、34、38、49、51條條文；並增訂第37-1、55-1、55-2條條文。
⑪民國108年6月19日總統令修正公布第2、25、57條條文。
⑫民國111年5月18日總統令修正公布第29、31、32、36、53、60條條文；除第32條第1項施行日期由行政院會同考試院定之外，餘自公布日施行。
民國111年10月3日行政院、考試院令會同發布第32條第1項定自112年7月1日施行。
民國112年9月13日行政院公告第4條第1項所列屬「交通部觀光局」之權責事項，自112年9月15日起改由「交通部觀光署」管轄。

第一章　總　則

第一條　（立法目的）104

為發展觀光產業，宏揚傳統文化，推廣自然生態保育意識，永續經營台灣特有之自然生態與人文景觀資源，敦睦國際友誼，增進國民身心健康，加速國內經濟繁榮，制定本條例。

第二條　（名詞定義）108

本條例所用名詞，定義如下：

一　觀光產業：指有關觀光資源之開發、建設與維護，觀光設施之興建、改善，為觀光旅客旅遊、食宿提供服務與便利及提供舉辦各類型國際會議、展覽相關之旅遊服務產業。

二　觀光旅客：指觀光旅遊活動之人。

三　觀光地區：指風景特定區以外，經中央主管機關會商各目的事業主管機關同意後指定供觀光旅客遊覽之風景、名勝、古蹟、博物館、展覽場所及其他可供觀光之地區。

四　風景特定區：指依規定程序劃定之風景或名勝地區。
五　自然人文生態景觀區：指具有無法以人力再造之特殊天然景緻、應嚴格保護之自然動、植物生態環境及重要史前遺跡所呈現之特殊自然人文景觀資源，在原住民保留地、山地管制區、野生動物保護區、水產資源保育區、自然保留區、風景特定區及國家公園內之史蹟保存區、特別景觀區、生態保護區等範圍內劃設之地區。
六　觀光遊樂設施：指在風景特定區或觀光地區提供觀光旅客休閒、遊樂之設施。
七　觀光旅館業：指經營國際觀光旅館或一般觀光旅館，對旅客提供住宿及相關服務之營利事業。
八　旅館業：指觀光旅館業以外，以各種方式名義提供不特定人以日或週之住宿、休息並收取費用及其他相關服務之營利事業。
九　民宿：指利用自用或自有住宅，結合當地人文街區、歷史風貌、自然景觀、生態、環境資源、農林漁牧、工藝製造、藝術文創等生產活動，以在地體驗交流爲目的、家庭副業方式經營，提供旅客城鄉家庭式住宿環境與文化生活之住宿處所。
十　旅行業：指經中央主管機關核准，爲旅客設計安排旅程、食宿、領隊人員、導遊人員、代購代售交通客票、代辦出國簽證手續等有關服務而收取報酬之營利事業。
十一　觀光遊樂業：指經主管機關核准經營觀光遊樂設施之營利事業。
十二　導遊人員：指執行接待或引導來本國觀光旅客旅遊業務而收取報酬之服務人員。
十三　領隊人員：指執行引導出國觀光旅客團體旅遊業務而收取報酬之服務人員。
十四　專業導覽人員：指爲保存、維護及解說國內特有自然生態及人文景觀資源，由各目的事業主管機關在自然人文生態景觀區所設置之專業人員。
十五　外語觀光導覽人員：指爲提升我國國際觀光服務品質，以外語輔助解說國內特有自然生態及人文景觀資源，由各目的事業主管機關在自然人文生態景觀區所設置具外語能力之人員。

第三條　（主管機關）
本條例所稱主管機關：在中央爲交通部；在直轄市爲直轄市政府；在縣（市）爲縣（市）政府。

第四條　（主管機關）
①中央主管機關爲主管全國觀光事務，設觀光局；其組織，另以法律定之。
②直轄市、縣（市）主管機關爲主管地方觀光事務，得視實際需要，設立觀光機構。

第五條　（觀光產業之國際宣傳及推廣）104

①觀光產業之國際宣傳及推廣，由中央主管機關綜理，應力求國際化、本土化及區域均衡化，並得視國外市場需要，於適當地區設辦事機構或與民間組織合作辦理之。

②中央主管機關得將辦理國際觀光行銷、市場推廣、市場資訊蒐集等業務，委託法人團體辦理。其受委託法人團體應具備之資格、條件、監督管理及其他相關事項之辦法，由中央主管機關定之。

③民間團體或營利事業，辦理涉及國際觀光宣傳及推廣事務，除依有關法律規定外，應受中央主管機關之輔導；其辦法，由中央主管機關定之。

④爲加強國際宣傳，便利國際觀光旅客，中央主管機關得與外國觀光機構或授權觀光機構與外國觀光機構簽訂觀光合作協定，以加強區域性國際觀光合作，並與各該區域內之國家或地區，交換業務經營技術。

第六條　（市場調查及資訊蒐集）104

①爲有效積極發展觀光產業，中央主管機關應每年就觀光市場進行調查及資訊蒐集，並及時揭露，以供擬定國家觀光產業政策之參考。

②爲維持觀光地區、風景特定區與自然人文生態景觀區之環境品質，得視需要導入成長管理機制，規範適當之遊客量、遊憩行爲與許可開發強度，納入經營管理計畫。

第二章　規劃建設

第七條　（綜合開發計畫）

①觀光產業之綜合開發計畫，由中央主管機關擬訂，報請行政院核定後實施。

②各級主管機關，爲執行前項計畫所採行之必要措施，有關機關應協助與配合。

第八條　（交通運輸設施）

①中央主管機關爲配合觀光產業發展，應協調有關機關，規劃國內觀光據點交通運輸網，開闢國際交通路線，建立海、陸、空聯運制；並得視需要於國際機場及商港設旅客服務機構；或輔導直轄市、縣（市）主管機關於重要交通轉運地點，設置旅客服務機構或設施。

②國內重要觀光據點，應視需要建立交通運輸設施，其運輸工具、路面工程及場站設備，均應符合觀光旅行之需要。

第九條　（觀光設施）

主管機關對國民及國際觀光旅客在國內觀光旅遊必需利用之觀光設施，應配合其需要，予以旅宿之便利與安寧。

第一〇條　（風景特定區）

①主管機關得視實際情形，會商有關機關，將重要風景或名勝地

區，勘定範圍，劃為風景特定區；並得視其性質，專設機構經營管理之。
②依其他法律或由其他目的事業主管機關劃定之風景區或遊樂區，其所設有關觀光之經營機構，均應接受主管機關之輔導。
第一一條 （風景特定區計畫）
①風景特定區計畫，應依據中央主管機關會同有關機關，就地區特性及功能所作之評鑑結果，予以綜合規劃。
②前項計畫之擬訂及核定，除應先會商主管機關外，悉依都市計畫法之規定辦理。
③風景特定區應按其地區特性及功能，劃分為國家級、直轄市級及縣（市）級。
第一二條 （建築物、廣告物及攤販設置限制）
為維持觀光地區及風景特定區之美觀，區內建築物之造形、構造、色彩等及廣告物、攤位之設置，得實施規劃限制；其辦法，由中央主管機關會同有關機關定之。
第一三條 （發展順序）
風景特定區計畫完成後，該管主管機關，應就發展順序，實施開發建設。
第一四條 （觀光建設用地取得之方式）
主管機關對於發展觀光產業建設所需之公共設施用地，得依法申請徵收私有土地或撥用公有土地。
第一五條 （土地區段徵收）
中央主管機關對於劃定為風景特定區範圍內之土地，得依法申請施行區段徵收。公有土地得依法申請撥用或會同土地管理機關依法開發利用。
第一六條 （勘查或測量）
①主管機關為勘定風景特定區範圍，得派員進入公私有土地實施勘查或測量。但應先以書面通知土地所有權人或其使用人。
②為前項之勘查或測量，如使土地所有權人或使用人之農作物、竹木或其他地上物受損時，應予補償。
第一七條 （風景特定區內設施計畫之限制）
為維護風景特定區內自然及文化資源之完整，在該區域內之任何設施計畫，均應徵得該管主管機關之同意。
第一八條 （名勝、古蹟及生態之保存）
具有大自然之優美景觀、生態、文化與人文觀光價值之地區，應規劃建設為觀光地區。該區域內之名勝、古蹟及特殊動植物生態等觀光資源，各目的事業主管機關應嚴加維護，禁止破壞。
第一九條 （自然人文生態景觀區及專業導覽人員）106
①為保存、維護及解說國內特有自然生態資源，各目的事業主管機關應於自然人文生態景觀區，設置專業導覽人員，並得聘用外籍人士、學生等作為外語觀光導覽人員，以外國語言導覽輔助，旅客進入該地區，應申請專業導覽人員陪同進入，以提供多元旅客詳盡之說明，減少破壞行為發生，並維護自然資源之

永續發展。
②自然人文生態景觀區位於原住民族土地或部落，應優先聘用當地原住民從事專業導覽工作。
③自然人文生態景觀區之劃定，由該管主管機關會同目的事業主管機關劃定之。
④專業導覽人員及外語觀光導覽人員之資格及管理辦法，由中央主管機關會商各目的事業主管機關定之。
第二〇條 （名勝古蹟之調查登記及修復）
①主管機關對風景特定區內之名勝、古蹟，應會同有關目的事業主管機關調查登記，並維護其完整。
②前項古蹟受損者，主管機關應通知管理機關或所有人，擬具修復計畫，經有關目的事業主管機關及主管機關同意後，即時修復。

第三章　經營管理

第二一條 （觀光旅館業營業程序）
經營觀光旅館業者，應先向中央主管機關申請核准，並依法辦妥公司登記後，領取觀光旅館業執照，始得營業。
第二二條 （觀光旅館業業務範圍）
①觀光旅館業業務範圍如下：
一　客房出租。
二　附設餐飲、會議場所、休閒場所及商店之經營。
三　其他經中央主管機關核准與觀光旅館有關之業務。
②主管機關為維護觀光旅館旅宿之安寧，得會商相關機關訂定有關之規定。
第二三條 （觀光旅館等級）
①觀光旅館等級，按其建築與設備標準、經營、管理及服務方式區分之。
②觀光旅館之建築及設備標準，由中央主管機關會同內政部定之。
第二四條 （旅館業營業程序）104
①經營旅館業者，除依法辦妥公司或商業登記外，並應向地方主管機關申請登記，領取登記證及專用標識後，始得營業。
②主管機關為維護旅館旅宿之安寧，得會商相關機關訂定有關之規定。
第二五條 （民宿之設置）108
①主管機關應依據各地區人文街區、歷史風貌、自然景觀、生態、環境資源、農林漁牧、工藝製造、藝術文創等生產活動，輔導管理民宿之設置。
②民宿經營者，應向地方主管機關申請登記，領取登記證及專用標識後，始得經營。
③民宿之設置地區、經營規模、建築、消防、經營設備基準、申請登記要件、經營者資格、管理監督及其他應遵行事項之管理

辦法，由中央主管機關會商有關機關定之。

第二六條 （旅行業營業程序）

經營旅行業者，應先向中央主管機關申請核准，並依法辦妥公司登記後，領取旅行業執照，始得營業。

第二七條 （旅行業業務範圍）100

①旅行業業務範圍如下：

一 接受委託代售海、陸、空運輸事業之客票或代旅客購買客票。

二 接受旅客委託代辦出、入國境及簽證手續。

三 招攬或接待觀光旅客，並安排旅遊、食宿及交通。

四 設計旅程、安排導遊人員或領隊人員。

五 提供旅遊諮詢服務。

六 其他經中央主管機關核定與國內外觀光旅客旅遊有關之事項。

②前項業務範圍，中央主管機關得按其性質，區分為綜合、甲種、乙種旅行業核定之。

③非旅行業者不得經營旅行業業務。但代售日常生活所需國內海、陸、空運輸事業之客票，不在此限。

第二八條 （外國旅行業設立分公司程序）

①外國旅行業在中華民國設立分公司，應先向中央主管機關申請核准，並依公司法規定辦理認許後，領取旅行業執照，始得營業。

②外國旅行業在中華民國境內所置代表人，應向中央主管機關申請核准，並依公司法規定向經濟部備案。但不得對外營業。

第二九條 111

①旅行業辦理團體旅遊或個別旅客旅遊時，應與旅客訂定書面契約，並得以電子簽章法規定之電子文件為之。

②前項契約之格式、應記載及不得記載事項，由中央主管機關定之。

③旅行業將中央主管機關訂定之契約書格式公開並印製於收據憑證交付旅客者，除另有約定外，視為已依第一項規定與旅客訂約。

第三〇條 （保證金）

①經營旅行業者，應依規定繳納保證金；其金額，由中央主管機關定之。金額調整時，原已核准設立之旅行業亦適用之。

②旅客對旅行業者，因旅遊糾紛所生之債權，對前項保證金有優先受償之權。

③旅行業未依規定繳足保證金，經主管機關通知限期繳納，屆期仍未繳納者，廢止其旅行業執照。

第三一條 111

①觀光旅館業、旅館業、旅行業、觀光遊樂業及民宿經營者，於經營各該業務時，應依規定投保責任保險。

②旅行業辦理旅客出國及國內旅遊業務時，應依規定投保履約保

證保險。

③前二項各行業應投保之保險範圍及金額，由中央主管機關會商有關機關定之。

④旅行業辦理旅遊行程期間因意外事故致旅客或隨團服務人員死亡或傷害，而受下列之人請求時，不論其有無過失，請求權人得於前項所定之保險範圍及金額內，依本條例規定向第一項責任保險之保險人請求保險給付：

一　因意外事故致旅客或隨團服務人員傷害者，為受害人本人。

二　因意外事故致旅客或隨團服務人員死亡者，請求順位如下：

　㈠父母、子女及配偶。

　㈡祖父母。

　㈢孫子女。

　㈣兄弟姊妹。

⑤第一項之責任保險人依本條例規定所為之保險給付，視為被保險人損害賠償金額之一部分；被保險人受賠償請求時，得扣除之。

第三二條 111

①導遊人員及領隊人員，應經中央主管機關或其委託之有關機關評量及訓練合格。

②前項人員，應經中央主管機關發給執業證，並受旅行業僱用或受政府機關、團體之臨時招請，始得執行業務。

③導遊人員及領隊人員取得結業證書或執業證後連續三年未執行各該業務者，應重行參加訓練結業，領取或換領執業證後，始得執行業務。但因天災、疫情或其他事由，中央主管機關得視實際需要公告延長之。

④第一項修正施行前已取得執業證者，得不受第一項評量或訓練合格之規定限制。

⑤第一項施行日期，由行政院會同考試院定之。

第三三條　（發起人、監察人、經理人、股東之消極資格）

①有下列各款情事之一者，不得為觀光旅館業、旅行業、觀光遊樂業之發起人、董事、監察人、經理人、執行業務或代表公司之股東：

一　有公司法第三十條各款情事之一者。

二　曾經營該觀光旅館業、旅行業、觀光遊樂業受撤銷或廢止營業執照處分尚未逾五年者。

②已充任為公司之董事、監察人、經理人、執行業務或代表公司之股東，如有第一項各款情事之一者，當然解任之，中央主管機關應撤銷或廢止其登記，並通知公司登記之主管機關。

③旅行業經理人應經中央主管機關或其委託之有關機關團體訓練合格，領取結業證書後，始得充任；其參加訓練資格，由中央主管機關定之。

④旅行業經理人連續三年未在旅行業任職者，應重新參加訓練合格後，始得受僱為經理人。

⑤旅行業經理人不得兼任其他旅行業之經理人，並不得自營或為他人兼營旅行業。

第三四條　（手工藝品輔導改良生產協助銷售）106

①主管機關對各地特有產品及手工藝品，應會同有關機關調查統計，輔導改良其生產及製作技術，提高品質，標明價格，並協助在各觀光地區商號集中銷售。

②各觀光地區商店販賣前項特有產品及手工藝品，不得以贗品權充，違反者依相關法令規定辦理。

第三五條　（觀光遊樂業之營業程序）

①經營觀光遊樂業者，應先向主管機關申請核准，並依法辦妥公司登記後，領取觀光遊樂業執照，始得營業。

②為促進觀光遊樂業之發展，中央主管機關應針對重大投資案件，設置單一窗口，會同中央有關機關辦理。

③前項所稱重大投資案件，由中央主管機關會商有關機關定之。

第三六條 111

①為維護遊客安全，水域遊憩活動管理機關得對水域遊憩活動之種類、範圍、時間及行為限制之，並得視水域環境及資源條件之狀況，公告禁止水域遊憩活動區域；其禁止、限制及應遵守事項之管理辦法，由主管機關會商有關機關定之。

②帶客從事水域遊憩活動具營利性質者，應投保責任保險；提供場地或器材供遊客從事水域遊憩活動而具營利性質者，亦同。

③前項責任保險給付項目及最低保險金額，由主管機關於第一項管理辦法中定之。

④前項保險金額之部分金額，於第二項責任保險之被保險人因意外事故致遊客死亡或傷害，而受下列之人請求時，不論被保險人有無過失，請求權人得依本條例規定向責任保險人請求保險給付：

一　因意外事故致遊客傷害者，為受害人本人。

二　因意外事故致遊客死亡者，請求順位如下：

㈠父母、子女及配偶。

㈡祖父母。

㈢孫子女。

㈣兄弟姊妹。

⑤第二項之責任保險人依本條例規定所為之保險給付，視為被保險人損害賠償金額之一部分；被保險人受賠償請求時，得扣除之。

第三七條　（主管機關之檢查權）

①主管機關對觀光旅館業、旅館業、旅行業、觀光遊樂業或民宿經營者之經營管理、營業設施，得實施定期或不定期檢查。

②觀光旅館業、旅館業、旅行業、觀光遊樂業或民宿經營者不得規避、妨礙或拒絕前項檢查，並應提供必要之協助。

第三七條之一　（非法營業執行檢查）106

主管機關為調查未依本條例取得營業執照或登記證而經營觀光

旅館業務、旅行業務、觀光遊樂業務、旅館業務或民宿之事實，得請求有關機關、法人、團體及當事人，提供必要文件、單據及相關資料；必要時得會同警察機關執行檢查，並得公告檢查結果。

第三八條 （機場服務費及觀光保育費收取辦法之訂定）106

①為加強機場服務及設施，發展觀光產業，得收取出境航空旅客之機場服務費；其收費繳納方法、免收服務費對象及相關作業方式之辦法，由中央主管機關擬訂，報請行政院核定之。

②觀光地區、風景特定區、自然人文生態景觀區，該管目的事業主管機關得對進入之旅客收取觀光保育費；其收費繳納方法、公告收費範圍、免收保育費對象、差別費率及相關作業方式之辦法，由中央主管機關擬訂，其涉及原住民保留地者，應會同中央原住民族事務主管機關研訂，報請行政院核定之。

第三九條 （觀光從業人員之訓練）

中央主管機關，為適應觀光產業需要，提高觀光從業人員素質，應辦理專業人員訓練，培育觀光從業人員；其所需之訓練費用，得向其所屬事業機構、團體或受訓人員收取。

第四〇條 （同業公會及法人團體之監督）

觀光產業依法組織之同業公會或其他法人團體，其業務應受各該目的事業主管機關之監督。

第四一條 （觀光專業標識）

①觀光旅館業、旅館業、觀光遊樂業及民宿經營者，應懸掛主管機關發給之觀光專用標識；其型式及使用辦法，由中央主管機關定之。

②前項觀光專用標識之製發，主管機關得委託各該業者團體辦理之。

③觀光旅館業、旅館業、觀光遊樂業或民宿經營者，經受停止營業或廢止營業執照或登記證之處分者，應繳回觀光專用標識。

第四二條 （停業、暫停營業及復業之程序）

①觀光旅館業、旅館業、旅行業、觀光遊樂業或民宿經營者，暫停營業或暫停經營一個月以上者，其屬公司組織者，應於十五日內備具股東會議事錄或股東同意書，非屬公司組織者備具申請書，並詳述理由，報請該管主管機關備查。

②前項申請暫停營業或暫停經營期間，最長不得超過一年，其有正當理由者，得申請展延一次，期間以一年為限，並應於期間屆滿前十五日內提出。停業期限屆滿後，應於十五日內向該管主管機關申報復業。

③未依第一項規定報請備查或前項規定申報復業，達六個月以上者，主管機關得廢止其營業執照或登記證。

第四三條 （主管機關公告之事項）

為保障旅遊消費者權益，旅行業有下列情事之一者，中央主管機關得公告之：

一　保證金被法院扣押或執行者。

二　受停業處分或廢止旅行業執照者。
三　自行停業者。
四　解散者。
五　經票據交換所公告為拒絕往來戶者。
六　未依第三十一條規定辦理履約保證保險或責任保險者。

第四章　獎勵及處罰

第四四條　（觀光事業之獎勵）

觀光旅館、旅館與觀光遊樂設施之興建及觀光產業之經營、管理，由中央主管機關會商有關機關訂定獎勵項目及標準獎勵之。

第四五條　（民間經營觀光事業公有土地之取得）

①民間機構開發經營觀光遊樂設施、觀光旅館經中央主管機關報請行政院核定者，其範圍內所需之公有土地得由公產管理機關讓售、出租、設定地上權、聯合開發、委託開發、合作經營、信託或以使用土地權利金或租金出資方式，提供民間機構開發、興建、營運，不受土地法第二十五條、國有財產法第二十八條及地方政府公產管理法令之限制。

②依前項讓售之公有土地為公用財產者，仍應變更為非公用財產，由非公用財產管理機關辦理讓售。

第四六條　（協助興建聯外道路）

民間機構開發經營觀光遊樂設施、觀光旅館經中央主管機關報請行政院核定者，其所需之聯外道路得由中央主管機關協調該管道路主管機關、地方政府及其他相關目的事業主管機關興建之。

第四七條　（土地變更）

民間機構開發經營觀光遊樂設施、觀光旅館經中央主管機關核定者，其範圍內所需用地如涉及都市計畫或非都市土地使用變更，應檢具書圖文件申請，依都市計畫法第二十七條或區域計畫法第十五條之一規定辦理逕行變更，不受通盤檢討之限制。

第四八條　（優惠貸款）

民間機構經營觀光遊樂業、觀光旅館業、旅館業之貸款經中央主管機關報請行政院核定者，中央主管機關為配合發展觀光政策之需要，得洽請相關機關或金融機構提供優惠貸款。

第四九條　（租稅優惠）106

①觀光遊樂業、觀光旅館業及旅館業配合觀光政策提升服務品質，經中央主管機關核定者，於營運期間，供其直接使用之不動產，應課徵之地價稅及房屋稅，得予適當減免。

②前項不動產，如係觀光遊樂業、觀光旅館業及旅館業設定地上權或承租者，以不動產所有權人將地價稅、房屋稅減免金額全額回饋地上權人或承租人，並經中央主管機關認定者為限。

③第一項減免之期限、範圍、標準及程序之自治條例，由直轄市、縣（市）政府定之，並報財政部備查。

④第一項觀光遊樂業、觀光旅館業及旅館業配合觀光政策提升服務品質之核定標準，由交通部擬訂，報請行政院核定之。
⑤第一項租稅優惠，實施年限為五年，其年限屆期前，行政院得視情況延長一次，並以五年為限。

第五〇條（投資抵減）
①為加強國際觀光宣傳推廣，公司組織之觀光產業，得在下列用途項下支出金額百分之十至百分之二十限度內，抵減當年度應納營利事業所得稅額；當年度不足抵減時，得在以後四年度內抵減之：
一　配合政府參與國際宣傳推廣之費用。
二　配合政府參加國際觀光組織及旅遊展覽之費用。
三　配合政府推廣會議旅遊之費用。
②前項投資抵減，其每一年度得抵減總額，以不超過該公司當年度應納營利事業所得稅額百分之五十為限。但最後年度抵減金額，不在此限。
③第一項投資抵減之適用範圍、核定機關、申請期限、申請程序、施行期限、抵減率及其他相關事項之辦法，由行政院定之。

第五〇條之一（外籍旅客辦理退還特定貨物營業稅辦法）92
外籍旅客向特定營業人購買特定貨物，達一定金額以上，並於一定期間內攜帶出口者，得在一定期間內辦理退還特定貨物之營業稅；其辦法，由交通部會同財政部定之。

第五一條（表揚）106
①經營管理良好之觀光產業或服務成績優良之觀光產業從業人員，由主管機關表揚之。
②前項表揚之申請程序、獎勵內容、適用對象、候選資格、條件、評選等相關事項之辦法，由中央主管機關定之。

第五二條（文學藝術作品之獎勵）
①主管機關為加強觀光宣傳，促進觀光產業發展，對有關觀光之優良文學、藝術作品，應予獎勵；其辦法，由中央主管機關會同有關機關定之。
②中央主管機關，對促進觀光產業之發展有重大貢獻者，授給獎金、獎章或獎狀表揚之。

第五三條 111
①觀光旅館業、旅館業、旅行業、觀光遊樂業或民宿經營者，有玷辱國家榮譽、損害國家利益、妨害善良風俗或詐騙旅客行為者，處新臺幣三萬元以上十五萬元以下罰鍰；情節重大者，處新臺幣十五萬元以上五十萬元以下罰鍰，並定期停止其營業之一部或全部，或廢止其營業執照或登記證。
②經受停止營業一部或全部之處分，仍繼續營業者，處新臺幣五十萬元以上罰鍰，廢止其營業執照或登記證，並得按次處罰之。
③觀光旅館業、旅館業、旅行業、觀光遊樂業之受僱人員有第一項行為者，處新臺幣一萬元以上五萬元以下罰鍰；其情節重大者，處新臺幣五萬元以上三十萬元以下罰鍰。

第五四條（罰則）

①觀光旅館業、旅館業、旅行業、觀光遊樂業或民宿經營者，經主管機關依第三十七條第一項檢查結果有不合規定者，除依相關法令辦理外，並令限期改善，屆期仍未改善者，處新臺幣三萬元以上十五萬元以下罰鍰；情節重大者，並得定期停止其營業之一部或全部；經受停止營業處分仍繼續營業者，廢止其營業執照或登記證。

②經依第三十七條第一項規定檢查結果，有不合規定且危害旅客安全之虞者，在未完全改善前，得暫停其設施或設備一部或全部之使用。

③觀光旅館業、旅館業、旅行業、觀光遊樂業或民宿經營者，規避、妨礙或拒絕主管機關依第三十七條第一項規定檢查者，處新臺幣三萬元以上十五萬元以下罰鍰，並得按次連續處罰。

第五五條（罰則）105

①有下列情形之一者，處新臺幣三萬元以上十五萬元以下罰鍰；情節重大者，得廢止其營業執照：

一　觀光旅館業違反第二十二條規定，經營核准登記範圍外業務。

二　旅行業違反第二十七條規定，經營核准登記範圍外業務。

②有下列情形之一者，處新臺幣一萬元以上五萬元以下罰鍰：

一　旅行業違反第二十九條第一項規定，未與旅客訂定書面契約。

二　觀光旅館業、旅館業、旅行業、觀光遊樂業或民宿經營者，違反第四十二條規定，暫停營業或暫停經營未報請備查或停業期間屆滿未申報復業。

③觀光旅館業、旅館業、旅行業、觀光遊樂業或民宿經營者，違反依本條例所發布之命令，視情節輕重，主管機關得令限期改善或處新臺幣一萬元以上五萬元以下罰鍰。

④未依本條例領取營業執照而經營觀光旅館業務、旅行業務或觀光遊樂業務者，處新臺幣十萬元以上五十萬元以下罰鍰，並勒令歇業。

⑤未依本條例領取登記證而經營旅館業務者，處新臺幣十萬元以上五十萬元以下罰鍰，並勒令歇業。

⑥未依本條例領取登記證而經營民宿者，處新臺幣六萬元以上三十萬元以下罰鍰，並勒令歇業。

⑦觀光旅館業、旅館業及民宿經營者，擅自擴大營業客房部分者，其擴大部分，觀光旅館業及旅館業處新臺幣五萬元以上二十五萬元以下罰鍰。民宿經營者處新臺幣三萬元以上十五萬元以下罰鍰。擴大部分並勒令歇業。

⑧經營觀光旅館業務、旅館業務及民宿者，依前四項規定經勒令歇業仍繼續經營者，得按次處罰，主管機關並得移送相關主管機關，採取停止供水、供電、封閉、強制拆除或其他必要可立即結束經營之措施，且其費用由該違反本條例之經營者負擔。

⑨違反前五項規定，情節重大者，主管機關應公布其名稱、地址、負責人或經營者姓名及違規事項。

第五五條之一　（罰則）106

未依本條例規定領取營業執照或登記證而經營觀光旅館業務、旅行業務、觀光遊樂業務、旅館業務或民宿者，以廣告物、出版品、廣播、電視、電子訊號、電腦網路或其他媒體等，散布、播送或刊登營業之訊息者，處新臺幣三萬元以上三十萬元以下罰鍰。

第五五條之二　（檢舉及獎勵辦法）106

①對於違反本條例之行為，民眾得敘明事實並檢具證據資料，向主管機關檢舉。

②主管機關對於前項檢舉，經查證屬實並處以罰鍰者，其罰鍰金額達一定數額時，得以實收罰鍰總金額收入之一定比例，提充檢舉獎金予檢舉人。

③前項檢舉及獎勵辦法，由主管機關定之。

④主管機關為第二項查證時，對檢舉人之身分應予保密。

第五六條　（罰則）

外國旅行業未經申請核准而在中華民國境內設置代表人者，處代表人新臺幣一萬元以上五萬元以下罰鍰，並勒令其停止執行職務。

第五七條　（罰則）108

①旅行業未依第三十一條規定辦理履約保證保險或責任保險，中央主管機關得立即停止其辦理旅客之出國及國內旅遊業務，並限於三個月內辦妥投保，逾期未辦妥者，得廢止其旅行業執照。

②違反前項停止辦理旅客之出國及國內旅遊業務之處分者，中央主管機關得廢止其旅行業執照。

③觀光旅館業、旅館業、觀光遊樂業及民宿經營者，未依第三十一條規定辦理責任保險者，處新臺幣三萬元以上五十萬元以下罰鍰，主管機關並應令限期辦妥投保，屆期未辦妥者，得廢止其營業執照或登記證。

第五八條　（罰則）

①有下列情形之一者，處新臺幣三千元以上一萬五千元以下罰鍰；情節重大者，並得逕行定期停止其執行業務或廢止其執業證：

一　旅行業經理人違反第三十三條第五項規定，兼任其他旅行業經理人或自營或為他人兼營旅行業。

二　導遊人員、領隊人員或觀光產業經營者僱用之人員，違反依本條例所發布之命令者。

②經受停止執行業務處分，仍繼續執業者，廢止其執業證。

第五九條　（罰則）

未依第三十二條規定取得執業證而執行導遊人員或領隊人員業務者，處新臺幣一萬元以上五萬元以下罰鍰，並禁止其執業。

第六〇條 111

①於公告禁止區域從事水域遊憩活動或不遵守水域遊憩活動管理

機關對有關水域遊憩活動所爲種類、範圍、時間及行爲之限制命令者，由其水域遊憩活動管理機關處新臺幣一萬元以上五萬元以下罰鍰，並禁止其活動。

②前項行爲具營利性質者，處新臺幣五萬元以上二十萬元以下罰鍰，並禁止其活動。

③具營利性質者未依主管機關所定保險金額，投保責任保險者，處新臺幣三萬元以上十五萬元以下罰鍰，並禁止其活動。

第六一條　（罰則）

未依第四十一條第三項規定繳回觀光專用標識，或未經主管機關核准擅自使用觀光專用標識者，處新臺幣三萬元以上十五萬元以下罰鍰，並勒令其停止使用及拆除之。

第六二條　（罰則）

①損壞觀光地區或風景特定區之名勝、自然資源或觀光設施者，有關目的事業主管機關得處行爲人新臺幣五十萬元以下罰鍰，並責令回復原狀或償還修復費用。其無法回復原狀者，有關目的事業主管機關得再處行爲人新臺幣五百萬元以下罰鍰。

②旅客進入自然人文生態景觀區未依規定申請專業導覽人員陪同進入者，有關目的事業主管機關得處行爲人新臺幣三萬元以下罰鍰。

第六三條　（罰則）

①於風景特定區或觀光地區內有下列行爲之一者，由其目的事業主管機關處新臺幣一萬元以上五萬元以下罰鍰：

一　擅自經營固定或流動攤販。

二　擅自設置指示標誌、廣告物。

三　強行向旅客拍照並收取費用。

四　強行向旅客推銷物品。

五　其他騷擾旅客或影響旅客安全之行爲。

②違反前項第一款或第二款規定者，其攤架、指示標誌或廣告物予以拆除並沒入之，拆除費用由行爲人負擔。

第六四條　（罰則）104

①於風景特定區或觀光地區內有下列行爲之一者，由其目的事業主管機關處新臺幣五千元以上十萬元以下罰鍰：

一　任意抛棄、焚燒垃圾或廢棄物。

二　將車輛開入禁止車輛進入或停放於禁止停車之地區。

三　擅入管理機關公告禁止進入之地區。

②其他經管理機關公告禁止破壞生態、污染環境及危害安全之行爲，由其目的事業主管機關處新臺幣五千元以上一百萬元以下罰鍰。

第六五條　（強制執行）

依本條例所處之罰鍰，經通知限期繳納，屆期未繳納者，依法移送強制執行。

第五章　附　則

第六六條　（管理規則之訂定）

①風景特定區之評鑑、規劃建設作業、經營管理、經費及獎勵等事項之管理規則，由中央主管機關定之。

②觀光旅館業、旅館業之設立、發照、經營設備設施、經營管理、受僱人員管理及獎勵等事項之管理規則，由中央主管機關定之。

③旅行業之設立、發照、經營管理、受僱人員管理、獎勵及經理人訓練等事項之管理規則，由中央主管機關定之。

④觀光遊樂業之設立、發照、經營管理及檢查等事項之管理規則，由中央主管機關定之。

⑤導遊人員、領隊人員之訓練、執業證核發及管理等事項之管理規則，由中央主管機關定之。

第六七條　（裁罰標準）

依本條例所為處罰之裁罰標準，由中央主管機關定之。

第六八條　（證照費）

依本條例規定核准發給之證照，得收取證照費；其費額，由中央主管機關定之。

第六九條　（過渡條款）

①本條例修正施行前已依法核准經營旅館業務、國民旅舍或觀光遊樂業務者，應自本條例修正施行之日起一年內，向該管主管機關申請旅館業登記證或觀光遊樂業執照，始得繼續營業。

②本條例修正施行後，始劃定之風景特定區或指定之觀光地區內，原依法核准經營遊樂設施業務者，應於風景特定區專責管理機構成立後或觀光地區公告指定之日起一年內，向該管主管機關申請觀光遊樂業執照，始得繼續營業。

③本條例修正施行前已依法設立經營旅遊諮詢服務者，應自本條例修正施行之日起一年內，向中央主管機關申請核發旅行業執照，始得繼續營業。

第七〇條　（非公司組織之觀光旅館業之處置）

①於中華民國六十九年十一月二十四日前已經許可經營觀光旅館業務而非屬公司組織者，應自本條例修正施行之日起一年內，向該管主管機關申請觀光旅館業營業執照，始得繼續營業。

②前項申請案，不適用第二十一條辦理公司登記及第二十三條第二項之規定。

第七〇條之一　（觀光遊樂業執照之申請期限）98

①於本條例中華民國九十年十一月十四日修正施行前，已依相關法令核准經營觀光遊樂業業務而非屬公司組織者，應於中華民國一百年三月二十一日前，向該管主管機關申請觀光遊樂業執照，始得繼續營業。

②前項申請案，不適用第三十五條辦理公司登記之規定。

第七〇條之二　（過渡緩衝期限）104

於本條例中華民國一百零四年一月二十二日修正施行前，非以營利為目的且供特定對象住宿之場所而有營利之事實者，應自本條例修正施行之日起十年內，向地方主管機關申請旅館業登記、領取登記證及專用標識，始得繼續營業。

第七一條 （施行日）90

本條例除另定施行日期者外，自公布日施行。

風景特定區管理規則

①民國68年12月1日交通部、內政部令會銜訂定發布全文35條。
②民國71年12月18日交通部令修正發布名稱及全文39條（原名稱：風景特定區管理辦法）。
③民國74年1月11日交通部令修正發布第2條條文。
④民國77年10月15日交通部令修正發布第4至7、9、12、13、17、19、30、32條條文暨附表一至附表七。
⑤民國84年7月8日交通部令修正發布第2、9、10、12至18、20、22、26、27、36、37條條文暨附表三至附表七；並刪除第21、25條條文。
⑥民國88年3月26日交通部令修正發布第2、9、12條條文暨附表二、五。
⑦民國88年6月29日交通部令修正發布第4、5條條文。
⑧民國89年1月10日交通部令修正發布第4條附表一。
⑨民國92年4月30日交通部令修正發布全文24條；並自發布日施行。
⑩民國100年8月4日交通部令修正發布第4、5條條文。
⑪民國106年12月15日交通部令修正發布第5條條文。
民國112年9月13日行政院公告第4條第1項、第5條第1項所列屬「交通部觀光局」之權責事項，自112年9月15日起改由「交通部觀光署」管轄。
⑫民國113年5月2日交通部令修正發布第4、5條條文。

第一章　總　則

第一條

①本規則依發展觀光條例（以下簡稱本條例）第六十六條第一項規定訂定之。

②風景特定區之管理，依本規則之規定，本規則未規定者，依其他法令之規定辦理。

第二條

本規則所稱之觀光遊樂設施如下：

一　機械遊樂設施。
二　水域遊樂設施。
三　陸域遊樂設施。
四　空域遊樂設施。
五　其他經主管機關核定之觀光遊樂設施。

第三條

風景特定區之開發，應依觀光產業綜合開發計畫所定原則辦理。

第二章　規劃建設

第四條 113

①風景特定區依其地區特性及功能劃分為國家級、直轄市級及縣（市）級二種等級；其等級與範圍之劃設、變更及風景特定區劃定之廢止，由交通部委任交通部觀光署會同有關機關並邀請專家學者組成評鑑小組評鑑之；其委任事項及法規依據公告應刊登於政府公報或新聞紙。

②原住民族基本法施行後，於原住民族地區依前項規定劃設國家級風景特定區，應依該法規定徵得當地原住民族同意，並與原住民族建立共同管理機制。

③風景特定區評鑑基準如附表一。

第五條 113

①依前條規定評鑑為國家級風景特定區者，其等級及範圍，由交通部觀光署報經交通部核轉行政院核定後公告之；其為直轄市級或縣（市）級者，其等級及範圍，由交通部觀光署報交通部核定後，由所在地之直轄市政府、縣（市）政府公告之。

②縣（市）級風景特定區，所在縣（市）改制為直轄市者，由改制後之直轄市政府公告變更其等級名稱。

第六條

風景特定區經評定等級公告後，該管主管機關得視其性質，專設機構經營管理之。

第七條

①風景特定區計畫之擬定，其計畫項目得斟酌實際狀況決定之。

②風景特定區計畫項目如附表二。

第八條

為增進風景特定區之美觀，擬訂風景特定區計畫時，有關區內建築物之造形、構造色彩等及廣告物、攤位之設置，應依規定實施規劃限制。

第九條

①申請在風景特定區內興建任何設施計畫者，應填具申請書，送請該管主管機關會商各目的事業主管機關審查同意。

②國家級風景特定區內興建任何設施計畫之申請，由交通部委任管理機關辦理；其委任事項及法規依據公告應刊登於政府公報或新聞紙。

③風景特定區設施興建申請書如附表三。

第一〇條

在風景特定區內開發經營觀光遊樂設施、觀光旅館，經中央主管機關報請行政院核定者，其範圍內所需公有土地，得由該管主管機關商請各該土地管理機關配合協助辦理。

第三章　經營管理

第一一條
主管機關為辦理風景特定區內景觀資源、旅遊秩序、遊客安全等事項，得於風景特定區內置駐衛警察或商請警察機關置專業警察。
第一二條
風景特定區內之商品，該管主管機關應輔導廠商公開標價，並按所標價格交易。
第一三條
①風景特定區內不得有下列行為：
一　任意拋棄、焚燒垃圾或廢棄物。
二　將車輛開入禁止車輛進入或停放於禁止停車之地區。
三　隨地吐痰、拋棄紙屑、煙蒂、口香糖、瓜果皮核汁渣或其他一般廢棄物。
四　污染地面、水質、空氣、牆壁、樑柱、樹木、道路、橋樑或其他土地定著物。
五　鳴放噪音、焚燬、破壞花草樹木。
六　於路旁、屋外或屋頂曝曬，堆置有礙衛生整潔之廢棄物。
七　自廢棄物清運處理及貯存工具，設備或處所搜揀廢棄之物。但搜揀依廢棄物清理法第五條第六項所定回收項目之一般廢棄物者，不在此限。
八　拋棄熱灰燼、危險化學物品或爆炸性物品於廢棄貯存設備。
九　非法狩獵、棄置動物屍體於廢棄物貯存設備以外之處所。
②前項第三款至第九款規定，應由管理機關會商目的事業主管機關及其他有關機關，依本條例第六十四條第三款規定辦理公告。
第一四條
①風景特定區內非經該管主管機關許可或同意，不得有下列行為：
一　採伐竹木。
二　探採礦物或挖填土石。
三　捕採魚、貝、珊瑚、藻類。
四　採集標本。
五　水產養殖。
六　使用農藥。
七　引火整地。
八　開挖道路。
九　其他應經許可之事項。
②前項規定另有目的事業主管機關者，並應向該目的事業主管機關申請核准。
③第一項各款規定，應由管理機關會商目的事業主管機關及其他有關機關辦理公告。

第四章　經　費

第一五條

風景特定區之公共設施除私人投資興建者外，由主管機關或該公共設施之管理機構按核定之計畫投資興建，分年編列預算執行之。

第一六條

①風景特定區內之清潔維護費、公共設施之收費基準，由專設機構或經營者訂定，報請該管主管機關備查。調整時亦同。

②前項公共設施，如係私人投資興建且依本條例予以獎勵者，其收費基準由中央主管機關核定。

③第一項收費基準應於實施前三日公告並懸示於明顯處所。

第一七條

風景特定區之清潔維護費及其他收入，依法編列預算，用於該特定區之管理維護及觀光設施之建設。

第五章　獎勵及處分

第一八條

風景特定區內之公共設施，該管主管機關得報經上級主管機關核准，依都市計畫法及有關法令關於獎勵私人或團體投資興建公共設施之規定，獎勵投資興建，並得收取費用。

第一九條

私人或團體於風景特定區內受獎勵投資興建公共設施、觀光旅館、旅館或觀光遊樂設施者，該管主管機關應就其名稱、位置、面積、土地權屬使用限制、申請期限等，妥以研訂，並報上級主管機關核定後公告之。

第二〇條

爲獎勵私人或團體於風景特定區內投資興建公共設施、觀光旅館、旅館或觀光遊樂設施，該管主管機關得協助辦理下列事項：

一　協助依法取得公有土地之使用權。

二　協調優先興建連絡道路及設置供水、供電與郵電系統。

三　提供各項技術協助與指導。

四　配合辦理環境衛生、美化工程及其他相關公共設施。

五　其他協助辦理事項。

第二一條

主管機關對風景特定區公共設施經營服務成績優異者，得予獎勵或表揚。

第二二條

違反第十三條規定者，依本條例第六十四條規定處罰之；違反第十四條規定者，依本條例第六十二條第一項規定處罰之。

第六章　附　則

第二三條

風景特定區設有專設管理機構者，本規則有關各種申請核准案件，均應送由該管理機構核轉主管機關；其經營管理事項，由該管理機構執行之。

第二四條

本規則自發布日施行。

觀光地區及風景特定區建築物及廣告物攤位設置規劃限制辦法

①民國71年9月29日交通部、內政部令會銜訂定發布全文14條。
②民國93年4月7日交通部、內政部、經濟部令會銜修正發布名稱及全文12條；並自發布日施行（原名稱：觀光地區建築物廣告物攤位規劃限制實施辦法）。

第一條
本辦法依發展觀光條例第十二條規定訂定之。

第二條
本辦法所用名詞定義如下：
一　建築物：為定著於土地上或地面下具有頂蓋、樑柱或牆壁，供個人或公眾使用之構造物或雜項工作物。
二　廣告物：指固著於建築物牆面上之市招等招牌廣告及樹立或設置於地面之廣告牌（塔）、綵坊、牌樓等樹立廣告。
三　攤位：指經攤販主管機關許可營業之攤販所設置之固定舖位。

第三條
①本辦法所稱之主管機關，在觀光地區為各目的事業主管機關，在國家級風景特定區為交通部，在直轄市級風景特定區為直轄市政府，縣（市）級風景特定區為縣（市）政府。
②國家級風景特定區內執行建築物、廣告物及攤位之規劃限制事項，由交通部委任管理機關辦理；其委任事項及法規依據公告應刊登於政府公報或新聞紙。

第四條
觀光地區及風景特定區內建築物之造型、構造、色彩等及廣告物、攤位之設置，其實施及範圍，由主管機關會商建築、區域計畫、都市計畫等主管機關劃定公告後，依相關法令落實於該管土地使用計畫中辦理。

第五條
主管機關規劃觀光地區及風景特定區內建築物、廣告物及攤位，應依下列原則辦理：
一　設施之設計，應與周圍自然環境調和。
二　設施之位置、量體、高度，不得有礙景觀維護、視野眺望及公眾使用。
三　海岸、湖岸、河畔等水邊地區應保留縱深三十公尺以上之適當空間，供公共使用。但都市計畫或區域計畫另有規定，或依建築法相關規定完成規劃設計及審查許可者，不在此限。

第六條

①主管機關規劃觀光地區及風景特定區建築物之造型、構造、色彩，應表現地方特色，注重堅固美觀，擬訂建築特色計畫，配合基地位置及環境特性予以規劃。

②前項建築特色計畫，應就建築物之位置、特性、用途、量體、配色及背景環境等予以衡量，必要時，得委託專業機構或學術團體辦理。

第七條

觀光地區及風景特定區內公有建築物之造型、構造、色彩，主管機關得就整體環境、當地特色及其用途、特性等，會商有關機關訂定執行要點規範之。

第八條

主管機關規劃觀光地區及風景特定區廣告物之設置，應配合地方特色，就其位置、面積、突出建築線之範圍，依建築法及廣告物相關法令辦理。

第九條

觀光地區及風景特定區攤位設置之面積與區位限制，由主管機關會商有關機關擬訂計畫辦理。

第一〇條

觀光地區及風景特定區內具有下列特性之地區不得規劃興設建築物、廣告物與攤位：

一　經指定為名勝古蹟範圍內之地區。
二　野生動植物之棲息地、生育地及繁殖地等地區。
三　地形、地質特殊之地區或具有特殊自然現象之地區。
四　優異之天然林或具有學術價值之人工林地區。
五　自主要眺望地點眺望時，構成妨礙之地區。
六　高山地帶、衝風地帶、自然草坪、灌木林及喬木林等植生復原困難之地區。
七　山稜線上或對眺望山稜景觀構成妨礙之地區。
八　坡度超過百分之三十之山坡地。
九　易於造成土砂流失或坍塌之地區。

第一一條

主管機關對於觀光地區及風景特定區內私有建築物之造型、構造、色彩，得訂定獎勵要點輔導之。

第一二條

本辦法自發布日施行。

民宿管理辦法

①民國90年12月12日交通部令訂定發布全文38條；並自發布日施行。
②民國106年11月14日交通部令修正發布全文40條；並自發布日施行。
③民國108年10月9日交通部令修正發布第2條條文。
民國112年9月13日行政院公告第39條序文所列屬「交通部觀光局」之權責事項，自112年9月15日起改由「交通部觀光署」管轄。

第一章　總　則

第一條

本辦法依發展觀光條例（以下簡稱本條例）第二十五條第三項規定訂定之。

第二條 108

本辦法所稱民宿，指利用自用或自有住宅，結合當地人文街區、歷史風貌、自然景觀、生態、環境資源、農林漁牧、工藝製造、藝術文創等生產活動，以在地體驗交流爲目的、家庭副業方式經營，提供旅客城鄉家庭式住宿環境與文化生活之住宿處所。

第二章　民宿之申請准駁及設施設備基準

第三條

民宿之設置，以下列地區爲限，並須符合各該相關土地使用管制法令之規定：

一　非都市土地。

二　都市計畫範圍內，且位於下列地區者：

(一)風景特定區。

(二)觀光地區。

(三)原住民族地區。

(四)偏遠地區。

(五)離島地區。

(六)經農業主管機關核發許可登記證之休閒農場或經農業主管機關劃定之休閒農業區。

(七)依文化資產保存法指定或登錄之古蹟、歷史建築、紀念建築、聚落建築群、史蹟及文化景觀，已擬具相關管理維護或保存計畫之區域。

(八)具人文或歷史風貌之相關區域。

三　國家公園區。

第四條

①民宿之經營規模，應爲客房數八間以下，且客房總樓地板面積二百四十平方公尺以下。但位於原住民族地區、經農業主管機關核發許可登記證之休閒農場、經農業主管機關劃定之休閒農業區、觀光地區、偏遠地區及離島地區之民宿，得以客房數十五間以下，且客房總樓地板面積四百平方公尺以下之規模經營之。

②前項但書規定地區內，以農舍供作民宿使用者，其客房總樓地板面積，以三百平方公尺以下爲限。

③第一項偏遠地區由地方主管機關認定，報請交通部備查後實施。並得視實際需要予以調整。

第五條

①民宿建築物設施，應符合地方主管機關基於地區及建築物特性，會商當地建築主管機關，依地方制度法相關規定制定之自治法規。

②地方主管機關未制定前項規定所稱自治法規，且客房數八間以下者，民宿建築物設施應符合下列規定：

一　內部牆面及天花板應以耐燃材料裝修。

二　非防火區劃分間牆依現行規定應具一小時防火時效者，得以不燃材料裝修其牆面替代之。

三　中華民國六十三年二月十六日以前興建完成者，走廊淨寬度不得小於九十公分；走廊一側爲外牆者，其寬度不得小於八十公分；走廊內部應以不燃材料裝修。六十三年二月十七日至八十五年四月十八日間興建完成者，同一層內之居室樓地板面積二百平方公尺以上或地下層一百平方公尺以上，雙側居室之走廊，寬度爲一百六十公分以上，其他走廊一點一公尺以上；未達上開面積者，走廊均爲零點九公尺以上。

四　地面層以上每層之居室樓地板面積超過二百平方公尺或地下層面積超過二百平方公尺者，其直通樓梯及平臺淨寬爲一點二公尺以上；未達上開面積者，不得小於七十五公分。樓地板面積在避難層直上層超過四百平方公尺，其他任一層超過二百四十平方公尺者，應自各該層設置二座以上之直通樓梯。未符合上開規定者，應符合下列規定：

㈠各樓層應設置一座以上直通樓梯通達避難層或地面。

㈡步行距離不得超過五十公尺。

㈢直通樓梯應爲防火構造，內部並以不燃材料裝修。

㈣增設直通樓梯，應爲安全梯，且寬度應爲九十公分以上。

③地方主管機關未制定第一項規定所稱自治法規，且客房數達九間以上者，其建築物設施應符合下列規定：

一　內部牆面及天花板之裝修材料，居室部分應爲耐燃三級以上，通達地面之走廊及樓梯部分應爲耐燃二級以上。

二　防火區劃內之分間牆應以不燃材料建造。
三　地面層以上每層之居室樓地板面積超過二百平方公尺或地下層超過一百平方公尺，雙側居室之走廊，寬度為一百六十公分以上，單側居室之走廊，寬度為一百二十公分以上；地面層以上每層之居室樓地板面積未滿二百平方公尺或地下層未滿一百平方公尺，走廊寬度均為一百二十公分以上。
四　地面層以上每層之居室樓地板面積超過二百平方公尺或地下層面積超過一百平方公尺者，其直通樓梯及平臺淨寬為一點二公尺以上；未達上開面積者，不得小於七十五公分。設置於室外並供作安全梯使用，其寬度得減為九十公分以上，其他戶外直通樓梯淨寬度，應為七十五公分以上。
五　該樓層之樓地板面積超過二百四十平方公尺者，應自各該層設置二座以上之直通樓梯。

④前條第一項但書規定地區之民宿，其建築物設施基準，不適用前二項規定。

第六條

①民宿消防安全設備應符合地方主管機關基於地區及建築物特性，依地方制度法相關規定制定之自治法規。

②地方主管機關未制定前項規定所稱自治法規者，民宿消防安全設備應符合下列規定：
一　每間客房及樓梯間、走廊應裝置緊急照明設備。
二　設置火警自動警報設備，或於每間客房內設置住宅用火災警報器。
三　配置滅火器兩具以上，分別固定放置於取用方便之明顯處所；有樓層建築物者，每層應至少配置一具以上。

③地方主管機關未依第一項規定制定自治法規，且民宿建築物一樓之樓地板面積達二百平方公尺以上、二樓以上之樓地板面積達一百五十平方公尺以上或地下層達一百平方公尺以上者，除應符合前項規定外，並應符合下列規定：
一　走廊設置手動報警設備。
二　走廊裝置避難方向指示燈。
三　窗簾、地毯、布幕應使用防焰物品。

第七條

民宿之熱水器具設備應放置於室外。但電能熱水器不在此限。

第八條

民宿之申請登記應符合下列規定：
一　建築物使用用途以住宅為限。但第四條第一項但書規定地區，其經營者為農舍及其座落用地之所有權人者，得以農舍供作民宿使用。
二　由建築物實際使用人自行經營。但離島地區經當地政府或中央相關管理機關委託經營，且同一人之經營客房總數十五間以下者，不在此限。
三　不得設於集合住宅。但以集合住宅社區內整棟建築物申請，且申請人取得區分所有權人會議同意者，地方主管機關得為保留民宿登記廢止權之附款，核准其申請。

四　客房不得設於地下樓層。但有下列情形之一，經地方主管機關會同當地建築主管機關認定不違反建築相關法令規定者，不在此限：

㈠當地原住民族主管機關認定具有原住民族傳統建築特色者。

㈡因周邊地形高低差造成之地下樓層且有對外窗者。

五　不得與其他民宿或營業之住宿場所，共同使用直通樓梯、走道及出入口。

第九條

有下列情形之一者，不得經營民宿：

一　無行為能力人或限制行為能力人。

二　曾犯組織犯罪防制條例、毒品危害防制條例或槍砲彈藥刀械管制條例規定之罪，經有罪判決確定。

三　曾犯兒童及少年性交易防制條例第二十二條至第三十一條、兒童及少年性剝削防制條例第三十一條至第四十二條、刑法第十六章妨害性自主罪、第二百三十一條至第二百三十五條、第二百四十條至第二百四十三條或第二百九十八條之罪，經有罪判決確定。

四　曾經判處有期徒刑五年以上之刑確定，經執行完畢或赦免後未滿五年。

五　經地方主管機關依第十八條規定撤銷或依本條例規定廢止其民宿登記證處分確定未滿三年。

第一〇條

民宿之名稱，不得使用與同一直轄市、縣（市）內其他民宿、觀光旅館業或旅館業相同之名稱。

第一一條

①經營民宿者，應先檢附下列文件，向地方主管機關申請登記，並繳交規費，領取民宿登記證及專用標識牌後，始得開始經營：

一　申請書。

二　土地使用分區證明文件影本（申請之土地為都市土地時檢附）。

三　土地同意使用之證明文件（申請人為土地所有權人時免附）。

四　建築物同意使用之證明文件（申請人為建築物所有權人時免附）。

五　建築物使用執照影本或實施建築管理前合法房屋證明文件。

六　責任保險契約影本。

七　民宿外觀、內部、客房、浴室及其他相關經營設施照片。

八　其他經地方主管機關指定之文件。

②申請人如非土地唯一所有權人，前項第三款土地同意使用證明

文件之取得，應依民法第八百二十條第一項共有物管理之規定辦理。但因土地權屬複雜或共有持分人數衆多，致依民法第八百二十條第一項規定辦理確有困難，且其他應檢附文件皆備具者，地方主管機關得爲保留民宿登記證廢止權之附款，核准其申請。

③前項但書規定確有困難之情形及附款所載廢止民宿登記之要件，由地方主管機關認定及訂定。

④其他法律另有規定不適用建築法全部或一部之情形者，第一項第五款所列文件得以確認符合該其他法律規定之佐證文件替代。

⑤已領取民宿登記證者，得檢附變更登記申請書及相關證明文件，申請辦理變更民宿經營者登記，將民宿移轉其直系親屬或配偶繼續經營，免依第一項規定重新申請登記；其有繼承事實發生者，得由其繼承人自繼承開始後六個月內申請辦理本項登記。

⑥本辦法修正前已領取登記證之民宿經營者，得依領取登記證時之規定及原核准事項，繼續經營；其依前項規定辦理變更登記者，亦同。

第一二條

①古蹟、歷史建築、紀念建築、聚落建築群、史蹟及文化景觀範圍內建造物或設施，經依文化資產保存法第二十六條或第六十四條及其授權之法規命令規定辦理完竣後，供作民宿使用者，其建築物設施及消防安全設備，不受第五條及第六條規定之限制。

②符合前項規定者，依前條規定申請登記時，得免附同條第一項第五款規定文件。

第一三條

①有下列規定情形之一者，經地方主管機關認定確無危險之虞，於取得第十一條第一項第五款所定文件前，得以經開業之建築師、執業之土木工程科技師或結構工程科技師出具之結構安全鑑定證明文件，及經地方主管機關查驗合格之簡易消防安全設備配置平面圖替代之，並應每年報地方主管機關備查，地方主管機關於許可後應持續輔導及管理：

一　具原住民身分者於原住民族地區內之部落範圍申請登記民宿。

二　馬祖地區建築物未能取得第十一條第一項第五款所定文件，經地方主管機關認定係未完成土地測量及登記所致，且於本辦法修正施行前已列冊輔導者。

②前項結構安全鑑定項目由地方主管機關會商當地建築主管機關定之。

第一四條

①民宿登記證應記載下列事項：

一　民宿名稱。

二　民宿地址。

三　經營者姓名。
四　核准登記日期、文號及登記證編號。
五　其他經主管機關指定事項。
②民宿登記證之格式，由交通部規定，地方主管機關自行印製。
③民宿專用標識之型式如附件一。
④地方主管機關應依民宿專用標識之型式製發民宿專用標識牌，並附記製發機關及編號，其型式如附件二。

第一五條
地方主管機關審查申請民宿登記案件，得邀集衛生、消防、建管、農業等相關權責單位實地勘查。

第一六條
申請民宿登記案件，有應補正事項，由地方主管機關以書面通知申請人限期補正。

第一七條
申請民宿登記案件，有下列情形之一者，由地方主管機關敘明理由，以書面駁回其申請：
一　經通知限期補正，逾期仍未辦理。
二　不符本條例或本辦法相關規定。
三　經其他權責單位審查不符相關法令規定。

第一八條
已領取民宿登記證之民宿經營者，有下列情事之一者，應由地方主管機關撤銷其民宿登記證：
一　申請登記之相關文件有虛僞不實登載或提供不實文件。
二　以詐欺、脅迫或其他不正當方法取得民宿登記證。

第一九條
已領取民宿登記證之民宿經營者，有下列情事之一者，應由地方主管機關廢止其民宿登記證：
一　喪失土地、建築物或設施使用權利。
二　建築物經相關機關認定違反相關法令，而處以停止供水、停止供電、封閉或強制拆除。
三　違反第八條所定民宿申請登記應符合之規定，經令限期改善而屆期未改善。
四　有第九條第一款至第四款所定不得經營民宿之情形。
五　違反地方主管機關依第八條第三款但書或第十一條第二項但書規定，所爲保留民宿登記證廢止權之附款規定。

第二〇條
①民宿經營者依商業登記法辦理商業登記者，應於核准商業登記後六個月內，報請地方主管機關備查。
②前項商業登記之負責人須與民宿經營者一致，變更時亦同。
③民宿名稱非經註冊爲商標者，應以該民宿名稱爲第一項商業登記名稱之特取部分；其經註冊爲商標者，該民宿經營者應爲該商標權人或經其授權使用之人。
④民宿經營者依法辦理商業登記後，有下列情形之一者，地方主

管機關應通知商業所在地主管機關：

一　未依本條例領取民宿登記證而經營民宿，經地方主管機關勒令歇業。

二　地方主管機關依法撤銷或廢止其民宿登記證。

第二一條

①民宿登記事項變更者，民宿經營者應於事實發生後十五日內，備具申請書及相關文件，向地方主管機關辦理變更登記。

②地方主管機關應將民宿設立及變更登記資料，於次月十日前，向交通部陳報。

第二二條

①民宿經營者申請設立登記，應依下列規定繳納民宿登記證及民宿專用標識牌之規費；其申請變更登記，或補發、換發民宿登記證或民宿專用標識牌者，亦同：

一　民宿登記證：新臺幣一千元。

二　民宿專用標識牌：新臺幣二千元。

②因行政區域調整或門牌改編之地址變更而申請換發登記證者，免繳證照費。

第二三條

民宿登記證、民宿專用標識牌遺失或毀損，民宿經營者應於事實發生後十五日內，備具申請書及相關文件，向地方主管機關申請補發或換發。

第三章　民宿經營之管理及輔導

第二四條

①民宿經營者應投保責任保險之範圍及最低金額如下：

一　每一個人身體傷亡：新臺幣二百萬元。

二　每一事故身體傷亡：新臺幣一千萬元。

三　每一事故財產損失：新臺幣二百萬元。

四　保險期間總保險金額：新臺幣二千四百萬元。

②前項保險範圍及最低金額，地方自治法規如有對消費者保護較有利之規定者，從其規定。

③民宿經營者應於保險期間屆滿前，將有效之責任保險證明文件，陳報地方主管機關。

第二五條

①民宿客房之定價，由民宿經營者自行訂定，並報請地方主管機關備查；變更時亦同。

②民宿之實際收費不得高於前項之定價。

第二六條

民宿經營者應將房間價格、旅客住宿須知及緊急避難逃生位置圖，置於客房明顯光亮之處。

第二七條

民宿經營者應將民宿登記證置於門廳明顯易見處，並將民宿專用標識牌置於建築物外部明顯易見之處。

第二八條

①民宿經營者應將每日住宿旅客資料登記；其保存期間爲六個月。

②前項旅客登記資料之蒐集、處理及利用，並應符合個人資料保護法相關規定。

第二九條

民宿經營者發現旅客罹患疾病或意外傷害情況緊急時，應即協助就醫；發現旅客疑似感染傳染病時，並應即通知衛生醫療機構處理。

第三〇條

民宿經營者不得有下列之行爲：

一　以叫嚷、糾纏旅客或以其他不當方式招攬住宿。

二　強行向旅客推銷物品。

三　任意哄抬收費或以其他方式巧取利益。

四　設置妨害旅客隱私之設備或從事影響旅客安寧之任何行爲。

五　擅自擴大經營規模。

第三一條

民宿經營者應遵守下列事項：

一　確保飲食衛生安全。

二　維護民宿場所與四週環境整潔及安寧。

三　供旅客使用之寢具，應於每位客人使用後換洗，並保持清潔。

四　辦理鄉土文化認識活動時，應注重自然生態保護、環境清潔、安寧及公共安全。

五　以廣告物、出版品、廣播、電視、電子訊號、電腦網路或其他媒體業者，刊登之住宿廣告，應載明民宿登記證編號。

第三二條

民宿經營者發現旅客有下列情形之一者，應即報請該管派出所處理：

一　有危害國家安全之嫌疑。

二　攜帶槍械、危險物品或其他違禁物品。

三　施用煙毒或其他麻醉藥品。

四　有自殺跡象或死亡。

五　有喧嘩、聚賭或爲其他妨害公眾安寧、公共秩序及善良風俗之行爲，不聽勸止。

六　未攜帶身分證明文件或拒絕住宿登記而強行住宿。

七　有公共危險之虞或其他犯罪嫌疑。

第三三條

①民宿經營者，應於每年一月及七月底前，將前六個月每月客房住用率、住宿人數、經營收入統計等資料，依式陳報地方主管機關。

②前項資料，地方主管機關應於次月底前，陳報交通部。

第三四條

民宿經營者，應參加主管機關舉辦或委託有關機關、團體辦理之輔導訓練。

第三五條

民宿經營者有下列情事之一者，主管機關或相關目的事業主管機關得予以獎勵或表揚：

一　維護國家榮譽或社會治安有特殊貢獻。
二　參加國際推廣活動，增進國際友誼有優異表現。
三　推動觀光產業有卓越表現。
四　提高服務品質有卓越成效。
五　接待旅客服務週全獲有好評，或有優良事蹟。
六　對區域性文化、生活及觀光產業之推廣有特殊貢獻。
七　其他有足以表揚之事蹟。

第三六條

①主管機關得派員，攜帶身分證明文件，進入民宿場所進行訪查。
②前項訪查，得於對民宿定期或不定期檢查時實施。
③民宿之建築管理與消防安全設備、營業衛生、安全防護及其他，由各有關機關逕依相關法令實施檢查；經檢查有不合規定事項時，各有關機關逕依相關法令辦理。
④前二項之檢查業務，得採聯合稽查方式辦理。
⑤民宿經營者對於主管機關之訪查應積極配合，並提供必要之協助。

第三七條

交通部為加強民宿之管理輔導績效，得對地方主管機關實施定期或不定期督導考核。

第三八條

①民宿經營者，暫停經營一個月以上者，應於十五日內備具申請書，並詳述理由，報請地方主管機關備查。
②前項申請暫停經營期間，最長不得超過一年，其有正當理由者，得申請展延一次，期間以一年為限，並應於期間屆滿前十五日內提出。
③暫停經營期限屆滿後，應於十五日內向地方主管機關申報復業。
④未依第一項規定報請備查或前項規定申報復業，達六個月以上者，地方主管機關得廢止其登記證。
⑤民宿經營者因事實或法律上原因無法經營者，應於事實發生或行政處分送達之日起十五日內，繳回民宿登記證及專用標識牌；逾期未繳回者，地方主管機關得逕予公告註銷。但依第一項規定暫停營業者，不在此限。

第四章　附　則

第三九條

交通部辦理下列事項，得委任交通部觀光局執行之：

一　依第十四條第二項規定，為民宿登記證格式之規定。
二　依第二十一條第二項及第三十三條第二項規定，受理地方主管機關陳報資料。
三　依第三十四條規定，舉辦或委託有關機關、團體辦理輔導訓練。
四　依第三十五條規定，獎勵或表揚民宿經營者。
五　依第三十六條規定，進入民宿場所進行訪查及對民宿定期或不定期檢查。
六　依第三十七條規定，對地方主管機關實施定期或不定期督導考核。

第四〇條

本辦法自發布日施行。

溫泉法

①民國92年7月2日總統令制定公布全文32條。
民國94年7月1日行政院令發布定自94年7月1日施行。
②民國99年5月12日總統令修正公布第5、31條條文。
民國99年6月10日行政院令發布定自99年7月1日施行。
民國103年3月24日行政院公告第11條第2項所列屬「行政院原住民綜合發展基金」之權責事項，自103年3月26日起改由「原住民綜合發展基金」管轄；第14條第2項所列屬「行政院原住民族委員會」之權責事項，自103年3月26日起改由「原住民族委員會」管轄。

第一章　總　則

第一條　（立法目的）

爲保育及永續利用溫泉，提供輔助復健養生之場所，促進國民健康與發展觀光事業，增進公共福祉，特制定本法；本法未規定者，依其他法律之規定。

第二條　（主管機關）

①本法所稱主管機關：在中央爲經濟部；在直轄市爲直轄市政府；在縣（市）爲縣（市）政府。

②有關溫泉之觀光發展業務，由中央觀光主管機關會商中央主管機關辦理；有關溫泉區劃設之土地、建築、環境保護、水土保持、衛生、農業、文化、原住民及其他業務，由中央觀光主管機關會商各目的事業中央主管機關辦理。

第三條　（用詞定義）

①本法用詞定義如下：

一　溫泉：符合溫泉基準之溫水、冷水氣體或地熱（蒸氣）。

二　溫泉水權：指依水利法對於溫泉之水取得使用或收益之權。

三　溫泉礦業權：指依礦業法對於溫泉之氣體或地熱（蒸氣）取得探礦權或採礦權。

四　溫泉露頭：指溫泉自然湧出之處。

五　溫泉孔：指以開發方式取得溫泉之出處。

六　溫泉區：指溫泉露頭、溫泉孔及計畫利用設施周邊，經勘定劃設並核定公告之範圍。

七　溫泉取供事業：指以取得溫泉水權或礦業權，提供自己或他人使用之事業。

八　溫泉使用事業：指自溫泉取供事業獲得溫泉，作爲觀光休閒遊憩、農業栽培、地熱利用、生物科技或其他使用目的之事業。
②前項第一款之溫泉基準，由中央主管機關定之。

第二章　溫泉保育

第四條　（水權或礦業權之取得）
①溫泉爲國家天然資源，不因人民取得土地所有權而受影響。
②申請溫泉水權登記，應取得溫泉引水地點用地同意使用之證明文件。
③前項用地爲公有土地者，土地管理機關得出租或同意使用，並收取租金或使用費。
④地方政府爲開發公有土地上之溫泉，應先辦理撥用。
⑤本法施行前已依規定取得溫泉用途之水權或礦業權者，主管機關應輔導於一定期限內辦理水權或礦業權之換證；屆期仍未換證者，水權或礦業權之主管機關得變更或廢止之。
⑥前項一定期限、輔導方式、換證之程序及其相關事項之辦法，由中央主管機關定之。
⑦本法施行前，已開發溫泉使用者主管機關應輔導取得水權。

第五條　（溫泉開發及使用計畫書）99
①溫泉取供事業開發溫泉，應附土地同意使用證明，並擬具溫泉開發及使用計畫書，向直轄市、縣（市）主管機關申請開發許可；本法施行前，已開發溫泉使用者，其溫泉開發及使用計畫書得以溫泉使用現況報告書替代，申請補辦開發許可；其未達一定規模且無地質災害之虞者，得以簡易溫泉開發許可申請書替代溫泉使用現況報告書。
②前項溫泉開發及使用計畫書、溫泉使用現況報告書，應經水利技師及應用地質技師簽證；其開發需開鑿溫泉井者，應於開鑿完成後，檢具溫度量測、溫泉成分、水利技師及應用地質技師簽證之鑽探紀錄、水量測試及相關資料，送直轄市、縣（市）主管機關備查。
③第一項一定規模、無地質災害之虞之認定、溫泉開發及使用計畫書、溫泉使用現況報告書與簡易溫泉開發許可申請書應記載之內容、開發許可與變更之程序、條件、期限及其他相關事項之辦法，由中央主管機關定之。
④於國家公園、風景特定區、國有林區、森林遊樂區、水質水量保護區或原住民保留地，各該管機關亦得辦理溫泉取供事業。

第六條　（溫泉露頭一定範圍內不得開發）
①溫泉露頭及其一定範圍內，不得爲開發行爲。
②前項一定範圍，由直轄市、縣（市）主管機關劃定，其劃定原則由中央主管機關定之。

第七條　（廢止或限制溫泉開發許可之情形）
①溫泉開發經許可後，有下列情形之一者，直轄市、縣（市）主管機關得廢止或限制其開發許可：

一　自許可之日起一年內尚未興工或興工後停工一年以上。
二　未經核准，將其開發許可移轉予他人。
三　溫泉開發已顯著影響溫泉湧出量、溫度、成分或其他損害公共利益之情形。

②前項第二款開發許可移轉之條件、程序、應備文件及其他相關事項之辦法，由中央主管機關定之。

第八條　（其他開發行爲之限制或禁止）

非以開發溫泉爲目的之其他開發行爲，如有顯著影響溫泉湧出量、溫度或成分之虞或已造成實質影響者，直轄市、縣（市）主管機關得會商其目的事業主管機關，並於權衡雙方之利益後，由目的事業主管機關對該開發行爲，爲必要之限制或禁止，並對其開發行爲之延誤或其他損失，酌予補償。

第九條　（拆除溫泉有關設施）

經許可開發溫泉而未鑿出溫泉或經直轄市、縣（市）主管機關撤銷、廢止溫泉開發許可或溫泉停止使用一年以上者，該溫泉取供事業應拆除該溫泉有關設施，並恢復原狀或爲適當之措施。

第一〇條　（溫泉資源基本資料庫之建立）

直轄市、縣（市）主管機關應調查轄區內之現有溫泉位置、泉質、泉量、泉溫、地質概況、取用量、使用現況等建立溫泉資源基本資料庫，並陳報中央主管機關；必要時，應由中央主管機關予以協助。

第一一條　（溫泉取用費之徵收及用途）

①爲保育及永續利用溫泉，除依水利法或礦業法收取相關費用外，主管機關應向溫泉取供事業或個人徵收溫泉取用費；其徵收方式、範圍、費率及使用辦法，由中央主管機關定之。

②前項溫泉取用費，除支付管理費用外，應專供溫泉資源保育、管理、國際交流及溫泉區公共設施之相關用途使用，不得挪爲他用，但位於原住民族地區內所徵收溫泉取用費，應提撥至少三分之一納入行政院原住民族綜合發展基金，作爲原住民族發展經濟及文化產業之用。

③直轄市、縣（市）主管機關徵收之溫泉取用費，除提撥原住民地區三分之一外，應再提撥十分之一予中央主管機關設置之溫泉事業發展基金，供溫泉政策規劃、技術研究發展及國際交流用途使用。

第一二條　（滯納金之加徵）

溫泉取供事業或個人未依前條第一項規定繳納溫泉取用費者，應自繳納期限屆滿之次日起，每逾三日加徵應納溫泉取用費額百分之一滯納金。但加徵之滯納金額，以至應納費額百分之五爲限。

第三章　溫泉區

第一三條　（溫泉區管理計畫之擬訂）

①直轄市、縣（市）主管機關爲有效利用溫泉資源，得擬訂溫泉區管理計畫，並會商有關機關，於溫泉露頭、溫泉孔及計畫利用設施周邊勘定範圍，報經中央觀光主管機關核定後，公告劃設爲溫泉區；溫泉區之劃設，應優先考量現有已開發爲溫泉使用之地區，涉及土地使用分區或用地之變更者，直轄市縣（市）主管機關應協調土地使用主管機關依相關法令規定配合辦理變更。

②前項土地使用分區、用地變更之程序，建築物之使用管理，由中央觀光主管機關會同各土地使用中央主管機關依溫泉區特定需求，訂定溫泉區土地及建築物使用管理辦理。

③經劃設之溫泉區，直轄市、縣（市）主管機關評估有擴大、縮小或無繼續保護及利用之必要時，得依前項規定程序變更或廢止之。

④第一項溫泉區管理計畫之內容、審核事實、執行、管理及其他相關事項之辦法，由中央觀光主管機關會商各目的事業中央主管機關定之。

第一四條　（原住民族地區經營溫泉事業）

①於原住民族地區劃設溫泉區時，中央觀光主管機關及各目的事業主管機關應會同中央原住民族主管機關辦理。

②原住民族地區之溫泉得輔導及獎勵當地原住民個人或團體經營，其輔導及獎勵辦法，由行政院原住民族委員會定之。

③於原住民族地區經營溫泉事業，其聘僱員工十人以上者，應聘僱十分之一以上原住民。

④本法施行前，於原住民族地區已合法取得土地所有權人同意使用證明文件之業者，得不受前項規定之限制。

第一五條　（限期拆除舊有私設管線）

①已設置公共管線之溫泉區，直轄市、縣（市）主管機關應命舊有之私設管線者限期拆除；屆期不拆除者，由直轄市、縣（市）主管機關依法強制執行。

②原已合法取得溫泉用途之水權者，其所設之舊有管線依前項規定拆除時，直轄市、縣（市）主管機關應酌予補償。其補償標準，由直轄市、縣（市）主管機關定之。

第四章　溫泉使用

第一六條　（管理法規）

溫泉使用事業除本法另有規定外，由各目的事業主管機關依其主管法規管理。

第一七條　（溫泉取供事業之申請經營）

①於溫泉區申請開發之溫泉取供事業，應符合該溫泉區管理計畫。

②溫泉取供事業應依水利法或礦業法等相關規定申請取得溫泉水權或溫泉礦業權並完成開發後，向直轄市、縣（市）主管機關申請經營許可。

③前項溫泉取供事業申請經營之程序、條件、期限、廢止、撤銷及其他相關事項之辦法，由中央觀光主管機關會商各目的事業中央主管機關定之。

第一八條　（溫泉標章之申請）

①以溫泉作爲觀光休憩目的之溫泉使用事業，應將溫泉送經中央觀光主管機關認可之機關（構）、團體檢驗合格，並向直轄市、縣（市）觀光主管機關申請發給溫泉標章後，始得營業。

②前項溫泉使用事業應將溫泉標章懸掛明顯可見之處，並標示溫泉成分溫度、標章有效期限、禁忌及其他應行注意事項。

③溫泉標章申請之資格、條件、期限、廢止、撤銷、型式、使用及其他相關事項之辦法，由中央觀光主管機關會商各目的事業中央主管機關定之。

第一九條　（計量設備之裝置）

①溫泉取供事業或溫泉使用事業應裝置計量設備，按季塡具使用量、溫度、利用狀況及其他必要事項，每半年報主管機關備查。

②前項紀錄之書表格式及每半年應報主管機關之期限，由中央主管機關定之。

第二〇條　（限期改善溫泉利用設施或經營管理措施）

直轄市、縣（市）觀光主管機關爲增進溫泉之公共利用，得通知溫泉使用事業限期改善溫泉利用設施或經營管理措施。

第二一條　（不得規避或拒絕檢查）

各目的事業地方主管機關得派員攜帶證明文件，進入溫泉取供事業或溫泉使用事業之場所，檢查溫泉計量設備、溫泉使用量、溫度、衛生條件利用狀況等事項，或要求提供相關資料，該事業或其從業人員不得規避、妨礙或拒絕。

第五章　罰　則

第二二條　（違法取用溫泉之處罰）

未依法取得溫泉水權或溫泉礦業權而爲溫泉取用者，由主管機關處新臺幣六萬元以上三十萬元以下罰鍰，並勒令停止利用；其不停止利用者，得按次連續處罰。

第二三條　（未取得溫泉開發許可而開發之處罰）

①未取得開發許可而開發溫泉者，由直轄市、縣（市）主管機關處新臺幣五萬元以上二十五萬元以下罰鍰，並命其限期改善；屆期不改善者得按次連續處罰。

②未依開發許可內容開發溫泉者，由直轄市、縣（市）主管機關處新臺幣四萬元以上二十萬元以下罰鍰，並命其限期改善屆期不改善者，廢止其開發許可。

第二四條　（處罰）

違反第六條第一項規定進行開發行爲者，由直轄市、縣（市）主管機關處新臺幣三萬元以上十五萬元以下罰鍰，並命立即停止開發，及限期整復土地；未立即停止開發或依限整復土地者，得按次連續處罰。

第二五條　（處罰）

未依第九條規定拆除設施、恢復原狀或為適當之措施者，由直轄市、縣（市）主管機關處新臺幣一萬元以上五萬元以下罰鍰，並得按次連續處罰。

第二六條　（處罰）

未依第十八條第一項規定取得溫泉標章而營業者；由直轄市、縣（市）觀光主管機關處新臺幣一萬元以上五萬元以下罰鍰，並得按次連續處罰；未依第十八條第二項規定於明顯可見之處懸掛溫泉標章，並標示溫泉成分、溫泉、標章有效期效、禁忌及其他應行注意事項者，直轄市、縣（市）觀光主管機關應命其限期改善；屆期仍未改善者，處新臺幣一萬元以上五萬元以下罰鍰，並得按次連續處罰。

第二七條　（處罰）

未依第十九條第一項規定裝設計量設備者，由主管機關處新臺幣二千元以上一萬元以下罰鍰，並得按次連續處罰。

第二八條　（處罰）

未依第二十條規定之通知期限改善溫泉利用設施或經營管理措施者，由直轄市、縣（市）觀光主管機關處新臺幣一萬元以上五萬元以下罰鍰，並得按次連續處罰。

第二九條　（處罰）

違反第二十一條規定，規避、妨礙、拒絕檢查或提供資料，或提供不實資料者，由各目的事業直轄市、縣（市）主管機關處新臺幣一萬元以上五萬元以下罰鍰，並得按次連續處罰。

第三〇條　（強制執行）

①對依本法所定之溫泉取用費、滯納金之徵收有所不服，得依法提起行政救濟。

②前項溫泉取用費、滯納金及依本法所處之罰鍰，經以書面通知限期繳納屆期不繳納者，依法移送強制執行。

第六章　附　則

第三一條　（施行細則）99

①本法施行細則，由中央主管機關會商各目的事業中央主管機關定之。

②本法制定公布前，已開發溫泉使用未取得合法登記者，應於中華民國一百零二年七月一日前完成改善。

第三二條　（施行日）

本法施行日期，由行政院以命令定之。

溫泉法施行細則

①民國94年7月26日經濟部令訂定發布全文9條；並自發布日施行。
②民國99年9月21日經濟部令發布刪除第8條條文。

第一條

本細則依溫泉法（以下簡稱本法）第三十一條第一項規定訂定之。

第二條

本法第四條第二項所稱溫泉水權登記，指對於溫泉之水依水利法規規定辦理水權登記，並發給水權狀者。

第三條

溫泉水權狀應記載事項如下：

一　依水利法第三十八條規定水權狀應記載事項。

二　引水地點屬溫泉區者，加註所屬溫泉區。

三　引用水源，加註溫泉水。

第四條

本法第六條第一項所稱開發行為，指人工方式施作工作物或改變自然景觀之行為。

第五條

本法所稱原住民族地區，指經行政院依原住民族工作權保障法第五條第四項規定核定之原住民地區。

第六條

①本法第十五條第一項所稱公共管線，指由溫泉取供事業提出申請，並經直轄市、縣（市）主管機關核准之管線。

②前項公共管線之核准及管理相關事項，由直轄市、縣（市）主管機關依地方制度法制定自治條例管理之。

第七條

①直轄市、縣（市）主管機關依本法第十五條第一項規定，命舊有之私設管線者限期拆除時，應預先公告。

②前項限期拆除，為自公告之日起三個月以上六個月以內為之。

第八條　（刪除）99

第九條

本細則自發布日施行。

溫泉開發許可辦法

①民國94年7月26日經濟部令訂定發布全文12條；並自發布日施行。
②民國95年6月30日經濟部令修正發布全文12條；並自發布日施行。
③民國97年8月6日經濟部令修正發布全文12條；並自發布日施行。
④民國99年7月19日經濟部令修正發布全文14條；並自99年7月1日施行。
⑤民國110年6月18日經濟部令修正發布第3、13、14條條文及第7條附表；並自發布日施行。
民國112年7月27日行政院公告第3條第3項所列屬「行政院農業委員會」之權責事項，自112年8月1日起改由為「農業部」管轄。

第一條
本辦法依溫泉法（以下簡稱本法）第五條第三項規定訂定之。

第二條
溫泉取供事業開發溫泉，應附土地同意使用證明，並擬具溫泉開發及使用計畫書、溫泉使用現況報告書或簡易溫泉開發許可申請書，向開發地直轄市、縣（市）主管機關申請或補辦開發許可。

第三條 110
①本法第五條所稱一定規模，指每日溫泉取用量達七十立方公尺者。
②本法第五條所稱無地質災害之虞，指非位於活動斷層地質敏感區、山崩與地滑地質敏感區、土石流潛勢溪流影響範圍或地下水第一級管制區。
③前項活動斷層地質敏感區、山崩與地滑地質敏感區，指依地質法公告之活動斷層地質敏感區及山崩與地滑地質敏感區；土石流潛勢溪流影響範圍，指位於行政院農業委員會公開之土石流潛勢溪流影響範圍內者；地下水第一級管制區，指位於經濟部依地下水管制辦法劃定並公告之地下水第一級管制區者。

第四條
①溫泉取供事業開發許可之申請人（以下簡稱申請人），申請開發許可所附之土地同意使用證明，如屬公有地者，應檢附該土地管理機關之許可或同意書函，如屬私有地者，則應依法公證。
②前項土地同意使用證明期限不得少於二年，如屬國有土地者，得分年提出。但開發期程少於一年者，其使用期限不得少於一年。
③第一項土地同意使用證明，應載明下列事項：

一　土地所有權人姓名、身分證統一編號、住居所或土地管理機關名稱。
二　使用人姓名、身分證統一編號、住居所；使用人為機關（構）或團體時，其名稱、機關或主事務所所在地及代表人之姓名。
三　同意使用年限。
四　使用之限制事項。
五　其他約定事項。

④土地所有權人為申請人時，得檢附土地所有權狀影本替代土地同意使用證明。

第五條

①溫泉開發及使用計畫書，應載明下列事項：
一　申請人之名稱或姓名及所在地或住所；申請人如為自然人者，其身分證統一編號，如為非自然人者，其代表人或管理人之姓名、住所。
二　開發之位置、範圍、預定之溫泉取用量。
三　土地使用現況圖、土地分區及用地說明、土地登記簿及地籍圖謄本。
四　開發範圍之溫泉地質報告。
五　溫泉取用之目的及其使用規劃。
六　溫泉取用設施或其他水利建造物之使用、維護方法、說明、取用量估算及其影響評估。
七　溫泉泉質、泉量、泉溫監測計畫、環境維護及安全措施。
八　溫泉開發工程相關圖說、規格及內容說明。
九　施工順序及預定實施期程。
十　維護管理計畫。

②前項第四款所稱溫泉地質報告，指地質調查、探勘、分析、評估之報告及圖件。

第六條

①溫泉使用現況報告書，應載明下列事項：
一　申請人之名稱或姓名及所在地或住所；申請人如為自然人者，其身分證統一編號，如為非自然人者，其代表人或管理人之姓名、住所。
二　現已使用溫泉之位置、範圍、溫泉取用量說明及使用事業類別。
三　土地使用現況圖、土地分區及用地說明、土地登記簿及地籍圖謄本。
四　開發範圍之溫泉地質報告。
五　溫泉取用設施或其他水利建造物之使用、維護方法、說明、取用量估算及其影響評估。
六　溫泉泉質、泉量、泉溫監測計畫。
七　現況改善計畫。

②前項第四款之溫泉地質報告內容，依前條第二項之規定。

第七條

簡易溫泉開發許可申請書格式如附表。

第八條

第五條及第六條之溫泉開發及使用計畫書、溫泉使用現況報告書，應經水利技師及應用地質技師之簽證。

第九條

①直轄市、縣（市）主管機關應於受理溫泉開發許可申請之日起，三個月內作成審查決定，並將審查決定送達申請人。

②前項審查，認有文件不備或不合法定程序而可補正者，應於收受申請書件後二十日內逐項列出，一次通知限期補正；逾期不補正或補正不完備者，不予受理。

③第一項期間，經通知補正者，自補正之次日起算。

第一〇條

①直轄市、縣（市）主管機關審查溫泉開發及使用計畫、溫泉使用現況報告書及簡易溫泉開發許可申請書，除有下列各款情形之一，得逕行駁回其申請者外，應邀集各目的事業主管機關代表及專家、學者組成審查會，並得通知申請人列席說明。但適用簡易溫泉開發許可申請書者，得免召開審查會。

一　溫泉開發違反本法第六條第一項之規定。

二　其他依法禁止於該地區開發及使用之規定。

②審查溫泉開發及使用計畫書、溫泉使用現況報告書、簡易溫泉開發許可申請書時，應考量下列各款情形：

一　溫泉開發是否有影響周邊地區之溫泉湧出量、溫度、成分或其他損害公共利益之虞。

二　開鑿之溫泉井是否有損害水文地質、土體或岩體，並造成公共安全之虞。

三　有否符合溫泉區管理計畫。

四　溫泉之總量管制。

第一一條

①申請人應於取得開發許可後，二年內完成溫泉開發，並申請開發完成證明。

②申請人因故未能如期完成溫泉開發者，應於期限屆滿日之三十日前，敘明事實及理由，申請展延，展延以二次為限，每次不得超過六個月；未依規定申請展延，或已逾展延期限仍未完成開發者，其開發許可自規定期限屆滿或展期之期限屆滿之日起，失其效力。

第一二條

①溫泉開發應依核准之溫泉開發及使用計畫書施工或依溫泉使用現況報告書辦理改善；施工中或完工後如有變更，除下列各款情形，應加附變更計畫者外，其餘變更，應檢附相關文件報直轄市、縣（市）主管機關核准變更之：

一　溫泉取用設施結構體或溫泉井深度增減超過原核定深度百分之十。

二　增加溫泉出水量超過原核定量百分之十或增加機械動力。
三　開發範圍內溫泉取用設施位置。
四　取水管線或儲槽。
五　監測計畫。
②前項第一款或第二款之變更計畫，應經水利技師及應用地質技師簽證。

第一三條 110

①溫泉開發之興工、興工後停工、復工或完工，應報直轄市、縣（市）主管機關備查；開發完成後，無下列各款情事之一者，由直轄市、縣（市）主管機關發給開發完成證明文件：
一　未依許可內容開發。
二　未取得溫泉水權狀。
三　開鑿溫泉井者而未檢具開鑿完成三個月內，經水利技師及應用地質技師簽證之鑽探紀錄及水量測試及其他相關資料。
四　未檢具溫度量測及溫泉成分報告。
②前項第三款所稱鑽探紀錄，指地質柱狀圖及井體竣工圖；水量測試，指抽水設備竣工圖、抽水試驗紀錄表及抽水試驗分析成果。
③符合以下規定之一，得免附鑽探紀錄及水量測試：
一　以簡易溫泉開發許可申請書申請補辦開發許可者。
二　以溫泉使用現況報告書申請補辦開發許可，經直轄市、縣（市）主管機關認定者。
④直轄市、縣（市）主管機關爲審查溫泉開發是否符合第一項各款規定，得召開審查會，並得視需要會同審查委員現勘。

第一四條 110

①本辦法自中華民國九十九年七月一日施行。
②本辦法修正條文自發布日施行。

溫泉區土地及建築物使用管理辦法

民國94年9月26日交通部、內政部、經濟部、行政院農業委員會令會銜訂定發布全文11條；並自發布日施行。

第一條

本辦法依溫泉法第十三條第二項規定訂定之。

第二條

①為符合溫泉區特定需求，溫泉區內土地使用分區、用地變更之程序及建築物之使用管理，依本辦法之規定，本辦法未規定者，依其他法令之規定。

②前項溫泉區指由直轄市、縣（市）政府依溫泉法第十三條第一項規定擬訂溫泉區管理計畫，並會商有關機關及報經交通部核定後，公告劃設之範圍。

第三條

①溫泉區範圍內涉及土地使用變更者，應依區域計畫法、都市計畫法或國家公園法及相關法規所定程序變更使用分區及用地。

②前項土地使用分區及用地之變更，涉及興辦事業、環境影響評估或水土保持計畫等審查作業程序，應採併行方式辦理；其作業流程如附件一。

第四條

①依前條擬具之變更土地使用計畫，直轄市、縣（市）政府應參酌環境保護、地方溫泉資源及溫泉產業需求，於溫泉區管理計畫所定發展總量範圍內，規劃不同程度之土地使用管制。

②前項變更土地使用計畫應訂定景觀管制或都市設計事項，以塑造溫泉產業地區之景觀及地方特色。

第五條

①溫泉區內溫泉設施規劃設置原則如下：

一　溫泉儲存塔、溫泉取供設備及溫泉使用廢水處理等設施應在不妨礙溫泉產業發展，並兼顧地區景觀之原則下，於適當地點設置之。

二　溫泉管線之設置，應就溫泉使用人口、土地利用、交通、景觀等現狀及未來發展趨勢，按使用需求情形適當配置之。

②溫泉區公共設施用地，須使用公有土地者，應事先取得土地管理機關同意後劃設之。

第六條

①溫泉區建築物及相關設施之建築基地，受山坡地坡度陡峭不得開發建築之限制者，直轄市、縣（市）政府應考量溫泉區發展特性，依建築技術規則建築設計施工編第二百六十二條第三項

但書規定，另定規定審查。

②溫泉區建築物及相關設施之建築基地，受應自建築線或基地內通路邊退縮設置人行步道之限制者，直轄市、縣（市）政府應考量溫泉區特殊情形，依建築技術規則建築設計施工編第二百六十三條第二項規定，就退縮距離或免予退縮，訂定認定原則審查。

③前二項規定之審查方式，得由該管直轄市、縣（市）政府籌組審查小組或聯合審查會議辦理之。

第七條

①爲輔導溫泉區內現有已開發供溫泉使用事業使用之土地、建築物符合法令規定，直轄市、縣（市）政府得先就輔導範圍、對象、條件、辦理時程及相關事項，研擬輔導方案，報請交通部會同土地使用、建築、環境保護、水土保持、農業、水利等主管機關審查後，轉陳行政院核定。

②前項輔導方案內土地，其符合非都市土地使用管制規則第四十四條第一款但書或第五十二條之一第六款規定者，直轄市、縣（市）政府應於前項方案中，就興辦事業土地面積大小及設置保育綠地面積比例限制，另爲規定，併案報請行政院核定。

③爲輔導第一項範圍內，現有已開發供溫泉使用事業使用之建築物符合相關法令，直轄市、縣（市）政府應考量溫泉區發展特性並兼顧公共安全，就其建築物至擋土牆坡腳間之退縮距離、建築物外牆與擋土牆設施間之距離及建築物座落河岸之退縮距離，於輔導方案中訂定適用規定，併案報請行政院核定。

第八條

①輔導方案經行政院核定後，其輔導範圍屬非都市土地者，得依區域計畫法第十三條規定辦理使用分區變更。

②前項使用分區變更程序完成後，申請使用地變更編定面積達五公頃以上者，仍應依區域計畫法第十五條之一及其他相關法令規定程序辦理；面積未達五公頃者，其辦理程序如附件二及附件三。

第九條

溫泉區列入輔導方案之案件依法完成各項補正手續後，經該管直轄市、縣（市）政府會同有關機關實地勘查，符合相關規定者，始核發營業登記證或執照。

第一〇條

溫泉區列入輔導方案之案件於該管直轄市、縣（市）政府受理輔導作業期間，未經許可仍進行建築或工程等行爲，致違反土地使用、建築、消防、環境保護、水土保持等相關法令者，由該管直轄市、縣（市）政府依法處理。

第一一條

本辦法自發布日施行。

五、舊市區更新與新市鎮開發

都市更新條例

①民國87年11月11日總統令制定公布全文62條。
②民國89年4月26日總統令修正公布第2條條文。
③民國92年1月29日總統令修正公布第3、9、12、19、22、34條條文；並增訂第22-1、25-1條條文。
④民國94年6月22日總統令修正公布第22-1、25-1、27、40條條文。
⑤民國95年5月17日總統令修正公布第27條條文。
⑥民國96年3月21日總統令修正公布第25-1條條文。
⑦民國96年7月4日總統令修正公布第27條條文。
⑧民國97年1月16日總統令修正公布第8、10、12、13、16、18至22、25-1、29至32、36、40、43至45、50、52及60條條文；並增訂第19-1、29-1及61-1條條文。
⑨民國99年5月12日總統令修正公布第19、19-1、29至30、32及36條條文。
⑩民國108年1月30日總統令修正公布全文88條；並自公布日施行。
⑪民國110年5月5日總統令修正公布第32條條文。
⑫民國110年5月28日總統令修正公布第57、61、65條條文。

第一章　總　則

第一條　（立法目的）

為促進都市土地有計畫之再開發利用，復甦都市機能，改善居住環境與景觀，增進公共利益，特制定本條例。

第二條　（主管機關）

本條例所稱主管機關：在中央為內政部；在直轄市為直轄市政府；在縣（市）為縣（市）政府。

第三條　（用詞定義）

本條例用詞，定義如下：

一　都市更新：指依本條例所定程序，在都市計畫範圍內，實施重建、整建或維護措施。
二　更新地區：指依本條例或都市計畫法規定程序，於都市計畫特定範圍內劃定或變更應進行都市更新之地區。
三　都市更新計畫：指依本條例規定程序，載明更新地區應遵循事項，作為擬訂都市更新事業計畫之指導。
四　都市更新事業：指依本條例規定，在更新單元內實施重建、整建或維護事業。
五　更新單元：指可單獨實施都市更新事業之範圍。
六　實施者：指依本條例規定實施都市更新事業之政府機關

（構）、專責法人或機構、都市更新會、都市更新事業機構。

七　權利變換：指更新單元內重建區段之土地所有權人、合法建築物所有權人、他項權利人、實施者或與實施者協議出資之人，提供土地、建築物、他項權利或資金，參與或實施都市更新事業，於都市更新事業計畫實施完成後，按其更新前權利價值比率及提供資金額度，分配更新後土地、建築物或權利金。

第四條　（都市更新之處理方式）

①都市更新處理方式，分為下列三種：

一　重建：指拆除更新單元內原有建築物，重新建築，住戶安置，改進公共設施，並得變更土地使用性質或使用密度。

二　整建：指改建、修建更新單元內建築物或充實其設備，並改進公共設施。

三　維護：指加強更新單元內土地使用及建築管理，改進公共設施，以保持其良好狀況。

②都市更新事業得以前項二種以上處理方式辦理之。

第二章　更新地區之劃定

第五條　（更新地區之劃定應進行調查評估，併同提出更新計畫）

直轄市、縣（市）主管機關應就都市之發展狀況、居民意願、原有社會、經濟關係、人文特色及整體景觀，進行全面調查及評估，並視實際情況劃定更新地區、訂定或變更都市更新計畫。

第六條　（主管機關得優先劃定或變更為更新地區，併同提出都市更新計畫之情形）

有下列各款情形之一者，直轄市、縣（市）主管機關得優先劃定或變更為更新地區並訂定或變更都市更新計畫：

一　建築物窳陋且非防火構造或鄰棟間隔不足，有妨害公共安全之虞。

二　建築物因年代久遠有傾頹或朽壞之虞、建築物排列不良或道路彎曲狹小，足以妨害公共交通或公共安全。

三　建築物未符合都市應有之機能。

四　建築物未能與重大建設配合。

五　具有歷史、文化、藝術、紀念價值，亟須辦理保存維護，或其周邊建築物未能與之配合者。

六　居住環境惡劣，足以妨害公共衛生或社會治安。

七　經偵檢確定遭受放射性污染之建築物。

八　特種工業設施有妨害公共安全之虞。

第七條　（主管機關得逕行劃定或變更為更新地區之情形）

①有下列各款情形之一時，直轄市、縣（市）主管機關應視實際情況，迅行劃定或變更更新地區，並視實際需要訂定或變更都市更新計畫：

一　因戰爭、地震、火災、水災、風災或其他重大事變遭受損壞。
二 為避免重大災害之發生。
三 符合都市危險及老舊建築物加速重建條例第三條第一項第一款、第二款規定之建築物。

②前項更新地區之劃定、變更或都市更新計畫之訂定、變更，中央主管機關得指定該管直轄市、縣（市）主管機關限期為之，必要時並得逕為辦理。

第八條 （主管機關得劃定或變更為策略性更新地區之情形）

有下列各款情形之一時，各級主管機關得視實際需要，劃定或變更策略性更新地區，並訂定或變更都市更新計畫：
一 位於鐵路場站、捷運場站或航空站一定範圍內。
二 位於都會區水岸、港灣周邊適合高度再開發地區者。
三 基於都市防災必要，需整體辦理都市更新者。
四 其他配合重大發展建設需要辦理都市更新者。

第九條 （循都市計畫程序辦理都更計畫訂定或變更）

①更新地區之劃定或變更及都市更新計畫之訂定或變更，未涉及都市計畫之擬定或變更者，準用都市計畫法有關細部計畫規定程序辦理；其涉及都市計畫主要計畫或細部計畫之擬定或變更者，依都市計畫法規定程序辦理，主要計畫或細部計畫得一併辦理擬定或變更。

②全區採整建或維護方式處理，或依第七條規定劃定或變更之更新地區，其更新地區之劃定或變更及都市更新計畫之訂定或變更，得逕由各級主管機關公告實施之，免依前項規定辦理。

③第一項都市更新計畫應表明下列事項，作為擬訂都市更新事業計畫之指導：
一 更新地區範圍。
二 基本目標與策略。
三 實質再發展概要：
㈠土地利用計畫構想。
㈡公共設施改善計畫構想。
㈢交通運輸系統構想。
㈣防災、救災空間構想。
四 其他應表明事項。

④依第八條劃定或變更策略性更新地區之都市更新計畫，除前項應表明事項外，並應表明下列事項：
一 劃定之必要性與預期效益。
二 都市計畫檢討構想。
三 財務計畫概要。
四 開發實施構想。
五 計畫年期及實施進度構想。
六 相關單位配合辦理事項。

第一〇條 （不動產所有權人得向主管機關提議劃定更新地區及處理程序）

①有第六條或第七條之情形時，土地及合法建築物所有權人得向直轄市、縣（市）主管機關提議劃定更新地區。
②直轄市、縣（市）主管機關受理前項提議，應依下列情形分別處理，必要時得通知提議人陳述意見：
一　無劃定必要者，附述理由通知原提議者。
二　有劃定必要者，依第九條規定程序辦理。
③第一項提議應符合要件及應檢附之文件，由當地直轄市、縣（市）主管機關定之。

第三章　政府主導都市更新

第一一條　（都更推動小組之成立）
各級主管機關得成立都市更新推動小組，督導、推動都市更新政策及協調政府主導都市更新業務。

第一二條　（主管機關採行都更事業之實施方式）
①經劃定或變更應實施更新之地區，除本條例另有規定外，直轄市、縣（市）主管機關得採下列方式之一，免擬具事業概要，並依第三十二條規定，實施都市更新事業：
一　自行實施或經公開評選委託都市更新事業機構爲實施者實施。
二　同意其他機關（構）自行實施或經公開評選委託都市更新事業機構爲實施者實施。
②依第七條第一項規定劃定或變更之更新地區，得由直轄市、縣（市）主管機關合併數相鄰或不相鄰之更新單元後，依前項規定方式實施都市更新事業。
③依第七條第二項或第八條規定由中央主管機關劃定或變更之更新地區，其都市更新事業之實施，中央主管機關得準用前二項規定辦理。

第一三條　（委託實施公開評選之程序）
①前條所定公開評選實施者，應由各級主管機關、其他機關（構）擔任主辦機關，公告徵求都市更新事業機構申請，並組成評選會依公平、公正、公開原則審核；其公開評選之公告申請與審核程序、評選會之組織與評審及其他相關事項之辦法，由中央主管機關定之。
②主辦機關依前項公告徵求都市更新事業機構申請前，應於擬實施都市更新事業之地區，舉行說明會。

第一四條　（參與都更之申請人對程序異議及申訴之權益）
①參與都市更新公開評選之申請人對於申請及審核程序，認有違反本條例及相關法令，致損害其權利或利益者，得於下列期限內，以書面向主辦機關提出異議：
一　對公告徵求都市更新事業機構申請文件規定提出異議者，爲自公告之次日起至截止申請日之三分之二；其尾數不足一日者，以一日計。但不得少於十日。

二　對申請及審核之過程、決定或結果提出異議者，爲接獲主辦機關通知或公告之次日起三十日；其過程、決定或結果未經通知或公告者，爲知悉或可得知悉之次日起三十日。

②主辦機關應自收受異議之次日起十五日內爲適當之處理，並將處理結果以書面通知異議人。異議處理結果涉及變更或補充公告徵求都市更新事業機構申請文件者，應另行公告，並視需要延長公開評選之申請期限。

③申請人對於異議處理結果不服，或主辦機關逾期不爲處理者，得於收受異議處理結果或期限屆滿次日起十五日內，以書面向主管機關提出申訴，同時繕具副本連同相關文件送主辦機關。

④申請與審核程序之異議及申訴處理規則，由中央主管機關定之。

第一五條　（各級都更評選申訴會之設立）

①都市更新公開評選申請及審核程序之爭議申訴，依主辦機關屬中央或地方機關（構），分別由中央或直轄市、縣（市）主管機關設都市更新公開評選申訴審議會（以下簡稱都更評選申訴會）處理。

②都更評選申訴會由各級主管機關聘請具有法律或都市更新專門知識之人員擔任，並得由各級主管機關高級人員派兼之；其組成、人數、任期、酬勞、運作及其他相關事項之辦法，由中央主管機關定之。

第一六條　（提起申訴日之起算及完成審議之期限）

①申訴人誤向該管都更評選申訴會以外之機關申訴者，以該機關收受日，視爲提起申訴之日。

②前項收受申訴書之機關應於收受日之次日起三日內，將申訴書移送於該管都更評選申訴會，並通知申訴人。

③都更評選申訴會應於收受申訴書之次日起二個月內完成審議，並將判斷以書面通知申訴人及主辦機關；必要時，得延長一個月。

第一七條　（申訴之不予受理、補正及撤回）

①申訴逾法定期間或不合法定程序者，不予受理。但其情形得予補正者，應定期間命其補正；屆期不補正者，不予受理。

②申訴提出後，申請人得於審議判斷送達前撤回之。申訴經撤回後，不得再提出同一之申訴。

第一八條　（申訴審議之原則及程序）

①申訴以書面審議爲原則。

②都更評選申訴會得依職權或申請，通知申訴人、主辦機關到指定場所陳述意見。

③都更評選申訴會於審議時，得囑託具專門知識經驗之機關、學校、團體或人員鑑定，並得通知相關人士說明或請主辦機關、申訴人提供相關文件、資料。

④都更評選申訴會辦理審議，得先行向申訴人收取審議費、鑑定費及其他必要之費用；其收費標準及繳納方式，由中央主管機關定之。

第一九條　（主辦機關認異議或申訴有理由者之處置）

①申請人提出異議或申訴，主辦機關認其異議或申訴有理由者，應自行撤銷、變更原處理結果或暫停公開評選程序之進行。但爲應緊急情況或公共利益之必要者，不在此限。

②依申請人之申訴，而爲前項之處理者，主辦機關應將其結果即時通知該管都更評選申訴會。

第二〇條　（審議判斷之效力）

①申訴審議判斷，視同訴願決定。

②審議判斷指明原公開評選程序違反法令者，主辦機關應另爲適法之處置，申訴人得向主辦機關請求償付其申請、異議及申訴所支出之必要費用。

第二一條　（準用之規定）

都市更新事業依第十二條規定由主管機關或經同意之其他機關（構）自行實施者，得公開徵求提供資金並協助實施都市更新事業，其公開徵求之公告申請、審核、異議、申訴程序及審議判斷，準用第十三條至前條規定。

第四章　都市更新事業之實施

第二二條　（不動產所有權人自行或委託都更事業機構實施之程序）

①經劃定或變更應實施更新之地區，其土地及合法建築物所有權人得就主管機關劃定之更新單元，或依所定更新單元劃定基準自行劃定更新單元，舉辦公聽會，擬具事業概要，連同公聽會紀錄，申請當地直轄市、縣（市）主管機關依第二十九條規定審議核准，自行組織都市更新會實施該地區之都市更新事業，或委託都市更新事業機構爲實施者實施之；變更時，亦同。

②前項之申請，應經該更新單元範圍內私有土地及私有合法建築物所有權人均超過二分之一，並其所有土地總面積及合法建築物總樓地板面積均超過二分之一之同意；其同意比率已達第三十七條規定者，得免擬具事業概要，並依第二十七條及第三十二條規定，逕行擬訂都市更新事業計畫辦理。

③任何人民或團體得於第一項審議前，以書面載明姓名或名稱及地址，向直轄市、縣（市）主管機關提出意見，由直轄市、縣（市）主管機關參考審議。

④依第一項規定核准之事業概要，直轄市、縣（市）主管機關應即公告三十日，並通知更新單元內土地、合法建築物所有權人、他項權利人、囑託限制登記機關及預告登記請求權人。

第二三條　（未經劃定或變更應實施更新地區申請都更之程序）

①未經劃定或變更應實施更新之地區，有第六條第一款至第三款或第六款情形之一者，土地及合法建築物所有權人得按主管機關所定更新單元劃定基準，自行劃定更新單元，依前條規定，申請實施都市更新事業。

②前項主管機關訂定更新單元劃定基準，應依第六條第一款至第三款及第六款之意旨，明訂建築物及地區環境狀況之具體認定方式。
③第一項更新單元劃定基準於本條例中華民國一百零七年十二月二十八日修正之條文施行後訂定或修正者，應經該管政府都市計畫委員會審議通過後發布實施之；其於本條例中華民國一百零七年十二月二十八日修正之條文施行前訂定者，應於三年內修正，經該管政府都市計畫委員會審議通過後發布實施之。更新單元劃定基準訂定後，主管機關應定期檢討修正之。

第二四條　（所有權比例計算之例外）

申請實施都市更新事業之人數與土地及建築物所有權比率之計算，不包括下列各款：
一　依文化資產保存法所稱之文化資產。
二　經協議保留，並經直轄市、縣（市）主管機關核准且登記有案之宗祠、寺廟、教堂。
三　經政府代管或依土地法第七十三條之一規定由地政機關列冊管理者。
四　經法院囑託查封、假扣押、假處分或破產登記者。
五　未完成申報並核發派下全員證明書之祭祀公業土地或建築物。
六　未完成申報並驗印現會員或信徒名冊、系統表及土地清冊之神明會土地或建築物。

第二五條　（都市更新事業得以信託方式實施）

都市更新事業得以信託方式實施之。其依第二十二條第二項或第三十七條第一項規定計算所有權人人數比率，以委託人人數計算。

第二六條　（都市更新事業機構設立之限制）

都市更新事業機構以依公司法設立之股份有限公司為限。但都市更新事業係以整建或維護方式處理者，不在此限。

第二七條　（都更會之設置及章程應載明事項）

①逾七人之土地及合法建築物所有權人依第二十二條及第二十三條規定自行實施都市更新事業時，應組織都市更新會，訂定章程載明下列事項，申請當地直轄市、縣（市）主管機關核准：
一　都市更新會之名稱及辦公地點。
二　實施地區。
三　成員資格、幹部法定人數、任期、職責及選任方式等事項。
四　有關會務運作事項。
五　有關費用分擔、公告及通知方式等事項。
六　其他必要事項。
②前項都市更新會應為法人；其設立、管理及解散辦法，由中央主管機關定之。

第二八條　（都更會得委任專業機構統籌辦理）

都市更新會得依民法委任具有都市更新專門知識、經驗之機構，統籌辦理都市更新業務。

第二九條 （以合議制及公開方式審議或處理爭議）

①各級主管機關爲審議事業概要、都市更新事業計畫、權利變換計畫及處理實施者與相關權利人有關爭議，應分別遴聘（派）學者、專家、社會公正人士及相關機關（構）代表，以合議制及公開方式辦理之，其中專家學者及民間團體代表不得少於二分之一，任一性別比例不得少於三分之一。

②各級主管機關依前項規定辦理審議或處理爭議，必要時，並得委託專業團體或機構協助作技術性之諮商。

③第一項審議會之職掌、組成、利益迴避等相關事項之辦法，由中央主管機關定之。

第三〇條 （都更專業人員及專責法人或機構之設置）

各級主管機關應置專業人員專責辦理都市更新業務，並得設專責法人或機構，經主管機關委託或同意，協助推動都市更新業務或實施都市更新事業。

第三一條 （都更基金之設置）

各級主管機關爲推動都市更新相關業務或實施都市更新事業，得設置都市更新基金。

第三二條 110

①都市更新事業計畫由實施者擬訂，送由當地直轄市、縣（市）主管機關審議通過後核定發布實施；其屬中央主管機關依第七條第二項或第八條規定劃定或變更之更新地區辦理之都市更新事業，得逕送中央主管機關審議通過後核定發布實施。並即公告三十日及通知更新單元範圍內土地、合法建築物所有權人、他項權利人、囑託限制登記機關及預告登記請求權人；變更時，亦同。

②擬訂或變更都市更新事業計畫期間，應舉辦公聽會，聽取民衆意見。

③都市更新事業計畫擬訂或變更後，送各級主管機關審議前，應於各該直轄市、縣（市）政府或鄉（鎮、市）公所公開展覽三十日，並舉辦公聽會；實施者已取得更新單元內全體私有土地及私有合法建築物所有權人同意者，公開展覽期間得縮短爲十五日。

④前二項公開展覽、公聽會之日期及地點，應刊登新聞紙或新聞電子報，並於直轄市、縣（市）主管機關電腦網站刊登公告文，並通知更新單元範圍內土地、合法建築物所有權人、他項權利人、囑託限制登記機關及預告登記請求權人；任何人民或團體得於公開展覽期間內，以書面載明姓名或名稱及地址，向各級主管機關提出意見，由各級主管機關予以參考審議。經各級主管機關審議修正者，免再公開展覽。

⑤依第七條規定劃定或變更之都市更新地區或採整建、維護方式辦理之更新單元，實施者已取得更新單元內全體私有土地及私有合法建築物所有權人之同意者，於擬訂或變更都市更新事業

計畫時，得免舉辦公開展覽及公聽會，不受前三項規定之限制。
⑥都市更新事業計畫擬訂或變更後，與事業概要內容不同者，免再辦理事業概要之變更。

第三三條　（聽證之舉行）

①各級主管機關依前條規定核定發布實施都市更新事業計畫前，除有下列情形之一者外，應舉行聽證；各級主管機關應斟酌聽證紀錄，並說明採納或不採納之理由作成核定：

一　於計畫核定前已無爭議。
二　依第四條第一項第二款或第三款以整建或維護方式處理，經更新單元內全體土地及合法建築物所有權人同意。
三　符合第三十四條第二款或第三款之情形。
四　依第四十三條第一項但書後段以協議合建或其他方式實施，經更新單元內全體土地及合法建築物所有權人同意。

②不服依前項經聽證作成之行政處分者，其行政救濟程序，免除訴願及其先行程序。

第三四條　（都更計畫簡化辦理之情形）

都市更新事業計畫之變更，得採下列簡化作業程序辦理：

一　有下列情形之一而辦理變更者，免依第三十二條規定辦理公聽會及公開展覽：
㈠依第四條第一項第二款或第三款以整建或維護方式處理，經更新單元內全體私有土地及私有合法建築物所有權人同意。
㈡依第四十三條第一項本文以權利變換方式實施，無第六十條之情形，且經更新單元內全體私有土地及私有合法建築物所有權人同意。
㈢依第四十三條第一項但書後段以協議合建或其他方式實施，經更新單元內全體土地及合法建築物所有權人同意。
二　有下列情形之一而辦理變更者，免依第三十二條規定舉辦公聽會、公開展覽及審議：
㈠第三十六條第一項第二款實施者之變更，於依第三十七條規定徵求同意，並經原實施者與新實施者辦理公證。
㈡第三十六條第一項第十二款至第十五款、第十八款、第二十款及第二十一款所定事項之變更，經更新單元內全體土地及合法建築物所有權人同意。但第十三款之變更以不減損其他受拆遷安置戶之權益為限。
三　第三十六條第一項第七款至第十款所定事項之變更，經各級主管機關認定不影響原核定之都市更新事業計畫者，或第三十六條第二項應敘明事項之變更，免依第三十二條規定舉辦公聽會、公開展覽及依第三十七條規定徵求同意。

第三五條　（都更計畫之擬定或變更涉及都市計畫之處置）

都市更新事業計畫之擬訂或變更，涉及都市計畫之主要計畫變更者，應於依法變更主要計畫後，依第三十二條規定辦理；其僅涉及主要計畫局部性之修正，不違背其原規劃意旨者，或僅涉及細部計畫之擬定、變更者，都市更新事業計畫得先行依第三十二條規定程序發布實施，據以推動更新工作，相關都市計畫再配合辦理擬定或變更。

第三六條（都更應表明事項）

①都市更新事業計畫應視其實際情形，表明下列事項：
一　計畫地區範圍。
二　實施者。
三　現況分析。
四　計畫目標。
五　與都市計畫之關係。
六　處理方式及其區段劃分。
七　區內公共設施興修或改善計畫，含配置之設計圖說。
八　整建或維護區段內建築物改建、修建、維護或充實設備之標準及設計圖說。
九　重建區段之土地使用計畫，含建築物配置及設計圖說。
十　都市設計或景觀計畫。
十一　文化資產、都市計畫表明應予保存或有保存價值建築之保存或維護計畫。
十二　實施方式及有關費用分擔。
十三　拆遷安置計畫。
十四　財務計畫。
十五　實施進度。
十六　效益評估。
十七　申請獎勵項目及額度。
十八　權利變換之分配及選配原則。其原所有權人分配之比率可確定者，其分配比率。
十九　公有財產之處理方式及更新後之分配使用原則。
二十　實施風險控管方案。
二一　維護管理及保固事項。
二二　相關單位配合辦理事項。
二三　其他應加表明之事項。

②實施者為都市更新事業機構，其都市更新事業計畫報核當時之資本總額或實收資本額、負責人、營業項目及實績等，應於前項第二款敘明之。

③都市更新事業計畫以重建方式處理者，第一項第二十款實施風險控管方案依下列方式之一辦理：
一　不動產開發信託。
二　資金信託。
三　續建機制。
四　同業連帶擔保。
五　商業團體辦理連帶保證協定。
六　其他經主管機關同意或審議通過之方式。

第三七條（不動產所有權人之同意權）

①實施者擬訂或變更都市更新事業計畫報核時，應經一定比率之私有土地與私有合法建築物所有權人數及所有權面積之同意；其同意比率依下列規定計算。但私有土地及私有合法建築物所有權面積均超過十分之九同意者，其所有權人數不予計算：

一　依第十二條規定經公開評選委託都市更新事業機構辦理者：應經更新單元內私有土地及私有合法建築物所有權人均超過二分之一，且其所有土地總面積及合法建築物總樓地板面積均超過二分之一之同意。但公有土地面積超過更新單元面積二分之一者，免取得私有土地及私有合法建築物之同意。實施者應保障私有土地及私有合法建築物所有權人權利變換後之權利價值，不得低於都市更新相關法規之規定。

二　依第二十二條規定辦理者：

㈠依第七條規定劃定或變更之更新地區，應經更新單元內私有土地及私有合法建築物所有權人均超過二分之一，且其所有土地總面積及合法建築物總樓地板面積均超過二分之一之同意。

㈡其餘更新地區，應經更新單元內私有土地及私有合法建築物所有權人均超過四分之三，且其所有土地總面積及合法建築物總樓地板面積均超過四分之三之同意。

三　依第二十三條規定辦理者：應經更新單元內私有土地及私有合法建築物所有權人均超過五分之四，且其所有土地總面積及合法建築物總樓地板面積均超過五分之四之同意。

②前項人數與土地及建築物所有權比率之計算，準用第二十四條之規定。

③都市更新事業以二種以上方式處理時，第一項人數與面積比率，應分別計算之。第二十三條第二項同意比率之計算，亦同。

④各級主管機關對第一項同意比率之審核，除有民法第八十八條、第八十九條、第九十二條規定情事或雙方合意撤銷者外，以都市更新事業計畫公開展覽期滿時為準。所有權人對於公開展覽之計畫所載更新後分配之權利價值比率或分配比率低於出具同意書時者，得於公開展覽期滿前，撤銷其同意。

第三八條（所有權人人數、所有權等比例計算）

依第七條規定劃定或變更之都市更新地區或依第四條第一項第二款、第三款方式處理者，其共有土地或同一建築基地上有數幢或數棟建築物，其中部分建築物辦理重建、整建或維護時，得在不變更其他幢或棟建築物區分所有權人之區分所有權及其基地所有權應有部分之情形下，以辦理重建、整建或維護之各該幢或棟建築物所有權人人數、所有權及其基地所有權應有部分為計算基礎，分別計算其同意之比率。

第三九條（事業概要及都市更新事業計畫之同意比率計算以記載者為準）

①依第二十二條第二項或第三十七條第一項規定計算之同意比率，除有因繼承、強制執行、徵收或法院之判決於登記前取得所有權之情形，於申請或報核時能提出證明文件者，得以該證明文件記載者為準外，應以土地登記簿、建物登記簿、合法建物證明或經直轄市、縣（市）主管機關核發之證明文件記載者為準。

②前項登記簿登記、證明文件記載為公同共有者，或尚未辦理繼承登記，於分割遺產前為繼承人公同共有者，應以同意之公同共有人數為其同意人數，並以其占該公同共有全體人數之比率，乘以該公同共有部分面積所得之面積為其同意面積計算之。

第四〇條　（異常之事證調查及其審議或處理）

主管機關審議時，知悉更新單元內土地及合法建築物所有權有持分人數異常增加之情形，應依職權調查相關事實及證據，並將結果依第二十九條辦理審議或處理爭議。

第四一條　（調查或測量之實施）

①實施者為擬訂都市更新事業計畫，得派員進入更新地區範圍內之公私有土地或建築物實施調查或測量；其進入土地或建築物，應先通知其所有權人、管理人或使用人。

②依前項辦理調查或測量時，應先報請當地直轄市、縣（市）主管機關核准。但主管機關辦理者，不在此限。

③依第一項辦理調查或測量時，如必須遷移或除去該土地上之障礙物，應先通知所有權人、管理人或使用人，所有權人、管理人或使用人因而遭受之損失，應予適當之補償；補償金額由雙方協議之，協議不成時，由當地直轄市、縣（市）主管機關核定之。

第四二條　（禁止之公告）

①更新地區劃定或變更後，直轄市、縣（市）主管機關得視實際需要，公告禁止更新地區範圍內建築物之改建、增建或新建及採取土石或變更地形。但不影響都市更新事業之實施者，不在此限。

②前項禁止期限，最長不得超過二年。

③違反第一項規定者，當地直轄市、縣（市）主管機關得限期命令其拆除、改建、停止使用或恢復原狀。

第四三條　（重建區段之土地以權利變換方式實施）

①都市更新事業計畫範圍內重建區段之土地，以權利變換方式實施之。但由主管機關或其他機關辦理者，得以徵收、區段徵收或市地重劃方式實施之；其他法律另有規定或經全體土地及合法建築物所有權人同意者，得以協議合建或其他方式實施之。

②以區段徵收方式實施都市更新事業時，抵價地總面積占徵收總面積之比率，由主管機關考量實際情形定之。

第四四條　（協議合建）

①以協議合建方式實施都市更新事業，未能依前條第一項取得全體土地及合法建築物所有權人同意者，得經更新單元範圍內私

有土地總面積及私有合法建築物總樓地板面積均超過五分之四之同意，就達成合建協議部分，以協議合建方式實施之。對於不願參與協議合建之土地及合法建築物，以權利變換方式實施之。

②前項參與權利變換者，實施者應保障其權利變換後之權利價值不得低於都市更新相關法規之規定。

第四五條　（應行整建或維護建築物之辦理方式）

①都市更新事業計畫經各級主管機關核定發布實施後，範圍內應行整建或維護之建築物，實施者應依實施進度辦理，所需費用所有權人或管理人應交予實施者。

②前項費用，經實施者催告仍不繳納者，由實施者報請該管主管機關以書面行政處分命所有權人或管理人依限繳納；屆期未繳納者，由該管主管機關移送法務部行政執行署所屬行政執行分署強制執行。其執行所得之金額，由該管主管機關於實施者支付實施費用之範圍內發給之。

③第一項整建或維護建築物需申請建築執照者，得以實施者名義爲之，並免檢附土地權利證明文件。

第四六條　（公有財產之處理方式）

①公有土地及建築物，除另有合理之利用計畫，確無法併同實施都市更新事業者外，於舉辦都市更新事業時，應一律參加都市更新，並依都市更新事業計畫處理之，不受土地法第二十五條、國有財產法第七條、第二十八條、第五十三條、第六十六條、預算法第二十五條、第二十六條、第八十六條及地方政府公產管理法令相關規定之限制。

②公有土地及建築物爲公用財產而須變更爲非公用財產者，應配合當地都市更新事業計畫，由各該級政府之非公用財產管理機關逕行變更爲非公用財產，統籌處理，不適用國有財產法第三十三條至第三十五條及地方政府公產管理法令之相關規定。

③前二項公有財產依下列方式處理：

一　自行辦理、委託其他機關（構）、都市更新事業機構辦理或信託予信託機構辦理更新。

二　由直轄市、縣（市）政府或其他機關以徵收、區段徵收方式實施都市更新事業時，應辦理撥用或撥供使用。

三　以權利變換方式實施都市更新事業時，除按應有之權利價值選擇參與分配土地、建築物、權利金或領取補償金外，並得讓售實施者。

四　以協議合建方式實施都市更新事業時，得主張以權利變換方式參與分配或以標售、專案讓售予實施者；其採標售方式時，除原有法定優先承購者外，實施者得以同樣條件優先承購。

五　以設定地上權方式參與或實施。

六　其他法律規定之方式。

④經劃定或變更應實施更新之地區於本條例中華民國一百零七年

十二月二十八日修正之條文施行後擬訂報核之都市更新事業計畫，其範圍內之公有土地面積或比率達一定規模以上者，除有特殊原因者外，應依第十二條第一項規定方式之一辦理。其一定規模及特殊原因，由各級主管機關定之。

⑤公有財產依第三項第一款規定委託都市更新事業機構辦理更新時，除本條例另有規定外，其徵求都市更新事業機構之公告申請、審核、異議、申訴程序及審議判斷，準用第十三條至第二十條規定。

⑥公有土地上之舊違章建築戶，如經協議納入都市更新事業計畫處理，並給付管理機關使用補償金等相關費用後，管理機關得與該舊違章建築戶達成訴訟上之和解。

第四七條　（不動產處分或收益相關規定限制之排除）

①各級主管機關、其他機關（構）或鄉（鎮、市）公所因自行實施或擔任主辦機關經公開評選都市更新事業機構實施都市更新事業取得之土地、建築物或權利，其處分或收益，不受土地法第二十五條、國有財產法第二十八條、第五十三條及各級政府財產管理規則相關規定之限制。

②直轄市、縣（市）主管機關或鄉（鎮、市）公所因參與都市更新事業或推動都市更新辦理都市計畫變更取得之土地、建築物或權利，其處分或收益，不受土地法第二十五條及地方政府財產管理規則相關規定之限制。

第五章　權利變換

第四八條　（權利變換計畫擬訂或變更之辦理程序）

①以權利變換方式實施都市更新時，實施者應於都市更新事業計畫核定發布實施後，擬具權利變換計畫，依第三十二條及第三十三條規定程序辦理；變更時，亦同。但必要時，權利變換計畫之擬訂報核，得與都市更新事業計畫一併辦理。

②實施者爲擬訂或變更權利變換計畫，須進入權利變換範圍內公、私有土地或建築物實施調查或測量時，準用第四十一條規定辦理。

③權利變換計畫應表明之事項及權利變換實施辦法，由中央主管機關定之。

第四九條　（權利變換計畫變更之簡化作業程序）

權利變換計畫之變更，得採下列簡化作業程序辦理：

一　有下列情形之一而辦理變更者，免依第三十二條及第三十三條規定辦理公聽會、公開展覽、聽證及審議：

㈠計畫內容有誤寫、誤算或其他類此之顯然錯誤之更正。

㈡參與分配人或實施者，其分配單元或停車位變動，經變動雙方同意。

㈢依第二十五條規定辦理時之信託登記。

㈣權利變換期間辦理土地及建築物之移轉、分割、設定負擔及抵押權、典權、限制登記之塗銷。
㈤依地政機關地籍測量或建築物測量結果釐正圖冊。
㈥第三十六條第一項第二款所定實施者之變更，經原實施者與新實施者辦理公證。
二　有下列情形之一而辦理變更者，免依第三十二條及第三十三條規定辦理公聽會、公開展覽及聽證：
㈠原參與分配人表明不願繼續參與分配，或原不願意參與分配者表明參與分配，經各級主管機關認定不影響其他權利人之權益。
㈡第三十六條第一項第七款至第十款所定事項之變更，經各級主管機關認定不影響原核定之權利變換計畫。
㈢有第一款各目情形所定事項之變更而涉及其他計畫內容變動，經各級主管機關認定不影響原核定之權利變換計畫。

第五〇條　（權利價值之查估及評定）

①權利變換前各宗土地、更新後土地、建築物及權利變換範圍內其他土地於評價基準日之權利價值，由實施者委任三家以上專業估價者查估後評定之。
②前項估價者由實施者與土地所有權人共同指定；無法共同指定時，由實施者指定一家，其餘二家由實施者自各級主管機關建議名單中，以公開、隨機方式選任之。
③各級主管機關審議權利變換計畫認有必要時，得就實施者所提估價報告書委任其他專業估價者或專業團體提複核意見，送各級主管機關參考審議。
④第二項之名單，由各級主管機關會商相關職業團體建議之。

第五一條　（權利變換後之共同負擔費用計算）

①實施權利變換時，權利變換範圍內供公共使用之道路、溝渠、兒童遊樂場、鄰里公園、廣場、綠地、停車場等七項用地，除以各該原有公共設施用地、未登記地及得無償撥用取得之公有道路、溝渠、河川等公有土地抵充外，其不足土地與工程費用、權利變換費用、貸款利息、稅捐、管理費用及都市更新事業計畫載明之都市計畫變更負擔、申請各項建築容積獎勵及容積移轉所支付之費用由實施者先行墊付，於經各級主管機關核定後，由權利變換範圍內之土地所有權人按其權利價值比率、都市計畫規定與其相對投入及受益情形，計算共同負擔，並以權利變換後應分配之土地及建築物折價抵付予實施者；其應分配之土地及建築物因折價抵付致未達最小分配面積單元時，得改以現金繳納。
②前項權利變換範圍內，土地所有權人應共同負擔之比率，由各級主管機關考量實際情形定之。
③權利變換範圍內未列為第一項共同負擔之公共設施，於土地及建築物分配時，除原有土地所有權人提出申請分配者外，以原公有土地應分配部分，優先指配；其仍有不足時，以折價抵付

共同負擔之土地及建築物指配之。但公有土地及建築物管理機關（構）或實施者得要求該公共設施管理機構負擔所需經費。
④第一項最小分配面積單元基準，由直轄市、縣（市）主管機關定之。
⑤第一項後段得以現金繳納之金額，土地所有權人應交予實施者。經實施者催告仍不繳納者，由實施者報請該管主管機關以書面行政處分命土地所有權人依限繳納；屆期未繳納者，由該管主管機關移送法務部行政執行署所屬行政執行分署強制執行。其執行所得之金額，由該管主管機關於實施者支付共同負擔費用之範圍內發給之。

第五二條　（權利變換後之不動產分配；差額價金之發給或繳納）
①權利變換後之土地及建築物扣除前條規定折價抵付共同負擔後，其餘土地及建築物依各宗土地權利變換前之權利價值比率，分配與原土地所有權人。但其不願參與分配或應分配之土地及建築物未達最小分配面積單元，無法分配者，得以現金補償之。
②依前項規定分配結果，實際分配之土地及建築物面積多於應分配之面積者，應繳納差額價金；實際分配之土地及建築物少於應分配之面積者，應發給差額價金。
③第一項規定現金補償於發放或提存後，由實施者列冊送請各級主管機關囑託該管登記機關辦理所有權移轉登記。
④依第一項補償之現金及第二項規定應發給之差額價金，經各級主管機關核定後，應定期通知應受補償人領取；逾期不領取者，依法提存之。
⑤第二項應繳納之差額價金，土地所有權人應交予實施者。經實施者催告仍不繳納者，由實施者報請該管主管機關以書面行政處分命土地所有權人依限繳納；屆期未繳納者，由該管主管機關移送法務部行政執行署所屬行政執行分署強制執行。其執行所得之金額，由該管主管機關於實施者支付差額價金之範圍內發給之。
⑥應繳納差額價金而未繳納者，其獲配之土地及建築物不得移轉或設定負擔；違反者，其移轉或設定負擔無效。但因繼承而辦理移轉者，不在此限。

第五三條　（權利變換計畫書異議審議核復期限）
①權利變換計畫書核定發布實施後二個月內，土地所有權人對其權利價值有異議時，應以書面敘明理由，向各級主管機關提出，各級主管機關應於受理異議後三個月內審議核復。但因情形特殊，經各級主管機關認有委託專業團體或機構協助作技術性諮商之必要者，得延長審議核復期限三個月。當事人對審議核復結果不服者，得依法提請行政救濟。
②前項異議處理或行政救濟期間，實施者非經主管機關核准，不得停止都市更新事業之進行。
③第一項異議處理或行政救濟結果與原評定價值有差額部分，由當事人以現金相互找補。

④第一項審議核復期限，應扣除各級主管機關委託專業團體或機構協助作技術性諮商及實施者委託專業團體或機構重新查估權利價值之時間。

第五四條　（公告禁止事項）

①實施權利變換地區，直轄市、縣（市）主管機關得於權利變換計畫書核定後，公告禁止下列事項。但不影響權利變換之實施者，不在此限：

一　土地及建築物之移轉、分割或設定負擔。

二　建築物之改建、增建或新建及採取土石或變更地形。

②前項禁止期限，最長不得超過二年。

③違反第一項規定者，當地直轄市、縣（市）主管機關得限期命令其拆除、改建、停止使用或恢復原狀。

第五五條　（申請建照之名義）

①依權利變換計畫申請建築執照，得以實施者名義爲之，並免檢附土地、建物及他項權利證明文件。

②都市更新事業依第十二條規定由主管機關或經同意之其他機關（構）自行實施，並經公開徵求提供資金及協助實施都市更新事業者，且於都市更新事業計畫載明權責分工及協助實施內容，於依前項規定申請建築執照時，得以該資金提供者與實施者名義共同爲之，並免檢附前項權利證明文件。

③權利變換範圍內土地改良物未拆除或遷移完竣前，不得辦理更新後土地及建築物銷售。

第五六條　（應分配之不動產視爲原有）

權利變換後，原土地所有權人應分配之土地及建築物，自分配結果確定之日起，視爲原有。

第五七條 110

①權利變換範圍內應行拆除或遷移之土地改良物，由實施者依主管機關公告之權利變換計畫通知其所有權人、管理人或使用人，限期三十日內自行拆除或遷移；屆期不拆除或遷移者，依下列順序辦理：

一　由實施者予以代爲之。

二　由實施者請求當地直轄市、縣（市）主管機關代爲之。

②實施者依前項第一款規定代爲拆除或遷移前，應就拆除或遷移之期日、方式、安置或其他拆遷相關事項，本於眞誠磋商精神予以協調，並訂定期限辦理拆除或遷移；協調不成者，由實施者依前項第二款規定請求直轄市、縣（市）主管機關代爲之；直轄市、縣（市）主管機關受理前項第二款之請求後應再行協調，再行協調不成者，直轄市、縣（市）主管機關應訂定期限辦理拆除或遷移。但由直轄市、縣（市）主管機關自行實施者，得於協調不成時逕爲訂定期限辦理拆除或遷移，不適用再行協調之規定。

③第一項應拆除或遷移之土地改良物，經直轄市、縣（市）主管機關認定屬高氯離子鋼筋混凝土或耐震能力不足之建築物而有

明顯危害公共安全者，得準用建築法第八十一條規定之程序辦理強制拆除，不適用第一項後段及前項規定。

④第一項應拆除或遷移之土地改良物為政府代管、扣押、法院強制執行或行政執行者，實施者應於拆除或遷移前，通知代管機關、扣押機關、執行法院或行政執行機關為必要之處理。

⑤第一項因權利變換而拆除或遷移之土地改良物，應補償其價值或建築物之殘餘價值，其補償金額由實施者委託專業估價者查估後評定之，實施者應於權利變換計畫核定發布後定期通知應受補償人領取；逾期不領取者，依法提存。應受補償人對補償金額有異議時，準用第五十三條規定辦理。

⑥第一項因權利變換而拆除或遷移之土地改良物，除由所有權人、管理人或使用人自行拆除或遷移者外，其拆除或遷移費用在應領補償金額內扣回。

⑦實施者依第一項第二款規定所提出之申請，及直轄市、縣（市）主管機關依第二項規定辦理協調及拆除或遷移土地改良物，其申請條件、應備文件、協調、評估方式、拆除或遷移土地改良物作業事項及其他應遵行事項之自治法規，由直轄市、縣（市）主管機關定之。

第五八條（請求補償權）

①權利變換範圍內出租之土地及建築物，因權利變換而不能達到原租賃之目的者，租賃契約終止，承租人並得依下列規定向出租人請求補償。但契約另有約定者，從其約定：

一　出租土地係供為建築房屋者，承租人得向出租人請求相當一年租金之補償，所餘租期未滿一年者，得請求相當所餘租期租金之補償。

二　前款以外之出租土地或建築物，承租人得向出租人請求相當二個月租金之補償。

②權利變換範圍內出租之土地訂有耕地三七五租約者，應由承租人選擇依第六十條或耕地三七五減租條例第十七條規定辦理，不適用前項之規定。

第五九條（不動產役權之消滅）

①權利變換範圍內設定不動產役權之土地或建築物，該不動產役權消滅。

②前項不動產役權之設定為有償者，不動產役權人得向土地或建築物所有權人請求相當補償；補償金額如發生爭議時，準用第五十三條規定辦理。

第六〇條（合法建物及設定地上權、永佃權、農育權或耕地三七五租約之土地處理）

①權利變換範圍內合法建築物及設定地上權、永佃權、農育權或耕地三七五租約之土地，由土地所有權人及合法建築物所有權人、地上權人、永佃權人、農育權人或耕地三七五租約之承租人於實施者擬訂權利變換計畫前，自行協議處理。

②前項協議不成，或土地所有權人不願或不能參與分配時，由實

施者估定合法建築物所有權之權利價值及地上權、永佃權、農育權或耕地三七五租約價值，於土地所有權人應分配之土地及建築物權利或現金補償範圍內，按合法建築物所有權、地上權、永佃權、農育權或耕地三七五租約價值占原土地價值比率，分配或補償予各該合法建築物所有權人、地上權人、永佃權人、農育權人或耕地三七五租約承租人，納入權利變換計畫內。其原有之合法建築物所有權、地上權、永佃權、農育權或耕地三七五租約消滅或終止。

③土地所有權人、合法建築物所有權人、地上權人、永佃權人、農育權人或耕地三七五租約承租人對前項實施者估定之合法建築物所有權之價值及地上權、永佃權、農育權或耕地三七五租約價值有異議時，準用第五十三條規定辦理。

④第二項之分配，視為土地所有權人獲配土地後無償移轉；其土地增值稅準用第六十七條第一項第四款規定減徵並准予記存，由合法建築物所有權人、地上權人、永佃權人、農育權人或耕地三七五租約承租人於權利變換後再移轉時，一併繳納之。

第六一條 110

①權利變換範圍內土地及建築物經設定抵押權、典權或限制登記，除自行協議消滅者外，由實施者列冊送請各級主管機關囑託該管登記機關，於權利變換後分配土地及建築物時，按原登記先後，登載於原土地或建築物所有權人應分配之土地及建築物；其為合併分配者，抵押權、典權或限制登記之登載，應以權利變換前各宗土地或各幢（棟）建築物之權利價值，計算其權利價值。

②土地及建築物依第五十二條第三項及第五十七條第五項規定辦理補償時，其設有抵押權、典權或限制登記者，由實施者在不超過原土地或建築物所有權人應得補償之數額內，代為清償、回贖或提存後，消滅或終止，並由實施者列冊送請各級主管機關囑託該管登記機關辦理塗銷登記。

第六二條 （占有他人土地之舊違章建築户之處理）

權利變換範圍內占有他人土地之舊違章建築戶處理事宜，由實施者提出處理方案，納入權利變換計畫內一併報核；有異議時，準用第五十三條規定辦理。

第六三條 （經權利變換分配土地及建物之接管）

權利變換範圍內，經權利變換分配之土地及建築物，實施者應以書面分別通知受配人，限期辦理接管；逾期不接管者，自限期屆滿之翌日起，視為已接管。

第六四條 （土地及建物之權利登記）

①經權利變換之土地及建築物，實施者應依據權利變換結果，列冊送請各級主管機關囑託該管登記機關辦理權利變更或塗銷登記，換發權利書狀；未於規定期限內換領者，其原權利書狀由該管登記機關公告註銷。

②前項建築物辦理所有權第一次登記公告受有都市更新異議時，

登記機關於公告期滿應移送囑託機關處理，囑託機關依本條例相關規定處理後，通知登記機關依處理結果辦理登記，免再依土地法第五十九條第二項辦理。

③實施權利變換時，其土地及建築物權利已辦理土地登記者，應以各該權利之登記名義人參與權利變換計畫，其獲有分配者，並以該登記名義人之名義辦理囑託登記。

第六章 獎 助

第六五條 110

①都市更新事業計畫範圍內之建築基地，得視都市更新事業需要，給予適度之建築容積獎勵；獎勵後之建築容積，不得超過各該建築基地一點五倍之基準容積，且不得超過都市計畫法第八十五條所定施行細則之規定。

②有下列各款情形之一者，其獎勵後之建築容積得依下列規定擇優辦理，不受前項後段規定之限制：

一 實施容積管制前已興建完成之合法建築物，其原建築容積高於基準容積：不得超過各該建築基地零點三倍之基準容積再加其原建築容積，或各該建築基地一點二倍之原建築容積。

二 前款合法建築物經直轄市、縣（市）主管機關認定屬高氯離子鋼筋混凝土或耐震能力不足而有明顯危害公共安全：不得超過各該建築基地一點三倍之原建築容積。

三 各級主管機關依第八條劃定或變更策略性更新地區，屬依第十二條第一項規定方式辦理，且更新單元面積達一萬平方公尺以上：不得超過各該建築基地二倍之基準容積或各該建築基地零點五倍之基準容積再加其原建築容積。

③符合前項第二款情形之建築物，得依該款獎勵後之建築容積上限額度建築，且不得再申請第五項所定辦法、自治法規及其他法令規定之建築容積獎勵項目。

④依第七條、第八條規定劃定或變更之更新地區，於實施都市更新事業時，其建築物高度及建蔽率得酌予放寬；其標準，由直轄市、縣（市）主管機關定之。但建蔽率之放寬以住宅區之基地為限，且不得超過原建蔽率。

⑤第一項、第二項第一款及第三款建築容積獎勵之項目、計算方式、額度、申請條件及其他相關事項之辦法，由中央主管機關定之；直轄市、縣（市）主管機關基於都市發展特性之需要，得以自治法規另訂獎勵之項目、計算方式、額度、申請條件及其他應遵行事項。

⑥依前項直轄市、縣（市）自治法規給予之建築容積獎勵，不得超過各該建築基地零點二倍之基準容積。但依第二項第三款規定辦理者，不得超過各該建築基地零點四倍之基準容積。

⑦各級主管機關依第五項規定訂定辦法或自治法規有關獎勵之項

目，應考量對都市環境之貢獻、公共設施服務水準之影響、文化資產保存維護之貢獻、新技術之應用及有助於都市更新事業之實施等因素。

⑧第二項第二款及第五十七條第三項耐震能力不足建築物而有明顯危害公共安全之認定方式、程序、基準及其他相關事項之辦法，由中央主管機關定之。

⑨都市更新事業計畫於本條例中華民國一百零八年一月三十日修正施行前擬訂報核者，得適用修正前之規定。

第六六條　（建築容積之轉移）

①更新地區範圍內公共設施保留地、依法或都市計畫表明應予保存、直轄市、縣（市）主管機關認定有保存價值及依第二十九條規定審議保留之建築所坐落之土地或街區，或其他爲促進更有效利用之土地，其建築容積得一部或全部轉移至其他建築基地建築使用，並準用依都市計畫法第八十三條之一第二項所定辦法有關可移出容積訂定方式、可移入容積地區範圍、接受基地可移入容積上限、換算公式、移轉方式及作業方法等規定辦理。

②前項建築容積經全部轉移至其他建築基地建築使用者，其原爲私有之土地應登記爲公有。

第六七條　（稅捐減免）

①更新單元內之土地及建築物，依下列規定減免稅捐：

一　更新期間土地無法使用者，免徵地價稅；其仍可繼續使用者，減半徵收。但未依計畫進度完成更新且可歸責於土地所有權人之情形者，依法課徵之。

二　更新後地價稅及房屋稅減半徵收二年。

三　重建區段範圍內更新前合法建築物所有權人取得更新後建築物，於前款房屋稅減半徵收二年期間內未移轉，且經直轄市、縣（市）主管機關視地區發展趨勢及財政狀況同意者，得延長其房屋稅減半徵收期間至喪失所有權止，但以十年爲限。本條例中華民國一百零七年十二月二十八日修正之條文施行前，前款房屋稅減半徵收二年期間已屆滿者，不適用之。

四　依權利變換取得之土地及建築物，於更新後第一次移轉時，減徵土地增值稅及契稅百分之四十。

五　不願參加權利變換而領取現金補償者，減徵土地增值稅百分之四十。

六　實施權利變換應分配之土地未達最小分配面積單元，而改領現金者，免徵土地增值稅。

七　實施權利變換，以土地及建築物抵付權利變換負擔者，免徵土地增值稅及契稅。

八　原所有權人與實施者間因協議合建辦理產權移轉時，經直轄市、縣（市）主管機關視地區發展趨勢及財政狀況同意者，得減徵土地增值稅及契稅百分之四十。

②前項第三款及第八款實施年限，自本條例中華民國一百零七年十二月二十八日修正之條文施行之日起算五年；其年限屆期前半年，行政院得視情況延長之，並以一次為限。

③都市更新事業計畫於前項實施期限屆滿之日前已報核或已核定尚未完成更新，於都市更新事業計畫核定之日起二年內或於權利變換計畫核定之日起一年內申請建造執照，且依建築期限完工者，其更新單元內之土地及建築物，準用第一項第三款及第八款規定。

第六八條　（相關稅制之排除）

①以更新地區內之土地為信託財產，訂定以委託人為受益人之信託契約者，不課徵贈與稅。

②前項信託土地，因信託關係而於委託人與受託人間移轉所有權者，不課徵土地增值稅。

第六九條　（信託土地地價稅及地價總額之計算）

①以更新地區內之土地為信託財產者，於信託關係存續中，以受託人為地價稅或田賦之納稅義務人。

②前項土地應與委託人在同一直轄市或縣（市）轄區內所有之土地合併計算地價總額，依土地稅法第十六條規定稅率課徵地價稅，分別就各該土地地價占地價總額之比率，計算其應納之地價稅。但信託利益之受益人為非委託人且符合下列各款規定者，前項土地應與受益人在同一直轄市或縣（市）轄區內所有之土地合併計算地價總額：

一　受益人已確定並享有全部信託利益。

二　委託人未保留變更受益人之權利。

第七〇條　（所得稅之抵減）

①實施者為股份有限公司組織之都市更新事業機構，投資於經主管機關劃定或變更為應實施都市更新地區之都市更新事業支出，得於支出總額百分之二十範圍內，抵減其都市更新事業計畫完成年度應納營利事業所得稅額，當年度不足抵減時，得在以後四年度抵減之。

②都市更新事業依第十二條規定由主管機關或經同意之其他機關（構）自行實施，經公開徵求股份有限公司提供資金並協助實施都市更新事業，於都市更新事業計畫或權利變換計畫載明權責分工及協助實施都市更新事業內容者，該公司實施都市更新事業之支出得準用前項投資抵減之規定。

③前二項投資抵減，其每一年度得抵減總額，以不超過該公司當年度應納營利事業所得稅額百分之五十為限。但最後年度抵減金額，不在此限。

④第一項及第二項投資抵減之適用範圍，由財政部會商內政部定之。

第七一條　（經營都更事業之新公司設立規定）

①實施者為新設立公司，並以經營都市更新事業為業者，得公開招募股份；其發起人應包括不動產投資開發專業公司及都市更

新事業計畫內土地、合法建築物所有權人及地上權人，且持有股份總數不得低於該新設立公司股份總數之百分之三十，並應報經中央主管機關核定。其屬公開招募新設立公司者，應檢具各級主管機關已核定都市更新事業計畫之證明文件，向證券管理機關申報生效後，始得為之。

②前項公司之設立，應由都市更新事業計畫內土地、合法建築物之所有權人及地上權人，優先參與該公司之發起。

③實施者為經營不動產投資開發之上市公司，為籌措都市更新事業計畫之財源，得發行指定用途之公司債，不受公司法第二百四十七條之限制。

④前項經營不動產投資開發之上市公司於發行指定用途之公司債時，應檢具各級主管機關核定都市更新事業計畫之證明文件，向證券管理機關申報生效後，始得為之。

第七二條　（放款資金之額度）

①金融機構為提供參與都市更新之土地及合法建築物所有權人、實施者或不動產投資開發專業公司籌措經主管機關核定發布實施之都市更新事業計畫所需資金而辦理之放款，得不受銀行法第七十二條之二之限制。

②金融主管機關於必要時，得規定金融機構辦理前項放款之最高額度。

第七三條　（公共設施之興修費用）

①因實施都市更新事業而興修之重要公共設施，除本條例另有規定外，實施者得要求該公共設施之管理者負擔該公共設施興修所需費用之全部或一部；其費用負擔應於都市更新事業計畫中訂定。

②更新地區範圍外必要之關聯性公共設施，各該主管機關應配合更新進度，優先興建，並實施管理。

第七章　監督及管理

第七四條　（報核期限及申請展期）

①實施者依第二十二條或第二十三條規定實施都市更新事業，應依核准之事業概要所表明之實施進度擬訂都市更新事業計畫報核；逾期未報核者，核准之事業概要失其效力，直轄市、縣（市）主管機關應通知更新單元內土地、合法建築物所有權人、他項權利人、囑託限制登記機關及預告登記請求權人。

②因故未能於前項期限內擬訂都市更新事業計畫報核者，得敘明理由申請展期；展期之期間每次不得超過六個月，並以二次為限。

第七五條　（得檢查計畫之執行情形）

都市更新事業計畫核定後，直轄市、縣（市）主管機關得視實際需要隨時或定期檢查實施者對該事業計畫之執行情形。

第七六條　（應限期改善或勒令停止營運之情形）

①前條之檢查發現有下列情形之一者，直轄市、縣（市）主管機關應限期令其改善或勒令其停止營運並限期清理；必要時，並得派員監管、代管或爲其他必要之處理：

一　違反或擅自變更章程、事業計畫或權利變換計畫。

二　業務廢弛。

三　事業及財務有嚴重缺失。

②實施者不遵從前項命令時，直轄市、縣（市）主管機關得撤銷其更新核准，並得強制接管；其接管辦法由中央主管機關定之。

第七七條　（不法情事或重大瑕疵之請求檢查及處理）

依第十二條規定經公開評選委託之實施者，其於都市更新事業計畫核定後，如有不法情事或重大瑕疵而對所有權人或權利關係人之權利顯有不利時，所有權人或權利關係人得向直轄市、縣（市）主管機關請求依第七十五條予以檢查，並由該管主管機關視檢查情形依第七十六條爲必要之處理。

第七八條　（檢送主管機關備查）

實施者應於都市更新事業計畫完成後六個月內，檢具竣工書圖、經會計師簽證之財務報告及更新成果報告，送請當地直轄市、縣（市）主管機關備查。

第八章　罰　則

第七九條　（處罰）

實施者違反第五十五條第三項規定者，處新臺幣五十萬元以上五百萬元以下罰鍰，並令其停止銷售；不停止其行爲者，得按次處罰至停止爲止。

第八〇條　（處罰）

不依第四十二條第三項或第五十四條第三項規定拆除、改建、停止使用或恢復原狀者，處新臺幣六萬元以上三十萬元以下罰鍰。並得停止供水、供電、封閉、強制拆除或採取恢復原狀措施，費用由土地或建築物所有權人、使用人或管理人負擔。

第八一條　（處罰）

實施者無正當理由拒絕、妨礙或規避第七十五條之檢查者，處新臺幣六萬元以上三十萬元以下罰鍰，並得按次處罰之。

第八二條　（處罰機關）

前三條所定罰鍰，由直轄市、縣（市）主管機關處罰之。

第九章　附　則

第八三條　（都市更新案申請建築執照之期限）

①都市更新案申請建築執照之相關法規適用，以擬訂都市更新事業計畫報核日爲準，並應自擬訂都市更新事業計畫經核定之日起二年內爲之。

②前項以權利變換方式實施，且其權利變換計畫與都市更新事業

計畫分別報核者，得自擬訂權利變換計畫經核定之日起一年內為之。

③未依前二項規定期限申請者，其相關法規之適用，以申請建築執照日為準。

④都市更新事業概要、都市更新事業計畫、權利變換計畫及其執行事項，直轄市、縣（市）政府怠於處理時，實施者得向中央主管機關請求處理，中央主管機關應即邀集有關機關（構）、實施者及相關權利人協商處理，必要時並得由中央主管機關逕行審核處理。

第八四條（提供社會住宅或租金補貼之協助）

①都市更新事業計畫核定發布實施日一年前，或以權利變換方式實施於權利變換計畫核定發布實施日一年前，於都市更新事業計畫範圍內有居住事實，且符合住宅法第四條第二項之經濟、社會弱勢者身分或未達最小分配面積單元者，因其所居住建築物計畫拆除或遷移，致無屋可居住者，除已納入都市更新事業計畫之拆遷安置計畫或權利變換計畫之舊違章建築戶處理方案予以安置者外，於建築物拆除或遷移前，直轄市、縣（市）主管機關應依住宅法規定提供社會住宅或租金補貼等協助，或以專案方式辦理，中央主管機關得提供必要之協助。

②前項之經濟或社會弱勢身分除依住宅法第四條第二項第一款至第十一款認定者外，直轄市、縣（市）主管機關應審酌更新單元內實際狀況，依住宅法第四條第二項第十二款認定之。

第八五條（提供諮詢服務或必要協助）

直轄市、縣（市）主管機關應就都市更新涉及之相關法令、融資管道及爭議事項提供諮詢服務或必要協助。對於因無資力無法受到法律適當保護者，應由直轄市、縣（市）主管機關主動協助其依法律扶助法、行政訴訟法、民事訴訟法或其他相關法令規定申（聲）請法律扶助或訴訟救助。

第八六條（事業概要、都市更新事業計畫及權利變換計畫新舊法之適用）

①本條例中華民國一百零七年十二月二十八日修正之條文施行前已申請尚未經直轄市、縣（市）主管機關核准之事業概要，其同意比率、審議及核准程序應適用修正後之規定。

②本條例中華民國一百零七年十二月二十八日修正之條文施行前已報核或已核定之都市更新事業計畫，其都市更新事業計畫或權利變換計畫之擬訂、審核及變更，除第三十三條及第四十八條第一項聽證規定外，得適用修正前之規定。

③前項權利變換計畫之擬訂，應自擬訂都市更新事業計畫經核定之日起五年內報核。但本條例中華民國一百零七年十二月二十八日修正之條文施行前已核定之都市更新事業計畫，其權利變換計畫之擬訂，應自本條例一百零七年十二月二十八日修正之條文施行日起五年內報核。

④未依前項規定期限報核者，其權利變換計畫之擬訂、審核及變

更適用修正後之規定。

第八七條 （施行細則）

本條例施行細則，由中央主管機關定之。

第八八條 （施行日）

本條例自公布日施行。

都市更新條例施行細則

①民國88年5月21日內政部令訂定發布全文39條。
②民國97年1月3日內政部令修正發布第5、9條條文；並增訂第5-1、9-1條條文。
③民國97年9月12日內政部令修正發布第2、3、9-1至11、14、17條條文；並增訂第12-1條條文。
④民國99年5月3日內政部令修正發布第5-1、15條條文。
⑤民國103年4月25日內政部令修正發布第6、39條條文；增訂第2-1、8-1、8-2、11-1、11-2、38-1條條文；並自103年4月26日施行。
⑥民國108年5月15日內政部令修正發布全文49條；並自發布日施行。

第一條
本細則依都市更新條例（以下簡稱本條例）第八十七條規定訂定之。

第二條
本條例第六條第四款及第八條第四款所定重大建設、重大發展建設，其範圍如下：
一　經中央目的事業主管機關依法核定或報經行政院核定者。
二　經各級主管機關認定者。

第三條
本條例第九條第二項所定公告，由各級主管機關將公告地點及日期刊登政府公報或新聞紙三日，並於各該主管機關設置之專門網頁周知。公告期間不得少於三十日。

第四條
①依本條例第十二條規定由各級主管機關或其他機關（構）委託都市更新事業機構爲實施者，或各級主管機關同意其他機關（構）爲實施者時，應規定期限令其擬訂都市更新事業計畫報核。
②前項實施者逾期且經催告仍未報核者，各該主管機關或其他機關（構）得另行辦理委託，或由各該主管機關同意其他機關（構）辦理。

第五條
①各級主管機關依本條例第十二條第一項第一款所定經公開評選程序委託都市更新事業機構爲實施者，其委託作業，得委任所屬機關辦理。
②前項委託作業，包括公開評選、議約、簽約、履約執行及其他有關事項。

第六條

①主辦機關依本條例第十三條第二項規定舉行說明會時，應說明都市更新事業機構評選資格、條件及民眾權益保障等相關事宜，並聽取民眾意見。

②前項說明會之日期及地點，應通知更新單元範圍內土地、合法建築物所有權人、他項權利人、囑託限制登記機關及預告登記請求權人。

第七條

更新單元之劃定，應考量原有社會、經濟關係及人文特色之維繫、整體再發展目標之促進、公共設施負擔之公平性及土地權利整合之易行性等因素。

第八條

①依本條例第二十二條第一項、第三十二條第二項或第三項規定舉辦公聽會時，應邀請有關機關、學者專家及當地居民代表及通知更新單元內土地、合法建築物所有權人、他項權利人、囑託限制登記機關及預告登記請求權人參加，並以傳單周知更新單元內門牌戶。

②前項公聽會之通知，其依本條例第二十二條第一項或第三十二條第二項辦理者，應檢附公聽會會議資料及相關資訊；其依本條例第三十二條第三項辦理者，應檢附計畫草案及相關資訊，並得以書面製作、光碟片或其他裝置設備儲存。

③第一項公聽會之日期及地點，應於十日前刊登當地政府公報或新聞紙三日，並張貼於當地村（里）辦公處之公告牌；其依本條例第三十二條第二項或第三項辦理者，並應於專屬或專門網頁周知。

第九條

公聽會程序之進行，應公開以言詞為之。

第一〇條

①本條例第二十二條第一項所定事業概要，應表明下列事項：

一　更新單元範圍。
二　申請人。
三　現況分析。
四　與都市計畫之關係。
五　處理方式及其區段劃分。
六　區內公共設施興修或改善構想。
七　重建、整建或維護區段之建築規劃構想。
八　預定實施方式。
九　財務規劃構想。
十　預定實施進度。
十一　申請獎勵項目及額度概估。
十二　其他事項。

②前項第六款、第七款、第十一款及第十二款，視其實際情形，經敘明理由者，得免予表明。

第一一條

依本條例第二十二條第一項或第二十三條第一項申請核准實施都市更新事業之案件，其土地及合法建築物所有權人應將事業概要連同公聽會紀錄及土地、合法建築物所有權人意見綜整處理表，送由直轄市、縣（市）主管機關依本條例第二十九條第一項組成之組織審議。

第一二條

①土地及合法建築物所有權人或實施者，分別依本條例第二十二條第二項或第三十七條第一項規定取得之同意，應檢附下列證明文件：

一　土地及合法建築物之權利證明文件：

㈠地籍圖謄本或其電子謄本。

㈡土地登記謄本或其電子謄本。

㈢建物登記謄本或其電子謄本，或合法建物證明。

㈣有本條例第三十九條第一項於登記前取得所有權情形之證明文件。

二　私有土地及私有合法建築物所有權人出具之同意書。

②前項第一款第一目至第三目謄本及電子謄本，以於事業概要或都市更新事業計畫報核之日所核發者為限。

③第一項第一款第三目之合法建物證明，其因災害受損拆除之合法建築物，或更新單元內之合法建築物，經直轄市、縣（市）主管機關同意先行拆除者，直轄市、縣（市）主管機關得核發證明文件證明之。

④第一項第一款第四目之證明文件，按其取得所有權之情形，檢附下列證明文件：

一　繼承取得者：載有被繼承人死亡記事之戶籍謄本、全體繼承人之戶籍謄本及其繼承系統表。

二　強制執行取得者：執行法院或行政執行機關發給之權利移轉證書。

三　徵收取得者：直轄市、縣（市）主管機關出具應受領之補償費發給完竣之公文書或其他可資證明之文件。

四　法院判決取得者：判決正本並檢附判決確定證明書或各審級之判決正本。

⑤前項第一款之繼承系統表，由繼承人依民法有關規定自行訂定，註明如有遺漏或錯誤致他人受損害者，申請人願負法律責任，並簽名。

第一三條

①直轄市、縣（市）主管機關受理土地及合法建築物所有權人依本條例第二十二條第一項或第二十三條第一項規定申請核准實施都市更新事業之案件，應自受理收件日起三個月內完成審核。但情形特殊者，得延長審核期限一次，最長不得逾三個月。

②前項申請案件經審查不合規定者，直轄市、縣（市）主管機關應敘明理由駁回其申請；其得補正者，應詳為列舉事由，通知

申請人限期補正，屆期未補正或經通知補正仍不符規定者，駁回其申請。

③第一項審核期限，應扣除申請人依前項補正通知辦理補正之時間。

④申請人對於審核結果有異議者，得於接獲通知之翌日起三十日內提請覆議，以一次為限，逾期不予受理。

第一四條

依本條例第二十二條第四項或第三十二條第一項辦理公告時，各級主管機關應將公告日期及地點刊登當地政府公報或新聞紙三日，並張貼於當地村（里）辦公處之公告牌及各該主管機關設置之專門網頁周知。

第一五條

①依本條例第二十二條第四項或第三十二條第一項所為之通知，應連同已核准或核定之事業概要或計畫送達更新單元內土地、合法建築物所有權人、他項權利人、囑託限制登記機關及預告登記請求權人。

②前項應送達之資料，得以書面製作、光碟片或其他裝置設備儲存。

第一六條

各級主管機關辦理審議事業概要、都市更新事業計畫、權利變換計畫及處理實施者與相關權利人有關爭議時，與案情有關之人民或團體代表得列席陳述意見。

第一七條

各級主管機關審議都市更新事業計畫、權利變換計畫、處理實施者與相關權利人有關爭議或審議核復有關異議時，認有委託專業團體或機構協助作技術性諮商之必要者，於徵得實施者同意後，由其負擔技術性諮商之相關費用。

第一八條

實施者應於適當地點提供諮詢服務，並於專屬網頁、政府公報、電子媒體、平面媒體或會議以適當方式充分揭露更新相關資訊。

第一九條

①依本條例第三十二條第三項辦理公開展覽時，各級主管機關應將公開展覽日期及地點，刊登當地政府公報或新聞紙三日，並張貼於當地村（里）辦公處之公告牌及各該主管機關設置之專門網頁周知。

②依本條例第三十二條第四項所為公開展覽之通知，應檢附計畫草案及相關資訊，並得以書面製作、光碟片或其他裝置設備儲存。

③人民或團體於第一項公開展覽期間內提出書面意見者，以意見書送達或郵戳日期為準。

第二〇條

①各級主管機關受理實施者依本條例第三十二條第一項或第四十八條第一項規定，申請核定都市更新事業計畫或權利變換計畫

之案件，應自受理收件日起六個月內完成審核。但情形特殊者，得延長審核期限一次，最長不得逾六個月。

②前項申請案件經審查不合規定者，各該主管機關應敘明理由駁回其申請；其得補正者，應詳為列舉事由，通知申請人限期補正，屆期未補正或經通知補正仍不符規定者，駁回其申請。

③第一項審核期限，應扣除實施者依前項補正通知辦理補正及依各級主管機關審議結果修正計畫之時間。

④實施者對於審核結果有異議者，得於接獲通知之翌日起三十日內提請覆議，以一次為限，逾期不予受理。

第二一條

本條例第三十五條所定都市更新事業計畫之擬訂或變更，僅涉及主要計畫局部性之修正不違背其原規劃意旨者，應符合下列情形：

一　除八公尺以下計畫道路外，其他各項公共設施用地之總面積不減少者。

二　各種土地使用分區之面積不增加，且不影響其原有機能者。

第二二條

本條例第三十五條所稱據以推動更新工作，指依都市更新事業計畫辦理都市計畫樁測定、地籍分割測量、土地使用分區證明與建築執照核發及其他相關工作；所稱相關都市計畫再配合辦理擬定或變更，指都市計畫應依據已核定發布實施之都市更新事業計畫辦理擬定或變更。

第二三條

本條例第三十六條第一項第七款至第九款所定圖說，其比例尺不得小於五百分之一。

第二四條

本條例第三十六條第一項第二十二款所稱相關單位配合辦理事項，指相關單位依本條例第七十三條規定配合負擔都市更新單元內之公共設施興修費用、配合興修更新地區範圍外必要之關聯性公共設施及其他事項。

第二五條

事業概要或都市更新事業計畫申請或報核後，更新單元內之土地及合法建築物所有權人或權利關係人認有所有權持分人數異常增加之情形，致影響事業概要或都市更新事業計畫申請或報核者，得檢具相關事實及證據，請求主管機關依本條例第四十條規定辦理。

第二六條

①實施者依本條例第四十一條第一項、第三項、第四十五條第二項、第五十一條第五項、第五十二條第四項、第五項、第五十七條第一項、第四項及第六十三條規定所為之通知或催告，準用行政程序法除寄存送達、公示送達及囑託送達外之送達規定。

②前項之通知或催告未能送達，或其應為送達之處所不明者，報經各級主管機關同意後，刊登當地政府公報或新聞紙三日，並

張貼於當地村（里）辦公處之公告牌及各該主管機關設置之專門網頁周知。

第二七條

本條例第四十二條第一項或第五十四條第一項所定公告，應將公告地點刊登當地政府公報或新聞紙三日，並張貼於直轄市、縣（市）政府、鄉（鎮、市、區）公所、當地村（里）辦公處之公告牌及各該主管機關設置之專門網頁周知。

第二八條

本條例第四十二條第三項命令拆除、停止使用或恢復原狀、第四十五條第二項或第五十一條第五項催告或繳納費用、第五十二條第四項領取補償現金或差額價金、第五項催告或繳納差額價金及第五十四條第三項命令拆除、停止使用或恢復原狀之期限，均以三十日為限。

第二九條

以信託方式實施之都市更新事業，其計畫範圍內之公有土地及建築物所有權為國有者，應以中華民國為信託之委託人及受益人；為直轄市有、縣（市）有或鄉（鎮、市）有者，應以各該地方自治團體為信託之委託人及受益人。

第三〇條

①公有土地及建築物以信託方式辦理更新時，各該管理機關應與信託機構簽訂信託契約。

②前項信託契約應載明下列事項：

一　委託人、受託人及受益人之名稱及住所。
二　信託財產之種類、名稱、數量及權利範圍。
三　信託目的。
四　信託關係存續期間。
五　信託證明文件。
六　信託財產之移轉及登記。
七　信託財產之經營管理及運用方法。
八　信託機構財源籌措方式。
九　各項費用之支付方式。
十　信託收益之收取方式。
十一　信託報酬之支付方式。
十二　信託機構之責任。
十三　信託事務之查核方式。
十四　修繕準備及償還債務準備之提撥。
十五　信託契約變更、解除及終止事由。
十六　信託關係消滅後信託財產之交付及債務之清償。
十七　其他事項。

第三一條

①本條例第六十七條第一項第一款所稱更新期間，指都市更新事業計畫發布實施後，都市更新事業實際施工期間；所定土地無法使用，以重建或整建方式實施更新者為限。

②前項更新期間及土地無法使用，由實施者申請直轄市、縣（市）主管機關認定後，轉送主管稅捐稽徵機關依法辦理地價稅之減免。
③本條例第六十七條第一項第一款但書所定未依計畫進度完成更新且可歸責於土地所有權人之情形，由直轄市、縣（市）主管機關認定後，送請主管稅捐稽徵機關依法課徵地價稅。

第三二條

本條例第六十七條第一項第二款所定更新後地價稅之減徵，指直轄市、縣（市）主管機關依前條第二項認定之更新期間截止日之次年起，二年內地價稅之減徵；所定更新後房屋稅之減徵，指直轄市、縣（市）主管機關依前條第二項認定之更新期間截止日之次月起，二年內房屋稅之減徵。

第三三條

更新單元內之土地及建築物，依本條例第六十七條第一項規定減免稅捐時，應由實施者列冊，檢同有關證明文件，向主管稅捐稽徵機關申請辦理；減免原因消滅時，亦同。但依本條例第六十七條第一項第三款規定有減免原因消滅之情形，不在此限。

第三四條

本條例第七十一條第一項所定不動產投資開發專業公司，係指經營下列業務之一之公司：

一　都市更新業務。
二　住宅及大樓開發租售業務。
三　工業廠房開發租售業務。
四　特定專用區開發業務。
五　投資興建公共建設業務。
六　新市鎮或新社區開發業務。
七　區段徵收及市地重劃代辦業務。

第三五條

本條例第七十五條所定之定期檢查，至少每六個月應實施一次，直轄市、縣（市）主管機關得要求實施者提供有關都市更新事業計畫執行情形之詳細報告資料。

第三六條

①直轄市、縣（市）主管機關依本條例第七十六條第一項規定限期令實施者改善時，應以書面載明下列事項通知實施者：

一　缺失之具體事實。
二　改善缺失之期限。
三　改善後應達到之標準。
四　逾期不改善之處理。

②直轄市、縣（市）主管機關應審酌所發生缺失對都市更新事業之影響程度及實施者之改善能力，訂定適當之改善期限。

第三七條

①實施者經直轄市、縣（市）主管機關依本條例第七十六條第一項規定限期改善後，屆期未改善或改善無效者，直轄市、縣

（市）主管機關應依同條項規定勒令實施者停止營運、限期清理，並以書面載明下列事項通知實施者：
一　勒令停止營運之理由。
二　停止營運之日期。
三　限期清理完成之期限。
②直轄市、縣（市）主管機關應審酌都市更新事業之繁雜程度及實施者之清理能力，訂定適當之清理完成期限。

第三八條
①直轄市、縣（市）主管機關依本條例第七十六條第一項規定派員監管或代管時，得指派適當機關（構）或人員為監管人或代管人，執行監管或代管任務。
②監管人或代管人為執行前項任務，得遴選人員、報請直轄市、縣（市）主管機關派員或調派其他機關（構）人員，組成監管小組或代管小組。

第三九條
實施者受直轄市、縣（市）主管機關之監管或代管處分後，對監管人或代管人執行職務所為之處置，應密切配合，對於監管人或代管人所為之有關詢問，有據實答覆之義務。

第四〇條
監管人之任務如下：
一　監督及輔導實施者恢復依原核定之章程、都市更新事業計畫或權利變換計畫繼續實施都市更新事業。
二　監督及輔導實施者改善業務，並協助恢復正常營運。
三　監督及輔導事業及財務嚴重缺失之改善。
四　監督實施者相關資產、權狀、憑證、合約及權利證書之控管。
五　監督及輔導都市更新事業之清理。
六　其他有關監管事項。

第四一條
代管人之任務如下：
一　代為恢復依原核定之章程、都市更新事業計畫或權利變換計畫繼續實施都市更新事業。
二　代為改善業務，並恢復正常營運。
三　代為改善事業及財務之嚴重缺失。
四　代為控管實施者相關資產、權狀、憑證、合約及權利證書。
五　代為執行都市更新事業之清理。
六　其他有關代管事項。

第四二條
監管人或代管人得委聘具有專門學識經驗之人員協助處理有關事項。

第四三條
因執行監管或代管任務所發生之費用，由實施者負擔。

第四四條

受監管或代管之實施者符合下列情形之一，監管人或代管人得報請直轄市、縣（市）主管機關終止監管或代管：

一　已恢復依照原經核定之章程、都市更新事業計畫或權利變換計畫繼續實施都市更新事業者。

二　已具體改善業務，並恢復正常營運者。

三　已具體改善事業及財務之嚴重缺失，並能維持健全營運者。

第四五條

直轄市、縣（市）主管機關依本條例第七十六條第二項規定撤銷實施者之更新核准時，應以書面載明下列事項通知實施者及主管稅捐稽徵機關：

一　不遵從直轄市、縣（市）主管機關限期改善或停止營運、限期清理命令之具體事實。

二　撤銷更新核准之日期。

第四六條

本條例第七十八條所定都市更新事業計畫完成之期日，依下列方式認定：

一　依本條例第四條第一項第二款或第三款以整建或維護方式處理者：驗收完畢或驗收合格之日。

二　依本條例第四十三條第一項本文以權利變換方式實施，或依本條例第四十四條第一項規定以部分協議合建、部分權利變換方式實施者：依本條例第六十四條第一項完成登記之日。

三　依本條例第四十三條第一項但書後段以協議合建或其他方式實施者：使用執照核發之日。

第四七條

本條例第七十八條所定竣工書圖，包括下列資料：

一　重建區段內建築物竣工平面、立面書圖及照片。

二　整建或維護區段內建築物改建、修建、維護或充實設備之竣工平面、立面書圖及照片。

三　公共設施興修或改善之竣工書圖及照片。

第四八條

本條例第七十八條所定更新成果報告，包括下列資料：

一　更新前後公共設施興修或改善成果差異分析報告。

二　更新前後建築物重建、整建或維護成果差異分析報告。

三　原住戶拆遷安置成果報告。

四　權利變換有關分配結果清冊。

五　後續管理維護之計畫。

第四九條

本細則自發布日施行。

都市更新建築容積獎勵辦法

①民國88年3月30日內政部令訂定發布全文9條。
②民國95年4月20日內政部令修正發布第4、7條條文。
③民國97年10月15日內政部令修正發布全文16條；並自發布日施行。
④民國99年2月25日內政部令修正發布第5條條文。
民國101年2月3日行政院公告第12條所列屬「行政院主計處」之權責事項，自101年2月6日起改由「行政院主計總處」管轄。
⑤民國103年1月10日內政部令修正發布第13、16條條文；並刪除第14條條文；除第13條第1項及第14條自104年7月1日施行外，自發布日施行。
⑥民國108年5月15日內政部令修正發布全文21條；並自發布日施行。

第一條

本辦法依都市更新條例（以下簡稱本條例）第六十五條第三項前段規定訂定之。

第二條

都市更新事業計畫範圍內未實施容積率管制之建築基地，及整建、維護區段之建築基地，不適用本辦法規定。但依都市更新事業計畫中保存或維護計畫處理之建築基地，不在此限。

第三條

本條例第六十五條第一項、第四項與本辦法所稱基準容積及原建築容積，定義如下：

一　基準容積：指都市計畫法令規定之容積率上限乘土地面積所得之積數。

二　原建築容積：指都市更新事業計畫範圍內實施容積管制前已興建完成之合法建築物，申請建築時主管機關核准之建築總樓地板面積，扣除建築技術規則建築設計施工編第一百六十一條第二項規定不計入樓地板面積部分後之樓地板面積。

第四條

都市更新事業計畫範圍內之建築基地，另依其他法令規定申請建築容積獎勵時，應先向各該主管機關提出申請。但獎勵重複者，應予扣除。

第五條

實施容積管制前已興建完成之合法建築物，其原建築容積高於基準容積者，得依原建築容積建築，或依原建築基地基準容積百分之十給予獎勵容積。

第六條

①都市更新事業計畫範圍內之建築物符合下列情形之一者，依原建築基地基準容積一定比率給予獎勵容積：

一　經建築主管機關依建築法規、災害防救法規通知限期拆除、逕予強制拆除，或評估有危險之虞應限期補強或拆除：基準容積百分之十。

二　經結構安全性能評估結果未達最低等級：基準容積百分之八。

②前項各款獎勵容積額度不得累計申請。

第七條

①都市更新事業計畫範圍內依直轄市、縣（市）主管機關公告，提供指定之社會福利設施或其他公益設施，建築物及其土地產權無償登記為公有者，除不計入容積外，依下列公式計算獎勵容積，其獎勵額度以基準容積百分之三十為上限：

提供指定之社會福利設施或其他公益設施之獎勵容積＝社會福利設施或其他公益設施之建築總樓地板面積，扣除建築技術規則建築設計施工編第一百六十一條第二項規定不計入樓地板面積部分後之樓地板面積 × 獎勵係數

②前項獎勵係數為一。但直轄市、縣（市）主管機關基於都市發展特性之需要，得提高獎勵係數。

③第一項直轄市、縣（市）主管機關公告之社會福利設施或其他公益設施，直轄市、縣（市）主管機關應於本辦法中華民國一百零八年五月十五日修正施行後一年內公告所需之設施項目、最小面積、區位及其他有關事項；直轄市、縣（市）主管機關未於期限內公告者，都市更新事業計畫得逕載明提供社會福利設施，依第一項規定辦理。直轄市、縣（市）主管機關公告後，應依都市發展情形，每四年內至少檢討一次，並重行公告。

第八條

①協助取得及開闢都市更新事業計畫範圍內或其周邊公共設施用地，產權登記為公有者，依下列公式計算獎勵容積，其獎勵額度以基準容積百分之十五為上限：

協助取得及開闢都市更新事業計畫範圍內或其周邊公共設施用地之獎勵容積＝公共設施用地面積 ×（都市更新事業計畫報核日當期之公共設施用地公告土地現值／都市更新事業計畫報核日當期之建築基地公告土地現值）× 建築基地之容積率

②前項公共設施用地應開闢完成且將土地產權移轉登記為直轄市、縣（市）有或鄉（鎮、市）有。

③第一項公共設施用地或建築基地，有二筆以上者，應按面積比率加權平均計算公告土地現值及容積率。

④第一項公共設施用地，以容積移轉方式辦理者，依其規定辦理，不適用前三項規定。

第九條

①都市更新事業計畫範圍內之古蹟、歷史建築、紀念建築及聚落

建築群，辦理整體性保存、修復、再利用及管理維護者，除不計入容積外，並得依該建築物實際面積之一點五倍，給予獎勵容積。
②都市更新事業計畫範圍內依本條例第三十六條第一項第十一款規定保存或維護計畫辦理之都市計畫表明應予保存或有保存價值建築物，除不計入容積外，並得依該建築物之實際面積，給予獎勵容積。
③前二項建築物實際面積，依文化資產或都市計畫主管機關核准之保存、修復、再利用及管理維護等計畫所載各層樓地板面積總和或都市更新事業計畫實測各層樓地板面積總和為準。
④依第一項辦理古蹟、歷史建築、紀念建築及聚落建築群之整體性保存、修復、再利用及管理維護者，應於領得使用執照前完成。
⑤申請第一項獎勵者，實施者應提出與古蹟、歷史建築、紀念建築及聚落建築群所有權人協議並載明相關內容之文件。
⑥第一項及第二項建築物，以容積移轉方式辦理者，依其規定辦理，不適用前五項規定。

第一〇條
①取得候選綠建築證書，依下列等級給予獎勵容積：
一　鑽石級：基準容積百分之十。
二　黃金級：基準容積百分之八。
三　銀級：基準容積百分之六。
四　銅級：基準容積百分之四。
五　合格級：基準容積百分之二。
②前項各款獎勵容積不得累計申請。
③申請第一項第四款或第五款獎勵容積，以依本條例第七條第一項第三款規定實施之都市更新事業，且面積未達五百平方公尺者為限。
④第一項綠建築等級，於依都市計畫法第八十五條所定都市計畫法施行細則另有最低等級規定者，申請等級應高於該規定，始得依前三項規定給予獎勵容積。

第一一條
①取得候選智慧建築證書，依下列等級給予獎勵容積：
一　鑽石級：基準容積百分之十。
二　黃金級：基準容積百分之八。
三　銀級：基準容積百分之六。
四　銅級：基準容積百分之四。
五　合格級：基準容積百分之二。
②前項各款獎勵容積不得累計申請。
③申請第一項第四款或第五款獎勵容積，以依本條例第七條第一項第三款規定實施之都市更新事業，且面積未達五百平方公尺者為限。

第一二條

①採無障礙環境設計者，依下列規定給予獎勵容積：
一　取得無障礙住宅建築標章：基準容積百分之五。
二　依住宅性能評估實施辦法辦理新建住宅性能評估之無障礙環境：
㈠第一級：基準容積百分之四。
㈡第二級：基準容積百分之三。
②前項各款獎勵容積額度不得累計申請。

第一三條
①採建築物耐震設計者，依下列規定給予獎勵容積：
一　取得耐震設計標章：基準容積百分之十。
二　依住宅性能評估實施辦法辦理新建住宅性能評估之結構安全性能：
㈠第一級：基準容積百分之六。
㈡第二級：基準容積百分之四。
㈢第三級：基準容積百分之二。
②前項各款獎勵容積額度不得累計申請。

第一四條
本辦法中華民國一百零八年五月十五日修正之條文施行日起一定期間內，實施者擬訂都市更新事業計畫報核者，依下列規定給予獎勵容積：
一　劃定應實施更新之地區：
㈠修正施行日起五年內：基準容積百分之十。
㈡前目期間屆滿之次日起五年內：基準容積百分之五。
二　未經劃定應實施更新之地區：
㈠修正施行日起五年內：基準容積百分之七。
㈡前目期間屆滿之次日起五年內：基準容積百分之三點五。

第一五條
①都市更新事業計畫範圍重建區段含一個以上完整計畫街廓或土地面積達一定規模以上者，依下列規定給予獎勵容積：
一　含一個以上完整計畫街廓：基準容積百分之五。
二　土地面積達三千平方公尺以上未滿一萬平方公尺：基準容積百分之五；每增加一百平方公尺，另給予基準容積百分之零點三。
三　土地面積達一萬平方公尺以上：基準容積百分之三十。
②前項第一款所定完整計畫街廓，由直轄市、縣（市）主管機關認定之。
③第一項第二款及第三款獎勵容積額度不得累計申請；同時符合第一項第一款規定者，得累計申請獎勵容積額度。

第一六條
都市更新事業計畫範圍重建區段內，更新前門牌戶達二十戶以上，依本條例第四十三條第一項但書後段規定，於都市更新事業計畫報核時經全體土地及合法建築物所有權人同意以協議合建方式實施之都市更新事業，給予基準容積百分之五之獎勵容積。

第一七條

①處理占有他人土地之舊違章建築戶，依都市更新事業計畫報核前之實測面積給予獎勵容積，且每戶不得超過最近一次行政院主計總處人口及住宅普查報告各該直轄市、縣（市）平均每戶住宅樓地板面積，其獎勵額度以基準容積百分之二十為上限。

②前項舊違章建築戶，由直轄市、縣（市）主管機關認定之。

第一八條

①實施者申請第十條至第十三條獎勵容積，應依下列規定辦理：

一　與直轄市、縣（市）主管機關簽訂協議書，並納入都市更新事業計畫。

二　於領得使用執照前向直轄市、縣（市）主管機關繳納保證金。

三　於領得使用執照後二年內，取得標章或通過評估。

②前項第二款保證金，依下列公式計算：

應繳納之保證金額＝都市更新事業計畫範圍內土地按面積比率加權平均計算都市更新事業計畫報核時公告土地現值 × 零點七 × 申請第十條至第十三條之獎勵容積樓地板面積

③第一項第二款保證金，應由實施者提供現金、等值之政府公債、定期存款單、銀行開立之本行支票繳納或取具在中華民國境內營業之金融機構之書面保證。但書面保證應以該金融機構營業執照登記有保證業務者為限。

④實施者提供金融機構之書面保證或辦理質權設定之定期存款單，應加註拋棄行使抵銷權及先訴抗辯權，且保證期間或質權存續期間，不得少於第一項第三款所定期間。

⑤依第一項第三款規定取得標章或通過評估者，保證金無息退還。未依第一項第三款規定取得標章或通過評估者，保證金不予退還。

第一九條

①中華民國一百零四年七月一日前依本條例一百零八年一月三十日修正施行前第八條所定程序指定為策略性再開發地區，於一百零四年七月一日起九年內，實施者依第十條、第十五條或一百零八年五月十五日修正施行前第七條、第八條及第十條申請獎勵且更新後集中留設公共開放空間達基地面積百分之五十以上者，其獎勵後之建築容積，得於各該建築基地二倍之基準容積或各該建築基地零點五倍之基準容積再加其原建築容積範圍內，放寬其限制。

②依前項規定增加之獎勵，經各級主管機關審議通過後，實施者應與直轄市、縣（市）主管機關簽訂協議書，納入都市更新事業計畫。協議書應載明增加之建築容積於扣除更新成本後增加之收益，實施者自願以現金捐贈當地直轄市、縣（市）主管機關設立之都市更新基金，其捐贈比率以百分之四十為上限，由直轄市、縣（市）主管機關視地區特性訂定。

第二〇條

都市更新事業計畫於本條例中華民國一百零八年一月三十日修正施行前擬訂報核者，得適用修正前之規定。

第二一條

本辦法自發布日施行。

都市更新會設立管理及解散辦法

①民國88年3月31日內政部令訂定發布全文37條。
②民國97年9月12日內政部令修正發布第3條條文。
③民國101年3月5日內政部令修正發布第3條條文。
④民國108年5月16日內政部令修正發布名稱及全文36條；並自發布日施行（原名稱：都市更新團體設立管理及解散辦法）。

第一章　總　則

第一條

本辦法依都市更新條例（以下簡稱本條例）第二十七條第二項規定訂定之。

第二條

①都市更新會應冠以更新單元之名稱。
②非依本辦法所定程序設立者，不得使用都市更新會之名稱。

第二章　設　立

第三條

都市更新會之設立，應由土地及合法建築物所有權人過半數或七人以上發起籌組，並由發起人檢具申請書及下列文件向直轄市、縣（市）主管機關申請核准籌組：

一　發起人名冊：發起人為自然人者，其姓名、聯絡地址及身分證明文件影本；發起人為法人者，其名稱、主事務所或營業所所在地、法人登記證明文件及代表人指派書。
二　章程草案。
三　發起人在更新單元內之土地及建物登記簿謄本。
四　經直轄市、縣（市）主管機關核准之事業概要或已達本條例第二十二條第二項前段規定比率之同意籌組證明文件。

第四條

①發起人應自核准籌組之日起六個月內召開成立大會，並通知直轄市、縣（市）主管機關派員列席。
②未依前項規定期限成立者，直轄市、縣（市）主管機關得廢止其核准籌組。

第五條

①都市更新會應於成立大會後三十日內檢具章程、會員與理事、監事名冊、圖記印模及成立大會紀錄，報請直轄市、縣（市）主管機關核准立案，並發給立案證書。

②前項核准立案之都市更新會，在同一更新單元內以一個為限。

第三章　會員大會

第六條

都市更新會之會員，為章程所定實施地區範圍內之全體土地及合法建築物所有權人。但更新後建築物辦理所有權第一次登記公告期滿後，以公告期滿之日土地及建築物登記簿所載之所有權人為會員。

第七條

①會員大會分下列會議，由理事長召集之：

一　定期會議：每六個月至少召開一次，其召開日期由理事會決議之。

二　臨時會議：經理事會認為必要，或會員五分之一以上之請求，或監事函請召集時召集之。

②前項會議理事長不為或不能召開會議超過二個會次者，得由直轄市、縣（市）主管機關指定理事一人召集之。

第八條

會員大會之召集，應於二十日前通知會員。但因緊急事故召集臨時會議，經於開會二日前送達通知者，不在此限。

第九條

會員不能親自出席會員大會時，得以書面委託他人代理；政府機關或法人，由其代表人或指派代表出席。

第一〇條

會員大會之決議，以會員人數超過二分之一並其所有土地總面積及合法建築物總樓地板面積均超過二分之一之出席，並出席人數超過二分之一，出席者之土地總面積及合法建築物總樓地板面積均超過二分之一之同意行之。但下列各款事項之決議，應經會員人數超過二分之一，並其所有土地總面積及合法建築物總樓地板面積均超過二分之一之同意行之：

一　訂定及變更章程。

二　會員之權利及義務。

三　選任或解任統籌處理都市更新業務之機構及其方式。

四　議決都市更新事業計畫擬訂或變更之草案。

五　議決權利變換估價條件及評定方式。

六　理事及監事之選任、改選或解任。

七　都市更新會之解散。

八　清算之決議及清算人之選派。

第一一條

會員大會召開時，應函請直轄市、縣（市）主管機關派員列席；議事錄並應送請備查。

第一二條

①會員大會之議決事項，應作成議事錄，由主席簽名蓋章，並於

會後十五日內分發各會員。
②議事錄應記載會議之日期、開會地點、主席姓名及決議方法，並應記載議事經過及其結果。
③議事錄應與出席會員之簽名簿及代理出席之委託書一併保存。

第四章　理事及監事

第一三條

都市更新會應置理事，就會員中選舉之，其名額不得少於三人；並得置候補理事，其名額不得超過理事名額三分之一，並依得票數多寡明定其候補順序，得票數相同時，以抽籤定之。

第一四條

有下列情事之一者，不得擔任理事或候補理事；其已擔任者，當然解任：

一　曾犯組織犯罪防制條例規定之罪，經有罪判決確定，尚未執行、尚未執行完畢，或執行完畢、緩刑期滿或赦免後未逾五年。
二　曾犯詐欺、背信、侵占罪經宣告有期徒刑一年以上之刑確定，尚未執行、尚未執行完畢，或執行完畢、緩刑期滿或赦免後未逾二年。
三　曾犯貪污治罪條例之罪，經判決有罪確定，尚未執行、尚未執行完畢，或執行完畢、緩刑期滿或赦免後未逾二年。
四　受破產之宣告或經法院裁定開始清算程序，尚未復權。
五　使用票據經拒絕往來尚未期滿。
六　無行為能力或限制行為能力。
七　受輔助宣告尚未撤銷。

第一五條

①理事任期不得逾三年，連選得連任。
②理事任期屆滿而不及改選時，延長其執行職務至改選理事就任時為止。但直轄市、縣（市）主管機關得令其限期改選。

第一六條

①理事名額達十人以上者，得置常務理事，由理事互選之，名額不得超過理事名額三分之一。
②理事長由理事就常務理事中選舉；未設常務理事者，由理事互選之。
③理事長因故不為或不能行使職權時，由理事長指定常務理事一人代理之，未設常務理事者，指定理事一人代理之；理事長未指定代理人者，由常務理事或理事互推一人代理之。

第一七條

理事缺額時，由候補理事依序遞補，候補理事人數不足遞補時，應即召集會員大會補選之。常務理事缺額或理事長缺位時，由理事會補選之。

第一八條

除章程另有訂定者外，理事均爲無給職。

第一九條

①理事執行職務有違反法令、章程、會員大會決議或其他重大侵害都市更新會利益之情事者，得經會員大會決議解任之。

②前項之解任，應報請直轄市、縣（市）主管機關備查。

第二〇條

理事會之權責如下：

一　執行會員大會決議。

二　執行章程訂定之事項。

三　都市更新事業計畫之研擬及執行。

四　權利變換計畫之研擬及執行。

五　章程變更之提議。

六　預算之編列及決算之製作。

七　設置會計簿籍及編製會計報表。

第二一條

①理事會開會時，理事應親自出席。但章程訂定得由其他理事代理者，不在此限。

②每一理事以代理一人爲限。

第二二條

①理事會會議，由理事長召集之，至少每三個月開會一次。但理事長認有必要或經過半數理事提議者，得隨時召集之。

②前項會議理事長不爲或不能召開會議超過二個會次者，得由直轄市、縣（市）主管機關指定理事一人召集之。

③第一項之召集，應載明事由通知各理事及監事，監事得列席之。

④依第一項本文召集之理事會，應於七日前通知；依第一項但書召集者，應於二日前通知。

第二三條

①理事會之決議，除本辦法或章程另有訂定外，應有過半數理事出席，出席理事過半數之同意行之。

②理事會就第二十條第二款至第六款事項之決議，應有理事三分之二以上之出席，出席理事過半數之同意行之。

第二四條

①理事會之議事，應作成議事錄，由主席簽名蓋章，並於會後十五日內分發各理事。

②議事錄應記載會議之日期、開會地點、主席姓名及決議方法，並應記載議事經過及其結果。

③議事錄應與出席理事之簽名簿及代理出席之委託書一併保存。

第二五條

理事會得依章程聘僱工作人員，辦理會務及業務。

第二六條

都市更新會應置監事，就會員中選舉之，其名額至少一人，且不得超過理事名額三分之一；並得置候補監事一人。

第二七條

監事之權責如下：
一　監察理事會執行會員大會之決議案。
二　監察理事會研擬及執行都市更新事業計畫。
三　監察理事會研擬及執行權利變換計畫。
四　查核會計簿籍及會計報表。
五　監察財務及財產。
六　其他依權責應監察事項。

第二八條

監事之資格、任期、補選、報酬及解任，準用理事之規定。

第五章　監督及管理

第二九條

都市更新會應每六個月向直轄市、縣（市）主管機關申報都市更新事業計畫、權利變換計畫及預算等執行情形。

第三〇條

①理事會應每年編造預算，於每一會計年度終了後三個月內編製資產負債表、收支明細表及其他經直轄市、縣（市）主管機關指定之報表，經監事查核通過，報請會員大會承認後送請直轄市、縣（市）主管機關備查。

②都市更新會應準用商業會計法規定設置會計憑證、會計簿籍，並依法定之會計處理程序辦理相關事務。

第三一條

理事會所造具之各項會計報表及監事之查核報表於會員大會定期會議開會十日前，備置於辦公處所供會員查閱。

第三二條

理事會應將其所造具之會計報表提經會員大會承認後十五日內，連同會員大會議事錄一併分發各會員。

第六章　解　散

第三三條

都市更新會因下列各款原因解散：
一　經直轄市、縣（市）主管機關依本條例第七十六條第二項規定撤銷更新核准者。
二　章程所定解散事由。
三　都市更新事業計畫依本條例第七十八條完成備查程序。

第三四條

①解散之都市更新會應行清算。

②清算以理事爲清算人。但章程另有訂定或會員大會另選清算人時，不在此限。

③清算完結後，清算人應於十五日內造具清算期間收支表、剩餘財產分配表與各項簿籍及報表報請直轄市、縣（市）主管機關

備查。

第七章　附　則

第三五條

本辦法所定書表格式，由中央主管機關定之。

第三六條

本辦法自發布日施行。

都市更新權利變換實施辦法

①民國88年3月31日內政部令訂定發布全文28條。
②民國91年8月1日內政部令修正發布第8條條文；並增訂第7-1、7-2條條文。
③民國95年3月3日內政部令修正發布第6、7-2條條文。
④民國96年12月18日內政部令修正發布第7-2、8條條文；並增訂第7-3條條文。
⑤民國97年8月25日內政部令修正發布第3、4、7-1、11、13、17、23、24、26條條文。
⑥民國103年1月16日內政部令修正發布第13條條文；並增訂第7-4條條文。
⑦民國108年6月17日內政部令修正發布全文33條；並自發布日施行。

第一條

本辦法依都市更新條例（以下簡稱本條例）第四十八條第三項規定訂定之。

第二條

本辦法所稱權利變換關係人，指依本條例第六十條規定辦理權利變換之合法建築物所有權人、地上權人、永佃權人、農育權人及耕地三七五租約承租人。

第三條

①權利變換計畫應表明之事項如下：

一　實施者姓名及住所或居所；其為法人或其他機關（構）者，其名稱及事務所或營業所所在地。
二　實施權利變換地區之範圍及其總面積。
三　權利變換範圍內原有公共設施用地、未登記地及得無償撥用取得之公有道路、溝渠、河川等公有土地之面積。
四　更新前原土地所有權人及合法建築物所有權人、他項權利人、耕地三七五租約承租人、限制登記權利人、占有他人土地之舊違章建築戶名冊。
五　土地、建築物及權利金分配清冊。
六　第十九條第一項第四款至第十款所定費用。
七　專業估價者之共同指定或選任作業方式及其結果。
八　估價條件及權利價值之評定方式。
九　依本條例第五十一條第一項規定各土地所有權人折價抵付共同負擔之土地及建築物或現金。
十　各項公共設施之設計施工基準及其權屬。
十一　工程施工進度與土地及建築物產權登記預定日期。

十二　不願或不能參與權利變換分配之土地所有權人名冊。
十三　依本條例第五十七條第四項規定土地改良物因拆除或遷移應補償之價值或建築物之殘餘價值。
十四　申請分配及公開抽籤作業方式。
十五　更新後更新範圍內土地分配圖及建築物配置圖。其比例尺不得小於五百分之一。
十六　更新後建築物平面圖、剖面圖、側視圖、透視圖。
十七　更新後土地及建築物分配面積及位置對照表。
十八　地籍整理計畫。
十九　依本條例第六十二條規定舊違章建築戶處理方案。
二十　其他經各級主管機關規定應表明之事項。

②前項第五款之土地、建築物及權利金分配清冊應包括下列事項：
一　更新前各宗土地之標示。
二　依第八條第一項及本條例第五十條第一項規定估定之權利變換前各宗土地及合法建築物所有權之權利價值及地上權、永佃權、農育權及耕地三七五租約價值。
三　依本條例第五十條第一項規定估定之更新後建築物與其土地應有部分及權利變換範圍內其他土地之價值。
四　更新後得分配土地及建築物之名冊。
五　土地所有權人或權利變換關係人應分配土地與建築物標示及無法分配者應補償之金額。
六　土地所有權人、權利變換關係人與實施者達成分配權利金之約定事項。

第四條

實施者依本條例第四十八條第一項規定報請核定時，應檢附權利變換計畫及下列文件：
一　依本條例第十二條規定實施都市更新事業，經各級主管機關委託、同意或其他機關（構）委託爲實施者之證明文件。
二　經各級主管機關核定都市更新事業計畫之證明文件。但與都市更新事業計畫一併辦理者免附。
三　權利變換公聽會紀錄及處理情形。
四　其他經各級主管機關規定應檢附之相關文件。

第五條

實施者爲擬具權利變換計畫，應就土地所有權人及權利變換關係人之下列事項進行調查：
一　參與分配更新後土地及建築物之意願。
二　更新後土地及建築物分配位置之意願。

第六條

①本條例第五十條第一項所稱專業估價者，指不動產估價師或其他依法律得從事不動產估價業務者所屬之事務所。
②本條例第五十條第二項所定專業估價者由實施者與土地所有權人共同指定，應由實施者與權利變換範圍內全體土地所有權人共同爲之；變更時，亦同。

③本條例第五十條第二項所定建議名單，應以受理權利變換計畫之主管機關所提名單為準。

第七條

實施者依本條例第五十條第三項規定選任專業估價者，應於擬具權利變換計畫舉辦公聽會前，依下列規定辦理：

一　選任地點應選擇更新單元範圍所在村（里）或鄰近地域之適當場所辦理選任。

二　選任之日期及地點，應於選任十日前通知權利變換範圍內全體土地所有權人。

三　選任時，應有公正第三人在場見證。

四　依各該主管機關之建議名單抽籤，選任正取二家，備取數家。

第八條

①本條例第六十條第二項規定由實施者估定合法建築物所有權之權利價值及地上權、永佃權、農育權或耕地三七五租約價值，應由實施者協調土地所有權人及權利變換關係人定之，協調不成時，準用本條例第五十條規定估定之。

②前項估定之價值，應包括本條例第六十條第四項規定准予記存之土地增值稅。

第九條

本條例第五十二條第一項但書規定之現金補償數額，以依本條例第五十條第一項規定評定之權利變換前權利價值依法定清償順序扣除應納之土地增值稅、田賦、地價稅及房屋稅後計算；實施者應於實施權利變換計畫公告時，造具清冊檢同有關資料，向主管稅捐稽徵機關申報土地移轉現值。

第一〇條

①權利變換範圍內土地所有權人及合法建築物所有權人於權利變換後未受土地及建築物分配或不願參與分配者，其應領之補償金於發放或提存後，由實施者列冊送請各級主管機關囑託該管登記機關辦理所有權移轉登記。其土地或合法建築物經設定抵押權、典權或辦竣限制登記者，應予塗銷。登記機關辦理塗銷登記後，應通知權利人或囑託限制登記之法院或機關。

②前項補償金，由實施者於權利變換計畫核定發布實施之日起三個月內，通知受補償人或代管機關於受通知之日起三十日內領取。但土地或合法建築物經扣押、法院強制執行或行政執行者，應通知扣押機關、執行法院或行政執行分署於受通知之日起三十日內為必要之處理，並副知應受補償人。

③有下列情形之一者，實施者得依第一項規定將補償金額提存之：

一　應受補償人或代管機關逾期不領、拒絕受領或不能受領。

二　應受補償人所在地不明。

三　前項但書情形，扣押機關、執行法院或行政執行分署屆期未核發下列各目執行命令：

㈠應向扣押機關、執行法院或行政執行分署支付。

㈡許債權人收取。

㈢將補償金債權移轉予債權人。

④依第一項辦理所有權移轉登記時，於所有權人死亡者，免辦繼承登記。

第一一條

①實施者於依本條例第六十條第二項規定估定地上權、永佃權、農育權或耕地三七五租約價值，於土地所有權人應分配之土地及建築物權利範圍內，按地上權、永佃權、農育權或耕地三七五租約價值占原土地價值比率，分配予各該地上權人、永佃權人、農育權人或耕地三七五租約承租人時，如地上權人、永佃權人、農育權人或耕地三七五租約承租人不願參與分配或應分配之土地及建築物因未達最小分配面積單元，無法分配者，得於權利變換計畫內表明以現金補償。

②前項補償金於發放或提存後，由實施者列冊送請各級主管機關囑託該管登記機關辦理地上權、永佃權、農育權或耕地三七五租約塗銷登記。地上權、永佃權、農育權經設定抵押權或辦竣限制登記者，亦同。登記機關辦理塗銷登記後，應通知權利人或囑託限制登記之法院或機關。

③第一項補償金之領取及提存，準用前條第二項及第三項規定。

第一二條

①以權利變換方式參與都市更新事業分配權利金者，其權利金數額，以經各級主管機關核定之權利變換計畫所載為準，並於發放後，由實施者列冊送請各級主管機關囑託該管登記機關辦理權利變更登記，並準用第十條第一項及前條第二項規定辦理塗銷登記。

②前項權利金發放之稅賦扣繳，準用第九條規定辦理。

第一三條

第八條第一項、第二十五條第一項及本條例第五十條第一項所定評價基準日，應由實施者定之，其日期限於權利變換計畫報核日前六個月內。但本辦法中華民國九十六年十二月十八日修正施行前已核定發布實施之都市更新事業計畫，實施者於修正施行日起六個月內申請權利變換計畫報核者，其評價基準日，得以都市更新事業計畫核定發布實施日為準。

第一四條

土地所有權人與權利變換關係人依本條例第六十條第二項規定協議不成，或土地所有權人不願或不能參與分配時，土地所有權人之權利價值應扣除權利變換關係人之權利價值後予以分配或補償。

第一五條

①更新後各土地所有權人應分配之權利價值，應以權利變換範圍內，更新後之土地及建築物總權利價值，扣除共同負擔之餘額，按各土地所有權人更新前權利價值比率計算之。

②本條例第三十六條第一項第十八款所定權利變換分配比率，應

以前項更新後之土地及建築物總權利價值，扣除共同負擔之餘額，其占更新後之土地及建築物總權利價值之比率計算之。

③本條例第三十七條第四項所定更新後分配之權利價值比率，應以第一項各土地所有權人應分配之權利價值，其占更新後之土地及建築物總權利價值，扣除共同負擔餘額之比率計算之。

第一六條

權利變換採分期或分區方式實施時，前條共同負擔、權利價值比率及分配比率，得按分期或分區情形分別計算之。

第一七條

①實施權利變換後應分配之土地及建築物位置，應依都市更新事業計畫表明分配及選配原則辦理；其於本條例中華民國一百零八年一月三十日修正施行前已報核之都市更新事業計畫未表明分配及選配原則者，得由土地所有權人或權利變換關係人自行選擇。但同一位置有二人以上申請分配時，應以公開抽籤方式辦理。

②實施者應訂定期限辦理土地所有權人及權利變換關係人分配位置之申請；未於規定期限內提出申請者，以公開抽籤方式分配之。其期限不得少於三十日。

第一八條

更新前原土地或建築物如經法院查封、假扣押、假處分或破產登記者，不得合併分配。

第一九條

①本條例第五十一條所定負擔及費用，範圍如下：

一　原有公共設施用地：指都市更新事業計畫核定發布實施日權利變換地區內依都市計畫劃設之道路、溝渠、兒童遊樂場、鄰里公園、廣場、綠地、停車場等七項公共設施用地，業經各直轄市、縣（市）主管機關或鄉（鎮、市）公所取得所有權或得依法辦理無償撥用者。

二　未登記地：指都市更新事業計畫核定發布實施日權利變換地區內尚未依土地法辦理總登記之土地。

三　得無償撥用取得之公有道路、溝渠、河川：指都市更新事業計畫核定發布實施日權利變換地區內實際作道路、溝渠、河川使用及原作道路、溝渠、河川使用已廢置而尚未完成廢置程序之得無償撥用取得之公有土地。

四　工程費用：包括權利變換地區內道路、溝渠、兒童遊樂場、鄰里公園、廣場、綠地、停車場等公共設施與更新後土地及建築物之規劃設計費、施工費、整地費及材料費、工程管理費、空氣污染防制費及其他必要之工程費用。

五　權利變換費用：包括實施權利變換所需之調查費、測量費、規劃費、估價費、依本條例第五十七條第四項規定應發給之補償金額、拆遷安置計畫內所定之拆遷安置費、地籍整理費及其他必要之業務費。

六　貸款利息：指爲支付工程費用及權利變換費用之貸款利息。

七　管理費用：指為實施權利變換必要之人事、行政、銷售、風險、信託及其他管理費用。
八　都市計畫變更負擔：指依都市計畫相關法令變更都市計畫，應提供或捐贈之一定金額、可建築土地或樓地板面積，及辦理都市計畫變更所支付之委辦費。
九　申請各項建築容積獎勵所支付之費用：指為申請各項建築容積獎勵所需費用及委辦費，且未納入本條其餘各款之費用。
十　申請容積移轉所支付之費用：指為申請容積移轉所支付之容積購入費用及委辦費。

②前項第四款至第六款及第九款所定費用，以經各級主管機關核定之權利變換計畫所載數額為準。第七款及第十款所定費用之計算基準，應於都市更新事業計畫中載明。第八款所定都市計畫變更負擔，以經各級主管機關核定之都市計畫書及協議書所載數額為準。

第二〇條

依本條例第五十一條第三項規定，以原公有土地應分配部分優先指配之順序如下：
一　本鄉（鎮、市）有土地。
二　本直轄市、縣（市）有土地。
三　國有土地。
四　他直轄市有土地。
五　他縣（市）有土地。
六　他鄉（鎮、市）有土地。

第二一條

公有土地符合下列情形之一者，免依本條例第五十一條第三項規定優先指配為同條第一項共同負擔以外之公共設施：
一　權利變換計畫核定前業經協議價購、徵收或有償撥用取得。
二　權利變換計畫核定前已有具體利用或處分計畫，且報經權責機關核定。
三　權利變換計畫核定前，住宅主管機關以住宅基金購置或已報奉核定列管作為興辦社會住宅之土地。
四　非屬都市計畫公共設施用地之學產地。

第二二條

①各級主管機關應於權利變換計畫核定發布實施後公告三十日，將公告地點及日期刊登政府公報或新聞紙三日，並張貼於當地村（里）辦公處之公告牌及各該主管機關設置之專門網頁。
②前項公告，應表明下列事項：
一　權利變換計畫。
二　公告起迄日期。
三　依本條例第五十三條第一項規定提出異議之期限、方式及受理機關。
四　權利變換範圍內應行拆除遷移土地改良物預定拆遷日。

第二三條

實施者應於權利變換計畫核定發布實施後，將下列事項以書面通知土地所有權人、權利變換關係人及占有他人土地之舊違章建築戶：

一　更新後應分配之土地及建築物。

二　應領之補償金額。

三　舊違章建築戶處理方案。

第二四條

①權利變換範圍內應行拆除遷移之土地改良物，實施者應於權利變換計畫核定發布實施之日起十日內，通知所有權人、管理人或使用人預定拆遷日。如爲政府代管、扣押、法院強制執行或行政執行者，並應通知代管機關、扣押機關、執行法院或行政執行分署。

②前項權利變換計畫公告期滿至預定拆遷日，不得少於二個月。

第二五條

①因權利變換而拆除或遷移之土地改良物，其補償金額準用本條例第五十條規定評定之。

②前項補償金額扣除預估本條例第五十七條第五項規定代爲拆除或遷移費用之餘額，由實施者於權利變換計畫核定發布實施之日起十日內，準用第十條第二項及第三項規定通知領取及提存。

③前項通知領取期限，已核定之權利變換計畫另有表明者，依其表明辦理。

第二六條

①實施權利變換時，權利變換範圍內供自來水、電力、電訊、天然氣等公用事業所需之地下管道、土木工程及其必要設施，各該事業機構應配合權利變換計畫之實施進度，辦理規劃、設計及施工。

②前項所需經費，依規定由使用者分擔者，得列爲工程費用。

第二七條

權利變換範圍內經權利變換之土地及建築物，實施者於申領建築物使用執照，並完成自來水、電力、電訊、天然氣之配管及埋設等必要公共設施後，應以書面分別通知土地所有權人及權利變換關係人於三十日內辦理接管。

第二八條

①權利變換計畫核定發布實施後，實施者得視地籍整理計畫之需要，申請各級主管機關囑託該管登記機關辦理實施權利變換地區範圍邊界之鑑界、分割測量及登記。

②權利變換工程實施完竣，實施者申領建築物使用執照時，並得辦理實地埋設界樁，申請各級主管機關囑託該管登記機關依權利變換計畫中之土地及建築物分配清冊、更新後更新範圍內土地分配圖及建築物配置圖，辦理地籍測量及建築物測量。

③前項測量後之面積，如與土地及建築物分配清冊所載面積不符時，實施者應依地籍測量或建築物測量結果，變更權利變換計

畫，釐正相關圖冊之記載。

第二九條

依本條例第五十一條第一項規定，權利變換範圍內列為抵充或共同負擔之各項公共設施用地，應登記為直轄市、縣（市）所有，其管理機關為各該公共設施主管機關。

第三〇條

①權利變換完成後，實際分配之土地及建築物面積與應分配面積有差異時，應按評價基準日評定更新後權利價值，計算應繳納或補償之差額價金。

②前項差額價金，由實施者通知土地所有權人及權利變換關係人應於接管之日起三十日內繳納，或通知土地所有權人、權利變換關係人或代管機關應於接管之日起三十日內領取，並準用第十條第二項但書及第三項規定。

第三一條

①實施者依本條例第六十四條第一項規定列冊送請各級主管機關囑託該管登記機關辦理權利變更或塗銷登記時，對於應繳納差額價金而未繳納者，其獲配之土地及建築物應請該管登記機關加註未繳納差額價金，除繼承外不得辦理所有權移轉登記或設定負擔字樣，於土地所有權人繳清差額價金後立即通知登記機關辦理塗銷註記。

②前項登記為本條例第六十條第二項規定分配土地者，由實施者檢附主管機關核准分配之證明文件影本，向主管稅捐稽徵機關申報土地移轉現值，並取得土地增值稅記存證明文件後，辦理土地所有權移轉登記。

③依第一項辦理登記完竣後，該管登記機關除應通知囑託限制登記之法院或機關、預告登記請求權人外，並應通知土地所有權人、權利變換關係人及本條例第六十一條第一項之抵押權人、典權人於三十日內換領土地及建築物權利書狀。

第三二條

本條例第六十條第四項規定記存之土地增值稅，於權利變換後再移轉該土地時，與該次再移轉之土地增值稅分別計算，一併繳納。

第三三條

本辦法自發布日施行。

都市更新耐震能力不足建築物而有明顯危害公共安全認定辦法

民國110年11月17日內政部令訂定發布全文4條；並自發布日施行。

第一條

本辦法依都市更新條例（以下簡稱本條例）第六十五條第八項規定訂定之。

第二條

①本條例第六十五條第八項所定耐震能力不足建築物而有明顯危害公共安全，由直轄市、縣（市）主管機關依建築物所有權人或公寓大廈管理委員會提出建築物結構安全性能評估結果及第三條規定基準認定之。

②前項結構安全性能評估之內容、委託方式及應檢附文件、評估方式、評估報告書、評估機構與其人員之資格及管理事項，依都市危險及老舊建築物結構安全性能評估辦法第二條至第十四條規定辦理。

第三條

本條例第六十五條第八項所定耐震能力不足建築物而有明顯危害公共安全之認定基準，為直轄市、縣（市）主管機關依前條第一項建築物結構安全性能評估結果認定符合下列各款規定之一：

一　ID_1 小於 0.35。

二　ID_2 小於 0.35。

$ID_1 = \dfrac{A_{c2}}{I \times A_{2500}}$，為建築物耐震能力初步評估之定量評估值指標。

$ID_2 = \dfrac{A_{c2}}{I \times A_{2500}}$，為建築物耐震能力詳細評估之容量需求比指標。

A_{c2}：為建築物結構變位達到韌性容量時所對應之有效地表加速度值。

I：為建築物耐震設計規範及解說規定之用途係數。

$A_{2500} = 0.4S_{MS}$，S_{MS} 為建築物耐震設計規範及解說規定之工址短週期最大水平譜加速度係數。

第四條

本辦法自發布日施行。

都市危險及老舊建築物加速重建條例

①民國106年5月10日總統令制定公布全文13條；並自公布日施行。
②民國107年6月6日總統令增訂公布第10-1條條文。
③民國109年5月6日總統令修正公布第3、6、8條條文。
④民國112年12月6日總統令增訂公布第5-1條條文。

第一條 （立法目的）

爲因應潛在災害風險，加速都市計畫範圍內危險及老舊瀕危建築物之重建，改善居住環境，提升建築安全與國民生活品質，特制定本條例。

第二條 （主管機關）

本條例所稱主管機關：在中央爲內政部；在直轄市爲直轄市政府；在縣（市）爲縣（市）政府。

第三條 109

①本條例適用範圍，爲都市計畫範圍內非經目的事業主管機關指定具有歷史、文化、藝術及紀念價值，且符合下列各款之一之合法建築物：

一 經建築主管機關依建築法規、災害防救法規通知限期拆除、逕予強制拆除，或評估有危險之虞應限期補強或拆除者。

二 經結構安全性能評估結果未達最低等級者。

三 屋齡三十年以上，經結構安全性能評估結果之建築物耐震能力未達一定標準，且改善不具效益或未設置昇降設備者。

②前項合法建築物重建時，得合併鄰接之建築物基地或土地辦理。

③本條例施行前已依建築法第八十一條、第八十二條拆除之危險建築物，其基地未完成重建者，得於本條例施行日起三年內，依本條例規定申請重建。

④第一項第二款、第三款結構安全性能評估，由建築物所有權人委託經中央主管機關評定之共同供應契約機構辦理。

⑤辦理結構安全性能評估機構及其人員不得爲不實之簽證或出具不實之評估報告書。

⑥第一項第二款、第三款結構安全性能評估之內容、申請方式、評估項目、權重、等級、評估基準、評估方式、評估報告書、經中央主管機關評定之共同供應契約機構與其人員之資格、管理、審查及其他相關事項之辦法，由中央主管機關定之。

第四條 （結構安全性能評估費用補助程序）

①主管機關得補助結構安全性能評估費用，其申請要件、補助額度、申請方式及其他應遵行事項之辦法或自治法規，由各級主管機關定之。

②對於前條第一項第二款、第三款評估結果有異議者，該管直轄市、縣（市）政府應組成鑑定小組，受理當事人提出之鑑定申請；其鑑定結果爲最終鑑定。鑑定小組之組成、執行、運作及其他應遵行事項之辦法，由中央主管機關定之。

第五條　（重建計畫之申請及施行期限）

①依本條例規定申請重建時，新建建築物之起造人應擬具重建計畫，取得重建計畫範圍內全體土地及合法建築物所有權人之同意，向直轄市、縣（市）主管機關申請核准後，依建築法令規定申請建築執照。

②前項重建計畫之申請，施行期限至中華民國一百十六年五月三十一日止。

第五條之一 112

①前條第一項之土地及合法建築物爲公有財產者，除下列情形外，應參與重建，不受土地法第二十五條、國有財產法第二十八條、第五十三條、第六十六條、預算法第二十五條、第二十六條、第八十六條及地方公產管理法令相關規定之限制：

一　另有合理之利用計畫無法參與重建。

二　公有土地面積比率達重建計畫範圍百分之五十以上。

三　公有土地面積比率達重建計畫範圍百分之三十以上且重建計畫範圍符合更新單元劃定基準。

②前項公有財產參與重建得採協議合建、標售、專案讓售或其他法令規定方式處理；其採協議合建時，涉及重建前後土地及合法建築物價值與重建成本，經公有財產管理機關委託不動產估價師查估，循各該公有財產價格評估審議機制評定市價後，由各該公有財產管理機關依評定市價逕行協議其重建分配價值比率；其採標售方式時，除原有法定優先承購者外，起造人得以同樣條件優先承購。

③前二項公有財產有合理之利用計畫無法參與重建之情形、公有財產參與重建方式之適用條件、辦理程序及其他應遵行事項，由財政部及直轄市、縣（市）主管機關分別定之。

第六條 109

①重建計畫範圍內之建築基地，得視其實際需要，給予適度之建築容積獎勵；獎勵後之建築容積，不得超過各該建築基地一點三倍之基準容積或各該建築基地一點一五倍之原建築容積，不受都市計畫法第八十五條所定施行細則規定基準容積及增加建築容積總和上限之限制。

②本條例施行後一定期間內申請之重建計畫，得依下列規定再給予獎勵，不受前項獎勵後之建築容積規定上限之限制：

一　施行後三年內：各該建築基地基準容積百分之十。

二　施行後第四年：各該建築基地基準容積百分之八。

三　施行後第五年：各該建築基地基準容積百分之六。

四　施行後第六年：各該建築基地基準容積百分之四。

五　施行後第七年：各該建築基地基準容積百分之二。

六　施行後第八年：各該建築基地基準容積百分之一。

③重建計畫範圍內符合第三條第一項之建築物基地或加計同條第二項合併鄰接之建築物基地或土地達二百平方公尺者，再給予各該建築基地基準容積百分之二之獎勵，每增加一百平方公尺，另給予基準容積百分之零點五之獎勵，不受第一項獎勵後之建築容積規定上限之限制。

④前二項獎勵合計不得超過各該建築基地基準容積之百分之十。

⑤依第三條第二項合併鄰接之建築物基地或土地，適用第一項至第三項建築容積獎勵規定時，其面積不得超過第三條第一項之建築物基地面積，且最高以一千平方公尺爲限。

⑥依本條例申請建築容積獎勵者，不得同時適用其他法令規定之建築容積獎勵項目。

⑦第一項建築容積獎勵之項目、計算方式、額度、申請條件及其他應遵行事項之辦法，由中央主管機關定之。

第七條　（建蔽率及建築物高度酌予放寬）

依本條例實施重建者，其建蔽率及建築物高度得酌予放寬；其標準由直轄市、縣（市）主管機關定之。但建蔽率之放寬以住宅區之基地爲限，且不得超過原建蔽率。

第八條 109

①本條例施行後五年內申請之重建計畫，重建計畫範圍內之土地及建築物，經直轄市、縣（市）主管機關視地區發展趨勢及財政狀況同意者，得依下列規定減免稅捐。但依第三條第二項合併鄰接之建築物基地或土地面積，超過同條第一項建築物基地面積部分之土地及建築物，不予減免：

一　重建期間土地無法使用者，免徵地價稅。但未依建築期限完成重建且可歸責於土地所有權人之情形者，依法課徵之。

二　重建後地價稅及房屋稅減半徵收二年。

三　重建前合法建築物所有權人爲自然人者，且持有重建後建築物，於前款房屋稅減半徵收二年期間內未移轉者，得延長其房屋稅減半徵收期間至喪失所有權止。但以十年爲限。

②依本條例適用租稅減免者，不得同時併用其他法律規定之同稅目租稅減免。但其他法律之規定較本條例更有利者，適用最有利之規定。

③第一項規定年限屆期前半年，行政院得視情況延長之，並以一次爲限。

第九條　（主管機關應輔導合法建築物重建並提供協助）

①直轄市、縣（市）主管機關應輔導第三條第一項第一款之合法建築物重建，就重建計畫涉及之相關法令、融資管道及工程技術事項提供協助。

②重建計畫範圍內有居住事實且符合住宅法第四條第二項之經濟或社會弱勢者，直轄市、縣（市）主管機關應依住宅法規定提供社會住宅或租金補貼等協助。

第一〇條　（補助重建計畫及融資貸款信用保證）

①各級主管機關得就重建計畫給予補助，並就下列情形提供重建工程必要融資貸款信用保證：
一　經直轄市、縣（市）主管機關依前條第一項規定輔導協助，評估其必要資金之取得有困難者。
二　以自然人爲起造人，無營利事業機構協助取得必要資金，經直轄市、縣（市）主管機關認定者。
三　經直轄市、縣（市）主管機關評估後應優先推動重建之地區。

②前項直轄市、縣（市）主管機關所需之經費，中央主管機關應予以補助。

第一〇條之一　（商業銀行放款限制）107

①商業銀行爲提供參與重建計畫之土地及合法建築物所有權人或起造人籌措經主管機關核准之重建計畫所需資金而辦理之放款，得不受銀行法第七十二條之二之限制。

②金融主管機關於必要時，得規定商業銀行辦理前項放款之最高額度。

第一一條　（不實簽證或出具不實評估報告書之罰鍰）

辦理結構安全性能評估機構及其人員違反第三條第五項規定爲不實之簽證或出具不實之評估報告書者，處新臺幣一百萬元以上五百萬元以下罰鍰。

第一二條　（施行細則）

本條例施行細則，由中央主管機關定之。

第一三條　（施行日）

本條例自公布日施行。

都市危險及老舊建築物加速重建條例施行細則

民國106年8月1日內政部令訂定發布全文12條；並自發布日施行。

第一條

本細則依都市危險及老舊建築物加速重建條例（以下簡稱本條例）第十二條規定訂定之。

第二條

本條例第三條第一項第三款所定屋齡，其認定方式如下：

一　領得使用執照者：自領得使用執照之日起算，至向直轄市、縣（市）主管機關申請重建之日止。

二　直轄市、縣（市）主管機關依下列文件之一認定建築物興建完工之日起算，至申請重建之日止：

㈠建物所有權第一次登記謄本。

㈡合法建築物證明文件。

㈢房屋稅籍資料、門牌編釘證明、自來水費收據或電費收據。

㈣其他證明文件。

第三條

本條例第三條第一項第三款及第三項用詞，定義如下：

一　建築物耐震能力未達一定標準：指依本條例第三條第六項所定辦法進行評估，其評估結果爲初步評估乙級。

二　改善不具效益：指經本條例第三條第六項所定辦法進行評估結果爲建議拆除重建，或補強且其所需經費超過建築物重建成本二分之一。

三　基地未完成重建：指尚未依建築法規定領得使用執照。

第四條

依本條例第五條第一項申請重建時，應檢附下列文件，向直轄市、縣（市）主管機關提出：

一　申請書。

二　符合本條例第三條第一項所定合法建築物之證明文件，或第三項所定尚未完成重建之危險建築物證明文件。

三　重建計畫範圍內全體土地及合法建築物所有權人名冊及同意書。

四　重建計畫。

五　其他經直轄市、縣（市）主管機關規定之文件。

第五條

前條第四款所定重建計畫，應載明下列事項：

一　重建計畫範圍。

二　土地使用分區。

三　經依法登記開業建築師簽證之建築物配置及設計圖說。

四　申請容積獎勵項目及額度。

五　依本條例第六條第五項所定辦法應取得之證明文件及協議書。

六　其他經直轄市、縣（市）主管機關規定應載明之事項。

第六條

①直轄市、縣（市）主管機關應自受理第四條申請案件之日起三十日內完成審核。但情形特殊者，得延長一次，延長期間以三十日爲限。

②前項申請案件應予補正者，直轄市、縣（市）主管機關應將補正事項一次通知申請人限期補正，並應於申請人補正後十五日內審查完竣；屆期未補正或補正不完全者，予以駁回。

③前二項申請案件經直轄市、縣（市）主管機關審核符合規定者，應予核准；不合規定者，駁回其申請。

第七條

新建建築物起造人應自核准重建之次日起一百八十日內申請建造執照，屆期未申請者，原核准失其效力。但經直轄市、縣（市）主管機關同意者，得延長一次，延長期間以一百八十日爲限。

第八條

本條例第八條第一項所定減免稅捐，其期間起算規定如下：

一　依第一款免徵地價稅：自依建築法規定開工之日起，至核發使用執照之日止。

二　依第二款減徵地價稅及房屋稅：

㈠地價稅：自核發使用執照日之次年起算。

㈡房屋稅：自核發使用執照日之次月起算。

第九條

依本條例第八條第一項申請減免稅捐，規定如下：

一　免徵地價稅：起造人申請直轄市、縣（市）主管機關認定重建期間土地無法使用期間後，轉送主管稅捐稽徵機關依法辦理。

二　減徵地價稅及房屋稅：起造人檢附下列文件向主管稅捐稽徵機關申請辦理：

㈠重建後全體土地及建築物所有權人名冊，並註明是否爲重建前合法建築物所有權人。

㈡第四條第三款所定之名冊。

㈢其他相關證明文件。

第一〇條

本條例第八條第一項第一款但書規定所定未依建築期限完成重建且可歸責於土地所有權人之情形，爲建築法第五十三條第二項規定建造執照失其效力者。

第一一條

重建計畫範圍內之土地，依本條例第八條第一項第一款但書規定應課徵地價稅時，直轄市、縣（市）主管機關應通知主管稅捐稽徵機關。

第一二條

本細則自發布日施行。

都市危險及老舊建築物建築容積獎勵辦法

①民國106年8月1日內政部令訂定發布全文13條；並自發布日施行。

②民國109年11月10日內政部令修正發布第1條條文；並增訂第4-1條條文。

第一條 109

本辦法依都市危險及老舊建築物加速重建條例（以下簡稱本條例）第六條第七項規定訂定之。

第二條

本條例第六條用詞，定義如下：

一 基準容積：指都市計畫法令規定之容積率上限乘土地面積所得之積數。

二 原建築容積：指實施容積管制前已興建完成之合法建築物，申請建築時主管機關核准之建築總樓地板面積，扣除建築技術規則建築設計施工編第一百六十一條第二項規定不計入樓地板面積部分後之樓地板面積。

第三條

重建計畫範圍內原建築基地之原建築容積高於基準容積者，其容積獎勵額度爲原建築基地之基準容積百分之十，或依原建築容積建築。

第四條

①重建計畫範圍內原建築基地符合本條例第三條第一項各款之容積獎勵額度，規定如下：

一 第一款：基準容積百分之十。

二 第二款：基準容積百分之八。

三 第三款：基準容積百分之六。

②前項各款容積獎勵額度不得重複申請。

③依本條例第三條第三項規定申請重建者，其容積獎勵額度同前項第一款規定。

第四條之一 109

重建計畫範圍內建築基地未達二百平方公尺，且鄰接屋齡均未達三十年之合法建築物基地者，其容積獎勵額度爲基準容積百分之二。但該合法建築物符合本條例第三條第一項第一款者，不適用之。

第五條

①建築基地退縮建築者之容積獎勵額度，規定如下：

一　建築基地自計畫道路及現有巷道退縮淨寬四公尺以上建築，退縮部分以淨空設計及設置無遮簷人行步道，且與鄰地境界線距離淨寬不得小於二公尺並以淨空設計：基準容積百分之十。

二　建築基地自計畫道路及現有巷道退縮淨寬二公尺以上建築，退縮部分以淨空設計及設置無遮簷人行步道，且與鄰地境界線距離淨寬不得小於二公尺並以淨空設計：基準容積百分之八。

②前項各款容積獎勵額度不得重複申請。

第六條

①建築物耐震設計之容積獎勵額度，規定如下：

一　取得耐震設計標章：基準容積百分之十。

二　依住宅性能評估實施辦法辦理新建住宅性能評估之結構安全性能者：

㈠第一級：基準容積百分之六。

㈡第二級：基準容積百分之四。

㈢第三級：基準容積百分之二。

②前項各款容積獎勵額度不得重複申請。

第七條

①取得候選等級綠建築證書之容積獎勵額度，規定如下：

一　鑽石級：基準容積百分之十。

二　黃金級：基準容積百分之八。

三　銀級：基準容積百分之六。

四　銅級：基準容積百分之四。

五　合格級：基準容積百分之二。

②重建計畫範圍內建築基地面積達五百平方公尺以上者，不適用前項第四款及第五款規定之獎勵額度。

第八條

①取得候選等級智慧建築證書之容積獎勵額度，規定如下：

一　鑽石級：基準容積百分之十。

二　黃金級：基準容積百分之八。

三　銀級：基準容積百分之六。

四　銅級：基準容積百分之四。

五　合格級：基準容積百分之二。

②重建計畫範圍內建築基地面積達五百平方公尺以上者，不適用前項第四款及第五款規定之獎勵額度。

第九條

①建築物無障礙環境設計之容積獎勵額度，規定如下：

一　取得無障礙住宅建築標章：基準容積百分之五。

二　依住宅性能評估實施辦法辦理新建住宅性能評估之無障礙環境者：

㈠第一級：基準容積百分之四。

㈡第二級：基準容積百分之三。

②前項各款容積獎勵額度不得重複申請。

第一〇條

①協助取得及開闢重建計畫範圍周邊之公共設施用地，產權登記為公有者，容積獎勵額度以基準容積百分之五為上限，計算方式如下：

協助取得及開闢重建計畫範圍周邊公共設施用地之獎勵容積＝公共設施用地面積×（公共設施用地之公告土地現值／建築基地之公告土地現值）×建築基地之容積率

②前項公共設施用地應先完成土地改良物、租賃契約、他項權利及限制登記等法律關係之清理，並開闢完成且將土地產權移轉登記為直轄市、縣（市）有或鄉（鎮、市、區）有後，始得核發使用執照。

第一一條

①起造人申請第六條至第九條之容積獎勵，應依下列規定辦理：

一　與直轄市、縣（市）政府簽訂協議書。

二　於領得使用執照前繳納保證金。

三　於領得使用執照後二年內，取得耐震標章、綠建築標章、智慧建築標章、無障礙住宅建築標章、通過新建住宅性能評估結構安全性能或無障礙環境評估。

②前項第二款之保證金，直轄市、縣（市）主管機關得依實際需要訂定；未訂定者，依下列公式計算：

應繳納之保證金額＝重建計畫範圍內土地當期公告現值×零點四五×申請第六條至第九條之獎勵容積樓地板面積

③起造人依第一項第三款取得標章或通過評估者，保證金無息退還。未取得或通過者，不予退還。

第一二條

申請第三條至第六條規定容積獎勵後，仍未達本條例第六條第一項所定上限者，始得申請第七條至第十條之容積獎勵。

第一三條

本辦法自發布日施行。

都市危險及老舊建築物結構安全性能評估辦法

①民國106年8月8日內政部令訂定發布全文15條；並自發布日施行。
②民國107年8月2日內政部令修正發布第2至4條條文。
③民國107年10月11日內政部令修正發布第2條附表三、四。
民國112年9月13日行政院公告第2條第1項第2款、第7條第1項、第13條第1款所列屬「內政部營建署」之權責事項，自112年9月20日起改由「內政部國土管理署」管轄。

第一條

本辦法依都市危險及老舊建築物加速重建條例（以下簡稱本條例）第三條第六項規定訂定之。

第二條 107

①本條例第三條第一項第二款、第三款所定結構安全性能評估，爲耐震能力評估；其內容規定如下：

一　初步評估：評估項目、內容、權重及評分，如附表一至附表四；評估等級及基準，如附表五。

二　詳細評估：依內政部營建署代辦建築物耐震能力詳細評估工作共同供應契約（簡約）（以下簡稱共同供應契約）所定之評估內容辦理。

②本辦法修正施行前已完成初步評估案件，得依修正施行後之評估等級及基準認定之。

第三條 107

①申請結構安全性能評估，應有建築物所有權人逾半數之同意，並推派一人爲代表，檢附逾半數之建築物權利證明文件及建築物使用執照影本或經直轄市、縣（市）主管機關認定之合法建築物證明文件，委託經中央主管機關評定之共同供應契約機構（以下簡稱共同供應契約機構）辦理。

②前項建築物爲公寓大廈，其公寓大廈管理委員會得檢附區分所有權人會議決議通過之會議紀錄及建築物使用執照影本或經直轄市、縣（市）主管機關認定之合法建築物證明文件，申請結構安全性能評估。

第四條 107

共同供應契約機構應依下列評估方式，辦理結構安全性能評估後，製作評估報告書：

一　初步評估：應派員至現場勘查，並依附表一至附表四規定辦理檢測。

二　詳細評估：應派員至現場勘查，並依共同供應契約所定評估方式辦理檢測。

第五條

①初步評估報告書應載明下列事項：

一　建築物所有權人姓名。

二　評估機構名稱、代表人及評估人員姓名、簽章。

三　建築物之地址。

四　評估範圍之建築物樓層數、樓地板面積、結構及構造型式。

五　初步評估結果。

六　其他相關事項。

②前項第五款之初步評估結果，應由評估人員所屬評估機構查核。

③詳細評估報告書應載明事項，依共同供應契約規定辦理。

第六條

於中華民國一百零六年十二月三十一日以前，依住宅性能評估實施辦法申請結構安全評估，其評估報告書，得視為前條所定之評估報告書。

第七條

①與內政部營建署簽訂共同供應契約之機構，得檢附下列文件向中央主管機關申請評定為共同供應契約機構：

一　申請書。

二　共同供應契約影本。

三　五人以上評估人員之名冊。

四　評估費用計算方式。

②申請案件未符合前項規定者，中央主管機關應書面通知限期補正，屆期未補正或補正不完全者，駁回其申請。

第八條

前條第一項第三款規定之評估人員，應具備下列資格：

一　依法登記開業建築師、執業土木工程技師或結構工程技師。

二　參加中央主管機關主辦或所委託相關機關、團體舉辦之建築物實施耐震能力評估及補強講習會，並取得結訓證明文件。

第九條

①經中央主管機關審查合格評定之共同供應契約機構，應公告其機構名稱、代表人、地址及有效期限。

②前項有效期限，為共同供應契約所載之期限。

第一〇條

①共同供應契約機構及評估人員應公正執行任務；對具有利害關係之鑑定案件，應遵守迴避原則。

②評估人員不得同時於二家以上共同供應契約機構執行評估及簽證工作。

第一一條

①共同供應契約機構及評估人員相關資料有變更時，應於變更之日起一個月內報請中央主管機關同意。

②評估人員出缺，人數不足第七條第一項第三款規定時，共同供應契約機構應於一個月內補足，並檢附名冊報請中央主管機關同意。

第一二條

①中央主管機關得視實際需要，對共同供應契約機構之評估業務實施不定期檢查及現場勘查，並得要求其提供相關資料。

②中央主管機關辦理前項不定期檢查及現場勘查，應事先通知共同供應契約機構。

第一三條

共同供應契約機構有下列情形之一者，中央主管機關得廢止其評定，並公告之：

一　共同供應契約經內政部營建署終止或解除契約。

二　出具不實之評估報告書。

三　由未具第八條規定資格之人員進行評估。

四　違反第十條第一項利益迴避規定。

五　違反第十條第二項、第十一條第一項規定，經中央主管機關限期令其改善，屆期未改善，且情節重大。

六　違反第十一條第二項規定，屆期未補足評估人員人數，並檢附名冊報請中央主管機關同意。

七　以不正當方式招攬業務，經查證屬實。

八　無正當理由，拒絕、規避或妨礙中央主管機關之檢查或勘查，或拒絕提供資料，經中央主管機關限期令其改善，屆期未改善，且情節重大。

第一四條

經中央主管機關依前條規定廢止評定者，自廢止之日起三年內，不得重新申請評定爲共同供應契約機構。

第一五條

本辦法自發布日施行。

新市鎮開發條例

①民國86年5月21日總統令制定公布全文33條。
②民國89年1月26日總統令修正公布第2、4至6條條文。
③民國98年5月27日總統令修正公布第26條條文。
民國101年6月25日行政院公告第22條第1、2項所列屬「財政部」之權責事項，自101年7月1日起改由「金融監督管理委員會」管轄。
④民國109年1月15日總統令修正公布第22條條文。

第一章　總　則

第一條　（立法目的）
①為開發新市鎮，促進區域均衡及都市健全發展，誘導人口及產業活動之合理分布，改善國民居住及生活環境，特制定本條例。
②本條例未規定者，適用其他法律之規定。

第二條　（主管機關）
本條例之主管機關：在中央為內政部；在直轄市為直轄市政府；在縣（市）為縣（市）政府。

第三條　（新市鎮之定義）
本條例所稱新市鎮，係指依本條例劃定一定地區，從事規劃開發建設，具有完整之都市機能，足以成長之新都市。

第二章　新市鎮區位之選定及計畫之擬定

第四條　（可行性規劃報告之擬具）
①中央主管機關得視區域及都市發展需要，並參考私人或團體之建議，會同有關機關及當地直轄市、縣（市）政府勘選一定地區內土地，擬具可行性規劃報告，報行政院核定，劃定為新市鎮特定區。
②新市鎮特定區之勘選原則及可行性規劃報告內容，由中央主管機關定之。

第五條　（新市鎮特定區計畫之擬定）
①中央主管機關於可行性規劃報告書（圖）核定後，應公告三十日，公告期滿，應即進行或指定直轄市、縣（市）主管機關進行新市鎮之規劃與設計，擬定新市鎮特定區計畫，作為新市鎮開發之依據。
②前項公告期間內應舉辦公聽會，特定區內私有土地所有權人半數以上，而其所有土地面積超過特定區私有土地面積半數者，

表示反對時，中央主管機關應予調處，並參酌反對理由及公聽會之結論，修訂或廢止可行性規劃報告，重行報核，並依其核定結果辦理之。

③新市鎮計畫範圍內之保護區土地，如逾二十年未開發使用者，主管機關應併同新市鎮開發辦理協議價購、區段徵收，或許可私人或團體申請開發。

第三章　土地取得與處理

第六條　（私有土地之取得方式）

①新市鎮特定區核定後，主管機關對於新市鎮特定區內之私有土地，應先與所有權人協議價購，未能達成協議者，得實施區段徵收，並於區段徵收公告期滿一年內，發布實施新市鎮特定區計畫。

②前項協議價購成立者，免徵其土地增值稅。

③耕地承租人因第一項徵收而領取之補償費，自八十六年五月二十三日本條例公布生效日後尚未核課確定者，不計入所得課稅。撥用公有耕地之承租人準用之。

第七條　（公有土地之取得方式）

①新市鎮特定區內之公有土地，應一律按公告土地現值撥供主管機關統籌規劃開發。

②前項公有土地管理機關原有附著於土地之建築物及構造物，如需遷建者，得洽由主管機關指定新市鎮開發基金代爲辦理，遷建所需費用，由其土地及附著於土地之建築物及構造物之補償價款內支應。

第八條　（土地經規劃整理後之處理方式）

①新市鎮特定區內土地經取得並規劃整理後，除以區段徵收方式辦理之抵價地，依規定發交原土地所有權人外，由主管機關依左列方式處理：

一　道路、溝渠、公園、綠地、兒童遊樂場、體育場、廣場、停車場、國民學校用地，於新市鎮開發完成後，無償登記爲當地直轄市、縣（市）有。

二　前款以外之公共設施用地，有償撥供需地機關使用。

三　國民住宅、安置原住戶或經行政院專案核准所需土地讓售需地機關。

四　社會、文化、教育、慈善、救濟團體舉辦公共福利事業、慈善救濟事業或教育事業所需土地，經行政院專案核准，得予讓售或出租。

五　其餘可供建築土地，得予標售、標租、自行興建。

②原土地所有權人依規定領回面積不足最小建築基地面積者，應於規定期間內提出申請合併、自行出售或由主管機關統籌興建建築物後分配之。未於規定期間內申請者，於規定期間屆滿之日起三十日內，按徵收前原土地面積之協議地價發給現金補償。

③前項土地如在農地重劃區內者，應按重劃前之面積計算之。
④依第一項第二款至第五款撥用或讓售地價及標售底價，以開發總成本為基準，按其土地之位置、地勢、交通、道路寬度、公共設施及預期發展等條件之優劣估定之。
⑤依第一項第五款標租時，其期限不得逾九十九年。
⑥第一項第五款土地之標售、標租辦法，由中央主管機關定之。

第九條 （差額地價之繳納）

①新市鎮特定區內之既成社區建築基地及已辦竣財團法人登記之私立學校、社會福利事業、慈善事業、宗教團體所使用之土地，不妨礙新市鎮特定區計畫及區段徵收計畫，且經規劃為該等建築或設施使用者，於實施區段徵收時，其原建築面積得保留發還原土地所有權人，免令其繳納差額地價，其餘土地應參加區段徵收分配。但建築物法定空地擬保留分配者，應依規定繳納差額地價。
②前項應納之差額地價經限期繳納而逾期未繳納者，得移送法院強制執行。

第一〇條 （地價稅之課徵）

主管機關取得新市鎮特定區內之土地，於未依第八條第一項規定處理前免徵地價稅。但未依新市鎮特定區計畫書規定之實施進度處理者，於規定期間屆滿之次日起，依法課徵地價稅。

第一一條 （土地於核定前已持有，免徵遺產稅或贈與稅）

①新市鎮特定區計畫範圍內之徵收土地，所有權人於新市鎮範圍核定前已持有，且於核定之日起至依平均地權條例實施區段徵收發還抵價地五年內，因繼承或配偶、直系血親間之贈與而移轉者，免徵遺產稅或贈與稅。
②前項規定於本條例公布施行前，亦適用之。

第四章 建設與管制

第一二條 （整體開發計畫之擬訂）

①新市鎮特定區計畫發布後，主管機關應擬訂整體開發計畫，依實施進度，分期分區完成公共工程建設，並得視人口及產業引進之情形，興建住宅、商業、工業及其他都市服務設施。
②前項住宅、商業、工業及其他都市服務設施興建完成後，除本條例另有規定外，得辦理標售、標租；其標售、標租及管理辦法，由中央主管機關定之。

第一三條 （公用事業及公共設施之配合興建）

新市鎮特定區內、外必要之公用事業及公共設施，各該公用事業及公共設施主管機關應配合新市鎮開發進度優先興建，並實施管理。

第一四條 （投資獎勵辦法）

①股份有限公司投資於新市鎮之建設，得依左列各款獎勵及協助：
一 按其投資總額百分之二十範圍內抵減當年度應納營利事業

所得稅額；當年度不足抵減時，得在以後四年度內抵減之。

二　必要之施工機器設備得按所得稅法固定資產耐用年數表所載年數，縮短二分之一計算折舊；其縮短後之年數不滿一年者，不予計算。

三　於施工期間免徵地價稅。但未依規定完工者，應補徵之。

四　洽請金融機構就其建設所需資金提供優惠貸款。

五　協助從證券市場籌募資金。

②前項第一款及第三款，於新市鎮土地規劃整理完成當年起第六年至第十年內投資建設者，其優惠額度減半，第十一年起不予優惠。

③前二項獎勵辦法，由中央主管機關會同財政部定之。

第一五條　（強制買回）

需地機關或社會、文化、教育、慈善、救濟團體依第八條第一項第三款或第四款價購之土地，如有未依原核准進度使用、違背原核准之使用計畫或擅自移轉者，主管機關應強制買回。未經原核准讓售機關之核准而擅自轉讓者，其移轉行為不得對抗主管機關之強制買回。

第一六條　（投資計畫）

①主管機關依第八條標售或標租土地時，投資人應附具投資計畫，經主管機關審查核准，始得參與投標。

②投資人標得土地後，應即依投資計畫規定之進度實施建設。主管機關並應依投資計畫定期或不定期檢查。經檢查發現有未依進度開工或進度落後時，主管機關應通知於三個月內改善。

③得標人接獲通知，有正當理由未能於限期內改善者，應敘明原因，申請展期；展期之期間不得超過三個月。

④得標人未完成建設前，不得以一部或全部轉售、轉租或設定負擔。違反者，其轉售、轉租或設定負擔之契約無效。

⑤第一項投資計畫之審查準則，由中央主管機關定之。

第一七條　（強制收買或終止租約）

①投資人違反前條第二項至第四項規定者，除依左列各款分別處罰外，並應由主管機關強制收買或終止租約：

一　未依投資計畫進度開工或進度落後，經通知限期改善，逾期仍未改善者，處以該宗土地當期公告地價百分之二以上百分之五以下罰鍰，經再限期於三個月內改善，逾期仍未改善者，得按次連續處罰。

二　擅自轉售、轉租或設定負擔者，處以該宗土地當期公告地價百分之一以上百分之三以下罰鍰。

②前項所定罰鍰經通知限期繳納，逾期仍不繳納者，移送法院強制執行。

③主管機關依第一項規定強制收買時，對於土地上之設施，應限期投資人遷移，未於期限內遷移者，視同放棄。

④前項規定於主管機關依第一項終止租約時，準用之。

⑤依第十五條及本條第一項之規定強制收買者，其價格不得超出

原出售價格。

第一八條　（限期建築使用）

①主管機關為促進新市鎮之發展，得依新市鎮特定區計畫之實施進度，限期建築使用。逾期未建築使用者，按該宗土地應納地價稅基本稅額之五倍至十倍加徵地價稅；經加徵地價稅滿三年，仍未建築使用者，按該宗土地應納地價稅基本稅額之十倍至二十倍加徵地價稅或由主管機關照當期公告土地現值強制收買。

②前項限期建築之土地，其限期建築之期限，不因移轉他人而受影響，對於不可歸責於土地所有權人之事由而遲誤之期間，應予扣除。

③前項不可歸責於土地所有權人之事由，由中央主管機關於施行細則中定之。

第一九條　（強制收買程序及其相關事項準用規定）

前二條強制收買之程序及其他相關事項，除本條例另有規定外，準用平均地權條例照價收買之有關規定。

第二〇條　（最小建築基地面積及共有土地處分規定）

①新市鎮特定區內建築基地未達新市鎮特定區計畫規定之最小建築基地面積者，不予核發建築執照。

②共有人於其共有土地建築房屋，適用土地法第三十四條之一有關共有土地處分之規定。

第二一條　（土地及建築物使用申請）

①新市鎮特定區計畫發布實施後，實施整體開發前，區內土地及建築物之使用，得由中央主管機關訂定辦法管制之，不受都市計畫法規之限制。

②依前項辦法申請土地及建築物之使用者，經主管機關通知整體開發並限期拆除回復原狀時，應自行無條件拆除；其不自行拆除者，予以強制拆除。

第五章　人口與產業之引進

第二二條 109

①主管機關為促進人口及產業之引進，得洽請金融機構提供長期優惠貸款，並得於新市鎮開發基金內指撥專款協助融資。

②前項優惠貸款辦法，由中央主管機關定之。

第二三條　（新市鎮就業家庭優先租購住宅）

①主管機關依第十二條規定興建之住宅，優先租售予在該新市鎮就業之家庭及其他公共建設拆遷戶；商業、工業及其他都市服務設施，優先標租、標售予有利於新市鎮發展之產業。

②前項新市鎮就業家庭優先租購住宅應具備之條件，由中央主管機關定之。有利於新市鎮發展產業之範圍，由行政院視各該新市鎮之發展需要定之。

③第一項優先出售、出租辦法，由中央主管機關定之。

第二四條　（有利於新市鎮發展經營之獎勵）

①主管機關得劃定地區，就左列各款稅捐減免規定，獎勵有利於新市鎮發展之產業投資經營：
　一　於開始營運後按其投資總額百分之二十範圍內抵減當年度應納營利事業所得稅額，當年度不足抵減時，得在以後四年度內抵減之。
　二　土地所有權人於出售原營業使用土地後，自完成移轉登記之日起二年內於新市鎮重購營業所需土地時，其所購土地地價，超過出售原營業使用之土地地價扣除繳納土地增值稅後之餘額者，得於開始營運後，向主管稽徵機關申請就其已納土地增值稅額內，退還其不足支付新購土地地價之數額。但重購之土地自完成移轉登記起五年內再轉讓或改作非獎勵範圍內產業之用途者，應追繳原退還稅款。

②前項第一款之獎勵，以股份有限公司組織者為限。

③第一項稅捐之減免，自劃定地區起第六年至第十年內申請者，其優惠額度減半，第十一年起不予優惠。

④前三項獎勵辦法，由中央主管機關會同財政部、經濟部定之。

第二五條　（房屋稅、地價稅及買賣契稅之減免）

①新市鎮特定區內之建築物於興建完成後，其房屋稅、地價稅及買賣契稅，第一年免徵，第二年減徵百分之八十，第三年減徵百分之六十，第四年減徵百分之四十，第五年減徵百分之二十，第六年起不予減免。

②前項減免買賣契稅以一次為限。

第六章　組織與經費

第二六條　（新市鎮開發基金之來源及聯外交通建設經費之補助）

①新市鎮開發之規劃設計經費，由主管機關編列預算支應。

②前項以外之土地取得、工程設計施工及經營管理等經費，中央主管機關得設置新市鎮開發基金支應。

③新市鎮開發基金之收支、保管及運用辦法，由中央主管機關定之，其來源如下：
　一　主管機關循預算程序之撥入款。
　二　本基金孳息收入。
　三　應用本基金開發新市鎮之盈餘款。
　四　其他有關收入。

④中央主管機關得就對新市鎮開發有顯著效益之相關聯外交通建設，視本基金營運效能及財務狀況，補助其部分或全部建設經費。

第二七條　（財團法人機構辦理事項）

①主管機關得設立財團法人機構辦理左列新市鎮開發事項：
　一　新市鎮可行性規劃報告及新市鎮特定區計畫之研、修訂。
　二　建設財源之籌措與運用。
　三　土地及地上物之取得與處理。

四　各項公用事業公共設施之興建及管理維護。
五　都市服務設施建設之協調推動。
六　住宅、商店、廠房之興建與租售。
七　土地使用管制與建築管理。
八　主管機關經管財產之管理與收益。
九　獎勵參與投資建設之公告、審查。
十　違反獎勵規定之處理。
十一　新市鎮內加徵地價稅之提撥及長期建築使用之執行。
十二　人口與產業引進之協調推動。
十三　申請減免稅捐證明之核發。

②前項財團法人機構之董監事，應有當地地方政府代表、土地所有權人代表或其委託之代理人及學者專家擔任；其組織章程及董監事人選並應經立法院同意。

第二八條　（抵押權之登載）

新市鎮特定區範圍內土地，區段徵收前已設定抵押權，而於實施區段徵收後領回抵價地者，主管機關應於辦理土地囑託登記前，邀集權利人協調，除協調結果該權利消滅者外，應列冊送由該管登記機關，於發還抵價地時，按原登記先後，登載於領回之抵價地。其為合併分配者，抵押權利之登載，應以區段徵收前各宗土地之權利價值，計算其權利範圍。

第七章　附　則

第二九條　（租賃、出租之規範）

①主管機關就土地所為之處分、設定負擔或超過十年期間之租賃，不受土地法第二十五條之限制。

②土地或建築改良物依本條例出租者，其租金率不受土地法第九十七條或第一百零五條之限制。

第三〇條　（有關獎勵投資建設及人口產業引進之適用規定）

本條例有關獎勵投資建設及人口、產業引進之規定，如其他法律規定較本條例更有利者，適用最有利之法律。

第三一條　（適用規定）

本條例公布施行前經行政院核定開發之新市鎮，適用本條例之規定。

第三二條　（施行細則）

本條例施行細則，由中央主管機關定之。

第三三條　（施行日）

本條例自公布日施行。

施行細則

內政部令訂定發布全文36條。
日內政部令修正發布第4、6、10條條文。

第一章　總　則

第一條

本細則依新市鎮開發條例（以下簡稱本條例）第三十二條規定訂定之。

第二章　新市鎮區位之選定及計畫之擬定

第二條

新市鎮特定區之勘選原則如下：

一　具有足敷新市鎮未來發展所需之土地。
二　電力、電信、自來水及瓦斯等公用設備能配合新市鎮未來發展需要充分供應。
三　與都會區中心都市之距離適當，並具有良好之聯外交通系統。
四　鄰近地區之產業結構能與新市鎮未來發展相配合。
五　鄰近地區具有龐大之住宅需求。
六　避免重要軍事設施用地或鄰近高敏感國防設施。
七　避免鄰近重大污染源。
八　避免位於特定水土保持區、水源、水質、水量保護區或重要水庫集水區範圍內。
九　避免低窪地、陡坡、易崩塌地或其他環境敏感地。
十　其他影響新市鎮開發之因素。

第三條

新市鎮特定區可行性規劃報告內容，應表明下列事項：

一　開發目標。
二　開發地區範圍。
三　開發地區及鄰近地區發展現況。
四　整體發展構想。
五　開發方式。
六　拆遷安置構想。
七　開發進度及分期分區發展。
八　財務分析。
九　人口及產業引進策略。

十　配合措施。

十一　開發主管機關及責任分工。

十二　其他應表明之事項。

第四條 88

中央主管機關依本條例第五條第二項規定舉辦公聽
請特定區內私有土地所有權人、當地直轄市、縣（市
鄉（鎮、市、區）公所、居民及專家、學者參加，並於
規劃報告書（圖）公告時，將公聽會之日期及地點刊登
報或新聞紙三日，及函囑當地鄉（鎮、市、區）公所張貼
公所之公告牌。

第五條

公聽會程序之進行，應公開以言詞為之。

第六條 88

①本條例第五條第三項所稱新市鎮計畫範圍內之保護區土地逾二十年未開發使用者，指新市鎮特定區計畫範圍內之保護區土地，自新市鎮特定區計畫發布實施日起逾二十年，未檢討變更為都市發展用地，進行開發建設者。

②私人或團體申請開發前項保護區土地之許可條件、辦理程序及應備書件等事項，由中央主管機關或其指定直轄市、縣（市）主管機關定之。

第三章　土地取得與處理

第七條

本條例公布施行前經行政院核定之新市鎮特定區計畫範圍內之私有土地，開發主管機關應於分期分區開發前，依本條例第六條第一項規定辦理協議價購。協議不成時，除原新市鎮特定區計畫或行政院核定之開發方式另有規定者外，得實施區段徵收。

第八條

開發主管機關依本條例第七條第一項規定撥用公有土地，應先行告知公有土地主管及管理機關，免徵求其同意。

第九條

新市鎮特定區內公有土地管理機關依本條例第七條第二項規定，洽請中央主管機關指定新市鎮開發基金代為辦理其原有附著於土地之建築物及構造物之遷建者，該公有土地及附著於土地之建築物及構造物之補償價款，由開發主管機關先行撥入新市鎮開發基金代為辦理，剩餘價款解繳公庫。

第一〇條 88

新市鎮特定區內之未登記土地，應視其開發主管機關，無償登記為國有、直轄市有及或縣（市）有，以開發主管機關或其指定機關為管理機關，並由開發主管機關統籌規劃、開發及處理。

第一一條

本條例第八條第一項第三款之需地機關或第四款之社會、文化、

教育、慈善、救濟團體申請讓售土地時，應檢具使用計畫、預定辦理進度及財務計畫為之。

第一二條

①原土地所有權人依本條例第八條第二項規定，申請由開發主管機關統籌興建建築物後分配時，開發主管機關得興建建築物或就拆遷安置原住戶住宅之剩餘住宅予以分配，其作業要點由開發主管機關定之。

②開發主管機關未能依本條例第八條第二項規定統籌興建建築物分配時，應通知原土地所有權人改依同條項規定申請合併或自行出售。

第一三條

依本條例第八條第三項規定計算原土地所有權人在農地重劃前之土地面積時，其農地重劃相關資料滅失或不全者，除原土地所有權人能提供可資證明文件外，以當地直轄市、縣（市）行政轄區內辦理農地重劃土地所有權人分擔農、水路用地面積比例之平均值為基準計算之。

第一四條

①本條例第八條第四項所稱開發總成本，指徵收私有土地之現金補償地價或協議價購地價、有償撥用公有土地地價、公共工程費用、土地整理費用及貸款利息等項之支出總額。

②前項所定公共工程費用，包括道路、橋樑、溝渠、地下管道、公園、綠地、廣場、停車場、兒童遊樂場、體育場及其他經主管機關核定設施之規劃設計費、整地費、施工費、材料費及管理維護費。所定土地整理費用，包括土地改良物或墳墓拆遷補償費、動力及機械設備或人口搬遷補助費、營業損失補助費、自動拆遷獎勵金、加成補償金、地籍整理費、救濟金及辦理土地整理必要之業務費。

第一五條

開發主管機關依本條例第八條第四項規定估定撥用或讓售地價及標售底價時，得委託當地直轄市、縣（市）政府或估價專業機構預估，作為參考。

第一六條

本條例第九條第二項繳納差額地價、第十七條第二項繳納罰鍰、第三項遷移土地上之設施及第二十一條第二項拆除回復原狀之期限，均以三十日為準。

第一七條

開發主管機關依本條例第十條規定申請免徵地價稅時，應列冊檢同有關證明文件函送當地直轄市、縣（市）主管稽徵機關辦理。免徵原因消滅，恢復課徵時，亦同。

第一八條

本條例第十一條第一項所稱新市鎮特定區計畫範圍內之徵收土地，指新市鎮特定區可行性規劃報告確定應實施區段徵收之土地；所稱於新市鎮範圍核定前已持有，指於新市鎮特定區可行

性規劃報告確定之日前已持有；所稱發還抵價地五年內，指
託該管登記機關完成抵價地所有權登記之日起五年內。

第一九條

本條例第十一條第二項所定亦適用之，指本條例公布施行前經行政院核定開發之新市鎮，於經行政院核定應實施區段徵收或特定區計畫確定應實施區段徵收之日起，至實施區段徵收發還抵價地五年內，應實施區段徵收範圍內之土地，因繼承或配偶、直系血親間之贈與而移轉者，亦適用同條第一項之規定，免徵遺產稅或贈與稅。

第四章　建設與管制

第二〇條

本條例第十二條第一項所定新市鎮整體開發計畫，應表明下列事項：

一　開發目標、開發範圍、實施項目及開發年期。
二　住宅、商業、工業及其他都市服務設施興建計畫。
三　人口及產業引進計畫。
四　公共工程建設計畫。
五　公共設施經營管理計畫。
六　財務計畫。
七　實施進度管制計畫。
八　其他應表明之事項。

第二一條

本條例第十二條及第二十三條第一項所定其他都市服務設施，指住宅、商業及工業以外之行政、文化、教育、遊憩、醫療保健、交通、環境保護或公用服務等都市生活所必須之服務性設施。

第二二條

新市鎮特定區內、外必要之公用事業及公共設施，各該公用事業及公共設施主管機關未及配合新市鎮開發進度編列預算優先興建者，開發主管機關得徵得各該公用事業及公共設施主管機關同意後，洽請中央主管機關指定新市鎮開發基金先行代墊辦理，再由各該公用事業及公共設施主管機關編列預算歸墊。

第二三條

本條例第十五條及第十六條第四項之規定，開發主管機關應列冊送請該管登記機關於土地登記簿內註記。

第二四條

得標人依本條例第十六條第三項規定申請展期者，應於三個月改善期限屆滿前爲之。

第二五條

本條例第十六條第四項所定未完成建設前，指取得建築物使用執照前。

第二六條

本條例第十八條第一項限期建築使用之期限，以二年爲準。

第二七條

土地所有權人已依建築法第五十四條第二項規定申請開工展期並經核准，其因而超出本條例第十八條第一項限期建築使用期限者，不予加徵地價稅。但展期後仍逾期不開工或逾期未完工致建造執照作廢者，追溯自其超出限期建築使用期限當年期起至開工建築當年期止，依該規定加徵地價稅。

第二八條

依本條例第十八條第一項規定加徵地價稅之倍數，由開發主管機關會商地政、財政及管轄稽徵機關，視新市鎮發展情形擬訂，層報行政院核定。

第二九條

本條例第十八條第二項所定不可歸責於土地所有權人之事由，包括下列情形：

一　遭逢天然重大災害，致無法如期開工或延誤完工時程者。

二　遭逢戰爭、或社會、經濟之重大變故，致無法如期開工或延誤完工時程者。

三　因配合國家或地方其他重大建設需要，致須延後開工或延長完工時程者。

四　因都市設計或建築執照審查延宕，致無法於規定期限內開工者。

第五章　人口與產業之引進

第三〇條

開發主管機關或管轄稽徵機關處理依本條例規定申請獎勵或租稅減免案件，應自收受案件之次日起三十日內爲之。但另有處理期限之規定者，從其規定。

第三一條

開發主管機關對依本條例規定受獎勵之公司或個人爲停止或撤銷獎勵之處分前，應通知該公司或個人於通知到達之次日起三十日內，提出書面申辯，逾期未提申辯者，得逕爲處分。

第三二條

①開發主管機關或管轄稽徵機關對申請適用本條例獎勵或租稅減免規定之案件，未於法令所定期限內爲准否之處分者，自期限屆滿之次日起，申請者得就其請求事件，向其上級機關申請查復處理情形。

②上級機關接獲前項申請案後，應即指示所屬機關限期處理。必要時，得向所屬機關調閱卷宗，並追究所屬機關之遲延責任。

③第一項申請案件欠缺法令規定事項而可以補正者，開發主管機關或管轄稽徵機關應限期通知申請者補正，逾期不爲補正者，應爲駁回之處分。

④前項可以補正之事項，應就全案一次通知申請者補正。

第三三條

本條例第二十三條第二項有利於新市鎮發展產業之範圍，由中央主管機關會商各有關機關後，報請行政院定之。

第三四條

①本條例第二十五條第一項所定新市鎮特定區內建築物興建完成後，其房屋稅及買賣契稅之減免，指本條例公布施行後新市鎮特定區內興建完成之建築物，於核發使用執照當日起，五年內房屋稅及買賣契稅之減免；其地價稅之減免，指本條例公布施行後新市鎮特定區內興建完成之建築物，於核發使用執照當日所屬之徵收期間起，五年內地價稅之減免。

②本條例第二十五條第二項所定減免買賣契稅以一次為限，係指建築物興建完成後第一次買賣移轉契稅之減免。

③新市鎮特定區主管建築機關核發建築物使用執照時，應註明新市鎮特定區建築物字樣。其稅捐之減免，應由納稅義務人檢具建築物使用執照影本及相關證明文件，向土地或建築物所在地之主管稽徵機關申請。

第六章　附　則

第三五條

①依本條例第二十六條第一項規定，由開發主管機關編列預算支應之新市鎮開發規劃設計經費項目如下：

一　新市鎮開發可行性規劃報告規劃費用。
二　新市鎮特定區計畫規劃費用。
三　新市鎮整體開發計畫規劃費用。
四　新市鎮聯外道路系統規劃費用。
五　環境影響說明書或環境影響評估報告規劃費用。
六　都市設計費用。
七　公共工程系統規劃費用。
八　其他經開發主管機關核可之規劃設計費用。

②前項各款規劃設計經費，開發主管機關未及編列預算支應時，得洽由中央主管機關指定新市鎮開發基金先行墊支，再由開發主管機關編列預算歸墊。

第三六條

本細則自發布日施行。

新市鎮住宅優先出售出租辦法

①民國87年9月22日內政部令訂定發布全文17條。
②民國110年7月1日內政部令修正發布第3條條文。

第一條
本辦法依新市鎮開發條例（以下簡稱本條例）第二十三條第三項規定訂定之。

第二條
①依本辦法優先出售、出租之住宅，係指主管機關依本條例第十二條規定興建之住宅。
②前項之住宅，包含建築基地。

第三條 110
本條例第二十三條所稱新市鎮就業家庭，於申請優先承購、承租住宅時，應具備下列各款條件：
一 同一戶籍內成員之一已成年，且於新市鎮範圍內就業六個月以上者。
二 與前款同一戶籍內之成員，於該新市鎮所在及相鄰鄉（鎮、市、區）內均無自有住宅之家庭。

第四條
本條例第二十三條所稱其他公共建設拆遷戶係指未經安置之新市鎮公共建設拆遷戶及由其他政府機關主辦未經安置之公共建設拆遷戶。

第五條
主管機關得依下列順序辦理優先出售、出租住宅：
一 未經安置之新市鎮公共建設拆遷戶。
二 有利於新市鎮發展產業之新市鎮就業家庭。
三 前款以外之新市鎮就業家庭。
四 其他政府機關主辦未經安置之公共建設拆遷戶。

第六條
主管機關辦理出售、出租住宅時，應先期公告，其公告事項如下：
一 依據。
二 申請資格及優先順序。
三 出售或出租住宅之坐落地點、建築物類型、樓層、每戶住宅面積、建地面積及在共有建地上所占之應有部分。
四 出售價格或出租住宅租金、租賃擔保金及租金調整方式。
五 出售住宅貸款金額及方式。
六 出租住宅租賃期限。

七　價款或租金繳付方法及期限。
八　承購人應負擔之其他相關費用。
九　申請書表文件銷售方式及地點。
十　申請案件送交方式及收件機關（構）名稱。
十一　受理申請之起訖日期。
十二　其他必要事項。

第七條

前條公告應於受理申請日前至少三十日為之。主管機關除應於機關門首公告五日外，應於出售、出租住宅所在地連續登報三日以上，並得函囑住宅所在地之鄉（鎮、市、區）公所張貼於該公所之公告牌。

第八條

①申請承購、承租住宅者，應檢具下列文件：
一　申請書。
二　全戶戶口名簿影本。
三　就業機關（構）核發之在職證明文件或公共建設拆遷戶拆遷證明文件。
四　無自有住宅之切結書。

②前項就業機關（構）核發之在職證明文件以申請日前三十日內核發者為限。

③第一項申請書及切結書之格式，由主管機關定之。

第九條

①第三條之有無自有住宅，以主管機關列冊送請財稅主管機關查核者為準。

②申請人提出申請時，主管機關列冊送請財稅主管機關查核之資料發生變動，申請人應提出相關證明文件。

第一〇條

第五條之同一順位申請人數超過主管機關辦理出售、出租住宅戶數時，應採公開抽籤方式決定承購人、承租人及其選擇承購、承租之住宅。

第一一條

①優先出售、出租住宅價格，由主管機關按其土地、興建成本、土地使用分區、位置、建築物類型、樓層、交通、道路寬度、公共設施及預期發展等條件，並參考鄰近地區房地價格或租金估定之。

②如為優先出租住宅時，其租金之估算並考量鄰近地區房地價格、租金及其他管理維護必要之費用。

第一二條

①承購人應於主管機關通知之期限內繳交所需定金、配合款及有關費用，簽訂買賣契約，並備齊所有權移轉登記之必要書件，辦理所有權移轉登記。

②買賣契約書內容，由主管機關訂定之。

第一三條

①承購人依前條規定繳清價款，並備妥所有權移轉登記之必要文件後，主管機關應配合辦理所有權移轉登記、他項權利設定登記及會同承購人辦理現況點交，並製作點交紀錄。
②辦理前項登記所需費用，除法令另有規定外，由承購人負擔。

第一四條

①承租人應於主管機關通知之期限內簽訂租賃契約、繳交租賃擔保金及第一個月租金，並依現況點交房屋。
②租賃契約書內容，由主管機關訂定之。

第一五條

①出租時租賃期限不得超過二年，租賃期限屆滿，承租人擬繼續承租時，應於租賃期限屆滿前三十日內申請續租。逾期未申請者，其租賃關係於期限屆滿時消滅。承租人應於租期屆滿時，將承租房屋騰空交還，逾期不交還者，其租賃擔保金不予退還。
②前項租賃及續租期限合計最長不得超過六年。
③承租人擬於租賃期限屆滿前終止租約者，應於三十日前以書面通知終止租約，並應將租金繳納至遷離之月份止，實際租住之期間不滿一個月者，以一個月計。

第一六條

住宅承租人死亡，其租約當然終止。但得由其共同生活之家屬就原租賃期限換約續租。原租賃期限屆滿，其同一戶籍內之成員如無租賃資格者，不得要求續租。

第一七條

本辦法自發布日施行。

六、國民住宅

住宅法

①民國100年12月30日總統令制定公布全文54條；並自公布後一年施行。
②民國106年1月11日總統令修正公布全文65條；並自公布日施行。
③民國110年6月9日總統令修正公布第3、4、15、16、22、23、25、40、41條條文。
④民國112年12月6日總統令修正公布第3、4、15、16條條文。

第一章　總　則

第一條　（立法目的）
爲保障國民居住權益，健全住宅市場，提升居住品質，使全體國民居住於適宜之住宅且享有尊嚴之居住環境，特制定本法。

第二條　（主管機關權責劃分）
①本法所稱主管機關，在中央爲內政部；在直轄市爲直轄市政府；在縣（市）爲縣（市）政府。
②主管機關之權責劃分如下：
一　中央主管機關：
㈠住宅政策與全國性住宅計畫之擬訂及執行。
㈡全國性住宅計畫之財務規劃。
㈢直轄市、縣（市）住宅業務之補助、督導及協助辦理。
㈣全國性住宅相關資訊之蒐集、分析及公布。
㈤住宅政策、補貼、市場、品質與其他相關制度之建立及研究。
㈥基本居住水準之訂定。
㈦社會住宅之興辦。
㈧其他相關事項。
二　直轄市、縣（市）主管機關：
㈠轄區內住宅施政目標之訂定。
㈡轄區內住宅計畫之擬訂及執行。
㈢轄區內住宅計畫之財務規劃。
㈣住宅補貼案件之受理、核定及查核。
㈤地區性住宅相關資訊之蒐集、分析及公布。
㈥轄區內住宅補貼、市場供需與品質狀況及其他相關之調查。
㈦社會住宅之興辦。

(八)其他相關事項。

③各目的事業主管機關得配合政策需要興辦社會住宅，並準用第十九條至第二十四條、第三十三條、第三十四條、第三十五條第一項、第三十六條及第五十八條規定辦理。

④目的事業主管機關應視原住民族教育及語言文化等傳承發展需要，會同主管機關，興辦或獎勵民間興辦，專供原住民承租之社會住宅。

第三條 112

本法用詞，定義如下：

一 住宅：指供居住使用，並具備門牌之合法建築物。

二 社會住宅：指由政府興辦或獎勵民間興辦，專供出租之用之住宅及其必要附屬設施。

三 公益出租人：指住宅所有權人或未辦建物所有權第一次登記住宅且所有人不明之房屋稅納稅義務人將住宅出租予符合租金補貼申請資格或出租予社會福利團體轉租予符合租金補貼申請資格，經直轄市、縣（市）主管機關認定者。

第四條

①主管機關及民間興辦之社會住宅，應以直轄市、縣（市）轄區爲計算範圍，提供至少百分之四十以上比率出租予經濟或社會弱勢者，另提供一定比率予未設籍於當地且在該地區就學、就業有居住需求者。

②前項經濟或社會弱勢者身分，指家庭總收入平均分配全家人口之金額及家庭財產，未超過主管機關公告之一定標準，且符合下列規定之一者：

一 低收入戶或中低收入戶。

二 特殊境遇家庭。

三 育有未成年子女二人以上。

四 於安置教養機構或寄養家庭結束安置無法返家，未滿二十五歲。

五 六十五歲以上之老人。

六 受家庭暴力或性侵害之受害者及其子女。

七 身心障礙者。

八 感染人類免疫缺乏病毒者或罹患後天免疫缺乏症候群者。

九 原住民。

十 災民。

十一 遊民。

十二 因懷孕或生育而遭遇困境之未成年人。

十三 其他經主管機關認定者。

第五條 （住宅政策、住宅計畫及財務計畫之報核）

①爲使全體國民居住於適宜之住宅，且享有尊嚴之居住環境需要，中央主管機關應衡酌未來環境發展、住宅市場供需狀況、住宅負擔能力、住宅發展課題及原住民族文化需求等，研擬住宅政策，報行政院核定。

②直轄市、縣（市）主管機關應依據中央住宅政策，衡酌地方發展需要，擬訂住宅施政目標，並據以研擬住宅計畫及財務計畫，報中央主管機關備查。
③中央主管機關應依據住宅政策、衡酌社會經濟發展、國土空間規劃、區域發展、產業、人口、住宅供需、負擔能力、居住品質、中央及地方財政狀況，並參考直轄市、縣（市）主管機關住宅計畫執行情形，擬訂住宅計畫及財務計畫，報行政院核定。
④主管機關為推動住宅計畫，得結合公有土地資源、都市計畫、土地開發、都市更新、融資貸款、住宅補貼或其他策略辦理。
⑤直轄市、縣（市）主管機關興辦之社會住宅，應每年將經濟或社會弱勢者入住比率及區位分布，報中央主管機關備查。

第六條　（住宅審議會之設置）
①主管機關為諮詢、審議住宅計畫、評估提供經濟或社會弱勢者入住比率及區位分布、評鑑社會住宅事務等，應邀集相關機關、民間相關團體及專家學者成立住宅審議會；其中民間相關團體及專家學者之比率，不得少於二分之一。
②前項住宅審議會設置辦法，由各級主管機關定之。

第七條　（住宅基金之設置及其來源）
①主管機關為健全住宅市場、辦理住宅補貼、興辦社會住宅及提升居住環境品質，得設置住宅基金。
②中央住宅基金來源如下：
一　政府依預算程序撥充。
二　本基金財產之處分收入。
三　社會住宅興辦之收益。
四　本基金之孳息收入。
五　其他收入。
③直轄市、縣（市）之住宅基金來源如下：
一　政府依預算程序撥充。
二　本基金財產處分之收入。
三　辦理都市計畫容積獎勵回饋之收入。
四　都市計畫增額容積出售之收入。
五　辦理都市計畫變更之捐贈收入。
六　社會住宅興辦之收益。
七　本基金之孳息收入。
八　其他收入。

第八條　（設立或委託專責法人或機構執行業務）
主管機關得設立或委託專責法人或機構，辦理住宅相關業務。

第二章　住宅補貼

第九條　（住宅補貼之種類）
①為協助一定所得及財產以下家庭或個人獲得適居之住宅，主管機關得視財務狀況擬訂計畫，辦理補貼住宅之貸款利息、租金

或修繕費用；其補貼種類如下：
一　自建住宅貸款利息。
二　自購住宅貸款利息。
三　承租住宅租金。
四　修繕住宅貸款利息。
五　簡易修繕住宅費用。
②申請前項住宅補貼，及其他機關辦理之各項住宅補貼，同一年度僅得擇一辦理。接受住宅貸款利息補貼者，除經行政院專案同意外，不得同時接受二種以上住宅貸款利息補貼；接受住宅費用補貼者，一定年限內以申請一次為限。
③本法中華民國一百零五年十二月二十三日修正施行前，具備第四條第二項身分租用之住宅且租賃期間達一年以上者，其申請第一項第三款之租金補貼不受第三條第一款合法建築物及第十三條基本居住水準之限制。
④前項規定，實施年限為三年。同一申請人以申請一次為限。
⑤第一項一定所得及財產標準，由中央主管機關定之。

第一〇條　（住宅補貼之申請條件）
①前條第一項各種住宅補貼，同一家庭由一人提出申請；其申請應符合下列規定：
一　前條第一項第一款或第二款補貼：以無自有住宅之家庭或二年內建購住宅之家庭為限。
二　前條第一項第三款補貼：以無自有住宅之家庭為限。
三　前條第一項第四款或第五款補貼：以自有一戶住宅之家庭為限。
②前條第一項住宅補貼對象之先後順序，以評點結果決定之。經主管機關認定有下列情形之一者，增加評點權重；評點總分相同時，有增加評點權重情形者，優先給予補貼：
一　經濟或社會弱勢。
二　未達基本居住水準。
三　申請修繕住宅貸款利息或簡易修繕住宅費用補貼，其屬有結構安全疑慮之結構補強。

第一一條　（住宅補貼之額度與戶數）
①主管機關擬定自購住宅貸款利息補貼之額度與戶數，應斟酌居住地區住宅行情、人口數量及負擔能力等因素決定之。
②主管機關預定每一年度之住宅租金補貼之額度與戶數，應斟酌居住地區租金水準、受補貼家戶之所得、戶口數與經濟或社會弱勢者之狀況及負擔能力等因素決定之。
③中央主管機關應於本法中華民國一百零五年十二月二十三日修正之條文施行後二年內，完成相關租金資料或價格蒐集、負擔基準及補貼金額計算方式之建立。

第一二條　（中央機關訂定住宅補貼辦法）
①第九條第一項第一款至第三款補貼之申請資格、應檢附文件、自有一戶住宅之認定、無自有住宅或二年內建購住宅之認定、

租金補貼額度採分級補貼之計算方式、評點方式、申請程序、審查程序、住宅面積、期限、利率、補貼繼受及其他應遵行事項之辦法，由中央主管機關定之。

②第九條第一項第四款或第五款補貼之申請資格、應檢附文件、自有一戶住宅之認定、修繕之設施設備項目、評點方式、申請程序、審查程序、補貼額度、期限、利率、補貼繼受及其他應遵行事項之辦法，由中央主管機關定之。

第一三條　（基本居住水準之補貼規定）

申請政府住宅補貼者，除修繕住宅貸款利息或簡易修繕住宅費用補貼外，其受補貼居住住宅須達第四十條所定之基本居住水準。

第一四條　（稅捐稽徵）

①接受自建住宅貸款利息補貼者，其土地於興建期間之地價稅，按自用住宅用地稅率課徵。

②前項土地經核准按自用住宅用地稅率課徵地價稅後，未依建築主管機關核定建築期限完工者，應自核定期限屆滿日當年期起，改按一般用地稅率課徵地價稅。

③第一項申請程序、前項申報改課程序及未依規定申報之處罰，依土地稅法相關規定辦理。

第一五條　112

①公益出租人將住宅出租予依本法規定接受主管機關租金補貼或其他機關辦理之各項租金補貼者，於住宅出租期間所獲租金收入，免納綜合所得稅。但每屋每月租金收入免稅額度不得超過新臺幣一萬五千元。

②前項免納綜合所得稅規定，實施年限為五年，其年限屆期前半年，行政院得視情況延長之。

③公益出租人依第一項規定出租住宅所簽訂之租賃契約資料，除作為該項租稅減免使用外，不得作為查核其租賃所得之依據。

第一六條　112

①公益出租人出租之房屋，直轄市、縣（市）政府應課徵之房屋稅，依房屋稅條例規定辦理。

②公益出租人出租房屋之土地，直轄市、縣（市）政府應課徵之地價稅，得按自用住宅用地稅率課徵。

③前項租稅優惠之期限、範圍、基準及程序之自治條例，由直轄市、縣（市）主管機關定之，並報財政部備查。

④第二項租稅優惠，實施年限為五年，其年限屆期前半年，行政院得視情況延長之。

⑤公益出租人出租房屋所簽訂之租賃契約資料，除作為第一項、第二項房屋稅及地價稅課徵使用外，不得作為查核前開租賃契約所載房屋、其土地之房屋稅及地價稅之依據。

第一七條　（停止住宅補貼之事由）

①直轄市、縣（市）主管機關，應定期查核接受自建、自購、修繕住宅貸款利息補貼或承租住宅租金補貼者家庭成員擁有住宅

狀況。

②接受住宅補貼者有下列情事之一時，直轄市、縣（市）主管機關應自事實發生之日起停止補貼，並追繳其自事實發生之日起接受之補貼或重複接受之住宅補貼：

一　接受貸款利息補貼者家庭成員擁有二戶以上住宅、接受租金補貼者家庭成員擁有住宅。

二　申報資料有虛僞情事。

三　重複接受二種以上住宅補貼。

③直轄市、縣（市）主管機關爲辦理第一項查核業務，應於核定自建、自購、修繕住宅貸款利息及租金補貼後，將受補貼者之相關資料予以建檔。

第三章　社會住宅

第一八條　（社會住宅需求量之評估）

主管機關應評估社會住宅之需求總量、區位及興辦戶數，納入住宅計畫及財務計畫。

第一九條　（主管機關及民間興辦社會住宅之方式）

①主管機關得依下列方式興辦社會住宅：

一　新建。

二　利用公有建築物及其基地興辦。

三　接受捐贈。

四　購買建築物。

五　承租民間住宅並轉租及代爲管理。

六　獎勵、輔導或補助第五十二條第二項租屋服務事業承租民間住宅並轉租及代爲管理，或媒合承、出租雙方及代爲管理。

七　辦理土地變更及容積獎勵之捐贈。

八　其他經中央主管機關認定之方式。

②民間得依下列方式興辦社會住宅：

一　新建。

二　增建、改建、修建、修繕同一宗建築基地之既有建築物。

三　購買建築物。

四　承租民間住宅並轉租及代爲管理。

五　其他經中央主管機關認定之方式。

③以第一項第五款或第六款方式，承租及代爲管理者，不適用政府採購法規定。

第二〇條　（主管機關新建社會住宅之方式）

主管機關新建社會住宅之方式如下：

一　直接興建。

二　合建分屋。

三　以公有土地設定地上權予民間合作興建。

四　以公有土地或建築物參與都市更新分回建築物及其基地。

五　其他經中央主管機關認定者。

第二一條（主管機關興辦社會住宅，需用公有非公用土地或建築物辦理撥用）

①主管機關依本法興辦社會住宅，需用公有非公用土地或建築物者，得辦理撥用。

②主管機關依本法興辦社會住宅使用國有土地或建築物衍生之收益，得作爲社會住宅興辦費用，不受國有財產法第七條規定之限制。

③主管機關依本法興辦社會住宅，需用之公有非公用土地或建築物，屬應有償撥用者，得採租用方式辦理，其租期由中央主管機關定之，不受國有財產法第四十三條有關租期之限制。租用期間之地價稅及房屋稅，由主管機關繳納。但社會住宅興建期間之租金得免予計收。

④興辦社會住宅所需土地因整體規劃使用之需要，得與鄰地交換分合。鄰地爲私有者，其交換分合不受土地法第一百零四條及第一百零七條之限制。

第二二條 110

①社會住宅於興辦期間，直轄市、縣（市）政府應課徵之地價稅及房屋稅，得予適當減免。

②前項減免之期限、範圍、基準及程序之自治條例，由直轄市、縣（市）主管機關定之，並報財政部備查。

③第一項社會住宅營運期間作爲居住、長期照顧服務、身心障礙服務、托育服務、幼兒園使用之租金收入，及依第十九條第一項第五款、第六款或第二項第四款收取之租屋服務費用，免徵營業稅。

④第一項及前項租稅優惠，實施年限爲五年，其年限屆期前半年，行政院得視情況延長之。

第二三條 110

①主管機關爲促進以第十九條第一項第五款、第六款或第二項第四款興辦社會住宅，得獎勵租屋服務事業辦理。

②住宅所有權人依第十九條第一項第五款、第六款或第二項第四款規定將住宅出租予主管機關、租屋服務事業轉租及代爲管理，或經由租屋服務事業媒合及代爲管理作爲居住、長期照顧服務、身心障礙服務、托育服務、幼兒園使用，得依下列規定減徵租金所得稅：

一　住宅出租期間所獲租金收入，免納綜合所得稅。但每屋每月租金收入免稅額度不得超過新臺幣一萬五千元。

二　住宅出租期間之租金所得，其必要損耗及費用之減除，住宅所有權人未能提具確實證據者，依應課稅租金收入之百分之六十計算。

③前項減徵租金所得稅規定，實施年限爲五年，其年限屆期前半年，行政院得視情況延長之。

④住宅所有權人依第二項規定所簽訂之租賃契約資料，除作爲同

項租稅減免使用外，不得作爲查核該住宅所有權人租賃所得之依據。

第二四條　（民間興辦社會住宅資金之融通）

主管機關得視新建、購買、增建、改建、修建或修繕社會住宅資金融通之必要，自行或協助民間向中長期資金主管機關申請提供中長期資金。

第二五條 110

①社會住宅承租者，應以無自有住宅或一定所得、一定財產標準以下之家庭或個人爲限。

②前項社會住宅承租者之申請資格、程序、租金計算、分級收費、租賃與續租期限及其他應遵行事項之辦法或自治法規，由主管機關定之。

③社會住宅承租者之租金計算，中央主管機關應斟酌承租者所得狀況、負擔能力及市場行情，訂定分級收費原則，並定期檢討之。

④第二項租金之訂定，不適用土地法第九十四條及第九十七條規定。

第二六條　（興辦社會住宅租金補助）

前條第三項屬依第十九條第一項第五款、第六款或第二項第四款興辦社會住宅者，主管機關得給予入住者租金補助。

第二七條　（民間興辦社會住宅之申請）

①民間興辦社會住宅，應檢具申請書、興辦事業計畫及有關文件，向興辦所在地之直轄市、縣（市）主管機關提出申請。

②直轄市、縣（市）主管機關受理前項申請，對申請資料不全者，應一次通知限期補正；屆期不補正或不符規定者，駁回其申請。

③直轄市、縣（市）主管機關審查社會住宅申請興辦案件，得邀請相關機關或學者、專家，以合議制方式辦理；經審查符合規定者，應核准其申請。

④直轄市、縣（市）主管機關應於受理申請之日起九十日內完成審查；必要時，得延長六十日。

⑤第一項至第三項申請興辦應備文件、審查事項、核准、撤銷或廢止核准、事業計畫之內容、變更原核定目的之處理及其他應遵行事項之辦法，由中央主管機關定之。

第二八條　（民間興辦社會住宅之辦理規定）

民間興辦之社會住宅係以新建建築物辦理者，其建築基地應符合下列規定之一：

一　在實施都市計畫地區達五百平方公尺以上，且依都市計畫規定容積核算總樓地板面積達六百平方公尺以上。

二　在非都市土地甲種建築用地及乙種建築用地達五百平方公尺以上。

三　在非都市土地丙種建築用地、遊憩用地及特定目的事業用地達一千平方公尺以上。

第二九條　（出租及設定地上權之優惠）

①民間興辦之社會住宅，需用公有土地或建築物時，得由公產管理機關以出租、設定地上權提供使用，並予優惠，不受國有財產法第二十八條之限制。
②前項出租及設定地上權之優惠辦法，由財政部會同內政部定之。
③民間需用基地內夾雜零星或狹小公有土地時，應由出售公有土地機關依讓售當期公告土地現值辦理讓售。

第三〇條 （民間興辦社會住宅之補貼）

主管機關得補貼民間新建、增建、改建、修建、修繕或購買社會住宅貸款利息、部分建設費用、營運管理費用或其他費用。

第三一條 （社會住宅建物登記註記、移轉之管理）

①民間興辦之社會住宅，應由直轄市、縣（市）主管機關囑託地政機關，於建物登記簿標示部其他登記事項欄註記社會住宅。但採第十九條第二項第四款興辦方式者，不在此限。
②前項社會住宅興辦人變更其原核定目的之使用時，應將依本法取得之優惠及獎勵金額結算，報直轄市、縣（市）主管機關核定，並繳交全數結算金額；其有入住者應於安置妥善後，始得由該直轄市、縣（市）主管機關囑託地政機關塗銷社會住宅之註記。
③前項優惠及獎勵金額，於自營運核准日起，至營運終止日止之期間取得者，得不納入計算。
④第一項社會住宅興辦人辦理所有權移轉時，應向主管機關申請同意；同時變更原核定目的之使用者，並應依第二項規定辦理。
⑤第二項及前項結算金額，應繳交該主管機關設置之住宅基金；未設置住宅基金者，一律撥充中央主管機關住宅基金。
⑥第二項及第四項結算金額計算方式、計算基準、同意條件、應檢具文件及其他應遵行事項之辦法，由直轄市、縣（市）主管機關定之。

第三二條 （接管程序及安置之辦法）

①民間興辦社會住宅因故無法繼續營運，社會住宅經營者對於其入住之經濟或社會弱勢者，應即予以適當之安置；其無法安置時，由直轄市、縣（市）目的事業主管機關協助安置；經營者不予配合，強制實施之；必要時，得予接管。
②前項接管之實施程序、期限與受接管社會住宅之經營權、財產管理權之限制及補助協助安置等事項之辦法，由中央主管機關會商中央目的事業主管機關定之。

第三三條 （社會福利服務或其他必要附屬設施之空間保留）

①為增進社會住宅所在地區公共服務品質，主管機關或民間興辦之社會住宅，應保留一定空間供作社會福利服務、長期照顧服務、身心障礙服務、托育服務、幼兒園、青年創業空間、社區活動、文康休閒活動、商業活動、餐飲服務或其他必要附屬設施之用。
②前項必要附屬設施之項目及規模，由中央主管機關公告之，並刊登政府公報。

第三四條　（社會住宅適宜設施或設備之提供）
①主管機關或民間興辦之社會住宅，應考量其租住對象之身心狀況、家庭組成及其他必要條件，提供適宜之設施或設備，及必要之社會福利服務。
②前項設施、設備及社會福利服務協助之項目，由中央主管機關定之。

第三五條　（興辦社會住宅之管理方式）
①主管機關興辦之社會住宅，得自行或委託經營管理。
②非營利私法人得租用公有社會住宅經營管理，其轉租對象應以第四條所定經濟或社會弱勢者為限。

第三六條　（社會住宅之經營管理）
①社會住宅之經營管理，得視實際需要，自行或委託物業管理及相關服務業，提供文康休閒活動、社區參與活動、餐飲服務、適當轉介服務、其他依入住者需求提供或協助引進之服務，並收取費用。
②前項費用之收取規定，社會住宅經營者應報當地直轄市、縣（市）主管機關備查。

第三七條　（評鑑及獎勵辦法）
①主管機關應自行或委託機關（構）、學校、團體對社會住宅之經營管理者進行輔導、監督及定期評鑑；評鑑結果應公告周知。經評鑑優良者，應予獎勵。
②前項之評鑑及獎勵辦法，由中央主管機關定之。

第三八條　（終止租約之情形）
①社會住宅之承租人有下列情形之一者，經營管理者得隨時終止租約收回住宅：
一　已不符承租社會住宅之資格。
二　將住宅部分或全部轉租或借予他人居住。
三　改建、增建、搭蓋違建、改變住宅原狀或變更為居住以外之使用。
四　其他違反租約中得終止租約收回住宅之規定。
②承租人因前項情形由經營管理者收回住宅，續因緊急事件致生活陷於困境者，經營管理者應通報社政主管機關協助之。

第四章　居住品質

第三九條　（補助或獎勵興建具地方特色或歷史原貌之住宅）
①直轄市、縣（市）主管機關或相關目的事業主管機關為營造住宅景觀及風貌，得補助或獎勵新建、增建、改建、修建或修繕，具有地方特色、民族特色或歷史原貌之住宅。
②前項補助或獎勵事項之辦法，由直轄市、縣（市）主管機關或相關中央目的事業主管機關定之。

第四〇條 110
①為提升居住品質，中央主管機關應衡酌社會經濟發展狀況、公

共安全及衛生、居住需求等，訂定基本居住水準，作為住宅政策規劃及住宅補貼之依據。

②前項基本居住水準，中央主管機關應每四年進行檢視修正。

③直轄市、縣（市）主管機關應清查不符基本居住水準家戶之居住狀況，並得訂定輔導改善執行計畫，以確保符合國民基本居住水準。

④中央主管機關應補助直轄市、縣（市）主管機關，執行前項清查作業。

第四一條 110

為提升住宅社區環境品質，直轄市、縣（市）主管機關應主動辦理下列事項，並納入住宅計畫：

一　住宅社區無障礙空間之營造及改善。

二　公寓大廈屋頂、外牆、建築物設備及雜項工作物之修繕及美化。

三　住宅社區發展諮詢及技術之提供。

四　社區整體營造、環境改造或環境保育、電動車輛充電相關設備之推動。

五　住宅社區組織團體之教育訓練。

六　配合住宅計畫目標或特定政策之項目。

七　其他經主管機關認有必要之事項。

第四二條　（居住環境改善之評鑑、獎勵或競賽及補助）

中央主管機關為促進住宅品質之提升，得定期舉辦居住環境改善之評鑑、獎勵或競賽，並邀集相關機關、專家學者共同參與，作為直轄市、縣（市）住宅計畫經費補助之參考。

第四三條　（住宅性能評估制度之訂定）

①為提升住宅安全品質及明確標示住宅性能，中央主管機關應訂定住宅性能評估制度，指定評估機構受理住宅興建者或所有權人申請評估。

②前項評估制度之內容、申請方式、評估項目、評估內容、權重、等級、評估基準、評分方式、獎勵措施、評估報告書、指定評估機構與其人員之資格及管理等事項之辦法，由中央主管機關定之。

第四四條　（住宅性能評估報告書）

①評估機構依前條第一項規定辦理住宅性能評估，應派員至現場勘查及實施必要之檢測，完成評估後，應製作發給住宅性能評估報告書。

②前項住宅性能評估報告書，於住宅所有權移轉或點交時，應一併交付住宅所有權人及公寓大廈之管理委員會或管理負責人。

第四五條　（住宅性能評估標準之獎勵及補助費用）

①新建住宅經辦理住宅性能評估達一定標準者，得予獎勵並登載於政府相關網站。

②屋齡達一定年限之住宅，主管機關得酌予補助評估費用。

③前項屋齡達一定年限之住宅，由中央主管機關公告之，並刊登

政府公報。

第四六條　（無障礙住宅設計基準及獎勵辦法之訂定）

為推動無障礙之住宅，中央主管機關應訂定無障礙住宅之設計基準及獎勵辦法。

第五章　住宅市場

第四七條　（住宅資訊之搜集、分析及公布）

①為引導住宅市場健全發展，主管機關應定期蒐集、分析及公布下列住宅資訊：

一　租賃與買賣住宅市場之供給、需求、用地及交易價格。

二　經濟或社會弱勢者之居住需求、住宅補貼政策成效。

三　居住品質狀況、住宅環境風險及居住滿意度。

四　其他必要之住宅資訊。

②前項住宅資訊之蒐集，各級政府機關（構）、金融、住宅投資、生產、交易及使用等相關產業公會及團體，應配合提供相關統計資訊。

③資料蒐集、運用及發布，應遵守相關法令之規定。

④住宅相關資訊之蒐集、管理及獎勵辦法，由中央主管機關定之。

第四八條　（住宅供需失衡地區之必要性調節措施）

主管機關為穩定住宅市場，經依前條第一項規定分析住宅市場供給、需求資訊，得就有嚴重住宅供需失衡之地區，視實際情形採取必要之市場調節措施。

第四九條　（住宅資訊之建置及公開）

主管機關應建置住宅相關資訊，並公開於網際網路。

第五〇條　（提供經濟或社會弱勢者之承租購住宅資訊）

主管機關應鼓勵法人或個人，對無自有住宅或住宅條件亟待改善之經濟或社會弱勢者，提供承租或購置適當住宅之市場資訊。

第五一條　（相關統計資訊之提供）

從事住宅興建之公司或商號，應於取得建造執照，申報開工日起三十日內，將第四十七條第二項所定應配合提供之相關統計資訊，提供予住宅所在地之直轄市、縣（市）主管機關。

第五二條　（住宅租賃發展政策之研擬）

①主管機關為提升租屋市場健全發展，應研擬住宅租賃發展政策，針對租賃相關制度、專業服務及第四條經濟或社會弱勢租賃協助，研擬短、中長期計畫。並就租屋市場資訊、媒合服務、專業管理協助及糾紛諮詢等提供相關服務。

②前項服務得由租屋服務事業辦理，其認定及獎勵辦法，由中央主管機關定之。

第六章　居住權利平等

第五三條　（居住權利）

居住爲基本人權，其內涵應參照經濟社會文化權利國際公約、公民與政治權利國際公約，及經濟社會文化權利委員會與人權事務委員會所作之相關意見與解釋。

第五四條　（住宅使用人行爲之權責）

任何人不得拒絕或妨礙住宅使用人爲下列之行爲：

一　從事必要之居住或公共空間無障礙修繕。

二　因協助身心障礙者之需要飼養導盲犬、導聾犬及肢體輔助犬。

三　合法使用住宅之專有部分及非屬約定專用之共用部分空間、設施、設備及相關服務。

第五五條　（申訴處理機制）

①有前條規定之情事，住宅使用人得於事件發生之日起一年內，向住宅所在地之直轄市、縣（市）主管機關提出申訴。

②直轄市、縣（市）主管機關處理前項之申訴，應邀集比率不得少於三分之一之社會或經濟弱勢代表、社會福利學者等參與。

第七章　罰　則

第五六條　（罰則）

違反第五十四條規定經依第五十五條規定處理，並經直轄市、縣（市）主管機關令行爲人限期改善，屆期未改善者，按次處新臺幣十萬元以上五十萬元以下罰鍰。

第五七條　（罰則）

社會住宅經營者違反第三十二條第一項規定，不配合直轄市、縣（市）目的事業主管機關協助安置，經直轄市、縣（市）主管機關令其限期改善，屆期未改善者，按次處新臺幣六萬元以上三十萬元以下罰鍰。

第八章　附　則

第五八條　（相關公產管理法令適用之排除）

主管機關依本法就公有土地及建築物所爲之處分、設定負擔或超過十年期間之租賃，不受土地法第二十五條、第一百零四條、第一百零七條、國有財產法第二十八條及地方政府公產管理法令之限制。

第五九條　（政府已辦理之各類住宅補貼或出租國民住宅之後續處理方式）

①本法施行前，除身心障礙者權益保障法、社會救助法外，政府已辦理之各類住宅補貼或尚未完成配售之政府直接興建之國民住宅，應依原依據之法令規定繼續辦理，至終止利息補貼或完成配售爲止。

②本法施行前，政府已辦理之出租國民住宅，其承租資格、辦理程序等相關事項，得依原依據之法令規定繼續辦理，至該出租

國民住宅轉型為社會住宅或完成出、標售為止；政府直接興建之國民住宅社區內商業、服務設施及其他建築物之標售、標租作業，得依原依據之法令規定繼續辦理，至完成標售為止。

第六〇條　（管理及維護之適用法規與公共基金專戶之設立）

①未依公寓大廈管理條例成立管理委員會或推選管理負責人及完成報備之原由政府直接興建之國民住宅社區，自本法施行之日起，其社區管理維護依公寓大廈管理條例之規定辦理。

②國民住宅社區之管理維護基金結算有賸餘或未提撥者，直轄市、縣（市）主管機關應以該社區名義，於公庫開立公共基金專戶，並將其社區管理維護基金撥入該專戶；社區依公寓大廈管理條例成立管理委員會或推選管理負責人及完成報備後，直轄市、縣（市）主管機關應將該專戶基金撥入社區開立之公共基金專戶。

第六一條　（管理與維護之權責）

①原由政府興建國民住宅社區之管理站、地下室、巷道、兒童遊戲場、綠地與法定空地外之空地及其他設施，已納入國民住宅售價並登記為公有者，於本法施行後，應由該管地方政府列冊囑託地政機關，將該設施更名登記為社區區分所有權人所有，其權利範圍按個別所有權之比率計算，但都市計畫公共設施用地非屬更名登記範疇，應更名登記為地方政府所有。

②前項個別所有權之比率，以個別專有部分之樓地板面積占該住宅社區全部屬於專有部分之樓地板面積比率計算。但該國民住宅社區為多宗土地興建，得以各宗建地個別專有部分之樓地板面積占該宗建地內全部屬於專有部分之樓地板面積比率計算之，或由直轄市、縣（市）主管機關考量該社區之特殊性或住戶整合需求，採以有利於未來社區發展之更名登記方式。

③地政機關辦理第一項更名登記，免繕發權利書狀，其權利範圍於主建物辦理移轉登記時應隨同移轉。

第六二條　（公共設施之產權規定）

①以社區管理維護基金價購，政府直接興建國民住宅社區之管理站、活動中心及其他設施，未於本法施行之日前，完成移交為社區區分所有權人所有，或經社區區分所有權人會議決議予以完成出售者，且係單一社區管理維護基金出資並由該社區使用者，依前條有關更名登記之規定辦理，或經社區區分所有權人會議決議，得由該管地方政府依規定辦理出（標）售；其所得價款，交予社區作為公共基金。

②前項設施係由數社區管理維護基金共同出資者，由該管地方政府依規定辦理出（標）售；其所得價款，按原價購時之分擔比率交予各社區作為公共基金。

③本法施行後，以社區公共基金價購第一項管理站、活動中心及其他設施，得依前條有關更名登記之規定辦理。

第六三條　（公益出租人資格）

本法中華民國一百零五年十二月二十三日修正之條文施行前，

依輔導獎勵民間成立租屋服務平臺辦法核定之公益出租人資格，仍適用修正前之規定。

第六四條　（施行細則）

本法施行細則，由中央主管機關定之。

第六五條　（施行日）

本法自公布日施行。

住宅法施行細則

①民國101年10月9日內政部令訂定發布全文14條；並自住宅法施行之日施行。
②民國106年6月16日內政部令修正發布全文13條；並自發布日施行。
③民國109年4月14日內政部令修正發布第5條條文；並增訂第5-1條條文。
④民國110年12月30日內政部令修正發布第2條條文。

第一條

本細則依住宅法（以下簡稱本法）第六十四條規定訂定之。

第二條 110

本法第四條第二項所定經濟或社會弱勢者身分，其認定方式如下：

一　第一款、第二款、第四款、第六款至第九款：符合各該管法律規定，並依法取得相關證明文件者。
二　第十款：經災害主管機關依法認定爲遭受災害之人民，且其合法房屋因受災致不堪居住者。
三　第十一款：經直轄市、縣（市）社政主管機關認定、列冊在案，並認有安置必要者。
四　第十二款：經直轄市、縣（市）社政主管機關認定者。

第三條

主管機關依本法第五條第二項、第三項規定擬訂之住宅計畫及財務計畫，應視實際情形表明下列事項：

一　計畫目標。
二　相關計畫執行情形。
三　社會經濟發展、國土空間規劃、區域發展、都市計畫、產業、人口、住宅供需、財政狀況、住宅負擔能力、居住品質及原住民族文化需求。
四　住宅發展課題、對策及工作項目。
五　財務規劃：
㈠經費需求。
㈡經費籌措及分配。
六　計畫之預期效應及績效評估。
七　其他相關配合措施及事項。

第四條

本法第十七條第一項所定定期查核，直轄市、縣（市）主管機關應每年查核一次，並得視需要隨時辦理。

第五條 109

①主管機關及目的事業主管機關興辦社會住宅，應擬訂興辦事業計畫，並依下列規定辦理：
一　中央主管機關興辦者：由中央主管機關訂定，報請行政院備查。
二　直轄市、縣（市）主管機關興辦者：由直轄市、縣（市）主管機關擬訂，報經首長核定後，送請中央主管機關備查。
三　目的事業主管機關興辦者：由目的事業主管機關擬訂，報經主管機關核定後，分別送請行政院或中央主管機關備查。
四　主管機關設立或委託專責法人或機構興辦者：由專責法人或機構擬訂，報經法人或機構之設立（監督）機關核定後，分別送請行政院或中央主管機關備查。
五　目的事業主管機關委由所屬機關、學校或公營事業機構興辦者：由所屬機關、學校或公營事業機構擬訂，報經主管機關核定後，分別送請行政院或中央主管機關備查。
②前項所定興辦事業計畫，應包括下列事項：
一　社會住宅供需分析。
二　興辦方式及具體措施。
三　租賃方式。
四　營運管理計畫。
五　財務計畫。
六　執行期程。
③第一項興辦事業計畫得以單一案件或彙整數案件方式辦理。
④第一項興辦事業計畫之變更或廢止，其辦理程序依前三項規定。

第五條之一 109

目的事業主管機關依本法第二條第三項規定興辦社會住宅，得委由所屬機關、學校或公營事業機構辦理。

第六條

①非營利私法人依本法第三十五條第二項規定租用公有社會住宅，其租用規模由主管機關視實際需求決定之。
②公有社會住宅出租予非營利私法人採公開申請方式，超過一家申請者，得由主管機關以評選方式辦理。

第七條

①住宅使用人依本法第五十五條第一項規定提出申訴時，應檢具申訴書，載明下列事項，由申訴人或其代理人簽名或蓋章：
一　申訴人之姓名、出生年月日、身分證明文件字號、住居所、電話。
二　有申訴代理人者，其姓名、出生年月日、身分證明文件字號、住居所、電話。
三　被申訴人。
四　申訴請求事項。
五　申訴之事實及理由。
六　證據。但無法提供者，免附。
七　申訴之日期。

②依前項規定提出申訴之日期，以直轄市、縣（市）主管機關收受申訴書之日期爲準。但以掛號郵寄方式提出者，以交郵當日之郵戳爲準。
③申訴書不符合前項規定，而其情形可補正者，直轄市、縣（市）主管機關應通知申訴人於文到之次日起二十日內補正。

第八條

①直轄市、縣（市）主管機關審議申訴事件應以書面審查爲原則，並依本法第五十五條第二項規定辦理；必要時，得通知有關機關、申訴人、被申訴人或利害關係人到達指定處所陳述意見。
②前項申訴之決定，應自直轄市、縣（市）主管機關收受申訴書之次日起九十日內爲之，並應將申訴決定通知申訴人及被申訴人。

第九條

原由中央主管機關爲興建國民住宅已取得且尚未開發之國有土地，得委由直轄市、縣（市）主管機關管理維護。

第一〇條

①直轄市、縣（市）主管機關依本法第六十一條第一項及第二項規定辦理相關土地或設施更名登記，於公寓大廈管理條例施行前申請建造執照之國民住宅社區，應依本法第六十一條第二項規定辦理。但國民住宅出售當時之售價計算書載有各戶原持有面積者，得依各該計算書所載面積計算其權利範圍。
②直轄市、縣（市）主管機關辦理仍有困難者，得請求中央主管機關邀集相關機關（單位）及住戶代表研商處理之。

第一一條

原由政府興建獨立使用之國民住宅社區依本法第六十一條第一項規定辦理綠地及法定空地外之空地更名登記時，其個別所有權之比例，以各宗土地專有部分之樓地板面積占該整體住宅社區全部屬於專有部分之樓地板面積比例計算。

第一二條

①直轄市、縣（市）主管機關依本法第六十一條第一項囑託地政機關辦理更名登記時，應於囑託登記清冊註明應隨同移轉或設定負擔之主建物建號。
②地政機關辦理前項囑託登記時，應於該主建物標示部及辦理更名登記之土地或建物所有權部註記應隨同移轉或設定負擔之情形。

第一三條

本細則自發布日施行。

貳、建築管理篇

一、建築行為法

(一)執照審查

建築法

①民國60年12月23日總統令修正公布全文105條。
②民國65年1月8日總統令修正公布第3、7、13、27、34、35、39、40、48、52至54、58、59、68、70、77條條文；並刪除第17、18、21至23條條文。
③民國73年11月7日總統令修正公布第11、25、29、34、36、45、48、54、56、60、70、72、74、76至78、83、85至91、93至95、99、102條條文；增訂第34-1、70-1、77-1、96-1、97-1、97-2、99-1、102-1條條文；並刪除第37、38、57條條文。
④民國84年8月2日總統令修正公布第74、76、77、90、91、94、95條條文；並增訂第77-2、79-1、95-1條條文。
⑤民國89年12月20日總統令修正公布第2、13、16、19、20、32、42、46、50、53、96、99-1、101至102-1條條文。
⑥民國90年11月14日總統令修正公布第15條條文。
⑦民國92年6月5日總統令修正公布第3、7、10、11、34-1、36、41、53、54、56、70-1、73、77-1、77-2、87、91、97、97-1、99條條文；增訂第77-3、77-4、91-1、91-2、95-2、95-3、97-3條條文；並刪除第90條條文。
⑧民國93年1月20日總統令修正公布第2條條文。
⑨民國98年5月27日總統令修正公布第12、105條條文；並自98年11月23日施行。
⑩民國100年1月5日總統令修正公布第97條條文。
民國101年6月25日行政院公告第77-3條第6項、第77-4條第10項所列屬「財政部」之權責事項，自101年7月1日起改由「金融監督管理委員會」管轄。
⑪民國109年1月15日總統令修正公布第40、77-3、77-4、87條條文。
⑫民國111年5月11日總統令修正公布第77-1條條文。

第一章　總　則

第一條　（立法宗旨）
爲實施建築管理，以維護公共安全、公共交通、公共衛生及增進市容觀瞻，特制定本法；本法未規定者，適用其他法律之規定。

第二條　（主管機關）93
①主管建築機關，在中央爲內政部；在直轄市爲直轄市政府；在

縣（市）為縣（市）政府。

②在第三條規定之地區，如以特設之管理機關為主管建築機關者，應經內政部之核定。

第三條　（適用地區）92

①本法適用地區如左：

一　實施都市計畫地區。

二　實施區域計畫地區。

三　經內政部指定地區。

②前項地區外供公眾使用及公有建築物，本法亦適用之。

③第一項第二款之適用範圍、申請建築之審查許可、施工管理及使用管理等事項之辦法，由中央主管建築機關定之。

第四條　（建築物）

本法所稱建築物，為定著於土地上或地面下具有頂蓋、樑柱或牆壁，供個人或公眾使用之構造物或雜項工作物。

第五條　（公眾用建築物）

本法所稱供公眾使用之建築物，為供公眾工作、營業、居住、遊覽、娛樂及其他供公眾使用之建築物。

第六條　（公有建築物）

本法所稱公有建築物，為政府機關、公營事業機構、自治團體及具有紀念性之建築物。

第七條　（雜項工作物）92

本法所稱雜項工作物，為營業爐竈、水塔、瞭望臺、招牌廣告、樹立廣告、散裝倉、廣播塔、煙囪、圍牆、機械遊樂設施、游泳池、地下儲藏庫、建築所需駁崁、挖填土石方等工程及建築物興建完成後增設之中央系統空氣調節設備、昇降設備、機械停車設備、防空避難設備、污物處理設施等。

第八條　（主要構造）

本法所稱建築物之主要構造，為基礎、主要樑柱、承重牆壁、樓地板及屋頂之構造。

第九條　（建造）

本法所稱建造，係指左列行為：

一　新建：為新建造之建築物或將原建築物全部拆除而重行建築者。

二　增建：於原建築物增加其面積或高度者。但以過廊與原建築物連接者，應視為新建。

三　改建：將建築物之一部分拆除，於原建築基地範圍內改造，而不增高或擴大面積者。

四　修建：建築物之基礎、樑柱、承重牆壁、樓地板、屋架及屋頂，其中任何一種有過半之修理或變更者。

第一〇條　（建築物設備）92

本法所稱建築物設備，為敷設於建築物之電力、電信、煤氣、給水、污水、排水、空氣調節、昇降、消防、消雷、防空避難、污物處理及保護民眾隱私權等設備。

第一一條　（建築基地）92

①本法所稱建築基地，爲供建築物本身所占之地面及其所應留設之法定空地。建築基地原爲數宗者，於申請建築前應合併爲一宗。

②前項法定空地之留設，應包括建築物與其前後左右之道路或其他建築物間之距離，其寬度於建築管理規則中定之。

③應留設之法定空地，非依規定不得分割、移轉，並不得重複使用；其分割要件及申請核發程序等事項之辦法，由中央主管建築機關定之。

第一二條　（起造人）98

①本法所稱建築物之起造人，爲建造該建築物之申請人，其爲未成年或受監護宣告之人，由其法定代理人代爲申請；本法規定之義務與責任，亦由法定代理人負之。

②起造人爲政府機關公營事業機構、團體或法人者，由其負責人申請之，並由負責人負本法規定之義務與責任。

第一三條　（設計人及監造人）

①本法所稱建築物設計人及監造人爲建築師，以依法登記開業之建築師爲限。但有關建築物結構及設備等專業工程部分，除五層以下非供公眾使用之建築物外，應由承辦建築師交由依法登記開業之專業工業技師負責辦理，建築師並負連帶責任。

②公有建築物之設計人及監造人，得由起造之政府機關、公營事業機構或自治團體內，依法取得建築師或專業工業技師證書者任之。

③開業建築師及專業工業技師不能適應各該地方之需要時，縣（市）政府得報經內政部核准，不受前二項之限制。

第一四條　（承造人）

本法所稱建築物之承造人爲營造業，以依法登記開業之營業廠商爲限。

第一五條　（營造業之工程人員及外國營造業之設立）

①營造業應設置專任工程人員，負承攬工程之施工責任。

②營造業之管理規則，由內政部定之。

③外國營造業設立，應經中央主管建築機關之許可，依公司法申請認許或依商業登記法辦理登記，並應依前項管理規則之規定領得營造業登記證書及承攬工程手冊，始得營業。

第一六條　（造價金額或規模標準之訂定）

①建築物及雜項工作物造價在一定金額以下或規模在一定標準以下者，得免由建築師設計，或監造或營造業承造。

②前項造價金額或規模標準，由直轄市、縣（市）政府於建築管理規則中定之。

第一七條　（刪除）

第一八條　（刪除）

第一九條　（標準圖樣）

內政部、直轄市、縣（市）政府得製訂各種標準建築圖樣及說明書，以供人民選用；人民選用標準圖樣申請建築時，得免由建築師設計及簽章。

第二〇條（中央主管機關之指導）

中央主管建築機關對於直轄市、縣（市）建築管理業務，應負指導、考核之責。

第二章　建築許可

第二一條至第二三條（刪除）

第二四條（公有建物之領照）

公有建築應由起造機關將核定或決定之建築計畫、工程圖樣及說明書，向直轄市、縣（市）（局）主管建築機關請領建築執照。

第二五條（無照建築之禁止）

①建築物非經申請直轄市、縣（市）（局）主管建築機關之審查許可並發給執照，不得擅自建造或使用或拆除。但合於第七十八條及第九十八條規定者，不在此限。

②直轄市、縣（市）（局）主管建築機關為處理擅自建造或使用或拆除之建築物，得派員攜帶證明文件，進入公私有土地或建築物內勘查。

第二六條（主管機關權限）

①直轄市、縣（市）（局）主管建築機關依本法規定核發之執照，僅為對申請建造、使用或拆除之許可。

②建築物起造人、或設計人、或監造人、或承造人，如有侵害他人財產，或肇致危險或傷害他人時，應視其情形，分別依法負其責任。

第二七條（鄉鎮公所核發執照）

非縣（局）政府所在地之鄉、鎮，適用本法之地區，非供公眾使用之建築物或雜項工作物，得委由鄉、鎮（縣轄市）公所依規定核發執照。鄉、鎮（縣轄市）公所核發執照，應每半年彙報縣（局）政府備案。

第二八條（建築執照種類）

建築執照分左列四種：

一　建造執照：建築物之新建、增建、改建及修建，應請領建造執照。

二　雜項執照：雜項工作物之建築，應請領雜項執照。

三　使用執照：建築物建造完成後之使用或變更使用，應請領使用執照。

四　拆除執照：建築物之拆除，應請領拆除執照。

第二九條（規費或工本費）

直轄市、縣（市）（局）主管建築機關核發執照時，應依左列規定，向建築物之起造人或所有人收取規費或工本費：

一　建造執照及雜項執照：按建築物造價或雜項工作物造價收取千分之一以下之規費。如有變更設計時，應按變更部分收取千分之一以下之規費。
二　使用執照：收取執照工本費。
三　拆除執照：免費發給。

第三〇條　（申請建造文件）
起造人申請建造執照或雜項執照時，應備具申請書、土地權利證明文件、工程圖樣及說明書。

第三一條　（申請書內容）
建造執照或雜項執照申請書，應載明左列事項：
一　起造人之姓名、年齡、住址。起造人爲法人者，其名稱及事務所。
二　設計人之姓名、住址、所領證書字號及簽章。
三　建築地址。
四　基地面積、建築面積、基地面積與建築面積之百分比。
五　建築物用途。
六　工程概算。
七　建築期限。

第三二條　（圖樣及說明書內容）
工程圖樣及說明書應包括左列各款：
一　基地位置圖。
二　地盤圖，其比例尺不得小於一千二百分之一。
三　建築物之平面、立面、剖面圖，其比例尺不得小於二百分之一。
四　建築物各部之尺寸構造及材料，其比例尺不得小於三十分之一。
五　直轄市、縣（市）主管建築機關規定之必要結構計算書。
六　直轄市、縣（市）主管建築機關規定之必要建築物設備圖說及設備計算書。
七　新舊溝渠及出水方向。
八　施工說明書。

第三三條　（審查期限）
直轄市、縣（市）（局）主管建築機關收到起造人申請建造執照或雜項執照書件之日起，應於十日內審查完竣，合格者即發給執照。但供公衆使用或構造複雜者，得視需要予以延長，最長不得超過三十日。

第三四條　（審查項目及人員）
①直轄市、縣（市）（局）主管建築機關審查或鑑定建築物工程圖樣及說明書，應就規定項目爲之，其餘項目由建築師或建築師及專業工業技師依本法規定簽證負責。對於特殊結構或設備之建築物並得委託或指定具有該項學識及經驗之專家或機關、團體爲之，其委託或指定之審查或鑑定費用由起造人負擔。
②前項規定項目之審查或鑑定人員以大、專有關系、科畢業或高等考試或相當於高等考試以上之特種考試相關類科考試及格，經依法任用，並具有三年以上工程經驗者爲限。

③第一項之規定項目及收費標準，由內政部定之。

第三四條之一　（預審辦法及收費標準）92

①起造人於申請建造執照前，得先列舉建築有關事項，並檢附圖樣，繳納費用，申請直轄市、縣（市）主管建築機關預為審查。審查時應特重建築結構之安全。

②前項列舉事項經審定合格者，起造人自審定合格之日起六個月內，依審定結果申請建造執照，直轄市、縣（市）主管建築機關就其審定事項應予認可。

③第一項預審之項目與其申請、審查程序及收費基準等事項之辦法，由中央主管建築機關定之。

第三五條　（通知改正）

直轄市、縣（市）（局）主管建築機關，對於申請建造執照或雜項執照案件，認為不合本法規定或基於本法所發布之命令或妨礙當地都市計畫或區域計畫有關規定者，應將其不合條款之處，詳為列舉，依第三十三條所規定之期限，一次通知起造人，令其改正。

第三六條　（復審）92

起造人應於接獲第一次通知改正之日起六個月內，依照通知改正事項改正完竣送請復審；屆期未送請復審或復審仍不合規定者，主管建築機關得將該申請案件予以駁回。

第三七條　（刪除）

第三八條　（刪除）

第三九條　（按圖施工）

起造人應依照核定工程圖樣及說明書施工；如於興工前或施工中變更設計時，仍應依照本法申請辦理。但不變更主要構造或位置，不增加高度或面積，不變更建築物設備內容或位置者，得於竣工後，備具竣工平面、立面圖，一次報驗。

第四〇條　109

①起造人領得建築執照後，如有遺失，應刊登新聞紙或新聞電子報作廢，申請補發。

②原發照機關，應於收到前項申請之日起，五日內補發，並另收取執照工本費。

第四一條　（執照之廢止）92

起造人自接獲通知領取建造執照或雜項執照之日起，逾三個月未領取者，主管建築機關得將該執照予以廢止。

第三章　建築基地

第四二條　（基地與建築線之連接）

建築基地與建築線應相連接，其接連部分之最小寬度，由直轄市、縣（市）主管建築機關統一規定。但因該建築物周圍有廣場或永久性之空地等情形，經直轄市、縣（市）主管建築機關認為安全上無礙者，其寬度得不受限制。

第四三條　（基地與騎樓地面）

①建築物基地地面，應高出所臨接道路邊界處之路面；建築物底層地板面，應高出基地地面。但對於基地內之排水無礙，或因建築物用途上之需要，另有適當之防水及排水設備者，不在此限。

②建築物設有騎樓者，其地平面不得與鄰接之騎樓地平面高低不平。但因地勢關係，經直轄市、縣（市）（局）主管機關核准者，不在此限。

第四四條　（基地最小面積）

直轄市、縣（市）（局）政府應視當地實際情形，規定建築基地最小面積之寬度及深度；建築基地面積畸零狹小不合規定者，非與鄰接土地協議調整地形或合併使用，達到規定最小面積之寬度及深度，不得建築。

第四五條　（鄰接土地調處）

①前條基地所有權人與鄰接土地所有權人於不能達成協議時，得申請調處，直轄市、縣（市）（局）政府應於收到申請之日起一個月內予以調處；調處不成時，基地所有權人或鄰接土地所有權人得就規定最小面積之寬度及深度範圍內之土地按徵收補償金額預繳承買價款申請該管地方政府徵收後辦理出售。徵收之補償，土地以市價爲準，建築物以重建價格爲準，所有權人如有爭議，由標準地價評議委員會評定之。

②徵收土地之出售，不受土地法第二十五條程序限制。辦理出售時應予公告三十日，並通知申請人，經公告期滿無其他利害關係人聲明異議者，即出售予申請人，發給權利移轉證明書；如有異議，公開標售之。但原申請人有優先承購權。標售所得超過徵收補償者，其超過部分發給被徵收之原土地所有權人。

③第一項範圍內之土地，屬於公有者，准照該宗土地或相鄰土地當期土地公告現值讓售鄰接土地所有權人。

第四六條　（畸零地使用規則）

直轄市、縣（市）主管建築機關應依照前二條規定，並視當地實際情形，訂定畸零地使用規則，報經內政部核定後發布實施。

第四七條　（禁建地區）

易受海潮、海嘯侵襲、洪水泛濫及土地崩塌之地區，如無確保安全之防護設施者，直轄市、縣（市）（局）主管建築機關應商同有關機關劃定範圍予以發布，並豎立標誌，禁止在該地區範圍內建築。

第四章　建築界限

第四八條　（建築線）

①直轄市、縣（市）（局）主管建築機關，應指定已經公告道路之境界線爲建築線。但都市細部計畫規定須退縮建築時，從其規定。

②前項以外之現有巷道，直轄市、縣（市）（局）主管建築機關，認有必要時得另定建築線；其辦法於建築管理規則中定之。

第四九條（建築線退讓）

在依法公布尚未闢築或拓寬之道路線兩旁建造建築物，應依照直轄市、縣（市）（局）主管建築機關指定之建築線退讓。

第五〇條（退讓辦法）

①直轄市、縣（市）主管建築機關基於維護交通安全、景致觀瞻或其他需要，對於道路交叉口及面臨河湖、廣場等地帶之申請建築，得訂定退讓辦法令其退讓。

②前項退讓辦法，應報請內政部核定。

第五一條（突出之例外）

建築物不得突出於建築線之外，但紀念性建築物，以及在公益上或短期內有需要且無礙交通之建築物，經直轄市、縣（市）（局）主管建築機關許可其突出者，不在此限。

第五二條（退讓土地之徵收）

依第四十九條、第五十條退讓之土地，由直轄市、縣（市）（局）政府依法徵收。其地價補償，依都市計畫法規定辦法。

第五章 施工管理

第五三條（建築期限）92

①直轄市、縣（市）主管建築機關，於發給建造執照或雜項執照時，應依照建築期限基準之規定，核定其建築期限。

②前項建築期限，以開工之日起算。承造人因故未能於建築期限內完工時，得申請展期一年，並以一次為限。未依規定申請展期，或已逾展期期限仍未完工者，其建造執照或雜項執照自規定得展期之期限屆滿之日起，失其效力。

③第一項建築期限基準，於建築管理規則中定之。

第五四條（開工）92

①起造人自領得建造執照或雜項執照之日起，應於六個月內開工；並應於開工前，會同承造人及監造人將開工日期，連同姓名或名稱、住址、證書字號及承造人施工計畫書，申請該管主管建築機關備查。

②起造人因故不能於前項期限內開工時，應敘明原因，申請展期一次，期限為三個月。未依規定申請展期，或已逾展期期限仍未開工者，其建造執照或雜項執照自規定得展期之期限屆滿之日起，失其效力。

③第一項施工計畫書應包括之內容，於建築管理規則中定之。

第五五條（變更之備案）

①起造人領得建造執照或雜項執照後，如有左列各款情事之一者，應即申報該管主管建築機關備案：

一　變更起造人。

二　變更承造人。

三　變更監造人。
四　工程中止或廢止。
②前項中止之工程，其可供使用部分，應由起造人依照規定辦理變更設計，申請使用；其不堪供使用部分，由起造人拆除之。

第五六條　（勘驗）92
①建築工程中必須勘驗部分，應由直轄市、縣（市）主管建築機關於核定建築計畫時，指定由承造人會同監造人按時申報後，方得繼續施工，主管建築機關得隨時勘驗之。
②前項建築工程必須勘驗部分、勘驗項目、勘驗方式、勘驗紀錄保存年限、申報規定及起造人、承造人、監造人應配合事項，於建築管理規則中定之。

第五七條　（刪除）

第五八條　（勘驗）
建築物在施工中，直轄市、縣（市）（局）主管建築機關認有必要時，得隨時加以勘驗，發現左列情事之一者，應以書面通知承造人或起造人或監造人，勒令停工或修改；必要時，得強制拆除：
一　妨礙都市計畫者。
二　妨礙區域計畫者。
三　危害公共安全者。
四　妨礙公共交通者。
五　妨礙公共衛生者。
六　主要構造或位置或高度或面積與核定工程圖樣及說明書不符者。
七　違反本法其他規定或基於本法所發布之命令者。

第五九條　（停工變更設計）
①直轄市、縣（市）（局）主管建築機關因都市計畫或區域計畫之變更，對已領有執照尚未開工或正在施工中之建築物，如有妨礙變更後之都市計畫或區域計畫者，得令其停工，另依規定，辦理變更設計。
②起造人因前項規定必須拆除其建築物時，直轄市、縣（市）（局）政府應對該建築物拆除之一部或全部，按照市價補償之。

第六〇條　（賠償責任）
建築物由監造人負責監造，其施工不合規定或肇致起造人蒙受損失時，賠償責任，依左列規定：
一　監造人認爲不合規定或承造人擅自施工，至必須修改、拆除、重建或予補強，經主管建築機關認定者，由承造人負賠償責任。
二　承造人未按核准圖說施工，而監造人認爲合格經直轄市、縣（市）（局）主管建築機關勘驗不合規定，必須修改、拆除、重建或補強者，由承造人負賠償責任，承造人之專任工程人員及監造人負連帶責任。

第六一條　（監造人之通知修改及申報義務）

建築物在施工中，如有第五十八條各款情事之一時，監造人應分別通知承造人及起造人修改；其未依照規定修改者，應即申報該管主管建築機關處理。

第六二條　（勘驗程序）

主管建築機關派員勘驗時，勘驗人員應出示其身分證明文件；其未出示身分證明文件者，起造人、承造人、或監造人得拒絕勘驗。

第六三條　（場所安全防範）

建築物施工場所，應有維護安全、防範危險及預防火災之適當設備或措施。

第六四條　（材料機具堆放）

建築物施工時，其建築材料及機具之堆放，不得妨礙交通及公共安全。

第六五條　（機具使用注意事項）

凡在建築工地使用機械施工者，應遵守左列規定：

一　不得作其使用目的以外之用途，並不得超過其性能範圍。

二　應備有掣動裝置及操作上所必要之信號裝置。

三　自身不能穩定者，應扶以撐柱或拉索。

第六六條　（墜落物之防止）

二層以上建築物施工時，其施工部分距離道路境界線或基地境界線不足二公尺半者，或五層以上建築物施工時，應設置防止物體墜落之適當圍籬。

第六七條　（噪音等之限制）

主管建築機關對於建築工程施工方法或施工設備，發生激烈震動或噪音及灰塵散播，有妨礙附近之安全或安寧者，得令其作必要之措施或限制其作業時間。

第六八條　（公共設施之維護與修復）

①承造人在建築物施工中，不得損及道路、溝渠等公共設施；如必須損壞時，應先申報各該主管機關核准，並規定施工期間之維護標準與責任，及損壞原因消失後之修復責任與期限，始得進行該部分工程。

②前項損壞部分，應在損壞原因消失後即予修復。

第六九條　（鄰接建築物之防護措施）

建築物在施工中，鄰接其他建築物施行挖土工程時，對該鄰接建築物應視需要作防護其傾斜或倒壞之措施。挖土深度在一公尺半以上者，其防護措施之設計圖樣及說明書，應於申請建造執照或雜項執照時一併送審。

第六章　使用管理

第七〇條　（竣工查驗）

①建築工程完竣後，應由起造人會同承造人及監造人申請使用執照。直轄市、縣（市）（局）主管建築機關應自接到申請之日起，

十日內派員查驗完竣。其主要構造、室內隔間及建築物主要設備等與設計圖樣相符者，發給使用執照，並得核發謄本；不相符者，一次通知其修改後，再報請查驗。但供公眾使用建築物之查驗期限，得展延為二十日。

②建築物無承造人或監造人，或承造人、監造人無正當理由，經建築爭議事件評審委員會評審後而拒不會同或無法會同者，由起造人單獨申請之。

③第一項主要設備之認定，於建築管理規則中定之。

第七〇條之一　（部分使用執照之核發）92

建築工程部分完竣後可供獨立使用者，得核發部分使用執照；其效力、適用範圍、申請程序及查驗規定等事項之辦法，由中央主管建築機關定之。

第七一條　（使用執照申請應備之件）

①申請使用執照，應備具申請書，並檢附左列各件：

一　原領之建造執照或雜項執照。

二　建築物竣工平面圖及立面圖。

②建築物與核定工程圖樣完全相符者，免附竣工平面圖及立面圖。

第七二條　（公眾用建物使用執照之申請）

供公眾使用之建築物，依第七十條之規定申請使用執照時，直轄市、縣（市）（局）主管建築機關應會同消防主管機關檢查其消防設備，合格後方得發給使用執照。

第七三條　（使用程序與使用類組）92

①建築物非經領得使用執照，不准接水、接電及使用。但直轄市、縣（市）政府認有左列各款情事之一者，得另定建築物接用水、電相關規定：

一　偏遠地區且非屬都市計畫地區之建築物。

二　因興辦公共設施所需而拆遷具整建需要且無礙都市計畫發展之建築物。

三　天然災害損壞需安置及修復之建築物。

四　其他有迫切民生需要之建築物。

②建築物應依核定之使用類組使用，其有變更使用類組或有第九條建造行為以外主要構造、防火區劃、防火避難設施、消防設備、停車空間及其他與原核定使用不合之變更者，應申請變更使用執照。但建築物在一定規模以下之使用變更，不在此限。

③前項一定規模以下之免辦理變更使用執照相關規定，由直轄市、縣（市）主管建築機關定之。

④第二項建築物之使用類組、變更使用之條件及程序等事項之辦法，由中央主管建築機關定之。

第七四條　（變更使用執照之申請）

申請變更使用執照，應備具申請書並檢附左列各件：

一　建築物之原使用執照或謄本。

二　變更用途之說明。

三　變更供公眾使用者，其結構計算書與建築物室內裝修及設備圖說。

第七五條（檢查及發照期限）

直轄市、縣（市）（局）主管建築機關對於申請變更使用之檢查及發照期限，依第七十條之規定辦理。

第七六條（變更公眾使用）

非供公眾使用建築物變更為供公眾使用，或原供公眾使用建築物變更為他種公眾使用時，直轄市、縣（市）（局）主管建築機關應檢查其構造、設備及室內裝修。其有關消防安全設備部分應會同消防主管機關檢查。

第七七條（公共安全之檢查）

①建築物所有權人、使用人應維護建築物合法使用與其構造及設備安全。

②直轄市、縣（市）（局）主管建築機關對於建築物得隨時派員檢查其有關公共安全與公共衛生之構造與設備。

③供公眾使用之建築物，應由建築物所有權人、使用人定期委託中央主管建築機關認可之專業機構或人員檢查簽證，其檢查簽證結果應向當地主管建築機關申報。非供公眾使用之建築物，經內政部認有必要時亦同。

④前項檢查簽證結果主管建築機關得隨時派員或定期會同各有關機關複查。

⑤第三項之檢查簽證事項、檢查期間、申報方式及施行日期，由內政部定之。

第七七條之一 111

為維護公共安全，供公眾使用或經中央主管建築機關認有必要之非供公眾使用之原有合法建築物，其構造、防火避難設施及消防設備不符現行規定者，應視其實際情形，令其改善或改變其他用途；其申請改善程序、項目、內容及方式等事項之辦法，由中央主管建築機關定之。

第七七條之二（室內裝修應遵守之規定）92

①建築物室內裝修應遵守左列規定：

一　供公眾使用建築物之室內裝修應申請審查許可，非供公眾使用建築物，經內政部認有必要時，亦同。但中央主管機關得授權建築師公會或其他相關專業技術團體審查。

二　裝修材料應合於建築技術規則之規定。

三　不得妨害或破壞防火避難設施、消防設備、防火區劃及主要構造。

四　不得妨害或破壞保護民眾隱私權設施。

②前項建築物室內裝修應由經內政部登記許可之室內裝修從業者辦理。

③室內裝修從業者應經內政部登記許可，並依其業務範圍及責任執行業務。

④前三項室內裝修申請審查許可程序、室內裝修從業者資格、申請登記許可程序、業務範圍及責任，由內政部定之。

第七七條之三（機械遊樂設施）109

①機械遊樂設施應領得雜項執照，由具有設置機械遊樂設施資格之承辦廠商施工完竣，經竣工查驗合格取得合格證明書，並依第二項第二款之規定投保意外責任險後，檢同保險證明文件及合格證明書，向直轄市、縣（市）主管建築機關申領使用執照；非經領得使用執照，不得使用。

②機械遊樂設施經營者，應依下列規定管理使用其機械遊樂設施：

一　應依核准使用期限使用。

二　應依中央主管建築機關指定之設施項目及最低金額常時投保意外責任保險。

三　應定期委託依法開業之相關專業技師、建築師或經中央主管建築機關指定之檢查機構、團體實施安全檢查。

四　應置專任人員負責機械遊樂設施之管理操作。

五　應置經考試及格或檢定合格之機電技術人員，負責經常性之保養、修護。

③前項第三款安全檢查之次數，由該管直轄市、縣（市）主管建築機關定之，每年不得少於二次。必要時，並得實施全部或一部之不定期安全檢查。

④第二項第三款安全檢查之結果，應申報直轄市、縣（市）主管建築機關處理；直轄市、縣（市）主管建築機關得隨時派員或定期會同各有關機關或委託相關機構、團體複查或抽查。

⑤第一項、第二項及前項之申請雜項執照應檢附之文件、圖說、機械遊樂設施之承辦廠商資格、條件、竣工查驗方式、項目、合格證明書格式、投保意外責任險之設施項目及最低金額、安全檢查、方式、項目、受指定辦理檢查之機構、團體、資格、條件及安全檢查結果格式等事項之管理辦法，由中央主管建築機關定之。

⑥第二項第二款之保險，其保險條款及保險費率，由金融監督管理委員會會同中央主管建築機關核定之。

第七七條之四 109

①建築物昇降設備及機械停車設備，非經竣工檢查合格取得使用許可證，不得使用。

②前項設備之管理人，應定期委託領有中央主管建築機關核發登記證之專業廠商負責維護保養，並定期向直轄市、縣（市）主管建築機關或由直轄市、縣（市）主管建築機關委託經中央主管建築機關指定之檢查機構或團體申請安全檢查。管理人未申請者，直轄市、縣（市）主管建築機關應限期令其補行申請；屆期未申請者，停止其設備之使用。

③前項安全檢查，由檢查機構或團體受理者，應指派領有中央主管建築機關核發檢查員證之檢查員辦理檢查；受指派之檢查員，不得爲負責受檢設備之維護保養之專業廠商從業人員。直轄市、縣（市）主管建築機關並得委託受理安全檢查機構或團體核發使用許可證。

④前項檢查結果，檢查機構或團體應定期彙報直轄市、縣（市）主管建築機關，直轄市、縣（市）主管建築機關得抽驗之；其抽驗不合格者，廢止其使用許可證。

⑤第二項之專業廠商應依下列規定執行業務：

一　應指派領有中央主管建築機關核發登記證之專業技術人員安裝及維護。

二　應依原送直轄市、縣（市）主管建築機關備查之圖說資料安裝。

三　應依中央主管建築機關指定之最低金額常時投保意外責任保險。

四　應依規定保養台數，聘僱一定人數之專任專業技術人員。

五　不得將專業廠商登記證提供他人使用或使用他人之登記證。

六　應接受主管建築機關業務督導。

七　訂約後應依約完成安裝或維護保養作業。

八　報請核備之資料應與事實相符。

九　設備經檢查機構檢查或主管建築機關抽驗不合格應即改善。

十　受委託辦理申請安全檢查應於期限內申辦。

⑥前項第一款之專業技術人員應依下列規定執行業務：

一　不得將專業技術人員登記證提供他人使用或使用他人之登記證。

二　應據實記載維護保養結果。

三　應參加中央主管建築機關舉辦或委託之相關機構、團體辦理之訓練。

四　不得同時受聘於二家以上專業廠商。

⑦第二項之檢查機構應依下列規定執行業務：

一　應具備執行業務之能力。

二　應據實申報檢查員異動資料。

三　申請檢查案件不得積壓。

四　應接受主管建築機關業務督導。

五　檢查員檢查不合格報請處理案件，應通知管理人限期改善，複檢不合格之設備，應即時轉報直轄市、縣（市）主管建築機關處理。

⑧第三項之檢查員應依下列規定執行業務：

一　不得將檢查員證提供他人使用或使用他人之檢查員證。

二　應據實申報檢查結果，對於檢查不合格之設備應報請檢查機構處理。

三　應參加中央主管建築機關舉辦或委託之相關機構、團體所舉辦之訓練。

四　不得同時任職於二家以上檢查機構或團體。

五　檢查發現昇降設備有立即發生危害公共安全之虞時，應即報告管理人停止使用，並儘速報告直轄市、縣（市）主管

①有左列情形之一者，處建築物所有權人、使用人、機械遊樂設施之經營者新臺幣六萬元以上三十萬元以下罰鍰，並限期改善或補辦手續，屆期仍未改善或補辦手續而繼續使用者，得連續處罰，並限期停止其使用。必要時，並停止供水供電、封閉或命其於期限內自行拆除，恢復原狀或強制拆除：

一　違反第七十三條第二項規定，未經核准變更使用擅自使用建築物者。

二　未依第七十七條第一項規定維護建築物合法使用與其構造及設備安全者。

三　規避、妨礙或拒絕依第七十七條第二項或第四項之檢查、複查或抽查者。

四　未依第七十七條第三項、第四項規定辦理建築物公共安全檢查簽證或申報者。

五　違反第七十七條之三第一項規定，未經領得使用執照，擅自供人使用機械遊樂設施者。

六　違反第七十七條之三第二項第一款規定，未依核准期限使用機械遊樂設施者。

七　未依第七十七條之三第二項第二款規定常時投保意外責任保險者。

八　未依第七十七條之三第二項第三款規定實施定期安全檢查者。

九　未依第七十七條之三第二項第四款規定置專任人員管理操作機械遊樂設施者。

十　未依第七十七條之三第二項第五款規定置經考試及格或檢定合格之機電技術人員負責經常性之保養、修護者。

②有供營業使用事實之建築物，其所有權人、使用人違反第七十七條第一項有關維護建築物合法使用與其構造及設備安全規定致人於死者，處一年以上七年以下有期徒刑，得併科新臺幣一百萬元以上五百萬元以下罰金；致重傷者，處六個月以上五年以下有期徒刑，得併科新臺幣五十萬元以上二百五十萬元以下罰鍰。

第九一條之一　（處罰）92

有左列情形之一者，處建築師、專業技師、專業機構或人員、專業技術人員、檢查員或實施機械遊樂設施安全檢查人員新臺幣六萬元以上三十萬元以下罰鍰：

一　辦理第七十七條第三項之檢查簽證內容不實者。

二　允許他人假借其名義辦理第七十七條第三項檢查簽證業務或假借他人名義辦理該檢查簽證業務者。

三　違反第七十七條之四第六項第一款或第七十七條之四第八項第一款規定，將登記證或檢查員證提供他人使用或使用他人之登記證或檢查員證執業者。

四　違反第七十七條之三第二項第三款規定，安全檢查報告內容不實者。

第九一條之二 （處罰）92

①專業機構或專業檢查人違反第七十七條第五項內政部所定有關檢查簽證事項之規定情節重大者，廢止其認可。

②建築物昇降設備及機械停車設備之專業廠商有左列情形之一者，直轄市、縣（市）主管建築機關應通知限期改正，屆期未改正者，得予停業或報請中央主管建築機關廢止其登記證：

一　違反第七十七條之四第五項第一款規定，指派非專業技術人員安裝及維護者。

二　違反第七十七條之四第五項第二款規定，未依原送備查之圖說資料安裝者。

三　未依第七十七條之四第五項第三款規定常時投保意外責任保險者。

四　未依第七十七條之四第五項第四款之規定聘僱一定人數之專任專業技術人員者。

五　違反第七十七條之四第五項第五款之規定，將登記證提供他人使用或使用他人之登記證執業者。

六　違反第七十七條之四第五項第六款規定，規避、妨害、拒絕接受業務督導者。

七　違反第七十七條之四第五項第八款規定，報請核備之資料與事實不符者。

八　違反第七十七條之四第五項第九款規定，設備經檢查或抽查不合格拒不改善或改善後複檢仍不合格者。

九　違反第七十七條之四第五項第十款規定，未於期限內申辦者。

③專業技術人員有左列情形之一者，直轄市、縣（市）主管建築機關應通知限期改正，屆期未改正者，得予停止執行職務或報請中央主管建築機關廢止其專業技術人員登記證：

一　違反第七十七條之四第六項第一款規定，將登記證提供他人使用或使用他人之登記證執業者。

二　違反第七十七條之四第六項第二款規定，維護保養結果記載不實者。

三　未依第七十七條之四第六項第三款規定參加訓練者。

四　違反第七十七條之四第六項第四款規定，同時受聘於兩家以上專業廠商者。

④檢查機構有左列情形之一者，直轄市、縣（市）主管建築機關應通知限期改正，屆期未改正者，得予停止執行職務或報請中央主管建築機關廢止指定：

一　違反第七十七條之四第七項第一款規定，喪失執行業務能力者。

二　未依第七十七條之四第七項第二款規定據實申報檢查員異動資料者。

三　違反第七十七條之四第七項第三款規定，積壓申請檢查案件者。

四　違反第七十七條之四第七項第四款規定，規避、妨害或拒絕接受業務督導者。
五　未依第七十七條之四第七項第五款規定通知管理人限期改善或將複檢不合格案件即時轉報主管建築機關處理者。

⑤檢查員有左列情形之一者，直轄市、縣（市）主管建築機關應通知限期改正，屆期未改正者，得予停止執行職務或報請中央主管建築機關廢止其檢查員證：
一　違反第七十七條之四第八項第一款規定，將檢查員證提供他人使用或使用他人之檢查員證執業者。
二　違反第七十七條之四第八項第二款規定，未據實申報檢查結果或對於檢查不合格之設備未報檢查機構處理者。
三　未依第七十七條之四第八項第三款規定參加訓練者。
四　違反第七十七條之四第八項第四款規定，同時任職於兩家以上檢查機構或團體者。
五　未依第七十七條之四第八項第五款規定報告管理人停止使用或儘速報告主管建築機關處理者。

⑥專業廠商、專業技術人員或檢查員經撤銷或廢止登記證或檢查員證，未滿三年者，不得重行申請核發同種類登記證或檢查員證。

第九二條　（處罰機關）
本法所定罰鍰由該管主管建築機關處罰之，並得於行政執行無效時，移送法院強制執行。

第九三條　（違法復工）
依本法規定勒令停工之建築物，非經許可不得擅自復工；未經許可擅自復工經制止不從者，除強制拆除其建築物或勒令恢復原狀外，處一年以下有期徒刑、拘役或科或併科三萬元以下罰金。

第九四條　（違法使用之處罰）
依本法規定停止使用或封閉之建築物，非經許可不得擅自使用；未經許可擅自使用經制止不從者，處一年以下有期徒刑、拘役或科或併科新臺幣三十萬元以下罰金。

第九四條之一　（違法使用水電之處罰）
依本法規定停止供水或供電之建築物，非經直轄市、縣（市）（局）主管建築機關審查許可，不得擅自接水、接電或使用；未經許可擅自接水、接電或使用者，處一年以下有期徒刑、拘役或科或併科新臺幣三十萬元以下罰金。

第九五條　（違法重建之處罰）
依本法規定強制拆除之建築物，違反規定重建者，處一年以下有期徒刑、拘役或科或併科新臺幣三十萬元以下罰金。

第九五條之一　（違法室內裝修之處罰）
①違反第七十七條之二第一項或第二項規定者，處建築物所有權人、使用人或室內裝修從業者新臺幣六萬元以上三十萬元以下罰鍰，並限期改善或補辦，逾期仍未改善或補辦者得連續處罰；

必要時強制拆除其室內裝修違規部分。

②室內裝修從業者違反第七十七條之二第三項規定者，處新臺幣六萬元以上三十萬元以下罰鍰，並得勒令其停止業務，必要時並撤銷其登記；其爲公司組織者，通知該管主管機關撤銷其登記。

③經依前項規定勒令停止業務，不遵從而繼續執業者，處一年以下有期徒刑、拘役或科或併科新臺幣三十萬元以下罰金；其爲公司組織者，處罰其負責人及行爲人。

第九五條之二　（昇降及機械停車設備管理人違法之處罰）92

建築物昇降設備及機械停車設備管理人違反第七十七條之四第二項規定者，處新臺幣三千元以上一萬五千元以下罰鍰，並限期改善或補辦手續，屆期仍未改善或補辦手續者，得連續處罰。

第九五條之三　（擅自設置招牌廣告或樹立廣告之處罰）92

本法修正施行後，違反第九十七條之三第二項規定，未申請審查許可，擅自設置招牌廣告或樹立廣告者，處建築物所有權人、土地所有權人或使用人新臺幣四萬元以上二十萬元以下罰鍰，並限期改善或補辦手續，屆期仍未改善或補辦手續者，得連續處罰。必要時，得命其限期自行拆除其招牌廣告或樹立廣告。

第九章　附　則

第九六條　（既存公眾用建築物）

①本法施行前，供公衆使用之建築物而未領有使用執照者，其所有權人應申請核發使用執照。但都市計畫範圍內非供公衆使用者，其所有權人得申請核發使用執照。

②前項建築物使用執照之核發及安全處理，由直轄市、縣（市）政府於建築管理規則中定之。

第九六條之一　（強制拆除不予補償及物品遷移）

①依本法規定強制拆除之建築物均不予補償，其拆除費用由建築物所有人負擔。

②前項建築物內存放之物品，主管機關應公告或以書面通知所有人、使用人或管理人自行遷移，逾期不遷移者，視同廢棄物處理。

第九七條　（建築技術規則）100

有關建築規劃、設計、施工、構造、設備之建築技術規則，由中央主管建築機關定之，並應落實建構兩性平權環境之政策。

第九七條之一　（山坡地建築管理辦法）92

山坡地建築之審查許可、施工管理及使用管理等事項之辦法，由中央主管建築機關定之。

第九七條之二　（違章建築處理辦法）

違反本法或基於本法所發布命令規定之建築物，其處理辦法，由內政部定之。

第九七條之三　（招牌廣告及樹立廣告）92

①一定規模以下之招牌廣告及樹立廣告，得免申請雜項執照。其管理並得簡化，不適用本法全部或一部之規定。
②招牌廣告及樹立廣告之設置，應向直轄市、縣（市）主管建築機關申請審查許可，直轄市、縣（市）主管建築機關得委託相關專業團體審查，其審查費用由申請人負擔。
③前二項招牌廣告及樹立廣告之一定規模、申請審查許可程序、施工及使用等事項之管理辦法，由中央主管建築機關定之。
④第二項受委託辦理審查之專業團體之資格條件、執行審查之工作內容、收費基準與應負之責任及義務等事項，由該管直轄市、縣（市）主管建築機關定之。

第九八條 （特種建築物之許可）
特種建築物得經行政院之許可，不適用本法全部或一部之規定。

第九九條 （得不適用本法規定之建築物）92
①左列各款經直轄市、縣（市）主管建築機關許可者，得不適用本法全部或一部之規定：
一　紀念性之建築物。
二　地面下之建築物。
三　臨時性之建築物。
四　海港、碼頭、鐵路車站、航空站等範圍內之雜項工作物。
五　興闢公共設施，在拆除剩餘建築基地內依規定期限改建或增建之建築物。
六　其他類似前五款之建築物或雜項工作物。
②前項建築物之許可程序、施工及使用等事項之管理，得於建築管理規則中定之。

第九九條之一 （實施都市計畫以外或偏遠地區建築管理辦法）
實施都市計畫以外地區或偏遠地區建築物之管理得予簡化，不適用本法全部或一部之規定；其建築管理辦法，得由縣政府擬訂，報請內政部核定之。

第一〇〇條 （適用地區外建築管理辦法）
第三條所定適用地區以外之建築物，得由內政部另定辦法管理之。

第一〇一條 （建築管理規則）
直轄市、縣（市）政府得依據地方情形，分別訂定建築管理規則，報經內政部核定後實施。

第一〇二條 （應規定建築限制之建築物）
直轄市、縣（市）政府對左列各款建築物，應分別規定其建築限制：
一　風景區、古蹟保存區及特定區內之建築物。
二　防火區內之建築物。

第一〇二條之一 （防空避難設備或停車空間之興建）
①建築物依規定應附建防空避難設備或停車空間；其防空避難設備因特殊情形施工確有困難或停車空間在一定標準以下及建築物位於都市計畫停車場公共設施用地一定距離範圍內者，得由

起造人繳納代金，由直轄市、縣（市）主管建築機關代爲集中興建。

②前項標準、範圍、繳納代金及管理使用辦法，由直轄市、縣（市）政府擬訂，報請內政部核定之。

第一〇三條 （建築爭議事件評審委員會）

①直轄市、縣（市）（局）主管建築機關爲處理有關建築爭議事件，得聘請資深之營建專家及建築師，並指定都市計劃及建築管理主管人員，組設建築爭議事件評審委員會。

②前項評審委員會之組織，由內政部定之。

第一〇四條 （防火防空設備之地方規定）

直轄市、縣（市）（局）政府對於建築物有關防火及防空避難設備之設計與構造，得會同有關機關爲必要之規定。

第一〇五條 （施行日）98

①本法自公布日施行。

②本法中華民國九十八年五月十二日修正之條文，自九十八年十一月二十三日施行。

建築技術規則總則編

①民國94年1月21日內政部令修正發布第3-2條條文；並自發布日施行。
②民國100年6月21日內政部令修正發布第4條條文；並自100年7月1日施行。
③民國107年3月27日內政部令修正發布第3-3條條文；並自發布日施行。
④民國108年11月4日內政部令修正發布第3-4條條文；並自發布日施行。
⑤民國109年10月19日內政部令修正發布第4條條文；並自發布日施行。

第一條

本規則依建築法（以下簡稱本法）第九十七條規定訂之。

第二條

本規則之適用範圍，依本法第三條規定。但未實施都市計畫地區之供公衆使用與公有建築物，實施區域計畫地區及本法第一百條規定之建築物，中央主管建築機關另有規定者，從其規定。

第三條

①建築物之設計、施工、構造及設備，依本規則各編規定。但有關建築物之防火及避難設施，經檢具申請書、建築物防火避難性能設計計畫書及評定書向中央主管建築機關申請認可者，得不適用本規則建築設計施工編第三章、第四章一部或全部，或第五章、第十一章、第十二章有關建築物防火避難一部或全部之規定。

②前項之建築物防火避難性能設計評定書，應由中央主管建築機關指定之機關（構）、學校或團體辦理。

③第一項之申請書、建築物防火避難性能設計計畫書及評定書格式、應記載事項、得免適用之條文、認可程序及其他應遵循事項，由中央主管建築機關另定之。

④第二項之機關（構）、學校或團體，應具備之條件、指定程序及其應遵循事項，由中央主管建築機關另定之。

⑤特別用途之建築物專業法規另有規定者，各該專業主管機關應請中央主管建築機關轉知之。

第三條之一

建築物增建、改建或變更用途時，其設計、施工、構造及設備之檢討項目及標準，由中央主管建築機關另定之，未規定者依本規則各編規定。

第三條之二 94

①直轄市、縣（市）主管建築機關為因應當地發展特色及地方特殊環境需求，得就下列事項另定其設計、施工、構造或設備規定，報經中央主管建築機關核定後實施：
一　私設通路及基地內通路。
二　建築物及其附置物突出部分。但都市計畫法令有規定者，從其規定。
三　有效日照、日照、通風、採光及節約能源。
四　建築物停車空間。但都市計畫法令有規定者，從其規定。
五　除建築設計施工編第一百六十四條之一規定外之建築物之樓層高度與其設計、施工及管理事項。
②合法建築物因震災毀損，必須全部拆除重行建築或部分拆除改建者，其設計、施工、構造及設備規定，得由直轄市、縣（市）主管建築機關另定，報經中央主管建築機關核定後實施。

第三條之三 107

建築物用途分類之類別、組別定義，應依下表規定；其各類組之用途項目，由中央主管建築機關另定之。

類別		類別定義	組別	組別定義
A類	公共集會類	供集會、觀賞、社交、等候運輸工具，且無法防火區劃之場所。	A-1 集會表演	供集會、表演、社交，且具觀眾席及舞臺之場所。
			A-2 運輸場所	供旅客等候運輸工具之場所。
B類	商業類	供商業交易、陳列展售、娛樂、餐飲、消費之場所。	B-1 娛樂場所	供娛樂消費，且處封閉。
			B-2 商場百貨	供商品批發、展售或商業交易，且使用人替換頻率高之場所。
			B-3 餐飲場所	供不特定人餐飲，且直接使用燃具之場所。
			B-4 旅館	供不特定人士休息住宿之場所。
C類	工業、倉儲類	供儲存、包裝、製造、修理物品之場所。	C-1 特殊廠庫	供儲存、包裝、製造、修理工業物品，且具公害之場所。
			C-2 一般廠庫	供儲存、包裝、製造一般物品之場所。
D類	休閒、文教類	供運動、休閒、參觀、閱覽、教學之場所。	D-1 健身休閒	供低密度使用人口運動休閒之場所。
			D-2 文教設施	供參觀、閱覽、會議，且無舞臺設備之場所。
			D-3 國小校舍	供國小學童教學使用之相關場所。（宿舍除外）

			D-4 校舍	供國中以上各級學校教學使用之相關場所。（宿舍除外）
			D-5 補教托育	供短期職業訓練、各類補習教育及課後輔導之場所。
E 類	宗教、 殯葬類	供宗教信徒聚會殯葬之場所。	E 宗教、 殯葬類	供宗教信徒聚會、殯葬之場所。
F 類	衛生、 福利、 更生類	供身體行動能力受到健康、年紀或其他因素影響，需特別照顧之使用場所。	F-1 醫療照護	供醫療照護之場所。
			F-2 社會福利	供身心障礙者教養、醫療、復健、重健、訓練（庇護）、輔導、服務之場所。
			F-3 兒童福利	供學齡前兒童照護之場所。
			F-4 戒護場所	供限制個人活動之戒護場所。
G 類	辦公、 服務類	供商談、接洽、處理一般事務或一般門診、零售、日常服務之場所。	G-1 金融證券	供商談、接洽、處理一般事務，且使用人替換頻率高之場所。
			G-2 辦公場所	供商談、接洽、處理一般事務之場所。
			G-3 店舖診所	供一般門診、零售、日常服務之場所。
H 類	住宿類	供特定人住宿之場所。	H-1 宿舍安養	供特定人短期住宿之場所。
			H-2 住宅	供特定人長期住宿之場所。
I 類	危險物品類	供製造、分裝、販賣、儲存公共危險物品及可燃性高壓氣體之場所。	I 危險廠庫	供製造、分裝、販賣、儲存公共危險物品及可燃性高壓氣體之場所。

第三條之四 108

①下列建築物應辦理防火避難綜合檢討評定，或檢具經中央主管建築機關認可之建築物防火避難性能設計計畫書及評定書；其檢具建築物防火避難性能設計計畫書及評定書者，並得適用本編第三條規定：

一　高度達二十五層或九十公尺以上之高層建築物。但僅供建築物用途類組 H-2 組使用者，不在此限。

二　供建築物使用類組 B-2 組使用之總樓地板面積達三萬平方公尺以上之建築物。

三　與地下公共運輸系統相連接之地下街或地下商場。

②前項之防火避難綜合檢討評定，應由中央主管建築機關指定之機關（構）、學校或團體辦理。
③第一項防火避難綜合檢討報告書與評定書應記載事項及其他應遵循事項，由中央主管建築機關另定之。
④第二項之機關（構）、學校或團體，應具備之條件、指定程序及其應遵循事項，由中央主管建築機關另定之。

第四條 109

①建築物應用之各種材料及設備規格，除中華民國國家標準有規定者從其規定外，應依本規則規定。但因當地情形，難以應用符合本規則與中華民國國家標準材料及設備，經直轄市、縣（市）主管建築機關同意修改設計規定者，不在此限。
②建築材料、設備與工程之查驗及試驗結果，應達本規則要求；如引用新穎之建築技術、新工法或建築設備，適用本規則確有困難者，或尚無本規則及中華民國國家標準適用之特殊或國外進口材料及設備者，應檢具申請書、試驗報告書及性能規格評定書，向中央主管建築機關申請認可後，始得運用於建築物。
③中央主管建築機關得指定機關（構）、學校或團體辦理前項之試驗報告書及性能規格評定書，並得委託經指定之性能規格評定機關（構）、學校或團體辦理前項認可。
④第二項申請認可之申請書、試驗報告書及性能規格評定書之格式、認可程序及其他應遵行事項，由中央主管建築機關另定之。
⑤第三項之機關（構）、學校或團體，應具備之條件、指定程序及其應遵行事項，由中央主管建築機關另定之。

第五條

本規則由中央主管建築機關於發布後隨時檢討修正及統一解釋，必要時得以圖例補充規定之。

第五條之一

建築物設計及施工技術之規範，由中央主管建築機關另定之。

第六條

①中央主管建築機關，得組設建築技術審議委員會，以從事建築設計、施工、構造、材料與設備等技術之審議、研究、建議及改進事項。
②建築設計如有益於公共安全、公共交通及公共衛生，且對於都市發展、建築藝術、施工技術或公益上確有重大貢獻，並經建築技術審議委員會審議認可者，得另定標準適用之。

第七條

本規則施行日期，由中央主管建築機關以命令定之。

築面積百分之十五外，其餘以不超過建築面積百分之十二點五為限，其未達二十五平方公尺者，得建築二十五平方公尺。
㈡水箱、水塔設於屋頂突出物上高度合計在六公尺以內或設於有昇降機設備通達屋頂之屋頂突出物高度在九公尺以內或設於屋頂面上高度在二點五公尺以內。
㈢女兒牆高度在一點五公尺以內。
㈣第十款第三目至第五目之屋頂突出物。
㈤非平屋頂建築物之屋頂斜率（高度與水平距離之比）在二分之一以下者。
㈥非平屋頂建築物之屋頂斜率（高度與水平距離之比）超過二分之一者，應經中央主管建築機關核可。

十　屋頂突出物：突出於屋面之附屬建築物及雜項工作物：
㈠樓梯間、昇降機間、無線電塔及機械房。
㈡水塔、水箱、女兒牆、防火牆。
㈢雨水貯留利用系統設備、淨水設備、露天機電設備、煙囪、避雷針、風向器、旗竿、無線電桿及屋脊裝飾物。
㈣突出屋面之管道間、採光換氣或再生能源使用等節能設施。
㈤突出屋面之三分之一以上透空遮牆、三分之二以上透空立體構架供景觀造型、屋頂綠化等公益及綠建築設施，其投影面積不計入第九款第一目屋頂突出物水平投影面積之和。但本目與第一目及第六目之屋頂突出物水平投影面積之和，以不超過建築面積百分之三十為限。
㈥其他經中央主管建築機關認可者。

十一　簷高：自基地地面起至建築物簷口底面或平屋頂底面之高度。

十二　地板面高度：自基地地面至地板面之垂直距離。

十三　樓層高度：自室內地板面至其直上層地板面之高度；最上層之高度，為至其天花板高度。但同一樓層之高度不同者，以其室內樓地板面積除該樓層容積之商，視為樓層高度。

十四　天花板高度：自室內地板面至天花板之高度，同一室內之天花板高度不同時，以其室內樓地板面積除室內容積之商作天花板高度。

十五　建築物層數：基地地面以上樓層數之和。但合於第九款第一目之規定者，不作為層數計算；建築物內層數不同者，以最多之層數作為該建築物層數。

十六　地下層：地板面在基地地面以下之樓層。但天花板高度有三分之二以上在基地地面上者，視為地面層。

十七　閣樓：在屋頂內之樓層，樓地板面積在該建築物建築面積三分之一以上時，視為另一樓層。

十八　夾層：夾於樓地板與天花板間之樓層；同一樓層內夾層

面積之和，超過該層樓地板面積三分之一或一百平方公尺者，視爲另一樓層。

十九 居室：供居住、工作、集會、娛樂、烹飪等使用之房間，均稱居室。門廳、走廊、樓梯間、衣帽間、廁所盥洗室、浴室、儲藏室、機械室、車庫等不視爲居室。但旅館、住宅、集合住宅、寄宿舍等建築物其衣帽間與儲藏室面積之合計以不超過該層樓地板面積八分之一爲原則。

二十 露台及陽台：直上方無任何頂遮蓋物之平台稱爲露台，直上方有遮蓋物者稱爲陽台。

二一 集合住宅：具有共同基地及共同空間或設備。並有三個住宅單位以上之建築物。

二二 外牆：建築物外圍之牆壁。

二三 分間牆：分隔建築物內部空間之牆壁。

二四 分戶牆：分隔住宅單位與住宅單位或住戶與住戶或不同用途區劃間之牆壁。

二五 承重牆：承受本身重量及本身所受地震、風力外並承載及傳導其他外壓力及載重之牆壁。

二六 帷幕牆：構架構造建築物之外牆，除承載本身重量及其所受之地震、風力外，不再承載或傳導其他載重之牆壁。

二七 耐水材料：磚、石料、人造石、混凝土、柏油及其製品、陶瓷品、玻璃、金屬材料、塑膠製品及其他具有類似耐水性之材料。

二八 不燃材料：混凝土、磚或空心磚、瓦、石料、鋼鐵、鋁、玻璃、玻璃纖維、礦棉、陶瓷品、砂漿、石灰及其他經中央主管建築機關認定符合耐燃一級之不因火熱引起燃燒、熔化、破裂變形及產生有害氣體之材料。

二九 耐火板：木絲水泥板、耐燃石膏板及其他經中央主管建築機關認定符合耐燃二級之材料。

三十 耐燃材料：耐燃合板、耐燃纖維板、耐燃塑膠板、石膏板及其他經中央主管建築機關認定符合耐燃三級之材料。

三一 防火時效：建築物主要結構構件、防火設備及防火區劃構造遭受火災時可耐火之時間。

三二 阻熱性：在標準耐火試驗條件下，建築構造當其一面受火時，能在一定時間內，其非加熱面溫度不超過規定值之能力。

三三 防火構造：具有本編第三章第三節所定防火性能與時效之構造。

三四 避難層：具有出入口通達基地地面或道路之樓層。

三五 無窗戶居室：具有下列情形之一之居室：

㈠依本編第四十二條規定有效採光面積未達該居室樓地板面積百分之五者。

㈡可直接開向戶外或可通達戶外之有效防火避難構造開

建築技術規則建築設計施工編

①民國101年3月13日內政部令修正發布第 282至284、285至290 條條文；增訂第 60-1 條條文；並自101年7月1日施行。
②民國101年5月11日內政部令修正發布第298、299、302、306、321條條文及第十七章第六節節名；並自101年7月1日施行。
③民國101年10月1日內政部令修正發布第167、170條條文及第十章章名；增訂第167-1至167-7條條文；並自102年1月1日施行。
④民國101年11月7日內政部令修正發布第300、308-1、309至312條條文；增訂第308-2條條文；並自102年1月1日施行。
⑤民國101年11月30日內政部令修正發布第99-1條條文；並自102年1月1日施行。
⑥民國101年12月25日內政部令增訂發布第4-2條條文；並自發布日施行。
⑦民國102年1月17日內政部令修正發布第60、61條條文；並增訂第4-3條條文；除第4-3條自發布日施行，餘自102年7月1日施行。
⑧民國102年11月28日內政部令增訂發布第271-1條條文；並自發布日施行。
⑨民國103年11月26日內政部令修正發布第 99-1、128 條條文；並自104年1月1日施行。
⑩民國105年6月7日內政部令修正發布第46、262條條文；並增訂第46-1至46-7條條文；除第46-6條自108年7月1日施行外，餘自105年7月1日施行。
民國108年6月27日內政部令發布第46-6條自109年7月1日施行。
⑪民國106年12月21日內政部令修正發布第23、24、41、42、166條條文；並增訂第39-1條條文；除第41、42條自發布日施行外，餘自109年7月1日施行。
⑫民國107年3月15日內政部令修正發布第167、167-1、167-3至167-7、170條條文；並自發布日施行。
⑬民國107年3月27日內政部令修正發布第134、135條條文；並自發布日施行。
⑭民國108年5月29日內政部令修正發布第62條條文；並自108年7月1日施行。
⑮民國108年8月19日內政部令修正發布第46-1、46-3、46-4、299、300、302、304、308-1、308-2、309、311、312、314、321條條文；並自109年1月1日施行。
民國108年12月31日內政部令發布除第46-1、46-3、46-4條外，餘自110年1月1日施行。
⑯民國108年11月4日內政部令修正發布第43、118、119、164-1、263條條文；並自發布日施行。
⑰民國110年1月19日內政部令修正發布第52、86、144、146、247、269條條文；並刪除第232條條文；除第86條自110年7月1日施行外，餘自發布日施行。
⑱民國110年7月19日內政部令修正發布第55、116-2條條文；增訂第112-1條條文；並自110年7月19日施行。
⑲民國110年10月7日內政部令修正發布第167-6、170條條文；第

167-6條自110年10月7日施行；第170條自111年1月1日施行。

民國112年8月18日行政院公告第322條第1款、第2款所列屬「行政院環境保護署」之權責事項，自112年8月22日起改由「環境部」管轄。

第一章　用語定義

第一條

本編建築技術用語，其他各編得適用，其定義如下：

一　一宗土地：本法第十一條所稱一宗土地，指一幢或二幢以上有連帶使用性之建築物所使用之建築基地。但建築基地為道路、鐵路或永久性空地等分隔者，不視為同一宗土地。

二　建築基地面積：建築基地（以下簡稱基地）之水平投影面積。

三　建築面積：建築物外牆中心線或其代替柱中心線以內之最大水平投影面積。但電業單位規定之配電設備及其防護設施、地下層突出基地地面未超過一點二公尺或遮陽板有二分之一以上為透空，且其深度在二點零公尺以下者，不計入建築面積；陽台、屋簷及建築物出入口雨遮突出建築物外牆中心線或其代替柱中心線超過二點零公尺，或雨遮、花台突出超過一點零公尺者，應自其外緣分別扣除二點零公尺或一點零公尺作為中心線；每層陽台面積之和，以不超過建築面積八分之一為限，其未達八平方公尺者，得建築八平方公尺。

四　建蔽率：建築面積占基地面積之比率。

五　樓地板面積：建築物各層樓地板或其一部分，在該區劃中心線以內之水平投影面積。但不包括第三款不計入建築面積之部分。

六　觀眾席樓地板面積：觀眾席位及縱、橫通道之樓地板面積。但不包括吸煙室、放映室、舞台及觀眾席外面二側及後側之走廊面積。

七　總樓地板面積：建築物各層包括地下層、屋頂突出物及夾層等樓地板面積之總和。

八　基地地面：基地整地完竣後，建築物外牆與地面接觸最低一側之水平面；基地地面高低相差超過三公尺，以每相差三公尺之水平面為該部分基地地面。

九　建築物高度：自基地地面計量至建築物最高部分之垂直高度。但屋頂突出物或非平屋頂建築物之屋頂，自其頂點往下垂直計量之高度應依下列規定，且不計入建築物高度：

㈠第十款第一目之屋頂突出物高度在六公尺以內或有昇降機設備通達屋頂之屋頂突出物高度在九公尺以內，且屋頂突出物水平投影面積之和，除高層建築物以不超過建

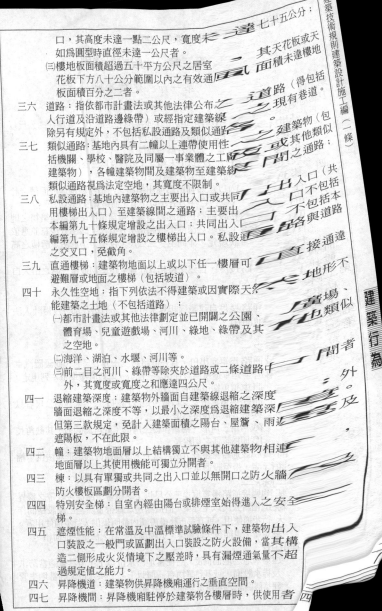

口，其高度未達一點二公尺，寬度未達七十五公分；如為圓型時直徑未達一公尺者。

㈢樓地板面積超過五十平方公尺之居室，其天花板或天花板下方八十公分範圍以內之有效通風面積未達樓地板面積百分之二者。

三六　道路：指依都市計畫法或其他法律公布之道路（得包括人行道及沿道路邊綠帶）或經指定建築線之現有巷道。除另有規定外，不包括私設通路及類似通路。

三七　類似通路：基地內具有二幢以上連帶使用性之建築物（包括機關、學校、醫院及同屬一事業體之工廠或其他類似建築物），各幢建築物間及建築物至建築線間之通路；類似通路視為法定空地，其寬度不限制。

三八　私設通路：基地內建築物之主要出入口或共同出入口（共用樓梯出入口）至建築線間之通路；主要出入口不包括本編第九十條規定增設之出入口；共同出入口不包括本編第九十五條規定增設之樓梯出入口。私設通路與道路之交叉口，免截角。

三九　直通樓梯：建築物地面以上或以下任一樓層可直接通達避難層或地面之樓梯（包括坡道）。

四十　永久性空地：指下列依法不得建築或因實際天然地形不能建築之土地（不包括道路）：

㈠都市計畫法或其他法律劃定並已開闢之公園、廣場、體育場、兒童遊戲場、河川、綠地、綠帶及其他類似之空地。

㈡海洋、湖泊、水堰、河川等。

㈢前二目之河川、綠帶等除夾於道路或二條道路中間者外，其寬度或寬度之和應達四公尺。

四一　退縮建築深度：建築物外牆面自建築線退縮之深度；外牆面退縮之深度不等，以最小之深度為退縮建築深度。但第三款規定，免計入建築面積之陽台、屋簷、雨遮及遮陽板，不在此限。

四二　幢：建築物地面層以上結構獨立不與其他建築物相連，地面層以上其使用機能可獨立分開者。

四三　棟：以具有單獨或共同之出入口並以無開口之防火牆及防火樓板區劃分開者。

四四　特別安全梯：自室內經由陽台或排煙室始得進入之安全梯。

四五　遮煙性能：在常溫及中溫標準試驗條件下，建築物出入口裝設之一般門或區劃出入口裝設之防火設備，當其構造二側形成火災情境下之壓差時，具有漏煙通氣量不超過規定值之能力。

四六　昇降機道：建築物供昇降機廂運行之垂直空間。

四七　昇降機間：昇降機廂駐停於建築物各樓層時，供使用者進出及等待搭乘等之空間。

第二章 一般設計通則

第一節 建築基地

第二條

①基地應與建築線相連接，[illegible]其連接部分之最小長度應在二公尺以上。基地內私設通路之寬[illegible]度不得小於左列標準：

一 長度未滿十公尺者爲[illegible]二公尺。

二 長度在十公尺以上未[illegible]滿二十公尺者爲三公尺。

三 長度大於二十公尺[illegible]五公尺。

四 基地內以私設通路[illegible]爲進出道路之建築總樓地板面積合計在一、〇〇〇平方[illegible]公尺以上者，通路寬度爲六公尺。

五 前款私設通路爲通[illegible]通建築線，得穿越基地建築物之地面層；穿越之深度[illegible]不得超過十五公尺；該部分淨寬並應依前四款規定，淨[illegible]至少三公尺，且不小於法定騎樓之高度。

②前項通路長度，自建[illegible]築線起算計量至建築物最遠一處之出入口或共同入口。

第二條之一

私設通路長度自建[illegible]線起算未超過三十公尺部分，得計入法定空地面積。

第三條 （刪除）

第三條之一

①私設通路爲單向出[illegible]口，且長度超過三十五公尺者，應設置汽車迴車道；迴車道視[illegible]爲該通路之一部分，其設置標準依左列規定：

一 迴車道可採用[illegible]圓形、方形或丁形。

二 通路與迴車[illegible]道交叉口截角長度爲四公尺，未達四公尺者以其最大截角[illegible]長度爲準。

三 截角爲三角[illegible]形，應爲等腰三角形；截角爲圓弧，其截角長度即爲該[illegible]之切線長。

②前項私設通路[illegible]寬度在九公尺以上，或通路確因地形無法供車輛通行者，得免[illegible]設迴車道。

第三條之二

基地臨接道路[illegible]邊寬度達三公尺以上之綠帶，應從該綠帶之邊界線退縮四公[illegible]以上建築。但道路邊之綠帶實際上已鋪設路面作人行步道使[illegible]，或在都市計畫書圖內載明係供人行步道使用者，免退縮；退[illegible]縮後免設騎樓；退縮部分，計入法定空地面積。

第四條

建築基地之[illegible]地面高度，應在當地洪水位以上，但具有適當防洪及排水設[illegible]，或其建築物有一層以上高於洪水位，經當地主管建築機關[illegible]認爲無礙安全者，不在此限。

第四條之一 100

①建築物除位於山坡地基地外，應依下列規定設置防水閘門（板），並應符合直轄市、縣（市）政府之防洪及排水相關規定：

一　建築物地下層及地下層停車空間於地面層開向屋外之出入口及汽車坡道出入口，應設置高度自基地地面起算九十公分以上之防水閘門（板）。

二　建築物地下層突出基地地面之窗戶及開口，其位於自基地地面起算九十公分以下部分，應設置防水閘門（板）。

②前項防水閘門（板）之高度，直轄市、縣（市）政府另有規定者，從其規定。

第四條之二 101

①沿海或低窪之易淹水地區建築物得採用高腳屋建築，並應符合下列規定：

一　供居室使用之最低層樓地板及其水平支撐樑之底部，應在當地淹水高度以上，並增加一定安全高度；且最低層下部空間之最大高度，以其樓地板面不得超過三公尺，或以樓地板及其水平支撐樑之底部在淹水高度加上一定安全高度為限。

二　前款最低層下部空間，僅得作為樓梯間、昇降機間、梯廳、昇降機道、排煙室、坡道、停車空間或自來水蓄水池使用；其梯廳淨深度及淨寬度不得大於二公尺，緊急昇降機間及排煙室應依本編第一百零七條第一款規定之最低標準設置。

三　前二款最低層下部空間除設置結構必要之樑柱，樓梯間、昇降機間、昇降機道、梯廳、排煙室及自來水蓄水池所需之牆壁或門窗，及樓梯或坡道構造外，不得設置其他阻礙水流之構造或設施。

四　機電設備應設置於供居室使用之最低層以上。

五　建築物不得設置地下室，並得免附建防空避難設備。

②前項沿海或低窪之易淹水地區、第一款當地淹水高度及一定安全高度，由直轄市、縣（市）政府視當地環境特性指定之。

③第一項樓梯間、昇降機間、梯廳、昇降機道、排煙室、坡道及最低層之下部空間，得不計入容積總樓地板面積，其下部空間並得不計入建築物之層數及高度。

④基地地面設置通達最低層之戶外樓梯及戶外坡道，得不計入建築面積及容積總樓地板面積。

第四條之三 102

①都市計畫地區新建、增建或改建之建築物，除本編第十三章山坡地建築已依水土保持技術規範規劃設置滯洪設施、個別興建農舍、建築基地面積三百平方公尺以下及未增加建築面積之增建或改建部分者外，應依下列規定，設置雨水貯集滯洪設施：

一　於法定空地、建築物地面層、地下層或筏基內設置水池或儲水槽，以管線或溝渠收集屋頂、外牆面或法定空地之雨水，並連接至建築基地外雨水下水道系統。
二　採用密閉式水池或儲水槽時，應具備泥砂清除設施。
三　雨水貯集滯洪設施無法以重力式排放雨水者，應具備抽水泵浦排放，並應於地面層以上及流入水池或儲水槽前之管線或溝渠設置溢流設施。
四　雨水貯集滯洪設施得於四周或底部設計具有滲透雨水之功能，並得依本編第十七章有關建築基地保水或建築物雨水貯留利用系統之規定，合併設計。

②前項設置雨水貯集滯洪設施規定，於都市計畫法令、都市計畫書或直轄市、縣（市）政府另有規定者，從其規定。

③第一項設置之雨水貯集滯洪設施，其雨水貯集設計容量不得低於下列規定：
一　新建建築物且建築基地內無其他合法建築物者，以申請建築基地面積乘以零點零四五（立方公尺／平方公尺）。
二　建築基地內已有合法建築物者，以新建、增建或改建部分之建築面積除以法定建蔽率後，再乘以零點零四五（立方公尺／平方公尺）。

第五條

建築基地內之雨水污水應設置適當排水設備或處理設備，並排入該地區之公共下水道。

第六條

除地質上經當地主管建築機關認為無礙或設有適當之擋土設施者外，斷崖上下各二倍於斷崖高度之水平距離範圍內，不得建築。

第二節　牆面線、建築物突出部分

第七條

為景觀上或交通上需要，直轄市、縣（市）政府得依法指定牆面線令其退縮建築；退縮部分，計入法定空地面積。

第八條

①基地臨接供通行之現有巷道，其申請建築原則及現有巷道申請改道，廢止辦法由直轄市、縣（市）政府定之。

②基地他側同時臨接較寬之道路並為角地者，建築物高度不受現有巷道寬度之限制。

第九條

依本法第五十一條但書規定可突出建築線之建築物，包括左列各項：
一　紀念性建築物：紀念碑、紀念塔、紀念銅像、紀念坊等。
二　公益上有必要之建築物：候車亭、郵筒、電話亭、警察崗亭等。
三　臨時性建築物：牌樓、牌坊、裝飾塔、施工架、棧橋等，短期內有需要而無礙交通者。

四　地面下之建築物、對公益上有必要之地下貫穿道等，但以不妨害地下公共設施之發展為限。
五　高架道路橋面下之建築物。
六　供公共通行上有必要之架空走廊，而無礙公共安全及交通者。

第一〇條

架空走廊之構造應依左列規定：
一　應為防火構造不燃材料所建造，但側牆不能使用玻璃等容易破損之材料裝修。
二　廊身兩側牆壁之高度應在一·五公尺以上。
三　架空走廊如穿越道路，其廊身與路面垂直淨距離不得小於四·六公尺。
四　廊身支柱不得妨害車道，或影響市容觀瞻。

第三節　建築物高度

第一一條至第一三條　（刪除）

第一四條

①建築物高度不得超過基地面前道路寬度之一·五倍加六公尺。面前道路寬度之計算，依左列規定：
一　道路邊指定有牆面線者，計至牆面線。
二　基地臨接計畫圓環，以交會於圓環之最寬道路視為面前道路；基地他側同時臨接道路，其高度限制並應依本編第十六條規定。
三　基地以私設通路連接建築線，並作為主要進出道路者，該私設通路視為面前道路。但私設通路寬度大於其連接道路寬度，應以該道路寬度，視為基地之面前道路。
四　臨接建築線之基地內留設有私設通路者，適用本編第十六條第一款規定，其餘部分適用本條第三款規定。
五　基地面前道路中間夾有綠帶或河川，以該綠帶或河川兩側道路寬度之和，視為基地之面前道路，且以該基地直接臨接一側道路寬度之二倍為限。

②前項基地面前道路之寬度未達七公尺者，以該道路中心線深進三·五公尺範圍內，建築物之高度不得超過九公尺。

③特定建築物面前道路寬度之計算，適用本條之規定。

第一五條

①基地周圍臨接或面對永久性空地，其高度限制如左：
一　基地臨接道路之對側有永久性空地，其高度不得超過該道路寬度與面對永久性空地深度合計之一·五倍，且以該基地臨接較寬（最寬）道路寬度之二倍加六公尺為限。
二　基地周圍臨永久性空地，永久性空地之寬度與深度（或深度之和）應為二十公尺以上，建築物高度以該基地臨接較寬（最寬）道路寬度之二倍加六公尺為限。

三　基地僅部分臨接或面對永久性空地，自臨接或面對永久性空地之部分，向未臨接或未面對之他側延伸相當於臨接或面對部分之長度，且未逾三十公尺範圍者，適用前二款規定。

②前項第一款如同時適用前條第五款規定者，選擇較寬之規定適用之。

第一六條

基地臨接兩條以上道路，其高度限制如左：

一　基地臨接最寬道路境界線深進其路寬二倍且未逾三十公尺範圍內之部分，以最寬道路視為面前道路。

二　前款範圍外之基地，以其他道路中心線各深進十公尺範圍內，自次寬道路境界線深進其路寬二倍且未逾三十公尺，以次寬道路視為面前道路，並依此類推。

三　前二款範圍外之基地，以最寬道路視為面前道路。

第一六條之一至第一八條　（刪除）

第一九條

基地臨接道路盡頭，以該道路寬度，作為面前道路。但基地他側臨接較寬道路，建築物高度不受該盡頭道路之限制。

第二〇條至第二二條　（刪除）

第二三條 106

住宅區建築物之高度不得超過二十一公尺及七層樓。但合於下列規定之一者，不在此限。其高度超過三十六公尺者，應依本編第二十四條規定：

一　基地面前道路之寬度，在直轄市為三十公尺以上，在其他地區為二十公尺以上，且臨接該道路之長度各在二十五公尺以上。

二　基地臨接或面對永久性空地，其臨接或面對永久性空地之長度在二十五公尺以上，且永久性空地之平均深度與寬度各在二十五公尺以上，面積在五千平方公尺以上。

第二四條 106

未未實施容積管制地區建築物高度不得超過三十六公尺及十二層樓。但合於下列規定之一者，不在此限：

一　基地面積在一千五百平方公尺以上，平均深度在三十公尺以上，且基地面前道路之寬度在三十公尺以上，臨接該道路之長度在三十公尺以上。

二　基地面積在一千五百平方公尺以上，平均深度在三十公尺以上，且基地面前道路之寬度在二十公尺以上，該基地面前道路對側或他側（或他側臨接道路之對側）臨接永久性空地，面對或臨接永久性空地之長度在三十公尺以上，且永久性空地之平均深度與寬度各在三十公尺以上，面積在五千平方公尺以上。

第二四條之一

用途特殊之雜項工作物其高度必須超過三十五公尺方能達到使

用目的，經直轄市、縣（市）主管建築機關認爲對交通、通風、採光、日照及安全上無礙者，其高度得超過三十五公尺。

第四節　建蔽率

第二五條

基地之建蔽率，依都市計畫法及其他有關法令之規定；其有未規定者，得視實際情況，由直轄市、縣（市）政府訂定，報請中央主管建築機關核定。

第二六條

①基地之一部分有左列情形之一者，該部分（包括騎樓面積）之全部作爲建築面積：

一　基地之一部分，其境界線長度在商業區有二分之一以上，在其他使用區有三分之二以上臨接道路或永久性空地，全部作爲建築面積，並依左表計算之：

基地情況／全部作建築面積／使用分區	二分之一臨接	三分之二臨接	全部臨接
商業區	五〇〇平方公尺	八〇〇平方公尺	一、〇〇〇平方公尺
其他使用分區		五〇〇平方公尺	八〇〇平方公尺
說明	㈠基地依表列選擇較寬之規定適用之。 ㈡臨接道路之長度因角地截角時，以未截角時之長度計算。 ㈢所稱面前道路，不包括私設通路及類似通路。 ㈣道路有同編第十四條第五款規定之情形者，本條適用之。		

二　基地臨接永久性空地，自臨接永久性空地之基地境界線，垂直縱深十公尺以內部分。

②前項第一款、第二款之面前道路寬度及永久性空地深度應在八公尺以上。

③基地如同時合於第一項第一款及第二款規定者，得選擇較寬之規定適用之。

第二七條

①建築物地面層超過五層或高度超過十五公尺者，每增加一層樓或四公尺，其空地應增加百分之二。

②不增加依前項及本編規定核計之建築基地允建地面層以上最大總樓地板面積及建築面積者，得增加建築物高度或層數，而免再依前項規定增加空地，但建築物高度不得超過本編第二章第三節之高度限制。

③住宅、集合住宅等類似用途建築物依前項規定設計者，其地面

一層樓層高度，不得超過四．二公尺，其他各樓層高度均不得超過三．六公尺；設計挑空者，其挑空部分計入前項允建地面層以上最大總樓地板面積。

第二八條

①商業區之法定騎樓或住宅區面臨十五公尺以上道路之法定騎樓所占面積不計入基地面積及建築面積。

②建築基地退縮騎樓地未建築部分計入法定空地。

第二九條

建築基地跨越二個以上使用分區時，應保留空地面積，建築物高度，應依照各分區使用之規定分別計算，但空地之配置不予限制。

第五節　（刪除）

第三〇條　（刪除）

第三〇條之一　（刪除）

第六節　地板、天花板

第三一條

建築物最下層居室之實鋪地板，應為厚度九公分以上之混凝土造並在混凝土與地板面間加設有效防潮層。其為空鋪地板者，應依左列規定：

一　空鋪地板面至少應高出地面四十五公分。

二　地板四週每五公尺至少應有通風孔一處，且須具有對流作用者。

三　空鋪地板下，須進入者應留進入口，或利用活動地板開口進入。

第三二條

天花板之淨高度應依左列規定：

一　學校教室不得小於三公尺。

二　其他居室及浴廁不得小於二．一公尺，但高低不同之天花板高度至少應有一半以上大於二．一公尺，其最低處不得小於一．七公尺。

第七節　樓梯、欄杆、坡道

第三三條

建築物樓梯及平台之寬度、梯級之尺寸，應依下列規定：

用途類別	樓梯及平臺寬度	級高尺寸	級深尺寸
一、小學校舍等供兒童使用之樓梯。	一點四零公尺以上	十六公分以下	二十六公分以上

二、學校校舍、醫院、戲院、電影院、歌廳、演藝場、商場（包括加工服務部等，其營業面積在一千五百平方公尺以上者），舞廳、遊藝場、集會堂、市場等建築物之樓梯。	一點四零公尺以上	十八公分以下	二十六公分以上
三、地面層以上每層之居室樓地板面積超過二百平方公尺或地下面積超過二百平方公尺者。	一點二零公尺以上	二十公分以下	二十四公分以上
四、第一、二、三款以外建築物樓梯。	七十五公分以上	二十公分以下	二十一公分以上

說明：
㈠ 表第一、二欄所列建築物之樓梯，不得在樓梯平臺內設置任何梯級，但旋轉梯自其級深較窄之一邊起三十公分位置之級深，應符合各欄之規定，其內側半徑大於三十公分者，不在此限。
㈡ 第三、四欄樓梯平臺內設置扇形梯級時比照旋轉梯之規定設計。
㈢ 依本編第九十五條、第九十六條規定設置戶外直通樓梯者，樓梯寬度，得減為九十公分以上。其他戶外直通樓梯淨寬度，應為七十五公分以上。
㈣ 各樓層進入安全梯或特別安全梯，其開向樓梯平臺門扇之迴轉半徑不得與安全或特別安全梯內樓梯寬度之迴轉半徑相交。
㈤ 樓梯及平臺寬度二側各十公分範圍內，得設置扶手或高度五十公分以下供行動不便者使用之昇降軌道；樓梯及平臺最小淨寬仍應為七十五公分以上。
㈥ 服務專用樓梯不供其他使用者，不受本條及本編第四章之規定。

第三四條

前條附表第一、二欄樓梯高度每三公尺以內，其他各欄每四公尺以內應設置平台，其深度不得小於樓梯寬度。

第三五條

自樓梯級面最外緣量至天花板底面、梁底面或上一層樓梯底面之垂直淨空距離，不得小於一九〇公分。

第三六條

樓梯內兩側均應裝設距梯級鼻端高度七十五公分以上之扶手，但第三十三條第三、四款有壁體者，可設一側扶手，並應依左列規定：

一　樓梯之寬度在三公尺以上者，應於中間加裝扶手，但級高在十五公分以下，且級深在三十公分以上者得免設置。

二　樓梯高度在一公尺以下者得免裝設扶手。

第三七條

樓梯數量及其應設置之相關位置依本編第四章之規定。

第三八條

① 設置於露臺、陽臺、室外走廊、室外樓梯、平屋頂及室內天井部分等之欄桿扶手高度，不得小於一·一〇公尺；十層以上者，不得小於一·二〇公尺。

②建築物使用用途為 A-1、A-2、B-2、D-2、D-3、F-3、G-2、H-2 組者，前項欄桿不得設有可供直徑十公分物體穿越之鏤空或可供攀爬之水平橫條。

第三九條

建築物內規定應設置之樓梯可以坡道代替之，除其淨寬應依本編第三十三條之規定外，並應依左列規定：

一　坡道之坡度，不得超過一比八。

二　坡道之表面，應為粗面或用其他防滑材料處理之。

第三九條之一 106

①新建或增建建築物高度超過二十一公尺部分，在冬至日所造成之日照陰影，應使鄰近之住宅區或商業區基地有一小時以上之有效日照。但符合下列情形之一者，不在此限：

一　基地配置單幢建築物，且其投影於北向面寬不超過十公尺。

二　建築物外牆面自基地北向境界線退縮六公尺以上淨距離，且投影於北向最大面寬合計不超過二十公尺。基地配置之各建築物，其相鄰間最外緣部位連線角度在十二點五度以上時，該相鄰建築物投影於北向之面寬得分別計算。

三　基地及北向鄰近基地均為商業區，且在基地北向境界線已依都市計畫相關規定，留設三公尺以上前院、後院或側院。

②基地配置之各建築物，應合併檢討有效日照。但符合下列各款規定者，各建築物得個別檢討有效日照：

一　各建築物外牆面自基地北向境界線退縮六公尺以上淨距離，如基地北向鄰接道路者，其北向道路寬度得合併計算退縮距離。

二　建築物相鄰間最外緣部位連線角度在十二點五度以上，且建築物相鄰間淨距離在六公尺以上；或最外緣部位連線角度在三十七點五度以上，且建築物相鄰間淨距離在三公尺以上。

③前二項檢討有效日照之建築物範圍，應包括不計入建築面積及建築物可產生日照陰影之部分。

④基地境界線任一點之法線與正北向夾角在四十五度以下時，該境界線視為北向境界線。

第八節　日照、採光、通風、節約能源

第四〇條

住宅至少應有一居室之窗可直接獲得日照。

第四一條 106

建築物之居室應設置採光用窗或開口，其採光面積依下列規定：

一　幼兒園及學校教室不得小於樓地板面積五分之一。

二　住宅之居室，寄宿舍之臥室，醫院之病房及兒童福利設施包括保健館、育幼院、育嬰室、養老院等建築物之居室，不得小於該樓地板面積八分之一。

三　位於地板面以上七十五公分範圍內之窗或開口面積不得計入採光面積之內。

第四二條 106

建築物外牆依前條規定留設之採光用窗或開口應在有效採光範圍內並依下式計算之：

一　設有居室建築物之外牆高度（採光用窗或開口上端有屋簷時為其頂端部分之垂直距離）（H）與自該部分至其面臨鄰地境界線或同一基地內之他幢建築物或同一幢建築物內相對部分（如天井）之水平距離（D）之比，不得大於下表規定：

	土地使用區	H/D
(1)	住宅區、行政區、文教區	4/1
(2)	商業區	5/1

二　前款外牆臨接道路或臨接深度六公尺以上之永久性空地者，免自境界線退縮，且開口應視為有效採光面積。

三　用天窗採光者，有效採光面積按其採光面積之三倍計算。

四　採光用窗或開口之外側設有寬度超過二公尺以上之陽臺或外廊（露臺除外），有效採光面積按其採光面積百分之七十計算。

五　在第一款表所列商業區內建築物；如其水平間距已達五公尺以上者，得免再增加。

六　住宅區內建築物深度超過十公尺，各樓層背面或側面之採光用窗或開口，應在有效採光範圍內。

第四三條 108

①居室應設置能與戶外空氣直接流通之窗戶或開口，或有效之自然通風設備，或依建築設備編規定設置之機械通風設備，並應依下列規定：

一　一般居室及浴廁之窗戶或開口之有效通風面積，不得小於該室樓地板面積百分之五。但設置符合規定之自然或機械通風設備者，不在此限。

二　廚房之有效通風開口面積，不得小於該室樓地板面積十分之一，且不得小於零點八平方公尺。但設置符合規定之機械通風設備者，不在此限。廚房樓地板面積在一百平方公尺以上者，應另依建築設備編規定設置排除油煙設備。

三　有效通風面積未達該室樓地板面積十分之一之戲院、電影院、演藝場、集會堂等之觀衆席及使用爐灶等燃燒設備之鍋爐間、工作室等，應設置符合規定之機械通風設備。但所使用之燃燒器具及設備可直接自戶外導進空氣，並能將所發生之廢氣，直接排至戶外而無污染室內空氣之情形者，不在此限。

②前項第二款廚房設置排除油煙設備規定，於空氣污染防制法相關法令或直轄市、縣（市）政府另有規定者，從其規定。

第四四條

自然通風設備之構造應依左列規定：

一 應具有防雨、防蟲作用之進風口，排風口及排風管道。

二 排風管道應以不燃材料建造，管道應儘可能豎立並直通戶外。除頂部及一個排風口外，不得另設其他開口，一般居室及無窗居室之排風管有效斷面積不得小於左列公式之計算值；

$$Av = \frac{Af}{250\sqrt{h}}$$

其中 Av：排風管之有效斷面積，單位為平方公尺。

Af：居室之樓地板面積（該居室設有其他有效通風開口時應為該居室樓地板面積減去有效通風面積二十倍後之差），單位為平方公尺。

h：自進風口中心量至排風管頂部出口中心之高度，單位為公尺。

三 進風口及排風口之有效面積不得小於排風管之有效斷面積。

四 進風口之位置應設於天花板高度二分之一以下部分，並開向與空氣直流通之空間。

五 排風口之位置應設於天花板下八十公分範圍內，並經常開放。

第四五條

建築物外牆開設門窗、開口，廢氣排出口或陽臺等，依下列規定：

一 門窗之開啓均不得妨礙公共交通。

二 緊接鄰地之外牆不得向鄰地方向開設門窗、開口及設置陽臺。但外牆或陽臺外緣距離境界線之水平距離達一公尺以上時，或以不能透視之固定玻璃磚砌築者，不在此限。

三 同一基地內各幢建築物間或同一幢建築物內相對部分之外牆開設門窗、開口或陽臺，其相對之水平淨距離應在二公尺以上；僅一面開設者，其水平淨距離應在一公尺以上。但以不透視之固定玻璃磚砌築者，不在此限。

四 向鄰地或鄰幢建築物，或同一幢建築物內之相對部分，裝設廢氣排出口，其距離境界線或相對之水平淨距離應在二公尺以上。

五 建築物使用用途為 H-2、D-3、F-3 組者，外牆設置開啓式窗戶之窗臺高度不得小於一．一〇公尺；十層以上不得小於一．二〇公尺。但其鄰接露臺、陽臺、室外走廊、室外樓梯、室內天井，或設有符合本編第三十八條規定之欄杆、依本編第一百零八條規定設置之緊急進口者，不在此限。

第四五條之一至第四五條之八 （刪除）

第九節 防 音

第四六條 105

①新建或增建建築物之空氣音隔音設計，其適用範圍如下：

一 寄宿舍、旅館等之臥室、客房或醫院病房之分間牆。

二 連棟住宅、集合住宅之分戶牆。

三 昇降機道與第一款建築物居室相鄰之分間牆，及與前款建築物居室相鄰之分戶牆。

四 第一款及第二款建築物置放機械設備空間與上層或下層居室分隔之樓板。

②新建或增建建築物之樓板衝擊音隔音設計，其適用範圍如下：

一 連棟住宅、集合住宅之分戶樓板。

二 前款建築物昇降機房之樓板，及置放機械設備空間與下層居室分隔之樓板。

第四六條之一 108

①本節建築技術用詞，定義如下：

一 隔音性能：指牆壁、樓板等構造阻隔噪音量之物理性能。

二 機械設備：指給水、排水設備、消防設備、燃燒設備、空氣調節及通風設備、發電機、昇降設備、汽機車昇降機及機械停車設備等。

三 空氣音隔音指標（Rw）：指依中華民國國家標準 CNS 一五一六零之三及 CNS 一五三一六測試，並依 CNS 八四六五之一評定牆、樓板等建築構件於實驗室測試之空氣傳音衰減量。

四 樓板衝擊音指標（Ln,w）：指依中華民國國家標準 CNS 一五一六零之六測試，並依 CNS 八四六五之二評定樓板於實驗室測試之衝擊音量。

五 樓板表面材衝擊音降低量指標（ΔLw）：指依中華民國國家標準 CNS 一五一六零之八測試，並依 CNS 八四六五之二評定樓板表面材（含緩衝材）於實驗室測試之衝擊音降低量。

六 總面密度：指面密度爲板材單位面積之重量，其單位爲公斤／平方公尺；由多層板材複合之牆板，其總面密度爲各層板材面密度之總和。

七 動態剛性（s'）：指緩衝材受動態力時，其動態應力與動態變形量之比值，其單位爲百萬牛頓／立方公尺。

第四六條之二 105

①分間牆、分戶牆、樓板或屋頂應爲無空隙、無害於隔音之構造，牆壁應自樓板建築至上層樓板或屋頂，且整體構造應相同或由具同等以上隔音性能之構造組合而成。

②管線貫穿分間牆、分戶牆或樓板造成空隙時，應於空隙處使用軟質填縫材進行密封填塞。

第四六條之三 108

①分間牆之空氣音隔音構造，應符合下列規定之一：

一 鋼筋混凝土造或密度在二千三百公斤／立方公尺以上之無

筋混凝土造，含粉刷總厚度在十公分以上。

二　紅磚或其他密度在一千六百公斤／立方公尺以上之實心磚造，含粉刷總厚度在十二公分以上。

三　輕型鋼骨架或木構骨架爲底，兩面各覆以石膏板、水泥板、纖維水泥板、纖維強化水泥板、木質系水泥板、氧化鎂板或硬質纖維板，其板材總面密度在四十四公斤／平方公尺以上，板材間以密度在六十公斤／立方公尺以上，厚度在七點五公分以上之玻璃棉、岩棉或陶瓷棉填充，且牆總厚度在十公分以上。

四　其他經中央主管建築機關認可具有空氣音隔音指標 Rw 在四十五分貝以上之隔音性能，或取得內政部綠建材標章之高性能綠建材（隔音性）。

②昇降機道與居室相鄰之分間牆，其空氣音隔音構造，應符合下列規定之一：

一　鋼筋混凝土造含粉刷總厚度在二十公分以上。

二　輕型鋼骨架或木構骨架爲底，兩面各覆以石膏板、水泥板、纖維水泥板、纖維強化水泥板、木質系水泥板、氧化鎂板或硬質纖維板，其板材總面密度在六十五公斤／平方公尺以上，板材間以密度在六十公斤／立方公尺以上，厚度在十公分以上之玻璃棉、岩棉或陶瓷棉填充，且牆總厚度在十五公分以上。

三　其他經中央主管建築機關認可或取得內政部綠建材標章之高性能綠建材（隔音性）具有空氣音隔音指標 Rw 在五十五分貝以上之隔音性能。

第四六條之四 108

①分戶牆之空氣音隔音構造，應符合下列規定之一：

一　鋼筋混凝土造或密度在二千三百公斤／立方公尺以上之無筋混凝土造，含粉刷總厚度在十五公分以上。

二　紅磚或其他密度在一千六百公斤／立方公尺以上之實心磚造，含粉刷總厚度在二十二公分以上。

三　輕型鋼骨架或木構骨架爲底，兩面各覆以石膏板、水泥板、纖維水泥板、纖維強化水泥板、木質系水泥板、氧化鎂板或硬質纖維板，其板材總面密度在五十五公斤／平方公尺以上，板材間以密度在六十公斤／立方公尺以上，厚度在七點五公分以上之玻璃棉、岩棉或陶瓷棉填充，且牆總厚度在十二公分以上。

四　其他經中央主管建築機關認可具有空氣音隔音指標 Rw 在五十分貝以上之隔音性能，或取得內政部綠建材標章之高性能綠建材（隔音性）。

②昇降機道與居室相鄰之分戶牆，其空氣音隔音構造，應依前條第二項規定設置。

第四六條之五 105

①置放機械設備空間與上層或下層居室分隔之樓板，其空氣音隔

音構造，應符合下列規定之一：

一　鋼筋混凝土造含粉刷總厚度在二十公分以上。

二　鋼承板式鋼筋混凝土造含粉刷最大厚度在二十四公分以上。

三　其他經中央主管建築機關認可具有空氣音隔音指標 Rw 在五十五分貝以上之隔音性能。

②前項樓板之設置符合第四十六條之七規定者，得不適用前項規定。

第四六條之六 105

①分戶樓板之衝擊音隔音構造，應符合下列規定之一。但陽臺或各層樓板下方無設置居室者，不在此限：

一　鋼筋混凝土造樓板厚度在十五公分以上或鋼承板式鋼筋混凝土造樓板最大厚度在十九公分以上，其上鋪設表面材（含緩衝材）應符合下列規定之一：

㈠橡膠緩衝材（厚度零點八公分以上，動態剛性五十百萬牛頓／立方公尺以下），其上再鋪設混凝土造地板（厚度五公分以上，以鋼筋或鋼絲網補強），地板表面材得不受限。

㈡橡膠緩衝材（厚度零點八公分以上，動態剛性五十百萬牛頓／立方公尺以下），其上再鋪設水泥砂漿及地磚厚度合計在六公分以上。

㈢橡膠緩衝材（厚度零點五公分以上，動態剛性五十五百萬牛頓／立方公尺以下），其上再鋪設木質地板厚度合計在一點二公分以上。

㈣玻璃棉緩衝材（密度九十六至一百二十公斤／立方公尺）厚度零點八公分以上，其上再鋪設木質地板厚度合計在一點二公分以上。

㈤架高地板其木質地板厚度合計在二公分以上者，架高角材或基座與樓板間須鋪設橡膠緩衝材（厚度零點五公分以上）或玻璃棉緩衝材（厚度零點八公分以上），架高空隙以密度在六十公斤／立方公尺以上、厚度在五公分以上之玻璃棉、岩棉或陶瓷棉填充。

㈥玻璃棉緩衝材（密度九十六至一百二十公斤／立方公尺）或岩棉緩衝材（密度一百至一百五十公斤／立方公尺）厚度二點五公分以上，其上再鋪設混凝土造地板（厚度五公分以上，以鋼筋或鋼絲網補強），地板表面材得不受限。

㈦經中央主管建築機關認可之表面材（含緩衝材），其樓板表面材衝擊音降低量指標 ΔLw 在十七分貝以上，或取得內政部綠建材標章之高性能綠建材（隔音性）。

二　鋼筋混凝土造樓板厚度在十二公分以上或鋼承板式鋼筋混凝土造樓板最大厚度在十六公分以上，其上鋪設經中央主管建築機關認可之表面材（含緩衝材），其樓板表面材衝

擊音降低量指標 ΔLw 在二十分貝以上，或取得內政部綠建材標章之高性能綠建材（隔音性）。

三　其他經中央主管建築機關認可具有樓板衝擊音指標 Ln,w 在五十八分貝以下之隔音性能。

②緩衝材其上如澆置混凝土或水泥砂漿時，表面應有防護措施。

③地板表面材與分戶牆間應置入軟質填縫材或緩衝材，厚度在零點八公分以上。

第四六條之七 105

昇降機房之樓板，及置放機械設備空間與下層居室分隔之樓板，其衝擊音隔音構造，應符合前條第二項及第三項規定，並應符合下列規定之一：

一　鋼筋混凝土造樓板厚度在十五公分以上或鋼承板式鋼筋混凝土造樓板最大厚度在十九公分以上，其上鋪設表面材（含緩衝材）須符合下列規定之一：

㈠橡膠緩衝材（厚度一點六公分以上，動態剛性四十百萬牛頓／立方公尺以下），其上再鋪設混凝土造地板（厚度七公分以上，以鋼筋或鋼絲網補強），地板表面材得不受限。

㈡玻璃棉緩衝材（密度九十六至一百二十公斤／立方公尺）或岩棉緩衝材（密度一百至一百五十公斤／立方公尺）厚度五公分以上，其上再鋪設混凝土造地板（厚度七公分以上，以鋼筋或鋼絲網補強），地板表面材得不受限。

㈢經中央主管建築機關認可之表面材（含緩衝材），其樓板表面材衝擊音降低量指標 ΔLw 在二十五分貝以上。

二　其他經中央主管建築機關認可具有樓板衝擊音指標 Ln,w 在五十分貝以下之隔音性能。

第十節　廁所、污水處理設施

第四七條

凡有居室之建築物，其樓地板面積達三十平方公尺以上者，應設置廁所。但同一基地內，已有廁所者不在此限。

第四八條

廁所應設有開向戶外可直接通風之窗戶，但沖洗式廁所，如依本章第八節規定設有適當之通風設備者不在此限。

第四九條

①沖洗式廁所、生活雜排水除依下水道法令規定排洩至污水下水道系統或集中處理場者外，應設置污水處理設施，並排至有出口之溝渠，其排放口上方應予標示，並不得堆放雜物。但起造人申請建造執照時，經當地下水道主管機關認定該建造執照案屆本法第五十三條第一項規定之建築期限時，公共污水下水道系統可容納該新建建築物之污水者，得免予設置污水處理設施。

②前項之生活雜排水係指廚房、浴室洗滌水及其他生活所產生之污水。
③新建建築物之廢（污）水產生量達依水污染防治法規定公告之事業標準者，並應依水污染防治法相關規定辦理。

第五〇條

非沖洗式廁所之構造，應依左列規定：

一　便器、污水管及糞池均應爲耐水材料所建造，或以防水水泥砂漿等具有防水性質之材料粉刷，使成爲不漏水之構造。
二　掏糞口須有密閉裝置，並應高出地面十公分以上，且不得直接面向道路。
三　掏糞口前方及左右三十公分以內，應鋪設混凝土或其他耐水材料。
四　糞池上應設有內徑十公分以上之通氣管。

第五一條

水井與掏糞廁所糞池或污水處理設施之距離應在十五公尺以上。

第十一節　煙　囪

第五二條 110

附設於建築物之煙囪，其構造應依下列規定：

一　煙囪伸出屋面之高度不得小於九十公分，並應在三公尺半徑範圍內高出任何建築物最高部分六十公分以上。但伸出屋面部分爲磚造、石造、或水泥空心磚造且未以鐵件補強者，其高度不得超過九十公分。
二　金屬造之煙囪，在屋架內、天花板內、或樓板內部者，應以金屬以外之不燃材料包覆之。
三　金屬造之煙囪應距離木料等易燃材料十五公分以上。但以厚十公分以上金屬以外之不燃材料包覆者，不在此限。
四　煙囪爲鋼筋混凝土造者，其厚度不得小於十五公分，其爲無筋混凝土或磚造者，其厚度不得小於二十三公分。煙囪之煙道，應裝置陶管或於其內部以水泥粉刷或以耐火磚襯砌。煙道彎角小於一百二十度者，均應於彎曲處設置清除口。

第五三條

鍋爐之煙囪自地面計量之高度不得小於十五公尺。使用重油、輕油或焦碳爲燃料者，其高度不得小於九公尺。但鍋爐每小時燃料消耗量在二十五公斤以下者不在此限。惟煙囪所排放廢氣，均須符合有關衛生法令規定之標準。

第五四條

鍋爐煙囪之煙道及最小斷面積應符合左式之規定：

$$(147A-27\sqrt{A})\sqrt{H} \geqq Q$$

A：爲煙道之最小斷面積，單位爲平方公尺。

H：為鍋爐自爐柵算起至煙囪最高部分之高度，單位為公尺。
Q：為鍋爐燃料消耗量，單位為公斤／一小時。

第十二節　昇降及垃圾排除設備

第五五條 110

①昇降機之設置依下列規定：

一　六層以上之建築物，至少應設置一座以上之昇降機通達避難層。建築物高度超過十層樓，依本編第一百零六條規定，設置可供緊急用之昇降機。

二　機廂之面積超過一平方公尺或其淨高超過一點二公尺之昇降機，均依本規則之規定。但臨時用昇降機經主管建築機關認為其構造與安全無礙時，不在此限。

三　昇降機道之構造應依下列規定：

㈠昇降機道之出入口，周圍牆壁或其圍護物應以不燃材料建造，並應使機道外之人、物無法與機廂或平衡錘相接觸。

㈡機廂在每一樓層之出入口，不得超過二處。

㈢出入口之樓地板面邊緣與機廂地板邊緣應齊平，其水平距離在四公分以內。

四　其他設備及構造，應依建築設備編之規定。

②本規則中華民國一百零二年一月一日修正生效前申請建造執照，並於興建完成後領得使用執照之五層以下建築物增設昇降機者，得依下列規定辦理：

一　不計入建築面積及各層樓地板面積。其增設之昇降機間及昇降機道於各層面積不得超過十二平方公尺，且昇降機道面積不得超過六平方公尺。

二　不受鄰棟間隔、前院、後院及開口距離有關規定之限制。

三　增設昇降機所需增加之屋頂突出物，其高度應依本編第一條第九款第一目規定設置。但投影面積不計入同目屋頂突出物水平投影面積之和。

四　住宅用途建築物各樓層樓梯間均設有緊急照明設備，且地上二層以上各樓層均依各類場所消防安全設備設置標準設置火警自動警報設備或依住宅用火災警報器設置辦法設置住宅用火災警報器，並符合下列各目情形之一者，其直通樓梯於避難層開向屋外之出入口寬度得減為七十五公分以上，不受本編第九十條第二款規定寬度之限制：

㈠地面層以上每樓層居室樓地板面積小於二百平方公尺。

㈡依本編第九十六條規定設置安全梯。

㈢樓梯牆面具有一小時以上防火時效，且各戶面向樓梯之開口裝設具有一小時以上防火時效及半小時以上阻熱性且具有遮煙性能之防火門窗。

③本規則中華民國七十一年七月十五日修正生效前領得使用執照

之六層以上且其總樓地板面積未達一千平方公尺之建築物增設昇降機者，得依前項規定辦理。

第五六條

垃圾排除設備應依左列規定：

一　垃圾排除設備包括垃圾導管及垃圾箱，其構造如左：

(一)垃圾導管應為耐水及不燃材料建造，其淨空不得小於六十公分見方，如為圓形，其淨空半徑不得小於三十公分。導管內表面應保持平整，其上端突出屋頂至少六十公分，並加頂蓋及面積不小於五〇〇平方公分之通風口。

(二)每一樓層均應設置垃圾投入口，並設置密閉而便於傾倒垃圾之門。投入口之尺寸規定如左：

自樓地板至投入口上緣	投入口之淨尺寸
九十公分	三十公分見方

(三)垃圾箱應為耐火及不燃材料構造，垃圾箱底應高出地板面一·二公尺以上，其寬度及深度應各為一·二公尺以上，垃圾箱底應向外傾斜並應設置排水孔接通排水溝。垃圾箱清除口應設不易腐銹之密閉門。

(四)垃圾箱上部應設置進風口裝設銅絲網。

二　垃圾排除設備之垃圾箱位置，應能接通至都市道路或指定建築線之既成巷路。

第十三節　騎樓、無遮簷人行道

第五七條

凡經指定在道路兩旁留設之騎樓或無遮簷人行道，其寬度及構造由市、縣（市）主管建築機關參照當地情形，並依照左列標準訂定之：

一　寬度：自道路境界線至建築物地面層外牆面，不得小於三·五公尺，但建築物有特殊用途或接連原有騎樓或無遮簷人行道，且其建築設計，無礙於市容觀瞻者，市、縣（市）主管建築機關，得視實際需要，將寬度酌予增減並公布之。

二　騎樓地面應與人行道齊平，無人行道者，應高於道路邊界處十公分至二十公分，表面鋪裝應平整，不得裝置任何台階或阻礙物，並應向道路境界線作成四十分之一瀉水坡度。

三　騎樓淨高，不得小於三公尺。

四　騎樓柱正面應自道路境界線退後十五公分以上，但騎樓之淨寬不得小於二·五〇公尺。

第五八條　（刪除）

第十四節　停車空間

第五九條

建築物新建、改建、變更用途或增建部分，依都市計畫法令或都市計畫書之規定，設置停車空間。其未規定者，依下表規定。

類別	建築物用途	都市計畫內區域		都市計畫外區域	
		樓地板面積	設置標準	樓地板面積	設置標準
第一類	戲院、電影院、歌廳、國際觀光旅館、演藝場、集會堂、舞廳、夜總會、視聽伴唱遊藝場、遊藝場、酒家、展覽場、辦公室、金融業、市場、商場、餐廳、飲食店、店鋪、俱樂部、撞球場、理容業、公共浴室、旅遊及運輸業、攝影棚等類似用途建築物。	三百平方公尺以下部分。	免設。	三百平方公尺以下部分。	免設。
		超過三百平方公尺部分。	每一百五十平方公尺設置一輛。	超過三百平方公尺部分。	每二百五十平方公尺設置一輛。
第二類	住宅、集合住宅等居住用途建築物。	五百平方公尺以下部分。	免設。	五百平方公尺以下部分。	免設。
		超過五百平方公尺部分。	每一百五十平方公尺設置一輛。	超過五百平方公尺部分。	每三百平方公尺設置一輛。
第三類	旅館、招待所、博物館、科學館、歷史文物館、資料館、美術館、圖書館、陳列館、水族館、音樂廳、文康活動中心、醫院、殯儀館、體育設施、宗教設施、福利設施等類似用途建築物。	五百平方公尺以下部分。	免設。	五百平方公尺以下部分。	免設。
		超過五百平方公尺部分。	每二百平方公尺設置一輛。	超過五百平方公尺部分。	每三百五十平方公尺設置一輛。
第四類	倉庫、學校、幼稚園、托兒所、車輛修配保管、補習班、屠宰場、工廠等類似用途建築物。	五百平方公尺以下部分。	免設。	五百平方公尺以下部分。	免設。
		超過五百平方公尺部分。	每二百五十平方公尺設置一輛。	超過五百平方公尺部分。	每三百五十平方公尺設置一輛。
第五類	前四類以外建築物，由內政部視實際情形另定之。				

說明：

(一) 表列總樓地板面積之計算，不包括室內停車空間面積、法定防空避難設備面積、騎樓或門廊、外廊等無牆壁之面積，及機械房、變電室、蓄水池、屋頂突出物等類似用途部分。

(二) 第二類所列停車空間之數量為最低設置標準，實施容積管制地區起造人得依實際需要增設至每一居住單元一輛。

(三) 同一幢建築物內供二類以上用途使用者，其設置標準分別依表列規定計算附設之，惟其免設部分應擇一適用。其中一類未達該設置標準時，應將各類樓地板面積合併計算依較高標準附設之。

(四) 國際觀光旅館應於基地地面層或法定空地上按其客房數每滿五十間設置一輛大客車停車位，每設置一輛大客車停車位減設表列規定之三輛停車位。

(五) 都市計畫內區域屬本表第一類或第三類用途之公有建築物，其建築基地達一千五百平方公尺者，應按表列規定加倍附設停車空間。但符合下列情形之一者，得依其停車需求之分析結果附設停車空間：

1. 建築物交通影響評估報告經地方交通主管機關審查同意，且停車空間數量達表列規定以上。
2. 經各級都市計畫委員會或都市設計審議委員會審議同意。

(六) 依本表計算設置停車空間數量未達整數時，其零數應設置一輛。

第五九條之一

停車空間之設置，依左列規定：

一 停車空間應設置在同一基地內。但二宗以上在同一街廓或相鄰街廓之基地同時請領建照者，得經起造人之同意，將停車空間集中留設。

二 停車空間之汽車出入口應銜接道路，地下室停車空間之汽車坡道出入口並應留設深度二公尺以上之緩衝車道。其坡道出入口鄰接騎樓（人行道）者，應留設之緩衝車道自該騎樓（人行道）內側境界線起退讓。

三 停車空間部分或全部設置於建築物各層時，於各該層應集中設置，並以分間牆區劃用途，其設置於屋頂平台者，應依本編第九十九條之規定。

四 停車空間設置於法定空地時，應規劃車道，使車輛能順暢進出。

五 附設停車空間超過三〇輛者，應依本編第一百三十六條至第一百三十九條之規定設置之。

第五九條之二 100

① 為鼓勵建築物增設營業使用之停車空間，並依停車場法或相關法令規定開放供公眾停車使用，有關建築物之樓層數、高度、樓地板面積之核計標準或其他限制事項，直轄市、縣（市）建築機關得另定鼓勵要點，報經中央主管建築機關核定實施。

② 本條施行期限至中華民國一百零一年十二月三十一日止。

第六〇條 102

① 停車空間及其應留設供汽車進出用之車道，規定如下：

一 每輛停車位為寬二點五公尺，長五點五公尺。但停車位角度在三十度以下者，停車位長度為六公尺。大客車每輛停車位為寬四公尺，長十二點四公尺。

二 設置於室內之停車位，其五分之一車位數，每輛停車位寬度得寬減二十公分。但停車位長邊鄰接牆壁者，不得寬減，且寬度寬減之停車位不得連續設置。

三 機械停車位每輛為寬二點五公尺，長五點五公尺，淨高一點八公尺以上。但不供乘車人進出使用部分，寬得為二點二公尺，淨高為一點六公尺以上。

四 設置汽車昇降機，應留設寬三點五公尺以上、長五點七公尺以上之昇降機道。

五 基地面積在一千五百平方公尺以上者，其設於地面層以外樓層之停車空間應設汽車車道（坡道）。
六　車道供雙向通行且服務車位數未達五十輛者，得為單車道寬度；五十輛以上者，自第五十輛車位至汽車進出口及汽車進出口至道路間之通路寬度，應為雙車道寬度。但汽車進口及出口分別設置且供單向通行者，其進口及出口得為單車道寬度。
七　實施容積管制地區，每輛停車空間（不含機械式停車空間）換算容積之樓地板面積，最大不得超過四十平方公尺。

②前項機械停車設備之規範，由內政部另定之。

第六〇條之一 101

停車空間設置於供公眾使用建築物之室內者，其鄰接居室或非居室之出入口與停車位間，應留設淨寬七十五公分以上之通道連接車道。其他法規另有規定者，並應符合其他法規之規定。

第六一條 102

車道之寬度、坡度及曲線半徑應依下列規定：
一　車道之寬度：
㈠單車道寬度應為三點五公尺以上。
㈡雙車道寬度應為五點五公尺以上。
㈢停車位角度超過六十度者，其停車位前方應留設深六公尺，寬五公尺以上之空間。
二　車道坡度不得超過一比六，其表面應用粗面或其他不滑之材料。
三　車道之內側曲線半徑應為五公尺以上。

第六二條 108

停車空間之構造應依下列規定：
一　停車空間及出入車道應有適當之舖築。
二　停車空間設置戶外空氣之窗戶或開口，其有效通風面積不得小於該層供停車使用之樓地板面積百分之五或依規定設置機械通風設備。
三　供停車空間之樓層淨高，不得小於二點一公尺。
四　停車空間應依用戶用電設備裝置規則預留供電動車輛充電相關設備及裝置之裝設空間，並便利行動不便者使用。

第三章　建築物之防火

第一節　適用範圍

第六三條

①建築物之防火應符合本章之規定。

②本法第一百零二條所稱之防火區，係指本法適用地區內，為防火安全之需要，經直轄市、縣（市）政府劃定之地區。

③防火區內之建築物，除應符合本章規定外，並應依當地主管建築機關之規定辦理。

第六四條　（刪除）

第六五條　（刪除）

第二節　雜項工作物之防火限制

第六六條　（刪除）

第六七條　（刪除）

第六八條

高度在三公尺以上或裝置在屋頂上之廣告牌（塔），裝飾物（塔）及類似之工作物，其主要部分應使用不燃材料。

第三節　防火構造

第六九條

下表之建築物應為防火構造。但工廠建築，除依下表C類規定外，作業廠房樓地板面積，合計超過五十平方公尺者，其主要構造，均應以不燃材料建造。

建築物使用類組			應為防火構造者		
類別	組別		樓層	總樓地板面積	樓層及樓地板面積之和
A類	公共集會類	全部	全部	—	—
B類	商業類	全部	三層以上之樓層	三〇〇〇平方公尺以上	二層部分之面積在五〇〇平方公尺以上。
C類	工業、倉儲類	全部	三層以上之樓層	一五〇〇平方公尺以上（工廠除外）	變電所、飛機庫、汽車修理場、發電場、廢料堆置或處理場、廢棄物處理場及其他經地方主管建築機關認定之建築物，其總樓地板面積在一五〇平方公尺以上者。
D類	休閒、文教類	全部	三層以上之樓層	二〇〇〇平方公尺以上	—
E類	宗教、殯葬類	全部			
F類	衛生、福利、更生類	全部	三層以上之樓層	—	二層面積在三〇〇平方公尺以上。醫院限於有病房者。
G類	辦公、服務類	全部	三層以上之樓層	二〇〇〇平方公尺	—
H類	住宿類	全部	三層以上之樓層	—	二層面積在三〇〇平方公尺以上。
I類	危險物品類	全部	依危險品種及儲藏量，另行由內政部以命令規定之。		

說明：表內三層以上之樓層，係表示三層以上之任一樓層供表列用途時，該棟建築物即應為防火構造，表示如在第二層供同類用途使用，則可不受防火構造之限制。但該使用之樓地板面積，超過表列規定時，即不論層數如何，均應為防火構造。

第七〇條

防火構造之建築物，其主要構造之柱、樑、承重牆壁、樓地板及屋頂應具有左表規定之防火時效：

層數 / 主要構造部分	自頂層起算不超過四層之各樓層	自頂層起算超過第四層至第十四層之各樓層	自頂層起算第十五層以上之各樓層
承重牆壁	一小時	一小時	二小時
樑	一小時	二小時	三小時
柱	一小時	二小時	三小時
樓地板	一小時	二小時	二小時
屋頂	半小時		

㈠ 屋頂突出物未達計算層樓面積者，其防火時效應與頂層同。
㈡ 本表所指之層數包括地下層數。

第七一條

具有三小時以上防火時效之樑、柱，應依左列規定：

一　樑：

㈠鋼筋混凝土造或鋼骨鋼筋混凝土造。

㈡鋼骨造而覆以鐵絲網水泥粉刷其厚度在八公分以上（使用輕骨材時為七公分）或覆以磚、石或空心磚，其厚度在九公分以上者（使用輕骨材時為八公分）。

㈢其他經中央主管建築機關認可具有同等以上之防火性能者。

二　柱：短邊寬度在四十公分以上並符合左列規定者：

㈠鋼筋混凝土造或鋼骨鋼筋混凝土造。

㈡鋼骨混凝土造之混凝土保護層厚度在六公分以上者。

㈢鋼骨造而覆以鐵絲網水泥粉刷，其厚度在九公分以上（使用輕骨材時為八公分）或覆以磚、石或空心磚，其厚度在九公分以上者（使用輕骨材時為八公分）。

㈣其他經中央主管建築機關認可具有同等以上之防火性能者。

第七二條

具有二小時以上防火時效之牆壁、樑、柱、樓地板，應依左列規定：

一　牆壁：

㈠鋼筋混凝土造或鋼骨鋼筋混凝土造厚度在十公分以上，且鋼骨混凝土造之混凝土保護層厚度在三公分以上者。

㈡鋼骨造而雙面覆以鐵絲網水泥粉刷，其單面厚度在四公分以上，或雙面覆以磚、石或空心磚，其單面厚度在五公分以上者。但用以保護鋼骨構造之鐵絲網水泥砂漿保護層應將非不燃材料部分之厚度扣除。

㈢木絲水泥板二面各粉以厚度一公分以上之水泥砂漿，板壁總厚度在八公分以上者。

㈣以高溫高壓蒸氣保養製造之輕質泡沫混凝土板，其厚度在七·五公分以上者。

㈤中空鋼筋混凝土版，中間填以泡沫混凝土等其總厚度在十二公分以上，且單邊之版厚在五公分以上者。

㈥其他經中央主管建築機關認可具有同等以上之防火性能。

二　柱：短邊寬二十五公分以上，並符合左列規定者：

㈠鋼筋混凝土造或鋼骨鋼筋混凝土造。

㈡鋼骨混凝土造之混凝土保護層厚度在五公分以上者。

㈢經中央主管建築機關認可具有同等以上之防火性能者。

三　樑：

㈠鋼筋混凝土造或鋼骨鋼筋混凝土造。

㈡鋼骨混凝土造之混凝土保護層厚度在五公分以上者。

㈢鋼骨造覆以鐵絲網水泥粉刷其厚度在六公分以上（使用輕骨材時為五公分）以上，或覆以磚、石或空心磚，其厚度在七公分以上者（水泥空心磚使用輕質骨材得時為六公分）。

㈣其他經中央主管建築機關認可具有同等以上之防火性能者。

四　樓地板：

㈠鋼筋混凝土造或鋼骨鋼筋混凝土造厚度在十公分以上者。

㈡鋼骨造而雙面覆以鐵絲網水泥粉刷或混凝土，其單面厚度在五公分以上者。但用以保護鋼鐵之鐵絲網水泥砂漿保護層應將非不燃材料部分扣除。

㈢其他經中央主管建築機關認可具有同等以上之防火性能者。

第七三條

具有一小時以上防火時效之牆壁、樑、柱、樓地板，應依左列規定：

一　牆壁：

㈠鋼筋混凝土造、鋼骨鋼筋混凝土造或鋼骨混凝土造厚度在七公分以上者。

㈡鋼骨造而雙面覆以鐵絲網水泥粉刷，其單面厚度在三公分以上或雙面覆以磚、石或水泥空心磚，其單面厚度在四公分以上者。但用以保護鋼骨之鐵絲網水泥砂漿保護層應將非不燃材料部分扣除。

㈢磚、石造、無筋混凝土造或水泥空心磚造，其厚度在七公分以上者。

㈣其他經中央主管建築機關認可具有同等以上之防火性能者。

二 柱：

㈠鋼筋混凝土造、鋼骨鋼筋混凝土造或鋼骨混凝土造。

㈡鋼骨造而覆以鐵絲網水泥粉刷其厚度在四公分以上（使用輕骨材時得爲三公分）或覆以磚、石或水泥空心磚，其厚度在五公分以上者。

㈢其他經中央主管建築機關認可具有同等以上之防火性能者。

三 樑：

㈠鋼筋混凝土造、鋼骨鋼筋混凝土造或鋼骨混凝土造。

㈡鋼骨造而覆以鐵絲網水泥粉刷其厚度在四公分以上（使用輕骨材時爲三公分以上），或覆以磚、石或水泥空心磚，其厚度在五公分以上者（水泥空心磚使用輕骨材時得爲四公分）。

㈢鋼骨造屋架、但自地板面至樑下端應在四公尺以上，而構架下面無天花板或有不燃材料造或耐燃材料造之天花板者。

㈣其他經中央主管建築機關認可具有同等以上之防火性能者。

四 樓地板：

㈠鋼筋混凝土造或鋼骨鋼筋混凝土造厚度在七公分以上。

㈡鋼骨造而雙面覆以鐵絲網水泥粉刷或混凝土，其單面厚度在四公分以上者。但用以保護鋼骨之鐵絲網水泥砂漿保護層應將非不燃材料部分扣除。

㈢其他經中央主管建築機關認可具有同等以上之防火性能者。

第七四條

具有半小時以上防火時效之非承重外牆、屋頂及樓梯，應依左列規定：

一 非承重外牆：經中央主管建築機關認可具有半小時以上之防火時效者。

二 屋頂：

㈠鋼筋混凝土造或鋼骨鋼筋混凝土造。

㈡鐵絲網混凝土造、鐵絲網水泥砂漿造、用鋼鐵加強之玻璃磚造或鑲嵌鐵絲網玻璃造。

㈢鋼筋混凝土（預鑄）版，其厚度在四公分以上者。

㈣以高溫高壓蒸汽保養所製造之輕質泡沫混凝土板。

㈤其他經中央主管建築機關認可具有同等以上之防火性能者。

三 樓梯：

㈠鋼筋混凝土造或鋼骨鋼筋混凝土造。

㈡鋼造。

㈢其他經中央主管建築機關認可具有同等以上之防火性能者。

第七五條

防火設備種類如左：

一 防火門窗。

二 裝設於防火區劃或外牆開口處之撒水幕，經中央主管建築機關認可具有防火區劃或外牆同等以上之防火性能者。

三 其他經中央主管建築機關認可具有同等以上之防火性能者。

第七六條

防火門窗係指防火門及防火窗，其組件包括門窗扇、門窗樘、開關五金、嵌裝玻璃、通風百葉等配件或構材；其構造應依左列規定：

一 防火門窗周邊十五公分範圍內之牆壁應以不燃材料建造。

二 防火門之門扇寬度應在七十五公分以上，高度應在一百八十公分以上。

三 常時關閉式之防火門應依左列規定：

㈠免用鑰匙即可開啓，並應裝設經開啓後可自行關閉之裝置。

㈡單一門扇面積不得超過三平方公尺。

㈢不得裝設門止。

㈣門扇或門樘上應標示常時關閉式防火門等文字。

四 常時開放式之防火門應依左列規定：

㈠可隨時關閉，並應裝設利用煙感應器連動或其他方法控制之自動關閉裝置，使能於火災發生時自動關閉。

㈡關閉後免用鑰匙即可開啓，並應裝設經開啓後可自行關閉之裝置。

㈢採用防火捲門者，應附設門扇寬度在七十五公分以上，高度在一百八十公分以上之防火門。

五 防火門應朝避難方向開啓。但供住宅使用及宿舍寢室、旅館客房、醫院病房等連接走廊者，不在此限。

第七七條 （刪除）

第七八條 （刪除）

第四節 防火區劃

第七九條

①防火構造建築物總樓地板面積在一、五〇〇平方公尺以上者，應按每一、五〇〇平方公尺，以具有一小時以上防火時效之牆壁、防火門窗等防火設備與該處防火構造之樓地板區劃分隔。防火設備並應具有一小時以上之阻熱性。

②前項應予區劃範圍內，如備有效自動滅火設備者，得免計算其

有效範圍樓地面板面積之二分之一。

③防火區劃之牆壁，應突出建築物外牆面五十公分以上。但與其交接處之外牆面長度有九十公分以上，且該外牆構造具有與防火區劃之牆壁同等以上防火時效者，得免突出。

④建築物外牆為帷幕牆者，其外牆面與防火區劃牆壁交接處之構造，仍應依前項之規定。

第七九條之一

①防火構造建築物供左列用途使用，無法區劃分隔部分，以具有一小時以上防火時效之牆壁、防火門窗等防火設備與該處防火構造之樓地板自成一個區劃者，不受前條第一項之限制：

一　建築物使用類組為 A-1 組或 D-2 組之觀眾席部分。

二　建築物使用類組為 C 類之生產線部分、D-3 組或 D-4 組之教室、體育館、零售市場、停車空間及其他類似用途建築物。

②前項之防火設備應具有一小時以上之阻熱性。

第七九條之二 100

①防火構造建築物內之挑空部分、昇降階梯間、安全梯之樓梯間、昇降機道、垂直貫穿樓板之管道間及其他類似部分，應以具有一小時以上防火時效之牆壁、防火門窗等防火設備與該處防火構造之樓地板形成區劃分隔。昇降機道裝設之防火設備應具有遮煙性能。管道間之維修門並應具有一小時以上防火時效及遮煙性能。

②前項昇降機道前設有昇降機間且併同區劃者，昇降機間出入口裝設具有遮煙性能之防火設備時，昇降機道出入口得免受應裝設具遮煙性能防火設備之限制；昇降機間出入口裝設之門非防火設備但開啓後能自動關閉且具有遮煙性能時，昇降機道出入口之防火設備得免受應具遮煙性能之限制。

③挑空符合下列情形之一者，得不受第一項之限制：

一　避難層通達直上層或直下層之挑空、樓梯及其他類似部分，其室內牆面與天花板以耐燃一級材料裝修者。

二　連跨樓層數在三層以下，且樓地板面積在一千五百平方公尺以下之挑空、樓梯及其他類似部分。

④第一項應予區劃之空間範圍內，得設置公共廁所、公共電話等類似空間，其牆面及天花板裝修材料應為耐燃一級材料。

第七九條之三

①防火構造建築物之樓地板應為連續完整面，並應突出建築物外牆五十公分以上。但與樓板交接處之外牆面高度有九十公分以上，且該外牆構造具有與樓地板同等以上防火時效者，得免突出。

②外牆為帷幕牆者，其牆面與樓地板交接處之構造，應依前項之規定。

③建築物有連跨複數樓層，無法逐層區劃分隔之垂直空間者，應依前條規定。

二　建築物使用類組為A類、D類、B-1組、B-2組、B-4組、F-1組、H-1組、總樓地板面積為三百平方公尺以上之B-3組及各級政府機關建築物，其各防火區劃內之分間牆應以不燃材料建造。但其分間牆上之門窗，不在此限。

三　建築物屬F-1組、F-2組、H-1組及H-2組之護理之家機構、老人福利機構、機構住宿式服務類長期照顧服務機構、社區式服務類長期照顧服務機構（團體家屋）、身心障礙福利機構及精神復健機構，其各防火區劃內之分間牆應以不燃材料建造，寢室之分間牆上之門窗應為不燃材料製造或具半小時以上防火時效，且不適用前款但書規定。

四　建築物使用類組為B-3組之廚房，應以具有一小時以上防火時效之牆壁及防火門窗等防火設備與該樓層之樓地板形成區劃，其天花板及牆面之裝修材料以耐燃一級材料為限，並依建築設備編第五章第三節規定。

五　其他經中央主管建築機關指定使用用途之建築物或居室，應以具有一小時防火時效之牆壁及防火門窗等防火設備與該樓層之樓地板形成區劃，裝修材料並以耐燃一級材料為限。

②前項第三款門窗為具半小時以上防火時效者，得不受同編第七十六條第三款及第四款限制。

第八七條

建築物有本編第一條第三十五款第二目規定之無窗戶居室者，區劃或分隔其居室之牆壁及門窗應以不燃材料建造。

第五節　內部裝修限制

第八八條 100

建築物之內部裝修材料應依下表規定。但符合下列情形之一者，不在此限：

一　除下表(十)至所列建築物，及建築使用類組為B-1、B-2、B-3組及I類者外，按其樓地板面積每一百平方公尺範圍內以具有一小時以上防火時效之牆壁、防火門窗等防火設備與該層防火構造之樓地板區劃分隔者，或其設於地面層且樓地板面積在一百平方公尺以下。

二　裝設自動滅火設備及排煙設備。

	建築物類別		組別	供該用途之專用樓地板面積合計	內部裝修材料	
					居室或該使用部分	通達地面之走廊及樓梯
(一)	A類	公共集會類	全部	全部	耐燃三級以上	耐燃二級以上
(二)	B類	商業類	全部			
(三)	C類	工業、倉儲類	C-1	全部	耐燃三級以上	
			C-2			

(四)	D類	休閒、文教類	全部	全部	耐燃三級以上	耐燃二級以上
(五)	E類	宗教、殯葬類	E			
(六)	F類	衛生、福利、更生類	全部			
(七)	G類	辦公、服務類	全部			
(八)	H類	住宿類	H-1			
			H-2	—	—	—
(九)	I類	危險物品類	I	全部	耐燃一級	耐燃一級
(十)	地下層、地下工作物供A類、G類、B-1組、B-2組或B-3組使用者			全部	耐燃二級以上	耐燃一級
(土)	無窗戶之居室			全部		
(主)	使用燃燒設備之房間		H-2	二層以上部分（但頂層除外）		
			其他	全部		
(圭)	十一層以上部分		每二百平方公尺以內有防火區劃之部分			
			每五百平方公尺以內有防火區劃之部分		耐燃一級	耐燃一級
(声)	地下建築		防火區劃面積按一百平方公尺以上二百平方公尺以下區劃者		耐燃二級以上	耐燃一級
			防火區劃面積按二百零一平方公尺以上五百平方公尺以下區劃者		耐燃二級以上	

(一) 應受限制之建築物其用途、層數、樓地板面積等依本表之規定。
(二) 本表所稱內部裝修係指固著於建築物構造體之天花板、內部牆面或高度超過一點二公尺固定於地板之隔屏或兼作櫥櫃使用之隔屏（均含固著其表面並暴露於室內之隔音或吸音材料）。
(三)除本表(三)(九)(十)(土)所列各種建築物外，在其自樓地板面起高度在一點二公尺以下部分之牆面、窗臺及天花板周圍押條等裝修材料得不受限制。
(四)本表(圭)、(声)所列建築物，如裝設自動滅火設備者，所列面積得加倍計算之。

第四章　防火避難設施及消防設備

第一節　出入口、走廊、樓梯

第八九條

本節規定之適用範圍，以左列情形之建築物為限。但建築物以無開口且具有一小時以上防火時效之牆壁及樓地板所區劃分隔者，適用本章各節規定，視為他棟建築物：
一　建築物使用類組為A、B、D、E、F、G及H類者。
二　三層以上之建築物。
三　總樓地板面積超過一、〇〇〇平方公尺之建築物。
四　地下層或有本編第一條第三十五款第二目及第三目規定之無窗戶居室之樓層。
五　本章各節關於樓地板面積之計算，不包括法定防空避難設備面積，室內停車空間面積、騎樓及機械房、變電室、直通樓梯間、電梯間、蓄水池及屋頂突出物面積等類似用途部分。

第八九條之一　（刪除）

第九〇條

直通樓梯於避難層開向屋外之出入口，應依左列規定：
一　六層以上，或建築物使用類組為A、B、D、E、F、G類及H-1組用途使用之樓地板面積合計超過五〇〇平方公尺者，除其直通樓梯於避難層之出入口直接開向道路或避難用通路者外，應在避難層之適當位置，開設二處以上不同方向之出入口。其中至少一處應直接通向道路，其他各處可開向寬一．五公尺以上之避難通路，通路設有頂蓋者，其淨高不得小於三公尺，並應接通道路。
二　直通樓梯於避難層開向屋外之出入口，寬度不得小於一．二公尺，高度不得小於一．八公尺。

第九〇條之一

建築物於避難層開向屋外之出入口，除依前條規定者外，應依左列規定：
一　建築物使用類組為A-1組者在避難層供公眾使用之出入口，應為外開門。出入口之總寬度，其為防火構造者，不得小於觀眾席樓地板面積每十平方公尺寬十七公分之計算值，非防火構造者，十七公分應增為二十公分。
二　建築物使用類組為B-1、B-2、D-1、D-2組者，應在避難層設出入口，其總寬度不得小於該用途樓層最大一層之樓地板面積每一〇〇平方公尺寬三十六公分之計算值；其總樓地板面積超過一、五〇〇平方公尺時，三十六公分應增加為六十公分。
三　前二款每處出入口之寬度不得小於二公尺，高度不得小於一．八公尺；其他建築物（住宅除外）出入口每處寬度不得小於一．二公尺，高度不得小於一．八公尺。

第九一條

避難層以外之樓層，通達供避難使用之走廊或直通樓梯間，其出入口依左列規定：
一　建築物使用類組為A-1組部分，其自觀眾席開向二側及後側走廊之出入口，不得小於觀眾席樓地板合計面積每十平方公尺寬十七公分之計算值。

二　建築物使用類組為B-1、B-2、D-1、D-2組者，地面層以上各樓層之出入口不得小於各該樓層樓地板面積每一〇〇平方公尺寬二十七公分計算值；地面層以下之樓層，二十七公分應增為三十六公分。但該用途使用部分直接以直通樓梯作為進出口者（即使用之部分與樓梯出入口間未以分間牆隔離），直通樓梯之總寬度應同時合於本條及本編第九十八條之規定。

三　前二款規定每處出入口寬度，不得小於一・二公尺，並應裝設具有一小時以上防火時效之防火門。

第九二條

走廊之設置應依左列規定：

一　供左表所列用途之使用者，走廊寬度依其規定：

走廊配置／用途	走廊二側有居室者	其他走廊
㈠ 建築物使用類組為D-3、D-4、D-5組供教室使用部分	二・四〇公尺以上	一・八〇公尺以上
㈡ 建築物使用類組為F-1組	一・六〇公尺以上	一・二〇公尺以上
㈢ 其他建築物： 1.同一樓層內之居室樓地板面積在二百平方公尺以上（地下層時為一百平方公尺以上）。	一・六〇公尺以上	一・二〇公尺以上
2.同一樓層內之居室樓地板面積未滿二百平方公尺（地下層時為未滿一百平方公尺）。	一・二〇公尺以上	

二　建築物使用類組為A-1組者，其觀眾席二側及後側應設置互相連通之走廊並連接直通樓梯。但設於避難層部分其觀眾席樓地板面積合計在三〇〇平方公尺以下及避難層以上樓層其觀眾席樓地板面積合計在一五〇平方公尺以下，且為防火構造，不在此限。觀眾席樓地板面積三〇〇平方公尺以下者，走廊寬度不得小於一・二公尺；超過三〇〇平方公尺者，每增加六十平方公尺應增加寬度十公分。

三　走廊之地板面有高低時，其坡度不得超過十分之一，並不得設置臺階。

四　防火構造建築物內各層連接直通樓梯之走廊牆壁及樓地板應具有一小時以上防火時效，並以耐燃一級材料裝修為限。

第九三條

①直通樓梯之設置應依左列規定：

一　任何建築物自避難層以外之各樓層均應設置一座以上之直通樓梯（包括坡道）通達避難層或地面，樓梯位置應設於明顯處所。

二　自樓面居室之任一點至樓梯口之步行距離（即隔間後之可行距離非直線距離）依左列規定：

㈠建築物用途類組為A類、B-1、B-2、B-3及D-1組者，不得超過三十公尺。建築物用途類組為C類者，除有現場觀眾之電視攝影場不得超過三十公尺外，不得超過七十公尺。

㈡前目規定以外用途之建築物不得超過五十公尺。

㈢建築物第十五層以上之樓層依其使用應將前二目規定為三十公尺者減為二十公尺，五十公尺者減為四十公尺。

㈣集合住宅採取複層式構造者，其自無出入口之樓層居室任一點至直通樓梯之步行距離不得超過四十公尺。

㈤非防火構造或非使用不燃材料所建造之建築物，不論任何用途，應將本款所規定之步行距離減為三十公尺以下。

②前項第二款至樓梯口之步行距離，應計算至直通樓梯之第一階。但直通樓梯為安全梯者，得計算至進入樓梯間之防火門。

第九四條

避難層自樓梯口至屋外出入口之步行距離不得超過前條規定。

第九五條

①八層以上之樓層及下列建築物，應自各該層設置二座以上之直通樓梯達避難層或地面：

一　主要構造屬防火構造或使用不燃材料所建造之建築物在避難層以外之樓層供下列使用，或地下層樓地板面積在二百平方公尺以上者。

㈠建築物使用類組為A-1組者。

㈡建築物使用類組為F-1組樓層，其病房之樓地板面積超過一〇〇平方公尺者。

㈢建築物使用類組為H-1、B-4組及供集合住宅使用，且該樓層之樓地板面積超過二四〇平方公尺者。

㈣供前三目以外用途之使用，其樓地板面積在避難層直上層超過四〇〇平方公尺，其他任一層超過二四〇平方公尺者。

二　主要構造非屬防火構造或非使用不燃材料所建造之建築物供前款使用者，其樓地板面積一〇〇平方公尺者應減為五〇平方公尺；樓地板面積二四〇平方公尺者應減為一〇〇平方公尺；樓地板面積四〇〇平方公尺者應減為二〇〇平方公尺。

②前項建築物之樓面居室任一點至二座以上樓梯之步行路徑重複部分之長度不得大於本編第九十三條規定之最大容許步行距離二分之一。

第九六條 100

①下列建築物依規定應設置之直通樓梯，其構造應改為室內或室外之安全梯或特別安全梯，且自樓面居室之任一點至安全梯口之步行距離應合於本編第九十三條規定：

一　通達三層以上，五層以下之各樓層，直通樓梯應至少有一座爲安全梯。

二　通達六層以上，十四層以下或通達地下二層之各樓層，應設置安全梯；通達十五層以上或地下三層以下之各樓層，應設置戶外安全梯或特別安全梯。但十五層以上或地下三層以下各樓層之樓地板面積未超過一百平方公尺者，戶外安全梯或特別安全梯改設爲一般安全梯。

三　通達供本編第九十九條使用之樓層者，應爲安全梯，其中至少一座應爲戶外安全梯或特別安全梯。但該樓層位於五層以上者，通達該樓層之直通樓梯均應爲戶外安全梯或特別安全梯，並均應通達屋頂避難平臺。

②直通樓梯之構造應具有半小時以上防火時效。

第九六條之一 100

三層以上，五層以下防火構造之建築物，符合下列情形之一者，得免受前條第一項第一款限制：

一　僅供建築物使用類組 D-3、D-4 組或 H-2 組之住宅、集合住宅及農舍使用。

二　一棟一戶之連棟式住宅或獨棟住宅同時供其他用途使用，且屬非供公衆使用建築物。其供其他用途使用部分，爲設於地面層及地上二層，且地上二層僅供 D-5、G-2 或 G-3 組使用，並以具有一小時以上防火時效之防火門、牆壁及樓地板與供住宅使用部分區劃分隔。

第九七條

①安全梯之構造，依下列規定：

一　室內安全梯之構造：

㈠安全梯間四周牆壁除外牆依前章規定外，應具有一小時以上防火時效，天花板及牆面之裝修材料並以耐燃一級材料爲限。

㈡進入安全梯之出入口，應裝設具有一小時以上防火時效及半小時以上阻熱性且具有遮煙性能之防火門，並不得設置門檻；其寬度不得小於九十公分。

㈢安全梯間應設有緊急電源之照明設備，其開設採光用之向外窗戶或開口者，應與同幢建築物之其他窗戶或開口相距九十公分以上。

二　戶外安全梯之構造：

㈠安全梯間四週之牆壁除外牆依前章規定外，應具有一小時以上之防火時效。

㈡安全梯與建築物任一開口間之距離，除至安全梯之防火門外，不得小於二公尺。但開口面積在一平方公尺以內，並裝置具有半小時以上之防火時效之防火設備者，不在此限。

㈢出入口應裝設具有一小時以上防火時效且具有半小時以上阻熱性之防火門，並不得設置門檻，其寬度不得小於九十公分。但以室外走廊連接安全梯者，其出入口得免裝設防火門。
㈣對外開口面積（非屬開設窗戶部分）應在二平方公尺以上。

三 特別安全梯之構造：

㈠樓梯間及排煙室之四週牆壁除外牆依前章規定外，應具有一小時以上防火時效，其天花板及牆面之裝修，應為耐燃一級材料。管道間之維修孔，並不得開向樓梯間。

㈡樓梯間及排煙室，應設有緊急電源之照明設備。其開設採光用固定窗戶或在陽臺外牆開設之開口，除開口面積在一平方公尺以內並裝置具有半小時以上之防火時效之防火設備者，應與其他開口相距九十公分以上。

㈢自室內通陽臺或進入排煙室之出入口，應裝設具有一小時以上防火時效及半小時以上阻熱性之防火門，自陽臺或排煙室進入樓梯間之出入口應裝設具有半小時以上防火時效之防火門。

㈣樓梯間與排煙室或陽臺之間所開設之窗戶應為固定窗。

㈤建築物達十五層以上或地下層三層以下者，各樓層之特別安全梯，如供建築物使用類組 A-1、B-1、B-2、B-3、D-1 或 D-2 組使用者，其樓梯間與排煙室或樓梯間與陽臺之面積，不得小於各該層居室樓地板面積百分之五；如供其他使用，不得小於各該層居室樓地板面積百分之三。

②安全梯之樓梯間於避難層之出入口，應裝設具一小時防火時效之防火門。

③建築物各棟設置之安全梯，應至少有一座於各樓層僅設一處出入口且不得直接連接居室。

第九七條之一

前條所定特別安全梯不得經由他座特別安全梯之排煙室或陽台進入。

第九八條

直通樓梯每一座之寬度依本編第三十三條規定，且其總寬度不得小於左列規定：

一 供商場使用者，以該建築物各層中任一樓層（不包括避難層）商場之最大樓地板面積每一〇〇平方公尺寬六十公分之計算值，並以避難層為分界，分別核計其直通樓梯總寬度。

二 建築物用途類組為 A-1 組者，按觀眾席面積每十平方公尺寬十公分之計算值，且其二分之一寬度之樓梯出口，應設置在戶外出入口之近旁。

三 一幢建築物於不同之樓層供二種不同使用，直通樓梯總寬度應逐層核算，以使用較嚴（最嚴）之樓層為計算標準。但距離避難層遠端之樓層所核算之總寬度小於近端之樓層總寬度者，得分層核算直通樓梯總寬度，且核算後距避難層近端樓層之總寬度不得小於遠端樓層之總寬度。同一樓層供二種以上不同使用，該樓層之直通樓梯寬度應依前二款規定分別計算後合計之。

第九九條

建築物在五層以上之樓層供建築物使用類組 A-1、B-1 及 B-2 組使用者，應依左列規定設置具有戶外安全梯或特別安全梯通達之屋頂避難平臺：

一　屋頂避難平臺應設置於五層以上之樓層，其面積合計不得小於該棟建築物五層以上最大樓地板面積二分之一。屋頂避難平臺任一邊邊長不得小於六公尺，分層設置時，各處面積均不得小於二百平方公尺，且其中一處面積不得小於該棟建築物五層以上最大樓地板面積三分之一。

二　屋頂避難平臺面積範圍內不得建造或設置妨礙避難使用之工作物或設施，且通達特別安全梯之最小寬度不得小於四公尺。

三　屋頂避難平臺之樓地板至少應具有一小時以上之防火時效。

四　與屋頂避難平臺連接之外牆應具有一小時以上防火時效，開設之門窗應具有半小時以上防火時效。

第九九條之一 103

①供下列各款使用之樓層，除避難層外，各樓層應以具一小時以上防火時效之牆壁及防火設備分隔為二個以上之區劃，各區劃均應以走廊連接安全梯，或分別連接不同安全梯：

一　建築物使用類組 F-2 組之機構、學校。

二　建築物使用類組 F-1 或 H-1 組之護理之家、產後護理機構、老人福利機構及住宿型精神復健機構。

②前項區劃之樓地板面積不得小於同樓層另一區劃樓地板面積之三分之一。

③區劃及安全梯出入口裝設之防火設備，應具有遮煙性能；自一區劃至同樓層另一區劃所需經過之出入口，寬度應為一百二十公分以上，出入口設置之防火門，關閉後任一方向均應免用鑰匙即可開啓，並得不受同編第七十六條第五款限制。

第二節　排煙設備

第一〇〇條

①左列建築物應設置排煙設備。但樓梯間、昇降機間及其他類似部分，不在此限：

一　供本編第六十九條第一類、第四類使用及第二類之養老院、兒童福利設施之建築物，其每層樓地板面積超過五〇〇平方公尺者。但每一〇〇平方公尺以內以分間牆或以防煙壁區劃分隔者，不在此限。

二　本編第一條第三十一款第三目所規定之無窗戶居室。

②前項第一款之防煙壁，係指以不燃材料建造之垂壁，自天花板下垂五十公分以上。

第一〇一條

排煙設備之構造，應依左列規定：

一　每層樓地板面積在五〇〇平方公尺以內，得以防煙壁區劃，區劃範圍內任一部分至排煙口之水平距離，不得超過四十五公尺，排煙口之開口面積，不得小於防煙區劃部分樓地板面積百分之二，並應開設在天花板或天花板下八十公分範圍內之外牆，或直接與排煙風道（管）相接。

二　排煙口在平時應保持關閉狀態，需要排煙時，以手搖式裝置，或利用煙感應器速動之自動開關裝置、或搖控式開關裝置予以開啓，其開口門扇之構造應注意不受開放排煙時所發生氣流之影響。

三　排煙口得裝置手搖式開關，開關位置應在距離樓地板面八十公分以上一·五公尺以下之牆面上。其裝設於天花板者，應垂吊於高出樓地板面一·八公尺之位置，並應標註淺易之操作方法說明。

四　排煙口如裝設排風機，應能隨排煙口之開啓而自動操作，其排風量不得小於每分鐘一二〇立方公尺，並不得小於防煙區劃部分之樓地板面積每平方公尺一立方公尺。

五　排煙口、排煙風道（管）及其他與火煙之接觸部份，均應以不燃材料建造，排煙風道（管）之構造，應符合本編第五十二條第三、四款之規定，其貫穿防煙壁部分之空隙，應以水泥砂漿或以不燃材料塡充。

六　需要電源之排煙設備，應有緊急電源及配線之設置，並依建築設備編規定辦理。

七　建築物高度超過三十公尺或地下層樓地板面積超過一、〇〇〇平方公尺之排煙設備，應將控制及監視工作集中於中央管理室。

第一〇二條

緊急昇降機間或特別太平梯之排煙設備，應依左列規定：

一　應設置可開向戶外之窗戶，其面積不得小於二平方公尺，二者兼用時，不得小於三平方公尺，並應位於天花板高度二分之一以上範圍內。

二　未設前款規定之窗戶時，應依其規定位置開設面積在四平方公尺以上之排煙口（兼排煙室使用時，應爲六平方公尺以上），並直接連通排煙管道。

三　排煙管道之內部斷面積，不得小於六平方公尺（兼排煙室使用時，不得小於九平方公尺），並應垂直裝置，其頂部應直接通向戶外。

四　設有每秒鐘可進、排四立方公尺以上，並可隨進風口、排煙口之開啓而自動操作之進風機、排煙機者，得不受第二款、第三款、第五款之限制。

五　進風口之開口面積，不得小於一平方公尺（兼作排煙室使用時，不得小於一．五平方公尺），開口位置應開設在樓地板或設於天花板高度二分之一以下範圍內之牆壁上。開口應直通連接戶外之進風管道，管道之內部斷面積，不得小於二平方公尺（兼作排煙室使用時，不得小於三平方公尺）。
六　排煙室之開關裝置及緊急電源設備，依本編第一〇一條之規定辦理。

第一〇三條　（刪除）

第三節　緊急照明設備

第一〇四條

左列建築物，應設置緊急照明設備：
一　供本編第六十九條第一類、第四類及第二類之醫院、旅館等用途建築物之居室。
二　本編第一條第三十一款第㈠目規定之無窗戶或無開口之居室。
三　前二款之建築物，自居室至避難層所需經過之走廊、樓梯、通道及其他平時依賴人工照明之部分。

第一〇五條

緊急照明之構造應依建築設備編之規定。

第四節　緊急用昇降機

第一〇六條

依本編第五十五條規定應設置之緊急用昇降機，其設置標準依左列規定：
一　建築物高度超過十層樓以上部分之最大一層樓地板面積，在一、五〇〇平方公尺以下者，至少應設置一座：超過一、五〇〇平方公尺時，每達三、〇〇〇平方公尺，增設一座。
二　左列建築物不受前款之限制：
㈠超過十層樓之部分爲樓梯間、昇降機間、機械室、裝飾塔、屋頂窗及其他類似用途之建築物。
㈡超過十層樓之各層樓地板面積之和未達五〇〇平方公尺者。

第一〇七條 100

緊急用昇降機之構造除本編第二章第十二節及建築設備編對昇降機有關機廂、昇降機道、機械間安全裝置、結構計算等之規定外，並應依下列規定：
一　機間：
㈠除避難層、集合住宅採取複層式構造者其無出入口之樓層及整層非供居室使用之樓層外，應能連通每一樓層之任何部分。

㈡四周應爲具有一小時以上防火時效之牆壁及樓板，其天花板及牆裝修，應使用耐燃一級材料。

㈢出入口應爲具有一小時以上防火時效之防火門。除開向特別安全梯外，限設一處，且不得直接連接居室。

㈣應設置排煙設備。

㈤應有緊急電源之照明設備並設置消防栓、出水口、緊急電源插座等消防設備。

㈥每座昇降機間之樓地板面積不得小於十平方公尺。

㈦應於明顯處所標示昇降機之活載重及最大容許乘座人數，避難層之避難方向、通道等有關避難事項，並應有可照明此等標示以及緊急電源之標示燈。

二　機間在避難層之位置，自昇降機出口或昇降機間之出入口至通往戶外出入口之步行距離不得大於三十公尺。戶外出入口並應臨接寬四公尺以上之道路或通道。

三　昇降機道應每二部昇降機以具有一小時以上防火時效之牆壁隔開。但連接機間之出入口部分及連接機械間之鋼索、電線等周圍，不在此限。

四　應有能使設於各層機間及機廂內之昇降控制裝置暫時停止作用，並將機廂呼返避難層或其直上層、下層之特別呼返裝置，並設置於避難層或其直上層或直下層等機間內，或該大樓之集中管理室（或防災中心）內。

五　應設有連絡機廂與管理室（或防災中心）間之電話系統裝置。

六　應設有使機廂門維持開啓狀態仍能昇降之裝置。

七　整座電梯應連接至緊急電源。

八　昇降速度每分鐘不得小於六十公尺。

第五節　緊急進口

第一〇八條

①建築物在二層以上，第十層以下之各樓層，應設置緊急進口。但面臨道路或寬度四公尺以上之通路，且各層之外牆每十公尺設有窗戶或其他開口者，不在此限。

②前項窗戶或開口寬應在七十五公分以上及高度一·二公尺以上，或直徑一公尺以上之圓孔，開口之下緣應距樓地板八十公分以下，且無柵欄，或其他阻礙物者。

第一〇九條

緊急進口之構造應依左列規定：

一　進口應設地面臨道路或寬度在四公尺以上通路之各層外牆面。

二　進口之間隔不得大於四十公尺。

三　進口之寬度應在七十五公分以上，高度應在一·二公尺以上。其開口之下端應距離樓地板面八十公分範圍以內。
四　進口應為可自外面開啓或輕易破壞得以進入室內之構造。
五　進口外應設置陽台，其寬度應為一公尺以上，長度四公尺以上。
六　進口位置應於其附近以紅色燈作為標幟，並使人明白其為緊急進口之標示。

第六節　防火間隔

第一一〇條

防火構造建築物，除基地鄰接寬度六公尺以上之道路或深度六公尺以上之永久性空地側外，依左列規定：
一　建築物自基地境界線退縮留設之防火間隔未達一·五公尺範圍內之外牆部分，應具有一小時以上防火時效，其牆上之開口應裝設具同等以上防火時效之防火門或固定式防火窗等防火設備。
二　建築物自基地境界線退縮留設之防火間隔在一·五公尺以上未達三公尺範圍內之外牆部分，應具有半小時以上防火時效，其牆上之開口應裝設具同等以上防火時效之防火門窗等防火設備。但同一居室開口面積在三平方公尺以下，且以具半小時防火時效之牆壁（不包括裝設於該牆壁上之門窗）與樓板區劃分隔者，其外牆之開口不在此限。
三　一基地內二幢建築物間之防火間隔未達三公尺範圍內之外牆部分，應具有一小時以上防火時效，其牆上之開口應裝設具同等以上防火時效之防火門或固定式防火窗等防火設備。
四　一基地內二幢建築物間之防火間隔在三公尺以上未達六公尺範圍內之外牆部分，應具有半小時以上防火時效，其牆上之開口應裝設具同等以上防火時效之防火門窗等防火設備。但同一居室開口面積在三平方公尺以下，且以具半小時防火時效之牆壁（不包括裝設於該牆壁上之門窗）與樓板區劃分隔者，其外牆之開口不在此限。
五　建築物配合本編第九十條規定之避難層出入口，應在基地內留設淨寬一·五公尺之避難用通路自出入口接通至道路，避難用通路得兼作防火間隔。臨接避難用通路之建築物外牆開口應具有一小時以上防火時效及半小時以上之阻熱性。
六　市地重劃地區，應由直轄市、縣（市）政府規定整體性防火間隔，其淨寬應在三公尺以上，並應接通道路。

第一一〇條之一

①非防火構造建築物，除基地鄰接寬度六公尺以上道路或深度六公尺以上之永久性空地側外，建築物應自基地境界線（後側及兩側）退縮留設淨寬一·五公尺以上之防火間隔。一基地內兩

幢建築物間應留設淨寬三公尺以上之防火間隔。

②前項建築物自基地境界線退縮留設之防火間隔超過六公尺之建築物外牆與屋頂部分，及一基地內二幢建築物間留設之防火間隔超過十二公尺之建築物外牆與屋頂部分，得不受本編第八十四條之一應以不燃材料建造或覆蓋之限制。

第一一〇條之二至第一一二條（刪除）

第七節　消防設備

第一一二條之一 110

建築物之消防設備，除消防法令另有規定外，依本節及建築設備編之規定。

第一一三條

建築物應按左列用途分類分別設置滅火設備、警報設備及標示設備，應設置之數量及構造應依建築設備編之規定：

一　第一類：戲院、電影院、歌廳、演藝場及集會堂等。

二　第二類：夜總會、舞廳、酒家、遊藝場、酒吧、咖啡廳、茶室等。

三　第三類：旅館、餐廳、飲食店、商場、超級市場、零售市場等。

四　第四類：招待所（限於有寢室客房者）、寄宿舍、集合住宅、醫院、療養院、養老院、兒童福利設施、幼稚園、盲啞學校等。

五　第五類：學校補習班、圖書館、博物館、美術館、陳列館等。

六　第六類：公共浴室。

七　第七類：工廠、電影攝影場、電視播送室、電信機器室。

八　第八類：車站、飛機場大廈、汽車庫、飛機庫、危險物品貯藏庫等，建築物依法附設之室內停車空間等。

九　第九類：辦公廳、證券交易所、倉庫及其他工作場所。

第一一四條

滅火設備之設置依左列規定：

一　室內消防栓應設置合於左列規定之樓層：

㈠建築物在第五層以下之樓層供前條第一款使用，各層之樓地板面積在三〇〇平方公尺以上者；供其他各款使用（學校校舍免設），各層之樓地板面積在五〇〇平方公尺以上者。但建築物為防火構造，合於本編第八十八條規定者，其樓地板面積加倍計算。

㈡建築物在第六層以上之樓層或地下層或無開口之樓層，供前條各款使用，各層之樓地板面積在一五〇平方公尺以上者。但建築物為防火構造，合於本編第八十八條規定者，其樓地板面積加倍計算。

㈢前條第九款規定之倉車，如為儲藏危險物品者，依其貯藏量及物品種類稱另以行政命令規定設置之。

二　自動撒水設備應設置於左列規定之樓層：

㈠建築物在第六層以上，第十層以下之樓層，或地下層或無開口之樓層，供前條第一款使用之舞台樓地板面積在三〇〇平方公尺以上者，供第二款使用，各層之樓地板面積在一、〇〇〇平方公尺以上者；供第三款、第四款（寄宿舍、集合住宅除外）使用，各層之樓地板面積在一、五〇〇平方公尺以上者。

㈡建築物在第十一層以上之樓層，各層之樓地板面積在一〇〇平方公尺以上者。

㈢供本編第一一三條第八款使用，應視建築物各部份使用性質就自動撒水設備、水霧自動撒水設備、自動泡沫滅火設備、自動乾粉滅火設備、自動二氧化碳設備或自動揮發性液體設備等選擇設置之，但室內停車空間之外牆開口面積（非屬門窗部分）達二分之一以上，或各樓層防火區劃範圍內停駐車位數在二十輛以下者，免設置。

㈣危險物品貯藏庫，依其物品種類及貯藏量另以行政命令規定設置之。

第一一五條

建築物依左列規定設置警報設備，其受信機（器）並應集中管理，設於總機室或值日室。但依本規則設有自動撒水設備之樓層，免設警報設備：

一　火警自動警報設備應在左列規定樓層之適當地點設置之：

㈠地下層或無開口之樓層或第六層以上之樓層，各層之樓地板面積在三〇〇平方公尺以上者。

㈡第五層以下之樓層，供本編第一一三條第一款至第四款使用，各層之樓地板面積在三〇〇平方公尺以上者。但零售市場、寄宿舍、集合住宅應爲五〇〇平方公尺以上；第五款至第九款使用各層之樓地板面積在五〇〇公尺以上者；第九款之「其他工作場所」在一、〇〇〇平方公尺以上者。

二　手動報警設備：第三層以上，各層之樓地板面積在二〇〇平方公尺以上，且未裝設自動警報設備之樓層，應依建築設備編規定設置之。

三　廣播設備：第六層以上（集合住宅除外），裝設火警自動警報設備之樓層，應裝設之。

第一一六條

供本編第一一三條第一款、第二款使用及第三款之旅館使用者，依左列規定設置標示設備：

一　出口標示燈：各層通達安全梯及戶外或另一防火區劃之防火門上方，觀衆席座位間通路等應設置標示燈。

二　避難方向指標：通往樓梯、屋外出入口、陽台及屋頂平台等之走廊或通道應於樓梯口、走廊或通道之轉彎處，設置或標示固定之避難方向指標。

第四章之一　建築物安全維護設計

第一一六條之一

爲強化及維護使用安全，供公衆使用建築物之公共空間應依本章規定設置各項安全維護裝置。

第一一六條之二 110

前條安全維護裝置應依下表規定設置：

空間種類 \ 裝置物名稱			安全維護照明裝置	監視攝影裝置	緊急求救裝置	警戒探測裝置	備註
㈠	停車空間	室內	○	○	○		
㈠	停車空間	室外	○	○			
㈡	車道			○	○		汽車進出口至道路間之通路
㈢	車道出入口		○	○	△		
㈣	機電設備空間出入口					△	
㈤	電梯車廂			○			
㈥	安全梯間		○	△	△		
㈦	屋突層機械室出入口					△	
㈧	屋頂出入口	屋頂避難平臺			○	△	
㈧	屋頂出入口	其他			○		
㈨	屋頂空中花園			△			
㈩	公共廁所		○	△	○	△	
⑾	室內公共通路走廊			△	○		
⑿	基地內通路		○	△			
⒀	排煙室			△			
⒁	避難層門廳			△			
⒂	避難層出入口		○	△		△	
說明：「○」指至少必須設置一處。「△」指由申請人視實際需要自由設置。							

第一一六條之三

安全維護照明裝置照射之空間範圍，其地面照度基準不得小於下表規定：

	空間種類	照度基準（lux）
㈠	停車空間（室內）	六十
㈡	停車空間（室外）	三十
㈢	車道	三十
㈣	車道出入口	一百
㈤	安全梯間	六十
㈥	公共廁所	一百
㈦	基地內通路	六十
㈧	避難層出入口	一百

第一一六條之四

①監視攝影裝置應依下列規定設置：

一　應依監視對象、監視目的選定適當形式之監視攝影裝置。

二　攝影範圍內應維持攝影必要之照度。

三　設置位置應避免與太陽光及照明光形成逆光現象。

四　屋外型監視攝影裝置應有耐候保護裝置。

五　監視螢幕應設置於警衛室、管理員室或防災中心。

②設置前項裝置，應注意隱私權保護。

第一一六條之五

①緊急求救裝置應依下列方式之一設置：

一　按鈕式：觸動時應發出警報聲。

二　對講式：利用電話原理，以相互通話方式求救。

②前項緊急求救裝置應連接至警衛室、管理員室或防災中心。

第一一六條之六

①警戒探測裝置得採用下列方式設置：

一　碰撞振動感應。

二　溫度變化感應。

三　人通過感應。

②警戒探測裝置得與監視攝影、照明等其他安全維護裝置形成連動效用。

第一一六條之七

各項安全維護裝置應有備用電源供應，並具有防水性能。

第五章　特定建築物及其限制

第一節　通　則

第一一七條

本章之適用範圍依左列規定：

一　戲院、電影院、歌廳、演藝場、電視播送室、電影攝影場、及樓地板面積超過二百平方公尺之集會堂。

二　夜總會、舞廳、室內兒童樂園、遊藝場及酒家、酒吧等，供其使用樓地板面積之和超過二百平方公尺者。

三　商場（包括超級市場、店鋪）、市場、餐廳（包括飲食店、咖啡館）等，供其使用樓地板面積之和超過二百平方公尺者。但在避難層之店鋪，飲食店以防火牆區劃分開，且可直接通達道路或私設通路者，其樓地板面積免合併計算。

四　旅館、設有病房之醫院、兒童福利設施、公共浴室等、供其使用樓地板面積之和超過二百平方公尺者。

五　學校。

六　博物館、圖書館、美術館、展覽場、陳列館、體育館（附屬於學校者除外）、保齡球館、溜冰場、室內游泳池等，供其使用樓地板面積之和超過二百平方公尺者。

七　工廠類，其作業廠房之樓地板面積之和超過五十平方公尺或總樓地板面積超過七十平方公尺者。

八　車庫、車輛修理場所、洗車場、汽車站房、汽車商場（限於在同一建築物內有停車場者）等。

九　倉庫、批發市場、貨物輸配所等，供其使用樓地板面積之和超過一百五十平方公尺者。

十　汽車加油站、危險物貯藏庫及其處理場。

十一　總樓地板面積超過一千平方公尺之政府機關及公私團體辦公廳。

十二　屠宰場、污物處理場、殯儀館等，供其使用樓地板面積之和超過二百平方公尺者。

第一一八條 108

①前條建築物之面前道路寬度，除本編第一百二十一條及第一百二十九條另有規定者外，應依下列規定。基地臨接二條以上道路，供特定建築物使用之主要出入口應臨接合於本章規定寬度之道路：

一　集會堂、戲院、電影院、酒家、夜總會、歌廳、舞廳、酒吧、加油站、汽車站房、汽車商場、批發市場等建築物，應臨接寬十二公尺以上之道路。

二　其他建築物應臨接寬八公尺以上之道路。但前款用途以外之建築物臨接之面前道路寬度不合本章規定者，得按規定寬度自建築線退縮後建築。退縮地不得計入法定空地面積，且不得於退縮地內建造圍牆、排水明溝及其他雜項工作物。

三　建築基地未臨接道路，且供第一款用途以外之建築物使用者，得以私設通路連接道路，該道路及私設通路寬度均合於本條之規定者，該私設通路視為該建築基地之面前道路，且私設通路所占面積不得計入法定空地面積。

②前項面前道路寬度，經直轄市、縣（市）政府審查同意者，得不受前項、本編第一百二十一條及第一百二十九條之限制。

第一一九條 108

①建築基地臨接前條規定寬度道路之長度，除本編第一百二十一條及第一百二十九條另有規定者外，不得小於下表規定：

特定建築物總樓地板面積	臨接長度
五百平方公尺以下者	四公尺
超過五百平方公尺，一千平方公尺以下者	六公尺
超過一千平方公尺，二千平方公尺以下者	八公尺
超過二千平方公尺者	十公尺

②前項面前道路之臨接長度，經直轄市、縣（市）政府審查同意者，得不受前項、本編第一百二十一條及第一百二十九條之限制。

第一二〇條

本節規定建築物之廚房，浴室等經常使用燃燒設備之房間不得設在樓梯直下方位置。

第二節　戲院、電影院、歌廳、演藝場及集會

第一二一條

本節所列建築物基地之面前道路寬度與臨接長度依左列規定：

一　觀衆席地板合計面積未達一、〇〇〇平方公尺者，道路寬度應爲十二公尺以上，觀衆席樓地板合計面積在一、〇〇〇平方公尺以上者，道路寬度應爲十五公尺以上。

二　基地臨接前款規定道路之長度不得小於左列規定：

㈠應爲該基地周長六分之一以上。

㈡觀衆席樓地板合計面積未達二〇〇平方公尺者，應爲十五公尺以上，超過二〇〇平方公尺未達六〇〇平方公尺每十平方公尺或其零數應增加三十四公分，超過六〇〇平方公尺部分每十平方公尺或其零數應增加十七公分。

三　基地除臨接第一款規定之道路外，其他兩側以上臨接寬四公尺以上之道路或廣場、公園、綠地或於基地內兩側以上留設寬四公尺且淨高三公尺以上之通路，前款規定之長度按十分之八計算。

四　建築物內有二種以上或一種而有二家以上之使用者，其在地面層之主要出入口應依本章第一二二條規定留設空地或門廳。

第一二二條

①本節所列建築物依左列規定留設空地或門廳：

一　觀衆席主層在避難層，建築物應依左列規定留設前面及側面空地：

㈠觀衆席樓地板面積合計在二〇〇平方公尺以下者，自建築線退縮一．五公尺以上。

㈡觀衆席樓地板面積合計超過二〇〇平方公尺以上者，除應自建築線起退縮一．五公尺外，並按超過部分每十平方公尺或其零數，增加二．五公分。

㈢臨接法定騎樓或牆面線者，退縮深度不得小於騎樓或牆

面線之深度。

㈣側面空地深度依前面空地規定之深度（側面道路之寬度併計為空地深度），並應連接前條第一款規定之道路。基地前、後臨接道路，且道路寬度大於規定之側面空地深度者，免設側面空地。

㈤建築物為防火建築物，留設之前面或側面空地內得設置淨高在三公尺以上之騎樓（含私設騎樓）、門廊或其他頂蓋物。

二　觀眾席主層在避難層以外之樓層，依左列規定：

㈠建築物臨接前條第一款規定道路部分，依本條前款規定留設前面空地者，免設側面空地。

㈡觀眾席主層之主要出入口前面應留設門廳；門廳之長度不得小於本編第九十條第二款規定出入口之總寬度，且深度及淨高應分別為五公尺及三公尺以上。

㈢同一樓層有二種以上或一種而有兩家以上之使用者，其門廳可分別留設或集中留設。

三　同一建築物內有二種以上或一種而有二家以上之使用，其觀眾席主層分別在避難層及避難層以外之不同樓層者，留設前面空地之深度應合計其各層觀眾席樓地板面積計算之；側面空地之深度免計避難層以外樓層之樓地板面積。

②依前項規定留設之空地，不得作為停車空間。

第一二三條

觀眾席之構造，依左列規定：

一　固定席位：椅背間距離不得小於八十五公分，單人座位寬度不得小於四十五公分。

二　踏級式樓地板每級之寬度應為八十五公分以上，每級高度應為五十公分以下。

三　觀眾席之天花板高度應在三．五公尺以上，且淨高不得小於二．五公分。

第一二四條

觀眾席位間之通道，應依左列規定：

一　每排相連之席位應在每八位（椅背與椅背間距離在九十五公分以上時，得為十二席）座位之兩側設置縱通道，但每排僅四席位相連者（椅背與椅背間距離在九十五公分以上時得為六席）縱通道得僅設於一側。

二　第一款通道之寬度，不得小於八十公分，但主要樓層之觀眾席面積超過九〇〇平方公尺者，應為九十五公分以上，緊靠牆壁之通道，應為六十公分以上。

三　橫排席位至少每十五排（椅背與椅背間在九十五分以上者得為二十排）及觀眾席之最前面均應設置寬一公尺以上之橫通道。

四　第一款至第三款之通道均應直通規定之出入口。

五　除踏級式樓地板外，通道地板如有高低時，其坡度應為十分之一以下，並不得設置踏步；通道長度在三公尺以下者，其坡度得為八分之一以下。

六 踏級式樓地板之通道應依左列規定：

㈠級高應一致，並不得大於二十五公分，級寬應為二十五公分以上。

㈡高度超過三公尺時，應每三公尺以內為橫通道，走廊或連接樓梯之通道相接通。

第一二四條之一

觀眾席位，依連續式席位規定設置者，免依前條規定設置縱、橫通道；連續式席位之設置，依左列規定：

一 每一席位之寬度應在四十五公分以上。

二 橫排席位間扣除座椅後之淨寬度依左表標準。

每排席位數	淨寬度
未滿十九位	四十五公分
十九位以上未滿三十六位	四十七・五公分
三十六位以上未滿四十六位	五十公分
四十六位以上	五十二・五公分

三 席位之兩側應設置一・一公尺寬之通道，並接通規定之出入口。

四 前款席位兩側之通道應按每五排橫席位各留設一處安全門，其寬度不得小於一・四公尺。

第一二五條 （刪除）

第一二六條

戲院及演藝場之舞台面積在三〇〇平方公尺以上者，其構造依左列規定：

一 舞台開口之四周應設置防火牆，舞台開口之頂部與觀眾席之分界處應設置防火構造壁梁通達屋頂或樓板。

二 舞台下及舞台各側之其他各室均應為防火構造或以不燃材料所建造。

三 舞台上方應設置自動撒水或噴霧泡沫等滅火設備及有效之排煙設備。

四 自舞台及舞台各側之其他各室應設有可通達戶外空地之出入口、樓梯或寬一公尺以上之避難用通道。

第一二七條

觀眾席主層在避難層以外之樓層，應依左列規定：

一 位避難層以上之樓層，得設置合左列規定之陽台或露台或外廊以取代本編第九十二條第二款規定之走廊。

㈠寬度在一・五公尺以上。

㈡與自觀眾席向外開啓之防火門出入口相接。

㈢地板面高度應與前目出入口部分之觀眾席地板面同高。

㈣應與通達避難層或地面之樓梯或坡道連接。

二　位於避難層以下之樓層，觀眾席樓地板面應在基地地面或道路路面以下七公尺以內，面積合計不得超過二百平方公尺，並以一層爲限。但觀眾席主層能通達室外空地，室外空地面積爲觀眾席樓地板面積五分之一以上，且任一邊之最小淨寬度應在六公尺以上，且該空地在基地地面下七公尺以內，能通達基地地面避難者，不在此限。

三　位於五層樓以上之樓層，且觀眾席樓地板面積合計超過二百平方公尺者，應於該層設置可供避難之室外平台，其面積應爲觀眾席樓地板面積五分之一以上，且任一邊之最小淨寬度應在四公尺以上。該平台面積得計入屋頂避難平台面積，並該平台設置一座以上之特別安全梯或戶外安全梯直通避難層。

第一二八條 103

①放映室之構造，依下列規定：

一　應爲防火構造（天花板採用不燃材料）。

二　天花板高度，不得小於二點一公尺，容納一台放映機之房間其淨深不得小於三公尺，淨寬不得小於二公尺，但放映機每增加一台，應增加淨寬一公尺。

三　出入口應裝設向外開之具有一小時以上防火時效之防火門。放映孔及瞭望孔等應以玻璃或其他材料隔開，或裝設自動或手動開關。

四　應有適當之機械通風設備。

②放映機採數位或網路設備，且非使用膠捲者，得免設置放映室。

第三節　商場、餐廳、市場

第一二九條

供商場、餐廳、市場使用之建築物，其基地與道路之關係應依左列規定：

一　供商場、餐廳、市場使用之樓地板合計面積超過一、五〇〇平方公尺者，不得面向寬度十公尺以下之道路開設，臨接道路部分之基地長度並不得小於基地周長六分之一。

二　前款樓地板合計面積超過三、〇〇〇平方公尺者，應面向二條以上之道路開設，其中一條之路寬不得小於十二公尺，但臨接道路之基地長度超過其周長三分之一以上者，得免面向二條以上道路。

第一三〇條

①前條規定之建築物應於其地面層主要出入口前面依下列規定留設空地或門廳：

一　樓地板合計面積超過一、五〇〇平方公尺者，空地或門廳之寬度不得小於依本編第九十條之一規定出入口寬度之二倍，深度應在三公尺以上。

二　樓地板合計面積超過二、〇〇〇平方公尺者，寬度同前款之規定，深度應為五公尺以上。
三　第一款、第二款規定之門廳淨高應為三公尺以上。
②前項空地不得作為停車空間。

第一三一條
連續式店鋪商場之室內通路寬度應依左表規定：

各層之樓地板面積	兩側均有店鋪之通路寬度	其他通路寬度
二百平方公尺以上，一千平方公尺以下	三公尺以上	二公尺以上
三千平方公尺以下	四公尺以上	三公尺以上
超過三千平方公尺	六公尺以上	四公尺以上

第一三二條
①市場之出入口不得少於二處，其地面層樓地板面積超過一、〇〇〇平方公尺者應增設一處。
②前項出入口及市場內通路寬度均不得小於三公尺。

第四節　學　校

第一三三條
校舍配置，方位與設備應依左列規定：
一　臨接應留設法定騎樓之道路時，應自建築線退縮騎樓地再加一．五公尺以上建築。
二　臨接建築線或鄰地境界線者，應自建築線或鄰地界線退後三公尺以上建築。
三　教室之方位應適當，並應有適當之人工照明及遮陽設備。
四　校舍配置，應避免聲音發生互相干擾之現象。
五　建築物高度，不得大於二幢建築物外牆中心線水平距離一．五倍，但相對之外牆均無開口，或有開口但不供教學使用者，不在此限。
六　樓梯間、廁所、圍牆及單身宿舍不受第一款、第二款規定之限制。

第一三四條 107
國民小學，特殊教育學校或身心障礙者教養院之教室，不得設置在四層以上。但國民小學而有下列各款情形並無礙於安全者不在此限：
一　四層以上之教室僅供高年級學童使用。
二　各層以不燃材料裝修。
三　自教室任一點至直通樓梯之步行距離在三十公尺以下。

第一三四條之一　（刪除）

第五節　車庫、車輛修理場所、洗車場、汽車站房、汽車商場（包括出租汽車及計

程車營業站）

第一三五條 107

建築物之汽車出入口不得臨接下列道路及場所：

一　自道路交叉點或截角線，轉彎處起點，穿越斑馬線、橫越天橋或地下道上下口起五公尺以內。

二　坡度超過八比一之道路。

三　自公共汽車招呼站、鐵路平交道起十公尺以內。

四　自幼兒園、國民小學、特殊教育學校、身心障礙者教養院或公園等出入口起二十公尺以內。

五　其他經主管建築機關或交通主管機關認為有礙交通所指定之道路或場所。

第一三六條

汽車出入應設置緩衝空間，其寬度及深度應依下列規定：

一　自建築線後退二公尺之汽車出入路中心線上一點至道路中心線之垂直線左右各六十度以上範圍無礙視線之空間。

二　利用昇降設備之車庫，除前款規定之空間外，應再增設寬度及深度各六公尺以上之等候空間。

第一三七條

車庫等之建築物構造除應依本編第六十九條附表第六類規定辦理外，凡有左列情形之一者，應為防火建築物：

一　車庫等設在避難層，其直上層樓地板面積超過一〇〇平方公尺者。但設在避難層之車庫其直上層樓地板面積在一〇〇平方公尺以下或其主要構造為防火構造，且與其他使用部分之間以防火樓板、防火牆以及甲種防火門區劃者不在此限。

二　設在避難層以外之樓層者。

第一三八條

供車庫等使用部分之構造及設備除依本編第六十一條、第六十二條規定外，應依左列規定：

一　樓地板應為耐水材料，並應有污水排除設備。

二　地板如在地面以下時，應有二面以上直通戶外之通風口，或有代替之機械通風設備。

三　利用汽車昇降機設備者，應按車庫樓地板面積每一、二〇〇平方公尺以內為一單位裝置昇降機一台。

第一三九條

車庫部分之樓地板面積超過五百平方公尺者，其構造設備除依本編第六十一條、第六十二條規定外，應依下列規定。但使用特殊裝置經主管建築機關認為具有同等效能者，不在此限：

一　應設置能供給樓地板面積每一平方公尺每小時二十五立方公尺以上換氣量之機械通風設備。但設有各層樓地板面積十分之一以上有效通風之開口面積者，不在此限。

二　汽車出入口處應裝置警告及減速設備。
三　應設置之直通樓梯應改為安全梯。

第六章　防空避難設備

第一節　通　則

第一四〇條

凡經中央主管建築機關指定之適用地區，有新建、增建、改建或變更用途行為之建築物或供公眾使用之建築物，應依本編第一百四十一條附建標準之規定設置防空避難設備。但符合下列規定之一者不在此限：

一　建築物變更用途後應附建之標準與原用途相同或較寬者。
二　依本條指定為適用地區以前建造之建築物申請垂直方向增建者。
三　建築基地周圍一百五十公尺範圍內之地形，有可供全體人員避難使用之處所，經當地主管建築機關會同警察機關勘察屬實者。
四　其他特殊用途之建築物經中央主管建築機關核定者。

第一四一條

①防空避難設備之附建標準依下列規定：

一　非供公眾使用之建築物，其層數在六層以上者，按建築面積全部附建。
二　供公眾使用之建築物：
㈠供戲院、電影院、歌廳、舞廳及演藝場等使用者，按建築面積全部附建。
㈡供學校使用之建築物，按其主管機關核定計畫容納使用人數每人零點七五平方公尺計算，整體規劃附建防空避難設備。並應就實際情形於基地內合理配置，且校舍或居室任一點至最近之避難設備步行距離，不得超過三百公尺。
㈢供工廠使用之建築物，其層數在五層以上者，按建築面積全部附建，或按目的事業主管機關所核定之投資計畫或設廠計畫書等之設廠人數每人零點七五平方公尺計算，整體規劃附建防空避難設備。
㈣供其他公眾使用之建築物，其層數在五層以上者，按建築面積全部附建。

②前項建築物樓層數之計算，不包括整層依獎勵增設停車空間規定設置停車空間之樓層。

第一四二條 100

建築物有下列情形之一，經當地主管建築機關審查或勘查屬實者，依下列規定附建建築物防空避難設備：

一　建築基地如確因地質地形無法附建地下或半地下式避難設

備者，得建築地面式避難設備。

二　應按建築面積全部附建之建築物，因建築設備或結構上之原因，如昇降機機道之緩衝基坑、機械室、電氣室、機器之基礎，蓄水池、化糞池等固定設備等必須設在地面以下部分，其所佔面積准免補足；並不得超過附建避難設備面積四分之一。

三　因重機械設備或其他特殊情形附建地下室或半地下室確實有困難者，得建築地面式避難設備。

四　同時申請建照之建築物，其應附建之防空避難設備得集中附建。但建築物居室任一點至避難設備進出口之步行距離不得超過三百公尺。

五　進出口樓梯及盥洗室、機械停車設備所占面積不視爲固定設備面積。

六　供防空避難設備使用之樓層地板面積達到二百平方公尺者，以兼作停車空間爲限；未達二百平方公尺者，得兼作他種用途使用，其使用限制由直轄市、縣（市）政府定之。

第一四三條（刪除）

第二節　設計及構造概要

第一四四條 110

防空避難設備之設計及構造準則規定如下：

一　天花板高度或地板至樑底之高度不得小於二點一公尺。

二　進出口之設置依下列規定：

㈠面積未達二百四十平方公尺者，應設二處進出口。其中一處得爲通達戶外之爬梯式緊急出口。緊急出口淨寬至少爲零點六公尺見方或直徑零點八五公尺以上。

㈡面積達二百四十平方公尺以上者，應設二處階梯式（包括汽車坡道）進出口，其中一處應通達戶外。

三　開口部分直接面向戶外者（包括面向地下天井部分），其門窗應爲具一小時以上防火時效之防火門窗。室內設有進出口門，應爲不燃材料。

四　避難設備露出地面之外牆或進出口上下四周之露天部分或露天頂板，其構造體之鋼筋混凝土厚度不得小於二十四公分。

五　半地下式避難設備，其露出地面部分應小於天花板高度二分之一。

六　避難設備應有良好之通風設備及防水措施。

七　避難室構造應一律爲鋼筋混凝土構造或鋼骨鋼筋混凝土構造。

第七章　雜項工作物

第一四五條
本章適用範圍依本法第七條之規定，高架遊戲設施及纜車等準用本章之規定。
第一四六條 110
①煙囪之構造除應符合本規則建築構造編、建築設備編有關避雷設備及本編第五十二條、第五十三條規定外，並應依下列規定辦理：
一 磚構造及無筋混凝土構造應補強設施，未經補強之煙囪，其高度應依本編第五十二條第一款規定。
二 混凝土管煙囪，在管之搭接處應以鐵管套連接，並應加設支撐用框架或以斜拉線固定。
三 高度超過十公尺之煙囪應爲鋼筋混凝土造或鋼鐵造。
四 鋼筋混凝土造煙囪之鋼筋保護層厚度應爲五公分以上。
②前項第二款之斜拉線應固定於鋼筋混凝土樁或建築物或工作物或經防腐處理之木樁。
第一四七條
廣告牌塔、裝飾塔、廣播塔或高架水塔等之構造應依左列規定：
一 主要部分之構造不得爲磚造或無筋混凝土造。
二 各部分構造應符合本規則建築構造編及建築設備編之有關規定。
三 設置於建築物外牆之廣告牌不得堵塞本規則規定設置之各種開口及妨礙消防車輛之通行。
第一四八條
駁崁之構造除應符合本規則建築構造編之有關規定外並應依左列規定辦理：
一 應爲鋼筋混凝土造、石造或其他不腐爛材料所建造之構造，並能承受土壤及其他壓力。
二 卵石造駁崁裡層及卵石間應以混凝土填充，使石子和石子之間能緊密結合成爲整體。
三 駁崁應設有適當之排水管，在出水孔裡層之周圍應填以小石子層。
第一四九條
高架遊戲設施之構造，除應符合建築構造編之有關規定外，並應依左列規定辦理：
一 支撐或支架用於吊掛車廂、纜車或有人乘坐設施之構造，其主要部分應爲鋼骨造或鋼筋混凝土造。
二 第一款之車廂、纜車或有人乘坐設施應構造堅固，並應防止人之墜落及其他構造部分撞觸時發生危害等。
三 滾動式構造接合部分均應爲可防止脫落之安全構造。
四 利用滑車昇降之纜車等設備者，其鋼纜應爲二條以上，並應爲防止鋼纜與滑車脫離之安全構造。
五 乘坐設施應於明顯處標明人數限制。
六 在動力被切斷或控制裝置發生故障可能發生危險事故者，

應有自動緊急停止裝置。

七　其他經中央主管建築機關認爲在安全上之必要規定。

第八章　施工安全措施

第一節　通　則

第一五〇條

凡從事建築物之新建、增建、改建、修建及拆除等行爲時，應於其施工場所設置適當之防護圍籬、擋土設備、施工架等安全措施，以預防人命之意外傷亡、地層下陷、建築物之倒塌等而危及公共安全。

第一五一條

在施工場所儘量避免有燃燒設備，如在施工時確有必要者，應在其周圍以不燃材料隔離或採取防火上必要之措施。

第二節　防護範圍

第一五二條

凡從事本編第一百五十條規定之建築行爲時，應於施工場所之周圍，利用鐵板木板等適當材料設置高度在一·八公尺以上之圍籬或有同等效力之其他防護設施，但其周圍環境無礙於公共安全及觀瞻者不在此限。

第一五三條

爲防止高處墜落物體發生危害，應依左列規定設置適當防護措施：

一　自地面高度三公尺以上投下垃圾或其他容易飛散之物體時，應用垃圾導管或其他防止飛散之有效設施。

二　本法第八十六條所稱之適當圍籬應爲設在施工架周圍以鐵絲網或帆布或其他適當材料等設置覆蓋物以防止墜落物體所造成之傷害。

第三節　擋土設備安全措施

第一五四條

凡進行挖土、鑽井及沉箱等工程時，應依左列規定採取必要安全措施：

一　應設法防止損壞地下埋設物如瓦斯管、電纜、自來水管及下水道管渠等。

二　應依據地層分布及地下水位等資料所計算繪製之施工圖施工。

三　靠近鄰房挖土，深度超過其基礎時，應依本規則建築構造編中有關規定辦理。

四　挖土深度在一·五公尺以上者，除地質良好，不致發生崩場或其周圍狀況無安全之慮者外，應有適當之擋土設備，並符合本規則建築構造編中有關規定設置。

五　施工中應隨時檢查擋土設備，觀察周圍地盤之變化及時予以補強，並採取適當之排水方法，以保持穩定狀態。

六　拔取板樁時，應採取適當之措施以防止周圍地盤之沉陷。

第四節　施工架、工作台、走道

第一五五條

建築工程之施工架應依左列規定：

一　施工架、工作台、走道、梯子等，其所用材料品質應良好，不得有裂紋、腐蝕及其他可能影響其強度之缺點。

二　施工架等之容許載重量，應按所用材料分別核算，懸吊工作架（台）所使用鋼索、鋼線之安全係數不得小於十，其他吊鎖等附件不得小於五。

三　施工架等不得以油漆或作其他處理，致將其缺點隱蔽。

四　不得使用鑄鐵所製鐵件及曾和酸類或其他腐蝕性物質接觸之繩索。

五　施工架之立柱應使用墊板、鐵件或採用埋設等方法予以固定，以防止滑動或下陷。

六　施工架應以斜撐加強固定，其與建築物間應各在牆面垂直方向及水平方向適當距離內妥實連結固定。

七　施工架使用鋼管時，其接合處應以零件緊結固定；接近架空電線時，應將鋼管或電線覆以絕緣體等，並防止與架空電線接觸。

第一五六條

工作台之設置應依左列規定：

一　凡離地面或樓地板面二公尺以上之工作台應舖以密接之板料：

㈠固定式板料之寬度不得小於四十公分，板縫不得大於三公分，其支撐點至少應有二處以上。

㈡活動板之寬度不得小於二十公分，厚度不得小於三．六公分，長度不得小於三．五公尺，其支撐點至少有三處以上，板端突出支撐點之長度不得少於十公分，但不得大於板長十八分之一。

㈢二重板重疊之長度不得小於二十公分。

二　工作台至少應低於施工架立柱頂一公尺以上。

三　工作台上四周應設置扶手護欄，護欄下之垂直空間不得超過九十公分，扶手如非斜放，其斷面積不得小於三十平方公分。

第一五七條

走道及階梯之架設應依左列規定：

一　坡度應爲三十度以下，其爲十五度以上者應加釘間距小於三十公分之止滑板條，並應裝設適當高度之扶手。

二　高度在八公尺以上之階梯，應每七公尺以下設置平台一處。

三　走道木板之寬度不得小於三十公分，其兼為運送物料者，不得小於六十公分。

第五節　按裝及材料之堆積

第一五八條

建築物各構材之按裝時應用支撐或螺栓予以固定並應考慮其承載能力。

第一五九條

工程材料之堆積不得危害行人或工作人員及不得阻塞巷道，堆積在擋土設備之周圍或支撐上者，不得超過設計荷重。

第九章　容積設計 100

第一六〇條 100

實施容積管制地區之建築設計，除都市計畫法令或都市計畫書圖另有規定外，依本章規定。

第一六一條 100

①本規則所稱容積率，指基地內建築物之容積總樓地板面積與基地面積之比。基地面積之計算包括法定騎樓面積。

②前項所稱容積總樓地板面積，指建築物除依本編第五十五條、第一百六十二條、第一百八十一條、第三百條及其他法令規定，不計入樓地板面積部分外，其餘各層樓地板面積之總和。

第一六二條 100

①前條容積總樓地板面積依本編第一條第五款、第七款及下列規定計算之：

一　每層陽臺、屋簷突出建築物外牆中心線或柱中心線超過二公尺或雨遮、花臺突出超過一公尺者，應自其外緣分別扣除二公尺或一公尺作為中心線，計算該層樓地板面積。每層陽臺面積未超過該層樓地板面積之百分之十部分，得不計入該層樓地板面積。每層共同使用之樓梯間、昇降機間之梯廳，其淨深度不得小於二公尺；其梯廳面積未超過該層樓地板面積百分之十部分，得不計入該層樓地板面積。但每層陽臺面積與梯廳面積之和超過該層樓地板面積之百分之十五部分者，應計入該層樓地板面積；無共同使用梯廳之住宅用途使用者，每層陽臺面積之和，在該層樓地板面積百分之十二點五或未超過八平方公尺部分，得不計入容積總樓地板面積。

二　二分之一以上透空之遮陽板，其深度在二公尺以下者，或露臺或法定騎樓或本編第一條第九款第一目屋頂突出物或依法設置之防空避難設備、裝卸、機電設備、安全梯之梯間、緊急昇降機之機道、特別安全梯與緊急昇降機之排煙室及依公寓大廈管理條例規定之管理委員會使用空間，得不計入容積總樓地板面積。但機電設備空間、安全梯之梯間、緊急昇降機之機道、特別安全梯與緊急昇降機之排煙室及管理委員會使用空間面積之和，除依規定僅須設置一座直通樓梯之建築物，不得超過都市計畫法規及非都市土地使用管制規則規定該基地容積之百分之十外，其餘不得超過該基地容積之百分之十五。

三　建築物依都市計畫法令或本編第五十九條規定設置之停車空間、獎勵增設停車空間及未設置獎勵增設停車空間之自行增設停車空間，得不計入容積總樓地板面積。但面臨超過十二公尺道路之一棟一戶連棟建築物，除汽車車道外，其設置於地面層之停車空間，應計入容積總樓地板面積。

②前項第二款之機電設備空間係指電氣、電信、燃氣、給水、排水、空氣調節、消防及污物處理等設備之空間。但設於公寓大廈專有部分或約定專用部分之機電設備空間，應計入容積總樓地板面積。

第一六三條

①基地內各幢建築物間及建築物至建築線間之通路，得計入法定空地面積。

②基地內通路之寬度不得小於左列標準，但以基地內通路爲進出道路之建築物，其總樓地板之面積合計在一、○○○平方公尺以上者，通路寬度爲六公尺。

一　長度未滿十公尺者爲二公尺。

二　長度在十公尺以上未滿二十公尺者爲三公尺。

三　長度在二十公尺以上者爲五公尺。

③基地內通路爲連通建築線者，得穿越同一基地建築物之地面層，穿越之深度不得超過十五公尺，淨寬並應依前項寬度之規定，淨高至少三公尺，其穿越法定騎樓者，淨高不得少於法定騎樓之高度。該穿越部分得不計入樓地板面積。

④第一項基地內通路之長度，自建築線起算計量至建築物最遠一處之出入口或共同出入口。

第一六四條

建築物高度依下列規定：

一　建築物以三．六比一之斜率，依垂直建築線方向投影於面前道路之陰影面積，不得超過基地臨接面前道路之長度與該道路寬度乘積之半，且其陰影最大不得超過面前道路對側境界線；建築基地臨接面前道路之對側有永久性空地，其陰影面積得加倍計算。陰影及高度之計算如下：

$$As \leqq \frac{L \times Sw}{2}$$

且 $H \leqq 3.6 \,(Sw + D)$

其中

As：建築物以三．六比一之斜率，依垂直建築線方向，投影於面前道路之陰影面積。

L：基地臨接面前道路之長度。

Sw：面前道路寬度（依本編第十四條第一項各款之規定）。

H：建築物各部分高度。

D：建築物各部分至建築線之水平距離。

二　前款所稱之斜率，為高度與水平距離之比值。

第一六四條之一　108

①住宅、集合住宅等類似用途建築物樓板挑空設計者，挑空部分之位置、面積及高度應符合下列規定：

一　挑空部分每住宅單位限設一處，應設於客廳或客餐廳之上方，並限於建築物面向道路、公園、綠地等深度達六公尺以上之法定空地或其他永久性空地之方向設置。

二　挑空部分每處面積不得小於十五平方公尺，各處面積合計不得超過該基地內建築物允建總容積樓地板面積十分之一。

三　挑空樓層高度不得超過六公尺，其旁側之未挑空部分上、下樓層高度合計不得超過六公尺。

②挑空部分計入容積率之建築物，其挑空部分之位置、面積及高度得不予限制。

③第一項用途建築物設置夾層者，僅得於地面層或最上層擇一處設置；設置夾層之樓層高度不得超過六公尺，其未設夾層部分之空間應依第一項第一款及第二款規定辦理。

④第一項用途建築物未設計挑空者，地面一層樓層高度不得超過四點二公尺，其餘各樓層之樓層高度均不得超過三點六公尺。但同一戶空間變化需求而採不同樓板高度之構造設計時，其樓層高度最高不得超過四點二公尺。

⑤第一項挑空部分或第三項未設夾層部分之空間，其設置位置、每處最小面積、各處合計面積與第一項、第三項及前項規定之樓層高度限制，經建造執照預審小組審查同意者，得依其審定結果辦理。

第一六五條

①建築基地跨越二個以上使用分區時，空地及建築物樓地板面積之配置不予限制，但應保留空地面積應依照各分區使用規定，分別計算。

②前項使用分區不包括都市計畫法第三十二條其他使用區及特定專用區。

第一六六條　106

本編第二條、第二條之一、第十四條第一項有關建築物高度限制部分，第十五條、第二十三條、第二十六條、第二十七條，不適用實施容積管制地區。

第一六六條之一

①實施容積管制前已申請或領有建造執照，在建造執照有效期限內，依申請變更設計時法令規定辦理變更設計時，以不增加原核准總樓地板面積及地下各層樓地板面積不移到地面以上樓層者，得依下列規定提高或增加建築物樓層高度或層數，並依本編第一百六十四條規定檢討建築物高度。
一　地面一層樓高度應不超過四點二公尺。
二　其餘各樓層之高度應不超過三點六公尺。
三　增加建築物層數者，應檢討該建築物在冬至日所造成之日照陰影，使鄰近基地有一小時以上之有效日照；臨接道路部分，自道路中心線起算十公尺範圍內，該部分建築物高度不得超過十五公尺。
②前項建築基地位於須經各該直轄市、縣（市）政府都市設計審議委員會審議者，應先報經各該審議委員會審議通過。

第十章　無障礙建築物 101

第一六七條 107

①爲便利行動不便者進出及使用建築物，新建或增建建築物，應依本章規定設置無障礙設施。但符合下列情形之一者，不在此限：
一　獨棟或連棟建築物，該棟自地面層至最上層均屬同一住宅單位且第二層以上僅供住宅使用。
二　供住宅使用之公寓大廈專有及約定專用部分。
三　除公共建築物外，建築基地面積未達一百五十平方公尺或每棟每層樓地板面積均未達一百平方公尺。
②前項各款之建築物地面層，仍應設置無障礙通路。
③前二項建築物因建築基地地形、垂直增建、構造或使用用途特殊，設置無障礙設施確有困難，經當地主管建築機關核准者，得不適用本章一部或全部之規定。
④建築物無障礙設施設計規範，由中央主管建築機關定之。

第一六七條之一 107

居室出入口及具無障礙設施之廁所盥洗室、浴室、客房、昇降設備、停車空間及樓梯應設有無障礙通路通達。

第一六七條之二 101

建築物設置之直通樓梯，至少應有一座爲無障礙樓梯。

第一六七條之三 107

①建築物依本規則建築設備編第三十七條應裝設衛生設備者，除使用類組爲 H-2 組住宅或集合住宅外，每幢建築物無障礙廁所盥洗室數量不得少於下表規定，且服務範圍不得大於三樓層：

建築物規模	無障礙廁所盥洗室數量（處）	設置處所
建築物總樓層數在三層以下者	一	任一樓層

建築物總樓層數超過三層，超過部分每增加三層且有一層以上之樓地板面積超過五百平方公尺者	加設一處	每增加三層之範圍內設置一處

②本規則建築設備編第三十七條建築物種類第七類及第八類，其無障礙廁所盥洗室數量不得少於下表規定：

大便器數量（個）	無障礙廁所盥洗室數量（處）
十九以下	一
二十至二十九	二
三十至三十九	三
四十至四十九	四
五十至五十九	五
六十至六十九	六
七十至七十九	七
八十至八十九	八
九十至九十九	九
一百至一百零九	十
超過一百零九個大便器者，超過部分每增加十個，應增加一處無障礙廁所盥洗室；不足十個，以十個計。	

第一六七條之四 107

建築物設有共用浴室者，每幢建築物至少應設置一處無障礙浴室。

第一六七條之五 107

建築物設有固定座椅席位者，其輪椅觀眾席位數量不得少於下表規定：

固定座椅席位數量（個）	輪椅觀眾席位數量（個）
五十以下	一
五十一至一百五十	二
一百五十一至二百五十	三
二百五十一至三百五十	四
三百五十一至四百五十	五
四百五十一至五百五十	六
五百五十一至七百	七
七百零一至八百五十	八
八百五十一至一千	九
一千零一至五千	超過一千個固定座椅席位者，超過部分每增加一百五十個，應增加一個輪椅觀眾席位；不足一百五十個，以一百五十個計。
超過五千個固定座椅席位者，超過部分每增加二百個，應增加一個輪椅觀眾席位；不足二百個，以二百個計。	

第一六七條之六 110

①建築物法定停車位總數量為五十輛以下者，應至少設置一輛無障礙停車位。

②建築物法定停車位總數量為五十一輛以上者，依下列規定計算設置無障礙停車位數量：

一　建築物使用用途為下表所定單一類別：依該類別基準計算設置。

二　建築物使用用途為下表所定二類別：依各該類別分別計算設置。但二類別或其中一類別之法定停車位數量為五十輛以下者，得按該建築物法定停車位總數量，以法定停車位較多數量之類別基準計算設置，二類別之法定停車位數量相同者，按該建築物法定停車位總數量，以其中一類別基準計算設置。

類別	建築物使用用途	法定停車位數量（輛）	無障礙停車位數量（輛）
第一類	H-2 組住宅或集合住宅	五十一至一百五十	二
		一百五十一至二百五十	三
		二百五十一至三百五十	四
		三百五十一至四百五十	五
		四百五十一至五百五十	六
		超過五百五十輛停車位者，超過部分每增加一百輛，應增加一輛無障礙停車位；不足一百輛，以一百輛計。	
第二類	前類以外建築物	五十一至一百	二
		一百零一至一百五十	三
		一百五十一至二百	四
		二百零一至二百五十	五
		二百五十一至三百	六
		三百零一至三百五十	七
		三百五十一至四百	八
		四百零一至四百五十	九
		四百五十一至五百	十
		五百零一至五百五十	十一
		超過五百五十輛停車位者，超過部分每增加五十輛，應增加一輛無障礙停車位；不足五十輛，以五十輛計。	

第一六七條之七 107

建築物使用類組為 B-4 組者，其無障礙客房數量不得少於下表規定：

客房總數量（間）	無障礙客房數量（輛）
十六至一百	一
一百零一至二百	二
二百零一至三百	三
三百零一至四百	四
四百零一至五百	五
五百零一至六百	六
超過六百間客房者，超過部分每增加一百間，應增加一間無障礙客房；不足一百間，以一百間計。	

第一六八條 （刪除）

第一六九條 （刪除）

第一七〇條 110

公共建築物之適用範圍如下表：

建築物使用類組			建築物之適用範圍
A類	公共集會類	A-1	1. 戲（劇）院、電影院、演藝場、歌廳、觀覽場。 2. 觀眾席面積在二百平方公尺以上之下列場所：音樂廳、文康中心、社教館、集會堂（場）、社區（村里）活動中心。 3. 觀眾席面積在二百平方公尺以上之下列場所：體育館（場）及設施。
		A-2	1. 車站（公路、鐵路、大眾捷運）。 2. 候船室、水運客站。 3. 航空站、飛機場大廈。
B類	商業類	B-2	百貨公司（百貨商場）商場、市場（超級市場、零售市場、攤販集中場）、展覽場（館）、量販店。
		B-3	1. 小吃街等類似場所。 2. 樓地板面積在三百平方公尺以上之下列場所：餐廳、飲食店、飲料店（無陪侍提供非酒精飲料服務之場所，包括茶藝館、咖啡店、冰果店及冷飲店等）、飲酒店（無陪侍，供應酒精飲料之餐飲服務場所，包括啤酒屋）等類似場所。
		B-4	國際觀光旅館、一般觀光旅館、一般旅館。
D類	休閒、文教類	D-1	室內游泳池。
		D-2	1. 會議廳、展示廳、博物館、美術館、圖書館、水族館、科學館、陳列館、資料館、歷史文物館、天文臺、藝術館。 2. 觀眾席面積未達二百平方公尺之下列場所：音樂廳、文康中心、社教館、集會堂（場）、社區（村里）活動中心。 3. 觀眾席面積未達二百平方公尺之下列場所：體育館（場）及設施。
		D-3	小學教室、教學大樓、相關教學場所。
		D-4	國中、高中（職）、專科學校、學院、大學等之教室、教學大樓、相關教學場所。
		D-5	樓地板面積在五百平方公尺以上之下列場所：補習（訓練）班、課後托育中心。
E類	宗教、殯葬類	E	1. 樓地板面積在五百平方公尺以上之寺（寺院）、廟（廟宇）、教堂。 2. 樓地板面積在五百平方公尺以上之殯儀館。

F類	衛生、福利、更生類	F-1	1. 設有十床病床以上之下列場所：醫院、療養院。 2. 樓地板面積在五百平方公尺以上之下列場所：護理之家、屬於老人福利機構之長期照護機構、依長期照顧服務法提供機構住宿式服務之長期照顧服務機構。
		F-2	1. 身心障礙者福利機構、身心障礙者教養機構（院）、身心障礙者職業訓練機構。 2. 特殊教育學校。
		F-3	1. 樓地板面積在五百平方公尺以上之下列場所：幼兒園、兒童及少年福利機構。 2. 發展遲緩兒早期療育中心。
G類	辦公、服務類	G-1	含營業廳之下列場所：金融機構、證券交易場所、金融保險機構、合作社、銀行、郵政、電信、自來水及電力等公用事業機構之營業場所。
		G-2	1. 郵政、電信、自來水及電力等公用事業機構之辦公室。 2. 政府機關（公務機關）。 3. 身心障礙者就業服務機構。
		G-3	1. 衛生所。 2. 設置病床未達十床之下列場所：醫院、療養院。
			公共廁所。
			便利商店。
H類	住宿類	H-1	1. 樓地板面積未達五百平方公尺之下列場所：護理之家、屬於老人福利機構之長期照護機構、依長期照顧服務法提供機構住宿式服務之長期照顧服務機構。 2. 老人福利機構之場所：養護機構、安養機構、文康機構、服務機構。
		H-2	1. 六層以上之集合住宅。 2. 五層以下且五十戶以上之集合住宅。
I類	危險物品類	I	加油（氣）站。

第一七一條至第一七七條之一　（刪除）

第十一章　地下建築物

第一節　一般設計通則

第一七八條

公園、兒童遊樂場、廣場、綠地、道路、鐵路、體育場、停車場等公共設施用地及經內政部指定之地下建築物，應依本章規定。本章未規定者依其他各編章之規定。

第一七九條

本章建築技術用語之定義如左：

一　地下建築物：主要構造物定著於地面下之建築物，包括地下使用單元、地下通道、地下通道之直通樓梯、專用直通樓梯、地下公共設施等，及附設於地面上出入口、通風採光口、機電房等類似必要之構造物。

二　地下使用單元：地下建築物之一部分，供一種或在使用上具有不可區分關係之二種以上用途所構成之區劃單位。

三　地下通道：地下建築物之一部分，專供連接地下使用單元、地下通道直通樓梯、地下公共設施等，及行人通行使用者。

四　地下通道直通樓梯：地下建築物之一部分，專供連接地下通道，且可通達地面道路或永久性空地之直通樓梯。

五　專用直通樓梯：地下使用單元及緩衝區內，設置專供該地下使用單元及緩衝區使用，且可通達地面道路或永久性空地之直通樓梯。

六　緩衝區：設置於地下建築物或地下運輸系統與建築物地下層之連接處，且有專用直通樓梯以供緊急避難之獨立區劃空間。

第一八〇條

地下建築物之用途，除依照都市計畫法省、市施行細則及分區使用管制規則或公共設施多目標使用方案或大眾捷運系統土地聯合開發辦法辦理並得由該直轄市、縣（市）政府依公共安全，公共衛生及公共設施指定之目的訂定，轉報內政部核定之。

第一八一條

①建築物非經當地主管建築機關會同有關機關認定有公益需要、無安全顧慮且其構造、設備應符合本章規定者，不得與基地外之地下建築物、地下運輸系統設施連接。

②前項以地下通道直接連接者，該建築物地面以下之部分及地下通道適用本章規定。但以緩衝區間接連接，並符合下列規定者，不在此限：

一　緩衝區與連接之地下建築物、地下運輸系統及建築物之地下層間應以具有一小時以上防火時效之牆壁、防火門窗等防火設備及該層防火構造之樓地板區劃分隔，防火門窗等防火設備應具有一小時以上之阻熱性，其內部裝修材料應爲耐燃一級材料，且設有通風管道時，其通風管道不得同時貫穿緩衝區與二側建築物之防火區劃。

二　連接緩衝區二側之連接出入口，總寬度均應在三公尺以上，六公尺以下，且任一出入口淨寬度不得小於一點五公尺。連接出入口應設置具有一小時以上防火時效及阻熱性之防火門窗等防火設備，非連接出入口部分不得以防火門窗取代防火區劃牆。

三　緩衝區連接地下建築物、地下運輸系統之出入口防火門窗應爲常時開放式，且應裝設利用煙感應器連動或其他方法控制之自動關閉裝置，並應與所連接地下建築物、地下運輸系統及建築物之中央管理室或防災中心連動監控，使能於災害發生時自動關閉。

四　緩衝區之面積：

$A \geqq W_1^2 + W_2^2$

A：緩衝區之面積（平方公尺），專用直通樓梯面積不得計入。

W_1：緩衝區與地下建築物或地下運輸系統連接部分之出入口總寬度（公尺）。
W_2：緩衝區與建築物地下層連接部分之出入口總寬度（公尺）。

五　緩衝區設置之專用直通樓梯寬度不得小於地下建築物或地下運輸系統連接緩衝區連接出入口總寬度之二分之一，專用直通樓梯分開設置時，其樓梯寬度得合併計算。

六　緩衝區面積之百分之三十以上應挑空至地面層。地面層挑空上方設有頂蓋者，其頂蓋距地面之淨高應在三公尺以上，且其地面以上立面之透空部分應在立面周圍面積三分之一以上。但緩衝區設置水平挑空空間確有困難者，得設置符合本編第一百零二條規定之進風排煙設備，並適用兼用排煙室之相關規定。

七　以緩衝區連接之建築物地下層當層設有燃氣設備及鍋爐設備者，應依本編第二百零一條第二項辦理；瓦斯供氣設備並依本編第二百零六條規定辦理。

八　利用緩衝區與地下建築物或地下運輸系統連接之原有建築物未設置中央管理室或防災中心者，應增設之。

九　緩衝區所連接之建築物及地下建築物或地下運輸系統之中央管理室或防災中心監控，其監控項目應依本規則相關規定設置。雙方之中央管理室或防災中心應設置，專用電話或對講裝置並連接緊急電源，供互相連絡。

十　緩衝區及其專用直通樓梯之空間，得不計入建築面積及容積總樓地板面積。

十一　緩衝區內專供通行及緊急避難使用，不得有營業行爲；牆壁得以耐燃一級材料設置嵌入式廣告物。

第一八二條

①地下建築物應設置中央管理室，各管理室間應設置相互連絡之設備。

②前項中央管理室，應設置專用直通樓梯，與其他部分之間並應以具有二小時以上防火時效之牆壁、防火門窗等防火設備及該處防火構造之樓地板區劃分隔。

第一八三條

地下使用單元臨接地下通道之寬度，不得小於二公尺。自地下使用單元內之任一點，至地下通道或專用直通樓梯出入口之步行距離不得超過二十公尺。

第一八四條

地下通道依左列規定：

一　地下通道之寬度不得小於六公尺，並不得設置有礙避難通行之設施。

二　地下通道之地板面高度不等時應以坡道連接之，不得設置台階，其坡度應小於一比十二，坡道表面並應作止滑處理。

三　地下通道及地下廣場之天花板淨高不得小於三公尺，但至天花板下之防煙壁、廣告物等類似突出部分之下端，得減為二·五公尺以上。

四　地下通道末端不與其他地下通道相連者，應設置出入口通達地面道路或永久性空地，其出入口寬度不得小於該通道之寬度。該末端設有二處以上出入口時，其寬度得合併計算。

第一八五條

①地下通道直通樓梯依左列規定：

一　自地下通道之任一點，至可通達地面道路或永久性空地之直通樓梯口，其步行距離不得大於三十公尺。

二　前款直通樓梯分開設置時，其出入口之距離小於地下通道寬度者，樓梯寬度得合併計算，但每座樓梯寬度不得小於一·五公尺。

②依前二款規定設置之直通樓梯得以坡道代替之，其坡度不得超過一比八，表面應作止滑處理。

第一八六條

①地下使用單元之任一部分或廣告物或其他類似設施，均不得突出地下通道突出物限制線。但供通行及避難必需之方向指標、號誌等不在此限。

②前項突出物限制線應予明確標示，其與地下使用單元之境界線距離並不得大於五〇公分。

第一八七條

地下通道之下水溝及其他類似設施，應以耐磨材料覆蓋之，且不得妨礙通行。

第一八八條

①自地下通道任一點之步行距離六十公尺範圍內，應設置地下廣場，其面積依左列公式計算（附圖示）：

$A \geqq 2(W_1^2 + W_2^2 + \cdots + W_n^2)$

A：地下廣場之面積。（單位：平方公尺）

$W_1 \cdots W_n$：連通廣場各地下通道之寬度。（單位：公尺）

n：連通廣場地下通道之數目。

地下廣場周圍並應設置二座以上可直接通達地面之樓梯。但樓梯面積不得計入廣場面積。

$A_1 \geqq 2(W_1^2 + W_2^2)$

$A_2 \geqq 2(W_2^2 + W_3^2 + W_4^2)$

$A_3 \geqq 2W_3^2$

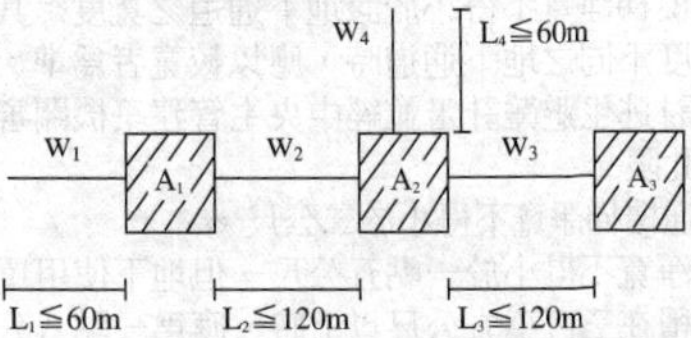

A_1、A_2、A_3：各地下廣場之面積。（單位：平方公尺）

W_1、W_2、W_3、W_4：各地下通道之寬度。（單位：公尺）

$L_1 \cdots L_n$：任一點至地下廣場或地下廣場間之地下通道距離。（單位：公尺）

第一八九條

地下建築物與建築物地下層連接時，其連接部分應以具有一小時以上防火時效之牆壁、防火門窗等防火設備及該處防火構造之樓地板予以區劃分隔，並應設置可通達地面道路或永久性空地之安全梯。但連接部分已設有符合本章規定之直通樓梯者，不在此限。

第一九〇條

道路、公園廣場等類似用地範圍內之地下建築物，其頂蓋與地盤面之間距應配合週圍環境條件保持必要距離，供各類公共設施之埋設。其間距由主管建築機關協商有關機關訂定之，但道路部分不得少於三公尺。

第一九一條

地下建築物設置於地盤面上之進、排風口、樓梯間出入口等類似設施，設置於人行道上時，該人行道應保持三公尺以上之淨寬。

第一九二條

地下通道直通樓梯之平台及上下端第一梯級各部分半徑三公尺內之牆面不得設置地下使用單元之出入口及其他開口。但直通樓梯為安全梯不在此限。

第一九三條

地下通道臨接樓地板面積合計在一、〇〇〇平方公尺以上地下使用單元者，應在該部分通道任一點之視線範圍內設置開向地面之天窗或其他類似之開口。但於該通道內設有合於左列規定之地下通道直通樓梯者，不在此限：

一　直通樓梯為安全梯者。

二　自地下通道任一點至樓梯間之步行距離小於二十公尺。

三　直通樓梯地面出入口直接面臨道路或永久性空地，或利用具有一小時以上防火時效之牆壁、防火門窗等防火設備及該處防火構造之樓地板區劃而成之通道通達道路或永久性空地者。

第一九四條

①本章規定應設置之直通樓梯淨寬應依左列規定：

一　地下通道直通樓梯淨寬不得小於該地下通道之寬度；其臨接二條以上寬度不同之地下通道時，應以較寬者為準。但經由起造人檢討逃生避難計畫並經中央主管建築機關審核認可者，不在此限。

二　地下廣場之直通樓梯淨寬不得小於二公尺。

三　專用直通樓梯淨寬不得小於一點五公尺。但地下使用單元之總樓地板面積在三百平方公尺以上時，應為一點八公尺以上。

②前項直通樓梯級高應在十八公分以下，級深應在二十六公分公上。樓梯高度每三公尺以內應設置平台，為直梯者，其深度不得小於一點五公尺；為轉折梯者，其深度不得小於樓梯寬度。

第一九四條之一　（刪除）

第二節　建築構造

第一九五條

地下建築物之頂版、外牆、底版等直接與土壤接觸部分，應採用水密性混凝土。

第一九六條

地下建築物各部分所受之水平力，不得小於該部分之重量與震力係數之乘積，震力係數應以左列公式計算：

$$C' \geqq 0.075\left(1-\frac{H}{40}\right)Z$$

C：地下震力分佈係數。

H：公尺，地下建築物各部分距地盤面之深度，超過二十公尺時，以二十公尺計。

Z：震區係數。

第一九七條

地下建築物之上部為道路時，其設計載重應包括該道路設計載重之影響及覆土載重。

第一九八條

地下建築物應調查基地地下水位之變化，根據雨季之最高水位計算其上揚力，並做適當之設計及因應措施以防止構造物之上浮。

第一九九條

地下建築物應於適當位置設置地下水位觀測站，以供隨時檢討其受水浮力之影響。

第二〇〇條

地下建築物間之連接部分，必要時應設置伸縮縫，其止水帶及貫通之各管線，應有足夠之強度及韌性以承受其不均勻之沈陷。

第三節　建築物之防火

第二〇一條

①地下使用單元與地下通道間，應以具有一小時以上防火時效之牆壁、防火門窗等防火設備及該處防火構造之樓地板予以區劃分隔。

②設有燃氣設備及鍋爐設備之使用單元等，應儘量集中設置，且與其他使用單元之間，應以具有一小時以上防火時效之牆壁、防火門窗等防火設備及該處防火構造之樓地板予以區劃分隔。

第二〇二條

①地下建築物供地下使用單元使用之總樓地板面積在一、〇〇〇平方公尺以上者，應按每一、〇〇〇平方公尺，以具有一小時以上防火時效之牆壁、防火門窗等防火設備及該處防火構造之樓地板予以區劃分隔。

②供地下通道使用，其總樓地板面積在一、五〇〇平方公尺以上者，應按每一、五〇〇平方公尺，以具有一小時以上防火時效之牆壁、防火門窗等防火設備及該處防火構造之樓地板予以區劃分隔。且每一區劃內，應設有地下通道直通樓梯。

第二〇三條

①超過一層之地下建築物，其樓梯、昇降機道、管道及其他類似部分，與其他部分之間，應以具有一小時以上防火時效之牆壁、防火門窗等防火設備予以區劃分隔。樓梯、昇降機道裝設之防火設備並應具有遮煙性能。管道間之維修門應具有一小時以上防火時效及遮煙性能。

②前項昇降機道前設有昇降機間且併同區劃者，昇降機間出入口裝設具有遮煙性能之防火設備時，昇降機道出入口得免受應裝設具遮煙性能防火設備之限制；昇降機間出入口裝設之門非防火設備但開啓後能自動關閉且具有遮煙性能時，昇降機道出入口之防火設備得免受應具遮煙性能之限制。

第二〇四條

地下使用單元之隔間、天花板、地下通道、樓梯等，其底材、表面材之裝修材料及標示設施、廣告物等均應爲不燃材料製成者。

第二〇五條

給水管、瓦斯管、配電管及其他管路均應以不燃材料製成，其貫通防火區劃時，貫穿部位與防火區劃合成之構造應具有二小時以上之防火時效。

第二〇六條

地下建築物內不得存放使用桶裝液化石油氣。瓦斯供氣管路應依左列規定：

一　燃氣用具應使用金屬管、金屬軟管或瓦斯專用軟管與瓦斯出口栓連接，並應附設自動熄火安全裝置。

二　瓦斯供氣幹管應儘量減少而單純化，表面顏色應爲鉻黃色。

三　天花板內有瓦斯管路時，天花板每隔三十公尺內，應設檢查口一處。

四　中央管理室應設有瓦斯漏氣自動警報受信總機及瓦斯供氣緊急遮斷裝置。

五　廚房應設煙罩及直通戶外之排煙管，並配置適當之乾粉或二氧化碳滅火器。

第四節　防火避難設施及消防設備

第二〇七條

地下建築物設置自動撒水設備，應依左列規定：

一　撒水頭應裝設於天花板面及天花板內。但符合下列情形者得設於天花板內，天花板面免再裝設：

㈠天花板內之高度未達〇．五公尺者。

㈡天花板採挑空花格構造者。

二　每一撒水頭之防護面積及水平間距，應依下列規定：

㈠廚房等設有燃氣用具之場所，每一撒水頭之防護面積不得大於六平方公尺，撒水頭間距，不得大於三公尺。

㈡前目以外之場所，每一撒水頭之防護面積不得大於九平方公尺，間距不得大於三．五公尺。

三　水源容量不得小於三十個撒水頭連續放水二十分鐘之水量。

第二〇八條

地下建築物，應依場所特性及環境狀況，每一〇〇平方公尺範圍內配置適當之泡沫、乾粉或二氧化碳滅火器一具，滅火器之裝設依左列規定：

一　滅火器應分別固定放置於取用方便之明顯處所。

二　滅火器應即可使用。

三　懸掛於牆上或放置於消防栓箱中之滅火器，其上端與樓地板面之距離，十八公斤以上者不得超過一公尺。

第二〇九條

地下建築物應依左列規定設置消防隊專用出水口：

一　每層每二十五公尺半徑範圍內應設一處口徑六十三公厘附快式接頭消防栓，其距離樓地板面之高度不得大於一公尺，並不得小於五十公分。

二　消防栓應裝設在樓梯間或緊急用升降機間等附近，便於消防隊取用之位置。

三　消防立管之內徑不得小於一〇〇公厘。

第二一〇條

①地下建築物應設置左列漏電警報設備：

一　漏電檢出機：其感度電流最高值應在一安培以下。

二　受信總機：應具有配合開關設備，自動切斷電路之機能。

②前項漏電警報設備應與火警自動警報設備併設但須區分之。

第二一一條

地下使用單元等使用瓦斯之場所，均應設置左列瓦斯漏氣自動警報設備：

一　瓦斯漏氣探測設備：依燃氣種類及室內氣流情形適當配置。

二　警報裝置。

三　受信總機。

第二一二條

地下建築物應依左列規定設置標示設備：

一　出口標示燈：各層通達安全梯、或另一防火區劃之防火門上方及地坪，均應設置標示燈。

二　方向指示：凡通往樓梯、地面出入口等之通道或廣場，均應於樓梯口、廣場或通道轉彎處，設置位置指示圖及避難方向指標。

三　避難方向指示燈：設置避難方向指標下方距地板面高度一公尺範圍內，且在其正下方五十公分處應具有一勒克斯以上之照度。

第二一三條

①地下建築物內設置之左列各項設備應接至緊急電源：

一　室內消防栓：自動消防設備（自動撒水、自動泡沫滅火、水霧自動撒水、自動乾粉滅火、自動二氧化碳、自動揮發性液體等消防設備）。

二　火警自動警報設備。

三　漏電自動警報設備。

四　出口標示燈、緊急照明、避難方向指示燈、緊急排水及排煙設備。

五　瓦斯漏氣自動警報設備。

六　緊急用電源插座。

七　緊急廣播設備。

②各緊急供電設備之控制及監視系統應集中於中央管理室。

第二一四條

地下通道地板面之水平面，應有平均十勒克斯以上之照度。

第二一五條

地下使用單元樓地板面積在五〇〇平方公尺以上者，應設置排煙設備。但每一〇〇平方公尺以內以分間牆或防煙壁區劃分隔者不在此限。地下通道之排煙設備依左列規定：

一　地下通道應按其樓地板面積每三〇〇平方公尺以內，以自天花板面下垂八十公分以上之防煙壁，或其他類似防止煙流動之設施，予以區劃分隔。

二　前款用以區劃之壁體，或其他類似之設施，應為不燃材料，或為不燃材料被覆者。

三　依第一款之每一區劃，至少應配置一處排煙口。排煙口應開設在天花板或天花板下八十公分範圍內之牆壁，並直接與排煙風道連接。

四　排煙口之開口面積，在該防煙區劃樓地板面積之百分之二以上，且直接與外氣連接者，免設排煙機。

五　排煙機得由二個以上防煙區劃共用之；每分鐘不得少於三〇〇立方公尺。地下通道總排煙量每分鐘不得少於六〇〇立方公尺。

第二一六條

地下通道之緊急排水設備，應依左列規定：

一　排水管、排水溝及陰井等及其他與污水有關部分之構造，應為耐水且為不燃材料。

二　排水設備之處理能力，應為消防設備用水量及污水排水量總和之二倍。
三　排水管或排水溝等之末端，不得與公共下水道、都市下水道等類似設施直接連接。
四　地下通道之地面層出入口，應設置擋水設施。

第二一七條
地下通道之緊急照明設備，應依左列規定：
一　地下通道之地板面，應具有平均十勒克斯以上照度。
二　照明器具（包括照明燈蓋等之附件），除絕緣材料及小零件外，應由不燃材料所製成或覆蓋。
三　光源之燈罩及其他類似部分之最下端，應在天花板面（無天花板時為版）下五十公分內之範圍。

第五節　空氣調節及通風設備

第二一八條
地下建築物之空氣調節應按地下使用單元部分與地下通道部分，分別設置空氣調節系統。

第二一九條
①地下建築物，其樓地板面積在一、〇〇〇平方公尺以上之樓層，應設置機械送風及機械排風；其樓地板面積在一、〇〇〇平公尺以下之樓層，得視其地下使用單元之配置狀況，擇一設置機械送風及機械排風系統、機械送風及自然排風系統、或自然送風及機械排風系統。
②前項之通風系統，並應使地下使用單元及地下通道之通風量有均等之效果。

第二二〇條
依前條設置之通風系統，其通風量應依左列規定：
一　按樓地板面積每平方公尺應有每小時三十立方公尺以上之新鮮外氣供給能力。但使用空調設備者每小時供給量得減為十五立方公尺以上。
二　設置機械送風及機械排風者，平時之給氣量，應經常保持在排氣量之上。
三　各地下使用單元應設置進風口或排風口，平時之給氣量並應大於排氣量。

第二二一條
廚房、廁所及緊急電源室（不包括密閉式蓄電池室），應設專用排氣設備。

第二二二條
①新鮮空氣進氣口應有防雨、防蟲、防鼠、防塵之構造，且應設於地面上三公尺以上之位置。該位置附近之空氣狀況，經主管機關認定不合衛生條件者，應設置空氣過濾或洗淨設備。
②設置空氣過濾或洗淨設備者，在不妨礙衛生情況下，前項之高

度得不受限制。

第二二三條

地下建築物內之通風，空調設備，其在送風機側之風管，應設置直徑十五公分以上可開啓之圓形護蓋以供測量風量使用。

第二二四條

通風機械室之天花板高度不得小於二公尺，且電動機、送風機、及其他通風機械設備等，應距周圍牆壁五十公分以上。但動力合計在〇．七五千瓦以下者，不在此限。

第六節　環境衛生及其他

第二二五條

地下使用單元之樓地板面，不得低於其所臨接之地下通道面，但在防水及排水上無礙者，不在此限。

第二二六條

① 地下建築物，應設有排水設備及可供垃圾集中處理之處所。

② 排水設備之處理能力不得小於地下建築物平均日排水量除以平均日供水時間之値的二倍。

第十二章　高層建築物

第一節　一般設計通則

第二二七條

本章所稱高層建築物，係指高度在五十公尺或樓層在十六層以上之建築物。

第二二八條

高層建築物之總樓地板面積與留設空地之比，不得大於左列各値：

一　商業區：三十。

二　住宅區及其他使用分區：十五。

第二二九條

① 高層建築物應自建築線及地界線依落物曲線距離退縮建築。但建築物高度在五十公尺以下部分得免退縮。

② 落物曲線距離爲建築物各該部分至基地地面高度平方根之二分之一。

第二三〇條

① 高層建築物之地下各層最大樓地板面積計算公式如左：

$AO \leqq (1 + Q) A / 2$

AO：地下各層最大樓地板面積。

A：建築基地面積。

Q：該基地最大建蔽率。

② 高層建築物因施工安全或停車設備等特殊需要，經預審認定有增加地下各層樓地板面積必要者，得不受前項限制。

第二三一條　（刪除）
第二三二條　（刪除）110
第二三三條
①高層建築物在二層以上，十六層或地板面高度在五十公尺以下之各樓層，應設置緊急進口。但面臨道路或寬度四公尺以上之通路，且各層之外牆每十公尺設有窗戶或其他開口者，不在此限。
②前項窗戶或開口應符合本編第一百零八條第二項之規定。

第二節　建築構造

第二三四條
高層建築物有左列情形之一者，應提出理論分析，必要時得要求提出結構試驗作為設計評估之依據。
一　基地地面以上高度超過七十五公尺者。
二　結構物之立面配置有勁度、質量、立面幾何不規則；抵抗側力之豎向構材於其立面內明顯轉折或不連續、各層抵抗側力強度不均勻者。
三　結構物之平面配置導致明顯扭曲、轉折狀、橫隔板不連續、上下層平面明顯退縮或錯位、抵抗側力之結構系統不互相平行者。
四　結構物立面形狀之塔狀比（高度／短邊長度）為四以上者。
五　結構體為鋼筋混凝土造、鋼骨造或鋼骨鋼筋混凝土造以外者。
六　建築物之基礎非由穩定地盤直接支承，或非以剛強之地下工程支承於堅固基礎者。
七　主體結構未採用純韌性立體剛構架或韌性立體剛構架與剪力牆或斜撐併用之系統者。
八　建築物之樓板結構未具足夠之勁度與強度以充分抵抗及傳遞樓板面內之水平力者。
第二三五條
作用於高層建築物地上各樓層之設計用地震力除依本規則建築構造編第一章第五節規定外，並應經動力分析檢討，以兩者地震力取其合理值。
第二三六條
①高層建築物依設計用風力求得之結構體層間位移角不得大於千分之二．五。
②高層建築物依設計地震力求得之結構體層間位移所引致之二次力矩，倘超過該層地震力矩之百分之十，應考慮二次力矩所衍生之構材應力與層間位移。
第二三七條
高層建築物之基礎應確定其於設計地震力、風力作用下不致上浮或傾斜。

第二三八條

高層建築物為確保地震時之安全性，應檢討建築物之極限層剪力強度，極限層剪力強度應為彈性設計內所述設計用地震力作用時之層剪力之一·五倍以上。但剪力牆之剪力強度應為各該剪力牆設計地震力之二·五倍以上，斜撐構造之剪力強度應為各該斜撐構造設計地震力之二倍以上。

第二三九條

高層建築物結構之細部設計應使構造具有所要求之強度及足夠之韌性，使用之構材及構架之力學特性，應經由實驗等證實，且在製作及施工上皆無問題者。柱之最小設計用剪力為長期軸壓力之百分之五以上。

第二四〇條 （刪除）

第三節　防火避難設施

第二四一條

①高層建築物應設置二座以上之特別安全梯並應符合二方向避難原則。二座特別安全梯應在不同平面位置，其排煙室並不得共用。

②高層建築物連接特別安全梯間之走廊應以具有一小時以上防火時效之牆壁、防火門窗等防火設備及該樓層防火構造之樓地板自成一個獨立之防火區劃。

③高層建築物通達地板面高度五十公尺以上或十六層以上樓層之直通樓梯，均應為特別安全梯，且通達地面以上樓層與通達地面以下樓層之梯間不得直通。

第二四二條

高層建築物昇降機道併同昇降機間應以具有一小時以上防火時效之牆壁、防火門窗等防火設備及該處防火構造之樓地板自成一個獨立之防火區劃。昇降機間出入口裝設之防火設備應具有遮煙性能。連接昇降機間之走廊，應以具有一小時以上防火時效之牆壁、防火門窗等防火設備及該層防火構造之樓地板自成一個獨立之防火區劃。

第二四三條

①高層建築物地板面高度在五十公尺或樓層在十六層以上部分，除住宅、餐廳等係建築物機能之必要時外，不得使用燃氣設備。

②高層建築物設有燃氣設備時，應將燃氣設備集中設置，並設置瓦斯漏氣自動警報設備，且與其他部分應以具一小時以上防火時效之牆壁、防火門窗等防火設備及該層防火構造之樓地板予以區劃分隔。

第二四四條

高層建築物地板面高度在五十公尺以上或十六層以上之樓層應設置緊急昇降機間，緊急用昇降機載重能力應達十七人（一千一百五十公斤）以上，其速度不得小於每分鐘六十公尺，且自避難層至最上層應在一分鐘內抵達爲限。

第四節　建築設備

第二四五條

高層建築物之配管立管應考慮層間變位，一般配管之容許層間變位爲二百分之一，消防、瓦斯等配管爲百分之一。

第二四六條

高層建築物配管管道間應考慮維修及更換空間。瓦斯管之管道間應單獨設置。但與給水管或排水管共構設置者，不在此限。

第二四七條 110

①高層建築物各種配管管材均應以不燃材料製成或包覆，其貫穿防火區劃之施作應符合本編第八十五條、第八十五條之一規定。

②高層建築物內之給排水系統，屬防火區劃管道間內之幹管管材或貫穿區劃部分已施作防火填塞之水平支管，得不受前項不燃材料規定之限制。

第二四八條

設置於高層建築物屋頂上或中間設備層之機械設備應符合下列規定：

一　應固定於建築物主要結構上，其支承系統除須有避震設施外，並須符合本規則建築構造編之相關規定。

二　主要部分構材應爲不燃材料製成。

第二四九條

設置於高層建築物內、屋頂層或中間樓層或地下層之給水水箱，其設計應考慮結構體之水平變位，箱體不得與建築物其他部分兼用，並應可從外部對箱體各面進行維修檢查。

第二五〇條

高層建築物給水設備之裝置系統內應保持適當之水壓。

第二五一條

①高層建築物應另設置室內供消防隊專用之連結送水管，其管徑應爲一百公厘以上，出水口應爲雙口形。

②高層建築物高度每超過六十公尺者，應設置中繼幫浦，連結送水管三支以下時，其幫浦出水口之水量不得小於二千四百公升／分，每增加一支出水量加八百公升／分，至五支爲止，出水口之出水壓力不得小於三．五公斤／平方公分。

第二五二條

六十公尺以上之高層建築物應設置光源俯角十五度以上，三百六十度方向皆可視認之航空障礙燈。

第二五三條

高建築物之避雷設備應考慮雷電側擊對應措施。

第二五四條

①高層建築物設計時應考慮不得影響無線通信設施及鄰近地區電視收訊。若有影響，應於屋頂突出物提供適當空間供電信機構

裝設通信設施，或協助鄰近地區改善電視收訊。

②前項電視收訊改善處理原則，由直轄市、縣（市）政府定之。

第二五五條

高層建築物之防災設備所用強弱電之電線電纜應採用強電三十分鐘、弱電十五分鐘以上防火時效之配線方式。

第二五六條

高層建築物之升降設備應依居住人口、集中率、動線等三者計算交通量，以決定適當之電梯數量及載容量。

第二五七條

①高層建築物每一樓層均應設置火警自動警報設備，其十一層以上之樓層以設置偵煙型探測器爲原則。

②高層建築物之各層均應設置自動撒水設備。但已設有其他自動滅火設備者，其於有效防護範圍，內得免設置。

第二五八條

高層建築物火警警鈴之設置，其鳴動應依下列規定：

一　起火層爲地上二層以上時，限該樓層與其上兩層及其下一層鳴動。

二　起火層爲地面層時，限該樓層與其上一層及地下層各層鳴動。

三　起火層爲地下層時，限地面層及地下層鳴動。

第二五九條

①高層建築物應依左列規定設置防災中心：

一　防災中心應設於避難層或其直上層或直下層。

二　樓地板面積不得小於四十平方公尺。

三　防災中心應以具有二小時以上防火時效之牆壁、防火門窗等防火設備及該層防火構造之樓地板予以區劃分隔，室內牆面及天花板（包括底材），以耐燃一級材料爲限。

四　高層建築物左列各種防災設備，其顯示裝置及控制應設於防災中心：

㈠電氣、電力設備。

㈡消防安全設備。

㈢排煙設備及通風設備。

㈣昇降及緊急昇降設備。

㈤連絡通信及廣播設備。

㈥燃氣設備及使用導管瓦斯者，應設置之瓦斯緊急遮斷設備。

㈦其他之必要設備。

②高層建築物高度達二十五層或九十公尺以上者，除應符合前項規定外，其防災中心並應具備防災、警報、通報、滅火、消防及其他必要之監控系統設備；其應具功能如左：

一　各種設備之記錄、監視及控制功能。

二　相關設備運動功能。

三　提供動態資料功能。

四　火災處理流程指導功能。

五　逃生引導廣播功能。

六　配合系統型式提供模擬之功能。

第十三章　山坡地建築

第一節　山坡地基地不得開發建築認定基準

第二六〇條

本章所稱山坡地，指依山坡地保育利用條例第三條之規定劃定，報請行政院核定公告之公、私有土地。

第二六一條

本章建築技術用語定義如左：

一　平均坡度：係指在比例尺不小於一千二百分之一實測地形圖上依左列平均坡度計算法得出之坡度值：

㈠在地形圖上區劃正方格坵塊，其每邊長不大於二十五公尺。圖示如左：

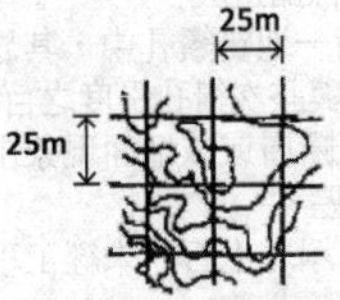

㈡每格坵塊各邊及地形圖等高線相交點之點數，記於各方格邊上，再將四邊之交點總和註在方格中間。圖示如左：

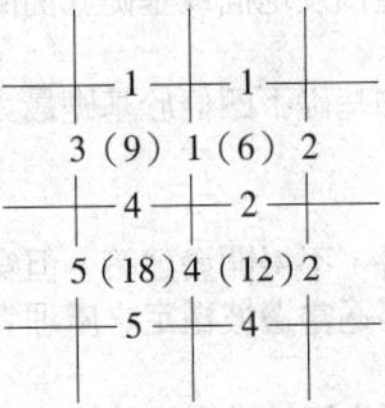

㈢依交點數及坵塊邊長，求得坵塊內平均坡度（S）或傾斜角（θ），計算公式如左：

$$S(\%)=\frac{n\pi h}{8L}\times 100\%$$

S：平均坡度（百分比）。

h：等高線首曲線間距（公尺）。

L：方格（坵塊）邊長（公尺）。

n：等高線及方格線交點數。

π：圓周率（3.14）。

㈠在坵塊圖上，應分別註明坡度計算之結果。圖示如左：

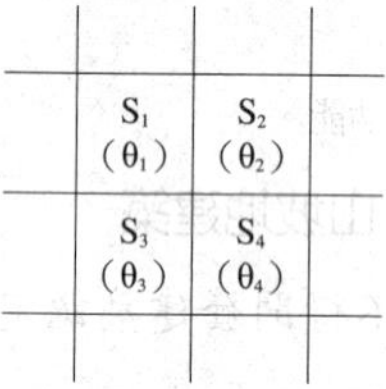

二　順向坡：與岩層面或其他規則而具延續性之不連續面大致同向之坡面。圖示如左：

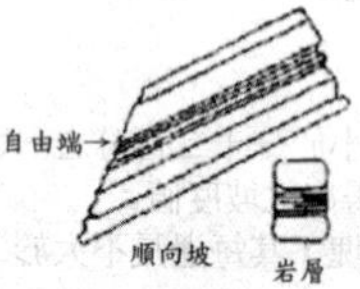

三　自由端：岩層面或不連續面裸露邊坡。

四　岩石品質指標（RQD）：指一地質鑽孔中，其岩心長度超過十公分部分者之總長度，與該次鑽孔長度之百分比。

五　活動斷層：指有活動記錄之斷層或依地面現象由學理推論認定之活動斷層及其推衍地區。

六　廢土堆：人工移置或自然崩塌之土石而未經工程壓密或處理者。

七　坑道：指各種礦坑、涵洞及其他未經工程處理之地下空洞。

八　坑道覆蓋層：指地下坑道頂及地面或基礎底面間之覆蓋部分。

九　有效應力深度：指構造物基礎下四倍於基礎最大寬度之深度。

第二六二條 105

①山坡地有下列各款情形之一者，不得開發建築。但穿過性之道路、通路或公共設施管溝，經適當邊坡穩定之處理者，不在此限：

一　坡度陡峭者：所開發地區之原始地形應依坵塊圖上之平均坡度之分布狀態，區劃成若干均質區。在坵塊圖上其平均坡度超過百分之三十者。但區內最高點及最低點間之坡度小於百分之十五，且區內不含顯著之獨立山頭或跨越主嶺線者，不在此限。

二　地質結構不良、地層破碎或順向坡有滑動之虞者：

㈠順向坡傾角大於二十度，且有自由端，基地面在最低潛在滑動面外側地區。圖示如下：

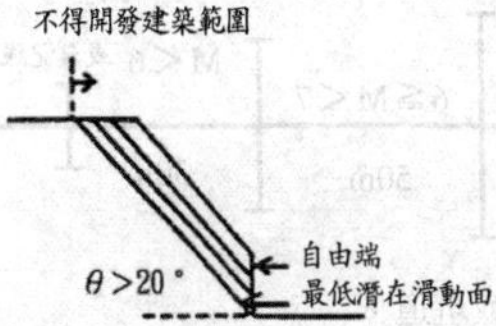

㈡自滑動面透空處起算之平面型地滑波及範圍，且無適當擋土設施者。其公式及圖式如下：

$$D \geqq \frac{H}{2\tan\theta}$$

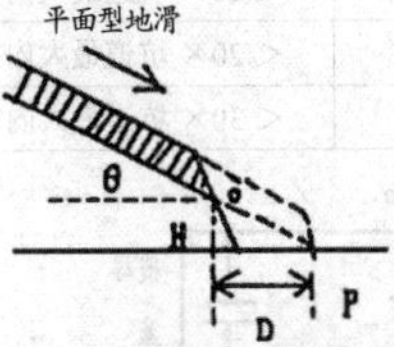

D：自滑動面透空處起算之波及距離（m）。

θ：岩層坡度。

H：滑動面透空處高度（m）。

㈢在預定基礎面下，有效應力深度內，地質鑽探岩心之岩石品質指標（RQD）小於百分之二十五，且其下坡原地形坡度超過百分之五十五，坡長三十公尺者，距坡緣距離等於坡長之範圍，原地形呈明顯階梯狀者，坡長自下段階地之上坡腳起算。圖示如下：

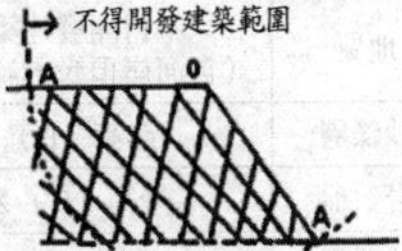

三　活動斷層：依歷史上最大地震規模（M）劃定在下表範圍內者：

歷史地震規模	不得開發建築範圍
M ≧ 7	斷層帶二外側邊各一百公尺
7 ＞ M ≧ 6	斷層帶二外側邊各五十公尺
M ＜ 6 或無記錄者	斷層帶二外側邊各三十公尺內

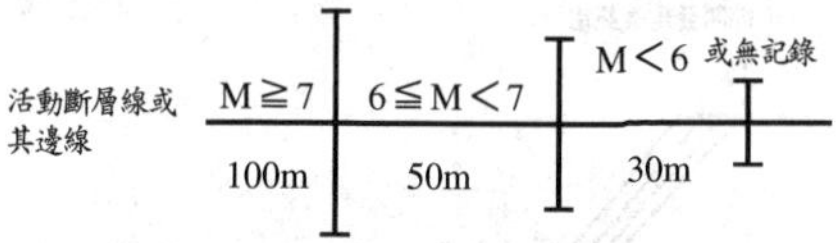

四　有危害安全之礦場或坑道：

㈠在地下坑道頂部之地面，有與坑道關連之裂隙或沈陷現象者，其分布寬度二側各一倍之範圍。

㈡建築基礎（含樁基）面下之坑道頂覆蓋層在下表範圍者：

岩盤健全度	坑道頂至建築基礎面坑之厚度
RQD ≦ 75%	＜ 10× 坑道最大內徑（M）
50% ≦ RQD ＜ 75%	＜ 20× 坑道最大內徑（M）
RQD ＜ 50%	＜ 30× 坑道最大內徑（M）

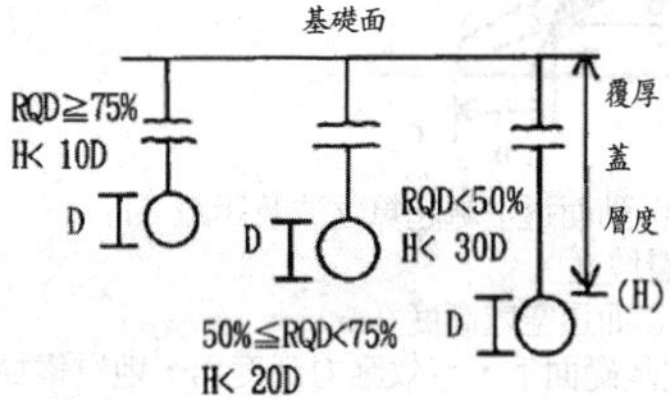

五　廢土堆：廢土堆區內不得開發爲建築用地。但建築物基礎穿越廢土堆者，不在此限。

六　河岸或向源侵蝕：

㈠自然河岸高度超過五公尺範圍者：

河岸邊坡之角度（θ）	地質	不得開發建築範圍（自河岸頂緣內計之範圍）
θ ≧ 60°	砂礫層	岸高（H）×1
	岩　盤	岸高（H）×2/3
45° ≦ θ ＜ 60°	砂礫層	岸高（H）×2/3
	岩　盤	岸高（H）×1/2
θ ＜ 45°	砂礫層	岸高（H）×1/2
	岩　盤	岸高（H）×1/3

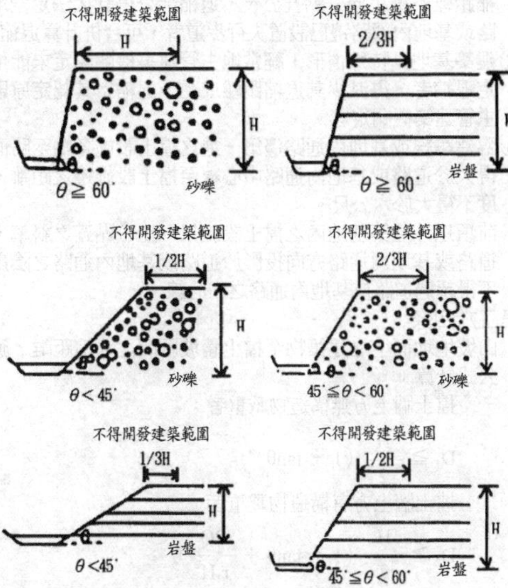

㈡在前目表列範圍內已有平行於河岸之裂隙出現者，則自裂隙之內緣起算。

七　洪患：河床二岸低地，過去洪水災害記錄顯示其周期小於十年之範圍。但已有妥善之防洪工程設施並經當地主管建築機關認為無礙安全者，不在此限。

八　斷崖：斷崖上下各二倍於斷崖高度之水平距離範圍內。但地質上或設有適當之擋土設施並經當地主管建築機關認為安全無礙者，不在此限。

②前項第六款河岸包括海崖、階地崖及臺地崖。

③第一項第一款坵塊圖上其平均坡度超過百分之五十五者，不得計入法定空地面積；坵塊圖上其平均坡度超過百分之三十且未逾百分之五十五者，得作為法定空地或開放空間使用，不得配置建築物。但因地區之發展特性或特殊建築基地之水土保持處理與維護之需要，經直轄市、縣（市）政府另定適用規定者，不在此限。

④建築基地跨越山坡地與非山坡地時，其非山坡地範圍有礦場或坑道者，適用第一項第四款規定。

第二節　設計原則

第二六三條 108

①建築基地應自建築線或基地內通路邊退縮設置人行步道，其退

縮距離不得小於一點五公尺，退縮部分得計入法定空地。但道路或基地內通路邊已設置人行步道者，可合併計算退縮距離。

②建築基地具特殊情形，經當地主管建築機關認定未能依前項規定退縮者，得減少其退縮距離或免予退縮；其認定原則由當地主管建築機關定之。

③臨建築線或基地內通路邊第一進之擋土設施各點至路面高度不得大於道路或基地內通路中心線至擋土設施邊之距離，且其高度不得大於六公尺。

④前項以外建築基地內之擋土設施以一比一點五之斜率，依垂直道路或基地內通路方向投影於道路或基地內通路之陰影，最大不得超過道路或基地內通路之中心線。

第二六四條

山坡地地面上之建築物至擋土牆坡腳間之退縮距離，應依左列公式計算：

一　擋土牆上方無構造物載重者：

$$D_1 \geqq \frac{H}{2}(1+\tan\theta)$$

二　擋土牆上方有構造物載重者：

$$D_2 \geqq \frac{H}{2}\left(1+\tan\theta+\frac{2Q}{r_1H^2}\right)$$

三　擋土牆後方為順向坡者：

$$D_3 \geqq \frac{H}{2}\left(1+\tan\theta+\frac{2Q}{r_1H^2}\right)+\frac{3L}{H}\left(\frac{2H\tan\theta}{\sqrt{1+\tan^2\theta}}-C\right)$$

D_1、D_2、D_3：建築物外牆各點與擋土牆坡腳間之水平距離（m）。

H：第一進擋土牆坡頂至坡腳之高度（m）。

θ：第一進擋土牆上方邊坡坡度。

Q：擋土牆上方D_1範圍內淺基礎構造物單位長度載重（t/m）。

r_1：擋土牆背填土單位重量（t/m^3）。

C：順向坡滑動界面之抗剪強度（t/m^2）。

L：順向坡長度（m）。

第二六五條

基地地面上建築物外牆距離高度一點五公尺以上之擋土設施者，其建築物外牆與擋土牆設施間應有二公尺以上之距離。但建築物外牆各點至高度三點六公尺以上擋土設施間之水平距離，應依左列公式計算：

$$D \geqq 2+\frac{H-3.6}{4}$$

H：擋土設施各點至坡腳之高度。

D：建築物外牆各點及擋土設施間之水平距離。

第二六六條

①建築物至建築線間之通路或建築物至通路間設置戶外階梯者，應依左列規定辦理：
一　戶外階梯高度每三公尺應設置平台一處，平台深度不得小於階梯寬度。但平台深度大於二公尺者，得免再增加其寬度。
二　戶外階梯每階之級深及級高，應依左列公式計算：
$2R + T \geqq 64$（CM）且 $R \leqq 18$（CM）
R：每階之級高。
T：每階之級深。
三　戶外階梯寬度不得小於一點二公尺。但以戶外階梯為私設通路或基地內通路者，其階梯及平台之寬度應依私設通路寬度之規定。
②以坡道代替前項戶外階梯者，其坡度不得大於一比八。

第二六七條

①建築基地地下各層最大樓地板面積計算公式如左：
$A_0 < (1 + Q) A / 2$
A_0：地下各層最大樓地板面積。
A：建築基地面積。
Q：該基地之最大建蔽率。
②建築物因施工安全或停車設備等特殊需要，經主管建築機關審定有增加地下各層樓地板面積必要者，得不受前項限制。
③建築基地內原有樹木，其距離地面一公尺高之樹幹周長大於五十公分以上經列管有案者，應予保留或移植於基地之空地內。

第二六八條

①建築物高度除依都市計畫法或區域計畫法有關規定許可者，從其規定外，不得高於法定最大容積率除以法定最大建蔽率之商乘三點六再乘以二，其公式如左：

$$H \leqq \frac{\text{法定最大容積率}}{\text{法定最大建蔽率}} \times 3.6 \times 2$$

②建築物高度因構造或用途等特殊需要，經目的事業主管機關審定有增加其建築物高度必要者，得不受前項限制。

第十四章　工廠類建築物

第二六九條 110

下列地區之工廠類建築物，除依原獎勵投資條例、原促進產業升級條例或產業創新條例所興建之工廠，或各該工業訂有設廠標準或其他法令另有規定者外，其基本設施及設備應依本章規定辦理：
一　依都市計畫劃定為工業區內之工廠。
二　非都市土地丁種建築用地內之工廠。

第二七〇條

本章用語定義如下：

一　作業廠房：指供直接生產、儲存或倉庫之作業空間。
二　廠房附屬空間：指輔助或便利工業生產設置，可供寄宿及工作之空間。但以供單身員工宿舍、辦公室及研究室、員工餐廳及相關勞工福利設施使用者為限。

第二七一條

①作業廠房單層樓地板面積不得小於一百五十平方公尺。其面積一百五十平方公尺以下之範圍內，不得有固定隔間區劃隔離；面積超過一百五十平方公尺部分，得予適當隔間。
②作業廠房與其附屬空間應以具有一小時以上防火時效之牆壁、樓地板、防火門窗等防火設備區劃用途，並能個別通達避難層、地面或樓梯口。
③前項防火設備應具有一小時以上之阻熱性。

第二七一條之一　102

作業廠房符合下列情形之一者，不受前條第一項單層樓地板面積之限制：

一　中華民國八十二年四月十三日以前完成地籍分割之建築基地，符合直轄市、縣（市）畸零地使用規定，其可建築之單層樓地板面積無法符合前條第一項規定。
二　中華民國八十二年四月十三日以前申請建造執照並已領得使用執照之合法工廠建築物，作業廠房單層樓地板面積不符前條第一項規定，於原建築基地範圍內申請改建或修建。
三　原建築基地可建築之單層樓地板面積符合前條第一項規定，其中部分經劃設為公共設施用地致賸餘基地無法符合規定，或建築基地上之建築物已領有使用執照，於重新申請建築執照時，因都市計畫變更建蔽率調降，致無法符合規定。

第二七二條

①廠房附屬空間設置面積應符合下列規定：
一　辦公室（含守衛室、接待室及會議室）及研究室之合計面積不得超過作業廠房面積五分之一。
二　作業廠房面積在三百平方公尺以上之工廠，得附設單身員工宿舍，其合計面積不得超過作業廠房面積三分之一。
三　員工餐廳（含廚房）及其他相關勞工福利設施之合計面積不得超過作業廠房面積四分之一。
②前項附屬空間合計樓地板面積不得超過作業廠房面積之五分之二。

第二七三條

本編第一條第三款陽臺面積得不計入建築面積及第一百六十二條第一款陽臺面積得不計入該層樓地板面積之規定，於工廠類建築物不適用之。

第二七四條

作業廠房之樓層高度扣除直上層樓板厚度及樑深後之淨高度不得小於二點七公尺。

第二七五條

工廠類建築物設有二座以上直通樓梯者，其樓梯口相互間之直線距離不得小於建築物區劃範圍對角線長度之半。

第二七六條

工廠類建築物出入口應自建築線至少退縮該建築物高度平方根之二分之一，且平均退縮距離不得小於三公尺、最小退縮距離不得小於一點五公尺。

第二七七條（刪除）

第二七八條

①作業廠房樓地板面積一千五百平方公尺以上者，應設一處裝卸位；面積超過一千五百平方公尺部分，每增加四千平方公尺，應增設一處。

②前項裝卸位長度不得小於十三公尺，寬度不得小於四公尺，淨高不得低於四點二公尺。

第二七九條

倉庫或儲藏空間設於避難層以外之樓層者，應設置專用載貨昇降機。

第二八〇條

工廠類建築物每一樓層之衛生設備應集中設置。但該層樓地板面積超過五百平方公尺者，每超過五百平方公尺得增設一處，不足一處者以一處計。

第十五章　實施都市計畫區建築基地綜合設計

第二八一條

實施都市計畫地區建築基地綜合設計，除都市計畫書圖或都市計畫法規另有規定者外，依本章之規定。

第二八二條 101

①建築基地爲住宅區、文教區、風景區、機關用地、商業區或市場用地並符合下列規定者，得適用本章之規定：

一　基地臨接寬度在八公尺以上之道路，其連續臨接長度在二十五公尺以上或達周界總長度六分之一以上。

二　基地位於商業區或市場用地面積一千平方公尺以上，或位於住宅區、文教區、風景區或機關用地面積一千五百平方公尺以上。

②前項基地跨越二種以上使用分區或用地，各分區或用地面積與前項各該分區或用地規定最小面積之比率合計值大於或等於一者，得適用本章之規定。

第二八三條 101

①本章所稱開放空間，指建築基地內依規定留設達一定規模且連通道路開放供公眾通行或休憩之下列空間：

一　沿街步道式開放空間：指建築基地臨接道路全長所留設寬度四公尺以上之步行專用道空間，且其供步行之淨寬度在一點五公尺以上者。但沿道路已設有供步行之淨寬度在一點五公尺以上之人行道者，供步行之淨寬度得不予限制。

二　廣場式開放空間：指前款以外符合下列規定之開放空間：

㈠任一邊之最小淨寬度在六公尺以上者。

㈡留設之最小面積，於住宅區、文教區、風景區或機關用地為二百平方公尺以上，或於商業區或市場用地為一百平方公尺以上者。

㈢任一邊臨接道路或沿街步道式開放空間，其臨接長度六公尺以上者。

㈣開放空間與基地地面或臨接道路路面之高低差不得大於七公尺，且至少有二處以淨寬二公尺以上或一處淨寬四公尺以上之室外樓梯或坡道連接至道路或其他開放空間。

㈤前目開放空間與基地地面或道路路面之高低差一點五公尺以上者，其應有全周長六分之一以上臨接道路或沿街步道式開放空間。

㈥二個以上廣場式開放空間相互間之最大高低差不超過一點五公尺，並以寬度四公尺以上之沿街步道式開放空間連接者，其所有相連之空間得視為一體之廣場式開放空間。

②前項開放空間得設頂蓋，其淨高不得低於六公尺，深度應在高度四倍範圍內，且其透空淨開口面積應占該空間立面周圍面積（不含主要樑柱部分）三分之二以上。

③基地內供車輛出入之車道部分，不計入開放空間。

第二八四條 101

①本章所稱開放空間有效面積，指開放空間之實際面積與有效係數之乘積。有效係數規定如下：

一　沿街步道式開放空間，其有效係數為一點五。

二　場式開放空間：

㈠臨接道路或沿街步道式開放空間長度大於該開放空間全周長八分之一者，其有效係數為一。

㈡臨接道路或沿街步道式開放空間長度小於該開放空間全周長八分之一者，其有效係數為零點六。

②前項開放空間設有頂蓋部分，有效係數應乘以零點八；其建築物地面層為住宅、集合住宅者，應乘以零。

③前二項開放空間與基地地面或臨接道路路面有高低差時，有效係數應依下列規定乘以有效值：

一　高低差一點五公尺以下者，有效值為一。

二　高低差超過一點五公尺至三點五公尺以下者，有效值為零點八。

三　高低差超過三點五公尺至七公尺以下者，有效值為零點六。

第二八四條之一

本章所稱公共服務空間，係指基地位於住宅區之公寓大廈留設於地面層之共用部分，供住戶作集會、休閒、文教及交誼等服務性之公共空間。

第二八五條 101

留設開放空間之建築物，經直轄市、縣（市）主管建築機關審查符合本編章規定者，得增加樓地板面積合計之最大值 $\Sigma\Delta FA$，應符合都市計畫法規或都市計畫書圖之規定；其未規定者，應提送當地直轄市、縣（市）都市計畫委員會審議通過後實施，並依下式計算：

$\Sigma\Delta FA = \Delta FA1 + \Delta FA2$

$\Delta FA1$：依本編第二百八十六條第一款規定計算增加之樓地板面積。

$\Delta FA2$：依本章留設公共服務空間而增加之樓地板面積。

第二八六條 101

前條建築物之設計依下列規定：

一 增加之樓地板面積 $\Delta FA1$，依下式計算：

$\Delta FA1 = S \times I$

S：開放空間有效面積之總和。

I：鼓勵係數。容積率乘以五分之二。但商業區或市場用地不得超過二點五，住宅區、文教區、風景區或機關用地為零點五以上、一點五以下。

二 高度依下列規定：

㈠應依本編第一百六十四條規定計算及檢討日照。

㈡臨接道路部分，應自道路中心線起退縮六公尺建築，且自道路中心線起算十公尺範圍內，其高度不得超過十五公尺。

三 住宅、集合住宅等居住用途建築物各樓層高度設計，應符合本編第一百六十四條之一規定。

四 建蔽率依本編第二十五條之規定計算。但不適用同編第二十六條至第二十八條之規定。

五 本編第一百十八條第一款規定之特定建築物，得比照同條第二款之規定退縮後建築。退縮地不得計入法定空地面積，並不得於退縮地內建造圍牆、排水明溝及其他雜項工作物。

第二八七條 101

建築物留設之開放空間有效面積之總和，不得少於法定空地面積之百分之六十。

第二八八條 101

①建築物之設計，其基地臨接道路部分，應設寬度四公尺以上之步行專用道或法定騎樓；步行專用道設有花臺或牆柱等設施者，其可供通行之淨寬度不得小於一點五公尺。但依規定應設置騎樓者，其淨寬從其規定。

②建築物地面層為住宅或集合住宅者，非屬開放空間之建築基地部分，得於臨接開放空間設置圍牆、欄杆、灌木綠籬或其他區隔設施。

第二八九條 101

①開放空間除應予綠化外，不得設置圍牆、欄杆、灌木綠籬、棚架、建築物及其他妨礙公衆通行之設施或為其他使用。但基於公衆使用安全需要，且不妨礙公衆通行或休憩者，經直轄市、縣（市）主管建築機關之建造執照預審小組審查同意，得設置高度一點二公尺以下之透空欄杆扶手或灌木綠籬，且其透空面積應達三分之二以上。

②前項綠化之規定應依本編第十七章綠建築基準及直轄市、縣（市）主管建築機關依當地環境氣候、都市景觀等需要所定之植栽綠化執行相關規定辦理。

③第二項綠化工程應納入建築設計圖說，於請領建造執照時一併核定之，並於工程完成經勘驗合格後，始得核發使用執照。

④第一項開放空間於核發使用執照後，主管建築機關應予登記列管，每年並應作定期或不定期檢查。

第二九〇條 101

依本章設計之建築物，除依建造執照預審辦法申請預審外，並依下列規定辦理：

一　直轄市、縣（市）主管建築機關之建造執照預審小組，應就開放空間之植栽綠化及公益性，與其對公共安全、公共交通、公共衛生及市容觀瞻之影響詳予評估。

二　建築基地臨接永久性空地或已依本章申請建築之基地，其開放空間應配合整體留設。

三　直轄市、縣（市）主管建築機關之建造執照預審小組，應就建築物之私密性與安全管理需求及公共服務空間之位置、面積及服務設施與設備之必要性及公益性詳予評估。

第二九一條

本規則中華民國九十二年三月二十日修正施行前，都市計畫書圖中規定依未實施容積管制地區綜合設計鼓勵辦法或實施都市計畫地區建築基地綜合設計鼓勵辦法辦理者，於本規則修正施行後，依本章之規定辦理。

第二九二條

本規則中華民國九十二年三月二十日修正施行前，依未實施容積管制地區綜合設計鼓勵辦法或實施都市計畫地區建築基地綜合設計鼓勵辦法規定已申請建造執照，或領有建造執照且在建造執照有效期間內者，申請變更設計時，得適用該辦法之規定。

第十六章　老人住宅

第二九三條

①本章所稱老人住宅之適用範圍如左：

一　依老人福利法或其他法令規定興建，專供老人居住使用之建築物；其基本設施及設備應依本章規定。

二　建築物之一部分專供作老人居住使用者，其臥室及服務空間應依本章規定。該建築物不同用途之部分以無開口之防火牆、防火樓板區劃分隔且有獨立出入口者，不適用本章規定。

②老人住宅基本設施及設備規劃設計規範（以下簡稱設計規範），由中央主管建築機關定之。

第二九四條

老人住宅之臥室，居住人數不得超過二人，其樓地板面積應為九平方公尺以上。

第二九五條

①老人住宅之服務空間，包括左列空間：

一　居室服務空間：居住單元之浴室、廁所、廚房之空間。

二　共用服務空間：建築物門廳、走廊、樓梯間、昇降機間、梯廳、共用浴室、廁所及廚房之空間。

三　公共服務空間：公共餐廳、公共廚房、交誼室、服務管理室之空間。

②前項服務空間之設置面積規定如左：

一　浴室含廁所者，每一處之樓地板面積應為四平方公尺以上。

二　公共服務空間合計樓地板面積應達居住人數每人二平方公尺以上。

三　居住單元超過十四戶或受服務之老人超過二十人者，應至少提供一處交誼室，其中一處交誼室之樓地板面積不得小於四十平方公尺，並應附設廁所。

第二九六條

老人住宅應依設計規範設計，其各層得增加之樓地板面積合計之最大值依左列公式計算：

$$\Sigma\Delta FA = \Delta FA1 + \Delta FA2 + \Delta FA3 \leqq 0.2FA$$

FA：基準樓地板面積，實施容積管制地區為該基地面積與容積率之乘積；未實施容積管制地區為該基地依本編規定核計之地面上各層樓地板面積之和。建築物之一部分作為老人住宅者，為該老人住宅部分及其服務空間樓地板面積之和。

$\Sigma\Delta FA$：得增加之樓地板面積合計值。

$\Delta FA1$：得增加之居室服務空間樓地板面積。但不得超過基準樓地板面積之百分之五。

$\Delta FA2$：得增加之共用服務空間樓地板面積。但不得超過基準樓地板面積之百分之五，且不包括未計入該層樓地板面積之共同使用梯廳。

$\Delta FA3$：得增加之公共服務空間樓地板面積。但不得超過基準樓地板面積之百分之十。

第二九七條

①老人住宅服務空間應符合左列規定：

一　二層以上之樓層或地下層應設專供行動不便者使用之昇降設備或其他設施通達地面層。該昇降設備其出入口淨寬度及出入口前方供輪椅迴轉空間應依本編第一百七十四條規定。

二　老人住宅之坡道及扶手、避難層出入口、室內出入口、室內通路走廊、樓梯、共用浴室、共用廁所應依本編第一百七十一條至第一百七十三條及第一百七十五條規定。

②前項昇降機間及直通樓梯之梯間，應為獨立之防火區劃並設有避難空間，其面積及配置於設計規範定之。

第十七章　綠建築

第一節　一般設計通則

第二九八條 101

本章規定之適用範圍如下：

一　建築基地綠化：指促進植栽綠化品質之設計，其適用範圍為新建建築物。但個別興建農舍及基地面積三百平方公尺以下者，不在此限。

二　建築基地保水：指促進建築基地涵養、貯留、滲透雨水功能之設計，其適用範圍為新建建築物。但本編第十三章山坡地建築、地下水位小於一公尺之建築基地、個別興建農舍及基地面積三百平方公尺以下者，不在此限。

三　建築物節約能源：指以建築物外殼設計達成節約能源目的之方法，其適用範圍為學校類、大型空間類、住宿類建築物，及同一幢或連棟建築物之新建或增建部分之地面層以上樓層（不含屋頂突出物）之樓地板面積合計超過一千平方公尺之其他各類建築物。但符合下列情形之一者，不在此限：

㈠機房、作業廠房、非營業用倉庫。

㈡地面層以上樓層（不含屋頂突出物）之樓地板面積在五百平方公尺以下之農舍。

㈢經地方主管建築機關認可之農業或研究用溫室、園藝設施、構造特殊之建築物。

四　建築物雨水或生活雜排水回收再利用：指將雨水或生活雜排水貯集、過濾、再利用之設計，其適用範圍為總樓地板面積達一萬平方公尺以上之新建建築物。但衛生醫療類（F-1組）或經中央主管建築機關認可之建築物，不在此限。

五　綠建材：指第二百九十九條第十二款之建材；其適用範圍為供公眾使用建築物及經內政部認定有必要之非供公眾使用建築物。

第二九九條 108

①本章用詞，定義如下：

一　綠化總固碳當量：指基地綠化栽植之各類植物固碳當量與其栽植面積乘積之總和。

二　最小綠化面積：指基地面積扣除執行綠化有困難之面積後與基地內應保留法定空地比率之乘積。
三　基地保水指標：指建築後之土地保水量與建築前自然土地之保水量之相對比值。
四　建築物外殼耗能量：指為維持室內熱環境之舒適性，建築物外周區之空調單位樓地板面積之全年冷房顯熱熱負荷。
五　外周區：指空間之熱負荷受到建築外殼熱流進出影響之空間區域，以外牆中心線五公尺深度內之空間為計算標準。
六　外殼等價開窗率：指建築物各方位外殼透光部位，經標準化之日射、遮陽及通風修正計算後之開窗面積，對建築外殼總面積之比值。
七　平均熱傳透率：指當室內外溫差在絕對溫度一度時，建築物外殼單位面積在單位時間內之平均傳透熱量。
八　窗面平均日射取得量：指除屋頂外之建築物所有開窗面之平均日射取得量。
九　平均立面開窗率：指除屋頂以外所有建築外殼之平均透光開口比率。
十　雨水貯留利用率：指在建築基地內所設置之雨水貯留設施之雨水利用量與建築物總用水量之比例。
十一　生活雜排水回收再利用率：指在建築基地內所設置之生活雜排水回收再利用設施之雜排水回收再利用量與建築物總生活雜排水量之比例。
十二　綠建材：指經中央主管建築機關認可符合生態性、再生性、環保性、健康性及高性能之建材。
十三　耗能特性分區：指建築物室內發熱量、營業時程較相近且由同一空調時程控制系統所控制之空間分區。

②前項第二款執行綠化有困難之面積，包括消防車輛救災活動空間、戶外預鑄式建築物污水處理設施、戶外教育運動設施、工業區之戶外消防水池及戶外裝卸貨空間、住宅區及商業區依規定應留設之騎樓、迴廊、私設通路、基地內通路、現有巷道或既成道路。

第三〇〇條　108

適用本章之建築物，其容積樓地板面積、機電設備面積、屋頂突出物之計算，得依下列規定辦理：

一　建築基地因設置雨水貯留利用系統及生活雜排水回收再利用系統，所增加之設備空間，於樓地板面積容積千分之五以內者，得不計入容積樓地板面積及不計入機電設備面積。
二　建築物設置雨水貯留利用系統及生活雜排水回收再利用系統者，其屋頂突出物之高度得不受本編第一條第九款第一目之限制。但不超過九公尺。

第三〇一條

為積極維護生態環境，落實建築物節約能源，中央主管建築機關得以增加容積或其他獎勵方式，鼓勵建築物採用綠建築綜合設計。

第二節　建築基地綠化

第三〇二條 108

建築基地之綠化，其綠化總固碳當量應大於二分之一最小綠化面積與下表固碳當量基準值之乘積：

使用分區或用地	固碳當量基準值 （公斤／（平方公尺・年））
學校用地、公園用地	零點八三
商業區、工業區（不含科學園區）	零點五零
前二類以外之建築基地	零點六六

第三〇三條

建築基地之綠化檢討以一宗基地爲原則；如單一宗基地內之局部新建執照者，得以整宗基地綜合檢討或依基地內合理分割範圍單獨檢討。

第三〇四條 108

①建築基地綠化之總固碳當量計算，應依設計技術規範辦理。

②前項建築基地綠化設計技術規範，由中央主管建築機關定之。

第三節　建築基地保水

第三〇五條

建築基地應具備原裸露基地涵養或貯留滲透雨水之能力，其建築基地保水指標應大於〇．五與基地內應保留法定空地比率之乘積。

第三〇六條 101

建築基地之保水設計檢討以一宗基地爲原則；如單一宗基地內之局部新建執照者，得以整宗基地綜合檢討或依基地內合理分割範圍單獨檢討。

第三〇七條

①建築基地保水指標之計算，應依設計技術規範辦理。

②前項建築基地保水設計技術規範，由中央主管建築機關定之。

第四節　建築物節約能源

第三〇八條

建築物建築外殼節約能源之設計，應依據下表氣候分區辦理：

氣候分區	行政區域
北部氣候區	臺北市、新北市、宜蘭縣、基隆市、桃園縣、新竹縣、新竹市、苗栗縣、福建省連江縣、金門縣
中部氣候區	臺中市、彰化縣、南投縣、雲林縣、花蓮縣
南部氣候區	嘉義縣、嘉義市、臺南市、澎湖縣、高雄市、屏東縣、臺東縣

第三〇八條之一　108

①建築物受建築節約能源管制者，其受管制部分之屋頂平均熱傳透率應低於零點八瓦／（平方公尺．度），且當設有水平仰角小於八十度之透光天窗之水平投影面積HWa大於一點零平方公尺時，其透光天窗日射透過率HWs應低於下表之基準值HWsc：

水平投影面積 HWa 條件	透光天窗日射透過率基準值 HWsc
HWa ＜ $30m^2$	HWsc ＝ 0.35
HWa ≧ $30m^2$ 且 HWa ＜ $230m^2$	HWsc ＝ 0.35 － 0.001×（HWa － 30.0）
HWa ≧ $230m^2$	HWsc ＝ 0.15
計算單位 HWa：m^2；HWsc：無單位	

②有下列情形之一者，免受前項規定限制：

一　屋頂下方為樓梯間、倉庫、儲藏室或機械室。

二　除月臺、觀眾席、運動設施及表演臺外之建築物外牆透空二分之一以上之空間。

③建築物外牆、窗戶與屋頂所設之玻璃對戶外之可見光反射率不得大於零點二。

第三〇八條之二　108

①受建築節約能源管制建築物，位於海拔高度八百公尺以上者，其外牆平均熱傳透率、立面開窗部位（含玻璃與窗框）之窗平均熱傳透率應低於下表所示之基準值：

海拔	外牆平均熱傳透率基準值（W/(m^2·K)）	立面開窗率 WR			
		WR ＞ 0.4	0.4 ≧ WR ＞ 0.3	0.3 ≧ WR ＞ 0.2	0.2 ≧ WR
		窗平均熱傳透率基準值（W/(m^2·K)）			
海拔 800～1800m	2.5	3.5	4.0	5.1	5.5
海拔高於 1800m	1.5	2.0	2.5	3.0	3.5

②受建築節約能源管制建築物，其外牆平均熱傳透率、外窗部位（含玻璃與窗框）之窗平均熱傳透率及窗平均遮陽係數應低於下表所示之基準值；住宿類建築物每一居室之可開啓窗面積應大於開窗面積之百分之十五。但符合前項、本編第三百零九條至第三百十二條規定者，不在此限：

類別	外牆平均熱傳透率基準值（W/m²·K)）	立面開窗率＞0.5		0.5 ≧ 立面開窗率＞0.4		0.4 ≧ 立面開窗率＞0.3		0.3 ≧ 立面開窗率＞0.2		0.2 ≧ 立面開窗率＞0.1		0.1 ≧ 立面開窗率	
		窗平均熱傳透率基準值	窗平均遮陽係數基準值	窗平均熱傳透率基準值	窗平均遮陽係數基準值	窗平均熱傳透率基準值	窗平均遮陽係數基準值	窗平均熱傳透率基準值	窗平均遮陽係數基準值	窗平均熱傳透率基準值	窗平均遮陽係數基準值	窗平均熱傳透率基準值	窗平均遮陽係數基準值
住宿類建築	2.75	2.7	0.10	3.0	0.15	3.5	0.25	4.7	0.35	5.2	0.45	6.5	0.55
基他各類建築	2.0	2.7	0.20	3.0	0.30	3.5	0.40	4.7	0.50	5.2	0.55	6.5	0.60

第三〇九條 108

Ａ類第二組、Ｂ類、Ｄ類第二組、Ｄ類第五組、Ｅ類、Ｆ類第一組、Ｆ類第三組、Ｆ類第四組及Ｇ類空調型建築物，及Ｃ類之非倉儲製程部分等空調型建築物，為維持室內熱環境之舒適性，應依其耗能特性分區計算各分區之外殼耗能量，且各分區外殼耗能量對各分區樓地板面積之加權值，應低於下表外殼耗能基準對各分區樓地板面積之加權平均值。但符合本編第三百零八條之二規定者，不在此限：

耗能特性分區	氣候分區	外殼耗能基準（千瓦．小時／（平方公尺．年））
辦公、文教、宗教、照護分區	北部氣候區	一百五十
	中部氣候區	一百七十
	南部氣候區	一百八十
商場餐飲娛樂分區	北部氣候區	二百四十五
	中部氣候區	二百六十五
	南部氣候區	二百七十五
醫院診療分區	北部氣候區	一百八十五
	中部氣候區	二百零五
	南部氣候區	二百十五
醫院病房分區	北部氣候區	一百七十五
	中部氣候區	一百九十五
	南部氣候區	二百
旅館、招待所客房區	北部氣候區	一百十
	中部氣候區	一百三十
	南部氣候區	一百三十五

交通運輸旅客大廳分區	北部氣候區	二百九十
	中部氣候區	三百十五
	南部氣候區	三百二十五

第三一〇條 101

住宿類建築物外殼不透光之外牆部分之平均熱傳透率應低於三點五瓦／（平方公尺·度），且其建築物外殼等價開窗率之計算值應低於下表之基準值。但符合本編第三百零八條之二規定者，不在此限。

	氣候分區	建築物外殼等價開窗率基準值
住宿類： H類第一組 H類第二組	北部氣候區	百分之十三
	中部氣候區	百分之十五
	南部氣候區	百分之十八

第三一一條 108

學校類建築物之行政辦公、教室等居室空間之窗面平均日射取得量應分別低於下表之基準值。但符合本編第三百零八條之二規定者，不在此限：

	氣候分區	窗面平均日射取得量單位：千瓦·小時／（平方公尺·年）
學校類建築物： D類第三組 D類第四組 F類第二組	北部氣候區	一百六十
	中部氣候區	二百
	南部氣候區	二百三十

第三一二條 108

大型空間類建築物居室空間之窗面平均日射取得量應分別低於下表公式所計算之基準值。但平均立面開窗率在百分之十以下，或符合本編第三百零八條之二規定者，不在此限：

	氣候分區	窗面平均日射取得量基準值計算公式
大型空間類建築物： A類第一組 D類第一組	北部氣候區	基準值＝ $146.2X^2 - 414.9X + 276.2$
	中部氣候區	基準值＝ $273.3X^2 - 616.9X + 375.4$
	南部氣候區	基準值＝ $348.4X^2 - 748.4X + 436.0$
	X：平均立面開窗率（無單位）基準值單位：千瓦／（平方公尺·度）	

第三一三條 （刪除）

第三一四條 108

同一幢或連棟建築物中，有供本節適用範圍二類以上用途，且其各用途之規模分別達本編第二百九十八條第三款規定者，其耗能量之計算基準值，除本編第三百零九條之空調型建築物應依各耗能特性分區樓地板面積加權計算其基準值外，應分別依其規定基準值計算。

第三一五條

①有關建築物節約能源之外殼節約能源設計，應依設計技術規範辦理。

②前項建築物節約能源設計技術規範，由中央主管建築機關定之。

第五節　建築物雨水及生活雜排水回收再利用

第三一六條

建築物應就設置雨水貯留利用系統或生活雜排水回收再利用系統，擇一設置。設置雨水貯留利用系統者，其雨水貯留利用率應大於百分之四；設置生活雜排水回收利用系統者，其生活雜排水回收再利用率應大於百分之三十。

第三一七條

由雨水貯留利用系統或生活雜排水回收再利用系統處理後之用水，可使用於沖廁、景觀、澆灌、灑水、洗車、冷卻水、消防及其他不與人體直接接觸之用水。

第三一八條

建築物設置雨水貯留利用或生活雜排水回收再利用設施者，應符合左列規定：

一　輸水管線之坡度及管徑設計，應符合建築設備編第二章給水排水系統及衛生設備之相關規定。

二　雨水供水管路之外觀應為淺綠色，且每隔五公尺標記雨水字樣；生活雜排水回收再利用水供水管之外觀應為深綠色，且每隔四公尺標記生活雜排水回收再利用水字樣。

三　所有儲水槽之設計均須覆蓋以防止灰塵、昆蟲等雜物進入；地面開挖貯水槽時，必須具備預防砂土流入及防止人畜掉入之安全設計。

四　雨水貯留利用設施或生活雜排水回收再利用設施，應於明顯處標示雨水貯留利用設施或生活雜排水回收再利用設施之名稱、用途或其他說明標示，其專用水栓或器材均應有防止誤用之注意標示。

第三一九條

①建築物雨水及生活雜排水回收再利用之計算及系統設計，應依設計技術規範辦理。

②前項建築物雨水及生活雜排水回收再利用設計技術規範，由中央主管建築機關定之。

第六節　綠建材 101

第三二〇條（刪除）

第三二一條 108

建築物應使用綠建材，並符合下列規定：

一　建築物室內裝修材料、樓地板面材料及窗，其綠建材使用率應達總面積百分之六十以上。但窗未使用綠建材者，得不計入總面積檢討。

二　建築物戶外地面扣除車道、汽車出入緩衝空間、消防車輛救災活動空間、依其他法令規定不得鋪設地面材料之範圍及地面結構上無須再鋪設地面材料之範圍，其餘地面部分之綠建材使用率應達百分之二十以上。

第三二二條

綠建材材料之構成，應符合左列規定之一：

一　塑橡膠類再生品：塑橡膠再生品的原料須全部爲國內回收塑橡膠，回收塑橡膠不得含有行政院環境保護署公告之毒性化學物質。

二　建築用隔熱材料：建築用的隔熱材料其產品及製程中不得使用蒙特婁議定書之管制物質且不得含有環保署公告之毒性化學物質。

三　水性塗料：不得含有甲醛、鹵性溶劑、汞、鉛、鎘、六價鉻、砷及銻等重金屬，且不得使用三酚基錫（TPT）與三丁基錫（TBT）。

四　回收木材再生品：產品須爲回收木材加工再生之產物。

五　資源化磚類建材：資源化磚類建材包括陶、瓷、磚、瓦等需經窯燒之建材。其廢料混合攙配之總和使用比率須等於或超過單一廢料攙配比率。

六　資源回收再利用建材：資源回收再利用建材係指不經窯燒而回收料摻配比率超過一定比率製成之產品。

七　其他經中央主管建築機關認可之建材。

第三二三條

①綠建材之使用率計算，應依設計技術規範辦理。

②前項綠建材設計技術規範，由中央主管建築機關定之。

建築技術規則建築構造編

①民國95年9月5日內政部令修正發布第32至35、38、41條條文及第一章第四節節名；刪除第36、37、39、40條條文；增訂第39-1條條文；並自96年1月1日施行。
②民國96年12月18日內政部令修正發布第131至133、141、142、147、149、151、152、155、165、166、169條條文及第三章第二、六節節名；刪除第134至140、143至146、148、150、153、154、156至164、167、168、170條條文及第三章第五節節名；增訂第131-2、156-1至156-3、169-1、170-1至170-14條條文及第三章第七、八節節名；並自97年1月1日施行。
③民國100年6月21日內政部令修正發布第 9、65-1、172、183、221、241、504、505、527 條條文；並自100年7月1日施行。
④民國105年6月7日內政部令增訂發布第66-1條條文；並自105年7月1日施行。
⑤民國110年1月19日內政部令修正發布第12條條文；並自發布日施行。
⑥民國112年5月10日內政部令修正發布第4、10、12至15、17至20、23至25、28、42、43-1、46-1、65、69、73、78-1、88-1、100、121、131-2、170-1、170-7、170-9、172、175、221、259、332、375-3、375-4、407、408、412、417、445-1條條文。
民國112年6月27日內政部令發布定自113年1月1日施行。

第一章　基本規則

第一節　設計要求

第一條

建築物構造須依業經公認通用之設計方法，予以合理分析，並依所規定之需要強度設計之。剛構必須按其束制程度及構材勁度，分配適當之彎矩設計之。

第二條

建築物構造各構材之強度，須能承受靜載重與活載重，並使各部構材之有效強度，不低於本編所規定之設計需要強度。

第三條

建築物構造除垂直載重外，須設計能以承受風力或地震力或其他橫力。風力與地震力不必同時計入；但需比較兩者，擇其較大者應用之。

第四條 112

本編規定之材料容許應力及基土支承力，如將風力或地震力與垂直載重合併計算時，得依中央主管建築機關所定相關設計規範規定予以增加。但所得設計結果不得小於僅計算垂直載重之所得值。

第五條

建築物構造之設計圖，須明確標示全部構造設計之平面、立面、剖面及各構材斷面、尺寸、用料規格、相互接合關係；並能達到明細周全，依圖施工無疑義。繪圖應依公制標準，一般構造尺度，以公分為單位；精細尺度，得以公厘為單位，但須於圖上詳細說明。

第六條

建築物之結構計算書，應詳細列明載重、材料強度及結構設計計算。所用標註及符號，均應與設計圖一致。

第七條

使用電子計算機程式之結構計算，可以設計標準、輸入值、輸出值等能以符合結構計算規定之資料，代替計算書。但所用電子計算機程式必須先經直轄市、縣（市）主管建築機關備案。當地主管建築機關認為有需要時，應由設計人提供其他方法證明電子計算機程式之確實，作為以後同樣設計之應用。

第二節　施工品質

第八條

建築物構造施工，須以施工說明書詳細說明施工品質之需要，除設計圖及詳細圖能以表明者外，所有為達成設計規定之施工品質要求，均應詳細載明施工說明書中。

第九條 100

①建築物構造施工期中，監造人須隨工作進度，依中華民國國家標準，取樣試驗證明所用材料及工程品質符合規定，特殊試驗得依國際通行試驗方法。

②施工期間工程疑問不能解釋時，得以試驗方法證明之。

第三節　載　重

第一〇條 112

靜載重為建築物本身各部份之重量及固定於建築物構造上各物之重量，如牆壁、隔牆、梁柱、樓板及屋頂等，可移動隔牆不作為靜載重。

第一一條

建築物構造之靜載重，應予按實核計。建築物應用各種材料之單位體積重量，應不小於左表所列；不在表列之材料，應按實計算重量。

材料名稱	重量（公斤／立方公尺）	材料名稱	重量（公斤／立方公尺）
普通黏土	一六〇〇	礦物溶滓	一四〇〇
飽和濕土	一八〇〇	浮石	九〇〇

乾沙	一七〇〇	砂石	二〇〇〇
飽和濕沙	二〇〇〇	花崗石	二五〇〇
乾碎石	一七〇〇	大理石	二七〇〇
飽和濕碎石	二一〇〇	磚	一九〇〇
濕沙及碎石	二三〇〇	泡沫混凝土	一〇〇〇
飛灰火山灰	六五〇	鋼筋混凝土	二四〇〇
水泥混凝土	二三〇〇	黃銅紫銅	八六〇〇
煤屑混凝土	一四五〇	生鐵	七二〇〇
石灰三合土	一七五〇	熟鐵	七六五〇
針葉樹木材	五〇〇	鋼	七八五〇
闊葉樹木材	六五〇	鉛	一一四〇〇
硬木	八〇〇	鋅	八九〇〇
鋁	二七〇〇	銅	八九〇〇

第一二條 112

屋面重量，應按實計算，並不得小於下表所列；不在表列之屋面亦應按實計算重量：

屋面名稱	重量（公斤／立方公尺）	屋面名稱	重量（公斤／立方公尺）
文化瓦	六十	白鐵皮浪版	七點五
水泥瓦	四十五	鋁反浪版	二點五
紅土瓦	一百二十六	六毫米玻璃	十六
單層瀝青防水紅	三點五		

第一三條 112

天花板（包括暗筋）重量，應按實計算，並不得小於下表所列；不在表列之天花板，亦應按實計算重量：

天花版名稱	重量（公斤／平方公尺）	天花版名稱	重量（公斤／平方公尺）
蔗版吸音版	一十五	耐火版	二十三
三夾版	一十五	石灰版條	四十

第一四條 112

地版面分實舖地版及空舖地版兩種，其重量應按實計算，並不得小於左表所列；不在表列之地版面，亦應按實計算重量：

實舖地版名稱	重量（公斤／平方公尺）	實舖地版名稱	重量（公斤／平方公尺）
水泥沙漿粉光	二十	舖馬賽克	二十
磨石子	二十四	舖瀝青地磚	二十五
舖塊石	三十	舖拼花地版	一十五

空舖地版名稱	重量（公斤／平方公尺）
木地版（包括欄柵）	一十五
疊蓆（包括木版欄柵）	三十五

第一五條 112

牆壁量重，按牆壁本身及牆面粉刷與貼面，分別按實計算，並不得小於下表所列；不在表列之牆壁亦應按實計算重量：

牆壁名稱		重量（公斤／平方公尺）	牆壁名稱	重量（公斤／平方公尺）
紅磚牆	一磚厚	四百四十	魚鱗版牆	二十五
混凝土空心磚牆	二十公分	二百五十	灰版條牆	五十
	十五公分	一百九十	甘蔗版牆	八
	十公分	一百三十	夾版牆	六
煤屑空心磚牆	二十公分	一百六十五	竹笆牆	四十八
	十五公分	一百三十五	空心紅磚牆	一百九十二
	十公分	一百	白石磚牆一磚厚	四百四十

牆面粉刷及貼面名稱	重量（一公分厚）（公斤／平方公尺）
水泥沙漿粉刷	二十
貼面磚馬賽克	二十
貼搗擺磨石子	二十
洗石子或斬石子	二十
貼大理石片	三十
貼塊石片	二十五

第一六條

垂直載重中不屬於靜載重者，均為活載重，活載重包括建築物室內人員、傢俱、設備、貯藏物品、活動隔間等。工廠建築應包括機器設備及堆置材料等。倉庫建築應包括貯藏物品、搬運車輛及吊裝設備等。積雪地區應包括雪載重。

第一七條 112

①建築物構造之活載重，因樓地板之用途而不同，不得小於下表所列；不在表列之樓地板用途或使用情形與表列不同，應按實計算，並須詳列於結構計算書中：

建築物類別		組別	使用項目舉例	載重（公斤／平方公尺）
A類	公共集會類	A-1集會表演	1. 具固定座位之戲（劇）院、電影院、演藝場、歌廳、觀覽場等類似場所。 2. 具固定座位且觀眾席面積在二百平方公尺以上之下列場所：音樂廳、文康中心、社教館、集會堂（場）、社區（村里）活動中心等類似場所。	三百
			1. 無固定座位之戲（劇）院、電影院、演藝場、歌廳、觀覽場等類似場所。 2. 無固定座位且觀眾席面積在二百平方公尺以上之下列場所：音樂廳、文康中心、社教館、集會堂（場）、社區（村里）活動中心等類似場所。	四百
			觀眾席面積在二百平方公尺以上之體育館（場）及設施等類似場所。	五百

		A-2 運輸場所	1. 車站（公路、鐵路、大眾捷運）。 2. 候船室、水運客站。 3. 航空站、飛機場大廈。	四百
B類	商業類	B-1 娛樂場所	1. 視聽歌唱場所（提供伴唱視聽設備，供人唱歌場所）、理髮（理容）場所（將場所加以區隔或包廂式為人理髮理容之場所）、按摩場所（將場所加以區隔或包廂式為人按摩之場所）等類似場所。 2. 錄影帶（節目帶）播映場所等類似場所。	三百
			1. 三溫暖場所（提供冷、熱水池、蒸烤設備，供人沐浴之場所）、舞廳（備有舞伴，供不特定人跳舞之場所）、舞場（不備舞伴，供不特定人跳舞之場所）、酒家（備有陪侍，供應酒、菜或其他飲食物之場所）、酒吧（備有陪侍，供應酒類或其他飲料之場所）、特種咖啡茶室（備有陪侍，供應飲料之場所）、夜店業、夜總會、遊藝場、俱樂部等類似場所。 2. 電子遊戲場（依電子遊戲場業管理條例定義）。	五百
		B-2 商場百貨	市場（超級市場、零售市場、攤販集中場）等類似場所。	四百
			1. 百貨公司（百貨商場）、展覽場（館）、量販店、批發場所（倉儲批發、一般批發、農產品批發）等類似場所。 2. 樓地板面積在五百平方公尺以上之下列場所：店舖、當舖、一般零售場所、日常用品零售場所等類似場所。	五百
		B-3 餐飲場所	1. 飲酒店（無陪侍，供應酒精飲料之餐飲服務場所，包括啤酒屋）、小吃街等類似場所。 2. 樓地板面積在三百平方公尺以上之下列場所：餐廳、飲食店、飲料店（無陪侍提供非酒精飲料服務之場所，包括茶藝館、咖啡店、冰果店及冷飲店等）等類似場所。	三百
		B-4 旅館	1. 觀光旅館（飯店）、國際觀光旅館（飯店）等之客房部。 2. 旅社、旅館、賓館等類似場所。 3. 樓地板面積在五百平方公尺以上之下列場所：招待所、供香客住宿等類似場所。	二百
C類	工業、倉儲類	C-1 特殊廠庫	1. 變電所、飛機庫、汽車修理場（車輛修理場所、修車廠、修理場、車輛修配保管場、汽車站房）等類似場所。 2. 特殊工作場、工場、工廠（具公害）、自來水廠、屠（電）宰場、發電場、施工機料及廢料堆置或處理場、廢棄物處理場、污水（水肥）處理貯存場等類似場所。	五百
		C-2 一般廠庫	1. 洗車場、汽車商場（出租汽車、計程車營業站）、電信機器室（電信機房）、電視（電影、廣播電台）之攝影場（攝影棚、播送室）、實驗室等類似場所。 2. 一般工場、工作場、工廠等類似場所。	五百
			倉庫（倉儲場）、書庫、貨物輸配所等類似場所。	六百

D類	休閒、文教類	D-1 健身休閒	1. 保齡球館、保健館、健身房、健身服務場所（三温暖除外）、撞球場、室內高爾夫球練習場、健身休閒中心、美容瘦身中心等類似場所。 2. 資訊休閒服務場所（提供場所及電腦設備，供人透過電腦連線擷取網路上資源或利用電腦功能以磁碟、光碟供人使用之場所）。	四百
			室內溜冰場、室內游泳池、室內球類運動場、室內機械遊樂場、室內兒童樂園、公共浴室（包括温泉泡湯池）、室內操練場、室內體育場所、少年服務機構（供休閒、育樂之服務設施）、室內釣蝦（魚）場等類似場所。	五百
		D-2 文教設施	1. 圖書館等類似場所。 2. 具固定座位且觀衆席面積未達二百平方公尺之下列場所：音樂廳、文康中心、社教館、集會堂（場）、社區（村里）活動中心等類似場所。 3. 具固定座位且觀衆席面積未達二百平方公尺之表演館（場）（不提供餐飲及飲酒服務）。	三百
			1. 會議廳、展示廳、博物館、美術館、水族館、科學館、陳列館、資料館、歷史文物館、天文臺、藝術館等類似場所。 2. 無固定座位且觀衆席面積未達二百平方公尺之下列場所：音樂廳、文康中心、社教館、集會堂（場）、社區（村里）活動中心等等類似場所。 3. 無固定座位且觀衆席面積未達二百平方公尺之表演館（場）（不提供餐飲及飲酒服務）。	四百
			觀衆席面積未達二百平方公尺之體育館（場）及設施等類似場所。	五百
		D-3 國小校舍	小學教室、教學大樓等相關教學場所。	二百五十
		D-4 校舍	國中、高中、專科學校、學院、大學等之教室、教學大樓等相關教學場所。	二百五十
		D-5 補教托育	1. 補習（訓練）班、文康機構等類似場所。 2. 兒童課後照顧服務中心、非學校型態團體實驗教育及機構實驗教育教學場地等類似場所。 3. 樓地板面積在三百平方公尺以下之運動訓練班，且無附設鍋爐、水療SPA、三温暖、蒸氣浴、烤箱設備、按摩服務及設備（如屬運動訓練之需要時，限設置按摩床一張，僅得以防焰式拉簾或布幕區隔，且未置於包廂內）、明火設備及餐飲等。	二百五十
E類	宗教、殯葬類	E 宗教、殯葬類	樓地板面積未達五百平方公尺供香客住宿等類似場所。	二百
			1. 寺（寺院）、廟（廟宇）、教堂（教會）、宗祠（家廟）、宗教設施等類似場所。 2. 殯儀館、禮廳、靈堂、供存放骨灰（骸）之納骨堂（塔）等類似場所。	四百
			火化場等類似場所。	五百

F類	衛生、福利、更生類	F-1醫療照護	1. 設有十床病床以上之下列場所：醫院、療養院等供病房或住宿使用之類似場所。 2. 樓地板面積在一千平方公尺以上之診所供病房使用之類似場所。 3. 樓地板面積在五百平方公尺以上之下列場所：護理之家機構（一般護理之家、精神護理之家）、產後護理機構、屬於老人福利機構之長期照顧機構（長期照護型）、長期照顧機構（失智照顧型）等供住宿使用之類似場所。 4. 依長期照顧服務法提供機構住宿式服務之長期照顧服務機構，供住宿使用且樓地板面積在五百平方公尺以上。 5. 醫院內附設之長期照顧服務機構，供住宿使用且樓地板面積未超過該醫院樓地板面積五分之二者。	二百
			1. 設有十床病床以上之下列場所：醫院、療養院等非供病房或住宿使用之類似場所。 2. 樓地板面積在一千平方公尺以上之診所非供病房使用外之類似場所。 3. 樓地板面積在五百平方公尺以上之下列場所：護理之家機構（一般護理之家、精神護理之家）、產後護理機構、屬於老人福利機構之長期照顧機構（長期照護型）、長期照顧機構（失智照顧型）等非供住宿使用外之類似場所。 4. 依長期照顧服務法提供機構住宿式服務之長期照顧服務機構，非供住宿使用且樓地板面積在五百平方公尺以上。 5. 醫院內附設之長期照顧服務機構，非供住宿使用且樓地板面積未超過該醫院樓地板面積五分之二者。	三百
		F-2社會福利	1. 身心障礙福利機構（全日型住宿機構、日間服務機構、樓地板面積在五百平方公尺以上之福利中心）、身心障礙者職業訓練機構等供住宿使用之類似場所。 2. 特殊教育學校供住宿使用之類似場所。 3. 日間型精神復健機構供住宿使用之類似場所。	二百
			1. 身心障礙福利機構（全日型住宿機構、日間服務機構、樓地板面積在五百平方公尺以上之福利中心）、身心障礙者職業訓練機構等非供住宿使用之類似場所。 2. 特殊教育學校非供住宿使用之類似場所。 3. 日間型精神復健機構非供住宿使用之類似場所。	三百
		F-3兒童福利	兒童及少年安置教養機構、幼兒園、幼兒園兼辦國民小學兒童課後照顧服務、托嬰中心、早期療育機構等類似場所。	二百五十
		F-4戒護場所	精神病院、傳染病院、勒戒所、監獄、看守所、感化院、觀護所、收容中心等類似場所。	三百

G類	辦公、服務類	G-1金融證券	含營業廳之下列場所：金融機構、證券交易場所、金融保險機構、合作社、銀行、證券公司（證券經紀業、期貨經紀業）、票券金融機構、電信局（公司）、郵局、自來水及電力公司之營業場所。	三百
		G-2辦公場所	1. 不含營業廳之下列場所：金融機構、證券交易場所、金融保險機構、合作社、銀行、證券公司（證券經紀業、期貨經紀業）、票券金融機構、電信局（公司）、郵局、自來水及電力公司。 2. 政府機關（公務機關）、一般事務所、自由職業事務所、辦公室（廳）、員工文康室、旅遊及運輸業之辦公室、投資顧問業辦公室、未兼營提供電影攝影場（攝影棚）之動畫影片製作場所、有線電視及廣播電台除攝影棚外之其他用途場所、少年服務機構綜合之服務場所等類似場所。 3. 提供場地供人閱讀之下列場所：K書中心、小說漫畫出租中心。 4. 身心障礙者就業服務機構。 5. 依長期照顧服務法提供居家式服務之長期照顧服務機構。	三百
		G-3店舖診所	1. 衛生所（健康服務中心）、健康中心、捐血中心、醫事技術機構、牙體技術所、理髮場所（未將場所加以區隔且非包廂式為人理髮之場所）、按摩場所（未將場所加以區隔且非包廂式為人按摩之場所）、美容院、洗衣店、公共廁所、動物收容、寵物繁殖或買賣場所等類似場所。 2. 設置病床未達十床之下列場所：醫院、療養院等類似場所。 3. 樓地板面積未達一千平方公尺之診所。 4. 樓地板面積未達五百平方公尺之下列場所：店舖、當舖、一般零售場所、日常用品零售場所、便利商店等類似場所。 5. 樓地板面積未達三百平方公尺之下列場所：餐廳、飲食店、飲料店（無陪侍提供非酒精飲料服務之場所，包括茶藝館、咖啡店、冰果店及冷飲店等）等類似場所。	三百
H類	住宿類	H-1宿舍安養	1. 民宿（客房數六間以上）、宿舍、樓地板面積未達五百平方公尺之招待所。 2. 樓地板面積未達五百平方公尺之下列場所：護理之家機構（一般護理之家、精神護理之家）、產後護理機構、屬於老人福利機構之長期照顧機構（長期照護型）、長期照顧機構（失智照顧型）、身心障礙福利服務中心等類似場所。 3. 老人福利機構之場所：長期照顧機構（養護型）、安養機構、其他老人福利機構。 4. 身心障礙福利機構（夜間型住宿機構）、居家護理機構。 5. 住宿型精神復健機構、社區式日間照顧及重建服務、社區式身心障礙者日間服務等類似場所。 6. 依長期照顧服務法提供機構住宿式服務之長期照顧服務機構，樓地板面積未達五百平方公尺。	二百

			7. 依長期照顧服務法提供社區式服務（日間照顧、團體家屋及小規模多機能服務）之長期照顧服務機構，H-2 使用組別之場所除外。 8. 集合住宅、住宅任一住宅單位（戶）之任一樓層分間為六個以上使用單元（不含客廳及餐廳）或設置十個以上床位之居室者。	
		H-2 住宅	1. 集合住宅、住宅、民宿（客房數五間以下）。 2. 設於地面一層面積在五百平方公尺以下或設於二層至五層之任一層面積在三百平方公尺以下且樓梯寬度一點二公尺以上、分間牆及室內裝修材料符合建築技術規則現行規定之下列場所：小型安養機構、小型身心障礙者職業訓練機構、小型日間型精神復健機構、小型住宿型精神復健機構、小型社區式日間照顧及重建服務、小型社區式身心障礙者日間服務、依長期照顧服務法提供社區式服務（日間照顧、團體家屋及小規模多機能服務）之長期照顧服務機構等類似場所。 3. 農舍。 4. 依長期照顧服務法或身心障礙者權 保障法提供社區式家庭托顧服務、身心障礙者社區居住服務場所。	二百
I 類	危險物品類	I 危險廠庫	1. 化工原料行、礦油行、瓦斯行、爆竹煙火製造儲存販賣場所、液化石油氣鋼瓶檢驗機構（場）等類似場所。 2. 加油（氣）站、天然氣加壓站等類似場所。	三百
			1. 石油煉製廠、液化石油氣分裝場等類似場所。 2. 天然氣製造場等類似場所。	五百
			1. 液化石油氣容器儲存室等類似場所。 2. 儲存石油廠庫等類似場所。	六百

②車庫及停車場等類似場所每平方公尺不得少於五百公斤。

③走廊、樓梯之活載重應與室載重相同。但人群聚集之公共走廊、樓梯每平方公尺不得少於五百公斤。

④屋頂露臺之活載重得較室載重每平方公尺減少五十公斤。但人群聚集之場所，每平方公尺不得少於三百公斤。

⑤前二項人群聚集之場所適用範圍如下：

一　A類。

二　B-1：視聽歌唱場所（提供伴唱視聽設備，供人唱歌場所）、三溫暖場所（提供冷、熱水池、蒸烤設備，供人沐浴之場所）、舞廳（備有舞伴，供不特定人跳舞之場所）、舞場（不備舞伴，供不特定人跳舞之場所）、酒家（備有陪侍，供應酒、菜或其他飲食物之場所）、酒吧（備有陪侍，供應酒類或其他飲料之場所）、特種咖啡茶室（備有陪侍，供應飲料之場所）、夜店業、夜總會、遊藝場、俱樂部、電子遊戲場（依電子遊戲場業管理條例定義）、錄影帶（節目帶）播映場所等類似場所。

三　B-2。

四　B-3。

五　D類。

六　E類。

七　F類。

八　G-1。

九　G-2：政府機關（公務機關）。

十　G-3：衛生所（健康服務中心）、健康中心、捐血中心、醫院、療養院、診所等類似場所。

十一　H-1：護理之家機構（一般護理之家、精神護理之家）、產後護理機構、屬於老人福利機構之長期照顧機構（長期照護型）、長期照顧機構（失智照顧型）、身心障礙福利服務中心、長期照顧機構（養護型）、安養機構、其他老人福利機構、身心障礙福利機構（夜間型住宿機構）、居家護理機構、住宿型精神復健機構、社區式日間照顧及重建服務、社區式身心障礙者日間服務、依長期照顧服務法提供機構住宿式服務之長期照顧服務機構、依長期照顧服務法提供社區式服務社區式服務（日間照顧、團體家屋及小規模多機能服務）之長期照顧服務機構等類似場所。

十二　H-2：小型安養機構、小型身心障礙者職業訓練機構、小型日間型精神復健機構、小型住宿型精神復健機構、小型社區式日間照顧及重建服務、小型社區式身心障礙者日間服務等類似場所、依長期照顧服務法提供社區式服務（日間照顧、團體家屋及小規模多機能服務）之長期照顧服務機構、依長期照顧服務法或身心障礙者權 保障法提供社區式家庭托顧服務、身心障礙者社區居住服務場所等類似場所。

十三　其他經中央目的事業主管機關認定之場所。

第一八條 112

承受重載之樓地板，如作業場、倉庫、書庫、車庫等，須以明顯耐久之標誌，在其應用位置標示，建築物使用人，應負責使實用活載重不超過設計活載重。

第一九條 112

作業場、停車場如須通行車輛，其樓地板之活載重應按車輛後輪載重設計之。

第二〇條 112

辦公室樓地板須核計以一公噸分佈於八十公分見方面積之集中載重，替代每平方公尺三百公斤均佈載重，並依產生應力較大者設計之。

第二一條

辦公室或類似應用之建築物。如採用活動隔牆，應按每平方公尺一百公斤均佈活載重設計之。

第二二條

陽台欄杆、樓梯欄杆，須依欄杆頂每公尺受橫力三十公斤設計之。

第二三條 112

建築物構造承受活載重並有衝擊作用時，除另行實際測定者，按實計計算外，應依下列加算活載重。

一 承受電梯之構材，加電梯重之百分之百。

二 承受架空吊車之大梁：

㈠行駛速度在每分鐘六十公尺以下時，加車輪載重百分之十，六十公尺以上時，加車輪載重的百分之二十。

㈡軌道無接頭，行駛速度在每分鐘九十公尺以下時，加車輪載重的百分之十，九十公尺以上時，加車輪載重百分之二十。

三 承受電動機轉動輕機器之構材，加機器重量百分之二十。

四 承受往復式機器或原動機之構材。加機器重量百分之五十。

五 懸吊之樓板或陽台，加活載重百分之三十。

第二四條 112

架空吊車所受橫力，應依下列規定：

一 架空吊車行駛方向之剎車力，爲刹止各車輪載重百分之十五，作用於軌道頂。

二 架空吊車行駛時，每側車道梁承受架空吊車擺動之側力，爲吊車車輪重百分之十，作用於車道梁之軌頂。

三 架空吊車斜向牽引工作時，構材受力部份之應予核計。

四 地震力依吊車重量核計，作用於軌頂，不必計吊載重量。

第二五條

①用以設計屋架、梁、柱、牆、基礎之活載重如未超過每平方公尺五百公斤，亦非第十七條附表說明之人群聚集場所，構材承受載重面積超過十四平方公尺時，得依每平方公尺樓地板面積百分之〇．八五折減率減少，但折減不能超過百分之六十或下式之百分值。

$$R = 23\left(1 + \frac{D}{L}\right)$$

R：爲折減百分值。

D：爲構材載重面積，每平方公尺之靜載重公斤值。

L：爲構材載重面積，每平方公尺之活載重公斤值。

②活載重超過每平方公尺五百公斤時，僅柱及基礎之活載重得以減少百分之二十。

第二六條

不作用途之屋頂，其水平投影面之活載重每平方公尺不得小於左表所列之公斤重量：

屋頂坡度	載重面積（水平投影面）：平方公尺		
	二〇以下	二〇以上至六〇	六〇以上
平頂 1/6 以下坡頂 1/8 以下拱頂	一〇〇	八〇	六〇

1/6 至 1/2 坡頂 1/8 至 3/8 拱頂	八○	七○	六○
1/2 以上坡頂 3/8 以上拱頂	六○	六○	六○

第二七條

雪載重僅須在積雪地區視為額外活載重計入，可依本編第二十六條規定設計之。

第二八條 112

計算連續梁之強度時，活載重須依全部負載、相鄰負載、間隔負載等各種配置，以求算最大剪力及彎矩，作為設計之依據。

第二九條

計算屋架或橫架之強度時，須以屋架一半負載活載重與全部負載重比較，以求得最大應力及由一半跨度負載產生之反向應力。

第三○條

吊車載重應視為額外活載重，並按吊車之移動位置與吊車之組合比較，以求得構材之最大應力。

第三一條

計算柱接頭或柱腳應力時，應比較僅計算靜載重與風力或地震力組合不計活載重之應力，與計入活載重組合之應力，而以較大者設計之。

第四節　耐風設計 95

第三二條 95

①封閉式、部分封閉式及開放式建築物結構或地上獨立結構物，與其局部構材、外部被覆物設計風力之計算及耐風設計，依本節規定辦理。

②建築物耐風設計規範及解說（以下簡稱規範）由中央主管建築機關另定之。

第三三條 95

封閉式、部分封閉式及開放式建築物結構或地上獨立結構物主要風力抵抗系統所應承受之設計風力，依下列規定：

一　設計風力計算式：應考慮建築物不同高度之風速壓及陣風反應因子，其計算式及風壓係數或風力係數依規範規定。

二　風速之垂直分布：各種地況下，風速隨距地面高度增加而遞增之垂直分布法則依規範規定。

三　基本設計風速：

㈠任一地點之基本設計風速，係假設該地點之地況為平坦開闊之地面，離地面十公尺高，相對於五十年回歸期之十分鐘平均風速。

㈡臺灣地區各地之基本設計風速，依規範規定。

四　用途係數：一般建築物之設計風速，其回歸期為五十年，其他各類建築物應依其重要性，對應合宜之回歸期，訂定用途係數。用途係數依規範規定。

五　風速壓：各種不同用途係數之建築物在不同地況下，不同高度之風速壓計算式，依規範規定。

六　地形對風速壓之影響：對獨立山丘、山脊或懸崖等特殊地形，風速壓應予修正，其修正方式依規範規定。

七　陣風反應因子：

㈠陣風反應因子係考慮風速具有隨時間變動之特性，及其對建築物之影響。此因子將順風向造成之動態風壓轉換成等值風壓處理。

㈡不同高度之陣風反應因子與地況關係，其計算式依規範規定。

㈢對風較敏感之柔性建築物，其陣風反應因子應考慮建築物之動力特性，其計算式依規範規定。

八　風壓係數及風力係數：封閉式、部分封閉式及開放式建築物或地上獨立結構物所使用之風壓係數及風力係數，依規範規定。

九　橫風向之風力：建築物應檢核避免在設計風速內，發生渦散頻率與建築物自然頻率接近而產生之共振及空氣動力不穩定現象。於不產生共振及空氣動力不穩定現象情況下，橫風向之風力應依規範規定計算。

十　作用在建築物上之扭矩：作用在建築物上之扭矩應依規範規定計算。

十一　設計風力之組合：建築物同時受到順風向、橫風向及扭矩之作用，設計時風力之組合依規範規定。

第三四條 95

局部構材與外部被覆物之設計風壓及風力依下列規定：

一　封閉式及部分封閉式建築物或地上獨立結構物中局部構材及外部被覆物之設計風壓應考慮外風壓及內風壓；有關設計風壓之計算式及外風壓係數、內風壓係數依規範規定。

二　開放式建築物或地上獨立結構物中局部構材及外部被覆物之設計風力計算式以及風力係數，依規範規定。

第三五條 95

建築物最高居室樓層側向加速度之控制依下列規定：

一　建築物最高居室樓層容許尖峰加速度值：爲控制風力作用下建築物引起之振動，最高居室樓層側向加速度應予以限制，其容許尖峰加速度值依規範規定。

二　最高居室樓層側向加速度之計算：最高居室樓層振動尖峰加速度值，應考量順風向振動、橫風向振動及扭轉振動所產生者；順風向振動、橫風向振動及扭轉振動引起最高居室樓層總振動尖峰加速度之計算方法，依規範規定。

三　降低建築物最高居室樓層側向加速度裝置之使用：提出詳細設計資料，並證明建築物最高居室樓層總振動尖峰加速度值在容許值以內者，得採用降低建築物側向加速度之裝置。

四　評估建築物側向尖峰加速度值，依規範規定，使用較短之回歸期計算。

第三六條　（刪除）95

第三七條　（刪除）95

第三八條 95

①基本設計風速得依風速統計資料，考慮不同風向產生之效應。其分析結果，應檢附申請書及統計分析報告書，向中央主管建築機關申請認可後，始得運用於建築物耐風設計。

②前項統計分析報告書，應包括風速統計紀錄、風向統計分析方法及不同風向五十年回歸期之基本設計風速分析結果等事項。

③中央主管建築機關爲辦理第一項基本設計風速之方向性分析結果認可，得邀集相關專家學者組成認可小組審查。

第三九條　（刪除）95

第三九條之一 95

建築物施工期間應提供足夠之臨時性支撐，以抵抗作用於結構構材或組件之風力。施工期間搭建之臨時結構物並應考慮適當之風力，其設計風速得依規範規定採用較短之回歸期。

第四〇條　（刪除）95

第四一條 95

①建築物之耐風設計，依規範無法提供所需設計資料者，得進行風洞試驗。

②進行風洞試驗者，其設計風力、設計風壓及舒適性評估得以風洞試驗結果設計之。

③風洞試驗之主要項目、應遵守之模擬要求及設計時風洞試驗報告之引用，應依規範規定。

第五節　耐震設計

第四一條之一

建築物耐震設計規範及解說（以下簡稱規範）由中央主管建築機關另定之。

第四二條 112

①建築物構造之耐震設計、地震力及結構系統，應依下列規定：

一　耐震設計之基本原則，係使建築物結構體在中小度地震時保持在彈性限度內，設計地震時得容許產生塑性變形，其韌性需求不得超過容許韌性容量，最大考量地震時使用之韌性可以達其韌性容量。

二　建築物結構體、非結構構材及設備，應設計、建造使其能抵禦任何方向之地震力。

三　地震力應假設橫向作用於基面以上各層樓板及屋頂。

四　建築物應進行韌性設計，構材之韌性設計依本編各章相關規定辦理。

五　風力或其他載重之載重組合大於地震力之載重組合時，建築物之構材應按風力或其他載重組合產生之內力設計，其耐震之韌性設計依規範規定。

六　抵抗地震力之結構系統分下列六種：

㈠承重牆系統：結構系統無完整承受垂直載重立體構架，承重牆或斜撐系統須承受全部或大部分垂直載重，並以剪力牆或斜撐構架抵禦地震力者。

㈡構架系統：具承受垂直載重完整立體構架，以剪力牆或斜撐構架抵禦地震力者。

㈢抗彎矩構架系統：具承受垂直載重完整立體構架，以抗彎矩構架抵禦地震力者。

㈣二元系統：具有下列特性者：

1. 完整立體構架以承受垂直載重。
2. 以剪力牆、斜撐構架及韌性抗彎矩構架或混凝土部分韌性抗彎矩構架抵禦地震水平力，其中抗彎矩構架應設計能單獨抵禦百分之二十五以上的總橫力。
3. 抗彎矩構架與剪力牆或抗彎矩構架與斜撐構架應設計使其能抵禦依相對勁度所分配之地震力。

㈤未定義之結構系統：不屬於前四目之建築結構系統者。

㈥雜項工作物結構體系統：自行承擔垂直載重與地震力之結構物系統者。

七、建築物之耐震分析可採用靜力分析方法或動力分析方法；其適用範圍由規範規定之。

②前項第三款所稱基面，指地震輸入於建築物構造之水平面，或可使其上方之構造視為振動體之水平面。

第四三條

建築物耐震設計之震區劃分，由中央主管建築機關公告之。

第四三條之一　112

建築物構造採用靜力分析方法者，應依下列規定：

一　適用於高度未達五十公尺或未達十五層之規則性建築物。

二　構造物各主軸方向分別所受地震之最小設計水平總橫力 V 應考慮下列因素：

㈠應依工址附近之地震資料及地體構造，以可靠分析方法訂定工址之地震危害度。

㈡建築物之用途係數值（I）如下；建築物種類依規範規定。

1. 第一類建築物：地震災害發生後，必須維持機能以救濟大眾之重要建築物。

   I＝1.5
2. 第二類建築物：儲存多量具有毒性、爆炸性等危險物品之建築物。

   I＝1.5
3. 第三類建築物：第十七條第五項所定人群聚集之場所達一定比例之建築物或其他經中央主管建築機關認定

之建築物。

I＝1.25

4.第四類建築物：其他一般建築物。

I＝1.0

㈢應依工址地盤軟硬程度或特殊之地盤條件訂定適當之反應譜。地盤種類之判定方法依規範規定。使用反應譜時，建築物基本振動周期得依規範規定之經驗公式計算，或依結構力學方法計算。但設計周期上限值依規範規定之。

㈣應依強度設計法載重組合之載重係數，或工作應力法使用之容許應力調整設計地震力，使有相同的耐震能力。

㈤計算設計地震力時，可考慮抵抗地震力結構系統之類別、使用結構材料之種類及韌性設計，確認其韌性容量後，折減設計地震及最大考量地震地表加速度，以彈性靜力或動力分析進行耐震分析及設計。各種結構系統之韌性容量及結構系統地震力折減係數依規範規定。

㈥計算地震總橫力時，建築物之有效重量應考慮建築物全部靜載重。至於活動隔間之重量，倉庫、書庫之活載重百分比及水箱、水池等容器內容物重量亦應計入；其值依規範規定。

㈦爲避免建築物因設計地震力太小，在中小度地震過早降伏，造成使用上及修復上之困擾，其地震力之大小依規範規定。

三　最小總橫力應豎向分配於構造之各層及屋頂。屋頂外加集中橫力係反應建築物高振態之效應，其值與建築物基本振動周期有關。地震力之豎向分配依規範規定。

四　建築物地下各層之設計水平地震力依規範規定。

五　耐震分析時，建築結構之模擬應反映實際情形，並力求幾何形狀之模擬、質量分布、構材斷面性質與土壤及基礎結構互制等之模擬準確。

六　爲考慮質量分布之不確定性，各層質心之位置應考慮由計算所得之位置偏移。質量偏移量及造成之動態意外扭矩放大的作用依規範規定。

七　地震產生之層間相對側向位移應予限制，以保障非結構體之安全。檢核層間相對側向位移所使用的地震力、容許之層間相對側向位移角及爲避免地震時引起的變形造成鄰棟建築物間之相互碰撞，建築物應留設適當間隔之數值依規範規定。

八　爲使建築物各層具有均勻之極限剪力強度，無顯著弱層存在，應檢核各層之極限剪力強度。檢核建築物之範圍及檢核後之容許基準依規範規定。

九　爲使建築物具有抵抗垂直向地震之能力，垂直地震力應做適當的考慮。

第四三條之二

建築物構造須採用動力分析方法者，應依左列規定：

一　適用於高度五十公尺以上或地面以上樓層達十五層以上之建築物，其他需採用動力分析者，由規範規定之。

二　進行動力分析所需之加速度反應譜依規範規定。

三　動力分析應以多振態反應譜疊加法進行。其振態數目及各振態最大值之疊加法則依規範規定。

四　動力分析應考慮各層所產生之動態扭矩，意外扭矩之設計算應計及其動力效應，其處理方法依規範規定。

五　結構之模擬、地下部分設計地震力、層間相對側向位移與建築物之間隔、極限層剪力強度之檢核及垂直地震效應，準用前條規定。

第四四條至第四五條（刪除）

第四五條之一

①附屬於建築物之結構物部分構體及附件、永久性非結構構材與附件及支承於結構體設備之附件，其設計地震力依規範規定。

②前項附件包括錨定裝置及所需之支撐。

第四六條（刪除）

第四六條之一 112

雜項工作物結構體應自行承擔垂直載重與地震力；其設計地震力依規範規定。

第四七條（刪除）

第四七條之一

結構系統應以整體之耐震性設計，並符合規範規定。

第四七條之二

耐震工程品管及既有建築物之耐震能力評估與耐震補強，依規範規定。

第四八條（刪除）

第四八條之一

建築基地應評估發生地震時，土壤產生液化之可能性，對中小度地震會發生土壤液化之基地，應進行土質改良等措施，使土壤液化不致產生。對設計地震及最大考量地震下會發生土壤液化之基地，應設置適當基礎，並以折減後之土壤參數檢核建築物液化後之安全性。

第四九條（刪除）

第四九條之一（刪除）

第四九條之二

建築物耐震設計得使用隔震消能系統，並依規範規定設計。

第五〇條（刪除）

第五〇條之一

①施工中結構體之支撐及臨時結構物應考慮其耐震性。但設計之地震回歸期可較短。

②施工中建築物遭遇較大地震後，應檢核其構材是否超過彈性限

度。

第五一條至第五四條　（刪除）

第五五條

①主管建築機關得依地震測報主管機關或地震研究機構或建築研究機構之請，規定建築業主於建築物建造時，應配合留出適當空間，供地震測報主管機關或地震研究機構或建築研究機構設置地震記錄儀，並於建築物使用時保管之，地震後由地震測報主管機關或地震研究機構或建築研究機構收集紀錄存查。

②興建完成之建築物需要設置地震儀者，得比照前項規定辦理。

第二章　基礎構造

第一節　通　則

第五六條　（刪除）

第五六條之一

建築物基礎構造之地基調查、基礎設計及施工，應依本章規定辦理。

第五六條之二

建築物基礎構造設計規範（以下簡稱基礎構造設計規範），由中央主管建築機關另定之。

第五七條

①建築物基礎應能安全支持建築物；在各種載重作用下，基礎本身及鄰接建築物應不致發生構造損壞或影響其使用功能。

②建築物基礎之型式及尺寸，應依基地之地層特性及本編第五十八條之基礎載重設計。基礎傳入地層之最大應力不得超出地層之容許支承力，且所產生之基礎沉陷應符合本編第七十八條之規定。

③同一建築物由不同型式之基礎所支承時，應檢討不同基礎型式之相容性。

④基礎設計應考慮施工可行性及安全性，並不致因而影響生命及產物之安全。

⑤第二項所稱之最大應力，應依建築物各施工及使用階段可能同時發生之載重組合情形、作用方向、分布及偏心狀況計算之。

第五八條

建築物基礎設計應考慮靜載重、活載重、上浮力、風力、地震力、振動載重以及施工期間之各種臨時性載重等。

第五九條　（刪除）

第六〇條

①建築物基礎應視基地特性，依左列情況檢討其穩定性及安全性，並採取防護措施：

一　基礎周圍邊坡及擋土設施之穩定性。

二　地震時基礎土壤可能發生液化及流動之影響。

三　基礎受洪流淘刷、土石流侵襲或其他地質災害之安全性。

四　填土基地上基礎之穩定性。

②施工期間挖填之邊坡應加以防護，防發生滑動。

第六一條　（刪除）

第六二條

①基礎設計及施工應防護鄰近建築物之安全。設計及施工前均應先調查鄰近建築物之現況、基礎、地下構造物或設施之位置及構造型式，為防護設施設計之依據。

②前項防護設施，應依本章第六節及建築設計施工編第八章第三節擋土設備安全措施規定設計施工。

第二節　地基調查

第六三條　（刪除）

第六四條

①建築基地應依據建築物之規劃及設計辦理地基調查，並提出調查報告，以取得與建築物基礎設計及施工相關之資料。地基調查方式包括資料蒐集、現地踏勘或地下探勘等方法，其地下探勘方法包含鑽孔、圓錐貫入孔、探查坑及基礎構造設計規範中所規定之方法。

②五層以上或供公眾使用建築物之地基調查，應進行地下探勘。

③四層以下非供公眾使用建築物之基地，且基礎開挖深度為五公尺以內者，得引用鄰地既有可靠之地下探勘資料設計基礎。無可靠地下探勘資料可資引用之基地仍應依第一項規定進行調查。但建築面積六百平方公尺以上者，應進行地下探勘。

④基礎施工期間，實際地層狀況與原設計條件不一致或有基礎安全性不足之虞，應依實際情形辦理補充調查作業，並採取適當對策。

⑤建築基地有左列情形之一者，應分別增加調查內容：

一　五層以上建築物或供公眾使用之建築物位於砂土層有土壤液化之虞者，應辦理基地地層之液化潛能分析。

二　位於坡地之基地，應配合整地計畫，辦理基地之穩定性調查。位於坡腳平地之基地，應視需要調查基地地層之不均勻性。

三　位於谷地堆積地形之基地，應調查地下水文、山洪或土石流對基地之影響。

四　位於其他特殊地質構造區之基地，應辦理特殊地層條件影響之調查。

第六五條 112

①地基調查得依據建築計畫作業階段分期實施。

②地基調查計畫之地下探勘調查點之數量、位置及深度，應依據既有資料之可用性、地層之複雜性、建築物之種類、規模及重要性訂定之；其調查點數應依下列規定：

一　基地面積每六百平方公尺或建築物基礎所涵蓋面積每三百平方公尺者，應設一調查點。但基地面積超過六千平方公尺或建築物基礎所涵蓋面積超過三千平方公尺之部分，得視基地之地形、地層複雜性及建築物結構設計之需求，決定其調查點數。

二　同一基地之調查點數不得少於二點，當二處探查結果明顯差異時，應視需要增設調查點。

③調查深度至少應達到可據以確認基地之地層狀況，以符合基礎構造設計規範所定有關基礎設計及施工所需要之深度。

④同一基地之調查點，至少應有半數且不得少於二處，其調度深度應符合前項規定。

第六五條之一 100

地下探勘及試驗之方法應依中華民國國家標準規定之方法實施。但中華民國國家標準未規定前，得依符合調查目的之相關規範及方法辦理。

第六六條

①地基調查報告包括紀實及分析，其內容依設計需要決定之。

②地基調查未實施地下探勘而引用既有可靠資料者，其調查報告之內容應與前項規定相同。

第六六條之一 105

①建築基地有全部或一部位於地質敏感區內者，除依本編第六十四條至第六十六條規定辦理地基調查外，應依地質法第八條第一項規定辦理基地地質調查及地質安全評估。

②前項基地地質調查及地質安全評估應依地質敏感區基地地質調查及地質安全評估作業準則辦理。

③本編第六十四條第一項地基調查報告部分內容，得引用第一項之基地地質調查及地質安全評估結果報告資料。

第六七條　（刪除）

第六八條　（刪除）

第三節　淺基礎

第六九條 112

淺基礎以基礎板承載其自身及以上建築物各種載重，支壓於其下之基土，而基土所受之壓力，不得超過其容許支承力。

第七〇條

基土之極限支承力與地層性質、基礎面積、深度及形狀等有關者，依基礎構造設計規範之淺基礎承載理論計算之。

第七一條

①基地之容許支承力由其極限支承力除以安全係數計算之。

②前項安全係數應符合基礎構造設計規範。

第七二條　（刪除）

第七三條 112

基礎板底深度之設定，應考慮基底土壤之容許支承力、地層受溫度、體積變化或沖刷之影響。

第七四條至第七六條　（刪除）

第七七條

基礎地層承受各種載重所引致之沉陷量，應依土壤性質、基礎形式及載重大小，利用試驗方法、彈性壓縮理論、壓密理論、或以其他方法推估之。

第七八條

①基礎之容許沉陷量應依基礎構造設計規範，就構造種類、使用條件及環境因素等定之，其基礎沉陷應求其均勻，使建築物及相鄰建築物不致發生有害之沉陷及傾斜。

②相鄰建築物不同時興建，後建者應設計防止因開挖或本身沉陷而導致鄰屋之損壞。

第七八條之一 112

①獨立基腳、聯合基腳、連續基腳及筏式基礎之分析，應符合基礎構造設計規範。

②基礎板之結構設計，應檢核其剪力強度與彎矩強度等，並應符合本編第六章規定。

第七九條至第八五條　（刪除）

第八六條

各類基腳承受水平力作用時，應檢核發生滑動或傾覆之穩定性，其安全係數應符合基礎構造設計規範。

第八七條　（刪除）

第八八條　（刪除）

第四節　深基礎

第八八條之一 112

深基礎包括椿基礎及柱狀體基礎，分別以基椿或柱狀體基礎埋設於地層中，以支承上部建築物之各種載重。

第八九條

①使用基椿承載建築物之各種載重時，不得超過基椿之容許支承力，且基椿之變位量不得導致上部建築物發生破壞或影響其使用功能。

②同一建築物之基椿，應選定同一種支承方式進行分析及設計。但因情況特殊，使用不同型式之支承時，應檢討其相容性。

③基椿之選擇及設計，應考慮容許支承力及檢討施工之可行性。

④基椿施工時，應避免使周圍地層發生破壞及周邊建築物受到不良影響。

⑤斜坡上之基椿應檢討地層滑動之影響。

第九〇條

①基椿之垂直支承力及抗拉拔力，根據基椿種類、載重型式及地層情況，依基礎構造設計規範之分析方法及安全係數計算；其

容許支承力不得超過基樁本身之容許強度。

②基樁貫穿之地層可能發生相對於基樁之沉陷時，應檢討負摩擦力之影響。

③基樁須承受側向作用力時，應就地層情況及基樁強度依基礎構造設計規範推估其容許側向支承力。

第九一條至第九五條 （刪除）

第九六條

①群樁基礎之基樁，應均勻排列；其各樁中心間距，應符合基礎構造設計規範最小間距規定。

②群樁基礎之容許支承力，應考慮群樁效應之影響，並檢討其沉陷量以避免對建築物發生不良之影響。

第九七條

①基樁支承力應以樁載重或其他方式之試驗確認基樁之支承力及品質符合設計要求。

②前項試驗方法及數量，應依基礎構造設計規範辦理。

③基樁施工後樁材品質及施工精度未符合設計要求時，應檢核該樁基礎之支承功能及安全性。

第九八條 （刪除）

第九九條 （刪除）

第一〇〇條 112

基樁以整支應用為原則，樁必須接合施工時，其接頭應不得在基礎板面下三公尺以內，樁接頭不得發生脫節或彎曲之現象。基樁本身容許強度應按基礎構造設計規範依接頭型式及接樁次數折減之。

第一〇一條至第一〇四條 （刪除）

第一〇五條

如基樁應用地點之土質或水質情形對樁材有害時，應以業經實用有效之方法，予以保護。

第一〇五條之一

基樁樁體之設計應符合基礎構造設計規範及本編第四章至第六章相關規定。

第一〇六條至第一二〇條 （刪除）

第一二一條 112

柱狀體基礎係以預築沉埋或場鑄方式施築，其容許支承力應依基礎構造設計規範計算。

第五節　擋土牆

第一二一條之一

擋土牆於承受各種側向壓力及垂直載重情況下，應分別檢核其抵抗傾覆、水平滑動及邊坡整體滑動現象之穩定性，其最小安全係數須符合基礎構造設計規範。

第一二一條之二

①擋土牆承受之側向土壓力，須考慮牆體形狀、牆體前後地層性質及分佈、地表坡度、地表載重、該區地震係數，依基礎構造設計規範之規定採用適當之側向土壓力公式計算之。
②擋土牆承受之水壓力，應視地下水位、該區地震係數及牆背、牆基之排水與濾層設置狀況等適當考量之。

第一二一條之三

擋土牆基礎作用於地層之最大壓力不得超過基礎地層之容許支承力，且基礎之不均勻沉陷量不得影響其擋土功能及鄰近構造物之安全。

第一二一條之四

擋土牆牆體之設計，應分別檢核牆體在靜態及動態條件下牆體所受之作用力，並應符合設計規範及本編第四章至第六章相關規定。

第六節　基礎開挖

第一二二條

基礎開挖分為斜坡式開挖及擋土式開挖，其規定如左：

一　斜坡式開挖：基礎開挖採用斜坡式開挖時，應依照基礎構造設計規範檢討邊坡之穩定性。

二　擋土式開挖：基礎開挖採用擋土式開挖時，應依基礎構造設計規範進行牆體變形分析與支撐設計，並檢討開挖底面土壤發生隆起、砂湧或上舉之可能性及安全性。

第一二三條

基礎開挖深度在地下水位以下時，應檢討地下水位控制方法，避免引起周圍設施及鄰房之損害。

第一二四條

擋土設施應依基礎構造設計規範設計，使具有足夠之強度、勁度及貫入深度以保護開挖面及周圍地層之穩定。

第一二五條至第一二七條　（刪除）

第一二七條之一

基礎開挖得視需要利用適當之監測系統，量測開挖前後擋土設施、支撐設施、地層及鄰近構造物等之變化，並應適時研判，採取適當對策，以維護開挖工程及鄰近構造物之安全。

第一二八條　（刪除）

第一二九條　（刪除）

第一三〇條

建築物之地下構造與周圍地層所接觸之地下牆，應能安全承受上部建築物所傳遞之載重及周圍地層之側壓力；其結構設計應符合本編相關規定。

第七節　地層改良

第一三〇條之一
①基地地層有改良之必要者，應依本規則有關規定辦理。
②地層改良爲對原地層進行補強或改善，改良後之基礎設計，應依本規則有關規定辦理。
③地層改良之設計，應考量基地地層之條件及改良土體之力學機制，並參考類似案例進行設計，必要時應先進行模擬施工，以驗證其可靠性。
第一三〇條之二
①施作地層改良時，不得對鄰近構造物或環境造成不良影響，必要時應採行適當之保護措施。
②臨時性之地層改良施工，不得影響原有構造物之長期使用功能。

第三章　磚構造

第一節　通　則

第一三一條 96
①磚構造建築物，指以紅磚、矽灰磚、混凝土空心磚爲主要結構材料構築之建築物；其設計及施工，依本章規定。但經檢附申請書、結構計算及實驗或調查研究報告，向中央主管建築機關申請認可者，其設計得不適用本章一部或全部之規定。
②中央主管建築機關爲辦理前項認可，得邀集相關專家學者組成認可小組審查。
③建築物磚構造設計及施工規範（以下簡稱規範）由中央主管建築機關另定之。
第一三一條之一 96
磚構造建築物之高度及樓層數限制，應符合規範規定。
第一三一條之二 112
①磚構造建築物各層樓板及屋頂應爲剛性樓板，並經由各層牆頂過梁有效傳遞其所聯絡各牆體之兩向水平地震力。各樓層之結構牆頂，應設置有效連續之鋼筋混凝土過梁，與其上之剛性樓板連結成一體。
②過梁應具足夠之強度及剛度，以抵抗面內與面外力。
③兩向結構牆之壁量與所圍成之各分割面積，應符合規範規定。
第一三二條 96
建築物之地盤應穩固，基礎應作必要之設計以支承其上結構牆所傳遞之各種載重。

第二節　材料要求 96

第一三三條 96
磚構造所用材料，包括紅磚、矽灰磚、混凝土空心磚、填縫用砂漿材料、混凝土空心磚空心部分填充材料、混凝土及鋼筋等，應符合規範規定。

第一三四條至第一四〇條 （刪除）96

第三節 牆壁設計原則

第一四一條 96

①建築物整體形狀以箱型為原則，各層結構牆均衡配置，且上下層貫通，使靜載重、活載重所產生之應力均勻分布於結構全體。

②各層結構牆應於建築平面上均勻配置，並於長向及短向之配置均有適當之壁量以抵抗兩向之地震力。

第一四二條 96

牆身最小厚度、牆身最大長度及高度，應符合規範規定。

第一四三條至第一四六條 （刪除）96

第一四七條 96

屋頂欄杆牆、陽臺欄杆牆、壓簷牆及屋頂二側之山牆，均不得單獨以磚砌造，並應以鋼筋混凝土梁柱補強設計。

第一四八條 （刪除）96

第一四九條 96

牆中埋管不得影響結構安全及防火要求。

第一五〇條 （刪除）96

第四節 磚造建築物

第一五一條 96

①磚造建築物各層平面結構牆中心線區劃之各部分分割面積，應符合規範規定。

②建築物之外圍及角隅部分，平面上結構牆應配置成T形或L形。

第一五二條 96

磚造建築物結構牆之牆身長度及厚度，應符合規範規定。

第一五三條 （刪除）96

第一五四條 （刪除）96

第一五五條 96

結構牆開口之設置及周圍補強措施，應符合規範規定。

第一五六條 （刪除）96

第一五六條之一 96

各樓層牆頂過梁之寬度、深度及梁內主鋼筋與箍筋之尺寸、數量、配置等，應符合規範規定。兩向過梁應剛接成整體。

第一五六條之二 96

牆體基礎結構之設計，應符合下列規定：

一 磚造建築物最下層之牆體底部，應設置可安全支持各牆體並使之互相連結之鋼筋混凝土造連續牆基礎，並於兩向剛接成整體。但建築物為平房且地盤堅實者，得使用結構純混凝土造之連續牆基礎。

二 連續牆基礎之頂部寬度不得小於其臨接之牆身厚度，底面寬度應儘量放寬，使地盤反力小於土壤容許承載力。

第一五六條之三 96

①磚造圍牆，爲能安全抵抗地震力及風力，應以鋼筋或鐵件補強，下列事項並應符合規範規定：

一　圍牆高度與其對應之最小厚度。

二　圍牆沿長度方向應設置鋼筋混凝土補強柱或突出壁面之扶壁。

②磚造圍牆之基礎應爲鋼筋混凝土造連續牆基礎，基礎底面距地表面之最小距離，應符合規範規定。

第五節　（刪除）96

第一五七條至第一六四條　（刪除）96

第六節　加強磚造建築物 96

第一六五條 96

①加強磚造建築物，指磚結構牆上下均有鋼筋混凝土過梁或基礎，左右均有鋼筋混凝土加強柱。過梁及加強柱應於磚牆砌造完成後再澆置混凝土。

②前項建築物並應符合第四節規定。

第一六六條 96

二側開口僅上下邊圍束之磚結構牆，其總剖面積不得大於該樓層該方向磚結構牆總剖面積之二分之一。

第一六七條　（刪除）96

第一六八條　（刪除）96

第一六九條 96

鋼筋混凝土加強柱尺寸、主鋼筋與箍筋尺寸、數量及配置等，應符合規範規定。

第一六九條之一 96

磚牆沿加強柱高度方向應配置繫材，連貫磚牆與加強柱，其伸入加強柱與磚牆之深度及繫材間距，應符合規範規定。

第一七〇條　（刪除）96

第七節　加強混凝土空心磚造建築物 96

第一七〇條之一 112

加強混凝土空心磚造建築物，指以混凝土空心磚疊砌，並以鋼筋補強之結構牆、鋼筋混凝土造過梁、樓板及基礎所構成之建築物，結構牆應在插入鋼筋與鄰磚之空心部填充混凝土或砂漿。

第一七〇條之二 96

①各層平面結構牆中心線區劃之各部分分割面積，應符合規範規定。其配置應使建築物分割面積成矩形爲原則。

②建築物之外圍與角隅部分，平面上結構牆應配置成T型或L型。

第一七〇條之三 96
①加強混凝土空心磚造建築物結構牆之牆身長度及厚度，應符合規範規定。
②建築物各樓層之牆厚，不得小於其上方之牆厚。

第一七〇條之四 96
壁量及其強度規定如下：
一 各樓層短向及長向壁量應各自計算，其值不得低於規範規定。
二 每片結構牆垂直向之壓力不得超過規範規定。

第一七〇條之五 96
結構牆配筋，應符合下列規定：
一 配置於結構牆內之縱筋與橫筋（剪力補強筋），其標稱直徑及間距依規範規定。
二 於結構牆之端部、L形或T形牆角隅部、開口部之上緣及下緣處配置之撓曲補強筋，其鋼筋總斷面積應符合規範規定。

第一七〇條之六 96
結構牆之開口，應符合下列規定：
一 開口部離牆體邊緣之最小距離及開口部間最小淨間距，依規範規定。
二 開口部上緣應設置鋼筋混凝土楣梁，其設置要求依規範規定。

第一七〇條之七 112
結構牆內鋼筋之錨定及搭接，應符合下列規定：
一 結構牆之縱向筋應錨定於上下鄰接之過梁、基礎或樓板。
二 結構牆之橫向筋原則上應錨定於交會在端部之另一向結構牆內。
三 開口部上下緣之撓曲補強筋應錨定於其左右之結構牆。
四 鋼筋錨定及搭接之細節，依規範規定。

第一七〇條之八 96
結構牆內鋼筋保護層厚度依規範規定，外牆面並應採取適當之防水處理。

第一七〇條之九 112
①過梁之寬度及深度依規範規定。
②未與鋼筋混凝土屋頂板連接之過梁，其有效寬度應符合規範規定。

第一七〇條之一〇 96
建築物最下層之牆體底部，應設置可安全支持各牆體，並使之互相連結之鋼筋混凝土造連續牆基礎，其最小寬度及深度應符合規範規定。

第一七〇條之一一 96
混凝土空心磚圍牆結構之下列事項，應符合規範規定：
一 圍牆高度及厚度。

二　連續牆基礎之寬度及埋入深度。
三　圍牆內縱橫兩向補強筋之配置及壓頂磚之細部。
四　圍牆內應設置場鑄鋼筋混凝土造扶壁、扶柱之條件及尺寸。
五　圍牆內縱筋及橫筋之配置、扶壁、扶柱內鋼筋之配置及鋼筋之錨定與搭接長度。

第八節　砌磚工程施工要求 96

第一七〇條之一二 96

第一百三十三條磚構造所用材料之施工，應符合規範規定。

第一七〇條之一三 96

填縫水泥砂漿、填充水泥砂漿及填充混凝土等之施工，應符合規範規定。

第一七〇條之一四 96

紅磚牆體、清水紅磚牆體及混凝土空心磚牆體等之砌築施工，應符合規範規定。

第四章　木構造

第一七一條

①以木材構造之建築物或以木材爲主要構材與其他構材合併構築之建築物，依本章規定。

②木構造建築物設計及施工技術規範（以下簡稱規範）由中央主管建築機關另定之。

第一七一條之一

木構造建築物之簷高不得超過十四公尺，並不得超過四層樓。但供公眾使用而非供居住用途之木構造建築物，結構安全經中央主管建築機關審核認可者，簷高得不受限制。

第一七二條 112

①木構造建築物之各構材，須能承受其所承載之靜載重及活載重，而不超過容許應力定。

②木構造建築物應加用斜支撐或隅支撐或合於中華民國國家標準之集成材，以加強樓板、屋面板、牆板，使能承受由於風力或地震力所產生之橫力，而不致傾倒、變形。

第一七三條

木構材不得用於承載磚石、混凝土或其他類似建材之靜載重及由其所生之橫力。

第一七四條　（刪除）

第一七五條 112

木構造各構材防腐要求，應符合下列規定：

一　木構造之主要構材柱、梁、牆板及木地檻等距地面一公尺以內之部分，應以有效之防腐措施，防止蟲、蟻類或菌類之侵害。

二　木構造建築物之外牆板，在容易腐蝕部分，應舖以防水紙或其他類似之材料，再以鐵絲網塗敷水泥砂漿或其他相等效能材料處理之。

三　木構造建築物之地基，須先清除花草樹根及表土深三十公分以上。

第一七六條

木構造之勒腳牆、梁端空隙、橫力支撐、錨栓、柱腳鐵件之構築，應依規範規定。

第一七七條至第一八〇條　（刪除）

第一八一條

木構造各木構材之品質及尺寸，應符合左列規定：

一　木構造各木構材之品質，應依總則編第三條及第四條之規定。

二　設計構材計算強度之尺寸，應以刨光後之淨尺寸為準。

第一八二條　（刪除）

第一八三條 100

木構造各木構材強度應符合下列規定：

一　一般建築物所用木構材之容許應力、斜向木理容許壓應力、應力調整、載重時間影響，應依規範之規定。

二　供公眾使用建築物其構造之主構材，應依中華民國國家標準選樣測定強度並規定其容許應力，其容許強度不得大於前款所規定之容許應力。

第一八四條至第一八七條　（刪除）

第一八八條

木構造各木構材之梁設計、跨度長、彎曲強度、橫剪力、缺口、偏心連接、垂直木理壓應力、橫支撐、單木柱、大小頭柱之斷面、合應力、雙木組合柱、合木柱、主構木柱、木桁條、撓度應依規範及左列規定：

一　依規範規定之設計應力計算而得之各木構材斷面應力值，須小於規範所規定之容許應力值。

二　依規範規定結構物各木構材及結合部，須檢討其變形，不得影響建築物之安全及妨礙使用。

三　結構物各部分須考慮結構計算時之假設、施工之不當、材料之不良、腐朽、磨損等因素，必要時木構材須加補強。

第一八九條至第一九六條　（刪除）

第一九七條

木柱之構造應符合左列規定：

一　平房或樓房之主構木材用上下貫通之整根木柱。但接合處之強度大於或等於整根木柱強度相同者，不在此限。

二　主構木柱之長細比應依規範之規定。

三　合木柱應依雙木組合柱或集成材木柱之規定設計，不得以單木柱設計。

第一九八條至第二〇二條　（刪除）

第二〇三條

木屋架之設計應符合左列規定：

一　跨度五公尺以上之木屋架須爲桁架，使其各構材分別承受軸心拉力或壓力。

二　各構材之縱軸必須相交於節點，承載重量應作用在節點上。

三　壓力構材斷面須依其個別軸向支撐間之長細比設計。

第二〇四條

木梁、桁條及其他受撓構材，於跨度之中央下側處有損及強度之缺口時，應扣除二倍缺口深度後之淨斷面計算其彎曲強度。

第二〇五條　（刪除）

第二〇六條

木構造各構材之接合應經防銹處理，並符合左列規定：

一　木構之接合，得以接合圈及螺栓、接合板及螺栓、螺絲釘或釘爲之。

二　木構材拼接時，應選擇應力較小及疵傷最少之部位，二側並以拼接板固定，並用以傳遞應力。

三　木柱與剛性較大之鋼骨受撓構材接合時，接合處之木柱應予補強。

第二〇七條

木構造之接合圈、接合圈之應用、接合圈載重量、連接設計、接頭強度、螺栓、螺栓長徑比、平行連接、垂直連接、螺栓排列、支承應力、螺絲釘、釘、拼接位置，應依規範規定。

第二〇八條至第二二〇條　（刪除）

第二二一條 112

木構造各木構材採用集成材之設計時，應符合下列規定：

一　集成材之容許應力、弧構材、曲度因素、徑向應力、長細因數、梁深因數、合因數、割鋸限制、形因數、集成材木柱、集成材木板、集成材膜板應符合規範規定。

二　集成材、合板用料、配料、接頭等均應符合中華民國國家標準，且經政府認可之檢驗機關檢驗合格，並有證明文件者，始得應用。

第二二二條至第二三四條　（刪除）

第五章　鋼構造

第一節　設計原則

第二三五條

本章爲應用鋼建造建築結構之技術規則，作爲設計及施工之依據。但冷軋型鋼結構、鋼骨鋼筋混凝土結構及其他特殊結構，不在此限。

第二三五條之一

鋼構造建築物鋼結構設計技術規範（以下簡稱設計規範）及鋼構造建築物鋼結構施工規範（以下簡稱施工規範）由中央主管建築機關另定之。

第二三五條之二

①鋼結構之設計應依左列規定：

一　各類結構物之設計強度應依其結構型式，在不同載重組合下，利用彈性分析或非彈性分析決定。

二　整體結構及每一構材、接合部均應檢核其使用性。

三　使用容許應力設計法進行設計時，其容許應力應依左列規定：

㈠結構物之桿件、接頭及接合器，其由工作載重所引致之應力均不得超過設計規範規定之容許應力。

㈡風力或地震力與垂直載重聯合作用時，可使用載重組合折減係數計算應力。但不得超過容許應力。

四　使用極限設計法進行設計時，應依左列規定：

㈠設計應檢核強度及使用性極限狀態。

㈡構材及接頭之設計強度應大於或等於由因數化載重組合計得之需要強度。設計強度 ϕRn 係由標稱強度 Rn 乘強度折減因子 ϕ。強度折減因子及載重因數應依設計規範規定。

②前項第三款第一目規定容許應力之計算不包括滿足接頭區之局部高應力。

③第一項第四款第一目規定強度極限係指結構之最大承載能力，其與結構之安全性密切相關；使用性極限係指正常使用下其使用功能之極限狀態。

第二三六條

①鋼結構之基本接合型式分為左列二類：

一　完全束制接合型式：係假設梁及柱之接合為完全剛性，構材間之交角在載重前後能維持不變。

二　部分束制接合型式：係假設梁及柱間，或小梁及大梁之端部接合無法達完全剛性，在載重前後構材間之交角會改變。

②設計接合或分析整體結構之穩定性時，如需考慮接合處之束制狀況時，其接頭之轉動特性應以分析方法或實驗決定之。部分束制接合結構應考慮接合處可容許非彈性且能自行限制之局部變形。

第二三七條　（刪除）

第二三八條

鋼結構製圖應依左列規定：

一　設計圖應依結構計算書之計算結果繪製，並應依設計及施工規範規定。

二　鋼結構施工前應依據設計圖說，事先繪製施工圖，施工圖應註明構材於製造、組合及安裝時所需之完整資料，並應依設計及施工規範規定。

三　鋼結構之製圖比例、圖線規定、構材符號、鋼材符號及銲接符號等應依設計及施工規範規定。

第二三九條

鋼結構施工，由購料、加工、接合至安裝完成，均應詳細查驗證明其品質及安全。

第二四〇條

鋼結構之耐震設計，應依本編第一章第五節耐震設計規定，並應採用具有韌性之結構材料、結構系統及細部。其構材及接合之設計，應依設計規範規定。

第二節　設計強度及應力

第二四一條 100

①鋼結構使用之材料包括結構用鋼板、棒鋼、型鋼、結構用鋼管、鑄鋼件、螺栓、墊片、螺帽、剪力釘及銲接材料等，均應符合中華民國國家標準。

②無中華民國國家標準適用之材料者，應依中華民國國家標準鋼料檢驗通則 CNS 二六〇八點 G 五二及相關之國家檢驗測試標準，或中央主管建築機關認可之國際通行檢驗規則檢驗，確認符合其原標示之標準，且證明達到設計規範之設計標準者。

③鋼結構使用鋼材，由國外進口者，應具備原製造廠家之品質證明書，並經公立檢驗機關，依中華民國國家標準，或國際通行檢驗規則，檢驗合格，證明符合設計規範之設計標準。

第二四二條

鋼結構使用之鋼材，得依設計需要，採用合適之材料，且必須確實把握產品來源。不同類鋼材如未特別規定，得依強度及接合需要相互配合應用，以銲接爲主接合之鋼結構，應選用可銲性且延展性良好之銲接結構用鋼材。

第二四三條

鋼結構構材之長細比爲其有效長（$K\lambda$）與其迴轉半徑（r）之比（$K\lambda$ / r），並應檢核其對強度、使用性及施工性之影響。

第二四四條

鋼結構構材斷面分左列四類：

一　塑性設計斷面：指除彎矩強度可達塑性彎矩外，其肢材在受壓下可達應變硬化而不產生局部挫屈者。

二　結實斷面：指彎曲強度可達塑性彎矩，其變形能力約爲塑性設計斷面之三分之一者。

三　半結實斷面：指肢材可承壓至降伏應力而不產生局部挫屈，且無提供有效之韌性者。

四　細長肢材斷面：指爲肢材在受壓時將產生彈性挫屈者。

第二四四條之一

鋼結構構架穩定應依左列規定：

一　含斜撐系統構架：構架以斜撐構材、剪力牆或其他等效方法提供足夠之側向勁度者，其受壓構材之有效長度係數 k 應採用一・〇。如採用小於一・〇之 k 係數，其值需以分析方法求得。多樓層含斜撐系統構架中之豎向斜撐系統，應以結構分析方法印證其具有足夠之勁度及強度，以維持構架在載重作用下之側向穩定，防止構架挫屈或傾倒，且分析時應考量水平位移之效應。

二　無斜撐系統構架：構架依靠剛接之梁柱系統保持側向穩定者，其受壓構材之有效長度係數 k 應以分析方法決定之，且其值不得小於一・〇。無斜撐系統構架承受載重之分析應考量構架穩定及柱軸向變形之效應。

第二四四條之二

設計鋼結構構材之斷面或其接合，應使其應力不超過容許應力，或使其設計強度大於或等於需要強度。

第二四五條至第二五七條　（刪除）

第二五八條

載重變動頻繁應力反復之構材，應按反復應力規定設計之。

第三節　構材之設計

第二五八條之一

設計拉力構材時應考量全斷面之降伏、淨斷面之斷裂及其振動、變形之影響。計算淨斷面上之強度時應考量剪力遲滯效應。

第二五八條之二

設計壓力構材時應考量局部挫屈、整體挫屈、降伏等之安全性。

第二五九條 112

梁或板梁承受載重，應使其外緣彎曲應力不超過容許彎曲應力，其端剪力不超過容許剪應力。

第二六〇條至第二六七條　（刪除）

第二六八條

梁或板梁之設計，應依撓度限制規定。

第二六八條之一

設計受扭矩及組合力共同作用之構材時，應考量軸力與彎矩共同作用時引致之二次效應，並檢核在各種組合載重作用下之安全性。

第二六九條

採用合成構材時應視需要設計剪力連接物，對於容許應力之計算，應將混凝土之受壓面積轉化爲相當的鋼材面積。對於撓曲強度之計算應採塑性應力分析。合成梁之設計剪力強度應由鋼梁腹板之剪力強度計算。並檢核施工過程中混凝土凝固前鋼梁單獨承受載重之能力。

第二七〇條至第二七三條　（刪除）

第四節　（刪除）

第二七四條至第二八六條 （刪除）

第五節　接合設計

第二八七條

接合之受力模式宜簡單明確，傳力方式宜緩和漸變，以避免產生應力集中之現象。接合型式之選用以製作簡單、維護容易為原則，接合處之設計，應能充分傳遞被接合構材計得之應力，如接合應力未經詳細計算，得依被接合構材之強度設計之。接合設計在必要時，應依接合所在位置對整體結構安全影響程度酌予提高其設計之安全係數。

第二八七條之一

使用高強度螺栓於接合設計時，得視需要採用承壓型接合設計或摩阻型接合設計。

第二八七條之二

採用銲接接合時，應採用銲接性良好之鋼材，配以合適之銲材。銲接施工應依施工規範之規定進行銲接施工及檢驗。

第二八七條之三

承受衝擊或振動之接合部，應使用銲接或摩阻型高強度螺栓設計。因特殊需要而不容許螺栓滑動，或因承受反復荷重之接合部，亦應使用銲接或摩阻型高強度螺栓設計。

第二八八條至第二九五條 （刪除）

第二九六條

①承壓型接合之高強度螺栓，不得與銲接共同分擔載重，而應由銲接承擔全部載重。

②以摩阻型接合設計之高強度螺栓與銲接共同分擔載重時，應先鎖緊高強度螺栓後再銲接。

③原有結構如以銲接修改時，現存之摩阻型接合高強度螺栓可用以承受原有靜載重，而銲接僅分擔額外要求之設計強度。

第二九六條之一

①錨栓之設計需能抵抗在各種載重組合下，柱端所承受之拉力、剪力與彎矩，及因橫力產生之彎矩所引致之淨拉力分量。

②混凝土支承結構的設計需安全支承載重，故埋入深度需有一適當之安全因子，以確保埋置強度不會因局部或全部支承混凝土結構之破壞而折減。

第二九七條至第三二一條 （刪除）

第六節　（刪除）

第三二二條至第三三一條 （刪除）

第六章　混凝土構造

第一節　通　則

第三三二條 112

①建築物以結構混凝土建造之技術規則，依本章規定。

②各種特殊結構以結構混凝土建造者如弧拱、薄殼、摺板、水塔、水池、煙囪、散裝倉、椿及耐爆構造等之設計及施工，原則依本章規定辦理。

③本章所稱結構混凝土，指具有結構功能之鋼筋混凝土及純混凝土。鋼筋混凝土含預力混凝土；純混凝土為結構混凝土中鋼筋量少於鋼筋混凝土之規定最低值者，或無鋼筋者。

④結構混凝土相關設計規範（以下簡稱設計規範）及施工規範（以下簡稱施工規範）由中央主管建築機關定之。

第三三二條之一

結構混凝土構材與其他材料構材組合之構體，除應依本編各種材料構材相關章節之規定設計外，並應考慮結構系統之妥適性、構材間之接合行為、力的傳遞、構材之剛性及韌性、材料的特性等。

第三三三條

結構混凝土之設計，應能在使用環境下承受各種規定載重，並滿足安全及適用性之需求。

第三三四條

結構混凝土之設計圖說應依左列規定：

一　包括設計圖、說明書及計算書。主管機關得要求設計者提供設計資料及附圖；應用電子計算機程式作分析及設計時，並應提供設計假設、說明使用程式、輸入資料及計算結果。

二　應依本編第一章第一節規定。

三　設計圖應在適當位置明示左列規定，其內容於設計規範定之。

㈠設計規範之名稱版本及其相關規定適用之優先順序。

㈡設計所用之活載重及其他特殊載重。

㈢混凝土及鋼材料之強度要求、規格及限制。

㈣其他必要之說明。

第三三四條之一

①結構混凝土之施工應依設計圖說之要求製作施工圖說，作為施工之依據。

②施工圖說應載明事項於施工規範定之。

第三三五條

①結構混凝土施工時，應依工作進度執行品質管制、檢驗及查驗，並予記錄，其內容於施工規範定之。

②前項紀錄之格式、簽認、查核、保存方式及年限，由直轄市、縣（市）（局）主管建築機關定之。

第三三六條

結構物或其構材之使用安全，如有疑慮時，主管建築機關得令其依設計規範規定之方法對其強度予以評估。

第三三七條　（刪除）

第二節　品質要求

第三三七條之一

結構混凝土材料及施工品質應符合設計規範及施工規範規定。

第三三七條之二

①結構混凝土材料包括混凝土材料及結合混凝土使用之鋼材料或其他加勁材料。

②混凝土材料包括水泥、骨材、拌和用水、摻料等。鋼材料包括鋼筋、鋼鍵、鋼骨等。

③結構混凝土材料品質檢驗及查驗應依施工規範規定辦理。

第三三七條之三

結構混凝土施工品質之抽樣、檢驗、查驗、評定及認可應依施工規範規定辦理。

第三三八條至第三四四條　（刪除）

第三四五條

結構混凝土材料之儲存應能防止變質及摻入他物；變質或污損等以致無法達到施工規範要求者不得使用。

第三四六條

①結構混凝土之規定抗壓強度及試驗齡期應於設計時指定之。抗壓強度試體之取樣、製作及試驗於施工規範定之。

②鋼材料之種類、規格及規定強度應於設計時指定，其細節及試驗方式於施工規範定之。

第三四七條

混凝土材料配比應使混凝土之工作性、耐久性及強度等性能達到設計要求及規範規定。

第三四八條至第三五〇條　（刪除）

第三五一條

結構混凝土之施工，包括模板與其支撐、鋼筋排置、埋設物及接縫等之澆置前準備，與產製、輸送、澆置、養護及拆模等規定於施工規範定之。

第三五二條至第三六一條　（刪除）

第三六一條之一

鋼材料之施工，包括表面處理、續接、加工、排置、保護層之維持及預力之施加等，應符合設計要求，其內容於施工規範定之。

第三六二條至第三七四條　（刪除）

第三節　設計要求

第三七四條之一

結構混凝土之設計，得採強度設計法、工作應力設計法或其他經中央主管建築機關認可之設計法。

第三七五條

①結構混凝土構件應承受依本編第一章規定之各種載重、地震力及風力，尚應考慮使用環境之其他規定作用力。
②設計載重爲前項各種載重及各力之組合，應符合所採用設計方法及設計規範規定。

第三七五條之一

結構混凝土構件應依設計規範規定設計，使構材之設計強度足以承受設計載重。

第三七五條之二

①結構混凝土分析時，應考慮其使用需求、採用之結構系統、整體之穩定性、非結構構材之影響、施工方法及順序等。
②結構分析所用之分析方法及假設於設計規範定之。
③構體或構件之模型試驗結果可供結構分析參考。

第三七五條之三 112

結構混凝土設計時，應考慮結構系統中梁、柱、板、牆及基礎等構件與其接頭所承受之撓曲力、軸力、剪力、扭力等及其間力之傳遞，並考慮彎矩調整、撓度控制與裂紋控制，與構件之相互關係及施工可行性；其設計於設計規範定之。

第三七五條之四 112

①結構混凝土構件設計，應使其充分發揮設定之功能，並考慮下列規定：
一 構件之特性：構件之有效深度、寬度、橫支撐間距、T型梁、柵板、深梁效應等。
二 鋼筋之配置：主筋與橫向鋼筋之配置、間距、彎折、彎鉤、保護層、鋼筋量限制及有關鋼筋之伸展、錨定及續接等。
三 材料特性與環境因素之影響：潛變、乾縮、溫度鋼筋、伸縮縫及收縮縫等。
四 構件之完整性：梁、柱、板、牆、基礎等構件之開孔、管線、預留孔及埋設物等位置、尺寸與補強方法。
五 構件之連結：構件接頭之鋼筋排置及預鑄構件之連接。
六 施工之特別要求：混凝土澆置次序，預力大小、施力位置與程序，及預鑄構件吊裝等。
②前項各款設計內容於設計規範定之。

第三七六條至第四〇六條 （刪除）

第四節　耐震設計之特別規定

第四〇七條 112

①結構混凝土建築物之耐震設計，應符合本編第一章第五節之規定。
②結構混凝土爲抵抗地震力採韌性設計者，其構材應符合本節規定。

第四〇八條 112

①抵抗地震力之結構混凝土採韌性設計者，應使其構材在大地震

時能產生所需塑性變形，並應符合下列規定：

一　應考慮在地震時，所有結構與非結構構材間之相互作用對結構之線性或非線性反應之影響。

二　應考慮韌性設計之撓曲構材、受撓柱、梁柱接頭、結構牆、橫膈板及桁架應符合第四百零九條至第四百十二條之規定。

三　混凝土規定抗壓強度之限制、鋼筋材質與續接及其他設計細節於設計規範定之。

②非抵抗水平地震力之構材，應符合第四百十二條之一規定。

第四〇九條

受撓曲與較小軸力構材之設計應避免在大地震時產生非韌性破壞；其適用之限制條件、縱向主筋與橫向鋼筋之用量限制、配置與續接、剪力強度要求等設計細節，於設計規範定之。

第四一〇條

受撓柱之設計應使其在大地震時不致產生非韌性破壞；其適用之限制條件、強柱弱梁要求、縱向主筋與橫向箍筋之用量限制、配置與續接、剪力強度要求等設計細節於設計規範定之。

第四一一條

梁柱接頭之設計應可使梁端順利產生塑鉸，接頭不致產生剪力破壞；接頭內梁主筋之伸展與錨定、橫向鋼筋之配置、剪力設計強度等設計細節於設計規範定之。

第四一二條 112

結構牆、橫膈板及桁架設計為抵抗地震力結構系統之一部分者，其剪力設計強度、鋼筋之配置、邊界構材等設計細節於設計規範定之。

第四一二條之一

抵抗地震力結構系統內設定為非抵抗水平地震力之構材，其設計應考慮整體結構系統側向位移之影響，設計細節於設計規範定之。

第五節　強度設計法

第四一三條

強度設計法之基本要求為使結構混凝土之構材依第四百十四條規定之設計強度足以承受加諸於該構材依第四百十三條之一規定之設計載重。

第四一三條之一

①結構混凝土構件之設計載重應考慮載重因數及載重組合。載重應依第三百七十五條第一項規定。

②載重因數及載重組合於設計規範定之。

第四一四條

結構混凝土構件之設計強度應考慮強度折減，強度折減於設計規範定之。

第四一五條　（刪除）

第四一六條

構材依強度設計法設計時，應考慮力之平衡與應變之一致性，其他相關設計假設於設計規範定之。

第四一七條 112

構材之撓曲及軸力依強度設計法設計時，應考慮縱向鋼筋與橫向鋼筋之種類及用量要求及配置、受撓構材之橫向支撐、受壓構材之長細效應與設計尺寸，深梁、合成受壓構材、支承板系之受軸力構材及承壓強度等，設計細節於設計規範定之。

第四一八條至第四二七條　（刪除）

第四二七條之一

構材之剪力依強度設計法設計時，應考慮混凝土最小斷面，剪力鋼筋之種類、強度、用量要求與配置等，其設計細節於設計規範定之。

第四二八條至第四三二條　（刪除）

第四三二條之一

構材之扭力設計依強度設計法設計時，應考慮混凝土最小斷面，扭力鋼筋之種類、強度、用量要求與配置等，其設計細節於設計規範定之。

第四三三條至第四三九條　（刪除）

第六節　工作應力設計法

第四三九條之一

①工作應力設計法之基本要求為使結構混凝土構材在依第四百四十條之一規定之設計載重下，其工作應力不超過材料之容許應力。

②工作應力設計法不適用於預力混凝土構造。

第四四〇條　（刪除）

第四四〇條之一

工作應力設計法之設計載重除依第四百十三條之一之規定外，其載重因數及載重組合應視工作應力設計法之特性設計，設計細節於設計規範定之。

第四四〇條之二

結構混凝土構材於設計載重下，其工作應力之計算於設計規範定之。

第四四一條

結構混凝土構材之材料容許應力於設計規範定之。

第四四一條之一

構材之撓曲依工作應力設計法設計時，應符合力之平衡與應變之一致性。其撓曲應力與應變關係應依線性假設，設計細節於設計規範定之。

第四四一條之二

結構混凝土構材之軸力、剪力與扭力，或其與撓曲併合之力之容許值於設計規範定之。

第四四二條至第四四五條 （刪除）

第七節 構件與特殊構材

第四四五條之一 112

①梁、柱、板、牆及基礎等構件與其接頭之設計應依本章之規定。

②板、牆及基礎等構件並得依合理之假設予以簡化，其簡化方式及設計細節於設計規範定之。

第四四六條至第四七一條 （刪除）

第四七一條之一

純混凝土構材、預鑄混凝土構材、合成混凝土構材及預力混凝土構材等特殊構材之設計除應符合本章有關規定外，並應考慮構材、接合及施工之特性，其設計細節及適用範圍於設計規範定之。

第四七二條至第四七五條 （刪除）

第四七五條之一

壁式預鑄鋼筋混凝土造之建築物，其建築高度，不得超過五層樓，簷高不得超過十五公尺。

第四七六條至第四九五條 （刪除）

第七章 鋼骨鋼筋混凝土構造

第一節 設計原則

第四九六條

應用鋼骨鋼筋混凝土建造之建築結構，其設計及施工應依本章規定。

第四九七條

鋼骨鋼筋混凝土構造設計規範（以下簡稱設計規範）及鋼骨鋼筋混凝土構造施工規範（以下簡稱施工規範），由中央主管建築機關定之。

第四九八條

鋼骨鋼筋混凝土構造之結構分析應採用公認合理之方法；各構材及接合之設計強度應大於或等於由因數化載重組合所得之設計載重效應。

第四九九條

鋼骨鋼筋混凝土構造設計採用之靜載重、活載重、風力及地震力，應依本編第一章規定。

第五〇〇條

鋼骨鋼筋混凝土構造設計，應審慎規劃適當之結構系統，並考慮結構立面及平面配置之抗震能力。

第五〇一條

鋼骨鋼筋混凝土構造設計，除考慮強度、勁度及韌性之需求外，應檢討施工之可行性；決定鋼骨鋼筋混凝土構造中鋼骨與鋼筋之關係位置時，應檢核鋼筋配置及混凝土施工之可行性。

第五〇二條

鋼骨鋼筋混凝土構造設計，應考慮左列極限狀態要求：

一　強度極限狀態：包含降伏、挫屈、傾倒、疲勞或斷裂等極限狀態。

二　使用性極限狀態：包含撓度、側向位移、振動或其他影響正常使用功能之極限狀態。

第五〇三條

鋼骨鋼筋混凝土構造設計圖，應依結構計算書之結果繪製，並應包含左列事項：

一　結構設計採用之設計規範名稱及版本。

二　建築物全部構造設計之平面圖、立面圖及必要之詳圖，並應註明使用尺寸之單位。

三　構材尺寸、鋼骨及鋼筋之配置詳圖，包含鋼骨斷面尺寸、主筋與箍筋之尺寸、數目、間距、錨定及彎鉤。

四　接合部之詳圖，包含梁柱接頭、構材續接處、基腳及斷面轉換處。

五　鋼骨、鋼筋、混凝土、銲材與螺栓之規格及強度。

第二節　材　料

第五〇四條 100

鋼骨鋼筋混凝土構造使用之材料，包含鋼板、型鋼、鋼筋、水泥、螺栓、銲材及剪力釘等均應符合中華民國國家標準；無中華民國國家標準適用之材料者，應依相關之國家檢驗測試標準或中央主管建築機關認可之國際通行檢驗規則檢驗，確認符合其原標示之標準，且證明符合設計規範規定。

第五〇五條 100

鋼骨鋼筋混凝土構造使用之材料由國外進口者，應具備原製造廠家之品質證明書，並經檢驗機關依中華民國國家標準或中央主管建築機關認可之國際通行檢驗規則檢驗合格，且證明符合設計規範規定。

第三節　構材設計

第五〇六條

鋼骨鋼筋混凝土構造之撓曲構材，得採用包覆型鋼骨鋼筋混凝土梁或鋼梁；採用包覆型鋼骨鋼筋混凝土梁時，其設計應依本章規定；採用鋼梁時，其設計應依本編第五章鋼構造規定。

第五〇七條

鋼骨鋼筋混凝土柱依其斷面型式分為左列二類：

一　包覆型鋼骨鋼筋混凝土柱：指鋼筋混凝土包覆鋼骨之柱。
二　鋼管混凝土柱：指鋼管內部填充混凝土之柱。

第五〇八條

鋼骨鋼筋混凝土構造之柱採用包覆型鋼骨鋼筋混凝土設計時，其相接之梁，得採用包覆型鋼骨鋼筋混凝土梁或鋼梁；採用鋼管混凝土柱時，其相接之梁，應採用鋼梁設計。

第五〇九條

矩形斷面鋼骨鋼筋混凝土構材之主筋，以配置在斷面四個角落爲原則；在梁柱接頭處，主筋應以直接通過梁柱接頭爲原則，並不得貫穿鋼骨之翼板。

第五一〇條

包覆型鋼骨鋼筋混凝土構材中之鋼骨及鋼筋均應有適當之混凝土保護層，且構材之主筋與鋼骨之間應保持適當之間距，以利混凝土之澆置及發揮鋼筋之握裹力。

第五一一條

鋼骨鋼筋混凝土構材應注意開孔對構材強度之影響，並應視需要予以適當之補強。

第四節　接合設計

第五一二條

鋼骨鋼筋混凝土構材接合設計，應依設計規範規定；接合處應具有足夠之強度，以傳遞其承受之應力。

第五一三條

鋼骨鋼筋混凝土梁柱接頭處之鋼梁，應直接與鋼骨鋼筋混凝土柱中之鋼骨接合，並使接合處之應力能夠有效平順傳遞。

第五一四條

包覆型鋼骨鋼筋混凝土梁柱接頭處，應配置適當之箍筋；箍筋需穿過鋼梁腹板時，腹板之箍筋孔應於設計圖上標明，且穿孔之大小及間距，應不損害鋼梁抵抗剪力之功能。

第五一五條

鋼骨鋼筋混凝土梁柱接頭處之鋼柱，應配置適當之連續板以傳遞水平力；爲使接頭處之混凝土能夠填充密實，應於連續板上設置灌漿孔或通氣孔，開孔尺寸應於設計圖上標明，且其大小應不損害連續板傳遞水平力之功能。

第五一六條

鋼骨鋼筋混凝土構材之續接處應具有足夠之強度，且能平順傳遞其承受之應力，續接之位置宜避開應力較大之處。

第五一七條

鋼骨鋼筋混凝土構材接合處之鋼骨、鋼筋、螺栓及接合板之配置，應考慮施工之可行性，且不妨礙混凝土之澆置及填充密實。

第五節　施　工

第五一八條

鋼骨鋼筋混凝土構造之施工，應依施工規範規定，施工過程中任何階段之結構強度及穩定性，應於施工前審慎評估，以確保施工過程中安全無虞。

第五一九條

鋼骨鋼筋混凝土構造之施工，需在鋼骨斷面上穿孔時，其穿孔及補強，應事先於工廠內施作完成。

第五二〇條

鋼骨鋼筋混凝土工程之混凝土澆置，應注意其填充性，並應避免混凝土骨材析離。

第八章　冷軋型鋼構造

第一節　設計原則

第五二一條

①應用冷軋型鋼構材建造之建築結構，其設計及施工應依本章規定。

②前項所稱冷軋型鋼構材，係由碳鋼、低合金鋼板或鋼片冷軋成型；其鋼材厚度不得超過二十五・四公釐。

③冷軋型鋼構造建築物之簷高不得超過十四公尺，並不得超過四層樓。

第五二二條

冷軋型鋼構造結構設計規範（以下簡稱設計規範）及冷軋型鋼構造施工規範（以下簡稱施工規範），由中央主管建築機關定之。

第五二三條

①冷軋型鋼結構之設計，應符合左列規定：

一　各類結構物之設計強度，應依其結構型式，在不同載重組合下，利用彈性分析或非彈性分析決定。

二　整體結構及每一構材、接合部，均應檢核其使用性。

三　使用容許應力設計法進行設計時，其容許應力應符合左列規定：

㈠結構物之構材、接頭及連結物，由工作載重所引致之應力，均不得超過設計規範規定之容許應力。

㈡風力或地震力與垂直載重聯合作用時，可使用載重組合折減係數計算應力，並不得超過設計規範規定之容許應力。

四　使用極限設計法進行設計時，應符合左列規定：

㈠設計應檢核強度及使用性極限狀態。

㈡構材及接頭之設計強度，應大於或等於由因數化載重組合計得之需要強度；設計強度係由標稱強度乘強度折減因子；強度折減因子及載重因數，應依設計規範規定。

②前項第三款第一目規定容許應力之計算，不包括滿足接頭區之局部高應力。

③第一項第四款第一目規定強度極限，指與結構之安全性密切相關之最大承載能力；使用性極限，指正常使用下其使用功能之極限狀態。

④設計冷軋型鋼結構構材之斷面或其接合，應使其應力不超過設計規範規定之容許應力，或使其設計強度大於或等於由因數化載重組合計得之需要強度。

第五二四條

冷軋型鋼結構製圖，應符合左列規定：

一　設計圖應依結構計算書之計算結果繪製，並應依設計及施工規範規定。

二　冷軋型鋼結構施工前應依設計圖說，事先繪製施工圖；施工圖應註明構材於製造、組合及安裝時所需之完整資料，並應依設計及施工規範規定。

三　冷軋型鋼結構之製圖比例、圖線規定、構材符號、鋼材符號及相關連結物符號，應依設計及施工規範規定。

第五二五條

冷軋型鋼結構施工，由購料、加工、接合至安裝完成，均應詳細查驗證明其品質及安全。

第五二六條

冷軋型鋼結構之耐震設計，應依本編第一章第五節耐震設計規定；其構材及接合之設計，應依設計規範規定。

第二節　設計強度及應力

第五二七條 100

①冷軋型鋼結構使用之材料包括冷軋成型之鋼構材、螺絲、螺栓、墊片、螺帽、鉚釘及銲接材料等，均應符合中華民國國家標準。無中華民國國家標準適用之材料者，應依中華民國國家標準鋼料檢驗通則 CNS 二六〇八點 G 五二及相關之國家檢驗測試標準，或中央主管建築機關認可之國際通行檢驗規則檢驗，確認符合其原標示之標準，且證明符合設計規範規定。

②冷軋型鋼結構使用鋼材，由國外進口者，應具備原製造廠家之品質證明書，並經檢驗機關依中華民國國家標準或中央主管建築機關認可之國際通行檢驗規則檢驗合格，證明符合設計規範規定。

第五二八條

①冷軋型鋼結構使用之鋼材，得依設計需要，採用合適之材料，且應確實把握產品來源。不同類鋼材未特別規定者，得依強度及接合需要相互配合應用。

②冷軋型鋼結構採用銲接時，應選用可銲性且延展良好之銲接結構用鋼材，並以工廠銲接為原則。

第五二九條

冷軋型鋼結構構材之長細比為其有效長與其迴轉半徑之比，並應檢核其對強度、使用性及施工性之影響。

第五三〇條

冷軋型鋼結構構架穩定應符合左列規定：

一　含斜撐系統構架：以斜撐構材、剪力牆或其他等效方法抵抗橫向力，且提供足夠之側向勁度，其受壓構材之有效長度係數應採用一·〇。如採用小於一·〇之有效長度係數，其值需以分析方法求得。多樓層含斜撐系統構架中之豎向斜撐系統，應以結構分析方法印證其具有足夠之勁度及強度，以維持構架在載重作用下之側向穩定，防止構架挫屈或傾倒，且分析時應考量水平位移之效應。

二　無斜撐系統構架：應經計算或實驗證明其構架之穩定性。

第五三一條

載重變動頻繁應力反復之構材，應依反復應力規定設計。

第三節　構材之設計

第五三二條

設計拉力構材時，應考量全斷面之降伏、淨斷面之斷裂及其振動、變形及連結物之影響。計算淨斷面上之強度時，應考量剪力遲滯效應。

第五三三條

設計壓力構材時，應考量局部挫屈、整體挫屈、降伏等之安全性。

第五三四條

設計撓曲構材時，應考慮其撓曲強度、剪力強度、腹板皺曲強度，並檢核在各種組合載重作用下之安全性。

第五三五條

撓曲構材之設計，除強度符合規範要求外，亦應依撓度限制規定設計之。

第五三六條

設計受扭矩及組合力共同作用之構材時，應考量軸力與彎矩共同作用時引致之二次效應，並檢核在各種組合載重作用下之安全性。

第五三七條

設計冷軋型鋼結構及其他結構材料組合之複合系統，應依設計規範及其他使用材料之設計規定。

第四節　接合設計

第五三八條

①接合之受力模式宜簡單明確，傳力方式宜緩和漸變，避免產生

應力集中之現象。接合型式之選用以製作簡單、維護容易為原則，接合處之設計，應能充分傳遞被接合構材計得之應力，如接合應力未經詳細計算，得依被接合構材之強度設計之。

②接合設計在必要時，應依接合所在位置對整體結構安全影響程度酌予調整其設計之安全係數或安全因子，以提高結構之安全性。

第五三九條

①連結結構體與基礎之錨定螺栓，其設計應能抵抗在各種載重組合下，柱端所承受之拉力、剪力與彎矩，及因橫力產生之彎矩引致之淨拉力分量。

②混凝土支承結構設計需安全支承載重，埋入深度應有適當之安全係數或安全因子，確保埋置強度不致因局部或全部支承混凝土結構之破壞而折減。

第五四〇條

①冷軋型鋼構造之接合應考量接合構材及連結物之強度。

②冷軋型鋼構造接合以銲接、螺栓及螺絲接合為主；其接合方式及適用範圍應依設計及施工規範規定，並應考慮接合之偏心問題。

建築技術規則建築設備編

①民國98年1月5日內政部令修正發布第26條條文；並自發布日施行。
②民國100年2月25日內政部令修正發布第108至112、115、117、118、121、122、125、129、130條條文及第六章第三、四節節名；增訂第125-1條條文；刪除第109-1、113、114、116、119、120、123、124、126至128、131條條文；並自100年7月1日施行。
③民國100年6月21日內政部令修正發布第29條條文；並自100年7月1日施行。
④民國100年6月30日內政部令修正發布第1至3、7、9、11至16、19至25、133、134、136、138條條文及第一章第二、四節節名；增訂第 2-1、7-1條條文；刪除第4至6、8、10、17、18、135條條文；並自100年10月1日施行。
⑤民國101年11月7日內政部令修正發布第78、79、80、86、87、89、90條條文；增訂第80-1至80-4、81-1、81-2條條文；刪除第79-1、81、82至85、88條條文；並自102年1月1日施行。
⑥民國102年11月28日內政部令修正發布第26、28、29、37、138條條文；增訂第138-1條條文；刪除第27、30至36條條文及第二章第一、二節節名；並自103年1月1日施行。
⑦民國103年8月19日內政部令修正發布第37條條文；並自發布日施行。
⑧民國106年10月18日內政部令修正發布第1條條文；並自發布日施行。
⑨民國108年11月4日內政部令修正發布第37、110條條文；並自發布日施行。
⑩民國110年1月19日內政部令修正發布第92條條文；並自發布日施行。
⑪民國110年7月19日內政部令修正發布第1、14、136、138條條文；並自110年7月19日施行。
⑫民國111年1月19日內政部令修正發布第78條條文；並自111年7月1日施行。
⑬民國111年12月29日內政部令增訂發布第29-1條條文；並自112年1月1日施行。

第一章　電氣設備

第一節　通　則

第一條 110

建築物之電氣設備，應依用戶用電設備裝置規則、各類場所消防安全設備設置標準及輸配電業所定電度表備置相關規定辦理；

未規定者，依本章之規定辦理。

第一條之一 100

①配電場所應設置於地面或地面以上樓層。如有困難必須設置於地下樓層時，僅能設於地下一層。

②配電場所設置於地下一層者，應裝設必要之防水或擋水設施。但地面層之開口均位於當地洪水位以上者，不在此限。

第二條 100

使用於建築物內之電氣材料及器具，均應為經中央目的事業主管機關或其認可之檢驗機構檢驗合格之產品。

第二條之一 100

電氣設備之管道間應有足夠之空間容納各電氣系統管線。其與電信、給水排水、消防、燃燒、空氣調節及通風等設備之管道間採合併設置時，電氣管道與給水排水管、消防水管、燃氣設備之供氣管路、空氣調節用水管等管道應予以分隔。

第二節　照明設備及緊急供電設備 100

第三條 100

建築物之各處所除應裝置一般照明設備外，應依本規則建築設計施工編第一百一十六條之二規定設置安全維護照明裝置，並應依各類場所消防安全設備設置標準之規定裝置緊急照明燈、出口標示燈及避難方向指示燈等設備。

第四條至第六條　（刪除）100

第七條 100

建築物內之下列各項設備應接至緊急電源：

一　火警自動警報設備。

二　緊急廣播設備。

三　地下室排水、污水抽水幫浦。

四　消防幫浦。

五　消防用排煙設備。

六　緊急昇降機。

七　緊急照明燈。

八　出口標示燈。

九　避難方向指示燈。

十　緊急電源插座。

十一　防災中心用電設備。

第七條之一 100

緊急電源之供應，採用發電機設備者，發電機室應有適當之進氣及排氣開孔，並應留設維修進出通道；採用蓄電池設備者，蓄電池室應有適當之排氣裝置。

第八條　（刪除）100

第九條 100

緊急昇降機及消防用緊急供電設備之配線，均應連接至電動機，並依各類場所消防安全設備設置標準規定設置。

第一〇條 （刪除）100

第三節　特殊供電

第一一條 100

凡裝設於舞臺之電氣設備，應依下列規定：

一　對地電壓應爲三百伏特以下。

二　配電盤前面須爲無活電露出型，後面如有活電露出，應用牆、鐵板或鐵網隔開。

三　舞臺燈之分路，每路最大負荷不得超過二十安培。

四　凡簾幕馬達使用電刷型式者，其外殼須爲全密閉型者。

五　更衣室內之燈具不得使用吊管或鏈吊型，燈具離樓地板面高度低於二點五公尺者，並應加裝燈具護罩。

第一二條 100

電影製片廠影片儲藏室內之燈具爲氣密型玻璃外殼者，燈之控制開關應裝置於室外之牆壁上，開關旁並應附裝標示燈，以示室內燈光之點滅。

第一三條 100

電影院之放映室，應依下列規定：

一　放映室燈應有燈具護罩，室內並須裝設機械通風設備。

二　放映室應專作放置放映機之用。整流器、變阻器、變壓器等應放置其他房間。但有適當之護罩使整流器、變壓器等所發生之熱或火花不致碰觸軟版者，不在此限。

第一四條 110

招牌廣告燈及樹立廣告燈之裝設，應依下列規定：

一　於每一組個別獨立安裝之廣告燈可視及該廣告燈之範圍內，均應裝設一可將所有非接地電源線切斷之專用開關，且其電路上應有漏電斷路器。

二　設置於屋外者，其電源回路之配線應採用電纜。

三　廣告燈之金屬外殼及固定支撐鐵架等，均應接地。

四　應在明顯處所附有永久之標示，註明廣告燈製造廠名稱、電源電壓及輸入電流，以備日後檢查之用。

五　電路之接地、漏電斷路器、開關箱、配管及配線等裝置，應依用戶用電設備裝置規則辦理。

第一五條 100

X光機或放射線之電氣裝置，應依下列規定：

一　每一組機器應裝設保護開關於該室之門上，並應將開關連接至機器控制器上，當室門未緊閉時，機器即自動斷電。

二　室外門上應裝設紅色及綠色標示燈，當機器開始操作時，紅燈須點亮，機器完全停止時，綠燈點亮。

第一六條 100

游泳池之電氣設備，應依下列規定：

一　為供應游泳池內電氣器具之電源，應使用絕緣變壓器，其一次側電壓，應為三百伏特以下，二次側電壓，應為一百五十伏特以下，且絕緣變壓器之二次側不得接地，並附接地隔屏於一次線圈與二次線圈間，絕緣變壓器二次側配線應按金屬管工程施工。
二　供應游泳池部分之電源應裝設漏電斷路器。
三　所有器具均應按第三種地線工程妥為接地。

第四節　緊急廣播設備100

第一七條　（刪除）100
第一八條　（刪除）100

第五節　避雷設備

第一九條 100
①為保護建築物或危險物品倉庫遭受雷擊，應裝設避雷設備。
②前項避雷設備，應包括受雷部、避雷導線（含引下導體）及接地電極。

第二〇條 100
下列建築物應有符合本節所規定之避雷設備：
一　建築物高度在二十公尺以上者。
二　建築物高度在三公尺以上並作危險物品倉庫使用者（火藥庫、可燃性液體倉庫、可燃性氣體倉庫等）。

第二一條 100
避雷設備受雷部之保護角及保護範圍，應依下列規定：
一　受雷部採用富蘭克林避雷針者，其針體尖端與受保護地面周邊所形成之圓錐體即為避雷針之保護範圍，此圓錐體之頂角之一半即為保護角，除危險物品倉庫之保護角不得超過四十五度外，其他建築物之保護角不得超過六十度。
二　受雷部採用前款型式以外者，應依本規則總則編第四條規定，向中央主管建築機關申請認可後，始得運用於建築物。

第二二條 100
受雷部針體應用直徑十二公厘以上之銅棒製成；設置環境有使銅棒腐蝕之虞者，其銅棒外部應施以防蝕保護。

第二三條 100
受雷部之支持棒可使用銅管或鐵管。使用銅管時，長度在一公尺以下者，應使用外徑二十五公厘以上及管壁厚度一點五公厘以上；超過一公尺者，須用外徑三十一公厘以上及管壁厚度二公厘以上。使用鐵管時，應使用管徑二十五公厘以上及管壁厚度三公厘以上，並不得將導線穿入管內。

第二四條 100
建築物高度在三十公尺以下時，應使用斷面積三十平方公厘以上之銅導線；建築物高度超過三十公尺，未達三十六公尺時，應用六十平方公厘以上之銅導線；建築物高度在三十六公尺以上時，應用一百平方公厘以上之銅導線。導線裝置之地點有被外物碰傷之虞時，應使用硬質塑膠管或非磁性金屬管保護之。

第二五條 100

避雷設備之安裝應依下列規定：

一　避雷導線須與電力線、電話線、燃氣設備之供氣管路離開一公尺以上。但避雷導線與電力線、電話線、燃氣設備之供氣管路間有靜電隔離者，不在此限。

二　距離避雷導線在一公尺以內之金屬落水管、鐵樓梯、自來水管等應用十四平方公厘以上之銅線予以接地。

三　避雷導線除煙囪、鐵塔等面積甚小得僅設置一條外，其餘均應至少設置二條以上，如建築物外周長超過一百公尺，每超過五十公尺應增裝一條，其超過部分不足五十公尺者得不計，並應使各接地導線相互間之距離儘量平均。

四　避雷系統之總接地電阻應在十歐姆以下。

五　接地電極須用厚度一點四公厘以上之銅板，其大小不得小於零點三五平方公尺，或使用二點四公尺長十九公厘直徑之鋼心包銅接地棒或可使總接地電阻在十歐姆以下之其他接地材料。接地電極之埋設深度，採用銅板者，其頂部應與地表面有一點五公尺以上之距離；採用接地棒者，應有一公尺以上之距離。

六　一個避雷導線引下至二個以上之接地電極以並聯方式連接時，其接地電極相互之間隔應爲二公尺以上。

七　導線之連接：

㈠導線應儘量避免連接。

㈡導線之連接須以銅焊或銀焊爲之，不得僅以螺絲連接。

八　導線轉彎時其彎曲半徑應在二十公分以上。

九　導線每隔二公尺須用適當之固定器固定於建築物上。

十　不適宜裝設受雷部針體之地點，得使用與避雷導線相同斷面之裸銅線架空以代替針體。其保護角應符合第二十一條之規定。

十一　鋼構造建築，其直立鋼骨之斷面積三百平方公厘以上，或鋼筋混凝土建築，其直立主鋼筋均用焊接連接其總斷面積三百平方公厘以上，且依第四款及第五款規定在底部用三十平方公厘以上接地線接地時，得以鋼骨或鋼筋代替避雷導線。

十二　平屋頂之鋼架或鋼筋混凝土建築物，裝設避雷設備符合本條第十款規定者，其保護角應遮蔽屋頂突出物全部與建築物屋角及邊緣。其平屋頂中間平坦部分之避雷設備，除危險物品倉庫外，得省略之。

第二章　給水排水系統及衛生設備

第一節 （刪除）102

第二六條 102

①建築物給水排水系統設計裝設及設備容量、管徑計算，除自來水用戶用水設備標準、下水道用戶排水設備標準，及各地區另有規定者從其規定外，應依本章及建築物給水排水設備設計技術規範規定辦理。

②前項建築物給水排水設備設計技術規範，由中央主管建築機關定之。

第二七條 （刪除）102

第二八條 102

給水、排水及通氣管路全部或部分完成後，應依建築物給水排水設備設計技術規範進行管路耐壓試驗，確認通過試驗後始為合格。

第二九條 102

①給水排水管路之配置，應依建築物給水排水設備設計技術規範設計，以確保建築物安全，避免管線設備腐蝕及污染。

②排水系統應裝設衛生上必要之設備，並應依下列規定設置截留器、分離器：

一 餐廳、店鋪、飲食店、市場、商場、旅館、工廠、機關、學校、醫院、老人福利機構、身心障礙福利機構、兒童及少年安置教養機構及俱樂部等建築物之附設食品烹飪或調理場所之水盆及容器落水，應裝設油脂截留器。

二 停車場、車輛修理保養場、洗車場、加油站、油料回收場及涉及機械設施保養場所，應裝設油水分離器。

三 營業性洗衣工廠及洗衣店、理髮理容場所、美容院、寵物店及寵物美容店等應裝設截留器及易於拆卸之過濾罩，罩上孔徑之小邊不得大於十二公釐。

四 牙科醫院診所、外科醫院診所及玻璃製造工廠等場所，應裝設截留器。

③未設公共污水下水道或專用下水道之地區，沖洗式廁所排水及生活雜排水均應納入污水處理設施加以處理，污水處理設施之放流口應高出排水溝經常水面三公分以上。

④沖洗式廁所排水、生活雜排水之排水管路應與雨水排水管路分別裝設，不得共用。

⑤住宅及集合住宅設有陽臺之每一住宅單位，應至少於一處陽臺設置生活雜排水管路，並予以標示。

第二九條之一 112

建築物全部或部分採同層排水系統者，其給水排水衛生系統之排水管、排水橫支管及給水排水衛生設備應同層敷設，不得貫穿分戶樓板。

第三〇條至第三六條 （刪除）102

第二節（刪除）102

第三七條 108

建築物裝設之衛生設備數量不得少於下表規定：

建築物種		大便器			小便器	洗面盆		浴缸或淋浴
一	住宅、集合住宅	每一居住單位一個。				每一居住單位一個。		每一居住單位一個。
二	小學、中學	男子：每五十人一個。 女子：每十人一個。			男子：每三十人一個。	每六十人一個。		
三	其他學學校	男子：每七十五人一個。 女子：每十五人一個。			男子：每三十人一個。	每六十人一個。		
四	辦公廳	總人數	男	女	個數	總人數	個數	
		一至十五	一	一	一	一至十五	一	
		十六至三十五	一	二	一	十六至三十五	二	
		三十六至五十五	一	三	一	三十六至六十	三	
		五十六至八十	一	三	二	六十一至九十	四	
		八十一至一百十	一	四	二	九十一至一百二十五	五	
		一百一十一至一百五十	二	六	三			
		超過一百五十人時，以人數男女各占一半計算，每增加男子一百二十人男用增加一個，每增加女子三十人女用增加一個。			超過一百五十人時，每增加男子六十人增加一個。	超過一百二十五人時，每增加四十五人增加一個。		
五	工廠、倉庫	總人數	男	女	個數	一百人以下時，每十人一個，超過一百人時每十五人一個。		在高溫有毒害之工廠每十五人一個。
		一至二十四	一	一	一			
		二十五至四十九	一	二	一			
		五十至一百	一	三	二			
		超過一百人時，以人數男女各占一半計算，每增加男子一百二十人男用增加一個，每增加女子三十人女用增加一個。			超過一百人時，每增加男子六十人增加一個。			
六	宿舍	男子：每十人一個，超過十人時，每增加二十五人，增加一個。 女子：每六人一個，超過三十人時，每增加十人增加一個。			男子：每二十五人一個，超過一百五十人時，每增加五十人增加一個。	每十二人一個，超過十二人時，男子每增加二十人增加一個，女子每增加十五人增加一個。		每八人一個，超過一百五十人，每增加二十人增加一個。女子宿舍每三十人增加浴缸一個。

七	戲院、演藝場、集會堂、電影院、歌廳	總人數	男	女	個數	總人數	個數
		一至一百	一	五	二	一至二百	二
		一百零一至二百	二	十	四	二百零一至四百	四
		二百零一至三百	三	十五	六	四百零一至七百五十	六
		三百零一至四百	四	二十	八		
		超過四百人時，以人數男女各占一半計算，每增加男子一百人男用增加一個，每增加女子二十人女用增加一個。			超過四百人時，每增加男子五十人增加一個。	超過七百五十人時，每增加三百人增加一個。	
八	車站、航空站、候船室	總人數	男	女	個數	總人數	個數
		一至五十	一	二	一	一至二百	二
		五十一至一百	一	五	二	二百零一至四百	四
		一百零一至二百	二	十	二	四百零一至六百	六
		二百零一至三百	三	十五	四		
		三百零一至四百	四	二十	六		
		超過四百人時，以人數男女各占一半計算，每增加男子一百人男用增加一個，每增加女子二十人女用增加一個。			超過四百人時，每增加男子五十人增加一個。	超過六百人時，每增加三百人增加一個。	
九	其他供公衆使用之建築物	總人數	男	女	個數	總人數	個數
		一至五十	一	二	一	一至五十	一
		五十一至一百	二	四	二	十六至三十五	二
		一百零一至二百	二	七	四	三十六至六十	三
						六十一至九十	四
						九十一至一百二十五	五
		超過二百人時，以人數男女各占一半計算，每增加男子一百二十人男用增加一個，每增加女子三十人女用增加一個。			超過二百人時，每增加男子六十人增加一個。	超過一百二十五人時，每增加四十五人增加一個。	

說明：

一、本表所列使用人數之計算，應依下列規定：

㈠小學、中學及其他學校按同時收容男女學生人數計算。

㈡辦公廳之建築物按居室面積每平方公尺零點一人計算。

㈢工廠、倉庫按居室面積每平方公尺零點一人計算或得以目的事業主管機關核定之投資計畫或設廠計畫書等之設廠人數計算；無投資計畫或設廠計畫書者，得由申請人檢具預定設廠之製程、設備及作業人數，區分製造業及非製造業，前者送請中央工業主管機關檢核，後者送請直轄市、縣（市）政府備查，分別依檢核或備查之作業人數計算。

㈣宿舍按固定床位計算，且得依宿舍實際男女人數之比例調整之。

㈤戲院、演藝場、集會堂、電影院、歌廳按固定席位數計算；未設固定席位者，按觀衆席面積每平方公尺一點二人計算。

㈥車站按營業及等候空間面積每平方公尺零點四人計算，航空站、候船室按營業及等候空間面積每平方公尺零點二人計算；或得依該中央目的事業主管機關核定之車站、航空站、候船室使用人數（以每日總運量乘以零點二）計算之。
㈦其他供公眾使用之建築物按居室面積每平方公尺零點二人計算。
㈧本表所列建築物人數計算以男女各占一半計算。但辦公廳、其他供公眾使用建築物、工廠、倉庫、戲院、演藝場、集會堂、電影院、歌廳、車站及航空站，得依實際男女人數之比例調整之。

二、依本表計算之男用大便器及小便器數量，得在其總數量不變下，調整個別便器之數量。但大便器數量不得為表列個數二分之一以下。

第三八條

裝設洗手槽時，以每四十五公分長度相當於一個洗面盆。

第三九條

本規則建築設計施工編第四十九條規定之污水處理設施，其污水放流水質應符合水污染防治法規定。

第四〇條 （刪除）

第四〇條之一

污水處理設施爲現場構築物，其技術規範由中央主管建築機關另定之；爲預鑄式者，應經中央環境保護主管機關會同中央主管建築機關審核認可。

第四一條 （刪除）

第三章　消防栓設備

第一節　消防設備

第四二條

本規則建築設計施工編第一百十四條第一款規定之消防栓，其裝置方法及必需之配件，應依本節規定。

第四三條

消防栓之消防立管管系，應採用符合中國國家標準之鍍鋅白鐵管或黑鐵管。

第四四條

①消防栓之消防立管管系竣工時，應作加壓試驗，試驗壓力不得小於每平方公分十四公斤，如通水後可能承受之最大水壓超過每平方公分十公斤時，則試驗壓力應爲可能承受之最大水壓加每平方公分三．五公斤。

②試驗壓力應以繼續維持兩小時而無漏水現象爲合格。

第四五條

消防栓之消防立管之裝置，應依左列規定：

一　管徑不得小於六十三公厘，並應自建築物最低層直通頂層。

二　在每一樓層每二十五公尺半徑範圍內應裝置一支。

三　立管應裝置於不受外來損傷及火災不易殃及之位置。

四　同一建築物內裝置立管在二支以上時，所有立管管頂及管底均應以橫管相互連通，每支管裝接處應設水閥，以便破損時能及時關閉。

第四六條

每一樓層之每一消防立管，應接裝符合左列規定之消防栓一個：

一　距離樓地板面之高度，不得大於一·五公尺，並不得小於三十公分。

二　應為銅質角形閥。

三　應裝在走廊或防火構造之樓梯間附近便於取用之位置。供集會或娛樂場所，應裝在左列位置：
　㈠舞台兩側。
　㈡觀衆席後兩側。
　㈢包箱後側。

四　消防栓之放水量，須經常保持每分鐘不得小於一三〇公升。瞄子放水水壓不得小於每平方公分一·七公斤（五支瞄子同時出水），消防栓出口之靜水壓超過每平方公分七公斤時，應加裝減壓閥，但直徑六十三公厘之消防栓免裝。

第四七條

消防栓應裝置於符合左列規定之消防栓箱內：

一　箱身應依不燃材料構造，並予固定不移動。

二　箱面標有明顯而不易脫落之「消防栓」字樣。

三　箱內應配有左列兩種裝備之任一種：
　㈠第一種裝備：
　　1.口徑三十八公厘或五十公厘消防水栓一個。
　　2.口徑三十八公厘或五十公厘消防水帶二條，每條長十公尺並附快式接頭。
　　3.軟管架。
　　4.口徑十三公厘直線水霧兩用瞄子一個。
　　5.五層以上建築物，第五層以上樓層，每層每一立管，應裝口徑六十三公厘供消防專用快接頭出水口一處。
　㈡第二種裝備：
　　1.口徑二十五公厘自動消防栓連同管盤，長三十公尺之皮管及直線水霧兩用瞄子一套。
　　2.口徑六十三公厘消防栓一個，並附長十公尺水帶二條及瞄子一具，其水壓應符合前條規定。

第四八條

①裝置消防立管之建築物，應自備一種以上可靠之水源。水源容量不得小於裝置消防栓最多之樓層內全部消防栓繼續放水二十分鐘之水量，但該樓層內全部消防栓數量超過五個時，以五個計算之。

②前項水源，應依左列規定：

一　重力水箱：專供消防用者，容量不得小於前項規定，與普通給水合併使用者，容量應為普通給水量與不小於前項規定之消防用水量之和。普通給水管管系與消防立管管系，必須分開，不得相互連通，消防立管管系與水箱連接後，應裝設逆水閥。重力水箱之水泵，應連接緊急電源。

二　地下水池及消防水泵：地下水池之容量不得小於重力水箱規定之容量。水泵應裝有自動或手動之啓動裝置，手動啓動裝置在每一消防栓箱內。水泵並應與緊急電源相連接。

三　壓力水箱及加壓水泵：水箱內空氣容積不得小於水箱容積之三分之一，壓力不得小於使建築物最高處之消防栓維持規定放水水壓所需壓力。水箱內貯水量及加壓水泵輸水量之配合水量，不得小於前項規定之水源容量。水箱內壓力減低時，水泵應能立即啓動。水泵應與緊急電源相連接。

四　在自來水壓力及供水充裕之地區，經當地主管自來水機關之同意，消防水泵或加壓水泵得直接接自來水管。

第四九條

裝置消防立管之建築物，應於地面層室外臨建築線處設置口徑六十三公厘且符合左列規定之送水口。

一　消防立管數在二支以下時，應設置雙口式送水口一個，並附快接頭，三支以上時，設置二個。

二　送水口應與消防立管系連通，且在連接處裝置逆止閥。

三　送水口距離基地地面之高度不得大於一公尺，並不得小於五十公分。

四　送水口上應標明「消防送水口」字樣。

五　送水口之裝設以埋入型爲原則，如需加裝露出型時，應不得妨礙交通及市容。

第五〇條

裝置消防立管之建築物，其地面以上樓層數在十層以上者，應在其屋頂上適當位置，設置口徑六十三公厘之消防栓一個，消防栓應與消防立管系連通，其距離屋頂面之高度不得大於一公尺，並不得小於五十公分。

第二節　自動撒水設備

第五一條

本規則建築設計施工編第一百十四條第二款規定之自動撒水設備，其裝置方法及必需之配件，應依本節規定。

第五二條

自動撒水設備管系採用之材料，應依本編第四十三條規定。

第五三條

自動撒水設備竣工時，應作加壓試驗，試驗方法：準用本編第四十四條規定，但乾式管系應併行空壓試驗，試驗時，應使空氣壓力達到每平方公分二·八公斤之標準，在保持二十四小時之試驗時間內，如漏氣量達到〇·二三公斤以上時，應即將漏氣部分加以填塞。

第五四條

自動撒水設備得依實際情況需要，採用左列任一裝置形式：

一　密閉濕式：平時管內貯滿高壓水，作用時即時撒水。

二　密閉乾式：平時管內貯滿高壓空氣，作用時先排空氣，繼即撒水。

三　開放式：平時管內無水，用火警感應器啓動控制閥，使水流入管系撒水。

第五五條

自動撒水設備之撒水頭，其配置應依左列規定：

一　撒水頭之配置，在正常情形下應採交錯方式。

二　戲院、舞廳、夜總會、歌廳、集會堂表演場所之舞台及道具室、電影院之放映室及貯存易燃物品之倉庫，每一撒水頭之防護面積不得大於六平方公尺，撒水頭間距，不得大於三公尺。

三　前款以外之建築物，每一撒水頭之防護面積不得大於九平方公尺，間距不得大於三公尺半。但防火建築物或防火構造建築物，其防護面積得增加爲十一平方公尺以下，間距四公尺以下。

四　撒水頭與牆壁間距離，不得大於前兩款規定間距之半數。

第五六條

撒水頭裝置位置與結構體之關係，應依左列規定：

一　撒水頭之迴水板，應裝置成水平，但樓梯上得與樓梯斜面平行。

二　撒水頭之迴水板與屋頂板，或天花板之間距，不得小於八公分，且不得大於四十公分。

三　撒水頭裝置於樑下時，迴水板與梁底之間距不得大於十公分，且與屋頂板，或天花板之間距不得大於五十公分。

四　撒水頭四週，應保持六十公分以上之淨空間。

五　撒水頭側面有樑時，應依左表規定裝置之：

迴水版高出樑底面尺寸（公分）	撒水頭與樑側面淨距離（公分）
○	一～三○
二・五	三一～六○
五・○	六一～七五
七・五	七六～九○
十・○	九一～一○五
一五・○	一○六～一二○
一七・五	一二一～一三五
二二・五	一三六～一五○
二七・五	一五一～一六五
三五・○	一六六～一八○

六　撒水頭迴水板與其下方隔間牆頂或櫥櫃頂之間距，不得小於四十五公分。

七　撒水裝在空花型天花板內，對熱感應與撒水皆有礙時，應用定格溫度較低之撒水頭。

第五七條

左列房間，得免裝撒水頭：

一　洗手間、浴室、廁所。

二　室內太平梯間。

三　防火構造之電梯機械室。

四　防火構造之通信設備室及電腦室，具有其他有效滅火設備者。

五　貯存鋁粉、碳酸鈣、磷酸鈣、鈉、鉀、生石灰、鎂粉、過氧化鈉等遇水將發生危險之化學品倉庫或房間。

第五八條

①撒水頭裝置數量與其管徑之配比，應依左表規定：

撒水頭數量（個）	2	3	5	10	30	60	100	100以上
管徑（公厘）	25	32	40	50	65	80	90	100

②每一直接接裝撒水頭之支管上，撒水頭不得超過八個。

第五九條

撒水頭放水量應依左列規定：

一　密閉濕式或乾式：每分鐘不得小於八十公升。

二　開放式：每分鐘不得小於一六〇公升。

第六〇條

①自動撒水設備應裝設自動警報逆止閥，每一樓層之樓地板面積三千平方公尺以內者，每一樓層應裝置一套；超過三千平方公尺時，每一樓層應裝設兩套。

②無隔間之樓層內，前項三千平方公尺，得增為一萬二千平方公尺。

第六一條

每一裝有自動警報逆止閥之自動撒水系統，應與左列規定，配置查驗管：

一　管徑不得小於二十五公厘。

二　出口端配裝平滑而防銹之噴水口，其放水量應與本編第五十九條規定相符。

三　查驗管應接裝在建築物最高層或最遠支管之末端。

四　查驗管控制閥距離地板面之高度，不得大於二．一公尺。

第六二條

①裝置自動撒水設備之建築物，應自備一種以上可靠之水源。水源容量，應依左列規定：

一　十層以下建築物：不得小於十個撒水頭繼續放水二十分鐘之水量。

二　十一層以上之建築物及百貨商場、戲院之樓層：不得小於

三十個撒水頭繼續放水二十分鐘之水量。

②前項水源，應爲能自動供水之重力水箱，地下水池及消防水泵、或壓力水箱及加壓水泵。水泵均應連接緊急電源。

第六三條

裝置自動撒水設備之建築物，應依本編第四十九條第一、二、三款設置送水口，並在送水口上標明「自動撒水送水口」字樣。

第三節　火警自動警報器設備

第六四條

本規則建築設計施工編第一百十五條規定之火警自動警報器，其裝置方法及必需之配件，應依本節規定。

第六五條

裝設火警自動警報器之建築物，應依左列規定，劃定火警分區：

一　每一火警分區不得超過一樓層，且不得超過樓地板面積六〇〇平方公尺，但上下兩層樓地板面積之和不超過五〇〇平方公尺者，得二層共同一分區。

二　每一分區之任一邊長，不得超過五十公尺。

三　如由主要出入口，或直通樓梯出入口能直接觀察該樓層任一角落時，第一款規定之六〇〇平方公尺得增爲一、〇〇〇平方公尺。

第六六條

①火警自動警報設備應包括左列設備：

一　自動火警探測設備。

二　手動報警機。

三　報警標示燈。

四　火警警鈴。

五　火警受信機總機。

六　緊急電源。

②裝置於散發易燃性塵埃處所之火警自動警報設備，應具有防爆性能。裝置於散發易燃性飛絮或非導電性及非可燃性塵埃處所者，應具有防塵性能。

第六七條

自動火警探測設備，應爲符合左列規定型式之任一型：

一　定溫型：裝置點溫度到達探測器定格溫度時，即行動作。該探測器之性能，應能在室溫攝氏二十度升至攝氏八十五度時，於七分鐘內動作。

二　差動型：當裝置點溫度以平均每分鐘攝氏十度上升時，應能在四分半鐘以內即行動作，但通過探測器之氣流較裝置處所室溫度高出攝氏二十度時，該探測器亦應能在三十秒內動作。

三　偵煙型：裝置點煙之濃度到達百分之八遮光程度時，探測器應能在二十秒內動作。

第六八條

①探測器之有效探測範圍，應依左表規定：

型式	離地板面高度	有效探測範圍（平方公尺）	
		防火建築物及防火構造建築物	其他建築物
定温型	四公尺以下	二十	十五
差動型	四公尺以下	七十	四十
	四至八公尺	四十	二十五
偵煙型	四公尺以下	一〇〇	一〇〇
	四至八公尺	五十	五十
	八至二十公尺	三十	三十

②偵測器裝置於四周均爲通達天花板牆壁之房間內時，其探測範圍，除照前項規定外，並不得大於該房間樓地板面積。

③探測器裝置於四周均爲淨高六十公分以上之樑或類似構造體之平頂時，其探測範圍，除照本條表列規定外，並不得大於該樑或類似構造體所包圍之面積。

第六九條

探測器之構造，應依左列規定：

一　動作用接點，應裝置於密封之容器內，不得與外面空氣接觸。

二　氣溫降至攝氏零下十度時，其性能應不受影響。

三　底板應有充力之強度，裝置後不致因構造體變形而影響其性能。

四　探測器之動作，不得因熱氣流方向之不同，而有顯著之變化。

第七〇條

探測器裝置位置，應依左列規定：

一　應裝置在天花板下方三十公分範圍內。

二　設有排氣口時，應裝置於排氣口周圍一公尺範圍內。

三　天花板上設出風口時，應距離該出風口一公尺以上。

四　牆上設有出風口時，應距離該出風口三公尺以上。

五　高溫處所，應裝置耐高溫之特種探測器。

第七一條

①手動報警機應依左列規定：

一　按鈕按下時，應能即刻發出火警音響。

二　按鈕前應有防止隨意撥弄之保護板，但在八公斤靜指壓力下，該保護板應即時破裂。

三　電氣接點應爲雙接點式。

②裝置於屋外之報警機，應具有防水性能。

第七二條

標示燈應依左列規定：

一　用五瓦特或十瓦特之白熾燈泡，裝置於玻璃製造之紅色透明罩內。
二　透明罩應為圓弧形，裝置後凸出牆面。

第七三條

火警警鈴應依左列規定：
一　電源應為直流式。
二　電壓到達規定電壓之百分之八十時，應能即刻發出音響。
三　在規定電壓下，離開火警警鈴一百公分處，所測得之音量，不得小於八十五亨（phon）。
四　電鈴絕緣電阻在二〇兆歐姆以上。
五　警鈴音響應有別於建築物其他音響，並除報警外，不得兼作他用。

第七四條

手動報警機、標示燈及火警鈴之裝置位置，應依左列規定：
一　應裝設於火警時人員避難通道內適當而明顯之位置。
二　手動報警機高度，離地板面之高度不得小於一．二公尺，並不得大於一．五公尺。
三　標示燈及火警警鈴距離地板面之高度，應在二公尺至二．五公尺之間，但與手動報警機合併裝設者，不在此限。
四　建築物內裝有消防立管之消防栓箱時，手動報警機、標示燈及火警警鈴應裝設在消火栓箱上方牆上。

第七五條

火警受信總機應依左列規定：
一　應具有火警表示裝置，指示火警發生之分區。
二　火警發生時，應能發出促使警戒人員注意之音響。
三　應具有試驗火警表示動作之裝置。
四　應為交直流電源兩用型，火警分區不超過十區之總機，其直流電源得採用適當容量之乾電池，超過十區者，應採用附裝自動充電裝置之蓄電池。
五　應裝有全自動電源切換裝置，交流電源停電時，可自動切換至直流電源。
六　火警分區超過十區之總機，應附有線路斷線試驗裝置。
七　總機開關，應能承受最大負荷電流之二倍，且使用一萬次以上而無任何異狀者，總機所用電鍵如非在定位時，應以亮燈方式表示。
八　火警表示裝置之燈泡，每分區至少應有二個並聯，以免因燈泡損壞而影響火警。
九　繼電器應為雙接點式並附有防塵外殼，在正常負荷下，使用三十萬次後，不得有任何異狀。

第七六條

火警受信總機之裝置位置，應依左列規定：
一　應裝置於值日室或警衛室等經常有人之處所。
二　應裝在日光不直接照射之位置。

三　應垂直裝置，避免傾斜，其外殼並須接地。
四　壁掛型總機操作開關距離樓地板之高度，應在一·五公尺至一·八公尺之間。

第七七條

火警自動警報器之配線，應依左列規定：
一　採用電線配線者，應為耐熱六〇〇伏特塑膠絕緣電線，其線徑不得小於一·二公厘，或採用同斷面積以上之絞線。
二　採用電纜者，應為通信用電纜。
三　纜、線連接時，應先絞合焊錫，再以膠布包纏。
四　除室外架空者外，纜、線應一律穿入金屬或硬質塑膠導線管內。
五　採用數個分區共同一公用線方式配線時，該公用線供應之分區數，不得超過七個。
六　導線管許可容納電線根數應依左表規定：

電線線徑或斷面積 ＼ 電線根數 ＼ 導管口徑（公厘）	13	19	25	32	38	50	63	76
1.2 公厘	7	12	18	33	45	74	105	160
1.6 公厘	6	10	16	29	40	65	93	143
2.0 公厘	4	8	13	24	32	53	76	117
5.5 平方公厘	4	6	11	19	26	43	61	95
8 平方公厘		4	6	11	15	25	36	56

七　電線或電纜之斷面積（包括包覆之絕緣物）不得大於導線管斷面積之百分之三十。
八　配線應採用串接式，並應加設終端電阻，以便斷線發生時，可用通路試驗法由線機處測出。
九　前款終端電阻，得以環繞型接線代替。
十　埋設於屋外或有浸水之虞之配線，應採用電纜外套金屬管，並與電力線保持三十公分以上之間距。

第四章　燃燒設備

第一節　燃氣設備

第七八條 111

①建築物安裝天然氣、煤氣、液化石油氣、油裂氣或混合氣等非工業用燃氣設備，其燃氣供給管路、燃氣器具及供排氣設備等，除應符合燃氣及燃燒設備之目的事業主管機關有關規定外，應依本節規定。
②建築物應依公共危險物品及可燃性高壓氣體製造儲存處理場所

設置標準暨安全管理辦法留設液化石油氣供應設備設置空間。

第七九條 101

燃氣設備之燃氣供給管路，應依下列規定：

一　燃氣管材應符合中華民國國家標準或經目的事業主管機關認定者。

二　管徑大小應能足量供應其所連接之燃氣設備之最大用量，其壓力下降以不影響供給壓力為準。

三　不得埋設於建築物基礎、樑柱、牆壁、樓地板及屋頂構造體內。

四　埋設於基地內之室外引進管，應依下列規定：

㈠埋設深度不得小於三十公分，深度不足時應加設抵禦外來損傷之保護層。

㈡可能與腐蝕性物質接觸者，應有防腐蝕措施。

㈢貫穿外牆（含地下層）時，應裝套管，管壁間孔隙應用填料填塞，並應有吸收相對變位之措施。

五　敷設於建築物內之供氣管路，應符合下列規定：

㈠燃氣供給管路貫穿主要結構時，不得對建築物構造應力產生不良影響。

㈡燃氣供給管路不得設置於昇降機道、電氣設備室及煙囪等高溫排氣風道。

㈢分歧管或不定期使用管路應有分歧閥等開閉裝置。

㈣燃氣供給管路穿越伸縮縫時，應有吸收變位之措施。

㈤燃氣供給管路穿越隔震構造建築物之隔震層時，應有吸收相對變位之措施。

㈥燃氣器具連接供氣管路之連接管，得為金屬管或橡皮管。橡皮管長度不得超過一點八公尺，並不得隱蔽在構造體內或貫穿樓地板或牆壁。

㈦燃氣供給管路之固定、支承應使地震時仍能安全固定支撐。

六　管路內有積留水份之虞處，應裝置適當之洩水裝置。

七　管路出口、應依下列規定：

㈠應裝置牢固。

㈡不得裝置於門後，並應伸出樓地板面、牆面及天花板適當長度，以便扳手工作。

㈢未車牙管子伸出樓地板面之長度，不得小於五公分，伸出牆面或天花板面，不得小於二點五公分。

㈣所有出口，不論有無關閉閥，未連接器具前，均應裝有管塞或管帽。

八　建築物之供氣管路立管應考慮層間變位，容許層間變位為百分之一。

第七九條之一　（刪除）101

第八〇條 101

①燃氣器具及其供排氣等附屬設備應為符合中華民國國家標準之

製品。

②燃氣器具之設置安裝應符合下列規定：

一　燃氣器具及其供排氣等附屬設備設置安裝時，應依燃燒方式、燃燒器具別、設置方式別、周圍建築物之可燃、不可燃材料裝修別，設置防火安全間距並預留維修空間。

二　設置燃氣器具之室內裝修材料，應達耐燃二級以上。

三　燃氣器具不得設置於危險物貯存、處理或有易燃氣體發生之場所。

四　燃氣器具應擇建築物之樓板、牆面、樑柱等構造部固定安裝，並能防止因地震、其他振動、衝擊等而發生傾倒、破損，連接配管及供排氣管鬆脫、破壞等現象。

第八〇條之一 101

燃氣設備之供排氣管設置安裝應符合下列規定：

一　燃氣器具排氣口周圍為非不燃材料裝修或設有建築物開口部時，應依本編第八十條之二規定，保持防火安全間距。

二　燃氣器具連接之煙囪、排氣筒、供排氣管（限排氣部分）等應使用材質為不銹鋼（型號：SUS 三〇四）或同等性能以上之材料。

三　煙囪、排氣筒、供排氣管應牢固安裝，可耐自重、風壓、振動，且各部分之接續與器具之連接處應為不易鬆脫之氣密構造。

四　煙囪、排氣筒、供排氣管應為不易積水之構造，必要時設置洩水裝置。

五　煙囪、排氣筒、供排氣管不得與建築物之其他換氣設備之風管連接共用。

第八〇條之二 101

燃氣器具之煙囪、排氣筒、供排氣管之周圍為非不燃材料裝修時，應保持安全之防火間距或有效防護，並符合下列規定：

一　當排氣溫度達攝氏二百六十度以上時，防火間距取十五公分以上或以厚度十公分以上非金屬不燃材料包覆。

二　當排氣溫度未達攝氏二百六十度時，防火間距取排氣筒直徑之二分之一或以厚度二公分以上非金屬不燃材料包覆。但密閉式燃燒器具之供排氣筒或供排氣管之排氣溫度在攝氏二百六十度以下時，不在此限。

第八〇條之三 101

天花板內等隱蔽部設置排氣筒、排氣管、供排氣管時，各部位之連接結合應牢固不易鬆脫且為氣密構造，並以非金屬不燃材料包覆。但排氣溫度未達攝氏一百度時，不在此限。

第八〇條之四 101

燃氣設備之排氣管及供排氣管貫穿風道管道間，或有延燒之虞之外牆時，其設置安裝應符合下列規定：

一　排氣管及供排氣管之材料除應符合本編第八十條之一第二款規定外，並應符合該區劃或外牆防火時效以上之性能。

二　貫穿位置應防火填塞，且該風道管道間僅供排氣使用（密閉式燃燒設備除外），頂部開放外氣或以排氣風機排氣。

三　貫穿防火構造外牆時，貫穿部分之斷面積，密閉式燃燒設備應在一千五百平方公分以下，非密閉式燃燒設備應在二百五十平方公分以下。

第八一條　（刪除）101

第八一條之一 101

於室內使用燃氣器具時，其設置換氣通風設備之構造，應符合下列規定：

一　供氣口應設置在該室天花板高度二分之一以下部分，並開向與外氣直接流通之空間。以煙囪或換氣扇行換氣通風且無礙燃氣器具之燃燒者，得選擇適當之位置。

二　排氣口應設置在該室天花板下八十公分範圍內，設置換氣扇或開放外氣或以排氣筒連接。以煙囪或排氣罩連接排氣筒行換氣通風者，得選擇適當之位置。

三　直接開放外氣之排氣口或排氣筒頂罩，其構造不得因外氣流妨礙排氣功能。

四　燃氣器具以排氣罩接排氣筒者，其排氣罩應為不燃材料製造。

第八一條之二 101

排氣口及其連接之排氣筒、煙囪等，應使室內之燃燒廢氣或其他生成物不產生逆流或洩漏至他室，其構造應符合下列規定：

一　排氣筒或煙囪之頂端開放在燃氣設備排氣管道間內時，排氣筒或煙囪在排氣管道間內昇管二公尺以上，或設有逆風檔可有效防止逆流者，該排氣筒或煙囪視同開放至外氣。

二　煙囪內不得設置防火閘門或其他因溫度上昇而影響排氣之裝置。

三　使用燃氣器具室之排氣筒或煙囪，不得與其他換氣通風設備之排氣管、風道或其他類似物相連接。

第八二條至第八五條　（刪除）101

第二節　鍋　爐

第八六條 101

建築物內裝設蒸汽鍋爐或熱水鍋爐，其製造、安裝及燃油之貯存，除應依中華民國國家標準CNS二一三九「陸用鋼製鍋爐」、CNS一〇八九七「小型鍋爐」、鍋爐及壓力容器安全規則或其他有關安全規定外，應依本節規定。

第八七條 101

鍋爐安裝，應依下列規定：

一　應安裝在防火構造之鍋爐間內。鍋爐間應有緊急電源之照明、足量之通風，及適當之消防設備與操作、檢查、保養用之空間。

二　基礎應能承受鍋爐自重、加熱膨脹應力及其他外力。
三　與管路連接處，應設置膨脹接頭及伸縮彎管。
四　應與給水系統連接。如以水箱作爲水源時，該水箱應有供應緊急用水之容量，並應裝有存水指示標。

第八八條　（刪除）101

第三節　熱水器

第八九條 101

家庭用電氣或燃氣熱水器，應爲符合中華民國國家標準之製品或經中央主管檢驗機關檢驗合格之製品，並應符合本節規定。

第九〇條 101

熱水器之構造及安裝，應依下列規定：

一　應裝有安全閥及逆止閥，其誤差不得超過標定洩放壓之百分之十五。
二　應安裝在防火構造或以不燃材料建造之樓地板或牆壁上。
三　燃氣熱水器之裝置，應符合本章第一節燃氣設備及燃氣熱水器及其配管安裝標準之有關規定。

第五章　空氣調節及通風設備

第一節　空氣調節及通風設備之安裝

第九一條

建築物內設置空氣調節及通風設備之風管、風口、空氣過濾器、鼓風機、冷卻或加熱等設備，構造應依本節規定。

第九二條 110

機械通風設備及空氣調節設備之風管構造，應依下列規定：

一　應採用鋼、鐵、鋁或其他經中央主管建築機關認可之材料製造。
二　應具有適度之氣密，除爲運轉或養護需要面設置者外，不得開設任何開口。
三　有包覆或襯裡時，該包覆或襯裡層均應用不燃材料製造。有加熱設備時，包覆或襯裡層均應在適當處所切斷，不得與加熱設備連接。
四　風管以不貫穿防火牆爲原則，如必需貫穿時，其包覆或襯裡層均應在適當處所切斷，並應在貫穿部位任一側之風管內裝設防火閘門。
五　風管貫穿牆壁、樓地板等防火構造體時，貫穿處周圍，應以礦棉或其他不燃材料密封，並設置符合本編第九十四條規定之防火閘板，其包覆或襯裡層亦應在適當處所切斷，不得妨礙防火閘板之正常作用。
六　垂直風管貫穿整個樓層時，風管應設於管道間內。
七　除垂直風管外，風管應設有清除內部灰塵或易燃物質之清

掃孔，清掃孔間距以六公尺爲度。

八　空氣全部經過噴水或過濾設備再進入送風管者，該送風管得免設前款規定之清掃孔。

九　專供銀行、辦公室、教堂、旅社、學校、住宅等不產生棉絮、塵埃、油汽等類易燃物質之房間使用之回風管，且其構造符合下列規定者，該回風管得免設第七款規定之清掃孔：

㈠回風口距離樓地板面之高度在二點一公尺以上。

㈡回風口裝有一點八毫米以下孔徑之不朽金屬網罩。

㈢回風管內風速每分鐘不低於三百公尺。

十　風管安裝不得損傷建築物防火構造體之防火性能，構造體上設置與風管有關之必要開口時，應採用不燃材料製造且具防火時效不低於構造體防火時效之門或蓋予以嚴密關閉或掩蓋。

十一　鋼鐵構造建築物內，風管不得安裝在鋼鐵結構體與其防火保護層之間。

十二　風管與機械設備連接處，應設置不燃材料製造之避震接頭，接頭長度不得大於二十五公分。

第九三條

防火閘門應依左列規定：

一　其構造應符合本規則建築設計施工編第七十六條第一款甲種防火門窗之規定。

二　應設有便於檢查及養護防火閘門之手孔，手孔應附有緊密之蓋。

三　溫度超過正常運轉之最高溫度達攝氏二十八度時，熔鍊或感溫裝置應即行作用，使防火閘門自動嚴密關閉。

四　發生事故時，風管即使損壞，防火閘門應仍能確保原位，保護防火牆貫穿孔。

第九四條

防火閘板之設置位置及構造，應依左列規定：

一　風管貫穿具有一小時防火時效之分間牆處。

二　本編第九十二條第六款規定之管道間開口處。

三　供應二層以上樓層之風管系統：

㈠垂直風管在管道間上之直接送風口及排風口，或此垂直風管貫穿樓地板後之直接送回風口。

㈡支管貫穿管道間與垂直主風管連接處。

四　未設管道間之風管貫穿防火構造之樓地板處。

五　以熔鍊或感溫裝置操作閘板，使溫度超過正常運轉之最高溫度達攝氏二十八度時，防火閘板即自動嚴密關閉。

六　關閉時應能有效阻止空氣流通。

七　火警時，應保持關閉位置，風管即使損壞，防火閘板應仍能確保原位，並封閉該構造體之開口。

八　應以不銹材料製造，並有一小時半以上之防火時效。

九　應設有便於檢查及養護防火閘門之手孔，手孔應附有緊密

之蓋。

第九五條

與風管連接備空氣進出風管之進風口、回風口、送風口及排風口等之位置及構造，應依左列規定：

一　空氣中存有易燃氣體、棉絮、塵埃、煤煙及惡臭之處所，不得裝設新鮮空氣進風口及回風口。

二　醫院、育幼院、養老院、學校、旅館、集合住宅、寄宿社等及其他類似建築物之採用中間走廊型者，該走廊不得作為進風或回風用之空氣來源。但集合住宅內廚房、浴、廁或其他有燃燒設備之空間而設有排風機者，該走廊得作為該等空間補充空氣之來源。

三　送風口、排風口及回風口距離樓地板面之高度不得小於七．五公分，但戲院、集會堂等觀衆席座位下設有保護裝置之送風口，不在此限。

四　送風口及排風口距離樓地板面之高度不足二一〇公分時，該等風口應裝孔徑不大於一．二公分之欄柵或金屬網保護。

五　新鮮空氣進風口應裝設在不致吸入易燒物質及不易著火之位置，並應裝有孔徑不大於一．二公分之不銹金屬網罩。

六　風口應為不燃材料製造。

第九六條

①空氣過濾器應為不自燃及接觸火焰時不產生濃煙或其他有害氣體之材料製造。

②過濾器應有適當訊號裝置，當器內積集塵埃對氣流之阻力超過原有阻力二倍時，應即能發出訊號者。

第九七條

鼓風機之設置，應依左列規定：

一　應設置在易於修護、清理、檢查及保養之處所。

二　應與堅固之基礎或支承連接穩固。

三　鼓風機及所連接之過濾器、加熱或冷卻等調節設備，應設置於與其他使用空間隔離之機房內，該機房應為防火構造。機房開向室外之開口，應裝置堅固之金屬網或欄柵。

四　前款防火構造之牆及樓地板，其防火時效均不得小於一小時。

五　鼓風機、單獨設置之送風機或排風機，應在適當位置裝置緊急開關，於緊急事故發生時能迅速停止操作。

六　鼓風機風量每分鐘超過五六〇立方公尺者，應依左列規定裝設感溫裝置，當溫度超過定格溫度時，該裝置能即時作用，使鼓風機自動停止操作：

㈠攝氏五十八度定格溫度之感溫裝置，應裝設在回風管內，回風氣流溫度未被新鮮空氣沖低之位置。

㈡定格溫度定在正常運轉最高溫度加攝氏二十八度之感溫裝置，應裝設在空氣過濾器下游送風主管內之適當位置。

第九八條

機械通風或空氣調節設備之電氣配線，應依本編第一章電氣設備有關之規定。

第九九條

①空氣調節設備之冷卻塔，如設置在建築物屋頂上時，應依左列規定：

一　與該建築物主要構造連接牢固，並應為防震、防風及能抵禦其他水平外力之構造。

二　主要部分應為不燃材料或經中央主管建築機關認為無礙防火安全之方法製造。

②加熱設備與木料及其他易燃物料間，應保持適當之間距。

第二節　機械通風系統及通風量

第一〇〇條

本規則建築設計施工編第四十三條規定之機械通風設備，其構造應依本節規定。

第一〇一條

機械通風應依實際情況，採用左列系統：

一　機械送風及機械排風。

二　機械送風及自然排風。

三　自然送風及機械排風。

第一〇二條

通風量建築物供各種用途使用之空間，設置機械通風設備時，通風量不得小於左表規定：

房間用途		樓地板面積每平方公尺所需通風量（立方公尺／小時）	
		前條第一款及第二款通風方式	前條第三款通風方式
臥室、起居室、私人辦公室等容納人數不多者。		8	8
辦公室、會客室。		10	10
工友室、警衛室、收發室、詢問室。		12	12
會議室、候車室、候診室等容納人數較多者。		15	15
展覽陳列室、理髮美容院。		12	12
百貨商場、舞蹈、棋室、球戲等康樂活動室、灰塵較少之工作室、印刷工場、打包工場。		15	15
吸煙室、學校及其他指定人數使用之餐廳。		20	20
營業用餐廳、酒吧、咖啡館。		25	25
戲院、電影院、演藝場、集會堂之觀衆席。		75	75
廚房	營業用	60	60
	非營業用	35	35

配膳室	營業用	25	25
	非營業用	15	15
衣帽間、更衣室、盥洗室、樓地板面積大於 15 平方公尺之發電或配電室。		—	10
茶水間。		—	15
住宅內浴室或廁所、照相暗室、電影放映機室。		—	20
公共浴室或廁所，可能散發毒氣或可燃氣體之作業工場。		—	30
蓄電池間。		—	35
汽車庫。		—	25

第三節　廚房排除油煙設備

第一〇三條

本規則建築設計施工編第四十三條第二款規定之排除油煙設備，包括煙罩、排煙管、排風機及濾脂網等，均應依本節規定。

第一〇四條

煙罩之構造，應依左列規定：

一　應爲厚度一・二七公厘（十八號）以上之鐵板，或厚度〇・九五公厘（二十號）以上之不銹鋼板製造。

二　所有接縫均應爲水密性焊接。

三　應有瀝油槽，寬度不得大於四公分，深度不得大於六公厘，並應有適當坡度連接金屬容器，容器容量不得大於四公升。

四　與易燃物料間之距離不得小於四十五公分。

五　應能將燃燒設備完全蓋罩，其下邊距地板面之高度不得大於二一〇公分。煙罩本身高度不得小於六十公分。

六　煙罩四週得將裝置燈具，該項燈具應以鐵殼及玻璃密封。

第一〇五條

連接煙罩之排煙管，其構造及位置應依左列規定：

一　應爲厚度一・五八公厘（十六號）以上之鐵板，或厚度一・二七公厘（十八號）以上之不銹鋼板製造。

二　所有接縫均應爲水密性焊接。

三　應就最近捷徑通向室外。

四　垂直排煙管應設置室外，如必需設置室內時，應符合本編第九十二條第六款規定加設管道間。

五　不得貫穿任何防火構造分間牆及防火牆，並不得與建築物任何其他管道連通。

六　轉向處應設置清潔孔，孔底距離橫管管底不得小於四公分，並設與管身相同材料製造之嚴密孔蓋。

七　與易燃物料間之距離，不得小於四十五公分。

八　設置於室外之排煙管，除用不銹鋼板製造者外，其外面應塗刷防銹塗料。

九　垂直排煙管底部應設有沉渣阱，沉渣阱應附有適應清潔孔。
十　排煙管應伸出屋面至少一公尺。排煙管出口距離鄰地境界線、進風口及基地地面不得小於三公尺。

第一〇六條

排煙機之裝置，應依左列規定：

一　排煙機之電氣配線不得裝置在排煙管內，並應依本編第一章電氣設備有關規定。
二　排煙機爲隱蔽裝置者，應在廚房內適當位置裝置運轉指示燈。
三　應有檢查、養護及清理排煙機之適當措施。
四　排煙管內風速每分鐘不得小於四五〇公尺。
五　設有煙罩之廚房應以機械方法補充所排除之空氣。

第一〇七條

濾脂網之構造，應依左列規定：

一　應爲不燃材料製造。
二　應安裝固定，並易於拆卸清理。
三　下緣與燃燒設備頂面之距離，不得小於一二〇公分。
四　與水平面所成角度不得小於四十五度。
五　下緣應設有符合本編第一〇四條第三款規定之瀝油槽及金屬容器。
六　濾脂網之構造，不得減小排煙機之排風量，並不得減低前條第四款規定之風速。

第六章　昇降設備

第一節　通　則

第一〇八條 100

建築物內設置昇降機、昇降階梯或其他類似昇降設備者，仍應依本規則建築設計施工編有關樓梯之規定設置樓梯。

第一〇九條 100

本章所用技術用語，應依下列規定：

一　設計載重：昇降機或昇降階梯達到設計速度時所能負荷之最大載重量。
二　設計速度：昇降機廂承載設計載重後所能達到之最大上升速度（鋼索式昇降機）或下降速度（油壓式昇降機）；或依昇降階梯傾斜角度所量得之速度。
三　平衡錘：平衡昇降機廂靜載重及部分設計載重之一個或數個重物。
四　安全裝置：操作時停止昇降機廂或平衡錘，並保持機廂或平衡錘不脫離導軌之機械裝置。
五　昇降機廂：昇降機載運其設計載重之廂體。
六　昇降送貨機：機廂底面積一平方公尺以下，及機廂內淨高

度一點二公尺以下之專為載貨物之昇降機。

七　機廂頂部安全距離：昇降機機廂抵達最高停止位置且與出入口地板水平時，該機廂上樑與昇降機道頂部天花板下面之垂直距離；機廂無上樑者，自機廂上天花板所測得之值。

八　昇降機道機坑深度：由最下層出入口地板面至昇降機道地板面之垂直距離。

第一〇九條之一　（刪除）100

第二節　昇降機

第一一〇條 108

供昇降機廂上下運轉之昇降機道，應依下列規定：

一　昇降機道內除機廂及其附屬之器械裝置外，不得裝置或設置任何物件，並應留設適當空間，以保持機廂運轉之安全。

二　同一昇降機道內所裝機廂數，不得超過四部。

三　除出入門及通風孔外，昇降機道四周應為防火構造之密閉牆壁，且有足夠強度以支承機廂及平衡錘之導軌。

四　昇降機道內應有適當通風，且不得與昇降機無關之管道兼用。

五　昇降機出入口處之樓地板面，應與機廂地板面保持平整，其與機廂地板面邊緣之間隙，不得大於四公分。

六　昇降機應設有停電復歸就近樓層之裝置。

第一一一條 100

昇降機之設計速度（公尺／分鐘）	頂部安全距離（公尺）	機坑深度（公尺）
四十五以下	一點二	一點二
超過四十五至六十以下	一點四	一點五
超過六十至九十以下	一點六	一點八
超過九十至一百二十以下	一點八	二點一
超過一百二十至一百五十以下	二點零	二點四
超過一百五十至一百八十以下	二點三	二點七
超過一百八十至二百一十以下	二點七	三點二
超過二百一十至二百四十以下	三點三	三點八
超過二百四十	四點零	四點零

第一一二條 100

機坑之構造應依下列規定：

一　機坑在地面以下者應為防水構造，並留有適當之空間，以保持操作之安全。機坑之直下方另有其他之使用者，機坑底部應有足夠之安全強度，以抵抗來自機廂之任何衝擊力。

二　應裝設符合中華民國國家標準 CNS 二八六六規定之照明設備。

三　機坑深度在一點四公尺以上時，應裝設有固定之爬梯，使維護人員能進入機坑底。
四　相鄰昇降機機坑之間應隔開。

第一一三條　（刪除）100

第一一四條　（刪除）100

第一一五條 100

昇降機房應依下列規定：

一　機房面積須大於昇降機道水平面積之二倍。但無礙機械配設及管理，並經主管建築機關核准者，不在此限。
二　機房內淨高度不得小於下表規定：

昇降機之設計速度（公尺/分鐘）	機房內淨高度（公尺）
六十以下	二點零
超過六十至一百五十以下	二點二
超過一百五十至二百一十以下	二點五
超過二百一十	二點八

三　須有有效通風口或通風設備，其通風量應參照昇降機製造廠商所規定之需要。
四　其有設置樓梯之必要者，樓梯寬度不得小於七十公分，與水平面之傾斜角度不得大於六十度，並應設置扶手。
五　機房門不得小於七十公分寬，一百八十公分高，並應爲附鎖之鋼製門。

第一一六條　（刪除）100

第一一七條 100

昇降機於同一樓層不得設置超過二處之出入口，且出入口不得同時開啓。

第一一八條 100

①支承昇降機之樑或版，應能承載該昇降機之總載量。

②前項所指之總載量，應爲裝置於樑或版上各項機件重量與機廂及其設計載重在靜止時所產生最大重量和之二倍。

第一一九條　（刪除）100

第一二〇條　（刪除）100

第三節　昇降階梯 100

第一二一條 100

昇降階梯之構造，應依下列規定：

一　須不致夾住人或物，並不與任何障礙物衝突。
二　額定速度、坡度及揚程高度應符合中華民國國家標準 CNS 一二六五一之相關規定。

第一二二條 100

昇降階梯梯底及放置機械處所四周，應爲不燃材料所建造。

前項放置機械處所，均應設有通風口。

第一二三條　（刪除）100

第一二四條　（刪除）100

第一二五條 100

昇降階梯踏階兩側應設置符合中華民國國家標準 CNS 一二六五一規定之欄杆，其臨向梯級面，應平滑而無任何突出物。

第一二五條之一 100

昇降階梯之扶手上端外側與建築物天花板、樑等構造或其他昇降階梯等設備之水平距離小於五十公分時，應於上述構造、設備之底部設置符合下列規定之防夾保護板，以確保使用者之安全：

一　防夾保護板應爲六公釐以上無尖銳角隅之板材。

二　其高度應延伸至扶手上端以下二十公分。

三　防夾保護板於碰撞時應具有滑動功能。

第一二六條至第一二八條　（刪除）100

第一二九條 100

①昇降階梯應設有自動停止之安全裝置，並於昇降階梯出入口附近且易於操作之位置設置緊急停止按鈕開關。

②前項安全裝置之構造應符合中華民國國家標準 CNS 一二六五一之相關規定。

第四節　昇降送貨機 100

第一三〇條 100

昇降送貨機之昇降機道，應使用不燃材料建造，其開口部須設有金屬門。

第一三一條　（刪除）100

第一三二條

應裝置連動開關使當昇降機道所有之門未緊閉前，應無法運轉昇降機。

第七章　受信箱設備

第一三三條 100

供作住宅、辦公、營業、教育或依其用途需要申請編列門牌號碼接受郵局投遞郵件之建築物，均應設置受信箱，其裝設方法及規格如下：

一　裝設位置：

㈠平房建築每編列一門牌號碼者，均應在大門上或門旁牆壁上裝設。

㈡二樓以上及地下層之建築，每戶應於地面層主要出入口之牆壁或大門上裝設。

㈢前目裝置處所之光線必須充足，且鄰接投遞人員或車輛

進出之通路。

二　裝設高度：受信箱裝設之高度，應以投信口離地高度在八十公分至一百八十公分為準。

三　裝設要領：

㈠裝設於牆壁者，得採用懸掛或嵌入方式，投信口均應向外。

㈡裝設於大門者，投信口應向外。

㈢裝置應力求牢固。

四　製作材料、型式及規格應符合中華民國國家標準受信箱之規定。

第一三四條 100

裝置之受信箱應符合下列規定，並能辨識其所屬門牌地址：

一　同一建築物內設有二戶以上，其受信箱上並應依下列方式標明：

㈠公司行號機關團體之名稱。

㈡外國人或外國團體得另附英文姓氏或名稱。

二　標註位置：投信口之下方。

第一三五條　（刪除）100

第八章　電信設備

第一三六條 110

建築物電信設備應依建築物電信設備及空間設置使用管理規則及建築物屋內外電信設備設置技術規範規定辦理。

第一三七條　（刪除）

第一三八條 110

①建築物為收容電信事業之電信設備，供建築物用戶自用通信之需要，配合設置單獨電信室時，其面積應依建築物電信設備及空間設置使用管理規則規定辦理。

②建築物收容前項電信設備與建築物安全、監控及管理服務之資訊通信設備時，得設置設備室，其供電信設備所需面積依前項規則規定辦理。

第一三八條之一 102

建築物設置符合下列規定之中央監控室，屬建築設計施工編第一百六十二條規定之機電設備空間，得與同編第一百八十二條、第二百五十九條及前條第二項規定之中央管理室、防災中心及設備室合併設計：

一　四周應以不燃材料建造之牆壁及門窗予以分隔，其內部牆面及天花板，以不燃材料裝修為限。

二　應具備監視、控制及管理下列設備之功能：

㈠電氣、電力設備。

㈡消防安全設備。

㈢排煙設備及通風設備。

㈣緊急昇降機及昇降設備。但建築物依法免裝設者，不在此限。

㈤連絡通信及廣播設備。

㈥空氣調節設備。

㈦門禁保全設備。

㈧其他必要之設備。

第一三九條至第一四四條　（刪除）

臺北市建築管理自治條例

①民國63年2月5日臺北市政府令訂定發布全文37條。
②民國90年12月11日臺北市政府令修正公布全文40條；並自公布日施行（原名稱：臺北市建築管理規則）。
③民國99年12月20日臺北市政府令修正公布第3、8、19、30、40條條文；增訂第41條條文；並自公布日施行。
④民國108年2月22日臺北市政府令增訂公布第31-1條條文。

第一章　總　則

第一條

本自治條例依建築法（以下簡稱本法）第一百零一條規定制定之。

第二條

本自治條例用語定義如下：

一　出入通路：指寬度在三．五公尺以上，且非屬防火巷或防火間隔並提供建築物使用為出入之通路。但建築基地以現有巷道為出入通路且興建之總樓地面積依規定免設停車空間者，其寬度得減為二公尺。

二　共同壁：指相鄰二宗建築基地各別所有之建築物，所共同使用以地界中心線上構築之牆、柱及樑之構造物。

三　現有巷道：指供公眾通行且因時效而形成公用地役關係之非都市計畫巷道。

第二章　建築基地及界限

第三條 99

①建築基地臨接計畫道路或指定有案之建築線者，起造人申請建造執照或雜項執照前，應向臺北市主管建築機關（以下簡稱主管建築機關）申請指示建築線。但建築基地位於本市已完成市地重劃地區、區段徵收地區或都市計畫道路開闢完成地區，經主管建築機關公告免申請指示建築線者，不在此限。

②建築基地未臨接計畫道路或未臨接已指定有案之建築線者，應向主管建築機關申請指定建築線。

③建築基地未臨接建築線，但有下列各款情形之一且其出入通路無礙通行者，得申請建築：

一　臨接廣場等永久性空地者。

二　隔河川、水道或溝渠、綠地以臨接建築線者。

第四條

①申請建築線指示（定）應檢附下列書圖：

一　申請書。

二　計畫現況圖及地籍套繪圖：範圍至少包括一個街廓以上。

三　位置圖：載明基地及附近道路、機關或明顯建築物等關係位置。

②主管建築機關指示（定）建築線應註明下列事項：

一　都市主要計畫及細部都市計畫發布實施文號。

二　土地使用分區。

三　道路寬度、樁位、標高、建築線樁位或參考點。

四　退縮線、牆面線。

五　禁限建規定或都市計畫特殊管制事項。

第五條

①建築基地臨接之計畫道路或經指定建築線之現有巷道，其舖面、排水溝等公共設施尚未闢築完成者，申請建築應依規定辦理其出入通路及排水系統之拓築。

②前項出入通路及排水系統拓築之規定，由臺北市政府（以下簡稱市政府）定之。

第六條

①沿四公尺以上道路交叉口建築者，應依截角退讓。

②道路交叉口截角規定如附表。

第七條

①騎樓及無遮簷人行道之寬度及構造，除都市計畫及建築技術規則另有規定外，其設置規定如下：

一　騎樓及無遮簷人行道之寬度，應由道路境界線起算至騎樓寬度爲三．六四公尺。

二　建築物地面層外牆面與道路境界線應保持三．五二公尺以上寬度。

三　騎樓人行道之高度，自道路路肩建築線起至正面過樑下端之淨高度不得小於三．三三公尺。騎樓有立柱者，其所餘之淨寬度不得小於二．五公尺，且不得設置任何障礙物。騎樓柱正面應自建築線退縮十五公分。

四　騎樓及無遮簷人行道應以防滑鋪面鋪築，其完成之地面，應與人行道齊平，無人行道者，騎樓外緣應高出道路邊界處十公分至二十公分，並應向道路境界線作成四十分之一瀉水坡度。

五　騎樓及無遮簷人行道之完成面，應與二旁鄰接騎樓地面順平，不得高低不平。

②基地情形特殊者，主管建築機關得依申請建築基地及鄰地實際情況核准之。

③建築物臨接建築線部分無須留設騎樓或無遮簷人行道時，應配合自建築線退縮十五公分以上建築。

第三章　建築許可

第八條 99

①申請建造、雜項及拆除等執照應具備申請書，並依下列規定檢附文件：

一　建造執照：

㈠土地所有權狀影本。但申請人非土地所有權人者，應檢附土地使用權利證明書。

㈡建築線指示（定）圖。

㈢圖樣：面積計算表、位置圖、現況圖、配置圖、平面圖、立面圖、剖立面圖、總剖面圖、結構平面圖、結構計算書、必要設備圖說、騎樓設計高程與鄰房騎樓及道路現況高程示意圖，及其他市政府規定之圖說。

㈣變更設計時，原申請建造執照檢附之各項證件圖說如未變更者，得免重新檢附。

㈤其他有關文件：建築師委託書、共同壁協定書等。

二　雜項執照：

㈠土地所有權狀影本。但申請人非土地所有權人者，應檢附土地使用權利證明書。

㈡原建築物之合法證明文件及現地彩色照片。

㈢臨接建築線建造者，應檢附建築線指示（定）圖。

㈣圖樣：地形圖、平面圖、立面圖、斷面圖及詳細圖，必要時並應檢附結構計畫。

㈤其他必要之文件。

三　拆除執照：

㈠建築物之位置圖及平面圖。

㈡建物所有權狀影本或其他證明文件。

②前項土地所有權狀及建物所有權狀影本，應由所有權人於文件正面註明與正本相符等文字並簽名或蓋章。

第九條

申請建築許可時，除法令另有規定外，下列情形得併案辦理：

一　建造執照包括雜項工作物可同時施工者，雜項執照得併建造執照申辦。

二　建造執照包括拆除工程者，拆除執照得併建造執照申辦。

第一〇條

①起造人申請建築執照時，得免由建築師設計及簽章之工程如下：

一　選用內政部或市政府訂定之各種標準建築圖樣及說明書者。

二　非供公眾使用之平房，其總樓地板面積在六十平方公尺以下且簷高在三・五公尺以下者。

三　雜項工作物中，圍牆及駁崁（不含山坡地整地及擋土工程）高度在二公尺以下；水塔、廣告塔（臺）及煙囪，高度在

三公尺以下者。

②前項第二款及第三款之建造執照或雜項執照之施工，得免由建築師監造及營造業承造。

第一一條

二宗以上基地各別獨立所有、同時申請建築地面以上各層各別獨立使用之建築物者，經雙方起造人同意，得使用共同壁，共同壁之中心線應在相鄰土地境界線上，並應同時施工，其共同壁兩側建物可不必同時施工。

第一二條

①建築期限規定如下表：

執照種類及規模		建築期限
建照執照	地下層	每層四個月
	地上層	每層三個月
雜項執照		九個月

②建築期限以向主管建築機關申報開工日起算。因工程規模、構造或施工方法特殊、工程困難或其他特殊情形者，主管建築機關得酌予增加建築期限。

第一三條

①本法第七十條所稱之建築物主要設備，指下列應配合建築構造工程同時施作完成具備系統機能之各項設備：

一　消防設備。
二　昇降設備。
三　防空避難設備。
四　污水設備。
五　避雷設備。
六　附設停車空間設備。

②前項設備於竣工後不更動或不影響建築物構造及機能，而可再施設之部分，得視為非主要設備。

第一四條

都市計畫之商業區內建築物，其依法申請可供住宅或集合住宅使用部分之主要構造強度、防火避難設施、消防設備及附設之停車空間、防空避難室等除應符合住宅或集合住宅之規定外，並應依商業使用類別之最低標準規定設計及施工。

第四章　建築施工管理

第一五條

①本法第五十四條所稱承造人之施工計畫書應包括之內容如下：

一　承造人之專任工程人員、工地負責人、勞工安全衛生管理人員及相關工程人員之姓名、地址、連絡電話等編組資料。
二　建築基地及其四週二十公尺範圍內現況實測圖，比例尺不得小於五百分之一，應包括範圍內各項公共設施、地下管

線位置、鄰房位置與必要之構造概況及其他特殊之現況等內容。

三　工程概要。

四　施工程序及預定進度。

五　特殊或變更施工方法必要之檢討分析資料。

六　品質管理計畫。

七　施工場所佈置、各項安全措施、工寮材料堆置及加工場之圖說及配置。

八　施工安全衛生防火措施及設備、工地環境之維護、廢棄物處理及剩餘土石方處理。

②前項施工計畫書之製作，應經承造人之專任工程人員簽章後申請備查。但屬技師法第三章技師業務及責任部分，應由技師簽證。

第一六條

本法第五十四條所稱之開工，指起造人會同承造人、監造人依本法規定向主管建築機關申請備查後，拆除執照併案辦理以拆除原有房屋或在基地整地、挖土、打樁、施作安全措施等其中之一工程而言。但僅搭建工寮或設置圍籬而無實際工作者，不得視爲開工。

第一七條

爲維護公共安全、公共交通、公共衛生、市容觀瞻及臺北市地方情況條件之需要，主管建築機關對建築物之施工管理，得訂定建築施工改善方案執行之。

第一八條

依本法申報變更起造人、承造人或監造人者，應確實載明工程進度，依下列規定辦理：

一　依變更事項檢附申請書及有關證件。

二　原起造人產權劃分清楚者，於申報變更起造人時，得由變更部分之起造人提出申請。

三　申報變更承造人者，應檢附新承造人承受原承造人一切權利義務應辦事項之同意書，免附原承造人之同意書。

四　申報變更監造人者，應檢附新監造人之委託書及新監造人承受原監造人一切應辦事項同意書，免附原監造人之同意書。

第一九條　99

①建造執照或雜項執照於有效期間內之施工，除一定規模以下之建築物，得由承造人及其專任工程人員依照核准圖說施工，並送監造人查核無訛後留存查核資料，於竣工時一併申報外，其必須申報勘驗之部分、時限及內容規定如下：

一　放樣勘驗：在建築物放樣後，開始挖掘基礎土方一日以前申報，其內容應包括下列事項：

㈠建築線、建築基地各部分尺寸，由起造人負責土地界址指界與執照核准圖及現地尺寸相符。

㈡建築物各部分尺寸及位置與圖說相符。

㈢建築基地出入通路、排水系統及經指定範圍內之各項公共設施與執照核准圖說相符。

㈣建築工地交通、安全及衛生維護措施與施工計畫書相符。

二　擋土安全維護措施勘驗：經主管建築機關指定地質特殊地區及一定開挖規模之挖土或整地工程，在工程進行期間應分別申報，其時限內容由市政府視實際需要定之。

三　主要構造施工勘驗：在建築物主要構造各部分鋼筋、鋼骨、預鑄構件或屋架裝置完畢，澆置混凝土或敷設屋面設施之前申報，其內容應包括下列事項：

㈠建築物主要構造各部分尺寸、配筋及位置與設計核准圖說相符。

㈡建築物主要構造使用之材料檢具之品質及強度證明文件與設計核准圖說相符。

㈢主要構造施工中設置之模板、鷹架等假設工程及安全措施與施工計畫書或核准圖說相符。

四　主要設備勘驗：建築物各主要設備於設置完成後申請使用執照之前或同時申報，其內容應包括下列事項：

㈠各項主要設備使用材料檢具之品質及規格證明文件與核准圖說相符。

㈡各項主要設備之規格、面積、容積及性能證明文件與核准圖說相符。

五　竣工勘驗：在建築工程主要構造及室內隔間施工完竣，申請使用執照之前或同時申報，其內容應包括下列事項：

㈠建築物總高度、屋頂突出物高度、建築物各部分尺寸、外牆構造及位置、各層樓地板面積及建築面積與設計核准圖說相符。

㈡建築物室內隔間、防火區劃、防火構造及防火避難設施與設計核准圖說相符。

②雜項執照必須申報勘驗部分除按前項規定辦理外，於雜項工作物之鋼筋混凝土構造或鋼骨構造部分在鋼筋、鋼骨設置完畢，澆置混凝土前申報勘驗。

③預鑄房屋及其他特殊構造者之申報勘驗，由主管建築機關定之。

④主管建築機關得指定必須申報勘驗部分，應經主管建築機關派員勘驗合格後，方得繼續施工。其勘驗方式及勘驗項目由主管建築機關定之。

⑤第一項一定規模以下建築物申報勘驗之相關規定，由主管建築機關定之。

第二〇條

①建築工程承造人及其專任工程人員依照核准圖說及施工計畫書施工至必須申報勘驗階段時，於申報勘驗前，應由承造人及其專任工程人員先行勘驗，並經監造人勘驗合格會同簽章，交由

承造人檢具勘驗申報文件，按規定時限向主管建築機關申報後，方得繼續施工。

②申報勘驗報告及紀錄文件應併建築執照申請書件及工程圖說，由主管建築機關保存至該建築物拆除或毀損為止。

第二一條

工程進行中變更設計者，應依本法第三十九條前段規定提出申請。但地下層部分如因停止施工，監造人認定有危害公共安全之虞者，得由承造人會同監造人先行報備施工，並於地面層柱牆之模板及鋼筋組立前辦妥變更設計。

第二二條

建築工程施工中，承造人應於施工場所明顯處張掛工程告示牌，並應備置下列工地資料以供主管建築機關隨時查驗：

一　建造執照或雜項執照影本。
二　建築執照申請書及圖說（含施工圖）副本全份。
三　建築線指示（定）圖副本。
四　開工報告書及施工計畫書。
五　向主管建築機關申報之勘驗報告書或影本。
六　主管建築機關函知該工地之書件或影本。
七　施工材料品質經專業人員勘驗之紀錄或影本。

第二三條

建築物不得突出法定之建築線、牆面線或基地地界線；其勘驗尺寸及竣工尺寸應合於下列之容許誤差：

一　建築物各層樓地板面積誤差百分之三以下，且未逾三平方公尺。其他各部分尺寸誤差百分之二以下，且未逾十公分。
二　建築物總高度誤差在百分之一以下，且未逾三十公分，各樓層高度誤差在百分之三以下，且未逾十公分。

第二四條

①建築工程施工需要借用道路時，應由起造人或承造人向主管建築機關申請借用道路許可證，並依下列規定辦理：

一　備具申請書、使用道路範圍之相關圖說，並繳納借用道路規費，其規費由主管建築機關定之。
二　借用道路許可證依建造執照之竣工期限核定。
三　道路之車道部分一律不得借用，紅磚人行道寬度未達三公尺者亦同。
四　紅磚人行道寬度在三公尺以上者，借用寬度不得超過一公尺。但主管建築機關於重大慶典期間或本市交通繁忙路段，得依實際需要另行公告禁止或停止借用道路之範圍。
五　建築物地面以上第二層底板澆置混凝土日起三十日內，應打通騎樓或無遮簷人行道並即停止借用道路且維持暢通。

②建築物因外牆修繕需要借用道路時，不受前項第三款、第四款之規定；其管理要點由市政府另定之。

③借用道路，依規定核備申報開工後，始得設置圍籬。

④借用道路於申報開工後停工逾三個月者，撤銷其借用之許可。

起造人或承造人應清理現場，維持道路暢通。

第二五條

①建築工地相關範圍內之原有行道樹、消防栓、消防水池、給水管、煤氣管、油管、電線管、電線電桿、拉桿及其他公共設施有妨礙施工者，應由起造人申請各該主管機關或商請所有權人拆移，不得任意剪移。

②建築物在施工中因工程需要須阻斷原有排水系統時，應作臨時排水設施，維持排水暢通。

③施工基地臨接道路有行道樹者，應依規定設置保護架並妥善維護。

第二六條

①建築工程施工中應防止損壞公共設施，有必須損壞者，承造人應先申請該管主管機關核准，損壞部分應在損壞原因消失後，即予修復，並向該管主管機關申請復查，取得合格證明或取得已繳納修復之證明。

②建築工程應裝設之公用事業管線，承造人應於管線施工前申請裝設，申請使用執照前取得道路主管機關核發之管線申挖修復證明或各公用事業主管機關之免再申請裝設管線證明文件。

第二七條

建築工程之建造執照或雜項執照依法作廢後，有違反本法第五十八條情事之一者，主管建築機關應以書面通知原起造人、原承造人或原監造人限期自行拆除或修改，逾期未拆除或修改者，得強制拆除。

第二八條

建築工程施工發生損壞鄰房爭議事件之處理與程序，由主管建築機關定之。

第二九條

①申請使用執照或部分使用執照應具備申請書及下列文件：

一　原領建造執照或雜項執照。

二　竣工圖：面積計算表、位置圖、配置圖各層平面圖、屋頂平面圖及各向立面圖。

三　竣工照片：竣工後符合設計圖說之各向立面、屋頂突出物、騎樓、天井、停車空間、裝卸空間、雨污水分流排出口、四周環境、開放空間、綠化設施、防火間隔、建築物主要設備等彩色照片。

四　編訂門牌總表或證明。

五　施工中損壞公共設施者，應予修復或依規定取得繳納修復費之證明。

②前項申請，起造人或承造人應將工地臨時棚屋、工寮、圍籬及鷹架拆除清理排水溝及整理現場環境完畢，始得核發使用執照。

第五章　建築物使用管理、維護管理

第三〇條 99

①建築物申請變更使用執照時，應備具申請書及下列文件：

一　建築物使用執照影本或謄本或其他相關證明文件。

二　建築物權利證明文件：建物所有權狀影本、建築改良物勘測成果表。

三　土地權利證明文件：基地面積調整、變更地號者應檢附土地所有權狀影本及土地使用權利證明書。

四　土地使用分區證明文件。

五　圖樣：變更樓層平面圖、面積計算表、位置圖、現況圖。

六　主要構造強度、防火避難設施、消防設備及防空避難與停車空間之檢討說明。

七　其他有關之文件及計算書。

②前項申請變更使用無需施工者，經主管建築機關審查合格後，發給變更使用執照或核准變更使用文件；其須施工者，於發給同意變更文件後始得施工，並於建築物使用類組及變更使用辦法規定之期限施工完竣報主管建築機關竣工勘驗合格後，發給變更使用執照或核准變更使用文件。但施工項目涉及主要構造變更且施工困難者，主管建築機關得視實際情形，延長其施工期限。

③前項申請竣工勘驗應備具申請書及下列文件：

一　原同意變更文件。

二　修改竣工圖申請書。

三　消防審查許可之書圖文件。

四　建築竣工照片及索引圖。

五　施工勘驗報告書（無主要構造變更免附）。

六　室內裝修合格證明文件（無室內裝修行為者免附）。

七　其他主管建築機關規定之文件。

④第一項之土地所有權狀及建物所有權狀影本，應由所有權人於文件正面註明與正本相符等文字並簽名或蓋章。

第三一條

各類公共場所之安全檢查，由市政府依相關規定執行並公布檢查紀錄。

第三一條之一 108

①領得使用執照達一定年限或外牆飾面具風險之建築物，其所有權人、公寓大廈管理委員會或管理負責人應定期委託專業診斷檢查機構或人員辦理建築物外牆安全診斷檢查及申報。但建築物外牆飾面全面更新者，其年限得重新起算。

②未依前項規定辦理者，處公寓大廈管理委員會、管理負責人或建築物所有權人新臺幣一萬元以上五萬元以下罰鍰，並限期補辦手續，屆期未補辦者，得按次處罰。

③經診斷檢查認定建築物外牆有危害公共安全之虞者，主管建築機關應通知公寓大廈管理委員會、管理負責人、建築物所有權人或使用人限期改善或進行安全防護措施。屆期未辦理者，主

管建築機關得對公寓大廈管理委員會、管理負責人、所有權人或使用人處新臺幣六萬元以上十萬元以下罰鍰，並得令其限期改善或履行義務，屆期不改善或不履行者，得按次處罰。違反前二項義務之建築物所有權人為多數共有人者，應併同處罰，罰鍰得按各戶分配繳納。

④第一項應診斷檢查之建築物、診斷檢查及申報之期限、程序、方法、專業診斷檢查機構及人員之資格等事項，由主管建築機關定之。

第六章　舊有合法建築物處理

第三二條

本法施行前已建築完成而未領有建築執照之建築物，得檢附下列文件申請核發使用執照，免由營造業簽章。

一　本法第三十條及本自治條例規定之書件、圖說。
二　建築線指示（定）圖。
三　建築物權利證明文件。
四　建築師或結構專業技師安全鑑定書。
五　建築物完成日期證明文件。
六　其他有關證件。

第三三條

民國六十年十二月二十二日本法修正公布前建築完成並已領有建造執照之建築物，得檢附下列文件申請核發使用執照，免由建築師及營造業簽章：

一　使用執照申請書。
二　原領建造執照及核准之設計圖說。
三　施工中曾辦理勘驗者，檢附勘驗紀錄；未辦理勘驗者，檢附建築師安全鑑定書。
四　建築物完成日期證明文件。
五　其他有關證件。

第三四條

供公眾使用之建築物，依前二條規定申請核發使用執照者，其出入口、走廊、樓梯及防火避難設施、消防設備，得比照舊有建築物防火避難設施及消防設備改善辦法之規定辦理；建蔽率、院落深度、高度等得依建築當時之法令辦理。

第三五條

①都市計畫發布實施前之舊有房屋，其所有權人申請認定合法建築物者，應檢具申請書及下列文件：

一　切結書：註明如有不實申請，願負法律責任。
二　建築物所有權相關證件：如建築改良物登記簿謄本、買賣契約等。
三　土地所有權相關證件：如土地登記簿謄本、土地使用同意書等。

四　都市計畫發布實施前建造完成者，應檢附載明建物完成日期之建築改良物登記簿謄本、課稅始期證明、接水、接電日期證明、第一次水電費收據、載有該建築物資料之土地現況調查清冊或卡片之謄本、戶口遷入證明、地形圖、都市計畫現況圖、都市計畫禁建圖、航照圖或政府機關測繪地圖。

五　經建築師及申請人簽認之各層平面圖、立面圖（比例尺1/100）、地籍配置圖（1/500、或1/600或1/1200）、面積計算表及彩色相片（各向正立面、屋頂及周圍環境）。

②前項合法建築物之樓地板面積、樓層數、建築物形狀及構造，以建築改良物登記簿謄本或課稅證明之資料認定；僅有水電證明而無建築改良物登記簿謄本或課稅證明之資料者，得依航測圖認定。房屋構造、結構安全及各項圖說由建築師負責。

③各區都市計畫發布實施日期如下：

一　舊市區：民國三十四年十月二十五日。

二　景美、木柵區：民國五十八年四月二十八日。

三　南港、內湖區：民國五十八年八月二十二日。

四　士林、北投區：民國五十九年七月四日。

第七章　附　則

第三六條

①下列建築物申請興建時應於施工前備具本法第三十條及本自治條例第八條規定之文件，向主管建築機關申請建築許可，並於施工完竣後申請使用許可：

一　紀念性之建築物。

二　地面下之建築物。

三　臨時性之建築物。

四　海港、碼頭、鐵路車站及航空站等範圍內之雜項工作物。

五　其他類似上列各款之建築物雜項工作物。

②前項申請建築許可及使用許可之規定，由市政府定之。

第三七條

爲推動都市綠化增進市容觀瞻，建築基地之法定空地應加以綠化，並於竣工時一併勘驗。

第三八條

起造人、建築物所有權人或土地所有權人得申請發給使用執照謄本或竣工圖影本，主管建築機關得收取工本費。

第三九條

建築執照如依都市計畫相關法令規定，應辦理都市設計審議，且經審定合格者，自審定合格之日起算六個月內依審定結果申請建築執照，得依都市設計審定合格時之法令辦理。

第四〇條 99

①主管建築機關得就下列事項，委託具有各該項學識及經驗之專

業公會或團體（以下簡稱審查機構）辦理：
一　建築執照之審查。
二　施工勘驗或竣工勘驗。
②前項審查機構之資格、項目、程序、書件表格，由主管建築機關定之。

第四一條 99

本自治條例自公布日施行。

高雄市建築管理自治條例

①民國101年11月5日高雄市政府令制定公布全文74條；並自公布日施行。
②民國103年9月1日高雄市政府令修正公布第4、9、10、15、18至22、26、29、41、47、53、70、71條條文及第73條附表二；並增訂第71-1、72-1、72-2條條文。
③民國105年3月3日高雄市政府令修正公布第38條條文及第73條附表二；增訂第69-1條條文；並自105年3月3日施行。
④民國107年5月17日高雄市政府令修正發布第2至4、15、19、21、22、25、41、47、56、57、60、61、72-2、73條條文；增訂第29-1、41-1條條文；刪除第58、59、62、64條條文；並自公布日施行。
⑤民國110年2月1日高雄市政府令修正公布第38條條文；並增訂第72-3條條文。

第一條

為實施建築管理，以維護公共安全、公共交通、公共衛生及增進市容觀瞻，並依建築法第一百零一條規定制定本自治條例。

第二條 107

本自治條例之主管機關為本府工務局。

第三條 107

本自治條例用詞定義如下：

一　共同壁：指相鄰二宗建築基地各別所有之建築物，所共同使用以地界中心線上構築之牆、柱及樑之構造物。

二　原高雄市轄區：指中華民國九十九年十二月二十五日高雄縣、市合併改制前原高雄市所轄管之區域。

三　原高雄縣轄區：指中華民國九十九年十二月二十五日高雄縣、市合併改制前原高雄縣所轄管之區域。

第四條 107

基地臨接供公眾通行之現有巷道，其最小寬度二公尺以上並符合下列規定之一者，得於申請指定建築線後申請建築：

一　具有公用地役關係。

二　現有巷道旁已有編釘門牌房屋二戶以上，且其門牌編釘或戶籍登記已逾二十年。

三　土地登記謄本之地目登記為道。

四　未計入法定空地之私設通路或基地內通路，且符合下列情形之一者：

㈠經土地所有權人出具經公證人認證之同意供公眾通行土地使用權同意書。

㈡經贈與政府機關供公眾通行，並已依法完成土地登記。

五　未計入法定空地且法令容許得作爲道路使用之土地，經土地所有權人同意贈與本市作爲道路使用，並依法完成土地移轉登記手續，且其寬度不得小於六公尺；其位於工業區及丁種建築用地者，寬度不得小於八公尺。

六　經主管機關認定爲現有巷道。

第五條

經主管機關指定建築線且已完成建築之現有巷道，於主管機關認定無礙公共安全、公共衛生、公共交通及市容觀瞻者，不受前條規定之限制。

第六條

建築基地與都市計畫道路間夾有具公用地役關係之現有巷道者，得以現有巷道之邊界線作爲建築線，並得考量納入都市計畫道路範圍。

第七條

①建築基地臨接之計畫道路或經指定建築線之現有巷道，其舖面、排水溝等公共設施尚未闢築完成者，申請建築應依規定辦理其出入通路及排水系統之拓築。

②前項出入通路及排水系統拓築之規定，由主管機關另定之。

第八條

①建築基地未臨接建築線者，不得建築。但有下列情形之一者，不在此限：

一　基地臨接永久性之空地或隔河川、水路溝渠以臨接建築線。

二　山間基地無從臨接建築線。

三　都市計畫農業區或非都市土地之建築基地無從毗連建築線，並經主管機關認定無礙通行及安全。

②前項第三款之認定基準，由主管機關另定之。

第九條 104

建築基地非經申請指示（定）建築線，不得申請建築執照。但臨接已公告免申請指示（定）建築線之計畫道路、依獎勵投資條例及促進產業升級條例設置之工業區，不在此限。

第一〇條 104

①建築線指示（定）申請，除依電子化建築管理系統申請，得免檢附地籍圖謄本外，應檢具下列文件，向主管機關爲之：

一　以透明圖製作之申請書圖一份。

二　地籍圖謄本一份。

②前項之申請，主管機關應於受理後七日內決定之。

③申請指示（定）建築線應收取規費；其收費標準，由主管機關另定之。

第一一條

前條申請書圖及指定建築線之文件應載明事項，由主管機關公告之。

第一二條

①前條申請書圖，應依下列方式繪製：

一　地籍套繪圖：應以實線描繪建築基地四周二十五公尺及道路對側境界線之地籍線後，套繪上開範圍內之道路（包括計畫道路、公路及現有巷道）、道路退縮地、溝渠及廣場之邊界線（邊界線非地籍線者，應以虛線表示），並標明地號、方位、基地範圍、道路寬度及比例尺。

二　基地位置圖：應簡明標出基地位置、附近道路、機關學校或其他明顯建築物之相關位置。

三　現況計畫圖：應標明地形、鄰近現有建築物、道路及溝渠，並標明方位、基地範圍及道路寬度，其比例尺不得小於地籍套繪圖；建築基地如面臨計畫道路者，並應套繪計畫道路邊界線及相關都市計畫樁位。

四　切結欄：申請人應切結負責下列事項並核章。

㈠地籍套繪圖及現況計畫圖套繪，如有錯誤或造假等情事之法律上一切責任。

㈡透明圖與藍晒圖，如有不符之法律上一切責任。

②前項申請建築基地面臨現有巷道者，另應檢附現有巷道之彩色照片一份。

③第一項申請書圖之格式，由主管機關另定之。

第一三條

建築線指示（定）圖有效期限為八個月，逾期失其效力。

第一四條

道路或廣場開闢完成，其境界線經主管機關確定為建築線，主管機關得公告其為建築線，免申請指示（定）建築線；其有變更時，並應即時公告修正。

第一五條 107

①原高雄市轄區臨接寬度八公尺以上計畫道路之建築基地，除都市計畫或都市設計法令另有規定外，應依下列規定辦理：

一　位於商業區及住宅區者，於建築時應留設三點九公尺以上之法定騎樓地或退縮騎樓地。

二　位於第一款以外之地區者，於建築時應退縮三點九公尺。

②前項第一款住宅區有下列情形之一者，應退縮三點九公尺以上建築。但為配合街廓整體景觀，經主管機關查勘而認有必要者，不在此限：

一　中華民國八十八年十二月十五日後開始受理建築許可申請之重劃區、區段徵收地區或第三十三期、第四十期、第四十七期、第五十三期、第五十五期重劃區範圍內之建築物。

二　建築技術規則所定之高層建築物或實施都市計畫綜合設計之建築物。

③前項第一款退縮地之地面層，得自建築線起退縮三十公分以上後，設置圍牆或停車空間。

第一六條

原高雄市轄區臨接未達八公尺計畫道路之建築基地，其地面層應於建築時退縮四十五公分。

第一七條
①前二條退縮地之地面層，除第十五條第二項第一款情形外，不得設置圍牆或障礙物；其於二樓以上設置陽臺或雨遮等遮蓋物者，應依建築技術規則之規定為之。
②前項規定，於第十五條第一項第一款情形，準用之。

第一八條 104
原高雄縣轄區建築基地，除都市計畫或都市設計法令另有規定外，有下列情形之一者，於建築時應留設三點九公尺之法定騎樓地或退縮騎樓地：
一 位於商業區或市場用地，且面臨七公尺以上計畫道路。
二 位於住宅區，且面臨十五公尺以上之計畫道路。
三 經指定建築線之人行廣場。

第一九條 107
①第十五條第一項及前條情形，退縮騎樓地得作為空地計算。
②前項退縮騎樓地地坪如採透水性材質施設，應符合第二十條第一款及第二款規定。
③法定騎樓或退縮騎樓地距建築線一點四公尺範圍內，得植栽、設置高度六十公分以下花臺或經主管機關同意之休憩設施等設施。但臨建築線之正面應留設寬度一點八公尺以上且達所臨建築線長度二分之一以上之出入口供通行使用。

第二〇條 104
法定騎樓地及退縮騎樓地之構造，其規定如下：
一 地面應有坡高十公分之瀉水坡度。
二 地面外緣應與人行道齊平；地面外緣無人行道者，除因地勢關係經主管機關核准者外，應高出道路邊界處十公分至二十公分。
三 自地面外緣至正面過樑底之騎樓高度，不得小於三點五公尺。
四 騎樓柱正面除局部造型裝飾需要外，應自道路境界線退縮三十公分。

第二一條 107
建築基地所臨接現有巷道之寬度四公尺以上者，應保持原有寬度；未達四公尺者，應以該巷道中心線為準，兩旁均等退讓，以合計達到四公尺寬度之邊界線作為建築線，其退讓部分應供公眾通行使用。但面臨現有巷道之基地，其對側為河川、大排或山崖等地形障礙者，主管機關得依現有巷道之邊界線單側退讓以指定建築線。

第二二條 107
前條建築基地屬非都市土地者，指定面臨現有巷道之建築線時，應符合下列規定：
一 巷道寬度未達六公尺者，自中心線開始兩旁均等退讓，並以其寬度合計達六公尺之邊界線作為建築線，其退讓部分應供公眾通行使用。

二　巷道寬度六公尺以上者，應保持原有寬度，免再退讓。

第二三條

前二條情形，現有巷道如經主管機關認定過於曲折者，主管機關得重新選定兩側建築物應均等退讓建築之適當中心線。

第二四條

前三條規定，於建築基地面臨計畫道路或背面、側面臨接現有巷道者，準用之。

第二五條 107

現有巷道無排水溝或水溝加蓋後可供人、車通行，其寬度以兩旁建築物之外牆或現有圍牆間之最小淨距離為準；巷道兩側臨接無蓋水溝或斷崖者，以臨接可供人、車通行處所之水溝或斷崖邊緣作為巷道寬度之計算基準點。

第二六條 104

①建築基地正面臨接計畫道路或現有巷道，且側面或背面臨接現有巷道者，於申請指定建築線時，應一併指定現有巷道之邊界線。

②前項情形，側面或背面所臨接之現有巷道部分及退讓之土地，得以法定空地計算，其餘退讓部分不得以法定空地計算。但依第二十三條規定重新選定中心線所退讓之土地或臨接第二十四條現有巷道及退讓之土地，得計入法定空地。

第二七條

細部計畫未完成之地區，除符合都市計畫法第十七條第二項但書規定者外，不得面臨現有巷道建築。

第二八條

①於都市計畫道路或依法公告道路之交叉處建築者，應依附表一規定截角退讓。但都市計畫書圖另有截角規定者，從其規定。

②前項情形，依都市計畫書圖規定不予截角者，不予截角。但截角部分已徵收完竣，或地籍已分割且其地目登記為道者，仍應截角。

③都市計畫書圖未規定截角而依本自治條例截角退讓之土地，得計入法定空地。但依前項規定截角退讓之土地，不得計入法定空地。

第二九條 104

申請建築執照或建築物室內裝修合格證明應檢具申請文件，向主管機關提出申請。

第二九條之一 107

申請變更使用執照或室內裝修許可者，應於接獲主管機關第一次通知改正之日起六個月內，依通知改正事項改正完竣後送請復審；屆期未送請復審或復審仍不合規定者，主管機關得駁回其申請。

第三〇條

建築物工程造價及其調整原則，由主管機關另定之。

第三一條

爲建立電子化建築管理系統，主管機關得命申請人檢附電子化之申請書圖文件，其格式由主管機關另定之。

第三二條

①建築物利害關係人或公寓大廈管理委員會得檢具申請書及建築物權利證明文件或公寓大廈管理條例規定之報備文件各一份，向主管機關申請核發建築物竣工圖影本或補發建築執照謄本。

②前項申請，主管機關應於受理後七日內決定之，並應收取規費；其收費標準，由主管機關另定之。

第三三條

建築工程有使用道路之必要時，除有下列情形之一者外，得向主管機關申請許可後，使用道路：

一　未開闢完成之計畫道路。

二　寬度在四公尺以下道路。

三　經政府列爲管制地區。

四　有其他妨礙公益之事由。

第三四條

建築工程申請使用道路時，應檢具申請書、切結書、建築線指示（定）書圖及道路平面圖，向主管機關爲之。

第三五條

道路許可使用之寬度如下：

一　道路寬度超過四公尺未滿六公尺者，許可使用之寬度不得超過一公尺。

二　道路寬度在六公尺以上未滿十七公尺者，許可使用之寬度不得超過一點五公尺。

三　道路寬度在十七公尺以上者，許可使用之寬度不得超過三公尺。

第三六條

建築工程使用道路之許可及其使用期限，主管機關得於工程申報開工時一併核定之。

第三七條

前四條規定，於免申請建築許可之建築物整修或類似工程，準用之。

第三八條 110

①建造執照於中華民國一百零一年六月三十日以前核准者，除依高雄市綠建築自治條例或高雄市高雄厝設計及鼓勵回饋辦法變更設計，並設置太陽光電設備，得向主管機關申請酌予增加重新核給施工期限外，建築工程施工期限規定如下：

一　十五層以下及地下層部分，每層爲三個月。

二　十六層以上部分，每層爲二個月。

②前項施工期限之增加，每層得增加一個月以下之工期。

③建造執照於中華民國一百零一年七月一日以後核准者，建築工程施工期限規定如下：

一　五層樓以下建築物以六個月加計地下層每層四個月及地上

層每層三個月，計算其施工期限。

二　六層樓以上建築物之施工期限，依下列標準計算之：

㈠十五層以下及地下層部分，每層為四個月。

㈡十六層以上部分，每層為三個月。

④雜項工作物施工期限，以一年為限。

⑤建築工程期限未達一年者，以一年計。

⑥建築工程期限以申報開工日起算，如因構造特殊、施工困難或其他特殊情形者，主管機關得依申請酌予增加施工期限。

第三九條

①拆除執照之拆除期限以六個月為限，並自拆除執照領取或圖說審查合格之次日起算。

②前項拆除因故不能於期限內完工時，應敘明理由申請展期一次；展期不得逾三個月，逾期執照作廢。

③第一項拆除執照併同變更使用執照申請之案件，得展延至變更使用執照有效期限；併同建造執照申請之案件，經主管機關核定者，得展延至建造執照有效期限。

④拆除工程施工時，應設置安全防護措施，其安全管理，申請人應自行或委由專業人員辦理。

第四〇條

建築物變更使用之施工，準用前條第四項之規定。

第四一條 107

①建築物或雜項工作物除坐落於山坡地或地質敏感地區範圍之建築基地外，有下列情形之一者，得免由建築師設計、監造或營造業承造：

一　建築物之建築面積在四十五平方公尺以下，且高度在四點五公尺以下。但毗鄰建築基地同時申請建築執照者，其建築面積應合併計算。

二　依規定准予興建之自用農舍，其總樓地板面積在一百六十五平方公尺以下，且高度在八公尺以下或二層樓以下。但集村興建之農舍，不在此限。

三　雜項工作物造價在新臺幣五十萬元以下。

四　依高雄市建築物設置太陽光電設施辦法設置之太陽光電設施，其水平投影面積在一百平方公尺以下，且高度在四點五公尺以下。

②前項第四款太陽光電設施設置之結構安全，應由依法登記開業之建築師、土木技師或結構技師簽證負責。

第四一條之一 107

非供加工、運銷之農作產銷設施、畜牧設施、水產養殖設施或林業設施，其建築物或雜項工作物構造規模符合下列標準，且經目的事業主管機關核准者，得免由建築師設計、監造或營造業承造：

一　建築物簷高十點五公尺以下。

二　鋼筋混凝土造、加強磚造、磚石造或木竹造構造物之樑跨

度未達六公尺。

三 鋼骨或鐵造之樑跨度未達十二公尺。

第四二條

有下列情形之一者，建築物或雜項工作物得免由建築師監造：

一 竹木造或加強磚造二樓以下無附建地下室者，其高度在六公尺以下，懸臂樑跨度在二公尺以下或屋架跨度在十二公尺以下，且其總樓地板面積，竹木造在一千平方公尺以下或加強磚造在三百平方公尺以下。

二 雜項工作物之承載物頂端高度在九公尺以下，載重量在二公噸以下。

第四三條

① 選用並適用住宅標準圖說之建築物，得免由建築師設計。

② 前項住宅標準圖說，由主管機關另定之。

第四四條

建築物或工作物分次申請建築，適用前三條所定之標準時，工程造價應以同一建築物或同一工作物累計之。

第四五條

七層或高度二十一公尺以上之建築物，施工時所需鷹架應以鋼管或鋼料搭設之。

第四六條

① 承造人應於施工現場之臨時辦公室或圍籬前明顯位置設置告示牌，並將建造執照、核准圖樣或申請道路使用範圍圖之複印本張掛或置放於施工地點，以便查驗。

② 前項告示牌材料、規格、設置方式及告示內容，由主管機關另定之。

第四七條 107

① 建築法第五十四條第一項之施工計畫書，應載明下列事項並檢具建築基地土地複丈成果圖：

一 承造廠商專任工程人員及承造廠商派駐工地負責人之姓名、住址及聯絡電話。

二 工程概要。

三 施工場所配置圖（含工寮、樣品屋及建材堆置等）。

四 施工安全衛生設備：

(一)安全圍籬之設置及必要時所設置之安全走廊等事項。

(二)衛生設備之設置及維護事項。

五 施工作業計畫：

(一)施工方法（含工法、地下擋土措施種類與混凝土澆置及其拆模期限）、施工進度及施工流程。

(二)施工及材料運送所需之機械設備及臨時用水用電設備。

(三)施工安全防護設備：含地下室抽水設備、鷹架與安全護網設備、垃圾導管及警示燈或警告標誌設備等。

(四)工作時間。

(五)營建餘土處理計畫：含營建剩餘土石方數量、處理作業

時間、處理場所之地點、使用範圍、期限、聯絡電話及管理單位、營建剩餘土石方運送時間（含每車次運送容量）、運送路線（圖）、處理作業方式及污染防治說明等事項。
六　公共設施及公共交通等維護設備。
七　防災及防火設備。
②施工計畫書於建築物達一定規模時，主管機關得召集施工計畫書諮詢小組提供專業意見，並收取費用。
③前項建築物規模、諮詢小組設置要點及收費標準，由主管機關另定之。
④依第一項提送施工計畫書，其屬非供公衆使用或四樓以下之建築物者，主管機關得依據地區特殊情形簡化其內容。

第四八條
①建築工程勘驗項目及申報勘驗時間如下：
一　地坪勘驗：應於建築物基礎或地坪完成後五日內申報。
二　各層樓板勘驗：應於各層樓板完成後五日內申報。
②各層樓板採特殊工法施工者，應詳載於施工計畫書內送主管機關備查，並據以申報勘驗。

第四九條
①建築工程必須勘驗項目，應由承造人及其專任工程人員會同監造人查核。經查核確依核准設計圖說施工時，應於建築工程勘驗報告書及勘驗查核報告表上會同簽章，向主管機關申報，並自申報之次日起准予繼續施工。但依第四十一條第一項各款規定免由營造業承造者，其申報及查核由起造人爲之。
②前項情形，如遇有緊急事故，不立即處理有發生危險之虞時，得先行施工；必要時，並得採取緊急應變措施。但處理完畢後，承造人應即會同專任工程人員、監造人報請主管機關備查。
③主管機關得指定應經其派員勘驗合格後，始可繼續施工之勘驗項目；其勘驗方式，由主管機關另定之。
④第一項勘驗紀錄應與建築執照申請文件及工程圖說一併保存，並保存至該建築物拆除或損毀爲止。

第五〇條
承造人於建築工程施工時，除依施工計畫確實執行外，並應遵守下列規定：
一　施工場所周圍應設置適當之安全圍籬及施工安全標誌。
二　六樓以上建築工程於地面層施工前，原爲人行道者，應另設安全防護之臨時通道。
三　有行道樹者，應設置保護設施。
四　使用道路時，應將路旁水溝以鐵板加蓋，並隨時清理，以防止堵塞。
五　施工中不得將建築材料及機具堆置於圍籬外或道路上。
六　設置衛生及洗車設備。
七　維護工地及其四周環境清潔衛生。

第五一條

建築工程施工中，原有行道樹、消防栓、消防水池、給水道、煤氣管、油管、電線管、電線電桿、拉桿、交通標誌、排水系統及其他公共設施，如有妨礙施工時，應由起造人及承造人商請各該目的事業主管機關或所有權人遷移、拆除，不得任意剪斷或移動。未經主管機關核准前，不得損壞路面或公共設施。

第五二條

建築法第七十條所稱建築物主要設備，指下列設備：

一　消防設備。

二　避雷設備。

三　污水處理設備。

四　昇降設備。

五　防空避難設備。

六　附設之停車空間。

七　通風設備。

第五三條 104

①因建築工程之施工損壞鄰房所生之爭議，得依高雄市建築工程施工損壞鄰房事件爭議調處及收費辦法繳交調處費用，申請調處。

②前項爭議調處及收費辦法，由主管機關另定之。

第五四條

建築工程完成後，承造人應即將所搭蓋之圍籬、遮板、鷹架、其他臨時棚屋與工寮及同一宗建築基地內之樣品屋等設施拆除，並整理現場環境完竣後，始得申請使用執照。

第五五條

建築工程竣工尺寸與核定計畫之尺寸，其誤差有下列情形者，視為符合核定計畫。但臨接建築線、騎樓線或指定牆面線部分之施工，其誤差不得超出五公分：

一　長寬各誤差在百分之二以下，且未超過十公分。

二　各樓層高度誤差，在百分之三以下，且未超過十公分。

三　建築物總高度誤差在百分之一以下。

第五六條 107

①起造人應於請領使用執照時，提供開放空間及防空避難設備之資料圖說予主管機關建檔；其防空避難設備圖說，主管機關應檢送本府警察局列管。

②前項資料圖說之格式，由主管機關另定之。

第五七條 107

建築法第九十九條第一項第三款規定之臨時性建築物，其設置辦法由主管機關另定之。

第五八條　（刪除）107

第五九條　（刪除）107

第六〇條 107

①建築物因興闢公共設施而被部分拆除後之增建或改建，其所有

權人應於興闢公共設施完工三年內檢附申請文件向主管機關提出申請。但整修建築物門面者，得免申請。
②前項但書之整修，修復人應按拆除剩餘建築物之高度沿拆除面修復之；其騎樓之深度及構造並應依第十五條至第二十條規定設置。
③主管機關應於收到第一項申請書之次日起七日內核定；申請文件不全者，應通知申請人限期補正。
④第一項被拆除之建築物，以領有使用執照或都市計畫公告實施前興建之建築物為限。
⑤公共設施主辦工程機關，應將工程預定完工期限通知應拆除建築物所有權人。
⑥主管機關得於第一項建築物增建或改建期間，派員就地輔導。

第六一條 107
前條規定之增建或改建，應依下列規定辦理：
一　寬度：臨接拆除線長度應為二公尺以上。
二　深度：自拆除線起扣除騎樓深度後應為一點五公尺以上。
三　高度：以原有建築物高度為準。但最高不得超過十三公尺或四層樓。
四　總樓地板面積：被拆除面積得於平面或立體增建補足。但增建或改建後不得超過原有建築物總樓地板面積。
五　不受建蔽率及容積率規定之限制。
六　騎樓之深度及構造應依第十五條至第二十條規定設置。

第六二條 （刪除）107

第六三條
依第六十條及第六十一條規定就地增建或改建之剩餘建築物，如在公共設施保留地上，應檢附切結書，切結於公共設施開闢時，無償自行拆除建築物；剩餘建築物不堪使用時，建築物所有權人得向主辦工程機關申請補償，一併拆除之。

第六四條 （刪除）107

第六五條
①都市計畫發布實施前或實施都市計畫以外地區建築物管理辦法施行前，已建築完成未領有建築執照之建築物，得申請核發使用執照，免由建築師及營造業簽章。
②前項建築物申請核發使用執照時，其涉有違章建築物部分，另依違章建築處理辦法規定辦理。

第六六條
①中華民國六十年十二月二十三日修正公布之建築法生效前已建築完成，並領有建造執照之建築物，起造人或所有權人得檢附申請文件申請核發使用執照，免由建築師及營造業簽章。
②前項建築物申請核發使用執照時，其涉有違章建築物部分，另依違章建築處理辦法規定辦理。

第六七條
供公眾使用之建築物，依前二條規定申請核發使用執照者，其

出入口、走廊、樓梯及消防設備應符合原有合法建築物防火避難設施及消防設備改善辦法之規定。

第六八條

依第六十五條或第六十六條規定申請核發使用執照之建築物，其用途應符合都市計畫法、非都市土地使用管制規則及有關法令之規定。但在都市計畫發布實施前已取得營利事業許可者，得為原來之使用。

第六九條

①七層或高度二十一公尺以上之建築物，應設置改善鄰近地區無線電視收訊之集中式共同電視天線設備。

②前項天線設備，受該建築物影響電視收視之鄰近社區住戶，得請求外接使用，該建築物所有權人、使用人、管理委員會或管理負責人不得拒絕。

③第一項集中式共同電視天線設備設置標準，由主管機關另定之。

第六九條之一 105

①本市建築物附設之昇降階梯，其設計及構造應符合建築技術規則及中華民國國家標準 CNS 規定，並應分別於其兩側扶手前端及其側邊設置防止攀爬與防止墜落之設施。

②本條例施行前之既有建築物設置防止攀爬與防止墜落設施確有困難者，應另提替代改善計畫。其替代改善計畫之審核辦法，由主管機關另定之。

第七〇條 104

主管機關得就下列事項委託專業公會或團體協助辦理：

一　建築許可之審查。
二　施工計畫書之審查。
三　施工中之勘驗。
四　竣工後之查驗。
五　室內裝修審查暨竣工查驗。
六　廣告物設置許可之審查。
七　變更使用執照之審查及竣工查驗。
八　建築物公共安全檢查申報之審查。
九　綠建築之審查。
十　建造執照及雜項執照簽證項目抽查作業。

第七一條 104

為解決建築執照申請案件之建築技術疑義，主管機關得設置建築技術諮詢小組；其設置要點由主管機關另定之。

依前項規定申請召開建築技術諮詢小組會議者，應繳交諮詢費用；其收費標準由主管機關另定之。

第七一條之一 104

向主管機關申請無障礙設施勘檢或替代改善計畫者，應繳交費用；其收費標準由主管機關另定之。

第七二條

①一定規模以下智慧建築或防災建築之設備設施，得免請領雜項

執照。

②前項一定規模以下免請領雜項執照之設備設施容量、高度或面積標準，由主管機關另定之。

③主管機關為推動第一項工作，得另定補助與獎勵措施、規劃研究及爭議處理機制；其相關規定由主管機關另定之。

第七二條之一 104

為規範高雄厝建築物，主管機關得訂定高雄厝設計及鼓勵回饋辦法；其設計及鼓勵回饋辦法由主管機關另定之。

第七二條之二 107

都市計畫地區新建或增建之公有建築物，應設置雨水貯集滯洪設施，其設置規定如下：

一　應於建築物地下筏式基礎坑或擇基地適當位置設置。

二　貯集容積應達建築物地下室開挖面積（平方公尺）或建築面積（平方公尺）取最大值後，乘以零點一三二（公尺）。

第七二條之三 110

經高雄市歷史老屋保存再發展自治條例審議通過之建築物，得不適用本自治條例有關騎樓設置及截角退縮規定。

第七三條 107

第二十九條、第六十條、第六十五條及第六十六條規定應檢附之申請文件，依附表二之規定。

第七四條

本自治條例自公布日施行。

新北市建築管理規則

①民國100年6月8日新北市政府令訂定發布全文32條；並自發布日施行。
②民國107年8月8日新北市政府令修正發布全文38條；並自發布日施行。

第一章　總　則

第一條

新北市政府（以下簡稱本府）為實施建築管理，依建築法（以下簡稱本法）第一百零一條規定，訂定本規則。

第二條

①本規則之主管機關為本府工務局（以下簡稱本局），必要時得將建築執照審、驗及勘驗權限之一部分，委任所屬機關或委託其他機關、專業公會團體辦理。

②委託、委任作業程序及標準，由本府另定之。

第三條

①本規則所稱現有巷道，指符合下列情形之一者：

一　具公用地役關係之巷道。
二　經土地所有權人出具供公眾通行同意書之私設通路。
三　經土地所有權人捐贈土地為道路使用，並依法完成土地移轉登記手續之私設通路。
四　本法於中華民國七十三年十一月七日修正公布前，曾指定建築線之現有巷道，經本府認定無礙公共安全、公共衛生、公共交通及市容觀瞻。

②前項第一款所稱公用地役關係之巷道，須於供通行之初，土地所有權人並無阻止情事，繼續和平通行達二十年，且為不特定公眾通行所必要者。

第二章　建築許可

第四條

①建築物或雜項工作物之造價、規模有下列情形之一者，得免由建築師設計、監造及營造業承造：

一　工程造價在一定金額或一定規模以下。
二　建造規模符合下列情形之一：
㈠樓地板面積四十五平方公尺以下、簷高三點五公尺以下之非供公眾使用之單棟建築物。

(二)經農業主管機關核准非供居住使用之一定規模以下農作產銷設施、畜牧設施、水產養殖設施或林業設施。
(三)鳥舍、涼棚、涼亭、容量二公噸以下之水塔、雨水貯留利用設施或化糞池。
(四)高度二公尺以下之圍牆。
(五)依公寓大廈管理條例第五十六條第五項規定設置之管理維護使用空間。
(六)依本法第十九條規定由內政部或本府製訂之標準圖樣申請建造之建築物或雜項工作物。

②符合下列情形之一者，得免由建築師監造：
一　高度在六公尺以下，且總樓地板面積在一千平方公尺以下之竹木造建築物。
二　非供公眾使用、高度在十公尺以下、樑跨度未達六公尺、肱（懸）臂樑跨度在二公尺以下及屋架跨度在十二公尺以下，且總樓地板面積在三百平方公尺以下之三樓以下無附建地下室之加強磚造建築物。
三　頂端高度在九公尺以下、載重二公噸以下之雜項工作物之承載物。

③第一項第一款之一定金額或一定規模由本局訂定並公告之。
④第一項及第二項之建築物或雜項工作物分次申請建造時，其金額、面積、高度及容量等數額應累計計算。

第五條
①起造人向本局申請建造執照或雜項執照時，應依本法檢附下列文件：
一　土地權利證明文件。
二　增建、改建、修建者，應檢附建築物權利證明文件。
三　如使用共同壁者，應檢附協定書。
四　工程圖樣及說明書。
五　建築線指示（定）圖或免指示（定）建築線證明文件。
六　地基調查報告書。
七　結構計算書。
八　建築師、專業工業技師簽證說明書。
九　辦理執照申請程序人員名冊及證明文件。
十　變更設計時，除未變更原申請建造執照所檢附之各項證件、圖說外之應備證明文件。
十一　其他依本法、相關法規規定或本局認定應檢附之文件。
②前項文件中應經簽證者，由建築師及專業工業技師簽證負責；其審查項目、期限、審查作業程序，由本府另定之。

第六條
①未領有使用執照之合法房屋申請增建或改建時，應檢附前條規定文件、建物登記簿謄本及建物測量成果圖。
②前項建物測量成果圖佚失時，得由建築師依建築物現況補繪簽證，如現況面積大於權狀面積時，應列入增建範圍。

第三章　建築基地及界限

第七條

①申請建築執照或雜項執照時，其基地面臨計畫道路、市區道路、公路、廣場、綠帶或現有巷道者，應申請指定建築線。

②建築基地正面臨接計畫道路，且側面或背面臨接現有巷道者，申請指定建築線時，應併申請指定該現有巷道之建築線，必要時並應標明其邊界線所在；其因指定建築線及標明邊界線而退讓之土地，得計入法定空地。

第八條

①申請指定建築線，應檢附書圖、文件之種類及製作規定如下：

一　申請書。

二　基地位置圖：應依現行都市計畫圖之比例尺描繪並著色，簡明標出基地位置、附近道路、機關學校或其他明顯建築物之相關位置。

三　實測現況圖：應就測繪範圍之實測成果，以比例尺五百分之一製作，並標明地形、鄰近現有建築物、道路及溝渠。

四　地籍套繪圖：應依實測現況圖之比例尺描繪一個街廓以上，並標明建築基地之地段、地號、方位、基地範圍及著色標明鄰近之各種公共設施、道路之寬度。

五　地籍圖謄本：申請日前八個月內之正本。

六　基地現況照片：包括基地四周全景照片。

七　基地為非都市土地者，應檢附複丈成果圖及私有土地所有權人同意書，且其地籍套繪圖及實測現況圖，應由建築師或得從事測量或道路調查業務之技師查覈簽證；一併申請認定現有巷道時，應檢附通行時間證明文件。

②前項第二款測繪範圍應及於申請基地四周三十五公尺以上。基地鄰接計畫道路者，測繪範圍為計畫道路對側境界線再加十公尺。

③第一項第二款標明事項，基地鄰接計畫道路者，應標示相關都市計畫樁位與計畫道路、申請基地、鄰近地形、地物之關係位置；基地鄰接現有巷道者，應標示每二十公尺測設一點之現有巷道中心位置、境界線及其與計畫道路、申請基地、鄰近地形、地物之關係位置，並標明巷弄名稱、門牌號碼及照片拍攝之位置、方向。

④第一項第七款之基地編定為農牧、林業、生態保護、國土保安或養殖用地者，於申請認定現有巷道時，應檢附內容有建築許可需求之興辦事業計畫或農業設施設置計畫，且經目的事業主管機關受理申請之證明文件；一併申請指定建築線時，應檢附其計畫經目的事業主管機關核定之證明文件。

⑤申請指定建築線之程序及收費標準，由本府另定之。

第九條

①實施都市計畫範圍內之建築基地，其正面臨接寬度二公尺以上之現有巷道者，應以巷道中心線為準，兩旁均等退讓合計達下列標準之邊界線為建築線：

一　單向出口巷道長度在四十公尺以下，或雙向出口巷道在八十公尺以下，且其寬度不足四公尺者，四公尺。

二　巷道長度超過前款規定者，六公尺。

三　位於工業區者，八公尺。

②因地形、地物或其他特殊情形，依前項第一款及第二款規定之標準為建築線之指定顯有困難者，其退讓標準得各減為三公尺或四公尺以上。

③合於第一項第一款及第二款巷道長度之現有巷道，其寬度大於退讓標準者，應依原有寬度指定建築線。

④建築基地與都市計畫道路間夾有具公用地役關係之現有巷道，得以現有巷道之邊界線作為建築線。

⑤第一項現有巷道之寬度，為路面兩側間之距離。但路面外設置有人行步道、溝渠或其他公共設施者，為該公共設施外緣間或與路面側面間之距離；現有巷道之長度為現有巷道與連接之計畫道路間之距離；現有巷道中心線為現有巷道寬度之各中心點連成之線。

第一〇條

①申請指定建築線者，為鄰接建築線至道路中心線範圍內之退讓土地所有權人或有檢附供公眾通行同意文件時，應就作為道路永久無償供公眾通行及設置相關設施使用之事項辦理公證。

②本局得向該管地政機關請求於土地參考資訊檔登錄前項公證內容，並由申請人於取得使用執照前完成供公眾通行及設置相關設施使用。

③第一項之公證內容，由本局另定之。

第一一條

建築基地符合下列情形之一者，得免申請指定建築線：

一　臨接已開闢完成之都市計畫範圍道路或廣場及其他道路，經確定建築線並經本府公告免申請建築線區域。

二　申請興建農作產銷、林業、水產養殖、畜牧等經農業主管機關核准之農業設施、農舍。

三　合法建築物修建、增建、改建經確認無涉都市計畫、樁位及原建築線位置未變更。

四　因特殊地形或具有特殊風貌，經該目的事業主管機關認定，並經本府公告。

五　其他法規另有規定。

第一二條

①建築基地兩側面臨道路者，應以圓弧或等腰三角之方式退讓，退讓部分得計入法定空地，其退讓標準依附表之規定。

②依前項以圓弧方式退讓者，其截角長度即為該弧之切線長，且其退讓範圍，鋪設材質應與臨接道路一致，不得阻礙通行。

第一三條

①建築基地面臨一定寬度以上之道路時，除區域計畫、都市計畫、建築技術規則及其他法規另有規定外，應設置騎樓或無遮簷人行道。

②前項騎樓或無遮簷人行道之設置標準及審查作業程序，由本府另定之。

第四章　施工管理

第一四條

①建築期限依下列標準，並加計三個月計算：

一　地下層：每層五個月。但其樓地板面積超過一千平方公尺者，每增加五百平方公尺，增加一個月。

二　地面層：每層三個月。但其樓地板面積超過一千平方公尺者，每增加五百平方公尺，增加一個月。

三　雜項工作物：工程造價於新臺幣二千五百萬元以下者，九個月；超過新臺幣二千五百萬元至新臺幣五千萬元以下者，二年；超過新臺幣五千萬元者，三年。

②前項建築物如因構造特殊、施工困難或情形特殊，於核定建築期限時，本局得酌予增加建築期限。

③建築物施工中，如因施工困難或情形特殊，經檢具工期增加說明書，由本局審查通過後，始得酌予增加建築期限。

④因天災或其他不可歸責於起造人或承造人事由，致建築工程停工者，其停工之日數不計入建築期限。

⑤建築期限以開工之日起算，最長以十年為限。但公有建築物其特殊情形經本局核准者，不在此限。

第一五條

①監造人應依建築師法及建築法規定，辦理監造及必須勘驗部分事項；承造人應依營造業法及建築法規定，辦理承造及必須勘驗部分事項。

②監造人及承造人應依工程特性、設計圖說及相關法規，由監造人擬定監造計畫書，並由承造人據以擬定施工計畫書。

③監造人應監督承造人依設計之圖說施工及查核建築材料之規格及品質；承造人應依設計之圖說施工，並負責建築物施工品質。

④承造人之專任工程人員應依營造業法及建築法規定，確實督察按圖施工、解決施工技術問題及處理工地緊急異常狀況，並於申報勘驗文件、督察紀錄表填寫查核結果及簽章。

⑤承造人應會同監造人依預定進度，按時申報必須勘驗部分；監造人應隨時查核施工，如發現缺失，應以書面通知承造人限期改善並送本局及起造人備查。

第一六條

①承造人應依本局備查之施工計畫書施工。

②公有建築物之興辦機關得於申報施工計畫書時，向本局報備依

公共工程三級品管制度自行管制施工、勘驗。

③建築物之監造計畫書、施工計畫書之內容及施工管制事項，由本府另定之。

第一七條

①起造人應依本法第五十四條第一項規定，向本局申報開工備查。

②前項開工申請書件、內容及審查作業程序由本府另定之。

第一八條

①建築工程必須勘驗部分，應依施工計畫書之施工程序、預定進度表及下列施工階段辦理：

一　放樣勘驗：建築物放樣後，挖掘基礎土方前。

二　基礎勘驗：基礎土方挖掘後，澆置混凝土前；其爲鋼筋混凝土構造者，須配筋完畢，如有基樁者，須基樁施工完成。

三　鋼筋混凝土、鋼骨鋼筋混凝土、鋼骨混凝土構造及加強磚造勘驗：於各層樓板及屋頂配筋（骨）完畢後，澆置混凝土前。

四　鋼骨勘驗：鋼骨構造、結構組立完成後，作防火覆蓋前。

五　屋架勘驗：屋架豎立後，屋面施工前。

六　現場構築式污水處理設施勘驗。

七　竣工勘驗：建築物主要設備、主要構造及室內隔間完竣後，申請使用執照前。其勘驗內容應包括下列事項：

㈠公共設施已修復完成。

㈡施工中之圍籬、遮板、鷹架、工棚、樣品屋、拆除之舊有建築物及廢棄物已清理完竣。

㈢已按現場完成圖說修正，並依程序辦理報備或變更設計完成。

②放樣勘驗及基礎勘驗，有關建築物位置之量測，臨接建築線部分，以本府所定建築線爲準；土地界址部分，以地政機關鑑定之界址爲準。

③建築工程必須勘驗部分，其各階段申報間隔期間，依下列規定辦理。但因天災或其他不可歸責於起造人或承造人事由，致建築工程停工者，其停工之日數不計入申報間隔期間：

一　放樣勘驗：應於申報開工後六個月內。

二　基礎勘驗：應於申報放樣勘驗後一年內；地下層施工採逆築工法者，不得超過三年。

三　各樓層板勘驗申報間隔期限，不得超過六個月。但其樓地板面積超過一千平方公尺者，每增加五百平方公尺，增加一個月。

④建築工程必須勘驗項目，應由承造人及其專任工程人員會同監造人查核。經查核確依核准設計圖說施工時，應於建築工程勘驗報告書及勘驗查核報告表簽章，並於各施工階段前送達本局，次日方得繼續施工。但有緊急施工之必要者，得由監造人或承造人監督先行施工，並於三日內報備。

⑤建築物或雜項工作物之造價、規模符合第四條第一項規定者，

免申報勘驗。

⑥本局得指定必須申報勘驗部分，須經本局或由本局委託相關專業機構派員至現場監督監造人、承造人及專任工程人員針對勘驗項目抽查合格後，方得繼續施工。

⑦前項必須申報勘驗之申報書件、內容與審查作業程序及預鑄構造、其他特殊構造建築工程之申報勘驗事項，由本府另定之。

第一九條

①建築基地面臨道路，於施工時須使用道路者，應由承造人塡具申請書，檢附使用範圍圖及道路主管機關許可文件，向本局申請核定。

②前項使用範圍之寬度如下：

一　道路寬度在四公尺以下者，不得使用。

二　道路寬度超過四公尺未達六公尺者，使用寬度不得超過一公尺。

三　道路寬度六公尺以上未達十二公尺者，使用寬度不得超過一公尺半。

四　道路寬度十二公尺以上者，使用寬度不得超過二公尺。

③使用道路應依核准使用之範圍設置安全圍籬；使用人行道者，應在安全圍籬外設置有頂蓋之行人安全走廊。安全圍籬及安全走廊應堅固、安全及美觀，並應有必要之美化、清潔及照明設備。

第二〇條

建築工程施工發生損壞鄰房爭議事件之處理及程序，由本府另定之。

第二一條

①供公衆使用之私有建築物之起造人或承造人，應於放樣勘驗前將建築施工中災害處理機制報本局備查。

②前項災害處理機制之申報規定及起造人、承造人、監造人應配合事項，由本府另定之。

第二二條

建築工程施工中發生災害時，本局得就災害影響程度命其停止施工或爲必要之處置。

第二三條

①竣工建築物與核定建築圖樣之容許誤差標準依下列各款之規定。但臨接騎樓線或指定牆面線部分，其誤差不得超過五公分：

一　建築物高度誤差在百分之一以下，未逾三十公分者。

二　各樓層高度誤差在百分之三以下，未逾十公分者。

三　各樓地板面積誤差在百分之三以下，未逾三平方公尺者。

四　其他部分尺寸誤差在百分之二以下，未逾十公分者。

②前項容許誤差不包括其他法規規定之應有尺寸。

第二四條

本法第七十條第一項所稱建築物主要設備如下：

一　消防設備。

二　避雷設備。
三　污水處理設備。
四　昇降設備。
五　防空避難設備。
六　機械停車設備。
七　雨水貯留利用設施。
八　雨水貯集滯洪設施。

第二五條
①建築工程竣工後，起造人申請使用執照時，其查驗現場應符合本法第七十條第一項規定，並於核發使用執照前，取得目的事業機關或本局指定之文件。
②起造人收受本法第七十條第一項規定之修改通知後，應於收受之次日起六個月內，依修改事項修改完竣後，送請復審，屆期未送請復審或復審仍不合規定者，本局應再辦理竣工查驗。
③第一項申請使用執照應檢附之書件，由本府另定之。

第二六條
①在適用本法前或實施都市計畫以外地區建築物管理辦法施行前，已建築完成之建築物，申請補發使用執照時，得免由建築師及營造廠簽章。
②供公眾使用之建築物，依前項規定申請補發使用執照者，應經消防審查合格。
③第一項申請補發使用執照應檢附之書件，由本府另定之。

第二七條
①起造人及土地所有權人對於建造執照、雜項執照逾期失效或工程中止之建築物、建築基地或相關設施，應維護其結構安全及環境，不得有妨礙公共安全、公共衛生、公共交通及市容觀瞻之情事。
②本局認有必要時，得限期命起造人或土地所有權人對前項建築物、建築基地或相關設施加以美化、改善或拆除。

第五章　使用管理

第二八條
①實施建築管理前之基準日期，依下列規定認定：
一　實施都市計畫地區：以當地都市計畫發布日為準。但有發布實施禁建者，以禁建日期為準。
二　實施區域計畫地區：以中華民國七十年二月十五日非都市土地使用編定公告日期為準。
三　前二款以外地區：依實施都市計畫以外地區建築物管理辦法指定實施地區公告日期為準。
四　實施淡水河洪水平原管制地區：以中華民國五十七年五月二十九日淡水河洪水平原管制辦法發布施行日期為準。
②依前項基準日期認定之合法房屋，其認定原則及審查作業程序，

由本府另定之。

第二九條

①申請變更使用執照或申請室內裝修許可者，應備具申請書及下列文件、圖說：

一　權利證明文件。

二　工程圖說。

三　使用管制相關說明書。

四　執照相關說明書。

五　建物測量成果圖。

六　其他本法、相關法規規定或本局認定應檢附之文件、圖說。

②申請前項變更或許可者，應檢附之權利證明文件如下：

一　建物登記謄本（第一類）。

二　建築物變更使用或室內裝修建築物使用權同意書，或其他使用權利證明文件。

三　建物登記謄本記載查封、典權、不動產役權者，應取得執行債權人、典權人、不動產役權人等權利關係人同意證明文件。

③一定規模以下建築物之變更使用及室內裝修簡化或免辦方式、審查作業程序，由本府另定之。

第六章　拆除管理

第三〇條

①申請拆除執照應備具申請書件向本局提出之；其未併同申請建築執照者，應一併檢附拆除施工計畫書。

②拆除經指定爲古蹟之古建築物、遺址及其他文化遺跡或紀念性建築物，應向目的事業主管機關申請許可，並於完成拆除後報本局備查。

③第一項申請拆除執照應檢附之書圖、文件及審查作業程序，由本府另定之。

第三一條

①拆除執照申請人應於執照核發之日起一年內完成拆除；自接獲通知領取拆除執照之日起，逾三個月未領取者，本局得廢止該拆除執照。

②因故未能於前項期限內拆除完成者，得經本局同意展期一次，期限爲一年。未依規定申請展期，或逾展期期限仍未拆除完成，其拆除執照自期限屆滿之日起，失其效力。

③申請建造執照或雜項執照併同申請拆除執照者，其拆除期限得酌予考量，並併入建造執照或雜項執照期限計算。

第三二條

①拆除建築物應由營造業承拆，並由專業工業技師或建築師監拆。但拆除符合第四條第一項各款規模之建築物，不在此限。

②拆除工程進行前，申請人應備具申報書、拆除施工計畫書，會

同承拆人及監拆人，向本局申報備查。

③拆除工程須使用道路者，依第十九條規定辦理。

④第二項申報拆除工程應檢附之書圖、文件及審查作業程序，由本府另定之。

第三三條

拆除執照未併同建造執照申請者，於建築物拆除完成後，應檢附申請書、原領之拆除執照、基地內拆除完成後之全景照片、營建廢棄物及損鄰事件解除列管文件，向本局申請拆除完成證明，並由本局於核登完成後，辦理解除地籍套繪圖管制。

第七章　建築物及環境管理維護

第三四條

①建築物有下列情形之一者，本局得於其明顯處所張貼識別告示：

一　外牆之飾材、附掛物或其他構造物，有危害公共安全之虞。

二　昇降設備及機械停車設備，未取得使用許可證或安全檢查不合格。

②本局得將前項建築物之名稱及坐落地點等資訊，發布新聞媒體或公告網站周知。

③第一項應改善之程序、方法及期限等事項，由本府另定之。

第三五條

①下列供公眾使用、通行之場所，不得有設置固定式構造物、占用或其他妨礙公共通行、使用行為及危害公共安全行為：

一　現有巷道。

二　建築物依法退讓或使用執照已加註應供公眾通行之通路、道路、無遮簷人行道、法定騎樓、開放空間及依容積獎勵設置之外部空間。

②前項第二款之場所，由其使用人、所有權人或管理人負管理維護責任。

第八章　附　則

第三六條

①本法第九十九條第一項規定之建築物，符合下列規定者，得由起造人敘明理由，向本局申請不適用本法全部或一部之規定：

一　紀念性之建築物者，依原有形貌保存；其有修復必要者，應先提出修復工程計畫並經文化主管機關許可。

二　海港、碼頭、鐵路車站、捷運、航空站等範圍內雜項工作物之建造，其工程計畫應先經目的事業主管機關許可。

三　建築物於市區道路範圍內建造者，應先提出工程計畫並經道路管理機關許可。

四　臨時性建築物應經目的事業主管機關許可後，向本局申請臨時建築設置許可。

五　興闢公共設施，在拆除剩餘建築基地內，依規定期限改建或增建之建築物。

六　其他類似前五款之建築物或雜項工作物。

②前項第一款、第二款之建築物，其不適用本法全部之規定者，起造人仍應將工程圖樣、說明書及建築期限報本局備查。

③第一項第五款之建築物改建或增建管理辦法，由本府另定之。

④臨時性建築物之種類、期限、申請、管理方式與拆除保證金之計算、繳交、運用及退還方式，由本府另定之。

第三七條

①土地及建築物所有權人應維護因興闢公共設施拆除合法建築物之剩餘建築結構安全及環境。

②於前項拆除剩餘建築基地內申請改建、增建或修建建築物者，應於收受興闢公共設施之主辦工程機關完工書面通知之日起一年內爲之，適期不予受理。

③本規則發布施行前，已領有主辦工程機關興闢公共設施完工通知者，應於本規則發布施行後三年內，於其拆除剩餘建築基地內申請改建、增建或修建建築物，逾期不予受理。

第三八條

本規則自發布日施行。

供公眾使用建築物之範圍

民國99年3月3日內政部令修正發布全文22 點；並自99年4月1日生效。

建築法第五條所稱供公眾使用之建築物，爲供公眾工作、營業、居住、遊覽、娛樂、及其他供公眾使用之建築物，其範圍如下；同一建築物供二種以上不同之用途使用時，應依各該使用之樓地板面積按本範圍認定之：

一　戲院、電影院、演藝場。
二　舞廳（場）、歌廳、夜總會、俱樂部、加以區隔或包廂式觀光（視聽）理髮（理容）場所。
三　酒家、酒吧、酒店、酒館。
四　保齡球館、遊藝場、室內兒童樂園、室內溜冰場、室內遊泳場、室內撞球場、體育館、說書場、育樂中心、視聽伴唱遊藝場所、錄影節目帶播映場所、健身中心、技擊館、總樓地板面積二百平方公尺以上之資訊休閒服務場所。
五　旅館類、總樓地板面積在五百平方公尺以上之寄宿舍。
六　總樓地板面積在五百平方公尺以上之市場、百貨商場、超級市場、休閒農場遊客休憩分區內之農產品與農村文物展示（售）及教育解說中心。
七　總樓地板面積在三百平方公尺以上之餐廳、咖啡廳、茶室、食堂。
八　公共浴室、三溫暖場所。
九　博物館、美術館、資料館、圖書館、陳列館、水族館、集會堂（場）。
一〇　寺廟、教堂（會）、宗祠（祠堂）。
一一　電影（電視）攝影廠（棚）。
一二　醫院、療養院、兒童及少年安置教養機構、老人福利機構之長期照護機構、安養機構（設於地面一層面積超過五百平方公尺或設於二層至五層之任一層面積超過三百平方公尺或設於六層以上之樓層者）、身心障礙福利機構、護理機構、住宿型精神復健機構。
一三　銀行、合作社、郵局、電信局營業所、電力公司營業所、自來水營業所、瓦斯公司營業所、證券交易場所。
一四　總樓地板面積在五百平方公尺以上之一般行政機關及公私團體辦公廳、農漁會營業所。
一五　總樓地板面積在三百平方公尺以上之倉庫、汽車庫、修車場。

一六　托兒所、幼稚園、小學、中學、大專院校、補習學校、供學童使用之補習班、課後托育中心、總樓地板面積在二百平方公尺以上之補習班及訓練班。

一七　都市計畫內使用電力（包括電熱）在三十七點五千瓦以上或其作業廠房之樓地板面積合計在二百平方公尺以上之工廠及休閒農場遊客休憩分區內總樓地板面積在二百平方公尺以上之自產農產品加工（釀造）廠、都市計畫外使用電力（包括電熱）在七十五千瓦以上或其作業廠房之樓地板面積合計在五百平方公尺以上之工廠及休閒農場遊客休憩分區內總樓地板面積在五百平方公尺以上之自產農產品加工（釀造）廠。

一八　車站、航空站、加油（氣）站。

一九　殯儀館、納骨堂（塔）。

二〇　六層以上之集合住宅（公寓）。

二一　總樓地板面積在三百平方公尺以上之屠宰場。

二二　其他經中央主管建築機關指定者。

建造執照及雜項執照簽證項目抽查作業要點

①民國93年12月29日內政部令修正發布全文8點；並自94年1月1日實施。
②民國98年4月1日內政部令修正發布第3點附表一；並自即日生效。
③民國98年12月28日內政部令修正發布第3點附表一；並自即日生效。
④民國103年4月8日內政部令修正發布第3點附表一；並自即日生效。
⑤民國104年6月5日內政部令修正發布名稱及全文9點；並自105年1月1日生效（原名稱：建造執照及雜項執照規定項目審查及簽證項目抽查作業要點）。
⑥民國104年12月7日內政部令修正發布第5點；並自105年1月1日生效。
⑦民國105年6月4日內政部令修正發布第5點；並自即日生效。
⑧民國111年5月27日內政部令修正發布第7點；並自即日生效。

一　為提高行政服務效率及建築設計品質，並推動行政與技術分立制度，加速建造執照及雜項執照審核時效，特訂定本要點。

二　本要點之適用機關為直轄市、縣（市）政府及經內政部核定之特設主管建築機關。但主管建築機關已另定規定項目，審查建造執照及雜項執照全部項目，經內政部同意者，不在此限。

三　建造執照及雜項執照除依建築法第三十四條第三項規定應由主管建築機關審查之規定項目外，其餘項目應由建築師或建築師及專業工業技師簽證負責。

四　主管建築機關於審查建造執照或雜項執照申請案件時，應就規定項目逐一核對，必要時通知起造人及設計人到場說明。審查合格者，應依建築法第三十三條規定即發給執照；審查不合格者，依建築法第三十五條規定一次通知改正。

五　主管建築機關對於建造執照及雜項執照之簽證項目，應視實際需要按下列比例抽查：

㈠五層以下非供公眾使用之建築物每十件抽查一件以上。
㈡五層以下供公眾使用之建築五物每十件抽查二件以上。
㈢六層以上至十層之建築物每十件抽查二件以上。
㈣十一層以上至十四層之建築物每十件抽查四件以上。
㈤十五層以上建築物每十件抽查五件以上。

前項案件屬下列情形之一者，應列為必須抽查案件：

㈠山坡地範圍內之供公眾使用建築物。

㈡建築基地全部或一部位於活動斷層地質敏感區或山崩與地滑地質敏感區內，且應進行基地地下探勘者。

㈢檢具建築物防火避難性能設計計畫書或依規定應檢具建築物防火避難綜合檢討報告書，經中央主管建築機關認可之建築物。

六　除離島地區主管建築機關得二個月辦理抽查一次外，主管建築機關應於每月抽查上個月核發之執照並發文通知抽查結果。但特設主管建築機關及縣政府委由鄉（鎮、市）公所核發建造執照及雜項執照者，抽查頻率得報內政部核定調整後，不受此限。

七　依第五點規定比例抽查之建築物，其綠建築設計、無障礙設施設計及結構計算書，應列為必要抽查項目，主管建築機關並得委託或指定具有該項學識及經驗之專家或機關（構）、學校或團體辦理抽查。

八　建築師或專業工業技師簽證項目經抽查有違反建築師法或技師法規定者，應分別依建築師法或技師法有關規定移送懲戒。

九　起造人申請建造執照或雜項執照案件經主管建築機關抽查認為不符規定，經通知改正如有異議者，應於通知改正期限內申請復核，申請書格式如附表一。主管建築機關應於十日內將復核結果通知起造人，核復書格式如附表二，必要時應召開復核會議並視實際情形邀請起造人及建築師或相關技師公會參加。起造人對核復結果仍有異議時，應由該主管建築機關於七日內報請上級主管建築機關處理。

建造執照預審辦法

①民國73年1月19日內政部令訂定發布全文9條。
②民國74年6月26日內政部令修正發布全文6條。

第一條

本辦法依建築法第三十四條之一第三項規定訂定之。

第二條

建築物之起造人或受其委託之設計人於申請建造執照前得填具申請書（如附表一）詳細列明預審事項及理由，繳納審查費，檢附工程圖樣及說明書暨其他有關證明文件向直轄市、縣（市）（局）主管建築機關申請預審。

第三條

直轄市、縣（市）（局）主管建築機關爲辦理建造執照申請預審案件，得設建造執照預審小組辦理之。

第四條

①建造執照預審小組每月月底開會一次，審理該月二十日前申請預審案件。必要時得加開預審會議爲不定期審查。
②直轄市、縣（市）（局）主管建築機關應於預審會議之日起十日內，將審定結果製作審定書（如附表二）通知申請人。

第五條

直轄市、縣（市）（局）主管建築機關對申請建造執照預審案件及審定結果，應予統計、分析、按月彙整呈報中央主管建築機關。

第六條

本辦法自發布日施行。

山坡地建築管理辦法

①民國72年7月7日內政部令訂定發布全文26條。
②民國79年2月14日內政部令修正發布全文29條。
③民國86年3月26日內政部令修正發布第3至5、7至10、14、17、19、20、23條條文；並刪除第25條條文。
④民國88年11月10日內政部令修正發布第3條條文。
⑤民國92年3月26日內政部令修正發布名稱及全文10條；並自發布日施行（原名稱：山坡地開發建築管理辦法）。

第一條

本辦法依建築法第九十七條之一規定訂定之。

第二條

①本辦法以建築法第三條第一項各款所列地區之山坡地為適用範圍。

②前項所稱山坡地，指依山坡地保育利用條例第三條規定劃定，報請行政院核定公告之公、私有土地。

第三條

①從事山坡地建築，應向直轄市、縣（市）主管建築機關依下列順序申請辦理：

一 申請雜項執照。

二 申請建造執照。

②前項建築農舍及其他經直轄市、縣（市）政府認定雜項工程必需與建築物一併施工者，其雜項執照得併同於建造執照中申請之。

第四條

起造人申請雜項執照，應檢附下列文件：

一 申請書。

二 土地權利證明文件。

三 工程圖樣及說明書。

四 水土保持計畫核定證明文件或免擬具水土保持計畫之證明文件。

五 依環境影響評估法相關規定應實施環境影響評估者，檢附審查通過之文件。

第五條

①起造人應會同承造人及監造人於雜項工程開工前，檢附下列證件，併同施工計畫，申請直轄市、縣（市）主管建築機關備查後，始得動工：

一 承造人部分：

㈠承造人姓名、住址、證書字號。

㈡技師姓名、住址、證書字號。
㈢常駐工地負責人姓名、住址、學經歷證明文件。

二　監造人部分：
㈠監造人姓名、住址、證書字號。
㈡常駐工地代表姓名、住址、學經歷證明文件。

②前項常駐工地負責人及常駐工地代表，應以高級中等以上學校修習相關工程科系畢業，並具工程經驗五年以上人員或相關之技術士為之。

第六條

①雜項工程在施工期間，監造人或常駐工地代表應常駐工地，監督工程之進行；承造人之常駐工地負責人應駐守工地，負責工程施工及安全維護管理。承造人並應會同監造人依施工進度，分期分區記錄並拍照備查，於申報完工時一併送審。

②直轄市、縣（市）主管建築機關應會同有關機關隨時抽查，發現有不合格或有危害公共安全、衛生、交通之虞者，應限期令其改善。必要時，得令其停工，俟該部分勘驗合格後，始得繼續施工。

第七條

雜項工程進行時，應為下列之安全防護措施：

一　毗鄰土地及改良物之安全維護。
二　施工場所之防護圍籬、擋土設備、施工架、工作臺、防洪、防火等安全防護措施。
三　危石、險坡、坍方、落盤、倒樹、毒蛇、落塵等防範。
四　挖土、填土或裸地表部分臨時坡面之防止沖刷設施。
五　使用炸藥作業時，應依有關規定辦理申請手續，並妥擬安全措施。
六　颱風、豪雨等天然災害來臨前之必要防護措施。

第八條

雜項工程施工中，發現地形、地質與實際工程設計不符時，起造人應會同承造人及監造人依法變更設計後，始得繼續施工。其有危害安全之虞者，主管建築機關得令其停工，並為緊急處理。

第九條

①山坡地應於雜項工程完工查驗合格後，領得雜項工程使用執照，始得申請建造執照。

②申請建造執照，應檢附建築法第三十條規定之文件圖說及雜項工程使用執照。但依第三條第二項規定雜項執照併同於建造執照中申請者，免檢附雜項工程使用執照。

③建造期間之施工管理，依建築法有關規定辦理。

第一〇條

本辦法自發布日施行。

加強山坡地雜項執照審查及施工查驗執行要點

①民國86年11月7日內政部函訂定發布全文10點。
②民國91年5月31日內政部令修正發布第10點。
③民國99年11月22日內政部令修正發布全文10點；並自即日生效。

一　爲加強山坡地雜項執照審查及施工查驗，以維護山坡地建築之公共安全，特訂定本要點。

二　本要點適用範圍如下：

㈠非都市土地已編定或變更編定爲可建築用地或經核准得開發建築，其建築基地面積在三千平方公尺以上之山坡地，涉及整地者。

㈡都市計畫地區未經區段徵收或市地重劃，且建築基地面積在三千平方公尺以上之山坡地，涉及整地者。

㈢其他山坡地之建築基地經地方主管建築機關認爲整地行爲有安全顧慮者。

三　雜項執照申請案應由直轄市、縣（市）政府召集專家學者、建築、都市計畫、地政、水土保持、環境保護、衛生下水道等主管機關、自來水事業機構及電力事業機構共同組成審查小組，就規定項目予以審查；審查內容涉及專門技術或知識者，得委託具有山坡地開發建築學識及經驗之專家或機關、團體爲之，其委託審查費用由起造人負擔。

四　審查小組由直轄市、縣（市）政府指派召集人及業務相關人員，並聘請具都市計畫、建築及山坡地專門技術之專家學者五人以上共同組成。審查小組或委託外審之作業程序由直轄市、縣（市）政府另定之。

五　審查小組或委託外審之審查項目應包括建築配置計畫、公共設施、地質條件、土方開挖、邊坡穩定、擋土設施及監測系統等項目。

六　直轄市、縣（市）主管建築機關審查雜項執照，應依八十五年十二月二十七日內政部（八五）台內營字第八五八二二八七號函訂定建造執照及雜項執照規定項目審查及簽證項目抽查作業試辦要點試辦前內政部訂頒建造、雜項執照（變更設計）審查表及附表一之審查項目詳予審查。

七　起造人申請雜項執照，應委託依法登記開業建築師依附表三檢附書圖文件，向直轄市、縣（市）主管建築機關提出申請，其規劃之內容應依相關規定由專業技師簽證負責。

八　起造人應於開工前，會同承造人及監造人檢附營建綜合險、第三人身意外險及勞工保險之保險契約、保險單及收據影本，申請該管主管建築機關備查。

九　施工計畫核准後，承造人應完成下列事項，報請查驗符合規定後，其餘工程方准動工。

㈠基地主要出入口及連外道路應依規定標準舖設柏油或碎石路面，以供車輛出入。

㈡上、下邊坡及鄰地之安全防護措施完成。

㈢先期環境監測警報系統安排完成。

㈣施工場所之防護圍籬、警示與警戒標誌燈號及滅火設備等安全管理措施完成。

一〇　雜項工程之擋土設施屬鋼筋混凝土構造部分，監造人於監造查核前應以電腦網路請取登記碼後，再由承造人及其專任工程人員會同監造人查核，確實依照核准設計圖說施工後，於雜項工程勘驗報告書上共同簽章，並檢附含標示登記碼之現場照片，向主管建築機關申報。雜項工程施工中，地方主管建築機關得隨時派員抽驗之。

實施區域計畫地區建築管理辦法

①民國66年1月19日內政部令訂定發布全文19條。
②民國75年3月12日內政部令修正發布全文16條。
③民國88年6月29日內政部令發布刪除第4條條文。
④民國88年12月24日內政部令增訂發布第4-1條條文。

第一條
本辦法依建築法第三條第三項規定訂定之。

第二條
本辦法之適用地區，係指區域計畫範圍內已依區域計畫法第十五條第一項劃定使用分區並編定各種使用地之地區。

第三條
依非都市土地使用管制規則規定得為建築使用之土地，其建築物之新建、增建、改建或修建，應依本辦法向當地主管建築機關申請建築執照。原有之建築物不合非都市土地使用管制規則規定者，依該規則第八條之規定辦理。

第四條 （刪除）88

第四條之一 88
活動斷層線通過地區，當地縣（市）政府得劃定範圍予以公告，並依左列規定管制：
一　不得興建公有建築物。
二　依非都市土地使用管制規則規定得為建築使用之土地，其建築物高度不得超過二層樓、簷高不得超過七公尺，並限作自用農舍或自用住宅使用。
三　於各種用地內申請建築自用農舍，除其建築物高度不得超過二層樓、簷高不得超過七公尺外，依第五條規定辦理。

第五條
①於各種用地內申請建造自用農舍者，其總樓地板面積不得超過四百九十五平方公尺，建築面積不得超過其耕地面積百分之十，建築物高度不得超過三層樓並不得超過一〇．五公尺，但最大基層建築面積不得過三百三十平方公尺。
②前項自用農舍得免由建築師設計、監造或營造業承造。

第六條
①申請建造農舍時，應塡具申請書（其格式另定），並檢附左列書圖文件向當地主管建築機關申請辦理：
一　現耕農身分證明。
二　無自用農舍證明。
三　地籍圖謄本。

四　土地權利證明文件。
五　基地位置圖。
六　農舍配置圖，其比例尺不得小於一千二百分之一。
七　農舍平面、立面、剖面圖，其比例尺不得小於百分之一。

②利用原有農舍拆除重建、增建、改建者，得免附前項第二款證明文件。

③選用主管建築機關製訂之標準建築圖樣者，得免附第一項第七款圖件。

第七條

原有農舍之修建，改建或增建面積在四十五平方公尺以下之平房得免申請建築執照，但其建蔽率及總樓地板面積不得超過本辦法之有關規定。

第八條

依「非都市土地使用管制規則」規定經主管機關同意得爲建築使用之土地，於申請建築執照時，應檢附有關機關同意之證明。

第九條

興建交通、水利、採礦等設施，以依計畫核定並經各該事業主管機關核准者爲限；開工之前，各該事業主管機關應將工程計畫送請當地縣（市）政府備查。

第一〇條

農舍以外之建築物其建築面積在四十五平方公尺以下，高度在三．五公尺以下者，得免由建築師設計、監造或營造業承造，逕向當地主管建築機關申請建築執照。

第一一條

①建築基地臨接公路者，其建築物與公路間之距離，應依公路法及有關法規辦理，並應經當地主管建築機關指定（示）建築線；臨接其他道路其寬度在六公尺以下者，應自道路中心線退讓三公尺以上建築，臨接道路寬度在六公尺以上者，仍應保持原有寬度，免再退讓。

②建築基地以私設通路連接道路者，其通路寬度不得小於左列標準：

一　長度未滿十公尺者爲二公尺。
二　長度在十公尺以上未滿二十公尺者爲三公尺。
三　長度大於二十公尺者爲五公尺。
四　基地內以私設通路爲進出道路之建築物總樓地板面積合計在一、〇〇〇平方公尺以上者，通路寬度爲六公尺。

第一二條

建築物免由建築師設計者，得免由建築師監造，工程完竣後應由起造人申請使用執照。縣（市）主管建築機關應於十日內派員抽查，其經抽查或認定合格者，應即發給使用執照。

第一三條

實施區域計畫地區，供公眾使用或公有建築物之建造及使用，仍依建築法規定辦理。

第一四條

實施區域計畫地區之山坡地，申請建築，除依本辦法規定外並應依山坡地開發建築管理辦法之規定辦理。

第一五條

違反本辦法之規定擅自建築者，依建築法及違章建築處理辦法之規定辦理。

第一六條

本辦法自發布日施行。

實施都市計畫以外地區建築物管理辦法

①民國62年12月24日內政部令訂定發布全文17條。
②民國67年1月13日內政部令修正發布第4、11條條文。
③民國69年10月3日內政部令修正發布第3、4條條文。
④民國88年6月29日內政部令修正發布第5條條文。

第一條

爲維護優良農地，確保糧食生產，特依建築法第一百條之規定，訂定本辦法。

第二條

在實施都市計畫以外之地區興建建築物，除本辦法另有規定外，非經縣（市）主管建築機關許可發給執照，不得擅自建造或使用。

第三條

實施都市計畫以外地區，一至八等則田地目土地，除土地所有權人興建自用農舍外，一律不准建築；九至廿六等則田地目土地及依土地法編爲農業使用之土地，除興建自用農舍、發展交通、設立學校、建築工廠及興辦其他公共設施之建築外，一律不准建築。

第四條

①申請興建自用農舍之起造人，應具有自耕農身分，其建築總樓地板面積不得超過四百九十五平方公尺，其建築面積不得超過耕地面積百分之五，建築物高度不得超過三層樓並不得超過一〇·五公尺，但最大基層建築面積不得超過三百三十平方公尺。

②前項自用農舍，得免由建築師設計、監造或營造業承造。起造人逕向縣（市）主管建築機關申請建造執照時，應檢附土地登記總簿謄本、地籍圖謄本、土地權利證明文件、建築物平面略圖（比例尺不得小於二百分之一）、立面略圖（比例尺不得小於二百分之一、配置圖（比例尺不得小於一千二百分之一）及位置圖。但原有農舍之修建、改建或增建面積在四十五平方公尺以下之平房，得免申請建築執照。

③選用主管建築機關製訂之標準建築圖樣得免附建築物平面及立面圖。

第五條

起造人依第三條規定申請興建學校、工廠、交通或其他公共設施之建築物，應檢具建設計畫，連同建築基地之土地登記總簿謄本、地籍圖謄本，專案報請縣（市）地政主管機關會同農業及目的事業主管機關核准後，由依法登記開業之建築師設計，

向縣（市）主管建築機關，依建築法規定申請建造執照。

第六條

①起造人在第三條規定範圍以外之土地，申請興建農舍以外之建築物者（如興建工廠須先取得工業用地證明書），應由依法登記開業之建築師設計，向縣（市）主管建築機關依建築法規定申請建造執照。但建築面積在四十五公方公尺以下，建築高度三．五公尺以下者，得免由建築師設計，逕行申請建造執照。

②原有建築物之修建、改建或增建面積在四十五平方公尺以下之平房，得免申請建造執照。

第七條

①起造人在第三條規定範圍以外之土地，集中興建二幢以上房屋，或單幢房屋總樓地板面積超過二百平方公尺者，申請建造執照時，應同時檢送公共設施及安全設施計畫。

②前項公共設施及安全設施計畫，包括道路、水電、雨水及污水排洩等設施。其爲山坡地者，應檢具水土保持計畫。但坡度在百分之三十以上時，得限制建築。

③第一項建築物其建蔽率不得超過百分之五十。

第八條

在實施都市計畫以外地區申請建築時，凡建築基地臨接公路者，其建築物與公路間之距離，應依公路法及有關法規辦理；凡建築基地臨接其他道路者，應自道路邊線退讓二公尺以上建築。建築基地應臨接道路，或以通路連接道路，其通路之寬度應在二公尺以上。集中興建之房屋，應有完整之道路系統，道路寬度不得小於六公尺。

第九條

①縣（市）主管建築機關，自收到申請建築書件之次日起，對於自用農舍，應於五日內審查完竣，合格者即發給建造執照；必要時得委由當地鄉、鎮（縣轄市）公所負責辦理。但其他建築物之審查期限，得視現地勘查等需要予以延長，最長不得超過三十日。

②前項工程圖說之審查，必要時得委託具有建築師資格之人員辦理。

第一〇條

①起造人領得建造執照後，應依照建築期限建築完成，因故不能於期限內竣工時，應敘明原因申請展期。申請展期以二次爲限，每次不得超過六個月，逾期執照作廢。

②學校、工廠或依第七條規定興建房屋者，其承造人應以依法登記開業之營造廠商爲限。

第一一條

①建築物由依法登記開業之建築師設計者，在施工時應由建築師監造並應由依法登記開業之營造廠商承造工程完竣後並應由建築師負責查驗，申請使用執照，必要時由主管建築機關派員抽查。建築物免由建築師設計者，得免由建築師監造，工程完竣

後應由起造人申請使用執照。縣（市）主管建築機關應於十日內派員抽查，其經抽查或認定合格者，應即發給使用執照。

②建造執照委由當地鄉、鎮（縣轄市）公所負責辦理者，其發給使用執照亦同。

第一二條

申請使用執照，應檢附原領建造執照、建築物竣工圖。但建築物與核定工程圖樣相符者，免附竣工圖。

第一三條

建築物非經領得使用執照，不准接水、接電或申請營業登記及使用。

第一四條

實施都市計畫以外地區供公眾使用或公有之建築物，其建造或使用，仍依建築法規定辦理。

第一五條

本辦法之實施地區，除第三條所定之土地均應實施外，其餘由內政部視實際需要隨時指定公告之。

第一六條

違反本辦法之規定擅自建築者，依建築法或違章建築處理辦法之規定處理。

第一七條

本辦法自發布日施行。

違章建築處理辦法

①民國76年3月4日內政部令修正發布全文16條。
②民國81年1月10日內政部令修正發布第14條條文。
③民國88年6月29日內政部令修正發布第11條條文。
④民國101年4月2日內政部令修正發布第3、8條條文；並增訂第11-1條條文。

第一條
本辦法依建築法第九十七條之二規定訂定之。

第二條
本辦法所稱之違章建築，為建築法適用地區內，依法應申請當地主管建築機關之審查許可並發給執照方能建築，而擅自建築之建築物。

第三條 101
①違章建築之拆除，由直轄市、縣（市）主管建築機關執行之。
②直轄市、縣（市）主管建築機關應視實際需要置違章建築查報人員在轄區執行違章建築查報事項。鄉（鎮、市、區）公所得指定人員辦理違章建築之查報工作。
③第一項拆除工作及前項查報工作，直轄市、縣（市）主管建築機關得視實際需要委託辦理。

第四條
①違章建築查報人員遇有違反建築法規之新建、增建、改建、修建情事時，應立即報告主管建築機關處理，並執行主管建築機關指定辦理之事項。
②主管建築機關因查報、檢舉或其他情事知有違章建築情事而在施工中者，應立即勒令停工。
③違章建築查報及拆除人員，於執行職務時，應佩帶由直轄市、縣（市）政府核發之識別證；拆除人員並應攜帶拆除文件。

第五條
直轄市、縣（市）主管建築機關，應於接到違章建築查報人員報告之日起五日內實施勘查，認定必須拆除者，應即拆除之。認定尚未構成拆除要件者，通知違建人於收到通知後三十日內，依建築法第三十條之規定補行申請執照。違建人之申請執照不合規定或逾期未補辦申領執照手續者，直轄市、縣（市）主管建築機關應拆除之。

第六條
依規定應拆除之違章建築，不得准許緩拆或免拆。

第七條

①違章建築拆除時，敷設於違章建築之建築物設備，一併拆除之。
②經公告或書面通知強制執行拆除之違章建築，如所有人、使用人或管理人規避拆除時，拆除人員得會同自治人員拆除之，並由轄區警察機關派員維持秩序。

第八條 101

違章建築拆除後之建築材料，應公告或以書面通知違章建築所有人、使用人或管理人限期自行清除，逾期不清除者，視同廢棄物，依廢棄物清理法規定處理。

第九條

人民檢舉違章建築，檢舉人姓名應予保密。

第一〇條

建築師、營造業及土木包工業設計、監造或承造違章建築者，依有關法令處罰。

第一一條

①舊違章建築，其妨礙都市計畫、公共交通、公共安全、公共衛生、防空疏散、軍事設施及對市容觀瞻有重大影響者，得由直轄市、縣（市）政府實地勘查、劃分左列地區分別處理：
一　必須限期拆遷地區。
二　配合實施都市計畫拆遷地區。
三　其他必須整理地區。
②前項地區經勘定後，應函請內政部備查，並以公告限定於一定期限內拆遷或整理。
③新舊違章建築之劃分日期，依直轄市、縣（市）主管建築機關經以命令規定並報內政部備案之日期。

第一一條之一 101

①既存違章建築影響公共安全者，當地主管建築機關應訂定拆除計畫限期拆除；不影響公共安全者，由當地主管建築機關分類分期予以列管拆除。
②前項影響公共安全之範圍如下：
一　供營業使用之整幢違章建築。營業使用之對象由當地主管建築機關於查報及拆除計畫中定之。
二　合法建築物垂直增建違章建築，有下列情形之一者：
㈠占用建築技術規則設計施工編第九十九條規定之屋頂避難平臺。
㈡違章建築樓層達二層以上。
三　合法建築物水平增建違章建築，有下列情形之一者：
㈠占用防火間隔。
㈡占用防火巷。
㈢占用騎樓。
㈣占用法定空地供營業使用。營業使用之對象由當地主管建築機關於查報及拆除計畫中定之。
㈤占用開放空間。
四　其他經當地主管建築機關認有必要。

③既存違章建築之劃分日期由當地主管機關視轄區實際情形分區公告之，並以一次爲限。

第一二條

①舊違章建築在未依規定拆除或整理前，得准予修繕，但不得新建、增建、改建、修建。

②前項舊違章建築之修繕，得由直轄市、縣（市）政府訂定辦法行之。

第一三條

直轄市、縣（市）政府拆除違章建築所需經費，應按預算程序編列預算支應。

第一四條　（刪除）

第一五條

國軍眷區違章建築之處理，由內政部會同國防部定之。

第一六條

本辦法自發布日施行。

建築基地法定空地分割辦法

①民國75年1月31日內政部令訂定發布全文8條。
②民國75年12月22日內政部令修正發布第3條條文；並增訂第3-1條條文。
③民國99年1月29日內政部令修正發布第6條條文。

第一條

本辦法依建築法第十一條第三項規定訂定之。

第二條

①直轄市或縣市主管建築機關核發建造執照時，應於執照暨附圖內標註土地座落、基地面積、建築面積、建蔽率，及留設之空地位置等，同時辦理空地地籍套繪圖。

②前項標註及套繪內容如有變更，應以變更後圖說為準。

第三條

建築基地之法定空地併同建築物之分割，非於分割後合於左列各款規定者不得為之。

一　每一建築基地之法定空地與建築物所占地面應相連接，連接部分寬度不得小於二公尺。

二　每一建築基地之建蔽率應合於規定。但本辦法發布前已領建造執照，或已提出申請而於本辦法發布後方領得建造執照者，不在此限。

三　每一建築基地均應連接建築線並得以單獨申請建築。

四　每一建築基地之建築物應具獨立之出入口。

第三條之一

本辦法發布前，已提出申請或已領建造執照之建築基地內依法留設之私設通路提供作為公眾通行者，得准單獨申請分割。

第四條

建築基地空地面積超過依法應保留之法定空地面積者，其超出部分之分割，應以分割後能單獨建築使用或已與其鄰地成立協議調整地形或合併建築使用者為限。

第五條

①申請建築基地法定空地分割，應檢附直轄市、縣市主管建築機關准予分割之證明文件。

②實施建築管理前或民國六十年十二月二十二日建築法修正前建造完成之建築基地，其申請分割者，得以土地登記規則第七十條第二項所列文件辦理。

第六條 99

①建築基地之土地經法院判決分割確定，申請人檢附法院確定判

決書申辦分割時，地政機關應依法院判決辦理。

②依前項規定分割爲多筆地號之建築基地，其部分土地單獨申請建築者，應符合第三條或第四條規定。

第七條

①直轄市或縣市主管建築機關依第五條規定核發准予分割證明，應附分割圖，標明法定空地位置及分割線，其比例尺應與地籍圖相同。

②前項證明核發程序及格式，由內政部另訂之。

第八條

本辦法自發布日施行。

新訂擴大變更都市計畫禁建期間特許興建或繼續施工辦法

民國92年12月2日內政部令修正發布名稱及全文9條；並自發布日施行（原名稱：臺灣地區擬定擴大變更都市計畫禁建期間特許興建辦法）。

第一條

本辦法依都市計畫法（以下簡稱本法）第八十一條第二項規定訂定之。

第二條

下列建築物或設施得於禁建期間，申請特許興建：

一　因軍事需要興建之工程設施。
二　為避免或搶救重大災害興建之工程設施。
三　因重大災害重建安置需要興建之建築物。
四　生產、教育、文化、交通事業之建築物。
五　為配合中央、直轄市或縣（市）建設計畫興建之重大設施。
六　為增進當地公共福利興建之公共設施。
七　其他經行政院專案核准興建之工程設施。

第三條

申請特許興建案件，有牴觸都市計畫草案者，應不予核准。

第四條

申請特許興建者，應備具下列書件，向直轄市、縣（市）政府申請核准；其申請案件位於內政部訂定之都市計畫範圍內者，向內政部申請：

一　申請書。
二　申請人身分證明文件；其為法人者，其法人登記證明文件。
三　比例尺不得小於三千分之一之位置圖、比例尺不得小於六百分之一之地籍圖及建築物配置圖。
四　土地權利證明文件。
五　經各該目的事業主管機關核准之事業計畫或證明文件。
六　工程計畫；其為建築物者，應附具建築物之平面圖、立面圖及詳細構造圖，其比例尺不得小於二百分之一。但因軍事需要興建之工程設施，得免附。

第五條

①在禁建生效之日前，已領得建造執照、雜項執照或依法免建築執照者，得向直轄市、縣（市）政府申請繼續施工；其申請案件位於內政部訂定之都市計畫範圍內者，向內政部申請。

②前項工程，依下列規定准許繼續施工：

一　不牴觸都市計畫草案者，依原核准內容繼續施工。

二　經變更設計後，不牴觸都市計畫草案者，依變更設計內容繼續施工。

三　牴觸都市計畫草案，已完成基礎工程者，准其完成至一層樓爲止；超出一層樓並已建成外牆一公尺以上或建柱高達二公尺半以上者，准其完成至各該樓層爲止。

③僅豎立鋼筋者，不視爲前項第三款所稱之建柱。

第六條

內政部、直轄市或縣（市）政府受理申請特許興建或繼續施工案件，經審查合於規定者，發給特許興建或繼續施工許可證明；不合規定者，駁回其申請；其需補正者，應通知其於十五日內補正，屆期未補正或補正不完全者，駁回其申請。

第七條

經核准特許興建或繼續施工案件，如有違反本法或相關法令規定者，由原核准機關廢止其核准。

第八條

本辦法所定書、表格式，由內政部定之。

第九條

本辦法自發布日施行。

都市計畫公共設施保留地臨時建築使用辦法

①民國63年12月5日內政部令訂定發布全文11條。
②民國65年7月8日內政部令修正發布全文11條。
③民國73年10月19日內政部令修正發布第3、4條條文。
④民國77年10月12日內政部令修正發布全文12條。
⑤民國88年6月29日內政部令修正發布第2、4條條文。
⑥民國92年8月14日內政部令修正發布第5條條文。
⑦民國100年11月16日內政部令修正發布第4、5條條文。

第一條

本辦法依都市計畫法第五十條第三項規定訂定之。

第二條

都市計畫公共設施保留地（以下簡稱公共設施保留地）除中央、直轄市、縣（市）政府擬有開闢計畫及經費預算，並經核定發布實施者外，土地所有權人得依本辦法自行或提供他人申請作臨時建築之使用。

第三條

本辦法所稱臨時建築權利人係指土地所有權人、承租人或使用人依本辦法申請為臨時建築而有使用權利之人。

第四條 100

①公共設施保留地臨時建築不得妨礙既成巷路之通行，鄰近之土地使用分區及其他法令規定之禁止或限制建築事項，並以下列建築使用為限：

一　臨時建築權利人之自用住宅。
二　菇寮、花棚、養魚池及其他供農業使用之建築物。
三　小型游泳池、運動設施及其他供社區遊憩使用之建築物。
四　幼稚園、托兒所、簡易汽車駕駛訓練場。
五　臨時攤販集中場。
六　停車場、無線電基地臺及其他交通服務設施使用之建築物。
七　其他依都市計畫法第五十一條規定得使用之建築物。

②前項建築使用細目、建蔽率及最大建築面積限制，由直轄市、縣（市）政府依當地情形及公共設施興闢計畫訂定之。

第五條 100

①公共設施保留地臨時建築之構造以木構造、磚造、鋼構造及冷軋型鋼構造等之地面上一層建築物為限，簷高不得超過三點五公尺。但前條第一項第二款、第三款及第六款之臨時建築以木構造、鋼構造及冷軋型鋼構造建造，且經直轄市、縣（市）政

府依當地都市計畫發展情形及建築結構安全核可者，其簷高得為十公尺以下。

②前條第一項第六款停車場之臨時建築以鋼構造或冷軋型鋼構造建造，經當地直轄市或縣（市）交通主管機關依其都市發展現況，鄰近地區停車需求、都市計畫、都市景觀、使用安全性及對環境影響等有關事項審查核可者，其樓層數不受前項之限制。

第六條

①臨時建築之公共設施保留地，應與二公尺以上既成巷道相連接。其連接部分之最小寬度應在二公尺以上，未連接既成巷道者，應自設通路，其自設通路之寬度不得小於左列標準：

一　長度在未滿十公尺者為二公尺。

二　長度在十公尺以上未滿二十公尺者為三公尺。

三　長度逾二十公尺者為五公尺。

②前項自設通路、應以都市計畫道路邊界為起點計算，其土地不得計入建築基地面積。

第七條

在公共設施道路及綠地保留地上，申請臨時建築者，限於計畫寬度在十五公尺寬以上，並應於其兩側各保留四公尺寬之通路。

第八條

公共設施保留地臨時建築，須具備申請書，土地登記簿謄本或土地使用同意書或土地租賃契約，工程圖樣及說明書向直轄市、縣（市）主管建築機關申領臨時建築許可證後始得為之。

第九條

公共設施保留地臨時建築之施工管理，應依建築法有關規定辦理。

第一〇條

公共設施保留地臨時建築工程完竣後，應由起造人會同承造人申請臨時建築物使用許可證，並得憑以申請接水按電。

第一一條

公共設施保留地臨時建築之權利人，應依都市計畫法第五十條第二項規定，於接獲地方政府開闢公共設施通知限期拆除時，負有自行無條件拆除之義務，適期不拆者，由地方政府強制拆除之；其所需僱工拆除費用，由臨時建築權利人負擔。

第一二條

本辦法自發布日施行。

公路兩側公私有建築物與廣告物禁建限建辦法

①民國75年7月15日交通部、內政部令會銜訂定發布全文10條。
②民國88年7月21日交通部、內政部令會銜修正發布第4條條文。
③民國88年10月28日交通部、內政部令會銜修正發布第3、4、8、9條條文。
④民國102年12月26日交通部、內政部令會銜修正發布全文10條；並自發布日施行。

第一條

本辦法依公路法第五十九條規定訂定之。

第二條

①本辦法適用範圍如下：
一　國道。
二　省道。
三　市道、縣道。
四　區道、鄉道。

②劃歸公路路線系統之市區道路路段或都市計畫區域路段得依都市計畫法、建築法及招牌廣告及樹立廣告管理辦法之規定辦理。

第三條

①公路兩側土地禁建範圍如下：
一　高速公路兩側路權邊界外八公尺以內地區。
二　計畫道路用地。

②前項禁建範圍外，經公路主管機關認爲足以影響路基、行車安全及景觀，得劃爲限建範圍。

③高速公路兩側禁止設置樹立廣告之範圍，除下列路段爲路權邊界外五十公尺以內地區外，以路權邊界外二百公尺以內地區爲限：
一　銜接國際機場之高速公路，自機場銜接處起三公里內之路段。
二　與地方道路銜接之交流道路段。（如圖一）
三　與省道、市道或縣道立體交會之高速公路路段。（如圖二）
四　毗鄰工業區之高速公路路段。

第四條

①前條第一項、第二項禁建限建範圍應由公路主管機關會同當地政府及有關機關勘定後，繪製地籍圖或地形圖，其比例尺不得小於五千分之一，並依下列程序辦理：
一　國道、省道由交通部會同內政部核轉行政院核定。

二　市道、區道由直轄市政府報請交通部會同內政部核定。
三　縣道、鄉道由縣政府報請交通部會同內政部核定。

②依前項規定程序核定之禁限建範圍，由內政部送請當地直轄市、縣（市）政府公告實施。

③前條第三項禁止設置樹立廣告之範圍，應由公路主管機關會同當地政府及有關機關勘定後，送請當地直轄市、縣（市）政府公告實施。

第五條

高速公路兩側禁建範圍內，除禁建外，並不得為土石方工程或蓄水圍堤等足以影響路基安全之設施。

第六條

在禁建範圍內，除依公路用地使用規則之規定外，不得建築及設置廣告物。

第七條

在限建範圍內，不得建造、設置危害公路路基、妨礙行車安全或有礙沿途景觀之建築物及廣告物。

第八條

①本辦法禁建限建範圍公告前之原有建築物，得為從來之使用，其在禁建範圍內者，除准修繕外，不得增建或改建，其在限建範圍內者，應予必要之改善措施。

②本辦法禁建限建範圍公告前原經核准之樹立廣告，得依其原有效期限設置，期滿應自行拆除。

③前二項建築物與廣告物，對行車安全及景觀有重大妨礙者，公路主管機關應請當地直轄市、縣（市）政府令其限期修改或拆除，其所受損害，應給予相等之補償。

第九條

違反本辦法規定之建築物與廣告物，由公路主管機關令其限期修改或拆除，逾期未修改或拆除者，送請當地直轄市、縣（市）政府強制拆除。

第一〇條

本辦法自發布日施行。

大眾捷運系統兩側禁建限建辦法

①民國92年12月30日交通部、內政部令會銜修正發布名稱及全文26條；並自發布日施行（原名稱：大眾捷運系統兩側公私有建築物與廣告物禁止及限制建築辦法）。
②民國101年7月30日交通部、內政部令會銜修正發布第1、3、6、7、22、23、25條條文及第8條附件四。
③民國108年5月16日交通部、內政部令會銜修正發布第3、5、6、14條條文及第7條附件二；並增訂第17-1條條文。

第一章　總　則

第一條 101
本辦法依大眾捷運法第四十五條之三規定訂定之。

第二條
大眾捷運系統之場、站、路線及設施兩側之禁建、限建，依本辦法之規定辦理。

第三條 108
本辦法用詞，定義如下：
一　特殊軟弱地段：指土壤標準貫入試驗之貫入值小於八之軟弱粘土地層，且總厚度大於五十公尺，其間夾雜不同土層之厚度小於三公尺。
二　特殊堅硬地段：指於地表下十公尺範圍內，其土壤標準貫入試驗之貫入值大於五十之卵礫石或岩盤地質，且其連續厚度大於五十公尺。
三　過河段：指捷運系統穿越河川區域或排水設施範圍之區域。
四　廣告物：指招牌廣告及樹立廣告之廣告牌（塔）、電腦顯示板、電視牆、綵坊、牌樓、電動燈光、旗幟及非屬飛航管制區內之氣球等物體。
五　障礙物：指高度超過五十公分且水平投影面積超過五平方公尺之物體。
六　土地開挖行為：工程完成後無有體物留置之開挖行為，包括地基調查鑽孔、抽降地下水、地下構造物之拆除等。
七　現況測量：指針對捷運既有設施結構體、線形及淨空之情況所作之測量。
八　現況調查：指針對捷運既有設施結構體裂縫、滲漏水、鏽染鏽蝕等狀況以目視或拍照留存等方式進行，並作成紀錄之調查。
九　捷運主管機關：指本法第四條規定之大眾捷運系統中央或

地方主管機關。

第二章　禁建限建範圍之公告、劃定、變更及廢止

第四條

①大眾捷運系統路線經行政院核定後，其違建、限建範圍，經捷運主管機關會同當地政府會勘後，由當地直轄市或縣（市）政府辦理公開閱覽三十日，並刊登於政府公報或新聞紙，土地權利關係人得於公開閱覽期間以書面提出意見。捷運主管機關於參酌土地權利關係人之意見後，劃定禁建、限建範圍。

②禁建、限建範圍劃定後，捷運主管機關應繪製比例尺不得小於千分之一之地形圖，並於報請交通部會同內政部核定後，委託當地直轄市或縣（市）政府公告實施。

第五條 108

本辦法已公告實施之禁建、限建範圍，因禁建、限建之內容變更或原因消滅時，捷運主管機關應依規定程序辦理變更或公告廢止。

第三章　禁建限建範圍及其管制

第六條 108

①大眾捷運系統兩側禁建範圍爲附件一所劃定之範圍。

②前項禁建範圍內，除建造其他捷運設施、連通設施、開發建築物或依第二十二條規定所爲之修繕、修改或拆除外，不得爲下列行爲：

一　建築物之建造。
二　工程設施之構築。
三　廣告物之設置。
四　障礙物之堆置。
五　土地開挖行爲。
六　其他足以妨礙大眾捷運系統設施或行車安全之工程行爲。

第七條 101

①大眾捷運系統兩側限建範圍爲附件二所劃定之範圍。

②下列行爲之主管機關核准申請人於限建範圍內辦理下列行爲前，應先會商捷運主管機關：

一　建築物之建造。
二　工程設施之構築
三　廣告物之設置。
四　地基調查鑽孔。
五　障礙物之堆置。
六　抽降地下水。
七　管線、人孔及其他工程設施之開挖。
八　地下構造物之拆除。

九　地下鑽掘式管、涵之設置。
十　河川區域之工程行爲。
③前項各款行爲之審核與管理之範圍，依附件三之規定辦理。
④公共工程主辦機關進行第二項各款行爲前，應先與捷運主管機關協調後爲之。

第八條
於限建範圍內進行前條第二項所列各款之行爲所產生之捷運設施變形累積總量，不得超過附件四規定之容許變形值。

第四章　限建範圍內建築物、廣告物及工程行為之審核及管理

第九條
①起造人爲其限建範圍內建築物申請建造執照、拆除執照或雜項執照時，應檢具建築法規定之文件及下列書件，向當地主管建築機關申請，由當地主管建築機關會商捷運主管機關審核同意後發給之：
一　基地建築配置及平面位置圖，其比例尺不得小於五百分之一。
二　建築物地開挖剖面圖，其比例尺不得小於二百分之一，圖上並應標明與捷運設施之相關位置。
三　開挖支撐系統設計圖。
四　地基調查、試驗及分析報告。
五　開挖穩定性分析。
六　分級規範𡋯線圖。
七　開挖施工對捷運設施之安全影響評估報告。
八　監測計畫，其內容應包括監測儀器配置、監測管理值及監測頻率等。
②起造人進行前項第四款地基調時，鑽探孔位於地下捷運設施外緣水平向外六公尺範圍內者，應檢附鑽孔位置之平面圖與剖面圖先向捷運主管機關提出申請同意鑽探。
③第一項第七款及第八款規定之文件，經捷運主管機關同意者得免提送之。

第一〇條
起造人於申請建造執照、拆除執照或雜項執照前，得向捷運主管機關請求提供捷運設施相關設計資料及最近一次之現況測量結果。

第一一條
①起造人對第八條附件四第七款之軌道位移量或前條之現況測量結果有疑義者，得向捷運主管機關申請現場會勘。
②捷運主管機關辦理前條會勘時，得請捷運營運機構協助之。

第一二條
①起造人爲其限建範圍內之建築物申請開工前，應先會同捷運主

管機關及捷運營運機構，辦理捷運設施之現況調查及現況測量，並提出與原設計保護捷運設施相符之施工計畫，由當地主管建築機關會商捷運主管機關審核同意後始得開工。

②前項行為，經捷運主管機關同意者得免辦理之。

③第一項施工計畫應載明下列事項：

一　開挖步驟、計時、機具及工地檢驗之方式。

二　輔助工法及其施作機具之說明。

三　降水系統之機具、配量及各開挖階段之水位控制。

四　各開挖階段支撐應力、擋土壁變形及捷運設施之變形預測值。

五　監測系統之儀器配置及安裝方式。

六　緊急應變措施。

七　其他基於公共安全或保護捷運設施之需要，經捷運主管機關要求檢附之文件或說明。

④前項第四款之分析過程應作成評估報告，並列為施工計畫檢附之文件。

第一三條

①起造人於開挖前，應安裝監測捷運設施安全之儀器並讀取初始值作成監測初始值量測報告，於監測實施後二日內送交捷運主管機關備查。

②起造人於每一階段開挖完成後七日內，應根據監測結果作成監測報告送交捷運主管機關備查。

第一四條 108

①起造人安裝於捷運設施或開挖支撐系統上之任一監測儀器讀數達警戒值時，應立即通知捷運主管機關、提出安全評估報告，研判繼續施工之安全性，並副知捷運營運機構。捷運主管機關於必要時，得要求起造人變更施工方法及提出緊急應變計畫。

②起造人安裝於捷運設施或開挖支撐系統上之任一監測儀器讀數達行動值，應立即停止施工，派駐專業技師進行必要之緊急應變措施，以保護捷運設施安全，且應將監測儀器讀數或損害情形於二十四小時內儘速通知捷運主管機關，並副知捷運營運機構，非經捷運主管機關同意，不得繼續施工。

③第一項警戒值之訂定，不得大於捷運設施之容許變形值之百分之八十或開挖支撐系統設計值之百分之九十。

④第二項行動值之訂定，不得大於捷運設施之容許變形值之百分之九十或開挖支撐系統設計值之百分之百。

⑤起造人安裝於捷運設施或開挖支撐系統上之任一監測儀器讀數達危險值，或捷運設施已有損害時，除應依第二項規定辦理外，並應通知當地主管建築機關、捷運主管機關及捷運營運機構會同採取即時強制措施或為必要之處置。

⑥前項危險值之訂定，不得大於捷運設施之容許變形值之百分之百或開挖支撐系統設計值之百分之一百二十五。

第一五條

起造人於開挖過程中有變更施工方法者，應於變更工法七日前，檢附該變更開挖對捷運設施之安全評估報告向捷運主管機關申請許可。

第一六條

起造人於進行第十二條第一項現況調查、現況測量及第十三條安裝監測儀器前，應先向捷運主管機關提出申請。

第一七條

起造人依第九條第一項第七款、第十二條第四項、第十三條、第十四條第一項及第十五條規定提送捷運主管機關之文件，應由專業技師簽證。

第一七條之一 108

①依第九條第一項第七款、第八款、第十二條第一項、第十三條、第十四條第一項及第十五條規定提送捷運主管機關之安全影響評估報告、監測計畫、施工計畫、監測初始值量測報告及監測報告，捷運主管機關得要求起造人、申請人、工程主辦機關或行爲人先委託專業機構審查並出具書面審查報告。

②前項專業機構，係指具有土木工程、大地工程或結構工程專業之機構或其他法人機構。

第一八條

①起造人於其限建範圍內之建築物完工後申請使用執照前，應向捷運主管機關申請會勘。

②捷運主管機關辦理前項會勘應通知捷運營運機構參與之，並作成會勘紀錄，其內容應記載下列事項：

一　參與會勘之機關名稱、會勘地點及時間。

二　現況測量及現況週查之檢視結果紀錄。

三　應改善部分之說明。

四　其他必要事項。

③起造人依據會勘紀錄改善完畢後，應向捷運主管機關申請再次會勘。

第一九條

起造人爲其限建範圍內之建築物申請使用執照時，除應依建築法規定檢附相關文件外，並應檢附前條第二項規定之最終會勘紀錄。

第二〇條

①申請人進行第七條第二項第二款至第九款之行爲前，應檢附作業計畫及捷運主管機關要求之文件向該管主管機關申請同意。該管主管機關應會同捷運主管機關審核之，無該管主管機關者，由捷運主管機關爲之。

②前項作業計畫應載明下列事項：

一　施作行爲之區域範圍及與捷運設施相關之位置。

二　施作行爲內容及時間。

三　施作人員、機具及安全防護措施等詳細資料。

③進行第七條附件三第五項至第九項之行爲者，應檢附經專業技

師簽證之捷運設施影響評估報告，如涉及地下開挖或鑽掘時應準用本章建築物之申請及審核相關規定辦理。

第二一條

限建範圍內之施工機具、設備、吊掛機具、鷹架、障礙物或其他任何物品，未依第十二條第一項施工計畫或前條第一項作業計畫執行安全防護措施，或其傾倒或散落有侵入禁建範圍內之虞者，捷運主管機關得命其申請人、起造人或行為人停工或限期改善。

第五章　禁建範圍內原有或施工中建築物、廣告物或障礙物之處理

第二二條 101

①本辦法禁建範圍公告實施前已存在之合法建築物、工程設施、廣告物及障礙物，其不妨礙大眾捷運系統安全者，得按現狀使用，除得修繕或拆除外，不得增建或改建。其修繕或拆除方式應由當地該管主管機關會同捷運主管機關審核之。無該管主管機關者，由捷運主管機關為之。

②前項合法建築物、工程設施、廣告物及障礙物經捷運主管機關認定有礙大眾捷運系統之安全者，捷運主管機關得商請當地該管主管機關通知其所有人或使用人共同協議修改或拆除。

③前項協議於三個月內無法達成者，當地該管主管機關得命其所有人或使用人限期修改或拆除，屆期未修改或拆除者，強制拆除之。

④自行拆除或強制拆除合法建築物、工程設施或廣告物之補償依當地直轄市或縣（市）政府辦理公共工程用地拆遷補償規定補償之。

第二三條 101

本辦法禁建範圍公告實施後，在禁建範圍內進行中屬於第六條之禁止行為，應即停工。捷運主管機關得商請當地該管主管機關命其所有人或使用人限期修改、拆除，並依前條規定辦理補償。

第六章　附　則

第二四條

捷運工程建設機構及捷運營運機構，應定期巡察本辦法劃定之禁建、限建範圍，發現有違反本辦法行為者，應即通知捷運主管機關。

第二五條 101

①違反第六條、第七條禁止或限制之行為，捷運主管機關得商請當地該管主管機關通知申請人、或行為人命其限期改善、修改、停工或拆除，申請人、起造人或行為人屆期不辦理者，依行政

執行法辦理。

②無當地該管主管機關者，前項處分由捷運主管機關為之。

第二六條

本辦法自發布日施行。

附件一 108

①大眾捷運系統兩側之禁建範圍，分完全獨立專用路權與非完全獨立專用路權，依下列各點規定劃定之。

一 完全獨立專用路權：大眾捷運系統兩側依下列各款劃定之範圍，均屬禁建範圍。

㈠高架段之路線及車站：水平方向為自捷運設施結構體外緣起算向外六公尺以內，垂直方向為自地面起算向上至捷運設施（含架空線外加施工安全距離）或行車安全之最小淨空。其有屋頂者，則向上至屋頂結構上緣以內，兩者所形成之封閉區域（如示意圖一、示意圖二）。

㈡地面段之路線：水平方向為自捷運設施圍籬或側牆外緣起算向外六公尺以內，垂直方向為自地面起算向上至捷運設施（含架空線外加施工安全距離）或行車安全之最小淨空以內，兩者所形成之封閉區域（如示意圖三）。

㈢潛盾隧道：自捷運隧道環片外緣起算，向外一公尺以內環繞之區域（如示意圖四）。

㈣山岳隧道：自開挖面外緣起算，向外延伸一倍最大內空寬度所形成之八邊形區域（如示意圖五）。

㈤錨固邊坡：自最近地表之岩（地）錨或岩（土）釘或加勁材起算，沿其自身長度再加三公尺後，向周邊延伸五公尺以內之範圍（如示意圖六之一、示意圖六之二）。

㈥通風井：自結構體開口面起算，向外六公尺以內之地上封閉空間（如示意圖七）。

②公共工程無妨害大眾捷運系統設施及行車安全之虞者，得經捷運主管機關同意，於特定時間內進行工程設施之構築及土地開挖行為，不受前項禁建範圍規定限制。

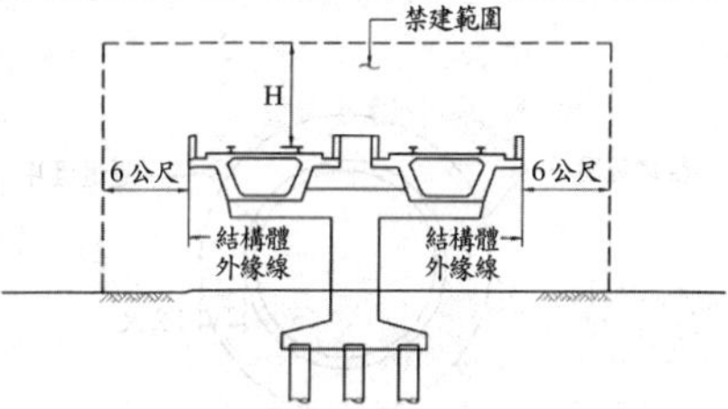

H：各捷運系統捷運設施或行車安全之最小淨空

示意圖一　高架段路線禁建範圍

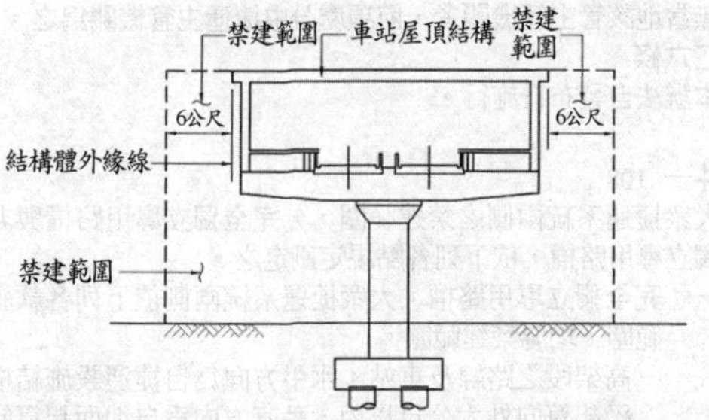

示意圖二　高架段車站禁建範圍

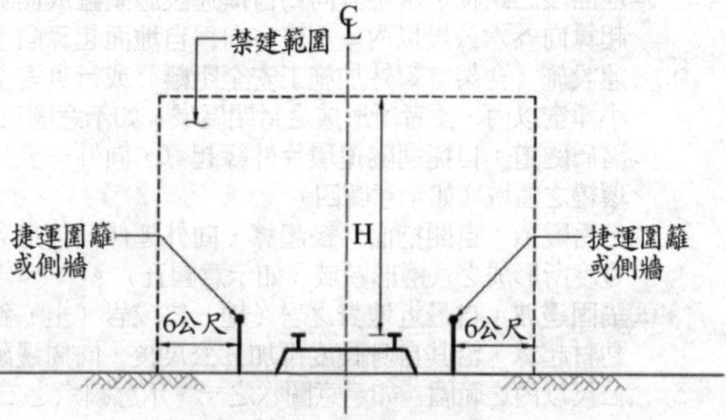

H：各捷運系統捷運設施或行車安全之最小

示意圖三　地面段路線禁建範圍

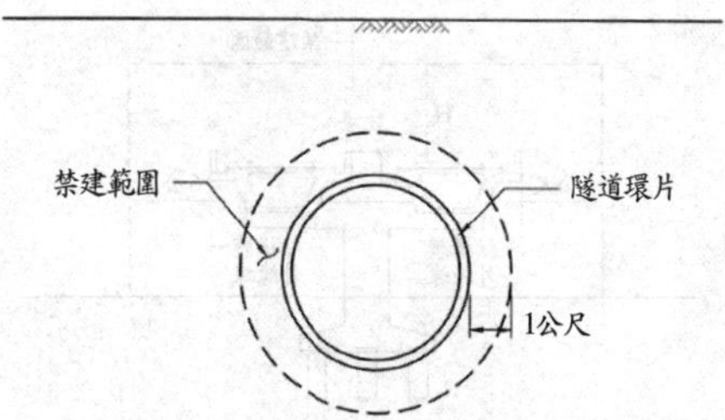

示意圖四　潛盾隧道禁建範圍

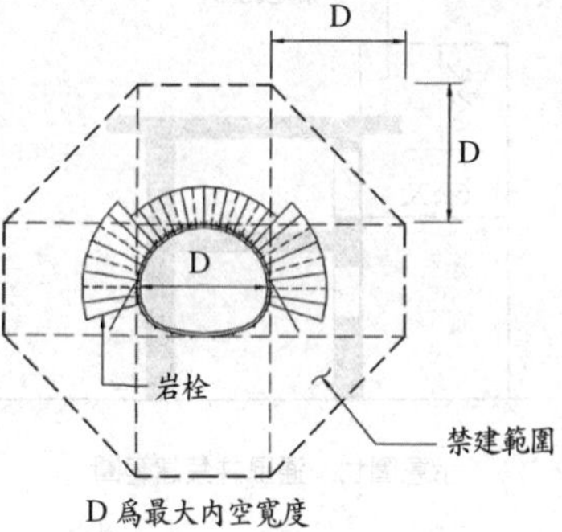

示意圖五　山岳隧道禁建範圍

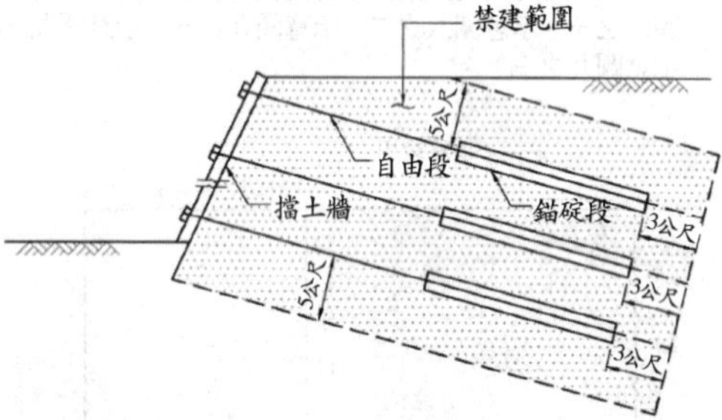

示意圖六之一　錨固邊坡禁建範圍（立面）

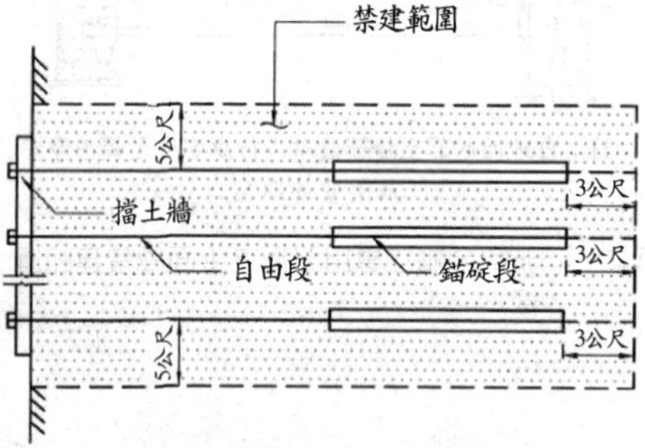

示意圖六之二　錨固邊坡禁建範圍（平面）

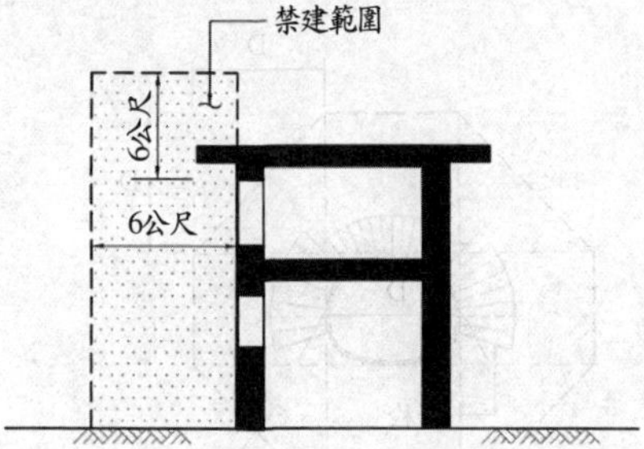

示意圖七　通風井禁建範圍

二　非完全獨立專用路權：自捷運設施（含緣石、圍牆、管群）兩側之外緣起算，垂直延伸至地面上之捷運設施外緣或行車安全之最小淨空以內，兩者所形成之封閉區域（如示意圖八之一、示意圖八之二、示意圖九之一、示意圖九之二、示意圖九之三）。

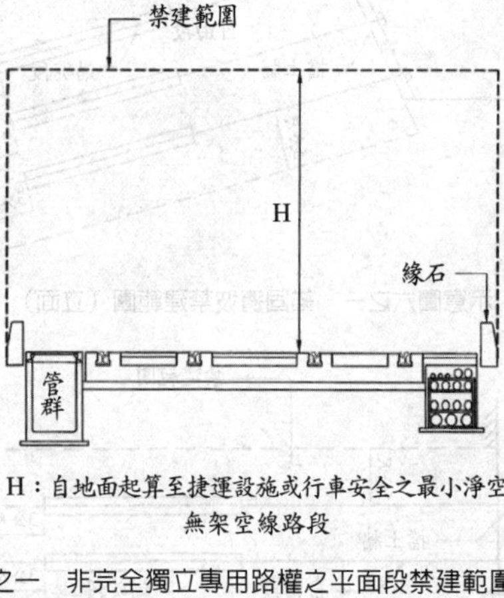

示意圖八之一　非完全獨立專用路權之平面段禁建範圍（無架空線）

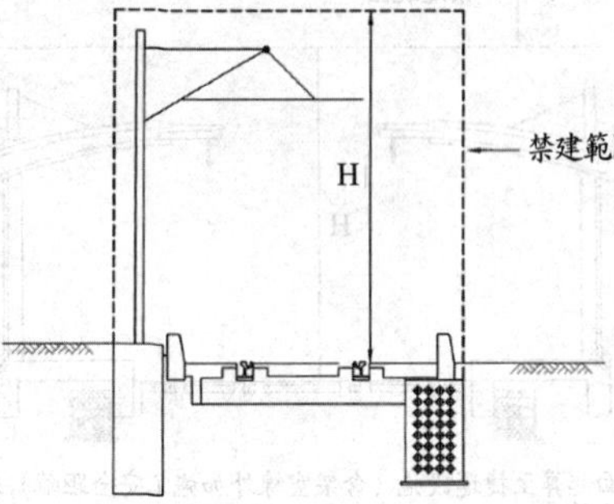

H：自地面起算至捷運設施（含架空線外加施工安全距離）或行車安全之最小淨空

有架空線路段

示意圖八之二　非完全獨立專用路權之平面段禁建範圍（架空線）

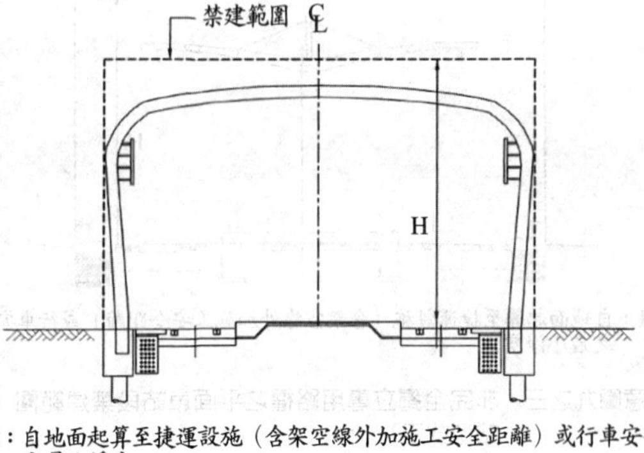

H：自地面起算至捷運設施（含架空線外加施工安全距離）或行車安全之最小淨空

示意圖九之一　非完全獨立專用路權之平面車站段禁建範圍（車站型式一）

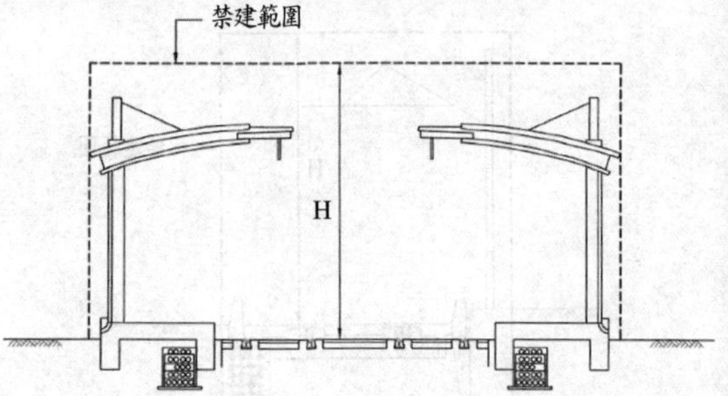

H：自地面起算至捷運設施（含架空線外加施工安全距離）或行車安全之最小淨空

示意圖九之二　非完全獨立專用路權之平面車站段禁建範圍（車站型式二）

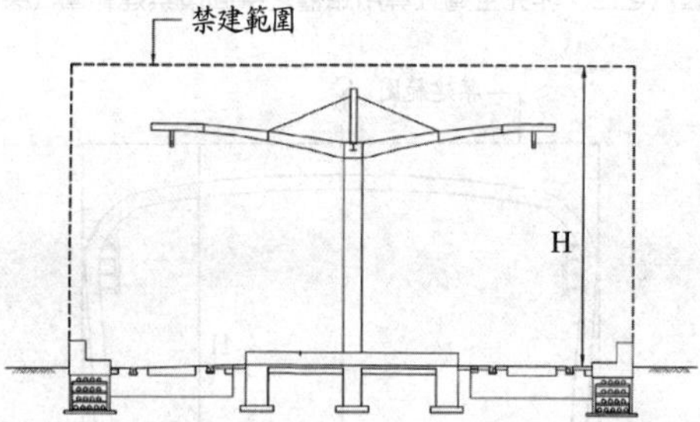

H：自地面起算至捷運設施（含架空線外加施工安全距離）或行車安全之最小淨空

示意圖九之三　非完全獨立專用路權之平面車站段禁建範圍（車站型式三）

附件二 108

①大眾捷運系統兩側依下列各款劃定之範圍，除為附件一所定之禁建範圍外，其上空、平面或地下區域，均屬限建範圍：

一　特殊軟弱地段：水平淨距離一百公尺以內之範圍，但不得超過該軟弱粘土地層之最大厚度。

二　特殊堅硬地段：水平淨距離三十公尺以內之範圍。但捷運既有設施結構，位於地面坡度達百分之十五以上，為水平淨距離五十公尺以內之範圍。

三　過河段：水平淨距離五百公尺以內之範圍。

四　其他地段：水平淨距離五十公尺以內之範圍。

②前項各款之範圍，除機廠及地面段之捷運設施自圍籬或側牆外緣起算外，其他捷運設施自其結構體外緣起算。

附件三 101

項次	建築物、廣告物及工程行為項目	審核與管理範圍
一	建築物之建造	位於限建範圍內應申請建造執照、拆除執照及雜項執照之建築物。
二	工程設施之構築	位於限建範圍內無須申請建造執照、拆除執照及雜項執照之工程設施。
三	廣告物之設置	位於地面段及高架段捷運設施外緣水平向外十八公尺以內之廣告物設置。
四	地基調查鑽孔	位於地下捷運設施外緣水平向外六公尺以內之鑽探孔。
五	障礙物之堆置	位於地下捷運設施外緣水平向外十八公尺以內，高度超過二五公尺或水平投影面積超過二十五平方公尺之任何物品堆置。
六	抽降地下水	位於限建範圍內之抽降地下水。
七	管線、人孔及其他工程設施之開挖	位於限建範圍內超過三公尺深度以上之管線、人孔及其他形式開挖。
八	地下構造物之拆除	位於限建範圍內深度超過三公尺之地下構造物拆除。
九	地下鑽掘式管、涵之設置	位於地下捷運設施上方，或其外緣上四十五度角之影響線內有捷運設施時之地下管、涵鑽掘。
十	河川區域之工程行為	位於過河段限建範圍內之建造或拆除構造物、掘鑿、埋填或爆炸岩石等工程行為。

註一：捷運主管機關得依捷運系統所採用之系統種類、規劃設計需求增修本表之審核與管理範圍。

註二：捷運主管機關依本表之規定審核，其行爲有妨礙大衆捷運系統設施或行車安全之虞者，得請各該管主管機關要求申請人變更工程設計、施工方式或採取其他必要之措施。

附件四 101

捷運設施容許變形值如下：

一　地下段明挖覆蓋結構部分：

(一)不得造成地下車站、出土段、明挖覆蓋隧道承載軌道結構之傾斜量超過千分之一。

(二)不得造成通風井、出入口、出土段、地下車站、變電站結構之總沈陷量超過二·五公分。

二　地下段潛盾隧道結構部分：

(一)不得造成任何方向隧道環狀扭曲變形侵入各捷運系統爲

維護設施及行車安全所需之空間。

㈡不得造成隧道任何方向徑向變形超過二公分。

三　高架段結構部分：

㈠不得造成高架橋之相鄰二橋墩基礎間之差異沈陷量與跨距比超過千分之一。

㈡不得造成橋墩之傾斜量超過七百五十分之一。

㈢不得造成橋墩柱底之水平位移超過一·五公分。

四　地面段結構部分：

㈠不得造成機廠及車站結構之傾斜量超過七百五十分之一。

㈡不得造成機廠及車站結構之總沈陷量超過二·五公分。

五　過河段結構部分：

㈠隧道上方應有至少一倍隧道外徑厚之覆土，且隧道結構及軌道變形應符合第二款及第四款之規定。

㈡於受土壤位移及河川最大流速作用下，高架橋墩結構及軌道變形應符合第三款及第四款之規定。

六　山岳隧道結構部分：水平及垂直方向之內空變位與隧道淨空最小直徑之比例，不得大於千分之三。

七　軌道位移部分：

㈠不得造成軌道水平方向之位移超過該系統軌道各組件之水平總容許位移量。

㈡不得造成軌道垂直方向之位移超過該系統軌道各組件之垂直總容許位移量。

航空站飛行場助航設備四周禁止限制建築物及其他障礙物高度管理辦法

①民國92年7月7日交通部、內政部、國防部令會銜修正發布名稱及全文10條；並自發布日施行（原名稱：飛航安全標準暨航空站飛行場助航設備四週禁止及限制建築辦法）。
②民國96年8月1日交通部、國防部、內政部令會銜修正發布第3、4條條文。
③民國97年2月20日交通部、國防部、內政部令會銜修正發布第4條條文。
④民國98年9月9日交通部、國防部、內政部令會銜修正發布第3、4條條文。
⑤民國99年8月26日交通部、國防部、內政部令會銜修正發布第 7條條文。
⑥民國101年6月12日交通部、國防部、內政部令會銜修正發布第5、7、8條條文。
⑦民國104年5月21日交通部、國防部、內政部令會銜修正發布第4、5條條文。
⑧民國105年2月18日交通部、國防部、內政部令會銜修正發布第5、6、8條條文。
⑨民國107年7月11日交通部、國防部、內政部令會銜修正發布第3、4條條文。

第一條
本辦法依民用航空法第三十二條第二項規定訂定之。

第二條
本辦法所用名詞之釋義如下：
一　起落地帶：指跑道及其毗連地帶。
二　進場面：指在跑道二端特定之傾斜面。
三　水平面：指在航空站或飛行場及緊鄰區域上一定高度之水平面。
四　轉接面：指自進場面之兩邊及自進場面內邊兩端引延與跑道中心線平行之直線向外斜上與水平面相交接成之傾斜面。
五　圓錐面：接自水平面之周圍向外斜上延伸所構成之圓錐斜面。

第三條 107
①航空站或飛行場起落地帶之飛航安全以下列範圍為標準：
一　桃園航空站為長包括跑道全長及自跑道兩端延伸各三百公尺，寬由跑道中心線向兩側各展二百二十五公尺所構成之矩形（附示意圖一）。

二　臺北、金門及臺東航空站為長包括跑道全長及自跑道兩端延伸各六十公尺，寬由跑道中心線向兩側各展一百五十公尺所構成之矩形（附示意圖一）。
三　高雄航空站為長包括跑道全長及自跑道兩端延伸各六十公尺，寬由跑道中心線向兩側各展一百五十公尺所構成之矩形（附示意圖一）。
四　恆春航空站為長包括跑道全長及自跑道兩端延伸各六十公尺，寬由跑道中心線向兩側各展七十五公尺所構成之矩形（附示意圖一）。

②前項飛航安全標準之範圍，為禁止建築地區。

第四條 107

①航空站、飛行場及其鄰近地區供航空器進場或繞場之飛航安全以下列範圍為標準：
一　進場面：
㈠桃園航空站、臺北航空站、高雄航空站之進場面為在距跑道端六十公尺處，寬三百公尺及在跑道端一萬五千零六十公尺處，寬四千八百公尺所形成之喇叭口形之斜面，該斜面自裡往外延伸斜上至距跑道三千零六十公尺處，高距比為一比五十；其後延進場面之斜面在距道端三千零六十公尺處至一萬五千零六十公尺處，其高距比為一比四十（附示意圖一之一、附示意圖一之二及附示意圖一之三）。
㈡金門航空站之進場面為在距跑道端六十公尺處，寬三百公尺及在跑道端一萬五千零六十公尺處，寬四千八百公尺所形成之喇叭口形之斜面，該斜面自裡往外延伸斜上至距跑道三千零六十公尺處，高距比為一比五十；其後延進場面之斜面在距跑道端三千零六十公尺處至一萬五千零六十公尺處，其高距比為一比四十，東側進場面僅管制至距跑道端六千公尺處（附示意圖一之四）。
㈢臺東航空站之進場面北側為在距跑道端六十公尺，寬三百公尺及在距跑道端八千零六十公尺處，寬二千七百公尺所形成之喇叭口形之斜面，該斜面自跑道端向外延伸斜上至距跑道三千零六十公尺處，高距比為一比五十，其後延進場面之斜面在距跑道端三千零六十公尺處至八千零六十公尺處，其高距比為一比四十。南側為在距跑道端六十公尺處，寬三百公尺及在距跑道端八千零六十公尺處，寬六千一百一十九公尺所形成之不對稱喇叭口形斜面（跑道中心線西側一千三百五十公尺，東側四千七百六十九公尺），該斜面自跑道端外延伸斜上至距跑道三千零六十公尺處，高距比為一比五十，其後延進場面之斜面在距跑道端三千零六十公尺處至八千零六十公尺處，其高距比為一比四十（附示意圖一之五）。
㈣恆春航空站之進場面為在距跑道端六十公尺處，寬一百

五十公尺及在跑道端五千公尺處，寬一千六百三十二公尺所形成之喇叭口形之斜面，該斜面自裡往外延伸斜上至距跑道三千零六十公尺處，高距比爲一比五十，其後延進場面之斜面在距跑道端三千零六十公尺處至五千公尺處，高距比爲一比四十（附示意圖一之六）。

二　水平面：

㈠高雄航空站之水平面，僅設於跑道南側，爲以跑道兩端中心點爲圓心，各以三千公尺、五千公尺、七千五百公尺及一萬公尺爲半徑作圓弧，各圓弧與連接各圓弧之切線範圍內所構成之四層橢圓帶狀平面，各平面之高度距機場標高分別爲六十公尺、九十公尺、一百二十公尺及一百五十公尺，各平面間各以高距比爲一比二十之傾斜面，由外向跑道方向延伸銜接（附示意圖一之一）。

㈡桃園航空站：以跑道兩端中心點爲圓心，在距機場標高四十五公尺之上空，以四千公尺半徑作圓弧，連接此二圓弧與跑道平行之切線範圍內所構成之水平面（附示意圖一之一）。

㈢臺北航空站：僅設於跑道南側，爲以跑道兩端中心點爲圓心，以三千公尺、六千公尺爲半徑作圓弧，各圓弧與連接各圓弧之切線範圍內所構成之內外二層橢圓帶狀平面。內層橢圓帶狀平面之高度以平行跑道中心線且距跑道中心五百七十公尺至九百七十公尺及距跑道中心一千一百八十公尺至三千公尺區隔，分別成爲距機場標高六十公尺及九十公尺等二種不同高度範圍，二種高度範圍間以高距比爲一比七之傾斜面銜接。外層橢圓帶狀平面之高度並依一〇跑道端中心點之二三三方位延伸線及二八跑道端中心點之一五六方位延伸線區隔，分別構成距機場標高爲一百四十五公尺、六百公尺及一百四十五公尺之三個水平面，其間無傾斜面銜接。外層橢圓帶狀平面高度爲一百四十五公尺者並與內層橢圓帶狀平面間以高距比爲一比二點四之傾斜面，由外向跑道方向延伸銜接（附示意圖一之三）。

㈣金門航空站之水平面，僅設於跑道南側，爲以跑道兩端中心點爲圓心，在距機場標高四十五公尺之上空，以四千公尺半徑作圓弧，連接此二圓弧與跑道平行之切線範圍內所構成之水平面（附示意圖一之四）。

㈤恆春航空站之水平面，僅設於跑道西側，爲以跑道兩端中心點爲圓心，以三千公尺半徑作圓弧，連接此二圓弧與跑道平行之切線範圍內所構成之水平面，平面之高度以平行跑道中心線且距跑道中心四百九十五公尺至八百九十五公尺及距跑道中心一千一百零五公尺至三千公尺區隔，分別成爲距機場標高六十公尺及九十公尺等二種不同高度範圍，二種高度範圍間以高距比爲一比七之傾

斜面銜接（附示意圖一之六）。

㈥臺東航空站：以跑道兩端中心點爲圓心，於跑道東側，在距機場標高四十五公尺之上空，以四千公尺半徑作圓弧，連接此二圓弧與跑道平行之切線範圍內所構成之水平面，於跑道西側在距機場標高七十五公尺之上空，以三千公尺半徑作圓弧，連接此二圓弧與跑道平行之切線範圍內所構成之水平面（附示意圖一之五）。

三 轉接面：

㈠高雄航空站之轉接面爲自距跑道中心線北側一百五十公尺處，向北水平延伸二千一百公尺，高度爲三百公尺之斜面，其高距比爲一比七，及自距跑道中心線南側一百五十公尺處，向南水平延伸四百二十公尺，高度爲六十公尺之斜面，其高距比爲一比七（附示意圖一之一）。

㈡桃園及臺東航空站之轉接面爲自跑道中心線兩側各一百五十公尺處，延伸至與進場面水平相接處所形成之斜面，其高距比爲一比七（附示意圖一之二、附示意圖一之五）。

㈢臺北航空站之轉接面爲自距跑道中心線北側一百五十公尺處，向北水平延伸二千一百公尺，高度爲三百公尺之斜面，其高距比爲一比七，及自距跑道中心線南側一百五十公尺處，向南水平延伸四百二十公尺，高度爲六十公尺之斜面，其高距比爲一比七（附示意圖一之三）。

㈣金門航空站之轉接面爲自距跑道中心線北側一百五十公尺處，向北水平延伸二千一百公尺，高度爲三百公尺之斜面，其高距比爲一比七，及自距跑道中心線南側一百五十公尺處，向南水平延伸三百一十五公尺，高度爲四十五公尺之斜面，其高距比爲一比七（附示意圖一之四）。

㈤恆春航空站之轉接面爲自跑道中心線東側七十五公尺處，向東水平延伸二千一百公尺，高度爲三百公尺之斜面，其高距比爲一比七，及自跑道中心線西側七十五公尺處，向西延伸四百二十公尺，高度爲六十公尺之斜面，其高距比爲一比七（附示意圖一之六）。

四 圓錐面：

㈠桃園之圓錐面其範圍爲自水平面之周圍以二千公尺之水平距離斜上向外所構成之斜面，該斜面之高距比爲一比二十（附示意圖一之二）。

㈡金門航空站之圓錐面，僅設於跑道南側，其範圍爲自水平面之周圍以二千公尺之水平距離斜上向外所構成之斜面，該斜面之高距比爲一比二十（附示意圖一之四）。

㈢臺東航空站之圓錐面，僅設於跑道東側，爲自水平面之周圍以二千公尺之水平距離斜上向外所構成之斜面，該斜面之高距比爲一比二十（附示意圖一之五）。

㈣恆春航空站之圓錐面，僅設於跑道西側，為自水平面之周圍以二千公尺之水平距離斜上向外所構成之斜面，該斜面之高距比為一比二十（附示意圖一之六）。

②前項飛航安全標準之範圍，為限制建築地區。

第五條 105

①助航設備四周之飛航安全，以下列範圍為標準：

一 儀器降落系統左右定位臺，其天線中心前方七十五公尺半徑內、天線中心左右各七十五公尺及後方十五公尺之矩形地區、自天線中心兩側各六十公尺至天線前端三百公尺之矩形地區之地面應平整（附示意圖二）。

二 儀器降落系統滑降臺，自跑道中心線至其天線並延伸六十公尺（第一類儀器降落系統）或九十公尺（第二、三類儀器降落系統）寬及自天線向跑道方向延伸九百一十五公尺（第一類儀器降落系統）或九百七十五公尺（第二、三類儀器降落系統）之矩形地區，其地面應平整（附示意圖三）。

三 多向導航臺，以天線為中心，半徑三百公尺以內地區之任何物體，高度均應低於天線反射平台。

四 多向導航臺，以天線為中心，半徑三百公尺以外之地區，所有導致電波反射之物體，均應在天線反射平台水平線起算之仰角一度以下（附示意圖四）。

五 機場搜索雷達，以天線為中心，半徑三百五十公尺以內地區之任何物體高度均應低於雷達天線平台。任何物體以雷達天線為觀察點，在進場面及其上空，不得有任何投影（附示意圖五）。

六 助航燈光設施周圍三十公尺範圍內之任何物體高度均不得高於燈具光源之低緣。

②前項第一款及第二款所定飛航安全標準之範圍為禁止建築地區；第三款至第六款所定飛航安全標準之範圍為限制建築地區。但經交通部民用航空局（以下簡稱民航局）依作業特性評估，不影響飛航安全者，不在此限。

③第一項各款所定禁止、限制建築範圍位於已公告禁止、限制建築地區者，得不依第六條第二項規定公告之。

第六條 105

①依本辦法劃定之禁止、限制建築地區，應由民航局繪製一萬二千五百分之一或二萬五千分之一之平面圖五份，報請交通部會同內政部及有關單位核定之。

②前項地區經核定後，民航局應送請當地直轄市、縣（市）政府公告實施。

第七條 101

①經核定為禁止、限制建築之地區，其建築物及其他障礙物之管理依下列規定辦理：

一 禁止建築地區，除飛航安全所必需之設施外，不得有任何

建築物及其他障礙物；其原有建築物應由當地直轄市、縣（市）政府通知所有權人拆遷之；其原有其他障礙物則由民航局會同有關機關處理。

二　限制建築地區，除飛航安全所必需之設施外，其建築物及其他障礙物之高度應依第四條或第五條第一項第三款至第六款之規定辦理；其原有建築物之高度超過飛航安全標準者，民航局應請各當地直轄市、縣（市）政府通知所有權人就其超高部分拆遷或裝置障礙燈及標誌；其他障礙物則由民航局會同有關機關處理。

②前項建築物或其他障礙物之拆遷或裝置障礙燈及標誌，如於本辦法公告時已存在者，由航空站或飛行場之經營人依據當地直轄市、縣（市）政府訂定之相關補償規定，給予補償；航空站或飛行場之經營人並應定期及不定期辦理依本辦法劃定之禁止、限制建築地區之建築物及其他障礙物之檢測及查報作業。

第八條 105

需在限制建築地區內營建超過第四條或第五條第一項第三款至第六款規定高度之建築物及其他障礙物之公共建設計畫，由主辦機關報請行政院就政策需要審核後，檢附相關文件送請民航局邀集相關機關組成臨時審查會共同審查，在不影響飛航安全之條件下，經民航局報請交通部核轉行政院核定後，始得申請營建，並應裝置障礙燈或標誌。

第九條

航空站、飛行場如屬軍民合用者，其禁止、限制建築地區，自該航空站、飛行場移交民航局管理時起，由民航局於本辦法中訂定飛航安全標準範圍管理之。

第一〇條

本辦法自發布日施行。

民間參與重大公共建設毗鄰地區禁建限建辦法

民國89年8月30日行政院公共工程委員會、內政部令會銜訂定發布
全文11條；並自發布日起施行。

第一條
本辦法依促進民間參與公共建設法（以下簡稱本法）第二十二條第二項規定訂定之。

第二條
民間參與重大公共建設毗鄰地區之禁建及限建，依本辦法之規定辦理。

第三條
本辦法所稱禁建，指不得為下列行為：
一　建築物之建造。
二　廣告物之設置。
三　其他經主辦機關認定有妨礙重大公共建設興建及營運安全之障礙物之設置。

第四條
①本辦法所稱限建，指未經當地直轄市或縣（市）政府許可，不得為下列之行為：
一　建築物之建造。
二　廣告物之設置。
三　障礙物之設置。
②前項許可，當地直轄市或縣（市）政府應會商主辦機關辦理；必要時主辦機關並得要求變更工程設計、施工方式，或採取必要補救措施。

第五條
重大公共建設毗鄰地區之禁建、限建，應由主辦機關依該建設之特性、興建及營運安全、土地使用狀況，與當地直轄市或縣（市）政府共同會勘範圍。

第六條
①重大公共建設禁建、限建範圍經會勘後，應由當地直轄市或縣（市）政府辦理公開展覽三十日。土地權利關係人得於公開展覽期間以書面提出意見。當地直轄市或縣（市）政府應參酌土地權利關係人及主辦機關意見，勘定禁建、限建範圍。
②禁建、限建範圍勘定後，應繪製地籍圖或地形圖，由當地直轄市或縣（市）政府公告實施，必要時埋設界樁。其範圍跨越直

轄市或縣（市）者，應先報請公共建設中央目的事業主管機關會同內政部核定後為之。

第七條

主辦機關應定期檢討禁建、限建之必要性；已公告實施之禁建、限建範圍，其禁建、限建之原因變更或消滅者，應商請當地直轄市或縣（市）政府依前條程序辦理變更、撤銷或廢止。

第八條

本辦法禁建、限建範圍公告前之原有建築物、廣告物及其他障礙物，除依本法及相關規定應予拆遷及修改者外，得為從來之使用或修繕；於禁建範圍內不得增建或改建，於限建範圍內其增建或改建，應依第四條規定辦理。

第九條

在禁建、限建範圍內建築或設置中之建築物、廣告物或其他障礙物，於禁建、限建範圍公告後，應即停止施工，並進行必要之安全措施。在限建範圍內者，並應依第四條規定辦理。

第一〇條

禁建、限建範圍公告後，違反本辦法建造或設置建築物、廣告物及其他障礙物者，由主辦機關商請當地主管建築機關令其限期拆除，逾期未拆除者，依行政執行法辦理。

第一一條

本辦法自發布日施行。

機械遊樂設施設置及檢查管理辦法

民國93年11月5日內政部令修正發布名稱及全文14條；並自發布日施行（原名稱：機械遊樂設施管理辦法）。

第一條

本辦法依建築法（以下簡稱本法）第七十七條之三第五項規定訂定之。

第二條

本法第七條所稱機械遊樂設施，指建築基地內固著於地面或建築物，藉由動力操作運轉，供遊樂使用之下列設施：

一　軌道式機械遊樂設施：指雲霄飛車、單軌電車、水上飛船及其他循軌道運動之設施。

二　迴轉式機械遊樂設施：指旋轉馬車、咖啡杯、飛行塔、離心輪及其他以單一或多圓心迴轉運動之設施。

三　吊纜式機械遊樂設施：指纜車、觀覽車及其他以鋼索（鍊）懸吊運動之設施。

四　其他經中央主管建築機關認有管理必要之機械遊樂設施。

第三條

機械遊樂設施經營者（以下簡稱經營者）設置機械遊樂設施應填具申請書，並檢附下列文件向直轄市、縣（市）主管建築機關申領雜項執照：

一　觀光遊樂業核准之證明文件。但非屬觀光遊樂業者，免檢附。

二　圖說：

㈠設置場所：

1.現況圖：載明場所位置、方向及境界線、建築線、臨接道路之名稱、寬度，四周鄰房之層數、空地、現有巷道，其比例尺不得小於六百分之一。

2.配置圖：載明場所內各項設施之相關位置、名稱及四周道路，比例尺不得小於三百分之一。

㈡機械遊樂設施：

1.平面圖：註明各部分之尺寸及材料等，其比例尺不得小於一百分之一。

2.立面圖：比例尺不得小於一百分之一。

3.剖面圖：註明各部分高度、內部設施、基地與路面之高低差及各部分之材料等，其比例尺不得小於一百分之一。

4.特殊部分詳細圖：註明各部分尺寸，構造材料等詳細

圖，其比例尺不得小於三十分之一。

三　結構計算書圖：經依法登記執業專業技師簽證之機械遊樂設施構架力學分析、計算說明及其他必要之結構計算。

四　機電設備書圖：經依法登記執業專業技師簽證之設計圖、說明書及其他必要輔助資料。

五　機械遊樂設施之使用、管理、維護及耐用年限等安全資料（計畫）書。

六　受委託設計簽證之專業技師及承辦廠商之資格證明文件。

七　其他經直轄市、縣（市）主管建築機關規定之文件。

第四條

依法登記開業之機械遊樂設施製造廠商、機械、電機承裝廠商或營造業並具備下列條件者，得為設置機械遊樂設施之承辦廠商：

一　具有承辦同類遊樂設施之經驗或技術。

二　對承辦之遊樂設施定有詳細安全保養、修護標準。

三　具備安全保養、修護之專業技術人員。

第五條

①經營者應於機械遊樂設施裝置完竣後三十日內，報請直轄市、縣（市）主管建築機關實施竣工查驗。查驗合格者，發給竣工查驗合格證明書，載明核准使用期限；不合格者，通知限期改善並定期複檢。

②經營者應於領得合格證明書後六個月內，檢同第七條保險證明文件及合格證明書向直轄市、縣（市）主管建築機關申請領得使用執照後，始得使用。逾期者，應重新報請竣工查驗。

③第一項竣工查驗及複檢，直轄市、縣（市）主管建築機關得委託依法開業之建築師、相關執業專業技師或經中央主管建築機關指定之檢查機構或團體辦理。但不得委託經營者委託竣工檢查之建築師、專業技師、機構或團體。

第六條

①前條第一項竣工查驗項目如下：

一　設置地點配置、材料、構造及設備經承辦廠商自主檢查及監造人查核符合核定工程圖說。

二　經營者委託依法開業之建築師、相關執業專業技師或經中央主管建築機關指定之檢查機構、團體按照國家標準或設計圖說核定之檢查事項辦理竣工檢查合格，並作成竣工檢查報告書。

三　測試運轉一切正常。

②直轄市、縣（市）主管建築機關實施前項查驗時，承辦廠商、設計人、監造人及竣工檢查人員應在現場說明，並在查驗文件上簽名或蓋章。

第七條

①經營者依本法規定投保責任保險之最低保險金額如下：

一　每一個人身體傷亡：新臺幣二百萬元。

二　每一事故身體傷亡：新臺幣一千萬元。
三　每一事故財產損失：新臺幣二百萬元。

②保險期間總保險金額最低為新臺幣二千四百萬元。

第八條

機械遊樂設施應由經營者所置之機電技術人員負責經常性之保養、修護工作，並作成紀錄以備直轄市、縣（市）主管建築機關查考。

第九條

①直轄市、縣（市）主管建築機關應訂定機械遊樂設施之定期安全檢查申報期限及實施檢查期間，通知經營者委託開業之建築師、執業之土木技師、結構技師、電機技師、機械技師，或檢查機構、團體辦理安全檢查及申報。除另有規定外，安全檢查及申報應於每年五月三十一日以前及十一月三十日以前完成。

②前項安全檢查應併同檢查項目及檢查結果簽證作成安全檢查報告書辦理申報。檢查合格且保險證明文件在有效期限者，發給安全檢查合格證明書；不合格者，通知限期改善並定期複檢。

③第一項檢查人員發現有立即危險之虞時，應即告知經營者停止使用及張貼停止使用標示，並報告直轄市、縣（市）主管建築機關處理。

④安全檢查合格證明書之核發及安全檢查之複查、抽查，直轄市、縣（市）主管建築機關得委託經中央主管建築機關指定之檢查機構、團體辦理。但不得委託經營者委託安全檢查之機構或團體。

第一〇條

停止使用之機械遊樂設施，其停止使用期間超過前條第一項規定之定期安全檢查及申報期限且未依規定辦理者，應報請直轄市、縣（市）主管建築機關備查並張貼停止使用標示；經營者應依前條規定辦理安全檢查及申報，並於取得安全檢查合格證明書後，始得恢復使用。

第一一條

中央主管建築機關得指定符合下列規定者為檢查機構、團體：

一　從事機械遊樂設施之研究、設計、檢查或教育訓練等工作二年以上著有成績之學校、非營利法人或學術研究機構。
二　有獨立設置之辦事處所，其面積在一百平方公尺以上者。
三　依檢查項目設置專任並符合下列資格之相關專業技師、建築師：
　㈠構造部分：領有建築師、土木技師、結構技師證書者。
　㈡機電設備部分：領有電機技師、機械技師證書者。

第一二條

①經營者應於各項機械遊樂設施明顯處，分別標示安全檢查合格證明書影本；並依其種類、特性豎立安全說明。

②前項標示及說明尺寸不得小於寬度六十公分及長度九十公分。

第一三條

本辦法所定書、表、證格式，由中央主管建築機關定之。

第一四條

本辦法自發布日施行。

建築物交通影響評估準則

①民國96年1月31日交通部、內政部令會銜訂定發布全文14條；並自發布日施行。
②民國96年6月6日交通部、內政部令會銜修正發布第2條條文。
③民國109年6月16日交通部、內政部令會銜修正發布第2、7條條文。

第一條

本準則依停車場法第二十條第四項規定訂定之。

第二條 109

①在交通密集地區，供公眾使用之建築物，依建築技術規則建築設計施工編第五十九條之分類，其設置停車位數或開發、變更使用樓地板面積符合下列規定者，得經地方主管機關會商當地主管建築機關及都市計畫主管機關公告，列為應實施交通影響評估之建築物：

一　第一類建築物，其設置小型車停車位數超過一百五十個，或樓地板面積超過二萬四千平方公尺。
二　第二類建築物，其設置小型車停車位數超過三百六十個，或樓地板面積超過四萬八千平方公尺。
三　第三類建築物，其設置小型車停車位數超過一百八十個，或樓地板面積超過四萬八千平方公尺。
四　第四類建築物，其設置小型車停車位數超過二百個，或樓地板面積超過六萬平方公尺。
五　第五類建築物，其設置小型車停車位數或樓地板面積，由中央主管機關視實際情形另定之。

②前項各類基地設置停車位數或開發、變更使用樓地板面積以總量計算，不得依分區開發面積不足而省略評估；如屬分期開發者，第二期以後開發時應合併前各期已設置停車位數或開發、變更使用樓地板面積辦理評估，報告中並應針對前一期開發量加以檢討。

③建築物如有二類以上用途，其停車位數或樓地板面積應合併計算，並適用較高之基準。但地方主管機關得視當地特性另行規定及公告，並報請中央主管機關備查。

④其他車種與第一項小型車之停車位換算如下：

一　一個機車停車位相當於零點二個小型車停車位。
二　一個大型車停車位相當於二個小型車停車位。

⑤地方主管機關得視當地特性，調整第一項各款送審基準及公告，並報請中央主管機關備查。

第三條

①申請人應備具申請書、建築物交通影響評估報告（以下簡稱評估報告）及相關證明文件，向地方主管機關申請審查。

②前項評估報告應包含下列內容：

一　前言：

㈠開發內容說明。

㈡評估範圍。

二　基地週邊現況：

㈠都市計畫與週邊土地使用現況。

㈡重大建設計畫。

㈢週邊道路動線分析。

㈣道路幾何特性與服務水準分析。

㈤停車供需分析。

㈥大眾運輸系統服務狀況。

㈦人行動線分析。

三　基地開發交通影響分析：

㈠基地開發衍生交通量推估。

㈡衍生停車需求分析。

㈢基地開發衝擊分析。

四　停車場規劃與設計：

㈠停車場出入口動線、視距、安全設施分析。

㈡停車位空間（供給）佈設與數量配置圖說。

五　交通改善措施與建議：

㈠施工期間交通維持措施。

㈡基地交通配置、規劃說明及改善對策。

㈢目標年期交通評估。

六　附則：

㈠申請單位名稱、負責人之姓名、地址、營利事業統一編號。

㈡評估委託書。

㈢評估報告撰寫者姓名、履歷及簽章。

㈣依法登記執業之交通工程技師簽證。

第四條

①前條第二項第一款第二目之評估範圍，為基地最外圍往外五百公尺平行線所圍成之區域。

②前項範圍得由地方主管機關視當地實際交通特性公告為三百公尺，並報請中央主管機關備查。

第五條

第三條第二項第二款第三目至第七目之基地週邊現況分析，依下列原則辦理，並以附圖說明：

一　週邊道路動線、道路幾何特性與服務水準分析：停車場出入口與臨時停車區進出道路，其上下游與主要幹道相交之路口所圍成之區域內各路口。

二　停車供需分析：調查路邊停車場及路外停車場之停車供需及平均車位使用率等數據資料。

三　大眾運輸系統服務狀況：大眾運輸系統路線、服務水準、班次等數據資料。

四　人行動線分析：行人出入口所在街廓內所面臨道路之人行設施。

第六條

①第三條第二項第三款基地開發交通影響分析，應依下列原則界定目標年時間評估範圍：

一　評估年期：目標年期。

二　評估時段：應針對前條各款交通系統背景尖峰交通量及建築物衍生最大交通量時段分別進行評估。

②前項各款得由地方主管機關視當地實際交通特性公告調整。

③評估報告應註明相關參數及引用模式之資料來源，且爲最新之調查資料；若由申請單位自行調查，須以開發型態及區位條件相似基地爲之。但交通量應爲最近二年內之調查資料。

④未能依評估報告中既定年期完工或實施者，仍應修正評估報告送審。

第七條 109

第三條第二項第三款第一目及第二目應計算基地開發後衍生之各開發類型之人旅次、各運具之車旅次、小客車當量數、汽車及機車停車需求數等資料。

第八條

第三條第二項第三款第三目基地開發衝擊分析應針對建築物興建完成後，評估分析同項第二款第四目至第七目各類系統設施於目標年期之使用狀況或服務水準。

第九條

第三條第二項第四款停車場規劃與設計應說明停車場內部交通動線佈設、停車場出入口佈設方式、出入停等空間長度及計算方式、停車空間計算與佈設方式、臨時停車空間計算與佈設方式、人行道寬度計算與佈設方式等，並針對上述交通配置進行各項衝突點分析及停車需求分析。

第一〇條

①第三條第二項第五款交通改善措施與建議應針對所提車種、動線、時段、路段等交通管理配合措施進行說明，並檢附必要之標誌、標線、號誌等交通工程圖說及數量。

②建築物使用後週邊道路交通狀況未改善者，開發或營運業者應配合交通主管機關持續改善。

第一一條

第二條第一項第一款之建築物，其樓地板面積達三萬平方公尺者，應針對營運期間訂定交通管理計畫，視建築物及週邊道路交通特性，針對建築物內、外部交通系統研提具體改善措施，經地方主管機關同意後實施。

第一二條

地方主管機關得遴聘（派）學者、專家及有關單位代表審查建築物交通影響評估報告相關事宜。但已實施都市計畫或都市設計地區者，得由各級都市計畫委員會或都市設計審議委員會一併審查。

第一三條

①評估報告審查完成後，應作成審查結論。

②前項審查結論應包含下列內容：

一　綜合評述。

二　審查結果（通過審查、附條件通過審查或不通過審查）。

第一四條

本準則自發布日施行。

金門馬祖建築法適用地區外建築物管理辦法

民國81年11月5日內政部令訂定發布全文15條；並自發布日起施行。

第一條
本辦法依建築法第一百條規定訂定之。

第二條
①土地所有權人得自行或提供他人申請左列建築使用。但其他法令有禁止或限制規定者，依其規定：
一　建築面積不得超過三百三十平方公尺之自用農舍。
二　菇寮、花棚、養魚池及其他供農業使用之建築物。
三　發展交通、設立學校及興辦其他公共設施或公用事業之建築物。
四　原有建築物之修建或改建。
②前項第一款興建自用農舍之起造人，應具自耕農身分，且建築面積不得超過耕地面積百分之五。
③第一項第三款建築物之建蔽率不得超過百分之七十。

第三條
前條第一項所定建築物之構造及高度應受左列規定之限制：
一　第一款、第二款建築物及第四款改建之建築物，其構造以木竹造、磚造及金屬架構式構造等之平房為限，簷高不得超過三點五尺。斜屋頂屋架高度不得超過二公尺。
二　第三款建築物構造除前款規定外，得使用鋼筋混凝土構造，高度應在三層或十點五公尺以下。
三　第四款修建之建築物以使用原有材料為限。

第四條
①申請建築時，建築基地臨接公路者，建築物與公路間之距離，應依公路法及有關法令規定辦理；臨接其他道路者，應自道路邊線退縮二公尺以上建築；建築基地未臨接道路者，應以通路連接道路，通路之寬度應在二公尺以上。
②集中興建之房屋，應有完整之道路系統，道路寬度不得小於六公尺。

第五條
建築物非經申請縣主管建築機關之審查許可並發給執照，不得擅自建造或使用或拆除。但合於建築法第七十八條及第九十八條規定者，不在此限。

第六條

申請建造執照或雜項執照，應備具左列文件向該縣主管建築機關爲之：

一　申請書。

二　土地登記簿謄本或土地使用同意書。

三　建築物平面略圖（比例尺不得小於二百分之一）、立面略圖（比例尺不得小於二百分之一）、配置圖（比例尺不得小於一千二百分之一）及位置圖。

第七條

①主管建築機關自收到申請建築書之次日起，應於十日內會同有關機關審查完竣，合格者即發給建造執照。但需要現地勘查者得予延長，最長不得超過三十日。

②前項工程圖說之審查，必要時得委託具有建築師資格之人員辦理。

第八條

①起造人領得建造執照後，應依照建築期限建築完成，因故不能於期限內竣工，得申請展期。但以二次爲限，每次不得超過六個月，逾期執照作廢。

②前項建築期限由縣主管建築機關定之。

第九條

建築物興建完竣後，應由起造人會同承造人申請使用執照，該縣主管建築機關應自接到申請之日起十日內派員查驗，其經依法查驗合乎規定者，應即發給使用執照。

第一〇條

①申請使用執照，應備具申請書，並檢附左列各件：

一　原領之建造執照或雜項執照。

二　建築物竣工平面圖及立面圖。

②建築物與核定工程圖樣完全相符者，免附竣工平面圖及立面圖。

第一一條

縣主管建築機關核發執照時，應依左列規定，向建築物之起造人或所有人收取規費或工本費：

一　建造執照及雜項執照：按建築物造價或雜項工作物造價收取千分之一以下之規費，如有變更設計時，應按變更部分收取千分之一以下之規費。

二　使用執照：收取執照工本費。

三　拆除執照：免費發給。

第一二條

建築物非經領得使用執照，不准接水、接電或申請營業登記及使用；非經領得變更使用執照，不得變更其使用。

第一三條

縣政府對於建築物有關交通、景觀、環保、防火或防空避難等之設計與構造，於不違反法律規定範圍內，得會同有關機關爲必要之規定。

第一四條
違反本辦法規定擅自建築或使用者，依建築法令有關規定處理。
第一五條
本辦自發布日施行。

(二)施工管理

職業安全衛生法

①民國63年4月16日總統令制定公布全文34條。
②民國80年5月17日總統令修正公布全文40條。
③民國91年5月15日總統令修正公布第3條條文。
④民國91年6月12日總統令修正公布第6、8、10、23、32條條文；並增訂第36-1條條文。
⑤民國102年7月3日總統令修正公布名稱及全文55條（原名稱：勞工安全衛生法）。
民國103年6月20日行政院令發布第7至9、11、13至15、31條定自104年1月1日施行，餘自103年7月3日施行。
民國103年2月14日行政院公告第3條第1項所列屬「行政院勞工委員會」之權責事項，自103年2月17日起改由「勞動部」管轄。
⑥民國108年5月15日總統令修正公布第3、6條條文。
民國108年6月13日行政院令發布定自108年6月15日施行。

第一章　總　則

第一條　（立法目的）
為防止職業災害，保障工作者安全及健康，特制定本法；其他法律有特別規定者，從其規定。

第二條　（名詞定義）
本法用詞，定義如下：
一　工作者：指勞工、自營作業者及其他受工作場所負責人指揮或監督從事勞動之人員。
二　勞工：指受僱從事工作獲致工資者。
三　雇主：指事業主或事業之經營負責人。
四　事業單位：指本法適用範圍內僱用勞工從事工作之機構。
五　職業災害：指因勞動場所之建築物、機械、設備、原料、材料、化學品、氣體、蒸氣、粉塵等或作業活動及其他職業上原因引起之工作者疾病、傷害、失能或死亡。

第三條　（主管機關）108
①本法所稱主管機關：在中央為勞動部；在直轄市為直轄市政府；在縣（市）為縣（市）政府。
②本法有關衛生事項，中央主管機關應會商中央衛生主管機關辦理。

第四條　（適用範圍）
本法適用於各業。但因事業規模、性質及風險等因素，中央主

管機關得指定公告其適用本法之部分規定。

第五條　（必要之預防設備或措施）

①雇主使勞工從事工作，應在合理可行範圍內，採取必要之預防設備或措施，使勞工免於發生職業災害。

②機械、設備、器具、原料、材料等物件之設計、製造或輸入者及工程之設計或施工者，應於設計、製造、輸入或施工規劃階段實施風險評估，致力防止此等物件於使用或工程施工時，發生職業災害。

第二章　安全衛生措施

第六條　（必要安全衛生設備及措施）108

①雇主對下列事項應有符合規定之必要安全衛生設備及措施：

一　防止機械、設備或器具等引起之危害。
二　防止爆炸性或發火性等物質引起之危害。
三　防止電、熱或其他之能引起之危害。
四　防止採石、採掘、裝卸、搬運、堆積或採伐等作業中引起之危害。
五　防止有墜落、物體飛落或崩塌等之虞之作業場所引起之危害。
六　防止高壓氣體引起之危害。
七　防止原料、材料、氣體、蒸氣、粉塵、溶劑、化學品、含毒性物質或缺氧空氣等引起之危害。
八　防止輻射、高溫、低溫、超音波、噪音、振動或異常氣壓等引起之危害。
九　防止監視儀表或精密作業等引起之危害。
十　防止廢氣、廢液或殘渣等廢棄物引起之危害。
十一　防止水患、風災或火災等引起之危害。
十二　防止動物、植物或微生物等引起之危害。
十三　防止通道、地板或階梯等引起之危害。
十四　防止未採取充足通風、採光、照明、保溫或防濕等引起之危害。

②雇主對下列事項，應妥爲規劃及採取必要之安全衛生措施：

一　重複性作業等促發肌肉骨骼疾病之預防。
二　輪班、夜間工作、長時間工作等異常工作負荷促發疾病之預防。
三　執行職務因他人行爲遭受身體或精神不法侵害之預防。
四　避難、急救、休息或其他爲保護勞工身心健康之事項。

③前二項必要之安全衛生設備與措施之標準及規則，由中央主管機關定之。

第七條　（主管機關指定之機械、設備器具之限制）

①製造者、輸入者、供應者或雇主，對於中央主管機關指定之機械、設備或器具，其構造、性能及防護非符合安全標準者，不

得產製運出廠場、輸入、租賃、供應或設置。

②前項之安全標準，由中央主管機關定之。

③製造者或輸入者對於第一項指定之機械、設備或器具，符合前項安全標準者，應於中央主管機關指定之資訊申報網站登錄，並於其產製或輸入之產品明顯處張貼安全標示，以供識別。但屬於公告列入型式驗證之產品，應依第八條及第九條規定辦理。

④前項資訊登錄方式、標示及其他應遵行事項之辦法，由中央主管機關定之。

第八條　（主管機關公告列入型式驗證之機械、設備或器具之限制）

①製造者或輸入者對於中央主管機關公告列入型式驗證之機械、設備或器具，非經中央主管機關認可之驗證機構實施型式驗證合格及張貼合格標章，不得產製運出廠場或輸入。

②前項應實施型式驗證之機械、設備或器具，有下列情形之一者，得免驗證，不受前項規定之限制：

一　依第十六條或其他法律規定實施檢查、檢驗、驗證或認可。

二　供國防軍事用途使用，並有國防部或其直屬機關出具證明。

三　限量製造或輸入僅供科技研發、測試用途之專用機型，並經中央主管機關核准。

四　非供實際使用或作業用途之商業樣品或展覽品，並經中央主管機關核准。

五　其他特殊情形，有免驗證之必要，並經中央主管機關核准。

③第一項之驗證，因產品構造規格特殊致驗證有困難者，報驗義務人得檢附產品安全評估報告，向中央主管機關申請核准採用適當檢驗方式為之。

④輸入者對於第一項之驗證，因驗證之需求，得向中央主管機關申請先行放行，經核准後，於產品之設置地點實施驗證。

⑤前四項之型式驗證實施程序、項目、標準、報驗義務人、驗證機構資格條件、認可、撤銷與廢止、合格標章、標示方法、先行放行條件、申請免驗、安全評估報告、監督管理及其他應遵行事項之辦法，由中央主管機關定之。

第九條　（未經型式驗證合格之產品或型式驗證逾期之限制）

①製造者、輸入者、供應者或雇主，對於未經型式驗證合格之產品或型式驗證逾期者，不得使用驗證合格標章或易生混淆之類似標章揭示於產品。

②中央主管機關或勞動檢查機構，得對公告列入應實施型式驗證之產品，進行抽驗及市場查驗，業者不得規避、妨礙或拒絕。

第一〇條　（危害性之化學品應採通識措施）

①雇主對於具有危害性之化學品，應予標示、製備清單及揭示安全資料表，並採取必要之通識措施。

②製造者、輸入者或供應者，提供前項化學品與事業單位或自營作業者前，應予標示及提供安全資料表；資料異動時，亦同。

③前二項化學品之範圍、標示、清單格式、安全資料表、揭示、通識措施及其他應遵行事項之規則，由中央主管機關定之。

第一一條　（危害性之化學品應採分級管理措施）

①雇主對於前條之化學品，應依其健康危害、散布狀況及使用量等情形，評估風險等級，並採取分級管理措施。

②前項之評估方法、分級管理程序與採行措施及其他應遵行事項之辦法，由中央主管機關定之。

第一二條　（作業場所訂有容許暴露標準之相關措施）

①雇主對於中央主管機關定有容許暴露標準之作業場所，應確保勞工之危害暴露低於標準值。

②前項之容許暴露標準，由中央主管機關定之。

③雇主對於經中央主管機關指定之作業場所，應訂定作業環境監測計畫，並設置或委託由中央主管機關認可之作業環境監測機構實施監測。但中央主管機關指定免經監測機構分析之監測項目，得僱用合格監測人員辦理之。

④雇主對於前項監測計畫及監測結果，應公開揭示，並通報中央主管機關。中央主管機關或勞動檢查機構得實施查核。

⑤前二項之作業場所指定、監測計畫與監測結果揭示、通報、監測機構與監測人員資格條件、認可、撤銷與廢止、查核方式及其他應遵行事項之辦法，由中央主管機關定之。

第一三條　（主管機關公告以外之新化學物質之限制）

①製造者或輸入者對於中央主管機關公告之化學物質清單以外之新化學物質，未向中央主管機關繳交化學物質安全評估報告，並經核准登記前，不得製造或輸入含有該物質之化學品。但其他法律已規定或經中央主管機關公告不適用者，不在此限。

②前項評估報告，中央主管機關爲防止危害工作者安全及健康，於審查後得予公開。

③前二項化學物質清單之公告、新化學物質之登記、評估報告內容、審查程序、資訊公開及其他應遵行事項之辦法，由中央主管機關定之。

第一四條　（管制性化學品之限制）

①製造者、輸入者、供應者或雇主，對於經中央主管機關指定之管制性化學品，不得製造、輸入、供應或供工作者處置、使用。但經中央主管機關許可者，不在此限。

②製造者、輸入者、供應者或雇主，對於中央主管機關指定之優先管理化學品，應將相關運作資料報請中央主管機關備查。

③前二項化學品之指定、許可條件、期間、廢止或撤銷許可、運作資料內容及其他應遵行事項之辦法，由中央主管機關定之。

第一五條　（應定期實施製程安全評估之工作場所）

①有下列情事之一之工作場所，事業單位應依中央主管機關規定之期限，定期實施製程安全評估，並製作製程安全評估報告及採取必要之預防措施；製程修改時，亦同：

一　從事石油裂解之石化工業。

二　從事製造、處置或使用危害性之化學品數量達中央主管機關規定量以上。

②前項製程安全評估報告，事業單位應報請勞動檢查機構備查。
③前二項危害性之化學品數量、製程安全評估方法、評估報告內容要項、報請備查之期限、項目、方式及其他應遵行事項之辦法，由中央主管機關定之。

第一六條　（危險性之機械或設備之檢查）

①雇主對於經中央主管機關指定具有危險性之機械或設備，非經勞動檢查機構或中央主管機關指定之代行檢查機構檢查合格，不得使用；其使用超過規定期間者，非經再檢查合格，不得繼續使用。
②代行檢查機構應依本法及本法所發布之命令執行職務。
③檢查費收費標準及代行檢查機構之資格條件與所負責任，由中央主管機關定之。
④第一項所稱危險性機械或設備之種類、應具之容量與其製程、竣工、使用、變更或其他檢查之程序、項目、標準及檢查合格許可有效使用期限等事項之規則，由中央主管機關定之。

第一七條　（勞工工作場所之設計規定）

勞工工作場所之建築物，應由依法登記開業之建築師依建築法規及本法有關安全衛生之規定設計。

第一八條　（應即停止作業之工作場所）

①工作場所有立即發生危險之虞時，雇主或工作場所負責人應即令停止作業，並使勞工退避至安全場所。
②勞工執行職務發現有立即發生危險之虞時，得在不危及其他工作者安全情形下，自行停止作業及退避至安全場所，並立即向直屬主管報告。
③雇主不得對前項勞工予以解僱、調職、不給付停止作業期間工資或其他不利之處分。但雇主證明勞工濫用停止作業權，經報主管機關認定，並符合勞動法令規定者，不在此限。

第一九條　（具有特殊危害等作業勞工之保護）

①在高溫場所工作之勞工，雇主不得使其每日工作時間超過六小時；異常氣壓作業、高架作業、精密作業、重體力勞動或其他對於勞工具有特殊危害之作業，亦應規定減少勞工工作時間，並在工作時間中予以適當之休息。
②前項高溫度、異常氣壓、高架、精密、重體力勞動及對於勞工具有特殊危害等作業之減少工作時間與休息時間之標準，由中央主管機關會同有關機關定之。

第二〇條　（勞工體格檢查、健康檢查之施行）

①雇主於僱用勞工時，應施行體格檢查；對在職勞工應施行下列健康檢查：
一　一般健康檢查。
二　從事特別危害健康作業者之特殊健康檢查。
三　經中央主管機關指定為特定對象及特定項目之健康檢查。
②前項檢查應由中央主管機關會商中央衛生主管機關認可之醫療機構之醫師為之；檢查紀錄雇主應予保存，並負擔健康檢查費

用；實施特殊健康檢查時，雇主應提供勞工作業內容及暴露情形等作業經歷資料予醫療機構。

③前二項檢查之對象及其作業經歷、項目、期間、健康管理分級、檢查紀錄與保存期限及其他應遵行事項之規則，由中央主管機關定之。

④醫療機構對於健康檢查之結果，應通報中央主管機關備查，以作為工作相關疾病預防之必要應用。但一般健康檢查結果之通報，以指定項目發現異常者為限。

⑤第二項醫療機構之認可條件、管理、檢查醫師資格與前項檢查結果之通報內容、方式、期限及其他應遵行事項之辦法，由中央主管機關定之。

⑥勞工對於第一項之檢查，有接受之義務。

第二一條　（雇主應依健康檢查結果採取健康管理分級措施）

①雇主依前條體格檢查發現應僱勞工不適於從事某種工作，不得僱用其從事該項工作。健康檢查發現勞工有異常情形者，應由醫護人員提供其健康指導；其經醫師健康評估結果，不能適應原有工作者，應參採醫師之建議，變更其作業場所、更換工作或縮短工作時間，並採取健康管理措施。

②雇主應依前條檢查結果及個人健康注意事項，彙編成健康檢查手冊，發給勞工，並不得作為健康管理目的以外之用途。

③前二項有關健康管理措施、檢查手冊內容及其他應遵行事項之規則，由中央主管機關定之。

第二二條　（應僱用或特約醫護人員辦理勞工健康保護事項）

①事業單位勞工人數在五十人以上者，應僱用或特約醫護人員，辦理健康管理、職業病預防及健康促進等勞工健康保護事項。

②前項職業病預防事項應配合第二十三條之安全衛生人員辦理之。

③第一項事業單位之適用日期，中央主管機關得依規模、性質分階段公告。

④第一項有關從事勞工健康服務之醫護人員資格、勞工健康保護及其他應遵行事項之規則，由中央主管機關定之。

第三章　安全衛生管理

第二三條　（職業安全衛生管理計畫之實施）

①雇主應依其事業單位之規模、性質，訂定職業安全衛生管理計畫；並設置安全衛生組織、人員，實施安全衛生管理及自動檢查。

②前項之事業單位達一定規模以上或有第十五條第一項所定之工作場所者，應建置職業安全衛生管理系統。

③中央主管機關對前項職業安全衛生管理系統得實施訪查，其管理績效良好並經認可者，得公開表揚之。

④前三項之事業單位規模、性質、安全衛生組織、人員、管理、

自動檢查、職業安全衛生管理系統建置、績效認可、表揚及其他應遵行事項之辦法，由中央主管機關定之。

第二四條　（危險性機械或設備其操作人員之限制）
經中央主管機關指定具有危險性機械或設備之操作人員，雇主應僱用經中央主管機關認可之訓練或經技能檢定之合格人員充任之。

第二五條　（事業單位其承攬人之責任）
①事業單位以其事業招人承攬時，其承攬人就承攬部分負本法所定雇主之責任；原事業單位就職業災害補償仍應與承攬人負連帶責任。再承攬者亦同。
②原事業單位違反本法或有關安全衛生規定，致承攬人所僱勞工發生職業災害時，與承攬人負連帶賠償責任。再承攬者亦同。

第二六條　（事業單位交付承攬或承攬人再交付承攬之告知義務）
①事業單位以其事業之全部或一部分交付承攬時，應於事前告知該承攬人有關其事業工作環境、危害因素暨本法及有關安全衛生規定應採取之措施。
②承攬人就其承攬之全部或一部分交付再承攬時，承攬人亦應依前項規定告知再承攬人。

第二七條　（原事業單位之責任）
①事業單位與承攬人、再承攬人分別僱用勞工共同作業時，為防止職業災害，原事業單位應採取下列必要措施：
一　設置協議組織，並指定工作場所負責人，擔任指揮、監督及協調之工作。
二　工作之連繫與調整。
三　工作場所之巡視。
四　相關承攬事業間之安全衛生教育之指導及協助。
五　其他為防止職業災害之必要事項。
②事業單位分別交付二個以上承攬人共同作業而未參與共同作業時，應指定承攬人之一負前項原事業單位之責任。

第二八條　（二個以上事業單位共同承攬時之責任）
二個以上之事業單位分別出資共同承攬工程時，應互推一人為代表人；該代表人視為該工程之事業雇主，負本法雇主防止職業災害之責任。

第二九條　（未滿十八歲者之限制）
①雇主不得使未滿十八歲者從事下列危險性或有害性工作：
一　坑內工作。
二　處理爆炸性、易燃性等物質之工作。
三　鉛、汞、鉻、砷、黃磷、氯氣、氰化氫、苯胺等有害物散布場所之工作。
四　有害輻射散布場所之工作。
五　有害粉塵散布場所之工作。
六　運轉中機器或動力傳導裝置危險部分之掃除、上油、檢查、修理或上卸皮帶、繩索等工作。

七　超過二百二十伏特電力線之銜接。
八　已熔礦物或礦渣之處理。
九　鍋爐之燒火及操作。
十　鑿岩機及其他有顯著振動之工作。
十一　一定重量以上之重物處理工作。
十二　起重機、人字臂起重桿之運轉工作。
十三　動力捲揚機、動力運搬機及索道之運轉工作。
十四　橡膠化合物及合成樹脂之滾輾工作。
十五　其他經中央主管機關規定之危險性或有害性之工作。

②前項危險性或有害性工作之認定標準，由中央主管機關定之。

③未滿十八歲者從事第一項以外之工作，經第二十條或第二十二條之醫師評估結果，不能適應原有工作者，雇主應參採醫師之建議，變更其作業場所、更換工作或縮短工作時間，並採取健康管理措施。

第三〇條　（妊娠中女性勞工之限制）

①雇主不得使妊娠中之女性勞工從事下列危險性或有害性工作：
一　礦坑工作。
二　鉛及其化合物散布場所之工作。
三　異常氣壓之工作。
四　處理或暴露於弓形蟲、德國麻疹等影響胎兒健康之工作。
五　處理或暴露於二硫化碳、三氯乙烯、環氧乙烷、丙烯醯胺、次乙亞胺、砷及其化合物、汞及其無機化合物等經中央主管機關規定之危害性化學品之工作。
六　鑿岩機及其他有顯著振動之工作。
七　一定重量以上之重物處理工作。
八　有害輻射散布場所之工作。
九　已熔礦物或礦渣之處理工作。
十　起重機、人字臂起重桿之運轉工作。
十一　動力捲揚機、動力運搬機及索道之運轉工作。
十二　橡膠化合物及合成樹脂之滾輾工作。
十三　處理或暴露於經中央主管機關規定具有致病或致死之微生物感染風險之工作。
十四　其他經中央主管機關規定之危險性或有害性之工作。

②雇主不得使分娩後未滿一年之女性勞工從事下列危險性或有害性工作：
一　礦坑工作。
二　鉛及其化合物散布場所之工作。
三　鑿岩機及其他有顯著振動之工作。
四　一定重量以上之重物處理工作。
五　其他經中央主管機關規定之危險性或有害性之工作。

③第一項第五款至第十四款及前項第三款至第五款所定之工作，雇主依第三十一條採取母性健康保護措施，經當事人書面同意者，不在此限。

④第一項及第二項危險性或有害性工作之認定標準，由中央主管機關定之。

⑤雇主未經當事人告知妊娠或分娩事實而違反第一項或第二項規定者，得免予處罰。但雇主明知或可得而知者，不在此限。

第三一條　（妊娠中或產後未滿一年之女性勞工之分級措施）

①中央主管機關指定之事業，雇主應對有母性健康危害之虞之工作，採取危害評估、控制及分級管理措施；對於妊娠中或分娩後未滿一年之女性勞工，應依醫師適性評估建議，採取工作調整或更換等健康保護措施，並留存紀錄。

②前項勞工於保護期間，因工作條件、作業程序變更、當事人健康異常或有不適反應，經醫師評估確認不適原有工作者，雇主應依前項規定重新辦理之。

③第一項事業之指定、有母性健康危害之虞之工作項目、危害評估程序與控制、分級管理方法、適性評估原則、工作調整或更換、醫師資格與評估報告之文件格式、紀錄保存及其他應遵行事項之辦法，由中央主管機關定之。

④雇主未經當事人告知妊娠或分娩事實而違反第一項或第二項規定者，得免予處罰。但雇主明知或可得而知者，不在此限。

第三二條　（安全衛生教育及訓練之實施）

①雇主對勞工應施以從事工作與預防災變所必要之安全衛生教育及訓練。

②前項必要之教育及訓練事項、訓練單位之資格條件與管理及其他應遵行事項之規則，由中央主管機關定之。

③勞工對於第一項之安全衛生教育及訓練，有接受之義務。

第三三條　（安全衛生規定之宣導）

雇主應負責宣導本法及有關安全衛生之規定，使勞工周知。

第三四條　（安全衛生工作守則之訂定）

①雇主應依本法及有關規定會同勞工代表訂定適合其需要之安全衛生工作守則，報經勞動檢查機構備查後，公告實施。

②勞工對於前項安全衛生工作守則，應切實遵行。

第四章　監督與檢查

第三五條　（職業安全衛生諮詢委員會之組織）

中央主管機關得聘請勞方、資方、政府機關代表、學者專家及職業災害勞工團體，召開職業安全衛生諮詢會，研議國家職業安全衛生政策，並提出建議；其成員之任一性別不得少於三分之一。

第三六條　（主管機關及勞動檢查機構之檢查）

①中央主管機關及勞動檢查機構對於各事業單位勞動場所得實施檢查。其有不合規定者，應告知違反法令條款，並通知限期改善；屆期未改善或已發生職業災害，或有發生職業災害之虞時，得通知其部分或全部停工。勞工於停工期間應由雇主照給工資。

②事業單位對於前項之改善，於必要時，得請中央主管機關協助或洽請認可之顧問服務機構提供專業技術輔導。

③前項顧問服務機構之種類、條件、服務範圍、顧問人員之資格與職責、認可程序、撤銷、廢止、管理及其他應遵行事項之規則，由中央主管機關定之。

第三七條　（應即採取必要之急救、搶救措施規定）

①事業單位工作場所發生職業災害，雇主應即採取必要之急救、搶救等措施，並會同勞工代表實施調查、分析及作成紀錄。

②事業單位勞動場所發生下列職業災害之一者，雇主應於八小時內通報勞動檢查機構：

一　發生死亡災害。

二　發生災害之罹災人數在三人以上。

三　發生災害之罹災人數在一人以上，且需住院治療。

四　其他經中央主管機關指定公告之災害。

③勞動檢查機構接獲前項報告後，應就工作場所發生死亡或重傷之災害派員檢查。

④事業單位發生第二項之災害，除必要之急救、搶救外，雇主非經司法機關或勞動檢查機構許可，不得移動或破壞現場。

第三八條　（每月應填報並公布職業災害內容及統計）

中央主管機關指定之事業，雇主應依規定填載職業災害內容及統計，按月報請勞動檢查機構備查，並公布於工作場所。

第三九條　（違反有關勞工安全衛生規定時勞工之申訴權）

①工作者發現下列情形之一者，得向雇主、主管機關或勞動檢查機構申訴：

一　事業單位違反本法或有關安全衛生之規定。

二　疑似罹患職業病。

三　身體或精神遭受侵害。

②主管機關或勞動檢查機構為確認前項雇主所採取之預防及處置措施，得實施調查。

③前項之調查，必要時得通知當事人或有關人員參與。

④雇主不得對第一項申訴之工作者予以解僱、調職或其他不利之處分。

第五章　罰　則

第四〇條　（處三年以下有期徒刑、拘役或科或併科新臺幣三十萬元以下罰金之規定）

①違反第六條第一項或第十六條第一項之規定，致發生第三十七條第二項第一款之災害者，處三年以下有期徒刑、拘役或科或併科新臺幣三十萬元以下罰金。

②法人犯前項之罪者，除處罰其負責人外，對該法人亦科以前項之罰金。

第四一條　（處一年以下有期徒刑、拘役或科或併科新臺幣十八萬

元以下罰金之規定）

①有下列情形之一者，處一年以下有期徒刑、拘役或科或併科新臺幣十八萬元以下罰金：

一　違反第六條第一項或第十六條第一項之規定，致發生第三十七條第二項第二款之災害。

二　違反第十八條第一項、第二十九條第一項、第三十條第一項、第二項或第三十七條第四項之規定。

三　違反中央主管機關或勞動檢查機構依第三十六條第一項所發停工之通知。

②法人犯前項之罪者，除處罰其負責人外，對該法人亦科以前項之罰金。

第四二條　（處新臺幣三十萬元以上三百萬元以下罰鍰之規定）

①違反第十五條第一項、第二項之規定，其危害性化學品洩漏或引起火災、爆炸致發生第三十七條第二項之職業災害者，處新臺幣三十萬元以上三百萬元以下罰鍰；經通知限期改善，屆期未改善，並得按次處罰。

②雇主依第十二條第四項規定通報之監測資料，經中央主管機關查核有虛偽不實者，處新臺幣三十萬元以上一百萬元以下罰鍰。

第四三條　（處新臺幣三萬元以上三十萬元以下罰鍰之規定）

有下列情形之一者，處新臺幣三萬元以上三十萬元以下罰鍰：

一　違反第十條第一項、第十一條第一項、第二十三條第二項之規定，經通知限期改善，屆期未改善。

二　違反第六條第一項、第十二條第一項、第三項、第十四條第二項、第十六條第一項、第十九條第一項、第二十四條、第三十一條第一項、第二項或第三十七條第一項、第二項之規定；違反第六條第二項致發生職業病。

三　違反第十五條第一項、第二項之規定，並得按次處罰。

四　規避、妨礙或拒絕本法規定之檢查、調查、抽驗、市場查驗或查核。

第四四條　（處新臺幣三萬元以上十五萬元以下罰鍰之規定）

①未依第七條第三項規定登錄或違反第十條第二項之規定者，處新臺幣三萬元以上十五萬元以下罰鍰；經通知限期改善，屆期未改善者，並得按次處罰。

②違反第七條第一項、第八條第一項、第十三條第一項或第十四條第一項規定者，處新臺幣二十萬元以上二百萬元以下罰鍰，並得限期停止輸入、產製、製造或供應；屆期不停止者，並得按次處罰。

③未依第七條第三項規定標示或違反第九條第一項之規定者，處新臺幣三萬元以上三十萬元以下罰鍰，並得令限期回收或改正。

④未依前項規定限期回收或改正者，處新臺幣十萬元以上一百萬元以下罰鍰，並得按次處罰。

⑤違反第七條第一項、第八條第一項、第九條第一項規定之產品，或第十四條第一項規定之化學品者，得沒入、銷燬或採取其他

必要措施，其執行所需之費用，由行為人負擔。

第四五條　（處新臺幣三萬元以上十五萬元以下罰鍰之規定）

有下列情形之一者，處新臺幣三萬元以上十五萬元以下罰鍰：

一　違反第六條第二項、第十二條第四項、第二十條第一項、第二項、第二十一條第一項、第二項、第二十二條第一項、第二十三條第一項、第三十二條第一項、第三十四條第一項或第三十八條之規定，經通知限期改善，屆期未改善。

二　違反第十七條、第十八條第三項、第二十六條至第二十八條、第二十九條第三項、第三十三條或第三十九條第四項之規定。

三　依第三十六條第一項之規定，應給付工資而不給付。

第四六條　（處新臺幣三千元以下罰鍰之規定）

違反第二十條第六項、第三十二條第三項或第三十四條第二項之規定者，處新臺幣三千元以下罰鍰。

第四七條　（處新臺幣六萬元以上三十萬元以下罰鍰之規定）

代行檢查機構執行職務，違反本法或依本法所發布之命令者，處新臺幣六萬元以上三十萬元以下罰鍰；其情節重大者，中央主管機關並得予以暫停代行檢查職務或撤銷指定代行檢查職務之處分。

第四八條　（處新臺幣六萬元以上三十萬元以下罰鍰之規定）

有下列情形之一者，予以警告或處新臺幣六萬元以上三十萬元以下罰鍰，並得限期令其改正；屆期未改正或情節重大者，得撤銷或廢止其認可，或定期停止其業務之全部或一部：

一　驗證機構違反中央主管機關依第八條第五項規定所定之辦法。

二　監測機構違反中央主管機關依第十二條第五項規定所定之辦法。

三　醫療機構違反第二十條第四項及中央主管機關依第二十條第五項規定所定之辦法。

四　訓練單位違反中央主管機關依第三十二條第二項規定所定之規則。

五　顧問服務機構違反中央主管機關依第三十六條第三項規定所定之規則。

第四九條　（得公布事業單位、負責人之名稱、姓名之規定）

有下列情形之一者，得公布其事業單位、雇主、代行檢查機構、驗證機構、監測機構、醫療機構、訓練單位或顧問服務機構之名稱、負責人姓名：

一　發生第三十七條第二項之災害。

二　有第四十條至第四十五條、第四十七條或第四十八條之情形。

三　發生職業病。

第六章　附　則

第五〇條（績效評核及獎助辦法之訂定）

①為提升雇主及工作者之職業安全衛生知識，促進職業安全衛生文化之發展，中央主管機關得訂定獎勵或補助辦法，鼓勵事業單位及有關團體辦理之。

②直轄市與縣（市）主管機關及各目的事業主管機關應積極推動職業安全衛生業務；中央主管機關得訂定績效評核及獎勵辦法。

第五一條（自營作業者準用之規定）

①自營作業者準用第五條至第七條、第九條、第十條、第十四條、第十六條、第二十四條有關雇主之義務及罰則之規定。

②第二條第一款所定受工作場所負責人指揮或監督從事勞動之人員，於事業單位工作場所從事勞動，比照該事業單位之勞工，適用本法之規定。但第二十條之體格檢查及在職勞工健康檢查之規定，不在此限。

第五二條（得委託相關專業團體辦理之業務）

中央主管機關得將第八條驗證機構管理、第九條抽驗與市場查驗、第十二條作業環境監測機構之管理、查核與監測結果之通報、第十三條新化學物質之登記與報告之審查、第十四條管制性化學品之許可與優先管理化學品之運作資料之備查、第二十條認可之醫療機構管理及健康檢查結果之通報、第二十三條第三項職業安全衛生管理系統之訪查與績效認可、第三十二條第二項訓練單位之管理及第三十九條第二項疑似職業病調查等業務，委託相關專業團體辦理。

第五三條（應收規費之業務）

主管機關辦理本法所定之認可、審查、許可、驗證、檢查及指定等業務，應收規費；其收費標準由中央主管機關定之。

第五四條（施行細則）

本法施行細則，由中央主管機關定之。

第五五條（施行日）

本法施行日期，由行政院定之。

職業安全衛生法施行細則

①民國91年4月25日行政院勞工委員會令修正發布全文34條。
②民國98年2月26日行政院勞工委員會令增訂發布第33-1條條文。
③民國103年6月26日勞動部令修正發布名稱及全文54條；並自103年7月3日施行（原名稱：勞工安全衛生法施行細則）。
④民國109年2月27日勞動部令修正發布第11、35、38、54條條文；增訂第46-1條條文；刪除第9、10條條文；並自109年3月1日施行。

第一章　總　則

第一條

本細則依職業安全衛生法（以下簡稱本法）第五十四條規定訂定之。

第二條

①本法第二條第一款、第十條第二項及第五十一條第一項所稱自營作業者，指獨立從事勞動或技藝工作，獲致報酬，且未僱用有酬人員幫同工作者。

②本法第二條第一款所稱其他受工作場所負責人指揮或監督從事勞動之人員，指與事業單位無僱傭關係，於其工作場所從事勞動或以學習技能、接受職業訓練為目的從事勞動之工作者。

第三條

本法第二條第一款、第十八條第一項、第二十七條第一項第一款及第五十一條第二項所稱工作場所負責人，指雇主或於該工作場所代表雇主從事管理、指揮或監督工作者從事勞動之人。

第四條

本法第二條第二款、第十八條第三項及第三十六條第一項所稱工資，指勞工因工作而獲得之報酬，包括工資、薪金及按計時、計日、計月、計件以現金或實物等方式給付之獎金、津貼及其他任何名義之經常性給與均屬之。

第五條

①本法第二條第五款、第三十六條第一項及第三十七條第二項所稱勞動場所，包括下列場所：

一　於勞動契約存續中，由雇主所提示，使勞工履行契約提供勞務之場所。
二　自營作業者實際從事勞動之場所。
三　其他受工作場所負責人指揮或監督從事勞動之人員，實際從事勞動之場所。

②本法第十五條第一項、第十七條、第十八條第一項、第二十三條第二項、第二十七條第一項、第三十七條第一項、第三項、第三十八條及第五十一條第二項所稱工作場所，指勞動場所中，接受雇主或代理雇主指示處理有關勞工事務之人所能支配、管理之場所。

③本法第六條第一項第五款、第十二條第一項、第三項、第五項、第二十一條第一項及第二十九條第三項所稱作業場所，指工作場所中，從事特定工作目的之場所。

第六條

本法第二條第五款所稱職業上原因，指隨作業活動所衍生，於勞動上一切必要行為及其附隨行為而具有相當因果關係者。

第二章　安全衛生設施

第七條

本法第四條所稱各業，適用中華民國行業標準分類之規定。

第八條

①本法第五條第一項所稱合理可行範圍，指依本法及有關安全衛生法令、指引、實務規範或一般社會通念，雇主明知或可得而知勞工所從事之工作，有致其生命、身體及健康受危害之虞，並可採取必要之預防設備或措施者。

②本法第五條第二項所稱風險評估，指辨識、分析及評量風險之程序。

第九條（刪除）109

第一〇條（刪除）109

第一一條 109

①本法第六條第二項第三款所定執行職務因他人行為遭受身體或精神不法侵害之預防，為雇主避免勞工因執行職務，於勞動場所遭受他人之不法侵害行為，造成身體或精神之傷害，所採取預防之必要措施。

②前項不法之侵害，由各該管主管機關或司法機關依規定調查或認定。

第一二條

本法第七條第一項所稱中央主管機關指定之機械、設備或器具如下：

一　動力衝剪機械。
二　手推刨床。
三　木材加工用圓盤鋸。
四　動力堆高機。
五　研磨機。
六　研磨輪。
七　防爆電氣設備。
八　動力衝剪機械之光電式安全裝置。

九　手推刨床之刃部接觸預防裝置。

十　木材加工用圓盤鋸之反撥預防裝置及鋸齒接觸預防裝置。

十一　其他經中央主管機關指定公告者。

第一三條

本法第七條至第九條所稱型式驗證，指由驗證機構對某一型式之機械、設備或器具等產品，審驗符合安全標準之程序。

第一四條

本法第十條第一項所稱具有危害性之化學品，指下列之危險物或有害物：

一　危險物：符合國家標準 CNS 15030 分類，具有物理性危害者。

二　有害物：符合國家標準 CNS 15030 分類，具有健康危害者。

第一五條

本法第十條第一項所稱危害性化學品之清單，指記載化學品名稱、製造商或供應商基本資料、使用及貯存量等項目之清冊或表單。

第一六條

本法第十條第一項所稱危害性化學品之安全資料表，指記載化學品名稱、製造商或供應商基本資料、危害特性、緊急處理及危害預防措施等項目之表單。

第一七條

①本法第十二條第三項所稱作業環境監測，指為掌握勞工作業環境實態與評估勞工暴露狀況，所採取之規劃、採樣、測定、分析及評估。

②本法第十二條第三項規定應訂定作業環境監測計畫及實施監測之作業場所如下：

一　設置有中央管理方式之空氣調節設備之建築物室內作業場所。

二　坑內作業場所。

三　顯著發生噪音之作業場所。

四　下列作業場所，經中央主管機關指定者：

㈠高溫作業場所。

㈡粉塵作業場所。

㈢鉛作業場所。

㈣四烷基鉛作業場所。

㈤有機溶劑作業場所。

㈥特定化學物質作業場所。

五　其他經中央主管機關指定公告之作業場所。

第一八條

①中央主管機關依本法第十三條第二項，審查化學物質安全評估報告後，得予公開之資訊如下：

一　新化學物質編碼。

二　危害分類及標示。

三　物理及化學特性資訊。
四　毒理資訊。
五　安全使用資訊。
六　爲因應緊急措施或維護工作者安全健康，有必要揭露予特定人員之資訊。

②前項第六款之資訊範圍如下：

一　新化學物質名稱及基本辨識資訊。
二　製造或輸入新化學物質之數量。
三　新化學物質於混合物之組成。
四　新化學物質之製造、用途及暴露資訊。

第一九條

本法第十四條第一項所稱管制性化學品如下：

一　第二十條之優先管理化學品中，經中央主管機關評估具高度暴露風險者。
二　其他經中央主管機關指定公告者。

第二〇條

本法第十四條第二項所稱優先管理化學品如下：

一　本法第二十九條第一項第三款及第三十條第一項第五款規定所列之危害性化學品。
二　依國家標準 CNS 15030 分類，屬致癌物質第一級、生殖細胞致突變性物質第一級或生殖毒性物質第一級者。
三　依國家標準 CNS 15030 分類，具有物理性危害或健康危害，其化學品運作量達中央主管機關規定者。
四　其他經中央主管機關指定公告者。

第二一條

①本法第十五條第一項第一款所稱從事石油裂解之石化工業，指勞動檢查法第二十六條第一項第一款所定從事石油產品之裂解反應，以製造石化基本原料者。

②本法第十五條第一項第二款所稱從事製造、處置或使用危害性之化學品，數量達中央主管機關規定量以上者，指勞動檢查法第二十六條第一項第五款所定之製造、處置或使用危險物及有害物，達中央主管機關規定之數量。

第二二條

本法第十六條第一項所稱具有危險性之機械，指符合中央主管機關所定一定容量以上之下列機械：

一　固定式起重機。
二　移動式起重機。
三　人字臂起重桿。
四　營建用升降機。
五　營建用提升機。
六　吊籠。
七　其他經中央主管機關指定公告具有危險性之機械。

第二三條

本法第十六條第一項所稱具有危險性之設備，指符合中央主管機關所定一定容量以上之下列設備：

一　鍋爐。
二　壓力容器。
三　高壓氣體特定設備。
四　高壓氣體容器。
五　其他經中央主管機關指定公告具有危險性之設備。

第二四條

本法第十六條第一項規定之檢查，由中央主管機關依機械、設備之種類、特性，就下列檢查項目分別定之：

一　熔接檢查。
二　構造檢查。
三　竣工檢查。
四　定期檢查。
五　重新檢查。
六　型式檢查。
七　使用檢查。
八　變更檢查。

第二五條

本法第十八條第一項及第二項所稱有立即發生危險之虞時，指勞工處於需採取緊急應變或立即避難之下列情形之一：

一　自設備洩漏大量危害性化學品，致有發生爆炸、火災或中毒等危險之虞時。
二　從事河川工程、河堤、海堤或圍堰等作業，因強風、大雨或地震，致有發生危險之虞時。
三　從事隧道等營建工程或管溝、沉箱、沉筒、井筒等之開挖作業，因落磐、出水、崩塌或流砂侵入等，致有發生危險之虞時。
四　於作業場所有易燃液體之蒸氣或可燃性氣體滯留，達爆炸下限值之百分之三十以上，致有發生爆炸、火災危險之虞時。
五　於儲槽等內部或通風不充分之室內作業場所，致有發生中毒或窒息危險之虞時。
六　從事缺氧危險作業，致有發生缺氧危險之虞時。
七　於高度二公尺以上作業，未設置防墜設施及未使勞工使用適當之個人防護具，致有發生墜落危險之虞時。
八　於道路或鄰接道路從事作業，未採取管制措施及未設置安全防護設施，致有發生危險之虞時。
九　其他經中央主管機關指定公告有發生危險之虞時之情形。

第二六條

本法第十八條第三項及第三十九條第四項所稱其他不利之處分，指直接或間接損害勞工依法令、契約或習慣上所應享有權益之措施。

第二七條

①本法第二十條第一項所稱體格檢查，指於僱用勞工時，為識別勞工工作適性，考量其是否有不適合作業之疾病所實施之身體檢查。

②本法第二十條第一項所稱在職勞工應施行之健康檢查如下：

一　一般健康檢查：指雇主對在職勞工，為發現健康有無異常，以提供適當健康指導、適性配工等健康管理措施，依其年齡於一定期間或變更其工作時所實施者。

二　特殊健康檢查：指對從事特別危害健康作業之勞工，為發現健康有無異常，以提供適當健康指導、適性配工及實施分級管理等健康管理措施，依其作業危害性，於一定期間或變更其工作時所實施者。

三　特定對象及特定項目之健康檢查：指對可能為罹患職業病之高風險群勞工，或基於疑似職業病及本土流行病學調查之需要，經中央主管機關指定公告，要求其雇主對特定勞工施行必要項目之臨時性檢查。

第二八條

本法第二十條第一項第二款所稱特別危害健康作業，指下列作業：

一　高溫作業。

二　噪音作業。

三　游離輻射作業。

四　異常氣壓作業。

五　鉛作業。

六　四烷基鉛作業。

七　粉塵作業。

八　有機溶劑作業，經中央主管機關指定者。

九　製造、處置或使用特定化學物質之作業，經中央主管機關指定者。

十　黃磷之製造、處置或使用作業。

十一　聯啶或巴拉刈之製造作業。

十二　其他經中央主管機關指定公告之作業。

第二九條

①本法第二十條第六項所稱勞工有接受檢查之義務，指勞工應依雇主安排於符合本法規定之醫療機構接受體格及健康檢查。

②勞工自行於其他符合規定之醫療機構接受相當種類及項目之檢查，並將檢查結果提供予雇主者，視為已接受本法第二十條第一項之檢查。

第三〇條

①事業單位依本法第二十二條規定僱用或特約醫護人員者，雇主應使其保存與管理勞工體格及健康檢查、健康指導、健康管理措施及健康服務等資料。

②雇主、醫護人員於保存及管理勞工醫療之個人資料時，應遵守

本法及個人資料保護法等相關規定。

第三一條

本法第二十三條第一項所定職業安全衛生管理計畫，包括下列事項：

一　工作環境或作業危害之辨識、評估及控制。
二　機械、設備或器具之管理。
三　危害性化學品之分類、標示、通識及管理。
四　有害作業環境之採樣策略規劃及監測。
五　危險性工作場所之製程或施工安全評估。
六　採購管理、承攬管理及變更管理。
七　安全衛生作業標準。
八　定期檢查、重點檢查、作業檢點及現場巡視。
九　安全衛生教育訓練。
十　個人防護具之管理。
十一　健康檢查、管理及促進。
十二　安全衛生資訊之蒐集、分享及運用。
十三　緊急應變措施。
十四　職業災害、虛驚事故、影響身心健康事件之調查處理及統計分析。
十五　安全衛生管理紀錄及績效評估措施。
十六　其他安全衛生管理措施。

第三二條

本法第二十三條第一項所定安全衛生組織，包括下列組織：

一　職業安全衛生管理單位：爲事業單位內擬訂、規劃、推動及督導職業安全衛生有關業務之組織。
二　職業安全衛生委員會：爲事業單位內審議、協調及建議職業安全衛生有關業務之組織。

第三三條

本法第二十三條第一項所稱安全衛生人員，指事業單位內擬訂、規劃及推動安全衛生管理業務者，包括下列人員：

一　職業安全衛生業務主管。
二　職業安全管理師。
三　職業衛生管理師。
四　職業安全衛生管理員。

第三四條

本法第二十三條第一項所定安全衛生管理，由雇主或對事業具管理權限之雇主代理人綜理，並由事業單位內各級主管依職權指揮、監督所屬人員執行。

第三五條 109

本法第二十三條第二項所稱職業安全衛生管理系統，指事業單位依其規模、性質，建立包括規劃、實施、評估及改善措施之系統化管理體制。

第三六條

本法第二十六條第一項規定之事前告知，應以書面爲之，或召開協商會議並作成紀錄。

第三七條

本法第二十七條所稱共同作業，指事業單位與承攬人、再承攬人所僱用之勞工於同一期間、同一工作場所從事工作。

第三八條 109

本法第二十七條第一項第一款規定之協議組織，應由原事業單位召集之，並定期或不定期進行協議下列事項：

一　安全衛生管理之實施及配合。
二　勞工作業安全衛生及健康管理規範。
三　從事動火、高架、開挖、爆破、高壓電活線等危險作業之管制。
四　對進入局限空間、危險物及有害物作業等作業環境之作業管制。
五　機械、設備及器具等入場管制。
六　作業人員進場管制。
七　變更管理。
八　劃一危險性機械之操作信號、工作場所標識（示）、有害物空容器放置、警報、緊急避難方法及訓練等。
九　使用打樁機、拔樁機、電動機械、電動器具、軌道裝置、乙炔熔接裝置、氧乙炔熔接裝置、電弧熔接裝置、換氣裝置及沉箱、架設通道、上下設備、施工架、工作架台等機械、設備或構造物時，應協調使用上之安全措施。
十　其他認有必要之協調事項。

第三九條

本法第三十一條第一項所稱有母性健康危害之虞之工作，指其從事可能影響胚胎發育、妊娠或哺乳期間之母體及幼兒健康之下列工作：

一　工作暴露於具有依國家標準 CNS 15030 分類，屬生殖毒性物質、生殖細胞致突變性物質或其他對哺乳功能有不良影響之化學品者。
二　勞工個人工作型態易造成妊娠或分娩後哺乳期間，產生健康危害影響之工作，包括勞工作業姿勢、人力提舉、搬運、推拉重物、輪班及工作負荷等工作型態，致產生健康危害影響者。
三　其他經中央主管機關指定公告者。

第四〇條

雇主依本法第三十三條規定宣導本法及有關安全衛生規定時，得以教育、公告、分發印刷品、集會報告、電子郵件、網際網路或其他足使勞工周知之方式爲之。

第四一條

本法第三十四條第一項所定安全衛生工作守則之內容，依下列事項定之：

一　事業之安全衛生管理及各級之權責。
二　機械、設備或器具之維護及檢查。
三　工作安全及衛生標準。
四　教育及訓練。
五　健康指導及管理措施。
六　急救及搶救。
七　防護設備之準備、維持及使用。
八　事故通報及報告。
九　其他有關安全衛生事項。

第四二條

①前條之安全衛生工作守則，得依事業單位之實際需要，訂定適用於全部或一部分事業，並得依工作性質、規模分別訂定，報請勞動檢查機構備查。

②事業單位訂定之安全衛生工作守則，其適用區域跨二以上勞動檢查機構轄區時，應報請中央主管機關指定之勞動檢查機構備查。

第四三條

本法第三十四條第一項、第三十七條第一項所定之勞工代表，事業單位設有工會者，由工會推派之；無工會組織而有勞資會議者，由勞方代表推選之；無工會組織且無勞資會議者，由勞工共同推選之。

第四四條

中央主管機關或勞動檢查機構爲執行職業安全衛生監督及檢查，於必要時，得要求代行檢查機構或代行檢查人員，提出相關報告、紀錄、帳冊、文件或說明。

第四五條

本法第三十五條所定職業安全衛生諮詢會，置委員九人至十五人，任期二年，由中央主管機關就勞工團體、雇主團體、職業災害勞工團體、有關機關代表及安全衛生學者專家遴聘之。

第四六條

勞動檢查機構依本法第三十六條第一項規定實施安全衛生檢查、通知限期改善或停工之程序，應依勞動檢查法相關規定辦理。

第四六條之一　109

本法第三十七條第一項所定雇主應即採取必要之急救、搶救等措施，包含下列事項：
一　緊急應變措施，並確認工作場所所有勞工之安全。
二　使有立即發生危險之虞之勞工，退避至安全場所。

第四七條

①本法第三十七條第二項規定雇主應於八小時內通報勞動檢查機構，所稱雇主，指罹災勞工之雇主或受工作場所負責人指揮監督從事勞動之罹災工作者工作場所之雇主；所稱應於八小時內通報勞動檢查機構，指事業單位明知或可得而知已發生規定之

職業災害事實起八小時內，應向其事業單位所在轄區之勞動檢查機構通報。

②雇主因緊急應變或災害搶救而委託其他雇主或自然人，依規定向其所在轄區之勞動檢查機構通報者，視為已依本法第三十七條第二項規定通報。

第四八條

①本法第三十七條第二項第二款所稱發生災害之罹災人數在三人以上者，指於勞動場所同一災害發生工作者永久全失能、永久部分失能及暫時全失能之總人數達三人以上者。

②本法第三十七條第二項第三款所稱發生災害之罹災人數在一人以上，且需住院治療者，指於勞動場所發生工作者罹災在一人以上，且經醫療機構診斷需住院治療者。

第四九條

①勞動檢查機構應依本法第三十七條第三項規定，派員對事業單位工作場所發生死亡或重傷之災害，實施檢查，並調查災害原因及責任歸屬。但其他法律已有火災、爆炸、礦災、空難、海難、震災、毒性化學物質災害、輻射事故及陸上交通事故之相關檢查、調查或鑑定機制者，不在此限。

②前項所稱重傷之災害，指造成罹災者肢體或器官嚴重受損，危及生命或造成其身體機能嚴重喪失，且須住院治療連續達二十四小時以上之災害者。

第五〇條

本法第三十七條第四項所稱雇主，指災害發生現場所有事業單位之雇主；所稱現場，指造成災害之機械、設備、器具、原料、材料等相關物件及其作業場所。

第五一條

①本法第三十八條所稱中央主管機關指定之事業如下：

一　勞工人數在五十人以上之事業。

二　勞工人數未滿五十人之事業，經中央主管機關指定，並由勞動檢查機構函知者。

②前項第二款之指定，中央主管機關得委任或委託勞動檢查機構為之。

③雇主依本法第三十八條規定填載職業災害內容及統計之格式，由中央主管機關定之。

第五二條

①勞工因雇主違反本法規定致發生職業災害所提起之訴訟，得向中央主管機關申請扶助。

②前項扶助業務，中央主管機關得委託民間團體辦理。

第五三條

本法第五十條第二項所定直轄市與縣（市）主管機關及各目的事業主管機關應依有關法令規定，配合國家職業安全衛生政策，積極推動包括下列事項之職業安全衛生業務：

一　策略及規劃。

二　法制。
三　執行。
四　督導。
五　檢討分析。
六　其他安全衛生促進活動。

第五四條 109

①本細則自中華民國一百零三年七月三日施行。
②本細則修正條文，自中華民國一百零九年三月一日施行。

營造安全衛生設施標準

①民國83年1月31日行政院勞工委員會令修正發布全文162條。
②民國90年12月31日行政院勞工委員會令修正發布全文174條。
③民國93年12月31日行政院勞工委員會令修正發布第2、3、8、11、19、21、22、23、27、28、40至46、48、51、59、63、65、66、73、74、81、83、84、102、131、133、135、136、149、161、162條條文及第四章章名；刪除第10、38、49、50條條文；並增訂第10-1、11-1、62-1、62-2、101-1、131-1條條文。
④民國96年10月2日行政院勞工委員會令修正發布第40、41、43、45、48、58、59、66、71、131條條文。
⑤民國99年11月30日行政院勞工委員會令修正發布第1、14、18、20、22至24、35、37、40、41、45、46、48、51、56、59、60、73、74、129、131-1、132至137、144、148、149、151、155、157、159至161條條文；並增訂第60-1、131-2、149-1條條文。
⑥民國103年6月26日勞動部令修正發布第1、3、4、6、13、17至19、22、23、25、27、34、39、40、42、43、48、51、54、56、59、60-1、65、73、131、131-1、142、155、163、171、174條條文及第四章章名；並增訂第1-1、79-1、173-1條條文；除第18條第2項指派屋頂作業主管之規定，自104年7月3日施行外，餘自103年7月3日施行。
⑦民國110年1月6日勞動部令修正發布第1-1、6、10-1、18至20、22至24、34、35、39至41、44、45、56、59、60、61、62-1、62-2、66、67、69、71、73、74、77至79-1、82、102、103、107、131至139、142、146、148、149、151、153、157、162、173、174條條文；並增訂第8-1、18-1條條文；除第18-1條自111年1月1日施行外，自發布日施行。

第一章　總　則

第一條 103
①本標準依職業安全衛生法第六條第三項規定訂定之。
②本標準未規定者，適用其他有關職業安全衛生法令之規定。

第一條之一 110
本標準用詞，定義如下：
一　露天開挖：指於室外採人工或機械實施土、砂、岩石等之開挖，包括土木構造物、建築物之基礎開挖、地下埋設物之管溝開挖與整地，及其他相關之開挖。
二　露天開挖作業：指使勞工從事露天開挖之作業。
三　露天開挖場所：指露天開挖區及與其相鄰之場所，包括測量、鋼筋組立、模板組拆、灌漿、管道及管路設置、擋土支撐組拆與搬運，及其他與露天開挖相關之場所。

第二條 93

本標準適用於從事營造作業之有關事業。

第三條 103

①本標準規定之一切安全衛生設施，雇主應依下列規定辦理：

一　安全衛生設施於施工規劃階段須納入考量。

二　依營建法規等規定須有施工計畫者，應將安全衛生設施列入施工計畫內。

三　前二款規定，於工程施工期間須切實辦理。

四　經常注意與保養以保持其效能，發現有異常時，應即補修或採其他必要措施。

五　有臨時拆除或使其暫時失效之必要時，應顧及勞工安全及作業狀況，使其暫停工作或採其他必要措施，於其原因消失後，應即恢復原狀。

②前項第三款之工程施工期間包含開工前之準備及竣工後之驗收、保固維修等工作期間。

第四條 103

本標準規定雇主應設置之安全衛生設備及措施，雇主應規定勞工遵守下列事項：

一　不得任意拆卸或使其失效，以保持其應有效能。

二　發現被拆卸或失效時，應即停止作業並應報告雇主或直屬主管人員。

第二章　工作場所

第五條

雇主對於工作場所暴露之鋼筋、鋼材、鐵件、鋁件及其他材料等易生職業災害者，應採取彎曲尖端、加蓋或加裝護套等防護設施。

第六條 110

①雇主使勞工於營造工程工作場所作業前，應指派所僱之職業安全衛生人員、工作場所負責人或專任工程人員等專業人員，實施危害調查、評估，並採適當防護設施，以防止職業災害之發生。

②依營建法規等規定應有施工計畫者，均應將前項防護設施列入施工計畫執行。

第七條

雇主對於營造工程用之模板、施工架等材料拆除後，應採取拔除或釘入凸出之鐵釘、鐵條等防護措施。

第八條 93

雇主對於工作場所，應依下列規定設置適當圍籬、警告標示：

一　工作場所之周圍應設置固定式圍籬，並於明顯位置裝設警告標示。

二　大規模施工之土木工程，或設置前款圍籬有困難之其他工

程，得於其工作場所周圍以移動式圍籬、警示帶圍成之警示區替代之。

第八條之一 110

①雇主對於車輛機械，為避免於作業時發生該機械翻落或表土崩塌等情事，應就下列事項事先進行調查：

一　該作業場所之天候、地質及地形狀況等。
二　所使用車輛機械之種類及性能。
三　車輛機械之行經路線。
四　車輛機械之作業方法。

②依前項調查，有危害勞工之虞者，應整理工作場所。

③第一項第三款及第四款事項，應於作業前告知勞工。

第九條

雇主對工作場所中原有之電線、電力配管、電信管線、電線桿及拉線、給水管、石油及石油產品管線、煤氣事業管線、危險物或有害物管線等，如有妨礙工程施工安全者，應確實掌握狀況予以妥善處理；如有安全之虞者，非經管線權責單位同意，不得任意挖掘、剪接、移動或於其鄰近從事加熱工作。

第一〇條　（刪除）93

第一〇條之一 110

雇主對於軌道上作業或鄰近軌道之場所從事作業時，為防止軌道機械等碰觸引起之危害，應依下列規定辦理：

一　設置於坑道、隧道、橋梁等供勞工通行之軌道，應於適當間隔處設置避難處所。但軌道側有相關空間，與軌道運行之機械無碰觸危險，或採人車分行管制措施者，不在此限。
二　通行於軌道上之車輛有碰觸勞工之虞時，應設置於車輛接近作業人員前，能發出電鈴或蜂鳴器等監視警報裝置或配置監視人員。
三　對於從事軌道維護作業或通行於軌道機械之替換、連結、解除連結作業時，應保持作業安全所必要之照明。

第一一條 93

雇主對於工作場所人員及車輛機械出入口處，應依下列規定辦理：

一　事前調查地下埋設物之埋置深度、危害物質，並於評估後採取適當防護措施，以防止車輛機械輾壓而發生危險。
二　工作場所出入口應設置方便人員及車輛出入之拉開式大門，作業上無出入必要時應關閉，並標示禁止無關人員擅入工作場所。但車輛機械出入頻繁之場所，必須打開工地大門等時，應置交通引導人員，引導車輛機械出入。
三　人員出入口與車輛機械出入口應分隔設置。但設有警告標誌足以防止交通事故發生者不在此限。
四　應置管制人員辦理下列事項：
㈠管制出入人員，非有適當防護具不得讓其出入。
㈡管制、檢查出入之車輛機械，非具有許可文件上記載之

要件，不得讓其出入。

五　規劃前款第二目車輛機械接受管制所需必要之停車處所，不得影響工作場所外道路之交通。

六　維持車輛機械進出有充分視線淨空。

第一一條之一 93

雇主對於進入營繕工程工作場所作業人員，應提供適當安全帽，並使其正確戴用。

第一二條

雇主對於工作場所儲存有易燃性物料時，應有防止太陽直接照射之遮蔽物外，並應隔離儲存、設置禁止煙火之警告標誌及適當之滅火器材。

第一三條 103

雇主使勞工於下列有發生倒塌、崩塌之虞之場所作業者，應有防止發生倒塌、崩塌之設施：

一　邊坡上方或其周邊。

二　構造物或其他物體之上方、內部或其周邊。

第一四條 99

雇主使勞工鄰近溝渠、水道、埤池、水庫、河川、湖潭、港灣、堤堰、海岸或其他水域場所作業，致勞工有落水之虞者，應依下列規定辦理：

一　設置防止勞工落水之設施或使勞工著用救生衣。

二　於作業場所或其附近設置下列救生設備。但水深、水流及水域範圍等甚小，備置船筏有困難，且使勞工著用救生衣、提供易於攀握之救生索、救生圈或救生浮具等足以防止溺水者，不在此限：

㈠依水域危險性及勞工人數，備置足敷使用之動力救生船、救生艇、輕艇或救生筏；每艘船筏應配備長度十五公尺，直徑九點五毫米之聚丙烯纖維繩索，且其上掛繫與最大可救援人數相同數量之救生圈、船鉤及救生衣。

㈡有湍流、潮流之情況，應預先架設延伸過水面且位於作業場所上方之繩索，其上掛繫可支持拉住落水者之救生圈。

㈢可通知相關人員參與救援行動之警報系統或電訊連絡設備。

第一五條

雇主使勞工於有發生水位暴漲或土石流之地區作業者，除依前條之規定外，應依下列規定辦理：

一　建立作業連絡系統，包括無線連絡器材、連絡信號、連絡人員等。

二　選任專責警戒人員，辦理下列事項：

㈠隨時與河川管理當局或相關機關連絡，了解該地區及上游降雨量。

㈡監視作業地點上游河川水位或土石流狀況。

㈢獲知上游河川水位暴漲或土石流時，應即通知作業勞工迅即撤離。

㈣發覺作業勞工不及撤離時，應即啓動緊急應變體系，展開救援行動。

第一六條

雇主使勞工於有遭受溺水或土石流淹沒危險之地區中作業，應依下列規定辦理：

一　依作業環境、河川特性擬訂緊急應變計畫，內容應包括通報系統、撤離程序、救援程序，並訓練勞工使用各種逃生、救援器材。

二　對於第十四條及前條之救生衣、救生圈、救生繩索、救生船、警報系統、連絡器材等應維護保養。作業期間應每日實施檢點，以保持性能。

三　通報系統之通報單位、救援單位等之連絡人員姓名、電話等，應揭示於工務所顯明易見處。

四　第一款規定之緊急應變計畫、訓練紀錄，第二款規定之逃生、救援器材之維護保養、檢點紀錄，在完工前，應留存備查。

第一七條 103

雇主對於高度二公尺以上之工作場所，勞工作業有墜落之虞者，應訂定墜落災害防止計畫，依下列風險控制之先後順序規劃，並採取適當墜落災害防止設施：

一　經由設計或工法之選擇，儘量使勞工於地面完成作業，減少高處作業項目。

二　經由施工程序之變更，優先施作永久構造物之上下設備或防墜設施。

三　設置護欄、護蓋。

四　張掛安全網。

五　使勞工佩掛安全帶。

六　設置警示線系統。

七　限制作業人員進入管制區。

八　對於因開放邊線、組模作業、收尾作業等及採取第一款至第五款規定之設施致增加其作業危險者，應訂定保護計畫並實施。

第一八條 110

①雇主使勞工於屋頂從事作業時，應指派專人督導，並依下列規定辦理：

一　因屋頂斜度、屋面性質或天候等因素，致勞工有墜落、滾落之虞者，應採取適當安全措施。

二　於斜度大於三十四度，即高底比爲二比三以上，或爲滑溜之屋頂，從事作業者，應設置適當之護欄，支承穩妥且寬度在四十公分以上之適當工作臺及數量充分、安裝牢穩之適當梯子。但設置護欄有困難者，應提供背負式安全帶使

勞工佩掛，並掛置於堅固錨錠、可供鉤掛之堅固物件或安全母索等裝置上。

三　於易踏穿材料構築之屋頂作業時，應先規劃安全通道，於屋架上設置適當強度，且寬度在三十公分以上之踏板，並於下方適當範圍裝設堅固格柵或安全網等防墜設施。但雇主設置踏板面積已覆蓋全部易踏穿屋頂或採取其他安全工法，致無踏穿墜落之虞者，不在此限。

②於前項第三款之易踏穿材料構築屋頂作業時，雇主應指派屋頂作業主管於現場辦理下列事項：

一　決定作業方法，指揮勞工作業。

二　實施檢點，檢查材料、工具、器具等，並汰換其不良品。

三　監督勞工確實使用個人防護具。

四　確認安全衛生設備及措施之有效狀況。

五　前二款未確認前，應管制勞工或其他人員不得進入作業。

六　其他為維持作業勞工安全衛生所必要之設備及措施。

③前項第二款之汰換不良品規定，對於進行拆除作業之待拆物件不適用之。

第一八條之一 110

①雇主對於新建、增建、改建或修建工廠之鋼構屋頂，勞工有遭受墜落危險之虞者，應依下列規定辦理：

一　於邊緣及屋頂突出物頂板周圍，設置高度九十公分以上之女兒牆或適當強度欄杆。

二　於易踏穿材料構築之屋頂，應於屋頂頂面設置適當強度且寬度在三十公分以上通道，並於屋頂採光範圍下方裝設堅固格柵。

②前項所定工廠，為事業單位從事物品製造或加工之固定場所。

第一九條 110

①雇主對於高度二公尺以上之屋頂、鋼梁、開口部分、階梯、樓梯、坡道、工作臺、擋土牆、擋土支撐、施工構臺、橋梁墩柱及橋梁上部結構、橋臺等場所作業，勞工有遭受墜落危險之虞者，應於該處設置護欄、護蓋或安全網等防護設備。

②雇主設置前項設備有困難，或因作業之需要臨時將護欄、護蓋或安全網等防護設備開啓或拆除者，應採取使勞工使用安全帶等防止墜落措施。但其設置困難之原因消失後，應依前項規定辦理。

第二〇條 110

雇主依規定設置之護欄，應依下列規定辦理：

一　具有高度九十公分以上之上欄杆、中間欄杆或等效設備（以下簡稱中欄杆）、腳趾板及杆柱等構材；其上欄杆、中欄杆及地盤面與樓板面間之上下開口距離，應不大於五十五公分。

二　以木材構成者，其規格如下：

㈠上欄杆應平整，且其斷面應在三十平方公分以上。

㈡中欄杆斷面應在二十五平方公分以上。
㈢腳趾板高度應在十公分以上，厚度在一公分以上，並密接於地盤面或樓板面舖設。
㈣杆柱斷面應在三十平方公分以上，相鄰間距不得超過二公尺。

三　以鋼管構成者，其上欄杆、中欄杆及杆柱之直徑均不得小於三點八公分，杆柱相鄰間距不得超過二點五公尺。
四　採用前二款以外之其他材料或型式構築者，應具同等以上之強度。
五　任何型式之護欄，其杆柱、杆件之強度及錨錠，應使整個護欄具有抵抗於上欄杆之任何一點，於任何方向加以七十五公斤之荷重，而無顯著變形之強度。
六　除必須之進出口外，護欄應圍繞所有危險之開口部分。
七　護欄前方二公尺內之樓板、地板，不得堆放任何物料、設備，並不得使用梯子、合梯、踏凳作業及停放車輛機械供勞工使用。但護欄高度超過堆放之物料、設備、梯、凳及車輛機械之最高部達九十公分以上，或已採取適當安全設施足以防止墜落者，不在此限。
八　以金屬網、塑膠網遮覆上欄杆、中欄杆與樓板或地板間之空隙者，依下列規定辦理：
㈠得不設腳趾板。但網應密接於樓板或地板，且杆柱之間距不得超過一點五公尺。
㈡網應確實固定於上欄杆、中欄杆及杆柱。
㈢網目大小不得超過十五平方公分。
㈣固定網時，應有防止網之反彈設施。

第二一條 93

雇主設置之護蓋，應依下列規定辦理：
一　應具有能使人員及車輛安全通過之強度。
二　應以有效方法防止滑溜、掉落、掀出或移動。
三　供車輛通行者，得以車輛後軸載重之二倍設計之，並不得妨礙車輛之正常通行。
四　爲柵狀構造者，柵條間隔不得大於三公分。
五　上面不得放置機動設備或超過其設計強度之重物。
六　臨時性開口處使用之護蓋，表面漆以黃色並書以警告訊息。

第二二條 110

雇主設置之安全網，應依下列規定辦理：
一　安全網之材料、強度、檢驗及張掛方式，應符合下列國家標準規定之一：
㈠CNS 14252。
㈡CNS 16079-1 及 CNS 16079-2。
二　工作面至安全網架設平面之攔截高度，不得超過七公尺。但鋼構組配作業得依第一百五十一條之規定辦理。
三　爲足以涵蓋勞工墜落時之拋物線預測路徑範圍，使用於結

構物四周之安全網時，應依下列規定延伸適當之距離。但結構物外緣牆面設置垂直式安全網者，不在此限：

㈠攔截高度在一點五公尺以下者，至少應延伸二點五公尺。

㈡攔截高度超過一點五公尺且在三公尺以下者，至少應延伸三公尺。

㈢攔截高度超過三公尺者，至少應延伸四公尺。

四　工作面與安全網間不得有障礙物；安全網之下方應有足夠之淨空，以避免墜落人員撞擊下方平面或結構物。

五　材料、垃圾、碎片、設備或工具等掉落於安全網上，應即清除。

六　安全網於攔截勞工或重物後應即測試，其防墜性能不符第一款之規定時，應即更換。

七　張掛安全網之作業勞工應在適當防墜設施保護之下，始可進行作業。

八　安全網及其組件每週應檢查一次。有磨損、劣化或缺陷之安全網，不得繼續使用。

第二三條 110

雇主提供勞工使用之安全帶或安裝安全母索時，應依下列規定辦理：

一　安全帶之材料、強度及檢驗應符合國家標準 CNS 7534 高處作業用安全帶、CNS 6701 安全帶（繫身型）、CNS 14253 背負式安全帶、CNS 14253-1 全身背負式安全帶及 CNS 7535 高處作業用安全帶檢驗法之規定。

二　安全母索得由鋼索、尼龍繩索或合成纖維之材質構成，其最小斷裂強度應在二千三百公斤以上。

三　安全帶或安全母索繫固之錨錠，至少應能承受每人二千三百公斤之拉力。

四　安全帶之繫索或安全母索應予保護，避免受切斷或磨損。

五　安全帶或安全母索不得鉤掛或繫結於護欄之杆件。但該等杆件之強度符合第三款規定者，不在此限。

六　安全帶、安全母索及其配件、錨錠，在使用前或承受衝擊後，應進行檢查，有磨損、劣化、缺陷或其強度不符第一款至第三款之規定者，不得再使用。

七　勞工作業中，需使用補助繩移動之安全帶，應具備補助掛鉤，以供勞工作業移動中可交換鉤掛使用。但作業中水平移動無障礙，中途不需拆鉤者，不在此限。

八　水平安全母索之設置，應依下列規定辦理：

㈠水平安全母索之設置高度應大於三點八公尺，相鄰二錨錠點間之最大間距得採下式計算之值，其計算值超過十公尺者，以十公尺計：

$L=4(H-3)$，其中 $H\geqq3.8$，且 $L\leqq10$

L：母索錨錠點之間距（單位：公尺）

H：垂直淨空高度（單位：公尺）

㈡錨錠點與另一繫掛點間、相鄰二錨錠點間或母索錨錠點間之安全母索僅能繫掛一條安全帶。

㈢每條安全母索能繫掛安全帶之條數，應標示於母索錨錠端。

九　垂直安全母索之設置，應依下列規定辦理：

㈠安全母索之下端應有防止安全帶鎖扣自尾端脫落之設施。

㈡每條安全母索應僅提供一名勞工使用。但勞工作業或爬昇位置之水平間距在一公尺以下者，得二人共用一條安全母索。

第二四條 110

①雇主對於坡度小於十五度之勞工作業區域，距離開口部分、開放邊線或其他有墜落之虞之地點超過二公尺時，得設置警示線、管制通行區，代替護欄、護蓋或安全網之設置。

②設置前項之警示線、管制通行區，應依下列規定辦理：

一　警示線應距離開口部分、開放邊線二公尺以上。

二　每隔二點五公尺以下設置高度九十公分以上之杆柱，杆柱之上端及其二分之一高度處，設置黃色或紅色之警示繩、帶，其最小張力強度至少二百二十五公斤以上。

三　作業進行中，應禁止作業勞工跨越警示線。

四　管制通行區之設置依前三款之規定辦理，僅供作業相關勞工通行。

第二五條 103

雇主對廢止使用之開口應予封閉，對暫不使用之開口應採取加蓋等設備，以防止勞工墜落。

第二六條

雇主對於置放於高處，位能超過十二公斤．公尺之物件有飛落之虞者，應予以固定之。

第二七條 103

雇主設置覆網攔截位能小於十二公斤．公尺之高處物件時，應依下列規定辦理：

一　方形、菱形之網目任一邊長不得大於二公分，其餘形狀之網目，每一網目不得大於四平方公分，其強度應能承受直徑四十五公分、重七十五公斤之物體自高度一公尺處落下之衝擊力，其張掛方式比照第二十二條第一款之安全網規定。

二　覆網下之最低點應離作業勞工工作平面三公尺以上，如其距離不足三公尺，應改以其他設施防護。

三　覆網攔截之飛落物件應隨時清理。

四　覆網有劣化、破損、腐蝕等情況應即更換

第二八條 93

①雇主不得使勞工以投擲之方式運送任何物料。但採取下列安全

設施者不在此限：

一　劃定充分適當之滑槽承受飛落物料區域，設置能阻擋飛落物落地彈跳之圍屏，並依第二十四條第二項第二款之規定設置警示線。

二　設置專責監視人員於地面全時監視，嚴禁人員進入警示線之區域內，非俟停止投擲作業，不得使勞工進入。

②前項作業遇強風大雨，致物料有飛落偏離警示線區域之虞時，應即停止作業。

第三章　物料之儲存

第二九條

雇主對於營造用各類物料之儲存、堆積及排列，應井然有序；且不得儲存於距庫門或升降機二公尺範圍以內或足以妨礙交通之地點。倉庫內應設必要之警告標示、護圍及防火設備。

第三〇條

雇主對於放置各類物料之構造物或平臺，應具安全之負荷強度。

第三一條

雇主對於各類物料之儲存，應妥爲規劃，不得妨礙火警警報器、滅火器、急救設備、通道、電氣開關及保險絲盒等緊急設備之使用狀態。

第三二條

雇主對於鋼材之儲存，應依下列規定辦理：

一　預防傾斜、滾落，必要時應用纜索等加以適當捆紮。

二　儲存之場地應爲堅固之地面。

三　各堆鋼材之間應有適當之距離。

四　置放地點應避免在電線下方或上方。

五　採用起重機吊運鋼材時，應將鋼材重量等顯明標示，以便易於處理及控制其起重負荷量，並避免在電力線下操作。

第三三條

雇主對於砂、石等之堆積，應依下列規定辦理：

一　不得妨礙勞工出入，並避免於電線下方或接近電線之處。

二　堆積場於勞工進退路處，不得有任何懸垂物。

三　砂、石清倉時，應使勞工佩掛安全帶並設置監視人員。

四　堆積場所經常灑水或予以覆蓋，以避免塵土飛揚。

第三四條 110

雇主對於椿、柱、鋼套管、鋼筋籠等易滑動、滾動物件之堆放，應置於堅實、平坦之處，並加以適當之墊襯、擋椿或其他防止滑動之必要措施。

第三五條 110

雇主對於磚、瓦、木塊、管料、鋼筋、鋼材或相同及類似營建材料之堆放，應置放於穩固、平坦之處，整齊緊靠堆置，其高度不得超過一點八公尺，儲存位置鄰近開口部分時，應距離該

開口部分二公尺以上。

第三六條

雇主對於袋裝材料之儲存，應依下列規定辦理，以保持穩定：

一　堆放高度不得超過十層。

二　至少每二層交錯一次方向。

三　五層以上部分應向內退縮，以維持穩定。

四　交錯方向易引起材料變質者，得以不影響穩定之方式堆放。

第三七條 99

雇主對於管料之儲存，應依下列規定辦理：

一　儲存於堅固而平坦之臺架上，並預防尾端突出、伸展或滾落。

二　依規格大小及長度分別排列，以利取用。

三　分層疊放，每層中置一隔板，以均勻壓力及防止管料滑出。

四　管料之置放，避免在電線上方或下方。

第三八條　（刪除）93

第四章　施工架、施工構臺、吊料平臺及工作臺 103

第三九條 110

雇主對於不能藉高空工作車或其他方法安全完成之二公尺以上高處營造作業，應設置適當之施工架。

第四〇條 110

①雇主對於施工構臺、懸吊式施工架、懸臂式施工架、高度七公尺以上且立面面積達三百三十平方公尺之施工架、高度七公尺以上之吊料平臺、升降機直井工作臺、鋼構橋橋面板下方工作臺或其他類似工作臺等之構築及拆除，應依下列規定辦理：

一　事先就預期施工時之最大荷重，應由所僱之專任工程人員或委由相關執業技師，依結構力學原理妥為設計，置備施工圖說及強度計算書，經簽章確認後，據以執行。

二　建立按施工圖說施作之查驗機制。

三　設計、施工圖說、簽章確認紀錄及查驗等相關資料，於未完成拆除前，應妥存備查。

②有變更設計時，其強度計算書及施工圖說，應重新製作，並依前項規定辦理。

第四一條 110

①雇主對於懸吊式施工架、懸臂式施工架及高度五公尺以上施工架之組配及拆除（以下簡稱施工架組配）作業，應指派施工架組配作業主管於作業現場辦理下列事項：

一　決定作業方法，指揮勞工作業。

二　實施檢點，檢查材料、工具、器具等，並汰換其不良品。

三　監督勞工確實使用個人防護具。

四　確認安全衛生設備及措施之有效狀況。

五　前二款未確認前，應管制勞工或其他人員不得進入作業。
六　其他為維持作業勞工安全衛生所必要之設備及措施。

②前項第二款之汰換不良品規定，對於進行拆除作業之待拆物件不適用之。

第四二條 103

①雇主使勞工從事施工架組配作業，應依下列規定辦理：

一　將作業時間、範圍及順序等告知作業勞工。
二　禁止作業無關人員擅自進入組配作業區域內。
三　強風、大雨、大雪等惡劣天候，實施作業預估有危險之虞時，應即停止作業。
四　於紮緊、拆卸及傳遞施工架構材等之作業時，設寬度在二十公分以上之施工架踏板，並採取使勞工使用安全帶等防止發生勞工墜落危險之設備與措施。
五　吊升或卸放材料、器具、工具等時，要求勞工使用吊索、吊物專用袋。
六　構築使用之材料有突出之釘類均應釘入或拔除。
七　對於使用之施工架，事前依本標準及其他安全規定檢查後，始得使用。

②勞工進行前項第四款之作業而被要求使用安全帶等時，應遵照使用之。

第四三條 103

雇主對於構築施工架之材料，應依下列規定辦理：

一　不得有顯著之損壞、變形或腐蝕。
二　使用之竹材，應以竹尾末梢外徑四公分以上之圓竹為限，且不得有裂隙或腐蝕者，必要時應加防腐處理。
三　使用之木材，不得有顯著損及強度之裂隙、蛀孔、木結、斜紋等，並應完全剝除樹皮，方得使用。
四　使用之木材，不得施以油漆或其他處理以隱蔽其缺陷。
五　使用之鋼材等金屬材料，應符合國家標準 CNS 4750 鋼管施工架同等以上抗拉強度。

第四四條 110

雇主對於施工架及施工構臺，應經常予以適當之保養並維持各部分之牢穩。

第四五條 110

雇主為維持施工架及施工構臺之穩定，應依下列規定辦理：

一　施工架及施工構臺不得與混凝土模板支撐或其他臨時構造連接。
二　對於未能與結構體連接之施工架，應以斜撐材或其他相關設施作適當而充分之支撐。
三　施工架在適當之垂直、水平距離處與構造物妥實連接，其間隔在垂直方向以不超過五點五公尺，水平方向以不超過七點五公尺為限。但獨立而無傾倒之虞或已依第五十九條第五款規定辦理者，不在此限。

四　因作業需要而局部拆除繫牆桿、壁連座等連接設施時，應採取補強或其他適當安全設施，以維持穩定。
五　獨立之施工架在該架最後拆除前，至少應有三分之一之踏腳桁不得移動，並使之與橫檔或立柱紮牢。
六　鬆動之磚、排水管、煙囪或其他不當材料，不得用以建造或支撐施工架及施工構臺。
七　施工架及施工構臺之基礎地面應平整，且夯實緊密，並襯以適當材質之墊材，以防止滑動或不均勻沈陷。

第四六條 99
①雇主對於施工架上物料之運送、儲存及荷重之分配，應依下列規定辦理：
一　於施工架上放置或搬運物料時，避免施工架發生突然之振動。
二　施工架上不得放置或運轉動力機械及設備，或以施工架作為固定混凝土輸送管、垃圾管槽之用，以免因振動而影響作業安全。但無作業危險之虞者，不在此限。
三　施工架上之載重限制應於明顯易見之處明確標示，並規定不得超過其荷重限制及應避免發生不均衡現象。
②雇主對於施工構臺上物料之運送、儲存及荷重之分配，準用前項第一款及第三款規定。

第四七條
雇主不得使勞工在施工架上使用梯子、合梯或踏凳等從事作業。

第四八條 103
①雇主使勞工於高度二公尺以上施工架上從事作業時，應依下列規定辦理：
一　應供給足夠強度之工作臺。
二　工作臺寬度應在四十公分以上並舖滿密接之踏板，其支撐點應有二處以上，並應綁結固定，使其無脫落或位移之虞，踏板間縫隙不得大於三公分。
三　活動式踏板使用木板時，其寬度應在二十公分以上，厚度應在三點五公分以上，長度應在三點六公尺以上；寬度大於三十公分時，厚度應在六公分以上，長度應在四公尺以上，其支撐點應有三處以上，且板端突出支撐點之長度應在十公分以上，但不得大於板長十八分之一，踏板於板長方向重疊時，應於支撐點處重疊，重疊部分之長度不得小於二十公分。
四　工作臺應低於施工架立柱頂點一公尺以上。
②前項第三款之板長，於狹小空間場所得不受限制。

第四九條　（刪除）93

第五〇條　（刪除）93

第五一條 103
雇主於施工架上設置人員上下設備時，應依下列規定辦理：
一　確實檢查施工架各部分之穩固性，必要時應適當補強，並

將上下設備架設處之立柱與建築物之堅實部分牢固連接。

二　施工架任一處步行至最近上下設備之距離，應在三十公尺以下。

第五二條

雇主構築施工架時，有鄰近結構物之周遭或跨越工作走道者，應於其下方設計斜籬及防護網等，以防止物體飛落引起災害。

第五三條

雇主構築施工架時，有鄰近或跨越車輛通道者，應於該通道設置護籠等安全設施，以防車輛之碰撞危險。

第五四條 103

雇主對於原木施工架，應依下列規定辦理：

一　立柱應垂直或稍向構造物傾斜，應有適當之排列間距，且不大於二點五公尺。

二　立柱柱腳應依土壤性質，埋入適當深度或襯以墊板、座鈑等以防止滑動或下沈。

三　立柱延伸之接頭屬搭接式接頭者，其搭接部分應有一公尺以上之長度，且捆綁二處以上，屬對接式接頭者，應以一點八公尺以上長度之補強材捆綁於二對接之立柱，並捆綁四處以上。

四　二施工架於一構造物之轉角處相遇時，於該轉角處之施工架外面，至少應裝一立柱或採取其他補強措施。

五　施工架之橫檔應確實平放，並以螺栓、鐵鉤、繩索或其他方法使與立柱紮結牢固。橫檔垂直間距不得超過四公尺以上，其最低位置不得高於地面三公尺以上。

六　水平位置連接之橫檔接頭，至少應重疊一公尺以上，其連接端應緊紮於立柱上。但經採用特殊方法，足以保持其受力之均衡者，不在此限。

七　施工架上之踏腳桁，應依下列規定：

㈠應平直並與橫檔紮牢。

㈡不用橫檔時，踏腳桁應紮緊於立柱上，並用已紮穩之三角木支撐。

㈢踏腳桁之一端利用牆壁支撐時，則該端至少應有十公分深之接觸面。

㈣踏腳桁之尺寸，應依預期之荷重決定。

㈤支持工作臺之兩相鄰踏腳桁之間距，應視預期載重及工作臺舖板之材質及厚度定之。以不及四公分厚之踏板構築者，間距不得超過一公尺；以四至五公分厚之踏板構築者，不得超過一點五公尺；以五公分厚以上之踏板構築者，不得超過二公尺。

八　施工架之立柱、橫檔、踏腳桁之連接及交叉部分，應以鐵線、螺栓或其他適當方式紮結牢固，並以適當之斜撐材及對角撐材補強。

第五五條

雇主對於使用圓竹構築之施工架，應依下列規定辦理：

一　以獨立直柱式施工架爲限。

二　立柱間距不得大於一·八公尺，其柱腳之固定應依前條第二款之規定。

三　主柱、橫檔之延伸應於節點處搭接，並以十號以下鍍鋅鐵線紮結牢固，其搭接長度、方式應依前條第三款之規定。

四　橫檔垂直間距不得大於二公尺，其最低位置不得高於地面二公尺以上。

五　踏腳桁以使用木材爲原則，並依前條第七款之規定。

六　立柱、橫檔、踏腳桁之連接及交叉部分應以鐵線或其他適當方法紮結牢固，並以適當之斜撐材及對角撐材使整個施工架構築穩固。

七　二施工架於一構造物之轉角處相遇時，於該轉角處之施工架外面，至少應裝一立柱。

第五六條 110

雇主對於懸吊式施工架，應依下列規定辦理：

一　懸吊架及其他受力構件應具有充分強度，並確實安裝及繫固。

二　工作臺寬度不得小於四十公分，且不得有隙縫。但於工作臺下方及側方已裝設安全網及防護網等，足以防止勞工墜落或物體飛落者，不在此限。

三　吊纜或懸吊鋼索之安全係數應在十以上，吊鉤之安全係數應在五以上，施工架下方及上方支座之安全係數，其爲鋼材者應在二點五以上；其爲木材者應在五以上。

四　懸吊之鋼索，不得有下列情形之一：

㈠鋼索一撚間有百分之十以上素線截斷者。

㈡直徑減少達公稱直徑百分之七以上者。

㈢有顯著變形或腐蝕者。

㈣已扭結者。

五　懸吊之鏈條，不得有下列情形之一：

㈠延伸長度超過該鏈條製造時長度百分之五以上者。

㈡鏈條斷面直徑減少超過該鏈條製造時斷面直徑百分之十以上者。

㈢有龜裂者。

六　懸吊之鋼線及鋼帶，不得有顯著損傷、變形或腐蝕者。

七　懸吊之纖維索，不得有下列情形之一：

㈠股線截斷者。

㈡有顯著損傷或變形者。

八　懸吊之鋼索、鏈條、鋼線、鋼帶或纖維索，應確實安裝繫固，一端繫於施工架桁架、橫梁等，另一端繫於梁、錨錠裝置或建築物之梁等。

九　工作臺之踏板，應固定於施工架之桁架或橫梁，不得有位移或脫落情形。

十　施工架之桁架、橫梁及工作臺，應採用控索等設施，以防止搖動或位移。

十一　設置吊棚式施工架時，橫梁之連接處及交叉處，應使用連接接頭或繫固接頭，確實連接及繫固，每一橫梁應有三處以上之懸吊點支持。

第五七條

雇主對於棧橋式施工架，應依下列規定辦理：

一　其寬度應使工作臺留有足夠運送物料及人員通行無阻之空間。

二　棧橋應架設牢固以防止移動，並具適當之強度。

三　不能構築兩層以上。

四　構築高度不得高出地面或地板四公尺以上者。

五　不得建於輕型懸吊式施工架之上。

第五八條 96

雇主對於懸臂式施工架，應依下列規定辦理：

一　依其長度及斷面，設計足夠之強度，必要時以斜撐補強，並與構造物妥為錨定。

二　施工架之各部分，應以構造物之堅固部分支持之。

三　工作臺置於嵌入牆內之托架上者，該托架應設斜撐並與牆壁紮牢。

第五九條 110

①雇主對於鋼管施工架之設置，應依下列規定辦理：

一　使用國家標準 CNS 4750 型式之施工架，應符合國家標準同等以上之規定；其他型式之施工架，其構材之材料抗拉強度、試驗強度及製造，應符合國家標準 CNS 4750 同等以上之規定。

二　前款設置之施工架，於提供使用前應確認符合規定，並於明顯易見之處明確標示。

三　裝有腳輪之移動式施工架，勞工作業時，其腳部應以有效方法固定之；勞工於其上作業時，不得移動施工架。

四　構件之連接部分或交叉部分，應以適當之金屬附屬配件確實連接固定，並以適當之斜撐材補強。

五　屬於直柱式施工架或懸臂式施工架者，應依下列規定設置與建築物連接之壁連座連接：

㈠間距應小於下表所列之值為原則。

鋼管施工架之種類	間距（單位：公尺）	
	垂直方向	水平方向
單管施工架	五	五點五
框式施工架（高度未滿五公尺者除外）	九	八

㈡應以鋼管或原木等使該施工架構築堅固。

㈢以抗拉材料與抗壓材料合構者，抗壓材與抗拉材之間距應在一公尺以下。

六　接近高架線路設置施工架，應先移設高架線路或裝設絕緣用防護裝備或警告標示等措施，以防止高架線路與施工架接觸。

七　使用伸縮桿件及調整桿時，應將其埋入原桿件足夠深度，以維持穩固，並將插銷鎖固。

②前項第一款因工程施作需要，將內側交叉拉桿移除者，其內側應設置水平構件，並與立架連結穩固，提供施工架必要強度，以防止作業勞工墜落危害。

③前項內側以水平構件替換交叉拉桿之施工架，替換後之整體施工架強度計算，除依第四十條規定辦理外，其水平構件強度應與國家標準 CNS 4750 相當。

第六〇條 110

①雇主對於單管式鋼管施工架之構築，應依下列規定辦理：

一　立柱之間距：縱向為一點八五公尺以下；梁間方向為一點五公尺以下。

二　横檔垂直間距不得大於二公尺。距地面上第一根横檔應置於二公尺以下之位置。

三　立柱之上端量起自三十一公尺以下部分之立柱，應使用二根鋼管。

四　立柱之載重應以四百公斤為限。

②雇主因作業之必要而無法依前項第一款之規定，而以補強材有效補強時，不受該款規定之限制。

第六〇條之一 103

①雇主對於系統式施工架之構築，應依下列規定辦理：

一　所有立柱、横桿及斜撐等，應以輪盤、八角盤或其他類似功能之構件及插銷扣件等組配件，連接成一緊密牢固之系統構架，其連接之交叉處不得以各式活扣緊結或鐵線代替。

二　施工架之金屬材料、管徑、厚度、表面處理、輪盤或八角盤等構件之雙面全周焊接、製造方法及標示等，應符合國家標準 CNS 4750 鋼管施工架之規定。

三　輪盤、插銷扣件及續連端之金屬材料，應採用 SS400 或具有同等以上抗拉強度之金屬材質。

四　立柱續連端應有足夠強度，避免立柱初始破壞發生於續連端。

②前項設置之施工架，雇主於提供使用前應確認符合規定，並於明顯易見之處明確標示。

第六一條 110

雇主對於框式鋼管式施工架之構築，應依下列規定辦理：

一　最上層及每隔五層應設置水平梁。

二　框架與托架，應以水平牽條或鉤件等，防止水平滑動。

三　高度超過二十公尺及架上載有物料者，主框架應在二公尺以下，且其間距應保持在一點八五公尺以下。

第六二條

雇主對於同一作業場所使用之鋼管，其厚度、外徑及強度相異時，為防止鋼管之混淆，應分別對該鋼管以顏色或其他方式標示等，使勞工易於識別。

第六二條之一 110

雇主對於施工構臺，應依下列規定辦理：

一 支柱應依施工場所之土壤性質，埋入適當深度或於柱腳部襯以墊板、座鈑等以防止滑動或下沈。

二 支柱、支柱之水平繫材、斜撐材及構臺之梁等連結部分、接觸部分及安裝部分，應以螺栓或鉚釘等金屬之連結器材固定，以防止變位或脫落。

三 高度二公尺以上構臺之覆工板等板料間隙應在三公分以下。

四 構臺設置寬度應足供所需機具運轉通行之用，並依施工計畫預留起重機外伸撐座伸展及材料堆置之場地。

第六二條之二 110

①雇主於施工構臺遭遇強風、大雨等惡劣氣候或四級以上地震後或施工構臺局部解體、變更後，使勞工於施工構臺上作業前，應依下列規定確認主要構材狀況或變化：

一 支柱滑動或下沈狀況。

二 支柱、構臺之梁等之損傷情形。

三 構臺覆工板之損壞或舖設狀況。

四 支柱、支柱之水平繫材、斜撐材及構臺之梁等連結部分、接觸部分及安裝部分之鬆動狀況。

五 螺栓或鉚釘等金屬之連結器材之損傷及腐蝕狀況。

六 支柱之水平繫材、斜撐材等補強材之安裝狀況及有無脫落。

七 護欄等有無被拆下或脫落。

②前項狀況或變化，有異常未經改善前，不得使勞工作業。

第五章　露天開挖

第六三條 93

①雇主僱用勞工從事露天開挖作業，為防止地面之崩塌及損壞地下埋設物致有危害勞工之虞，應事前就作業地點及其附近，施以鑽探、試挖或其他適當方法從事調查，其調查內容，應依下列規定：

一 地面形狀、地層、地質、鄰近建築物及交通影響情形等。

二 地面有否龜裂、地下水位狀況及地層凍結狀況等。

三 有無地下埋設物及其狀況。

四 地下有無高溫、危險或有害之氣體、蒸氣及其狀況。

②依前項調查結果擬訂開挖計畫，其內容應包括開挖方法、順序、進度、使用機械種類、降低水位、穩定地層方法及土壓觀測系統等。

第六四條

①雇主僱用勞工以人工開挖方式從事露天開挖作業，其自由面之傾斜度，應依下列規定辦理：
一　由砂質土壤構成之地層，其開挖面之傾斜度不得大於水平一·五與垂直一之比（三十五度），其開挖面高度應不超過五公尺。
二　因爆破等易引起崩壞、崩塌或龜裂狀態之地層，其開挖面之傾斜度不得大於水平一與垂直一之比（四十五度），其開挖面高度應不超過二公尺。
三　岩磐（可能引致崩塌或岩石飛落之龜裂岩磐除外）或堅硬之粘土構成之地層，及穩定性較高之其他地層之開挖面之傾斜度，應依下表之規定。

地層之種類	開挖面高度	開挖面傾斜度
岩盤或堅硬之粘土構成之地層	未滿五公尺	九十度
	五公尺以上	七十五度以下
其　他	未滿二公尺	九十度
	二公尺以上 未滿五公尺	七十五度以下
	五公尺以上	六十度以下

②若開挖面含有不同地層時，應採取較安全之開挖傾斜度，如依統一土壤分類法細分之各種地質計算出其所允許開挖深度及開挖角度施工者，得依其方式施工。

第六五條 103

雇主僱用勞工從事露天開挖作業時，為防止地面之崩塌或土石之飛落，應採取下列措施：
一　作業前、大雨或四級以上地震後，應指定專人確認作業地點及其附近之地面有無龜裂、有無湧水、土壤含水狀況、地層凍結狀況及其地層變化等情形，並採取必要之安全措施。
二　爆破後，應指定專人檢查爆破地點及其附近有無浮石或龜裂等狀況，並採取必要之安全措施。
三　開挖出之土石應常清理，不得堆積於開挖面之上方或與開挖面高度等值之坡肩寬度範圍內。
四　應有勞工安全進出作業場所之措施。
五　應設置排水設備，隨時排除地面水及地下水。

第六六條 110

雇主使勞工從事露天開挖作業，為防止土石崩塌，應指定專人，於作業現場辦理下列事項。但開挖垂直深度達一點五公尺以上者，應指定露天開挖作業主管：
一　決定作業方法，指揮勞工作業。
二　實施檢點，檢查材料、工具、器具等，並汰換其不良品。
三　監督勞工確實使用個人防護具。

四　確認安全衛生設備及措施之有效狀況。
五　前二款未確認前，應管制勞工或其他人員不得進入作業。
六　其他爲維持作業勞工安全衛生所必要之設備及措施。

第六七條 110

雇主於接近磚壁或水泥隔牆等構造物之場所從事開挖作業前，爲防止構造物損壞、變形或倒塌致危害勞工，應採取地盤改良及構造物保護等有效之預防設施。

第六八條

雇主對於露天開挖作業，爲防止損壞地下管線致危害勞工，應採取懸吊或支撐該管線，或予以移設等必要措施，並指派專人於現場指揮施工。

第六九條 110

雇主使勞工以機械從事露天開挖作業，應依下列規定辦理：
一　使用之機械有損壞地下電線、電纜、危險或有害物管線、水管等地下埋設物，而有危害勞工之虞者，應妥爲規劃該機械之施工方法。
二　事前決定開挖機械、搬運機械等之運行路線及此等機械進出土石裝卸場所之方法，並告知勞工。
三　於搬運機械作業或開挖作業時，應指派專人指揮，以防止機械翻覆或勞工自機械後側接近作業場所。
四　嚴禁操作人員以外之勞工進入營建用機械之操作半徑範圍內。
五　車輛機械應裝設倒車或旋轉之警示燈及蜂鳴器，以警示周遭其他工作人員。

第七〇條

雇主僱用勞工於採光不良之場所從事露天開挖作業，應裝設作業安全所必需之照明設備。

第七一條 110

雇主僱用勞工從事露天開挖作業，其開挖垂直最大深度應妥爲設計；其深度在一點五公尺以上，使勞工進入開挖面作業者，應設擋土支撐。但地質特殊或採取替代方法，經所僱之專任工程人員或委由相關執業技師簽認其安全性者，不在此限。

第七二條

雇主對於供作擋土支撐之材料，不得有顯著之損傷、變形或腐蝕。

第七三條 110

①雇主對於擋土支撐之構築，應依下列規定辦理：
一　依擋土支撐構築處所之地質鑽探資料，研判土壤性質、地下水位、埋設物及地面荷載現況，妥爲設計，且繪製詳細構築圖樣及擬訂施工計畫，並據以構築之。
二　構築圖樣及施工計畫應包括樁或擋土壁體及其他襯板、橫檔、支撐及支柱等構材之材質、尺寸配置、安裝時期、順序、降低水位之方法及土壓觀測系統等。

三　擋土支撐之設置，應於未開挖前，依照計畫之設計位置先行打樁，或於擋土壁體達預定之擋土深度後，再行開挖。

四　爲防止支撐、橫檔及牽條等之脫落，應確實安裝固定於樁或擋土壁體上。

五　壓力構材之接頭應採對接，並應加設護材。

六　支撐之接頭部分或支撐與支撐之交叉部分應墊以承鈑，並以螺栓緊接或採用焊接等方式固定之。

七　備有中間柱之擋土支撐者，應將支撐確實妥置於中間直柱上。

八　支撐非以構造物之柱支持者，該支持物應能承受該支撐之荷重。

九　不得以支撐及橫檔作爲施工架或承載重物。但設計時已預作考慮及另行設置支柱或加強時，不在此限。

十　開挖過程中，應隨時注意開挖區及鄰近地質及地下水位之變化，並採必要之安全措施。

十一　擋土支撐之構築，其橫檔背土回填應緊密、螺栓應栓緊，並應施加預力。

②前項第一款擋土支撐設計，應由所僱之專任工程人員或委由相關執業技師，依土壤力學原理妥爲設計，置備施工圖說及強度計算書，經簽章確認後，據以執行。

③雇主對於擋土支撐之拆除，除依第一項第七款至第九款規定辦理外，並應擬訂拆除計畫據以執行；拆除壓力構件時，應俟壓力完全解除，方得拆除護材。

第七四條 110

①雇主對於擋土支撐組配、拆除（以下簡稱擋土支撐）作業，應指派擋土支撐作業主管於作業現場辦理下列事項：

一　決定作業方法，指揮勞工作業。

二　實施檢點，檢查材料、工具、器具等，並汰換其不良品。

三　監督勞工確實使用個人防護具。

四　確認安全衛生設備及措施之有效狀況。

五　前二款未確認前，應管制勞工或其他人員不得進入作業。

六　其他爲維持作業勞工安全衛生所必要之設備及措施。

②前項第二款之汰換不良品規定，對於進行拆除作業之待拆物件不適用之。

第七五條

①雇主於擋土支撐設置後開挖進行中，除指定專人確認地層之變化外，並於每週或於四級以上地震後，或因大雨等致使地層有急劇變化之虞，或觀測系統顯示土壓變化未按預期行徑時，依下列規定實施檢查：

一　構材之有否損傷、變形、腐蝕、移位及脫落。

二　支撐桿之鬆緊狀況。

三　構材之連接部分、固定部分及交叉部分之狀況。

②依前項認有異狀，應即補強、整修採取必要之設施。

第七六條

雇主對於設置擋土支撐之工作場所，必要時應置備加強、修補擋土支撐工程用材料與器材。

第七七條 110

雇主對於露天開挖場所有地面崩塌或土石飛落之虞時，應依地質及環境狀況，設置適當擋土支撐或邊坡保護等防護設施。

第七八條 110

雇主對於露天開挖作業之工作場所，應設有警告標示、標誌杆或防禦物，禁止與工作無關人員進入。

第七九條 110

雇主對於傾斜地面上之開挖作業，應依下列規定辦理：

一　不得使勞工同時在不同高度之地點從事作業。但已採取保護低位置工作勞工之安全措施者，不在此限。

二　隨時清除開挖面之土石方；其有崩塌、落石之虞，應即清除、裝置防護網、防護架及作適當之擋土支撐等承受落物。

三　二人以上同時作業，應切實保持連繫，並指派其中一人擔任領班指揮作業。

四　勞工有墜落之虞時，應使勞工佩帶安全帶。

第七九條之一 110

雇主使勞工於非露天開挖場所從事開挖作業，準用本章之規定。

第六章　隧道、坑道開挖

第八〇條

雇主對於隧道、坑道開挖作業，為防止落磐、湧水等危害勞工，應依下列規定辦理：

一　事前實施地質調查；以鑽探、試坑、震測或其他適當方法，確定開挖區之地表形狀、地層、地質、岩層變動情形及斷層與含水砂土地帶之位置、地下水位之狀況等作成紀錄，並繪出詳圖。

二　依調查結果訂定合適之施工計畫，並依該計畫施工。該施工計畫內容應包括開挖方法、開挖順序與時機，隧道、坑道之支撐、換氣、照明、搬運、通訊、防火及湧水處理等事項。

三　雇主應於勞工進出隧道、坑道時，予以清點或登記。

第八一條 93

①雇主對於隧道、坑道開挖作業，應就開挖現場及周圍之地表、地質及地層之狀況，採取適當措施，以防止發生落磐、湧水、高溫氣體、蒸氣、缺氧空氣、粉塵、可燃性氣體等危害。

②雇主依前條及前項實施確認之結果，發現依前條第二款訂定之施工計畫已不合適時，應即變更該施工計畫，並依變更之新施工計畫施工。

第八二條 110

雇主對於隧道、坑道開挖作業，為防止落磐、湧水、開炸炸傷等危害勞工，應指派專人確認下列事項：

一　於每日或四級以上地震後，隧道、坑道等內部無浮石、岩磐嚴重龜裂、含水、湧水不正常之變化等。

二　施炸前鑽孔之裝藥適當。

三　施炸後之場所及其周圍無浮石及岩磐龜裂，鑽孔及爆落之石碴堆、出碴堆無未引爆之炸藥，施工軌道無損壞狀況。

四　不得同時作鑽孔及裝炸藥作業，以免引起爆炸傷及人員。

第八三條 93

雇主對於隧道、坑道作業為防止落磐或土石崩塌危害勞工，應設置支撐、岩栓、噴凝土、環片等支持構造，並清除浮石等。

第八四條 93

雇主對於隧道、坑道作業，為防止隧道、坑道進出口附近表土之崩塌或土石之飛落致有危害勞工之虞者，應設置擋土支撐、張設防護網、清除浮石或採取邊坡保護。如地質惡劣時應採用鋼筋混凝土洞口或邊坡保護等措施。

第八五條

雇主應禁止非工作必要人員進入下列場所：

一　正在清除浮石或其下方有土石飛落之虞之場所。

二　隧道、坑道支撐作業及支撐之補強或整修作業中，有落磐或土石崩塌之虞之場所。

第八六條

雇主對於隧道、坑道作業，有因落磐、出水、崩塌或可燃性氣體、粉塵存在，引起爆炸火災或缺氧、氣體中毒等危險之虞，應即使作業勞工停止作業，離開作業場所，非經測定確認無危險及採取適當通風換氣後，不得恢復作業。

第八七條

雇主對於隧道、坑道作業，應使作業勞工佩戴安全帽、穿著反光背心或具反光標示之服裝及其他必要之防護具。並置備緊急安全搶救器材、吊升搶救設施、安全燈、呼吸防護器材、氣體檢知警報系統及通訊信號、備用電源等必要裝置。

第八八條

雇主使用搬運機械從事隧道、坑道作業時，應依下列規定辦理：

一　事前決定運行路線、進出交會地點及此等機械進出土石裝卸場所之方法，並告知勞工。

二　應指派指揮人員，從事指揮作業。

三　作業場所應有適當之安全照明。

四　搬運機械應加裝防撞擋板等安全防護設施。

第八九條

雇主對於隧道、坑道支撐之構築，不得使用有顯著損傷、變形或腐蝕之材料，該材料並應具足夠強度。

第九〇條

雇主對於隧道、坑道支撐之構築，應事前就支撐場所之表土、

地質、含水、湧水、龜裂、浮石狀況及開挖方法等因素，妥爲設計施工。

第九一條

雇主對於隧道、坑道支撐之構築或重組，應依下列規定辦理：

一　構成支撐組之主構材應置於同一平面內。

二　木製之隧道、坑道支撐，應使支撐之各部構材受力平衡。

第九二條

雇主對於隧道、坑道之支撐，如有腳部下沉、滑動之虞，應襯以墊板、座鈑等措施。

第九三條

雇主對於隧道、坑道之鋼拱支撐，應依下列規定辦理：

一　支撐組之間隔應在一．五公尺以下。但以噴凝土或安裝岩栓來支撐岩體荷重者，不在此限。

二　使用連接螺栓、連接桿或斜撐等，將主構材相互堅固連接之。

三　爲防止沿隧道之縱向力量致傾倒或歪斜，應採取必要之措施。

四　爲防止土石崩塌，應設有襯板等。

第九四條

雇主對於隧道、坑道之木拱支撐，應依下列規定辦理：

一　爲防止接近地面之水平支撐移位，其兩端應以斜撐材固定於側壁上。

二　爲防止沿隧道之縱向力量致傾倒或歪斜，應採取必要之措施。

三　構材連接部分，應以牽條等固定。

第九五條

雇主於拆除承受有荷重之隧道、坑道支撐之構材時，應先採取荷重移除措施。

第九六條

雇主對於隧道、坑道設置之支撐，應於每日或四級以上地震後，就下列事項予以確認，如有異狀時，應即採取補強或整補措施：

一　構材有無損傷、變形、腐蝕、移位及脫落。

二　構材緊接是否良好。

三　構材之連接及交叉部分之狀況是否良好。

四　腳部有無滑動或下沉。

五　頂磐及側壁有無鬆動。

第九七條

雇主應使隧道、坑道模板支撐，具有承受負荷之堅固構造。

第九八條

雇主對於隧道、坑道開挖作業，如其豎坑深度超過二十公尺者，應設專供人員緊急出坑之安全吊升設備。

第九九條

雇主對於隧道、坑道之電力及其他管線系統，應依下列規定辦

理：

一　電力系統應與水管、電訊、通風管系統隔離。

二　水、電、通訊或其他因施工需要而設置之管、線路，應沿隧道適當距離標示其用途，並應懸掛於隧道壁顯明易見之場所。

三　應沿工作人員通路上方裝置安全通路燈號及停電時能自動開啓之緊急照明裝置。

四　照明設施均應裝置在工作人員通路同側之隧道壁上方。

五　應於每五百公尺設置與外界隨時保持正常通訊之有線通訊設備。

六　隧道內行駛之動力車，應裝置閃光燈號或警報措施。

七　有大量湧水之虞時，應置備足夠抽水能力之設備，並置備設備失效時會發出警報之裝置。

八　電力系統均應予以接地（爆破開挖之隧道除外）或裝置感電防止用漏電斷路器，其佈設之主要電力線路，均應爲雙層絕緣之電纜。

第一〇〇條

雇主對於隧道、坑道之通路，應依下列規定辦理：

一　規劃作業人員專用通路，並於車輛或軌道動力車行駛之路徑，以欄杆或其他足以防護通路安全之設施加以隔離。

二　除工作人員專用通路外，應避免舖設踏板，以防人員誤入危險區域。

三　因受限於隧道、坑道之斷面設計、施工等因素，無法規劃工作人員專用道路時，如以車輛或軌道動力車運輸人員者，得不設置專用通路。

第一〇一條

雇主對於以潛盾工法施工之隧道、坑道開挖作業，應依下列規定：

一　未經許可禁止在隧道內進行氣體熔接、熔斷或電焊作業。

二　未經許可禁止攜帶火柴、打火機等火源進入隧道。

三　柴油引擎以外之內燃機不得在隧道內使用。

第一〇一條之一 93

雇主對於以潛盾工法施工之隧道、坑道開挖作業，爲防止地下水、土砂自鏡面開口處與潛盾機殼間滲湧，應於出發及到達工作井處採取防止地下水、土砂滲湧等必要工程設施。

第一〇二條 110

雇主對於隧道、坑道挖掘（以下簡稱隧道等挖掘）作業或襯砌（以下簡稱隧道等襯砌）作業，應指定隧道等挖掘作業主管或隧道等襯砌作業主管於作業現場辦理下列事項：

一　決定作業方法，指揮勞工作業。

二　實施檢點，檢查材料、工具、器具等，並汰換其不良品。

三　監督勞工確實使用個人防護具。

四　確認安全衛生設備及措施之有效狀況。

五　前二款未確認前，應管制勞工或其他人員不得進入作業。
六　其他為維持作業勞工安全衛生所必要之設備及措施。

第七章　沉箱、沉筒、井筒、圍堰及壓氣施工

第一〇三條 110

雇主對於沉箱、沉筒、井筒等內部從事開挖作業時，為防止其急速沈陷危害勞工，應依下列規定辦理：

一　依下沉關係圖，決定開挖方法及載重量。
二　刃口至頂版或梁底之淨距應在一點八公尺以上。
三　刃口下端不得下挖五十公分以上。

第一〇四條

雇主對於沉箱、沉筒、井筒等之設備內部，從事開挖作業時，應依下列規定辦理：

一　應測定空氣中氧氣及有害氣體之濃度。
二　應有使勞工安全升降之設備。
三　開挖深度超過二十公尺或有異常氣壓之虞時，該作業場所應設置專供連絡用之電話或電鈴等通信系統。
四　開挖深度超越二十公尺或依第一款規定測定結果異常時，應設置換氣裝置並供應充分之空氣。

第一〇五條

雇主以預鑄法施放沉箱時，應依下列規定辦理：

一　預鑄沉箱堆置應平穩、堅固。
二　於沉箱面上作業時應有防止人員、車輛、機具墜落之設備。
三　施放作業前對拖船、施放鋼索、固定裝置等，應確認無異常狀態。
四　對拖曳航道應事先規劃，如深度不足時，應即予疏濬。
五　水面、水下作業人員，於共同作業時，應建立統一信號系統，要求作業人員遵守。

第一〇六條

雇主藉壓氣沉箱施工法、壓氣沉筒施工法、壓氣潛盾施工法等作業時，應選任高壓室內作業主管，辦理下列事項：

一　應就可燃物品於高氣壓狀況下燃燒之危險性，告知勞工。
二　禁止攜帶火柴、打火機等火源，並將上項規定揭示於氣閘室外明顯易見之地點。
三　禁止從事氣體熔接、熔斷或電焊等具有煙火之作業。
四　禁止藉煙火、高溫或可燃物供作暖氣之用。
五　禁止使用可能造成火源之機械器具。
六　禁止使用可能發生火花或電弧之電源開關。
七　規定作業人員穿著不易引起靜電危害之服裝及鞋靴。
八　作業人員離開異常氣壓作業環境時，依異常氣壓危害預防標準辦理。

第一〇七條 110

雇主使勞工從事圍堰作業，應依下列規定辦理：

一 圍堰強度應依設計施工之水位高度設計，保持適當強度。

二 如高水位之水有自堰頂溢進堰內之虞時，應有清除堰內水量之設備。

三 建立於緊急時能迅速警告勞工退避之緊急信號，並告知勞工。

四 備有梯子、救生圈、救生衣及小船等供勞工於情況危急時能及時退避。

五 圍堰之走道、橋梁，至少應設二個緊急出口之坡道，並依規定設置護欄。

六 靠近航道設置之圍堰，應有防範通行船隻撞及堰體之措施，夜間或光線不良時，應裝設閃光警示燈。

第八章　基樁等施工設備

第一〇八條

雇主對於以動力打擊、振動、預鑽等方式從事打樁、拔樁等樁或基樁施工設備（以下簡稱基樁等施工設備）之機體及其附屬裝置、零件，應具有適合其使用目的之必要強度，並不得有顯著之損傷、磨損、變形或腐蝕。

第一〇九條

雇主爲了防止動力基樁等施工設備之倒塌，應依下列規定辦理：

一 設置於鬆軟地盤上者，應襯以墊板、座鈑、或敷設混凝土等。

二 裝置設備物時，應確認其耐用及強度；不足時應即補強。

三 腳部或架台有滑動之虞時，應以樁或鏈等固定之。

四 以軌道或滾木移動者，爲防止其突然移動，應以軌夾等固定之。

五 以控材或控索固定該設備頂部時，其數目應在三以上，其末端應固定且等間隔配置。

六 以重力均衡方式固定者，爲防止其平衡錘之移動，應確實固定於腳架。

第一一〇條

雇主對於基樁等施工設備之捲揚鋼纜，有下列情形之一者不得使用：

一 有接頭者。

二 鋼纜一撚間有百分之十以上素線截斷者。

三 直徑減少達公稱直徑百分之七以上者。

四 已扭結者。

五 有顯著變形或腐蝕者。

第一一一條

雇主使用於基樁等施工設備之捲揚鋼纜，應依下列規定辦理：

一 打樁及拔樁作業時，其捲揚裝置之鋼纜在捲胴上至少應保

留二卷以上。
二　應使用夾鉗、鋼索夾等確實固定於捲揚裝置之捲胴。
三　捲揚鋼纜與落錘或樁錘等之套結，應使用夾鉗或鋼索夾等確實固定。

第一一二條
雇主對於拔樁設備之捲揚鋼纜、滑車等，應使用具有充分強度之鉤環或金屬固定具與樁等確實連結。

第一一三條
雇主對於基樁設備等施工設備之捲揚機，應設固定夾或金屬擋齒等剎車裝置。

第一一四條
雇主對於基樁等施工設備，應能充分抗振，且各部分結合處應安裝牢固。

第一一五條
①雇主對於基樁等施工設備，應能將其捲揚裝置之捲胴軸與頭一個環槽滑輪軸間之距離，保持在捲揚裝置之捲胴寬度十五倍以上。
②前項規定之環槽滑輪應通過捲揚裝置捲胴中心，且置於軸之垂直面上。
③基樁等施工設備，其捲揚用鋼纜於捲揚時，如構造設計良好使其不致紊亂者，得不受前二項規定之限制。

第一一六條
雇主對於基樁等施工設備之環槽滑輪之安裝，應使用不因荷重而破裂之金屬固定具、鉤環或鋼纜等確實固定之。

第一一七條
雇主對於以蒸氣或壓縮空氣為動力之基樁等施工設備，應依下列規定：
一　為防止落錘動作致蒸氣或空氣軟管與落錘接觸部分之破損或脫落，應使該等軟管固定於落錘接觸部分以外之處所。
二　應將遮斷蒸氣或空氣之裝置，設置於落錘操作者易於操作之位置。

第一一八條
雇主對於基樁等施工設備之捲揚裝置，當其捲胴上鋼纜發生亂股時，不得在鋼纜上加以荷重。

第一一九條
雇主對於基樁等施工設備之捲揚裝置於有荷重下停止運轉時，應以金屬擋齒阻擋或以固定夾確實剎車，使其完全靜止。

第一二〇條
雇主不得使基樁等設備之操作者，於該機械有荷重時擅離操作位置。

第一二一條
雇主為防止因基樁設備之環槽滑輪、滑車裝置破損致鋼纜彈躍或環槽滑輪、滑車裝置等之破裂飛散所生之危險，應禁止勞工

進入運轉中之捲揚用鋼纜彎曲部分之內側。

第一二二條

雇主對於以基樁等施工設備吊升樁時，其懸掛部分應吊升於環槽滑輪或滑車裝置之正下方。

第一二三條

①雇主對於基樁等施工設備之作業，應訂定一定信號，並指派專人於作業時從事傳達信號工作。

②基樁等施工設備之操作者，應遵從前項規定之信號。

第一二四條

雇主對於基樁等施工設備之裝配、解體、變更或移動等作業，應指派專人依安全作業標準指揮勞工作業。

第一二五條

雇主對於藉牽條支持之基樁等施工設備之支柱或雙桿架等整體藉動力驅動之捲揚機或其他機械移動其腳部時，為防止腳部之過度移動引起之倒塌，應於對側以拉力配重、捲揚機等確實控制。

第一二六條

雇主對於基樁等施工設備之組配，應就下列規定逐一確認：

一　構件無異狀方得組配。

二　機體繫結部分無鬆弛及損傷。

三　捲揚用鋼纜、環槽滑輪及滑車裝置之安裝狀況良好。

四　捲揚裝置之剎車系統之性能良好。

五　捲揚機安裝狀況良好。

六　牽條之配置及固定狀況良好。

七　基腳穩定避免倒塌。

第一二七條

雇主對於基樁等施工設備控索之放鬆時，應使用拉力配重或捲揚機等適當方法，並不得加載荷重超過從事放鬆控索之勞工負荷之程度。

第一二八條

雇主對於基樁等施工設備之作業，為防止損及危險物或有害物管線、地下電纜、自來水管或其他埋設物等，致有危害勞工之虞時，應事前就工作地點實施調查並查詢該等埋設之管線權責單位，確認其狀況，並將所得資料通知作業勞工。

第九章　鋼筋混凝土作業

第一二九條 99

雇主對於從事鋼筋混凝土之作業時，應依下列規定辦理：

一　鋼筋應分類整齊儲放。

二　使從事搬運鋼筋作業之勞工戴用手套。

三　利用鋼筋結構作為通道時，表面應舖以木板，使能安全通行。

四　使用吊車或索道運送鋼筋時，應予紮牢以防滑落。

五　吊運長度超過五公尺之鋼筋時，應在適當距離之二端以吊鏈鉤住或拉索捆紮拉緊，保持平穩以防擺動。

六　構結牆、柱、墩基及類似構造物之直立鋼筋時，應有適當支持；其有傾倒之虞者，應使用拉索或撐桿支持，以防傾倒。

七　禁止使用鋼筋作為拉索支持物、工作架或起重支持架等。

八　鋼筋不得散放於施工架上。

九　暴露之鋼筋應採取彎曲、加蓋或加裝護套等防護設施。但其正上方無勞工作業或勞工無虞跌倒者，不在此限。

十　基礎頂層之鋼筋上方，不得放置尚未組立之鋼筋或其他物料。但其重量未超過該基礎鋼筋支撐架之荷重限制並分散堆置者，不在此限。

第一三○條

雇主對於供作模板支撐之材料，不得有明顯之損壞、變形或腐蝕。

第一三一條 110

雇主對於模板支撐，應依下列規定辦理：

一　為防止模板倒塌危害勞工，高度在七公尺以上，且面積達三百三十平方公尺以上之模板支撐，其構築及拆除，應依下列規定辦理：

㈠事先依模板形狀、預期之荷重及混凝土澆置方法等，應由所僱之專任工程人員或委由相關執業技師，依結構力學原理妥為設計，置備施工圖說及強度計算書，經簽章確認後，據以執行。

㈡訂定混凝土澆置計畫及建立按施工圖說施作之查驗機制。

㈢設計、施工圖說、簽章確認紀錄、混凝土澆置計畫及查驗等相關資料，於未完成拆除前，應妥存備查。

㈣有變更設計時，其強度計算書及施工圖說應重新製作，並依本款規定辦理。

二　前款以外之模板支撐，除前款第一目規定得指派專人妥為設計，簽章確認強度計算書及施工圖說外，應依前款各目規定辦理。

三　支柱應視土質狀況，襯以墊板、座板或敷設水泥等方式，以防止支柱之沉陷。

四　支柱之腳部應予以固定，以防止移動。

五　支柱之接頭，應以對接或搭接之方式妥為連結。

六　鋼材與鋼材之接觸部分及搭接重疊部分，應以螺栓或鉚釘等金屬零件固定之。

七　對曲面模板，應以繫桿控制模板之上移。

八　橋梁上構模板支撐，其模板支撐架應設置側向支撐及水平支撐，並於上、下端連結牢固穩定，支柱（架）腳部之地

面應夯實整平，排水良好，不得積水。

九　橋梁上構模板支撐，其模板支撐架頂層構臺應舖設踏板，並於構臺下方設置強度足夠之安全網，以防止人員墜落、物料飛落。

第一三一條之一 110

雇主對於橋梁工程採支撐先進工法、懸臂工法及以起重機從事節塊吊裝工法或全跨吊裝工法等方式施工時，應依下列規定辦理：

一　對於工作車之構築及拆除、節塊之構築，應依下列程序辦理：

㈠事先就工作車及其支撐、懸吊及錨定系統，依預期之荷重、混凝土澆置方法及工作車推進時之移動荷重等因素，應由所僱之專任工程人員或委由相關執業技師，依結構力學原理妥為設計，置備施工圖說及強度計算書，經簽章確認後，據以執行。

㈡訂定混凝土澆置計畫及建立按施工圖說施作之查驗機制。

㈢設計、施工圖說、簽章確認紀錄及查驗等相關資料，於工作車未完成拆除前，應妥存備查。

㈣有變更設計時，其強度計算書及施工圖說應重新製作，並依本款規定辦理。

二　組立、拆除工作車時，應指派專人決定作業方法及於現場直接指揮作業，並確認下列事項：

㈠依前款組立及拆除之施工圖說施工。

㈡工作車推進前，軌道應確實錨錠。

㈢工作車推進或灌漿前，承載工作車之箱型梁節塊，應具備充分之預力強度。

三　工作車之支撐、懸吊及錨定系統之材料，不得有明顯之損傷、變形或腐蝕。使用錨錠之鋼棒型號不同時，鋼棒應標示區別之。

四　工作車推進或灌漿前，工作車連接構件之螺栓、插銷等應妥實設置。

五　工作車、節塊推進時，應設置防止人員進入推進路線下方之設施。

六　工作車應設置制動停止裝置。

七　工作車千斤頂之墊片或墊塊，應採取繫固措施，以防止滑脫偏移。

第一三一條之二 110

①雇主對於預力混凝土構造物之預力施作，應俟混凝土達一定之強度，始得放鬆或施拉鋼鍵，且施拉預力之千斤頂及油壓機等機具，應妥為固定。

②施拉預力時及施拉預力後，雇主應設置防止鋼鍵等射出危害勞工之設備，並採取射出方向禁止人員出入之設施及設置警告標

示。

第一三二條 110

雇主對於模板支撐支柱之基礎，應依土質狀況，依下列規定辦理：

一 挖除表土及軟弱土層。

二 回填礫石、再生粒料或其他相關回填料。

三 整平並滾壓夯實。

四 鋪築混凝土層。

五 鋪設足夠強度之覆工板。

六 注意場撐基地週邊之排水，豪大雨後，排水應宣洩流暢，不得積水。

七 農田路段或軟弱地盤應加強改善，並強化支柱下之土壤承載力。

第一三三條 110

①雇主對於模板支撐組配、拆除（以下簡稱模板支撐）作業，應指派模板支撐作業主管於作業現場辦理下列事項：

一 決定作業方法，指揮勞工作業。

二 實施檢點，檢查材料、工具、器具等，並汰換其不良品。

三 監督勞工確實使用個人防護具。

四 確認安全衛生設備及措施之有效狀況。

五 前二款未確認前，應管制勞工或其他人員不得進入作業。

六 其他為維持作業勞工安全衛生所必要之設備及措施。

②前項第二款之汰換不良品規定，對於進行拆除作業之待拆物件不適用之。

第一三四條 110

雇主以一般鋼管為模板支撐之支柱時，應依下列規定辦理：

一 高度每隔二公尺內應設置足夠強度之縱向、橫向之水平繫條，並與牆、柱、橋墩等構造物或穩固之牆模、柱模等妥實連結，以防止支柱移位。

二 上端支以梁或軌枕等貫材時，應置鋼製頂板或托架，並將貫材固定其上。

第一三五條 110

雇主以可調鋼管支柱為模板支撐之支柱時，應依下列規定辦理：

一 可調鋼管支柱不得連接使用。

二 高度超過三點五公尺者，每隔二公尺內設置足夠強度之縱向、橫向之水平繫條，並與牆、柱、橋墩等構造物或穩固之牆模、柱模等妥實連結，以防止支柱移位。

三 可調鋼管支撐於調整高度時，應以制式之金屬附屬配件為之，不得以鋼筋等替代使用。

四 上端支以梁或軌枕等貫材時，應置鋼製頂板或托架，並將貫材固定其上。

第一三六條 110

雇主以鋼管施工架為模板支撐之支柱時，應依下列規定辦理：

一　鋼管架間，應設置交叉斜撐材。
二　於最上層及每隔五層以內，模板支撐之側面、架面及每隔五架以內之交叉斜撐材面方向，應設置足夠強度之水平繫條，並與牆、柱、橋墩等構造物或穩固之牆模、柱模等妥實連結，以防止支柱移位。
三　於最上層及每隔五層以內，模板支撐之架面方向之二端及每隔五架以內之交叉斜撐材面方向，應設置水平繫條或橫架。
四　上端支以梁或軌枕等貫材時，應置鋼製頂板或托架，並將貫材固定其上。
五　支撐底部應以可調型基腳座鈑調整在同一水平面。

第一三七條 110
雇主以型鋼之組合鋼柱爲模板支撐之支柱時，應依下列規定辦理：
一　支柱高度超過四公尺者，應每隔四公尺內設置足夠強度之縱向、橫向之水平繫條，並與牆、柱、橋墩等構造物或穩固之牆模、柱模等妥實連結，以防止支柱移位。
二　上端支以梁或軌枕等貫材時，應置鋼製頂板或托架，並將貫材固定其上。

第一三八條 110
雇主以木材爲模板支撐之支柱時，應依下列規定辦理：
一　木材以連接方式使用時，每一支柱最多僅能有一處接頭，以對接方式連接使用時，應以二個以上之牽引板固定之。
二　上端支以梁或軌枕等貫材時，應使用牽引板將上端固定於貫材。
三　支柱底部須固定於有足夠強度之基礎上，且每根支柱之淨高不得超過四公尺。
四　木材支柱最小斷面積應大於三十一點五平方公分，高度每二公尺內設置足夠強度之縱向、橫向水平繫條，以防止支柱之移動。

第一三九條 110
雇主對模板支撐以梁支持時，應依下列規定辦理：
一　將梁之兩端固定於支撐物，以防止滑落及脫落。
二　於梁與梁之間設置繫條，以防止橫向移動。

第一四〇條
雇主對於置有容積一立方公尺以上之漏斗之混凝土拌合機，應有防止人體自開口處捲入之防護裝置、清掃裝置與護欄。

第一四一條
雇主對於支撐混凝土輸送管之固定架之設計，應考慮荷重及振動之影響。輸送管之管端及彎曲處應妥善固定。

第一四二條 110
雇主對於混凝土澆置作業，應依下列規定辦理：
一　裝有液壓或氣壓操作之混凝土吊桶，其控制出口應有防止

骨材聚集於桶頂及桶邊緣之裝置。
二　使用起重機具吊運混凝土桶以澆置混凝土時，如操作者無法看清楚澆置地點，應指派信號指揮人員指揮。
三　禁止勞工乘坐於混凝土澆置桶上，及位於混凝土輸送管下方作業。
四　以起重機具或索道吊運之混凝土桶下方，禁止人員進入。
五　混凝土桶之載重量不得超過容許限度，其擺動夾角不得超過四十度。
六　混凝土拌合機具或車輛停放於斜坡上作業時，除應完全剎車外，並應將機具或車輛墊穩，以免滑動。
七　實施混凝土澆置作業，應指定安全出入路口。
八　澆置混凝土前，須詳細檢查模板支撐各部份之連接及斜撐是否安全，澆置期間有異常狀況必須停止作業者，非經修妥後不得作業。
九　澆置梁、樓板或曲面屋頂，應注意偏心載重可能產生之危害。
十　澆置期間應注意避免過大之振動。
十一　以泵輸送混凝土時，其輸送管與接頭應有適當之強度，以防止混凝土噴濺及物體飛落。

第一四三條

雇主對於以泵輸送混凝土作業前，應確認攪拌器及輸送管接頭狀況良好，作業時攪拌器攪刀之護蓋不得開啓。

第一四四條 99

雇主對於模板之吊運，應依下列規定辦理：
一　使用起重機或索道吊運時，應以足夠強度之鋼索、纖維索或尼龍繩索捆紮牢固，吊運前應檢查各該吊掛索具，不得有影響強度之缺陷，且所吊物件已確實掛妥於起重機之吊具。
二　吊運垂直模板或將模板吊於高處時，在未設妥支撐受力處或安放妥當前，不得放鬆吊索。
三　吊升模板時，其下方不得有人員進入。
四　放置模板材料之地點，其下方支撐強度須事先確認結構安全。

第一四五條

雇主於拆除模板時，應將該模板物料於拆除後妥為整理堆放。

第一四六條 110

雇主對於拆除模板後之部分結構物施工時，非經由專人之周詳設計、考慮，不得荷載超過設計規定之容許荷重；新澆置之樓板上繼續澆置其上層樓板之混凝土時，應充分考慮該新置樓板之受力荷重。

第一四七條

雇主應依構造物之物質、形狀、混凝土之強度及其試驗結果、構造物上方之工作情形及當地氣候之情況，確認構造物已達到

安全強度之拆模時間，方得拆除模板。

第十章　鋼構組配作業

第一四八條 110

雇主對於鋼構吊運、組配作業，應依下列規定辦理：

一　吊運長度超過六公尺之構架時，應在適當距離之二端以拉索捆紮拉緊，保持平穩防止擺動，作業人員在其旋轉區內時，應以穩定索繫於構架尾端，使之穩定。

二　吊運之鋼材，應於卸放前，檢視其確實捆妥或繫固於安定之位置，再卸離吊掛用具。

三　安放鋼構時，應由側方及交叉方向安全支撐。

四　設置鋼構時，其各部尺寸、位置均須測定，且妥為校正，並用臨時支撐或螺栓等使其充分固定，再行熔接或鉚接。

五　鋼梁於最後安裝吊索鬆放前，鋼梁二端腹鈑之接頭處，應有二個以上之螺栓裝妥或採其他設施固定之。

六　中空格柵構件於鋼構未熔接或鉚接牢固前，不得置於該鋼構上。

七　鋼構組配進行中，柱子尚未於二個以上之方向與其他構架組配牢固前，應使用格柵當場栓接，或採其他設施，以抵抗橫向力，維持構架之穩定。

八　使用十二公尺以上長跨度格柵梁或桁架時，於鬆放吊索前，應安裝臨時構件，以維持橫向之穩定。

九　使用起重機吊掛構件從事組配作業，其未使用自動脫鉤裝置者，應設置施工架等設施，供作業人員安全上下及協助鬆脫吊具。

第一四九條 110

①雇主對於鋼構之組立、架設、爬升、拆除、解體或變更等（以下簡稱鋼構組配）作業，應指派鋼構組配作業主管於作業現場辦理下列事項：

一　決定作業方法，指揮勞工作業。

二　實施檢點，檢查材料、工具及器具等，並汰換其不良品。

三　監督勞工確實使用個人防護具。

四　確認安全衛生設備及措施之有效狀況。

五　前二款未確認前，應管制勞工或其他人員不得進入作業。

六　其他為維持作業勞工安全衛生所必要之設備及措施。

②前項第二款之汰換不良品規定，對於進行拆除作業之待拆物件不適用之。

③第一項所定鋼構，其範圍如下：

一　高度在五公尺以上之鋼構建築物。

二　高度在五公尺以上之鐵塔、金屬製煙囪或類似柱狀金屬構造物。

三　高度在五公尺以上或橋梁跨距在三十公尺以上，以金屬構

材組成之橋梁上部結構。
四　塔式起重機或升高伸臂起重機。
五　人字臂起重桿。
六　以金屬構材組成之室外升降機升降路塔或導軌支持塔。
七　以金屬構材組成之施工構臺。

第一四九條之一 99

①雇主進行前條鋼構組配作業前，應擬訂包括下列事項之作業計畫，並使勞工遵循：
一　安全作業方法及標準作業程序。
二　防止構材及其組配件飛落或倒塌之方法。
三　設置能防止作業勞工發生墜落之設備及其設置方法。
四　人員進出作業區之管制。

②雇主應於勞工作業前，將前項作業計畫內容使勞工確實知悉。

第一五〇條

雇主於鋼構組配作業進行組合時，應逐次構築永久性之樓板，於最高永久性樓板上組合之骨架，不得超過八層。但設計上已考慮構造物之整體安全性者，不在此限。

第一五一條 110

雇主對於鋼構建築之臨時性構臺之舖設，應依下列規定辦理：
一　用於放置起重機或其他機具之臨時性構臺，應依預期荷重妥爲設計具充分強度之木板或座鈑，緊密舖設及防止移動，並於下方設置支撐物，且確認其結構安全。
二　不適於舖設臨時性構臺之鋼構建築，且未使用施工架而落距差超過二層樓或七點五公尺以上者，應張設安全網，其下方應具有足夠淨空，以防彈動下沉，撞及下面之結構物。安全網於使用前須確認已實施耐衝擊試驗，並維持其效能。
三　以地面之起重機從事鋼構組配之高處作業，使勞工於其上方從事熔接、上螺絲等接合，或上漆作業者，其鋼梁正下方二層樓或七點五公尺高度內，應安裝密實之舖板或採取相關安全防護措施。

第一五二條

雇主對於鋼構之組配，地面或最高永久性樓板層上，不得有超過四層樓以上之鋼構尚未鉚接、熔接或螺栓緊者。

第一五三條 110

雇主對於鋼構組配作業之焊接、栓接、鉚接及鋼構之豎立等作業，應依下列規定辦理：
一　於敲出栓桿、衝梢或鉚釘頭時，應採取適當之方法及工具，以防止其任意飛落。
二　撞擊栓緊板手應有防止套座滑出之鎖緊裝置。
三　不得於人員、通路上方或可燃物堆集場所之附近從事焊接、栓接、鉚接工作。但已採取防風防火架、火花承接盒、防火毯或其他適當措施者，不在此限。
四　使用氣動鉚釘鎚之把手及鉚釘頭模，應適當安裝安全鐵線；

裝置於把手及鉚釘頭模之鐵線，分別不得小於九號及十四號鐵線。

五　豎立鋼構時所使用之接頭，應有防止其脫開之裝置。

六　豎立鋼構所使用拉索之安裝，應能使勞工控制其接頭點，拉索之移動時應由專人指揮。

七　鬆開受力之螺栓時，應能防止其脫開。

第一五四條

雇主對於鋼構組配作業之勞工從事栓接、鉚接、熔接或檢測作業，應使其佩帶適當之個人防護具。

第十一章　構造物之拆除

第一五五條 103

①雇主於拆除構造物前，應依下列規定辦理：

一　檢查預定拆除之各構件。

二　對不穩定部分，應予支撐穩固。

三　切斷電源，並拆除配電設備及線路。

四　切斷可燃性氣體管、蒸汽管或水管等管線。管中殘存可燃性氣體時，應打開全部門窗，將氣體安全釋放。

五　拆除作業中須保留之電線管、可燃性氣體管、蒸氣管、水管等管線，其使用應採取特別安全措施。

六　具有危險性之拆除作業區，應設置圍柵或標示，禁止非作業人員進入拆除範圍內。

七　在鄰近通道之人員保護設施完成前，不得進行拆除工程。

②雇主對於修繕作業，施工時須鑿開或鑽入構造物者，應比照前項拆除規定辦理。

第一五六條

雇主對於前條構造物之拆除，應選任專人於現場指揮監督。

第一五七條 110

雇主於拆除構造物時，應依下列規定辦理：

一　不得使勞工同時在不同高度之位置從事拆除作業。但具有適當設施足以維護下方勞工之安全者，不在此限。

二　拆除應按序由上而下逐步拆除。

三　拆除之材料，不得過度堆積致有損樓板或構材之穩固，並不得靠牆堆放。

四　拆除進行中，隨時注意控制拆除構造物之穩定性。

五　遇強風、大雨等惡劣氣候，致構造物有崩塌之虞者，應立即停止拆除作業。

六　構造物有飛落、震落之虞者，應優先拆除。

七　拆除進行中，有塵土飛揚者，應適時予以灑水。

八　以拉倒方式拆除構造物時，應使用適當之鋼纜、纜繩或其他方式，並使勞工退避，保持安全距離。

九　以爆破方法拆除構造物時，應具有防止爆破引起危害之設

施。

十　地下擋土壁體用於擋土及支持構造物者，在構造物未適當支撐或以板樁支撐土壓前，不得拆除。

十一　拆除區內禁止無關人員進入，並明顯揭示。

第一五八條

①雇主對構造物拆除區，應設置勞工安全出入通路，如使用樓梯者，應設置扶手。

②勞工出入之通路、階梯等，應有適當之採光照明。

第一五九條 99

雇主對於使用機具拆除構造物時，應依下列規定辦理：

一　使用動力系鏟斗機、推土機等拆除機具時，應配合構造物之結構、空間大小等特性妥慎選用機具。

二　使用重力錘時，應以撞擊點為中心，構造物高度一點五倍以上之距離為半徑設置作業區，除操作人員外，禁止無關人員進入。

三　使用夾斗或具曲臂之機具時，應設置作業區，其周圍應大於夾斗或曲臂之運行線八公尺以上，作業區內除操作人員外，禁止無關人員進入。

四　機具拆除，應在作業區內操作。

五　使用起重機具拆除鋼構造物時，其裝置及使用，應依起重機具有關規定辦理。

六　使用施工架時，應注意其穩定，並不得緊靠被拆除之構造物。

第一六〇條 99

雇主受環境限制，未能依前條第二款、第三款設置作業區時，應於預定拆除構造物之外牆邊緣，設置符合下列規定之承受臺：

一　承受臺寬應在一點五公尺以上。

二　承受臺面應由外向內傾斜，且密舖板料。

三　承受臺應能承受每平方公尺六百公斤以上之活載重。

四　承受臺應維持臺面距拆除層位之高度，不超過二層以上。但拆除層位距地面三層高度以下者，不在此限。

第一六一條 99

雇主於拆除結構物之牆、柱或其他類似構造物時，應依下列規定辦理：

一　自上至下，逐次拆除。

二　拆除無支撐之牆、柱或其他類似構造物時，應以適當支撐或控制，避免其任意倒塌。

三　以拉倒方式進行拆除時，應使勞工站立於作業區外，並防範破片之飛擊。

四　無法設置作業區時，應設置承受臺、施工架或採取適當防範措施。

五　以人工方式切割牆、柱或其他類似構造物時，應採取防止粉塵之適當措施。

第一六二條 110

雇主對於樓板或橋面板等構造物之拆除，應依下列規定辦理：

一　拆除作業中或勞工須於作業場所行走時，應採取防止人體墜落及物體飛落之措施。

二　卸落拆除物之開口邊緣，應設護欄。

三　拆除樓板、橋面板等後，其底下四周應加圍柵。

第一六三條 103

雇主對鋼鐵等構造物之拆除，應依下列規定辦理：

一　拆除鋼構、鐵構件或鋼筋混凝土構件時，應有防止各該構件突然扭轉、反彈或倒塌等之適當設備或措施。

二　應由上而下逐層拆除。

三　應以纜索卸落構件，不得自高處拋擲。但經採取特別措施者，不在此限。

第一六四條

雇主對於高煙囪、高塔等之拆除，應依下列規定辦理：

一　指派專人負責監督施工。

二　不得以爆破或整體翻倒方式拆除高煙囪。但四週有足夠地面，煙囪能安全倒置者，不在此限。

三　以人工拆除高煙囪時，應設置適當之施工架。該施工架並應隨拆除工作之進行隨時改變其高度，不得使工作臺高出煙囪頂二十五公分及低於一．五公尺。

四　不得使勞工站立於煙囪壁頂。

五　拆除物料自煙囪內卸落時，煙囪底部應有適當開孔，以防物料過度積集。

六　不得於上方拆除作業中，搬運拆下之物料。

第一六五條

雇主對於從事構造物拆除作業之勞工，應使其佩帶適當之個人防護具。

第十二章　油漆、瀝青工程作業

第一六六條

雇主對於油漆作業場所，應有適當之通風、換氣，以防易燃或有害氣體之危害。

第一六七條

雇主對於噴漆作業場所，不得有明火、加熱器或其他火源發生之虞之裝置或作業，並在該範圍內揭示嚴禁煙火之標示。

第一六八條

雇主對於正在加熱中之瀝青鍋，應採取防止勞工燙傷之設施。

第一六九條

雇主不得使熱瀝青之噴撒作業人員在柏油機噴撒軟管下操作，如人工操作噴撒時，應有隔離之把手及可彎曲之金屬軟管。

第一七〇條

雇主應提供從事瀝青作業所必須之防護具，並使勞工確實使用。

第十三章　衛　生

第一七一條 103

雇主對於營造工程工作場所應保持環境衛生。寢室、廚房、浴室或廁所應指定專人負責環境衛生之維護，以保持清潔。

第一七二條

雇主對於臨時房舍，應依下列規定辦理：

一　應選擇乾燥及排水良好之地點搭建。必要時應自行挖掘排水溝。

二　應有適當之通風及照明。

三　應使用合於飲用水衛生標準規定之飲用水及一般洗濯用水。

四　用餐地點、寢室及盥洗設備等應予分設並保持清潔。

五　應依實際需要設置冰箱、食品貯存及餐具櫥櫃、處理廢物、廢料等衛生設備。

第一七三條 110

雇主對於工作場所之急救設施，除依一般工作場所之急救設施規定外，並應依下列規定辦理：

一　於有毒樹木、危險蟲類等出現場所作業之勞工，應教以有關預防急救方法及疾病症候等。

二　於毒蛇經常出入之地區，應備置防治急救品。

三　應防止昆蟲、老鼠等孳生並予以撲滅。

四　其他必要之急救設備或措施。

第一七三條之一 103

①自營作業者，準用本標準有關雇主義務之規定。

②受工作場所負責人指揮或監督從事勞動之人員，比照該事業單位之勞工，適用本標準之規定。

第十四章　附　則

第一七四條 110

①本標準自發布日施行。

②本標準中華民國一百零三年六月二十六日修正發布之條文，除第十八條第二項自一百零四年七月三日施行外，自一百零三年七月三日施行。

③本標準中華民國一百十年一月六日修正發布之第十八條之一，自一百十一年一月一日施行。

營建剩餘土石方處理方案

①民國89年5月17日內政部函修正發布名稱及全文8點（原名稱：營建廢棄土處理方案）。
②民國90年10月19日內政部函修正發布全文8點。
③民國92年9月16日內政部函修正發布全文8點。
④民國96年3月15日內政部函修正發布全文8點。
⑤民國108年9月11日內政部函修正發布全文9點；並自即日生效。
⑥民國113年5月15日內政部函修正發布全文9點；並自即日生效。

壹、訂定目的及實施年期

一　訂定目的

臺灣地區近年來由於社會經濟活動快速發展而邁向現代化國家，一般建築工程及交通經建等重大公共工程日益增加，其施工產出剩餘土石方數量相當龐大，為維護環境衛生與公共安全，確有必要妥善處理，爰參照各界意見檢討制定本方案。

二　實施年期

本方案為持續推動延長至營建剩餘土石方處理法立法完成止。

貳、適用範圍

本方案所指營建剩餘土石方之種類，包括建築工程、公共工程、其他民間工程及收容處理場所產生之剩餘泥、土、砂、石、磚、瓦、混凝土塊等，經暫屯、堆置可供回收、分類、加工、處理、再生利用者，屬有用之土壤砂石資源。

本方案所指收容處理場所，包括土石方資源堆置處理場、目的事業處理場所及其他經政府機關依法核准之場所等，其定義如下：

一　土石方資源堆置處理場（以下簡稱土資場）

係指經直轄市、縣（市）政府或公共工程主辦（管）機關審查同意，供營建剩餘土石方資源暫屯、堆置、填埋、回收、分類、加工、煅燒、再利用等處理功能及其機具設備之場所。

二　目的事業處理場所

係指經直轄市、縣（市）政府或公共工程主辦（管）機關審查同意，可收容處理營建剩餘土石方為原料之既有磚瓦窯場、輕質骨材場、土石採取場、砂石堆置、儲運、土石碎解洗選場、預拌混凝土場、水泥廠及其他回收再利用處理場所。

參、剩餘土石方處理方針

一　建築工程及民間工程剩餘土石方處理

(一)承造人向直轄市、縣（市）政府申報建築施工計畫書內容應包括剩餘土石方處理計畫。其自設收容處理場所者，得將設置計畫併建築施工計畫提出申請合併辦理，有效落實資源回收處理再利用。

(二)建築工程應由承造人或使用人於工地實際產出剩餘土石方前，將擬送往之收容處理場所之地址及名稱報直轄市、縣（市）政府備查後，據以核發剩餘土石方流向證明文件。

(三)公有建築工程主辦機關於委託建築師辦理監造時，應依據建築師法第十八條第四款規定，由建築師負責監督剩餘土石方進入實際收容處理場所並納入委託契約書。

(四)清運業者應先核對剩餘土石方內容及運送土石方流向證明文件後，運往指定之場所處理，並將證明副聯回報承造人送請直轄市、縣（市）政府或各該工程主管機關查核，據以請領營建剩餘土石方清運完成證明文件，並作爲向直轄市、縣(市)政府申請核發使用執照之應備文件。

(五)直轄市、縣（市）政府，對承造人所報剩餘土石方處理計畫，應予列管並定期或不定期派員抽查剩餘土石方處理紀錄。

(六)直轄市、縣（市）政府應督促承造人於出土期間之每月底前，按運送剩餘土石方流向證明文件製作統計月報表逕向營建剩餘土石方資訊服務中心（以下簡稱資訊服務中心）申報剩餘土石方種類、數量及去處，並於每月五日前核對資訊服務中心之申報資料，如有運至公共工程之工地處理者，並副知工程主辦（管）單位。

如發現剩餘土石方流向及數量與核准內容不一致時，直轄市、縣（市）政府應通知承造人說明釐清並將處理結果副知收容處理場所所在地之直轄市、縣（市）政府。

(七)直轄市、縣（市）政府對於行政轄區內建築工程之剩餘土石方處理資料，應指定專責機關統合彙辦。

(八)經直轄市、縣（市）政府同意裝置具有逐車追蹤流向功能之設備據以管制剩餘土石方流向者，可逕行查核餘土流向監控資訊，得免依（五）規定辦理抽查剩餘土石方處理紀錄。

(九)直轄市、縣（市）政府辦理剩餘土石方流向管制，必要時得依法規委託辦理。

(十)違規棄置建築工程剩餘土石方者，應由直轄市、縣（市）政府勒令承造人按規定限期清除違規現場回復原土地使用目的與功能，逾期未清除回復原使用目的與功能者，得依建築法第五十八條規定勒令停工。

(土)民間非建築工程剩餘土石方之處理，應參照建築工程剩餘土石方處理規定，由直轄市、縣（市）政府辦理。但屬零星少量剩餘土石方之民間非建築工程，直轄市、縣（市）

政府得簡化管理規定。

㈦營建剩餘土石方清除機具應裝置即時追蹤系統並維持正常運作，且經審驗通過後始得清運。其清除機具種類、即時追蹤系統設備規格、審驗、運作方式、管理及其他應遵行事項，依內政部國土管理署所定規定辦理。

二　公共工程剩餘土石方處理

㈠公共工程主辦機關編擬新興公共工程計畫時，應提出剩餘土石方先期規劃構想及經費概估，並於辦理規劃設計時，應力求挖填土石方之平衡及減量，並對收容處理方式應有整體評估及規劃。

工程預期總出土量達五十萬立方公尺以上者，公共工程主辦機關應評估自行設置、審查或特約收容處理場所。

㈡公共工程於規劃設計時，如有剩餘或不足土石方，應依公共工程及公有建築工程營建剩餘土石方交換利用作業要點規定申報工程資訊辦理撮合交換。

㈢公共工程剩餘土石方屬可再利用物料，工程主辦機關得估算其處理成本及價值，列入競標之工程項目，並明定於預算及納入工程契約書。

前項可再利用物料之處理，不受本方案規定之限制，惟工程主辦機關須於發包後上網記載土質種類及數量。

直轄市、縣（市）政府或公共工程主辦機關為調度或回收再利用營建剩餘土石方，得將原編列土石方處理費用或購買土石方費用變更為土石方相關作業（含挖填及運輸等）費用。

㈣公共工程之剩餘土石方應有處理計畫，並應納入工程施工管理，由工程主辦機關負責督導承包廠商對於剩餘土石方之處理，並將處理計畫副知該工地及收容處理場所之直轄市、縣（市）政府。原核准處理計畫如有修正或變更時，應副知該工地及收容處理場所之直轄市、縣（市）政府。

前項剩餘土石方之清運業者應先核對剩餘土石方內容及運送土石方流向證明文件後，運往指定之場所處理，並將證明副聯回報承包廠商送該工程主辦機關查核，據以請領營建剩餘土石方清運完成證明文件，並作為向直轄市、縣（（市）政府申請核發使用執照之應備文件。

㈤公共工程主辦機關應於工程招標文件及契約書規定承包廠商於出土期間之每月底前上網申報剩餘土石方流向或剩餘土石方來源及種類、數量，工程主辦機關應於次月五日前上網查核。

承包廠商應依工程主辦機關規定將剩餘土石方處理紀錄表，定期逕送工程主辦機關備查，並由工程主辦機關副知收容處理場所之直轄市、縣（市）政府。

㈥公共工程主辦機關應負責自行規劃設置、審查核准、啓用經營收容處理場所，或要求承包廠商覓妥經直轄市、縣

（市）政府核准之收容處理場所，並應於工地實際產出剩餘土石方前，將擬送往之收容處理場所地址及名稱報工程主辦機關備查後，據以核發剩餘土石方流向證明文件，並於投標文件及工程契約書中載明環保項目。

㈦（七）公共工程主辦機關負責自行規劃設置或同意承包廠商申設收容處理場所者，該機關應依本方案訂定相關規定會同當地之直轄市、縣（市）政府審查核可，於報請上級主管機關核備後依設置計畫施作使用，並副知當地之直轄市、縣（市）政府。

前項收容處理場所於原工程完成出土後仍有容量餘裕時，得移交管理權責由接管之公共工程主辦機關依前項程序並得簡化書圖文件辦理。

㈧（八）公共工程主辦（管）機關應配合建立運送剩餘土石方流向證明文件制度，並不定期辦理剩餘土石方流向管制之抽查作業。工程主辦機關於承包廠商請領工程估驗款計價時，應抽查運送剩餘土石方流向證明文件與經核准之餘土處理計畫是否相符。經工程主辦機關同意裝置具有逐車追蹤流向功能之設備據以管制土石方流向者，可逕由該機關查核餘土流向監控資訊，得免辦理餘土流向抽查。

如發現剩餘土石方流向及數量與核准內容不一致時，該工程主辦機關與承包廠商應自行釐清，並將處理結果副知工程及收容處理場所所在地之直轄市、縣（市）政府。

㈨（九）承包廠商未依剩餘土石方處理計畫辦理者，應由工程主辦機關要求限期改善。如未改善時，按契約規定扣帳、停止估驗或終止契約。如有違規棄置剩餘土石方者，應由工程主辦機關，按契約規定扣帳、停止估驗、限期清除違規現場回復原土地使用目的與功能，移請直轄市、縣（市）政府依規定查處。

㈩中央各部會及直轄市、縣（市）政府，於公共工程施工階段，應定期辦理剩餘土石方處理之督導考核，其督導考核原則由中央各部會及直轄市、縣（市）政府自行訂定，公共工程之主辦（管）機關應依據督導考核原則訂定剩餘土石方處理督導作業規定。

⑾直轄市、縣（市）政府對於行政轄區內自辦各項公共工程之剩餘土石方處理資料，應指定專責機關統合彙辦。

⑿緊急性防災救險工程產生之剩餘土石方，除優先提供相關建築工程、公共工程及其他民間工程回收再利用外，其剩餘土石方處理所需緊急堆置場所，不受本方案肆、收容處理場所設置與管理方針各項規定之限制，其處置地點及數量應副知當地之直轄市、縣（市）政府，以利查核管理。

⒀民間參與投資之公共建設計畫，其工程產生剩餘土石方之處理，如與本方案或直轄市、縣（市）政府制頒剩餘土石方處理規定不一致，得由該計畫主辦（管）機關會商相關

政府機關後訂定補充規定，並報內政部備查。

(ㅁ)營建剩餘土石方清除機具應裝置即時追蹤系統並維持正常運作，且經審驗通過後始得清運。其清除機具種類、即時追蹤系統設備規格、審驗、運作方式、管理及其他應遵行事項，依內政部國土管理署所定規定辦理。

肆、收容處理場所設置與管理方針

一　設置收容處理場所之作業程序

(一)收容處理場所之主管機關為直轄市、縣（市）政府或公共工程主辦（管）機關，並應視工程土方產出量或需要填土量，及配合土地利用之填土堆置處理計畫（例如：水面填平、低窪地填土、道路填土、河川築堤、海岸或海埔地築堤、公園造景、灘地美化等），整體規劃設置。

(二)收容處理場所申請設置基地面積原則不得少於一公頃。但有下列情形之一者，不在此限：

1. 都會地區或離島地區設置場所，經直轄市、縣（市）政府同意者。
2. 公共工程需土方交換者。
3. 窪地需土方整地填高者。
4. 建築工程與公共工程自行設置收容處理場所。
5. 目的事業處理場所。

前項收容處理場所申請設置基地面積並須符合土地使用管制等相關法令規定。

(三)申請設置收容處理場所應由申請人檢附申請書表，土地使用編定文件，設置計畫書圖概要，向直轄市、縣（市）政府或公共工程主辦機關提出申請，經會同相關機關單位辦理第一階段初勘或審查程序，於一個月內由該政府機關首長認可。如經審查認定須由申請人於一定期間準備第二階段複審相關資料，向同一受理單位經會同有關單位或委員會複勘審查，於一個月內綜合彙整審查意見，送請各該政府機關首長核准發給設置許可。如依規定應實施水土保持、環境影響評估者，得由該政府機關組成專案小組或委員會併同場所設置計畫辦理聯合審查以簡化程序。但應俟環境影響評估審查完成始得發給設置許可，如有變更計畫應依規定程序辦理。如經該政府機關同意者，得將初勘審查與複勘審查程序併案辦理。

(四)直轄市、縣（市）政府或公共工程主辦（管）機關得自行審定或會同有關單位組成會勘小組，經勘驗核准收容處理場所設置計畫應具備之設施後，發給啓用許可始得經營收容處理土石方。

(五)為調節土石方資源供需，促進剩餘土石方交換利用，直轄市、縣（市）政府或公共工程主辦（管）機關得自行規劃

設置土資場或依「促進民間參與公共建設法」委託民間辦理。必要時，並得由內政部規劃、審核、設置或委託民間辦理。

㈥政府機關規劃設置土資場以選用公有土地為優先設置地點，由需地單位洽請該公有地管理機關同意。公有非公用土地適宜設置者，由需地機關依規定申辦撥用、借用。其屬公有公用土地者應先變更為非公用財產。公有土地適宜設置者，由公有地管理機關會同有關機關舉辦或委託民間經營，進行土地改良。

㈦收容處理場所申請設置許可內容如有涉及都市計畫變更者，應依都市計畫法第二十七條規定，專案報送都市計畫主管機關迅行辦理變更，其涉及非都市土地使用變更者，應於核准後依規定加速辦理變更為其他分區或使用地。

㈧土資場如具有填埋功能者，其興辦事業計畫應包括再利用計畫，依計畫完成使用檢查核可後，於終止使用時，應先覆蓋五十公分以上之土壤，以利植生綠化，並得依其再利用計畫依法申請設置遊憩及遊樂設施、汽車教練場、停車場、文化、教育、宗教、社會福利、衛生、行政、公共設施、公用設備、低密度開發社區等使用，其須辦理用地變更者循區域計畫、都市計畫法定程序辦理。

㈨營建工程產生剩餘土石方可作為生產原料者，經直轄市、縣（市）政府或工程主辦（管）機關審查同意，得運往目的事業處理場所。

為審查前項目的事業處理場所，直轄市、縣（市）政府或工程主辦（管）機關得會商相關單位核定目的事業處理場所可收受土質、收受總量並訂定所需申請書件，不受本方案肆、一、㈢與㈧規定之限制。

二　收容處理場所不得申請設置地區

收容處理場所不得申請設置地區如下。但經會同有關主管機關勘查同意者，不在此限：

㈠重要水庫集水區、河川行水區域內。

㈡水源水質水量保護區、自來水水源取水體水平距離一定範圍內。

㈢相關主管機關依法劃編應保護、管制或禁止設置者。

三　土資場設置應有設施

㈠於入口處豎立標示牌，標示場所核准文號、土石方種類、使用期限、範圍及管理人。

㈡於場所周圍設有圍牆或隔離設施，並設置一定寬度綠帶或植栽圍籬予以分隔，其綠帶得保留原有林木或種植樹木。

㈢出入口應設有清洗設施及處理污水之沈澱池。

㈣應有防止土石方飛散以及導水、排水設施。

㈤遠端監控資訊及紀錄設備，其監控設備應能記錄清運車輛出入土資場(並足以清楚辨識清運車輛車牌)及其車斗載運

土方情形，且影像紀錄檔案應保存至少一年。
(六)地磅設施。

四 收容處理場所之公有土地處理與配合措施

(一)民間申請設置收容處理場所範圍需用公有土地，得依規定辦理讓售。
(二)民間申請設置收容處理場所屬都市計畫公共設施用地之公有土地者，依規定辦理租用。
(三)政府機關因公務或公共設施所需，於公有土地設置收容處理場所，無妨礙當地都市計畫或區域計畫，依規定辦理撥用；需場地之機關因臨時性或緊急性之公務用或公共用，辦理短期之借用，並得會商場地管理機關按期連續使用。
(四)政府機關依規定核准設置計畫，其興辦計畫中應包括再利用計畫。
(五)主管機關得協調相關單位優先配合興闢場外道路、排水等公共設施。

五、收容處理場所使用管理

(一)直轄市、縣（市）政府或公共工程主辦（管）機關應訂定收容處理場所經營管理及處理作業規範，發給運送剩餘土石方流向證明文件。營建剩餘土石方之進場處理、再利用及加工處理資料，應由收容處理場所經營單位逐案定期報送主管機關備查，副知該場所在地之直轄市、縣（市）政府。並於次月五日前上網申報餘土處理及再利用資料。
收容處理場所業者於營建剩餘土石方出場前，應取得擬運送地點所在地之目的事業主管機關核准地址、名稱、收容期間、土質及數量之同意文件，向收容處理場所主辦（管）機關申請核發剩餘土石方流向證明文件。
收容處理場所利用營建剩餘土石方為原料，經直轄市、縣（市）政府或工程主辦（管）機關認定屬加工後之再利用產品者，無須依前項規定辦理。但仍須上網登錄數量與去處。
收容處理場所主管機關應於次月上網查核前三項之餘土進場及出場總量。
(二)收容處理場所應明定每月最大收容處理量及營運項目，原許可有變更者，應依規定程序申辦變更許可。
(三)直轄市、縣（市）政府及公共工程主辦機關對於所核准之收容處理場所應定期現地抽查營運狀況。
直轄市、縣（市）政府並應將現地抽查結果按季報內政部納入考核；公共工程主辦機關則將抽查結果按季陳報上級主管機關。
(四)剩餘土石方處理後應由收容處理場所經營單位確實檢核及簽認運送剩餘土石方流向及處理紀錄文件。經裝置具有逐車追蹤流向功能之設備據以管制土石方流向者，應配合該設備管制作業並提供直轄市、縣（市）政府及公共工程主

辦機關辦理查核餘土流向監控資訊，作爲辦理估驗計價之佐證資料。

㈤收容處理場所經營單位違反有關規定，除依法追究外，並得由原核准政府機關依相關法規辦理。

㈥收容處理場所經營單位依設置計畫處理完成並報經原核准主管機關會同有關機關勘驗合格後，發給處理完成證明文件，如需變更使用得依相關法令規定辦理。

㈦直轄市、縣（市）政府爲有效管理收容處理場所，於核准收容處理場所啓用前，得收取相關管理費用，惟應於營建剩餘土石方處理自治法規中明定，並訂定收支保管運用規定。

六　收容處理場所規劃設置地點

政府規劃設置及私人團體申請設置收容處理場所之地點，係由內政部、直轄市、縣（市）政府及有關機關單位，經勘選審核及許可民間設置。至於實際執行設置尚需由直轄市、縣（市）政府、鄉（鎮、市）公所及有關機關單位，分年擬定詳細具體計畫，自行設置啓用或鼓勵民間經營。

伍、經費籌措

政府機關設置收容處理場所及建立營建剩餘土石方資訊服務中心及交換網路系統，所需之規劃、工程及營運管理等費用之各級政府分擔比例如下：

一　規劃費

由中央主管機關酌予補助直轄市、縣(市)政府。

二　土地、工程及營運管理費

土地、工程費原則上由直轄市、縣（市）政府自行籌編，或協調需用之工程主辦機關配合部分經費，必要時中央得專案予以補助；至於營運管理費由各該直轄市、縣（市）政府自行籌編或開放民間經營，必要時中央得酌予補助。

陸、機關權責分工原則

一　中央機關

㈠內政部國土管理署負責訂定及推動營建剩餘土石方處理制度、政策、方案，以及督導直轄市、縣（市）政府執行營建剩餘土石方處理。其督導考核原則及評比機制由內政部國土管理署另定之。

㈡各目的事業公共工程主辦（管）機關負責督導所屬工程單位辦理剩餘土石方處理及場所設置管理，以及規劃設置、審查核准、興建、啓用經營土資場，並訂定營建剩餘土石方處理及場所設置管理法規和督導作業規定。

㈢依本方案捌所列之分工表，由各項工作主辦機關自行訂定

查核點並填報辦理情形，按期管考追蹤。

二 直轄市政府

直轄市政府負責訂（修）定營建剩餘土石方處理及處理場所設置管理法規，辦理該管轄區內收容處理場所之申請規劃設置、審查核准、興建、啓用經營，與執行營建剩餘土石方處理及場所設置管理，以及對於違規棄置剩餘土石方之處理。

三 縣（市）政府、鄉（鎭、市）公所

縣（市）政府負責訂（修）定營建剩餘土石方處理及場所設置管理法規，辦理該管轄區內收容處理場所之申請設置、審查核准、興建、啓用經營，與執行營建剩餘土石方處理及處理場所設置管理，以及對於違規棄置剩餘土石方之處理。經縣政府授權營建剩餘土石方處理之工作範圍屬鄉（鎭、市）公所執行事項者，由該公所負責依其規定辦理。

柒、配合措施

一 加強教育宣導溝通觀念

營建剩餘土石方爲可再利用之土石方資源，不同於一般廢棄物之具有污染性，有關資源回收處理及再利用之教育與宣導，請有關機關協同配合辦理。

二 積極督導考核營建剩餘土石方處理

爲推動實施相關建設計畫，公共工程建設所產出之剩餘土石方屬最主要來源，其處理計畫之執行與督導須賴各公共工程主辦（管）機關積極考核。

三 加速設置足夠容量收容處理場所

直轄市、縣（市）政府及公共工程主辦（管）機關應考量工程土石方供需情形，自行擬定中長程計畫以加速設置足夠容量收容處理場所，並應配合中央機關協助盤點清查轄內合適之填埋場地及填海造地潛在區位。公有土地經調查評估其區位、面積、地形及交通條件適宜設置場所者，請各直轄市、縣（市）政府及公共工程主辦（管）機關洽商公有地管理機關提供。

四 成立營建剩餘土石方處理協調小組

由於都會地區市、縣緊密鄰近且發展一體，爲促進生活圈整體建設，由內政部成立營建土方處理協調小組辦理跨部會、跨區域、跨縣（市）間之剩餘土石方處理、推動規劃工程間土方交換及調節土石方供需與交流使用事項。

五 成立營建剩餘土石方資訊交換網路系統及服務中心

配合生活圈之開發建設，由政府機關建構營建產出與需要填土石方量與流向及處理場所容量等資訊交換之網路系統及服務中心，持續加強有關工程填土需求與收容處理場所資料之提供，建立產出剩餘土石方與需填土石方場地間互補供需之交換制度，提供相互查詢、交換、通報服務之用，以減少場

所之需求，並增進處理技術，公開並充分運用土石方資源。

六　土石方資源之回收利用

營建剩餘土石方，可經多元化加工回收處理作為骨材產品使用，成為可再利用之土石方資源，直轄市、縣（市）政府及公共工程主辦（管）機關應推動土石方資源回收利用。經政府機關核准設置之多元化收容處理場所應有土質改良相關機具設備進行暫屯、堆置、破碎、分類、回收、加工處理，並有儲存設施，以期有效落實執行剩餘土石方資源回收利用。

七　配合業務權限分工及加強合作

由內政部、直轄市、縣（市）政府及公共工程主辦（管）機關建立跨縣市、跨區域合作及土石方資源共享機制，強化營建剩餘土石方資訊及調節功能。並得由相關直轄市、縣（市）政府組成會勘會審及聯合執行小組，協同執行違規棄置剩餘土石方之取締。

八　訂（修）定相關法規及推動執行

營建剩餘土石方之處理依地方制度法第十八條及第十九條規定為直轄市及縣市自治事項。本方案奉核定後，直轄市、縣（市）政府應訂（修）定營建剩餘土石方資源處理及處理場所設置管理法規，並據以執行。

九　嚴格審查重大計畫之剩餘土石方處理計畫

請國家發展委員會、行政院公共工程委員會、國家科學及技術委員會、環境部及其他工程審議單位於審核經建投資計畫、行政計畫、工程計畫、科技計畫、環境影響評估及工程預算時，配合嚴格審查剩餘土石方處理計畫，如無妥善規劃者，即予退請修正。

一〇　配合重大建設計畫規劃大型處理場所

內政部今後仍持續會同交通部、經濟部、行政院公共工程委員會協調地方政府，配合國內大型建設計畫之推動，以建立機制，調節大規模土石方資源之供需。重大公共工程以填海造地方式解決，內政部係為海埔地開發之主管機關今後仍當全力持續協助辦理。

一一　加強各部門橫向配合執法

都市計畫擬定機關於都市計畫規劃階段、建築師於規劃設計及申請建築執照時，應積極落實源頭減量、挖填平衡及回收再利用等相關減量措施。

捌、分工表

檢附分工表，請各項工作主辦機關按期提送辦理情形到內政部國土管理署，俾利掌握全國重大工程剩餘土石方資訊。

工作項目	主辦機關	協辦機關	辦理期限
一、公共工程剩餘土石方資源處理 (一)臺北商港離岸物流倉儲區填海計畫 1. 本填海計畫之第三、四期圍堤工程 2. 本填海計畫之第二期造地工程	臺灣港務股份有限公司基隆分公司	臺北市政府 新北市政府	一百零八年八月～一百一十二年十二月 一百零五年四月～一百二十三年十二月
二、建築工程剩餘土石方資源處理 直轄市、縣（市）產出剩餘土石資源有足夠收容處理場所並妥善處理再利用	直轄市政府縣（市）政府		持續性辦理

玖、本方案規定工程

收容處理場所及運送地點之基本資料表與各點規定相關月報表、營建剩餘土石方運送證明文件及運送地點目的事業主管機關核准同意證明文件等參考格式資料如附件，供地方政府依自治條例訂定時參考。必要時得由中央主管機關會商有關機關修正。

土石採取法

①民國92年2月6日總統令制定公布全文53條；並自公布日施行。
②民國97年1月9日總統令修正公布第3、4、6、10、14、24、33條條文；並增訂第7-1、7-2條條文。
③民國110年2月3日總統令修正公布第36條條文。
④民國112年12月27日總統令修正公布第36條條文。

第一章　總　則

第一條　（立法目的）

為合理開發土石資源，維護自然環境，健全管理制度，防止不當土石採取造成相關災害，以達致國家永續發展之目的，特制定本法；本法未規定者，適用其他法律之規定。

第二條　（主管機關）

本法所稱主管機關：在中央為經濟部；在直轄市為直轄市政府；在縣（市）為縣（市）政府。

第三條　（不需土石採取許可之情形）97

①土石採取，應依本法取得土石採取許可。但下列情形，不在此限：

一　採取少量土石供自用者。
二　實施整地與工程就地取材者。
三　礦業權者在礦區內採取同一礦床共生之土石者。
四　因天災事變緊急搶修公共工程所需者。
五　政府機關辦理重要工程所需者。
六　磚、瓦或窯業，開採土石自用者。

②前項各款土石採取地點、面積、數量、期間之管理辦法，由中央主管機關定之。

第四條　（名辭定義）97

本法用詞，定義如下：

一　土石：指礦業法第三條所列各礦以外之土、砂、礫及石等天然資源。
二　陸上土石：指賦存於陸地之土石。
三　河川及水域土石：指賦存於河川區域及湖泊之土石。
四　濱海及海域土石：指賦存於濱海及濱海以外海域之土石。
五　土石採取區：指經主管機關許可採取土石之區域。
六　土石採取場：指土石採掘、儲存及附屬於場內搬運、碎解、洗、選作業之場所。
七　土石採取人：指取得土石採取許可者。

八　土石採取場負責人：指實際綜理土石採取場業務者。
九　土石採取場技術主管：指主辦土石採取場技術及安全管理業務之技術人員。
十　總量管制：指在一定區域內，對該區域土石採取總容許量所作之限制措施。

第二章　土石採取之許可

第一節　申請許可之條件

第五條　（許可之申請資格及總量管制）

①中華民國人得依本法申請土石採取許可。
②政府機關申請或受理申請土石採取許可，應依本法之規定並衡量地方土石採取總量管制規則辦理。
③前項土石採取總量管制作業規則，由中央主管機關訂定之。

第六條　（土石採取許可期限）97

①河川及水域之土石採取許可期限，最長以三年爲限，期滿不得展延。
②陸上土石、濱海及海域土石之土石採取許可期限，最長以十年爲限；期滿申請展延者，亦同。

第七條　（許可面積）

①申請河川及水域土石採取區域之面積，應在二十公頃以下；濱海及海域土石採取區域，應在一百公頃以下；陸上土石採取區域，應在一百公頃以下。
②土石採取區域以由地面境界線直下至核准開採之深度爲限，相關採取深度標準，中央主管機關應會同相關機關訂定並公告之。

第七條之一　（劃設土石採取專區）97

①主管機關應公共工程進行及經濟發展需要，得選定地點會同水利、漁業、水土保持、交通、環境保護、土地使用與管理及其他相關機關實地勘查同意後，劃設土石採取專區。
②前項土石採取專區，由直轄市、縣（市）主管機關劃設者，應先報請中央主管機關同意。
③土石採取專區內之私有土地，由主管機關依法辦理徵收；公有土地者，應辦理撥用。
④土石採取專區，由主管機關規劃土石採取之開採方式，並依法進行環境影響評估、水土保持審核及非都市土地分區與用地編定之變更或都市計畫變更程序後，公告受理申請土石採取許可。
⑤土石採取專區內申請採取土石者，應依主管機關規劃方式申請開採，免重複依前項各該程序辦理。
⑥前項土石採取人於經許可開採時起，視爲水土保持法之義務人及環境影響評估法之開發單位，並應依環境影響評估法規定，辦理開發單位之變更。
⑦第三項私有土地所有人經土石採取人同意者，得以徵收補償費

爲出資，作爲土石採取人之股東或合夥人。

第七條之二　（土石採取專區劃設機關）97

①前條土石採取專區爲中央主管機關劃設者，應由中央主管機關受理審查及核發土石採取許可，並負責專區內土石採取區之監督管理事務；土石採取專區爲直轄市、縣（市）主管機關劃設者，由直轄市、縣（市）主管機關爲之。

②中央主管機關劃設之土石採取專區內，其土石採取之申請、監督管理及處罰，準用本法之規定。

第八條　（河川土石採取之申請）

①河川內之土石採取，由直轄市、縣（市）主管機關併同土石採取及使用河川申請收件後，檢同申請書圖件，邀請河川管理機關共同會勘，取得河川管理機關核發使用河川許可書後，由直轄市、縣（市）主管機關核辦並轉發之。

②水利主管機關爲配合河川、水庫疏濬或河道整治，依水利法規定辦理土石採取者，不受本法規定之限制。

第九條　（租金或使用費之收取）

①申請之土石採取區土地爲公有者，土地管理機關得出租或同意使用，並收取租金或使用費。

②前項租金或使用費，除海堤區域以外之海域採取土石免計收外，依該管理機關規定辦理。

第二節　申請書圖件

第一〇條　（申請應備之文件）97

①申請土石採取許可者，應檢具下列書件，向直轄市、縣（市）主管機關爲之；書件不齊全者，應不受理：

一　申請書及申請區域圖。

二　規費繳納收據。

三　土石採取計畫書圖。

四　申請土石採取區域之土地所有人、使用人或管理人之同意書或公有土地管理機關准許使用或同意規劃之證明文件，其申請採取海域土石者，免附。

五　經中央主管機關指定之其他有關文件。

②前項申請人申請在他人礦區內採取土石者，應於直轄市、縣（市）主管機關通知之期限內，提出礦業權者之同意書。但在他人礦區內採取不同一礦床之土石，無法取得同意書者，應敘明理由，附其曾接洽礦業權者之證明文件。

③第一項第三款土石採取計畫書圖，應由依法登記執業之採礦工程技師或其他相關專業技師簽證。

第一一條　（計畫書圖應載事項）

前條第一項第三款土石採取計畫書圖，應包括下列事項：

一　採取計畫。

二　水土保持及環境維護措施。

三　土石採罄或無繼續經營意願之整復維護措施。
四　運輸計畫。
五　公共設施維護計畫。
六　土石採取計畫圖。
七　土石採取區實測平面圖。
八　土石採取區位置交通圖。
九　其他中央主管機關規定應行記載事項或文件。

第一二條　（申請區域位置界限及面積之測量方式）
申請區域圖之位置界限、面積及第七條第二項規定之深度，以經中央主管機關公告之測量方式測定之。

第三節　審核及登記

第一三條　（主管機關之審查）
直轄市、縣（市）主管機關對於土石採取許可之申請，應就其提出之各項書件、圖說審查，如記載不完備者，應附理由通知申請人限期於三十日內補正；屆期不補正或補正不完全者，駁回其申請。

第一四條　（主管機關之實地勘查）97
直轄市、縣（市）主管機關審核申請土石採取許可案時，應會同水利、漁業、水土保持、交通、環境保護、土地使用、管理及其他相關機關實地勘查，經依法審核認無違反主管法令情事者，報經中央主管機關審核後核發土石採取許可證。

第一五條　（主管機關報請備查及繪製公開聯絡圖）
①直轄市、縣（市）主管機關許可土石採取案件，應登載於土石採取區登記簿，並檢同有關圖說，報請中央主管機關備查。
②經許可採取之土石採取區，直轄市、縣（市）主管機關並應繪製土石採取區聯絡圖，公開閱覽。

第四節　展　限

第一六條　（申請展限之期限）
土石採取人依第六條規定為展限之申請時，應於期滿六個月前為之。但土石採取許可期限在一年以內者，應於期滿二個月前為之。

第一七條　（展限申請審查之準用）
第十條、第十三條至第十五條規定，於申請土石採取許可展限案件，準用之。

第五節　開工、減區、更正及消滅

第一八條　（土石採取場登記證）
①土石採取人應於領得土石採取許可證之次日起六個月內，備具書件，向直轄市、縣（市）主管機關申請核發土石採取場登記

證後開工。但有正當理由者，得於期限屆滿前申請延期，並以二次爲限。
②直轄市、縣（市）主管機關查核其土石採取場設施與所提土石採取計畫相符後，發給土石採取場登記證，並報中央主管機關備查。

第一九條　（界樁及牌示）
①土石採取人應於申請核發土石採取場登記證前，設妥界樁及牌示，並妥爲保存及維護。
②前項界樁及牌示之規格，由中央主管機關定之。

第二〇條　（依計畫施工及辦理相關維護措施）
土石採取人應依核定之土石採取計畫採取土石，並辦理水土保持、環境維護、整復及防災措施。

第二一條　（計畫變更之申請）
①經核定之土石採取計畫，如因工程防災或土石資源保育需爲變更時，應報請直轄市、縣（市）主管機關核准。
②直轄市、縣（市）主管機關爲保護水道、水土保持及土地之整體有效利用，得就已核定之土石採取計畫逕爲變更之。土石採取人因變更致受有損失時，得向直轄市、縣（市）主管機關請求合理之補償。

第二二條　（採取區變更之應備文件）
土石採取人申請土石採取區減區或更正時，應檢具下列書件，向直轄市、縣（市）主管機關爲之：
一　第十條第一項第一款至第三款及第五款規定書件。其爲更正者，並應加具同條項第四款規定之書件。
二　土石採取區新舊關係圖。
三　理由書。

第二三條　（撤銷許可之情形）
違法取得土石採取許可證者，直轄市、縣（市）主管機關應撤銷土石採取許可。

第二四條　（廢止許可之情形）97
土石採取人有下列情事之一者，直轄市、縣（市）主管機關報經中央主管機關審核後，廢止其土石採取許可：
一　造成環境、生態明顯影響，經查屬實，並經通知改善而不改善或經改善無效。
二　未依第十八條第一項規定申請核發土石採取場登記證。
三　取得土石採取場登記證滿六個月以上未開工或開工後自行停工六個月以上。但有正當理由報經核准者，不在此限。
四　未自行經營土石採取或超越土石採取區採取。
五　土石採取場之作業未按核定之土石採取計畫實施，經通知限期改善，屆期不改善或無法改善。
六　經直轄市、縣（市）主管機關依第三十四條規定通知部分或全部停工而不遵行。
七　未依規定繳納公有土地租金或使用費。

八　土石採罄或無繼續經營意願未依第二十六條規定辦理。
九　未依第四十八條規定繳納環境維護費，經直轄市、縣（市）主管機關通知於一個月內補繳，而未依限繳納。

第二五條　（土石採取許可證及土石採取場登記證之註銷）

撤銷或廢止土石採取許可時，應註銷其土石採取許可證及土石採取場登記證。

第二六條　（土石採取許可證及土石採取場登記證之繳銷）

土石採取人於土石採取區之土石採罄或無繼續經營意願時，應依原核定之土石採取計畫書圖及相關法令規定辦理整復後，向直轄市、縣（市）主管機關繳銷土石採取許可證及土石採取場登記證；其未繳銷者，由直轄市、縣（市）主管機關註銷之。

第二七條　（辦理整復）

土石採取許可期滿或經撤銷、廢止時，土石採取人應依原核定之土石採取計畫書圖及相關法令規定辦理整復。

第二八條　（損失補償）

土石採取人租用或同意使用之土地使用完畢後或停止使用於完成整復措施後，土地所有權人如受有損失時，土石採取人應按其損失程度，給予相當之補償。

第三章　土石採取場安全

第二九條　（土石採取場負責人及技術主管之指定及資格）

①土石採取人應指定土石採取場負責人及土石採取場技術主管，並報直轄市、縣（市）主管機關核備；變更時，亦同。

②土石採取場負責人及土石採取場技術主管之資格及任免辦法，由中央主管機關定之。

第三〇條　（應採之安全措施）

①土石採取人應負責提供有關土石採取場安全之設備、經費及人員，依勞工安全衛生法令規定辦理，並採行下列安全措施：

一　岩磐或岩床、土石層或廢土石堆不安全崩塌或滑落之防止。
二　作業場所各種有害氣體、粉塵之防制。
三　使用機電、搬運或動力設備可能發生危害之防止。
四　儲存、搬運或使用爆炸物時，可能發生危害之防止。
五　土石資源濫採或任意廢棄之防止。
六　作業人員安全防護裝備之供應。
七　主管機關規定之其他安全措施。

②前項各款安全措施之設計、管理及維護，由土石採取場負責人負責。

第三一條　（災變及立即危險之措施）

①土石採取場發生災變時，土石採取場負責人除應依相關法令規定辦理外，並應於二十四小時內速報直轄市、縣（市）主管機關轉報中央主管機關。

②土石採取場有立即發生危險之虞時，土石採取場負責人應即令

停止作業，並使作業人員退避至安全場所。

第四章　監　督

第三二條　（採取及銷售數量之申報及調查）

①土石採取人應定期將採取及銷售數量申報直轄市、縣（市）主管機關轉報中央主管機關備查。

②中央主管機關應定期進行採取及銷售數量之調查。

第三三條　（土石禁採區劃定及補償之處理程序）97

①目的事業主管機關為維護水源、水利、交通安全、都市發展、環境景觀或其他公益需要，得向中央主管機關申請劃定土石禁採區；其因而致土石採取人受有損害者，該土石採取人得向申請劃定之目的事業主管機關請求相當之補償。

②中央主管機關為維持或調節土石供需平衡，得依職權劃定土石禁採區；其因而致土石採取人受有損害時，應予補償。

③第一項土石採取人與申請劃定之目的事業主管機關就補償發生爭議時，由中央主管機關協調處理。

④禁採區劃定後，土石採取區位於禁採區內者，應由直轄市、縣（市）主管機關廢止其全部或一部土石採取許可。

⑤劃定禁採區以外之賸餘土石區，如有經營價值欲繼續經營者，土石採取人應重新造送賸餘土石區土石採取計畫書圖，向直轄市、縣（市）主管機關申請換發土石採取許可證及土石採取場登記證；其有效期限，以原核准日期為限。

⑥前項賸餘土石區土石採取計畫書圖應包括事項，準用第十一條之規定。

第三四條　（安全檢查）

①直轄市、縣（市）主管機關應對各土石採取場實施安全檢查，其有不合規定者，應指導限期改善；其未能如期改善或已發生災變或有災變發生之虞時，應通知其全部或一部停工。中央主管機關於必要時，得派員指導及監督。

②土石採取人或土石採取場負責人對於前項之檢查，不得拒絕、規避或妨礙。

第三五條　（出貨三聯單及專用車輛管理）

①土石採取場土石外運時，土石採取場負責人應開具出貨三聯單交運送人隨車攜帶，以備查核。

②土石採取場負責人於土石採取場土石外運時，應使其裝載於專用車輛或專用車廂。

③前項所稱專用車輛或專用車廂，依道路交通安全規則之規定辦理。

④載運少量土石者，不受第二項規定之限制；少量土石之標準，由中央主管機關定之。

第五章　罰　則

第三六條 112

①未經許可採取土石者，處新臺幣一百萬元以上五百萬元以下罰鍰，直轄市、縣（市）主管機關並得限期令其辦理整復及清除其設施，屆期仍未遵行者，按日連續處新臺幣十萬元以上一百萬元以下罰鍰至遵行為止，並沒入其設施或機具。必要時，得由直轄市、縣（市）主管機關代為整復及清除其設施；其費用，由行為人負擔。

②未經許可，以船舶或其他機械設備方式，在下列區域採取土石者，處一年以上七年以下有期徒刑，得併科新臺幣一億元以下罰金：

一　中華民國內水（不含內陸水域）及領海。

二　依臺灣地區與大陸地區人民關係條例第二十九條第二項規定公告之金門（含東碇、烏坵）、馬祖（含東引、亮島）及南沙地區之限制、禁止水域。

③供前項犯罪用之船舶或其他機械設備，不問屬於犯罪行為人與否，沒收之；其經判決沒收確定者，得視個案情節需要拍賣或變賣，或專案報准依下列方式之一處置之：

一　無償留供公用。

二　廢棄。

三　為其他適當之處置。

第三七條　（罰則）

經直轄市、縣（市）主管機關依第三十四條第一項規定通知全部或一部停工而不遵行者，處新臺幣一百萬元以上五百萬元以下罰鍰。

第三八條　（罰則）

未依第二十六條或第二十七條規定辦理整復者，處新臺幣五十萬元以上二百五十萬元以下罰鍰，並命其限期整復；屆期不辦理整復或整復不完整者，得按次連續處罰至遵行為止。必要時，得由直轄市、縣（市）主管機關代為整復及清除其設施；其費用，由土石採取人負擔。

第三九條　（罰則）

①有下列情形之一者，處新臺幣五十萬元以上二百五十萬元以下罰鍰：

一　未依第二十條規定核定之土石採取計畫採取土石，並辦理水土保持、環境維護、整復及防災措施者。

二　未依第三十條規定採行安全措施或為安全措施設計、管理及維護者。

②因違反前項規定導致災變或影響環境者，主管機關得不受理同一土石採取人爾後之土石採取許可證申請。

第四〇條　（罰則）

有下列情形之一者，處新臺幣二十萬元以上一百萬元以下罰鍰：

一　土石採取場發生災變，未依第三十一條第一項規定速報直轄市、縣（市）主管機關者。

二　拒絕、規避或妨礙依第三十四條第一項規定之檢查者。

第四一條　（罰則）

有下列情形之一者，處新臺幣三千元以上三萬元以下罰鍰：

一　土石採取人未依第三十二條第一項規定申報採取及銷售數量者。

二　土石採取場負責人未依第三十五條第一項規定開具出貨三聯單者。

三　運送人未依第三十五條第一項規定隨車攜帶出貨三聯單者。

四　土石採取場負責人未依第三十五條第二項規定，將土石裝載於專用車輛或專用車廂外運者。

第四二條　（罰鍰上限）

違反本法規定所得之利益，超過本法所定罰鍰最高額者，得於所得利益之範圍內就罰鍰金額酌量加重，不受法定罰鍰最高額之限制。

第四三條　（刑事責任）

違反本法之案件，涉及其他刑事責任者，移送司法機關處理。

第四四條　（處罰機關）

違反本法所定之處罰，除本法另有規定者外，由直轄市、縣（市）主管機關為之。

第四五條　（強制執行）

依本法所處之罰鍰，經限期繳納，屆期仍不繳納者，依法移送強制執行。

第六章　附　則

第四六條　（准駁期限）

土石採取申請案之准駁期限，由中央主管機關公告之。

第四七條　（許可證及登記證之換發）

①本法施行前依土石採取規則取得土石採取許可證及土石採取場登記證者，應自本法施行之日起三個月內報請直轄市、縣（市）主管機關換發；屆期未辦理者，原證失其效力。

②土石採取人依前項規定申請換發土石採取許可證及土石採取場登記證並提出展限之申請時，於直轄市、縣（市）主管機關准駁前，得繼續採取。

第四八條　（環境維護費）

①直轄市、縣（市）主管機關於核發土石採取許可證時，應收取環境維護費，作為直轄市、縣（市）政府之水土保持、環境保護及道路交通等公共設施建設經費之財源。

②前項環境維護費，得依其許可採取量收取；其收取基準，由中央主管機關定之。

第四九條　（規費之收取）

直轄市、縣（市）主管機關依本法規定受理申請許可、勘查、

登記或核發證照，應收取審查費、勘查費、證照費或登記費；其收費基準，由中央主管機關定之。

第五〇條 （書表及證照格式）
本法所需各種書表及證照格式，由中央主管機關定之。

第五一條 （中央主管機關定期抽查）
本法所定直轄市、縣（市）主管機關辦理事項，中央主管機關應定期抽查之。

第五二條 （施行細則）
本法施行細則，由中央主管機關定之。

第五三條 （施行日）
本法自公布日施行。

土石採取法施行細則

①民國92年9月24日經濟部令訂定發布全文22條；並自發布日施行。
②民國97年4月25日經濟部令增訂發布第3-1條條文。

第一條

本細則依土石採取法（以下簡稱本法）第五十二條規定訂定之。

第二條

本法第四條第二款所稱陸上土石，包括平地土石及坡地土石，其定義如下：

一　平地土石：指賦存在平地地表以下之土石，包括河川區域外沖積扇、沖積平原、舊河床、臺地及盆地等賦存之砂石。

二　坡地土石指下列三種岩層：

㈠坡地礫石層：指原沉積膠結之礫石層，經造山作用隆起而成者。

㈡坡地砂土層：指原沉積之砂、黏土及一般土層，經造山作用隆起而成者。

㈢碎石母岩：指以岩盤或岩體型態賦存，經開採碎解作爲骨材者。

第三條

同一區域有二人以上依本法第五條第一項申請採取土石時，主管機關應以申請在先者優先審查。但同日申請者，以抽籤方式決定優先審查順序。

第三條之一 97

土石採取人依本法第七條之一第七項規定，同意土石採取專區內被徵收土地之私有土地所有人，以徵收補償費爲出資，作爲土石採取人之合夥人時，土石採取人應出具其同意書，並檢具合夥契約，向主管機關申請換發土石採取許可證。

第四條

①本法第十條第一項第一款之申請區域圖，應依據實地測量記載，附具縱橫距面積計算簿；限用黑墨水以透明繪圖紙製定之，並註明下列事項：

一　圖名。

二　土石採取區申請所在地，包含申請地之省、直轄市或縣（市）、鄉（鎮、市、區）及其主要地名或河川別。

三　土石採取區申請面積。

四　土石種類。

五　土石採取區申請地境界內及其附近之地形、大小地名或山

川河名。

六　基點與其標誌之名稱及號數。

七　基點與其測點之號數及各該點之縱橫線（X、Y）數據（即坐標值）。

八　各境界線及基點測點間連接線之方位距離。

九　南北線之表示。

十　縮尺之大小。

十一　如有鄰接土石採取區，其鄰接界之最短距離。

十二　申請人（代表人）姓名、地址及簽章。

十三　測繪人姓名、地址及簽章。

十四　圖例。

②前項申請區域圖經主管機關同意者，得免以黑墨水及透明繪圖紙製定。

③第一項第六款基點，應有二個以上在相對之位置；基點之標誌，應擇用土石採取區內、外之三角測量點、圖根點或測量補點。

第五條

①本法第十條第三項所定其他相關專業技師，指土木工程技師、水利工程技師、大地工程技師、礦業安全技師、水土保持技師、應用地質技師、測量技師及其他經中央主管機關認可之技師。

②本法第十條第三項所定技師，僅得就其執業範圍執行簽證；承辦之土石採取計畫內容超出其執業範圍者，超出之部分應交由具有該專業技術之執業技師簽證。

第六條

申請海域土石採取許可者，應向申請區域最近沿岸所屬之直轄市或縣（市）主管機關申請；申請區域跨越二個直轄市或縣（市）海域者，應向所占海域比例較大之直轄市或縣（市）主管機關申請。

第七條

直轄市、縣（市）主管機關於許可土石採取展限時，應將土石採取展延之期限批註於土石採取場登記證。

第八條

①本法第十八條第一項所定應備具之書件如下：

一　土石採取場登記證申請書二份。

二　土石採取場負責人及土石採取場技術主管之學、經歷證明文件、聘書及國民身分證之影本各二份。

三　直轄市、縣（市）主管機關指定之其他有關文件。

②直轄市、縣（市）主管機關核發土石採取場登記證，應併同前項各款文件各一份報中央主管機關備查。

第九條

直轄市、縣（市）主管機關依本法第二十二條規定核准土石採取區減區或更正時，應併同相關書、圖件報中央主管機關備查。

第一〇條

土石採取場負責人之職掌範圍如下：

一　作業場所安全措施之設計、管理及維護。
二　土石採取場現場人員之指揮及管理。
三　安全設備之設置及變更之籌劃。
四　採取計畫之擬訂及實施之監督。
五　災變處理、調查及防範對策之研擬。
六　其他有關土石採取場作業監督及管理事項。

第一一條

土石採取場技術主管之職掌範圍如下：
一　執行主管機關核定之採取計畫。
二　公害之防制及防治。
三　作業安全管理及自動安全檢查。
四　土石採取場安全教育訓練之籌劃及實施。
五　災變處理、調查及防範對策之執行。
六　其他有關土石採取場作業管理事項。

第一二條

為防止本法第三十條第一項第一款所定岩盤或岩床、土石層或廢土石堆不安全崩塌或滑落，二階段以上之採掘場，上階段採掘場有鬆石掉落或岩體崩塌之虞，可能危及下階段採掘場之作業時，不得於下階段採掘場內同時作業。

第一三條

為防制本法第三十條第一項第二款所定作業場所各種有害氣體、粉塵，土石採取場於開採前進行整地後，其剝除之表土應選定適當地點堆置，並應採取防止沖蝕、粉塵飛揚及其他相關防制措施。

第一四條

為防止本法第三十條第一項第四款所定儲存、搬運或使用爆炸物時，可能發生之危害，採掘、爆破或搬運作業中，有滾石或炸石飛散至場外鄰近地區之虞時，應設置適當之防護設備或劃定禁止通行區域，並公告周知及配置人員監視。

第一五條

為防止本法第三十條第一項第五款所定土石資源濫採或任意廢棄，土石採取人應於土石採取場設立水準點，管制開採高程，防止超挖。

第一六條

本法第三十條第一項第六款所定安全防護裝備如下：
一　安全帽。
二　工作鞋。
三　工作服。
四　安全手套。
五　防塵口罩。
六　其他必要之防護裝備。

第一七條

本法第三十條第一項第七款所定之其他安全措施如下：

一　土石採取場遇雷雨、颱風或濃霧致有發生危險之虞時，應立即停止作業，並對有崩塌之虞之區域，採取禁止通行措施。
二　從事表土、鬆石清理作業及在下雨、颱風或地震後，清除鬆土石時，土石採取場技術主管應先檢查，並在場監督作業。
三　土石運搬車輛車斗應覆蓋，並經常沖洗。
四　土石採取場負責人應設置土石採取場工作日誌，記載每日生產量、作業人數及其他有關安全事項，由土石採取場負責人簽章後，置於土石採取場辦公地點內易見之固定場所，供土石採取場作業人員參閱，及供有關機關人員查核。
五　土石採取場技術主管應於每日工作前、工作中及工作後對作業場所實施安全檢查及採行必要之安全措施，認符合安全規定後，土石採取場作業人員始得進入作業，並將檢查結果詳細記入土石採取場工作日誌。
六　土石採取場作業人員應就其職責範圍，對作業場所隨時實施自動安全檢查；其檢查工作，應受土石採取場技術主管之指揮監督。
七　主管機關公告之安全措施。

第一八條

土石採取場發生災變時，土石採取場負責人、土石採取場技術主管及其他土石採取場作業人員均應保持災害現場。但為緊急救人及防止災情擴大者，不在此限。

第一九條

土石採取人應依本法第三十二條第一項規定，於每月五日前將上月採取及銷售數量，申報直轄市或縣（市）主管機關轉報中央主管機關備查。

第二〇條

土石採取場作業時，應由土石採取場負責人常駐現場監督執行；土石採取場負責人因故未能親駐現場者，得指定土石採取場技術主管暫代其職務；土石採取場負責人因故未能親駐現場超過一個月以上者，土石採取人應即指定具備規定資格之人暫代其職務，並報直轄市、縣（市）主管機關備查。

第二一條

土石採取場負責人於土石採取場技術主管因故未能執行業務時，應即指定具備規定資格之人員暫代其職務；暫代期間超過一個月者，應報直轄市、縣（市）主管機關備查。

第二二條

本細則自發布日施行。

營建工程空氣污染防制設施管理辦法

①民國92年5月28日行政院環境保護署令訂定發布全文18條；並自93年7月1日起施行。
②民國96年10月24日行政院環境保護署令修正發布第2、18條條文；增訂第13-1條條文；並自發布日施行。
③民國102年12月24日行政院環境保護署令修正發布第2、4、13-1、18條條文；並自103年1月1日施行。
④民國110年10月18日行政院環境保護署令修正發布全文20條；並自111年11月1日施行。
民國112年8月18日行政院公告第3條第1項第3款所列屬「行政院環境保護署」之權責事項，自112年8月22日起改由「環境部」管轄。

第一條

本辦法依空氣污染防制法（以下簡稱本法）第二十三條第二項規定訂定之。

第二條

本辦法用詞，定義如下：

一　營建工程工地（以下簡稱營建工地）：指營建工程基地、施工或堆置物料之區域。
二　全阻隔式圍籬：指全部使用非鏤空材料製作之圍籬。
三　半阻隔式圍籬：指離地高度八十公分以上使用網狀鏤空材料，其餘使用非鏤空材料製作之圍籬。
四　簡易圍籬：指以金屬、混凝土、塑膠等材料製作，至少離地高度八十公分以內使用非鏤空材料製作之拒馬或紐澤西護欄等實體隔離設施。
五　防溢座：指設置於營建工地圍籬下方或洗車設備四周，防止廢水溢流之設施。
六　防塵布：指以布料、帆布或塑膠布等材料製作，防止粉塵逸散之設施。
七　防塵網：指以網狀材料製作，防止粉塵逸散之設施。
八　粗級配：指舖設地面，防止粉塵逸散之骨材。
九　粒料：指礫石、碎石或其他防止粉塵逸散之粒狀物質。
十　路面色差：指道路表面因沙土等粒狀污染物附著，造成與乾淨路面有顏色差異之情形。

第三條

①本辦法適用對象，指應依本法第十六條第一項第一款規定繳納空氣污染防制費業主之營建工程。但下列營建工程，不在此限：

一　應申報繳納空氣污染防制費，其費額未達新臺幣二千元，

且施工面積未達一萬平方公尺、工期未達一年者。

二　依空氣污染防制費收費辦法規定得免繳納空氣污染防制費者。

三　其他經中央主管機關指定公告者。

②前項第一款費額之試算，以營建工程空氣污染防制費收費費率第三級費率為基準。

第四條

①本辦法所稱營建工程，依施工規模分為第一級營建工程及第二級營建工程。

②第一級營建工程之工程類別及施工規模如附表一。第一級以外之營建工程，屬第二級營建工程。

第五條

①營建業主於營建工程進行期間，應設置工地標示牌。

②前項標示牌內容，應載明營建工程空氣污染防制費徵收管制編號、工地負責人姓名、電話及當地環保機關公害檢舉電話號碼。

第六條

①營建業主於營建工程進行期間，應於營建工地周界設置定著地面之全阻隔式圍籬及防溢座，圍籬高度規定如附表二。但道路轉角或轉彎處十公尺以內者，得設置半阻隔式圍籬。

②道路、隧道、管線或橋樑工程臨接道路寬度八公尺以下或施工工期未滿三個月者，得設置連接之簡易圍籬。

③前二項營建工程之工地周界臨接山坡地、河川或湖泊等天然屏障或其他具有與圍籬相同效果者，報請直轄市、縣（市）主管機關同意後，得免設置圍籬。

第七條

營建業主於營建工程進行期間，其所使用具粉塵逸散性之工程材料、砂石、土石方或廢棄物，且其堆置於營建工地者，應採行下列有效抑制粉塵之防制設施之一：

一　覆蓋防塵布。

二　覆蓋防塵網。

三　配合定期噴灑化學穩定劑。

第八條

①營建業主於營建工程進行期間，應於營建工地內之車行路徑，舖設下列有效抑制粉塵之防制設施之一：

一　鋼板。

二　混凝土。

三　瀝青混凝土。

四　粗級配或粒料。

②前項防制設施須達車行路徑面積之百分之七十以上；屬第一級營建工程者，須達車行路徑面積之百分之九十以上。

③洗車設施至主要道路之車行路徑，應符合第一項之規定。

第九條

①營建業主於營建工程進行期間，應於營建工地內之裸露區域，

採行下列有效抑制粉塵之防制設施之一：
一　覆蓋防塵布、防塵網或稻草（蓆）。
二　舖設鋼板、混凝土或瀝青混凝土。
三　舖設粗級配或粒料。
四　植生綠化。
五　地表壓實且配合每日至少灑水二次，每次灑水範圍應涵蓋裸露區域，並記錄用水量備查。
六　配合定期噴灑化學穩定劑。
七　設置自動灑水設備，灑水範圍應涵蓋裸露區域。

②前項防制設施應達裸露區域面積之百分之七十以上；屬第一級營建工程者，應達裸露區域面積之百分之九十以上。裸露區域扣除採行前項防制設施之剩餘部分，須配合定期灑水，灑水頻率每日至少二次。

③前項剩餘部分須配合定期灑水之規定，於經濟部核定第三及第四階段停止及限制供水措施區域內之營建工程，不適用之。

第一〇條

①營建業主於營建工程進行期間，應於營建工地運送具粉塵逸散性之工程材料、砂石、土方或廢棄物之車行出入口，設置洗車台，且應符合下列規定：
一　洗車台四周應設置防溢座或其他防制設施，防止洗車廢水溢出工地。
二　設置廢水收集坑。
三　設置具有效沉砂作用之沉砂池。

②前項營建工程無設置洗車台空間時，得以加壓沖洗設備清洗，並妥善處理洗車廢水。

③第一項洗車設施於車輛離開營建工地時，應有效清洗車體及輪胎，其表面不得附著污泥，或造成工地出入口及其延伸之道路有路面色差。

④屬區域開發工程、疏濬工程者，應洗掃鄰接道路，並設置自動洗車設備，其項目及規格如附表三。

第一一條

營建業主於營建工程進行期間，應於營建工地結構體施工架外緣或結構體上設置下列可抑制粉塵之設施之一：
一　防塵網。
二　防塵布。
三　自動灑水設備，灑水範圍應涵蓋結構體。

第一二條

①營建業主於營建工程進行期間，將營建工地內上層具粉塵逸散性之工程材料、砂石、土方或廢棄物輸送至地面或地下樓層，應採行下列可抑制粉塵逸散之方式之一：
一　以電梯孔道輸送。
二　以建築物內部管道輸送。
三　以密閉輸送管道輸送。

四　以人工搬運。

②前項第一款至第三款管（孔）道出口，應設置抑制粉塵逸散之圍籬並灑水。

第一三條

營建業主於營建工程進行期間，運輸具粉塵逸散性之工程材料、砂石、土方或廢棄物之車輛應使用密閉式貨廂，或以防塵布、防塵網緊密覆蓋貨廂，並捆紮牢靠，邊緣應延伸覆蓋至貨廂上緣以下至少十五公分。運輸車輛貨廂應具有防止載運物料滴落污水、污泥之功能或設施。

第一四條

①營建業主於營建工程進行拆除期間，應採行下列有效抑制粉塵之防制設施之一：

一　設置加壓噴水設施，並於拆除作業期間持續噴水。

二　於結構體包覆防塵布。

三　於結構體四周設置高度達二．四公尺之阻隔設施。

②前項屬第一級營建工程者，應至少同時採行第一款、第二款之防制設施。

第一五條

營建業主於營建工程進行期間，應於具有排放粒狀污染物質之排氣井或排風口，設置旋風分離器、袋式集塵器或其他有效之集塵設備。

第一六條

①營建業主於營建工程進行期間，從事具粉塵逸散性之開挖、回填、搬運、裝卸、夯實、篩分或其他易致粉塵逸散之作業前，應灑水保持濕潤。

②前項規定，於經濟部核定第三及第四階段停止及限制供水措施區域內之營建工程，不適用之。

第一七條

營建業主於營建工程進行期間，從事破（粉）碎、研磨、切割、刨除或其他易致粉塵逸散之操作，應設置或採行下列有效收集或抑制粉塵逸散設施之一：

一　設置局部集氣系統，將粒狀污染物質收集及處理後排放。

二　設置加壓噴水設施，並於操作期間持續噴水。

第一八條

營建工程施工規模達下列條件之一者，營建業主應依附表四及附表五規定，設置空氣污染防制設施之監測儀表及攝錄影監視系統（至少須具備二支以上攝影鏡頭），並依表列項目及頻率進行記錄，記錄之影像及資料應保存一個月備查：

一　工地面積達一萬平方公尺且工期達一年者。

二　外運土石體積（鬆方）達一萬立方公尺者。

第一九條

營建業主未能依本辦法規定設置或採行空氣污染防制設施、監測設施者，得提出同等防制效率或功能之替代方法，報請直轄

市、縣（市）主管機關同意後爲之。

第二〇條

本辦法自中華民國一百十一年十一月一日施行。

營建事業廢棄物再利用管理辦法

民國91年7月29日內政部令訂定發布全文17條；並自發布日施行。
民國92年4月23日內政部令訂定發布「內政部營建事業廢棄物個案再利用許可申請表」、「政部營建事業廢棄物再利用試驗計畫申請表」；並自即日起實施。
民國112年8月18日行政院公告第2條第1款、第3條、第5條第2項、第9條第2項、第12條第4項、第15條所列屬「行政院環境保護署」之權責事項，自112年8月22日起改由「環境部」管轄。

第一條
本辦法依廢棄物清理法（以下簡稱本法）第三十九條第二項規定訂定之。

第二條
本辦法用詞定義如下：
一　事業：指本法第二條第四項以內政部（以下簡稱本部）爲目的事業主管機關之營造業及其他經中央主管機關指定與營建有關之事業。
二　再利用：指事業將其事業廢棄物自行或送往再利用機構作爲原料、添加物、材料、燃料、工程塡料、土地改良或經本部認定之用途行爲。
三　公告再利用：指事業廢棄物之再利用技術成熟且廣爲應用，經本部公告其種類及管理方式者。
四　再利用機構：指從事再利用行爲且經政府機關登記有案之工商廠場。

第三條
非屬本法第三十一條第一項經中央主管機關指定公告應檢具事業廢棄物清理計畫書之事業者，得自行於廠（場）內再利用。
屬公告之事業，應於其事業廢棄物清理計畫書經直轄市、縣（市）主管機關或中央主管機關委託之機關核准後，始得於廠（場）內自行再利用。

第四條
事業廢棄物除於廠（場）內再利用者外，其送往再利用機構再利用前之清除，依下列方式爲之：
一　事業自行清除或委託合法運輸業代爲清除。
二　再利用機構清除或再利用機構委託合法運輸業代爲清除。
三　營建廢棄物共同清除處理機構代爲清除。
四　委託領有廢棄物清除許可證之公民營清除機構清除。

第五條
①事業及再利用機構依本辦法進行事業廢棄物之清運及再利用

者，應將其日期、種類、名稱、數量、用途、事業、再利用機構、再利用方式及處置證明，作成紀錄妥善保存三年以上，留供查核。

②前項紀錄之申報，其屬中央主管機關公告應以網路傳輸方式申報之事業及再利用機構，依本法第三十一條第一項第二款相關規定辦理。

第六條

公告再利用之事業廢棄物，事業與再利用機構得逕依公告之管理方式進行再利用；非屬公告再利用之事業廢棄物，事業及再利用機構應共同提出個案再利用申請，經本部許可後始得再利用。

第七條

①個案再利用許可之申請，由事業及再利用機構共同檢具再利用申請表及計畫書一式十份，向本部爲之。

②前項再利用計畫書應包括下列事項：

一　廢棄物基本資料。
二　清運方式。
三　再利用方式。
四　污染防治計畫，包含再利用後剩餘廢棄物之清理計畫。
五　再利用可行性相關佐證資料或國內外實績。
六　再利用產品銷售計畫。
七　其他經本部指定事項。

第八條

①事業及再利用機構無前條第二項第五款之再利用可行性相關佐證資料或國內外實績者，得共同提出試驗計畫，經本部指定機構試驗並認可，或經本部核准後，進行再利用試驗計畫。事業及再利用機構並得以試驗結果作爲國內實績，依前條規定提出申請。

②前項試驗計畫應包括下列事項：

一　廢棄物基本資料、試驗數量及試驗期間。
二　再利用技術原理、設施及設備。
三　試驗方法、程序及步驟。
四　清運及再利用污染防治方式。

第九條

①第七條之申請表及計畫書經書面審查，其內容資料欠缺者，應於十個工作日內通知限期補正。逾期未補正者，本部得逕予駁回。

②經前項書面審查後，本部得邀集相關領域學者專家及相關主管機關實質審查，必要時得進行現場勘查或通知限期修正。經審查合格者，由本部核發許可文件，並副知中央主管機關、再利用用途目的事業主管機關、事業及再利用機構所在地之直轄市、縣（市）主管機關。

第一〇條

①前條許可文件應記載下列事項：
　一　事業名稱、地址、負責人。
　二　再利用機構名稱、地址、負責人。
　三　再利用事業廢棄物種類（代碼）、名稱、許可再利用數量及用途。
　四　核發日期及許可期限。
　五　其他經本部規定事項。
②前項第一款或第二款之記載事項變更時，事業或再利用機構應自事實發生日起十五日內申請變更；第三款之記載事項有變更時，應依第七條規定重新申請核發許可文件。

第一一條

①再利用許可期限爲五年。事業或再利用機構於許可期限屆滿前三個月至六個月內，得依第七條規定向本部提出展延之申請，每次展延不得逾五年。逾期應重行申請許可。
②未於前項規定期間內提出展延之申請者，本部得不受理予以駁回。

第一二條

取得個案再利用許可之事業或再利用機構有下列情事之一者，本部得廢止其許可：
　一　應申報資料內容與事實不符者。
　二　未依許可文件及計畫書內容進行再利用者。
　三　許可期間內違反第十條第二項規定，經本部限期改善而未改善者。
　四　其他違法情形、經本部、中央主管機關或再利用用途目的事業主管機關認定情節重大者。

第一三條

本部得委託相關機構輔導事業及再利用機構辦理事業廢棄物再利用技術提升及技術轉移等事項，並協助再利用機構建立再生產品品質及技術規範。

第一四條

本辦法所定書表格式，由本部定之。

第一五條

本辦法施行前已取得中央主管機關再利用許可者，原許可期限繼續有效，於許可期滿應依本辦法重新提出申請。

第一六條

事業廢棄物再利用涉及輸入輸出者，不適用本辦法，應依本法第三十八條規定辦理。

第一七條

本辦法自發布日施行。

營建事業廢棄物再利用種類及管理方式

①民國96年6月12日內政部令修正發布全文。
②民國97年3月10日內政部令修正發布編號四規定。
③民國99年3月2日內政部令修正發布編號八、編號九規定。
④民國102年6月17日內政部令修正發布編號三、編號四、編號五規定。

再利用種類	管理方式
編號一 廢木材 （板、屑）	一、事業廢棄物來源：事業產生之廢木材（板、屑）。 二、再利用用途：紙漿原料、吸油材料、木製品原料、製漿原料添加料、燃料、有機質肥料原料、培養土原料。 三、再利用機構應具備下列資格： ㈠　再利用機構之主要產品為木製品、人造木質板（粒片板、纖維板或塑合板）、活性碳、紙漿、電木粉、酚醛樹脂、原子碳、吸油劑、紙類製品、有機質肥料、培養土或其他相關產品。但再利用於燃料者，不受上列之限制。 ㈡　再利用於肥料原料者，再利用機構應為肥料製造業者，且必須依據肥料管理法及相關法規取得農業主管機關核發之肥料登記證。 四、再利用應符合事業廢棄物貯存清除處理方法及設施標準之規定，且得採用露天貯存方式。但貯存場所應設有排水收集處理設施。 五、再利用用途之產品應符合國家標準、國際標準或該產品之相關使用規定。
編號二 廢玻璃屑	一、事業廢棄物來源：事業產生之廢玻璃屑。 二、再利用用途：玻璃原料、陶瓷磚製品原料、混凝土添加料之原料、瀝青混凝土添加料。 三、再利用機構之主要產品為玻璃、玻璃粉碎料、玻璃製品、陶瓷磚瓦、瀝青混凝土、預拌混凝土或其他相關產品。 四、再利用機構應具有窯爐及污染防治之相關設備或具有廢玻璃之前處理設備（如分類、清洗、研磨及篩選等）。 五、再利用應符合事業廢棄物貯存清除處理方法及設施標準之規定，且得採用露天貯存方式。但貯存場所應設有排水收集處理設施。 六、再利用於混凝土添加料及瀝青混凝土添加料者，應由主辦單位或廠商檢具工程核准使用廢玻璃文件向廢玻璃產生者取用，或送請熱拌再生瀝青混凝土廠處理。 七、再利用用途之產品應符合國家標準、國際標準或該產品之相關使用規定。
編號三 廢鐵	一、事業廢棄物來源：事業產生之廢鐵。 二、再利用用途：煉鋼原料、鐵錠原料、鐵製品原料、鑄鐵原料。

	三、再利用機構之主要產品至少為下列之一項：鐵錠、鐵製品、鋼錠、鋼胚、鋼鐵、鑄鋼、鑄鐵品或其他相關產品。 四、再利用機構應具有熔爐（指電弧爐、反射爐、高低週波爐、化鐵爐、乾鍋爐或氧氣轉爐）等相關設備，依法辦理工廠登記或符合免辦理登記規定之工廠。 五、再利用應符合事業廢棄物貯存清除處理方法及設施標準之規定，且得採用露天貯存方式。但貯存場所應設有排水收集處理設施。 六、再利用後之剩餘廢棄物應依廢棄物清理法相關規定辦理。 七、再利用用途之產品應符合國家標準、國際標準或該產品之相關使用規定。
編號四 廢單一金屬料（銅、鋅、鋁、錫）	一、事業廢棄物來源：事業產生之廢單一金屬料（銅、鋅、鋁、錫），但電線電纜剝皮後產生之廢裸銅線其截面積大於二十二平方公釐者，不適用之。 二、再利用用途：廢單一金屬料（銅、鋅、鋁、錫）製品之原料。 三、再利用機構之主要產品至少為下列之一項：銅錠、銅製品、鋅錠、鋅製品、鋁錠、鋁製品、錫錠、錫製品、鋼鐵製品或其他相關產品。 四、再利用機構應具有熔爐，依法辦理工廠登記或符合免辦理登記規定之工廠。 五、再利用應符合事業廢棄物貯存清除處理方法及設施標準之規定，且得採用露天貯存方式。但貯存場所應設有排水收集處理設施。 六、再利用後之剩餘廢棄物應依廢棄物清理法相關規定辦理。 七、再利用用途之產品應符合國家標準、國際標準或該產品之相關使用規定。
編號五 廢塑膠	一、事業廢棄物來源：事業產生之廢塑膠。 二、再利用用途：塑膠製品原料、鋼鐵廠輔助燃料、塑膠裂原料。 三、再利用機構之主要產品為塑膠、塑膠粒（塑膠再生粒）、塑膠製品、塑膠裂解油品或其他相關產品。但再利用於輔助燃料者，不受上列之限制，且以水泥製造業及鋼鐵製造業為限。 四、再利用機構應為依法辦理工廠登記或符合免辦理登記規定之工廠。 五、再利用應符合事業廢棄物貯存清除處理方法及設施標準之規定，且得採用露天貯存方式。但貯存場所應設有排水收集處理設施。 六、再利用後之剩餘廢棄物應依廢棄物清理法相關規定辦理。 七、再利用用途之產品應符合國家標準、國際標準或該產品之相關使用規定。
編號六 廢橡膠	一、事業廢棄物來源：事業產生之廢橡膠。 二、再利用用途：建材原料、瀝青混凝土添加料、橡膠製品原料、油品煉製原料、輔助燃料。 三、再利用機構應具備下列資格： (一) 再利用機構之主要產品為水泥磚、地磚、瀝青混凝土、橡膠粉、再生膠或其他相關產品。但再利用於輔助燃料者，不受上列之限制。

	(二)再利用於輔助燃料者，再利用機構應為水泥業（應具有窯爐）、電力或蒸汽業（應具有汽電共生設備者）、造紙業（應具有產生蒸汽設備者）。 (三)再利用於油品煉製原料者，再利用機構之主要產品為油品、瓦斯或碳煙（碳黑），且再利用機構應具有熱裂解設備。 四、再利用於瀝青混凝土添加料者，應由主辦單位或廠商檢具工程核准使用廢橡膠文件向廢橡膠產生者取用，或送請熱拌再生瀝青混凝土廠處理。 五、再利用用途之產品應符合國家標準、國際標準或該產品之相關使用規定。
編號七 營建混合物	一、來源：工程施工建造、建築拆除、裝修工程及整地刨除所產生之事業廢棄物。 二、再利用用途：營建工程材料、工程填地及道路工程級配料、工程填地材料、骨材及建材原料、混凝土添加材料、磚瓦原料等，以及因分類作業所附帶產生之金屬屑、玻璃碎片、塑膠類、木屑等，依本公告之管理方式辦理。 三、再利用機構應具備下列資格之一： (一)經直轄市、縣（市）政府所核准設立可兼收容處理營建混合物之土資場。 (二)經直轄市、縣（市）政府依地方自治法規許可設立之營建混合物資源分類處理場。 (三)依營建廢棄物共同清除處理機構管理辦法許可並核發登記證之機構。 四、再利用機構應具廢棄物分類設備或能力，可將土石方、磚、瓦、混凝土塊、廢金屬、廢玻璃、廢塑膠類、廢木材、竹片、廢紙屑等加以分類。 五、經分類作業後，屬營建剩餘土石方部分依營建剩餘土石方處理方案處理，屬內政部（以下簡稱本部）公告之一般事業廢棄物再利用種類部分，依本部公告之管理方式辦理；至其他非屬營建剩餘土石方，亦非屬本部公告可再利用部分，應依廢棄物清理法規定清除處理或再利用，送往合法掩埋場、焚化廠、合法廢棄物代處理機構或再利用事業機構，其中送合法掩埋場或焚化廠部分，所含資源性廢棄物重量比不得超過百分之十五。 六、再利用應符合事業廢棄物貯存清除處理方法及設施標準之規定，得採用露天貯存方式。但貯存場所應設有符合規定防塵設施及排水收集處理設施。 七、再利用用途之產品應符合國家標準或國際標準或該產品之相關使用規定。

編號八 廢矽酸鈣板	一、事業廢棄物來源：事業施工（不包含拆除工程）裁切產生之邊料或下腳料。但依相關法規認定為有害事業廢棄物者，不適用之。 二、再利用用途：矽酸鈣板之填料。 三、再利用機構之主要產品為矽酸鈣板。 四、再利用機構應具有廢料前處理設備及製造矽酸鈣板製程相關設備。 五、再利用應符合事業廢棄物貯存清除處理方法及設施標準之規定，且得採用露天貯存方式。但貯存場所應設有符合規定防塵設施及排水收集處理設施。 六、再利用用途之產品應符合國家標準、國際標準或該產品之相關使用規定。
編號九 廢石膏板	一、事業廢棄物來源：事業施工（不包含拆除工程）裁切產生之邊料或下腳料。但依相關法規認定為有害事業廢棄物者，不適用之。 二、再利用用途：石膏板之原料。 三、再利用機構之主要產品為石膏板。 四、再利用機構應具有廢料前處理設備及石膏板製程相關設備。 五、再利用應符合事業廢棄物貯存清除處理方法及設施標準之規定，且得採用露天貯存方式。但貯存場所應設有符合規定防塵設施及排水收集處理設施。 六、再利用用途之產品應符合國家標準、國際標準或該產品之相關使用規定。

營建事業再生利用之再生資源項目及規範

①民國94年4月23日內政部令訂定發布全文。
②民國98年5月27日內政部令修正發布全文。
③民國110年8月27日內政部令修正發布全文；並自110年10月1日生效。
④民國111年12月5日內政部令修正發布全文；並自即日生效。

項目名稱	再生利用規範
瀝青混凝土挖（刨）除料	一、再生資源來源：事業產生之瀝青混凝土挖（刨）除料。
	二、再生利用用途：瀝青混凝土鋪面原料、級配粒料基層材料、級配粒料底層材料、非農業用地之工程填方材料（基地及路堤填築、構造物開挖後回填材料）。
	三、再生利用業者應具備下列資格： ㈠應具有再生資源前置作業機械設備（破碎設備、篩分設備等）。 ㈡再生利用用途為瀝青混凝土鋪面原料者： 1. 應具有臺灣區瀝青工業同業公會會員資格。 2. 屬製造業且依法辦理工廠登記之工廠，產品為瀝青混凝土或其相關產品。 3. 應具有瀝青混凝土或其相關產品再生利用機組等相關設備。 ㈢再生利用用途為前款以外者：屬營造業，或屬製造業且依法辦理工廠登記或符合免辦理登記規定之工廠。
	四、運作管理： ㈠應符合營建事業再生資源再生利用管理辦法之規定。但在破解之前得採露天貯存。 ㈡本項目屬「清運免網路連線申報之再生資源項目」，依網路傳輸方式向行政院環境保護署申報再生資源之產出、貯存、清運、再使用、再生利用、輸入或輸出情形之申報格式、項目、內容及頻率之公告事項三規定，免依公告事項四、五及八規定申報或遞送聯單。 ㈢再生利用業者應向行政院環境保護署申報項目、內容、頻率及方式，應於每年一月、四月、七月、十月月底前連線申報前季再生資源收受、貯存、回收再利用情形及再生產品名稱、數量、營運狀況等資料。

	㈣再生利用屬公共工程者，應由該工程之設計單位在該工程圖樣及說明書中載明使用再生材料之種類及數量，向工程主辦機關申請核准使用；屬非公共工程者，應由該工程之設計單位依使用個案檢討後，在該工程圖樣及說明書中載明使用再生材料之種類、數量、再生利用方式、施工規範、品質保證機制等，並經起造人同意後，依資源回收再利用法及本項目規範規定，進行再生利用。 ㈤本項目不得與廢棄物及其他物料混合清運。 ㈥再生利用應先經破碎、篩分等前處理。 ㈦再生利用用途為瀝青混凝土鋪面原料者，應符合下列規定： 1.品質應符合國家標準；未訂定國家標準者，得採行行政院公共工程委員會公共工程共通性工項施工綱要規範（以下簡稱施工綱要規範）第〇二九六六章再生瀝青混凝土鋪面、國際標準、工程主辦機關施工規範、目的事業主管機關認可之使用手冊之規定。 2.本項目作為熱拌再生瀝青混凝土之拌合比例，不得超過百分之四十。 3.再生利用業者應提出材料供料計畫書、配合設計報告書，經工程司核可後方得使用。 ㈧再生利用用途為級配粒料基層材料、級配粒料底層材料者，品質應符合國家標準；未訂定國家標準者，得採行施工綱要規範第〇二七二二章級配粒料基層、第〇二七二六章級配粒料底層、國際標準、工程主辦機關施工規範、目的事業主管機關認可之使用手冊之規定。 ㈨再生利用用途為非農業用地之工程填方材料（基地及路堤填築、構造物開挖後回填材料）者，應依建築法規定取得建造執照或雜項執照。但屬公共工程之非建築工程者，不在此限。其品質應符合國家標準；未訂定國家標準者，得採行施工綱要規範第〇二七二二章級配粒料基層、第〇二七二六章級配粒料底層、國際標準、工程主辦機關施工規範、目的事業主管機關認可之使用手冊之規定。 ㈩各工程主辦機關及直轄市、縣（市）政府應通盤檢討轄區內瀝青混凝土挖（刨）除料去化情形，且應優先評估使用瀝青混凝土挖（刨）除料於瀝青混凝土鋪面原料及道路工程之級配粒料基層材料、級配粒料底層材料。
	五、含轉爐石、氧化碴、橡膠或焚化再生粒料之瀝青混凝土挖（刨）除料之再生利用用途限於道路工程之瀝青混凝土鋪面原料、級配粒料基層材料、級配粒料底層材料，其運作管理除應符合第四點規定外，並應符合下列規定： ㈠含轉爐石、氧化碴、橡膠或焚化再生粒料之瀝青混凝土挖（刨）除料應與一般瀝青混凝土挖（刨）除料分開堆置。再生利用時，應經工程司或設計單位依使用個案檢討後，撰寫為個案之施工規範，納入招標文件訂入契約。

		(二)含轉爐石、氧化碴之再生利用產品用途為道路工程之級配粒料基層材料、級配粒料底層材料者，品質要求依國家標準一五三五八公路或機場底層、基層用碎石級配粒料，粒料經養治或其他已知之處理方式降低其膨脹潛能至理想程度，且依國家標準一五三一一粒料受水合作用之潛在膨脹試驗法測試其七天膨脹量不超過百分之零點五。 (三)含轉爐石、氧化碴、橡膠或焚化再生粒料之再生利用產品用途為道路工程之級配粒料基層材料、級配粒料底層材料者，其使用應符合下列規定： 1. 不得使用於依都市計畫法劃定為農業區、保護區、依區域計畫法劃定為特定農業區、一般農業區及依非都市土地使用管制規則劃定各使用分區內之農牧用地、林業用地、養殖用地、國土保安用地、水利用地，及上述分區內暫未依法編定用地別之土地範圍內。 2. 不得使用於依國家公園法劃定為國家公園區內，經國家公園管理機關會同有關機關認定作為前目限制使用之土地分區或編定使用之土地範圍內。 3. 不得使用於屬依飲用水管理條例公告之飲用水水源水質保護區及飲用水取水口一定距離、依區域計畫法劃定之水庫集水區及依自來水法劃定之自來水水質水量保護區範圍內。 4. 不得使用於依濕地保育法公告之重要濕地、依文化資產保存法公告之自然保留區、依自然保護區設置管理辦法公告之自然保護區、依野生動物保育法公告之野生動物保護區及野生動物重要棲息環境等生態敏感區範圍內。 5. 使用於陸地時，應高於使用時現場地下水位一公尺以上。 6. 粒徑小於四點七五公厘者，應先以其他工程材料隔離。 7. 鋪面工程之面層應採用瀝青混凝土面層、水泥混凝土面層或磚材面層，且底層施工完成後六個月內，應完成面層施作。 (四)含轉爐石、氧化碴、橡膠或焚化再生粒料之再生利用產品如中央目的事業主管機關或環境保護機關有特別規定者，應優先適用之。

營建事業再生資源再生利用管理辦法

民國94年10月31日內政部令訂定發布全文12條；並自發布日施行。

第一條

本辦法依資源回收再利用法（以下簡稱本法）第十五條第四項規定訂定之。

第二條

本辦法用詞用語定義如下：

一　產生者：指以內政部（以下簡稱本部）爲目的事業主管機關之營造業及其他經中央主管機關指定與營建有關之事業且產生再生資源者。

二　再生利用者：指從事再生資源再生利用之事業。

三　清運：指由產生者之廠（場）將再生資源運送到再生利用者之廠（場）之行爲。

四　貯存：指再生資源於清運前後及再生利用前，放置於特定地點或貯存容器、設施內之行爲。

第三條

本辦法適用之再生資源項目如下：

一　依本法第十五條第三項規定，經本部公告爲再生資源項目者。

二　依本法第十五條第五項規定，向本部申請核准爲再生資源項目者。

第四條

①前條第一款公告之再生資源項目，其再生利用規範，由本部併公告之。

②前條第二款經核准之再生資源項目，其再生利用規範依本部核准文件內容事項辦理。

第五條

再生資源之清運，應依下列方式爲之：

一　產生者或再生利用者自行清運。

二　產生者或再生利用者委託合法運輸業或領有廢棄物清除許可證之公民營清除機構清運。

第六條

①清運再生資源之車輛機具於清運過程中，應防止再生資源飛散、濺落、溢漏、惡臭擴散、爆炸等污染環境或危害人體健康之情事發生。

②不同再生資源項目，除本部公告再生資源項目之再生利用規範

或核准再生資源項目之核准文件另有規定者外，不得混合清運。

第七條

清運再生資源於運輸途中有污染環境或危害人體健康情形發生時，清運者應立即採取緊急應變措施，並負清理及善後責任。

第八條

①再生資源之貯存方法，應符合下列規定：

一　貯存地點、容器、設施應保持清潔完整，不得有再生資源飛揚、逸散、滲出、污染地面或散發惡臭情事。

二　貯存容器、設施應與所存放之再生資源具有相容性。

三　不同再生資源項目應分別貯存。

四　貯存地點應於明顯處，以中文標示再生資源之名稱。

五　本部公告再生資源項目之再生利用規範或核准再生資源項目之核准文件中有關貯存方法相關規定事項。

②前項第二款所指相容性，為再生資源與容器、設施接觸，不產生熱、激烈反應、火災或爆炸、可燃性流體或有害流體及不造成容器材料劣化致降低污染防治之效果者。

第九條

①再生資源之貯存設施，應符合下列規定：

一　應有防止地面水、雨水及地下水流入、滲透之設施。

二　由貯存設施產生之廢液、廢氣、惡臭等，應有收集或防止其污染地面水體、地下水體、空氣、土壤之設施。

②本部公告之再生資源項目之再生利用規範或核准再生資源項目之核准文件另有規定者，其貯存設施不受前項之限制。

第一〇條

再生資源再生利用設施，應符合下列規定：

一　具堅固之基礎結構。

二　設施與再生資源接觸之表面採不透水材料構築；必要時，應另採抗蝕材料構築。

三　具污染防治設備及防蝕措施。

四　本部公告再生資源項目之再生利用規範或核准再生資源項目之核准文件中有關再生利用設施相關規定事項。

第一一條

①產生者對於再生資源送往再生利用者之日期、項目、名稱、數量、再生利用用途、清運者名稱、再生利用者名稱，應作成紀錄。

②再生利用者對於再生資源再生利用之日期、項目、名稱、數量、用途、產生者名稱、再生利用用途、產銷情形及殘餘廢棄物處置，應作成紀錄。

③前二項之紀錄應至少保存三年，留供查核。

第一二條

本辦法自發布日施行。

㈢使用管理

建築物部分使用執照核發辦法

①民國75年9月5日內政部令訂定發布全文7條。
②民國91年3月14日內政部令修正發布第3條條文。

第一條

本辦法依建築法（以下簡稱本法）第七十條之一規定訂定之。

第二條

部分使用執照之效力與使用執照相同。

第三條 91

①本法第七十條之一所稱建築工程部分完竣，係指下列情形之一者：

一　二幢以上建築物，其中任一幢業經全部施工完竣。

二　連棟式建築物，其中任一棟業經施工完竣。

三　高度超過三十六公尺或十二層樓以上，或建築面積超過八〇〇〇平方公尺以上之建築物，其中任一樓層至基地地面間各層業經施工完竣。

②前項所稱幢、棟定義如下：

一　幢：建築物地面層以上結構體獨立不與其他建築物相連，地面層以上其使用機能可獨立分開者。

二　棟：以一單獨或共同出入口及以無開口之防火牆及防火樓板所區劃分開者。

第四條

本法第七十條之一所稱可供獨立使用者，係指申請部分之建築物主要構造、室內隔間及主要設備等施工完成並具獨立出入口。

第五條

部分使用執照之申請手續、查驗、應附書件與使用執照同。但申請前應修正施工計畫書、增列安全防護計畫，送請主管建築機關備查，並於該防護措施完成後，併部分使用執照一併勘驗。

第六條

建築物已分別領得部分使用執照後，得免重新申領全部使用執照。

第七條

本辦法自發布日施行。

建築物昇降設備設置及檢查管理辦法

①民國93年11月9日內政部令修正發布名稱及全文19條；並自發布日施行（原名稱：建築物昇降設備管理辦法）。
②民國104年6月15日內政部令修正發布全文 32 條；並自105年1月1日施行。
③民國111年6月9日內政部令修正發布第15、16、19、20、32條條文；並自發布日施行。
④民國112年12月11日內政部令增訂發布第20-1條條文。

第一條

本辦法依建築法（以下簡稱本法）第七十七條之四第九項規定訂定之。

第二條

本辦法用詞，定義如下：

一　建築物昇降設備（以下簡稱昇降設備）：指設置於建築物之昇降機、自動樓梯或其他類似之昇降設備。

二　管理人：指建築物之所有權人或使用人或經授權管理之人。

三　專業廠商：指領有中央主管建築機關核發登記證，從事昇降設備安裝或維護保養並具有專業技術人員之廠商。

四　專業技術人員：指領有中央主管建築機關核發登記證，並受聘於專業廠商，擔任昇降設備安裝或維護保養之人員。

五　檢查機構：指經中央主管建築機關指定，得接受當地主管建築機關委託執行昇降設備安全檢查業務之機構或團體。

六　檢查員：指領有中央主管建築機關核發檢查員證，並受聘於檢查機構從事昇降設備安全檢查之人員。

第三條

①昇降設備安裝完成後，非經竣工檢查合格取得使用許可證，不得使用。

②前項竣工檢查，當地主管建築機關應於核發建築物或雜項工作物使用執照時併同辦理，或委託檢查機構為之。經檢查通過者，由當地主管建築機關或其委託之檢查機構核發使用許可證，並依第五條第一項規定之安全檢查頻率註明有效期限。

③使用許可證應妥善張貼於出入口處前上方顯眼處所。

④申請竣工檢查時，應檢附昇降設備組件耐用基準參考表。

第四條

①管理人應委請專業廠商負責昇降設備之維護保養，由專業技術人員依一般維護保養之作業程序，按月實施並作成紀錄表一式二份，並應簽章及塡註其證照號碼，由管理人及專業廠商各執一份。

②專業技術人員應查核前條第四項昇降設備組件耐用基準參考表，對於已屆耐用基準之組件，應於保養紀錄表載明處理情形；已更換之組件，應另行塡列昇降設備組件耐用基準參考表。於本辦法中華民國一百零五年一月一日修正施行前已領得使用許可證之昇降設備，亦同。

③昇降設備組件耐用基準參考表應併同維護保養紀錄表，按月檢送當地主管建築機關。

第五條

①昇降設備安全檢查頻率，規定如下：

一　昇降送貨機每三年一次。

二　個人住宅用昇降機每三年一次。但建築物經竣工檢查合格達十五年者，每年一次。

三　供五樓以下公寓大廈使用之昇降機每二年一次。但建築物經竣工檢查合格達十五年者，每年一次。

四　前三款以外之昇降設備每年一次。但建築物經竣工檢查合格達十五年者，每半年一次。

②管理人應於使用許可證使用期限屆滿前二個月內，自行或委託維護保養之專業廠商向當地主管建築機關或其委託之檢查機構申請安全檢查。

第六條

①昇降設備之安全檢查，由檢查機構受理者，檢查機構應指派檢查員依第七條規定檢查，並製作安全檢查表。

②昇降設備檢查通過者，安全檢查表經檢查員簽證後，應於五日內送交檢查機構，由檢查機構核發使用許可證。

③前項檢查結果，檢查機構應按月彙報當地主管建築機關備查。

第七條

昇降設備之安全檢查應檢核下列事項：

一　昇降設備由管理人負責管理。

二　已委請專業廠商負責維護保養。

三　已由專業技術人員從事維護保養。

四　已依第四條第一項規定實施平時之維護保養並作成紀錄。

五　已依第四條第二項及第三項規定，由專業技術人員載明昇降設備組件耐用基準處理情形，及按月檢送維護保養紀錄表予當地主管建築機關。

六　昇降設備運轉正常。

第八條

當地主管建築機關就停止使用之昇降設備，除通知管理人外，並應於昇降設備上張貼經檢查不合格，應停止使用之標示。

第九條

中央主管建築機關得指定符合下列各款條件者爲檢查機構：

一　昇降設備相關之協會、機械工程科或電機工程科技師公會等專業性之法人機構或團體。

二　具有專任檢查員十人以上。

三　具有昇降設備有關之資訊與檔案資料及設備，並能與中央及當地主管建築機關連線者。
四　有獨立設置之檢查辦事處所，並設有檔案室、檢查設備存放室及檢查機構人員辦公作息之空間，面積在一百平方公尺以上者。
五　具有技師資格或五年以上昇降設備檢查經驗之檢查員擔任檢查業務主管。

第一〇條

①中央主管建築機關得委託符合下列各款資格之一之機關（構）、團體或學校辦理專業技術人員或檢查員訓練：
一　全國性之機械工程科、電機工程科等技師公會。
二　全國性昇降設備相關之協會或團體。
三　從事昇降設備相關之研究、設計、檢查或教育訓練等工作著有成績之機關（構）、團體或學校。

②前項受委託之訓練機關（構）或團體應具有從事昇降設備工作五年以上經驗，足堪擔任相關訓練工作之專業技術人員五人以上為其會員或受聘為工作人員。

第一一條

①申請登記為專業廠商者，應檢附申請書及下列證明文件向中央主管建築機關申請核發專業廠商登記證：
一　第一類專業廠商：
㈠資本額在新臺幣五千萬元以上。
㈡公司或商業登記證明文件。
㈢三十名以上專業技術人員之登記文件，至少十名需具備昇降機乙級裝修技術士資格或機械、電機、電子工程技師證書資格。
二　第二類專業廠商：
㈠資本額在新臺幣二千萬元以上。
㈡公司或商業登記證明文件。
㈢十五名以上專業技術人員之登記文件，至少五名需具備昇降機乙級裝修技術士資格或機械、電機、電子工程技師證書資格。
三　第三類專業廠商：
㈠資本額在新臺幣六百萬元以上。
㈡公司或商業登記證明文件。
㈢六名以上專業技術人員之登記文件，至少二名需具備昇降機乙級裝修技術士資格或機械、電機、電子工程技師證書資格。

②前項文件有變更者，應向中央主管建築機關辦理變更登記。

第一二條

①專業廠商登記證有效期限為五年，專業廠商應於期限屆滿前三個月內，檢附下列文件，向中央主管建築機關申請換發專業廠商登記證：

一　申請書。
二　原專業廠商登記證正本。
三　公司或商業登記證明文件。
四　專業技術人員之登記文件。
五　其他相關文件。

②本辦法中華民國一百零五年一月一日修正施行前領得專業廠商登記證者，應於修正施行後二年內檢附申請書及原專業廠商登記證正本，向中央主管建築機關申請換發專業廠商登記證；屆期未辦理者，原專業廠商登記證失其效力。

第一三條

①具有下列資格之一者，得向中央主管建築機關申請核發檢查員證：
一　領有機械、電機、電子工程技師證書及執業執照。
二　具有昇降機乙級裝修技術士資格且經檢查員訓練達一定時數並測驗合格。

②前項第二款訓練之課程及時數，由中央主管建築機關另定之，並於訓練合格後發給檢查員訓練結業證書。

③本辦法中華民國九十三年十一月十一日修正生效之日起五年內，原以具有專科以上學校機械、電機、電子等有關科系畢業經考訓合格取得檢查員證者，應於期限內取得第一項之技師或昇降機乙級裝修技術士資格，重新申請檢查員證，屆期未取得檢查員證者，不得辦理昇降設備之檢查。

第一四條

①申請核發檢查員證者，應檢附申請書及下列證明文件：
一　機械、電機、電子工程技師證書及執業執照正本及其影本，或昇降機乙級裝修技術士證正本及其影本各一份。
二　檢查員資料卡。
三　檢查員訓練結業證書正本及其影本各一份。

②前項文件有變更者，應向中央主管建築機關辦理變更登記。

③第一項第三款檢查員訓練結業證書有效期為五年，於有效期限屆滿前未依規定申請核發檢查員證者，應重新參加前條第一項第二款之訓練。

④本辦法中華民國一百零五年一月一日修正施行前領有訓練結業證書而未申請核發檢查員證者，應於修正施行後一年內，向中央主管建築機關申請核發檢查員證；屆期未辦理者，原檢查員訓練結業證書失其效力。

第一五條 111

①檢查員證有效期限為五年，逾期未換發者，不得從事昇降設備竣工檢查、安全檢查業務。

②檢查員於換發檢查員證前五年內參加中央主管建築機關或其委託之相關機關（構）、團體或學校舉辦之回訓訓練達十六小時以上並取得證明文件者，由中央主管建築機關換發檢查員證。但符合第十三條第一項第一款資格者，免回訓訓練。

③檢查員逾期未換發檢查員證者，得依前項規定換發。

第一六條 111

本辦法中華民國一百零五年一月一日修正施行前領得檢查員證者，應依附表一之規定期限檢附申請書及原檢查員證正本，向中央主管建築機關申請換發檢查員證；屆期未辦理者，原檢查員證失其效力。

第一七條

具有下列資格之一者，得向中央主管建築機關申請核發專業技術人員登記證：

一　領有機械、電機、電子工程等技師證書。

二　領有昇降機裝修技術士證明文件者。

第一八條

①申請核發專業技術人員登記證者，應檢附申請書及下列證明文件：

一　昇降機裝修技術士證正本及其影本各一份或技師執業執照證書正本及其影本各一份。

二　專業技術人員資料卡。

②前項文件有變更者，應向中央主管建築機關辦理變更登記。

第一九條 111

①專業技術人員登記證有效期限爲五年，逾期未換發者，不得從事昇降設備安裝或維護保養業務。

②專業技術人員於換發登記證前五年內參加中央主管建築機關或其委託之相關機關（構）、團體或學校舉辦之回訓訓練達十六小時以上並取得證明文件者，由中央主管建築機關換發登記證。但符合第十七條第一款資格者，免回訓訓練。

③專業技術人員逾期未換發登記證者，得依前項規定換發。

第二〇條 111

本辦法中華民國一百零五年一月一日修正施行前領得專業技術人員登記證者，應依附表二之規定期限檢附申請書及原登記證正本，向中央主管建築機關申請換發其登記證；屆期未辦理者，原登記證失其效力。

第二〇條之一 112

中央主管建築機關得委託相關機構、團體辦理專業廠商登記證、專業技術人員登記證及檢查員證之核發、補發、換發及其他相關業務。

第二一條

專業廠商依本法規定投保意外責任保險之最低保險金額如下：

一　每一個人身體傷亡：新臺幣三百萬元。

二　每一事故身體傷亡：新臺幣三千萬元。

三　每一事故財產損失：新臺幣二百萬元。

四　保險期間總保險金額：新臺幣六千四百萬元。

第二二條

專業廠商維護保養昇降設備臺數在二百臺以下者，至少應聘僱

專業技術人員六人；超過二百臺者，每增加五十臺增加一人，未達五十臺者，亦同。專業廠商應按月製作所屬每位專業技術人員保養維修昇降設備數量統計表，併同第四條之維護保養紀錄表留存，以備當地主管建築機關查考。

第二三條

專業廠商於登記證有效期限五年內，有本法第九十一條之二第二項情形之一者，經當地主管建築機關通知限期改正達三次，當地主管建築機關得報請中央主管建築機關處一年以上三年以下之停止換發登記證處分。

第二四條

專業廠商有下列情形之一者，由當地主管建築機關報請中央主管建築機關廢止其登記證：

一　有本法第九十一條之二第二項情形之一者，經當地主管建築機關通知限期改正，屆期未改正者，並經當地主管建築機關處停止執行職務之處分達三次且受停止執行職務之處分累計滿三年。

二　受停止換發登記證處分累計三次。

第二五條

檢查員於登記證有效期限五年內，有本法第九十一條之二第五項情形之一者，經當地主管建築機關通知限期改正達三次，當地主管建築機關得報請中央主管建築機關處一年以上三年以下之停止換發登記證處分。

第二六條

檢查員有有下列情形之一者，由當地主管建築機關報請中央主管建築機關廢止其檢查員證：

一　有本法第九十一條之二第五項情形之一者，經當地主管建築機關通知限期改正，屆期未改正者，並經當地主管建築機關處停止執行職務之處分達三次且受停止執行職務之處分累計滿三年。

二　受停止換發登記證處分累計三次。

第二七條

專業技術人員於登記證有效期限五年內，有本法第九十一條之二第三項情形之一者，經當地主管建築機關通知限期改正達三次，當地主管建築機關得報請中央主管建築機關處一年以上三年以下之停止換發登記證處分。

第二八條

專業技術人員有下列情形之一者，由當地主管建築機關報請中央主管建築機關廢止其登記證：

一　有本法第九十一條之二第三項情形之一者，經當地主管建築機關通知限期改正，屆期未改正者，並經當地主管建築機關處停止執行職務之處分達三次且受停止執行職務之處分累計滿三年。

二　受停止換發登記證處分累計三次。

第二九條

①專業廠商、專業技術人員或檢查員因可歸責於己之事由，致其專業廠商登記證、專業技術人員登記證或檢查員證經依法廢止或撤銷，於廢止或撤銷未滿三年者，不得重新申請登記或核發。

②前項期限屆滿後，檢查員應重新依第十三條規定申請檢查員證者，並重新取得檢查員訓練結業證書。

第三〇條

檢查機構有本法第九十一條之二第四項情形之一者，經當地主管建築機關通知限期改正，屆期未改正者，並經當地主管建築機關處停止執行職務達三次且受停止執行職務之處分累計滿三年者，由當地主管建築機關報請中央主管建築機關廢止指定。

第三一條

經依前條規定廢止指定，或因可歸責於己之事由致依法撤銷指定，於廢止或撤銷未滿三年者，不得指定爲檢查機構。

第三二條 111

①本辦法自中華民國一百零五年一月一日施行。

②本辦法修正條文自發布日施行。

建築物機械停車設備設置及檢查管理辦法

①民國93年11月9日內政部令訂定發布全文20條；並自發布日施行。
②民國112年12月11日內政部令增訂發布第16-1條條文。

第一條
本辦法依建築法（以下簡稱本法）第七十七條之四第九項規定訂定之。

第二條
本辦法用辭定義如下：
一　建築物機械停車設備（以下簡稱機械停車設備）：指附設於建築物，以機械搬運或停放車輛之停車設備、汽車用昇降機或旋轉臺。
二　管理人：指建築物之所有權人或使用人或經授權管理之人。
三　專業廠商：指領有中央主管建築機關核發登記證，從事機械停車設備安裝或維護保養並具有專業技術人員之廠商。
四　專業技術人員：指領有中央主管建築機關核發登記證，並受聘於專業廠商，擔任機械停車設備安裝或維護保養之人員。
五　檢查機構：指經中央主管建築機關指定，得接受直轄市、縣（市）主管建築機關委託執行機械停車設備安全檢查業務之機構或團體。
六　檢查員：指領有中央主管建築機關核發檢查員證，並受聘於檢查機構從事機械停車設備安全檢查之人員。

第三條
機械停車設備依構造分類如下：
一　垂直循環型。
二　多層循環型。
三　水平循環型。
四　平面往復型。
五　昇降機型。
六　簡易昇降型。
七　多段型。
八　昇降滑動型。

第四條
①機械停車設備安裝完成後，非經竣工檢查合格取得使用許可證，

不得使用。

②前項竣工檢查，直轄市、縣（市）主管建築機關應於核發建築物或雜項工作物使用執照時併同辦理，或委託檢查機構為之。經檢查通過者，由直轄市、縣（市）主管建築機關或其委託之檢查機構核發使用許可證，並註明使用期限為一年。

③使用許可證應妥善張貼於機械停車設備出入口處前上方顯眼處所。

④第一項竣工檢查由檢查機構受理者，其申請檢查之強度計算、組配圖及動力計算等資料，應由具機械或電機技師資格者先行審核後，檢查員再依其審核意見辦理檢查。

第五條

管理人應委請專業廠商負責機械停車設備之維護保養，由專業技術人員依一般維護保養之作業程序，按月實施作成紀錄表一式二份，並應簽章及填註其證照號碼，由管理人及專業廠商各執一份。

第六條

機械停車設備安全檢查每年一次。管理人應於使用期限屆滿三十日內自行或委託維護保養之專業廠商向直轄市、縣（市）主管建築機關或其委託之檢查機構申請安全檢查。

第七條

①機械停車設備之安全檢查，由檢查機構受理者，檢查機構應指派檢查員依第八條規定檢查，並製作安全檢查表。

②第三條第一款及第五款之機械停車設備，除汽車用昇降機及旋轉臺外，由第十三條第一項第一款之檢查員辦理檢查；同條其餘各款機械停車設備及汽車用昇降機、旋轉臺由第十三條第一項各款檢查員辦理檢查。

③機械停車設備檢查通過者，安全檢查表經檢查員簽證後，應於五日內送交檢查機構，由檢查機構核發使用許可證。

④前項檢查結果，檢查機構應按月彙報直轄市、縣（市）主管建築機關備查。

第八條

機械停車設備之安全檢查項目如下：

一　機械停車設備由管理人負責管理。
二　已委請專業廠商負責維護保養。
三　已由專業技術人員從事維護保養。
四　已依第五條之規定實施平時之維護保養並作成紀錄。
五　已製作機械停車設備安全檢查表。
六　機械停車設備運轉正常。

第九條

直轄市、縣（市）主管建築機關就停止使用之機械停車設備，除通知管理人外，並應於機械停車設備上張貼經檢查不合格，應停止使用之標示。

第一〇條

中央主管建築機關得指定符合下列各款條件者為檢查機構：

一　機械停車設備或昇降設備相關協會、機械工程科或電機工程科技師公會等專業性之法人機構或團體。

二　具有專任檢查員十人以上。

三　具有機械停車設備有關之資訊與檔案資料及設備，並能與中央及地方主管建築機關連線者。

四　有獨立設置之檢查辦事處所，並設有檔案室、檢查設備存放室及檢查機構人員辦公作息之空間，面積在一百平方公尺以上者。

五　具有技師資格或五年以上機械停車設備檢查經驗之檢查員擔任檢查業務主管。

第一一條

①中央主管建築機關得委託符合下列各款資格之一之機關（構）、團體或學校辦理專業技術人員或檢查員訓練：

一　全國性之機械工程科、電機工程科等技師公會。

二　全國性相關昇降設備、機械停車設備之協會或團體。

三　從事機械停車設備相關之研究、設計、檢查或教育訓練等工作著有成績之機關（構）、團體或學校。

②前項受委託之訓練機關（構）或團體應具有從事機械停車設備工作五年以上經驗，足堪擔任相關訓練工作之專業技術人員五人以上為其會員或受聘為工作人員。

第一二條

①申請登記為專業廠商者，應檢附申請書及下列證明文件向中央主管建築機關申請核發專業廠商登記證：

一　資本額在新臺幣六百萬元以上。

二　公司或商業登記證明文件。

三　六名以上專業技術人員之登記文件。

四　其他有關文件。

②前項文件有變更者，應向中央主管建築機關辦理變更登記。

第一三條

①具有下列資格之一者，得向中央主管建築機關申請核發檢查員證：

一　領有機械、電機、電子工程技師證書及執業執照者。

二　具有機械停車設備乙級裝修技術士資格且經檢查員訓練達一定時數並測驗合格者。

②前項第二款訓練之課程及時數，由中央主管建築機關另定之，並於訓練合格後發給結業證書。

③本辦法發布施行之日起五年內，具有機械停車設備丙級裝修技術士資格之昇降設備檢查員得充任機械停車設備檢查員併發給臨時檢查員證。但應於期限內依第一項規定取得檢查員證，逾期未取得檢查員證者，不得辦理機械停車設備檢查。

第一四條

①申請核發檢查員證者，應檢附申請書及下列證明文件：

一　機械、電機、電子工程等技師證書及執業執照正本及其影本，或機械停車設備乙級裝修技術士證正本及其影本各一份。
二　檢查員資料卡。
三　檢查員訓練結業證書正本及其影本各一份。
②前項文件有變更者，應向中央主管建築機關辦理變更登記。

第一五條

具有下列資格之一者，得向中央主管建築機關申請核發專業技術人員登記證：
一　領有機械、電機、電子工程等技師證書及執業執照者。
二　領有機械停車設備裝修技術士證明文件者。

第一六條

①申請核發專業技術人員登記證者，應檢附申請書及下列證明文件：
一　機械停車設備裝修技術士證正本及其影本各一份或技師執業執照證書正本及其影本各一份。
二　專業技術人員資料卡。
②前項文件有變更者，應向中央主管建築機關辦理變更登記。

第一六條之一 112

中央主管建築機關得委託相關機構、團體辦理專業廠商登記證、專業技術人員登記證及檢查員證之核發、補發、換發及其他相關業務。

第一七條

①專業廠商依本法規定投保責任保險之最低保險金額如下：
一　每一個人身體傷亡：新臺幣二百萬元。
二　每一事故身體傷亡：新臺幣一千萬元。
三　每一事故財產損失：新臺幣二百萬元。
②保險期間總保險金額最低為新臺幣二千四百萬元。

第一八條

①專業廠商維護保養機械停車設備車位臺數在三千臺以下者，至少應聘僱專業技術人員六人；超過三千臺者，每增加一千臺增加一人，未達一千臺者，亦同。
②專業廠商應按月製作所屬每位專業技術人員保養維修機械停車設備數量統計表，併同第五條之維護保養紀錄表留存，以備直轄市、縣（市）主管建築機關查考。

第一九條

本辦法所定書、表、證格式，由中央主管建築機關定之。

第二〇條

本辦法自發布日施行。

建築物室內裝修管理辦法

①民國85年5月29日內政部令訂定發布全文25條。
②民國88年6月29日內政部令修正發布第10條條文。
③民國89年9月1日內政部令修正發布全文40條；並自發布日起施行。
④民國92年6月24日內政部令修正發布第2、14至16、19、20、24至26、29條條文；刪除第37條條文；並增訂第29-1條條文。
⑤民國99年12月23日內政部令修正發布全文 42 條；並自100年4月1日施行。
⑥民國102年3月1日內政部令修正發布第11、42條條文；並自發布日施行。
⑦民國108年6月17日內政部令修正發布第11、16、17、20、24條條文；並刪除第21條條文。
⑧民國111年6月9日內政部令修正發布第20條條文。
⑨民國112年12月11日內政部令增訂發布第20-1條條文。

第一條
本辦法依建築法（以下簡稱本法）第七十七條之二第四項規定訂定之。

第二條
供公眾使用建築物及經內政部認定有必要之非供公眾使用建築物，其室內裝修應依本辦法之規定辦理。

第三條
本辦法所稱室內裝修，指除壁紙、壁布、窗簾、家具、活動隔屏、地氈等之黏貼及擺設外之下列行為：
一　固著於建築物構造體之天花板裝修。
二　內部牆面裝修。
三　高度超過地板面以上一點二公尺固定之隔屏或兼作櫥櫃使用之隔屏裝修。
四　分間牆變更。

第四條
本辦法所稱室內裝修從業者，指開業建築師、營造業及室內裝修業。

第五條
室內裝修從業者業務範圍如下：
一　依法登記開業之建築師得從事室內裝修設計業務。
二　依法登記開業之營造業得從事室內裝修施工業務。
三　室內裝修業得從事室內裝修設計或施工之業務。

第六條
本辦法所稱之審查機構，指經內政部指定置有審查人員執行室

內裝修審核及查驗業務之直轄市建築師公會、縣（市）建築師公會辦事處或專業技術團體。

第七條

①審查機構執行室內裝修審核及查驗業務，應擬訂作業事項並載明工作內容、收費基準與應負之責任及義務，報請直轄市、縣（市）主管建築機關核備。

②前項作業事項由直轄市、縣（市）主管建築機關訂定規範。

第八條

①本辦法所稱審查人員，指下列辦理審核圖說及竣工查驗之人員：

一　經內政部指定之專業工業技師。

二　直轄市、縣（市）主管建築機關指派之人員。

三　審查機構指派所屬具建築師、專業技術人員資格之人員。

②前項人員應先參加內政部主辦之審查人員講習合格，並領有結業證書者，始得擔任。但於主管建築機關從事建築管理工作二年以上並領有建築師證書者，得免參加講習。

第九條

①室內裝修業應依下列規定置專任專業技術人員：

一　從事室內裝修設計業務者：專業設計技術人員一人以上。

二　從事室內裝修施工業務者：專業施工技術人員一人以上。

三　從事室內裝修設計及施工業務者：專業設計及專業施工技術人員各一人以上，或兼具專業設計及專業施工技術人員身分一人以上。

②室內裝修業申請公司或商業登記時，其名稱應標示室內裝修字樣。

第一〇條

①室內裝修業應於辦理公司或商業登記後，檢附下列文件，向內政部申請室內裝修業登記許可並領得登記證，未領得登記證者，不得執行室內裝修業務：

一　申請書。

二　公司或商業登記證明文件。

三　專業技術人員登記證。

②室內裝修業變更登記事項時，應申請換發登記證。

第一一條 108

①室內裝修業登記證有效期限爲五年，逾期未換發登記證者，不得執行室內裝修業務。但本辦法中華民國一百零八年六月十七日修正施行前已核發之登記證，其有效期限適用修正前之規定。

②室內裝修業申請換發登記證，應檢附下列文件：

一　申請書。

二　原登記證正本。

三　公司或商業登記證明文件。

四　專業技術人員登記證。

③室內裝修業逾期未換發登記證者，得依前項規定申請換發。

④已領得室內裝修業登記證且未於公司或商業登記名稱標示室內

裝修字樣者，應於換證前完成辦理變更公司或商業登記名稱，於其名稱標示室內裝修字樣。但其公司或商業登記於中華民國八十九年九月二日前完成者，換證時得免於其名稱標示室內裝修字樣。

第一二條

①專業技術人員離職或死亡時，室內裝修業應於一個月內報請內政部備查。

②前項人員因離職或死亡致不足第九條規定人數時，室內裝修業應於二個月內依規定補足之。

第一三條

①室內裝修業停業時，應將其登記證送繳內政部存查，於申請復業核准後發還之。

②室內裝修業歇業時，應將其登記證送繳內政部並辦理註銷登記；其未送繳者，由內政部逕爲廢止登記許可並註銷登記證。

第一四條

直轄市、縣（市）主管建築機關得隨時派員查核所轄區域內室內裝修業之業務，必要時並得命其提出與業務有關文件及說明。

第一五條

本辦法所稱專業技術人員，指向內政部辦理登記，從事室內裝修設計或施工之人員；依其執業範圍可分爲專業設計技術人員及專業施工技術人員。

第一六條 108

專業設計技術人員，應具下列資格之一：

一　領有建築師證書者。

二　領有建築物室內設計乙級以上技術士證，並於申請日前五年內參加內政部主辦或委託專業機構、團體辦理之建築物室內設計訓練達二十一小時以上領有講習結業證書者。

第一七條 108

專業施工技術人員，應具下列資格之一：

一　領有建築師、土木、結構工程技師證書者。

二　領有建築物室內裝修工程管理、建築工程管理、裝潢木工或家具木工乙級以上技術士證，並於申請日前五年內參加內政部主辦或委託專業機構、團體辦理之建築物室內裝修工程管理訓練達二十一小時以上領有講習結業證書者。其爲領得裝潢木工或家具木工技術士證者，應分別增加四十小時及六十小時以上，有關混凝土、金屬工程、疊砌、粉刷、防水隔熱、面材舖貼、玻璃與壓克力按裝、油漆塗裝、水電工程及工程管理等訓練課程。

第一八條

①專業技術人員向內政部申領登記證時，應檢附下列文件：

一　申請書。

二　建築師、土木、結構工程技師證書；或前二條規定之技術士證及講習結業證書。

②本辦法中華民國九十二年六月二十四日修正施行前，曾參加由內政部舉辦之建築物室內裝修設計或施工講習，並測驗合格經檢附講習結業證書者，得免檢附前項第二款規定之技術士證及講習結業證書。

第一九條

專業技術人員登記證不得供他人使用。

第二〇條 111

①專業技術人員登記證有效期限為五年，逾期未換發登記證者，不得從事室內裝修設計或施工業務。但本辦法中華民國一百零八年六月十七日修正施行前已核發之登記證，其有效期限適用修正前之規定。

②專業技術人員於換發登記證前五年內參加內政部主辦或委託專業機構、團體辦理之回訓訓練達十六小時以上並取得證明文件者，由內政部換發登記證。但符合第十六條第一款或第十七條第一款資格者，免回訓訓練。

③專業技術人員逾期未換發登記證者，得依前項規定換發。

第二〇條之一 112

內政部得委託相關機構、團體辦理室內裝修業登記證及專業技術人員登記證之核發、補發、換發及其他相關業務。

第二一條 （刪除）108

第二二條

①供公衆使用建築物或經內政部認定之非供公衆使用建築物之室內裝修，建築物起造人、所有權人或使用人應向直轄市、縣（市）主管建築機關或審查機構申請審核圖說，審核合格並領得直轄市、縣（市）主管建築機關發給之許可文件後，始得施工。

②非供公衆使用建築物變更為供公衆使用或原供公衆使用建築物變更為他種供公衆使用，應辦理變更使用執照涉室內裝修者，室內裝修部分應併同變更使用執照辦理。

第二三條

①申請室內裝修審核時，應檢附下列圖說文件：

一　申請書。

二　建築物權利證明文件。

三　前次核准使用執照平面圖、室內裝修平面圖或申請建築執照之平面圖。但經直轄市、縣（市）主管建築機關查明檔案資料確無前次核准使用執照平面圖或室內裝修平面圖屬實者，得以經開業建築師簽證符合規定之現況圖替代之。

四　室內裝修圖說。

②前項第三款所稱現況圖為載明裝修樓層現況之防火避難設施、消防安全設備、防火區劃、主要構造位置之圖說，其比例尺不得小於二百分之一。

第二四條 108

室內裝修圖說包括下列各款：

一　位置圖：註明裝修地址、樓層及所在位置。
二　裝修平面圖：註明各部分之用途、尺寸及材料使用，其比例尺不得小於一百分之一。但經直轄市、（縣）市主管建築機關同意者，比例尺得放寬至二百分之一。
三　裝修立面圖：比例尺不得小於一百分之一。
四　裝修剖面圖：註明裝修各部分高度、內部設施及各部分之材料，其比例尺不得小於一百分之一。
五　裝修詳細圖：各部分之尺寸構造及材料，其比例尺不得小於三十分之一。

第二五條

室內裝修圖說應由開業建築師或專業設計技術人員署名負責。但建築物之分間牆位置變更、增加或減少經審查機構認定涉及公共安全時，應經開業建築師簽證負責。

第二六條

直轄市、縣（市）主管建築機關或審查機構應就下列項目加以審核：
一　申請圖說文件應齊全。
二　裝修材料及分間牆構造應符合建築技術規則之規定。
三　不得妨害或破壞防火避難設施、防火區劃及主要構造。

第二七條

直轄市、縣（市）主管建築機關或審查機構受理室內裝修圖說文件之審核，應於收件之日起七日內指派審查人員審核完畢。審核合格者於申請圖說簽章；不合格者，應將不合規定之處詳爲列舉，一次通知建築物起造人、所有權人或使用人限期改正，逾期未改正或復審仍不合規定者，得將申請案件予以駁回。

第二八條

室內裝修不得妨害或破壞消防安全設備，其申請審核之圖說涉及消防安全設備變更者，應依消防法規規定辦理，並應於施工前取得當地消防主管機關審核合格之文件。

第二九條

①室內裝修圖說經審核合格，領得許可文件後，建築物起造人、所有權人或使用人應將許可文件張貼於施工地點明顯處，並於規定期限內施工完竣後申請竣工查驗；因故未能於規定期限內完工時，得申請展期，未依規定申請展期，或已逾展期期限仍未完工者，其許可文件自規定得展期之期限屆滿之日起，失其效力。
②前項之施工及展期期限，由直轄市、縣（市）主管建築機關定之。

第三〇條

室內裝修施工從業者應依照核定之室內裝修圖說施工；如於施工前或施工中變更設計時，仍應依本辦法申請辦理審核。但不變更防火避難設施、防火區劃，不降低原使用裝修材料耐燃等級或分間牆構造之防火時效者，得於竣工後，備具第三十四條

規定圖說，一次報驗。

第三一條

①室內裝修施工中，直轄市、縣（市）主管建築機關認有必要時，得隨時派員查驗，發現與核定裝修圖說不符者，應以書面通知起造人、所有權人、使用人或室內裝修從業者停工或修改；必要時依建築法有關規定處理。

②直轄市、縣（市）主管建築機關派員查驗時，所派人員應出示其身分證明文件；其未出示身分證明文件者，起造人、所有權人、使用人及室內裝修從業者得拒絕查驗。

第三二條

①室內裝修工程完竣後，應由建築物起造人、所有權人或使用人會同室內裝修從業者向原申請審查機關或機構申請竣工查驗合格後，向直轄市、縣（市）主管建築機關申請核發室內裝修合格證明。

②新建建築物於領得使用執照前申請室內裝修許可者，應於領得使用執照及室內裝修合格證明後，始得使用；其室內裝修涉及原建造執照核定圖樣及說明書之變更者，並應依本法第四十一條規定辦理。

③直轄市、縣（市）主管建築機關或審查機構受理室內裝修竣工查驗之申請，應於七日內指派查驗人員至現場檢查。經查核與驗章圖說相符者，檢查表經查驗人員簽證後，應於五日內核發合格證明，對於不合格者，應通知建築物起造人、所有權人或使用人限期修改，逾期未修改者，審查機構應報請當地主管建築機關查明處理。

④室內裝修涉及消防安全設備者，應由消防主管機關於核發室內裝修合格證明前完成消防安全設備竣工查驗。

第三三條

①申請室內裝修之建築物，其申請範圍用途爲住宅或申請樓層之樓地板面積符合下列規定之一，且在裝修範圍內以一小時以上防火時效之防火牆、防火門窗區劃分隔，其未變更防火避難設施、消防安全設備、防火區劃及主要構造者，得檢附經依法登記開業之建築師或室內裝修業專業設計技術人員簽章負責之室內裝修圖說向當地主管建築機關或審查機構申報施工，經主管建築機關核給期限後，准予進行施工。工程完竣後，檢附申請書、建築物權利證明文件及經營造業專任工程人員或室內裝修業專業施工技術人員竣工查驗合格簽章負責之檢查表，向當地主管建築機關或審查機構申請審查許可，經審核其申請文件齊全後，發給室內裝修合格證明：

一　十層以下樓層及地下室各層，室內裝修之樓地板面積在三百平方公尺以下者。

二　十一層以上樓層，室內裝修之樓地板面積在一百平方公尺以下者。

②前項裝修範圍貫通二層以上者，應累加合計，且合計值不得超

過任一樓層之最小允許值。

③當地主管建築機關對於第一項之簽章負責項目得視實際需要抽查之。

第三四條

申請竣工查驗時，應檢附下列圖說文件：

一　申請書。
二　原領室內裝修審核合格文件。
三　室內裝修竣工圖說。
四　其他經內政部指定之文件。

第三五條

室內裝修從業者有下列情事之一者，當地主管建築機關應查明屬實後，報請內政部視其情節輕重，予以警告、六個月以上一年以下停止室內裝修業務處分或一年以上三年以下停止換發登記證處分：

一　變更登記事項時，未依規定申請換發登記證。
二　施工材料與規定不符或未依圖說施工，經當地主管建築機關通知限期修改逾期未修改。
三　規避、妨礙或拒絕主管機關業務督導。
四　受委託設計之圖樣、說明書、竣工查驗合格簽章之檢查表或其他書件經抽查結果與相關法令規定不符。
五　由非專業技術人員從事室內裝修設計或施工業務。
六　僱用專業技術人員人數不足，未依規定補足。

第三六條

室內裝修業有下列情事之一者，經當地主管建築機關查明屬實後，報請內政部廢止室內裝修業登記許可並註銷登記證：

一　登記證供他人從事室內裝修業務。
二　受停業處分累計滿三年。
三　受停止換發登記證處分累計三次。

第三七條

室內裝修業申請登記證所檢附之文件不實者，當地主管建築機關應查明屬實後，報請內政部撤銷室內裝修業登記證。

第三八條

專業技術人員有下列情事之一者，當地主管建築機關應查明屬實後，報請內政部視其情節輕重，予以警告、六個月以上一年以下停止執行職務處分或一年以上三年以下停止換發登記證處分：

一　受委託設計之圖樣、說明書、竣工查驗合格簽章之檢查表或其他書件經抽查結果與相關法令規定不符。
二　未依審核合格圖說施工。

第三九條

專業技術人員有下列情事之一者，當地主管建築機關應查明屬實後，報請內政部廢止登記許可並註銷登記證：

一　專業技術人員登記證供所受聘室內裝修業以外使用。

二　十年內受停止執行職務處分累計滿二年。

三　受停止換發登記證處分累計三次。

第四〇條

①經依第三十六條、第三十七條或前條規定廢止或撤銷登記證未滿三年者，不得重新申請登記。

②前項期限屆滿後，重新依第十八條第一項規定申請登記證者，應重新取得講習結業證書。

第四一條

本辦法所需書表格式，除第三十三條所需書表格式由當地主管建築機關定之外，由內政部定之。

第四二條　102

①本辦法自中華民國一百年四月一日施行。

②本辦法修正條文自發布日施行。

建築物公共安全檢查簽證及申報辦法

①民國85年9月25日內政部令訂定發布全文10條。
②民國99年5月24日內政部令修正發布全文10條；並自99年7月1日施行。
③民國107年2月21日內政部令修正發布全文16條；並自發布日施行。
④民國111年12月28日內政部令修正發布第7至9條條文。

第一條

本辦法依建築法（以下簡稱本法）第七十七條第五項規定訂定之。

第二條

本辦法用詞，定義如下：

一　專業機構：指依本法第七十七條第三項規定由中央主管建築機關認可，得受託辦理建築物公共安全檢查業務之技術團體。

二　專業人員：指依本法第七十七條第三項規定由中央主管建築機關認可，得受託辦理建築物公共安全檢查業務，並依法登記開業之建築師或執業技師。

三　檢查員：指由專業機構指派其所屬辦理建築物公共安全檢查業務之人員。

四　標準檢查：指就建築物之現況檢查是否符合其建造、變更使用、室內裝修時之建築相關法令規定。

五　評估檢查：指就建築物之現況是否損壞予以檢查，並就損壞現象予以調查、記錄，並評估其損壞程度及判定其改善方式。

第三條

建築物公共安全檢查申報範圍如下：

一　防火避難設施及設備安全標準檢查。

二　耐震能力評估檢查。

第四條

①建築物公共安全檢查申報人（以下簡稱申報人）規定如下：

一　防火避難設施及設備安全標準檢查，為建築物所有權人或使用人。

二　耐震能力評估，為建築物所有權人。

②前項建築物為公寓大廈者，得由其管理委員會主任委員或管理負責人代為申報。建築物同屬一使用人使用者，該使用人得代為申報耐震能力評估檢查。

第五條

防火避難設施及設備安全標準檢查申報期間及施行日期，如附表一。

第六條

①標準檢查專業機構或專業人員應依防火避難設施及設備安全標準檢查簽證項目表（如附表二）辦理檢查，並將標準檢查簽證結果製成標準檢查報告書。

②前項標準檢查簽證結果為提具改善計畫書者，應檢附改善計畫書。

第七條 111

①下列建築物應辦理耐震能力評估檢查：

一　中華民國八十八年十二月三十一日以前領得建造執照，供建築物使用類組A-1、A-2、B-2、B-4、D-1、D-3、D-4、F-1、F-2、F-3、F-4、H-1組使用之樓地板面積累計達一千平方公尺以上之建築物，且該建築物同屬一所有權人或使用人。

二　經當地主管建築機關認定符合中央主管建築機關公告應辦理耐震能力評估檢查要件之建築物。

三　其他經當地主管建築機關依法認定耐震能力具潛在危險疑慮之建築物。

②前項第二款及第三款應辦理耐震能力評估檢查之建築物，得由當地主管建築機關依轄區實際需求訂定分類、分期、分區執行計畫及期限，並公告之。

第八條 111

①依前條規定應辦理耐震能力評估檢查之建築物，申報人應依建築物耐震能力評估檢查申報期間及施行日期（如附表三），每二年辦理一次耐震能力評估檢查申報。

②前項申報期間，申報人得檢具下列文件之一，向當地主管建築機關申請展期：

一　委託依法登記開業建築師、執業土木工程技師、結構工程技師辦理整體結構補強設計之證明文件，及其簽證之補強設計圖。

二　委託依法登記開業建築師、執業土木工程技師、結構工程技師辦理排除弱層破壞補強設計之證明文件，及其簽證之補強設計圖。

三　依耐震能力評估檢查結果擬訂或變更都市更新事業計畫或危險及老舊建築物重建計畫報核之證明文件。

③前項展期次數，除當地主管建築機關認定有實際需要者外，以一次為限；展期期間依下列規定辦理：

一　檢具前項第一款或第三款規定文件向當地主管建築機關申請展期者，得展期二年。

二　檢具前項第二款規定文件向當地主管建築機關申請展期者，得展期一年。

第九條 111

①依第七條規定應辦理耐震能力評估檢查之建築物，申報人檢具下列文件之一，送當地主管建築機關備查者，得免辦理前條耐震能力評估檢查申報：

一　本辦法中華民國一百零七年二月二十一日修正施行前，已依建築物實施耐震能力評估及補強方案完成耐震能力評估及補強程序之相關證明文件。

二　依法登記開業建築師、執業土木工程技師、結構工程技師出具之整體結構補強成果報告書。

三　已拆除建築物之證明文件。

②原有合法建築物公共安全改善辦法第二十五條之一第二項第一款之建築物，申報人檢具依法登記開業建築師、執業土木工程技師、結構工程技師出具之排除弱層破壞補強成果報告書，送當地主管建築機關備查者，得免辦理前條耐震能力評估檢查申報。但當地主管建築機關認有必要時，應再依第七條第一項第三款規定將該建築物列入應辦理耐震能力評估檢查之對象。

第一〇條

①辦理耐震能力評估檢查之專業機構應指派其所屬檢查員辦理評估檢查。

②前項評估檢查應依下列各款之一辦理，並將評估檢查簽證結果製成評估檢查報告書：

一　經初步評估判定結果爲尚無疑慮者，得免進行詳細評估。

二　經初步評估判定結果爲有疑慮者，應辦理詳細評估。

三　經初步評估判定結果爲確有疑慮，且未逕行辦理補強或拆除者，應辦理詳細評估。

第一一條

中報人應備具申報書及標準檢查報告書或評估檢查報告書，以二維條碼或網路傳輸方式向當地主管建築機關申報。

第一二條

①當地主管建築機關查核建築物公共安全檢查申報文件，應就下列規定項目爲之：

一　申報書。

二　標準檢查報告書或評估檢查報告書。

三　標準檢查改善計畫書。

四　專業機構或專業人員認可證影本。

五　其他經中央主管建築機關指定文件。

②前項標準檢查報告書或評估檢查報告書，由下列專業機構或專業人員依本法第七十七條第三項規定簽證負責：

一　標準檢查：標準檢查專業機構或專業人員。

二　評估檢查：評估檢查專業機構。

第一三條

①當地主管建築機關收到申報人依第十一條規定檢附申報書件之日起，應於十五日內查核完竣，並依下列查核結果通知申報人：

一　經查核合格者，予以備查。

二　標準檢查項目之檢查結果爲提具改善計畫書者，應限期改正完竣並再行申報。
三　經查核不合格者，應詳列改正事項，通知申報人，令其於送達之日起三十日內改正完竣，並送請復核。但經當地主管建築機關認有需要者，得予以延長，最長以九十日爲限。

②未依前項第二款規定改善申報，或第三款規定送請復核或復核仍不合規定者，當地主管建築機關應依本法第九十一條規定處理。

第一四條

當地主管建築機關對於本法第七十七條規定之查核及複查事項，得委託相關機關、專業機構或團體辦理。

第一五條

建築物公共安全檢查申報相關書表格式，由中央主管機關定之。

第一六條

本辦法自發布日施行。

加強建築物公共安全檢查及取締執行要點

①民國88年6月29日內政部函修正發布第10點；並自88年7月1日施行。
②民國91年6月14日內政部令修正發布第4、6點。
③民國100年10月7日內政部令修正發布全文11點；並自100年10月1日生效。

一　為加強建築物公共安全檢查、通報及取締，特訂定本要點。

二　直轄市、縣（市）主管建築機關應集中人力，優先執行建築物公共安全檢查簽證及申報業務，各目的事業主管機關應配合提供應檢查申報營業場所資料，全面清查未申報營業場所並依建築法（以下簡稱本法）第七十七條第二項規定實施檢查。

應檢查、申報營業場所有下列情形之一者，應於入口明顯處張貼不合格告示供民眾識別，並將該營業場所名稱及地點刊登於新聞媒體、直轄市及縣（市）政府網站、內政部營建署網站或公告周知：

(一)依本法第七十七條第二項規定檢查不合格。
(二)未依本法第七十七條第三項規定辦理建築物公共安全檢查簽證及申報。
(三)檢查簽證合格項目，依本法第七十七條第四項規定複查不合格。
(四)提具改善計畫之檢查簽證項目，未依規定期限改善並完成申報手續。
(五)檢查簽證結果為不合格，未依規定期限完成申報手續。

前項營業場所不合格告示之格式及內容如附圖，如違反消防安全規定者，其格式及內容亦同。

三　直轄市、縣（市）主管建築機關應將執行成果按時提報直轄市、縣（市）公共安全會報或治安會報，對違法（規）使用場所造冊追蹤列管，定期複查，其提案及決議執行情形，由上級機關據以督考。

四　直轄市、縣（市）主管建築機關接獲違法（規）營業場所通報後，應立即通知該建築物所有權人、使用人限期辦理建築物公共安全檢查簽證及申報，逾期未申報或檢查申報不合格者，依本法第九十一條規定處理。各級目的事業主管機關並應就負責稽查取締項目，依照各該主管法規處理，其權責分工、處理流程及處罰依據如附表一。

㈠未經登記即行開業者，依公司法、商業登記法及各目的事業主管機關法規處理。

㈡違反土地使用分區管制者，依區域計畫法、都市計畫法及其施行細則等有關規定辦理。

㈢未經許可擅自修建、改建或裝修者，依建築法有關規定處理。

中央各目的事業主管機關如尚未訂定違法（規）行爲認定及配合措施者，先依建築物使用類組及變更使用辦法規定之建築物使用強度及危險指標分類（如附表二），由各級地方主管建築機關據以執行檢查，如有新增業別依該原則會同各目的事業主管機關認定之。

五　建築物有下列情形之一者，應依相關規定從嚴處理：

㈠建築物構造與設備安全檢查合格，而有擅自變更使用類組及用途者，應依下列規定辦理：

1. 擅自變更使用用途符合土地使用管制之容許使用項目，依本法第九十一條第一項第一款規定，處建築物所有權人或使用人新臺幣六萬元以上三十萬元以下罰鍰，並限期補辦手續，屆期未補辦手續而繼續使用，得連續處罰。必要時，停止其供水供電。
2. 擅自變更使用用途不符土地使用管制之容許使用項目，依區域計畫法第二十一條、都市計畫法第七十九條規定，處建築物所有權人、使用人或管理人新臺幣六萬元以上三十萬元以下罰鍰，並勒令拆除、改建、停止使用或恢復原狀。不拆除、改建、停止使用或恢復原狀，得按次處罰，並停止其供水、供電、封閉、強制拆除或採取其他恢復原狀之措施。

㈡違反本法第七十七條第一項規定，建築物構造與設備安全不合規定者，依同法第九十一條規定，處建築物所有權人、使用人新臺幣六萬元以上三十萬元以下罰鍰，並限期改善或補辦手續，逾期仍未改善或補辦手續者得連續處罰，並停止其使用。不停止使用，有下列情形之一者，必要時並強制拆除或停止供水、供電：

1. 緊急進口封閉或阻塞。
2. 避難層出入口及避難層以外樓層出入口封閉或阻塞。
3. 直通樓梯、安全梯（門）或特別安全梯（門）、室內走廊封閉或擅自改造。
4. 屋頂避難平臺封閉或阻塞。
5. 隔間牆面及天花板裝修材料不符規定。

㈢經停止供水、供電建築物，未經許可擅自接水接電或使用者，依本法第九十四條之一規定辦理。

㈣經停止供電而以自備發電機或私接他戶電源繼續營業者，除移送法辦外，應將轉供電源者一併停止供電，自備之發電機於移送書中應請檢察官依刑事訴訟法第一百三十三條

規定一併扣押。

㈤依建築物公共安全檢查簽證及申報辦法，自行申報並提改善計畫經核准者，其自行改善期間得免連續處罰。

㈥依第二點張貼之不合格告示，有擅自毀損或遮蔽者，依刑法第一百三十八條規定辦理。

六　消防單位執行消防檢查時，發現建築物防火避難設施等有不符規定之公共安全事項，應即時通報各目的事業主管機關及建築主管機關處理，通報內容包括逃生通道、安全梯、防火門是否堵塞及防火區劃是否破壞。

七　營業稅主管稽徵機關查獲營業人之營業場所有擴大使用不同樓層及門號，且與營業稅籍登記不符者，應配合協助通報工商登記、建管、消防單位，各依其權責辦理。

八　營業場所應於明顯處張掛（貼）營業範圍標識圖與緊急逃生路線圖，除長度及寬度規格應各在六十公分以上外，其內容應包括下列事項：

㈠合法申請營業範圍。

㈡營業場所名稱。

㈢營業場所建築物所有權人、使用人（負責人）姓名。

㈣供A-1、B、D-1、D-5、F-1、F-2、F-3、H-1等類組別使用之營業場所應同時於營業場所明顯處張掛（貼）建築物防火避難設施及設備安全檢查申報結果通知書，並備妥檢查報告書供主管建築機關檢查時核對。

九　爲供民衆共同加入維護公共安全工作，直轄市、縣（市）主管機關應設置檢舉專線及信箱，確實配合受理，並應設專卷列案管制。

一〇　直轄市、縣（市）主管建築機關應於每年度三月、六月、九月、十二月底前，將前一季執行成果透過網路傳輸方式，傳送至內政部營建署全國建築管理資訊系統彙整，作爲內政部辦理年度督導計畫之評核依據。

一一　依建築物公共安全檢查簽證及申報辦法規定定期申報之營業場所，直轄市、縣（市）主管建築機關應將其申報結果按合格、不合格、提具改善計畫等情形製作統計分析表，併入前點執行成果彙報。至未按時申報者，應予重點按月列管清查及檢查並依本法第九十一條規定處罰。

建築物使用類組及變更使用辦法

①民國93年9月14日內政部令訂定發布全文12條；並自發布日施行。
②民國100年9月1日內政部令修正發布全文11條；並自100年10月1日施行。
③民國102年6月27日內政部令修正發布第11條條文及第2條附表二、第3條附表三、第4條附表四；並自發布日施行。
④民國111年3月2日內政部令修正發布第9條條文及第2條附表二、第3條附表三、第4條附表四。

第一條

本辦法依建築法（以下簡稱本法）第七十三條第四項規定訂定之。

第二條

①建築物之使用類別、組別及其定義，如附表一。
②前項建築物之使用項目舉例如附表二。
③原核發之使用執照未登載使用類組者，該管主管建築機關應於建築物申請變更使用執照時，依前二項規定確認其類別、組別，加註於使用執照或核發確認使用類組之文件。建築物所有權人申請加註者，亦同。

第三條

建築物變更使用類組時，除應符合都市計畫土地使用分區管制或非都市土地使用管制之容許使用項目規定外，並應依建築物變更使用原則表如附表三辦理。

第四條

建築物變更使用類組規定檢討項目之各類組檢討標準如附表四。

第五條

建築物變更使用類組，應以整層爲之。但不妨害或破壞其他未變更使用部分之防火避難設施且符合下列情形之一者，得以該樓層局部範圍變更使用：

一　變更範圍直接連接直通樓梯、梯廳或屋外，且以具有一小時以上防火時效之牆壁、樓板、防火門窗等防火構造及設備區劃分隔，其防火設備並應具有一小時以上之阻熱性。
二　變更範圍以符合建築技術規則建築設計施工編第九十二條規定之走廊連接直通樓梯或屋外，且開向走廊之開口以具有一小時以上防火時效之防火門窗等防火設備區劃分隔，其防火設備並應具有一小時以上之阻熱性。

第六條

①建築物於同一使用單元內，申請變更為多種使用類組者，應同時符合各使用類組依附表三規定之檢討項目及附表四規定之檢討標準。但符合下列各款規定者，得以主用途之使用類組檢討：
一　具主從用途關係如附表五。
二　從屬用途範圍之所有權應與主用途相同。
三　從屬用途樓地板面積不得超過該使用單元樓地板面積之五分之二。
四　同一使用單元內主從空間應相互連通。
②建築物有連跨複數樓層，無法逐層區劃分隔之垂直空間，且未以具有一小時以上之牆壁、樓板及防火門窗等防火構造及設備區劃分隔者，應視為同一使用單元檢討。
③同一使用單元內之各種使用類組應以該使用單元之全部樓地板面積為檢討範圍。

第七條

建築物申請變更為 A、B、C類別及 D1 組別之使用單元，其與同樓層、直上樓層及直下樓層相鄰之其他使用單元，應依第五條規定區劃分隔及符合下列各款規定：
一　建築物之主要構造應為防火構造。
二　坐落於非商業區之建築物申請變更之使用單元與H類別及F1、F2、F3 組別等使用單元之間，應以具有一小時以上防火時效之無開口牆壁及防火構造之樓地板區劃分隔。

第八條

本法第七十三條第二項所定有本法第九條建造行為以外主要構造、防火區劃、防火避難設施、消防設備、停車空間及其他與原核定使用不合之變更者，應申請變更使用執照之規定如下：
一　建築物之基礎、樑柱、承重牆壁、樓地板等之變更。
二　防火區劃範圍、構造或設備之調整或變更。
三　防火避難設施：
㈠直通樓梯、安全梯或特別安全梯之構造、數量、步行距離、總寬度、避難層出入口數量、寬度及高度、避難層以外樓層出入口之寬度、樓梯及平臺淨寬等之變更。
㈡走廊構造及寬度之變更。
㈢緊急進口構造、排煙設備、緊急照明設備、緊急用昇降機、屋頂避難平臺、防火間隔之變更。
四　供公眾使用建築物或經中央主管建築機關認有必要之非供公眾使用建築物之消防設備之變更。
五　建築物或法定空地停車空間之汽車或機車車位之變更。
六　建築物獎勵增設營業使用停車空間之變更。
七　建築物於原核定建築面積及各層樓地板範圍內設置或變更之昇降設備。
八　建築物之共同壁、分戶牆、外牆、防空避難設備、機械停車設備、中央系統空氣調節設備及開放空間，或其他經中央主管建築機關認定項目之變更。

第九條 111

①建築物申請變更使用無須施工者，經直轄市、縣（市）主管建築機關審查合格後，發給變更使用執照或核准變更使用文件；其須施工者，發給同意變更文件，並核定施工期限，最長不得超過二年。申請人因故未能於施工期限內施工完竣時，得於期限屆滿前申請展期六個月，並以一次爲限。未依規定申請展期或已逾展期期限仍未完工者，其同意變更文件自規定得展期之期限屆滿之日起，失其效力。

②領有同意變更文件者，依前項核定期限內施工完竣後，應申請竣工查驗，經直轄市、縣（市）主管建築機關查驗與核准設計圖樣相符者，發給變更使用執照或核准變更使用文件。不符合者，一次通知申請人改正，申請人應於接獲通知之日起三個月內，再報請查驗；屆期未申請查驗或改正仍不合規定者，駁回該申請案。

③建築物申請變更使用須增設停車空間於鄰地空地時，其鄰地所有權人得出具附有期限之土地使用權同意書，直轄市、縣（市）主管建築機關應發給附有相應期限之變更使用執照或核准變更使用文件。

第一〇條

建築物申請變更使用時，其違建部分依違章建築處理相關規定，得另行處理。

第一一條 102

①本辦法自中華民國一百年十月一日施行。

②本辦法修正條文自發布日施行。

附表一

類別		類別定義	組別	組別定義
A類	公共集會類	供集會、觀賞、社交、等候運輸工具，且無法防火區劃之場所。	A-1	供集會、表演、社交，且具觀眾席之場所。
			A-2	供旅客等候運輸工具之場所。
B類	商業類	供商業交易、陳列展售、娛樂、餐飲、消費之場所。	B-1	供娛樂消費，且處封閉或半封閉之場所。
			B-2	供商品批發、展售或商業交易，且使用人替換頻率高之場所。
			B-3	供不特定人餐飲，且直接使用燃具之場所。
			B-4	供不特定人士休息住宿之場所。
C類	工業、倉儲類	供儲存、包裝、製造、檢驗、研發、組裝及修理物品之場所。	C-1	供儲存、包裝、製造、檢驗、研發、組裝及修理工業物品，且具公害之場所。
			C-2	供儲存、包裝、製造、檢驗、研發、組裝及修理一般物品之場所。
D類	休閒、文教類	供運動、休閒、參觀、閱覽、教學之場所。	D-1	供低密度使用人口運動休閒之場所。
			D-2	供參觀、閱覽、會議之場所。
			D-3	供國小學童教學使用之相關場所。（宿舍除外）
			D-4	供國中以上各級學校教學使用之相關場所。（宿舍除外）
			D-5	供短期職業訓練、各類補習教育及課後輔導之場所。
E類	宗教、殯葬類	供宗教信徒聚會、殯葬之場所。	E	供宗教信徒聚會、殯葬之場所。
F類	衛生、福利、更生類	供身體行動能力受到健康、年紀或其他因素影響，需特別照顧之使用場所。	F-1	供醫療照護之場所。
			F-2	供身心障礙者教養、醫療、復健、重健、訓練、輔導、服務之場所。
			F-3	供兒童及少年照護之場所。
			F-4	供限制個人活動之戒護場所。
G類	辦公、服務類	供商談、接洽、處理一般事務或一般門診、零售、日常服務之場所。	G-1	供商談、接洽、處理一般事務，且使用人替換頻率高之場所。
			G-2	供商談、接洽、處理一般事務之場所。
			G-3	供一般門診、零售、日常服務之場所。
H類	住宿類	供特定人住宿之場所。	H-1	供特定人短期住宿之場所。
			H-2	供特定人長期住宿之場所。
I類	危險物品類	供製造、分裝、販賣、儲存公共危險物品及可燃性高壓氣體之場所。	I	供製造、分裝、販賣、儲存公共危險物品及可燃性高壓氣體之場所。

附表二　三

類組	使用項目舉例
A-1	1. 戲（劇）院、電影院、演藝場、歌廳、觀覽場等類似場所。 2. 觀眾席面積在二百平方公尺以上之下列場所：體育館（場）及設施、音樂廳、文康中心、社教館、集會堂（場）、社區（村里）活動中心等類似場所。
A-2	1. 車站（公路、鐵路、大眾捷運）。 2. 候船室、水運客站。 3. 航空站、飛機場大廈。
B-1	1. 視聽歌唱場所（提供伴唱視聽設備，供人唱歌場所）、理髮（理容）場所（將場所加以區隔或包廂式為人理髮理容之場所）、按摩場所（將場所加以區隔或包廂式為人按摩之場所）、三溫暖場所（提供冷、熱水池、蒸烤設備，供人沐浴之場所）、舞廳（備有舞伴，供不特定人跳舞之場所）、舞場（不備舞伴，供不特定人跳舞之場所）、酒家（備有陪侍，供應酒、菜或其他飲食物之場所）、酒吧（備有陪侍，供應酒類或其他飲料之場所）、特種咖啡茶室（備有陪侍，供應飲料之場所）、夜店業、夜總會、遊藝場、俱樂部等類似場所。 2. 電子遊戲場（依電子遊戲場業管理條例定義）。 3. 錄影帶（節目帶）播映場所等類似場所。 4. B-3 使用組別之場所，有提供表演節目等娛樂服務者。
B-2	1. 百貨公司（百貨商場）、市場（超級市場、零售市場、攤販集中場）、展覽場（館）、量販店、批發場所（倉儲批發、一般批發、農產品批發）等類似場所。 2. 樓地板面積在五百平方公尺以上之下列場所：店舖、當舖、一般零售場所、日常用品零售場所等類似場所。
B-3	1. 飲酒店（無陪侍，供應酒精飲料之餐飲服務場所，包括啤酒屋）、小吃街等類似場所。 2. 樓地板面積在三百平方公尺以上之下列場所：餐廳、飲食店、飲料店（無陪侍提供非酒精飲料服務之場所，包括茶藝館、咖啡店、冰果店及冷飲店等）等類似場所。
B-4	1. 觀光旅館（飯店）、國際觀光旅館（飯店）等之客房部。 2. 旅社、旅館、賓館等類似場所。 3. 樓地板面積在五百平方公尺以上之下列場所：招待所、供香客住宿等類似場所。
C-1	1. 變電所、飛機庫、汽車修理場（車輛修理場所、修車廠、修理場、車輛修配保管場、汽車站房）等類似場所。 2. 特殊工作場、工場、工廠（具公害）、自來水廠、屠（電）宰場、發電場、施工機料及廢料堆置或處理場、廢棄物處理場、污水（水肥）處理貯存場等類似場所。
C-2	1. 倉庫（倉儲場）、洗車場、汽車商場（出租汽車、計程車營業站）、書庫、貨物輸配所、電信機器室（電信機房）、電視（電影、廣播電台）之攝影場（攝影棚、播送室）、實驗室等類似場所。 2. 一般工場、工作場、工廠等類似場所。
D-1	1. 保齡球館、室內溜冰場、室內游泳池、室內球類運動場、室內機械遊樂場、室內兒童樂園、保健館、健身房、健身服務場所（三溫暖除外）、公共浴室（包括溫泉泡湯池）、室內操練場、撞球場、室內體育場所、少年服務機構（供休閒、育樂之服務設施）、室內高爾夫球練習場、室內釣蝦（魚）場、健身休閒中心、美容瘦身中心等類似場所。 2. 資訊休閒服務場所（提供場所及電腦設備，供人透過電腦連線擷取網路上資源或利用電腦功能以磁碟、光碟供人使用之場所）。

D-2	1. 會議廳、展示廳、博物館、美術館、圖書館、水族館、科學館、陳列館、資料館、歷史文物館、天文臺、藝術館等類似場所。 2. 觀眾席面積未達二百平方公尺之下列場所：體育館（場）及設施、音樂廳、文康中心、社教館、集會堂（場）、社區（村里）活動中心等類似場所。 3. 觀眾席面積未達二百平方公尺之表演館（場）（不提供餐飲及飲酒服務）。
D-3	小學教室、教學大樓等相關教學場所。
D-4	國中、高中、專科學校、學院、大學等之教室、教學大樓等相關教學場所。
D-5	1. 補習（訓練）班、文康機構等類似場所。 2. 兒童課後照顧服務中心、非學校型態團體實驗教育及機構實驗教育教學場地等類似場所。 3. 樓地板面積在三百平方公尺以下之運動訓練班，且無附設鍋爐、水療SPA、三溫暖、蒸氣浴、烤箱設備、按摩服務及設備（如屬運動訓練之需要時，限設置按摩床一張，僅得以防焰式拉簾或布幕區隔，且未置於包廂內）、明火設備及餐飲等。
E	1. 寺（寺院）、廟（廟宇）、教堂（教會）、宗祠（家廟）、宗教設施、樓地板面積未達五百平方公尺供香客住宿等類似場所。 2. 殯儀館、禮廳、靈堂、供存放骨灰（骸）之納骨堂（塔）、火化場等類似場所。
F-1	1. 設有十床病床以上之下列場所：醫院、療養院等類似場所。 2. 樓地板面積在一千平方公尺以上之診所。 3. 樓地板面積在五百平方公尺以上之下列場所：護理之家機構（一般護理之家、精神護理之家）、產後護理機構、屬於老人福利機構之長期照顧機構（長期照護型）、長期照顧機構（失智照顧型）等類似場所。 4. 依長期照顧服務法提供機構住宿式服務之長期照顧服務機構，樓地板面積在五百平方公尺以上。 5. 醫院內附設之長期照顧服務機構，樓地板面積未超過該醫院樓地板面積五分之二者。
F-2	1. 身心障礙福利機構（全日型住宿機構、日間服務機構、樓地板面積在五百平方公尺以上之福利中心）、身心障礙者職業訓練機構等類似場所。 2. 特殊教育學校。 3. 日間型精神復健機構。
F-3	兒童及少年安置教養機構、幼兒園、幼兒園兼辦國民小學兒童課後照顧服務、托嬰中心、早期療育機構等類似場所。
F-4	精神病院、傳染病院、勒戒所、監獄、看守所、感化院、觀護所、收容中心等類似場所。
G-1	含營業廳之下列場所：金融機構、證券交易場所、金融保險機構、合作社、銀行、證券公司（證券經紀業、期貨經紀業）、票券金融機構、電信局（公司）郵局、自來水及電力公司之營業場所。
G-2	1. 不含營業廳之下列場所：金融機構、證券交易場所、金融保險機構、合作社、銀行、證券公司（證券經紀業、期貨經紀業）、票券金融機構、電信局（公司）郵局、自來水及電力公司。 2. 政府機關（公務機關）、一般事務所、自由職業事務所、辦公室（廳）、員工文康室、旅遊及運輸業之辦公室、投資顧問業辦公室、未兼營提供電影攝影場（攝影棚）之動畫影片製作場所、有線電視及廣播電台除攝影棚外之其他用途場所、少年服務機構綜合之服務場所等類似場所。 3. 提供場地供人閱讀之下列場所：K書中心、小說漫畫出租中心。 4. 身心障礙者就業服務機構。 5. 依長期照顧服務法提供居家式服務之長期照顧服務機構。

G-3	1. 衛生所（健康服務中心）、健康中心、捐血中心、醫事技術機構、牙體技術所、理髮場所（未將場所加以區隔且非包廂式為人理髮之場所）、按摩場所（未將場所加以區隔且非包廂式為人按摩之場所）、美容院、洗衣店、公共廁所、動物收容、寵物繁殖或買賣場所等類似場所。 2. 設置病床未達十床之下列場所：醫院、療養院等類似場所。 3. 樓地板面積未達一千平方公尺之診所。 4. 樓地板面積未達五百平方公尺之下列場所：店舖、當舖、一般零售場所、日常用品零售場所、便利商店等類似場所。 5. 樓地板面積未達三百平方公尺之下列場所：餐廳、飲食店、飲料店（無陪侍提供非酒精飲料服務之場所，包括茶藝館、咖啡店、冰果店及冷飲店等）等類似場所。
H-1	1. 民宿（客房數六間以上）、宿舍、樓地板面積未達五百平方公尺之招待所。 2. 樓地板面積未達五百平方公尺之下列場所：護理之家機構（一般護理之家、精神護理之家）、產後護理機構、屬於老人福利機構之長期照顧機構（長期照護型）、長期照顧機構（失智照顧型）、身心障礙福利服務中心等類似場所。 3. 老人福利機構之場所：長期照顧機構（養護型）、安養機構、其他老人福利機構。 4. 身心障礙福利機構（夜間型住宿機構）、居家護理機構。 5. 住宿型精神復健機構、社區式日間照顧及重建服務、社區式身心障礙者日間服務等類似場所。 6. 依長期照顧服務法提供機構住宿式服務之長期照顧服務機構，樓地板面積未達五百平方公尺。 7. 依長期照顧服務法提供社區式服務（日間照顧、團體家屋及小規模多機能服務）之長期照顧服務機構，H-2 使用組別之場所除外。 8. 集合住宅、住宅任一住宅單位（戶）之任一樓層分間為六個以上使用單元（不含客廳及餐廳）或設置十個以上床位之居室者。
H-2	1. 集合住宅、住宅、民宿（客房數五間以下）。 2. 設於地面一層面積在五百平方公尺以下或設於二層至五層之任一層面積在三百平方公尺以下且樓梯寬度一點二公尺以上、分間牆及室內裝修材料符合建築技術規則現行規定之下列場所：小型安養機構、小型身心障礙者職業訓練機構、小型日間型精神復健機構、小型住宿型精神復健機構、小型社區式日間照顧及重建服務、小型社區式身心障礙者日間服務、依長期照顧服務法提供社區式服務（日間照顧、團體家屋及小規模多機能服務）之長期照顧服務機構等類似場所。 3. 農舍。 4. 依長期照顧服務法或身心障礙者權益保障法提供社區式家庭托顧服務、身心障礙者社區居住服務場所。
I	1. 化工原料行、礦油行、瓦斯行、石油煉製廠、爆竹煙火製造儲存販賣場所、液化石油氣分裝場、液化石油氣容器儲存室、液化石油氣鋼瓶檢驗機構（場）等類似場所。 2. 加油（氣）站、儲存石油廠庫、天然氣加壓站、天然氣製造場等類似場所。

（附表三～附表五略）

招牌廣告及樹立廣告管理辦法

①民國93年6月17日內政部令訂定發布全文16條；並自發布日施行。
②民國112年4月19日內政部令增訂發布第14-1條條文。

第一條
本辦法依建築法第九十七條之三第三項規定訂定之。

第二條
本辦法用辭定義如下：
一　招牌廣告：指固著於建築物牆面上之電視牆、電腦顯示板、廣告看板、以支架固定之帆布等廣告。
二　樹立廣告：指樹立或設置於地面或屋頂之廣告牌（塔）、綵坊、牌樓 等廣告。

第三條
下列規模之招牌廣告及樹立廣告，免申請雜項執照：
一　正面式招牌廣告縱長未超過二公尺者。
二　側懸式招牌廣告縱長未超過六公尺者。
三　設置於地面之樹立廣告高度未超過六公尺者。
四　設置於屋頂之樹立廣告高度未超過三公尺者。

第四條
①側懸式招牌廣告突出建築物牆面不得超過一點五公尺，並應符合下列規定：
一　位於車道上方者，自下端計量至地面淨距離應在四點六公尺以上。
二　前款以外者，自下端計量至地面淨距離應在三公尺以上；位於退縮騎樓上方者，並應符合當地騎樓淨高之規定。
②正面式招牌廣告突出建築物牆面不得超過五十公分。
③前二項規定於都市計畫及其相關法令已有規定者，從其規定。

第五條
①設置招牌廣告及樹立廣告者，應備具申請書，檢同設計圖說，設置處所之所有權或使用權證明及其他相關證明文件，向直轄市、縣（市）主管建築機關或其委託之專業團體申請審查許可。
②設置應申請雜項執照之招牌廣告及樹立廣告，其申請審查許可，應併同申請雜項執照辦理。

第六條
前條之專業團體受託辦理招牌廣告及樹立廣告之審查業務時，應將審查結果送當地主管建築機關，合格者，由該管主管建築機關核發許可。

第七條

①招牌廣告及樹立廣告申請審查許可時，其廣告招牌燈之裝設，應依建築技術規則建築設備編第十四條之規定辦理。

②設置於建築物之招牌廣告及樹立廣告，其裝設之廣告招牌燈應依建築物公共安全檢查簽證及申報辦法之規定辦理。

第八條

①直轄市、縣（市）主管建築機關爲因應地方特色之發展，得就招牌廣告及樹立廣告之規模、突出建築物牆面之距離，於第三條及第四條規定範圍內另定規定；並得就其形狀、色彩及字體型式等事項，訂定設置規範。

②申請設置樹立廣告及招牌廣告時，直轄市、縣（市）主管建築機關應依前項規定及設置規範審查；其審查得委託第五條第一項之專業團體辦理。

第九條

①直轄市、縣（市）主管建築機關依前條之設置規範，得製定各種招牌廣告及樹立廣告之標準圖樣供申請人選用。

②申請人選用前項之標準圖樣時，得由直轄市、縣（市）主管建築機關簡化其審查程序。

第一〇條

取得許可之招牌廣告及樹立廣告，應將許可證核准日期及字號標示於廣告物之左下角、右下角或明顯處。

第一一條

招牌廣告及樹立廣告未經直轄市、縣（市）主管建築機關許可，不得擅自變更；其有變更時，應重新申請審查許可。

第一二條

招牌廣告及樹立廣告許可之有效期限爲五年，期限屆滿後，原雜項使用執照及許可失其效力，應重新申請審查許可或恢復原狀。

第一三條

下列用途之建築物或場所，其招牌廣告及樹立廣告除商標以外之文字，應附加英語標示：

一　觀光旅館。

二　百貨公司。

三　總樓地板面積超過一萬平方公尺之超級市場、量販店、餐廳。

第一四條

下列處所不得設置招牌廣告及樹立廣告：

一　公路、高岡處所或公園、綠地、名勝、古蹟等處所。但經各目的事業主管機關核准者，不在此限。

二　妨礙公共安全或交通安全處所。

三　妨礙市容、風景或觀瞻處所。

四　妨礙都市計畫或建築工程認爲不適當之處所。

五　公路兩側禁建、限建範圍不得設置之處所。

六　阻礙該建築物各樓層依各類場所消防安全設備標準規定設置之避難器具開口部開啓、使用及下降操作之處所。

七　其他法令禁止設置之處所。

第一四條之一 112

①固著於建築物牆面上之電視牆、電腦顯示板之招牌廣告，其系統連網環境欠缺資通安全防護措施或防護不全者，直轄市、縣（市）主管建築機關應以書面命設置者立即停止使用並改善；設置者完成改善並報經直轄市、縣（市）主管建築機關同意後，始得恢復使用。

②前項書面，應載明設置者不立即停止使用將依第三項規定辦理之意旨。

③設置者未依第一項規定立即停止使用，直轄市、縣（市）主管建築機關得斷絕第一項招牌廣告使用所必須之電力或其他能源。

第一五條

本辦法所定書、表格式，由中央主管建築機關定之。

第一六條

本辦法自發布日施行。

公寓大廈管理條例

①民國84年6月28日總統令制定公布全文52條。
②民國89年4月26日總統令修正公布第2條條文。
③民國92年12月31日總統令修正公布全文63條；並自公布日施行。
④民國95年1月18日總統令修正公布第29條條文；並增訂第59-1條條文。
⑤民國102年5月8日總統令修正公布第 8、27 條條文。
⑥民國105年11月16日總統令修正公布第8、18條條文。
⑦民國111年5月11日總統令增訂公布第29-1、49-1條條文。

第一章　總　則

第一條　（立法目的及適用範圍）

①為加強公寓大廈之管理維護，提昇居住品質，特制定本條例。

②本條例未規定者，適用其他法令之規定。

第二條　（主管機關）

本條例所稱主管機關：在中央為內政部；在直轄市為直轄市政府；在縣（市）為縣（市）政府。

第三條　（名詞定義）

本條例用辭定義如下：

一　公寓大廈：指構造上或使用上或在建築執照設計圖樣標有明確界線，得區分為數部分之建築物及其基地。

二　區分所有：指數人區分一建築物而各有其專有部分，並就其共用部分按其應有部分有所有權。

三　專有部分：指公寓大廈之一部分，具有使用上之獨立性，且為區分所有之標的者。

四　共用部分：指公寓大廈專有部分以外之其他部分及不屬專有之附屬建築物，而供共同使用者。

五　約定專用部分：公寓大廈共用部分經約定供特定區分所有權人使用者。

六　約定共用部分：指公寓大廈專有部分經約定供共同使用者。

七　區分所有權人會議：指區分所有權人為共同事務及涉及權利義務之有關事項，召集全體區分所有權人所舉行之會議。

八　住戶：指公寓大廈之區分所有權人、承租人或其他經區分所有權人同意而為專有部分之使用者或業經取得停車空間建築物所有權者。

九　管理委員會：指為執行區分所有權人會議決議事項及公寓大廈管理維護工作，由區分所有權人選任住戶若干人為管

理委員所設立之組織。

十　管理負責人：指未成立管理委員會，由區分所有權人推選住戶一人或依第二十八條第三項、第二十九條第六項規定爲負責管理公寓大廈事務者。

十一　管理服務人：指由區分所有權人會議決議或管理負責人或管理委員會僱傭或委任而執行建築物管理維護事務之公寓大廈管理服務人員或管理維護公司。

十二　規約：公寓大廈區分所有權人爲增進共同利益，確保良好生活環境，經區分所有權人會議決議之共同遵守事項。

第二章　住戶之權利義務

第四條　（專有部分）

①區分所有權人除法律另有限制外，對其專有部分，得自由使用、收益、處分，並排除他人干涉。

②專有部分不得與其所屬建築物共用部分之應有部分及其基地所有權或地上權之應有部分分離而爲移轉或設定負擔。

第五條　（專有部分之使用權）

區分所有權人對專有部分之利用，不得有妨害建築物之正常使用及違反區分所有權人共同利益之行爲。

第六條　（住戶之義務）

①住戶應遵守下列事項：

一　於維護、修繕專有部分、約定專用部分或行使其權利時，不得妨害其他住戶之安寧、安全及衛生。

二　他住戶因維護、修繕專有部分、約定專用部分或設置管線，必須進入或使用其專有部分或約定專用部分時，不得拒絕。

三　管理負責人或管理委員會因維護、修繕共用部分或設置管線，必須進入或使用其專有部分或約定專用部分時，不得拒絕。

四　於維護、修繕專有部分、約定專用部分或設置管線，必須使用共用部分時，應經管理負責人或管理委員會之同意後爲之。

五　其他法令或規約規定事項。

②前項第二款至第四款之進入或使用，應擇其損害最少之處所及方法爲之，並應修復或補償所生損害。

③住戶違反第一項規定，經協調仍不履行時，住戶、管理負責人或管理委員會得按其性質請求各該主管機關或訴請法院爲必要之處置。

第七條　（共用部分不得約定專用之範圍）

公寓大廈共用部分不得獨立使用供做專有部分。其爲下列各款者，並不得爲約定專用部分：

一　公寓大廈本身所占之地面。

二　連通數個專有部分之走廊或樓梯，及其通往室外之通路或

門廳：社區內各巷道、防火巷弄。

三　公寓大廈基礎、主要樑柱、承重牆壁、樓地板及屋頂之構造。

四　約定專用有違法令使用限制之規定者。

五　其他有固定使用方法，並屬區分所有權人生活利用上不可或缺之共用部分。

第八條　（公寓大廈外圍使用之限制）105

①公寓大廈周圍上下、外牆面、樓頂平臺及不屬專有部分之防空避難設備，其變更構造、顏色、設置廣告物、鐵鋁窗或其他類似之行為，除應依法令規定辦理外，該公寓大廈規約另有規定或區分所有權人會議已有決議，經向直轄市、縣（市）主管機關完成報備有案者，應受該規約或區分所有權人會議決議之限制。

②公寓大廈有十二歲以下兒童或六十五歲以上老人之住戶，外牆開口部或陽臺得設置不妨礙逃生且不突出外牆面之防墜設施。防墜設施設置後，設置理由消失且不符前項限制者，區分所有權人應予改善或回復原狀。

③住戶違反第一項規定，管理負責人或管理委員會應予制止，經制止而不遵從者，應報請主管機關依第四十九條第一項規定處理，該住戶並應於一個月內回復原狀。屆期未回復原狀者，得由管理負責人或管理委員會回復原狀，其費用由該住戶負擔。

第九條　（共用部分之使用權）

①各區分所有權人按其共有之應有部分比例，對建築物之共用部分及其基地有使用收益之權。但另有約定者從其約定。

②住戶對共用部分之使用應依其設置目的及通常使用方法為之。但另有約定者從其約定。

③前二項但書所約定事項，不得違反本條例、區域計畫法、都市計畫法及建築法令之規定。

④住戶違反第二項規定，管理負責人或管理委員會應予制止，並得按其性質請求各該主管機關或訴請法院為必要之處置。如有損害並得請求損害賠償。

第一〇條　（修繕、管理、維護費用）

①專有部分、約定專用部分之修繕、管理、維護，由各該區分所有權人或約定專用部分之使用人為之，並負擔其費用。

②共用部分、約定共用部分之修繕、管理、維護，由管理負責人或管理委員會為之。其費用由公共基金支付或由區分所有權人按其共有之應有部分比例分擔之。但修繕費係因可歸責於區分所有權人或住戶之事由所致者，由該區分所有權人或住戶負擔。其費用若區分所有權人會議或規約另有規定者，從其規定。

③前項共用部分、約定共用部分，若涉及公共環境清潔衛生之維持、公共消防滅火器材之維護、公共通道溝渠及相關設施之修繕，其費用政府得視情況予以補助，補助辦法由直轄市、縣（市）政府定之。

第一一條（拆除、重大修繕或改良費用）

①共用部分及其相關設施之拆除、重大修繕或改良，應依區分所有權人會議之決議為之。

②前項費用，由公共基金支付或由區分所有權人按其共有之應有部分比例分擔。

第一二條（共同壁等專有部分之維修費用）

專有部分之共同壁及樓地板或其內之管線，其維修費用由該共同壁雙方或樓地板上下方之區分所有權人共同負擔。但修繕費係因可歸責於區分所有權人之事由所致者，由該區分所有權人負擔。

第一三條（重建之同意）

公寓大廈之重建，應經全體區分所有權人及基地所有權人、地上權人或典權人之同意。但有下列情形之一者，不在此限：

一　配合都市更新計畫而實施重建者。

二　嚴重毀損、傾頹或朽壞，有危害公共安全之虞者。

三　因地震、水災、風災、火災或其他重大事變，肇致危害公共安全者。

第一四條（不同意重建者之處理）

①公寓大廈有前條第二款或第三款所定情形之一，經區分所有權人會議決議重建時，區分所有權人不同意決議又不出讓區分所有權或同意後不依決議履行其義務者，管理負責人或管理委員會得訴請法院命區分所有權人出讓其區分所有權及其基地所有權應有部分。

②前項之受讓人視為同意重建。

重建之建造執照之申請，其名義以區分所有權人會議之決議為之。

第一五條（依使用執照及規約使用之義務）

①住戶應依使用執照所載用途及規約使用專有部分、約定專用部分，不得擅自變更。

②住戶違反前項規定，管理負責人或管理委員會應予制止，經制止而不遵從者，報請直轄市、縣（市）主管機關處理，並要求其回復原狀。

第一六條（維護公共安全、公共衛生與公共安寧之義務）

①住戶不得任意棄置垃圾、排放各種污染物、惡臭物質或發生喧囂、振動及其他與此相類之行為。

②住戶不得於私設通路、防火間隔、防火巷弄、開放空間、退縮空地、樓梯間、共同走廊、防空避難設備等處所堆置雜物、設置柵欄、門扇或營業使用，或違規設置廣告物或私設路障及停車位侵占巷道妨礙出入。但開放空間及退縮空地，在直轄市、縣（市）政府核准範圍內，得依規約或區分所有權人會議決議供營業使用；防空避難設備，得為原核准範圍之使用；其兼作停車空間使用者，得依法供公共收費停車使用。

③住戶為維護、修繕、裝修或其他類似之工作時，未經申請主管

建築機關核准，不得破壞或變更建築物之主要構造。

④住戶飼養動物，不得妨礙公共衛生、公共安寧及公共安全。但法令或規約另有禁止飼養之規定時，從其規定。

⑤住戶違反前四項規定時，管理負責人或管理委員會應予制止或按規約處理，經制止而不遵從者，得報請直轄市、縣（市）主管機關處理。

第一七條　（投保公共意外責任保險）

①住戶於公寓大廈內依法經營餐飲、瓦斯、電焊或其他危險營業或存放有爆炸性或易燃性物品者，應依中央主管機關所定保險金額投保公共意外責任保險。其因此增加其他住戶投保火災保險之保險費者，並應就其差額負補償責任。其投保、補償辦法及保險費率由中央主管機關會同財政部定之。

②前項投保公共意外責任保險，經催告於七日內仍未辦理者，管理負責人或管理委員會應代爲投保；其保險費、差額補償費及其他費用，由該住戶負擔。

第一八條　（公共基金之設置及來源）105

①公寓大廈應設置公共基金，其來源如下：

一　起造人就公寓大廈領得使用執照一年內之管理維護事項，應按工程造價一定比例或金額提列。

二　區分所有權人依區分所有權人會議決議繳納。

三　本基金之孳息。

四　其他收入。

②依前項第一款規定提列之公共基金，起造人於該公寓大廈使用執照申請時，應提出繳交各直轄市、縣（市）主管機關公庫代收之證明；於公寓大廈成立管理委員會或推選管理負責人，並完成依第五十七條規定點交共用部分、約定共用部分及其附屬設施設備後向直轄市、縣（市）主管機關報備，由公庫代爲撥付。同款所稱比例或金額，由中央主管機關定之。

③公共基金應設專戶儲存，並由管理負責人或管理委員會負責管理；如經區分所有權人會議決議交付信託者，由管理負責人或管理委員會交付信託。其運用應依區分所有權人會議之決議爲之。

④第一項及第二項所規定起造人應提列之公共基金，於本條例公布施行前，起造人已取得建造執照者，不適用之。

第一九條　（區分所有權人對公共基金之權利）

區分所有權人對於公共基金之權利應隨區分所有權之移轉而移轉；不得因個人事由爲讓與、扣押、抵銷或設定負擔。

第二〇條　（公共基金之公告及移交）

①管理負責人或管理委員會應定期將公共基金或區分所有權人、住戶應分擔或其他應負擔費用之收支、保管及運用情形公告，並於解職、離職或管理委員會改組時，將公共基金收支情形、會計憑證、會計帳簿、財務報表、印鑑及餘額移交新管理負責人或新管理委員會。

②管理負責人或管理委員會拒絕前項公告或移交，經催告於七日內仍不公告或移交時，得報請主管機關或訴請法院命其公告或移交。

第二一條（積欠公共基金或費用之催討程序）

區分所有權人或住戶積欠應繳納之公共基金或應分擔或其他應負擔之費用已逾二期或達相當金額，經定相當期間催告仍不給付者，管理負責人或管理委員會得訴請法院命其給付應繳之金額及遲延利息。

第二二條（強制出讓之要件）

①住戶有下列情形之一者，由管理負責人或管理委員會促請其改善，於三個月內仍未改善者，管理負責人或管理委員會得依區分所有權人會議之決議，訴請法院強制其遷離：

一　積欠依本條例規定應分擔之費用，經強制執行後再度積欠金額達其區分所有權總價百分之一者。

二　違反本條例規定經依第四十九條第一項第一款至第四款規定處以罰鍰後，仍不改善或續犯者。

三　其他違反法令或規約情節重大者。

②前項之住戶如為區分所有權人時，管理負責人或管理委員會得依區分所有權人會議之決議，訴請法院命區分所有權人出讓其區分所有權及其基地所有權應有部分；於判決確定後三個月內不自行出讓並完成移轉登記手續者，管理負責人或管理委員會得聲請法院拍賣之。

③前項拍賣所得，除其他法律另有規定外，於積欠本條例應分擔之費用，其受償順序與第一順位抵押權同。

第二三條（住戶規約之內容及效力）

①有關公寓大廈、基地或附屬設施之管理使用及其他住戶間相互關係，除法令另有規定外，得以規約定之。

②規約除應載明專有部分及共用部分範圍外，下列各款事項，非經載明於規約者，不生效力：

一　約定專用部分、約定共用部分之範圍及使用主體。

二　各區分所有權人對建築物共用部分及其基地之使用收益權及住戶對共用部分使用之特別約定。

三　禁止住戶飼養動物之特別約定。

四　違反義務之處理方式。

五　財務運作之監督規定。

六　區分所有權人會議決議有出席及同意之區分所有權人人數及其區分所有權比例之特別約定。

七　糾紛之協調程序。

第二四條（繼受人應繼受前區分所有人權利義務）

①區分所有權之繼受人，應於繼受前向管理負責人或管理委員會請求閱覽或影印第三十五條所定文件，並應於繼受後遵守原區分所有權人依本條例或規約所定之一切權利義務事項。

②公寓大廈專有部分之無權占有人，應遵守依本條例規定住戶應

盡之義務。

③無權占有人違反前項規定，準用第二十一條、第二十二條、第四十七條、第四十九條住戶之規定。

第三章　管理組織

第二五條　（區分所有權人會議之召開及召集人之產生方式）

①區分所有權人會議，由全體區分所有權人組成，每年至少應召開定期會議一次。

②有下列情形之一者，應召開臨時會議：

一　發生重大事故有及時處理之必要，經管理負責人或管理委員會請求者。

二　經區分所有權人五分之一以上及其區分所有權比例合計五分之一以上，以書面載明召集之目的及理由請求召集者。

③區分所有權人會議除第二十八條規定外，由具區分所有權人身分之管理負責人、管理委員會主任委員或管理委員爲召集人；管理負責人、管理委員會主任委員或管理委員喪失區分所有權人資格日起，視同解任。無管理負責人或管理委員會，或無區分所有權人擔任管理負責人、主任委員或管理委員時，由區分所有權人互推一人爲召集人；召集人任期依區分所有權人會議或依規約規定，任期一至二年，連選得連任一次。但區分所有權人會議或規約未規定者，任期一年，連選得連任一次。

④召集人無法依前項規定互推產生時，各區分所有權人得申請直轄市、縣（市）主管機關指定臨時召集人，區分所有權人不申請指定時，直轄市、縣（市）主管機關得視實際需要指定區分所有權人一人爲臨時召集人，或依規約輪流擔任，其任期至互推召集人爲止。

第二六條　（非封閉式之公寓大廈）

①非封閉式之公寓大廈集居社區其地面層爲各自獨立之數幢建築物，且區內屬住宅與辦公、商場混合使用，其辦公、商場之出入口各自獨立之公寓大廈，各該幢內之辦公、商場部分，得就該幢或結合他幢內之辦公、商場部分，經其區分所有權人過半數書面同意，及全體區分所有權人會議決議或規約明定下列各款事項後，以該辦公、商場部分召開區分所有權人會議，成立管理委員會，並向直轄市、縣（市）主管機關報備。

一　共用部分、約定共用部分範圍之劃分。

二　共用部分、約定共用部分之修繕、管理、維護範圍及管理維護費用之分擔方式。

三　公共基金之分配。

四　會計憑證、會計帳簿、財務報表、印鑑、餘額及第三十六條第八款規定保管文件之移交。

五　全體區分所有權人會議與各該辦公、商場部分之區分所有權人會議之分工事宜。

②第二十條、第二十七條、第二十九條至第三十九條、第四十八條、第四十九條第一項第七款及第五十四條規定，於依前項召開或成立之區分所有權人會議、管理委員會及其主任委員、管理委員準用之。

第二七條　（區分所有權人出席及表決權之計算方式）102

①各專有部分之區分所有權人有一表決權。數人共有一專有部分者，該表決權應推由一人行使。

②區分所有權人會議之出席人數與表決權之計算，於任一區分所有權人之區分所有權占全部區分所有權五分之一以上者，或任一區分所有權人所有之專有部分之個數超過全部專有部分個數總合之五分之一以上者，其超過部分不予計算。

③區分所有權人因故無法出席區分所有權人會議時，得以書面委託配偶、有行為能力之直系血親、其他區分所有權人或承租人代理出席；受託人於受託之區分所有權占全部區分所有權五分之一以上者，或以單一區分所有權計算之人數超過區分所有權人數五分之一者，其超過部分不予計算。

第二八條　（起造人召集會議）

①公寓大廈建築物所有權登記之區分所有權人達半數以上及其區分所有權比例合計半數以上時，起造人應於三個月內召集區分所有權人召開區分所有權人會議，成立管理委員會或推選管理負責人，並向直轄市、縣（市）主管機關報備。

②前項起造人為數人時，應互推一人為之。出席區分所有權人之人數或其區分所有權比例合計未達第三十一條規定之定額而未能成立管理委員會時，起造人應就同一議案重新召集會議一次。

③起造人於召集區分所有權人召開區分所有權人會議成立管理委員會或推選管理負責人前，為公寓大廈之管理負責人。

第二九條　（管理委員會、管理負責人之成立）95

①公寓大廈應成立管理委員會或推選管理負責人。

②公寓大廈成立管理委員會者，應由管理委員互推一人為主任委員，主任委員對外代表管理委員會。主任委員、管理委員之選任、解任、權限與其委員人數、召集方式及事務執行方法與代理規定，依區分所有權人會議之決議。但規約另有規定者，從其規定。

③管理委員、主任委員及管理負責人之任期，依區分所有權人會議或規約之規定，任期一至二年，主任委員、管理負責人、負責財務管理及監察業務之管理委員，連選得連任一次，其餘管理委員，連選得連任。但區分所有權人會議或規約未規定者，任期一年，主任委員、管理負責人、負責財務管理及監察業務之管理委員，連選得連任一次，其餘管理委員，連選得連任。

④前項管理委員、主任委員及管理負責人任期屆滿未再選任或有第二十條第二項所定之拒絕移交者，自任期屆滿日起，視同解任。

⑤公寓大廈之住戶非該專有部分之區分所有權人者，除區分所有

權人會議之決議或規約另有規定外，得被選任、推選爲管理委員、主任委員或管理負責人。

⑥公寓大廈未組成管理委員會且未推選管理負責人時，以第二十五條區分所有權人互推之召集人或申請指定之臨時召集人爲管理負責人。區分所有權人無法互推召集人或申請指定臨時召集人時，區分所有權人得申請直轄市、縣（市）主管機關指定住戶一人爲管理負責人，其任期至成立管理委員會、推選管理負責人或互推召集人爲止。

第二九條之一 111

①本條例施行前或施行後已取得建造執照之未成立管理委員會或推選管理負責人之公寓大廈，經直轄市、縣（市）主管機關認定有危險之虞者，其區分所有權人應於直轄市、縣（市）主管機關通知後一定期限內成立管理委員會或推選管理負責人，並向直轄市、縣（市）主管機關報備。因故未能於一定期限內成立管理委員會或推選管理負責人並辦理報備者，直轄市、縣（市）主管機關得視實際情況展延一次，並不得超過一年。

②前項公寓大廈有危險之虞之認定要件及成立管理委員會或推選管理負責人並辦理報備之期限，由中央主管機關公告；直轄市、縣（市）主管機關認有必要時，得公告擴大認定要件並另定其成立管理委員會或推選管理負責人並辦理報備之期限。

③直轄市、縣（市）主管機關應輔導或委託專業機構輔導第一項之公寓大廈成立管理委員會或推選管理負責人並辦理報備。

④公寓大廈區分所有權人經依第四十九條之一處罰後，仍未依規定成立管理委員會或推選管理負責人並辦理報備者，必要時，由直轄市、縣（市）主管機關指定住戶一人爲管理負責人，其任期至成立管理委員會、推選管理負責人或互推召集人爲止。

第三〇條 （區分所有權人會議召開之通知方法）

①區分所有權人會議，應由召集人於開會前十日以書面載明開會內容，通知各區分所有權人。但有急迫情事須召開臨時會者，得以公告爲之；公告期間不得少於二日。

②管理委員之選任事項，應在前項開會通知中載明並公告之，不得以臨時動議提出。

第三一條 （區分所有權人會議決議之計算方式）

區分所有權人會議之決議，除規約另有規定外，應有區分所有權人三分之二以上及其區分所有權比例合計三分之二以上出席，以出席人數四分之三以上及其區分所有權比例占出席人數區分所有權四分之三以上之同意行之。

第三二條 （未獲致決議時重新開議之要件）

①區分所有權人會議依前條規定未獲致決議、出席區分所有權人之人數或其區分所有權比例合計未達前條定額者，召集人得就同一議案重新召集會議；其開議除規約另有規定出席人數外，應有區分所有權人三人並五分之一以上及其區分所有權比例合計五分之一以上出席，以出席人數過半數及其區分所有權比例

占出席人數區分所有權合計過半數之同意作成決議。

②前項決議之會議紀錄依第三十四條第一項規定送達各區分所有權人後，各區分所有權人得於七日內以書面表示反對意見。書面反對意見未超過全體區分所有權人及其區分所有權比例合計半數時，該決議視為成立。

③第一項會議主席應於會議決議成立後十日內以書面送達全體區分所有權人並公告之。

第三三條（決議之特別生效要件）

區分所有權人會議之決議，未經依下列各款事項辦理者，不生效力：

一　專有部分經依區分所有權人會議約定為約定共用部分者，應經該專有部分區分所有權人同意。

二　公寓大廈外牆面、樓頂平臺，設置廣告物、無線電台基地台等類似強波發射設備或其他類似之行為，設置於屋頂者，應經頂層區分所有權人同意；設置其他樓層者，應經該樓層區分所有權人同意。該層住戶，並得參加區分所有權人會議陳述意見。

三　依第五十六條第一項規定成立之約定專用部分變更時，應經使用該約定專用部分之區分所有權人同意。但該約定專用顯已違反公共利益，經管理委員會或管理負責人訴請法院判決確定者，不在此限。

第三四條（會議紀錄作成方式及送達公告）

①區分所有權人會議應作成會議紀錄，載明開會經過及決議事項，由主席簽名，於會後十五日內送達各區分所有權人並公告之。

②前項會議紀錄，應與出席區分所有權人之簽名簿及代理出席之委託書一併保存。

第三五條（請求閱覽或影印之權利）

利害關係人於必要時，得請求閱覽或影印規約、公共基金餘額、會計憑證、會計帳簿、財務報表、欠繳公共基金與應分攤或其他應負擔費用情形、管理委員會會議紀錄及前條會議紀錄，管理負責人或管理委員會不得拒絕。

第三六條（管理委員會之職務範圍）

管理委員會之職務如下：

一　區分所有權人會議決議事項之執行。

二　共有及共用部分之清潔、維護、修繕及一般改良。

三　公寓大廈及其周圍之安全及環境維護事項。

四　住戶共同事務應興革事項之建議。

五　住戶違規情事之制止及相關資料之提供。

六　住戶違反第六條第一項規定之協調。

七　收益、公共基金及其他經費之收支、保管及運用。

八　規約、會議紀錄、使用執照謄本、竣工圖說、水電、消防、機械設施、管線圖說、會計憑證、會計帳簿、財務報表、公共安全檢查及消防安全設備檢修之申報文件、印鑑及有

關文件之保管。

九　管理服務人之委任、僱傭及監督。

十　會計報告、結算報告及其他管理事項之提出及公告。

十一　共用部分、約定共用部分及其附屬設施設備之點收及保管。

十二　依規定應由管理委員會申報之公共安全檢查與消防安全設備檢修之申報及改善之執行。

十三　其他依本條例或規約所定事項。

第三七條　（管理委員會會議決議內容）

管理委員會會議決議之內容不得違反本條例、規約或區分所有權人會議決議。

第三八條　（管理委員會之當事人能力）

①管理委員會有當事人能力。

②管理委員會為原告或被告時，應將訴訟事件要旨速告區分所有權人。

第三九條　（管理委員會應向區分所有權人會議負責）

管理委員會應向區分所有權人會議負責，並向其報告會務。

第四〇條　（管理委員會之職務於管理負責人準用之）

第三十六條、第三十八條及前條規定，於管理負責人準用之。

第四章　管理服務人

第四一條　（執業許可登記）

公寓大廈管理維護公司應經中央主管機關許可及辦理公司登記，並向中央主管機關申領登記證後，始得執業。

第四二條　（管理維護事務之委任或僱傭）

公寓大廈管理委員會、管理負責人或區分所有權人會議，得委任或僱傭領有中央主管機關核發之登記證或認可證之公寓大廈管理維護公司或管理服務人員執行管理維護事務。

第四三條　（公寓大廈管理維護公司執行業務規定）

公寓大廈管理維護公司，應依下列規定執行業務：

一　應依規定類別，聘僱一定人數領有中央主管機關核發認可證之繼續性從業之管理服務人員，並負監督考核之責。

二　應指派前款之管理服務人員辦理管理維護事務。

三　應依業務執行規範執行業務。

第四四條　（受僱之管理服務人員執行業務規定）

受僱於公寓大廈管理維護公司之管理服務人員，應依下列規定執行業務：

一　應依核准業務類別、項目執行管理維護事務。

二　不得將管理服務人員認可證提供他人使用或使用他人之認可證執業。

三　不得同時受聘於二家以上之管理維護公司。

四　應參加中央主管機關舉辦或委託之相關機構、團體辦理之

訓練。

第四五條（受僱以外之管理服務人員執行業務規定）

前條以外之公寓大廈管理服務人員，應依下列規定執行業務：

一　應依核准業務類別、項目執行管理維護事務。

二　不得將管理服務人員認可證提供他人使用或使用他人之認可證執業。

三　應參加中央主管機關舉辦或委託之相關機構、團體辦理之訓練。

第四六條（管理維護公司及人員管理辦法之訂定）

第四十一條至前條公寓大廈管理維護公司及管理服務人員之資格、條件、管理維護公司聘僱管理服務人員之類別與一定人數、登記證與認可證之申請與核發、業務範圍、業務執行規範、責任、輔導、獎勵、參加訓練之方式、內容與時數、受委託辦理訓練之機構、團體之資格、條件與責任及登記費之收費基準等事項之管理辦法，由中央主管機關定之。

第五章　罰　則

第四七條（罰則）

有下列行爲之一者，由直轄市、縣（市）主管機關處新臺幣三千元以上一萬五千元以下罰鍰，並得令其限期改善或履行義務、職務；屆期不改善或不履行者，得連續處罰：

一　區分所有權人會議召集人、起造人或臨時召集人違反第二十五條或第二十八條所定之召集義務者。

二　住戶違反第十六條第一項或第四項規定者。

三　區分所有權人或住戶違反第六條規定，主管機關受理住戶、管理負責人或管理委員會之請求，經通知限期改善，屆期不改善者。

第四八條（罰則）

有下列行爲之一者，由直轄市、縣（市）主管機關處新臺幣一千元以上五千元以下罰鍰，並得令其限期改善或履行義務、職務；屆期不改善或不履行者，得連續處罰：

一　管理負責人、主任委員或管理委員未善盡督促第十七條所定住戶投保責任保險之義務者。

二　管理負責人、主任委員或管理委員無正當理由未執行第二十二條所定促請改善或訴請法院強制遷離或強制出讓該區分所有權之職務者。

三　管理負責人、主任委員或管理委員無正當理由違反第三十五條規定者。

四　管理負責人、主任委員或管理委員無正當理由未執行第三十六條第一款、第五款至第十二款所定之職務，顯然影響住戶權益者。

第四九條（罰則）

①有下列行為之一者，由直轄市、縣（市）主管機關處新臺幣四萬元以上二十萬元以下罰鍰，並得令其限期改善或履行義務；屆期不改善或不履行者，得連續處罰：

一　區分所有權人對專有部分之利用違反第五條規定者。

二　住戶違反第八條第一項或第九條第二項關於公寓大廈變更使用限制規定，經制止而不遵從者。

三　住戶違反第十五條第一項規定擅自變更專有或約定專用之使用者。

四　住戶違反第十六條第二項或第三項規定者。

五　住戶違反第十七條所定投保責任保險之義務者。

六　區分所有權人違反第十八條第一項第二款規定未繳納公共基金者。

七　管理負責人、主任委員或管理委員違反第二十條所定之公告或移交義務者。

八　起造人或建築業者違反第五十七條或第五十八條規定者。

②有供營業使用事實之住戶有前項第三款或第四款行為，因而致人於死者，處一年以上七年以下有期徒刑，得併科新臺幣一百萬元以上五百萬元以下罰金；致重傷者，處六個月以上五年以下有期徒刑，得併科新臺幣五十萬元以上二百五十萬元以下罰金。

第四九條之一 111

公寓大廈未依第二十九條之一第一項規定於期限內成立管理委員會或推選管理負責人並辦理報備者，由直轄市、縣（市）主管機關按每一專有部分處區分所有權人新臺幣四萬元以上二十萬元以下罰鍰，並令其限期辦理；屆期仍未辦理者，得按次處罰。

第五〇條　（罰則）

從事公寓大廈管理維護業務之管理維護公司或管理服務人員違反第四十二條規定，未經領得登記證、認可證或經廢止登記證、認可證而營業，或接受公寓大廈管理委員會、管理負責人或區分所有權人會議決議之委任或僱傭執行公寓大廈管理維護服務業務者，由直轄市、縣（市）主管機關勒令其停業或停止執行業務，並處新臺幣四萬元以上二十萬元以下罰鍰；其拒不遵從者，得按次連續處罰。

第五一條　（罰則）

①公寓大廈管理維護公司，違反第四十三條規定者，中央主管機關應通知限期改正；屆期不改正者，得予停業、廢止其許可或登記證或處新臺幣三萬元以上十五萬元以下罰鍰；其未依規定向中央主管機關申領登記證者，中央主管機關應廢止其許可。

②受僱於公寓大廈管理維護公司之管理服務人員，違反第四十四條規定者，中央主管機關應通知限期改正；屆期不改正者，得廢止其認可證或停止其執行公寓大廈管理維護業務三個月以上三年以下或處新臺幣三千元以上一萬五千元以下罰鍰。

③前項以外之公寓大廈管理服務人員，違反第四十五條規定者，中央主管機關應通知限期改正；屆期不改正者，得廢止其認可證或停止其執行公寓大廈管理維護業務六個月以上三年以下或處新臺幣三千元以上一萬五千元以下罰鍰。

第五二條　（強制執行）

依本條例所處之罰鍰，經限期繳納，屆期仍不繳納者，依法移送強制執行。

第六章　附　則

第五三條　（集居地區之管理及組織）

多數各自獨立使用之建築物、公寓大廈，其共同設施之使用與管理具有整體不可分性之集居地區者，其管理及組織準用本條例之規定。

第五四條　（催告之方式）

本條例所定應行催告事項，由管理負責人或管理委員會以書面爲之。

第五五條　（本條例施行前已取得建造執照之公寓大廈）

①本條例施行前已取得建造執照之公寓大廈，其區分所有權人應依第二十五條第四項規定，互推一人爲召集人，並召開第一次區分所有權人會議，成立管理委員會或推選管理負責人，並向直轄市、縣（市）主管機關報備。

②前項公寓大廈於區分所有權人會議訂定規約前，以第六十條規約範本視爲規約。但得不受第七條各款不得爲約定專用部分之限制。

③對第一項未成立管理組織並報備之公寓大廈，直轄市、縣（市）主管機關得分期、分區、分類（按樓高或使用之不同等分類）擬定計畫，輔導召開區分所有權人會議成立管理委員會或推選管理負責人，並向直轄市、縣（市）主管機關報備。

第五六條　（建物所有權第一次登記）

①公寓大廈之起造人於申請建造執照時，應檢附專有部分、共用部分、約定專用部分、約定共用部分標示之詳細圖說及規約草約。於設計變更時亦同。

②前項規約草約經承受人簽署同意後，於區分所有權人會議訂定規約前，視爲規約。

③公寓大廈之起造人或區分所有權人應依使用執照所記載之用途及下列測繪規定，辦理建物所有權第一次登記：

一　獨立建築物所有權之牆壁，以牆之外緣爲界。

二　建築物共用之牆壁，以牆壁之中心爲界。

三　附屬建物以其外緣爲界辦理登記。

四　有隔牆之共用牆壁，依第二款之規定，無隔牆設置者，以使用執照竣工平面圖區分範圍爲界，其面積應包括四周牆壁之厚度。

④第一項共用部分之圖說，應包括設置管理維護使用空間之詳細位置圖說。

⑤本條例中華民國九十二年十二月九日修正施行前，領得使用執照之公寓大廈，得設置一定規模、高度之管理維護使用空間，並不計入建築面積及總樓地板面積；其免計入建築面積及總樓地板面積之一定規模、高度之管理維護使用空間及設置條件等事項之辦法，由直轄市、縣（市）主管機關定之。

第五七條　（公設之檢測移交）

①起造人應將公寓大廈共用部分、約定共用部分與其附屬設施設備；設施設備使用維護手冊及廠商資料、使用執照謄本、竣工圖說、水電、機械設施、消防及管線圖說，於管理委員會成立或管理負責人推選或指定後七日內會同政府主管機關、公寓大廈管理委員會或管理負責人現場針對水電、機械設施、消防設施及各類管線進行檢測，確認其功能正常無誤後，移交之。

②前項公寓大廈之水電、機械設施、消防設施及各類管線不能通過檢測，或其功能有明顯缺陷者，管理委員會或管理負責人得報請主管機關處理，其歸責起造人者，主管機關命起造人負責修復改善，並於一個月內，起造人再會同管理委員會或管理負責人辦理移交手續。

第五八條　（消費者權益）

①公寓大廈起造人或建築業者，非經領得建造執照，不得辦理銷售。

②公寓大廈之起造人或建築業者，不得將共用部分，包含法定空地、法定停車空間及法定防空避難設備，讓售於特定人或爲區分所有權人以外之特定人設定專用使用權或爲其他有損害區分所有權人權益之行爲。

第五九條　（得報請主管機關處理違規者之人）

區分所有權人會議召集人、臨時召集人、起造人、建築業者、區分所有權人、住戶、管理負責人、主任委員或管理委員有第四十七條、第四十八條或第四十九條各款所定情事之一時，他區分所有權人、利害關係人、管理負責人或管理委員會得列舉事實及提出證據，報直轄市、縣（市）主管機關處理。

第五九條之一　（爭議事件調處委員會之設立）95

①直轄市、縣（市）政府爲處理有關公寓大廈爭議事件，得聘請資深之專家、學者及建築師、律師，並指定公寓大廈及建築管理主管人員，組設公寓大廈爭議事件調處委員會。

②前項調處委員會之組織，由內政部定之。

第六〇條　（規約範本）

①規約範本，由中央主管機關定之。

②第五十六條規約草約，得依前項規約範本制作。

第六一條　（委託或委辦處理事項）

第六條、第九條、第十五條、第十六條、第二十條、第二十五條、第二十八條、第二十九條及第五十九條所定主管機關應處理事

項，得委託或委辦鄉（鎮、市、區）公所辦理。

第六二條（施行細則）

本條例施行細則，由中央主管機關定之。

第六三條（施行日）

本條例自公布日施行。

公寓大廈管理條例施行細則

民國94年11月16日內政部令修正發布全文14條；並自發布日施行。

第一條

本細則依公寓大廈管理條例（以下簡稱本條例）第六十二條規定訂定之。

第二條

①本條例所稱區分所有權比例，指區分所有權人之專有部分依本條例第五十六條第三項測繪之面積與公寓大廈專有部分全部面積總和之比。建築物已完成登記者，依登記機關之記載為準。

②同一區分所有權人有數專有部分者，前項區分所有權比例，應予累計。但於計算區分所有權人會議之比例時，應受本條例第二十七條第二項規定之限制。

第三條

本條例所定區分所有權人之人數，其計算方式如下：

一　區分所有權已登記者，按其登記人數計算。但數人共有一專有部分者，以一人計。

二　區分所有權未登記者，依本條例第五十六條第一項圖說之標示，每一專有部分以一人計。

第四條

本條例第七條第一款所稱公寓大廈本身所占之地面，指建築物外牆中心線或其代替柱中心線以內之最大水平投影範圍。

第五條

①本條例第十八條第一項第一款所定按工程造價一定比例或金額提列公共基金，依下列標準計算之：

一　新臺幣一千萬元以下者為千分之二十。

二　逾新臺幣一千萬元至新臺幣一億元者，超過新臺幣一千萬元部分為千分之十五。

三　逾新臺幣一億元至新臺幣十億元者，超過新臺幣一億元部分為千分之五。

四　逾新臺幣十億元者，超過新臺幣十億元部分為千分之三。

②前項工程造價，指經直轄市、縣（市）主管建築機關核發建造執照載明之工程造價。

③政府興建住宅之公共基金，其他法規有特別規定者，依其規定。

第六條

本條例第二十二條第一項第一款所稱區分所有權總價，指管理負責人或管理委員會促請該區分所有權人或住戶改善時，建築

物之評定標準價格及當期土地公告現值之和。

第七條

①本條例第二十五條第三項所定由區分所有權人互推一人為召集人，除規約另有規定者外，應有區分所有權人二人以上書面推選，經公告十日後生效。

②前項被推選人為數人或公告期間另有他人被推選時，以推選之區分所有權人人數較多者任之；人數相同時，以區分所有權比例合計較多者任之。新被推選人與原被推選人不為同一人時，公告日數應自新被推選人被推選之次日起算。

③前二項之推選人於推選後喪失區分所有權人資格時，除受讓人另為意思表示者外，其所為之推選行為仍為有效。

④區分所有權人推選管理負責人時，準用前三項規定。

第八條

①本條例第二十六條第一項、第二十八條第一項及第五十五條第一項所定報備之資料如下：

一　成立管理委員會或推選管理負責人時之全體區分所有權人名冊及出席區分所有權人名冊。

二　成立管理委員會或推選管理負責人時之區分所有權人會議會議紀錄或推選書或其他證明文件。

②直轄市、縣（市）主管機關受理前項報備資料，應予建檔。

第九條

本條例第三十三條第二款所定無線電臺基地臺等類似強波發射設備，由無線電臺基地臺之目的事業主管機關認定之。

第一〇條

本條例第二十六條第一項第四款、第三十五條及第三十六條第八款所稱會計憑證，指證明會計事項之原始憑證；會計帳簿，指日記帳及總分類帳；財務報表，指公共基金之現金收支表及管理維護費之現金收支表及財產目錄、費用及應收未收款明細。

第一一條

本條例第三十六條所定管理委員會之職務，除第七款至第九款、第十一款及第十二款外，經管理委員會決議或管理負責人以書面授權者，得由管理服務人執行之。但區分所有權人會議或規約另有規定者，從其規定。

第一二條

本條例第五十三條所定其共同設施之使用與管理具有整體不可分性之集居地區，指下列情形之一：

一　依建築法第十一條規定之一宗建築基地。

二　依非都市土地使用管制規則及中華民國九十二年三月二十六日修正施行前山坡地開發建築管理辦法申請開發許可範圍內之地區。

三　其他經直轄市、縣（市）主管機關認定其共同設施之使用與管理具有整體不可分割之地區。

第一三條

本條例所定之公告，應於公寓大廈公告欄內為之；未設公告欄者，應於主要出入口明顯處所為之。

第一四條

本細則自發布日施行。

公寓大廈管理服務人管理辦法

①民國86年9月3日內政部令訂定發布全文26條。
②民國91年6月24日內政部令修正發布第10條條文。
③民國94年7月12日內政部令修正發布全文25條；並自發布日施行。
④民國98年9月21日內政部令修正發布第4、5條條文。
⑤民國111年6月9日內政部令修正發布第3至5條條文。
⑥民國112年12月11日內政部令修正發布第5、17條條文。

第一條

本辦法依公寓大廈管理條例（以下簡稱本條例）第四十六條規定訂定之。

第二條

本條例所定公寓大廈管理服務人員（以下簡稱管理服務人員）之類別如下：

一　公寓大廈事務管理人員（以下簡稱事務管理人員）：指領有中央主管機關核發認可證，受僱或受任執行公寓大廈一般事務管理服務事項之人員。

二　公寓大廈技術服務人員（以下簡稱技術服務人員）：

(一)公寓大廈防火避難設施管理人員（以下簡稱防火避難設施管理人員）：指領有中央主管機關核發認可證，受僱或受任執行公寓大廈防火避難設施管理維護事務之人員。

(二)公寓大廈設備安全管理人員（以下簡稱設備安全管理人員）：指領有中央主管機關核發認可證，受僱或受任執行公寓大廈設備安全管理維護事務之人員。

第三條 111

①事務管理人員應具有國民中學或相當於國民中學以上畢業學歷，且三年內未曾因違反本條例規定經中央主管機關廢止其認可證者。

②前項人員應先參加由中央主管機關舉辦之事務管理人員講習，並應經測驗合格領得講習結業證書後，檢附申請書及資格證明文件、講習結業證書正本及其影本各一份，向中央主管機關申請核發認可證後，始得擔任。

第四條 111

①技術服務人員資格如下，且三年內未曾因違反本條例規定經中央主管機關廢止其認可證者：

一　防火避難設施管理人員：

(一)國民中學或相當於國民中學以上學校畢業，並於畢業後

具有相關建築、土木、電機、機械工程經驗；其服務年資，國民中學畢業者為三年以上，高級中學畢業者為一年以上。

㈡高級職業學校以上學校修習建築、土木工程、營建管理、室內設計、電子、電機、資訊、機械、消防、環境工程等相關學科系畢業。

㈢領有建築、土木、昇降機裝修、電氣、機械、空調、消防等相關技術人員資格證者。

㈣領有建築物公共安全專業檢查人員講習結業證書者。

二　設備安全管理人員：

㈠國民中學或相當於國民中學以上學校畢業，並於畢業後具有相關電機、機械工程經驗；其服務年資，國民中學畢業者為三年以上，高級中學畢業者為一年以上。

㈡高級職業學校以上學校修習電子、電機、資訊、機械、消防、環境工程等相關學科系畢業。

㈢領有昇降機裝修、電氣、機械、空調、消防等相關技術人員資格證者。

㈣領有建築物公共安全專業檢查人員講習結業證書者。

②前項第一款第一目至第三目及第二款第一目至第三目人員應先參加由中央主管機關舉辦之技術服務人員講習，並應經測驗合格領得講習結業證書後，檢附申請書、資格證明文件、講習結業證書正本及其影本各一份，向中央主管機關申請核發認可證後，始得擔任。

③第一項第一款第四目及第二款第四目人員應檢附申請書、建築物公共安全專業檢查人員講習結業證書正本及其影本各一份，向中央主管機關申請核發認可證後，始得擔任。

第五條 112

①前二條規定之認可證有效期限為五年。

②管理服務人員於換發認可證前五年內參加中央主管機關舉辦或委託之相關機構、團體辦理之回訓講習達十六小時以上並取得證明文件者，由中央主管機關換發認可證。

③管理服務人員逾期未換發認可證者，得依前項規定換發。

第六條

中央主管機關得委託相關機構、團體辦理管理服務人登記證、認可證之核發、補發、換發及其他相關業務。

第七條

本條例第四十三條第一款所定繼續性從業管理服務人員，指勞動基準法第九條之不定期契約勞工。

第八條

公寓大廈管理維護公司（以下簡稱管理維護公司）之公司名稱中應標示公寓大廈管理維護字樣。

第九條

①管理維護公司應具有下列條件：

一　資本額在新臺幣一千萬元以上。

二　置有事務管理人員四人以上，及技術服務人員四人以上。

②前項第二款技術服務人員不得為同一類技術服務人員。

第一〇條

管理維護公司申請中央主管機關許可時，應檢附下列文件：

一　申請書。

二　資本額證明文件。

三　事務管理人員與技術服務人員之名冊及資格證明文件。

四　受託管理維護計畫書。

五　其他經中央主管機關認為必要文件。

第一一條

①管理維護公司於領得許可證件後，應於六個月內辦妥公司登記；如有正當理由者，得申請延期一次。但不得超過三個月。

②管理維護公司逾期未辦妥公司登記者，由中央主管機關廢止其許可。

第一二條

①管理維護公司於辦理公司登記後六個月內，應檢附下列文件，向中央主管機關申領登記證，始得營業：

一　申請書。

二　原許可核准函。

三　公司登記證明文件。

②管理維護公司未依前項規定期限辦妥申領登記證者，中央主管機關應廢止其許可。

③管理維護公司於申領公寓大廈管理維護公司登記證時，其原許可申請書記載事項有變更者，應併同辦理變更許可。

④管理維護公司遺失登記證時，應申請補發。

第一三條

管理維護公司登記申請書記載事項有變更時，應於一個月內檢附有關證明文件，向中央主管機關申請變更登記，並換領管理維護公司登記證。

第一四條

①管理維護公司登記證有效期限為三年，管理維護公司應於期限屆滿前，檢附下列文件向中央主管機關申請換發登記證：

一　申請書。

二　原登記證正本。

三　事務管理人員與技術服務人員之名冊及資格證明文件。

四　公司登記證明文件。

五　其他經中央主管機關認為必要文件。

②管理維護公司其登記證有效期限自本辦法中華民國九十四年七月十四日修正生效日起不足一年者，於重新申請換發登記證時，其應置之人員得依原登記條件辦理，免受第九條第一項第二款規定之限制。

第一五條

①管理維護公司從事下列建築物管理維護業務：
一　公寓大廈一般事務管理服務事項。
二　建築物及基地之維護及修繕事項。
三　建築物附屬設施設備之檢查及修護事項。
四　公寓公廈之清潔及環境衛生之維持事項。
五　公寓大廈及其週圍環境安全防災管理維護事項。

②前項管理維護業務，涉及其他行業專業法規規定時，應經公寓大廈管理組織及管理維護公司以契約約定，委託經領有各該目的事業法規許可之業者辦理。

第一六條

管理維護公司業務執行規範如下：
一　對於受任執行管理維護業務契約所應提供之管理維護服務，應善盡善良管理人之注意義務。
二　受託公共基金及其他費用之收支、保管，不得侵占挪用，亦不得與公司或公司員工之財物款項混用。
三　執行業務，應遵守誠實信用之原則，不得有不正當行爲或廢弛其業務上應盡之義務。
四　對於各項管理維護配合防範注意事項或公寓大廈管理維護之重大缺失，應坦誠告知客戶。
五　對於因業務知悉他人之秘密，不得洩露。
六　不得要求期約或收受規定外之任何酬金，亦不得以不正當方法招攬業務。
七　受任執行管理維護業務，處理相關事務應留下書面紀錄與報告，建議事項應以書面爲之。
八　對於火災或其他自然或人爲災難，應事先規劃消防、安全與緊急應變方案，並確保發生緊急狀況時，能立即反應而採迅速有效的行動。
九　管理維護公司不得有下列行爲：
　㈠申請登記不實。
　㈡無正當理由停止營業六個月以上。
　㈢停止營業時不將登記證繳存原核發主管機關。

第一七條 112

①管理維護公司之事務管理人員或技術服務人員離職或死亡時，管理維護公司應於一個月內報請中央主管機關核定。

②前項人員因離職或死亡致不足第九條第一項第二款規定人數時，管理維護公司應在一個月內依規定聘用繼任人員。

第一八條

①管理維護公司停業時，應將其登記證送繳中央主管機關存查，於申請復業核准後發還之。

②管理維護公司歇業時，應將其登記證送繳中央主管機關並辦理註銷登記；其未送繳者，由中央主管機關逕爲廢止。

第一九條

中央主管機關得委託符合下列各款資格、條件之機構、團體辦

理管理服務人員訓練：

一　非營利性質之法人團體、公立或立案之私立大學校院。

二　置有大專以上畢業之專任行政人員一人以上。

三　各講習訓練課程能邀集具備下列資格之一之授課講師一人以上：

(一)現任或曾任大專講師以上職務。

(二)大專以上相關科系畢業，並有五年以上建築管理或公寓大廈管理相關經驗者。

第二〇條

①管理服務人員訓練課程應包括下列共同科目及專業科目：

一　共同科目：

(一)公寓大廈管理條例及其施行細則。

(二)公寓大廈管理服務人管理辦法。

(三)規約範本。

(四)建築物管理維護技術及企劃。

(五)集合住宅住戶使用維護手冊範本。

二　專業科目：

(一)事務管理人員：

1.公寓大廈管理組織籌組運作及申請報備處理原則。

2.公寓大廈管理維護爭議事件處理。

3.公寓大廈公共行政事務管理實務。

4.公寓大廈財務管理實務。

(二)防火避難設施管理人員：

1.建築物防火避難設施及消防設備維護。

2.建築物使用管理相關法令。

3.建築物公共安全檢查簽證及申報辦法與作業程序。

(三)設備安全管理人員：

1.建築物設備設置標準及維護。

2.建築物使用管理相關法令。

3.建築物公共安全檢查簽證及申報辦法與作業程序。

②前項管理服務人員訓練時數不得少於三十小時，且共同科目不得少於十四小時，專業科目不得少於十六小時。

第二一條

①受委託辦理管理服務人員訓練之團體、機構應依委託契約規定辦理講習訓練。

②辦理管理服務人員訓練之團體、機構應將講習人員資格證明文件、結業證書清冊、出席紀錄等資料保存建檔，保存期限至少五年。

③中央主管機關得隨時派員瞭解或抽查辦理講習訓練之團體、機構，有關講習訓練辦理狀況，該團體、機構應協助並提供相關資料。

第二二條

①事務管理人員或技術服務人員申請核發或換發認可證時，每件

應繳納認可費新臺幣五百元及證照費新臺幣五百元；申請補發時，每件應繳納證照費新臺幣五百元。

②管理維護公司申請核發或換發登記證時，應繳交登記費新臺幣四千元及證照費新臺幣五百元，申請補發時，應繳交證照費新臺幣五百元；變更登記時，應繳交登記費新臺幣二千元及證照費新臺幣五百元。

第二三條

直轄市、縣（市）主管機關對於所轄區域內管理維護公司應督導其業務，必要時得隨時抽查並命其提出與業務有關文件及說明。

第二四條

管理服務人受僱或受任執行管理維護業務之契約範本，由中央主管機關定之。

第二五條

本辦法自發布日施行。

既有公共建築物無障礙設施替代改善計畫作業程序及認定原則

①民國101年5月25日內政部令修正發布名稱及全文9點；並自發布日生效（原名稱：已領得建築執照之公共建築物無障礙設備與設施提具替代改善計畫作業程序及認定原則）。
②民國101年11月16日內政部令修正發布全文 11 點；並自102年1月1日生效。
③民國105年12月15日內政部令修正發布全文12點。
④民國107年4月20日內政部令修正發布第2、11點；並自即日生效。
⑤民國110年12月30日內政部令修正發布第2點；並自111年1月1日生效。

一　為使各級目的事業主管機關辦理未符無障礙設備及設施設置規定之建築物改善及核定事項有所遵循，俾符身心障礙者權益保障法第五十七條第三項規定，特訂定本原則。

二　適用之建築物：指建築技術規則（以下簡稱本規則）建築設計施工編第一百七十條所定公共建築物且於本規則中華民國九十七年七月一日修正施行前取得建造執照而未符合其規定者。改善無障礙設施之項目如下表，其優先次序，由當地主管建築機關定之：

建築物使用類組			無障礙設施種類／公共建築物	室外通路	避難層坡道及扶手	避難層出入口	室內出入口	室內通路走廊	樓梯	昇降設	廁所盥洗室	浴室	輪椅觀眾席位	停車空間	無障礙客房
A類	公共集會類	A-1	1.戲（劇）院、電影院、演藝場、歌廳、觀覽場。 2.觀眾席面積在二百平方公尺以上之下列場所：音樂廳、文康中心、社教館、集會堂（場）、社區（村里）活動中心。	V	V	V	V	V	○	V	V		V	V	
			3.觀眾席面積在二百平方公尺以上之下列場所：體育館（場）及設施。	V	V	V	V	V	○	V	V	V	V	V	
		A-2	1.車站（公路、鐵路、大眾捷運）。 2.候船室、水運客站。 3.航空站、飛機場大廈。	V	V	V	V	V	V	V	V			V	
		B-2	百貨公司（百貨商場）商場、市場（超級市場、零售市場、攤販集中場）、展覽場（館）、量販店。	V	V	V	V	V	○	V	V			V	

B類	商業類	B-3	1.小吃街等類似場所。 2.樓地板面積在三百平方公尺以上之下列場所：餐廳、飲食店、飲料店（無陪侍，提供非酒精飲料服務之場所，包括茶藝館、咖啡店、冰果店及冷飲店等）、飲酒店（無陪侍，供應酒精飲料之餐飲服務場所，包括啤酒屋）等類似場所。	V	V	V	V	V		○	V				
		B-4	國際觀光旅館、一般觀光旅館、一般旅館。	V	V	V	V	V	○	V	V	○		V	V
D類	休閒、文教類	D-1	室內游泳池。	V	V	V	V	V	○	V	V	V	V	V	
		D-2	1.會議廳、展示廳、博物館、美術館、圖書館、水族館、科學館、陳列館、資料館、歷史文物館、天文臺、藝術館。	V	V	V	V	V	V	V	V			V	
			2.觀眾席面積未達二百平方公尺之下列場所：音樂廳、文康中心、社教館、集會堂（場）、社區（村里）活動中心。	V	V	V	V	V	○	V	V			V	
			3.觀眾席面積未達二百平方公尺之下列場所：體育館（場）及設施。	V	V	V	V	V	○	V	V	V	V	V	
		D-3	小學教室、教學大樓、相關教學場所。	V	V	V	V	V	V	V	V		V	V	
		D-4	國中、高中（職）、專科學校、學院、大學等之教室、教學大樓、相關教學場所。	V	V	V	V	V	V	V	V		V	V	
		D-5	樓地板面積在五百平方公尺以上之下列場所：補習（訓練）班、課後托育中心。	V	V	V	V	○	○	V	○			○	
E類	宗教、殯葬類	E	1.樓地板面積在五百平方公尺以上之寺（寺院）、廟（廟宇）、教堂。 2.樓地板面積在五百平方公尺以上之殯儀館。	V	V	V	V	V	V	V	V		V	V	
F類	衛生、福利、更生類	F-1	1.設有十床病床以上之下列場所：醫院、療養院。 2.樓地板面積在五百平方公尺以上之下列場所：護理之家、屬於老人福利機構之長期照護機構、依長期照顧服務法提供機構住宿式服務之長期照顧服務機構。	V	V	V	V	V	V	V	V	V		V	
		F-2	1.身心障礙者福利機構、身心障礙者教養機構（院）、身心障礙者職業訓練機構。	V	V	V	V	V	V	V	V	V		V	
			2.特殊教育學校。	V	V	V	V	V	V	V	V	V	V	V	
		F-3	1.樓地板面積在五百平方公尺以上之下列場所：幼兒園、兒童及少年福利機構。 2.發展遲緩兒早期療育中心。	V	V	V	V	V	V	V	V	○		V	

G類	辦公、服務類	G-1	含營業廳之下列場所：金融機構、證券交易場所、金融保險機構、合作社、銀行、郵政、電信、自來水及電力等公用事業機構之營業場所。	V	V	V	V	V	V	V	V			V	
		G-2	1.郵政、電信、自來水及電力等公用事業機構之辦公室。 2.政府機關（公務機關）。 3.身心障礙者就業服務機構。	V	V	V	V	V	V	V	V			V	
		G-3	1.衛生所。 2.設置病床未達十床之下列場所：醫院、療養院。	V	V	V	V	V	V	V	V			V	
			公共廁所。	V	V	V	V	V	○	V	V				
			便利商店。	V	V	V	V	○	○	○					
H類	住宿類	H-1	1.樓地板面積未達五百平方公尺之下列場所：護理之家、屬於老人福利機構之長期照護機構。 2.老人福利機構之場所：養護機構、安養機構、文康機構、服務機構、依長期照顧服務法提供機構住宿式服務之長期照顧服務機構。	V	V	V	V	V	V	V	V	V		V	
		H-2	1.六層以上之集合住宅。	V	V	V	○	○	○	V	○				
			2.五層以下且五十戶以上之集合住宅。	V	V	V	○	○	○	○	○				
I類	危險物品類	I	加油（氣）站。								V			○	

說明：

一、「」指每一建造執照每幢至少必須設置一處，「○」指申請人視實際需要自由設置。

二、國際觀光旅館、一般觀光旅館、一般旅館無障礙客房數量不得少於下表規定：

客房總數量（間）	無障礙客房數量（間）
一至四十九	免設
五十至一百	一
一百零一至二百	二
二百零一至三百	三
三百零一至四百	四
四百零一至五百	五
五百零一至六百	六
超過六百間者，每增加一至一百間，應再增加一間無障礙客房。	

三、六層以上之集合住宅以複層式設計者，其同一單元之昇降設備，得選擇通達複層之任一層。

三　公共建築物因軍事管制、古蹟維護、自然環境因素、建築物構造或設備限制等特殊情形，設置無障礙設備及設施確有困難者，其替代改善計畫，依下列規定辦理：

㈠公共建築物已依中華民國八十五年十一月二十七日修正施行之本規則建築設計施工編第十章規定設置或核定之替代改善計畫改善者，視同具替代性功能。

㈡公共建築物未改善者，得依第十一點規定改善之，視同具替代性功能。

前項建築物經當地主管建築機關認定應改善者，應辦理改善。

四　中華民國九十七年七月一日本規則修正施行前已領得建造執照，於施工中尚未領得使用執照之建築物，在程序未終結前，仍得適用原建造執照申請時之本規則規定。

五　第二點建築物之改善，應由當地主管建築機關依轄區實際需求訂定分類、分期、分區執行計畫及期限公告之，建築物所有權人或管理機關負責人，應依第二點之改善項目及內容依限改善並報當地主管建築機關備查。無法依第三點第一項第二款規定改善者，得由建築物所有權人或管理機關負責人依第十二點規定提具替代改善計畫，報經當地主管建築機關審核認可後，依其計畫改善內容及時程辦理。

前項由建築物所有權人或管理機關負責人提具之替代改善計畫，應包括不符規定之項目、原因及替代改善措施與現行規定功能檢討、比較、分析。

六　當地主管建築機關應由相關主管單位、建築師公會、各障礙類別之身心障礙團體並邀請有關之專家學者組設公共建築物無障礙設施改善諮詢及審查小組，辦理下列事項：

㈠分類、分期、分區改善執行計畫及期限之擬定。
㈡各類建築物無障礙設施項目優先改善次序之擬定。
㈢公共建築物替代改善計畫之諮詢及指導。
㈣公共建築物可否提具替代改善計畫之認定及替代改善計畫之審核。

七　公共建築物無障礙設施改善諮詢及審查小組人員應具備下列資格之一：

㈠取得內政部營建署於中華民國九十七年七月一日以後委託辦理之公共建築物設置身心障礙者行動與使用之設施及設備勘檢人員培訓講習結業證書。
㈡曾擔任內政部營建署公共建築物無障礙生活環境業務督導小組委員連續三年以上。
㈢曾擔任各直轄市、縣（市）政府及特設主管建築機關勘檢小組委員連續三年以上。
㈣相關專業領域之專家學者。

八　當地主管建築機關對聘任之諮詢及審查小組人員，應辦理至少三個小時之諮詢及審查實務講習，其講習項目如下：

㈠建築技術規則建築設計施工編第十章、建築物無障礙設施設計規範內容。
㈡既有公共建築物無障礙設施替代改善計畫作業程序及認定原則內容。
㈢諮詢及審查注意事項（含諮詢及審查錯誤樣態說明）。
㈣諮詢及審查程序。
㈤諮詢及審查任務。
㈥其他相關事項。

九　諮詢及審查小組人員有下列情形之一者，當地主管建築機關得終止聘任：

㈠執行諮詢及審查案件違反本規則建築設計施工編第十章、建築物無障礙設施設計規範（以下簡稱本規範）或本原則規定。

㈡其他經當地主管建築機關認定情節重大者。

一〇　公共建築物依本原則規定改善增設之坡道或昇降機者，得依下列規定辦理：

㈠不計入建築面積各層樓地板面積。但單獨增設之昇降機間及乘場面積合計不得超過二十平方公尺。

㈡不受鄰棟間隔、前院、後院及開口距離有關規定之限制。

㈢不受建築物高度限制。但坡道設有頂蓋其高度不得超過原有建築物高度加三公尺，昇降機間高度不得超過原有建築物加六公尺。

一一　公共建築物設置無障礙設施確有困難者，得於維持行動不便者自主使用之原則下，依下列改善原則辦理。但改善原則未明列者，仍應依本規範辦理改善：

㈠避難層出入口：

1.出入口平臺淨寬與出入口同寬，淨深不得小於一百二十公分。

2.出入口緊鄰騎樓，平臺坡度不得大於四十分之一。

㈡避難層坡道及扶手：

1.坡度：坡道因空間受限，坡度得依下表設置，並標示需由人員協助上下坡道之標誌，且應視需要設置服務鈴。

高低差（公分）	坡度
七十五以下	十分之一
五十以下	九分之一
三十五以下	八分之一
二十五以下	七分之一
二十以下	六分之一
十二以下	五分之一
八以下	四分之一
六以下	三分之一

2.中間平臺：坡道兩端高差大於七十五公分者，因空間受限，且坡道兩端高差不大於一百二十公分及坡度小於十二分之一者，得不受坡道中間增設平臺之限制。

3.坡道爲路緣坡道，設置扶手會影響直行通路者，無須設置扶手。

4.無需改善情形：

(1)防護緣超出扶手投影線。

(2)扶手端部做防勾撞處理與本規範不符者。

(三)樓梯：

1.兩端平臺高差在二十公分以上者，如設置扶手將影響通路順暢者，不須設置扶手。

2.無須改善情況：

(1)既有扶手圓形直徑或其他形狀外緣周邊與本規範不符者。

(2)因空間受限，扶手水平延伸三十公分會突出走道者。

(3)連續樓梯往上之梯級未依本規範退至少一階者。但內側扶手轉彎處仍須順平。

(4)梯階之級高、級深、樓梯平臺等與本規範不符者。

(四)昇降設備：

1.機廂尺寸：入口不得小於八十公分，機廂深度不得小於一百十公分。

2.標示：昇降機外部應設置無障礙標誌。現存無障礙標誌與本規範未完全相同者，無須改善。但採用「殘障電梯」或其他不當用詞者，應予改善。

3.無須改善情況：

(1)昇降機廂內扶手、輪椅乘坐者操作盤與本規範不符者。

(2)未於昇降機入口設置觸覺裝置者。

(3)昇降機呼叫鈕之中心線距地板面一百二十公分以下者。但昇降機呼叫鈕之中心線距地板面大於一百二十公分者，應設置協助使用之輔具或服務鈴。

(4)一般旅館一樓設有無障礙客房，且其他樓層未設有住宿以外之服務性設施、附屬設備者，得免改善昇降設備。

(五)廁所盥洗室：

1.無障礙通路：至少應有一條無障礙通路可通達廁所盥洗室，寬度不得小於九十公分，且應考慮開門之操作空間。

2.門：裝設橫拉門有困難時可用折疊門，門開啓後實際可供進出之淨寬不得小於八十公分。不得使用凹入式、扭轉式（含喇叭鎖）之門把及鎖扣，且有半截式之蝴蝶葉鉸鏈彈簧門應立即拆除。

3.迴轉空間：直徑不得小於一百二十公分，其中邊緣二十公分範圍內，淨高不得小於六十五公分。

4.洗面盆符合下列情形之一者，得免於兩側及前方環繞洗面盆設置扶手：

(1)設置檯面式洗面盆。

(2)設置壁掛式洗面盆已於下方加設安全支撐者。

5.鏡子：鏡面底端與地板面距離大於九十公分者，可設置傾斜鏡面。但須考慮站立者之注視角度。

6.馬桶：

(1)兩側得採用可動扶手。

(2)冲水控制無須改善，但須考量可操作空間。

(六)浴室：

1.無障礙通路：至少應有一條無障礙通路可通達浴室，寬度不得小於九十公分，且應考慮開門之操作空間。

2.門：裝設橫拉門有困難時可用折疊門，門開啓後實際可供進出之淨寬不得小於八十公分。不得使用凹入式、扭轉式（含喇叭鎖）之門把及鎖扣，且有半截式之蝴蝶葉鉸鏈彈簧門應立即拆除。

3.既有公共建築物如設有無障礙客房（含廁所盥洗室、浴室）者，則無需另外設置無障礙浴室。

(七)停車空間：

1.尺寸：缺乏下車空間者，可以停車位旁之通道作爲臨時下車區使用，得不另劃設下車空區。

2.多幢建築物停車空間依法集中留設者，其無障礙設施之停車位數得依其幢數集中設置之。

3.無須改善：

(1)停車格線顏色與本規範不符，但與地面顏色已有明顯對比色者。

(2)建築物經檢討免設置法定停車空間者，無須設置無障礙停車位。

(八)無障礙客房：

1.無障礙通路：至少有一條通路可通達無障礙客房，寬度不得小於九十公分，且應考慮開門之操作空間。

2.無障礙客房之門不得使用凹入式、扭轉式（含喇叭鎖）之門把及鎖扣，門開啓後實際可供進出之淨寬依下列規定辦理：

(1)通達無障礙客房之通路淨寬大於一百十公分者，門開啓後實際可供進出之淨寬不得小於八十五公分。

(2)通達無障礙客房之通路淨寬大於九十公分未達一百十公分者，門開啓後實際可供進出之淨寬不得小於九十公分。

(3)通達無障礙客房之無障礙通路行進方向與客房門開啓方向一致，或客房門前方已可提供直徑一百五十公分之迴轉空間者，門開啓後實際可供進出之淨寬不得小於七十五公分。

3.房間內通路不得小於八十公分。

4.衛浴設備空間：

(1)門：設置之形式得不受限制，實際可供出入之淨寬

不得小於八十公分。不得使用凹入式門把或喇叭鎖，且有半截式之蝴蝶葉鉸鏈彈簧門應立即拆除。

(2)迴轉空間：直徑不得小於一百二十公分，其中邊緣二十公分範圍內，淨高不得小於六十五公分。

(3)馬桶：

A. 兩側得採用可動扶手或可拆卸式扶手。

B. 沖水控制無須改善，但須考量可操作空間。

(4)洗面盆符合下列情形之一者，得免於兩側及前方環繞洗面盆設置扶手：

A. 設置檯面式洗面盆。

B. 設置壁掛式洗面盆已於下方加設安全支撐者。

一二 公共建築物無障礙設施無法依第十一點規定改善者，得於提供支援服務協助之原則下，參照下列替代原則或其他替代方案提具替代改善計畫，報經當地主管建築機關審核認可後，依其計畫改善內容及時程辦理：

(一)避難層坡道及扶手：建築物避難層主要出入口高低差障礙，受限於建築結構無法退縮且因緊鄰騎樓或人行道，無法設置坡道之空間者，得採以下作法：

1. 可使用活動式斜坡版、設置輪椅昇降臺或樓梯附掛式輪椅昇降臺等設備，並設有服務鈴，由服務人員提供協助。如仍無法改善者，得設置服務鈴，由服務人員提供協助。

2. 自動感應門前平台與本規範不符者，無須改善。

(二)昇降設備：

1. 已設置昇降設備，機廂入口未達八十公分或機廂深度未達一百十公分，得以提供可收放式輪椅或設置活動座椅替代。

2. 受限於建築基地及結構無法設置昇降設備者，得採用專人服務，並設置服務鈴。

(三)廁所盥洗室：

1. 受限於建築基地及結構無法改善者，得以人員引導至適當範圍內之無障礙廁所盥洗室替代。

2. 受限於建築基地及結構無法改善者，得以現有廁所盥洗室替代之，且經人員協助可供乘坐輪椅者使用。

3. 加油（氣）站受限於建築基地、結構或地下設備管線，設置廁所盥洗室確有實際困難者，得採用流動式無障礙廁所盥洗室。

(四)浴室：

1. 受限於建築基地及結構無法改善者，得以人員協助至適當範圍內之無障礙浴室替代。

2. 受限於建築基地及結構無法改善者，得以現有浴室替代之，且經人員協助可供乘坐輪椅者使用。

(五)停車空間：受限於建築基地及結構無法改善者，得以距

離建築物出入口適當範圍內身心障礙者專用停車位替代，並於出入口標示該專用停車位位置。如仍無法替代者，得採用專人服務，並設置服務鈴。

㈥無障礙客房：

1. 無障礙通路、客房門開啓後實際可供進出之淨寬、房間內通路、衛浴設備空間受限於建築基地及結構無法改善者，得以提供專用輪椅替代。
2. 無障礙客房內所設衛浴設備空間受限於建築基地及結構無法改善者，得以現有衛浴設備空間替代之，且經人員協助可供乘坐輪椅者使用。
3. 無障礙客房受限於建築基地及結構無法改善者，得以人員協助至建築物坐落基地適當範圍內之無障礙客房住宿。

前項適當範圍，由當地主管建築機關定之。

(四)消防

消防法

①民國74年11月29日總統令制定公布全文32條。
②民國84年8月11日總統令修正公布全文47條。
③民國89年7月5日總統令修正公布第3、27、28條條文。
④民國94年2月2日總統令增訂公布第15-1、42-1條條文。
⑤民國96年1月3日總統令修正公布第9條條文。
⑥民國99年5月19日總統令修正公布第6、35、37條條文。
⑦民國99年12月8日總統令增訂公布第15-2條條文。
⑧民國100年5月4日總統令修正公布第14、41條條文；並增訂第14-1、41-1條條文。
⑨民國100年12月21日總統令修正公布第12條條文。
⑩民國106年1月18日總統令修正公布第9、19、30、38條條文。
⑪民國108年1月7日總統令修正公布第5、30、32、36、40條條文。
⑫民國108年11月13日總統令修正公布第15、19、27條條文及第四章章名；並增訂第15-3、15-4、20-1、21-1、27-1、42-2、43-1條條文。
⑬民國111年5月11日總統令修正公布第9條條文。
⑭民國112年6月21日總統令修正公布第1、3、7、11、13、15-2、18、36至40、42、42-2、43、46條條文；增訂第11-1、13-1、15-5、15-6、19-1、26-1、35-1、35-2、42-3、42-4條條文；並刪除第45條條文。

第一章　總　則

第一條 112

為預防火災、搶救災害及緊急救護，以維護公共安全，確保人民生命財產，特制定本法。

第二條　（管理權人之定義）

本法所稱管理權人係指依法令或契約對各該場所有實際支配管理權者；其屬法人者，為其負責人。

第三條 112

本法所稱主管機關：在中央為內政部；在直轄市為直轄市政府；在縣（市）為縣（市）政府。

第四條　（消防車輛、裝備及人力配置之標準）

直轄市、縣（市）消防車輛、裝備及其人力配置標準，由中央主管機關定之。

第二章　火災預防

第五條（防火教育及宣導）108

直轄市、縣（市）政府，應每年定期舉辦防火教育及宣導，並由機關、學校、團體及大眾傳播機構協助推行。

第六條（消防安全設備之設置）99

①本法所定各類場所之管理權人對其實際支配管理之場所，應設置並維護其消防安全設備；場所之分類及消防安全設備設置之標準，由中央主管機關定之。

②消防機關得依前項所定各類場所之危險程度，分類列管檢查及複查。

③第一項所定各類場所因用途、構造特殊，或引用與依第一項所定標準同等以上效能之技術、工法或設備者，得檢附具體證明，經中央主管機關核准，不適用依第一項所定標準之全部或一部。

④不屬於第一項所定標準應設置火警自動警報設備之旅館、老人福利機構場所及中央主管機關公告場所之管理權人，應設置住宅用火災警報器並維護之；其安裝位置、方式、改善期限及其他應遵行事項之辦法，由中央主管機關定之。

⑤不屬於第一項所定標準應設置火警自動警報設備住宅場所之管理權人，應設置住宅用火災警報器並維護之；其安裝位置、方式、改善期限及其他應遵行事項之辦法，由中央主管機關定之。

第七條 112

①依各類場所消防安全設備設置標準設置之消防安全設備，其設計、監造應由消防設備師爲之；其測試、檢修應由消防設備師或消防設備士爲之。

②前項消防安全設備之設計、監造、測試及檢修，得由現有相關專門職業及技術人員或技術士暫行爲之；其期限至本法中華民國一百十二年五月三十日修正之條文施行之日起五年止。

③開業建築師、電機技師得執行滅火器、標示設備或緊急照明燈等非系統式消防安全設備之設計、監造或測試、檢修，不受第一項規定之限制。

④消防設備師之資格及管理，另以法律定之。

⑤在前項法律未制定前，中央主管機關得訂定消防設備師及消防設備士管理辦法。

第八條（消防設備師、消防設備士之資格）

①中華民國國民經消防設備師考試及格並依本法領有消防設備師證書者，得充消防設備師。

②中華民國國民經消防設備士考試及格並依本法領有消防設備士證書者，得充消防設備士。

③請領消防設備師或消防設備士證書，應具申請書及資格證明文件，送請中央主管機關核發之。

第九條 111

①第六條第一項所定各類場所之管理權人，應依下列規定，定期檢修消防安全設備；其檢修結果，應依規定期限報請場所所在地主管機關審核，主管機關得派員複查；場所有歇業或停業之

情形者，亦同。但各類場所所在之建築物整棟已無使用之情形，該場所之管理權人報請場所所在地主管機關審核同意後至該建築物恢復使用前，得免定期辦理消防安全設備檢修及檢修結果申報：

一　高層建築物、地下建築物或中央主管機關公告之場所：委託中央主管機關許可之消防安全設備檢修專業機構辦理。
二　前款以外一定規模以上之場所：委託消防設備師或消防設備士辦理。
三　前二款以外僅設有滅火器、標示設備或緊急照明燈等非系統式消防安全設備之場所：委託消防設備師、消防設備士或由管理權人自行辦理。

②前項各類場所（包括歇業或停業場所）定期檢修消防安全設備之項目、方式、基準、頻率、檢修必要設備與器具定期檢驗或校準、檢修完成標示之規格、樣式、附加方式與位置、受理檢修結果之申報期限、報請審核時之查核、處理方式、建築物整棟已無使用情形之認定基準與其報請審核應備文件及其他應遵行事項之辦法，由中央主管機關定之。

③第一項第二款一定規模以上之場所，由中央主管機關公告之。

④第一項第一款所定消防安全設備檢修專業機構，其申請許可之資格、程序、應備文件、審核方式、許可證書核（換）發、有效期間、變更、廢止、延展、執行業務之規範、消防設備師（士）之僱用、異動、訓練、業務相關文件之備置與保存年限、各類書表之陳報及其他應遵行事項之辦法，由中央主管機關定之。

第一〇條　（消防安全設備圖說之審查）

①供公衆使用建築物之消防安全設備圖說，應由直轄市、縣（市）消防機關於主管建築機關許可開工前，審查完成。

②依建築法第三十四條之一申請預審事項，涉及建築物消防安全設備者，主管建築機關應會同消防機關預為審查。

③非供公衆使用建築物變更為供公衆使用或原供公衆使用建築物變更為他種公衆使用時，主管建築機關應會同消防機關審查其消防安全設備圖說。

第一一條 112

①地面樓層達十一層以上建築物、地下建築物及中央主管機關指定之場所，其管理權人應使用附有防焰標示之地毯、窗簾、布幕、展示用廣告板及其他指定之防焰物品。

②前項防焰物品或其材料非附有防焰標示，不得銷售及陳列。

第一一條之一 112

①從事防焰物品或其材料製造、輸入處理或施作業者，應向中央主管機關登錄之專業機構申請防焰性能認證，並取得認證證書後，始得向該專業機構申領防焰標示。

②防焰物品或其材料，應經中央主管機關登錄之試驗機構試驗防焰性能合格，始得附加防焰標示；其防焰性能試驗項目、方法、設備、結果判定及其他相關事項之標準，由中央主管機關定之。

③主管機關得就防焰物品或其材料，實施不定期抽樣試驗，業者不得規避、妨礙或拒絕。
④第一項所定防焰性能認證之申請資格、程序、應備文件、審核方式、認證證書核（換）發、有效期間、變更、註銷、延展、防焰標示之規格、附加方式、申領之程序、應備文件、核發、註銷、停止核發及其他應遵行事項之辦法，由中央主管機關定之。
⑤第一項所定專業機構辦理防焰性能認證、防焰標示製作及核（換）發、第二項所定試驗機構試驗防焰性能所需費用，由申請人負擔；其收費項目及費額，由各該機構擬訂，報請中央主管機關核定。
⑥第一項、第二項所定專業機構及試驗機構，其申請登錄之資格、程序、應備文件、審核方式、登錄證書核（換）發、有效期間、變更、廢止、延展、執行業務之規範、資料之建置、保存與申報及其他應遵行事項之辦法，由中央主管機關定之。

第一二條（消防機具、器材與設備之認可與依據）100
①經中央主管機關公告應實施認可之消防機具、器材及設備，非經中央主管機關所登錄機構之認可，並附加認可標示者，不得銷售、陳列或設置使用。
②前項所定認可，應依序實施型式認可及個別認可。但因性質特殊，經中央主管機關認定者，得不依序實施。
③第一項所定經中央主管機關公告應實施認可之消防機具、器材及設備，其申請認可之資格、程序、應備文件、審核方式、認可有效期間、撤銷、廢止、標示之規格樣式、附加方式、註銷、除去及其他應遵行事項之辦法，由中央主管機關定之。
④第一項所定登錄機構辦理認可所需費用，由申請人負擔，其收費項目及費額，由該登錄機構報請中央主管機關核定。
⑤第一項所定消防機具、器材及設備之構造、材質、性能、認可試驗內容、批次之認定、試驗結果之判定、主要試驗設備及其他相關事項之標準，分別由中央主管機關定之。
⑥第一項所定登錄機構，其申請登錄之資格、程序、應備文件、審核方式、登錄證書之有效期間、核（換）發、撤銷、廢止、管理及其他應遵行事項之辦法，由中央主管機關定之。

第一三條 112
①一定規模以上之建築物，應由管理權人遴用防火管理人，責其訂定消防防護計畫。
②前項一定規模以上之建築物，由中央主管機關公告之。
③第一項建築物遇有增建、改建、修建、變更使用或室內裝修施工致影響原有系統式消防安全設備功能時，其管理權人應責由防火管理人另定施工中消防防護計畫。
④第一項及前項消防防護計畫，均應由管理權人報請建築物所在地主管機關備查，並依各該計畫執行有關防火管理上必要之業務。

⑤下列建築物之管理權有分屬情形者，各管理權人應協議遴用共同防火管理人，責其訂定共同消防防護計畫後，由各管理權人共同報請建築物所在地主管機關備查，並依該計畫執行建築物共有部分防火管理及整體避難訓練等有關共同防火管理上必要之業務：

一　非屬集合住宅之地面樓層達十一層以上建築物。

二　地下建築物。

三　其他經中央主管機關公告之建築物。

⑥前項建築物中有非屬第一項規定之場所者，各管理權人得協議該場所派員擔任共同防火管理人。

⑦防火管理人或共同防火管理人，應為第一項及第五項所定場所之管理或監督層次人員，並經主管機關或經中央主管機關登錄之專業機構施予一定時數之訓練，領有合格證書，始得充任；任職期間，並應定期接受複訓。

⑧前項主管機關施予防火管理人或共同防火管理人訓練之項目、一定時數、講師資格、測驗方式、合格基準、合格證書核發、資料之建置與保存及其他應遵行事項之辦法，由中央主管機關定之。

⑨第七項所定專業機構，其申請登錄之資格、程序、應備文件、審核方式、登錄證書核（換）發、有效期間、變更、廢止、延展、執行業務之規範、資料之建置、保存與申報、施予防火管理人或共同防火管理人訓練之項目、一定時數及其他應遵行事項之辦法，由中央主管機關定之。

⑩管理權人應於防火管理人或共同防火管理人遴用之次日起十五日內，報請建築物所在地主管機關備查；異動時，亦同。

第一三條之一 112

①高層建築物之防災中心或地下建築物之中央管理室，應置服勤人員，並經主管機關或經中央主管機關登錄之專業機構施予一定時數之訓練，領有合格證書，始得充任；任職期間，並應定期接受複訓。

②前項主管機關施予服勤人員訓練之項目、一定時數、講師資格、測驗方式、合格基準、合格證書核發、資料之建置與保存及其他應遵行事項之辦法，由中央主管機關定之。

③第一項所定專業機構，其申請登錄之資格、程序、應備文件、審核方式、登錄證書核（換）發、有效期間、變更、廢止、延展、執行業務之規範、資料之建置、保存與申報、施予服勤人員訓練之項目、一定時數及其他應遵行事項之辦法，由中央主管機關定之。

④管理權人應於服勤人員遴用之次日起十五日內，報請第一項建築物所在地主管機關備查；異動時，亦同。

第一四條　（易致火災行為之申請與規範）100

①田野引火燃燒、施放天燈及其他經主管機關公告易致火災之行為，非經該管主管機關許可，不得為之。

②主管機關基於公共安全之必要，得就轄區內申請前項許可之資格、程序、應備文件、安全防護措施、審核方式、撤銷、廢止、禁止從事之區域、時間、方式及其他應遵行之事項，訂定法規管理之。

第一四條之一　（明火表演之申請與規範）100

①供公眾使用建築物及中央主管機關公告之場所，除其他法令另有規定外，非經場所之管理權人申請主管機關許可，不得使用以產生火焰、火花或火星等方式，進行表演性質之活動。

②前項申請許可之資格、程序、應備文件、安全防護措施、審核方式、撤銷、廢止、禁止從事之區域、時間、方式及其他應遵行事項之辦法，由中央主管機關定之。

③主管機關派員檢查第一項經許可之場所時，應出示有關執行職務之證明文件或顯示足資辨別之標誌；管理權人或現場有關人員不得規避、妨礙或拒絕，並應依檢查人員之請求，提供相關資料。

第一五條 108

①公共危險物品及可燃性高壓氣體應依其容器、裝載及搬運方法進行安全搬運；達管制量時，應在製造、儲存或處理場所以安全方法進行儲存或處理。

②前項公共危險物品及可燃性高壓氣體之範圍及分類，製造、儲存或處理場所之位置、構造及設備之設置標準、儲存、處理及搬運之安全管理辦法，由中央主管機關會同中央目的事業主管機關定之。但公共危險物品及可燃性高壓氣體之製造、儲存、處理或搬運，中央目的事業主管機關另訂有安全管理規定者，依其規定辦理。

③職務涉及第一項所定場所之行為人，或經營家用液化石油氣零售事業者（以下簡稱零售業者）、用戶及其員工得向直轄市、縣（市）主管機關敘明事實或檢具證據資料，舉發違反前二項之行為。

④直轄市、縣（市）主管機關對前項舉發人之身分應予保密。

⑤第三項舉發人之單位主管、雇主不得因其舉發行為，而予以解僱、調職或其他不利之處分。

⑥第三項舉發內容經查證屬實並處以罰鍰者，得以實收罰鍰總金額收入之一定比例，提充獎金獎勵舉發人。

⑦前項舉發人獎勵資格、獎金提充比例、分配方式及其他相關事項之辦法，由直轄市、縣（市）主管機關定之。

第一五條之一　（承裝業營業登記之申請）94

①使用燃氣之熱水器及配管之承裝業，應向直轄市、縣（市）政府申請營業登記後，始得營業。並自中華民國九十五年二月一日起使用燃氣熱水器之安裝，非經僱用領有合格證照者，不得為之。

②前項承裝業營業登記之申請、變更、撤銷與廢止、業務範圍、技術士之僱用及其他管理事項之辦法，由中央目的事業主管機

關會同中央主管機關定之。
③第一項熱水器及其配管之安裝標準，由中央主管機關定之。
④第一項熱水器應裝設於建築物外牆，或裝設於有開口且與戶外空氣流通之位置；其無法符合者，應裝設熱水器排氣管將廢氣排至戶外。

第一五條之二 112

①零售業者應置安全技術人員，執行供氣檢查，並備置下列資料，定期向營業所在地主管機關申報：
一　容器儲存場所管理資料。
二　容器管理資料。
三　用戶資料。
四　液化石油氣分裝場業者灌裝證明資料。
五　安全技術人員管理資料。
六　用戶安全檢查資料。
七　投保公共意外責任保險之證明文件。
八　其他經中央主管機關公告之資料。
②前項資料之製作內容、應記載事項、備置、保存年限、申報及其他應遵行事項之辦法，由中央主管機關定之。
③第一項安全技術人員應經中央主管機關登錄之專業機構施予一定時數之訓練，領有合格證書，始得充任；任職期間，並應定期接受複訓。
④前項所定專業機構，其申請登錄之資格、程序、應備文件、審核方式、登錄證書核（換）發、有效期間、變更、廢止、延展、執行業務之規範、資料之建置、保存與申報、施予安全技術人員訓練之項目、一定時數及其他應遵行事項之辦法，由中央主管機關定之。

第一五條之三 108

①液化石油氣容器（以下簡稱容器）製造或輸入業者，應向中央主管機關申請型式認可，發給型式認可證書，始得申請個別認可。
②容器應依前項個別認可合格並附加合格標示後，始得銷售。
③第一項所定容器，其製造或輸入業者申請認可之資格、程序、應備文件、認可證書核（換）發、有效期間、變更、撤銷、廢止、延展、合格標示停止核發、銷售對象資料之建置、保存與申報及其他應遵行事項之辦法，由中央主管機關定之。
④第一項所定容器之規格、構造、材質、熔接規定、標誌、塗裝、使用年限、認可試驗項目、批次認定、抽樣數量、試驗結果之判定、合格標示之規格與附加方式、不合格之處理及其他相關事項之標準，由中央主管機關公告之。
⑤第一項所定型式認可、個別認可、型式認可證書、第二項所定合格標示之核發、第三項所定型式認可證書核（換）發、變更、合格標示停止核發、撤銷、廢止、延展，得委託中央主管機關登錄之專業機構辦理之。

⑥前項所定專業機構辦理型式認可、個別認可、合格標示之核發、型式認可證書核（換）發、變更、延展所需費用，由申請人負擔，其收費項目及費額，由該機構報請中央主管機關核定。

⑦第五項所定專業機構，其申請登錄之資格、儀器設備與人員、程序、應備文件、登錄證書之有效期間、核（換）發、撤銷、廢止、變更、延展、資料之建置、保存與申報、停止執行業務及其他應遵行事項之辦法，由中央主管機關定之。

第一五條之四　108

①容器應定期檢驗，零售業者應於檢驗期限屆滿前，將容器送經中央主管機關登錄之容器檢驗機構實施檢驗，經檢驗合格並附加合格標示後，始得繼續使用，使用年限屆滿應汰換之；其容器定期檢驗期限、項目、方式、結果判定、合格標示應載事項與附加方式、不合格容器之銷毀、容器閥之銷毀及其他相關事項之標準，由中央主管機關公告之。

②前項所定容器檢驗機構辦理容器檢驗所需費用，由零售業者負擔，其收費項目及費額，由該機構報請中央主管機關核定。

③第一項所定容器檢驗機構，其申請登錄之資格、儀器設備與人員、程序、應備文件、登錄證書之有效期間、核（換）發、撤銷、廢止、變更、延展、資料之建置、保存與申報、合格標示之停止核發、停止執行業務及其他應遵行事項之辦法，由中央主管機關定之。

第一五條之五　112

①第十五條第一項所定公共危險物品及可燃性高壓氣體製造、儲存或處理場所之起造人應將該場所之位置、構造及設備圖說，送請場所所在地主管機關審查完成後，始得向主管建築機關申報開工。

②前項所定場所依建築法規定申請使用執照時，主管建築機關應會同前項辦理審查之主管機關檢查其位置、構造及設備合格後，始得發給使用執照。

③儲存液體公共危險物品之儲槽起造人依前項規定申請使用執照前，應經中央主管機關許可之專業機構完成檢查，並出具合格證明文件。

④前項儲槽達中央主管機關公告一定規模者，其管理權人於開始使用後，應委託前項之專業機構實施定期檢查，作成紀錄，並至少保存五年；公告生效前已設置之儲槽，應自公告生效之日起五年內完成初次定期檢查。主管機關得派員查核。

⑤前二項儲存液體公共危險物品之儲槽檢查項目、方式、合格基準、定期檢查頻率及其他應遵行事項之辦法，由中央主管機關定之。

⑥第三項所定專業機構，其申請許可之資格、程序、應備文件、審核方式、設備器具、許可證書核（換）發、有效期間、變更、廢止、延展、執行業務之規範、資料之建置、保存與申報及其他應遵行事項之辦法，由中央主管機關定之。

⑦第四項達一定規模應實施定期檢查之儲存液體公共危險物品之儲槽，中央目的事業主管機關另有定期檢查規定者，依其規定辦理。

第一五條之六 112

①製造、儲存及處理公共危險物品合計達管制量三十倍以上場所之管理權人，應遴用保安監督人及保安檢查員辦理下列事項：

一　責由保安監督人訂定消防防災計畫後，由管理權人報請場所所在地主管機關備查，並依該計畫執行有關危險物品管理必要之業務。

二　責由保安檢查員執行構造、設備之維護及自主檢查等事項。

②保安監督人應為前項場所之管理或監督層次人員，其與保安檢查員應經中央主管機關登錄之專業機構施予一定時數之訓練，領有合格證書，始得充任；任職期間，並應定期接受複訓。

③前項所定專業機構，其申請登錄之資格、程序、應備文件、審核方式、登錄證書核（換）發、有效期間、變更、廢止、延展、執行業務之規範、資料之建置、保存與申報、施予保安監督人與保安檢查員訓練之項目、一定時數及其他應遵行事項之辦法，由中央主管機關定之。

④第一項之管理權人應於保安監督人及保安檢查員遴用之次日起十五日內，報請第一項場所所在地主管機關備查；異動時，亦同。

⑤依第十三條規定遴用之防火管理人具備第二項所定保安監督人資格者，得兼任第一項規定之保安監督人。

⑥依第十三條第一項規定訂定之消防防護計畫已納入消防防災計畫內容者，管理權人得免依第一項規定責由保安監督人訂定消防防災計畫。

第三章　災害搶救

第一六條　（設置救災救護指揮中心）

各級消防機關應設救災救護指揮中心，以統籌指揮、調度、管制及聯繫救災、救護相關事宜。

第一七條　（設置消防栓）

直轄市、縣（市）政府，為消防需要，應會同自來水事業機構選定適當地點，設置消防栓，所需費用由直轄市、縣（市）政府、鄉（鎮、市）公所酌予補助；其保養、維護由自來水事業機構負責。

第一八條 112

①電信事業應視消防需要，設置主管機關報案電話設施。

②任何人不得無故撥打主管機關報案電話，或謊報火警、災害、人命救助、緊急救護情事。

③主管機關為執行火警、災害搶救、人命救助或緊急救護任務，得向電信事業查詢或調取待救者通信紀錄及其個人相關資訊，

電信事業不得拒絕。
④主管機關及電信事業經辦前項資訊相關作業之人員，對於作業之過程及所知悉資料之內容，應予保密，非有正當理由，不得洩漏。

第一九條 108
①消防人員因緊急救護、搶救火災，對人民之土地、建築物、車輛及其他物品，非進入、使用、損壞或限制其使用，不能達緊急救護及搶救之目的時，得進入、使用、損壞或限制其使用。
②人民因前項土地、建築物、車輛或其他物品之使用、損壞或限制使用，致其財產遭受特別犧牲之損失時，得請求補償。但因可歸責於該人民之事由者，不予補償。

第一九條之一 112
①下列場所發生火災、爆炸、公共危險物品或可燃性高壓氣體漏逸時，管理權人應立即依中央主管機關訂定並公告之對象、方式及內容完成通報：
一　石油煉製業、石油化工原料製造業、合成樹脂及塑膠製造業、塑膠製品製造業之廠區。
二　製造、儲存或處理公共危險物品合計達管制量三千倍以上或其他經主管機關公告之廠區。
②主管機關之人員、車輛及裝備進入前項場所時，該場所之管理權人及現場人員不得規避、妨礙或拒絕。

第二〇條（警戒區）
消防指揮人員，對火災處所周邊，得劃定警戒區，限制人車進入，並得疏散或強制疏散區內人車。

第二〇條之一 108
①現場各級搶救人員應於救災安全之前提下，衡酌搶救目的與救災風險後，採取適當之搶救作爲；如現場無人命危害之虞，得不執行危險性救災行動。
②前項所稱危險性救災行動認定標準，由中央主管機關另定之。

第二一條（使用水源）
消防指揮人員，爲搶救火災，得使用附近各種水源，並通知自來水事業機構，集中供水。

第二一條之一 108
消防指揮人員搶救工廠火災時，工廠之管理權人應依下列規定辦理：
一　提供廠區化學品種類、數量、位置平面配置圖及搶救必要資訊。
二　指派專人至現場協助救災。

第二二條（截斷電源、瓦斯）
消防指揮人員，爲防止火災蔓延、擴大，認爲有截斷電源、瓦斯必要時，得通知各該管事業機構執行之。

第二三條（警戒區）
直轄市、縣（市）消防機關，發現或獲知公共危險物品、高壓

氣體等顯有發生火災、爆炸之虞時，得劃定警戒區，限制人車進入，強制疏散，並得限制或禁止該區使用火源。

第二四條　（設置救護隊）

①直轄市、縣（市）消防機關應依實際需要普遍設置救護隊；救護隊應配置救護車輛及救護人員，負責緊急救護業務。

②前項救護車輛、裝備、人力配置標準及緊急救護辦法，由中央主管機關會同中央目的事業主管機關定之。

第二五條　（直轄市、縣市消防機關配合搶救災害）

直轄市、縣（市）消防機關，遇有天然災害、空難、礦災、森林火災、車禍及其他重大災害發生時，應即配合搶救與緊急救護。

第四章　災害調查與鑑定 108

第二六條　（火災調查、鑑定）

①直轄市、縣（市）消防機關，爲調查、鑑定火災原因，得派員進入有關場所勘查及採取、保存相關證物並向有關人員查詢。

②火災現場在未調查鑑定前，應保持完整，必要時得予封鎖。

第二六條之一 112

①火災受害人或利害關係人得向主管機關申請火災證明或火災調查資料。

②申請前項火災證明或火災調查資料之程序、範圍、資格限制、應備文件、審核方式、期間及其他應遵行事項之辦法，由中央主管機關定之。

第二七條 108

直轄市、縣（市）政府，得聘請有關單位代表及學者專家，設火災鑑定會，調查、鑑定火災原因；其組織由直轄市、縣（市）政府定之。

第二七條之一 108

①中央主管機關爲調查消防及義勇消防人員因災害搶救致發生死亡或重傷事故之原因，應聘請相關機關（構）、團體代表、學者專家及基層消防團體代表，組成災害事故調查會（以下簡稱調查會）。

②調查會應製作事故原因調查報告，提出災害搶救改善建議事項及追蹤改善建議事項之執行。

③調查會爲執行業務所需，得向有關機關（構）調閱或要求法人、團體、個人提供資料或文件。調閱之資料或文件業經司法機關或監察院先爲調取時，應由其敘明理由，並提供複本。如有正當理由無法提出複本者，應提出已被他機關調取之證明。

④第一項調查會，其組成、委員之資格條件、聘請方式、處理程序及其他應遵行事項之辦法，由中央主管機關定之。

第五章　民力運用

第二八條　（義勇消防組織之編組）
①直轄市、縣（市）政府，得編組義勇消防組織，協助消防、緊急救護工作；其編組、訓練、演習、服勤辦法，由中央主管機關定之。
②前項義勇消防組織所需裝備器材之經費，由中央主管機關補助之。

第二九條　（服勤期間之津貼發給）
①依本法參加義勇消防編組之人員接受訓練、演習、服勤時，直轄市、縣（市）政府得依實際需要供給膳宿、交通工具或改發代金。參加服勤期間，得比照國民兵應召集服勤另發給津貼。
②前項人員接受訓練、演習、服勤期間，其所屬機關（構）、學校、團體、公司、廠場應給予公假。

第三〇條　（因接受訓練、演習、服勤致傷亡者之補償）108
①依本法參加編組人員，因接受訓練、演習、服勤致患病、受傷、身心障礙或死亡者，依下列規定辦理：
一　傷病者：得憑消防機關出具證明，至指定之公立醫院或特約醫院治療。但情況危急者，得先送其他醫療機構急救。
二　因傷致身心障礙者，依下列規定給與一次身心障礙給付：
㈠極重度與重度身心障礙者：三十六個基數。
㈡中度身心障礙者：十八個基數。
㈢輕度身心障礙者：八個基數。
三　死亡者：給與一次撫卹金九十個基數。
四　因傷病或身心障礙死亡者，依前款規定補足一次撫卹金基數。
②前項基數之計算，以公務人員委任第五職等年功俸最高級月支俸額為準。
③第一項身心障礙鑑定作業，依身心障礙者權益保障法辦理。
④第一項所需費用，由消防機關報請直轄市、縣（市）政府核發。

第三一條　（消防、救災、救護人員、裝備等之調度運用）
各級消防主管機關，基於救災及緊急救護需要，得調度、運用政府機關、公、民營事業機構消防、救災、救護人員、車輛、船舶、航空器及裝備。

第三二條　（受調度、運用之事業機構得請求補償）108
①受前條調度、運用之事業機構，得向該轄消防主管機關請求下列補償：
一　車輛、船舶、航空器均以政府核定之交通運輸費率標準給付；無交通運輸費率標準者，由各該消防主管機關參照當地時價標準給付。
二　調度運用之車輛、船舶、航空器、裝備於調度、運用期間遭受毀損，該轄消防主管機關應予修復；其無法修復時，應按時價並參酌已使用時間折舊後，給付毀損補償金；致裝備耗損者，應按時價給付。
三　被調度、運用之消防、救災、救護人員於接受調度、運用

期間，應按調度、運用時，其服務機構或僱用人所給付之報酬標準給付之；其因調度、運用致患病、受傷、身心障礙或死亡時，準用第三十條規定辦理。

②人民應消防機關要求從事救災救護，致裝備耗損、患病、受傷、身心障礙或死亡者，準用前項規定。

第六章　罰　則

第三三條　（罰則）

①毀損消防瞭望臺、警鐘臺、無線電塔臺、閉路電視塔臺或其相關設備者，處五年以下有期徒刑或拘役，得併科新臺幣一萬元以上五萬元以下罰金。

②前項未遂犯罰之。

第三四條　（罰則）

①毀損供消防使用之蓄、供水設備或消防、救護設備者，處三年以下有期徒刑或拘役，得併科新臺幣六千元以上三萬元以下罰金。

②前項未遂犯罰之。

第三五條　（罰則）99

依第六條第一項所定標準應設置消防安全設備之供營業使用場所，或依同條第四項所定應設置住宅用火災警報器之場所，其管理權人未依規定設置或維護，於發生火災時致人於死者，處一年以上七年以下有期徒刑，得併科新臺幣一百萬元以上五百萬元以下罰金；致重傷者，處六月以上五年以下有期徒刑，得併科新臺幣五十萬元以上二百五十萬元以下罰金。

第三五條之一 112

①違反第十九條之一第一項規定，未立即依中央主管機關公告之對象、方式或內容完成通報者，處管理權人新臺幣十萬元以上五十萬元以下罰鍰。

②違反第十九條之一第二項規定，規避、妨礙或拒絕主管機關之人員、車輛或裝備進入場所者，處管理權人或行為人新臺幣二萬元以上十萬元以下罰鍰。

第三五條之二 112

主管機關或電信事業人員違反第十八條第四項規定，無正當理由洩漏其經辦相關作業之過程或所知悉資料之內容者，處新臺幣二萬元以上十萬元以下罰鍰。

第三六條 112

有下列情形之一者，處新臺幣一萬元以上五萬元以下罰鍰：

一　違反第十八條第二項規定，無故撥打主管機關報案電話，或謊報火警、災害、人命救助、緊急救護情事。

二　不聽從主管機關依第十九條第一項、第二十條或第二十三條規定所為之處置。

三　拒絕主管機關依第三十一條規定所為調度、運用。

四　妨礙第三十四條第一項規定設備之使用。

第三七條 112

①違反第六條第一項消防安全設備、第四項住宅用火災警報器設置、維護之規定或第十一條第一項防焰物品使用之規定者，依下列規定處罰：

一　依第六條第一項所定標準應設置消防安全設備且供營業使用之場所，處場所管理權人新臺幣二萬元以上三十萬元以下罰鍰，並通知限期改善。

二　依第六條第一項所定標準應設置消防安全設備且非供營業使用之場所，經通知限期改善，屆期未改善，處場所管理權人新臺幣二萬元以上三十萬元以下罰鍰，並通知限期改善。

②依前項規定處罰鍰後經通知限期改善，屆期仍不改善者，得按次處罰，並得予以三十日以下之停業或停止其使用之處分。

③規避、妨礙或拒絕第六條第二項之檢查、複查者，處新臺幣六千元以上十萬元以下罰鍰，並按次處罰及強制執行檢查、複查。

第三八條 112

①違反第七條第一項規定從事消防安全設備之設計、監造、測試或檢修者，處新臺幣三萬元以上十五萬元以下罰鍰，並得按次處罰。

②違反第九條第一項規定者，處其管理權人新臺幣一萬元以上五萬元以下罰鍰，並通知限期改善；屆期未改善者，得按次處罰。

③中央主管機關許可之消防安全設備檢修專業機構、消防設備師或消防設備士，未依第九條第二項所定辦法中有關定期檢修項目、方式、基準、期限之規定檢修消防安全設備或為消防安全設備不實檢修報告者，處新臺幣二萬元以上十萬元以下罰鍰，並得按次處罰；必要時，並得予以一個月以上一年以下停止執行業務或停業之處分。

④中央主管機關許可之消防安全設備檢修專業機構違反第九條第四項所定辦法中有關執行業務之規範、消防設備師（士）之僱用、異動、訓練、業務相關文件之備置、保存年限、各類書表陳報之規定者，處新臺幣三萬元以上十五萬元以下罰鍰，並通知限期改善；屆期未改善者，得按次處罰，並得予以三十日以下之停業處分或廢止其許可。

第三九條 112

①違反第十一條第二項規定，銷售未附有防焰標示之防焰物品或其材料；或違反第十二條第一項規定，銷售或設置未經認可或未附加認可標示之消防器具、器材或設備者，處新臺幣二萬元以上十萬元以下罰鍰，並得按次處罰；其陳列經勸導改善仍未改善者，處新臺幣一萬元以上五萬元以下罰鍰，並得按次處罰。

②規避、妨礙或拒絕主管機關依第十一條之一第三項規定所為之抽樣試驗者，處新臺幣六千元以上十萬元以下罰鍰，並強制抽樣試驗。

第四〇條 112

①一定規模以上之建築物且供營業使用場所，違反第十三條第一項規定未由管理權人遴用防火管理人訂定消防防護計畫，或違反同條第三項規定未訂定施工中消防防護計畫者，處其管理權人新臺幣二萬元以上三十萬元以下罰鍰；有發生火災致生重大損害之虞者，並得勒令管理權人停工，施工中消防防護計畫非經依同條第四項規定備查，不得擅自復工。

②有下列情形之一，經通知限期改善，屆期未改善者，處其管理權人新臺幣二萬元以上十萬元以下罰鍰：

一　一定規模以上之建築物且非供營業使用場所，違反第十三條第一項規定未由管理權人遴用防火管理人訂定消防防護計畫，或違反同條第三項規定未訂定施工中消防防護計畫。

二　違反第十三條第四項規定，未由管理權人將同條第一項及第三項之消防防護計畫報請建築物所在地主管機關備查，或未依各該計畫執行有關防火管理上必要之業務。

三　違反第十三條第五項規定，未由各管理權人協議遴用共同防火管理人訂定共同消防防護計畫，或未共同將消防防護計畫報建築物所在地主管機關備查，或未依備查之共同消防防護計畫執行有關共同防火管理上必要之業務。

四　違反第十三條第七項規定，防火管理人或共同防火管理人非該場所之管理或監督層次人員，或任職期間未定期接受複訓。

五　違反第十三條第十項規定，未於規定期限內將遴用或異動之防火管理人或共同防火管理人，報請建築物所在地主管機關備查。

六　違反第十三條之一第一項規定，高層建築物之防災中心或地下建築物之中央管理室未置領有合格證書之服勤人員，或服勤人員任職期間未定期接受複訓。

七　違反第十三條之一第四項規定，未於規定期限內將遴用或異動之服勤人員，報請同條第一項建築物所在地主管機關備查。

③依前二項規定處罰鍰後，經通知限期改善，屆期仍未改善者，得按次處罰，並得予以三十日以下之停業或停止其使用之處分。

第四一條　（罰則）100

違反第十四條第一項或第二項所定法規有關安全防護措施、禁止從事之區域、時間、方式或應遵行事項之規定者，處新臺幣三千元以下罰鍰。

第四一條之一　（罰則）100

①違反第十四條之一第一項或第二項所定辦法，有關安全防護措施、審核方式、撤銷、廢止、禁止從事之區域、時間、方式或應遵行事項之規定者，處新臺幣三萬元以上十五萬元以下罰鍰，並得按次處罰。

②規避、妨礙或拒絕依第十四條之一第三項之檢查者，處管理權

人或行為人新臺幣一萬元以上五萬元以下罰鍰，並得強制檢查或令其提供相關資料。

第四二條 112

第十五條所定公共危險物品及可燃性高壓氣體之製造、儲存或處理場所，其位置、構造及設備未符合設置標準，或儲存、處理及搬運未符合安全管理規定者，處其管理權人或行為人新臺幣二萬元以上三十萬元以下罰鍰；經處罰鍰後仍不改善者，得連續處罰，並得予以三十日以下停業或停止其使用之處分。

第四二條之一 （罰則）94

違反第十五條之一，有下列情形之一者，處負責人及行為人新臺幣一萬元以上五萬元以下罰鍰，並得命其限期改善，屆期未改善者，得連續處罰或逕予停業處分：

一 未僱用領有合格證照者從事熱水器及配管之安裝。

二 違反第十五條之一第三項熱水器及配管安裝標準從事安裝工作者。

三 違反或逾越營業登記事項而營業者。

第四二條之二 112

①零售業者、專業機構、容器製造、輸入業者或容器檢驗機構有下列情形之一者，處新臺幣二萬元以上十萬元以下罰鍰，並通知限期改善，屆期未改善者，得按次處罰：

一 容器製造或輸入業者違反第十五條之三第二項規定，容器未經個別認可合格或未附加合格標示即銷售。

二 容器製造或輸入業者違反第十五條之三第三項所定辦法中有關銷售對象資料之建置、保存或申報之規定。

三 專業機構違反第十五條之三第七項所定辦法中有關儀器設備與人員、資料之建置、保存或申報之規定。

四 零售業者違反第十五條之四第一項規定，未於容器之檢驗期限屆滿前送至檢驗機構進行定期檢驗仍繼續使用，或容器逾使用年限仍未汰換。

五 容器檢驗機構違反第十五條之四第三項所定辦法中有關儀器設備與人員、資料之建置、保存或申報之規定。

②有前項第一款違規情形者，其容器並得沒入銷毀。

第四二條之三 112

①有下列情形之一者，處新臺幣二萬元以上十萬元以下罰鍰，並通知限期改善，屆期未改善者，得按次處罰：

一 零售業者違反第十五條之二第一項規定，未置領有合格證書之安全技術人員。

二 管理權人違反第十五條之五第四項規定，未委託中央主管機關許可之專業機構實施儲槽定期檢查，或未依規定期限完成初次定期檢查，或儲槽定期檢查紀錄未至少保存五年。

三 第十五條之五第四項規定之儲槽經專業機構實施定期檢查之結果，不符同條第五項所定辦法中有關合格基準之規定。

四 專業機構未依第十五條之五第五項所定辦法中有關檢查項

目、方式、合格基準、定期檢查頻率之規定檢查，或為不實檢查紀錄。

五　專業機構違反第十五條之五第六項所定辦法中有關執行業務之規範、資料之建置、保存或申報之規定。

六　第十五條之六第一項規定之管理權人，未責由保安監督人訂定消防防災計畫、未將消防防災計畫報請場所所在地主管機關備查或未依消防防災計畫執行危險物品管理必要之業務，或未責由保安檢查員執行構造、設備維護及自主檢查。

七　第十五條之六第一項規定之管理權人，未遴用符合同條第二項規定資格之保安監督人或保安檢查員。

八　第十五條之六第一項規定之管理權人違反同條第四項規定，未於規定期限內將遴用或異動之保安監督人或保安檢查員，報請同條第一項場所所在地主管機關備查。

②第十五條之五第四項規定之儲槽有前項第三款情形，處罰其管理權人並通知限期改善，屆期未改善者，並得令停止使用儲存液體公共危險物品儲槽。

③第一項第四款之專業機構，經依同項規定處罰鍰並通知限期改善，屆期未改善者，並得予一個月以上一年以下停止執行業務或廢止許可之處分。

④第一項第五款之專業機構，經依同項規定處罰鍰並通知限期改善，屆期未改善者，並得予三十日以下停止執行業務或廢止許可之處分。

第四二條之四 112

零售業者有下列情形之一者，處新臺幣三千元以上一萬五千元以下罰鍰，並通知限期改善，屆期未改善者，得按次處罰：

一　違反第十五條之二第二項所定辦法中有關資料之製作內容、應記載事項、備置、保存年限或申報之規定。

二　違反第十五條之二第三項規定，安全技術人員任職期間未定期接受複訓。

第四三條 112

拒絕依第二十六條所為之勘查、查詢、採取、保存或破壞火災現場者，處新臺幣六千元以上十萬元以下罰鍰。

第四三條之一 108

①違反第二十一條之一第一款規定，工廠之管理權人未提供廠區化學品種類、數量、位置平面配置圖及搶救必要資訊，或提供資訊內容虛偽不實者，處管理權人新臺幣三萬元以上六十萬元以下罰鍰。

②違反第二十一條之一第二款規定，工廠之管理權人未指派專人至現場協助救災，處管理權人新臺幣五十萬元以上一百五十萬元以下罰鍰。

第四四條　（罰則）

依本法應受處罰者，除依本法處罰外，其有犯罪嫌疑者，應移

送司法機關處理。

第四五條　（刪除）112

第七章　附　則

第四六條 112

本法施行細則，由中央主管機關定之。

第四七條　（施行日）

本法自公布日施行。

消防法施行細則

①民國76年6月26日內政部令訂定發布全文27條。
②民國85年6月26日內政部令修正發布全文30條。
③民國88年12月8日內政部令修正發布第2、4、5條條文。
④民國91年6月12日內政部令修正發布第6、19條條文。
⑤民國94年3月1日內政部令修正發布第6條條文。
⑥民國97年10月16日內政部令修正發布第25、26條條文。
⑦民國98年6月18日內政部令修正發布第13條條文。
⑧民國99年12月3日內政部令發布刪除第4、5、19條條文。
⑨民國100年6月7日內政部令增訂發布第19-1條條文。
⑩民國100年12月19日內政部令發布刪除第18條條文。
⑪民國101年6月4日內政部令增訂發布第19-2、19-3條條文；並刪除第8至12條條文。
⑫民國104年6月29日內政部令修正發布第14條條文；並增訂第5-1條條文。
⑬民國105年12月22日內政部令修正發布第7條條文。
⑭民國106年10月12日內政部令修正發布第20條條文。
⑮民國108年9月30日內政部令發布刪除第6條條文。
⑯民國113年1月22日內政部令修正發布全文17條；並自發布日施行。

第一條

本細則依消防法（以下簡稱本法）第四十六條規定訂定之。

第二條

本法第三條所定主管機關，其業務在內政部，由消防署承辦；在直轄市、縣（市）政府，由所屬消防局承辦。

第三條

①直轄市、縣（市）主管機關每年應訂定年度計畫，結合機關、學校、團體及志工等資源，並運用傳播媒體、社區參與或辦理體驗活動等方式，經常推動防火教育及宣導。

②前項年度計畫應包括下列事項：

一　前一年度轄區火災分析。

二　依前款分析規劃防火教育與宣導執行內容及時程。

三　傳統節日增加用火用電致易生火災相關預防措施之宣導。

第四條

本法第七條第一項所定消防安全設備之設計、監造、測試及檢修，其工作項目如下：

一　設計：指消防安全設備種類及數量之規劃，並製作消防安全設備圖說。

二　監造：指消防安全設備施工中須經試驗或勘驗事項之查核，

並製作紀錄。

三　測試：指消防安全設備施工完成後之功能測試，並製作消防安全設備測試報告書。

四　檢修：指依本法第九條第一項規定，受託檢查各類場所之消防安全設備，並製作消防安全設備檢修報告書。

第五條

本法第十三條第一項所定消防防護計畫，應包括下列事項：

一　自衛消防編組：員工在十人以上者，至少編組滅火班、通報班及避難引導班；員工在五十人以上者，應增編安全防護班及救護班。

二　防火避難設施之自行檢查：每月至少檢查一次，檢查結果遇有缺失，應報告管理權人立即改善。

三　消防安全設備之維護管理。

四　火災與其他災害發生時之滅火行動、通報聯絡及避難引導。

五　滅火、通報及避難訓練之實施；每半年至少應舉辦一次，每次不得少於四小時，並應事先通報當地直轄市、縣（市）主管機關。

六　防災應變之教育訓練。

七　用火及用電之監督管理。

八　防止縱火措施。

九　場所之位置圖、逃生避難圖及平面圖。

十　其他防災應變上之必要事項。

第六條

①本法第十三條第三項所定施工中消防防護計畫，應包括下列事項：

一　施工概要、日程表及範圍。

二　影響防火避難設施功能之替代措施。

三　影響消防安全設備功能之替代措施。

四　使用會產生火源設備或危險物品之火災預防措施。

五　對員工及施工人員之防災教育及訓練。

六　火災與其他災害發生時之因應對策、消防機關之通報、互相聯絡機制及避難引導。

七　用火及用電之監督管理。

八　防範縱火及擴大延燒措施。

九　施工場所之位置圖、平面圖、逃生避難圖及逃生指示圖。

十　其他防災應變上之必要事項。

②前項施工中消防防護計畫，管理權人應於施工三日前報請施工場所所在地之直轄市、縣（市）主管機關備查。

第七條

本法第十三條第五項所定共同消防防護計畫，應包括下列事項：

一　共同防火管理協議會（以下簡稱協議會）之設置及運作。

二　自衛消防編組應包括指揮中心及地區隊：

㈠指揮中心應設指揮班、通報班及滅火班，並得視需要增

編避難引導班、安全防護班及救護班等，其所需人員由協議會協議組成之。
㈡地區隊由各場所防火管理人依事業單位規模編組之。
三　防火避難設施之維護管理及自行檢查：每月至少檢查一次，檢查結果遇有缺失，應立即改善。
四　消防安全設備之維護管理。
五　火災與其他災害發生時之因應對策、消防機關之通報、互相聯絡機制及避難引導。
六　滅火、通報及避難訓練之實施：每半年至少應舉辦一次，每次不得少於四小時，並應事先通報當地直轄市、縣（市）主管機關。
七　用火及用電之監督管理。
八　防範縱火及擴大延燒措施。
九　場所之位置圖、平面圖及逃生避難圖。
十　建築物共有部分增建、改建、修建、變更使用或室內裝修工程施工中之安全對策。
十一　其他防災應變上之必要事項。

第八條

本法第十五條之六第一項第一款所定消防防災計畫，應包括下列事項：
一　自衛消防編組：員工在十人以上者，應編組滅火班、通報班及避難引導班；員工在五十人以上者，應增編安全防護班及救護班。
二　公共危險物品場所消防安全設備之維護管理。
三　公共危險物品場所構造及設備之維護管理。
四　火災與其他災害發生時之滅火行動、通報聯絡及避難引導。
五　滅火、通報及避難訓練之實施：每半年至少應舉辦一次，每次不得少於四小時，並應事先通報當地直轄市、縣（市）主管機關。
六　公共危險物品場所安全管理對策：
㈠公共危險物品之搬運、處理及儲存安全。
㈡場所用火及用電安全。
㈢場所施工安全。
㈣防範縱火及擴大延燒措施。
㈤爆炸及洩漏等意外事故之應變措施。
七　公共危險物品場所防災應變之教育訓練。
八　公共危險物品場所之位置圖、平面圖及逃生避難圖。
九　其他防災應變上之必要事項。

第九條

①依本法第十七條規定設置之消防栓，以採用地上雙口式為原則，消防栓規格由中央主管機關定之。
②當地自來水事業應依本法第十七條規定，負責保養及維護消防栓，並應配合直轄市、縣（市）主管機關實施測試，以保持堪

用狀態。

第一〇條

直轄市、縣（市）政府對轄內無自來水供應或消防栓設置不足地區，應籌建或整修蓄水池及其他消防水源，並由當地消防機關列管檢查。

第一一條

直轄市、縣（市）轄內之電力、公用氣體燃料事業機構及自來水事業應指定專責單位，於接獲消防指揮人員依本法第二十一條及第二十二條規定所為之通知時，立即派員迅速集中供水或截斷電源及瓦斯。

第一二條

消防指揮人員、直轄市、縣（市）主管機關依本法第二十條及第二十三條規定劃定警戒區後，得通知當地警察分局或分駐（派出）所協同警戒之。

第一三條

①依本法第三十二條規定請求補償時，應以書面向當地直轄市、縣（市）主管機關請求之。

②直轄市、縣（市）主管機關對於前項請求，應即與請求人進行協議，協議成立時，應作成協議書。

第一四條

①直轄市、縣（市）主管機關依本法第二十六條第一項規定調查、鑑定火災原因後，應即製作火災原因調查鑑定書，移送當地警察機關依法處理。

②直轄市、縣（市）主管機關調查、鑑定火災原因，必要時，得會同當地警察機關辦理。

③第一項火災原因調查鑑定書應於火災撲滅後次日起十五日內完成；必要時，得延長至三十日。但有召開火災鑑定會或進行補充調查之案件，應於召開會議或完成補充調查後十五日內完成。

第一五條

①檢察、警察機關或主管機關得封鎖火災現場，於調查、鑑定完畢後撤除之。

②火災現場尚未完成調查、鑑定者，應保持現場狀態，非經調查、鑑定人員之許可，任何人不得進入或變動。但遇有緊急情形或有進入必要時，得由調查、鑑定人員陪同進入，並於火災原因調查鑑定書中記明其事由。

第一六條

主管機關為配合救災及緊急救護需要，對於政府機關、公民營事業機構之消防、救災、救護人員、車輛、船舶、航空器及裝備，得舉辦訓練及演習。

第一七條

本細則自發布日施行。

原有合法建築物公共安全改善辦法

①民國96年5月16日內政部令修正發布名稱及全文26條；並自發布日施行（原名稱：舊有建築物防火避難設施及消防設備改善辦法）。
②民國101年4月10日內政部令修正發布第15、22條條文及第2條附表一、二；並增訂第22-1條條文。
③民國109年4月8日內政部令修正發布第2條附表二。
④民國111年12月28日內政部令修正發布名稱；並增訂第25-1條條文（原名稱：原有合法建築物防火避難設施及消防設備改善辦法）。

第一條

本辦法依建築法（以下簡稱本法）第七十七條之一規定訂定之。

第二條

①原有合法建築物防火避難設施或消防設備不符現行規定者，其建築物所有權人或使用人應依該管主管建築機關視其實際情形令其改善項目之改善期限辦理改善，於改善完竣後併同本法第七十七條第三項之規定申報。

②前項建築物防火避難設施及消防設備申請改善之項目、內容及方式如附表一、附表二。

第三條

①原有合法建築物所有權人或使用人依前條第一項申請改善時，應備具申請書、改善計畫書、工程圖樣及說明書。

②前項改善計畫書依建築技術規則總則編第三條認可之建築物防火避難性能設計計畫書辦理，得不適用前條附表一一部或全部之規定。

③原有合法建築物符合下列規定者，其改善計畫書經當地主管建築機關認可後，得不適用前條附表一一部或全部之規定：

一　建築物供作 B-2 類組使用之總樓地板面積未達五千平方公尺。

二　建築物位在五層以下之樓層供作 A-1 類組使用。

三　建築物位在十層以下之樓層。

第四條

原有合法建築物改善防火避難設施或消防設備時，不得破壞原有結構之安全。但補強措施由建築師鑑定安全無虞，經直轄市、縣（市）主管建築機關核准者，不在此限。

第五條

原有合法建築物十層以下之樓層面積區劃，依下列規定改善：

一　防火構造建築物或防火建築物，其總樓地板面積在一千五

百平方公尺以上者，應按每一千五百平方公尺，以具有一小時以上防火時效之牆壁、樓地板及防火設備區劃分隔；具備有效自動滅火設備者，得免計算其有效範圍樓地板面積之二分之一。

二　非防火構造建築物，其主要構造部分使用不燃材料建造之建築物者，應按其總樓地板面積每一千平方公尺，以具有一小時防火時效之牆壁、樓地板及防火設備區劃分隔。

三　非防火構造建築物，其主要構造為木造且屋頂以不燃材料覆蓋者，按其總樓地板面積每五百平方公尺，以具有一小時防火時效之牆壁、樓地板及防火設備區劃分隔。

第六條

原有合法建築物十一層以上之樓層面積區劃，依下列規定改善：

一　樓地板面積超過一百平方公尺者，應按每一百平方公尺，以具有一小時以上防火時效之牆壁、樓地板及防火設備區劃分隔。建築物供作 H-2 類組使用者，其區劃面積得增為二百平方公尺。

二　自地板面起一點二公尺以上之室內牆面及天花板均使用耐燃一級材料裝修者，得按每二百平方公尺，以具有一小時以上防火時效之牆壁、樓地板及防火設備區劃分隔。建築物供作 H-2 類組使用者，區劃面積得增為四百平方公尺。

三　室內牆面及天花板（包括底材）均以耐燃一級材料裝修者，得按每五百平方公尺範圍內，以具有一小時以上防火時效之牆壁、樓地板及防火設備區劃分隔。

四　前三款區劃範圍內，備有效自動滅火設備者，得免計算其有效範圍樓地板面積之二分之一。

第七條

原有合法建築物供特定用途空間區劃，依下列規定改善：

一　防火構造建築物供下列用途使用者，其無法區劃分隔部分，以具有一小時以上防火時效之牆壁、樓地板及防火設備區劃分隔：

㈠建築物使用類組為 A-1 類組或 D-2 類組之觀眾席部分。

㈡建築物使用類組為Ｃ類組之生產線部分、D-3 類組或 D-4 類組之教室、體育館、零售市場、停車空間及其他類似用途建築物。

二　非防火構造建築物供下列用途使用者，其無法區劃分隔部分，以具有半小時以上防火時效之牆壁、樓地板及防火設備區劃分隔，天花板及面向室內之牆壁，以使用耐燃一級材料裝修：

㈠體育館、建築物使用類組為Ｃ類組之生產線部分及其他供類似用途使用之建築物。

㈡樓梯間、昇降機間及其他類似用途使用部分。

三　位於都市計畫工業區或非都市土地丁種建築用地之建築物供Ｃ類組使用者，其作業廠房與其附屬空間應以一小時以

上防火時效之牆壁、樓地板及防火設備區劃用途，同時能通達避難層或地面或樓梯口。

第八條

①原有合法建築物垂直區劃之挑空部分，依下列規定改善：

一　各層樓地板應爲連續完整面，並突出挑空處之牆面五十公分以上。但與樓地板面交接處之牆面高度應有九十公分以上且具有一小時防火時效者，得免突出。

二　鄰接挑空部分同樓層供不同使用單元使用之居室，其牆面相對間隔未達三公尺者，該牆面應具有一小時以上防火時效；牆壁開口應裝置具有一小時防火時效之防火設備。

三　挑空部分應設自然排煙或機械排煙設備。

②鄰接挑空部分之區分所有權專有部分，以一小時防火時效之牆壁、樓地板及防火設備區劃分隔，且防火設備具遮煙性者，得僅就專有部分檢討。

第九條

①原有合法建築物垂直區劃之電扶梯及昇降機間部分，應以具有一小時以上防火時效之牆壁、防火設備與該處防火構造之樓地板形成區劃分隔。

②鄰接電扶梯及昇降機間部分之區分所有權專有部分，以一小時以上防火時效之牆壁、樓地板及防火設備區劃分隔，且防火設備具有遮煙性者，得僅就專有部分檢討。

第一〇條

原有合法建築物垂直區劃之垂直貫穿樓地板之管道間及其他類似部分，應以具有一小時以上防火時效之牆壁形成區劃分隔；管道間之維修門應具有一小時以上之防火時效及遮煙性。

第一一條

原有合法建築物之層間區劃，依下列規定改善：

一　防火構造建築物之樓地板應爲連續完整面，並應突出建築物外牆五十公分以上；與樓地板交接處之外牆或外牆之內側面高度有九十公分以上，且該外牆或內側構造具有與樓地板同等以上防火時效者，得免突出。

二　外牆爲帷幕牆者，其牆面與樓地板交接處之構造，應依前款之規定。

三　建築物有連跨複數樓層，無法逐層區劃分隔之垂直空間者，應依第九條規定改善。

第一二條

原有合法建築物之貫穿部區劃，依下列規定改善：

一　貫穿防火區劃牆壁或樓地板之風管，應在貫穿部位任一側之風管內裝設防火閘門或閘板，其與貫穿部位合成之構造，並應具有一小時以上之防火時效。

二　貫穿防火區劃牆壁或樓地板之電力管線、通訊管線及給排水管線或管線匣，與貫穿部位合成之構造，應具有一小時以上之防火時效。

第一三條

原有合法高層建築物區劃，依第八條及下列規定改善：

一　高層建築物連接室內安全梯、特別安全梯、昇降機及梯廳之走廊應以具有一小時以上防火時效之牆壁、防火設備與該樓層防火構造之樓地板形成獨立之防火區劃。

二　高層建築物昇降機道及梯廳應以具有一小時以上防火時效之牆壁、防火設備與該處防火構造之樓地板形成獨立之防火區劃，出入口之防火設備並應具有遮煙性。

三　高層建築物設有燃氣設備時，應將設置燃氣設備之空間與其他部分以具有一小時以上防火時效之牆壁、防火設備及該層防火構造之樓地板區予以劃分隔。

四　高層建築物設有防災中心者，該防災中心應以具有二小時以上防火時效之牆壁、防火設備及該層防火構造之樓地板予以區劃分隔，室內牆面及天花板，以耐燃一級材料為限。

第一四條

防火區劃之防火門窗，依下列規定改善：

一　常時關閉式之防火門應免用鑰匙即可開啓，並裝設開啓後自行關閉之裝置，其門扇或門樘上應標示常時關閉式防火門等文字。

二　常時開放式之防火門應裝設利用煙感應器連動或於火災發生時能自動關閉之裝置；其關閉後應免用鑰匙即可開啓，且開啓後自行關閉。

第一五條 101

非防火區劃分間牆依現行規定應具一小時防火時效者，得以不燃材料裝修其牆面替代之。

第一六條

避難層之出入口，依下列規定改善：

一　應有一處以上之出入口寬度不得小於九十公分，高度不得低於一點八公尺。

二　樓地板面積超過五百平方公尺者，至少應有二個不同方向之出入口。

第一七條

避難層以外樓層之出入口寬度不得小於九十公分，高度不得低於一點八公尺。

第一八條

一般走廊與連續式店舖商場之室內通路構造及淨寬，依下列規定改善：

一　一般走廊：

㈠中華民國六十三年二月十六日以前興建完成之建築物，其走廊淨寬度不得小於九十公分；走廊一側為外牆者，其寬度不得小於八十公分。走廊內部應以不燃材料裝修。

㈡中華民國六十三年二月十七日至八十五年四月十八日間

興建完成之建築物依下表規定：

走廊配置用途	二側均有居室之走廊	其他走廊
各級學校供室使用部分	二點四公尺以上	一點八公尺以上
醫院、旅館、集合住宅等及其他建築物在同一層內之居室樓地板面積二百平方公尺以上（地下層時為一百平方公尺以上）	一點六公尺以上	一點一公尺以上
其他建築物在同一層內之居室樓地板面積二百平方公尺以下（地下層時為一百平方公尺以下）	零點九公尺以上	

1.供 A-1 類組使用者，其觀衆席二側及後側應設置互相連通之走廊並連接直通樓梯。但設於避難層部分其觀衆席樓地板面積合計在三百平方公尺以下及避難層以上樓層其觀衆席樓地板面積合計在一百五十平方公尺以下，且爲防火構造，不在此限。觀衆席樓地板面積三百平方公尺以下者，走廊寬度不得小於一點二公尺；超過三百平方公尺者，每增加六十平方公尺應增加寬度十公分。

2.走廊之地板面有高低時，其坡度不得超過十分之一，並不得設置臺階。

3.防火構造建築物內各層連接直通樓梯之走廊通道，其牆壁應爲防火構造或不燃材料。

二　連續式店鋪商場之室內通路寬度應依下表規定：

各層之樓地板面積	二側均有店舖之通路寬度	其他通路寬度
二百平方公尺以上，一千平方公尺以下	三公尺以上	二公尺以上
三千平方公尺以下	四公尺以上	三公尺以上
超過三千平方公尺	六公尺以上	四公尺以上

第一九條

直通樓梯之設置及步行距離，依下列規定改善：

一　任何建築物避難層以外之各樓層，應設置一座以上之直通樓梯（含坡道）通達避難層或地面。

二　自樓面居室任一點至樓梯口之步行距離，依下列規定：

㈠建築物用途類組爲Ａ、B-1、B-2、B-3 及 D-1 類組者，不得超過三十公尺。建築物用途類組爲Ｃ類組者，除電視攝影場不得超過三十公尺外，不得超過七十公尺。其他類組之建築物不得超過五十公尺。

㈡前目規定於建築物第十五層以上之樓層，依其供使用之類組適用三十公尺者減爲二十公尺、五十公尺者減爲四

十公尺。

㈢集合住宅採取複層式構造者，其自無出入口之樓層居室任一點至直通樓梯之步行距離不得超過四十公尺。

㈣非防火構造或非使用不燃材料建造之建築物，適用前三目規定之步行距離減為三十公尺以下。

三　前款之步行距離，應計算至直通樓梯之第一階。但直通樓梯為安全梯者，得計算至進入樓梯間之防火門。

四　建築物屬防火構造者，其直通樓梯應為防火構造，內部並以不燃材料裝修。

五　增設之直通樓梯，依下列規定辦理：

㈠應為安全梯，且寬度應為九十公分以上。

㈡不計入建築面積及各層樓地板面積。但增加之面積不得大於原有建築面積十分之一或三十平方公尺。

㈢不受鄰棟間隔、前院、後院及開口距離有關規定之限制。

㈣高度不得超過原有建築物高度加三公尺，亦不受容積率之限制。

第二〇條

①直通樓梯及平臺淨寬，依下列規定改善：

一　國民小學校舍等供兒童使用者，不得小於一點三公尺。

二　醫院、戲院、電影院、歌廳、演藝場、商場（包括營業面積在一千五百平方公尺以上之加工服務部）、舞廳、遊藝場、集會堂及市場等建築物，不得小於一點四公尺。

三　地面層以上每層之居室樓地板面積超過二百平方公尺或地下層面積超過一百平方公尺者不得小於一點二公尺。

四　前三款以外建築物，不得小於七十五公分。

②直通樓梯設置於室外並供作安全梯使用，其寬度得減為九十公分以上。其他應為七十五公分以上。服務專用樓梯不供其他使用者，得不受本條規定之限制。

第二一條

直通樓梯總寬度依下列規定改善：

一　供商場使用者，以其直上層以上各層中任何一層之最大樓地板面積每一百平方公尺寬六十公分之計算值，並以避難層作分界，分別核計其直通樓梯總寬度。

二　供作 A-1 類組使用者，按觀眾席面積每十平方公尺寬十公分之計算值，且其二分之一寬度之樓梯出口，應設置在戶外出入口之近旁。

第二二條　101

①下列建築物依現行規定應設置之直通樓梯，其構造應改為室內或室外之安全梯或特別安全梯，且自樓面居室任一點至安全梯口之步行距離應符合第十九條規定：

一　通達六層以上，十四層以下或通達地下二層之各樓層，應設置安全梯；通達十五層以上或地下三層以下之各樓層，應設置戶外安全梯或特別安全梯。但十五層以上或地下三

層以下各樓層之樓地板面積未超過一百平方公尺者，戶外安全梯或特別安全梯改設為室內安全梯。

二　通達供作 A-1、B-1 及 B-2 類組使用之樓層，應為安全梯，其中至少一座應為戶外安全梯或特別安全梯。但該樓層位於五層以上者，通達該樓層之直通樓梯均應為戶外安全梯或特別安全梯，並均應通達屋頂避難平臺。

②直通樓梯之構造應具有半小時以上防火時效。

第二二條之一　101

三層以上，五層以下原有合法建築物之直通樓梯，依現行規定應至少有一座安全梯者，經當地主管建築機關認定設置有困難時，得以其鄰接直通樓梯之牆壁應具一小時以上防火時效，其出入口應裝設具有一小時以上之防火時效及半小時以上阻熱性之防火門窗替代之。

第二三條

安全梯應依下列規定改善：

一　室內安全梯：

㈠四周牆壁應具有一小時以上防火時效，天花板及牆面之裝修材料並以耐燃一級材料為限。

㈡進入安全梯之出入口，應裝設具有一小時以上防火時效及遮煙性之防火門，且不得設置門檻。

㈢安全梯出入口之寬度不得小於九十公分。

二　戶外安全梯間四週之牆壁應具有一小時以上之防火時效。出入口應裝設具有一小時以上防火時效之防火門，並不得設置門檻，其寬度不得小於九十公分。但以室外走廊連接安全梯者，其出入口得免裝設防火門。

三　特別安全梯：

㈠樓梯間及排煙室之四週牆壁應具有一小時以上防火時效，其天花板及牆面之裝修，應為耐燃一級材料。樓梯間及排煙室開設採光用固定窗戶或在陽臺外牆開設之開口，除開口面積在一平方公尺以內並裝置具有半小時以上之防火時效之防火設備者，應與其他開口相距九十公分以上。

㈡自室內通陽臺或進入排煙室之出入口，應裝設具有一小時以上防火時效及遮煙性之防火門，自陽臺或排煙室進入樓梯間之出入口應裝設具有半小時以上防火時效之防火門。

㈢樓梯間與排煙室或陽臺之間所開設之窗戶應為固定窗。

㈣建築物地面層達十五層或地下層達三層者，該樓層之特別安全梯供作 A-1、B-1、B-2、B-3、D-1 或 D-2 類組使用時，其樓梯間與排煙室或樓梯間與陽臺之面積，不得小於各該層居室樓地板面積百分之五；供其他類組使用時，不得小於各該層居室樓地板面積百分之三。

四　建築物各棟設置之安全梯應至少有一座於各樓層僅設一處

出入口且不得直接連接居室。但鄰接安全梯之各區分所有權專有部分出入口裝設之門改善為能自行關閉且具有遮煙性者，或安全梯出入口之防火門改善為具有遮煙性者，得不受限制。

五　中華民國九十四年七月一日後申請建造執照之建築物，其安全梯應符合申請時之建築技術規則規定。

第二四條

緊急進口依下列規定改善：

一　建築物在三層以上，第十層以下之各樓層，應設置緊急進口，窗戶或開口寬應在七十五公分以上及高度一點二公尺以上，或直徑一公尺以上之圓孔，且無柵欄或其他阻礙物。但面臨道路或寬度四公尺以上通路，且各層外牆每十公尺設有窗戶或其他開口者，不在此限。

二　構造應符合下列規定：

㈠進口應設於面臨道路或寬度在四公尺以上通路之各層外牆面，間隔不得大於四十公尺。

㈡進口之寬度應在七十五公分以上，高度應在一點二公尺以上，其開口之下端應距離樓地板面八十公分以內，並可自外面開啓或輕易破壞進入室內之構造。進口外得設置陽臺，其寬度應為一公尺以上，長度四公尺以上。

第二五條

消防設備依下列規定改善：

一　已敷設於建築物內之消防設備，如消防水池、消防立管、消防栓、滅火設備、警報設備、避難器具等設備，其功能正常者得維持原有使用。

二　滅火設備之施工及結構安全確有困難者，應設有與現行法令同等滅火效能之滅火設備。

三　排煙設備之施工及結構安全確有困難者，於樓地板面積每一百平方公尺以防煙壁區劃間隔，且天花板及牆面之室內裝修材料使用不燃材料或耐燃材料。

第二五條之一　111

①建築物公共安全檢查簽證及申報辦法（以下簡稱申報辦法）第七條規定應辦理耐震能力評估檢查之原有合法建築物不符現行規定，且有下列情形之一者，該管主管建築機關應令該建築物所有權人於改善期限內依其改善基準辦理改善：

一　耐震能力初步評估檢查判定結果為有疑慮或確有疑慮。

二　依申報辦法第八條第二項第一款或第二款規定申請展期。

②前項改善基準依下列規定辦理：

一　申報辦法第七條第一項第二款或第三款規定應辦理耐震能力評估檢查之原有合法建築物，符合下列情形者，依建築物耐震設計規範及解說（以下簡稱耐震規範）第八章第八・五節規定辦理：

㈠耐震能力初步評估檢查判定結果為有疑慮且經評估認有

弱層之虞。

㈡非屬申報辦法第九條第二項但書規定情形。

二　前款以外之原有合法建築物，依耐震規範第八章第八・三節規定辦理。

③第一項改善期限依申報辦法第八條規定申報期間辦理，原有合法建築物所有權人並應於下一次申報期間屆滿前依申報辦法第九條第一項第二款或第二項規定辦理備查。

④依第一項規定辦理改善，有建造行爲或申請變更使用執照行爲者，應依本法申請建築執照或變更使用執照。

第二六條

本辦法自發布日施行。

消防設備師及消防設備士管理辦法

①民國85年5月29日內政部令訂定發布全文20條。
②民國86年2月26日內政部令修正發布第3條條文；並刪除第16、17條條文。
③民國94年7月19日內政部令修正發布第8、9、14、19條條文；並增訂第14-1至14-3條條文。
④民國100年2月10日內政部令修正發布第5、11條條文；增訂第11-1至11-3條條文；並刪除第13條條文。
⑤民國104年10月6日內政部令修正發布第2、8、11-3、15條條文。

第一章　總　則

第一條

本辦法依消防法（以下簡稱本法）第七條第四項規定訂定之。

第二條 104

①消防設備師或消防設備士應經考試及格持有考試及格證明文件，領有消防設備師或消防設備士證書者，始得執行業務。

②消防設備師及消防設備士於執行業務前，應填具執業通訊資料表（格式如附件一），並檢附國民身分證及消防設備師或消防設備士證書影本，送請中央主管機關備查及公告；執業通訊資料異動者，亦同。

③前項公告內容，包括消防設備師或消防設備士姓名、證書字號、執業通訊電話及所在行政區域。

第三條

依專門職業及技術人員考試法規定，經撤銷考試及格資格者，不得請領消防設備師或消防設備士證書，其已領取者撤銷之。

第四條

請領消防設備師及消防設備士證書，應檢附下列文件，向中央主管機關申情核發之。

一　申請書。

二　消防設備師或消防設備士考試及格證明文件。

三　國民身分證影本。

四　本人最近三個月內正面脫帽二吋半身照片三張。

第二章　業務及責任

第五條 100

①消防設備師及消防設備士執行業務，應備業務登記簿，以書面簿冊形式或電子檔案方式，記載委託人姓名或名稱、住所、委

託事項及辦理情形之詳細紀錄，並應妥善保存，以備各級消防機關之查核。

②前項業務登記簿至少應保存五年。

第六條

消防設備師及消防設備士受委託辦理各項業務，應遵守誠實信用之原則，不得有不正當行爲及違反或廢弛其業務上應盡之義務。

第七條

消防設備師及消防設備士，不得有下列之行爲：

一　違反法令執行業務。

二　允諾他人假藉其名義執行業務。

三　以不正當方法招攬業務。

四　無正當理由洩漏因業務知悉之秘密。

第八條 104

①各級消防機關得檢查消防設備師及消防設備士之業務或令其報告、提出證明文件、表冊及有關資料，消防設備師及消防設備士不得規避、妨礙或拒絕。

②消防設備師或消防設備士違反前項規定，主管機關應命其限期改善；屆期未改善者，依行政執行法間接強制方法執行之。

第九條 94

消防設備師及消防設備士，應受各級消防機關之監督。

第一〇條

消防設備師及消防設備士執行業務時，應攜帶資格證件。

第三章　講　習

第一一條 100

①消防設備師及消防設備士，自取得證書日起每三年應接受講習一次或取得累計積分達一百六十分以上之訓練證明文件。

②消防設備師及消防設備士因重病或重大事故無法接受前項講習或取得累計積分達一百六十分以上訓練證明文件時，得檢具證明文件向中央主管機關申請核准延期。

第一一條之一 100

①前條所稱訓練證明文件，指消防設備師及消防設備士參加下列與消防安全設備設計、監造、裝置及檢修相關之技術研討活動或訓練取得之積分證明：

一　中央主管機關舉辦或認可之講習會、研討會或專題演講，每小時積分十分，每項課程或講題總分以四十分爲限。

二　消防專技人員公會或全國聯合會之年會及當次達一小時以上之技術研討會，每次積分二十分。

三　中央主管機關舉辦或認可之專業訓練課程，每小時積分十分。

四　於國外參加專業機構或團體舉辦國際性之講習會、研討會

或專題演講領有證明文件者，每小時積分十分，每項課程或講題總分以四十分爲限。

五　於國內外專業期刊或學報發表論文或翻譯專業文獻經登載者，論文每篇六十分，翻譯每篇二十分，作者或譯者有二人以上者，平均分配積分。

六　研究所以上之在職進修或推廣教育，取得學分或結業證明者，每一學分積分十分，單一課程以三十分爲限。

②擔任前項第一款至第四款講習會、研討會、專題演講或專業訓練課程講座者，每小時積分十分，每項課程或講題總分以四十分爲限。

③第一項第一款至第四款講習會、研討會、專題演講或專業訓練之時數計算以小時爲單位，滿五十分鐘以一小時計算，連續九十分鐘以二小時計算。

④第一項第五款所稱國內外專業期刊或學報之種類，由中央主管機關公告之。

第一一條之二 100

①第十一條第一項之講習、前條第一項第一款及第三款所定中央主管機關舉辦之講習會、研討會、專題演講及專業訓練，中央主管機關得委託專業機構辦理。

②前項受委託辦理第十一條第一項講習之專業機構應擬訂講習計畫，報請中央主管機關核定實施。

第一一條之三 104

①第十一條之一第一項第一款至第三款技術研討活動或訓練，其辦理機關（構）、團體應於舉辦二個月前，檢附下列文件向中央主管機關申請認可，中央主管機關並於舉辦一個月前准駁之：

一　申請函（格式如附件二）。

二　研討活動或訓練資料，其內容包括：

㈠名稱。

㈡時間、地點及預定參加人數。

㈢課程或講題之名稱、內容大綱、時數及申請積分。

㈣講座簡歷。

②前項辦理機關（構）、團體於技術研討活動或訓練結束後一個月內應檢附參加之消防設備師及消防設備士簽到表（格式如附件三）及參加時數清冊（格式如附件四），向中央主管機關申請訓練積分審查及登記，經審查合格並登記完竣後，由辦理機關（構）、團體發給受訓人員訓練證明文件（格式如附件五）。

③消防設備師及消防設備士於參加第十一條之一第一項第四款至第六款之技術研討活動或訓練後，應檢附訓練證明文件向中央主管機關申請訓練積分審查及登記。

④前二項之積分審查及登記，中央主管機關得委託專業機構辦理。

第一二條

講習實施之科目、日期、場所、報名方法及其他相關之必要事項，由中央主管機關事先公告周知。

第一三條　（刪除）100

第一四條 94

講習所需經費由受訓人員自行負擔，其金額由講習單位報請中央主管機關核定後實施。

第一四條之一 94

直轄市、縣（市）之消防設備師或消防設備士達三十人以上者，得組織直轄市、縣（市）消防設備師公會或消防設備士公會。

第一四條之二 94

消防設備師或消防設備士公會全國聯合會應由過半數之直轄市、縣（市）消防設備師公會或消防設備士公會完成組織後，始得發起組織。但經中央主管機關核准者，不在此限。

第一四條之三 94

各級消防設備師公會及消防設備士公會之組織及活動，依人民團體法及前二條之規定辦理。

第四章　獎　懲

第一五條 104

①消防設備師及消防設備士有下列情事之一者，直轄市、縣（市）主管機關得予以獎勵；特別優異者，並得層報中央主管機關獎勵：

一　對消防法規襄助研究及建議，有重大貢獻。

二　對公共安全或預防災害等有關消防事項襄助辦理，成績卓著。

三　對消防安全設計或學術研究，有卓越表現。

四　對協助推行消防實務，著有成績。

②前項獎勵方式如下：

一　公開表揚。

二　頒發獎狀或獎牌。

第一六條　（刪除）

第一七條　（刪除）

第五章　附　則

第一八條

消防設備師及消防設備士證書之格式及證書費金額，由中央主管機關定之。

第一九條 94

依本法第七條第二項規定，暫行從事消防安全設備設計、監造、裝置及檢修者，除第十四條之一至第十四條之三規定外，準用本辦法之規定。

第二〇條

本辦法自發布日施行。

消防安全設備檢修專業機構管理辦法

①民國108年11月18日內政部令訂定發布全文22條；並自發布日施行。

②民國111年10月26日內政部令修正發布全文22條；並自發布日施行。

第一條

本辦法依消防法（以下簡稱本法）第九條第四項規定訂定之。

第二條

本辦法所稱消防安全設備檢修專業機構（以下簡稱檢修機構），指依本辦法規定，經中央主管機關許可辦理高層建築物、地下建築物或中央主管機關公告之場所消防安全設備定期檢修業務之專業機構。

第三條

申請檢修機構許可者（以下簡稱申請人），應符合下列資格：

一　法人組織。

二　實收資本額、資本總額或登記財產總額在新臺幣五百萬元以上。

三　營業項目或章程載有消防安全設備檢修項目。

四　置有消防設備師及消防設備士合計十人以上，均為專任，其中消防設備師至少二人。

五　具有執行檢修業務之必要設備及器具，其種類及數量如附表一。

第四條

申請人應檢具下列文件，向中央主管機關申請許可：

一　申請書（如附表二）。

二　法人登記證明文件、章程及實收資本額、資本總額或登記財產總額證明文件。

三　代表人身分證明文件。

四　消防設備師、消防設備士證書（以下簡稱資格證書）、名冊及講習或訓練證明文件。

五　檢修設備及器具清冊。

六　業務執行規範：包括檢修機構組織架構、內部人員管理、檢修客體管理、防止不實檢修及其他檢修相關業務執行規範。

七　檢修作業手冊：包括檢修作業流程、製作檢修報告書及改善計畫書等事項。

八　依消防安全設備檢修專業機構審查費及證書費收費標準

（以下簡稱收費標準）繳納審查費及證書費證明文件。

第五條

①中央主管機關受理前條之申請，經書面審查合格者，應實地審查；經實地審查合格者，應以書面通知申請人於一定期限內，檢具已投保意外責任保險證明文件後，予以許可並發給消防安全設備檢修專業機構證書（以下簡稱證書）。

②前項所定意外責任保險之最低保險金額如下：

一　每一個人身體傷亡：新臺幣三百萬元。

二　每一事故身體傷亡：新臺幣三千萬元。

三　每一事故財產損失：新臺幣二百萬元。

四　保險期間總保險金額：新臺幣六千四百萬元。

③第一項所定意外責任保險應於證書有效期間內持續有效，不得任意終止；意外責任保險期間屆滿時，檢修機構應予續保。

④經書面審查、實地審查不合格或未檢具已投保意外責任保險證明文件者，中央主管機關應以書面通知申請人限期補正；屆期未補正或補正未完全者，駁回其申請並退回證書費。

第六條

①證書有效期間爲三年，其應記載之事項如下：

一　檢修機構名稱。

二　法人組織登記字號或統一編號。

三　地址。

四　代表人。

五　有效期間。

六　其他經中央主管機關規定之事項。

②前項證書記載事項變更時，檢修機構應自事實發生之日起三十日內，依收費標準繳納證書費，並檢具申請書（如附表二）及變更事項證明文件，向中央主管機關申請換發證書。

③第一項證書遺失或毀損者，得向中央主管機關申請補發或換發；其有效期間至原證書有效期間屆滿之日止。

第七條

檢修機構有下列情形之一者，中央主管機關應廢止許可並註銷證書：

一　違反第三條第一款規定。

二　違反第三條第二款至第五款規定，經通知限期改善，屆期不改善。

三　違反第十一條規定情節重大。

四　檢修場所發生火災事故致人員死亡或重傷，且經場所所在地主管機關查有重大檢修不實情事。

五　執行業務造成重大傷害或危害公共安全。

第八條

檢修機構於證書有效期間屆滿前二個月至一個月內，得檢具下列文件，向中央主管機關申請延展許可，每次延展期間爲三年：

一　申請書（如附表二）。

二　證書正本。
三　第四條第四款及第五款所定文件。
四　符合第五條第三項規定之證明文件。
五　消防設備師及消防設備士薪資扣繳憑證、薪資資料、勞工保險及全民健康保險資料。
六　離職人員清冊。
七　依收費標準繳納審查費及證書費證明文件。

第九條

①前條申請之審查程序，準用第五條規定。
②經審查合格者，由中央主管機關予以許可並發給證書。

第一〇條

①檢修機構於證書有效期間內有下列情形之一者，不予許可其延展；且於各款所定期間內不得重新申請許可：
一　有第七條第三款至第五款情形之一，三年內不得重新申請。
二　所屬消防設備師或消防設備士檢修不實經裁罰達五件以上，一年內不得重新申請。
三　違反第十一條規定情節輕微或違反第十九條規定，六個月內不得重新申請。
②經中央主管機關因申請許可所附資料重大不實撤銷許可或依本法第三十八條第四項規定廢止許可者，自撤銷或廢止許可次日起，三年內不得重新申請。

第一一條

檢修機構應依下列規定執行業務：
一　不得有違反法令之行為。
二　不得以詐欺、脅迫或其他不正當方法招攬業務。
三　不得無故洩漏因業務而知悉之秘密。
四　由消防設備師或消防設備士親自執行職務，並據實填寫檢修報告書。
五　依審查通過之業務執行規範及檢修作業手冊，確實執行檢修業務。
六　由二名以上之消防設備師或消防設備士共同執行高層建築物、地下建築物或中央主管機關公告之場所檢修業務。

第一二條

檢修機構出具之檢修報告書應由執行檢修業務之消防設備師或消防設備士簽章，並經代表人簽署。

第一三條

檢修機構之消防設備師或消防設備士執行業務時，應佩帶識別證件，其格式如附表三。

第一四條

檢修機構於證書有效期間內，其消防設備師或消防設備士有僱用、解聘、資遣、離職、退休、死亡或其他異動情事者，應於事實發生之日起十五日內，檢具下列文件，報請中央主管機關備查：

一　僱用：資格證書、講習或訓練證明及加退勞工保險證明文件。
二　解聘、資遣、離職或退休：加退勞工保險證明文件。
三　其他異動情事：相關證明文件。

第一五條

①檢修機構應備置檢修場所清冊及相關檢修報告書書面文件或電子檔，並至少保存五年。
②前項電子檔應以 PDF 或縮影檔案格式製作，且不得以任何方式修改。

第一六條

檢修機構應於年度開始前二個月至一個月內，檢具下列書表，報請中央主管機關備查：
一　次年度檢修業務計畫書：包括計畫目標、實施內容及方法、標準作業程序及資源需求。
二　次年度人員訓練計畫書：包括每半年至少舉辦一次訓練、訓練地點、師資及課程。
三　次年度消防設備師及消防設備士名冊：包括姓名、資格證書、講習或訓練證明文件、勞工保險被保險人資料明細及全民健康保險證明影本。

第一七條

①檢修機構應於年度終結後五個月內，檢具下列書表，報請中央主管機關備查：
一　上年度檢修業務執行報告書：包括執行狀況、檢修申報清冊、檢討及改善對策。
二　上年度消防設備師與消防設備士薪資明細及薪資扣繳憑證。
三　上年度人員訓練成果：包括訓練地點、師資、課程、簽到表及訓練實況照片。
四　符合第五條第三項規定之證明文件。
②前項第一款所定檢修申報清冊，包括檢修場所名稱、地址、檢修日期、樓層別、檢修之消防設備師或消防設備士及結果。

第一八條

中央主管機關得檢查檢修機構之業務、勘查其檢修場所或令其報告、提出證明文件、表冊及有關資料，檢修機構不得規避、妨礙或拒絕。

第一九條

①檢修機構自行停業、受停業處分或逾三個月不辦理檢修業務時，應報中央主管機關備查，並將原領證書送中央主管機關註記後發還之；復業時，亦同。
②檢修機構歇業或解散時，應將原領證書送繳中央主管機關註銷；未送繳者，中央主管機關得逕行廢止許可並註銷其證書。

第二〇條

①中央主管機關得建置檢修機構資料庫，登錄下列事項：

一　檢修機構名稱、地址、電話、實收資本額、資本總額或登記財產總額。
二　代表人姓名、性別、身分證明文件字號、出生年月日、住所。
三　證書字號與其核發、延展之年月日及效期。
四　所屬專任消防設備師及消防設備士姓名、性別、身分證明文件字號、出生年月日、住所、專技種類、證書字號、勞工保險投保日期。
五　執行檢修業務有違規或不實檢修，經主管機關裁罰之相關資料。

②前項事項，除第二款與第四款之身分證明文件字號、出生年月日及住所外，中央主管機關得基於增進公共利益之目的公開之。

第二一條

本辦法施行前，經中央主管機關許可並領有消防安全設備檢修專業機構合格證書者，於本辦法施行後，其許可於該合格證書有效期間內繼續有效；其許可之廢止、延展與檢修業務之執行、管理、應報備查及書表等事項，適用本辦法之規定。

第二二條

本辦法自發布日施行。

二、建築行為人法

建築師法

①民國60年12月27日總統令制定公布全文57條。
②民國64年12月26日總統令修正公布第1、2、4、6、8、14、17、19、22、43、45、46、54條條文；並刪除第23、44條條文。
③民國73年11月28日總統令修正公布第4、6至8、11至13、18、33、41、43、45、46、56條條文；增訂第19-1、52-1條條文；並刪除第14條條文。
④民國84年1月27日總統令修正公布第2、4條條文。
⑤民國86年5月7日總統令修正公布第54、57條條文。
民國87年11月10日行政院令發布第54條定自87年11月10日施行。
⑥民國89年11月8日總統令修正公布第3、8、10、11、15、35、37、41、47、50、51、53條條文。
⑦民國94年6月15日總統令修正公布第4、43、45、46條條文；並增訂第9-1、43-1條條文。
⑧民國98年5月27日總統令修正公布第4、57條條文；並自98年11月23日施行。
⑨民國98年12月30日總統令修正公布第3、6、12、28至31、33至36、46條條文；並增訂第28-1、31-1條條文。
⑩民國103年1月15日總統令修正公布第4、28-1、31-1條條文。
⑪民國112年12月6日總統令修正公布第28-1條條文。

第一章　總　則

第一條　（建築師資格）

中華民國人民經建築師考試及格者，得充任建築師。

第二條　（建築師資格檢覈）

①具有左列資格之一者，前條考試得以檢覈行之：

一　公立或立案之私立專科以上學校，或經教育部承認之國外專科以上學校，修習建築工程學系、科、所畢業，並具有建築工程經驗而成績優良者，其服務年資，研究所及大學五年畢業者為三年，大學四年畢業者為四年，專科學校畢業者為五年。

二　公立或立案之私立專科以上學校，或經教育部承認之國外專科以上學校，修習建築工程學系、科、所畢業，並曾任專科以上學校教授、副教授、助理教授、講師，經教育部審查合格，講授建築學科三年以上，有證明文件者。

三　公立或立案之私立專科以上學校，或經教育部承認之國外專科以上學校，修習土木工程、營建工程技術學系、科畢

業，修滿建築設計二十二學分以上，並具有建築工程經驗而成績優良者，其服務年資，大學四年畢業者為五年，專科學校畢業者為六年。

四　公立或立案之私立專科以上學校，或經教育部承認之國外專科以上學校，修習土木工程、營建工程技術學系、科畢業，修滿建築設計二十二學分以上，並曾任專科以上學校教授、副教授、助理教授、講師，經教育部審查合格，講授建築學科四年以上，有證明文件者。

五　經公務人員高等考試建築工程科考試及格，且經分發任用，並具有建築工程工作經驗三年以上，成績優良，有證明文件者。

六　在外國政府領有建築師證書，經考選部認可者。

②前項檢覈辦法，由考試院會同行政院定之。

第三條　（主管機關）98

本法所稱主管機關：在中央為內政部；在直轄市為直轄市政府；在縣（市）為縣（市）政府。

第四條　（充任建築師之消極資格）103

①有下列情形之一者，不得充任建築師；已充任建築師者，由中央主管機關撤銷或廢止其建築師證書：

一　受監護或輔助宣告，尚未撤銷。

二　罹患精神疾病或身心狀況違常，經中央主管機關委請二位以上相關專科醫師諮詢，並經中央主管機關認定不能執行業務。

三　受破產宣告，尚未復權。

四　因業務上有關之犯罪行為，受一年有期徒刑以上刑之判決確定，而未受緩刑之宣告。

五　受廢止開業證書之懲戒處分。

②前項第一款至第三款原因消滅後，仍得依本法之規定，請領建築師證書。

第五條　（請領建築師證書手續）

請領建築師證書，應具申請書及證明資格文件，呈請內政部核明後發給。

第六條　（開業方式與執行業務區域）98

建築師開業，應設立建築師事務所執行業務，或由二個以上建築師組織聯合建築師事務所共同執行業務，並向所在地直轄市、縣（市）辦理登記開業且以全國為其執行業務之區域。

第二章　開　業

第七條　（開業之申請與核發開業證書）

領有建築師證書，具有二年以上建築工程經驗者，得申請發給開業證書。

第八條　（開業申請書應載明事項）

建築師申請發給開業證書，應備具申請書載明左列事項，並檢附建築師證書及經歷證明文件，向所在縣（市）主管機關申請審查登記後發給之；其在直轄市者，由工務局爲之：

一　事務所名稱及地址。

二　建築師姓名、性別、年齡、照片、住址及證書字號。

第九條　（執行業務條件）

建築師在未領得開業證書前，不得執行業務。

第九條之一　（申請換發開業證書）94

①開業證書有效期間爲六年，領有開業證書之建築師，應於開業證書有效期間屆滿日之三個月前，檢具原領開業證書及內政部認可機構、團體出具之研習證明文件，向所在直轄市、縣（市）主管機關申請換發開業證書。

②前項申請換發開業證書之程序、應檢附文件、收取規費及其他應遵行事項之辦法，由內政部定之。

③第一項機構、團體出具研習證明文件之認可條件、程序及其他應遵行事項之辦法，由內政部定之。

④前三項規定施行前，已依本法規定核發之開業證書，其有效期間自前二項辦法施行之日起算六年；其申請換發，依第一項規定辦理。

第一〇條　（發給與註銷開業證書應報部備查）

直轄市、縣（市）主管機關於核准發給建築師開業證書時，應報內政部備查，並刊登公報或公告；註銷開業證書時，亦同。

第一一條　（事務所變更與人員受聘、解聘之登記與備案）

建築師開業後，其事務所地址變更及其從業建築師與技術人員受聘或解僱，應報直轄市、縣（市）主管機關分別登記。

第一二條　（事務所遷移或設置分事務所之申請核轉）98

建築師事務所遷移於核准登記之直轄市、縣（市）以外地區時，應向原登記之主管機關申請核轉；接受登記之主管機關應即核發開業證書，並報請中央主管機關備查。

第一三條　（自行停止執業與撤銷分事務所之申報）

建築師自行停止執業，應檢具開業證書，向原登記主管機關申請註銷開業證書。

第一四條　（刪除）

第一五條　（開業建築師登記簿應載明事項）

①直轄市、縣（市）主管機關應備具開業建築師登記簿，載明左列事項：

一　開業申請書所載事項。

二　開業證書號數。

三　從業建築師及技術人員姓名、受聘或解僱日期。

四　登記事項之變更。

五　獎懲種類、期限及事由。

六　停止執業日期及理由。

②前項登記簿按年另繕副本，層報內政部備案。

第三章　開業建築師之業務及責任

第一六條　（開業建築師之業務）

建築師受委託人之委託，辦理建築物及其實質環境之調查、測量、設計、監造、估價、檢查、鑑定等各項業務，並得代委託人辦理申請建築許可、招商投標、擬定施工契約及其他工程上之接洽事項。

第一七條　（建築師受委託設計應遵守之規定）

建築師受委託設計之圖樣、說明書及其他書件，應合於建築法及基於建築法所發布之建築技術規則、建築管理規則及其他有關法令之規定；其設計內容，應能使營造業及其他設備廠商，得以正確估價，按照施工。

第一八條　（建築師受委託辦理建築物監造應遵守之規定）

建築師受委託辦理建築物監造時，應遵守左列各款之規定：

一　監督營造業依照前條設計之圖說施工。

二　遵守建築法令所規定監造人應辦事項。

三　查核建築材料之規格及品質。

四　其他約定之監造事項。

第一九條　（開業建築師之責任）

建築師受委託辦理建築物之設計，應負該工程設計之責任；其受委託監造者，應負監督該工程施工之責任。但有關建築物結構與設備等專業工程部分，除五層以下非供公眾使用之建築物外，應由承辦建築師交由依法登記開業之專業技師負責辦理，建築師並負連帶責任。當地無專業技師者，不在此限。

第一九條之一　（得辦理建築科工業技師業務）

經建築師考試及格，領有建築師證書及建築師開業證書者，除法律另有規定者外，得辦理建築科工業技師業務。

第二〇條　（誠實信用原則）

建築師受委託辦理各項業務，應遵守誠實信用之原則，不得有不正當行為及違反或廢弛其業務上應盡之義務。

第二一條　（應負法律責任）

建築師對於承辦業務所為之行為，應負法律責任。

第二二條　（應遵守書面契約）

建築師受委託辦理業務，其工作範圍及應收酬金，應與委託人於事前訂立書面契約，共同遵守。

第二三條　（刪除）

第二四條　（應襄助辦理公共福利事項）

建築師對於公共安全、社會福利及預防災害等有關建築事項，經主管機關之指定，應襄助辦理。

第二五條　（不得兼任或兼營之職業）

建築師不得兼任或兼營左列職業：

一　依公務人員任用法任用之公務人員。

二　營造業、營造業之主任技師或技師，或為營造業承攬工程之保證人。

三　建築材料商。

第二六條　（名義不得出借）

建築師不得允諾他人假借其名義執行業務。

第二七條　（保密義務）

建築師對於因業務知悉他人之秘密，不得洩漏。

第四章　公　會

第二八條　（強制加入公會）98

①建築師領得開業證書後，非加入該管直轄市、縣（市）建築師公會，不得執行業務；建築師公會對建築師之申請入會，不得拒絕。

②本法中華民國九十八年十二月十一日修正之條文施行前已加入省公會執行業務之建築師，自該修正施行之日起二年內得繼續執業。期限屆滿前，應加入縣（市）公會，縣（市）公會未成立前，得加入鄰近縣（市）公會。原省建築師公會應自期限屆滿日起一年內，辦理解散。

③直轄市、縣（市）建築師公會應將所屬會員入會資料，轉送至全國建築師公會辦理登錄備查。

④第一項開業建築師，以加入一個直轄市或縣（市）建築師公會為限。

第二八條之一　112

①為促進金門馬祖地區及澎湖縣之建築師公會發展，規定如下：

一　建築師領得開業證書後，得加入金門馬祖地區、澎湖縣之建築師公會，不受前條第四項規定之限制；非加入該管金門馬祖地區、澎湖縣之建築師公會，不得於金門馬祖地區、澎湖縣執行業務。但在該管金門馬祖地區及澎湖縣之建築師公會未成立前，不在此限。

二　領有金門馬祖地區或澎湖縣開業證書之建築師，得加入臺灣本島之直轄市、縣（市）公會，並以一個為限。

②原福建省建築師公會應變更組織為金門馬祖地區之建築師公會，並以會所所在地之當地政府為主管機關。

第二九條　（公會之設置地）98

建築師公會於直轄市、縣（市）組設之，並設全國建築師公會於中央政府所在地。但報經中央主管機關核准者，得設於其他地區。

第三〇條　（得組織公會之人數）98

①直轄市、縣（市）有登記開業之建築師達九人以上者，得組織建築師公會；其不足九人者，得加入鄰近直轄市、縣（市）之建築師公會或共同組織之。

②同一或共同組織之行政區域內，其組織同級公會，以一個為限。

第三一條（公會全國聯合會之發起組織）98

①全國建築師公會，應由直轄市、縣（市）建築師公會共同組織之。

②各直轄市、縣（市）建築師公會，應自組織完成之日起六個月內，加入全國建築師公會，全國建築師公會不得拒絕。

第三一條之一（組織調整變更）103

①本法中華民國九十八年十二月十一日修正之條文施行前，已設立之中華民國建築師公會全國聯合會，應自該修正施行之日起二年內，依本法規定變更組織爲全國建築師公會；原已設立之臺灣省建築師公會所屬各縣（市）辦事處，得於三年內調整、變更組織或併入各直轄市、縣（市）建築師公會；其所屬直轄市聯絡處得調整、變更組織或併入各該直轄市建築師公會。

②因第二十八條之一第二項及前項調整或變更組織而財產移轉，適用下列規定：

一　所書立之各項契據憑證，免徵印花稅。

二　其移轉之有價證券，免徵證券交易稅。

三　其移轉貨物或勞務，非屬營業稅之課徵範圍。

四　其不動產移轉，免徵契稅及不課徵土地增值稅。但土地於再移轉時，以前項調整或變更組織前該土地之原規定地價或前次移轉現值爲原地價，計算漲價數額，課徵土地增值稅。

第三二條（公會之主管機關）

建築師公會之主管機關爲主管社會行政機關。但其目的事業，應受主管建築機關之指導、監督。

第三三條（公會理、監事之名額與任期）98

①建築師公會設理事、監事，由會員大會選舉之；其名額如下：

一　建築師公會之理事不得逾二十五人；監事不得逾七人。

二　全國建築師公會之理事不得逾三十五人；監事不得逾十一人。

三　候補理、監事不得超過理、監事名額二分之一。

②前項理事、監事之任期爲三年，連選得連任一次。

第三四條（會員大會與臨時大會之召開）98

①建築師公會每年開會員大會一次，必要時得召開臨時大會；如經會員五分之一以上之要求，應召開臨時大會。

②會員大會，須有會員二分之一以上出席，始得開會。但章程另有規定會員大會出席會員低於二分之一者，不在此限。

③會員大會依前項但書之規定召開者，會員應親自出席，不得委託他人代理。

第三五條（公會章程與表冊之申請核准備案）98

建築師公會應訂立章程，造具會員簡表及職員名冊，申請該管社政主管機關核准，並應分報各該主管機關備案。

第三六條（公會章程應規定事項）98

①建築師公會章程，應規定下列事項：

一　名稱、地區及會所所在地。
二　宗旨、組織及任務。
三　會員之入會及退會。
四　會員之權利及義務。
五　理事、監事、候補理事、候補監事之名額、權限、任期及其選任、解任。
六　會議。
七　會員遵守之公約。
八　建築師紀律委員會之組織及風紀維持方法。
九　會費、經費及會計。
十　其他處理會務之必要事項。

②直轄市、縣（市）建築師公會訂立章程，不得牴觸全國建築師公會章程。

③全國建築師公會章程，應規定有關各直轄市、縣（市）建築師公會之聯繫協調事項。

第三七條　（業務章程之訂立與報請核定）

①建築師公會應訂立建築師業務章則，載明業務內容、受取酬金標準及應盡之責任、義務等事項。

②前項業務章則，應經會員大會通過，在直轄市者，報請所在地主管建築機關，核轉內政部核定；在省者，報請內政部核定。

第三八條　（主管機關對會員大會與理監會議之監督）

建築師公會所在地之主管社會行政機關及主管建築機關於建築師公會召開會員大會時，應派員出席指導；理監事會議得派員出席指導，並得核閱其會議紀錄。

第三九條　（公會應呈報主管機關事項）

①建築師公會應將左列事項分別呈報所在地主管社會行政機關與主管建築機關：
一　建築師公會章程。
二　會員名冊及會員之入會、退會。
三　理事、監事選舉情形及當選人姓名。
四　會員大會、理事、監事會議之開會日期、時間、處所及會議情形。
五　提議、決議事項。

②前項呈報，由所在地主管社會行政機關轉報內政部核備。

第四〇條　（對建築師公會處分之種類）

①建築師公會違反法令或建築師公會章程者，主管社會行政機關得分別施以左列之處分：
一　警告。
二　撤銷其決議。
三　整理。

②前項第一款及第二款之處分，主管建築機關並得為之。

第五章　獎　懲

第四一條　（建築師應獎勵情事）

建築師有左列情事之一者，直轄市、縣（市）主管機關得予以獎勵之；特別優異者，層報內政部獎勵之：

一　對建築法規、區域計畫或都市計畫襄助研究及建議，有重大貢獻者。

二　對公共安全、社會福利或預防災害等有關建築事項襄助辦理，成績卓著者。

三　對建築設計或學術研究有卓越表現者。

四　對協助推行建築實務著有成績者。

第四二條　（建築師之獎勵方式）

建築師之獎勵如左：

一　嘉獎。

二　頒發獎狀。

第四三條　（擅自執業之處分）94

建築師未經領有開業證書、已撤銷或廢止開業證書、未加入建築師公會或受停止執行業務處分而擅自執業者，除勒令停業外，並處新臺幣一萬元以上三萬元以下之罰鍰；其不遵從而繼續執業者，得按次連續處罰。

第四三條之一　（開業證書逾期未換發而繼續執業之處罰）94

建築師違反第九條之一規定，開業證書已逾有效期間未申請換發，而繼續執行建築師業務者，處新臺幣六千元以上一萬五千元以下罰鍰，並令其限期補辦申請；屆期不遵從而繼續執業者，得按次連續處罰。

第四四條　（刪除）

第四五條　（建築師之懲戒處分）94

①建築師之懲戒處分如下：

一　警告。

二　申誡。

三　停止執行業務二月以上二年以下。

四　撤銷或廢止開業證書。

②建築師受申誡處分三次以上者，應另受停止執行業務時限之處分；受停止執行業務處分累計滿五年者，應廢止其開業證書。

第四六條　（違反本法之懲戒規定）98

建築師違反本法者，依下列規定懲戒之：

一　違反第十一條至第十三條或第五十四條第三項規定情事之一者，應予警告或申誡。

二　違反第六條、第二十四條或第二十七條規定情事之一者，應予申誡或停止執行業務。

三　違反第二十五條之規定者，應予停止執行業務，其不遵從而繼續執業者，應予廢止開業證書。

四　違反第十七條或第十八條規定情事之一者，應予警告、申誡或停止執行業務或廢止開業證書。

五　違反第四條或第二十六條之規定者，應予撤銷或廢止開業

證書。

第四七條（設置建築師懲戒委員會及對懲戒事件之限期答辯或陳述）
直轄市、縣（市）主管機關對於建築師懲戒事項，應設置建築師懲戒委員會處理之。建築師懲戒委員會應將交付懲戒事項，通知被付懲戒之建築師，並限於二十日內提出答辯或到會陳述；如不遵限提出答辯或到會陳述時，得逕行決定。

第四八條（對懲戒決定申請覆審之期限）
被懲戒人對於建築師懲戒委員會之決定，有不服者，得於通知送達之翌日起二十日內，向內政部建築師懲戒覆審委員會申請覆審。

第四九條（建築師懲戒委員會及建築師懲戒覆審委員會之組織）
建築師懲戒委員會及建築師懲戒覆審委員會之組織，由內政部訂定，報請行政院備案。

第五〇條（利害關係人之報請交付懲戒）
建築師有第四十六條各款情事之一時，利害關係人、直轄市、縣（市）主管機關或建築師公會得列舉事實，提出證據，報請或由直轄市、縣（市）主管機關交付懲戒。

第五一條（處分之執行與刊登公報）
被懲戒人之處分確定後，直轄市、縣（市）主管機關應予執行，並刊登公報或公告。

第六章　附　則

第五二條（本法施行前領有甲等開業證書者之執業）
①本法施行前，領有建築師甲等開業證書有案者，仍得充建築師。但應依本法規定，檢具證件，申請內政部核發建築師證書。
②本法施行前，領有建築科工業技師證書者，準用前項之規定。

第五二條之一（取得證書之期限及同時執行其他業務之禁止）
①第二條第一項第五款建築科工業技師檢覈取得建築師證書者，限期於中華民國七十四年六月三十日前辦理完畢，逾期不再受理。
②依前條及本條前項之規定檢覈領有建築師證書者，自中華民國七十五年一月一日起不得同時執行建築師、土木科工業技師或建築科工業技師業務；已執行者應取消其一。第十九條之一建築師辦理建築科工業技師業務者亦同。

第五三條（本法施行前領有乙等開業證書者之執業）
①本法施行前，領有建築師乙等開業證書者，得於本法施行後，憑原領開業證書繼續執行業務。但其受委託設計或監造之工程造價以在一定限額以下者爲限。
②前項領有乙等開業證書受委託設計或監造之工程造價限額，由直轄市、縣（市）政府定之，並得視地方經濟變動情形，報經內政部核定後予以調整。

第五四條　（外國人參加考試及執業之許可）

①外國人得依中華民國法律應建築師考試。

②前項考試及格領有建築師證書之外國人，在中華民國執行建築師業務，應經內政部之許可，並應遵守中華民國一切法令及建築師公會章程及章則。

③外國人經許可在中華民國開業爲建築師者，其有關業務上所用之文件、圖說，應以中華民國文字爲主。

第五五條　（證書費金額之決定）

建築師證書及建築師開業證書之證書費金額，由內政部定之。

第五六條　（施行細則）

本法施行細則，由內政部定之。

第五七條　（施行日）98

①本法自公布日施行。

②本法中華民國八十六年五月七日修正公布之第五十四條，其施行日期由行政院定之；九十八年五月十二日修正之條文，自九十八年十一月二十三日施行。

建築師法施行細則

①民國75年3月10日內政部令訂定發布全文17條。
②民國88年11月5日內政部令修正發布第15條條文。
③民國100年4月25日內政部令修正發布全文18條；並自發布日施行。

第一條
本細則依建築師法（以下簡稱本法）第五十六條規定訂定之。

第二條
①依本法第五條規定請領建築師證書者，應檢具下列書件連同證書費，向中央主管機關提出：
一　申請書一份。
二　本人最近二吋半身照片一式三張。
三　證明資格文件。
②前項第三款證明資格文件如下：
一　經建築師考試或檢覈及格者，應繳送及格證書及其影本一份。
二　本法施行前領有建築師甲等開業證書者，應繳送建築師甲等開業證書及其影本一份。

第三條
①中央主管機關受理前條申請應即審查，合格者發給建築師證書，並發還原繳送證書；不合格者駁回其申請，並退還申請書件及證書費。
②申請手續不完備者，應將應行補正事項一次通知限期補正。

第四條
本法第七條所稱具有二年以上建築工程經驗者，指下列情形之一：
一　在開業建築師事務所從事建築工程實際工作累計二年以上。
二　在政府機關、機構、公營或登記有案之民營事業機構從事建築工程實際工作累計二年以上。
三　任專科以上學校教授、副教授、助理教授、講師講授建築學科二門主科累計各二年以上。

第五條
①依本法第八條規定申請發給開業證書者，應檢具下列書件連同證書費，向所在地主管機關提出：
一　申請書三份。
二　戶籍謄本或身分證件影本一份。

三　建築工程經歷證明文件一份。

四　事務所房屋合法使用證明文件影本一份。

五　建築師證書及其影本一份。

六　本人最近二吋半身照片一式五張。

②前項第三款證明文件，於依建築師檢覈辦法申請檢覈及格者，免予檢附。

第六條

①本法第八條所稱經歷證明文件如下：

一　在政府機關、機構、公營事業機構服務者，應繳驗該機關、機構、公營事業機構載明任職職務之服務證明書。

二　在開業建築師事務所或登記有案之民營事業機構服務者，應繳驗該事務所或事業機構之登記證件及其出具載明任職工作性質之服務證明書。

三　在專科以上學校服務者，應繳驗教育部審查合格之教授、副教授、助理教授或講師之證書及由該校出具講授建築主要學科之證明書。

②前項第二款之服務證明書應經認證。

第七條

建築師證書或開業證書遺失者，得檢附申請書、證書費、照片，依第二條或第五條規定申請補發。嗣後如發現已報失之證書，應即繳銷。

第八條

建築師證書或開業證書損壞者，得檢具原證書，依第二條或第五條規定申請換領。

第九條

①建築師事務所遷移於登記之直轄市、縣（市）以外地區，依本法第十二條申請核轉時，應檢具申請書向原登記之主管機關提出，原登記之主管機關受理後，應即核轉遷移後之主管機關。

②接受核轉登記之主管機關應依原登記主管機關核轉之書件審查，於核准登記後，應即通知原登記之主管機關註銷原開業證書，並副知該建築師原加入之建築師公會。

第一〇條

本法第二十八條第一項所稱該管直轄市、縣（市）建築師公會，指建築師辦理登記開業所在地之直轄市、縣（市）建築師公會。

第一一條

①依本法第三十條規定得共同組織建築師公會者，指二個以上鄰近直轄市、縣（市）登記開業之建築師人數，均不足九人，或任一個不足九人者。

②前項共同組織之建築師公會，應申請其會所所在地之主管社會行政機關核准，並分報各該主管機關備查。

③共同組織之建築師公會，其名稱應冠以各該直轄市、縣（市）之行政區域名稱；必要時，得予簡稱。

④本法第三十七條至第四十條所定之建築師公會所在地主管社會

行政機關及主管建築機關，於共同組織之建築師公會，爲其會所所在地之主管社會行政機關及主管建築機關。

第一二條

①全國建築師公會（以下簡稱全國公會）理事、監事之被選舉人，不限於直轄市、縣（市）建築師公會（以下簡稱直轄市、縣（市）公會）選派參加之會員代表。

②直轄市、縣（市）公會選派參加全國公會之會員代表，不限於各該公會之理事、監事。

第一三條

全國公會出席之代表，由直轄市、縣（市）公會選派之，其選派之代表人數於全國公會章程中定之。

第一四條

直轄市、縣（市）公會按年繳納全國公會之經費，於全國公會章程中定之。

第一五條

①建築師受撤銷或廢止建築師證書之處分者，中央主管機關應刊登公報或公告。

②建築師受撤銷或廢止開業證書之處分確定者，直轄市、縣（市）主管機關應刊登公報或公告。

③前二項之建築師證書及開業證書，應由受處分之建築師繳交各該主管機關。

第一六條

建築師違反本法規定者，應由執行業務地區直轄市、縣（市）主管機關處理之；直轄市、縣（市）主管機關於懲戒處分確定後，應即通知其登記開業之主管機關，副知其他直轄市、縣（市）主管機關及該管直轄市、縣（市）建築師公會、全國公會，並報中央主管機關備查。

第一七條

建築師證書、開業證書及各類申請書表之格式，由中央主管機關定之。

第一八條

本細則自發布日施行。

省（市）建築師公會建築師業務章則

①民國62年7月9日內政部令核定全文24條。
②民國75年8月12日內政部令核定修正第5、6、18條條文。
③民國82年7月20日內政部令核定修正第15條條文。

第一條

本業務章則依建築師法第三十七條訂定之。

第二條

建築師為自由職業之一，其任務為受委託人之委託，辦理建築物及其實質環境之調查、測量、設計、監造、估價、檢查、鑑定等各項業務。並得代委託人辦理申請建築許可，招商投標，擬定施工契約及其他工程上之接洽事項，一面受委託人之酬金，一面運用其藝術及技術上之學術與經驗盡其業務上應有之各項業務。在設計時期，建築師對於委託人處於顧問之地位，貢獻意見及設計繪圖。

第三條

建築師之主要業務分為勘測規劃、詳細設計、現場監造。

第四條

勘測規劃事項規定如左：

一　察勘建築基地：建築師受委託人之委託後，應根據委託人提出詳細準確地繪圖，進行規劃，並親赴該建築地址詳細察勘地勢、鄰近情況、公用事業設備、都市計畫情形等，倘查見地基形勢與境界線等與委託人所供給之地形不盡符合或有未詳盡處，應由委託人申請地政機關重新加以測量。必要時得請委託人根據建築師意見，提供當地質鑽探等資料。

二　規劃圖說之製作：建築師應根據委託人之需求與意見擬訂初步規劃圖及簡略說明書並徵得委託人之同意。初步規劃圖包括必要之配置圖、平面圖、外型圖。簡略說明書包括構造方式、材料種類、設備概要及工程概算。

第五條

詳細設計事項規定如左：

一　建築師應依據勘測規劃圖說辦理下列詳細設計圖樣：

㈠配置及屋外設施設計圖。
㈡平面圖、立面圖、剖面圖、一般設計。
㈢結構計算書及結構設計圖。
㈣給排水、空氣調節、電氣、瓦斯等建築設備。
㈤裝修表。

其設計內容應能使營造業及其他設備廠商得以正確估價，按照施工。

二　編訂預算及工程說明書。

第六條

①現場監造事項規定如左：

一　監督營造業及其他設備廠商依照詳細設計圖說施工。

二　遵守建築法令所規定監造人應辦事項。

三　查核並督導營造業及其他設備廠商提供有關建築材料之規格、品質及證明文件。

四　工程上所有應付款項，得由建築師按照建築契約之規定，予以審核及簽發領款憑證，委託人憑該領款憑證，直接付與營造業。

五　凡與工程有關之疑問由建築師解釋之，並得視爲最後決定。有關委託人與營造業及其他設備廠商間發生之問題，建築師可按照建築契約之規定，擔任解釋並決定之，惟任何一方對於其所解決之點有不滿意，仍得向建築爭議事件評審委員會申請仲裁。

②前項現場監造事項不包括營造業及其他設備廠商採行之施工方法、工程技術、工作程序及施工安全。

第七條

建築師受委託人之委託得代辦申請建築執照。一切行政規費及執照費均由委託人負擔。

第八條

建築師受委託人之委託得代辦招商投標手續，一切招標費用由委託人負擔。

第九條

建築師受委託人之委託，得辦理測量及建築物之安全鑑定、安全檢查、建築物造價鑑估，建築工程工料數量品質之鑑定。

第一〇條

建築師受委託人之委託得代向主管機關調查街道建築線或土地建築物使用關係。

第一一條

建築師受委託人之委託辦理某一建築工程，自勘測規劃設計監造以迄完工，其酬金按照下列各條之規定以全部建築費之百分率核計之，但因建築物種類大小不同，工作之繁重簡易得按左表之百分率爲標準。

建築酬金標準表

種別	建築物類別	酬金百分率			
		總工程費新台幣三百萬元以下部分	總工程費超過新台幣三百萬至一千五百萬元部分	總工程費超過新台幣一千五百萬至六千萬元部分	總工程費超過新台幣六千萬元以上部分
一般建築	簡易倉庫、普通工廠、四層以下集合住宅、店舖、教室、宿舍、農業水產建築物及其他類似建築物。	5.5% 至 9.0%	4.5% 至 9.0%	4.0% 至 9.0%	3.5% 至 9.0%
公共及高層建築	禮堂、體育館、百貨公司、市場、運動場、冷凍庫、圖書館、科學館、五樓以上辦公大樓、公寓、祠堂公館、電視電台、遊樂場、兒童樂園、郵局、電訊局、餐廳、一般旅館診所、浴場、攝影棚、停車場及其他類似建築物。	6.0% 至 9.0%	5.0% 至 9.0%	4.5% 至 9.0%	4.0% 至 9.0%
特殊建築	高級住宅、別墅、紀念館、美術館、博物館、觀光飯店、綜合醫院、特殊工廠及其他類似建築物。	7.0% 至 9.0%	6.0% 至 9.0%	5.5% 至 9.0%	5.0% 至 9.0%

第一二條

第十一條稱全部建築費係包括建築物之一切人工材料及設備之總價。

第一三條

委託人若將工程分割委託數建築師時，建築師酬金按下列比率付給之：

一　僅委託勘測規劃時，按第十一條總酬金百分之二十五付給之。

二　僅委託詳細設計時，按第十一條總酬金百分之五十五付給之。

三　僅委託現場監造時，按第十一條總酬金百分之三十五付給之。

第一四條

建築師除酬金外，得依左列各款收取費用：

一　委託人因用途、名義等變更增加建築師之手續時應另收總酬金百分之二至百分之五之手續費。

二　因委託人或營造業之責任或天災人禍等而致增長監造期限

時，得依營造契約工期，按逾期日數與工期比率計算增加監造費用，並由委託人負擔之。

三　申請建築執照所需之藍圖及應供給委託人全部設計藍圖五份外，其餘藍圖之工本費由委託人負擔。

第一五條

①建築師之酬金應按下列期限由委託人付給之：

第一期：訂立委託契約時付百分之十（按全部工程概算核計之）。

第二期：勘測規劃完成時付百分之二十（按全部工程概算核計之）。

第三期：建照執照設計圖完成時付百分之二十。

第四期：建照核發時給付總酬金之百分之二十。

第五期：開工時給付總酬金之百分之十。

第六期：工程完竣半數時給付總酬金之百分之十。

第七期：申請使用執照時給付總酬金之百分之十。

②爲維護公共安全並保障委託人及建築師雙方權益，前項酬金，得由省（市）建築師公會代收轉付。

第一六條

委託人因變更計畫或用途，須重行設計繪圖時，其增加之費用，由委託人負擔。

第一七條

委託人中途停止委託時，須以書面通知建築師，並應根據建築師之工作進度結算酬金。

第一八條

建築師受委託辦理左列業務時，其費用由雙方協議之。

一　建築物之安全鑑定。

二　建築物之安全檢查。

三　建築物之估價。

四　實質環境之調查、測量、規劃等事項。

五　代爲供籌措建築資金或辦理工廠登記之有關圖件。

六　辦理拆除工程有關事項。

七　辦理申請建築線指示（定）。

八　山坡地開發，及其依法需設工程技術人員常駐工地。

九　其他各項各項相關之業務。

第一九條

建築師委託設計之圖樣，說明書及其他書件，均不得違反建築師法，建築法及其他有關法令，其應負設計之責件，其受委託監造者，應負監造之責任。

第二〇條

建築師受委託辦理各項業務，應遵守誠實信用之原則；不得有不正當行爲及違反或廢弛其業務上應盡之義務。

第二一條

建築師不得允諾他人假借其名義執行業務。

第二二條

建築師對於因業務知悉他人之秘密，不得洩露。

第二三條

建築師有違反本業務章則時，除依法處理外，得由紀律委員會按情節輕重擬具處分意見送理監事決定會之。

第二四條

本業務章則，經內政部核定後實施。

建築師開業證書申請換發及研習證明文件認可辦法

民國96年6月21日內政部令訂定發布全文9條；並自發布日施行。

第一條
本辦法依建築師法（以下簡稱本法）第九條之一第二項及第三項規定訂定之。

第二條
①建築師申請換發開業證書，應檢具下列文件：
一　申請書。
二　原領開業證書。
三　最近六年內積分三百點以上之研習證明文件。
四　建築師最近三個月內二吋正面半身脫帽彩色相片五張。
②前項第一款申請書應載明下列事項：
一　事務所名稱及地址。
二　建築師姓名、性別、年齡、住址及原領開業證書字號。

第三條
直轄市、縣（市）主管機關受理換發建築師開業證書，應於十五日內審查完畢，合格者即通知申請人繳納證書費新臺幣一千五百元，並核發與原領證書字號相同之開業證書。

第四條
直轄市、縣（市）主管機關受理換發建築師開業證書，經審查不合規定者，應敘明理由駁回其申請；其須補正者，應通知申請人限期補正，屆期未補正或補正不完全者，駁回其申請。

第五條
建築師受停止執行業務處分期滿或自行停止執業經註銷開業證書後申請復業，原開業證書有效期間已屆滿者，應依前三條規定，申請換發開業證書；經審查合格，以核發日重新計算有效期間發給開業證書。

第六條
直轄市、縣（市）主管機關換發建築師開業證書後，應將建築師名單及事務所相關資料報請中央主管機關備查；中央主管機關應將建築師開業資料登載於政府網站。

第七條
①建築師研習包含下列項目：
一　建築師倫理。
二　建築課程。

三　建築相關法令。
四　建築品質及實務。
五　其他經中央主管機關規定者。

②前項研習以下列方式實施，其得採計積分之計算方式及其個別項目積分計算如附表：
一　參加建築師公會活動。
二　參加講習訓練。
三　教學、研究、研發。
四　作品發表。
五　從事公共服務或參與社會公益活動。

③前項第一款建築師公會活動或第二款講習訓練，由各機關（構）、團體辦理者，應於舉辦活動或訓練前，申請中央主管機關認可，並於活動或訓練後，發給研習證明文件。

第八條

①建築師於參加前條第二項第三款至第五款研習後，應檢附研習證明文件向中央主管機關申請認可。

②前項研習證明文件之認可，中央主管機關得委託中華民國建築師公會全國聯合會辦理，並將委託事項刊登公報。

第九條

本辦法自發布日施行。

技師法

①民國36年10月27日國民政府制定公布全文34條。
②民國43年12月17日總統令修正公布第32條條文。
③民國61年12月15日總統令修正公布全文47條。
④民國66年4月12日總統令修正公布第2、4、5、7、31、37、44條條文。
⑤民國74年12月11日總統令修正公布全文50條。
⑥民國89年1月19日總統令修正公布第4、7、9、11、41至43條條文；刪除第14、47條條文；並增訂第48-1條條文。
⑦民國91年6月26日總統令修正公布第3、7、10、38、40、41、48-1條條文。
⑧民國96年7月4日總統令修正公布第41條條文；並增訂第42-1、45-1條條文。
⑨民國99年1月13日總統令修正公布第10、50條條文；並自98年11月23日施行。
⑩民國100年6月22日總統令修正公布全文59條；並自公布日施行。

第一章　總　則

第一條　（立法目的）
為維護公共安全與公共利益，建立專業技師制度，提升技術服務品質，健全專業技師功能，特制定本法。

第二條　（主管機關）
技師之主管機關：在中央為行政院公共工程委員會；在直轄市為直轄市政府；在縣（市）為縣（市）政府。

第三條　（技師資格）
①中華民國國民，依考試法規定經技師考試及格，並依本法領有技師證書者，得充任技師。
②本法施行前，依法領有技師證書者，仍得充任技師。
③未依技師分科領有技師證書者，不得使用該科別技師名稱。

第四條　（技師分科之訂定）
技師之分科，由行政院會同考試院定之。

第五條　（得請領技師證書資格）
領有技師考試及格證書者，得向中央主管機關登記，請領技師證書。

第六條　（充任技師之消極資格）
有下列情形之一者，不得充任技師；其已充任技師者，撤銷或廢止其技師證書：

一　依考試法規定，經撤銷或廢止考試及格資格。
二　因業務上有關之犯罪行爲，受一年有期徒刑以上刑之判決確定，而未受緩刑之宣告。

第二章　執　業

第七條　（執業執照之請領）

①技師應依下列方式之一執行業務：

一　單獨設立技師事務所或與其他技師組織聯合技師事務所。
二　組織工程技術顧問公司或受聘於工程技術顧問公司。
三　受聘於前款以外依法令規定必需聘用領有執業執照之技師之營利事業或機構。

②技師僅得在同一執業機構執行業務。其持有不同科別之技師證書者，得在同一執業機構執行各該科別之技師業務。

第八條　（執業執照之請領）

①領有技師證書，具有服務年資二年以上者，經向中央主管機關申請發給執業執照後，始得執行業務。

②經檢覈及格、全部科目或部分科目免試及格取得技師資格者，不適用前項服務年資之規定。

③第一項執業執照之申請，應經中央主管機關審查登記後發給之；中央主管機關發給執業執照時，應通知技師公會。

④執業執照有效期間爲六年；領有該執業執照之技師，應於執業執照效期屆滿日前三個月內，檢具中央主管機關認可之執業證明及訓練證明文件，申請換發。

⑤技師執業執照之換發、執業證明及訓練證明文件之認可，中央主管機關得委託民間團體辦理。

⑥第四項換發執照之資格、條件、申請程序、應檢附之文件及其他應遵行事項之辦法，由中央主管機關定之。

⑦本法中華民國一百年五月三十一日修正之條文施行前，已領有執業執照之各科技師，自本法修正施行之日起，適用第二項及第四項規定。

第九條　（執業執照應登記事項）

①執業執照，應登記下列事項：

一　姓名、性別、身分證明文件字號。
二　出生年、月、日。
三　執業方式。
四　執業機構名稱及所在地。
五　技師科別、證書字號及執業範圍。
六　核發年、月、日及字號。

②前項登記事項有變更時，應自事實發生之日起十五日內，申請變更登記。

第一〇條　（技師資料庫之建置及登錄）

①中央主管機關應建置技師資料庫，登錄下列事項：

一　姓名、性別、住所、身分證明文件字號。
二　出生年、月、日。
三　執業方式。
四　執業機構名稱及所在地。
五　技師科別。
六　技師證書字號。
七　執業執照字號與其核發年、月、日及效期。
八　曾受獎懲種類及事由。
九　登記事項之變更。
十　開始、停止及恢復執行業務之日期。

②前項事項，除第一款之住所、身分證明文件字號及第二款外，中央主管機關得基於增進公共利益之目的，公開於資訊網路。

第一一條　（禁給執業執照之情形）

①有下列情形之一者，不發給執業執照；已領者，撤銷或廢止之：
一　依第六條規定，撤銷或廢止其技師證書。
二　受監護或輔助宣告，尚未撤銷。
三　受破產之宣告，尚未復權。
四　罹患精神疾病或身心狀況違常，經中央主管機關委請二位以上相關專科醫師諮詢，並經中央主管機關認定不能執行業務。
五　依其他法律規定予以處分不得執行本法技師業務。
六　受本法廢止技師證書之懲戒處分。

②依前項第二款至第五款規定不發、撤銷或廢止執業執照者，於原因消滅後，仍得依本法規定申請執業執照。

第一二條　（自行停業者應註銷執業執照之期限）

技師自行停止執業者，應自停止執業之日起三十日內，檢具執業執照，向中央主管機關申請註銷其執業執照。

第三章　業務及責任

第一三條　（技師之業務、執業範圍、技師簽證）

①技師得受委託，辦理本科技術事項之規劃、設計、監造、研究、分析、試驗、評價、鑑定、施工、製造、保養、檢驗、計畫管理及與本科技術有關之事務。

②各科技師執業範圍，由中央主管機關會同目的事業主管機關定之。

③為提高技術服務品質或維護公共衛生安全，得擇定科別或技術服務種類，實施技師簽證；簽證規則，由中央主管機關會同中央目的事業主管機關定之。

④政府機關、公營事業或公法人依其他法律自行辦理第一項應實施技師簽證之事務時，應指派所屬依法取得相關技師證書者辦理。

第一四條　（不得拒絕政府機關之指定辦理事項）

①技師受政府機關指定辦理公共安全、預防災害或搶救災害有關之技術事項，非有正當理由，不得拒絕。
②機關指定技師辦理前項事項時，應給付必要之費用。

第一五條　（應備業務登記簿之義務）
技師執行業務，應備業務登記簿，記載技術服務事項與所在地、委託人姓名或名稱與地址、辦理情形及期間之詳細紀錄。

第一六條　（各技師之簽署方式及技師執行簽證之作業規定）
①技師執行業務所製作之圖樣及書表，應由技師本人簽署，並加蓋技師執業圖記。涉及不同科別技師執業範圍者，應由不同科別技師為之，並分別註明負責之範圍。
②技師僅得就其本人或在本人監督下完成之工作為簽證；涉及現場作業者，技師應親自赴現場實地查核。
③技師執行簽證，應提出簽證報告，並將簽證經過確實作成紀錄，連同所有相關資料、文據彙訂為工作底稿。

第一七條　（技師應據實報告之義務）
技師所承辦業務之委託人或其執業機構，擅自變更原定計畫及在計畫進行時或完成後不接受警告，致有發生危險之虞時，技師應據實報告所在地主管機關。

第一八條　（禁止兼任公務員）
執業技師不得兼任公務員。

第一九條　（執業之禁止行為）
①技師不得有下列行為：
一　容許他人借用本人名義執行業務或招攬業務。
二　違反或廢弛其業務應盡之義務。
三　執行業務時，違反與業務有關之法令。
四　辦理鑑定，提供違反專業或不實之報告或證詞。
五　無正當理由，洩漏因業務所知悉或持有他人之秘密。
六　執行業務時，收受不法之利益，或以不正當方法招攬業務。
②前項第五款規定，於停止執行業務後，亦適用之。

第二〇條　（執業範圍）
技師所承辦之業務，除其他法律另有規定外，不得逾越執業執照登記之執業範圍。

第二一條　（停業處分）
受停業處分之技師，於停業期間不得執行業務。

第二二條　（執業之專業訓練）
技師執行業務期間，應接受主管機關之專業訓練。

第二三條　（查核與備查之義務）
①主管機關及中央目的事業主管機關為監督技師執行業務，得辦理業務查核，檢查技師業務或令其報告、提出證明文件、表冊及有關資料，技師不得拒絕或規避。
②前項業務查核，得委託專業機構、團體辦理。
③依第七條第一項第一款或第三款方式執業之技師，應於年度結束之次日起六個月內，檢具年度業務報告書，送中央主管機關

備查。

④前項年度業務報告書，得以電子方式辦理；其傳輸格式及電腦資料庫，由中央主管機關指定之。傳輸資訊之內容有錯誤者，技師應即辦理更正。

第四章　公　會

第二四條　（強制入會）

①技師非加入該科技師公會，不得執業，技師公會亦不得拒絕其加入。

②技師應依技師公會章程規定，繳納會費。

第二五條　（公會之分科組織）

技師公會，應分科組織，各冠以科名，必要時得聯合數科組織之。

第二六條　（公會之設立區域）

各科技師公會或數科聯合技師公會，得以省（市）公會或全國性公會方式組織設立。但同一組織之行政區域內，以一個爲限；已成立全國性公會者，不得再設立省（市）技師公會。

第二七條　（省（市）技師公會組織之發起）

①省（市）技師公會，以在該省（市）行政區域內執行業務之技師七人以上發起組織之；不滿七人者，得加入鄰近之公會。

②全國性技師公會，以執行業務之技師二十人以上發起組織之。

第二八條　（全國性組織公會之設立及公會合併之賸餘財產移轉之規範）

①本法中華民國一百年五月三十一日修正之條文施行前，已設立之省（市）技師公會，得經會員大會決議合併，並申請中央人民團體主管機關核定，依科或聯合數科組織全國性公會。

②已合併省（市）技師公會組織全國性公會之科別，除該全國性公會決議解散外，不得再於省（市）行政區域內成立該科技師公會。

③第一項經合併組織全國性公會之各技師公會，其賸餘財產得經會員大會決議，並報請中央人民團體主管機關核定後，歸屬於該全國性技師公會；財產之移轉，適用下列規定：

一　所書立之各項契據憑證，免徵印花稅。

二　移轉之有價證券，免徵證券交易稅。

三　移轉之貨物或勞務，非屬營業稅之課徵範圍。

四　不動產之移轉，免徵契稅及不課徵土地增值稅。但土地於再移轉時，以合併組織前該土地之原規定地價或前次移轉現值爲原地價，計算漲價數額，課徵土地增值稅。

第二九條　（技師公會全國聯合會組織之發起）

各科或數科之省（市）技師公會三個以上，得發起組織該科或數科技師公會全國聯合會。

第三〇條　（主管機關之指導及監督）

技師公會之主管機關為人民團體主管機關。但其業務，應受第二條技師主管機關之指導及監督。

第三一條（理監事之設置）

①技師公會置理事、監事，由會員大會選舉之；其名額如下：

一　省（市）技師公會置理事三人至十五人，監事一人至五人。

二　全國性技師公會及技師公會全國聯合會置理事九人至三十三人，監事三人至十一人。

②前項理事、監事之任期三年，除章程另有限制外，連選得連任；理事長之連任，以一次為限。

第三二條（公會章程應規定事項）

技師公會章程，應規定下列事項：

一　名稱、區域及公會所在地。

二　公會之任務。

三　會員之入會、退會。

四　會員之權利及義務。

五　理事、監事、候補理事、候補監事之名額、選舉方法及其職務、權限。

六　會員或會員代表大會及理事、監事會議規則。

七　應遵守之公約及倫理規範。

八　會員違反公會章程、公約或倫理規範者，停止其權利之規範。

九　經費及會計。

十　章程之修改。

十一　其他處理會務之必要事項。

第三三條（應申報主管機關事項）

技師公會下列事項，應申報所在地之人民團體主管機關及技師中央主管機關：

一　章程變更。

二　會員名冊變更。

三　理、監事選舉情形及當選人姓名。

四　會員或會員代表大會、理事、監事會議開會之日期、時間、處所及會議情形。

五　決議事項。

第三四條（會員大會與臨時會之召開）

技師公會每年開會員或會員代表大會一次；必要時得召開臨時大會。

第三五條（主管機關列席會員大會之規定）

技師公會召開會員或會員代表大會時，應報請所在地之人民團體主管機關及技師主管機關派員列席。

第三六條（違反法令或章程之處分）

①技師公會，違反法令或該會章程時，所在地人民團體主管機關得為下列處分：

一　警告。

二　撤銷其決議。
三　整理。
②前項第一款及第二款之處分，技師主管機關並得爲之。

第三七條（全國聯合會之準用規定）
技師公會全國聯合會，準用第三十二條至前條規定。

第五章　懲　處

第三八條（獎勵方式）
技師於專業領域有具體優良事蹟者，中央主管機關得予獎勵；其獎勵之方式如下：
一　頒發獎狀、獎牌或專業獎章。
二　公開表揚。

第三九條（應付懲戒之情形）
技師有下列情形之一者，除依本法規定處分外，應付懲戒：
一　違反第十六條至第十八條、第十九條第一項、第二十條、第二十一條或第二十三條第一項所定之行爲。
二　因業務上有關之犯罪行爲，經判刑確定。
三　違反技師公會章程、倫理規範或第二十四條第二項規定，情節重大。

第四〇條（技師之懲戒規定及處分）
①技師之懲戒，應由技師懲戒委員會，按其情節輕重，依下列規定行之：
一　警告。
二　申誡。
三　二個月以上二年以下之停止業務。
四　廢止執業執照。
五　廢止技師證書。
②技師受申誡處分三次以上者，應另受停止業務之處分；受停止業務處分累計滿五年者，應廢止其執業執照。

第四一條（技師違反規定之懲戒）
①技師違反本法者，依下列規定懲戒之：
一　違反第十六條第一項規定：應予警告或申誡。
二　違反第十七條、第二十條或第二十三條第一項規定：應予申誡或停止業務。
三　違反第十六條第二項、第三項、第十八條或第十九條第一項第二款至第六款規定之一：應予申誡、停止業務或廢止執業執照。
四　違反第二十一條規定：應予廢止執業執照。
五　違反第十九條第一項第一款規定：應予停止業務、廢止執業執照或廢止技師證書。
②技師有第三十九條第二款或第三款規定情事者，其懲戒，由技師懲戒委員會依前條規定，視情節輕重議定之。

第四二條　（舉證）

技師有第三十九條規定之情事時，由利害關係人、主管機關、目的事業主管機關或技師公會列舉事實，提出證據，報請技師懲戒委員會處理之。

第四三條　（交付懲戒之程序及保密義務）

①技師懲戒委員會收到交付懲戒案件後，應通知被付懲戒之技師，並限期提出答辯或於指定期日到會陳述意見；未依限提出答辯或到會陳述者，技師懲戒委員會得逕行決議。

②技師懲戒委員會會議對外不公開，與會人員對於討論事項、會議內容及決議，均應嚴守秘密。

第四四條　（逾期免議）

①自違法行爲終了之日起至移送技師懲戒委員會之日止，已逾下列期間者，技師懲戒委員會應爲免議之議決：

一　有第四十一條第一項第一款情形者，二年。

二　有第三十九條第三款或第四十一條第一項第二款、第三款情形之一者，三年。

三　有第三十九條第二款或第四十一條第一項第四款、第五款情形之一者，五年。

②前項行爲之結果發生在後者，自該結果發生時起算。

③第三十九條第二款之情形，自判決確定日起算。

④懲戒之決議因覆審、行政訴訟或其他救濟程序經撤銷而須另爲決議者，第一項期間，自原決議被撤銷確定之日起算。

⑤第一項免議之規定，於本法中華民國九十六年七月四日修正施行前應付懲戒者，亦適用之。

⑥技師依規定免議，自免議之日起五年內再違反本法規定應予懲戒者，技師懲戒委員會應依第四十一條規定從重懲戒。

第四五條　（覆審之申請與期限）

被懲戒之技師對技師懲戒委員會之決議不服時，得於決議書送達之翌日起二十日內，向技師懲戒覆審委員會申請覆審。

第四六條　（申請覆審案件之準用規定）

技師懲戒覆審委員會處理申請覆審案件，準用第四十三條規定。

第四七條　（資訊公開）

技師懲戒之處分確定後，由中央主管機關執行及公開於資訊網路，並通知申請交付懲戒者、被付懲戒技師及其公會。

第四八條　（技師懲戒委員會及技師懲戒覆審委員會之委員組成方式）

①技師懲戒委員會及技師懲戒覆審委員會之設置、組織、委員應迴避之事由，懲戒與覆審之進行、審議、決議、處理程序及其他應遵行事項之規則，由中央主管機關定之。

②前項技師懲戒委員會及技師懲戒覆審委員會之委員，由中央主管機關就下列人員派兼或聘兼之，其中具法學專業者所占比率，不得少於三分之一：

一　該科別或該科別所屬數科聯合技師公會代表。

二　學者專家或社會公正人士。
三　主管機關與相關行政機關人員。

第六章　罰　則

第四九條　（罰則）
技師違反第十八條規定者，撤銷或廢止其執業執照。但原因消滅後，仍得依本法規定申請執業執照。

第五〇條　（罰則）
未依法取得技師資格，擅自執行技師業務者，中央主管機關應命其停止，並處新臺幣二十萬元以上一百萬元以下罰鍰；其不停止行為者，得按次處罰。

第五一條　（罰則）
技師於受停止業務處分期間或受廢止執業執照處分仍執行技師業務者，中央主管機關應命其停止，並處新臺幣五萬元以上二十五萬元以下罰鍰；其不停止行為者，得按次處罰。

第五二條　（罰則）
領有技師證書而未領技師執業執照、自行停止執業或未加入技師公會，擅自執行技師業務者，中央主管機關應命其停止，並處新臺幣三萬元以上十五萬元以下罰鍰；其不停止行為者，得按次處罰。

第五三條　（罰則）
①技師違反第八條第四項規定，執業執照已逾有效期間未申請換發，而繼續執行技師業務者，處新臺幣一萬八千元以上九萬元以下罰鍰，中央主管機關並應命其限期補辦申請；屆期未辦理而繼續執業者，得按次處罰。
②技師違反第九條第二項、第十二條、第十四條第一項、第十五條、第二十二條或第二十三條第三項規定，中央主管機關應命其限期改善；屆期未改善或再次違反者，處新臺幣六千元以上三萬元以下罰鍰；經處罰鍰後仍未改善者，得按次處罰。

第五四條　（罰則）
違反第三條第三項規定使用技師名稱者，中央主管機關應命其停止，並處新臺幣三千元以上一萬五千元以下罰鍰；其不停止行為者，得按次處罰。

第七章　附　則

第五五條　（得請領技師證書資格之外國技師）
外國人依我國法律應技師考試及格者，得依第五條規定請領技師證書，適用本法及其他有關技師之法令。

第五六條　（證書費及執照費之訂定）
技師證書之證書費及技師執業執照之執照費金額，由中央主管機關定之。

第五七條　（中央主管機關之授權）

師執業執照之核發、撤銷、廢止、註銷、技師執業登記事項之記載、技師之獎勵、懲戒及處罰，中央主管機關得委辦直轄市、縣（市）主管機關為之。

第五八條　（施行細則）

本法施行細則，由中央主管機關定之。

第五九條　（施行日）

①本法自公布日施行。

②本法中華民國九十八年十二月二十二日修正之條文，自九十八年十一月二十三日施行。

技師法施行細則

①民國75年11月10日行政院令修正發布全文27條。
②民國88年7月21日行政院令修正發布第6、10、24條條文。
③民國90年7月11日行政院令修正發布第2、5、6、8、12、13、16、24 條條文；刪除第 4、10條條文；並增訂第 12-1條條文。
④民國101年11月14日行政院公共工程委員會令修正發布全文 21 條；並自發布日施行。

第一條

本細則依技師法（以下簡稱本法）第五十八條規定訂定之。

第二條

①依本法第五條請領技師證書者，應塡具申請書一份，並檢附下列文件及證書費，向中央主管機關申請：

一　技師考試及格證書及其影本一份。

二　本人最近半年內二吋正面半身照片一式二張。

②前項申請，經審查合於規定者，發給技師證書，並將技師考試及格證書發還。不合規定者，駁回其申請，並將技師考試及格證書及證書費發還。手續不完備者，應通知其限期補正；屆期未補正者，駁回其申請。

第三條

①本法第八條第一項所稱具有服務年資二年以上，指下列情形之一：

一　在政府機關、公（軍）營或登記有案之民營事業機構從事各該科實際技術工作累計二年以上者。

二　任專科以上學校教授、副教授、助理教授、講師，講授本科學科二主科累計各二年以上者。

三　自行從事農、林、漁、牧各該科實際技術工作累計二年以上，並取得鄉（鎭、市、區）公所之證明者。

②前項服務年資，應爲專任之工作年資。

第四條

①依本法第八條第三項請發執業執照，應塡具申請書一份，並檢附下列文件及執照費，向中央主管機關提出申請：

一　技師證書及其影本一份。

二　服務年資證明文件及其影本一份。

三　本人最近半年內二吋正面半身照片一式二張。

四　依本法第七條第一項第一款方式執業者，檢附事務所得作爲辦公室使用之證明文件；依本法第七條第一項第二款或第三款方式執業者，檢附工程技術顧問公司或營利事業或

機構之登記證明文件影本及受聘證明文件各一份。
②前項第二款之服務年資證明文件，應載明為專任，並詳載參與案件起迄時間及具體事實。其屬國內服務年資者，並應檢附與所列服務期間相符之勞工保險紀錄影本一份；非屬依法令規定應參加勞工保險者，應檢附全民健康保險紀錄。
③第一項第二款之服務年資證明文件係在國外製作者，應經我國駐外使領館、代表處、辦事處或其他外交部授權機構（以下簡稱駐外館處）驗證；在大陸地區或香港、澳門製作者，應經行政院設立或指定機構或委託之民間團體驗證。
④前項服務年資證明文件為外文者，應檢附經駐外館處驗證或國內公證人認證之中文譯本。
⑤第二條第二項之規定，於第一項申請準用之。

第五條
①本法第九條第一項第四款及第十條第一項第四款之執業機構所在地，指執業機構之地址。
②本法第九條第一項第五款之執業範圍，不得逾本法第十三條第二項所定之各科技師執業範圍。
③依本法第九條第二項申請變更執業執照登記事項者，應填具申請書，並檢附執業執照、變更事項之證明文件及執照費，向中央主管機關提出申請。

第六條
①技師證書或執業執照遺失者，應以書面敘明遺失經過，依第二條或第四條規定申請補發。其失而復得者，應即繳銷。
②技師證書或執業執照損壞者，得檢具原證書或原執照，依第二條或第四條規定申請補發。

第七條
領有技師考試及格證書或技師證書者，其原屬科別有變更時，關於執業範圍、技師證書及執業執照之換發，由中央主管機關會商考政主管機關後公告之。

第八條
技師受撤銷或廢止技師證書、執業執照或停止業務之處分確定者，應於中央主管機關通知之期限內，將技師證書或執業執照繳交中央主管機關註銷或收存。其不繳交者，由中央主管機關公告註銷之，並通知技師公會及目的事業主管機關。其為受聘執行業務之技師，通知其所屬之執業機構。

第九條
①技師自行停止執業或受停止業務處分，經中央主管機關註銷執業執照，申請恢復執業發給執業執照者，如原執業執照效期尚未屆滿，應依第四條規定檢附文件及執照費，向中央主管機關提出申請。但申請執業執照無新增科別，得免附第四條第一項第二款服務年資證明文件。經審查合格者，以原執業執照效期發給執照。
②前項申請，原執業執照效期已屆滿者，應依技師執業執照換發

辦法規定，申請換發執業執照。

第一〇條

技師執業圖記應記載本人姓名、技師科別、執業執照字號及執業機構名稱。

第一一條

①主管機關依本法第二十二條規定舉辦專業訓練，得向技師收取費用。

②前項專業訓練，得委任所屬下級機關或委託其他行政機關、民間團體辦理。

第一二條

主管機關及中央目的事業主管機關依本法第二十三條規定辦理業務查核，得委任所屬下級機關或委託其他行政機關辦理。

第一三條

執業技師依本法第二十三條第三項規定檢具之年度業務報告書，其內容如下：

一　執業機構基本資料：包括執業機構名稱、所在地、員工人數與名冊、執業技師及科別。

二　年度辦理服務案件統計表：包括服務案件名稱、委託人姓名或名稱、服務契約金額與本年度完成金額、主要參與執業技師、服務內容摘要。

三　研究發展及人才培育經費編列、支出情形。

四　製作日期。

五　其他主管機關規定事項。

第一四條

本法第二十四條第一項所稱該科技師公會，於該科未成立技師公會者，為中央主管機關認定科別之技師公會。

第一五條

技師公會之會員，除其他法令另有規定，以領有執業執照之技師為限。

第一六條

技師公會及技師公會全國聯合會召開會員（代表）大會，會議後七日內應將會議紀錄分送各會員（代表）。

第一七條

人民團體主管機關或技師主管機關依本法第三十六條所為之處分，應互為通知，並應分報中央人民團體主管機關及中央技師主管機關。

第一八條

技師受本法第四十條第一項第四款廢止執業執照之懲戒處分，不得再執行本法所定該科技師業務。

第一九條

外國人依本法執行技師業務應使用中文。

第二〇條

技師證書、執業執照、執業圖記及各類申請書之格式，由中央

主管機關定之。

第二一條

本細則自發布日施行。

各科技師執業範圍

①民國89年1月29日行政院公共工程委員會、農業委員會、衛生署、環境保護署、勞工委員會、經濟部、內政部、交通部令會銜修正發布「一、土木工程科」之執業範圍及備註。

②民國107年6月29日行政院公共工程委員會、農業委員會、環境保護署、內政部、經濟部、交通部、勞動部、衛生福利部令會銜修正發布「十八、工礦衛生科」；並自107年5月1日生效。

科別		執業範圍	備註
一	土木工程科	從事混凝土、鋼架、隧道、涵渠、橋樑、道路、鐵路、碼頭、堤岸、港灣、機場、土石方、土壤、岩石、基礎、建築物結構、土地開發、防洪、灌溉等工程以及其他有關土木工程之調查、規劃、設計、研究、分析、試驗、評價、鑑定、施工、監造、養護、計畫及營建管理等業務。但建築物結構之規劃、設計、研究、分析業務限於高度三十六公尺以下。	於民國六十七年九月十八日以前取得土木技師資格並於七十六年十月二日以前具有三十六公尺以上高度建築物結構設計經驗者不受建築物結構高度三十六公尺之限制。
二	水利工程科	從事防洪、禦潮、灌溉、排水、堰、壩、堤防、涵渠、下水道、給水、水力發電、築港、河川橋樑、水資源開發、水工結構、山坡地開發、河川地開發、海埔地開發等工程及其他有關水利工程之規劃、設計、監造、研究、分析、試驗、評價、鑑定、施工、養護、檢驗及計劃管理等業務。	
三	結構工程科	從事橋樑、壩、建築及道路系統等結構物及基礎等之調查、規劃、設計、研究、分析、評價、鑑定、施工、監造及養護等業務。	
四	大地工程科	從事有關大地工程（包含土壤工程、岩石工程及工程地質）之調查、規劃、設計、研究、分析、試驗、評價、鑑定、施工規劃、施工設計及其資料提供等業務。	
五	測量科	從事大地測量、航空測量、地形測量、河海測量及工程測量等之規劃、研究、分析、評價、鑑定、實測及製圖等業務。	
六	環境工程科	從事處理及防治水污染、空氣污染、土壤污染、噪音、振動、廢棄物、毒性物質等工程及水處理工程之規劃、設計、監造、研究、分析、試驗、評價、鑑定、施工、養護、檢驗監測、評估及計畫管理等業務。	

七	都市計畫科	從事有關都市計畫之規劃、設計、檢驗、分析、評估、調查及計畫管理等業務。	
八	機械工程科	從事機械設備之規劃、設計、監造、研究、分析、試驗、評價、鑑定、製造、安裝、保養、修護、檢驗及計畫管理等業務。	
九	冷凍空調工程科	從事機械設備之規劃、設計、監造、研究、分析、試驗、評價、鑑定、製造、安裝、保養、修護、檢驗及計畫管理等業務。	
十	造船工程科	從事船舶之規劃、設計、監造、研究、分析、試驗、評價、鑑定、製造、保養、修護、檢驗、安全及計畫管理等業務。	
十一	電機工程科	從事電機設備之規劃、設計、監造、研究、分析、試驗、評價、鑑定、製造、安裝、保養、修護、檢驗及計畫管理等業務。	
十二	電子工程科	從事電子、電信、電子計算機等設備之規劃、設計、監造、研究、分析、試驗、評價、鑑定、製造、安裝、保養、修護、檢驗及計畫管理等業務。	
十三	資訊科	從事資訊軟體系統之規劃、設計、研究、分析、建置、組合、測試、維護等業務。	
十四	航空工程科	從事航空器之規劃、設計、監造、研究、分析、試驗、評價、鑑定、製造、保養、修護、檢驗及計畫管理等業務。	
十五	化學工程科	從事化工產品之規劃、設計、研究、分析、試驗、監製；化工製程之研究、設計；化工設備之規劃、設計、監造、研究、分析、試驗、評價、鑑定、安裝、保養、修護、檢驗及計畫管理等業務。	
十六	工業工程科	從事工業廠區規劃、工廠佈置、物料搬運及有關生產、銷售、庫存、成本、動作、時間、效率、品質、自動化等之規劃、設計、研究、分析、試驗、調查、鑑定、評價及計畫管理等業務。	
十七	工業安全科	從事有關工業安全之規劃、設計、研究、分析、檢驗、鑑定、評估及計畫管理等業務。	
十八	職業衛生科	從事有關職業衛生之規劃、設計、研究、分析、監測、檢驗、評估、鑑定、改善、控制及計畫管理等業務。	
十九	紡織工程科	從事紡織品之規劃、設計、研究、分析、試驗、監製；紡織製程之研究、設計；紡織設備之規劃、設計、監造、研究、分析、試驗、評價、鑑定、安裝、保養、修護、檢驗及計畫管理等業務。	
二十	食品科	從事食品之規劃、設計、研究、開發、改良、分析、鑑定、試驗、檢驗、製造、品管、衛生管理及監製等業務。	

二十一	冶金工程科	從事冶金產品之規劃、設計、研究、分析、試驗、監製；冶金製程之研究、設計；冶金設備之規劃、設計、監造、研究、分析、試驗、評價、鑑定、安裝、保養、修護、檢驗及計畫管理等業務。	
二十二	農藝科	從事農藝作物之研究、試驗、分析、規劃、設計、測定、鑑定、育種、繁殖、栽培、病蟲害防治、加工、管理等業務。	
二十三	園藝科	從事園藝作物之研究、試驗、分析、規劃、設計、鑑定、育種、繁殖、栽培、修剪、病蟲害防治、加工、處理；公園、庭園之規劃、設計、施工、維護；環境美化、綠化等業務。	
二十四	林業科	從事林業及林業工程之研究、分析、規劃、設計、育林、保護、經營、調查、製造、評估及管理等業務。	
二十五	畜牧科	從事家畜之研究、試驗、育種、繁殖；畜產之加工、處理；牧場之規劃、設計、經營、管理；飼料調配、檢驗及畜場污染防治等業務。	
二十六	漁撈科	從事水產物採捕；漁具設計、監造、檢驗、試驗；漁法研究、改進、試驗；漁場調查、分析；海洋漁業經營、規劃及指導等業務。	
二十七	水產養殖科	從事水產繁、養殖場之設計、監造；水產物之育種、繁殖、養殖；養殖漁業之經營、規劃及指導等業務。	
二十八	水土保持科	從事水土保持之調查、規劃、設計、監造、研究、分析、試驗、評價、鑑定、施工及養護等業務。	
二十九	採礦工程科	從事礦床或土石之探勘、礦區或土石區之測繪、礦量估計、礦藏評價、礦物鑑定；選礦及採礦或土石採取之規劃、設計、研究、分析、施工、監造、維護及鑑定等業務。	
三十	應用地質科	從事地質調查及測繪；礦床探勘及蘊藏量評估、礦藏評價、礦物鑑定、地球化學分析；工程地質調查及測繪、地質鑽探、土層與岩心鑑定、岩石與土壤性質試驗；地球物理探勘及分析；水文地質調查及測繪；環境地質調查及測繪；古生物鑑定、地層鑑定等業務。	
三十一	礦業安全科	從事礦業或土石採取安全之規劃、設計、研究、分析、檢驗、鑑定、評估及計畫管理等業務。	
三十二	交通工程科	從事車輛與行人之交通特性、流量、事故、道路服務水準之調查、分析、研究與評估；道路交通工程、交通安全、管制與監控系統、停車與行人交通設施之調查、研究、評估、規劃、設計、施工、維護及營運；整體性道路交通管理方案之規劃。	

技師執業執照換發辦法

①民國89年8月31日行政院公共工程委員會令訂定發布全文14條；並自發布日起施行。
②民國91年2月20日行政院公共工程委員會令修正發布第3、5、6、11條條文。
③民國96年5月22日行政院公共工程委員會令修正發布第1、5、6、9、14條條文；並刪除第11條條文；除第6條第4項自98年7月1日施行外，自發布日施行。
④民國101年1月2日行政院公共工程委員會令修正發布全文13條；並自發布日施行。
⑤民國109年11月16日行政院公共工程委員會令修正發布第4、5條條文；並增訂第12-1條條文。

第一條

本辦法依技師法（以下簡稱本法）第八條第六項規定訂定之。

第二條

①技師申請換發執業執照（以下簡稱執照），應繳納執照費，並檢具下列文件：

一　申請書。
二　原執照正本。
三　技師證書正本及其影本各一份。
四　執照所記載科別之執業證明及訓練證明文件正本及影本各一份。
五　最近半年內正面二吋脫帽半身照片一式二張。
六　依本法第七條第一項第一款方式執業，而其執業機構名稱或地址變更者，應檢附變更後執業機構地址得作爲辦公室使用之證明文件；依本法第七條第二款或第三款方式執業，其執業機構變更者，應檢附工程技術顧問公司或營利事業機構之登記證明文件影本及受聘證明文件各一份。

②技師受停止業務處分確定，將執照繳交中央主管機關收存者，應檢附中央主管機關收存之證明文件，免附原執照正本。
③技師自行停止執業，將執照繳交中央主管機關註銷者，免附原執照正本。

第三條

前條第一項第四款所稱執業證明文件，指技師依本法第十五條所備之業務登記簿。

第四條　109

①第二條第一項第四款所稱訓練證明文件，指技師參加下列與執照所載科別有關之技術研討活動或訓練取得之積分證明：

一　參加主管機關或目的事業主管機關所舉辦授課型講習會、研討會或專題演講者，每小時積分十分，每項課程或講題總分以四十分爲限。參加其他經中央主管機關認可之講習會、研討會及專題演講者，亦同。

二　參加各科技師公會、數科聯合技師公會或全國聯合會年會及當次達一小時以上之技術研討會者，每次積分二十分。

三　參加主管機關及目的事業主管機關舉辦或委託之專業訓練課程取得證明者，每小時積分十分。

四　參加國外專業機構或團體舉辦國際性之講習會、研討會或專題演講領有證明文件，經中央主管機關認可者，每小時積分十分，每項課程或講題總分以四十分爲限。

五　參加主管機關、目的事業主管機關舉辦或其他經中央主管機關認可之一小時以上政府採購全生命週期概論課程、一小時以上執業相關法令課程及二小時以上工程倫理課程，每小時積分十分。

六　於國內外專業期刊發表論文或翻譯專業文獻經登載者。論文每篇六十分，作者二人以上者，平均分配積分。翻譯每篇二十分，譯者二人以上者，平均分配積分。

七　參加研究所以上之在職進修或推廣教育，取得學分或結業證明者，每一學分積分十分，單一課程以三十分爲限。

八　獲得與技師專業有關之國內或國外專利證明者，每項積分六十分。

九　經中央主管機關會同中央目的事業主管機關認定與訓練有相同效果，給予積分證明者，個案積分最高以六十分爲限。

②前項第六款所稱國內外專業期刊，由中央主管機關會商中央目的事業主管機關後公告之。

③擔任第一項第一款至第五款講習會、研討會、專題演講或專業訓練課程講座者，每小時積分十分，每項課程或講題總分以四十分爲限。

④第一項第一款至第五款講習會、研討會、專題演講或專業訓練之時數計算以小時爲單位，滿五十分鐘以一小時計算，連續九十分鐘以二小時計算。

第五條 109

①技師於申請換發執照前，應取得與原執照登記科別相關之訓練積分證明，並累計達三百分以上，且包括前條第一項第五款者。

②原執照科別在一科以上者，每增加一科，其應累計之訓練積分增加一百五十分，且每一科別訓練積分不得少於一百五十分，並以參加前條第一項第一款、第三款或第七款之技術研討活動或訓練取得者爲限。

③技師應於初次取得執照後一年內，並於每次換發執照後二年內，完成前條第一項第五款所定之課程。

第六條

原執照之科別如爲執照效期屆滿日前三年內始辦理變更增列

者，於該科別新增日起三年內申請換發執照時，該科別得免增加訓練積分。

第七條

①技師於參加第四條第一項各款技術研討活動或訓練後，應儘速檢附證明文件向中央主管機關申請訓練積分審查及登記。

②前項訓練積分審查及登記，中央主管機關得委託各科技師公會全國聯合會、各科技師公會或數科聯合技師公會辦理，並應將委託事項刊登公報。

第八條

技師依本法第八條第四項申請換發執照，所檢具之執業及訓練證明文件，以原執照效期之始日至申請日取得者爲限；其經審查符合規定者，以原執照效期屆滿日之翌日重新計算效期，發給執照。

第九條

技師原執照效期已屆滿，申請恢復執業者，應依第二條至第六條規定，檢附申請日前六年內取得之執業及訓練證明文件；其經審查合格者，以核發日爲基準日重新計算效期發給執照。

第一〇條

技師申請換發執照有下列情形之一，中央主管機關應通知申請人於接到通知書翌日起十五日內補正：

一　申請書不合格式者。

二　應提出之文件不符或有欠缺者。

三　未依規定繳納執照費者。

第一一條

技師申請換發執照有下列情形之一，中央主管機關應以書面敘明理由，駁回其申請：

一　應提出之文件逾期未補正者。

二　應提出之文件事實上不能補正者。

三　有違反法令情事，不得換發執照者。

第一二條

執照於本法中華民國一百年六月二十四日修正生效之日已逾效期之技師，於中華民國一百零二年六月二十三日以前申請換發執照者，其執業及訓練證明文件，得檢具申請日前四年內取得且符合下列規定之證明文件；其經審查合格者，以核發日爲基準日重新計算六年效期，發給執照：

一　訓練積分證明，應與原執照登記科別相關，並累計達二百分以上，且包括第四條第一項第五款者。

二　原執照科別在一科以上者，每增加一科，其應累計之訓練積分增加一百分，且每一科別訓練積分不得少於一百分，並以參加第四條第一項第一款、第三款或第七款之技術研討活動或訓練取得者爲限。

第一二條之一　109

本辦法中華民國一百零九年十一月十八日修正生效前取得執照

者，其第一次申請換發，適用修正施行前第四條第一項第五款之規定。

第一三條

本辦法自發布日施行。

建築物結構與設備專業工程技師簽證規則

①民國84年2月24日經濟部、內政部令會銜訂定發布全文13條。
②民國88年8月18日經濟部、內政部令會銜修正發布第3條條文。
③民國101年1月19日行政院公共工程委員會、內政部令會銜修正發布第1、3、7、9、12條條文；並刪除第6條條文。
④民國112年8月11日行政院公共工程委員會、內政部令會銜修正發布第4條條文。

第一條 101

本規則依技師法（以下簡稱本法）第十三條第三項規定訂定之。

第二條

本規則所稱建築物結構與設備專業工程部分，指依建築法所訂之範圍。

第三條 101

本規則所稱專業技師，指依本法第八條第一項規定，領有執業執照，並依本法第七條第一項第一款、第二款規定方式執業，辦理建築物結構與設備專業工程之技師。

第四條 112

①專業技師辦理建築物結構與設備專業工程相關技術事務並簽證負責（以下簡稱簽證）時，應先檢具下列文件、資料，申經中央主管建築機關許可，並公告後始得為之：

一　申請書。

二　執業技師之簽名及印鑑卡、執業圖記。

三　執業執照及其影本各一份。

②前項許可期限末日與執業執照效期末日相同，執業執照效期屆滿換發後，許可事項無變更者，免重新申請許可。

③執業執照於效期內經撤銷、廢止、註銷或受停止業務懲戒處分者，簽證許可自執業執照撤銷、廢止、註銷生效日或停業期間起始日失其效力；恢復執業者，應依第一項規定重新申請許可。

④專業技師姓名、身分證明文件字號、技師科別、證書字號名稱有變更時，應於變更執業執照後十五日內申報中央主管建築機關辦理變更；其變更事項並由中央主管建築機關公告之。

第五條

專業技師辦理簽證業務時，應依中央主管建築機關指定項目為之。

第六條　（刪除）101

第七條 101

專業技師對於工作底稿應盡保密及妥善保管之責任，除有關機關依法令調閱，或應委託者要求借閱外，不得洩漏其中任何資料，並應自提出簽證報告之日起，至少保存五年。

第八條

①專業技師執行業務所爲之簽證記錄，應每三個月向當地主管建築機關申報。

②各級主管建築機關有疑問時，得向專業技師查詢其簽證紀錄，或調閱有關簽證事實之文件及工作底稿，專業技師不得規避、拒絕或妨礙。

第九條 101

專業技師辦理簽證業務時，其簽證報告、執行業務所製作之圖樣及書表，應由技師本人簽署，並加蓋技師執業圖記，簽證報告並應載明中央主管建築機關許可文號。

第一〇條

依本規則辦理之建築物結構與設備專業工程，其施工必須勘驗部分，應由各該專業技師查核簽章，並依建築法令由承造人會同監造人按時申報，始得繼續施工或報請竣工查驗。

第一一條

專業技師辦理簽證業務時，應與建築物起造人及設計人或監造人訂定書面契約。

第一二條 101

專業技師執行簽證業務違反本規則者，除依本法有關規定懲罰外，中央主管建築機關得廢止其簽證許可，並視其情節輕重停止二個月以上三年以下簽證許可之申請。

第一三條

本規則自發布日施行。

營造業法

①民國92年2月7日總統令制定公布全文73條；本法除另定施行日期者外，自公布日施行。
②民國93年5月19日總統令修正公布第8條條文。
③民國95年6月14日總統令修正公布第31條條文。
④民國97年8月6日總統令修正公布第12、31條條文。
⑤民國98年4月22日總統令增訂公布第67-1條條文。
⑥民國99年5月26日總統令修正公布第16、18、19、51、56、61及69條條文。
⑦民國100年1月26日總統令修正公布第7、11條條文。
⑧民國104年2月4日總統令修正公布第3、61條條文。
⑨民國108年6月19日總統令修正公布第30、34、62條條文。

第一章　總　則

第一條　（立法目的）

爲提高營造業技術水準，確保營繕工程施工品質，促進營造業健全發展，增進公共福祉，特制定本法。本法未規定者，適用其他法律之規定。

第二條　（主管機關）

本法所稱主管機關：在中央爲內政部；在直轄市爲直轄市政府；在縣（市）爲縣（市）政府。

第三條　（用語定義）104

本法用語定義如下：

一　營繕工程：係指土木、建築工程及其相關業務。
二　營造業：係指經向中央或直轄市、縣（市）主管機關辦理許可、登記，承攬營繕工程之廠商。
三　綜合營造業：係指經向中央主管機關辦理許可、登記，綜理營繕工程施工及管理等整體性工作之廠商。
四　專業營造業：係指經向中央主管機關辦理許可、登記，從事專業工程之廠商。
五　土木包工業：係指經向直轄市、縣（市）主管機關辦理許可、登記，在當地或毗鄰地區承攬小型綜合營繕工程之廠商。
六　統包：係指基於工程特性，將工程規劃、設計、施工及安裝等部分或全部合併辦理招標。
七　聯合承攬：係指二家以上之綜合營造業共同承攬同一工程之契約行爲。
八　負責人：在無限公司、兩合公司係指代表公司之股東；在有限公司、股份有限公司係指代表公司之董事；在獨資組

織係指出資人或其法定代理人；在合夥組織係指執行業務之合夥人；公司或商號之經理人，在執行職務範圍內，亦爲負責人。

九　專任工程人員：係指受聘於營造業之技師或建築師，擔任其所承攬工程之施工技術指導及施工安全之人員。其爲技師者，應稱主任技師；其爲建築師者，應稱主任建築師。

十　工地主任：係指受聘於營造業，擔任其所承攬工程之工地事務及施工管理之人員。

十一　技術士：係指領有建築工程管理技術士證或其他土木、建築相關技術士證人員。

第四條　（營業之要件）

①營造業非經許可，領有登記證書，並加入營造業公會，不得營業。

②前項入會之申請，營造業公會不得拒絕。

③營造業公會無故拒絕營造業入會者，營造業經中央人民團體主管機關核准後，視同已入會。

第五條　（委託及委辦業務）

營造業之許可、登記、撤銷或廢止許可、撤銷或廢止登記、停業、歇業、獎懲、登記證書及承攬工程手冊費之收取、專任工程人員與工地主任懲戒事項、營造業登記證書與承攬工程手冊之核發、變更、註銷、複查及抽查，中央主管機關得委託或委辦直轄市、縣（市）主管機關辦理。

第二章　分類及許可

第六條　（營造業之分類）

營造業分綜合營造業、專業營造業及土木包工業。

第七條　（綜合營造之分等）100

①綜合營造業分爲甲、乙、丙三等，並具下列條件：

一　置領有土木、水利、測量、環工、結構、大地或水土保持工程科技師證書或建築師證書，並於考試取得技師證書前修習土木建築相關課程一定學分以上，具二年以上土木建築工程經驗之專任工程人員一人以上。

二　資本額在一定金額以上。

②前項第一款之專任工程人員爲技師者，應加入各該營造業所在地之技師公會後，始得受聘於綜合營造業。但專任工程人員於縣（市）依地方制度法第七條之一規定改制或與其他直轄市、縣（市）行政區域合併改制爲直轄市前，已加入臺灣省各該科技師公會者，得繼續加入臺灣省各該科技師公會，即可受聘於依地方制度法第七條之一規定改制之直轄市行政區域內之綜合營造業。

③第一項第一款應修習之土木建築相關課程及學分數，及第二款之一定金額，由中央主管機關定之。

④前項課程名稱及學分數修正變更時，已受聘於綜合營造業之專任工程人員，應於修正變更後二年內提出回訓補修學分證明。屆期未回訓補修學分者，主管機關應令其停止執行綜合營造業專任工程人員業務。
⑤乙等綜合營造業必須由丙等綜合營造業有三年業績，五年內其承攬工程竣工累計達新臺幣二億元以上，並經評鑑二年列爲第一級者。
⑥甲等綜合營造業必須由乙等綜合營造業有三年業績，五年內其承攬工程竣工累計達新臺幣三億元以上，並經評鑑三年列爲第一級者。

第八條　（專業工程之項目）93

專業營造業登記之專業工程項目如下：

一　鋼構工程。
二　擋土支撐及土方工程。
三　基礎工程。
四　施工塔架吊裝及模板工程。
五　預拌混凝土工程。
六　營建鑽探工程。
七　地下管線工程。
八　帷幕牆工程。
九　庭園、景觀工程。
十　環境保護工程。
十一　防水工程。
十二　其他經中央主管機關會同主管機關增訂或變更，並公告之項目。

第九條　（專業營造業之條件）

①專業營造業應具下列條件：
一　置符合各專業工程項目規定之專任工程人員。
二　資本額在一定金額以上；選擇登記二項以上專業工程項目者，其資本額以金額較高者爲準。
②前項第一款專任工程人員之資歷、人數及第二款之一定金額，由中央主管機關分別按各專業工程項目定之。

第一〇條　（土木包工業之條件）

①土木包工業應具備下列條件：
一　負責人應具有三年以上土木建築工程施工經驗。
二　資本額在一定金額以上。
②前項第二款之一定金額，由中央主管機關定之。

第一一條　（承攬工程區域）100

①土木包工業於原登記直轄市、縣（市）地區以外，越區營業者，以其毗鄰之直轄市、縣（市）爲限。
②前項越區營業者，臺北市、基隆市、新竹市及嘉義市，比照其所毗鄰直轄市、縣（市）；澎湖縣、金門縣比照高雄市，連江縣比照基隆市。

第一二條　（資本額）97

①營造業出資種類及其占資本額比率，由中央主管機關定之。

②本法所稱資本額，於營造業以股份有限公司設立者，係指實收資本額。

第一三條　（申請許可之要件及申請書應載事項）

①營造業申請公司或商業登記前，應檢附下列文件，向中央主管機關或直轄市、縣（市）主管機關申請營造業許可：

一　申請書。
二　資本額證明文件。
三　發起人或合夥人姓名、住所或居所、履歷及認資證明文件。
四　營業計畫。

②前項第一款申請書，應載明下列事項：

一　營造業名稱及營業地址。
二　負責人姓名、出生年月日、住所或居所及身分證明文件。
三　營造業類別及業務項目。
四　專任工程人員姓名、出生年月日、住所或居所及身分證明文件。
五　組織性質。
六　資本額。

③土木包工業於前項申請書免記載第四款事項。

第一四條　（公司或商業登記之期限及展延）

營造業於領得許可證件後，應於六個月內辦妥公司或商業登記；屆期未辦妥者，由中央主管機關或直轄市、縣（市）主管機關廢止其許可。但有正當理由者，得申請延期一次，並不得超過三個月。

第一五條　（登記應附文件、申請書應載事項及免載事項）

①營造業應於辦妥公司或商業登記後六個月內，檢附下列文件，向中央主管機關或直轄市、縣（市）主管機關申請營造業登記、領取營造業登記證書及承攬工程手冊，始得營業；屆期未辦妥者，由中央主管機關或直轄市、縣（市）主管機關廢止其許可：

一　申請書。
二　原許可證件。
三　公司或商業登記證明文件。
四　專任工程人員受聘同意書及其資格證明書。

②前項第一款申請書，應載明下列事項：

一　營造業名稱及營業地址。
二　負責人姓名、出生年月日、住所或居所、身分證明文件及簽名、蓋章。
三　營造業類別及業務項目。
四　專任工程人員姓名、出生年月日、住所或居所、身分證明文件與其簽名及印鑑。
五　組織性質。
六　資本額。

③土木包工業免檢附第一項第四款文件，其第一項第一款申請書，並免記載前項第四款事項。
④營造業於申領營造業登記證書前，其第十三條第二項所定申請書應記載事項有變更時，應辦理變更許可後，始得申請。

第一六條 （變更登記）99

前條第二項申請書應記載事項有變更時，應自事實發生之日起二個月內，檢附有關證明文件，向中央主管機關或直轄市、縣（市）主管機關申請變更登記，並換領營造業登記證書。

第一七條 （複查及抽查）

①營造業自領得營造業登記證書之日起，每滿五年應申請複查，中央主管機關或直轄市、縣（市）主管機關並得隨時抽查之；受抽查者，不得拒絕、妨礙或規避。
②前項複查之申請，應於期限屆滿三個月前六十日內，檢附營造業登記證書及承攬工程手冊或相關證明文件，向中央主管機關或直轄市、縣（市）主管機關提出。
③第一項複查及抽查項目，包括營造業負責人、專任工程人員之相關證明文件、財務狀況、資本額及承攬工程手冊之內容。

第一八條 （不合規定之補正）99

①營造業申請複查或中央主管機關或直轄市、縣（市）主管機關抽查，有不合規定時，中央主管機關或直轄市、縣（市）主管機關應列舉事由，通知其補正。
②營造業應於接獲通知之次日起二個月內，依通知補正事項辦理補正。

第一九條 （承攬工程手冊應列事項）99

①承攬工程手冊之內容，應包括下列事項：
一 營造業登記證書字號。
二 負責人簽名及蓋章。
三 專任工程人員簽名及加蓋印鑑。
四 獎懲事項。
五 工程記載事項。
六 異動事項。
七 其他經中央主管機關指定事項。
②前項各款情形之一有變動時，應於二個月內檢附承攬工程手冊及有關證明文件，向中央主管機關或直轄市、縣（市）主管機關申請變更。但專業營造業及土木包工業承攬工程手冊之工程記載事項，經中央主管機關核定於一定金額或規模免予申請記載變更者，不在此限。

第二〇條 （停業、復業及歇業登記證書及工程手冊之送繳）

①營造業自行停業或受停業處分時，應將其營造業登記證書及承攬工程手冊送繳中央主管機關或直轄市、縣（市）主管機關註記後發還之；復業時，亦同。
②營造業歇業時，應將其營造業登記證書及承攬工程手冊，送繳中央主管機關或直轄市、縣（市）主管機關，並辦理廢止登記。

第二一條 （未完成工程之處理）

營造業經撤銷登記、廢止登記或受停業之處分者，自處分書送達之次日起，不得再行承攬工程。但已施工而未完成之工程，得委由營造業符合原登記等級、類別者，繼續施工至竣工為止。

第三章　承攬契約

第二二條 （承攬契約之限制）

綜合營造業應結合依法具有規劃、設計資格者，始得以統包方式承攬。

第二三條 （承攬限額）

①營造業承攬工程，應依其承攬造價限額及工程規模範圍辦理；其一定期間承攬總額，不得超過淨值二十倍。

②前項承攬造價限額之計算方式、工程規模範圍及一定期間之認定等相關事項之辦法，由中央主管機關定之。

第二四條 （聯合承攬協議書）

①營造業聯合承攬工程時，應共同具名簽約，並檢附聯合承攬協議書，共負工程契約之責。

②前項聯合承攬協議書內容包括如下：

一　工作範圍。

二　出資比率。

三　權利義務。

③參與聯合承攬之營造業，其承攬限額之計算，應受前條之限制。

第二五條 （轉交工程）

①綜合營造業承攬之營繕工程或專業工程項目，除與定作人約定需自行施工者外，得交由專業營造業承攬，其轉交工程之施工責任，由原承攬之綜合營造業負責，受轉交之專業營造業並就轉交部分，負連帶責任。

②轉交工程之契約報備於定作人且受轉交之專業營造業已申請記載於工程承攬手冊，並經綜合營造業就轉交部分設定權利質權予受轉交專業營造業者，民法第五百十三條之抵押權及第八百十六條因添附而生之請求權，及於綜合營造業對於定作人之價金或報酬請求權。

③專業營造業除依第一項規定承攬受轉交之工程外，得依其登記之專業工程項目，向定作人承攬專業工程及該工程之必要相關營繕工程。

第二六條 （營造業承攬工程應負之責）

營造業承攬工程，應依照工程圖樣及說明書製作工地現場施工製造圖及施工計畫書，負責施工。

第二七條 （承攬契約應載事項）

①營繕工程之承攬契約，應記載事項如下：

一　契約之當事人。

二　工程名稱、地點及內容。

三　承攬金額、付款日期及方式。
四　工程開工日期、完工日期及工期計算方式。
五　契約變更之處理。
六　依物價指數調整工程款之規定。
七　契約爭議之處理方式。
八　驗收及保固之規定。
九　工程品管之規定。
十　違約之損害賠償。
十一　契約終止或解除之規定。

②前項實施辦法，由中央主管機關另定之。

第四章　人員之設置

第二八條　（營造業負責人就業之限制）

營造業負責人不得為其他營造業之負責人、專任工程人員或工地主任。

第二九條　（技術士之設置）

技術士應於工地現場依其專長技能及作業規範進行施工操作或品質控管。

第三〇條　（工地主任之設置）108

①營造業承攬一定金額或一定規模以上之工程，其施工期間，應於工地置工地主任。

②前項設置之工地主任於施工期間，不得同時兼任其他營造工地主任之業務。

③第一項一定金額及一定規模，由中央主管機關定之。

第三一條　（工地主任之資格）97

①工地主任應符合下列資格之一，並另經中央主管機關評定合格或取得中央勞工行政主管機關依技能檢定法令辦理之營造工程管理甲級技術士證，由中央主管機關核發工地主任執業證者，始得擔任：

一　專科以上學校土木、建築、營建、水利、環境或相關系、科畢業，並於畢業後有二年以上土木或建築工程經驗者。
二　職業學校土木、建築或相關類科畢業，並於畢業後有五年以上土木或建築工程經驗者。
三　高級中學或職業學校以上畢業，並於畢業後有十年以上土木或建築工程經驗者。
四　普通考試或相當於普通考試以上之特種考試土木、建築或相關類科考試及格，並於及格後有二年以上土木或建築工程經驗者。
五　領有建築工程管理甲級技術士證或建築工程管理乙級技術士證，並有三年以上土木或建築工程經驗者。
六　專業營造業，得以領有該項專業甲級技術士證或該項專業乙級技術士證，並有三年以上該項專業工程經驗者為之。

②本法施行前符合前項第五款資格者，得經完成中央主管機關規定時數之職業法規講習，領有結訓證書者，視同評定合格。
③取得工地主任執業證者，每逾四年，應再取得最近四年內回訓證明，始得擔任營造業之工地主任。
④本法施行前領有內政部與受委託學校會銜核發之工地主任訓練結業證書者，應取得前項回訓證明，由中央主管機關發給執業證後，始得擔任營造業之工地主任。
⑤工地主任應於中央政府所在地組織全國營造業工地主任公會，辦理營造業工地主任管理輔導及訓練服務等業務；工地主任應加入全國營造業工地主任公會，全國營造業工地主任公會不得拒絕其加入。營造業聘用工地主任，不必經工地主任公會同意。
⑥第一項工地主任之評定程序、基準及第三項回訓期程、課程、時數、實施方式、管理及相關事項之辦法，由中央主管機關定之。

第三二條　（工地主任之職責）
①營造業之工地主任應負責辦理下列工作：
　一　依施工計畫書執行按圖施工。
　二　按日填報施工日誌。
　三　工地之人員、機具及材料等管理。
　四　工地勞工安全衛生事項之督導、公共環境與安全之維護及其他工地行政事務。
　五　工地遇緊急異常狀況之通報。
　六　其他依法令規定應辦理之事項。
②營造業承攬之工程，免依第三十條規定置工地主任者，前項工作，應由專任工程人員或指定專人爲之。

第三三條　（專業工程施工項目及技術士之設置）
①營造業承攬之工程，其專業工程特定施工項目，應置一定種類、比率或人數之技術士。
②前項專業工程特定施工項目及應置技術士之種類、比率或人數，由中央主管機關會同中央勞工主管機關定之。

第三四條　（專任工程人員之執業之限制）108
①營造業之專任工程人員，應爲繼續性之從業人員，不得爲定期契約勞工，並不得兼任其他綜合營造業、專業營造業之業務或職務。但本法第六十六條第四項，不在此限。
②營造業負責人知其專任工程人員有違反前項規定之情事者，應通知其專任工程人員限期就兼任工作、業務辦理辭任；屆期未辭任者，應予解任。

第三五條　（專任工程人員之職責）
營造業之專任工程人員應負責辦理下列工作：
　一　查核施工計畫書，並於認可後簽名或蓋章。
　二　於開工、竣工報告文件及工程查報表簽名或蓋章。
　三　督察按圖施工、解決施工技術問題。
　四　依工地主任之通報，處理工地緊急異常狀況。

五　查驗工程時到場說明，並於工程查驗文件簽名或蓋章。

六　營繕工程必須勘驗部分赴現場履勘，並於申報勘驗文件簽名或蓋章。

七　主管機關勘驗工程時，在場說明，並於相關文件簽名或蓋章。

八　其他依法令規定應辦理之事項。

第三六條　（土木包工業負責人之職責）

土木包工業負責人，應負責第三十二條所定工地主任及前條所定專任工程人員應負責辦理之工作。

第三七條　（專任工程人員之報告責任）

①營造業之專任工程人員於施工前或施工中應檢視工程圖樣及施工說明書內容，如發現其內容在施工上顯有困難或有公共危險之虞時，應即時向營造業負責人報告。

②營造業負責人對前項事項應即告知定作人，並依定作人提出之改善計畫爲適當之處理。

③定作人未於前項通知後及時提出改善計畫者，如因而造成危險或損害，營造業不負損害賠償責任。

第三八條　（專任工程人員之公安義務）

營造業負責人或專任工程人員於施工中發現顯有立即公共危險之虞時，應即時爲必要之措施，惟以避免危險所必要，且未踰越危險所能致之損害程度者爲限。其必要措施之費用，如係歸責於定作人之事由者，應由定作人給付，定作人無正當理由不得拒絕。但於承攬契約另有規定者，從其規定。

第三九條　（違反報告義務之處罰）

營造業負責人或專任工程人員違反第三十七條第一項、第二項或前條規定致生公共危險者，應視其情形分別依法負其責任。

第四〇條　（專任工程人員離職之規定）

①營造業之專任工程人員離職或因故不能執行業務時，營造業應即報請中央主管機關備查，並應於三個月內依規定另聘之。

②前項期間如有繼續施工工程，其專任工程人員之工作，應委由符合營造業原登記等級、類別且未設立事務所或未受聘於技術顧問機構或營造業之建築師或技師擔任。

③前項之技師，應於加入公會後，始得爲之。

第五章　監督及管理

第四一條　（專任工程人員及工地主任之在場說明義務）

①工程主管或主辦機關於勘驗、查驗或驗收工程時，營造業之專任工程人員及工地主任應在現場說明，並由專任工程人員於勘驗、查驗或驗收文件上簽名或蓋章。

②未依前項規定辦理者，工程主管或主辦機關對該工程應不予勘驗、查驗或驗收。

第四二條　（開工時應辦理事項及竣工時檢附文件）

①營造業於承攬工程開工時，應將該工程登記於承攬工程手冊，由定作人簽章證明；並於工程竣工後，檢同工程契約、竣工證件及承攬工程手冊，送交工程所在地之直轄市或縣（市）主管機關註記後發還之。
②前項竣工證件，指建築物使用執照或由定作人出具之竣工驗收證明文件。

第四三條　（營造業之評鑑）
①中央主管機關對綜合營造業及認有必要之專業營造業得就其工程實績、施工品質、組織規模、管理能力、專業技術研究發展及財務狀況等，定期予以評鑑，評鑑結果分爲三級。
②前項評鑑作業，中央主管機關得收取費用，並得委託經中央主管機關認可之相關機關（構）、公會團體辦理；其受委託之相關機關（構）、公會團體應具備之資格、條件、認可之申請程序、認可證書之有效期間、核（換）發、撤銷、廢止及相關管理事項之辦法；以及受理營造業申請評鑑之申請條件、程序、評鑑結果分級之認定基準及評鑑證書之有效期限、核（換）發、撤銷、廢止及相關事項之辦法，由中央主管機關定之。

第四四條　（定作人定有承攬資格）
①營造業承攬工程，如定作人定有承攬資格者，應受其規定之限制。
②依政府採購法辦理之營繕工程，不得交由評鑑爲第三級之綜合營造業或專業營造業承攬。

第六章　公　會

第四五條　（營造業公會之分類方式）
①營造業公會分綜合營造業公會、專業營造業公會及土木包工業公會。
②前項專業營造業公會，得依第八條所定專業工程項目，分別設立之。
③專業營造業公會未設立前，專業營造業得暫加入綜合營造業公會。

第四六條　（過渡規定）
營造業於本法施行前，已設立公會，而其組織或名稱與本法規定不相符者，應於本法施行後，於中央主管機關所定期間內，變更其名稱；其理事、監事得擔任至任期屆滿。

第四七條　（訂定公約、紀律組織及風紀維持）
營造業公會應訂定會員公約、紀律委員會組織及風紀維持方法。

第四八條　（受委託辦理業務）
營造業公會得受委託，辦理對營造業之調查、分析、評選、研究及其他相關業務。

第四九條　（中央主管機關之監督）
中央主管機關得要求營造業公會對營造業之經營狀況、從業人

員動態等事項，提出報告。

第七章　輔導及獎勵

第五〇條（中央主管機關輔導措施）

中央主管機關為改善營造業經營能力，提升其技術水準，得協調相關主管機關就下列事項，採取輔導措施：

一　市場調查及開發。
二　改善產業環境。
三　強化技術研發及資訊整合。
四　提升產業國際競爭力。
五　健全人力培訓機制。
六　其他經中央主管機關指定之輔導事項。

第五一條（中央主管機關之獎勵）99

①依第四十三條規定評鑑為第一級之營造業，經主管機關或經中央主管機關認可之相關機關（構）辦理複評合格者，為優良營造業；並為促使其健全發展，以提升技術水準，加速產業升級，應依下列方式獎勵之：

一　頒發獎狀或獎牌，予以公開表揚。
二　承攬政府工程時，押標金、工程保證金或工程保留款，得降低百分之五十以下；申領工程預付款，增加百分之十。

②前項辦理複評機關（構）之資格條件、認可程序、複評程序、複評基準及相關事項之辦法，由中央主管機關定之。

第八章　罰　則

第五二條（罰則）

未經許可或經撤銷、廢止許可而經營營造業業務者，勒令其停業，並處新臺幣一百萬元以上一千萬元以下罰鍰；其不遵從而繼續營業者，得連續處罰。

第五三條（罰則）

技術士違反第二十九條規定情節重大者，予以三個月以上二年以下停止執行營造業業務之處分。

第五四條（罰則）

①營造業有下列情事之一者，處新臺幣一百萬元以上五百萬元以下罰鍰，並廢止其許可：

一　使用他人之營造業登記證書或承攬工程手冊經營營造業業務者。
二　將營造業登記證書或承攬工程手冊交由他人使用經營營造業業務者。
三　停業期間再行承攬工程者。

②前項營造業自廢止許可之日起五年內，其負責人不得重新申請營造業登記。

第五五條　（罰則）
①營造業有下列情事之一者，處新臺幣十萬元以上五十萬元以下罰鍰：
一　經許可後未領得營造業登記證或承攬工程手冊而經營營造業業務者。
二　未加入公會而經營營造業業務者。
三　未依第十七條第一項規定，申請複查或拒絕、妨礙或規避抽查者。
四　自行停業、受停業處分、復業或歇業時，未依第二十條規定辦理者。
②營造業有前項第一款或第二款情事者，並得勒令停業及通知限期補辦手續，屆期不補辦而繼續營業者，得按次連續處罰。有前項第四款情事，經主管機關通知限期補辦手續，屆期不辦者，得按次連續處罰。

第五六條　（罰則）99
①營造業違反第十一條、第十八條第二項、第二十三條第一項、第二十六條、第三十條第一項、第三十三條第一項、第四十條或第四十二條第一項規定者，按其情節輕重，予以警告或三個月以上一年以下停業處分。
②營造業於五年內受警告處分三次者，予以三個月以上一年以下停業處分；於五年內受停業處分期間累計滿三年者，廢止其許可。

第五七條　（罰則）
營造業違反第十六條或第十九條第二項規定者，處新臺幣二萬元以上十萬元以下罰鍰；並限期依規定申請變更登記。屆期不申請者，予以三個月以上一年以下停業處分。

第五八條　（罰則）
營造業負責人違反第二十八條規定者，處新臺幣二十萬元以上一百萬元以下罰鍰，並通知該營造業限期辦理解任。屆期不辦理者，對該營造業處新臺幣二十萬元以上一百萬元以下罰鍰。並得繼續通知該營造業辦理解任，屆期仍不辦理者，得按次連續處罰。

第五九條　（罰則）
營造業負責人違反第三十七條第二項或第三十八條規定者，處新臺幣五萬元以上五十萬元以下罰鍰。

第六〇條　（罰則）
定作人違反第三十七條第三項規定者，處新臺幣五萬元以上五十萬元以下罰鍰。

第六一條　（罰則）104
①營造業專任工程人員違反第三十四條、第三十五條第一款至第七款規定之一、第四十一條第一項規定或違反各該技師公會章程，按其情節輕重，予以警告或二個月以上二年以下停止執行營造業業務之處分；其停業期間，並不得依技師法或建築師法

執行相關業務。第六十六條第四項之技師有違反各公會之章程情節重大者，亦同。

②營造業負責人明知所置專任工程人員有違反第三十四條第一項或第四十一條第一項規定情事，未通知其辭任、未予以解任或未使其在場者，予以該營造業三個月以上一年以下停業處分。

③第六十六條第四項受委託執行綜理施工管理簽章之技師，違反第三十五條第一款至第七款規定之一，或未加入公會，或受理委託簽章後未逐案向工程所在地之直轄市或縣（市）主管機關報備登錄者，予以警告或二個月以上二年以下停止執行營造業業務之處分；其停業期間，並不得依技師法執行相關業務。

④營造業專任工程人員或受委託執行綜理施工管理簽章之技師於五年內受警告處分三次者，予以二個月以上二年以下停止執行營造業業務之處分；其停業期間，並不得依技師法執行相關業務。

第六二條　（罰則）108

①營造業工地主任違反第三十條第二項、第三十一條第五項、第三十二條第一項第一款至第五款或第四十一條第一項規定之一者，按其情節輕重，予以警告或三個月以上一年以下停止執行營造業工地主任業務之處分。

②營造業工地主任經依前項規定受警告處分三次者，予以三個月以上一年以下停止執行營造業工地主任業務之處分；受停止執行營造業工地主任業務處分期間累計滿三年者，廢止其工地主任執業證。

③前項工地主任執業證自廢止之日起五年內，其工地主任不得重新申請執業證。

第六三條　（罰則）

土木包工業負責人違反第三十六條規定者，按其情節輕重，予以該土木包工業三個月以上二年以下停業處分。

第六四條　（罰則）

營造業公會違反第四條第二項或第四十六條規定者，由中央人民團體主管機關處新臺幣十萬元以上五十萬元以下罰鍰。

第六五條　（強制執行）

依本法所處之罰鍰，經限期繳納，屆期仍不繳納者，依法移送強制執行。

第九章　附　則

第六六條　（換領營造業登記證書及承攬工程手冊）

①本法施行前之營造業、土木包工業及經營第八條第一項所稱專業工程項目之廠商，應自本法施行日起一年內，分別依第六條至第十二條所定要件，申請換領營造業登記證書及承攬工程手冊；其經營依第八條第十三款增訂或變更專業工程項目之廠商，則應自公告日起二年內爲之。

②違反前項規定者，應廢止其許可及登記證書，並通知公司或商業登記主管機關廢止其公司、商業登記或其部分登記事項。
③丙等營造業依第一項規定換領爲丙等綜合營造業時，其依本法施行前營造業管理規則規定擔任爲專任工程人員之工地主任及經濟部核准登記之土木、水利工程或建築科技副，得予繼續留任。但該工地主任及技副，在丙等營造業換領爲丙等綜合營造業後，依第十七條年滿五年營造業申請複查時，應取得第七條第一項第一款所定專任工程人員之資格，屆期未取得資格者，令其停止執行營造業專任工程人員業務。
④本法施行前原依營造業管理規則規定聘工地主任擔任專任工程人員之丙等營造業於換領爲丙等綜合營造業五年後，得採置專任工程人員或委託建築師或技師逐案按各類科技師之執業範圍核實執行綜理施工管理，並簽章負責專任工程人員應辦理之工作。該建築師或技師不得設立事務所或受聘於技術顧問機構，且技師應加入公會後，始得爲之。並應於每次受理委託簽章後，逐案向工程所在地之直轄市或縣（市）主管機關報備登錄。
⑤前項建築師或技師受委託執行綜理施工管理簽章、報備、登錄作業、項目費用及其他相關事項之辦法，由中央主管機關會商相關公會定之。
⑥爲落實營造業專任專業之目標，第四項委託建築師或技師簽章負責之規定事項，其停止適用之日期，由中央主管機關會商相關公會定之。

第六七條　（營造業審議委員會之設置）
中央、直轄市或縣（市）主管機關爲處理營造業之撤銷或廢止登記、獎懲事項、專任工程人員及工地主任處分案件，應設營造業審議委員會；其設置要點，由中央主管機關定之。

第六七條之一　（工程專業法庭之設立）98
司法院應指定法院設立工程專業法庭，由具有工程相關專業知識或審判經驗之法官，辦理工程糾紛訴訟案件。

第六八條　（離島地區營造業適用規定）
①離島地區營造業承攬當地工程者，其營造業人員之設置，得不適用第七條、第三十五條及第四十一條規定。
②前項所稱離島地區之範圍、人員設置及其相關事項之辦法，由中央主管機關定之。

第六九條　（外國營造業登記規定）99
①外國營造業之設立，應經中央主管機關許可後，依公司法申請認許或依商業登記法辦理登記，並應依本法之規定，領得營造業登記證書及承攬工程手冊，始得營業。其登記爲乙等綜合營造業或甲等綜合營造業者，不受第七條第五項或第六項晉升等級之限制。但業績、年資及承攬工程竣工累積額應以在本國執行之實績爲計算基準，其餘不得計入。
②外國營造業依第一項規定得爲營業，除法令、我國締結之條約或協定另有禁止規定者外，其承攬政府公共建設工程契約金額

達十億元以上者，應與本國綜合營造業聯合承攬該工程。

第七〇條（規費之徵收）

中央主管機關依本法規定受理申請審查、核發、補發及變更營造業登記證書、承攬工程手冊時，應收取審查費、證照費、工本費；其收費基準，由中央主管機關定之。

第七一條（書表格式）

本法所定之登記證書、承攬工程手冊及其他書、表格式，由中央主管機關定之。

第七二條（施行細則）

本法施行細則，由中央主管機關定之。

第七三條（施行日）

本法除另定施行日期者外，自公布日施行。

營造業法施行細則

①民國93年2月27日內政部令訂定發布全文26條；並自發布日施行。
②民國93年8月10日內政部令發布刪除第2條條文。
③民國97年5月12日內政部令修正發布第16條條文；並增訂第17-1條條文。
④民國98年5月5日內政部令修正發布第7、8條條文；並增訂第6-1條條文。
⑤民國107年8月22日內政部令修正發布第4、6、25條條文；並增訂第25-1條條文。

第一條

本細則依營造業法（以下簡稱本法）第七十二條規定訂定之。

第二條 （刪除）93

第三條

①本法第七條第一項第一款所稱二年以上土木建築工程經驗，指從事營繕工程測量、規劃、設計、監造、施工或專案管理工作二年以上。

②前項經驗之證明文件如下：

一　服務證明書：

㈠在政府機關、公（軍）營機構服務者，應繳驗該機關（構）出具載明任職職系說明之服務證明書。

㈡在依法登記之開業建築師事務所、技師事務所、營造業、工程技術顧問公司或民營事業機構之營繕單位服務者，應繳驗該事務所、公司或機構之登記證明文件影本及其出具載明任職工作性質之服務證明書。

二　經歷證明書：應記載實際擔任之工作或工程之名稱、地點、面積、形態及所任之工作項目、起訖時間等。

第四條 107

本法第七條第一項第二款所定綜合營造業之資本額，於甲等綜合營造業為新臺幣二千二百五十萬元以上；乙等綜合營造業為新臺幣一千二百萬元以上；丙等綜合營造業為新臺幣三百六十萬元以上。

第五條

本法第十條第一項第一款所定土木包工業負責人應具有三年以上土木建築工程施工經驗，其證明文件如下：

一　服務證明書：

㈠在政府機關、公（軍）營機構服務者，應繳驗該機關（構）出具載明任職職系說明之服務證明書。

㈡在依法登記之開業建築師事務所、技師事務所、營造業、工程技術顧問公司或民營事業機構之營繕單位服務者，應繳驗該事務所、公司或機構之登記證明文件影本及其出具載明任職工作性質之服務證明書。

二　經歷證明書：應記載實際擔任之工作或工程之名稱、地點、面積、形態及所任之工作項目、起訖時間等。

第六條 107

本法第十條第二項所定土木包工業之資本額為新臺幣一百萬元以上。

第六條之一 98

本法第十二條第一項所定出資種類，為依公司法或商業登記法規定之出資種類；其中現金、不動產、機具設備、貨幣債權、公積、股息與紅利、公司債轉換股份及認股權憑證轉換股份，合計應占資本額百分之九十以上。

第七條 98

①前條所定不動產及機具設備，於公司組織，其所有權應屬公司所有；於獨資或合夥事業，其所有權應屬負責人或合夥人所有。

②前條所稱機具設備，指營造業從事營繕工程施工所必要之機具及設備。

第八條 98

本法第十三條第一項第二款所定資本額證明文件如下：

一　土地：最近一個月之土地登記謄本。

二　房屋：最近一個月建築改良物登記謄本及稅捐稽徵機關課稅現值之證明。

三　機具設備：具有動產、機具設備鑑定業務項目公證業或工商徵信服務業之鑑價證明文件及公證人產權證明公證書。但屬出廠三年內之新品者，其價值得以出售廠商開具之收據或統一發票認定之。

四　現金：最近一個月金融機構存款證明文件。

五　前四款以外之出資種類：公司或商業登記主管機關出具之抄錄資本形成文件。

第九條

本法施行前依合作社法第三條第一項第五款及第二項規定承攬營繕工程並經領有營造業登記證書之勞動合作社，準用本法相關規定。

第一〇條

①營造業合於下列規定者，得按原等級登記之，其業績合併累計：

一　公司組織之營造業變更組織種類。

二　非公司組織之營造業設立為公司組織。

三　變更名稱或負責人。

四　公司組織之營造業，以其經營建築及土木工程之營業項目另設公司組織之綜合營造業。

②公司組織之營造業合併，得按原登記等級較高者登記之，其業

績得予合併累計。

第一一條

營造業依本法第十六條規定申請辦理變更登記時，於變更程序終結前，得由中央或直轄市、縣（市）主管機關開立證明，依原登記等級參與工程投標。

第一二條

①營造業依本法第十七條規定申請複查時，應提出下列證明文件：

一　營造業負責人：身分證明文件。

二　專任工程人員：身分證明文件、受聘同意書及其資格證明書。

三　財務狀況：營利事業所得稅結算申報書與最近一期營業稅銷售額及稅額申報書，並自行計算自有資本率、流動比率、淨值報酬率、固定資產周轉率、淨值周轉率。

四　資本額：營造業登記證書及最近之公司登記或商業登記證明文件。

五　承攬工程手冊。

②中央或直轄市、縣（市）主管機關依本法第十七條規定進行抽查時，應查核前項各款文件，必要時，並得查核其他相關證明文件。

第一三條

營造業工地主任得依人民團體法規定設立公會，辦理營造業工地主任輔導及服務等業務。

第一四條

①營造業於承攬工程開工時，應將該工程登載於承攬工程手冊，由定作人簽章證明，並依契約造價填載承攬金額；工程竣工後，應檢同工程契約、竣工證件及承攬工程手冊，送交工程所在地之直轄市或縣（市）主管機關註記後發還之。

②營造業升等業績之採計，以承攬工程手冊工程記載之完工總價為準；其工程完工總價，依下列規定填寫：

一　承攬政府機關、公立學校、公營事業機構之營繕工程，依完工驗收證明書驗收結算總價填寫。

二　承辦私人營繕工程，其工程造價以定作人（起造人）及承造人共同具名之完工結算金額認定，不得超過使用執照上所記載工程造價之三倍，並應檢附已完工結算金額相符之各期統一發票、定作人（起造人）及承造人共同具結之工程施工期間無變更承造人切結書、使用執照影本及工程契約等文件。

三　未申請雜項執照之私人土木工程，得以請款統一發票合計之。

③完工總價除前項規定金額外，並得包括定作人（起造人）供應材料之金額，由定作人（起造人）出具證明合計之。

第一五條

本法第十九條第二項但書所稱承攬一定金額免予申請記載變更

者，指專業營造業承攬新臺幣一百萬元以下之工程或土木包工業承攬新臺幣十萬元以下之工程。

第一六條 97

營造業自行停業、受停業處分、復業或歇業時，應於停業、復業或歇業日起三個月內，依本法第二十條規定辦理。

第一七條

①本法第二十五條第三項所稱必要相關營繕工程，指專業營造業從事本法第八條規定之專業工程項目時，為工程實際狀況及需要，所為技術上不宜分離或宜一併施作以達工程效能之工程。

②專業營造業向定作人合併承攬前項專業工程規劃、設計、施工及安裝部分或全部業務時，其依法應經規劃、設計者，應結合具有規劃、設計資格者為之。

第一七條之一 97

營造業有關安全衛生設施，應依營造安全衛生設施標準規定辦理。

第一八條

本法第三十條所定應置工地主任之工程金額或規模如下：

一　承攬金額新臺幣五千萬元以上之工程。

二　建築物高度三十六公尺以上之工程。

三　建築物地下室開挖十公尺以上之工程。

四　橋樑柱跨距二十五公尺以上之工程。

第一九條

各等級、類別營造業負責人及該營造業之其他業務人員具有各該等級、類別專任工程人員之資格者，得擔任該營造業之專任工程人員。

第二〇條

營造業之專任工程人員離職或因故不能執行業務時，營造業應於十五日內依本法第四十條規定報請備查。

第二一條

本法第四十二條第二項所定由定作人出具之竣工驗收證明文件，得以與定作人契約合意之最終爭議處理結果代之。

第二二條

①專業營造業登記經營本法第八條所定二項以上專業工程項目者，應加入各該專業營造業公會。

②本法第八條各款所定專業工程項目包含二種以上不同專業性質時，得分別設立公會。

③依本法第四十五條第三項規定暫加入綜合營造業公會之專業營造業，應於專業營造業公會設立後三個月內，加入該專業營造業公會。

第二三條

①營造業或其負責人依本法第五十五條第二項、第五十七條或第五十八條規定，限期補辦手續或申請變更登記或辦理解任者，應於接獲主管機關通知之次日起三十日內完成；依本法第五十

五條第二項補辦加入公會手續或依第五十八條辦理負責人解任者，並應檢具證明文件，報主管機關備查。

②營造業負責人知其專任工程人員有違反本法第三十四條第一項規定情事時，應以書面通知該專任工程人員辭任；屆期未辭任者，應以書面予以解任。

第二四條

本法第六十六條第一項所稱本法施行前之營造業、土木包工業，應自本法施行日起一年內，分別依本法第六條至第十二條所定要件，申請換領營造業登記證書及承攬工程手冊者，指本法施行前依營造業管理規則或土木包工業管理辦法設立登記並於本法施行後繼續營業之營造業或土木包工業。

第二五條 107

①外國營造業於我國申請設立登記為營造業，應符合下列條件：

一　甲等綜合營造業：

㈠在我國設立登記之分公司，其在中華民國境內營業所用資金金額應達新臺幣二千二百五十萬元以上。

㈡置有具本法第七條第一項第一款資格之專任工程人員。

㈢領有其本國營造業登記證書六年以上，並於最近十年內承攬工程竣工累計額達新臺幣五億元以上。

二　乙等綜合營造業：

㈠在我國設立登記之分公司，其在中華民國境內營業所用資金金額應達新臺幣一千二百萬元以上。

㈡置有具本法第七條第一項第一款資格之專任工程人員。

㈢領有其本國營造業登記證書三年以上，並於最近十年內承攬工程竣工累計額達新臺幣二億元以上。

三　丙等綜合營造業：

㈠在我國設立登記之分公司，其在中華民國境內營業所用資金金額應達新臺幣三百六十萬元以上。

㈡置有具本法第七條第一項第一款資格之專任工程人員。

四　土木包工業：

㈠在我國設立登記之分公司，其在中華民國境內營業所用資金金額應達新臺幣一百萬元以上。

㈡負責人應具有三年以上土木、建築工程施工經驗。

②前項第一款第三目及第二款第三目之承攬工程竣工累計額認定，須經其本國營造業主管機關證明，並經我國駐外使領館、代表處、辦事處或其他經外交部授權之機構認證。

③前項證明如以外文作成者，應提出中文譯本。

第二五條之一 107

本細則中華民國一百零七年八月二十二日修正施行後，第四條、第六條及前條所定之營造業，應於最近一次依本法第十七條規定申請複查前，辦理資本額增資。

第二六條

本細則自發布日施行。

營造業承攬工程造價限額工程規模範圍申報淨值及一定期間承攬總額認定辦法

①民國95年12月1日內政部令訂定發布全文13條；並自發布日施行。
②民國107年8月22日內政部令修正發布第2、4條條文；並增訂第4-1條條文。
③民國109年7月7日內政部令修正發布第3、4-1條條文。

第一條
本辦法依營造業法（以下簡稱本法）第二十三條第二項規定訂定之。

第二條 107
土木包工業承攬小型綜合營繕工程造價限額為新臺幣七百二十萬元，其承攬工程之橋樑柱跨距為五公尺以下，建築物高度、建築物地下開挖深度及鋼筋混凝土擋土牆高度之規模範圍，由直轄市、縣（市）主管機關擬訂，報請中央主管機關核定。

第三條 109
①土木包工業承攬前條造價限額內之小型綜合營繕工程，含有本法第八條所定專業工程項目，其專業工程項目金額符合下列各款規定者，得由土木包工業自行施作：
一　含有鋼構工程、擋土支撐及土方工程、基礎工程、施工塔架吊裝及模版工程或地下管線工程單一工程項目金額在新臺幣三百六十萬元以下。
二　含有預拌混凝土工程、營建鑽探工程、帷幕牆工程或環境保護工程單一工程項目金額在新臺幣二十五萬元以下。
三　含有庭園、景觀工程項目金額在新臺幣二百四十萬元以下。
四　含有防水工程項目之金額在新臺幣六十萬元以下。
②土木包工業承攬前項各款專業工程項目一項以上，且各項工程金額及造價限額符合前項各款及前條規定者，土木包工業得自行施作。

第四條 107
①丙等綜合營造業承攬造價限額為新臺幣二千七百萬元，其工程規模範圍應符合下列各款規定：
一　建築物高度二十一公尺以下。
二　建築物地下室開挖六公尺以下。
三　橋樑柱跨距十五公尺以下。
②乙等綜合營造業承攬造價限額為新臺幣九千萬元，其工程規模應符合下列各款規定：

一　建築物高度三十六公尺以下。
二　建築物地下室開挖九公尺以下。
三　橋樑柱跨距二十五公尺以下。

③甲等綜合營造業承攬造價限額為其資本額之十倍，其工程規模不受限制。

第四條之一 109

前三條所定營造業未依規定辦理資本額增資者，其承攬工程造價限額，適用中華民國一百零七年八月二十二日修正施行前之規定；其得自行施作專業工程項目金額，適用一百零九年七月七日修正施行前之規定。

第五條

專業營造業承攬造價限額為其資本額之十倍，其工程規模不受限制。

第六條

本法第二十三條第一項所定一定期間為一年。

第七條

①營造業應於每年六月一日至七月三十一日間檢附承攬工程手冊及前一年或最近一年營利事業所得申報書或經會計師簽證資產負債表，向登記所在地直轄市、縣（市）主管機關申報淨值及承攬總額。

②營造業之淨值，以其檢附之前一年或最近一年營利事業所得申報書或經會計師簽證資產負債表所載金額認定之。

③於前一期淨值申報期間前設立且尚未申報營利事業所得，或於當期淨值申報期間後始設立之營造業，以其登記資本額為淨值。

第八條

營造業未於前條第一項所定期間內申報淨值者，其當期淨值認定方式如下：

一　其前期淨值高於登記資本額者，以其登記資本額為當期淨值。
二　其前期淨值低於登記資本額者，以其前期淨值為認定。
三　本辦法發布施行前已設立之營造業，於本辦法發布施行後已申報營利事業所得而未依前條規定辦理者，直轄市、縣（市）主管機關得報經財政部核定後，洽請稅捐稽徵機關提供該營造業當期營利事業所得稅申報書資產負債表所載之淨值，認定之。

第九條

①營造業承攬總額，以承攬工程手冊中工程記載表登記之已簽約而未完工工程之承攬造價扣除已完成估驗計價部分金額（含保留款）後之總和計算之。營造業應檢附該工程完成估驗計價部分之統一發票提供核對。

②承攬工程估驗結算表及承攬總額結算表如附表一及附表二。

第一〇條

營造業聯合承攬工程時，其承攬金額按契約之各營造業聯合承

攬協議書所載出資比例分別計算；承攬總額按前條規定計算之。

第一一條

營造業承攬工程契約約定之工作項目非屬營造業營業範圍者，由定作人出具金額證明，得不計入承攬總額。

第一二條

綜合營造業轉交專業營造業承攬之工程，經專業營造業申請記載於承攬工程手冊者，該工程金額得不計入該綜合營造業承攬總額。

第一三條

本辦法自發布日施行。

營繕工程承攬契約應記載事項實施辦法

①民國93年9月14日內政部令訂定發布全文10條；並自發布日施行。
②民國94年3月29日內政部令修正發布第5條條文。
③民國96年4月25日內政部令修正發布第9條條文。

第一條

本辦法依營造業法（以下簡稱本法）第二十七條第二項規定訂定之。

第二條

營繕工程承攬契約（以下簡稱契約）應記載事項之實施，依本法第二十七條第一項之內容，除第四條規定外，依當事人之約定；當事人未約定者，依本辦法規定辦理。

第三條

本法第二十七條第一項第三款所定付款方式，依下列方式之一為之：

一　依契約總價給付。

二　依實際施作之項目及數量給付。

三　部分依契約標示之價金給付，部分依實際施作之項目及數量給付。

第四條

①本法第二十七條第一項第四款所定工期之計算方式，指下列方式：

一　以限期完成者，星期例假日、國定假日或其他休息日均應計入。

二　以日曆天計者，星期例假日、國定假日或其他休息日，是否計入，應於契約中明定。

三　以工作天計者，星期例假日、國定假日或其他休息日，均應不計入。

②前項工期之計算，因不可抗力或有不可歸責於營造業之事由者，得延長之；其事由未達半日者，以半日計；逾半日未達一日者，以一日計。延長日數有爭議時，其處理方式應於契約中明定。

第五條 94

本法第二十七條第一項第六款所定依物價指數調整工程款之規定，應載明下列事項：

一　得調整之項目及金額。

二　調整所依據之物價指數及基期。

三　得調整之情形。

四　調整公式。

第六條

本法第二十七條第一項第七款所定契約爭議之處理，選擇下列一種以上之方式爲之：

一　屬政府採購法辦理之營繕工程者，依政府採購法第八十五條之一規定向採購申訴審議委員會申請調解。
二　提付仲裁。
三　提起訴訟。
四　聲請調解。

第七條

本法第二十七條第一項第八款所定驗收之規定，應載明下列事項：

一　履約標的之完工條件及認定標準。
二　驗收程序。
三　驗收瑕疵處理方式及期限。

第八條

本法第二十七條第一項第八款所定保固之規定，應載明下列事項：

一　保固期。
二　保固期內瑕疵處理程序。

第九條 96

本法第二十七條第一項第九款所定工程品管之規定，應載明下列事項：

一　品質管制：
㈠自主檢查。
㈡材料及施工檢驗程序。
㈢矯正及預防措施。
二　工地安全及衛生：
㈠危害因素及安全衛生規定應採取之措施。
㈡承攬管理應採取之安全衛生管理措施。
㈢墜落、倒塌崩塌、感電災害類型之防止計畫。
㈣假設工程組拆前、中、後設置查驗點實施查驗。
三　工地環境清潔及維護。
四　交通維持措施。

第一〇條

本辦法自發布日施行。

建築師或技師受丙等綜合營造業委託執行綜理施工管理簽章報備登錄及收費辦法

①民國97年10月24日內政部令訂定發布全文6條；並自發布日施行。
②民國98年10月28日內政部令修正發布第4條條文。

第一條
本辦法依營造業法（以下簡稱本法）第六十六條第五項規定訂定之。

第二條
受委託之建築師或技師應符合本法第七條第一項第一款、第六十六條第四項及本法施行細則第三條所定相關資格。

第三條
建築師或技師受委託執行綜理施工業務，應於開工時向工程所在地之直轄市或縣（市）主管機關登錄其姓名、證號於承攬工程手冊工程記載表備註欄位，並依本法第三十五條、第四十一條等相關規定辦理簽章。

第四條 98
受託之建築師或技師執行業務之收費數額，依下列工程契約金額基準計算：
一 新臺幣一百萬元以下者：以工程契約金額百分之一點五以下計算。收費數額未達新臺幣五千元者以新臺幣五千元計。
二 超過新臺幣一百萬元未逾一千萬元者：以工程契約金額千分之八以下計算。收費數額未達新臺幣一萬五千元者以新臺幣一萬五千元計。
三 超過新臺幣一千萬元未逾二千二百五十萬元者：以工程契約金額千分之七以下計算。收費數額未達新臺幣八萬元者以新臺幣八萬元計。

第五條
受委託之建築師或技師因故不能執行業務時，丙等綜合營造業應於十五日內再行委託合格之建築師或技師辦理，並由受委託之建築師或技師向工程所在地之直轄市或縣（市）主管機關報備登錄後始得繼續施工。

第六條
本辦法自發布日施行。

營造業專業工程特定施工項目應置之技術士種類比率或人數標準表

民國99年5月25日內政部、行政院勞工委員會令會銜修正發布。

專業工程	特定施工項目	技術士種類	特定施工項目規模	設置人數標準
鋼構工程	鋼構構件吊裝及組裝	一、一般手工電銲 二、半自動電銲 三、氬氣鎢極電銲 四、測量 五、建築塗裝	九十九年金額為新臺幣一千五百萬元以上者（不含構件材料費）。	該專業工程特定施工項目施工期間，應於工地設置任一職類技術士一人以上。
			一百年金額為新臺幣一千萬元以上者（不含構件材料費）。	該專業工程特定施工項目施工期間，應於工地設置任一職類技術士一人以上。
			一百零一年金額超過新臺幣五百萬元以上，一千萬元以下者（不含構件材料費）。	該專業工程特定施工項目施工期間，應於工地設置任一職類技術士一人以上。
			一百零一年金額超過新臺幣一千萬元以上，二千五百萬元以下者（不含構件材料費）。	該專業工程特定施工項目施工期間，應於工地設置任一職類技術士二人以上。
			一百零一年金額超過新臺幣二千五百萬元者（不含構件材料費）。	該專業工程特定施工項目施工期間，應於工地設置任一職類技術士二人以上，其金額超過新臺幣二千五百萬元部分，每一千五百萬元應增置任一職類技術士一人以上。

基礎工程	一、擋土牆 二、土質改良及灌漿 三、錨樁工程	一、鋼筋 二、模板 三、測量 四、混凝土	九十九年金額為新臺幣六千萬元以上者。	該專業工程特定施工項目施工期間，應於工地設置任一職類技術士一人以上。
			一百年金額為新臺幣五千萬元以上者。	該專業工程特定施工項目施工期間，應於工地設置任一職類技術士一人以上。
			一百零一年金額超過額新臺幣三千五百萬元以上，五千萬元以下者。	該專業工程特定施工項目施工期間，應於工地設置任一職類技術士一人以上。
			一百零一年金額超過新臺幣五千萬元，八千五百萬元以下者。	該專業工程特定施工項目施工期間，應於工地設置任一職類技術士二人以上。
			一百零一年金額超過新臺幣八千五百萬元者。	該專業工程特定施工項目施工期間，應於工地設置任一職類技術士二人以上，其金額超過新臺幣八千五百萬元部分，每三千五百萬元應增置任一職類技術士一人以上。
施工塔架吊裝及模版工程	結構體模板工程	模板	九十九年金額為新臺幣五千萬元以上者。	該專業工程特定施工項目施工期間，應於工地設置該職類技術士一人以上。
			一百年金額為新臺幣四千萬元以上者。	該專業工程特定施工項目施工期間，應於工地設置該職類技術士一人以上。
			一百零一年金額超過新臺幣三千萬元以上，四千萬元以下者。	該專業工程特定施工項目施工期間，應於工地設置該職類技術士一人以上。
			一百零一年金額超過新臺幣四千萬元以上，七千萬元以下者。	該專業工程特定施工項目施工期間，應於工地設置該職類技術士二人以上。

			一百零一年金額超過新臺幣七千萬元者。	該專業工程特定施工項目施工期間，應於工地設置任一職類技術士二人以上，其金額超過新臺幣七千萬元部分，每三千萬元應增置任一職類技術士一人以上。
庭園、景觀工程	一、造園景觀施工 二、植生綠化及養護	一、造園景觀（造園施工） 二、園藝	九十九年至一百年金額為新臺幣三百萬元以上者。	該專業工程特定施工項目施工期間，應於工地設置任一職類技術士一人以上。
			一百零一年金額為新臺幣一百萬元以上者。	該專業工程特定施工項目施工期間，應於工地設置任一職類技術士一人以上。
			一百零一年金額為新臺幣三百萬元以上者。	該專業工程特定施工項目施工期間，應於工地設置任一職類技術士二人以上。
防水工程	營建防水	營建防水	九十九年至一百年金額為新臺幣五百萬元以上者。	該專業工程特定施工項目施工期間，應於工地設置該職類具有各該項技術士一人以上。
			一百零一年金額為新臺幣二百萬元以上者。	該專業工程特定施工項目施工期間，應於工地設置該職類具有各該項技術士一人以上。
			一百零一年金額為新臺幣五百萬元以上者。	該專業工程特定施工項目施工期間，應於工地設置該職類具有各該項技術士二人以上。

預拌混凝土工程	預拌混凝土澆置工程	混凝土	九十九年至一百年金額為新臺幣五百萬元以上者（不含材料費）。	施工期間，應於工地設置該職類技術士一人以上。
			一百零一年金額超過新臺幣三百萬元以上，五百萬元以下者（不含材料費）。	該專業工程特定施工項目施工期間，應於工地設置該職類技術士一人以上。
			一百零一年金額超過新臺幣五百萬元以上，八百萬元以下者（不含材料費）。	該專業工程特定施工項目施工期間，應於工地設置該職類技術士二人以上。
			一百零一年金額超過新臺幣八百萬元以上者（不含材料費）。	該專業工程特定施工項目施工期間，除應於工地設置任一職類技術士二人以上，其金額超過新臺幣八百萬元部分，每三百萬元應增置任一職類技術士一人以上。

備註：
一、專業工程特定施工項目之施工日誌應記載事項如下：
(一) 當日施工之各項專業工程特定施工項目內容。
(二) 各特定施工項目僱用技術士姓名、技術士證書字號及該技術士之簽名或蓋章。
二、技術士人數供需失衡時，由中央主管機關召集相關公（工）、協會協商調整工程規模及設置人數標準。
三、本標準適用範圍包含公、私有專業工程之特定施工項目。

營造業工地主任評定回訓及管理辦法

①民國93年4月6日內政部令訂定發布全文9條；並自發布日施行。
②民國96年5月18日內政部令修正發布全文9條；並自發布日施行。

第一條

本辦法依營造業法（以下簡稱本法）第三十一條第六項規定訂定之。

第二條

①本法第三十一條第一項所定評定合格，指參加中央主管機關或其委託專業機關（構）、學校、團體辦理之職能訓練講習二百二十小時以上，經測驗合格，領有結業證書者。

②前項職能訓練講習之課程時數規定如下：

一　營建、政府採購、品質管理、環保及勞工安全衛生法規：三十六小時。
二　工程圖說判識：八小時。
三　工程材料檢測及判識：十八小時。
四　測量放樣：十二小時。
五　假設工程：十小時
六　工程施工管理：四十小時。
七　工程施工機具及工程施工技術：三十小時。
八　土方及地下基礎工程：十八小時。
九　工程結構：十六小時。
十　機電及設備：十六小時。
十一　契約規範：八小時。
十二　職災案例之分析及預防：六小時。
十三　工地治安：二小時。

第三條

①本法第三十一條第二項所定職業法規講習，指中央主管機關或其委託專業機關（構）、學校、團體辦理四十小時以上之講習。

②前項職業法規講習之課程時數規定如下：

一　營造業相關法令：十小時。
二　建築工程相關基本法令：十小時。
三　政府採購及公共工程相關法令：十小時。
四　其他與營建工程相關之基本法令：十小時。

第四條

①申請核發工地主任執業證者，應檢附下列文件：

一　申請書。
二　符合本法第三十一條第一項各款之一資格且經中央主管機

關評定合格者，檢附職能訓練講習結業證書、資格證明文件及工程經驗證明文件。

三　符合本法第三十一條第一項各款之一資格且取得營造工程管理甲級技術士證者，檢附營造工程管理甲級技術士證、資格證明文件及工程經驗證明文件。

四　符合本法第三十一條第二項規定者，檢附職業法規講習結訓證書、符合本法第三十一條第一項第五款資格證明文件及工程經驗證明文件。

五　符合本法第三十一條第四項規定者，應檢附工地主任訓練結業證書及回訓證明書。

②前項工程經驗之證明文件如下：

一　服務證明書：

㈠在政府機關、公（軍）營機構服務者，應繳驗該機關（構）出具載明任職職系說明之服務證明書。

㈡在依法登記之開業建築師事務所、技師事務所、營造業、工程技術顧問公司或民營事業機構之營繕單位服務者，應繳驗該事務所、公司或機構之登記證明文件影本及其出具載明任職工作性質之服務證明書。

二　經歷證明書：應記載實際擔任之工作或工程之名稱、地點、面積、形態及所任之工作項目、起訖時間等。

第五條

中央主管機關受理工地主任執業證申請後，經審查合於規定者，發給工地主任執業證；不合規定者，應敘明理由駁回其申請；其須補正者，應通知申請人限期補正，屆期未補正或補正不完全者，駁回其申請。

第六條

①本法第三十一條第三項之回訓，由中央主管機關或其委託之專業機關（構）、學校、團體（以下簡稱回訓機關）辦理。

②回訓機關應將辦理回訓之課程內容、時數及期間等相關事項，於辦理回訓前十五日，公告周知。

③取得工地主任執業證者，得依前項公告，參加回訓。

④回訓課程期滿或合格，發給回訓課程期滿或合格證明文件。

第七條

①取得工地主任執業證者，每逾四年，應再取得最近四年內回訓證明，並檢具申請書及原執業證，向中央主管機關申請換領執業證，始得擔任營造業工地主任。

②前項回訓證明，應包含下列課程及時數：

一　營建管理法令：三小時。

二　建築、土木各類專業工程實務、品質管理或施工管理課程：八小時。

三　環保及勞工安全衛生課程：四小時。

四　工地治安：一小時。

③第一項回訓證明總時數應達三十二小時，其計算方式如下：

一　參加同一回訓機關單一課程之時數逾四小時者，以四小時計算。
二　參加授課型講習會、研討會或專題演講單一講題逾二小時者，以二小時計算；多場累計不得逾八小時。
三　參加大專校院以上在職進修或推廣教育，每一學分以四小時計算。但單一課程逾四學分者，以四學分計。

第八條

①本法施行前領有內政部與受委託學校會銜核發之工地主任訓練結業證書者，應參加由中央主管機關或其委託回訓機關辦理營建管理法令、環保及勞工安全衛生課程講習十二小時以上，取得回訓證明後，向中央主管機關申請發給工地主任執業證。
②未依前項規定領有工地主任執業證者，自中華民國九十七年一月一日起，應依前條第二項規定之課程及時數，取得回訓證明後，向中央主管機關申請發給工地主任執業證。

第九條

本辦法自發布日施行。

專業營造業之資本額及其專任工程人員資歷人數標準表

民國93年8月23日內政部令訂定發布。

專業工程項目	資本額	專任工程人員		業務範圍
		資歷	人數	
鋼構工程	新臺幣三百萬元以上	領有土木工程、結構工程、機械工程科技師或建築師證書，並具二年以上土木建築工程經驗者。	一人以上	鋼結構吊裝、組立工程。
擋土支撐及土方工程	新臺幣三百萬元以上	領有土木工程、水利工程、結構工程、大地工程、水土保持科技師證書，並具二年以上土木建築工程經驗者。	一人以上	一、臨時性擋土設施及支撐設施工程。 二、土方開挖、回填、整地工程。
基礎工程	新臺幣三百萬元以上	土木工程、水利工程、結構工程、大地工程科技師證書，並具二年以上土木建築工程經驗者。	一人以上	淺基礎、深基礎、擋土牆、地下牆、地下連續壁、基樁、地錨、地層改良工程。
施工塔架吊裝及模版工程	新臺幣三百萬元以上	土木工程、結構工程、機械工程科技師或建築師證書，並具二年以上土木建築工程經驗者。	一人以上	一、施工塔架吊裝工程。 二、模板工程。
預拌混凝土工程	新臺幣二百萬元以上	土木工程、水利工程、結構工程、大地工程、環境工程、水土保持科技師、建築師證書，並具二年以上土木建築工程經驗者。	一人以上	預拌混凝土之泵送、澆置、搗實工程。
營建鑽探工程	新臺幣三百萬元以上	大地工程、應用地質、土木工程、結構工程科技師、建築師證書，並具二年以上土木建築工程經驗者。	一人以上	一、現場土壤、岩石鑽孔工程。 二、土壤、岩石取樣工程。 三、水位觀測儀器埋設。

地下管線工程	新臺幣七百萬元以上	土木工程、水利工程、結構工程、大地工程、環境工程、機械工程科技師、建築師證書，並具二年以上土木建築工程經驗者。	一人以上	一、地下電信管線結構體工程。（不含電線電纜） 二、地下電力管線結構體工程。（不含電線電纜） 三、地下自來水管直徑二千五百毫米以上之幹管工程。 四、下水道幹管工程。 五、地下水利管渠工程。 六、地下共同管道結構體工程。
帷幕牆工程	新臺幣五百萬元以上	領有土木工程、結構工程、機械工程科技師、建築師證書，並參加帷幕牆工程技術講習，具二年以上土木建築工程經驗者。	一人以上	帷幕牆吊裝、組立工程。
庭園、景觀工程	新臺幣三百萬元以上	林業、園藝、農藝、水土保持、土木工程、水利工程、結構工程、環境工程、大地工程、電機工程科技師或建築師證書，並具二年以上土木建築工程經驗者。其中，土木工程、水利工程、結構工程、環境工程、大地工程、電機工程科技師應參加庭園、景觀工程技術講習。	一人以上	一、造園景觀工程。 二、園藝工程。 三、植生綠化工程。
環境保護工程	新臺幣五百萬元以上	環境工程、土木工程、水利工程、機械工程、電機工程、化學工程科技師證書，並具二年以上土木建築工程經驗者。	一人以上	一、水污染防治工程。 二、空氣污染防治工程。 三、噪音及震動防制工程。 四、廢棄物處置資源化處理工程。 五、土壤污染防治及復育工程。 六、環境監測工程。
防水工程	新臺幣三百萬元以上	土木工程、水利工程、結構工程、大地工程、環境工程、水土保持、測量科技師或建築師證書，並參加防水工程技術講習，具二年以上土木建築工程經驗者。	一人以上	防水、止漏工程及與防水有關之填縫工程。

說明：
一、外國營造業於我國申請設立登記為專業營造業者，在我國設立登記之分公司，其在中華民國境內營業所用資金金額應達本表所列之資本額。
二、本表所稱二年以上土木建築工程經驗，指從事營繕工程測量、規劃、設計、監造、施工或專案管理工作二年以上。
三、本表所稱工程技術講習，指參加中央主管機關或其委託專業機關（構）、學校、團體辦理之各該專業工程技術講習三十小時以上，領有結訓證明。

營造業評鑑辦法

①民國94年11月1日內政部令訂定發布全文11條；並自發布日施行。
②民國96年8月23日內政部令修正發布第5條附件二。
③民國97年6月16日內政部令修正發布第5條條文。
④民國98年7月29日內政部令修正發布第5條條文及附件二。

第一條

本辦法依營造業法第四十三條第二項規定訂定之。

第二條

綜合營造業及經中央主管機關認有必要之專業營造業（以下簡稱營造業）向中央主管機關申請評鑑時，應檢附下列文件與評鑑費新臺幣五百元及證書費新臺幣一千元：

一　申請書。
二　營造業登記證書影本。
三　公司或商業登記證明文件。
四　公會會員證影本。
五　營造業評定報告書。
六　其他經中央主管機關指定文件。

第三條

①前條第五款營造業評定報告書（如附件一），由營造業向中央主管機關認可辦理營造業評鑑之機關（構）、公會團體申請發給，其有效期限為一年。

②前項發給營造業評定報告書之機關（構）、公會團體，不得同時為受託辦理該營造業評鑑之機關（構）、公會團體。

第四條

營造業申請評鑑文件不合規定者，中央主管機關應書面通知其於一個月內補正，逾期未補正或補正仍不合格者，駁回其申請，並退還評鑑費及證書費。

第五條 98

①中央主管機關受理第二條申請，應依營造業評鑑認定基準表（如附件二）評鑑，評鑑結果分為第一級、第二級及第三級，並核發營造業評鑑證書（以下簡稱評鑑證書）。

②前項評鑑證書有效期限為三年，營造業得於期限屆滿或於每年度依第二條規定申請當年度之評鑑；同一年度內不得重複申請評鑑。

③中華民國九十九年十二月三十一日以前，營造業得申請補辦九十二年度至九十四年度之評鑑；逾期不得申請。

第六條

①評鑑證書應載明下列事項：

一　營造業名稱及營業地址。

二　負責人姓名及國民身分證統一編號。

三　評鑑等級。

四　評鑑證書字號、日期及有效期限。

五　其他經中央主管機關指定事項。

②前項評鑑證書應記載事項有變更時，應自事實發生之日起一個月內，檢附有關證明文件，向中央主管機關申請變更登記，並換領評鑑證書。評鑑證書遺失或滅失者，應申請補發。

③前項申請換領或補發評鑑證書者，應繳納證書費新臺幣一千元。

第七條

停業中之營造業，不得申請評鑑；於原因消滅後，得依第二條規定辦理。

第八條

營造業以不實文件申請評鑑者，中央主管機關應撤銷其評鑑證書，且一年內不得重新申請評鑑。

第九條

經評鑑為第一級或第二級之營造業，於其評鑑證書有效期限內，違反營造業法規定，受停業處分者，中央主管機關得廢止其評鑑證書。

第一〇條

經中央主管機關委託辦理營造業評鑑之機關（構）、公會團體應於每季將其辦理之營造業評鑑結果，彙報中央主管機關備查。

第一一條

本辦法自發布日施行。

離島地區營造業人員設置及管理辦法

民國93年6月14日內政部令訂定發布全文6條；並自發布日施行。

第一條

本辦法依營造業法（以下簡稱本法）第六十八條第二項規定訂定之。

第二條

本法所稱離島地區之範圍，包括澎湖縣、金門縣、連江縣與臺東縣蘭嶼鄉、綠島鄉及屏東縣琉球鄉。

第三條

本法第六十八條第一項所稱當地，指前條各該縣、鄉之行政轄區。

第四條

①離島地區綜合營造業或專業營造業承攬當地工程者，依下列規定辦理：

一　未達一定金額或一定規模者，得委託建築師或技師逐案按各類科技師之執業範圍核實執行綜理施工管理，並簽章負責專任工程人員依本法應辦理之工作。

二　達一定金額或一定規模者，其人員之設置、監督及管理，依本法規定辦理。

②前項第一款受委託之建築師或技師不得設立事務所或受聘於工程技術顧問公司，且技師應加入公會後，始得爲之；並應於每次受理委託簽章後，逐案向工程所在地之縣主管機關報備登錄。

第五條

前條所定一定金額或一定規模，指下列規定之一：

一　工程金額在新臺幣一億元以上者。

二　建築物高度在三十六公尺以上者。

三　建築物地下室開挖深度在十公尺以上者。

四　橋樑柱跨距在二十五公尺以上者。

第六條

本辦法自發布日施行。

工程技術顧問公司管理條例

民國92年7月2日總統令制定公布全文44條；並自公布日施行。
民國101年6月25日行政院公告第20條第1項所列屬「財政部」之權責事項，自101年7月1日起改由「金融監督管理委員會」管轄。

第一章　總　則

第一條　（立法目的）

①為健全工程技術顧問公司之管理，提高工程技術服務品質及維護公共安全，特制定本條例。

②本條例未規定者，適用其他法律之規定。

第二條　（主管機關）

本條例所稱主管機關為行政院公共工程委員會。

第三條　（工程技術顧問公司）

本條例所稱工程技術顧問公司，指從事在地面上下新建、增建、改建、修建、拆除構造物與其所屬設備、改變自然環境之行為及其他經主管機關認定工程之技術服務事項，包括規劃與可行性研究、基本設計、細部設計、協辦招標與決標、施工監造、專案管理及其相關技術性服務之公司。

第四條　（營業範圍）

工程技術顧問公司登記之營業範圍，得包括土木工程、水利工程、結構工程、大地工程、測量、環境工程、都市計畫、機械工程、冷凍空調工程、電機工程、電子工程、化學工程、工業工程、工業安全、水土保持、應用地質、交通工程及其他經主管機關認定科別之工程技術事項。

第五條　（公司負責人資格限制）

①工程技術顧問公司之董事長或代表人應由執業技師擔任。但下列公司，不在此限：

一　置執業技師達二十人以上者。

二　股票公開發行上市、上櫃者。

三　我國依平等互惠原則簽署國際組織之條約，其會員國在我國設立從屬公司或分公司時，該外國公司在本國設立登記滿五年，且最近五年內承攬國內外工程技術顧問業務累計金額達新臺幣二十億元以上者。

四　本條例施行前已依技術顧問機構管理辦法領得技術顧問機構登記證之技術顧問機構，其董事長或代表人原非由執業技師擔任，而其所置執業技師達三人以上，或其所置執業

技師爲二人且其中一人爲公司經理人，另一人爲公司股東者。

②工程技術顧問公司所置執業技師，應有一人具七年以上之工程實務經驗，且其中二年以上須負責專案工程業務。

③工程技術顧問公司應按登記營業範圍之各類科別，各置執業技師一人以上。

第六條　（公司董事、執行業務或代表公司股東之資格）

工程技術顧問公司之董事、執行業務或代表公司之股東，應有三分之一以上爲該公司營業範圍之執業技師。但其所置執業技師達二十人以上，或股票公開發行上市、上櫃公司，不在此限。

第七條　（公司其他負責人員資格限制）

工程技術顧問公司負責工程技術業務之經理人或工程技術部門負責人，均應由執業技師擔任。

第二章　許可及登記

第八條　（申請設立或變更登記）

①經營工程技術顧問公司，應經主管機關許可，始得申請公司設立或變更登記；經公司設立或變更登記，並向主管機關申請核發領得工程技術顧問公司登記證，及加入工程技術顧問全國商業同業公會（以下簡稱全國商業同業公會）或地方同業公會後，始得營業。

②工程技術顧問公司取得許可後，應於三個月內辦妥公司設立或變更登記及向主管機關申請核發工程技術顧問公司登記證；屆期未辦理者，由主管機關撤銷或廢止其許可，並通知公司登記主管機關。但有正當理由者，得申請展延一次，其期限以三個月爲限。

③外國公司於我國從事第三條所定業務者，應經主管機關許可，及經公司登記主管機關認許及辦理分公司登記，並於領得主管機關核發之工程技術顧問公司登記證及加入全國商業同業公會或地方同業公會後，始得營業。

④前項許可、認許、分公司登記、核發登記證及其管理，應依本條例、我國相關法令及我國所締結之相關條約或協定辦理。

第九條　（申請許可應檢具文件）

經營工程技術顧問公司者，應塡具申請書，並檢具下列文件，向主管機關申請許可：

一　負責人之住居所證明文件影本一份；在臺無住居所者，並應檢具其在臺指定代理人之地址。

二　預定之董事、執行業務或代表公司之股東名冊。

三　預定執業技師名冊及其得執行業務證明文件影本各一份。

四　預定營業範圍。

五　其他經主管機關規定之文件。

第一〇條　（申請核發登記證應檢具文件）

完成公司設立或變更登記之工程技術顧問公司，應塡具申請書，並檢具下列文件，向主管機關申請核發工程技術顧問公司登記證：

一　許可文件及公司設立登記文件影本各一份。
二　董事、監察人、執行業務或代表公司之股東名冊。
三　負責工程技術業務之經理人或工程技術部門負責人名冊。
四　執業技師名冊及其經公證或認證之受聘同意書影本各一份。但董事長或代表人、外國公司在臺分公司經理人得免檢具受聘同意書。
五　其他經主管機關規定之文件。

第一一條　（申請許可或核發登記證補正時限）

工程技術顧問公司申請許可或核發登記證，經主管機關審查不合規定，其得補正者，主管機關應通知申請者於十五日內補正；屆期未補正或補正未完全者，駁回其申請。

第三章　管　理

第一二條　（執業技師之執業申請）

受聘於工程技術顧問公司或組織工程技術顧問公司之執業技師，應於工程技術顧問公司領得登記證或該執業技師到職日之次日起十五日內，依法申請或變更執（開）業證照。

第一三條　（執業技師專任規定）

受聘於工程技術顧問公司或組織工程技術顧問公司之執業技師，須爲專任之繼續性從業人員，並僅得在該公司執行業務。

第一四條　（執業技師異動事宜）

①工程技術顧問公司應於執業技師離職或受停止業務處分之日起十五日內，報請主管機關備查；其因而致違反第五條規定者，並應於一個月內另聘之。

②前項工程技術顧問公司於違反第五條規定期間，其已承接之業務，自執業技師離職或受停止業務處分之日起，經委託者同意，得終止契約或委託其他工程技術顧問公司或已設立事務所之執業技師辦理。

第一五條　（限期申請變更許可及換發登記證）

①工程技術顧問公司其登記證之記載事項、董事、執行業務或代表公司之股東有變更者，應於變更事由發生之次日起三十日內，檢具相關證明文件，向主管機關申請變更許可。經主管機關許可後，應於十五日內向公司登記主管機關申請公司變更登記。

②前項屬登記證記載事項之變更者，於辦妥公司變更登記後，應於十五日內向主管機關申請換發工程技術顧問公司登記證。前項變更許可之有效期限爲三個月；屆期由主管機關廢止其變更許可，並通知公司登記主管機關。但有正當理由者，得申請展延一次，其期限以三個月爲限。

③監察人或執業技師有異動時，應於異動事由發生之次日起三十

日內，檢具相關證明文件，報請主管機關變更監察人或執業技師名冊。

第一六條　（登記證不得出租出借）

工程技術顧問公司不得將工程技術顧問公司登記證出租或出借與他人使用。

第一七條　（承接業務規定）

①工程技術顧問公司承接工程技術服務業務，不得逾越其登記證所載營業範圍。

②工程技術顧問公司承接工程技術服務業務，應交由執業技師負責辦理；所爲之圖樣及書表，應由該執業技師簽署，並依法辦理簽證。

③工程技術顧問公司及其指派監督業務者，不得令其受聘之執業技師於執行業務時，違反與業務有關之法令，或違背其業務應盡之義務。

第一八條　（停業規定）

①工程技術顧問公司自行停業或受停業處分時，應將其工程技術顧問公司登記證送繳主管機關註記後發還之；復業時，亦同。

②工程技術顧問公司經撤銷或廢止登記及停業處分者，不得再行承接業務。但已承接之業務而未完成者，得委由具相同營業範圍之工程技術顧問公司繼續完成。

③工程技術顧問公司停止營業達一年以上者，主管機關得廢止其許可及註銷登記證，並通知公司登記主管機關廢止其公司登記或部分登記事項。但有正當理由，經主管機關核准者，不在此限。

第一九條　（自行解散應遵辦事項）

工程技術顧問公司解散時，應於終止營業日起十五日內通知主管機關，並繳銷工程技術顧問公司登記證；屆期不繳回者，由主管機關公告註銷之。

第二〇條　（投保專業責任保險）

①工程技術顧問公司應投保專業責任保險；其投保方式採逐案強制投保，其最低保險金額由主管機關會商財政部定之。

②前項專業責任保險，要保人未經委託者同意，不得退保；保險契約變更、終止或解除時，要保人及保險人應以書面通知委託者。

第二一條　（檢具年度業務報告書備查）

①工程技術顧問公司應於年度結束之次日起六個月內，檢具主管機關規定之年度業務報告書，送主管機關備查。

②前項報告書，工程技術顧問公司應據實填寫，並自提出報告之日起，至少保存十年。

第二二條　（主管機關之檢查權）

主管機關得隨時派員檢查工程技術顧問公司之業務，或本條例所定該公司及其執業技師應遵守之事項；檢查時，並得令其提出證明文件、表冊及有關資料；工程技術顧問公司及其執業技

師不得規避、妨礙或拒絕。

第二三條　（研究發展及人才培育經費編列）

工程技術顧問公司應按年編列研究發展及人才培育經費；其經費不得少於年度工程技術服務業務營業收入總額千分之五。

第二四條　（加入公會）

工程技術顧問公司應依法參加中央政府所在地之全國商業同業公會或地方同業公會。

第二五條　（不得拒絕入會之申請）

①全國商業同業公會或地方同業公會不得拒絕工程技術顧問公司入會之申請。

②全國商業同業公會或地方同業公會無故拒絕工程技術顧問公司入會時，工程技術顧問公司經中央商業團體主管機關核准後，視同已入會。

第四章　輔導及獎懲

第二六條　（獎勵及輔導）

主管機關爲提升工程技術水準，健全工程技術顧問公司發展，得對工程技術顧問公司予以獎勵及輔導；其獎勵之事由、方式及輔導措施之辦法，由主管機關定之。

第二七條　（罰則）

①工程技術顧問公司有下列情事之一者，主管機關應勒令其歇業，並得處新臺幣五十萬元以上二百五十萬元以下罰鍰：

一　違反第八條第一項規定，未領有主管機關核發之登記證而營業。

二　違反第十六條規定。

三　違反第十八條第二項規定，停業期間再行承接業務。

②違反前項第二款及第三款規定者，由主管機關廢止其許可及註銷登記證，並通知公司登記主管機關廢止其公司登記或部分登記事項。

第二八條　（罰鍰）

借用、租用、冒用、僞造或變造工程技術顧問公司登記證者，處新臺幣五十萬元以上二百萬元以下罰鍰。

第二九條　（罰則）

①工程技術顧問公司有下列情事之一，主管機關應命其限期改善；屆期未改善或再次違反者，處新臺幣十萬元以上五十萬元以下罰鍰；主管機關得按次連續處罰並限期改善；情節重大者，得予以一個月以上一年以下之停業處分：

一　違反第五條規定。

二　違反第六條規定。

三　違反第七條規定。

四　違反第十三條規定。

五　違反第十七條規定。

六　違反第二十條第二項規定。
七　違反第二十二條規定，拒絕、妨礙或規避檢查。

②受工程技術顧問公司指派之監督業務者，違反第十七條第三項規定，依前項規定處罰。

③工程技術顧問公司有第一項各款情事之一，且情節重大者，主管機關得廢止其許可及註銷登記證，並通知公司登記主管機關廢止其公司登記或部分登記事項。

第三〇條　（罰則）

工程技術顧問公司之執業技師執行業務，違反與業務有關之法令時，依相關法令處罰執業技師。除下列情形外，主管機關對該工程技術顧問公司亦處新臺幣十萬元以上五十萬元以下罰鍰，並得命其監督執業技師限期改正；屆期未改正者，得按次連續處罰至改正爲止：

一　該工程技術顧問公司對於違反之發生，已盡力爲防止行爲者。
二　其他相關法令規定另處較重之處罰。

第三一條　（罰鍰）

全國商業同業公會或地方同業公會違反第二十五條第一項規定者，由商業團體主管機關處新臺幣十萬元以上五十萬元以下罰鍰。

第三二條　（罰則）

工程技術顧問公司有下列情事之一，主管機關應命其限期改善；屆期未改善或再次違反者，處新臺幣二萬元以上十萬元以下罰鍰；主管機關得按次連續處罰並限期改善；情節重大者，得予以警告處分：

一　違反第八條第一項規定，未加入公會而營業。
二　其執業技師違反第十二條規定。
三　違反第十四條第一項規定，執業技師離職或受停止業務處分時，未依規定報請主管機關備查；或違反第十四條第二項規定，已承接業務未終止契約或委託辦理。
四　違反第十五條第一項規定，未依規定向主管機關申請登記證之記載事項、董事、執行業務或代表公司之股東之變更許可；或違反第十五條第二項規定未換發登記證；或違反第十五條第三項規定，未依規定申請變更監察人或執業技師名冊。
五　違反第二十一條規定。
六　違反第二十三條規定。

第三三條　（罰則）

工程技術顧問公司於五年內受警告處分累計滿三次者，主管機關應予以三個月以上一年以下停業處分；於五年內受停業處分累計滿三次者，主管機關應廢止其許可及註銷登記證，並通知公司登記主管機關廢止其公司登記或部分登記事項。

第三四條　（罰則）

工程技術顧問公司經主管機關撤銷或廢止其許可及註銷工程技術顧問公司登記證處分者，其董事、執行業務或代表公司之股東、外國公司在臺分公司之經理人在撤銷或廢止其許可及註銷登記證之次日起三年內，不得再依本條例規定申請設立工程技術顧問公司。

第三五條（罰則）

執業技師違反第十二條、第十三條或第十七條第二項規定，經主管機關通知限期改善；屆期未改善或再次違反者，主管機關除依本章規定處罰工程技術顧問公司外，應依技師法移付懲戒。

第五章 附 則

第三六條（依規定申請許可及核發登記證）

本條例施行前已設立之公司，其登記之營業項目包括第三條所定業務，且未依技術顧問機構管理辦法領得技術顧問機構登記證者，應自本條例施行之日起六個月內，依本條例規定，向主管機關申請許可及核發工程技術顧問公司登記證；屆期未辦理者，由主管機關通知公司登記主管機關廢止其公司登記或部分登記事項。

第三七條（申請換領登記證之期限）

①本條例施行前已依技術顧問機構管理辦法領得技術顧問機構登記證之技術顧問機構，應自本條例施行日起二年內，申請換領工程技術顧問公司登記證；屆期未申請換領者，主管機關應廢止其原許可及註銷其原技術顧問機構登記證，並由主管機關通知公司登記主管機關廢止其公司登記或部分登記事項。但財團法人經主管機關同意者，得申請展延一次，其期限以二年為限。

②前項技術顧問機構之管理，適用本條例之規定。

第三八條（外文證明文件之公證或認證）

依本條例規定應檢具之各類證明文件屬外文者，其證明文件應經當地公證或認證機構公證或認證，並附具經我國駐外使領館、代表處、辦事處或其他外交部授權機關認證或驗證之中文譯本。

第三九條（委辦及委託辦理事項）

主管機關得視需要，將本條例所定其應辦事項委辦直轄市、縣（市）政府或委託民間專業團體辦理。

第四〇條（主管機關公告事項）

主管機關核發或換發工程技術顧問公司登記證時，應公告之；主管機關核准工程技術顧問公司停業及復業時，亦同。

第四一條（收取規費）

依本條例受理申請許可、審查、認證及核發證照作業，應向申請者收取許可費、審查費、認證費及證照費；其收費基準，由主管機關定之。

第四二條（書表格式）

本條例有關之書表格式，由主管機關定之。

第四三條　（施行細則）

本條例施行細則，由主管機關定之。

第四四條　（施行日）

本條例自公布日施行。

工程技術顧問公司管理條例施行細則

①民國92年12月31日行政院公共工程委員會令訂定發布全文15條；並自發布日施行。
②民國110年1月21日行政院公共工程委員會令修正發布第10條條文。

第一條
本細則依工程技術顧問公司管理條例（以下簡稱本條例）第四十三條規定訂定之。

第二條
本條例第五條第一項第三款所稱最近五年內承攬國內外工程技術顧問業務累計金額，指該外國公司於申請工程技術顧問公司設立許可之日前五年內，於國內外地區從事工程技術服務事項，累計之實際完成金額。

第三條
工程技術顧問公司依本條例第五條第三項規定登記營業範圍各類科別時，其所聘執業技師持有二以上符合本條例第四條所定科別之執業執照者，得同時登記該不同科別之營業範圍。

第四條
工程技術顧問公司依本條例第八條第一項規定取得工程技術顧問公司許可後，於申請核發工程技術顧問公司登記證前，其許可事項如有變動時，應申請變更許可。

第五條
工程技術顧問公司依本條例第八條第一項、第十四條第一項、第十五條第一項及前條規定申請設立或變更許可、工程技術顧問公司登記證及申報董事、監察人、執行業務或代表公司股東，或執業技師之異動事項，得以電子方式辦理；其傳輸格式及電腦資料庫，由主管機關指定之。

第六條
工程技術顧問公司登記證，應記載下列事項：
一　公司名稱及所在地。
二　公司統一編號。
三　董事長或代表人姓名。
四　董事長或代表人之國民身分證統一編號或居留證統一證號。
五　營業範圍。
六　核發年、月、日及登記證字號。

第七條

①依本條例第九條規定申請工程技術顧問公司許可時，所檢具之預定執業技師名冊，應附同該技師執業執照影本。預定執業技師尚未領有執業執照者，應符合請領執業執照之條件，並檢附技師證書影本及該科服務年資二年以上經歷證明文件正本，但經技師檢覈考試者，免附經歷證明文件。

②前項執業技師須符合本條例第五條第二項規定之條件者，應檢附相關經歷證明文件正本。

第八條

本條例第九條第五款所定其他經主管機關規定之文件，於本條例第五條第一項第三款規定之情形，應檢具設立登記滿五年之法人證明文件及最近五年內承攬國內外工程技術顧問業務累計金額達新臺幣二十億元以上證明文件影本各一份。

第九條

①工程技術顧問公司登記證遺失者，應塡具申請書，敘明遺失原因，向主管機關申請補發；其失而復得者，應即向主管機關繳銷原登記證。

②工程技術顧問公司登記證毀損者，得塡具申請書，檢具原登記證，向主管機關申請換發。

第一〇條 110

①本條例第十三條所稱專任，指在任職之工程技術顧問公司或受該公司之支配於公司外執行業務，並支領公司營業全部時間報酬之工作；所稱繼續性從業人員，指持續在工程技術顧問公司工作，不包括臨時性、短期性、季節性或特定性之工作者。

②本條例第十三條所定之執業技師，執行本條例第三條及第四條所定工程技術服務業務，僅得以任職公司名義爲之。

③工程技術顧問公司執業技師兼任公司以外之非技師業務或職務，不得與所任職之工程技術顧問公司業務衝突；於公司營業時間內兼任者，並應經公司同意，但兼任技師公會之業務或職務者，免經公司同意。

④工程技術顧問公司爲前項同意時，不得違反本條例第十三條規定。

⑤第二項之執業技師就辦理之業務，應由本人或在本人監督下完成；涉及現場作業者，並應親自赴現場實地查核，始得於相關圖樣及書表簽署並加蓋技師執業圖記。

第一一條

依本條例第十四條第二項規定承接業務之工程技術顧問公司或已設立事務所之執業技師，其承接之業務，應與登記營業科別相符。

第一二條

工程技術顧問公司依本條例第十五條第一項規定申請變更許可者，應檢附載明變更內容之股東會議紀錄、董事會議紀錄或股東同意書。

第一三條

①工程技術顧問公司依本條例第二十一條規定檢具之年度業務報告書，其內容如下：

一　公司基本資料：包括公司名稱、所在地、統一編號、資本額、員工人數與名冊、工程技術顧問公司登記證字號、登記營業範圍之科別及董事長或代表人姓名。

二　執業技師名冊。

三　年度內相關異動情形。

四　年度辦理服務案件統計表：包括服務案件名稱、委託者名稱資料、服務契約金額與本年度完成金額、主要參與執業技師、合作建築師事務所及其他協力廠商或分包情形、服務內容摘要。

五　研究發展及人才培育經費編列、支出情形。

六　其他主管機關規定事項。

七　報告日期。

②前項年度業務報告書得以電子方式辦理，其傳輸格式及電腦資料庫，由主管機關指定之。傳送資訊內容，由工程技術顧問公司自行檢核；如有錯誤，應辦理更正。

第一四條

本條例第二十三條所定研究發展及人才培育經費之編列基準，應按該公司前一年度工程技術服務業務營業收入計算。

第一五條

本細則自發布日施行。

參、公共工程管理篇

政府採購法

①民國87年5月27日總統令制定公布全文114條。
②民國90年1月10日總統令修正公布第7條條文。
③民國91年2月6日總統令修正公布第6、11、13、20、22、24、25、28、30、34、35、37、40、48、50、66、70、第六章章名、74至76、78、83、85至88、95、97、98、101至103、114條條文；刪除第69條條文；並增訂第85-1至85-4、93-1條條文。
④民國96年7月4日總統令修正公布第85-1條條文。
⑤民國100年1月26日總統令修正公布第11、52、63條條文。
民國101年2月3日行政院公告第13條第4項所列屬「行政院主計處」之權責事項，自101年2月6日起改由「行政院主計總處」管轄。
⑥民國105年1月6日總統令修正公布第85-1、86條條文；並增訂第73-1條條文。
⑦民國108年5月22日總統令修正公布第4、15、17、22、25、30、31、50、52、59、63、76、85、93、94、95、101、103條條文；並增訂第11-1、26-1、70-1條條文。
民國112年8月18日行政院公告第96條第3項所列屬「行政院環境保護署」之權責事項，自112年8月22日起改由「環境部」管轄。

第一章　總　則

第一條　（立法宗旨）
爲建立政府採購制度，依公平、公開之採購程序，提升採購效率與功能，確保採購品質，爰制定本法。

第二條　（採購之定義）
本法所稱採購，指工程之定作、財物之買受、定製、承租及勞務之委任或僱傭等。

第三條　（適用機關之範圍）
政府機關、公立學校、公營事業（以下簡稱機關）辦理採購，依本法之規定；本法未規定者，適用其他法律之規定。

第四條　（法人或團體接受機關補助辦理之採購）108
①法人或團體接受機關補助辦理採購，其補助金額占採購金額半數以上，且補助金額在公告金額以上者，適用本法之規定，並應受該機關之監督。
②藝文採購不適用前項規定，但應受補助機關之監督；其辦理原則、適用範圍及監督管理辦法，由文化部定之。

第五條　（委託法人或團體辦理採購）
①機關採購得委託法人或團體代辦。
②前項採購適用本法之規定，該法人或團體並受委託機關之監

督。

第六條　（辦理採購之原則）91

①機關辦理採購，應以維護公共利益及公平合理爲原則，對廠商不得爲無正當理由之差別待遇。

②辦理採購人員於不違反本法規定之範圍內，得基於公共利益、採購效益或專業判斷之考量，爲適當之採購決定。

③司法、監察或其他機關對於採購機關或人員之調查、起訴、審判、彈劾或糾舉等，得洽請主管機關協助、鑑定或提供專業意見。

第七條　（工程、財物、勞務之定義）

①本法所稱工程，指在地面上下新建、增建、改建、修建、拆除構造物與其所屬設備及改變自然環境之行爲，包括建築、土木、水利、環境、交通、機械、電氣、化工及其他經主管機關認定之工程。

②本法所稱財物，指各種物品（生鮮農漁產品除外）、材料、設備、機具與其他動產、不動產、權利及其他經主管機關認定之財物。

③本法所稱勞務，指專業服務、技術服務、資訊服務、研究發展、營運管理、維修、訓練、勞力及其他經主管機關認定之勞務。

④採購兼有工程、財物、勞務二種以上性質，難以認定其歸屬者，按其性質所占預算金額比率最高者歸屬之。

第八條　（廠商之定義）

本法所稱廠商，指公司、合夥或獨資之工商行號及其他得提供各機關工程、財物、勞務之自然人、法人、機構或體。

第九條　（主管機關）

①本法所稱主管機關，爲行政院採購暨公共工程委員會，以政務委員一人兼任主任委員。

②本法所稱上級機關，指辦理採購機關直屬之上一級機關。其無上級機關者，由該機關執行本法所規定上級機關之職權。

第一〇條　（主管機關掌理之事項）

主管機關掌理下列有關政府採購事項：

一　政府採購政策與制度之研訂及政令之宣導。
二　政府採購法令之研訂、修正及解釋。
三　標準採購契約之檢討及審定。
四　政府採購資訊之蒐集、公告及統計。
五　政府採購專業人員之訓練。
六　各機關採購之協調、督導及考核。
七　中央各機關採購申訴之處理。
八　其他關於政府採購之事項。

第一一條　（採購資訊中心之設置及工程價格資料庫之建立）100

①主管機關應設立採購資訊中心，統一蒐集共通性商情及同等品分類之資訊，並建立工程價格資料庫，以供各機關採購預算編

列及底價訂定之參考。除應秘密之部分外，應無償提供廠商。

②機關辦理工程採購之預算金額達一定金額以上者，應於決標後將得標廠商之單價資料傳輸至前項工程價格資料庫。

③前項一定金額、傳輸資料內容、格式、傳輸方式及其他相關事項之辦法，由主管機關定之。

④財物及勞務項目有建立價格資料庫之必要者，得準用前二項規定。

第一一條之一　（採購工作及審查小組之成立）108

①機關辦理巨額工程採購，應依採購之特性及實際需要，成立採購工作及審查小組，協助審查採購需求與經費、採購策略、招標文件等事項，及提供與採購有關事務之諮詢。

②機關辦理第一項以外之採購，依採購特性及實際需要，認有成立採購工作及審查小組之必要者，準用前項規定。

③前二項採購工作及審查小組之組成、任務、審查作業及其他相關事項之辦法，由主管機關定之。

第一二條　（查核金額以上採購之監辦）

①機關辦理查核金額以上採購之開標、比價、議價、決標及驗收時，應於規定期限內，檢送相關文件報請上級機關派員監辦；上級機關得視事實需要訂定授權條件，由機關自行辦理。

②機關辦理未達查核金額之採購，其決標金額達查核金額者，或契約變更後其金額達查核金額者，機關應補具相關文件送上級機關備查。

③查核金額由主管機關定之。

第一三條　（公告金額以上採購之監辦）91

①機關辦理公告金額以上採購之開標、比價、議價、決標及驗收，除有特殊情形者外，應由其主（會）計及有關單位會同監辦。

②未達公告金額採購之監辦，依其屬中央或地方，由主管機關、直轄市或縣（市）政府另定之。未另定者，比照前項規定辦理。

③公告金額應低於查核金額，由主管機關參酌國際標準定之。

④第一項會同監辦採購辦法，由主管機關會同行政院主計處定之。

第一四條　（分批辦理採購之限制）

機關不得意圖規避本法之適用，分批辦理公告金額以上之採購。其有分批辦理之必要，並經上級機關核准者，應依其總金額核計採購金額，分別按公告金額或查核金額以上之規定辦理。

第一五條　（採購人員應遵循之迴避原則）108

①機關承辦、監辦採購人員離職後三年內不得為本人或代理廠商向原任職機關接洽處理離職前五年內與職務有關之事務。

②機關人員對於與採購有關之事項，涉及本人、配偶、二親等以內親屬，或共同生活家屬之利益時，應行迴避。

③機關首長發現前項人員有應行迴避之情事而未依規定迴避者，應令其迴避，並另行指定人員辦理。

第一六條　（請託或關說之處理）

①請託或關說，宜以書面爲之或作成紀錄。

②政風機構得調閱前項書面或紀錄。

③第一項之請託或關說，不得作爲評選之參考。

第一七條　（外國廠商參與採購）108

①外國廠商參與各機關採購，應依我國締結之條約或協定之規定辦理。

②前項以外情形，外國廠商參與各機關採購之處理辦法，由主管機關定之。

③外國法令限制或禁止我國廠商或產品服務參與採購者，主管機關得限制或禁止該國廠商或產品服務參與採購。

④機關辦理涉及國家安全之採購，有對我國或外國廠商資格訂定限制條件之必要者，其限制條件及審查相關作業事項之辦法，由主管機關會商相關目的事業主管機關定之。

第二章　招　標

第一八條　（招標之方式及定義）

①採購之招標方式，分爲公開招標、選擇性招標及限制性招標。

②本法所稱公開招標，指以公告方式邀請不特定廠商投標。

③本法所稱選擇性招標，指以公告方式預先依一定資格條件辦理廠商資格審查後，再行邀請符合資格之廠商投標。

④本法所稱限制性招標，指不經公告程序，邀請二家以上廠商比價或僅邀請一家廠商議價。

第一九條　（公開招標）

機關辦理公告金額以上之採購，除依第二十條及第二十二條辦理者外，應公開招標。

第二〇條　（選擇性招標）91

機關辦理公告金額以上之採購，符合下列情形之一者，得採選擇性招標：

一　經常性採購。

二　投標文件審查，須費時長久始能完成者。

三　廠商準備投標需高額費用者。

四　廠商資格條件複雜者。

五　研究發展事項。

第二一條　（選擇性招標建立合格廠商名單）

①機關爲辦理選擇性招標，得預先辦理資格審查，建立合格廠商名單。但仍應隨時接受廠商資格審查之請求，並定期檢討修正合格廠商名單。

②未列入合格廠商名單之廠商請求參加特定招標時，機關於不妨礙招標作業，並能適時完成其資格審查者，於審查合格後，邀

其投標。

③經常性採購，應建立六家以上之合格廠商名單。

④機關辦理選擇性招標，應予經資格審查合格之廠商平等受邀之機會。

第二二條（得採限制性招標之情形）108

①機關辦理公告金額以上之採購，符合下列情形之一者，得採限制性招標：

一　以公開招標、選擇性招標或依第九款至第十一款公告程序辦理結果，無廠商投標或無合格標，且以原定招標內容及條件未經重大改變者。

二　屬專屬權利、獨家製造或供應、藝術品、秘密諮詢，無其他合適之替代標的者。

三　遇有不可預見之緊急事故，致無法以公開或選擇性招標程序適時辦理，且確有必要者。

四　原有採購之後續維修、零配件供應、更換或擴充，因相容或互通性之需要，必須向原供應廠商採購者。

五　屬原型或首次製造、供應之標的，以研究發展、實驗或開發性質辦理者。

六　在原招標目的範圍內，因未能預見之情形，必須追加契約以外之工程，如另行招標，確有產生重大不便及技術或經濟上困難之虞，非洽原訂約廠商辦理，不能達契約之目的，且未逾原主契約金額百分之五十者。

七　原有採購之後續擴充，且已於原招標公告及招標文件敘明擴充之期間、金額或數量者。

八　在集中交易或公開競價市場採購財物。

九　委託專業服務、技術服務、資訊服務或社會福利服務，經公開客觀評選爲優勝者。

十　辦理設計競賽，經公開客觀評選爲優勝者。

十一　因業務需要，指定地區採購房地產，經依所需條件公開徵求勘選認定適合需要者。

十二　購買身心障礙者、原住民或受刑人個人、身心障礙福利機構或團體、政府立案之原住民團體、監獄工場、慈善機構及庇護工場所提供之非營利產品或勞務。

十三　委託在專業領域具領先地位之自然人或經公告審查優勝之學術或非營利機構進行科技、技術引進、行政或學術研究發展。

十四　邀請或委託具專業素養、特質或經公告審查優勝之文化、藝術專業人士、機構或團體表演或參與文藝活動或提供文化創意服務。

十五　公營事業爲商業性轉售或用於製造產品、提供服務以供轉售目的所爲之採購，基於轉售對象、製程或供應源之特性或實際需要，不適宜以公開招標或選擇性招標方式辦理者。

十六　其他經主管機關認定者。

②前項第九款專業服務、技術服務、資訊服務及第十款之廠商評選辦法與服務費用計算方式與第十一款、第十三款及第十四款之作業辦法，由主管機關定之。

③第一項第九款社會福利服務之廠商評選辦法與服務費用計算方式，由主管機關會同中央目的事業主管機關定之。

④第一項第十三款及第十四款，不適用工程採購。

第二三條　（未達公告金額之招標方式）

未達公告金額之招標方式，在中央由主管機關定之；在地方由直轄市或縣（市）政府定之。地方未定者，比照中央規定辦理。

第二四條　（統包）91

①機關基於效率及品質之要求，得以統包辦理招標。

②前項所稱統包，指將工程或財物採購中之設計與施工、供應、安裝或一定期間之維修等併於同一採購契約辦理招標。

③統包實施辦法，由主管機關定之。

第二五條　（共同投標）108

①機關得視個別採購之特性，於招標文件中規定允許一定家數內之廠商共同投標。

②第一項所稱共同投標，指二家以上之廠商共同具名投標，並於得標後共同具名簽約，連帶負履行採購契約之責，以承攬工程或提供財物、勞務之行爲。

③共同投標以能增加廠商之競爭或無不當限制競爭者爲限。

④同業共同投標應符合公平交易法第十五條第一項但書各款之規定。

⑤共同投標廠商應於投標時檢附共同投標協議書。

⑥共同投標辦法，由主管機關定之。

第二六條　（招標文件之訂定）

①機關辦理公告金額以上之採購，應依功能或效益訂定招標文件。其有國際標準或國家標準者，應從其規。

②機關所擬定、採用或適用之技術規格，其所標示之擬採購產品或服務之特性，諸如品質、性能、安全、尺寸、符號、術語、包裝、標誌及標示或生產程序、方法及評估之程序，在目的及效果上均不得限制競爭。

③招標文件不得要求或提及特定之商標或商名、專利、設計或型式、特定來源地、生產者或供應者。但無法以精確之方式說明招標要求，而已在招標文件內註明諸如「或同等品」字樣者，不在此限。

第二六條之一　（編列預算）108

①機關得視採購之特性及實際需要，以促進自然資源保育與環境保護爲目的，依前條規定擬定技術規格，及節省能源、節約資源、減少溫室氣體排放之相關措施。

②前項增加計畫經費或技術服務費用者，於擬定規格或措施時應

併入計畫報核編列預算。

第二七條　（招標之公告）

①機關辦理公開招標或選擇性招標，應將招標公告或辦理資格審查之公告刊登於政府採購公報並公開於資訊網路。公告之內容修正時，亦同。

②前項公告內容、公告日數、公告方法及政府採購公報發行辦法，由主管機關定之。

③機關辦理採購時，應估計採購案件之件數及每件之預計金額。預算及預計金額，得於招標公告中一併公開。

第二八條　（標期之訂定）91

機關辦理招標，其自公告日或邀標日起至截止投標或收件日止之等標期，應訂定合理期限。其期限標準，由主管機關定之。

第二九條　（招標文件之發送）

①公開招標之招標文件及選擇性招標之預先辦理資格審查文件，應自公告日起至截止投標日或收件日止，公開發給、發售及郵遞方式辦理。發給、發售或郵遞時，不得登記領標廠商之名稱。

②選擇性招標之文件應公開載明限制投標廠商資格之理由及其必要性。

③第一項文件內容，應包括投標廠商提交投標書所需之一切必要資料。

第三〇條　（押標金及保證金）108

①機關辦理招標，應於招標文件中規定投標廠商須繳納押標金；得標廠商須繳納保證金或提供或併提供其他擔保。但有下列情形之一者，不在此限：

一　勞務採購，以免收押標金、保證金爲原則。

二　未達公告金額之工程、財物採購，得免收押標金、保證金。

三　以議價方式辦理之採購，得免收押標金。

四　依市場交易慣例或採購案特性，無收取押標金、保證金之必要或可能。

②押標金及保證金應由廠商以現金、金融機構簽發之本票或支票、保付支票、郵政匯票、政府公債、設定質權之金融機構定期存款單、銀行開發或保兌之不可撤銷擔保信用狀繳納，或取具銀行之書面連帶保證、保險公司之連帶保證保險單爲之。

③押標金、保證金與其他擔保之種類、額度、繳納、退還、終止方式及其他相關作業事項之辦法，由主管機關另定之。

第三一條　（押標金之發還及不予發還之情形）108

①機關對於廠商所繳納之押標金，應於決標後無息發還未得標之廠商。廢標時，亦同。

②廠商有下列情形之一者，其所繳納之押標金，不予發還；其未依招標文件規定繳納或已發還者，並予追繳：

一　以虛僞不實之文件投標。

二　借用他人名義或證件投標，或容許他人借用本人名義或證件參加投標。
三　冒用他人名義或證件投標。
四　得標後拒不簽約。
五　得標後未於規定期限內，繳足保證金或提供擔保。
六　對採購有關人員行求、期約或交付不正利益。
七　其他經主管機關認定有影響採購公正之違反法令行為。

③前項追繳押標金之情形，屬廠商未依招標文件規定繳納者，追繳金額依招標文件中規定之額度定之；其為標價之一定比率而無標價可供計算者，以預算金額代之。

④第二項追繳押標金之請求權，因五年間不行使而消滅。

⑤前項期間，廠商未依招標文件規定繳納者，自開標日起算；機關已發還押標金者，自發還日起算；得追繳之原因發生或可得知悉在後者，自原因發生或可得知悉時起算。

⑥追繳押標金，自不予開標、不予決標、廢標或決標日起逾十五年者，不得行使。

第三二條　（保證金之抵充及擔保責任）

機關應於招標文件中規定，得不發還得標廠商所繳納之保證金及其孳息，或擔保者應履行其擔保責任之事由，並敘明該項事由所涉及之違約責任、保證金之抵充範圍及擔保者之擔保責任。

第三三條　（投標文件之遞送）

①廠商之投標文件，應以書面密封，於投標截止期限前，以郵遞或專人送達招標機關或其指定之場所。

②前項投標文件，廠商得以電子資料傳輸方式遞送。但以招標文件已有訂明者為限，並應於規定期限前遞送正式文件。

③機關得於招標文件中規定允許廠商於開標前補正非契約必要之點之文件。

第三四條　（招標文件公告前應予保密）91

①機關辦理採購，其招標文件於公告前應予保密。但須公開說明或藉以公開徵求廠商提供參考資料者，不在此限。

②機關辦理招標，不得於開標前洩漏底價，領標、投標廠商之名稱與家數及其他足以造成限制競爭或不公平競爭之相關資料。

③底價於開標後至決標前，仍應保密，決標後除有特殊情形外，應予公開。但機關依實際需要，得於招標文件中公告底價。

④機關對於廠商投標文件，除供公務上使用或法令另有規定外，應保守秘密。

第三五條　（替代方案）91

機關得於招標文件中規定，允許廠商在不降低原有功能條件下，得就技術、工法、材料或設備，提出可縮減工期、減省經費或提高效率之替代方案。其實施辦法，由主管機關定之。

第三六條　（投標廠商之資格）

①機關辦理採購，得依實際需要，規定投標廠商之基本資格。

②特殊或巨額之採購，須由具有相當經驗、實績、人力、財力、設備等之廠商始能擔任者，得另規定投標廠商之特定資格。
③外國廠商之投標資格及應提出之資格文件，得就實際需要另行規定，附經公證或認證之中文譯本，並於招標文件中訂明。
④第一項基本資格、第二項特定資格與特殊或巨額採購之範圍及認定標準，由主管機關定之。

第三七條（投標廠商資格之訂定原則）
①機關訂定前條投標廠商之資格，不得不當限制競爭，並以確認廠商具備履行契約所必須之能力者爲限。
②投標廠商未符合前條所定資格者，其投標不予受理。但廠商之財力資格，得以銀行或保險公司之履約及賠償連帶保證責任、連帶保證保險單代之。

第三八條（政黨及其關係企業不得參與投標）
①政黨及與其具關係企業關係之廠商，不得參與投標。
②前項具關係企業關係之廠商，準用公司法有關關係企業之規定。

第三九條（委託廠商專案管理）
①機關辦理採購，得依本法將其對規劃、設計、供應或履約業務之專案管理，委託廠商爲之。
②承辦專案管理之廠商，其負責人或合夥人不得同時爲規劃、設計、施工或供應廠商之負責人或合夥人。
③承辦專案管理之廠商與規劃、設計、施工或供應廠商，不得同時爲關係企業或同一其他廠商之關係企業。

第四〇條（代辦採購）91
①機關之採購，得洽由其他具有專業能力之機關代辦。
②上級機關對於未具有專業採購能力之機關，得命其洽由其他具有專業能力之機關代辦採購。

第四一條（招標文件疑義之處理）
①廠商對招標文件內容有疑義者，應於招標文件規定之日期前，以書面向招標機關請求釋疑。
②機關對前項疑義之處理結果，應於招標文件規定之日期前，以書面答復請求釋疑之廠商，必要時得公告之；其涉及變更或補充招標文件內容者，除選擇性招標之規格標與價格標及限制性招標得以書面通知各廠商外，應另行公告，並視需要延長等標期。機關自行變更或補充招標文件內容者，亦同。

第四二條（分段開標）
①機關辦理公開招標或選擇性招標，得就資格、規格與價格採取分段開標。
②機關辦理分段開標，除第一階段應公告外，後續階段之邀標，得免予公告。

第四三條（優先決標予國內廠商）
機關辦理採購，除我國締結之條約或協定另有禁止規定者外，得採行下列措施之一，並應載明於招標文件中：

一　要求投標廠商採購國內貨品比率、技術移轉、投資、協助外銷或其他類似條件，作爲採購評選之項目，其比率不得逾三分之一。

二　外國廠商爲最低標，且其標價符合第五十二條規定之決標原則者，得以該標價優先決標予國內廠商。

第四四條　（標價優惠國內廠商）

①機關辦理特定之採購，除我國締結之條約或協定另有禁止規定者外，得對國內產製加值達百分之五十之財物或國內供應之工程、勞務，於外國廠商爲最低標，且其標價符合第五十二條規定之決標原則時，以高於該標價一定比率以內之價格，優先決標予國內廠商。

②前項措施之採行，以合於就業或產業發展政策者爲限，且一定比率不得逾百分之三，優惠期限不得逾五年；其適用範圍、優惠比率及實施辦法，由主管機關會同相關目的事業主管機關定之。

第三章　決　標

第四五條　（開標作業公開原則）

公開招標及選擇性招標之開標，除法令另有規定外，應依招標文件公告之時間及地點公開爲之。

第四六條　（底價之訂定及訂定時機）

①機關辦理採購，除本法另有規定外，應訂定底價。底價應依圖說、規範、契約並考量成本、市場行情及政府機關決標資料逐項編列，由機關首長或其授權人員核定。

②前項底價之訂定時機，依下列規定辦理：

一　公開招標應於開標前定之。

二　選擇性招標應於資格審查後之下一階段開標前定之。

三　限制性招標應於議價或比價前定之。

第四七條　（不訂底價之原則）

①機關辦理下列採購，得不訂底價。但應於招標文件內敘明理由及決標條件與原則：

一　訂定底價確有困難之特殊或複雜案件。

二　以最有利標決標之採購。

三　小額採購。

②前項第一款及第二款之採購，得規定廠商於投標文件內詳列報價內容。

③小額採購之金額，在中央由主管機關定之；在地方由直轄市或縣（市）政府定之。但均不得逾公告金額十分之一。地方未定者，比照中央規定辦理。

第四八條　（不予開標決標之情形）91

①機關依本法規定辦理招標，除有下列情形之一不予開標決標外，有三家以上合格廠商投標，即應依招標文件所定時間開標

決標：

一　變更或補充招標文件內容者。
二　發現有足以影響採購公正之違法或不當行爲者。
三　依第八十二條規定暫緩開標者。
四　依第八十四條規定暫停採購程序者。
五　依第八十五條規定由招標機關另爲適法之處置者。
六　因應突發事故者。
七　採購計畫變更或取銷採購者。
八　經主管機關認定之特殊情形。

②第一次開標，因未滿三家而流標者，第二次招標之等標期間得予縮短，並得不受前項三家廠商之限制。

第四九條　（未達公告金額之採購應取得報價或企劃書）

未達公告金額之採購，其金額逾公告金額十分之一者，除第二十二條第一項各款情形外，仍應公開取得三家以上廠商之書面報價或企劃書。

第五〇條　（不予投標廠商開標或決標之情形）108

①投標廠商有下列情形之一，經機關於開標前發現者，其所投之標應不予開標；於開標後發現者，應不決標予該廠商：

一　未依招標文件之規定投標。
二　投標文件內容不符合招標文件之規定。
三　借用或冒用他人名義或證件投標。
四　以不實之文件投標。
五　不同投標廠商間之投標文件內容有重大異常關聯。
六　第一百零三條第一項不得參加投標或作爲決標對象之情形。
七　其他影響採購公正之違反法令行爲。

②決標或簽約後發現得標廠商於決標前有第一項情形者，應撤銷決標、終止契約或解除契約，並得追償損失。但撤銷決標、終止契約或解除契約反不符公共利益，並經上級機關核准者，不在此限。

③第一項不予開標或不予決標，致採購程序無法繼續進行者，機關得宣布廢標。

第五一條（審標疑義之處理及結果之通知）

①機關應依招標文件規定之條件，審查廠商投標文件，對其內容有疑義時，得通知投標廠商提出說明。

②前項審查結果應通知投標廠商，對不合格之廠商，並應敘明其原因。

第五二條　（決標之原則）108

①機關辦理採購之決標，應依下列原則之一辦理，並應載明於招標文件中：

一　訂有底價之採購，以合於招標文件規定，且在底價以內之最低標爲得標廠商。
二　未訂底價之採購，以合於招標文件規定，標價合理，且在

預算數額以內之最低標為得標廠商。

三　以合於招標文件規定之最有利標為得標廠商。

四　採用複數決標之方式：機關得於招標文件中公告保留之採購項目或數量選擇之組合權利，但應合於最低價格或最有利標之競標精神。

②機關辦理公告金額以上之專業服務、技術服務、資訊服務、社會福利服務或文化創意服務者，以不訂底價之最有利標為原則。

③決標時得不通知投標廠商到場，其結果應通知各投標廠商。

第五三條　（超底價之決標）

①合於招標文件規定之投標廠商之最低標價超過底價時，得洽該最低標廠商減價一次；減價結果仍超過底價時，得由所有合於招標文件規定之投標廠商重新比減價格，比減價格不得逾三次。

②前項辦理結果，最低標價仍超過底價而不逾預算數額，機關確有緊急情事需決標時，應經原底價核定人或其授權人員核准，且不得超過底價百分之八。但查核金額以上之採購，超過底價百分之四者，應先報經上級機關核准後決標。

第五四條　（未訂底價之決標）

決標依第五十二條第一項第二款規定辦理者，合於招標文件規定之最低標價逾評審委員會建議之金額或預算金額時，得洽該最低標廠商減價一次。減價結果仍逾越上開金額時，得由所有合於招標文件規定之投標廠商重新比減價格。機關得就重新比減價格之次數予以限制，比減價格不得逾三次，辦理結果，最低標價仍逾越上開金額時，應予廢標。

第五五條　（最低標決標之協商）

機關辦理以最低標決標之採購，經報上級機關核准，並於招標公告及招標文件內預告者，得於依前二條規定無法決標時，採行協商措施。

第五六條　（最有利標之決標程序）

①決標依第五十二條第一項第三款規定辦理者，應依招標文件所規定之評審標準，就廠商投標標的之技術、品質、功能、商業條款或價格等項目，作序位或計數之綜合評選，評定最有利標。價格或其與綜合評選項目評分之商數，得做為單獨評選之項目或決標之標準。未列入之項目，不得做為評選之參考。評選結果無法依機關首長或評選委員會過半數之決定，評定最有利標時，得採行協商措施，再作綜合評選，評定最有利標。評定應附理由。綜合評選不得逾三次。

②依前項辦理結果，仍無法評定最有利標時，應予廢標。

③機關採最有利標決標者，應先報經上級機關核准。

④最有利標之評選辦法，由主管機關定之。

第五七條　（協商之原則）

機關依前二條之規定採行協商措施者，應依下列原則辦理：

一　開標、投標、審標程序及內容均應予保密。
二　協商時應平等對待所有合於招標文件規定之投標廠商，必要時並錄影或錄音存證。
三　原招標文件已標示得更改項目之內容，始得納入協商。
四　前款得更改之項目變更時，應以書面通知所有得參與協商之廠商。
五　協商結束後，應予前款廠商依據協商結果，於一定期間內修改投標文件重行遞送之機會。

第五八條　（標價不合理之處理）
機關辦理採購採最低標決標時，如認爲最低標廠商之總標價或部分標價偏低，顯不合理，有降低品質、不能誠信履約之虞或其他特殊情形，得限期通知該廠商提出說明或擔保。廠商未於機關通知期限內提出合理之說明或擔保者，得不決標予該廠商，並以次低標廠商爲最低標廠商。

第五九條　（禁止支付不正利益促成採購契約之適用範圍及違反之懲罰）108
①廠商不得以支付他人佣金、比例金、仲介費、後謝金或其他不正利益爲條件，促成採購契約之成立。
②違反前項規定者，機關得終止或解除契約，並將二倍之不正利益自契約價款中扣除。未能扣除者，通知廠商限期給付之。

第六〇條　（投標商之棄權）
機關辦理採購依第五十一條、第五十三條、第五十四條或第五十七條規定，通知廠商說明、減價、比減價格、協商、更改原報內容或重新報價，廠商未依通知期限辦理者，視同放棄。

第六一條　（決標公告）
機關辦理公告金額以上採購之招標，除有特殊情形者外，應於決標後一定期間內，將決標結果之公告刊登於政府採購公報，並以書面通知各投標廠商。無法決標者，亦同。

第六二條　（決標資料之彙送）
機關辦理採購之決標資料，應定期彙送主管機關。

第四章　履約管理

第六三條　（採購契約範本之訂定及損害責任）108
①各類採購契約以採用主管機關訂定之範本爲原則，其要項及內容由主管機關參考國際及國內慣例定之。
②採購契約應訂明一方執行錯誤、不實或管理不善，致他方遭受損害之責任。

第六四條　（採購契約之終止或解除）
採購契約得訂明因政策變更，廠商依契約繼續履行反而不符公共利益者，機關得報經上級機關核准，終止或解除部分或全部契約，並補償廠商因此所生之損失。

第六五條　（得標廠商不得轉包）

①得標廠商應自行履行工程、勞務契約，不得轉包。
②前項所稱轉包，指將原契約中應自行履行之全部或其主要部分，由其他廠商代為履行。
③廠商履行財物契約，其需經一定履約過程，非以現成財物供應者，準用前二項規定。

第六六條（違反不得轉包規定之處理）91
①得標廠商違反前條規定轉包其他廠商時，機關得解除契約、終止契約或沒收保證金，並得要求損害賠償。
②前項轉包廠商與得標廠商對機關負連帶履行及賠償責任。再轉包者，亦同。

第六七條（分包及責任）
①得標廠商得將採購分包予其他廠商。稱分包者，謂非轉包而將契約之部分由其他廠商代為履行。
②分包契約報備於採購機關，並經得標廠商就分包部分設定權利質權予分包廠商者，民法第五百十三條之抵押權及第八百十六條因添附而生之請求權，及於得標廠商對於機關之價金或報酬請求權。
③前項情形，分包廠商就其分包部分，與得標廠商連帶負瑕疵擔保責任。

第六八條（價金或報酬請求權得為權利質權之標的）
得標廠商就採購契約對於機關之價金或報酬請求權，其全部或一部得為權利質權之標的。

第六九條（刪除）91

第七〇條（工程採購應執行品質管理）91
①機關辦理工程採購，應明訂廠商執行品質管理、環境保護、施工安全衛生之責任，並對重點項目訂定檢查程序及檢驗標準。
②機關於廠商履約過程，得辦理分段查驗，其結果並得供驗收之用。
③中央及直轄市、縣（市）政府應成立工程施工查核小組，定期查核所屬（轄）機關工程品質及進度等事宜。
④工程施工查核小組之組織準則，由主管機關擬訂，報請行政院核定後發布之。其作業辦法，由主管機關定之。
⑤財物或勞務採購需經一定履約過程，而非以現成財物或勞務供應者，準用第一項及第二項之規定。

第七〇條之一（編製符合職業安全衛生法規之圖說及規範）108
①機關辦理工程規劃、設計，應依工程規模及特性，分析潛在施工危險，編製符合職業安全衛生法規之安全衛生圖說及規範，並量化編列安全衛生費用。
②機關辦理工程採購，應將前項設計成果納入招標文件，並於招標文件規定廠商須依職業安全衛生法規，採取必要之預防設備或措施，實施安全衛生管理及訓練，使勞工免於發生職業災害，以確保施工安全。
③廠商施工場所依法令或契約應有之安全衛生設施欠缺或不良，

致發生職業災害者，除應受職業安全衛生相關法令處罰外，機關應依本法及契約規定處置。

第五章 驗 收

第七一條 （限期辦理驗收及驗收人員之指派）

①機關辦理工程、財物採購，應限期辦理驗收，並得辦理部分驗收。

②驗收時應由機關首長或其授權人員指派適當人員主驗，通知接管單位或使用單位會驗。

③機關承辦採購單位之人員不得為所辦採購之主驗人或樣品及材料之檢驗人。

④前三項之規定，於勞務採購準用之。

第七二條 （驗收結果不符之處理）

①機關辦理驗收時應製作紀錄，由參加人員會同簽認。驗收結果與契約、圖說、貨樣規定不符者，應通知廠商限期改善、拆除、重作、退貨或換貨。其驗收結果不符部分非屬重要，而其他部分能先行使用，並經機關檢討認為確有先行使用之必要者，得經機關首長或其授權人員核准，就其他部分辦理驗收並支付部分價金。

②驗收結果與規定不符，而不妨礙安全及使用需求，亦無減少通常效用或契約預定效用，經機關檢討不必拆換或拆換確有困難者，得於必要時減價收受。其在查核金額以上之採購，應先報經上級機關核准；未達查核金額之採購，應經機關首長或其授權人員核准。

③驗收人對工程、財物隱蔽部分，於必要時得拆驗或化驗。

第七三條 （簽認結算驗收證明書）

①工程、財物採購經驗收完畢後，應由驗收及監驗人員於結算驗收證明書上分別簽認。

②前項規定，於勞務驗收準用之。

第七三條之一 （機關工程採購付款及審核程序）105

①機關辦理工程採購之付款及審核程序，除契約另有約定外，應依下列規定辦理：

一　定期估驗或分階段付款者，機關應於廠商提出估驗或階段完成之證明文件後，十五日內完成審核程序，並於接到廠商提出之請款單據後，十五日內付款。

二　驗收付款者，機關應於驗收合格後，填具結算驗收證明文件，並於接到廠商請款單據後，十五日內付款。

三　前二款付款期限，應向上級機關申請核撥補助款者，為三十日。

②前項各款所稱日數，係指實際工作日，不包括例假日、特定假日及退請受款人補正之日數。

③機關辦理付款及審核程序，如發現廠商有文件不符、不足或有

疑義而需補正或澄清者，應一次通知澄清或補正，不得分次辦理。

④財物及勞務採購之付款及審核程序，準用前三項之規定。

第六章　爭議處理 91

第七四條　（廠商與機關間爭議之處理）91

廠商與機關間關於招標、審標、決標之爭議，得依本章規定提出異議及申訴。

第七五條　（廠商向招標機關提出異議）91

①廠商對於機關辦理採購，認為違反法令或我國所締結之條約、協定（以下合稱法令），致損害其權利或利益者，得於下列期限內，以書面向招標機關提出異議：

一　對招標文件規定提出異議者，為自公告或邀標之次日起等標期之四分之一，其尾數不足一日者，以一日計。但不得少於十日。

二　對招標文件規定之釋疑、後續說明、變更或補充提出異議者，為接獲機關通知或機關公告之次日起十日。

三　對採購之過程、結果提出異議者，為接獲機關通知或機關公告之次日起十日。其過程或結果未經通知或公告者，為知悉或可得而知悉之次日起十日。但至遲不得逾決標日之次日起十五日。

②招標機關應自收受異議之次日起十五日內為適當之處理，並將處理結果以書面通知提出異議之廠商。其處理結果涉及變更或補充招標文件內容者，除選擇性招標之規格標與價格標及限制性招標應以書面通知各廠商外，應另行公告，並視需要延長等標期。

第七六條　（申訴申訴）108

①廠商對於公告金額以上採購異議之處理結果不服，或招標機關逾前條第二項所定期限不為處理者，得於收受異議處理結果或期限屆滿之次日起十五日內，依其屬中央機關或地方機關辦理之採購，以書面分別向主管機關、直轄市或縣（市）政府所設之採購申訴審議委員會申訴。地方政府未設採購申訴審議委員會者，得委請中央主管機關處理。

②廠商誤向該管採購申訴審議委員會以外之機關申訴者，以該機關收受之日，視為提起申訴之日。

③第二項收受申訴書之機關應於收受之次日起三日內將申訴書移送於該管採購申訴審議委員會，並通知申訴廠商。

④爭議屬第三十一條規定不予發還或追繳押標金者，不受第一項公告金額以上之限制。

第七七條　（申訴書應載明事項）

①申訴應具申訴書，載明下列事項，由申訴廠商簽名或蓋章：

一　申訴廠商之名稱、地址、電話及負責人之姓名、性別、出

生年月日、住所或居所。
二　原受理異議之機關。
三　申訴之事實及理由。
四　證據。
五　年、月、日。
②申訴得委任代理人為之，代理人應檢附委任書並載明其姓名、性別、出生年月日、職業、電話、住所或居所。
③民事訴訟法第七十條規定，於前項情形準用之。

第七八條（申訴之審議及完成審議之期限）91
①廠商提出申訴，應同時繕具副本送招標機關。機關應自收受申訴書副本之次日起十日內，以書面向該管採購申訴審議委員會陳述意見。
②採購申訴審議委員會應於收受申訴書之次日起四十日內完成審議，並將判斷以書面通知廠商及機關。必要時得延長四十日。

第七九條　（申訴之不予受理及補正）
申訴逾越法定期間或不合法定程式者，不予受理。但其情形可以補正者，應定期間命其補正；逾期不補正者，不予受理。

第八〇條　（申訴審議程序）
①採購申訴得僅就書面審議之。
②採購申訴審議委員會得依職權或申請，通知申訴廠商、機關到指定場所陳述意見。
③採購申訴審議委員會於審議時，得囑託具專門知識經驗之機關、學校、團體或人員鑑定，並得通知相關人士說明或請機關、廠商提供相關文件、資料。
④採購申訴審議委員會辦理審議，得先行向廠商收取審議費、鑑定費及其他必要之費用；其收費標準及繳納方式，由主管機關定之。
⑤採購申訴審議規則，由主管機關擬訂，報請行政院核定後發布之。

第八一條　（撤回申訴）
申訴提出後，廠商得於審議判斷送達前撤回之。申訴經撤回後，不得再行提出同一之申訴。

第八二條　（審議判斷應載明內容）
①採購申訴審議委員會審議判斷，應以書面附事實及理由，指明招標機關原採購行為有無違反法令之處；其有違反者，並得建議招標機關處置之方式。
②採購申訴審議委員會於完成審議前，必要時得通知招標機關暫停採購程序。
③採購申訴審議委員會為第一項之建議或前項之通知時，應考量公共利益、相關廠商利益及其他有關情況。

第八三條　（審議判斷之效力）91
審議判斷，視同訴願決定。

第八四條　（招標機關對異議或申訴得採取措施）

①廠商提出異議或申訴者，招標機關評估其事由，認其異議或申訴有理由者，應自行撤銷、變更原處理結果，或暫停採購程序之進行。但爲應緊急情況或公共利益之必要，或其事由無影響採購之虞者，不在此限。

②依廠商之申訴，而爲前項之處理者，招標機關應將其結果即時通知該管採購申訴審議委員會。

第八五條　（招標機關對審議判斷之處置程序）108

①審議判斷指明原採購行爲違反法令者，招標機關應自收受審議判斷書之次日起二十日內另爲適法之處置；期限屆滿未處置者，廠商得自期限屆滿之次日起十五日內向採購申訴審議委員會申訴。

②採購申訴審議委員會於審議判斷中建議招標機關處置方式，而招標機關不依建議辦理者，應於收受判斷之次日起十五日內報請上級機關核定，並由上級機關於收受之次日起十五日內，以書面向採購申訴審議委員會及廠商說明理由。

③審議判斷指明原採購行爲違反法令，廠商得向招標機關請求償付其準備投標、異議及申訴所支出之必要費用。

第八五條之一　（履約爭議處理方式）105

①機關與廠商因履約爭議未能達成協議者，得以下列方式之一處理：

一　向採購申訴審議委員會申請調解。

二　向仲裁機構提付仲裁。

②前項調解屬廠商申請者，機關不得拒絕。工程及技術服務採購之調解，採購申訴審議委員會應提出調解建議或調解方案；其因機關不同意致調解不成立者，廠商提付仲裁，機關不得拒絕。

③採購申訴審議委員會辦理調解之程序及其效力，除本法有特別規定者外，準用民事訴訟法有關調解之規定。

④履約爭議調解規則，由主管機關擬訂，報請行政院核定後發布之。

第八五條之二　（申請調解費用之收取）91

申請調解，應繳納調解費、鑑定費及其他必要之費用；其收費標準、繳納方式及數額之負擔，由主管機關定之。

第八五條之三　（書面調解建議）91

①調解經當事人合意而成立；當事人不能合意者，調解不成立。

②調解過程中，調解委員得依職權以採購申訴審議委員會名義提出書面調解建議；機關不同意該建議者，應先報請上級機關核定，並以書面向採購申訴審議委員會及廠商說明理由。

第八五條之四　（調整方案及異議之提出）91

①履約爭議之調解，當事人不能合意但已甚接近者，採購申訴審議委員會應斟酌一切情形，並徵詢調解委員之意見，求兩造利益之平衡，於不違反兩造當事人之主要意思範圍內，以職權提出調解方案。

②當事人或參加調解之利害關係人對於前項方案，得於送達之次日起十日內，向採購申訴審議委員會提出異議。

③於前項期間內提出異議者，視爲調解不成立；其未於前項期間內提出異議者，視爲已依該方案調解成立。

④機關依前項規定提出異議者，準用前條第二項之規定。

第八六條　（採購申訴審議委員會之設置）105

①主管機關及直轄市、縣（市）政府爲處理中央及地方機關採購之廠商申訴及機關與廠商間之履約爭議調解，分別設採購申訴審議委員會；置委員七人至三十五人，由主管機關及直轄市、縣（市）政府聘請具有法律或採購相關專門知識之公正人士擔任，其中三人並得由主管機關及直轄市、縣（市）政府高級人員派兼之。但派兼人數不得超過全體委員人數五分之一。

②採購申訴審議委員會應公正行使職權。採購申訴審議委員會組織準則，由主管機關擬訂，報請行政院核定後發布之。

第七章　罰　則

第八七條　（強迫投標廠商違反本意之處罰）91

①意圖使廠商不爲投標、違反其本意投標，或使得標廠商放棄得標、得標後轉包或分包，而施強暴、脅迫、藥劑或催眠術者，處一年以上七年以下有期徒刑，得併科新臺幣三百萬元以下罰金。

②犯前項之罪，因而致人於死者，處無期徒刑或七年以上有期徒刑；致重傷者，處三年以上十年以下有期徒刑，各得併科新臺幣三百萬元以下罰金。

③以詐術或其他非法之方法，使廠商無法投標或開標發生不正確結果者，處五年以下有期徒刑，得併科新臺幣一百萬元以下罰金。

④意圖影響決標價格或獲取不當利益，而以契約、協議或其他方式之合意，使廠商不爲投標或不爲價格之競爭者，處六月以上五年以下有期徒刑，得併科新臺幣一百萬元以下罰金。

⑤意圖影響採購結果或獲取不當利益，而借用他人名義或證件投標者，處三年以下有期徒刑，得併科新臺幣一百萬元以下罰金。容許他人借用本人名義或證件參加投標者，亦同。

⑥第一項、第三項及第四項之未遂犯罰之。

第八八條　（受託辦理採購人員意圖私利之處罰）

①受機關委託提供採購規劃、設計、審查、監造、專案管理或代辦採購廠商之人員，意圖爲私人不法之利益，對技術、工法、材料、設備或規格，爲違反法令之限制或審查，因而獲得利益者，處一年以上七年以下有期徒刑，得併科新臺幣三百萬元以下罰金。其意圖爲私人不法之利益，對廠商或分包廠商之資格爲違反法令之限制或審查，因而獲得利益者，亦同。

②前項之未遂犯罰之。

第八九條（受託辦理採購人員洩密之處罰）

①受機關委託提供採購規劃、設計或專案管理或代辦採購廠商之人員，意圖為私人不法之利益，洩漏或交付關於採購應秘密之文書、圖畫、消息、物品或其他資訊，因而獲得利益者，處五年以下有期徒刑、拘役或科或併科新臺幣一百萬元以下罰金。

②前項之未遂犯罰之。

第九〇條（強制採購人員違反本意之處罰）

①意圖使機關規劃、設計、承辦、監辦採購人員或受機關委託提供採購規劃、設計或專案管理或代辦採購廠商之人員，就與採購有關事項，不為決定或為違反其本意之決定，而施強暴、脅迫者，處一年以上七年以下有期徒刑，得併科新臺幣三百萬元以下罰金。

②犯前項之罪，因而致人於死者，處無期徒刑或七年以上有期徒刑；致重傷者，處三年以上十年以下有期徒刑，各得併科新臺幣三百萬元以下罰金。

③第一項之未遂犯罰之。

第九一條（強制採購人員洩密之處罰）

①意圖使機關規劃、設計、承辦、監辦採購人員或受機關委託提供採購規劃、設計或專案管理或代辦採購廠商之人員，洩漏或交付關於採購應秘密之文書、圖畫、消息、物品或其他資訊，而施強暴、脅迫者，處五年以下有期徒刑，得併科新臺幣一百萬元以下罰金。

②犯前項之罪，因而致人於死者，處無期徒刑或七年以上有期徒刑；致重傷者，處三年以上十年以下有期徒刑，各得併科新臺幣三百萬元以下罰金。

③第一項之未遂犯罰之。

第九二條（廠商連帶處罰）

廠商之代表人、代理人、受雇人或其他從業人員，因執行業務犯本法之罪者，除依該條規定處罰其行為人外，對該廠商亦科以該條之罰金。

第八章　附　則

第九三條（共同供應契約）108

①各機關得就具有共通需求特性之財物或勞務，與廠商簽訂共同供應契約。

②共同供應契約之採購，其招標文件與契約應記載之事項、適用機關及其他相關事項之辦法，由主管機關另定之。

第九三條之一（電子化採購）91

①機關辦理採購，得以電子化方式為之，其電子化資料並視同正式文件，得免另備書面文件。

②前項以電子化方式採購之招標、領標、投標、開標、決標及費用收支作業辦法，由主管機關定之。

第九四條　（評選委員會之設置）108

①機關辦理評選，應成立五人以上之評選委員會，專家學者人數不得少於三分之一，其名單由主管機關會同教育部、考選部及其他相關機關建議之。

②前項所稱專家學者，不得為政府機關之現職人員。

③評選委員會組織準則及審議規則，由主管機關定之。

第九五條　（採購專業人員）108

①機關辦理採購宜由採購專業人員為之。但一定金額之採購，應由採購專業人員為之。

②前項採購專業人員之資格、考試、訓練、發證、管理辦法及一定金額，由主管機關會商相關機關定之。

第九六條　（環保產品優先採購）

①機關得於招標文件中，規定優先採購取得政府認可之環境保護標章使用許可，而其效能相同或相似之產品，並得允許百分之十以上之價差。產品或其原料之製造、使用過程及廢棄物處理，符合再生材質、可回收、低污染或省能源者，亦同。

②其他增加社會利益或減少社會成本，而效能相同或相似之產品，準用前項之規定。

③前二項產品之種類、範圍及實施辦法，由主管機關會同行政院環境保護署及相關目事業主管機關定之。

第九七條　（扶助中小企業）91

①主管機關得參酌相關法令規定採取措施，扶助中小企業承包或分包一定金額比例以上之政府採購。

②前項扶助辦法，由主管機關定之。

第九八條　（僱用身心障礙者及原住民）91

得標廠商其於國內員工總人數逾一百人者，應於履約期間僱用身心障礙者及原住民，人數不得低於總人數百分之二，僱用不足者，除應繳納代金，並不得僱用外籍勞工取代僱用不足額部分。

第九九條　（投資廠商甄選程序之適用）

機關辦理政府規劃或核准之交通、能源、環保、旅遊等建設，經目的事業主管機關核准開放廠商投資興建、營運者，其甄選投資廠商之程序，除其他法律另有規定者外，適用本法之規定。

第一〇〇條　（主管機關得查核採購進度）

①主管機關、上級機關及主計機關得隨時查核各機關採購進度、存貨或其使用狀況，亦得命其提出報告。

②機關多餘不用之堪用財物，得無償讓與其他政府機關或公立學校。

第一〇一條　（通知廠商並刊登違法、違約情形）108

①機關辦理採購，發現廠商有下列情形之一，應將其事實、理由及依第一百零三條第一項所定期間通知廠商，並附記如未提出異議者，將刊登政府採購公報：

一　容許他人借用本人名義或證件參加投標者。
二　借用或冒用他人名義或證件投標者。
三　擅自減省工料，情節重大者。
四　以虛僞不實之文件投標、訂約或履約，情節重大者。
五　受停業處分期間仍參加投標者。
六　犯第八十七條至第九十二條之罪，經第一審爲有罪判決者。
七　得標後無正當理由而不訂約者。
八　查驗或驗收不合格，情節重大者。
九　驗收後不履行保固責任，情節重大者。
十　因可歸責於廠商之事由，致延誤履約期限，情節重大者。
十一　違反第六十五條規定轉包者。
十二　因可歸責於廠商之事由，致解除或終止契約，情節重大者。
十三　破產程序中之廠商。
十四　歧視性別、原住民、身心障礙或弱勢團體人士，情節重大者。
十五　對採購有關人員行求、期約或交付不正利益者。

②廠商之履約連帶保證廠商經機關通知履行連帶保證責任者，適用前項規定。

③機關爲第一項通知前，應給予廠商口頭或書面陳述意見之機會，機關並應成立採購工作及審查小組認定廠商是否該當第一項各款情形之一。

④機關審酌第一項所定情節重大，應考量機關所受損害之輕重、廠商可歸責之程度、廠商之實際補救或賠償措施等情形。

第一〇二條（廠商得對機關認爲違法之情事提出異議及申訴）91

①廠商對於機關依前條所爲之通知，認爲違反本法或不實者，得於接獲通知之次日起二十日內，以書面向該機關提出異議。

②廠商對前項異議之處理結果不服，或機關逾收受異議之次日起十五日內不爲處理者，無論該案件是否逾公告金額，得於收受異議處理結果或期限屆滿之次日起十五日內，以書面向該管採購申訴審議委員會申訴。

③機關依前條通知廠商後，廠商未於規定期限內提出異議或申訴，或經提出申訴結果不予受理或審議結果指明不違反本法或並無不實者，機關應即將廠商名稱及相關情形刊登政府採購公報。

④第一項及第二項關於異議及申訴之處理，準用第六章之規定。

第一〇三條（不得參加投標或作爲決標對象或分包廠商之期限）108

①依前條第三項規定刊登於政府採購公報之廠商，於下列期間內，不得參加投標或作爲決標對象或分包廠商：
一　有第一百零一條第一項第一款至第五款、第十五款情形或第六款判處有期徒刑者，自刊登之次日起三年。但經判決

撤銷原處分或無罪確定者，應註銷之。

二　有第一百零一條第一項第十三款、第十四款情形或第六款判處拘役、罰金或緩刑者，自刊登之次日起一年。但經判決撤銷原處分或無罪確定者，應註銷之。

三　有第一百零一條第一項第七款至第十二款情形者，於通知日起前五年內未被任一機關刊登者，自刊登之次日起三個月；已被任一機關刊登一次者，自刊登之次日起六個月；已被任一機關刊登累計二次以上者，自刊登之次日起一年。但經判決撤銷原處分者，應註銷之。

②機關因特殊需要，而有向前項廠商採購之必要，經上級機關核准者，不適用前項規定。

③本法中華民國一百零八年四月三十日修正之條文施行前，已依第一百零一條第一項規定通知，但處分尚未確定者，適用修正後之規定。

第一〇四條　（軍事機關採購不適用本法之情形）

①軍事機關之採購，應依本法之規定辦理。但武器、彈藥、作戰物資或與國家安全或國防目的有關之採購，而有下列情形者，不在此限。

一　因應國家面臨戰爭、戰備動員或發生戰爭者，得不適用本法之規定。

二　機密或極機密之採購，得不適用第二十七條、第四十五條及第六十一條之規定。

三　確因時效緊急，有危及重大戰備任務之虞者，得不適用第二十六條、第二十八條及第三十六條之規定。

四　以議價方式辦理之採購，得不適用第二十六條第三項本文之規定。

②前項採購之適用範圍及其處理辦法，由主管機關會同國防部定之，並送立法院審議。

第一〇五條　（特別採購）

①機關辦理下列採購，得不適用本法招標、決標之規定。

一　國家遇有戰爭、天然災害、癘疫或財政經濟上有重大變故，需緊急處置之採購事項。

二　人民之生命、身體、健康、財產遭遇緊急危難，需緊急處置之採購事項。

三　公務機關間財物或勞務之取得，經雙方直屬上級機關核准者。

四　依條約或協定向國際組織、外國政府或其授權機構辦理之採購，其招標、決標另有特別規定者。

②前項之採購，有另定處理辦法予以規範之必要者，其辦法由主管機關定之。

第一〇六條　（駐外機構辦理採購）

①駐國外機構辦理或受託辦理之採購，因應駐在地國情或實地作業限制，且不違背我國締結之條約或協定者，得不適用下列各

款規定。但第二款至第四款之事項，應於招標文件中明定其處理方式。

一　第二十七條刊登政府採購公報。
二　第三十條押標金及保證金。
三　第五十三條第一項及第五十四條第一項優先減價及比減價格規定。
四　第六章異議及申訴。

②前項採購屬查核金額以上者，事後應敘明原由，檢附相關文件送上級機關備查。

第一〇七條　（採購文件之保存）
機關辦理採購之文件，除依會計法或其他法律規定保存者外，應另備具一份，保存於主管機關指定之場所。

第一〇八條　（採購稽核小組之設置）
①中央及直轄市、縣（市）政府應成立採購稽核小組，稽核監督採購事宜。
②前項稽核小組之組織準則及作業規則，由主管機關擬訂，報請行政院核定後發布之。

第一〇九條　（審計機關稽察）
機關辦理採購，審計機關得隨時稽察之。

第一一〇條　（得就採購事件提起訴訟或上訴）
主計官、審計官或檢察官就採購事件，得為機關提起訴訟、參加訴訟或上訴。

第一一一條　（巨額採購之效益分析評估）
①機關辦理巨額採購，應於使用期間內，逐年向主管機關提報使用情形及其效益分析。主管機關並得派員查核之。
②主管機關每年應對已完成之重大採購事件，作出效益評估；除應秘密者外，應刊登於政府採購公報。

第一一二條　（採購人員倫理準則）
主管機關應訂定採購人員倫理準則。

第一一三條　（施行細則）
本法施行細則，由主管機關定之。

第一一四條　（施行日）91
①本法自公布後一年施行。
②本法修正條文（包括中華民國九十年一月十日修正公布之第七條）自公布日施行。

政府採購法施行細則

①民國88年5月21日行政院公共工程委員會令訂定發布全文113條；並自88年5月27日起施行。
②民國90年8月31日行政院公共工程委員會令修正發布第108條條文。
③民國91年11月27日行政院公共工程委員會令修正發布第4、6、11、22、33、55、56、58、60、61、72、84、90、92、96、101、105、107至113條條文；刪除第12、28、30、31、40、88、106條條文；增訂第23-1、25-1、28-1、49-1、54-1、64-1、90-1、104-1、105-1、109-1、112-1、112-2條條文；並自發布日施行。
④民國99年11月30日行政院公共工程委員會令修正發布第 22、48、87、107、109 條條文；並增訂第 64-2 條條文。
⑤民國101年12月25日行政院公共工程委員會令增訂發布第 5-1條條文。
⑥民國105年11月18日行政院公共工程委員會令修正發布第32、84、111條條文。
⑦民國107年3月2日行政院公共工程委員會令修正發布第58條條文。
⑧民國107年3月26日行政院公共工程委員會令發布刪除第41條條文。
⑨民國108年11月8日行政院公共工程委員會令修正發布第2、3、22、64-2、82、109-1、112-1條條文；並刪除第14、15、66、111、112條條文。
⑩民國110年7月14日行政院公共工程委員會令修正發布第43條條文。

第一章　總　則

第一條

本細則依政府採購法（以下簡稱本法）第一百十三條規定訂定之。

第二條 108

①機關補助法人或團體辦理採購，其依本法第四條第一項規定適用本法者，受補助之法人或團體於辦理開標、比價、議價、決標及驗收時，應受該機關監督。
②前項採購關於本法及本細則規定上級機關行使之事項，由本法第四條第一項所定監督機關爲之。

第三條 108

①本法第四條第一項所定補助金額，於二以上機關補助法人或團體辦理同一採購者，以其補助總金額計算之。補助總金額達本法第四條第一項規定者，受補助者應通知各補助機關，並由各

補助機關共同或指定代表機關辦理監督。

②本法第四條第一項所稱接受機關補助辦理採購，包括法人或團體接受機關獎助、捐助或以其他類似方式動支機關經費辦理之採購。

③本法第四條第一項之採購，其受理申訴之採購申訴審議委員會，為受理補助機關自行辦理採購之申訴之採購申訴審議委員會；其有第一項之情形者，依指定代表機關或所占補助金額比率最高者認定之。

第四條 91

①機關依本法第五條第一項規定委託法人或團體代辦採購，其委託屬勞務採購。受委託代辦採購之法人或團體，並須具備熟諳政府採購法令之人員。

②代辦採購之法人、團體與其受雇人及關係企業，不得為該採購之投標廠商或分包廠商。

第五條

①本法第九條第二項所稱上級機關，於公營事業或公立學校為其所隸屬之政府機關。

②本法第九條第二項所稱辦理採購無上級機關者，在中央為國民大會、總統府、國家安全會議與五院及院屬各一級機關；在地方為直轄市、縣（市）政府及議會。

第五條之一 101

主管機關得視需要將本法第十條第二款之政府採購法令之解釋、第三款至第八款事項，委託其他機關辦理。

第六條 91

機關辦理採購，其屬巨額採購、查核金額以上之採購、公告金額以上之採購或小額採購，依採購金額於招標前認定之；其採購金額之計算方式如下：

一　採分批辦理採購者，依全部批數之預算總額認定之。

二　依本法第五十二條第一項第四款採複數決標者，依全部項目或數量之預算總額認定之。但項目之標的不同者，依個別項目之預算金額認定之。

三　招標文件含有選購或後續擴充項目者，應將預估選購或擴充項目所需金額計入。

四　採購項目之預算案尚未經立法程序者，應將預估需用金額計入。

五　採單價決標者，依預估採購所需金額認定之。

六　租期不確定者，以每月租金之四十八倍認定之。

七　依本法第九十九條規定甄選投資廠商者，以預估廠商興建、營運所需金額認定之。依本法第七條第三項規定營運管理之委託，包括廠商興建、營運金額者，亦同。

八　依本法第二十一條第一項規定建立合格廠商名單，其預先辦理廠商資格審查階段，以該名單有效期內預估採購總額認定之；邀請符合資格廠商投標階段，以邀請當次之採購

預算金額認定之。

九　招標文件規定廠商報價金額包括機關支出及收入金額者，以支出所需金額認定之。

十　機關以提供財物或權利之使用為對價，而無其他支出者，以該財物或權利之使用價值認定之。

第七條

①機關辦理查核金額以上採購之招標，應於等標期或截止收件日五日前檢送採購預算資料、招標文件及相關文件，報請上級機關派員監辦。

②前項報請上級機關派員監辦之期限，於流標、廢標或取消招標重行招標時，得予縮短；其依前項規定應檢送之文件，得免重複檢送。

第八條

①機關辦理查核金額以上採購之決標，其決標不與開標、比價或議價合併辦理者，應於預定決標日三日前，檢送審標結果，報請上級機關派員監辦。

②前項決標與開標、比價或議價合併辦理者，應於決標前當場確認審標結果，並列入紀錄。

第九條

①機關辦理查核金額以上採購之驗收，應於預定驗收日五日前，檢送結算表及相關文件，報請上級機關派員監辦。結算表及相關文件併入結算驗收證明書編送時，得免另行塡送。

②財物之驗收，其有分批交貨、因緊急需要必須立即使用或因逐一開箱或裝配完成後方知其數量，報請上級機關派員監辦確有困難者，得視個案實際情形，事先敘明理由，函請上級機關同意後自行辦理，並於全部驗收完成後一個月內，將結算表及相關文件彙總報請上級機關備查。

第一〇條

機關辦理查核金額以上採購之開標、比價、議價、決標或驗收，上級機關得斟酌其金額、地區或其他特殊情形，決定應否派員監辦。其未派員監辦者，應事先通知機關自行依法辦理。

第一一條 91

①本法第十二條第一項所稱監辦，指監辦人員實地監視或書面審核機關辦理開標、比價、議價、決標及驗收是否符合本法規定之程序。監辦人員採書面審核監辦者，應經機關首長或其授權人員核准。

②前項監辦，不包括涉及廠商資格、規格、商業條款、底價訂定、決標條件及驗收方法等實質或技術事項之審查。監辦人員發現該等事項有違反法令情形者，仍得提出意見。

③監辦人員對採購不符合本法規定程序而提出意見，辦理採購之主持人或主驗人如不接受，應納入紀錄，報機關首長或其授權人員決定之。但不接受上級機關監辦人員意見者，應報上級機關核准。

第一二條　（刪除）91

第一三條

①本法第十四條所定意圖規避本法適用之分批，不包括依不同標的、不同施工或供應地區、不同需求條件或不同行業廠商之專業項目所分別辦理者。

②機關分批辦理公告金額以上之採購，法定預算書已標示分批辦理者，得免報經上級機關核准。

第一四條　（刪除）108

第一五條　（刪除）108

第一六條

本法第十六條所稱請託或關說，指不循法定程序，對採購案提出下列要求：

一　於招標前，對預定辦理之採購事項，提出請求。

二　於招標後，對招標文件內容或審標、決標結果，要求變更。

三　於履約及驗收期間，對契約內容或查驗、驗收結果，要求變更。

第一七條

本法第十六條第一項所稱作成紀錄者，得以文字或錄音等方式爲之，附於採購文件一併保存。其以書面請託或關說者，亦同。

第一八條

①機關依本法對廠商所爲之通知，除本法另有規定者外，得以口頭、傳眞或其他電子資料傳輸方式辦理。

②前項口頭通知，必要時得作成紀錄。

第二章　招　標

第一九條

機關辦理限制性招標，邀請二家以上廠商比價，有二家廠商投標者，即得比價；僅有一家廠商投標者，得當場改爲議價辦理。

第二〇條

①機關辦理選擇性招標，其預先辦理資格審查所建立之合格廠商名單，有效期逾一年者，應逐年公告辦理資格審查，並檢討修正既有合格廠商名單。

②前項名單之有效期未逾三年，且已於辦理資格審查之公告載明不再公告辦理資格審查者，於有效期內得免逐年公告。但機關仍應逐年檢討修正該名單。

③機關於合格廠商名單有效期內發現名單內之廠商有不符合原定資格條件之情形者，得限期通知該廠商提出說明。廠商逾期未提出合理說明者，機關應將其自合格廠商名單中刪除。

第二一條

①機關為特定個案辦理選擇性招標，應於辦理廠商資格審查後，邀請所有符合資格之廠商投標。

②機關依本法第二十一條第一項建立合格廠商名單者，於辦理採購時，得擇下列方式之一為之，並於辦理廠商資格審查之文件中載明。其有每次邀請廠商家數之限制者，亦應載明。

一　個別邀請所有符合資格之廠商投標。

二　公告邀請所有符合資格之廠商投標。

三　依辦理廠商資格審查文件所標示之邀請順序，依序邀請符合資格之廠商投標。

四　以抽籤方式擇定邀請符合資格之廠商投標。

第二二條 108

①本法第二十二條第一項第一款所稱無廠商投標，指公告或邀請符合資格之廠商投標結果，無廠商投標或提出資格文件；所稱無合格標，指審標結果無廠商合於招標文件規定。但有廠商異議或申訴在處理中者，均不在此限。

②本法第二十二條第一項第二款所稱專屬權利，指已立法保護之智慧財產權。但不包括商標專用權。

③本法第二十二條第一項第五款所稱供應之標的，包括工程、財物或勞務；所稱以研究發展、實驗或開發性質辦理者，指以契約要求廠商進行研究發展、實驗或開發，以獲得原型或首次製造、供應之標的，並得包括測試品質或功能所為之限量生產或供應。但不包括商業目的或回收研究發展、實驗或開發成本所為之大量生產或供應。

④本法第二十二條第一項第六款所稱百分之五十，指追加累計金額占原主契約金額之比率。

⑤本法第二十二條第一項第十二款所稱身心障礙者、身心障礙福利機構或團體及庇護工場，其認定依身心障礙者權益保障法之規定；所稱原住民，其認定依原住民身分法之規定。

第二三條

機關辦理採購，屬專屬權利或獨家製造或供應，無其他合適之替代標的之部分，其預估金額達採購金額之百分之五十以上，分別辦理採購確有重大困難之虞，必須與其他部分合併採購者，得依本法第二十二條第一項第二款規定採限制性招標。

第二三條之一 91

①機關依本法第二十二條第一項規定辦理限制性招標，應由需求、使用或承辦採購單位，就個案敘明符合各款之情形，簽報機關首長或其授權人員核准。其得以比價方式辦理者，優先以比價方式辦理。

②機關辦理本法第二十二條第一項所定限制性招標，得將徵求受邀廠商之公告刊登政府採購公報或公開於主管機關之資訊網路。但本法另有規定者，依其規定辦理。

第二四條

本法第二十六條第一項所稱國際標準及國家標準，依標準法第

三條之規定。

第二五條

①本法第二十六條第三項所稱同等品，指經機關審查認定，其功能、效益、標準或特性不低於招標文件所要求或提及者。

②招標文件允許投標廠商提出同等品，並規定應於投標文件內預先提出者，廠商應於投標文件內敘明同等品之廠牌、價格及功能、效益、標準或特性等相關資料，以供審查。

③招標文件允許投標廠商提出同等品，未規定應於投標文件內預先提出者，得標廠商得於使用同等品前，依契約規定向機關提出同等品之廠牌、價格及功能、效益、標準或特性等相關資料，以供審查。

第二五條之一 91

各機關不得以足以構成妨礙競爭之方式，尋求或接受在特定採購中有商業利益之廠商之建議。

第二六條

①機關依本法第二十七條第三項得於招標公告中一併公開之預算金額，為該採購得用以支付得標廠商契約價金之預算金額。預算案尚未經立法程序者，為預估需用金額。

②機關依本法第二十七條第三項得於招標公告中一併公開之預計金額，為該採購之預估決標金額。

第二七條

本法第二十八條第一項所稱公告日，指刊登於政府採購公報之日；邀標日，指發出通知邀請符合資格之廠商投標之日。

第二八條 （刪除）91

第二八條之一 91

機關依本法第二十九條第一項規定發售文件，其收費應以人工、材料、郵遞等工本費為限。其由機關提供廠商使用招標文件或書表樣品而收取押金或押圖費者，亦同。

第二九條

①本法第三十三條第一項所稱書面密封，指將投標文件置於不透明之信封或容器內，並以漿糊、膠水、膠帶、釘書針、繩索或其他類似材料封裝者。

②信封上或容器外應標示廠商名稱及地址。其交寄或付郵所在地，機關不得予以限制。

③本法第三十三條第一項所稱指定之場所，不得以郵政信箱為唯一場所。

第三〇條 （刪除）91

第三一條 （刪除）91

第三二條 105

本法第三十三條第三項所稱非契約必要之點，包括下列事項：

一　原招標文件已標示得更改或補充之項目。

二　不列入標價評比之選購項目。

三　參考性質之事項。

四　其他於契約成立無影響之事項。

第三三條 91

①同一投標廠商就同一採購之投標，以一標為限；其有違反者，依下列方式處理：
一　開標前發現者，所投之標應不予開標。
二　開標後發現者，所投之標應不予接受。

②廠商與其分支機構，或其二以上之分支機構，就同一採購分別投標者，視同違反前項規定。

③第一項規定，於採最低標，且招標文件訂明投標廠商得以同一報價載明二以上標的供機關選擇者，不適用之。

第三四條

機關依本法第三十四條第一項規定向廠商公開說明或公開徵求廠商提供招標文件之參考資料者，應刊登政府採購公報或公開於主管機關之資訊網路。

第三五條

底價於決標後有下列情形之一者，得不予公開。但應通知得標廠商：
一　符合本法第一百零四條第一項第二款之採購。
二　以轉售或供製造成品以供轉售之採購，其底價涉及商業機密者。
三　採用複數決標方式，尚有相關之未決標部分。但於相關部分決標後，應予公開。
四　其他經上級機關認定者。

第三六條

①投標廠商應符合之資格之一部分，得以分包廠商就其分包部分所具有者代之。但以招標文件已允許以分包廠商之資格代之者為限。

②前項分包廠商及其分包部分，投標廠商於得標後不得變更。但有特殊情形必須變更者，以具有不低於原分包廠商就其分包部分所具有之資格，並經機關同意者為限。

第三七條

依本法第三十六條第三項規定投標文件附經公證或認證之資格文件中文譯本，其中文譯本之內容有誤者，以原文為準。

第三八條

①機關辦理採購，應於招標文件規定廠商有下列情形之一者，不得參加投標、作為決標對象或分包廠商或協助投標廠商：
一　提供規劃、設計服務之廠商，於依該規劃、設計結果辦理之採購。
二　代擬招標文件之廠商，於依該招標文件辦理之採購。
三　提供審標服務之廠商，於該服務有關之採購。
四　因履行機關契約而知悉其他廠商無法知悉或應秘密之資訊之廠商，於使用該等資訊有利於該廠商得標之採購。
五　提供專案管理服務之廠商，於該服務有關之採購。

②前項第一款及第二款之情形，於無利益衝突或無不公平競爭之虞，經機關同意者，得不適用於後續辦理之採購。

第三九條

前條第一項規定，於下列情形之一，得不適用之：

一　提供規劃、設計服務之廠商，為依該規劃、設計結果辦理採購之獨家製造或供應廠商，且無其他合適之替代標的者。

二　代機關開發完成新產品並據以代擬製造該產品招標文件之廠商，於依該招標文件辦理之採購。

三　招標文件係由二家以上廠商各就不同之主要部分分別代擬完成者。

四　其他經主管機關認定者。

第四〇條　（刪除）91

第四一條　（刪除）107

第四二條

①機關依本法第四十條規定洽由其他具有專業能力之機關代辦採購，依下列原則處理：

一　關於監辦該採購之上級機關，為洽辦機關之上級機關。但洽辦機關之上級機關得洽請代辦機關之上級機關代行其上級機關之職權。

二　關於監辦該採購之主（會）計及有關單位，為洽辦機關之單位。但代辦機關有類似單位者，洽辦機關得一併洽請代辦。

三　除招標文件另有規定外，以代辦機關為招標機關。

四　洽辦機關及代辦機關分屬中央及地方機關者，依洽辦機關之屬性認定該採購係屬中央或地方機關辦理之採購。

五　洽辦機關得行使之職權或應辦理之事項，得由代辦機關代為行使或辦理。

②機關依本法第五條規定委託法人或團體代辦採購，準用前項規定。

第四三條 110

①機關於招標文件規定廠商得請求釋疑之期限，至少應有等標期之四分之一；其不足一日者以一日計。選擇性招標預先辦理資格審查文件者，自公告日起至截止收件日止之請求釋疑期限，亦同。

②廠商請求釋疑逾越招標文件規定期限者，機關得不予受理，並以書面通知廠商。

③機關最後釋疑之次日起算至截止投標日或資格審查截止收件日之日數，不得少於原等標期之四分之一，其未滿一日者以一日計；前述日數有不足者，截止日至少應延後至補足不足之日數。

第四四條

①機關依本法第四十二條第一項辦理分段開標，得規定資格、規

格及價格分段投標分段開標或一次投標分段開標。但僅就資格投標者，以選擇性招標爲限。
②前項分段開標之順序，得依資格、規格、價格之順序開標，或將資格與規格或規格與價格合併開標。
③機關辦理分段投標，未通過前一階段審標之投標廠商，不得參加後續階段之投標；辦理一次投標分段開標，其已投標未開標之部分，原封發還。
④分段投標之第一階段投標廠商家數已達本法第四十八條第一項三家以上合格廠商投標之規定者，後續階段之開標，得不受該廠商家數之限制。
⑤採一次投標分段開標者，廠商應將各段開標用之投標文件分別密封。

第四五條

機關依本法第四十三條第一款訂定採購評選項目之比率，應符合下列情形之一：

一　以金額計算比率者，招標文件所定評選項目之標價金額占總標價之比率，不得逾三分之一。
二　以評分計算比率者，招標文件所定評選項目之分數占各項目滿分合計總分數之比率，不得逾三分之一。

第四六條

①機關依本法第四十三條第二款優先決標予國內廠商者，應依各該廠商標價排序，自最低標價起，依次洽減一次，以最先減至外國廠商標價以下者決標。
②前項國內廠商標價有二家以上相同者，應同時洽減一次，優先決標予減至外國廠商標價以下之最低標。

第四七條

同一採購不得同時適用本法第四十三條第二款及第四十四條之規定。

第三章　決　標

第四八條 99

①本法第四十五條所稱開標，指依招標文件標示之時間及地點開啓廠商投標文件之標封，宣布投標廠商之名稱或代號、家數及其他招標文件規定之事項。有標價者，並宣布之。
②前項開標，應允許投標廠商之負責人或其代理人或授權代表出席。但機關得限制出席人數。
③限制性招標之開標，準用前二項規定。

第四九條

①公開招標及選擇性招標之開標，有下列情形之一者，招標文件得免標示開標之時間及地點：

一　依本法第二十一條規定辦理選擇性招標之資格審查，供建立合格廠商名單。

二　依本法第四十二條規定採分段開標，後續階段開標之時間及地點無法預先標示。
三　依本法第五十七條第一款規定，開標程序及內容應予保密。
四　依本法第一百零四條第一項第二款規定辦理之採購。
五　其他經主管機關認定者。

②前項第二款之情形，後續階段開標之時間及地點，由機關另行通知前一階段合格廠商。

第四九條之一 91

公開招標、選擇性招標及限制性招標之比價，其招標文件所標示之開標時間，爲等標期屆滿當日或次一上班日。但採分段開標者，其第二段以後之開標，不適用之。

第五〇條

①辦理開標人員之分工如下：
一　主持開標人員：主持開標程序、負責開標現場處置及有關決定。
二　承辦開標人員：辦理開標作業及製作紀錄等事項。

②主持開標人員，由機關首長或其授權人員指派適當人員擔任。

③主持開標人員得兼任承辦開標人員。

④承辦審標、評審或評選事項之人員，必要時得協助開標。

⑤有監辦開標人員者，其工作事項爲監視開標程序。

⑥機關辦理比價、議價或決標，準用前五項規定。

第五一條

①機關辦理開標時應製作紀錄，記載下列事項，由辦理開標人員會同簽認；有監辦開標人員者，亦應會同簽認：
一　有案號者，其案號。
二　招標標的之名稱及數量摘要。
三　投標廠商名稱。
四　有標價者，各投標廠商之標價。
五　開標日期。
六　其他必要事項。

②流標時應製作紀錄，其記載事項，準用前項規定，並應記載流標原因。

第五二條

機關訂定底價，得基於技術、品質、功能、履約地、商業條款、評分或使用效益等差異，訂定不同之底價。

第五三條

機關訂定底價，應由規劃、設計、需求或使用單位提出預估金額及其分析後，由承辦採購單位簽報機關首長或其授權人員核定。但重複性採購或未達公告金額之採購，得由承辦採購單位逕行簽報核定。

第五四條

①公開招標採分段開標者，其底價應於第一階段開標前定之。

②限制性招標之比價，其底價應於辦理比價之開標前定之。
③限制性招標之議價，訂定底價前應先參考廠商之報價或估價單。
④依本法第四十九條採公開取得三家以上廠商之書面報價或企劃書者，其底價應於進行比價或議價前定之。

第五四條之一 91

機關辦理採購，依本法第四十七條第一項第一款及第二款規定不訂底價者，得於招標文件預先載明契約金額或相關費率作爲決標條件。

第五五條 91

本法第四十八條第一項所稱三家以上合格廠商投標，指機關辦理公開招標，有三家以上廠商投標，且符合下列規定者：

一　依本法第三十三條規定將投標文件送達於招標機關或其指定之場所。
二　無本法第五十條第一項規定不予開標之情形。
三　無第三十三條第一項及第二項規定不予開標之情形。
四　無第三十八條第一項規定不得參加投標之情形。

第五六條 91

廢標後依原招標文件重行招標者，準用本法第四十八條第二項關於第二次招標之規定。

第五七條

①機關辦理公開招標，因投標廠商家數未滿三家而流標者，得發還投標文件。廠商要求發還者，機關不得拒絕。
②機關於開標後因故廢標，廠商要求發還投標文件者，機關得保留其中一份，其餘發還，或僅保留影本。採分段開標者，尚未開標之部分應予發還。

第五八條 107

①機關依本法第五十條第二項規定撤銷決標或解除契約時，得依下列方式之一續行辦理：

一　重行辦理招標。
二　原係採最低標爲決標原則者，得以原決標價依決標前各投標廠商標價之順序，自標價低者起，依序洽其他合於招標文件規定之未得標廠商減至該決標價後決標。其無廠商減至該決標價者，得依本法第五十二條第一項第一款、第二款及招標文件所定決標原則辦理決標。
三　原係採最有利標爲決標原則者，得召開評選委員會會議，依招標文件規定重行辦理評選。
四　原係採本法第二十二條第一項第九款至第十一款規定辦理者，其評選爲優勝廠商或經勘選認定適合需要者有二家以上，得依序遞補辦理議價。

②前項規定，於廠商得標後放棄得標、拒不簽約或履約、拒繳保證金或拒提供擔保等情形致撤銷決標、解除契約者，準用之。

第五九條

①機關發現廠商投標文件所標示之分包廠商，於截止投標或截止收件期限前屬本法第一百零三條第一項規定期間內不得參加投標或作為決標對象或分包廠商之廠商者，應不決標予該投標廠商。

②廠商投標文件所標示之分包廠商，於投標後至決標前方屬本法第一百零三條第一項規定期間內不得參加投標或作為決標對象或分包廠商之廠商者，得依原標價以其他合於招標文件規定之分包廠商代之，並通知機關。

③機關於決標前發現廠商有前項情形者，應通知廠商限期改正；逾期未改正者，應不決標予該廠商。

第六〇條 91

①機關審查廠商投標文件，發現其內容有不明確、不一致或明顯打字或書寫錯誤之情形者，得通知投標廠商提出說明，以確認其正確之內容。

②前項文件內明顯打字或書寫錯誤，與標價無關，機關得允許廠商更正。

第六一條 91

①機關依本法第五十一條第二項規定將審查廠商投標文件之結果通知各該廠商者，應於審查結果完成後儘速通知，最遲不得逾決標或廢標日十日。

②前項通知，經廠商請求者，得以書面為之。

第六二條

①機關採最低標決標者，二家以上廠商標價相同，且均得為決標對象時，其比減價格次數已達本法第五十三條或第五十四條規定之三次限制者，逕行抽籤決定之。

②前項標價相同，其比減價格次數未達三次限制者，應由該等廠商再行比減價格一次，以低價者決標。比減後之標價仍相同者，抽籤決定之。

第六三條

機關採最低標決標，廠商之標價依招標文件規定之計算方式，有依投標標的之性能、耐用年限、保固期、能源使用效能或維修費用等之差異，就標價予以加價或減價以定標價之高低序位者，以加價或減價後之標價決定最低標。

第六四條

①投標廠商之標價幣別，依招標文件規定在二種以上者，由機關擇其中一種或以新台幣折算總價，以定標序及計算是否超過底價。

②前項折算總價，依辦理決標前一辦公日台灣銀行外匯交易收盤即期賣出匯率折算之。

第六四條之一 91

機關依本法第五十二條第一項第一款或第二款規定採最低標決標，其因履約期間數量不確定而於招標文件規定以招標標的之單價決定最低標者，並應載明履約期間預估需求數量。招標標

的在二項以上而未採分項決標者，並應以各項單價及其預估需求數量之乘積加總計算，決定最低標。

第六四條之二 108

①機關依本法第五十二條第一項第一款或第二款辦理採購，得於招標文件訂定評分項目、各項配分、及格分數等審查基準，並成立審查委員會及工作小組，採評分方式審查，就資格及規格合於招標文件規定，且總平均評分在及格分數以上之廠商開價格標，採最低標決標。

②依前項方式辦理者，應依下列規定辦理：

一　分段開標，最後一段為價格標。

二　評分項目不包括價格。

三　審查委員會及工作小組之組成、任務及運作，準用採購評選委員會組織準則、採購評選委員會審議規則及最有利標評選辦法之規定。

第六五條

機關依本法第五十二條第一項第四款採用複數決標方式者，應依下列原則辦理：

一　招標文件訂明得由廠商分項報價之項目，或依不同數量報價之項目及數量之上、下限。

二　訂有底價之採購，其底價依項目或數量分別訂定。

三　押標金、保證金及其他擔保得依項目或數量分別繳納。

四　得分項報價者，分項決標；得依不同數量報價者，依標價及可決標之數量依序決標，並得有不同之決標價。

五　分項決標者，得分項簽約及驗收；依不同數量決標者，得分別簽約及驗收。

第六六條　（刪除）108

第六七條

機關辦理決標，合於決標原則之廠商無需減價或已完成減價或綜合評選程序者，得不通知投標廠商到場。

第六八條

①機關辦理決標時應製作紀錄，記載下列事項，由辦理決標人員會同簽認；有監辦決標人員或有得標廠商代表參加者，亦應會同簽認：

一　有案號者，其案號。

二　決標標的之名稱及數量摘要。

三　審標結果。

四　得標廠商名稱。

五　決標金額。

六　決標日期。

七　有減價、比減價格、協商或綜合評選者，其過程。

八　超底價決標者，超底價之金額、比率及必須決標之緊急情事。

九　所依據之決標原則。

十　有尚未解決之異議或申訴事件者，其處理情形。

②廢標時應製作紀錄，其記載事項，準用前項規定，並應記載廢標原因。

第六九條

機關辦理減價或比減價格結果在底價以內時，除有本法第五十八條總標價或部分標價偏低之情形者外，應即宣布決標。

第七〇條

①機關於第一次比減價格前，應宣布最低標廠商減價結果；第二次以後比減價格前，應宣布前一次比減價格之最低標價。

②機關限制廠商比減價格或綜合評選之次數為一次或二次者，應於招標文件中規定或於比減價格或採行協商措施前通知參加比減價格或協商之廠商。

③參加比減價格或協商之廠商有下列情形之一者，機關得不通知其參加下一次之比減價格或協商：

一　未能減至機關所宣布之前一次減價或比減價格之最低標價。

二　依本法第六十條規定視同放棄。

第七一條

①機關辦理查核金額以上之採購，擬決標之最低標價超過底價百分之四未逾百分之八者，得先保留決標，並應敘明理由連同底價、減價經過及報價比較表或開標紀錄等相關資料，報請上級機關核准。

②前項決標，上級機關派員監辦者，得由監辦人員於授權範圍內當場予以核准，或由監辦人員簽報核准之。

第七二條 91

①機關依本法第五十三條第一項及第五十四條規定辦理減價及比減價格，參與之廠商應書明減價後之標價。

②合於招標文件規定之投標廠商僅有一家或採議價方式辦理採購，廠商標價超過底價或評審委員會建議之金額，經洽減結果，廠商書面表示減至底價或評審委員會建議之金額，或照底價或評審委員會建議之金額再減若干數額者，機關應予接受。比減價格時，僅餘一家廠商書面表示減價者，亦同。

第七三條

①合於招標文件規定之投標廠商僅有一家或採議價方式辦理，須限制減價次數者，應先通知廠商。

②前項減價結果，適用本法第五十三條第二項超過底價而不逾預算數額需決標，或第五十四條逾評審委員會建議之金額或預算金額應予廢標之規定。

第七四條

①決標依本法第五十二條第一項第二款規定辦理者，除小額採購外，應成立評審委員會，其成員由機關首長或其授權人員就對於採購標的之價格具有專門知識之機關職員或公正人士派兼或聘兼之。

②前項評審委員會之成立時機，準用本法第四十六條第二項有關底價之訂定時機。
③第一項評審委員會，機關得以本法第九十四條成立之評選委員會代之。

第七五條

①決標依本法第五十二條第一項第二款規定辦理且設有評審委員會者，應先審查合於招標文件規定之最低標價後，再由評審委員會提出建議之金額。但標價合理者，評審委員會得不提出建議之金額。
②評審委員會提出建議之金額，機關依本法第五十四條規定辦理減價或比減價格結果在建議之金額以內時，除有本法第五十八條總標價或部分標價偏低之情形外，應即宣布決標。
③第一項建議之金額，於決標前應予保密，決標後除有第三十五條之情形者外，應予公開。

第七六條

①本法第五十七條第一款所稱審標，包括評選及洽個別廠商協商。
②本法第五十七條第一款應保密之內容，決標後應即解密。但有繼續保密之必要者，不在此限。
③本法第五十七條第一款之適用範圍，不包括依本法第五十五條規定採行協商措施前之採購作業。

第七七條

機關依本法第五十七條規定採行協商措施時，參與協商之廠商依據協商結果重行遞送之投標文件，其有與協商無關或不受影響之項目者，該項目應不予評選，並以重行遞送前之內容為準。

第七八條

機關採行協商措施，應注意下列事項：

一　列出協商廠商之待協商項目，並指明其優點、缺點、錯誤或疏漏之處。
二　擬具協商程序。
三　參與協商人數之限制。
四　慎選協商場所。
五　執行保密措施。
六　與廠商個別進行協商。
七　不得將協商廠商投標文件內容、優缺點及評分，透露於其他廠商。
八　協商應作成紀錄。

第七九條

本法第五十八條所稱總標價偏低，指下列情形之一：

一　訂有底價之採購，廠商之總標價低於底價百分之八十者。
二　未訂底價之採購，廠商之總標價經評審或評選委員會認為偏低者。

三　未訂底價且未設置評審委員會或評選委員會之採購，廠商之總標價低於預算金額或預估需用金額之百分之七十者。預算案尚未經立法程序者，以預估需用金額計算之。

第八〇條

本法第五十八條所稱部分標價偏低，指下列情形之一：

一　該部分標價有對應之底價項目可供比較，該部分標價低於相同部分項目底價之百分之七十者。

二　廠商之部分標價經評審或評選委員會認為偏低者。

三　廠商之部分標價低於其他機關最近辦理相同採購決標價之百分之七十者。

四　廠商之部分標價低於可供參考之一般價格之百分之七十者。

第八一條

廠商投標文件內記載金額之文字與號碼不符時，以文字為準。

第八二條 108

本法第五十九條第一項不適用於因正當商業行為所為之給付。

第八三條

①廠商依本法第六十條規定視同放棄說明、減價、比減價格、協商、更改原報內容或重新報價，其不影響該廠商成為合於招標文件規定之廠商者，仍得以該廠商為決標對象。

②依本法第六十條規定視同放棄而未決標予該廠商者，仍應發還押標金。

第八四條 105

①本法第六十一條所稱特殊情形，指符合下列情形之一：

一　為商業性轉售或用於製造產品、提供服務以供轉售目的所為之採購，其決標內容涉及商業機密，經機關首長或其授權人員核准者。

二　有本法第一百零四條第一項第二款情形者。

三　前二款以外之機密採購。

四　其他經主管機關認定者。

②前項第一款決標內容涉及商業機密者，機關得不將決標內容納入決標結果之公告及對各投標廠商之書面通知。僅部分內容涉及商業機密者，其餘部分仍應公告及通知。

③本法第六十一條所稱決標後一定期間，為自決標日起三十日。

④依本法第六十一條規定未將決標結果之公告刊登於政府採購公報，或僅刊登一部分者，機關仍應將完整之決標資料傳送至主管機關指定之電腦資料庫，或依本法第六十二條規定定期彙送主管機關。

第八五條

①機關依本法第六十一條規定將決標結果以書面通知各投標廠商者，其通知應包括下列事項：

一　有案號者，其案號。

二　決標標的之名稱及數量摘要。

三　得標廠商名稱。
四　決標金額。
五　決標日期。

②無法決標者，機關應以書面通知各投標廠商無法決標之理由。

第八六條

①本法第六十二條規定之決標資料，機關應利用電腦蒐集程式傳送至主管機關指定之電腦資料庫。

②決標結果已依本法第六十一條規定於一定期間內將決標金額傳送至主管機關指定之電腦資料庫者，得免再行傳送。

第四章　履約管理

第八七條 99

本法第六十五條第二項所稱主要部分，指下列情形之一：

一　招標文件標示爲主要部分者。
二　招標文件標示或依其他法規規定應由得標廠商自行履行之部分。

第八八條　（刪除）91

第八九條

機關得視需要於招標文件中訂明得標廠商應將專業部分或達一定數量或金額之分包情形送機關備查。

第五章　驗　收

第九〇條 91

①機關依本法第七十一條第一項規定辦理下列工程、財物採購之驗收，得由承辦採購單位備具書面憑證採書面驗收，免辦理現場查驗：

一　公用事業依一定費率所供應之財物。
二　即買即用或自供應至使用之期間甚爲短暫，現場查驗有困難者。
三　小額採購。
四　分批或部分驗收，其驗收金額不逾公告金額十分之一。
五　經政府機關或公正第三人查驗，並有相關品質或數量之證明文書者。
六　其他經主管機關認定者。

②前項第四款情形於各批或全部驗收完成後，應將各批或全部驗收結果彙總填具結算驗收證明書。

第九〇條之一 91

勞務驗收，得以書面或召開審查會方式辦理；其書面驗收文件或審查會紀錄，得視爲驗收紀錄。

第九一條

①機關辦理驗收人員之分工如下：

一　主驗人員：主持驗收程序，抽查驗核廠商履約結果有無與契約、圖說或貨樣規定不符，並決定不符時之處置。
二　會驗人員：會同抽查驗核廠商履約結果有無與契約、圖說或貨樣規定不符，並會同決定不符時之處置。但採購事項單純者得免之。
三　協驗人員：協助辦理驗收有關作業。但採購事項單純者得免之。

②會驗人員，爲接管或使用機關（單位）人員。
③協驗人員，爲設計、監造、承辦採購單位人員或機關委託之專業人員或機構人員。
④法令或契約載有驗收時應辦理丈量、檢驗或試驗之方法、程序或標準者，應依其規定辦理。
⑤有監驗人員者，其工作事項爲監視驗收程序。

第九二條 91

①廠商應於工程預定竣工日前或竣工當日，將竣工日期書面通知監造單位及機關。除契約另有規定者外，機關應於收到該書面通知之日起七日內會同監造單位及廠商，依據契約、圖說或貨樣核對竣工之項目及數量，確定是否竣工；廠商未依機關通知派代表參加者，仍得予確定。
②工程竣工後，除契約另有規定者外，監造單位應於竣工後七日內，將竣工圖表、工程結算明細表及契約規定之其他資料，送請機關審核。有初驗程序者，機關應於收受全部資料之日起三十日內辦理初驗，並作成初驗紀錄。
③財物或勞務採購有初驗程序者，準用前二項規定。

第九三條

採購之驗收，有初驗程序者，初驗合格後，除契約另有規定者外，機關應於二十日內辦理驗收，並作成驗收紀錄。

第九四條

採購之驗收，無初驗程序者，除契約另有規定者外，機關應於接獲廠商通知備驗或可得驗收之程序完成後三十日內辦理驗收，並作成驗收紀錄。

第九五條

前三條所定期限，其有特殊情形必須延期者，應經機關首長或其授權人員核准。

第九六條 91

①機關依本法第七十二條第一項規定製作驗收之紀錄，應記載下列事項，由辦理驗收人員會同簽認。有監驗人員或有廠商代表參加者，亦應會同簽認：
一　有案號者，其案號。
二　驗收標的之名稱及數量。
三　廠商名稱。
四　履約期限。
五　完成履約日期。

六　驗收日期。
七　驗收結果。
八　驗收結果與契約、圖說、貨樣規定不符者，其情形。
九　其他必要事項。

②機關辦理驗收，廠商未依通知派代表參加者，仍得為之。驗收前之檢查、檢驗、查驗或初驗，亦同。

第九七條

①機關依本法第七十二條第一項通知廠商限期改善、拆除、重作或換貨，廠商於期限內完成者，機關應再行辦理驗收。

②前項限期，契約未規定者，由主驗人定之。

第九八條

①機關依本法第七十二條第一項辦理部分驗收，其所支付之部分價金，以支付該部分驗收項目者為限，並得視不符部分之情形酌予保留。

②機關依本法第七十二條第二項辦理減價收受，其減價計算方式，依契約規定。契約未規定者，得就不符項目，依契約價金、市價、額外費用、所受損害或懲罰性違約金等，計算減價金額。

第九九條

機關辦理採購，有部分先行使用之必要或已履約之部分有減損滅失之虞者，應先就該部分辦理驗收或分段查驗供驗收之用，並得就該部分支付價金及起算保固期間。

第一〇〇條

驗收人對工程或財物隱蔽部分拆驗或化驗者，其拆除、修復或化驗費用之負擔，依契約規定。契約未規定者，拆驗或化驗結果與契約規定不符，該費用由廠商負擔；與規定相符者，該費用由機關負擔。

第一〇一條 91

①公告金額以上之工程或財物採購，除符合第九十條第一項第一款或其他經主管機關認定之情形者外，應填具結算驗收證明書或其他類似文件。未達公告金額之工程或財物採購，得由機關視需要填具之。

②前項結算驗收證明書或其他類似文件，機關應於驗收完畢後十五日內填具，並經主驗及監驗人員分別簽認。但有特殊情形必須延期，經機關首長或其授權人員核准者，不在此限。

第六章　爭議處理

第一〇二條

①廠商依本法第七十五條第一項規定以書面向招標機關提出異議，應以中文書面載明下列事項，由廠商簽名或蓋章，提出於招標機關。其附有外文資料者，應就異議有關之部分備具中文譯本。但招標機關得視需要通知其檢具其他部分之中文譯本：

一　廠商之名稱、地址、電話及負責人之姓名。
二　有代理人者，其姓名、性別、出生年月日、職業、電話及住所或居所。
三　異議之事實及理由。
四　受理異議之機關。
五　年、月、日。

②前項廠商在我國無住所、事務所或營業所者，應委任在我國有住所、事務所或營業所之代理人爲之。

③異議不合前二項規定者，招標機關得不予受理。但其情形可補正者，應定期間命其補正；逾期不補正者，不予受理。

第一〇三條

機關處理異議，得通知提出異議之廠商到指定場所陳述意見。

第一〇四條

本法第七十五條第一項第二款及第三款所定期限之計算，其經機關通知及公告者，廠商接獲通知之日與機關公告之日不同時，以日期在後者起算。

第一〇四條之一 91

異議及申訴之提起，分別以受理異議之招標機關及受理申訴之採購申訴審議委員會收受書狀之日期爲準。

廠商誤向非管轄之機關提出異議或申訴者，以該機關收受之日，視爲提起之日。

第一〇五條 91

異議逾越法定期間者，應不予受理，並以書面通知提出異議之廠商。

第一〇五條之一 91

招標機關處理異議爲不受理之決定時，仍得評估其事由，於認其異議有理由時，自行撤銷或變更原處理結果或暫停採購程序之進行。

第一〇六條（刪除）91

第七章　附　則

第一〇七條 99

①本法第九十八條所稱國內員工總人數，依身心障礙者權益保障法第三十八條第三項規定辦理，並以投保單位爲計算基準；所稱履約期間，自訂約日起至廠商完成履約事項之日止。但下列情形，應另計之：
一　訂有開始履約日或開工日者，自該日起算。兼有該二日者，以日期在後者起算。
二　因機關通知全面暫停履約之期間，不予計入。
三　一定期間內履約而日期未預先確定，依機關通知再行履約者，依實際履約日數計算。

②依本法第九十八條計算得標廠商於履約期間應僱用之身心障礙

者及原住民之人數時，各應達國內員工總人數百分之一，並均以整數爲計算標準，未達整數部分不予計入。

第一〇八條 91

①得標廠商僱用身心障礙者及原住民之人數不足前條第二項規定者，應於每月十日前依僱用人數不足之情形，分別向所在地之直轄市或縣（市）勞工主管機關設立之身心障礙者就業基金專戶及原住民中央主管機關設立之原住民族就業基金專戶，繳納上月之代金。

②前項代金之金額，依差額人數乘以每月基本工資計算；不足一月者，每日以每月基本工資除以三十計。

第一〇九條 99

①機關依本法第九十九條規定甄選投資興建、營運之廠商，其係以廠商承諾給付機關價金爲決標原則者，得於招標文件規定以合於招標文件規定之下列廠商爲得標廠商：

一　訂有底價者，在底價以上之最高標廠商。

二　未訂底價者，標價合理之最高標廠商。

三　以最有利標決標者，經機關首長或評選委員會過半數之決定所評定之最有利標廠商。

四　採用複數決標者，合於最高標或最有利標之競標精神者。

②機關辦理採購，招標文件規定廠商報價金額包括機關支出及收入金額，或以使用機關財物或權利爲對價而無其他支出金額，其以廠商承諾給付機關價金爲決標原則者，準用前項規定。

第一〇九條之一 108

①機關依本法第一百零一條第三項規定給予廠商陳述意見之機會，應以書面告知，廠商於送達之次日起十日內，以書面或口頭向機關陳述意見。

②廠商依本法第一百零一條第三項規定以口頭方式向機關陳述意見時，應至機關指定場所陳述，機關應以文字、錄音或錄影等方式記錄。

③機關依本法第一百零一條第一項規定將其事實、理由及依第一百零三條第一項所定期間通知廠商時，應附記廠商如認爲機關所爲之通知違反本法或不實者，得於接獲通知之次日起二十日內，以書面向招標機關提出異議；未提出異議者，將刊登政府採購公報。

④機關依本法第一百零二條規定將異議處理結果以書面通知提出異議之廠商時，應附記廠商如對該處理結果不服，得於收受異議處理結果之次日起十五日內，以書面向採購申訴審議委員會提出申訴。

第一一〇條 91

廠商有本法第一百零一條第一項第六款之情形，經判決無罪確定者，自判決確定之日起，得參加投標及作爲決標對象或分包廠商。

第一一一條　（刪除）108

第一一二條（刪除）108

第一一二條之一 108

①本法第一百零三條第一項第三款所定通知日，為機關通知廠商有本法第一百零一條第一項各款情形之一之發文日期。

②本法第一百零三條第二項所稱特殊需要，指符合下列情形之一，且基於公共利益考量確有必要者：

一　有本法第二十二條第一項第一款、第二款、第四款或第六款情形之一者。

二　依本法第五十三條或第五十四條規定辦理減價結果，廢標二次以上，且未調高底價或建議減價金額者。

三　依本法第一百零五條第一項第一款或第二款辦理者。

四　其他經主管機關認定者。

第一一二條之二 91

本法第一百零七條所稱採購之文件，指採購案件自機關開始計劃至廠商完成契約責任期間所產生之各類文字或非文字紀錄資料及其附件。

第一一三條 91

①本細則自中華民國八十八年五月二十七日施行。

②本細則修正條文自發布日施行。

採購契約要項

①民國88年5月25日行政院公共工程委員會函訂定發布全文75點。
②民國91年11月4日行政院公共工程委員會令修正發布第1、2、32、43、44、70、71、75點。
③民國92年3月12日行政院公共工程委員會令修正發布第75點。
④民國93年9月24日行政院公共工程委員會令修正發布第58點。
⑤民國95年1月2日行政院公共工程委員會令修正發布第 59 點；並自即日起生效。
⑥民國99年12月29日行政院公共工程委員會令修正發布第 1、23、32 點；並自即日生效。
⑦民國108年8月6日行政院公共工程委員會函修正發布第21、41、59、67、70、73點；並自即日生效。

壹、總　則

一　（訂定依據及目的）99

①本要項依政府採購法（以下簡稱本法）第六十三條第一項規定訂定之。

②本要項內容，由機關依採購之特性及實際需要擇訂於契約。

二　（契約得載明之事項）91

機關得視採購之特性及實際需要，就下列事項擇定後載明於契約：

㈠機關及廠商之名稱、地址及電話。
㈡機關及廠商聯絡人之姓名及職稱。
㈢契約所用名詞定義。
㈣契約所含文件。
㈤廠商工作事項或應給付標的。
㈥機關辦理事項。
㈦契約所用文字。
㈧度量衡制。
㈨簽約日期。
㈩得標廠商應自行履行之主要部分及分包事項。
⑴履約標的之產地。
⑵證照之取得。
⑶履約場所管理、進度管理、環境保護、工作安全與衛生、工地環境清潔與維護、交通維持或工作界面配合等事項。
⑷品質管理。
⑸履約監督。
⑹災害處理。

㈦履約標的須標示之文字或符號。
㈧履約處所或財物之收受地點及時間。
㈨運輸方式。
㈩包裝方式。
⑾當事人雙方通知方式。
⑿契約變更。
⒀契約之轉讓。
⒁查驗、測試或驗收之程序及期限。
⒂履約標的之項目、數量、單價、分項金額及總價。
⒃付款條件。
⒄廠商應提出之文件。
⒅保證金及其他擔保之種類、額度、繳納、不發還、退還及終止等事項。
⒆契約價金依物價指數調整。
⒇稅捐、規費及關稅之負擔。
(21)履約期限。
(22)逾期違約金。
(23)保固或維修之期限及責任。
(24)零配件供應。
(25)權利及責任。
(26)保險之種類、額度、投保及理賠。
(27)契約之終止、解除或暫停執行。
(28)履約爭議之處理。
(29)準據法。
(30)其他與履約有關之事項。

三 （契約文件）
①契約文件包括下列內容：
㈠契約本文及其變更或補充。
㈡招標文件及其變更或補充。
㈢投標文件及其變更或補充。
㈣契約附件及其變更或補充。
㈤依契約所提出之履約文件或資料。
②前項文件，包括以書面、錄音、錄影、照相、微縮、電子數位資料或樣品等方式呈現之原件或複製品。

四 （契約文件之效力及優先順序）
契約所包括之各種文件，應明定其效力及優先順序。

五 （契約文字）
契約文字應以中文書寫，其與外文文意不符者，除契約另有規定者外，以中文爲準。但下列情形得以招標文件或契約所允許之外文爲準：
㈠向國際組織、外國政府或其授權機構辦理之採購。
㈡特殊技術或材料之圖文資料。
㈢以限制性招標辦理之採購。

㈣依本法第一百零六條規定辦理之採購。
㈤國際組織、外國政府或其授權機構、公會或商會所出具之文件。
㈥其他經機關認定確有必要者。

六 （度量衡單位）
契約文件所使用之度量衡單位，除契約另有規定者外，以公制爲原則。

七 （契約簽署）
①簽約日期，除招標文件另有規定者外，指雙方共同完成簽約之日。
②契約應備正本由機關與廠商各執乙份，並各依規定貼用印花稅票；副本若干份。

貳、履約管理

八 （分包廠商）
①廠商不得以不具備履行契約分包事項能力或未依法登記或設立之廠商爲分包廠商。對於分包廠商履約之部分，得標廠商仍應負完全責任。分包契約報備於機關者，亦同。
②廠商擬分包之項目及分包廠商，機關得予審查。

九 （許可文件之取得）
採購標的之進出口、供應、興建或使用涉及政府規定之許可證、執照或其他許可文件者，依文件核發對象，由機關或廠商分別負責取得。但屬機關取得者，機關得於契約規定由廠商代爲取得，並由機關負擔必要之費用。

一〇 （履約之協調配合）
①二以上得標廠商同時爲機關履約，其履約事項互有關連或須互相配合者，各得標廠商應本合作精神協調配合，避免因一方之作爲而對他方或整體履約進度造成不利影響。
②機關提供之履約場所，各得標廠商有共同使用之需要者，廠商不得拒絕其他廠商共同使用。

一一 （財物之保全）
機關將其所有之財物運交廠商處所加工、改善或維修者，該財物之滅失、減損或遭侵占時，廠商應負賠償責任。

一二 （廠商工安責任）
①廠商應對其工地作業及施工方法之適當性、可靠性及安全性負完全責任。
②廠商之工地作業有發生意外事件之虞時，廠商應立即採取防範措施。發生意外時，應立即採取搶救、復原、重建及對機關與第三人之賠償等措施。

一三 （保管責任）
①廠商於工程完成前應對進行中之該工程與其材料、施工機具及施工場所之設施負保管責任。

②工程進行中及竣工時，廠商應負責清理工地並清除施工所產生垃圾。

一四　（不適任人員之撤換）

廠商履約人員有不適任之情形者，機關得通知廠商撤換。廠商不得拒絕。

一五　（施工管理）

廠商履約施工時，應避免妨礙鄰近交通、占用道路、損害公私財物、污染環境或妨礙民衆生活安寧。其有違反致機關或其他第三人受有損害者，應由廠商負責賠償。

一六　（採購標的送達地點及時間）

①採購標的之送達地點及履約處所，應於契約內訂明。

②機關於前項送達地點收受採購標的之時間，應於契約內訂明。其未訂明者，應於機關上班時間爲之。

一七　（包裝方式）

機關得視採購之特性及實際需要，就下列事項擇定採購標的之包裝方式，於契約內訂明：

㈠防潮、防水、防震、防破損、防變質、防鏽蝕、防曬、防鹽漬、防污或防碰撞等。

㈡恆溫、冷藏、冷凍或密封。

㈢每單位包裝之重量、體積或數量。

㈣包裝材料。

㈤包裝內外應標示之文字或標誌或應隨附之文件。

㈥其他必要之方式。

一八　（限期改善）

①機關於廠商履約中，若可預見其履約瑕疵，或其有其他違反契約之情事者，得通知廠商限期改善。

②廠商不於前項期限內，依照改善或履行者，機關得採行下列措施：

㈠使第三人改善或繼續其工作，其危險及費用，均由廠商負擔。

㈡終止或解除契約，並得請求損害賠償。

一九　（相互通知之方式）

①機關與廠商相互間之通知，除契約另有規定者外，得以書面文件、信函、傳眞或電子郵件方式送達他方所指定之人員或處所爲之。

②前項通知，於送達他方或通知所載生效日生效，並以二者中較後發生者爲準。

參、契約變更

二〇　（機關通知廠商變更契約）

①機關於必要時得於契約所約定之範圍內通知廠商變更契約。除契約另有規定外，廠商於接獲通知後應向機關提出契約標的、價金、履約期限、付款期程或其他契約內容須變更之相關文

件。
②廠商於機關接受其所提出須變更之相關文件前，不得自行變更契約。除機關另有請求者外，廠商不得因第一項之通知而遲延其履約責任。
③機關於接受廠商所提出須變更之事項前即請求廠商先行施作或供應，其後未依原通知辦理契約變更或僅部分辦理者，應補償廠商所增加之必要費用。
二一　（廠商要求變更契約）108
①契約約定之採購標的，其有下列情形之一者，廠商得敘明理由，檢附規格、功能、效益及價格比較表，徵得機關書面同意後，以其他規格、功能及效益相同或較優者代之。但不得據以增加契約價金。其因而減省廠商履約費用者，應自契約價金中扣除：
㈠契約原標示之廠牌或型號不再製造或供應。
㈡契約原標示之分包廠商不再營業或拒絕供應。
㈢因不可抗力原因必須更換。
㈣較契約原標示者更優或對機關更有利。
㈤契約所定技術規格違反本法第二十六條規定。
②屬前項第四款情形，而有增加經費之必要，其經機關綜合評估其總體效益更有利於機關者，得不受前項但書限制。
二二　（契約所定事項無效之處理）
①契約所定事項如有違反法令或無法執行之部分，該部分無效。但除去該部分，契約亦可成立者，不影響其他部分之有效性。
②前項無效之部分，機關及廠商必要時得依契約原定目的更正之。
二三　（契約之轉讓）99
廠商不得將契約之部分或全部轉讓予他人。但因公司分割、銀行或保險公司履行連帶保證、銀行因權利質權而生之債權或其他類似情形致有轉讓必要，經機關書面同意者，不在此限。
二四　（契約變更）
契約變更，非經機關及廠商雙方之合意，作成書面紀錄，並簽名或蓋章者，無效。

肆、查驗及驗收

二五　（查驗或驗收程序及期限）
①工程及財物採購契約，應訂明採購標的之查驗或驗收程序及期限。
②前項規定，於勞務採購契約準用之。
二六　（履約之查驗）
①工程採購契約應對重點項目訂定檢查程序及檢驗標準，廠商並應執行品質管理、環境保護、施工安全衛生之責任。
②財物或勞務採購需經一定履約過程，而非以現成財物或勞務供

應者，準用前項之規定。

二七　（查驗作業方式及費用）

①契約應訂明機關或其指定之代表，就廠商履約情形，得辦理之查驗、測試或檢驗。

②契約得訂明廠商應免費提供機關依契約辦理查驗、測試或檢驗所必須之設備及資料。

③契約規定以外之查驗、測試或檢驗，其結果不符合契約規定者，由廠商負擔所生之費用；結果符合者，由機關負擔費用。

④查驗、測試或檢驗結果不符合契約規定者，機關得予拒絕，廠商應免費改善、拆除、重作、退貨或換貨。

⑤廠商不得因機關辦理查驗、測試或檢驗，而免除其依契約所應履行或承擔之責任，及費用之負擔。

⑥機關就廠商履約標的爲查驗、測試或檢驗之權利，應不受該標的曾通過其他查驗、測試或檢驗之限制。

二八　（機關設備或材料之檢查及保管）

機關提供設備或材料供廠商履約者，廠商應於收受時作必要之檢查。其經廠商收受後之滅失或減損，由廠商負責。

二九　（查驗或驗收前之測試）

①機關辦理查驗或驗收，得於契約規定廠商就履約標的於一定場所、期間及條件下之試車、試運轉或試用等測試程序，以作爲查驗或驗收之用。

②前項試車、試運轉或試用所需費用，除契約另有規定外，由廠商負擔。

伍、契約價金

三〇　（契約價金之記載）

①契約應記載總價。無總價者應記載項目、單價及金額或數量上限。

②契約總價曾經減價而確定，其所組成之各單項價格未約定調整方式者，視同就各單項價格依同一減價比率調整。投標文件中報價之分項價格合計數額與總價不同者，亦同。

三一　（契約價金之給付）

契約價金之給付，得爲下列方式之一，由機關載明於契約：

㈠依契約總價給付。

㈡依實際施作或供應之項目及數量給付。

㈢部分依契約標示之價金給付，部分依實際施作或供應之項目及數量給付。

㈣其他必要之方式。

三二　（契約價金之調整）99

契約價金係以總價決標，且以契約總價給付，而其履約有下列情形之一者，得調整之。但契約另有規定者，不在此限。

㈠致增減履約項目或數量時，就變更之部分加減賬結算。

㈡項目實作數量較契約所定數量增減達百分之五以上者，其逾百分之五之部分，變更設計增減契約價金。未達百分之五者，契約價金不予增減。

㈢與前二款有關之稅捐、利潤或管理費等相關項目另列一式計價者，依結算金額與原契約金額之比率增減之。

三三　（工程數量清單之效用）

工程採購契約所附供廠商投標用之數量清單，其數量爲估計數，不應視爲廠商完成履約所須供應或施作之實際數量。

三四　（契約價金給付條件）

①下列契約價金給付條件，應載明於契約。

㈠廠商請求給付前應完成之履約事項。

㈡廠商應提出之文件。

㈢給付金額。

㈣給付方式。

㈤給付期限。

②契約價金依履約進度給付者，應訂明各次給付所應達成之履約進度及廠商應提出之履約進度報告，由機關核實給付。

三五　（廠商請領契約價金之文件）

機關得依採購之特性及實際需要，於契約中明定廠商請領契約價金時應提出之文件。

三六　（繳納預付款還款保證之情形）

機關得視需要，於契約中明定廠商得支領預付款之情形，廠商並應先提出預付款還款保證。

三七　（契約價金應含之稅捐、規費及強制性保險費）

機關得視需要，於契約中明定契約價金應含廠商及其人員依中華民國法令應繳納之稅捐、規費及強制性保險之保險費。但中華民國以外其他國家或地區之稅捐、規費或關稅，由廠商負擔。

三八　（契約價金因政府行爲之調整）

①廠商履約遇有下列政府行爲之一，致履約費用增加或減少者，契約價金得予調整：

㈠政府法令之新增或變更。

㈡稅捐或規費之新增或變更。

㈢政府管制費率之變更。

②前項情形，屬中華民國政府所爲，致履約成本增加者，其所增加之必要費用，由機關負擔；致履約成本減少者，其所減少之部分，得自契約價金中扣除。

③其他國家政府所爲，致履約成本增加或減少者，契約價金不予調整。

三九　（契約價金依物價指數調整）

契約價金依契約規定得依物價、薪資或其指數調整者，應於契約載明下列事項：

㈠得調整之項目及金額。

㈡調整所依據之物價、薪資或其指數及基期。

㈢得調整及不予調整之情形。

㈣調整公式。

㈤廠商應提出之調整數據及佐證資料。

㈥管理費及利潤不予調整。

㈦逾履約期限之部分，以契約規定之履約期限當時之物價、薪資或其指數為當期資料。但逾期履約係可歸責於機關者，不在此限。

四〇　（以成本加公費法計算契約價金）

契約價金以成本加公費法計算者，應於契約訂明下列事項：

㈠廠商應記錄各項費用並提出經機關認可之憑證，機關並得至廠商處所辦理查核。

㈡成本上限及逾上限時之處理。

四一　期約、賄賂等不法給付之處理）108

①廠商不得對機關人員或受機關委託之廠商人員給予期約、賄賂、佣金、比例金、仲介費、後謝金、回扣、餽贈、招待或其他不正利益。分包廠商亦同。

②違反前項規定者，機關得終止或解除契約，並將二倍之不正利益自契約價款中扣除。未能扣除者，通知廠商限期給付之。

四二　（第三人檢驗之費用）

契約規定廠商履約標的應經第三人檢驗者，其檢驗所需費用，除契約另有規定外，由廠商負擔。

陸、履約期限

四三　（履約期限之訂定）91

履約期限之訂定，得為下列方式之一，由機關載明於契約：

㈠自決標日、簽約日或機關通知日之次日起一定期間內完成契約規定之事項。

㈡於預先訂明之期限前完成契約規定之事項。

㈢自廠商收到機關之信用狀、預付款或其他類似情形之次日起一定期間內完成契約規定之事項。

㈣就履約各重要階段或分批供應之部分分別訂明其期限。

㈤其他約定之方式。

四四　（履約期間之計算）91

①履約期間之計算，除契約另有規定者外，得為下列方式之一，由機關載明於契約：

㈠以限期完成者。星期例假日、國定假日或其他休息日均應計入。

㈡以日曆天計者。星期例假日、國定假日或其他休息日，是否計入，應於契約中明定。

㈢以工作天計者。星期例假日、國定假日或其他休息日，均應不計入。

②前項履約期間，因不可抗力或有不可歸責於廠商之事由者，得延長之；其事由未達半日者，以半日計；逾半日未達一日者，以一日計。

柒、遲　延

四五　（逾期違約金之計算）

①逾期違約金，為損害賠償額預定性違約金，以日為單位，擇下列方式之一計算，載明於契約，並訂明扣抵方式：

㈠定額。

㈡契約金額之一定比率。

②前項違約金，以契約價金總額之百分之二十為上限。

③第一項扣抵方式，機關得自應付價金中扣抵；其有不足者，得通知廠商繳納或自保證金扣抵。

四六　（不計逾期違約金之情形）

廠商履約有下列情形之一者，得檢具事證，以書面通知機關。機關得審酌其情形後，延長履約期限，不計逾期違約金：

㈠屬不可抗力所致。

㈡不可歸責於廠商之契約變更或機關通知廠商停工。

㈢機關應提供予廠商之資料、器材、場所或應採行之審查或同意等配合措施，未依契約規定提供或採行。

㈣可歸責於與機關有契約關係之其他廠商之遲延。

㈤其他可歸責於機關或不可歸責於廠商之事由。

四七　（分段完工使用或移交之逾期違約金）

契約訂有分段進度及最後履約期限，屬分段完工使用或移交者，其逾期違約金之計算原則如下：

㈠未逾分段進度但逾最後履約期限者，扣除已分段完工使用或移交部分之金額，計算逾最後履約期限之違約金。

㈡逾分段進度但未逾最後履約期限者，計算逾分段進度之違約金。

㈢逾分段進度且逾最後履約期限者，分別計算違約金。但逾最後履約期限之違約金，應扣除已分段完工使用或移交部分之金額計算之。

㈣分段完工期限與其他採購契約之進行有關者，逾分段進度，得個別計算違約金，不受前款但書限制。

四八　（全部完工後使用或移交之逾期違約金）

契約訂有分段進度及最後履約期限，屬全部完工後使用或移交者，其逾期違約金之計算原則如下：

㈠未逾分段進度但逾最後履約期限者，計算逾最後履約期限之違約金。

㈡逾分段進度但未逾最後履約期限，其有逾分段進度已收取之違約金者，於未逾最後履約期限後發還。

㈢逾分段進度且逾最後履約期限，其有逾分段進度已收取之違

約金者，於計算逾最後履約期限之違約金時應予扣抵。
㈣分段完工期限與其他採購契約之進行有關者，逾分段進度，得計算違約金，不受第二款及第三款之限制。

四九　（不可抗力原因）
機關及廠商因天災或事變等不可抗力或不可歸責於契約當事人之事由，致未能依時履約者，得展延履約期限；不能履約者，得免除契約責任。

捌、履約標的

五〇　（履約所供應或完成之標的）
廠商履約所供應或完成之標的，應符合契約規定，無減少或滅失價值或不適於通常或約定使用之瑕疵。

五一　（查驗或驗收有瑕疵時之處理）
①廠商履約結果經機關查驗或驗收有瑕疵者，機關得定相當期限，要求廠商改善、拆除、重作、退貨或換貨（以下簡稱改正），並得訂明逾期未改正應繳納違約金。
②廠商不於前項期限內改正、拒絕改正或其瑕疵不能改正者，機關得採行下列措施之一：
㈠自行或使第三人改正，並得向廠商請求償還改正必要之費用。
㈡解除契約或減少契約價金。但瑕疵非重要者，機關不得解除契約。
③因可歸責於廠商之事由，致履約有瑕疵者，機關除依前二項規定辦理外，並得請求損害賠償。

五二　（保固或瑕疵擔保期間之訂定）
①契約得訂明廠商保固或瑕疵擔保期間。
②前項期間內，採購標的因瑕疵致無法使用時，該期間得不予計入。

五三　（消耗性零配件之價格）
①機關得視採購性質及實際需要，於契約內訂明採購標的於使用期間所需消耗性零配件之單價，或附記其參考價格或價格調整方式。
②第一年使用期間所需消耗性零配件，以附於採購標的合併採購爲原則，並載明其單價。

五四　（維修服務契約）
①採購標的於使用期間有由原供應廠商提供維修服務之必要者，其第一年使用期間之維修服務，以附於採購標的合併招標決標爲原則，並得視案件性質及實際需要調整該一年使用期間。
②前項維修服務契約應訂明廠商須提供服務之事項、標價及價金給付方式。
③第一項維修服務，有於使用期間長期洽原供應廠商提供維修服務之必要者，得於契約訂明廠商每年提供此一服務之費用上限及廠商不得拒絕提供維修服務。

④第二項服務事項，得包括定期維護保養、零配件供應或故障修理等。

玖、權利及責任

五五　（廠商對於第三人主張權利之責任）

①得標廠商應擔保第三人就履約標的，對於機關不得主張任何權利。

②廠商履約，其有侵害第三人合法權益時，應由廠商負責處理並承擔一切法律責任。

五六　（智慧財產權之歸屬）

廠商履約結果涉及智慧財產權者，機關得視需要於契約規定取得部分或全部權利或取得授權。

五七　（第三人請求損害賠償之避免）

機關及廠商應採取必要之措施，以保障對方免於因本契約之履行而遭第三人請求損害賠償。其有致第三人損害者，應由造成損害原因之一方負責賠償。

五八　（損害賠償之請求）93

廠商應負責之損害賠償金額，機關得自應付價金中扣抵；其有不足者，得自保證金扣抵或通知廠商給付。

五九　（執行錯誤、不實或管理不善者之賠償責任）108

①契約應訂明一方執行錯誤、不實或管理不善，致他方遭受損害者，應負賠償責任。

②前項之損害，機關得視個案之特性及實際需要，於契約中明定其賠償之項目、範圍或上限，並得訂明其排除適用之情形。

六〇　（機關不負賠償責任之事項）

①機關對於廠商及其人員因履約所致之人體傷亡或財物損失，不負賠償責任。

②前項人體傷亡或財物損失之風險，廠商應投保必要之保險。

六一　（機關審查、認可或核准之效果）

廠商依契約規定應履行之責任，不因機關對於廠商履約事項之審查、認可或核准行爲而減少或免除。

拾、保　險

六二　（保險之種類）

機關得視採購之特性及實際需要，就下列保險擇定廠商於履約期間應辦理之保險，並載明於契約：

㈠營造綜合保險，得包括第三人意外責任險。

㈡安裝綜合保險，得包括第三人意外責任險。

㈢雇主責任險。

㈣汽機車或航空器等之第三人責任險。

㈤營建機具綜合保險、機械保險、電子設備綜合保險或鍋爐保

險。

㈥運輸險。

㈦專業責任險。

㈧其他必要之保險。

六三　（索賠所費時間）

廠商向保險人索賠所費時間，不得據以請求延長履約期限。

六四　（未保險之責任）

廠商未依契約規定辦理保險、保險範圍不足或未能自保險人獲得足額理賠者，其損失或損害賠償，由廠商負擔。

拾壹、契約終止解除或暫停執行

六五　（終止或解除契約之情形）

①契約得訂明機關得通知廠商終止或解除契約之情形。

②契約得訂明終止或解除契約，屬可歸責於廠商之情形者，機關得依其所認定之適當方式，自行或洽其他廠商完成被終止或解除之契約；其所增加之費用，由原契約廠商負擔。

六六　（因政策變更之終止或解除契約）

契約因政策變更，廠商依契約繼續履行反而不符公共利益者，機關得報經上級機關核准，終止或解除部分或全部契約。但應補償廠商因此所生之損失。

六七　（終止契約後之契約價金給付）108

依前點規定終止契約者，廠商於接獲機關通知前已完成且可使用之履約標的，依契約價金給付；僅部分完成尚未能使用之履約標的，機關得擇下列方式之一洽廠商為之：

㈠繼續予以完成，依契約價金給付。

㈡停止製造、供應或施作。但給付廠商已生之製造、供應或施作費用及合理之利潤。

六八　（暫停執行）

①契約得訂明廠商未依契約規定履約者，機關得隨時通知廠商部分或全部暫停執行，至情況改正後方准恢復履約。

②有前項情形者，契約應訂明廠商不得就暫停執行請求延長履約期限或增加契約價金。

六九　（暫停執行之補償）

①契約得訂明因非可歸責於廠商之情形，機關通知廠商部分或全部暫停執行，得補償廠商因此而增加之必要費用。

②前項暫停執行，機關得視情形，酌予延長履約期限。

拾貳、爭議處理

七〇　（履約爭議之處理）108

①契約應訂明機關與廠商因履約而生爭議者，應依法令及契約規定，考量公共利益及公平合理，本誠信和諧，盡力協調解決

之。其未能達成協議者，得以下列方式之一處理：

㈠依本法第八十五條之一規定向採購申訴審議委員會申請調解。

㈡符合本法第一百零二條規定情事，提出異議、申訴。

㈢提付仲裁。

㈣提起民事訴訟。

㈤依其他法律申（聲）請調解。

㈥契約雙方合意成立爭議處理小組協調爭議。

㈦依契約或雙方合意之其他方式處理。

②前項之爭議，機關亦得依本法第十一條之一規定，成立機關採購工作及審查小組協助審查、諮詢。

七一 （受理履約爭議之機關）91

契約應訂明下列受理履約爭議之機關名稱、地址及電話：

㈠依本法第八十五條之一規定受理調解之採購申訴審議委員會。

㈡依本法第一百零二條規定受理申訴之採購申訴審議委員會。

七二 （爭議發生後之履約）

契約應訂明履約爭議發生後，關於履約事項之下列處理原則：

㈠與爭議無關或不受影響之部分應繼續履約。但經機關同意者不在此限。

㈡廠商因爭議而暫停履約，其經爭議處理結果被認定無理由者，不得就暫停履約之部分要求延長履約期限或免除契約責任。

七三 （訴訟）108

契約應訂明以中華民國法律為準據法，並記載訴訟時以機關所在地之地方法院為第一審管轄法院。但有下列情形之一，無法徵得廠商同意者，得記載以外國法律為準據法或以外國法院為管轄法院：

㈠向國際組織、外國政府或其授權機構辦理之採購。

㈡以限制性招標辦理之採購。

㈢依本法第一百零六條規定辦理之採購。

㈣其他經機關認定確有必要者。

七四 （仲裁）

契約得訂明其爭議得依仲裁法以仲裁方式處理，並約定仲裁處所。

拾參、附　則

七五 （繳納代金證明）92

①契約應訂明得標廠商其於國內員工總人數逾一百人，履約期間僱用身心障礙者及原住民人數各應達國內員工總人數百分之一，並均以整數為計算標準，未達整數部分不予計入。僱用不足依規定應繳納代金者，應分別依規定向所在地之直轄市或縣（市）勞工主管機關設立之身心障礙者就業基金專戶及原住民

中央主管機關設立之原住民族就業基金專戶，繳納上月之代金；並不得僱用外籍勞工取代僱用不足額部分。

②招標機關應將前項國內員工總人數逾一百人之廠商資料，依政府採購公告及公報發行辦法第十四條規定彙送至主管機關之決標資料庫，以供勞工及原住民主管機關查核代金繳納情形。

機關委託技術服務廠商評選及計費辦法

①民國88年5月17日行政院公共工程委員會令訂定發布全文32條；並自88年5月27日起施行。
②民國91年5月3日行政院公共工程委員會令修正發布第5、6、16、17、30、32條條文；增訂第4-1、4-2條條文；並自發布日施行。
③民國91年12月11日行政院公共工程委員會令修正發布第16條條文。
④民國99年1月15日行政院公共工程委員會令修正發布全文40條；並自發布後三個月施行。
⑤民國101年12月27日行政院公共工程委員會令修正發布第9、29、40條條文；並自發布日施行。
⑥民國102年11月1日行政院公共工程委員會令修正發布第29條條文。
⑦民國103年10月30日行政院公共工程委員會令修正發布第 26 條條文。
⑧民國104年7月14日行政院公共工程委員會令修正發布第6、13、17條條文。
⑨民國106年3月31日行政院公共工程委員會令修正發布第24、29條條文。
⑩民國109年9月9日行政院公共工程委員會令修正發布第29條條文；並增訂第25-1條條文。

第一章　總　則

第一條

本辦法依政府採購法（以下簡稱本法）第二十二條第二項規定訂定之。

第二條

機關依本法第二十二條第一項第九款以公開客觀評選方式委託廠商提供技術服務，其廠商評選與服務費用之計算方式，依本辦法之規定。

第三條

①本辦法所稱技術服務，指工程技術顧問公司、技師事務所、建築師事務所及其他依法令規定得提供技術性服務之自然人或法人所提供與技術有關之可行性研究、規劃、設計、監造、專案管理或其他服務。
②前項技術服務，依法令應由專門職業及技術人員或法定機構提供者，不得由其他人員或機構提供。

第四條

機關委託廠商辦理可行性研究，得依採購案件之特性及實際需

要，就下列服務項目擇定之：

一　計畫概要之研擬。
二　初步踏勘及現況調查。
三　研究工址相關範圍既有地形圖、測量、地質、土壤、水文氣象、材料等資料蒐集及其他調查、試驗或勘測。
四　都市計畫、區域計畫等之調查及研究。
五　計畫需求調查及分析。
六　計畫相關資料之分析、整理及評估。
七　方案研擬及比較評估。
八　計畫成本之初估及經濟效益評估。
九　財務之分析及建議。
十　風險及不定性分析。
十一　經營管理方式之研究。
十二　初步運輸及交通衝擊評估。
十三　可行性報告及建議。
十四　其他與可行性研究有關且載明於招標文件或契約之技術服務。

第五條

機關委託廠商辦理規劃，得依採購案件之特性及實際需要，就下列服務項目擇定之：

一　勘察工程基地。
二　繪製工程基地位置圖。
三　可行性研究結果之檢討及建議。
四　測量、地質調查、鑽探及試驗、土壤調查及試驗、水文氣象觀測及調查、材料調查及試驗、模型試驗及其他調查、試驗或勘測。
五　計畫相關資料之補充、分析及評估。
六　運輸規劃。
七　製作規劃圖說。如配置圖、平面圖、立面圖及具代表性之剖面圖等草案構想。
八　製作工程計畫書。如設計準則、規範等級說明、構造物型式及施工法（含特殊構造物方案及比較）、材料種類、結構及設備系統概要說明、構造物耐震及防蝕對策、營建土石方處理、工程計畫期程、工程經費概算等初步建議。
九　都市計畫、區域計畫等之規劃。
十　施工計畫、交通維持計畫、監測及緊急應變等初步規劃。
十一　使用期限規劃及維護管理策略。
十二　規劃報告。
十三　其他與規劃有關且載明於招標文件或契約之技術服務。

第六條 104

①機關委託廠商辦理設計，得依採購案件之特性及實際需要，就下列服務項目擇定之：

一　基本設計：

㈠規劃報告及設計標的相關資料之檢討及建議。
㈡非與已辦項目重複之詳細測量、詳細地質調查、鑽探及試驗及招標文件所載其他詳細調查、試驗或勘測。
㈢基本設計圖文資料：
1.構造物及其環境配置規劃設計圖。
2.基本設計圖。如平面圖、立面圖、剖面圖及招標文件所載其他基本設計圖。
3.結構及設備系統研擬。
4.工程材料方案評估比較。
5.構造物型式及工法方案評估比較。
6.特殊構造物方案評估比較。
7.構造物耐震對策評估報告。
8.構造物防蝕對策評估報告。
9.綱要規範。
㈣量體計算分析及法規之檢討。
㈤細部設計準則之研擬。
㈥營建剩餘土石方之處理方案。
㈦施工規劃及施工初步時程之擬訂。
㈧成本概估。
㈨採購策略及分標原則之研訂。
㈩基本設計報告。

二　細部設計：
㈠非與已辦項目重複之補充測量、補充地質調查、補充鑽探及試驗及其他必要之補充調查、試驗。
㈡細部設計圖文資料：
1.工程圖文資料。如配置圖、平面圖、立面圖、剖面圖、排水配置圖、地質柱狀圖等。
2.結構圖文資料。如結構詳圖、結構計算書等。
3.設備圖文資料。如水、電、空調、消防、電信、機械、儀控等設備詳圖、計算書、規範等。
㈢施工或材料規範之編擬。
㈣工程或材料數量之估算及編製。
㈤成本分析及估算。
㈥施工計畫及交通維持計畫之擬訂。
㈦分標計畫及施工進度之擬訂及整合。
㈧發包預算及招標文件之編擬。

三　代辦申請建築執照與水、電、空調、消防或電信之工程設計圖說資料送審。

四　協辦下列招標及決標有關事項：
㈠各項招標作業，包括參與標前會議、設計、施工說明會。
㈡招標文件之釋疑、變更或補充。
㈢投標廠商、分包廠商、設備製造廠商資格之審查及諮

詢。

㈣開標、審標及提供決標建議。

㈤契約之簽訂。

㈥招標、開標、審標或決標爭議之處理。

五　其他與設計有關且載明於招標文件或契約之技術服務。

②前項設計，應符合節省能源、減少溫室氣體排放、保護環境、節約資源、經濟耐用等目的，並考量景觀、自然生態、生活美學及性別、身心障礙、高齡、兒童等使用者友善環境。

第七條

①機關委託廠商辦理監造，得依採購案件之特性及實際需要，就下列服務項目擇定之：

一　擬訂監造計畫並依核定之計畫內容據以執行。

二　派遣人員留駐工地，持續性監督施工廠商按契約及設計圖說施工及查證施工廠商履約。

三　施工廠商之施工計畫、品質計畫、預定進度、施工圖、器材樣品、趕工計畫、工期展延與其他送審案件之審查及管制。

四　重要分包廠商及設備製造商資格之審查。

五　施工廠商放樣、施工基準測量及各項測量之校驗。

六　監督及查驗施工廠商辦理材料及設備之品質管理工作。

七　監督施工廠商執行工地安全衛生、交通維持及環境保護等工作。

八　履約進度查證與管理及履約估驗計價之審查。

九　有關履約界面之協調及整合。

十　契約變更之建議及協辦。

十一　機電設備測試及試運轉之監督。

十二　審查竣工圖表、工程結算明細表及契約所載其他結算資料。

十三　驗收之協辦。

十四　協辦履約爭議之處理。

十五　其他與監造有關且載明於招標文件或契約之技術服務。

②前項第二款派遣人員之資格、人數、是否專任、留駐工地期間及權責分工，應於委託契約載明。

③監造建築師、技師或其他專門職業及技術人員執行監造業務或監造簽證事項，其屬法令規定或契約約定應親自赴現場查驗、勘驗、初驗、驗收、會勘或出席會議者，應配合到場辦理、說明、會辦。

第八條

機關委託廠商辦理第四條至第七條之服務，得依個案特性及實際需要，擇定下列服務項目，併案招標，或另案辦理招標：

一　有關專業技術之資料與報告之研究、評審及補充。

二　替代方案、工程設計及施工可行性之審查及建議。

三　各階段環境影響評估及相關說明書、報告書之編製及送

審。

四　水土保持計畫之辦理及送審。

五　申請公有建築物候選綠建築證書或綠建築標章。

六　特殊設備之設計、審查、監造、檢驗及安裝之監督。

七　操作及維護人員之訓練。

八　協辦有關器材、設備及零件之採購。

九　關於生產及營運技術之改善。

十　設施安全之評估。

十一　協辦設備之操作及營運管理。

十二　操作及維護手冊之編擬。

十三　價值工程分析。

十四　協助處理民眾抗爭、災害搶救或管線遷移等事項。

十五　其他與技術服務有關且載明於招標文件或契約之事項。

第九條 101

①機關委託廠商辦理專案管理，得依採購案件之特性及實際需要，就下列服務項目擇定之：

一　可行性研究之諮詢及審查：

㈠計畫需求之評估。

㈡可行性報告、環境影響說明書及環境影響評估報告書之審查。

㈢方案之比較研究或評估。

㈣財務分析及財源取得方式之建議。

㈤初步預算之擬訂。

㈥計畫綱要進度表之編擬。

㈦設計需求之評估及建議。

㈧專業服務及技術服務廠商之甄選建議及相關文件之擬訂。

㈨用地取得及拆遷補償分析。

㈩資源需求來源之評估。

⑪其他與可行性研究有關且載明於招標文件或契約之專案管理服務。

二　規劃之諮詢及審查：

㈠規劃圖說及概要說明書之諮詢及審查。

㈡都市計畫、區域計畫或水土保持計畫等規劃之諮詢及審查。

㈢設計準則之審查。

㈣規劃報告之諮詢及審查。

㈤其他與規劃有關且載明於招標文件或契約之專案管理服務。

三　設計之諮詢及審查：

㈠專業服務及技術服務廠商之工作成果審查、工作協調及督導。

㈡材料、設備系統選擇及採購時程之建議。

㈢計畫總進度表之編擬。
㈣設計進度之管理及協調。
㈤設計、規範（含綱要規範）與圖樣之審查及協調。
㈥設計工作之品管及檢核。
㈦施工可行性之審查及建議。
㈧專業服務及技術服務廠商服務費用計價作業之審核。
㈨發包預算之審查。
㈩發包策略及分標原則之研訂或建議，或分標計畫之審查。
⑪文件檔案及工程管理資訊系統之建立。
⑫其他與設計有關且載明於招標文件或契約之專案管理服務。

四　招標、決標之諮詢及審查：
㈠招標文件之準備或審查。
㈡協助辦理招標作業之招標文件之說明、澄清、補充或修正。
㈢協助辦理投標廠商資格之訂定及審查作業。
㈣協助辦理投標文件之審查及評比。
㈤協助辦理契約之簽訂。
㈥協助辦理器材、設備、零件之採購。
㈦其他與招標、決標有關且載明於招標文件或契約之專案管理服務。

五　施工督導與履約管理之諮詢及審查：
㈠各工作項目界面之協調及整合。
㈡施工計畫、品管計畫、預訂進度、施工圖、器材樣品及其他送審資料之審查或複核。
㈢重要分包廠商及設備製造商資歷之審查或複核。
㈣施工品質管理工作之督導或稽核。
㈤工地安全衛生、交通維持及環境保護之督導或稽核。
㈥施工進度之查核、分析、督導及改善建議。
㈦施工估驗計價之審查或複核。
㈧契約變更之處理及建議。
㈨契約爭議與索賠案件之協助處理。但不包括擔任訴訟代理人。
㈩竣工圖及結算資料之審定或複核。
⑪給排水、機電設備、管線、各種設施測試及試運轉之督導及建議。
⑫協助辦理工程驗收、移交作業。
⑬設備運轉及維護人員訓練。
⑭維護及運轉手冊之編擬或審定。
⑮特殊設備圖樣之審查、監造、檢驗及安裝之監督。
⑯計畫相關資料之彙整、評估及補充。
⑰其他與施工督導及履約管理有關且載明於招標文件或契

約之專案管理服務。

②機關委託廠商辦理前項專案管理，得視工程性質及實際需要，將第七條第一項之監造服務項目，與前項第五款之服務項目整合，並排除重複及利益衝突情形後，一併委託辦理。

第一〇條

機關因專業人力或能力不足，需委託廠商辦理前條專案管理者，應先擬具委託專案管理計畫，載明下列事項，循預算程序編列核定後辦理：

一　計畫之特性及執行困難度。

二　必須委託專案管理之理由。

三　委託服務項目及所需經費概估。

四　廠商資格條件或評選項目。

五　委託專案管理預期達成之效益。

第二章　評選及議價

第一一條

①機關委託廠商辦理技術服務，除法令另有規定者外，其招標文件得依個案特性及實際需要載明下列事項：

一　服務之項目、工作內容及需求計畫。

二　廠商所應具備之專任技術人員及此等人員所應持有之證照或資格，或其他與提供服務有關之資格條件。

三　服務工作完成後所應達到之目標或成果。

四　服務之提供涉及材料、設備或場所之供應者，其規格。

五　廠商應提出之服務建議書及其應含之內容。

六　廠商或其主要工作人員所應具備與招標案性質相同或相當之服務經驗。

七　收受服務建議書之地點及截止期限。

八　評選項目、評審標準及評定方式。

九　智慧財產權之歸屬。

十　與優勝者議價之方式及決標原則。

十一　計費及付款方式。

十二　投標須知及契約條款。

十三　廠商於評選時須提出簡報者，其進行方式。

十四　對於未獲選者之獎勵方式及其作品之處理方式。

十五　委託服務費用之預算、預估金額或固定服務費用或費率。

十六　其他必要事項。

②廠商承辦技術服務屬第九條之專案管理者，其專案管理人員至少應有二分之一為該廠商之專任職員。

第一二條

前條第一項第一款需求計畫，其內容得包括計畫緣起、需求說明、基地現況、地質資料、工程經費上限、預計提供技術服務

之期程等。

第一三條 104

①第十一條第一項第五款服務建議書及其應含之內容，得包括下列事項：

一　計畫概述及作業流程。
二　基地環境現況及相關法令分析。
三　整體工作進度及主要工作項目之時程。
四　服務費用（採固定服務費用者，提供服務費用分析）。
五　規劃設計理念及構想說明（例如節省能源、減少溫室氣體排放、保護環境、節約資源、經濟耐用、景觀、自然生態、生活美學、住民參與及性別、身心障礙、高齡、兒童等使用者友善環境等）。
六　設計圖，包括比例尺、大小、尺寸、圖說張數及裱裝等表現方式。
七　設計採用之材料、構造說明。
八　相關法令應提計畫書圖項目等。
九　工程經費概算及主要工程項目之經費分析。
十　營建計畫分析。
十一　品管計畫（含技術服務及重要工程施工項目）。
十二　服務計畫內容、圖說、服務建議書之章節次序等。
十三　工作組織及主要工作人員學經歷、專長。
十四　廠商信譽及實績。

②前項第五款至第十款，於委託監造或專案管理技術服務時得免載明。

第一四條

①第十一條第一項第十二款契約條款，應符合公平合理原則，並得包括下列事項：

一　契約文字以中文（正體字）為之，並得附外文譯本；中文與譯文有出入時，以中文為準。
二　契約條款之解釋及適用，以我國法律為準據法；其有特殊情形者，從其約定。
三　解決糾紛之爭議處理程序，並視需要訂明仲裁機構、管轄法院。
四　稅負事前約定，並依我國法律所定納稅義務人為納稅人。
五　廠商所應負之責任及良好服務之保證。
六　廠商應投保「專業責任保險」，所需保險費包含於服務費用項目之內。有關保險範圍、金額、期限、保單自負額之限制，由機關依服務案件特性定之。
七　服務項目、履約期限及計費方式。
八　各期進度規定，計算進度方式、付款方式及數額。
九　服務範圍包括代辦訓練操作或維護人員者，機關受訓人員之旅費及生活費，應由機關自行支給，不包括在服務費用項目之內。

十　廠商受委託所設計之計畫書及圖樣，其智慧財產權之歸屬。
十一　廠商規劃設計錯誤、監造不實或管理不善，致機關遭受損害之責任。
十二　廠商對於委辦案件應秘密之事項及洩密之罰則。
十三　廠商承辦監造服務時應提出之監造計畫。
十四　廠商應依工作性質及約定專業服務項目向機關提出定期報表（日報、週報或月報），包括工作進度、工作人數及時數、異常狀況之分析及因應對策等，以供查核。
十五　逾期與其他違約事項之規定及逾期違約金上限。
十六　契約終止、解除及結算規定。

②前項第十一款之損害，機關得依個案特性及實際需要，於契約中明定其賠償之項目、範圍或上限，並得訂明其排除適用之情形。

第一五條

①機關委託廠商辦理技術服務，應於招標文件規定得標廠商技術服務成果之智慧財產權歸屬及侵害第三人合法權益時由廠商負責處理並承擔一切法律責任。

②前項權利，機關得視需要取得授權，或取得部分或全部權利。

第一六條

①機關委託廠商辦理技術服務，涉及廠商於投標時須提出設計圖或服務建議書者，應於招標文件載明機關對其他得獎圖說之使用條件及其範圍或權限，並得於招標文件規定經評選達一定分數或名次之未獲選廠商，發給一定金額之獎勵金。

②前項經評選達一定分數或名次之未獲選廠商所提出之設計圖或服務建議書，機關得依需要給與合理報酬後，取得授權，或取得全部或部分權利。

第一七條 104

①機關委託廠商辦理可行性研究、規劃、設計或監造，其評選項目，除法令另有規定者外，得載明下列事項：
一　廠商於技術服務項目之經驗及信譽。得包括優良、不良紀錄或事蹟。
二　服務建議書之完整性、可行性及對服務事項之瞭解程度。
三　工作計畫、預定進度及如期如質履約能力。得包括主要工作人數及尚在履約之契約件數、金額及是否逾期等情形。
四　計畫主持人及主要工作人員之經驗、專長、最近三年之服務紀錄及主要工作人員具備本法專業知識之情形。得包括該等人員之優良、不良紀錄或事蹟。
五　廠商之資源及其他支援能力。
六　控制合理興建費用之方式。
七　標的完成後使用及維護、營運管理之說明。
八　服務費用、工程造價分析。
九　住民參與、景觀設計、自然生態、節省能源、減少溫室氣

體排放、保護環境、節約資源、經濟耐用、生活美學及性別、身心障礙、高齡、兒童等使用者友善環境等之說明。

十　環境影響及工程風險之評估。

十一　優良技術、工法及產品之採用。

十二　廠商最近五年曾獲與評選案性質相同或類似之獎勵情形及過去履約績效。

十三　其他與招標標的有關之事項。

②前項評選含競圖者，其評選項目得包括下列事項：

一　設計作品之設計理念。

二　設計作品之創意性及符合在地文化、生活美學程度。

三　設計作品反映對機關需求之瞭解程度。

③第一項第一款及第四款所稱廠商或其計畫主持人或主要工作人員之優良、不良紀錄或事蹟，除廠商提出者外，機關得自行蒐集或至本法主管機關網站查詢。

第一八條

①機關委託廠商辦理專案管理，其評選項目，除法令另有規定者外，得視個案特性及實際需要載明下列事項：

一　廠商於專案管理技術服務項目之經驗與信譽。得包括優良、不良紀錄或事蹟。

二　服務建議書之完整性、可行性及對服務事項之瞭解程度。

三　工作計畫、預定進度及如期如質履約能力。得包括主要工作人數及尚在履約之契約件數、金額及是否逾期等情形。

四　計畫主持人及主要工作人員之經驗、能力、最近三年服務紀錄及主要工作人員具備本法專業知識之情形。得包括該等人員之優良、不良紀錄或事蹟。

五　廠商之資源及其他支援能力。

六　服務費用。

七　廠商最近五年曾獲與評選案性質相同或類似之獎勵情形及過去履約績效。

八　其他與招標標的有關之事項。

②前項第一款及第四款所稱廠商或其計畫主持人或主要工作人員之優良、不良紀錄或事蹟，除廠商提出者外，機關得自行蒐集或至本法主管機關網站查詢。

第一九條

①機關委託廠商辦理新建建築物之技術服務，其服務費用之採購金額在新臺幣五百萬元以上，且服務項目包括規劃、設計者，應要求廠商提出服務建議書及規劃、設計構想圖說（配置圖、平面圖、立面圖、剖面圖、透視圖等），並應辦理競圖。

②技術服務涉及競圖者，招標文件除依第十一條規定者外，應另載明下列事項：

一　計畫之目標及原則。

二　工程名稱及地點。

三　基地資料，包括土地權屬地籍圖謄本、都市計畫圖說、地

形圖或現況實測圖、地質調查資料、可能存在之淹水、斷層等資料及其他相關資料。

四　規劃、設計內容，包括室內外空間用途、數量、使用人數或面積、使用方式、設備需求、特殊需求及其他需求。

五　允許增減面積比率。

六　工程經費概算。

七　工程期限。

八　圖說內容、比例尺、大小尺寸、張數及裝裱方式等。

九　表現方式，包括模型、透視圖及顏色需求等。

十　其他必要事項。

③技術服務金額未達新臺幣五百萬元之規劃、設計採購，其採競圖方式辦理者，準用前項規定。但得不要求製作模型及彩繪透視。

第二〇條

機關辦理前條競圖，得採一階段或兩階段評選；其採兩階段評選者，辦理原則如下：

一　第一階段評選以規劃及構想內容為限，第二階段評選包括實質設計內容。

二　第一階段評選免廠商簡報程序。

三　通過第一階段評選者，方得參與第二階段評選。

四　第二階段評選除圖面及文字說明外，並得要求提供建築模型或彩繪透視圖。

第二一條

①機關委託廠商辦理技術服務之評選，應先審查資格文件。資格不合於招標文件之規定者，其他部分不予審查。

②機關評選結果應通知廠商，對未獲選者並應敘明其原因。

第二二條

①採購評選委員會評選優勝廠商，得不以一家為限。

②前項評選作業，準用本法有關最有利標之評選規定。

第二三條

①機關與評選優勝廠商之議價，應依下列方式之一辦理，並載明於招標文件：

一　優勝廠商為一家者，以議價方式辦理。

二　優勝廠商在二家以上者，依優勝序位，自最優勝者起，依序以議價方式辦理。但有二家以上廠商為同一優勝序位者，以標價低者優先議價。

②前項議價，不得降低或刪減招標文件之要求及廠商投標文件所承諾之事項。

第二四條 106

①機關依前條辦理議價之決標，應依下列規定之一辦理：

一　招標文件已訂明固定服務費用或費率者，依該服務費用或費率決標。

二　招標文件未訂明固定服務費用或費率者，其超底價決標或

廢標適用本法第五十三條第二項及第五十四條之規定。
②機關訂定前項第二款之底價，適用本法第四十六條規定。議價廠商之報價合理且在預算金額以內者，機關得依其報價訂定底價，照價決標。
③招標文件得訂明部分服務項目採固定服務費用或費率。

第三章　計費方法

第二五條
①機關委託廠商辦理技術服務，其服務費用之計算，應視技術服務類別、性質、規模、工作範圍、工作區域、工作環境或工作期限等情形，就下列方式擇定一種或二種以上符合需要者訂明於契約：
一　服務成本加公費法。
二　建造費用百分比法。
三　按月、按日或按時計酬法。
四　總包價法或單價計算法。
②依前項計算之服務費用，應參酌一般收費情形核實議定。其必須核實另支費用者，應於契約內訂明項目及費用範圍。

第二五條之一 109
機關委託廠商辦理技術服務，其服務費用得就履約期間各種技術服務工作事項所需人力之類別、人數、工作時間、薪資，及人力以外之其他相關費用，合理估算後編列預算，並作為擇定前條服務費用計算方式之參考。

第二六條 103
①機關委託廠商辦理技術服務，服務費用採服務成本加公費法者，其服務費用，得包括下列各款費用：
一　直接費用：
㈠直接薪資：包括直接從事委辦案件工作之建築師、技師、工程師、規劃、經濟、財務、法律、管理或營運等各種專家及其他工作人員之實際薪資，另加實際薪資之一定比率作為工作人員不扣薪假與特別休假之薪資費用；非經常性給與之獎金；及依法應由雇主負擔之勞工保險費、積欠工資墊償基金提繳費、全民健康保險費、勞工退休金。
㈡管理費用：包括未在直接薪資項下開支之管理及會計人員之薪資、保險費及退休金、辦公室費用、水電及冷暖氣費用、機器設備及傢俱等之折舊或租金、辦公事務費、機器設備之搬運費、郵電費、業務承攬費、廣告費、準備及結束工作所需費用、參加國內外職業及技術會議費用、業務及人力發展費用、研究費用或專業聯繫費用及有關之稅捐等。但全部管理費用不得超過直接薪資扣除非經常性給與之獎金後之百分之一百。

㈢其他直接費用：包括執行委辦案件工作時所需直接薪資以外之各項直接費用。如差旅費、工地津貼、加班費、專業責任保險費、專案或工地辦公室及工地試驗室設置費、工地車輛費用、資料收集費、專利費、操作及維護人員之代訓費、電腦軟體製作費或使用費、測量、探查及試驗費或圖表報告之複製印刷費、外聘專家顧問報酬及有關之各項稅捐、會計師簽證費用等。

二　公費：指廠商提供技術服務所得之報酬，包括風險、利潤及有關之稅捐等。

三　營業稅。

②前項第一款第一目工作人員不扣薪假與特別休假之薪資費用，得由機關依實際需要於招標文件明定為實際薪資之一定比率及給付條件，免檢據核銷。但不得超過實際薪資之百分之十六。

③第一項第一款第一目非經常性給與之獎金，得由機關依實際需要於招標文件明定為實際薪資之一定比率及給付條件，檢據核銷。但不得超過實際薪資之百分之三十。

④第一項第一款第一目依法應由雇主負擔之勞工保險費、積欠工資墊償基金提繳費、全民健康保險費、勞工退休金，由機關核實給付。

⑤第一項第二款公費，應為定額，不得按直接薪資及管理費之金額依一定比率增加，且全部公費不得超過直接薪資扣除非經常性給與之獎金後與管理費用合計金額之百分之二十五。

第二七條

①機關委託廠商辦理技術服務，服務費用採服務成本加公費法者，得於招標文件規定得標廠商服務費用降低或實際績效提高時，得依其情形給付廠商獎勵性報酬。

②前項獎勵性報酬之給付方式如下，由機關於招標文件中訂明：

一　屬服務費用降低者，為所減省之契約價金金額之一定比率。

二　屬實際績效提高者，依契約所載計算方式給付。

③前項第一款一定比率，以不逾百分之五十為限；第二款給付金額，以不逾契約價金總額或契約價金上限之百分之十為限。

第二八條

①機關委託廠商辦理技術服務，服務費用採服務成本加公費法者，應於契約訂明下列事項：

一　廠商應記錄各項費用並備具憑證，機關視需要得自行或委託專業第三人至廠商處所辦理查核。

二　成本上限及逾上限時之處理。

②前項第一款憑證，應包括各項費用之發票、收據、紀錄或報表；除契約另有規定外，憑證得為影本。

第二九條　109

①機關委託廠商辦理技術服務，服務費用採建造費用百分比法計費者，其服務費率應按工程內容、服務項目及難易度，參考附

表一至附表四，訂定建造費用之費率級距及各級費率，簽報機關首長或其授權人員核定，並於招標文件中載明。服務項目屬附表所載不包括者，其費用不含於建造費用百分比法計費範圍，應單獨列項供廠商報價，或參考第二十五條之一規定估算結果，於招標文件中載明固定費用。

②前項建造費用，指經機關核定之工程採購底價金額或評審委員會建議金額，不包括規費、規劃費、設計費、監造費、專案管理費、物價指數調整工程款、營業稅、土地及權利費用、法律費用、主辦機關所需工程管理費、承包商辦理工程之各項利息、保險費及招標文件所載其他除外費用。

③工程採購無底價且無評審委員會建議金額者，第一項建造費用以工程預算代之。但應扣除前項不包括之費用及稅捐等。

④第一項工程於履約期間有契約變更、終止或解除契約之情形者，服務費用得視實際情形協議增減之。其費用之計算由雙方協議依第二十五條規定之方式辦理。

第三〇條

機關委託廠商辦理技術服務，服務費用採按月、按日或按時計酬法者，其薪資之計算得為下列方式之一；薪資以外之其他費用，可另行計算給付。

一　採按月計酬法者，每月薪資可按契約所載工作人員月薪計算。

二　採按日計酬法者，每日薪資可按契約所載工作人員日薪計算。

三　採按時計酬法者，每時薪資可按契約所載工作人員時薪計算。

第三一條

①服務費用有下列情形之一者，應予另加：

一　於設計核准後須變更者。

二　超出技術服務契約或工程契約規定施工期限所需增加之監造、專案管理及相關費用。

三　修改招標文件重行招標之服務費用。

四　超過契約內容之設計報告製圖、送審、審圖等相關費用。

②前項各款另加之費用，得按服務成本加公費法計算或與廠商另行議定。

③第一項各款另加之費用，以不可歸責於廠商之事由，且經機關審查同意者為限。

第三二條

機關委託辦理之技術服務，係在部分完成之狀態下由廠商接辦時，其所餘未完成部分之服務費用，除依第二十五條所定方式之一計算外，並應加計檢討已完成部分所需費用。但以經機關審查同意者為限。

第三三條

①服務須縮短時間完成者，得按縮短時間之程度酌增費用，其所

增費用得專案議定。

②重複性工程服務採用相同之設計圖說者，其設計費用應酌予折減給付。

第三四條

廠商因不可歸責於其本身之事由，應機關要求對同一服務事項依不同條件辦理多次規劃或設計者，其重複規劃或設計之部分，機關應核實另給服務費用。但以經機關審查同意者爲限。

第三五條

機關因故必須變更部分委託服務內容時，得就服務事項或數量之增減情形，調整服務費用及工作期限。但已工作部分之服務費用且機關審查同意者，應核實給付。

第三六條

①廠商之服務費用，得於契約規定於訂約後預付一部分，其餘按月或分期支付。但各次付款金額及條件應予訂明。

②前項預付一部分者，以不逾契約價金總額或契約價金上限之百分之三十爲原則。

③第一項服務費用按月或分期支付，且保留部分價金於完成全部服務項目後支付者，其保留額度以不逾契約價金之百分之二十爲原則。

第三七條

①機關委託廠商辦理技術服務，其履約期間在一年以上者，得於契約內訂明自第二年起得隨臺灣地區專業、科學及技術服務業受雇員工平均經常性薪資指數逐月計算調整契約價金，並敘明其所適用之調整項目、調整方式及調整金額上限。

②機關委託廠商辦理技術服務，其履約期間在一年以上者，得於契約內訂明自第二年起得隨臺灣地區專業、科學及技術服務業受雇員工平均經常性薪資指數逐月計算調整契約價金，並敘明其所適用之調整項目、調整方式及調整金額上限。

第四章　附　則

第三八條

①廠商承辦技術服務，其實際提供服務人員應於完成之圖樣及書表上簽署。其依法令須由執（開）業之專門職業及技術人員辦理者，應交由各該人員辦理，並依法辦理簽證。

②前項所稱圖樣及書表，包括其工作提出之預算書、設計圖、規範、施工說明書及其他依法令及契約應提出之文件。

第三九條

機關委託廠商辦理技術服務，非依本法第二十二條第一項第九款辦理者，得準用本辦法之規定。

第四〇條 101

①本辦法自發布後三個月施行。

②本辦法修正條文自發布日施行。

公共工程專業技師簽證規則

①民國91年7月3日行政院公共工程委員會、農業委員會、衛生署、環境保護署、勞工委員會、內政部、經濟部、交通部令會銜訂定發布全文20條；並自91年10月1日施行。

②民國101年9月6日行政院公共工程委員會、農業委員會、衛生署、環境保護署、勞工委員會、內政部、經濟部、交通部令會銜修正發布全文19條；並自發布日施行。

民國112年7月27日行政院公告第5條附表所列屬「行政院農業委員會」之權責事項，自112年8月1日起改由「農業部」管轄。

③民國112年10月4日行政院公共工程委員會、內政部、經濟部、交通部、勞動部、衛生福利部、農業部、環境部令會銜修正發布全文17條；並自發布日施行。

第一條

本規則依技師法（以下簡稱本法）第十三條第三項規定訂定之。

第二條

①公共工程實施技師簽證，除其他法規另有規定者外，依本規則之規定。

②前項技師簽證，指技師受委託辦理公共工程與本科技術相關事務，為其所完成工作簽證負責之行為。

第三條

①本規則所稱公共工程，指政府機關、公立學校、公營事業（以下簡稱機關）興辦或機關依法核准由民間機構參與或投資興辦之工程。

②前項所稱工程，指在地面上下新建、增建、改建、修建、拆除構造物與其所屬設施及改變自然環境之行為。

第四條

國家、地方自治團體以外之公法人受機關補助興辦之工程，其簽證適用本規則之規定。

第五條

①適用本規則之工程種類如下：

一　道路運輸工程：包括公路及市區道路。

二　軌道運輸工程：包括鐵路、高速鐵路、捷運系統及輕軌運輸系統。

三　機場工程。

四　港灣工程。

五　水庫及蓄水工程。

六　電業設備工程：包括發電、輸電及配電工程。

七　海岸、河川整治及水利工程。
八　自來水工程。
九　共同管道工程。
十　下水道工程：包括雨水下水道及污水下水道。
十一　焚化廠工程。
十二　垃圾掩埋場工程。
十三　新市鎮開發工程。
十四　工業區開發工程。
十五　水土保持之處理與維護工程。
十六　交通運輸纜車工程：包括利用纜索懸吊並推進封閉式車廂，往返行駛於固定路徑，用以運送特定地點及其鄰近地區乘客之運輸設施。但不包括機械遊樂設施設置及檢查管理辦法第二條第三款所規定之纜車。
十七　農田水利設施工程。
十八　其他經中央主管機關認定之工程。

②前項各類公共工程實施簽證之範圍、項目及主管各類公共工程之中央目的事業主管機關如附表。

③第一項公共工程除前項所定之簽證範圍及項目外，中央目的事業主管機關或主辦工程機關得視該工程之特性及實際需要，另擇定適當範圍、項目實施簽證。其由中央目的事業主管機關擇定實施者，應會同中央主管機關公告；由主辦工程機關自行擇定實施者，應載明於招標文件中。

第六條

①公共工程委託技師辦理設計、監造技術事項並簽證負責者，主辦工程機關應於委託設計、監造服務之招標文件中，明定技師辦理之工程項目或內容，並規定得標廠商須於簽約後提報其辦理設計、監造工作之簽證執行計畫，經主辦工程機關同意後執行之。

②前項工作之簽證執行計畫應具之工作項目，主辦工程機關應依工程種類、規模及實際需要定之。其屬設計者，得包括補充測量、補充地質調查與鑽探、施工規範與施工說明、數量計算、設計圖、安全衛生圖說與計算書、施工安全評估、工地環境保護監測與防治及其他必要項目；其屬監造者，得包括品質計畫與施工計畫審查、施工圖說審查、材料與設備抽驗、施工與安全衛生查驗及查核、設備功能運轉測試之抽驗及其他必要項目。

第七條

主辦工程機關應於招標文件中規定，得標廠商於簽約時應將承辦技師報請機關備查。履約期間更換承辦技師者，亦同。

第八條

公共工程實施技師簽證，涉及不同科別技師執業範圍者，應由不同科別技師爲之，並分別註明各自負責之範圍。其關聯二以上科別技師執業範圍之介面部分，得標廠商應指定一技師負責

整合，並由其與其他涉及科別之技師共同簽證負責。

第九條

技師執行簽證時，應依本法第十六條規定於所製作之圖樣、書表及簽證報告上簽署，並加蓋技師執業圖記。

第一〇條

技師應就辦理事項向委託機關提出工作簽證報告，其內容應包括下列項目：

一　案名；有案號者，其案號。

二　技師姓名、科別及執業執照字號。

三　工作簽證之法令依據。

四　委託人姓名或名稱、地址。

五　委託事項、日期。

六　受委託廠商名稱、地址。

七　工作簽證範圍、項目、內容、意見。

八　工作簽證日期。

第一一條

①技師執行簽證時，應將簽證經過確實作成紀錄，連同所有相關資料、文據彙訂為工作底稿。

②工作底稿為技師製作圖樣、書表及編撰工作簽證報告之主要依據，其編製應符合下列規定：

一　明列重要事實或數字之來源及取得日期；其屬自行演算或判斷者，列示其計算經過之紀錄或註明判斷依據。

二　基於委託事項有必要辦理現場查核者，應載明查核方法、經過及完成日期，並附現場查核照片。

三　各項工作底稿間相互引用之主要事實或數字，應分別註明參照索引之頁次。

四　工作底稿應以有系統方法依序編列頁次，並裝訂成冊。

五　技師應於完成工作底稿後，於首頁簽署，並加蓋技師執業圖記。

第一二條

技師對於工作底稿應盡保密及妥善保管之責任，除應委託人要求借閱者外，不得洩漏其中任何資料，並應自提出工作簽證報告之日起，至少保存五年；其依本法第七條第一項第二款或第三款規定執業者，由執業機構負責保管工作底稿。

第一三條

①技師執行業務之工作簽證紀錄，應每六個月報請中央主管機關備查；其紀錄內容應包括下列事項：

一　案名；有案號者，其案號。

二　技師姓名、科別及執業執照字號。

三　工作簽證之法令依據。

四　委託人姓名或名稱、地址。

五　委託事項、日期。

六　工作簽證內容摘要。

七　工作簽證日期。

②前項之報請備查，中央主管機關得指定電腦資料庫，由技師以電子資料傳輸方式辦理。報請備查之事宜，中央主管機關得委託技師公會辦理。

③報請備查之內容如有錯誤，技師應負責改正。

④技師未依規定報請備查，或內容錯誤經通知限期改正，屆期未改正或改正不完全者，依本法第十九條第一項第三款及第三十九條至第四十二條規定處理。

第一四條

主管機關及中央目的事業主管機關依本法第二十三條第一項規定檢查技師之業務時，得查詢或調閱有關工作簽證之文件及工作底稿。

第一五條

主管機關發現技師執行簽證數量異常，有降低品質之虞時，應加強該技師之業務查核。

第一六條

①中央主管機關得會同中央目的事業主管機關辦理技師工作簽證品質評鑑；其結果得評列等級或優缺點，並公告之。

②前項評鑑，得委託相關技師公會或學術團體辦理。

第一七條

本規則自發布日施行。

工程施工查核小組作業辦法

①民國91年8月21日行政院公共工程委員會令訂定發布全文12條。
②民國92年9月10日行政院公共工程委員會令修正發布全文14條。
③民國105年9月19日行政院公共工程委員會令修正發布第3、8至10、13條條文。
④民國110年3月19日行政院公共工程委員會令修正發布第2、4、6、8條條文。
⑤民國112年8月9日行政院公共工程委員會令修正發布第4條條文。

第一條
本辦法依政府採購法（以下簡稱本法）第七十條第四項規定訂定之。

第二條 110
①工程施工查核小組（以下簡稱查核小組）進行查核時，應以現場查核爲主，書面資料審查爲輔。
②前項查核，應依行政院訂定之公共工程施工品質管理制度、相關法令及工程契約規定，並參照工程施工查核作業參考基準，查核工程品質及進度等事宜。
③前項參考基準，由主管機關定之。

第三條 105
①查核小組之主要查核項目，得包含：
一　機關之品質督導機制、監造計畫之審查紀錄、施工進度管理措施及障礙之處理。
二　監造單位之監造組織、施工計畫及品質計畫之審查作業程序、材料設備抽驗及施工抽查之程序及標準、品質稽核、文件紀錄管理系統等監造計畫內容及執行情形；缺失改善追蹤及施工進度監督等之執行情形。
三　廠商之品管組織、施工要領、品質管理標準、材料及施工檢驗程序、自主檢查表、不合格品之管制、矯正與預防措施、內部品質稽核、文件紀錄管理系統等品質計畫內容及執行情形；施工進度管理、趕工計畫、安全衛生及環境保護措施等之執行情形。
②查核小組發現有下列情形時，應加以記錄：
一　工程規劃設計、生態環保、材料設備、圖說規範、變更設計等有缺失。
二　監造單位之建築師、技師、派駐現場人員，承攬廠商之專任工程人員、工地主任或工地負責人、品質管理人員（以下簡稱品管人員）及安全衛生人員等執行職務時，有違背相關法令及契約規定。

③工程施工查核各項書表格式，由主管機關定之。

第四條 112

①查核小組每年應辦理工程施工查核之件數比率以不低於當年度所屬新臺幣一百五十萬元以上工程標案（不含補助及委託其他機關辦理案件）之百分之十爲原則，且各規模之工程應查核件數如下：

一 新臺幣五千萬元以上之標案：以二十件以上爲原則；當年度執行工程標案未達二十件者，則全數查核。

二 新臺幣一千萬元以上未達五千萬元之標案：以十五件以上爲原則；當年度執行工程標案未達十五件者，則全數查核。

三 新臺幣一百五十萬元以上未達一千萬元之標案：以十件以上爲原則；當年度執行工程標案未達十件者，則全數查核。

②前項各款之查核件數，必要時得經查核小組之機關首長核准予以調整，並報主管機關備查。

③查核小組就下列工程標案應視施工進度優先納入查核：

一 民眾或廠商檢舉、媒體報導或有資料顯示疑有違失或異常之工程標案。

二 決標標價偏低、履約進度明顯落後或多次、大幅變更契約之工程標案。

三 有資料顯示品質欠佳之工程標案。

四 其他經主管機關或設立機關指定者。

④機關得視需要，提出工程施工查核需求，供該管查核小組作業參考。

⑤第一項所定金額，爲採購標案之預算金額。複數決標項目之標的不同者，依個別項目之預算金額認定之。

第五條

①查核小組應依前條規定之查核件數，視工程推動情形安排查核時機，定期辦理查核，並得不預先通知赴工地進行查核。

②查核委員赴工地查核時，應主動出示查核小組之書面通知及相關證明文件。

③查核小組辦理查核時，監造單位之建築師或技師及廠商之專任工程人員應配合到場說明。無故缺席，應按契約規定處理。

第六條 110

①查核小組辦理查核時，得通知機關就指定之工程項目進行檢驗、拆驗或鑑定。涉及取樣者，應會同機關、專案管理廠商、監造單位及廠商，確認取樣方法、位置、數量及運送方式後辦理之。

②前項檢驗、拆驗或鑑定費用之負擔，依契約規定辦理。契約未規定，而檢驗、拆驗或鑑定結果與契約規定相符者，該費用由機關負擔；與規定不符者，該費用由廠商負擔。

第七條

①查核成績之計算，以各查核委員評分之總和平均計算之；九十分以上者爲優等，八十分以上未達九十分者爲甲等，七十分以上未達八十分者爲乙等，未達七十分者爲丙等。
②前項總和平均結果有小數時，採四捨五入進位方式，整數計算之。

第八條 110
①查核小組查核結果，有下列情況之一者，應列爲丙等：
一　混凝土結構物鑽心試體試驗結果不合格。
二　路面工程瀝青混凝土鑽心試體試驗結果不合格。
三　路基工程壓實度試驗結果不合格。
四　主要結構與設計不符情節重大。
五　主要材料設備與設計不符情節重大。
六　其他缺失情節重大影響安全。
②前項各款規定涉及相關試驗之判定標準者，應依國際標準或國家標準等相關法令或契約規定之設計標準辦理。
③原查核成績達七十分以上者，應於試驗結果判定完成後，始通知機關查核成績；試驗結果爲不合格時，其成績以六十九分計。

第九條 105
①查核小組於查核時發現缺失，機關應督促監造單位及廠商限期改善，並將改善前、中、後之情形拍照留存；其應檢討改善者，機關應於期限內改善並審查完妥後，報查核小組備查。
②查核小組查核紀錄應於七個工作天內送機關，並應將查核結果及處理情形登錄於主管機關指定之資訊網路系統列管追蹤，並得隨時派員複查。

第一〇條 105
①機關得就查核小組之查核結果，依相關法令規定辦理相關人員之獎懲，並登錄於主管機關指定之資訊網路系統。
②機關得將查核成績列爲工程採購以最有利標或評分及格最低標決標之履約績效評選或評分項目參考。
③查核成績列爲丙等者，機關除應依契約規定處理外，並應依個案缺失情節檢討人員之責任歸屬後，採取下列之處置：
一　對所屬人員依法令爲懲戒、懲處或移送司法機關。
二　對負責該工程之建築師、技師、專任工程人員或工地主任，報請各該主管機關依相關法規予以懲處或移送司法機關。
三　廠商有本法第一百零一條第一項各款規定之情形者，依本法第一百零一條至第一百零三條規定處理。
四　通知監造單位撤換派駐現場人員。
五　通知廠商依契約撤換工地負責人或品管人員或安全衛生人員。
④缺失未於期限內改善完成且未經查核小組同意展延期限者，機關除應依契約規定處理外，並依前項第四款或第五款規定辦

理。

⑤機關未依前二項規定處置或處置不當，查核小組得通知機關或其上級機關另爲適當之處置，並副知審計機關；必要時，得函送監察院。有犯罪嫌疑者，應移送該管司法機關處理。

第一一條

①主管機關得辦理下列事項：

一　定期公告查核小組查核情形。

二　不定期派員查核各查核小組作業情形。

三　考核各查核小組之執行績效。

②前項第三款查核小組執行績效之考核作業規定，由主管機關定之。

第一二條

查核小組得視工程性質與實際需求，另定查核補充規定。

第一三條 105

查核委員辦理查核時，應公正執行職權，不得有下列之情形：

一　假藉查核之名，妨礙機關、監造單位或廠商依法及契約辦理工程施工。

二　接受不當饋贈或招待。

三　藉查核之便，蒐集與查核無關之資訊或資料，或要求至受查之機關授課、擔任顧問，或爲其他不當之要求。

四　洩漏應保密之查核時間、地點及對象。

五　洩漏因查核所獲應保密之資訊或資料。

六　未經查核小組指派，自行辦理查核監督。

七　有不能公正執行職務之情事。

第一四條

本辦法自發布日施行。

公共工程施工品質管理作業要點

①民國85年12月13日行政院公共工程委員會函訂定發布14點。
②民國87年5月29日行政院公共工程委員會函修正發布第6點。
③民國88年10月4日行政院公共工程委員會函修正發布全文13點。
④民國91年3月18日行政院公共工程委員會令修正發布全文16點。
⑤民國93年7月30日行政院公共工程委員會函修正發布全文18點。
⑥民國96年9月20日行政院公共工程委員會函修正發布全文18點。
⑦民國101年2月14日行政院公共工程委員會函修正發布全文18點；並自101年7月1日生效。
⑧民國102年6月6日行政院公共工程委員會函修正發布第4、10點；並自102年7月1日生效。
⑨民國103年12月29日行政院公共工程委員會函修正發布第10、13點；並自 104年1月1日生效。
⑩民國106年6月16日行政院公共工程委員會函修正發布第7點附表三-1、第11點附表五-1；並自106年8月1日生效。
⑪民國108年4月30日行政院公共工程委員會函修正發布第2至4、7、8、10至15點；並自即日生效。
⑫民國110年5月11日行政院公共工程委員會函修正發布第11點附表四。
⑬民國110年6月3日行政院公共工程委員會函修正發布第5點；並自即日生效。
⑭民國111年12月12日行政院公共工程委員會函修正發布第1、2、4、5、10、14、16點；並自即日生效。
⑮民國112年5月11日行政院公共工程委員會函修正發布第3、7、8、12至14點；並自即日生效。

一　行政院公共工程委員會（以下簡稱工程會）為提升公共工程施工品質，確保公共工程施工成果符合其設計及規範之品質要求，並落實政府採購法第七十條工程採購品質管理之規定，爰訂定本要點。

二　行政院與所屬各級行政機關、公立學校及公營事業機構（以下簡稱機關）辦理工程採購，其施工品質管理作業，除法令另有規定外，依本要點之規定。
本要點所定工程金額係指採購標案預算金額，如為複數決標則為各項預算金額；因契約變更致金額異動者，則為變更後之契約金額。

三　機關辦理新臺幣一百五十萬元以上工程，應於招標文件內訂定廠商應提報品質計畫。
品質計畫得視工程規模及性質，分整體品質計畫與分項品質計畫二種。整體品質計畫應依契約規定提報，分項品質計畫得於各分項工程施工前提報。未達新臺幣一千萬元之工程僅

需提送整體品質計畫。

整體品質計畫之內容，除機關及監造單位另有規定外，應包括：

(一)新臺幣五千萬元以上工程：計畫範圍、管理權責及分工、施工要領、品質管理標準、材料及施工檢驗程序、自主檢查表、不合格品之管制、矯正與預防措施、內部品質稽核及文件紀錄管理系統等。

(二)新臺幣一千萬元以上未達五千萬元之工程：計畫範圍、管理權責及分工、品質管理標準、材料及施工檢驗程序、自主檢查表及文件紀錄管理系統等。

(三)新臺幣一百五十萬元以上未達一千萬元之工程：管理權責及分工、材料及施工檢驗程序及自主檢查表等。

工程具運轉類機電設備者，並應增訂設備功能運轉檢測程序及標準。

分項品質計畫之內容，除機關及監造單位另有規定外，應包括施工要領、品質管理標準、材料及施工檢驗程序、自主檢查表等項目。

品質計畫內容之製作綱要，由工程會另定之。

四　機關辦理新臺幣二千萬元以上之工程，應於工程招標文件內依工程規模及性質，訂定下列事項。但性質特殊之工程，得報經工程會同意後不適用之：

(一)品質管理人員（以下簡稱品管人員）之資格、人數及其更換規定；每一標案最低品管人員人數規定如下：

1.新臺幣二千萬元以上未達二億元之工程，至少一人。

2.新臺幣二億元以上之工程，至少二人。

(二)新臺幣五千萬元以上之工程，品管人員應專職，不得跨越其他標案，且契約施工期間應在工地執行職務；新臺幣二千萬元以上未達五千萬元之工程，品管人員得同時擔任其他法規允許之職務，但不得跨越其他標案，且契約施工期間應在工地執行職務。

(三)廠商應於開工前，將品管人員之登錄表（如附表一）報監造單位審查，並於經機關核定後，由機關填報於工程會資訊網路系統備查；品管人員異動或工程竣工時，亦同。

(四)品管人員於進駐工地前一年內或執行業務期間，有因業務上相關之犯罪行為，經判刑確定之情事者，廠商應主動更換人員提報；如未提報，監造單位應通知廠商更換人員。

機關辦理未達新臺幣二千萬元之工程，得比照前項規定辦理。

五　品管人員，應接受工程會或其委託訓練機構辦理之公共工程品質管理訓練課程，並取得結業證書。

取得前項結業證書逾四年者，應再取得最近四年內之回訓證明，始得擔任品管人員。但特殊情形，工程會有另定者，不在此限。

在職品管人員已報名回訓在案，因非可歸責於己之事由，致未能於前項期間取得回訓證明者，經機關同意並檢具證明文件，得向工程會申請展延回訓期限六個月。

第一項及第二項之訓練課程、時數及實施方式，及第二項回訓實施期程，由工程會另定之。

六　品管人員工作重點如下：

㈠依據工程契約、設計圖說、規範、相關技術法規及參考品質計畫製作綱要等，訂定品質計畫，據以推動實施。

㈡執行內部品質稽核，如稽核自主檢查表之檢查項目、檢查結果是否詳實記錄等。

㈢品管統計分析、矯正與預防措施之提出及追蹤改善。

㈣品質文件、紀錄之管理。

㈤其他提升工程品質事宜。

七　機關辦理新臺幣一百五十萬元以上且適用營造業法規定之工程，應於招標文件內訂定有關營造廠商專任工程人員（主任技師或主任建築師）之下列事項：

㈠督察品管人員及現場施工人員，落實執行品質計畫，並填具督察紀錄表（參考格式如附表二）。

㈡依據營造業法第三十五條規定，辦理相關工作，如督察按圖施工、解決施工技術問題；查驗工程時到場說明，並於工程查驗文件簽名或蓋章等。

㈢依據工程施工查核小組作業辦法規定於工程查核時，到場說明。

㈣未依上開各款規定辦理之處理規定。

八　機關應視工程需要，指派具工程相關學經歷之適當人員或委託適當機構負責監造。

新臺幣一百五十萬元以上工程，監造單位應提報監造計畫。

監造計畫之內容除機關另有規定外，應包括：

㈠新臺幣五千萬元以上工程：監造範圍、監造組織及權責分工、品質計畫審查作業程序、施工計畫審查作業程序、材料與設備抽驗程序及標準、施工抽查程序及標準、品質稽核、文件紀錄管理系統等。

㈡新臺幣一千萬元以上未達五千萬元之工程：監造範圍、監造組織及權責分工、品質計畫審查作業程序、施工計畫審查作業程序、材料與設備抽驗程序及標準、施工抽查程序及標準、文件紀錄管理系統等。

㈢新臺幣一百五十萬元以上未達一千萬元之工程：監造組織及權責分工、品質計畫審查作業程序、施工計畫審查作業程序、材料與設備抽驗程序及標準、施工抽查程序及標準等。

工程具運轉類機電設備者，並應增訂設備功能運轉測試等抽驗程序及標準。

監造計畫內容之製作綱要，由工程會另定之。

九　機關委託監造，應於招標文件內訂定下列事項：

㈠監造單位派駐現場人員之資格及人數，並依據監造計畫執行監造作業。其未能有效達成品質要求時，得隨時撤換之。

㈡廠商監造不實或管理不善，致機關遭受損害之責任及罰則。

㈢監造單位之建築師或技師，應依據工程施工查核小組作業辦法規定，於工程查核時到場說明。

㈣未依前款規定辦理之處理規定。

一〇　機關辦理新臺幣五千萬元以上之工程，其委託監造者，應於招標文件內訂定下列事項。但性質特殊之工程，得報經工程會同意後不適用之：

㈠監造單位應比照第五點規定，置受訓合格之現場人員；每一標案最低人數規定如下：

1.新臺幣五千萬元以上未達二億元之工程，至少一人。

2.新臺幣二億元以上之工程，至少二人。

㈡前款現場人員應專職，不得跨越其他標案，且監造服務期間應在工地執行職務。

㈢監造單位應於開工前，將其符合第一款規定之現場人員之登錄表（如附表三）經機關核定後，由機關填報於工程會資訊網路系統備查；上開人員異動或工程竣工時，亦同。

㈣第一款現場人員於進駐工地前一年內或執行業務期間，有因業務上相關之犯罪行為，經判刑確定之情事者，監造單位應主動更換人員提報；如未提報，機關應通知監造單位更換人員。

機關辦理未達新臺幣五千萬元之工程，得比照前項規定辦理。

機關自辦監造者，其現場人員之資格、人數、專職及登錄規定，比照前二項規定辦理。但有特殊情形，得報經上級機關同意後不適用之。

一一　監造單位及其所派駐現場人員工作重點如下：

㈠訂定監造計畫，並監督、查證廠商履約。

㈡施工廠商之施工計畫、品質計畫、預定進度、施工圖、施工日誌（參考格式如附表四）、器材樣品及其他送審案件之審核。

㈢重要分包廠商及設備製造商資格之審查。

㈣訂定檢驗停留點，辦理抽查施工作業及抽驗材料設備，並於抽查（驗）紀錄表簽認。

㈤抽查施工廠商放樣、施工基準測量及各項測量之成果。

㈥發現缺失時，應即通知廠商限期改善，並確認其改善成果。

㈦督導施工廠商執行工地安全衛生、交通維持及環境保護

等工作。
㈧履約進度及履約估驗計價之審核。
㈨履約界面之協調及整合。
㈩契約變更之建議及協辦。
⑪機電設備測試及試運轉之監督。
⑫審查竣工圖表、工程結算明細表及契約所載其他結算資料。
⑬驗收之協辦。
⑭協辦履約爭議之處理。
⑮依規定填報監造報表（參考格式如附表五）。
⑯其他工程監造事宜。
前項各款得依工程之特性及實際需要，擇項訂之。如屬委託監造者，應訂定於招標文件內。

一二　機關辦理新臺幣一百五十萬元以上工程，應於工程及委託監造招標文件內，分別訂定下列事項：
㈠鋼筋、混凝土、瀝青混凝土及其他適當檢驗或抽驗項目，應由符合CNS17025（ISO/IEC17025）規定之實驗室辦理，並出具檢驗或抽驗報告。
㈡前款檢驗或抽驗報告，應印有依標準法授權之實驗室認證機構之認可標誌。
自辦監造者，應比照前項規定辦理。

一三　機關辦理新臺幣一百五十萬元以上工程，應於相關採購案之招標文件內，依工程規模及性質編列品管費用及材料設備抽（檢）驗費用。
品管費用內得包含品管人員及行政管理費用。
品管費用之編列，以招標文件內品管人員設置規定為依據，其訂有專職及人數等規定者，以人月量化編列為原則；未訂有專職及人數等規定者，以百分比法編列為原則。
前項品管費用之編列方式如下：
㈠人月量化編列：品管費用＝〔（品管人員薪資×人數）＋行政管理費〕×工期。品管人員薪資得包含經常性薪資及非經常性薪資；工期以品管人員執行契約約定職務之工作期間計算。
㈡百分比法編列：發包施工費（直接工程費）之百分之零點六至百分之二。
材料設備抽（檢）驗費用應單獨量化編列。廠商所需之檢驗費用應於工程招標文件內編列。監造單位所需之抽驗費用，機關委託監造者，應於委託監造招標文件內編列；設計及監造一併委託者或自辦監造者，應於相關工程管理預算內編列。以上抽（檢）驗費用如係機關自行支付，得免於招標文件內編列。
契約規定以外之查驗、測試、抽驗或檢驗，其結果不符合

契約規定者，由廠商負擔所生之費用；結果相符者，由機關負擔費用。

機關除另有規定外，應依工程規模及性質於相關採購案之招標文件內訂定材料設備之抽（檢）驗、實驗室遴選及抽（檢）驗費用支付等規定：

(一)廠商應依品質計畫，辦理相關材料設備之檢驗，由廠商自行取樣、送驗及判定檢驗結果；如涉及契約約定之檢驗，應由廠商會同監造單位取樣、送驗，並由廠商及監造單位依序判定檢驗結果，以作為估驗及驗收之依據。

(二)監造單位得於監造計畫明訂材料設備抽驗頻率，由監造單位會同廠商取樣、送驗，並由監造單位判定抽驗結果。

(三)實驗室遴選得由機關指定或由機關審查核定；抽（檢）驗費用得由機關、廠商或監造單位支付，或機關以代收代付方式辦理。

一四　機關於新臺幣一百五十萬元以上工程開工時，應將工程基本資料填報於工程會指定之資訊網路系統，並應於填具結算驗收證明文件後二十日內，將結算資料填報於前開系統。

一五　機關應隨時督導工程施工情形，並留存紀錄備查。機關或其上級機關另得視工程需要設置工程督導小組，隨時進行施工品質督導工作。

機關發現工程缺失時，應即以書面通知監造單位或廠商限期改善。

一六　機關應依第四點及第十點規定，於工程及委託監造招標文件內，分別訂定品管人員或監造單位受訓合格之現場人員有下列情事之一者，由機關通知廠商限期更換並調離工地，並由機關填報於工程會資訊網路系統備查：

(一)未實際於工地執行品管或監造工作。

(二)未能確實執行品管或監造工作。

(三)工程經工程施工查核小組查核列為丙等，可歸責於品管人員或監造單位受訓合格現場人員。

(四)於進駐工地前一年內或執行業務期間，有因業務上相關之犯罪行為，經判刑確定之情事。

一七　廠商有施工品質不良、監造不實或其他違反本要點之情事，機關得依契約規定暫停發放工程估驗款、扣（罰）款或為其他適當之處置，並得依政府採購法第一百零一條至第一百零三條規定處理。

一八　各機關得依本要點，另訂定有關之作業規定。

直轄市政府、縣（市）政府及鄉（鎮、市）公所辦理工程採購，其施工品質管理作業，除法令另有規定外，得比照本要點之規定辦理。

公共工程及公有建築工程營建剩餘土石方交換利用作業要點

①民國95年3月29日內政部函訂定發布全文12點。
②民國105年12月7日內政部函修正發布全文13點。

一　為加強公共工程及公有建築工程營建剩餘土石方之交換利用，並使工程順利推動，特訂定本作業要點。

二　本作業要點適用對象為行政院及直轄市、縣（市）政府所屬機關、公立學校、公營事業辦理且符合第四點第二項規定之公共工程及公有建築工程。但營建剩餘土石方屬可再利用物料者，工程主辦機關（以下簡稱主辦機關）得估算其處理成本及價值，列入工程採購之競標項目，並納入預算及工程契約書，得不適用本作業要點。

依法核准由民間投資興辦或參與投資之工程，得準用本作業要點。

三　主辦機關編擬新興公共工程及公有建築工程計畫時，應依行政院政府公共工程計畫及經費審議作業要點規定納入土石方資源處理或來源先期規劃構想及經費概估，並列為辦理工程專業審議項目之一。

四　為加強營建剩餘土石方之妥善處理，其優先順序如下：

㈠挖填平衡。
㈡土方交換。
㈢運送至收容處理場所。

有下列情形之一者，主辦機關應至營建剩餘土石方資訊服務中心（以下簡稱資訊服務中心）上網申報工程區位、數量、土質、預計時程等相關規劃資料（如文件檔案：附件）。但工程性質特殊或情形緊急者，其申報時程不在此限：

㈠土石方剩餘（以下簡稱出土工程）達三千立方公尺以上。
㈡土石方不足（以下簡稱需土工程）達五千立方公尺以上。

未達前項所列土石方數量者，得參照本要點辦理申報。

各工程主管機關應於每年四月底前，檢送該年度土方數量規模符合第二項各款應申報土方交換案件之資料至本部。

五　資訊服務中心應定期配合提供下列資訊：

㈠每個月於網頁更新應申報土方交換而未申報之名單，以電子郵件逐案通知各主辦機關，並副知工程主管機關及內政部（以下簡稱本部）。
㈡每季於網頁彙整完成土方交換之成果，並以電子郵件通知

本部。

六　工程主管機關應責成所屬主辦機關，參據資訊服務中心撮合評估及交換對象建議，辦理土石方撮合交換；必要時，得提案送交本部營建土方處理協調專案小組協調。

經濟部、交通部等營建工程土方數量龐大之部會及直轄市、縣（市）政府，應建立土石方處理協調機制協助所屬主辦機關辦理土石方撮合交換。

七　主辦機關向資訊服務中心上網申報後，資訊服務中心應於十五日內，將建議撮合對象以電子郵件通知或函復主辦機關；主辦機關應於接獲通知一個月內，主動聯繫撮合對象，必要時得自行或報請工程主管機關，召開土方交換撮合研商會議，並依下列程序辦理：

㈠已決定辦理土方交換者，出土工程及需土工程之主辦機關，均應依營建剩餘土石方處理方案及各直轄市、縣（市）營建剩餘土石方處理自治法規規定，辦理上網申報及查核作業。

㈡研商未有結果者，主辦機關應視工程實際執行情形，重新請資訊服務中心提供土方交換建議對象，並繼續進行協商；或逕上網刪除已登錄之相關資料。

八　主辦機關依據協調結果辦理工程發包後，因故無法依據協調結果辦理土方交換時，應將變更之結果，副知工程主管機關，並於決定後一個月內，至資訊服務中心網頁辦理申報資料更新。

九　公共工程及公有建築工程於發包後，如欲將剩餘土石方處理方式變更爲土方交換，得由雙方主辦機關就土質、數量及相關費用等事項協調同意後辦理，其協調結果應副知雙方上級主管機關、本部營建署及資訊服務中心。

一〇　土方交換協調撮合原則如下：

㈠土質、預計期程相符及相互距離較近之工程優先交換，工程交換不限定單一工程。

㈡爲配合雙方期程及土質，出土工程主辦機關得於工區內規劃設置臨時性暫屯處理場所或租用合法收容處理場所，該場所之環保、水保、管理申報及相關費用，由出土工程主辦機關辦理。如有需要，得協調由需土工程主辦機關辦理。

㈢工程間土方交換之相關費用，原則上土石方產出費用及至需土工程地點之運輸費用由出土工程主辦機關負擔；土石方進入需土工程工區範圍後之堆置及施工利用相關費用，則由需土工程主辦機關負擔。如有需要，得由出土及需土工程主辦機關另行協調負擔。

一一　土方交換工程預算編列及配套措施如下：

㈠主辦機關應將協調結果納入土石方資源處理或來源規劃構想，並依該規劃構想覈實編列土石方開挖、處理、運

輸、購置、夯實等相關費用，依實際處理數量計價

(二)土方交換協調發包後之變異，得依行政院公共工程委員會所定之變更設計加減帳規定辦理。

(三)主辦機關為配合期程及交換作業，得於工區內設置面積小於五公頃之臨時性暫屯處理場所，其設置計畫應納入土石方資源處理或來源規劃構想，並應符合環境保護及水土保持等相關法規之要求。

(四)土方交換作業所產生單價及科目不足時，得由工程準備金予以支應。

(五)主辦機關所轄公共工程土方交換之出土工程及需土工程，得視需要併案發包。

(六)主辦機關得視需要將所轄數項工程之土方處理或購土費用單獨編列預算統一發包處理。

一二　主辦機關應於協調後將協調結果納入工程發包文件及工程預算內，辦理工程發包作業。

一三　為加強土方交換利用政策之落實，本部應視土方交換申報及辦理情形，針對認須改善者，定期函請工程主管機關檢討辦理；必要時並得提報本部營建土方處理協調專案小組報告或討論。

主辦機關應每半年將土方交換情形，提報各部會或直轄市、縣（市）政府相關督考機制，說明土方交換成果。

採購申訴審議規則

①民國88年4月30日行政院公共工程委員會令訂定發布全文32條；並自88年5月27日起施行。
②民國89年6月29日行政院公共工程委員會令修正發布第22、32條條文；並自發布日起施行。
③民國91年9月4日行政院公共工程委員會令修正發布第2、7、9、11、17、20、22、27、30條條文；刪除第12、19、23條條文；並增訂第27-1條條文。
④民國101年9月4日行政院公共工程委員會令修正發布第 22 條條文。
⑤民國108年10月29日行政院公共工程委員會令修正發布第2、11條條文。

第一條

本規則依政府採購法（以下簡稱本法）第八十條第五項規定訂定之。

第二條 108

①廠商對於公告金額以上採購、未達公告金額採購爭議屬本法第三十一條第二項規定不予發還或追繳押標金異議之處理結果不服，或招標機關逾本法第七十五條第二項、第八十五條第一項所定期限不為處理者，得於收受異議處理結果或處理期限屆滿之次日起十五日內，依其屬中央機關或地方機關辦理之採購，以書面分別向主管機關、直轄市或縣（市）政府所設採購申訴審議委員會（以下簡稱申訴會）申訴。
②廠商對機關依本法第一百零二條第一項異議之處理結果不服，或機關逾收受異議之次日起十五日期限不為處理者，無論該事件是否逾公告金額，得於收受異議處理結果或處理期限屆滿之次日起十五日內，以書面向該管申訴會申訴。
③直轄市或縣（市）政府未設申訴會而委請主管機關處理者，廠商得向主管機關所設申訴會申訴。

第三條

廠商申訴應具申訴書，載明下列事項，由申訴廠商簽名或蓋章：

一　申訴廠商之名稱、地址、電話及負責人之姓名、性別、出生年月日、住所或居所。
二　原受理異議之機關。
三　申訴之事實及理由。
四　證據。
五　申訴之年、月、日。

第四條

申訴書應以中文繕具，其附有外文資料者，應就申訴有關之部分備具中文譯本。但申訴會得視需要，通知其檢具其他部分之中文譯本。

第五條

①申訴得委任代理人爲之。代理人應提出委任書，載明其姓名、性別、出生年月日、職業、電話、住所或居所。

②申訴廠商在我國無住所、事務所或營業所者，應委任在我國有住所、事務所或營業所之代理人爲之。

第六條

①申訴事件之代理人就其受委任事件，有爲一切申訴行爲之權。但撤回申訴及選任代理人，非受特別委任，不得爲之。

②對前項代理權加以限制者，應於委任書內表明。

第七條 91

①廠商提出申訴，應同時繕具副本，連同相關文件送招標機關。

②招標機關應自收受申訴書副本之次日起十日內，以書面向該管申訴會陳述意見，並檢附相關文件。

第八條

申訴會對於招標機關接受申訴書副本未依規定期限向其陳述意見者，得予函催或逕爲審議。

第九條 91

①廠商誤向非管轄之機關申訴者，以該機關收受之日，視爲提起申訴之日。

②前項收受之機關應於收受之次日起三日內，將申訴事件移送有管轄權之申訴會，並副知申訴廠商。

第一〇條

①對於申訴事件，應先爲程序審查，其無不受理之情形者，再進而爲實體審查。

②前項程序審查，發現有程式不合而其情形可補正者，應酌定相當期間通知廠商補正。

第一一條 108

申訴事件有下列情形之一者，應提申訴會委員會議爲不受理之決議：

一　採購事件未達公告金額。但第二條第二項及本法第三十一條第二項事件，不在此限。

二　申訴逾越法定期間。

三　申訴不合法定程式不能補正，或經通知限期補正屆期未補正。

四　申訴事件不屬收受申訴書之申訴會管轄而不能依第九條規定移送。

五　對於已經審議判斷或已經撤回之申訴事件復爲同一之申訴。

六　招標機關自行依申訴廠商之請求，撤銷或變更其處理結

果。

七　申訴廠商不適格。

八　採購履約爭議提出申訴，未申請改行調解程序。

九　非屬政府採購事件。

十　其他不予受理之情事。

第一二條（刪除）91

第一三條

申訴事件經依第十一條審查無不受理之情形者，由申訴會主任委員指定委員一人至三人爲預審委員，進行實體審查。

第一四條

申訴會於審議時得按事件需要，選任諮詢委員一人至三人，以備諮詢。

第一五條

申訴會得依職權或申請，通知廠商、機關到指定場所陳述意見。

第一六條

①申訴會於審議時，得囑託具專門知識經驗之機關、學校、團體或人員鑑定，並得邀請學者、專家或相關人士到場說明，或請機關、廠商提供相關文件、資料。

②前項學者、專家之迴避，準用採購申訴審議委員會組織準則關於申訴會委員迴避之規定。

第一七條 91

預審委員審議申訴事件，認爲有必要者，經提報申訴會委員會議決議後，得通知招標機關暫停採購程序。但預審委員認時間急迫，應及時處理者，申訴會得以書面徵詢全體委員之意見，獲過半數委員之書面同意後暫停之。

第一八條

預審委員應就申訴事件作成預審意見，載明處理經過，並檢具相關卷證文件，提申訴會委員會議審議。

第一九條（刪除）91

第二〇條 91

①申訴會應按委員會議決議製作審議判斷書原本，載明下列事項：

一　申訴廠商之名稱、住、居所或事務所或營業所及管理人或代表人之姓名、住、居所。

二　有代理人者，其代理人之姓名、住、居所。

三　招標機關。

四　主文、事實及理由。其係不受理之審議判斷，得不記載事實。

五　年、月、日。

②前項審議判斷書應於完成審議後十日內作成正本，送達於申訴廠商及招標機關。

第二一條

①前條審議判斷書，應指明招標機關原採購行爲有無違反法令之處；其有違反者，並得建議招標機關處置方式。

②申訴會爲前項之建議或依第十七條爲通知時，應考量公共利益、相關廠商利益及其他有關情況。

第二二條 101

①審議判斷書應附記如不服審議判斷，得於審議判斷書送達之次日起二個月內，向行政法院提起行政訴訟。

②審議判斷書未依前項規定爲附記或附記錯誤者，準用訴願法第九十一條及第九十二條規定。

第二三條 （刪除）91

第二四條

審議判斷書有誤寫、誤算或其他類此之顯然錯誤者，申訴會得隨時或依申請更正之；其正本與原本不符者，亦同。

第二五條

本法第七十八條第二項所定完成審議期限，如申訴書尚待補正者，自補正之次日起算；申訴廠商於審議期限內續補具理由者，自最後補具理由之次日起算。

第二六條

申訴事件經依本法第八十一條規定撤回者，申訴會應即終結審議程序，並通知申訴廠商及招標機關。

第二七條 91

廠商對於採購履約爭議事件誤提起申訴者，得申請改行調解程序。廠商未申請者，申訴會應告知得爲申請。

第二七條之一 91

廠商或利害關係人不服申訴會於審議程序中所爲程序上處置者，僅得於對審議判斷聲明不服時一併聲明之。

第二八條

申訴事件之文書，應就每一事件編訂卷宗。

第二九條

申訴會委員、執行秘書、工作人員、諮詢委員及學者、專家因經辦、參與申訴事件，知悉他人職務上、業務上之秘密或其他涉及個人隱私之事項，應保守秘密。

第三〇條 91

①審議判斷書，採用郵務送達者，應使用申訴郵務送達證書。

②申訴文書之送達，除前項規定外，準用行政程序法關於送達之規定。

第三一條

本規則有關之書表格式，由主管機關定之。

第三二條

①本規則自中華民國八十八年五月二十七日施行。

②本規則修正條文自發布日施行。

採購申訴審議收費辦法

①民國88年4月30日行政院公共工程委員會令訂定發布全文9條；並自88年5月27日起施行。
②民國91年9月4日行政院公共工程委員會令修正發布全文9條；並自發布日施行。
③民國96年3月13日行政院公共工程委員會令修正發布第6條條文。

第一條
本辦法依政府採購法（以下簡稱本法）第八十條第四項規定訂定之。

第二條
採購申訴審議委員會（以下簡稱申訴會）依本法第六章及第一百零二條規定處理廠商之採購申訴（以下簡稱申訴）事件，依本辦法之規定收費。

第三條
廠商提出申訴時，應繳納審議費。其未繳納者，由申訴會通知限期補繳；逾期未補繳者，不受理其申請。

第四條
前條審議費，每一申訴事件為新臺幣三萬元，由申訴廠商以現金、公庫支票、郵政匯票、金融機構簽發之即期本票、支票或保付支票繳納。

第五條
採購履約爭議事件誤提起申訴，經廠商申請改行調解程序者，廠商已繳納之審議費轉為調解費用，並依採購履約爭議調解收費辦法規定計算，與原繳納金額相抵後，多退少補。

第六條 96
申訴事件經申訴會為不受理之決議者，免予收費。已繳費者，申訴會無息退還所繳審議費之全額。但已通知預審會議期日者，收取審議費新臺幣五千元。

第七條
鑑定費及其他必要之費用，由申訴會通知當事人繳納。

第八條
①廠商撤回申訴者，已繳審議費用不予退還。但於第一次預審會議期日前撤回者，無息退還二分之一。
②前條廠商已繳納而尚未發生之鑑定費及其他必要費用，應予退還。

第九條
本辦法自發布日施行。

採購履約爭議調解規則

①民國91年9月4日行政院公共工程委員會令訂定發布全文25條；並自發布日施行。
②民國97年4月22日行政院公共工程委員會令修正發布第9、10、15、18、20條條文；並增訂第20-1條條文。

第一章　總　則

第一條

本規則依政府採購法（以下簡稱本法）第八十五條之一第四項規定訂定之。

第二條

①調解事件屬中央機關之履約爭議者，應向主管機關所設採購申訴審議委員會（以下簡稱申訴會）申請；其屬地方機關之履約爭議者，應向直轄市、縣（市）政府所設申訴會申請。

②直轄市、縣（市）政府未設申訴會而委請主管機關處理者，得向主管機關所設申訴會申請。

第三條

申請人誤向非管轄之申訴會申請調解者，該申訴會應即移送有管轄權之申訴會辦理，並副知申請人及他造當事人。

第四條

①對於調解事件，應先爲程序審查；其無程序不合法之情形者，再進行實體審查。

②前項程序審查，發現有程式不合而其情形可補正者，應酌定相當期間通知申請人補正。

第五條

申訴會對於調解事件之文書，應就每一事件編訂卷宗。

第二章　調解程序

第六條

①申請調解應具申請書，載明下列事項，由申請人或代理人簽名或蓋章，並按他造人數分送副本：

一　申請人之姓名、出生年月日、電話及住、居所。如係法人或其他設有管理人或代表人之團體，其名稱、事務所或營業所及管理人或代表人之姓名、出生年月日、電話、住、居所。

二　有代理人者，其姓名、出生年月日、電話及住、居所。

三　他造當事人之名稱。
四　請求調解之事項、調解標的之法律關係、爭議情形及證據。
五　附屬文件及其件數。
六　年、月、日。
②調解申請書應以中文繕具，其附有外文資料者，應就調解有關之部分備具中文譯本。但申訴會得視需要通知其檢具其他部分之中文譯本。

第七條
①申請調解得委任代理人爲之。代理人應提出委任書，載明其姓名、出生年月日、職業、電話、住、居所。
②申請人在我國無住所、事務所或營業所者，應委任在我國有住所、事務所或營業所之代理人爲之。

第八條
①調解代理人就其受委任事件，有爲一切行爲之權。但捨棄、認諾、撤回、和解及選任代理人，非受特別委任不得爲之。
②對前項代理權加以限制者、應於委任書表明。

第九條 97
①他造當事人應自收受調解申請書副本之次日起十五日內，以書面向申訴會陳述意見，並同時繕具副本送達於申請人。
②調解過程中，任一造當事人向申訴會提出之文書，應同時繕具副本送達於他造。

第一〇條 97
申請調解事件有下列情形之一者，應提申訴會委員會議爲不受理之決議。但其情形可補正者，應酌定相當期間命其補正：
一　當事人不適格。
二　已提起仲裁、申（聲）請調解或民事訴訟。但其程序已依法合意停止者，不在此限。
三　曾經法定機關調解未成立。
四　曾經法院判決確定。
五　申請人係無行爲能力或限制行爲能力人，未由法定代理人合法代理。
六　由代理人申請調解，其代理權有欠缺。
七　申請調解不合程式。
八　經限期補繳調解費，屆期未繳納。
九　廠商不同意調解。
十　送達於他造當事人之通知書，應爲公示送達或於外國爲送達。
十一　非屬政府採購事件。
十二　其他應不予受理之情事。

第一一條
①調解事件經審查無前條各款應不受理之情形者，由申訴會主任委員指定委員一人至三人爲調解委員，進行調解程序，並應速

定調解期日，通知當事人或代理人到場。

②前項調解之進行，申訴會得按事件需要，指定諮詢委員若干人，以備諮詢。

第一二條

①調解程序於申訴會行之；必要時，亦得於其他適當處所行之。

②前項調解，以不公開爲原則。

第一三條

①申訴會於調解時，得囑託具專門知識經驗之機關、學校、團體或人員鑑定，並得邀請學者或專家諮詢、通知相關人士說明或請當事人提供相關文件、資料。

②前項鑑定人員及諮詢學者、專家之迴避，準用採購申訴審議委員會組織準則第十三條關於申訴會委員迴避之規定。

第一四條

就調解事件有法律上利害關係之第三人，調解委員得依職權審酌通知其參加調解程序。

第一五條 97

①調解委員行調解時，爲審究事件之法律關係及兩造當事人爭議之所在，得聽取當事人、具有專門知識經驗或知悉事件始末之人或其他關係人之陳述，察看現場或標的物之狀況；於必要時，得調查證據。

②當事人無正當理由拒絕陳述、提供資料，調解委員得就現有資料採爲出具調解建議之參考。

第一六條

調解時應本和平懇切之態度，對當事人爲適當勸導，就調解事件酌擬平允之解決辦法，力謀雙方之和諧。

第一七條

當事人兩造或一造於調解期日未到場者，調解委員得斟酌其情形，視爲調解不成立或另定調解期日予以調解。

第一八條 97

①調解過程中，調解委員於審酌當事人提出之所有資料後，本於第十六條酌擬平允之解決辦法，以申訴會名義提出書面調解建議，並酌定相當期間命當事人爲同意與否之意思表示。

②機關不同意調解建議者，應先報請上級機關核定後，於前項指定期間內以書面向申訴會及廠商說明理由。廠商爲政府機關、公立學校或公營事業時，亦同。

③當事人未於第一項期限內爲同意與否之意思表示，經申訴會再酌定一定期間命其爲同意與否之意思表示，逾期仍未回復者，得以該當事人不同意調解建議處理。

第一九條

①調解事件應作調解會議紀錄，記載調解之經過、結果與期日之延展及附記事項。

②調解委員應就調解事件作成調解成立書、調解方案通知書或調解不成立證明書，載明調解經過，並檢具相關卷證文件，提申

訴會委員會議審議。

③調解成立書、調解方案通知書及調解不成立證明書，應於申訴會委員會議決議通過之次日起十日內，以正本送達於當事人及參加調解之利害關係人。

第二〇條 97

①調解事件應自收受調解申請書之次日起四個月內完成調解程序。但經雙方同意延長者，得延長之。

②前項調解期間，於調解申請書尚未補正或調解費尚未補繳者，自收受補正文件或補繳調解費之次日起算；當事人於調解期間內，續以書面補具理由、陳報資料，或擴張請求而有補繳調解費之必要者，自最後收受補具理由書、陳報資料或補繳調解費之次日起算。

第二〇條之一 97

①調解程序，得經當事人向申訴會以書面陳明合意停止，並以一次爲限。當事人於調解會議期日當場以言詞向調解委員陳明合意停止者，應記明於會議紀錄。

②合意停止調解程序之任一造當事人，均得以書面向申訴會申請續行調解程序。

③當事人自陳明合意停止之次日起，四個月內未申請續行調解程序者，視爲申請人撤回調解之申請。

④第一項情形，申訴會認有維護公益之必要者，得於四個月內續行調解程序。

第二一條

①調解之申請經撤回者，視爲未申請調解。

②前項撤回，申訴會應通知他造當事人。

第三章　附　則

第二二條

申訴會委員、執行秘書、工作人員、諮詢委員及學者、專家，因經辦、參與調解事件，知悉他人職務上、業務上之秘密或其他涉及個人隱私之事項，應保守秘密。

第二三條

①調解成立書、調解不成立證明書或調解方案通知書，採用郵務送達者，應使用調解文書郵務送達證書。

②調解成立書、調解不成立證明書或調解方案通知書之送達，除前項規定外，準用民事訴訟法關於送達之規定。

第二四條

本規則有關之書表格式，由主管機關定之。

第二五條

本規則自發布日施行。

採購履約爭議調解收費辦法

①民國91年9月4日行政院公共工程委員會令訂定發布全文16條；並自發布日施行。
②民國96年3月6日行政院公共工程委員會令修正發布第10、14條條文。
③民國101年8月3日行政院公共工程委員會令修正發布第14條條文。

第一條

本辦法依政府採購法（以下簡稱本法）第八十五條之二規定訂定之。

第二條

採購申訴審議委員會（以下簡稱申訴會）依本法第八十五條之一規定處理機關及廠商之履約爭議調解（以下簡稱調解）事件，依本辦法之規定收費。

第三條

前條費用，應由當事人以現金、公庫支票、郵政匯票、金融機構簽發之即期本票、支票或保付支票繳納。

第四條

申請調解者，應繳納調解費。其未繳納者，由申訴會通知限期補繳；屆期未繳納者，其申請不予受理。

第五條

①以請求或確認金額為調解標的者，其調解費如下：

一　金額未滿新臺幣二百萬元者，新臺幣二萬元。
二　金額在新臺幣二百萬元以上，未滿五百萬元者，新臺幣三萬元。
三　金額在新臺幣五百萬元以上，未滿一千萬元者，新臺幣六萬元。
四　金額在新臺幣一千萬元以上，未滿三千萬元者，新臺幣十萬元。
五　金額在新臺幣三千萬元以上，未滿五千萬元者，新臺幣十五萬元。
六　金額在新臺幣五千萬元以上，未滿一億元者，新臺幣二十萬元。
七　金額新臺幣一億元以上，未滿三億元者，新臺幣三十五萬元。
八　金額新臺幣三億元以上，未滿五億元者，新臺幣六十萬元。

九　金額新臺幣五億元以上者，新臺幣一百萬元。

②前項調解標的之金額以外幣計算者，按申訴會收件日前一交易日臺灣銀行外匯小額交易收盤買入匯率折算之。

第六條

非以請求或確認金額爲調解標的者，其調解費爲新臺幣三萬元。但調解標的得直接以金額計算者，其調解費依前條規定計算。

第七條

以一履約爭議調解申請書主張數項調解標的者，其調解費依下列方式計算：

一　就一契約並主張前二條之調解標的者，其調解費依前二條規定分別計算後累計。

二　就一契約主張數項第五條之調解標的者，其調解費按請求總金額計算。

三　就一契約主張數項前條之調解標的者，其調解費分別計算後累計。

四　就一契約主張之數項調解標的互相競合或應爲選擇者，其調解費依其中金額最高者計算。

五　就二個以上之契約事件申請調解者，其調解費按每一契約分別計算後累計。

第八條

應屬履約爭議事件，申請人誤提起申訴，而經申請人申請改行調解程序者，依本辦法之規定重新計算其調解費，與原繳審議費相抵後，多退少補。

第九條

調解程序進行中，因請求事項變更或追加，應加收調解費時，依第五條至第七條規定計算追繳之。

第一〇條 96

調解申請不予受理者，免予收費。已繳費者，無息退還所繳調解費之全額。但已通知調解期日者，收取新臺幣五千元。

第一一條

機關申請調解時，廠商從未於調解期日到場，經調解委員酌量情形視爲調解不成立者，其調解費無息退還機關二分之一。

第一二條

鑑定費及其他必要之費用，由申訴會通知當事人繳納。

第一三條

申訴會囑託鑑定時，應由該受託機關、學校、團體或人員於鑑定前提出總費用額之請求，由調解委員視調解事件之繁簡酌定之。

第一四條 101

①申請人撤回調解之申請者，所繳調解費不予退還。但申請人於第一次調解期日之次日起十日內以書面撤回調解者，無息退還所繳調解費二分之一，未退還之調解費逾新臺幣二十萬元者，

以新臺幣二十萬元爲收費上限。

②前項情形，當事人已繳納而尚未發生之鑑定費及其他必要費用，應無息退還。

第一五條

①調解成立者，調解費、鑑定費及其他必要費用之數額及負擔，應記明於調解成立書。

②調解不成立時，調解費、鑑定費及其他必要費用由已繳費之當事人負擔。

第一六條

本辦法自發布日施行。

仲裁法

①民國50年1月2日總統令制定公布全文10條。
②民國71年6月11日總統令修正公布全文36條。
③民國75年12月26日總統令修正公布第21、28、29條條文；並增訂第28-1、28-2條條文。
④民國87年6月24日總統令修正公布名稱及全文56條（原名稱：商務仲裁條例）。
⑤民國91年7月10日總統令修正公布第8、54、56條條文。
⑥民國98年12月30日總統令修正公布第7及56條條文；並自98年11月23日施行。
⑦民國104年12月2日總統令修正公布第47條條文。

第一章　仲裁協議

第一條　（仲裁協議）
①有關現在或將來之爭議，當事人得訂立仲裁協議，約定由仲裁人一人或單數之數人成立仲裁庭仲裁之。
②前項爭議，以依法得和解者爲限。
③仲裁協議，應以書面爲之。
④當事人間之文書、證券、信函、電傳、電報或其他類似方式之通訊，足認有仲裁合意者，視爲仲裁協議成立。

第二條　（仲裁協議不生效力之情形）
約定應付仲裁之協議，非關於一定之法律關係，及由該法律關係所生之爭議而爲者，不生效力。

第三條　（仲裁條款之效力應獨立認定）
當事人間之契約訂有仲裁條款者，該條款之效力，應獨立認定；其契約縱不成立、無效或經撤銷、解除、終止，不影響仲裁條款之效力。

第四條　（不遵守仲裁協議所提之訴訟）
①仲裁協議，如一方不遵守，另行提起訴訟時，法院應依他方聲請裁定停止訴訟程序，並命原告於一定期間內提付仲裁。但被告已爲本案之言詞辯論者，不在此限。
②原告逾前項期間未提付仲裁者，法院應以裁定駁回其訴。
③第一項之訴訟，經法院裁定停止訴訟程序後，如仲裁成立，視爲於仲裁庭作成判斷時撤回起訴。

第二章　仲裁庭之組織

第五條　（仲裁人）

①仲裁人應為自然人。
②當事人於仲裁協議約定仲裁機構以外之法人或團體為仲裁人者，視為未約定仲裁人。

第六條 （仲裁人之資格）

具有法律或其他各業專門知識或經驗，信望素孚之公正人士，具備下列資格之一者，得為仲裁人：
一　曾任實任推事、法官或檢察官者。
二　曾執行律師、會計師、建築師、技師或其他與商務有關之專門職業人員業務五年以上者。
三　曾任國內、外仲裁機構仲裁事件之仲裁人者。
四　曾任教育部認可之國內、外大專院校助理教授以上職務五年以上者。
五　具有特殊領域之專門知識或技術，並在該特殊領域服務五年以上者。

第七條 （不得為仲裁人之情形）98

有下列各款情形之一者，不得為仲裁人：
一　犯貪污、瀆職之罪，經判刑確定者。
二　犯前款以外之罪，經判處有期徒刑一年以上之刑確定者。
三　經褫奪公權宣告尚未復權者。
四　破產宣告尚未復權者。
五　受監護或輔助宣告尚未撤銷者。
六　未成年人。

第八條 （仲裁人應經訓練講習）91

①具有本法所定得為仲裁人資格者，除有下列情形之一者外，應經訓練並取得合格證書，始得向仲裁機構申請登記為仲裁人：
一　曾任實任推事、法官或檢察官者。
二　曾執行律師職務三年以上者。
三　曾在教育部認可之國內、外大專校院法律學系或法律研究所專任教授二年、副教授三年，講授主要法律科目三年以上者。
四　本法修正施行前已向仲裁機構登記為仲裁人，並曾實際參與爭議事件之仲裁者。
②前項第三款所定任教年資之計算及主要法律科目之範圍，由法務部會商相關機關定之。
③仲裁人未依第一項規定向仲裁機構申請登記者，亦適用本法訓練之規定。
④仲裁人已向仲裁機構申請登記者，應參加仲裁機構每年定期舉辦之講習；未定期參加者，仲裁機構得註銷其登記。
⑤仲裁人之訓練及講習辦法，由行政院會同司法院定之。

第九條 （仲裁人之約定及選定）

①仲裁協議，未約定仲裁人及其選定方法者，應由雙方當事人各選一仲裁人，再由雙方選定之仲裁人共推第三仲裁人為主任仲裁人，並由仲裁庭以書面通知當事人。

②仲裁人於選定後三十日內未共推主任仲裁人者，當事人得聲請法院為之選定。

③仲裁協議約定由單一之仲裁人仲裁，而當事人之一方於收受他方選定仲裁人之書面要求後三十日內未能達成協議時，當事人一方得聲請法院為之選定。

④前二項情形，於當事人約定仲裁事件由仲裁機構辦理者，由該仲裁機構選定仲裁人。

⑤當事人之一方有二人以上，而對仲裁人之選定未達成協議者，依多數決定之；人數相等時，以抽籤定之。

第一〇條　（選定仲裁人後應書面通知）

①當事人之一方選定仲裁人後，應以書面通知他方及仲裁人；由仲裁機構選定仲裁人者，仲裁機構應以書面通知雙方當事人及仲裁人。

②前項通知送達後，非經雙方當事人同意，不得撤回或變更。

第一一條　（催告選定仲裁人之期限）

①當事人之一方選定仲裁人後，得以書面催告他方於受催告之日起，十四日內選定仲裁人。

②應由仲裁機構選定仲裁人者，當事人得催告仲裁機構，於前項規定期間內選定之。

第一二條　（逾期限不選定仲裁人之處理）

①受前條第一項之催告，已逾規定期間而不選定仲裁人者，催告人得聲請仲裁機構或法院為之選定。

②受前條第二項之催告，已逾規定期間而不選定仲裁人者，催告人得聲請法院為之選定。

第一三條　（約定仲裁人無法履行仲裁任務之處理）

①仲裁協議所約定之仲裁人，因死亡或其他原因出缺，或拒絕擔任仲裁人或延滯履行仲裁任務者，當事人得再行約定仲裁人；如未能達成協議者，當事人一方得聲請仲裁機構或法院為之選定。

②當事人選定之仲裁人，如有前項事由之一者，他方得催告該當事人，自受催告之日起，十四日內另行選定仲裁人。但已依第九條第一項規定共推之主任仲裁人不受影響。

③受催告之當事人，已逾前項之規定期間，而不另行選定仲裁人者，催告人得聲請仲裁機構或法院為之選定。

④仲裁機構或法院選定之仲裁人，有第一項情形者，仲裁機構或法院得各自依聲請或職權另行選定。

⑤主任仲裁人有第一項事由之一者，法院得依聲請或職權另行選定。

第一四條　（當事人不得不服選定之仲裁人）

對於仲裁機構或法院依本章選定之仲裁人，除依本法請求迴避者外，當事人不得聲明不服。

第一五條　（仲裁人應即告知當事人之情形）

①仲裁人應獨立、公正處理仲裁事件，並保守秘密。

②仲裁人有下列各款情形之一者，應即告知當事人：

一　有民事訴訟法第三十二條所定法官應自行迴避之同一原因者。

二　仲裁人與當事人間現有或曾有僱傭或代理關係者。

三　仲裁人與當事人之代理人或重要證人間現有或曾有僱傭或代理關係者。

四　有其他情形足使當事人認其有不能獨立、公正執行職務之虞者。

第一六條　（當事人得請求仲裁人迴避之情形）

①仲裁人有下列各款情形之一者，當事人得請求其迴避：

一　不具備當事人所約定之資格者。

二　有前條第二項各款情形之一者。

②當事人對其自行選定之仲裁人，除迴避之原因發生在選定後，或至選定後始知其原因者外，不得請求仲裁人迴避。

第一七條　（向仲裁庭提出書面迴避原因）

①當事人請求仲裁人迴避者，應於知悉迴避原因後十四日內，以書面敘明理由，向仲裁庭提出，仲裁庭應於十日內作成決定。但當事人另有約定者，不在此限。

②前項請求，仲裁庭尚未成立者，其請求期間自仲裁庭成立後起算。

③當事人對於仲裁庭之決定不服者，得於十四日內聲請法院裁定之。

④當事人對於法院依前項規定所為之裁定，不得聲明不服。

⑤雙方當事人請求仲裁人迴避者，仲裁人應即迴避。

⑥當事人請求獨任仲裁人迴避者，應向法院為之。

第三章　仲裁程序

第一八條　（仲裁程序之起始）

①當事人將爭議事件提付仲裁時，應以書面通知相對人。

②爭議事件之仲裁程序，除當事人另有約定外，自相對人收受提付仲裁之通知時開始。

③前項情形，相對人有多數而分別收受通知者，以收受之日在前者為準。

第一九條　（仲裁程序之適用法律）

當事人就仲裁程序未約定者，適用本法之規定；本法未規定者，仲裁庭得準用民事訴訟法或依其認為適當之程序進行。

第二〇條　（仲裁地）

仲裁地，當事人未約定者，由仲裁庭決定。

第二一條　（仲裁程序之期限）

①仲裁進行程序，當事人未約定者，仲裁庭應於接獲被選為仲裁人之通知日起十日內，決定仲裁處所及詢問期日，通知雙方當事人，並於六個月內作成判斷書；必要時得延長三個月。

②前項十日期間，對將來爭議，應自接獲爭議發生之通知日起算。
③仲裁庭逾第一項期間未作成判斷書者，除強制仲裁事件外，當事人得逕行起訴或聲請續行訴訟。其經當事人起訴或聲請續行訴訟者，仲裁程序視爲終結。
④前項逕行起訴之情形，不適用民法第一百三十三條之規定。

第二二條 （仲裁庭管轄權異議之決定）
當事人對仲裁庭管轄權之異議，由仲裁庭決定之。但當事人已就仲裁協議標的之爭議爲陳述者，不得異議。

第二三條 （仲裁程序不公開）
①仲裁庭應予當事人充分陳述機會，並就當事人所提主張爲必要之調查。
②仲裁程序，不公開之。但當事人另有約定者，不在此限。

第二四條 （委任代理人）
當事人得以書面委任代理人到場陳述。

第二五條 （涉外仲裁事件得約定使用語文）
①涉外仲裁事件，當事人得約定仲裁程序所使用之語文。但仲裁庭或當事人之一方得要求就仲裁相關文件附具其他語文譯本。
②當事人或仲裁人，如不諳國語，仲裁庭應用通譯。

第二六條 （應詢證人或鑑定人）
①仲裁庭得通知證人或鑑定人到場應詢。但不得令其具結。
②證人無正當理由而不到場者，仲裁庭得聲請法院命其到場。

第二七條 （文書之送達）
仲裁庭辦理仲裁事件，有關文書之送達，準用民事訴訟法有關送達之規定。

第二八條 （請求機關協助仲裁之進行）
①仲裁庭爲進行仲裁，必要時得請求法院或其他機關協助。
②受請求之法院，關於調查證據，有受訴法院之權。

第二九條 （對仲裁程序之異議）
①當事人知悉或可得而知仲裁程序違反本法或仲裁協議，而仍進行仲裁程序者，不得異議。
②異議，由仲裁庭決定之，當事人不得聲明不服。
③異議，無停止仲裁程序之效力。

第三〇條 （當事人主張無理由時仍得進行仲裁程序）
當事人下列主張，仲裁庭認其無理由時，仍得進行仲裁程序，並爲仲裁判斷：
一　仲裁協議不成立。
二　仲裁程序不合法。
三　違反仲裁協議。
四　仲裁協議與應判斷之爭議無關。
五　仲裁人欠缺仲裁權限。
六　其他得提起撤銷仲裁判斷之訴之事由。

第三一條 （衡平仲裁）

仲裁庭經當事人明示合意者，得適用衡平原則為判斷。

第三二條　（仲裁判斷之評議）

①仲裁判斷之評議，不得公開。

②合議仲裁庭之判斷，以過半數意見定之。

③關於數額之評議，仲裁人之意見各不達過半數時，以最多額之意見順次算入次多額之意見，至達過半數為止。

④合議仲裁庭之意見不能過半數者，除當事人另有約定外，仲裁程序視為終結，並應將其事由通知當事人。

⑤前項情形不適用民法第一百三十三條之規定。但當事人於收受通知後，未於一個月內起訴者，不在此限。

第三三條　（判斷書記載事項）

①仲裁庭認仲裁達於可為判斷之程度者，應宣告詢問終結，依當事人聲明之事項，於十日內作成判斷書。

②判斷書應記載下列各款事項：

一　當事人姓名、住所或居所。當事人為法人或其他團體或機關者，其名稱及公務所、事務所或營業所。

二　有法定代理人、仲裁代理人者，其姓名、住所或居所。

三　有通譯者，其姓名、國籍及住所或居所。

四　主文。

五　事實及理由。但當事人約定無庸記載者，不在此限。

六　年月日及仲裁判斷作成地。

③判斷書之原本，應由參與評議之仲裁人簽名；仲裁人拒絕簽名或因故不能簽名者，由簽名之仲裁人附記其事由。

第三四條　（判斷書之送達）

①仲裁庭應以判斷書正本，送達於當事人。

②前項判斷書，應另備正本，連同送達證書，送請仲裁地法院備查。

第三五條　（判斷書錯誤之更正）

判斷書如有誤寫、誤算或其他類此之顯然錯誤者，仲裁庭得隨時或依聲請更正之，並以書面通知當事人及法院。其正本與原本不符者，亦同。

第三六條　（簡易仲裁程序之適用）

①民事訴訟法所定應適用簡易程序事件，經當事人合意向仲裁機構聲請仲裁者，由仲裁機構指定獨任仲裁人依該仲裁機構所定之簡易仲裁程序仲裁之。

②前項所定以外事件，經當事人合意者，亦得適用仲裁機構所定之簡易仲裁程序。

第四章　仲裁判斷之執行

第三七條　（仲裁判斷之執行）

①仲裁人之判斷，於當事人間，與法院之確定判決，有同一效力。

②仲裁判斷，須聲請法院爲執行裁定後，方得爲強制執行。但合於下列規定之一，並經當事人雙方以書面約定仲裁判斷無須法院裁定即得爲強制執行者，得逕爲強制執行：

一　以給付金錢或其他代替物或有價證券之一定數量爲標的者。

二　以給付特定之動產爲標的者。

③前項強制執行之規定，除當事人外，對於下列之人，就該仲裁判斷之法律關係，亦有效力：

一　仲裁程序開始後爲當事人之繼受人及爲當事人或其繼受人占有請求之標的物者。

二　爲他人而爲當事人者之該他人及仲裁程序開始後爲該他人之繼受人，及爲該他人或其繼受人占有請求之標的物者。

第三八條　（駁回執行裁定聲請之情形）

有下列各款情形之一者，法院應駁回其執行裁定之聲請：

一　仲裁判斷與仲裁協議標的之爭議無關，或逾越仲裁協議之範圍者。但除去該部分亦可成立者，其餘部分，不在此限。

二　仲裁判斷書應附理由而未附者。但經仲裁庭補正後，不在此限。

三　仲裁判斷，係命當事人爲法律上所不許之行爲者。

第三九條　（聲請假扣押或假處分）

①仲裁協議當事人之一方，依民事訴訟法有關保全程序之規定，聲請假扣押或假處分者，如其尚未提付仲裁，命假扣押或假處分之法院，應依相對人之聲請，命該保全程序之聲請人，於一定期間內提付仲裁。但當事人依法得提起訴訟時，法院亦得命其起訴。

②保全程序聲請人不於前項期間內提付仲裁或起訴者，法院得依相對人之聲請，撤銷假扣押或假處分之裁定。

第五章　撤銷仲裁判斷之訴

第四〇條　（得提撤銷仲裁判斷之訴之情形）

①有下列各款情形之一者，當事人得對於他方提起撤銷仲裁判斷之訴：

一　有第三十八條各款情形之一者。

二　仲裁協議不成立、無效，或於仲裁庭詢問終結時尚未生效或已失效者。

三　仲裁庭於詢問終結前未使當事人陳述，或當事人於仲裁程序未經合法代理者。

四　仲裁庭之組成或仲裁程序，違反仲裁協議或法律規定者。

五　仲裁人違反第十五條第二項所定之告知義務而顯有偏頗或被聲請迴避而仍參與仲裁者。但迴避之聲請，經依本法駁回者，不在此限。

六　參與仲裁之仲裁人，關於仲裁違背職務，犯刑事上之罪者。

七　當事人或其代理人，關於仲裁犯刑事上之罪者。

八　爲判斷基礎之證據、通譯內容係僞造、變造或有其他虛僞情事者。

九　爲判斷基礎之民事、刑事及其他裁判或行政處分，依其後之確定裁判或行政處分已變更者。

②前項第六款至第八款情形，以宣告有罪之判決已確定，或其刑事訴訟不能開始或續行非因證據不足者爲限。

③第一項第四款違反仲裁協議及第五款至第九款情形，以足以影響判斷之結果爲限。

第四一條　（提起撤銷仲裁判斷之訴之期限）

①撤銷仲裁判斷之訴，得由仲裁地之地方法院管轄。

②提起撤銷仲裁判斷之訴，應於判斷書交付或送達之日起，三十日之不變期間內爲之；如有前條第一項第六款至第九款所列之原因，並經釋明，非因當事人之過失，不能於規定期間內主張撤銷之理由者，自當事人知悉撤銷之原因時起算。但自仲裁判斷書作成日起，已逾五年者，不得提起。

第四二條　（停止執行及撤銷執行裁定）

①當事人提起撤銷仲裁判斷之訴者，法院得依當事人之聲請，定相當並確實之擔保，裁定停止執行。

②仲裁判斷，經法院撤銷者，如有執行裁定時，應依職權併撤銷其執行裁定。

第四三條　（撤銷確定者得提起訴訟）

仲裁判斷經法院判決撤銷確定者，除另有仲裁合意外，當事人得就該爭議事項提起訴訟。

第六章　和解與調解

第四四條　（和解）

①仲裁事件，於仲裁判斷前，得爲和解。和解成立者，由仲裁人作成和解書。

②前項和解，與仲裁判斷有同一效力。但須聲請法院爲執行裁定後，方得爲強制執行。

第四五條　（調解）

①未依本法訂立仲裁協議者，仲裁機構得依當事人之聲請，經他方同意後，由雙方選定仲裁人進行調解。調解成立者，由仲裁人作成調解書。

②前項調解成立者，其調解與仲裁和解有同一效力。但須聲請法院爲執行裁定後，方得爲強制執行。

第四六條　（和解、調解情形之準用）

第三十八條、第四十條至第四十三條之規定，於仲裁和解、調解之情形準用之。

第七章　外國仲裁判斷

第四七條　（外國仲裁判斷）104

①在中華民國領域外作成之仲裁判斷或在中華民國領域內依外國法律作成之仲裁判斷，為外國仲裁判斷。

②外國仲裁判斷，經聲請法院裁定承認後，於當事人間，與法院之確定判決有同一效力，並得為執行名義。

第四八條　（外國仲裁判斷之聲請承認）

①外國仲裁判斷之聲請承認，應向法院提出聲請狀，並附具下列文件：

一　仲裁判斷書之正本或經認證之繕本。

二　仲裁協議之原本或經認證之繕本。

三　仲裁判斷適用外國仲裁法規、外國仲裁機構仲裁規則或國際組織仲裁規則者，其全文。

②前項文件以外文作成者，應提出中文譯本。

③第一項第一款、第二款所稱之認證，指中華民國駐外使領館、代表處、辦事處或其他經政府授權之機構所為之認證。

④第一項之聲請狀，應按應受送達之他方人數，提出繕本，由法院送達之。

第四九條　（駁回承認外國仲裁判斷聲請之情形）

①當事人聲請法院承認之外國仲裁判斷，有下列各款情形之一者，法院應以裁定駁回其聲請：

一　仲裁判斷之承認或執行，有背於中華民國公共秩序或善良風俗者。

二　仲裁判斷依中華民國法律，其爭議事項不能以仲裁解決者。

②外國仲裁判斷，其判斷地國或判斷所適用之仲裁法規所屬國對於中華民國之仲裁判斷不予承認者，法院得以裁定駁回其聲請。

第五〇條　（他方當事人聲請駁回外國仲裁判斷承認之情形）

當事人聲請法院承認之外國仲裁判斷，有下列各款情形之一者，他方當事人得於收受通知後二十日內聲請法院駁回其聲請：

一　仲裁協議，因當事人依所應適用之法律係欠缺行為能力而不生效力者。

二　仲裁協議，依當事人所約定之法律為無效；未約定時，依判斷地法為無效者。

三　當事人之一方，就仲裁人之選定或仲裁程序應通知之事項未受適當通知，或有其他情事足認仲裁欠缺正當程序者。

四　仲裁判斷與仲裁協議標的之爭議無關，或逾越仲裁協議之範圍者。但除去該部分亦可成立者，其餘部分，不在此限。

五　仲裁庭之組織或仲裁程序違反當事人之約定；當事人無約定時，違反仲裁地法者。

六　仲裁判斷，對於當事人尚無拘束力或經管轄機關撤銷或停止其效力者。

第五一條　（裁定停止承認或執行之程序）

①外國仲裁判斷，於法院裁定承認或強制執行終結前，當事人已請求撤銷仲裁判斷或停止其效力者，法院得依聲請，命供相當並確實之擔保，裁定停止其承認或執行之程序。

②前項外國仲裁判斷經依法撤銷確定者，法院應駁回其承認之聲請或依聲請撤銷其承認。

第八章　附　則

第五二條　（仲裁事件程序之適用及準用法律）

法院關於仲裁事件之程序，除本法另有規定外，適用非訟事件法，非訟事件法未規定者，準用民事訴訟法。

第五三條　（應付仲裁之準用法律）

依其他法律規定應提付仲裁者，除該法律有特別規定外，準用本法之規定。

第五四條　（仲裁機構之設立）91

①仲裁機構，得由各級職業團體、社會團體設立或聯合設立，負責仲裁人登記、註銷登記及辦理仲裁事件。

②仲裁機構之組織、設立許可、撤銷或廢止許可、仲裁人登記、註銷登記、仲裁費用、調解程序及費用等事項之規則，由行政院會同司法院定之。

第五五條　（政府得補助仲裁機構）

為推展仲裁業務、疏減訟源，政府對於仲裁機構得予補助。

第五六條　（施行日）98

本法除中華民國八十七年六月二十四日修正公布之條文自公布後六個月施行，及九十八年十二月十五日修正公布之條文自九十八年十一月二十三日施行外，自公布日施行。

工程採購契約範本

①民國104年5月27日行政院公共工程委員會函修正發布第9、14、15條條文及附錄一、二。
②民國105年1月12日行政院公共工程委員會函修正發布第5條條文及附錄一。
③民國106年4月6日行政院公共工程委員會函修正發布第5條條文及附錄一、二。
④民國107年7月24日行政院公共工程委員會函修正發布第2至5、9、13、18、20至23條條文及附錄二、四。
⑤民國108年1月22日行政院公共工程委員會函修正發布附錄二。
⑥民國108年7月25日行政院公共工程委員會函修正發布第5、22條條文。
⑦民國109年1月14日行政院公共工程委員會函修正發布第1、3、5、9、11、14、15、17、18、20、21、23條條文及附錄一、二、四。
⑧民國109年6月30日行政院公共工程委員會函修正發布第2條條文。
⑨民國109年12月25日行政院公共工程委員會函修正發布第5、9、13條條文及附錄一、二、四。
⑩民國110年3月9日行政院公共工程委員會函修正發布第13、14條條文。
⑪民國110年7月1日行政院公共工程委員會函修正發布第9條條文及附錄二、四。
⑫民國111年1月4日行政院公共工程委員會函修正發布第5條條文。
⑬民國111年4月7日行政院公共工程委員會函修正發布附錄二。
⑭民國111年4月29日行政院公共工程委員會函修正發布第3、9、13至15、17、21條條文及附錄一、二。
⑮民國111年12月22日行政院公共工程委員會函修正發布第5、7、9、13、17、21、22條條文及附錄四。
⑯民國112年7月7日行政院公共工程委員會函修正發布第5、9、13、17條條文及附錄一、二、四。
⑰民國112年11月15日行政院公共工程委員會函修正發布第23條條文。

招標機關（以下簡稱機關）及得標廠商（以下簡稱廠商）雙方同意依政府採購法（以下簡稱採購法）及其主管機關訂定之規定訂定本契約，共同遵守，其條款如下：

第一條　契約文件及效力

(一)契約包括下列文件：

1.招標文件及其變更或補充。
2.投標文件及其變更或補充。
3.決標文件及其變更或補充。

4.契約本文、附件及其變更或補充。
5.依契約所提出之履約文件或資料。

㈡定義及解釋：

1.契約文件，指前款所定資料，包括以書面、錄音、錄影、照相、微縮、電子數位資料或樣品等方式呈現之原件或複製品。
2.工程會，指行政院公共工程委員會。
3.工程司，指機關以書面指派行使本契約所賦予之工程司之職權者。
4.工程司代表，指工程司指定之任何人員，以執行本契約所規定之權責者。其授權範圍須經工程司以書面通知承包商。
5.監造單位，指受機關委託執行監造作業之技術服務廠商。
6.監造單位／工程司，有監造單位者，爲監造單位；無監造單位者，爲工程司。
7.工程司／機關，有工程司者，爲工程司；無工程司者，爲機關。
8.分包，謂非轉包而將契約之部分由其他廠商代爲履行。
9.書面，指所有手書、打字及印刷之來往信函及通知，包括電傳、電報及電子信件。機關得依採購法第 93 條之 1 允許以電子化方式爲之。
10.規範，指列入契約之工程規範及規定，含施工規範、施工安全、衛生、環保、交通維持手冊、技術規範及工程施工期間依契約規定提出之任何規範與書面規定。
11.圖說，指機關依契約提供廠商之全部圖樣及其所附資料。另由廠商提出經機關認可之全部圖樣及其所附資料，包含必要之樣品及模型，亦屬之。圖說包含（但不限於）設計圖、施工圖、構造圖、工廠施工製造圖、大樣圖等。

㈢契約所含各種文件之內容如有不一致之處，除另有規定外，依下列原則處理：

1.招標文件內之投標須知及契約條款優於招標文件內之其他文件所附記之條款。但附記之條款有特別聲明者，不在此限。
2.招標文件之內容優於投標文件之內容。但投標文件之內容經機關審定優於招標文件之內容者，不在此限。招標文件如允許廠商於投標文件內特別聲明，並經機關於審標時接受者，以投標文件之內容爲準。
3.文件經機關審定之日期較新者優於審定日期較舊者。
4.大比例尺圖者優於小比例尺圖者。
5.施工補充說明書優於施工規範。
6.決標紀錄之內容優於開標或議價紀錄之內容。
7.同一優先順位之文件，其內容有不一致之處，屬機關文件者，以對廠商有利者爲準；屬廠商文件者，以對機關有利者爲準。

8.招標文件內之標價清單，其品項名稱、規格、數量，優於招標文件內其他文件之內容。

㈣契約文件之一切規定得互為補充，如仍有不明確之處，應依公平合理原則解釋之。如有爭議，依採購法之規定處理。

㈤契約文字：

1.契約文字以中文為準。但下列情形得以外文為準：

(1)特殊技術或材料之圖文資料。

(2)國際組織、外國政府或其授權機構、公會或商會所出具之文件。

(3)其他經機關認定確有必要者。

2.契約文字有中文譯文，其與外文文意不符者，除資格文件外，以中文為準。其因譯文有誤致生損害者，由提供譯文之一方負責賠償。

3.契約所稱申請、報告、同意、指示、核准、通知、解釋及其他類似行為所為之意思表示，除契約另有規定或當事人同意外，應以中文（正體字）書面為之。書面之遞交，得以面交簽收、郵寄、傳真或電子資料傳輸至雙方預為約定之人員或處所。

㈥契約所使用之度量衡單位，除另有規定者外，以法定度量衡單位為之。

㈦契約所定事項如有違反法令或無法執行之部分，該部分無效。但除去該部分，契約亦可成立者，不影響其他部分之有效性。該無效之部分，機關及廠商必要時得依契約原定目的變更之。

㈧經雙方代表人或其授權人簽署契約正本 2 份，機關及廠商各執 1 份，並由雙方各依印花稅法之規定繳納印花稅。副本＿份（請載明），由機關、廠商及相關機關、單位分別執用。副本如有誤繕，以正本為準。

㈨機關應提供＿份（由機關於招標時載明，未載明者，為 1 份）設計圖說及規範之影本予廠商，廠商得視履約之需要自費影印使用。除契約另有規定，如無機關之書面同意，廠商不得提供上開文件，供與契約無關之第三人使用。

㈩廠商應提供＿份（由機關於招標時載明，未載明者，為 1 份）依契約規定製作之文件影本予機關，機關得視履約之需要自費影印使用。除契約另有規定，如無廠商之書面同意，機關不得提供上開文件，供與契約無關之第三人使用。

⑪廠商應於施工地點，保存 1 份完整契約文件及其修正，以供隨時查閱。廠商應核對全部文件，對任何矛盾或遺漏處，應立即通知工程司／機關。

第二條　履約標的及地點

㈠廠商應給付之標的及工作事項（由機關於招標時載明）：＿＿＿＿＿＿□維護保養□代操作營運：（如須由得標廠商提供驗收合格日起一定期間內之服務，由招標機關視個案特性於招標時勾選，並注意訂明投標廠商提供此類服務須具備之

資格、編列相關費用及視需要擇定以下項目）

1.期間：（例如驗收合格日起若干年，或起迄年、月、日；未載明者，為1年）

2.工作內容：

⑴工作範圍、界面。

⑵設備項目、名稱、規格及數量。

⑶定期維護保養頻率。

⑷作業方式。

⑸廠商須交付之文件及交付期限（例如工作計畫、維修設備清冊、設備改善建議書）。

3.人力要求：

⑴人員組織架構表。

⑵工作人員名冊（含身分證明及學經歷文件）。

4.備品供應：

⑴備品庫存數量。

⑵備品進場時程。

⑶所需備品以現場設備廠牌型號優先；使用替代品應先徵得機關同意。

5.故障維修責任：

⑴屬保固責任者，依第16條規定辦理。

⑵維修時效（例如機關發現契約項下設備有故障致不能正常運作時，得通知廠商派員維修，廠商應於接獲通知起24小時內派員到機關處理，並應於接獲通知起72小時內維修完畢，使標的物回復正常運作）。

6.廠商逾契約所定期限進行維護（修）、交付文件者，比照第17條遲延履約規定計算逾期違約金（或另定違約金之計算方式），該違約金一併納入第17條第4款規定之上限內計算。

7.因可歸責於廠商之事由所致之損害賠償規定；賠償金額上限依第18條第8款規定。

㈡機關辦理事項（由機關於招標時載明，無者免填）：＿＿＿＿

㈢履約地點（由機關於招標時載明，屬營繕工程者必填）：＿＿

㈣本契約依「資源回收再利用法」第22條及其施行細則第10條規定，機關應優先採購政府認可之環境保護產品、本國境內產生之再生資源或以一定比例以上再生資源為原料製成之再生產品。廠商應配合辦理。

㈤機關依政府循環經濟政策需於本案使用再生粒料者，廠商應配合辦理。機關於履約階段須新增使用者，依第20條辦理。

㈥廠商依契約提供環保、節能、省水或綠建材等綠色產品，應至行政院環境保護署設置之「民間企業及團體綠色採購申報平臺」申報。

第三條　契約價金之給付

㈠契約價金之給付，得為下列方式（由機關擇一於招標時載明）：

□依契約價金總額結算。因契約變更致履約標的項目或數量有增減時，就變更部分予以加減價結算。若有相關項目如稅捐、利潤或管理費等另列一式計價者，該一式計價項目之金額應隨與該一式有關項目之結算金額與契約金額之比率增減之。但契約已訂明不適用比率增減條件，或其性質與比率增減無關者，不在此限。

□依實際施作或供應之項目及數量結算，以契約中所列履約標的項目及單價，依完成履約實際供應之項目及數量給付。若有相關項目如稅捐、利潤或管理費等另列一式計價者，該一式計價項目之金額應隨與該一式有關項目之結算金額與契約金額之比率增減之。但契約已訂明不適用比率增減條件，或其性質與比率增減無關者，不在此限。

□部分依契約價金總額結算，部分依實際施作或供應之項目及數量結算。屬於依契約價金總額結算之部分，因契約變更致履約標的項目或數量有增減時，就變更部分予以加減價結算。屬於依實際施作或供應之項目及數量結算之部分，以契約中所列履約標的項目及單價，依完成履約實際供應之項目及數量給付。若有相關項目如稅捐、利潤或管理費等另列一式計價者，該一式計價項目之金額應隨與該一式有關項目之結算金額與契約金額之比率增減之。但契約已訂明不適用比率增減條件，或其性質與比率增減無關者，不在此限。

㈡採契約價金總額結算給付之部分：

1. 工程之個別項目實作數量較契約所定數量增減逾 3% 時，其逾 3% 之部分，依原契約單價以契約變更增減契約價金。未逾 3% 者，契約價金不予增減。
2. 工程之個別項目實作數量較契約所定數量增加逾 30% 時，其逾 30% 之部分，應以契約變更合理調整契約單價及計算契約價金。
3. 工程之個別項目實作數量較契約所定數量減少逾 30% 時，依原契約單價計算契約價金顯不合理者，應就顯不合理之部分以契約變更合理調整實作數量部分之契約單價及計算契約價金。

㈢採實際施作或供應之項目及數量結算給付之部分：

1. 工程之個別項目實作數量較契約所定數量增加逾 30% 時，其逾 30% 之部分，應以契約變更合理調整契約單價及計算契約價金。
2. 工程之個別項目實作數量較契約所定數量減少逾 30% 時，依原契約單價計算契約價金顯不合理者，應就顯不合理之部分以契約變更合理調整實作數量部分之契約單價及計算

契約價金。

(四)契約價金，除另有規定外，含廠商及其人員依中華民國法令應繳納之稅捐、規費及強制性保險之保險費。依法令應以機關名義申請之許可或執照，由廠商備具文件代爲申請者，其需繳納之規費（含空氣污染防制費）不含於契約價金，由廠商代爲繳納後機關覈實支付，支付及審核程序準用第5條第1款第3目及第4目；但已明列項目而含於契約價金者，不在此限。

(五)中華民國以外其他國家或地區之稅捐、規費或關稅，由廠商負擔。

第四條　契約價金之調整

(一)驗收結果與規定不符，而不妨礙安全及使用需求，亦無減少通常效用或契約預定效用，經機關檢討不必拆換、更換或拆換、更換確有困難者，得於必要時減價收受。

1. 採減價收受者，按不符項目標的之契約單價____%（由機關視需要於招標時載明；未載明者，依採購法施行細則第98條第2項規定）與不符數量之乘積減價，並處以減價金額____%（由機關視需要於招標時載明；未載明者爲20%）之違約金。但其屬尺寸不符規定者，減價金額得就尺寸差異之比率計算之；屬工料不符規定者，減價金額得按工料差額計算之；非屬尺寸、工料不符規定者，減價金額得就重量、權重等差異之比率計算之。
2. 個別項目減價及違約金之合計，以標價清單或詳細價目表該項目所載之複價金額爲限。
3. 若有相關項目如稅捐、利潤或管理費等另列一式計價者，該一式計價項目之金額，應隨上述減價金額及違約金合計金額與該一式有關項目契約金額之比率減少之。但契約已訂明不適用比率增減條件，或其性質與比率增減無關者，不在此限。

(二)契約所附供廠商投標用之工程數量清單，其數量爲估計數，除另有規定者外，不應視爲廠商完成履約所須供應或施作之實際數量。

(三)採契約價金總額結算給付者，未列入前款清單之項目，其已於契約載明應由廠商施作或供應或爲廠商完成履約所必須者，仍應由廠商負責供應或施作，不得據以請求加價。如經機關確認屬漏列且未於其他項目中編列者，應以契約變更增加契約價金。

(四)廠商履約遇有下列政府行爲之一，致履約費用增加或減少者，契約價金得予調整：

1. 政府法令之新增或變更。
2. 稅捐或規費之新增或變更。
3. 政府公告、公定或管制價格或費率之變更。

(五)前款情形，屬中華民國政府所爲，致履約成本增加者，其所

增加之必要費用，由機關負擔；致履約成本減少者，其所減少之部分，得自契約價金中扣除。屬其他國家政府所為，致履約成本增加或減少者，契約價金不予調整。

㈥廠商為履約須進口自用機具、設備或材料者，其進口及復運出口所需手續及費用，由廠商負責。

㈦契約規定廠商履約標的應經第三人檢驗者，其檢驗所需費用，除另有規定者外，由廠商負擔。

㈧契約履約期間，有下列情形之一（且非可歸責於廠商），致增加廠商履約成本者，廠商為完成契約標的所需增加之必要費用，由機關負擔。但屬第13條第7款情形、廠商逾期履約，或發生保險契約承保範圍之事故所致損失（害）之自負額部分，由廠商負擔：

1.戰爭、封鎖、革命、叛亂、內亂、暴動或動員。

2.民眾非理性之聚眾抗爭。

3.核子反應、核子輻射或放射性污染。

4.善盡管理責任之廠商不可預見且無法合理防範之自然力作用（例如但不限於山崩、地震、海嘯等）。

5.機關要求全部或部分暫停執行（停工）。

6.機關提供之地質鑽探或地質資料，與實際情形有重大差異。

7.因機關使用或佔用本工程任何部分，但契約另有規定者不在此限。

8.其他可歸責於機關之情形。

第五條　契約價金之給付條件

㈠除契約另有約定外，依下列條件辦理付款：

1.□預付款（由機關視個案情形於招標時勾選；未勾選者，表示無預付款）：

⑴契約預付款為契約價金總額___%（由機關於招標時載明；查核金額以上者，預付款額度不逾30%），其付款條件如下：________________（由機關於招標時載明）

⑵預付款於雙方簽定契約，廠商辦妥履約各項保證，並提供預付款還款保證，經機關核可後於__日（由機關於招標時載明）內撥付。

⑶預付款應於銀行開立專戶，專用於本採購，機關得隨時查核其使用情形。

⑷預付款之扣回方式，應自估驗金額達契約價金總額20%起至80%止，隨估驗計價逐期依計價比例扣回。

2.□估驗款（由機關視個案情形於招標時勾選；未勾選者，表示無估驗款）：

⑴廠商自開工日起，每__日曆天或每半月或每月（由機關於招標時載明；未載明者，為每月）得申請估驗計價1次，並依工程會訂定之「公共工程估驗付款作業程序」提出必要文件，以供估驗。機關於15工作天（含技術服務廠商之審查時間）內完成審核程序後，通知廠商提出

請款單據，並於接到廠商請款單據後 15 工作天內付款。但涉及向補助機關申請核撥補助款者，付款期限為 30 工作天。

(2)竣工後估驗：確定竣工後，如有依契約所定估驗期程可辦理估驗而尚未辦理估驗之項目或數量，廠商得依工程會訂定之「公共工程估驗付款作業程序」提出必要文件，辦理末期估驗計價。未納入估驗者，併尾款給付。機關於 15 工作天（含技術服務廠商之審查時間）內完成審核程序後，通知廠商提出請款單據，並於接到廠商請款單據後 15 工作天內付款。但涉及向補助機關申請核撥補助款者，付款期限為 30 工作天。

(3)估驗以完成施工者為限，如另有規定其半成品或進場材料得以估驗計價者，從其規定。該項估驗款每期均應扣除 5% 作為保留款（有預付款之扣回時一併扣除）。

半成品或進場材料得以估驗計價之情形（由機關於招標時載明；未載明者無）：

□鋼構項目：

鋼材運至加工處所，得就該項目單價之__%（由機關於招標時載明；未載明者，為20%）先行估驗計價；加工、假組立完成後，得就該項目單價之__%（由機關於招標時載明；未載明者，為30%）先行估驗計價。估驗計價前，須經監造單位／工程司檢驗合格，確定屬本工程使用。已估驗計價之鋼構項目由廠商負責保管，不得以任何理由要求加價。

□其他項目：________。

(4)查核金額以上之工程，於初驗合格且無逾期情形時，廠商得以書面請求機關退還已扣留保留款總額之 50%。辦理部分驗收或分段查驗供驗收之用者，亦同。

(5)經雙方書面確定之契約變更，其新增項目或數量尚未經議價程序議定單價者，得依機關核定此一項目之預算單價，以__%（由機關於招標時載明，未載明者，為80%）估驗計價給付估驗款。

(6)如有剩餘土石方需運離工地，除屬土方交換、工區土方平衡或機關認定之特殊因素者外，廠商估驗計價應檢附下列資料（未勾選者，無需檢附）：

□經機關建議或核定之土資場之遠端監控輸出影像紀錄光碟片。

□符合機關規定格式（例如日期時間、車號、車輛經緯度、行車速度等，由機關於招標時載明）之土石方運輸車輛行車紀錄與軌跡圖光碟片。

□其他________（由機關於招標時載明）。

(7)於履約過程中，如因可歸責於廠商之事由，而有施工查核結果列為丙等、發生重大勞安或環保事故之情形，或

發現廠商違反勞安或環保規定且情節重大者，機關得將估驗計價保留款提高為原規定之__倍（由機關於招標時載明；未載明者，為2倍），至上開情形改善處理完成為止，但不溯及已完成估驗計價者。

(8)廠商為公共工程金質獎得獎廠商者，於獎勵期間得向機關申請減低(3)所定估驗計價保留款額度，特優者減低為2%，優等者減低為3%，佳作者減低為4%，獎勵期滿而尚在履約期限內者仍適用。獎勵期間經工程會取消得獎資格者，其後之保留款恢復原定比率。

3.驗收後付款：於驗收合格，廠商繳納保固保證金後，機關於接到廠商提出請款單據後15工作天內，一次無息結付尾款。但涉及向補助機關申請核撥補助款者，付款期限為30工作天。

4.機關辦理付款及審核程序，如發現廠商有文件不符、不足或有疑義而需補正或澄清者，機關應一次通知澄清或補正，不得分次辦理。其審核及付款期限，自資料澄清或補正之次日重新起算；機關並應先就無爭議且可單獨計價之部分辦理付款。

5.廠商履約有下列情形之一者，機關得暫停給付估驗計價款至情形消滅為止：

(1)履約實際進度因可歸責於廠商之事由，落後預定進度達____%（由機關於招標時載明；未載明者，巨額之工程為10%，未達巨額之工程為20%）以上，且經機關通知限期改善未積極改善者。但廠商如提報趕工計畫經機關核可並據以實施後，其進度落後情形經機關認定已有改善者，機關得恢復核發估驗計價款；如因廠商實施趕工計畫，造成機關管理費用等之增加，該費用由廠商負擔。

(2)履約有瑕疵經書面通知改正而逾期未改正者。

(3)未履行契約應辦事項，經通知仍延不履行者。

(4)廠商履約人員不適任，經通知更換仍延不辦理者。

(5)廠商有施工品質不良或其他違反公共工程施工品質管理作業要點之情事者。

(6)其他違反法令或違約情形。

6.物價指數調整：

(1)物價調整方式：依□行政院主計總處；□臺北市政府；□高雄市政府；□其他____（由機關擇一載明；未載明者，為行政院主計總處）發布之營造工程物價指數之個別項目、中分類項目及總指數漲跌幅，依下列順序調整：

a. 工程進行期間，如遇物價波動時，依____個別項目（例如預拌混凝土、鋼筋、鋼板、型鋼、瀝青混凝土等，由機關於招標時載明；未載明者，為預拌混凝土、鋼筋、鋼板、型鋼及瀝青混凝土）指數，就此等項目漲跌幅超過____%（由機關於招標時載明；未載明者，

爲 10%）之部分，於估驗完成後調整工程款。

b. 工程進行期間，如遇物價波動時，依____中分類項目（例如金屬製品類、砂石及級配類、瀝青及其製品類等，由機關於招標時載明；未載明者，依營造工程物價指數所列中分類項目）指數，就此等項目漲跌幅超過__%（由機關於招標時載明；未載明者，爲 5%）之部分，於估驗完成後調整工程款。前述中分類項目內含有已依 a 計算物價調整款者，依「營造工程物價指數不含 a 個別項目之中分類指數」之漲跌幅計算物價調整款。

c. 工程進行期間，如遇物價波動時，依「營造工程物價總指數」，就漲跌幅超過____%（由機關於招標時載明；未載明者，爲 2.5%）之部分，於估驗完成後調整工程款。已依 a 、b 計算物價調整款者，依「營造工程物價指數不含 a 個別項目及 b 中分類項目之總指數」之漲跌幅計算物價調整款。

(2)物價指數基期更換時，換基當月起實際施作之數量，自動適用新基期指數核算工程調整款，原依舊基期指數調整之工程款不予追溯核算。每月公布之物價指數修正時，處理原則亦同。換基前施作之數量，如因基期更換，無法取得換基前之指數資料者，依新基期指數核算工程調整款。

(3)契約內進口製品或非屬臺灣地區營造工程物價指數表內之工程項目，其物價調整方式如下：__________（由機關視個案特性及實際需要，於招標時載明；未載明者，無物價調整方式）。

7. 契約價金依物價指數調整者：

(1)調整公式：__________（由機關於招標時載明；未載明者，依工程會 97 年 7 月 1 日發布之「機關已訂約施工中工程因應營建物價變動之物價調整補貼原則計算範例」及 98 年 4 月 7 日發布之「機關已訂約工程因應營建物價下跌之物價指數門檻調整處理原則計算範例」，公開於工程會全球資訊網＞政府採購＞工程款物價指數調整）。

(2)廠商應提出調整數據及佐證資料。

(3)規費、規劃費、設計費、土地及權利費用、法律費用、管理費（品質管理費、安全維護費、安全衛生管理費……）、保險費、利潤、利息、稅雜費、訓練費、檢（試）驗費、審查費、土地及房屋租金、文書作業費、調查費、協調費、製圖費、攝影費、已支付之預付款、自政府疏濬砂石計畫優先取得之砂石、假設工程項目、機關收入項目及其他____（由機關於招標時載明）不予調整。

(4)逐月就已施作部分按□當月□前 1 月□前 2 月（由機關

於招標時載明；未載明者為前1月）指數計算物價調整款；但雙方得就部分交貨期較長之項目，或訂料及施工時間間隔較久之項目，於訂料前約定，以訂料時或施工前一定月份（不逾訂料前）之指數，計算物價調整款。逾履約期限（含分期施作期限）之部分，應以實際施作當月指數與契約規定履約期限當月指數二者較低者為調整依據。但逾期履約係非可歸責於廠商者，依上開選項方式逐月計算物價調整款；如屬物價指數下跌而需扣減工程款者，廠商得選擇以契約原訂履約期程所對應之物價指數計算扣減之金額，但該期間之物價指數上漲者，不得據以轉變為需由機關給付物價調整款，且選擇後不得變更，亦不得僅選擇適用部分履約期程。

(5)累計給付逾新臺幣10萬元之物價調整款，由機關刊登物價調整款公告。

(6)其他：＿＿＿＿＿＿＿＿。

8.契約價金總額曾經減價而確定，其所組成之各單項價格得依約定或合意方式調整（例如減價之金額僅自部分項目扣減）；未約定或未能合意調整方式者，如廠商所報各單項價格未有不合理之處，視同就廠商所報各單項價格依同一減價比率（決標金額／投標金額）調整。投標文件中報價之分項價格合計數額與決標金額不同者，依決標金額與該合計數額之比率調整之。但以下情形不在此限：

(1)廠商報價之安全衛生經費項目、空氣污染及噪音防制設施經費項目編列金額低於機關所訂底價之各該同項金額者，該報價金額不隨之調低；該報價金額高於同項底價金額者，調整後不得低於底價金額。

(2)人力項目之報價不隨之調低。

9.廠商計價領款之印章，除另有約定外，以廠商於投標文件所蓋之章為之。

10.廠商應依身心障礙者權益保障法、原住民族工作權保障法及採購法規定僱用身心障礙者及原住民。僱用不足者，應依規定分別向所在地之直轄市或縣（市）勞工主管機關設立之身心障礙者就業基金及原住民族中央主管機關設立之原住民族綜合發展基金之就業基金，定期繳納差額補助費及代金；並不得僱用外籍勞工取代僱用不足額部分。招標機關應將國內員工總人數逾100人之廠商資料公開於政府採購資訊公告系統，以供勞工及原住民族主管機關查核差額補助費及代金繳納情形，招標機關不另辦理查核。

11.契約價金總額，除另有規定外，為完成契約所需全部材料、人工、機具、設備、交通運輸、水、電、油料、燃料及施工所必須之費用。

12.如機關對工程之任何部分需要辦理量測或計量時，得通知廠商指派適合之工程人員到場協同辦理，並將量測或計量

結果作成紀錄。除非契約另有規定，量測或計量結果應記錄淨值。如廠商未能指派適合之工程人員到場時，不影響機關辦理量測或計量之進行及其結果。

13.因非可歸責於廠商之事由，機關有延遲付款之情形，廠商投訴對象：

(1)採購機關之政風單位；

(2)採購機關之上級機關；

(3)法務部廉政署；

(4)採購稽核小組；

(5)採購法主管機關；

(6)行政院主計總處（延遲付款之原因與主計人員有關者）。

14.其他（由機關於招標時載明；無者免填）：＿＿＿＿＿＿

㈡廠商請領契約價金時應提出電子或紙本統一發票，依法免用統一發票者應提出收據。

㈢廠商履約有逾期違約金、損害賠償、採購標的損壞或短缺、不實行爲、未完全履約、不符契約規定、溢領價金或減少履約事項等情形時，機關得自應付價金中扣抵；其有不足者，得通知廠商給付或自保證金扣抵。

㈣履約範圍包括代辦訓練操作或維護人員者，其費用除廠商本身所需者外，有關受訓人員之旅費及生活費用，由機關自訂標準支給，不包括在契約價金內。

㈤分包契約依採購法第 67 條第 2 項報備於機關，並經廠商就分包部分設定權利質權予分包廠商者，該分包契約所載付款條件應符合前列各款規定（採購法第 98 條之規定除外），或與機關另行議定。

㈥廠商延誤履約進度案件，如施工進度已達 75% 以上，機關得經評估後，同意廠商及分包廠商共同申請採監督付款方式，由分包廠商繼續施工，其作業程序包括廠商與分包廠商之協議書內容、監督付款之付款程序及監督付款停辦時機等，悉依行政院頒公共工程廠商延誤履約進度處理要點規定辦理。

㈦廠商於履約期間給與全職從事本採購案之員工薪資，如採按月計酬者，至少爲＿元（由機關於招標時載明，不得低於勞動基準法規定之最低基本工資；未載明者，爲新臺幣3萬元）。

第六條　稅捐

㈠以新臺幣報價之項目，除招標文件另有規定外，應含稅，包括營業稅。由自然人投標者，不含營業稅，但仍包括其必要之稅捐。

㈡廠商爲進口施工或測試設備、臨時設施、於我國境內製造財物所需設備或材料、換新或補充前已進口之設備或材料等所生關稅、貨物稅及營業稅等稅捐、規費，由廠商負擔。

㈢進口財物或臨時設施，其於中華民國以外之任何稅捐、規費或關稅，由廠商負擔。

第七條　履約期限

(一)履約期限（由機關於招標時載明）：

1.工程之施工：

□應於____年____月____日以前竣工。

□應於（□決標日□機關簽約日□機關通知日）起____日內開工，並於開工之日起____日內竣工。預計竣工日期為__年__月__日。

2.本契約所稱日（天）數，除已明定為日曆天或工作天者外，以□日曆天□工作天計算（由機關於招標時勾選；未勾選者，為工作天）：

(1)以日曆天計算者，所有日數，包括(2)所載之放假日，均應計入。但投標文件截止收件日前未可得知之放假日，不予計入。

(2)以工作天計算者，下列放假日，均應不計入：

a. 星期六（補行上班日除外）及星期日。但與 b 至 e 放假日相互重疊者，不得重複計算。

b. 依「紀念日及節日實施辦法」規定放假之紀念日、節日及其補假。

c. 軍人節（9 月 3 日）之放假及補假（依國防部規定，但以國軍之工程為限）。

d. 行政院人事行政總處公布之調整放假日。

e. 全國性選舉投票日及行政院所屬中央各業務主管機關公告放假者。

3.免計工作天之日，以不得施工為原則。廠商如欲施作，應先徵得機關書面同意，該日數□應；□免計入工期（由機關於招標時勾選，未勾選者，免計入工期）。

4.其他：________________（由機關於招標時載明）。

(二)契約如需辦理變更，其工程項目或數量有增減時，變更部分之工期由雙方視實際需要議定增減之。

(三)工程延期：

1.履約期限內，有下列情形之一（且非可歸責於廠商），致影響進度網圖要徑作業之進行，而需展延工期者，廠商應於事故發生或消滅後__日內（由機關於招標時載明；未載明者，為7日）通知機關，並於__日內（由機關於招標時載明；未載明者，為45日）檢具事證，以書面向機關申請展延工期。機關得審酌其情形後，以書面同意延長履約期限，不計算逾期違約金。其事由未逾半日者，以半日計；逾半日未達1日者，以1日計。

(1)發生第 17 條第 5 款不可抗力或不可歸責契約當事人之事故。

(2)因天候影響無法施工。

(3)機關要求全部或部分停工。

(4)因辦理變更設計或增加工程數量或項目。

(5)機關應辦事項未及時辦妥。
(6)由機關自辦或機關之其他廠商之延誤而影響履約進度者。
(7)機關提供之地質鑽探或地質資料，與實際情形有重大差異。
(8)因傳染病或政府之行爲，致發生不可預見之人員或貨物之短缺。
(9)因機關使用或佔用本工程任何部分，但契約另有規定者，不在此限。
(10)其他非可歸責於廠商之情形，經機關認定者。

2.前目事故之發生，致契約全部或部分必須停工時，廠商應於停工原因消滅後立即復工。其停工及復工，廠商應儘速向機關提出書面報告。

3.第 1 目停工之展延工期，除另有規定外，機關得依廠商報經機關核備之預定進度表之要徑核定之。

(四)履約期間自指定之日起算者，應將當日算入。履約期間自指定之日後起算者，當日不計入。

第八條　材料機具及設備

(一)契約所需工程材料、機具、設備、工作場地設備等，除契約另有規定外，概由廠商自備。

(二)前款工作場地設備，指廠商爲契約施工之場地或施工地點以外專爲契約材料加工之場所之設備，包括施工管理、工人住宿、材料儲放等房舍及其附屬設施。該等房舍設施，應具備滿足生活與工作環境所必要之條件。

(三)廠商自備之材料、機具、設備，其品質應符合契約之規定，進入施工場所後由廠商負責保管。非經機關書面許可，不得擅自運離。

(四)由機關供應之材料、機具、設備，廠商應提出預定進場日期。因可歸責於機關之原因，不能於預定日期進場者，應預先書面通知廠商；致廠商未能依時履約者，廠商得依第 7 條第 3 款規定，申請延長履約期限；因此增加之必要費用，由機關負擔。

(五)廠商領用或租借機關之材料、機具、設備，應憑證蓋章並由機關檢驗人員核轉。已領用或已租借之材料、機具、設備，須妥善保管運用維護；用畢（餘）歸還時，應清理整修至符合規定或機關認可之程度，於規定之合理期限內運交機關指定處所放置。其未辦理者，得視同廠商未完成履約。

(六)廠商對所領用或租借自機關之材料、機具、設備，有浪費、遺失、被竊或非自然消耗之毀損，無法返還或修理復原者，得經機關書面同意以相同者或同等品返還，或折合現金賠償。

第九條　施工管理

(一)廠商應按預定施工進度，僱用足夠且具備適當技能的員工，並將所需材料、機具、設備等運至工地，如期完成契約約定

之各項工作。施工期間，所有廠商員工之管理、給養、福利、衛生與安全等，及所有施工機具、設備及材料之維護與保管，均由廠商負責。

(二)廠商及分包廠商員工均應遵守有關法令規定，包括施工地點當地政府、各目的事業主管機關訂定之規定，並接受機關對有關工作事項之指示。如有不照指示辦理，阻礙或影響工作進行，或其他非法、不當情事者，機關得隨時要求廠商更換員工，廠商不得拒絕。該等員工如有任何糾紛或違法行為，概由廠商負完全責任，如遇有傷亡或意外情事，亦應由廠商自行處理，與機關無涉。

(三)適用營造業法之廠商應依營造業法規定設置專任工程人員、工地主任，該等人員並應依營造業法規定回訓、加入公會。工地施工期間工地主任應專駐於工地，且不得兼任工地其他職務。應設置技術士之專業工程特定施工項目、技術士種類及人數，依附錄2第9點辦理。

(四)施工計畫與報表：

1.廠商應於開工前，擬定施工順序及預定進度表等，並就主要施工部分敘明施工方法，繪製施工相關圖說，送請機關核定。機關為協調相關工程之配合，得指示廠商作必要之修正。

2.對於汛期施工有致災風險之工程，廠商應於提報之施工計畫內納入相關防災內容；其內容除機關及監造單位另有規定外，重點如下：

(1)充分考量汛期颱風、豪雨對工地可能造成之影響，合理安排施工順序及進度，並妥擬緊急應變及防災措施。

(2)訂定汛期工地防災自主檢查表，並確實辦理檢查。

(3)凡涉及河川堤防之破堤或有水患之虞者，應納入防洪、破堤有關之工作項目及作業規定。

3.預定進度表之格式及細節，應標示施工詳圖送審日期、主要器材設備訂購與進場之日期、各項工作之起始日期、各類別工人調派配置日期及人數等，並標示契約之施工要徑，俾供後續契約變更時檢核工期之依據。廠商在擬定前述工期時，應考量施工當地天候對契約之影響。預定進度表，經機關修正或核定者，不因此免除廠商對契約竣工期限所應負之全部責任。

4.廠商應繪製職業安全衛生相關設施之施工詳圖。機關應確實依廠商實際施作之數量辦理估驗。

5.廠商於契約施工期間，應按機關同意之格式，按約定之時間，填寫施工日誌，送請機關核備。

(五)工作安全與衛生：依附錄1辦理。

(六)配合施工：

與契約工程有關之其他工程，經機關交由其他廠商承包時，廠商有與其他廠商互相協調配合之義務，以使該等工作得以

順利進行，如因配合施工致增加不可預知之必要費用，得以契約變更增加契約價金。因工作不能協調配合，致生錯誤、延誤工期或意外事故，其可歸責於廠商者，由廠商負責並賠償。如有任一廠商因此受損者，應於事故發生後儘速書面通知機關，由機關邀集雙方協調解決。其經協調仍無法達成協議者，由相關廠商依民事程序解決。

(七)工程保管：

1.履約標的未經驗收移交接管單位接收前，所有已完成之工程及到場之材料、機具、設備，包括機關供給及廠商自備者，均由廠商負責保管。如有損壞缺少，概由廠商負責賠償。其經機關驗收付款者，所有權屬機關，禁止轉讓、抵押或任意更換、拆換。

2.工程未經驗收前，機關因需要使用時，廠商不得拒絕。但機關應先就該部分辦理驗收或分段查驗供驗收之用，並由雙方會同使用單位協商認定權利與義務。使用期間因非可歸責於廠商之事由，致遺失或損壞者，應由機關負責。

(八)廠商之工地管理：依附錄 2 辦理。

(九)廠商履約時於工地發現化石、錢幣、有價文物、古蹟、具有考古或地質研究價值之構造或物品、具有商業價值而未列入契約價金估算之砂石或其他有價物，應通知機關處理，廠商不得占爲已有。

(十)各項設施或設備，依法令規定須由專業技術人員安裝、施工或檢驗者，廠商應依規定辦理。

(土)轉包及分包：

1.廠商不得將契約轉包。廠商亦不得以不具備履行契約分包事項能力、未依法登記或設立，或依採購法第 103 條規定不得作爲參加投標或作爲決標對象或分包廠商之廠商爲分包廠商。

2.廠商擬分包之項目及分包廠商，機關得予審查。

3.廠商對於分包廠商履約之部分，仍應負完全責任。分包契約報備於機關者，亦同。

4.分包廠商不得將分包契約轉包。其有違反者，廠商應更換分包廠商。

5.廠商違反不得轉包之規定時，機關得解除契約、終止契約或沒收保證金，並得要求損害賠償。

6.轉包廠商與廠商對機關負連帶履行及賠償責任。再轉包者，亦同。

7.廠商應於下列分包部分開始作業前，將分包廠商名單送機關備查（由機關視個案情形於招標時載明；未載明者無）：

(1)專業部分：______。

(2)達一定數量或金額之部分：______。

(3)進度落後達__％之部分：______。（未載明落後百分比者不適用）

(十一)廠商及分包廠商履約，不得有下列情形：僱用依法不得從事其工作之人員（含非法外勞）、供應不法來源之財物、使用非法車輛或工具、提供不實證明、違反人口販運防制法、非法棄置土石、廢棄物或其他不法或不當行為。

(十二)廠商及分包廠商履約時，除依規定申請聘僱或調派外籍勞工者外，均不得僱用外籍勞工。違法僱用外籍勞工者，機關除通知就業服務法主管機關依規定處罰外，情節重大者，得與廠商終止或解除契約。其因此造成損害者，並得向廠商請求損害賠償。

(十三)採購標的之進出口、供應、興建或使用涉及政府規定之許可證、執照或其他許可文件者，依文件核發對象，由機關或廠商分別負責取得。但屬應由機關取得者，機關得通知廠商代為取得，費用詳第 3 條第 4 款。屬外國政府或其授權機構核發之文件者，由廠商負責取得，並由機關提供必要之協助。如因未能取得上開文件，致造成契約當事人一方之損害，應由造成損害原因之他方負責賠償。

(十四)廠商應依契約文件標示之參考原點、路線、坡度及高程，負責辦理工程之放樣，如發現錯誤或矛盾處，應即向監造單位／工程司反映，並予澄清，以確保本工程各部分位置、高程、尺寸及路線之正確性，並對其工地作業及施工方法之適當性、可靠性及安全性負完全責任。

(十五)廠商之工地作業有發生意外事件之虞時，廠商應立即採取防範措施。發生意外時，應立即採取搶救，並依職業安全衛生法等規定實施調查、分析及作成紀錄，且於取得必要之許可後，為復原、重建等措施，另應對機關與第三人之損害進行賠償。

(十六)機關於廠商履約中，若可預見其履約瑕疵，或其有其他違反契約之情事者，得通知廠商限期改善。

(十七)廠商不於前款期限內，依照改善或履行者，機關得採行下列措施：

1. 自行或使第三人改善或繼續其工作，其費用由廠商負擔。
2. 終止或解除契約，並得請求損害賠償。
3. 通知廠商暫停履約。

(十八)機關提供之履約場所，各得標廠商有共同使用之需要者，廠商應依與其他廠商協議或機關協調之結果共用場所。

(十九)機關提供或將其所有之財物供廠商加工、改善或維修，其須將標的運出機關場所者，該財物之滅失、減損或遭侵占時，廠商應負賠償責任。機關並得視實際需要規定廠商繳納與標的等值或一定金額之保證金＿＿＿＿＿＿＿＿＿＿（由機關視需要於招標時載明）。

(二十)契約使用之土地，由機關於開工前提供，其地界由機關指定。如因機關未及時提供土地，致廠商未能依時履約者，廠商得依第 7 條第 3 款規定，申請延長履約期限；因此增加之必要

費用，由機關負擔。該土地之使用如有任何糾紛，除因可歸責於廠商所致者外，由機關負責；其地上（下）物的清除，除另有規定外，由機關負責處理。

㈢本工程使用預拌混凝土之情形如下：（由機關於招標時載明）

□廠商使用之預拌混凝土，原則應由合格預拌混凝土廠供應。依個案特殊需求需設置工地型預拌混凝土設備者，應評估設置之必要性，並經上級機關同意後，始得允許廠商依相關法規設置工地型預拌混凝土設備，評估項目包括但不限於工地附近 20 公里運距內有無足夠合法預拌混凝土廠，或其產品能否滿足工程之需求。設置工地型預拌混凝土設備者，其處理方式如下：

1.工地型預拌混凝土設備設置生產前，應依職業安全衛生法、空氣污染防制法、水污染防治法、噪音管制法等相關法令，取得各該主管機關許可。

2.工程所需材料應以合法且未超載車輛運送。

3.設置期間應每月製作生產紀錄表，並隨時提供機關查閱。

4.工程竣工後，預拌混凝土設備之拆除，應列入驗收項目；未拆除時，列入驗收缺點限期改善，逾期之日數，依第 17 條遲延履約規定計算逾期違約金。

5.工程竣工後，預拌混凝土設備拆除完畢前，不得支付尾款。

6.屆期未拆除完畢者，機關得強制拆除並由廠商支付拆除費用，或由工程尾款中扣除，並視其情形依採購法第 101 條規定處理。

7.廠商應出具切結書；其內容應包括下列各款：

(1)專供本契約工程預拌混凝土材料，不得對外營業。

(2)工程竣工後驗收前或契約終止（解除）後 1 個月內，該預拌混凝土設備必須拆除完畢並恢復原狀。

(3)因該預拌混凝土設備之設置造成之污染、損鄰等可歸責之事故，悉由廠商負完全責任。

□本工程處離島地區，且境內無符合「工廠管理輔導法」之預拌混凝土廠，其處理方式如下：＿＿＿＿＿＿＿＿＿＿＿＿＿＿＿＿＿＿。

□預拌混凝土廠或「公共工程工地型預拌混凝土設備」之品質控管方式，依工程會所訂「公共工程施工綱要規範」（完整版）第 03050 章「混凝土基本材料及施工一般要求」第 1.5.2 款「拌合廠規模、設備及品質控制等資料」辦理。

㈢營建土石方之處理：

□廠商應運送＿＿＿＿＿＿＿＿或向＿＿＿＿＿＿＿＿借土（機關於招標文件中擇一建議之合法土資場或借土區），或於不影響履約、不重複計價、不提高契約價金及扣除節省費用價差之前提下，自覓符合契約及相關法規要求之合法土資

場或借土區，依契約變更程序經機關同意後辦理（廠商如於投標文件中建議其他合法土資場或借土區，並經機關審查同意者，亦可）。

□由機關另案招標，契約價金不含營建土石方處理費用；誤列為履約項目者，該部分金額不予給付。

㈣基於合理的備標成本及等標期，廠商應被認為已取得了履約所需之全部必要資料，包含（但不限於）法令、天候條件及機關負責提供之現場數據（例如機關提供之地質鑽探或地表下地質資料）等，並於投標前已完成該資料之檢查與審核。

㈤工作協調及工程會議：依附錄3辦理。

㈥其他：＿＿＿＿＿＿＿＿＿＿（由機關擇需要者於招標時載明）。

第一〇條　監造作業

㈠契約履約期間，機關得視案件性質及實際需要指派工程司駐場，代表機關監督廠商履行契約各項應辦事項。如機關委託技術服務廠商執行監造作業時，機關應通知廠商，技術服務廠商變更時亦同。該技術服務廠商之職權依機關之授權內容，並由機關書面通知廠商。

㈡工程司所指派之代表，其對廠商之指示與監督行為，效力同工程司。工程司對其代表之指派及變更，應通知廠商。

㈢工程司之職權如下（機關可視需要調整）：

1.契約之解釋。

2.工程設計、品質或數量變更之審核。

3.廠商所提施工計畫、施工詳圖、品質計畫及預定進度表等之審核及管制。

4.工程及材料機具設備之檢（試）驗。

5.廠商請款之審核簽證。

6.於機關所賦職權範圍內對廠商申請事項之處理。

7.契約與相關工程之配合協調事項。

8.其他經機關授權並以書面通知廠商之事項。

㈣廠商依契約提送機關一切之申請、報告、請款及請示事項，除另有規定外，均須送經監造單位／工程司核轉。廠商依法令規定提送政府主管機關之有關申請及報告事項，除另有規定外，均應先照會監造單位／工程司。監造單位／工程司在其職權範圍內所作之決定，廠商如有異議時，應於接獲該項決定之日起10日內以書面向機關表示，否則視同接受。

㈤工程司代表機關處理下列非廠商責任之有關契約之協調事項：

1.工地週邊公共事務之協調事項。

2.工程範圍內地上（下）物拆遷作業協調事項。

3.機關供給材料或機具之供應協調事項。

第一一條　工程品管

㈠廠商應對契約之內容充分瞭解，並切實執行。如有疑義，應於履行前向機關提出澄清，否則應依照機關之解釋辦理。

㈡廠商自備材料、機具、設備在進場前，應依個案實際需要，將有關資料及可提供之樣品，先送監造單位／工程司審查同意。如需辦理檢（試）驗之項目，得為下列方式（由機關擇一於招標時載明），且檢（試）驗合格後始得進場：

□檢（試）驗由機關辦理：廠商會同監造單位／工程司取樣後，送往機關指定之檢（試）驗單位辦理檢（試）驗，檢（試）驗費用由機關支付，不納入契約價金。

□檢（試）驗由廠商依機關指定程序辦理：廠商會同監造單位／工程司取樣後，送往機關指定之檢（試）驗單位辦理檢（試）驗，檢（試）驗費用納入契約價金，由機關以代收代付方式支付。

□檢（試）驗由廠商辦理：監造單位／工程司會同廠商取樣後，送經監造單位／工程司提報並經機關審查核定之檢（試）驗單位辦理檢（試）驗，並由監造單位／工程司指定檢（試）驗報告寄送地點，檢（試）驗費用由廠商負擔。因機關需求而就同一標的作 2 次以上檢（試）驗者，其所生費用，結果合格者由機關負擔；不合格者由廠商負擔。

該等材料、機具、設備進場時，廠商仍應通知監造單位／工程司或其代表人作現場檢驗。其有關資料、樣品、取樣、檢（試）驗等之處理，同上述進場前之處理方式。

㈢廠商於施工中，應依照施工有關規範，對施工品質，嚴予控制。隱蔽部分之施工項目，應事先通知監造單位／工程司派員現場監督進行。

㈣廠商品質管理作業：依附錄 4 辦理。

㈤依採購法第 70 條規定對重點項目訂定之檢查程序及檢驗標準（由機關於招標時載明）：______________。

㈥工程查驗：

1.契約施工期間，廠商應依規定辦理自主檢查；監造單位／工程司應按規範規定查驗工程品質，廠商應予必要之配合，並派員協助。但監造單位／工程司之工程查驗並不免除廠商依契約應負之責任。

2.監造單位／工程司如發現廠商工作品質不符合契約規定，或有不當措施將危及工程之安全時，得通知廠商限期改善、改正或將不符規定之部分拆除重做。廠商逾期未辦妥時，機關得要求廠商部分或全部停工，至廠商辦妥並經監造單位／工程司審查及機關書面同意後方可復工。廠商不得為此要求展延工期或補償。如主管機關或上級機關之工程施工查核小組發現上開施工品質及施工進度之缺失，而廠商未於期限內改善完成且未經該查核小組同意延長改善期限者，機關得通知廠商撤換工地負責人及品管人員或安全衛生管理人員。

3.契約施工期間，廠商應按規定之階段報請監造單位／工程

司查驗，監造單位／工程司發現廠商未按規定階段報請查驗，而擅自繼續次一階段工作時，機關得要求廠商將未經查驗及擅自施工部分拆除重做，其一切損失概由廠商自行負擔。但監造單位／工程司應指派專責查驗人員隨時辦理廠商申請之查驗工作，不得無故遲延。

4.本工程如有任何事後無法檢驗之隱蔽部分，廠商應在事前報請監造單位／工程司查驗，監造單位／工程司不得無故遲延。為維持工作正常進行，監造單位／工程司得會同有關機關先行查驗或檢驗該隱蔽部分，並記錄存證。

5.因監造單位／工程司遲延辦理查驗，致廠商未能依時履約者，廠商得依第 7 條第 3 款，申請延長履約期限；因此增加之必要費用，由機關負擔。

6.廠商為配合監造單位／工程司在工程進行中隨時進行工程查驗之需要，應妥為提供必要之設備與器材。如有不足，經監造單位／工程司通知後，廠商應立即補足。

7.契約如有任何部分須報請政府主管機關查驗時，除依法規應由機關提出申請者外，應由廠商提出申請，並按照規定負擔有關費用。

8.工程施工中之查驗，應遵守營造業法第41條第1項規定（適用於營造業者之廠商）。

(七)廠商應免費提供機關依契約辦理查驗、測試、檢驗、初驗及驗收所必須之儀器、機具、設備、人工及資料。但契約另有規定者，不在此限。契約規定以外之查驗、測試或檢驗，其結果不符合契約規定者，由廠商負擔所生之費用；結果符合者，由機關負擔費用。

(八)機關提供設備或材料供廠商履約者，廠商應於收受時作必要之檢查，以確定其符合履約需要，並作成紀錄。設備或材料經廠商收受後，其滅失或損害，由廠商負責。

(九)有關其他工程品管未盡事宜，契約施工期間，廠商應遵照公共工程施工品質管理作業要點辦理。

(十)對於依採購法第 70 條規定設立之工程施工查核小組查核結果，廠商品質缺失懲罰性違約金之基準如下：

1.懲罰性違約金金額，應依查核小組查核之品質缺失扣點數計算之。每點罰款金額如下：

(1)巨額之工程：新臺幣 8,000 元。

(2)查核金額以上未達巨額之工程：新臺幣 4,000 元。

(3)新臺幣 1,000 萬元以上未達查核金額之工程：新臺幣 2,000 元。

(4)未達新臺幣 1,000 萬元之工程：新臺幣 1,000 元。

2.查核結果，成績為丙等且可歸責於廠商者，除依「工程施工查核小組作業辦法」規定辦理外，其品質缺失懲罰性違約金金額，應依前目計算之金額加計本工程品管費用之＿%（由機關於招標時載明；未載明者，為 1%）。

3.品質缺失懲罰性違約金之支付，機關應自應付價金中扣抵；其有不足者，得通知廠商繳納或自保證金扣抵。

4.品質缺失懲罰性違約金之總額，以契約價金總額之__%（由機關於招標時載明；未載明者，爲20%）爲上限。所稱契約價金總額，依第17條第11款認定。

第一二條　災害處理

(一)本條所稱災害，指因下列天災或不可抗力所生之事故：

1.山崩、地震、海嘯、火山爆發、颱風、豪雨、冰雹、水災、土石流、土崩、地層滑動、雷擊或其他天然災害。

2.核生化事故或放射性污染，達法規認定災害標準或經政府主管機關認定者。

3.其他經機關認定確屬不可抗力者。

(二)驗收前遇颱風、地震、豪雨、洪水等不可抗力災害時，廠商應在災害發生後，按保險單規定向保險公司申請賠償，並儘速通知機關派員會勘。其經會勘屬實，並確認廠商已善盡防範之責者，廠商得依第7條第3款規定，申請延長履約期限。其屬本契約所載承保範圍以外者，依下列情形辦理：

1.廠商已完成之工作項目本身受損時，除已完成部分仍按契約單價計價外，修復或需重做部分由雙方協議，但機關供給之材料，仍得由機關核實供給之。

2.廠商自備施工用機具設備之損失，由廠商自行負責。

第一三條　保險

(一)廠商應於履約期間辦理下列保險（由機關擇定後於招標時載明；未載明者無），其屬自然人者，應自行投保人身意外險。

□營造綜合保險或□安裝工程綜合保險。（由機關視個案特性，擇一勾選）

□營建機具綜合保險。

□雇主意外責任保險。

□其他：________________

(二)廠商依前款辦理之營造綜合保險或安裝工程綜合保險，其內容如下：（由機關視保險性質擇定或調整後列入招標文件）

1.承保範圍：

(1)工程財物損失。

(2)第三人意外責任。

(3)修復本工程所需之拆除清理費用。

(4)機關提供之施工機具設備。

(5)其他：（由機關依個案需要於招標文件載明）

2.廠商投保之保險單，包括附加條款、附加保險等，須經保險主管機關核准或備查；未經機關同意，不得以附加條款限縮承保範圍。

3.保險標的：履約標的。

4.被保險人：以機關及其技術服務廠商、施工廠商及全部分包廠商爲共同被保險人。

5.保險金額：

(1)營造或安裝工程財物損失險：

a. 工程契約金額。

b. 修復本工程所需之拆除清理費用：____元（由機關依工程特性載明；未載明者，為工程契約金額之5%）。

c. 機關提供之機具設備費用：____元（未載明或機關未提供施工機具設備者無）。

d. 機關供給之材料費用：____元（未載明或契約金額已包含材料費用者無）。

(2)第三人意外責任險：（由機關於招標時載明最低投保金額，不得為無限制）

a. 每一個人體傷或死亡：____元。

b. 每一事故體傷或死亡：____元。

c. 每一事故財物損害：____元。

d. 保險期間內最高累積責任：____元。

(3)其他：（由機關於招標文件載明）

6.每一事故之廠商自負額上限：（由機關於招標時載明）

(1)營造或安裝工程財物損失：____。（視工程性質及規模，載明金額、損失金額比率；未載明者，為每一事故損失金額10%）

(2)第三人意外責任險：

a. 體傷或死亡：____元。（未載明者，為新臺幣10,000元）

b. 財物損失：____元。（未載明者，為新臺幣10,000元）

(3)其他：（由機關於招標文件載明）

7.保險期間：自申報開工日起至履約期限屆滿之日加計3個月止。有延期或遲延履約者，保險期間比照順延。

8.受益人：機關（不包含責任保險）。

9.未經機關同意之任何保險契約之變更或終止，無效。但有利於機關者，不在此限。

10.附加條款及附加保險如下，但其內容不得限縮本契約對保險之要求（由機關視工程性質，於招標時載明）：

■罷工、暴動、民眾騷擾附加條款。
■交互責任附加條款。
□擴大保固保證保險。
□鄰近財物附加條款。
■受益人附加條款。
□保險金額彈性（自動增加）附加條款。
□四十八小時勘查災損附加條款。
■定作人同意附加條款。
□設計者風險附加條款。
□已啓用、接管或驗收工程附加條款。
□第三人建築物龜裂、倒塌責任險附加保險。
□定作人建築物龜裂、倒塌責任附加條款。

□其他＿＿＿＿＿。

11.其他：＿＿＿＿＿＿＿＿＿＿＿＿＿＿＿＿＿

㈢廠商依第 1 款辦理之雇主意外責任保險，其內容如下：（由機關視保險性質擇定或調整後列入招標文件）

1.承保範圍：廠商及其分包廠商（再分包亦同）之人員（包括但不限於派遣人員）在保險期間內，因執行職務發生意外事故遭受體傷或死亡，依法應由其雇主負賠償責任，而受賠償之請求。

2.保險金額：（由機關於招標時載明最低投保金額，不得為無限制）

⑴每一個人體傷或死亡：□新臺幣 2,000,000 元；□新臺幣 3,000,000 元；□新臺幣 5,000,000 元；□新臺幣 6,000,000 元；□新臺幣＿＿元（由機關於招標時載明；未載明者，為新臺幣 5,000,000 元）。

⑵每一事故體傷或死亡：每一個人體傷或死亡保險金額之＿倍（由機關於招標時載明；未載明者，為 5 倍）。

⑶保險期間內最高累積責任：每一個人體傷或死亡保險金額之＿倍（由機關於招標時載明；未載明者，為 10 倍）。

3.每一事故之廠商自負額上限：＿＿元。（未載明者為新臺幣 10,000 元）

4.保險期間：同前款第 7 目。

5.未經機關同意之任何保險契約之變更或終止，無效。

6.附加條款如下，但其內容不得限縮本契約對保險之要求（由機關視工程性質，於招標時載明）：

■天災責任附加條款。

□海外責任附加條款。

■定作人通知附加條款。

□上下班途中附加條款。

□其他＿＿＿＿。

㈣廠商辦理之營建機具綜合保險之保險金額應為新品重置價格。

㈤保險範圍不足或未能自保險人獲得足額理賠，其風險及可能之賠償由廠商負擔。但符合第 4 條第 8 款約定由機關負擔必要費用之情形（屬機關承擔之風險），不在此限。

㈥廠商向保險人索賠所費時間，不得據以請求延長履約期限。

㈦廠商未依本契約約定辦理保險者，其損失或損害賠償，由廠商負擔。

㈧依法非屬保險人可承保之保險範圍，或非因保費因素卻於國內無保險人願承保，且有保險公會書面佐證者，依第 1 條第 7 款辦理。

㈨保險單正本 1 份及繳費收據副本 1 份，應於辦妥保險後即交機關收執。因不可歸責於廠商之事由致須延長履約期限者，因而增加之保費，由契約雙方另行協議其合理之分擔方式。

(十)廠商應依中華民國法規爲其員工及車輛投保勞工保險、就業保險、勞工職業災害保險、全民健康保險及汽機車第三人責任險。廠商並應爲其屬勞工保險條例、勞工職業災害保險及保護法所定應參加或得參加勞工保險、勞工職業災害保險對象之員工投保；其員工非屬前開對象者，始得以其他商業保險代之。

(土)機關及廠商均應避免發生採購法主管機關訂頒之「常見保險錯誤及缺失態樣」所載情形。

第一四條　保證金

(一)保證金之發還情形如下（由機關擇定後於招標時載明）：

□預付款還款保證，依廠商已履約部分所占進度之比率遞減。

□預付款還款保證，依廠商已履約部分所占契約金額之比率遞減。

□預付款還款保證，依預付款已扣回金額遞減。

□預付款還款保證，於驗收合格後一次發還。

□履約保證金於履約驗收合格且無待解決事項後30日內發還。有分段或部分驗收情形者，得按比例分次發還。

□履約保證金於工程進度達25%、50%、75%及驗收合格後，各發還25%。（機關得視案件性質及實際需要於招標時載明，尚不以4次爲限；惟查核金額以上之工程採購，不得少於4次）

□履約保證金於履約驗收合格且無待解決事項後30日內發還____%（由機關於招標時載明）。其餘之部分於________（由機關於招標時載明）且無待解決事項後30日內發還。

□廠商於履約標的完成驗收付款前應繳納保固保證金。

□保固保證金於保固期滿且無待解決事項後30日內一次發還。

□保固保證金於完成以下保固事項或階段：________（由機關於招標時載明；未載明者，爲非結構物或結構物之保固期滿），且無待解決事項後30日內按比例分次發還。保固期在1年以上者，按年比例分次發還。

□差額保證金之發還，同履約保證金。

□植栽工程養護期保證金（僅適用於植栽工程驗收合格後給付全部植栽價金之情形），依植栽養護規範所定合格標準發還。

□其他：________

(二)因不可歸責於廠商之事由，致全部終止或解除契約，或暫停履約逾__個月（由機關於招標時載明；未載明者，爲6個月）者，履約保證金應提前發還。但屬暫停履約者，於暫停原因消滅後應重新繳納履約保證金。因可歸責於機關之事由而暫停履約，其需延長履約保證金有效期之合理必要費用，由機

關負擔。

㈢廠商所繳納之履約保證金及其孳息得部分或全部不予發還之情形：

1.有採購法第50條第1項第3款至第5款、第7款情形之一，依同條第2項前段得追償損失者，與追償金額相等之保證金。

2.違反採購法第65條規定轉包者，全部保證金。

3.擅自減省工料，其減省工料及所造成損失之金額，自待付契約價金扣抵仍有不足者，與該不足金額相等之保證金。

4.因可歸責於廠商之事由，致部分終止或解除契約者，依該部分所占契約金額比率計算之保證金；全部終止或解除契約者，全部保證金。

5.查驗或驗收不合格，且未於通知期限內依規定辦理，其不合格部分及所造成損失、額外費用或懲罰性違約金之金額，自待付契約價金扣抵仍有不足者，與該不足金額相等之保證金。

6.未依契約規定期限或機關同意之延長期限履行契約之一部或全部，其逾期違約金之金額，自待付契約價金扣抵仍有不足者，與該不足金額相等之保證金。

7.須返還已支領之契約價金而未返還者，與未返還金額相等之保證金。

8.未依契約規定延長保證金之有效期者，其應延長之保證金。

9.其他因可歸責於廠商之事由，致機關遭受損害，其應由廠商賠償而未賠償者，與應賠償金額相等之保證金。

㈣前款不予發還之履約保證金，於依契約規定分次發還之情形，得爲尚未發還者；不予發還之孳息，爲不予發還之履約保證金於繳納後所生者。

㈤廠商如有第3款所定2目以上情形者，其不發還之履約保證金及其孳息應分別適用之。但其合計金額逾履約保證金總金額者，以總金額爲限。

㈥保固保證金及其孳息不予發還之情形，準用第3款至第5款之規定。

㈦廠商未依契約約定履約或契約經終止或解除者，機關得就預付款還款保證尚未遞減之部分加計年息__%（由機關於招標時合理訂定，如未填寫，則依機關撥付預付款當日中華郵政股份有限公司牌告一年期郵政定期儲金機動利率）之利息（於非可歸責廠商之事由之情形，免加計利息），隨時要求返還或折抵機關尚待支付廠商之價金。

㈧保證金以定期存款單、連帶保證書、連帶保證保險單或擔保信用狀繳納者，其繳納文件之格式依採購法之主管機關於「押標金保證金暨其他擔保作業辦法」所訂定者爲準。

㈨保證金之發還，依下列原則處理：

1.以現金、郵政匯票或票據繳納者，以現金或記載原繳納人

為受款人之禁止背書轉讓即期支票發還。
2.以無記名政府公債繳納者，發還原繳納人；以記名政府公債繳納者，同意塗銷質權登記或公務保證登記。
3.以設定質權之金融機構定期存款單繳納者，以質權消滅通知書通知該質權設定之金融機構。
4.以銀行開發或保兌之不可撤銷擔保信用狀繳納者，發還開狀銀行、通知銀行或保兌銀行。但銀行不要求發還或已屆期失效者，得免發還。
5.以銀行之書面連帶保證或保險公司之連帶保證保險單繳納者，發還連帶保證之銀行或保險公司或繳納之廠商。但銀行或保險公司不要求發還或已屆期失效者，得免發還。

(十)保證書狀有效期之延長：
廠商未依契約規定期限履約或因可歸責於廠商之事由，致有無法於保證書、保險單或信用狀有效期內完成履約之虞，或機關無法於保證書、保險單或信用狀有效期內完成驗收者，該保證書、保險單或信用狀之有效期應按遲延期間延長之。廠商未依機關之通知予以延長者，機關將於有效期屆滿前就該保證書、保險單或信用狀之金額請求給付並暫予保管。其所生費用由廠商負擔。其須返還而有費用或匯率損失者，亦同。

(十一)履約保證金或保固保證金以其他廠商之履約及賠償連帶保證代之或減收者，履約及賠償連帶保證廠商（以下簡稱連帶保證廠商）之連帶保證責任，不因分次發還保證金而遞減。該連帶保證廠商同時作為各機關採購契約之連帶保證廠商者，以2契約為限。

(十二)連帶保證廠商非經機關許可，不得自行申請退保。其經機關查核，中途失其保證能力者，由機關通知廠商限期覓保更換，原連帶保證廠商應俟換保手續完成經機關認可後，始能解除其保證責任。

(十三)機關依契約規定認定有不發還廠商保證金之情形者，依其情形可由連帶保證廠商履約而免補繳者，應先洽該廠商履約。否則，得標廠商及連帶保證廠商應於5日內向機關補繳該不發還金額中原由連帶保證代之或減收之金額。

(十四)廠商為優良廠商或押標金保證金暨其他擔保作業辦法第33條之6所稱全球化廠商而減收履約保證金、保固保證金者，其有不發還保證金之情形者，廠商應就不發還金額中屬減收之金額補繳之。其經採購法主管機關或相關中央目的事業主管機關取消優良廠商資格或全球化廠商資格，或經各機關依採購法第102條第3項規定刊登政府採購公報，且尚在採購法第103條第1項所定期限內者，亦同。

(十五)於履約過程中，如因可歸責於廠商之事由，而有施工查核結果列為丙等、發生重大勞安或環保事故之情形，機關得不按原定進度發還履約保證金，至上開情形改善處理完成為止，

並於改善處理完成後 30 日內一次發還上開延後發還之履約保證金。已發生扣抵履約保證金之情形者（例如第 5 條第 3 款），發還扣抵後之金額。

(六)契約價金總額於履約期間增減累計金額達新臺幣 100 萬元者（或機關於招標時載明之其他金額），履約保證金之金額應依契約價金總額增減比率調整之，由機關通知廠商補足或退還。

第一五條　驗收

(一)廠商履約所供應或完成之標的，應符合契約規定，無減少或滅失價值或不適於通常或約定使用之瑕疵，且爲新品。

(二)驗收程序：

1. 廠商應於履約標的預定竣工日前或竣工當日，將竣工日期書面通知監造單位／工程司及機關。機關應於收到該通知之日起__日（由機關於招標時載明；未載明者，依採購法施行細則第 92 條規定，爲 7 日）內會同監造單位／工程司及廠商，依據契約、圖說或貨樣核對竣工之項目及數量，以確定是否竣工；廠商未依機關通知派代表參加者，仍得予確定。除契約另有約定外，廠商應於竣工後 7 日內提送工程竣工圖表；機關持有設計圖電子檔者，廠商依其提送竣工圖期程，需使用該電子檔者，應適時向機關申請提供該電子檔；機關如遲未提供，廠商得定相當期限催告，以應及時提出工程竣工圖之需。

2. 初驗及驗收：（由機關擇一勾選；未勾選者，無初驗程序）

□工程竣工後，有初驗程序者，機關應於收受監造單位／工程司送審之全部資料之日起__日（由機關於招標時載明；未載明者，依採購法施行細則第 92 條規定，爲 30 日）內辦理初驗，並作成初驗紀錄。初驗合格後，機關應於__日（由機關於招標時載明；未載明者，依採購法施行細則第 93 條規定，爲 20 日）內辦理驗收，並作成驗收紀錄。廠商未依機關通知派代表參加初驗或驗收者，除法令另有規定外（例如營造業法第 41 條），不影響初驗或驗收之進行及其結果。如因可歸責於機關之事由，延誤辦理初驗或驗收，該延誤期間不計逾期違約金；廠商因此增加之必要費用，由機關負擔。

□工程竣工後，無初驗程序者，機關應於接獲廠商通知備驗或可得驗收之程序完成後__日（由機關於招標時載明；未載明者，依採購法施行細則第 94 條規定，爲 30 日）內辦理驗收，並作成驗收紀錄。廠商未依機關通知派代表參加驗收者，除法令另有規定外（例如營造業法第 41 條），不影響驗收之進行及其結果。如因可歸責於機關之事由，延誤辦理驗收，該延誤期間不計逾期違約金；廠商因此增加之必要費用，由機關負擔。

(三)查驗或驗收有試車、試運轉或試用測試程序者，其內容（由

機關於招標時載明，無者免填）：
廠商應就履約標的於＿＿＿＿＿（場所）、＿＿＿＿＿（期間）及＿＿＿＿＿（條件）下辦理試車、試運轉或試用測試程序，以作為查驗或驗收之用。試車、試運轉或試用所需費用，由廠商負擔。但另有規定者，不在此限。

(四)查驗或驗收人對隱蔽部分拆驗或化驗者，其拆除、修復或化驗所生費用，拆驗或化驗結果與契約規定不符者，該費用由廠商負擔；與規定相符者，該費用由機關負擔。契約規定以外之查驗、測試或檢驗，亦同。

(五)查驗、測試或檢驗結果不符合契約規定者，機關得予拒絕，廠商應於限期內免費改善、拆除、重作、退貨或換貨，機關得重行查驗、測試或檢驗。且不得因機關辦理查驗、測試或檢驗，而免除其依契約所應履行或承擔之義務或責任，及費用之負擔。

(六)機關就廠商履約標的為查驗、測試或檢驗之權利，不受該標的曾通過其他查驗、測試或檢驗之限制。

(七)廠商應對施工期間損壞或遷移之機關設施或公共設施予以修復或回復，並填具竣工報告，經機關確認竣工後，始得辦理初驗或驗收。廠商應將現場堆置的施工機具、器材、廢棄物及非契約所應有之設施全部運離或清除，方可認定驗收合格。

(八)工程部分完工後，有部分先行使用之必要或已履約之部分有減損滅失之虞者，應先就該部分辦理驗收或分段查驗供驗收之用，並就辦理部分驗收者支付價金及起算保固期。可採部分驗收方式者，優先採部分驗收；因時程或個案特性，採部分驗收有困難者，可採分段查驗供驗收之用。分段查驗之事項與範圍，應確認查驗之標的符合契約規定，並由參與查驗人員作成書面紀錄。供機關先行使用部分之操作維護所需費用，除契約另有規定外，由機關負擔。

(九)工程驗收合格後，廠商應依照機關指定的接管單位：＿＿＿＿（由機關視個案特性於招標時載明；未載明者，為機關）辦理點交。其因非可歸責於廠商的事由，接管單位有異議或藉故拒絕、拖延時，機關應負責處理，並在驗收合格後＿日（由機關視個案特性於招標時載明；未載明者，為15日）內處理完畢，否則應由機關自行接管。如機關逾期不處理或不自行接管者，視同廠商已完成點交程序，對本工程的保管不再負責，機關不得以尚未點交作為拒絕結付尾款的理由。

(十)廠商履約結果經機關初驗或驗收有瑕疵者，機關得要求廠商於＿＿日內（機關未填列者，由主驗人定之）改善、拆除、重作、退貨或換貨（以下簡稱改正）。

(土)廠商不於前款期限內改正、拒絕改正或其瑕疵不能改正，或改正次數逾＿次（由機關於招標時載明；無者免填）仍未能改正者，機關得採行下列措施之一：

1.自行或使第三人改正，並得向廠商請求償還改正必要之費用。

2.終止或解除契約或減少契約價金。

(十二)因可歸責於廠商之事由，致履約有瑕疵者，機關除依前二款規定辦理外，並得請求損害賠償。

(十三)採購標的為公有新建建築工程：

1.如須由廠商取得目的事業主管機關之使用執照或其他類似文件者，其因可歸責於機關之事由以致有遲延時，機關不得以此遲延為由拒絕辦理驗收付款。

2.如須由廠商取得綠建築標章／智慧建築標章者，於驗收合格並取得合格級（如有要求高於合格級者，另於契約載明）綠建築標章／智慧建築標章後，機關始得發給結算驗收證明書。但驗收合格而未能取得綠建築標章／智慧建築標章，其經機關確認非可歸責於廠商者，仍得發給結算驗收證明書。

(十四)廠商履行本契約涉及工程會訂定之「公共工程施工廠商履約情形計分要點」所載加減分事項者，應配合機關要求提供相關履約事證，機關應將廠商履約相關事實登錄於工程會「公共工程標案管理系統」，並於驗收完成後據以辦理計分作業。廠商提供事證未完整者，機關仍得本於事實予以登錄。驗收完成後，廠商應於收到機關書面通知之計分結果後，確實檢視各項計分內容及結果，是否與實際履約情形相符。

第一五條之一　操作、維護資料及訓練

□廠商應依本條規定履約（由機關視個案需要勾選，未勾選者，表示無需辦理本條規定事項）：

(一)資料內容：

1.中文操作與維護資料：

(1)製造商之操作與維護手冊。

(2)完整說明各項產品及其操作步驟與維護（修）方式、規定。

(3)示意圖及建議備用零件表。

(4)其他：＿＿＿＿＿。

2.上述資料應包括下列內容：

(1)契約名稱與編號；

(2)主題（例如土建、機械、電氣、輸送設備……）；

(3)目錄；

(4)最接近本工程之維修廠商名稱、地址、電話；

(5)廠商、供應商、安裝商之名稱、地址、電話；

(6)最接近本工程之零件供應商名稱、地址、電話；

(7)預計接管單位將開始承接維護責任之日期；

(8)系統及組件之說明；

(9)例行維護作業程序及時程表；

(10)操作、維護（修）所需之機具、儀器及備品數量；

⑾以下資料由機關視個案特性勾選：
- □操作前之檢查或檢驗表
- □設備之啓動、操作、停機作業程序
- □操作後之檢查或關機表
- □一般狀況、特殊狀況及緊急狀況之處置說明
- □經核可之測試資料
- □製造商之零件明細表、零件型號、施工圖
- □與未來維護（修）有關之圖解（分解圖）、電（線）路圖
- □製造商原廠備品明細表及建議價格
- □可編譯（Compilable）之原始程式移轉規定
- □軟體版權之授權規定
- □其他：＿＿＿＿。

⑿索引。

3.保固期間操作與維護資料之更新，應以書面提送。各項更新資料，包括定期服務報告，均應註明契約名稱及編號。

4.教育訓練計畫應包括下列內容：

(1)設備及佈置說明；
(2)各類設備之功能介紹；
(3)各項設備使用說明；
(4)設備規格；
(5)各項設備之操作步驟；
(6)操作維護項目及程序解說；
(7)故障檢查程序及排除說明；
(8)講師資格；
(9)訓練時數。
⑽其他：＿＿＿＿。

5.廠商須依機關需求時程提供完整中文教育訓練課程及手冊，使機關或接管單位指派人員瞭解各項設備之操作及維護（修）。

㈡資料送審：

1.操作與維護資料格式樣本、教育訓練計畫及內容大綱草稿，應於竣工前＿天（由機關於招標時載明；未載明者，爲60天），提出1份送審；並於竣工前＿天（由機關於招標時載明；未載明者，爲30天），提出1份正式格式之完整資料送審。製造商可證明其現成之手冊資料，足以符合本條之各項規定者，不在此限。

2.廠商須於竣工前＿天（由機關於招標時載明；未載明者，爲15天），提出＿份（由機關於招標時載明；未載明者，爲5份）經機關核可之操作與維護資料及教育訓練計畫。

3.廠商應於竣工前提供最新之操作與維護（修）手冊、圖說、定期服務資料及其他與設備相關之資料＿份（由機關於招標時載明；未載明者，爲5份），使接管單位有足夠能

力進行操作及維護（修）工作。

㈢在教育訓練開始時，廠商應將所有操作與維護資料備妥，並於驗收前依核可之教育訓練計畫，完成對機關或接管單位指派人員之訓練。

㈣廠商所提送之資料，應經監造單位／工程司審查同意；修正時亦同。

㈤操作與維護（修）手冊之內容，應於試運轉測試程序時，經機關或接管單位指派之人員驗證為可行，否則應辦理修正後重行測試。

第一六條　保固

㈠保固期之認定：

1.起算日：

(1)全部完工辦理驗收者，自驗收結果符合契約規定之日起算。

(1)有部分先行使用之必要或已履約之部分有減損滅失之虞，辦理部分驗收者，自部分驗收結果符合契約規定之日起算。

(2)因可歸責於機關之事由，逾第 15 條第 2 款規定之期限遲未能完成驗收者，自契約標的足資認定符合契約規定之日起算。

2.期間：

(1)非結構物由廠商保固__年（由機關於招標時載明；未載明者，為 1 年）；

(2)結構物，包括護岸、護坡、駁坎、排水溝、涵管、箱涵、擋土牆、防砂壩、建築物、道路、橋樑等，由廠商保固__年（由機關於招標時視個案特性載明；未載明者，為 5 年）。

(3)臨時設施之保固期為其使用期間。

㈡本條所稱瑕疵，包括損裂、坍塌、損壞、功能或效益不符合契約規定等。但屬第 17 條第 5 款所載不可抗力或不可歸責於廠商之事由所致者，不在此限。

㈢保固期內發現之瑕疵，應由廠商於機關指定之合理期限內負責免費無條件改正。逾期不為改正者，機關得逕為處理，所需費用由廠商負擔，或動用保固保證金逕為處理，不足時向廠商追償。但屬故意破壞、不當使用、正常零附件損耗或其他非可歸責於廠商之事由所致瑕疵者，由機關負擔改正費用。

㈣為釐清發生瑕疵之原因或其責任歸屬，機關得委託公正之第三人進行檢驗或調查工作，其結果如證明瑕疵係因可歸責於廠商之事由所致，廠商應負擔檢驗或調查工作所需之費用。

㈤瑕疵改正後 30 日內，如機關認為可能影響本工程任何部分之功能與效益者，得要求廠商依契約原訂測試程序進行測試。該瑕疵係因可歸責於廠商之事由所致者，廠商應負擔進行測試所需之費用。

(六)保固期內，採購標的因可歸責於廠商之事由造成之瑕疵致全部工程無法使用時，該無法使用之期間不計入保固期；致部分工程無法使用者，該部分工程無法使用之期間不計入保固期，並由機關通知廠商。

(七)機關得於保固期間及期滿前，通知廠商派員會同勘查保固事項。

(八)保固期滿且無待決事項後 30 日內，機關應簽發一份保固期滿通知書予廠商，載明廠商完成保固責任之日期。除該通知書所稱之保固合格事實外，任何文件均不得證明廠商已完成本工程之保固工作。

(九)廠商應於接獲保固期滿通知書後 30 日內，將留置於本工程現場之設備、材料、殘物、垃圾或臨時設施，清運完畢。逾期未清運者，機關得逕為變賣並遷出現場。扣除機關一切處理費用後有剩餘者，機關應將該差額給付廠商；如有不足者，得通知廠商繳納或自保固保證金扣抵。

第一七條　遲延履約

(一)逾期違約金，以日為單位，按逾期日數，每日依契約價金總額__‰（由機關於招標時載明比率；未載明者，為 1‰）計算逾期違約金，所有日數（包括放假日等）均應納入，不因履約期限以工作天或日曆天計算而有差別。因可歸責於廠商之事由，致終止或解除契約者，逾期違約金應計算至終止或解除契約之日止。

1.廠商如未依照契約所定履約期限竣工，自該期限之次日起算逾期日數。

2.初驗或驗收有瑕疵，經機關通知廠商限期改正，自契約所定履約期限之次日起算逾期日數，但扣除以下日數：

(1)履約期限之次日起，至機關決定限期改正前歸屬於機關之作業日數。

(2)契約或主驗人指定之限期改正日數（機關得於招標時刪除此部分文字）。

3.未完成履約／初驗或驗收有瑕疵之部分不影響其他已完成且無瑕疵部分之使用者（不以機關已有使用事實為限，亦即機關可得使用之狀態），按未完成履約／初驗或驗收有瑕疵部分之契約價金，每日依其__‰（由機關於招標時載明比率；未載明者，為 3‰）計算逾期違約金，其數額以每日依契約價金總額計算之數額為上限。

(二)採部分驗收者，得就該部分之金額計算逾期違約金。

(三)逾期違約金之支付，機關得自應付價金中扣抵；其有不足者，得通知廠商繳納或自保證金扣抵。

(四)逾期違約金為損害賠償額預定性違約金，其總額（含逾期未改正之違約金）以契約價金總額之 10%（如機關基於個案特殊需要，得於招標時另為載明，但不高於 20%）為上限，且不計入第 18 條第 8 款之賠償責任上限金額內。

㈤因下列天災或事變等不可抗力或不可歸責於契約當事人之事由，致未能依時履約者，廠商得依第 7 條第 3 款規定，申請延長履約期限；不能履約者，得免除契約責任：

1.戰爭、封鎖、革命、叛亂、內亂、暴動或動員。

2.山崩、地震、海嘯、火山爆發、颱風、豪雨、冰雹、惡劣天候、水災、土石流、土崩、地層滑動、雷擊或其他天然災害。

3.墜機、沉船、交通中斷或道路、港口冰封。

4.罷工、勞資糾紛或民眾非理性之聚眾抗爭。

5.毒氣、瘟疫、火災或爆炸。

6.履約標的遭破壞、竊盜、搶奪、強盜或海盜。

7.履約人員遭殺害、傷害、擄人勒贖或不法拘禁。

8.水、能源或原料中斷或管制供應。

9.核子反應、核子輻射或放射性污染。

10.非因廠商不法行為所致之政府或機關依法令下達停工、徵用、沒入、拆毀或禁運命令者。

11.政府法令之新增或變更。

12.我國或外國政府之行為。

13.其他經機關認定確屬不可抗力者。

㈥前款不可抗力或不可歸責事由發生或結束後，其屬可繼續履約之情形者，應繼續履約，並採行必要措施以降低其所造成之不利影響或損害。

㈦廠商履約有遲延者，在遲延中，對於因不可抗力而生之損害，亦應負責。但經廠商證明縱不遲延履約，而仍不免發生損害者，不在此限。

㈧契約訂有分段進度及最後履約期限，且均訂有逾期違約金者，屬分段完工使用或移交之情形，其逾期違約金之計算原則如下：

1.未逾分段進度但逾最後履約期限者，扣除已分段完工使用或移交部分之金額，計算逾最後履約期限之違約金。

2.逾分段進度但未逾最後履約期限者，計算逾分段進度之違約金。

3.逾分段進度且逾最後履約期限者，分別計算違約金。但逾最後履約期限之違約金，應扣除已分段完工使用或移交部分之金額計算之。

4.分段完工期限與其他採購契約之進行有關者，逾分段進度，得個別計算違約金，不受前目但書限制。

㈨契約訂有分段進度及最後履約期限，且均訂有逾期違約金者，屬全部完工後使用或移交之情形，其逾期違約金之計算原則如下：

1.未逾分段進度但逾最後履約期限者，計算逾最後履約期限之違約金。

2.逾分段進度但未逾最後履約期限，其有逾分段進度已收取

之違約金者，於未逾最後履約期限後發還。

3.適分段進度且逾最後履約期限，其有逾分段進度已收取之違約金者，於計算逾最後履約期限之違約金時應予扣抵。

4.分段完工期限與其他採購契約之進行有關者，逾分段進度，得計算違約金，不受第2目及第3目之限制。

(十)廠商未遵守法令致生履約事故者，由廠商負責。因而遲延履約者，不得據以免責。

(土)本條所稱「契約價金總額」爲：□結算驗收證明書所載結算總價，並加計可歸責於廠商之驗收扣款金額；□原契約總金額（由機關於招標時勾選；未勾選者，爲第1選項）。有契約變更之情形者，雙方得就變更之部分另爲協議（例如契約變更新增項目或數量之金額）。

第一八條　權利及責任

(一)廠商應擔保第三人就履約標的，對於機關不得主張任何權利。

(二)廠商履約，其有侵害第三人合法權益時，應由廠商負責處理並承擔一切法律責任及費用，包括機關所發生之費用。機關並得請求損害賠償。

(三)廠商履約結果涉及智慧財產權者：（由機關於招標時載明）

□機關有權永久無償利用該著作財產權。

□機關取得部分權利（內容由機關於招標時載明）。

□機關取得全部權利。

□機關取得授權（內容由機關於招標時載明）。

□廠商因履行契約所完成之著作，其著作財產權之全部於著作完成之同時讓與機關，廠商放棄行使著作人格權。廠商保證對其人員因履行契約所完成之著作，與其人員約定以廠商爲著作人，享有著作財產權及著作人格權。

□其他：＿＿＿＿＿＿＿＿＿＿（內容由機關於招標時載明）。

(四)除另有規定外，廠商如在契約使用專利品，或專利性施工方法，或涉及著作權時，其有關之專利及著作權益，概由廠商依照有關法令規定處理，其費用亦由廠商負擔。

(五)機關及廠商應採取必要之措施，以保障他方免於因契約之履行而遭第三人請求損害賠償。其有致第三人損害者，應由造成損害原因之一方負責賠償。

(六)機關對於廠商、分包廠商及其人員因履約所致之人體傷亡或財物損失，不負賠償責任。對於人體傷亡或財物損失之風險，廠商應投保必要之保險。

(七)廠商依契約規定應履行之責任，不因機關對於廠商履約事項之審查、認可或核准行爲而減少或免除。

(八)因可歸責於一方之事由，致他方遭受損害者，一方應負賠償責任，其認定有爭議者，依照爭議處理條款辦理。

1.損害賠償之範圍，依民法第216條第1項規定，以填補他方所受損害及所失利益爲限。□但非因故意或重大過失所

致之損害，契約雙方所負賠償責任不包括「所失利益」（得由機關於招標時勾選）。

2.除第17條約定之逾期違約金外，損害賠償金額上限為：（機關欲訂上限者，請於招標時載明）

□契約價金總額。

□契約價金總額之____倍。

□契約價金總額之____%。

□固定金額____元。

3.前目訂有損害賠償金額上限者，於法令另有規定（例如民法第227條第2項之加害給付損害賠償），或一方故意隱瞞工作之瑕疵、故意或重大過失行為，或對第三人發生侵權行為，對他方所造成之損害賠償，不受賠償金額上限之限制。

(九)連帶保證廠商應保證得標廠商依契約履行義務，如有不能履約情事，即續負履行義務，並就機關因此所生損害，負連帶賠償責任。

(十)連帶保證廠商經機關通知代得標廠商履行義務者，有關廠商之一切權利，包括尚待履約部分之契約價金，一併移轉由該保證廠商概括承受，本契約並繼續有效。得標廠商之保證金及已履約而尚未支付之契約價金，如無不支付或不發還之情形，得依原契約規定支付或發還該得標廠商。

(十一)廠商與其連帶保證廠商如有債權或債務等糾紛，應自行協調或循法律途徑解決。

(十二)契約文件要求廠商提送之各項文件，廠商應依其特性及權責，請所屬相關人員於該等文件上簽名或用印。如有偽造文書情事，由出具文件之廠商及其簽名人員負刑事及民事上所有責任。

(十三)廠商接受機關或機關委託之機構之人員指示辦理與履約有關之事項前，應先確認該人員係有權代表人，且所指示辦理之事項未逾越或未違反契約規定。廠商接受無權代表人之指示或逾越或違反契約規定之指示，不得用以拘束機關或減少、變更廠商應負之契約責任，機關亦不對此等指示之後果負任何責任。

(十四)契約內容有須保密者，廠商未經機關書面同意，不得將契約內容洩漏予與履約無關之第三人。

(十五)廠商履約期間所知悉之機關機密或任何不公開之文書、圖畫、消息、物品或其他資訊，均應保密，不得洩漏。

(十六)契約之一方未請求他方依契約履約者，不得視為或構成一方放棄請求他方依契約履約之權利。

(十七)機關不得於本契約納列提供機關使用之公務車輛及油料、影印機、電腦設備、行動電話（含門號）、傳真機及其他應由機關自備之辦公設施及其耗材。

(十八)機關不得指揮廠商人員從事與本契約無關之工作。

第一九條　連帶保證

㈠廠商如有履約進度落後達__%（由機關於招標時載明；未載明者為5%）等情形，經機關評估並通知由連帶保證廠商履行連帶保證責任。

㈡機關通知連帶保證廠商履約時，得考量公共利益及連帶保證廠商申請之動員進場施工時間，重新核定工期；惟增加之工期至多為__日（由機關視個案特性於招標時載明；未載明者，不得增加工期）。連帶保證廠商如有異議，應循契約所定之履約爭議處理機制解決。

㈢連帶保證廠商接辦後，應就下列事項釐清或確認，並以書面提報機關同意／備查：

1. 各項工作銜接之安排。
2. 原分包廠商後續事宜之處理。
3. 工程預付款扣回方式。
4. 未請領之工程款（得包括已施作部分），得標廠商是否同意由其請領；同意者，其證明文件。
5. 工程款請領發票之開立及撥付方式。
6. 其他應澄清或確認之事項。

第二〇條　契約變更及轉讓

㈠機關於必要時得於契約所約定之範圍內通知廠商變更契約（含新增項目），廠商於接獲通知後，除雙方另有協議外，應於30日內向機關提出契約標的、價金、履約期限、付款期程或其他契約內容須變更之相關文件。契約價金之變更，其底價依採購法第46條第1項之規定。

契約原有項目，因機關要求契約變更，如變更之部分，其價格或施工條件改變，得就該等變更之部分另行議價。新增工作中如包括原有契約項目，經廠商舉證依原單價施作顯失公平者，亦同。

㈡廠商於機關接受其所提出須變更之相關文件前，不得自行變更契約。除機關另有請求者外，廠商不得因前款之通知而遲延其履約期限。

㈢機關於接受廠商所提出須變更之事項前即請求廠商先行施作或供應，應先與廠商書面合意估驗付款及契約變更之期限；涉及議價者，並於__個月（由機關於招標時載明；未載明者，為3個月）內辦理議價程序（應先確認符合限制性招標議價之規定）；其後未依合意之期限辦理或僅部分辦理者，廠商因此增加之必要費用及合理利潤，由機關負擔。

㈣如因可歸責於機關之事由辦理契約變更，需廢棄或不使用部分已完成之工程或已到場之合格材料者，除雙方另有協議外，機關得辦理部分驗收或結算後，支付該部分價金。但已進場材料以實際施工進度需要並經檢驗合格者為限，因廠商保管不當致影響品質之部分，不予計給。

㈤契約約定之採購標的，其有下列情形之一者，廠商得敘明理

由，檢附規格、功能、效益及價格比較表，徵得機關書面同意後，以其他規格、功能及效益相同或較優者代之。但不得據以增加契約價金。其因而減省廠商履約費用者，應自契約價金中扣除：

1.契約原標示之廠牌或型號不再製造或供應。
2.契約原標示之分包廠商不再營業或拒絕供應。
3.較契約原標示者更優或對機關更有利。
4.契約所定技術規格違反採購法第 26 條規定。
5.屬前段第 3 目情形，而有增加經費之必要，其經機關綜合評估其總體效益更有利於機關者，得不受前段序文但書限制。

(六)廠商提出前款第 1 目、第 2 目或第 4 目契約變更之文件，其審查及核定期程，除雙方另有協議外，為該書面請求送達之次日起 30 日內。但必須補正資料者，以補正資料送達之次日起 30 日內為之。因可歸責於機關之事由逾期未核定者，得依第 7 條第 3 款申請延長履約期限。

(七)廠商依前款請求契約變更，應自行衡酌預定施工時程，考量檢（查、試）驗所需時間及機關受理申請審查及核定期程後再行適時提出，並於接獲機關書面同意後，始得依同意變更情形施作。除因機關逾期未核定外，不得以資料送審為由，提出延長履約期限之申請。

(八)廠商得提出替代方案之相關規定（含獎勵措施）：____________。（由機關於招標時載明）

(九)契約之變更，非經機關及廠商雙方合意，作成書面紀錄，並簽名或蓋章者，無效。

(十)廠商不得將契約之部分或全部轉讓予他人。但因公司分割或其他類似情形致有轉讓必要，經機關書面同意轉讓者，不在此限。

廠商依公司法、企業併購法分割，受讓契約之公司（以受讓營業者為限），其資格條件應符合原招標文件規定，且應提出下列文件之一：

1.原訂約廠商分割後存續者，其同意負連帶履行本契約責任之文件；
2.原訂約廠商分割後消滅者，受讓契約公司以外之其他受讓原訂約廠商營業之既存及新設公司同意負連帶履行本契約責任之文件。

第二一條　契約終止解除及暫停執行

(一)廠商履約有下列情形之一者，機關得以書面通知廠商終止契約或解除契約之部分或全部，且不補償廠商因此所生之損失：

1.有採購法第 50 條第 2 項前段規定之情形者。
2.有採購法第 59 條規定得終止或解除契約之情形者。
3.違反不得轉包之規定者。
4.廠商或其人員犯採購法第 87 條至第 92 條規定之罪，經判

決有罪確定者。

5.因可歸責於廠商之事由，致延誤履約期限，有下列情形者（由機關於招標時勾選；未勾選者，為第1選項）：

□履約進度落後__%（由機關於招標時載明；未載明者，巨額之工程為10%，未達巨額之工程為20%）以上，且日數達10日以上。百分比之計算方式如下：

(1)屬尚未完成履約而進度落後已達百分比者，機關應先通知廠商限期改善。屆期未改善者，如機關訂有履約進度計算方式，其通知限期改善當日及期限末日之履約進度落後百分比，分別以各該日實際進度與機關核定之預定進度百分比之差值計算；如機關未訂有履約進度計算方式，依逾期日數計算之。

(2)屬已完成履約而逾履約期限，或逾最後履約期限尚未完成履約者，依逾期日數計算之。

□其他：______。

6.偽造或變造契約或履約相關文件，經查明屬實者。

7.擅自減省工料情節重大者。

8.無正當理由而不履行契約者。

9.查驗或驗收不合格，且未於通知期限內依規定辦理者。

10.有破產或其他重大情事，致無法繼續履約者。

11.廠商未依契約規定履約，自接獲機關書面通知次日起10日內或書面通知所載較長期限內，仍未改正者。

12.違反環境保護或職業安全衛生等有關法令，情節重大者。

13.違反法令或其他契約規定之情形，情節重大者。

(二)機關未依前款規定通知廠商終止或解除契約者，廠商仍應依契約規定繼續履約。

(三)廠商因第1款情形接獲機關終止或解除契約通知後，應即將該部分工程停工，負責遣散工人，將有關之機具設備及到場合格器材等就地點交機關使用；對於已施作完成之工作項目及數量，應會同監造單位／工程司辦理結算，並拍照存證，廠商不會同辦理時，機關得逕行辦理結算；必要時，得洽請公正、專業之鑑定機構協助辦理。廠商並應負責維護工程至機關接管為止，如有損壞或短缺概由廠商負責。機具設備器材至機關不再需用時，機關得通知廠商限期拆走，如廠商逾限未照辦，機關得將之予以變賣並遷出工地，將變賣所得扣除一切必須費用及賠償金額後退還廠商，而不負責任何損害或損失。

(四)契約經依第1款規定或因可歸責於廠商之事由致終止或解除者，機關得自通知廠商終止或解除契約日起，扣發廠商應得之工程款，包括尚未領取之工程估驗款、全部保留款等，並不發還廠商之履約保證金。至本契約經機關自行或洽請其他廠商完成後，如扣除機關為完成本契約所支付之一切費用及所受損害後有剩餘者，機關應將該差額給付廠商；無洽其他

廠商完成之必要者，亦同。如有不足者，廠商及其連帶保證人應將該項差額賠償機關。

(五)契約因政策變更，廠商依契約繼續履行反而不符公共利益者，機關得報經上級機關核准，終止或解除部分或全部契約，並與廠商協議補償廠商因此所生之損失。但不包含所失利益。

(六)依前款規定終止契約者，廠商於接獲機關通知前已完成且可使用之履約標的，依契約價金給付；僅部分完成尚未能使用之履約標的，機關得擇下列方式之一洽廠商爲之：

1.繼續予以完成，依契約價金給付。

2.停止製造、供應或施作。但給付廠商已發生之製造、供應或施作費用及合理之利潤。

(七)非因政策變更且非可歸責於廠商事由（例如但不限於不可抗力之事由所致）而有終止或解除契約必要者，準用前二款。

(八)廠商未依契約規定履約者，機關得隨時通知廠商部分或全部暫停執行，至情況改正後方准恢復履約。廠商不得就暫停執行請求延長履約期限或增加契約價金。

(九)廠商不得對本契約採購案任何人要求、期約、收受或給予賄賂、佣金、比例金、仲介費、後謝金、回扣、餽贈、招待或其他不正利益。分包廠商亦同。違反約定者，機關得終止或解除契約，並將2倍之不正利益自契約價款中扣除。未能扣除者，通知廠商限期給付之。

(十)因可歸責於機關之情形，機關通知廠商部分或全部暫停執行（停工）：

1.致廠商未能依時履約者，廠商得依第7條第3款規定，申請延長履約期限；因此而增加之必要費用（例如但不限於管理費），由機關負擔。

2.暫停執行期間累計逾__個月（由機關於招標時合理訂定，如未填寫，則爲2個月）者，機關應先支付已依機關指示由機關取得所有權之設備。

3.暫停執行期間累計逾__個月（由機關於招標時合理訂定，如未填寫，履約期間1年以上者爲6個月；未達1年者爲4個月）者，廠商得通知機關終止或解除部分或全部契約，並得向機關請求賠償因契約終止或解除而生之損害。因可歸責於機關之情形無法開工者，亦同。

(十一)因非可歸責於廠商之事由，機關有延遲付款之情形：

1.廠商得向機關請求加計年息__%（由機關於招標時合理訂定，如未填寫，則依機關簽約日中華郵政股份有限公司牌告一年期郵政定期儲金機動利率）之遲延利息。

2.廠商得於通知機關__個月後（由機關於招標時合理訂定，如未填寫，則爲1個月）暫停或減緩施工進度、依第7條第3款規定，申請延長履約期限；廠商因此增加之必要費用，由機關負擔。

3.延遲付款達__個月（由機關於招標時合理訂定，如未填寫，

則爲 3 個月）者，廠商得通知機關終止或解除部分或全部契約，並得向機關請求賠償因契約終止或解除而生之損害。

(十二)履行契約需機關之行爲始能完成，而機關不爲其行爲時，廠商得定相當期限催告機關爲之。機關不於前述期限內爲其行爲者，廠商得通知機關終止或解除契約，並得向機關請求賠償因契約終止或解除而生之損害。

(十三)因契約規定不可抗力之事由，致全部工程暫停執行，暫停執行期間持續逾__個月（由機關於招標時合理訂定，如未填寫，則爲 3 個月）或累計逾__個月（由機關於招標時合理訂定，如未填寫，則爲 6 個月）者，契約之一方得通知他方終止或解除契約。

(十四)依第 5 款、第 7 款、第 13 款終止或解除部分或全部契約者，廠商應即將該部分工程停工，負責遣散工人，撤離機具設備，並將已獲得支付費用之所有物品移交機關使用；對於已施作完成之工作項目及數量，應會同監造單位／工程司辦理結算，並拍照存證。廠商應依監造單位／工程司之指示，負責實施維護人員、財產或工程安全之工作，至機關接管爲止，其所須增加之必要費用，由機關負擔。機關應儘快依結算結果付款；如無第 14 條第 3 款情形，應發還保證金。

(十五)本契約終止時，自終止之日起，雙方之權利義務即消滅。契約解除時，溯及契約生效日消滅。雙方並互負保密義務。

第二二條　爭議處理

(一)機關與廠商因履約而生爭議者，應依法令及契約規定，考量公共利益及公平合理，本誠信和諧，盡力協調解決之。其未能達成協議者，得以下列方式處理之：

1. 提起民事訴訟，並以□機關；□本工程（由機關於招標時勾選；未勾選者，爲機關）所在地之地方法院爲第一審管轄法院。
2. 依採購法第 85 條之 1 規定向採購申訴審議委員會申請調解。工程採購經採購申訴審議委員會提出調解建議或調解方案，因機關不同意致調解不成立者，廠商提付仲裁，機關不得拒絕。
3. 經契約雙方同意並訂立仲裁協議後，依本契約約定及仲裁法規定提付仲裁。
4. 依採購法第 102 條規定提出異議、申訴。
5. 依其他法律申（聲）請調解。
6. 機關成立爭議處理小組協調爭議。
7. 依契約或雙方合意之其他方式處理。

(二)依前款第 2 目後段或第 3 目提付仲裁者，約定如下：

1. 由機關於招標文件及契約預先載明仲裁機構。其未載明者，由契約雙方協議擇定仲裁機構。如未能獲致協議，屬前款第 2 目後段情形者，由廠商指定仲裁機構；屬前款第 3 目情形者，由機關指定仲裁機構。上開仲裁機構，除契約雙

方另有協議外，應為合法設立之國內仲裁機構。

2.仲裁人之選定：

(1)當事人雙方應於一方收受他方提付仲裁之通知之次日起14日內，各自從指定之仲裁機構之仲裁人名冊或其他具有仲裁人資格者，分別提出10位以上（含本數）之名單，交予對方。

(2)當事人之一方應於收受他方提出名單之次日起14日內，自該名單內選出1位仲裁人，作為他方選定之仲裁人。

(3)當事人之一方未依(1)提出名單者，他方得從指定之仲裁機構之仲裁人名冊或其他具有仲裁人資格者，逕行代為選定1位仲裁人。

(4)當事人之一方未依(2)自名單內選出仲裁人，作為他方選定之仲裁人者，他方得聲請□法院；□指定之仲裁機構（由機關於招標時勾選；未勾選者，為指定之仲裁機構）代為自該名單內選定1位仲裁人。

3.主任仲裁人之選定：

(1)二位仲裁人經選定之次日起30日內，由□雙方共推；□雙方選定之仲裁人共推（由機關於招標時勾選）第三仲裁人為主任仲裁人。

(2)未能依(1)共推主任仲裁人者，當事人得聲請□法院；□指定之仲裁機構（由機關於招標時勾選；未勾選者，為指定之仲裁機構）為之選定。

4.以□機關所在地；□本工程所在地；□其他：＿＿＿＿為仲裁地（由機關於招標時載明；未載明者，為機關所在地）。

5.除契約雙方另有協議外，仲裁程序應公開之，仲裁判斷書雙方均得公開，並同意仲裁機構公開於其網站。

6.仲裁程序應使用□國語及中文正體字；□其他語文：＿＿＿＿＿。（由機關於招標時載明；未載明者，為國語及中文正體字）

7.機關□同意；□不同意（由機關於招標時勾選；未勾選者，為不同意）仲裁庭適用衡平原則為判斷。

8.仲裁判斷書應記載事實及理由。

㈢依第1款第6目成立爭議處理小組者，機制如下：

1.爭議處理小組於爭議發生時成立，得為常設性，或於爭議作成決議後解散。

2.爭議處理小組由機關首長或其指定之機關內部人員擔任召集委員，另由機關聘（派）2位以上之公正人士擔任委員（包括機關人員及外聘人士），共3人以上（應為奇數）組成。廠商得推薦公正人士作為機關聘任委員之參考。

3.當事人之一方得就爭議事項，以書面通知爭議處理小組召集委員，請求小組協調及作成決議，並將繕本送達他方。該書面通知應包括爭議標的、爭議事實及參考資料、建議

解決方案。他方應於收受通知之次日起 14 日內向召集委員提出書面回應及建議解決方案，並將繕本送達他方。

4.爭議處理小組會議：

(1)召集委員應於收受協調請求之次日起 30 日內召開會議，並擔任主席。委員應親自出席會議，獨立、公正處理爭議，並保守秘密。

(2)會議應通知當事人到場陳述意見，並得視需要邀請專家、學者、機關主（會）計及政風單位或其他必要人員列席，會議之過程應作成書面紀錄。

(3)小組應於收受協調請求之次日起 90 日內作成合理之決議，並以書面通知雙方。

5.爭議處理小組外聘委員應迴避之事由，參照採購申訴審議委員會組織準則第 13 條規定。委員因迴避或其他事由出缺者，依第 2 目辦理。

6.爭議處理小組就爭議所爲之決議，除任一方於收受決議後 14 日內以書面向他方表示異議外，視爲爲雙方同意該決議，而有契約之效力。惟涉及改變契約內容者，雙方應先辦理契約變更。如有爭議，得再循爭議處理程序辦理。

7.爭議事項經一方請求協調，爭議處理小組未能依第 4 目或當事人協議之期限召開會議或作成決議，或任一方於收受決議後 14 日內以書面表示異議者，協調不成立，雙方得依第 1 款所定其他方式辦理。

8.爭議處理小組運作所需經費，除雙方另有協議外，由機關負擔。

9.本款所定期限及其他必要事項，得由雙方另行協議。

(四)依採購法規定受理調解或申訴之機關名稱：＿＿＿＿＿＿＿＿＿；地址：＿＿＿＿＿＿＿＿＿＿＿＿＿＿＿＿＿＿＿＿；電話：＿＿＿＿＿＿＿＿＿。

(五)履約爭議發生後，履約事項之處理原則如下：

1.與爭議無關或不受影響之部分應繼續履約。但經機關同意無須履約者不在此限。

2.廠商因爭議而暫停履約，其經爭議處理結果被認定無理由者，不得就暫停履約之部分要求延長履約期限或免除契約責任。

(六)本契約以中華民國法律爲準據法。

(七)廠商與本國分包廠商間之爭議，除經本國分包廠商同意外，應約定以中華民國法律爲準據法，並以設立於中華民國境內之民事法院、仲裁機構或爭議處理機構解決爭議。廠商並應要求分包廠商與再分包之本國廠商之契約訂立前開約定。

第二三條　其他

(一)廠商對於履約所僱用之人員，不得有歧視性別、原住民、身心障礙或弱勢團體人士之情事。

(二)廠商履約時不得僱用機關之人員或受機關委託辦理契約事項

之機構之人員。

㈢廠商授權之代表應通曉中文或機關同意之其他語文。未通曉者，廠商應備翻譯人員。

㈣機關與廠商間之履約事項，其涉及國際運輸或信用狀等事項，契約未予載明者，依國際貿易慣例。

㈤機關及廠商於履約期間應分別指定授權代表，爲履約期間雙方協調與契約有關事項之代表人。

㈥機關、廠商、監造單位及專案管理單位之權責分工，除契約另有約定外，依招標當時工程會所訂「公有建築物施工階段契約約定權責分工表」或「公共工程施工階段契約約定權責分工表」辦理（由機關依案件性質檢附，並訂明各項目之完成期限、懲罰標準）。

㈦廠商如發現契約所定技術規格違反採購法第 26 條規定，或有犯採購法第 88 條之罪嫌者，可向招標機關書面反映或向檢調機關檢舉。

㈧依據「政治獻金法」第 7 條規定，與政府機關（構）有巨額採購契約，且在履約期間之廠商，不得捐贈政治獻金。

㈨廠商內部揭弊者保護制度及機關處理方式：

1.廠商人員（包括勞工及其主管）針對本採購案發現其雇主、所屬員工或機關人員（包括代理或代表機關處理採購事務之廠商）涉有違反採購法、本契約或其他影響公共安全或品質，具名揭弊者，廠商應保障揭弊人員之權益，不得因該揭弊行爲而爲不利措施（包括但不限解僱、資遣、降調、不利之考績、懲處、懲罰、減薪、罰款（薪）、剝奪或減少獎金、退休（職）金、剝奪與陞遷有關之教育或訓練機會、福利、工作地點、職務內容或其他工作條件、管理措施之不利變更、非依法令規定揭露揭弊者之身分）。但若發生違法或違約之行爲（例如無故曠職、洩漏公司機密等），不在此限。

2.廠商人員之揭弊內容有下列情形之一者，仍得受前目之保護：

(1)所揭露之內容無法證實。但明顯虛僞不實或揭弊行爲經以誣告、僞證罪緩起訴或判決有罪者，不在此限。

(2)所揭露之內容業經他人檢舉或受理揭弊機關已知悉。但案件已公開或揭弊者明知已有他人檢舉者，不在此限。

3.廠商內部訂有禁止所屬員工揭弊條款者，該約定於本採購案無效。

4.爲兼顧公益及採購效率，機關於接獲揭弊內容後，應積極釐清揭弊事由，立即啓動調查；除經調查後有具體事證，依契約及法律爲必要處置外，廠商及機關仍應依契約約定正常履約及估驗。

㈩本契約未載明之事項，依採購法及民法等相關法令。

附錄一　工作安全與衛生

1. 契約施工期間，廠商應遵照職業安全衛生法及其施行細則、職業安全衛生設施規則、營造安全衛生設施標準、職業安全衛生管理辦法、勞動檢查法及其施行細則、危險性工作場所審查及檢查辦法、勞動基準法及其施行細則、道路交通標誌標線號誌設置規則等有關規定確實辦理，並隨時注意工地安全及災害之防範。如因廠商疏忽或過失而發生任何意外事故，均由廠商負一切責任。
2. 凡工程施工場所，除另有規定外，應於施工基地四周設置圍牆（籬），施工架外部應加防護網圍護，以防止物料向下飛散或墜落，並應設置行人安全走廊及消防設備。
3. 高度在 2 公尺以上之工作場所，勞工作業有墜落之虞者，應依營造安全衛生設施標準規定，訂定墜落災害防止計畫（得併入施工計畫或安全衛生管理計畫內），採取適當墜落災害防止設施。
4. 廠商應依勞動部訂定之「加強公共工程職業安全衛生管理作業要點」第 7 點，建立職業安全衛生管理系統，實施安全衛生自主管理，並提報安全衛生管理計畫。
5. 假設工程之組立及拆除

5.1　廠商就高度5公尺以上之施工架、開挖深度在1.5公尺以上之擋土支撐及模板支撐等假設工程之組立及拆除，施工前應由專任工程人員或專業技師等妥為設計，並繪製相關設施之施工詳圖等項目，納入施工計畫或安全衛生管理計畫據以施行。

5.2　施工架構築完成使用前、開挖及灌漿前，廠商應通知機關查驗施工架、擋土支撐及模板支撐是否按圖施工。如不符規定，機關得要求廠商部分或全部停工，至廠商辦妥並經監造單位／工程司審查及機關核定後方可復工。

5.3　前述各項假設工程組立及拆除時，廠商應指定作業主管在現場辦理營造安全衛生設施標準規定之事項。

6. 廠商應辦理之提升職業安全衛生事項

6.1　計畫：施工計畫書應包括職業安全衛生相關法規規定事項，並落實執行。對依法應經危險性工作場所審查者，非經審查合格，不得使勞工在該場所作業。

6.2　設施（由機關依工程規模及性質於招標時敘明）：

□20公尺以下高處作業，宜使用於工作台即可操作之高空工作車或搭設施工架等方式作業，不得以移動式起重機加裝搭乘設備搭載人員作業。

□無固定護欄或圍籬之臨時道路施工場所，應依核定之交通維持計畫辦理，除設置適當交通號誌、標誌、標示或柵欄外，於勞工作業時，另應指派交通引導人員在場指揮交通，以防止車輛突入等災害事故。

□移動式起重機應具備1機3證（移動式起重機檢查合格

證、操作人員及從事吊掛作業人員之安衛訓練結業證書），除操作人員外，應至少隨車指派起重吊掛作業人員1人（可兼任指揮人員）。

□工作場所邊緣及開口所設置之護欄，應符合營造安全衛生設施標準第20條固定後之強度能抵抗75公斤之荷重無顯著變形及各類材質尺寸之規定。惟特殊設計之工作架台、工作車等護欄，經安全檢核無虞者不在此限。

□施工架斜籬搭設、直井或人孔局限空間作業、吊裝台吊運等特殊高處作業，應一併使用背負式安全帶及捲揚式防墜器。

□開挖深度超過1.5公尺者，均應設置擋土支撐或開挖緩坡；但地質特殊，提出替代方案經監造單位／工程司、機關同意者，得依替代方案施作。

□廠商所使用之鋼管施工架應符合營造安全衛生設施標準第59條第1款規定。

□其他：＿＿＿＿＿＿＿＿＿＿。

6.3 管理

6.3.1 全程依職業安全衛生相關法規規定辦理，並督導分包商依規定施作。

6.3.2 進駐工地人員，應依其作業性質分別施以從事工作及預防災變所必要之安全衛生教育訓練。

6.3.3 依規定設置職業安全衛生協議組織及訂定緊急應變處置計畫。

6.3.4 開工前登錄安全衛生人員資料，報請監造單位／工程司審查，經機關核定後，由機關督導廠商依規定報請勞動檢查機構備查；人員異動或工程變更時，亦同。

6.3.5 依規定設置之專職安全衛生人員於施工時，應在工地執行職務，不得兼任其他與安全衛生無關之工作。

6.3.6 於廠商施工日誌填報出工人數，記載當日發生之職業傷病及虛驚事故資料。

6.4 自動檢查重點

6.4.1 擬訂自動檢查計畫，落實執行。

6.4.2 相關執行表單、紀錄，妥爲保存，以備查核。

6.5 其他提升職業安全衛生相關事項：＿＿＿＿（由機關依工程規模及性質於招標時敘明）。

7. 安全衛生人員未確實執行職務，或未實際常駐工地執行業務，或工程施工品質查核爲丙等，可歸責於該人員者，機關得通知廠商於＿＿＿日內撤換之。

8. 職業安全衛生設施之保養維修

8.1 廠商應執行之職業安全衛生設施保養維修事項如下：＿＿＿＿＿＿＿＿＿＿＿（由機關於招標時載明）。

8.2 機關對同一公共工程，依不同標的分別辦理採購時，得指定廠商負責主辦職業安全衛生設施之保養維修，所需費用

由相關廠商共同分攤。

9. 同一工作場所有多項工程同時進行時，全工作場所之安全衛生管理，依勞動部訂頒之「加強公共工程職業安全衛生管理作業要點」第10點辦理。

10. 契約施工期間如發生緊急事故，影響工地內外人員生命財產安全時，廠商得逕行採取必要之適當措施，以防止生命財產之損失，並應在事故發生後8小時內向監造單位／工程司報告。事故發生時，如監造單位／工程司在工地有所指示時，廠商應照辦。

11. 廠商有下列情事之一者，機關得視其情節輕重予以警告、依第11條第10款處理、依第5條第1款第5目暫停給付估驗計價款，或依第21條第1款終止或解除契約：

11.1 有重大潛在危害未立即全部或部分停工，或未依機關通知期限完成改善。

11.2 重複違反同一重大缺失項目。

11.3 不符法令規定，或未依核備之施工計畫書執行，經機關通知限期改正，屆期仍未改正。

12. 因廠商施工場所依契約文件規定應有之安全衛生設施欠缺或不良，致發生重大職業災害，經勞動檢查機構依法通知停工並認定可歸責於廠商，並經機關認定屬查驗不合格情節重大者，爲採購法第101條第1項第8款之情形之一。

13. 懲罰性違約金

13.1 專職安全衛生人員違反第6.3.5點不得兼職約定者，每日處以廠商懲罰性違約金新臺幣______元（由機關於招標時載明；未載明者，爲新臺幣2,500元）。

13.2 其他：______（由機關於招標時載明；未載明者無）

13.3 上開懲罰性違約金之總額，一併納入第11條第10款所載上限計算。

附錄二　工地管理

1. 契約施工期間，廠商應指派適當之代表人爲工地負責人，代表廠商駐在工地，督導施工，管理其員工及器材，並負責一切廠商應辦理事項。廠商應於開工前，將其工地負責人之姓名、學經歷等資料，報請機關查核；變更時亦同。機關如認爲廠商工地負責人不稱職時，得要求廠商更換，廠商不得拒絕。依法應設置工地主任者，該工地主任即爲工地負責人。

2. 人員及機具管制

2.1 工作場所人員及車輛機械出入口處應設管制人員，嚴禁以下人員及機具進入工地：

2.1.1 非法外籍勞工。

2.1.2 未投保勞工保險、勞工職業災害保險之勞工（應依第2.2點辦理報備）。

2.1.3 未具合格證之移動式起重機、車輛機械及操作人員。

2.1.4 未依第2.4點登記之人員（第2.4點未勾選者，本點不適用）。

2.1.5 涉關鍵基礎設施（或機關指定之設施），未通過機關要求適任性查核之人員。

2.2 工程開工前，廠商向機關報備工作場所人員名單（含分包廠商員工），並提報該等人員之勞工保險、勞工職業災害保險資料（依第13條第10款得以其他商業保險代之者，提報該等人員之商業保險資料）及依職業安全衛生法規應完成之安全衛生教育訓練紀錄送機關備查，方可使勞工進場施工；人員異動時，亦同。

2.3 契約施工期間，廠商應指派安全衛生人員於每日施工前辦理下列事項，並記載於施工日誌及回報監造單位／工程司：

2.3.1 勤前教育（包含：工地預防災變及危害告知）。

2.3.2 檢查工作場所新進勞工是否提報第2.2點約定之勞工保險、勞工職業災害保險資料及安全衛生教育訓練紀錄。

2.3.3 檢查勞工個人防護具。

2.3.4 廠商未完成上開事項，不得要求勞工進場施工。

2.4 □人員進入工作場所應予登記，登記資料應包含勞工姓名與隸屬廠商等，該登記文件應逐月送交監造單位／工程司備查，且機關及監造單位／工程司得隨時抽查。

2.5 廠商使用之柴油車輛，應符合空氣污染物排放標準。

2.6 廠商使用以下車輛，應裝設道路交通安全規則規定之行車視野輔助系統等相關安全裝置：（由機關於招標時載明；未載明者無。109年1月1日起應依前開規則辦理）

□總重量逾3.5公噸之貨車。

□混凝土預拌車及總重量20公噸以上之貨車（包括聯結車）。

□其他：________________

2.7 □關鍵基礎設施（或機關指定之設施）人員管制特別約定：

2.7.1 本採購履約標的涉關鍵基礎設施（或機關指定之設施），廠商及分包廠商之履約人員於進場或參與工作前，應配合機關之要求辦理適任性查核，經機關審核同意者，始得進場或參與工作。屬臨時性進場者（例如送貨或預拌混凝土車司機及其隨車人員）得免辦理查核，但應接受機關或監造單位人員全程陪同或監督管理。

2.7.2 廠商及分包廠商之履約人員執行工作，應接受機關或監造單位人員全程陪同或監督管理。

3. 工地環境清潔與維護

3.1 契約施工期間，廠商應切實遵守水污染防治法及其施行細

則、空氣污染防制法、噪音管制法、廢棄物清理法及營建剩餘土石方處理方案等法令規定，隨時負責工地環境保護。

3.2 契約施工期間，廠商應隨時清除工地內暨工地週邊道路一切廢料、垃圾、非必要或檢驗不合格之材料、施工架、工具及其他設備，以確保工地安全及工作地區環境之整潔，其所需費用概由廠商負責。

3.3 工地周圍排水溝，因契約施工所生損壞或沉積砂石、積廢土或施工產生之廢棄物，廠商應隨時修復及清理，並於完成時，拍照留存紀錄，必要時並邀集當地管理單位現勘確認。其因延誤修復及清理，致生危害環境衛生或公共安全事件者，概由廠商負完全責任。

3.4 本契約工程如須申報營建工程空氣污染防制費，廠商應辦理空氣污染及噪音防制事項如下：

3.4.1 施工計畫應納入空氣污染及噪音防制相關法規規定事項，並包括空氣污染及噪音防制執行作業，並落實執行。

3.4.2 全程依空氣污染及噪音防制相關法規規定辦理，並督導分包商依規定施作。

3.4.3 進駐工地人員，應定期依其作業性質、工作環境及環境污染因素，施以應採取之空氣污染及噪音防制設施之注意事項宣導。

4.交通維持及安全管制措施

4.1 廠商施工時，不得妨礙交通。因施工需要暫時影響交通時，須有適當臨時交通路線及公共安全設施，並事先提出因應計畫送請監造單位／工程司核准。監造單位／工程司如另有指示者，廠商應即照辦。

4.2 廠商施工如需佔用都市道路範圍，廠商應依規定擬訂交通維持計畫，併同施工計畫，送請機關核轉當地政府交通主管機關核准後，始得施工。該項交通維持計畫之格式，應依當地政府交通主管機關之規定辦理，並維持工區週邊路面平整，加強行人動線安全防護措施及導引牌設置，同時視需要於重要路口派員協助疏導交通。

4.3 交通維持及安全管制措施應確實依核准之交通維持計畫及圖樣、數量佈設並據以估驗計價。

5.廠商為執行施工管理之事務，其指派之工地負責人，應全權代表廠商駐場，率同其員工處理下列事項：

5.1 工地管理事項

5.1.1 工地範圍內之部署及配置。

5.1.2 工人、材料、機具、設備、門禁及施工裝備之管理。

5.1.3 已施工完成定作物之管理。

5.1.4 公共安全之維護。

5.1.5 工地突發事故之處理。

5.2 工程推動事項

5.2.1 開工之準備。

5.2.2 交通維持計畫之研擬、申報。

5.2.3 材料、機具、設備檢（試）驗之申請、協調。

5.2.4 施工計畫及預定進度表之研擬、申報。

5.2.5 施工前之準備及施工完成後之查驗。

5.2.6 向機關提出施工動態（開工、停工、復工、竣工）書面報告。

5.2.7 向機關填送施工日誌及定期工程進度表。

5.2.8 協調相關廠商研商施工配合事項。

5.2.9 會同監造單位／工程司勘研契約變更計畫。

5.2.10 依照監造單位／工程司之指示提出施工大樣圖資料。

5.2.11 施工品管有關事項。

5.2.12 施工瑕疵之改正、改善。

5.2.13 天然災害之防範。

5.2.14 施工棄土之處理。

5.2.15 工地災害或災變發生後之善後處理。

5.2.16 其他施工作業屬廠商應辦事項者。

5.3 工地環境維護事項

5.3.1 施工場地及受施工影響地區排水系統設施之維護及改善。

5.3.2 工地圍籬之設置及維護。

5.3.3 工地內外環境清潔及污染防治。

5.3.4 工地施工噪音之防治。

5.3.5 工地週邊地區交通之維護及疏導事項。

5.3.6 其他有關當地交通及環保目的事業主管機關規定應辦事項。

5.4 工地週邊協調事項

5.4.1 加強工地週邊地區的警告標誌與宣導。

5.4.2 與工地週邊地區鄰里辦公處暨社區加強聯繫。

5.4.3 定時提供施工進度及有關之資訊。

5.5 其他應辦事項。

6. 施工所需臨時用地，除另有規定外，由廠商自理。廠商應規範其人員、設備僅得於該臨時用地或機關提供之土地內施工，並避免其人員、設備進入鄰地。

7. 廠商及其砂石、廢土、廢棄物、建材等分包廠商不得有使用非法車輛、違約棄置或超載行爲。其有違反者，廠商應負違約責任；情節重大者，依採購法第 101 條第 1 項第 3 款規定處理。

8. □工程告示牌設置（如未納入設計圖說時，由機關擇需要者於招標時載明）

8.1 廠商應於開工前將工程告示牌相關施工圖說報機關審查核可後設置。

8.2 工程告示牌之位置、規格、型式、材質、色彩、字型等，應考量工程特性、周遭環境及地方民情設置，其規格為：長____公分，寬____公分（由機關於招標時載明；未載明者，巨額之工程，規格為：長500公分，寬320公分；查核金額以上未達巨額之工程，規格為：長300分，寬170公分；未達查核金額之工程，規格為：長120公分，寬75公分）。

8.3 工程告示牌之內容

8.3.1 工程名稱、主辦機關／起造人（建築工程）、設計單位／設計人（建築工程）、監造單位／監造人（建築工程）、施工廠商／承造人（建築工程）、工程概要、施工起迄時間、工地主任（負責人）姓名與電話、專任工程人員姓名與電話、經費來源（包含中央政府機關補助經費）、重要公告事項、建築地址或地號（建築工程）、建造執照（建築工程）、全民督工電話及網址等相關通報專線。

8.3.2 查核金額以上之工程，應增列品質管理人員、安全衛生人員姓名與電話、工程透視圖或平面位置圖等。

8.3.3 巨額之工程，應再增列工程效益等。

9. 營造業廠商應於專業工程特定施工項目施工期間設置技術士，其專業工程、特定施工項目、技術士種類及人數如下：（由機關依「營造業專業工程特定施工項目應置之技術士種類比率或人數標準表」及個案契約特性載明；未載明或載明之人數低於該標準表規定者，依該標準表設置）

9.1 鋼構工程

鋼構構件吊裝及組裝：□一般手工電銲__人、□半自動電銲__人、□氬氣鎢極電銲__人、□測量__人、□建築塗裝__人；或□前開種類技術士共__人。

9.2 基礎工程

9.2.1 擋土牆：□鋼筋__人、□模板__人、□測量__人、□混凝土__人；或□前開種類技術士共__人。

9.2.2 土質改良及灌漿：□鋼筋__人、□模板__人、□測量__人、□混凝土__人；或□前開種類技術士共__人。

9.2.3 錨樁工程：□鋼筋__人、□模板__人、□測量__人、□混凝土__人；或□前開種類技術士共__人。

9.3 施工塔架吊裝及模版工程

結構體模板工程：模板__人。

9.4 庭園、景觀工程

9.4.1 造園景觀施工：造園景觀（造園施工）__人、□園藝__人；或□前開種類技術士共__人。

9.4.2 植生綠化及養護：造園景觀（造園施工）__人、□園藝__人；或□前開種類技術士共__人。

9.5 防水工程

營建防水：營建防水__人。

9.6 預拌混凝土工程

預拌混凝土澆置工程：混凝土__人。

9.7 其他：________________

（由機關載明；未載明者無）。

10.懲罰性違約金

10.1 工地主任違反第9條第3款約定者，每日處以廠商懲罰性違約金新臺幣______元（由機關於招標時載明；未載明者，爲新臺幣2,500元）。

10.2 其他：______（由機關於招標時載明；未載明者無）。

10.3 上開懲罰性違約金之總額，一併納入第11條第10款所載上限計算。

附錄三 工作協調及工程會議

1.概要

說明執行本契約有關工作協調及工程會議之規定。

2.工作範圍

2.1 與下列單位進行工作協調：

(1)機關提供之履約場所內之其他得標廠商。

(2)管線單位。

(3)分包廠商。

2.2 工程會議應包括但不限於：

(1)施工前會議。

(2)進度會議。

2.3 會議前準備工作：

(1)會議議程。

(2)安排會議地點。

(3)會議通知須於開會前4天發出。

(4)安排開會所需之資料，文具及設備。

2.4 會議後工作：

(1)製作會議紀錄，包括所有重要事項及決議。

(2)會議後7天內將會議紀錄送達所有與會人員，及與會議紀錄有關之單位。

3.會議

3.1 廠商應要求其分包廠商指派具職權代表該分包廠商作出決定之人員出席會議。

3.2 施工前會議

3.2.1 由機關在開工前召開施工協調會議。

3.2.2 選定開會地點。

3.2.3 與會人員：

(1)機關代表。

(2)機關委託之技術服務廠商代表。

(3)廠商之工地負責人員、專任工程人員、工地主任、

品管人員及安全衛生人員。
(4)主要分包廠商人員。
(5)其他應參加之分包廠商人員。

3.2.4 會議議程項目：
(1)依契約內容釐清各單位在各階段之權責，並說明權責劃分規定。
(2)講解設計理念及施工要求、施工標準等規定。說明各項施工作業之規範規定、機具操作、人員管理、物料使用及相關注意事項。
(3)重要施工項目，由廠商人員負責指導施工人員相關作業程序並於工地現場製作樣品（如鋼筋加工、模板組立、管線、裝修等）及相關施工項目缺失照片看板，以作為施工人員規範及借鏡。
(4)提供本工程之主要分包廠商或其他得標廠商資料。
(5)討論總工程進度表。
(6)主要工程項目進行順序及預定完工時間。
(7)主要機具進場時間及優先順序。
(8)工程協調工作之流程及有關負責人員。
(9)解說相關之手續及處理之規定。例如提出施工及設計上之問題、問題決定後之執行、送審圖說、契約變更、請款及付款辦法等。
(10)工程文件及圖說之傳遞方式。
(11)所有完工資料存檔的程序。
(12)工地使用之規定。例如施工所及材料儲存區之位置。
(13)工地設備的使用及控制。
(14)臨時水電。
(15)工地安全及急救之處理方法。
(16)工地保全規定。

3.3 進度會議
3.3.1 安排固定時間開會。
3.3.2 依工程進度及狀況，視需要召開臨時會議。
3.3.3 選定會議地點（以固定地點為原則）。
3.3.4 與會人員：
(1)機關代表。
(2)機關委託之技術服務廠商代表。
(3)廠商工地負責人員。
(4)配合議程應出席之分包廠商人員。
3.3.5 會議議程項目：
(1)檢討並確認前次會議紀錄。
(2)檢討前次議定之工作進度。
(3)提出工地觀察報告及問題項目。
(4)檢討施工進度之問題。

⑸材料製作及運送時間之審核。
⑹改進所有問題之方法。
⑺修正施工進度表。
⑻計畫未來工作之程序及時間。
⑼施工進度之協調。
⑽檢討送審圖說之流程，核准時間及優先順序。
⑾檢討工地工務需求解釋紀錄之流程，核准時間及優先順序。
⑿施工品質之審核。
⒀檢討變更設計對施工進度及完工日期之影響。
⒁其他任何事項。

附錄四　品質管理作業

1.須檢（試）驗之項目

1.1 下列檢驗項目，應由符合CNS 17025（ISO/IEC 17025）規定之實驗室辦理，並出具印有依標準法授權之實驗室認證機構之認可標誌之檢驗報告：（由機關依工程規模及性質，擇需要者於招標時勾選）

1.1.1 水泥混凝土

□混凝土圓柱試體抗壓強度試驗。
□混凝土鑽心試體抗壓強度試驗。
□水硬性水泥墁料抗壓強度試驗。
□水泥混凝土粗細粒料篩分析（適用於廠商自主檢查且作爲估驗或驗收依據者。由監造單位／工程司會同廠商於拌合廠用以檢核是否符合配合設計規範者，得不適用）。
□水泥混凝土粗細粒料比重及吸水率試驗。
□可控制低強度回填材料（CLSM）抗壓強度試驗。

1.1.2 瀝青混凝土

□瀝青舖面混合料壓實試體之厚度或高度試驗。
□瀝青混凝土之粒料篩分析試驗（適用於廠商自主檢查且作爲估驗或驗收依據者。由監造單位／工程司會同廠商於拌合廠用以檢核是否符合配合設計規範者，得不適用）。
□熱拌瀝青混合料之瀝青含量試驗。
□瀝青混合料壓實試體之比重及密度試驗（飽和面乾法）。
□瀝青混凝土壓實度試驗。

1.1.3 金屬材料

□鋼筋混凝土用鋼筋試驗。
□鋼筋續接器試驗。

1.1.4 土壤

□土壤夯實試驗。

□土壤工地密度試驗。

1.1.5 高壓混凝土地磚或普通磚

□高壓混凝土地磚試驗（至少含CNS13295之6.1外觀檢查、6.2尺度及許可差量測、6.3抗壓強度試驗計3項）

□普通磚試驗。

1.2 其他須辦理檢（試）驗之項目為：＿＿＿＿＿＿＿＿
（機關依工程規模及性質擇需要者於招標時載明）。

2.自主檢查與監造檢查（驗）

2.1 廠商於各項工程項目施工前，應將其施工方法、施工步驟及施工中之檢（試）驗作業等計畫，先洽請監造單位／工程司同意，並在施工前會同監造單位／工程司完成準備作業之檢查工作無誤後，始得進入施工程序。施工後，廠商應會同監造單位／工程司或其代表人對施工之品質進行檢驗。

2.2 廠商應於品質計畫之材料及施工檢驗程序，明定各項重要施工作業（含假設工程）及材料設備檢驗之自主檢查之查驗點（應涵蓋監造單位明定之檢驗停留點）。另應於施工計畫（或安全衛生管理計畫）之施工程序，明定安全衛生查驗點。

2.3 廠商應確實執行上開查驗點之自主檢查，並簽認留下紀錄備查。

2.4 有關監造單位監造檢驗停留點（含安全衛生事項），須經監造單位／工程司派員會同辦理施工抽查及材料抽驗合格後，方得繼續下一階段施工，並作為估驗計價之付款依據。廠商如擅自進行下階段施工，機關得要求依契約拆除重作或重新施作，並視其情節依法令追究相關人員責任、撤換人員；其屬情節重大者，由機關通知目的事業主管機關懲處。

2.5 廠商應依品質計畫，辦理相關材料設備之檢驗，由廠商自行取樣、送驗及判定檢驗結果；如涉及契約約定之檢驗，應由廠商會同監造單位／工程司取樣、送驗，並由廠商及監造單位／工程司依序判定檢驗結果，以作為估驗及驗收之依據。

3.品質管制

3.1 品質計畫

3.1.1 新臺幣150萬元以上之工程，廠商應提報以下品質計畫，送機關核准後確實執行：

(1)至遲於開工前＿日（由機關依工程規模及性質，於招標時載明；未載明者，為開工前1日）內提報整體品質計畫。

(2)至遲於分項工程施工前＿日（由機關依工程規模及性質，於招標時載明；未載明者，為施工前1日）

內提報分項品質計畫，須提報之分項工程如下：＿＿。

3.1.2 新臺幣5,000萬元以上之工程，整體品質計畫之內容包括：

(1)計畫範圍。
(2)管理權責及分工。
(3)施工要領。
(4)品質管理標準。
(5)材料及施工檢驗程序。
(6)自主檢查表。
(7)不合格品之管制。
(8)矯正與預防措施。
(9)內部品質稽核。
(10)文件紀錄管理系統。
(11)設備功能運轉檢測程序及標準（無運轉類機電設備者免）。
(12)其他：（由機關於招標時載明）。

3.1.3 新臺幣1,000元以上未達5,000萬元之工程，整體品質計畫之內容包括：

(1)計畫範圍。
(2)管理權責及分工。
(3)品質管理標準。
(4)自主檢查表。
(5)材料及施工檢驗程序。
(6)文件紀錄管理系統。
(7)設備功能運轉檢測程序及標準（無運轉類機電設備者免）。
(8)其他：（由機關於招標時載明）。

3.1.4 新臺幣150萬元以上未達新臺幣1,000萬元之工程，整體品質計畫之內容包括：

(1)管理權責及分工。
(2)材料及施工檢驗程序。
(3)自主檢查表。
(4)設備功能運轉檢測程序及標準（無運轉類機電設備者免）。
(5)其他：（由機關於招標時載明）。

3.1.5 分項工程品質計畫之內容包括：（機關未於3.11載明分項工程項目者，無需提報）

(1)施工要領。
(2)品質管理標準。
(3)材料及施工檢驗程序。
(4)自主檢查表。
(5)其他：（由機關於招標時載明）。

3.2 新臺幣2,000萬元以上之工程，品管人員之設置規定

3.2.1 人數應有__人（新臺幣2,000萬元以上，未達2億元之工程，至少1人。2億元以上之工程，至少2人）。

3.2.2 基本資格爲：符合公共工程施工品質管理作業要點第5點之人員。

3.2.3 其他資格爲：（由機關於招標時載明）。

3.2.4 新臺幣5,000萬元以上之工程，品管人員應專職，不得跨越其他標案，且契約施工期間時應在工地執行職務；新臺幣2,000萬元以上未達5,000萬元之工程，品管人員得同時擔任其他法規允許之職務，但不得跨越其他標案，且契約施工期間時應在工地執行職務。

3.2.5 廠商應於開工前，將品管人員之登錄表報監造單位／工程司審查並經機關核定後，由機關填報於行政院公共工程委員會資訊網路系統備查；品管人員異動或工程竣工時，亦同。

3.3 未達新臺幣2,000萬元之工程，廠商辦理品管業務人員（須取得結業證書）之設置約定如下：（由機關視個案特性於招標時載明，並依設置情形編列相關費用；未載明者無）

□專職__人。

□非專職不可跨越標案__人。

□非專職可跨越標案__人。

3.4 品管人員工作重點

3.4.1 依據工程契約、設計圖說、規範、相關技術法規及參考品質計畫製作綱要等，訂定品質計畫，據以推動實施。

3.4.2 執行內部品質稽核，如稽核自主檢查表之檢查項目、檢查結果是否詳實記錄等。

3.4.3 品管統計分析、矯正與預防措施之提出及追蹤改善。

3.4.4 品質文件、紀錄之管理。

3.4.5 其他提升工程品質事宜。

3.5 品管人員未符合資格，或未實際於工地執行品管工作，或未能確實執行品管工作，或工程經施工品質查核爲丙等，可歸責於品管人員者，由機關通知廠商於__日內更換並調離工地。

3.6 新臺幣150萬元以上且適用營造業法規定之工程，營造廠商專任工程人員工作重點如下：

3.6.1 督察品管人員及現場施工人員，落實執行品質計畫，並填具督察紀錄表。

3.6.2 依據營造業法第35條規定，辦理相關工作，如督導按圖施工、解決施工技術問題；估驗、查驗工程時到場說明，並於工程估驗、查驗文件簽名或蓋章等。

3.6.3 依據工程施工查核小組作業辦法規定於工程查核時，到場說明。

3.6.4 未依上開各款規定辦理之處理規定：（由機關於招標時載明）。

4.專任工程人員以外技師或建築師之設置約定

4.1 □不需設置；□需設置___人（由機關視個案特性於招標時載明；未載明者，不需設置。如需設置者，所需費用應以人月方式編列）。

4.2 如需設置者，技師或建築師應專職，不得跨越其他標案，且施工時應在工地執行職務。

4.3 如需設置者，資格爲：（由機關於招標時載明）

4.4 如需設置者，工作範圍及職掌：（由機關於招標時載明，惟應有別於營造業法所定之專任工程人員）。

5.廠商其他應辦事項

□廠商應於施工前及施工中定期召開施工講習會或檢討會，說明各項施工作業之規範規定、機具操作、人員管理、物料使用及相關注意事項。

□於開工前將重要施工項目，於工地現場製作樣品。

6.懲罰性違約金

6.1 品管人員違反第3.2.1點至第3.2.4點、3.3點，或專任工程人員未依第3.6.3點到場說明且無故缺席，或專任工程人員以外技師或建築師違反第4.1點至第4.3點約定者，每日處以廠商懲罰性違約金新臺幣_____元（由機關於招標時載明；未載明者，爲新臺幣2,500元）。

6.2 其他：_______（由機關於招標時載明；未載明者無）。

6.3 上開懲罰性違約金之總額，一併納入第11條第10款所載上限計算。

公共工程技術服務契約範本

①民國105年6月15日行政院公共工程委員會函修正發布第1、3至10、12至16條條文及第2條附件一至三、第3條附件一至三、第5條附件一至三。
②民國106年4月6日行政院公共工程委員會函修正發布第3至5、8條條文及第5條附件一、二、第8條附件。
③民國108年5月17日行政院公共工程委員會函修正發布第8、9、14、15條條文及第2條附件一、二。
④民國108年7月25日行政院公共工程委員會函修正發布第5條條文。
⑤民國109年1月15日行政院公共工程委員會函修正發布第1、5、13、14、16至18條條文。
⑥民國109年9月30日行政院公共工程委員會函修正發布第3條條文。
⑦民國109年12月2日行政院公共工程委員會函修正發布第4、8條條文及第2條附件一、二。
⑧民國110年1月7日行政院公共工程委員會函修正發布第14條條文。
⑨民國111年7月25日行政院公共工程委員會函修正發布第8條條文及第2條附件一、二。
⑩民國112年4月19日行政院公共工程委員會函修正發布第2條附件一。
⑪民國112年7月10日行政院公共工程委員會函修正發布第8條條文。
⑫民國112年11月23日行政院公共工程委員會函修正發布第18條條文。

立契約人：委託人：　　　　　　（以下簡稱甲方）
受託人：　　　　　　（以下簡稱乙方）

茲爲辦理【　　　　　　　　】案（以下簡稱本案），甲乙雙方同意共同遵守訂立本委託契約。

第一條　契約文件及效力

一、契約包括下列文件：
㈠招標文件及其變更或補充。
㈡投標文件及其變更或補充。
㈢決標文件及其變更或補充。
㈣契約本文、附件及其變更或補充。
㈤依契約所提出之履約文件或資料。
二、契約文件，包括以書面、錄音、錄影、照相、微縮、電子數位資料或樣品等方式呈現之原件或複製品。
三、契約所含各種文件之內容如有不一致之處，除另有規定外，

依下列原則處理：

㈠招標文件內之投標須知及契約條款優於招標文件內之其他文件所附記之條款。但附記之條款有特別聲明者，不在此限。

㈡招標文件之內容優於投標文件之內容。但投標文件之內容經甲方審定優於招標文件之內容者，不在此限。招標文件如允許乙方於投標文件內特別聲明，並經甲方於審標時接受者，以投標文件之內容爲準。

㈢文件經甲方審定之日期較新者優於審定日期較舊者。

㈣大比例尺圖者優於小比例尺圖者。

㈤決標紀錄之內容優於開標或議價紀錄之內容。

㈥同一優先順位之文件，其內容有不一致之處，屬甲方文件者，以對乙方有利者爲準；屬乙方文件者，以對甲方有利者爲準。

㈦本契約之附件與本契約內之乙方文件，其內容與本契約條文有歧異者，除對甲方較有利者外，其歧異部分無效。

㈧招標文件內之標價清單，其品項名稱、規格、數量，優於招標文件內其他文件之內容。

四、契約文件之一切規定得互爲補充，如仍有不明確之處，由甲乙雙方依公平合理原則協議解決。如有爭議，依政府採購法（下稱採購法）之規定處理。

五、契約文字：

㈠契約文字以中文爲準。但下列情形得以外文爲準：

1.特殊技術或材料之圖文資料。

2.國際組織、外國政府或其授權機構、公會或商會所出具之文件。

3.其他經甲方認定確有必要者。

㈡契約文字有中文譯文，其與外文文意不符者，除資格文件外，以中文爲準。其因譯文有誤致生損害者，由提供譯文之一方負責賠償。

㈢契約所稱申請、報告、同意、指示、核准、通知、解釋及其他類似行爲所爲之意思表示，除契約另有規定或當事人同意外，應以中文（正體字）書面爲之。書面之遞交，得以面交簽收、郵寄、傳眞或電子資料傳輸至雙方預爲約定之人員或處所。

六、契約所使用之度量衡單位，除另有規定者外，以法定度量衡單位爲之。

七、契約所定事項如有違反法令或無法執行之部分，該部分無效。但除去該部分，契約亦可成立者，不影響其他部分之有效性。該無效之部分，甲方及乙方必要時得依契約原定目的變更之。

八、經雙方代表人或其授權人簽署契約正本2份，甲方及乙方各執1份，並由雙方各依印花稅法之規定繳納印花稅。副本份（請載明），由甲方、乙方及相關機關、單位分別執用。

副本如有誤繕，以正本爲準。

第二條　履約標的（由甲方於招標時參照本條之附件載明）

一、甲方辦理事項（由甲方於招標時載明，無者免填）：

二、乙方應給付之標的及工作事項：

三、其他：＿＿＿（由甲方於招標時載明，如由乙方提供服務，甲方應另行支付費用）

第三條　契約價金之給付

一、契約價金結算方式：

(一)履約標的如涉可行性研究者（由甲方擇一於招標時載明）：

□總包價法

□服務成本加公費法

□按月、按日或按時計酬法

(二)履約標的如涉規劃者（由甲方擇一於招標時載明）：

□總包價法

□建造費用百分比法

□服務成本加公費法

□按月、按日或按時計酬法

(三)履約標的如涉設計者（由甲方擇一於招標時載明）：

□總包價法

□建造費用百分比法

□服務成本加公費法

□按月、按日或按時計酬法

(四)履約標的如涉監造者（由甲方擇一於招標時載明）：

□總包價法

□建造費用百分比法

□服務成本加公費法

□按月、按日或按時計酬法

(五)履約標的如涉前條其他服務項目，甲方另行支付費用（由甲方擇一於招標時載明）：

□總包價法

□服務成本加公費法

□按月、按日或按時計酬法

二、計價方式：

(一)總包價法：依公告固定或決標時議定服務費新臺幣＿＿＿＿元（由甲方於決標後填寫，請招標機關及投標廠商參考本條附件1之附表編列服務費用明細表，決標後依決標結果調整納入契約執行）。

(二)建造費用百分比法。

1.服務費用爲建造費用之百分之＿＿（依甲方於招標文件載明之固定或決標時議定服務費率；如跨不同級距之費率，甲方應於招標文件載明各級距之固定或決標時議定服務費率，費率級距及其費率得由甲方參考機關委託技

術服務廠商評選及計費辦法（下稱技服辦法）之附表訂定，甲方未定級距者，依技服辦法附表所列）；其各階段分配比率如下：

□建築物工程：規劃占10%，設計占45%，監造占45%（如有調整該百分比組成，由甲方於招標時載明）。

□公共工程（不包括建築物工程）：設計及協辦招標決標占56%，監造占44%（如有調整該百分比組成，由甲方於招標時載明）。

服務項目屬技服辦法附表所載不包括者，非屬上表計費範圍，其服務費用依下表計算，□採固定費用給付□決標前另行議定：

服務項目 (由甲方於招標前，參照第2條附件1第二點第㈣款或第2條附件2第二點第㈣款所勾選項目逐項載明）	服務費用

2.建造費用，指經機關核定之工程採購底價金額或評審委員會建議金額。但不包括規費、規劃費、設計費、監造費、專案管理費、物價指數調整工程款、營業稅、土地及權利費用、法律費用、甲方所需工程管理費、承包商辦理工程之各項利息、保險費及（其他除外費用；由甲方於招標時載明）。

建造費用如包括甲方收入性質之抵減項目、金額（例如有價值之土方金額）該項金額：（未勾選者以a為準）

□a.為除外費用。

□b.其他：＿＿＿＿＿。

3.工程採購無底價且無評審委員會建議金額者，建造費用以工程預算代之。但仍須扣除第2子目不包括之費用及稅捐等。

4.依本目計算服務費用者，其工程於履約期間有契約變更、終止或解除契約之情形者，服務費用得視實際情形協議增減之。其費用之計算由雙方協議依技服辦法第25條規定之方式辦理。

㈢服務成本加公費法。

1.服務成本加公費法之服務費用上限新臺幣＿＿＿元（由甲方於決標後填寫，請招標機關及投標廠商參考本條附件2之附表編列服務費用明細表，決標後依決標結果調整納入契約執行），包括直接費用（直接薪資、管理費用及其他直接費用，其項目由甲方於招標時載明）、公費

及營業稅。

2.公費，為定額新臺幣＿＿＿＿＿元（由甲方於決標後填寫），不得按直接薪資及管理費之金額依一定比率增加，且全部公費不得超過直接薪資扣除非經常性給與之獎金後與管理費用合計金額之百分之二十五。

3.乙方應記錄各項費用並備具憑證，甲方視需要得自行或委託專業第三人至乙方處所辦理查核。

4.實際履約費用達新臺幣＿＿＿＿＿元（上限，由甲方於決標後填寫）時，非經甲方同意，乙方不得繼續履約。

㈣按月、按日或按時計酬法，服務費用上限新臺幣＿＿＿＿＿（由甲方於決標後填寫，請招標機關及投標廠商參考本條附件3之附表編列服務費用明細表，決標後依決標結果調整納入契約執行）。

第四條　契約價金之調整

一、驗收結果與規定不符，而不妨礙安全及使用需求，亦無減少通常效用或契約預定效用，經甲方檢討不必拆換、更換或拆換、更換確有困難，或不必補交者，得於必要時減價收受。

二、採減價收受者，按不符項目標的之契約價金百分之＿＿（由甲方視需要於招標時載明）減價，並處以減價金額百分之或＿＿倍（由甲方視需要於招標時載明）之違約金。減價及違約金之總額，以該項目之契約價金為限。

三、契約價金，除另有規定外，含乙方及其人員依甲方之本國法令應繳納之稅捐、及強制性保險之保險費。

四、甲方之本國以外其他國家或地區之稅捐，由乙方負擔。

五、乙方履約遇有下列政府行為之一，致履約費用增加或減少者，契約價金得予調整：

㈠政府法令之新增或變更。

㈡稅捐或規費之新增或變更。

㈢政府公告、公定或管制費率之變更。

六、前款情形，屬甲方之本國政府所為，致履約成本增加者，其所增加之必要費用，由甲方負擔；致履約成本減少者，其所減少之部分，得自契約價金中扣除。屬其他國家政府所為，致履約成本增加或減少者，契約價金不予調整。

七、履約期間遇有下列不可歸責於乙方之情形，經甲方審查同意後，契約價金應予調整：

㈠於設計核准後須變更者。

㈡超出技術服務契約或工程契約規定施工期限所需增加之監造及相關費用。

㈢修改招標文件重行招標之服務費用。

㈣超過契約內容之設計報告製圖、送審、審圖等相關費用。

八、工程契約工期內乙方派駐之監造人力，以第8條第14款所載之監造人力計畫表所要求者為原則；其超過者，雙方應依比例增加監造費用或另行議定。

九、如增加監造服務期間，未另經協議計價，且不可歸責於乙方之事由者，應依下列計算式增加監造服務費用（由甲方擇一於招標時載明）：

□甲：（超出『工程契約工期』之日數－因乙方因素增加之日數）/工程契約工期之日數×（監造服務費）×（增加期間監造人數 / 合約監造人數）

工程契約工期：指該監造各項工程契約所載明之總工期。

□乙依服務成本加公費法計算：

依實際增加之人月，給予甲乙雙方議定之薪資及行政費用；不滿整月者，依所占比率計算。

第五條 契約價金之給付條件

□一、總包價法或建造費用百分比法之給付（配合第3條第1款契約價金結算方式勾選，並由甲方於招標時參照本條附件載明給付條件）

□二、服務成本加公費法：（配合第3條第1款契約價金結算方式勾選，並由甲方擇一於招標時載明）

□依核定之工作實際進度，檢附憑證給付。

□其他：由承辦單位依雙方議定條件給付。

□三、按月、按日或按時計酬法：（配合第3條第1款契約價金結算方式勾選，並由甲方擇一於招標時載明）

□依第3條附件3附表公共工程技術服務費用明細表及實際人力出勤情形，檢附憑證給付。

□其他：依雙方議定條件給付。

四、乙方履約有下列之情形者，甲方得暫停給付契約價金至情形消滅為止：

(一)履約實際進度因可歸責於乙方之事由，落後預定進度達___%（(由甲方於招標時載明）以上者。

(二)履約有瑕疵經書面通知改善而逾期未改善者。

(三)未履行契約應辦事項，經通知仍延不履行者。

(四)乙方履約人員不適任，經通知更換仍延不辦理者。

(五)其他違反法令或契約情形。

五、薪資指數調整（無者免填）：

(一)履約期間在1年以上者，自第2年起，履約進行期間，如遇薪資波動時，得依行政院主計總處發布之臺灣地區專業、科學及技術服務業受雇員工平均經常性薪資指數，就漲跌幅超過百分之_____（由甲方於招標時載明，未載明者，為百分之二點五）之部分，調整契約價金（由甲方於招標時載明得調整之標的項目）。其調整金額之上限為______元（由甲方於招標時載明）。

(二)適用薪資指數基期更換者，其換基當月起完成之履約標的，自動適用新基期指數核算履約標的調整款，原依舊基期指數結清之履約標的款不予追溯核算。每月發布之薪資指數修正時，處理原則亦同。

㈢乙方於投標時提出投標標價不適用招標文件所定薪資指數調整條款之聲明書者，履約期間不論薪資指數漲跌變動情形之大小，乙方標價不適用招標文件所定薪資指數調整條款，指數上漲時不依薪資指數調整金額；指數下跌時，甲方亦不依薪資指數扣減其薪資調整金額；行政院如有訂頒薪資指數調整措施，亦不適用。

六、契約價金得依臺灣地區專業、科學及技術服務業受雇員工平均經常性薪資指數調整者，應註明下列事項：

㈠得調整之成本項目及金額：_____（未載明者以薪資項目之金額為準；無法明確區分薪資項目金額者，以契約價金總額百分之七十計算）

㈡以開標月之薪資指數為基期。

㈢調整公式：________（由甲方於招標時載明；未載明者，參照工程會97年7月1日發布之「機關已訂約施工中工程因應營建物價變動之物價調整補貼原則計算範例」及98年4月7日發布之「機關已訂約工程因應營建物價下跌之物價指數門檻調整處理原則計算範例」，公開於工程會全球資訊網＞政府採購＞工程款物價指數調整）。

㈣乙方應提出調整數據及佐證資料。

㈤非屬薪資性質之項目不予調整。

㈥逐月就已工作部分按當月指數計算薪資調整款。逾履約期限之部分，應以計價當期指數與契約規定履約期限當月指數二者較低者為調整依據。但逾期履約係非可歸責於乙方者，應以計價當期指數為調整依據；如屬薪資指數下跌而需扣減契約價金者，乙方得選擇以契約原訂履約期程所對應之薪資指數計算扣減之金額，但該期間之薪資指數上漲者，不得據以轉變為需由甲方給付薪資調整款，且選擇後不得變更，亦不得僅選擇適用部分履約期程。

㈦薪資調整款累計給付逾新臺幣10萬元者，由甲方刊登契約給付金額變更公告。

七、契約價金總額曾經減價而確定，其所組成之各單項價格得依約定或合意方式調整（例如減價之金額僅自部分項目扣減）；未約定或合意調整方式者，如乙方所報各單項價格未有不合理之處，視同就乙方所報各單項價格依同一減價比率（決標金額／投標金額）調整。投標文件中報價之分項價格合計數額與決標金額不同者，依決標金額與該合計數額之比率調整之。但人力項目之報價不隨之調低。

八、乙方計價領款之印章，除另有約定外，以乙方於投標文件所蓋之章為之。

九、乙方應依身心障礙者權益保障法、原住民族工作權保障法及採購法規定僱用身心障礙者及原住民。僱用不足者，應依規定分別向所在地之直轄市或縣（市）勞工主管機關設立之身心障礙者就業基金專戶及原住民族中央主管機關設立之原住

民族綜合發展基金之就業基金，定期繳納差額補助費及代金；並不得僱用外籍勞工取代僱用不足額部分。甲方應將國內員工總人數逾一百人之廠商資料公開於政府電子採購網，以供勞工及原住民族主管機關查核差額補助費及代金繳納情形，甲方不另辦理查核。

十、契約價金總額，除另有約定外，爲完成契約所需全部材料、人工、機具、設備及履約所必須之費用。

十一、乙方請領契約價金時應提出電子或紙本統一發票，依法免用統一發票者應提出收據。

十二、乙方對其派至甲方提供勞務之受僱勞工，其屬派遣勞工性質者，於最後一次向甲方請款時，應檢送提繳勞工退休金、積欠工資墊償基金、繳納勞工保險費、就業保險費、全民健康保險費之繳費證明影本，供甲方審查後，以憑支付最後一期款。

乙方有繳納履約保證金且涉及上述派遣勞工性質者，於最後一次向甲方請款時可具結已依規定爲其派遣勞工（含名冊）繳納上開費用之切結書，供甲方審查後，以憑支付最後一期款。其尚未發還之履約保證金，應於檢送履約期間提繳勞工退休金、積欠工資墊償基金、繳納勞工保險費、就業保險費、全民健康保險費之繳費證明影本，供甲方審查後，始得發還。

十三、乙方履約有逾期違約金、損害賠償、不實行爲、未完全履約、不符契約規定、溢領價金或減少履約事項等情形時，甲方得自應付價金中扣抵；其有不足者，得通知乙方給付。有履約保證金者，並得自履約保證金扣抵。

十四、服務範圍包括代辦訓練操作或維護人員者，其服務費用除乙方本身所需者外，有關受訓人員之旅費及生活費用，由甲方自訂標準支給，不包括在服務費用項目之內。

十五、分包契約依採購法第 67 條第 2 項報備於甲方，並經乙方就分包部分設定權利質權予分包廠商者，該分包契約所載付款條件應符合前列各項規定（採購法第 98 條之規定除外）或與甲方另行議定。

十六、甲方得延聘專家參與審查乙方提送之所有草圖、圖說、報告、建議及其他事項，其所需一切費用（出席費、審查費、差旅費、會場費用等）由甲方負擔。

十七、除契約另有約定外，依下列條件辦理付款：乙方依契約約定之付款條件提出符合契約約定之證明文件後，甲方應於 15 工作天內完成審核程序後，通知乙方提出請款單據，並於接到乙方請款單據後 15 工作天內付款；屬驗收付款者，於驗收合格後，甲方於接到乙方請款單據後 15 工作天內，一次無息結付尾款。但涉及向補助機關申請核撥補助款者，付款期限爲 30 工作天。

十八、甲方辦理付款及審核程序，如發現乙方有文件不符、不足

或有疑義而需補正或澄清者，甲方應 次通知澄清或補正，不得分次辦理。其審核及付款期限，自資料澄清或補正之次日重新起算；甲方並應先就無爭議且可單獨計價之部分辦理付款。

十九、因非可歸責於乙方之事由，甲方有延遲付款之情形，乙方投訴對象：

(一)甲方之政風單位；

(二)甲方之上級機關；

(三)法務部廉政署；

(四)採購稽核小組；

(五)採購法主管機關；

(六)行政院主計總處。（延遲付款之原因與主計人員有關者）

二十、廠商於履約期間給與全職從事本採購案之員工薪資，如採按月計酬者，至少為__元（由機關於招標時載明，不得低於勞動基準法規定之最低基本工資；未載明者，為新臺幣3萬元）。

第六條　稅捐及規費

一、以新臺幣報價之項目，除招標文件另有規定外，應含稅，包括營業稅。由自然人投標者，不含營業稅，但仍包括其必要之稅捐。

二、以外幣報價之勞務費用或權利金，加計營業稅後與其他廠商之標價比較。但決標時將營業稅扣除，付款時由甲方代繳。

三、外國廠商在甲方之本國境內發生之勞務費或權利金收入，於領取價款時按當時之稅率繳納營利事業所得稅。上述稅款在付款時由甲方代為扣繳。但外國廠商在甲方之本國境內有分支機構、營業代理人或由國內廠商開立統一發票代領者，上述稅款在付款時不代為扣繳，而由該等機構、代理人或廠商繳納。

四、與本契約有關之證照，依法應以甲方名義申請，而由乙方代為提出申請者，其所需規費由甲方負擔。除已載明於契約金額項目者外，不含於本契約價金總額。

第七條　履約期限

一、履約期限係指乙方完成履約標的之所需時間（由甲方擇需要者於招標時載明）：

(一)規劃設計部分：

1. 乙方應於□決標日□甲方簽約日□甲方通知日起____天／月內完成規劃設計工作。
2. 依前子目所定期限，履約分段進度如下（由甲方擇一於招標時載明）：

□履約各分段進度：____（甲方於招標時載明）

□履約各分段進度表由雙方協議訂定之。

(二)乙方對監造服務工作之責任以甲方書面通知開始日起，至

本契約全部工程驗收合格止。

㈢如涉及變更設計應以甲方通知到達日起算。

㈣本履約期限不含證照取得與甲方審核及修改時間。

二、本契約所稱日（天）數，除已明定為日曆天或工作天者外，係以□日曆天□工作天計算（由甲方於招標時勾選；未勾選者，為工作天）：

㈠以日曆天計算者，所有日數，包括第2目所載之放假日，均應計入。但投標文件截止收件日前未可得知之放假日，不予計入。

㈡以工作天計算者，下列放假日，均應不計入：

1. 星期六（補行上班日除外）及星期日。但與第2子目至第5子目放假日相互重疊者，不得重複計算。

2. 依「紀念日及節日實施辦法」規定放假之紀念日、節日及其補假。

3. 軍人節（9月3日）之放假及補假（依國防部規定，但以國軍之採購案為限）。

4. 行政院人事行政總處公布之調整放假日。

5. 全國性選舉投票日及行政院所屬中央各業務主管機關公告放假者。

㈢免計工作天之日，以不得施作為原則。乙方如欲施作，應先徵得甲方書面同意，該日數□應；□免計入工期（由甲方於招標時勾選，未勾選者，免計入工期）。

㈣其他：＿＿＿＿＿＿＿＿（由甲方於招標時載明）。

三、契約如需辦理變更，其履約標的項目或數量有增減時；或因不可歸責於乙方之變更設計，變更部分或變更設計部分之履約期限由雙方視實際需要議定增減之。

四、履約期限延期：

㈠履約期限內，有下列情形之一，且確非可歸責於乙方，而需展延履約期限者，乙方應於事故發生或消失後，檢具事證，儘速以書面向甲方申請展延履約期限。甲方得審酌其情形後，以書面同意延長履約期限，不計算逾期違約金。其事由未達半日者，以半日計；逾半日未達1日者，以1日計。

1. 發生契約規定不可抗力之事故。

2. 因天候影響無法施工。

3. 甲方要求全部或部分暫停履約。

4. 因辦理契約變更或增加履約標的數量或項目。

5. 甲方應辦事項未及時辦妥。

6. 由甲方自辦或甲方之其他廠商因承包契約相關履約標的之延誤而影響契約進度者。

7. 其他非可歸責於乙方之情形，經甲方認定者。

㈡前目事故之發生，致契約全部或部分必須停止履約時，乙方應於停止履約原因消滅後立即恢復履約。其停止履約及

恢復履約，乙方應儘速向甲方提出書面報告。

五、期日：

㈠履約期間自指定之日起算者，應將當日算入。履約期間自指定之日後起算者，當日不計入。

㈡履約標的須於一定期間內送達甲方之場所者，履約期間之末日，以甲方當日下班時間爲期間末日之終止。當日爲甲方之辦公日，但甲方因故停止辦公致未達原定截止時間者，以次一辦公日之同一截止時間代之。

六、甲乙雙方同意於接獲提供之資料送達後儘速檢視該資料，並於檢視該資料發現疑義時，立即以書面通知他方。

七、除招標文件已載明者外，因不可歸責於乙方之因素而須修正、更改、補充，雙方應以書面另行協議延長期限。

第八條　履約管理

一、乙方應依招標文件及服務建議書內容，於簽約後＿＿＿日內（由甲方於招標文件載明，未載明者，以14個日曆天計），提出「服務實施計畫書」送甲方核可，該服務實施計畫書內容至少應包括計畫組織、工作計畫流程、工作預定進度表（含分期提出各種書面資料之時程）、工作人力計畫（含人員配當表）、辦公處所等。甲方如有修正意見，經甲方通知乙方後，乙方應於＿＿＿日（由甲方於招標文件載明，未載明者，以7個日曆天計）內改正完妥，並送甲方審核。乙方應依工作預定進度表所列預定時程提送各階段書面資料，甲方應於收到乙方提送之各階段書面資料後＿＿＿日內（由甲方於招標文件載明，未載明者，以20個日曆天計）完成審查工作；其需退回修正者，乙方應於甲方給予之期限內完成修正工作；乙方依契約規定應履行之專業責任，不因甲方對乙方書面資料之審查認可而減少或免除。

二、與契約履約標的有關之其他標的，經甲方交由其他廠商辦理時，乙方有與其他廠商互相協調配合之義務，以使該等工作得以順利進行。工作不能協調配合，乙方應通知甲方，由甲方邀集各方協調解決。乙方如未通知甲方或未能配合或甲方未能協調解決致生錯誤、延誤履約期限或意外事故，應由可歸責之一方負責並賠償。

三、工程規劃設計階段，接管營運維護單位提供與契約履約標的有關之意見，得經甲方交由乙方辦理，乙方有協調配合之義務，俾使工程完工後之該等工作得以順利進行。工作不能協調配合，乙方應通知甲方，由甲方邀集各方協調解決。

四、乙方接受甲方或甲方委託之機構之人員指示辦理與履約有關之事項前，應先確認該人員係有權代表人，且所指示辦理之事項未逾越或未違反契約規定。乙方接受無權代表人之指示或逾越或違反契約規定之指示，不得用以拘束甲方或減少、變更乙方應負之契約責任，甲方亦不對此等指示之後果負任何責任。

五、甲方及乙方之一方未請求他方依契約履約者，不得視為或構成一方放棄請求他方依契約履約之權利。

六、契約內容有須保密者，乙方未經甲方書面同意，不得將契約內容洩漏予與履約無關之第三人。

七、乙方履約期間所知悉之甲方機密或任何不公開之文書、圖畫、消息、物品或其他資訊，均應保密，不得洩漏。

八、轉包及分包：

(一)乙方不得將契約轉包。乙方亦不得以不具備履行契約分包事項能力、未依法登記或設立，或依採購法第103條規定不得參加投標或作為決標對象或作為分包廠商之廠商為分包廠商。

(二)乙方擬分包之項目及分包廠商，甲方得予審查。

(三)乙方對於分包廠商履約之部分，仍應負完全責任。分包契約報備於甲方者，亦同。

(四)分包廠商不得將分包契約轉包。其有違反者，乙方應更換分包廠商。

(五)乙方違反不得轉包之規定時，甲方得解除契約、終止契約或沒收保證金，並得要求損害賠償。

(六)前目轉包廠商與乙方對甲方負連帶履行及賠償責任。再轉包者，亦同。

九、乙方及分包廠商履約，不得有下列情形：僱用無工作權之人員、供應不法來源之履約標的、使用非法車輛或工具、提供不實證明、違反人口販運防制法或其他不法或不當行為。

十、甲方於乙方履約中，若可預見其履約瑕疵，或有其他違反契約之情事者，得通知乙方限期改善。

十一、履約所需臨時場所，除另有規定外，由乙方自理。

十二、乙方履約人員對於所應履約之工作有不適任之情形者，甲方得要求更換，乙方不得拒絕。

十三、勞工權益保障：

(一)乙方對其派至甲方提供勞務之受僱勞工，應訂立書面勞動契約，並將該契約影本送甲方備查。

(二)乙方對其派至甲方提供勞務之受僱勞工，應依法給付工資，依法投保勞工保險、就業保險、全民健康保險及提繳勞工退休金，並依規定繳納前述保險之保險費及提繳勞工退休金。

(三)乙方應於簽約後_____日內（由甲方衡酌個案情形自行填列），檢具派至甲方提供勞務之受僱勞工名冊（包括勞工姓名、出生年月日、身分證字號及住址）、勞工保險被保險人投保資料表（明細）影本及切結書（具結已依法為其受僱勞工投保勞工保險、就業保險、全民健康保險及提繳勞工退休金，並依規定繳納前述保險之保險費及提繳勞工退休金）送甲方備查。

(四)甲方發現乙方未依法為其派至甲方提供勞務之受僱勞

工，投保勞工保險、就業保險、全民健康保險及提繳勞工退休金者，應限期改正，其未改正者，通知目的事業主管機關依法處理。

十四、本案委託技術服務範圍若包括監造者，乙方於工程契約工期內派遣人員留駐工地，持續性監督施工廠商按契約及設計圖說施工及查證施工廠商履約之監造人力計畫表如下（由甲方於招標時依預算規模、技服辦法第 7 條第 2 項規定及公共工程施工品質管理作業要點第 10 點填寫），因不可歸責於乙方之事由，致留駐工地期間超過下表約定人月數，得依第 4 條第 8 款增加監造服務費用：

派遣人員資格	人數	是否專任	留駐工地期間	權責分工情形	契約人月數

十五、乙方於設計完成經甲方審查確認後，應將工程決標後契約圖說之電子檔案（如 CAD 檔）交予甲方。

十六、乙方承辦技術服務，其實際提供服務人員應於完成之圖樣及書表上簽署。其依法令須由執（開）業之專門職業及技術人員辦理者，應交由各該人員辦理，並依法辦理簽證。各項設施或設備，依法令規定須由專業技術人員安裝、施工或檢驗者，乙方應依規定辦理。

依本契約完成之圖樣或書表，如屬技師執行業務所製作者，應依技師法第16條規定，由技師本人簽署並加蓋技師執業圖記。（有關應由技師本人簽署並加蓋技師執業圖記之圖樣、書表及技師簽署方式，依行政院公共工程委員會98年12月2日工程技字第09800526520號令，該令公開於行政院公共工程委員會資訊網站http://www.pcc.gov.tw／法令規章／技師法／技師法相關解釋函）

□本契約屬□公共工程實施簽證範圍；□甲方依「公共工程專業技師簽證規則」第5條第3項規定，另行擇定應實施簽證範圍：___（由甲方於招標時載明）及項目：___（由甲方於招標時載明）。其簽證應依下列規定辦理。

(一)本契約實施公共工程專業技師簽證，乙方須於簽約後____日內（由甲方於招標時載明）提報其實施簽證之執行計畫，經甲方同意後執行之。（本執行計畫應具之工作項目，甲方應依工程種類、規模及實際需要定之）

1.上述執行計畫如屬設計簽證者，應包括施工規範與施工說明、數量計算、預算書、設計圖與計算書，並得包括□補充測量、□補充地質調查與鑽探、□施工安

全評估、□工地環境保護監測與防治及□其他必要項目＿＿＿。（由甲方視工程之特性及實際需要勾選及載明其他必要項目）

2.上述執行計畫如屬監造簽證者，應包括品質計畫與施工計畫審查、施工圖說審查、材料與設備抽驗、施工查驗與查核、設備功能運轉測試之抽驗及□其他必要項目＿＿＿。（由甲方於招標時載明）

(二)技師執行簽證時，應親自為之，並僅得就本人或在本人監督下完成之工作為簽證。其涉及現場作業者，技師應親自赴現場實地查核後，始得為之。

(三)技師執行簽證，應依技師法第16條規定於所製作之圖樣、書表及簽證報告上簽署，並加蓋技師執業圖記。

(四)本契約執行技師應依「公共工程專業技師簽證規則」規定，就其辦理經過，連同相關資料、文件彙訂為工作底稿，並向甲方提出簽證報告。

十七、其他：

(一)乙方所提出之圖樣及書表內如涉及施工期間之交通維持、安全衛生設施經費及空氣污染及噪音防制設施經費者，應以量化方式編列。

(二)乙方履約期間，應於每月五日前向甲方提送工作月報，其內容包括工作事項、工作進度（含當月完成成果說明）、工作人數及時數、異常狀況及因應對策等。

(三)乙方所擬定之招標文件，其內容不得有不當限制競爭之情形。其有要求或提及特定之商標或商名、專利、設計或型式、特定來源地、生產者或供應者之情形時，應於提送履約成果文件上敘明理由。

(四)如係辦理公有新建建築物，其工程預算達新臺幣5千萬元以上者，建築工程於申報一樓樓版勘驗時，應同時檢附合格級以上候選綠建築證書；工程契約約定由施工廠商負責取得綠建築標章者（如約定為乙方辦理者，招標時由甲方於第2條附件1第2款第4目第7子目勾選），於工程驗收合格並取得合格級以上綠建築標章後，始得發給工程結算驗收證明書。但工程驗收合格而未能取得綠建築標章，其經甲方確認非可歸責於施工廠商者，仍得發給工程結算驗收證明書；另乙方於辦理變更設計，應併同檢討與申請變更候選綠建築證書。

(五)如係辦理公有新建建築物，建築物使用類組符合內政部「公有建築物申請智慧建築標章適用範圍表」規定，且工程預算達新臺幣2億元以上者，除應符合前目候選綠建築證書及綠建築標章之取得要求外，建築工程於申報一樓樓版勘驗時，應同時檢附合格級以上候選智慧建築證書；工程契約約定由施工廠商負責取得智慧建築標章者（如約定為乙方辦理者，招標時由甲方於第2條附件1第2

款第4目第9子目勾選），於工程驗收合格並取得合格級以上智慧建築標章後，始得發給工程結算驗收證明書。但工程驗收合格而未能取得智慧建築標章，其經甲方確認非可歸責於施工廠商者，仍得發給工程結算驗收證明書；另乙方於辦理變更設計，應併同檢討與申請變更候選智慧建築證書。如屬國家機密之建築物，得免適用本目之約定。

(六)如係辦理公有新建建築物，其工程預算未達新臺幣5千萬元者，應通過日常節能與水資源2項指標，由乙方承辦建築師以自主檢查方式辦理，甲方必要時得委請各地建築師公會、內政部指定之綠建築標章評定專業機構或其他方式，於塡發工程結算驗收證明書前完成確認。但符合下列情形之一者，得免依本目約定辦理：

1.建築技術規則建築設計施工編第298條第3款規定免檢討建築物節約能源者。
2.建築物僅具有頂蓋、樑柱，而無外牆或外牆開口面積合計大於總立面面積三分之二者。
3.建築法第7條規定之雜項工作物。
4.建築物總樓地板面積在500平方公尺以下者。
5.屬國家機密之建築物。
6.其他經內政部認定無須辦理評估者。

(七)工程應優先力求土石方之自我平衡，其次為甲方其他工程自行平衡土方交換或跨機關鄰近工程土方交換，最後才交由土資場處理，並依規劃之土方處理方式編列相關經費支出。工程有土石方出土達3千立方公尺以上或需土達5千立方公尺以上者，乙方應就圖樣及書表內有關土石方規劃設計內容及收容處理建議提出完整詳細之說明，送甲方審查（該說明書內容之提送及應用如附件）。

(八)乙方履約內容涉及架設網站開放外界使用者，應依身心障礙者權益保障法第52 條之2 規定辦理。

(九)乙方依契約約定審核（查）甲方之其他契約廠商所提出之各該契約約定得付款之證明文件時，乙方應於7工作天內完成審核（查），並將結果交付甲方，以利甲方續於8工作天內完成審核及辦理後續作業。

(十)乙方應依勞動部「加強公共工程職業安全衛生管理作業要點」第4點，審酌工程之潛在危險，配合災害防止對策，並依據工程需求，參照工程會訂定之「公共工程安全衛生項目編列參考附表」，覈實編列安全衛生經費；第12點所定監督查核事項，乙方應納入提報之監造計畫；依第13點所定，於規劃、設計時，依職業安全衛生法規提供安全衛生注意事項、圖說、規範、經費明細表及______（由甲方依個案實際需要，於招標時載明）等資料，以納入工程之招標文件及契約。

㈩乙方履約標的如涉監造者，屬公告金額以上之工程採購，應提報其監造計畫。監造計畫之內容除甲方另有規定外，應包括：

1.查核金額以上工程：監造範圍、監造組織、品質計畫審查作業程序、施工計畫審查作業程序、材料與設備抽驗程序及標準、施工抽查程序及標準、品質稽核、文件紀錄管理系統等。

2.新臺幣一千萬元以上未達查核金額之工程：監造範圍、品質計畫審查作業程序、施工計畫審查作業程序、材料與設備抽驗程序及標準、施工抽查程序及標準、文件紀錄管理系統等。

3.公告金額以上未達新臺幣一千萬元之工程：品質計畫審查作業程序、施工計畫審查作業程序、材料與設備抽驗程序及標準、施工抽查程序及標準等。

工程具機電設備者，並應增訂設備功能運轉測試等抽驗程序及標準。

㈪乙方應依行政院環境保護署（下稱環保署）「加強公共工程空氣污染及噪音防制管理要點」第4點，建立空氣污染及噪音防制設施施工規範、圖說、配置圖及經費明細表，以納入工程之招標文件及契約；第10點所定空氣污染及噪音防制監督查核事項，乙方應納入提報之監造計畫。

㈫工程採購之預算金額為新臺幣1千萬元以上者，依據工程價格資料庫作業辦法第3條第3項規定，乙方編製工程預算書及招標文件之詳細價目表、單價分析表及資源統計表，應依工程會訂定之「公共工程細目編碼編訂說明」及其各章細目碼編訂規則表辦理，且其細目編碼正確率應達__%以上（由甲方於招標時載明，未載明者，為40%），並檢附正確率檢核成果表。若經甲方檢核正確率未達前開比率，乙方應於甲方給予之期限內完成修正工作，逾期者，依第13條第1款計算逾期違約金。如因本案工項非屬前開規則表項目之比率較高，致正確率無法達到前開比率且經乙方提出具體事證或說明，並經甲方核准者，不在此限。

㈬為推動循環經濟政策，如有可使用以下再生材料之工作項目（由甲方於招標時擇定），乙方應將再生材料妥適納入設計成果中：

□垃圾焚化廠焚化再生粒料：可運用於「基地及路堤填築」、「級配粒料基層」、「級配粒料底層」、「控制性低強度回填材料」及「低密度再生透水混凝土」等工作項目，相關規範依照環保署訂定之「垃圾焚化廠焚化底渣再利用管理方式」。

□一貫作業煉鋼爐轉爐石：可運用於「瀝青混凝土鋪

面」等工作項目，相關規範依照經濟部認可之「一貫作業煉鋼爐轉爐石瀝青混凝土使用手冊」（公開於工程會資訊網站https://www.pcc.gov.tw / 工程技術 / 工程技術專案 / 公共工程運用再生粒料專區）。

□電弧爐煉鋼氧化碴:可運用於「瀝青混凝土鋪面」等工作項目，相關規定依照經濟部訂定之「經濟部事業廢棄物再利用管理辦法」。

㈤爲落實瀝青混凝土挖（刨）除料再利用，乙方於辦理工程規劃設計時，應儘量以「刨用平衡」爲原則（本工程或跨工程使用），以減少賸餘瀝青混凝土挖（刨）除料，如仍有賸餘瀝青混凝土挖（刨）除料時，應依工程個案特性，確實訪價釐清市場行情後編列折價；若已不具市場行情者，則應妥善規劃挖（刨）除料去處，並編列合理處理費用。

㈥建築物或公共空間如使用地磚者，爲避免使用人滑倒，乙方應優先設計防滑或耐磨地磚。

㈦□關鍵基礎設施（或甲方指定之設施）人員管制特別約定：本採購履約標的涉關鍵基礎設施（或甲方指定之設施），乙方履約人員於履約前，應配合甲方之要求辦理適任性查核，經甲方審核同意者，始得參與工作。屬臨時性參與者（例如原監造人力之臨時代理人）得免辦理查核，但應接受甲方或其指定之單位或人員（例如但不限於專案管理單位）全程陪同或監督管理。

㈧其他：＿＿＿。（由甲方於招標時載明）

第九條　履約標的品管

一、乙方在履約中，應對履約規劃設計監造品質依照契約有關規範，嚴予控制，並辦理自主查核。本案委託技術服務，如包括設計者，乙方所爲之設計應符合節省能源、減少溫室氣體排放、保護環境、節約資源、經濟耐用等目的，並考量景觀、自然生態、生活美學及性別、身心障礙、高齡、兒童等使用者友善環境。

二、甲方於乙方履約期間如發現乙方履約品質或進度不符合契約規定，得通知乙方限期改善或改正。乙方逾期未辦妥時，甲方得要求乙方部分或全部停止履約，至乙方辦妥並經甲方書面同意後方可恢復履約。乙方不得爲此要求展延履約期限或補償。

三、乙方不得因甲方辦理審查、查驗、測試、認可、檢驗、功能驗證或核准行爲，而免除或減少其依契約所應履行或承擔之義務或責任。

四、甲方應依採購法第 70 條規定設立之各工程施工查核小組查核結果，對委辦監造廠商或委辦專案管理廠商，辦理品質缺失懲罰性違約金事宜：

㈠懲罰性違約金金額，應依查核小組查核之品質缺失扣點數

計算之。巨額以上之工程採購案，每點扣款新臺幣______元（由甲方於招標時載明；未載明者，爲貳仟元）；查核金額以上未達巨額之工程採購案，每點扣款新臺幣______元（由甲方於招標時載明；未載明者，爲壹仟元）；壹仟萬元以上未達查核金額之工程採購案，每點扣款新臺幣______元（由甲方於招標時載明；未載明者，爲伍佰元）；未達壹仟萬元之工程採購案，每點扣款新臺幣______元（由甲方於招標時載明；未載明者，爲貳佰伍拾元）。

㈡品質缺失懲罰性違約金之支付，甲方應自應付價金中扣抵；其有不足者，得通知乙方繳納或自保證金扣抵。

㈢品質缺失懲罰性違約金之總額，以契約價金總額百分之二十爲上限。

五、前條第 14 款之監造人力計畫表所列乙方派遣人員未依契約約定到工者，除依契約金額扣除當日應到工人員薪資外，每人每日懲罰性違約金新臺幣______元（由甲方於招標時載明；未載明者以新臺幣伍仟元計）；其他：______（由甲方於招標時載明）。上開懲罰性違約金之總額，以契約價金總額百分之二十爲上限。

六、乙方之建築師、技師或其他依法令、契約應到場執行業務人員，其應到場情形及未到場之處置如下。同次應到場執行業務包含下列 2 種以上情形而未到場者，其懲罰性違約金□分別計算□僅計其中金額較高者（由甲方於招標時載明；未載明者爲分別計算），其總額以契約價金總額百分之二十爲上限：

㈠□規劃設計執行計畫內涉及現況調查、鑑界、現地會勘、各階段說明會議及審查會議時，經甲方通知應到場說明者。未到場之處置：

□每人次懲罰性違約金新臺幣______元（由甲方於招標時載明；未載明者以新臺幣伍仟元計）。

㈡□工程查驗、初驗、驗收及複驗時，經甲方通知應到場說明、協驗者。未到場之處置：

□每人次懲罰性違約金新臺幣______元（由甲方於招標時載明；未載明者以新臺幣伍仟元計）。

□其他：______（由甲方於招標時載明）。

㈢配合工程施工查核小組於預先通知查核時到場說明。未到場之處置：

□每人次懲罰性違約金新臺幣______元（由甲方於招標時載明；未載明者以新臺幣伍仟元計）。

□其他：______（由甲方於招標時載明）。

㈣□除前述情形外，視甲方需要配合甲方通知應到場參與工程監造相關事宜，惟每□月□星期□其他：______（由甲方於招標時載明；未載明者以月計）以不逾____次爲原則

（由甲方於招標時載明，未載明者無次數限制）。未到場之處置：

□每人次懲罰性違約金新臺幣＿＿＿元（由甲方於招標時載明；未載明者以新臺幣伍仟元計）。

□其他：＿＿＿（由甲方於招標時載明）。

七、監造計畫內涉及結構安全及隱蔽部分之各項重要施工作業監造檢驗停留點（含安全衛生事項），乙方之建築師、技師或其他依法令、契約應到場執行業務人員，須到場查證施工廠商履約品質並於相關文件上簽認、督導（複核）。未確實辦理施工廠商履約品質查證及簽認、督導（複核）者，依情節輕重情況，除依本契約相關約定處理外，依法令追究相關人員責任、撤換人員；其屬情節重大者，依法送目的事業主管機關懲處。

八、本案委託技術服務範圍若包括監造者，乙方監督查核人員未能有效執行空氣污染及噪音防制監督查核者，經甲方通知後，應即更換之，若因監督查核不實致甲方受損害者，每次處以乙方懲罰性違約金新臺幣＿＿＿元（由甲方於招標時載明），上開懲罰性違約金之總額，以監造服務之契約價金總額百分之二十為上限。

第一〇條　保險

一、乙方應於履約期間辦理下列保險（由甲方擇定後於招標時載明，無者免填），其屬自然人者，應自行另投保人身意外險。

㈠建築師事務所、技師事務所及工程技術顧問公司應投保專業責任險。包括因業務疏漏、錯誤或過失，違反業務上之義務，致甲方或其他第三人受有之損失。

㈡□雇主意外責任險。

㈢□其他：。

二、乙方依前款辦理之保險，其內容如下（由甲方視保險性質擇定或調整後於招標時載明）：

㈠承保範圍：（由甲方於招標時載明，包括得為保險人之不保事項）。

㈡保險標的：履約標的。

㈢被保險人：以乙方為被保險人。

㈣保險金額：契約價金總額。

㈤每一事故之自負額上限：（由甲方於招標時載明）

㈥保險期間：自＿＿＿起至□契約所定履約期限之日止；□＿＿＿之日止（由甲方載明），有延期或遲延履約者，保險期間比照順延。

㈦未經甲方同意之任何保險契約之變更或終止，無效。

㈧其他：

三、保險單記載契約規定以外之不保事項者，其風險及可能之賠償由乙方負擔。

四、乙方向保險人索賠所費時間，不得據以請求延長履約期限。

五、乙方未依契約規定辦理保險、保險範圍不足或未能自保險人獲得足額理賠者，其損失或損害賠償，由乙方負擔。

六、保險單正本一份及繳費收據副本一份應於辦妥保險後即交甲方收執。

七、乙方應依甲方之本國法規爲其員工及車輛投保勞工保險、全民健康保險及汽機車第三人責任險。其依法免投保勞工保險者，得以其他商業保險代之。

八、本契約延長服務時間時，乙方應隨之延長專業責任保險之保險期間。因不可歸責於乙方之事由致須延長履約期限者，因而增加之保費，由契約雙方另行協議其合理之分擔方式。

九、依法非屬保險人可承保之保險範圍，或非因保費因素卻於國內無保險人願承保，且有保險公會書面佐證者，依第1條第7款辦理。

十、機關及廠商均應避免發生採購法主管機關訂頒之「常見保險錯誤及缺失態樣」所載情形。

第一一條　保證金（由甲方擇一於招標時載明）

□甲方不收取保證金。

□甲方收取保證金，保證金相關規定：（由甲方依「押標金保證金暨其他擔保作業辦法」規定辦理，並於招標時載明）

第一二條　驗收

一、驗收時機：乙方完成履約事項後辦理驗收。

二、驗收方式：得以書面或召開審查會議方式進行，審查會議紀錄等同驗收紀錄。

三、履約標的部分完成履約後，如有部分先行使用之必要，應先就該部分辦理驗收或分段審查、查驗供驗收之用。

四、乙方履約結果經甲方審查有瑕疵者，甲方得要求乙方於一定期限內改善。逾期未改正者，依第13條規定計算逾期違約金。

五、乙方履約所完成之標的需另行招標施工，甲方未能於乙方履約完成六個月內完成招標工作且非可歸責於乙方者，乙方得要求甲方終止契約，並辦理結算。

六、乙方履約結果經甲方查驗或驗收有瑕疵者，甲方得要求乙方於 ____ 日內（甲方未填列者，由主驗人定之）改善、拆除、重作、退貨或換貨（以下簡稱改正）。逾期未改正者，依第13條遲延履約規定計算逾期違約金。但逾期未改正仍在契約原訂履約期限內者，不在此限。

七、乙方不於前款期限內改正、拒絕改正或其瑕疵不能改正者，甲方得採行下列措施之一：

㈠自行或使第三人改正，並得向乙方請求償還改正必要之費用。

㈡解除契約或減少契約價金。但瑕疵非重要者，甲方不得解除契約。

八、因可歸責於乙方之事由，致履約有瑕疵者，甲方除依前二款規定辦理外，並得請求損害賠償。

第一三條　遲延履約

一、逾期違約金，以日為單位，乙方如未依照契約規定期限完工，應按逾期日數計算逾期違約金，所有日數（包括放假日等）均應納入，不因履約期限以工作天或日曆天計算而有差別。因可歸責於乙方之事由，致終止或解除契約者，逾期違約金應計算至終止或解除契約之日止。該違約金計算方式：（由甲方擇一於招標時載明）

□每日以新臺幣＿＿＿＿元計算逾期違約金。（定額，甲方於招標時載明）

□依逾期工作部分之規劃設計或監造契約價金千分之一計算逾期違約金。（契約文件須分別載明規劃設計及監造之契約價金）

□每日依契約價金總額千分之一（甲方得於招標文件載明其他比率）計算逾期違約金。但未完成履約／初驗或驗收有瑕疵之部分不影響其他已完成部分之使用者，得按未完成履約／初驗或驗收有瑕疵部分之契約價金，每日依其千分之一（甲方得於招標文件載明其他比率；其數額以每日依契約價金總額計算之數額為上限。）計算逾期違約金。

二、逾期違約金之支付，甲方得自應付價金中扣抵；其有不足者，通知乙方繳納或自保證金扣除。

三、逾期違約金之總額（含逾期未改正之違約金），以契約價金總額之百分之二十為上限。

四、甲方及乙方因下列天災或事變等不可抗力或不可歸責於契約當事人之事由，致未能依時履約者，得展延履約期限；不能履約者，得免除契約責任：

㈠戰爭、封鎖、革命、叛亂、內亂、暴動或動員。

㈡山崩、地震、海嘯、火山爆發、颱風、豪雨、冰雹、水災、土石流、土崩、地層滑動、雷擊或其他天然災害。

㈢墜機、沉船、交通中斷或道路、港口冰封。

㈣罷工、勞資糾紛或民眾非理性之聚眾抗爭。

㈤毒氣、瘟疫、火災或爆炸。

㈥履約標的遭破壞、竊盜、搶奪、強盜或海盜。

㈦履約人員遭殺害、傷害、擄人勒贖或不法拘禁。

㈧水、能源或原料中斷或管制供應。

㈨核子反應、核子輻射或放射性污染。

㈩非因乙方不法行為所致之政府或機關依法令下達停工、徵用、沒入、拆毀或禁運命令者。

⑪政府法令之新增或變更。

⑫甲方之本國或外國政府之行為。

⑬其他經甲方認定確屬不可抗力者。

五、前款不可抗力或不可歸責事由發生或結束後，其屬可繼續履約之情形者，應繼續履約，並採行必要措施以降低其所造成之不利影響或損害。

六、乙方履約有遲延者，在遲延中，對於因不可抗力而生之損害，亦應負責。但經乙方證明縱不遲延給付，而仍不免發生損害者不在此限。

七、契約訂有分段進度及最後履約期限，且均訂有逾期違約金者，屬分段完成使用或移交之情形，其逾期違約金之計算原則如下：

㈠未逾分段進度但逾最後履約期限者，扣除已分段完成使用或移交部分之金額，計算逾最後履約期限之違約金。

㈡逾分段進度但未逾最後履約期限者，計算逾分段進度之違約金。

㈢逾分段進度且逾最後履約期限者，分別計算違約金。但逾最後履約期限之違約金，應扣除已分段完成使用或移交部分之金額計算之。

㈣分段完成期限與其他採購契約之進行有關者，逾分段進度，得個別計算違約金，不受前目但書限制。

八、契約訂有分段進度及最後履約期限，且均訂有逾期違約金者，屬全部完成後使用或移交之情形，其逾期違約金之計算原則如下：

㈠未逾分段進度但逾最後履約期限者，計算逾最後履約期限之違約金。

㈡逾分段進度但未逾最後履約期限，其有逾分段進度已收取之違約金者，於未逾最後履約期限後發還。

㈢逾分段進度且逾最後履約期限，其有逾分段進度已收取之違約金者，於計算逾最後履約期限之違約金時應予扣抵。

㈣分段完成期限與其他採購契約之進行有關者，逾分段進度，得計算違約金，不受第2目及第3目之限制。

九、乙方未遵守法令致生履約事故者，由乙方負責。因而遲延履約者，不得據以免責。

十、因非可歸責於乙方之事由，甲方有延遲付款之情形，乙方得向甲方請求加計年息__%（由甲方於招標時合理訂定，如未填寫，則依簽約日中華郵政股份有限公司牌告一年期郵政定期儲金機動利率）之遲延利息。

第一四條　權利及責任

一、乙方應擔保第三人就履約標的，對於甲方不得主張任何權利。

二、乙方履約，其有侵害第三人合法權益時，應由乙方負責處理並承擔一切法律責任及費用，包括甲方所發生之費用。甲方並得請求損害賠償。

三、乙方履約結果涉及履約標的所產出之智慧財產權（包含專利權、商標權、著作權、營業秘密等）者：（由甲方於招標時載明，互補項目得複選。如僅涉及著作權者，請就第 1 目至第 6 目及第 10 目勾選。註釋及舉例文字，免載於招標文件）

註：1. 在流通利用方面，考量履約標的之特性，如其內容包含甲方與乙方雙方之創作智慧，且不涉及甲方安全、

專屬使用或其他特殊目的之需要，甲方得允許此著作權於甲方外流通利用，以增進社會利益。甲方亦宜考量避免因取得不必要之權利而增加採購成本。

2.履約標的如非完全客製化而產生之著作，建議約定由乙方享有著作人格權及著作財產權，甲方則享有不限時間、地域、次數、非專屬、無償利用、並得再轉授權第三人之權利，乙方承諾對甲方及其再授權利用之第三人不行使著作人格權。

(一)□以乙方爲著作人，並取得著作財產權，甲方則享有不限時間、地域、次數、非專屬、無償利用、並得再轉授權第三人利用之權利，乙方承諾對甲方及其再授權利用之第三人不行使著作人格權。（項目由甲方於招標時勾選）

【1】□重製權　【2】□公開口述權
【3】□公開播送權　【4】□公開上映權
【5】□公開演出權　【6】□公開傳輸權
【7】□公開展示權　【8】□改作權
【9】□編輯權　【10】□出租權

例：採購一般共通性需求規格所開發之著作，如約定由乙方取得著作財產權，甲方得就業務需要，爲其內部使用之目的，勾選【1】重製權及【9】編輯權。如甲方擬自行修改著作物，可勾選【8】改作權。如採購教學著作物，可勾選【2】公開口述權及【3】公開播送權。

(二)□以乙方爲著作人，其下列著作財產權於著作完成同時讓與甲方，乙方並承諾對甲方及其同意利用之人不行使其著作人格權。（項目由甲方於招標時勾選）

【1】□重製權　【2】□公開口述權
【3】□公開播送權　【4】□公開上映權
【5】□公開演出權　【6】□公開傳輸權
【7】□公開展示權　【8】□改作權
【9】□編輯權　【10】□出租權

例：採購一般共通性需求規格所開發之著作，甲方得就業務需要，爲其內部使用之目的，勾選【1】重製權及【9】編輯權。如甲方擬自行修改著作物，可勾選【8】改作權。如採購教學著作物，可勾選【2】公開口述權及【3】公開播送權。

(三)□以乙方爲著作人，甲方取得著作財產權，乙方並承諾對甲方及其同意利用之人不行使其著作人格權。

例：甲方專用或甲方特殊需求規格所開發之著作，甲方取得著作財產權之全部。

(四)□甲方與乙方共同享有著作人格權及著作財產權。

例：採購乙方已完成之著作，並依甲方需求進行改作，且甲方與乙方均投入人力、物力，該衍生之共同完成之著作，其著作人格權由甲方與乙方共有，其著作財產權享有

之比例、授權範圍、後續衍生著作獲利之分攤內容，由甲方於招標時載明。

㈤□甲方有權永久無償利用該著作財產權。

例：履約標的包括已在一般消費市場銷售之套裝資訊軟體，甲方依乙方或第三人之授權契約條款取得永久無償使用權。

㈥□以甲方為著作人，並由甲方取得著作財產權之全部，乙方於完成該著作時，經甲方同意：（項目由甲方於招標時勾選）

【1】□取得使用授權與再授權之權利，於每次使用時均不需徵得甲方之同意。

【2】□取得使用授權與再授權之權利，於每次使用均需徵得甲方同意。

㈦□甲方取得部分權利（內容由甲方於招標時載明）。

㈧□甲方取得全部權利。

㈨□甲方取得授權（內容由甲方於招標時載明）。

㈩□其他。（內容由甲方於招標時載明）

例：甲方得就其取得之著作財產權，允許乙方支付對價，授權乙方使用。

⑾乙方依本契約提供甲方服務時，如使用開源軟體，應依該開源軟體之授權範圍，授權甲方利用，並以執行檔及原始碼共同提供之方式交付予甲方使用，乙方並應交付開源軟體清單（包括但不限於：開源專案名稱、出處資訊、原始著作權利聲明、免責聲明、開源授權條款標示與全文）。

四、有關著作權法第24條與第28條之權利，他方得行使該權利，惟涉有政府機密者，不在此限。

五、除另有規定外，乙方如在履約使用專利品、專利性履約方法，或涉及著作權時，有關專利及著作權，概由乙方依照有關法令規定處理，其費用亦由乙方負擔。

六、甲方及乙方應採取必要之措施，以保障他方免於因契約之履行而遭第三人請求損害賠償。其有致第三人損害者，應由造成損害原因之一方負責賠償。

七、甲方對於乙方、分包廠商及其人員因履約所致之人體傷亡或財物損失，不負賠償責任。

八、因可歸責於一方之事由，致他方遭受損害者，一方應負賠償責任，其認定有爭議者，依照爭議處理條款辦理。

㈠損害賠償之範圍，依民法第216條第1項規定，以填補他方所受損害及所失利益為限。□但非因故意或重大過失所致之損害，契約雙方所負賠償責任不包括「所失利益」（得由甲方於招標時勾選）。

㈡除懲罰性違約金、逾期違約金及第9款之違約金外，損害賠償金額上限為：（甲方欲訂上限者，請於招標時載明）

□契約價金總額。

□契約價金總額之____倍。
□契約價金總額之____%。
□固定金額______元。

㈢前目訂有損害賠償金額上限者，於法令另有規定，或一方故意隱瞞工作之瑕疵、故意或重大過失行為，或對第三人發生侵權行為，對他方所造成之損害賠償，不受賠償金額上限之限制。

九、甲方依乙方履約結果辦理採購，因乙方計算數量錯誤或項目漏列，致該採購結算增加金額與減少金額絕對值合計，逾採購契約價金總額百分之五者，應就超過百分之五部分占該採購契約價金總額之比率，乘以契約價金規劃設計部分總額計算違約金。但本款累計違約金以契約價金總額之百分之十為上限。本款之「採購契約價金總額」，係指依乙方履約結果辦理工程採購決標時之契約價金總額。

十、甲方不得於本契約納列提供甲方使用之公務車輛、提供甲方人員使用之影印機、電腦設備、行動電話(含門號)、傳真機及其他應由甲方人員自備之辦公設施及其耗材。

十一、甲方不得指揮乙方人員從事與本契約無關之工作。

第一五條　契約變更及轉讓

一、甲方於必要時得於契約所約定之範圍內通知乙方變更契約，乙方於接獲通知後，除雙方另有協議外，應於 10 日內向甲方提出契約標的、價金、履約期限、付款期程或其他契約內容須變更之相關文件。契約價金之變更，由雙方協議訂定之。

二、乙方於甲方接受其所提出須變更之相關文件前，不得自行變更契約。除甲方另有請求者外，乙方不得因前款之通知而遲延其履約期限。

三、甲方於接受乙方所提出須變更之事項前即通知乙方先行辦理，其後未依原通知辦理契約變更或僅部分辦理者，應補償乙方所增加之必要費用。

四、如因可歸責於甲方之事由辦理契約變更，需廢棄或不使用部分已完成之工作者，除雙方另有協議外，甲方得辦理部分驗收或結算後，支付該部分價金。

五、履約期間有下列事項者，甲方應變更契約，並依相關條文合理給付額外酬金或檢討變更之：

㈠甲方於履約各工作階段完成審定後，要求乙方辦理變更者。

㈡因不可歸責於乙方之事由，應甲方要求對同一服務事項依不同條件辦理多次規劃或設計者，其重複規劃或設計之部分，甲方應核實另給服務費用。但以經甲方審查同意者為限。

㈢甲方因故必須變更部分委託服務內容時，得就服務事項或數量之增減情形，調整服務費用及工作期限。但已工作部分之服務費用且甲方審查同意者，應核實給付。

㈣契約執行中涉及應執行其他之工作內容而未曾議定者。
㈤甲方要求增派監造人力，而有第4條第8款之情事者。
㈥有第4條第9款變更監造期程需要者。
甲方對於本款各目應辦事項怠於辦理時，乙方得主動向甲方提出變更契約之請求。

六、契約之變更，非經甲方及乙方雙方合意，作成書面紀錄，並簽名或蓋章者，無效。

七、乙方不得將契約之部分或全部轉讓予他人。但因公司分割或其他類似情形致有轉讓必要，經甲方書面同意轉讓者，不在此限。
乙方依公司法、企業併購法分割，受讓契約之公司（以受讓營業者為限），其資格條件應符合原招標文件規定，且應提出下列文件之一：
㈠原訂約廠商分割後存續者，其同意負連帶履行本契約責任之文件；
㈡原訂約廠商分割後消滅者，受讓契約公司以外之其他受讓原訂約廠商營業之既存及新設公司同意負連帶履行本契約責任之文件。

第一六條　契約終止解除及暫停執行

一、乙方履約有下列情形之一者，甲方得以書面通知乙方終止契約或解除契約之部分或全部，且不補償乙方因此所生之損失：
㈠違反採購法第39條第2項或第3項規定之專案管理廠商。
㈡有採購法第50條第2項前段規定之情形者。
㈢有採購法第59條規定得終止或解除契約之情形者。
㈣違反不得轉包之規定者。
㈤乙方或其人員犯採購法第87條至第92條規定之罪，經判決有罪確定者。
㈥因可歸責於乙方之事由，致延誤履約期限，有下列情形者：
□履約進度落後＿%（由機關於招標時載明，未載明者為20%）以上，且日數達十日以上。百分比之計算方式：
1.屬尚未完成履約而進度落後已達百分比者，機關應先通知廠商限期改善。屆期未改善者，如機關訂有履約進度計算方式，其通知限期改善當日及期限末日之履約進度落後百分比，分別以各該日實際進度與機關核定之預定進度百分比之差值計算；如機關未訂有履約進度計算方式，依逾期日數計算之。
2.屬已完成履約而逾履約期限，或逾最後履約期限尚未完成履約者，依逾期日數計算之。
□其他：＿＿＿＿＿。
㈦偽造或變造契約或履約相關文件，經查明屬實者。
㈧無正當理由而不履行契約者。
㈨審查、查驗或驗收不合格，且未於通知期限內依規定辦理

者。

(十)有破產或其他重大情事，致無法繼續履約。

(十一)乙方未依契約約定履約，自接獲甲方書面通知之次日起10日內或書面通知所載較長期限內，仍未改善者。

(十二)違反本契約第8條第13款第1目至第3目情形之一，經甲方通知改正而未改正，情節重大者。

(十三)違反環境保護或職業安全衛生等有關法令，情節重大者。

(十四)違反法令或其他契約約定之情形，情節重大者。

(十五)契約約定之其他情形。

二、甲方未依前款規定通知乙方終止或解除契約者，乙方仍應依契約規定繼續履約。

三、契約經依第1款約定或因可歸責於乙方之事由致終止或解除者，甲方得依法自行或洽其他廠商完成被終止或解除之契約；其所增加之費用及損失，由乙方負擔。無洽其他廠商完成之必要者，得扣減或追償契約價金，不發還保證金。甲方有損失者亦同。

四、契約因政策變更，乙方依契約繼續履行反而不符公共利益者，甲方得報經上級機關核准，終止或解除部分或全部契約，並補償乙方因此所受之損失。但不包含所失利益。

五、依前款規定終止契約者，乙方於接獲甲方通知前已完成且可使用之履約標的，依契約價金給付；僅部分完成尚未能使用之履約標的，甲方得擇下列方式之一洽乙方為之：

(一)乙方繼續予以完成，依契約價金給付。

(二)停止履約，但乙方已完成部分之服務費用由雙方議定之。

六、非因政策變更而有終止或解除契約必要者，準用前2款約定。

七、乙方未依契約規定履約者，甲方得通知乙方部分或全部暫停執行，至情況改正後方准恢復履約。乙方不得就暫停執行請求延長履約期限或增加契約價金。

八、因非可歸責於乙方之情形，甲方通知乙方部分或全部暫停執行，應補償乙方因此而增加之必要費用，並應視情形酌予延長履約期限。

九、因非可歸責於乙方之情形而造成停工時，乙方得要求甲方部分或全部暫停執行監造工作。

十、依前二款約規定暫停執行期間累計逾6個月（甲方得於招標時載明其他期間）者，乙方得通知甲方終止或解除部分或全部契約。

十一、乙方不得對本契約採購案任何人要求期約、收受或給予賄賂、佣金、比例金、仲介費、後謝金、回扣、餽贈、招待或其他不正利益。複委託分包廠商亦同。違反上述約定者，甲方得終止或解除契約，並將2倍之不正利益自契約價款中扣除。未能扣除者，通知廠商限期給付之。

十二、本契約終止時，自終止之日起，雙方之權利義務即消滅。契約解除時，溯及契約生效日消滅。雙方並互負相關之保

密義務。

第一七條　爭議處理

一、甲方與乙方因履約而生爭議者，應依法令及契約規定，考量公共利益及公平合理，本誠信和諧，盡力協調解決之。其未能達成協議者，得以下列方式處理之：

㈠提起民事訴訟，並以甲方所在地之地方法院為第一審管轄法院。

㈡依採購法第85條之1規定向採購申訴審議委員會申請調解。技術服務採購經採購申訴審議委員會提出調解建議或調解方案，因甲方不同意致調解不成立者，乙方提付仲裁，甲方不得拒絕。

㈢經契約雙方同意並訂立仲裁協議後，依本契約約定及仲裁法規定提付仲裁。

㈣依採購法第102條規定提出異議、申訴。

㈤依其他法律申（聲）請調解。

㈥契約雙方合意成立爭議處理小組協調爭議。

㈦依契約或雙方合意之其他方式處理。

二、依前款第 2 目後段及第 3 目提付仲裁者，約定如下：

㈠由甲方於招標文件及契約預先載明仲裁機構。其未載明者，由契約雙方協議擇定仲裁機構。如未能獲致協議，屬前款第2目後段情形者，由乙方指定仲裁機構；屬前款第3目情形者，由甲方指定仲裁機構。上開仲裁機構，除契約雙方另有協議外，應為合法設立之國內仲裁機構。

㈡仲裁人之選定：

1. 當事人雙方應於一方收受他方提付仲裁之通知之次日起14日內，各自從指定之仲裁機構之仲裁人名冊或其他具有仲裁人資格者，分別提出10位以上（含本數）之名單，交予對方。

2. 當事人之一方應於收受他方提出名單之次日起14日內，自該名單內選出一位仲裁人，作為他方選定之仲裁人。

3. 當事人之一方未依 1. 提出名單者，他方得從指定之仲裁機構之仲裁人名冊或其他具有仲裁人資格者，逕行代為選定一位仲裁人。

4. 當事人之一方未依 2. 自名單內選出仲裁人，作為他方選定之仲裁人者，他方得聲請□法院□指定之仲裁機構（由甲方於招標時勾選；未勾選者，為指定之仲裁機構）代為自該名單內選定一位仲裁人。

㈢主任仲裁人之選定：

1. 二位仲裁人經選定之次日起30日內，由□雙方共推□雙方選定之仲裁人共推（由甲方於招標時勾選）第三仲裁人為主任仲裁人。

2. 未能依 1. 共推主任仲裁人者，當事人得聲請□法院□指定之仲裁機構（由甲方於招標時勾選；未勾選者，為指

定之仲裁機構）為之選定。

㈣以□甲方所在地□其他：＿＿＿為仲裁地（由甲方於招標時載明；未載明者，為甲方所在地）。

㈤除契約雙方另有協議外，仲裁程序應公開之，仲裁判斷書雙方均得公開，並同意仲裁機構公開於其網站。

㈥仲裁程序應使用□國語及中文正體字□其他語文：＿＿＿。（由甲方於招標時載明；未載明者，為國語及中文正體字）

㈦甲方□同意□不同意（由甲方於招標時勾選；未勾選者，為不同意）仲裁庭適用衡平原則為判斷。

三、依第1款第6目成立爭議處理小組者，約定如下：

㈠爭議處理小組於爭議發生時成立，得為常設性，或於爭議作成決議後解散。

㈡爭議處理小組委員之選定：

1.當事人雙方應於協議成立爭議處理小組之次日起10日內，各自提出5位以上（含本數）之名單，交予對方。

2.當事人之一方應於收受他方提出名單之次日起10日內，自該名單內選出1位作為委員。

3.當事人之一方未依1.提出名單者，為無法合意成立爭議處理小組。

4.當事人之一方未能依2.自名單內選出委員，且他方不願變更名單者，為無法合意成立爭議處理小組。

㈢爭議處理小組召集委員之選定：

1.二位委員經選定之次日起10日內，由雙方或雙方選定之委員自前目1.名單中共推1人作為召集委員。

2.未能依1.共推召集委員者，為無法合意成立爭議處理小組。

㈣當事人之一方得就爭議事項，以書面通知爭議處理小組召集委員，請求小組協調及作成決議，並將繕本送達他方。該書面通知應包括爭議標的、爭議事實及參考資料、建議解決方案。他方應於收受通知之次日起14日內提出書面回應及建議解決方案，並將繕本送達他方。

㈤爭議處理小組會議：

1.召集委員應於收受協調請求之次日起30日內召開會議，並擔任主席。委員應親自出席會議，獨立、公正處理爭議，並保守秘密。

2.會議應通知當事人到場陳述意見，並得視需要邀請專家、學者或其他必要人員列席，會議之過程應作成書面紀錄。

3.小組應於收受協調請求之次日起90日內作成合理之決議，並以書面通知雙方。

㈥爭議處理小組委員應迴避之事由，參照採購申訴審議委員會組織準則第13條規定。委員因迴避或其他事由出缺者，

依第2目、第3目辦理。

(七)爭議處理小組就爭議所為之決議，除任一方於收受決議後14日內以書面向召集委員及他方表示異議外，視為協調成立，有契約之拘束力。惟涉及改變契約內容者，雙方應先辦理契約變更。如有爭議，得再循爭議處理程序辦理。

(八)爭議事項經一方請求協調，爭議處理小組未能依第5目或當事人協議之期限召開會議或作成決議，或任一方於收受決議後14日內以書面表示異議者，協調不成立，雙方得依第1款所定其他方式辦理。

(九)爭議處理小組運作所需經費，由契約雙方平均負擔。

(十)本款所定期限及其他必要事項，得由雙方另行協議。

四、依採購法規定受理調解或申訴之機關名稱：__________；地址：________________；電話：________________。

五、履約爭議發生後，履約事項之處理原則如下：

(一)與爭議無關或不受影響之部分應繼續履約。但經甲方同意無須履約者不在此限。

(二)乙方因爭議而暫停履約，其經爭議處理結果被認定無理由者，不得就暫停履約之部分要求延長履約期限或免除契約責任。但結果被認定部分有理由者，由雙方協議延長該部分之履約期限或免除該部分之責任。

六、本契約以中華民國法律為準據法。

七、乙方與本國分包廠商間之爭議，除經本國分包廠商同意外，應約定以中華民國法律為準據法，並以設立於中華民國境內之民事法院、仲裁機構或爭議處理機構解決爭議。乙方並應要求分包廠商與再分包之本國廠商之契約訂立前開約定。

第一八條　其他

一、乙方對於履約所僱用之人員，不得有歧視性別、原住民、身心障礙或弱勢團體人士之情事。

二、乙方履約時不得僱用甲方之人員或受甲方委託辦理契約事項之機構之人員。

三、乙方授權之代表應通曉中文或甲方同意之其他語文。未通曉者，乙方應備翻譯人員。

四、甲方與乙方間之履約事項，其涉及國際運輸或信用狀等事項，契約未予載明者，依國際貿易慣例。

五、甲方及乙方於履約期間應分別指定授權代表，為履約期間雙方協調與契約有關事項之代表人。

六、乙方參與公共工程可能涉及之法律責任，請查閱行政院公共工程委員會101年1月13日工程企字第10100017900號函（公開於行政院公共工程委員會資訊網站 http://www.pcc.gov.tw / 法令規章 / 政府採購法規 / 採購法規相關解釋函），乙方人員及其他技術服務或工程廠商應遵守法令規定，善盡職責及履行契約義務，以免觸犯法令或違反契約規定而受處罰。

七、甲方、乙方、施工廠商及專案管理單位之權責分工，除契約

另有約定外，依招標當時工程會所訂「公有建築物施工階段契約約定權責分工表」或「公共工程施工階段契約約定權責分工表」（由機關依案件性質檢附，並訂明各項目之完成期限、懲罰標準），或「統包模式之工程進度及品質管理參考手冊」辦理。

八、依據「政治獻金法」第7條第1項第2款規定，與政府機關（構）有巨額採購契約，且於履約期間之廠商，不得捐贈政治獻金。

九、廠商內部揭弊者保護制度及機關處理方式：

(一)廠商人員（包括勞工及其主管）針對本採購案發現其雇主、所屬員工或機關人員（包括代理或代表機關處理採購事務之廠商）涉有違反採購法、本契約或其他影響公共安全或品質，具名揭弊者，廠商應保障揭弊人員之權益，不得因該揭弊行為而為不利措施（包括但不限解僱、資遣、降調、不利之考績、懲處、懲罰、減薪、罰款〈薪〉、剝奪或減少獎金、退休〈職〉金、剝奪與陞遷有關之教育或訓練機會、福利、工作地點、職務內容或其他工作條件、管理措施之不利變更、非依法令規定揭露揭弊者之身分）。但若發生違法或違約之行為（例如無故曠職、洩漏公司機密等），不在此限。

(二)廠商人員之揭弊內容有下列情形之一者，仍得受前目之保護：

1.所揭露之內容無法證實。但明顯虛偽不實或揭弊行為經以誣告、偽證罪緩起訴或判決有罪者，不在此限。

2.所揭露之內容業經他人檢舉或受理揭弊機關已知悉。但案件已公開或揭弊者明知已有他人檢舉者，不在此限。

(三)廠商內部訂有禁止所屬員工揭弊條款者，該約定於本採購案無效。

(四)為兼顧公益及採購效率，機關於接獲揭弊內容後，應積極釐清揭弊事由，立即啓動調查；除經調查後有具體事證，依契約及法律為必要處置外，廠商及機關仍應依契約約定正常履約及估驗。

十、本契約未載明之事項，依採購法及民法等相關法令。

第二條附件一　建築工程之規劃設計監造

一、甲方應視個案特性及實際需要配合辦理下列事項，但已納為乙方服務項目者，不在此限：

(一)提供規劃設計需求資料。

(二)提供必要之土地、地上物等產權相關資料。

(三)提供必要之基地鑑界資料。

(四)提供必要之基地地形測量資料。

(五)提供必要之地質鑽探試驗報告等資料。

(六)工程預算總金額（或工程發包經費上限）。

㈦其他＿＿＿＿＿＿（由甲方於招標時載明，無者免填）。

上開原由甲方辦理事項，如甲方於決標後改委由乙方代為辦理，其服務費用應另行約定。

二、乙方提供之服務：（甲方視委託辦理項目勾選）

□㈠規劃：

1.勘察工程基地。

2.繪製工程基地位置圖。

□ 3.可行性研究結果之檢討及建議。

□ 4.計畫相關資料之補充、分析及評估。

□ 5.運輸規劃。

6.製作規劃圖說。如配置圖、各層平面圖、立面圖及具代表性之剖面圖等草案構想。

7.製作工程計畫書。如設計準則、規範等級說明、構造物型式及施工法（含特殊構造物方案及比較）、材料種類、結構及設備系統概要說明、□構造物耐震及防蝕對策、□營建土石方處理、工程計畫期程、各層面積計算、工程經費概算等初步建議。

□ 8.都市計畫、區域計畫等之規劃。

□ 9.施工計畫、交通維持計畫、監測及緊急應變等初步規劃。

□ 10.生態環境調查、研擬環境友善措施，提出合宜之工程配置方案，甲方應另計其費用。

□依工程會訂定之「公共工程生態檢核注意事項」辦理。

□其他：＿＿＿＿＿＿（由甲方依自行訂定之各類工程生態友善機制辦理，於招標時載明）。

11.安全衛生初步規劃（含各方案之潛在危險辨識）。

12.使用期限規劃及維護管理策略。

13.規劃報告。

14.其他與規劃有關之技術服務：＿＿＿＿＿＿（由甲方於招標時載明，無者免填）。

□㈡設計：（□落實環境友善措施規劃作業成果於工程設計中，甲方應另計其費用。）

□ 1.基本設計：

□(1)規劃報告及設計標的相關資料之檢討及建議。

(2)基本設計圖文資料：

A構造物及其環境配置規劃設計圖。

B基本設計圖。如平面圖、立面圖、剖面圖及其他基本設計圖＿＿＿＿＿＿（由甲方於招標時載明，無者免填）。

C結構及水、電、空調、消防等設備系統研擬。

D工程材料方案評估比較。

□E構造物型式及工法方案評估比較。

□F特殊構造物方案評估比較。

□G構造物耐震對策評估報告。
□H構造物防蝕對策評估報告。
□I綱要規範。
□J無障礙及共融式環境設計準則之研擬及檢討。
(3)量體計算分析及法規之檢討。
□(4)細部設計準則之研擬。
(5)營建剩餘土石方之處理方案。（工程規模及土石方產出量符合第8條第17款第7目約定者需提報土石方規劃設計內容及收容處理建議說明書）。
(6)施工可行性報告（施工規劃及施工初步時程之擬訂，並包含施工場地、施工動線、交通維持、施工技術工法、施工材料與設備機具、用水用電、借／棄土管制、管線遷移協調、施工程序、工程造價不逾預算、施工許可與證照之取得等）。
(7)工程施工安全風險管理報告（包含風險評估、危害辨識、對策研擬及執行追蹤等）。
(8)成本概估（含在預算內執行之可行性及說明）。
(9)採購策略及分標原則之研訂。
(10)基本設計報告。
□ 2.細部設計：
(1)細部設計圖文資料：
A建築工程圖文資料。如配置圖、平面圖、立面圖、剖面圖、排水配置圖、地質柱狀圖、天花板、門窗詳圖、裝修表、無障礙及共融式環境空間配置圖等。
B結構圖文資料。如結構詳圖、結構計算書等。
C設備圖文資料。如水、電、空調、消防、電信、機械、儀控等設備詳圖、計算書、規範等。
D安全衛生圖文資料（含分析工程潛在危險，並據以分析具體防止對策及相關因應之設施配置圖說規範與注意事項等）。
(2)施工或材料規範之編擬。
(3)工程或材料數量之估算及編製。
(4)成本分析及估算。（需爲在預算內可執行之施工經費，其中安全衛生費用應依本目第1子目之D之成果逐項核實編列）
□(5)施工計畫（含選定工法及具體施工步驟之說明；□及生態保育措施（甲方應另計與生態保育措施內容有關之費用。））及交通維持計畫之擬訂。
(6)分標計畫及施工進度之擬訂及整合。（含在期程內可完成之施工期程及其因應對策）
(7)發包預算及招標文件之編擬（乙方提供之預算書圖以___份爲限，由甲方於招標時載明；未載明者以5份爲

限）。

□ 3.代辦申請建築執照與水、電、空調、消防或電信之工程設計圖說資料送審。

□ 4.協辦招標及決標：

(1)各項招標作業，包括參與標前會議、設計、施工說明會。

(2)招標文件之釋疑、變更或補充。

(3)投標廠商、分包廠商及設備製造商資格之審查及諮詢。

(4)開標、審標及提供決標建議。

(5)契約之簽訂。

(6)招標、開標、審標或決標爭議之處理。

5.其他與設計有關之技術服務：＿＿＿＿＿＿（由甲方於招標時載明，無者免填）。

□(三)監造：

1.監督施工廠商依照設計圖說施工，其工作包含：

(1)擬訂監造計畫並依核定之計畫內容據以執行。

(2)派遣人員留駐工地，持續性監督施工廠商按契約及設計圖說施工及查證施工廠商履約。

(3)審查及管制施工廠商之施工計畫、品質計畫、施工圖。

(4)校驗施工廠商放樣、施工基準測量及各項測量。

(5)監督施工廠商執行工地安全衛生及環境保護等工作。

(6)審查履約估驗計價。

(7)審查竣工圖表、工程結算明細表。

2.遵守建築法令所規定監造人應辦事項，其工作內容包含：

(1)起造人會同承造人及監造人申請開工。

(2)承造人會同監造人按時申報勘驗。

(3)起造人會同承造人及監造人申請使用執照。

(4)施工中如有建築法第58條各款情事，應通知承造人及起造人修改；未依照規定修改者，應即申報該管主管建築機關處理。

3.查核建築材料之規格及品質，其工作包含：

(1)審查及管制施工廠商器材樣品。

(2)監督及查驗施工廠商辦理材料及設備之品質管理工作。

(3)監督機電設備測試及試運轉。（無機電設備者免）

4.其他約定之監造事項，其工作包含：

(1)審查及管制施工廠商之預定進度、趕工計畫、工期展延與其他送審案件。

(2)審查重要分包廠商及設備製造商資格。

(3)監督施工廠商執行交通維持工作。

⑷查證與管理履約進度。
⑸協調及整合履約界面。
⑹建議及協辦契約變更事宜。
⑺審查契約所載其他結算資料。
⑻協辦驗收事宜。
⑼協辦履約爭議之處理。
⑽其他與監造有關之技術服務：________（由甲方於招標時載明，無者免填）

㈣其他：勾選下列項目者，甲方應於招標時列出項目及價金之空白欄位供廠商報價，或載明固定費用，決標後據以訂定契約。第1目至第3目，於該作業成果報告經甲方核可後，給付______%（由甲方於招標時載明，未載明者爲90%），其餘費用於______（由甲方於招標時載明，未載明者爲全案驗收後）給付。

□ 1.規劃階段辦理測量、地質調查、鑽探及試驗、土壤調查及試驗、水文氣象觀測及調查、材料調查及試驗、模型試驗及其他調查、試驗或勘測。
□ 2.基本設計階段辦理非與已辦項目重複之詳細測量、詳細地質調查、鑽探及試驗及招標文件所載其他詳細調查、試驗或勘測。
□ 3.細部設計階段辦理非與已辦項目重複之補充測量、補充地質調查、補充鑽探及試驗及其他必要之補充調查、試驗。
□ 4.各階段環境影響評估及相關說明書、報告書之編製及送審。
□ 5.水土保持計畫之辦理及送審。
□ 6.申請公有建築物候選綠建築證書。（請甲方檢視契約第8條第17款第4目後勾選，如有要求高於合格級之綠建築者，請另於契約載明）
□ 7.申請公有建築物綠建築標章。（請甲方檢視契約第8條第17款第4目後勾選，如由施工廠商負責取得者，請勿勾選；如有要求高於合格級之綠建築者，請另於契約載明）
□ 8.申請公有建築物候選智慧建築證書。（請甲方檢視契約第8條第17款第5目後勾選，如有要求高於合格級之智慧建築者，請另於契約載明）
□ 9.申請公有建築物智慧建築標章。（請甲方檢視契約第8條第17款第5目後勾選，如由施工廠商負責取得者，請勿勾選；如有要求高於合格級之智慧建築者，請另於契約載明）
□ 10.本案屬公有新建建築物，且工程預算未達新臺幣5千萬元，應通過日常節能與水資源2項指標，由乙方以自主檢查方式辦理。（請甲方檢視契約第8條第17款第6目並確

定無但書情形後勾選）

□ 11.本案須採用「建築資訊建模（Building Information Modeling）」。（甲方應於契約第8條第17款第17目載明乙方於各階段提出BIM建置計畫及各項工作成果之事項，本項交付之內容必須能夠提供甲方查詢、3D展示或其他相關應用，且必須提供甲方在無需另行添購軟體情況下，可以檢視各3D BIM模型）

□ 12.都市設計審議。

□ 13.建築物交通影響評估報告。

□ 14.涉關鍵基礎設施（或甲方指定之設施），全程陪同或監督管理施工廠商及其分包廠商履約人員執行工作（含臨時性進場者）。

□ 15.________（類似上述送審作業事項）。

第二條附件二　公共工程（不包括建築工程）之規劃設計監造

一、甲方應視個案特性及實際需要配合辦理下列事項，但已納為乙方服務項目者，不在此限：

㈠提供規劃設計需求資料。

㈡提供必要之土地、地上物等產權相關資料。

㈢提供必要之基地鑑界資料。

㈣提供必要之基地地形測量資料。

㈤提供必要之地質鑽探試驗報告等資料。

㈥工程預算總金額（或工程發包經費上限）。

㈦其他________（由甲方於招標時載明，無者免填）。

上開原由甲方辦理事項，如甲方於決標後改委由乙方代為辦理，其服務費用應另行約定。

二、乙方提供之服務：（甲方視委託辦理項目勾選）

□㈠規劃：

1.勘察工程基地。

2.繪製工程基地位置圖。

□ 3.可行性研究結果之檢討及建議。

□ 4.計畫相關資料之補充、分析及評估。

□ 5.運輸規劃。

□ 6.都市計畫、區域計畫等之規劃。

7.施工計畫、交通維持計畫、監測及緊急應變等初步規劃。

8.製作規劃圖說。如配置圖、平面圖、立面圖及具代表性之剖面圖等草案構想。

9.製作工程計畫書。如設計準則、規範等級說明、構造物型式及施工法（含特殊構造物方案及比較）、材料種類、結構及設備系統概要說明、□構造物耐震及防蝕對策、□營建土石方處理、工程計畫期程、工程經費概算等初步建議。

□10.生態環境調查、研擬環境友善措施，提出合宜之工程配置方案，甲方應另計其費用。

□依工程會訂定之「公共工程生態檢核注意事項」辦理。

□其他：＿＿＿＿＿（由甲方依自行訂定之各類工程生態友善機制辦理，於招標時載明）。

11.安全衛生初步規劃（含各方案之潛在危險辨識）。

12.使用期限規劃及維護管理策略。

13.規劃報告。

14.其他與規劃有關之技術服務：＿＿＿＿＿（由甲方於招標時載明，無者免填）

□(二)設計：（□落實環境友善措施規劃作業成果於工程設計中，甲方應另計其費用。）

□1.基本設計：

□(1)規劃報告及設計標的相關資料之檢討及建議。

(2)基本設計圖文資料：

A構造物及其環境配置規劃設計圖。

B基本設計圖。如平面圖、立面圖、剖面圖及其他基本設計圖＿＿＿＿＿（由甲方於招標時載明，無者免填）。

C結構及設備系統研擬。

D工程材料方案評估比較。

E構造物型式及工法方案評估比較。

□F特殊構造物方案評估比較。

□G構造物耐震對策評估報告。

□H構造物防蝕對策評估報告。

□I綱要規範。

(3)量體計算分析及法規之檢討。

☒(4)細部設計準則之研擬。

(5)營建剩餘土石方之處理方案。（工程規模及土石方產出量符合第8條第17款第7目規定者需提報土石方規劃設計內容及收容處理建議說明書）。

(6)施工可行性報告（施工規劃及施工初步時程之擬訂，並包含施工場地、施工動線、交通維持、施工技術工法、施工材料與設備機具、用水用電、借／棄土管制、管線遷移協調、施工程序、工程造價不逾預算、施工許可與證照之取得等）。

(7)工程施工安全風險管理報告（包含風險評估、危害辨識、對策研擬及執行追蹤等）。

(8)成本概估（含在預算內執行之可行性及說明）。

(9)採購策略及分標原則之研訂。

(10)基本設計報告。

□2.細部設計：

(1)細部設計圖文資料：

A工程圖文資料。如配置圖、平面圖、立面圖、剖面圖、排水配置圖、地質柱狀圖等。
B結構圖文資料。如結構詳圖、結構計算書等。
C設備圖文資料。如水、電、空調、消防、電信、機械、儀控等設備詳圖、計算書、規範等。
D安全衛生圖文資料（含分析工程潛在危險，並據以分析具體防止對策及相關因應之設施配置圖說規範與注意事項等）。

(2)施工或材料規範之編擬。
(3)工程或材料數量之估算及編製。
(4)成本分析及估算（需為在預算內可執行之施工經費，其中安全衛生費用應依本目第(1)子目之D之成果逐項核實編列）。
(5)施工計畫（含選定工法及具體施工步驟之說明；□及生態保育措施（甲方應另計與生態保育措施內容有關之費用））及交通維持計畫之擬訂。
(6)分標計畫及施工進度之擬訂及整合（含在期程內可完成之施工期程及其因應對策）。
(7)發包預算及招標文件之編擬（乙方提供之預算書圖以___份為限，由甲方於招標時載明；未載明者以5份為限）。

□ 3.代辦申請構造物興建許可與水、電、空調、消防或電信之工程設計圖說資料送審。
□ 4.協辦下列招標及決標有關事項：
(1)各項招標作業，包括參與標前會議、設計、施工說明會。
(2)招標文件之釋疑、變更或補充。
(3)投標廠商、分包廠商、設備製造廠商資格之審查及諮詢。
(4)開標、審標及提供決標建議。
(5)契約之簽訂。
(6)招標、開標、審標或決標爭議之處理。
5.其他與設計有關之技術服務：___________（由甲方於招標時載明，無者免填）

□(三)監造：
1.擬訂監造計畫並依核定之計畫內容據以執行。
2.派遣人員留駐工地，持續性監督施工廠商按契約及設計圖說施工及查證施工廠商履約。
3.施工廠商之施工計畫、品質計畫、預定進度、施工圖、器材樣品、趕工計畫、工期展延與其他送審案件之審查及管制。
4.重要分包廠商及設備製造商資格之審查。
5.施工廠商放樣、施工基準測量及各項測量之校驗。

6.監督及查驗施工廠商辦理材料及設備之品質管理工作。
7.監督施工廠商執行工地安全衛生、交通維持及環境保護等工作。
8.履約進度查證與管理及履約估驗計價之審查。
9.有關履約界面之協調及整合。
10.契約變更之建議及協辦。
11.機電設備測試及試運轉之監督。
12.審查竣工圖表、工程結算明細表及契約所載其他結算資料。
13.驗收之協辦。
14.協辦履約爭議之處理。
15.其他與監造有關之技術服務：＿＿＿＿（由甲方於招標時載明，無者免填）

㈣其他：勾選下列項目者，甲方應於招標時列出項目及價金之空白欄位供廠商報價，或載明固定費用，決標後據以訂定契約。第1目至第3目，於該作業成果報告經甲方核可後，給付＿＿%（由甲方於招標時載明，未載明者為90%），其餘費用於＿＿＿（由甲方於招標時載明，未載明者為全案驗收後）給付。）

□ 1.規劃階段辦理測量、地質調查、鑽探及試驗、土壤調查及試驗、水文氣象觀測及調查、材料調查及試驗、模型試驗及其他調查、試驗或勘測。
□ 2.基本設計階段辦理非與已辦項目重複之詳細測量、詳細地質調查、鑽探及試驗及招標文件所載其他詳細調查、試驗或勘測。
□ 3.細部設計階段辦理非與已辦項目重複之補充測量、補充地質調查、補充鑽探及試驗及其他必要之補充調查、試驗。
□ 4.各階段環境影響評估及相關說明書、報告書之編製及送審。
□ 5.水土保持計畫之辦理及送審。
□ 6.本案須採用「建築資訊建模（Building Information Modeling）」。（請甲方於契約第8條第17款第17目載明乙方於各階段提出BIM建置計畫及各項工作成果之事項，並載明其交付之內容必須能夠提供甲方查詢、3D展示或其他相關應用，且必須提供甲方在無需另行添購軟體情況下，可以檢視各3D BIM模型）
□ 7.涉關鍵基礎設施（或甲方指定之設施），全程陪同或監督管理施工廠商及其分包廠商履約人員執行工作（含臨時性進場者）。
□ 8.＿＿＿＿（類似上述送審作業事項）。

第二條附件三　公共工程之可行性研究

一、甲方應視個案特性及實際需要配合辦理下列事項，但已納為乙方服務項目者，不在此限：

(一)提供可行性研究需求說明。

(二)提供現有基地現況資料，譬如土地、地上物等產權相關資料。

(三)工程概算總金額。

(四)其他＿＿＿＿＿＿（由甲方於招標時載明，無者免填）

二、乙方提供之服務：（甲方視委託辦理項目勾選）

(一)可行性研究：

□(1)計畫概要之研擬。

□(2)初步踏勘及現況調查。

□(3)研究工址相關範圍既有地形圖、測量、地質、土壤、水文氣象、材料等資料蒐集及其他調查、試驗或勘測。

□(4)都市計畫、區域計畫等之調查及研究。

□(5)計畫需求調查及分析。

□(6)計畫相關資料之分析、整理及評估。

□(7)方案研擬及比較評估。

□(8)計畫成本之初估及經濟效益評估。

□(9)財務之分析及建議。

□(10)風險及不定性分析。

□(11)經營管理方式之研究。

□(12)初步運輸及交通衝擊評估。

□(13)可行性報告及建議。

□(14)其他與可行性研究有關且載明於招標文件或契約之技術服務。

其他附件

一、針對交通、水利、環保等工程之技術服務項目，請甲方視個案特性及實際需要自行訂定工作事項。

二、工程規模及土石方產出量如符合第8條第17款第7目規定者，應包含土石方規劃設計內容及收容處理建議說明。

第三條附件一　總包價法之公共工程技術服務費用編列參考表

總包價法公共工程技術服務費用明細表

主辦機關名稱			
工程計畫名稱			
工程計畫期程			
委託內容	□全部	□部分	□可行性研究 □規劃 □設計 □監造 □其他＿＿＿＿（由甲方於招標時載明，無者免填）

總包價法服務費用（本表服務費用含薪資、管理費用、利潤、營業稅以外之其他稅負）

階段別	服務費用	起迄年月
可行性研究	第一期	
	第二期	
	（期數由甲方依進度及付款條件自行設定）	
	合計	
規劃	第一期	
	第二期	
	（期數由甲方依進度及付款條件自行設定）	
	合計	
設計	第一期	
	第二期	
	（期數由甲方依進度及付款條件自行設定）	
	合計	
監造	第一期	
	第二期	
	（期數由甲方依進度及付款條件自行設定）	
	合計	
其他 （由甲方於招標時載明，無者免填）		
小計(一)		

其他費用

作業項目	說明	金額	起迄年月

其他費用小計㈡	
營業稅㈢（以自然人身分投標者，本項填零）	
總費用㈣	

第三條附件二　服務成本加公費法之公共工程技術服務費用編列參考表

公共工程技術服務費用明細表

主辦機關名稱			
工程計畫名稱			
工程計畫期程			
委託內容	□全部	□部分	□可行性研究 □規劃 □設計 □監造 □其他______（由甲方於招標時載明，無者免填）

直接薪資表

階段別	職別	月實際薪資	月實際薪資另加__%，作為不扣薪假與特別休假之薪資費用（由甲方依實際需要於招標時明定，但不得超過實際薪資之百分之十六。免檢據核銷。）	月實際薪資另加__%，作為非經常性給與之獎金（由甲方依實際需要於招標時明定，但不得超過實際薪資之百分之三十。檢據核銷。）	依法由雇主負擔之勞工保險費、積欠工資墊償基金提繳費、全民健康保險費、勞工退休金（核實給付）					起迄年月
可行性研究										
規劃										

設計										
監造										
其他										
（由甲方於招標時載明，無者免填）										
直接薪資小計(一)										

其他直接費用

作業項目	說明	單位	單價	金額	起迄年月
其他費用小計(二)					
管理費用(三)					
直接費用小計(四)＝(一)＋(二)＋(三)					
公費(五)					
營業稅(六)（以自然人身分投標者，本項填零）					
總計(七)＝(四)＋(五)＋(六)					

附註：

一、直接費用小計：直接薪資小計(一)＋其他直接費用小計(二)＋管理費用(三)＝直接費用小計(四)

二、具體工作內容描述：

(一)各時程管控。（得以期程表管控）

(二)預算管控。（得以概估預算表管控）

(三)□可行性研究。

㈣□規劃。
㈤□設計。
㈥□監造。
㈦□其他＿＿＿＿＿＿＿＿（由甲方於招標時載明，無者免填）。

三、服務成本加公費法運用說明

服務成本加公費法之編列要項，依機關委託技術服務廠商評選及計費辦法之規定：

技術服務費用：由直接費用、公費及營業稅組成，而直接費用又包括直接薪資、其他直接費用、管理費用三項，茲將計算公式臚列如下：

公式：技術服務費用總額＝直接費用＋公費＋營業稅
＝（直接薪資＋其他直接費用＋管理費用）＋公費＋營業稅

⑴直接費用

A.直接薪資：請檢討委託技術服務就各階段作業之詳細工作項目，並估算所需工作量（以人月數爲主），依次填列於預估直接薪資表內。

本表填列之原則，應以各職別之人員依人力配置計畫所示。計算原則如下：

甲、全程參與專案人員之人月數之估算，約略可與各階段實際期程相等估算。

乙、每人月以平均每月180工作小時計，用月報表（TIME SHEET），按實填具每月彙整。

丙、司機等非專案專業人員之薪資不得編入直接費用項下。

B.其他直接費用（請依機關委託技術服務廠商評選及計費辦法第26條第1項第1款第3目規定編列）

C.管理費用（依機關委託技術服務廠商評選及計費辦法第26條第1項第1款第2目規定）：

全部管理費用不得超過直接薪資扣除非經常性給與之獎金後之百分之一百。

⑵公費（依機關委託技術服務廠商評選及計費辦法第26條第1項第2款及第5項規定）：

公費應爲定額且不得大於0.25×（直接薪資－非經常性給與之獎金＋管理費用）

⑶直接薪資＝實際薪資＋不扣薪假與特別休假之薪資費用（不得超過實際薪資之16%）＋非經常性給與之獎金（不得超過實際薪資之30%）＋依法應由雇主負擔之（勞工保險費＋積欠工資墊償基金提繳費＋全民健康保險費＋勞工退休金）

費用編列參考表

公共工程技術服務費用明細表

主辦機關名稱			
工程計畫名稱			
工程計畫期程			
委託內容	□全部	□部分	□可行性研究 □規劃 □設計 □監造 □其他＿＿＿＿＿（由甲方於招標時載明，無者免填）

按月（或按日或按時）薪資表（本表薪資含營業稅以外之其他稅負）

階段別	職別	月薪	人數	服務月數	人月數	薪資小計	起迄年月
可行性研究							
規劃							
設計							
監造							
其他＿＿＿（由甲方於招標時載明，無者免填）							
薪資小計(一)							

其他費用

作業項目	說明	單位	單價	金額	起迄年月

其他費用小計(二)					
營業稅(三)（以自然人身分投標者，本項填零）					
總費用(四)					

第五條附件一　建築工程適用

一、總包價法或建造費用百分比法之給付

(一)第一期：簽約時，乙方提送服務實施計畫書或說明，經甲方核可後，給付契約價金之百分之十。

(二)其他各期：

1.規劃設計服務費部分：

(1)規劃（5%）

(2)基本設計（10%）

(3)細部設計（20%）

(4)工程案決標（5%）

(5)工程驗收後（5%）

甲方得依規劃設計工程大小、工作期程及工作複雜性適當增加給付期數。

2.監造服務費部分（由甲方擇一於招標時載明）：

□得依工程進度之每10%（或甲方另行訂定）請款一次。

□得每月請款一次。

請款金額依「監造服務費×當期工程進度」計。

(三)如採建造費用百分比法計費者，用以計算服務費用之建造費用，於建造工程決標前，暫以工程預算金額代之。因暫代而溢付者，應予扣回。

(四)變更契約後應依新給付總價調整後期應給付金額，如有溢付情形時於下一期請款時扣抵。

第五條附件二　建築工程以外各類工程適用

一、總包價法或建造費用百分比法之給付

㈠設計服務費部分

1.第一期：簽約時，乙方提送服務實施計畫書或說明，經甲方核可後，給付契約價金之百分之十。

2.其他各期：

⑴設計原則及草案（5%）

⑵基本設計（30%）

⑶細部設計（30%）

⑷工程案決標（10%）

⑸工程竣工後（15%）

甲方得依設計工程大小、工作期程及工作複雜性適當增加給付期數。

㈡監造服務費部分（由甲方擇一於招標時載明）：

□依工程施工進度每月請款一次。
請款金額依「監造服務費×當期工程進度」計

□依監造進度每月請款一次。（監造進度：依契約規定辦理監造之已監造日期／工程契約工期總日數）
請款金額依「監造服務費×監造進度」計

㈢如採建造費用百分比法計費者，用以計算服務費用之建造費用，於建造工程決標前，暫以工程預算金額代之。因暫代而溢付者，應予扣回。

㈣變更契約後應依新給付總價調整後期應給付金額，如有溢付情形時於下一期請款時扣抵。

第五條附件三　可行性研究

由甲方視個案特性及實際需要訂定符合所需之給付條件，納入契約執行。

第八條附件　「土石方規劃設計內容及收容處理建議說明書」補充規定

一、【目的】

「土石方規劃設計內容及收容處理建議說明書」（以下簡稱本說明書）之撰擬，係為使各公共工程主辦機關（以下簡稱機關）迅速掌握規劃設計圖說內有關土石方減量、平衡作法及預計產出餘土數量，並利評估後續收容處理之可行性，俾據以決定餘土收容處理之最適方案，並合理編列相關預算。

二、【適用條件】

機關委託規劃設計時，應於技術服務招標文件規定：土石方出土達3千立方公尺以上或需土達5千立方公尺以上者，規劃設計單位提送機關審查之成果應包含本說明書所載事項。

三、【說明書內容】

㈠機關應督促規劃設計單位充分掌握工區土石方調查、鑽探

等資料及潛在之餘土收容處理場所或交換工程對象等資訊，以土石方減量、平衡之原則，辦理土石方之相關規劃設計作業，並提出餘土收容處理之具體可行建議。

㈡本說明書內容撰擬之項目及重點如下：

項次	項目	重點
一	土石方減量、平衡等設計作法	1. 說明規劃設計圖說有關土石方減量、平衡等理念及具體作法。 2. 應配合整體施工土石方之自我平衡目標，考量個案工程之減量、平衡。 3. 經評估施工產出土石方之處理或交換有實際困難者，必要時仍應以工程手法克服。
二	預定出土之工程區位、土質種類、數量及預計時程	1. 依據工地調查、鑽探及相關佐證資料，說明預定出土之工程區位、土質種類及總數量。 2. 依據規劃設計圖説採用之工法及預估施工期程，說明施工各階段預定出土之工程區位、土質種類、數量及預計時程。
三	良質土石方成本估算及處理建議	1. 依據工地調查、鑽探及相關資料，按規劃設計圖説數量及近期市場行情，推估良質土石方成本。 2. 考量工地環境、運輸道路、良質土石方之數量及估算成本，具體建議機關可採行之良質土石方處理方式，例如價值列入競標之工程項目、標售等。
四	潛在之土石方收容處理場所或交換工程	協助甲方進行「營建剩餘土石方資訊服務中心」網路申報並充分掌握及詳細說明潛在之土石方收容處理場所或交換工程對象，包含地點、收土總類、容量或處理能量等資訊。
五	土石方處理建議	1. 依第二項「預定出土之工程區位、土質種類、數量及預計時程」及第四項「潛在之土石方收容處理場所或交換工程」，具體建議機關可採行之土石方最適處理方案及替代方案。 2. 土石方處理方案，應就「納入工程施工契約內」、「另案辦理土石方收容處理採購」、「另案自行設置收容處理場所」、「土石方交換」或其他等各種處理方案，分別評估及比較優劣條件、成本及可行性。 3. 出土達 **50** 萬立方公尺以上，應評估自行設置、審查或特約收容處理場所。
六	土石方運輸及處理成本分析	1. 依第五項「土石方處理建議」，說明預算書及單價分析表有關土石方運輸及處理成本之分析依據及合理性。 2. 對於劣質土石方： (1) 考量出土地點及土質，檢討運輸及處理成本是否足夠？ (2) **B6**、**B7** 類土石方如擬以 **B3**、**B4** 類土石方向內政部營建署營建剩餘土石方資訊服務中心辦理申報，應具體說明土質加工改良之工地設備、方法及相關成本。
七	需土工程與交換對象可行性分析	協助甲方進行「營建剩餘土石方資訊服務中心」網路申報並掌握所需土質種類、數量、潛在交換對象及評估來源適宜性。

四、【說明書之提送及應用】

㈠規劃設計單位就所提出之圖樣及書表內有關土石方規劃設計內容及收容處理相關建議，併提本說明書送機關審查。

㈡機關審查本說明書後，應據以決定餘土收容處理之後續採

行方案（如「納入工程施工契約內」、「另案辦理土石方收容處理採購」、「另案自行設置收容處理場所」、「土石方交換」或其他等），並合理編列餘土之收容處理相關預算，工程方能辦理發包。

㈢前項餘土之收容處理，機關如採行納入工程施工契約內由施工廠商辦理：

1. 參據本說明書及工程會訂頒之「工程採購契約範本」第9條訂定契約相關內容。
2. 本說明書提供施工廠商於工地實際產出餘土前，作為其擬訂剩餘土石方處理計畫之參考。

五、【其他配合事項】

本計畫書內容之詳實度及可行性，工程會於辦理經費審議作業將嚴格審查，並列入各工程施工查核小組查核之重點。

肆、公物及公共設施篇

市區道路條例

①民國54年1月28日總統令制定公布全文34條。
②民國91年4月24日總統令修正公布第2、4、5、23、30至32條條文。
③民國93年1月7日總統令修正公布第2、3、9、23、27、32至34條條文；並增訂第33-1條條文。
民國93年5月28日行政院令發布除第33-1條外定自94年1月1日施行。

第一條（適用範圍）
市區道路之修築、改善、養護、使用、管理及經費籌措，依本條例之規定；本條例未規定者，適用其他法律。

第二條（市區道路之範圍）93
市區道路，指下列規定而言：
一 都市計畫區域內所有道路。
二 直轄市及市行政區域以內，都市計畫區域以外所有道路。
三 中央主管機關核定人口集居區域內所有道路。

第三條（市區道路附屬工程之範圍）93
市區道路附屬工程，指下列規定而言：
一 連接道路之渡口、橋樑、隧道等。
二 道路之排水溝、護欄、涵洞、緣石、攔路石、擋土牆、路燈及屬於道路上各項標誌、號誌、管制設施、設備等。
三 迴車場、停車場、安全島、行道樹等。
四 無障礙設施。
五 經主管機關核定之其他附屬工程。

第四條（主管機關）91
市區道路主管機關：在中央為內政部；在直轄市為直轄市政府；在縣（市）為縣（市）政府。

第五條（修築、改善、養護機關）91
市區道路之修築、改善及養護，其在縣轄區內者，得由各有關鄉（鎮、市）公所辦理之。

第六條（市區道路修築之系統寬度標準）
①市區道路之修築，其系統及寬度，應依照都市計劃之規定辦理；未有都市計劃者，應依據第三十二條所訂定之市區道路工程設計標準，參酌當地實際需要及可能發展，擬訂道路系統圖，並註明寬度，連同修築計劃，經報上級市區道路主管機關核定後，公布施行。
②前項道路系統圖經核定公布施行後，建築主管機關應即規定建築物之境界線。

第七條　（附屬工程之列入修築計劃）

市區道路修築時，應同時將第三條各款附屬工程，視其需要，列入修築計劃一併辦理。

第八條　（修築計劃之擬訂核定程序）

擬訂市區道路修築計劃時，應先與必須附設於道路範圍內之下水道、自來水、電力、郵政電信、瓦斯、水圳、堤堰、鐵路交叉道、公共汽車站等各該事業之主管機關聯繫，取得協議，修築計劃報經核定後，各該事業附設於道路範圍內之設施，必須配合道路修築計劃辦理。

第九條　（道路兩旁騎樓地平面之標準）93

①市區道路兩旁建築物之騎樓及無遮簷人行道地平面，應依照市區道路及附屬工程設計標準及配合道路高程建造，不得與鄰接地平面高低不平。

②前項地平面因建造時無指定高程或因地形特殊致未與鄰接地平面齊平者，直轄市、縣（市）市區道路主管機關得視都市發展需求，指定路段編列預算，或得與該建築物所有權人、使用人或管理人共同負擔工程費，統一重修。

③第一項地平面因擅自改建致不合市區道路及附屬工程設計標準或造成阻塞者，直轄市、縣（市）市區道路主管機關應以書面通知該建築物所有權人、使用人或管理人限期於二個月內自行改善。

第一〇條　（土地徵收）

修築市區道路所需土地，得依法徵收之。

第一一條　（道路用地範圍內障礙建築物之處置列入計劃事項）

①市區道路用地範圍內原有障礙建築物之拆除、遷讓、補償事項，應於擬訂各該道路修築計劃時，一併規劃列入。

②修築計劃確定公告後，通知所有權人，限期拆除或遷讓，必要時並得代爲執行。

③前項限期，不得少於三個月。

第一二條　（立體交叉設置）

兩條主要道路交叉或與公路鐵路相交處，應視交通量及交通安全之需要，由市區道路主管機關與有關機關協商，儘量建立立體交叉通過之。

第一三條　（道路改善加舖路面）

市區道路改善加舖路面時，其寬度在十五公尺以內者，應一次全寬舖設。

第一四條　（過寬道路之分期完成計劃）

市區道路因計劃寬度過寬，不能一次完成者，得擬具分期完成計劃，報經上級主管機關核定辦理。原有道路寬度不合規定者，應一律逐漸拓寬。

第一五條　（工程期間限制通行）

①在修築道路工程進行期間，得限制車輛、行人通行或規定改道通行。

②前項期間應行公告，不得拖延。如因特殊事故，不能如期完工時，其所需展延期間，亦應公告之。

第一六條（道路用地範圍禁建）

道路用地範圍內，除道路及其附屬工程，暨第八條規定必須附設於道路範圍內之各項設施外，禁止其他任何建築；其有擅自建築者，勒令拆除之，並依第三十三條之規定，予以處罰。

第一七條（公路路線之限制）

公路路線應儘量避免穿越市區中心，其必須通過市區，並將市區道路一部分劃為公路系統時，其經過之路線及寬度，由公路主管機關與同級市區道路主管機關協商辦理，並會報上級主管機關核定之。

第一八條（公路系統之市區道路工程設計標準）

前條經核定劃為公路路線系統之市區道路，其工程設計標準，應依照都市計劃或市區道路主管機關之規定，由公路主管機關與同級市區道路主管機關協商辦理之。但不得低於該公路路線之工程設計標準，如因公路工程標準變更，致高於原市區道路工程設計標準時，應改選路線系統或繞越市區外通過。

第一九條（市區道路跨越二行政區之管理）

市區道路之渡口、橋樑、隧道、跨越兩個行政區域時，由雙方主管機關協商共同管理，或由上級主管機關指定一方管理之。

第二〇條（水圳、堤堰等建築物與市區道路發生依賴作用之管理）

水圳、堤堰及其他有關建築物，與市區道路發生互相依賴作用時，由各該主管機關就效用大小會商，劃交效用較大方面管理之。

第二一條（代管）

內政部為適應特別需要，得會商有關機關，將市區道路之一部或全部，令原主管機關劃交其他機關代管；不需要時，仍應交由原主管機關管理。

第二二條（徵收工程受益費）

市區道路依本條例修築或改善時，得依市縣工程受益費徵收條例之規定，徵收工程受益費。

第二三條（經費籌措）93

①市區道路修築、改善、養護之經費，依下列各款籌措之：

一　由各該管主管機關或鄉（鎮、市）公所編列年度預算。

二　市區道路使用費。

三　依法徵收之工程受益費。

四　汽車燃料使用費。

五　私人或團體之捐獻。

六　上級機關之補助。

七　其他經中央主管機關核定之經費。

②前項第二款市區道路使用費，應向使用市區道路設置管線或設施者收取；其收費基準，由內政部定之。

③第一項第四款汽車燃料使用費，由公路主管機關統一徵收；其分配比例，由交通部會商內政部辦理之。

第二四條　（修築道路及經費預算經議會同意）

市區道路之修築及經費預算，應提經各該級議會之同意。

第二五條　（公路系統市區道路之主辦機關）

市區道路劃爲公路系統者，其修築、改善、養護計劃之擬訂及經費之分擔，由公路與市區道路主管機關協商辦理之。

第二六條　（經費負擔）

市區道路之修築、改善、養護所需經費，除依第二十三條之規定籌措外，其因與其他機關或私人團體共同使用之道路，或有關之添建、增建、附建等工程所需經費，應由地方主管機關與共同使用機關或私人團體協商共同負擔，或由一方單獨負擔。

第二七條　（道路損壞之修復）93

①因施作工程有挖掘市區道路之必要者，該項工程主管機關（構）、管線事業機關（構）或起造人應向該管市區道路主管機關申請許可，並繳交許可費。但爲維護生命、財產、公共安全之必要，採取緊急應變措施者，得事後補行申請。

②市區道路主管機關爲前項許可時，除國家重大工程外，應採取下列方式之一辦理：

一　向申請人收取道路挖補費，並配合其工程進度，進行開挖及修復道路。

二　協調或要求申請人自行統一施工，並監督其施工及命其限期完成修復道路。

③未依第一項規定申請許可，擅自開挖道路者，除依第三十三條規定予以處罰外，並得命其限期自行修復或繳交道路修復費，由市區道路主管機關代爲修復。

④市區道路主管機關得視實際需要，於道路修復後之一定期間內限制該路段之挖掘。

⑤前四項業務及相關道路開挖、規劃及管理事項，市區道路主管機關得委託其他機關（構）或團體辦理。

⑥市區道路主管機關收取第二項第一款之道路挖補費及第三項之道路修復費者，應成立道路基金，其基金收支保管及運用辦法，由該管直轄市或縣（市）政府定之，並報內政部備查。

第二八條　（限制道路使用）

市區道路主管機關於必要時，得限制道路之使用。

第二九條　（維護道路義務及保持清潔義務）

沿市區道路附近居民，有協助維護道路及保持道路清潔之義務。

第三〇條　（工程機構之設置）91

直轄市、縣（市）政府得經上級市區道路主管機關核准，設立工程機構，經常辦理道路修築、改善及養護事項。

第三一條　（道路行政、建設情形之報告）91

直轄市、縣（市）政府應於每一會計年度終了二個月內，將上

一年度轄區內道路行政及建設情形，彙編報告，報內政部備查。

第三二條 （市區道路管理規則、市區道路工程設計標準）93

①市區道路及附屬工程設計標準應依據維護車輛、行人安全、無障礙生活環境及道路景觀之原則，由內政部定之。

②直轄市或縣（市）政府所轄市區道路分工權責、設施維護、使用管制、障礙清理等管理事項之規定，由直轄市或縣（市）政府分別定之，並報內政部備查。

第三三條 （罰則）93

①違反第十六條或第二十七條第一項規定，擅自建築或開挖道路者，市區道路主管機關得處新臺幣三萬元以上十五萬元以下罰鍰。

②未依第二十七條第二項第二款規定，於期限內修復道路或修復不良者，市區道路主管機關得處新臺幣三萬元以上十五萬元以下罰鍰，並得按次連續處罰。

第三三條之一 （罰則）93

違反第九條第三項規定，未遵期自行改善完成者，處新臺幣五千元以上二萬五千元以下罰鍰，並得按月連續處罰，至其完成改善爲止。

第三四條 （施行日）93

①本條例自公布日施行。

②本條例修正條文施行日期，由行政院定之。

自來水法

①民國55年11月17日總統令制定公布全文113條。
②民國84年6月29日總統令增訂公布第12-1條條文。
③民國86年5月21日總統令修正公布第50條條文。
④民國91年12月18日總統令修正公布第2至4、6、10、11、12-1、13、14、25至27、30至32、35、38、39、42、46、49、55、58至60、81、107、108、110、112條條文；增訂第93-1至93-6條條文；並刪除第15、37條條文。
⑤民國93年6月30日總統令修正公布第12-1、41、50、56、59、60、93條條文；並增訂第12-2、12-3、60-1條條文。
⑥民國94年5月18日總統令修正公布第12-3條條文。
⑦民國96年1月24日總統令修正公布第110條條文；並增訂第110-1條條文。
⑧民國98年1月21日總統令修正公布第23條條文；並增訂第17-1、61-1條條文。
⑨民國99年1月27日總統令修正公布第12-2、59條條文。
⑩民國99年6月15日總統令修正公布第12-2條條文。
⑪民國101年12月19日總統令修正公布第61條條文。
⑫民國102年1月16日總統令修正公布第12-2、52、53、61-1條條文；並增訂第12-4條條文。
⑬民國103年1月29日總統令修正公布第93條條文。
民國103年3月24日行政院公告第12-1條第2項、第12-2條第4項所列屬「行政院原住民族委員會」之權責事項，自103年3月26日起改由「原住民族委員會」管轄。
⑭民國105年5月4日總統令修正公布第12-1、12-2、50條條文；增訂第六章之一章名及第95-1、95-2、98-1條條文；並刪除第60-1條條文。
⑮民國108年12月4日總統令增訂公布第61-2條條文。
⑯民國110年2月3日總統令修正公布第61-1條條文。
⑰民國112年6月28日總統令修正公布第8、97條條文；並增訂第97-1、97-2條條文。

第一章　總　則

第一條　（立法意旨）
①為策進自來水事業之合理發展，加強其營運之有效管理，以供應充裕而合於衛生之用水，改善國民生活環境，促進工商業發達，特制定本法。
②本法未規定者，適用其他法律。
第二條　（主管機關）91
①自來水事業之主管機關：在中央為水利主管機關；在直轄市為

直轄市政府；在縣（市）為縣（市）政府。
②供水區域涉及二個以上行政區域之自來水事業，以其上一級之主管機關為主管機關。

第三條（中央主管機關辦理事項）91

中央主管機關辦理左列事項：

一　有關自來水事業發展、經營、管理、監督法令之訂定事項。
二　有關全國性自來水事業發展計畫之訂定及監督實施事項。
三　有關直轄市及縣（市）自來水事業之監督及輔導事項。
四　有關供水區域涉及二個以上直轄市、縣（市）之自來水事業規劃及管理事項。
五　有關供水區域之劃定事項。
六　有關跨供水區域供水之輔導事項，以及停止、限制供水之執行標準與相關措施之訂定。
七　其他有關全國性之自來水事業事項。

第四條（直轄市主管機關辦理事項）91

直轄市主管機關辦理左列事項：

一　有關直轄市內自來水事業法規之訂定事項。
二　有關直轄市內自來水事業計畫之訂定及實施事項。
三　有關直轄市公營自來水事業之經營管理事項。
四　有關直轄市內公營、民營自來水事業之監督及輔導事項。
五　有關供水區域之核定事項。
六　其他有關直轄市或中央主管機關指定之自來水事業事項。

第五條（縣主管機關辦理事項）

縣（市）（局）主管機關辦理左列事項：

一　有關縣（市）（局）內自來水事業單行規章之訂定事項。
二　有關縣（市）（局）內自來水事業計劃之訂定及實施事項。
三　有關縣（市）（局）公營自來水事業之經營管理事項。
四　有關鄉鎮公營自來水事業之監督及輔導事項。
五　有關縣（市）（局）內民營自來水事業之監督及輔導事項。
六　其他有關縣（市）（局）內之自來水事業事項。

第六條（專設機構）91

中央及直轄市主管機關為建設管理及監督自來水事業，得專設機構。

第七條（以公營為原則）

自來水事業為公用事業，以公營為原則，並得准許民營。

第八條 112

公營之自來水事業為法人，或政府所設事業機構，其組織由主管機關定之，並應以企業方式經營，以事業發展事業。

第九條（民營組織）

民營之自來水事業應依法組織股份有限公司。

第一〇條　（水質）91

自來水事業所供應之自來水水質，應以清澈、無色、無臭、無味、酸鹼度適當，不含有超過容許量之化合物、微生物、礦物質及放射性物質爲準；其水質標準，由中央主管機關會商中央環境保護及衛生主管機關定之。

第一一條　（水質水量保護區）91

①自來水事業對其水源之保護，除依水利法之規定向水利主管機關申請辦理外，得視事實需要，申請主管機關會商有關機關，劃定公布水質水量保護區，依本法或相關法律規定，禁止或限制左列貽害水質與水量之行爲：

一　濫伐林木或濫墾土地。

二　變更河道足以影響水之自淨能力。

三　土石採取或探礦、採礦致污染水源。

四　排放超過規定標準之工礦廢水或家庭污水，或其總量超過目的事業主管機關所訂之標準。

五　污染性工廠。

六　設置垃圾掩埋場或焚化爐、傾倒、施放或棄置垃圾、灰渣、土石、污泥、糞尿、廢油、廢化學品、動物屍骸或其他足以污染水源水質物品。

七　在環境保護主管機關指定公告之重要取水口以上集水區養豬；其他以營利爲目的，飼養家禽、家畜。

八　以營利爲目的之飼養家畜、家禽。

九　高爾夫球場之興建或擴建。

十　核能或其他能源之開發、放射性廢棄物儲存或處理場所之興建。

十一　其他足以貽害水質、水量，經中央主管機關會商目的事業主管機關公告之行爲。

②前項各款之行爲，爲居民生活或地方公共建設所必要，且經主管機關核准者，不在此限。

第一二條　（原有建築物及土地使用）

①前條水質水量保護區域內，原有建築物及土地使用，經主管機關會商有關機關認爲有貽害水質水量者，得通知所有權人或使用人於一定期間內拆除、改善或改變使用。其所受之損失，由自來水事業補償之。

②前項補償金額，如雙方不能達成協議時，由主管機關核定之。

第一二條之一　（土地減免賦稅區域及標準）105

①水質水量保護區依都市計畫程序劃定爲水源特定區者，其土地應視限制程度減免土地增值稅、贈與稅及遺產稅。

②前項土地減免賦稅區域及標準，由中央主管機關會同財政部、內政部及原住民族委員會擬訂，報請行政院核定。

第一二條之二　（水源保育與回饋費之徵收及支用）105

①於水質水量保護區內取用地面水或地下水者，除該區內非營利之家用及公共給水外，應向中央主管機關繳交水源保育與回饋

費。其為工業用水或公共給水之公用事業，得報經中央主管機關同意後，於其公用事業費用外附徵百分之五以上百分之十五以下之費額。供農業使用者，中央主管機關及中央農業主管機關應編列預算補助。補助對象及方式之辦法，由中央主管機關會同中央農業主管機關定之。

②前項水源保育與回饋費之徵收項目、對象、計算方式、費率、徵收方式、繳費流程、繳納期限、繳費金額不足之追補繳、取用水資源量之計算方法及其他應遵行事項之收費辦法，由中央主管機關會商有關機關依水源或用水標的分別定之。

③第一項水源保育與回饋費得納入中央主管機關水資源相關基金管理運用，專供水質水量保護區內辦理水資源保育與環境生態保育基礎設施、居民公共福利回饋及受限土地補償之用，其支用項目如下：

一　辦理水資源保育、排水、生態遊憩觀光設施及其他水利設施維護管理事項。
二　辦理居民就業輔導、具公益性之水資源涵養與保育之地方產業輔導、教育獎助學金、醫療健保及電費、非營利之家用自來水水費補貼、與水資源保育有關之地方公共建設等公共福利回饋事項。
三　發放因水質水量保護區之劃設，土地受限制使用之土地所有權人或相關權利人補償金事項。
四　原住民族地區租稅補助事項。
五　供緊急使用之準備金。
六　徵收水源保育與回饋費之相關費用事項。
七　使用水源保育與回饋費之必要執行事項。
八　其他有關居民公益及水資源教育、研究與保育事項。

④前項第三款之補償應視土地使用現況、使用面積及受限制程度，發給補償金，並由主管機關與土地所有權人或相關權利人締結行政契約。補償對象以私有土地所有權人或相關權利人為優先，其發放標準及契約範本，由中央主管機關會同原住民族委員會及相關部會定之。其行政契約應明訂所有權人或相關權利人土地容許使用項目、違約處罰方式等。

⑤支用於第三項第一款至第五款、第七款及第八款之經費，由水質水量保護區專戶運用小組依其區內土地面積及居民人口比例，分配運用於區內各鄉（鎮、市、區）。但原住民族鄉應從優考量。

⑥水質水量保護區內非營利之家用自來水水費減半收取，其減收費額由水源保育與回饋費支應。保護區內原住民地區非屬自來水供水系統之簡易供水設施，應加速辦理。

⑦同一鄉（鎮、市、區）公所跨二以上保護區者，其水源保育與回饋費，得經各該保護區之運用小組協調及審議通過後運用之。

第一二條之三　（水資源相關基金管理委員會之設立）94

①水資源相關基金應依各水質水量保護區分別設置專戶，各專戶並設置運用小組管理運用。專戶運用小組成員由相關中央主管機關、水質水量保護區與其用水地區地方主管機關、民意機關代表、居民代表及社會公正人士組成；其設置要點由水資源相關基金管理委員會定之。
②涉及原住民族地區之水質水量保護區，其專戶運用小組居民代表成員，應依比例由原住民居民代表擔任；其水源保育與回饋費，應依比例運用於原住民族地區。
③本法中華民國九十三年六月三十日修正公布施行前，附徵之水源特定區協助地方建設費用，於水源保育與回饋費徵收前，繼續於水價外附徵；其協助臺北水源特定區地方建設辦法，繼續適用。
④水源保育與回饋費徵收後，原依本法附徵之水源特定區協助地方建設費用，納入水源特定區專戶管理運用。

第一二條之四　（水源保育與回饋費之專用規定）102
①水質水量保護區符合下列情形之一者，其分配之水源保育與回饋費，應繳還中央主管機關水資源相關基金，並由中央主管機關撥交該水質水量保護區所屬縣市、直轄市政府主管機關統籌辦理水資源保育事項：
一　分配至公所年度經費逾五年未執行之餘額。
二　經專戶運用小組同意繳回之經費。
②水質水量保護區水源保育與回饋費經專戶運用小組同意，得運用於部分位於水質水量保護區同村（里）之全部行政區域。但以供水資源保育之公共建設事項為限。

第一三條　（區域供水）91
①中央主管機關得視自來水之水源分佈、工程建設及社會經濟情形，劃定區域，實施區域供水。
②前項經劃定之區域，中央主管機關得因事實需要修正或變更之。

第一四條　（合併經營）91
在劃定之供水區域內，中央主管機關得輔導二個以上自來水事業協議合併經營；如不能獲得協議時，並得以命令行之。

第一五條　（刪除）91

第一六條　（自來水）
本法所稱自來水，係指以水管及其他設施導引供應合於衛生之公共給水。

第一七條　（自來水事業）
本法所稱自來水事業，係指本法規定以經營自來水為目的之事業。

第一七條之一　（簡易自來水事業）98
本法所稱簡易自來水事業，係指自行開發水源或經合法取得水權，且自行設置及管理簡易供水處理系統，作為自來水使用之組織團體或事業經營體。

第一八條　（負責人）
本法所稱自來水事業負責人，在公營自來水事業，依其事業本身有關法令之規定；在民營自來水事業，依公司法之規定。

第一九條　（專營權）
本法所稱自來水事業專營權，係指經主管機關核准，於特定供水區域內，經營自來水事業之權。

第二〇條　（設備）
本法所稱自來水設備，包括取水、貯水、導水、淨水、送水及配水等設備。

第二一條　（自用設備）
①本法所稱自用自來水設備，係指專供自用之自來水設備，其出水量每日在三十立方公尺以上者。
②前項之出水量，指自用自來水設備之出水能力而言。

第二二條　（用戶）
本法所稱自來水用戶，係指依自來水事業營業章程之規定接用自來水者。

第二三條　（用水設備）98
①本法所稱用水設備，係指自來水用戶，因接用自來水所裝設之進水管、量水器、受水管、開關、分水支管、衛生設備之連接水管及水栓、水閥及加壓設施等。
②前項加壓設施中屬自來水事業依本法第六十一條規定無法供水者，自來水用戶為接用自來水，於總表後至建築物前所設置之加壓設備、蓄（配）水池、操作室、受水管、開關及水栓等設備，統稱為用戶加壓受水設備。

第二章　自來水事業專營權

第二四條　（水權登記）
①興辦自來水事業者，應依水利法之規定，向水利主管機關申請水權登記，暨與水權、水源有關之水利建造物之建造、改造或拆除之核准。
②前項申請，應由自來水事業主管機關核轉之。

第二五條　（專營權）91
①興辦自來水事業者，應於取得水權後一年內，塡具申請書，連同工程計畫及經營計畫，申請縣（市）主管機關，轉報中央主管機關核准其自來水事業專營權，發給自來水事業專營權證後，始得開工興建自來水工程；其在直轄市者，向直轄市主管機關申請辦理之。
②直轄市主管機關為前項自來水事業專營權之核准，應報請中央主管機關核備。在同一地區內，同時有二個以上之民營自來水事業興辦人，申請自來水事業專營權時，中央或直轄市主管機關得通知各該民營自來水事業興辦人，於一定期間內自行協議，協議不成時，由中央或直轄市主管機關核定之。

③第一項工程計畫及經營計畫應載明之事項，分別由中央、直轄市主管機關定之。

第二六條　（專營申請之駁回）91

中央或直轄市主管機關駁回自來水事業專營權之申請時，應同時通知水利主管機關撤銷其水權。

第二七條　（專營權證）91

①自來水事業專營權證應載明左列事項：

一　自來水事業之名稱及所在地。

二　自來水事業負責人。

三　水權證字號。

四　供水區域。

五　主要供水設備。

六　資本總額。

七　其他應行記載事項。

②前項各款記載之內容，非經中央或直轄市主管機關核准不得變更，變更時應換發自來水事業專營權證。

第二八條　（專營權期間）

自來水事業專營權之有效期間為三十年。

第二九條　（專營權管理規則）

中央主管機關為劃一自來水事業專營權之申請、核准及撤銷，得訂定自來水事業專營權管理規則。

第三〇條　（專營權之撤銷）91

興辦自來水事業者，於領得自來水事業專營權證後，對於第二十五條第一項工程計畫及經營計畫之實施，遇有左列情形之一時，除有正當理由申請中央或直轄市主管機關核准延期者外，由縣（市）主管機關報請中央主管機關撤銷其自來水事業專營權；其在直轄市者，由直轄市主管機關為之：

一　核定之工程開始日期起，經過三個月尚未開工者。

二　核定之工程完成日期起，經過一年尚未完工者。

三　核定之開始供水日期起，經過三個月尚未供水者。

第三一條　（執照）91

①興辦自來水事業者，於工程設施完成後，應報請中央主管機關查驗合格，發給自來水事業執照始得營業；其向直轄市主管機關申請興辦自來水事業者，應報請直轄市主管機關查驗合格，發給自來水事業執照始得營業。

②依水利法之規定，須向水利主管機關申請核准之有關水權、水源之水利建造物，由水利主管機關查驗之。

第三二條　（歇業）91

自來水事業於開始營業後，非經中央或直轄市主管機關核准不得歇業；其經核准歇業者，應於核准後三十日內，將其自來水事業營業執照呈繳中央或直轄市主管機關註銷。

第三三條　（管線之通過權）

自來水事業之輸送幹管線路，經主管機關核准後，得通過其他

自來水事業之供水區域。

第三四條　（供水範圍）

自來水事業除有左列情形之一者外，不得供水於其供水區域以外之地區：

一　經主管機關核准供水與另一自來水事業者。

二　經主管機關特別指定供水與國防事業者。

三　無自來水地方居民申請供水，經主管機關核准供水者。

四　因災變或其他緊急事故，鄰近自來水事業停止供水，一時不及修復，必須緊急暫時供水者。

第三五條　（移轉）91

自來水事業之移轉，應經中央或直轄市主管機關核准，並換發自來水事業專營權證。

第三六條　（設定權利之禁止）

自來水事業專營權，除移轉外，不得爲設定權利之標的。

第三七條　（刪除）91

第三八條　（繼續經營）91

①自來水事業專營權有效期間屆滿，公營自來水事業，應於有效期間屆滿之一年前，爲繼續經營之申請；民營自來水事業，主管機關得予收歸公營。但應於有效期間屆滿之二年前通知之。

②主管機關對於決定收歸公營之民營自來水事業，得於其專營權有效期間屆滿後，定期先行接管，同時依第四十條之規定協議或評定收購價格。

③主管機關未爲前項收歸公營之通知，而原自來水事業申請繼續經營時，應核准其繼續經營。

④繼續經營自來水事業，其專營權有效期間以十年爲一期。

第三九條　（收歸公營）91

①民營自來水事業於專營權有效期間屆滿後無意繼續經營者，應於有效期間屆滿之二年前申報縣（市）主管機關轉報中央主管機關；其在直轄市者，申報直轄市主管機關。

②中央或直轄市主管機關收受前項申報後，應即籌劃收歸公營或公告招商承受經營；其由直轄市主管機關辦理者，並報中央主管機關核備。

第四〇條　（評價）

①民營自來水事業收歸公營時，其收購價格如雙方不能獲得協議，由政府及民營自來水事業各聘專家二人，再由雙方所聘之專家推定另一專家，組織評價委員會，依照左列方法，評定其價格：

一　依據該自來水事業現有全部資產核實估價。

二　依據該自來水事業創立之投資，及營業期內增置設備，擴充改良，一切資產價額，減去廢棄設備價額、折舊準備及其提存之各種準備金暨用戶公積金之餘額。

②前項另一專家人選之推定，不能獲致協議時，雙方所聘之專家應各提二人以上相等人數之專家名單，由政府及民營自來水事

業共同申請所在地法院選定之。

第四一條　（處分及設定負擔之限制）93

①自來水事業管有之不動產及自來水設備，非報經中央或直轄市主管機關核准，不得處分或設定負擔。

②違反前項規定者，其處分或設定負擔無效。

第三章　工程及設備

第四二條　（工程設施標準）91

①自來水事業之工程設施標準，分別由中央及直轄市主管機關訂定之。

②依水利法之規定，須向水利主管機關申請核准之有關水權、水源之水利建造物，其工程設施標準，由水利主管機關核定之。

第四三條　（應具設備）

自來水事業應具有左列必要之設備：

一　取水設備、應具備集取必需原水水量之能力。

二　貯水設備、應具備必要之貯水能力，俾枯水季節，原水無缺。

三　導水設備、應設置適當之抽水機、導水管及其他設備，以導送必需之原水。

四　淨水設備、應設置適當之沉澱池、過濾池、消毒、水質控制及其他淨水設備。

五　送水設備、應設置適當之抽水機、送水管及其他設備，以輸送必需之清水。

六　配水設備、應設置適當之配水池、抽水機、配水管及其他配水設備。

第四四條　（調查記錄）

自來水事業對其水源，應經常作有關水質及水量之調查及紀錄。

第四五條　（逐日記錄）

自來水事業對於水質之控制，各種自來水設備之操作及供水之水量、水壓等，均應逐日紀錄，以備查考。

第四六條　（消防設置）91

①自來水事業應配合公共消防設置救火栓。其設置標準，分別由中央及直轄市主管機關會商消防主管機關定之。

②前項設置救火栓所增加之各種費用，由所在地地方政府、鄉鎮（市）公所酌予補助。

第四七條　（管線獨立）

自來水系統之送水及配水管線，不得與其他管線相連接。

第四八條　（供水能力）

自來水事業為預防供水發生故障，應有適當之備用供水能力，並應採取種種適當措施，儘量減少斷水之可能性與時間。

第四九條　（檢驗辦法）91

自來水事業對各項設備應定期檢驗並記錄檢驗結果。其檢驗辦法，分別由中央及直轄市主管機關訂定之。

第五〇條　（用水設備）105

①自來水用戶用水設備，應依用水設備標準裝設，並經自來水事業或由自來水事業委由相關專業團體代為施檢合格後，始得供水。

②前項用水設備標準，由中央主管機關定之。

第五一條　（工程上必要之使用）

自來水事業因工程上之必要，得洽商有關主管機關使用河川、溝渠、橋梁、涵洞、堤防、道路等，但以不妨礙其原有效用為限。

第五二條　（地下埋設權）102

自來水事業於其供水區內或直轄市、縣（市）政府於轄區內因自來水工程上之必要，得在公、私有土地下埋設水管或其他設備，工程完畢時，應恢復原狀，並應事先通知土地所有權人或使用人。

第五三條　（損害補償及爭議處理）102

①前條使用公、私有土地，應擇其損害最少之處所及方法為之，如有損害，應按損害之程度予以補償。

②前項處所、方法選擇及補償如有爭議時，自來水事業、土地所有權人或使用人得報請直轄市、縣（市）主管機關核定之。

③前項爭議補償之裁量基準，由中央主管機關定之。

④第二項補償核定且償金發放或提存完成後，土地所有權人或使用人不得拒絕自來水事業或直轄市、縣（市）政府之使用。自來水事業並得請求直轄市、縣（市）政府協助使用之。

第五四條　（拆遷補償）

自來水事業依第五十一條、第五十二條之規定，埋設於都市計劃區域內公有道路及其預定地之水管或其他設備，因都市計劃之變更，必須遷移或拆除者，自來水事業得請求補償。其補償金額由雙方協議決定，協議不成，由主管機關核定之。

第五五條　（有礙衛生或健康之處理）91

①自來水事業發覺其所供給之水，有礙衛生時，應將使用該水之危險，登載當地報紙，或以其他方法予以公告，並普遍通知關係人，同時應立即改善；如情形嚴重妨害人體健康時，應即報請直轄市或縣（市）主管機關核准停止供水。

②凡發覺自來水有礙衛生或妨害人體健康者，應迅即通知該自來水事業予以處理。

第五六條　（工程之規劃、設計、監造及鑑定）93

①自來水事業工程之規劃、設計、監造及鑑定，在中央主管機關指定規模以上者，應經依法登記執業之水利技師或相關專業技師簽證。但政府機關或公營自來水事業機構起造之自來水事業工程，得由該機關或機構內依法取得水利技師或相關專業技師證書者辦理。

②前項相關專業技師之科別，由中央主管機關會商中央技師主管機關公告之。

第五七條　（聘僱人員之資格）

①自來水事業所聘僱之總工程師、工程師，均以登記合格之工程技師為限。其他施工、管理、化驗、操作等人員，應具有專科之技術，並經考驗合格。

②前項考驗辦法由中央主管機關訂定之。

第四章　營　業

第五八條　（營業章程）91

①自來水事業應訂定營業章程，報經主管機關核准後公告實施，修改時亦同。

②供水條件及自來水事業與用戶雙方應遵守事項，須於前項營業章程內訂明。

第五九條　（水價）99

①自來水價之訂定，應考量自來水供應品質，以水費收入抵償其所需成本，並獲得合理之利潤。其計算公式及詳細項目，由主管機關訂定；其由直轄市或縣（市）主管機關訂定者，應報請中央主管機關核定之。

②自來水事業依前項規定擬定水價詳細項目或調整水費，應申請主管核定之；其由直轄市或縣（市）主管機關核定者，應報中央主管機關備查。

③用戶使用度數較上年度同期比較如負成長，自來水事業體得視營業收支盈虧狀況，給予費用折扣，其辦法由主管機關會同自來水事業訂定。

④第一項合理利潤，應以投資之公平價值，並參酌當地通行利率、利潤訂定。

第六〇條　（調整水價）93

中央主管機關應成立水價評議委員會，委員會由政府機關、學者專家、消費者團體等各界公正人士組成，負責水費之調整，其組織規程由中央主管機關定之。

第六〇條之一　（刪除）105

第六一條　（供水義務）101

①自來水事業在其供水區域內，對於申請供水者，非有正當理由，不得拒絕。

②無自來水地區居民，申請自來水供水之用戶設備外線費用，得由政府逐年編列預算補助，並應優先補助低收入戶；其施設簡易自來水者，亦同。

③前項補助辦法，由中央主管機關定之。

④第一項申請供水者，對拒絕供水如有異議，得申請主管機關核定之

第六一條之一　110

①第二十三條規定之用戶加壓受水設備所使用之私有土地應由用戶取得該私有土地之所有權或地上權，始得供水。
②前項用戶加壓受水設備之受水管所使用土地，取得私有土地所有權人同意書且完成設置者，得予以供水。
③用戶加壓受水設備所使用土地爲公有土地，應取得公有土地管理機關使用許可或同意書。
④用戶加壓受水設備所使用土地爲既成計畫道路，經道路主管機關許可挖掘埋設者，用戶得免取得所有權或設定地上權，並得爲必要之維護與更新。
⑤用戶加壓受水設備所使用之土地非屬用戶所有，但自自來水事業供水日起，使用年限已達十年以上者，其用戶就該等土地視爲有地上權存在，得於直轄市、縣（市）主管機關同意，並保證工程完畢後恢復原狀下，在取得土地所有權前爲必要之維護與更新。
⑥用戶使用他人私有或公有土地，應擇其損害最少之處所及方法爲之，並予以補償。
⑦前項處所、方法選擇及補償如有爭議時，用戶、土地所有權人或使用人得報請直轄市、縣（市）主管機關核定之。
⑧第六項補償之核定，得適用第五十三條第三項之裁量基準。
⑨第一項加壓受水設備委託自來水事業代管者，自來水事業得計收工程改善費、操作維護費及其他一切必要之費用，其標準由自來水事業訂定，報請主管機關備查。

第六一條之二 108

①自來水用戶因接用自來水所裝設之進水管所使用土地爲既成計畫道路或供公衆通行具有公用地役關係之公路、道路或現有巷道，且經直轄市、縣（市）主管機關核定許可挖掘埋設者，用戶免取得所有權人同意書或設定地上權，並得爲必要之維護與更新。
②自來水用戶因接用自來水所裝設之進水管使用他人私有或公有土地埋設之進水管，應擇其損害最少之處所及方法爲之，如有損害，應按損害之程度予以補償。
③前項處所、方法選擇及補償如有爭議時，用戶、土地所有權人或使用人得報請直轄市、縣（市）主管機關核定或送鄉、鎭、市（區）公所調解委員會進行調解，調解不成立者，應於接到調解不成立證明書後三十日內向司法機關訴請處理。
④前項補償之土地，如爲既成計畫道路或供公衆通行具有公用地役關係之公路、道路或現有巷道，其補償得適用第五十三條第三項之裁量基準。
⑤第四項土地所有權人或使用人經提出補償爭議核定，且由自來水用戶負責該提出者之補償金發放或法院提存完成後，該土地所有權人或使用人不得拒絕自來水用戶、自來水事業或直轄市、縣（市）政府之使用。自來水用戶、自來水事業並得請求直轄市、縣（市）政府協助排除妨阻以使用之。

第六二條（停水）

①自來水事業對自來水用戶應經常供水，如因災害、緊急措施或工程施工而停止全部或一部供水時，應將停水區域及時間事先通告周知，並呈報所在地主管機關核備；但停止供水事故係臨時發生者，得於事後補報。其有特殊情形必須連續停水達十二小時以上或定時供水者，應先申請所在地主管機關核准，並公告周知。

②自來水用戶對於前項停止供水，不得要求任何損失賠償。

第六三條（量水器）

①自來水事業向自來水用戶收取水費，應儘量裝置量水器，以度數計算，每一立方公尺水量爲一度，並得呈經主管機關核准後規定每月用水底度。

②自來水事業裝置前項量水器，得向用戶酌收使用費。

第六四條（其他方法計費）

自來水事業向未裝量水器之自來水用戶收取水費，得申請主管機關核准以其他方法計算，並得規定每月最低費額。

第六五條（補助費）

自來水事業爲因應尙未埋設幹管地區個別自來水用戶供水需要，須增加或新裝配水幹管時，得按其成本向個別用戶收取二分之一以下之補助費。

第六六條（加收水費）

自來水事業依第三十四條第三款之情形供水時，得報請主管機關核准加收水費。

第六七條（優待用水）

自來水事業對消防用水，不得收取水費。對其他有關市政之公共用水，應予以優待；其優待辦法由所在地主管機關訂定之。

第六八條（檢查用水）

自來水事業得派其穿著制服之從業人員，隨帶身份證明文件，於白晝檢查自來水用戶之用水設備，查錄用水量或收取水費，自來水用戶非有正當理由不得拒絕。

第六九條（憲警協助）

自來水事業對竊水或違章用水，須實施檢查及處理時，除得依前條規定辦理外，並得隨時報請所在地憲警機關協助辦理。

第七〇條（停水原因）

①自來水事業因左列情形之一，得對自來水用戶停止供水：

一　有竊水行爲，證據確實者。

二　用水設備或其裝置方式經檢驗不合規定，在指定期間未經改善者。

三　無正當理由拒絕第六十八條、第六十九條之檢查者。

四　欠繳應付各費逾期二個月，經限期催繳仍不清付者。

五　拒絕裝設量水器者。

六　有違反第四十七條之情事，經通知改正，延不辦理者。

②自來水事業應於前項各款停水原因消滅時恢復供水。

第七一條　（竊水）
自來水事業對於竊水者，依其所裝之用水設備及按自來水事業之供水時間暨當地供水狀況，追償三個月以上一年以下之水費。

第七二條　（檢校）
①自來水用戶對其用水設備、量水器失效或不準確，或水質不清潔時，得請求自來水事業派員檢校。
②前項檢校結果，除因量水器失效或不準確或水質不清潔外，得酌收檢校費用。

第五章　自用自來水設備

第七三條　（施工）
①凡設置自用自來水設備者，應於開工前檢具申請書、工程計劃書向所在地主管機關申請核准登記後，始得施工。
②本法施行前已設置之自用自來水設備，應於本法施行日起六個月內補辦核准登記。

第七四條　（查驗）
自用自來水設備於工程完成後，應報請所在地主管機關查驗，並核轉水利主管機關查驗有關水權、水源之水利建造物合格，發給自用自來水設備登記證，始得供水。

第七五條　（變更登記）
自用自來水設備登記之主要事項如有變更時，其所有人應於變更一個月內，向所在地主管機關辦理變更登記。

第七六條　（餘水供應）
自用自來水設備除因災變或緊急事故爲緊急之供水外，如有餘水，經所在地主管機關核定，得供應左列用途：
一　當地尚無自來水，應居民之申請作暫時之供水。
二　售與當地自來水事業轉爲供水。

第七七條　（水質）
自用自來水設備供應之自來水，其水質應合於本法第十條之規定。

第七八條　（管理人）
自用自來水設備所有人，應指定管理人；未經指定者，以該所有人爲管理人。

第七九條　（準用規定）
本法第四十七條、第五十一條、第五十六條、第八十六條，於自用自來水設備適用之。

第六章　監督與輔導

第八〇條　（擅建之處置）
未依本法之規定申請核准，擅自興建自來水工程或經營自來水

事業者，主管機關應勒令其停止或停業。

第八一條　（人員報備）91

自來水事業各級負責人及依第五十七條應具備特定資格之人員，應於就任或解任日起十五日內層報主管機關備查。

第八二條　（限期改善）

①自來水事業辦理不善時，主管機關得限期令其改善；逾期不改善者，得擬具監理計劃報請上級主管機關核准後監督其業務，並予整頓，繼續供水。

②前項監理之自來水事業，在整頓完善後停止其監理。

第八三條　（視同無意經營）

自來水事業拒絕監理整頓，或於監理期間未能合作，致使監理計劃無法實施時，主管機關得視同申報無意經營，依本法第三十九條之規定辦理之。

第八四條　（水質改善）

自來水水質不合標準時，主管機關應令自來水事業改善；其情況嚴重者，應令其暫停供水。

第八五條　（設備違規）

自來水事業之主要設備有不合規定者，主管機關應限期令其修理或更換；如有發生危險之虞者，並應令其停止使用。

第八六條　（檢查權）

①主管機關得檢查自來水事業之各種設施、水質、水量、水壓器材及帳目文件，並索取各項有關資料與紀錄。

②水利主管機關依水利法之規定，對於自來水事業有關水權、水源之水利建造物，得隨時予以查驗，自來水事業不得拒絕。

第八七條　（月報年報）

①自來水事業應向主管機關編造月報及年報。

②前項報告格式及編送辦法，由中央主管機關訂定之。

第八八條　（設備更換之核准）

自來水事業擴充更換或拆除其主要設備時，應備具詳細計劃圖說報請主管機關核准。其有關水利法所規定之有關水權、水源之水利建造物，並由主管機關核轉水利主管機關核准之。

第八九條　（發行債券及增減資）

自來水事業發行債券或增減資本，除依其他有關法律規定外，應層報中央主管機關核准。

第九〇條　（超收費用之禁止）

自來水事業於法令核定之營業規則外，不得向自來水用戶增收任何費用；如有違反時，主管機關應勒令其將超收費用退還用戶。

第九一條　（令用自來水）

主管機關為促進公共衛生，保障人民安全，得令在供水區域內之工廠、餐館、旅社及其他公共場所接用自來水。

第九二條　（勒令改正）

主管機關發現有違反第四十七條所規定之情事，得勒令改正或

強制拆除。

第九三條　（承裝商之相關規定）103

①自來水管承裝商應向所在地直轄市或縣（市）政府申請許可並加入相關水管工程工業同業公會始得營業。自來水管承裝商之技工，應經考驗及格給予證書始得工作。

②自來水用戶用水設備之量水器後至水栓間裝設工程，向自來水事業申請供水時，應檢附相關水管工程工業同業公會核發之申請供水會員會籍證明單。但由自來水事業裝設、由自來水事業委託裝設或離島地區無公會單位者，不在此限。

③自來水管承裝商技工考驗辦法，由中央主管機關訂定之。

第九三條之一　（警告處分）91

①自來水管承裝商登記證應懸掛於營業處所明顯易見之處，所領承辦工程手冊專供工程單位驗證之需。

②自來水管承裝商承辦工程所用之材料，其規格應符合規定。

③自來水管承裝商違反前二項規定者，原登記直轄市或縣（市）政府應予警告處分。

第九三條之二　（停業處分）91

自來水管承裝商有左列情事之一者，原登記直轄市或縣（市）政府應予六個月以上二年以下停業處分：

一　違反前條規定，一年內受警告處分三次以上者。

二　違反承裝商分類資格規定承辦工程或未依分類資格規定聘僱專任技術員或技工者。

三　未依第九十三條之六所定管理辦法之規定，辦理申請變更事項者。

四　施工或經營管理事項，違反第九十三條之六所定管理辦法有關施工計畫之規定，情節重大者。

第九三條之三　（營業許可之廢止）91

①自來水管承裝商有左列情事之一者，直轄市或縣（市）主管機關應廢止其營業許可：

一　喪失營業能力或停業超過二年，未依限申請復業者。

二　受停業處分，未在規定期限內將許可證書、承辦工程手冊或技術員工工作證繳還，經限期催繳，屆期仍不繳還者。

三　二年內受停業處分二次以上及受停業處分累積達三年者。

四　出售或轉借營業許可證書或頂替使用者。

五　有圍標情事者。

②經依前項規定廢止許可者，三年內不得再行依第九十三條第一項規定申請許可。

第九三條之四　（警告處分）91

自來水管承裝技術員工於施工時，未隨身攜帶工作證者，原登記直轄市或縣（市）政府應予警告處分。

第九三條之五　（處分）91

①自來水管承裝技術員工，經受警告處分三次以上、將工作證塗改或交付他人使用者，原登記直轄市或縣（市）政府應予停止

工作二個月以上六個月以下之處分。

②自來水管承裝技術員工受停止工作處分二次以上者，主管機關應廢止其工作證，並於一年內不得受自來水管承裝商僱用。

第九三條之六（管理辦法之訂定）91

自來水管承裝商許可之資格、條件、申請程序及其分類、施工計畫與所屬技術員工之聘用、資格及其他應遵行事項，其管理辦法，由中央主管機關定之。

第九四條（恢復供水貸款）

自來水事業因不可抗力遭受重大損害時，為求迅速恢復供水，得向中央或地方政府請求撥借材料或貸款。

第九五條（保護義務）

自來水事業之一切設備，地方政府及軍憲警人員，有隨時保護之責。

第六章之一　節約用水 105

第九五條之一（用水設備、衛生設備或其他設備之產品應具省水標章）105

①法人、團體、個人於國內銷售中央主管機關指定之用水設備、衛生設備或其他設備之產品，該產品應具省水標章。

②前項省水標章之核發、標示、有效期限、展延、廢止、撤銷、銷售與裝設之查核及其他應遵行事項之辦法，由中央主管機關定之。

③第一項應具省水標章之用水設備、衛生設備或其他設備之產品，其種類、範圍及開始適用日期，由中央主管機關公告之。

第九五條之二（獎勵節水技術研發規定）105

中央主管機關應鼓勵民間參與節水技術研發；其獎勵辦法，由中央主管機關定之。

第七章　罰　則

第九六條（罰則）

在水質、水量保護區域內，妨害水量之涵養、流通或染汙水質，經制止不理者，處一年以下有期徒刑、拘役或五百元以下罰金。

第九七條 112

①以竊取、毀壞或其他非法方法危害第四十三條自來水事業必要設備之功能正常運作者，處五年以下有期徒刑、拘役或科或併科新臺幣一百萬元以下罰金。

②前項情形致釀成災害者，加重其刑至二分之一；因而致人於死者，處五年以上十二年以下有期徒刑，得併科新臺幣一千萬元以下罰金；致重傷者，處三年以上十年以下有期徒刑，得併科新臺幣五百萬元以下罰金。

第一項之未遂犯罰之。

第九七條之一 112

①以竊取、毀壞或其他非法方法危害與公共安全有關之自來水事業取水、貯水、導水、淨水、送水、配水必要設施或設備之功能正常運作者，處一年以上七年以下有期徒刑，得併科新臺幣一千萬元以下罰金。

②意圖危害國家安全或社會安定，而犯前項之罪者，處三年以上十年以下有期徒刑，得併科新臺幣五千萬元以下罰金。

③前二項情形致釀成災害者，加重其刑至二分之一；因而致人於死者，處無期徒刑或七年以上有期徒刑，得併科新臺幣一億元以下罰金；致重傷者，處五年以上十二年以下有期徒刑，得併科新臺幣八千萬元以下罰金。

④第一項及第二項之未遂犯罰之。

⑤第一項所定與公共安全有關之自來水事業取水、貯水、導水、淨水、送水、配水之必要設施、設備，由中央主管機關會商相關機關及自來水事業，衡酌其規模、供水量、所在地區、影響民眾生命、身體、財產安全程度及影響經濟產業程度等因素公告之；其異動時，亦同。

第九七條之二 112

①對前條第一項設施或設備之核心資通系統，以下列方法之一，危害其功能正常運作者，處一年以上七年以下有期徒刑，得併科新臺幣一千萬元以下罰金：

一　無故輸入其帳號密碼、破解使用電腦之保護措施或利用電腦系統之漏洞，而入侵其電腦或相關設備。

二　無故以電腦程式或其他電磁方式干擾其電腦或相關設備。

三　無故取得、刪除或變更其電腦或相關設備之電磁紀錄。

②製作專供犯前項之罪之電腦程式，而供自己或他人犯前項之罪者，亦同。

③意圖危害國家安全或社會安定，而犯前二項之罪者，處三年以上十年以下有期徒刑，得併科新臺幣五千萬元以下罰金。

④前三項情形致釀成災害者，加重其刑至二分之一；因而致人於死者，處無期徒刑或七年以上有期徒刑，得併科新臺幣一億元以下罰金；致重傷者，處五年以上十二年以下有期徒刑，得併科新臺幣八千萬元以下罰金。

⑤第一項至第三項之未遂犯罰之。

第九八條　（罰則）

有左列行為之一者為竊水，處五年以下有期徒列、拘役或五百元以下罰金：

一　未經自來水事業許可，在自來水事業供水管線上取水者。

二　繞越所裝量水器私接水管者。

三　毀損或改變量水器之構造，或用其他方法致量水器失效或不準確者。

四　未經自來水事業許可，擅自開啓消火栓取用自來水者。但

因消防需要而開啓不在此限。

第九八條之一　（於國內銷售未具省水標章產品之處罰）105

違反第九十五條之一第一項規定，於國內銷售未具省水標章之用水設備、衛生設備或其他設備之產品，處新臺幣四萬元以上二十萬元以下罰鍰，並令其限期改善；屆期未改善者，得按次處罰。

第九九條（罰則）

未依本法之規定申請核准，擅自興建自來水工程，或經營自來水事業者，處一千元以上三千元以下罰鍰。

第一〇〇條　（罰則）

違反第四十七條之規定，經主管機關或自來水事業通知限期改正仍不遵辦著，處一千元以下罰鍰。

第一〇一條　（罰則）

①自來水事業所供應之水，不合第十條規定標準者，處一千元以下罰鍰。

②自來水事業之負責人或其代理人或職司水質清潔之受僱人，明知自來水事業所供應之水，不合第十條規定標準而仍繼續供應，致引起疾病災害者，處五年以下有期徒刑。

③因過失供應不合第十條規定標準之水，致引起疫病災害者，處二年以下有期徒刑、拘役或五百元以上一千元以下罰金。

第一〇二條　（罰則）

①自來水事業違反第三十二條、第三十九條或第六十二條之規定，擅自停業或停止供水者，處二千元以上六千元以下罰鍰。

②自來水事業之負責人或其代理人或受僱人，因故意違反第三十二條、第六十二條規定而停止供水，致生公共危險或引起災害者，處五年以下有期徒刑。其因過失停止供水致發生公共危險或引起災害者，處二年以下有期徒刑，拘役或二千元以下罰金。

第一〇三條　（罰則）

自來水事業不遵守主管機關依第八十五條所發之命令者，處三千元以下罰鍰。

第一〇四條　（罰則）

①自來水事業於法令核定之營業規則外，向用戶收取任何費用者，處其超收總額三倍之罰鍰。

②自來水事業不依核定之水費或各種收費率或用水底度，向用戶增收費用者，處其增收總額三倍之罰鍰。

第一〇五條　（罰則）

自來水事業有左列情形之一者，處三千元以下罰鍰：

一　違反第三十一條規定，擅自營業者。

二　違反第三十三條規定，侵害其他自來水事業之專營權者。

三　違反第三十四條規定，擅自供水於其供水區域以外之地區者。

四　違反第三十五條規定，擅自移轉自來水事業專營權者。

五　違反第四十一條規定，將不動產，或自來水設備擅自處分或設定負擔者。

第一〇六條　（罰則）

①自來水事業有左列情形之一者，處五百元以下罰鍰：

一　違反第二十七條第二項規定者。

二　不依第五十七條第一項之規定，聘僱人員者。

三　違反第六十一條第一項之規定，拒絕供水者。

四　不依第八十一條之規定，申報備查者。

五　違反第八十六條之規定，拒絕檢查者。

六　不依第八十七條之規定申報者。

七　違反第八十八條之規定，擅自辦理者。

②設置自用自來水設備之人，違反第七十三條至第七十五條之規定者，依前項規定處罰。

第一〇七條　（罰則）91

①違反第九十三條第一項規定承辦自來水管承裝工程者，或自來水管承裝商經依第九十三條之三之規定，廢止其營業許可者，除由主管機關勒令停業外，處五百元以下罰鍰。

②自來水管承裝商經依第九十三條之二第二款之規定，處以停業處分者，並處三百元以下罰鍰。

第一〇八條　（罰則）91

不具承裝自來水管技術員工之資格，受僱自來水承裝商或經依第九十三條之五第二項之規定廢止其工作證者，除禁止其從事承裝自來水管工作外，處一百元以下罰鍰。

第一〇九條　（罰則）

依本法規定所處之罰鍰，如有抗不繳納者，移送法院強制執行之。

第八章　附　則

第一一〇條　（簡易自來水事業）96

①每日供水量在三千立方公尺以下之簡易自來水事業，得不適用第九條、第四十三條、第四十六條及第五十九條之規定，由直轄市或縣（市）主管機關另行訂定自治法規管理之。

②前項每日供水量在三百立方公尺以下之簡易自來水事業，得不適用第五十七條之規定。

③前二項簡易自來水事業得由所有權人或管理委員會代表人申請自來水事業同意後，由自來水事業代管或接管其供水系統。

第一一〇條之一　（代管收費標準之訂定）96

①自來水事業對於代管簡易自來水事業得酌收代管期間之操作維護費用及其他一切必要之費用，其費用由自來水事業訂定，報請主管機關備查。

②簡易自來水事業之所有權人或管理委員會於代管期間應將其供水系統設備、廠房、水權狀等列冊無償移交自來水事業使用管

理。

③前項簡易自來水事業如為接管者，其所有權人或管理委員會應將其供水系統設備、廠房等之所有權列冊無償點交使用。

④前二項簡易自來水事業設備等所使用之土地，若使用年限已達十年以上者，免辦理地上權或所有權移轉登記。自來水事業可無償使用，並視為有地上權。

⑤本法於中華民國九十六年一月五日修正後，新建每日供水量在一百立方公尺以上之簡易自來水事業，於已有埋設幹管地區，應申請自來水事業代管或接管，並納入供水系統後，始得供水。

第一一一條 （施行前事業）

本法施行前已經營之自來水事業，與本法之規定不符者，應於本法施行後一年內依本法之規定辦理之。

第一一二條 （施行細則）91

本法施行細則，由中央主管機關定之。

第一一三條 （施行日）

本法自公布日施行。

下水道法

①民國73年12月21日總統令制定公布全文35條。
②民國89年12月20日總統令修正公布第3至5、9至11、14、16、22、25、26、30條條文。
③民國96年1月3日總統令修正公布第21條條文。
④民國107年5月23日總統令修正公布第8、32條條文。

第一章　總　則

第一條　（立法目的）

為促進都市計畫地區及指定地區下水道之建設與管理，以保護水域水質，特制定本法；本法未規定者適用其他法律。

第二條　（用辭定義）

本法用辭之定義如左：

一　下水：指排水區域內之雨水、家庭污水及事業廢水。
二　下水道：指為處理下水而設之公共及專用下水道。
三　公共下水道：指供公共使用之下水道。
四　專用下水道：指供特定地區或場所使用而設置尚未納入公共下水道之下水道。
五　下水道用戶：指依本法及下水道管理規章接用下水道者。
六　用戶排水設備：指下水道用戶因接用下水道以排洩下水所設之管渠及有關設備。
七　排水區域：指下水道依其計畫排除下水之地區。

第三條　（主管機關）

本法所稱主管機關：在中央為內政部；在直轄市為直轄市政府；在縣（市）為縣（市）政府。

第四條　（中央主管機關辦理事項）

①中央主管機關辦理左列事項：

一　下水道發展政策、方案之訂定。
二　下水道法規之訂定及審核。
三　直轄市、縣（市）下水道系統發展計畫之核定。
四　直轄市、縣（市）下水道建設、管理與研究發展之監督及輔導。
五　下水道操作、維護人員之技能檢定及訓練。
六　下水道技術之研究發展。
七　跨越直轄市與縣（市）或二縣（市）以上下水道規劃、建設及管理之協調。
八　其他有關全國性下水道事宜。

②前項各款事項涉及環保及水利者，應會同中央環保及水利主管機關辦理之。

第五條　（直轄市主管機關辦理事項）

直轄市主管機關辦理左列事項：

一　直轄市下水道建設之規劃及實施。

二　直轄市下水道法規之訂定。

三　直轄市下水道技術之研究發展。

四　直轄市屬下水道之管理。

五　直轄市下水道操作、維護人員之訓練。

六　其他有關直轄市下水道事宜。

第六條　（縣主管機關辦理事項）

①縣主管機關辦理左列事項：

一　縣下水道建設之規劃及實施。

二　縣下水道單行規章之訂定。

三　縣屬下水道之管理。

四　鄉（鎮、市）下水道建設與管理之監督及輔導。

五　其他有關縣下水道事宜。

②省轄市下水道，由省轄市主管機關準用前項第一款至第三款及第五款之規定辦理。

第七條　（公共下水道之建設及管理）

公共下水道，由地方政府或鄉（鎮、市）公所建設及管理。但必要時，主管機關得指定有關之公營事業機構建設、管理之。

第八條　（專用下水道之建設、管理）107

①政府機關或公營事業機構新開發社區、工業區或經直轄市、縣（市）主管機關指定之地區或場所，應設置專用下水道，由各該開發之機關或機構建設、管理之。

②私人新開發社區、工業區或經直轄市、縣（市）主管機關指定之地區或場所，應設置專用下水道。但必要時，得由當地政府、鄉（鎮、市）公所或指定有關之公營事業機構建設、管理之。其建設費依建築基地及樓地板面積計算分擔之。

③前項應分擔之建設費於申請核發建造執照時，向各該建築物起造人徵收之。建設費徵收辦法，由中央主管機關定之。

第九條　（下水道機構）

中央、直轄市及縣（市）主管機關，爲建設及管理下水道，應指定或設置下水道機構，負責辦理下水道之建設及管理事項。

第二章　工程及建設

第一〇條　（工程設施標準）

下水道工程設施標準，由中央主管機關定之。

第一一條　（直轄市縣（市）區域性下水道計畫）

直轄市、縣（市）主管機關，應視實際需要，配合區域排水系統，訂定區域性下水道計畫，報請中央主管機關核定後，循法

定程序納入都市計畫或區域計畫實施。

第一二條　（下水道工程之施工）

下水道工程之施工，應與其他有關公共設施同時規劃並配合進行。

第一三條　（工程上必要之使用）

下水道機構因工程上之必要，得洽商有關主管機關使用河川、溝渠、橋樑、涵洞、堤防、道路、公園、綠地等。但以不妨礙原有效用爲限。

第一四條　（地下埋設權）

①下水道機構因工程上之必要，得在公、私有土地下埋設管渠或其他設備，其土地所有人、占有人或使用人不得拒絕。但應擇其損害最少之處所及方法爲之，並應支付償金。如對處所及方法之選擇或支付償金有異議時，應報請中央主管機關核定後爲之。

②因埋設前項管渠或其他設備，致其土地所有權人無法附建防空避難設備或法定停車場時，經當地主管建築機關勘查屬實者，得就該埋設管渠或其他設備直接影響部分，免予附建防空避難設備或法定停車場。

第一五條　（管渠設備施工牽涉其他地下設施之處置）

下水道機構因管渠或有關設備之規劃、設計與施工而須將其他地下設施爲必要之處置時，應事先與有關機關取得協議。協議不成，應報請主管機關會商有關機關決定之。

第一六條　（下水道機構臨時使用公私土地之情況）

下水道機構因勘查、測量、施工或維護下水道，臨時使用公、私土地時，土地所有人、占有人或使用人不得拒絕。但提供使用之土地因而遭受損害時，應予補償。如對補償有異議時，應報請中央主管機關核定後爲之。

第一七條　（由專業技師設計、規劃、監造）

下水道之規劃、設計及監造，得委託登記開業之有關專業技師辦理。其由政府機關自行規劃、設計及監造者，應由符合中央主管機關規定之技術人員擔任之。

第一八條　（由技能檢定合格人員操作、維護）

下水道設施之操作、維護，應由技能檢定合格人員擔任之。其技能檢定辦法，由中央主管機關定之。

第三章　使用、管理

第一九條　（下水道使用前之公告事項）

①下水道機構，應於下水道開始使用前，將排水區域、開始使用日期、接用程序及下水道管理規章公告週知。

②下水道排水區域內之下水，除經當地主管機關核准者外，應依公告規定排洩於下水道之內。

第二〇條　（用戶排水設備之管理維護）

用戶排水設備之管理、維護，由下水道用戶自行負責。

第二一條　（用戶排水設備之承裝）96

①用戶排水設備，應由登記合格之下水道用戶排水設備承裝商或自來水管承裝商承裝。承裝商僱用之技工，應經技能檢定合格，並經中央主管機關訓練合格。

②前項下水道用戶排水設備承裝商管理規則，由中央主管機關定之。

第二二條　（用戶排水設備之檢驗）

①用戶排水設備須經下水道機構檢驗合格，始得聯接於下水道。其檢驗不合格者，下水道機構應限期責令改善。

②用戶排水設備之標準，由中央主管機關定之。

第二三條（下水道用戶使用他人排水設備排洩下水之情況）

①下水道用戶非使用他人之排水設備不能排洩下水者，應申請下水道機構核准，始得聯接使用，並應按受益程度分擔其設置、使用及維護費用。

②前項用戶排水設備如需擴充、改良始得聯接使用者，其擴充、改良費用，由申請聯接之用戶負擔。

第二四條　（檢查排水設備）

下水道機構，得派員攜帶證明文件檢查用戶排水設備、測定流量、檢驗水質。

第二五條（下水水質標準）

①下水道可容納排入之下水水質標準，由下水道機構擬訂，報請直轄市、縣（市）主管機關核定後公告之。

②下水道用戶排洩下水，超過前項規定標準者，下水道機構應限期責令改善；其情節重大者，得通知停止使用。

第四章　使用費

第二六條　（使用費之計收方式）

①用戶使用下水道，應繳納使用費；其計收方式如左：

一　按下水道用戶使用自來水及其他用水之用量比例計收。

二　按下水道用戶排放之下水水質及水量計收。

三　其他經主管機關核定之方式。

②前項使用費計算公式及徵收辦法，由直轄市、縣（市）主管機關擬訂，報請中央主管機關核定之。

第二七條　（不依規定繳納使用費之處罰）

下水道用戶不依規定繳納下水道使用費者，得自繳納期限屆滿之次日起，每逾三日加徵應納使用費額百分之一滯納金；逾期一個月經催告而仍不繳納者，得移送法院裁定後強制執行。

第五章　監督與輔導

第二八條　（放流水）

下水道排放之放流水，超過水汙染防治主管機關規定之放流水標準者，下水道機構應即改善。

第二九條　（未依規定期限設置排水設備與下水道聯接使用之處罰）

①主管機關對於未依規定期限，設置用戶排水設備並完成與下水道聯接使用者，除依第三十二條規定處罰外，並得命下水道機構代為辦理，所需費用由下水道用戶負擔。

②前項下水道用戶，應負擔之費用，經催告逾期不繳納者，得移送法院裁定後強制執行。

第三〇條　（主管機關之定期檢查）

直轄市、縣（市）主管機關，應定期檢查下水道機構各項設施、放流水水質、器材、財務與有關資料及紀錄。

第六章　罰　則

第三一條　（罰則）

毀損下水道主要設備或以其他行為使下水道不堪使用或發生危險者，處六月以上五年以下有期徒刑，得併科五千元以上五萬元以下罰金。

第三二條　（罰則）107

①下水道用戶有下列情事之一者，處新臺幣一萬元以上十萬元以下罰鍰：

一　不依規定期限將下水排洩於下水道者。

二　違反第二十二條規定，未經檢驗合格而聯接使用，或經檢驗不合格而不依限期改善者。

三　拒絕下水道機構依第二十四條規定之檢查或檢驗者。

四　違反第二十五條第二項規定，未能於限期內改善者。

②工廠、礦場或經水污染防治法之中央主管機關指定之事業，經依前項第四款規定處罰三次而仍未能改善者，直轄市、縣（市）主管機關得通知停止使用或報請其目的事業主管機關予以停業處分。

第三三條　（罰則）

本法所定之罰鍰，由主管機關處罰；經通知而逾期不繳納者，得移送法院強制執行。

第七章　附　則

第三四條　（施行細則）

本法施行細則，由中央主管機關定之。

第三五條　（施行日）

本法自公布日施行。

下水道法施行細則

①民國75年7月14日內政部令訂定發布全文20條。
②民國76年4月13日內政部令增訂發布第17-1條條文。
③民國86年7月16日內政部令修正發布第4、12條條文。
④民國88年12月23日內政部令修正發布第4、10條條文。
⑤民國96年6月5日內政部令發布刪除第17-1條條文。

第一條

本細則依下水道法（以下簡稱本法）第三十四條規定訂定之。

第二條

本法第一條所稱指定地區，指都市計畫地區以外之左列地區：

一　水污染管制區。

二　自來水水源之水質水量保護區域。

三　工業區。

四　其他經主管機關指定之地區。

第三條

本法所稱下水道分為左列三種：

一　雨水下水道：專供處理雨水之下水道。

二　污水下水道：專供處理家庭污水及事業廢水之下水道。

三　合流下水道：供處理雨水、家庭污水及事業廢水之下水道。

第四條

①本法第八條所稱新開發社區、工業區，係指符合下列條件之地區，其申請開發時經主管機關認定其開發完成時公共下水道尚無法容納其廢污水者：

一　新開發社區：可容納五百人以上居住或總計興建一百住戶以上之社區。

二　新開發工業區：

㈠政府機關、公民營事業機構開發供事業設廠之地區。

㈡事業於政府依法劃設供工業使用之土地設廠，其基地面積達二公頃以上者。

②前項第一款之新開發社區，其人口計算基準如左：

一　實施都市計畫地區：以建築物污水處理設施設計技術規範所定使用人數方式計算。

二　實施都市計畫以外地區：以每人使用三十平方公尺之樓地板面積計算。

第五條

①依本法第八條規定應設置專用下水道之地區或場所，於設置專

用下水道前，應檢附專用下水道規劃及設計圖說等資料，申請該管主管機關核准，始得施工；完工後，須經下水道主管機關查驗合格，始得使用。

②在前項地區或場所內興建建築物，應於專用下水道完工經查驗合格後，始得核發使用執照。

第六條

下水道設施用地在都市計畫範圍內者，下水道機構得洽請都市計畫主管機關依都市計畫法之規定設置下水道設施用地。

第七條

①依本法第十四條規定使用公、私有土地時，下水道機構應於工程計畫訂定後，以書面通知土地所有人、占有人或使用人。

②前項通知書應記載左列事項：

一　預定開工日期。
二　施工範圍。
三　埋設物之尺寸及構造。
四　施工方法。
五　施工期間。
六　償金。
七　償金支付日期及領取償金時所應提示之證件。

第八條

依本法第十六條規定臨時使用公、私有土地時，下水道機構應以書面通知土地所有人、占有人或使用人，如情況急迫，得先行施工，補行通知。

第九條

土地所有人、占有人或使用人依本法第十四條第一項但書或第十六條但書提出異議者，應於前二條之通知到達後三十日內，以書面向下水道機構爲之，逾期不予受理。

第一〇條

本法第十四條、第十六條規定支付之償金或補償，其標準由直轄市、縣（市）主管機關訂定之。

第一一條

在公、私有土地內既有之下水道管渠或其他設施，非經主管機關核准，土地所有人、占有人或使用人不得變更。

第一二條　（刪除）

第一三條

本法第十七條所稱專業技師，指依技師法規定取得環境（衛生）工程、土木或水利科之工業技師。

第一四條

下水道系統設施完成後，下水道機構應將左列資料登錄建檔保管：

一　下水道排水區域圖。
二　管線系統分布平面圖。
三　管線縱橫斷面圖（包括管材、管徑、埋設位置、高度、坡

度、長度流量等）。
四　處理設施及抽水設施平面圖、水位關係圖、構造圖等。
五　放流口位置及設計圖。
六　放流水之水量及水質分析資料。
七　開工、竣工日期。
八　其他有關操作、維護、管理應行登錄記載事項。

第一五條
下水道完成地區申請建築時，應先檢附用戶排水設備圖說、配置圖、排水口地點等資料申請下水道機構核准；用戶排水設備完工後，須經下水道機構檢驗合格，始得聯接於下水道。

第一六條
雨水及污水下水道分流地區，雨水不得排洩於污水下水道，家庭污水及事業廢水不得排洩於雨水下水道。

第一七條
下水道可使用之地區，其用戶應於依本法第十九條第一項所定公告開始使用之日起六個月內與下水道完成聯接使用。

第一七條之一　（刪除）96

第一八條
五層以下非供公眾使用之新建建築物，其下水道設備得由該建築物之建築師併同設計之。

第一九條
本法第三十一條所稱下水道主要設備如左：
一　下水道系統管渠、放流口及其附屬設施。
二　下水道抽水站設施及其相關設備。
三　下水道處理廠設施及其相關設備。
四　其他有關下水道重要設施。

第二〇條
本細則自發布日施行。

共同管道法

民國89年6月14日總統令制定公布全文34條；並自公布日起施行。

第一章　總　則

第一條　（立法目的）

為提升城鄉生活品質，統合公共設施管線配置，加強道路管理，維護交通安全及市容觀瞻，推動共同管道建設，特制定本法；本法未規定者，適用其他法令之規定。

第二條　（用辭定義）

本法用辭定義如下：

一　共同管道：指設於地面上、下，用於容納二種以上公共設施管線之構造物及其排水、通風、照明、通訊、電力或有關安全監視（測）系統等之各種設施。

二　公共設施管線：指電力、電信（含軍、警專用電信）、自來水、下水道、瓦斯、廢棄物、輸油、輸氣、有線電視、路燈、交通號誌或其他經主管機關會商目的事業主管機關認定供公眾使用之管線。

三　管線事業機關（構）：指經營公共設施管線之事業機關（構）。

第三條　（主管機關）

本法所稱主管機關：在中央為內政部；在直轄市為直轄市政府；在縣（市）為縣（市）政府。

第四條　（中央主管機關之掌理事項）

中央主管機關，掌理下列事項：

一　共同管道發展政策及方案之釐訂。

二　共同管道法規之訂定。

三　共同管道技術之研究發展。

四　配合國家重大工程，辦理共同管道建設。

五　直轄市，縣（市）共同管道系統之核定。

六　跨越直轄市與縣（市）或二縣（市）以上共同管道系統建設計畫與管理之核定及協調。

七　直轄市、縣（市）推動共同管道之督導。

八　統籌督促各機關（構）建立全國各種管線及共同管道資料庫。

九　其他有關全國性共同管道事項。

第五條　（直轄市主管機關掌理事項）

直轄市主管機關掌理下列事項：
一　直轄市共同管道單行法規之訂定。
二　直轄市共同管道系統規劃。
三　直轄市共同管道之建設及管理。
四　配合國家重大工程，辦理直轄市共同管道建設。
五　其他有關全市性共同管道事項。

第六條　（縣市主管機關掌理事項）
縣（市）主管機關掌理下列事項：
一　縣（市）共同管道單行規章之訂定。
二　縣（市）共同管道系統規劃。
三　縣（市）共同管道之建設及管理。
四　配合國家重大工程，辦理縣（市）共同管道建設。
五　其他有關縣（市）共同管道事項。

第七條　（專責單位之設置）
各級主管機關爲規劃、管理共同管道，得設專責單位辦理。各管線事業機關（構）得設專責單位配合辦理。

第二章　規劃與建設

第八條　（共同管道系統之規劃）
①各級主管機關應會商有關管線事業機關（構），規劃轄區內共同管道系統。直轄市及縣（市）共同管道系統應報經中央主管機關核定後公告之。變更或廢止時，亦同。
②前項共同管道系統，跨越二個以上行政轄區者，由有關主管機關協議辦理，協議不成，報請其上級主管機關協調決定之。
③共同管道系統經公告後，每三至五年應辦理通盤檢討。但爲配合國家重要政策或重大工程之實施得隨時檢討之。

第九條　（訂定實施計畫）
①主管機關應依公告之共同管道系統，協調有關管線事業機關（構）訂定實施計畫建設共同管道。
②前項協調未能一致者，應報由上級主管機關會商有關管線事業機關（構）之目的事業主管機關決定之。

第一〇條　（訂定工程計畫）
①共同管道系統未公告之地區，各級主管機關得視實際需要或依有關機關（構）之申請，協調有關管線事業機關（構）訂定共同管道工程計畫，報請上級主管機關核定。
②前項計畫應納入共同管道系統，依第八條規定辦理公告。

第一一條　（重大工程施作共同管道）
新市鎮開發、新社區開發、農村社區更新重劃、辦理區段徵收、市地重劃、都市更新地區、大衆捷運系統、鐵路地下化及其他重大工程應優先施作共同管道；其實施區域位於共同管道系統者，各該主管機關應協調工程主辦機關及有關管線事業機關（構），將共同管道系統實施計畫列入該重大工程計畫一併

執行之。

第一二條　（設有共同管道之道路）

市區道路修築時應將電線電纜地下化，依都市發展及需求規劃設置共同管道；設有共同管道之道路，應將原有管線納入共同管道。但經主管機關核定不宜納入者，不在此限。

第一三條　（禁止挖掘道路範圍之劃定及公告）

主管機關訂定共同管道實施計畫時，應同時劃定禁止挖掘道路範圍並公告之。但不影響共同管道建設工程，經主管機關核准者，不在此限。

第一四條　（穿越公私有土地之補償、徵收）

①共同管道系統以劃設於道路用地範圍為原則，如因工程之必要，得穿越公、私有土地之上空、地下或附著於建築物、工作物。但應擇其損害最少之處所及方法為之，並以協議方式補償。

②前項私有土地因共同管道系統之穿越，致不能為適當使用時，土地所有權人得於施工之日起至完工後一年內請求徵收土地所有權，主管機關不得拒絕。

③前二項土地上空或地下之使用程序、使用範圍、界線之劃分、登記、徵收、補償之審核辦法，由中央主管機關定之。

第一五條　（施工時地下設施之處置）

共同管道建設之施工，須將其他地下設施為必要之處置時，應事先與其所有權人或有關機關（構）協議後為之。

第一六條　（禁止挖掘共同管道經過之道路）

共同管道建設完成後，除情形特殊經主管機關核准者外，禁止挖掘共同管道經過之道路。

第三章　管理與使用

第一七條　（共同管道之管理）

共同管道由各該主管機關管理，必要時得委託投資興建者或專業機構代為管理。其管理辦法，由主管機關會商各管線事業機關（構）定之。

第一八條　（跨越二行政區域共同管道之管理）

共同管道跨越二個行政區域時，由雙方主管機關協商共同管理，無法協商時，由上級主管機關指定一方管理之。

第一九條　（定期巡檢）

①共同管道內之公共設施管線及其附屬設施，由各該管線事業機關（構）檢修管理，並定期巡檢作必要之安全措施。

②前項定期巡檢之考核方式，於管理辦法中定之。

第二〇條　（進入或使用共同管道之許可）

①進入或使用共同管道應先經主管機關許可。但相關技術人員或依法執行公務者，因緊急事故進入或使用者，不在此限。

②依前項規定進入或使用共同管道後，應報請主管機關備查。

③未經許可或未依許可事項使用共同管道，該主管機關得採取必要措施，所需費用由使用人負擔。
④依第一項進入或使用共同管道之許可事項，於管理辦法中定之。

第四章　經費與負擔

第二一條　（建設及管理經費、使用費）
①共同管道建設及管理經費分攤辦法，由中央主管機關會商中央目的事業主管機關定之。
②共同管道完成後，未負擔共同管道經費之新增管線進入共同管道佈設時，主管機關得收取使用費，其收費標準，由管理辦法中定之。

第二二條　（管理及維護費、天然災害及人爲災害緊急處理費用）
①共同管道之管理及維護費用，由主管機關及有關管線事業機關（構）依前條經費分攤辦法所定比例提撥並設置專戶支用，年度結束後結算之。
②天然災害緊急處理費用，由前項專戶中支應。
③人爲所致災害緊急處理費用，由各該主管機關於第一項專戶中先行支應，並向行爲人求償。

第二三條　（建設經費之貸款）
①中央主管機關依管線事業機關（構）之申請，得就其應負擔共同管道建設部分經費酌予貸款。
②前項貸款，得由中央主管機關設置共同管道建設基金支應。

第五章　罰　則

第二四條　（以爆裂物破壞現有人所在之共同管道之處罰）
①放火或以火藥、蒸氣、電能、煤氣或其他爆裂物破壞現有人所在之共同管道者，處無期徒刑或七年以上有期徒刑。
②因過失犯前項之罪者，處一年以下有期徒刑、拘役或新臺幣三十萬元以下罰金。
③第一項之未遂犯罰之。
④預備犯第一項之罪者，處一年以下有期徒刑、拘役或新臺幣二十萬元以下罰金。

第二五條　（以爆裂物破壞現未有人所在之共同管道之處罰）
①放火或以火藥、蒸氣、電能、煤氣或其他爆裂物破壞現未有人所在之共同管道者，處三年以上十年以下有期徒刑。
②因過失犯前項之罪者，處六月以下有期徒刑、拘役或新臺幣二十萬元以下罰金。
③第一項之未遂犯罰之。

第二六條　（決水浸害現有人所在共同管道之處罰）
①決水浸害現有人所在之共同管道者，處無期徒刑或五年以上有

期徒刑。
②因過失犯前項之罪者，處一年以下有期徒刑、拘役或新臺幣三十萬元以下罰金。
③第一項之未遂犯罰之。

第二七條（決水浸害現未有人所在共同管道之處罰）
①決水浸害現未有人所在之共同管道者，處一年以上七年以下有期徒刑。
②因過失犯前項之罪者，處六月以下有期徒刑、拘役或新臺幣二十萬元以下罰金。
③第一項之未遂犯罰之。

第二八條（破壞或致共同管道不堪使用之處罰）
①以前四條以外之方法破壞共同管道或致令不堪使用者，處六月以上五年以下有期徒刑。
②前項之未遂犯罰之。

第二九條（未經許可使用共同管道之處罰）
違反第二十條第一項規定，未經許可使用共同管道者，處其月使用費三倍以上十倍以下罰鍰，並得連續罰之。

第三〇條（未經許可進入共同管道之處罰）
違反第二十條第一項規定，未經許可進入共同管道或違反同條第四項之許可事項者，處新臺幣三萬元以上十五萬元以下罰鍰。

第三一條（擅自挖掘之處罰）
①於主管機關依第十三條劃定公告之道路範圍內擅自施工挖掘，或違反第十六條規定施工挖掘共同管道經過之道路者，處新臺幣三十萬元以上一百五十萬元以下罰鍰，並應恢復原狀。
②前項行為經主管機關制止仍不遵行者，得按日連續處罰。

第三二條（強制執行）
依本法所處罰鍰，經限期繳納逾期未繳納者，移送法院強制執行。

第六章　附　則

第三三條（施行細則及工程設計標準之訂定）
本法施行細則及共同管道工程設計標準，由中央主管機關定之。

第三四條（施行日）
本法自公布日施行。

共同管道法施行細則

民國90年12月28日內政部令訂定發布全文14條。

第一條
本細則依共同管道法（以下簡稱本法）第三十三條規定訂定之。

第二條
①直轄市、縣（市）主管機關依本法第八條第一項規定辦理共同管道系統公告時，其公告期間爲三十日，並通知當地相關公共工程主管機關及管線事業機關（構）。變更或廢止時，亦同。
②前項共同管系統，得依實際情況分段公告之，並應以文字或圖表表明下列事項：
一　行政區域及規劃地區範圍。
二　共同管道位置、名稱及種類。
三　規劃目標年期。
四　共同管道系統規劃圖。
五　相關都市計畫及區域計畫。
③前項第三款規劃目標年期，不得少於二十五年；第四款共同管道系統規劃圖，其比例不得小於一萬分之一。

第三條
共同管道系統公告後，申請計劃性挖掘該系統內之道路者，應依下列規定，向直轄市、縣（市）主管機關提出檢討計畫：
一　未規劃納入共同管道系統之管線事業機關（構）申請挖掘時，應提出配合共同管道系統之管線網路檢討。
二　已規劃納入共同管道系統之管線事業機關（構）申請挖掘時，應提出配合共同管道系統之建設時程檢討。
三　公共工程主辦機關申請挖掘時，應提出配合共同管道系統之建設時程檢討。

第四條
直轄市、縣（市）主管機關依本法第八條第三項規定辦理共同管道系統通盤檢討時應考量下列因素：
一　配合都市發展或都市計畫之變更。
二　配合交通設施之新建或道路系統之更新。
三　配合共同管道系統網路之建立。
四　管線事業機關（構）之建議。
五　其他與共同管道系統有關之公共建設。

第五條
直轄市、縣（市）主管機關依本法第九條第一項規定訂定實施

計畫時，應視其實際情況，以文字或圖表表明下列事項：
一　計畫名稱。
二　行政區域及計畫地區範圍。
三　計畫年期。
四　計畫年期內人口及經濟發展之推計。
五　住宅、商業、工業與其他土地使用之配置及管制。
六　道路系統及相關建設計畫。
七　現有管線系統。
八　各類管線系統在計畫年期內之需求規模推計。
九　實施建設進度、經費及財務計畫。
十　共同管道種類及平面配置；其配置圖之比例，不得小於一千分之一。
十一　共同管道斷面配置。
十二　共同管道之預定使用管線事業機關（構）及使用部分。
十三　禁止挖掘道路之範圍及期間。

第六條

前條第三款計畫年期之訂定，應考量下列因素：
一　配合區計畫或都市計畫之計畫年期。
二　管線之需求年期。
三　共同管道構造物之耐久年期。
四　道路建設計畫年限。
五　共同管道種類。

第七條

直轄市、縣（市）主管機關依本法第九條第一項規定訂定實施計畫時，各該管線事業機關（構）應配合辦理。

第八條

本法第十條第一項所稱實際需要，係指配合都市發展、交通建設、管線建設、天然災害、事變或其他公共建設等需要。

第九條

①有關機關（構）依本法第十條第一項規定向主管機關提出申請時，應檢附共同管道系統規劃書、圖及共同管道實施計畫書、圖。
②前項共同管道系統規劃書、圖，應載明第二條第二項之公告事項；共同管道實施計畫書、圖，應載明第五條之事項。

第一〇條

主管機關依本法第十三規定辦理禁止挖掘道路範圍之公告，應載明下列事項：
一　共同管道種類。
二　共同管道實施建設進度。
三　禁止挖掘道路範圍及期間。

第一一條

管線事業機關（構）依本法第二十三條第一項規定提出貸款申請時，應檢附下列文件：

一　工程或投資計畫及經費概算。
二　申請貸款金額及償還計畫。
三　其他經中央主管機關認爲有必要提出之文件。

第一二條

主管機關應將已完成之共同管道工程之下列資料，建檔保管：
一　共同管道工程平面圖。
二　開工、竣工日期及竣工圖。
三　共同管道後程記事表。
四　共同管道收容管線數量表。
五　共同管道管線使用配置斷面圖及數量表。
六　其他有關共同管道操作、維護、管理應行記載事項。

第一三條

本細則所定書、表格式，由中央主管機關定之。

第一四條

本細則自發布日施行。

建築物電信設備及空間設置使用管理規則

民國110年2月22日國家通訊傳播委員會令訂定發布全文22條；並自發布日施行。

第一條

本規則依電信管理法（以下簡稱本法）第四十九條第六項規定訂定之。

第二條

建築物屋內外電信設備與其空間之設置及使用，應依本規則之規定；本規則未規定者，依其他法令之規定。

第三條

本規則用詞定義如下：

一　電信管箱設備：指收容建築物電信線纜之設備，如電信引進管、垂直幹管、管道間、線架、水平配管、地板管槽、地板線槽、總配線箱（架）、光終端配線架、集中總箱、主配線箱（室）、支配線箱、拖線箱、宅內配線箱及出線匣等。

二　電信室：指建築物內專供以固定通信網路架構提供電信服務之電信事業與有線廣播電視系統經營者引接線纜及設置電信設備之專用空間。

三　電信機械設備：指以固定通信網路架構提供電信服務之電信事業使用於建築物內之電信交換設備、電信傳輸設備、電信終端介面設備及其相關附屬設備之總稱。

四　電信保安接地設備：指用於保護電信機線設備之接地裝置及各種安全設施。

五　集線設備：指以固定通信網路架構提供電信服務之電信事業及有線廣播電視系統經營者為匯集不同傳輸路由之線纜，所設置之電信及有線廣播電視傳輸、信號處理設備及線纜收容設備等。

六　集線室：指於建築物內除既有電信室外，專供以固定通信網路架構提供電信服務之電信事業與有線廣播電視系統經營者引接線纜及設置集線設備之專用空間。

七　電信引進管：指以架空或地下方式引進電信及有線廣播電視電纜或光纜至建築物內總配線箱（架）或光終端配線架、電信室之電信管道。

八　社區型建築物：指同一宗建築基地內之建築物，或為統一

管理而設同一管理委員會之建築物。

九　屋外電信管線設施：指建築基地內建築物間之架空、地下電信線路及地下管路等管線設備。

十　有線廣播電視系統：指使用可行之技術與設備，由頭端、有線傳輸網路及其他相關設備組成之設施。

十一　有線廣播電視系統經營者（以下簡稱系統經營者）：指經依法許可經營有線廣播電視服務之事業。

十二　有線廣播電視相關設備：指爲提供有線廣播電視服務所需，於建築物屋內外設置之有線廣播電視設備，如訂戶引進線、訂戶分接器等。

第四條

①國家通訊傳播委員會（以下簡稱本會）依本法第四十九條第二項公告之建築物建造時，起造人應依規定設置屋內外電信設備，並預留裝置電信設備之電信室及其他空間。

②前項之電信設備，包括電信引進管、總配線箱、用戶端子板、電信管箱、電信線纜與有線廣播電視相關設備及其他因用戶電信服務、有線廣播電視服務需求，須由用戶配合於責任分界點以內設置之設備。

③既存建築物之電信設備或供裝置電信設備之空間不足，致不敷該建築物之電信與有線廣播電視服務需求時，應由所有人與以固定通信網路架構提供電信服務之電信事業及提供有線廣播電視服務之系統經營者協商，並由所有人增設。

④依第一項與前項規定設置專供該建築物使用之電信設備及空間，應按該建築物用戶之電信及有線廣播電視服務需求，由以固定通信網路架構提供電信服務之電信事業及系統經營者依規定無償連接及使用。

第五條

建築物電信設備連接以固定通信網路架構提供電信服務之電信事業之公衆電信網路及有線廣播電視系統之有線廣播電視相關設備，應設有明確之責任分界點。

第六條

①前條之設置及維護責任分界規定如下：

一　建築物引進電纜者：

㈠建築物設置用戶側端子板設備者，以用戶側端子板之電介接端子爲責任分界。

㈡建築物未設置用戶側端子板設備者，以固定通信網路架構提供電信服務之電信事業及有線廣播電視系統經營者設置於建築物端子板之電介接端子爲責任分界。但另有約定者從其約定。

二　建築物引進光纜者：

㈠建築物設置光終端配線架或光纜用總配線箱者，以光終端配線架或光纜用總配線箱用戶側光終端箱（盒）之光介接端子爲責任分界。

(二)建築物未設置光終端配線架或光纜用總配線箱者，以固定通信網路架構提供電信服務之電信事業及有線廣播電視系統經營者設置於建築物之電信設備光或電介接端子爲責任分界。

②前項責任分界，如附圖一、附圖二 附圖三及附圖四。

附圖一

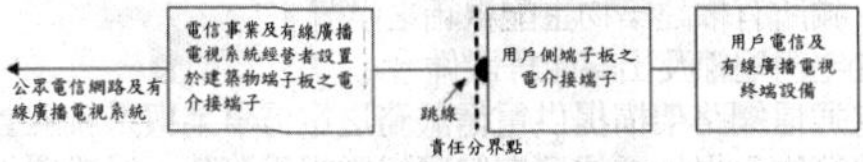

附圖二

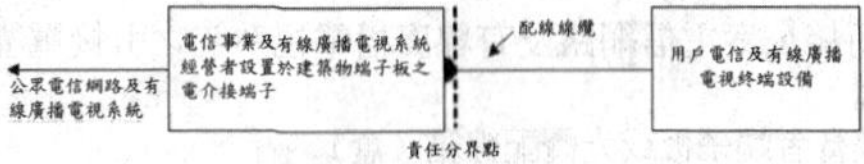

附圖三

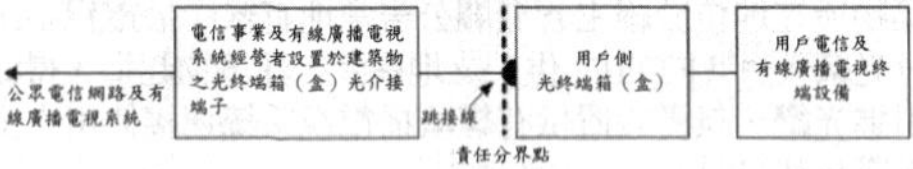

附圖四

第七條

①建築物責任分界點以外之公眾電信網路與有線廣播電視系統設施，由以固定通信網路架構提供電信服務之電信事業及提供有線廣播電視服務之系統經營者設置及維護。但社區型建築物內建築物間之管線設施，得由建築物起造人或所有人設置，由所有人維護。

②前項電信或有線廣播電視服務終止或供裝方式異動時，建築物起造人或所有人得要求原服務提供者移除所設置之電信設備，原服務提供者無正當理由，不得拒絕。

③依第四條規定設置之電信設備，由建築物起造人或所有人設置，並由所有人維護。

第八條

①起造人或所有人應設置下列建築物電信設備及其空間：

一　電信引進管。

二　電信室或總配線箱：依第九條規定應設置電信室者，應預留電表設置位置，並設置電源引接線、總配線架（板）、用戶側端子板及電信保安接地設備等；無須設置電信室者，應設置總配線箱、用戶側端子板及電信保安接地設備等。

三　自用戶側端子板後之電信管箱設備、電信與有線廣播電視配線線纜、宅內配線箱及電信插座等設備。
四　須引進光纜之建築物者，應增設以下設備：
(一)光終端配線架或光纜用總配線箱。
(二)用戶側光纜配線箱（盒）。
(三)用戶側光纜配線箱（盒）至宅內配線箱、支配線箱或單獨所有權建築物主配線箱之光纜。
(四)宅內配線及出線匣等設備。

②以固定通信網路架構提供電信服務之電信事業與系統經營者於前項建築物內提供電信及有線廣播電視服務時，應設置下列電信設備：
一　銜接公眾電信網路及有線廣播電視系統之引接電纜或光纜。
二　經營者端子板或光纜配線箱（盒）。
三　必要之電信機械設備。

③建築物所在地位於經主管機關公告當地有線廣播電視系統全數實行光纖入戶（FTTH）供裝之地區者，建築物起造人得僅依規定引進光纜，無需設置供有線廣播電視系統連接使用之主幹同軸電纜及其空間。

④前項地區之公告由主管機關每年定期實施，並以鄉（鎮、市、區）為原則。

第九條

①新建建築物有下列情形之一者，應設置電信室：
一　用戶側光纜總心數超過四十八心。
二　地上層五樓以上且設有地下室之建築物，引進電話電纜總對數超過二十對。

②前項電信室應依附件一電信室面積一覽表設置於建築物適當處所，有關引進電話電纜總對數應依本會所定之建築物屋內外電信設備設置技術規範（以下簡稱建築物設備技術規範）計算之。其有地下層兩層以上者，以設於非最底層樓層為原則。

③新建建築物有下列情形之一者，建築物起造人應引進光纜，並依前條第一項規定辦理：
一　公有建築物。
二　集合住宅。
三　總樓地板面積在一千平方公尺以上，且為下列使用類別之建築物：
(一)公共集會類。
(二)商業類。
(三)休閒、文教類：
1. 供國小學童教學使用之相關場所。（宿舍除外）
2. 供國中以上各級學校教學使用之相關場所。（宿舍除外）
(四)辦公、服務類。

(五)住宅。

④前項各款建築物之定義，依建築法令相關規定辦理。

第一〇條

建築物屋內外電信設備及相關設置空間之設計（含繪製圖說）、設置及檢測，應依本會所定之建築物設備技術規範辦理。

第一一條

①建築物起造人於設計屋內外電信設備與其空間時，應備具「建築物屋內外電信設備洽辦／審查／審驗申請表」（以下簡稱申請表，附件二），洽請以固定通信網路架構提供電信服務之電信事業及系統經營者諮商辦理引進管、電信室或總配線箱，及線纜之位置等事項。

②以固定通信網路架構提供電信服務之電信事業及系統經營者受理前項洽辦後，應各於七個工作日內完成洽辦事宜；未參與洽辦之以固定通信網路架構提供電信服務之電信事業及系統經營者不得對洽辦結果提出異議。

③建築物電信設備及相關設置空間設計圖說完成後，建築物起造人應於申報開工前，檢具下列文件向本會或本會委託辦理建築物電信設備審查及審驗之電信專業驗證機構（以下合併簡稱審驗機構）申請審查，並依規定繳交審查費。

一　依規定完成洽辦及設計圖說簽證之申請表。

二　依建築物設備技術規範規定填報之建築物屋內外電信設備設計清單及相關設計圖說（含平面配置圖、垂直昇位圖及建築基地位置圖）。

④審驗機構應於建築物起造人依規定繳交審查費次日起七個工作日內完成審查，並簽註審查意見。檢具之文件不全或申請表記載內容不完備者，審驗機構應通知建築物起造人限期補正，屆期未補正或補正仍不完備者，駁回其申請；經審查不合格者，審驗機構應列具不合格事項，通知建築物起造人限期改善，屆期未改善或改善仍不完備者，駁回其申請，繳交之審查費不予退還。

⑤前項補正及改善期間以二個月爲限。建築物起造人無法於規定期限內完成補正或改善者，得於屆期前，檢具事由向審驗機構申請展延。展期最長不得逾二個月，並以一次爲限。

⑥審查合格證明有效期限爲五年，並自審驗機構完成審查作業次日起算。建築物起造人無法於期限內依第十二條規定申請審驗者，得於屆期前，檢具事由向審驗機構申請展延。展期最長不得逾建築執照有效日期，並以一次爲限。逾有效期間者，其申請文件予以發還。

第一二條

①建築物電信設備設置完成後，建築物起造人應檢具下列文件向本會或審驗機構申請審驗。

一　依規定完成審查之申請表。

二　依建築物設備技術規範規定填報之建築物屋內外電信設備檢測紀錄表。

三　建築師或專業技師出具之建築物電信設備竣工檢查報告。

四　前條第三項第二款之電子檔光碟片一份。

②審驗機構應於建築物起造人依規定繳交審驗費次日起十四個工作日內完成審驗，並簽註審驗意見。檢具之文件不全、申請表記載內容不完備者，審驗機構應通知建築物起造人限期補正，屆期未補正或補正仍不完備者，駁回其申請；經審驗不合格者，審驗機構應列具不合格事項，通知建築物起造人限期改善，逾期未改善或改善仍不完備者，駁回其申請。

③前項補正及改善期間以二個月為限。建築物起造人無法於規定期限內完成補正或改善者，得於屆期前，檢具事由向審驗機構申請展延。展期最長不得逾二個月，並以一次為限。

④經審驗合格者，其送審查及審驗之文件予以發還；起造人或所有人經繳交審定證明證照費，並得依審驗合格之線纜類別申請核發下列審定證明：

一　電纜窄頻審定證明：適用建築物依照建築物設備技術規範僅設置電話主幹配線者。

二　電纜寬頻審定證明：適用建築物依照建築物設備技術規範設置電話及數據配線，其數據主幹及宅內數據配線採用超五類非遮蔽對絞型或屏蔽對絞型電纜以上等級設計者。

三　光纜到戶審定證明：適用建築物依照建築物設備技術規範設置電話及數據配線，其數據主幹採用光纜設計，宅內數據配線採用超五類非遮蔽對絞型或屏蔽對絞型電纜以上等級設計者。

第一三條

建築物電信設備與其空間經審驗合格，以固定通信網路架構提供電信服務之電信事業及系統經營者始得使用。但非屬本會依本法第四十九條第二項公告之建築物，不在此限。

第一四條

①以固定通信網路架構提供電信服務之電信事業及系統經營者應妥善保存完成洽辦之申請表及相關資料電子檔或原件，供本會查核。

②各以固定通信網路架構提供電信服務之電信事業及系統經營者均無法辦理第十一條所定事宜時，應共同成立建築物屋內外電信設備建設協商小組，協調各地受理窗口、網路銜接或共用管線等相關作業事宜，必要時，由本會協調處理之。

③以固定通信網路架構提供電信服務之電信事業或系統經營者為提供建築物起造人或所有人電信及有線廣播電視服務，得連接使用之電信引進管數量如下：

一　光纜：一管。

二　同軸電纜：一管。

三　電話電纜：每六百對至多使用一管，每逾六百對得再使用

一管。

④以固定通信網路架構提供電信服務之電信事業已連接使用之電信引進管數量超過前項規定，致妨礙建築物起造人或所有人選擇其他經營者提供電信或有線廣播電視服務者，建築物起造人或所有人得以合理期限，要求其騰空超用之電信引進管，改供其他以固定通信網路架構提供電信服務之電信事業或系統經營者使用。

第一五條

本法施行前之既存建築物，其起造人或所有人所設置之電信設備不符本規則之規定時，以固定通信網路架構提供電信服務之電信事業及系統經營者得不予銜接提供服務，以維公眾電信網路及有線廣播電視系統安全。

第一六條

連接公眾電信網路之建築物責任分界點內之所有電信設備，除本會公告之簡易電信設備外，應交由電信工程業者施工及維護，或交由電器承裝業者施作。

第一七條

建築物起造人或所有人另設置用戶專用交換設備等自用電信機械設備者，應依其實際需求預留空間及管線，並與以固定通信網路架構提供電信服務之電信事業及系統經營者之電信設備分開設置。但經洽提供該建築物電信服務之以固定通信網路架構提供電信服務之電信事業及有線廣播電視服務之系統經營者同意者，不在此限。

第一八條

以固定通信網路架構提供電信服務之電信事業或系統經營者利用建置於電信室之電信設備，提供該建築物以外之用戶電信或有線廣播電視服務者，應事先徵求該建築物所有人同意；其補償，由電信事業或系統經營者與該建築物所有人協議之。

第一九條

以固定通信網路架構提供電信服務之電信事業建設其公眾電信網路或系統經營者建設其有線廣播電視系統，得有償使用建築物空間設置集線室及集線設備。

第二〇條

建築物起造人應建立建築物電信管箱及配線等電信設備之管線竣工圖表等明細，並移交該建築物管理委員會、管理負責人或所有人。

第二一條

本規則所定申請書表、作業流程及審定證明，由本會訂定公告之。

第二二條

①本規則自發布日施行。

②本規則施行前，已取得建造執照之新建建築物，自本規則施行之日起六個月內，得適用電信法第三十八條第六項規定訂定之

建築物電信設備及空間設置使用管理規則、建築物屋內外電信設備工程技術規範。

工程受益費徵收條例

①民國60年1月30日總統令修正公布名稱及全文20條（原名稱：市縣工程受益費徵收條例）。
②民國62年1月16日總統令修正公布第3條條文。
③民國66年7月23日總統令修正公布第2、5至7條條文。
④民國76年12月30日總統令修正公布第2條條文。
⑤民國89年11月8日總統令修正公布第4、5條條文。

第一條　（本條例之適用）
各級政府徵收工程受益費，依本條例之規定；本條例未規定者，依其他有關法令之規定。

第二條　（徵收原因及數額）
①各級政府於該管區域內，因推行都市建設，提高土地使用，便利交通或防止天然災害，而建築或改善道路、橋樑、溝渠、港口、碼頭、水庫、堤防、疏濬水道及其他水陸等工程，應就直接受益之公私有土地及其改良物，徵收工程受益費；其無直接受益之土地者，就使用該項工程設施之車輛、船舶徵收之。
②前項工程受益費之徵收數額，最高不得超過該項工程實際所需費用百分之八十。但就車輛、船舶徵收者，得按全額徵收之。其爲水庫、堤防、疏濬水道等工程之徵收最低限額，由各級政府視實際情形定之。

第三條　（工程費用）
①前條所稱工程實際所需費用，包括左列各種費用：
一　工程興建費。
二　工程用地之徵購費及公地地價。
三　地上物拆遷補償費。
四　工程管理費。
五　借款之利息負擔。
②前項第二款之公地地價，以各該公地管理機關抵繳同一工程所應繳納之工程受益費數額爲限。

第四條　（工程辦理機關）89
第二條之各項工程，除左列各款外，由該管直轄市或縣（市）政府辦理：
一　規模龐大，非直轄市或縣（市）財力、人力、物力所能舉辦者，得由中央辦理。
二　跨越二縣（市）以上行政區域之工程，由各該縣（市）政府共同辦理。
三　跨越直轄市與縣（市）行政區域之工程，得由中央統籌辦

理，或由各該直轄市、縣（市）政府共同辦理。

第五條　（徵收程序）89

①各級地方政府徵收工程受益費，應擬具徵收計畫書，包括工程計畫、經費預算、受益範圍及徵收費率等，送經各該級民意機關決議後，報請中央主管機關備查。如係長期辦理之工程，應先將分期、分年之工程計畫，依照上開規定，先行送經民意機關決議，報請中央主管機關核備後，據以編列年度預算或特別預算辦理。中央舉辦之工程，應由主辦工程機關循收支預算程序辦理。

②各級地方民意機關對於工程受益費徵收計畫書，應連同該工程經費收支預算一併審定；如工程受益費徵收案予以延擱或否決，該工程經費收支預算應併同延緩或註銷。

③工程受益費以徵足原定數額爲限。但就車輛、船舶徵收受益費之工程，而有繼續維持保養、改善必要者，經各該級民意機關決議，並完成收支預算程序後，得徵收之。

第六條　（徵收程序）

①就土地及其改良物徵收受益費之工程，主辦工程機關應於開工前三十日內，將工程名稱、施工範圍、經費預算、工程受益費徵收標準及數額暨受益範圍內之土地地段、地號繪圖公告三十日，並於公告後三個月內，將受益土地之面積、負擔之單價暨該筆土地負擔工程受益費數額，連同該項工程受益費簡要說明，依第八條第二項規定以書面通知各受益人。就車輛、船舶徵收受益費之工程，應於開徵前三十日將工程名稱、施工範圍、經費預算、工程受益費徵收標準及數額公告之。

②就土地及其改良物徵收之工程受益費，於各該工程開工之日起，至完工後一年內開徵。

③第一項受益範圍內之土地及其改良物公告後之移轉，除因繼承者外，應由買受人出具承諾書，願依照規定繳納未到期之工程受益費，或先將工程受益費全部繳清，始得辦理移轉登記；經查封拍賣者亦同。

第七條　（徵收時間及方法）

①工程受益費之徵收，得一次或分期爲之；其就車輛、船舶徵收者，得計次徵收。

②各級政府如因財政困難，無力墊付工程費用者，得於完成第五條第一項所規定之程序後，先行開徵，或以應徵之工程受益費爲擔保，向金融機構借款辦理。

第八條　（徵收標準及繳納義務人）

①工程受益費之徵收標準，按土地受益之程度或車輛、船舶之等級，擬定徵收費率。

②工程受益費向公告徵收時之土地所有權人徵收之；其設有典權者，向典權人徵收；放領之公地，向其承領人徵收。所有權人或典權人未自行使用之不動產，經催徵而不繳納者，得責由承租人或使用人扣繳或墊繳之。

第九條 （工程受益費之分擔）

①土地及其改良物不屬同一人者，其應徵之工程受益費，由土地所有權人及土地改良物所有權人分擔；其分擔比率，由辦理工程之各級政府定之。

②前項土地改良物在未繳清全部受益費以前，如因土地租賃期限屆滿而予以拆除，由土地所有權人負責繳納未到期之部分；如係於租賃期間內拆除或改建，由改建人負責繳納之。

第一〇條 （車船工程受益費之徵收）

以車輛、船舶為徵收標的之工程受益費，向使用之車輛或船舶徵收之。

第一一條 （不得免徵之情形）

土地及其改良物於公告徵收工程受益費後，不因其用途變更而免予徵收。

第一二條 （工程受益費之計算）

不同性質之工程，其工程受益費應予分別徵收；同性質之工程有重複受益時，僅就其受益較大者，予以計算徵收。

第一三條 （經徵機關）

工程受益費之徵收，以土地及其改良物為徵收標的者，以稅捐稽徵機關為經徵機關；以車輛或船舶為徵收標的者，以交通管理機關為經徵機關。

第一四條 （免徵）

左列各款之土地及其改良物、車輛、船舶，免徵工程受益費：

一　非營業性或依都市計劃法規定保留之公共設施用地及其改良物。

二　駐軍兵營、要塞、軍用機場、軍用基地及其改良物。

三　軍用港口、碼頭、船舶、戰備及訓練車輛。

第一五條 （滯納處分及強制執行）

土地及其改良物之受益人不依規定期限繳納工程受益費者，自期限屆滿之次日起，每逾三日應按納費額加徵滯納金百分之一；逾期超過一個月，經催繳而仍不繳納者，除加徵滯納金百分之十外，應由經徵機關移送法院強制執行。

第一六條 （行政救濟）

受益人對應納之工程受益費有異議時，應於收到繳納通知後，按照通知單所列數額及規定期限，先行繳納二分之一款項，申請復查；對復查之核定仍有不服，得依法提起訴願及行政訴訟。經訴願、再訴願、行政訴訟程序確定應繳納之工程受益費數額高於已繳數額時，應予補足；低於已繳數額時，其溢繳部分應予退還，並均按銀行定期存款利率加計利息。

第一七條 （公文送達）

本條例之公文送達，準用民事訴訟法有關送達之規定。

第一八條 （本條例之準用）

鄉、鎮（市）公所興辦工程，徵收工程受益費，準用本條例之規定。

第一九條　（施行細則之訂定）

本條例施行細則，由內政部會同財政部、經濟部、交通部訂定，報請行政院核備。

第二〇條　（施行日）

本條例自公布日施行。

工程受益費徵收條例施行細則

①民國68年8月18日內政部、財政部、經濟部、交通部令會銜修正發布全文93條。
②民國84年6月1日內政部、財政部、經濟部、交通部令會銜修正發布第29條條文。
③民國89年11月17日內政部、財政部、經濟部、交通部令會銜修正發布第67、69、72至75、78、79條條文。
④民國106年4月19日內政部、財政部、經濟部、交通部令會銜修正發布第81條條文。

第一章　總　則

第一條
本細則依工程受益費徵收條例（以下簡稱本條例）第十九條之規定訂定之。

第二條
本條例所稱直接受益之土地及其改良物，係指土地及定著於該土地之建築改良物。

第三條
本條例第二條所稱道路，係指公路、市區道路及其必要之附屬設施。

第四條
本條例第二條所稱橋樑係指市區道路及公路之橋樑，市區之高架道路及聯接公路之橋樑。

第五條
本條例第二條所稱溝渠，係指下水道系統之溝渠及其必要之附屬設施。

第六條
本條例第二條所稱港口、碼頭，係指供客貨運輸船隻及漁船使用之商港及漁港等工程設施。

第七條
本條例第二條所稱堤防工程，係指具有防洪防潮功能之堤防及其附屬設施。

第八條
本條例第二條所稱疏濬水道，係指疏濬可通航之河道或疏濬專供排水之水道。

第九條
本條例第二條所稱其他水陸等工程，係指因推行都市建設，提

高土地使用，便利交通或防止天然災害，而於本條例第二條未列舉而有實際需要之工程。

第一〇條

本條例第三條所稱工程興建費。係包括工程規劃、設計、施工等一切有關費用。

第一一條

①本條例第三條所稱工程用地徵購費及公地地價，係包括公私有土地補償地價及工作費。

②公地地價以依法撥用時之公告現值爲準。

第一二條

本條例第三條所稱地上物拆遷補償費，係包括農作改良物及建築改良物、管、線、桿、地下埋設物之拆遷補償費及工作費。

第一三條

本條例第十二條所稱同性質之工程，係指本條例第二條所列工程種類之同類工程。

第二章　市區道路工程

第一四條

本細則所稱市區道路，係指依市區道路條例第二條規定之道路。

第一五條

市區道路之附屬橋樑及市區道路內之溝渠、下水道等工程得併入市區道路工程，計徵市區道路工程受益費。

第一六條

市區道路工程之工程計畫，應包括左列事項：

一　工程位置、起訖點、長度、寬度及面積。
二　工程標準。
三　工程期限。
四　工程概算。
五　工程規劃圖說。
六　其他。

第一七條

各級政府辦理新築或改善市區道路工程，應向該道路兩旁受益範圍內之公私有土地及其改良物徵收工程受益費。

第一八條

①前條所稱受益範圍依左列之規定：

一　沿道路之境界線或法令指定退縮之建築線或道路之端線爲受益線。
二　市區道路新築及拓寬工程，其受益範圍，在路寬在四十公尺以下者，爲沿道路境界線，自該線起垂直深入至等於該道路寬度五倍以內所包括之地區，其路寬在四十公尺以上者，仍以路寬四十公尺之標準計算其受益地區。

三　市區道路改善工程，其受益範圍爲沿道路境界線，自該線起垂直深入四十公尺以內所包括之地區。
四　在市區道路之終始端，其受益範圍，爲以道路中心線與端線之交點爲圓心，並以圓心至各受益等級區邊線之垂直長度爲半徑所作之半圓地區。（詳附圖）

②前項第二款至第四款之受益地區稱爲受益面，如遇有與道路平行或偏斜之河川、大排水明溝、鐵路、高速公路等殊殊地形，其受益面至各該河川等之邊線爲止，超越部分及法令指定退縮部分之受益面不予計徵，不予計徵之工程受益費不得加計爲其他受益者之負擔。

第一九條

①市區道路新築及拓寬工程受益線與受益面，負擔工程受益費總額之比例規定如左：
一　受益線負擔總額百分之二十，各土地依其臨接受益線之長度分擔受益線之受益費。
二　受益面之負擔分爲左列三區：
㈠第一區：沿道路境界線自該線起垂直深入至等於路寬之地區，負擔百分之四十。
㈡第二區：沿第一區邊線，自該線起垂直深入至等於路寬兩倍以內之地區，負擔百分之二十五。
㈢第三區：沿第二區邊緣，自該線起垂直深入至等於路寬兩倍以內之地區，負擔百分之十五。
㈣市區道路之終始端地區受益面負擔比例，以照第一、二、三區辦理。

②前項第二款各區內之土地分別依其所有土地之面積，分擔各區之受益費。

第二〇條

市區道路改善工程徵收工程受益費，其受益面不分受益等級區，其工程受益費總額之負擔比例，爲受益線與受益面各爲百分之五十。

第二一條

①臨近道路距離過小而同時辦理之工程，致受益面發生重複時，就其重複部分之中線劃定等分線，各就其等分線之間所包括之土地面積，計算其受益面。

②前項等分線劃定後，若發現第二區或第三區面積過小，致徵課單價高於第一區或第二區時，應由各級政府酌情依比例從低調整。

第二二條

市區道路工路中，設有行車陸橋、地下道或高架道路者，除該陸橋等之工程費用應於總工程費內扣除外，其兩旁之車道寬度在三公尺以內者，自各該陸橋、地下道、高架道路之終始端，不予計徵其受益線之工程受益費，並不得加計爲其他受益者之負擔。

第二三條

市區道路屬同一規劃系統之各路段工程，其工程受益費得合併徵收。但因路線過長時，得依左列情況分段計徵工程受益費：

一　依工程施工標準之不同（如新築、拓寬、翻修等）之分界爲分段線。

二　依道路寬度不同爲分段線。

三　依河川、大排水明溝、鐵路、橋樑、高速公路等爲分段線。

四　依地價有顯著差異之分界線爲分段線。

第二四條

市區道路之陸橋及人行地下道工程得不徵收工程受益費。但在市區道路系統中爲疏導交通而專設之高架或地下之長程道路，得向通行該等道路設施之車輛徵收工程受益費。其工程受益費之徵收準用第三章有關之規定辦理。

第三章　公路及橋樑工程

第二五條

本細則所稱公路，係指國道、省道、縣道及鄉道。

第二六條

各級政府建築或改善之公路、橋樑，合於左列條件之一者，應向使用該項工程設施之車輛徵收工程受益費。

一　因財力不足而以貸款方式籌措者。

二　接受補助款或貸款有收費條件者。

三　在同一起訖地點間，另闢新線，可使通行車輛受益者。

四　屬於同一交通系統與既成收費之公路橋樑並行者。

第二七條

公路工程之徵收受益費者，其間之橋樑不得另行收費。

第二八條

公路及橋樑工程之工程計畫，應包括左列事項：

一　工程位置、起訖點、長度、寬度及面積。

二　工程標準。

三　工程期限。

四　工程概算。

五　工程規劃圖說。

六　交通量之預測及其可能發展之趨勢。

七　通行車輛之受益情形。

第二九條

①公路及橋樑工程受益費之徵收，應按使用該項公路、橋樑之車輛等級分別計算費額，但每次徵收費額不得大於通行車輛之受益額，車輛等級不同而其受益程度相同者，得按同一標準收費。

②前項車輛等級，爲增進使用者之利益及工程效益，貨車得包括

載重；客車得包括乘載人數。

第三〇條

①公路及橋樑工程之收費年限，應依左列因素計算：

一　各類車輛收費標準。

二　每日交通量及未來之成長率。

三　工程費總投資額。

四　工程費利息及利潤之估計。

五　養護費及管理費之估計。

②前項收費年限已屆，未能收足應收回之費用時，得請求延長之。

第三一條

公路橋樑工程受益費之徵收，應設置收費站辦理，公路部分並得視其長度分段設站辦理。

第三二條

徵收工程受益費之公路或橋樑，收費期間所需養護及管理費用，在所收工程受益費項下開支。

第四章　溝渠工程

第三三條

溝渠工程之工程計畫，應包括左列事項：

一　工程位置、排水區域、面積及管線長度。

二　工程標準。

三　工程期限。

四　工程概算。

五　工程圖說。

六　工程排水效益。

七　其他。

第三四條

溝渠工程之受益範圍，以該溝渠工程規劃之排水區域為範圍，向區內之土地及其改良物徵收工程受益費。

第三五條

溝渠工程受益範圍內之土地，各依其所有土地之面積與受益範圍總面積之比率計算其應分擔之工程受益費；其徵收標準由地方政府訂定之。

第三六條

①溝渠幹線工程，其非屬本區受益者，應免徵工程受益費。

②前項所稱幹線，依工程規劃功能認定之。

第三七條

依工程規劃其同一排水區域內之溝渠分期施工時，應訂定整體計畫配合工程之實施，分期徵收工程受益費。

第五章　漁港工程

第三八條

本細則所稱「漁港工程」係指漁港港口、碼頭及其必要之附屬設施之興建，改善、浚渫等工程。

第三九條

漁港工程之工程計畫，應包括左列事項：

一　工程位置、範圍、項目。
二　工程標準。
三　工程期限。
四　工程概算。
五　工程規劃圖說。
六　工程計畫效益。
七　其他。

第四〇條

漁港工程受益費向使用該港受益之本籍及寄籍動力漁船及交通船徵收；其標準由地方政府訂定之。

第六章　水庫工程

第四一條

水庫工程之工程計畫，應包括左列事項：

一　工程位置、水壩、高度、蓄水量及工程目標。
二　工程標準。
三　工程期限。
四　工程概算及本益分析。
五　工程規劃圖說。
六　水庫供水分配營運準則。
七　工程各目標之效益比例及其受益範圍。
八　其他。

第四二條

水庫工程之灌溉目標受益部分或灌溉專用水庫，其工程受益費之徵收，以受益範圍內之土地為徵收標的，向該土地所有權人、典權人或公地承領人徵收之。

第四三條

水庫工程之防洪目標受益部分或防洪專用水庫，其工程受益費之徵收，準用第七章堤防工程有關之規定辦理。

第四四條

水庫工程之受益範圍及各工程目標，負擔工程受益費總額之比例，依工程規畫功能定之。

第四五條

水庫工程因其營運準則變更時，得依本條例第六條第一項之規定重行公告其受益範圍及分擔受益費額。

第七章　堤防工程

第四六條

堤防工程之工程計畫，應包括左列事項：

一　工程位置、起訖點、長度及横斷面。
二　工程標準。
三　工程期限。
四　工程概算。
五　工程規劃圖說。
六　工程效益及受益範圍。
七　其他。

第四七條

堤防工程受益範圍係指經由水利主管機關核定之堤防工程計畫保護之區域。

第四八條

堤防工程受益費，以工程受益範圍內直接受益之土地及其改良物爲徵收標的，向土地及其改良物所有權人、典權人或公地承領人徵收。

第四九條

堤防工程依該工程計畫預期發生之效益及以往洪水災害情形劃分等級，按各級效益差別程度，訂定其應分擔受益費總額之比例，各級中各依其所有土地面積與該級總面積之比率計算其應分擔之工程受益費。

第五〇條

前條所稱以往洪水災害，係指受益區域之土地及其改良物所受浸水深度、頻率及時間，無洪水災害紀錄可查者，得依工程計畫洪水量及所在地位地形推算或不分等級平均收費。

第八章　疏濬水道工程

第五一條

疏濬水道工程之工程計畫，應包括左列事項：

一　工程位置、工程數量。
二　工程目標。
三　工程標準。
四　工程期限。
五　工程概算。
六　工程規劃圖說。
七　工程效益。
八　其他。

第五二條

多目標之疏濬水道工程徵收工程受益費，其徵收標的及負擔比率依工程計畫目標及功能分別訂定。

第五三條

①疏濬水道工程以航運爲主要目的者，其工程受益費向航舶徵

收：以排水爲主要目的者，向該水道計畫受益區域之土地及其改良物徵收。

②前項以土地及其改良物爲徵收標的者，準用第七章堤防工程有關之規定辦理；以船舶爲徵收標的者，其徵收標準由地方政府定之。

第九章　徵收程序

第一節　工程受益費以土地及其改良物

第五四條

徵收工程受益費，應依據工程計畫，繪製受益範圍圖，其順序如左：

一　套圖：以都市計畫圖、工程計畫圖與地籍圖套受繪受益範圍圖。

二　校圖：將受益範圍圖與地政機關之地籍圖校對，其土地如有合併分割者，就圖修正之。

三　標示受益範圍：將校正後之受益範圍圖依實際需要晒圖，就圖描繪受益區線及範圍並註明年月日。

第五五條

工程受益費之徵收費率，各級政府得視實際需要在本條例第二條第二項規定限額內衡酌左列因素訂定費率計算標準：

一　工程實際所需費用。

二　受益程度。

三　土地價格。

四　該地區受益（繳納義務）人普遍之負擔能力。

第五六條

①工程受益費之查定程序，其順序如左：

一　勾抄地號：每項工程，根據受益範圍圖，依次將受益區內之地號勾抄於查徵底冊草冊上，每一地號編爲一個底冊號碼。

二　查抄土地及建築物所有權人：依據土地登記總簿，將受益範圍內之土地，依地號逐筆查抄所有權人姓名、住址及面積。其地上建築物非地主所有者，並應查抄建築物所有權人姓名，住址及面積。土地爲二人以上共有者，應分別抄錄各共有人之姓名、住址及持分比例。放領公地或設有典權之土地，應分別抄錄公地承領人或典權人之姓名、住址及面積。無案可查者按實際調查測定之。

三　量圖核計受益面積：產權及面積查竣後，除整筆土地位於一個受益區內者，將其面積記載於該區之欄外，其土地有跨越不同受益區或跨越於受益區外者，依受益圖（或現場）分別量計，對位於各區之面積，分別記錄於各區欄內。

四　受益費徵收單價之計算：受益區範圍內，除都市計畫道路外，其餘土地應徵、免徵之面積，均應擬計受益費額，依左列規定計算徵收單價：

㈠總工程費乘以徵收費率爲受益費總額。

㈡受益費總額，依第十九條或二十條之規定乘以百分比，爲受益線或受益面之受益費額。

㈢受益線分配之線受益費額，除以受益線長度，爲受益線之徵收單價。

㈣受益面各區分配之受益費額，除以各該區之面積，爲各該區受益費徵收單價。

㈤有撥用公地者依本條例第三條第二項之規定辦理。

五　核計受益費額：根據各該受益人所有土地之受益線長度及各區受益面面積。乘以受益線及各區受益面徵收單價，分別將受益線費額及各區應負擔之費額塡註，並統計其應徵收費額：其依本條例第十二條規定重複受益而減免者，各區、線塡其負擔費額，合計欄塡其減免後之應徵收費額，並將減免費額於備註欄內註明。

六　重複徵收之扣除：按前後開徵受益費該筆土地負擔受益面之徵收單價計算，受益線重複者亦同，不因土地所有權之移轉而有所限制。但一工程有受益線，另一工程無受益線者，重複時，受益線不在減免之列。

七　統計造冊：各區按各區分別統計，線按線統計：應徵之費額、件數、減免之費額、件數，均應分別統計，記載於冊後總計欄，繕打成冊，並複製查徵底冊五份。除送稅捐稽徵機關兩冊，作開徵、複查及銷號之用外，餘由原定機關及財政、地政機關各存一份備查。

②道路工程以外無受益線及不分受益區之各項工程，除線及分區事項外，餘照前項各款程序辦理。

第五七條

查定作業完成後，主辦工程機關應依本條例第六條第一項之規定辦理公告，公告副本於當日送達稅捐稽徵機關，地政及財政機關，並依規定分別通知各受益人。

第五八條

受益範圍內之土地及其改良物不屬同一人者，其工程受益費由土地所有權人及改良物所有權人按土地及其改良物之完稅價值比例分擔爲原則。

第五九條

①稅捐稽徵機關於收到徵收工程受益費之公告副本及查徵底冊後，應即擬定徵期，編印並繕妥繳納通知單，於開徵前送達各繳納義務人。

②前項工程受益費之繳納期限爲一個月。

第六〇條

稅捐稽徵機關辦理工程受益費經徵業務之事項如左：

一　繕發繳納通知單及催繳。
二　送達回證之查核及保管。
三　無法送達案件之處理或簽會有關單位辦理。
四　申請更正及復查案件之受理。
五　徵績查核及報表。
六　滯納清冊之填送及欠費案件之移送法院強制執行。

第六一條

工程受益費繳納義務人收到繳納通知單後，如有左列事項申請更正者，免予先行繳納本條例第十六條規定之二分之一款項：
一　單價與面積乘積，與應繳納費額不符者。
二　繳納義務人姓名錯誤者。
三　徵收標的，已於公告徵收前出售，並已辦妥登記有案者。
四　產權共有，未依持分徵收者。
五　土地與其改良物不屬同一人所有而未分別計徵，經土地所有權人提供改良物資料申請者。
六　徵收標的，確非繳納通知單所列之義務人所有者。

第六二條

①稅捐稽徵機關接到前條更正申請，應即就申請內容查核辦理。
②其申請事項係屬原徵收底冊有誤者應即移原查定機關查明更正，原查定機關應編造更正清冊送稅捐稽徵機關辦理。

第六三條

①繳納義務人對應繳納之工程受益費有異議申請復查者，應於規定期限內照繳納通知單所列數額先行繳納二分之一款項後，向稅捐稽徵機關申請復查。逾期不予受理。
②前項申請復查案件，稅捐稽徵機關應即移送原查定機關辦理復查，原查定機關應核復申請人，並以副本送稅捐稽徵機關，其原查定數額有變動時，應編造更正清冊送稅捐稽徵機關辦理。

第六四條

有本條例第十二條規定之重複受益情事者，應就其重複受益面積或受益線徵收單價之比較，定其應予補徵差額或免徵。但重複受益時間超過五年者，不予減免。

第六五條

①稅捐稽徵機關於本條例第六條第一項規定公告之日起填發受益範圍內土地或改良物移轉或設定典權之土地增值稅稅單或契稅稅單或免稅證明書時，應根據第五十六條之查徵底冊查明有無應（欠）繳工程受益費，如有應（欠）繳者，應即通知義務人繳清，或由買受人，典權人依本條例第六條第三項規定出具承諾書後，於土地增值稅稅單或契稅稅單或免稅證明書上加蓋「工程受益費繳清」或「工程受益費已由買受人或典權人承諾繳納」戳記，交由義務人持向地政機關憑辦權利變更登記。但地政機關對於公告之日前已申請課徵土地增值稅或契稅之申請登記案件，應通知買受人或典權人先向稅捐稽徵機關查明有無應（欠）繳工程受益費，如有應（欠）徵者，應一次繳清或出

具承諾書，並由稅捐稽徵機關加蓋上開已繳清或已出具承諾之戳記後，再予辦理。

②前項土地或改良物之移轉或設定典權，由鄉鎮市公所經徵契稅者，應將契稅稅單或免稅證明書送主管稽徵機關依前項規定辦理。

③公地放領前之工程受益費，由原公地管理機關繳納。

第六六條

工程受益區範圍內舉辦土地重劃者，其工程受益費依其左列規定辦理：

一　已公告舉辦土地重劃，而後公告徵收工程受益費或已公告徵收工程受益費尚未屆繳納期限而公告舉辦土地重劃者，該重劃地區範圍內土地所應負擔之工程受益費，應俟土地重劃完畢，由新分配之土地各就其原受益區等級，由受分配土地所有人負擔。

二　前款工程受益費之工程用地如已由重劃區於辦理土地重劃列爲共同負擔者，該重劃區內土地應負擔之工程受益費，應予單獨計算，不負擔工程用地費用。

第二節　車輛受益費之徵收程序

第六七條

工程受益費以車輛爲徵收標的者，應依公路（橋樑）分類按左列程序辦理：

一　國道由中央公路主管機關報請行政院核定。

二　省道或指定由中央公路主管機關主辦之公路，由中央公路主管機關報請行政院核定。指定由直轄市公路主管機關主辦之公路，由直轄市公路主管機關報請直轄市政府核定，完成法定程序。

三　縣鄉道由縣政府完成法定程序，並報請中央公路主管機關核備。

第六八條

經徵機關在收費站將左列事項公告，方得收費：

一　工程名稱。

二　施工範圍。

三　經費預算。

四　奉准收費文號及內容摘要。

五　各類車輛收費額。

六　免費車輛種類。

七　其他有關事項。

第三節　船舶受益費之徵收程序

第六九條

漁港工程受益費之徵收，應由漁港所在地之直轄市、縣（市）政府完成法定程序，並報中央目的事業主管機關核備。

第七〇條

經徵機關應在收費處所將左列事項公告，方得收費：

一　工程名稱。

二　施工範圍。

三　經費預算。

四　奉准收費文號及內容摘要。

五　各種噸位船舶及收費額。

六　免費船舶種類。

七　其他有關事項。

第七一條

疏濬水道工程以船舶為徵收標的者，其徵收程序準用前兩條之規定。

第十章　徵收權責及其監督與考核

第七二條

①各級地方政府徵收工程受益費，以土地及其改良物為徵收標的者，其應辦事項除依本條例第五條規定之程序辦理外，並權責規定如左：

一　徵收計畫書，由工程主管機關會同財政、地政主管機關擬訂。

二　工程受益費之經徵及管理，由財政、稅捐主管機關辦理。

三　有關申請更正或復查案件，由稅捐稽徵機關受理，移送原查定機關復查後核復申請人，並以副本抄送稅捐稽徵機關。

②工程、財政、稅捐、地政機關之會同作業要點，由直轄市、縣（市）政府定之。

第七三條

各級政府徵收工程受益費以車輛為徵收標的者，其應辦事項除依本條例第五條規定程序辦理外，其主辦機關規定如左：

一　國道由中央公路主管機關指定機關為之。

二　省道或指定由中央公路主管機關主辦之公路，由中央公路主管機關指定之機關為之。

三　市區道路系統中為疏導交通而專設之高架或地下之長程道路，由該管交通主管機關為之。

四　縣鄉道由縣（市）政府為之。

第七四條

各級政府徵收工程受益費以船舶為徵收標的者，其主辦機關規定如左：

一　中央由經濟部或交通部辦理。

二　直轄市由建設或交通主管機關辦理。

三　縣（市）由縣（市）政府辦理。

第七五條

工程跨越二省（市）或二縣（市）以上行政區域，並由各該直轄市、縣（市）之主辦工程機關共同辦理者，其徵收機關，以土地及改良物為徵收標的者，由各該機關分別徵收；以車輛、船舶為徵收標的者，由其中央目的事業主管機關指定由一方徵收。

第七六條

中央機關主辦之工程，其有關工程受益費徵收事項之擬訂，由該主辦工程機關會同有關機關辦理，報請行政院核備。

第七七條

各級政府徵收工程受益費，其主辦機關、會辦機關有關徵收業務之監督、考核與獎懲，由各該主辦機關之上級主管機關為之。稅捐稽徵機關經徵工程受益費，應列為稅捐稽徵成績考核。

第七八條

經徵機關應於每半年將工程受益費徵收情形，依左列程序報請核備：

一　縣（市）政府舉辦之工程，由經徵機關報縣（市）政府核轉內政部核備。

二　直轄市政府舉辦之工程，由經徵機關報請市政府核備。

三　中央舉辦之工程，由稅捐稽徵機關經徵者，依行政系統層轉中央舉辦工程之機關；由交通機關經徵者，逕報交通部核轉行政院核備。

第七九條

中央機關、直轄市或縣（市）政府應於每一年度終了後一個月內，將工程受益費徵收情形及成果列表彙報行政院備查，並以副本抄送內政部、財政部。

第十一章　免徵及緩徵範圍

第八〇條

土地及其改良物於公告徵收工程受益費後，因政府依法變更使用而合於本條例第十四條規定者，自變更之日起應予免徵收工程受益費。

第八一條 106

①本條例第十四條所稱非營業性之公共設施用地及其改良物，指道路、鐵路基地、公園、綠地、機關用地、廣場、停車場所、體育場、集會場、警所、消防及防空設施、公立學校、公立醫院、診所、污水處理廠、公立殯葬設施、河道、上下水道、灌溉渠道、完成財團法人登記之私立學校、兒童及少年福利機構、老人福利機構、身心障礙福利機構及社會救助機構、各該管機關認定之現有巷道及其他報經內政部核定之公共設施。

②前項各種公共設施用地及其改良物，應以所有並供公衆使用者爲限。

第八二條

本條例第十四條所稱依都市計畫法規定保留之公共設施用地及其改良物，係指當地方政府依法報經核定發布實施之都市計畫所訂定保留之公共設施用地及其改良物。

第八三條

本條例第十四條所稱駐軍兵營等，係指國庫所屬各機關及部隊駐在場所，且產權係屬公有，並由國防部依有關法令編定者爲準。

第八四條

本條例第十四條所稱軍用船舶、戰備及訓練車輛，以國軍編裝者爲限。

第八五條

爲避免緊急危難或於公務上、業務上有特別義務而通行之車輛、船舶得免徵工程受益費。

第八六條

禁建區內之工程受益費得申請緩徵，於禁建解除後由主辦禁建機關以解除禁建公文副本函送經徵機關補徵之。但自該項工程受益費開徵之日起，滿五年仍未解除禁建者，不得再行補徵，該項工程受益費應予註銷。

第八七條

市區道路工程之受益線及受益面爲都市計畫農業區或保護區者，得申請緩徵工程受益費，於都市計畫分區使用變更後由主辦都市計畫單位以都市計畫變更副本函送經徵機關補徵之。但自該項工程受益費開徵之日起，滿五年仍未變更爲其他使用分區者，不得再行補徵，該項工程受益費應予註銷。

第八八條

土地被政府徵收到剩餘面積依建築法規定不能單獨建築使用時，其工程受益費得申請暫緩徵收，俟與鄰地合併使用時由主管建築機關通知經徵機關補徵之。

第八九條

受益土地遇有嚴重災害，經核定免賦稅者，當期之工程受益費得申請緩徵，按徵收期別年限遞延之。但土地流失滿五年尚未浮復，該項工程受益費應予註銷。

第九〇條

土地及其改良物於公告徵收工程受益費一年內，因政府機關依法規定變更用途，原爲免徵原因消失者其免徵費額應予補徵。

第九一條

徵收工程受益費之公路或橋樑，遇有空襲警報時，自警報發布起至解除警報後三小時內，一律停止收費。

第九二條

汽車行駛於應繳工程受益費之公路、橋樑，不依規定繳費，依

照道路交通管理處罰條例第二十七條之規定處罰之。

第九三條

本細則自發布日施行。

停車場法

①民國80年7月10日總統令制定公布全文44條。
②民國89年1月19日總統令修正公布第3、4、7、11、16、23、24、29、31條條文；增訂第5-1、16-1、32-1、39-1條條文；並刪除第5條條文。
③民國90年5月30日總統令修正公布第35、36、37、39-1條條文。
④民國100年6月29日總統令修正公布第14、17條條文。
⑤民國105年11月9日總統令修正公布第32條條文；並增訂第40-1條條文。
⑥民國111年11月30日總統令修正公布第32條條文；並增訂第27-1條條文。

第一章　總　則

第一條　（立法目的）

爲加強停車場之規劃、設置、經營、管理及獎助，以增進交通流暢，改善交通秩序，特制定本法。本法未規定者，適用其他法律之規定。

第二條　（名詞定義）

本法所用名詞定義如左：

一　停車場：指依法令設置供車輛停放之場所。
二　路邊停車場：指以道路部分路面劃設，供公衆停放車輛之場所。
三　路外停車場：指在道路之路面外，以平面式、立體式、機械式或塔臺式等所設，供停放車輛之場所。
四　都市計畫停車場：指依都市計畫法令所劃設公共停車場用地興闢後，供作公衆停放車輛之場所。
五　建築物附設停車空間：指建築物依建築法令規定，應附設專供車輛停放之空間。
六　停車場經營業：指經主管機關發給停車場登記證，經營路外公共停車場之事業。

第三條　（主管機關）

本法所稱主管機關：在中央爲交通部；在直轄市爲直轄市政府；在縣（市）爲縣（市）政府。

第四條　（停車場財源籌措之方法）

①地方主管機關爲籌措停車場興建、營運資金及獎助民營路外公共停車場，以提升其經營服務水準，得由左列各款籌措專款，依有關規定設置停車場作業基金：

一　地方政府之一般財源。
二　上級政府補助。
三　汽車燃料使用費部分收入。
四　交通違規停車罰鍰收入。
五　路邊及公有路外公共停車場之停車費收入。
六　違規停車之移置費及保管費收入。
七　民間機構繳交之權利金及租金收入。
八　依建築法第一百零二條之一規定，建築物附設停車空間繳納代金收入。
九　公有停車場經營附屬事業收入。
十　基金之孳息收入。
十一　其他收入。

②前項停車場作業基金，得設置基金管理委員會，辦理其收支保管及運用事項；其收支保管及運用辦法，由地方主管機關定之。

第五條（刪除）

第五條之一（停車場作業基金之用途）

第四條停車場作業基金用途如左：
一　政府規劃及興建公有停車場支出。
二　公有停車場之設備擴充及改良支出。
三　公有停車場維護管理費支出。
四　獎助民間機構興建及營運路外公共停車場部分支出。
五　違規車輛拖吊業務費用支出。
六　取締違規停車之部分支出。
七　公有停車場稅費支出。
八　停車場作業基金管理委員會支出。
九　有關改善停車設施管理支出。
十　停車場經營管理事項之投資。
十一　其他經主管機關核准支出。

第六條（政府應獎助民間興建之公共停車場）

公共停車場由民間投資興建者，政府應予以獎助。

第七條（公共設施之地下或地上層得附建停車場）

都市計畫範圍內已劃設或興建之市場、公園、綠地、廣場、學校、高架道路、加油站、道路、車站、體育場、變電所、污水處理設施、截流站及抽水站、焚化場、兒童遊樂場及其他可利用公共設施之地下或地上層，應予以整體規劃及不破壞整體設施為主，並得以多目標使用方式，附建停車場；相鄰之公共設施及民間建築物得合併規劃興建之。

第八條（都市計畫公共停車場用地之使用）

都市計畫公共停車場用地，除作停車場使用外，並得作立體多目標使用或供作公共運輸與自用車輛間運輸轉換之接駁用地使用。

第九條（增設停車空間之建築物其高度及容積率之放寬）

①直轄市或縣（市）主管機關應視地區停車需求，核准左列公、私有建築物新建或改建時，投資增設停車空間，開放供公眾使用，不受建築法令有關高度及容積率之限制：

一　國民住宅及社區之建築。

二　政府機關、學校或公私事業機構之建築。

三　市場、購物中心、娛樂場所之建築。

四　市中心區高樓建築。

②前項建築物高度及容積率等之放寬計算，由直轄市或縣（市）政府定之。

第一〇條　（都市計畫中停車場用地之規劃）

①為配合都市發展及交通運輸系統建設需要，地方政府於擬定或變更都市計畫時，應劃設或增設停車場用地。

②前項用地之劃設或增設，地方主管機關應視需要提具規劃案，送請都市計畫主管機關辦理之。

第一一條　（臨時路外停車場之申請）

①都市計畫範圍內之公、私有空地，其土地所有人、土地管理機關、承租人、地上權人得擬具臨時路外停車場設置計畫，載明其設置地點、方式、面積及停車種類、使用期限及使用管理事項，並檢具土地權利證明文件，申請當地主管機關會商都市計畫主管機關及有關機關核准後，設置平面式、立體式、機械式或塔臺式臨時路外停車場；在核定使用期間，不受都市計畫法令土地使用分區管制有關區位、用途、建蔽率、容積率、建築高度等相關限制。但臨時路外停車場設置於住宅區者，應符合住宅區建蔽率、容積率及建築高度之規定。

②前項申請設置臨時路外停車場之程序、使用期限、區位、用途、建蔽率、容積率、建築高度、景觀維護、審核基準及其他應遵行事項之辦法，由交通部會商內政部等有關機關定之。

③第一項所稱空地，係指非法定空地而無地上物或經依建築管理法令規定拆除地上物之土地。

第二章　路邊停車場

第一二條　（路邊停車場之設置）

①地方主管機關為因應停車之需要，得視道路交通狀況，設置路邊停車場，並得向使用者收取停車費。

②依前項設置之路邊停車場，應隨路外停車場之增設或道路交通之密集狀況予以檢討廢止或在交通尖峰時段限制停車，以維道路原有之功能。

第一三條　（路邊停車場其重要事項之公告）

地方主管機關應於路邊停車場開放使用前，將設置地點、停車種類、收費時間、收費方式、費率及其他規定事項公告週知。變更及廢止時，亦同。

第一四條　（路邊停車場之費率及收費方式）100

路邊停車場之費率，應依第三十一條規定定之；其停車費得以計時或計次方式收取，並得視地區交通狀況，採累進方式收費或限制停車時間。採計時收取，得以三十分鐘為計費單位。

第一五條（巷道停車之規劃）

地方主管機關為整頓交通及停車秩序，維護住宅區公共安全，得以標示禁止停車或劃設停車位等方式全面整理巷道。

第三章　路外停車場

第一六條（都市計畫停車場之投資興建）

①都市計畫停車場用地或依規定得以多目標使用方式附建停車場之公共設施用地經核准徵收或撥用後，除由主管機關或鄉（鎮、市）公所興建停車場自營外，並得依左列方式公告徵求民間辦理，不受土地法第二百零八條、第二百十九條、都市計畫法第五十二條及國有財產法第二十八條之限制：

一　主管機關或鄉（鎮、市）公所興建完成後租與民間經營。

二　主管機關或鄉（鎮、市）公所將土地出租民間興建經營。

三　主管機關或鄉（鎮、市）公所與民間合資興建經營。

②前項由民間使用都市計畫停車場用地或依規定得以多目標使用方式附建停車場之公共設施用地投資興建之停車場建築物及設施，投資人得使用之年限，由投資人與主管機關或鄉（鎮、市）公所按其投資金額與獲益報酬約定，報請上級主管機關核定之，不受土地法第二十五條之限制。

③依第一項第二款及第三款投資興建之停車場建築物及設施，於使用年限屆滿後，應無償歸屬於該管主管機關或鄉（鎮、市）公所所有，並由主管機關或鄉（鎮、市）公所單獨囑託登記機關辦理所有權移轉登記為國有、直轄市有、縣（市）有或鄉（鎮、市）有，投資人不得異議。投資人在約定使用期間屆滿前，就其所有權或地上權為移轉或設定負擔時，應經該管主管機關或鄉（鎮、市）公所同意。

第一六條之一（都市計畫停車場投資興建之適用）

本法修正施行前已核准徵收或撥用之都市計畫停車場用地或依規定得以多目標使用方式附建停車場之公共設施用地，適用前條規定。

第一七條（路外公共停車場之費率及收費方式）100

①公有路外公共停車場之費率，應依第三十一條規定定之；其停車費以計時收取為原則，並得採月票方式收費；其位於市中心區或商業區者，得採計時累進方式收費。採計時收取，得以三十分鐘為計費單位。

②民營路外公共停車場之收費標準與收費方式，由停車場經營業擬定，報請直轄市或縣（市）主管機關備查。

第一八條（路外公共停車場附近地區停車之規劃）

路外公共停車場附近地區之道路，主管機關應視需要劃定禁止

停車區，如鄰接禁止停車區路段有劃設路邊停車場之必要時，應以計時收費爲限。

第一九條　（新舊建築物停車空間之增設或附設）

①建築物依建築法令附設停車空間不敷當地實際需要者，應由直轄市、縣（市）主管機關會同都市計畫主管機關擬定其增設標準及設置條件，納入該都市計畫內定之。

②前項已附設停車空間之建築物或未附設停車空間之舊建築物，主管機關應視其實際需要，於增建或用途變更時，協商有關機關責成增設或附設停車空間。

第二〇條　（建築物之交通影響評估）

①在交通密集地區，供公衆使用之建築物，達一定規模足以產生大量停車需求時，得先由地方主管機關會商當地主管建築機關及都市計畫主管機關公告，列爲應實施交通影響評估之建築物。

②新建或改建前項應實施交通影響評估之建築物，起造人應依建築法令先申請預爲審查。

③起造人依前項規定申請預爲審查時，主管建築機關應交由地方主管機關先進行交通影響評估，就有關停車空間需求、停車場出入口動線及其他要求等事項，詳爲審核。

④建築物交通影響評估準則，由交通部會同內政部定之。

第二一條　（防空避難設備兼作停車空間）

建築物附建之防空避難設備，其標準符合停車使用者，以兼作停車空間使用爲限。

第二二條　（建築物附設停車空間得開放公眾收費使用）

①私有建築物附設之停車空間，得供公衆收費停車使用。

②公有建築物，應附設停車空間，得於業務需要之外，開放供公衆收費停車使用。

第二三條　（汽車服務業應設停車場）

汽車運輸業、買賣業、修理業、洗車業及其他與汽車服務有關之行業，應設置其業務必要之停車場。停車場之設置規定，由直轄市或縣（市）各該行業之主管機關定之。

第四章　經營與管理

第二四條　（都市計畫停車場或路外公共停車場之申請）

依第十六條及第十六條之一規定投資興建之都市計畫停車場，或公共設施用地依規定得以多目標使用方式附建之停車場，或投資興建可供五十輛以上小型汽車停放之路外公共停車場者，應備具有關文件，並敘明停車場出入口、車輛動線及安全設施之規劃等，向地方主管機關申請核准後，再向主管建築機關申請建築執照；其申請書件由地方主管機關定之。

第二五條　（前條停車場其管理規範之訂定）

①前條都市計畫停車場或路外公共停車場應於開放使用前，由負

責人訂定管理規範，向地方主管機關報請核備，領得停車場登記證後，始得依法營業。

②前項管理規範，其有關營業時間及收費標準事項，並應公告之。如有變更，亦應報請地方主管機關核備。

第二六條　（附設停車空間之建築物其管理規範之訂定）

路外公共停車場可供車輛停放使用未達五十個小型車位或建築物附設之停車空間，開放供公眾停車收費使用者，其負責人得逕依前條之規定訂定管理規範，向地方主管機關報請核備，領得停車場登記證後，始得依法營業。

第二七條　（路外公共停車場應具備之標示設施）

停車場經營業應依規定於路外公共停車場設置標誌、號誌、劃設車輛停放線及指向線，並應於出入口或其他適當處所標示停車費率及管理事項。

第二七條之一　111

①公共停車場應設置電動汽車充電專用停車位及其充電設施。

②前項電動汽車充電專用停車位設置比例、充電設施設置標準、推動輔導、補助方式及其他應遵行事項之辦法，由中央主管機關定之。

第二八條　（已登記之路外公共停車場其營業狀況變動之報備）

已登記之路外公共停車場變更組織、名稱、停止全部或部分營業或歇業時，應於一個月前報請地方主管機關備查；復業時，亦同。

第二九條　（公有路外停車場得委託民間經營）

公有路外停車場，得委託民間經營；其委託經營辦法，由直轄市或縣（市）政府定之，並報請上級主管機關備查。

第三〇條　（停車管理之專責單位）

直轄市、縣（市）主管機關爲停車場之規劃興建、營運管理及停車違規之稽查，應指定專責單位辦理。

第三一條　（停車場費率標準之依據）

①路邊停車場及公有路外公共停車場之收費，應依區域、流量、時段之不同，訂定差別費率。

②前項費率標準，由地方主管機關依計算公式定之，其計算公式應送請地方議會審議。

第三二條　112

①汽車駕駛人於公共停車場，應依規劃之位置停放車輛，如有任意停放致妨礙其他車輛行進或停放者，主管機關、警察機關或停車場經營業得逕行將該車輛移置至適當處所。

②前項任意停放如爲占用身心障礙者專用停車位、孕婦及育有六歲以下兒童者停車位及電動汽車充電專用停車位者，停車場經營業應通報主管機關或警察機關。

③公共停車場依法令規定設置供特定對象或車輛使用之停車位，未具有相關車位停車識別證明或未符合規定之車輛不得停放。主管機關爲確認違規占用車輛駕駛人或所有人身分，得向公路

主管機關申請車籍資料。

第三二條之一　（停車場經營業申請經營違規停車拖吊業務之程序）

①停車場經營業經參加直轄市、縣（市）主管機關公開程序取得拖吊業經營資格者，得申請於其停車場四周一定區域範圍內，經營違規停車拖吊業務。

②前項停車場經營業於實施違規停車拖吊業務時，應向直轄市、縣（市）主管機關申請指派依法令執行交通稽查任務人員或交通助理人員於依法舉發違規停車後，由停車場經營業將該違規車輛拖吊及移置於經直轄市、縣（市）主管機關指定之處所，並向汽車所有人收取所需之移置費及保管費。

③前二項停車場經營業應具備之資格條件、各項申請程序、實施拖吊、移置方式與區域範圍、收取費用及其他應遵行事項之辦法，由直轄市、縣（市）主管機關定之。

第三三條　（有關業務資料或報告之提出）

直轄市或縣（市）主管機關為執行本法之規定，得責令停車場經營業提出業務有關資料或報告，並得檢查其停車場之設施或業務有關之事項。

第五章　獎助與處罰

第三四條　（民間興建公共停車場之獎助）

主管機關為鼓勵民間興建公共停車場，應就停車場用地取得、資金融通、稅捐減免、規劃設計技術、公共設施配合等予以獎勵或協助。其獎助措施，另以法律定之。

第三五條　（違反臨時路外停車場設置計畫之處罰）

違反依第十一條第一項規定所核准之臨時路外停車場設置計畫，經主管機關通知限期改善而屆期不改善者，處負責人新臺幣三千元以上三萬元以下罰鍰；其情節重大者，並廢止其核准。

第三六條　（違反停車場設置標準之處罰）

停車場經營業因變更停車場之構造與設備致不符規定者，除依建築法處罰外，其情節重大者，主管機關並得定期停止其營業之一部或全部或廢止其停車場登記證。

第三七條　（收費標準或收費方式未經報備之處罰）

違反第十七條第二項、第二十五條或第二十六條規定者，處負責人新臺幣三千元以上一萬五千元以下罰鍰，並責令限期改正；屆期不改正者，得定期停止其營業之一部或全部或廢止其停車場登記證。

第三八條　（違反路外公共停車場標示設施之處罰）

違反第二十七條路外公共停車場標示設施之規定，經通知限期改善，逾期不改善或複查不合規定者，處負責人新臺幣九千元以下罰鍰；經處罰後仍不改善，處三十日以下之停業處分。

第三九條　（違反營業登記之處罰）

違反第二十八條之規定者，處負責人新臺幣九千元以下罰鍰。

第三九條之一　（罰則）

停車場經營業有下列情形之一者，處負責人新臺幣一萬元以上三萬元以下罰鍰，並責令限期改正；屆期不改正者，定期停止其營業之一部或全部或廢止其停車場登記證：

一　未依第三十二條之一第一項或第二項規定申請核准或指派，擅自經營違規停車拖吊業務者。

二　經營違規停車拖吊業務之實施拖吊、移置方式、區域範圍、收取費用或其他應遵行事項，違反依第三十二條之一第三項所定之辦法者。

第四〇條　（拒絕主管機關檢查之處罰）

違反第三十三條之規定拒絕檢查或提供資料或報告者，處負責人新臺幣六千元以下罰鍰。

第四〇條之一　（違反占用身心障礙者專用停車位之處罰）105

①停車場經營業違反第三十二條第二項規定，經主管機關通知限期改善而屆期不改善者，處新臺幣一千八百元以上三千六百元以下罰鍰。

②汽車駕駛人違反第三十二條第三項規定，處新臺幣六百元以上一千二百元以下罰鍰。

第四一條　（罰鍰之主管機關）

本法所定之罰鍰，由該管主管機關處罰；經通知而逾期不繳納者，移送法院強制執行。

第六章　附　則

第四二條　（本法施行前之路外公共停車場之登記及處罰）

在本法施行前已設置之路外公共停車場，應於本法公布施行後一年內辦妥停車場登記；逾期不爲登記者，依第三十七條之規定處罰。

第四三條　（證照費之徵收）

依本法規定核發之證照，得徵收證照費；其費額由交通部定之。

第四四條　（施行日）

本法自公布日施行。

利用空地申請設置臨時路外停車場辦法

①民國90年7月3日交通部函訂定發布全文15條。
②民國93年12月9日交通部令修正發布第6條條文。
③民國96年11月26日交通部令修正發布第4、5、9條條文。
④民國108年11月7日交通部令修正發布第4至7條條文。
⑤民國111年8月11日交通部令修正發布第4條條文。

第一條
本辦法依停車場法第十一條第二項規定訂定之。

第二條
本辦法所稱之臨時路外停車場係指在道路之路面外，以平面式、立體式、機械式或塔臺式等所設，除基礎外其主體結構非以鋼筋混凝土闢建並得為隨時拆遷，供停放車輛之場所。

第三條
本辦法所稱地方主管機關在直轄市為直轄市政府；在縣（市）為縣（市）政府。

第四條 111
①申請設置臨時路外停車場基地，臨接之道路實際寬度應符合下列規定：
一　供機車停放者，應達三點五公尺以上。
二　供小型車停放者，應達六公尺以上。但經地方主管機關認定無礙行車及安全者，得為五公尺以上；其屬單行道者，得為三點五公尺以上。
三　供大型車停放者，應達十公尺以上。但經地方主管機關認定無礙行車及安全者，得為六公尺以上。
②前項臨接之道路實際寬度（不含退縮），應維持聯通同寬或較寬之聯外道路寬度。

第五條 108
①臨時路外停車場設置於地面層出入口規定如下：
一　應距順向道路交叉口五公尺以上。
二　臨接道路未設置人行道者，應自建築線至少退縮一點五公尺以上。但兩側基地尚未開發且未留設人行空間，或兩側建築物無退縮且無設置騎樓等人行空間，並經地方主管機關認定無礙行人通行安全者得免退縮。
三　應自建築線後退二公尺之汽車出入口中心線上一點至道路中心之垂直線左右各六十度以上範圍，無礙視線設置緩衝空間（含人行道）。
四　出入口至車輛管制設施應至少規劃停等空間（不含人行

道）。小型車爲六公尺乘六公尺；大型車爲六公尺乘十二公尺。但設有內藏式轉盤或車位鎖者，不在此限。

②前項第二款及第三款之建築線，於申請設置無建築物之平面式臨時路外停車場時，得以道路境界線代替之。

③申請無建築物之平面式臨時路外停車場，其土地臨道路側無設置實體人行道，且設置六個以下小型車停車位，並經地方主管機關認定無礙行人通行安全者，得不受第一項第一款、第二款及第四款規定之限制。

第六條 108

①平面式臨時路外停車場停車位大小、車道寬度及曲線半徑規定如下，並例示如附件：

一　大型車：車位寬度四公尺以上，長十二公尺以上；車道寬度十公尺以上；內側曲線半徑不得小於十公尺。

二　小型車：車位寬度二點五公尺以上，長五點二五公尺以上；車道寬度單車道三點五公尺以上，雙車道五點五公尺以上；內側曲線半徑不得小於五公尺。

三　機車：車位寬度零點七公尺以上，長二公尺以上；車道寬度一點五公尺以上。

②依前條第三項規定申請者，不受前項車道寬度及曲線半徑規定之限制。

③汽車運輸業者申請設置第一項平面式臨時路外停車場，專供該業車輛停放者，其車輛通行車道之面積及其停車位大小，應符合汽車運輸業審核細則規定。

第七條 108

①機械式或塔台式臨時路外停車場之設置，本辦法未規定者，依建築技術規則、建築物附設停車空間機械停車設備規範及相關法令規定辦理。

②立體式臨時路外停車場之設計、施工、構造及材料設備規格依建築技術規則及相關法令規定辦理。

③前項立體式臨時路外停車場供機車停放使用時，其車位大小、車道寬度依前條第一項第三款規定設置。

第八條

①都市計畫範圍內之臨時路外停車場，在核定使用期間，除設置於住宅區者，應符合住宅區建蔽率、容積率及建築高度之規定外，其餘區位之建蔽率、容積率按都市計畫法令停車場用地有關之規定辦理，建築高度應依據建築技術規則有關規定辦理。

②臨時路外停車場基地同時位於住宅區及其他分區者，其建蔽率、容積率及建築高度應依建築法令規定按住宅區及停車場用地分別計算，不得合計。

第九條 96

①公私有空地之土地所有人、土地管理機關、承租人或地上權人（以下簡稱申請人）申請設置臨時路外停車場，應檢具下列文件，向地方主管機關提出。申請變更時，亦同：

一　臨時路外停車場設置申請書。
二　土地權利證明文件。
三　土地使用分區證明文件。
四　建築線指示（定）圖。但申請設置無建築物之平面式臨時路外停車場不在此限。
五　地籍圖謄本（應將基地範圍標示）。
六　申請人身分證明文件（如爲法人應檢附登記文件）。
七　設置計畫。
㈠設置地點。
㈡設置方式。
㈢停車場面積。
㈣停車種類。
㈤使用期限。
㈥停車場使用管理事項：應含停車場進出管制方式、費率、停車場維護保養及環境維護方式等。
㈦建築造型及量體圖說：應含建築物高度、建蔽率、景觀、植栽、綠化、色彩及與鄰近建築對比關係等相關檢討及說明，如設圍籬者，其透空率應達百分之七十以上。
㈧停車場內設施配置圖說：應含車位大小、車道寬度、迴轉半徑、車行動線、交通標誌、標線、號誌、行人安全維護措施及相關設施之配置說明。
㈨停車場出入口配置圖說：應含臨接道路寬度、出入口寬度、數量、出入口車輛之管制設施及等候空間規劃之配置及說明。
㈩停車場交通動線圖說：應含基地進出場車行動線及其對場外車行及人行動線干擾情形之標示與說明。
⑪停車場基地現況照片。

②申請設置臨時路外停車場臨接之道路實際寬度（不含退縮）屬第四條第一項但書情形者，申請人應於前項第七款設置計畫一併檢附停車場所在區域屬性、交通動線、週邊環境狀況及其出入口設計所需臨接道路寬度等相關規劃與說明文件。

③申請人資格、申請程序或應備文件不合前二項規定時，當地地方主管機關得通知限期補正或退回其申請。

第一〇條

當地地方主管機關受理申請設置臨時路外停車場案件後，由其所屬停車場主管機關會商有關機關，依其都市發展現況，鄰近地區停車需求、都市計畫、都市景觀、使用安全性及對環境影響等有關事項審核之，經審核合格者發給設置許可，並核定使用期限。

第一一條

①地方主管機關核准設置許可時，該設置許可載明之申請人應於六個月內檢具申請書、土地權利證明文件及工程圖說向主管建

築機關申請臨時建築許可。逾期未申請、臨時建築許可申請案經註銷或臨時建築許可逾期作廢者，其原設置許可同時失其效力。

②臨時路外停車場得以主管建築機關發給之臨時使用執照（許可），依土地登記有關規定申辦建物所有權第一次登記，並於建物登記簿其他事項欄及建物所有權狀內註明為臨時建築物。

第一二條

①臨時路外停車場開放使用前，應由負責人訂定管理規範，報請當地地方主管機關核備並領得停車場登記證後，始得依法營業。

②前項停車場登記證有效期限，應依第十條核准使用年限，期滿自動失效。

第一三條

設置完成之臨時路外停車場，應由停車場申請人或管理人負責保養、管理及負維護公共安全之責任。

第一四條

本辦法所需書表格式，由當地地方主管機關定之。

第一五條

本辦法自發布日施行。

促進民間參與公共建設法

①民國89年2月9日總統令制定公布全文57條；並自公布日施行。
②民國90年10月31日總統令修正公布第3條條文。
民國101年6月25日行政院公告第31、35條所列屬「財政部」之權責事項，經行政院公告自93年7月1日起變更為「行政院金融監督管理委員會」管轄，自101年7月1日起改由「金融監督管理委員會」管轄。
民國101年12月25日行政院公告第5條第1項所列屬「行政院公共工程委員會」之權責事項，自102年1月1日起改由「財政部」管轄。
③民國104年12月30日總統令修正公布第3至6、8、9、11、13至16、18、29至31、35至41、46、51、52至54條條文；增訂第6-1、48-1、51-1條條文；並刪除第27條條文。
④民國107年11月21日總統令修正公布第8、13、51-1條條文。
⑤民國111年12月21日總統令修正公布第3、6、6-1、8至10、15、19、29、32、44至48-1、51-1條條文；並增訂第9-1、48-2、51-2條條文。

第一章　總　則

第一條　（立法目的）
為提升公共服務水準，加速社會經濟發展，促進民間參與公共建設，特制定本法。

第二條　（適用之範圍）
促進民間參與公共建設，依本法之規定。本法未規定者，適用其他有關法律之規定。

第三條　111
①本法所稱公共建設，指下列供公眾使用且促進公共利益之建設及服務：
一　交通建設及共同管道。
二　環境污染防治設施。
三　污水下水道、自來水及水利設施。
四　衛生福利及醫療設施。
五　社會及勞工福利設施。
六　文教及影視音設施。
七　觀光遊憩設施。
八　電業、綠能設施及公用氣體燃料設施。
九　運動設施。
十　公園綠地設施。

十一　工業、商業及科技設施。
十二　新市鎮開發。
十三　農業及資源循環再利用設施。
十四　政府廳舍設施。
十五　數位建設。

②本法所稱重大公共建設，指性質重要且在一定規模以上之公共建設；其範圍，由主管機關會商內政部及中央目的事業主管機關定之。

③第一項各款公共建設，其中央目的事業主管機關之認定有疑義者，由主管機關報請行政院核定。

第四條　（民間機構之定義）104

①本法所稱民間機構，指依公司法設立之公司或其他經主辦機關核定之私法人，並與主辦機關簽訂參與公共建設之投資契約者。

②前項民間機構有政府、公營事業出資或捐助者，其出資或捐助不得超過該民間機構資本總額或財產總額百分之二十。

③第一項民間機構有外國人持股者，其持股比例之限制，主辦機關得視個案需要，報請行政院核定，不受其他法律有關外國人持股比例之限制。但涉國家安全及能源自主之考量者，不在此限。

第五條　（主管機關）104

①本法所稱主管機關，爲財政部。

②本法所稱主辦機關，指主辦民間參與公共建設相關業務之機關：在中央爲目的事業主管機關；在直轄市爲直轄市政府；在縣（市）爲縣（市）政府。主辦機關依本法辦理之事項，得授權所屬機關（構）執行之。

③主辦機關得經其上級機關核定，將依本法辦理之事項，委託其他政府機關執行之。

④前項情形，應將委託事項及所依據之前項規定公告之，並刊登於政府公報、新聞紙、或公開上網。

第六條　111

①主管機關掌理下列有關政府促進民間參與公共建設事項：
一　政策與制度之研訂及政令之宣導。
二　資訊之蒐集、公告及統計。
三　專業人員之訓練。
四　各主辦機關相關業務之協調與公共建設之督導及考核。
五　申訴處理及履約爭議調解。
六　其他相關事項。

②主辦機關辦理促進民間參與公共建設案件宜由促進民間參與公共建設專業人員爲之。

③前項促進民間參與公共建設專業人員之資格、考試、訓練、發證、管理及獎勵辦法，由主管機關會商相關機關定之。

第六條之一　111

①主辦機關依本法規劃辦理民間參與公共建設前，應先進行可行性評估，經評估具可行性者，依其結果續行辦理先期規劃。

②前項可行性評估應納入計畫促進公共利益具體項目、內容及欲達成之目標，並於該公共建設所在地或提供服務地區邀集專家、學者、地方居民及民間團體舉行公聽會，對於專家、學者、地方居民及民間團體之建議或反對意見，主辦機關如不採納，應於可行性評估報告中具體說明不採之理由。

③經依本法辦理之公共建設計畫，於投資契約解除、終止或期間屆滿後，就同一計畫再依本法辦理時得不適用前二項規定。

第七條　（民間規劃）

公共建設，得由民間規劃之。

第八條 111

①民間機構參與公共建設之方式如下：

一　民間機構投資新建並為營運；營運期間屆滿後，移轉該建設之所有權予政府。

二　民間機構投資興建完成後，政府無償取得所有權，並由該民間機構營運；營運期間屆滿後，營運權歸還政府。

三　民間機構投資興建完成後，政府一次或分期給付建設經費以取得所有權，並由該民間機構營運；營運期間屆滿後，營運權歸還政府。

四　民間機構投資增建、改建及修建政府現有建設並為營運；營運期間屆滿後，營運權歸還政府。

五　民間機構營運政府投資興建完成之建設，營運期間屆滿後，營運權歸還政府。

六　配合政府政策，由民間機構自行備具私有土地投資興建，擁有所有權，並自為營運或委託第三人營運。

七　其他經主管機關核定之方式。

②本法所定興建，包含新建、增建、改建、修建。

③第一項各款之營運期間，由各該主辦機關於核定之計畫及投資契約中訂定之；其訂有租賃契約者，不受民法第四百四十九條、土地法第二十五條、國有財產法第二十八條及地方政府公產管理法令之限制。

第九條 111

前條第一項各款之興建或營運工作，得就該公共建設之全部或一部為之。

第九條之一 111

①公共建設經政策評估具必要性、優先性及迫切性，且確認依本法辦理較政府自行興建、營運具效益者，主辦機關得於民間機構依第八條第一項各款參與該公共建設營運期間，有償取得其公共服務之全部或一部。

②前項政策評估及相關作業之辦法，由主管機關定之。

第一〇條 111

①主辦機關依第八條第一項第三款方式興建、營運公共建設或依

前條規定取得公共服務者，應於實施前將建設及財務計畫報請行政院核定或由各該地方政府自行核定，並循預算程序編列相關預算，據以辦理。

②主辦機關依前條規定取得民間機構公共服務之預算編列程序，除應循前項規定辦理外，並應於預算書中列表說明其因辦理前條之公共建設未來年度經費支出。

第一一條　（投資契約之內容）104

主辦機關與民間機構簽訂投資契約，應依個案特性，記載下列事項：

一　公共建設之規劃、興建、營運及移轉。
二　土地租金、權利金及費用之負擔。
三　費率及費率變更。
四　營運期間屆滿之續約。
五　風險分擔。
六　施工或經營不善之處置及關係人介入。
七　稽核、工程控管及營運品質管理。
八　爭議處理、仲裁條款及契約變更、終止。
九　其他約定事項。

第一二條　（投資契約之性質、訂定原則及履行方法）

①主辦機關與民間機構之權利義務，除本法另有規定外，依投資契約之約定；契約無約定者，適用民事法相關之規定。

②投資契約之訂定，應以維護公共利益及公平合理為原則；其履行，應依誠實及信用之方法。

第二章　用地取得及開發

第一三條　（公共建設所需用地之範圍）107

①本章所稱公共建設所需用地，係指經主辦機關核定之公共建設整體計畫所需之用地，含公共建設、附屬設施及附屬事業所需用地。

②前項用地取得如採區段徵收方式辦理，主辦機關得報經行政院核准後，委託民間機構擬定都市計畫草案及辦理區段徵收開發業務。

③附屬事業之經營，須經其他有關機關核准者，應由民間機構申請取得核准。

④民間機構經營第一項附屬事業之收入，應計入公共建設整體財務收入。

第一四條　（所需用地利用變更之程序）104

①公共建設所需用地涉及都市計畫變更者，主辦機關應協調都市計畫主管機關依都市計畫法第二十七條規定辦理迅行變更；涉及非都市土地使用變更者，主辦機關應協調區域計畫主管機關依區域計畫法令辦理變更。

②前項屬重大公共建設案件所需用地，依法應辦理環境影響評

估、實施水土保持之處理與維護者，應依都市計畫法令及區域計畫法令，辦理平行、聯席或併行審查。

第一五條 111

①公共建設所需用地爲公有土地者，主辦機關得於辦理撥用後，訂定期限出租、設定地上權、信託或以使用土地之權利金或租金出資方式提供民間機構使用，不受土地法第二十五條、國有財產法第二十八條及地方政府公產管理法令之限制；其出租及設定地上權之租金，得予優惠。

②前項租金優惠辦法，由主管機關會商相關機關定之。

③依本法評定之最優申請人依第八條第一項第六款申請開發公共建設用地範圍內之零星公有土地，經公共建設目的事業主管機關核定符合政策需要者，得由出售公地機關將該公有土地讓售予該申請人，不受土地法第二十五條及地方政府公產管理法令之限制。

④前項讓售，出售公地機關得以投資契約未能於一定期間內簽訂爲解除條件。

第一六條 （私有地取得之程序及要件）104

①公共建設所需用地爲私有土地者，由主辦機關或民間機構與所有權人協議以市場正常交易價格價購。價購不成，且該土地係爲舉辦政府規劃之重大公共建設所必需者，得由主辦機關依法辦理徵收。

②前項得由主辦機關依法辦理徵收之土地如爲國防、交通或水利事業因公共安全急需使用者，得由主辦機關依法逕行辦理徵收，不受前項協議價購程序之限制。

③主辦機關得於徵收計畫中載明辦理聯合開發、委託開發、合作經營、出租、設定地上權、信託或以使用土地之權利金或租金出資方式，提供民間機構開發、興建、營運，不受土地法第二十五條、國有財產法第二十八條及地方政府公產管理法令之限制。

④本法施行前徵收取得之公共建設用地，得依前項規定之方式，提供民間機構開發、興建、營運，不受土地法第二十五條、國有財產法第二十八條及地方政府公產管理法令之限制。

⑤徵收土地之出租及設定地上權，準用前條第一項及第二項租金優惠之規定。

第一七條 （加速取得公共建設所需用地之程序及作業）

①依公共建設之性質有加速取得前條重大公共建設所需用地之必要時，主辦機關得協調公有土地管理機關或公營事業機構依法讓售其管理或所有之土地，以利訂定開發計畫，依法開發、處理，並提供一定面積之土地、建築物，准由未領補償費之被徵收土地所有權人就其應領補償費折算土地、建築物領回。

②前項公有土地之開發或處理，不受土地法第二十五條、國有財產法第二十八條及地方政府公產管理法令之限制。其由被徵收土地所有權人折算土地、建築物領回時，並不受國有財產法第

七條及預算法第二十五條之限制。

③第一項被徵收土地未領地價之補償費及開發土地後應領土地、建築物之計價，應以同一基準折算之。申請時，應於土地徵收公告期間內檢具相關證明文件，以書面向該管直轄市或縣（市）政府具結不領取補償費，經轉報主辦機關同意者，視爲地價已補償完竣。

④第一項開發、處理及被徵收土地所有權人領回土地、建築物之折算計價基準辦法及其施行日期，由主辦機關會商有關機關擬訂，報請行政院核定之。

第一八條 （地上權之取得）104

①民間機構興建公共建設，需穿越公有、私有土地之上空或地下，除其他法律另有規定外，應與該土地管理機關或所有權人就其需用之空間範圍，協議設定地上權。其屬公有土地而協議不成時，得由民間機構報請主辦機關核轉行政院核定，不受土地法第二十五條之限制。其屬私有土地而協議不成時，準用徵收規定取得地上權後，租與民間機構使用，其租金優惠準用第十五條第一項及第二項之規定。

②前項土地因公共建設路線之穿越，致不能爲相當使用時，土地所有權人得自施工之日起至開始營運後一年內，向主辦機關申請徵收土地所有權，主辦機關不得拒絕；其徵收補償地價，依第十六條規定，並於扣除原設定地上權取得之對價後補償之。其所增加之土地費用，應計入公共建設成本中。

③前二項土地上空或地下使用之程序、使用範圍、界線之劃分及地上權之設定、徵收、補償、登記及審核之辦法，由中央目的事業主管機關會同內政部定之。

第一九條 111

①以區段徵收方式取得公共建設所需用地，得由主辦機關洽請區段徵收主管機關先行依法辦理區段徵收，並於區段徵收公告期滿一年內，發布實施都市計畫進行開發，不受都市計畫法第五十二條之限制。

②依前項規定劃定爲區段徵收範圍內土地，經規劃整理後，除依下列規定方式處理外，並依區段徵收相關法令辦理：

一　路線、場站、交流道、服務區、橋樑、隧道及相關附屬設施所需交通用地，無償登記爲國有或直轄市、縣（市）所有。但大眾捷運系統之土地產權，依大眾捷運法之規定。

二　轉運區、港埠及其設施、重大觀光遊憩設施所需土地，依開發成本讓售予主辦機關或需地機關。

三　其餘可供建築用地，由主辦機關會同直轄市或縣（市）政府依所需負擔開發總成本比例取得之。

③依第十三條第二項規定委託民間機構辦理者，其土地處理方式，亦同。

④主辦機關依第二項規定取得之土地，得依第十五條規定出租或設定地上權予民間機構或逕爲使用、收益及處分，不受土地法

第二十五條、國有財產法第二十八條及地方政府公產管理法令之限制；其處理辦法，由主辦機關會同內政部定之。

第二〇條　（徵收土地之收回）

依第十六條及第十八條規定徵收之土地所有權或地上權，其使用期限應依照核准之計畫期限辦理。未依核准計畫期限使用者，原土地所有權人得於核准計畫期限屆滿之次日起五年內，向該管直轄市或縣（市）地政機關申請照原徵收價額收回其土地。

第二一條　（徵收前用地處分之限制）

①重大公共建設所需用地及依第十九條規定辦理區段徵收之範圍，主辦機關得視實際需要報經上級機關核准後，通知該用地所在之直轄市或縣（市）政府，分別或同時公告禁止下列事項：

一　土地移轉、分割、設定負擔。

二　建築物之新建、增建、改建及採取土石或變更地形。

②前項禁止期間，不得逾二年。

第二二條　（毗鄰地之禁建及限建）

①爲維護重大公共建設興建及營運之安全，主辦機關對該公共建設毗鄰之公有、私有建築物及廣告物，得商請當地直轄市或縣（市）政府勘定範圍，公告禁止或限制建築及樹立，不適用都市計畫土地使用分區管制或非都市土地使用管制之規定。其範圍內施工中或原有之建築物、廣告物及其他障礙物有礙興建或營運之安全者，主辦機關得商請當地主管建築機關，依法限期修改或拆除；屆期不辦理者，逕行強制拆除之。但應給予相當補償；對補償有異議時，應報請上級主管機關核定後爲之。其補償費，應計入公共建設成本中。

②前項禁建、限建辦法，由主管機關會同內政部定之。

第二三條　（進入或使用公私有土地或建築物）

①民間機構爲勘測、鑽探、施工及維修必要，經主辦機關許可於三十日前通知公、私有土地或建築物所有人、占有人、使用人或管理人後，得進入或使用公、私有土地或建築物，其所有人、占有人、使用人或管理人不得拒絕。但情況緊急，遲延即有發生重大公共利益損害之虞者，得先行進入或使用。

②依前項規定進入或使用私有土地或建築物時，應會同當地警察到場。

③第一項土地或建築物因進入或使用而遭受損失時，應給予相當補償；對補償有異議，經協議不成時，應報請主辦機關核定後爲之。其補償費，應計入公共建設成本中。

第二四條　（鄰地建築物或工作物之拆除）

①依前條規定使用公、私有土地或建築物，有拆除建築物或其他工作物全部或一部之必要者，民間機構應報請主辦機關同意後，由主辦機關商請當地主管建築機關通知所有人、占有人或使用人限期拆除之。但屆期不拆除或情況緊急遲延即有發生重

大公共利益損害之虞者，主辦機關得逕行或委託當地主管建築機關強制拆除之。
②前項拆除及因拆除所遭受之損失，應給予相當補償；對補償有異議，經協議不成時，應報請主辦機關核定後為之。其補償費，應計入公共建設成本中。

第二五條　（施工使用公有土地之申請）
民間機構因施工需要，得報請主辦機關協調管理機關同意，使用河川、溝渠、涵洞、堤防、道路、公園及其他公共使用之土地。

第二六條　（共架共構之協調）
①民間機構於市區道路、公路、鐵路、其他交通系統或公共設施之上、下興建公共建設時，應預先獲得各該管主管機關同意；其需共架、共構興建時，主辦機關應協調各該管機關同意後，始得辦理。
②經依前項辦理未獲同意時，主辦機關應商請主管機關協調；協調不成時，主辦機關得敘明理由，報請行政院核定後辦理。

第二七條　（刪除）104

第二八條　（捐獻之獎勵）
民間捐獻公共建設所需用地或其相關設施予政府者，主辦機關得獎勵之。

第三章　融資及租稅優惠

第二九條 111
①公共建設經主辦機關評定其投資依本法其他獎勵仍未具自償能力者，得就其非自償部分，由主辦機關補貼其所需貸款利息或按營運績效給予補貼，並於投資契約中訂明。
②主辦機關辦理前項公共建設，應於實施前將建設計畫與相關補貼及財務計畫，報請行政院核定或由各該地方政府自行核定。
③第一項之補貼應循預算程序辦理。

第三〇條　（中長期資金之融通）104
主辦機關視公共建設資金融通之必要，得洽請金融機構或特種基金提供民間機構中長期貸款。但主辦機關提供融資保證，或依其他措施造成主辦機關承擔或有負債者，應提報各民意機關審議通過。

第三一條　（貸款限制之放寬）104
金融機構對民間機構提供用於重大交通建設之授信，係配合政府政策，並報經金融監督管理委員會（以下簡稱金管會）核准者，其授信額度不受銀行法第三十三條之三、第三十八條及第七十二條之二之限制。

第三二條 111
外國金融機構參加對民間機構提供聯合貸款，其組織為公司型態者，就其與融資有關之權利義務及權利能力，與中華民國公

司相同。

第三三條　（參與建設之民間機構公開發行新股）

參與公共建設之民間機構得公開發行新股，不受公司法第二百七十條第一款之限制。但其已連續虧損二年以上者，應提因應計畫，並充分揭露相關資訊。

第三四條　（參與建設之民間機構發行公司債）

民間機構經依法辦理股票公開發行後，爲支應公共建設所需之資金，得發行指定用途之公司債，不受公司法第二百四十七條、第二百四十九條第二款及第二百五十條第二款之限制。但其發行總額，應經證券主管機關徵詢中央目的事業主管機關同意。

第三五條　（協助民間機構辦理重大天然災害復舊貸款）104

民間機構在公共建設興建、營運期間，因天然災變而受重大損害時，主辦機關應會商金管會及有關主管機關協調金融機構或特種基金，提供重大天然災害復舊貸款。

第三六條　（營利事業所得稅之免徵）104

①民間機構得自所參與重大公共建設開始營運後有課稅所得之年度起，最長以五年爲限，免納營利事業所得稅。

②前項之民間機構，得自各該重大公共建設開始營運後有課稅所得之年度起，四年內自行選定延遲開始免稅之期間；其延遲期間最長不得超過三年，延遲後免稅期間之始日，應爲一會計年度之首日。

③第一項免稅之範圍及年限、核定機關、申請期限、程序、施行期限、補繳及其他相關事項之辦法，由主管機關會商中央目的事業主管機關定之。

第三七條　（投資抵減）104

①民間機構得在所參與重大公共建設下列支出金額百分之五至百分之二十限度內，抵減當年度應納營利事業所得稅額；當年度不足抵減時，得在以後四年度抵減之：

一　投資於興建、營運設備或技術。

二　購置防治污染設備或技術。

三　投資於研究發展、人才培訓之支出。

②前項投資抵減，其每一年度得抵減總額，以不超過該機構當年度應納營利事業所得稅額百分之五十爲限。但最後年度抵減金額，不在此限。

③第一項各款之適用範圍、核定機關、申請期限、程序、施行期限、抵減率、補繳及其他相關事項之辦法，由主管機關會商中央目的事業主管機關定之。

第三八條　（關稅之減免及分期繳納）104

①民間機構及其直接承包商進口供其興建重大公共建設使用之營建機器、設備、施工用特殊運輸工具、訓練器材及其所需之零組件，經主辦機關證明屬實，並經經濟部證明在國內尚未製造供應者，免徵進口關稅。

②民間機構進口供其經營重大公共建設使用之營運機器、設備、訓練器材及其所需之零組件，經主辦機關證明屬實，其進口關稅得提供適當擔保，於開始營運之日起，一年後分期繳納。
③民間機構進口第一項規定之器材，如係國內已製造供應者，經主辦機關證明屬實，其進口關稅得提供適當擔保於完工之日起，一年後分期繳納。
④依前二項規定辦理分期繳納關稅之貨物，於稅款繳清前，轉讓或變更原目的以外之用途者，應就未繳清之稅款餘額依關稅法規定，於期限內一次繳清。但轉讓經主管機關專案核准者，准由受讓人繼續分期繳稅。
⑤第一項至第三項之免稅、分期繳納關稅及補繳辦法，由主管機關定之。

第三九條　（地價稅、房屋稅、契稅之減免）104
①參與重大公共建設之民間機構在興建或營運期間，供其直接使用之不動產應課徵之地價稅、房屋稅及取得時應課徵之契稅，得予適當減免。
②前項減免之期限、範圍、標準、程序及補繳，由直轄市及縣（市）政府擬訂，提請各該議會通過後，報主管機關備查。

第四〇條　（股東投資抵減）104
①營利事業原始認股或應募參與重大公共建設之民間機構因創立或擴充而發行之記名股票，其持有股票時間達四年以上者，得以其取得該股票之價款百分之二十限度內，抵減當年度應納營利事業所得稅額；當年度不足抵減時，得在以後四年度內抵減之。
②前項投資抵減，其每一年度得抵減總額，以不超過該營利事業當年度應納營利事業所得稅額百分之五十為限。但最後年度抵減金額，不在此限。
③第一項投資抵減之核定機關、申請期限、程序、施行期限、抵減率、補繳及其他相關事項之辦法，由主管機關會商中央目的事業主管機關定之。

第四一條　（附屬事業不適用租稅獎勵）104
民間機構依第十三條規定所經營之附屬事業，不適用本章之規定。

第四章　申請及審核

第四二條　（公共建設相關事項之公告）
①經主辦機關評估得由民間參與政府規劃之公共建設，主辦機關應將該建設之興建、營運規劃內容及申請人之資格條件等相關事項，公告徵求民間參與。
②前項申請人應於公告期限屆滿前，向主辦機關申購相關規劃資料。

第四三條　（申請文件）

依前條規定參與公共建設之申請人，應於公告所定期限屆滿前，備妥資格文件、相關土地使用計畫、興建計畫、營運計畫、財務計畫、金融機構融資意願書及其他公告規定資料，向主辦機關提出申請。

第四四條 111

①主辦機關為審核申請案件，應組成甄審會，按公共建設之目的，決定甄審標準，並就申請人提出之資料，依公平、公正原則，於評審期限內，擇優評定之。

②前項甄審標準，應於公告徵求民間參與之時一併公告；評審期限，依個案決定之，並應通知申請人。

③第一項甄審會之組織及評審辦法，由主管機關定之。甄審會委員應有二分之一以上為專家、學者，甄審過程應公開為之。

第四五條 111

①經依前條規定評定之最優申請人，應按主辦機關所定期限完成議約、籌辦及簽約，依法興建、營運。

②最優申請人未於規定時間完成議約、籌辦及簽約者，主辦機關得訂定期限，通知補正之。該申請人於期限內無法補正者，主辦機關得決定由合格之次優申請人遞補為最優申請人或重新依第四十二條規定公告接受申請。

③主辦機關於簽約前，因政策變更或公益考量，不予議約或簽約時，應以書面通知最優申請人，並應與其協商補償金額，補償範圍得包括其準備申請及因信賴評定所生之合理費用。

④前項補償金額協商不成時，得向行政法院提起給付訴訟。

第四六條 111

①民間自行規劃申請參與公共建設案件，其所需之土地、設施，得由申請人自行備具，或由主辦機關提供。

②主辦機關為辦理前項案件，應依政策需求或參考民間提出之規劃構想書，辦理政策公告，徵求民間備具可行性評估報告提出申請。民間提出之規劃構想書經主辦機關評估不符合政策需求者，應逕予駁回。

③前項可行性評估報告經主辦機關初審通過後，主辦機關應依第四十四條第一項規定組成甄審會，並辦理下列事項：

一　申請人自行備具私有土地、設施案件，由主辦機關通知初審通過者備具投資計畫書，由甄審會審核。

二　主辦機關提供土地、設施案件，由主辦機關依初審結果公告徵求申請人及通知初審通過者備具投資計畫書，由甄審會審核，並得給予初審通過者優惠條件。

④經前項規定審核評定之最優申請人，應按主辦機關所定期限完成議約及籌辦，並依主辦機關核定之投資計畫書，取得土地所有權或使用權後，與主辦機關簽訂投資契約，始得依法興建、營運。

⑤第三項第二款之申請案件未獲審核通過、未按規定時間籌辦完成或未與主辦機關簽訂投資契約者，主辦機關得基於公共利益

之考量及相關法令之規定，將該計畫依第四十二條規定公告徵求民間投資，或由政府自行興建、營運。

⑥第二項至第四項之申請文件、申請與審核程序、審核原則、審核期限、初審通過者之優惠條件及其他相關事項之辦法，由主管機關定之。

⑦前條第三項及第四項規定，於本條準用之。

第四七條 111

①參與公共建設之申請人，認爲主辦機關於申請及審核程序中所爲之行爲或決定，違反本法及有關法令，致損害其權利或利益者，得於下列期限內，以書面向主辦機關提出異議：

一 對公告徵求民間參與文件規定提出異議者，爲自公告之次日起至申請截止日之三分之二日內，其尾數不足一日者，以一日計。但不得少於十日。

二 對申請及甄審之過程、決定或結果提出異議者，爲接獲主辦機關通知或公告之次日起三十日；其過程、決定或結果未經通知或公告者，爲知悉或可得知悉之次日起三十日。

三 對甄審結果後、簽訂投資契約前之相關決定提出異議者，爲接獲主辦機關通知或公告之次日起三十日。

②主辦機關應自收受異議書之次日起二十日內爲適當之處理，並將處理結果以書面通知異議人。其處理結果涉及變更或補充公告徵求民間參與文件者，應另行公告，並視需要延長申請期限。

③異議人對於異議之處理結果不服，或主辦機關屆前項所定期限不爲處理者，應於收受異議處理結果或處理期限屆滿之次日起三十日內，以書面向主管機關組成之促參申訴審議會提出申訴。該會辦理審議，主管機關得向申訴人收取審議費、鑑定費及其他必要費用。

④前三項異議、申訴之提出、爭議處理與審議程序、收費項目、基準、繳納方式及其他相關事項之規則，由主管機關定之。

第四八條 111

依本法核准民間機構興建、營運之公共建設，不適用政府採購法之規定；外國廠商參與依本法辦理之公共建設，應依我國締結之條約或協定之規定辦理。

第四八條之一 111

①投資契約應明定組成協調會，以協調履約爭議；並得明定協調不成時，提付仲裁。

②除投資契約另有約定外，履約爭議得由協調會協調，或向主管機關組成之履約爭議調解會申請調解；調解由民間機構申請者，主辦機關不得拒絕。協調不成或調解不成立，得經雙方合意提付仲裁。

③履約爭議調解會辦理調解之程序及其效力，除本法另有規定者外，準用民事訴訟法有關調解之規定。

④履約爭議調解會置委員九人至三十五人，由主管機關高階人員

或具工程、財務、法律相關專門知識之公正人士派（聘）兼之；由主管機關高階人員兼任者，最多三人，且不得超過全體委員人數五分之一。履約爭議調解會之組織、委員之任期、選任及其他相關事項之準則，由主管機關定之。

⑤申請履約爭議調解，應繳納調解費、鑑定費及其他必要之費用；其收費項目、基準、繳納方式、數額之負擔及其他相關事項之辦法，由主管機關定之。

第四八條之二 111

①履約爭議之調解經當事人合意而成立；當事人不能合意者，調解不成立。

②調解過程中，調解委員得依職權以履約爭議調解會名義提出書面調解建議。

③任一方當事人不同意前項調解建議者，應於調解建議送達之次日起二十日內，以書面向履約爭議調解會及他方當事人表示不同意。於期限內未以書面表示意見者，視為同意該建議。

④履約爭議調解之申請、程序進行及其他相關事項之規則，由主管機關定之。

第五章　監督及管理

第四九條　（公用事業營運費率之訂定及調整）

①民間機構參與之公共建設屬公用事業者，得參照下列因素，於投資申請案財務計畫內擬訂營運費率標準、調整時機及方式：

一　規劃、興建、營運及財務等成本支出。
二　營運及附屬事業收入。
三　營運年限。
四　權利金之支付。
五　物價指數水準。

②前項民間機構擬訂之營運費率標準、調整時機及方式，應於主辦機關與民間機構簽訂投資契約前，經各該公用事業主管機關依法核定後，由主辦機關納入契約並公告之。

③前項經核定之營運費率標準、調整時機及方式，於公共建設開始營運後如有修正必要，應經各該公用事業主管機關依法核定後，由主辦機關修正投資契約相關規定並公告之。

第五〇條　（減價優惠）

依本法營運之公共建設，政府非依法律不得要求提供減價之優惠；其依法優惠部分，除投資契約另有約定者外，應由各該法律之主管機關編列預算補貼之。

第五一條　（投資契約之權利、興建營運之資產設備轉讓出租及設定負擔之禁止）104

①民間機構依投資契約所取得之權利，除為第五十二條規定之改善計畫或第五十三條規定之適當措施所需，且經主辦機關同意者外，不得轉讓、出租、設定負擔或為民事執行之標的。

②民間機構因興建、營運所取得之營運資產、設備，非經主辦機關同意，不得轉讓、出租、設定負擔。
③違反前二項規定者，其轉讓、出租或設定負擔之行為，無效。
④民間機構非經主辦機關同意，不得辦理合併或分割。

第五一條之一 111
①主辦機關應於重大公共建設案件開始營運後有完整營運年度期間內，每年度至少辦理一次營運績效評定。
②非屬前項重大公共建設案件或無完整營運年度之案件，依投資契約約定辦理營運績效評定。
③經主辦機關評定為營運績效良好之民間機構，主辦機關得於營運期限屆滿前與該民間機構優先定約，由其繼續營運。優先定約以一次為限，且延長期限不得逾原投資契約期限。
④第一項及第二項營運績效評估項目、基準、程序、績效良好之評定方式等作業之辦法，應於投資契約明定之。

第五一條之二 111
主管機關於主辦機關依第九條之一辦理公共建設期間，應每年將執行情形及績效，送立法院備查。

第五二條 （民間機構經營不善或其他重大情事發生時之處理方式）104
①民間機構於興建或營運期間，如有施工進度嚴重落後、工程品質重大違失、經營不善或其他重大情事發生，主辦機關依投資契約應為下列處理，並以書面通知民間機構：
一 要求定期改善。
二 屆期不改善或改善無效者，中止其興建、營運一部或全部。但經主辦機關同意融資機構、保證人自行或擇定符合法令規定之其他機構，於一定期限內暫時接管該公共建設繼續辦理興建或營運者，不在此限。
三 因前款中止興建或營運，或經融資機構、保證人或其指定之其他機構暫時接管後，持續相當期間仍未改善者，終止投資契約。
②主辦機關依前項規定辦理時，應通知融資機構、保證人及政府有關機關。
③主辦機關依第一項第三款規定終止投資契約並完成結算後，融資機構、保證人得經主辦機關同意，自行或擇定符合法令規定之其他機構，與主辦機關簽訂投資契約，繼續辦理興建或營運。

第五三條 （緊急處分權）104
①公共建設之興建、營運如有施工進度嚴重落後、工程品質重大違失、經營不善或其他重大情事發生，於情況緊急，遲延即有損害重大公共利益或造成緊急危難之虞時，中央目的事業主管機關得令民間機構停止興建或營運之一部或全部，並通知政府有關機關。
②依前條第一項中止及前項停止其營運一部、全部或終止投資契

約時，主辦機關得採取適當措施，繼續維持該公共建設之營運。必要時，並得予以強制接管營運；其接管營運方式、範圍、執行、終止及其相關事項之辦法，由中央目的事業主管機關定之。

第五四條　（經營期限屆滿時之移轉）104

民間機構應於營運期限屆滿後，移轉公共建設予政府者，應將現存所有之營運資產或營運權，依投資契約有償或無償移轉、歸還予主辦機關。

第六章　附　則

第五五條　（本法施行前各項公共建設之適用）

①本法施行前政府依法與民間機構所訂公共建設投資契約之權利義務，不受本法影響。投資契約未規定者，而本法之規定較有利於民間機構時，得適用本法之規定。

②本法施行前政府依法公告徵求民間參與，而於本法施行後簽訂投資契約之公共建設，其於公告載明該建設適用公告當時之獎勵民間投資法令，並將應適用之法令於投資契約訂明者，其建設及投資契約之權利義務，適用公告當時之法令規定。但本法之規定較有利於民間機構者，得適用本法之規定。

第五六條　（施行細則）

本法施行細則，由主管機關擬訂，報請行政院核定後發布之。

第五七條　（施行日）

本法自公布日施行。

促進民間參與公共建設法施行細則

①民國89年10月25日行政院公共工程委員會令訂定發布全文63條；並自發布日起施行。
②民國91年5月29日行政院公共工程委員會令修正發布第2、11、17條條文；並增訂第6-1、19-1條條文。
③民國92年8月13日行政院公共工程委員會令修正發布第2、4、5、7、8、10、14、19-1、39條條文。
④民國94年2月23日行政院公共工程委員會令修正發布第11、14、18、19-1、22、23、40、42、44條條文。
⑤民國95年2月15日行政院公共工程委員會令修正發布第7條條文。
⑥民國97年1月21日行政院公共工程委員會令修正發布第2、3、8、11、16、17、18、19-1、21、22、23、31、40條條文；並增訂第20-1、20-2、22-1至22-4、28-1、37-1、40-1、41-1、41-2、43-1、46-1、56-1條條文。
⑦民國98年4月24日行政院公共工程委員會令修正發布第2、7、16條條文。
⑧民國99年6月17日行政院公共工程委員會令修正發布第2、17條條文。
⑨民國103年3月13日財政部令修正發布第7、8、10、11、16、17、19-1條條文。
⑩民國104年10月7日財政部令修正發布第8、10條條文。
⑪民國105年10月4日財政部令修正發布全文82條；並自發布日施行。
⑫民國107年6月8日財政部令修正發布第 2、5、8、9、11、13、14、18 條條文。
⑬民國108年11月11日財政部令修正發布第21、79條條文。
⑭民國110年6月16日財政部令修正發布第9條條文。
⑮民國112年12月28日財政部令修正發布全文94條；並自發布日施行。

第一條

本細則依促進民間參與公共建設法（以下簡稱本法）第五十六條規定訂定之。

第二條

①本法第三條第一項第一款所稱交通建設，指鐵路、公路、市區道路、大眾捷運系統、輕軌運輸系統、智慧型運輸系統、纜車系統、轉運站、車站、調度站、航空站、港埠、路外停車場、橋梁、隧道及其設施。

②前項智慧型運輸系統，指經中央目的事業主管機關認定，結合資訊、通信、電子、控制及管理等技術運用於各種運輸軟硬體設施，以使整體交通運輸之營運管理自動化，或提升運輸服務品質之系統。

③第一項航空站，指航空站區域內及經行政院核定設置或中央目的事業主管機關編定之航空客、貨運園區內之下列各項設施：
一　供航空器載卸客貨之設施。
二　航空器起降活動區域內之設施。
三　維修棚廠。
四　加儲油設施。
五　污水處理設施。
六　焚化爐設施。
七　航空附加價值作業設施，含廠房、倉儲、加工、運輸等相關設施。
八　航空事業營運設施，指投資興建及營運航空事業辦公或具交通系統轉運等功能之設施。
九　航空訓練設施。
十　過境旅館。
十一　展覽館。
十二　國際會議中心。
十三　路外停車場。
④第一項港埠，指商港區域內之下列各項設施：
一　船舶出入、停泊、貨物裝卸、倉儲、駁運作業、服務旅客之水面、陸上、海底設施、遊艇碼頭等相關設施。
二　新商港區開發，含防波堤、填地、碼頭等相關設施。
三　各專業區附加價值作業設施，含廠房、倉儲、加工、運輸等相關設施。

第三條

本法第三條第一項第一款所稱共同管道，指共同管道法規定之共同管道。

第四條

本法第三條第一項第二款所稱環境污染防治設施，指下列各項設施：
一　環境保護相關法規所定之空氣污染防制、噪音與振動防制、水污染防治、土壤污染整治及廢棄物之貯存、清除、處理或最終處置設施。
二　營建剩餘土石方資源堆置、處理、調度場所及其設施。

第五條

本法第三條第一項第三款所稱污水下水道，指下列各項設施：
一　處理家庭污水及事業廢水之下水道及其設施。
二　結合再生水設施、家庭污水及事業廢水之下水道及其處理設施。

第六條

本法第三條第一項第三款所稱自來水設施，指自來水法所稱之自來水設備。

第七條

本法第三條第一項第三款所稱水利設施，指下列各項設施：

一　水利法所稱水利建造物。
二　再生水資源發展條例所稱取水構造物、水處理設施及供水設施。
三　經中央目的事業主管機關認定之水淡化處理設施及地下水補注回用設施。

第八條

本法第三條第一項第四款所稱衛生福利及醫療設施，指醫療機構、精神照護機構、物理治療機構、職能治療機構、醫事放射機構、醫事檢驗機構、護理機構、老人福利機構、身心障礙福利機構、長期照顧服務機構、藥物製造工廠或其他經中央目的事業主管機關認定之核子醫學藥物製造機構、醫事機構及其設施。

第九條

①本法第三條第一項第五款所稱社會福利設施，指下列各項設施：
一　依法核准設置之殯葬設施。但不包括公墓及骨灰（骸）存放設施。
二　依法核准興辦之社會住宅。
三　經目的事業主管機關認定之社會福利設施。

②下列情形不適用前項第一款但書規定：
一　中華民國一百零四年十月九日前就公墓及骨灰（骸）存放設施申請參與公共建設，於該日前尚未經主辦機關完成審核者。
二　辦理公墓更新，並於該公墓範圍內設置骨灰（骸）存放設施。

第一〇條

本法第三條第一項第五款所稱勞工福利設施，指經目的事業主管機關認定之勞工育樂、訓練、教育機構及其設施。

第一一條

本法第三條第一項第六款所稱文教設施，指下列各項設施：
一　公立文化機構及其設施。
二　公立學校、公立幼兒園及其設施。
三　公立社會教育機構及其設施。但不包括體育場所。
四　依法指定之古蹟、考古遺址及其設施。
五　依法登錄之歷史建築、紀念建築、聚落建築群、文化景觀、史蹟及其設施。
六　做爲眷村文化保存之國軍老舊眷村及其設施。
七　經目的事業主管機關認定具文化、教育功能之解說、訓練、展演、研發、住宿、保存等相關設施。

第一二條

本法第三條第一項第六款所稱影視音設施，指展覽、表演、製作、發行、映演、播送電影、廣播電視及流行音樂等相關設施。

第一三條

本法第三條第一項第七款所稱觀光遊憩設施，指在國家公園、風景區、風景特定區、觀光地區、森林遊樂區、溫泉區或其他經目的事業主管機關依法劃設具觀光遊憩（樂）性質之區域內之遊憩（樂）設施、住宿、餐飲、解說等相關設施、區內及聯外運輸設施、遊艇碼頭及其設施。

第一四條

本法第三條第一項第八款所稱電業設施，指經中央目的事業主管機關認定之經營發電業務，因供給電能而需設置之發電設施（含電源線）。

第一五條

本法第三條第一項第八款所稱綠能設施，指從事新淨潔能源之發電、節約、提升效率、抑制用電負載、輸配送或儲存之建設、維護、檢測等相關設施。

第一六條

本法第三條第一項第八款所稱公用氣體燃料設施，指經中央目的事業主管機關認定之下列公用天然氣事業設置之輸儲設備及其設施：

一　儲氣設備。
二　輸配氣設備。
三　氣化設備。

第一七條

本法第三條第一項第九款所稱運動設施，指下列各項設施：

一　國際及亞洲奧林匹克委員會所定正式比賽種類之室內外運動設施。但不包括高爾夫球運動設施。
二　經目的事業主管機關認定，結合前款二種以上運動設施及休閒設施之運動休閒園區。
三　公共運動設施設置及管理辦法所定之公共運動設施。

第一八條

本法第三條第一項第十款所稱公園綠地設施，指下列各項設施：

一　由各級都市計畫主管機關依都市計畫法劃設之公共設施用地內之公園綠地及其設施。
二　由各級非都市土地主管機關依區域計畫法編定之用地內之公園綠地及其設施。
三　依相關法令變更土地使用應捐贈之綠地、綠帶、生態綠地社區公園及其設施。

第一九條

本法第三條第一項第十一款所稱工業設施，指下列各項設施：

一　工業主管機關編定開發之工業區（或產業園區）及其設施。
二　依產業創新條例、區域計畫法或都市計畫法編定或劃設由民營事業、土地所有權人或興辦工業人開發之工業區（或

產業園區）及其設施，其開發營運計畫符合工業發展政策，於一定期限從事營運行爲，並提供用地及廠房供興辦工業人設廠使用者。

三　依區域計畫法、都市計畫法編定或劃設，供工業主管機關、民營事業、土地所有權人或興辦工業人開發使用之深層海水產業園區及其設施。

四　經國防部認定之國防科技工業等相關設施。

第二〇條

本法第三條第一項第十一款所稱商業設施，指經目的事業主管機關認定之下列各項設施：

一　供應蔬果、魚肉及日常生活用品等零售業者集中營業之市場。

二　規劃有貨車進出迴轉空間，並使用倉儲管理資訊系統或輸配送管理資訊系統及棧板、貨架、堆高機等設備之物流中心。

三　建築物提供廠商設置臨時性標準展覽攤位以展示產品或服務，接受參觀者現場下訂單，或提供會議、訓練服務，並得結合相關附屬商業服務設施之國際展覽中心。

四　提供會議、訓練服務，並得結合相關附屬商業服務設施之國際會議中心。

五　結合購物、休閒、文化、娛樂、飲食、展示及資訊等設施於一體之購物中心。

第二一條

①本法第三條第一項第十一款所稱科技設施，指下列各項設施：

一　依科學園區相關管理法令規定開發之園區及其設施。

二　育成中心及其設施。

三　輻射應用科技設施。

②前項第二款育成中心及其設施，指提供空間、設備、技術、資金、商務與管理之諮詢及支援，以孕育新事業、新產品、新技術及協助企業轉型升級等相關設施。

③第一項第三款輻射應用科技設施，指經中央目的事業主管機關認定具有輻射源裝置、輻射源使用或輻射防護之設備、技術、空間及其支援從事民生科技應用或技術服務等相關設施。

第二二條

本法第三條第一項第十二款所稱新市鎮開發，指依新市鎮開發條例劃定一定地區，從事之開發建設。

第二三條

本法第三條第一項第十三款所稱農業及資源循環再利用設施，指下列各項設施：

一　依畜牧法規定設置符合屠宰場設置標準之畜禽屠宰場及其設施。

二　依農產品市場交易法規定設置之農產品批發市場及其設施。

三　依農業科技園區設置管理條例規定設置之農業科技園區或補助設立之地方農業科技園區及其設施。

四　依國際或輸入國防疫檢疫標準或規定，及防疫檢疫技術原理設置之動植物及其產品之防疫檢疫等相關設施。

五　依農業發展條例規定劃定之休閒農業區或取得許可登記證之休閒農場之休閒農業設施與聯外運輸等相關設施。

六　漁港區域內之下列各項設施：

㈠漁業附加價值作業設施，含活魚儲運、冷凍倉儲、魚貨加工等相關設施。

㈡休閒專用區域之遊客住宿、餐飲服務、文物展覽及相關海洋遊憩、教育設施等多元化相關設施。

㈢遊艇遊憩專用區域之遊艇碼頭及其設施。

㈣漁船修造船廠。

七　依動物保護法第十四條規定設置之動物收容處所及其設施。

八　依法設置之農業廢棄物再利用設施。

九　經目的事業主管機關認定具林業生產、運銷、加工、推廣、生態旅遊、文化、教育訓練、展示等之林業產業設施及其發展所必要之遊客住宿、餐飲等相關設施。

十　經目的事業主管機關認定具農業推廣、訓練、展示、加工等之多功能農業推廣、生產及運銷設施。

第二四條

本法第三條第一項第十四款所稱政府廳舍設施，指下列各項設施：

一　提供民眾服務或統籌規劃該服務措施之政府機關辦公處所及其設施。

二　辦理前款業務人員必要之職務宿舍及其設施。

三　政府機關（構）必要之會議中心、教育訓練場所及其設施。

第二五條

本法第三條第一項第十五款所稱數位建設，指為推動先進網路、完備數位包容、縮短數位落差、加速產業數位轉型及促進跨域創新運用等產業所需之數位軟硬體及其設施。

第二六條

第二條至前條所定各項公共建設，其認定如有疑義，由主管機關會商中央目的事業主管機關認定之。

第二七條

①主辦機關依本法第五條第二項規定授權所屬機關（構）或依第三項規定委託其他政府機關執行時，應審酌案件性質及被授權機關（構）或受委託機關之專業能力。

②除本細則另有規定外，主辦機關依本法第五條第二項規定得授權所屬機關（構）執行之事項如下：

一　預評估、可行性評估及先期規劃。

二　公告徵求民間參與、審核、議約及簽約。
三　政策公告、初審、公告徵求申請人、審核、議約及簽約。
四　履約管理。
五　依第四十二條第三項第三款附屬事業規劃之同意。
六　優先定約。

③除本細則另有規定外，主辦機關依本法第五條第三項規定得委託其他政府機關執行之事項，同前項規定。但該項第二款、第三款及第六款之簽約事項不得委託。

④主辦機關就第一項執行情形，應定期或不定期查核及檢討。

第二八條

本法第五條第三項所稱上級機關，於中央目的事業主管機關為主辦機關時，為行政院；於直轄市、縣（市）政府為主辦機關時，為該直轄市、縣（市）政府。

第二九條

①主辦機關辦理民間參與政府規劃之公共建設前，為瞭解案件性質，應進行公共建設預評估作業。

②主辦機關依本法第六條之一進行可行性評估，應依公共建設促進公共利益具體項目、內容及欲達成之目標，以民間參與角度，就民間參與效益及政府效益、市場、技術、財務、法律、土地取得、環境影響、國家安全及資通安全疑慮之威脅及公聽會提出之建議或反對意見等方面，審慎評估民間投資可行性，撰擬可行性評估報告。公聽會提出之建議或反對意見如不採納，應於可行性評估報告具體說明其理由。

③前項可行性評估報告應邀請相關領域人士審查，並於審查通過後辦理公告徵求民間參與前，公開於主辦機關資訊網路，期間不少於十日。

第三〇條

①主辦機關依本法第六條之一辦理先期規劃，應撰擬先期計畫書，依公共建設目的及民間參與方式，就擬由民間參與期間、環境影響評估與開發許可、土地取得、興建、營運、移轉或歸還、履約管理、財務計畫及風險配置等事項，審慎規劃並明定政府承諾與配合事項，必要時納入容許民間投資附屬事業範圍。

②主辦機關依本法第八條第一項第三款或第九條之一辦理之案件，前項先期計畫書應納入本法第十條經核定之建設及財務計畫。

③第一項政府承諾與配合事項，應明定完成程度及時程。

④主辦機關應邀請相關領域人士審查先期計畫書，並於審查通過後公告徵求民間參與前，公開於主辦機關資訊網路，期間不少於十日。

第三一條

①本法第六條之一第二項所稱公聽會，指主辦機關向公共建設所在地或提供服務地區居民、相關領域專家、學者、民間團體及

有關機關，廣泛蒐集意見之會議。

②主辦機關辦理公聽會，應將辦理時間、地點、事由及依據等資訊，公開於主辦機關資訊網路。

③前項資訊，主辦機關應公告周知公共建設所在地或提供服務地區居民，並得請當地鄉（鎮、市、區）公所協助。

④公聽會應作成紀錄，公開於主辦機關資訊網路，期間不少於十日。

第三二條

本法第六條之一第三項所稱同一計畫，指符合下列條件之計畫：

一　同一公共建設用地範圍。

二　同一公共建設類別。

三　同一民間參與方式或民間參與方式改採本法第八條第一項第五款辦理者。

第三三條

①主辦機關依本法第八條第一項第三款方式辦理者，應於徵求民間參與之招商文件中，載明建設經費計算方式、工程品質監督、驗收、產權移轉等規定，並應要求申請人提出建設經費償付計畫。

②前項建設經費償付計畫，應包括建設總經費、加計之利息、利率、償還年限及期次等項目。

③為確保公共建設公益性及主辦機關利益，民間機構參與公共建設依本法第八條第一項第六款方式辦理者，應以公共建設所需用地無須辦理用地及使用項目變更為原則，主辦機關並應於徵求民間參與之招商文件中，載明下列事項：

一　與個案開發規模相當之開發權利金。

二　因可歸責於民間機構提前終止契約之違約金計收機制。

第三四條

本法第八條第二項所稱增建、改建、修建，指公共建設之修繕、裝修或其他提升政府現有建設之效能或價值之投資行為。

第三五條

①主辦機關依本法第九條之一辦理有償取得公共服務者，應於依第二十九條第二項撰擬之可行性評估報告載明下列事項：

一　政府有償取得公共服務前後之自償能力差異。

二　政府有償取得公共服務之費率與其組成架構、政府給付總額及年期。

②前項可行性評估報告依第二十九條第三項規定辦理時，主辦機關應將財務可行性評估委託財務專家、學者或機關（構）審查，並確認財務評估結果後，納入可行性評估報告。

第三六條

①本法第十條第一項所定建設及財務計畫，主辦機關應於完成可行性評估報告後，報請行政院核定或由各該地方政府自行核定。

②前項建設計畫，指本法第八條第二項所定興建之相關計畫，並應記載下列事項：

一　公共建設計畫目的及需求。

二　技術可行性評估結果。

③第一項財務計畫，應記載下列事項：

一　財務可行性評估結果。

二　機關負擔經費及分年應編列預算金額。

三　預算來源規劃。

四　計畫效益。

第三七條

本法第十條第一項及第二十九條第三項所定循預算程序，其涉中央政府預算者，中央目的事業主管機關應依預算法第九條、第三十四條及準用同法第三十九條規定，辦理預算編列及表達。

第三八條

①主辦機關依本法辦理之案件，就本法第十一條第七款所定營運品質管理，應包含本法第五十一條之一第四項之營運績效評定作業辦法有關事項。

②主辦機關依本法第八條第一項第三款、第九條之一及第二十九條第一項辦理之案件，就本法第十一條第七款所定稽核，應包含公共建設重點稽核項目、程序及基準等事項。所定工程控管，應包含民間機構執行工程之進度、環境保護、施工安全衛生及工程品質管理事項。

第三九條

①本法第十一條第九款所定其他約定事項，得包括下列事項：

一　雙方聲明及承諾事項。

二　用地與設施取得、交付之範圍及方式。

三　財務事項。

四　依本法第九條之一第一項辦理有償取得之費用給付。

五　依本法第二十九條辦理之補貼事項。

六　履約保證。

七　因政策變更，民間機構依契約繼續履行反不符公共利益者，主辦機關得終止或解除一部或全部契約，並補償民間機構因此所生之損失。

②前項第三款財務事項，得包含契約特定期間民間機構自有資金比率要求、融資需求、融資契約提送時間、財務檢查及營運期實收資本額增減事項。

③第一項第四款費用給付及第五款補貼事項，應包含其方式、上限、調整機制及投資契約提前終止時之處理。

第四〇條

主辦機關應依公共建設之特性及民間投資方式，於投資契約明定，民間機構應於一定期間內提出或交付下列文件，以供查核：

一　興建期間：工程品質管理計畫、工程進度報告及查核紀錄。
二　營運期間：營運績效及品質查核紀錄、辦理本法第五十一條之一第一項營運績效評定作業所需文件、工作資料及其他相關文件。
三　契約期間：財務報告、帳簿、融資與其他財務文件及資料。

第四一條

本法第十三條第一項所稱附屬設施，指附屬於公共建設之必要營運設施。

第四二條

①本法第十三條第一項所稱附屬事業，指民間機構於公共建設所需用地辦理公共建設及其附屬設施以外之開發經營事業。
②前項附屬事業之開發經營，應與公共建設整體計畫共同規劃，並具備下列條件之一：
一　提高公共建設整體計畫財務可行性。
二　增進公共服務品質。
三　有效利用公共建設所需用地。
③第一項附屬事業，得於下列階段提出，並載明其辦理目標及內容：
一　主辦機關之可行性評估報告或政策公告徵求民間自行規劃申請參與內容。
二　除招商文件規定不得提出附屬事業外，申請人於申請階段載明於投資計畫書。
三　民間機構於契約期間依招商文件規定且認有必要，並經主辦機關同意。
④第一項附屬事業所需用地使用期限不得逾民間參與該公共建設計畫期間，該期間提前終止時，附屬事業應併同停止開發經營。
⑤民間機構經營公共建設及第一項附屬事業之收支，應分別列帳。
⑥依本法第八條第一項第三款、第九條之一及第二十九條第一項辦理之案件，主辦機關之費用給付範圍不得包含附屬事業。

第四三條

①本法第十三條第二項所定得委託民間機構辦理之區段徵收開發業務如下：
一　現況調查及地籍測量。
二　區段徵收工程之規劃、設計、施工及管理。
三　土地改良物價值及區段徵收後地價之查估。
四　抵價地分配之規劃設計。
五　編造有關清冊。
②主辦機關委託民間機構辦理前項業務者，應於委託契約中明定區段徵收工程之經費計算方式、品質監督及驗收等規定。

第四四條

出售公地機關依本法第十五條第三項及第四項規定辦理讓售並以投資契約未能於一定期間內簽訂爲解除條件者，主辦機關於解除條件成就時，應立即通知出售公地機關。

第四五條

①主辦機關依本法第十九條規定洽請區段徵收主管機關辦理區段徵收者，應事先擬定開發計畫，報請行政院核定。

②前項開發計畫，應載明下列事項：

一　該公共建設事業計畫之特性及與相關上位計畫之關係。

二　開發目標。

三　預定開發地區範圍。

四　主要公共設施項目。

五　開發地區及鄰近地區發展現況。

六　整體發展構想。

七　自行或委託辦理之開發方式。

八　預定抵價地比例。

九　拆遷安置構想。

十　開發進度。

十一　土地使用計畫。

十二　財務分析及計畫。

十三　配合措施。

十四　責任分工。

十五　預期效益。

十六　其他應載明事項。

③前項第十二款財務分析及計畫，如將第四十六條第二項後段之其他公共設施費用計入者，其得計入本法第十九條第二項第三款區段徵收開發總成本之額度上限，應於開發計畫中敘明，並應納入徵求民間參與公告內容。

④開發計畫報請行政院核定後，主辦機關應備齊相關之地籍藍曬圖、範圍圖、基地附近地區發展現況資料、都市計畫圖或非都市土地使用分區圖及用地編定圖等，會同區段徵收主管機關及都市計畫、地政、環境保護、交通等有關機關，現場評估勘定區段徵收之範圍後，洽請區段徵收主管機關依法辦理區段徵收。

⑤開發計畫因配合都市計畫委員會或內政部土地徵收審議小組審議調整者，主辦機關應修正開發計畫，報請行政院備查。

第四六條

①本法第十九條第二項第三款所稱開發總成本，指徵收私有土地之現金補償地價或協議價購地價、有償撥用公有土地地價、公共設施費用、土地整理費用及貸款利息等項之支出總額。

②前項所稱公共設施費用，包括道路、橋梁、溝渠、地下管道、鄰里公園、廣場、綠地、停車場之規劃設計費、施工費、材料費、工程管理費及整地費。經主辦機關報請公共建設中央目的

事業主管機關核定之其他公共設施，亦同。

③第一項所定土地整理費用，包括土地改良物或墳墓拆遷補償費、動力及機械設備或人口遷移費、營業損失補償費、自動拆遷獎助金、加成補償金、地籍整理費、救濟金及辦理土地整理必要之業務費。

第四七條

①依本法第十三條第二項委託民間機構辦理區段徵收開發業務者，得於委託契約中約定區段徵收開發總成本中主辦機關應負擔之資金由民間機構籌措。

②前項約定，除應明定資金總額、加計之利息、利率、償還年限及期次等項目外，並得訂定如主辦機關依本法第十九條第二項第三款規定取得之可供建築用地經依法處理，而未能完成處分，致收入不足償付民間機構所支付之開發總成本中主辦機關應負擔金額時，由民間機構按各筆土地依法估定之標售底價，承受該未能處分之可供建築用地。但以補足應償付之數額爲限。

第四八條

本法第二十一條第一項所定禁止事項，由中央辦理時，應由主辦機關會商內政部及當地政府勘定範圍報請行政院核准後，通知該用地所在之直轄市或縣（市）政府公告之。

第四九條

本法第二十一條第一項之公告，主辦機關應協調該用地所在之直轄市或縣（市）政府於投資契約簽訂前爲之。

第五〇條

民間機構依本法第二十三條第一項但書規定先行進入或使用公、私有土地或建築物時，仍應事先經主辦機關許可，並通知公、私有土地或建築物之所有人、占有人、使用人或管理人。但無法事先通知者，得於事後補行通知。

第五一條

公共建設依本法第二十六條第一項規定需與市區道路、公路、鐵路、其他交通系統或公共設施共架、共構興建時，其因共架、共構興建所需增加之費用，由民間機構負擔。但市區道路、公路、鐵路、其他交通系統或公共設施係新建、改建者，其因共架、共構興建所需之費用，得經由協商依其單獨興建所需費用之比例分擔之。

第五二條

本法第二十九條第一項及本細則所稱自償能力，指民間參與公共建設計畫評估年期內各年現金流入現值總額，除以計畫評估年期內各年現金流出現值總額之比例。

第五三條

①前條所稱現金流入，指公共建設計畫營運收入、附屬事業收入、資產設備處分收入及其他相關收入之總和。

②前條所稱現金流出，指公共建設計畫所有工程建設經費、依本

法第十五條第一項優惠後之土地出租或設定地上權租金、所得稅費用、不含折舊與利息之公共建設營運成本及費用、不含折舊與利息之附屬事業營運成本及費用、資產設備增置及更新費用等支出之總額。

③第一項所定其他相關收入，包含政府核定之財源。

第五四條

主辦機關依本法第二十九條第一項規定對民間機構給予貸款利息或營運績效補貼時，應於可行性評估報告及先期計畫書中，進行民間參與公共建設計畫自償能力及民間參與效益評估，據以擬定補貼之方式、上限及調整機制，並載明於公告。

第五五條

①主辦機關依本法第二十九條第一項規定補貼民間機構所需貸款利息，以該貸款用途係支應民間機構興建、營運公共建設所需中長期資金爲限。但不包括土地購置成本所需貸款金額。

②民間機構於支付金融機構貸款利息後，應檢具利息支付證明及貸款資金用途說明文件，始得向主辦機關申請核付補貼利息。

第五六條

①民間機構就主辦機關補貼利息之貸款未依前條規定使用者，主辦機關應就違反規定之貸款部分終止核付補貼利息，並要求民間機構償還自違反貸款用途規定之日起已核付之補貼利息及支付違約金。

②前項已補貼利息之償還方法及違約金金額，應於投資契約明定之。

第五七條

主辦機關依本法第二十九條第一項規定給予民間機構之營運績效補貼，應以民間機構辦理公共建設興建及營運達成投資契約約定成果爲依據。

第五八條

民間機構於營運期間屆滿前，經主辦機關終止投資契約者，其依本法取得之補貼權利，應自通知日起予以終止。

第五九條

①本法第三十二條所稱外國金融機構，指經外國相關主管機關核准得辦理融資或貸款業務之機構。

②前項機構所提出之外國文書，應經我國駐外使領館、代表處、辦事處或其他外交部授權機構驗證。

第六〇條

本法第三十八條第一項所稱直接承包商，指直接承攬民間機構依本法所投資興建之重大公共建設，並與民間機構簽訂書面契約者。

第六一條

①主辦機關依本法第四十二條第一項規定辦理公告徵求民間參與時，得視公共建設計畫之性質，備具民間投資資訊，供民間投資人索閱，或辦理說明會，並參酌民間投資人建議事項，訂定

招商文件。

②符合下列情形之一者，招商文件應於首次公告徵求民間參與前辦理公開閱覽：

一　重大公共建設。

二　依本法第八條第一項第三款辦理。

三　依本法第九條之一有償取得公共服務。

四　其他經主辦機關認有必要。

③前項公開閱覽，主辦機關應將公開閱覽之文件置於指定之適當處所，或以電子化方式公開於主辦機關資訊網路，期間不少於十日。

第六二條

①前條招商文件，應包括下列項目：

一　公告事項。

二　申請須知。

三　投資契約草案；含興建、營運基本需求書。

四　附錄；含先期計畫書。但依本法第六條之一第三項辦理者，無須含先期計畫書。

②前項第一款公告事項，除依第四十五條第三項及第五十四條規定辦理外，應依各該公共建設之性質，載明下列事項：

一　公共建設計畫之性質、基本規範、許可年限及範圍。

二　申請人之資格條件。

三　申請案件之甄審項目及甄審標準。

四　公告日、申請文件遞送截止日、申請程序、申請釋疑方式與期限及申請保證金之收取與返還。

五　規劃附屬事業者，容許民間投資附屬事業之範圍及其所需土地使用期限。

六　主辦機關依本法第五條第二項、第三項規定授權或委託事項。

七　其他。

③第一項第二款申請須知，除依第三十三條規定辦理外，應包括下列項目：

一　投資計畫書主要內容及格式。

二　申請案件之評定方式及評審時程。

三　政府承諾及配合事項。

四　議約及簽約期限。

第六三條

主辦機關於公告徵求民間參與後，變更或補充招商文件者，應於截止收件前辦理變更或補充公告，必要時延長截止收件期限。

第六四條

①主辦機關依本法第四十二條第一項規定辦理公告徵求民間參與，應將公告摘要公開於主管機關資訊網路。

②主辦機關辦理前項公告徵求民間參與，其自公告日至申請人遞

送申請文件截止日之申請期間，應訂定合理期限。

第六五條

申請人依本法第四十三條及民間自行規劃申請參與公共建設作業辦法第七條規定提出金融機構融資意願書時，主辦機關得視公共建設類別及民間參與方式，請申請人一併提出金融機構對投資計畫書之評估意見，其評估意見得載明融資續作主要條件。

第六六條

①主辦機關應依據公告徵求民間參與之招商文件、投資計畫書及綜合評審結果辦理議約，並依議約結果與民間機構簽訂投資契約。

②議約內容不得違反招商文件。但有下列情形之一者，不在此限：

一　招商文件誤寫、計算錯誤或其他類此之明顯錯誤。

二　招商文件文字或語意不清。

三　於招商文件公告後投資契約簽訂前發生非公告時所得預料之情事變更，依原招商文件內容簽訂投資契約顯失公平。

四　原招商文件不符公共利益或公平合理之原則。

五　經雙方合意且有助於案件履行。

第六七條

①主辦機關應視公共建設性質，訂定合理之議約及簽約期限。

②前項議約及簽約期限，除有特殊情形者外，不得逾下列期限：

一　議約期限：自主辦機關通知最優申請人開始議約之日起至完成議約止之期間，不得超過申請期間之二倍，且以六個月為限。

二　簽約期限：自議約完成至簽訂契約期間，以一個月為原則，並得展延一個月。但簽約前依本法第四十五條第一項及第二項規定之籌辦及補正時間，不予計算。

③前項特殊情形之認定，不得授權所屬或委託其他機關（構）執行之。

第六八條

①主辦機關應依招商文件規定之條件，評審申請人所送之申請文件。

②主辦機關於選出最優申請人或次優申請人後，發現申請人有下列情形之一者，應不予議約、簽約：

一　未依招商文件規定之條件提出申請。

二　有詐欺、脅迫、賄賂、對重要評審項目提供不正確資料或為不完全陳述，致影響評審之情形。

三　未依通知之期限辦理補正、完成議約程序。

四　未按規定時間籌辦或完成簽約手續。

第六九條

①民間參與本法公共建設有融資需求者，主辦機關得視需要，要求民間機構應於投資契約簽訂後一定期間內提出融資契約。

②民間機構未於投資契約簽訂後一定期間內提出融資契約者，主辦機關應依投資契約規定之方式處理。

第七〇條

本法第四十五條第三項所定準備申請及因信賴評定所生之合理費用，得包括下列項目：

一 最優申請人於甄審前之準備申請階段所實際支出之各項成本。

二 最優申請人於簽約前之議約階段所實際支出之各項成本。

第七一條

①主辦機關應依政策需求或參考民間提出之規劃構想書，對於可供民間自行規劃申請參與之公共建設辦理政策公告，徵求民間依本法第四十六條規定，自行規劃提出申請。

②前項政策公告，應將公告摘要公開於主管機關資訊網路。

③第一項政策公告內容，除依第四十二條第三項第一款規定辦理外，應依公共建設性質，載明下列事項：

一 民間參與公共建設目的及公共服務需求。

二 涉主辦機關提供土地、設施者，其基本資料。

三 民間興辦項目及方式。

四 申請及審核作業程序。

五 主辦機關協助事項。

六 其他公告事項。

④第一項政策公告之期間，準用第六十四條第二項規定。

⑤主辦機關依本法第四十六條辦理案件，於初審通過後辦理公告徵求申請人前，準用第六十一條第二項及第三項規定。

第七二條

民間自行規劃申請參與公共建設經主辦機關審查評定之最優申請人，其議約、簽約與不予議約及簽約準用第六十六條至第六十八條規定。

第七三條

①依本法第四十八條之一於投資契約明定組成協調會者，應載明其組成方式及運作機制。

②前項協調會，應於投資契約簽訂次日起九十日內組成，必要時得簽報主辦機關首長或其授權人員同意後展延，展延期限不得授權所屬或委託其他機關（構）執行之。

第七四條

①本法第五十一條第二項所稱民間機構因興建、營運所取得之營運資產、設備，指民間機構於興建營運期間內，因興建營運公共建設所取得及爲繼續經營公共建設所必要之資產及設備。

②前項營運資產、設備，於不影響公共建設之正常運作，並符合下列規定之一，主辦機關得同意其轉讓、出租或設定負擔：

一 依投資契約規定，無需移轉予政府者。

二 依投資契約規定，需於營運期間屆滿後移轉予政府者，得依投資契約規定於移轉期限屆滿前，在不影響期滿移轉

下，附條件准予轉讓；其出租或設定負擔之期間，以經營許可年限為限；其設定負擔，應訂有償債計畫或設立償債基金辦法。

第七五條

①本法第五十一條之一第一項及第二項所稱完整營運年度，指營運期間內有完整營運之會計年度。

②主辦機關依本法第五十一條之一第一項及第二項規定辦理營運績效評定，應成立評估會辦理之。

③前項營運績效評定之內容，應包含公共建設之軟體、硬體設備、人員及服務內容等項目是否涉及國家安全及資通安全疑慮之威脅評估。

④主辦機關應將營運績效評定結果，以書面通知民間機構，並公開於主辦機關資訊網路，期間不少於十日。

第七六條

①主辦機關依本法第五十一條之一第三項規定與該民間機構優先定約前，應依第九十一條規定辦理資產總檢查；並由雙方就優先定約進行規劃、財務評估及研訂繼續履約之條件，完成議約及簽約。

②依本法第八條第一項第六款辦理之案件，宜審慎評估優先定約之公益性及必要性。

第七七條

主辦機關依本法第九條之一辦理公共建設期間，應每年將公共建設之計畫名稱、期程、使用人數或次數、使用頻率、產量或產能效益及經費支出情形等相關資料提報主管機關，由主管機關依本法第五十一條之二規定送立法院備查。

第七八條

本法第五十二條第一項及第五十三條第一項所稱施工進度嚴重落後，指未於投資契約所定之期限內完成工程，或施工比例落後達投資契約規定一定程度者；所稱工程品質重大違失，指工程違反法令或違反投資契約之工程品質規定，或經主辦機關與民間機構雙方同意之機構認定有損害公共品質之情形，且情節重大者；所稱經營不善，指民間機構營運期間，於公共安全、服務品質或相關管理事項上違反法令或投資契約，足以影響營運且情節重大者。

第七九條

①主辦機關依本法第五十二條第一項第一款規定要求民間機構定期改善時，應以書面載明下列事項，通知民間機構：

一　缺失之具體事實。

二　改善缺失之期限。

三　改善後應達到之標準。

四　屆期未完成改善之處理。

②主辦機關應依所發生缺失對公共安全之影響程度及民間機構之改善能力，訂定改善期限。

第八〇條

本法第五十二條所定融資機構及保證人，以經民間機構送請主辦機關備查者爲限。

第八一條

民間機構未於第七十九條第一項第二款規定之期限內改善缺失時，主辦機關應以書面載明下列事項，通知融資機構、保證人及政府有關機關：

一　民間機構屆期不改善或改善無效之具體事實。
二　融資機構、保證人得申報主辦機關同意自行或擇定其他機構暫時接管該公共建設繼續辦理興建或營運之期限。
三　暫時接管或繼續辦理時，應爲改善之期限。
四　應繼續改善之項目及標準。
五　屆期未完成改善之處理。

第八二條

①融資機構、保證人或其指定之其他機構依本法第五十二條規定接管後，經主辦機關認定缺失確已改善者，除民間機構與融資機構、保證人或其指定之其他機構另有約定並經主辦機關同意者外，主辦機關應以書面通知融資機構、保證人或其指定之其他機構終止接管，並載明終止接管之日期。
②前項通知，並應通知民間機構及政府有關機關。
③融資機構、保證人或其指定之其他機構於改善期限屆滿前，已改善缺失者，得向主辦機關申請終止接管。

第八三條

①主辦機關依本法第五十二條第一項第二款規定中止民間機構興建或營運一部或全部時，應以書面載明下列事項，通知民間機構：

一　屆期不改善或改善無效之具體事實。
二　中止興建或營運之日期。
三　中止興建之工程範圍或中止營運之業務範圍。
四　中止興建或營運後，應繼續改善之項目、標準及期限。
五　屆期未完成改善之處理。

②前項第三款中止興建之工程範圍，得由主辦機關視該工程之缺失及與其他工程之相關性，於影響整體工程興建、品質及進度最少之範圍內決定之；中止營運之業務範圍，由主辦機關依客觀事實，在改善缺失必要之範圍內決定之。

第八四條

①主辦機關依本法第五十二條第一項第二款規定中止民間機構興建或營運一部或全部後，經主辦機關認定缺失確已改善者，應以書面限期令民間機構繼續興建或營運。
②民間機構於改善期限屆滿前，已改善缺失者，得向主辦機關申請繼續興建或營運。

第八五條

主辦機關依本法第五十二條第一項第三款規定終止投資契約

時，應以書面載明下列事項，通知民間機構：

一　未改善缺失或違約之具體事實。

二　終止投資契約之表示及終止之日期。

三　終止地上權或租賃契約之表示。

四　終止緣由。

五　終止後投資契約、地上權或租賃契約繼續有效之條款。

六　主辦機關依本法第五十三條第二項規定擬採取之適當措施或強制接管營運有關事項。

七　其他應辦理事項。

第八六條

①有本法第五十三條第一項所定情事時，主辦機關應即通知中央目的事業主管機關爲必要之處置或由中央目的事業主管機關逕爲必要之處置。

②中央目的事業主管機關依本法第五十三條第一項規定停止民間機構興建或營運之一部或全部時，應即以書面載明下列事項，通知民間機構：

一　缺失之具體事實。

二　停止興建或營運之日期。

三　停止興建之工程範圍或停止營運之業務範圍。

③主辦機關依本法第五十三條第二項規定採取適當措施或強制接管營運時，應以書面通知民間機構。

④本法第五十三條第一項所定之情事經排除，且經主辦機關認定缺失確已改善者，除主辦機關採取之適當措施或依本法第五十三條第二項所定辦法另有規定外，主辦機關應報請中央目的事業主管機關同意後，以書面限期令民間機構繼續興建或營運。

第八七條

第七十九條及第八十三條至前條所定之書面通知，應同時副知融資機構、保證人及政府有關機關。

第八八條

①民間機構依本法取得之補貼，有下列情形之一，主辦機關應於所定期間內中止核付補貼：

一　主辦機關依本法第五十二條第一項第一款規定要求民間機構定期改善者，自通知要求改善日起至完成改善日止。

二　主辦機關依本法第五十二條第一項第二款規定中止民間機構興建或營運一部或全部者，自前款通知要求改善日起至限期令民間機構繼續興建或營運日止。

三　中央目的事業主管機關依本法第五十三條第一項令民間機構停止興建或營運一部或全部者，自令其停止日起至主辦機關限期令民間機構繼續興建或營運日止。

②前項各款情形，主辦機關得視民間機構完成改善或繼續興建、營運情形，補付中止核付之補貼。

③主辦機關依第一項規定中止核付補貼時，應通知融資機構、保證人及政府有關機關。

第八九條

①主辦機關將公共建設所需用地設定地上權予民間機構時，應於契約中約定地上權消滅時建物所有權移轉予政府，並於辦理地上權設定登記時，由登記機關於土地登記簿他項權利部其他登記事項欄註記。

②前項公共建設興建完成後，民間機構申辦建物所有權第一次登記時，亦應記明前項約定，由登記機關於建物登記簿之所有權部其他登記事項欄註記。

第九〇條

①本法第五十四條所稱現存所有之營運資產，指下列資產：

一　主辦機關交付且屬必須歸還者。

二　記載於資產清冊且應移轉者。

三　其他依投資契約應移轉者。

②前項現存所有營運資產，其範圍、期滿移轉有關之移轉條件、價金決定方法、給付方式及給付時間等相關事項，應於投資契約明定之。

第九一條

①民間機構依本法第五十四條規定於營運期限屆滿應移轉資產者，應於期滿前一定期限辦理資產總檢查。

②前項一定期限與資產總檢查之程序、費用負擔及擇定檢查機構方式，應於投資契約明定之。

第九二條

主辦機關辦理民間參與公共建設，得聘請財務、工程、營運、法律等專業顧問，協助辦理相關作業。

第九三條

本法第五十五條第一項及第二項所稱依法，指依獎勵民間投資法律或其授權訂定之法規命令。

第九四條

本細則自發布日施行。

促進民間參與公共建設法之重大公共建設範圍

①民國97年8月12日行政院公共工程委員會令修正「社會福利設施」、「重大商業設施」、「農業設施」之重大公共建設範圍。
②民國106年11月27日財政部公告修正；並自即日生效。
③民國108年6月10日財政部公告修正「交通建設」、「衛生醫療措施」、「社會福利措施」之重大公共建設範圍；並自即日生效。
④民國112年8月28日財政部公告修正發布「社會福利設施」；並自即日生效。

公共建設類別	定義	重大公共建設範圍
交通建設	促進民間參與公共建設法施行細則第二條。	一、投資總額不含土地達新臺幣十億元以上之鐵路、公路、市區快速道路、大眾捷運系統、輕軌運輸系統及智慧型運輸系統。 二、符合下列規定之一之轉運站： ㈠投資總額不含土地達新臺幣五億元以上者。 ㈡開發面積達零點五公頃以上者。 ㈢建築基地面積達六千平方公尺以上，且總樓地板面積達三萬平方公尺以上者。 三、符合下列規定之一之航空站及其設施： ㈠供航空器載卸客貨之設施與裝備及航空器起降活動區域內之設施，且投資總額不含土地達新臺幣三十億元以上者。 ㈡維修棚廠、加儲油設施、污水處理設施、焚化爐設施、航空附加價值作業設施、航空訓練設施、過境旅館、展覽館、國際會議中心或停車場投資總額不含土地達新臺幣十億元以上者。 四、投資總額不含土地達新臺幣十億元以上之港埠及其設施。 五、符合下列規定之一之路外公共停車場： ㈠總樓地板面積達八千平方公尺以上之立體式停車場。 ㈡投資總額不含土地成本達新臺幣三千萬元以上之機械式或塔臺式停車場。 六、投資總額不含土地達新臺幣二億元以上之橋梁、隧道。
共同管道	促進民間參與公共建設法施行細則第三條。	長度達二公里或投資總額不含土地達新臺幣五億元以上之共同管道。

環境污染防治設施	促進民間參與公共建設法施行細則第四條。	符合下列規定之一之環境污染防治設施： 一、經各級環境保護主管機關或中央目的事業主管機關認定，由民間參與之廢棄物貯存、清除、處理或再利用設施，且投資總額不含土地達新臺幣一億元以上者。 二、依鼓勵公民營機構興建營運垃圾焚化廠推動方案實施之民營垃圾焚化廠，且投資總額不含土地達新臺幣四億元以上者。 三、各級營建主管機關輔導設置，由民間參與之營建剩餘土石方資源堆置處理場及其設施，且投資總額不含土地達新臺幣一億元以上，或每日剩餘土石方處理量達一千立方公尺以上者。
污水下水道	促進民間參與公共建設法施行細則第五條。	每日污水處理量達一萬噸以上之污水處理廠及其設施。
自來水設施	促進民間參與公共建設法施行細則第六條。	每日出水量達十萬噸以上之淨水廠及其設施。
水利設施	促進民間參與公共建設法施行細則第七條。	符合下列規定之一之水利設施： 一、每日引水能力達十萬立方公尺以上之引水及其設施。 二、蓄水容量達三十萬立方公尺以上之蓄水及其設施。 三、每日出水量達二千立方公尺以上或離島地區每日出水量達二百立方公尺以上之水淡化處理廠及其設施。 四、每日可提供二千立方公尺以上之水再生利用（含中水道、雨水貯蓄利用、廢污水回收再利用）設施。 五、平均每日可供回用量達一萬立方公尺以上之地下水補注回用設施。 六、保護土地或減少氾濫面積以都市計畫區內達一公頃以上，非都市計畫區內達五公頃以上之防洪或禦潮設施。 七、出力合計在二千匹馬力以上，且投資總額不含土地達新臺幣二億一千萬元以上之水輪機組、廠房、輸變電及其相關發展水力設施。
衛生醫療設施	促進民間參與公共建設法施行細則第八條。	依法許可設置並符合下列規定之一之衛生醫療相關設施： 一、位於中央衛生主管機關公告衛生醫療資源不足地區者。 二、土地開發面積達二公頃以上者。 三、投資總額不含土地達新臺幣五億元以上者。 前項衛生醫療相關設施於藥物製造工廠限疫苗製造工廠適用之。

社會福利設施	促進民間參與公共建設法施行細則第九條。	一、依法核准設置，且投資總額不含土地達新臺幣一億元以上之殯儀館、火化場。 二、符合下列規定之一之社會住宅： ㈠作為社會住宅使用之土地面積達零點五公頃以上者。 ㈡作為社會住宅使用部分，依容積核算總樓地板面積達五千平方公尺以上者。 三、依法核准設置，且符合下列規定之設有機構住宿式服務之長期照顧服務機構： ㈠投資總額不含土地達新臺幣三億五千萬元以上。 ㈡提供住宿式長照服務且設立床位數規模達一百人以上。 ㈢機構總樓地板面積達二千七百平方公尺以上，且每人配置面積不得少於二十七平方公尺。 ㈣提供達百分之三十以上比率床位予經濟或社會弱勢者。
勞工福利設施	促進民間參與公共建設法施行細則第十條。	依促進民間參與公共建設法（以下簡稱本法）第八條第一項第四款及第五款辦理，且投資總額不含土地達新臺幣五千萬元以上之勞工育樂、訓練、教育機構及其設施。
文教設施	促進民間參與公共建設法施行細則第十一條。	符合下列規定之一之文教設施： 一、投資總額不含土地達新臺幣一億元以上之公立高中職以上學校及其設施。 二、投資總額不含土地達新臺幣五千萬元以上之公立國中、公立國小及其設施。 三、投資總額不含土地達新臺幣五億元以上之社會教育機構、文化機構、教育機構及其設施。 四、投資總額不含土地達新臺幣五千萬元以上之古蹟再利用、經營管理及維護。
觀光遊憩重大設施	促進民間參與公共建設法施行細則第十二條。	符合下列規定之一之觀光遊憩設施： 一、依本法第八條第一項第一款、第二款及第四款辦理，且投資總額不含土地達新臺幣三億元以上者。 二、位於中央目的事業主管機關指定偏遠地區，依本法第八條第一項第六款辦理，且投資總額不含土地達新臺幣三億元以上者。 三、依本法第八條第一項第六款辦理，且投資總額不含土地達新臺幣十億元以上者。
電業設施	促進民間參與公共建設法施行細則第十三條。	投資總額不含土地達新臺幣二十億元以上之電業設施。
公用氣體燃料設施	促進民間參與公共建設法施行細則第十四條。	投資總額不含土地達新臺幣二十億元以上之公用氣體燃料設施。
運動設施	促進民間參與公共建設法施行細則第十五條。	符合下列規定之一之運動設施： 一、投資總額不含土地達新臺幣二億五千萬元以上，且觀眾容納席次達三千人以上之單項運動場館。 二、投資總額不含土地達新臺幣十億元以上之運動休閒園區，其中運動設施投資總額應達新臺幣三億元。投資總額應達新臺幣三億元。
公園綠地設施	促進民間參與公共建設法施行細則第十六條。	不列入。

工業設施	促進民間參與公共建設法施行細則第十七條。	依本法第八條第一項第六款方式辦理，且符合下列規定之通訊園區： 一、開發面積達七公頃以上。 二、投資總額不含土地達新臺幣三十億元以上。 三、設置經中央目的事業主管機關認定具研發測試功能之電信平台設施。
商業設施	促進民間參與公共建設法施行細則第十八條。	一、符合下列規定之大型物流中心： (一)申請開發土地面積達二公頃以上。 (二)投資總額不含土地達新臺幣六億元以上。 二、符合下列規定之國際展覽中心： (一)展覽館基地面積達三點五公頃以上，且設置一千二百個以上之標準展覽攤位。 (二)一千個以上之小客車停車位。 三、符合下列規定之國際會議中心： (一)會議廳基地面積達一點五公頃以上，且設置二千人座位以上之大會堂一間及八百人座位以上之會議室二間。 (二)四百個以上之小客車停車位。
科技設施	促進民間參與公共建設法施行細則第十九條。	不列入。
新市鎮開發	促進民間參與公共建設法施行細則第二十條。	不列入。
農業設施	促進民間參與公共建設法施行細則第二十一條。	一、投資總額不含土地達新臺幣六億元以上，開發使用面積達二公頃以上之農產品批發市場。 二、符合本法施行細則第二十一條第五款規定（休閒農場除外）並具備下列要件之一者： (一)依本法第八條第一項第一款、第二款及第四款辦理，且投資總額不含土地達新臺幣三億元以上。 (二)位於中央農業主管機關指定之偏遠地區，依本法第八條第一項第六款辦理，且投資總額不含土地達新臺幣三億元以上。 (三)依本法第八條第一項第六款辦理，且投資總額不含土地達新臺幣十億元以上。 三、符合本法施行細則第二十一條第六款第一目及第二目規定並具備下列要件之一者： (一)投資總額不含土地達新臺幣二億元以上之漁業附加價值作業設施。 (二)投資總額不含土地達新臺幣三億元以上之遊客住宿、餐飲服務、文物展覽及相關海洋遊憩、教育設施。
政府廳舍設施	促進民間參與公共建設法施行細則第二十二條。	投資總額不含土地達新臺幣十億元以上之政府廳舍設施。

水利法

①民國88年7月15日總統令修正公布第82、83條條文；並增訂第83-1條條文。
②民國89年11月15日總統令修正公布第4、7、8、10、18、20、28、37、47-1、85、87、90條條文。
③民國92年2月6日總統令修正公布第49、53、54-1、60、78條條文；增訂第54-2、60-4至60-6、63-1至63-6、78-1至78-4、91-2、92-2至92-5、93-1至93-5、94-1條條文；並刪除第10、69-2、92-1條條文。
④民國96年7月11日總統令修正公布第34、89條條文；並增訂第89-1條條文。
⑤民國97年5月7日總統令增訂公布第97-1條條文。
⑥民國100年6月1日總統令修正公布第91條條文。
⑦民國102年6月11日總統令增訂公布第93-6條條文。
⑧民國103年1月29日總統令修正公布第78-2、82、83、91-2條條文。
⑨民國105年5月25日總統令修正公布第42、47-1、93-6、97-1、98條條文；並增訂第54-3、84-1、93-7、93-8條條文。
⑩民國107年6月20日總統令增訂公布第七章之一章名、第83-2至83-13、93-9至93-11條條文；並修正第99條條文。
民國108年1月31日行政院令發布定自108年2月1日施行。
⑪民國110年5月26日總統令修正公布第92-2、92-3、92-5、93-2至93-4、99條條文；並增訂第95-1、95-2條條文。
民國110年10月27日行政院令發布定自110年11月1日施行。
⑫民國112年6月28日總統令修正公布第91條條文；並增訂第91-3、91-4條條文。
⑬民國112年11月29日總統令修正公布第91-2、92-3、92-5、93-2至93-5條條文；並刪除第12、63-1至63-4、96條條文。

第一章　總　則

第一條　（適用之範圍）

水利行政之處理及水利事業之興辦，依本法之規定。但地方習慣與本法不相牴觸者，得從其習慣。

第二條　（水之所有權）

水爲天然資源，屬於國家所有，不因人民取得土地所有權而受影響。

第三條　（水利事業之定義）

本法所稱水利事業，謂用人爲方法控馭，或利用地面水或地下水，以防洪、禦潮、灌漑、排水、洗鹹、保土、蓄水、放淤、給水、築港、便利水運及發展水力。

第四條　（主管機關）

本法所稱主管機關：在中央為經濟部；在直轄市為直轄市政府；在縣（市）為縣（市）政府。

第二章　水利區與水利機構

第五條　（水利區之劃分公告）

中央主管機關按全國水道之天然形勢，劃分水利區，報請行政院核定公告之。

第六條　（中央水利機關）

水利區涉及二省（市）以上或關係重大地方難以興辦者，其水利事業，得由中央主管機關設置水利機關辦理之。

第七條　（涉及二縣之水利機關）

水利區涉及二縣（市）以上或關係重大縣（市）難以興辦者，其水利事業，得由中央主管機關設置水利機關辦理之。

第八條　（應經核准之水利事業）

直轄市或縣（市）政府辦理水利事業，其利害涉及二直轄市、縣（市）以上者，應經中央主管機關核准。

第八條之一　（應經核准之水利事業）

引用一水系之水，移注另一水系，以發展該另一水系之水利事業，適用前條之規定。

第九條　（應經核准之水利事業）

變更水道或開鑿運河，應經中央主管機關核准。

第一〇條　（刪除）92

第一一條　（向受益人徵工之辦法）

各級主管機關為辦理水利工程，得向受益人徵工；其辦法應報經上級主管機關核准，並報中央主管機關。

第一二條　（刪除）112

第一三條　（水利協會之核准設立）

政府興辦水利事業，受益人直接負擔經費者，得申請主管機關核准設立水利協進會。

第一四條　（水利公司之核准設立）

人民興辦水利事業，經主管機關核准後，得依法組織水利公司。

第三章　水　權

第一五條　（水權之定義）

本法所稱水權，謂依法對於地面水或地下水，取得使用或收益之權。

第一六條　（非本國人取得水權之限制）

非中華民國國籍人民用水，除依本法第四十二條之規定外，不得取得水權。但經中央主管機關報請行政院核准者，不在此

限。

第一七條　（取得水權後用水量之限制）

團體公司或人民，因每一標的，取得水權，其用水量應以其事業所必需者為限。

第一八條　（用水標的之順序）

①用水標的之順序如左：

一　家用及公共給水。

二　農業用水。

三　水力用水。

四　工業用水。

五　水運。

六　其他用途。

②前項順序，主管機關對於某一水道，或政府劃定之工業區，得酌量實際情形，報請中央主管機關核准變更之。

第一八條之一　（用水標的之順序）

多目標水庫用水標的之順序，依主管機關核准之計畫定之。但各標的權利人另有協議，並報經主管機關核定者，從其協議。

第一九條　（水權之停止、撤銷與限制）

①水源之水量不敷公共給水，並無法另得水源時，主管機關得停止或撤銷第十八條第一項第一款以外之水權，或加使用上之限制。

②前項水權之停止、撤銷或限制，致使原用水人受有重大損害時，由主管機關按損害情形核定補償，責由公共給水機構負擔之。

第一九條之一　（換水契約之訂定與生效）

水權人交換使用全部或一部分引水量者，應由雙方訂定換水契約，於報經主管機關核准後生效。但交換使用時間超過三年者，應由雙方依法辦理變更登記。

第二〇條　（用水優先權之順序）

登記之水權，因水源之水量不足，發生爭執時，用水標的順序在先者有優先權；順序相同者，先取得水權者有優先權，順序相同而同時取得水權者，按水權狀內額定用水量比例分配之或輪流使用。其辦法，由中央主管機關定之。

第二〇條之一　（用水優先權之順序）

水源之水量不足，依第十八條第一項第二款至第六款用水標的順序在先，取得水權登記在後而優先用水者，如因優先用水之結果，致登記在先之水權人受有重大損害時，由登記在後之水權人給予適當補償，其補償金額由雙方協議定之；協議不成，由主管機關按損害情形核定補償，責由優先用水人負擔之。

第二一條　（臨時使用權之核准取得）

主管機關根據水文測驗，認為該管區域內某水源之水量，在一定時期內，除供給各水權人之水權標的需要外，尚有剩餘時，得准其他人民在此定期內，取得臨時使用權，如水源水量忽感

不足，臨時使用權得予停止。

第二二條　（令改善取水用水方法或設備）

主管機關根據科學技術，認爲該管區域內某水源之水量可以節約使用，得令已取得水權之原水權人，改善其取水、用水方法或設備，因此所有剩餘之水量，並得另行分配使用。但取得剩餘水量之水權人，應負擔原水權人改善之費用。

第二三條　（水道變更後之水權利用）

水道因自然變更時，原水權人得請求主管機關，就新水道指定適當取水地點及引水路線，使用水權狀內額定用水量之全部或一部。

第二四條　（停用二年後之水權撤銷與保留）

水權取得後，繼續停用逾二年者，經主管機關查明公告後，即喪失其水權，並撤銷其水權狀。但經主管機關核准保留者，不在此限。

第二五條　（共同取得水權之重行劃定）

共同取得之水權，因用水量發生爭執時，主管機關得依用水現狀重行劃定之。

第二六條　（變更或撤銷私人已登記之水權）

主管機關因公共事業之需要，得變更或撤銷私人已登記之水權。但應由公共事業機構酌予補償。

第四章　水權之登記

第二七條　（登記生效主義）

①水權之取得、設定、移轉、變更或消滅，非依本法登記不生效力。

②前項規定，於航行天然通航水道者，不適用之。

第二八條　（辦理水權登記機關）

①水權登記，應向直轄市、縣（市）主管機關爲之，水源流經二縣（市）以上者，應向中央主管機關爲之；流經二省（市）以上者，應向中央主管機關爲之。

②主管機關辦理水權登記，應具備水權登記簿。

第二九條　（申請水權登記應具文件）

①水權之登記，應由權利人及義務人或其代理人提出左列文件，向主管機關申請之：

一　申請書。

二　證明登記原因文件或水權狀。

三　其他依法應提出之書據圖式。

②由代理人申請登記者，應附具委任書。

③政府興辦之水利事業，以其主辦機關爲水權登記申請人。

④地下水之開發，應先行檢具工程計劃及詳細說明，申請水權；俟工程完成供水後，再行依法取得水權。

第三〇條　（申請書應載事項）

前條申請書應記載左列事項：
一　申請人之姓名、性別、籍貫、年齡、住所、職業。
二　申請水權年限。
三　水權來源。
四　登記原因。
五　用水標的。
六　引用水源。
七　用水範圍。
八　使用方法。
九　引水地點。
十　退水地點。
十一　引用水量。
十二　水頭高度（水力用）。
十三　水井深度（地下水用）。
十四　用水時間。
十五　年、月、日。
十六　其他應行記載事項。

第三一條　（共有水權登記之申請）

共有水權之登記，由共有人聯名或其代理人申請之。

第三二條　（第三人承諾書之加具）

水權登記與第三人有利害關係時，應於申請書外，加具第三人承諾書，或其他證明文件。

第三三條　（審查與派員履勘）

主管機關接受登記申請，應即審查並派員履勘，如有不合程式或申請登記時已發生訴訟，或顯已有爭執者，應通知申請人補正，或俟訴訟或爭執終了後爲之。

第三四條　（申請之駁回與公告）96

①登記申請，經主管機關審查履勘，認爲不適當者，應於審查完畢十日內附具理由駁回申請；認爲適當者，應即於審查完畢十日內依下列規定公告，並通知申請人：
一　揭示於申請登記之水權所在顯著地方。
二　揭示於主管機關之公告地方。

②前項公告之揭示期間，不得少於十五日。

第三五條　（公告應載事項）

前條公告，應載明左列事項：
一　登記人之姓名。
二　登記原因。
三　核准水權年限。
四　用水標的。
五　引用水源。
六　用水範圍。
七　使用方法。
八　引水地點。

九　退水地點。
十　引用水量。
十一　水頭高度（水力用）。
十二　水井深度（地下水用）。
十三　用水時間。
十四　申請登記年、月、日。
十五　對於該項登記得提出異議之期限及處所。
十六　其他應行公告事項。

第三六條　（異議期間）

①依前二條公告後，利害關係人得於十五日內，附具理由及證據，向主管機關提出異議。
②前項期間，自主管機關公告之日起算。

第三七條　（水權狀之發給）

①水權經登記公告，無人提出異議，或異議不成立時，主管機關應即登入水權登記簿，並發給水權狀。但直轄市或縣（市）主管機關發給水權狀時，應層轉或報請中央主管機關驗印備案。
②前項水權狀，由中央主管機關製定之。

第三八條　（水權狀應記載事項）

水權狀應記載左列事項：
一　登記號數及水權狀號數。
二　申請年、月、日及號數。
三　水權人姓名。
四　核准水權年限。
五　用水標的。
六　引用水源。
七　用水範圍。
八　使用方法。
九　引水地點。
十　退水地點。
十一　引用水量。
十二　水頭高度（水力用）。
十三　水井深度（地下水用）。
十四　用水時間。
十五　登記主管機關。
十六　其他應行記載事項。

第三九條　（水權人之義務）

①水權人應在取水地點裝置量水設備，並將全年之逐月用水情形、實用水量，填具用水紀錄表報查。
②前項設備及用水情形，主管機關得隨時派員檢查。

第四〇條　（水權之消滅與展限登記）

水權於核准年限屆滿時消滅，但有延長之必要者，水權人應於期限屆滿三十日以前，申請展限登記。

第四一條　（水權消滅登記）

水權消滅、水權人或義務人應繳回水權狀，爲消滅之登記，水權年限屆滿後，不申請消滅登記者，主管機關應予註銷，並公告之。

第四二條　（免爲水權登記之用水）105

①下列引取地面水或抽汲地下水之用水行爲，免爲水權登記：

一　家用及牲畜飲料。

二　原住民依原住民族基本法第十九條第一項第四款規定利用水資源。

三　溫泉水源，家用每戶每日取用水量在二立方公尺以下。

四　用人力、獸力或其他簡易方法引水。

②前項用水，有妨害公共或他人用水利益之虞者，經主管機關認定後，得酌予限制或令其辦理水權登記。

③本法中華民國一百零五年五月六日修正之條文施行前，在私有土地內鑿井汲水，其出水量每分鐘在一百公升以下者，除依第一項規定免爲水權登記者外，主管機關應訂定計畫令其限期辦理水權登記。

第四三條　（家用及公用水之保留，適當井距之制定公告）

主管機關辦理水權登記，應於水源保留一部分之水量，以供家用及公共給水，其屬於地下水水權登記者，應根據各地地下水水文資料及井出水量，制定適當之井距公告之。

第四四條　（臨時用水執照之發給）

依本法第二十一條爲臨時用水申請時，主管機關派員履勘，應依照第三十四條所規定期限辦理，並於核定後予以登記公布，發給臨時用水執照。

第四五條　（得制定水權登記規則）

中央主管機關爲劃一水權登記程式，得制定水權登記規則。

第五章　水利事業之興辦

第四六條　（建、拆應經核准之建造物）

①興辦水利事業，關於左列建造物之建造、改造或拆除，應經主管機關之核准：

一　防水之建造物。

二　引水之建造物。

三　蓄水之建造物。

四　洩水之建造物。

五　抽汲地下水之建造物。

六　與水運有關之建造物。

七　利用水力之建造物。

八　其他水利建造物。

②前項各款建造物之建造或改造，均應由興辦水利事業人備具詳細計畫圖樣及說明書，申請主管機關核准。如因特殊情形有變更原核准計劃之必要時，應由興辦水利事業人聲敘理由，並備

具變更之計畫圖樣及說明書，申請核准後爲之。但爲防止危險及臨時救濟起見，得先行處置，報請主管機關備案。

③未經主管機關核准而擅行施工之水利建造物，主管機關得令其更改或拆除。

第四七條（撤銷或限制核准事由）

興辦水利事業經核准後，發生左列情事之一者，主管機關應撤銷其核准或予以限制；於必要時，並得令其更改或拆除之：

一　設施工程與核定計畫不符或超過原核准範圍以外者。

二　施行工程方法不良，致妨害公共利益者。

三　施工程序與法令不符者。

四　在核准限期內，未能興工或未能依限完成者。但因特殊情形申請主管機關核准予以展期者，不在此限。

第四七條之一（地下水管制區之劃定）105

①中央主管機關爲防止某一地區地下水超抽致影響地下水資源永續利用、海水入侵或地層下陷，得劃定地下水管制區，限制或禁止地下水之開發；其管制區劃定程序、鑿井與水權登記管制及其他應遵行事項之辦法，由中央主管機關定之。

②地下水管制區有農業用水之需要，其劃定程序、鑿井與水權登記管制及其他應遵行事項之辦法，中央主管機關應會商中央農業主管機關定之。

③第一項地下水管制區內已取得之水權，主管機關得予限制、變更或廢止。

第四八條（水門啓用辦法之訂定公告）

防水、引水、蓄水、洩水之建造物，如有水門者，其水門啓用之標準、時間及方法，應由興辦水利事業人預爲訂定，申請主管機關核准並公告之，主管機關認爲有變更之必要時，得限期令其變更之。

第四九條（歲修養護義務）92

①興辦水利事業人經辦之防水、引水、蓄水、洩水之水利建造物及其附屬建造物，應維護管理、歲修養護、定期整理或改造，並應定期及不定期辦理檢查及安全評估。

②前項檢查及安全評估之認定範圍及細目，其辦法，由中央主管機關會商相關機關定之。

第五〇條（妨害其他水權之補救）

興辦水利事業，有妨害其他水權人之利益者，主管機關得令興辦水利事業人建造適當之建造物，或採用其他補救辦法。

第五一條（防災建築物之興建）

興辦水利事業，有影響於水患之防禦者，主管機關得令興辦水利事業人建造適當之防災建造物。

第五二條（船閘之建造）

①在通航運之水道上，因興辦水利事業，必須建造堰壩、水閘時，應於適當地點建造船閘；其數目大小及啓閉之時間，由主管機關依實際之需要規定之。

②前項建造船閘之費用，由興辦水利事業人負擔。但航道之深度，因建造堰壩而增加時，得由主管機關視水道之性質，報經上級主管機關核准，予以補助。

第五三條（參加開發與分擔費用）92

①興辦水利事業，具有多目標開發之價值者，得商請其他目標有關之人民或團體參加開發，並根據經濟評價分擔其費用；必要時，並得報請主管機關予以協助輔導。

②前項多目標開發之水利事業或數水利事業有聯合運用必要時，爲統籌管理運用水資源，得由各該標的用水人，推舉總代表人，辦理水權總登記。其由主管機關興辦者，以該水利事業之管理機關爲水權登記總代表人。

第五四條（預留擴充地位與增添初步設備）

中央主管機關認爲興辦之水利事業有擴大開發之必要或增加使用目標之利益時，得不經該目標有關機關團體之同意，令由興辦水利事業人預留擴充地位或增添初步設備，並籌墊其經費。

第五四條之一（水庫蓄水範圍之注意事項）92

①爲維護水庫安全，水庫蓄水範圍內禁止下列行爲：

一　毀壞或變更蓄水建造物或設備。

二　啓閉、移動或毀壞水閘門或其附屬設施。

三　棄置廢土或廢棄物。

四　採取土石，但主管機關辦理之濬渫不在此限。

五　飼養牲畜、養殖水產物或種植植物。

六　排放不符水污染防制主管機關放流水標準之污水。

七　違反水庫主管或管理機關公告許可之遊憩範圍、活動項目或行爲。

②於水庫蓄水範圍內施設建造物，應申請主管機關許可。

③前項許可，主管機關得委託水庫管理機關（構）辦理。

第五四條之二（水庫蓄水範圍之管理辦法）92

水庫蓄水範圍由興辦人或其委託管理機關（構）管理之。其使用管理、蓄水範圍之界限與核定公告程序及其他應遵行事項之辦法，由中央主管機關定之。

第五四條之三（用水計畫之提出或修正）105

①興辦或變更開發行爲，其計畫用水量達一定規模或增加計畫用水量者，開發單位於興辦或變更前，應向目的事業主管機關提出用水計畫或修正用水計畫，並由目的事業主管機關轉送中央主管機關核定。

②用水計畫核定後，開發單位應依用水計畫內容辦理，並定期向中央主管機關申報用水情形；必要時中央主管機關得辦理查核。

③各年期實際用水情形與用水計畫內容差異達一定比率或一定規模者，開發單位應提出差異分析報告送中央主管機關審查，並依審查結果調整用水計畫內容。實際用水情形超過終期計畫用水量者，依第一項程序辦理。

④用水計畫經核定後三年內未實施開發行爲，開發單位應於屆期二個月前向中央主管機關申請展期或撤案；展期期限最長爲三年，並以一次爲限。未辦理展期或撤案，經中央主管機關令其限期改善，屆期未改善或未於展期期限實施開發行爲者，由中央主管機關廢止原核定之用水計畫。

⑤供水單位於用水計畫或修正用水計畫核定前，不得供水予開發單位。

⑥本法中華民國一百零五年五月六日修正之條文施行前，除農業用水外，經目的事業主管機關核定之開發行爲實際用水量達一定規模，且未提出用水計畫者，中央主管機關得令開發單位或用水人限期依第一項規定程序提出用水計畫。

⑦前六項之開發行爲、開發單位、用水人、一定規模、一定比率、用水計畫與差異分析報告之內容、提送、審查、核定、展期、撤案、廢止、用水情形之申報與查核及其他應遵行事項之辦法，由中央主管機關定之。

第五五條　（對增闢水源之優先使用收益權）

①興辦水利事業人因投資興辦水利建造物而增闢水道之水源者，在不影響下游水權人既得用水權益時，其增闢之水源，興辦水利事業人有優先申請使用收益之權。

②前項既得用水權益，指未增闢水源前之自然流量，但以不超過其登記之水權爲限。

第五六條　（應建造竹木筏運道及魚道）

①在不通航運而有竹木筏運或產魚之水道上，因興辦水利事業，必須建造堰壩水閘時，應於適當地點，建造竹木筏運道或魚道，其辦法由主管機關定之。

②前項工程費用，由興辦水利事業人負擔之。

第五七條　（妨害交通或阻塞溝渠之補救義務）

因興辦水利事業使用土地，妨礙土地所有權人原有交通或阻塞其溝渠水道時，興辦水利事業人應取得土地所有權人之同意，爲其建造橋樑、涵洞或渡槽等建造物，或予以相當之補償。

第五八條　（得請求賠償損失或收買土地之權利）

引水工程經過私人土地，致受有損害時，土地所有權人得要求興辦水利事業人賠償其損失，或收買其土地。但能即時回復原狀，且回復後並無損害者，不在此限。

第五九條　（報請查核義務）

興辦水利事業人每年應將業務概況、水之利用及工程管理養護情形，報請主管機關查核。

第六〇條　（鑿井圖表申請期限）92

①爲管理地下水開發，地下水鑿井業應向所在地直轄市或縣（市）政府申請許可，始得申請公司或商業登記。

②地下水鑿井業之許可、資格、條件及其分類、技術條件、施工、經營管理事項及其所屬技術員、技工之資格、施工管理事項及其他應遵行事項，由中央主管機關訂定地下水鑿井業管理

規則管理之。

第六〇條之一（水井施工不良之改善義務與強制封閉）

主管機關發現水井施工不良，有影響含水層之水質或水量之虞時，得限期命水井所有人改善；逾期未改善或不能改善者，得強制封閉；其費用由水井所有人負擔。

第六〇條之二（水井之封閉或填塞義務）

①水井停止使用或廢棄時，水井所有人應將水井封閉或填塞，以防止含水層水量之流失或水質之污染。

②前項水井之封閉或填塞，主管機關得僱工代辦；其費用由水井所有人負擔。

第六〇條之三（加裝水之再利用設備義務）

爲促請水資源之經濟使用，冷卻用水及可循環使用之工業用水，主管機關得命水井所有人加裝設備，以供再利用。

第六〇條之四（地下水鑿井業停止營業處分之情形）92

地下水鑿井業有下列情事之一者，應予六個月以上，二年以下之停止營業處分：

一　不符地下水鑿井業分類資格規定承辦工程者。

二　不符前條管理規則規定，一年內受警告處分三次以上者。

三　未依規定申請變更許可營業事項者。

四　僱用不合格技術員、技工者。

第六〇條之五（地下水鑿井業廢止許可之情形）92

①地下水鑿井業有下列情事之一者，應廢止其許可，並通知公司或商業登記之主管機關廢止其公司或商業登記：

一　喪失營業能力。

二　承辦未經申請核准興辦水利事業之鑿井工程。

三　自行停業超過一年，未依限申請復業者。

四　受停業處分，未依規定期限內將許可書、業務手冊及技工工作證繳還，經限期催繳不爲者。

五　一年受停業處分二次以上者。

六　出售或轉借營業許可書或頂替使用者。

七　連續二年內未承包任何鑿井工程者。

八　有圍標情事者。

②受廢止許可之地下水鑿井業，三年內不得重行申請許可。

第六〇條之六（地下水鑿井業技工廢止工作證之規定）92

地下水鑿井業技工，未依第六十條之管理規則規定，經受警告處分三次以上者，應廢止其工作證，並於一年內不再重新發證。

第六一條（禁止影響水源清潔）

因興辦水利事業影響於水源之清潔時，主管機關得限制或禁止之。

第六二條（水道之限制開渠及使用吸水機）

有關特殊航運之水道，主管機關得酌量限制開渠及使用吸水機。

第六三條　（涉及多數目的事業之辦理）

興辦水利事業涉及其他目的事業主管機關職掌者，由水利主管機關會商辦理之。目的事業機關興辦目的事業涉及水利者，應商得水利主管機關同意。

第六三條之一至第六三條之四　（刪除）112

第六三條之五　（海堤區域內禁止行為）92

①海堤區域內禁止下列行為：

一　毀損或變更海堤。

二　啓閉、移動或毀壞水閘門或其附屬設施。

三　棄置廢土或廢棄物。

四　採取或堆置土石。

五　飼養牲畜或採伐植物。

六　其他妨礙堤防排水或安全之行為。

②海堤區域內養殖、種植植物或設置改建、修復或拆除建造物或其他設施，非經許可不得為之。

第六三條之六　（海堤區域應遵行事項管理辦法之訂定）92

海堤區域之劃定與核定公告、使用管理、防潮搶險、海堤安全之檢查與養護及其他應遵行事項，其管理辦法，由中央主管機關定之。

第六章　水之蓄洩

第六四條　（宣洩洪潦應注意義務）

宣洩洪潦，應洩入本水道或其他河、湖、海，並應特別注意有關建築物及其重要設備之維護。但經上級主管機關之核准，得洩入其他或新闢水道者，不在此限。

第六五條　（土地之分區限制使用）

①主管機關為減輕洪水災害，得就水道洪水泛濫所及之土地，分區限制其使用。

②前項土地限制使用之範圍及分區辦法，應由主管機關就洪水紀錄及預測之結果，分別劃訂，報請上級主管機關核定公告後行之。

第六五條之一　（洩洪之通知義務）

洪水期間，有閘門之水庫洩洪前，水庫管理機關應通知有關機關採取必要防護措施。

第六六條　（自然流水之承水義務）

由高地自然流至之水，低地所有權人不得妨阻。

第六七條　（高地所有人之過水權）

高地所有權人以人為方法，宣洩洪潦於低地，應擇低地受損害最少之地點及方法為之，並應予相當補償。

第六八條　（廢水、污水之宣洩限制）

工廠、礦場廢水或市區污水，應經適當處理後擇地宣洩之，如對水質有不良影響，足以危害人體，妨害公共或他人利益者，

主管機關得限制或禁止之，被害人並得請求損害賠償。

第六九條　（蓄水人及排水人之損害賠償義務）

實施蓄水或排水，致上下游沿岸土地所有權人發生損害時，由蓄水人或排水人，予以相當之賠償。但因不可抗力之天災所發生之損害，不在此限。

第六九條之一　（可能被淹沒土地之處理義務）

蓄水人對於水庫集水區域內可能被淹沒之土地及土地改良物，應詳爲調查，擬具收購、補償及遷移辦法，報經有關主管機關核准後實施。

第六九條之二　（刪除）92

第七〇條　（高地所有人之疏水權）

水流因事變在低地阻塞時，高地所有權人得自備費用，爲必要疏通之工事。

第七一條　（減少閘霸啓閉辦法之核定公告）

減少閘霸啓閉之標準、水位或時間，由主管機關報請上級主管機關核定公告之。

第七二條　（跨水建物應留水流通路橫剖面積之核定）

①跨越水道建築物均應留水流之通路，其橫剖面積由主管機關核定之。

②前項水道，如係通運之水道，應建造橋樑，其底線之高度，及橋孔之跨度，由主管機關規定之。

第七二條之一　（跨水建物之設置申請及禁止事項）

①設置穿越水道或水利設施底部之建造物，應申請主管機關核准，並接受施工指導。

②在前項建造物上下游之規定距離內，除基於維護水利安全之必要外，不得爲挖掘行爲或採取砂石；其距離由主管機關訂定公告之。

第七章　水道防護

第七三條　（歲修工程與修期限）

水道建造物歲修工程，主管機關應於防汛期後，派員勘估，報准上級主管機關分別興修，至翌年防汛期修理完竣，並報請驗收。

第七四條　（防汛期之決定）

①主管機關應酌量歷年水勢，決定設防之水位或日期。

②由設防日起至撤防日止，爲防汛期。

第七五條　（主管機關之警察權）

①主管機關得於水道防護範圍內，執行警察職權。

②防汛期間主管機關於必要時，得商調防區內之軍警協同防護。

第七六條　（主管機關之緊急處置權）

①防汛緊急時，主管機關爲緊急處置，得就地徵用關於搶護必需之物料、人工、土地，並得拆毀防礙水流之障礙物。

②前項徵用之物料、人工、土地及拆毀之物，主管機關應於事後酌給相當之補償。

第七七條 （指揮地方主管機關權）

辦理防汛機關，於防汛期間，得指揮沿河地方主管機關協助，遇有緊急情形時，地方主管機關應即發動民力，駐堤協防。

第七八條 （保護水道應禁止事項）92

河川區域內，禁止下列行爲：

一 塡塞河川水路。

二 毀損或變更河防建造物、設備或供防汛、搶險用之土石料及其他物料。

三 啓閉、移動或毀壞水閘門或其附屬設施。

四 建造工廠或房屋。

五 棄置廢土或其他足以妨礙水流之物。

六 在指定通路外行駛車輛。

七 其他妨礙河川防護之行爲。

第七八條之一 （河川區域內應經許可之行爲）92

河川區域內之下列行爲應經許可：

一 施設、改建、修復或拆除建造物。

二 排注廢污水或引取用水。

三 採取或堆置土石。

四 種植植物。

五 挖掘、埋塡或變更河川區域內原有形態之使用行爲。

六 圍築魚塭、插、吊蚵或飼養牲畜。

七 其他經主管機關公告與河川管理有關之使用行爲。

第七八條之二 （河川管理辦法之訂定）103

①河川整治之規劃與施設、河防安全檢查與養護、河川防洪與搶險、河川區域之劃定與核定公告、使用管理及其他應遵行事項，由中央主管機關訂定河川管理辦法管理之。

②前項河川區域應視實際需要辦理地方說明會，但已依河川治理計畫辦理地方說明會，且其河川區域未超出用地範圍線者除外。

第七八條之三 （排水設施範圍內禁止行爲）92

①排水設施範圍內禁止下列行爲：

一 塡塞排水路。

二 毀損或變更排水設施。

三 啓閉、移動或毀壞水閘門或其附屬設施。

四 棄置廢土或廢棄物。

五 飼養牲畜或其他養殖行爲。

六 其他妨礙排水之行爲。

②排水設施範圍內之下列行爲，非經許可不得爲之：

一 施設、改建、修復或拆除建造物。

二 排注廢污水。

三 採取或堆置土石。

四　種植植物。

五　挖掘、埋塡或變更排水設施範圍內原有形態之使用行爲。

第七八條之四　（排水管理辦法之訂定）92

排水集水區域之劃定與核定公告、排水設施管理之維護管理、防洪搶險、安全檢查、設施範圍之使用管理及其他應遵行事項，由中央主管機關訂定排水管理辦法管理之。但農田、市區及事業排水，由目的事業主管機關依其法令管理之。

第七九條　（有礙水流之種植物或建造物之修改遷移和拆毀）

①水道沿岸之種植物或建造物，主管機關認爲有礙水流者，得報經上級主管機關核准，限令當事人修改、遷移或拆毀之。但應酌予補償。

②前項水道沿岸，係指未建堤防之水道，在尋常洪水位到達地區外緣毗連之土地。

第八〇條　（有防止風浪功效之草木之採伐限制）

堤址至河岸區域內栽種之蘆葦、茭草、楊柳或其他草木，有防止風浪之功效者，無論公有、私有，非在防汛期後，不得任意採伐。但經主管機關核准者，不在此限。

第八一條　（圍墾禁止與例外）

水道沙洲灘地，不得圍墾。但經主管機關報准上級主管機關認爲無礙水流及洪水之停瀦者，不在此限。

第八二條　（水道治理計畫線或用地範圍線內土地之徵收與限制使用）103

①水道治理計畫線或用地範圍線內之土地，經主管機關報請上級主管機關核定公告後，得依法徵收之；未徵收者，爲防止水患，並得限制其使用。

②水道治理計畫線或用地範圍線內之土地經公告實施後，主管機關應定期辦理通盤檢討。但因重大天然災害致水道遽烈變遷時，得適時修正變更。

③主管機關依第一項公告之水道治理計畫線或用地範圍線內施設防洪設施所需之用地，或依計畫所爲截彎取直或擴大通洪斷面辦理河道治理，致無法使用之私有土地及既有堤防用地，應視實際需要辦理徵收。

④河川區域內依前項致無法使用之私有土地，其位於都市計畫範圍內者，經主管機關核定實施計畫，而尚未辦理徵收前，得準用都市計畫法第八十三條之一第二項所定辦法有關可移出容積訂定方式、可移入容積地區範圍、接受基地可移入容積上限、移轉方式及作業方法等規定辦理容積移轉。

⑤前項容積移轉之換算公式，由內政部會同經濟部訂定。

第八三條　（尋常洪水位行水區域土地之限制使用）103

①尋常洪水位行水區域之土地，爲防止水患，得限制其使用，其原爲公有者，不得移轉爲私有；其已爲私有者，主管機關應視實際需要辦理徵收，未徵收者，爲防止水患，並得限制其使用。

②前項所稱洪水位行水區域，由主管機關報請上級主管機關核定公告之。

第八三條之一　（土地徵收方式）

①前二條主管機關所為已逕為分割編定或變更編定為水利用地之私有土地，其所有權人得申請變更編定為適當用地。

②依前條規定限制使用之私有土地，得以依區段徵收或水利地重劃等方式，辦理用地之取得。

③前項水利地重劃辦法，由中央主管機關會同中央地政機關定之。

第七章之一　逕流分擔與出流管制 107

第八三條之二　（逕流分擔計畫之規劃、擬訂、審議、核定及公告等規定）107

①為因應氣候變遷及確保既有防洪設施功效，中央主管 機關得視淹水潛勢、都市發展程度及重大建設，公告特定河川流域或區域排水集水區域為逕流分擔實施範圍，主管機關應於一定期限內擬訂逕流分擔計畫，報中央主管機關核定公告後實施。

②前項特定河川流域或區域排水集水區域相毗鄰者，主管機關得整合擬訂逕流分擔計畫，如分屬不同主管機關管轄者，其逕流分擔計畫之主管機關，由中央主管機關協調指定。

③各級主管機關為擬訂及審議第一項逕流分擔計畫，應設逕流分擔審議會為之。

④特定河川流域或區域排水集水區域之公告、逕流分擔計畫擬訂之一定期限、規劃原則、擬訂、審議、核定公告程序、逕流分擔審議會組織及其他相關事項之辦法，由中央主管機關定之。

第八三條之三　（逕流分擔計畫應載明事項）107

①逕流分擔計畫應載明下列事項：

一　計畫範圍。

二　計畫概況。

三　計畫目標。

四　逕流分擔措施及其執行機關。

五　預估經費及推動期程。

六　其他相關事項。

②前項第四款所稱逕流分擔措施，指為達成逕流分擔計畫目標所需辦理之治理工程或管制事項。

第八三條之四　（逕流分擔計畫跨機關整合及資訊公開）107

①主管機關為擬訂逕流分擔計畫，應邀集農田排水、水土保持、森林、下水道、都市計畫、地政或其他相關目的事業主管機關、直轄市或縣（市）政府、學者、專家或團體等舉辦座談會，或以其他適當方法廣詢意見，以為擬訂計畫之參考。

②逕流分擔計畫內容涉及原住民族土地或部落及其周邊一定範圍內之公有土地者，應依原住民族基本法第二十一條規定辦理。

③主管機關擬訂逕流分擔計畫後，應公開展覽三十日及舉行公聽會；公開展覽及公聽會之日期及地點應登載於政府公報、新聞紙，並以網際網路或其他適當方法廣泛周知。人民或團體得於公開展覽期間內，以書面載明姓名或名稱及地址，向主管機關提出意見；主管機關報逕流分擔計畫予中央主管機關審議時，應敘明上開意見參採情形。

第八三條之五　（執行機關應優先於水道及公有土地辦理逕流分擔措施）107

①執行機關興辦目的事業時，應依逕流分擔計畫辦理逕流分擔措施，並優先於水道用地、各類排水用地、公有土地或公共設施用地為之。

②前項土地皆無法辦理而需用私有土地時，得依土地徵收條例相關規定辦理。

第八三條之六　（逕流分擔計畫實施後之變更機制）107

①逕流分擔計畫實施後，有下列情形之一者，主管機關得視需要檢討變更之：

一　因天然災害或其他重大事變致水文條件有明顯差異、地形地貌改變或公共設施遭受損壞。

二　政府興辦重大公共設施或公用事業計畫。

三　配合國土計畫、區域計畫或都市計畫之擬訂或變更。

②前項逕流分擔計畫之變更程序，準用第八十三條之二及第八十三條之四所定擬訂程序辦理。

第八三條之七　（出流管制計畫書之提送、審查、核定、變更、監督查核及其他相關事項）107

①辦理土地開發利用達一定規模以上，致增加逕流量者，義務人應提出出流管制計畫書向目的事業主管機關申請，由目的事業主管機關轉送該土地所在地之直轄市、縣（市）主管機關核定。

②前項義務人，指該土地之開發人、經營人、使用人或所有人。

③第一項土地開發利用屬中央機關興辦者，其出流管制計畫書，由中央主管機關核定。

④出流管制計畫書核定前，各目的事業主管機關不得逕行核發第一項土地之開發或利用許可。

⑤出流管制計畫書核定後，義務人應依其內容施工、使用、管理及維護，並於完工後定期檢查作成檢查紀錄，送直轄市、縣（市）主管機關備查；直轄市、縣（市）主管機關得監督查核其出流管制設施施工、使用、管理及維護情形。

⑥因土地開發利用變更或自然因素影響，致出流管制設施之實際施工、使用、管理或維護與原核定出流管制計畫書之差異達一定程度以上者，義務人應申請變更出流管制計畫書；其變更程序，準用第一項規定程序辦理。

⑦出流管制計畫書應包括下列事項：

一　土地開發利用概述。

二　基地現況調查。
三　削減洪峰流量方案。
四　工程計畫及使用、管理與維護計畫。
五　其他相關文件。

⑧前項各款內容依第八十三條之八規定已核定之出流管制規劃書辦理且未變更之部分，得免再送審。

⑨土地開發利用之一定規模、出流管制計畫書之提送、審查、核定、檢查紀錄、監督查核、出流管制設施與核定計畫差異之一定程度、出流管制計畫書之變更及其他相關事項之辦法，由中央主管機關定之。

第八三條之八　（出流管制規劃書之提送、審查、核定及其他相關事項）107

①為確保土地開發利用預留足夠出流管制設施空間，前條第一項土地開發利用如涉及依區域計畫法申請非都市土地使用分區變更、依都市計畫法申請都市土地使用分區或公共設施用地變更，義務人除應依前條辦理外，應先提出出流管制規劃書向目的事業主管機關申請，由目的事業主管機關轉送該土地所在地之直轄市、縣（市）主管機關核定。

②前項土地開發利用屬中央機關興辦者，其出流管制規劃書，由中央主管機關核定。

③土地變更主管機關應於出流管制規劃書核定後，始得核定第一項土地使用分區或用地變更。

④出流管制規劃書應包括下列事項：
一　土地開發利用概述。
二　基地現況調查。
三　削減洪峰流量方案。
四　其他相關文件。

⑤出流管制規劃書之提送、審查、核定及其他相關事項之辦法，由中央主管機關定之。

第八三條之九　（檢核基準及洪峰流量計算方法）107

①前二條之削減洪峰流量方案，應能削減因土地開發利用所增加之洪峰流量，使土地開發利用基地排水出流於檢核基準下之開發後洪峰流量不超過開發前洪峰流量。

②前項檢核基準及洪峰流量計算方法，由中央主管機關公告。

第八三條之一〇　（免辦理出流管制規劃書及出流管制計畫書相關規定）107

①土地開發利用經所在地直轄市、縣（市）主管機關認定符合下列條件之一者，義務人免依第八十三條之七及第八十三條之八規定辦理：
一　全部納入水土保持計畫內，或未納入部分未達第八十三條之七第一項所定一定規模。
二　各目的事業主管機關興建之防洪、蓄水或禦潮工程。
三　因應緊急災害或重大事故致需辦理之公共工程。

②土地開發利用屬第八十三條之七第三項及第八十三條之八第二項規定中央機關興辦者，前項認定由中央主管機關為之。
③第一項關於義務人免依第八十三條之七及第八十三條之八辦理之認定辦法，由中央主管機關定之。

第八三條之一一　（審核出流管制規劃書或出流管制計畫書應收取審查費）107

主管機關依第八十三條之七及第八十三條之八規定審核出流管制計畫書與出流管制規劃書及其變更，應收取審查費；其收費標準，由中央主管機關定之。

第八三條之一二　（出流管制規劃書及出流管制計畫書應由技師簽證，其審查或查核得委託辦理）107

①主管機關辦理出流管制計畫書及出流管制規劃書之審查或直轄市、縣（市）主管機關辦理出流管制設施之監督查核，得委託水利工程技師、水土保持技師或土木工程技師等相關專業機構或團體為之。
②出流管制計畫書、出流管制規劃書應由水利工程技師、水土保持技師或土木工程技師等相關專業技師簽證。

第八三條之一三　（新建或改建建築物應設透水、保水或滯洪設施）107

新建或改建建築物應設透水、保水或滯洪設施，其適用範圍及容量標準，應參考建築法規，由中央主管機關會同中央主管建築機關定之。

第八章　水利經費

第八四條　（得徵收之費用）

①政府為發展及維護水利事業，得徵收左列各費：
　一　水權費。
　二　河工費。
　三　防洪受益費。
②前項所稱各費，除依法支付管理費用外，一律撥充水利建設專款，由主管機關列入預算，統籌支配。

第八四條之一　（耗水費開徵及減徵機制）105

①為水資源有效及永續利用，中央主管機關得向用水超過一定水量之用水人徵收耗水費。但已落實執行節約用水措施者，得於百分之六十範圍內，酌予減徵。
②自來水事業之水價已計入水源保育與因應乾旱災害準備之成本時，前項耗水費應予減徵或免徵。
③前二項各標的用水耗水費之計算與徵收方式、徵收對象、繳納期限、節水措施、減徵範圍與方式及其他相關事項之辦法，由中央主管機關會同相關中央目的事業主管機關定之。
④依第一項規定徵收之耗水費納入中央主管機關水資源作業基金管理運用，專作水資源管理、再生水資源發展及節約用水推動

之用。

第八五條　（水權費之徵收標準）

水權費之徵收，農業工業用水以每分鐘一立方公尺之供水量為起點，水力用水以每秒鐘一立方公尺之供水量為起點；其費率，由中央主管機關訂定公告之。

第八六條　（河工費之徵收）

政府因辦理及維護內陸通航水道及其港埠工程，得向通行之船舶徵收河工費，其徵收標準及辦法，由中央主管機關會商交通部訂定之。

第八七條　（防洪受益費之徵收）

①政府因辦理及維護防洪工程，得向受益者分別輕重徵收防洪受益費。

②直轄市或縣（市）主管機關徵收防洪受益費之區域及標準，由中央主管機關定之。

第八八條　（防洪受益費之徵收對象與標準）

①防洪受益費，向受益區域之土地所有權人徵收之；其設有典權者，向典權人徵收之。

②前項土地上設有工廠、礦場、商店或其他建築改良物者，其徵收標準，應按受益程度訂定細則徵收之。

第八九條　（得向使用人酌收費用）96

①興辦水利事業人得依其興辦水利事業之成本及合理利潤，在兼顧公共利益之原則下，向使用人收取費用。

②前項收費之方式與計算基準，由興辦水利事業人擬訂，報主管機關核定；其由機關興辦者，由機關定之。

第八九條之一　（水資源作業基金之收入來源及用途範圍）96

①中央主管機關得設置水資源作業基金，其用途範圍如下：

一　辦理水庫、海堤、河川或排水設施之管理及疏濬。

二　辦理水庫、海堤、河川或排水設施之災害搶修搶險。

三　相關人才培訓。

四　辦理回饋措施。

②前項水資源作業基金之來源如下：

一　循預算程序之撥款。

二　中央主管機關興辦水利事業、水庫蓄水範圍、海堤區域、河川區域或排水設施範圍之使用費收入。

三　中央主管機關辦理水庫、河川或排水設施之疏濬，所得砂石之出售收入。

四　基金之孳息。

五　其他收入。

第九〇條　（辦理水權登記得徵費用）

主管機關辦理水權登記，得視實際需要向申請人徵收登記費、水權狀費或臨時用水執照費及履勘費；其收費標準，由中央主管機關定之。

第九章　罰　則

第九一條 112

①以竊取、毀壞或其他非法方法危害第四十六條、第五十一條之建造物或其器材或其他水利設備之功能正常運作者，處五年以下有期徒刑、拘役或科或併科新臺幣一百萬元以下罰金。

②前項情形致釀成災害者，加重其刑至二分之一；因而致人於死者，處五年以上十二年以下有期徒刑，得併科新臺幣一千萬元以下罰金；致重傷者，處三年以上十年以下有期徒刑，得併科新臺幣五百萬元以下罰金。

③第一項之未遂犯罰之。

第九一條之二 112

①依第五十四條之一第二項、第六十三條之五第二項、第七十八條之一或第七十八條之三第二項規定申請使用人，有下列情形之一者，廢止其許可：

一　違反第六十三條之五第一項、第六章有關禁止或應行辦理事項、第七十八條、第七十八條之三第一項、第八十條或第八十一條規定。

二　堰壩及水庫蓄水範圍內，有關使用管理或其他應遵行事項，違反依第五十四條之二所定之辦法。

三　海堤區域內，有關使用管理、防潮搶險、海堤安全之檢查與養護或其他應遵行事項，違反依第六十三條之六所定之管理辦法。

四　河川整治之規劃與施設、河防安全檢查與養護、河川防洪與搶險、河川區域之使用管理或其他應遵行事項，違反依第七十八條之二第一項所定之河川管理辦法。

五　排水設施管理之維護管理、防洪搶險、安全檢查、設施範圍之使用管理或其他應遵行事項，違反依第七十八條之四所定之管理辦法。

六　自取得許可之日，未經主管機關許可，逾六個月未使用。

七　經催繳未在通知期限內繳清使用費。

八　轉讓他人使用或未依許可內容或其範圍使用。

九　因故意或重大過失管理不當，致他人於其使用範圍，有違反許可使用內容或其範圍使用。

十　許可使用後，喪失申請資格。

十一　爲水利設施整治、管理、公共使用或其他防救緊急危險之必要。

②使用人有前項第八款所定未依許可內容或其範圍使用之情形，而廢止其許可對公益有重大危害之虞者，主管機關得不予廢止，限期令使用人改善；屆期未完成改善者，處新臺幣十五萬元以上三百萬元以下罰鍰，並得按次處罰。

③依法撤銷許可或依第一項第一款至第九款規定廢止許可者，使

用人有可歸責之事由時，於一年內不得再申請使用。

第九一條之三 112

①以竊取、毀壞或其他非法方法危害與公共安全有關之防水、洩水、蓄水、引水建造物主要設施或設備之功能正常運作者，處一年以上七年以下有期徒刑，得併科新臺幣一千萬元以下罰金。

②意圖危害國家安全或社會安定，而犯前項之罪者，處三年以上十年以下有期徒刑，得併科新臺幣五千萬元以下罰金。

③前二項情形致釀成災害者，加重其刑至二分之一；因而致人於死者，處無期徒刑或七年以上有期徒刑，得併科新臺幣一億元以下罰金；致重傷者，處五年以上十二年以下有期徒刑，得併科新臺幣八千萬元以下罰金。

④第一項及第二項之未遂犯罰之。

⑤第一項所定與公共安全有關之防水、洩水、蓄水、引水建造物之主要設施、設備，由中央主管機關會商相關目的事業主管機關，衡酌應辦理安全評估之防水、洩水、蓄水、引水建造物規模、通過流量、所在地區、影響民眾生命、身體、財產安全程度及影響經濟產業程度等因素公告之；其異動時，亦同。

第九一條之四 112

①對前條第一項設施或設備之核心資通系統，以下列方法之一，危害其功能正常運作者，處一年以上七年以下有期徒刑，得併科新臺幣一千萬元以下罰金：

一　無故輸入其帳號密碼、破解使用電腦之保護措施或利用電腦系統之漏洞，而入侵其電腦或相關設備。

二　無故以電腦程式或其他電磁方式干擾其電腦或相關設備。

三　無故取得、刪除或變更其電腦或相關設備之電磁紀錄。

②製作專供犯前項之罪之電腦程式，而供自己或他人犯前項之罪者，亦同。

③意圖危害國家安全或社會安定，而犯前二項之罪者，處三年以上十年以下有期徒刑，得併科新臺幣五千萬元以下罰金。

④前三項情形致釀成災害者，加重其刑至二分之一；因而致人於死者，處無期徒刑或七年以上有期徒刑，得併科新臺幣一億元以下罰金；致重傷者，處五年以上十二年以下有期徒刑，得併科新臺幣八千萬元以下罰金。

⑤第一項至第三項之未遂犯罰之。

第九二條　（私開水道或私塞水道罪）

未得主管機關許可，私開或私塞水道者，除通知限期回復或廢止外，處六千元以上三萬元以下罰鍰；因而損害他人權益者，處三年以下有期徒刑、拘役或科或併科四千元以上二萬元以下罰金；致生公共危險者，處五年以下有期徒刑，得併科六千元以上三萬元以下罰金。

第九二條之一　（刪除）92

第九二條之二 110

①有下列情形之一者，處新臺幣二十五萬元以上五百萬元以下罰鍰：

一　違反第五十四條之一第一項第一款、第六十三條之五第一項第一款、第七十八條第二款、第七十八條之三第一項第二款規定，毀壞、毀損或變更海堤、蓄水建造物或設備、河防建造物、設備或供防汛、搶險用之土石料及其他物料或排水設施。

二　違反第五十四條之一第一項第二款、第六十三條之五第一項第二款、第七十八條第三款、第七十八條之三第一項第三款規定，啓閉、移動或毀壞水閘門或其附屬設施。

三　違反第六十五條第一項規定，使用水道洪水氾濫所及之土地。

四　違反第七十八條第一款、第七十八條之三第一項第一款規定，塡塞河川水路或排水路。

五　違反第五十四條之一第一項第三款、第六十三條之五第一項第三款、第七十八條第五款、第七十八條之三第一項第四款規定，棄置廢土、廢棄物或其他足以妨礙水流之物。

六　違反第六十三條之五第一項第四款規定，採取或堆置土石。

七　違反第七十八條之一第三款、第七十八條之三第二項第三款規定，未經許可採取或堆置土石。

②法人、設有代表人或管理人之非法人團體或法人以外之其他私法組織，意圖營利，有前項第六款、第七款情形之一，未經許可採取土石者，得加重其罰鍰最高額至新臺幣一千萬元。

第九二條之三 112

有下列情形之一者，處新臺幣十五萬元以上三百萬元以下罰鍰：

一　違反第七十八條第四款規定，建造工廠或房屋。

二　違反第七十八條之一第一款、第二款、第七十八條之三第二項第一款、第二款規定，未經許可施設、改建、修復或拆除建造物、排注廢污水或引取用水。

第九二條之四（罰鍰）92

違反第四十九條第一項規定，不辦理檢查及安全評估者，處新臺幣三十萬元以上一百五十萬元以下罰鍰。

第九二條之五 112

有下列情形之一者，處新臺幣十二萬五千元以上二百五十萬元以下罰鍰：

一　違反第五十四條之一第二項規定，未經許可施設建造物。

二　違反第六十三條之五第二項規定，未經許可養殖、種植植物或設置改建、修復或拆除建造物或其他設施。

第九三條（擅行或妨礙取水用水排水罪）

①違反本法或主管機關依法所發有關水利管理命令，而擅行或妨礙取水、用水或排水者，處四千元以上二萬元以下罰鍰；因而

損害他人權益者，處三年以下有期徒刑、拘役或科或併科四千元以上二萬元以下罰金。

②前項擅行或妨礙取水、用水或排水所用之機件、工具，主管機關得先行扣留之。

第九三條之一 （罰鍰）92

未依第六十條規定申請設立許可從事地下水鑿井業務者，處新臺幣五萬元以上二十五萬元以下之罰鍰。

第九三條之二 112

有下列情形之一者，處新臺幣二萬五千元以上五十萬元以下罰鍰：

一　違反第五十四條之一第一項第四款規定，採取土石。

二　違反第五十四條之一第一項第六款規定，排放不符水污染防治主管機關放流水標準之污水。

三　違反第五十四條之一第一項第五款、第六十三條之五第一項第五款、第七十八條之一第六款、第七十八條之三第一項第五款規定，種植或採伐植物、飼養牲畜、養殖水產物、圍築魚塭、插、吊蚵或其他養殖行爲。

四　違反第七十八條第七款規定，有其他妨礙河川防護之行爲。

五　違反第七十八條之一第四款、第七十八條之三第二項第四款規定，未經許可種植植物。

六　違反第七十八條之一第五款、第七十八條之三第二項第五款規定，挖掘、埋填或變更河川區域或排水設施範圍內原有形態之使用行爲。

七　違反第七十八條之三第一項第六款規定，有其他妨礙排水之行爲。

第九三條之三 112

有下列情形之一者，處新臺幣二千五百元以上五萬元以下罰鍰：

一　第五十四條之一第一項第七款所規定違反水庫主管或管理機關公告許可之遊憩範圍、活動項目或行爲。

二　違反第六十三條之五第一項第六款規定，有其他妨礙堤防排水或安全之行爲。

三　違反第七十八條第六款規定，在指定通路外行駛車輛。

四　違反第七十八條之一第七款規定，未經許可有其他經主管機關公告與河川管理有關之使用行爲。

第九三條之四 112

①違反第四十六條第一項、第二項、第四十七條、第五十四條之一第一項、第二項、第六十三條之五、第七十八條、第七十八條之一、第七十八條之三或第六十五條第二項所定辦法有關土地限制使用規定者，主管機關得限期令行爲人回復原狀、拆除、清除或爲適當之處理；屆期不遵行者，得按次處新臺幣一萬元以上二十萬元以下罰鍰。

②前項之行爲人不明或無法履行義務時，主管機關得令前項違法情事所在之建造物或土地之所有人、管理人或使用人限期回復原狀、拆除、清除或爲適當之處理；屆期不遵行者，得按次處新臺幣一萬元以上二十萬元以下罰鍰。

③前二項之行爲人、違法情事所在之建造物或土地之所有人、管理人或使用人，屆期不遵行主管機關之命令時，主管機關得代爲履行，並命其繳納代履行之費用。

第九三條之五 112

違反第四十六條第一項、第二項、第四十七條、第五十四條之一第一項、第二項、第六十三條之五、第七十八條、第七十八條之一、第七十八條之三、第六十五條第二項所定辦法有關土地限制使用規定或有第九十三條第一項規定之情形者，主管機關得沒入行爲人使用之設施、機具、機件或工具，並得公告拍賣之。

第九三條之六 （主管機關或水利機關之強制檢查權）105

①主管機關或水利機關爲執行有關水權、河川、排水、海堤、水庫、水利建造物、地下水鑿井業或用水計畫之管理，認有違反本法禁止或限制規定或有隱匿用水量逃漏耗水費之虞時，得派員進入事業場所、建築物或土地實施檢查，並得令相關人員爲必要之說明、配合措施或提供相關資料；被檢查者不得規避、妨礙或拒絕。有具體事實足認有違反實施檢查之行爲且規避、妨礙或拒絕檢查時，主管機關或水利機關得強制進入；必要時，並得商請轄區內警察機關協助之。

②實施前項檢查時，應先通知或公告。但有妨礙檢查目的之虞者，不在此限。

③第一項規定之檢查人員於執行檢查職務時，應主動出示執行職務證明文件或顯示足資辨別之標誌，並不得妨礙該場所正常業務之進行。

④第一項規定之檢查機關及人員，對於被檢查者之私人、工商秘密，應予保密。

⑤無正當理由規避、妨礙或拒絕第一項之檢查，或提出說明、配合措施或相關資料者，處新臺幣二萬元以上十萬元以下罰鍰，並得按次處罰及強制檢查。

第九三條之七 （罰則）105

有下列情形之一者，處新臺幣三十萬元以上一百五十萬元以下罰鍰，並得按次處罰：

一　開發單位於中央主管機關依第五十四條之三第一項、第三項規定核定用水計畫或修正用水計畫前，逕行用水。

二　開發單位違反第五十四條之三第二項規定，未依核定之用水計畫內容執行。

三　供水單位違反第五十四條之三第五項規定，於用水計畫或修正用水計畫核定前，逕行供水。

第九三條之八 （罰則）105

有下列情形之一者，經中央主管機關令其限期改善，屆期未改善者，處新臺幣五萬元以上二十五萬元以下罰鍰，並得按次處罰：

一　開發單位未依第五十四條之三第一項或第三項規定提出用水計畫或修正用水計畫。

二　開發單位未依第五十四條之三第二項申報所核定用水計畫之用水情形。

三　開發單位未依第五十四條之三第三項規定提出差異分析報告。

四　開發單位未依第五十四條之三第四項規定期限申請展期或撤案。

五　開發單位或用水人未依第五十四條之三第六項規定提出用水計畫。

第九三條之九　（直轄市或縣（市）政府主管機關為管理出流管制計畫之進入檢查權）107

①直轄市、縣（市）主管機關依第八十三條之七第五項規定監督查核，認有違反出流管制計畫核定內容之虞時，得派員進入事業場所、建築物或土地實施查核出流管制設施施工、使用、管理及維護情形，並得令相關人員為必要之說明、配合措施或提供相關資料；被檢查者不得規避、妨礙或拒絕。有具體事實認屬違反出流管制計畫核定內容且規避、妨礙或拒絕查核時，直轄市或縣（市）主管機關得強制進入。但進入國防設施用地，應經該國防設施用地主管機關同意。

②前項查核人員進入公、私有土地或建築物調查或勘測時，應出示執行職務有關之證明文件或顯示足資辨別之標誌；於進入私有土地查核前，並應於七日前通知義務人。

③規避、妨礙或拒絕第一項之查核、或提出說明、配合措施或提供相關資料者，直轄市、縣　（市）主管機關得處新臺幣一萬元以上五萬元以下罰鍰，並得按次處罰及強制查核。

第九三條之一〇　（出流管制計畫書核定前，逕行辦理土地開發之罰責）107

①違反第八十三條之七第一項規定，於出流管制計畫書核定前，逕行辦理土地開發利用者，由直轄市、縣（市）主管機關處新臺幣三十萬元以上一百五十萬元以下罰鍰，並令其停止開發利用；未提出出流管制計畫書者，並限期依第八十三條之七規定補送出流管制計畫書。

②前項經直轄市、縣（市）主管機關令其停止開發利用而不遵從者，得按次處新臺幣五萬元以上十萬元以下罰鍰，並得沒入義務人使用之設施或機具。

第九三條之一一　（未依核定之出流管制計畫書施工、使用、管理或維護出流管制設施之罰責）107

義務人違反第八十三條之七第五項規定，未依核定之出流管制計畫書內容施工、使用、管理或維護出流管制設施，經直轄

市、縣（市）主管機關令其限期改善而屆期未改善者，處新臺幣十萬元以上五十萬元以下罰鍰，並得按次處罰。

第九四條（強暴脅迫啓閉水門閘門罪）

①以強暴、脅迫使管理人員啓閉水門、閘門，因而妨害他人權益者，處五年以下有期徒刑、拘役或科或併科六千元以上三萬元以下罰金。

②在防汎期間有前項行爲，致生公共危險者，處七年以下有期徒刑，得併科一萬元以上五萬元以下罰金。

③聚衆犯前二項之罪者，加重其刑至二分之一。

④第一項及第二項之未遂犯罰之。

第九四條之一（罰則）92

①有第九十二條之二至第九十二條之五、第九十三條之二或第九十三條之三規定情形之一，致生公共危險者，處五年以下有期徒刑，得併科新臺幣五十萬元以上五百萬元以下罰金。

②因而致人於死者，處無期徒刑或七年以上有期徒刑。致重傷者，處三年以上、十年以下有期徒刑。

第九五條（作爲與不作爲義務之強制執行）

違反本法或主管機關依本法所發命令規定作爲或不作爲之義務者，主管機關得強制其履行義務，或停止其依法應享權利之一部或全部，並得處六千元以上三萬元以下罰鍰。

第九五條之一 110

①下列依本法規定應處罰鍰之行爲，屬首度查獲，情節輕微，且已依限回復原狀、拆除、清除或適當之處理者，免予處罰：

一　違反第五十四條之一第一項第五款、第六十三條之五第二項、第七十八條之一第四款、第七十八條之三第二項第四款規定，於水庫蓄水範圍、海堤區域、河川區域及排水設施範圍內之私有土地上種植草本植物之行爲。

二　於依治理計畫完成堤防、既有堤防或高水護岸之堤後（不含河防建造物及水防道路）河川區域內，違反第七十八條第四款至第六款、第七十八條之一各款規定，且無影響堤防或護岸安全之虞。

三　於依治理計畫完成排水設施或既有排水設施後之排水設施範圍內（不含排水設施及水防道路），有違反第七十八條之三第一項第四款、第五款、第七十八條之三第二項各款規定，且無影響排水設施安全之虞。

四　裁罰金額在新臺幣三千元以下，經主管機關認以不處罰爲適當。

②主管機關對依前項規定免予處罰者，應予以糾正，並作成紀錄，命其簽名。

第九五條之二 110

①下列依本法應處罰鍰之行爲，屬首度查獲，未致人於死、重傷或致生災害，且已依限回復原狀、拆除、清除或適當之處理者，處新臺幣二千五百元以上五萬元以下罰鍰：

一　違反第五十四條之一第一項第三款、第六十三條之五第一項第三款、第七十八條第五款、第七十八條之三第一項第四款規定，於水庫蓄水範圍、海堤區域、河川區域或排水設施範圍內棄置一定數量以下之一般廢土或廢棄物。但從事廢棄物貯存、清除或處理業務，不適用之。

二　違反第五十四條之一第一項第四款、第六十三條之五第一項第四款、第七十八條之一第三款、第七十八條之三第二項第三款規定，於水庫蓄水範圍、海堤區域、河川區域或排水設施範圍內採取或堆置一定數量以下之土石。但從事礦業、土石採取業、營建工程業、水泥及其製品製造業、石材製品製造業等營利事業或其他以營利為目的者，不適用之。

三　違反第五十四條之一第一項第五款、第六十三條之五第二項、第七十八條之一第四款、第七十八條之三第二項第四款規定，於水庫蓄水範圍、海堤區域、河川區域或排水設施範圍內之公有土地上種植草本植物且面積在一定規模以下。

四　違反第七十八條第四款規定，於河川區域內建造面積在一定規模以下之工廠或房屋，其土地登記謄本使用分區未標示河川區，且經其他機關依其職掌許可或核准。

五　違反第七十八條之一第五款、第七十八條之三第二項第五款規定，未經許可於河川區域或排水設施範圍內之私有土地上挖掘、埋填或變更原有形態之使用行為，面積在一定規模以下且無影響堤防、護岸、排水設施安全或妨礙水流之虞。

六　其他經主管機關公告情節輕微之行為。

②前項規定之一定數量或面積一定規模，由主管機關公告之。

第九六條　（刪除）112

第十章　附　則

第九七條　（爭議之評議）

本法規定之補償或水權之處理，利害關係人發生爭議時，主管機關得邀集有關機關團體評議之。

第九七條之一　（限制使用私有土地申請免稅之規定）105

①水庫蓄水範圍、海堤區域、河川區域及排水設施範圍內規定限制使用之私有土地，其使用現狀未違反本法規定者，於贈與直系血親或繼承時，免徵贈與稅或遺產稅。但承受人於承受之日起五年內，其承受之土地使用現狀違反本法規定者，應由主管機關通報該管稽徵機關追繳應納稅賦。

②前項贈與，其土地使用現狀未違反本法規定者，得申請不課徵土地增值稅。但再移轉第三人時，以該土地第一次贈與前之原規定地價或前次移轉現值為原地價，計算漲價總數額，課徵土

地增值稅。
③依前二項規定申請免徵遺產稅、贈與稅及不課徵土地增值稅者，應由繼承人、贈與人或受贈人檢附主管機關核發其土地使用現狀未違反本法規定之證明文件，送該管稽徵機關辦理。核發是項證明文件免徵規費。
④前項證明文件之核發，主管機關得委任所屬機關或委託水庫管理機關（構）辦理。

第九八條　（施行細則）105
本法施行細則，由中央主管機關定之。

第九九條 110
①本法自公布日施行。
②本法中華民國一百零七年六月二十日修正公布條文及一百十年五月七日修正之條文施行日期，由行政院定之。

水利法施行細則

①民國93年11月17日行政院令修正發布全文66條；並自發布日施行。
②民國98年11月3日行政院令修正發布第29、36條條文。
③民國105年9月13日經濟部令修正發布第2、4、10、11、15、20、22、36、37、56、58條條文；增訂第12-1、14-1、37-1、55-1、55-2、64-1條條文；並刪除第46條條文。
④民國107年11月12日經濟部令修正發布第5條條文。
民國112年9月13日行政院公告第22條第2項、第54條所列屬「交通部中央氣象局」之權責事項，自112年9月15日起改由「交通部中央氣象署」管轄。
⑤民國113年2月7日經濟部令修正發布第22、29、54、66條條文；除第29條第1項第4款、第2項自112年6月23日施行外，自發布日施行。

第一章　總　則

第一條
本細則依水利法（以下簡稱本法）第九十八條規定訂定之。

第二條 105
本法所稱地面水，指流動或停瀦於地面上之水；地下水，指流動或停瀦於地面以下之水。但水道內河床下非飽和層內之伏流水屬地面水。

第三條
本法第三條用詞定義如下：
一　防洪：指用人爲方法控馭或防禦霪雨洪潦，以消滅泛濫湮沒災害之發生。
二　禦潮：指以興建海堤等人爲方法防禦海岸或河口地區潮浪之災害。
三　灌溉：指用人爲方法取水供應農田或農作物，以發展農業。
四　排水：指用人爲方法排洩足以危害或可供回歸利用之地面水或地下水。
五　洗鹹：指用人爲方法引水沖洗或滲濾，以消除或減少土壤內所含酸鹼或鹽份。
六　保土：指用人爲方法合理利用土地，增進水源之涵養，防止土壤之沖蝕。
七　蓄水：指用人爲方法攔阻或蓄存、利用地面水或地下水。
八　放淤：指用人爲方法引水至指定地區停貯、沈落泥沙或引

水輸沙，以改良土地或改善水道。
九　給水：指以水利建造物輸配水資源，供應本法第十八條第一項各款用水標的。
十　築港：指在水道沿岸興築港口或碼頭。
十一　便利水運：指用人為方法整理水道或開鑿運河，以便利通航。
十二　發展水力：指用人為方法經由水輪機，轉變水之勢能為機械能或電能。

第四條 105
本法所稱水道，指河川、區域排水及減河水流經過之地域。

第五條 107
①本法所稱水庫，指水資源利用及防洪關係重大之堰、壩與其附屬設施及蓄水範圍，並經中央主管機關公告者。
②本細則中華民國一百零七年十一月十二日修正之條文施行前已公告之水庫，仍適用修正前之規定。但中央主管機關於必要時，得會商水庫管理機關（構）及相關目的事業主管機關，依前項修正施行後之規定檢討廢止原水庫之公告。

第六條
本法所稱水權人，指取得水權之人，包括自然人、法人、機關（構）、非法人之團體設有代表人或管理人者。

第七條
本法所稱興辦水利事業人，指下列情形之一：
一　涉及水利建造物建造、改造或拆除者，興辦完成前為依本法第四十六條第二項向主管機關申請水利建造物核准之人；興辦完成後為控制、運轉、維護或管理水利事業之人。
二　未涉及水利建造物建造、改造及拆除者，為控制、運轉、維護或管理水利事業之人。
三　政府興辦水利事業者，興辦完成前為主辦機關（構），興辦完成後為指定之管理機關（構）。

第八條
本法所定土石，包括土石採取法第四條第一款所定土石及礦業法第三條所列以固體狀態存在之礦。

第九條
本法所稱農業用水，指農林漁牧業用水；工業用水，指供應工廠、礦場作業上之冷卻、消耗及廢水處理等用水；水力用水，指水力發電等用水。

第二章　水利區及水利機構

第一〇條 105
本法第九條所稱變更水道，指下列行為：
一　以人為方法將河川或區域排水全部或部分水量引入同水系

或不同水系之其他河川或區域排水。引入原河川或區域排水，其利害涉及二直轄市、縣（市）以上者，亦同。

二　新闢水道將河川或區域排水之全部或部分水量引入海。

第三章　水　權

第一一條 105

本法第十七條所定事業所必需者之用水量，應考量下列主要因素：

一　家用及公共給水：給水人口數。

二　農業用水：

㈠灌溉用水：作物種類、灌溉面積、灌溉率、渠道輸水損失率及每日用水時間。

㈡養殖用水：養殖種類及養殖面積。

㈢畜牧用水：牲畜種類及　養數量。

三　水力用水：發電機組設計水量。

四　工業用水：工業區開發之設計水量為原則，並應依實際開發情形調整之；個別工廠依產業別、單位面積用水量、廠房面積核算。

五　其他用途：依實際用途個別核算之。

第一二條

①興辦單目標或多目標水利事業權利人為水權取得登記時，每一用水標的申請登記之引用水量，以主管機關核准其興辦計畫之引用水量為準。但興辦水利事業權利人另有協議，並報經主管機關核定者，從其協議。

②主管機關核准前項興辦水利事業計畫之引用水量，不得違反本法第五十五條規定。

第一二條之一 105

①主管機關審核依本法第五十五條規定投資興辦水利建造物所增闢水源之地面水權引用水量，應參酌該水利建造物蓄水範圍內之平均入流量、實際蓄水容量及運轉操作下所核算之可供水量、其下游已核准地面水水權水量、申請人事業所需用水量及其他必要事項等覈實核給。

②前項水利建造物之水權登記總代表人或管理機關應定期或依實際狀況就水利建造物之可供水量檢核更新，並於水權展限申請時，併送水權主管機關作為審核水權引用水量之參考。

第一三條

水利事業因強制執行或公用徵收而發生權利主體異動時，原取得之水權，應視強制執行或公用徵收之目的及內容，依本法分別為移轉、變更或消滅之登記。

第一四條

本法第二十條及第二十三條所稱額定用水量，指水權狀內記載之引用水量。

第一四條之一 105

①主管機關審核川流水源之地面水權引用水量，應參酌引水地點之水文測驗所得水源通常保持之水量、其下游已核准地面水水權水量、申請人事業所需用水量及其他必要事項等覈實核給。

②前項所稱水源通常保持之水量，指引水地點之流量超越機率百分之八十五之水量，並由主管機關每五年檢核更新之。

第一五條 105

①本法第二十一條所稱尚有剩餘水量，指地面水依據水文測驗結果，水源水量大於流量超越機率百分之八十五之不穩定可能水量。

②申請臨時使用權之水源，依本法第二十一條規定水文測驗結果，其水源尚有剩餘水量時，得核發臨時使用權。

③申請水權之水源，其通常保持之水量不足以供給申請人事業所必需者，經申請人變更申請後，得依前項規定核發臨時使用權。

第一六條

依本法第二十一條規定為臨時用水之申請時，其申請人資格、申請書格式及申請程序，準用水權登記申請之規定。

第一七條

①依本法第二十一條規定取得臨時使用權者，於其臨時使用權期限內，如遇水源不能保持通常水量時，經主管機關通知後，臨時使用權人應即自行停止使用或由利害關係人報請主管機關停止之。

②臨時使用權於核准期限屆滿後，如有繼續使用之必要時，應依本法規定重新申請臨時用水登記。

第一八條

①主管機關依本法第二十三條規定令原水權人改善其取用水方法或設備者或依本法第二十五條規定重行劃定用水量者，得限期令水權人為水權變更登記，水權人屆期未申請變更登記者，主管機關得逕行核定公告，並註銷原水權狀及換發水權狀。

②前項限期為三十日。但經當事人之申請，主管機關認為有理由者，得核准展期三十日，並以一次為限。

第一九條

本法第二十六條所稱公共事業，指下列情形之一：

一　國防設備。
二　自來水事業。
三　公共衛生。
四　中央或地方之公共建築。
五　國營事業。
六　其他由政府興辦以公共利益為目的之事業。

第四章　水權之登記

第二〇條 105

本法第二十七條所稱移轉，指水權與其有關水利事業之繼承或全部、部分之讓受；變更，指本法第三十八條第三款水權人不改變主體情形下，其姓名、名稱或其代表人之更改，與本法第三十八條第四款至第十四款及第十六款原記載內容之更改。

第二一條

本法第二十七條第二項所定天然通航水道，不包括該水道曾經施以渠化或其他增加通航便利之工事者。

第二二條 113

①取水口位於平均低潮位以下引取海水者，免依本法第二十八條規定申請水權登記。

②前項所稱平均低潮位，指交通部中央氣象署最新公布之潮汐觀測資料年報中距離取水口最近潮位站之年平均低潮位。

第二三條

依本法第二十九條第一項規定提出水權登記申請者，其申請人如下：

一　水權取得登記，由興辦水利事業權利人或需取用水資源者申請之。

二　水權移轉登記或設定其他權利之登記，由水權人及義務人共同申請之。

三　水權變更登記，由水權人申請之。

四　水權消滅登記，由水權人申請之。

第二四條

申請人依本法第二十九條規定申請水權登記或第四十四條規定申請臨時用水登記，以單一引水地點，單一用水標的爲之。

第二五條

申請人依本法第二十九條規定申請水權登記時，申請書及其相關書件有下列情形者，主管機關應於收受申請書起十五日內通知其補正：

一　申請書內容塡註不明。

二　證明文件不完備。

三　由代理人申請登記而未附委任書。

四　其他不合法令規定之程式。

第二六條

①申請人應於接獲前條通知之日起三十日內補正；屆期不補正者，駁回其申請。但經主管機關核准展期者，不在此限。

②前項展期以一次爲限，最長不得逾三十日。

第二七條

主管機關受理本法第二十九條水權或本法第四十四條臨時用水登記之申請，其申請之先後順序，按主管機關實際收受登記申請書之年、月、日、時定之。但以掛號郵寄方式提出申請者，以交郵當日之郵戳爲準。

第二八條

主管機關接受登記申請，應依申請先後為處理之順序。其先經依法登記確定者，為先取得水權或臨時使用權。

第二九條 113

①本法第三十條第二款、第三十五條第三款、第三十八條第四款所定之水權年限如下：
一 家用及公共給水：三年至五年。
二 農業用水：三年至五年。
三 水力用水：五年至二十年，且不得逾電業執照之有效期間。
四 工業用水：三年至五年。但依再生能源發展條例第十五條之三第一項規定辦理水權登記者，其水權年限為五年至二十年，且不得逾電業執照之有效期間。
五 水運：三年至五年。
六 其他用途：三年至五年。

②前項各款引用水源為溫泉水者，除第四款但書規定屬一般水權外，其餘為溫泉水權，年限為二年至三年。

③本法第四十四條之臨時用水執照，其核准臨時使用權年限，每次不得逾二年。但屬家用及公共給水者，每次不得逾三年。

④申請人申請水權年限少於前三項所定水權最低年限者，主管機關得依其申請年限核准之。

第三〇條

本法第三十一條所稱共有水權，指二人以上共同取得之同一水權。

第三一條

主管機關依本法第三十三條或第四十四條規定派員履勘時，得通知申請人及利害關係人到場。

第三二條

主管機關依本法第三十四條規定辦理公告時，應於同日將公告影本以掛號郵寄通知申請人及前條之利害關係人。

第三三條

利害關係人依本法第三十六條規定提出異議，應以書面記載下列事項：
一 異議人之姓名、出生年月日、住居所及身分證明文件字號；如係法人或其他設有管理人或代表人之團體，其名稱、事務所或營業所，及管理人或代表人之姓名、出生年月日、住居所及身分證明文件字號。
二 異議之事實及理由。
三 證據名稱及件數。
四 異議提出之年、月、日。
五 其他應記載事項。

第三四條

主管機關對於利害關係人依本法第三十六條第一項規定提出之異議，必要時得派員會同利害關係人及申請人覆勘。

第三五條

前條覆勘完畢後，主管機關應於三十日內審查決定，必要時得依本法第九十七條規定評議決定之。

第三六條 105

①水權期限如有延長之必要者，水權人應於期限屆滿前三個月起六十日內，申請展限登記；逾期申請展限而於水權期限屆滿後繼續用水者，應依本法裁處。

②水權人於前項規定期限內申請展限登記者，於其水權年限屆滿後主管機關准駁前，得依原水權狀記載事項引取用水。

第三七條 105

①本法第四十二條第一項第四款所稱其他簡易方法引水，指非以機械動力引水或汲水，且未施設水泥結構物，直接以二英吋（含）以下管徑之水管或斷面積二千五百平方公分（含）以下之土溝引水者。

②本法第四十二條第二項所稱有妨害公共或他人用水利益之虞者，指下列情形之一：

一　溫泉之取用已顯著影響溫泉出水量、溫度、成分或其他損害公共利益之情形。

二　以共同取水為目的，並設置共用蓄水池及輸水管線供給各住戶用水之集合式社區或聚落，其取用水者。

三　其他經主管機關認定者。

第三七條之一 105

自來水未到達地區、以簡易自來水方式供水地區或原住民於原住民族地區，申請供給家用及公共給水水權登記者，得依本法第四十三條規定優先核給水權或臨時使用權。

第三八條

主管機關依本法第四十四條規定辦理臨時用水執照之發給，其審查、補正、履勘、公布、異議處理、登入臨時用水登記簿、執照之製定，準用水權登記規定。

第三九條

水權狀或臨時用水執照損毀或遺失者，水權人或臨時使用權人應備具申請書，向主管機關申請換發或補發。

第四〇條

主管機關換發或補發之水權狀或臨時用水執照，除換發或補發狀、照之年、月、日外，其餘記載事項均應與原狀、照同。

第五章　水利事業之興辦

第四一條

本法第四十六條水利建造物之核准，興辦水利事業人應向該水利建造物基地所在直轄市或縣（市）主管機關申請；水利建造物有下列各款情形之一者，應向中央主管機關申請：

一　基地涉及二以上直轄市、縣（市）。

二　基地涉及中央管之河川區域、排水設施範圍、海堤區域或水庫蓄水範圍內。

三　屬重大公共建設之水利建造物。

第四二條

主管機關依本法第四十六條規定辦理水利建造物之核准，其竣工查驗、核准文件發給、登入水利建造物登記簿之程序，由中央主管機關訂定統一規定。

第四三條

申請人應將水利建造物之開工日期，於開工前報請主管機關備查。

第四四條

①本法第五十三條第二項所稱多目標開發之水利事業水權之登記，應由全體權利人會同商訂用水契約，推舉其中一人爲總代表人就各權利人之引用水量分別提出申請，並辦理水權總登記。

②主管機關發給水權狀，應同時發予各個相關權利人及總代表人。水權狀之水權人姓名欄，應載明相關權利人及總代表人；其他應行記載事項，應分別載明各該相關權利人之引用水量。

③第一項由主管機關興辦多目標開發之水利事業，以其主辦機關或指定之管理機關爲水權登記總代表人。

④第一項權利人，指其他既有水權人之引用水量改自該水利事業內引取者或分擔該水利事業開發費用之自然人、法人、機關、非法人之團體設有代表人或管理人者。

⑤第一項總代表人推舉不成者，由主管機關指定全體權利人之一人爲總代表人。

第四五條

直轄市或縣（市）主管機關受理興辦水利事業申請時，認其具有多目標開發價值者，應報請中央主管機關依本法第五十四條規定辦理。

第四六條　（刪除）105

第六章　水之蓄洩

第四七條

①本法第六十四條所稱洪潦，指洪水及積潦；水道流量超過其水道可能容洩之限度，足以溢決泛濫成災之大水爲洪水；降雨或融雪停滯於地面足以浸淹爲害之積水爲積潦。

②本法第六十四條所稱減河，指專爲疏分本水道一定地段超量洪水而開闢之另一水道，其疏分之水至下游適當地點再歸本水道，或注入湖海，或暫儲於低窪地區。

③本法第六十四條所稱新闢水道，指爲防洪而引水或洩水新闢之水道；其兼爲航運利用者，視同運河。

第四八條

原水權人利用後之水進入水道系統，原水權人或他人得再利用，並應依本法辦理水權登記。

第四九條

本法第六十九條之一所稱可能被淹沒之土地，指水庫設計最高洪水位與其迴水所及蓄水域、水庫相關重要設施之土地與水面及必要之保護帶。

第五〇條

水庫之蓄水利用、防洪操作、緊急運轉措施及其作業方法，由水庫興辦人或管理人擬訂，報請主管機關核定公告之。

第五一條

①設有洩洪閘門之水庫，於洪水期間水庫水位上升段，其最高放水流量，不得大於流入水庫之最高流入量；水庫放水流量之增加率，不得超過該水庫流入量之最高增加率。但有危及水庫安全之虞時，得依前條防洪操作及緊急運轉措施辦理。

②前項放水流量，在水庫下游設有下池或相當於下池功能之設施，供以調節上游水庫放水者，爲調節後之放水流量。

第七章　水道防護

第五二條

本法第七十四條第一項所稱設防之水位，指由主管機關公告分級之警戒水位。

第五三條

本法第七十五條第一項所稱水道防護範圍，指河川區域、排水設施範圍或該水道水流所及地區。

第五四條 113

本法第七十六條第一項所稱防汛緊急時，指交通部中央氣象署發布豪雨特報或颱風警報期間。

第五五條

依本法第七十七條規定辦理防汛之機關，於防汛期內，每日應將水位通報主管機關；洪水盛漲時，應即將水位分送有關機關，並將設防河段、施工情形、洪水情勢摘要通報主管機關；撤防後，將防汛經過彙報主管機關備查。

第五五條之一 105

本法第七十八條之一第二款及第七十八條之三第二項第二款規定所稱應經許可之排注廢污水或引取用水行爲，係指以施設建造物方式排注廢污水或引取用水之行爲。

第五五條之二 105

本法第七十九條第一項但書規定應酌予補償之種植物或建造物，以合法者爲限；第二項所稱尋常洪水位到達地區外緣毗連之土地，指尋常洪水位以上至河川區域線之土地。

第五六條 105

本法第八十條所稱堤址至河岸區域，指由堤防建造物與堤外土

地相接線起至河槽臨水之邊線為止。

第五七條

本法第八十一條所稱水道沙洲灘地，指凡與水流宣洩或洪水停瀦有礙，經禁止或限制使用之地區，包括湖沼、河口之海埔地與三角洲及指定之洩洪區。

第五八條 105

本法第八十二條所稱水道治理計畫線，指水道治理計畫之臨水面堤肩線或計畫水面寬度範圍線；用地範圍線，指包括水道預定或已建築之河防建造物或排水設施與水防道路及養護保留使用地與應實施安全管制所及之範圍線。

第五九條

本法第八十三條所稱尋常洪水位，指洪峰流量重現期距為二年所對應之洪水位；尋常洪水位行水區域，指尋常洪水位向水岸之二岸臨陸面加列一定範圍後之區域。

第八章　水利經費

第六〇條

①本法第八十四條第一項所稱水權費，指向水權人徵收之費用；河工費，指向來往船舶按季或按次徵收之費用；防洪受益費，指向防洪受益人分期徵收之費用。

②前項河工費，不包括渠化水道之過閘費；防洪受益費，包括防洪工程建設費及維護費。

③本法第八十四條第一項第一款之水權費，由本法第二十八條辦理水權登記之主管機關徵收之。

第六一條

本法第八十四條第二項所稱水利建設專款，指專用於水利設施之興建、維護管理及水利事業研究發展之款項，其項目包括調查測驗、研究規劃、設計施工、學術獎勵、人才培育及儀器製造。

第六二條

本法第八十五條所稱供水量，指水權狀記載之引用水量。

第六三條

依本法第八十五條規定辦理水權費徵收，於徵收期間，應辦之展限或變更或消滅登記，其尚未辦理或辦理未竣者，其當期水權費，仍按原水權狀記載之引用水量徵收，俟登記完成後下期徵收時，始按新登記辦理。

第六四條

本法第八十八條所稱徵收防洪受益費之區域，指辦理及維護防洪工程受保護之區域。

第六四條之一 105

有下列情形之一，屬本法第九十三條第一項所稱擅行取水、用水：

一　未依本法辦理水權登記而取水、用水者。但中華民國九十九年八月四日前已存在之水井，配合主管機關所定期限申報納管者，不在此限。

二　已取得水權，違反本法第三十八條規定記載事項而取水、用水者。但主管機關為因應枯旱之合法水資源調度者，不在此限。

三　免為水權登記，經主管機關依第四十二條第二項令其辦理水權登記，其未依所訂期限辦理而取水、用水者。

第九章　附　則

第六五條

本法及本細則所定書、圖、表格式，由中央主管機關定之。

第六六條 113

本細則施行日期，除中華民國一百十三年二月七日修正發布之第二十九條第一項第四款及第二項，自一百十二年六月二十三日施行外，自發布日施行。

伍、民法篇

民法

第一編 總則

①民國18年5月23日國民政府制定公布全文152條；並自18年10月10日施行。
②民國71年1月4日總統令修正公布第8、14、18、20、24、27、28、30、32至36、38、42至44、46至48、50至53、56、58至65、85、118、129、131至134、136、137、148、151、152條條文；並自72年1月1日施行。
③民國97年5月23日總統令修正公布第14、15、22條條文；並增訂第15-1、15-2條條文；第14至15-2條自公布後一年六個月（98年11月23日）施行；第22條以命令定之。
民國97年10月22日總統令公布第22條定自98年1月1日施行。
④民國104年6月10日總統令修正公布第10條條文；並自公布日施行。
⑤民國108年6月19日總統令修正公布第14條條文。
⑥民國110年1月13日總統令修正公布第12、13條條文；並自112年1月1日施行。

第一章 法例

第一條 （法源）
民事，法律所未規定者，依習慣；無習慣者，依法理。

第二條 （適用習慣之限制）
民事所適用之習慣，以不背於公共秩序或善良風俗者爲限。

第三條 （使用文字之原則）
①依法律之規定，有使用文字之必要者，得不由本人自寫，但必須親自簽名。
②如有用印章代簽名者，其蓋章與簽名生同等之效力。
③如以指印、十字或其他符號代簽名者，在文件上，經二人簽名證明，亦與簽名生同等之效力。

第四條 （以文字爲準）
關於一定之數量，同時以文字及其號碼表示者，其文字與號碼有不符合時，如法院不能決定何者爲當事人之原意，應以文字爲準。

第五條 （以最低額爲準）
關於一定之數量，以文字或號碼爲數次之表示者，其表示有不符合時，如法院不能決定何者爲當事人之原意，應以最低額爲準。

第二章　人

第一節　自然人

第六條　（自然人之權利能力）

人之權利能力，始於出生，終於死亡。

第七條　（胎兒之權利能力）

胎兒以將來非死產者為限，關於其個人利益之保護，視為既已出生。

第八條　（死亡宣告）

①失蹤人失蹤滿七年後，法院得因利害關係人或檢察官之聲請，為死亡之宣告。
②失蹤人為八十歲以上者，得於失蹤滿三年後，為死亡之宣告。
③失蹤人為遭遇特別災難者，得於特別災難終了滿一年後，為死亡之宣告。

第九條　（死亡時間之推定）

①受死亡宣告者，以判決內所確定死亡之時，推定其為死亡。
②前項死亡之時，應為前條各項所定期間最後日終止之時。但有反證者，不在此限。

第一〇條　（失蹤人財產之管理）104

失蹤人失蹤後，未受死亡宣告前，其財產之管理，除其他法律另有規定者外，依家事事件法之規定。

第一一條　（同死推定）

二人以上同時遇難，不能證明其死亡之先後時，推定其為同時死亡。

第一二條 110

滿十八歲為成年。

第一三條 110

①未滿七歲之未成年人，無行為能力。
②滿七歲以上之未成年人，有限制行為能力。

第一四條　（監護之宣告及撤銷）108

①對於因精神障礙或其他心智缺陷，致不能為意思表示或受意思表示，或不能辨識其意思表示之效果者，法院得因本人、配偶、四親等內之親屬、最近一年有同居事實之其他親屬、檢察官、主管機關、社會福利機構、輔助人、意定監護受任人或其他利害關係人之聲請，為監護之宣告。
②受監護之原因消滅時，法院應依前項聲請權人之聲請，撤銷其宣告。
③法院對於監護之聲請，認為未達第一項之程度者，得依第十五條之一第一項規定，為輔助之宣告。
④受監護之原因消滅，而仍有輔助之必要者，法院得依第十五條之一第一項規定，變更為輔助之宣告。

第一五條 （受監護宣告人之能力）97

受監護宣告之人，無行爲能力。

第一五條之一 （輔助之宣告）97

①對於因精神障礙或其他心智缺陷，致其爲意思表示或受意思表示，或辨識其意思表示效果之能力，顯有不足者，法院得因本人、配偶、四親等內之親屬、最近一年有同居事實之其他親屬、檢察官、主管機關或社會福利機構之聲請，爲輔助之宣告。

②受輔助之原因消滅時，法院應依前項聲請權人之聲請，撤銷其宣告。

③受輔助宣告之人有受監護之必要者，法院得依第十四條第一項規定，變更爲監護之宣告。

第一五條之二 （受輔助宣告之人應經輔助人同意之行爲）97

①受輔助宣告之人爲下列行爲時，應經輔助人同意。但純獲法律上利益，或依其年齡及身分、日常生活所必需者，不在此限：

一　爲獨資、合夥營業或爲法人之負責人。

二　爲消費借貸、消費寄託、保證、贈與或信託。

三　爲訴訟行爲。

四　爲和解、調解、調處或簽訂仲裁契約。

五　爲不動產、船舶、航空器、汽車或其他重要財產之處分、設定負擔、買賣、租賃或借貸。

六　爲遺產分割、遺贈、拋棄繼承權或其他相關權利。

七　法院依前條聲請權人或輔助人之聲請，所指定之其他行爲。

②第七十八條至第八十三條規定，於未依前項規定得輔助人同意之情形，準用之。

③第八十五條規定，於輔助人同意受輔助宣告之人爲第一項第一款行爲時，準用之。

④第一項所列應經同意之行爲，無損害受輔助宣告之人利益之虞，而輔助人仍不爲同意時，受輔助宣告之人得逕行聲請法院許可後爲之。

第一六條 （能力之保護）

權利能力及行爲能力，不得拋棄。

第一七條 （自由之保護）

①自由不得拋棄。

②自由之限制，以不背於公共秩序或善良風俗者爲限。

第一八條 （人格權之保護）

①人格權受侵害時，得請求法院除去其侵害；有受侵害之虞時，得請求防止之。

②前項情形，以法律有特別規定者爲限，得請求損害賠償或慰撫金。

第一九條 （姓名權之保護）

姓名權受侵害者，得請求法院除去其侵害，並得請求損害賠償。

第二〇條 （住所之設定）

①依一定事實，足認以久住之意思，住於一定之地域者，即爲設

定其住所於該地。
②一人同時不得有兩住所。

第二一條 （無行爲能力人及限制行爲能力人之住所）
無行爲能力人及限制行爲能力人，以其法定代理人之住所爲住所。

第二二條 （居所視爲住所）97
遇有下列情形之一，其居所視爲住所：
一 住所無可考者。
二 在我國無住所者。但依法須依住所地法者，不在此限。

第二三條 （居住視爲住所）
因特定行爲選定居所者，關於其行爲，視爲住所。

第二四條 （住所之廢止）
依一定事實，足認以廢止之意思離去其住所者，即爲廢止其住所。

第二節 法 人

第一款 通 則

第二五條 （法人成立法定原則）
法人非依本法或其他法律之規定，不得成立。

第二六條 （法人權利能力）
法人於法令限制內，有享受權利負擔義務之能力。但專屬於自然人之權利義務，不在此限。

第二七條 （法人之機關）
①法人應設董事。董事有數人者，法人事務之執行，除章程另有規定外，取決於全體董事過半數之同意。
②董事就法人一切事務，對外代表法人。董事有數人者，除章程另有規定外，各董事均得代表法人。
③對於董事代表權所加之限制，不得對抗善意第三人。
④法人得設監察人，監察法人事務之執行。監察人有數人者，除章程另有規定外，各監察人均得單獨行使監察權。

第二八條 （法人侵權責任）
法人對於其董事或其他有代表權之人因執行職務所加於他人之損害，與該行爲人連帶負賠償之責任。

第二九條 （法人住所）
法人以其主事務所之所在地爲住所。

第三〇條 （法人設立登記）
法人非經向主管機關登記，不得成立。

第三一條 （登記之效力）
法人登記後，有應登記之事項而不登記，或已登記之事項有變更而不爲變更之登記者，不得以其事項對抗第三人。

第三二條 （法人業務監督）
受設立許可之法人，其業務屬於主管機關監督，主管機關得檢

查其財產狀況及其有無違反許可條件與其他法律之規定。

第三三條　（妨礙監督權行使之處罰）

①受設立許可法人之董事或監察人，不遵主管機關監督之命令，或妨礙其檢查者，得處以五千元以下之罰鍰。

②前項董事或監察人違反法令或章程，足以危害公益或法人之利益者，主管機關得請求法院解除其職務，並爲其他必要之處置。

第三四條　（撤銷法人許可）

法人違反設立許可之條件者，主管機關得撤銷其許可。

第三五條　（法人之破產及其聲請）

①法人之財產不能清償債務時，董事應即向法院聲請破產。

②不爲前項聲請，致法人之債權人受損害時，有過失之董事，應負賠償責任，其有二人以上時，應連帶負責。

第三六條　（法人宣告解散）

法人之目的或其行爲，有違反法律、公共秩序或善良風俗者，法院得因主管機關、檢察官或利害關係人之請求，宣告解散。

第三七條　（法定清算人）

法人解散後，其財產之清算，由董事爲之。但其章程有特別規定，或總會另有決議者，不在此限。

第三八條　（選任清算人）

不能依前條規定，定其清算人時，法院得因主管機關、檢察官或利害關係人之聲請，或依職權，選任清算人。

第三九條　（清算人之解任）

清算人，法院認爲有必要時，得解除其任務。

第四〇條　（清算人之職務及法人存續之擬制）

①清算人之職務如左：

一　了結現務。

二　收取債權，清償債務。

三　移交賸餘財產於應得者。

②法人至清算終結止，在清算之必要範圍內，視爲存續。

第四一條　（清算之程序）

清算之程序，除本通則有規定外，準用股份有限公司清算之規定。

第四二條　（清算之監督機關及方法）

①法人之清算，屬於法院監督。法院得隨時爲監督上必要之檢查及處分。

②法人經主管機關撤銷許可或命令解散者，主管機關應同時通知法院。

③法人經依章程規定或總會決議解散者，董事應於十五日內報告法院。

第四三條　（妨礙之處罰）

清算人不遵法院監督命令，或妨礙檢查者，得處以五千元以下之罰鍰。董事違反前條第三項之規定者亦同。

第四四條　（賸餘財產之歸屬）

①法人解散後，除法律另有規定外，於清償債務後，其賸餘財產之歸屬，應依其章程之規定，或總會之決議。但以公益爲目的之法人解散時，其賸餘財產不得歸屬於自然人或以營利爲目的之團體。

②如無前項法律或章程之規定或總會之決議時，其賸餘財產歸屬於法人住所所在地之地方自治團體。

第二款　社　團

第四五條　（營利法人之登記）

以營利爲目的之社團，其取得法人資格，依特別法之規定。

第四六條　（公益法人之設立）

以公益爲目的之社團，於登記前，應得主管機關之許可。

第四七條　（章程應載事項）

設立社團者，應訂定章程，其應記載之事項如左：

一　目的。
二　名稱。
三　董事之人數、任期及任免。設有監察人者，其人數、任期及任免。
四　總會召集之條件、程序及其決議證明之方法。
五　社員之出資。
六　社員資格之取得與喪失。
七　訂定章程之年、月、日。

第四八條　（社團設立登記事項）

①社團設立時，應登記之事項如左：

一　目的。
二　名稱。
三　主事務所及分事務所。
四　董事之姓名及住所。設有監察人者，其姓名及住所。
五　財產之總額。
六　應受設立許可者，其許可之年、月、日。
七　定有出資方法者，其方法。
八　定有代表法人之董事者，其姓名。
九　定有存立時期者，其時期。

②社團之登記，由董事向其主事務所及分事務所所在地之主管機關行之，並應附具章程備案。

第四九條　（章程得載事項）

社團之組織及社團與社員之關係，以不違反第五十條至第五十八條之規定爲限，得以章程定之。

第五〇條　（社團總會之權限）

①社團以總會爲最高機關。

②左列事項應經總會之決議：

一　變更章程。
二　任免董事及監察人。

三　監督董事及監察人職務之執行。
四　開除社員。但以有正當理由時爲限。

第五一條　（社團總會之召集）
①總會由董事召集之，每年至少召集一次。董事不爲召集時，監察人得召集之。
②如有全體社員十分一以上之請求，表明會議目的及召集理由，請求召集時，董事應召集之。
③董事受前項之請求後，一個月內不爲召集者，得由請求之社員，經法院之許可召集之。
④總會之召集，除章程另有規定外，應於三十日前對各社員發出通知。通知內應載明會議目的事項。

第五二條　（總會之通常決議）
①總會決議，除本法有特別規定外，以出席社員過半數決之。
②社員有平等之表決權。
③社員表決權之行使，除章程另有限制外，得以書面授權他人代理爲之。但一人僅得代理社員一人。
④社員對於總會決議事項，因自身利害關係而有損害社團利益之虞時，該社員不得加入表決，亦不得代理他人行使表決權。

第五三條　（社團章程之變更）
①社團變更章程之決議，應有全體社員過半數之出席，出席社員四分三以上之同意，或有全體社員三分二以上書面之同意。
②受設立許可之社團，變更章程時，並應得主管機關之許可。

第五四條　（社員退社自由原則）
①社員得隨時退社。但章程限定於事務年度終，或經過預告期間後，始准退社者，不在此限。
②前項預告期間，不得超過六個月。

第五五條　（退社或開除後之權利義務）
①已退社或開除之社員，對於社團之財產無請求權。但非公益法人，其章程另有規定者，不在此限。
②前項社員，對於其退社或開除以前應分擔之出資，仍負清償之義務。

第五六條　（總會之無效及撤銷）
①總會之召集程序或決議方法，違反法令或章程時，社員得於決議後三個月內請求法院撤銷其決議。但出席社員，對召集程序或決議方法，未當場表示異議者，不在此限。
②總會決議之內容違反法令或章程者，無效。

第五七條　（社團決議解散）
社團得隨時以全體社員三分二以上之可決解散之。

第五八條　（法院宣告解散）
社團之事務，無從依章程所定進行時，法院得因主管機關、檢察官或利害關係人之聲請解散之。

第三款　財　團

第五九條　（設立許可）

財團於登記前，應得主管機關之許可。

第六〇條　（捐助章程之訂定）

①設立財團者，應訂立捐助章程。但以遺囑捐助者，不在此限。

②捐助章程，應訂明法人目的及所捐財產。

③以遺囑捐助設立財團法人者，如無遺囑執行人時，法院得依主管機關、檢察官或利害關係人之聲請，指定遺囑執行人。

第六一條　（財團設立登記事項）

①財團設立時，應登記之事項如左：

一　目的。

二　名稱。

三　主事務所及分事務所。

四　財產之總額。

五　受許可之年、月、日。

六　董事之姓名及住所。設有監察人者，其姓名及住所。

七　定有代表法人之董事者，其姓名。

八　定有存立時期者，其時期。

②財團之登記，由董事向其主事務所及分事務所所在地之主管機關行之。並應附具捐助章程或遺囑備案。

第六二條　（財團組織及管理方法）

財團之組織及其管理方法，由捐助人以捐助章程或遺囑定之。捐助章程或遺囑所定之組織不完全，或重要之管理方法不具備者，法院得因主管機關、檢察官或利害關係人之聲請，爲必要之處分。

第六三條　（財團變更組織）

爲維持財團之目的或保存其財產，法院得因捐助人、董事、主管機關、檢察官或利害關係人之聲請，變更其組織。

第六四條　（財團董事行爲無效之宣告）

財團董事，有違反捐助章程之行爲時，法院得因主管機關、檢察官或利害關係人之聲請，宣告其行爲爲無效。

第六五條　（財團目的不達時之保護）

因情事變更，致財團之目的不能達到時，主管機關得斟酌捐助人之意思，變更其目的及其必要之組織，或解散之。

第三章　物

第六六條　（物之意義―不動產）

①稱不動產者，謂土地及其定著物。

②不動產之出產物，尚未分離者，爲該不動產之部分。

第六七條　（物之意義―動產）

稱動產者，爲前條所稱不動產以外之物。

第六八條　（主物與從物）

①非主物之成分，常助主物之效用，而同屬於一人者，爲從物。

但交易上有特別習慣者，依其習慣。
②主物之處分，及於從物。
第六九條 （天然孳息與法定孳息）
①稱天然孳息者，謂果實、動物之產物及其他依物之用法所收穫之出產物。
②稱法定孳息者，謂利息、租金及其他因法律關係所得之收益。
第七〇條 （孳息之歸屬）
①有收取天然孳息權利之人，其權利存續期間內，取得與原物分離之孳息。
②有收取法定孳息權利之人，按其權利存續期間內之日數，取得其孳息。

第四章 法律行為

第一節 通 則

第七一條 （違反強行法之效力）
法律行爲，違反強制或禁止之規定者，無效。但其規定並不以之爲無效者，不在此限。
第七二條 （違背公序良俗之效力）
法律行爲，有背於公共秩序或善良風俗者，無效。
第七三條 （不依法定方式之效力）
法律行爲，不依法定方式者，無效。但法律另有規定者，不在此限。
第七四條 （暴利行爲）
①法律行爲，係乘他人之急迫、輕率或無經驗，使其爲財產上之給付或爲給付之約定，依當時情形顯失公平者，法院得因利害關係人之聲請，撤銷其法律行爲或減輕其給付。
②前項聲請，應於法律行爲後一年內爲之。

第二節 行爲能力

第七五條 （無行爲能力人及無意識能力人之意思表示）
無行爲能力人之意思表示，無效；雖非無行爲能力人，而其意思表示，係在無意識或精神錯亂中所爲者亦同。
第七六條 （無行爲能力人之代理）
無行爲能力人由法定代理人代爲意思表示，並代受意思表示。
第七七條 （限制行爲能力人之意思表示）
限制行爲能力人爲意思表示及受意思表示，應得法定代理人之允許。但純獲法律上利益，或依其年齡及身份、日常生活所必需者，不在此限。
第七八條 （限制行爲能力人爲單獨行爲之效力）
限制行爲能力人未得法定代理人之允許，所爲之單獨行爲，無效。

第七九條 （限制行為能力人訂立契約之效力）

限制行為能力人未得法定代理人之允許，所訂立之契約，須經法定代理人之承認，始生效力。

第八〇條 （相對人之催告權）

①前條契約相對人，得定一個月以上之期限，催告法定代理人，確答是否承認。

②於前項期限內，法定代理人不為確答者，視為拒絕承認。

第八一條 （限制原因消滅後之承認）

①限制行為能力人於限制原因消滅後，承認其所訂立之契約者，其承認與法定代理人之承認有同一效力。

②前條規定，於前項情形準用之。

第八二條 （相對人之撤回權）

限制行為能力人所訂立之契約，未經承認前，相對人得撤回之。但訂立契約時，知其未得有允許者，不在此限。

第八三條 （強制有效行為）

限制行為能力人用詐術使人信其為有行為能力人或已得法定代理人之允許者，其法律行為為有效。

第八四條 （特定財產處分之允許）

法定代理人允許限制行為能力人處分之財產，限制行為能力人就該財產有處分之能力。

第八五條 （獨立營業之允許）

①法定代理人允許限制行為能力人獨立營業者，限制行為能力人，關於其營業，有行為能力。

②限制行為能力人，就其營業有不勝任之情形時，法定代理人得將其允許撤銷或限制之。但不得對抗善意第三人。

第三節　意思表示

第八六條 （真意保留或單獨虛偽意思表示）

表意人無欲為其意思表示所拘束之意，而為意思表示者，其意思表示，不因之無效。但其情形為相對人所明知者，不在此限。

第八七條 （虛偽意思表示）

①表意人與相對人通謀而為虛偽意思表示者，其意思表示無效。但不得以其無效對抗善意第三人。

②虛偽意思表示，隱藏他項法律行為者，適用關於該項法律行為之規定。

第八八條 （錯誤之意思表示）

①意思表示之內容有錯誤或表意人若知其事情即不為意思表示者，表意人得將其意思表示撤銷之。但以其錯誤或不知事情，非由表意人自己之過失者為限。

②當事人之資格或物之性質，若交易上認為重要者，其錯誤，視為意思表示內容之錯誤。

第八九條 （傳達錯誤）

意思表示，因傳達人或傳達機關傳達不實者，得比照前條之規定撤銷之。

第九〇條（錯誤表示撤銷之除斥期間）

前二條之撤銷權，自意思表示後，經過一年而消滅。

第九一條（錯誤表意人之賠償責任）

依第八十八條及第八十九條之規定撤銷意思表示時，表意人對於信其意思表示為有效而受損害之相對人或第三人，應負賠償責任。但其撤銷之原因，受害人明知或可得而知者，不在此限。

第九二條（意思表示之不自由）

①因被詐欺或被脅迫而為意思表示者，表意人得撤銷其意思表示。但詐欺係由第三人所為者，以相對人明知其事實或可得而知者為限，始得撤銷之。

②被詐欺而為之意思表示，其撤銷不得以之對抗善意第三人。

第九三條（撤銷不自由意思表示之除斥期間）

前條之撤銷，應於發見詐欺或脅迫終止後，一年內為之。但自意思表示後，經過十年，不得撤銷。

第九四條（對話意思表示之生效時期）

對話人為意思表示者，其意思表示，以相對人了解時，發生效力。

第九五條（非對話意思表示之生效時期）

①非對話而為意思表示者，其意思表示，以通知達到相對人時，發生效力。但撤回之通知，同時或先時到達者，不在此限。

②表意人於發出通知後死亡或喪失行為能力或其行為能力受限制者，其意思表示，不因之失其效力。

第九六條（向無行為能力人或限制行為能力人為意思表示之生效時期）

向無行為能力人或限制行為能力人為意思表示者，以其通知達到其法定代理人時，發生效力。

第九七條（公示送達）

表意人非因自己之過失，不知相對人之姓名、居所者，得依民事訴訟法公示送達之規定，以公示送達為意思表示之通知。

第九八條（意思表示之解釋）

解釋意思表示，應探求當事人之真意，不得拘泥於所用之辭句。

第四節　條件及期限

第九九條（停止條件與解除條件）

①附停止條件之法律行為，於條件成就時，發生效力。

②附解除條件之法律行為，於條件成就時，失其效力。

③依當事人之特約，使條件成就之效果，不於條件成就之時發生者，依其特約。

第一〇〇條（附條件利益之保護）

附條件之法律行為當事人，於條件成否未定前，若有損害相對人因條件成就所應得利益之行為者，負賠償損害之責任。

第一〇一條（條件成就或不成就之擬制）

①因條件成就而受不利益之當事人，如以不正當行爲阻其條件之成就者，視爲條件已成就。
②因條件成就而受利益之當事人，如以不正當行爲促其條件之成就者，視爲條件不成就。

第一〇二條 （附期限法律行爲之要件及效力）
①附始期之法律行爲，於期限屆至時，發生效力。
②附終期之法律行爲，於期限屆滿時，失其效力。
③第一百條之規定，於前二項情形準用之。

第五節 代 理

第一〇三條 （代理行爲之要件及效力）
①代理人於代理權限內，以本人名義所爲之意思表示，直接對本人發生效力。
②前項規定，於應向本人爲意思表示，而向其代理人爲之者準用之。

第一〇四條 （代理人之能力）
代理人所爲或所受意思表示之效力，不因其爲限制行爲能力人而受影響。

第一〇五條 （代理行爲之瑕疵）
代理人之意思表示，因其意思欠缺、被詐欺、被脅迫，或明知其事情或可得而知其事情，致其效力受影響時，其事實之有無，應就代理人決之。但代理人之代理權係以法律行爲授與者，其意思表示，如依照本人所指示之意思而爲時，其事實之有無，應就本人決之。

第一〇六條 （自己代理與雙方代理之禁止）
代理人非經本人之許諾，不得爲本人與自己之法律行爲，亦不得既爲第三人之代理人，而爲本人與第三人之法律行爲。但其法律行爲，係專履行債務者，不在此限。

第一〇七條 （代理權之限制及撤回）
代理權之限制及撤回，不得以之對抗善意第三人。但第三人因過失而不知其事實者，不在此限。

第一〇八條 （代理權之消滅與撤回）
①代理權之消滅，依其所由授與之法律關係定之。
②代理權，得於其所由授與之法律關係存續中撤回之。但依該法律關係之性質不得撤回者，不在此限。

第一〇九條 （授權書交還義務）
代理權消滅或撤回時，代理人須將授權書交還於授權者，不得留置。

第一一〇條 （無權代理之責任）
無代理權人，以他人之代理人名義所爲之法律行爲，對於善意之相對人，負損害賠償之責。

第六節　無效及撤銷

第一一一條（一部無效之效力）
法律行爲之一部分無效者，全部皆爲無效。但除去該部分亦可成立者，則其他部分，仍爲有效。

第一一二條（無效行爲之轉換）
無效之法律行爲，若具備他法律行爲之要件，並因其情形，可認當事人若知其無效，即欲爲他法律行爲者，其他法律行爲，仍爲有效。

第一一三條（無效行爲當事人之責任）
無效法律行爲之當事人，於行爲當時知其無效，或可得而知者，應負回復原狀或損害賠償之責任。

第一一四條（撤銷之自始無效）
①法律行爲經撤銷者，視爲自始無效。
②當事人知其得撤銷或可得而知者，其法律行爲撤銷時，準用前條之規定。

第一一五條（承認之溯及效力）
經承認之法律行爲，如無特別訂定，溯及爲法律行爲時發生效力。

第一一六條（撤銷及承認之方法）
①撤銷及承認，應以意思表示爲之。
②如相對人確定者，前項意思表示，應向相對人爲之。

第一一七條（同意或拒絕之方法）
法律行爲須得第三人之同意始生效力者，其同意或拒絕，得向當事人之一方爲之。

第一一八條（無權處分）
①無權利人就權利標的物所爲之處分，經有權利人之承認始生效力。
②無權利人就權利標的物爲處分後，取得其權利者，其處分自始有效。但原權利人或第三人已取得之利益，不因此而受影響。
③前項情形，若數處分相牴觸時，以其最初之處分爲有效。

第五章　期日及期間

第一一九條（本章規定之適用範圍）
法令、審判或法律行爲所定之期日及期間，除有特別訂定外，其計算依本章之規定。

第一二〇條（期間之起算）
①以時定期間者，即時起算。
②以日、星期、月或年定期間者，其始日不算入。

第一二一條（期間之終止）
①以日、星期、月或年定期間者，以期間末日之終止，爲期間之終止。

②期間不以星期、月或年之始日起算者，以最後之星期、月或年與起算日相當日之前一日，爲期間之末日。但以月或年定期間，於最後之月，無相當日者，以其月之末日，爲期間之末日。

第一二二條　（期間終止之延長）

於一定期日或期間內，應爲意思表示或給付者，其期日或其期間之末日，爲星期日、紀念日或其他休息日時，以其休息日之次日代之。

第一二三條　（連續或非連續期間之計算法）

①稱月或年者，依曆計算。

②月或年非連續計算者，每月爲三十日，每年爲三百六十五日。

第一二四條　（年齡之計算）

①年齡自出生之日起算。

②出生之月、日無從確定時，推定其爲七月一日出生。知其出生之月，而不知出生之日者，推定其爲該月十五日出生。

第六章　消滅時效

第一二五條　（一般時效期間）

請求權，因十五年間不行使而消滅。但法律所定期間較短者，依其規定。

第一二六條　（五年之短期時效期間）

利息、紅利、租金、贍養費、退職金及其他一年或不及一年之定期給付債權，其各期給付請求權，因五年間不行使而消滅。

第一二七條　（二年之短期時效期間）

左列各款請求權，因二年間不行使而消滅：

一　旅店、飲食店及娛樂場之住宿費、飲食費、座費、消費物之代價及其墊款。

二　運送費及運送人所墊之款。

三　以租賃動產爲營業者之租價。

四　醫生、藥師、看護生之診費、藥費、報酬及其墊款。

五　律師、會計師、公證人之報酬及其墊款。

六　律師、會計師、公證人所收當事人物件之交還。

七　技師、承攬人之報酬及其墊款。

八　商人、製造人、手工業人所供給之商品及產物之代價。

第一二八條　（消滅時效之起算）

消滅時效，自請求權可行使時起算。以不行爲爲目的之請求權，自爲行爲時起算。

第一二九條　（消滅時效中斷之事由）

①消滅時效，因左列事由而中斷：

一　請求。

二　承認。

三　起訴。

②左列事項，與起訴有同一效力：

一 依督促程序，聲請發支付命令。
二 聲請調解或提付仲裁。
三 申報和解債權或破產債權。
四 告知訴訟。
五 開始執行行為或聲請強制執行。

第一三〇條 （不起訴視為不中斷）
時效因請求而中斷者，若於請求後六個月內不起訴，視為不中斷。

第一三一條 （因訴之撤回或駁回而視為不中斷）
時效因起訴而中斷者，若撤回其訴，或因不合法而受駁回之裁判，其裁判確定，視為不中斷。

第一三二條 （因送達支付命令而中斷時效之限制）
時效因聲請發支付命令而中斷者，若撤回聲請，或受駁回之裁判，或支付命令失其效力時，視為不中斷。

第一三三條 （因聲請調解提付仲裁而中斷時效之限制）
時效因聲請調解或提付仲裁而中斷者，若調解之聲請經撤回、被駁回、調解不成立或仲裁之請求經撤回、仲裁不能達成判斷時，視為不中斷。

第一三四條 （因申報和解或破產債權而中斷時效之限制）
時效因申報和解債權或破產債權而中斷者，若債權人撤回其申報時，視為不中斷。

第一三五條 （因告知訴訟而中斷時效之限制）
時效因告知訴訟而中斷者，若於訴訟終結後，六個月內不起訴，視為不中斷。

第一三六條 （因執行而中斷時效之限制）
①時效因開始執行行為而中斷者，若因權利人之聲請，或法律上要件之欠缺而撤銷其執行處分時，視為不中斷。
②時效因聲請強制執行而中斷者，若撤回其聲請，或其聲請被駁回時，視為不中斷。

第一三七條 （時效中斷及於時之效力）
①時效中斷者，自中斷之事由終止時，重行起算。
②因起訴而中斷之時效，自受確定判決，或因其他方法訴訟終結時，重行起算。
③經確定判決或其他與確定判決有同一效力之執行名義所確定之請求權，其原有消滅時效期間不滿五年者，因中斷而重行起算之時效期間為五年。

第一三八條 （時效中斷及於人之效力）
時效中斷，以當事人、繼承人、受讓人之間為限，始有效力。

第一三九條 （時效因事變而不完成）
時效之期間終止時，因天災或其他不可避之事變，致不能中斷其時效者，自其妨礙事由消滅時起，一個月內，其時效不完成。

第一四〇條 （時效因繼承人、管理人未確定而不完成）
屬於繼承財產之權利或對於繼承財產之權利，自繼承人確定或

管理人選定或破產之宣告時起，六個月內，其時效不完成。

第一四一條 （時效因欠缺法定代理人而不完成）

無行爲能力人或限制行爲能力人之權利，於時效期間終止前六個月內，若無法定代理人者，自其成爲行爲能力人或其法定代理人就職時起，六個月內，其時效不完成。

第一四二條 （因法定代理關係存在而不完成）

無行爲能力人或限制行爲能力人，對於其法定代理人之權利，以代理關係消滅後一年內，其時效不完成。

第一四三條 （因夫妻關係存在而不完成）

夫對於妻或妻對於夫之權利，於婚姻關係消滅後一年內，其時效不完成。

第一四四條 （時效完成之效力—發生抗辯權）

①時效完成後，債務人得拒絕給付。

②請求權已經時效消滅，債務人仍爲履行之給付者，不得以不知時效爲理由，請求返還；其以契約承認該債務或提出擔保者亦同。

第一四五條 （附有擔保物權之請求權時效完成之效力）

①以抵押權、質權或留置權擔保之請求權，雖經時效消滅，債權人仍得就其抵押物、質物或留置物取償。

②前項規定，於利息及其他定期給付之各期給付請求權，經時效消滅者，不適用之。

第一四六條 （主權利時效完成效力所及範圍）

主權利因時效消滅者，其效力及於從權利。但法律有特別規定者，不在此限。

第一四七條 （伸縮時效期間及拋棄時效利益之禁止）

時效期間，不得以法律行爲加長或減短之，並不得預先拋棄時效之利益。

第七章 權利之行使

第一四八條 （權利行使之界限）

權利之行使，不得違反公共利益，或以損害他人爲主要目的。

行使權利，履行義務，應依誠實及信用方法。

第一四九條 （正當防衛）

對於現時不法之侵害，爲防衛自己或他人之權利所爲之行爲，不負損害賠償之責。但已逾越必要程度者，仍應負相當賠償之責。

第一五〇條 （緊急避難）

①因避免自己或他人生命、身體、自由或財產上急迫之危險所爲之行爲，不負損害賠償之責。但以避免危險所必要，並未逾越危險所能致之損害程度者爲限。

②前項情形，其危險之發生，如行爲人有責任者，應負損害賠償之責。

第一五一條（自助行爲）

爲保護自己權利，對於他人之自由或財產施以拘束、押收或毀損者，不負損害賠償之責。但以不及受法院或其他有關機關援助，並非於其時爲之，則請求權不得實行或其實行顯有困難者爲限。

第一五二條（自助行爲人之義務及責任）

①依前條之規定，拘束他人自由或押收他人財產者，應即時向法院聲請處理。

②前項聲請被駁回或其聲請遲延者，行爲人應負損害賠償之責。

民法總則施行法

①民國18年9月24日國民政府制定公布全文19條；並自18年10月10日施行。
②民國71年1月4日總統令修正公布第1、3至7、10、19條條文；並自72年1月1日施行。
③民國97年5月23日總統令修正公布第4、12、13、19條條文；並增訂第4-1、4-2條條文。
民國97年10月22日總統令公布定自98年1月1日施行。
④民國104年6月10日總統令修正公布第19條條文；並自公布日施行。
⑤民國110年1月13日總統令增訂公布第3-1條條文；並自112年1月1日施行。

第一條　（不溯既往原則）
民事在民法總則施行前發生者，除本施行法有特別規定外，不適用民法總則之規定；其在修正前發生者，除本施行法有特別規定外，亦不適用修正後之規定。

第二條　（外國人之權利能力）
外國人於法令限制內，有權利能力。

第三條　（不溯既往之例外）
①民法總則第八條、第九條及第十一條之規定，於民法總則施行前失蹤者，亦適用之。
②民法總則施行前已經過民法總則第八條所定失蹤期間者，得即為死亡之宣告，並應以民法總則施行之日為失蹤人死亡之時。
③修正之民法總則第八條之規定，於民法總則施行後修正前失蹤者，亦適用之。但於民法總則修正前，其情形已合於修正前民法總則第八條之規定者，不在此限。

第三條之一　110
①中華民國一百零九年十二月二十五日修正之民法第十二條及第十三條，自一百十二年一月一日施行。
②於中華民國一百十二年一月一日前滿十八歲而於同日未滿二十歲者，自同日起為成年。
③於中華民國一百十二年一月一日未滿二十歲者，於同日前依法令、行政處分、法院裁判或契約已得享有至二十歲或成年之權利或利益，自同日起，除法律另有規定外，仍得繼續享有該權利或利益至二十歲。

第四條　（施行前經立案之禁治產者）97
①民法總則施行前，有民法總則第十四條所定之原因，經聲請有關機關立案者，如於民法總則施行後三個月內向法院聲請宣告

禁治產者，自立案之日起，視為禁治產人。

②民法總則中華民國九十七年五月二日修正之條文施行前，已為禁治產宣告者，視為已為監護宣告；繫屬於法院之禁治產事件，其聲請禁治產宣告者，視為聲請監護宣告；聲請撤銷禁治產宣告者，視為聲請撤銷監護宣告；並均於修正施行後，適用修正後之規定。

第四條之一　（監護或受監護宣告之人）97

民法規定之禁治產或禁治產人，自民法總則中華民國九十七年五月二日修正之條文施行後，一律改稱為監護或受監護宣告之人。

第四條之二　（修正條文之施行日）97

中華民國九十七年五月二日修正之民法總則第十四條至第十五條之二之規定，自公布後一年六個月施行。

第五條　（施行前已許可設立之法人）

依民法總則之規定，設立法人須經許可者，如在民法總則施行前已得主管機關之許可，得於民法總則施行後三個月內聲請登記為法人。

第六條　（施行前具有公益法人性質而有獨立財產者視為法人及其審核）

①民法總則施行前具有財團及以公益為目的社團之性質而有獨立財產者，視為法人，其代表人應依民法總則第四十七條或第六十條之規定作成書狀，自民法總則施行後六個月內聲請主管機關審核。

②前項書狀所記載之事項，若主管機關認其有違背法令或為公益上之必要，應命其變更。

③依第一項規定經核定之書狀，與章程有同一效力。

第七條　（視為法人者經核定後登記之聲請）

依前條規定經主管機關核定者，其法人之代表人，應於核定後二十日內，依民法總則第四十八條或第六十一條之規定，聲請登記。

第八條　（視為法人者財產目錄編造之義務）

第六條所定之法人，如未備置財產目錄、社員名簿者，應於民法總則施行後速行編造。

第九條　（祠堂、寺廟等不視為法人）

第六條至第八條之規定，於祠堂，寺廟及以養贍家族為目的之獨立財產，不適用之。

第一〇條　（法人登記之主管機關）

①依民法總則規定法人之登記，其主管機關為該法人事務所所在地之法院。

②法院對於已登記之事項，應速行公告，並許第三人抄錄或閱覽。

第一一條　（外國法人成立之認許）

外國法人，除依法律規定外，不認許其成立。

第一二條　（經認許之外國法人之權利能力）97

①經認許之外國法人，於法令限制內，與同種類之我國法人有同一之權利能力。
②前項外國法人，其服從我國法律之義務，與我國法人同。

第一三條（外國法人在我國設事務所者準用之規定）97
外國法人在我國設事務所者，準用民法總則第三十條、第三十一條、第四十五條、第四十六條、第四十八條、第五十九條、第六十一條及前條之規定。

第一四條（外國法人事務所之撤銷）
依前條所設之外國法人事務所，如有民法總則第三十六條所定情事，法院得撤銷之。

第一五條（未經認許成立之外國法人為法律行為之責任）
未經認許其成立之外國法人，以其名義與他人為法律行為者，其行為人就該法律行為應與該外國法人負連帶責任。

第一六條（施行前消滅時效已完成或將完成之請求權之行使）
民法總則施行前，依民法總則之規定，消滅時效業已完成，或其時效期間尚有殘餘不足一年者，得於施行之日起，一年內行使請求權。但自其時效完成後，至民法總則施行時，已逾民法總則所定時效期間二分之一者，不在此限。

第一七條（施行前之撤銷權之除斥期間）
民法總則第七十四條第二項、第九十條、第九十三條之撤銷權，準用前條之規定。

第一八條（施行前消滅時效之比較適用）
①民法總則施行前之法定消滅時效已完成者，其時效為完成。
②民法總則施行前之法定消滅時效，其期間較民法總則所定為長者，適用舊法。但其殘餘期間，自民法總則施行日起算較民法總則所定時效期間為長者，應自施行日起，適用民法總則。

第一九條（施行日）104
①本施行法自民法總則施行之日施行。
②民法總則修正條文及本施行法修正條文之施行日期，除另定施行日期者外，自公布日施行。

民 法

第二編 債 編

①民國18年11月22日國民政府制定公布全文604條；並自19年5月5日施行。

②民國88年4月21日總統令修正公布第159、160、162、164、165、174、177、178、184、186、187、191、192、195、196、213、217、227、229、244、247、248、250、281、292、293、312至315、318、327、330、331、334、358、365、374、389、397、406、408至410、412、416、425、426、440、449、458、459、464、469、473、474、481、490、495、502、503、507、513至521、523至527、531、534、544、546、553至555、563、567、572、573、580、595、602、603、606至608、612、615、618、620、623、625、637、641、642、650、654、656、658、661、666、667、670至674、679、685至687、697、722、743、749條條文及第十六節節名；增訂第164-1、165-1至165-4、166-1、191-1至191-3、216-1、218-1、227-1、227-2、245-1、247-1、422-1、425-1、426-1、426-2、457-1、460-1、461-1、463-1、465-1、475-1、483-1、487-1、501-1、514-1至514-12、515-1、601-1、601-2、603-1、618-1、629-1、709-1至709-9、720-1、739-1、742-1、756-1至756-9條條文及第二章第八節之一、第十九節之一、第二十四節之一節名；刪除第219、228、407、465、475、522、604、605、636條條文；並自89年5月5日施行；但第166-1條施行日期，由行政院會同司法院另定之。

③民國89年4月26日總統令修正公布第248條條文。

④民國98年12月30日總統令修正公布第687、708條條文；並自98年11月23日施行。

⑤民國99年5月26日總統令修正公布第746條條文；並增訂第753-1條條文。

⑥民國110年1月20日總統令修正公布第205條條文；並自公布後六個月施行。

第一章 通 則

第一節 債之發生

第一款 契 約

第一五三條 （契約之成立）

①當事人互相表示意思一致者，無論其為明示或默示，契約即為成立。

②當事人對於必要之點，意思一致，而對於非必要之點，未經表

示意思者，推定其契約爲成立，關於該非必要之點，當事人意思不一致時，法院應依其事件之性質定之。

第一五四條　（要約之拘束力、要約引誘）

①契約之要約人，因要約而受拘束。但要約當時預先聲明不受拘束，或依其情形或事件之性質，可認當事人無受其拘束之意思者，不在此限。

②貨物標定賣價陳列者，視爲要約。但價目表之寄送，不視爲要約。

第一五五條　（要約之失效－拒絕要約）

要約經拒絕者，失其拘束力。

第一五六條　（要約之失效－非即承諾）

對話爲要約者，非立時承諾，即失其拘束力。

第一五七條　（要約之失效－不爲承諾）

非對話爲要約者，依通常情形可期待承諾之達到時期內，相對人不爲承諾時，其要約失其拘束力。

第一五八條　（要約之失效－非依限承諾）

要約定有承諾期限者，非於其期限內爲承諾，失其拘束力。

第一五九條　（承諾通知之遲到及遲到之通知）

①承諾之通知，按其傳達方法，通常在相當時期內可達到而遲到，其情形爲要約人可得而知者，應向相對人即發遲到之通知。

②要約人怠於爲前項通知者，其承諾視爲未遲到。

第一六〇條　（遲到之承諾）

①遲到之承諾，除前條情形外，視爲新要約。

②將要約擴張、限制或爲其他變更而承諾者，視爲拒絕原要約而爲新要約。

第一六一條　（意思實現）

①依習慣或依其事件之性質，承諾無須通知者，在相當時期內，有可認爲承諾之事實時，其契約爲成立。

②前項規定，於要約人要約當時預先聲明承諾無須通知者準用之。

第一六二條　（撤回要約通知之遲到）

①撤回要約之通知，其到達在要約到達之後，而按其傳達方法，通常在相當時期內應先時或同時到達，其情形爲相對人可得而知者，相對人應向要約人即發遲到之通知。

②相對人怠於爲前項通知者，其要約撤回之通知，視爲未遲到。

第一六三條　（撤回承諾通知之遲到及遲到之通知）

前條之規定，於承諾之撤回準用之。

第一六四條　（懸賞廣告之效力）

①以廣告聲明對完成一定行爲之人給與報酬者，爲懸賞廣告。廣告人對於完成該行爲之人，負給付報酬之義務。

②數人先後分別完成前項行爲時，由最先完成該行爲之人，取得報酬請求權；數人共同或同時分別完成行爲時，由行爲人共同取得報酬請求權。

③前項情形，廣告人善意給付報酬於最先通知之人時，其給付報

酬之義務，即爲消滅。
④前三項規定，於不知有廣告而完成廣告所定行爲之人，準用之。

第一六四條之一 （懸賞廣告權利之歸屬）
因完成前條之行爲而可取得一定之權利者，其權利屬於行爲人。但廣告另有聲明者，不在此限。

第一六五條 （懸賞廣告之撤銷）
①預定報酬之廣告，如於行爲完成前撤回時，除廣告人證明行爲人不能完成其行爲外，對於行爲人因該廣告善意所受之損害，應負賠償之責。但以不超過預定報酬額爲限。
②廣告定有完成行爲之期間者，推定廣告人拋棄其撤回權。

第一六五條之一 （優等懸賞廣告之定義）
以廣告聲明對完成一定行爲，於一定期間內爲通知，而經評定爲優等之人給與報酬者，爲優等懸賞廣告。廣告人於評定完成時，負給付報酬之義務。

第一六五條之二 （優等懸賞廣告之評定）
①前條優等之評定，由廣告中指定之人爲之。廣告中未指定者，由廣告人決定方法評定之。
②依前項規定所爲之評定，對於廣告人及應徵人有拘束力。

第一六五條之三 （共同取得報酬請求權）
被評定爲優等之人有數人同等時，除廣告另有聲明外，共同取得報酬請求權。

第一六五條之四 （優等懸賞廣告權利之歸屬）
第一百六十四條之一之規定，於優等懸賞廣告準用之。

第一六六條 （契約方式之約定）
契約當事人約定其契約須用一定方式者，在該方式未完成前，推定其契約不成立。

第一六六條之一 （公證之概括規定）
①契約以負擔不動產物權之移轉、設定或變更之義務爲標的者，應由公證人作成公證書。
②未依前項規定公證之契約，如當事人已合意爲不動產物權之移轉、設定或變更而完成登記者，仍爲有效。

第二款　代理權之授與

第一六七條 （意定代理權之授與）
代理權係以法律行爲授與者，其授與應向代理人或向代理人對之爲代理行爲之第三人，以意思表示爲之。

第一六八條 （共同代理）
代理人有數人者，其代理行爲應共同爲之。但法律另有規定或本人另有意思表示者，不在此限。

第一六九條 （表見代理）
由自己之行爲表示以代理權授與他人，或知他人表示爲其代理人而不爲反對之表示者，對於第三人應負授權人之責任。但第三人明知其無代理權或可得而知者，不在此限。

第一七〇條 （無權代理）

①無代理權人以代理人之名義所爲之法律行爲，非經本人承認，對於本人不生效力。

②前項情形，法律行爲之相對人，得定相當期限，催告本人確答是否承認，如本人逾期未爲確答者，視爲拒絕承認。

第一七一條 （無權代理相對人之撤回權）

無代理權人所爲之法律行爲，其相對人於本人未承認前，得撤回之。但爲法律行爲時，明知其無代理權者，不在此限。

第三款　無因管理

第一七二條 （無因管理人之管理義務）

未受委任，並無義務，而爲他人管理事務者，其管理應依本人明示或可得推知之意思，以有利於本人之方法爲之。

第一七三條 （管理人之通知與計算義務）

①管理人開始管理時，以能通知爲限，應即通知本人，如無急迫之情事，應俟本人之指示。

②第五百四十條至第五百四十二條關於委任之規定，於無因管理準用之。

第一七四條 （管理人之無過失責任）

①管理人違反本人明示或可得推知之意思，而爲事務之管理者，對於因其管理所生之損害，雖無過失，亦應負賠償之責。

②前項之規定，如其管理係爲本人盡公益上之義務，或爲其履行法定扶養義務，或本人之意思違反公共秩序善良風俗者，不適用之。

第一七五條 （因急迫危險而爲管理之免責）

管理人爲免除本人之生命、身體或財產上之急迫危險，而爲事務之管理者，對於因其管理所生之損害，除有惡意或重大過失者外，不負賠償之責。

第一七六條 （適法管理時管理人之權利）

①管理事務，利於本人，並不違反本人明示或可得推知之意思者，管理人爲本人支出必要或有益之費用，或負擔債務，或受損害時，得請求本人償還其費用及自支出時起之利息，或清償其所負擔之債務，或賠償其損害。

②第一百七十四條第二項規定之情形，管理人管理事務，雖違反本人之意思，仍有前項之請求權。

第一七七條 （非適法管理本人之權利義務）

①管理事務不合於前條之規定時，本人仍得享有因管理所得之利益，而本人所負前條第一項對於管理人之義務，以其所得之利益爲限。

②前項規定，於管理人明知爲他人之事務，而爲自己之利益管理之者，準用之。

第一七八條 （無因管理經承認之效果）

管理事務經本人承認者，除當事人有特別意思表示外，溯及管

理事務開始時，適用關於委任之規定。

第四款　不當得利

第一七九條　（不當得利之效力）

無法律上之原因而受利益，致他人受損害者，應返還其利益；雖有法律上之原因，而其後已不存在者亦同。

第一八〇條　（不得請求返還之不當得利）

給付，有左列情形之一者，不得請求返還：

一　給付係履行道德上之義務者。

二　債務人於未到期之債務因清償而為給付者。

三　因清償債務而為給付，於給付時明知無給付之義務者。

四　因不法之原因而為給付者。但不法之原因僅於受領人一方存在時，不在此限。

第一八一條　（不當得利返還標的物）

不當得利之受領人，除返還其所受之利益外，如本於該利益更有所取得者，並應返還。但依其利益之性質或其他情形不能返還者，應償還其價額。

第一八二條　（不當得利受領人之返還範圍）

①不當得利之受領人，不知無法律上之原因，而其所受之利益已不存在者，免負返還或償還價額之責任。

②受領人於受領時，知無法律上之原因或其後知之者，應將受領時所得之利益，或知無法律上之原因時所現存之利益，附加利息，一併償還；如有損害，並應賠償。

第一八三條　（第三人之返還責任）

不當得利之受領人，以其所受者，無償讓與第三人，而受領人因此免返還義務者，第三人於其所免返還義務之限度內，負返還責任。

第五款　侵權行為

第一八四條　（獨立侵權行為之責任）

①因故意或過失，不法侵害他人之權利者，負損害賠償責任。故意以背於善良風俗之方法，加損害於他人者亦同。

②違反保護他人之法律，致生損害於他人者，負賠償責任。但能證明其行為無過失者，不在此限。

第一八五條　（共同侵權行為責任）

①數人共同不法侵害他人之權利者，連帶負損害賠償責任；不能知其中孰為加害人者亦同。

②造意人及幫助人，視為共同行為人。

第一八六條　（公務員之侵權責任）

①公務員因故意違背對於第三人應執行之職務，致第三人受損害者，負賠償責任。其因過失者，以被害人不能依他項方法受賠償時為限，負其責任。

②前項情形，如被害人得依法律上之救濟方法，除去其損害，而

因故意或過失不爲之者，公務員不負賠償責任。

第一八七條（法定代理人之責任）

①無行爲能力人或限制行爲能力人，不法侵害他人權利者，以行爲時有識別能力爲限，與其法定代理人連帶負損害賠償責任。行爲時無識別能力者，由法定代理人負損害賠償責任。

②前項情形，法定代理人如其監督並未疏懈，或縱加以相當之監督，而仍不免發生損害者，不負賠償責任。

③如不能依前二項規定受損害賠償時，法院因被害人之聲請，得斟酌行爲人及其法定代理人與被害人之經濟狀況，令行爲人或其法定代理人爲全部或一部之損害賠償。

④前項規定，於其他之人，在無意識或精神錯亂中所爲之行爲致第三人受損害時，準用之。

第一八八條（僱用人之責任）

①受僱人因執行職務，不法侵害他人之權利者，由僱用人與行爲人連帶負損害賠償責任。但選任受僱人及監督其職務之執行，已盡相當之注意或縱加以相當之注意而仍不免發生損害者，僱用人不負賠償責任。

②如被害人依前項但書之規定，不能受損害賠償時，法院因其聲請，得斟酌僱用人與被害人之經濟狀況，令僱用人爲全部或一部之損害賠償。

③僱用人賠償損害時，對於爲侵權行爲之受僱人，有求償權。

第一八九條（定作人之責任）

承攬人因執行承攬事項，不法侵害他人之權利者，定作人不負損害賠償責任。但定作人於定作或指示有過失者，不在此限。

第一九〇條（動物占有人之責任）

①動物加損害於他人者，由其占有人負損害賠償責任。但依動物之種類及性質已爲相當注意之管束，或縱爲相當注意之管束而仍不免發生損害者，不在此限。

②動物係由第三人或他動物之挑動，致加損害於他人者，其占有人對於該第三人或該他動物之占有人，有求償權。

第一九一條（工作物所有人之責任）

①土地上之建築物或其他工作物所致他人權利之損害，由工作物之所有人負賠償責任。但其對於設置或保管並無欠缺，或損害非因設置或保管有欠缺，或於防止損害之發生，已盡相當之注意者，不在此限。

②前項損害之發生，如別有應負責任之人時，賠償損害之所有人，對於該應負責者，有求償權。

第一九一條之一（商品製造人之責任）

①商品製造人因其商品之通常使用或消費所致他人之損害，負賠償責任。但其對於商品之生產、製造或加工、設計並無欠缺或其損害非因該項欠缺所致或於防止損害之發生，已盡相當之注意者，不在此限。

②前項所稱商品製造人，謂商品之生產、製造、加工業者。其在

商品上附加標章或其他文字、符號，足以表彰係其自己所生產、製造、加工者，視為商品製造人。
③商品之生產、製造或加工、設計，與其說明書或廣告內容不符者，視為有欠缺。
④商品輸入業者，應與商品製造人負同一之責任。

第一九一條之二 （動力車輛駕駛人之責任）
汽車、機車或其他非依軌道行駛之動力車輛，在使用中加損害於他人者，駕駛人應賠償因此所生之損害。但於防止損害之發生，已盡相當之注意者，不在此限。

第一九一條之三 （一般危險之責任）
經營一定事業或從事其他工作或活動之人，其工作或活動之性質或其使用之工具或方法有生損害於他人之危險者，對他人之損害應負賠償責任。但損害非由於其工作或活動或其使用之工具或方法所致，或於防止損害之發生已盡相當之注意者，不在此限。

第一九二條 （侵害生命權之損害賠償）
①不法侵害他人致死者，對於支出醫療及增加生活上需要之費用或殯葬費之人，亦應負損害賠償責任。
②被害人對於第三人負有法定扶養義務者，加害人對於該第三人亦應負損害賠償責任。
③第一百九十三條第二項之規定，於前項損害賠償適用之。

第一九三條 （侵害身體、健康之財產上損害賠償）
①不法侵害他人之身體或健康者，對於被害人因此喪失或減少勞動能力或增加生活上之需要時，應負損害賠償責任。
②前項損害賠償，法院得因當事人之聲請，定為支付定期金。但須命加害人提出擔保。

第一九四條 （侵害生命權之非財產上損害賠償）
不法侵害他人致死者，被害人之父、母、子、女及配偶，雖非財產上之損害，亦得請求賠償相當之金額。

第一九五條 （侵害身體健康名譽或自由之非財產上損害賠償）
①不法侵害他人之身體、健康、名譽、自由、信用、隱私、貞操，或不法侵害其他人格法益而情節重大者，被害人雖非財產上之損害，亦得請求賠償相當之金額。其名譽被侵害者，並得請求回復名譽之適當處分。
②前項請求權，不得讓與或繼承。但以金額賠償之請求權已依契約承諾，或已起訴者，不在此限。
③前二項規定，於不法侵害他人基於父、母、子、女或配偶關係之身分法益而情節重大者，準用之。

第一九六條 （物之毀損之賠償方法）
不法毀損他人之物者，被害人得請求賠償其物因毀損所減少之價額。

第一九七條 （損害賠償請求權之消滅時效與不當得利之返還）
①因侵權行為所生之損害賠償請求權，自請求權人知有損害及賠

償義務人時起，二年間不行使而消滅；自有侵權行為時起，逾十年者亦同。
②損害賠償之義務人，因侵權行為受利益，致被害人受損害者，於前項時效完成後，仍應依關於不當得利之規定，返還其所受之利益於被害人。

第一九八條　（債務履行之拒絕）
因侵權行為對於被害人取得債權者，被害人對該債權之廢止請求權，雖因時效而消滅，仍得拒絕履行。

第二節　債之標的

第一九九條　（債權人之權利、給付之範圍）
①債權人基於債之關係，得向債務人請求給付。
②給付，不以有財產價格者為限。
③不作為亦得給付。

第二〇〇條　（種類之債）
①給付物僅以種類指示者，依法律行為之性質或當事人之意思不能定其品質時，債務人應給以中等品質之物。
②前項情形，債務人交付其物之必要行為完結後，或經債權人之同意指定其應交付之物時，其物即為特定給付物。

第二〇一條　（特種通用貨幣之債）
以特種通用貨幣之給付為債之標的者，如其貨幣至給付期失通用效力時，應給以他種通用貨幣。

第二〇二條　（外國貨幣之債）
以外國通用貨幣定給付額者，債務人得按給付時、給付地之市價，以中華民國通用貨幣給付之。但訂明應以外國通用貨幣為給付者，不在此限。

第二〇三條　（法定利率）
應付利息之債務，其利率未經約定，亦無法律可據者，週年利率為百分之五。

第二〇四條　（債務人之提前還本權）
①約定利率逾週年百分之十二者，經一年後，債務人得隨時清償原本。但須於一個月前預告債權人。
②前項清償之權利，不得以契約除去或限制之。

第二〇五條 110
約定利率，超過週年百分之十六者，超過部分之約定，無效。

第二〇六條　（巧取利益之禁止）
債權人除前條限定之利息外，不得以折扣或其他方法，巧取利益。

第二〇七條　（複利）
①利息不得滾入原本再生利息。但當事人以書面約定，利息遲付逾一年後，經催告而不償還時，債權人得將遲付之利息滾入原本者，依其約定。

②前項規定，如商業上另有習慣者，不適用之。

第二〇八條 （選擇之債）
於數宗給付中得選定其一者，其選擇權屬於債務人。但法律另有規定或契約另有訂定者，不在此限。

第二〇九條 （選擇權之行使）
①債權人或債務人有選擇權者，應向他方當事人以意思表示爲之。
②由第三人爲選擇者，應向債權人及債務人以意思表示爲之。

第二一〇條 （選擇權之行使期間與移轉）
①選擇權定有行使期間者，如於該期間內不行使時，其選擇權移屬於他方當事人。
②選擇權未定有行使期間者，債權至清償期時，無選擇權之當事人，得定相當期限催告他方當事人行使其選擇權，如他方當事人不於所定期限內行使選擇權者，其選擇權移屬於爲催告之當事人。
③由第三人爲選擇者，如第三人不能或不欲選擇時，選擇權屬於債務人。

第二一一條 （選擇之債之給付不能）
數宗給付中，有自始不能或嗣後不能給付者，債之關係僅存在於餘存之給付。但其不能之事由，應由無選擇權之當事人負責者，不在此限。

第二一二條 （選擇之溯及效力）
選擇之效力，溯及於債之發生時。

第二一三條 （損害賠償之方法—回復原狀）
①負損害賠償責任者，除法律另有規定或契約另有訂定外，應回復他方損害發生前之原狀。
②因回復原狀而應給付金錢者，自損害發生時起，加給利息。
③第一項情形，債權人得請求支付回復原狀所必要之費用，以代回復原狀。

第二一四條 （損害賠償之方法—金錢賠償）
應回復原狀者，如經債權人定相當期限催告後，逾期不爲回復時，債權人得請求以金錢賠償其損害。

第二一五條 （損害賠償之方法—金錢賠償）
不能回復原狀或回復顯有重大困難者，應以金錢賠償其損害。

第二一六條 （法定損害賠償範圍）
①損害賠償，除法律另有規定或契約另有訂定外，應以填補債權人所受損害及所失利益爲限。
②依通常情形，或依已定之計劃、設備或其他特別情事，可得預期之利益，視爲所失利益。

第二一六條之一 （損害賠償應損益相抵）
基於同一原因事實受有損害並受有利益者，其請求之賠償金額，應扣除所受之利益。

第二一七條 （過失相抵）
①損害之發生或擴大，被害人與有過失者，法院得減輕賠償金額，

或免除之。

②重大之損害原因，為債務人所不及知，而被害人不預促其注意或怠於避免或減少損害者，為與有過失。

③前二項之規定，於被害人之代理人或使用人與有過失者，準用之。

第二一八條 （因賠償義務人生計關係之酌減）

損害非因故意或重大過失所致者，如其賠償致賠償義務人之生計有重大影響時，法院得減輕其賠償金額。

第二一八條之一 （賠償義務人之權利讓與請求權）

①關於物或權利之喪失或損害，負賠償責任之人，得向損害賠償請求權人，請求讓與基於其物之所有權或基於其權利對於第三人之請求權。

②第二百六十四條之規定，於前項情形準用之。

第三節 債之效力

第一款 給 付

第二一九條 （刪除）

第二二〇條 （債務人責任之酌定）

①債務人就其故意或過失之行為，應負責任。

②過失之責任，依事件之特性而有輕重，如其事件非予債務人以利益者，應從輕酌定。

第二二一條 （行為能力欠缺人之責任）

債務人為無行為能力人或限制行為能力人者，其責任依第一百八十七條之規定定之。

第二二二條 （故意或重大過失責任之強制性）

故意或重大過失之責任，不得預先免除。

第二二三條 （具體輕過失之最低責任）

應與處理自己事務為同一注意者，如有重大過失，仍應負責。

第二二四條 （履行輔助人之故意過失）

債務人之代理人或使用人，關於債之履行有故意或過失時，債務人應與自己之故意或過失負同一責任。但當事人另有訂定者，不在此限。

第二二五條 （給付不能之效力—免給付義務與代償請求權之發生）

①因不可歸責於債務人之事由，致給付不能者，債務人免給付義務。

②債務人因前項給付不能之事由，對第三人有損害賠償請求權者，債權人得向債務人請求讓與其損害賠償請求權，或交付其所受領之賠償物。

第二二六條 （給付不能之效力—損害賠償與一部履行之拒絕）

①因可歸責於債務人之事由，致給付不能者，債權人得請求賠償損害。

②前項情形，給付一部不能者，若其他部分之履行，於債權人無利益時，債權人得拒絕該部之給付，請求全部不履行之損害賠償。

第二二七條　（不完全給付之效果）

因可歸責於債務人之事由，致為不完全給付者，債權人得依關於給付遲延或給付不能之規定行使其權利。

因不完全給付而生前項以外之損害者，債權人並得請求賠償。

第二二七條之一　（債務不履行侵害人格權之賠償）

債務人因債務不履行，致債權人之人格權受侵害者，準用第一百九十二條至第一百九十五條及第一百九十七條之規定，負損害賠償責任。

第二二七條之二　（情事變更之原則）

①契約成立後，情事變更，非當時所得預料，而依其原有效果顯失公平者，當事人得聲請法院增、減其給付或變更其他原有之效果。

②前項規定，於非因契約所發生之債，準用之。

第二二八條　（刪除）

第二款　遲　延

第二二九條　（給付期限與債務人之給付遲延）

①給付有確定期限者，債務人自期限屆滿時起，負遲延責任。

②給付無確定期限者，債務人於債權人得請求給付時，經其催告而未為給付，自受催告時起，負遲延責任。其經債權人起訴而送達訴狀，或依督促程序送達支付命令，或為其他相類之行為者，與催告有同一之效力。

③前項催告定有期限者，債務人自期限屆滿時起負遲延責任。

第二三〇條　（給付遲延之阻卻成立事由）

因不可歸責於債務人之事由，致未為給付者，債務人不負遲延責任。

第二三一條　（遲延賠償—非常事變責任）

①債務人遲延者，債權人得請求其賠償因遲延而生之損害。

②前項債務人，在遲延中，對於因不可抗力而生之損害，亦應負責。但債務人證明縱不遲延給付，而仍不免發生損害者，不在此限。

第二三二條　（替補賠償—拒絕受領給付而請求賠償）

遲延後之給付，於債權人無利益者，債權人得拒絕其給付，並得請求賠償因不履行而生之損害。

第二三三條　（遲延利息與其他損害之賠償）

①遲延之債務，以支付金錢為標的者，債權人得請求依法定利率計算之遲延利息。但約定利率較高者，仍從其約定利率。

②對於利息，無須支付遲延利息。

③前二項情形，債權人證明有其他損害者，並得請求賠償。

第二三四條　（受領遲延）

債權人對於已提出之給付，拒絕受領或不能受領者，自提出時起，負遲延責任。

第二三五條　（現實與言詞提出）

債務人非依債務本旨實行提出給付者，不生提出之效力。但債權人預示拒絕受領之意思，或給付兼需債權人之行爲者，債務人得以準備給付之事情，通知債權人，以代提出。

第二三六條　（一時受領遲延）

給付無確定期限，或債務人於清償期前得爲給付者，債權人就一時不能受領之情事，不負遲延責任。但其提出給付，由於債權人之催告，或債務人已於相當期間前預告債權人者，不在此限。

第二三七條　（受領遲延時債務人責任）

在債權人遲延中，債務人僅就故意或重大過失，負其責任。

第二三八條　（受領遲延利息支付之停止）

在債權人遲延中，債務人無須支付利息。

第二三九條　（孳息返還範圍之縮小）

債務人應返還由標的物所生之孳息或償還其價金者，在債權人遲延中，以已收取之孳息爲限，負返還責任。

第二四〇條　（受領遲延費用賠償之請求）

債權人遲延者，債務人得請求其賠償提出及保管給付物之必要費用。

第二四一條　（拋棄占有）

有交付不動產義務之債務人，於債權人遲延後，得拋棄其占有。

前項拋棄，應預先通知債權人。但不能通知者，不在此限。

第三款　保　全

第二四二條　（債權人代位權）

債務人怠於行使其權利時，債權人因保全債權，得以自己之名義，行使其權利。但專屬於債務人本身者，不在此限。

第二四三條　（代位權行使時期）

前條債權人之權利，非於債務人負遲延責任時，不得行使。但專爲保存債務人權利之行爲，不在此限。

第二四四條　（債權人撤銷權）

①債務人所爲之無償行爲，有害及債權者，債權人得聲請法院撤銷之。

②債務人所爲之有償行爲，於行爲時明知有損害於債權人之權利者，以受益人於受益時亦知其情事者爲限，債權人得聲請法院撤銷之。

③債務人之行爲非以財產爲標的，或僅有害於以給付特定物爲標的之債權者，不適用前二項之規定。

④債權人依第一項或第二項之規定聲請法院撤銷時，得並聲請命受益人或轉得人回復原狀。但轉得人於轉得時不知有撤銷原因者，不在此限。

第二四五條　（撤銷權之除斥期間）
前條撤銷權，自債權人知有撤銷原因時起，一年間不行使，或自行爲時起，經過十年而消滅。

第四款　契　約

第二四五條之一　（締約過失之責任）
①契約未成立時，當事人爲準備或商議訂立契約而有左列情形之一者，對於非因過失而信契約能成立致受損害之他方當事人，負賠償責任：
一　就訂約有重要關係之事項，對他方之詢問，惡意隱匿或爲不實之說明者。
二　知悉或持有他方之秘密，經他方明示應予保密，而因故意或重大過失洩漏之者。
三　其他顯然違反誠實及信用方法者。
②前項損害賠償請求權，因二年間不行使而消滅。

第二四六條　（契約標的給付不能之效力）
①以不能之給付爲契約標的者，其契約爲無效。但其不能情形可以除去，而當事人訂約時並預期於不能之情形除去後爲給付者，其契約仍爲有效。
②附停止條件或始期之契約，於條件成就或期限屆至前，不能之情形已除去者，其契約爲有效。

第二四七條　（因契約標的給付不能之賠償及時效）
①契約因以不能之給付爲標的而無效者，當事人於訂約時知其不能或可得而知者，對於非因過失而信契約爲有效致受損害之他方當事人，負賠償責任。
②給付一部不能，而契約就其他部分仍爲有效者，或依選擇而定之數宗給付中有一宗給付不能者，準用前項之規定。
③前二項損害賠償請求權，因二年間不行使而消滅。

第二四七條之一　（附合契約）
依照當事人一方預定用於同類契約之條款而訂定之契約，爲左列各款之約定，按其情形顯失公平者，該部分約定無效：
一　免除或減輕預定契約條款之當事人之責任者。
二　加重他方當事人之責任者。
三　使他方當事人拋棄權利或限制其行使權利者。
四　其他於他方當事人有重大不利益者。

第二四八條　（收受訂金之效力）
訂約當事人之一方，由他方受有定金時，推定其契約成立。

第二四九條　（定金之效力）
定金，除當事人另有訂定外，適用左列之規定：
一　契約履行時，定金應返還或作爲給付之一部。
二　契約因可歸責於付定金當事人之事由，致不能履行時，定金不得請求返還。
三　契約因可歸責於受定金當事人之事由，致不能履行時，該

當事人應加倍返還其所受之定金。

四　契約因不可歸責於雙方當事人之事由，致不能履行時，定金應返還之。

第二五〇條　（約定違約金之性質）

①當事人得約定債務人於債務不履行時，應支付違約金。

②違約金，除當事人另有訂定外，視爲因不履行而生損害之賠償總額。其約定如債務人不於適當時期或不依適當方法履行債務時，即須支付違約金者，債權人除得請求履行債務外，違約金視爲因不於適當時期或不依適當方法履行債務所生損害之賠償總額。

第二五一條　（一部履行之酌減）

債務已爲一部履行者，法院得比照債權人因一部履行所受之利益，減少違約金。

第二五二條　（違約金額過高之酌減）

約定之違約金額過高者，法院得減至相當之數額。

第二五三條　（準違約金）

前三條之規定，於約定違約時應爲金錢以外之給付者準用之。

第二五四條　（非定期行爲給付遲延之解除契約）

契約當事人之一方遲延給付者，他方當事人得定相當期限催告其履行，如於期限內不履行時，得解除其契約。

第二五五條　（定期行爲給付遲延之解除契約）

依契約之性質或當事人之意思表示，非於一定時期爲給付不能達其契約之目的，而契約當事人之一方不按照時期給付者，他方當事人得不爲前條之催告，解除其契約。

第二五六條　（因給付不能之解除契約）

債權人於有第二百二十六條之情形時，得解除其契約。

第二五七條　（解除權之消滅—未於期限內行使解除權）

解除權之行使，未定有期間者，他方當事人得定相當期限，催告解除權人於期限內確答是否解除；如逾期未受解除之通知，解除權即消滅。

第二五八條　（解除權之行使方法）

①解除權之行使，應向他方當事人以意思表示爲之。

②契約當事人之一方有數人者，前項意思表示，應由其全體或向其全體爲之。

③解除契約之意思表示，不得撤銷。

第二五九條　（契約解除後之回復原狀）

契約解除時，當事人雙方回復原狀之義務，除法律另有規定或契約另有訂定外，依左列之規定：

一　由他方所受領之給付物，應返還之。

二　受領之給付爲金錢者，應附加自受領時起之利息償還之。

三　受領之給付爲勞務或爲物之使用者，應照受領時之價額，以金錢償還之。

四　受領之給付物生有孳息者，應返還之。

五 就返還之物，已支出必要或有益之費用，得於他方受返還時所得利益之限度內，請求其返還。

六 應返還之物有毀損、滅失或因其他事由，致不能返還者，應償還其價額。

第二六〇條 （損害賠償之請求）

解除權之行使，不妨礙損害賠償之請求。

第二六一條 （雙務契約規定之準用）

當事人因契約解除而生之相互義務，準用第二百六十四條至第二百六十七條之規定。

第二六二條 （解除權之消滅—受領物不能返還或種類變更）

有解除權人，因可歸責於自己之事由，致其所受領之給付物有毀損、滅失或其他情形不能返還者，解除權消滅；因加工或改造，將所受領之給付物變其種類者亦同。

第二六三條 （終止權之行使方法及效力—準用解除權之規定）

第二百五十八條及第二百六十條之規定，於當事人依法律之規定終止契約者準用之。

第二六四條 （同時履行抗辯）

①因契約互負債務者，於他方當事人未爲對待給付前，得拒絕自己之給付。但自己有先爲給付之義務者，不在此限。

②他方當事人已爲部分之給付時，依其情形，如拒絕自己之給付有違背誠實及信用方法者，不得拒絕自己之給付。

第二六五條 （不安抗辯權）

當事人之一方，應向他方先爲給付者，如他方之財產，於訂約後顯形減少，有難爲對待給付之虞時，如他方未爲對待給付或提出擔保前，得拒絕自己之給付。

第二六六條 （危險負擔—債務人負擔主義）

①因不可歸責於雙方當事人之事由，致一方之給付全部不能者，他方免爲對待給付之義務；如僅一部不能者，應按其比例減少對待給付。

②前項情形，已爲全部或一部之對待給付者，得依關於不當得利之規定，請求返還。

第二六七條 （因可歸責於當事人一方之給付不能）

當事人之一方因可歸責於他方之事由，致不能給付者，得請求對待給付。但其因免給付義務所得之利益或應得之利益，均應由其所得請求之對待給付中扣除之。

第二六八條 （第三人負擔契約）

契約當事人之一方，約定由第三人對於他方爲給付者，於第三人不爲給付時，應負損害賠償責任。

第二六九條 （利益第三人契約）

①以契約訂定向第三人爲給付者，要約人得請求債務人向第三人爲給付，其第三人對於債務人，亦有直接請求給付之權。

②第三人對於前項契約，未表示享受其利益之意思前，當事人得變更其契約或撤銷之。

③第三人對於當事人之一方表示不欲享受其契約之利益者，視為自始未取得其權利。

第二七〇條　（債務人對第三人之抗辯）

前條債務人，得以由契約所生之一切抗辯，對抗受益之第三人。

第四節　多數債務人及債權人

第二七一條　（可分之債）

數人負同一債務或有同一債權，而其給付可分者，除法律另有規定或契約另有訂定外，應各平均分擔或分受之；其給付本不可分而變為可分者亦同。

第二七二條　（連帶債務）

①數人負同一債務，明示對於債權人各負全部給付之責任者，為連帶債務。

②無前項之明示時，連帶債務之成立，以法律有規定者為限。

第二七三條　（債權人之權利—對連帶債務人之請求）

①連帶債務之債權人，得對於債務人中之一人或數人或其全體，同時或先後請求全部或一部之給付。

②連帶債務未全部履行前，全體債務人仍負連帶責任。

第二七四條　（清償等發生絕對效力）

因連帶債務人中之一人為清償、代物清償、提存、抵銷或混同而債務消滅者，他債務人亦同免其責任。

第二七五條　（確定判決之限制絕對效力）

連帶債務人中之一人受確定判決，而其判決非基於該債務人之個人關係者，為他債務人之利益，亦生效力。

第二七六條　（免除與時效完成之限制絕對效力）

①債權人向連帶債務人中之一人免除債務，而無消滅全部債務之意思表示者，除該債務人應分擔之部分外，他債務人仍不免其責任。

②前項規定，於連帶債務人中之一人消滅時效已完成者準用之。

第二七七條　（抵銷之限制絕對效力）

連帶債務人中之一人，對於債權人有債權者，他債務人以該債務人應分擔之部分為限，得主張抵銷。

第二七八條　（受領遲延之限制絕對效力）

債權人對於連帶債務人中之一人有遲延時，為他債務人之利益，亦生效力。

第二七九條　（效力相對性原則）

就連帶債務人中之一人所生之事項，除前五條規定或契約另有訂定者外，其利益或不利益，對他債務人不生效力。

第二八〇條　（連帶債務人相互間之分擔義務）

連帶債務人相互間，除法律另有規定或契約另有訂定外，應平均分擔義務。但因債務人中之一人應單獨負責之事由所致之損害及支付之費用，由該債務人負擔。

第二八一條　（連帶債務人同免責任之範圍）
①連帶債務人中之一人，因清償、代物清償、提存、抵銷或混同致他債務人同免責任者，得向他債務人請求償還各自分擔之部分，並自免責時起之利息。
②前項情形，求償權人於求償範圍內，承受債權人之權利。但不得有害於債權人之利益。
第二八二條　（無償還資力人負擔部分之分擔）
①連帶債務人中之一人，不能償還其分擔額者，其不能償還之部分，由求償權人與他債務人按照比例分擔之。但其不能償還，係由求償權人之過失所致者，不得對於他債務人請求其分擔。
②前項情形，他債務人中之一人應分擔之部分已免責者，仍應依前項比例分擔之規定，負其責任。
第二八三條　（連帶債權）
數人依法律或法律行爲，有同一債權，而各得向債務人爲全部給付之請求者，爲連帶債權。
第二八四條　（債務人之權利—對連帶債權人之給付）
連帶債權之債務人，得向債權人中之一人，爲全部之給付。
第二八五條　（請求之絕對效力）
連帶債權人中之一人爲給付之請求者，爲他債權人之利益，亦生效力。
第二八六條　（受領清償等發生絕對效力）
因連帶債權人中之一人，已受領清償、代物清償，或經提存、抵銷、混同而債權消滅者，他債權人之權利，亦同消滅。
第二八七條　（確定判決之限制絕對效力）
①連帶債權人中之一人，受有利益之確定判決者，爲他債權人之利益，亦生效力。
②連帶債權人中之一人，受不利益之確定判決者，如其判決非基於該債權人之個人關係時，對於他債權人，亦生效力。
第二八八條　（免除與時效完成之限制絕對效力）
①連帶債權人中之一人，向債務人免除債務者，除該債權人應享有之部分外，他債權人之權利，仍不消滅。
②前項規定，於連帶債權人中之一人消滅時效已完成者準用之。
第二八九條　（受領遲延之絕對效力）
連帶債權人中之一人有遲延者，他債權人亦負其責任。
第二九〇條　（效力相對性原則）
就連帶債權人中之一人所生之事項，除前五條規定或契約另有訂定者外，其利益或不利益，對他債權人不生效力。
第二九一條　（連帶債權人之均受利益）
連帶債權人相互間，除法律另有規定或契約另有訂定外，應平均分受其利益。
第二九二條　（不可分之債）
數人負同一債務，而其給付不可分者，準用關於連帶債務之規定。

第二九三條　（不可分債權之效力）

①數人有同一債權，而其給付不可分者，各債權人僅得請求向債權人全體爲給付，債務人亦僅得向債權人全體爲給付。

②除前項規定外，債權人中之一人與債務人間所生之事項，其利益或不利益，對他債權人不生效力。

③債權人相互間，準用第二百九十一條之規定。

第五節　債之移轉

第二九四條　（債權之讓與性）

①債權人得將債權讓與於第三人。但左列債權，不在此限：

一　依債權之性質，不得讓與者。

二　依當事人之特約，不得讓與者。

三　債權禁止扣押者。

②前項第二款不得讓與之特約，不得以之對抗善意第三人。

第二九五條　（從權利之隨同移轉）

①讓與債權時，該債權之擔保及其他從屬之權利，隨同移轉於受讓人。但與讓與人有不可分離之關係者，不在此限。

②未支付之利息，推定其隨同原本移轉於受讓人。

第二九六條　（證明文件之交付與必要情形之告知）

讓與人應將證明債權之文件，交付受讓人，並應告以關於主張該債權所必要之一切情形。

第二九七條　（債權讓與之通知）

①債權之讓與，非經讓與人或受讓人通知債務人，對於債務人不生效力。但法律另有規定者，不在此限。

②受讓人將讓與人所立之讓與字據提示於債務人者，與通知有同一之效力。

第二九八條　（表見讓與）

①讓與人已將債權之讓與通知債務人者，縱未爲讓與或讓與無效，債務人仍得以其對抗受讓人之事由，對抗讓與人。

②前項通知，非經受讓人之同意，不得撤銷。

第二九九條　（對於受讓人抗辯之援用與抵銷之主張）

①債務人於受通知時，所得對抗讓與人之事由，皆得以之對抗受讓人。

②債務人於受通知時，對於讓與人有債權者，如其債權之清償期，先於所讓與之債權或同時屆至者，債務人得對於受讓人主張抵銷。

第三〇〇條　（免責的債務承擔—與債權人訂立契約）

第三人與債權人訂立契約承擔債務人之債務者，其債務於契約成立時，移轉於該第三人。

第三〇一條　（免責的債務承擔—與債務人訂立契約）

第三人與債務人訂立契約承擔其債務者，非經債權人承認，對於債權人不生效力。

第三〇二條　（債務人或承擔人之定期催告）

①前條債務人或承擔人，得定相當期限，催告債權人於該期限內確答是否承認，如逾期不爲確答者，視爲拒絕承認。

②債權人拒絕承認時，債務人或承擔人得撤銷其承擔之契約。

第三〇三條　（債務人抗辯權之援用及其限制）

①債務人因其法律關係所得對抗債權人之事由，承擔人亦得以之對抗債權人。但不得以屬於債務人之債權爲抵銷。

②承擔人因其承擔債務之法律關係所得對抗債務人之事由，不得以之對抗債權人。

第三〇四條　（從權利之存續及其例外）

①從屬於債權之權利，不因債務之承擔而妨礙其存在。但與債務人有不可分離之關係者，不在此限。

②由第三人就債權所爲之擔保，除該第三人對於債務之承擔已爲承認外，因債務之承擔而消滅。

第三〇五條　（併存的債務承擔—概括承受）

①就他人之財產或營業，概括承受其資產及負債者，因對於債權人爲承受之通知或公告，而生承擔債務之效力。

②前項情形，債務人關於到期之債權，自通知或公告時起，未到期之債權，自到期時起，二年以內，與承擔人連帶負其責任。

第三〇六條　（併存的債務承擔—營業合併）

營業與他營業合併，而互相承受其資產及負債者，與前條之概括承受同，其合併之新營業，對於各營業之債務，負其責任。

第六節　債之消滅

第一款　通　則

第三〇七條　（從權利之隨同消滅）

債之關係消滅者，其債權之擔保及其他從屬之權利亦同時消滅。

第三〇八條　（負債字據之返還及塗銷）

①債之全部消滅者，債務人得請求返還或塗銷負債之字據，其僅一部消滅或負債字據上載有債權人他項權利者，債務人得請求將消滅事由，記入字據。

②負債字據，如債權人主張有不能返還或有不能記入之事情者，債務人得請求給與債務消滅之公認證書。

第二款　清　償

第三〇九條　（清償之效力及受領清償人）

①依債務本旨，向債權人或其他有受領權人爲清償，經其受領者，債之關係消滅。

②持有債權人簽名之收據者，視爲有受領權人。但債務人已知或因過失而不知其無權受領者，不在此限。

第三一〇條　（向第三人爲清償之效力）

向第三人爲清償，經其受領者，其效力依左列各款之規定：

一　經債權人承認或受領人於受領後取得其債權者，有清償之效力。
二　受領人係債權之準占有人者，以債務人不知其非債權人者為限，有清償之效力。
三　除前二款情形外，於債權人因而受利益之限度內，有清償之效力。

第三一一條　（第三人之清償）

①債之清償，得由第三人為之。但當事人另有訂定或依債之性質不得由第三人清償者，不在此限。
②第三人之清償，債務人有異議時，債權人得拒絕其清償。但第三人就債之履行有利害關係者，債權人不得拒絕。

第三一二條　（第三人清償之權利）

就債之履行有利害關係之第三人為清償者，於其清償之限度內承受債權人之權利，但不得有害於債權人之利益。

第三一三條　（代位之通知抗辯抵銷準用債權讓與）

第二百九十七條及第二百九十九條之規定，於前條之承受權利準用之。

第三一四條　（清償地）

清償地，除法律另有規定或契約另有訂定，或另有習慣，或得依債之性質或其他情形決定者外，應依左列各款之規定：
一　以給付特定物為標的者，於訂約時，其物所在地為之。
二　其他之債，於債權人之住所地為之。

第三一五條　（清償期）

清償期，除法律另有規定或契約另有訂定，或得依債之性質或其他情形決定者外，債權人得隨時請求清償，債務人亦得隨時為清償。

第三一六條　（期前清償）

定有清償期者，債權人不得於期前請求清償，如無反對之意思表示時，債務人得於期前為清償。

第三一七條　（清償費用之負擔）

清償債務之費用，除法律另有規定或契約另有訂定外，由債務人負擔。但因債權人變更住所或其他行為，致增加清償費用者，其增加之費用，由債權人負擔。

第三一八條　（一部或緩期清償）

①債務人無為一部清償之權利。但法院得斟酌債務人之境況，許其於無甚害於債權人利益之相當期限內，分期給付，或緩期清償。
②法院許為分期給付者，債務人一期遲延給付時，債權人得請求全部清償。
③給付不可分者，法院得比照第一項但書之規定，許其緩期清償。

第三一九條　（代物清償）

債權人受領他種給付以代原定之給付者，其債之關係消滅。

第三二〇條　（間接給付—新債清償）

因清償債務而對於債權人負擔新債務者，除當事人另有意思表示外，若新債務不履行時，其舊債務仍不消滅。

第三二一條 （清償之抵充―當事人指定）
對於一人負擔數宗債務而其給付之種類相同者，如清償人所提出之給付，不足清償全部債額時，由清償人於清償時，指定其應抵充之債務。

第三二二條 （清償之抵充―法定抵充）
清償人不爲前條之指定者，依左列之規定，定其應抵充之債務：
一 債務已屆清償期者，儘先抵充。
二 債務均已屆清償期或均未屆清償期者，以債務之擔保最少者，儘先抵充；擔保相等者，以債務人因清償而獲益最多者，儘先抵充；獲益相等者，以先到期之債務，儘先抵充。
三 獲益及清償期均相等者，各按比例，抵充其一部。

第三二三條 （不同種類債務之抵充順序）
清償人所提出之給付，應先抵充費用，次充利息，次充原本；其依前二條之規定抵充債務者亦同。

第三二四條 （受領證書給與請求權）
清償人對於受領清償人，得請求給與受領證書。

第三二五條 （給與受領證書或返還債權證書之效力）
①關於利息或其他定期給付，如債權人給與受領一期給付之證書，未爲他期之保留者，推定其以前各期之給付已爲清償。
②如債權人給與受領原本之證書者，推定其利息亦已受領。
③債權證書已返還者，推定其債之關係消滅。

第三款 提 存

第三二六條 （提存之要件）
債權人受領遲延，或不能確知孰爲債權人而難爲給付者，清償人得將其給付物，爲債權人提存之。

第三二七條 （提存之處所）
提存應於清償地之法院提存所爲之。

第三二八條 （危險負擔之移轉）
提存後，給付物毀損、滅失之危險，由債權人負擔，債務人亦無須支付利息，或賠償其孳息未收取之損害。

第三二九條 （提存物之受取及受取之阻止）
債權人得隨時受取提存物，如債務人之清償，係對債權人之給付而爲之者，在債權人未爲對待給付或提出相當擔保前，得阻止其受取提存物。

第三三〇條 （受取權之消滅）
債權人關於提存物之權利，應於提存後十年內行使之，逾期其提存物歸屬國庫。

第三三一條 （提存價金―拍賣給付物）
給付物不適於提存，或有毀損滅失之虞，或提存需費過鉅者，清償人得聲請清償地之法院拍賣，而提存其價金。

第三三二條　（提存價金—變賣）
前條給付物有市價者，該管法院得許可清償人照市價出賣，而提存其價金。

第三三三條　（提存等費用之負擔）
提存拍賣及出賣之費用，由債權人負擔。

第四款　抵　銷

第三三四條　（抵銷之要件）
①二人互負債務，而其給付種類相同，並均屆清償期者，各得以其債務，與他方之債務，互爲抵銷。但依債之性質不能抵銷或依當事人之特約不得抵銷者，不在此限。
②前項特約，不得對抗善意第三人。

第三三五條　（抵銷之方法與效力）
①抵銷，應以意思表示，向他方爲之。其相互間債之關係，溯及最初得爲抵銷時，按照抵銷數額而消滅。
②前項意思表示，附有條件或期限者，無效。

第三三六條　（清償地不同之債務之抵銷）
清償地不同之債務，亦得爲抵銷。但爲抵銷之人，應賠償他方因抵銷而生之損害。

第三三七條　（時效消滅債務之抵銷）
債之請求權雖經時效而消滅，如在時效未完成前，其債務已適於抵銷者，亦得爲抵銷。

第三三八條　（禁止抵銷之債—禁止扣押之債）
禁止扣押之債，其債務人不得主張抵銷。

第三三九條　（禁止抵銷之債—因侵權行爲而負擔之債）
因故意侵權行爲而負擔之債，其債務人不得主張抵銷。

第三四〇條　（禁止抵銷之債—受扣押之債權）
受債權扣押命令之第三債務人，於扣押後，始對其債權人取得債權者，不得以其所取得之債權與受扣押之債權爲抵銷。

第三四一條　（禁止抵銷之債—向第三人爲給付之債）
約定應向第三人爲給付之債務人，不得以其債務，與他方當事人對於自己之債務爲抵銷。

第三四二條　（準用清償之抵充）
第三百二十一條至第三百二十三條之規定，於抵銷準用之。

第五款　免　除

第三四三條　（免除之效力）
債權人向債務人表示免除其債務之意思者，債之關係消滅。

第六款　混　同

第三四四條　（混同之效力）
債權與其債務同歸一人時，債之關係消滅。但其債權爲他人權利之標的或法律另有規定者，不在此限。

第二章 各種之債

第一節 買賣

第一款 通則

第三四五條 （買賣之意義及成立）

①稱買賣者，謂當事人約定一方移轉財產權於他方，他方支付價金之契約。

②當事人就標的物及其價金互相同意時，買賣契約即為成立。

第三四六條 （買賣價金）

①價金雖未具體約定，而依情形可得而定者，視為定有價金。

②價金約定依市價者，視為標的物清償時，清償地之市價。但契約另有訂定者，不在此限。

第三四七條 （有償契約準用買賣規定）

本節規定，於買賣契約以外之有償契約準用之。但為其契約性質所不許者，不在此限。

第二款 效力

第三四八條 （出賣人之移轉財產權及交付標的物之義務）

①物之出賣人，負交付其物於買受人，並使其取得該物所有權之義務。

②權利之出賣人，負使買受人取得其權利之義務，如因其權利而得占有一定之物者，並負交付其物之義務。

第三四九條 （權利瑕疵擔保—權利無缺）

出賣人應擔保第三人就買賣之標的物，對於買受人不得主張任何權利。

第三五〇條 （權利瑕疵擔保—權利存在）

債權或其他權利之出賣人，應擔保其權利確係存在，有價證券之出賣人，並應擔保其證券未因公示催告而宣示無效。

第三五一條 （權利瑕疵擔保之免除）

買受人於契約成立時，知有權利之瑕疵者，出賣人不負擔保之責。但契約另有訂定者，不在此限。

第三五二條 （債務人支付能力之擔保責任）

債權之出賣人，對於債務人之支付能力，除契約另有訂定外，不負擔保責任，出賣人就債務人之支付能力，負擔保責任者，推定其擔保債權移轉時債務人之支付能力。

第三五三條 （權利瑕疵擔保之效果）

出賣人不履行第三百四十八條至第三百五十一條所定之義務者，買受人得依關於債務不履行之規定，行使其權利。

第三五四條 （物之瑕疵擔保責任與效果）

①物之出賣人對於買受人，應擔保其物依第三百七十三條之規定危險移轉於買受人時無滅失或減少其價值之瑕疵，亦無滅失或減少其通常效用或契約預定效用之瑕疵。但減少之程度，無關

重要者，不得視為瑕疵。
②出賣人並應擔保其物於危險移轉時，具有其所保證之品質。

第三五五條　（物之瑕疵擔保責任之免除）
①買受人於契約成立時，知其物有前條第一項所稱之瑕疵者，出賣人不負擔保之責。
②買受人因重大過失，而不知有前條第一項所稱之瑕疵者，出賣人如未保證其無瑕疵時，不負擔保之責。但故意不告知其瑕疵者，不在此限。

第三五六條　（買受人之檢查通知義務）
①買受人應按物之性質，依通常程序從速檢查其所受領之物，如發見有應由出賣人負擔保責任之瑕疵時，應即通知出賣人。
②買受人怠於為前項之通知者，除依通常之檢查不能發見之瑕疵外，視為承認其所受領之物。
③不能即知之瑕疵，至日後發見者，應即通知出賣人，怠於為通知者，視為承認其所受領之物。

第三五七條　（檢查通知義務之排除）
前條規定，於出賣人故意不告知瑕疵於買受人者，不適用之。

第三五八條　（異地送到之物之保管、通知、變賣義務）
①買受人對於由他地送到之物，主張有瑕疵，不願受領者，如出賣人於受領地無代理人，買受人有暫為保管之責。
②前項情形，如買受人不即依相當方法證明其瑕疵之存在者，推定於受領時為無瑕疵。
③送到之物易於敗壞者，買受人經依相當方法之證明，得照市價變賣之。如為出賣人之利益，有必要時，並有變賣之義務。
④買受人依前項規定為變賣者，應即通知出賣人。如怠於通知，應負損害賠償之責。

第三五九條　（物之瑕疵擔保效力—解約或減少價金）
買賣因物有瑕疵，而出賣人依前五條之規定，應負擔保之責者，買受人得解除其契約或請求減少其價金。但依情形，解除契約顯失公平者，買受人僅得請求減少價金。

第三六〇條　（物之瑕疵擔保效力—請求不履行之損害賠償）
買賣之物，缺少出賣人所保證之品質者，買受人得不解除契約或請求減少價金，而請求不履行之損害賠償；出賣人故意不告知物之瑕疵者亦同。

第三六一條　（解約催告）
①買受人主張物有瑕疵者，出賣人得定相當期限，催告買受人於其期限內是否解除契約。
②買受人於前項期限內不解除契約者，喪失其解除權。

第三六二條　（解約與從物）
①因主物有瑕疵而解除契約者，其效力及於從物。
②從物有瑕疵者，買受人僅得就從物之部分為解除。

第三六三條　（數物併同出賣時之解除契約）
①為買賣標的之數物中，一物有瑕疵者，買受人僅得就有瑕疵之

物爲解除，其以總價金將數物同時賣出者，買受人並得請求減少與瑕疵物相當之價額。
②前項情形，當事人之任何一方，如因有瑕疵之物，與他物分離而顯受損害者，得解除全部契約。

第三六四條 （瑕疵擔保之效力—另行交付無瑕疵之物）
①買賣之物，僅指定種類者，如其物有瑕疵，買受人得不解除契約或請求減少價金，而即時請求另行交付無瑕疵之物。
②出賣人就前項另行交付之物，仍負擔保責任。

第三六五條 （解除權或請求權之消滅）
①買受人因物有瑕疵，而得解除契約或請求減少價金者，其解除權或請求權，於買受人依第三百五十六條規定爲通知後六個月間不行使或自物之交付時起經過五年而消滅。
②前項關於六個月期間之規定，於出賣人故意不告知瑕疵者，不適用之。

第三六六條 （免除或限制擔保義務之特約）
以特約免除或限制出賣人關於權利或物之瑕疵擔保義務者，如出賣人故意不告知其瑕疵，其特約爲無效。

第三六七條 （買受人之義務）
買受人對於出賣人，有交付約定價金及受領標的物之義務。

第三六八條 （價金支付拒絕權）
①買受人有正當理由，恐第三人主張權利，致失其因買賣契約所得權利之全部或一部者，得拒絕支付價金之全部或一部。但出賣人已提出相當擔保者，不在此限。
②前項情形，出賣人得請求買受人提存價金。

第三六九條 （標的物與價金交付時期）
買賣標的物與其價金之交付，除法律另有規定或契約另有訂定或另有習慣外，應同時爲之。

第三七〇條 （價金交付期限之推定）
標的物交付定有期限者，其期限，推定其爲價金交付之期限。

第三七一條 （價金交付之處所）
標的物與價金應同時交付者，其價金應於標的物之交付處所交付之。

第三七二條 （依重量計算價金之方法）
價金依物之重量計算者，應除去其包皮之重量。但契約另有訂定或另有習慣者，從其訂定或習慣。

第三七三條 （標的物利益與危險之承受負擔）
買賣標的物之利益及危險，自交付時起，均由買受人承受負擔。但契約另有訂定者，不在此限。

第三七四條 （送交清償地以外處所之標的物危險之負擔）
買受人請求將標的物送交清償地以外之處所者，自出賣人交付其標的物於爲運送之人或承攬運送人時起，標的物之危險，由買受人負擔。

第三七五條 （交付前負擔危險之買受人費用返還義務）

①標的物之危險，於交付前已應由買受人負擔者，出賣人於危險移轉後，標的物之交付前，所支出之必要費用，買受人應依關於委任之規定，負償還責任。
②前項情形，出賣人所支出之費用，如非必要者，買受人應依關於無因管理之規定，負償還責任。

第三七六條（出賣人違反關於送交方法特別指示之損害賠償）
買受人關於標的物之送交方法，有特別指示，而出賣人無緊急之原因，違其指示者，對於買受人因此所受之損害，應負賠償責任。

第三七七條（以權利為買賣標的之利益與危險之承受負擔）
以權利為買賣之標的，如出賣人因其權利而得占有一定之物者，準用前四條之規定。

第三七八條（買賣費用之負擔）
買賣費用之負擔，除法律另有規定或契約另有訂定或另有習慣外，依左列之規定：
一　買賣契約之費用，由當事人雙方平均負擔。
二　移轉權利之費用，運送標的物至清償地之費用及交付之費用，由出賣人負擔。
三　受領標的物之費用，登記之費用及送交清償地以外處所之費用，由買受人負擔。

第三款　買　回

第三七九條（買回之要件）
①出賣人於買賣契約保留買回之權利者，得返還其所受領之價金，而買回其標的物。
②前項買回之價金，另有特約者，從其特約。
③原價金之利息，與買受人就標的物所得之利益，視為互相抵銷。

第三八〇條（買回之期限）
買回之期限，不得超過五年，如約定之期限較長者，縮短為五年。

第三八一條（買賣費用之償還與買回費用之負擔）
買賣費用由買受人支出者，買回人應與買回價金連同償還之。
買回之費用，由買回人負擔。

第三八二條（改良及有益費用之償還）
買受人為改良標的物所支出之費用及其他有益費用，而增加價值者，買回人應償還之。但以現存之增價額為限。

第三八三條（原買受人之義務及責任）
①買受人對於買回人，負交付標的物及其附屬物之義務。
②買受人因可歸責於自己之事由，致不能交付標的物或標的物顯有變更者，應賠償因此所生之損害。

第四款　特種買賣

第三八四條（試驗買賣之意義）

試驗買賣，為以買受人之承認標的物為停止條件而訂立之契約。

第三八五條　（容許試驗義務）

試驗買賣之出賣人，有許買受人試驗其標的物之義務。

第三八六條　（視為拒絕承認標的物）

標的物經試驗而未交付者，買受人於約定期限內，未就標的物為承認之表示，視為拒絕；其無約定期限，而於出賣人所定之相當期限內，未為承認之表示者亦同。

第三八七條　（視為承認標的物）

①標的物因試驗已交付於買受人，而買受人不交還其物，或於約定期限或出賣人所定之相當期限內不為拒絕之表示者，視為承認。

②買受人已支付價金之全部或一部，或就標的物為非試驗所必要之行為者，視為承認。

第三八八條　（貨樣買賣）

按照貨樣約定買賣者，視為出賣人擔保其交付之標的物與貨樣有同一之品質。

第三八九條　（分期付價買賣期限利益喪失約款之限制）

分期付價之買賣，如約定買受人有遲延時，出賣人得即請求支付全部價金者，除買受人遲付之價額已達全部價金五分之一外，出賣人仍不得請求支付全部價金。

第三九〇條　（解約扣價約款之限制）

分期付價之買賣，如約定出賣人於解除契約時，得扣留其所受領價金者，其扣留之數額，不得超過標的物使用之代價，及標的物受有損害時之賠償額。

第三九一條　（拍賣之成立）

拍賣，因拍賣人拍板或依其他慣用之方法為賣定之表示而成立。

第三九二條　（拍賣人應買之禁止）

拍賣人對於其所經管之拍賣，不得應買，亦不得使他人為其應買。

第三九三條　（拍賣物之拍定）

拍賣人除拍賣之委任人有反對之意思表示外，得將拍賣物拍歸出價最高之應買人。

第三九四條　（拍定之撤回）

拍賣人對於應買人所出最高之價，認為不足者，得不為賣定之表示而撤回其物。

第三九五條　（應買表示之效力）

應買人所為應買之表示，自有出價較高之應買或拍賣物經撤回時，失其拘束力。

第三九六條　（以現金支付買價及支付時期）

拍賣之買受人，應於拍賣成立時或拍賣公告內所定之時，以現金支付買價。

第三九七條　（不按時支付價金之效力─解約再拍賣及賠償差額）

①拍賣之買受人如不按時支付價金者，拍賣人得解除契約，將其

物再為拍賣。
②再行拍賣所得之價金，如少於原拍賣之價金及再行拍賣之費用者，原買受人應負賠償其差額之責任。

第二節　互　易

第三九八條　（交互準用買賣之規定）
當事人雙方約定互相移轉金錢以外之財產權者，準用關於買賣之規定。
第三九九條　（附有補足金之互易準用買賣之規定）
當事人之一方，約定移轉前條所定之財產權，並應交付金錢者，其金錢部分，準用關於買賣價金之規定。

第三節　交互計算

第四〇〇條　（交互計算之意義）
稱交互計算者，謂當事人約定，以其相互間之交易所生之債權、債務為定期計算，互相抵銷，而僅支付其差額之契約。
第四〇一條　（票據及證券等記入交互計算項目之除去）
匯票、本票、支票及其他流通證券，記入交互計算者，如證券之債務人不為清償時，當事人得將該記入之項目除去之。
第四〇二條　（交互計算之計算期）
交互計算之計算期，如無特別訂定，每六個月計算一次。
第四〇三條　（交互計算之終止）
當事人之一方，得隨時終止交互計算契約而為計算。但契約另有訂定者，不在此限。
第四〇四條　（利息之附加）
①記入交互計算之項目，得約定自記入之時起，附加利息。
②由計算而生之差額，得請求自計算時起，支付利息。
第四〇五條　（記入交互計算項目之除去或改正）
記入交互計算之項目，自計算後，經過一年，不得請求除去或改正。

第四節　贈　與

第四〇六條　（贈與之意義及成立）
稱贈與者，謂當事人約定，一方以自己之財產無償給與他方，他方允受之契約。
第四〇七條　（刪除）
第四〇八條　（贈與之任意撤銷及其例外）
①贈與物之權利未移轉前，贈與人得撤銷其贈與。其一部已移轉者，得就其未移轉之部分撤銷之。
②前項規定，於經公證之贈與，或為履行道德上義務而為贈與者，不適用之。

第四〇九條　（受贈人之權利）

①贈與人就前條第二項所定之贈與給付遲延時，受贈人得請求交付贈與物；其因可歸責於自己之事由致給付不能時，受贈人得請求賠償贈與物之價額。

②前項情形，受贈人不得請求遲延利息或其他不履行之損害賠償。

第四一〇條　（贈與人之責任）

贈與人僅就其故意或重大過失，對於受贈人負給付不能之責任。

第四一一條　（瑕疵擔保責任）

贈與之物或權利如有瑕疵，贈與人不負擔保責任。但贈與人故意不告知其瑕疵或保證其無瑕疵者，對於受贈人因瑕疵所生之損害，負賠償之義務。

第四一二條　（附負擔之贈與）

①贈與附有負擔者，如贈與人已為給付而受贈人不履行其負擔時，贈與人得請求受贈人履行其負擔，或撤銷贈與。

②負擔以公益為目的者，於贈與人死亡後，主管機關或檢察官得請求受贈人履行其負擔。

第四一三條　（受贈人履行負擔責任之限度）

附有負擔之贈與，其贈與不足償其負擔者，受贈人僅於贈與之價值限度內，有履行其負擔之責任。

第四一四條　（附負擔贈與之瑕疵擔保責任）

附有負擔之贈與，其贈與之物或權利如有瑕疵，贈與人於受贈人負擔之限度內，負與出賣人同一之擔保責任。

第四一五條　（定期贈與當事人之死亡）

定期給付之贈與，因贈與人或受贈人之死亡，失其效力。但贈與人有反對之意思表示者，不在此限。

第四一六條　（贈與人之撤銷權）

①受贈人對於贈與人，有左列情事之一者，贈與人得撤銷其贈與：

一　對於贈與人、其配偶、直系血親、三親等內旁系血親或二親等內姻親，有故意侵害之行為，依刑法有處罰之明文者。

二　對於贈與人有扶養義務而不履行者。

②前項撤銷權，自贈與人知有撤銷原因之時起，一年內不行使而消滅。贈與人對於受贈人已為宥恕之表示者，亦同。

第四一七條　（繼承人之撤銷權）

受贈人因故意不法之行為，致贈與人死亡或妨礙其為贈與之撤銷者，贈與人之繼承人，得撤銷其贈與。但其撤銷權自知有撤銷原因之時起，六個月間不行使而消滅。

第四一八條　（贈與人之窮困抗辯—贈與履行之拒絕）

贈與人於贈與約定後，其經濟狀況顯有變更，如因贈與致其生計有重大之影響，或妨礙其扶養義務之履行者，得拒絕贈與之履行。

第四一九條　（撤銷贈與之方法及效果）

①贈與之撤銷，應向受贈人以意思表示為之。

②贈與撤銷後，贈與人得依關於不當得利之規定，請求返還贈與

物。

第四二〇條 （撤銷權之消滅）

贈與之撤銷權，因受贈人之死亡而消滅。

第五節 租 賃

第四二一條 （租賃之定義）

①稱租賃者，謂當事人約定，一方以物租與他方使用、收益，他方支付租金之契約。

②前項租金，得以金錢或租賃物之孳息充之。

第四二二條 （不動產租賃契約之方式）

不動產之租賃契約，其期限逾一年者，應以字據訂立之，未以字據訂立者，視為不定期限之租賃。

第四二二條之一 （地上權登記之請求）

租用基地建築房屋者，承租人於契約成立後，得請求出租人為地上權之登記。

第四二三條 （租賃物之交付及保持義務）

出租人應以合於所約定使用、收益之租賃物，交付承租人，並應於租賃關係存續中，保持其合於約定使用、收益之狀態。

第四二四條 （承租人之契約終止權）

租賃物為房屋或其他供居住之處所者，如有瑕疵，危及承租人或其同居人之安全或健康時，承租人雖於訂約時已知其瑕疵，或已拋棄其終止契約之權利，仍得終止契約。

第四二五條 （租賃物所有權之讓與）

①出租人於租賃物交付後，承租人占有中，縱將其所有權讓與第三人，其租賃契約，對於受讓人仍繼續存在。

②前項規定，於未經公證之不動產租賃契約，其期限逾五年或未定期限者，不適用之。

第四二五條之一 （土地所有人與房屋所有人之租賃關係）

①土地及其土地上之房屋同屬一人所有，而僅將土地或僅將房屋所有權讓與他人，或將土地及房屋同時或先後讓與相異之人時，土地受讓人或房屋受讓人與讓與人間或房屋受讓人與土地受讓人間，推定在房屋得使用期限內，有租賃關係。其期限不受第四百四十九條第一項規定之限制。

②前項情形，其租金數額當事人不能協議時，得請求法院定之。

第四二六條 （就租賃物設定物權之效力）

出租人就租賃物設定物權，致妨礙承租人之使用收益者，準用第四百二十五條之規定。

第四二六條之一 （房屋所有權移轉時承租人之效力）

租用基地建築房屋，承租人房屋所有權移轉時，其基地租賃契約，對於房屋受讓人，仍繼續存在。

第四二六條之二 （租用基地建築房屋之優先購買權）

①租用基地建築房屋，出租人出賣基地時，承租人有依同樣條件

優先承買之權。承租人出賣房屋時，基地所有人有依同樣條件優先承買之權。
②前項情形，出賣人應將出賣條件以書面通知優先承買權人。優先承買權人於通知達到後十日內未以書面表示承買者，視為放棄。
③出賣人未以書面通知優先承買權人而為所有權之移轉登記者，不得對抗優先承買權人。

第四二七條 （租賃物稅捐之負擔）
就租賃物應納之一切稅捐，由出租人負擔。

第四二八條 （動物租賃飼養費之負擔）
租賃物為動物者，其飼養費由承租人負擔。

第四二九條 （出租人之修繕義務）
①租賃物之修繕，除契約另有訂定或另有習慣外，由出租人負擔。
②出租人為保存租賃物所為之必要行為，承租人不得拒絕。

第四三〇條 （修繕義務不履行之效力）
租賃關係存續中，租賃物如有修繕之必要，應由出租人負擔者，承租人得定相當期限，催告出租人修繕，如出租人於其期限內不為修繕者，承租人得終止契約或自行修繕而請求出租人償還其費用或於租金中扣除之。

第四三一條 （有益費用之償還及工作物之取回）
①承租人就租賃物支出有益費用，因而增加該物之價值者，如出租人知其情事而不為反對之表示，於租賃關係終止時，應償還其費用。但以其現存之增價額為限。
②承租人就租賃物所增設之工作物，得取回之。但應回復租賃物之原狀。

第四三二條 （承租人之保管義務）
①承租人應以善良管理人之注意，保管租賃物，租賃物有生產力者，並應保持其生產力。
②承租人違反前項義務，致租賃物毀損、滅失者，負損害賠償責任。但依約定之方法或依物之性質而定之方法為使用、收益，致有變更或毀損者，不在此限。

第四三三條 （對於第三人行為之責任）
因承租人之同居人或因承租人允許為租賃物之使用、收益之第三人應負責之事由，致租賃物毀損、滅失者，承租人負損害賠償責任。

第四三四條 （失火責任）
租賃物因承租人之重大過失，致失火而毀損、滅失者，承租人對於出租人負損害賠償責任。

第四三五條 （租賃物一部滅失之效果）
①租賃關係存續中，因不可歸責於承租人之事由，致租賃物之一部滅失者，承租人得按滅失之部分，請求減少租金。
②前項情形，承租人就其存餘部分不能達租賃之目的者，得終止契約。

第四三六條（權利瑕疵之效果）

前條規定，於承租人因第三人就租賃物主張權利，致不能為約定之使用、收益者準用之。

第四三七條（承租人之通知義務）

①租賃關係存續中，租賃物如有修繕之必要，應由出租人負擔者，或因防止危害有設備之必要，或第三人就租賃物主張權利者，承租人應即通知出租人。但為出租人所已知者，不在此限。

②承租人怠於為前項通知，致出租人不能及時救濟者，應賠償出租人因此所生之損害。

第四三八條（承租人使用收益租賃物之方法及違反之效果）

①承租人應依約定方法，為租賃物之使用、收益；無約定方法者，應以依租賃物之性質而定之方法為之。

②承租人違反前項之規定為租賃物之使用、收益，經出租人阻止而仍繼續為之者，出租人得終止契約。

第四三九條（支付租金之時期）

承租人應依約定日期，支付租金；無約定者，依習慣；無約定亦無習慣者，應於租賃期滿時支付之。如租金分期支付者，於每期屆滿時支付之。如租賃物之收益有季節者，於收益季節終了時支付之。

第四四〇條（租金支付遲延之效力）

①承租人租金支付有遲延者，出租人得定相當期限，催告承租人支付租金，如承租人於其期限內不為支付，出租人得終止契約。

②租賃物為房屋者，遲付租金之總額，非達二個月之租額，不得依前項之規定，終止契約。其租金約定於每期開始時支付者，並應於遲延給付逾二個月時，始得終止契約。

③租用建築房屋之基地，遲付租金之總額，達二年之租額時，適用前項之規定。

第四四一條（租金之續付）

承租人因自己之事由，致不能為租賃物全部或一部之使用、收益者，不得免其支付租金之義務。

第四四二條（不動產租賃租金增減請求權）

租賃物為不動產者，因其價值之昇降，當事人得聲請法院增減其租金。但其租賃定有期限者，不在此限。

第四四三條（轉租之效力）

①承租人非經出租人承諾，不得將租賃物轉租於他人。但租賃物為房屋者，除有反對之約定外，承租人得將其一部分轉租於他人。

②承租人違反前項規定，將租賃物轉租於他人者，出租人得終止契約。

第四四四條（轉租之效力）

①承租人依前條之規定，將租賃物轉租於他人者，其與出租人間之租賃關係，仍為繼續。

②因次承租人應負責之事由所生之損害，承租人負賠償責任。

第四四五條　（不動產出租人之留置權）
①不動產之出租人，就租賃契約所生之債權，對於承租人之物置於該不動產者，有留置權。但禁止扣押之物，不在此限。
②前項情形，僅於已得請求之損害賠償及本期與以前未交之租金之限度內，得就留置物取償。
第四四六條　（留置權之消滅與出租人之異議）
①承租人將前條留置物取去者，出租人之留置權消滅。但其取去係乘出租人之不知，或出租人曾提出異議者，不在此限。
②承租人如因執行業務取去其物，或其取去適於通常之生活關係，或所留之物足以擔保租金之支付者，出租人不得提出異議。
第四四七條　（出租人之自助權）
①出租人有提出異議權者，得不聲請法院，逕行阻止承租人取去其留置物；如承租人離去租賃之不動產者，並得占有其物。
②承租人乘出租人之不知或不顧出租人提出異議而取去其物者，出租人得終止契約。
第四四八條　（留置權之消滅─提供擔保）
承租人得提出擔保，以免出租人行使留置權，並得提出與各個留置物價值相當之擔保，以消滅對於該物之留置權。
第四四九條　（租賃之最長期限）
①租賃契約之期限，不得逾二十年。逾二十年者，縮短爲二十年。
②前項期限，當事人得更新之。
③租用基地建築房屋者，不適用第一項之規定。
第四五〇條　（租賃契約之消滅）
①租賃定有期限者，其租賃關係，於期限屆滿時消滅。
②未定期限者，各當事人得隨時終止契約。但有利於承租人之習慣者，從其習慣。
③前項終止契約，應依習慣先期通知。但不動產之租金，以星期、半個月或一個月定其支付之期限者，出租人應以曆定星期、半個月或一個月之末日爲契約終止期，並應至少於一星期、半個月或一個月前通知之。
第四五一條　（租賃契約之默示更新）
租賃期限屆滿後，承租人仍爲租賃物之使用收益，而出租人不即表示反對之意思者，視爲以不定期限繼續契約。
第四五二條　（因承租人死亡而終止租約）
承租人死亡者，租賃契約雖定有期限，其繼承人仍得終止契約。但應依第四百五十條第三項之規定，先期通知。
第四五三條　（定期租約之終止）
定有期限之租賃契約，如約定當事人之一方於期限屆滿前，得終止契約者，其終止契約，應依第四百五十條第三項之規定，先期通知。
第四五四條　（預收租金之返還）
租賃契約，依前二條之規定終止時，如終止後始到期之租金，出租人已預先受領者，應返還之。

第四五五條　（租賃物之返還）

承租人於租賃關係終止後，應返還租賃物；租賃物有生產力者，並應保持其生產狀態，返還出租人。

第四五六條　（消滅時效期間及其起算點）

①出租人就租賃物所受損害對於承租人之賠償請求權，承租人之償還費用請求權及工作物取回權，均因二年間不行使而消滅。

②前項期間，於出租人，自受租賃物返還時起算；於承租人，自租賃關係終止時起算。

第四五七條　（耕地租賃之租金減免請求權）

①耕作地之承租人，因不可抗力，致其收益減少或全無者，得請求減少或免除租金。

②前項租金減免請求權，不得預先拋棄。

第四五七條之一　（耕作地預收地租之禁止與承租人得爲部分租金之支付）

①耕作地之出租人不得預收租金。

②承租人不能按期支付應交租金之全部，而以一部支付時，出租人不得拒絕收受。

第四五八條　（耕地租約之終止）

耕作地租賃於租期屆滿前，有左列情形之一時，出租人得終止契約：

一　承租人死亡而無繼承人或繼承人無耕作能力者。

二　承租人非因不可抗力不爲耕作繼續一年以上者。

三　承租人將耕作地全部或一部轉租於他人者。

四　租金積欠達兩年之總額者。

五　耕作地依法編定或變更爲非耕作地使用者。

第四五九條　（耕地租約之終止）

未定期限之耕作地租賃，出租人除收回自耕外，僅於有前條各款之情形或承租人違反第四百三十二條或第四百六十二條第二項之規定時，得終止契約。

第四六〇條　（耕地租約之終止期）

耕作地之出租人終止契約者，應以收益季節後，次期作業開始前之時日，爲契約之終止期。

第四六〇條之一　（耕作地之優先承買或承典權）

①耕作地出租人出賣或出典耕作地時，承租人有依同樣條件優先承買或承典之權。

②第四百二十六條之二第二項及第三項之規定，於前項承買或承典準用之。

第四六一條　（耕作費用之償還）

耕作地之承租人，因租賃關係終止時未及收穫之孳息所支出之耕作費用，得請求出租人償還之。但其請求額不得超過孳息之價額。

第四六一條之一　（承租人對耕作地之特別改良）

①耕作地承租人於保持耕作地之原有性質及效能外，得爲增加耕

作地生產力或耕作便利之改良。但應將改良事項及費用數額，以書面通知出租人。
②前項費用，承租人返還耕作地時，得請求出租人返還。但以其未失效能部分之價額為限。

第四六二條　（耕作地附屬物之範圍及其補充）
①耕作地之租賃，附有農具，牲畜或其他附屬物者，當事人應於訂約時，評定其價值，並繕具清單，由雙方簽名，各執一份。
②清單所載之附屬物，如因可歸責於承租人之事由而滅失者，由承租人負補充之責任。
③附屬物如因不可歸責於承租人之事由而滅失者，由出租人負補充之責任。

第四六三條　（耕作地附屬物之返還）
耕作地之承租人依清單所受領之附屬物，應於租賃關係終止時，返還於出租人；如不能返還者，應賠償其依清單所定之價值。但因使用所生之通常折耗，應扣除之。

第四六三條之一　（權利租賃之準用）
本節規定，於權利之租賃準用之。

第六節　借　貸

第一款　使用借貸

第四六四條　（使用借貸之定義）
稱使用借貸者，謂當事人一方以物交付他方，而約定他方於無償使用後返還其物之契約。

第四六五條　（刪除）

第四六五條之一　（使用借貸之預約）
使用借貸預約成立後，預約貸與人得撤銷其約定。但預約借用人已請求履行預約而預約貸與人未即時撤銷者，不在此限。

第四六六條　（貸與人之責任）
貸與人故意不告知借用物之瑕疵，致借用人受損害者，負賠償責任。

第四六七條　（依約定方法使用借用物義務）
①借用人應依約定方法，使用借用物；無約定方法者，應以依借用物之性質而定之方法使用之。
②借用人非經貸與人之同意，不得允許第三人使用借用物。

第四六八條　（借用人之保管義務）
①借用人應以善良管理人之注意，保管借用物。
②借用人違反前項義務，致借用物毀損、滅失者，負損害賠償責任。但依約定之方法或依物之性質而定之方法使用借用物，致有變更或毀損者，不負責任。

第四六九條　（通常保管費之負擔及工作物之取回）
①借用物之通常保管費用，由借用人負擔。借用物為動物者，其飼養費亦同。

②借用人就借用物支出有益費用，因而增加該物之價值者，準用第四百三十一條第一項之規定。
③借用人就借用物所增加之工作物，得取回之。但應回復借用物之原狀。

第四七〇條 （借用人返還借用物義務）
①借用人應於契約所定期限屆滿時，返還借用物；未定期限者，應於依借貸之目的使用完畢時返還之。但經過相當時期，可推定借用人已使用完畢者，貸與人亦得為返還之請求。
②借貸未定期限，亦不能依借貸之目的而定其期限者，貸與人得隨時請求返還借用物。

第四七一條 （借用人之連帶責任）
數人共借一物者，對於貸與人，連帶負責。

第四七二條 （貸與人之終止契約權）
有左列各款情形之一者，貸與人得終止契約：
一　貸與人因不可預知之情事，自己需用借用物者。
二　借用人違反約定或依物之性質而定之方法使用借用物，或未經貸與人同意允許第三人使用者。
三　因借用人怠於注意，致借用物毀損或有毀損之虞者。
四　借用人死亡者。

第四七三條 （消滅時效期間及其起算）
①貸與人就借用物所受損害，對於借用人之賠償請求權、借用人依第四百六十六條所定之賠償請求權、第四百六十九條所定有益費用償還請求權及其工作物之取回權，均因六個月間不行使而消滅。
②前項期間，於貸與人，自受借用物返還時起算。於借用人，自借貸關係終止時起算。

第二款　消費借貸

第四七四條 （消費借貸之定義）
①稱消費借貸者，謂當事人一方移轉金錢或其他代替物之所有權於他方，而約定他方以種類、品質、數量相同之物返還之契約。
②當事人之一方對他方負金錢或其他代替物之給付義務而約定以之作為消費借貸之標的者，亦成立消費借貸。

第四七五條 （刪除）

第四七五條之一 （消費借貸之預約）
①消費借貸之預約，其約定之消費借貸有利息或其他報償，當事人之一方於預約成立後，成為無支付能力者，預約貸與人得撤銷其預約。
②消費借貸之預約，其約定之消費借貸為無報償者，準用第四百六十五條之一之規定。

第四七六條 （物之瑕疵擔保責任）
①消費借貸，約定有利息或其他報償者，如借用物有瑕疵時，貸與人應另易以無瑕疵之物。但借用人仍得請求損害賠償。

第四九三條（瑕疵擔保之效力—瑕疵修補）

①工作有瑕疵者，定作人得定相當期限，請求承攬人修補之。

②承攬人不於前項期限內修補者，定作人得自行修補，並得向承攬人請求償還修補必要之費用。

③如修補所需費用過鉅者，承攬人得拒絕修補，前項規定，不適用之。

第四九四條（瑕疵擔保之效力—解約或減少報酬）

承攬人不於前條第一項所定期限內修補瑕疵，或依前條第三項之規定拒絕修補或其瑕疵不能修補者，定作人得解除契約或請求減少報酬。但瑕疵非重要，或所承攬之工作爲建築物或其他土地上之工作物者，定作人不得解除契約。

第四九五條（瑕疵擔保之效力—損害賠償）

①因可歸責於承攬人之事由，致工作發生瑕疵者，定作人除依前二條之規定，請求修補或解除契約，或請求減少報酬外，並得請求損害賠償。

②前項情形，所承攬之工作爲建築物或其他土地上之工作物，而其瑕疵重大致不能達使用之目的者，定作人得解除契約。

第四九六條（瑕疵擔保責任之免除）

工作之瑕疵，因定作人所供給材料之性質或依定作人之指示而生者，定作人無前三條所規定之權利。但承攬人明知其材料之性質或指示不適當，而不告知定作人者，不在此限。

第四九七條（瑕疵預防請求權）

①工作進行中，因承攬人之過失，顯可預見工作有瑕疵或有其他違反契約之情事者，定作人得定相當期限，請求承攬人改善其工作或依約履行。

②承攬人不於前項期限內，依照改善或履行者，定作人得使第三人改善或繼續其工作，其危險及費用，均由承攬人負擔。

第四九八條（一般瑕疵發見期間—瑕疵擔保期間）

①第四百九十三條至第四百九十五條所規定定作人之權利，如其瑕疵自工作交付後經過一年始發見者，不得主張。

②工作依其性質無須交付者，前項一年之期間，自工作完成時起算。

第四九九條（土地上工作物瑕疵發見期間—瑕疵擔保期間）

工作爲建築物或其他土地上之工作物或爲此等工作物之重大之修繕者，前條所定之期限，延爲五年。

第五〇〇條（瑕疵發見期間之延長）

承攬人故意不告知其工作之瑕疵者，第四百九十八條所定之期限，延爲五年，第四百九十九條所定之期限，延爲十年。

第五〇一條（瑕疵發見期間之強制性）

第四百九十八條及第四百九十九條所定之期限，得以契約加長。但不得減短。

第五〇一條之一（特約免除承攬人瑕疵擔保義務之例外）

以特約免除或限制承攬人關於工作之瑕疵擔保義務者，如承攬

人故意不告知其瑕疵，其特約為無效。

第五〇二條（完成工作延遲之效果）

①因可歸責於承攬人之事由，致工作逾約定期限始完成，或未定期限而逾相當時期始完成者，定作人得請求減少報酬或請求賠償因遲延而生之損害。

②前項情形，如以工作於特定期限完成或交付為契約之要素者，定作人得解除契約，並得請求賠償因不履行而生之損害。

第五〇三條（期前遲延之解除契約）

因可歸責於承攬人之事由，遲延工作，顯可預見其不能於限期內完成而其遲延可為工作完成後解除契約之原因者，定作人得依前條第二項之規定解除契約，並請求損害賠償。

第五〇四條（遲延責任之免除）

工作遲延後，定作人受領工作時不為保留者，承攬人對於遲延之結果，不負責任。

第五〇五條（報酬給付之時期）

①報酬應於工作交付時給付之，無須交付者，應於工作完成時給付之。

②工作係分部交付，而報酬係就各部分定之者，應於每部分交付時，給付該部分之報酬。

第五〇六條（實際報酬超過預估概數甚鉅時之處理）

①訂立契約時，僅估計報酬之概數者，如其報酬，因非可歸責於定作人之事由，超過概數甚鉅者，定作人得於工作進行中或完成後，解除契約。

②前項情形，工作如為建築物或其他土地上之工作物或為此等工作物之重大修繕者，定作人僅得請求相當減少報酬，如工作物尚未完成者，定作人得通知承攬人停止工作，並得解除契約。

③定作人依前二項之規定解除契約時，對於承攬人，應賠償相當之損害。

第五〇七條（定作人之協力義務）

①工作需定作人之行為始能完成者，而定作人不為其行為時，承攬人得定相當期限，催告定作人為之。

②定作人不於前項期限內為其行為者，承攬人得解除契約，並得請求賠償因契約解除而生之損害。

第五〇八條（危險負擔）

①工作毀損、滅失之危險，於定作人受領前，由承攬人負擔，如定作人受領遲延者，其危險由定作人負擔。

②定作人所供給之材料，因不可抗力而毀損、滅失者，承攬人不負其責。

第五〇九條（可歸責於定作人之履行不能）

於定作人受領工作前，因其所供給材料之瑕疵或其指示不適當，致工作毀損、滅失或不能完成者，承攬人如及時將材料之瑕疵或指示不適當之情事通知定作人時，得請求其已服勞務之報酬及墊款之償還，定作人有過失者，並得請求損害賠償。

第五一〇條　（視爲受領工作）
前二條所定之受領，如依工作之性質，無須交付者，以工作完成時視爲受領。

第五一一條　（定作人之終止契約）
工作未完成前，定作人得隨時終止契約。但應賠償承攬人因契約終止而生之損害。

第五一二條　（承攬契約之當然終止）
①承攬之工作，以承攬人個人之技能爲契約之要素者，如承攬人死亡或非因其過失致不能完成其約定之工作時，其契約爲終止。
②工作已完成之部分，於定作人爲有用者，定作人有受領及給付相當報酬之義務。

第五一三條　（承攬人之法定抵押權）
①承攬之工作爲建築物或其他土地上之工作物，或爲此等工作物之重大修繕者，承攬人得就承攬關係報酬額，對於其工作所附之定作人之不動產，請求定作人爲抵押權之登記；或對於將來完成之定作人之不動產，請求預爲抵押權之登記。
②前項請求，承攬人於開始工作前亦得爲之。
③前二項之抵押權登記，如承攬契約已經公證者，承攬人得單獨申請之。
④第一項及第二項就修繕報酬所登記之抵押權，於工作物因修繕所增加之價值限度內，優先於成立在先之抵押權。

第五一四條　（權利行使之期間）
①定作人之瑕疵修補請求權、修補費用償還請求權、減少報酬請求權、損害賠償請求權或契約解除權，均因瑕疵發見後一年間不行使而消滅。
②承攬人之損害賠償請求權或契約解除權，因其原因發生後，一年間不行使而消滅。

第八節之一　旅　遊

第五一四條之一　（旅遊營業人之定義）
①稱旅遊營業人者，謂以提供旅客旅遊服務爲營業而收取旅遊費用之人。
②前項旅遊服務，係指安排旅程及提供交通、膳宿、導遊或其他有關之服務。

第五一四條之二　（旅遊書面之規定）
旅遊營業人因旅客之請求，應以書面記載左列事項，交付旅客：
一　旅遊營業人之名稱及地址。
二　旅客名單。
三　旅遊地區及旅程。
四　旅遊營業人提供之交通、膳宿、導遊或其他有關服務及其品質。
五　旅遊保險之種類及其金額。

六　其他有關事項。

七　塡發之年月日。

第五一四條之三　（旅客之協力義務）

①旅遊需旅客之行爲始能完成，而旅客不爲其行爲者，旅遊營業人得定相當期限，催告旅客爲之。

②旅客不於前項期限內爲其行爲者，旅遊營業人得終止契約，並得請求賠償因契約終止而生之損害。

③旅遊開始後，旅遊營業人依前項規定終止契約時，旅客得請求旅遊營業人墊付費用將其送回原出發地。於到達後，由旅客附加利息償還之。

第五一四條之四　（第三人參加旅遊）

①旅遊開始前，旅客得變更由第三人參加旅遊。旅遊營業人非有正當理由，不得拒絕。

②第三人依前項規定爲旅客時，如因而增加費用，旅遊營業人得請求其給付。如減少費用，旅客不得請求退還。

第五一四條之五　（變更旅遊內容）

①旅遊營業人非有不得已之事由，不得變更旅遊內容。

②旅遊營業人依前項規定變更旅遊內容時，其因此所減少之費用，應退還於旅客；所增加之費用，不得向旅客收取。

③旅遊營業人依第一項規定變更旅程時，旅客不同意者，得終止契約。

④旅客依前項規定終止契約時，得請求旅遊營業人墊付費用將其送回原出發地。於到達後，由旅客附加利息償還之。

第五一四條之六　（旅遊服務之品質）

旅遊營業人提供旅遊服務，應使其具備通常之價值及約定之品質。

第五一四條之七　（旅遊營業人之瑕疵擔保責任）

①旅遊服務不具備前條之價值或品質者，旅客得請求旅遊營業人改善之。旅遊營業人不爲改善或不能改善時，旅客得請求減少費用。其有難於達預期目的之情形者，並得終止契約。

②因可歸責於旅遊營業人之事由致旅遊服務不具備前條之價值或品質者，旅客除請求減少費用或並終止契約外，並得請求損害賠償。

③旅客依前二項規定終止契約時，旅遊營業人應將旅客送回原出發地。其所生之費用，由旅遊營業人負擔。

第五一四條之八　（旅遊時間浪費之求償）

因可歸責於旅遊營業人之事由，致旅遊未依約定之旅程進行者，旅客就其時間之浪費，得按日請求賠償相當之金額。但其每日賠償金額，不得超過旅遊營業人所收旅遊費用總額每日平均之數額。

第五一四條之九　（旅客隨時終止契約之規定）

①旅遊未完成前，旅客得隨時終止契約。但應賠償旅遊營業人因契約終止而生之損害。

②第五百十四條之五第四項之規定，於前項情形準用之。

第五一四條之一〇 （旅客在旅遊途中發生身體或財產上事故之處置）

①旅客在旅遊中發生身體或財產上之事故時，旅遊營業人應爲必要之協助及處理。

②前項之事故，係因非可歸責於旅遊營業人之事由所致者，其所生之費用，由旅客負擔。

第五一四條之一一 （旅遊營業人協助旅客處理購物瑕疵）

旅遊營業人安排旅客在特定場所購物，其所購物品有瑕疵者，旅客得於受領所購物品後一個月內，請求旅遊營業人協助其處理。

第五一四條之一二 （短期之時效）

本節規定之增加、減少或退還費用請求權，損害賠償請求權及墊付費用償還請求權，均自旅遊終了或應終了時起，一年間不行使而消滅。

第九節　出　版

第五一五條 （出版之定義）

①稱出版者，謂當事人約定，一方以文學、科學、藝術或其他之著作，爲出版而交付於他方，他方擔任印刷或以其他方法重製及發行之契約。

②投稿於新聞紙或雜誌經刊登者，推定成立出版契約。

第五一五條之一 （出版權之授與及消滅）

①出版權於出版權授與人依出版契約將著作交付於出版人時，授與出版人。

②依前項規定授與出版人之出版權，於出版契約終了時消滅。

第五一六條 （出版權之移轉與權利瑕疵擔保）

①著作財產權人之權利，於合法授權實行之必要範圍內，由出版人行使之。

②出版權授與人，應擔保其於契約成立時，有出版授與之權利，如著作受法律上之保護者，並應擔保該著作有著作權。

③出版權授與人，已將著作之全部或一部，交付第三人出版，或經第三人公開發表，爲其所明知者，應於契約成立前將其情事告知出版人。

第五一七條 （出版權授與人爲不利於出版人處分之禁止及例外）

出版權授與人於出版人得重製發行之出版物未賣完時，不得就其著作之全部或一部，爲不利於出版人之處分。但契約另有訂定者，不在此限。

第五一八條 （版數與續版義務）

①版數未約定者，出版人僅得出一版。

②出版人依約得出數版或永遠出版者，如於前版之出版物賣完後，怠於新版之重製時，出版權授與人得聲請法院令出版人於一定

期限內，再出新版。逾期不遵行者，喪失其出版權。

第五一九條（出版人之發行義務）

①出版人對於著作，不得增減或變更。

②出版人應以適當之格式重製著作。並應為必要之廣告及用通常之方法推銷出版物。

③出版物之賣價，由出版人定之。但不得過高，致礙出版物之銷行。

第五二〇條（著作物之訂正或修改）

①著作人於不妨害出版人出版之利益，或增加其責任之範圍內，得訂正或修改著作。但對於出版人因此所生不可預見之費用，應負賠償責任。

②出版人於重製新版前，應予著作人以訂正或修改著作之機會。

第五二一條（著作物出版之分合）

①同一著作人之數著作，為各別出版而交付於出版人者，出版人不得將其數著作，併合出版。

②出版權授與人就同一著作人或數著作人之數著作為併合出版，而交付於出版人者，出版人不得將著作，各別出版。

第五二二條（刪除）

第五二三條（著作物之報酬）

①如依情形非受報酬，即不為著作之交付者，視為允與報酬。

②出版人有出數版之權者，其次版之報酬，及其他出版之條件，推定與前版相同。

第五二四條（給付報酬之時效及銷行證明之提出）

①著作全部出版者，於其全部重製完畢時，分部出版者，於其各部分重製完畢時應給付報酬。

②報酬之全部或一部，依銷行之多寡而定者，出版人應依習慣計算，支付報酬，並應提出銷行之證明。

第五二五條（著作物之危險負擔—著作物滅失）

①著作交付出版人後，因不可抗力致滅失者，出版人仍負給付報酬之義務。

②滅失之著作，如出版權授與人另存有稿本者，有將該稿本交付於出版人之義務。無稿本時，如出版權授與人係著作人，且不多費勞力，即可重作者，應重作之。

③前項情形，出版權授與人得請求相當之賠償。

第五二六條（著作物之危險負擔—出版物滅失）

重製完畢之出版物，於發行前，因不可抗力，致全部或一部滅失者，出版人得以自己費用，就滅失之出版物，補行出版，對於出版權授與人，無須補給報酬。

第五二七條（出版關係之消滅）

①著作未完成前，如著作人死亡，或喪失能力，或非因其過失致不能完成其著作者，其出版契約關係消滅。

②前項情形，如出版契約關係之全部或一部之繼續，為可能且公平者，法院得許其繼續，並命為必要之處置。

第十節 委任

第五二八條 （委任之定義）
稱委任者，謂當事人約定，一方委託他方處理事務，他方允爲處理之契約。

第五二九條 （勞務給付契約之適用）
關於勞務給付之契約，不屬於法律所定其他契約之種類者，適用關於委任之規定。

第五三〇條 （視爲允受委託）
有承受委託處理一定事務之公然表示者，如對於該事務之委託，不即爲拒絕之通知時，視爲允受委託。

第五三一條 （委任事務處理權之授與）
爲委任事務之處理，須爲法律行爲，而該法律行爲，依法應以文字爲之者，其處理權之授與，亦應以文字爲之。其授與代理權者，代理權之授與亦同。

第五三二條 （受任人之權限—特別委任或概括委任）
受任人之權限，依委任契約之訂定；未訂定者，依其委任事務之性質定之。委任人得指定一項或數項事務而爲特別委任，或就一切事務而爲概括委任。

第五三三條 （特別委任）
受任人受特別委任者，就委任事務之處理，得爲委任人爲一切必要之行爲。

第五三四條 （概括委任）
受任人受概括委任者，得爲委任人爲一切行爲。但爲左列行爲，須有特別之授權：
一　不動產之出賣或設定負擔。
二　不動產之租賃其期限逾二年者。
三　贈與。
四　和解。
五　起訴。
六　提付仲裁。

第五三五條 （受任人之依從指示及注意義務）
受任人處理委任事務，應依委任人之指示，並與處理自己事務爲同一之注意，其受有報酬者，應以善良管理人之注意爲之。

第五三六條 （變更指示）
受任人非有急迫之情事，並可推定委任人若知有此情事亦允許變更其指示者，不得變更委任人之指示。

第五三七條 （處理事務之專屬性與複委任）
受任人應自己處理委任事務。但經委任人之同意或另有習慣或有不得已之事由者，得使第三人代爲處理。

第五三八條 （複委任之效力）
①受任人違反前條之規定，使第三人代爲處理委任事務者，就該第三人之行爲，與就自己之行爲，負同一責任。

②受任人依前條之規定，使第三人代爲處理委任事務者，僅就第三人之選任及其對於第三人所爲之指示，負其責任。

第五三九條　（複委任之效力—委任人對第三人之直接請求權）

受任人使第三人代爲處理委任事務者，委任人對於該第三人關於委任事務之履行，有直接請求權。

第五四〇條　（受任人之報告義務）

受任人應將委任事務進行之狀況，報告委任人，委任關係終止時，應明確報告其顚末。

第五四一條　（交付金錢物品孳息及移轉權利之義務）

①受任人因處理委任事務，所收取之金錢、物品及孳息，應交付於委任人。

②受任人以自己之名義，爲委任人取得之權利，應移轉於委任人。

第五四二條　（交付利息與損害賠償）

受任人爲自己之利益，使用應交付於委任人之金錢或使用應爲委任人利益而使用之金錢者，應自使用之日起，支付利息；如有損害，並應賠償。

第五四三條　（處理委任事務請求權讓與之禁止）

委任人非經受任人之同意，不得將處理委任事務之請求權，讓與第三人。

第五四四條　（受任人之損害賠償責任）

受任人因處理委任事務有過失，或因逾越權限之行爲所生之損害，對於委任人應負賠償之責。

第五四五條　（必要費用之預付）

委任人因受任人之請求，應預付處理委任事務之必要費用。

第五四六條　（委任人之償還費用代償債務及損害賠償義務）

①受任人因處理委任事務，支出之必要費用，委任人應償還之。並付自支出時起之利息。

②受任人因處理委任事務，負擔必要債務者，得請求委任人代其清償，未至清償期者，得請求委任人提出相當擔保。

③受任人處理委任事務，因非可歸責於自己之事由，致受損害者，得向委任人請求賠償。

④前項損害之發生，如別有應負責任之人時，委任人對於該應負責者，有求償權。

第五四七條　（委任報酬之支付）

報酬縱未約定，如依習慣或依委任事務之性質，應給與報酬者，受任人得請求報酬。

第五四八條　（請求報酬之時期）

①受任人應受報酬者，除契約另有訂定外，非於委任關係終止及爲明確報告顚末後，不得請求給付。

②委任關係，因非可歸責於受任人之事由，於事務處理未完畢前已終止者，受任人得就其已處理之部份，請求報酬。

第五四九條　（委任契約之終止—任意終止）

①當事人之任何一方，得隨時終止委任契約。

②當事人之一方，於不利於他方之時期終止契約者，應負損害賠償責任。但因非可歸責於該當事人之事由，致不得不終止契約者，不在此限。

第五五〇條　（委任關係之消滅—當事人死亡、破產或喪失行為能力）

委任關係，因當事人一方死亡、破產或喪失行為能力而消滅。但契約另有訂定或因委任事務之性質不能消滅者，不在此限。

第五五一條　（委任事務之繼續處理）

前條情形，如委任關係之消滅，有害於委任人利益之虞時，受任人或其繼承人或其法定代理人，於委任人或其繼承人或其法定代理人能接受委任事務前，應繼續處理其事務。

第五五二條　（委任關係之視為存續）

委任關係消滅之事由，係由當事人之一方發生者，於他方知其事由或可得而知其事由前，委任關係視為存續。

第十一節　經理人及代辦商

第五五三條　（經理人之定義及經理權之授與）

①稱經理人者，謂由商號之授權，為其管理事務及簽名之人。

②前項經理權之授與，得以明示或默示為之。

③經理權得限於管理商號事務之一部或商號之一分號或數分號。

第五五四條　（經理權—管理行為）

①經理人對於第三人之關係，就商號或其分號，或其事務之一部，視為其有為管理上之一切必要行為之權。

②經理人，除有書面之授權外，對於不動產，不得買賣，或設定負擔。

③前項關於不動產買賣之限制，於以買賣不動產為營業之商號經理人，不適用之。

第五五五條　（經理權—訴訟行為）

經理人，就所任之事務，視為有代理商號為原告或被告或其他一切訴訟上行為之權。

第五五六條　（共同經理人）

商號得授權於數經理人。但經理人中有二人之簽名者，對於商號，即生效力。

第五五七條　（經理權之限制）

經理權之限制，除第五百五十三條第三項、第五百五十四條第二項及第五百五十六條所規定外，不得以之對抗善意第三人。

第五五八條　（代辦商之意義及其權限）

①稱代辦商者，謂非經理人而受商號之委託，於一定處所或一定區域內，以該商號之名義，辦理其事務之全部或一部之人。

②代辦商對於第三人之關係，就其所代辦之事務，視為其有為一切必要行為之權。

③代辦商除有書面之授權外，不得負擔票據上之義務或為消費借

貸或為訴訟。

第五五九條 （代辦商報告義務）

代辦商就其代辦之事務，應隨時報告其處所或區域之商業狀況於其商號，並應將其所為之交易，即時報告之。

第五六〇條 （報酬及費用償還請求權）

代辦商得依契約所定，請求報酬或請求償還其費用；無約定者，依習慣；無約定亦無習慣者，依其代辦事務之重要程度及多寡，定其報酬。

第五六一條 （代辦權終止）

①代辦權未定期限者，當事人之任何一方得隨時終止契約。但應於三個月前通知他方。

②當事人之一方，因非可歸責於自己之事由，致不得不終止契約者，得不先期通知而終止之。

第五六二條 （競業禁止）

經理人或代辦商，非得其商號之允許，不得為自己或第三人經營與其所辦理之同類事業，亦不得為同類事業公司無限責任之股東。

第五六三條 （違反競業禁止之效力—商號之介入權及時效）

①經理人或代辦商，有違反前條規定之行為時，其商號得請求因其行為所得之利益，作為損害賠償。

②前項請求權，自商號知有違反行為時起，經過二個月或自行為時起，經過一年不行使而消滅。

第五六四條 （經理權或代辦權消滅之限制）

經理權或代辦權，不因商號所有人之死亡、破產或喪失行為能力而消滅。

第十二節 居間

第五六五條 （居間之定義）

稱居間者，謂當事人約定，一方為他方報告訂約之機會或為訂約之媒介，他方給付報酬之契約。

第五六六條 （報酬及報酬額）

①如依情形，非受報酬即不為報告訂約機會或媒介者，視為允與報酬。

②未定報酬額者，按照價目表所定給付之；無價目表者，按照習慣給付。

第五六七條 （居間人據實報告及妥為媒介義務）

①居間人關於訂約事項，應就其所知，據實報告於各當事人。對於顯無履行能力之人，或知其無訂立該約能力之人，不得為其媒介。

②以居間為營業者，關於訂約事項及當事人之履行能力或訂立該約之能力，有調查之義務。

第五六八條 （報酬請求之時期）

①居間人以契約因其報告或媒介而成立者為限，得請求報酬。
②契約附有停止條件者，於該條件成就前，居間人不得請求報酬。

第五六九條 （費用償還請求之限制）
①居間人支出之費用，非經約定，不得請求償還。
②前項規定，於居間人已為報告或媒介而契約不成立者適用之。

第五七〇條 （報酬之給付義務人）
居間人因媒介應得之報酬，除契約另有訂定或另有習慣外，由契約當事人雙方平均負擔。

第五七一條 （違反忠實辦理義務之效力—報酬及費用償還請求權之喪失）
居間人違反其對於委託人之義務，而為利於委託人之相對人之行為，或違反誠實及信用方法，由相對人收受利益者，不得向委託人請求報酬及償還費用。

第五七二條 （報酬之酌減）
約定之報酬，較居間人所任勞務之價值，為數過鉅失其公平者，法院得因報酬給付義務人之請求酌減之。但報酬已給付者，不得請求返還。

第五七三條 （婚姻居間之報酬無請求權）
因婚姻居間而約定報酬者，就其報酬無請求權。

第五七四條 （居間人無為給付或受領給付之權）
居間人就其媒介所成立之契約，無為當事人給付或受領給付之權。

第五七五條 （隱名居間之不告知與履行義務）
①當事人之一方，指定居間人不得以其姓名或商號告知相對人者，居間人有不告知之義務。
②居間人不以當事人一方之姓名或商號告知相對人時，應就該方當事人由契約所生之義務，自己負履行之責，並得為其受領給付。

第十三節　行　紀

第五七六條 （行紀之意義）
稱行紀者，謂以自己之名義，為他人之計算，為動產之買賣或其他商業上之交易，而受報酬之營業。

第五七七條 （委任規定之準用）
行紀，除本節有規定者外，適用關於委任之規定。

第五七八條 （行紀人與相對人之權義）
行紀人為委託人之計算所為之交易，對於交易之相對人，自得權利並自負義務。

第五七九條 （行紀人之直接履行義務）
行紀人為委託人之計算所訂立之契約，其契約之他方當事人不履行債務時，對於委託人，應由行紀人負直接履行契約之義務。但契約另有訂定或另有習慣者，不在此限。

第五八〇條　（差額之補償）

行紀人以低於委託人所指定之價額賣出，或以高於委託人所指定之價額買入者，應補償其差額。

第五八一條　（高價出賣或低價買入利益之歸屬）

行紀人以高於委託人所指定之價額賣出，或以低於委託人所指定之價額買入者，其利益均歸屬於委託人。

第五八二條　（報酬及費用償還之請求）

行紀人得依約定或習慣請求報酬、寄存費及運送費，並得請求償還其為委託人之利益而支出之費用及其利息。

第五八三條　（行紀人保管義務）

①行紀人為委託人之計算所買入或賣出之物，為其占有時，適用寄託之規定。
②前項占有之物，除委託人另有指示外，行紀人不負付保險之義務。

第五八四條　（行紀人委託物處置義務）

委託出賣之物，於達到行紀人時有瑕疵，或依其物之性質易於敗壞者，行紀人為保護委託人之利益，應與保護自己之利益為同一之處置。

第五八五條　（買入物之拍賣提存權）

①委託人拒絕受領行紀人依其指示所買之物時，行紀人得定相當期限，催告委託人受領，逾期不受領者，行紀人得拍賣其物，並得就其對於委託人因委託關係所生債權之數額，於拍賣價金中取償之，如有賸餘，並得提存。
②如為易於敗壞之物，行紀人得不為前項之催告。

第五八六條　（委託物之拍賣提存權）

委託行紀人出賣之物不能賣出或委託人撤回其出賣之委託者，如委託人不於相當期間取回或處分其物時，行紀人得依前條之規定，行使其權利。

第五八七條　（行紀人之介入權）

①行紀人受託出賣或買入貨幣、股票或其他市場定有市價之物者，除有反對之約定外，行紀人得自為買受人或出賣人，其價值以依委託人指示而為出賣或買入時市場之市價定之。
②前項情形，行紀人仍得行使第五百八十二條所定之請求權。

第五八八條　（介入之擬制）

行紀人得自為買受人或出賣人時，如僅將訂立契約之情事通知委託人，而不以他方當事人之姓名告知者，視為自己負擔該方當事人之義務。

第十四節　寄　託

第五八九條　（寄託之定義及報酬）

①稱寄託者，謂當事人一方以物交付他方，他方允為保管之契約。
②受寄人除契約另有訂定或依情形非受報酬即不為保管者外，不

得請求報酬。

第五九〇條 （受寄人之注意義務）

受寄人保管寄託物，應與處理自己事務爲同一之注意，其受有報酬者，應以善良管理人之注意爲之。

第五九一條 （受寄人使用寄託物之禁止）

①受寄人非經寄託人之同意，不得自己使用或使第三人使用寄託物。

②受寄人違反前項之規定者，對於寄託人，應給付相當報償，如有損害，並應賠償。但能證明縱不使用寄託物，仍不免發生損害者，不在此限。

第五九二條 （寄託之專屬性）

受寄人應自己保管寄託物。但經寄託人之同意或另有習慣或有不得已之事由者，得使第三人代爲保管。

第五九三條 （受寄人使第三人保管之效力）

①受寄人違反前條之規定，使第三人代爲保管寄託物者，對於寄託物因此所受之損害，應負賠償責任。但能證明縱不使第三人代爲保管，仍不免發生損害者，不在此限。

②受寄人依前條之規定，使第三人代爲保管者，僅就第三人之選任及其對於第三人所爲之指示，負其責任。

第五九四條 （保管方法之變更）

寄託物保管之方法經約定者，非有急迫之情事，並可推定寄託人若知有此情事，亦允許變更其約定方法時，受寄人不得變更之。

第五九五條 （必要費用之償還）

受寄人因保管寄託物而支出之必要費用，寄託人應償還之，並付自支出時起之利息。但契約另有訂定者，依其訂定。

第五九六條 （寄託人損害賠償責任）

受寄人因寄託物之性質或瑕疵所受之損害，寄託人應負賠償責任。但寄託人於寄託時，非因過失而不知寄託物有發生危險之性質或瑕疵或爲受寄人所已知者，不在此限。

第五九七條 （寄託物返還請求權）

寄託物返還之期限，雖經約定，寄託人仍得隨時請求返還。

第五九八條 （受寄人之返還寄託物）

①未定返還期限者，受寄人得隨時返還寄託物。

②定有返還期限者，受寄人非有不得已之事由，不得於期限屆滿前返還寄託物。

第五九九條 （孳息一併返還）

受寄人返還寄託物時，應將該物之孳息一併返還。

第六〇〇條 （寄託物返還之處所）

①寄託物之返還，於該物應爲保管之地行之。

②受寄人依第五百九十二條或依第五百九十四條之規定，將寄託物轉置他處者，得於物之現在地返還之。

第六〇一條 （寄託報酬給付之時期）

①寄託約定報酬者，應於寄託關係終止時給付之；分期定報酬者，應於每期屆滿時給付之。
②寄託物之保管，因非可歸責於受寄人之事由而終止者，除契約另有訂定外，受寄人得就其已爲保管之部分，請求報酬。

第六〇一條之一 （第三人主張權利時之返還及危險通知義務）
①第三人就寄託物主張權利者，除對於受寄人提起訴訟或爲扣押外，受寄人仍有返還寄託物於寄託人之義務。
②第三人提起訴訟或扣押時，受寄人應即通知寄託人。

第六〇一條之二 （短期消滅時效）
關於寄託契約之報酬請求權、費用償還請求權或損害賠償請求權，自寄託關係終止時起，一年間不行使而消滅。

第六〇二條 （消費寄託）
①寄託物爲代替物時，如約定寄託物之所有權移轉於受寄人，並由受寄人以種類、品質、數量相同之物返還者，爲消費寄託。自受寄人受領該物時起，準用關於消費借貸之規定。
②消費寄託，如寄託物之返還，定有期限者，寄託人非有不得已之事由，不得於期限屆滿前請求返還。
③前項規定，如商業上另有習慣者，不適用之。

第六〇三條 （法定消費寄託—金錢寄託）
寄託物爲金錢時，推定其爲消費寄託。

第六〇三條之一 （混藏寄託）
①寄託物爲代替物，如未約定其所有權移轉於受寄人者，受寄人得經寄託人同意，就其所受寄託之物與其自己或他寄託人同一種類、品質之寄託物混合保管，各寄託人依其所寄託之數量與混合保管數量之比例，共有混合保管物。
②受寄人依前項規定爲混合保管者，得以同一種類、品質、數量之混合保管物返還於寄託人。

第六〇四條 （刪除）

第六〇五條 （刪除）

第六〇六條 （場所主人之責任）
旅店或其他供客人住宿爲目的之場所主人，對於客人所攜帶物品之毀損、喪失，應負責任。但因不可抗力或因物之性質或因客人自己或其伴侶、隨從或來賓之故意或過失所致者，不在此限。

第六〇七條 （飲食店浴堂主人之責任）
飲食店、浴堂或其他相類場所之主人，對於客人所攜帶通常物品之毀損、喪失，負其責任。但有前條但書規定之情形時，不在此限。

第六〇八條 （貴重物品之責任）
客人之金錢、有價證券、珠寶或其他貴重物品，非經報明其物之性質及數量交付保管者，主人不負責任。
主人無正當理由拒絕爲客人保管前項物品者，對於其毀損、喪失，應負責任。其物品因主人或其使用人之故意或過失而致毀

損、喪失者，亦同。

第六〇九條（減免責任揭示之效力）

以揭示限制或免除前三條所定主人之責任者，其揭示無效。

第六一〇條（客人之通知義務）

客人知其物品毀損、喪失後，應即通知主人，怠於通知者，喪失其損害賠償請求權。

第六一一條（短期消滅時效）

依第六百零六條至第六百零八條之規定所生之損害賠償請求權，自發見喪失或毀損之時起，六個月間不行使而消滅；自客人離去場所後，經過六個月者亦同。

第六一二條（主人之留置權）

①主人就住宿、飲食、沐浴或其他服務及墊款所生之債權，於未受清償前，對於客人所攜帶之行李及其他物品，有留置權。

②第四百四十五條至第四百四十八條之規定，於前項留置權準用之。

第十五節　倉　庫

第六一三條（倉庫營業人之定義）

稱倉庫營業人者，謂以受報酬而為他人堆藏及保管物品為營業之人。

第六一四條（寄託規定之準用）

倉庫，除本節有規定者外，準用關於寄託之規定。

第六一五條（倉單之填發）

倉庫營業人於收受寄託物後，因寄託人之請求，應填發倉單。

第六一六條（倉單之法定記載事項）

①倉單應記載左列事項，並由倉庫營業人簽名：

一　寄託人之姓名及住址。

二　保管之場所。

三　受寄物之種類、品質、數量及其包皮之種類、個數及記號。

四　倉單填發地及填發之年、月、日。

五　定有保管期間者，其期間。

六　保管費。

七　受寄物已付保險者，其保險金額、保險期間及保險人之名號。

②倉庫營業人應將前列各款事項，記載於倉單簿之存根。

第六一七條（寄託物之分割與新倉單之填發）

①倉單持有人，得請求倉庫營業人將寄託物分割為數部分，並填發各該部分之倉單。但持有人應將原倉單交還。

②前項分割及填發新倉單之費用，由持有人負擔。

第六一八條（倉單之背書及其效力）

倉單所載之貨物，非由寄託人或倉單持有人於倉單背書，並經倉庫營業人簽名，不生所有權移轉之效力。

第六一八條之一　（倉單遺失或被盜之救濟程序）

倉單遺失、被盜或滅失者，倉單持有人得於公示催告程序開始後，向倉庫營業人提供相當之擔保，請求補發新倉單。

第六一九條　（寄託物之保管期間）

①倉庫營業人於約定保管期間屆滿前，不得請求移去寄託物。

②未約定保管期間者，自爲保管時起經過六個月，倉庫營業人得隨時請求移去寄託物。但應於一個月前通知。

第六二〇條　（檢點寄託物或摘取樣本之允許）

倉庫營業人，因寄託人或倉單持有人之請求，應許其檢點寄託物、摘取樣本，或爲必要之保存行爲。

第六二一條　（拒絕或不能移去寄託物之處理）

倉庫契約終止後，寄託人或倉單持有人，拒絕或不能移去寄託物者，倉庫營業人得定相當期限，請求於期限內移去寄託物。逾期不移去者，倉庫營業人得拍賣寄託物，由拍賣代價中扣去拍賣費用及保管費用，並應以其餘額交付於應得之人。

第十六節　運　送

第一款　通　則

第六二二條　（運送人之定義）

稱運送人者，謂以運送物品或旅客爲營業而受運費之人。

第六二三條　（短期時效）

①關於物品之運送，因喪失、毀損或遲到而生之賠償請求權，自運送終了，或應終了之時起，一年間不行使而消滅。

②關於旅客之運送，因傷害或遲到而生之賠償請求權，自運送終了，或應終了之時起，二年間不行使而消滅。

第二款　物品運送

第六二四條　（託運單之填發及應載事項）

託運人因運送人之請求，應填給託運單。

託運單應記載左列事項，並由託運人簽名：

一　託運人之姓名及住址。

二　運送物之種類、品質、數量及其包皮之種類、個數及記號。

三　目的地。

四　受貨人之名號及住址。

五　託運單之填給地，及填給之年、月、日。

第六二五條　（提單之填發）

①運送人於收受運送物後，因託運人之請求，應填發提單。

②提單應記載左列事項，並由運送人簽名：

一　前條第二項所列第一款至第四款事項。

二　運費之數額及其支付人爲託運人或爲受貨人。

三　提單之填發地及填發之年月日。

第六二六條　（必要文件之交付及說明義務）

託運人對於運送人，應交付運送上及關於稅捐、警察所必要之文件，並應為必要之說明。

第六二七條 （提單之文義性）

提單填發後，運送人與提單持有人間，關於運送事項，依其提單之記載。

第六二八條 （提單之背書性）

提單縱為記名式，仍得以背書移轉於他人。但提單上有禁止背書之記載者，不在此限。

第六二九條 （提單之物權證券性）

交付提單於有受領物品權利之人時，其交付就物品所有權移轉之關係，與物品之交付有同一之效力。

第六二九條之一 （提單準用倉單遺失或被盜之救濟程序）

第六百十八條之一之規定，於提單適用之。

第六三〇條 （託運人之告知義務）

受貨人請求交付運送物時，應將提單交還。

第六三一條 （託運人之告知義務）

運送物依其性質，對於人或財產有致損害之虞者，託運人於訂立契約前，應將其性質告知運送人，怠於告知者，對於因此所致之損害，應負賠償之責。

第六三二條 （運送人之按時運送義務）

①託運物品，應於約定期間內運送之；無約定者，依習慣；無約定亦無習慣者，應於相當期間內運送之。

②前項所稱相當期間之決定，應顧及各該運送之特殊情形。

第六三三條 （變更指示之限制）

運送人非有急迫之情事，並可推定託運人若知有此情事亦允許變更其指示者，不得變更託運人之指示。

第六三四條 （運送人之責任）

運送人對於運送物之喪失、毀損或遲到，應負責任。但運送人能證明其喪失、毀損或遲到，係因不可抗力或因運送物之性質或因託運人或受貨人之過失而致者，不在此限。

第六三五條 （運送物有易見瑕疵時運送人責任）

運送物因包皮有易見之瑕疵而喪失或毀損時，運送人如於接收該物時，不為保留者，應負責任。

第六三六條 （刪除）

第六三七條 （相繼運送人之連帶責任）

運送物由數運送人相繼運送者，除其中有能證明無第六百三十五條所規定之責任者外，對於運送物之喪失、毀損或遲到，應連帶負責。

第六三八條 （損害賠償之範圍）

①運送物有喪失、毀損或遲到者，其損害賠償額，應依其應交付時目的地之價值計算之。

②運費及其他費用，因運送物之喪失、毀損無須支付者，應由前項賠償額中扣除之。

③運送物之喪失、毀損或遲到，係因運送人之故意或重大過失所致者，如有其他損害，託運人並得請求賠償。

第六三九條 （貴重物品之賠償責任）

①金錢、有價證券、珠寶或其他貴重物品，除託運人於託運時報明其性質及價值者外，運送人對於其喪失或毀損，不負責任。

②價值經報明者，運送人以所報價額爲限，負其責任。

第六四〇條 （遲到之損害賠償）

因遲到之損害賠償額，不得超過因其運送物全部喪失可得請求之賠償額。

第六四一條 （運送人之必要注意及處置義務）

①如有第六百三十三條、第六百五十條、第六百五十一條之情形，或其他情形足以妨礙或遲延運送，或危害運送物之安全者，運送人應爲必要之注意及處置。

②運送人怠於前項之注意及處置者，對於因此所致之損害應負責任。

第六四二條 （運送人之中止運送之返還運送物或爲其他處分）

①運送人未將運送物之達到通知受貨人前，或受貨人於運送物達到後，尚未請求交付運送物前，託運人對於運送人，如已塡發提單者，其持有人對於運送人，得請求中止運送，返還運送物，或爲其他之處置。

②前項情形，運送人得按照比例，就其已爲運送之部分，請求運費，及償還因中止、返還或爲其他處置所支出之費用，並得請求相當之損害賠償。

第六四三條 （運送人通知義務）

運送人於運送物達到目的地時，應即通知受貨人。

第六四四條 （受貨人請求交付之效力）

運送物到達目的地，並經受貨人請求交付後，受貨人取得託運人因運送契約所生之權利。

第六四五條 （運送物喪失時之運送費）

運送物於運送中，因不可抗力而喪失者，運送人不得請求運費，其因運送而已受領之數額，應返還之。

第六四六條 （最後運送人之責任）

運送人於受領運費及其他費用前交付運送物者，對於其所有前運送人應得之運費及其他費用，負其責任。

第六四七條 （運送人之留置權與受貨人之提存權）

①運送人爲保全其運費及其他費用得受清償之必要，按其比例，對於運送物有留置權。

②運費及其他費用之數額有爭執時，受貨人得將有爭執之數額提存，請求運送物之交付。

第六四八條 （運送人責任之消滅及其例外）

①受貨人受領運送物並支付運費及其他費用不爲保留者，運送人之責任消滅。

②運送物內部有喪失或毀損不易發見者，以受貨人於受領運送物

後，十日內將其喪失或毀損通知於運送人為限，不適用前項之規定。

③運送物之喪失或毀損，如運送人以詐術隱蔽或因其故意或重大過失所致者，運送人不得主張前二項規定之利益。

第六四九條　（減免責任約款之效力）

運送人交與託運人之提單或其他文件上，有免除或限制運送人責任之記載者，除能證明託運人對於其責任之免除或限制明示同意外，不生效力。

第六五〇條　（運送人之通知並請求指示義務及運送物之寄存拍賣權）

①受貨人所在不明或對運送物受領遲延或有其他交付上之障礙時，運送人應即通知託運人，並請求其指示。

②如託運人未即為指示，或其指示事實上不能實行，或運送人不能繼續保管運送物時，運送人得以託運人之費用，寄存運送物於倉庫。

③運送物如有不能寄存於倉庫之情形，或有易於腐壞之性質或顯見其價值不足抵償運費及其他費用時，運送人得拍賣之。

④運送人於可能之範圍內，應將寄存倉庫或拍賣之事情，通知託運人及受貨人。

第六五一條　（有關通知義務及寄存拍賣權之適用）

前條之規定，於受領權之歸屬有訴訟，致交付遲延者適用之。

第六五二條　（拍賣代價之處理）

運送人得就拍賣代價中，扣除拍賣費用、運費及其他費用，並應將其餘額交付於應得之人，如應得之人所在不明者，應為其利益提存之。

第六五三條　（相繼運送—最後運送人之代理權）

運送物由數運送人相繼運送者，其最後之運送人，就運送人全體應得之運費及其他費用，得行使第六百四十七條、第六百五十條及第六百五十二條所定之權利。

第三款　旅客運送

第六五四條　（旅客運送人之責任）

①旅客運送人對於旅客因運送所受之傷害及運送之遲到應負責任。但因旅客之過失，或其傷害係因不可抗力所致者，不在此限。

②運送之遲到係因不可抗力所致者，旅客運送人之責任，除另有交易習慣者外，以旅客因遲到而增加支出之必要費用為限。

第六五五條　（行李返還義務）

行李及時交付運送人者，應於旅客達到時返還之。

第六五六條　（行李之拍賣）

①旅客於行李到達後一個月內不取回行李時，運送人得定相當期間催告旅客取回，逾期不取回者，運送人得拍賣之。旅客所在不明者，得不經催告逕予拍賣。

②行李有易於腐壞之性質者，運送人得於到達後，經過二十四小時，拍賣之。
③第六百五十二條之規定，於前二項情形準用之。

第六五七條　（交託之行李適用物品運送之規定）
運送人對於旅客所交託之行李，縱不另收運費，其權利義務，除本款另有規定外，適用關於物品運送之規定。

第六五八條　（對未交託行李之責任）
運送人對於旅客所未交託之行李，如因自己或其受僱人之過失，致有喪失或毀損者，仍負責任。

第六五九條　（減免責任約款之效力）
運送人交與旅客之票、收據或其他文件上，有免除或限制運送人責任之記載者，除能證明旅客對於其責任之免除或限制明示同意外，不生效力。

第十七節　承攬運送

第六六〇條　（承攬運送人之意義及行紀規定之準用）
①稱承攬運送人者，謂以自己之名義，為他人之計算，使運送人運送物品而受報酬為營業之人。
②承攬運送，除本節有規定外，準用關於行紀之規定。

第六六一條　（承攬運送人之損害賠償責任）
承攬運送人，對於託運物品之喪失、毀損或遲到，應負責任。但能證明其於物品之接收保管、運送人之選定、在目的地之交付，及其他與承攬運送有關之事項，未怠於注意者，不在此限。

第六六二條　（留置權之發生）
承攬運送人為保全其報酬及墊款得受清償之必要，按其比例，對於運送物有留置權。

第六六三條　（介入權—自行運送）
承攬運送人除契約另有訂定外，得自行運送物品；如自行運送，其權利義務，與運送人同。

第六六四條　（介入之擬制）
就運送全部約定價額，或承攬運送人填發提單於委託人者，視為承攬人自己運送，不得另行請求報酬。

第六六五條　（物品運送規定之準用）
第六百三十一條、第六百三十五條及第六百三十八條至第六百四十條之規定，於承攬運送準用之。

第六六六條　（短期消滅時效）
對於承攬運送人因運送物之喪失、毀損或遲到所生之損害賠償請求權，自運送物交付或應交付之時起，一年間不行使而消滅。

第十八節　合　夥

第六六七條　（合夥之意義及合夥人之出資）

①稱合夥者，謂二人以上互約出資以經營共同事業之契約。
②前項出資，得為金錢或其他財產權，或以勞務、信用或其他利益代之。
③金錢以外之出資，應估定價額為其出資額。未經估定者，以他合夥人之平均出資額視為其出資額。

第六六八條（合夥財產之公同共有）
各合夥人之出資及其他合夥財產，為合夥人全體之公同共有。

第六六九條（合夥人不增資權利）
合夥人除有特別訂定外，無於約定出資之外增加出資之義務。因損失而致資本減少者，合夥人無補充之義務。

第六七〇條（合夥契約或事業種類之變更）
①合夥之決議，應以合夥人全體之同意為之。
②前項決議，合夥契約約定得由合夥人全體或一部之過半數決定者，從其約定。但關於合夥契約或其事業種類之變更，非經合夥人全體三分之二以上之同意，不得為之。

第六七一條（合夥事務之執行人及其執行）
①合夥之事務，除契約另有訂定或另有決議外，由合夥人全體共同執行之。
②合夥之事務，如約定或決議由合夥人中數人執行者，由該數人共同執行之。
③合夥之通常事務，得由有執行權之各合夥人單獨執行之。但其他有執行權之合夥人中任何一人，對於該合夥人之行為有異議時，應停止該事務之執行。

第六七二條（合夥人之注意義務）
合夥人執行合夥之事務，應與處理自己事務為同一注意。其受有報酬者，應以善良管理人之注意為之。

第六七三條（合夥人之表決權）
合夥之決議，其有表決權之合夥人，無論其出資之多寡，推定每人僅有一表決權。

第六七四條（合夥事務執行人之辭任與解任）
①合夥人中之一人或數人，依約定或決議執行合夥事務者，非有正當事由不得辭任。
②前項執行合夥事務之合夥人，非經其他合夥人全體之同意，不得將其解任。

第六七五條（合夥人之事務檢查權）
無執行合夥事務權利之合夥人，縱契約有反對之訂定，仍得隨時檢查合夥之事務及其財產狀況，並得查閱賬簿。

第六七六條（決算及損益分配之時期）
合夥之決算及分配利益，除契約另有訂定外，應於每屆事務年度終為之。

第六七七條（損益分配之成數）
①分配損益之成數，未經約定者，按照各合夥人出資額之比例定之。

②僅就利益或僅就損失所定之分配成數，視爲損益共通之分配成數。
③以勞務爲出資之合夥人，除契約另有訂定外，不受損失之分配。

第六七八條　（費用及報酬請求權）
合夥人因合夥事務所支出之費用，得請求償還。
合夥人執行合夥事務，除契約另有訂定外，不得請求報酬。

第六七九條　（執行事業合夥人之對外代表權）
合夥人依約定或決議執行合夥事務者，於執行合夥事務之範圍內，對於第三人，爲他合夥人之代表。

第六八〇條　（委任規定之準用）
第五百三十七條至第五百四十六條關於委任之規定，於合夥人之執行合夥事務準用之。

第六八一條　（合夥人之補充連帶責任）
合夥財產不足清償合夥之債務時，各合夥人對於不足之額，連帶負其責任。

第六八二條　（合夥財產分析與抵銷之禁止）
①合夥人於合夥清算前，不得請求合夥財產之分析。
②對於合夥負有債務者，不得以其對於任何合夥人之債權與其所負之債務抵銷。

第六八三條　（股分轉讓之限制）
合夥人非經他合夥人全體之同意，不得將自己之股分轉讓於第三人。但轉讓於他合夥人者，不在此限。

第六八四條　（債權人代位權行使之限制）
合夥人之債權人，於合夥存續期間內，就該合夥人對於合夥之權利，不得代位行使。但利益分配請求權，不在此限。

第六八五條　（合夥人股份之扣押及其效力）
①合夥人之債權人，就該合夥人之股份，得聲請扣押。
②前項扣押實施後兩個月內，如該合夥人未對於債權人清償或提供相當之擔保者，自扣押時起，對該合夥人發生退夥之效力。

第六八六條　（合夥人之聲明退夥）
①合夥未定有存續期間，或經訂明以合夥人中一人之終身，爲其存續期間者，各合夥人得聲明退夥，但應於兩個月前通知他合夥人。
②前項退夥，不得於退夥有不利於合夥事務之時期爲之。
③合夥縱定有存續期間，如合夥人有非可歸責於自己之重大事由，仍得聲明退夥，不受前二項規定之限制。

第六八七條　（法定退夥事由）98
合夥人除依前二條規定退夥外，因下列事項之一而退夥：
一　合夥人死亡者。但契約訂明其繼承人得繼承者，不在此限。
二　合夥人受破產或監護之宣告者。
三　合夥人經開除者。

第六八八條　（合夥人之開除）
①合夥人之開除，以有正當理由爲限。

②前項開除，應以他合夥人全體之同意爲之，並應通知被開除之合夥人。

第六八九條　（退夥之結算與股分之抵還）

①退夥人與他合夥人間之結算，應以退夥時合夥財產之狀況爲準。

②退夥人之股分，不問其出資之種類，得由合夥以金錢抵還之。

③合夥事務，於退夥時尚未了結者，於了結後計算，並分配其損益。

第六九〇條　（退夥人之責任）

合夥人退夥後，對於其退夥前合夥所負之債務，仍應負責。

第六九一條　（入夥）

①合夥成立後，非經合夥人全體之同意，不得允許他人加入爲合夥人。

②加入爲合夥人者，對於其加入前合夥所負之債務，與他合夥人負同一之責任。

第六九二條　（合夥之解散）

合夥因左列事項之一而解散：

一　合夥存續期限屆滿者。

二　合夥人全體同意解散者。

三　合夥之目的事業已完成或不能完成者。

第六九三條　（不定期繼續合夥契約）

合夥所定期限屆滿後，合夥人仍繼續其事務者，視爲以不定期限繼續合夥契約。

第六九四條　（清算人之選任）

①合夥解散後，其清算由合夥人全體或由其所選任之清算人爲之。

②前項清算人之選任，以合夥人全體之過半數決之。

第六九五條　（清算之執行及決議）

數人爲清算人時，關於清算之決議，應以過半數行之。

第六九六條　（清算人之辭任與解任）

以合夥契約，選任合夥人中一人或數人爲清算人者，適用第六百七十四條之規定。

第六九七條　（清償債務與返還出資）

①合夥財產，應先清償合夥之債務。其債務未至清償期，或在訴訟中者，應將其清償所必需之數額，由合夥財產中劃出保留之。

②依前項清償債務，或劃出必需之數額後，其賸餘財產應返還各合夥人金錢或其他財產權之出資。

③金錢以外財產權之出資，應以出資時之價額返還之。

④爲清償債務及返還合夥人之出資，應於必要限度內，將合夥財產變爲金錢。

第六九八條　（出資額之比例返還）

合夥財產不足返還各合夥人之出資者，按照各合夥人出資額之比例返還之。

第六九九條　（賸餘財產之分配）

合夥財產於清償合夥債務及返還各合夥人出資後，尚有賸餘者，

按各合夥人應受分配利益之成數分配之。

第十九節　隱名合夥

第七〇〇條　（隱名合夥）
稱隱名合夥者，謂當事人約定，一方對於他方所經營之事業出資，而分受其營業所生之利益，及分擔其所生損失之契約。

第七〇一條　（合夥規定之準用）
隱名合夥，除本節有規定者外，準用關於合夥之規定。

第七〇二條　（隱名合夥人之出資）
隱名合夥人之出資，其財產權移屬於出名營業人。

第七〇三條　（隱名合夥人之責任）
隱名合夥人，僅於其出資之限度內，負分擔損失之責任。

第七〇四條　（隱名合夥事務之執行）
①隱名合夥之事務，專由出名營業人執行之。
②隱名合夥人就出名營業人所為之行為，對於第三人，不生權利義務之關係。

第七〇五條　（隱名合夥人參與業務執行—表見出名營業人）
隱名合夥人如參與合夥事務之執行，或為參與執行之表示，或知他人表示其參與執行而不否認者，縱有反對之約定，對於第三人，仍應負出名營業人之責任。

第七〇六條　（隱名合夥人之監督權）
①隱名合夥人，縱有反對之約定，仍得於每屆事務年度終，查閱合夥之賬簿，並檢查其事務及財產之狀況。
②如有重大事由，法院因隱名合夥人之聲請，得許其隨時為前項之查閱及檢查。

第七〇七條　（損益之計算及其分配）
①出名營業人，除契約另有訂定外，應於每屆事務年度終，計算營業之損益，其應歸隱名合夥人之利益，應即支付之。
②應歸隱名合夥人之利益而未支取者，除另有約定外，不得認為出資之增加。

第七〇八條　（隱名合夥契約終止事由）98
除依第六百八十六條之規定得聲明退夥外，隱名合夥契約，因下列事項之一而終止：
一　存續期限屆滿者。
二　當事人同意者。
三　目的事業已完成或不能完成者。
四　出名營業人死亡或受監護之宣告者。
五　出名營業人或隱名合夥人受破產之宣告者。
六　營業之廢止或轉讓者。

第七〇九條　（隱名合夥出資及餘額之返還）
隱名合夥契約終止時，出名營業人，應返還隱名合夥人之出資及給與其應得之利益。但出資因損失而減少者，僅返還其餘存

額。

第十九節之一 合 會

第七〇九條之一 （合會、合會金、會款之定義）

①稱合會者，謂由會首邀集二人以上爲會員，互約交付會款及標取合會金之契約。其僅由會首與會員爲約定者，亦成立合會。

②前項合會金，係指會首及會員應交付之全部會款。

③會款得爲金錢或其他代替物。

第七〇九條之二 （會首及會員之資格限制）

①會首及會員，以自然人爲限。

②會首不得兼爲同一合會之會員。

③無行爲能力人及限制行爲能力人不得爲會首，亦不得參加其法定代理人爲會首之合會。

第七〇九條之三 （會單之訂立、記載事項及保存方式）

①合會應訂立會單，記載左列事項：

一　會首之姓名、住址及電話號碼。

二　全體會員之姓名、住址及電話號碼。

三　每一會份會款之種類及基本數額。

四　起會日期。

五　標會期日。

六　標會方法。

七　出標金額有約定其最高額或最低額之限制者，其約定。

②前項會單，應由會首及全體會員簽名，記明年月日，由會首保存並製作繕本，簽名後交每一會員各執一份。

③會員已交付首期會款者，雖未依前二項規定訂立會單，其合會契約視爲已成立。

第七〇九條之四 （標會之方法）

①標會由會首主持，依約定之期日及方法爲之。其場所由會首決定並應先期通知會員。

②會首因故不能主持標會時，由會首指定或到場會員推選之會員主持之。

第七〇九條之五 （合會金之歸屬）

首期合會金不經投標，由會首取得，其餘各期由得標會員取得。

第七〇九條之六 （標會之方法）

①每期標會，每一會員僅得出標一次，以出標金額最高者爲得標。最高金額相同者，以抽籤定之。但另有約定者，依其約定。

②無人出標時，除另有約定外，以抽籤定其得標人。

③每一會份限得標一次

第七〇九條之七 （會首及會員交付會款之期限）

①會員應於每期標會後三日內交付會款。

②會首應於前項期限內，代得標會員收取會款，連同自己之會款，於期滿之翌日前交付得標會員。逾期未收取之會款，會首應代

爲給付。

③會首依前項規定收取會款，在未交付得標會員前，對其喪失、毀損，應負責任。但因可歸責於得標會員之事由致喪失、毀損者，不在此限。

④會首依第二項規定代爲給付後，得請求未給付之會員附加利息償還之。

第七〇九條之八（會首及會員轉讓權利之限制）

①會首非經會員全體之同意，不得將其權利及義務移轉於他人。

②會員非經會首及會員全體之同意，不得退會，亦不得將自己之會份轉讓於他人。

第七〇九條之九（合會不能繼續進行之處理）

①因會首破產、逃匿或有其他事由致合會不能繼續進行時，會首及已得標會員應給付之各期會款，應於每屆標會期日平均交付於未得標之會員。但另有約定者依其約定。

②會首就已得標會員依前項規定應給付之各期會款，負連帶責任。

③會首或已得標會員依第一項規定應平均交付於未得標會員之會款遲延給付，其遲付之數額已達兩期之總額時，該未得標會員得請求其給付全部會款。

④第一項情形，得由未得標之會員共同推選一人或數人處理相關事宜。

第二十節　指示證券

第七一〇條（指示證券及其關係人之意義）

①稱指示證券者，謂指示他人將金錢、有價證券或其他代替物給付第三人之證券。

②前項爲指示之人，稱爲指示人，被指示之他人，稱爲被指示人，受給付之第三人，稱爲領取人。

第七一一條（指示證券之承擔及被指示人之抗辯權）

①被指示人向領取人承擔所指示之給付者，有依證券內容而爲給付之義務。

②前項情形，被指示人僅得以本於指示證券之內容，或其與領取人間之法律關係所得對抗領取人之事由，對抗領取人。

第七一二條（指示證券發行之效力）

①指示人爲清償其對於領取人之債務而交付指示證券者，其債務於被指示人爲給付時消滅。

②前項情形，債權人受領指示證券者，不得請求指示人就原有債務爲給付。但於指示證券所定期限內，其未定期限者於相當期限內，不能由被指示人領取給付者，不在此限。

③債權人不願由其債務人受領指示證券者，應即時通知債務人。

第七一三條（指示證券與其基礎關係）

被指示人雖對於指示人負有債務，無承擔其所指示給付或爲給付之義務。已向領取人爲給付者，就其給付之數額，對於指示

人，免其債務。

第七一四條 （拒絕承擔或給付之通知義務）

被指示人對於指示證券拒絕承擔或拒絕給付者，領取人應即通知指示人。

第七一五條 （指示證券之撤回）

①指示人於被指示人未向領取人承擔所指示之給付或為給付前，得撤回其指示證券，其撤回應向被指示人以意思表示為之。

②指示人於被指示人未承擔或給付前受破產宣告者，其指示證券，視為撤回。

第七一六條 （指示證券之讓與）

①領取人得將指示證券讓與第三人。但指示人於指示證券有禁止讓與之記載者，不在此限。

②前項讓與，應以背書為之。

③被指示人對於指示證券之受讓人已為承擔者，不得以自己與領取人間之法律關係所生之事由，與受讓人對抗。

第七一七條 （短期消滅時效）

指示證券領取人或受讓人，對於被指示人因承擔所生之請求權，自承擔之時起，三年間不行使而消滅。

第七一八條 （指示證券喪失）

指示證券遺失、被盜或滅失者，法院得因持有人之聲請，依公示催告之程序，宣告無效。

第二十一節　無記名證券

第七一九條 （無記名證券之定義）

稱無記名證券者，謂持有人對於發行人，得請求其依所記載之內容為給付之證券。

第七二〇條 （無記名證券發行人之義務）

①無記名證券發行人於持有人提示證券時，有為給付之義務。但知持有人就證券無處分之權利，或受有遺失、被盜或滅失之通知者，不得為給付。

②發行人依前項規定已為給付者，雖持有人就證券無處分之權利，亦免其債務。

第七二〇條之一 （無記名證券持有人為證券遺失被盜或滅失之通知應為已聲請公示催告證明）

①無記名證券持有人向發行人為遺失、被盜或滅失之通知後，未於五日內提出已為聲請公示催告之證明者，其通知失其效力。

②前項持有人於公示催告程序中，經法院通知有第三人申報權利而未於十日內向發行人提出已為起訴之證明者，亦同。

第七二一條 （無記名證券發行人之責任）

①無記名證券發行人，其證券雖因遺失、被盜或其他非因自己之意思而流通者，對於善意持有人，仍應負責。

②無記名證券，不因發行在發行人死亡或喪失能力後，失其效力。

第七二二條　（無記名證券發行人之抗辯權）

無記名證券發行人，僅得以本於證券之無效、證券之內容或其與持有人間之法律關係所得對抗持有人之事由，對抗持有人。但持有人取得證券出於惡意者，發行人並得以對持有人前手間所存抗辯之事由對抗之。

第七二三條　（無記名證券之交還義務）

①無記名證券持有人請求給付時，應將證券交還發行人。

②發行人依前項規定收回證券時，雖持有人就該證券無處分之權利，仍取得其證券之所有權。

第七二四條　（無記名證券之換發）

①無記名證券，因毀損或變形不適於流通，而其重要內容及識別、記號仍可辨認者，持有人得請求發行人，換給新無記名證券。

②前項換給證券之費用，應由持有人負擔。但證券爲銀行兌換券或其他金錢兌換券者，其費用應由發行人負擔。

第七二五條　（無記名證券喪失）

①無記名證券遺失、被盜或滅失者，法院得因持有人之聲請，依公示催告之程序，宣告無效。

②前項情形，發行人對於持有人，應告知關於實施公示催告之必要事項，並供給其證明所必要之材料。

第七二六條　（無記名證券提示期間之停止進行）

①無記名證券定有提示期間者，如法院因公示催告聲請人之聲請，對於發行人爲禁止給付之命令時，停止其提示期間之進行。

②前項停止，自聲請發前項命令時起，至公示催告程序終止時止。

第七二七條　（定期給付證券喪失時之通知）

①利息、年金及分配利益之無記名證券，有遺失、被盜或滅失而通知於發行人者，如於法定關於定期給付之時效期間屆滿前未有提示，爲通知之持有人，得向發行人請求給付該證券所記載之利息、年金或應分配之利益。但自時效期間屆滿後，經過一年者，其請求權消滅。

②如於時效期間屆滿前，由第三人提示該項證券者，發行人應將不爲給付之情事，告知該第三人，並於該第三人與爲通知之人合意前，或於法院爲確定判決前，應不爲給付。

第七二八條　（無利息見票即付無記名證券喪失時之例外）

無利息見票即付之無記名證券，除利息、年金及分配利益之證券外，不適用第七百二十條第一項但書及第七百二十五條之規定。

第二十二節　終身定期金

第七二九條　（終身定期金契約之意義）

稱終身定期金契約者，謂當事人約定，一方於自己或他方或第三人生存期內，定期以金錢給付他方或第三人之契約。

第七三〇條　（終身定期金契約之訂定）

終身定期金契約之訂立，應以書面爲之。

第七三一條（終身定期金契約之存續期間及應給付金額）

①終身定期金契約，關於期間有疑義時，推定其爲於債權人生存期內，按期給付。

②契約所定之金額有疑義時，推定其爲每年應給付之金額。

第七三二條（終身定期金之給付時期）

①終身定期金，除契約另有訂定外，應按季預行支付。

②依其生存期間而定終身定期金之人，如在定期金預付後，該期屆滿前死亡者，定期金債權人取得該期金額之全部。

第七三三條（終身定期金契約仍爲存續之宣言）

因死亡而終止定期金契約者，如其死亡之事由，應歸責於定期金債務人時，法院因債權人或其繼承人之聲請，得宣告其債權在相當期限內仍爲存續。

第七三四條（終身定期金權利之移轉）

終身定期金之權利，除契約另有訂定外，不得移轉。

第七三五條（遺贈之準用）

本節之規定，於終身定期金之遺贈準用之。

第二十三節　和　解

第七三六條（和解之定義）

稱和解者，謂當事人約定，互相讓步，以終止爭執或防止爭執發生之契約。

第七三七條（和解之效力）

和解有使當事人所拋棄之權利消滅，及使當事人取得和解契約所訂明權利之效力。

第七三八條（和解之撤銷—和解與錯誤之關係）

和解不得以錯誤爲理由撤銷之。但有左列事項之一者，不在此限：

一　和解所依據之文件，事後發見爲僞造或變造，而和解當事人若知其爲僞造或變造，即不爲和解者。

二　和解事件，經法院確定判決，而爲當事人雙方或一方於和解當時所不知者。

三　當事人之一方，對於他方當事人之資格或對於重要之爭點有錯誤，而爲和解者。

第二十四節　保　證

第七三九條（保證之定義）

稱保證者，謂當事人約定，一方於他方之債務人不履行債務時，由其代負履行責任之契約。

第七三九條之一（保證人之權利，不得預先拋棄）

本節所規定保證人之權利，除法律另有規定外，不得預先拋棄。

第七四〇條 （保證債務之範圍）

保證債務，除契約另有訂定外，包含主債務之利息、違約金、損害賠償及其他從屬於主債務之負擔。

第七四一條 （保證債務負擔之從屬性）

保證人之負擔，較主債務人為重者，應縮減至主債務之限度。

第七四二條 （保證人之抗辯權）

①主債務人所有之抗辯，保證人得主張之。

②主債務人拋棄其抗辯者，保證人仍得主張之。

第七四二條之一 （保證人之抵銷權）

保證人得以主債務人對於債權人之債權，主張抵銷。

第七四三條 （無效債務之保證）

保證人對於因行為能力之欠缺而無效之債務，如知其情事而為保證者，其保證仍為有效。

第七四四條 （保證人之拒絕清償權）

主債務人就其債之發生原因之法律行為有撤銷權者，保證人對於債權人，得拒絕清償。

第七四五條 （先訴抗辯權）

保證人於債權人未就主債務人之財產強制執行而無效果前，對於債權人，得拒絕清償。

第七四六條 （先訴抗辯權之喪失）99

有下列各款情形之一者，保證人不得主張前條之權利：

一　保證人拋棄前條之權利。

二　主債務人受破產宣告。

三　主債務人之財產不足清償其債務。

第七四七條 （請求履行及中斷時效之效力）

向主債務人請求履行及為其他中斷時效之行為，對於保證人亦生效力。

第七四八條 （共同保證）

數人保證同一債務者，除契約另有訂定外，應連帶負保證責任。

第七四九條 （保證人之代位權）

保證人向債權人為清償後，於其清償之限度內，承受債權人對於主債務人之債權。但不得有害於債權人之利益。

第七五〇條 （保證責任除去請求權）

①保證人受主債務人之委任而為保證者，有左列各款情形之一時，得向主債務人請求除去其保證責任：

一　主債務人之財產顯形減少者。

二　保證契約成立後，主債務人之住所、營業所或居所有變更，致向其請求清償發生困難者。

三　主債務人履行債務遲延者。

四　債權人依確定判決得令保證人清償者。

②主債務未屆清償期者，主債務人得提出相當擔保於保證人，以代保證責任之除去。

第七五一條 （保證責任之免除－拋棄擔保物權）

債權人拋棄為其債權擔保之物權者，保證人就債權人所拋棄權利之限度內，免其責任。

第七五二條　（定期保證責任之免除—不為審判上之請求）
約定保證人僅於一定期間內為保證者，如債權人於其期間內，對於保證人不為審判上之請求，保證人免其責任。

第七五三條　（未定期保證責任之免除—不為審判上之請求）
①保證未定期間者，保證人於主債務清償期屆滿後，得定一個月以上之相當期限，催告債權人於其期限內，向主債務人為審判上之請求。
②債權人不於前項期限內向主債務人為審判上之請求者，保證人免其責任。

第七五三條之一　（董監改選後免除其保證責任）99
因擔任法人董事、監察人或其他有代表權之人而為該法人擔任保證人者，僅就任職期間法人所生之債務負保證責任。

第七五四條　（連續發生債務保證之終止）
①就連續發生之債務為保證，而未定有期間者，保證人得隨時通知債權人終止保證契約。
②前項情形，保證人對於通知到達債權人後所發生主債務人之債務，不負保證責任。

第七五五條　（定期債務保證責任之免除—延期清償）
就定有期限之債務為保證者，如債權人允許主債務人延期清償時，保證人除對於其延期已為同意外，不負保證責任。

第七五六條　（信用委任）
委任他人以該他人之名義及其計算，供給信用於第三人者，就該第三人因受領信用所負之債務，對於受任人，負保證責任。

第二十四節之一　人事保證

第七五六條之一　（人事保證之定義）
①稱人事保證者，謂當事人約定，一方於他方之受僱人將來因職務上之行為而應對他方為損害賠償時，由其代負賠償責任之契約。
②前項契約，應以書面為之。

第七五六條之二　（保證人之賠償責任）
①人事保證之保證人，以僱用人不能依他項方法受賠償者為限，負其責任。
②保證人依前項規定負賠償責任時，除法律另有規定或契約另有訂定外，其賠償金額以賠償事故發生時，受僱人當年可得報酬之總額為限。

第七五六條之三　（人事保證之期間）
①人事保證約定之期間，不得逾三年。逾三年者，縮短為三年。
②前項期間，當事人得更新之。
③人事保證未定期間者，自成立之日起有效期間為三年。

第七五六條之四　（保證人之終止權）

①人事保證未定期間者，保證人得隨時終止契約。

②前項終止契約，應於三個月前通知僱用人。但當事人約定較短之期間者，從其約定。

第七五六條之五　（僱用人負通知義務之特殊事由）

①有左列情形之一者，僱用人應即通知保證人：

一　僱用人依法得終止僱傭契約，而其終止事由有發生保證人責任之虞者。

二　受僱人因職務上之行為而應對僱用人負損害賠償責任，並經僱用人向受僱人行使權利者。

三　僱用人變更受僱人之職務或任職時間、地點，致加重保證人責任或使其難於注意者。

②保證人受前項通知者，得終止契約。保證人知有前項各款情形者，亦同。

第七五六條之六　（減免保證人賠償金額）

有左列情形之一者，法院得減輕保證人之賠償金額或免除之：

一　有前條第一項各款之情形而僱用人不即通知保證人者。

二　僱用人對受僱人之選任或監督有疏懈者。

第七五六條之七　（人事保證契約之消滅）

人事保證關係因左列事由而消滅：

一　保證之期間屆滿。

二　保證人死亡、破產或喪失行為能力。

三　受僱人死亡、破產或喪失行為能力。

四　受僱人之僱傭關係消滅。

第七五六條之八　（請求權之時效）

僱用人對保證人之請求權，因二年間不行使而消滅。

第七五六條之九　（人事保證之準用）

人事保證，除本節有規定者外，準用關於保證之規定。

民法債編施行法

①民國19年2月10日國民政府制定公布全文15條；並自19年5月5日施行。
②民國88年4月21日總統令修正公布全文36條；並自89年5月5日施行。
③民國89年5月5日總統令修正公布第36條條文。
④民國98年12月30日總統令修正公布第36條條文。
⑤民國110年1月20日總統令修正公布第36條條文；增訂第10-1條條文；並自公布後六個月施行。

第一條　（不溯既往）
民法債編施行前發生之債，除本施行法有特別規定外，不適用民法債編之規定；其在修正施行前發生者，除本施行法有特別規定外，亦不適用修正施行後之規定。

第二條　（消滅時效已完成請求權之行使期間）
①民法債編施行前，依民法債編之規定，消滅時效業已完成，或其時效期間尚有殘餘不足一年者，得於施行之日起，一年內行使請求權。但自其時效完成後，至民法債編施行時，已逾民法債編所定時效期間二分之一者，不在此限。
②依民法債編之規定，消滅時效，不滿一年者，如在施行時，尚未完成，其時效自施行日起算。

第三條　（法定消滅時效）
①民法債編修正施行前之法定消滅時效已完成者，其時效為完成。
②民法債編修正施行前之法定消滅時效，其期間較民法債編修正施行後所定為長者，適用修正施行前之規定。但其殘餘期間自民法債編修正施行日起算，較民法債編修正施行後所定期間為長者，應自施行日起，適用民法債編修正施行後之規定。

第四條　（無時效性質法定期間之準用）
前二條之規定，於民法債編所定，無時效性質之法定期間，準用之。

第五條　（懸賞廣告之適用）
修正之民法第一百六十四條之規定，於民法債編修正施行前成立之懸賞廣告，亦適用之。

第六條　（廣告之適用）
修正之民法第一百六十五條第二項之規定，於民法債編修正施行前所為之廣告定有完成行為之期間者，亦適用之。

第七條　（優等懸賞廣告之適用）
修正之民法第一百六十五條之一至第一百六十五條之四之規定，於民法債編修正施行前成立之優等懸賞廣告，亦適用之。

第八條　（法定代理人之適用）

修正之民法第一百八十七條第三項之規定，於民法債編修正施行前無行為能力人或限制行為能力人不法侵害他人之權利者，亦適用之。

第九條　（侵害身體健康名譽等賠償之適用）

修正之民法第一百九十五條之規定，於民法債編修正施行前，不法侵害他人信用、隱私、貞操，或不法侵害其他人格法益或基於父、母、子、女、配偶關係之身分法益而情節重大者，亦適用之。

第一〇條　（債務人提前還本權之適用）

民法第二百零四條之規定，於民法債編施行前，所約定之利率，逾週年百分之十二者，亦適用之。

第一〇條之一　110

修正之民法第二百零五條之規定，於民法債編修正施行前約定，而於修正施行後發生之利息債務，亦適用之。

第一一條　（利息債務之適用）

民法債編施行前，發生之利息債務，於施行時尚未履行者，亦依民法債編之規定，定其數額。但施行時未付之利息總額已超過原本者，仍不得過一本一利。

第一二條　（回復原狀之適用）

修正之民法第二百十三條第三項之規定，於民法債編修正施行前因負損害賠償責任而應回復原狀者，亦適用之。

第一三條　（法定損害賠償範圍之適用）

修正之民法第二百十六條之一之規定，於民法債編修正施行前發生之債，亦適用之。

第一四條　（過失相抵與義務人生計關係酌減規定之適用）

①民法第二百十七條第一項、第二項及第二百十八條之規定，於民法債編施行前，負損害賠償義務者，亦適用之。

②修正之民法第二百十七條第三項之規定，於民法債編修正施行前被害人之代理人或使用人與有過失者，亦適用之。

第一五條　（情事變更之適用）

修正之民法第二百二十七條之二之規定，於民法債編修正施行前發生之債，亦適用之。

第一六條　（債務不履行責任之適用）

①民法債編施行前發生之債務，至施行後不履行時，依民法債編之規定，負不履行之責任。

②前項規定，於債權人拒絕受領或不能受領時，準用之。

第一七條　（因契約標的給付不能賠償之適用）

修正之民法第二百四十七條之一之規定，於民法債編修正施行前訂定之契約，亦適用之。

第一八條　（違約金之適用）

民法第二百五十條至第二百五十三條之規定，於民法債編施行前約定之違約金，亦適用之。

第一九條（債務清償公認證書之作成）
民法第三百零八條之公認證書，由債權人作成，聲請債務履行地之公證人、警察機關、商業團體或自治機關蓋印簽名。

第二〇條（一部清償之適用）
①民法第三百十八條之規定，於民法債編施行前所負債務，亦適用之。
②修正之民法第三百十八條第二項之規定，於民法債編修正施行前所負債務，並適用之。

第二一條（抵銷之適用）
民法債編施行前之債務，亦得依民法債編之規定為抵銷。

第二二條（買回期限之限制）
民法債編施行前，所定買回契約定有期限者，依其期限，但其殘餘期限，自施行日起算，較民法第三百八十條所定期限為長者，應自施行日起，適用民法第三百八十條之規定，如買回契約未定期限者，自施行日起，不得逾五年。

第二三條（出租人地上權登記之適用）
修正之民法第四百二十二條之一之規定，於民法債編修正施行前租用基地建築房屋者，亦適用之。

第二四條（租賃之效力及期限）
①民法債編施行前所定之租賃契約，於施行後其效力依民法債編之規定。
②前項契約，訂有期限者，依其期限，但其殘餘期限，自施行日起算，較民法第四百四十九條所規定之期限為長者，應自施行日起，適用民法第四百四十九條之規定。

第二五條（使用借貸預約之適用）
修正之民法第四百六十五條之一之規定，於民法債編修正施行前成立之使用借貸預約，亦適用之。

第二六條（消費借貸預約之適用）
修正之民法第四百七十五條之一之規定，於民法債編修正施行前成立之消費借貸預約，亦適用之。

第二七條（承攬契約之適用）
修正之民法第四百九十五條第二項之規定，於民法債編修正施行前成立之承攬契約，亦適用之。

第二八條（拍賣之方法及程序）
民法債編所定之拍賣，在拍賣法未公布施行前，得照市價變賣，但應經公證人、警察機關、商業團體或自治機關之證明。

第二九條（旅遊之適用）
民法債編修正施行前成立之旅遊，其未終了部分自修正施行之日起，適用修正之民法債編關於旅遊之規定。

第三〇條（遺失被盜或滅失倉單之適用）
修正之民法第六百十八條之一之規定，於民法債編修正施行前遺失、被盜或滅失之倉單，亦適用之。

第三一條（遺失被盜或滅失提單之適用）

修正之民法第六百二十九條之一之規定，於民法債編修正施行前遺失、被盜或滅失之提單，亦適用之。

第三二條（無記名證券發行人抗辯權之適用）

修正之民法第七百二十二條之規定，於民法債編修正施行前取得證券出於惡意之無記名證券持有人，亦適用之。

第三三條（保證人之權利不得預先拋棄之適用）

修正之民法第七百三十九條之一之規定，於民法債編修正施行前成立之保證，亦適用之。

第三四條（保證人抵銷權之適用）

修正之民法第七百四十二條之一之規定，於民法債編修正施行前成立之保證，亦適用之。

第三五條（人事保證之適用）

新增第二十四節之一之規定，除第七百五十六條之二第二項外，於民法債編修正施行前成立之人事保證，亦適用之。

第三六條 110

①本施行法自民法債編施行之日施行。

②民法債編修正條文及本施行法修正條文，除另定施行日期者外，自公布日施行。

③中華民國八十八年四月二十一日修正公布之民法債編修正條文及本施行法修正條文，自八十九年五月五日施行。但民法第一百六十六條之一施行日期，由行政院會同司法院另定之。

④中華民國九十八年十二月十五日修正之民法第六百八十七條及第七百零八條，自九十八年十一月二十三日施行。

⑤中華民國一百零九年十二月二十九日修正之民法第二百零五條，自公布後六個月施行。

民法

第三編　物　權

①民國18年11月30日國民政府制定公布全文210條；並自19年5月5日施行。

②民國84年1月16日總統令修正公布第942條條文。

③民國96年3月28日總統令修正公布第860至863、866、869、871至874、876、877、879、881、883至890、892、893、897至900、902、904至906、908至910、928至930、932、933、936、937、939條條文；增訂第862-1、870-1、870-2、873-1、873-2、875-1至875-4、877-1、879-1、881-1至881-17、899-1、899-2、906-1至906-4、907-1、932-1條條文及第六章第一至三節節名；刪除第935、938條條文；並自公布後六個月施行。

④民國98年1月23日總統令修正公布第757至759、764、767至772、774、775、777至782、784至790、792至794、796至800、802至807、810、816、818、820、822至824、827、828、830條條文；增訂第759-1、768-1、796-1、796-2、799-1、799-2、800-1、805-1、807-1、824-1、826-1條條文；刪除第760條條文；並自公布後六個月施行。

⑤民國99年2月3日總統令修正公布第800-1、832、834至836、838至841、851至857、859、882、911、913、915、917至921、925、927、941至945、948至954、956、959、965條條文及第五章章名；增訂第833-1、833-2、835-1、836-1至836-3、838-1、841-1至841-6、850-1至850-9、851-1、855-1、859-1至859-5、917-1、922-1、924-1、924-2、951-1、963-1條條文及第三章第一、二節節名、第四章之一章名；刪除第833、842至850、858、914條條文及第四章章名；並自公布後六個月施行。

⑥民國101年6月13日總統令修正公布第805、805-1條條文；並自公布後六個月施行。

第一章　通　則

第七五七條　（物權法定主義）98

物權除依法律或習慣外，不得創設。

第七五八條　（設權登記—登記生效要件主義）98

①不動產物權，依法律行為而取得、設定、喪失及變更者，非經登記，不生效力。

②前項行為，應以書面為之。

第七五九條　（宣示登記—相對登記主義）98

因繼承、強制執行、徵收、法院之判決或其他非因法律行為，於登記前已取得不動產物權者，應經登記，始得處分其物權。

第七五九條之一　（不動產物權登記之變動效力）98
①不動產物權經登記者，推定登記權利人適法有此權利。
②因信賴不動產登記之善意第三人，已依法律行為為物權變動之登記者，其變動之效力，不因原登記物權之不實而受影響。
第七六〇條　（刪除）98
第七六一條　（動產物權之讓與方法—交付、簡易交付、占有改定、指示交付）
①動產物權之讓與，非將動產交付，不生效力。但受讓人已占有動產者，於讓與合意時，即生效力。
②讓與動產物權，而讓與人仍繼續占有動產者，讓與人與受讓人間，得訂立契約，使受讓人因此取得間接占有，以代交付。
③讓與動產物權，如其動產由第三人占有時，讓與人得以對於第三人之返還請求權，讓與於受讓人，以代交付。
第七六二條　（物權之消滅—所有權與他物權混同）
同一物之所有權及其他物權，歸屬於一人者，其他物權因混同而消滅。但其他物權之存續，於所有人或第三人有法律上之利益者，不在此限。
第七六三條　（物權之消滅—所有權以外物權之混同）
①所有權以外之物權及以該物權為標的物之權利，歸屬於一人者，其權利因混同而消滅。
②前條但書之規定，於前項情形準用之。
第七六四條　（物權之消滅—拋棄）98
①物權除法律另有規定外，因拋棄而消滅。
②前項拋棄，第三人有以該物權為標的物之其他物權或於該物權有其他法律上之利益者，非經該第三人同意，不得為之。
③拋棄動產物權者，並應拋棄動產之占有。

第二章　所有權

第一節　通　則

第七六五條　（所有權之權能）
所有人於法令限制之範圍內，得自由使用、收益、處分其所有物，並排除他人之干涉。
第七六六條　（所有人之收益權）
物之成分及其天然孳息，於分離後，除法律另有規定外，仍屬於其物之所有人。
第七六七條　（所有權之保護—物上請求權）98
①所有人對於無權占有或侵奪其所有物者，得請求返還之。對於妨害其所有權者，得請求除去之。有妨害其所有權之虞者，得請求防止之。
②前項規定，於所有權以外之物權，準用之。
第七六八條　（動產所有權之取得時效）98

以所有之意思，十年間和平、公然、繼續占有他人之動產者，取得其所有權。

第七六八條之一 （動產所有權之占有時效）98

以所有之意思，五年間和平、公然、繼續占有他人之動產，而其占有之始爲善意並無過失者，取得其所有權。

第七六九條 （不動產之一般取得時效）98

以所有之意思，二十年間和平、公然、繼續占有他人未登記之不動產者，得請求登記爲所有人。

第七七〇條 （不動產之特別取得時效）98

以所有之意思，十年間和平、公然、繼續占有他人未登記之不動產，而其占有之始爲善意並無過失者，得請求登記爲所有人。

第七七一條 （取得時效之中斷）98

①占有人有下列情形之一者，其所有權之取得時效中斷：

一　變爲不以所有之意思而占有。

二　變爲非和平或非公然占有。

三　自行中止占有。

四　非基於自己之意思而喪失其占有。但依第九百四十九條或第九百六十二條規定，回復其占有者，不在此限。

②依第七百六十七條規定起訴請求占有人返還占有物者，占有人之所有權取得時效亦因而中斷。

第七七二條 （所有權以外財產權取得時效之準用）98

前五條之規定，於所有權以外財產權之取得，準用之。於已登記之不動產，亦同。

第二節　不動產所有權

第七七三條 （土地所有權之範圍）

土地所有權，除法令有限制外，於其行使有利益之範圍內，及於土地之上下，如他人之干涉，無礙其所有權之行使者，不得排除之。

第七七四條 （鄰地損害之防免）98

土地所有人經營事業或行使其所有權，應注意防免鄰地之損害。

第七七五條 （自然流水之排水權及承水義務）98

①土地所有人不得妨阻由鄰地自然流至之水。

②自然流至之水爲鄰地所必需者，土地所有人縱因其土地利用之必要，不得妨阻其全部。

第七七六條 （蓄水等工作物破潰阻塞之修繕疏通或預防）

土地因蓄水、排水或引水所設之工作物破潰、阻塞，致損害及於他人之土地或有致損害之虞者，土地所有人應以自己之費用，爲必要之修繕、疏通或預防。但其費用之負擔，另有習慣者，從其習慣。

第七七七條 （使雨水直注相鄰不動產之禁止）98

土地所有人不得設置屋簷、工作物或其他設備，使雨水或其他

液體直注於相鄰之不動產。

第七七八條 （土地所有人之疏水權）98

①水流如因事變在鄰地阻塞，土地所有人得以自己之費用，為必要疏通之工事。但鄰地所有人受有利益者，應按其受益之程度，負擔相當之費用。

②前項費用之負擔，另有習慣者，從其習慣。

第七七九條 （土地所有人之過水權—人工排水）98

①土地所有人因使浸水之地乾涸，或排泄家用或其他用水，以至河渠或溝道，得使其水通過鄰地。但應擇於鄰地損害最少之處所及方法為之。

②前項情形，有通過權之人對於鄰地所受之損害，應支付償金。

③前二項情形，法令另有規定或另有習慣者，從其規定或習慣。

④第一項但書之情形，鄰地所有人有異議時，有通過權之人或異議人得請求法院以判決定之。

第七八〇條 （他人過水工作物使用權）98

土地所有人因使其土地之水通過，得使用鄰地所有人所設置之工作物。但應按其受益之程度，負擔該工作物設置及保存之費用。

第七八一條 （水流地所有人之自由用水權）98

水源地、井、溝渠及其他水流地之所有人得自由使用其水。但法令另有規定或另有習慣者，不在此限。

第七八二條 （用水權人之物上請求權）98

①水源地或井之所有人對於他人因工事杜絕、減少或污染其水者，得請求損害賠償。如其水為飲用或利用土地所必要者，並得請求回復原狀；其不能為全部回復者，仍應於可能範圍內回復之。

②前項情形，損害非因故意或過失所致，或被害人有過失者，法院得減輕賠償金額或免除之。

第七八三條 （使用鄰地餘水之用水權）

土地所有人因其家用或利用土地所必要，非以過鉅之費用及勞力不能得水者，得支付償金，對鄰地所有人，請求給與有餘之水。

第七八四條 （水流地所有人變更水流或寬度之限制）98

①水流地對岸之土地屬於他人時，水流地所有人不得變更其水流或寬度。

②兩岸之土地均屬於水流地所有人者，其所有人得變更其水流或寬度。但應留下游自然之水路。

③前二項情形，法令另有規定或另有習慣者，從其規定或習慣。

第七八五條 （堰之設置與利用）98

①水流地所有人有設堰之必要者，得使其堰附著於對岸。但對於因此所生之損害，應支付償金。

②對岸地所有人於水流地之一部屬於其所有者，得使用前項之堰。但應按其受益之程度，負擔該堰設置及保存之費用。

③前二項情形，法令另有規定或另有習慣者，從其規定或習慣。

第七八六條 （管線安設權）98

①土地所有人非通過他人之土地，不能設置電線、水管、瓦斯管或其他管線，或雖能設置而需費過鉅者，得通過他人土地之上下而設置之。但應擇其損害最少之處所及方法爲之，並應支付償金。

②依前項之規定，設置電線、水管、瓦斯管或其他管線後，如情事有變更時，他土地所有人得請求變更其設置。

③前項變更設置之費用，由土地所有人負擔。但法令另有規定或另有習慣者，從其規定或習慣。

④第七百七十九條第四項規定，於第一項但書之情形準用之。

第七八七條 （袋地所有人之必要通行權）98

①土地因與公路無適宜之聯絡，致不能爲通常使用時，除因土地所有人之任意行爲所生者外，土地所有人得通行周圍地以至公路。

②前項情形，有通行權人應於通行必要之範圍內，擇其周圍地損害最少之處所及方法爲之；對於通行地因此所受之損害，並應支付償金。

③第七百七十九條第四項規定，於前項情形準用之。

第七八八條 （開路通行權）98

①有通行權人於必要時，得開設道路。但對於通行地因此所受之損害，應支付償金。

②前項情形，如致通行地損害過鉅者，通行地所有人得請求有通行權人以相當之價額購買通行地及因此形成之畸零地，其價額由當事人協議定之；不能協議者，得請求法院以判決定之。

第七八九條 （通行權之限制）98

①因土地一部之讓與或分割，而與公路無適宜之聯絡，致不能爲通常使用者，土地所有人因至公路，僅得通行受讓人或讓與人或他分割人之所有地。數宗土地同屬於一人所有，讓與其一部或同時分別讓與數人，而與公路無適宜之聯絡，致不能爲通常使用者，亦同。

②前項情形，有通行權人，無須支付償金。

第七九〇條 （土地之禁止侵入與例外）98

土地所有人得禁止他人侵入其地內。但有下列情形之一，不在此限：

一 他人有通行權者。

二 依地方習慣，任他人入其未設圍障之田地、牧場、山林刈取雜草，採取枯枝枯幹，或採集野生物，或放牧牲畜者。

第七九一條 （因尋查取回物品或動物之允許侵入）

①土地所有人遇他人之物品或動物偶至其地內者，應許該物品或動物之占有人或所有人入其地內，尋查取回。

②前項情形，土地所有人受有損害者，得請求賠償。於未受賠償前，得留置其物品或動物。

第七九二條 （鄰地使用權）98

土地所有人因鄰地所有人在其地界或近旁，營造或修繕建築物或其他工作物有使用其土地之必要，應許鄰地所有人使用其土地。但因而受損害者，得請求償金。

第七九三條（氣響侵入之禁止）98

土地所有人於他人之土地、建築物或其他工作物有瓦斯、蒸氣、臭氣、煙氣、熱氣、灰屑、喧囂、振動及其他與此相類者侵入時，得禁止之。但其侵入輕微，或按土地形狀、地方習慣，認為相當者，不在此限。

第七九四條（損害鄰地地基或工作物危險之預防義務）98

土地所有人開掘土地或為建築時，不得因此使鄰地之地基動搖或發生危險，或使鄰地之建築物或其他工作物受其損害。

第七九五條（工作物傾倒危險之預防）

建築物或其他工作物之全部或一部有傾倒之危險，致鄰地有受損害之虞者，鄰地所有人得請求為必要之預防。

第七九六條（越界建屋之異議）98

①土地所有人建築房屋非因故意或重大過失逾越地界者，鄰地所有人如知其越界而不即提出異議，不得請求移去或變更其房屋。但土地所有人對於鄰地因此所受之損害，應支付償金。

②前項情形，鄰地所有人得請求土地所有人，以相當之價額購買越界部分之土地及因此形成之畸零地，其價額由當事人協議定之；不能協議者，得請求法院以判決定之。

第七九六條之一（越界建屋之移去或變更）98

①土地所有人建築房屋逾越地界，鄰地所有人請求移去或變更時，法院得斟酌公共利益及當事人利益，免為全部或一部之移去或變更。但土地所有人故意逾越地界者，不適用之。

②前條第一項但書及第二項規定，於前項情形準用之。

第七九六條之二（等值建物之準用範圍）98

前二條規定，於具有與房屋價值相當之其他建築物準用之。

第七九七條（植物枝根越界之刈除）98

①土地所有人遇鄰地植物之枝根有逾越地界者，得向植物所有人，請求於相當期間內刈除之。

②植物所有人不於前項期間內刈除者，土地所有人得刈取越界之枝根，並得請求償還因此所生之費用。

③越界植物之枝根，如於土地之利用無妨害者，不適用前二項之規定。

第七九八條（鄰地之果實獲得權）98

果實自落於鄰地者，視為屬於鄰地所有人。但鄰地為公用地者，不在此限。

第七九九條（建築物之區分所有）98

①稱區分所有建築物者，謂數人區分一建築物而各專有其一部，就專有部分有單獨所有權，並就該建築物及其附屬物之共同部分共有之建築物。

②前項專有部分，指區分所有建築物在構造上及使用上可獨立，

且得單獨爲所有權之標的者。共有部分，指區分所有建築物專有部分以外之其他部分及不屬於專有部分之附屬物。
③專有部分得經其所有人之同意，依規約之約定供區分所有建築物之所有人共同使用；共有部分除法律另有規定外，得經規約之約定供區分所有建築物之特定所有人使用。
④區分所有人就區分所有建築物共有部分及基地之應有部分，依其專有部分面積與專有部分總面積之比例定之。但另有約定者，從其約定。
⑤專有部分與其所屬之共有部分及其基地之權利，不得分離而爲移轉或設定負擔。

第七九九條之一　（建築物之費用分擔）98
①區分所有建築物共有部分之修繕費及其他負擔，由各所有人按其應有部分分擔之。但規約另有約定者，不在此限。
②前項規定，於專有部分經依前條第三項之約定供區分所有建築物之所有人共同使用者，準用之。
③規約之內容依區分所有建築物之專有部分、共有部分及其基地之位置、面積、使用目的、利用狀況、區分所有人已否支付對價及其他情事，按其情形顯失公平者，不同意之區分所有人得於規約成立後三個月內，請求法院撤銷之。
④區分所有人間依規約所生之權利義務，繼受人應受拘束；其依其他約定所生之權利義務，特定繼受人對於約定之內容明知或可得而知者，亦同。

第七九九條之二　（同一建築物之所有人區分）98
同一建築物屬於同一人所有，經區分爲數專有部分登記所有權者，準用第七百九十九條規定。

第八〇〇條　（他人正中宅門之使用）98
①第七百九十九條情形，其專有部分之所有人，有使用他專有部分所有人正中宅門之必要者，得使用之。但另有特約或另有習慣者，從其特約或習慣。
②因前項使用，致他專有部分之所有人受損害者，應支付償金。

第八〇〇條之一　（準用範圍）99
第七百七十四條至前條規定，於地上權人、農育權人、不動產役權人、典權人、承租人、其他土地、建築物或其他工作物利用人準用之。

第三節　動產所有權

第八〇一條　（善意受讓）
動產之受讓人占有動產，而受關於占有規定之保護者，縱讓與人無移轉所有權之權利，受讓人仍取得其所有權。

第八〇二條　（無主物之先占）98
以所有之意思，占有無主之動產者，除法令另有規定外，取得其所有權。

第八〇三條　（遺失物拾得者之招領報告義務）98
①拾得遺失物者應從速通知遺失人、所有人、其他有受領權之人或報告警察、自治機關。報告時，應將其物一併交存。但於機關、學校、團體或其他公共場所拾得者，亦得報告於各該場所之管理機關、團體或其負責人、管理人，並將其物交存。
②前項受報告者，應從速於遺失物拾得地或其他適當處所，以公告、廣播或其他適當方法招領之。

第八〇四條　（招領後無人認領之處置—交存遺失物）98
①依前條第一項爲通知或依第二項由公共場所之管理機關、團體或其負責人、管理人爲招領後，有受領權之人未於相當期間認領時，拾得人或招領人應將拾得物交存於警察或自治機關。
②警察或自治機關認原招領之處所或方法不適當時，得再爲招領之。

第八〇五條　（認領期限、費用及報酬之請求）101
①遺失物自通知或最後招領之日起六個月內，有受領權之人認領時，拾得人、招領人、警察或自治機關，於通知、招領及保管之費用受償後，應將其物返還之。
②有受領權之人認領遺失物時，拾得人得請求報酬。但不得超過其物財產上價值十分之一；其不具有財產上價值者，拾得人亦得請求相當之報酬。
③有受領權人依前項規定給付報酬顯失公平者，得請求法院減少或免除其報酬。
④第二項報酬請求權，因六個月間不行使而消滅。
⑤第一項費用之支出者或得請求報酬之拾得人，在其費用或報酬未受清償前，就該遺失物有留置權；其權利人有數人時，遺失物占有人視爲爲全體權利人占有。

第八〇五條之一　（認領報酬之例外）101
有下列情形之一者，不得請求前條第二項之報酬：
一　在公衆得出入之場所或供公衆往來之交通設備內，由其管理人或受僱人拾得遺失物。
二　拾得人未於七日內通知、報告或交存拾得物，或經查詢仍隱匿其拾得遺失物之事實。
三　有受領權之人爲特殊境遇家庭、低收入戶、中低收入戶、依法接受急難救助、災害救助，或有其他急迫情事者。

第八〇六條　（遺失物之拍賣及變賣）98
拾得物易於腐壞或其保管需費過鉅者，招領人、警察或自治機關得爲拍賣或逕以市價變賣之，保管其價金。

第八〇七條　（逾期未認領之遺失物之歸屬—拾得人取得所有權）98
①遺失物自通知或最後招領之日起逾六個月，未經有受領權之人認領者，由拾得人取得其所有權。警察或自治機關並應通知其領取遺失物或賣得之價金；其不能通知者，應公告之。
②拾得人於受前項通知或公告後三個月內未領取者，其物或賣得

之價金歸屬於保管地之地方自治團體。

第八〇七條之一　（五百元以下遺失物之歸屬）98

①遺失物價值在新臺幣五百元以下者，拾得人應從速通知遺失人、所有人或其他有受領權之人。其有第八百零三條第一項但書之情形者，亦得依該條第一項但書及第二項規定辦理。

②前項遺失物於下列期間未經有受領權之人認領者，由拾得人取得其所有權或變賣之價金：

一　自通知或招領之日起逾十五日。

二　不能依前項規定辦理，自拾得日起逾一個月。

③第八百零五條至前條規定，於前二項情形準用之。

第八〇八條　（埋藏物之發現）

發見埋藏物而占有者，取得其所有權。但埋藏物係在他人所有之動產或不動產中發見者，該動產或不動產之所有人與發見人，各取得埋藏物之半。

第八〇九條　（有學術價值埋藏物之歸屬）

發見之埋藏物，足供學術、藝術、考古或歷史之資料者，其所有權之歸屬，依特別法之規定。

第八一〇條　（漂流物或沈沒物之拾得）98

拾得漂流物、沈沒物或其他因自然力而脫離他人占有之物者，準用關於拾得遺失物之規定。

第八一一條　（不動產之附合）

動產因附合而為不動產之重要成分者，不動產所有人，取得動產所有權。

第八一二條　（動產之附合）

①動產與他人之動產附合，非毀損不能分離，或分離需費過鉅者，各動產所有人，按其動產附合時之價值，共有合成物。

②前項附合之動產，有可視為主物者，該主物所有人，取得合成物之所有權。

第八一三條　（混合）

動產與他人之動產混合，不能識別或識別需費過鉅者，準用前條之規定。

第八一四條　（加工）

加工於他人之動產者，其加工物之所有權，屬於材料所有人。但因加工所增之價值顯逾材料之價值者，其加工物之所有權，屬於加工人。

第八一五條　（添附之效果—其他權利之同消滅）

依前四條之規定，動產之所有權消滅者，該動產上之其他權利，亦同消滅。

第八一六條　（添附之效果—補償請求）98

因前五條之規定而受損害者，得依關於不當得利之規定，請求償還價額。

第四節　共　有

第八一七條　（分別共有—共有人及應有部分）
①數人按其應有部分，對於一物有所有權者，爲共有人。
②各共有人之應有部分不明者，推定其爲均等。
第八一八條　（共有人之使用收益權）98
各共有人，除契約另有約定外，按其應有部分，對於共有物之全部，有使用收益之權。
第八一九條　（應有部分及共有物之處分）
①各共有人得自由處分其應有部分。
②共有物之處分、變更及設定負擔，應得共有人全體之同意。
第八二〇條　（共有物之管理）98
①共有物之管理，除契約另有約定外，應以共有人過半數及其應有部分合計過半數之同意行之。但其應有部分合計逾三分之二者，其人數不予計算。
②依前項規定之管理顯失公平者，不同意之共有人得聲請法院以裁定變更之。
③前二項所定之管理，因情事變更難以繼續時，法院得因任何共有人之聲請，以裁定變更之。
④共有人依第一項規定爲管理之決定，有故意或重大過失，致共有人受損害者，對不同意之共有人連帶負賠償責任。
⑤共有物之簡易修繕及其他保存行爲，得由各共有人單獨爲之。
第八二一條　（共有人對第三人之權利）
各共有人對於第三人，得就共有物之全部爲本於所有權之請求。但回復共有物之請求，僅得爲共有人全體之利益爲之。
第八二二條　（共有物費用之分擔）98
①共有物之管理費及其他負擔，除契約另有約定外，應由各共有人按其應有部分分擔之。
②共有人中之一人，就共有物之負擔爲支付，而逾其所應分擔之部分者，對於其他共有人得按其各應分擔之部分，請求償還。
第八二三條　（共有物之分割與限制）98
①各共有人，除法令另有規定外，得隨時請求分割共有物。但因物之使用目的不能分割或契約訂有不分割之期限者，不在此限。
②前項約定不分割之期限，不得逾五年；逾五年者，縮短爲五年。但共有之不動產，其契約訂有管理之約定時，約定不分割之期限，不得逾三十年；逾三十年者，縮短爲三十年。
③前項情形，如有重大事由，共有人仍得隨時請求分割。
第八二四條　（共有物分割之方法）98
①共有物之分割，依共有人協議之方法行之。
②分割之方法不能協議決定，或於協議決定後因消滅時效完成經共有人拒絕履行者，法院得因任何共有人之請求，命爲下列之分配：
一　以原物分配於各共有人。但各共有人均受原物之分配顯有困難者，得將原物分配於部分共有人。
二　原物分配顯有困難時，得變賣共有物，以價金分配於各共

有人；或以原物之一部分分配於各共有人，他部分變賣，以價金分配於各共有人。
③以原物爲分配時，如共有人中有未受分配，或不能按其應有部分受分配者，得以金錢補償之。
④以原物爲分配時，因共有人之利益或其他必要情形，得就共有物之一部分仍維持共有。
⑤共有人相同之數不動產，除法令另有規定外，共有人得請求合併分割。
⑥共有人部分相同之相鄰數不動產，各該不動產均具應有部分之共有人，經各不動產應有部分過半數共有人之同意，得適用前項規定，請求合併分割。但法院認合併分割爲不適當者，仍分別分割之。
⑦變賣共有物時，除買受人爲共有人外，共有人有依相同條件優先承買之權，有二人以上願優先承買者，以抽籤定之。

第八二四條之一 （共有物分割之效力）98
①共有人自共有物分割之效力發生時起，取得分得部分之所有權。
②應有部分有抵押權或質權者，其權利不因共有物之分割而受影響。但有下列情形之一者，其權利移存於抵押人或出質人所分得之部分：
一 權利人同意分割。
二 權利人已參加共有物分割訴訟。
三 權利人經共有人告知訴訟而未參加。
③前項但書情形，於以價金分配或以金錢補償者，準用第八百八十一條第一項、第二項或第八百九十九條第一項規定。
④前條第三項之情形，如爲不動產分割者，應受補償之共有人，就其補償金額，對於補償義務人所分得之不動產，有抵押權。
⑤前項抵押權應於辦理共有物分割登記時，一併登記，其次序優先於第二項但書之抵押權。

第八二五條 （分得物之擔保責任）
各共有人對於他共有人因分割而得之物，按其應有部分，負與出賣人同一之擔保責任。

第八二六條 （所得物與共有物證書之保管）
①共有物分割後，各分割人應保存其所得物之證書。
②共有物分割後，關於共有物之證書，歸取得最大部分之人保存之；無取得最大部分者，由分割人協議定之；不能協議決定者，得聲請法院指定之。
③各分割人，得請求使用他分割人所保存之證書。

第八二六條之一 （共有物讓與之責任）98
①不動產共有人間關於共有物使用、管理、分割或禁止分割之約定或依第八百二十條第一項規定所爲之決定，於登記後，對於應有部分之受讓人或取得物權之人，具有效力。其由法院裁定所定之管理，經登記後，亦同。
②動產共有人間就共有物爲前項之約定、決定或法院所爲之裁定，

對於應有部分之受讓人或取得物權之人，以受讓或取得時知悉其情事或可得而知者為限，亦具有效力。

③共有物應有部分讓與時，受讓人對讓與人就共有物因使用、管理或其他情形所生之負擔連帶負清償責任。

第八二七條　（公同共有人及其權利）98

①依法律規定、習慣或法律行為，成一公同關係之數人，基於其公同關係，而共有一物者，為公同共有人。

②前項依法律行為成立之公同關係，以有法律規定或習慣者為限。

各公同共有人之權利，及於公同共有物之全部。

第八二八條　（公同共有人之權利義務與公同共有物之處分）98

①公同共有人之權利義務，依其公同關係所由成立之法律、法律行為或習慣定之。

②第八百二十條、第八百二十一條及第八百二十六條之一規定，於公同共有準用之。

③公同共有物之處分及其他之權利行使，除法律另有規定外，應得公同共有人全體之同意。

第八二九條　（公同共有物分割之限制）

公同關係存續中，各公同共有人，不得請求分割其公同共有物。

第八三〇條　（公同共有關係之消滅與公同共有物之分割方法）98

①公同共有之關係，自公同關係終止，或因公同共有物之讓與而消滅。

②公同共有物之分割，除法律另有規定外，準用關於共有物分割之規定。

第八三一條　（準共有）

本節規定，於所有權以外之財產權，由數人共有或公同共有者準用之。

第三章　地上權

第一節　普通地上權 99

第八三二條　（普通地上權之定義）99

稱普通地上權者，謂以在他人土地之上下有建築物或其他工作物為目的而使用其土地之權。

第八三三條　（刪除）99

第八三三條之一　（地上權之存續期間與終止）99

地上權未定有期限者，存續期間逾二十年或地上權成立之目的已不存在時，法院得因當事人之請求，斟酌地上權成立之目的、建築物或工作物之種類、性質及利用狀況等情形，定其存續期間或終止其地上權。

第八三三條之二　（公共建設之地上權存續期限）99

以公共建設為目的而成立之地上權，未定有期限者，以該建設使用目的完畢時，視為地上權之存續期限。

第八三四條 （地上權人之棄權利）99

地上權無支付地租之約定者，地上權人得隨時拋棄其權利。

第八三五條 （地上權拋棄時應盡之義務及保障）99

①地上權定有期限，而有支付地租之約定者，地上權人得支付未到期之三年分地租後，拋棄其權利。

②地上權未定有期限，而有支付地租之約定者，地上權人拋棄權利時，應於一年前通知土地所有人，或支付未到期之一年分地租。

③因不可歸責於地上權人之事由，致土地不能達原來使用之目的時，地上權人於支付前二項地租二分之一後，得拋棄其權利；其因可歸責於土地所有人之事由，致土地不能達原來使用之目的時，地上權人亦得拋棄其權利，並免支付地租。

第八三五條之一 （地租給付之公平原則）99

①地上權設定後，因土地價值之昇降，依原定地租給付顯失公平者，當事人得請求法院增減之。

②未定有地租之地上權，如因土地之負擔增加，非當時所得預料，仍無償使用顯失公平者，土地所有人得請求法院酌定其地租。

第八三六條 （終止地上權之使用）99

①地上權人積欠地租達二年之總額，除另有習慣外，土地所有人得定相當期限催告地上權人支付地租，如地上權人於期限內不爲支付，土地所有人得終止地上權。地上權經設定抵押權者，並應同時將該催告之事實通知抵押權人。

②地租之約定經登記者，地上權讓與時，前地上權人積欠之地租應併同計算。受讓人就前地上權人積欠之地租，應與讓與人連帶負清償責任。

③第一項終止，應向地上權人以意思表示爲之。

第八三六條之一 （土地所有權之讓與）99

土地所有權讓與時，已預付之地租，非經登記，不得對抗第三人。

第八三六條之二 （土地之用益權）99

①地上權人應依設定之目的及約定之使用方法，爲土地之使用收益；未約定使用方法者，應依土地之性質爲之，並均應保持其得永續利用。

②前項約定之使用方法，非經登記，不得對抗第三人。

第八三六條之三 （土地用益權之終止）99

地上權人違反前條第一項規定，經土地所有人阻止而仍繼續爲之者，土地所有人得終止地上權。地上權經設定抵押權者，並應同時將該阻止之事實通知抵押權人。

第八三七條 （租金減免請求之限制）

地上權人縱因不可抗力，妨礙其土地之使用，不得請求免除或減少租金。

第八三八條 （權利之讓與）99

①地上權人得將其權利讓與他人或設定抵押權。但契約另有約定

或另有習慣者，不在此限。
②前項約定，非經登記，不得對抗第三人。
③地上權與其建築物或其他工作物，不得分離而為讓與或設定其他權利。

第八三八條之一　（強制執行拍賣之協定）99
①土地及其土地上之建築物，同屬於一人所有，因強制執行之拍賣，其土地與建築物之拍定人各異時，視為已有地上權之設定，其地租、期間及範圍由當事人協議定之；不能協議者，得請求法院以判決定之。其僅以土地或建築物為拍賣時，亦同。
②前項地上權，因建築物之滅失而消滅。

第八三九條　（工作物之取回權及期限）99
①地上權消滅時，地上權人得取回其工作物。但應回復土地原狀。
②地上權人不於地上權消滅後一個月內取回其工作物者，工作物歸屬於土地所有人。其有礙於土地之利用者，土地所有人得請求回復原狀。
③地上權人取回其工作物前，應通知土地所有人。土地所有人願以時價購買者，地上權人非有正當理由，不得拒絕。

第八四〇條　（建築物之補償及期限）99
①地上權人之工作物為建築物者，如地上權因存續期間屆滿而消滅，地上權人得於期間屆滿前，定一個月以上之期間，請求土地所有人按該建築物之時價為補償。但契約另有約定者，從其約定。
②土地所有人拒絕地上權人前項補償之請求或於期間內不為確答者，地上權之期間應酌量延長之。地上權人不願延長者，不得請求前項之補償。
③第一項之時價不能協議者，地上權人或土地所有人得聲請法院裁定之。土地所有人不願依裁定之時價補償者，適用前項規定。
④依第二項規定延長期間者，其期間由土地所有人與地上權人協議定之；不能協議者，得請求法院斟酌建築物與土地使用之利益，以判決定之。
⑤前項期間屆滿後，除經土地所有人與地上權人協議者外，不適用第一項及第二項規定。

第八四一條　（地上權之永續性）99
地上權不因建築物或其他工作物之滅失而消滅。

第二節　區分地上權 99

第八四一條之一　（區分地上權之定義）99
稱區分地上權者，謂以在他人土地上下之一定空間範圍內設定之地上權。

第八四一條之二　（使用收益之權益限制）99
①區分地上權人得與其設定之土地上下有使用、收益權利之人，約定相互間使用收益之限制。其約定未經土地所有人同意者，

於使用收益權消滅時，土地所有人不受該約定之拘束。
②前項約定，非經登記，不得對抗第三人。
第八四一條之三　（區分地上權期間之第三人權益）99
法院依第八百四十條第四項定區分地上權之期間，足以影響第三人之權利者，應併斟酌該第三人之利益。
第八四一條之四　（第三人之權益補償）99
區分地上權依第八百四十條規定，以時價補償或延長期間，足以影響第三人之權利時，應對該第三人爲相當之補償。補償之數額以協議定之；不能協議時，得聲請法院裁定之。
第八四一條之五　（權利行使之設定）99
同一土地有區分地上權與以使用收益爲目的之物權同時存在者，其後設定物權之權利行使，不得妨害先設定之物權。
第八四一條之六　（準用地上權之規定）99
區分地上權，除本節另有規定外，準用關於普通地上權之規定。

第四章　（刪除）99

第八四二條至第八五〇條　（刪除）99

第四章之一　農育權 99

第八五〇條之一　（農育權之定義）99
①稱農育權者，謂在他人土地爲農作、森林、養殖、畜牧、種植竹木或保育之權。
②農育權之期限，不得逾二十年；逾二十年者，縮短爲二十年。但以造林、保育爲目的或法令另有規定者，不在此限。
第八五〇條之二　（農育權之終止）99
①農育權未定有期限時，除以造林、保育爲目的者外，當事人得隨時終止之。
②前項終止，應於六個月前通知他方當事人。
③第八百三十三條之一規定，於農育權以造林、保育爲目的而未定有期限者準用之。
第八五〇條之三　（農育權之讓與）99
①農育權人得將其權利讓與他人或設定抵押權。但契約另有約定或另有習慣者，不在此限。
②前項約定，非經登記不得對抗第三人。
③農育權與其農育工作物不得分離而爲讓與或設定其他權利。
第八五〇條之四　（地租減免或變更土地使用目的）99
①農育權有支付地租之約定者，農育權人因不可抗力致收益減少或全無時，得請求減免其地租或變更原約定土地使用之目的。
②前項情形，農育權人不能依原約定目的使用者，當事人得終止之。
③前項關於土地所有人得行使終止權之規定，於農育權無支付地

租之約定者，準用之。

第八五〇條之五　（土地或工作物之出租限制）99

①農育權人不得將土地或農育工作物出租於他人。但農育工作物之出租另有習慣者，從其習慣。

②農育權人違反前項規定者，土地所有人得終止農育權。

第八五〇條之六　（土地用益權）99

①農育權人應依設定之目的及約定之方法，爲土地之使用收益；未約定使用方法者，應依土地之性質爲之，並均應保持其生產力或得永續利用。

②農育權人違反前項規定，經土地所有人阻止而仍繼續爲之者，土地所有人得終止農育權。農育權經設定抵押權者，並應同時將該阻止之事實通知抵押權人。

第八五〇條之七　（出產物及工作物之取回權）99

①農育權消滅時，農育權人得取回其土地上之出產物及農育工作物。

②第八百三十九條規定，於前項情形準用之。

③第一項之出產物未及收穫而土地所有人又不願以時價購買者，農育權人得請求延長農育權期間至出產物可收穫時爲止，土地所有人不得拒絕。但延長之期限，不得逾六個月。

第八五〇條之八　（土地特別改良權）99

①農育權人得爲增加土地生產力或使用便利之特別改良。

②農育權人將前項特別改良事項及費用數額，以書面通知土地所有人，土地所有人於收受通知後不即爲反對之表示者，農育權人於農育權消滅時，得請求土地所有人返還特別改良費用。但以其現存之增價額爲限。

③前項請求權，因二年間不行使而消滅。

第八五〇條之九　（農育權之準用）99

第八百三十四條、第八百三十五條第一項、第二項、第八百三十五條之一至第八百三十六條之一、第八百三十六條之二第二項規定，於農育權準用之。

第五章　不動產役權 99

第八五一條　（不動產役權之定義）99

稱不動產役權者，謂以他人不動產供自己不動產通行、汲水、採光、眺望、電信或其他以特定便宜之用爲目的之權。

第八五一條之一　（權利行使之設定）99

同一不動產上有不動產役權與以使用收益爲目的之物權同時存在者，其後設定物權之權利行使，不得妨害先設定之物權。

第八五二條　（取得時效）99

①不動產役權因時效而取得者，以繼續並表見者爲限。

②前項情形，需役不動產爲共有者，共有人中一人之行爲，或對於共有人中一人之行爲，爲他共有人之利益，亦生效力。

③向行使不動產役權取得時效之各共有人爲中斷時效之行爲者，對全體共有人發生效力。

第八五三條 （不動產役權之從屬性）99
不動產役權不得由需役不動產分離而爲讓與，或爲其他權利之標的物。

第八五四條 （不動產役權人必要之附隨行爲權）99
不動產役權人因行使或維持其權利，得爲必要之附隨行爲。但應擇於供役不動產損害最少之處所及方法爲之。

第八五五條 （設置之維持及使用）99
①不動產役權人因行使權利而爲設置者，有維持其設置之義務；其設置由供役不動產所有人提供者，亦同。
②供役不動產所有人於無礙不動產役權行使之範圍內，得使用前項之設置，並應按其受益之程度，分擔維持其設置之費用。

第八五五條之一 （不動產役權處所或方法之變更）99
供役不動產所有人或不動產役權人因行使不動產役權之處所或方法有變更之必要，而不甚妨礙不動產役權人或供役不動產所有人權利之行使者，得以自己之費用，請求變更之。

第八五六條 （不動產役權之不可分性—需役不動產之分割）99
需役不動產經分割者，其不動產役權爲各部分之利益仍爲存續。但不動產役權之行使，依其性質祇關於需役不動產之一部分者，僅就該部分仍爲存續。

第八五七條 （不動產役權之不可分性—供役不動產之分割）99
供役不動產經分割者，不動產役權就其各部分仍爲存續。但不動產役權之行使，依其性質祇關於供役不動產之一部分者，僅對於該部分仍爲存續。

第八五八條 （刪除）99

第八五九條 （不動產役權之宣告消滅）99
①不動產役權之全部或一部無存續之必要時，法院因供役不動產所有人之請求，得就其無存續必要之部分，宣告不動產役權消滅。
②不動產役權因需役不動產滅失或不堪使用而消滅。

第八五九條之一 （不動產役權消滅之取回權及期限）99
不動產役權消滅時，不動產役權人所爲之設置，準用第八百三十九條規定。

第八五九條之二 （準用不動產役權之規定）99
第八百三十四條至第八百三十六條之三規定，於不動產役權準用之。

第八五九條之三 （不動產役權之設定）99
①基於以使用收益爲目的之物權或租賃關係而使用需役不動產者，亦得爲該不動產設定不動產役權。
②前項不動產役權，因以使用收益爲目的之物權或租賃關係之消滅而消滅。

第八五九條之四 （就自己不動產之設定）99

不動產役權，亦得就自己之不動產設定之。

第八五九條之五　（準用不動產役權之規定）99

第八百五十一條至第八百五十九條之二規定，於前二條準用之。

第六章　抵押權

第一節　普通抵押權 96

第八六〇條　（抵押權之定義）96

稱普通抵押權者，謂債權人對於債務人或第三人不移轉占有而供其債權擔保之不動產，得就該不動產賣得價金優先受償之權。

第八六一條　（抵押權之擔保範圍）96

①抵押權所擔保者為原債權、利息、遲延利息、違約金及實行抵押權之費用。但契約另有約定者，不在此限。

②得優先受償之利息、遲延利息、一年或不及一年定期給付之違約金債權，以於抵押權人實行抵押權聲請強制執行前五年內發生及於強制執行程序中發生者為限。

第八六二條　（抵押權效力及於標的物之範圍—從物及從權利）96

①抵押權之效力，及於抵押物之從物與從權利。

②第三人於抵押權設定前，就從物取得之權利，不受前項規定之影響。

③以建築物為抵押者，其附加於該建築物而不具獨立性之部分，亦為抵押權效力所及。但其附加部分為獨立之物，如係於抵押權設定後附加者，準用第八百七十七條之規定。

第八六二條之一　（抵押權效力之範圍）96

①抵押物滅失之殘餘物，仍為抵押權效力所及。抵押物之成分非依物之通常用法而分離成為獨立之動產者，亦同。

②前項情形，抵押權人得請求占有該殘餘物或動產，並依質權之規定，行使其權利。

第八六三條　（抵押權效力及於標的物之範圍—天然孳息）96

抵押權之效力，及於抵押物扣押後自抵押物分離，而得由抵押人收取之天然孳息。

第八六四條　（抵押權效力及於標的物之範圍—法定孳息）

抵押權之效力，及於抵押物扣押後抵押人就抵押物得收取之法定孳息。但抵押權人非以扣押抵押物之事情，通知應清償法定孳息之義務人，不得與之對抗。

第八六五條　（抵押權之順位）

不動產所有人因擔保數債權，就同一不動產設定數抵押權者，其次序依登記之先後定之。

第八六六條　（地上權或其他物權之設定）96

①不動產所有人設定抵押權後，於同一不動產上，得設定地上權或其他以使用收益為目的之物權，或成立租賃關係。但其抵押權不因此而受影響。

②前項情形，抵押權人實行抵押權受有影響者，法院得除去該權利或終止該租賃關係後拍賣之。
③不動產所有人設定抵押權後，於同一不動產上，成立第一項以外之權利者，準用前項之規定。

第八六七條　（抵押不動產之讓與及其效力）
不動產所有人設定抵押權後，得將不動產讓與他人。但其抵押權不因此而受影響。

第八六八條　（不可分性—抵押物分割）
抵押之不動產，如經分割或讓與其一部，或擔保一債權之數不動產而以其一讓與他人者，其抵押權不因此而受影響。

第八六九條　（不可分性—債權分割）96
①以抵押權擔保之債權，如經分割或讓與其一部者，其抵押權不因此而受影響。
②前項規定，於債務分割或承擔其一部時適用之。

第八七〇條　（抵押權之從屬性）
抵押權，不得由債權分離而為讓與，或為其他債權之擔保。

第八七〇條之一　（抵押權次序之調整）96
①同一抵押物有多數抵押權者，抵押權人得以下列方法調整其可優先受償之分配額。但他抵押權人之利益不受影響：
一　為特定抵押權人之利益，讓與其抵押權之次序。
二　為特定後次序抵押權人之利益，拋棄其抵押權之次序。
三　為全體後次序抵押權人之利益，拋棄其抵押權之次序。
②前項抵押權次序之讓與或拋棄，非經登記，不生效力。並應於登記前，通知債務人、抵押人及共同抵押人。
③因第一項調整而受利益之抵押權人，亦得實行調整前次序在先之抵押權。
④調整優先受償分配額時，其次序在先之抵押權所擔保之債權，如有第三人之不動產為同一債權之擔保者，在因調整後增加負擔之限度內，以該不動產為標的物之抵押權消滅。但經該第三人同意者，不在此限。

第八七〇條之二　（抵押權次序之調整）96
調整可優先受償分配額時，其次序在先之抵押權所擔保之債權有保證人者，於因調整後所失優先受償之利益限度內，保證人免其責任。但經該保證人同意調整者，不在此限。

第八七一條　（抵押權之保全—抵押物價值減少之防止）96
①抵押人之行為，足使抵押物之價值減少者，抵押權人得請求停止其行為。如有急迫之情事，抵押權人得自為必要之保全處分。
②因前項請求或處分所生之費用，由抵押人負擔。其受償次序優先於各抵押權所擔保之債權。

第八七二條　（抵押權之保全—抵押物價值減少之補救）96
①抵押物之價值因可歸責於抵押人之事由致減少時，抵押權人得定相當期限，請求抵押人回復抵押物之原狀，或提出與減少價額相當之擔保。

②抵押人不於前項所定期限內，履行抵押權人之請求時，抵押權人得定相當期限請求債務人提出與減少價額相當之擔保。屆期不提出者，抵押權人得請求清償其債權。
③抵押人為債務人時，抵押權人得不再為前項請求，逕行請求清償其債權。
④抵押物之價值因不可歸責於抵押人之事由致減少者，抵押權人僅於抵押人因此所受利益之限度內，請求提出擔保。

第八七三條 （抵押權之實行）96
抵押權人，於債權已屆清償期，而未受清償者，得聲請法院，拍賣抵押物，就其賣得價金而受清償。

第八七三條之一 （流押契約禁止）96
①約定於債權已屆清償期而未為清償時，抵押物之所有權移屬於抵押權人者，非經登記，不得對抗第三人。
②抵押權人請求抵押人為抵押物所有權之移轉時，抵押物價值超過擔保債權部分，應返還抵押人；不足清償擔保債權者，仍得請求債務人清償。
③抵押人在抵押物所有權移轉於抵押權人前，得清償抵押權擔保之債權，以消滅該抵押權。

第八七三條之二 （實行抵押權之效果）96
①抵押權人實行抵押權者，該不動產上之抵押權，因抵押物之拍賣而消滅。
②前項情形，抵押權所擔保之債權有未屆清償期者，於抵押物拍賣得受清償之範圍內，視為到期。
③抵押權所擔保之債權未定清償期或清償期尚未屆至，而拍定人或承受抵押物之債權人聲明願在拍定或承受之抵押物價額範圍內清償債務，經抵押權人同意者，不適用前二項之規定。

第八七四條 （抵押物賣得價金之分配次序）96
抵押物賣得之價金，除法律另有規定外，按各抵押權成立之次序分配之。其次序相同者，依債權額比例分配之。

第八七五條 （共同抵押(一)）
為同一債權之擔保，於數不動產上設定抵押權，而未限定各個不動產所負擔之金額者，抵押權人得就各個不動產賣得之價金，受債權全部或一部之清償。

第八七五條之一 （共同抵押(二)）96
為同一債權之擔保，於數不動產上設定抵押權，抵押物全部或部分同時拍賣時，拍賣之抵押物中有為債務人所有者，抵押權人應先就該抵押物賣得之價金受償。

第八七五條之二 （共同抵押(三)）96
①為同一債權之擔保，於數不動產上設定抵押權者，各抵押物對債權分擔之金額，依下列規定計算之：
一　未限定各個不動產所負擔之金額時，依各抵押物價值之比例。
二　已限定各個不動產所負擔之金額時，依各抵押物所限定負

擔金額之比例。

三　僅限定部分不動產所負擔之金額時，依各抵押物所限定負擔金額與未限定負擔金額之各抵押物價值之比例。

②計算前項第二款、第三款分擔金額時，各抵押物所限定負擔金額較抵押物價值爲高者，以抵押物之價值爲準。

第八七五條之三　（共同抵押㈣）96

爲同一債權之擔保，於數不動產上設定抵押權者，在抵押物全部或部分同時拍賣，而其賣得價金超過所擔保之債權額時，經拍賣之各抵押物對債權分擔金額之計算，準用前條之規定。

第八七五條之四　（共同抵押㈤）96

爲同一債權之擔保，於數不動產上設定抵押權者，在各抵押物分別拍賣時，適用下列規定：

一　經拍賣之抵押物爲債務人以外之第三人所有，而抵押權人就該抵押物賣得價金受償之債權額超過其分擔額時，該抵押物所有人就超過分擔額之範圍內，得請求其餘未拍賣之其他第三人償還其供擔保抵押物應分擔之部分，並對該第三人之抵押物，以其分擔額爲限，承受抵押權人之權利。但不得有害於該抵押權人之利益。

二　經拍賣之抵押物爲同一人所有，而抵押權人就該抵押物賣得價金受償之債權額超過其分擔額時，該抵押物之後次序抵押權人就超過分擔額之範圍內，對其餘未拍賣之同一人供擔保之抵押物，承受實行抵押權人之權利。但不得有害於該抵押權人之利益。

第八七六條　（法定地上權）96

①設定抵押權時，土地及其土地上之建築物，同屬於一人所有，而僅以土地或僅以建築物爲抵押者，於抵押物拍賣時，視爲已有地上權之設定，其地租、期間及範圍由當事人協議定之。不能協議者，得聲請法院以判決定之。

②設定抵押權時，土地及其土地上之建築物，同屬於一人所有，而以土地及建築物爲抵押者，如經拍賣，其土地與建築物之拍定人各異時，適用前項之規定。

第八七七條　（營造建築物之併付拍賣權）96

①土地所有人於設定抵押權後，在抵押之土地上營造建築物者，抵押權人於必要時，得於強制執行程序中聲請法院將其建築物與土地併付拍賣。但對於建築物之價金，無優先受清償之權。

②前項規定，於第八百六十六條第二項及第三項之情形，如抵押之不動產上，有該權利人或經其同意使用之人之建築物者，準用之。

第八七七條之一　（抵押物存在必要權利併付拍賣）96

以建築物設定抵押權者，於法院拍賣抵押物時，其抵押物存在所必要之權利得讓與者，應併付拍賣。但抵押權人對於該權利賣得之價金，無優先受清償之權。

第八七八條　（拍賣以外其他方法處分抵押物）

抵押權人於債權清償期屆滿後，爲受清償，得訂立契約，取得抵押物之所有權，或用拍賣以外之方法處分抵押物。但有害於其他抵押權人之利益者，不在此限。

第八七九條（物上保證人之求償權）96

①爲債務人設定抵押權之第三人，代爲清償債務，或因抵押權人實行抵押權致失抵押物之所有權時，該第三人於其清償之限度內，承受債權人對於債務人之債權。但不得有害於債權人之利益。

②債務人如有保證人時，保證人應分擔之部分，依保證人應負之履行責任與抵押物之價值或限定之金額比例定之。抵押物之擔保債權額少於抵押物之價值者，應以該債權額爲準。

③前項情形，抵押人就超過其分擔額之範圍，得請求保證人償還其應分擔部分。

第八七九條之一（物上保證人之免除責任）96

第三人爲債務人設定抵押權時，如債權人免除保證人之保證責任者，於前條第二項保證人應分擔部分之限度內，該部分抵押權消滅。

第八八〇條（時效完成後抵押權之實行）

以抵押權擔保之債權，其請求權已因時效而消滅，如抵押權人於消滅時效完成後，五年間不實行其抵押權者，其抵押權消滅。

第八八一條（抵押權之消滅）96

①抵押權除法律另有規定外，因抵押物滅失而消滅。但抵押人因滅失得受賠償或其他利益者，不在此限。

②抵押權人對於前項抵押人所得行使之賠償或其他請求權有權利質權，其次序與原抵押權同。

③給付義務人因故意或重大過失向抵押人爲給付者，對於抵押權人不生效力。

④抵押物因毀損而得受之賠償或其他利益，準用前三項之規定。

第二節　最高限額抵押權 96

第八八一條之一（最高限額抵押權）96

①稱最高限額抵押權者，謂債務人或第三人提供其不動產爲擔保，就債權人對債務人一定範圍內之不特定債權，在最高限額內設定之抵押權。

②最高限額抵押權所擔保之債權，以由一定法律關係所生之債權或基於票據所生之權利爲限。

③基於票據所生之權利，除本於與債務人間依前項一定法律關係取得者外，如抵押權人係於債務人已停止支付、開始清算程序，或依破產法有和解、破產之聲請或有公司重整之聲請，而仍受讓票據者，不屬最高限額抵押權所擔保之債權。但抵押權人不知其情事而受讓者，不在此限。

第八八一條之二（最高限額約定額度）96

①最高限額抵押權人就已確定之原債權，僅得於其約定之最高限額範圍內，行使其權利。
②前項債權之利息、遲延利息、違約金，與前項債權合計不逾最高限額範圍者，亦同。

第八八一條之三 （最高限額抵押權之抵押權人與抵押人變更債權範圍或其債務人）96
①原債權確定前，抵押權人與抵押人得約定變更第八百八十一條之一第二項所定債權之範圍或其債務人。
②前項變更無須得後次序抵押權人或其他利害關係人同意。

第八八一條之四 （最高限額抵押權所擔保之原債權—確定期日）96
①最高限額抵押權得約定其所擔保原債權應確定之期日，並得於確定之期日前，約定變更之。
②前項確定之期日，自抵押權設定時起，不得逾三十年。逾三十年者，縮短爲三十年。
③前項期限，當事人得更新之。

第八八一條之五 （最高限額抵押權所擔保之原債權—未約定確定期日）96
①最高限額抵押權所擔保之原債權，未約定確定之期日者，抵押人或抵押權人得隨時請求確定其所擔保之原債權。
②前項情形，除抵押人與抵押權人另有約定外，自請求之日起，經十五日爲其確定期日。

第八八一條之六 （最高限額抵押權所擔保債權移轉之效力）96
①最高限額抵押權所擔保之債權，於原債權確定前讓與他人者，其最高限額抵押權不隨同移轉。第三人爲債務人清償債務者，亦同。
②最高限額抵押權所擔保之債權，於原債權確定前經第三人承擔其債務，而債務人免其責任者，抵押權人就該承擔之部分，不得行使最高限額抵押權。

第八八一條之七 （最高限額抵押權之抵押權人或債務人爲法人之合併）96
①原債權確定前，最高限額抵押權之抵押權人或債務人爲法人而有合併之情形者，抵押人得自知悉合併之日起十五日內，請求確定原債權。但自合併登記之日起已逾三十日，或抵押人爲合併之當事人者，不在此限。
②有前項之請求者，原債權於合併時確定。
③合併後之法人，應於合併之日起十五日內通知抵押人，其未爲通知致抵押人受損害者，應負賠償責任。
④前三項之規定，於第三百零六條或法人分割之情形，準用之。

第八八一條之八 （單獨讓與最高限額抵押權之方式）96
①原債權確定前，抵押權人經抵押人之同意，得將最高限額抵押權之全部或分割其一部讓與他人。
②原債權確定前，抵押權人經抵押人之同意，得使他人成爲最高

限額抵押權之共有人。

第八八一條之九　（最高限額抵押權之共有）96

①最高限額抵押權為數人共有者，各共有人按其債權額比例分配其得優先受償之價金。但共有人於原債權確定前，另有約定者，從其約定。

②共有人得依前項按債權額比例分配之權利，非經共有人全體之同意，不得處分。但已有應有部分之約定者，不在此限。

第八八一條之一〇　（共同最高限額抵押權原債權均歸於確定）96

為同一債權之擔保，於數不動產上設定最高限額抵押權者，如其擔保之原債權，僅其中一不動產發生確定事由時，各最高限額抵押權所擔保之原債權均歸於確定。

第八八一條之一一　（最高限額抵押權所擔保之原債權確定事由）96

最高限額抵押權不因抵押權人、抵押人或債務人死亡而受影響。但經約定為原債權確定之事由者，不在此限。

第八八一條之一二　（最高限額抵押權所擔保之原債權確定事由）96

①最高限額抵押權所擔保之原債權，除本節另有規定外，因下列事由之一而確定：

一　約定之原債權確定期日屆至者。

二　擔保債權之範圍變更或因其他事由，致原債權不繼續發生者。

三　擔保債權所由發生之法律關係經終止或因其他事由而消滅者。

四　債權人拒絕繼續發生債權，債務人請求確定者。

五　最高限額抵押權人聲請裁定拍賣抵押物，或依第八百七十三條之一之規定為抵押物所有權移轉之請求時，或依第八百七十八條規定訂立契約者。

六　抵押物因他債權人聲請強制執行經法院查封，而為最高限額抵押權人所知悉，或經執行法院通知最高限額抵押權人者。但抵押物之查封經撤銷時，不在此限。

七　債務人或抵押人經裁定宣告破產者。但其裁定經廢棄確定時，不在此限。

②第八百八十一條之五第二項之規定，於前項第四款之情形，準用之。

③第一項第六款但書及第七款但書之規定，於原債權確定後，已有第三人受讓擔保債權，或以該債權為標的物設定權利者，不適用之。

第八八一條之一三　（請求結算）96

最高限額抵押權所擔保之原債權確定事由發生後，債務人或抵押人得請求抵押權人結算實際發生之債權額，並得就該金額請求變更為普通抵押權之登記。但不得逾原約定最高限額之範圍。

第八八一條之一四　（確定後擔保效力）96

最高限額抵押權所擔保之原債權確定後，除本節另有規定外，其擔保效力不及於繼續發生之債權或取得之票據上之權利。

第八八一條之一五　（最高限額抵押權擔保債權之請求權消滅後之效力）96

最高限額抵押權所擔保之債權，其請求權已因時效而消滅，如抵押權人於消滅時效完成後，五年間不實行其抵押權者，該債權不再屬於最高限額抵押權擔保之範圍。

第八八一條之一六　（擔保債權超過限額）96

最高限額抵押權所擔保之原債權確定後，於實際債權額超過最高限額時，為債務人設定抵押權之第三人，或其他對該抵押權之存在有法律上利害關係之人，於清償最高限額為度之金額後，得請求塗銷其抵押權。

第八八一條之一七　（最高限額抵押權準用普通抵押權之規定）96

最高限額抵押權，除第八百六十一條第二項、第八百六十九條第一項、第八百七十條、第八百七十條之一、第八百七十條之二、第八百八十條之規定外，準用關於普通抵押權之規定。

第三節　其他抵押權 96

第八八二條　（權利抵押權）99

地上權、農育權及典權，均得為抵押權之標的物。

第八八三條　（抵押權之準用）96

普通抵押權及最高限額抵押權之規定，於前條抵押權及其他抵押權準用之。

第七章　質　權

第一節　動產質權

第八八四條　（動產質權之定義）96

稱動產質權者，謂債權人對於債務人或第三人移轉占有而供其債權擔保之動產，得就該動產賣得價金優先受償之權。

第八八五條　（設定質權之生效要件）96

①質權之設定，因供擔保之動產移轉於債權人占有而生效力。

②質權人不得使出質人或債務人代自己占有質物。

第八八六條　（質權之善意取得）96

動產之受質人占有動產，而受關於占有規定之保護者，縱出質人無處分其質物之權利，受質人仍取得其質權。

第八八七條　（動產質權之擔保範圍）96

①質權所擔保者為原債權、利息、遲延利息、違約金、保存質物之費用、實行質權之費用及因質物隱有瑕疵而生之損害賠償。但契約另有約定者，不在此限。

②前項保存質物之費用，以避免質物價值減損所必要者為限。

第八八八條　（質權人之注意義務）96

①質權人應以善良管理人之注意，保管質物。
②質權人非經出質人之同意，不得使用或出租其質物。但為保存其物之必要而使用者，不在此限。

第八八九條 （質權人之孳息收取權）96
質權人得收取質物所生之孳息。但契約另有約定者，不在此限。

第八九〇條 （孳息收取人之注意義務及其抵充）96
①質權人有收取質物所生孳息之權利者，應以對於自己財產同一之注意收取孳息，並為計算。
②前項孳息，先抵充費用，次抵原債權之利息，次抵原債權。
③孳息如須變價始得抵充者，其變價方法準用實行質權之規定。

第八九一條 （責任轉質－非常事變責任）
質權人於質權存續中，得以自己之責任，將質物轉質於第三人，其因轉質所受不可抗力之損失，亦應負責。

第八九二條 （代位物－質物之變賣價金）96
①因質物有腐壞之虞，或其價值顯有減少，足以害及質權人之權利者，質權人得拍賣質物，以其賣得價金，代充質物。
②前項情形，如經出質人之請求，質權人應將價金提存於法院。質權人屆債權清償期而未受清償者，得就提存物實行其質權。

第八九三條 （質權之實行）96
①質權人於債權已屆清償期，而未受清償者，得拍賣質物，就其賣得價金而受清償。
②約定於債權已屆清償期而未為清償時，質物之所有權移屬於質權人者，準用第八百七十三條之一之規定。

第八九四條 （拍賣之通知義務）
前二條情形，質權人應於拍賣前，通知出質人。但不能通知者，不在此限。

第八九五條 （準用處分抵押物之規定）
第八百七十八條之規定，於動產質權準用之。

第八九六條 （質物之返還義務）
動產質權所擔保之債權消滅時，質權人應將質物返還於有受領權之人。

第八九七條 （質權之消滅－返還質物）96
動產質權，因質權人將質物返還於出質人或交付於債務人而消滅。返還或交付質物時，為質權繼續存在之保留者，其保留無效。

第八九八條 （質權之消滅－喪失質物之占有）96
質權人喪失其質物之占有，於二年內未請求返還者，其動產質權消滅。

第八九九條 （質權之消滅－物上代位性）96
①動產質權，因質物滅失而消滅。但出質人因滅失得受賠償或其他利益者，不在此限。
②質權人對於前項出質人所得行使之賠償或其他請求權仍有質權，其次序與原質權同。

③給付義務人因故意或重大過失向出質人爲給付者，對於質權人不生效力。
④前項情形，質權人得請求出質人交付其給付物或提存其給付之金錢。
⑤質物因毀損而得受之賠償或其他利益，準用前四項之規定。

第八九九條之一　（最高限額質權之設定）96
①債務人或第三人得提供其動產爲擔保，就債權人對債務人一定範圍內之不特定債權，在最高限額內，設定最高限額質權。
②前項質權之設定，除移轉動產之占有外，並應以書面爲之。
③關於最高限額抵押權及第八百八十四條至前條之規定，於最高限額質權準用之。

第八九九條之二　（營業質）96
①質權人係經許可以受質爲營業者，僅得就質物行使其權利。出質人未於取贖期間屆滿後五日內取贖其質物時，質權人取得質物之所有權，其所擔保之債權同時消滅。
②前項質權，不適用第八百八十九條至第八百九十五條、第八百九十九條、第八百九十九條之一之規定。

第二節　權利質權

第九〇〇條　（權利質權之定義）96
稱權利質權者，謂以可讓與之債權或其他權利爲標的物之質權。

第九〇一條　（動產質權規定之準用）
權利質權，除本節有規定外，準用關於動產質權之規定。

第九〇二條　（權利質權之設定）96
權利質權之設定，除依本節規定外，並應依關於其權利讓與之規定爲之。

第九〇三條　（處分質權標的物之限制）
爲質權標的物之權利，非經質權人之同意，出質人不得以法律行爲，使其消滅或變更。

第九〇四條　（一般債權質之設定）96
①以債權爲標的物之質權，其設定應以書面爲之。
②前項債權有證書者，出質人有交付之義務。

第九〇五條　（一般債權質之實行—提存給付物）96
①爲質權標的物之債權，以金錢給付爲內容，而其清償期先於其所擔保債權之清償期者，質權人得請求債務人提存之，並對提存物行使其質權。
②爲質權標的物之債權，以金錢給付爲內容，而其清償期後於其所擔保債權之清償期者，質權人於其清償期屆至時，得就擔保之債權額，爲給付之請求。

第九〇六條　（一般債權質之實行—請求給付）96
爲質權標的物之債權，以金錢以外之動產給付爲內容者，於其清償期屆至時，質權人得請求債務人給付之，並對該給付物有

質權。

第九〇六條之一 （一般債權質之實行—物權設定或移轉）96

①爲質權標的物之債權，以不動產物權之設定或移轉爲給付內容者，於其清償期屆至時，質權人得請求債務人將該不動產物權設定或移轉於出質人，並對該不動產物權有抵押權。

②前項抵押權應於不動產物權設定或移轉於出質人時，一併登記。

第九〇六條之二 （實行質權）96

質權人於所擔保債權清償期屆至而未受清償時，除依前三條之規定外，亦得依第八百九十三條第一項或第八百九十五條之規定實行其質權。

第九〇六條之三 （權利質權之質權人得行使一定之權利）96

爲質權標的物之債權，如得因一定權利之行使而使其清償期屆至者，質權人於所擔保債權清償期屆至而未受清償時，亦得行使該權利。

第九〇六條之四 （通知義務）96

債務人依第九百零五條第一項、第九百零六條、第九百零六條之一爲提存或給付時，質權人應通知出質人，但無庸得其同意。

第九〇七條 （第三債務人之清償）

爲質權標的物之債權，其債務人受質權設定之通知者，如向出質人或質權人一方爲清償時，應得他方之同意，他方不同意時，債務人應提存其爲清償之給付物。

第九〇七條之一 （債務人不得主張抵銷）96

爲質權標的物之債權，其債務人於受質權設定之通知後，對出質人取得債權者，不得以該債權與爲質權標的物之債權主張抵銷。

第九〇八條 （有價證券債權質之設定）96

①質權以未記載權利人之有價證券爲標的物者，因交付其證券於質權人，而生設定質權之效力。以其他之有價證券爲標的物者，並應依背書方法爲之。

②前項背書，得記載設定質權之意旨。

第九〇九條 （有價證券債權質之實行）96

①質權以未記載權利人之有價證券、票據、或其他依背書而讓與之有價證券爲標的物者，其所擔保之債權，縱未屆清償期，質權人仍得收取證券上應受之給付。如有使證券清償期屆至之必要者，並有爲通知或依其他方法使其屆至之權利。債務人亦僅得向質權人爲給付。

②前項收取之給付，適用第九百零五條第一項或第九百零六條之規定。

③第九百零六條之二及第九百零六條之三之規定，於以證券爲標的物之質權，準用之。

第九一〇條 （有價證券債權質之標的物範圍）96

①質權以有價證券爲標的物者，其附屬於該證券之利息證券、定期金證券或其他附屬證券，以已交付於質權人者爲限，亦爲質

權效力所及。
②附屬之證券，係於質權設定後發行者，除另有約定外，質權人得請求發行人或出質人交付之。

第八章　典　權

第九一一條　（典權之定義）99
稱典權者，謂支付典價在他人之不動產為使用、收益，於他人不回贖時，取得該不動產所有權之權。
第九一二條　（典權之期限）
典權約定期限，不得逾三十年；逾三十年者，縮短為三十年。
第九一三條　（絕賣之限制）99
①典權之約定期限不滿十五年者，不得附有到期不贖即作絕賣之條款。
②典權附有絕賣條款者，出典人於典期屆滿不以原典價回贖時，典權人即取得典物所有權。
③絕賣條款非經登記，不得對抗第三人。
第九一四條　（刪除）99
第九一五條　（典物之轉典或出租）99
①典權存續中，典權人得將典物轉典或出租於他人。但另有約定或另有習慣者，依其約定或習慣。
②典權定有期限者，其轉典或租賃之期限，不得逾原典權之期限，未定期限者，其轉典或租賃，不得定有期限。
③轉典之典價，不得超過原典價。
④土地及其土地上之建築物同屬一人所有，而為同一人設定典權者，典權人就該典物不得分離而為轉典或就其典權分離而為處分。
第九一六條　（轉典或出租之責任）
典權人對於典物因轉典或出租所受之損害，負賠償責任。
第九一七條　（典權之讓與或抵押權之設定）99
①典權人得將典權讓與他人或設定抵押權。
②典物為土地，典權人在其上有建築物者，其典權與建築物，不得分離而為讓與或其他處分。
第九一七條之一　（典物之使用收益）99
①典權人應依典物之性質為使用收益，並應保持其得永續利用。
②典權人違反前項規定，經出典人阻止而仍繼續為之者，出典人得回贖其典物。典權經設定抵押權者，並應同時將該阻止之事實通知抵押權人。
第九一八條　（典權之讓與）99
出典人設定典權後，得將典物讓與他人。但典權不因此而受影響。
第九一九條　（典權人之留買權）99
①出典人將典物出賣於他人時，典權人有以相同條件留買之權。

②前項情形，出典人應以書面通知典權人。典權人於收受出賣通知後十日內不以書面表示依相同條件留買者，其留買權視為拋棄。
③出典人違反前項通知之規定而將所有權移轉者，其移轉不得對抗典權人。

第九二〇條　（危險分擔—非常事變責任）99
①典權存續中，典物因不可抗力致全部或一部滅失者，就其滅失之部分，典權與回贖權，均歸消滅。
②前項情形，出典人就典物之餘存部分，為回贖時，得由原典價扣除滅失部分之典價。其滅失部分之典價，依滅失時滅失部分之價值與滅失時典物之價值比例計算之。

第九二一條　（典權人之重建修繕權）99
典權存續中，典物因不可抗力致全部或一部滅失者，除經出典人同意外，典權人僅得於滅失時滅失部分之價值限度內為重建或修繕。原典權對於重建之物，視為繼續存在。

第九二二條　（典權人保管典物責任）
典權存續中，因典權人之過失，致典物全部或一部滅失者，典權人於典價額限度內，負其責任。但因故意或重大過失致滅失者，除將典價抵償損害外，如有不足，仍應賠償。

第九二二條之一　（重建之物原典權）99
因典物滅失受賠償而重建者，原典權對於重建之物，視為繼續存在。

第九二三條　（定期典權之回贖）
①典權定有期限者，於期限屆滿後，出典人得以原典價回贖典物。
②出典人於典期屆滿後，經過二年，不以原典價回贖者，典權人即取得典物所有權。

第九二四條　（未定期典權之回贖）
典權未定期限者，出典人得隨時以原典價回贖典物。但自出典後經過三十年不回贖者，典權人即取得典物所有權。

第九二四條之一　（轉典之典物回贖）99
①經轉典之典物，出典人向典權人為回贖之意思表示時，典權人不於相當期間向轉典權人回贖並塗銷轉典權登記者，出典人得於原典價範圍內，以最後轉典價逕向最後轉典權人回贖典物。
②前項情形，轉典價低於原典價者，典權人或轉典權人得向出典人請求原典價與轉典價間之差額。出典人並得為各該請求權人提存其差額。
③前二項規定，於下列情形亦適用之：
一　典權人預示拒絕塗銷轉典權登記。
二　典權人行蹤不明或有其他情形致出典人不能為回贖之意思表示。

第九二四條之二　（典權存續之租賃關係）99
①土地及其土地上之建築物同屬一人所有，而僅以土地設定典權者，典權人與建築物所有人間，推定在典權或建築物存續中，

有租賃關係存在；其僅以建築物設定典權者，典權人與土地所有人間，推定在典權存續中，有租賃關係存在；其分別設定典權者，典權人相互間，推定在典權均存續中，有租賃關係存在。
②前項情形，其租金數額當事人不能協議時，得請求法院以判決定之。
③依第一項設定典權者，於典權人依第九百十三條第二項、第九百二十三條第二項、第九百二十四條規定取得典物所有權，致土地與建築物各異其所有人時，準用第八百三十八條之一規定。

第九二五條（回贖之通知時期）99
出典人之回贖，應於六個月前通知典權人。

第九二六條（找貼與其次數）
①出典人於典權存續中，表示讓與其典物之所有權於典權人者，典權人得按時價找貼，取得典物所有權。
②前項找貼，以一次爲限。

第九二七條（有益費用之求償權）99
①典權人因支付有益費用，使典物價值增加，或依第九百二十一條規定，重建或修繕者，於典物回贖時，得於現存利益之限度內，請求償還。
②第八百三十九條規定，於典物回贖時準用之。
③典物爲土地，出典人同意典權人在其上營造建築物者，除另有約定外，於典物回贖時，應按該建築物之時價補償之。出典人不願補償者，於回贖時視爲已有地上權之設定。
④出典人願依前項規定爲補償而就時價不能協議時，得聲請法院裁定之；其不願依裁定之時價補償者，於回贖時亦視爲已有地上權之設定。
⑤前二項視爲已有地上權設定之情形，其地租、期間及範圍，當事人不能協議時，得請求法院以判決定之。

第九章　留置權

第九二八條（留置權之發生）96
①稱留置權者，謂債權人占有他人之動產，而其債權之發生與該動產有牽連關係，於債權已屆清償期未受清償時，得留置該動產之權。
②債權人因侵權行爲或其他不法之原因而占有動產者，不適用前項之規定。其占有之始明知或因重大過失而不知該動產非爲債務人所有者，亦同。

第九二九條（牽連關係之擬制）96
商人間因營業關係而占有之動產，與其因營業關係所生之債權，視爲有前條所定之牽連關係。

第九三〇條（留置權發生之限制）96
動產之留置，違反公共秩序或善良風俗者，不得爲之。其與債權人應負擔之義務或與債權人債務人間之約定相牴觸者，亦同。

第九三一條（留置權之擴張）

①債務人無支付能力時，債權人縱於其債權未屆清償期前，亦有留置權。

②債務人於動產交付後，成爲無支付能力，或其無支付能力於交付後始爲債權人所知者，其動產之留置，縱有前條所定之牴觸情形，債權人仍得行使留置權。

第九三二條（留置權之不可分性）96

債權人於其債權未受全部清償前，得就留置物之全部，行使其留置權。但留置物爲可分者，僅得依其債權與留置物價值之比例行使之。

第九三二條之一（留置物存有所有權以外之物權之效力）96

留置物存有所有權以外之物權者，該物權人不得以之對抗善意之留置權人。

第九三三條（準用規定）96

第八百八十八條至第八百九十條及第八百九十二條之規定，於留置權準用之。

第九三四條（必要費用償還請求權）

債權人因保管留置物所支出之必要費用，得向其物之所有人，請求償還。

第九三五條（刪除）96

第九三六條（留置權之實行）96

①債權人於其債權已屆清償期而未受清償者，得定一個月以上之相當期限，通知債務人，聲明如不於其期限內爲清償時，即就其留置物取償；留置物爲第三人所有或存有其他物權而爲債權人所知者，應併通知之。

②債務人或留置物所有人不於前項期限內爲清償者，債權人得準用關於實行質權之規定，就留置物賣得之價金優先受償，或取得其所有權。

③不能爲第一項之通知者，於債權清償期屆至後，經過六個月仍未受清償時，債權人亦得行使前項所定之權利。

第九三七條（留置權之消滅—提出相當擔保）96

①債務人或留置物所有人爲債務之清償，已提出相當之擔保者，債權人之留置權消滅。

②第八百九十七條至第八百九十九條之規定，於留置權準用之。

第九三八條（刪除）96

第九三九條（留置權之準用）96

本章留置權之規定，於其他留置權準用之。但其他留置權另有規定者，從其規定。

第十章　占　有

第九四〇條（占有人之意義）

對於物有事實上管領之力者，爲占有人。

第九四一條 （間接占有人）99
地上權人、農育權人、典權人、質權人、承租人、受寄人，或基於其他類似之法律關係，對於他人之物爲占有者，該他人爲間接占有人。

第九四二條 （占有輔助人）99
受僱人、學徒、家屬或基於其他類似之關係，受他人之指示，而對於物有管領之力者，僅該他人爲占有人。

第九四三條 （占有權利之推定與排除）99
①占有人於占有物上行使之權利，推定其適法有此權利。
②前項推定，於下列情形不適用之：
一　占有已登記之不動產而行使物權。
二　行使所有權以外之權利者，對使其占有之人。

第九四四條 （占有態樣之推定）99
①占有人推定其爲以所有之意思，善意、和平、公然及無過失占有。
②經證明前後兩時爲占有者，推定前後兩時之間，繼續占有。

第九四五條 （占有之變更）99
①占有依其所由發生之事實之性質，無所有之意思者，其占有人對於使其占有之人表示所有之意思時起，爲以所有之意思而占有。其因新事實變爲以所有之意思占有者，亦同。
②使其占有之人非所有人，而占有人於爲前項表示時已知占有物之所有人者，其表示並應向該所有人爲之。
③前二項規定，於占有人以所有之意思占有變爲以其他意思而占有，或以其他意思之占有變爲以不同之其他意思而占有者，準用之。

第九四六條 （占有之移轉）
①占有之移轉，因占有物之交付而生效力。
②前項移轉，準用第七百六十一條之規定。

第九四七條 （占有之合併）
①占有之繼承人或受讓人，得就自己之占有或將自己之占有與其前占有人之占有合併，而爲主張。
②合併前占有人之占有而爲主張者，並應承繼其瑕疵。

第九四八條 （善意受讓）99
①以動產所有權，或其他物權之移轉或設定爲目的，而善意受讓該動產之占有者，縱其讓與人無讓與之權利，其占有仍受法律之保護。但受讓人明知或因重大過失而不知讓與人無讓與之權利者，不在此限。
②動產占有之受讓，係依第七百六十一條第二項規定爲之者，以受讓人受現實交付且交付時善意爲限，始受前項規定之保護。

第九四九條 （善意受讓之例外—盜贓遺失物或非因己意喪失占有之回復請求）99
①占有物如係盜贓、遺失物或其他非基於原占有人之意思而喪失其占有者，原占有人自喪失占有之時起二年以內，得向善意受

讓之現占有人請求回復其物。

②依前項規定回復其物者，自喪失其占有時起，回復其原來之權利。

第九五〇條　（善意受讓之例外—盜贓遺失物或非因己意喪失占有回復請求之限制）99

盜贓、遺失物或其他非基於原占有人之意思而喪失其占有之物，如現占有人由公開交易場所，或由販賣與其物同種之物之商人，以善意買得者，非償還其支出之價金，不得回復其物。

第九五一條　（盜贓遺失物或非因己意喪失占有回復請求之禁止）99

盜贓、遺失物或其他非基於原占有人之意思而喪失其占有之物，如係金錢或未記載權利人之有價證券，不得向其善意受讓之現占有人請求回復。

第九五一條之一　（排除惡意占有之適用）99

第九百四十九條及第九百五十條規定，於原占有人爲惡意占有者，不適用之。

第九五二條　（善意占有人之權利）99

善意占有人於推定其爲適法所有之權利範圍內，得爲占有物之使用、收益。

第九五三條　（善意占有人之責任）99

善意占有人就占有物之滅失或毀損，如係因可歸責於自己之事由所致者，對於回復請求人僅以滅失或毀損所受之利益爲限，負賠償之責。

第九五四條　（善意占有人之必要費用求償權）99

善意占有人因保存占有物所支出之必要費用，得向回復請求人請求償還。但已就占有物取得孳息者，不得請求償還通常必要費用。

第九五五條　（善意占有人之有益費用求償權）

善意占有人，因改良占有物所支出之有益費用，於其占有物現存之增加價值限度內，得向回復請求人，請求償還。

第九五六條　（惡意占有人之責任）99

惡意占有人或無所有意思之占有人，就占有物之滅失或毀損，如係因可歸責於自己之事由所致者，對於回復請求人，負賠償之責。

第九五七條　（惡意占有人之必要費用求償權）

惡意占有人，因保存占有物所支出之必要費用，對於回復請求人，得依關於無因管理之規定，請求償還。

第九五八條　（惡意占有人之返還孳息義務）

惡意占有人，負返還孳息之義務。其孳息如已消費，或因其過失而毀損，或怠於收取者，負償還其孳息價金之義務。

第九五九條　（視爲惡意占有人）99

①善意占有人自確知其無占有本權時起，爲惡意占有人。

②善意占有人於本權訴訟敗訴時，自訴狀送達之日起，視爲惡意

占有人。

第九六〇條 （占有人之自力救濟）

①占有人，對於侵奪或妨害其占有之行爲，得以己力防禦之。

②占有物被侵奪者，如係不動產，占有人得於侵奪後，即時排除加害人而取回之；如係動產，占有人得就地或追蹤向加害人取回之。

第九六一條 （占有輔助人之自力救濟）

依第九百四十二條所定對於物有管領力之人，亦得行使前條所定占有人之權利。

第九六二條 （占有人之物上請求權）

占有人，其占有被侵奪者，得請求返還其占有物；占有被妨害者，得請求除去其妨害；占有有被妨害之虞者，得請求防止其妨害。

第九六三條 （占有人物上請求權之消滅時效）

前條請求權，自侵奪或妨害占有或危險發生後，一年間不行使而消滅。

第九六三條之一 （共同占有人之自力救濟及物上請求權）99

①數人共同占有一物時，各占有人得就占有物之全部，行使第九百六十條或第九百六十二條之權利。

②依前項規定，取回或返還之占有物，仍爲占有人全體占有。

第九六四條 （占有之消滅）

占有，因占有人喪失其對於物之事實上管領力而消滅。但其管領力僅一時不能實行者，不在此限。

第九六五條 （共同占有）99

數人共同占有一物時，各占有人就其占有物使用之範圍，不得互相請求占有之保護。

第九六六條 （準占有）

①財產權，不因物之占有而成立者，行使其財產權之人，爲準占有人。

②本章關於占有之規定，於前項準占有準用之。

民法物權編施行法

①民國19年2月10日國民政府制定公布全文16條；並自19年5月5日施行。
②民國96年3月28日總統令修正公布全文24條；並自公布後六個月施行。
③民國98年1月23日總統令修正公布第4、11、13條條文；增訂第8-1至8-5條條文；並自公布後六個月施行。
④民國99年2月3日總統令增訂公布第13-1、13-2條條文；並自公布後六個月施行。

第一條（不溯既往原則）
物權在民法物權編施行前發生者，除本施行法有特別規定外，不適用民法物權編之規定；其在修正施行前發生者，除本施行法有特別規定外，亦不適用修正施行後之規定。

第二條（物權效力之適用）
民法物權編所定之物權，在施行前發生者，其效力自施行之日起，依民法物權編之規定。

第三條（物權之登記）
①民法物權編所規定之登記，另以法律定之。
②物權於未能依前項法律登記前，不適用民法物權編關於登記之規定。

第四條（消滅時效已完成請求權之行使）98
①民法物權編施行前，依民法物權編之規定，消滅時效業已完成，或其時效期間尚有殘餘不足一年者，得於施行之日起，一年內行使請求權。但自其時效完成後，至民法物權編施行時，已逾民法物權編所定時效期間二分之一者，不在此限。
②前項規定，於依民法物權編修正施行後規定之消滅時效業已完成，或其時效期間尚有殘餘不足一年者，準用之。

第五條（無時效性質法定期間之準用）
①民法物權編施行前，無時效性質之法定期間已屆滿者，其期間為屆滿。
②民法物權編施行前已進行之期間，依民法物權編所定之無時效性質之法定期間，於施行時尚未完成者，其已經過之期間與施行後之期間，合併計算。
③前項規定，於取得時效準用之。

第六條（無時效性質法定期間之準用）
前條規定，於民法物權編修正施行後所定無時效性質之法定期間準用之。但其法定期間不滿一年者，如在修正施行時尚未屆滿，其期間自修正施行之日起算。

第七條　（動產所有權之取得時效）

民法物權編施行前占有動產而具備民法第七百六十八條之條件者，於施行之日取得其所有權。

第八條　（不動產之取得時效）

民法物權編施行前占有不動產而具備民法第七百六十九條或第七百七十條之條件者，自施行之日起，得請求登記為所有人。

第八條之一　（用水權人之物上請求權之適用）98

修正之民法第七百八十二條規定，於民法物權編修正施行前水源地或井之所有人，對於他人因工事杜絕、減少或污染其水，而得請求損害賠償或並得請求回復原狀者，亦適用之。

第八條之二　（開路通行權之損害適用）98

修正之民法第七百八十八條第二項規定，於民法物權編修正施行前有通行權人開設道路，致通行地損害過鉅者，亦適用之。但以未依修正前之規定支付償金者為限。

第八條之三　（越界建屋之移去或變更之請求）98

修正之民法第七百九十六條及第七百九十六條之一規定，於民法物權編修正施行前土地所有人建築房屋逾越地界，鄰地所有人請求移去或變更其房屋時，亦適用之。

第八條之四　（等值建物之適用）98

修正之民法第七百九十六條之二規定，於民法物權編修正施行前具有與房屋價值相當之其他建築物，亦適用之。

第八條之五　（建物基地或專有部分之所有區分）98

①同一區分所有建築物之區分所有人間為使其共有部分或基地之應有部分符合修正之民法第七百九十九條第四項規定之比例而為移轉者，不受修正之民法同條第五項規定之限制。

②民法物權編修正施行前，區分所有建築物之專有部分與其所屬之共有部分及其基地之權利，已分屬不同一人所有或已分別設定負擔者，其物權之移轉或設定負擔，不受修正之民法第七百九十九條第五項規定之限制。

③區分所有建築物之基地，依前項規定有分離出賣之情形時，其專有部分之所有人無基地應有部分或應有部分不足者，於按其專有部分面積比例計算其基地之應有部分範圍內，有依相同條件優先承買之權利，其權利並優先於其他共有人。

④前項情形，有數人表示優先承買時，應按專有部分比例買受之。但另有約定者，從其約定。

⑤區分所有建築物之專有部分，依第二項規定有分離出賣之情形時，其基地之所有人無專有部分者，有依相同條件優先承買之權利。

⑥前項情形，有數人表示優先承買時，以抽籤定之。但另有約定者，從其約定。

⑦區分所有建築物之基地或專有部分之所有人依第三項或第五項規定出賣基地或專有部分時，應在該建築物之公告處或其他相當處所公告五日。優先承買權人不於最後公告日起十五日內表

示優先承買者，視爲拋棄其優先承買權。

第九條（視爲所有人）

依法得請求登記爲所有人者，如第三條第一項所定之登記機關尚未設立，於得請求登記之日，視爲所有人。

第一〇條（動產所有權或質權之善意取得）

民法物權編施行前，占有動產，而具備民法第八百零一條或第八百八十六條之條件者，於施行之日，取得其所有權或質權。

第一一條（拾得遺失物等規定之適用）98

民法物權編施行前，拾得遺失物、漂流物或沈沒物，而具備民法第八百零三條及第八百零七條之條件者，於施行之日，取得民法第八百零七條所定之權利。

第一二條（埋藏物與添附規定之適用）

民法物權編施行前，依民法第八百零八條或第八百十一條至第八百十四條之規定，取得所有權者，於施行之日，取得其所有權。

第一三條（共同物分割期限之適用）98

①民法物權編施行前，以契約訂有共有物不分割之期限者，如其殘餘期限，自施行日起算，較民法第八百二十三條第二項所定之期限爲短者，依其期限，較長者，應自施行之日起，適用民法第八百二十三條第二項規定。

②修正之民法第八百二十三條第三項規定，於民法物權編修正施行前契約訂有不分割期限者，亦適用之。

第一三條之一（地上權期限）99

修正之民法第八百三十三條之一規定，於民法物權編中華民國九十九年一月五日修正之條文施行前未定有期限之地上權，亦適用之。

第一三條之二（永佃權存續期限）99

①民法物權編中華民國九十九年一月五日修正之條文施行前發生之永佃權，其存續期限縮短爲自修正施行日起二十年。

②前項永佃權仍適用修正前之規定。

③第一項永佃權存續期限屆滿時，永佃權人得請求變更登記爲農育權。

第一四條（抵押物爲債務人以外之第三人所有之適用）

①修正之民法第八百七十五條之一至第八百七十五條之四之規定，於抵押物爲債務人以外之第三人所有，而其上之抵押權成立於民法物權編修正施行前者，亦適用之。

②修正之民法第八百七十五條之四第二款之規定，於其後次序抵押權成立於民法物權編修正施行前者，亦同。

第一五條（保證情形之適用）

修正之民法第八百七十九條關於爲債務人設定抵押權之第三人對保證人行使權利之規定，於民法物權編修正施行前已成立保證之情形，亦適用之。

第一六條（時效完成後抵押權之實行）

民法物權編施行前，以抵押權擔保之債權，依民法之規定，其請求權消滅時效已完成者，民法第八百八十條所規定抵押權之消滅期間，自施行日起算。但自請求權消滅時效完成後，至施行之日已逾十年者，不得行使抵押權。

第一七條　（設定最高限額抵押權之適用）

修正之民法第八百八十一條之一至第八百八十一條之十七之規定，除第八百八十一條之一第二項、第八百八十一條之四第二項、第八百八十一條之七之規定外，於民法物權編修正施行前設定之最高限額抵押權，亦適用之。

第一八條　（以地上權或典權爲標的物之抵押權及其他抵押權之適用）

修正之民法第八百八十三條之規定，於民法物權編修正施行前以地上權或典權爲標的物之抵押權及其他抵押權，亦適用之。

第一九條　（拍賣質物之證明）

民法第八百九十二條第一項及第八百九十三條第一項所定之拍賣質物，除聲請法院拍賣者外，在拍賣法未公布施行前，得照市價變賣，並應經公證人或商業團體之證明。

第二〇條　（當舖等不適用質權之規定）

民法物權編修正前關於質權之規定，於當舖或其他以受質爲營業者，不適用之。

第二一條　（質權標的物之債權清償期已屆至者之適用）

修正之民法第九百零六條之一之規定，於民法物權編修正施行前爲質權標的物之債權，其清償期已屆至者，亦適用之。

第二二條　（定期典權之依舊法回贖）

民法物權編施行前，定有期限之典權，依舊法規得回贖者，仍適用舊法規。

第二三條　（留置物存有所有權以外之物權者之適用）

修正之民法第九百三十二條之一之規定，於民法物權編修正施行前留置物存有所有權以外之物權者，亦適用之。

第二四條　（施行日）

①本施行法自民法物權編施行之日施行。

②民法物權編修正條文及本施行法修正條文，自公布後六個月施行。

陸、附　錄

司法院大法官解釋文彙編

釋字第93號解釋

輕便軌道，除係臨時敷設者外，凡繼續附著於土地，而達其一定經濟上之目的者，應認為不動產。（50、12、6）

釋字第107號解釋

已登記不動產所有人之回復請求權，無民法第一百二十五條消滅時效規定之適用。（54、6、16）

釋字第141號解釋

共有之房地，如非基於公同關係而共有，則各共有人自得就其應有部分設定抵押權。（63、12、13）

釋字第156號解釋

主管機關變更都市計畫，係公法上之單方行政行為，如直接限制一定區域內人民之權利、利益或增加其負擔，即具有行政處分之性質，其因而致特定人或可得確定之多數人之權益遭受不當或違法之損害者，自應許其提起訴願或行政訴訟以資救濟，本院釋字第一四八號解釋，應予補充釋明。（68、3、16）

釋字第163號解釋

出租耕地經依法編為建築用地者，出租人為收回自行建築或出售作為建築使用，而終止租約時，依法給與承租人該土地地價三分之一之補償金，於依具體事實，扣除必要費用及實際所受損失後，如仍有所得，應依所得稅法第十四條第一項第九類課徵所得稅。（69、7、18）

釋字第164號解釋

已登記不動產所有人之除去妨害請求權，不在本院釋字第一〇七號解釋範圍之內，但依其性質，亦無民法第一百二十五條消滅時效規定之適用。（69、7、18）

釋字第212號解釋

各級政府興辦公共工程，由直接受益者分擔費用，始符公平之原則，工程受益費徵收條例本此意旨，於第二條就符合徵收工程受益費要件之工程，明定其工程受益費為應徵收，並規定其徵收之最低限額，自係應徵收。惟各級地方民意機關依同條例第五條審定工程受益費徵收計畫書時，就該項工程受益費之徵收，是否符合徵收要件，得併予審查。至財政收支劃分法第二十二條第一項係指得以工程受益費作為一種財政收入，而為徵收工程受益費之相關立法，不能因此而解為上開條例規定之工程受益費係得徵收而非應徵收。（76、1、16）

釋字第215號解釋

市區道路條例係為改善市區道路交通，增進公共利益而制定。

市區道路所需土地，如爲私人所有，依該條例第十條，得依法徵收。同條例第十一條對於用地範圍內之原有障礙建築物，已特別明定其處理程序，並無應予徵收之規定，關於其補償及爭議之救濟程序，既未排除相關法令之適用，足以兼顧人民權利之保障，與憲法第十五條及第一百四十三條並無牴觸。（76、4、29）

釋字第255號解釋

在實施都市計畫範圍內，道路規畫應由主管機關依都市計畫法之規定辦理，已依法定程序定有都市計畫並完成細部計畫之區域，其道路之設置，即應依其計畫實施，而在循法定程序規畫道路系統時，原即含有廢止非計畫道路之意，於計畫道路開闢完成可供公衆通行後，此項非計畫道路，無繼續供公衆通行必要時，主管機關自得本於職權或依申請廢止之。內政部中華民國六十六年六月十日台內營字第七三〇二七五號、六十七年一月十八日台內營字第七五九五一七號。關於廢止非都市計畫巷道函及臺北市非都市計畫巷道廢止或改道申請須知，既與上述意旨相符，與憲法保障人民權利之本旨尙無牴觸。（79、4、4）

釋字第273號解釋

內政部於中華民國六十八年五月四日修正發布之都市計畫樁測定及管理辦法第八條後段「經上級政府再行複測決定者，不得再提異議」之規定，足使人民依訴願法及行政訴訟法提起行政救濟之權利受其限制，就此部分而言，與憲法第十六條之意旨不符，應不予適用。（80、2、1）

釋字第326號解釋

都市計畫法第四十二條第一項第一款所稱之河道，係指依同法第三條就都市重要設施作有計畫之發展，而合理規劃所設置之河道而言。至於因地勢自然形成之河流，及因之而依水利法公告之原有「行水區」，雖在都市計畫使用區之範圍，仍不包括在內。（82、10、8）

釋字第336號解釋

中華民國七十七年七月十五日修正公布之都市計畫法第五十條，對於公共設施保留地未設取得期限之規定，乃在維護都市計畫之整體性，爲增進公共利益所必要，與憲法並無牴觸。至爲兼顧土地所有權人之權益，主管機關應如何檢討修正有關法律，係立法問題。（82、2、4）

釋字第344號解釋

臺北市辦理徵收土地農作物及魚類補償遷移費查估基準，係臺北市政府基於主管機關之職權，爲執行土地法第二百四十一條之規定而訂定，其中有關限制每公畝種植花木數量，對超出部分不予補償之規定，乃爲防止土地所有人於徵收前故爲搶植或濫種，以取得不當利益而設，爲達公平補償目的所必要，與憲法並無牴觸。但有確切事證，證明其眞實正常種植狀況與基準

相差懸殊時，仍應由主管機關依據專業知識與經驗，就個案妥慎認定之，乃屬當然，併此說明。（83、5、6）

釋字第358號解釋

各共有人得隨時請求分割共有物，固爲民法第八百二十三條第一項前段所規定。惟同條項但書又規定，因物之使用目的不能分割者，不在此限。其立法意旨在於增進共有物之經濟效用，並避免不必要之紛爭。區分所有建築物之共同使用部分，爲各區分所有人利用該建築物所不可或缺。其性質屬於因物之使用目的不能分割者。內政部中華民國六十一年十一月七日(61)台內地字第四九一六六〇號函，關於太平梯、車道及亭子爲建築物之一部分，不得分割登記之釋示，符合上開規定之意旨，與憲法尚無牴觸。（83、7、15）

釋字第363號解釋

地方行政機關爲執行法律，得依其職權發布命令爲必要之補充規定，惟不得與法律牴觸。臺北市政府於中華民國七十年七月二十三日發布之臺北市獎勵投資興建零售市場須知，對於申請投資興建市場者，訂有須「持有市場用地內全部私有土地使用權之私人或團體」之條件，係增加都市計畫法第五十三條所無之限制。有違憲法保障人民權利之意旨，應不予適用。至在獎勵投資條例施行期間申請興建公共設施，應符合該條例第三條之規定，乃屬當然。（83、8、29）

釋字第394號解釋

建築法第十五條第二項規定：「營造業之管理規則，由內政部定之」，概括授權訂定營造業管理規則。此項授權條款雖未就授權之內容與範圍爲明確之規定，惟依法律整體解釋，應可推知立法者有意授權主管機關，就營造業登記之要件、營造業及其從業人員之行爲準則、主管機關之考核管理等事項，依其行政專業之考量，訂定法規命令，以資規範。至於對營造業者所爲裁罰性之行政處分，固與上開事項有關，但究涉及人民權利之限制，其處罰之構成要件與法律效果，應由法律定之；法律若授權行政機關訂定法規命令予以規範，亦須爲具體明確之規定；始符憲法第二十三條法律保留原則之意旨。營造業管理規則第三十一條第一項第九款，關於「連續三年內違反本規則或建築法規規定達三次以上者，由省（市）主管機關報請中央主管機關核准後撤銷其登記證書，並刊登公報」之規定部分，及內政部中華民國七十四年十二月十七日(74)台內營字第三五七四二九號關於「營造業依營造業管理規則所置之主（專）任技師，因出國或其他原因不能執行職務，超過一個月，其狀況已消失者，應予警告處分」之函釋，未經法律具體明確授權，而逕行訂定對營造業者裁罰性行政處分之構成要件及法律效果，與憲法保障人民權利之意旨不符，自本解釋公布之日起，應停止適用。（85、1、5）

釋字第400號解釋

憲法第十五條關於人民財產權應予保障之規定，旨在確保個人依財產之存續狀態行使其自由使用、收益及處分之權能，並免於遭受公權力或第三人之侵害，俾能實現個人自由發展人格及維護尊嚴。如因公用或其他公益目的之必要，國家機關雖得依法徵收人民之財產，但應給予相當之補償，方符憲法保障財產權之意旨。既成道路符合一定要件而成立公用地役關係者，其所有權人對土地既已無從自由使用收益，形成因公益而特別犧牲其財產上之利益，國家自應依法律之規定辦理徵收給予補償，各級政府如因經費困難，不能對上述道路全面徵收補償，有關機關亦應訂定期限籌措財源逐年辦理或以他法補償。若在某一道路範圍內之私有土地均辦理徵收，僅因既成道路有公用地役關係而以命令規定繼續使用，毋庸同時徵收補償，顯與平等原則相違。至於因地理環境或人文狀況改變，既成道路喪失其原有功能者，則應隨時檢討並予廢止。行政院中華民國六十七年七月十四日台六十七內字第六三〇一號函及同院六十九年二月二十三日台六十九內字第二〇七二號函與前述意旨不符部分，應不再援用。（85、4、12）

釋字第406號解釋

都市計畫法第十五條第一項第十款所稱「其他應加表明之事項」，係指同條項第一款至第九款以外與其性質相類而須表明於主要計畫書之事項，對於法律已另有明文規定之事項，自不得再依該款規定為限制或相反之表明或規定。都市計畫法第十七條第二項但書規定：「主要計畫公布已逾二年以上，而能確定建築線或主要公共設施已照主要計畫興建完成者，得依有關建築法令之規定，由主管建築機關指定建築線，核發建築執照」，旨在對於主要計畫公布已逾二年以上，因細部計畫未公布，致受不得建築使用及變更地形（同條第二項前段）限制之都市計畫土地，在可指定建築線之情形下，得依有關建築法令之規定，申請指定建築線，核發建築執照，解除其限建，以保障人民自由使用財產之憲法上權利。內政部中華民國七十三年二月二十日七十三台內營字第二一三三九二號函釋略謂：即使主要計畫發布實施已逾滿二年，如其（主要）計畫書內有「應擬定細部計畫後，始得申請建築使用，並應儘可能以市地重劃方式辦理」之規定者，人民申請建築執照，自可據以不准等語，顯係逾越首開規定，另作法律所無之限制。與憲法保障人民財產權之意旨不符，應不適用。（85、6、21）

釋字第409號解釋

人民之財產權應受國家保障，惟國家因公用需要得依法限制人民土地所有權或取得人民之土地，此觀憲法第二十三條及第一百四十三條第一項之規定自明。徵收私有土地，給予相當補償，即為達成公用需要手段之一種，而徵收土地之要件及程序，憲法並未規定，係委由法律予以規範，此亦有憲法第一百零八條第一項第十四款可資依據。土地法第二百零八條第九款

及都市計畫法第四十八條係就徵收土地之目的及用途所為之概括規定，但並非謂合於上述目的及用途者，即可任意實施徵收，仍應受土地法相關規定及土地法施行法第四十九條比例原則之限制。是上開土地法第二百零八條第九款及都市計畫法第四十八條，與憲法保障人民財產權之意旨尚無牴觸。然徵收土地究對人民財產權發生嚴重影響，法律就徵收之各項要件，自應詳加規定，前述土地法第二百零八條各款用語有欠具體明確，徵收程序之相關規定亦不盡周全，有關機關應檢討修正，併此指明。（85、7、5）

釋字第425號解釋

土地徵收，係國家因公共事業之需要，對人民受憲法保障之財產權，經由法定程序予以剝奪之謂。規定此項徵收及其程序之法律必須符合必要性原則，並應於相當期間內給予合理之補償。被徵收土地之所有權人於補償費發給或經合法提存前雖仍保有該土地之所有權，惟土地徵收對被徵收土地之所有權人而言，係為公共利益所受特別犧牲，是補償費之發給不宜遷延過久。本此意旨，土地法第二百三十三條明定補償費應於「公告期滿後十五日內」發給。此法定期間除對徵收補償有異議，已依法於公告期間內向該管地政機關提出，並經該機關提交評定或評議或經土地所有權人同意延期繳交者外，應嚴格遵守（參照本院釋字第一一○號解釋）。內政部中華民國七十八年一月五日台內字第六六一九九一號令發布之「土地徵收法令補充規定」，係主管機關基於職權，為執行土地法之規定所訂定，其中第十六條規定：「政府徵收土地，於請求法律解釋期間，致未於公告期滿十五日內發放補償地價，應無徵收無效之疑義」，與土地法第二百三十三條之規定未盡相符，於憲法保障人民財產權之意旨亦屬有違，其與本解釋意旨不符部分，應不予適用。（86、4、11）

釋字第440號解釋

人民之財產權應予保障，憲法第十五條設有明文。國家機關依法行使公權力致人民之財產遭受損失，若逾其社會責任所應忍受之範圍，形成個人之特別犧牲者，國家應予合理補償。主管機關對於既成道路或都市計畫道路用地，在依法徵收或價購以前埋設地下設施物妨礙土地權利人對其權利之行使，致生損失，形成其個人特別之犧牲，自應享有受相當補償之權利。臺北市政府於中華民國六十四年八月二十二日發布之臺北市市區道路管理規則第十五條規定：「既成道路或都市計畫道路用地，在不妨礙其原有使用及安全之原則下，主管機關埋設地下設施物時，得不徵購其用地，但損壞地上物應予補償。」其中對使用該地下部分，既不徵購又未設補償規定，與上開意旨不符者，應不再援用。至既成道路或都市計畫道路用地之徵收或購買，應依本院釋字第四○○號解釋及都市計畫法第四十八條之規定辦理，併此指明。（86、11、14）

釋字第444號解釋

區域計畫法係為促進土地及天然資源之保育利用、改善生活環境、增進公共利益而制定，其第二條後段謂：「本法未規定者，適用其他法律」，凡符合本法立法目的之其他法律，均在適用之列。內政部訂定之非都市土地使用管制規則即本此於第六條第一項規定：「經編定為某種使用之土地，應依容許使用之項目使用。但其他法律有禁止或限制使用之規定者，依其規定。」中華民國八十四年六月七日修正發布之臺灣省非都市土地容許使用執行要第二十五點規定：「在水質、水量保護區規定範圍內，不得新設立畜牧場者，不得同意畜牧設施使用」，係為執行自來水法及水污染防治法，乃按本項但書之意旨，就某種使用土地應否依容許使用之項目使用或應否禁止或限制其使用為具體明確之例示規定，此亦為實現前揭之立法目的所必要，並未對人民權利增加法律所無之限制，與憲法第十五條保障人民財產權之意旨及第二十三條法律保留原則尚無牴觸。（87、1、9）

釋字第449號解釋

臺北市獎勵投資興建零售市場須知，對於申請投資興建市場者，訂有須「持有市場用地內全部私有土地使用權之私人或團體」之條件，係增加都市計畫法第五十三條所無之限制，應不予適用，業經本院釋字第三六三號解釋在案。至該解釋文末段所稱：「在獎勵投資條例施行期間申請興建公共設施，應符合該條例第三條之規定」，係指該條第一項第十一款之興闢業而言。土地所有權人為自然人而未組織股份有限公司者，雖得依該條例第五十八條之一第一項規定優先投資，惟能否享有各種優惠，仍應按該條例規定處理。本院上開解釋，應予補充。（87、3、13）

釋字第513號解釋

都市計畫法制定之目的，依其第一條規定，係為改善居民生活環境，並促進市、鎮、鄉街有計畫之均衡發展。都市計畫一經公告確定，即發生規範之效力。除法律別有規定外，各級政府所為土地之使用或徵收，自應符合已確定之都市計畫，若為增進公共利益之需要，固得徵收都市計畫區域內之土地，惟因其涉及對人民財產權之剝奪，應嚴守法定徵收土地之要件、踐行其程序，並遵照都市計畫法之相關規定。都市計畫法第五十二條前段：「都市計畫範圍內，各級政府徵收私有土地或撥用公有土地，不得妨礙當地都市計畫。」依其規範意旨，中央或地方興建公共設施，須徵收都市計畫中原非公共設施用地之私有土地時，自應先踐行變更都市計畫之程序，再予徵收，未經變更都市計畫即遽行徵收非公共設施用地之私有土地者，與上開規定有違。其依土地法辦理徵收未依法公告或不遵守法定三十日期間者，自不生徵收之效力。若因徵收之公告記載日期與實際公告不符，致計算發生差異者，非以公告文載明之公告日

期，而仍以實際公告日期爲準，故應於實際徵收公告期間屆滿三十日時發生效力。（89、9、29）

釋字第532號解釋

中華民國八十三年九月十六日發布之臺灣省非都市土地山坡地保育區、風景區、森林區丁種建築（窯業）用地申請同意變更作非工（窯）業使用審查作業要點，係臺灣省政府本於職權訂定之命令，其中第二、三點規定，山坡地保育區、風景區、森林區丁種建築（窯業）用地若具備 廠地位於水庫集水區或水源水質水量保護區範圍內經由政府主動輔導遷廠或 供作公共（用）設施使用或機關用地使用等要件之一，並檢具證明已符合前述要件之書件者，得申請同意將丁種建築（窯業）用地變更作非工（窯）業使用。其內容已逾越母法之範圍，創設區域計畫法暨非都市土地使用管制規則關於非都市土地使用分區內使用地變更編定要件之規定，違反非都市土地分區編定、限制使用並予管制之立法目的，且增加人民依法使用其土地權利之限制，與憲法第二十三條法律保留原則有違，應不予適用。（90、11、2）

釋字第538號解釋

建築法第十五條第二項規定：「營造業之管理規則，由內政部定之」，概括授權訂定營造業管理規則。此項授權條款雖未就授權之內容與範圍爲規定，惟依法律整體解釋，應可推知立法者有意授權主管機關，就營造業登記之要件、營造業及其從業人員準則、主管機關之考核管理等事項，依其行政專業之考量，訂定法規命令，以資規範（本院釋字第三九四號解釋參照）。

內政部於中華民國八十二年六月一日修正公布之營造業管理規則第七條、第八條與第九條，對於申請登記之營造業，依資本額之大小、專業工程人員之員額，以及工程實績多寡等條件，核發甲、乙、丙三等級之登記證書，並按登記等級分別限制其得承攬工程之限額（同規則第十六條參照），係對人民營業自由所設之規範，目的在提高營造業技術水準，確保營繕工程施工品質，以維護人民生命、身體及財產安全，爲增進公共利益所必要。又同規則增訂之第四十五條之一規定：「福建省金門縣、連江縣依金門戰地政務委員會管理營造業實施規定、連江縣營造業管理暫行規定登記之營造業，應於中華民國八十二年六月一日本規則修正施行日起三年內，依同日修正施行之第七條至第九條之規定辦理換領登記證書，逾期未辦理換領者，按其與本規則相符之等級予以降等或撤銷其登記證書」，乃因八十一年十一月七日福建省金門縣及連江縣戰地政務解除後，營造業原依金門戰地政務委員會管理營造業實施規定及連江縣營造業管理暫行規定，領有之登記證書，已失法令依據，故須因應此項法規之變更而設。上開規定爲實施營造業之分級管理，謀全國營造業之一致性所必要，且就原登記證書准依營造業管

理規則第七條至第九條規定換領登記證書，並設有過渡期間，以為緩衝，已兼顧信賴利益之保護，並係就福建省金門、連江縣之營造業一律適用，尚未違反建築法第十五條第二項之意旨，於憲法第七條、第二十三條及有關人民權利保障之規定，亦無違背。惟營造業之分級條件及其得承攬工程之限額等相關事項，涉及人民營業自由之重大限制，為促進營造業之健全發展並貫徹憲法關於人民權利之保障，仍應由法律或依法律明確授權之法規命令規定為妥。（91、1、22）

釋字第540號解釋

國家為達成行政上之任務，得選擇以公法上行為或私法上行為作為實施之手段。其因各該行為所生爭執之審理，屬於公法性質者歸行政法院，私法性質者歸普通法院。惟立法機關亦得依職權衡酌事件之性質、既有訴訟制度之功能及公益之考量，就審判權歸屬或解決紛爭程序另為適當之設計。此種情形一經定為法律，即有拘束全國機關及人民之效力，各級審判機關自亦有遵循之義務。

中華民國七十一年七月三十日制定公布之國民住宅條例，對興建國民住宅解決收入較低家庭居住問題，採取由政府主管機關興建住宅以上述家庭為對象，辦理出售、出租、貸款自建或獎勵民間投資興建等方式為之。其中除民間投資興建者外，凡經主管機關核准出售、出租或貸款自建，並已由該機關代表國家或地方自治團體與承購人、承租人或貸款人分別訂立買賣、租賃或借貸契約者，此等契約即非行使公權力而生之公法上法律關係。上開條例第二十一條第一項規定：國民住宅出售後有該條所列之違法情事者，「國民住宅主管機關得收回該住宅及基地，並得移送法院裁定後強制執行」，乃針對特定違約行為之效果賦予執行力之特別規定，此等涉及私權法律關係之事件為民事事件，該條所稱之法院係指普通法院而言。對此類事件，有管轄權之普通法院民事庭不得以行政訴訟新制實施，另有行政法院可資受理為理由，而裁定駁回強制執行之聲請。

事件經本院解釋係民事事件，認提起聲請之行政法院無審判權者，該法院除裁定駁回外，並依職權移送有審判權限之普通法院，受移送之法院應依本院解釋對審判權認定之意旨，回復事件之繫屬，依法審判，俾保障人民憲法上之訴訟權。（91、3、15）

釋字第542號解釋

人民有居住及遷徙之自由，憲法第十條設有明文。對此自由之限制，不得逾憲法第二十三條所定必要之程度，且須有法律之明文依據，業經本院作成釋字第四四三號、第四五四號等解釋在案。自來水法第十一條授權行政機關得為「劃定公布水質水量保護區域，禁止在該區域內一切貽害水質與水量之行為」，主管機關依此授權訂定公告「翡翠水庫集水區石碇鄉碧山、永安、格頭三村遷村作業實施計畫」，雖對人民居住遷徙自由有

所限制，惟計畫遷村之手段與水資源之保護目的間尚符合比例原則，要難謂其有違憲法第十條之規定。

行政機關訂定之行政命令，其屬給付性之行政措施具授與人民利益之效果者，亦應受相關憲法原則，尤其是平等原則之拘束。系爭作業實施計畫中關於安遷救濟金之發放，係屬授與人民利益之給付行政，並以補助集水區內居民遷村所需費用為目的，既在排除村民之繼續居住，自應以有居住事實為前提，其認定之依據，設籍僅係其一而已，上開計畫竟以設籍與否作為認定是否居住於該水源區之唯一標準，雖不能謂有違平等原則，但未顧及其他居住事實之證明方法，有欠周延。相關領取安遷救濟金之規定應依本解釋意旨儘速檢討改進。（91、4、4）

釋字第600號解釋

依土地法所為之不動產物權登記具有公示力與公信力，登記之內容自須正確眞實，以確保人民之財產權及維護交易之安全。

不動產包括土地及建築物，性質上為不動產之區分所有建築物，因係數人區分一建築物而各有其一部，各所有人所享有之所有權，其關係密切而複雜，故就此等建築物辦理第一次所有權登記時，各該所有權客體之範圍必須客觀明確，方得據以登記，俾貫徹登記制度之上述意旨。內政部於中華民國八十四年七月十二日修正發布之土地登記規則與八十七年二月十一日修正發布之地籍測量實施規則分別係依土地法第三十七條第二項及第四十七條之授權所訂定。該登記規則第七十五條第一款乃係規定區分所有建築物共用部分之登記方法。上開實施規則第二百七十九條第一項之規定，旨在確定區分所有建築物之各區分所有權客體及其共用部分之權利範圍及位置，與建築物區分所有權移轉後之歸屬，以作為地政機關實施區分所有建築物第一次測量及登記之依據。是上開土地登記規則及地籍測量實施規則之規定，並未逾越土地法授權範圍，亦符合登記制度之首開意旨，為辦理區分所有建築物第一次測量、所有權登記程序所必要，且與民法第七百九十九條、第八百十七條第二項關於共用部分及其應有部分推定規定，各有不同之規範功能及意旨，難謂已增加法律所無之限制，與憲法第十五條財產權保障及第二十三條規定之法律保留原則及比例原則，尚無牴觸。

建築物（包含區分所有建築物）與土地同為法律上重要不動產之一種，關於其所有權之登記程序及其相關測量程序，涉及人民權利義務之重要事項者，諸如區分所有建築物區分所有人對於共用部分之認定、權屬之分配及應有部分之比例、就登記權利於當事人未能協議或發生爭議時之解決機制等，於土地法或其他相關法律未設明文，本諸憲法保障人民財產權之意旨，尚有未周，應檢討改進，以法律明確規定為宜。（94、7、22）

釋字第612號解釋

憲法第十五條規定人民之工作權應予保障，人民從事工作並有

選擇職業之自由，如為增進公共利益，於符合憲法第二十三條規定之限度內，對於從事工作之方式及必備之資格或其他要件，得以法律或經法律授權之命令限制之。其以法律授權主管機關發布命令為補充規定者，內容須符合立法意旨，且不得逾越母法規定之範圍。其在母法概括授權下所發布者，是否超越法律授權，不應拘泥於法條所用之文字，而應就該法律本身之立法目的，及整體規定之關聯意義為綜合判斷，迭經本院解釋闡明在案。

中華民國七十四年十一月二十日修正公布之廢棄物清理法第二十一條規定，公、民營廢棄物清除、處理機構管理輔導辦法及專業技術人員之資格，由中央主管機關定之。此一授權條款雖未就專業技術人員資格之授權內容與範圍為明確之規定，惟依法律整體解釋，應可推知立法者有意授權主管機關，除就專業技術人員資格之認定外，尚包括主管機關對於專業技術人員如何適當執行其職務之監督等事項，以達成有效管理輔導公、民營廢棄物清除、處理機構之授權目的。

行政院環境保護署依據前開授權於八十六年十一月十九日訂定發布之公民營廢棄物清除處理機構管理輔導辦法（已廢止），其第三十一條第一款規定：清除、處理技術員因其所受僱之清除、處理機構違法或不當營運，致污染環境或危害人體健康，情節重大者，主管機關應撤銷其合格證書，係指廢棄物清除、處理機構有導致重大污染環境或危害人體健康之違法或不當營運情形，而在清除、處理技術員執行職務之範圍內者，主管機關應撤銷清除、處理技術員合格證書而言，並未逾越前開廢棄物清理法第二十一條之授權範圍，乃為達成有效管理輔導公、民營廢棄物清除、處理機構之授權目的，以改善環境衛生，維護國民健康之有效方法，其對人民工作權之限制，尚未逾越必要程度，符合憲法第二十三條之規定，與憲法第十五條之意旨，亦無違背。（95、6、16）

釋字第652號解釋

憲法第十五條規定，人民之財產權應予保障，故國家因公用或其他公益目的之必要，雖得依法徵收人民之財產，但應給予合理之補償，且應儘速發給。倘原補償處分已因法定救濟期間經過而確定，且補償費業經依法發給完竣，嗣後直轄市或縣（市）政府始發現其據以作成原補償處分之地價標準認定錯誤，原發給之補償費短少，致原補償處分違法者，自應於相當期限內依職權撤銷該已確定之補償處分，另為適法之補償處分，並通知需用土地人繳交補償費差額轉發原土地所有權人。逾期未發給補償費差額者，原徵收土地核准案即應失其效力，本院釋字第五一六號解釋應予補充。（97、12、5）

釋字第674號解釋

財政部於中華民國八十二年十二月十六日發布之台財稅字第八二〇五七〇九〇一號函明示：「不能單獨申請建築之畸零地，

及非經整理不能建築之土地，應無土地稅法第二十二條第一項第四款課徵田賦規定之適用」；內政部九十三年四月十二日台內地字第〇九三〇〇六九四五〇號令訂定發布之「平均地權條例第二十二條有關依法限制建築、依法不能建築之界定作業原則」第四點規定：「畸零地因尚可協議合併建築，不得視為依法限制建築或依法不能建築之土地」。上開兩項命令，就都市土地依法不能建築，仍作農業用地使用之畸零地適用課徵田賦之規定，均增加法律所無之要件，違反憲法第十九條租稅法律主義，其與本解釋意旨不符部分，應自本解釋公布之日起不再援用。（99、4、2）

釋字第709號解釋

中華民國八十七年十一月十一日制定公布之都市更新條例第十條第一項（於九十七年一月十六日僅為標點符號之修正）有關主管機關核准都市更新事業概要之程序規定，未設置適當組織以審議都市更新事業概要，且未確保利害關係人知悉相關資訊及適時陳述意見之機會，與憲法要求之正當行政程序不符。同條第二項（於九十七年一月十六日修正，同意比率部分相同）有關申請核准都市更新事業概要時應具備之同意比率之規定，不符憲法要求之正當行政程序。九十二年一月二十九日修正公布之都市更新條例第十九條第三項前段（該條於九十九年五月十二日修正公布將原第三項分列為第三項、第四項）規定，並未要求主管機關應將該計畫相關資訊，對更新單元內申請人以外之其他土地及合法建築物所有權人分別為送達，且未規定由主管機關以公開方式舉辦聽證，使利害關係人得到場以言詞為意見之陳述及論辯後，斟酌全部聽證紀錄，說明採納及不採納之理由作成核定，連同已核定之都市更新事業計畫，分別送達更新單元內各土地及合法建築物所有權人、他項權利人、囑託限制登記機關及預告登記請求權人，亦不符憲法要求之正當行政程序。上開規定均有違憲法保障人民財產權與居住自由之意旨。相關機關應依本解釋意旨就上開違憲部分，於本解釋公布之日起一年內檢討修正，逾期未完成者，該部分規定失其效力。

九十二年一月二十九日及九十七年一月十六日修正公布之都市更新條例第二十二條第一項有關申請核定都市更新事業計畫時應具備之同意比率之規定，與憲法上比例原則尚無牴觸，亦無違於憲法要求之正當行政程序。惟有關機關仍應考量實際實施情形、一般社會觀念與推動都市更新需要等因素，隨時檢討修正之。

九十二年一月二十九日修正公布之都市更新條例第二十二條之一（該條於九十四年六月二十二日為文字修正）之適用，以在直轄市、縣（市）主管機關業依同條例第七條第一項第一款規定因戰爭、地震、火災、水災、風災或其他重大事變遭受損壞而迅行劃定之更新地區內，申請辦理都市更新者為限；且係以

不變更其他幢（或棟）建築物區分所有權人之區分所有權及其基地所有權應有部分爲條件，在此範圍內，該條規定與憲法上比例原則尚無違背。（102、4、26）

釋字第719號解釋

原住民族工作權保障法第十二條第一項、第三項及政府採購法第九十八條，關於政府採購得標廠商於國內員工總人數逾一百人者，應於履約期間僱用原住民，人數不得低於總人數百分之一，進用原住民人數未達標準者，應向原住民族綜合發展基金之就業基金繳納代金部分，尚無違背憲法第七條平等原則及第二十三條比例原則，與憲法第十五條保障之財產權及其與工作權內涵之營業自由之意旨並無不符。（103、4、18）

釋字第727號解釋

中華民國八十五年二月五日制定公布之國軍老舊眷村改建條例（下稱眷改條例）第二十二條規定：「規劃改建之眷村，其原眷戶有四分之三以上同意改建者，對不同意改建之眷戶，主管機關得逕行註銷其眷舍居住憑證及原眷戶權益，收回該房地，並得移送管轄之地方法院裁定後強制執行。」（九十六年一月三日修正公布將四分之三修正爲三分之二，並改列爲第一項）對於不同意改建之原眷戶得逕行註銷其眷舍居住憑證及原眷戶權益部分，與憲法第七條之平等原則尚無牴觸。惟同意改建之原眷戶除依眷改條例第五條第一項前段規定得承購住宅及輔助購宅款之權益外，尚得領取同條例施行細則第十三條第二項所定之搬遷補助費及同細則第十四條所定之拆遷補償費，而不同意改建之原眷戶不僅喪失前開承購住宅及輔助購宅款權益，並喪失前開搬遷補助費及拆遷補償費；況按期搬遷之違占建戶依眷改條例第二十三條規定，尚得領取拆遷補償費，不同意改建之原眷戶竟付之闕如；又對於因無力負擔自備款而拒絕改建之極少數原眷戶，應爲如何之特別處理，亦未有規定。足徵眷改條例尚未充分考慮不同意改建所涉各種情事，有關法益之權衡並未臻於妥適，相關機關應儘速通盤檢討改進。（104、2、6）

釋字第728號解釋

祭祀公業條例第四條第一項前段規定：「本條例施行前已存在之祭祀公業，其派下員依規約定之。」並未以性別爲認定派下員之標準，雖相關規約依循傳統之宗族觀念，大都限定以男系子孫（含養子）爲派下員，多數情形致女子不得爲派下員，但該等規約係設立人及其子孫所爲之私法上結社及財產處分行爲，基於私法自治，原則上應予尊重，以維護法秩序之安定。是上開規定以規約認定祭祀公業派下員，尚難認與憲法第七條保障性別平等之意旨有違，致侵害女子之財產權。（104、3、20）

釋字第732號解釋

中華民國九十年五月三十日修正公布之大眾捷運法（下稱九十年捷運法）第七條第四項規定：「大眾捷運系統……其毗鄰地

區辦理開發所需之土地……，得由主管機關依法報請徵收。」七十七年七月一日制定公布之大眾捷運法（下稱七十七年捷運法）第七條第三項規定：「聯合開發用地……，得徵收之。」七十九年二月十五日訂定發布之大眾捷運系統土地聯合開發辦法（下稱開發辦法）第九條第一項規定：「聯合開發之用地取得……，得由該主管機關依法報請徵收……。」此等規定，許主管機關為土地開發之目的，依法報請徵收土地徵收條例（下稱徵收條例）第三條第二款及土地法第二百零八條第二款所規定交通事業所必須者以外之毗鄰地區土地，於此範圍內，不符憲法第二十三條之比例原則，與憲法保障人民財產權及居住自由之意旨有違，應自本解釋公布之日起不予適用。（104、9、25）

釋字第738號解釋

電子遊戲場業申請核發電子遊戲場業營業級別證作業要點第二點第一款第一目規定電子遊戲場業之營業場所應符合自治條例之規定，尚無牴觸法律保留原則。臺北市電子遊戲場業設置管理自治條例第五條第一項第二款規定：「電子遊戲場業之營業場所應符合下列規定：……二、限制級：……應距離幼稚園、國民中、小學、高中、職校、醫院、圖書館一千公尺以上。」臺北縣電子遊戲場業設置自治條例第四條第一項規定：「前條營業場所（按指電子遊戲場業營業場所，包括普通級與限制級），應距離國民中、小學、高中、職校、醫院九百九十公尺以上。」（已失效）及桃園縣電子遊戲場業設置自治條例（於中華民國一〇三年十二月二十五日公告自同日起繼續適用）第四條第一項規定：「電子遊戲場業之營業場所，應距離國民中、小學、高中、職校、醫院八百公尺以上。」皆未違反憲法中央與地方權限劃分原則、法律保留原則及比例原則。惟各地方自治團體就電子遊戲場業營業場所距離限制之規定，允宜配合客觀環境及規範效果之變遷，隨時檢討而為合理之調整，以免產生實質阻絕之效果，併此指明。（105、6、24）

釋字第739號解釋

獎勵土地所有權人辦理市地重劃辦法第八條第一項發起人申請核定成立籌備會之要件，未就發起人於擬辦重劃範圍內所有土地面積之總和應占擬辦重劃範圍內土地總面積比率為規定；於以土地所有權人七人以上為發起人時，復未就該人數與所有擬辦重劃範圍內土地所有權人總數之比率為規定，與憲法要求之正當行政程序不符。同辦法第九條第三款、第二十條第一項規定由籌備會申請核定擬辦重劃範圍，以及同辦法第九條第六款、第二十六條第一項規定由籌備會為重劃計畫書之申請核定及公告，並通知土地所有權人等，均屬重劃會之職權，卻交由籌備會為之，與平均地權條例第五十八條第一項規定意旨不符，且超出同條第二項規定之授權目的與範圍，違反法律保留原則。同辦法關於主管機關核定擬辦重劃範圍之程序，未要求

主管機關應設置適當組織爲審議、於核定前予利害關係人陳述意見之機會，以及分別送達核定處分於重劃範圍內申請人以外之其他土地所有權人；同辦法關於主管機關核准實施重劃計畫之程序，未要求主管機關應設置適當組織爲審議、將重劃計畫相關資訊分別送達重劃範圍內申請人以外之其他土地所有權人，及以公開方式舉辦聽證，使利害關係人得到場以言詞爲意見之陳述及論辯後，斟酌全部聽證紀錄，說明採納及不採納之理由作成核定，連同已核准之市地重劃計畫，分別送達重劃範圍內各土地所有權人及他項權利人等，均不符憲法要求之正當行政程序。上開規定，均有違憲法保障人民財產權與居住自由之意旨。相關機關應依本解釋意旨就上開違憲部分，於本解釋公布之日起一年內檢討修正，逾期未完成者，該部分規定失其效力。

平均地權條例第五十八條第三項規定，尚難遽謂違反比例原則、平等原則。（105、7、29）

釋字第742號解釋

都市計畫擬定計畫機關依規定所爲定期通盤檢討，對原都市計畫作必要之變更，屬法規性質，並非行政處分。惟如其中具體項目有直接限制一定區域內特定人或可得確定多數人之權益或增加其負擔者，基於有權利即有救濟之憲法原則，應許其就該部分提起訴願或行政訴訟以資救濟，始符憲法第十六條保障人民訴願權與訴訟權之意旨。本院釋字第一五六號解釋應予補充。

都市計畫之訂定（含定期通盤檢討之變更），影響人民權益甚鉅。立法機關應於本解釋公布之日起二年內增訂相關規定，使人民得就違法之都市計畫，認爲損害其權利或法律上利益者，提起訴訟以資救濟。如逾期未增訂，自本解釋公布之日起二年後發布之都市計畫（含定期通盤檢討之變更），其救濟應準用訴願法及行政訴訟法有關違法行政處分之救濟規定。（105、12、9）

釋字第743號解釋

主管機關依中華民國七十七年七月一日制定公布之大衆捷運法第六條，按相關法律所徵收大衆捷運系統需用之土地，不得用於同一計畫中依同法第七條第一項規定核定辦理之聯合開發。

依大衆捷運法第六條徵收之土地，應有法律明確規定得將之移轉予第三人所有，主管機關始得爲之，以符憲法保障人民財產權之意旨。（105、12、30）

釋字第747號解釋

人民之財產權應予保障，憲法第十五條定有明文。需用土地人因興辦土地徵收條例第三條規定之事業，穿越私有土地之上空或地下，致逾越所有權人社會責任所應忍受範圍，形成個人之特別犧牲，而不依徵收規定向主管機關申請徵收地上權者，土地所有權人得請求需用土地人向主管機關申請徵收地上權。

中華民國八十九年二月二日制定公布之同條例第十一條規定：「需用土地人申請徵收土地……前，應先與所有人協議價購或以其他方式取得；所有人拒絕參與協議或經開會未能達成協議者，始得依本條例申請徵收。」（一○一年一月四日修正公布之同條第一項主要意旨相同）第五十七條第一項規定：「需用土地人因興辦第三條規定之事業，需穿越私有土地之上空或地下，得就需用之空間範圍協議取得地上權，協議不成時，準用徵收規定取得地上權。……」未就土地所有權人得請求需用土地人向主管機關申請徵收地上權有所規定，與上開意旨不符。有關機關應自本解釋公布之日起一年內，基於本解釋意旨，修正土地徵收條例妥爲規定。逾期未完成修法，土地所有權人得依本解釋意旨，請求需用土地人向主管機關申請徵收地上權。（106、3、17）

釋字第758號解釋

土地所有權人依民法第七百六十七條第一項請求事件，性質上屬私法關係所生之爭議，其訴訟應由普通法院審判，縱兩造攻擊防禦方法涉及公法關係所生之爭議，亦不受影響。（106、12、22）

釋字第763號解釋

土地法第二百十九條第一項規定逕以「徵收補償發給完竣屆滿一年之次日」爲收回權之時效起算點，並未規定該管直轄市或縣（市）主管機關就被徵收土地之後續使用情形，應定期通知原土地所有權人或依法公告，致其無從及時獲知充分資訊，俾判斷是否行使收回權，不符憲法要求之正當行政程序，於此範圍內，有違憲法第十五條保障人民財產權之意旨，應自本解釋公布之日起二年內檢討修正。

於本解釋公布之日，原土地所有權人之收回權時效尚未完成者，時效停止進行；於該管直轄市或縣（市）主管機關主動依本解釋意旨通知或公告後，未完成之時效繼續進行；修法完成公布後，依新法規定。（107、5、4）

釋字第765號解釋

內政部中華民國九十一年四月十七日訂定發布之土地徵收條例施行細則第五十二條第一項第八款規定：「區段徵收範圍內必要之管線工程所需工程費用……，由需用土地人與管線事業機關（構）依下列分擔原則辦理：……八、新設自來水管線之工程費用，由需用土地人與管線事業機關（構）各負擔二分之一。」（九十五年十二月八日修正發布爲同細則第五十二條第一項第五款規定：「五、新設自來水管線之工程費用，由需用土地人全數負擔。」於適用於需用土地人爲地方自治團體之範圍內）無法律明確授權，逕就攸關需用土地人之財政自主權及具私法人地位之公營自來水事業受憲法保障之財產權事項而爲規範，與法律保留原則有違，應自本解釋公布之日起，至遲於屆滿二年時，不再適用。（107、6、15）

釋字第774號解釋

都市計畫個別變更範圍外之人民，如因都市計畫個別變更致其權利或法律上利益受侵害，基於有權利即有救濟之憲法原則，應許其提起行政訴訟以資救濟，始符憲法第十六條保障人民訴訟權之意旨。本院釋字第一五六號解釋應予補充。（108、1、11）

釋字第776號解釋

建築物所有人為申請變更使用執照需增設停車空間於鄰地空地，而由鄰地所有人出具土地使用權同意書者，該同意書應許附期限；鄰地所有人提供之土地使用權同意書附有期限者，如主管機關准予變更使用執照，自應發給定有相應期限之變更使用執照，而僅對鄰地為該相應期限之套繪管制；另同意使用土地之關係消滅時（如依法終止土地使用關係等），主管機關亦得依職權或依鄰地所有人之申請，廢止原核可之變更使用執照，並解除套繪管制，始符憲法第十五條保障人民財產權之意旨。

內政部中華民國七十八年八月二十四日台⑺內營字第七二七二九一號函釋示：「主旨：關於建築物申請變更使用……說明：……二、增設停車空間設置於鄰地空地，若其使用上無阻礙，經套繪列管無重復使用之虞，且經鄰地所有權人同意使用者，准依建築技術規則設計施工編（按：應為『建築技術規則建築設計施工編』）第五十九條、第五十九條之，一之規定辦理」，暨內政部八十年三月二十二日台⑻內營字第九〇七三八〇號函釋示：「主旨：有關建築法第三十條規定應備具之土地權利證明文件－土地使用權同意書得否有使用期限之標示案……說明：……二、……一般申請建築案件，基於建築物使用期限不確定，其土地使用同意書似不宜附有同意使用期限。」實務上擴及於「變更使用執照」之申請部分，二者合併適用結果，使鄰地所有人無從出具附有期限之土地使用權同意書，致其土地受無期限之套繪管制，且無從於土地使用關係消滅時申請廢止原核可之變更使用執照，並解除套繪管制，限制其財產權之行使，與上開憲法保障人民財產權意旨不符，於此範圍內，應自本解釋公布之日起不再援用。（108、4、12）

釋字第813號解釋

文化資產保存法第九條第一項及第十八條第一項關於歷史建築登錄部分規定，於歷史建築所定著之土地為第三人所有之情形，未以取得土地所有人同意為要件，尚難即認與憲法第十五條保障人民財產權之意旨有違。

惟上開情形之土地所有人，如因定著於其土地上之建造物及附屬設施，被登錄為歷史建築，致其就該土地原得行使之使用、收益、處分等權能受到限制，究其性質，屬國家依法行使公權力，致人民財產權遭受逾越其社會責任所應忍受範圍之損失，而形成個人之特別犧牲，國家應予相當補償。文化資產保存法

第九條第一項及第十八條第一項規定，構成對上開情形之土地所有人之特別犧牲者，同法第九十九條第二項及第一百條第一項規定，未以金錢或其他適當方式給予上開土地所有人相當之補償，於此範圍內，不符憲法第十五條保障人民財產權之意旨。有關機關應自本解釋公布之日起二年內，依本解釋意旨，修正文化資產保存法妥爲規定。（110、12、24）

法規名稱索引

法規名稱《簡稱》	異動日期	頁次
下水道法	107. 5. 23	4-29
下水道法施行細則	96. 6. 5	4-34
土石採取法	112. 12. 27	2-381
土石採取法施行細則	97. 4. 25	2-391
大眾捷運系統土地開發辦法	99. 1. 15	1-167
大眾捷運系統兩側禁建限建辦法	108. 5. 16	2-273
大眾捷運法	112. 6. 28	1-153
山坡地保育利用條例	108. 1. 9	1-294
山坡地保育利用條例施行細則	109. 5. 13	1-301
山坡地建築管理辦法	92. 3. 26	2-252
山坡地開發建築面積十公頃以下核發開發許可應行注意事項	79. 6. 13	1-304
工程技術顧問公司管理條例	92. 7. 2	2-604
工程技術顧問公司管理條例施行細則	110. 1. 21	2-612
工程受益費徵收條例	89. 11. 8	4-53
工程受益費徵收條例施行細則	106. 4. 19	4-57
工程施工查核小組作業辦法	112. 8. 9	3-82
工程採購契約範本	112. 11. 15	3-117
公共工程及公有建築工程營建剩餘土石方交換利用作業要點	105. 12. 7	3-92
公共工程技術服務契約範本	112. 11. 23	3-175
公共工程施工品質管理作業要點	112. 5. 11	3-86
公共工程專業技師簽證規則	112. 10. 4	3-78
公寓大廈管理服務人管理辦法	112. 12. 11	2-468
公寓大廈管理條例	111. 5. 11	2-449
公寓大廈管理條例施行細則	94. 11. 16	2-465
公路兩側公私有建築物與廣告物禁建限建辦法	102. 12. 26	2-271
文化資產保存法	112. 11. 29	1-462
文化資產保存法施行細則	111. 1. 28	1-483
水土保持法	105. 11. 30	1-269
水土保持法施行細則	109. 12. 2	1-278
水土保持計畫審核監督辦法	111. 2. 10	1-284
水利法	112. 11. 29	4-123
水利法施行細則	113. 2. 7	4-152
加強山坡地雜項執照審查及施工查驗執行要點	99. 11. 22	2-254
加強建築物公共安全檢查及取締執行要點	100. 10. 7	2-436
古蹟土地容積移轉辦法	112. 1. 30	1-504
古蹟修復及再利用辦法	108. 9. 12	1-493

法規名稱索引

法規名稱《簡稱》	異動日期	頁次
古蹟歷史建築紀念建築及聚落建築群建築管理土地使用消防安全處理辦法	106. 7. 27	1-502
古蹟歷史建築紀念建築及聚落建築群修復或再利用採購辦法	111. 5. 24	1-499
市區道路條例	93. 1. 7	4-3
民　法　第一編　總　則	110. 1. 13	5-3
民　法　第二編　債　編	110. 1. 20	5-23
民　法　第三編　物　權	101. 6. 13	5-97
民法物權編施行法	99. 2. 3	5-132
民法債編施行法	110. 1. 20	5-93
民法總則施行法	110. 1. 13	5-20
民宿管理辦法	108. 10. 9	1-550
民間參與重大公共建設毗鄰地區禁建限建辦法	89. 8. 30	2-293
仲裁法	104. 12. 2	3-107
休閒農業輔導管理辦法	113. 7. 3	1-434
共同管道法	89. 6. 14	4-37
共同管道法施行細則	90. 12. 28	4-42
各科技師執業範圍	107. 6. 29	2-557
地質法	99. 12. 8	1-265
自來水法	112. 6. 28	4-8
住宅法	112. 12. 6	1-658
住宅法施行細則	110. 12. 30	1-673
利用空地申請設置臨時路外停車場辦法	111. 8. 11	4-80
技師法	100. 6. 22	2-543
技師法施行細則	101. 11. 14	2-553
技師執業執照換發辦法	109. 11. 16	2-560
供公眾使用建築物之範圍	99. 3. 3	2-247
招牌廣告及樹立廣告管理辦法	112. 4. 19	2-446
金門馬祖建築法適用地區外建築物管理辦法	81. 11. 5	2-303
非都市土地申請新訂或擴大都市計畫作業要點	110. 2. 8	1-261
非都市土地使用管制規則	113. 3. 29	1-193
非都市土地開發審議作業規範	111. 5. 20	1-218
促進民間參與公共建設法	111. 12. 21	4-84
促進民間參與公共建設法之重大公共建設範圍	112. 8. 28	4-119
促進民間參與公共建設法施行細則	112. 12. 28	4-99
建造執照及雜項執照簽證項目抽查作業要點	111. 5. 27	2-249

法規名稱索引

法規名稱《簡稱》	異動日期	頁次
建造執照預審辦法	74. 6.26	2-251
建築技術規則建築設計施工編	110.10. 7	2-29
建築技術規則建築設備編	111.12.29	2-180
建築技術規則建築構造編	112. 5.10	2-134
建築技術規則總則編	109.10.19	2-25
建築法	111. 5.11	2-3
建築物公共安全檢查簽證及申報辦法	111.12.28	2-432
建築物交通影響評估準則	109. 6.16	2-299
建築物使用類組及變更使用辦法	111. 3. 2	2-439
建築物昇降設備設置及檢查管理辦法	112.12.11	2-413
建築物室內裝修管理辦法	112.12.11	2-424
建築物部分使用執照核發辦法	91. 3.14	2-412
建築物結構與設備專業工程技師簽證規則	112. 8.11	2-564
建築物電信設備及空間設置使用管理規則	110. 2.22	4-45
建築物機械停車設備設置及檢查管理辦法	112.12.11	2-420
建築師或技師受丙等綜合營造業委託執行綜理施工管理簽章報備登錄及收費辦法	98.10.28	2-591
建築師法	112.12. 6	2-523
建築師法施行細則	100. 4.25	2-533
建築師開業證書申請換發及研習證明文件認可辦法	96. 6.21	2-541
建築基地法定空地分割辦法	99. 1.29	2-265
政府採購法	108. 5.22	3-3
政府採購法施行細則	110. 7.14	3-27
既有公共建築物無障礙設施替代改善計畫作業程序及認定原則	110.12.30	2-474
省（市）建築師公會建築師業務章則	82. 7.20	2-536
風景特定區管理規則	113. 5. 2	1-543
原有合法建築物公共安全改善辦法	111.12.28	2-505
原住民保留地開發管理辦法	108. 7. 3	1-519
海岸管理法	104. 2. 4	1-376
消防安全設備檢修專業機構管理辦法	111.10.26	2-518
消防法	112. 6.21	2-483
消防法施行細則	113. 1.22	2-501
消防設備師及消防設備士管理辦法	104.10. 6	2-514
航空站飛行場助航設備四周禁止限制建築物及其他障礙物高度管理辦法	107. 7.11	2-287

法規名稱索引

法規名稱《簡稱》	異動日期	頁次
高雄市建築管理自治條例	110. 2. 1	2-223
停車場法	111. 11. 30	4-72
區域計畫法	89. 1. 26	1-181
區域計畫法施行細則	102. 10. 23	1-187
國土計畫法	109. 4. 21	1-3
國土計畫法施行細則	108. 2. 21	1-18
國軍老舊眷村改建條例	109. 5. 13	1-450
國軍老舊眷村改建條例施行細則	106. 5. 18	1-457
國家公園法	99. 12. 8	1-401
國家公園法施行細則	72. 6. 2	1-406
專業營造業之資本額及其專任工程人員資歷人數標準表	93. 8. 23	2-599
採購申訴審議收費辦法	96. 3. 13	3-99
採購申訴審議規則	108. 10. 29	3-95
採購契約要項	108. 8. 6	3-49
採購履約爭議調解收費辦法	101. 8. 3	3-104
採購履約爭議調解規則	97. 4. 22	3-100
祭祀公業條例	96. 12. 12	1-508
都市危險及老舊建築物加速重建條例	112. 12. 6	1-629
都市危險及老舊建築物加速重建條例施行細則	106. 8. 1	1-633
都市危險及老舊建築物建築容積獎勵辦法	109. 11. 10	1-636
都市危險及老舊建築物結構安全性能評估辦法	107. 10. 11	1-639
都市更新建築容積獎勵辦法	108. 5. 15	1-608
都市更新耐震能力不足建築物而有明顯危害公共安全認定辦法	110. 11. 17	1-628
都市更新條例	110. 5. 28	1-573
都市更新條例施行細則	108. 5. 15	1-599
都市更新會設立管理及解散辦法	108. 5. 16	1-614
都市更新權利變換實施辦法	108. 6. 17	1-620
都市計畫土地使用分區及公共設施用地檢討變更處理原則	93. 2. 19	1-150
都市計畫公共設施用地多目標使用辦法	109. 12. 23	1-138
都市計畫公共設施保留地臨時建築使用辦法	100. 11. 16	2-269
都市計畫各種土地使用分區及公共設施用地退縮建築及停車空間設置基準	89. 11. 18	1-151
都市計畫私有公共設施保留地與公有非公用土地交換辦法	96. 2. 9	1-141

法規名稱索引

法規名稱《簡稱》	異動日期	頁次
都市計畫定期通盤檢討實施辦法	106. 4. 18	1-129
都市計畫法	110. 5. 26	1-22
都市計畫法高雄市施行細則	113. 6. 20	1-67
都市計畫法臺灣省施行細則	113. 1. 17	1-37
都市計畫容積移轉實施辦法	103. 8. 4	1-145
都市計畫細部計畫審議原則	91. 6. 13	1-126
發展觀光條例	111. 5. 18	1-527
開發行爲應實施環境影響評估細目及範圍認定標準	112. 3. 22	1-323
開發行爲環境影響評估作業準則	110. 2. 2	1-362
集村興建農舍獎勵及協助辦法	99. 11. 17	1-433
新北市建築管理規則	107. 8. 8	2-236
新市鎮住宅優先出售出租辦法	110. 7. 1	1-655
新市鎮開發條例	109. 1. 15	1-642
新市鎮開發條例施行細則	88. 10. 16	1-649
新訂擴大變更都市計畫禁建期間特許興建或繼續施工辦法	92. 12. 2	2-267
溫泉法	99. 5. 12	1-560
溫泉法施行細則	99. 9. 21	1-566
溫泉區土地及建築物使用管理辦法	94. 9. 26	1-571
溫泉開發許可辦法	110. 6. 18	1-567
農業用地興建農舍辦法	111. 11. 1	1-427
農業發展條例	105. 11. 30	1-408
農業發展條例施行細則	110. 11. 23	1-423
違章建築處理辦法	101. 4. 2	2-262
實施區域計畫地區建築管理辦法	88. 12. 24	2-256
實施都市計畫以外地區建築物管理辦法	88. 6. 29	2-259
臺北市土地使用分區管制自治條例	112. 8. 4	1-76
臺北市建築管理自治條例	108. 2. 22	2-211
臺北市都市計畫施行自治條例	100. 7. 22	1-61
臺北市都市設計及土地使用開發許可審議委員會設置辦法	106. 10. 24	1-123
臺北市臺北都會區大眾捷運系統土地開發實施要點	100. 9. 30	1-173
臺北市臺北都會區大眾捷運系統開發所需土地協議價購優惠辦法	108. 12. 9	1-178
機械遊樂設施設置及檢查管理辦法	93. 11. 5	2-295
機關委託技術服務廠商評選及計費辦法	109. 9. 9	3-63
濕地保育法	102. 7. 3	1-387
濕地保育法施行細則	107. 5. 28	1-398
營建工程空氣污染防制設施管理辦法	110. 10. 18	2-395

法規名稱索引

法規名稱《簡稱》	異動日期	頁次
營建事業再生利用之再生資源項目及規範	111. 12. 5	2-407
營建事業再生資源再生利用管理辦法	94. 10. 31	2-410
營建事業廢棄物再利用種類及管理方式	102. 6. 17	2-403
營建事業廢棄物再利用管理辦法	91. 7. 29	2-400
營建剩餘土石方處理方案	113. 5. 15	2-370
營造安全衛生設施標準	110. 1. 6	2-330
營造業工地主任評定回訓及管理辦法	96. 5. 18	2-596
營造業承攬工程造價限額工程規模範圍申報淨值及一定期間承攬總額認定辦法	109. 7. 7	2-586
營造業法	108. 6. 19	2-566
營造業法施行細則	107. 8. 22	2-581
營造業專業工程特定施工項目應置之技術士種類比率或人數標準表	99. 5. 25	2-592
營造業評鑑辦法	98. 7. 29	2-601
營繕工程承攬契約應記載事項實施辦法	96. 4. 25	2-589
環境影響評估法	112. 5. 3	1-305
環境影響評估法施行細則	112. 3. 22	1-312
職業安全衛生法	108. 5. 15	2-306
職業安全衛生法施行細則	109. 2. 27	2-319
離島地區營造業人員設置及管理辦法	93. 6. 14	2-603
觀光地區及風景特定區建築物及廣告物攤位設置規劃限制辦法	93. 4. 7	1-548

國家圖書館出版品預行編目(CIP)資料

營建法規/蔡志揚主編. -- 21版. -- 臺北市：
五南圖書出版股份有限公司, 2024.09
面； 公分
ISBN 978-626-393-538-9 (平裝)

1.CST: 營建法規

441.51 113010009

1Q56

營建法規

編 著 五南法學研究中心

出 版 者 五南圖書出版股份有限公司
發 行 人 楊榮川
地 址 台北市大安區(106)和平東路二段339號4樓
電 話 (02)27055066
網 址 https://www.wunan.com.tw
電子郵件 wunan@wunan.com.tw
劃撥帳號 01068953
戶 名 五南圖書出版股份有限公司
法律顧問 林勝安律師

出版日期 1996年11月 初版
2024年9月 21版一刷
定 價 480元

國家圖書館出版品預行編目 (CIP) 資料

營建法規 / 蔡志揚主編 . -- 21 版 . -- 臺北市：
五南圖書出版股份有限公司 , 2024.09
面； 公分
ISBN 978-626-393-538-9（平裝）

1.CST: 營建法規

441.51 113010009

1Q56
營建法規

編　　著　五南法學研究中心

出 版 者　五南圖書出版股份有限公司
發 行 人　楊 榮 川
地　　址　台北市大安區（106）和平東路二段 339 號 4
電　　話　(02)27055066
網　　址　https://www.wunan.com.tw
電子郵件　wunan@wunan.com.tw
劃撥帳號　01068953
戶　　名　五南圖書出版股份有限公司
法律顧問　林勝安律師

出版日期　1996 年 11 月　初版
　　　　　2024 年 9 月　21 版一刷
定　　價　480 元